Handbuch der Werkstoffprüfung

Zweite Auflage

Herausgegeben
unter besonderer Mitwirkung
der Staatlichen Materialprüfungsanstalten Deutschlands
der zuständigen Forschungsanstalten der Hochschulen
der Max-Planck-Gesellschaft und der Industrie sowie
der Eidgenössischen Materialprüfungs- und Versuchsanstalt Zürich

Von

Erich Siebel

Dritter Band

Die Prüfung nichtmetallischer Baustoffe

Springer-Verlag Berlin Heidelberg GmbH 1957

Die Prüfung
nichtmetallischer Baustoffe

Bearbeitet von

K. Alberti, Köln · W. Albrecht, Stuttgart · G. Blunk, Braunschweig · E. Brandenberger, Zürich · E. Brenner, Stuttgart
H. Broese van Groenou, Mannheim · F. Burgstaller, Krebsöge
K. Egner, Stuttgart · K. Gösele, Stuttgart · O. Graf†
G. Haegermann, Hemmoor · R. Haug, Stuttgart · H. Hecht,
Berlin · A. Hummel, Aachen · F. Kaufmann, Stuttgart · F. Keil,
Düsseldorf · A. Kieslinger, Wien · R. Köhler, Düsseldorf
F. Kollmann, München · Th. Kristen, Braunschweig · W. Küch,
Dortmund · J. Löffler, Witten · H. Mallison, Essen · H. Mayer-Wegelin, Hann.-Münden · H. Muhs, Berlin · K. Obenauer,
Düsseldorf · F. de Quervain, Zürich · W. Rodel, Zürich · G. Rodloff, Witten · W. Schüle, Waiblingen · W. Schwaderer,
Stuttgart · H. Seekamp, Berlin · H. zur Strassen, Wiesbaden
A. Voellmy, Zürich · K. Walz, Düsseldorf · D. Wapler, Stuttgart · G. Weil, Stuttgart · H. Zycha, Hann.-Münden

Herausgegeben von
Otto Graf†

Zweite verbesserte Auflage

Mit 690 Abbildungen

Springer-Verlag Berlin Heidelberg GmbH 1957

© by Springer-Verlag Berlin Heidelberg 1939, 1957
Ursprünglich erschienen bei Springer-Verlag OHG., Berlin/Gottingen/Heidelberg 1957
Softcover reprint of the hardcover 2nd edition 1957

ISBN 978-3-662-41674-7 ISBN 978-3-662-41811-6 (eBook)
DOI 10.1007/978-3-662-41811-6

Vorwort zur zweiten Auflage.

Die nichtmetallischen Baustoffe sind nach ihrer Art und Aufteilung mannigfaltig. Jede Art hat ihre besonderen Anwendungsgebiete und Eigenschaften. Ihre Herstellung, Auswahl und Beurteilung erfolgt in weit verzweigten Industrien und Gewerben. Die Prüfverfahren sind in gleicher Weise vielgestaltig. In dem vorliegenden Band über die Prüfung nichtmetallischer Baustoffe mußte dieser Tatsache durch Verteilung der zu behandelnden Gebiete auf eine größere Anzahl anerkannter Fachspezialisten Rechnung getragen werden.

In der ersten Auflage dieses Buches wurden in getrennten Hauptabschnitten die Prüfung der Hölzer, der natürlichen und gebrannten Steine, der Kalke, der Gipse, der Zemente, der Mörtel, des Betons sowie die Prüfverfahren der Trasse, der Hochofenschlacken, der Magnesiamörtel, der Baugläser, der Anstriche, der Papiere und Pappen, der Leime, der Teere und der Bitumen behandelt.

Die Einteilung ist in der vorliegenden 2. Auflage im wesentlichen die gleiche geblieben. Hinzugekommen sind jedoch zusammenfassende Darstellungen über die Prüfung der Schalldurchlässigkeit und die Prüfung des Baugrundes und der Böden. Darüber hinaus sind in den früheren Abschnitten umfassende Überarbeitungen und Erweiterungen, teilweise auch Kürzungen, notwendig geworden in der Absicht, den neuesten Entwicklungsstand wiederzugeben, den Umfang des Buches aber gleichzeitig in angemessenen Grenzen zu halten.

Von den Mitarbeitern der 1. Auflage sind Dr. phil. WILLI EISNER, Professor Dr. RICHARD GRÜN, Professor Dr. JOHANNES LIESE, Dr.-Ing. habil. KURT STÖCKE, Professor Dr.-Ing. REINHARD TRENDELENBURG, Professor Dr.-Ing. HANS WAGNER und Oberingenieur FRITZ WEISE verstorben. Ich gedenke ihrer in dankbarer Erinnerung. Einige der früheren Mitarbeiter haben ihre Arbeitsgebiete gewechselt und konnten nicht mehr an der Neubearbeitung beteiligt werden. Ich glaube, feststellen zu können, daß es mir geglückt ist, für alle ausfallenden Herren neue, auf ihren Arbeitsgebieten erfahrene Mitarbeiter gewonnen zu haben.

Wie die 1. Auflage dieses Buches wird auch die erweiterte und überarbeitete 2. Auflage allen, die an der Prüfung der Baustoffe interessiert sind, als Nachschlagebuch dienen können; es soll die vorhandenen Erfahrungen nutzbar machen, die Grundlagen für die Entwicklung der Prüfverfahren festhalten und Anregungen für die Ausfüllung der Lücken unserer Erkenntnisse geben.

Stuttgart, im März 1956.

Otto Graf.

Das vorstehende Vorwort ist von Herrn Prof. Dr.-Ing. E. h. Dr.-Ing. E. h. GRAF, der am 29. April 1956 durch den Tod abberufen wurde, vor der endgültigen Fertigstellung der 2. Auflage dieses Werkes verfaßt worden. Gleichzeitig hat er im Einverständnis mit dem Verlag, mit Rücksicht auf seine schwindenden Kräfte und das nahe Ende seines Lebens ahnend, die Fortführung der Herausgabearbeiten in die Hände des Unterzeichneten gelegt. Diese Arbeiten sind im Sinne des Verstorbenen ausgeführt worden.

Karl Egner.

Inhaltsverzeichnis.

Einleitung:

Über die Bedeutung und über die Entwicklung der Prüfverfahren für nichtmetallische Baustoffe.

Von Professor Dr.-Ing. E. h. Dr.-Ing. E. h. OTTO GRAF †

I. Prüfung der Hölzer.

III. Prüfung keramischer Stoffe.

IV. Die Prüfung der Baukalke.

Von Dr.-Ing. KURT ALBERTI, Köln, und Dr. HANS HECHT, Berlin-Dahlem.

V. Prüfung der Zemente.

VI. Prüfung der Zementmörtel und des Betons sowie der Betonwaren.

VII. Die Prüfung der Betonzusatzmittel.

Von Professor Dr.-Ing. habil. KURT WALZ, Düsseldorf

VIII. Prüfung der Stahlbetonfertigteile und der Stahlbetontragwerke.

Von Professor Dr.-Ing. GUSTAV WEIL, Stuttgart.

IX. Die Prüfung von Hochofenschlacke, Traß und Ziegelmehl.

Von Direktor Dr. Fritz Keil, Düsseldorf.

X. Die Prüfung der Gipse und Gipsmörtel.

Von Dr. Adolf Voellmy, Zürich, und Professor Dr.-Ing. Walter Albrecht, Stuttgart.

XI. Die Prüfung der Magnesia und der Magnesiamörtel. (Steinholz. Holzbeton).

Vom Dr. Kurt Obenauer, Düsseldorf

XII. Prüfung von Glas für das Bauwesen.

XIV. Die Prüfung der Leime.

XXII. Prüfung der Fußbodenbeläge.

Von Professor Dr.-Ing. habil. KARL EGNER, Stuttgart.

XXIII. Die Prüfung des Baugrundes und der Böden.

Von Dr.-Ing. HEINZ MUHS, Berlin

XXIV. Richtlinien für die Entnahme von Materialproben und für die Auswertung und Beurteilung von Prüfergebnissen.

Von Professor Dr. E. BRANDENBERGER, Zürich.

Über die Bedeutung und über die Entwicklung der Prüfverfahren für nichtmetallische Baustoffe.

Von **O. Graf,** Stuttgart.

Im Bauwesen besteht die Gepflogenheit, Mindesteigenschaften der Bauelemente und der Bauwerke durch Vorschriften nach oben festzulegen, die Eigenschaften der Baustoffe für bestimmte Aufgaben zu begrenzen, auch die Art ihrer Anwendung zu überwachen usw. Dies geschieht, weil bei mangelhaften Bauwerken Einsturzgefahr und damit Lebensgefahr für die Insassen bestehen kann oder weil die Menschen, welche ein mangelhaftes Haus als Wohnung oder Werkstätte benützen sollen, gesundheitliche oder wirtschaftliche Schädigungen erleiden müssen. Die Vorschriften über die Bauart und über die Abmessungen der Außenwände der Wohnhäuser, die Forderung nach baulichen Maßnahmen gegen die Ausbreitung des Feuers in Wohn- und Geschäftshäusern, die Vorschriften über die zulässige Anstrengung der Baustoffe, die Richtlinien für den Wärmeschutz und für den Schallschutz und andere Bestimmungen geben ein Bild der Forderungen der Baubehörden usf. in der Bautechnik. Da mit Bauvorschriften der notwendige Zustand nur dann erreicht werden kann, wenn eindeutige Gütebedingungen und Gütenormen für Baustoffe vorhanden sind, so ist es verständlich, daß die Prüfung der Baustoffe seit langer Zeit eine große Bedeutung hat.

Auch der Umstand, daß die meisten Bauwerke lange Zeit gebrauchsfähig bleiben sollen, führt zu besonderen Maßnahmen.

Weiterhin ist wichtig, daß das neuzeitliche Bauen mit Beton, Stahlbeton und Stahl, auch mit Holz wesentlich durch den Umstand gefördert wurde, daß die Eigenschaften der Baustoffe mit gesteigerter Zuverlässigkeit in gewollten, verhältnismäßig engen Grenzen beherrscht werden und daß die Herstellung oder Auswahl von höherwertigen Baustoffen sicherer als früher durchführbar ist. Dieser Erfolg konnte nur verbürgt werden, nachdem die zugehörigen Prüfverfahren geschaffen waren. Es sei dazu u. a. an die Entwicklung der Bestimmungen des Deutschen Ausschusses für Stahlbeton erinnert.

Im einzelnen sei hier über die Bedeutung der Prüfverfahren noch folgendes bemerkt. Wenn ein Baustoff mit bestimmten Eigenschaften entstehen soll, so müssen seine Eigenschaften fortlaufend vom Beginn der Herstellung bis zum Einbau, in gewissen Fällen noch darüber hinaus, eindeutig, also zahlenmäßig so verfolgt werden, daß alle mangelhaften Stücke ausgeschieden werden können. Damit entstand die Gepflogenheit, das Prüfen nach den Bedürfnissen des Arbeitsgangs zu unterscheiden, also

nach Werksprüfungen (Prüfungen im laufenden Betrieb); nach Eignungsprüfungen oder Ausleseprüfungen; dann nach Abnahmeprüfungen; schließlich nach Entwicklungsprüfungen.

Außerdem ist zu beachten, daß die Prüfung die jeweils wesentlichen Eigenschaften erfassen muß und daß die bei der Prüfung gemachten Feststellungen ein zahlenmäßiges Bild für die Eignung im Bauwerk geben. Deshalb sind die Ergebnisse der Stoffprüfung von Zeit zu Zeit mit dem Verhalten der Stoffe im Bauwerk zu vergleichen, um zu erfahren, ob die Beurteilung der Stoffe nach den jeweils vorgeschriebenen oder üblichen Prüfungen dem wirklichen Verhalten genügend entspricht. Diese Bedingung ist sehr wichtig, weil das Prüfen der Stoffe bei der Entstehung in der Fabrik sowie bei der Lieferung und Abnahme stets mit abgekürzten Verfahren geschieht und weil volle Prüfungen meist viel Zeit erfordern. Dabei sei außerdem erinnert, daß die Entwicklung der Stoffe nicht selten von den jeweils bestehenden Gütenormen beeinflußt wird; die vorgeschriebenen Eigenschaften werden zum Wettbewerb mehr oder minder bevorzugt entwickelt, andere bleiben weniger beachtet; damit können Irrtümer in der Beurteilung der praktisch entscheidenden Eigenschaften der Baustoffe entstehen [1] oder wesentliche Lücken in der Beherrschung der Stoffe offenbleiben.

Das Gesagte wird im folgenden an Beispielen erläutert. Dabei wird auch gezeigt, daß die Entwicklung des Bauwesens von einer lebhaften Entwicklung der Werkstoffprüfung begleitet sein muß.

1. Die Prüfung der Bauhölzer.

Die Eigenschaften der Bauhölzer sind früher allgemein entweder nach Gutdünken oder nach überlieferten handwerklichen Gepflogenheiten oder nach Handelsgebräuchen beurteilt worden. Das Ergebnis eines solchen Vorgehens war in hohem Maße von der Nachfrage, also von kaufmännischen Einflüssen, abhängig. Um hier abzuhelfen, sind in Deutschland auf Grund von Feststellungen an Bauwerken und nach zahlreichen Versuchen mit Bauholz verschiedener Art die Gütenormen DIN 4074 aufgestellt worden, welche die Feuchtigkeit der Hölzer, ihren Wuchs (Gewicht, Äste, Faserverlauf) u. a. m. in Abhängigkeit von der zulässigen Anstrengung begrenzen. Bevor DIN 4074 eingeführt wurde, mußten Prüfverfahren ausgearbeitet werden, die ermöglichen, eindeutig anzugeben, welche Feuchtigkeit das Holz hat, wie die in mannigfaltiger Form und Größe angeschnittenen Äste zu messen sind, wie der Faserverlauf ermittelt werden soll u. a. m. Weiterhin ergab sich, daß die zulässigen Anstrengungen erst dann mit voller Verantwortung so hoch als möglich gesetzt werden können, wenn die Bauelemente unter praktischen Umständen, also unter lang dauernder Last oder unter oftmals wiederholter Last oder unter gleichzeitiger Wirkung solcher Lasten geprüft sind [2].

2. Die Prüfung der natürlichen Steine.

Das Bauen mit natürlichen Steinen stützt sich vornehmlich auf Erfahrungen, die aus dem Verhalten alter Bauwerke gewonnen sind. Die neuzeitlichen Hilfsmittel zur Beurteilung der Gesteine sind bis jetzt nur bescheiden angewandt.

Es ist heute noch üblich, vor der Anwendung von Gesteinen, die dem Bauherrn oder seinen Beauftragten nicht ausreichend bekannt sind, an bestehenden Bauwerken und bei örtlich erfahrenen Baumeistern das für die Auswahl und für die Anwendung Zweckmäßige zu erkunden. Oft wird das Aussehen des Steins in erster Linie gewertet.

In Wirklichkeit hat die Wissenschaft das zu rascher Entscheidung erforderliche Rüstzeug geschaffen; es ist jedem Steinlieferer möglich, die Kennzeichen seines Gesteinsvorkommens nach technisch-wissenschaftlichen Grundsätzen und damit die Hilfsmittel bereitzuhalten, die dem sachkundigen Architekten und Ingenieur angeben, ob das Gestein unter bestimmten Verhältnissen genügend dauerhaft ist. DIN 52100 gibt an, welche Gesteinseigenschaften für bestimmte Bauaufgaben zu beachten und welche Mindesteigenschaften dabei zu verlangen sind.

Soweit Zweifel bestanden oder Lücken erkannt wurden, sind umfangreiche Untersuchungen ausgeführt oder eingeleitet worden. Unter anderem war auf der Straße zu verfolgen, ob die Prüfung des Abnutzwiderstands durch Schleifen (DIN 52108) für verschiedene Gesteine Verhältniszahlen liefert, die auch für die praktisch vorkommende Abnutzung gelten [3]. Dabei ist besonders wichtig, daß solche Versuche nur mit vielen Proben eine brauchbare Antwort liefern können, weil die Abnutzung im Betrieb naturgemäß sehr verschieden ausfällt.

3. Prüfung des Zements.

Bei der Zementprüfung ist die Verfolgung der Betoneigenschaften, welche durch das Schwindvermögen des Zements beeinflußt sind, noch nicht hinreichend erfaßt. Es hat sich gezeigt, daß Prüfverfahren zur Feststellung der Folgen des Schwindens und des Quellens entwickelt werden müssen. Es ist nötig, umfassend festzustellen, wie der Einfluß des Schwind- und Kriechvermögens des Zements unter bestimmten praktisch maßgebenden Umständen zur Geltung kommt und wie dazu die Prüfung zweckmäßig zu gestalten ist.

4. Prüfung des Straßenbetons auf Biegezugfestigkeit.

Die Bestimmung der Biegezugfestigkeit des Betons ist in Deutschland bis zum Beginn des Baus der Reichsautobahnen nur in Forschungsinstituten erfolgt; die Art der Bestimmung war überdies nicht einheitlich. Die Erfahrungen aus den letzten Jahrzehnten besagen, daß das Prüfverfahren zur Bestimmung der Biegezugfestigkeit nicht bloß hinsichtlich der Größe der Proben, der Lastanordnung usw. neu festzulegen ist, sondern es ist auch nötig, die Behandlung des Probekörpers bis ins einzelne zu vereinbaren. Dabei müssen unter anderem die Verhältnisse beim Austrocknen von Betonfahrbahnen als maßgebend angesehen werden. Bevor die Bedingungen für die Behandlung der Probekörper endgültig ausgesprochen werden, ist es nötig, zu prüfen, ob die in gewöhnlicher Weise ermittelte Biegezugfestigkeit des Betons bei Verwendung verschiedener Baustoffe zu gleichen Verhältniszahlen führt wie die Biegezugfestigkeit, die bei oftmals wiederholter Belastung gilt, oder noch besser diejenige, die sich im Dienst einstellt.

5. Prüfung der künstlichen Steine auf Frostbeständigkeit.

Die Haltbarkeit der gebrannten Mauerziegel und Dachziegel, ebenso des Betons und Stahlbetons ist oftmals von Bedeutung bei der Wahl der Bauweise eines Bauteils oder Bauwerks. Man weiß, daß Mauerziegel oder Beton lieferbar sind, die praktisch unbegrenzt haltbar sind; aber es ist nicht ausreichend bekannt, wie die Eignung zu prüfen ist.

6. Leime und Leimverbindungen.

Die Prüfung der Leime erfolgt zur Zeit meist an sehr kleinen Holzproben. Diese Prüfung geschieht an plan verleimten dünnen Brettstücken. Die Festigkeit des Leims kann an derartigen Probekörpern vergleichsweise beobachtet werden. Die so gewonnenen Werte sind aber nicht ausreichend, weil damit noch nicht erkennbar ist, ob die Leime unter bestimmten praktischen Verhältnissen brauchbar sind, ob die Widerstandsfähigkeit bei großen Flächen hinreichend erscheint, ob Holzschutzmittel Einfluß nehmen u. a. m.

7. Beurteilung des Teers und des Asphalts.

Die Kennzeichnung und Prüfung des Teers und des Asphalts für den Straßenbau geschieht nach DIN 1995 und 1996 mit einfachen Kurzprüfungen.

Man weiß aus Erfahrung, daß derartige Prüfungen keinen vollen Aufschluß über die Eignung zum Straßenbau geben; es handelt sich strenggenommen nur um Kurzprüfungen für Stoffe bestimmter Herkunft und bestimmter Entstehungsart. Der Lieferer muß deshalb fortlaufend weitergehende Untersuchungen anstellen; er muß überdies mit dem Straßenbauingenieur vergleichende Beobachtungen über das Verhalten in der Straße sammeln und auswerten. Auch hier wird das Bedürfnis nach einer Weiterentwicklung der Prüfverfahren weithin bejaht.

8. Prüfgeräte.

Zur Prüfung der nichtmetallischen Baustoffe werden sehr viele Geräte gebraucht, sei es als Formen für die Herstellung von Probekörpern aus Zement, Kalk, Gips, Beton usw., sei es als eigentliche Prüfgeräte, z. B. für die Bestimmung des Erstarrungsbeginns des Zements, der Feinheit des Zements, der Tone usw., für die Bestimmung der Biegezugfestigkeit der Mörtel, der Viskosität der Teere, des Berstdrucks der Papiere u. a. m. Hier gilt allgemein die wesentliche Bedingung, daß eine mäßige Abnützung der Geräte oder kleine Beschädigungen ohne nennenswerten Einfluß auf das Ergebnis sein sollen. Allerdings ist die Bedingung nicht immer erfüllbar. Doch sollte die Wiederinstandsetzung oder der Ersatz der abgenutzten Teile zuverlässig auch in kleineren Werkstätten ausführbar sein. Ein Beispiel des Fortschritts ist dazu die Gestaltung der Mörtelformen nach der derzeitigen DIN 1164 gegenüber denen in früheren Fassungen.

Die Kraftmesser sollen leicht prüfbar sein; diese Bedingung ist heutzutage einfach zu erfüllen.

Mit diesen Bemerkungen sei an die Bedeutung der Entwicklung und Normung der Prüfgeräte erinnert. Zweckmäßige Geräte erleichtern die Prüfung und vermindern die Fehler; durch die Schaffung geeigneter Geräte kann die Prüfung billiger werden, unter Umständen erst wirtschaftlich tragbar werden.

9. Messen der Abmessungen von Bauteilen usw. und der zulässigen Abweichungen.

Abweichend von anderen Gebieten der Technik wird dem Messen bei der Abnahme von Bewehrungsstäben, Bausteinen usf. wenig Aufmerksamkeit geschenkt, obwohl beispielsweise die Abweichungen der Durchmesser der Bewehrungteile vom Sollmaß einen erheblichen Einfluß auf die Tragfähigkeit ausüben oder obwohl die Abweichungen der Bausteine vom Sollmaß die Maurerarbeit erheblich hemmen und verteuern können. Hierzu ist von Fall zu Fall zu studieren, wo und wie zu messen ist.

10. Zuverlässigkeit der Zahlenwerte der Prüfung. Abschätzung der Fehlergrenzen. Zahl der Proben für eine Prüfung. Bedeutung der Abweichungen der Einzelwerte einer Prüfung. Ungleichmäßigkeit der Eigenschaften eines Baustoffs.

Die Mindestwerte der Festigkeiten oder anderer Eigenschaften, die in den Gütenormen gefordert sind, werden oft erheblich überschritten. Dieses Mehr ist zu einem Teil die Folge besserer Eigenschaften der Stoffe, zu einem anderen, größeren oder kleineren Teil die Folge der sorgfältigen Instandhaltung der Prüfgeräte sowie der Ausführung der Prüfvorschriften. Wenn ein neues Prüfverfahren eingeführt werden soll, ist es üblich, zunächst in kleinem, dann in großem Kreis Vergleichsversuche anzustellen, um zu erfahren, welche Abweichungen der Einzelwerte und Mittelwerte auftreten, wenn derselbe Stoff an verschiedenen Orten durch verschiedene Männer zu gleichen oder verschiedenen Zeiten geprüft wird. Die Abweichungen sind oft klein, wenn es sich um Prüfungen in wissenschaftlich und praktisch hochstehenden Versuchsanstalten handelt; sie sind oft groß, wenn der Kreis der Prüfenden viele andere Prüfstellen einschließt oder wenn das Verfahren Mängel besitzt. Damit wird erinnert, daß die Handhabung der Geräte und die Prüfgeräte selbst so zu entwickeln sind, daß die persönlichen Einflüsse und die Einflüsse aus den Geräten unerheblich bleiben. Diese Bedingung ist schwer zu erfüllen. Man denke dabei an die Probenahme, an das Wiegen von Stoffen, an das Füllen von Formen, an den Einfluß der Temperatur auf die Entwicklung der Festigkeit der Kalke, Gipse, Zement usw., an den Einfluß der Beschaffenheit der Druckflächen auf die Festigkeit spröder Körper, an die Einspannung von Proben u. a. m. Erst nach Ausscheidung dieser Einflüsse kann über die Gleichmäßigkeit oder Ungleichmäßigkeit bestimmter Erzeugnisse geurteilt werden [4].

11. Über die Feststellung der Ursachen von Mißerfolgen.

Wenn mangelhafte Bauteile oder Bauwerke entstehen, können Mängel der Baustoffe mehr oder minder beteiligt sein. Der Nachweis, daß der Baustoff an einem Schaden beteiligt ist, kann nur geliefert werden, wenn die in Betracht kommenden Stoffe mit der Beschaffenheit, die zur Zeit der Lieferung vorhanden war, zur Verfügung stehen oder wenn bekannt ist, welche Beschaffenheit bei der Lieferung oder beim Einbau sicher vorausgesetzt werden kann. Dies ist unter anderem wichtig bei Kalken und Zementen; diese ändern ihren Zustand bei und nach der Verwendung; auch werden sie mit anderen Stoffen so vermengt, daß eine nachträgliche Trennung und Beurteilung nicht selten unmöglich ist.

Darüber hinaus zeigt sich selbstverständlich immer wieder, daß die normengemäßen oder bedingungsgemäßen Prüfungen Lücken aufweisen, mit denen in gewissen Fällen unzureichende Stoffe als noch brauchbar befunden werden. Man muß bedenken, daß die üblichen Prüfungen eben nur für die gewöhnlichen Zwecke ausreichen. Außerordentliche Aufgaben erfordern eine schärfere Auslese; sie erfordern ergänzende Prüfungen. Beispielsweise gibt die übliche Prüfung der Zemente bei Luft- und Stofftemperaturen von 18 bis 20° C keinen Aufschluß über das Verhalten der Zemente bei 35°, ebensowenig über das Verhalten der Zemente bei 5 bis 10° C. Wenn man die Zemente im Hochsommer oder im Winter im Freien verbraucht, so sind eben in wichtigen Fällen zusätzliche Feststellungen nötig.

12. Zur Beurteilung und Anwendung der Ergebnisse der Stoffprüfung.

Der Fernerstehende ist oft erstaunt, wenn die Auslegung der Ergebnisse der Stoffprüfung nur bedingt möglich ist. Dabei ist manchmal folgendes zu sagen. Die üblichen Prüfungen sind Vergleichsprüfungen für bestimmte Eigenschaften, sofern vorher klargestellt ist, daß sich die betreffende Eigenschaft unter praktischen Verhältnissen ebenso ändert wie bei der Vergleichsprüfung [5].

Schwierig liegen die Verhältnisse beispielsweise beim Holz. Die Prüfung nach den Normen geschieht mit kleinen geradfaserigen Proben, um das Holz an sich zu beurteilen. Zum Bauwerk wird aber immer astiges, mehr oder weniger schrägfaseriges Holz verwendet. Die Festigkeit des Bauholzes ist viel kleiner als die der kleinen normengemäßen Proben. Die Beurteilung der Tragfähigkeit des Bauholzes erfordert deshalb außer der Kenntnis der Bau- und Prüfvorschriften eine tiefgehende Erfahrung über den Baustoff selbst. Ähnlich liegen die Verhältnisse bei anderen Stoffen. Wir erinnern uns dabei, daß die Ausnutzung der Feststellungen der Stoffprüfung nur mit gut begründeten technisch-wissenschaftlichen Erfahrungen möglich ist. In vielen Fällen muß zu der Stoffprüfung noch die Prüfung der Bauelemente hinzutreten.

Schrifttum.

[1] Vgl. Graf: Bautenschutz Bd. 6 (1935) S. 30.
[2] Vgl. Graf: Die Dauerfestigkeit der Werkstoffe und der Konstruktionselemente. Berlin 1929; ferner Mitt. Fachausschuß Holzfragen 1938, H. 20, S. 40 u. H. 22, S. 15.
[3] Vgl. Graf: Bautenschutz, Bd. 6 (1935) S. 36; ferner Straßenbau Bd. 29 (1938) S. 371.
[4] Vgl. a. Zement Bd. 25 (1936) S. 97f. sowie S. 317f.
[5] Vgl. Graf: Forsch.-Arb. Straßenwes. 1940, Bd. 27.

I. Prüfung der Hölzer.

A. Verfahren zur Unterscheidung und Beurteilung der Hölzer.

Von H. Mayer-Wegelin, Hann. Münden.

1. Allgemeines über den Aufbau des Holzes als Grundlage der Holzartenbestimmung und der Gefügebeurteilung.

Für die Prüfung und Beurteilung der Eigenschaften bestimmter Hölzer ist die Kenntnis der *Holzart* erste Voraussetzung. Zur Bestimmung der Holzart dienen am rohen Rundholz bereits verschiedene äußere Merkmale, am be- oder verarbeiteten Holz vor allem die Eigentümlichkeiten des anatomischen Aufbaues, die meist schon dem unbewaffneten Auge kennzeichnende Unterscheidungsmerkmale bieten und die darüber hinaus in zweifelhaften Fällen eine weitgehend gesicherte Identifikation mit Hilfe des Mikroskops gewährleisten. Hand in Hand mit der Bestimmung der Holzart geht bei der ersten Prüfung bestimmter Bauhölzer eine *Beurteilung* der Wuchseigentümlichkeiten, der etwa vorhandenen Fehler und der Schwankungen im Holzgefüge, die alle sich stark auf die technische Eignung des Holzes auswirken.

Jede Beurteilung von Holz als Bau- und Werkstoff muß davon ausgehen, daß das Holz ein naturgewachsener Rohstoff von überaus wechselnden Eigenschaften ist. Je nachdem, wie die einzelnen Holzarten in der für sie typischen Weise ihr Holz aus verschiedenartigen und verschieden geformten Zellen aufbauen, wie dem wachsenden Baum Wasser, Wärme und Nährstoffe je nach Klima und Boden zur Verfügung standen, wie der Baum durch Nachbarstämme bedrängt oder durch Stürme und Schnee belastet wurde, je nach Erbanlage und Umwelteinflüssen ist der Schaft eines Baumes verschieden geformt und sein Holz in den einzelnen Baumteilen mit besonderen Eigenschaften ausgestattet [*I*]. Aus dieser *Mannigfaltigkeit des Wuchses und der Eigenschaften* ergeben sich einerseits Schwierigkeiten der Prüfung und Verwendung des Holzes, andererseits größte Möglichkeiten der Ausnutzung gerade der Vielseitigkeit dieses Rohstoffs bei richtiger Beurteilung und Auswahl der für die einzelnen Zwecke geeignetsten Holzarten und Baumteile.

Die Zellen des Holzes entstehen im *Kambium*, einer feinen Schicht von Bildungsgewebe, das unter der Rinde den Holzkörper des Schaftes, der Äste und der Wurzeln des Baumes umkleidet. Die Kambiumzellen teilen sich durch Längswände und scheiden nach innen Holzzellen, nach außen Rindenzellen ab. Solange der Baum lebt, behalten die Mutterzellen der Kambiumhülle ihre Teilungsfähigkeit und lagern immer weitere Holzschichten um den Schaft ab, so daß das Dickenwachstum des Baumes zeitlebens anhält.

Rhythmische Schwankungen des Klimas bedingen ein zeitliches Aussetzen und Wiederaufleben des Baumzuwachses und der Holzbildung. Wo die jährlich wiederkehrende Vegetationszeit mit der Winterruhe abwechselt, sind die Zuwachsschichten gegeneinander abgesetzt und auf dem Querschnitt als *Jahrringe* erkennbar. An den Zuwachsringen auf einer Schnittfläche kann somit die Zahl der Jahre abgelesen werden, die vergingen, seit der Baum die Höhe dieses Schnittes über dem Boden erreicht hatte; allerdings kann in seltenen Fällen und als Folge schwerer Wuchshemmungen die Jahrringbildung eine Zeitlang, besonders in den unteren Schaftteilen und manchmal an einer Baumseite, aussetzen.

Auch *örtlich* kann die Holzbildung an einzelnen Stellen aufhören, wo die Kambiumhülle *unterbrochen* wird. Dies geschieht z. B. bei jedem Stamm dort, wo bei der Herausbildung des Schaftes die beim jungen Bäumchen zunächst bis zum Boden reichenden unteren Äste überschattet werden und absterben. Das Holz des Astes ist, solange er lebt, fest mit dem des Stammes verwachsen; man spricht von einem weißen, fest verwachsenen Ast. Am toten Ast ist auch sein Kambium bis zum Astansatz herab abgestorben. Solange der Ast noch nicht ganz abgebrochen ist, wächst er in den Stamm ein. Dieser meist durch Einlagerungen oder Pilzeinwirkungen dunkelgefärbte, nicht mehr mit dem umgebenden Stammholz verbundene Schwarzast wird infolge des ungleichen Schwindens im Brett oft lose und fällt heraus (Durchfallast). Das Kambium wird weiterhin örtlich unterbrochen, zerstört oder aufgespalten durch Wunden, welche die schützende Rinde aufreißen, etwa durch Fäll- oder Rückeverletzungen, durch Wildschälschäden, durch Frostrisse, Hitzespalten, Blitzschläge u. a. m. Auch unter der geschlossenen Rinde kann das Kambium stellenweise beschädigt werden durch „Sonnenbrand" bei plötzlicher Freistellung des Baumes, durch Hagelschlag, durch Fraßgänge von Insektenlarven („Markflecken"), durch tangentiales Aufspalten der Bildungsschicht unter der Rinde, wobei Harz aus angerissenen Querharzgängen in den Spalt eingepreßt wird (Harztaschen bei vielen Nadelhölzern) usw. Bei Wunden, Astabbrüchen u. dgl. wächst aus dem unbeschädigten Kambium vom Rande her Wundholz hervor und überwallt die Stelle, indem es sich dem freigelegten Holz fest anpreßt, aber nicht mit ihm verwächst.

Die Zellen des Kambiums und dementsprechend des Holzes erstrecken sich in überwiegender Zahl mit ihrer Längsrichtung in der Längsachse des Baumes. Wenn die *Faserrichtung*, um einen bestimmten Winkel von der Längsrichtung des Schaftes abweichend, diesen schraubig umläuft, ist der Stamm drehwüchsig. Durch wechselnde Faserverkrümmung nach verschiedenen Richtungen hin entsteht welliger oder wimmeriger Wuchs des Holzes.

Die Jahrringe sind auf dem Querschnitt konzentrisch um das in der Mitte liegende Mark angeordnet, das den Stamm und jeden Ast in der Längsrichtung durchzieht. Bei Baumarten, die ihren Längstrieb aus der Gipfelknospe emporwachsen lassen und die beim Höhenwachstum stark auf richtende Kräfte reagieren, ist das Mark *gerade*; diese Bäume bilden zweischnürige Schäfte. Bei anderen Arten hat das Mark einen *knickigen* Verlauf, da sie den Haupttrieb jedes Jahres aus einer Seitenknospe entwickeln. *Schaftkrümmungen* stören die Verarbeitung weniger, wenn sie in einer Ebene liegen (einschnürige Stämme), als wenn die Stämme nach verschiedenen Richtungen hin gewachsen sind (unschnürige Stämme).

Die Jahrringbreite schwankt nach Wuchskraft, Standort und Erziehung von Bestand zu Bestand, von Baum zu Baum und auch innerhalb des Baumes vom Mark zur Rinde hin in weiten Grenzen. Am Stamm ist die Ringbreite in einer gewissen, mit dem Alter des Baumes zunehmenden Höhe über dem Boden am kleinsten, von da aus vergrößert sich die Dicke der jährlichen Zuwachsschicht sowohl nach unten wie nach oben. So entsteht die eigenartige *Form des Baumstammes*, der am Wurzelanlauf am dicksten ist, dann zunächst rasch dünner wird, um bald in den schlanken, nach oben hin sich nur allmählich verjüngenden Schaft überzugehen, der in der Krone wieder in einen spitzen Kegel ausläuft. Nimmt der Durchmesser des Schaftes mit der Höhe rasch ab, spricht man von abholzigen, nimmt er langsam ab, von vollholzigen Stämmen.

Die Holzbildung kann auch an bestimmten Stellen oder nach bestimmten Seiten des Baumes hin besonders intensiv sein und breite Jahrringe erzeugen, an anderen Stellen oder Seiten nachlassen. Bei Schiefstellung, ständigem einseitigem Winddruck u. dgl. bilden die Nadelhölzer auf der der Belastung entgegengesetzten Seite unter *Druckholzbildung*, die Laubhölzer auf der Lastangriffsseite unter *Zugholzbildung* breitere Ringe, so daß auf dem Querschnitt das Mark exzentrisch liegt. In der Jugend knickig erwachsene Holzarten legen jahrzehntelang auf der Innenseite jedes Knicks breitere Ringe an als auf der Außenseite (Ausgleichswachstum). Ungleiches Wachstum an verschiedenen Seiten des Stammumfangs läßt eine grobwellige Oberfläche (*Spannrückigkeit*) des Schaftes oder *Hohlkehlen* entstehen, die sich als oft tiefe Rinnen am Stamm herabziehen.

Die *Zellen des Holzes* haben je nach ihrer Aufgabe verschiedene Form, Gestalt und Größe. Der Saftleitung dienen weite, dünnwandige, der Festigung dickwandige Zellen; beide Zellarten sind tot und verlaufen vorwiegend in der Längsrichtung des Schaftes. Damit Wasser und gelöste Stoffe von Zelle zu Zelle gelangen können, haben die Zellwände Durchbrechungen oder kleine Öffnungen (Tüpfel), die vielfach ventilartig gebaut sind (Hoftüpfel). Die Nährstoffspeicherung und -umsetzung geschieht vorwiegend in den kleinen lebenden Parenchymzellen, die nur zum kleineren Teil zu längsverlaufendem Holzparenchym, zum größeren Teil zu den vielfach auffallenden, quer zur Stammrichtung angeordneten Markstrahlen zusammengefügt sind. In den Markstrahlen, die sich in radialer Richtung von der Rinde durch das Kambium ins Holz erstrecken, liegen die Zellen in oft großer Zahl übereinander, teilweise auch nebeneinander geschichtet. Bei vielen Holzarten bestehen die Markstrahlen nur aus gleichartigen Parenchymzellen (homogene Markstrahlen), bei anderen sind die Markstrahlen am oberen und unteren Rand von Markstrahltracheiden begleitet (heterogene Markstrahlen); wo Markstrahlparenchym mit anderem Gewebe zu auffälligen breiten Radialbändern verbunden ist, spricht man von falschen oder Scheinmarkstrahlen. Wie in dem fertig ausgebildeten Holzgewebe die Zellarten anteilmäßig vertreten und räumlich angeordnet sind, ist für die einzelnen Holzarten typisch.

Der Zusammensetzung aus einzelnen Zellarten nach ist das *Holz der Nadelbäume* am einfachsten gebaut. Es besteht zu mehr als $^9/_{10}$ aus einer Zellart, den Tracheiden. Dies sind faserförmige, sehr schmale, 3 bis 5 mm lange Zellen, die in dem zu Beginn der Vegetationszeit gebildeten Frühholz dünnwandig und mit zahlreichen großen Hoftüpfeln versehen, in dem im Sommer gebildeten Spätholz dickwandig und mit kleinen spärlichen Tüpfeln ausgestattet sind. Die Markstrahlen der Nadelhölzer sind einreihig, aber oft viele Zellreihen hoch; Längsparenchym kommt nur bei einzelnen Nadelholzarten und in geringer Menge vor. Die meisten einheimischen Nadelhölzer besitzen Harzgänge, die teils in der Längsrichtung zwischen den Tracheiden, teils in radialer Querrichtung und dann im Inneren einzelner Markstrahlen verlaufen. Es handelt sich hier um Hohlgänge, die durch Auseinanderweichen anderer Zellen entstanden sind.

Die Harzgänge sind mit Epithelzellen ausgekleidet, die das flüssige Harz mit Druck in die Harzgänge absondern.

Das *Holz der Laubbäume* ist aus verschiedenen Zellarten zusammengesetzt, da sich bei ihnen eine weitgehende Arbeitsteilung der Holzzellen herausgebildet hat. Besonders kennzeichnend sind die allein der Leitung dienenden Tracheen oder Gefäße, bei denen viele Einzelzellen als Glieder langer Röhren dadurch zusammengefügt sind, daß die obere und untere Trennwand jedes Gliedes ganz oder durch leiterförmige Durchbrechungen aufgelöst ist. Dafür dienen die Faserzellen des Stützgewebes fast nur der Festigung; allerdings erreichen sie selten eine Länge von mehr als 1 bis 2 mm. Längsparenchym kommt viel häufiger und in viel größerer Menge vor als bei den Nadelhölzern. Neben einschichtigen Markstrahlen gibt es häufig mehrschichtige, oft vielschichtige Markstrahlen, bei einzelnen Laubhölzern auch zahlreiche Scheinmarkstrahlen.

Eine nachträgliche Veränderung können im Stamminneren die Holzgewebe der älteren Holzschichten, die für die Aufgaben der Saftleitung und Stoffspeicherung nicht mehr benötigt werden, durch die *Verkernung* erfahren. Der Kern enthält keine lebenden Parenchymzellen mehr und ist durch Einlagerungen dunkel gefärbt, so daß sich auf dem Querschnitt das Kernholz vom Splintholz, den äußeren lebenden Teilen des Stammes, abhebt. Zahlreiche Holzarten bilden einen echten Farbkern, der mit zunehmendem Alter gleichmäßig, wenn auch nicht genau den Jahrringgrenzen folgend, sich verbreitert und immer größere Anteile des Innenholzes erfaßt. Andere Holzarten wieder bilden keinen Farbkern, sei es, daß ihr Innenholz zeitlebens Splinteigenschaften behält und Wasser leiten kann, sei es, daß das Innenholz austrocknet und abstirbt, ohne sich zu verfärben. Manche Laubhölzer bilden normalerweise keinen Farbkern, nicht selten aber einen falschen Kern, dessen Begrenzung viel weniger regelmäßig ist als die des echten Kerns und der periodisch mit meist deutlich abgesetzten Ringen und Zonen sich vergrößert.

Das Kambium bildet nach außen *Rindengewebe*, das sich aus ähnlichen Zellarten zusammensetzt wie das Holz. Die Rinde setzt sich zusammen aus der Innenrinde (Bast), deren Gewebe hauptsächlich auf die Leitung konzentrierter Stofflösungen und auf die Speicherung der Stoffe eingerichtet ist, und aus der Außenrinde, die vor allem die darunterliegenden Gewebe abzudichten und zu schützen hat. Die Außenrinde besteht zunächst aus einer glatten Korkhaut, die von einem unter der Oberfläche liegenden Korkkambium gebildet wird. Manche Holzarten behalten durch viele Jahrzehnte eine glatte Außenrinde, die sich immer weiter dehnt, bei. Bei anderen Holzarten kommt es zur Bildung einer Borke, indem in tieferen Rindenschichten neue Korkkambien ausgebildet werden, welche die toten Außenschichten gegen die lebende Innenrinde abgrenzen. Die toten, meist mit Kork- und Steinzellen reich durchsetzten Borkenschichten, die sich nicht mehr dehnen und verbreitern können, spalten sich durch tiefe, bis zum lebenden Gewebe hinabreichende Risse auf, zwischen denen die bei den einzelnen Holzarten verschieden geformten Borkenfelder oder Borkenschuppen stehenbleiben und deren oberste Schichten allmählich abblättern oder abschilfern.

2. Bestimmung der Holzarten.

a) Unterscheidung der Holzarten am Rundholzabschnitt.

Am rohen Stammabschnitt lassen sich die Holzarten meist schon nach der Rinde, deren Farbe und Ausbildung allerdings mit dem Alter beträchtliche Veränderungen erfährt, und nach dem Holz der Schnittflächen, auf denen vor allem die etwaige Verkernung sichtbar wird, bestimmen (Tab. 1).

Tabelle 1. *Unterscheidungsmerkmale der Holzarten am Rundholz* [2].

Holzart	Rinde JR. = Jungrinde, AR. = Altrinde, RQ. = Rindenquerschnitt	Stammquerschnitt
Fichte	JR. rötlichbraun. AR. rötlich-grau, dünn, mit runden, mulden-förmigen, oberflächlich schilfern-den Rindenschuppen	Holz hell, kein Farbkern (Sitka-fichte mit hellbräunlichem Farb-kern)
Tanne	JR. hellgraugrün, mit Harzbeulen. AR. weißlichgrau bis braun, dick, mit eckigen, oberflächlich glatten Rindenschuppen	Holz ziemlich hell, kein Farbkern. Am frischen Stock oft dunkel-feuchter Naßkern
Kiefer	JR. rötlichgrau. AR. oben am Schaft gelbbraune, dünnschuppige Spiegelrinde, unten grau- bis rot-braune, dickschuppige Borke. RQ. Grenzschicht der Borkenschuppen lehmfarben	Splint frisch dunkelfeucht, später heller, oft verharzend. Kern nach-dunkelnd, rötlichbraun, am Stock unregelmäßig begrenzt und $^1/_3$ bis $^1/_2$ des Stammdurchmessers ein-nehmend; Kernanteil nach oben zunächst zunehmend
Weymouthskiefer (Strobe)	JR. schwarzgrau, glatt, glänzend. AR. graue, längsrissige, nicht sehr dicke Tafelborke. RQ. innen röt-lich	Splint schmaler als Kiefer, Kern bräunlich-rosa
Lärche	JR. grau, glatt. AR. rötlichgraue, schuppige Borke auf ganzer Stammlänge, oft sehr dick und tiefrissig. RQ. Grenzschicht der Borkenschuppen karminrot	Splint schmal, gelblich, Kern dun-kelrotbraun, am Stock regelmäßig begrenzt und $^8/_{10}$ bis $^9/_{10}$ des Stammdurchmessers einnehmend. Kernanteil nach oben abnehmend
Douglasie	JR. grau bis olivgrün, glatt mit Harzbeulen. AR. dunkelgrau-braun, tiefe Längs- und Querrisse, unten am Schaft oft weich und abblätternd. RQ. Grenzschicht der Borkenschuppen ledergelb	Frühe Verkernung, Kern hell-violettbraun
Wacholder	AR. schwarzgrau, längsfaserig	Kern hellrötlich-violett
Eibe	AR. rotbraun, glattschuppig, plat-tig abblätternd	Splint gelb, Kern dunkelrotbraun
Esche	JR. hellgrünlichgrau, glatt. AR. grau- bis schwarzbraun, dicht, flachrissig, mit gestreckt rhombi-schen Feldern	Holz weißlich, oft graubrauner, manchmal olivbrauner Falsch-kern
Robinie	JR. braun, glatt, dornig. AR. gelbgraubraun, tief längsrissig, grob netzartig gefeldert	Splint schmal, Kern grünbraun
Eiche	JR. grünlich bis silbergrau, glatt, glänzend. AR. grau, mehr oder minder tiefrissig und wechselnd hart und dick	Splint hellgelblich, Kern gelblich-rosa bis dunkelgraubraun, an der Schnittfläche vergilbend
Roteiche	JR. dunkelgrau, glatt. AR. dun-kel, dünnschuppig, flachrissig	Kern rosa bis rötlichbraun
Edelkastanie	JR. olivbraun, glatt mit hellen Korkwarzen. AR. bräunlichgrau, längsrissig	Holzfarbe wie Eiche
Ulme	JR. bräunlichgrau, glatt. AR. längsrissig	Am frischen Schnitt zwischen feuchtem Splint und Farbkern trockene Reifholzzone

Tabelle 1. (Fortsetzung.)

Holzart	Rinde JR. = Jungrinde, AR. = Altrinde, RQ. = Rindenquerschnitt	Stammquerschnitt
Feldulme	AR. dunkelgraubraun, tief- und kurzrissig, rechteckige Borkenfelder	Kern groß, dunkel, schokoladenbraun
Bergulme	AR. dunkel, ziemlich dick, seichtrissig	Kern ziemlich groß, lilabräunlich
Flatterulme	AR. etwas heller und dünner, mehr flachschuppig abblätternd	Kern klein, hellbraungelblich
Nußbaum	JR. aschgrau, glatt. AR. meist hell, tief längsrissig	Splint grauweiß, Kern graubraun
Kirschbaum	JR. rötlichbraun, glatt, glänzend, in bandartigen Lappen sich ablösend. AR. schwärzlich, flachrissig	Splint rötlichweiß, schmal, Kern hellrötlichbraun
Zwetschenbaum	JR. schwärzlichgrau, glänzend. AR. schwärzlich, längsrissig	Splint rötlichgelb, Kern dunkelbraunrot
Buche	Rinde grau, oft bis ins Alter glatt, teilweise am Stammfuß und an Einzelstämmen (Steinbuchen) seicht längsrissig	Holz hellrötlich, häufig unregelmäßig begrenzter und gezonter Rotkern
Platane	Rinde (Pl. occid.) olivbraun in großen Platten über helleren Feldern glatt abblätternd	Holz hellgraurötlich, Falschkern braun
Ahorn	JR. hell, glatt. AR. seichtrissig	Kein Farbkern
Bergahorn	JR. hellgrau. AR. dunkelgrau, schwachborkig, in flachen, länglichen Schuppen abblätternd	Holz hellgelblichweiß
Spitzahorn	JR. gelbgrau. AR. schwärzlich, fein längsrissig mit schmalen Rippen, nicht abblätternd	Holz rötlichweiß
Feldahorn	JR. graubräunlich, oft Korkleisten. AR. dunkelgrau, flachrissig mit breiten Rippen	Holz hellbräunlich
Hainbuche	Rinde grau, glatt, im Alter einzelne Längsrisse ohne ausgesprochene Borkenbildung	Stamm spannrückig. Holz weiß, kein Farbkern
Schwarzerle	JR. grünlichbraun, glatt, mit rötlichweißen Korkwarzen. AR. schwarzbraun, starkrissig, kleinschuppig. RQ. Innenrinde orangerot	Holz rötlichgelb, ohne Farbkern. An der frischen Schnittfläche rot anlaufend
Birke	JR. glänzendweiß (Sandbirke) bis grauweiß (Moorbirke), mit braunen Korkwarzen, in dünnen Blättern abschilfernd. AR. am unteren Stammteil (bei Sandbirke höher hinauf als bei Moorbirke) schwärzlich, tiefrissig, mit hohen, harten Feldern. RQ. weiße Steinzellennester	Holz rötlichweiß, kein Farbkern

Tabelle 1. (Fortsetzung.)

Holzart	Rinde JR. = Jungrinde, AR. = Altrinde, RQ. = Rindenquerschnitt	Stammquerschnitt
Linde	JR. braun, meist glatt. AR. dunkel, netzartig flachrissig. RQ. durch erweiterte Markstrahlen radial geflammt	Holz rötlich- oder gelblichweiß, selten mit großem, dunklem Falschkern
Apfelbaum	Rinde glatt, in dünnen Platten abblätternd. RQ. Innenrinde gleichmäßig ockergelb	Kern dunkelrotbraun, meist buntstreifig
Birnbaum	Rinde schwarzgrau, längs- und querrissig mit würfelförmigen Feldern. RQ. Innenrinde rosa, mit feinen, hellen Jahrringen	Holz gleichmäßig hellrötlichbraun
Vogelbeerbaum	JR. hellgrau, glatt, glänzend, mit rostfarbenen Korkwarzen. AR. schwärzlichgrau, längsrissig	Splint grauweiß, Kern hellbräunlich
Elsbeerbaum	JR. grauglänzend, mit Korkwarzen. AR. dunkelbraun, dünn, kleinschuppig	Splint rötlichweiß, Kern rotbraun
Pappel	JR. hell und glatt, meist glänzend, mit Korkwarzen. AR. tief längsrissig	Teils mit, teils ohne Kern
Schwarzpappel	JR. hellaschgrau, glatt. AR. braunschwarz, tief- und längsrissig	Kern hellgrünlichbraun
Zitterpappel	JR. gelbgrau, glänzend, mit Korkwülsten. AR. dunkelgrau, längsrissig	Kein Farbkern
Silberpappel	JR. weißgrau, mit rostroten Korkwarzen. AR. schwarzgrau, tief längsrissig	Kern dunkelgelbbraun
Weide	JR. grün bis gelb oder rot, matt bis glänzend. AR. bräunlichgrau, längsrissig	Stets Farbkern, Kern meist rotbraun
Roßkastanie	JR. hellgrau, glatt, mit rötlichen Korkwarzen. AR. graubraun, in flachen länglichen Schuppen abblätternd	Holz gelblichweiß, kein Farbkern

b) Unterscheidung der Holzarten am bearbeiteten Stück.

Der Holzverbraucher hat meist bearbeitete Holzstücke vor sich, an deren glatten oder zu glättenden Flächen auf dem Hirnschnitt (Querfläche), Spiegelschnitt (radiale Längsfläche) und Fladerschnitt (tangentiale Längsfläche) zahlreiche Merkmale erkennbar sind (Tab. 2). Als gröbere Kennzeichen dienen vor allem auffällige Unterschiede in Gewicht und Härte, in der (wirteligen oder zerstreuten) Anordnung der Äste und in der Holzfarbe, wobei kleine Holzproben oft nicht die Gegenüberstellung von Kern- und Splintfarbe gestatten; als feinere Merkmale sind insbesondere zu berücksichtigen die durch Anordnung der Zellarten und Zellformen hervorgerufene wechselnde Dichte und Zeichnung des Früh- und Spätholzes auf dem Jahrringquerschnitt, das Vorhandensein oder Fehlen von Harzgängen beim Nadelholz und von größeren oder kleineren spiegelnden Markstrahlen oder von nicht glänzenden Scheinmarkstrahlen beim Laubholz. Die angegebenen Unterscheidungsmerkmale gelten für die Bestimmung des Schaftholzes. Ast- und Wurzelholz haben vielfach anderen Aufbau.

Tabelle 2. *Tafel zur makroskopischen Bestimmung wichtiger einheimischer Holzarten* [3].

m. bl. A. = mit bloßem Auge; u. d. L. = unter der Lupe.

Nadelhölzer.

Holz vorwiegend aus einheitlichen Zellen (Tracheiden) in radialer Richtung aufgebaut, Markstrahlen u. d. L. nicht erkennbar, Jahrringe deutlich ausgeprägt.

I. Mit Harzgängen. Längsharzgänge auf dem befeuchteten Querschnitt als helle Punkte, auf dem tangentialen Längsschnitt als feine, oft dunklere Striche besonders im Spätholz u. d. L. und meist schon m. bl. A. erkennbar.	
A. Ohne Farbkern. Harzgänge spärlich und eng, m. bl. A. kaum sichtbar, Holz geradfaserig, deshalb Fladerzeichnung regelmäßig, Spätholz (soweit nicht Druckholz) wenig ausgeprägt. Übergang zwischen Früh- und Spätholz allmählich, Spätholzfarbe mehr gelblich. Äste meist klein und oval.	*Fichte* (Picea excelsa)
B. Mit Farbkern (soweit nicht reines Splintstück).	
1. Harzgänge weit und zahlreich, m. bl. A. sichtbar, Splint häufig verblaut, Äste in regelmäßigen Astquirlen.	
Harzgänge nicht auffällig, Holz ziemlich hart, Spätholz ausgeprägt. Übergang vom Früh- zum Spätholz ziemlich scharf. Kernholz rotbraun.	*Kiefer* (Pinus silvestris)
Harzgänge sehr auffällig, Holz weich, Spätholz nicht ausgeprägt. Übergang vom Früh- zu Spätholz allmählich.	
Kernholz gelblichrosa, oft leicht streifig, kein auffälliger Geruch.	*Weymouthskiefer* (Pinus Strobus)
Kernholz braunrötlich, Äste schön rotbraun, angenehmer Harzduft.	*Zirbelkiefer* (Pinus cembra)
2. Harzgänge eng und spärlich, m. bl. A. kaum sichtbar, Spätholzbildung ausgeprägt. Übergang vom Früh- zum Spätholz schroff.	
Kernholz rotbraun bis rot, Äste unregelmäßig auch zwischen Astquirlen, dunkle Nageläste häufig.	*Lärche* (Larix decidua)
Kernholz schwach violettbraun, frisches Holz aromatisch duftend.	*Douglasie* (Pseudotsuga taxifolia)
II. Ohne Harzgänge.	
A. Ohne Farbkern. Faserverlauf meist grobwellig, deshalb Fladerzeichnung unruhig, Spätholz ziemlich ausgeprägt, Spätholzfarbe mehr lila-rötlich. Äste oft groß und rund.	*Tanne* (Abies pectinata)
B. Mit Farbkern.	
1. Holz weich, Kernholz deutlich violett, oft streifig, Bleistiftgeruch.	*Wacholder* (Juniperus communis)
2. Holz schwer und hart, Kernholz rotbraun.	*Eibe* (Taxus baccata)

Tabelle 2. (Fortsetzung.)

Laubhölzer.

Holz aus verschiedenartigen, nicht radial angeordneten Zellen aufgebaut, weitlumige Gefäße und breite Markstrahlen oft m. bl. A. erkennbar, Jahrringe z. T. wenig deutlich.

I. Großporig. Gefäße m. bl. A. auf dem Querschnitt als „Poren", auf dem Längsschnitt als „Nadelrisse" gut sichtbar.	
A. Ringgroßporig. Frühholzporen erheblich größer als Spätholzporen, große Poren im Frühholzring gehäuft.	
1. *Spätholz ohne deutliche Zeichnung.* Markstrahlen schwer erkennbar, Holz weißlich, vielfach Falschkern graubraun, vereinzelt olivbraun mit welliger Streifung.	*Esche* (Fraxinus)
Spätholz durch vereinzelte Gefäßgruppen hell gepunktet, Kernholz grünbraun.	*Robinie* (Robinia)
2. *Spätholz mit radialer Flammenzeichnung.*	
a) Breite Markstrahlen, hohe glänzende Spiegel.	*Eichen* (Quercus)
Kern hellsandfarben bis graubraun.	*Weißeichen*
Bei mittleren Ringbreiten oft, aber nicht immer breiter, mehrreihiger Frühporenkreis, ovale Poren, breite verwaschene Flammung.	*Stieleiche* (Qu. pedunculata)
Bei mittleren Ringbreiten oft, aber nicht immer enger, wenigreihiger Frühporenkreis, runde Poren, schmale, scharfgezeichnete Flammung.	*Traubeneiche* (Qu. sessiliflora)
Kernholz rosa bis rötlichbraun.	*Roteichen*
b) Markstrahlen nicht erkennbar, keine Spiegel.	*Edelkastanie* (Castanea)
3. *Spätholz mit tangentialer Wellenzeichnung.*	*Ulme, Rüster* (Ulmus)
Kernholz schokoladenbraun, Wellenlinien schmal, unterbrochen.	*Feldulme* (U. campestris)
Kernholz hell-lilabraun, Wellenlinien ziemlich schmal, zusammenhängend.	*Bergulme* (U. montana)
Kernholz blaßgelblich, Wellenlinien breite durchlaufende Bänder.	*Flatterulme* (U. effusa)
B. Zerstreutgroßporig. Spätholzgefäße nicht wesentlich kleiner als Frühholzgefäße, große Poren über den Jahrring zerstreut, Kernholz graubraun, wasserstreifig.	*Walnuß* (Juglans regia)
II. Kleinporig. Gefäße m. bl. A. nicht oder kaum sichtbar.	
A. Ringkleinporig. Häufung von Gefäßen im Frühholz, Markstrahlen sehr zahlreich und fein, aber m. bl. A. gut erkennbar, viele kleine Spiegel.	
Holz schwer und hart, Kernholz dunkelbraunrot.	*Zwetsche* (Prunus domestica)
Holz ziemlich schwer, Kernholz gelbrötlichbraun.	*Kirsche* (Prunus avium, Prunus Cerasus)
B. Zerstreutkleinporig. Gefäße über den Jahrring zerstreut.	
1. *Markstrahlen m. bl. A. gut sichtbar.*	
a) Markstrahlen sehr deutlich, auf dem Fladerschnitt spindelförmig, auf dem Spiegelschnitt glänzend.	
Markstrahlen etwa $1/10$ der Fläche bedeckend.	*Rotbuche* (Fagus)
Markstrahlen etwa $1/2$ der Fläche bedeckend.	*Platane* (Platanus)

Tabelle 2. (Fortsetzung.)

b) Markstrahlen sehr fein, aber noch erkennbar, zahlreiche kleine glänzende Spiegel.	*Ahorn* (Acer)
Markstrahlen verhältnismäßig groß, Holz hellgelblichweiß.	*Bergahorn* (A. pseudoplatanus)
Markstrahlen verhältnismäßig mittelgroß, Holz rötlichweiß.	*Spitzahorn* (A. platanoides)
Markstrahlen verhältnismäßig klein, Holz hellbräunlich, öfter Markflecken.	*Feldahorn* (A. campestre)
c) Scheinmarkstrahlen breit, unscharf begrenzt, ohne Glanz.	
Holz grau- bis gelblichweiß, sehr schwer und hart, Jahrringverlauf wellig.	*Hainbuche* (Carpinus)
Holz rötlichbraun, leicht und weich, meist mit rotbraunen Markflecken.	*Erle* (Alnus)
2. *Markstrahlen u. d. L. sichtbar.*	
a) Markstrahlen nicht gehäuft, deutlich erkennbar, Holz mittelhart bis weich, hellfarbig.	
Holz gelblichweiß, mittelhart, mäßig schwer, auf Längsschnitt feinnadelrissig und seidig glänzend, auf Hirnschnitt „mehlbestäubt", oft braune Markflecken.	*Birke* (Betula)
Holz weiß bis rötlichweiß, weich, nicht glänzend, von eigentümlichem Geruch.	*Linde* (Tilia)
b) Markstrahlen dicht gehäuft, weniger deutlich erkennbar, Holz hart, rötlich bis braun.	
Kernholz dunkelrotbraun, oft streifig, meist reichlich Markflecken.	*Apfelbaum* (Pirus malus)
Holz gleichmäßig hellrötlichbraun, nur selten Markflecken.	*Birnbaum* (Pirus communis)
Holz sehr schwer und gleichmäßig dicht, Kernholz rotbraun.	*Elsbeerbaum* (Sorbus torminalis)
3. *Markstrahlen u. d. L. nicht sichtbar.*	
Holz sehr leicht und weich, gröberes Zellgefüge, teils mit, teils ohne Kernfärbung.	*Pappel* (Populus) *Weide* (Salix)
Holz mäßig schwer, weich, feineres Zellgefüge, ohne Kernfärbung.	*Roßkastanie* (Aesculus)

c) Unterscheidung der Holzarten unter dem Mikroskop.

Bei sehr kleinen Holzproben und bei Arten, die sich makroskopisch nur schwer oder gar nicht unterscheiden lassen, muß das Mikroskop zu Hilfe genommen werden. Die mikroskopische Bestimmung wird ermöglicht einmal durch die Merkmale des Querschnittes (Anordnung von Gefäßen, Parenchymzellen, Zellwanddicke, Zellweite u. a.), dann aber auch durch die des radialen und tangentialen Längsschnittes (Markstrahlbau, Gefäßdurchbrechungen, Tüpfelung, Parenchymzellen).

Die Schnitte werden mit dem Holzmikrotom hergestellt. Soweit die Proben nicht in saftfrischem Zustand geschnitten werden können, müssen sie erweicht werden, was durch stunden- oder tagelanges Einlagern in eine Mischung von Alkohol und Glyzerin, möglichst bei Unterdruck, oder durch tage- bis wochenlanges Kochen im Wasserbad geschieht [4].

Die Bestimmung seltener, in der Bestimmungstafel (Tab. 3) nicht angeführter oder fremdländischer, insbesondere tropischer Holzarten kann durch die für holzanatomische Untersuchungen besonders eingerichteten Institute erfolgen. Es ist übrigens nicht immer möglich, ohne Zuhilfenahme anderer botanischer Merkmale (Blattform, Blüte, Frucht) nur nach den makroskopischen und mikroskopischen Merkmalen des Holzes Arten oder Unterarten einer Gattung (z. B. Birkenarten, Pappel- und Weidensorten) zu bestimmen [5].

Tabelle 3. *Tafel zur mikroskopischen Bestimmung einheimischer Holzarten* [6].
Q. = Querschnitt;   T. = Tangentialer Längsschnitt;   R. = Radialer Längsschnitt.

Fichte: Q. Harzgänge mit dickwandigen Epithelzellen, allmählicher Übergang vom Früh- zum Spätholz. T. Markstrahlen teils einreihig, teils mehrreihig mit Harzgang, verhältnismäßig niedrig. R. Markstrahlen aus Parenchym und Randtracheiden mit leicht gewelltem Außenrand.

Tanne: Q. Harzgänge fehlen. T. Markstrahlen stets einreihig, oft auffallend hoch. R. Markstrahlen nur aus Parenchymzellen.

Kiefer: Q. Harzgänge zahlreich, einzeln, groß, mit dünnwandigen Epithelzellen. T. Markstrahlen teils einreihig, teils mehrreihig mit Harzgang. R. Markstrahlen mit mehreren Reihen von Randtracheiden. Bei Pinus silvestris und anderen zweinadeligen Kiefern: Q. Früh- und Spätholz mit ziemlich scharfem Übergang. R. Markstrahltracheiden mit zackigen Wandverdickungen. Bei Pinus Strobus, Pinus cembra und anderen fünfnadeligen Kiefern: Q. Allmählicher Übergang vom Früh- zum Spätholz. R. Markstrahltracheiden mit glatten Wänden.

Lärche: Q. Harzgänge mit dickwandigen Epithelzellen, schroffer Übergang vom Früh- zum Spätholz. R. Bei Frühholztracheiden häufig nebeneinanderliegende Hoftüpfelpaare.

Douglasie: Q. Harzgänge oft zu mehreren in tangentialen Reihen, mit dickwandiger Epithelzellen. T.R. Tracheiden mit feinen, flachverlaufenden schraubigen Wandverdickungen.

Wacholder: Q. Harzgänge fehlen, reichlich mit braunem Inhalt gefüllte Holzparenchymzellen im Spätholz.

Eibe: Q. Harzgänge fehlen. T.R. Tracheiden mit auffälligen, ziemlich steilen, schraubigen Wandverdickungen.

Esche: Q. Frühholzgefäße nicht sehr weit, Spätholzgefäße einzeln und in kleinen Gruppen spärlich verstreut. T. Markstrahlen meist 2- und 3reihig.

Robinie: Q. Frühholzgefäße mit Netz dünnwandiger Thyllen gefüllt, Spätholzgefäße in dichtgepackten Gruppen. T. Spätholzgefäße oft mit schraubigen Wandverdickungen, Holzparenchym stockwerkartig geordnet.

Eiche: Q. Spätholzgefäße in radialen Bändern. T. Vielreihige und nur einreihige Markstrahlen nebeneinander. — Bei den Weißeichen: Q. Frühholzgefäße stets mit Thyllen, Spätholzgefäße dünnwandig, eckig. Übergang der Gefäßweite vom Frühholz zum Spätholz in den radialen Bändern wohl bei Stieleiche mehr allmählich, bei Traubeneiche mehr schroff. — Bei den Roteichen: Q. Frühholzgefäße fast ohne Thyllen, Spätholzgefäße dickwandig, rund.

Edelkastanie: Q. Frühholzgefäße meist stark oval, Spätholzgefäße in radialen Bändern. T. Markstrahlen einreihig, gelegentlich doppelreihig.

Ulme: Q. Spätholzgefäße in tangentialen Bändern. T. Spätholzgefäße häufig mit schraubigen Wandverdickungen. — Tangentiale Bänder bei Bergulme schmal und lang zusammenhängend, bei Feldulme schmal, unterbrochen, bei Flatterulme breit und lang.

Nußbaum: Q. Weite Gefäße im Jahrring verteilt, Holzparenchym in einreihigen Tangentialbändchen.

Kirschen-, Zwetschenbaum: T. Gefäße mit schraubigen Wandverdickungen und braunem Inhalt.

Buche, Platane: R. Gefäßdurchbrechungen meist einfach, in einzelnen Spätholzgefäßen leiterförmig.

Ahorn: R. Gefäßdurchbrechungen einfach, häufig schraubige Wandverdickungen. — T. Markstrahlen bei Bergahorn bis 8reihig und 1,0 mm hoch, Spitzahorn bis 5reihig und 0,6 mm hoch, Feldahorn 2- bis 4reihig und bis 0,8 mm hoch.

Tabelle 3. (Fortsetzung.)

Hainbuche: Q. Scheinmarkstrahlen mikroskopisch wenig deutlich. R. Gefäßdurchbrechungen einfach, enge Gefäße mit schraubigen Wandverdickungen.

Erle: Q. Gefäße oft bis 7 in radialen Reihen, Scheinmarkstrahlen deutlich, die Jahrringgrenze einbuchtend. R. Gefäßdurchbrechungen leiterförmig, keine Wandverdickungen. T. Echte Markstrahlen einreihig.

Birke: Q. Gefäße bis 4 in radialen Reihen. R. Gefäßdurchbrechungen leiterförmig, keine Wandverdickungen. T. Markstrahlen 1- bis 4reihig.

Linde: R. Gefäßdurchbrechungen einfach, Gefäße stets mit deutlichen schraubigen Wandverdickungen. T. Markstrahlen 1- bis 6reihig.

Apfel-, Birnbaum: R. Gefäßdurchbrechungen einfach, keine Wandverdickungen, in Gefäßen und Parenchym brauner Inhalt.

Vogelbeer-, Elsbeerbaum: R. Gefäßdurchbrechungen einfach, häufig feinschraubige Wandverdickungen.

Pappel: R. Gefäßdurchbrechungen einfach, keine Wandverdickungen, Markstrahlrandzellen liegend-rechteckig. T. Markstrahlen einreihig.

Weide: R. Gefäßdurchbrechungen einfach, keine Wandverdickungen, Markstrahlrandzellen hochstehend-rechteckig. T. Markstrahlen einreihig.

Roßkastanie: R. Gefäßdurchbrechungen einfach, deutlich schraubige Wandverdickungen. T. Markstrahlen einreihig.

3. Beurteilung von Wuchseigentümlichkeiten, Wuchsfehlern und Holzgefüge.

Die Entscheidung über die Verwendbarkeit von Hölzern für bestimmte Zwecke gründet sich zunächst auf die Beurteilung der Wuchsform der Stammstücke, auf das Erkennen etwa vorhandener Wuchsfehler oder Holzzerstörungen und auf die Feststellung der besonderen Eigenschaften der Hölzer mit geeigneten Prüfverfahren oder auf die Einschätzung der Eigenschaften nach bestimmten Eigentümlichkeiten des Holzaufbaues. Auf einige Möglichkeiten der Bewertung von Formfehlern und Gefüge sollen die folgenden Erläuterungen und Schrifttumsangaben hinweisen.

Die *Schaftform* bei gegebener Länge und Stärke des Rundholzes wird hauptsächlich durch die Geradschäftigkeit oder Krümmung und durch die Voll- oder Abholzigkeit gekennzeichnet. Die höchstzulässige Krümmung für eine Verwendungsart wird gewöhnlich als größte Abweichung (Pfeilhöhe in cm) auf die Gebrauchslänge (Schwellen-, Grubenstempellänge u. a.) angegeben. Die Abnahme des Schaftdurchmessers vom Wurzelanlauf zum Gipfel hin schwankt in weiten Grenzen nicht nur am einzelnen Baum, wo die oberen und unteren Schaftteile abholziger sind als die mittleren, sondern auch von Stamm zu Stamm je nach Holzart, Alter, soziologischer Stellung des Baumes im Bestand, Wuchsgebiet, Standort usw., so daß gleich starke Schäfte auch derselben Holzart eine sehr verschiedene Form besitzen können. Für die ganze Baumlänge kann die Voll- oder Abholzigkeit bestimmt werden durch die etwa bei forstlichen Ertragsuntersuchungen verwendete „Formzahl", d. i. das Verhältnis des tatsächlichen Stamminhalts zu dem eines Zylinders gleicher Höhe und gleichen Durchmessers [7]. Für einzelne Verwendungen kann die durchschnittliche Durchmesserabnahme in cm/m innerhalb der Gebrauchslänge ein ausreichender Maßstab sein; so streut beispielsweise bei Leitungsmasten die Durchmesserabnahme auf ganze Mastenlänge etwa zwischen 0,1 und 1,4 cm/m bei Fichte und zwischen 0,2 und 1,6 cm/m bei Kiefer [8]. Für die einheimischen Haupt-

holzarten und einzelne Wuchsgebiete wurden auf Grund sorgfältiger Groß-
zahluntersuchungen „Ausbauchungsreihen" aufgestellt, aus denen die mittlere
Baumform bei bestimmtem Durchmesser errechnet werden kann [9].

Bei der Beurteilung des Durchmessers und der Form des rindenfreien Holz-
körpers vom berindeten Rundholz aus muß die nach Holzart, Alter, Höhe am
Stamm u. a. wechselnde *Rindendicke* berücksichtigt werden [10]. Ferner kann
aus Zeichnungen auf der Rindenoberfläche, die durch Abweichungen des Rinden-
baues hervorgerufen sind, also aus Ausbeulungen, Wülsten, Narben, rosetten-
förmigen Ausbiegungen der Rindenrippen u. a. m. auf bestimmte Fehler, die
unter diesen Stellen im Stammholz verborgen liegen, geschlossen werden. Vor
allem weisen solche Rindenzeichen — bei borkigen Holzarten noch nach vielen
Jahrzehnten, bei glattrindigen nach Jahrhunderten — auf alte Wundüberwallun-
gen und auf das Vorhandensein eingewachsener Aststümpfe, insbesondere auch
auf die Astdicke und auf die Tiefe der Überwallungsstelle, hin. Über die Bestimmung der Ästigkeit am bearbeiteten Stück finden sich Hinweise in Kap. I, B.
Aus der Richtung des *Verlaufes der Rindenrippen* kann auf den etwaigen Drehwuchs nur derjenigen Holzschichten im Stamm geschlossen werden, die zur
gleichen Zeit gebildet wurden wie das Gewebe der äußeren Borkenschichten;
diese Zeit kann bei starkrindigen Bäumen viele Jahrzehnte zurückliegen.

Die Messung der *Faserabweichung* bei drehwüchsigem Stammholz erfolgt
zweckmäßig nach den in Kap. I, B gegebenen Anweisungen. Es ist zu berücksichtigen, daß sowohl die Drehrichtung wie der Neigungswinkel des Faserver-
laufes sich meist in den Holzschichten zwischen Mark und Rinde und in verschiedenen Stammhöhen rasch ändern. Von innen nach außen im Stammholz
nimmt gewöhnlich der Neigungswinkel zu. Beim einheimischen Nadelholz
weicht der Faserverlauf in der Regel innen nach links, außen nach rechts ab [11].
Bei vielen längsstreifigen tropischen Holzarten schlägt die Drehrichtung der
Faser in den sich von innen nach außen folgenden Holzschichten im Abstand
von wenigen Zentimetern abwechselnd stark nach links und rechts aus.

In dem in seinen Eigenschaften meist stark vom normalen Holz abweichenden
Reaktionsholz [12] fällt das *Druckholz* (Rotholz) der Nadelbäume auf dem
Querschnitt durch die deutlichen, meist rot gefärbt erscheinenden, breitringigen
Zonen auf, die sich halbmondförmig in einer Reihe von Jahrringen auf einer
Stammseite finden. Das *Zugholz* der Laubbäume dagegen ist mit bloßem Auge
nur schwer oder nicht zu erkennen. Auf den durch Sägeschnitt erzeugten Hirnflächen deuten sich nicht selten Zugholzzonen bei Pappelstämmen durch wollig-
faserige, bei Buchenstämmen durch silbriggrau schimmernde Stellen an. Zur
exakten Bestimmung des Vorhandenseins, der Ausdehnung und der Intensität
der Zugholzbildung bedarf es der mikroskopischen Untersuchung mit geeigneten
Färbemethoden. Da die inneren Zellwandschichten der Zugholzzellen unver-
holzt, die äußeren verholzt sind, eignen sich entweder Färbeverfahren, welche
die unverholzten Gewebeteile mit Hilfe der Zellulosereaktion allein anfärben,
oder Doppelfärbungen, welche die verholzten und unverholzten Membranteile
verschieden färben. Als bewährt seien genannt: die Violettfärbung unverholzter
Wandschichten mit Chlorzinkjod (30 g Chlorzink in 12 g Wasser mit einer
Auflösung von 5 g Jodkalium und 1 g Jod in 12 g Wasser versetzt) und die
Doppelfärbung Safranin-Gentianaviolett, wobei sich verholzte Wandschichten
rot, unverholzte schwarzviolett tönen (mehrstündige Einlagerung in Safranin-
lösung, nach Alkoholwäsche wenige Minuten Gegenfärbung in Gentianaviolett,
Spülung in Alkohol und Beizung mit Jodkalium). Weitere Färbemethoden
finden sich in den Handbüchern der Mikroskopiertechnik. Das von CLARKE [13]
empfohlene Anfärben geglätteter ganzer Stammscheiben mit dem Ligninreagens

Phloroglucin-Salzsäure (11 g kristallines Phloroglucin in 800 ml konzentrierter Salzsäure, verdünnt auf 1500 ml) läßt bei Buche die Zugholzzonen als helle Partien auf der sonst dunkelrot gefärbten Fläche hervortreten, während dieses Schnellverfahren nach eigener Beobachtung bei Pappel versagt.

Holzzerstörungen durch Insekten sind an Bohrgängen, durch Pilze, wenigstens bei bereits fortgeschrittener Zersetzung, an Farbänderungen (Verblauung, Rotstreifigkeit, Weißfäulen, Rotfäulen usw.) erkennbar. Nicht alle Farbänderungen sind Zeichen von beginnender Holzzersetzung; sie können auch rein chemischer Natur sein. Nicht alle durch Pilze hervorgerufenen Verfärbungen sind auch mit einer Festigkeitsminderung verbunden. So leben viele Bläuepilze nur von den Inhaltsstoffen der Parenchymzellen. Umgekehrt wiederum kann das Holzgefüge durch *holzzerstörende Pilze* bereits in wesentlichen Bestandteilen angegriffen sein, bevor eine Farbänderung deutlich sichtbar wird [14]. Da die Zähigkeit des Holzes durch Zersetzung rascher und stärker beeinträchtigt wird als die Zug-, Biege- und vor allem die Druckfestigkeit, ist die Bestimmung der Bruchschlagarbeit ein besonders empfindliches Mittel zur indirekten Feststellung von Pilzeinwirkungen [15]. Auf die direkte Bestimmung des Pilzbefalls

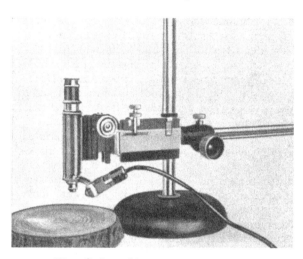

Abb. 1. Gerät zur Jahrring- und Spätholzmessung an Stammscheiben und zur Gefügebeurteilung bei schwächeren Vergrößerungen.

und auf das Verhalten des Holzes gegen Pilze und Insekten ist in Kap. I, H eingegangen.

Das *Gefüge des Holzes*, sein Jahrringbau und seine Zusammensetzung aus den verschiedenen Zellen, das Verhältnis von Früh- und Spätholz und der Anteil an Festigungsgewebe sind für alle Eigenschaften maßgebend. Zur Messung der Ringbreiten und des Spätholzes an Stammscheiben oder Bohrspänen dienen schwach vergrößernde Meßgeräte, die mit zwei Nonien (Abb. 1) oder auch mit besonderer Registrierapparatur ausgestattet sind. Eine einigermaßen gesicherte und wiederholbare Messung der Spätholzbreiten ist nur bei den Holzarten gewährleistet, die, wie in Tab. 2 und 3 angegeben, einen schroffen Übergang vom Früh- zum Spätholz erkennen lassen. Über die Ermittlung der mittleren Jahrringbreite siehe Kap. I, B. Zwischen Jahrringbreite und Spätholzanteil einerseits und der Raumdichte und anderen Holzeigenschaften andererseits bestehen zwar gewisse und besonders bei den Nadelhölzern und den ringporigen Laubhölzern deutliche Zusammenhänge, doch können auch Hölzer gleicher Ring- und Spätholzbreite recht verschiedene Eigenschaften besitzen, so daß nähere Gefügeuntersuchungen zweckmäßig sind. An Mikrotomschnitten können kennzeichnende Einzelheiten des Gewebebaues durch Messungen von Zellartanteilen, Zellwanddicken u. dgl. mit Hilfe eines Meßmikroskops festgestellt werden, das, wenn möglich, mit einer Integriervorrichtung ausgestattet ist. Verschiedene Methoden zur Bestimmung oder Kenntlichmachung des in einer

Jahrringfolge wechselnden Holzgefüges werden angewendet, so die Feststellung des Abnutzungskontrastes der Früh- und Spätholzzonen nach Einwirkung von Sandstrahlgebläse [16] oder konzentrierter Schwefelsäure [17], die Messung der Lichtdurchlässigkeit [18] oder der Nadelstichhärte [19] an zahlreichen Punkten jedes Jahrrings, die Bestimmung der Rohwichte [20] oder der Zugfestigkeit [21] an Serien von Dünnschnitten.

Über die Prüfung des Zellgefüges hinausgehende Untersuchungen der *Zellwanddichte* und *Verholzungsintensität*, der *Lagerung und Schichtung des Zellwandgerüstes* und der *submikroskopischen Feinbauteile* der Zellwände bedürfen besonderer Methoden. Es wird hingewiesen auf einige zusammenfassende Darstellungen über besondere Färbemethoden [22], über verfeinerte lichtoptische Untersuchungsverfahren, wie Polarisationsmikroskopie, Phasenkontrastverfahren, Eigenfluoreszenz, Dichroismus und Metachroismus, sowie über röntgenologische und elektronenmikroskopische Methoden [23].

Schrifttum.

[1] TRENDELENBURG, R.: Das Holz als Rohstoff. Neu bearbeitet von H. MAYER-WEGELIN, München: Carl Hanser 1955.

[2] SCHREIBER, M.: Forstbotanik; in L. WAPPES: Wald und Holz, Bd. I, S. 250/95. Neudamm u. Berlin: J. Neumann 1932. — HOLDHEIDE, W.: Anatomie mitteleuropäischer Gehölzrinden; in H. FREUND: Handbuch der Mikroskopie in der Technik, Bd. V, Teil 1, S. 195/368. Frankfurt a. M.: Umschau-Verlag 1951. — SCHWANKL, A.: Die Rinde, das Gesicht des Baumes. Stuttgart: Kosmos-Verlag u. Franckhsche Verlagshandlung 1953.

[3] HARTIG, R.: Die Unterscheidungsmerkmale der wichtigen in Deutschland wachsenden Hölzer, 4. Aufl. München: M. Riegerscher Universitätsverlag 1898. — HERRMANN, E.: Tabellen zum Bestimmen der wichtigsten Holzgewächse, 3. Aufl. Neudamm: J. Neumann 1932. — WILHELM, K.: Schlüssel zum Bestimmen einheimischer Hölzer nach äußeren Merkmalen. Wien: Carl Gerolds Sohn 1925. — GAYER, K., u. L. FABRICIUS: Die Forstbenutzung, 14. Aufl. Berlin u. Hamburg: Paul Parey 1949. — NEGER, F. W., u. E. MÜNCH: Die Nadelhölzer. Neu bearbeitet von B. HUBER. Sammlung Göschen Nr. 355. Berlin: de Gruyter u. Co. 1952 — Die Laubhölzer. Neu bearbeitet von B. HUBER: Sammlung Göschen Nr. 718. Berlin: de Gruyter u. Co. 1950.

[4] KISSER, J.: Leitfaden der botanischen Mikrotechnik. Jena: G. Fischer 1926 — Die botanisch-mikrotechnischen Schneidemethoden; in ABDERHALDEN: Handbuch der biologischen Arbeitsmethoden, Bd. XI, Teil 4. Berlin u. Wien: Urban u. Schwarzenberg 1939. — HUBER, B.: Mikroskopische Untersuchung von Hölzern; in H. FREUND: Handbuch der Mikroskopie in der Technik, Bd. V, Teil 1, S. 79/192. Frankfurt a. M.: Umschau-Verlag 1951.

[5] PECHMANN, H. V.: Die Mikroskopie in der Holzverarbeitungstechnik; in H. FREUND: Handbuch der Mikroskopie in der Technik, Bd. V, Teil 2, S. 457/544. Frankfurt a. M.: Umschau-Verlag 1951. — KRYN, J. M.: Annoted list of references on the preparation of wood for microscopic study. 8 p. Madison 5, Wisconsin 1953.

[6] BREHMER, W. V.: Hölzer; in J. v. WIESNER: Die Rohstoffe des Pflanzenreichs, 4. Aufl., Bd. II, S. 1123/1646. Leipzig: Wilhelm Engelmann 1928. — TRENDELENBURG, R., u. M. SEEGER: Das Holz der forstlich wichtigsten Bäume Mitteleuropas. Hannover: M. u. H. Schaper 1932. — SCHMIDT, E.: Mikrophotographischer Atlas der mitteleuropäischen Hölzer. Neudamm: J. Neumann 1941 — Holzeigenschaftstafeln in Zeitschrift Holz als Roh- und Werkstoff 1939/1943.

[7] TISCHENDORF, W.: Lehrbuch der Holzmassenermittlung. Berlin: Paul Parey 1927. — PRODAN, M.: Messung der Waldbestände. Frankfurt a. M.: J. D. Sauerländer's Verlag 1951.

[8] MAYER-WEGELIN, H.: Die Bedeutung der Schaftform für die Verwendung des Stammholzes zu Leitungsmasten. Holz-Zbl. 78. Jg. (1952) Nr. 79, S. 1129/30.

[9] MITSCHERLICH, G.: Sortenertragstafeln für Kiefer, Buche und Eiche. Mitt. aus Forstwirtsch. u. Forstwissensch. X. Jg. (1939) H. 4, S. 484/568 — Sortenertragstafel für die Fichte. Mitt. aus Forstwirtsch. u. Forstwissensch. X. Jg. (1939) H. 4, S 569/83. — PRODAN, M.: Statistische und mechanische Untersuchungen über die Schaftform. Forstwiss. Cbl. u. Thar. Forstl. Jb., Kriegsgemeinschaftsausg. 1944, H. 2, S. 102/14. — SCHOBER, R.: Die Lärche. Hannover: M. u. H. Schaper 1948. — VANSELOW, K.: Fichtenertragstafeln für Südbayern. Forstwiss. Cbl. 70. Jg. (1951) H. 7, S. 409/45.

[10] Flury, Ph.: Einfluß der Berindung auf die Kubierung des Schaftholzes. Mitt. d. Schweiz. Zentralanst. f. d. forstl. Versuchswesen Bd. V (1897) S. 203/55. — Vanselow, K.: Einführung in die Forstliche Zuwachs- und Ertragslehre, 3. verb. Aufl. Kaiserslautern: Hermann Kayser 1941. — Weck, J.: Forstliche Zuwachs- und Ertragskunde. Radebeul u. Berlin: J. Neumann 1948.

[11] Burger, H.: Der Drehwuchs bei Fichte und Tanne. Mitt. d. Schweiz. Anst. f. d. forstl. Versuchswesen Bd. XXII (1941) H. 1, S. 142/63 — Der Drehwuchs bei Birn- und Apfelbäumen. Schweiz. Z. Forstw. 97. Jg. (1946) S. 119/25 — Drehwuchs bei der Lärche. Forstwiss. Cbl. 69. Jg. (1950) H. 2/3, S. 121/25 — Holz, Blattmenge und Zuwachs, 8. Mitt. Die Eiche. Mitt. d. Schweiz. Anst. f. d. forstl. Versuchswesen Bd. XXV (1947) H. 1, S. 211/79.

[12] Münch, E.: Statik und Dynamik des schraubigen Baues der Zellwand. Flora, Allgem. Botan. Ztg., N. F., Bd. 32 (132) (1938) S. 357/424. — Akins, V., u. M. Y. Pillow: Occurrence of gelatinous fibers and their effect upon properties of hardwood specimens. For. Prod. Mes. Soc. Preprint 1950, Nr. 117.

[13] Clarke, S. H.: The distribution, structure and properties of tension wood in beech. Forestry Bd. 11 (2) (1937) S. 85/91.

[14] Liese, J.: Zerstörung des Holzes durch Pilze und Bakterien; in Mahlke/Troschel: Handbuch der Holzkonservierung, 3. neubearb. Aufl., hrsg. von J. Liese. Berlin/Göttingen/Heidelberg: Springer-Verlag 1950.

[15] Trendelenburg, R.: Über die Abkürzung der Zeitdauer von Pilzversuchen an Holz mit Hilfe der Schlagbiegeprüfung. Z. Holz 3. Jg. (1940) H. 12, S. 397/407.

[16] Lang, G.: Das Holz als Baustoff, 2. Aufl., hrsg. von R. Baumann. München: C. W. Kreidel's Verlag 1927.

[17] Kisser, J., u. J. Lehnert: Ein neues Verfahren zur Bestimmung des Früh- und Spätholzanteils bei Nadelhölzern (Schwefelsäure-Kontrastverfahren). Int. Holzmarkt Jg. 1951, Nr. 3, S. 16/20.

[18] Müller-Stoll, W.: Photometrische Holzstruktur-Untersuchungen. 1. Mitt.: Über die Ermittlung von Jahrringaufbau und Spätholzanteil auf photometrischem Wege. Planta, Arch. wiss. Bot. Bd. 35 (1947), H. 3/4, S. 397/426 — 2. Mitt.: Über die Beziehungen der Lichtdurchlässigkeit von Holzschnitten zu Rohwichte und Wichtekontrast. Forstwiss. Cbl. 68. Jg. (1949) H. 1, S. 21/63.

[19] Mayer-Wegelin, H.: Der Härtetaster. Allg. Forst- u. Jagdztg. 122. Jg. (1950) H. 1, S. 12/23.

[20] Keylwerth, R.: Ein Beitrag zur qualitativen Zuwachsanalyse. Z. Holz 12. Jg. (1954) H. 3, S. 77/83.

[21] Kloot, N. H.: A micro-testing technique for wood. Austr. J. Appl. Sci. Mep. Vol. 3 (1952) Nr. 2, S. 125/43.

[22] Kisser, J., u. M. Sturm: Mikroskopische Untersuchungen über den Verholzungsgrad und die Membrandichte der Holzelemente. Mitt. Öster. Ges. Holzforschg. 1949, 2. Folge, Int. Holzmarkt Juli 1949, Nr. 15, S. 10/16. — Pechmann, H. v.: Die Mikroskopie in der Holzverarbeitungstechnik; in H. Freund: Handbuch der Mikroskopie in der Technik, Bd. V, Teil 2, S. 457/544. Frankfurt a. M.: Umschau-Verlag 1951.

[23] Ziegenspeck, H.: Der submikroskopische Bau des Holzes; in H. Freund: Handbuch der Mikroskopie in der Technik, Bd. V, Teil 1, S. 369/456. Frankfurt a. M.: Umschau-Verlag 1951. — Frey-Wyssling, A.: Elektronenmikroskopie des Holzes. Mitt. Öster. Ges. Holzforschg. Bd. 5 (1953) (5) S. 89/90.

B. Bestimmung technisch wichtiger Wuchseigenschaften der Hölzer.

Von K. Egner, Stuttgart.

a) Allgemeines. Mit der Aufstellung von Güteklassen für Hölzer, wie solche in den USA schon seit längerem bestehen [1] und auf Grund der Untersuchungen und Vorschläge von Graf [2] auch in Deutschland eingeführt wurden (vgl. DIN 4074), entstand die Notwendigkeit, die Bestimmung der wichtigsten Wuchseigenschaften, wie Ästigkeit, Faserverlauf und mittlere Jahrringbreite, einheitlich festzulegen. In Deutschland sind zugehörige Vorschriften in DIN 52181, in den USA in ASTM Designation: D 245–49 T enthalten.

b) Bestimmung der Ästigkeit. Zu unterscheiden ist die Erfassung des Einzelastes und diejenige von Astansammlungen. Im ersteren Falle wird übereinstimmend in Deutschland und in den USA jeder Ast auf Grund seines Schnitts mit der jeweils zur Betrachtung stehenden Längsfläche eingestuft; dabei ist, wie Abb. 1a bis c zeigt, in Deutschland stets der kleinste Durchmesser d, bei angeschnittenen Ästen die Bogenhöhe d, in vollen mm mit Hilfe eines einfachen Maßstabs zu messen.

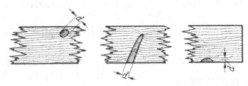

Abb. 1a bis 1c. Messen von Aststellen nach DIN 52181.

Bei Astansammlungen handelt es sich meist darum, über eine Teillänge vorgeschriebener Größe (im allgemeinen 15 cm) die Summe sämtlicher Astdurchmesser zu ermitteln. Wenn man diese Teillänge, ausgehend von jedem möglichen Querschnitt des Prüfkörpers, abträgt und die zugehörige Astansammlung gemäß Vorstehendem bestimmt, ergibt sich die Stelle der größten Astansammlung. Im allgemeinen ist die Stelle der größten Ansammlung nach Augenschein erkenntlich; nur wenige Messungen sind zu deren Festlegung erforderlich.

c) Bestimmung des Faserverlaufs. Wenn kein Drehwuchs vorliegt, d. h. wenn die Fasern gerade verlaufen, gelingt es meist auf einfache Weise, deren Abweichung von der Längsachse (ausgedrückt in cm auf 1 m Länge) festzustellen (vgl. Abb. 2). Kleinere örtliche Abweichungen des Faserverlaufs sollten bei diesen Messungen, besonders wenn es sich um die Einstufung in Güteklassen handelt, nicht berücksichtigt werden; aus diesem Grunde darf die Meßlänge nicht zu klein gewählt werden.

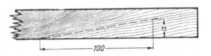

Abb. 2. Ermittlung der Faserabweichung nach DIN 52181.

Wenn Drehwuchs vorliegt, d. h. wenn die Fasern spiralig unter einem bestimmten Neigungswinkel um die Stammachse verlaufen, gestaltet sich die Messung der Faserneigung schwieriger. Sofern Schwindrisse vorhanden sind, die im allgemeinen in Richtung des Faserverlaufs auftreten, kann eine vereinfachte Messung durch Ermittlung der Neigung der Tangenten an den Schwindrissen bei der Außenkante vorgenommen werden (vgl. Abb. 3). Diese Schwindrisse verlaufen meist nicht geradlinig und sind in Flächenmitte weniger geneigt als

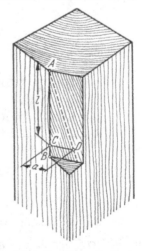

Abb. 4. Ermittlung der Faserabweichung bei Drehwuchs durch Abspalten längs einer Jahrringfläche nach DIN 52181.

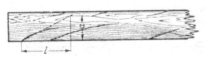

Abb. 3. Ermittlung der Faserabweichung an Schwindrissen bei Vorhandensein von Drehwuchs nach DIN 52181.

an den Außenkanten. Genauere Werte der Faserneigung bei Drehwuchs werden erhalten, wenn eine Jahrringfläche, ausgehend von einer Stirnfläche, durch Abspalten freigelegt wird. Auf der freigelegten Jahrringfläche ist der tatsächliche Faserverlauf mit bloßem Auge ersichtlich; Abb. 4 läßt dieses Verfahren erkennen. Vom Eckpunkt A aus wird eine Faser rückwärts verfolgt bis zum Punkt D, wobei die Projektion der Strecke AD in Richtung der Längskante die Länge l aufweist; die zugehörige Faserabweichung ist a/l und stellt die tatsächliche Abweichung gegenüber der Stammachse dar. Sofern allerdings die Längsachse der geschnittenen und zu prüfenden Holzstücke nicht mit der Stammachse zusammenfällt, ist sinngemäß auch noch diese Abweichung zu berücksichtigen.

d) Bestimmung der mittleren Jahrringbreite. Das wohl genaueste Verfahren zur Feststellung der mittleren Jahrringbreite hat JANKA [3] angegeben. Es ist jedoch sehr zeitraubend und nur dort zu empfehlen, wo es sich tatsächlich

Abb. 5. Bestimmung der mittleren Jahrringbreite nach DIN 52181 (das Mark liegt innerhalb des Querschnitts).

um die Feststellung besonders genauer Mittelwerte der Jahrringbreite handelt. Für die meisten Zwecke genügen die in der Forschungs- und Materialprüfungsanstalt für das Bauwesen der Techn. Hochschule Stuttgart entwickelten Verfahren, die in DIN 52181 aufgenommen worden sind. Hiernach wird bei Querschnitten, die das Mark enthalten, auf den Strecken l_1 und l_2 (vgl. Abb. 5), die von den beiden Ecken der am weitesten vom Mark entfernten Breitseite durch das Mark gezogen werden, die Zahl der geschnittenen Jahrringe z_1 und z_2 festgestellt und

als mittlere Jahrringbreite

$$b = \frac{l_1 + l_2}{z_1 + z_2}$$

errechnet.

Bei Querschnitten, die das Mark nicht enthalten, wird nach Abb. 6a bis c verfahren. Dabei gilt für Querschnitte nach Abb. 6a als mittlere Jahrringbreite

$$b = \frac{l_1 + l_2}{z_1 + z_2},$$

bei solchen nach Abb. 6b

$$b = \frac{2l_1 + l_2 + l_3}{2z_1 + z_2 + z_3}$$

und bei Querschnitten nach Abb. 6c

$$b = \frac{l_1 + l_2' + l_2''}{z_1 + z_2' + z_2''}.$$

Die Längen l_1, l_2 usw. sind jeweils in ganzen mm zu messen.

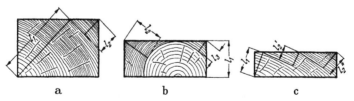

a   b   c

Abb. 6a bis c. Bestimmung der mittleren Jahrringbreite nach DIN 52181
(das Mark liegt außerhalb des Querschnitts).

Schrifttum.

[1] KOEHLER, A.: The properties and uses of wood. New York: Mc Graw Hill Book Comp. 1924.
[2] GRAF, O.: Tragfähigkeit der Bauhölzer und der Holzverbindungen. Mitt. Fachaussch. Holzfragen beim VDI 1938, H. 20.
[3] HADEK, A., u. G. JANKA: Untersuchungen über die Elastizität und Festigkeit der österreichischen Bauhölzer. Mitt. Forstl. Versuchsw. Österreichs 1900, H. 25.

C. Ermittlung des Feuchtigkeitsgehalts der Hölzer.

Von **K. Egner**, Stuttgart.

1. Allgemeines.

Die große Bedeutung, die der Holzfeuchtigkeit und damit deren Ermittlung zukommt, erhellt aus der starken Abhängigkeit fast aller Festigkeitseigenschaften und der Raumänderungen von der Holzfeuchtigkeit, dem Einfluß der Holzfeuchtigkeit auf die Bearbeitbarkeit, Tränkung und Veredlung des Holzes, der Anfälligkeit des Holzes durch Fäulnispilze oberhalb einer für das Wachstum der Pilze erforderlichen Mindestfeuchtigkeit und der Abhängigkeit der Transportkosten von dem Feuchtigkeitsgehalt der Hölzer.

Der Feuchtigkeitsgehalt u wird heute ausnahmslos in Prozenten des Trockengewichts angegeben, d. h. es ist

$$u = \frac{G_u - G_d}{G_d} \, 100 \% \, ,$$

wenn G_u das Gewicht eines Holzstücks mit dem Feuchtigkeitsgehalt u und G_d das Gewicht desselben Holzstücks im völlig trocknen Zustand (Darrgewicht) darstellt.

Genaue Werte der Holzfeuchtigkeit, wie sie vor allem für wissenschaftliche Untersuchungen benötigt werden, liefern nur die Verfahren der Entfernung des im Holz enthaltenen Wassers durch Trocknung oder durch Extraktion. Allerdings sind diese Verfahren verhältnismäßig zeitraubend und erfordern die Entnahme von Holzproben, d. h. Zerstörung des zu prüfenden Holzstücks; sie sind für viele Zwecke der Praxis nicht oder nur mit großen Schwierigkeiten anwendbar. Aus diesen Gründen wurden in den vergangenen Jahren eine Reihe von Verfahren entwickelt, die die Holzfeuchtigkeit rasch und mit nur unwesentlicher Zerstörung bzw. Verletzung der zu prüfenden Holzstücke zu ermitteln gestatten (vgl. unter 3. und 4.). Die Genauigkeit, die diese Verfahren liefern, wird häufig mit rd. ±1 bis 2% (Feuchtigkeitsprozente, also nicht Prozente des Meßergebnisses) angegeben; in Wirklichkeit ist mitunter mit bedeutend größeren Abweichungen zu rechnen [1], [2], [3], [4].

2. Ermittlung des im Holz enthaltenen Wassers durch Entfernung desselben.

a) Ort der Entnahme. Nur bei Hölzern mit verhältnismäßig kleinen Abmessungen (z. B. Normendruckkörpern) kann nach diesen Verfahren der Feuchtigkeitsgehalt an den gesamten Stücken ermittelt werden. In allen übrigen Fällen müssen aus den zu prüfenden Hölzern Proben entnommen werden, deren Wassergehalt festgestellt wird. Wenn die so ermittelte Holzfeuchtigkeit kennzeichnend für den *mittleren* Wassergehalt des zu prüfenden Stücks sein soll, hat die Entnahme nach bestimmten Richtlinien zu erfolgen. So ist zu beachten, daß die Feuchtigkeit im Holz meist nicht gleichmäßig verteilt ist; Änderungen der Holzfeuchtigkeit treten am raschesten an den Hirnflächen und in deren Nähe ein; der Wassergehalt weicht daher an diesen Stellen meist besonders stark vom mittleren Wassergehalt der Holzstücke ab. Ähnliches gilt

von den der Oberfläche benachbarten Querschnittzonen. Im allgemeinen wird
man demnach Proben, aus deren Wassergehalt auf den *mittleren* Feuchtigkeitszustand des ganzen Holzstücks, dem sie entnommen wurden, geschlossen werden
soll, nicht in der Nähe der Hirnenden und, wenn die Probestücke nicht den
ganzen Querschnitt der zu prüfenden Hölzer umfassen sollen, nicht aus den
Außenzonen des Querschnitts entnehmen.

b) Art der Entnahme. Bewährt hat sich die Entnahme von rd. 2 bis 3 cm
dicken *Scheiben* aus den zu prüfenden Hölzern (vgl. auch DIN 52183); die dabei
verwendeten Sägen müssen gut geschärft sein [5]. Die Voraussetzung, daß die
für die Entnahme von Feuchtigkeitsproben benutzten Werkzeuge gut geschärft
sind, muß um so besser erfüllt sein, je kleiner die zu entnehmenden Proben
(besonders deren Abmessung in Faserrichtung) sind; die bei der Bearbeitung
entstehende Wärme, die bei unscharfen Werkzeugen besonders groß ist, verursacht ein Verdunsten der Feuchtigkeit aus den Außenschichten der Proben [6], [7].

Häufig wird die Holzfeuchtigkeit an *Bohrspänen* ermittelt, die mit Hilfe
eines Schneckenbohrers [6] entnommen werden. Unbedingtes Erfordernis bei
dieser Entnahmeart ist das sofortige Wägen der Späne unmittelbar nach deren

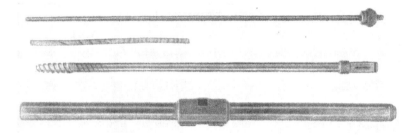

Abb. 1. Einzelteile eines Zuwachsbohrers. In der Reihenfolge von oben nach unten: Kernentnehmer,
entnommener Holzkern, Bohrer, Windeisen.

Entnahme. Selbst bei Einhaltung dieser Vorschrift lassen sich infolge der großen
Oberfläche der Späne, besonders bei nassen Hölzern, deutliche Feuchtigkeits-

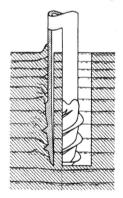

verluste nicht vermeiden [6]. Die Bohrer sollen mindestens
einen Durchmesser von 20 mm haben.

An Stelle von Scheiben oder Bohrspänen können den
zu prüfenden Hölzern auch *Bohrkerne* mit Hilfe des sog.
„Zuwachsbohrers" entnommen werden, der für Zwecke
der Forstwirtschaft entwickelt wurde. Abb. 1 zeigt einen
solchen Zuwachsbohrer, der Bohrkerne von rd. 4,3 mm ∅
liefert. Der eigentliche Bohrer ist ein in einer scharfen
Schneide endigendes Rohr mit einem mehrgängigen Schrau-
bengewinde auf dem vorderen Teil der Außenfläche; die
Arbeitsweise des Bohrers geht aus Abb. 2 hervor. Nach
dem Eindrehen des Bohrers in das Prüfstück wird mit
dem Kernentnehmer der Bohrkern entnommen, während
der Bohrer im Holz sitzt. Das Windeisen (vgl. Abb. 1)
für den Bohrer ist gleichzeitig Aufbewahrungshülse für
letzteren und den Kernentnehmer. Nach SUENSON [6] hat

Abb. 2. Schematische Dar-
stellung der Wirkungsweise
des Zuwachsbohrers.

die Entnahme der Bohrkerne gegenüber den andern Ent-
nahmearten, besonders der Entnahme von Sägespänen, 3 Vorteile, nämlich:
geringe Erwärmung der im Bohrer liegenden Bohrkerne, geringe Möglichkeit

des Austrocknens, da im Bohrrohr fast keine Lufterneuerung stattfindet, günstigeres Verhältnis zwischen Oberfläche und Rauminhalt als bei den Säge- und Bohrspänen.

Allerdings ist das Gewicht der Bohrkerne außerordentlich klein; es beträgt bei lufttrockenen Hölzern meist nur rd. 0,07 g/cm Länge. Um hinreichend genaue Prüfergebnisse zu erhalten, müssen daher entsprechend feine Waagen zur Verfügung stehen oder es müssen Kerne großer Länge bzw. mehrere Kerne aus demselben Holzstück entnommen werden. Wenn eine Waage mit deutlichem Ausschlag für (p) mg zur Verfügung steht und ein Fehler in den Wasserprozenten von ± 1 zugelassen wird, so genügt nach SUENSON eine Länge der Bohrkerne von ($4\,p$) cm. Weiter ist zu beachten, daß mit den Zuwachsbohrern nur in grünem Holz befriedigend gearbeitet werden kann, da der Bohrwiderstand bei trockenen Hölzern, besonders bei trockenen schweren Laubhölzern, zu groß ist [1].

c) Feststellung der Feuchtigkeitsverteilung im Querschnitt. Die Feuchtigkeitsverteilung im Holzquerschnitt läßt sich im allgemeinen nur an Scheiben ermitteln, die den ganzen Querschnitt des zu prüfenden Holzes umfassen. Meist genügt es, wenn die zu untersuchende Scheibe in 3 Zonen, eine Randzone, eine Kernzone und eine zwischen beiden liegende Mittelzone aufgeteilt wird. Die Aufteilung hat mit möglichster Beschleunigung zu erfolgen; zweckmäßig werden die einzelnen Zonen durch Spaltmesser und Holzhammer abgetrennt. Unmittelbar nach der Aufteilung müssen die zu jeder Querschnittszone gehörigen Teilstücke gewogen werden.

Nach den amerikanischen Normen [8] müssen die Proben, an denen die Verteilung der Feuchtigkeit im Querschnitt ermittelt werden soll, ebenfalls in 3 Zonen aufgeteilt werden (vgl. Abb. 3). Dabei soll so vorgegangen werden, daß jede Zone $^1/_3$ des Querschnitts umfaßt.

d) Trocknung der Feuchtigkeitsproben. Die Trocknung der Feuchtigkeitsproben — Scheiben, Späne, Bohrkerne — erfolgt in kleinen Trockenschränken, die elektrisch, mit Gas oder auf sonstige Weise geheizt werden. Nach DIN 52183 soll die Temperatur im Trockenschrank 103° C $\pm$ 2° betragen. Die meisten im Handel befindlichen Trockenschränke sind mit einer selbsttätigen Vorrichtung für Temperaturregelung versehen.

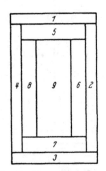

Abb. 3. Zweckmäßige Aufteilung von Scheiben zur Ermittlung der Feuchtigkeitsverteilung über den Querschnitt (nach ASTM, Design. D 198—27).

Die Trocknung der Proben muß bis zum Gleichbleiben der Gewichte fortgeführt werden, d.h., es sind bei erstmaliger Trocknung von Proben bestimmter Holzart und Abmessungen mehrere Zwischenwägungen zur Ermittlung des Gewichtsverlaufs erforderlich. Für Proben mit ständig wiederkehrenden Abmessungen ergeben sich sehr bald Erfahrungswerte über die Dauer der Trocknung bis zum Erreichen des Trockengewichts, so daß in diesen Fällen Zwischenwägungen nicht mehr erforderlich sind. Will man eine Beschleunigung der Trocknung herbeiführen, so empfiehlt sich das Aufteilen der Proben (besonders bei Scheiben) durch Spalten in Teilstücke von rd. 2 mm Dicke, die höchstens 4 h bis zum Erreichen des Trockengewichts benötigen [5].

Es ist darauf zu achten, daß die Trockenschränke gut gelüftet und nicht zu voll beschickt werden, da sonst die Gefahr besteht, daß sich Ansammlungen feuchter Luft bilden, die ungenügende Austrocknung der Proben zur Folge haben.

Unmittelbar nach Beendigung der Trocknung, d. h. nach der Entnahme der Proben aus dem Ofen, müssen diese sorgfältig gewogen werden. Wenn in Ausnahmefällen nicht sofort gewogen werden kann, empfiehlt sich nach DIN 52183 das Aufbewahren der Proben im Exsikkator über Chlorkalzium oder Phosphorpentoxyd bis zur Wägung.

Nach DIN 52183 ist der Feuchtigkeitsgehalt auf 0,1 % zu ermitteln. Hieraus ergibt sich die Empfindlichkeit der erforderlichen Waagen; z. B. sind für Proben mit rd. 10 g Trockengewicht Waagen mit Skaleneinteilung von 0,01 g, für solche mit rd. 100 g Trockengewicht von 0,1 g erforderlich. Wenn laufend Feuchtigkeitsproben zu prüfen sind, ist die Beschaffung von Schnellwaagen ratsam, wie solche heute in vielseitigen Ausführungen auf dem Markte sind. Für Zwecke der Praxis genügt häufig eine wesentlich gröbere Skaleneinteilung als die eben angegebene.

e) Extraktion der Feuchtigkeitsproben. Bei getränkten Hölzern, deren Imprägnierstoffe unter rd. 100° C ganz oder teilweise flüchtig sind, ferner bei Hölzern, die in deutlichem Maße Harze, Fette, ätherische Öle usw. enthalten, führt das Verfahren der Feuchtigkeitsermittlung durch Trocknung zu Fehlern. Diese Fehler können den Betrag von 5 bis 10 % des Trockengewichts (Feuchtigkeitsprozente!) und unter Umständen noch mehr annehmen.

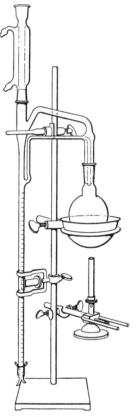

Abb. 4. Gerät zur Bestimmung des Wassergehalts mit Xylol.

Zur Erzielung hinreichend genauer Ergebnisse entzieht man diesen Hölzern den Wassergehalt durch nicht mit Wasser mischbare Lösungsmittel, wie z. B. Xylol, Toluol, Azetylentetrachlorid usw. Zur Abkürzung des Verfahrens müssen die Holzproben zerkleinert (zerspant oder zerspalten) werden. Sie werden zusammen mit dem Lösungsmittel in einem Destillierkolben erhitzt (vgl. Abb. 4). Das dem Holz entzogene Wasser sowie das Lösungsmittel schlagen sich nach dem Entweichen aus dem Destillierkolben in einer mit einer Teilung versehenen Vorlage nieder, wobei sich das Wasser von dem schwereren oder leichteren Lösungsmittel trennt. Über der Vorlage ist ein Kühler angeordnet, der für das Niederschlagen aufsteigender Dämpfe sorgt. Die Verbindungsstellen der Vorrichtung sind mit Schliffen herzustellen. Da die verwendeten Lösungsmittel zum großen Teil leicht entzündlich sind, ist der Kolben möglichst im Sandbad zu erwärmen (zweckmäßig durch eine elektrische Heizplatte).

Die Erhitzung ist so lange fortzusetzen, bis kein Wasser mehr sich niederschlägt; die abgeschiedene Wassermenge darf erst nach klarer Trennung zwischen Wasser und Lösungsmittel abgelesen werden. Zur Berechnung der Holzfeuchtigkeit in Prozenten aus der ermittelten Wassermenge ist die Kenntnis des Trockengewichts der Holzprobe erforderlich (Differenz von Anfangsgewicht der Probe und abgeschiedener Wassermenge). Trotz verschiedener Nachteile (mehrstündige Dauer des Verfahrens, Verbrauch an Lösungsmittel, Feuergefährlichkeit des meist verwendeten Xylols, Notwendigkeit der Zerspanung der Holzprobe) bietet das Extraktionsverfahren die einzige Möglichkeit zur genauen Ermittlung des Wassergehalts getränkter und harzreicher Hölzer.

3. Messung der Luftfeuchtigkeit.

a) Grundlagen der Verfahren. Wenn in einem Holzstück eine Bohrung angebracht und diese außen abgeschlossen wird, so tritt ein Ausgleich zwischen der Feuchtigkeit der Luft in der Bohrung und der Feuchtigkeit des Holzes der die Bohrung umgebenden Wände ein entsprechend den für das Gleichgewicht zwischen Holzfeuchtigkeit und relativer Luftfeuchtigkeit geltenden Beziehungen (Sorptionsisothermen) [9], [10]. Diese Beziehungen sind hinreichend erforscht, so daß auf die Holzfeuchtigkeit im Bereich der Bohrung mit großer Annäherung geschlossen werden kann, wenn die relative Luftfeuchtigkeit im Bohrloch bekannt ist. Da in den seltensten Fällen die Feuchtigkeit im Holzinnern gleichmäßig verteilt ist, ist anzunehmen, daß die Feuchtigkeit der Luft im Bohrloch sich entsprechend einem Mittelwert der Feuchtigkeit der Bohrlochwände einstellt.

b) Messung mit Hilfe von Hygrometern. Zur Messung mit dem in Abb. 5 dargestellten „Holzstechhygrometer" der Firma Lambrecht, Göttingen, bringt man eine Bohrung von mindestens 90 mm Länge und 6 mm ⌀ mit Hilfe eines Schlangenbohrers in dem zu prüfenden Holzstück an. Der Schaft des Stechhygrometers besitzt an seinem Ansatz ein konisches Gewinde (dichter Abschluß der Bohrung). Das Haarhygrometer stellt sich im Verlauf von ungefähr 10 bis 15 min auf die in der Bohrung herrschende Luftfeuchtigkeit ein. Die Ablesung an der Skala darf daher frühestens 10 min nach dem Einsetzen des Instruments erfolgen. Unter Berücksichtigung der im Holz herrschenden Temperatur kann auf der Skala unmittelbar die Holzfeuchtigkeit abgelesen werden, die im Durchschnitt bei der vom Instrument angezeigten Luftfeuchtigkeit zu erwarten ist. Das Instrument muß, wie alle Haarhygrometer, von Zeit

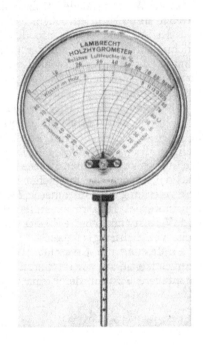

Abb. 5. Holzstechhygrometer der Fa. Lambrecht, Göttingen.

zu Zeit nachgeprüft und entsprechend dem dabei erzielten Ergebnis nachgestellt werden [1]; diese Nachstellung läßt sich auf einfache Weise durch Drehen einer eigens dafür vorgesehenen Schraube bewerkstelligen. Wenn diese Forderung erfüllt wird, sind verläßliche und für die Zwecke der Praxis häufig genügend genaue Ergebnisse zu erwarten. Der Meßbereich des Instruments erstreckt sich auf rd. 3 bis zu 25 % Holzfeuchtigkeit.

c) Messung durch hygroskopische Salze. Nach dem von ROTHER entwickelten Verfahren wird in eine rd. 10 cm tiefe Bohrung von 7 mm ⌀ in dem zu prüfenden Holzstück ein mit hygroskopischen Salzen belegter Papierstreifen eingebracht; die Salze nehmen je nach der relativen Feuchtigkeit der umgebenden Luft nach kurzer Zeit einen rosa bis blauen Farbton an. An Hand einer Vergleichsfarbskala kann unmittelbar auf die wahrscheinliche Holzfeuchtigkeit geschlossen werden. Mit dem auf diesem Verfahren beruhenden „Diakun"-Gerät der Firma Grau und Heidel, Chemnitz, können Holzfeuchtigkeiten zwischen rd. 6 und 23 % erfaßt werden, und zwar in Stufen von rd. 3 %, bei einiger Übung auch in kleineren Stufen [1].

Im Gegensatz zu den unter b) angegebenen Geräten ist die Ablesung der Meßwerte beim Diakungerät subjektiven Schwankungen unterworfen. Weiter ist zu beachten, daß die Eichung der Farbskala nur für Temperaturen im Holz von rd. 15 bis 25° C gilt. Das Gerät ist ähnlich den Holzhygrometern besonders für Kleinbetriebe geeignet, wo nicht laufende Feuchtigkeitsermittlungen durchzuführen sind und die meist 15 bis 20 min umfassende Meßdauer tragbar ist.

4. Messung elektrischer Eigenschaften.

a) Grundlagen der Verfahren. Die dielektrischen Eigenschaften und der OHMsche Widerstand des Holzes sind, letzterer besonders im hygroskopischen Bereich, in außerordentlichem Maße vom Feuchtigkeitsgehalt, dagegen weniger von der Art und Rohwichte des Holzes abhängig [9]. Man hat daher Holzfeuchtigkeitsmeßgeräte auf der Grundlage der Messung der Dielektrizitätskonstanten, des el. Verlustwinkels und des OHMschen Widerstandes entwickelt, die nach entsprechender Eichung unmittelbar die Ablesung der Holzfeuchtigkeit an den Geräteskalen gestatten.

b) Messung der dielektrischen Eigenschaften. Die bisher entwickelten Kapazitäts- und Verlustwinkelgeräte sind zur Ermittlung der im Holz enthaltenen *absoluten* Feuchtigkeitsmengen grundsätzlich geeignet [9]; die Feststellung der *prozentualen* Feuchtigkeitsgehalte setzt jedoch die Kenntnis der Wichte des zu prüfenden Holzes im Darrzustand voraus. Dieser schwerwiegende Nachteil, ferner die möglichen Fehlerquellen bei ungleichmäßiger Feuchtigkeitsverteilung im Holzinnern [11] und bei Schwankungen der Dielektrizitätskonstante des Holztrockenstoffs [9], [12] sind die Gründe, warum Kapazitätsund Verlustwinkelgeräte bisher in der Praxis wenig Eingang gefunden und nicht voll befriedigt haben.

c) Messung des OHMschen Widerstandes. Die ersten auf diesem Verfahren beruhenden Geräte zur raschen Ermittlung der Holzfeuchtigkeit sind in den USA entstanden. Das von der Firma C. J. Tagliabue Mfg. Co., Brooklyn, entwickelte Gerät benützt Röhrenverstärkung mit Batterien als Stromquellen [11]. Die in einem bügelförmigen Handgriff eingesetzten, rd. 30 mm voneinander entfernten Nadelelektroden von rd. 7 bis 10 mm Länge werden in das Holz eingeschlagen. Mit einem Drehschalter, der auf Feuchtigkeitsstufen zwischen 7 und 24% eingestellt werden kann, wird das Meßergebnis festgestellt, wobei die richtige Einstellung an einem eingebauten Spannungsmesser ersichtlich ist. Das Gerät hat den Nachteil, daß sich bei starken Hölzern und Hölzern mit großem innerem Feuchtigkeitsgefälle teilweise beträchtliche Meßfehler ergeben [13].

In Deutschland und im Ausland sind in den letzten Jahrzehnten eine Reihe von Feuchtigkeitsmeßgeräten auf der Grundlage der Widerstandsmessung entwickelt worden, die sowohl auf netzunabhängigen Betrieb durch eingesetzte kleine Batterien hoher Lebensdauer als auch auf Anschluß an die

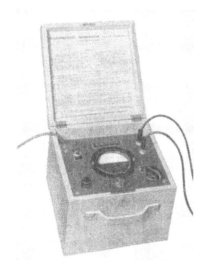

Abb. 6. Holzfeuchtigkeitsmeßgerät „Danumeter". Hersteller: Fa. R. Daiker, Stuttgart-Fellbach.

üblichen Stromnetze eingestellt sind. Zu den bekanntesten deutschen Geräten gehören das Holzfeuchtigkeitsmeßgerät „Danumeter" nach Abb. 6, der „Siemens-Holzfeuchtemesser" nach Abb. 9 und der „Hydromat Kl B" nach Abb. 11. Mit diesen Geräten können im allgemeinen Feuchtigkeitsgehalte des Holzes zwischen 4 und 25% mit einer Genauigkeit von ± 2 bis 3%, teilweise auch solche oberhalb 25%, allerdings mit wesentlich größerer Streuung, ermittelt werden. Selbst mit sorgfältig geeichten Geräten sind jedoch nur bei sachverständiger Benützung geeigneter Elektroden, die die Verbindung der zu messenden Holzstücke mit dem el. Meßkreis des jeweiligen Geräts bewerkstelligen müssen, zuverlässige Ergebnisse zu erzielen.

Man unterscheidet

α) *Oberflächenelektroden*, die mit einer oder aber zwei gegenüberliegenden Holzoberflächen ohne Verletzung des Holzgefüges in Berührung gebracht werden, und

β) *Eindringelektroden*, die in das Holz eingedrückt, eingeschlagen oder in Bohrungen eingeführt werden, so daß eine unmittelbare Verbindung von Schichten im Holzinnern mit dem Meßgerät unter meist unbedenklicher Verletzung des Holzgefüges entsteht.

Zu den *Oberflächenelektroden* gehören Elektrodenplatten ohne Spitzen, die meist an Sonderschraubzwingen befestigt sind und daher auch *Zwingenelektroden* heißen (vgl. die Abb. 7 u. 10). Sie dienen zum Anlegen an zwei gegenüberliegenden Holzoberflächen und besitzen heute vorzugsweise Kontaktflächen aus leitendem Gummi (gute Anpassung an die Holzoberflächen unter Zwingendruck). Für die Messung an nur einer Holzoberfläche eignen sich *Stempelelektroden* nach Abb. 10 (Bildteil rechts) mit mehrere cm voneinander entfernten

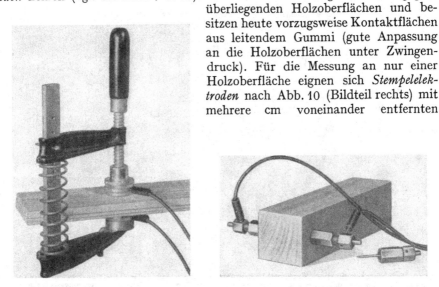

Abb. 7. Zwingenelektrode für das „Danumeter"-Meßgerät nach Abb. 6.

Abb. 8. Stiftelektroden für das „Danumeter"-Meßgerät nach Abb. 6.

Einzelelektroden und *Andruckelektroden* nach Abb. 11 (Bildteil links) mit zwei ringförmig in einem Elektrodenträger angeordneten Einzelelektroden.

Zu den *Eindringelektroden* gehören zunächst Elektrodenplatten mit Spitzen, wiederum an Sonderschraubzwingen nach Abb. 7 befestigt (*Zwingenelektroden mit Spitzen*), und *Messer-* oder *Einschlagelektroden*, bei denen die Messer nach Abb. 11 (Bildteil rechts) fest mit dem Elektrodengriff verbunden sind oder nach dem Einschlagen vom Griff nach Abb. 10 (Bildteil Mitte) gelöst und mit den Gerätezuleitungen verbunden werden können. Auch *Stiftelektroden* nach Abb. 8, die bis zum Aufsitzen der Einstellmutter, also in beliebige Tiefe, eingeschlagen werden, gehören zu den seit längerer Zeit bekannten Eindringelektroden. Als Tiefenelektroden sind in den letzten Jahren zum Gerät nach Abb. 9 sog. *Einspreizelektroden*, die in 10 cm voneinander entfernte Bohrungen von 14 mm ∅ eingeführt und durch Drehen am Griff gemäß Abb. 10 (Bildteil Mitte) ausgespreizt

Abb. 9. „Siemens"-Holzfeuchtemesser mit Zwingenelektrode.

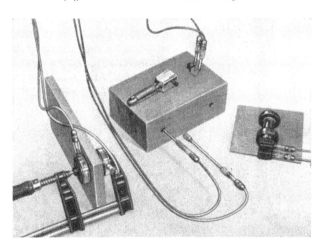

Abb. 10. Meßelektroden für den „Siemens"-Holzfeuchtemesser nach Abb. 9. Hersteller: Fa. Siemens & Halske AG. *Vorne links:* Zwingenelektrode. *Auf dem mittleren Holzklotz:* Einschlagelektrode, Messer eingeschlagen und angeschlossen, Griff abgehoben. *Vor dem Holzklotz:* Einspreizelektroden. *Auf dem Holzstück rechts:* Stempelelektrode.

werden, und zum Gerät nach Abb. 11 *Einschraubelektroden* mit Tiefenmarken am Schaft zur unmittelbaren Ablesung der Einschraubtiefe entwickelt worden.

Mit *Oberflächenelektroden* wird nur bei gleichmäßiger Verteilung der Feuchtigkeit im Holz dasselbe Meßergebnis wie bei Eindringelektroden erzielt. Bei ungleichmäßiger Feuchtigkeitsverteilung wird mit Oberflächenelektroden praktisch nur die Holzfeuchtigkeit der *Außenschichten* gemessen.

Mit *Eindringelektroden* mißt man dagegen im wesentlichen den Feuchtigkeitsgehalt der *feuchtesten* Holzschicht, die von den Elektroden noch mit Sicherheit erfaßt wird.

Der *mittlere* Feuchtigkeitsgehalt eines nicht sehr kurzen Holzstücks läßt sich im allgemeinen innerhalb eines Streubereiches von ±3 Feuchteprozenten mittels Eindringelektroden feststellen, die bis in eine Tiefe entsprechend einem Drittel der Holzdicke reichen. Ein einigermaßen zutreffendes Bild über den Feuchtigkeitszustand eines Holzstücks läßt sich durch 3 Messungen erzielen: a) Feststellung des Feuchtigkeitsgehalts der Außenschichten mittels Oberflächen-

Abb. 11. Holzfeuchtigkeits-Meßgerät „Hydromat Kl B" mit Andruck-, Einschraub- und Einschlagelektroden. Hersteller: Fa. Gann, Apparate- und Maschinenbau GmbH., Stuttgart.

elektroden, b) Feststellung des Feuchtigkeitsgehalts in einer Tiefe entsprechend $^1/_3$ der Holzdicke (wahrscheinlicher mittlerer Feuchtigkeitsgehalt) mittels Eindringelektroden, c) Feststellung des Feuchtigkeitsgehalts im Querschnittskern mittels Eindringelektroden bei einer Eindringtiefe bis zur Mitte der Holzdicke [4].

Schrifttum.

[1] GRAF, O.: Messen der Holzfeuchtigkeit. Mitt. Fachaussch. Holzfragen beim VDI 1940, H. 25.

[2] KÜHNE, H., u. H. STRÄSSLER: Über die Bestimmung der Holzfeuchtigkeit. Schweizer Arch. angew. Wiss. Techn. 18. Jg. (1952) H. 8/9.

[3] EGNER, K.: Einige technologische Fragen der Leimung tragender Holzbauteile. Holz-Zbl. 78. Jg. (1952) Hr. 101, S. 1405.

[4] EGNER, K.: Was muß der Zimmermann von der Holzfeuchtigkeit und deren Messung wissen? Dtsch. Zimmermeister 56. Jg. (1954) Nr. 12 u. 13.

[5] GRAF, O.: Mitt. Fachaussch. Holzfragen beim VDI 1932, H. 1/2.

[6] SUENSON, E.: Bestimmung des Wassergehaltes in gelagertem Bauholz. Bautenschutz 1936, H. 11.

[7] BATEMAN, E., u. E. BEGLINGER: Report of Committee 8—3 of the American Wood Preservers' Association, Jan. 1929.

[8] Standard Methods of conducting static tests of timbers in structural sizes. ASTM Design. D 198—27.

[9] KOLLMANN, F.: Technologie des Holzes und der Holzwerkstoffe. 1. Band. Berlin/Göttingen/Heidelberg: Springer 1951.

[10] GRAF, O., u. K. EGNER: Versuche über die Eigenschaften der Hölzer nach der Trocknung, III. Teil. Mitt. Fachaussch. Holzfragen beim VDI 1937, H. 19.

[11] NUSSER, E.: Die Bestimmung der Holzfeuchtigkeit durch Messung des elektrischen Widerstandes. Forschungsber. Holz Fachaussch. Holzfragen beim VDI 1938, H. 5.

[12] TIEMANN, H. D.: S. Lumberman Bd. 154 (1937) Nr. 1939, S. 35; Ref. in Holz Bd. 1 (1937/38) S. 110.

[13] BRENNER, E.: Versuche mit einem Gerät zur Bestimmung des Feuchtigkeitsgehaltes von Holz durch Messung des elektrischen Widerstands. Bautenschutz 1932, H. 4.

D. Ermittlung von Wasserabgabe und Wasseraufnahme, Schwinden und Quellen der Hölzer.

Von **K. Egner**, Stuttgart.

1. Allgemeines.

Für die Durchführung und Auswertung von Versuchen über die Wassergehalts- und Raumänderungen der Hölzer ist die Kenntnis des gesetzmäßigen Zusammenhanges 1. zwischen Holzfeuchtigkeit einerseits und relativer Luftfeuchtigkeit bzw. Lufttemperatur andererseits, 2. zwischen den Änderungen der Holzfeuchtigkeit und den Abmessungen der Hölzer erforderlich. Die Gesetze zu 1. sind heute weitgehend erforscht (Kurven des Gleichgewichts zwischen Holzfeuchtigkeit und relativer Luftfeuchtigkeit für bestimmte Temperaturen, auch „Sorptionsisothermen" genannt [1], [2]); über Hysterese vgl. [1], [3], [4]. Oberhalb des hygroskopischen Bereichs besteht kein stabiles Gleichgewicht; sofern nicht vollkommen wassergesättigte Luft vorliegt, muß demnach Austrocknung solcher Hölzer stattfinden. Zu 2. ist von Bedeutung, daß allein im hygroskopischen Bereich die Änderungen der Holzfeuchtigkeit mit Änderungen der Abmessungen des Holzes verbunden sind; die letztgenannten Änderungen sind praktisch verhältnisgleich den Änderungen der Holzfeuchtigkeit. Weiter ist die Abhängigkeit des Schwindens und Quellens von den verschiedenen anatomischen Hauptrichtungen (längs, radial, tangential) zu beachten. Schließlich sei noch darauf hingewiesen, daß die Feuchtigkeit im Holzinnern meist nicht gleichmäßig verteilt ist [5]; demgemäß erfolgt auch das Schwinden und Quellen im allgemeinen zunächst ungleichmäßig über Länge und Querschnitt der Proben.

2. Prüfverfahren und Größe der Probekörper.

Wenn die Ergebnisse von Versuchen über Wassergehalts- und Raumänderungen der Hölzer vergleichbar und reproduzierbar sein sollen, müssen

a) vor Beginn des Versuchs eindeutige Feuchtigkeitsverhältnisse im Holz vorliegen und

b) die äußeren Bedingungen (Art der Lagerung, d. h. in Luft, Wasser usw., Temperatur, relative Luftfeuchte, Dauer der Lagerung) möglichst genau eingehalten werden.

Am einfachsten liegen die Verhältnisse bei kleinen Probekörpern, d. h. bei der *Prüfung von fehlerfreiem Holz*. Die Bedingung a) wird hierbei, sofern es sich besonders um die Ermittlung der Quell- bzw. Schwindmaße handelt (d. h. des größten überhaupt möglichen Quellens bzw. Schwindens, bezogen auf die Abmessungen vor Beginn des Schwindens), erfüllt, wenn die Proben entweder ganz grün bzw. vollkommen wassersatt oder aber vollkommen trocken (gedarrt) sind. Allerdings läßt es sich nie erreichen, daß im grünen oder wassersatten Zustand die Proben einen vorgeschriebenen mittleren Feuchtigkeitsgehalt besitzen; wohl aber darf vorausgesetzt werden, daß keine Vergrößerung der Abmessungen über die nach dem Erreichen der Fasersättigung in allen Querschnittsteilen vorliegenden Maße hinaus erfolgt. Die Bedingung b) wird bei der Prüfung von fehlerfreiem Holz erfüllt, wenn durch Trocknung das gesamte

Schwindmaß bis zum völlig trockenen Zustand gesucht wird. Dabei kann zunächst, was zur Vermeidung von Zerstörungen zweckmäßig ist, eine Trocknung der grünen oder wassersatten Proben an der Luft erfolgen oder die Trocknung sofort im Schrank, allerdings unter Einschaltung von Temperaturstufen (40, 70 und 100° im Verlauf von rd. 48 h, vgl. DIN 52184), vorgenommen werden; wichtig ist jedenfalls, daß vollkommene Trockenheit der Proben am Schluß vorliegt, was bei Erreichen der Gewichtsbeständigkeit unter 103° C ±2° Trockentemperatur der Fall ist (Vorsicht ist allerdings bei harzreichen Hölzern geboten, vgl. Abschn. C).

Entsprechend Vorstehendem ist nach DIN 52184 das Schwind- und das Quellmaß bei der Prüfung von fehlerfreiem Holz an 1,5 cm hohen quadratischen Scheiben von 3 cm Seitenlänge (gleichzeitige Feststellung des tangentialen und des radialen Schwindmaßes durch Messung beider Mittellinien der Proben) zu ermitteln, die nach Vornahme der Ausgangsmessungen im grünen bzw. wassersatten Zustand im Trockenschrank vollkommen ausgetrocknet (bis zur Gewichtsbeständigkeit) und hierauf durch mindestens zweiwöchige Lagerung unter Wasser völlig aufgequollen werden.

Ähnlich wird in USA und in England vorgegangen; die zugehörigen Probekörper haben 2,5 cm Dicke, 10 cm Breite und 2,5 cm Höhe (Faserrichtung); meist wird nur der Schwindversuch vorgenommen, wobei Probekörper mit Jahrringen parallel zur Breitseite (Ermittlung des tangentialen Schwindmaßes) und solche mit Jahrringen parallel zur Dickenseite (Ermittlung des radialen Schwindmaßes) benutzt werden, da die Messung (mit Mikrometer) nur in der Breitenrichtung erfolgt. Zur Ermittlung des räumlichen Schwindmaßes werden in den beiden vorgenannten Ländern 15 cm lange Proben von 5 cm × 5 cm Querschnitt benutzt, deren Rauminhalt durch Eintauchen in ein auf einer Waage stehendes Wasserbad 1. im grünen Zustand, 2. bei 12% Feuchtigkeitsgehalt nach Lufttrocknung im Prüfraum und 3. nach Überziehen der völlig gedarrten Probe mit einem dünnen Paraffinüberzug (kurzes Eintauchen in heißes Paraffin) festgestellt wird.

Wesentlich weniger einfach als bei der Werkstoffprüfung liegen die Verhältnisse bei der *Prüfung von Gebrauchsholz bzw. von fertigen Bauteilen.* Man wird die Prüfbedingungen nach Möglichkeit entsprechend den praktischen Erfordernissen wählen; in den meisten Fällen werden Lagerungsbedingungen zu schaffen sein, die den Grenzfällen der zu erwartenden Luftfeuchtigkeiten nahekommen. Es wird häufig genügen, eine Wechsellagerung der Probestücke in feuchten und trockenen Räumen vorzunehmen. Erwünscht und zweckmäßig ist mehrfach wiederholter Wechsel der Lagerungen in Feucht- und Trockenraum. Zu letzterem ist zu beachten, daß ein Vergleich der Eigenschaften von Probestücken, die anfänglich nicht dieselbe Holzfeuchtigkeit bzw. Feuchtigkeitsverteilung aufweisen, beim ersten Wechsel der Lagerung noch nicht möglich ist, daß jedoch häufig gerade durch diese Wechsellagerung die Möglichkeit der Vergleichsfähigkeit beim zweiten und den folgenden Wechseln geschaffen wird.

Vor Beginn und am Ende jeder Teillagerung sind die Gewichte der Probestücke zu ermitteln. Häufig empfiehlt es sich, auch zu verschiedenen Zeitpunkten während der Teillagerungen Zwischenwägungen vorzunehmen; dies ist dann unerläßlich, wenn Unterschiede der Geschwindigkeit von Wasseraufnahme bzw. -abgabe von Bedeutung sein können. Gleichzeitig mit den Wägungen sind in vielen Fällen Messungen der eingetretenen Quellungen bzw. Schwindungen erforderlich. Allgemein gültige Vorschriften über die Anordnung und Lage der zugehörigen Meßstellen können nicht gegeben werden, da die Erfordernisse in jedem Einzelfall verschieden sind. Dicken- und Breitenmessungen, die meist die größten Änderungen ergeben und am wichtigsten sind, müssen an verschiedenen über die Länge der Probestücke verteilten Querschnitten vorgenommen werden.

3. Erfordernisse für die zweckdienliche Prüfung.

Die Größe der Probekörper für den Schwind- und Quellversuch bei der *Prüfung von fehlerfreiem Holz* ist nach DIN 52184 so gewählt worden, daß die Proben in vielen Fällen unmittelbar aus den Biege- und Druckproben entnommen werden können (vgl. den vorhergehenden Abschnitt). Allerdings ist beim Arbeiten mit derart kleinen Proben zu beachten, daß die Messungen und besonders die Wägungen nach der Entnahme aus dem Trockenschrank bzw. aus dem Wasser rasch erfolgen müssen, da sonst infolge Feuchtigkeitsaustausches mit der umgebenden Luft fehlerhafte Ergebnisse entstehen können. Wenn Wert auf besonders genaue Meßergebnisse gelegt wird, empfiehlt sich die Abkühlung der aus dem Trockenschrank kommenden Proben in sog. Exsikkatoren über Chlorkalzium oder Phosphorpentoxyd. Die im Wasser gelagerten Proben müssen vor dem Wiegen und Messen an sämtlichen Flächen mit Fließpapier abgetupft werden.

Die Trockenschränke, in denen Trockenlagerungen vorgenommen werden, müssen gute Lüftungsmöglichkeit aufweisen, damit Erhöhungen der Luftfeuchtigkeit im Innern derselben vermieden werden. Wenn bei der Wasserlagerung, besonders bei den kleinen Proben für die Prüfung von fehlerfreiem Holz, möglichst baldiges völliges Durchtränken der Proben mit Wasser erstrebt wird, ist es zweckmäßig, die Proben so in das Wasser zu stellen, daß die obere Hirnfläche eben noch über den Wasserspiegel emporragt, um die in den Proben enthaltene Luft entweichen zu lassen; später sind die Proben völlig einzutauchen.

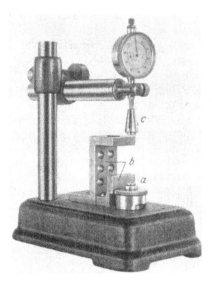

Abb. 1. Einrichtung zur raschen Ermittlung von Breiten- und Dickenänderungen.

Sämtliche Wassergehaltsänderungen sind in Prozenten der Darrgewichte anzugeben; bei großen Körpern, deren Darrgewichte versuchsmäßig nicht ermittelt werden, können diese aus den Ergebnissen sachgemäß entnommener und geprüfter Feuchtigkeitsproben errechnet werden. Nicht so einfach liegen die Verhältnisse bei den Maßänderungen; auch diese wird man zweckmäßig in Prozenten der Abmessungen im gedarrten Zustand angeben, sofern letztere bekannt sind. Bei größeren Probestücken ist dies allerdings nur selten der Fall, so daß häufig die bei den Einzellagerungen ermittelten Längen- oder Raumänderungen auf die Maße zu Beginn jeder Einzellagerung bezogen werden; dies ist allerdings deutlich zu bemerken.

Für die Vornahme der Längenmessungen, z. B. bei den in DIN 52184 vorgeschriebenen Probekörpern, genügt in den meisten Fällen eine gute Schieblehre. Wenn größere Genauigkeit gewünscht wird, wird man zu Meßuhren oder Mikrometerschrauben greifen, die in zweckmäßigen Bügeln befestigt sind. Für Dickenmessungen hat sich in der Forschungs-

und Materialprüfungsanstalt für das Bauwesen der Technischen Hochschule Stuttgart das in Abb. 1 dargestellte Instrument [6] bewährt, das vor allem die rasche Einstellung auf eine regelmäßig wiederkehrende oder zahlreiche ähnlich angeordnete Meßstellen gestattet. Die Anschlagwinkel *bb* dienen für das rasche Anlegen von Stäben bestimmter Abmessungen; sie sind auswechselbar. Vorteile des Geräts sind der praktisch gleichbleibende Meßdruck und die kugelige Lagerung im Auflager *a* und im Druckstück *c*, wodurch Anpassung an Unebenheiten der Holzfläche gewährleistet wird.

Bei Prüfung größerer Körper wird man zweckmäßig an den Enden der für wichtig befundenen Meßstrecken Meßzäpfchen aus Metall mit kleinen konischen Eindrehungen befestigen (mit Hilfe von Leim, Siegellack oder Wachs), die die Spitzen vorhandener Setzdehnungsmeßgeräte aufzunehmen haben.

Für Sonderzwecke sind zur selbsttätigen Aufzeichnung des Verlaufs der Austrocknung bzw. der Probengewichte Waagen entwickelt worden, auf denen die Prüfstücke liegen und die mit einer Schreibtrommel verbunden sind (Laboratorium für Tonindustrie, Berlin). Weiter wurde ein Gerät entworfen [7], das die selbsttätige Aufzeichnung des Verlaufs der Quellung bzw. der Schwindung von kleinen Holzstückchen besorgt.

Schrifttum.

[1] KOLLMANN, F.: Technologie des Holzes und der Holzwerkstoffe. 1. Bd., 2. Aufl. Berlin/Göttingen/Heidelberg: Springer 1951.

[2] LUDWIG, K.: Beiträge zur Kenntnis der künstlichen Holztrocknung mit besonderer Berücksichtigung des Einflusses der Temperatur. Forschungsber. Fachaussch. Holzfragen beim VDI 1933, H. 1, S. 98f.

[3] MÖRATH, E.: Studien über die hygroskopischen Eigenschaften und die Härte der Hölzer. Mitt. Holzforschungsstelle T. H. Darmstadt 1932, H. 1.

[4] EGNER, K.: Versuche über den Feuchtigkeitsgehalt künstlich getrockneter Kiefern- und Fichtenhölzer bei verschiedener Luftfeuchtigkeit und rd. 10° C. Mitt. Fachaussch. Holzfragen beim VDI 1937, H. 19.

[5] EGNER, K.: Beiträge zur Kenntnis der Feuchtigkeitsbewegung in Hölzern, vor allem in Fichtenholz, während der Trocknung unterhalb des Fasersättigungspunktes. Mitt. Fachaussch. Holzfragen beim VDI 1934, H. 2.

[6] GRAF, O., u. K. EGNER: Versuche über die Eigenschaften der Hölzer nach der Trocknung. Mitt. Fachaussch. Holzfragen beim VDI 1932, H. 1/2.

[7] SCHWALBE, C., u. W. ENDER: Die Bestimmung der Quellung von Holz. Z. Sperrholz 1932, S. 37f.

E. Bestimmung der Rohwichte (Raumgewicht) der Hölzer.

Von F. Kollmann, München.

1. Allgemeines.

Die Rohwichte beeinflußt die meisten Gebrauchseigenschaften, z. B. Elastizität und Festigkeit, Quellen und Schwinden, die Tränkbarkeit mit Schutzmitteln gegen Schädlinge und Entflammung, das Wärmeleitvermögen, die Bearbeitbarkeit usw. DIN 4074 fordert deshalb für Güteklasse I, d. h. für Bauholz mit besonders hoher Tragfähigkeit, folgende Mindestwichten bei 20% Feuchtigkeit in kg/dm³:

	astfrei	mit Ästen
Fichte und Tanne	0,38	0,40
Kiefer und Lärche	0,42	0,45

Die Deutsche Reichspost hatte vorgeschrieben, daß zum Bau hölzerner Antennenstützpunkte Kiefer (bei ebenfalls 20% Feuchtigkeit) eine Rohwichte

von mindestens 0,45 kg/dm³, Lärche von mindestens 0,50 kg/dm³ haben muß.
Diese Wichten gelten für Holz mit Ästen. Infolgedessen war die Rohwichte
von Antennenbauhölzern nicht an kleinen ast- und fehlerfreien Proben,
sondern an größeren Stücken zu bestimmen. In den Sortierungsbestimmun-
gen für schwedisches Bauholz fehlen Vorschriften über die Wichte, jedoch
dürfen Sortimente der Klasse T 100 kein „leichtes Holz", d. h. Holz mit
kleinerem als $^1/_6$ Volumenanteil von Spätholz, enthalten. A. Ylinen [1] wies
nach, daß die Rohwichte linear mit dem Spätholzanteil zunimmt.

Für genaue Messungen kommen ganze Bauteile nur in den seltensten Fällen
in Frage. Bewährt haben sich Abschnitte, wie sie im Sägewerk, am Rüstplatz
oder in holzverarbeitenden Betrieben anfallen, mit einem Rauminhalt von etwa
1000 bis 20000 ml. Daneben sind Rohwichtebestimmungen an kleinen fehlerfreien Proben, wie sie zur Werkstoffprüfung verwendet werden, stets nützlich,
da sie in großer Zahl möglich sind und Aufschlüsse über die Verteilung der Rohwichte innerhalb eines Holzstücks, eines Stammes [2], einer Lieferung, eines
Wuchsgebiets [3] oder einer Holzart geben. Körper für die Werkstoffprüfung
haben in der Regel einen Rauminhalt von 8 bis etwa 375 ml.

2. Wägung.

Die Rohwichte ist mindestens auf 2 Dezimalstellen zu bestimmen. Die Empfindlichkeit und damit die Art der zu verwendenden Waage ergibt sich somit
aus der Probengröße. Für Bauholzabschnitte im obenerwähnten Rauminhalts-
bereich ist jede oberschalige Tafelwaage, die auf 1 g wiegt, ausreichend. Genauer,
aber infolge der unvermeidlichen Schwingungen unbequemer und im praktischen
Betrieb mehr gefährdet sind gleichartige Balkenwaagen, die als Präzisions-
waagen ausgebildet sind. In Werkstoffprüfanstalten sind solche Waagen üblich.
Eine höhere Genauigkeit als 0,01 g ist aber selbst bei kleinen Holzproben für
die Werkstoffprüfung nicht erforderlich, da man damit die 3. Dezimale bereits
sicher erfaßt. Wertvolle Dienste können bei Reihenmessungen Schnellwaagen
leisten, die gewöhnlich als Neigungswaagen gebaut und damit ohne Gewichte
ablesbar sind. Die Schwingungen werden durch besondere Vorrichtungen gedämpft.

3. Messung des Rauminhalts.

Nach DIN 52182 ist der Rauminhalt durch Berechnung aus den Abmessungen der sauber bearbeiteten, rißfreien Probe zu bestimmen. Bei Bauholz-
abschnitten genügt als Bearbeitung jede Kreissägeschnittfläche. Wenn klaffende
Schwindrisse vorhanden sind, muß aus dem Abschnitt ein rißfreies Prisma
herausgearbeitet werden. Da bei Reihenversuchen die Bearbeitung und Ausmessung der Proben sowie das Berechnen des Rauminhalts zeitraubend wird,
zieht man teilweise das Verdrängungsverfahren heran. Mit Rücksicht auf die
Porosität und die hygroskopischen Eigenschaften des Holzes gebietet aber die
Anwendung der Wasserverdrängung größte Vorsicht. Für Holzscheiben gibt
ein für die Zellstoffindustrie besonders entwickeltes Verdrängungsgefäß nach
Niethammer [4] brauchbare Näherungswerte (Abb. 1). Das Gefäß ist aber nur
für Scheiben von bestimmter Dicke und annähernd gleichem Durchmesser
anwendbar. Die Verdrängung von 1 ml Wasser läßt in dem Gefäß nach Abb. 1
den Wasserspiegel um 0,16 mm ansteigen. Ein als Haarrohr ausgebildetes
Wasserstandsglas ist mit Strichen von 0,8 mm Abstand eingeteilt, d. h., es ist
Ablesung auf 5 ml, Schätzung auf 1 bis 2 ml möglich. Letzteres entspricht

einer Genauigkeit von im Mittel 0,5%. Gedarrtes Holz liefert bei dieser Art des Verdrängungsverfahrens um nur 1,8% größere Zahlen der Rohwichte als das Ausmessen. Geeicht wird das Gerät mit Meßkolben. Zur überschlägigen

Bestimmung der Rohwichte für praktische Zwecke eignet sich nach PAUL [5] folgendes Verdrängungsverfahren: Man schneidet aus den zu prüfenden Hölzern Stäbe, die über die ganze Länge den gleichen Querschnitt haben müssen. Diese Stäbe werden dann über ihre Länge in 10 gleiche Teile geteilt; die einzelnen Abschnitte werden auf dem Stab bezeichnet. Der Stab wird dann langsam in einen mit Wasser gefüllten Glaszylinder eingetaucht, bis er senkrecht stehend schwimmt. Das Verhältnis der Länge des in diesem Augenblick in Wasser tauchenden Abschnitts zur Gesamtlänge gibt die Rohwichte an. Das Verfahren eignet

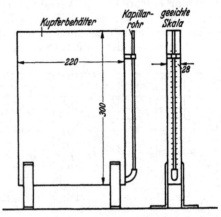

Abb. 1. Verdrängungsgefäß zur Volumenbestimmung.

sich nicht für Hölzer mit einer Rohwichte $r > 1,0$, da diese untersinken.

Eine genaue Rauminhaltsbestimmung von Holz ist durch Tauchen in Quecksilber möglich. Zweckmäßig ist ein Gerät nach BREUIL [6]. Der Volumenmesser

(Abb. 2) besteht aus einem zylindrischen Stahlbehälter a mit dem oben sitzenden Schraubverschluß b, in dessen Mitte ein gläsernes Steigrohr c eingelassen ist. Seitlich am Behälter ist ein waagerechter Zylinder e angebracht, in dem ein eingeschliffener Kolben durch eine Mikrometerschraube g vor- und rückwärts bewegt werden kann. Die Handhabung des Instruments ist einfach. Man gibt das Probestück, das beliebige Form haben kann, in den Behälter, drückt es mittels einer federnden Klammer f unter den Quecksilberspiegel, schraubt den Deckel zu und dreht den Kolben, bis das flüssige Metall im Steigrohr auf den Rand der Anzeigehülse d einspielt. Jetzt liest

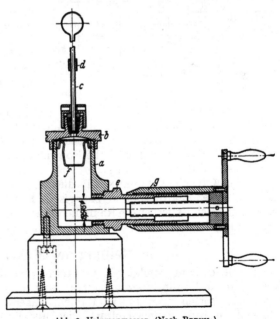

Abb. 2. Volumenmesser. (Nach BREUIL.)

man an der Teilung des Zylinders und der Mikrometerschraube die Kolbenstellung ab, dreht die Mikrometerschraube zurück, bis das Quecksilber aus dem Steigrohr wieder verschwunden ist, schraubt den Deckel wieder auf und entnimmt das Holz. Bei wieder geschlossenem Gerät dreht man die Mikrometerschraube, bis die Quecksilbersäule abermals die Anzeigehülse erreicht und

macht die zweite Ablesung, die von der ersten abgezogen wird; der Zahlen-
unterschied ist gleich dem Zahlenwert des Volumens. Der Kolbenquerschnitt
ist so gewählt, daß ein Teilstrich der Mikrometerschraube einem Volumen
von 3 mm³ entspricht. Das Verfahren hat den Nachteil, daß poriges oder rissiges
Holz leicht Quecksilber aufnimmt, wodurch nennenswerte Meßfehler entstehen.

Eine Rauminhaltsbestimmung von Holz durch Messen des Überlaufs von
Wasser ist wegen der großen Oberflächenspannung des Wassers nicht möglich.

Mittelbar läßt sich die Rohwichte
auch optisch durch photometrische
Bestimmung der Lichttransmis-
sion [7] oder durch Messung der
Absorption und Reflexion von
Röntgenstrahlen [8] bestimmen.

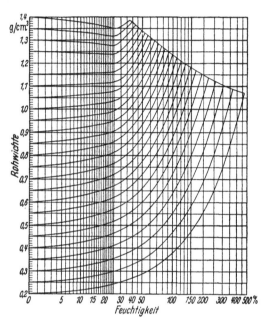

Abb. 3. Rohwichte-Feuchtigkeits-Schaubild für Holz.
(Nach KOLLMANN.)

4. Berücksichtigung der Holzfeuchtigkeit.

Wie oben erwähnt, ist die Rohwichte von Bauholz bei 20% Feuchtigkeit (bezogen auf das Darrgewicht) zu bestimmen. Bei der
Werkstoffprüfung sind nach
DIN 52182 12% Feuchtigkeit als
„Lufttrockenheit" genormt. Bei
dieser Feuchtigkeit werden auch
in den meisten Staaten alle physikalischen und mechanischen Holzprüfungen durchgeführt bzw. die
Ergebnisse auf diesen Normalwert
umgerechnet. Für wissenschaftliche
Untersuchungen (z. B. auch zur Bestimmung der Festigkeitseigenschaf-
ten) ist es nötig, die Rohwichte auch im Darrzustand, d. h. völlig wasserfrei,
zu ermitteln. Für viele Zwecke wissenswert ist ferner die Rohwichte im grünen
Zustand und die maximal mögliche Rohwichte bei völliger Sättigung des Holzes
mit Wasser. Zur Umrechnung der Rohwichte bei verschiedener Feuchtigkeit
kann Abb. 3 (nach KOLLMANN [9]) dienen, das in DIN 52182 aufgenommen
ist. Für wissenschaftliche und biologische Holzprüfungen sowie im englischen
Sprachgebrauch ist ferner die Raumdichtezahl, das Verhältnis des Darrgewichts
zum Rauminhalt im frischen Zustand, üblich [10].

5. Beurteilung der Meßergebnisse.

Die Beurteilung erfolgt für praktische Zwecke nach Mindestgrenzen der
Rohwichte (u. U. für Flugzeugbauholz auch nach Höchstgrenzen), für wissenschaftliche Forschungen und im Rahmen allgemeiner Vergleiche nach Lage im
Schwankungsbereich einer Holzart. Die Aufstellung von Häufigkeitskurven und
ihr Vergleich mit vorliegenden ist zu empfehlen. Auf die einschlägigen Veröffentlichungen sei verwiesen [11]. Als äußeres Kennzeichen für die Rohwichte
kann die Jahrringbreite mit grober Näherung bei Nadelhölzern und ringporigen
Laubhölzern unter Kenntnis der gültigen Gesetze angesehen werden. Bei zer-
streut-porigen Laubhölzern versagt dieses Verfahren. Verhältnismäßig zuverlässig ist bei Nadelhölzern der Spätholzanteil (vgl. S. 38).

Schrifttum.

[1] YLINEN, A.: Acta Forest. Fenn. Bd. 50 (1942) S. 1.
[2] TRENDELENBURG, R.: Das Holz als Rohstoff, S. 288ff. München 1939. 2. Aufl. von R. TRENDELENBURG u. H. MAYER-WEGELIN, S. 304ff. München 1955. — VOLKERT, E.: Untersuchungen über Größe und Verteilung des Raumgewichts in Nadelholzstämmen. Mitt. Akad. dtsch. Forstwes. Frankfurt a. M. 1941.
[3] TRENDELENBURG, R.: Das Holz als Rohstoff, S. 318ff. München 1939. 2. Aufl. von R. TRENDELENBURG u. H. MAYER-WEGELIN, S. 313ff. München 1955.
[4] NIETHAMMER, H.: Papierfabrikant Bd. 29 (1931) S. 557.
[5] PAUL, B. H.: S. Lumberman Bd. 156 (1938) Nr. 1966, S. 33.
[6] MONNIN, M.: Essais physiques statiques et dynamiques des bois. Bull. Sect. Techn. aeron. 30 Paris, Juli 1919 — L'essai des bois. Int. Kongr. Materialprüfung, S. 85f. Zürich 1932.
[7] MÜLLER-STOLL, W. R.: Photometrische Holzstrukturuntersuchungen. Forstwiss. Cbl. Bd. 68 (1948) S. 21.
[8] WORSCHITZ, F.: Cbl. ges. Forstwes. Bd. 57 (1931) S. 342; Bd. 58 (1932) S. 162; Bd. 61 (1935) S. 19.
[9] KOLLMANN, F.: Z. VDI Bd. 78 (1934) S. 1399.
[10] TRENDELENBURG, R.: Z. Holz als Roh- und Werkstoff Bd. 2 (1939) S. 12.
[11] KOLLMANN, F.: Technologie des Holzes und der Holzwerkstoffe, 2. Aufl., Bd. 1, S. 339ff. Berlin/Göttingen/Heidelberg: Springer 1951.

F. Ermittlung der Festigkeitseigenschaften der Hölzer.

Von **K. Egner**, Stuttgart.

1. Allgemeines.

Die Bauhölzer, die uns die Natur liefert, sind im allgemeinen mit einer mehr oder minder großen Zahl von Wuchsabweichungen (häufig als Holzfehler bezeichnet) behaftet, z. B. Äste, schräger Faserverlauf usw. Die Festigkeitseigenschaften werden durch diese Wuchsabweichungen maßgeblich beeinflußt. Für manche Zwecke, z. B. für die Beurteilung von Holzarten, Einflüssen des Standorts, forstlicher Erziehungsmaßnahmen, sowie verschiedener technologischer Maßnahmen, wie Trocknung, Tränkung, Veredelung usw., ist es zur Erzielung einer möglichst sicheren Vergleichsgrundlage erforderlich, die Einflüsse der Wuchsabweichungen durch Wahl fehlerfreier Proben mit beschränkten Abmessungen auszuschalten. Andererseits hat die Festigkeitsprüfung der Bauhölzer in sehr vielen Fällen die Aufgabe, die Tragfähigkeit derselben in der Beschaffenheit der praktischen Verwendung, also behaftet mit den möglichen bzw. jeweils zulässigen Wuchsabweichungen, zu erkunden.

Gemäß Vorstehendem muß bei der Bestimmung der Festigkeit, auch der Elastizität der Hölzer, unterschieden werden zwischen der Prüfung fehlerloser Proben mit kleinen Abmessungen, also der *Prüfung von fehlerfreiem Holz*, und der Prüfung der Hölzer in der Beschaffenheit und mit den Abmessungen der praktischen Verwendung, auch als *Prüfung von Gebrauchsholz* bezeichnet (vgl. DIN 52180, Ausgabe 1952).

Die für die *Prüfung von fehlerfreiem Holz* erforderlichen Proben werden für viele Zwecke am sichersten aus Spaltstücken (Geradfaserigkeit) erhalten. Es ist erwünscht, daß die Jahrringe parallel zu einer Querschnittsseite verlaufen. Proben aus Hölzern mit ausgesprochener Splintbildung sollen entweder ganz dem Kern oder ganz dem Splint entnommen werden. Um vergleichbare Ergebnisse bei der Prüfung von fehlerfreiem Holz zu erhalten, sollen nach DIN 52180 die Probekörper bei der Prüfung entweder frisch (Holzfeuchtigkeit in allen Querschnittsteilen oberhalb des Fasersättigungspunktes) sein oder eine Feuch-

tigkeit von 12% (Grenzwerte 8 und 15%), bezogen auf das Darrgewicht, aufweisen. In jedem Falle ist die Feuchtigkeit zu ermitteln und zusammen mit
dem jeweiligen Festigkeitswert anzugeben. Erwünscht ist ferner die Feststellung
der mittleren Ringbreite, u. U. auch des Spätholzanteils. Die Zahl der Probekörper soll wegen der nie völlig gleichmäßigen Beschaffenheit des Holzes mindestens 3 bis 5 betragen, bei großer Streuung der Versuchswerte dagegen
wesentlich mehr. Bei Untersuchung ganzer Stämme ist die Lage der Proben
im Stamm nach Höhe über dem Stockabschnitt und Entfernung vom Mark,
die deutlichen Einfluß auf die meisten Holzeigenschaften hat, wichtig.

Bei der *Prüfung von Gebrauchsholz* sind die Güteklassen nach DIN 4074
zu beachten. Sofern die Prüfergebnisse durch Wuchsabweichungen deutlich
beeinflußt sind, sind diese (Größe, Zahl, Lage und Art der Äste, Risse, schräger
Faserverlauf, Drehwuchs usw.) eindeutig zu bestimmen (vgl. auch DIN 52181).
Die Holzfeuchtigkeit bei der Prüfung sollte den Verhältnissen des jeweiligen
Verwendungszwecks entsprechen; sofern diese im allgemeinen stark schwanken,
empfiehlt sich die Durchführung der Prüfung bei Holzfeuchtigkeiten entsprechend den vorkommenden Grenzwerten. Bei der Prüfung von Gebrauchsholz ist ferner die Feststellung der Ringlage und der mittleren Ringbreite erwünscht; hierzu ist DIN 52181 zu beachten. Bei Prüfung großer Probekörper
ist häufig die Entnahme kleiner fehlerfreier Proben zur Vornahme von Werk-
stoffprüfungen erforderlich.

2. Ermittlung der Druckfestigkeit in Faserrichtung.

a) Allgemeines. Bei der großen praktischen Bedeutung, die der rasch und
einfach zu ermittelnden Druckfestigkeit des Holzes in Faserrichtung, auch
Längsdruckfestigkeit genannt, zukommt (Stützen, Druckglieder in Bauwerken
usw.), ist zu beachten, daß der zahlenmäßige Zusammenhang zwischen ihr
und den anderen Festigkeitseigenschaften des Holzes veränderlicher ist als bei
vielen anderen, besonders den metallischen Baustoffen; immerhin ist aus den
Ergebnissen des Druckversuchs ein Schluß auf die Gesamtgüte des Holzes
möglich.

b) Prüfeinrichtung. Die zur Ermittlung der Längsdruckfestigkeit benutzten
Druckpressen sollen mindestens eine bewegliche, d. h. kugelig gelagerte Druckplatte aufweisen.

c) Probenform und Probengröße. Als Probekörper sind früher vielfach
Würfel verwendet worden. Heute ist man fast überall zur Prismenform übergegangen, da die Würfelfestigkeit geringere praktische Bedeutung hat und beim
Würfel die Beeinflussung des Spannungszustands durch die Reibung zwischen
den Druckplatten der Presse und den Druckflächen des Probekörpers besonders
groß ist. Im Zusammenhang damit steht die Forderung, für die Entwicklung
der bei der Zerstörung des Holzes durch Längsdruck typischen schiefen Ab-
schiebungsflächen bzw. Gleitebenen genügende Länge zur Verfügung zu stellen.

Über den Einfluß der Probenhöhe im Verhältnis zur Querschnittsseite auf
die Druckfestigkeit hat R. Baumann [2] ausgedehnte Versuche angestellt. Hiernach hat sich im Durchschnitt (Mittel aus 45 Holzproben) bei einer Höhe der
Druckkörper gleich dem 3- bis 6fachen der Querschnittsseite eine um rd. 7%
niedrigere Druckfestigkeit als bei den Würfeln ergeben; bei Verminderung der
Druckkörperhöhe auf die Hälfte der Querschnittsseite ist eine um rd. 3% höhere
Festigkeit als die Würfeldruckfestigkeit aufgetreten. Ganz ähnliche Ergebnisse
haben, wie Abb. 1 zeigt, die Untersuchungen Ryskas [1] mit Douglastannen-,
Tannen- und Fichtenholz geliefert.

Neuere Untersuchungen in der Forschungs- und Materialprüfungsanstalt für das Bauwesen an der T. H. Stuttgart haben bei Fichten- und Buchendruckkörpern mit nur 2 cm Querschnittsseite diese Feststellungen nicht durchweg erhärtet; dagegen war bei Druckkörpern aus Fichtenholz mit 8 cm Querschnittsseite eine Abnahme der Festigkeit mit zunehmender Probenhöhe feststellbar.

Eine Abhängigkeit der Längsdruckfestigkeit von der Körpergröße liegt bei Proben mit geometrisch ähnlichen Abmessungen aus gleichartigem Holz nicht vor, wenn deren Querschnitte mindestens einige Jahrringe enthalten [2], [3].

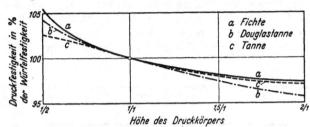

Abb. 1. Abhängigkeit der Druckfestigkeit von der Probenhöhe bei verschiedenen Hölzern. (Nach Ryska [1].)

Entsprechend diesen Erkenntnissen ist in DIN 52185, Ausgabe 1954, Blatt 1, für den Druckkörper, der im allgemeinen ein Prisma von quadratischem Querschnitt sein soll, keine starre Körpergröße vorgeschrieben. So soll die Seitenlänge mindestens 2, besser 2,5 cm, und bei rasch oder unregelmäßig gewachsenen Hölzern 3 bis 4 cm betragen. Die Höhe der Druckprismen muß mindestens gleich der 1,5fachen, höchstens gleich der 3fachen Querschnittsseite sein.

Besonders bei der Prüfung von Gebrauchsholz wird man häufig den Wunsch und das Bedürfnis haben, Druckprismen mit rechteckigem Querschnitt zu prüfen, z. B. bei Probestücken aus Balken, Stützen u. ä., die den ganzen Querschnitt der letzteren umfassen. Die Körperhöhe solcher Druckprismen, deren Querschnittsseiten a und b sind, soll das 1,5fache von $(a + b)/2$ betragen.

Die französischen Normen schreiben für Druckkörper Prismen von 2 cm × 2 cm Querschnitt und 6 cm Höhe vor. Das Verhältnis zwischen Querschnittsseite und Höhe stimmt hiernach mit den deutschen Vorschriften gemäß DIN 52185 überein.

Der in Abb. 2 dargestellte Körper ist als üblicher Druckkörper in den amerikanischen Normen [4] vorgeschrieben. Probekörper mit so großer Verhältniszahl Höhe : Querschnittsseite haben den Vorzug, daß an ihnen gleichzeitig die Zusammendrückungen und die Druckelastizität ermittelt werden können. Dies ist bei den Druckkörpern nach DIN 52185, deren Höhe das 3fache der Querschnittsseite nicht überschreitet, unmöglich und nicht zulässig. Nach letzterer Norm sollen für Elastizitätsversuche schlankere Prismen verwendet werden (vgl. unter G 3). Man ist in Deutschland bei der Festlegung dieser Vorschrift von der Tatsache ausgegangen, daß im allgemeinen die Ermittlung der Druckfestigkeit im Vordergrund des Interesses steht und nur in verhältnismäßig wenigen Fällen gleichzeitig die Druckelastizität ermittelt wird. Dadurch kann man mit der gedrungeneren, Material und Zeit sparenden Prismenform für reine Druckfestigkeitsbestimmungen auskommen.

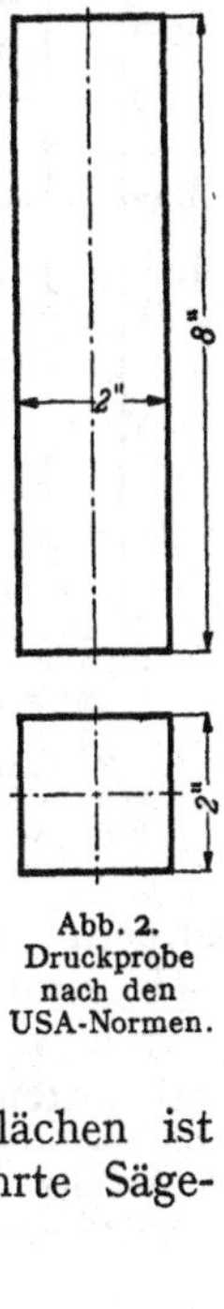

Abb. 2. Druckprobe nach den USA-Normen.

d) Erfordernisse für die zweckmäßige Prüfung. Die Bearbeitung der Druckprismen hat so zu erfolgen, daß die Druckflächen tadellos eben sind und außerdem parallel zueinander und senkrecht zur Körperachse verlaufen. Ein Behobeln der Druck- und Seitenflächen ist nicht unbedingt erforderlich, vielmehr genügen einwandfrei geführte Sägeschnitte [5].

Vor Beginn des Druckversuchs ist darauf zu achten, daß beide Druckplatten parallel zueinander liegen. Sofern beide Druckplatten beweglich sind, ist ein Ausrichten mit Hilfe der Wasserwaage zweckmäßig.

Die Steigerung der Belastung soll gleichmäßig und stoßfrei erfolgen. Nach DIN 52185, Blatt 1, soll die Druckbeanspruchung bei Nadelhölzern und weichen Laubhölzern in der Minute um 400 bis 600 kg/cm² , bei harten Laubhölzern um 600 bis 800 kg/cm² zunehmen. Der Einfluß der Belastungsgeschwindigkeit auf das Prüfergebnis ist bei solch hohen Werten der letzteren nach den Feststellungen von CASATI [3] und KOLLMANN [6] gering (vgl. Tab. 1 nach CASATI).

Tabelle 1.

Holzart	Proben-abmessungen cm × cm × cm	Versuchsdauer sek	Belastungs-geschwindigkeit kg/cm² je min	Druckfestigkeit kg/cm²
Tanne	5 × 5 × 5	270	100	450
		120	220	440
		25	1130	472
	2 × 2 × 2	300	80	406
		130	180	390
		15	1750	435
Erle	5 × 5 × 5	125	210	428
		60	440	450
		22	1300	486
	2 × 2 × 2	370	80	495
		120	245	490
		30	1000	500

Nur bei Belastungsgeschwindigkeiten unterhalb rd. 150 kg/cm² je min liegt nach den Versuchen von GHELMEZIU [7] eine deutliche Zunahme der Druck-festigkeit mit der Belastungsgeschwindigkeit vor (vgl. Abb. 3).

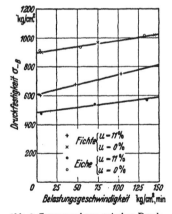

Abb. 3. Zusammenhang zwischen Druck-festigkeit und Belastungsgeschwindig-keit. (Nach GHELMEZIU [7].)

Aus dem nach Ermittlung der Querschnitts-abmessungen mit Hilfe der Schieblehre errech-neten Probenquerschnitt F_0 und der bei der Prüfung festgestellten Höchstlast P_{max} ergibt sich die Druckfestigkeit $\sigma_{dB} = P_{max}/F_0$, die zweckmäßigerweise auf 1 kg/cm² angegeben wird. Zur näheren Beurteilung des Prüfungsergebnisses ist die *Kenntnis des Feuchtigkeitsgehalts und der Wichte des geprüften Holzes unerläßlich*. Sofern Druckproben in reiner Prismen- oder Zylinder-form entsprechend der Mehrzahl der heute in den verschiedenen Ländern gültigen Normen ver-wendet werden, läßt sich die Wichte jeder Druck-probe ohne großen Zeitaufwand ermitteln. Der Feuchtigkeitsgehalt kann bei den für die Prüfung von fehlerfreiem Holz üblichen kleinen Probe-körpern durch Darrung der ganzen Probe (ausgenommen sind stark harzhaltige und getränkte Hölzer, vgl. S. 28) festgestellt werden[1]. Bei größeren Druck-proben wird nach dem Druckversuch eine Scheibe aus jeder Probe heraus-geschnitten, an der der Feuchtigkeitsgehalt zu ermitteln ist.

---

[1] Über die Umrechnung von Druckfestigkeiten, die bei abweichender Feuchtigkeit (8 bis 18%) ermittelt wurden, auf den Zustand bei 12% gibt DIN 52185, Blatt 1, Auskunft.

Wenn eingehendere Kenntnis des Verhaltens von Hölzern bei Druckbeanspruchung gewünscht wird, vor allem bei vielen wissenschaftlichen Untersuchungen, sind die Zusammendrückungen abhängig von der Druckbeanspruchung zu ermitteln. Näheres über die Messung der Formänderungen findet sich im Abschn. G über die Elastizität der Hölzer. Wenn die Kurve der Zusammendrückungen bekannt ist, ist es möglich, aus dieser die sog. „Proportionalitätsgrenze" zu entnehmen.

e) Beurteilung der Bruchformen. Im Gegensatz zu den Verhältnissen bei manchen anderen Beanspruchungsarten (z. B. Schlag) ist eine äußerliche Beurteilung der Holzgüte durch die Erscheinungen bei der Zerstörung unter Druckbeanspruchung, die im allgemeinen durch seitliches Ausknicken, Ineinanderschieben und Abgleiten schräg zur Druckrichtung bei einzelnen oder allen Faserbündeln gekennzeichnet ist, nicht möglich. Allerdings wird man bei Hölzern mit

Abb. 4. Astfreie Druckprobe aus Fichtenholz nach der Prüfung.

Abb. 5. Mit Ästen durchsetzte Druckprobe aus Fichtenholz nach der Prüfung.

Wuchsabweichungen, insbesondere mit Ästen, unschwer aus dem Bruchbild beurteilen können, ob durch die Wuchsabweichungen eine Beeinflussung der Druckfestigkeit eingetreten ist. Der Vergleich der beiden Abb. 4 und 5, in denen eine astfreie und eine mit Ästen durchsetzte Druckprobe nach der Prüfung wiedergegeben ist, veranschaulicht dies.

Die Art der Bruchbildung, die vom Gefüge und von der Feuchtigkeit des Holzes abhängig ist, ist im einzelnen nicht einheitlich: Bildung einer oder mehrerer Gleitebenen, dazwischenliegende Spaltbrüche, Zustandekommen eines Sprengkopfes, Bartbildung an den Enden usw. [5], [8].

3. Ermittlung des Druckwiderstands quer zur Faserrichtung.

a) Allgemeines. Dem Druckwiderstand des Holzes quer zur Faserrichtung kommt wesentliche praktische Bedeutung zu. Er ist zu beachten u. a. bei Übertragung von Lasten über ein Sattelholz auf eine Stütze, über eine Stütze auf eine Fußschwelle usw.

Die Bezeichnung „Druckfestigkeit quer zur Faserrichtung" oder „Querdruckfestigkeit" ist irreführend. Eine Bruchfestigkeit bei Druckbeanspruchung quer zur Faserrichtung gibt es im allgemeinen nicht, da die Last meist beliebig gesteigert werden kann, ohne daß im Last-Verformungsbild ein Höchstwert erreicht wird [9]. Bei Druckbelastung quer zur Faser ist die Formänderung maßgebend.

Es sind folgende zwei Fälle zu unterscheiden: Vollbelastung, d. h. Belastung auf der ganzen Querfläche, und Teilbelastung, d. h. Belastung nur auf einem Teil der Querfläche [5]. In jedem dieser Fälle ist das Verhalten des Holzes deutlich verschieden.

b) Prüfverfahren. Entsprechend den vorstehenden Ausführungen muß je nach den unter den praktischen Verhältnissen vorherrschenden Belastungsverhältnissen unterschieden werden zwischen vollbelasteten und teilbelasteten Probekörpern; es werden deshalb Druckversuche an Probekörpern, besonders an Würfeln, die über eine ganze Querfläche belastet werden, und Druckversuche an Schwellen vorgenommen. Wesentlich ist dabei, daß die Zusammendrückung in Abhängigkeit von der Belastung (Beanspruchungs-Stauchungs-Schaubild) ermittelt wird.

In DIN 52185, Blatt 2, Ausgabe 1954, ist vorgeschrieben, daß sowohl beim Druckversuch an Würfeln als auch beim Schwellenversuch die Beanspruchung σ_{d1} festzustellen ist, bei der eine Stauchung von 1% auftritt. Die Stauchung soll, ausgehend von einer Vorspannung $\sigma_{d0} \approx 0{,}1\,\sigma_{d1}$, bis zu einer Gesamtstauchung $\varepsilon_{d\,\mathrm{ges}} = 10\%$ in Abhängigkeit von der Druckbeanspruchung ermittelt werden.

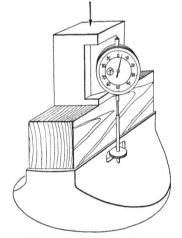

Abb. 6. In den USA entwickelte Versuchsanordnung bei den kleinen Schwellendruck-Normenkörpern.

Eine in den USA entwickelte Versuchsanordnung zur Messung der Zusammendrückungen bei Schwellenversuchen geht aus Abb. 6 hervor. Für die Feststellung der Zusammendrückungen genügt mit hinreichender Genauigkeit die laufende Messung der Druckplattenentfernung mit Hilfe üblicher Meßuhren. Die Meßanordnung bei amerikanischen Schwellenversuchen mit Bauhölzern geht aus Abb. 9 hervor.

c) Probenform und Probengröße. Der Einfluß der Höhe der Druckkörper auf den Druckwiderstand ist nach R. Baumann [2] bei Beanspruchung quer zur Faserrichtung noch ausgeprägter als bei Beanspruchung in Faserrichtung. Er hat hierüber Versuche an prismatischen Probekörpern mit quadratischer Grundfläche (Seitenlänge a) und Höhen h, die a, $2a$ und $3a$ betrugen, durchgeführt. Die Probekörper, die über den ganzen Querschnitt belastet wurden, lieferten z. B. für Kiefernholz die in Tab. 2 zusammengestellten Verhältniszahlen des Druckwiderstandes.

Ein Einfluß der Querschnittsgröße auf die Prüfergebnisse scheint bei gleichbleibendem Verhältnis $h:a$ nicht vorzuliegen, sofern es sich um Vollbelastung (gleichmäßig verteilte Belastung über den ganzen Probenquerschnitt) handelt.

Besonderes Augenmerk verdienen die Verhältnisse bei Teilbelastung (Schwellenversuch), die im Vordergrund praktischen Interesses stehen. Hier ist in erster Linie der Einfluß der Breite der Druckfläche zu beachten; Untersuchungen von Graf [10] an Bauhölzern mit 18 cm × 18 cm Querschnitt lassen erkennen, daß mit abnehmender Breite der Druckfläche eine deutliche Verringerung der

Tabelle 2.

		Verhältniszahlen des Druckwiderstands					
		Druckrichtung					
		tangential			radial		
		zu den Jahrringen					
		$h=a$	$h=2a$	$h=3a$	$h=a$	$h=2a$	$h=3a$
Kiefer	Splint	1	0,79	—	1	0,98	0,80
	Kern desselben Bretts.	1	0,97	0,63	1	0,91	—
	Kern	1	0,74	0,53	1	0,86	—

Zusammendrückungen, abhängig von der spezifischen Pressung, eintritt. Die Erklärung für die geschilderten Ergebnisse ist nach GRAF darin zu suchen, daß das neben der Belastungsfläche in der Faserrichtung gelegene Material der Schwellen in weitgehendem Maße zur Kraftübertragung herangezogen wird. Eine Bestätigung und Erweiterung dieser Ergebnisse brachten die von SUENSON [9] durchgeführten Versuche an Fichtenbalken von 15 cm × 15 cm Querschnitt.

Der Druckversuch an vollbelasteten Probekörpern wird in Deutschland gemäß DIN 52185, Blatt 2, an Würfeln von mindestens 3 cm Seitenlänge vorgenommen.

Für den Schwellenversuch schreibt DIN 52185 prismatische Stäbe von quadratischem Querschnitt mit mindestens 5 cm Seitenlänge vor; die Probenlänge soll mindestens gleich der 3fachen Seitenlänge sein. Wie Abb. 7 zeigt, soll die Last auf den mittleren Teil des Probekörpers durch eine 1,5 cm dicke Platte aus gehärtetem Stahl (mit abgerundeten Längskanten, Rundungshalbmesser 1,5 mm) übertragen werden, deren Breite gleich der Querschnittskante des Probekörpers ist und deren Längsachse mit der Längsachse des Probekörpers einen rechten Winkel bildet.

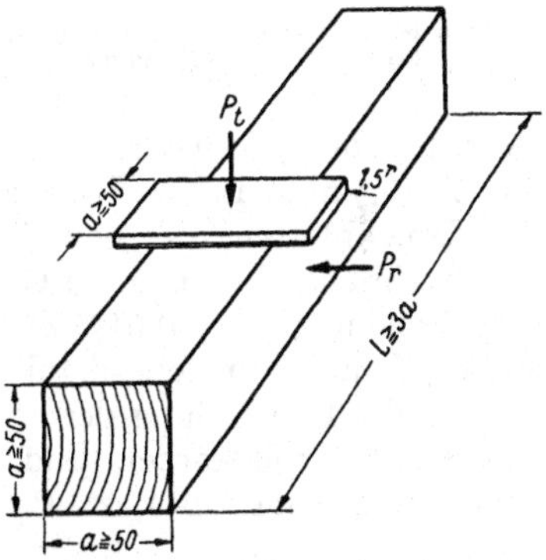

Die Jahrringe sollen nach Möglichkeit parallel einer Querschnittsseite des Probekörpers verlaufen, so daß die Belastungsrichtung entweder tangential oder radial zu den Jahrringen verläuft. Von im allgemeinen sechs zu prüfenden Probekörpern wird die eine Hälfte tangential, die andere radial zu den Jahrringen belastet.

Abb. 7. Belastung der Schwellendruckkörper nach DIN 52185. Maße in mm. P_t = Belastung tangential zu den Jahrringen; P_r = Belastung radial zu den Jahrringen.

In England und Amerika werden für den Schwellenversuch prismatische Stäbe von 6″ Länge verwendet; die Querschnittsseite hat eine Länge von 2″. Die Belastung erfolgt ähnlich den deutschen Vorschriften gemäß Abb. 8 auf das mittlere Drittel der Probenlänge. Die Jahrringe sollen so verlaufen, daß die Belastung tangential zu diesen erfolgt.

Für Schwellenversuche an Probekörpern in Bauholzgröße und -beschaffenheit sind nur in den Normen der USA Richtlinien mitgeteilt worden [11]. Hiernach sind Proben von rd. 75 cm Länge (30″) und möglichst großem Querschnitt zu entnehmen (über die Entnahme vgl. auch die Mitteilungen im Abschnitt Biegefestigkeit zur Aufteilung von großen Biegeproben). Die Last wird durch eine Metallplatte von rd. 15 cm Breite in Probenmitte auf eine sauber bearbeitete Fläche übertragen (vgl. Abb. 9).

d) Erfordernisse für die zweckdienliche Prüfung. Ähnlich den Erfordernissen bei den Prüfkörpern für den Druckversuch parallel zur Faserrichtung müssen die Druckflächen tadellos eben sein und parallel zueinander sowie zur Körperachse verlaufen. Für die Bearbeitung genügen sauber geführte Sägeschnitte.

Die beiden Druckplatten der Prüfpresse müssen vor Beginn des Versuchs parallel zueinander ausgerichtet werden; eine der beiden Stahlplatten muß kugelig einstellbar sein.

Die Belastungsgeschwindigkeit soll nach DIN 52185, Blatt 2, in der Minute 10 kg/cm² betragen. Nach den amerikanischen Normen ist die Steigerung der Belastung nicht entsprechend einer bestimmten gleichmäßigen Zunahme der

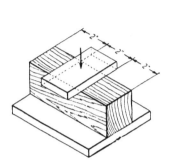

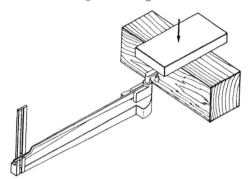

Abb. 8. Schwellendruckkörper nach den
britischen und USA-Normen.

Abb. 9. Schwellendruckversuch mit Bauhölzern nach den
Normen der USA.

Beanspruchung, sondern der Zusammendrückung zu wählen; letztere soll 0,012″ (0,3 mm) in der Minute betragen, d. h. 0,6% der Probenhöhe zwischen den Druckplatten. Bei den Schwellenversuchen an Bauhölzern soll nach den amerikanischen Normen die Geschwindigkeit N der bewegten Druckplatte nach der Beziehung $N = 0,0175\, d^{4/9}$ gewählt werden, wobei d die Balkenhöhe darstellt (N und d in amerikanischen Zollmaßen).

Für die Feststellung der 1%-Stauchgrenze σ_{d1} ist die Kenntnis der Abmessungen des Probekörpers und der Größe der Belastungsfläche F_0 erforderlich. Aus der zugehörigen Last P_1 ergibt sich die Spannung

$$\sigma_{d1} = \frac{P_1}{F_0}.$$

Zur näheren Beurteilung des Prüfergebnisses empfiehlt sich die Feststellung der Holzfeuchtigkeit und besonders der Wichte. Die Wichte läßt sich aus dem Gewicht und den Abmessungen der Probe vor dem Versuch leicht ermitteln. Die Holzfeuchtigkeit, der hier bei weitem nicht die Bedeutung wie bei Druck in Faserrichtung zukommt, kann durch Darrung der ganzen Probe bestimmt werden (vgl. auch unter [6]). Bei Schwellenversuchen mit Bauhölzern sollen nach den amerikanischen Normen [11] aus jeder geprüften Probe in der Nähe der Zerstörungsstelle zwei Scheiben für die Feuchtigkeitsermittlung entnommen werden, von denen die eine zur Feststellung des mittleren Feuchtigkeitsgehaltes, die andere zur Ermittlung der Feuchtigkeitsverteilung über den Querschnitt (Feuchtigkeit in den Außenzonen, Zwischenzonen und im Kern, die jeweils ein Drittel der Querschnittsfläche umfassen) dient.

e) Beurteilung der Bruchformen. Eine Beurteilung der Holzgüte durch die Erscheinungen bei starker Querpressung ist nicht ohne weiteres möglich.

4. Ermittlung der Knickfestigkeit.

a) Allgemeines. Die Knickfestigkeit der hölzernen Druckglieder ist für die Praxis des Holzbaus (Ingenieurholzbauten, Bau von Feuerwehrleitern usw.) von großer Bedeutung. Man hat sich den Vorgang der Knickung so vorzustellen, daß mit Zunahme der Drucklast eine anfänglich verschwindend kleine Ausbiegung des Druckglieds rasch anwächst, wobei das Gleichgewicht zwischen den Momenten der äußeren Last und der inneren Gegenkräfte überschritten wird [*12*]. Die Entstehung des die Ausbiegung verursachenden Biegungsmoments ist selbst bei einwandfrei mittiger Belastung darauf zurückzuführen, daß die Kraftrichtung nie vollkommen mit der geometrischen Achse des Druckglieds zusammenfällt und ferner der Baustoff selbst in seinem Aufbau praktisch nie gleichmäßig ist [*8*].

Genormte Prüfverfahren für die Ermittlung der Knickfestigkeit gibt es nicht. In besonderem Maße ist hier die Prüfung unter möglichst wirklichkeitsgetreuen Verhältnissen erforderlich, sowohl was die Abmessungen, die Beschaffenheit und den Aufbau der Druckglieder, als auch vor allem die Art der Belastung und Auflagerung betrifft.

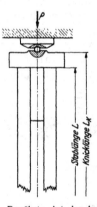

Abb. 10. Prüfmaschine liegender Bauart mit eingebautem langem Knickstab. (Nach M. Roš u. J. BRUNNER [*13*].)

Abb. 11. Bewährte Art der Auflagerung bei Knickversuchen. (Nach O. GRAF.)

b) Prüfverfahren. Die Ermittlung der Knickfestigkeit erfolgt in Druckpressen, deren größter lichter Abstand zwischen den Druckplatten den Einbau der zu prüfenden Druckglieder gestattet. Im allgemeinen sind zur Vermeidung des Einflusses der Schwerkraft stehende Druckpressen vorzuziehen; für die Prüfung langer Druckglieder werden häufig genügend hohe Pressen nicht vorhanden sein, so daß unter Umständen liegende Pressen herangezogen werden müssen (vgl. Abb. 10 [*13*]). TETMAJER hat seine bekannten Versuche ebenfalls in liegenden Maschinen vorgenommen. Dabei wurde das Biegungsmoment infolge des Eigengewichtes der Knickglieder durch Anwendung von Gegengewichten ausgeglichen, die bei Körpern von mehr als 2,0 m Länge in den Drittelpunkten der Länge wirkten und zusammen $^4/_5$ des Balkengewichts betrugen; über Rollen laufende Seile waren auf der einen Seite mit geeigneten, die Knickglieder tragenden Bügeln und auf der anderen Seite mit den Gegengewichten verbunden [*14*]. Die Forderung, nur stehende Maschinen für Knickversuche zu verwenden [*15*], gilt daher nur eingeschränkt.

Die Art der Lastübertragung an den Enden der Druckglieder ist zu beachten [*16*]. Man wird in manchen Fällen (Stangen, Stützen) den Erfordernissen der Praxis besonders nahekommen, wenn zwischen die Enden der zu prüfenden Druckglieder und die beim Versuch festgelegten Druckplatten rohe Brettstücke eingelegt werden [*17*]. Die meist übliche Art der Auflagerung der Druckglieder auf starken Stahlplatten, die wiederum auf den Druckplatten der Prüfmaschine kugelig gelagert sind (vgl. Abb. 11), entspricht ungefähr den Verhältnissen, wenn die Druckglieder auf einem Fundament stehen und die Belastung durch verhältnismäßig steife Druckplatten in diese Bauglieder übertragen wird [*18*].

Nach der üblichen Unterscheidung der Einspannung von Knickstäben sind 4 Fälle möglich [*12*], [*15*], von denen Fall 2 mit beidseitiger Spitzen- oder Schneidenlagerung am häufigsten anzunehmen ist, da vollkommene Einspannung wohl äußerst selten vorhanden ist. In Wirklichkeit ist allerdings Spitzen- und Schneidenlagerung wiederum seltener als Flächenlagerung; bei letzterer sind häufig nur um weniges höhere Knicklasten als bei ersteren zu erwarten [*12*].

Für Knickversuche mit Hölzern kommen im allgemeinen folgende Möglichkeiten der Auflagerung in Frage: a) Spitzenlagerung, b) Schneidenlagerung, c) Kugellagerung und d) Flächenlagerung. Den Voraussetzungen des Belastungsfalles 2 entsprechen streng genommen nur die Lagerungen a) und b). Während bei der auch von Tetmajer angewendeten Spitzenlagerung keinerlei Knickrichtung ausgezeichnet ist, wird bei der Schneidenlagerung eine bestimmte Knickrichtung vorgeschrieben. Dieser Fall kann für die Prüfung von Baugliedern wichtig sein, die in Wirklichkeit so in irgendwelchen Verbänden festliegen, daß praktisch ein Ausknicken nur in einer Richtung möglich ist. Die Kugellagerung wird heute im allgemeinen der Spitzenlagerung vorgezogen; dabei ist zu beachten, daß auch die gehärteten Spitzen Abrundungen besitzen. Bei großen Knicklasten und kleinen Spitzenoberflächen besteht die Gefahr der Bildung bleibender Eindrückungen und daher der Entstehung großer Reibungskräfte. Für die Ausbildung der Kugellagerung empfiehlt sich die Wahl nicht zu großer Stahlkugeln, die zweckmäßig auf der Druckplattenseite in kugeligen Ausdrehungen gelagert sind, deren Radius R etwas größer ist als der Kugelradius r. Die Kugeln sind so stark in diese Ausdrehungen (vor dem Knickversuch) einzudrücken, daß eine für die Knickkräfte genügend große Kalottenoberfläche mit Radius r entsteht (vgl. Abb. 12).

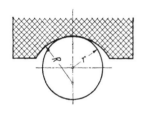

Abb. 12. Zweckmäßige Ausbildung der Kugellagerung.

Für den Einbau der Druckglieder ist folgendes zu beachten. Will man Versuche durchführen, die nach Möglichkeit den Verhältnissen in der Praxis angepaßt sein sollen, so wird man auf geometrisch-zentrischen Einbau achten derart, daß der geometrische Schwerpunkt der Stirnflächen auf die Mitte der Druckplatten zu liegen kommt, oder aber es werden vorgeschriebene Exzentrizitäten geometrisch genau eingestellt. Trotz geometrisch zentrischen Einbaus können die Ungleichmäßigkeiten des Holzes (Äste, Risse, Krümmungen, verschiedene Verteilung des Spätholzes usw.) Veranlassung zu ungleichmäßiger Verteilung der Druckspannungen und damit zur Bildung einer „inneren Exzentrizität" geben, die starke Ausbiegungen und damit eine Zerstörung vor Erreichen der größten Widerstandsfähigkeit gegen Knickung verursacht [*19*]

Wenn dagegen die tatsächliche Knickfestigkeit ermittelt werden soll, was besonders für viele Vergleichsversuche wichtig ist, so muß das zunächst geometrisch-zentrisch eingebaute Druckglied so weit aus der Achse der Maschine verschoben werden, bis die „innere Exzentrizität" verschwunden ist. Die Herstellung dieses Zustandes kann entweder durch Ermittlung etwaiger Ausbiegungen unter verhältnismäßig niedrigen Lasten oder durch Messung der Dehnungen auf den verschiedenen Querschnittsseiten möglichst in halber Höhe überwacht werden. Bei Prüfung kleinerer Knickstäbe oder einer größeren Zahl gleichartiger Druckglieder empfiehlt sich für das Ausmerzen der „inneren Exzentrizität" das Anbringen von Stellschrauben an den Auflagerplatten, die ein rasches und sicheres Verschieben gewährleisten.

c) **Probenform und Probengröße.** Der Einfluß von Körperform und Körpergröße bei hölzernen Vollstäben auf deren Knickfestigkeit σ_k wird nach den heutigen Erkenntnissen für Belastungsfall 2 genügend genau erfaßt durch die von EULER gefundene und für schlanke Stäbe mit $\lambda > 100$ gültige Formel

$$\sigma_k = \frac{\pi^2 E}{\lambda^2} \left(\text{für Bauholz } \sigma_k = \frac{987\,000}{\lambda^2} \right)$$

und die durch TETMAJER für gedrungene Stäbe mit $\lambda < 100$ aufgestellte Beziehung $\sigma_k = 293 - 1{,}94\,\lambda$.

Der Schlankheitsgrad λ wird aus der Knicklänge l_k und dem Trägheitsradius i des Querschnitts bzw. dem kleinsten Trägheitsmoment J und dem Querschnitt F_0 des Stabs folgendermaßen ermittelt:

$$\lambda = \frac{l_k}{i} = \frac{l_k}{\sqrt{J/F_0}} \,.$$

d) **Erfordernisse für die zweckdienliche Prüfung.** Zur Erzielung brauchbarer Ergebnisse ist bei Knickversuchen in ganz besonderem Maße peinlich genaues Arbeiten erforderlich. Dies gilt in erster Linie für die Bearbeitung der Probekörper; die zur Auflagerung auf den Druckplatten kommenden Stirnflächen müssen möglichst genau senkrecht zur Stabachse verlaufen. Häufig werden tadellos geführte Kreissägenschnitte genügen; wenn sich bei der Nachprüfung mittels zuverlässiger Richtplatten deutliche Unebenheiten herausstellen, empfiehlt sich Nacharbeiten durch Bestoßen. Gerade in letzterem Falle ist jedoch große Vorsicht geboten, da hierbei die Gefahr zu starker Bearbeitung an den Ecken besteht.

Die Spitzen, Schneiden oder Kugeln, die zur Herbeiführung von Belastungsfall 2 benötigt werden, außerdem die zugehörigen Pfannen, Rillen oder Kugelschalen müssen sich in einwandfreiem Zustand befinden; vor dem Versuch sind besonders letztere tunlichst und in genügendem Maße mit Talk einzufetten.

Die Belastungsgeschwindigkeit sollte nicht zu groß sein; Roš und BRUNNER [13] haben bei ihren Versuchen eine solche von 5 bis 10 kg/cm² in der Minute gewählt.

Die Knickfestigkeit σ_k wird aus der beim Versuch festgestellten Knicklast P_k gemäß der Beziehung

$$\sigma_k = \frac{P_k}{F_0} \,.$$

berechnet, wobei die mittleren Abmessungen des Querschnitts F_0 bekannt sein müssen.

Für die richtige Beurteilung der Ergebnisse von Knickversuchen muß die Elastizität und die Beschaffenheit des Holzes (Faserverlauf, Äste, Schwindrisse,

Veränderlichkeit der Elastizität über Querschnitt und Länge usw.) bekannt
sein. Die Elastizität ist, besonders bei schlanken Druckgliedern, zweckmäßig
durch den Biegeversuch, und zwar am ganzen Druckglied, also vor der Durchführung des Knickversuchs, zu ermitteln; allerdings sollten dabei zur Vermeidung bleibender Dehnungen und deren Einfluß auf den Knickversuch nur
geringe Beanspruchungen, im allgemeinen nicht mehr als 100 kg/cm², hervorgerufen werden. Zwischen Elastizitäts- und Knickversuch sollte ein Zeitraum
von mindestens einigen Stunden liegen. Näheres über die Ermittlung der
Elastizität in Abschn. G.

Im Hinblick auf die Holzbeschaffenheit ist folgendes zu beachten: Bei
verhältnismäßig kurzen Druckgliedern sind die Eigentümlichkeiten von Bedeutung, welche die Druckfestigkeit beeinflussen wie Zahl, Größe und Lage
der Äste, der Verlauf der Fasern, Anteil und Verteilung des Spätholzes, Vorhandensein und Anteil von Rotholz, die Holzfeuchtigkeit u. ä. [20]. Der Einfluß
der Wuchseigenschaften, besonders der Äste, soweit diese gut verteilt und
verwachsen sind, nimmt mit zunehmendem Schlankheitsgrad λ ab und ist bei
$\lambda \geqq 150$ nur noch gering [14]. Im allgemeinen wird man hiernach nur bei ganz
schlanken Druckgliedern auf eine eingehende Ermittlung und Beschreibung
der Wuchseigenschaften im Hinblick auf deren Einfluß auf das Ergebnis des
Knickversuchs verzichten können.

5. Ermittlung der Zugfestigkeit.

a) Allgemeines. Die Zugfestigkeit des Holzes wird verhältnismäßig selten
ermittelt, weil ihre Bestimmung mit einigen, wenn auch nicht wesentlichen
Schwierigkeiten verbunden ist und weil ihr nicht die Bedeutung zukommt wie
vielen anderen Holzprüfungen. Dies rührt besonders daher, daß die Zugfestigkeit
in höherem Maße als andere Festigkeitseigenschaften des Holzes von den Eigentümlichkeiten des Wuchses (Äste, Schrägfaserigkeit, Rotholz usw.) beeinflußt
wird. Die an fehlerfreien kleinen Proben ermittelten Werte geben daher keinen
zuverlässigen Anhaltspunkt für die Zugfestigkeit größerer, mit unvermeidlichen
Wuchsabweichungen behafteter Stücke desselben Stammes. Bei gewissen Aufgaben allerdings, für die von vornherein nur möglichst fehlerfreies Holz in
Betracht kommt (Flugzeugbau), ferner bei vergüteten Hölzern, bei denen die
Einflüsse der Wuchseigenschaften weitgehend verringert, also befriedigende
Gleichmäßigkeit der Festigkeitseigenschaften über Querschnitt und Länge erzielt wurde, wird man auf die Feststellung der Zugfestigkeit nicht verzichten.
Da in vielen Baugliedern, vor allem in Ingenieurholzbauten, Zugbeanspruchung
vorliegt, tritt wiederholt das Bedürfnis auf, den Widerstand dieser Bauglieder
größerer Abmessungen, behaftet mit all den in der Praxis vorliegenden Wuchs-
fehlern, gegenüber Zugkräften zu ermitteln. Für diese Aufgabe, die allerdings
mit nicht unwesentlichen Kosten verbunden ist, müssen genügend große und
leistungsfähige Prüfeinrichtungen zur Verfügung stehen; auch erfordert die
Einspannung großer Prüfstücke besondere Erfahrungen; Näheres hierzu enthalten die folgenden Abschnitte.

b) Prüfverfahren. Die Ermittlung der Zugfestigkeit zweckentsprechender
Probestäbe (vgl. den Abschn. Probenform und Probengröße) erfolgt in Prüfmaschinen mit beweglich gelagerten Einspannvorrichtungen, welche die erforderlichen Zugkräfte auszuüben gestatten. Um zu vermeiden, daß der Bruch
der Probestäbe an den Einspannstellen erfolgt, erhalten sie an den Enden,
den Stabköpfen, wesentlich vergrößerten Querschnitt. Nach den meisten zur
Zeit üblichen Prüfverfahren werden diese Stabköpfe in den Einspannvor-

richtungen der Prüfmaschine mit Hilfe von Beißkeilen befestigt. Sie werden demnach bei der Prüfung durch die Beißkeile quer zur Stabrichtung gepreßt und übertragen die Zugkräfte unter Ausnützung ihres Scherwiderstandes in die inneren Querschnittsteile. Im allgemeinen handelt es sich hierbei um Flachstäbe, also Probekörper, deren Querschnittsseiten wesentliche Unterschiede aufweisen. R. BAUMANN [2] hat bei härteren Hölzern Rundstäbe verwendet, deren Stabköpfe mit Gewinden versehen waren; die Einspannung erfolgte in Beißkeilen, die ebenfalls mit Gewinde versehen waren. Bei weichen Hölzern hat auch BAUMANN Flachstäbe benutzt, an deren Stabköpfe zur Vermeidung von Beschädigungen (unzulässige Zusammenpressungen usw.) Hirnholzstücke angeleimt waren, die den Druck der Einspannkeile aufzunehmen hatten. Versuche mit ähnlichen Probekörpern hat später O. GRAF vorgenommen [21] (vgl. Abb. 17c). Eine mit dem letztgenannten Verfahren verwandte Art der Einspannung bzw. Krafteinleitung nehmen die Amerikaner vor; sie benutzen Probestäbe, deren Köpfe sog. Schultern besitzen, die auf den Einspannvorrichtungen der Prüfmaschine aufsitzen und die Zugkräfte in die Probe einzuleiten haben (vgl. Abb. 22). Die Anwendung von Beißkeilen entfällt bei diesem Prüfverfahren; aber auch hier wird der Scherwiderstand der zwischen Schultern und Stabenden liegenden Holzteile für die Einleitung der Zugkräfte ausgenützt.

Bei großen Probekörpern können die genannten Verfahren der Einspannung bzw. Krafteinleitung aus naheliegenden Gründen nicht mehr angewendet werden. Man hilft sich bei ihnen im allgemeinen so, daß die Stabköpfe zwischen Eisenlaschen gepreßt werden, die an ihren überstehenden Enden durch Bolzen mit der Prüfmaschine verbunden werden [22]. Die Eisenlaschen sollen dabei breiter sein als die Stabköpfe, um die für die Erzielung genügenden Reibungswiderstandes erforderlichen Schrauben ohne Schwächung der Stabköpfe aufnehmen zu können. Bei Probestäben mit mehr als 20 cm² kleinstem Querschnitt ist es kaum mehr möglich, die erforderlichen Zugkräfte lediglich durch die Reibung zwischen Eisenlaschen und Stabköpfen zu übertragen. Hier empfiehlt es sich, die Verbindung zwischen Stabköpfen und Eisenlaschen durch Stahldübel vorzunehmen [22]. Abb. 13 zeigt einen Probekörper mit 60 cm² kleinstem Querschnitt, bei dem die Einfräsungen in den Köpfen für solche Stahldübel sichtbar sind. Von der Anordnung durchgehender Bohrungen und durchgesteckter Bolzen ist dabei zur Vermeidung von Schwächungen in den Stabköpfen abzusehen; die Ausfräsungen an den Dübelstellen und zugehörigen Bohrungen dürfen sich nur auf geringe Tiefe erstrecken, damit der Querschnittsteil der Stabköpfe, der in der Fortsetzung der Fasern des eigentlichen Zugabschnitts liegt, nicht verletzt wird. Eisenlaschen, Dübel und Stabköpfe werden durch eine größere Zahl von Schrauben längs den Schmalseiten der Stabköpfe zusammengehalten.

Für die Prüfung von großen Probestäben sind im allgemeinen stehende Prüfmaschinen nicht zur Verfügung; in diesem Falle müssen liegende Prüfeinrichtungen herangezogen werden. Es ist dazu allerdings notwendig, daß die Eigengewichte der Einspannlaschen, Schrauben und Probekörper durch Gegengewichte ausgeglichen werden (vgl. Abb. 14).

c) **Probenform und Probengröße.** Über den Einfluß der Querschnittsgröße von Zugstäben auf die Zugfestigkeit liegen bis jetzt nur wenige Angaben vor. Bekannt war schon lange, daß die bei größeren Tragteilen unvermeidlichen Wuchsabweichungen eine bedeutende Festigkeitsminderung bei Zugbeanspruchung zur Folge haben. In der Forschungs- und Materialprüfungsanstalt für das Bauwesen in Stuttgart sind zugehörige Untersuchungen mit fehlerfreien vergleichbaren Zugkörpern aus Fichtenholz und kleinsten Querschnitten von rd. 1,4, 10 und 60 cm² vorgenommen worden [22]. Die Probestäbe mit 10 cm²

Querschnitt haben hiernach durchschnittlich um 17% geringere Werte der Zugfestigkeit ergeben als die kleinen Probestäbe; bei den Probekörpern mit rd. 60 cm² Querschnitt betrug die Abminderung der Festigkeit gegenüber den kleinen Stäben im Mittel 36%. Es konnte gezeigt werden, daß die Zugfestigkeit der Körper mit großem Querschnitt weitgehend durch die Stelle des geringsten Zugwiderstandes im Querschnitt bestimmt wird. Mit dieser wichtigen Tatsache steht die obenerwähnte starke Abhängigkeit der Zugfestigkeit von Fehlstellen im Zusammenhang.

Abb. 13. Zugstab mit 60 cm² kleinstem Querschnitt Gesamtlänge 5,6 m, Länge der Einspannköpfe je 2,2 m). (Nach Graf u. Egner [22].)

Abb. 14. Liegende Prüfmaschine mit eingebautem Zugstab von 60 cm² kleinstem Querschnitt. (Nach Graf u. Egner [22].)

Im Hinblick auf die Form der Probestäbe wurden von verschiedenen Forschern eine Reihe abweichender Vorschläge gemacht; die wichtigsten Formen, die Verwendung gefunden haben und zum Teil noch finden, hat Ryska [1] zusammengestellt. Große Verschiedenheit weisen hiernach besonders die Stabköpfe auf. Zur Klarstellung des Einflusses von Größe und Form der Stabköpfe auf das Untersuchungsergebnis hat O. GRAF Versuche durchgeführt [21]. Hinsichtlich der Größe der Stabköpfe ergab sich, daß die Preßfläche bei Hölzern höherer Festigkeit nicht zu klein sein darf (vgl. Abb. 15). Wird diese Forderung nicht beachtet, so werden die zu schmalen Stabköpfe verquetscht (vgl. Abb. 16 links) und reißen am Übergang des Stabkopfes vorzeitig auf; aller Wahrscheinlichkeit nach wird durch diese Zerstörung das Untersuchungsergebnis beeinflußt. Weitere Feststellungen von O. GRAF über den Einfluß von Größe und Gestalt der Stabköpfe sind aus den Abb. 17 und 18 ersichtlich. Im Zusammenhang mit den Feststellungen von Abb. 17 ergibt sich hiernach, daß die Breite

der Stabköpfe möglichst schmal gehalten werden und nicht viel mehr als das Doppelte der Breite im eigentlichen Zugabschnitt betragen sollte (bei Stäben mit kleinstem Querschnitt 0,7 cm × 2,0 cm höchstens 5,0 cm). Auch die Dicke der Stabköpfe sollte nur wenig größer sein als die Dicke im eigentlichen Zugabschnitt (bei den vorgenannten Stäben rd. 1,2 cm). Als hinreichende Preßfläche fand sich bei Stäben mit rd. 1200 kg/cm² Zugfestigkeit und 1,4 cm² kleinstem Querschnitt eine solche von 5 cm × 12 cm = 60 cm². Für Hölzer höherer Festigkeit sind unbedingt noch längere Stabköpfe erforderlich. Wie Abb. 17 weiter erkennen läßt, ist durch Anbringen von sog. Anleimern an den Stabköpfen, deren Faserrichtung in Richtung des Preßdrucks der Spannbacken verläuft (vgl. Abb. 17c u. 19) sowie durch Anordnung der Stabköpfe derart, daß

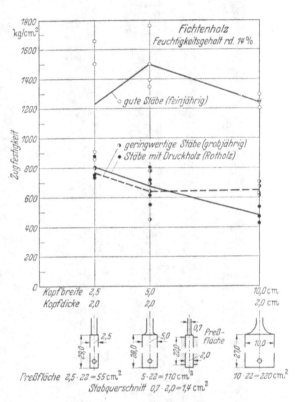

Abb. 15. Einfluß der Abmessungen der Stabköpfe auf die Zugfestigkeit. (Nach GRAF [21].)

die Zugkräfte durch Schulterdruck eingeleitet werden (vgl. Abb. 17d), keine Verbesserung der Untersuchungsergebnisse zu erwarten.

Die vorstehenden Feststellungen über die Wahl von Breite und Dicke der Stabköpfe sind auch bei Zugstäben großer Abmessungen (vgl. Abb. 13) zu beachten; allerdings können hier noch zusätzliche Gesichtspunkte auftreten, z. B. Wahl der Dicke mit Rücksicht auf die Verschwächungen durch Dübel u. ä. Die bei hohen Lasten in den Stabköpfen auftretende Scherspannung muß bescheiden bleiben; Abb. 20 zeigt hierzu einen 1,7 m langen Stabkopf von 11 cm × 14 cm Querschnitt (kleinster Querschnitt des Zugstabes rd. 60 cm²), der bei einer Last von rd. 46 t, entsprechend einer rechnerischen Scherspannung von nur rd. 9,7 kg/cm², ausscherte [22].

In Deutschland wurde auf Grund der Untersuchungen von O. GRAF [21] als Normenzugkörper gemäß DIN 52188 ein Flachstab von 0,7 cm × 2,0 cm

kleinstem Querschnitt mit Stabköpfen von 1,5 cm × 5,0 cm Querschnitt festgelegt (vgl. Abb. 21). Die Länge der Stabköpfe muß hiernach 12 cm, bei Stäben,

Abb. 16. Zustand der Stabköpfe nach den Zugversuchen zu Abb. 15. (Nach Graf [21].)

die hohe Zugfestigkeit erwarten lassen, mindestens 16 cm betragen. Die Probestäbe sollen so herausgearbeitet werden, daß die Achsen möglichst radial oder
tangential zu den Jahrringen verlaufen[1] und die Fasern parallel zur Mittelachse

---

[1] Lang [5] legte Wert darauf, „daß die Jahrringe möglichst rechtwinklig zu den Klemmbackenflächen lagen, was besonders für Weichhölzer wichtig ist. Die andere Möglichkeit,
die Jahrringe parallel zu den Klemmbackenflächen zu legen, ist für Nadelhölzer mit breiten
vorherrschend Frühholz enthaltenden Jahrringen ganz unbrauchbar".

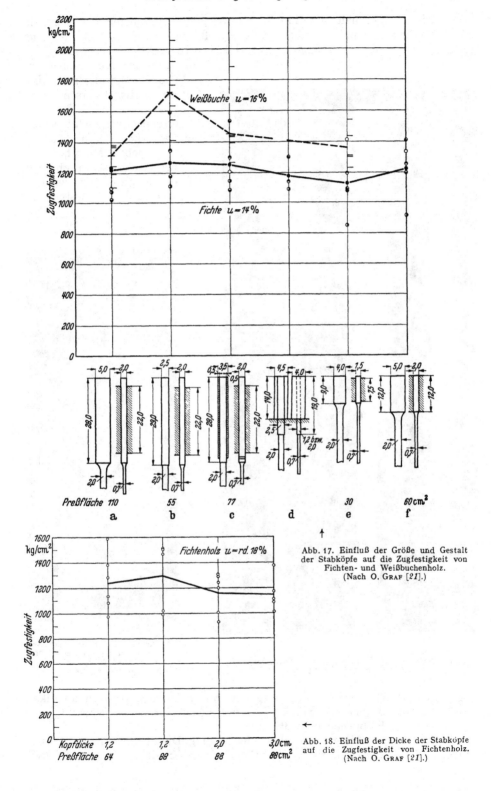

Abb. 17. Einfluß der Größe und Gestalt der Stabköpfe auf die Zugfestigkeit von Fichten- und Weißbuchenholz. (Nach O. GRAF [21].)

Abb. 18. Einfluß der Dicke der Stabköpfe auf die Zugfestigkeit von Fichtenholz. (Nach O. GRAF [21].)

liegen. Die Norm enthält weiterhin den Hinweis, daß bei größeren Probekörpern (Bauholz) die Einspannköpfe mindestens so groß sein müssen, daß die Pressung nicht größer als die Querfestigkeit des Holzes wird und der Scherwiderstand im Einspannkopf größer ist als der Zugwiderstand im geschwächten Querschnitt.

Der in den USA für Zugversuche vorgeschriebene Probekörper ist in Abb. 22 wiedergegeben. Mit rd. 45 cm Länge ist dieser Probestab praktisch gleich groß wie der in Deutschland festgelegte

Abb. 20. Ausgescherter Einspannkopf von 1,7 m Länge (rechnerische Scherspannung beim Bruch 9,7 kg/cm²). (Nach Graf u. Egner [22].)

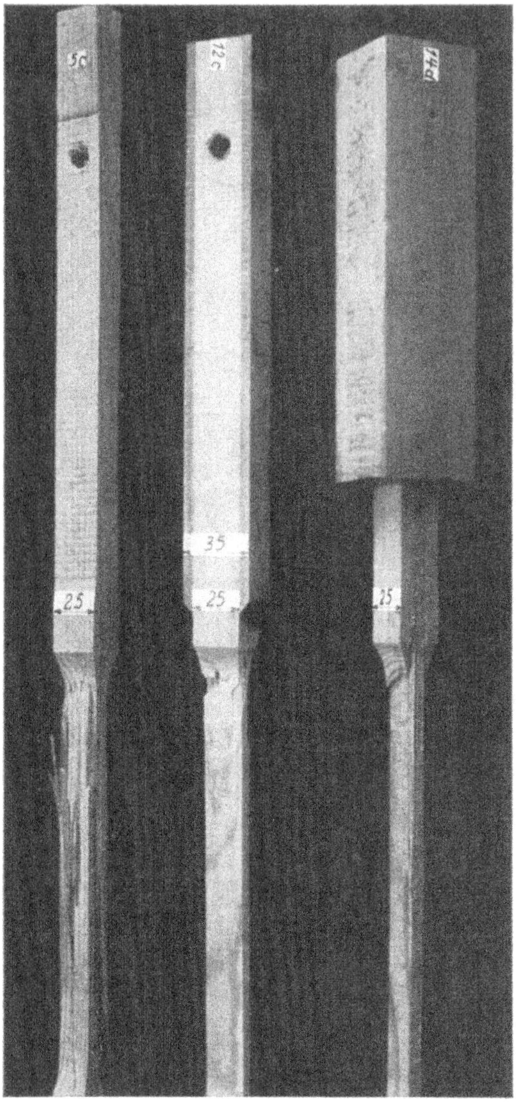

Abb. 19. Proben aus den Zugversuchen mit Fichtenholz nach Abb. 17. (Nach O. Graf [21].)

(vgl. Abb. 21). Wie weiter oben mitgeteilt wurde, werden bei den amerikanischen Normenstäben die Stabköpfe durch Schulterdruck beansprucht, also nicht zwischen Beißkeilen gepreßt.

d) Erfordernisse für die zweckdienliche Prüfung. Die Bearbeitung der Probestäbe hat, vor allen Dingen im eigentlichen Zugabschnitt, d. h. im mittleren

Stabteil, so sorgfältig als überhaupt möglich zu geschehen. Sofern es sich um Flachstäbe handelt, z. B. um den deutschen Normenstab, wird im allgemeinen die Bearbeitung an der Frässpindel unter Verwendung von Metallschablonen erfolgen. Jede kleinste Verletzung an der Oberfläche kann zum Ausgangspunkt eines frühzeitigen Bruches werden.

Sofern nicht Versuche über den Einfluß der Schrägfaserigkeit auf die Zugfestigkeit vorgenommen werden, ist darauf zu achten, daß die Fasern genau in Richtung der Stablängsachse verlaufen. Wenn die Probekörper nicht unmittelbar aus Spaltstücken entnommen werden, vergewissert man sich über den Faserverlauf zweckmäßig durch Abspalten kleiner Stücke an den Enden der zu prüfenden Hölzer. Selbst geringe Abweichungen des Faserverlaufs von der Stab- bzw. Kraftrichtung rufen erhebliche Verringerungen der Zugfestigkeit hervor [2].

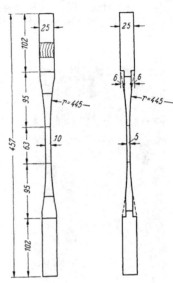

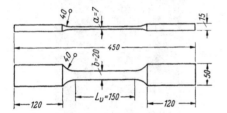

Abb. 21. Zugstab nach DIN 52188. Maße in mm. Kopflänge bei hoher Zugfestigkeit mindestens 160 mm.

Abb. 22. Zugstab nach den USA-Normen. Maße in mm.

Beim Einspannen der Probekörper in die Prüfmaschine müssen sorgfältig etwaige Exzentrizitäten vermieden werden. Die Längsachse der Probestäbe muß mit der Kraftrichtung übereinstimmen, d. h. es darf „das Vertrauen in die Beweglichkeit der kugeligen Lagerung der Probestäbe" nicht so groß sein, „daß von einer sorgfältigen Senkrecht- (oder Waagerecht-) Stellung des Stabes abgesehen und diese der selbsttätigen Wirkung des genannten Gelenkes überlassen wird. Die Folge sind zu geringe Werte für die Zugfestigkeit, da außer der beabsichtigten Zugspannung durch die schiefe Richtung der Zugkraft auch Biegung in den Stab gelangt" [23].

Die Steigerung der Belastung muß gleichmäßig erfolgen und soll nach DIN 52188 bei Prüfungen ohne Feinmessungen 600 kg/cm² in der Minute betragen. Nach den amerikanischen Normen soll der bewegliche Einspannkopf der Prüfmaschine in der Minute einen Weg von rd. 0,12 cm machen; dabei ist zu berücksichtigen, daß in Amerika die Stabköpfe durch Schulterdruck und nicht durch Querdruck unter Zuhilfenahme von Beißkeilen beansprucht werden.

Um die Zugfestigkeit σ_B aus der beim Bruch wirksamen Höchstlast P_{max} auf Grund der Beziehung

$$\sigma_B = \frac{P_{max}}{F_0}$$

berechnen zu können, müssen die Abmessungen des Querschnitts F_0 im mittleren Stabteil vor Beginn der Prüfung ermittelt werden. Für die Ausmessung

des Querschnitts genügt die Schieblehre. Die Zugfestigkeit σ_B wird üblicherweise auf 1 kg/cm² angegeben; nach DIN 52188 sollen die Werte, je nach der
Höhe der Zugfestigkeit, auf 1 bis 5 kg/cm² gerundet werden.

Wenn das Prüfungsergebnis richtig beurteilt werden soll, muß die Wichte
des geprüften Holzes bekannt sein. Zugehörige kleine Probekörper können nach
der Prüfung der Zugprobe aus dieser entnommen werden. Wichtig ist weiter
die Kenntnis der mittleren Jahrringbreite, des Spätholzanteils und der Holzfeuchtigkeit. Letztere übt allerdings einen wesentlich geringeren Einfluß auf
die Zugfestigkeit aus als auf die Druck- und Biegefestigkeit [21].

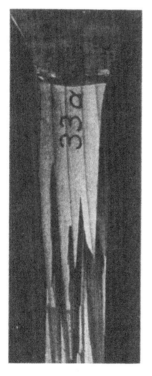

Abb. 23. Fichtenholz nach dem Zugversuch mit lang-
faserigem Bruch. (Nach O. Graf [24].)   Abb. 24. Fichtenholz nach dem Zugversuch mit kurz-
faserigem Bruch. (Nach O. Graf [24].)

Für manche Zwecke, vor allem bei vielen wissenschaftlichen Untersuchungen,
ist die Kenntnis der Dehnungen in Abhängigkeit von der Zugbeanspruchung
erwünscht, besonders zur Ermittlung der Zugelastizität. Näheres hierüber findet
sich in Abschn. G über die Elastizität der Hölzer.

e) Beurteilung der Bruchformen. Die Form des Bruches ist, selbst bei
Probestäben aus demselben Stamm, sehr verschieden; man unterscheidet langsplitterigen, kurzsplitterigen und stumpfen Bruch. Abb. 23 zeigt hierzu einen
langsplitterigen, Abb. 24 einen stumpfen Bruch bei Fichtenholz [24]. Die beiden
Proben haben annähernd dieselbe Zugfestigkeit geliefert und sind ein Beweis
für die Unrichtigkeit der vielfach anzutreffenden Auffassung, die Größe der
Zugfestigkeit könne ungefähr aus dem Bruchbild beurteilt werden.

6. Ermittlung der Zugfestigkeit quer zur Faserrichtung.

a) Allgemeines. Äußere Beanspruchungen des Holzes quer zur Faserrichtung werden in der Praxis sorgfältig vermieden, da bei dem leicht möglichen Auftreten radialer Risse der noch vorhandene Zusammenhalt des Holzes durch geringe Beanspruchungen dieser Art gefährdet würde. Aus diesem Grunde ist die praktische Bedeutung der Zugfestigkeit des Holzes quer zur Faserrichtung gering. In Deutschland werden zugehörige Prüfungen kaum durchgeführt; auch enthalten die deutschen Normen keinerlei Angaben über diese Prüfungsart. Dagegen sind in den Normen der USA, Englands und Frankreichs Bestimmungen über die Durchführung des Zugversuchs quer zur Faserrichtung enthalten.

b) Prüfverfahren, Probekörperform und -größe. Der in den amerikanischen und englischen Normen vorgeschriebene Probekörper zur Ermittlung der Zugfestigkeit quer zur Faserrichtung ist samt den zur Einleitung der Kräfte erforderlichen besonderen Klauen aus Abb. 25 ersichtlich. Der kleinste Querschnitt des verwendeten Zugkörpers beträgt hiernach 2,5 cm × 5 cm. Die Jahrringe sollen entweder tangential oder radial zur Kraftrichtung verlaufen. Die Belastung ist so zu steigern, daß der bewegliche Einspannkopf der Prüfmaschine in der Minute einen Weg von rd. 0,6 cm zurücklegt.

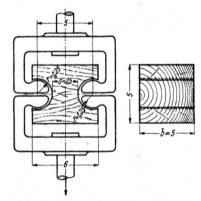

Abb. 25. Ermittlung der Querzugfestigkeit (Probekörper samt erforderlicher Einspannvorrichtung nach den amerikanischen und britischen Normen).

KEYLWERTH [25] hat nachgewiesen, daß es sich bei Zerreißversuchen mit Probekörpern nach Abb. 25 nicht um die Ermittlung der Zugfestigkeit quer zur Faser, sondern um Doppelspaltversuche handelt. Die Spannungsverteilung im höchstbeanspruchten Probenquerschnitt ist sehr ungleichmäßig. Doppelspaltproben nach Abb. 25 und einfache Spaltproben (vgl. Abb. 54) haben nebeneinander keine Berechtigung, da erstere nur der Spaltfestigkeit proportionale Zahlenwerte liefern [25].

Zuverlässige Zahlen für die wirkliche Querzugfestigkeit des Holzes sollen nach KOLLMANN [8] gedrehte spulenförmige Querzugproben entsprechend einem Vorschlag des Holzforschungslaboratoriums in Princes Risborough liefern.

7. Ermittlung der Biegefestigkeit.

a) Allgemeines. Ähnlich der Druckfestigkeit in Faserrichtung kommt der Biegefestigkeit und damit deren Ermittlung erhöhte Bedeutung zu. Dies rührt in erster Linie daher, daß ein großer Teil der Hölzer bei ihrer praktischen Verwendung wiederholt oder dauernd wirkende Biegelasten ertragen müssen. Hinzu kommt, daß die Biegefestigkeit, selbst bei größeren Abmessungen der Probekörper (Bauhölzer), verhältnismäßig einfach zu ermitteln ist und auch die Herstellung (Bearbeitung) der Probekörper keinerlei Schwierigkeiten bereitet.

Für die Beurteilung der Vorgänge beim Biegeversuch ist die Kenntnis der Verteilung von Zug-, Druck- und Scherspannungen im Prüfkörper unerläßlich. Die Abb. 26 bis 28 zeigen diese (unter vereinfachten Annahmen sich ergebenden) Spannungen für die prüftechnisch wichtigen Fälle der Beanspruchung durch eine in Balkenmitte wirkende Einzellast (Abb. 26), durch zwei in gleichem Abstand von der Balkenmitte aufgebrachte Lasten (Abb. 27) und durch gleichmäßig über die ganze Balkenlänge verteilte Lasten (Abb. 28).

Da bei Holz die Spannungs-Dehnungskurven für Zug- und Druckbeanspruchung nicht übereinstimmen [2], müssen die in den Abb. 26 bis 28 dargestellten Spannungen auf der Zug- und auf der Druckseite, besonders bei höheren Lasten, wesentlich verschiedene Größe und Ausdehnung annehmen [2], [8].

So ergibt sich, daß die Zugspannungen stets größer sind als die Druckspannungen, die der üblichen Rechnung entsprechende Gerade der Biegungsspannungen zwischen beiden verläuft und die Biegefestigkeit rechteckiger Stäbe

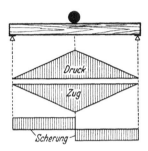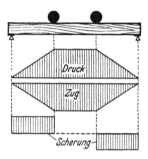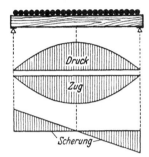

Abb. 26. Mittenlastanordnung.   Abb. 27. Zweilastanordnung.   Abb. 28. Gleichmäßig verteilte Last.

Abb. 26–28. Verteilung der Zug-, Druck- und Scherspannungen über die Auflagerlänge. (Nach A. Koehler.)

im allgemeinen wesentlich größer ist als die Druckfestigkeit und kleiner als die Zugfestigkeit.

b) Prüfverfahren. Die Ermittlung der Biegefestigkeit erfolgt fast ausnahmslos an Stäben bzw. Balken, die zweiseitig beweglich gelagert sind. Die Belastung wird entweder durch eine Einzellast (Mittenlast) in der Mitte zwischen den Auflagern (Abb. 26) oder durch zwei gleich große und in gleichem Abstand von den Auflagern wirkende Lasten aufgebracht (Abb. 27). Mitunter entsteht das Bedürfnis, entsprechend manchen in der Praxis vorkommenden Lastverhältnissen, die Belastung gleichmäßig oder annähernd gleichmäßig über die Auflagerentfernung verteilt aufzubringen; zugehörige Prüfungen werden häufig mit Bauhölzern ausgeführt (vgl. Abschn. M).

Der Vergleich der Beanspruchungen bei Prüfung durch eine Einzellast in der Mitte und bei Prüfung durch zwei in gleicher Entfernung von der Mitte wirkende Lasten (vgl. die Abb. 26 u. 27) zeigt, daß im ersteren Falle die Biegebeanspruchung, ausgehend von den Auflagestellen, bis zu einem Höchstwert in der Mitte zwischen den Auflagern, d. h. an der Laststelle, anwächst. Im zweiten Fall ergibt sich ein gleichbleibender Wert der Biegespannung in dem Stabteil zwischen den beiden Laststellen. Bei Anwendung einer Mittenlast hängt hiernach die Bestimmung der Biegefestigkeit von erheblichen Zufälligkeiten ab, währenddem bei Zweilastanordnung der Bruch an der schwächsten Stelle zwischen den beiden Laststellen eintritt [26]. Für die Prüfung des Bauholzes ist die Zweilastanordnung unumgänglich, aber auch für die Werkstoffprüfung ist sie anzustreben. Weitere Vorteile der Zweilastanordnung sind das Fehlen von Scherbeanspruchungen zwischen den beiden Laststellen (vgl. Abb. 27), was besonders für die Ermittlung des Elastizitätsmoduls von Bedeutung ist [1], und die Möglichkeit der Verwendung kleinerer Reiter für die Kräfteübertragung; letzteres ist bei Prüfung von Bauhölzern wichtig, da zur

Vermeidung unzulässiger Verdrückungen bei Mittenbelastung häufig ein übermäßig großer Reiter angeordnet werden müßte. Allerdings wird zur Werkstoffprüfung heute noch fast überall die Mittenbelastung angewendet.

Ein weiterer Umstand ist zu beachten. Bei Stoffen wie Holz, die in Faserrichtung verhältnismäßig geringe Scherfestigkeit besitzen, darf bei kleinen Auflagerentfernungen die Scherbeanspruchung (vgl. Abb. 26) nicht außer acht gelassen werden. Bei Auflagerentfernungen, die kleiner sind als das $n/2$fache der Querschnittshöhe, besteht die Gefahr der Bruchbildung durch Überschreitung der Scherfestigkeit in der neutralen Zone; hierbei stellt n das Verhältnis der Druckfestigkeit zur Scherfestigkeit dar [27]. Wenn die Scherbeanspruchung möglichst geringen Einfluß auf das Ergebnis des Biegeversuchs ausüben soll, was bei Ermittlung der reinen Biegefestigkeit selbstverständlich ist, darf demnach das Verhältnis der Auflagerentfernung zur Querschnittshöhe einen bestimmten Mindestwert nicht unterschreiten; im allgemeinen beträgt diese Verhältniszahl 14 bis 15 (s. a. die in den verschiedenen Ländern bestehenden Vorschriften).

c) Probenform und Probengröße. Wie die Ausführungen am Schluß des vorausgehenden Abschnittes erkennen lassen, besteht ein Einfluß des Schlankheitsgrades λ, d. h. des Verhältnisses der Auflagerentfernung l zur Querschnittshöhe h der Probekörper, auf deren Biegungsfestigkeit. R. Baumann [2] hat diesen Einfluß bei verschiedenen Holzarten ermittelt. Abb. 29 zeigt die zugehörigen Werte für lufttrockenes Kiefernholz. Hieraus erhellt, daß bei größeren

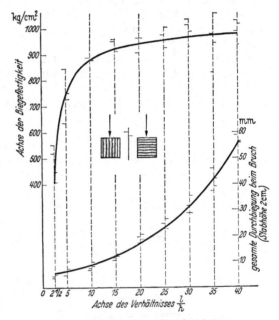

Abb. 29. Abhängigkeit der Biegefestigkeit vom Schlankheitsgrad (Verhältnis der Stützweite zur Probenhöhe) bei Kiefernholz. (Nach R. Baumann [2].)

Werten des Schlankheitsgrades als 15 nur mehr ein geringes Anwachsen der Biegefestigkeiten zu erwarten ist, während die Abhängigkeit der Biegefestigkeit bei kleineren Werten l/h beträchtlich ist. Für den Vergleich von Biegefestigkeiten, die an Stäben verschiedenen Schlankheitsgrads ermittelt wurden, hat Baumann folgende Näherungsformel angegeben:

$$\sigma_{Bl} = \sigma_B \left(1 + \frac{1}{\lambda}\right);$$

hierin bedeutet σ_{Bl} die Biegungsfestigkeit für einen langen Stab mit $\lambda \geqq 40$ und σ_B die an dem kurzen Stab ermittelte Biegungsfestigkeit, sofern bei letzterem $\lambda \geqq 10$ ist.

Im Hinblick auf die Beziehung zwischen dem Schlankheitsgrad und der Durchbiegung scheint es im allgemeinen zulässig zu sein, den Verlauf der Durchbiegung als parabolisch anzusehen [2] (vgl. Abb. 29).

Der Einfluß der Querschnittsgröße, d. h. der Querschnittshöhe h bei gleichbleibendem λ, ist bis heute noch nicht restlos erfaßt. Nach den anscheinend nur unvollständig durch Versuchswerte erhärteten Feststellungen von Tanaka und später von Monnin [28] ist selbst bei völlig fehlerfreiem Holz eine beträchtliche Abnahme der Biegefestigkeit mit zunehmender Querschnittshöhe (bei gleichbleibendem λ) zu erwarten; vgl. auch Cizek [29]. Noch größer als bei fehlerfreien Hölzern (Hölzer erster Wahl, für Flugzeugbau, Wagenbau) ist der Abfall der Biegefestigkeit nach Tanaka und Monnin bei Hölzern zweiter Wahl (handelsübliches Bau- und Schreinerholz) und vollends solchen dritter Wahl (sehr astige Abfallhölzer). Auf Grund von Untersuchungen des Forest Products Laboratory in Amerika ist bei fehlerfreien Hölzern in Bauholzabmessungen (structural timbers) eine um 20 bis 40% geringere Biegefestigkeit zu erwarten als bei den kleinen Normenstäben (small clear specimens) [29]. Englische Arbeiten bestätigen diese Feststellungen [30].

Als Normenstäbe für die Werkstoffprüfung sind zur Zeit in den einzelnen Ländern Probekörper mit recht verschiedenen Abmessungen und Auflagerentfernungen vorgeschrieben.

Nach DIN 52186 soll der Biegeversuch für die Prüfung von fehlerfreiem Holz an Proben von quadratischem Querschnitt mit einer Seitenlänge a = mindestens 2, besser 3 bis 4 cm und einer Länge L von mindestens 18 a vorgenommen werden; die Auflagerentfernung soll mindestens 15 a betragen (vgl. Abb. 30).

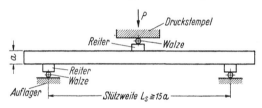

Abb. 30. Biegeversuch bei der Prüfung von fehlerfreiem Holz nach DIN 52186.

Eine starre Festlegung der Probenabmessungen ist demnach in Deutschland nicht erfolgt.

In den USA betragen die Abmessungen des Biegestabs 5 cm × 5 cm × 76 cm (2″ × 2″ × 30″), die Auflagerentfernung rd. 71 cm (28″). Das Verhältnis $L_s : a = 14$ ist hiernach etwas kleiner als bei den deutschen Normenstäben.

d) Prüfverfahren und Probenabmessungen bei Bauhölzern. Von besonderer Bedeutung ist die Ermittlung der Biegefestigkeit für Bauhölzer; die amerikanischen Normen [11] bezeichnen die Biegeprüfung als die wichtigste Prüfung eines Bauholzes. Aus Gründen, die im Abschn.

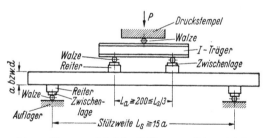

Abb. 31. Biegeversuch bei der Prüfung von Gebrauchsholz nach DIN 52186. Maße in mm.

„Prüfverfahren" mitgeteilt wurden, kommt für Bauhölzer die Beanspruchung durch eine Mittenlast nicht in Frage. Im allgemeinen wird die Zweilastanordnung gewählt.

Nach DIN 52186 ist auch für Bauhölzer (Kantholz oder Rundholz) ein Mindestverhältnis $L_s : a = 15$ vorgeschrieben; die Laststellen sollen von der Mitte einen Abstand $L_a/2$ besitzen, wobei L_a mindestens 20 cm, jedoch nicht größer als $L_s/3$ ist (vgl. Abb. 31).

Nach den amerikanischen Normen [11] soll bei der Prüfung von Bauhölzern ein Verhältnis $L_s : a$ zwischen 11 und 15 angewendet werden. Als zweckmäßige Auflagerentfernung wird eine solche von rd. 4,5 m empfohlen, sofern nicht im

Hinblick auf praktische Verhältnisse andere Abmessungen sich als notwendig
erweisen. Die zugehörigen Einrichtungen für die Lastübertragung und Auflagerung, wie sie in Amerika vorgeschrieben sind, gehen aus Abb. 32 hervor.

e) **Erfordernisse für die zweckdienliche Prüfung.** Die Bearbeitung der Biege-
stäbe für die Werkstoffprüfung erfolgt zweckmäßig mit der Kreissäge; ein Behobeln ist im allgemeinen nicht erforderlich. Die größeren Probekörper in den
Abmessungen der Bauhölzer
weisen meist Gattersägen-
oder Bandsägenschnitt auf.
Sofern letztere etwas verdreht
bzw. windschief sind, werden
zweckmäßig zwischen den
Unterlagsplatten an den Laststellen bzw. den Auflagern
einerseits und den zugehörigen
Rollen oder Schneiden andererseits Keile oder Beilagen
derart eingelegt, daß eine
gleichmäßige Lastübertra-
gung gewährleistet ist.

Beim Einlegen der Prüf-
körper in die Maschine ist
Sorge zu tragen, daß die

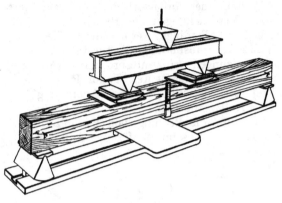

Abb. 32.
Biegeprüfung von Bauhölzern nach den amerikanischen Normen.

äußeren Kräfte in der die Längsachse der Prüfkörper enthaltenden Symmetrieebene liegen.

Um örtliche Verdrückungen auf ein Mindestmaß herabzusetzen, sind zwischen
die Druckstücke und die Probekörper sowie zwischen Probekörper und Auflager
Unterlagsplatten bzw. Reiter aus Hartholz oder Stahl einzulegen. Die für die
Prüfung von fehlerfreiem Holz nach DIN 52186 (vgl. Abb. 30) vorgeschriebenen
Reiter gehen nach Form und Ab-
messungen aus Abb. 33a, die für
die Bauholzprüfung (vgl. Abb. 31)
vorgeschriebenen aus Abb. 33b
hervor. Zwischen diesen Unterlagsplatten und den Auflagern
müssen Rollen bzw. Walzen angeordnet werden, um dort genügende Beweglichkeit zu gewährleisten. Ähnlich wird in Deutschland auch an den Laststellen verfahren (vgl. die Abb. 30 u. 31).

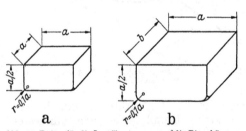

Abb. 33. Reiter für die Lastübertragung auf die Biegekörper:
a) für die Prüfung von fehlerfreiem Holz (vgl. Abb. 30),
b) für die Prüfung von Gebrauchsholz (vgl. Abb. 31).

Sofern die Biegeprüfung an Rundholz vorgenommen werden soll, müssen
nach DIN 52186 Reiter verwendet werden, die der Probenform angepaßt sind.

Die amerikanische Art der Auflagerung bei der Werkstoffprüfung zeigt
Abb. 34. Hiernach erfolgt die Auflagerung auf abgerundeten Schneiden unter
Zwischenschaltung von je 2 Auflagerplatten, zwischen denen wiederum Walzen
geringen Durchmessers liegen; die Höhe der Auflagerplatten samt Walzen muß
so bemessen sein, daß der Abstand des Auflagerpunkts von der Stabmittelebene
nicht größer als die Probenhöhe ist. Außerdem müssen neuerdings die Schneidenauflager seitlich beweglich sein (in Abb. 34 nicht eingezeichnet). Die amerikanische Auflagerung zeichnet sich dadurch aus, daß nur unwesentliche Reibungskräfte zwischen der Probe und den Auflagern entstehen können, die Entfernung

der neutralen Zone der Proben vom Drehungsmittelpunkt an den Auflagern vorgeschrieben ist und Verdrehen sowie Windschiefwerden der Proben auch während der Belastung weitgehend ausgeglichen werden. Ob und inwieweit wesentliche Einflüsse auf das Untersuchungsergebnis hierdurch vermieden werden, ist allerdings unbekannt. Auch der Reiter für die Übertragung der Last in Probenmitte ist in Amerika auf besondere Art ausgebildet (vgl. Abb. 35); die Wölbung der Auflagerfläche dieses aus Hartholz bestehenden Reiters läßt gewisse Verdrückungen des Biegestabes an der Laststelle als unvermeidlich erscheinen. Allerdings werden durch diese Art der Reiterausbildung die theoretischen Voraussetzungen (ununterbrochenes Ansteigen des Biegemomentes bis zur Probenmitte) besser erfüllt als bei Anordnung ebener Auflagerflächen.

Auch für die Prüfung von Bauhölzern sind in Amerika schneidenförmige Auflager

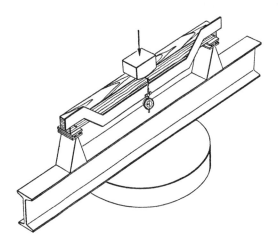

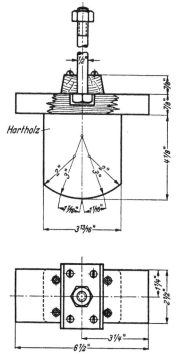

Abb. 34. Prüfung kleiner, fehlerfreier Biegeproben nach den amerikanischen Normen.

Abb. 35. Reiter nach den amerikanischen Normen für die Biegeprüfung kleiner, fehlerfreier Proben.

vorgeschrieben (vgl. Abb. 32), zwischen denen und dem Probekörper rd. 15 cm (6″) breite Metallplatten von mindestens 1,2 cm (1/2″) Dicke vorzusehen sind; die Schneidenauflager können, wie aus der Abbildung ersichtlich ist, eine geringe Schaukelbewegung machen, was die zusätzliche Anordnung von Walzen wie bei der Prüfung von fehlerfreiem Holz in gewissem Maße überflüssig macht. An den Laststellen liegen zunächst dünne Stahlplatten, deren Dicke bei Balken bis zu 15 cm Höhe rd. 3 mm, bei höheren Balken bis zu rd. 5 mm betragen darf. Auf diesen Stahlplatten liegen die aus Hartholz bestehenden Reiter, die ähnlich denen für die Prüfung von fehlerfreiem Holz (vgl. Abb. 35) mit gewölbten Auflagerflächen vorgeschriebener Rundungshalbmesser versehen sind. Zwischen den Reitern und den Schneidendruckstücken sind wiederum Walzen und Platten angeordnet, von denen die oberen mindestens 3,2 cm (1¼″) dick sein müssen.

Bei der Prüfung von fehlerfreiem Holz soll der Probestab nach DIN 52186 so aufgelegt werden, daß die Probe tangential zu den Jahrringen belastet wird. Die amerikanischen Normen schreiben demgegenüber vor, daß die Last radial zu den Jahrringen wirken soll und die dem Mark näher gelegenen Jahrringe in der Druckzone liegen müssen. Für die deutsche Vorschrift (Belastung tangential zu den Jahrringen) sprechen folgende Gründe [28]: 1. Es ist häufig unmöglich zu unterscheiden, welche Jahrringe dem Mark näher liegen und 2. ist die Formänderungsarbeit bei Belastung tangential zu den Jahrringen ein Minimum. Ein Einfluß der Jahrringlage auf die Größe der Biegefestigkeit scheint nach den ausgedehnten Versuchen BAUMANNS [2] nicht vorzuliegen; zu ähnlichen Feststellungen kam auch CASATI [3].

Die Belastungsgeschwindigkeit bei der Prüfung fehlerfreien Holzes und bei der Prüfung des Bauholzes soll nach DIN 52186 rd. 400 bis 500 kg/cm² je Minute betragen. In den USA wird die Laststeigerung derart vorgenommen, daß eine gleichmäßige Zunahme der Einsenkungen und nicht wie in Deutschland eine gleichmäßige Zunahme der Biegebeanspruchung eintritt. Diese Zunahme soll bei der Prüfung von fehlerfreiem Holz rd. 2,5 mm (0,1″) in der Minute betragen. Für die Prüfung von Bauhölzern enthalten die amerikanischen Normen besondere Vorschriften hinsichtlich der Geschwindigkeit der Laststeigerung. So soll bei Balken bis zu rd. 10 cm Höhe, die Wuchsabweichungen besitzen, oder fehlerfreien Balken bis zu 20 cm Höhe die Zunahme der Dehnung der äußeren Fasern 0,0015 cm/cm in der Minute betragen, bei höheren Balken 0,0007 cm/cm in der Minute.

Die Biegefestigkeit σ_{bB} wird im allgemeinen aus der NAVIERschen Formel $\sigma_{bB} = M/W$ in der vereinfachenden Annahme berechnet, daß die dieser Beziehung zugrunde liegenden Voraussetzungen in erster Annäherung auch bei Biegebeanspruchung von Holz zutreffen (M größtes Biegemoment, W Widerstandsmoment des Stabquerschnitts). Für den Fall der Mittenbelastung eines Stabes von rechteckigem Querschnitt (Breite b, Höhe a) und der Stützweite L_s durch eine Last P erhält man

$$\sigma_{bB} = \frac{3\,P\,L_s}{2\,b\,a^2},$$

und bei einem Stab von rechteckigem Querschnitt bei Zweilastanordnung (Entfernung $L_a/2$ der beiden Laststellen von der Mitte)

$$\sigma_{bB} = \frac{3\,P\,(L_s - L_a)}{2\,b\,a^2}.$$

Für die Ermittlung der Querschnittsabmessungen b und a genügt im allgemeinen die Schieblehre.

Sofern es sich nicht lediglich um die Ermittlung der Biegefestigkeit handelt, ist die Kenntnis des Spannungs-Durchbiegungs-Schaubilds von Wichtigkeit. Aus diesem Schaubild wird durch einfaches Planimetrieren die Biegungsarbeit bis zur Höchstlast in cmkg/cm² entnommen. Mitunter wird auch die gesamte Formänderungsarbeit bis zum völligen Trennungsbruch ermittelt.

Hinsichtlich der Durchbiegungen ist folgendes zu beachten. Wenn die Durchbiegungen nicht zur Ermittlung des Elastizitätsmoduls dienen sollen, genügt deren Feststellung auf 0,1 cm (vgl. DIN 52186). Im allgemeinen ist es bei den für die Prüfung von fehlerfreiem Holz zur Verwendung kommenden kleinen Maschinen möglich, mit Hilfe eines an der Maschine angebrachten, die Verschiebungen des Druckkolbens anzeigenden Zeigers samt Maßstab die Einsenkungen des Probestabs laufend festzustellen. Dabei werden allerdings evtl. eintretende Verdrückungen an den Auflagern und an der Laststelle das Meßergebnis beeinflussen; sofern Reiter und Unterlagsplatten vorschriftsmäßiger Größe angewendet werden, kann man diesen Fehler als nicht bedeutend hinnehmen. Etwas größer wird der von solchen Verdrückungen und sonstigen

Einflüssen (nicht ganz gleichmäßiges Aufliegen, Verdrehen usw.) herrührende Fehler bei der Prüfung von Bauhölzern sein. Man geht zur Vermeidung dieser Einflüsse so vor, daß zunächst über beiden Auflagern je in der Mitte der Balkenhöhe dünne Drahtstifte eingeschlagen und über sie ein feiner Draht gelegt wird, der durch angehängte Gewichte gespannt wird [2]. Mittels eines in Balkenmitte senkrecht befestigten Maßstabs ist es möglich, durch waagerechtes Visieren über die Oberkante des Drahts die jeweiligen Durchbiegungen zu ermitteln. Ähnlich wird auch in Amerika bei der Bauholzprüfung verfahren (vgl. Abb. 32). Die Meßanordnung für die Ermittlung der Durchbiegungen bei der amerikanischen Prüfung von fehlerfreien Hölzern geht aus Abb. 34 hervor und ist mit dem letztgenannten Verfahren verwandt. Die hierbei zu erzielende Genauigkeit ist so groß, daß das Verfahren sich für die Ermittlung des Elastizitätsmoduls eignet.

Die meisten Normen fordern die Angabe der Art des Bruches (splittrig, zackig oder glatt); zweckmäßig ist die Darstellung des Bruchs auf dem Prüfbogen durch eine Skizze, aus der auch das Mitwirken etwaiger Wuchseinflüsse (Äste, Schrägfaser usw.) erkenntlich sein muß.

Infolge der starken Abhängigkeit der Biegefestigkeit von der Holzfeuchtigkeit und von der Wichte ist die Ermittlung dieser beiden Eigenschaften für die Beurteilung der Biegefestigkeit unerläßlich; die Wichte kann bei der Prüfung von fehlerfreiem Holz durch Wiegen der Probe kurz vor oder nach der Biegeprüfung und Errechnung des Rauminhalts aus den ermittelten Probenabmessungen mit genügender Genauigkeit festgestellt werden. Zur Messung der Holzfeuchtigkeit wird eine rd. 2 cm dicke Scheibe in der Nähe der Bruchstelle entnommen und dem Darrversuch unterworfen.

Die amerikanischen Normen für die Bauholzprüfung [11] schreiben vor, daß für die Messung der Holzfeuchtigkeit des großen Biegebalkens in der Nähe der Bruchstelle zwei rd. 2,5 cm dicke Scheiben über den ganzen Querschnitt herausgeschnitten werden sollen, die zur Feststellung der mittleren Holzfeuchtigkeit und des Feuchtigkeitsgefälles (Feuchtigkeitsgehalte in drei je $1/3$ der Querschnittsfläche umfassenden Schichten) dienen.

f) Beurteilung der Bruchformen. Neben seltenen Bruchformen, die deutlich auf verhältnismäßig geringe Zug- oder Druckfestigkeit schließen lassen (Zerstörung im wesentlichen nur in der Zug- oder in der Druckzone), sind als wichtigste Arten der Zerstörung beim Biegeversuch der langfaserige (splittrige) und der kurze oder glatte (spröde) Bruch zu unterscheiden. Häufig weisen Proben mit langfaserigem Bruch höhere Werte der Biegefestigkeit und umgekehrt solche mit sprödem Bruch geringere Biegefestigkeit auf; doch darf dieser Hinweis nicht verallgemeinert werden.

8. Ermittlung der Scherfestigkeit.

a) Allgemeines. Die Kenntnis des Scherwiderstandes der Hölzer, der sog. Scherfestigkeit, ist für die Praxis des Holzbaus unentbehrlich, besonders im Hinblick auf die Erfordernisse bei der Gestaltung der Holzverbindungen (Schrauben- und Dübelverbindungen, Versätze usw.). Dabei ist unter Scherfestigkeit die Widerstandsfähigkeit gegen eine Kraft, bezogen auf 1 cm², zu verstehen, welche versucht, zwei miteinander verwachsene Holzteile in der Faserrichtung gegeneinander zu verschieben [31]. Allerdings ist die Erzielung reiner Scherbeanspruchung bei den bisher bekannten Prüfverfahren für den Scherversuch nicht möglich, da durch die mehr oder minder große Umlenkung der Kräfte Biegemomente entstehen. Die durch diese Biegemomente hervorgerufenen Querspannungen (Holz besitzt sehr kleine Querzugfestigkeit) begünstigen das Ausscheren [32].

b) Prüfverfahren. Die heute üblichen Prüfverfahren zerfallen in zwei große Gruppen: Prüfung von einschnittigen und Prüfung von zweischnittigen Probekörpern, d. h. Körper, bei denen die Abscherung in einer oder gleichzeitig in

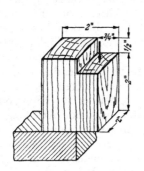
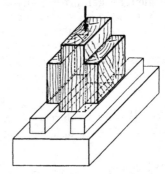

Abb. 36.
Einschnittiger Scherkörper nach den USA-Normen.

Abb. 37.
Zweischnittiger, doppelt abgesetzter Scherkörper.

zwei Ebenen stattfindet. Abb. 36 zeigt den amerikanischen Normenkörper, der zur ersten Gruppe gehört und einmal abgesetzte Körperform besitzt. Die Scherkraft wirkt auf die abgesetzte Stirnfläche in Richtung des eingezeichneten Pfeiles. Die Art der Prüfung eines zweischnittigen Probekörpers ist in Abb. 37

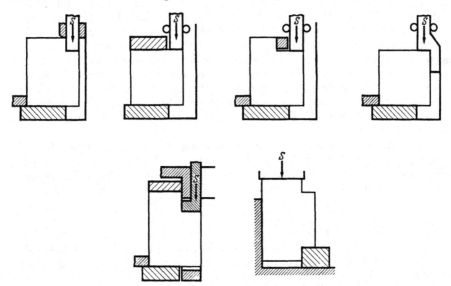

Abb. 38 bis 43. Verschiedene Anordnungen von Einspannvorrichtungen. (Zusammengestellt von EHRMANN [31].)

bei zweimal abgesetzter Körperform dargestellt. Hier wirkt die Belastung auf den nichtabgesetzten, mittleren Teil der oberen Querschnittsfläche, während die Auflagerung des Probekörpers auf den beiden äußeren, abgesetzten Teilen der unteren Stirnfläche erfolgt. Die Prüfung wird in den meisten Fällen in kleinen Druckpressen der üblichen Bauart vorgenommen.

Während die Prüfung der zweischnittigen Probekörper, wie Abb. 37 zeigt, ohne irgendwelche Zusatzeinrichtungen erfolgen kann, sind für die Prüfung aller einschnittigen Probekörper Einspannvorrichtungen erforderlich. Die Abb. 38 bis 43 geben skizzenhaft verschiedene Anordnungen von Einspannvorrichtungen wieder [31]. Bei der in den USA üblichen Anordnung nach Abb. 38 wird ein gleitend geführter Scherstempel verwendet, der gleichzeitig das nach außen wirksame Kippmoment aufzunehmen hat, während der Probekörper unten gegen eine Anschlagleiste gedrückt wird. Durch die dem Scherstempel zugewiesene Zusatzaufgabe der Aufnahme des Kippmoments findet seitliche Reibung zwischen Probekörper und Scherstempel statt, so daß sich zu hohe Werte für die Scherfestigkeit ergaben. Das Kippmoment wird bei der Anordnung nach Abb. 39 durch zwei den Probekörper festhaltende Platten übernommen.

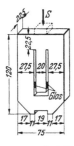

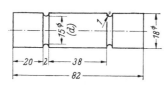

Abb. 40 zeigt eine Anordnung, bei der das Kippmoment durch je eine oben und unten wirkende Anschlagleiste aufgenommen wird; dabei entstehen durch die große Ausladung hohe Biegemomente. Bei der Anordnung nach Abb. 41 wird das Kippmoment wiederum durch den gleitend geführten Scherstempel aufgenommen; allerdings ist die nicht abgesetzte Körperform wie im Falle

Abb. 44. Zweischnittiger Scherkörper nach dem Vorschlag von Gaber [33].

Abb. 45. Rundscherprobe nach DIN 52 187.

der Abb. 39 ungünstig. Abb. 42 gibt die schwedische Prüfanordnung wieder; hier wird die Probe sowohl zwischen zwei Druckplatten gefaßt als auch durch je eine untere und eine obere Anschlagleiste gehalten (Verbindung der Anordnungen nach Abb. 39 u. 40). Der Scherstempel ist unter der oberen Anschlagleiste zur Vermeidung großer Hebelarme bis an die Längsfläche des Einschnitts herangeführt. Die zugehörige Einspannvorrichtung ist ziemlich kompliziert; sie gewährleistet jedoch recht zuverlässige Prüfergebnisse. Bei der Anordnung nach Abb. 43 wird man im allgemeinen durch zusätzliche Reibungskräfte zu hohe Prüfwerte erhalten.

Einen anderen Vorschlag für die Ausbildung des zweischnittigen Scherkörpers hat Gaber [33] gemacht (vgl. Abb. 44); es scheint, daß bei diesem Körper infolge hohen Widerstandsmoments keine nennenswerten Biegespannungen entstehen können, so daß fast reine Scherspannungen auftreten. Nachteilig ist die umständliche und zeitraubende Herstellung des **Probekörpers.**

Einen zweischnittigen Scherkörper stellt auch die Rundscherprobe nach Abb. 45 vor, die nach DIN 52 187 zulässig und für alle Faserrichtungen anwendbar ist. Zu ihrer Prüfung ist eine ebenfalls genormte Einrichtung (Schereisen) erforderlich.

c) Probenform und Probengröße. Aufschlußreiche Untersuchungen über den Einfluß der Probekörperform auf die Scherfestigkeit hat Ehrmann [31] mit Probekörpern nach Abb. 46, außerdem mit solchen nach Abb. 48 (deutsche Normenkörperform) und Abb. 44 durchgeführt. Sämtliche Körper waren aus lufttrockenem, einwandfrei vergleichbarem Buchenholz (mittlere Druckfestigkeit 515 kg/cm²) gefertigt; die Abmessungen der Scherflächen und die ermittelten Scherfestigkeiten (Mittelwerte von durchschnittlich 6 Probekörpern) sind aus Tab. 3 zu entnehmen.

Hiernach ist ein deutlicher Einfluß der Körperform bzw. Einspannungsart vorhanden. Die größten Meßwerte haben die nichtabgesetzten Probekörper nach Abb. 46a und e geliefert, während die Körperform nach Abb. 44 auffallend niedere Festigkeitswerte ergab. Die Untersuchungen bestätigten die Brauchbarkeit der deutschen Normenkörperform, die außerdem den Vorzug der Einfachheit in Herstellung und Prüfung besitzt. Ferner ist wichtig, daß bei Anordnung sauber abscherender Kräfte keine wesentlichen Unterschiede zwischen ein- und zweischnittiger Scherung bestehen.

Tabelle 3.

Ausbildung des Scherkörpers nach Abb.	Scherfläche		Mittlere Scherfestigkeit
	Breite cm	Länge cm	kg/cm²
46a	5	4	139
46b	5	4	119
46c	5	4	109
46d	5	4	128
46e	5	4	132
46f	5	4	112
48	5	4	112
44	2,25	3,5	78

Weitere Untersuchungen von EHRMANN ergaben, daß der Einfluß des Scherflächenabstands praktisch gering ist, weshalb es zweckmäßig erscheint, bei zweischnittigen Körpern den Abstand der Scherflächen im Hinblick auf die erforderliche Probengröße klein zu halten.

Der Einfluß der Probekörpergröße, d. h. der Länge der Scherfläche, ist von GRAF [34] an zweischnittigen Probekörpern nach Abb. 47 aus lufttrockenem Fichtenholz erkundet worden. Nach diesen Ergebnissen nimmt die Scherfestigkeit mit zunehmender Länge der Scherflächen erheblich ab. Ähnliche Feststellungen hat auch EHRMANN [31] gemacht, der bei zweischnittigen Buchenkörpern eine Abnahme der Scherfestigkeit von 107 kg/cm² bei 3 cm Scherlänge auf 88 kg/cm² bei 8 cm Scherlänge ermittelte. Diese Zahlen und die bei Versuchen mit Holzverbindungen gewonnenen Aufschlüsse [22], [35] machen aufmerksam, daß der Scherwiderstand von Bauhölzern aus den Ergebnissen der Prüfung von Normenkörpern kaum beurteilt werden kann.

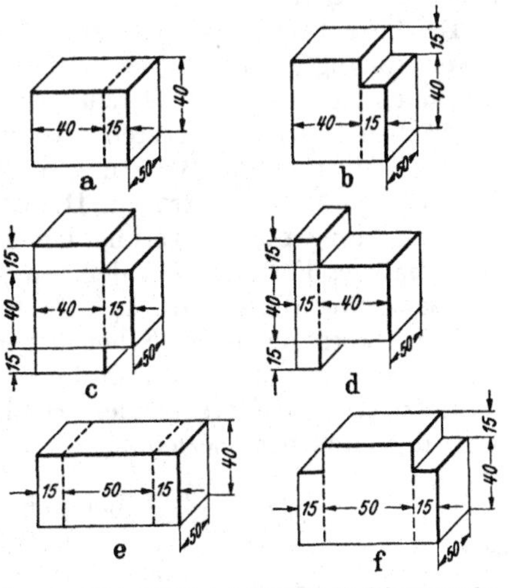

Die Form und Abmessungen der deutschen Normen-Kreuzscherprobe nach DIN 52187 gehen aus Abb. 48 hervor; jede der beiden Scherflächen umfaßt bei

Abb. 46a bis 46f. Probekörper für die Scherversuche von EHRMANN [31].

4 cm Länge rd. 12 bis 16 cm². Bei der Festlegung dieses Körpers wurden die neueren Forschungsergebnisse berücksichtigt, wonach der Abstand der Scherflächen fast ohne Bedeutung ist und demnach gering sein kann.

Der amerikanische Normenscherkörper ist mit allen Abmessungen in Abb. 36 dargestellt; zu seiner Prüfung wird eine Einspannvorrichtung mit Wirkungsweise nach Abb. 38 verwendet. Die Nachteile dieses Einspannverfahrens (zu hohe Meßwerte) wurden weiter oben dargelegt.

d) Erfordernisse für die zweckdienliche Prüfung. Die Bearbeitung der Scherproben erfolgt am besten auf der Kreissäge. Sämtliche Druck- und Auflageflächen müssen tadellos eben sein; eine leichte Abschrägung der letzteren (vgl. Abb. 48) ist zweckmäßig, damit die Wirkungsebene der Kraft möglichst nahe an die gewünschte Scherfläche herankommt [31]. Wichtig ist ferner, daß die Scherflächen genau parallel zur Lastrichtung verlaufen, und daß die Absätze scharf eingeschnitten sind, da sich bei geringer Ausrundung schon wesentlich höhere Festigkeiten ergeben [31]. Durch die bei rascher Trocknung auftretenden Radialrisse kann bei Proben für radiale Scherung leicht eine bedeutende Herabsetzung der Scherfestigkeit eintreten; die Lagerung der Probekörper muß daher

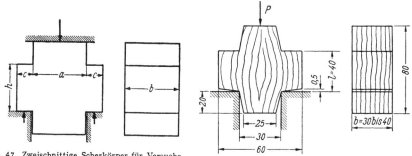

Abb. 47. Zweischnittige Scherkörper für Versuche über den Einfluß der Körpergröße. (Nach O. Graf [34].)

Abb. 48. Scherkörper nach DIN 52187.

besonders sorgfältig überwacht werden (häufiges Umlagern, gleichmäßige Luftumspülung usw.).

Da die Scherfestigkeit deutlich von der Lage der Scherfläche zu den Jahrringen abhängt, wird vorgeschrieben, daß die Prüfung mit Probekörpern vorzunehmen ist, deren Scherflächen entweder tangential oder radial zu den Jahrringflächen liegen, am besten aber mit Probekörpern beider Schnittarten.

Die Steigerung der Belastung soll bei der Kreuzprobe nach DIN 52187 etwa 60 kg/cm² je Minute betragen. Die amerikanischen Normen schreiben auch bei dieser Prüfung die Steigerung der Belastung nach solcher Art vor, daß ein gleichmäßiges Fortschreiten der beweglichen Druckplatte eintritt. Hiernach soll die Bewegung dieser Druckplatte in der Minute 0,6 mm (0,024″) betragen.

Die Abmessungen der Scherflächen der Proben (Breite b, Länge l) sind mit der Schieblehre vor der Durchführung des Scherversuchs zu ermitteln. Aus der bei letzterem sich ergebenden Höchstlast $P_{\max}$ wird die Scherfestigkeit τ_{aB} nach der einfachen Beziehung

$$\tau_{aB} = \frac{P_{\max}}{l\,b} \quad \text{(beim einschnittigen Probekörper)},$$

bzw.

$$\tau_{aB} = \frac{P_{\max}}{2\,l\,b} \quad \text{(beim zweischnittigen Probekörper)}$$

errechnet (l und b Mittelwerte) und auf 0,1 kg/cm² angegeben.

Die Holzfeuchtigkeit und Wichte üben einen wesentlichen Einfluß auf die Scherfestigkeit aus, weshalb die Kenntnis derselben zur Beurteilung der Ergebnisse des Scherversuchs unentbehrlich ist. Zweckmäßig wird die Holzfeuchtigkeit an den abgescherten Holzteilen ermittelt, wie die amerikanischen Normen vorschreiben.

9. Ermittlung der Bruchschlagarbeit (Schlagbiegefestigkeit).

a) Allgemeines. Der Widerstand des Holzes, bezogen auf 1 cm² Querschnittsfläche, gegenüber schlagartig auftretenden Lasten wird häufig als Schlagfestigkeit bezeichnet. Solche schlagartig einwirkende Lasten können vorwiegend Druck-, Zug- oder Biegungsspannungen hervorrufen; bei Holz wurde bisher vor allem, entsprechend den praktischen Erfordernissen, der Widerstand gegenüber schlagartiger Biegebeanspruchung, die Schlagbiegefestigkeit oder Bruchschlagarbeit, beobachtet und untersucht. Die Bruchschlagarbeit spielt mitunter eine wichtige Rolle bei Hölzern in Fahr- und Flugzeugen, in verschiedenen Bauwerken (Brücken, Funktürmen usw.), zu Werkzeugen, Leitern, Sportgeräten usw.

Hölzer mit großer Bruchschlagarbeit werden im allgemeinen als zäh, solche mit geringer Bruchschlagarbeit als spröde bezeichnet. Dabei ist zu beachten, daß es weder vollkommen spröde noch vollkommen zähe Holzarten gibt; selbst bei besonders und vorwiegend zähen Hölzern wie *Hyckory* und *Esche* ist große Sprödigkeit, ja sogar in ein und demselben Stück sprunghaft Übergang von Zähigkeit zu Sprödigkeit anzutreffen [36]. Diese kurzen Feststellungen zeigen die Bedeutung an, die der Ermittlung der Bruchschlagarbeit zukommt. Monnin [28] vertritt sogar die Auffassung, daß die Bruchschlagarbeit den besten Weiser für die Holzgüte darstellt; er hat weiter zu beweisen versucht, daß der „gesamte lebendige Widerstand", d. h. die gesamte statische Biegearbeit bis zum völligen Trennungsbruch, ein Integralwert aller mechanischen Eigenschaften ist und bei gleichen Probestababmessungen sowie gleicher Abrundung der Auflager und der Hammerschneide der Bruchschlagarbeit gleichkommt [7], [28]. Ghelmeziu [7] stellt demgegenüber fest, daß der deutlich erkennbare Einfluß der Belastungsgeschwindigkeit auf alle Festigkeitseigenschaften die Unmöglichkeit dieser Gleichsetzung beweise; weiter seien die dynamischen Bruchbiegespannungen, die gesamte Durchbiegung und der Elastizitätsmodul beim Schlagbiegeversuch wesentlich größer als die entsprechenden statischen Werte und schließlich könne die Arbeit vom statischen Bruch bis zur völligen Trennung des Biegestabes nicht mehr als eindeutige Veränderliche des Widerstands ermittelt werden.

b) Prüfverfahren. Für die Ermittlung der Bruchschlagarbeit werden entweder Fallhämmer oder Pendelhämmer verwendet. Die Prüfung mittels des Fallhammers wird in den USA fast ausschließlich, in England neben der mittels Pendelhammer vorgenommen; in Deutschland und Frankreich erfolgt die Prüfung ausschließlich mit dem Pendelhammer.

In den USA wird meist das Schlagwerk Bauart Hatt-Turner benutzt. Nach den amerikanischen Normen ist bei der Prüfung, die je nach der Widerstandsfähigkeit der Prüfstücke entweder mit einem Fallhammer von 50 lb. oder von 100 lb. Gewicht durchgeführt wird, folgendermaßen zu verfahren: Zunächst wird ein Schlag aus einer Höhe von 1″ ausgeführt und weitere Schläge aus stufenweise um 1″ gesteigerter Fallhöhe zugegeben. Nach Vornahme des Schlages aus 10″ Höhe wird die Fallhöhe um 2″ gesteigert, bis entweder vollständiger Bruch eintritt oder aber der Probestab sich um 6″ durchbiegt.

Bei der Prüfung mit dem Pendelschlaghammer erfolgt die Zerstörung des Probestücks durch einen einzigen Schlag; im allgemeinen genügen Schlagwerke, bei denen die verfügbare Arbeit des Hammers unmittelbar vor dem Auftreffen auf das Probestück 10 mkg beträgt. Aus der Aufschwinghöhe des Hammers nach der Zerstörung des Probestücks, die durch einen Schleppzeiger angezeigt wird, kann an einer geeichten Skala die zum Durchschlagen benötigte Arbeit unmittelbar abgelesen werden (vgl. Abb. 49) [37].

Die Ermittlung der Bruchschlagarbeit mit dem Pendelhammer ist rasch durchführbar; auch kann das Gerät leicht nachgeeicht werden. Die Prüfung mit dem Fallhammer hat den Vorzug, daß mehrere Eigenschaften gemessen werden können: Elastizitätsmodul, dynamische Biegespannung im elastischen

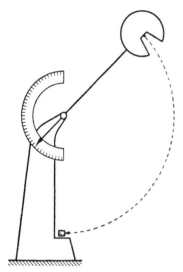

Bereich, größte Fallhöhe, Arbeit im elastischen Bereich [7]; allerdings ist diese Prüfung sehr zeitraubend und enthält ungeklärte Einflüsse (mehrfache Schläge).

Die Biegefestigkeit bei schlagartiger Belastung läßt sich auch bei der Prüfung mit dem Pendelhammer ermitteln, und zwar durch die Messung der Auflagerkräfte der Schlagbiegeprobe nach der von BREUIL angegebenen Methode, die GHELMEZIU folgendermaßen beschreibt: „Eine Auflagerstütze ist nachgiebig und lehnt sich mit einer Kugelfläche von 10 mm ⌀ gegen einen Weichaluminiumstab mit bekannter Brinellhärte. Der Druck auf die Stütze beim Schlagversuch erzeugt im Aluminiumstab einen Kugeleindruck, aus dessen — durch Meßmikroskop ermittelten — Durchmesser sich rückwärts die Druckkraft errechnen läßt." Über ein verfeinertes Verfahren der Messung der Auflagerkräfte mit einem piezoelektrischen Indikator hat KOLLMANN [39] berichtet.

Abb. 49. Pendelschlagwerk.

Durch Messung der Biegekräfte auf die eben angegebene Weise und Ermittlung der Bruchschlagarbeiten von gut vergleichbaren Fichtenproben hat CASATI [3] festgestellt, daß die Brucharbeit ziemlich unabhängig von der Schlaggeschwindigkeit und von dem Gewicht des Pendelhammers ist.

Hinsichtlich der Ausbildung der Hammerschneide hat SEEGER [40] angegeben, daß die Versuchswerte durch Verwendung einer sehr schlanken Schneide

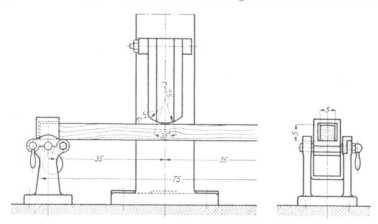

Abb. 50. Anordnung der Schlagversuche mit dem Fallwerk in Amerika und England.

nicht beeinflußt werden. Es scheint jedoch auf Grund der Ergebnisse neuerer Untersuchungen [7], daß durch kleine Abrundungen der Auflager und der Hammerschneide stärkere Eindrückungen und damit größere Arbeitsverluste eintreten. Aus diesem Grunde ist in DIN 52189 als Rundungshalbmesser für Auflager und Hammerschneide 1,5 cm vorgeschrieben worden.

Die Ausbildung des Fallhammers und der Auflager, wie sie in den USA üblich ist, geht aus Abb. 50 hervor.

Für den Vergleich von Bruchschlagarbeiten, die mit dem Fallhammer bzw. mit dem Pendelhammer (US-Bauart) ermittelt wurden, sind empirisch gefundene Umrechnungsbeziehungen entwickelt worden [7].

c) **Probenform und Probengröße.** In den meisten Ländern werden für den Schlagbiegeversuch glatte prismatische Probestäbe mit quadratischem Querschnitt verwendet.

Im Hinblick auf die Abmessungen der Probekörper ist in Analogie zum statischen Biegeversuch von besonderem Interesse der Einfluß des Verhältnisses Stützweite zur Stabhöhe (Schlankheitsgrad) auf das Prüfergebnis. Die von MONNIN 28] angegebene Zunahme der Schlagbiegefestigkeit mit der Auflagerlänge konnte von SEEGER [40] bei Schlankheitsgraden $\lambda = 12$, 18 und 24 nicht

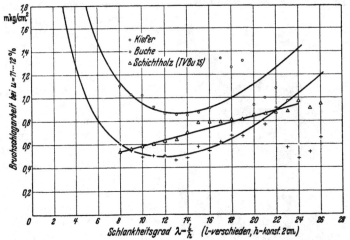

Abb. 51. Abhängigkeit der Bruchschlagarbeit vom Schlankheitsgrad. (Nach GHELMEZIU [7].)

nachgewiesen werden. Nach den Untersuchungen von GHELMEZIU [7] sollen sich jedoch die Angaben KOLLMANNS [36] bestätigen, wonach die Bruchschlagarbeit einen Mindestwert bei einem gewissen Schlankheitsgrad ($\lambda = 11$ bis 14) erreicht; gedrungenere Stäbe ($\lambda < 11$) liefern zu große Meßwerte infolge höherer Energieverluste (Eindrücke der Auflager und der Hammerschneide in das Holz), schlankere Stäbe ($\lambda > 14$) lassen andere Einflüsse erkennen (Reibung der Proben an den Auflagern usw.) (vgl. Abb. 51). Der von MONNIN [28] für den Schlagbiegeversuch vorgeschriebene Schlankheitsgrad $\lambda = 12$ scheint hiernach richtig gewählt zu sein; er ist auch in DIN 52189 beibehalten worden. Bei der in den USA üblichen Fallhammerprüfung ist $\lambda = 14$.

Ungeklärt scheint bis jetzt noch der Einfluß der Probenbreite zu sein. Während BAUMANN [2] bei Fichtenholz von 0,8 bis 2,0 cm Breite einen Einfluß der letzteren auf die Schlagbiegefestigkeit nicht erkennen konnte, fand GHELMEZIU [7] bei Kiefernstäben von 1 bis 4 cm Breite eine Zunahme der Bruchschlagarbeit um rd. 40% je 1 cm Breitensteigerung.

In Deutschland und Frankreich betragen die Abmessungen der Schlagbiegeproben 2 cm $\times$ 2 cm $\times$ 30 cm und die Auflagerlänge 24 cm (lichter Abstand der Auflager 21 cm). Die englischen Proben für den Pendelschlagversuch haben die

Abb. 52. Hölzer hoher und solche geringer Bruchschlagarbeit. (Nach F. Kollmann [8].)

a) sehr zähes Eschenholz　　($a = 1,55$ bzw. $1,71$ mkg/cm²)
b) normales Eschenholz　　($a = 0,80$ bzw. $0,98$ mkg/cm²)
c) sprödes Eschenholz　　($a = 0,40$ bzw. $0,31$ mkg/cm²).

Abmessungen　$7/8'' \times 7/8'' \times 6''$
und die amerikanischen und englischen Proben für die Fallhammerprüfung $2'' \times 2'' \times 30''$ (Auflagerlänge $28''$).

**d) Erfordernisse für die zweck-
dienliche Prüfung.** Grundbedingung
für einwandfreie Arbeitsweise jeder
Schlagbiegeprüfmaschine (Fall-oder
Pendelhammer) ist das Vorhandensein eines soliden Fundaments, mit
dem die Maschine fest verbunden
(verschraubt) sein muß.

Pendelschlagprüfmaschinen erfordern sorgsame Wartung (Schutz
der Lager gegen Verschmutzen,
Ölen derselben usw.) und vor Beginn
einer Versuchsreihe Nachprüfen der
Zeigereinstellung, der Aufschwinghöhe und der Zeigerreibung.

Die Bearbeitung der Schlagbiegeproben erfolgt zweckmäßig
mit der Kreissäge.

Zur Vermeidung von Unfällen
soll bei Pendelhämmern erst die
Probe aufgelegt und dann der
Hammer in seine Ausgangsstellung
gebracht werden.

Der Schlag des Fallhammers
soll nach den amerikanischen und
englischen Normen senkrecht zu
den Jahrringen, d. h. in Mark-
strahlrichtung, erfolgen; dabei soll
die dem Mark näher liegende
Probenseite vom Hammer getroffen
werden.

Der Schlag des Pendelhammers
wird im allgemeinen tangential zu
den Jahrringen geführt. Dazu ist
zu sagen, daß die bei tangentialer
Schlagrichtung erhaltenen Werte
weniger streuen [7]. Die radial ge-
schlagenen Stäbe zeigen häufig
Spaltbrüche (zu geringe Meßwerte)
oder unvollständigen Bruch, d. h.
die Probe wird nicht in zwei Stücke
getrennt, weshalb die Außenteile
an den Auflagern Reibung verursachen und die noch zusammenhängende Probe auf der Hammerschneide weiterbewegt wird (zu hohe
Meßwerte). Bei den Nadelhölzern

ergeben sich in tangentialer Schlagrichtung geringere Werte der Bruchschlagarbeit als in radialer Schlagrichtung, während sich diese Unterschiede bei den Bauhölzern häufig verwischen [40].

Aus der von der Probe aufgenommenen Schlagarbeit A in mkg und dem vor dem Versuch ermittelten Probenquerschnitt F_0 in cm² (Feststellung der Abmessungen mit der Schieblehre) ergibt sich die Bruchschlagarbeit

$$a = \frac{A}{F_0} \left(\frac{\mathrm{mkg}}{\mathrm{cm^2}} \right).$$

Die Kenntnis der Wichte der Probe, die in einfacher Weise aus dem Gewicht und den Abmessungen der letzteren errechnet wird, ist für die Beurteilung der Bruchschlagarbeit erforderlich. Erwünscht ist mitunter die Angabe des prozentualen Spätholzanteils. Auf die Ermittlung der Holzfeuchtigkeit kann häufig verzichtet werden, da der Einfluß der letzteren auf die Bruchschlagarbeit nach unseren heutigen Erkenntnissen verhältnismäßig gering ist [40].

Bei der Prüfung mit Hilfe von Fallhämmern werden im allgemeinen Fallhöhe, Probendurchbiegung, Rücksprunghöhe usw. mit Hilfe eines Selbstschreibegeräts aufgenommen. Aus den sich ergebenden Aufzeichnungen soll dann nach den in Frage kommenden Normen (Amerika, England) die Spannung an der Proportionalitätsgrenze, der scheinbare Elastizitätsmodul, die bis zur Proportionalitätsgrenze verbrauchte Arbeit usw. ermittelt werden.

e) Beurteilung der Bruchformen. Die bei der Schlagbiegeprüfung erhaltenen Bruchformen sind im allgemeinen kennzeichnend für die Höhe der Schlagfestigkeit (vgl. Abb. 52). Hölzer mit hoher Bruchschlagarbeit (zähe Hölzer) zeigen langfaserigen, Hölzer mit geringer Bruchschlagarbeit (spröde Hölzer) kurzfaserigen, glatten oder treppenförmigen Bruch.

10. Ermittlung der Spaltfestigkeit.

a) Allgemeines. Mit der Einführung der Nagelbauweise im Ingenieurholzbau wurde der Spaltfestigkeit auch im Bauwesen Beachtung geschenkt, da das Holz beim Einschlagen von Nägeln vorwiegend auf Spalten beansprucht wird [41].

b) Prüfverfahren, Probenform und Probengröße. Eine Norm für die Durchführung des Spaltversuchs besteht in Deutschland nicht. Meist erfolgt die Prüfung nach dem Vorschlage von NÖRDLINGER (vgl. Abb. 53). Bei diesem Probekörper wird die Bruchlast festgestellt, die erforderlich ist, um durch zwei in den Nuten senkrecht zur Längsachse des Probekörpers angreifende Zugkräfte die beiden Schenkel auseinanderzureißen [8]. Es handelt sich demnach um einen *Biegeversuch, bei dem die Zugfestigkeit des Holzes quer zur Faser entscheidend ist* [42]; dazu ist zu beachten, daß beim praktischen Spaltvorgang, für den die Verwendung eines keilartig wirkenden Werkzeugs bezeichnend ist, letzteres mit der Schneide zunächst die „Urspalte" öffnet, während die weitere Trennung des Werkstücks dann von den Keilflanken übernommen wird [8]. Untersuchungen über den Spannungsverlauf in Querzugproben nach den Abb. 53 und 54 und über den Einfluß der Probenabmessungen auf die Spaltfestigkeit haben KEYLWERTH [25] und UGRENOVIĆ [43] vorgenommen.

Der Probekörper für Spaltversuche nach den amerikanischen und englischen Normen ist in Abb. 54 dargestellt zusammen mit der in den USA üblichen Einspannvorrichtung. Der Abstand der äußeren Querzugkräfte von der Spaltfläche ist bei diesem Probekörper auffallend klein, die Spaltfläche dagegen reichlich bemessen.

Ein Prüfverfahren, das die in der Praxis beim richtigen Spaltvorgang auftretenden Verhältnisse hinreichend erfaßt, besteht bis heute noch nicht.

c) Erfordernisse für die zweckdienliche Prüfung. Die Herstellung der Probekörper für Spaltversuche und deren Einbau in die Prüfmaschine erfordert
Vorsicht im Hinblick darauf, daß die Spaltfläche nicht vor Beginn der Prüfung
unzulässige Beanspruchungen und damit unter Umständen Lockerungen erfährt.

Nach den englischen Normen sind Probestücke sowohl mit radialer als auch
mit tangentialer Spaltfläche herzu-
stellen und zu prüfen.

Die Belastungsgeschwindigkeit beträgt in den USA 0,10″ (2,5 mm) in
der Minute.

Die Spaltfläche F_0 ist vor dem Versuch mit der Schieblehre zu ermitteln

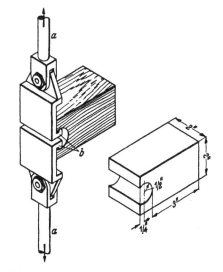

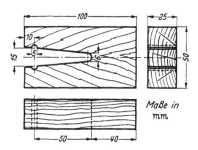

Abb. 53. Spaltprobe. (Nach NÖRDLINGER.)

Abb. 54. Spaltprobe nach den amerikanischen und
britischen Normen mit zugehöriger Einspannvorrichtung.

und die Spaltkraft S (Bruchlast) beim Versuch festzustellen. Damit ergibt sich
als Spaltfestigkeit

$$s = \frac{S}{F_0}.$$

Die Spaltfestigkeit ist von der Wichte [44], [45] und von der Holzfeuchtigkeit [41],
[45] abhängig. Es empfiehlt sich daher bei Spaltversuchen, Wichte und Holzfeuchtigkeit an je einem der abgespaltenen Teilstücke zu bestimmen.

11. Ermittlung der Verdrehfestigkeit.

a) Allgemeines. Die Verdrehfestigkeit ist zu beachten bei vielen Hölzern,
die im Flugzeugbau und im Hochbau Verwendung finden, ferner bei hölzernen
Wellen, Windflügeln usw.

b) Prüfverfahren. Die Ermittlung der Verdrehfestigkeit erfolgt auf den
üblichen Torsionsprüfmaschinen. Über die Ermittlung des Verdrehmoduls G
findet sich Näheres im Abschn. G.

c) Probenform und Probengröße. Drehungsversuche an Rundstäben sind
schon von BAUMANN vorgenommen worden [2]. HUBER [46] machte jedoch
nicht mit Unrecht geltend, daß bei der Bearbeitung auf der Drehbank schon
durch den Drehstahl eine verdrehende Beanspruchung auf das Holz ausgeübt
wird, die besonders bei Weichholz- und Querstäben eine mehr oder minder
starke Beschädigung hervorrufen kann, so daß die Versuche mit Rundstäben
unrichtige Werte ergeben können. In DIN 52190 — Prüfung von Holz, Dreh-
versuch —, der einzigen für Drehversuche bestehenden Vorschrift, sind dem-

entsprechend Proben von quadratischem Querschnitt (Seitenlänge 2 cm, Probenlänge 40 cm, Meßlänge 20 cm in der Mitte des Stabs) festgelegt worden [47].
Dazu ist zu beachten, daß infolge der Anisotropie des Holzes selbst kreisförmige
Stabquerschnitte bei der Verdrehung nicht mehr eben bleiben [8] und sich bei
rechteckigen Querschnitten noch verwickeltere Verhältnisse ergeben.

d) **Erfordernisse für die zweckdienliche Prüfung.** Die Bearbeitung der
Probekörper für Drehversuche darf nur mit gut geschliffenen Werkzeugen
erfolgen; HUBER [46] hat die Körper für seine umfangreichen Versuche durch
„vorsichtiges Sägen, Hobeln und Feilen" hergestellt. Da der Faserverlauf einen
sehr großen Einfluß auf die Verdrehfestigkeit ausübt, müssen bei üblichen
Drehversuchen die Fasern des Holzes gerade sein und parallel zu den Kanten
verlaufen; in DIN 52190 wird aus diesem Grunde empfohlen, die Proben aus
Spaltstücken anzufertigen.

Aus dem an der Prüfmaschine abgelesenen Drehmoment M_t beim Bruch
in cmkg und der mit der Schieblehre festgestellten mittleren Seitenlänge s des
Querschnitts in cm errechnet man bei Proben mit quadratischem Querschnitt
die Verdrehfestigkeit

$$\tau_{tB} = \frac{9 M_t}{2 s^3} \, \text{kg/cm}^2 .$$

Sowohl Wichte als auch Holzfeuchtigkeit üben einen wesentlichen Einfluß auf
die Verdrehfestigkeit aus [8], [46]; die Ermittlung der zugehörigen Werte bei
den Drehproben erscheint daher unerläßlich.

12. Ermittlung der Dauerfestigkeit.

a) **Allgemeines.** Für die Beurteilung der Widerstandsfähigkeit der Hölzer
im Gebrauch sind Dauerversuche unerläßlich. Außerdem ist ein tiefgehender
Einblick in das Wesen der Festigkeit ohne Kenntnis des Verhaltens bei Dauerbeanspruchung nicht möglich [48].

Entsprechend den Verhältnissen, die bei der Verwendung der Hölzer vorherrschen, sind auch die Bedingungen bei Dauerversuchen zu gestalten. Es
muß beachtet werden, ob die Widerstandsfähigkeit bei vorwiegend ruhenden
Lasten (Dauerstandfestigkeit, vgl. DIN 50119) oder bei vorwiegend wechselnden
Lasten (Dauerschwingfestigkeit bzw. Wechselfestigkeit bzw. Schwellfestigkeit,
vgl. DIN 50100) zu erkunden ist. In letzterem Fall ist außerdem zu unterscheiden, ob es sich um Wechsel der Beanspruchung zwischen Zug und Druck
(Wechselbereich) oder um Wechsel zwischen verschiedenen Spannungen derselben Beanspruchungsart (Druck-Schwellbereich, Zug-Schwellbereich) handelt.
Neben Druck-, Zug- und Biegebeanspruchung ist gelegentlich das Verhalten
von Hölzern bei Scher- und Drehbeanspruchungen unter ruhenden oder bewegten Lasten, ferner bei Dauerschlagbeanspruchung zu erkunden.

b) **Prüfverfahren.** Verhältnismäßig einfach gestaltet sich die Ermittlung
der *Dauerstandfestigkeit unter ruhender, langwirkender Druck-, Zug-, Biege-,
Scher- und Drehbeanspruchung.* Im Falle der Biegebeanspruchung wird man
dabei häufig auf den Einbau in Prüfmaschinen verzichten und durch Anhängen
von Gewichten (unter Umständen mit Belastungsbühnen) die Prüfung vornehmen. Entsprechend der von ROTH [49] bei Druck- und Biegeversuchen mit
Eichen- und Tannenhölzern gemachten Feststellung, daß ruhende Dauerlasten
intensivere und nachhaltigere Wirkungen hervorbringen als in entsprechender
Höhe langdauernd wechselnde Lasten, ist die Bedeutung der ruhenden Dauerbelastung nicht zu unterschätzen. Es empfiehlt sich, die Formänderungen bei

Dauerbiegeversuchen laufend zu messen, da insbesondere Größe und Verlauf der bleibenden Formänderungen von Einfluß auf die Dauerstandfestigkeit sind. Entsprechend dem von WÖHLER, dem eigentlichen Begründer des Dauerversuchswesens [50], geschaffenen Verfahren sind zur Ermittlung der Dauerstandfestigkeit eine Reihe von Probekörpern verschieden hohen Beanspruchungen zu unterwerfen. Die dabei erzielten Ergebnisse werden in einem Schaubild zusammengefaßt, und zwar sind die höchsten Beanspruchungen, die bei den einzelnen Probekörpern zum Dauerbruch geführt haben, bei ruhender Belastung über der Gesamtdauer der Lasteinwirkung, bei wechselnder Belastung über der Zahl der Lastspiele aufzutragen. Sofern Abszissen und Ordinaten logarithmisch geteilt sind, ergeben sich in der Regel übersichtliche und einfache Verhältnisse.

Zur Ermittlung der *Dauerfestigkeit bei ständig wechselnder Beanspruchung* sind besondere Prüfmaschinen erforderlich (vgl. Bd. I, Prüfmaschinen für schwingende Beanspruchung). Für Druck- und Zugbeanspruchung sind solche Maschinen seit längerer Zeit, besonders für die Bedürfnisse des Stahlbaus, entwickelt worden; sie sind im allgemeinen auch für die Dauerprüfung von Hölzern verwendbar [50]. Wesentlich wichtiger ist die Wechselfestigkeit bei Biegebeanspruchung. Hier sind zwei Arten der Prüfung möglich: die Umlaufbiegeprüfung und die Flachbiegeprüfung. Im ersten Falle werden Rundstäbe geprüft, welche unter Biegebelastung fortdauernd gedreht werden [50], [51], im zweiten Falle werden Flachstäbe ununterbrochen in einer Ebene hin und her gebogen [48], [52]. Zugehörige Prüfmaschinen (Umlauf- und Planbiegemaschinen) sind für die Bedürfnisse der Holzprüfung entwickelt worden [48].

Die Prüfmaschinen für die Dauerprüfung der Hölzer können nach ihrer Arbeitsweise in zwei Gruppen unterteilt werden:

1. Maschinen mit gleichbleibender Belastung,
2. Maschinen mit gleichbleibender Verformung.

Die Maschinen der ersten Gruppe arbeiten einfacher und eindeutiger, unabhängig von Veränderungen der Probekörper; sie führen nach dem Auftreten von Anrissen infolge der höheren Beanspruchung des Restquerschnitts einen raschen Bruch herbei und sind besonders für Überblickversuche geeignet. Bei den Maschinen der zweiten Gruppe wird der Probestab nach Eintritt von Anrissen infolge der gleichbleibenden Verformung immer weniger beansprucht.

Neben Maschinen für Dauerdrehbeanspruchung [48] haben solche für Dauerschlag eine gewisse Bedeutung. So hat Krupp ein kleines Dauerschlagwerk [50] entwickelt, auf dem im allgemeinen Rundstäbe mit einer Rundkerbe geprüft werden (vgl. Bd. I, Auflage 1940, Abschn. III C, 2b). Der Probestab kann außerdem nach jedem Schlag automatisch um einen beliebigen Winkel gedreht werden.

c) **Probenform und Probengröße.** Da noch keine Normen für die Durchführung von Dauerversuchen mit Holz vorliegen, waren auch die zu den bisher durchgeführten Untersuchungen verwendeten Probekörper nach Form und Abmessungen nicht einheitlich. Außerdem ist bis heute nicht viel über den Einfluß der Probekörpergröße auf die Ergebnisse von Dauerversuchen bekannt. Für die Ermittlung der Dauerfestigkeit (Wechselfestigkeit) in Umlaufbiegemaschinen werden die in Abb. 55 dargestellten Rundstäbe verwendet, während für die Prüfung in Flachbiegemaschinen die Probestabformen nach Abb. 56 in Betracht kommen [48].

d) **Erfordernisse für die zweckdienliche Prüfung.** Die Bearbeitung der Probekörper für Dauerversuche muß sorgfältig erfolgen. Der Einfluß von Oberflächenverletzungen, Querschnittsveränderungen usw. ist noch nicht völlig geklärt; die Kerbempfindlichkeit der Hölzer ist nach den bis jetzt vorliegenden Untersuchungen verhältnismäßig gering [8].

Holzfeuchtigkeit und Wichte sind im allgemeinen von derselben Bedeutung wie bei den statischen Versuchen; ihre Ermittlung ist demnach bei jedem Versuch erforderlich.

Die Streuungen der Versuchsergebnisse bei Dauerversuchen können nach den Untersuchungen von KRAEMER [51] auf ein Mindestmaß herabgedrückt werden, wenn dafür gesorgt wird, daß die Probekörper einer Versuchsreihe gleiche Holzfeuchtigkeit und gleiche Wichte, außerdem nach Möglichkeit gleiche Jahrringbreite und gleichen Spätholzanteil aufweisen.

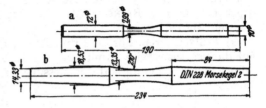

Abb. 55a u. b. Probestäbe für Umlaufbiegung.
(Nach OSCHATZ [48].)

Bei Versuchen mit wechselnder Belastung ist der Einfluß der Belastungsgeschwindigkeit bzw. der Zahl der in der Zeiteinheit erfolgenden Belastungswechsel noch nicht ausreichend geklärt. ROTH [49] konnte bei Dauerdruckbeanspruchung einen solchen Einfluß auf die Versuchsergebnisse im Bereich von 20 bis 120 Lastwechseln je Minute nicht feststellen.

Ebenfalls noch nicht eindeutig geklärt ist die Frage, welche Zahl der Lastwechsel für die Feststellung erforderlich ist, ob der Probekörper eine bestimmte

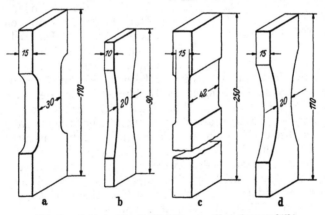

Abb. 56a–d. Probestäbe für Flachbiegung. (Nach OSCHATZ [48].)

Beanspruchung (Dauerfestigkeit) beliebig lange erträgt [50]. Diese Lastwechselzahl scheint nach den heutigen Erkenntnissen bei Holz geringer zu sein als bei den metallischen Werkstoffen.

13. Bestimmung der Härte.

a) Allgemeines. Bei technischen Härtebestimmungen wird im allgemeinen nicht die Härte (Widerstand gegenüber dem Eindringen eines fremden Körpers) als physikalische Größe festgestellt [53]. Die Härtebestimmung soll vielmehr in erster Linie zur vergleichsweisen Ermittlung wichtiger Festigkeitseigenschaften (in erster Linie der Druckfestigkeit) dienen [42]. Im Zusammenhang damit wünscht man die einfach und rasch durchzuführende Härteprüfung für die Abnahme der Hölzer, im besonderen für die Abnahme von fertigen Holzteilen, heranziehen zu können [5], [20]. Weiter sei darauf hingewiesen, daß die Seitenhärte vielfach als Maßstab für den Abnutzungswiderstand angesehen wird, zu dessen einheitlicher Ermittlung heute noch keine einfach und rasch durchführbaren Prüfverfahren bestehen.

Die zahlreichen Forschungen über die Ermittlung der Holzhärte haben bis heute noch nicht zu einem befriedigenden Ziel geführt; die in die frühere deutsche Vornorm DIN DVM 3011 aufgenommene Härtebestimmung durch den Kugeldruckversuch nach BRINELL ist wegen der ihr anhaftenden Mängel fallengelassen worden.

b) Prüfverfahren. Für die Ermittlung der Holzhärte, selbst nur im Hinblick auf die vergleichsweise Ermittlung der Holzfestigkeit, kommen lediglich Verfahren in Betracht, die auf der Messung der Widerstandsfähigkeit des Holzes gegenüber Eindrücken beruhen [54], d. h. Verfahren zur Feststellung der Eindruckhärte. Folgende Verfahren sind bisher vorgeschlagen bzw. angewendet worden:

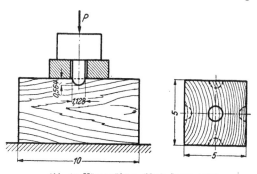

Abb. 57. Härteprüfung. (Nach JANKA [55].)

α) *Verfahren nach* JANKA [55]. Ein Stempel, dessen unteres Ende eine Halbkugel von 11,284 mm Dmr. (1 cm² Querschnitt) bildet, wird genau bis zum Übergang der Halbkugel in den Zylinder desselben Durchmessers ins Holz eingedrückt (vgl. Abb. 57). Die Belastung im Augenblick des völligen Eindringens der Halbkugel ins Holz wird abgelesen und als Kugelhärte nach JANKA (in kg/cm²) bezeichnet; die Ermittlung dieses Meßwerts ist leicht zu bewerkstelligen, da der Druck nach dem Eindringen der Halbkugel infolge des Anliegens der großen Holz- und Stahlflächen (vgl. Abb. 57) plötzlich stark ansteigt [54].

Das Verfahren der Härteprüfung nach JANKA ist noch heute in den amerikanischen und englischen Vorschriften als Normenprüfung enthalten. Sie soll hiernach an Proben von 2″ × 2″ × 6″ Größe (in den genannten Ländern als Probekörper für den Schwellendruckversuch vorgeschrieben) vorgenommen werden. Je zwei Eindrücke sind auf einer tangentialen Seitenfläche, auf einer radialen Seitenfläche und auf den beiden Hirnflächen bei einer Geschwindigkeit des Eindringens von 0,25″ in der Minute auszuführen.

β) *Verfahren nach* BRINELL. Bei diesem Verfahren wird eine berußte Stahlkugel mit 10 mm Dmr. verwendet, auf die im allgemeinen eine Kraft von 50 kg, bei sehr harten Hölzern eine solche von 100 kg und bei sehr weichen Hölzern lediglich eine Kraft von 10 kg einwirkt. Aus dem mit der Lupe festzustellenden mittleren Durchmesser des Eindrucks wird an Hand einer Tabelle die Kugeleindruckfläche ermittelt; die auf die Flächeneinheit der Eindruckfläche bezogene Kraft wird als BRINELL-Härte (kg/mm² [1]) bezeichnet. Auf Grund der Untersuchungen von MÖRATH [56], der auf dieses schon vor dem JANKA-Verfahren bestehende Kugeldruckprüfverfahren zurückgegriffen hatte, wurde letzteres

---

[1] Die BRINELL-Härte H wird bei Anwendung einer Kugel von D (mm) Dmr. und einer Belastung P (kg) aus dem Durchmesser d (mm) der Eindruckfläche nach der Formel

$$H_B = \frac{2\,P}{\pi\,D\,(D - \sqrt{D^2 - d^2})}$$

berechnet.

in die inzwischen nicht mehr erneuerte DIN-Vornorm C 3011 aufgenommen.

γ) *Beurteilung der Prüfverfahren nach* JANKA *und* BRINELL. Nach STAMER [57] nehmen die Härtezahlen bei Nadelhölzern mit wachsender Eindringtiefe ab, während sie bei den Laubhölzern praktisch wenig von der Eindringtiefe abhängen. Man erhält demnach bei den Nadelhölzern nach dem Verfahren von JANKA zu kleine Härtezahlen. Zu Beginn des Eindringens der Kugel findet fast ausschließlich Druckbeanspruchung des Holzes in Richtung der äußeren Kraft statt; bald aber tritt Beiseiteschieben von Fasern (Spaltwirkung) und Beanspruchung zunehmender Faserverbände auf Druck schräg bis quer zur Faser hinzu, was besonders bei den Nadelhölzern eine Verringerung des Holzwiderstandes herbeiführt. Die genannten, sich überlagernden Beanspruchungen rufen im Verein mit den unbekannten Reibungskräften eine verhältnismäßig große Streuung der Meßwerte hervor [56]; hinzu kommt, daß die bei Nadel- und bei Laubhölzern ermittelten Härtezahlen keine einheitliche Beziehung erkennen lassen [58] und nach KOLLMANN [59] keine gerechte Abstufung verschieden dichter Hölzer ergeben.

Beim Verfahren nach BRINELL, das technisch weniger einfach durchführbar ist als das JANKA-Verfahren, werden infolge der geringeren Eindringtiefe wesentlich kleinere seitliche Beanspruchungen hervorgerufen. Das Verfahren besitzt jedoch schwerwiegende Nachteile, die PALLAY [58] folgendermaßen zusammenfaßt: 1. Die zum Eindrücken der Kugel vorgeschriebenen dreierlei Belastungskräfte machen das Verfahren unsicher und schaffen keine einheitliche Vergleichsgrundlage. 2. Die Errechnung der Härtezahlen aus Belastung und Durchschnittsdurchmesser des Eindrucks ist, besonders bei der Seitenhärte, ungenau. 3. Die 10 mm-Kugel ist für die vorgeschriebenen kleinen Belastungen nicht groß genug, um brauchbare Durchschnittswerte zu liefern.

δ) *Vorschlag von* KRIPPEL. Eine Art Verbindung von JANKA- und BRINELL-Verfahren stellt der Vorschlag von KRIPPEL [58] dar. Vom JANKA-Verfahren wird die Wahl einer festen Eindringtiefe übernommen, die aber, ähnlich dem BRINELL-Verfahren, nur einen Teil des Kugelhalbmessers betragen darf, so daß die Härtezahl bei allen Hölzern ungefähr in der gleichen Weise vom Verhältnis Eindringtiefe : Kugelhalbmesser abhängt. Um bessere Durchschnittswerte zu erhalten, soll eine wesentlich größere Kugel verwendet werden. KRIPPEL hält auf Grund der Versuche von PALLAY [58] für zweckmäßig, daß ein Druckstempel in Form einer Kugelkalotte benützt wird, deren Höhe 2 mm (Eindringtiefe) und deren Oberfläche 2 cm² beträgt (Durchmesser der Grundfläche der Kugelkalotte 15,5 mm, Durchmesser der Kugel 31,8 mm, Verhältnis der Eindringtiefe zum Radius der Kugel 0,126).

ε) *Verfahren von* CHALAIS-MEUDON. Nach dem in die französischen Vorschriften für die Holzprüfung aufgenommenen Verfahren von CHALAIS-MEUDON wird der Eindruck eines Stahlzylinders von 3 cm Dmr. verfolgt, dessen Längsachse parallel zu der zu prüfenden Oberfläche verläuft, der sich außerdem über die ganze Breite der zu prüfenden Oberfläche erstreckt (im allgemeinen werden in Frankreich die üblichen Normenstäbe von 2 cm × 2 cm Querschnitt geprüft) und mit 100 kg je cm Auflagelänge des Zylinders belastet wird. Bei weichen Hölzern beträgt die Last nur 50 kg je cm Auflagelänge; die ermittelten Werte der Eindringtiefe sind dann zu verdoppeln. Geprüft werden meist nur die radial verlaufenden Seitenflächen, da in Frankreich die Härte parallel zur Faser ganz aufgegeben und durch die Druckfestigkeit in Faserrichtung ersetzt werden soll. Aus der Breite l der Eindruckrinne wird die Eindringtiefe t nach der Beziehung

$t = 15 - \dfrac{1}{2} \sqrt{900 - l^2}$ errechnet und die Härte nach Chalais-Meudon $N = 1/t$ angegeben.

Für die Seitenhärte scheint dieses Verfahren recht brauchbare Werte zu liefern. Vermutlich wird aber durch die Anwendung verschiedener Belastungskräfte für harte und weiche Hölzer die Vergleichsgrundlage gestört (vgl. die Bemerkungen zum Brinell-Verfahren). Eine Verbesserung und Vereinfachung des Verfahrens erscheint möglich, wenn die Erzielung einer vorgeschriebenen Eindringtiefe angestrebt und die Ermittlung der hierzu erforderlichen Einpreßkraft vorgeschrieben würde.

ζ) *Vorschlag von* Hoeffgen. In der Erkenntnis, daß die Beziehung zwischen der Längsdruckfestigkeit und der Eindruckhärte der Hirnholzfläche um so klarer und eindeutiger wird, je mehr bei der Härteprüfung die Holzfasern rein in ihrer Längsrichtung gedrückt werden, hat Hoeffgen [*54*] Eindrückversuche mit Stempeln vorgenommen, die ebene Grundflächen aufweisen. Das Verfahren scheint nach den im Prüfraum erzielten Ergebnissen erfolgversprechend zu sein. Um seine Anwendung auch auf Holzlagerplätzen, Baustellen usw. zu ermöglichen, hat Gaber [*60*] das von Baumann [*2*] geschaffene Schlaghärteverfahren herangezogen und Stempel mit 0,3 cm × 1,2 cm Einpreßfläche vorgeschlagen.

Ein abgeändertes Härteprüfverfahren, bei dem eine Stahlkugel frei auf das zu prüfende Holzstück fallengelassen wird, hat der Russe Pevzoff [*8*] vorgeschlagen.

14. Prüfung des Abnützwiderstandes.

a) **Allgemeines.** Die Abnützung der Hölzer erfolgt im praktischen Betrieb, wie schon Baumann [*10*] feststellte, unter recht mannigfaltigen Verhältnissen (Beanspruchung durch Begehen oder Befahren, durch Schüttgüter der verschiedensten Art, durch bewegte Massen [Webschützen] bei hohen und geringen spezifischen Belastungen usw.). Es wird danach wohl stets ein unerreichbares Ziel bleiben, den Abnützwiderstand der Hölzer für alle Zwecke der Praxis durch einen sog. „Standardversuch" ermitteln zu können. Wesentlich für die Abnützung ist die Reibung, wobei allerdings stoßartige Beanspruchungen mitwirken können und die Härte und Oberflächenbeschaffenheit der jeweils mit dem Holz in Berührung kommenden Körper neben vielen anderen Einflußfaktoren (Feuchtigkeit, Wärmeabführung, Geschwindigkeit des Gleitens usw.) zu beachten ist. Bis jetzt bleibt für die Prüfung meist nur der Weg offen, die Versuchsanordnung den jeweiligen Verhältnissen am Abnützort anzugleichen, wozu sich in vielen Fällen eines der unten beschriebenen Prüfverfahren eignen kann.

b) **Prüfverfahren.** α) *Prüfung auf der Schleifscheibe.* Für dieses älteste Abnützprüfverfahren sind im allgemeinen Würfel von 7 cm Kantenlänge verwendet worden, die durch eine Kraft von 30 kg gegen die rotierende Gußeisenscheibe der von Bauschinger und Böhme entworfenen Maschine unter Verwendung von Normenprüfschmirgel als Schleifmittel gedrückt wurden (vgl. Abb. 6, S. 170).

Der schwerwiegende Nachteil dieses Verfahrens beruht darin, daß sich im Holz in deutlichem Maße Schleifmittelteilchen festsetzen, die den Abnützwiderstand der zu prüfenden Holzoberfläche infolge der Reibung von Schleifmittel im Holz gegen Schleifmittel auf der Scheibe erhöhen. Wohl werden bei der Abnützung in der Praxis mitunter auch Stoffe ins Holz eingedrückt (Staub, Schmutz usw.), doch ist deren Härte häufig nicht groß.

β) *Prüfung mit dem Sandstrahlgebläse.* Als Ergänzung zu dem Prüfverfahren mit der Schleifscheibe wurde im Jahre 1900 die Prüfung durch das Sandstrahlgebläse geschaffen, das entweder durch Dampf- oder durch Luftdruck betrieben werden kann. Nach der inzwischen nicht mehr erneuerten DIN-Vornorm C 3009 war dabei die zu prüfende Holzfläche (Hirn-, Spiegel- oder Wölbfläche) mit einer kreisrunden Blende abzudecken derart, daß eine freie Fläche von 28 cm² entstand. Das Probestück mußte während der 2 min dauernden Prüfung zur Erzielung gleichmäßiger Beanspruchung über dem Sandstrahl langsam gedreht werden, wobei unter rd. 3 at Dampfdruck bzw. rd. 2 at Luftdruck in der Minute 2,9 kg Normensand (0 bis 0,75 mm Körnung, Raumgewicht eingerüttelt 1,69 bis 1,81 kg/l) bewegt werden sollten. Auf Grund der Probengewichte vor und nach der Prüfung waren der Gewichtsverlust je Flächeneinheit bzw. mit Hilfe der zu ermittelnden Wichte der Probe der Raumverlust je cm² der abgenützten Fläche anzugeben.

Bei der Prüfung mit dem Sandstrahlgebläse werden im allgemeinen die weichen Frühholzzonen stark abgebaut und ausgehöhlt, während die harten und widerstandsfähigen Spätholzschichten in wesentlich geringerem Maße abgenützt werden; dabei ist verständlicherweise die Lage der Fasern und Jahrringe in der angegriffenen Fläche von großem Einfluß [20]. Besonders wenn Flächen mit stehenden Jahrringen angeblasen werden, wird der Unterschied des Abnützwiderstands von Frühholz und Spätholz deutlich; das Probestück zeigt dort nach dem Versuch im Querschnitt ein etwa kammartiges Profil [61]. Im praktischen Betrieb ist es jedoch meist so, daß gerade das widerstandsfähige Spätholzgerüst die weichen Holz-

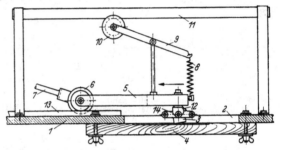

Abb. 58. Einrichtung zur Ermittlung des Abnützwiderstandes von Parketthölzern. (Nach SACHSENBERG [62].)

teile schützt [59], da die Abnützung im allgemeinen flächig, d. h. mehrere Jahrringe umfassend, erfolgt und nicht durch punktweisen Aufprall kleiner scharfkantiger Quarzkörner wie bei der Sandstrahlprüfung. Ferner treffen letztere im allgemeinen senkrecht auf die Prüffläche auf, während in den meisten Fällen der Praxis (z. B. Fußböden, Webschützen usw.) ein mehr oder weniger regelmäßiges Schleifen längs der Holzoberfläche stattfindet. Weiter weist KOLLMANN [61] darauf hin, daß eine Umrechnung des Blasverlustes auf den mittleren Raum- bzw. Dickenverlust über der abgenützten Fläche wertlos ist, da ja der Abtrag nicht gleichmäßig über die ganze Fläche erfolgt.

γ) *Ermittlung der Seitenhärte.* Wie schon im Abschn. 13 angedeutet wurde, wird die Seitenhärte als Maßstab für den Abnützwiderstand angesehen [56]. Zugehörige Prüfverfahren sind dort angegeben. Es kann sich naturgemäß nur um verhältnismäßig rohe und lediglich zu Vergleichszwecken dienende Ermittlungen handeln, die allerdings den Vorteil rascher Durchführung besitzen.

δ) *Prüfung durch Abreiben nach* SACHSENBERG. Zur Ermittlung des Abnützwiderstands von Parketthölzern hat SACHSENBERG [62] die in Abb. 58 schematisch dargestellte Vorrichtung entworfen, bei der das zu prüfende Holzstück 4 durch das hin und her gehende federbelastete Reibstück 3 aus Widiastahl beansprucht wird. Das Reibstück ist so gelagert, daß während des in Richtung des Pfeils verlaufenden Arbeitshubs eine stets gleichmäßige Anstellung der rechtwinkligen Schneide eintritt, während sich beim Rückhub das Reibstück auf der ganzen Fläche anlegt, so daß die Reibwirkung vernachlässigbar ist. Die Abnützung wird durch die Tiefe der eingegrabenen Rinne an mehreren Meßstellen nach 10000 Hüben gemessen.

ε) *Prüfung mit der Abnützungsprüfmaschine nach* Thunell *und* Perem. In gewissem Sinne verwandt mit dem Sachsenbergschen Gerät nach δ) ist die im schwedischen Holzforschungsinstitut in Stockholm von Thunell und Perem [*63*] entwickelte Abnützungsprüfmaschine, bei der 150 cm × 180 cm große Probestücke auf fast der ganzen Prüffläche durch einen rotierenden Abzieher (80 mm ∅) mit Hartmetallschneide und außerdem durch zwei umlaufende, mit 70 kg Gewicht belastete Rollen (60 mm ∅) beansprucht werden. Bei der Untersuchung verschiedener Oberflächenbehandlungen tritt an Stelle des Abziehers eine rotierende Stahlbürste [*8*], [*64*].

ζ) *Prüfung durch Abreiben mit einer Schlupfvorrichtung.* In der Forschungs- und Materialprüfungsanstalt für das Bauwesen der Techn. Hochschule Stuttgart ist im Jahre 1930 das in Abb. 59 schematisch dargestellte Prüfgerät für die Ermittlung der Abnützung von Linoleum und Holz entworfen und seither zu zahlreichen Untersuchungen herangezogen worden. Der zu untersuchende Probekörper wird auf dem Schlitten *a* befestigt, der auf Rollen gelagert ist und von Hand zwischen zwei Anschlägen hin und her bewegt werden kann. Mit dem Schlitten ist durch einen Hebel das drehbare Laststück *b* verbunden, das auf seiner kreisbogenförmigen Unterseite mit feiner Schmirgelleinwand belegt ist und auf dem Probekörper aufsitzt. Bei der Prüfung, d. h. beim Hin- und Herbewegen des Schlittens, wird die Unterseite des Laststücks dauernd mit Schlupf auf dem Probekörper abgewickelt. Nach einer gewissen Zahl von Hüben muß die

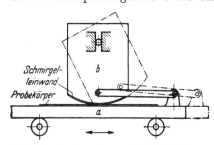

Abb. 59. In der Forschungs- und Materialprüfungsanstalt für das Bauwesen an der Techn. Hochschule Stuttgart entworfenes Gerät zur Abnützprüfung von Hölzern.

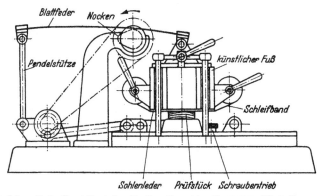

Abb. 60. Schematische Darstellung der Abnützprüfmaschine Kollmann. (Nach Kollmann [*61*].)

Schmirgelleinwand auf der Unterseite des Laststücks ausgewechselt werden. Die Abnützung wird durch den bei der Prüfung hervorgerufenen Gewichtsverlust ausgedrückt.

Das Verfahren hat den Vorteil der Einfachheit und der kurzen Versuchsdauer, da meist nach mehreren hundert Hüben eine für die Beurteilung genügende Abnützung eingetreten ist. Die Schlupfbewegung zwischen Laststück und Probekörper entspricht in erster Annäherung der Bewegung beim Begehen von Fußböden. Nachteilig ist wiederum die Verwendung der Schmirgelleinwand; doch wird ein einseitiges Festsetzen von Schmirgelpulver dadurch vermieden, daß sowohl beim Vorwärtshub als auch beim Rückwärtshub Abnützung stattfindet.

In den letzten Jahren ist dieses Gerät durch Aufnahme eines Drehtischs für die Probenauflagerung weiterentwickelt worden [65], [66], so daß gleichzeitige Längs- und Drehschlupfbewegung zwischen Probenoberfläche und Abschleifmittel möglich ist (vgl. Abschn. XXII, Abb. 3 u. 4). Das Gerät kann in seiner serienmäßigen[1] Ausführung sowohl mit Längs- und Drehbewegung als auch mit Längsbewegung allein benutzt werden.

η) *Prüfung mit dem Abnützgerät nach* KOLLMANN. In Amerika bemühte man sich schon seit längerer Zeit, eine der Wirklichkeit angenäherte Abnützungsprüfung mit besonderer Berücksichtigung der Verhältnisse beim Begehen von Fußböden zu finden. Mehrjährige Versuche KOLLMANNS [61] führten in Deutschland zur Schaffung eines Schleifgeräts, das den natürlichen Abnützungsvorgang mit Schleif- und Trittwirkung nachahmt. Die Wirkungsweise dieses Abnützgeräts, das schematisch in Abb. 60 wiedergegeben ist, beruht darin, daß ein an einer Blattfeder aufgehängter, auf der Unterseite mit Kernsohlenleder und darauf mit Siliziumkarbidschleifband versehener eiserner Fuß abwechselnd aufgesetzt und angehoben wird, während das in einen Schlitten eingespannte Probestück mit den Abmessungen 5 cm × 5 cm × 2,5 cm durch einen Kurbeltrieb hin und her bewegt wird. Der bei der Abnützung entstehende Schleifstaub wird abgesaugt. Jeweils nach 2500 Hüben (Ablesung an einem Zählwerk) findet Wägung des Probestücks und Messung der Dicke an mehreren Meßstellen statt; gleichzeitig wird das Probestück um 90° gedreht. Die Versuche sind im allgemeinen auf 20000 Hübe auszudehnen. Das Gerät wird serienmäßig gebaut[2] und scheint gut wiederholbare Ergebnisse zu liefern.

Schrifttum.

[1] RYSKA, K.: Einige Fragen aus dem Gebiete der technischen Prüfungsmethoden für Hölzer. Int. Kongr. Materialprüfung. Zürich 1931. Edit. AIEM. Zürich 1932.

[2] BAUMANN, R.: Die bisherigen Ergebnisse der Holzprüfungen in der Materialprüfungsanstalt an der T. H. Stuttgart. Forsch.-Arb. Ing.-Wes. 1922, H. 231.

[3] CASATI, E.: Essais comparés sur éprouvettes de dimensions différentes de quelques essences de bois. Int. Kongr. Materialprüfung, S. 121f. Zürich 1932.

[4] Standard Methods of Testing Small Clear Specimens of Timber. ASTM Design.: D 143—52.

[5] LANG, G.: Das Holz als Baustoff, sein Wachstum und seine Anwendung zu Bauverbänden. Wiesbaden: Kreidel 1915.

[6] KOLLMANN, F.: In Silvae Orbis Nr. 15, S. 75. Berlin-Wannsee 1944.

[7] GHELMEZIU, N.: Untersuchungen über die Schlagfestigkeit von Bauhölzern. Z. Holz Bd. 1 (1938) H. 15, S. 585f.

[8] KOLLMANN, F.: Technologie des Holzes und der Holzwerkstoffe, 2. Aufl., 1. Bd. Berlin/Göttingen/Heidelberg: Springer 1951.

[9] SUENSON, E.: Zulässiger Druck auf Querholz. Z. Holz 1. Jg. (1938), H. 6, S. 213f.

[10] GRAF, O.: In BAUMANN-LANG: Das Holz als Baustoff, 2. Aufl. München: C. W. Kreidel 1927.

[11] Standard Methods of static tests of timbers in structural sizes. ASTM Design.: D 198—27.

[12] BACH, JUL.: Der Stand des Knickproblems stabförmiger Körper. Z. VDI Bd. 77 (1933) Nr. 23, S. 610f.

---

[1] Herstellung durch das Chemische Laboratorium für Tonindustrie, Berlin-Friedenau, unter der Bezeichnung „Abnutzungsprüfmaschine Stuttgart".

[2] Herstellung durch das Chemische Laboratorium für Tonindustrie, Berlin-Friedenau.

[13] Roš, M., u. J. Brunner: Die Knickfestigkeit der Bauhölzer. Int. Kongr. Materialprüfung, S. 157f. Zürich 1932.
[14] Tetmajer, L. v.: Die Gesetze der Knickungs- und der zusammengesetzten Druckfestigkeit. Leipzig u. Wien: Fr. Deuticke 1903.
[15] Petermann: Zur Lagerung der Druckplatten von Knickmaschinen. Bautechn. Stahlbau Bd. 4 (1931) H. 16, S. 184f.
[16] Graf, O.: Knickversuche mit Bauholz. Bautechn. Bd. 6 (1928) H. 15, S. 209f.
[17] Graf, O.: Aus Versuchen mit hölzernen Stützen und mit Baustangen. Bauingenieur
Bd. 12 (1931) S. 862f.
[18] Graf, O.: Versuche mit mehrteiligen hölzernen Stützen. Bauingenieur Bd. 10 (1936)
H. 1/2, S. 1f.
[19] Graf, O.: Druck- und Biegeversuche mit gegliederten Stäben aus Holz. Forsch.-Arb.
Ing.-Wes. 1930, H. 319.
[20] Graf, O.: Die Festigkeitseigenschaften der Hölzer und ihre Prüfung. Masch.-Bau
Betrieb Bd. 8 (1929) H. 19, S. 641f.
[21] Graf, O.: Tragfähigkeit der Bauhölzer und der Holzverbindungen. Mitt. Fachaussch.
Holzfragen beim VDI. 1938, H. 20.
[22] Graf, O., u. K. Egner: Über die Veränderlichkeit der Zugfestigkeit von Fichtenholz mit der Form und Größe der Einspannköpfe der Normenkörper und mit Zunahme
des Querschnitts der Probekörper. Z. Holz Bd. 1 (1938) H. 10, S. 384f.
[23] Baumann, R.: Das Materialprüfungswesen und die Erweiterung der Erkenntnisse auf
dem Gebiet der Elastizität und Festigkeit in Deutschland während der letzten vier
Jahrzehnte. Beiträge zur Geschichte der Technik und Industrie. Jb. VDI Bd. 4 (1912).
[24] Graf, O.: Der Baustoff Holz. In: Bauen in Holz von Hans Stolper, 2. Aufl. Stuttgart:
J. Hoffmann 1937.
[25] Keylwerth, R.: Spalten, Spaltbeanspruchung und Querfestigkeit des Holzes. Z. Holz
Bd. 9 (1951) H. 1, S. 1/7.
[26] Graf, O.: Bemerkungen zur Entwicklung der Prüfnormen. Z. Holz Bd. 1 (1937) H. 3,
S. 99.
[27] Föppl, A.: Vorlesungen über technische Mechanik, Bd. 3; Festigkeitslehre, 9. Aufl.,
S. 116. Leipzig: J. B. Teubner 1922.
[28] Monnin, M.: L'essai des bois. Int. Kongr. Materialprüfung, S. 85f. Zürich 1932.
[29] Cizek, L.: Diskussionsbeitrag zum Bericht Monnin. Int. Kongr. Materialprüfung,
S. 178f. Zürich 1932.
[30] Chaplin, C. J., u. E. H. Nevard: Strength tests of structural timbers. Part III.
Development of safe loads and stresses, with dates on baltic redwood and Eastern
Canadian spruce. Forest prod. res. rec., Nr. 15. London 1937.
[31] Ehrmann, W.: Über die Scherfestigkeit von Fichten- und Kiefernholz. Forschungsber.
Fachaussch. Holzfragen beim VDI H. 4.
[32] Hartmann, F.: Zuschrift zum Thema: Versuche mit geleimten Laschenverbindungen
aus Holz. Z. Holz Bd. 1 (1938) H. 15, S. 601.
[33] Gaber, E.: Versuche über die Schubfestigkeit von Holz. Z. VDI Bd. 73 (1929) Nr. 26,
S. 932f.
[34] Graf, O.: Wie können die Eigenschaften der Bauhölzer mehr als bisher nutzbar gemacht werden? Welche Aufgaben entspringen aus dieser Frage für die Forschung?
Z. Holz Bd. 1 (1937) H. 1/2, S. 13f.
[35] Graf, O.: Dauerversuche mit Holzverbindungen. Mitt. Fachaussch. Holzfragen beim
VDI 1938, H. 22.
[36] Kollmann, F.: Über die Schlag- und Dauerfestigkeit der Hölzer. Mitt. Fachaussch.
Holzfragen beim VDI 1937, H. 17, S. 17f.
[37] Oschatz, H.: Holzprüfmaschinen. 1. Maschinen zur zügigen Beanspruchung. Z. Holz
Bd. 1 (1938) H. 11, S. 421f.
[38] Markwardt, L.: New toughness machine. Its aid in wood selection. Wood Working
Industries, Jamestown, N. Y. Bd. 2 (1926) S. 31f.
[39] Kollmann, F.: Die mechanischen Eigenschaften verschieden feuchter Hölzer im Temperaturbereich von −200 bis +200° C. Forsch.-Arb. Ing.-Wes. H. 403. Berlin 1940.
[40] Seeger, R.: Untersuchungen über den Gütevergleich von Holz nach der Druckfestigkeit in Faserrichtung und nach der Schlagfestigkeit. Forschungsber. Fachaussch. Holzfragen beim VDI 1936, H. 4.
[41] Stoy, W.: Spaltversuche an Holz. Z. VDI Bd. 79 (1935) Nr. 48, S. 1443f.
[42] Graf, O.: Prüfung von Holz. Arch. techn. Messen Bd. 5 (1936) Lfg. 56, Teil 21, V 997—1.
[43] Ugrenović, A.: Planmäßige Untersuchungen über Spaltfestigkeit und Spaltbarkeit.
Z. Holz 3. Jg. (1940) H. 5, S. 143/150.
[44] Ugrenović, A.: Untersuchungen über die Spaltfestigkeit und ihren Zusammenhang
mit dem Bau der Markstrahlen. Z. Holz 4. Jg. (1941) H. 1, S. 26/31.

[45] UGRENOVIĆ, A.: Untersuchungen über die Abhängigkeit der Spaltfestigkeit von der Spaltebene und vom Feuchtigkeitsgehalt. Z. Holz 5. Jg. (1942) H. 7, S. 225/30.

[46] HUBER, K.: Verdrehungselastizität und -festigkeit von Hölzern. Z. VDI Bd. 72 (1928) Nr. 15, S. 500f.

[47] HÖRIG, H.: Kritische Bemerkungen zu den auf dem DIN 52190 angegebenen Formeln für die Berechnung des Drillungsmoduls und der sog. Verdrehungsfestigkeit von Holzstäben. Silvae orbis Nr. 15, S. 90. Berlin-Wannsee 1944.

[48] OSCHATZ, H.: Holzprüfmaschinen. 2. Maschinen zur wechselnden Beanspruchung. Z. Holz Bd. 1 (1938) S. 454f.

[49] ROTH, PH.: Dauerbeanspruchung von Eichenholz- und von Tannenholzprismen in Faserrichtung durch konstante und durch wechselnde Druckkräfte und Dauerbiegebeanspruchung von Tannenholzbalken. Diss. 1935. Karlsruhe.

[50] GRAF, O.: Die Dauerfestigkeit der Werkstoffe und der Konstruktionselemente. Berlin: Springer 1929.

[51] KRAEMER, O.: Dauerbiegeversuche mit Hölzern. DVL-Jb. 1930, S. 411f.

[52] KOZANECKI, STEF.: Essais de fatigue du bois. Sprawozdania Inst. Badan Techn. Lotnictwa Bd. 9 (1936) S. 35/43.

[53] NÖRDLINGER, H.: Die technischen Eigenschaften der Hölzer. Stuttgart 1860.

[54] HOEFFGEN, H.: Härteprüfung des Holzes durch Stempeldruck. Z. Holz Bd. 1 (1938) H. 8, S. 289f.

[55] JANKA, G.: Zbl. ges. Forstwes. Bd. 9 (1906) S. 193, 241; Bd. 11 (1908) S. 443 — Die Härte der Hölzer. Mitt. Forstl. Versuchsw. Österreich H. 39. Wien 1915.

[56] MÖRATH, E.: Studien über die hygroskopischen Eigenschaften und die Härte der Hölzer. Mitt. Holzforschungsstelle T. H. Darmstadt 1932, H. 1.

[57] STAMER, JOHS.: Die Kugeldruck-Härteprüfung von Holz. Masch.-Bau Betrieb Bd. 8 (1929) S. 215f.

[58] PALLAY, N.: Über die Holzhärteprüfung. Z. Holz 1. Jg. (1938) H. 4, S. 126f. — Ergänzende Angaben zum Holzhärte-Prüfverfahren nach KRIPPEL. Z. Holz 2. Jg. (1939) H. 12, S. 413/16.

[59] KOLLMANN, F.: Holzprüfung. Z. VDI Bd. 81 (1937) Nr. 3, S. 64f.

[60] GABER, E.: Zbl. Bauverw. Bd. 55 (1935) S. 85.

[61] KOLLMANN, F.: Eine neue Abnützungsprüfmaschine. Z. Holz Bd. 1 (1937/38) H. 3, S. 87f.

[62] SACHSENBERG, E.: Die Abnutzungshärte von Parketthölzern. Holzbearb.-Masch. Bd. 5 (1929) H. 44, S. 553f.

[63] THUNELL, B., u. E. PEREM: Undersökning av avnötningen hos olika trägolv. Medd. 19. Svenska Träforskningsinstitutet, Trätekniska Avd. Stockholm 1948. Vgl. a. [64].

[64] EGNER, K.: Abnützwiderstand von Fußbodenbelägen; Beurteilung durch Kurzzeitversuche. Z. VDI Bd. 92 (1950) S. 169/73.

[65] EGNER, K.: Kurzprüfung des Abnützwiderstandes von Fußbodenbelägen mittels sogenannter Schlupfgeräte. Bauwirtsch. 1951, H. 25.

[66] EGNER, K.: Prüfung des Abnützwiderstandes von Fußbodenbelägen. Dtsch. Fußboden-Ztg. 1. Jg. (1953) H. 3.

G. Bestimmung der Elastizität der Hölzer.

Von K. Egner, Stuttgart.

1. Allgemeines.

Die Dehnungen ε des Holzes sind bei niederen Spannungen σ (Zug-, Druck- und Biegespannungen) letzteren verhältnisgleich, d. h. es gilt in diesem Bereich das HOOKEsche Gesetz.

Bei Holz liegt im Gegensatz zu den isotropen Stoffen die Beziehung zwischen dem Elastizitätsmodul E und dem Schubmodul G nicht eindeutig fest; letzterer muß jeweils gesondert ermittelt werden. Allerdings ist zu beachten, daß die Werte G, die unter Zugrundelegung der für isotrope Stoffe geltenden Gesetzmäßigkeiten aus Drehversuchen ermittelt werden, oft beträchtlich von den tatsächlichen Schubmoduln abweichen. Für die aus Drehversuchen ermittelten Werte G ist in DIN 52190 die Bezeichnung „Verdrehmodul" gewählt worden.

2. Prüfverfahren.

Zur Feststellung des Elastizitätsmoduls bzw. des Schubmoduls (oder Verdrehmoduls) ist die Kenntnis der Dehnungen bzw. Schiebungen (oder Verdrehwinkel) bei Spannungen unterhalb der Proportionalitätsgrenze erforderlich. Allerdings ist der Elastizitätsmodul der Hölzer bei Zug-, Druck- und Biegebeanspruchung (E_Z, E_D, E_B) deutlich, wenn auch nicht in hohem Maß, verschieden. Am häufigsten wird der Elastizitätsmodul E_B bei Biegebeanspruchung wegen der größeren praktischen Bedeutung und der Einfachheit der Versuchsdurchführung ermittelt (meist ist $E_Z > E_B > E_D$).

Bei *Zug- und Druckbeanspruchung* wird die einem bestimmten Spannungsunterschied $\Delta\sigma = \sigma_2 - \sigma_1 = \dfrac{P_2 - P_1}{F_0}$ (σ_1 bzw. σ_2 sind die den äußeren Kräften P_1 bzw. P_2 entsprechenden Spannungen, F_0 = Probenquerschnitt vor dem Versuch) entsprechende Dehnung ε aus den Längenänderungen Δl einer Meßstrecke (Länge l_1 vor dem Versuch) nach der Beziehung $\varepsilon = \Delta l / l_1$ berechnet. Es ergibt sich demnach

$$E_Z \text{ bzw. } E_D = \frac{\sigma_2 - \sigma_1}{\varepsilon} = \frac{\Delta\sigma}{\dfrac{\Delta l}{l_1}} = \frac{(P_2 - P_1)\, l_1}{F_0\, \Delta l}.$$

Bei *Biegebeanspruchung* können aus den Dehnungen auf der Zug- bzw. Druckseite ebenfalls die Werte E_Z bzw. E_D festgestellt werden; dies setzt aber voraus, daß das Biegemoment über die ganze Meßlänge konstant ist, was im allgemeinen bei Zweilastanordnung und Lage der Meßstrecken zwischen den beiden Einzellasten der Fall ist (vgl. Abb. 27 in Abschn. F). Weitaus am häufigsten wird jedoch der Elastizitätsmodul E_B aus den Durchbiegungen f in der Mitte der Stützweite ermittelt.

Wenn die Belastung durch eine Einzellast P in der Mitte der Stützweite erfolgt, ergibt sich der Elastizitätsmodul E_B für die Laststufe $(P_2 - P_1)$ aus der Differenz Δf der zugehörigen Durchbiegungen nach der Formel:

$$E_B = \frac{1}{48} \frac{(P_2 - P_1)\, L_s^3}{(\Delta f)\, J}$$

L_s = Stützweite, J = axiales Trägheitsmoment des Querschnitts.

Bei *Drehbeanspruchung* von Stäben mit quadratischem Querschnitt (Kantenlänge d) ist der Verdrehmodul G auf der Meßstrecke l für die Momentspanne $\left(M_{d_2} - M_{d_1}\right)$ aus der Differenz $\Delta\psi$ der zugehörigen Verdrehungswinkel nach der Formel

$$G = 7{,}11\, \frac{\left(M_{d_2} - M_{d_1}\right) l}{(\Delta\psi)\, d^4}$$

zu berechnen (vgl. auch DIN 52190).

Zweckmäßig wird bei den Elastizitätsversuchen so verfahren, daß die Probekörper zunächst durch eine geringe Anfangslast P_1 belastet werden (z. B. entsprechend Beanspruchungen von rd. 5 bis 10 kg/cm²). Vor der Durchführung der ersten Laststufe $(P_2 - P_1)$, für die die zugehörigen Formänderungen ermittelt werden sollen, ist die Anfangsablesung (Länge der Meßstrecke l_1 bei Zug- und Druckbeanspruchung, Durchbiegung f_1 bei Biegebeanspruchung und Verdrehungswinkel ψ_1 bei Drehbeanspruchung) vorzunehmen. Nach Erreichen der Last P_2 erfolgt die zweite Ablesung (Werte l_2, f_2, ψ_2); es können dann die auf der Laststufe $(P_2 - P_1)$ eingetretenen *gesamten* Formänderungen

$\varDelta l_{ges} = l_2 - l_1$, $\varDelta f_{ges} = f_2 - f_1$, $\varDelta \psi_{ges} = \psi_2 - \psi_1$) errechnet werden. Anschließend ist auf die Anfangslast P_1 zu entlasten; die zugehörigen Ablesungen (l_1', f_1', ψ_1') zeigen meist, daß nach Rückkehr zur Ausgangslast P_1 die ursprünglichen Meßwerte nicht mehr ganz erreicht werden, sondern geringe *bleibende* Formänderungen ($\varDelta l_{b1} = l_1' - l_1$, $\varDelta f_{b1} = f_1' - f_1$, $\varDelta \psi_{b1} = \psi_1' - \psi_1$) vorliegen). Die *federnden* Formänderungen ($\varDelta l_{fed} = l_2 - l_1'$, $\varDelta f_{fed} = f_2 - f_1'$, $\varDelta \psi_{fed} = \psi_2 - \psi_1'$) sind der Berechnung des Elastizitätsmoduls bzw. des Verdrehmoduls zugrunde zu legen. Das in der Praxis häufig anzutreffende Vorgehen, die Berechnung des Elastizitäts- bzw. Verdrehmoduls mittels der gesamten Formänderungen vorzunehmen, ist wohl einfacher; es liefert jedoch nicht einwandfreie Kennziffern des elastischen Verhaltens. BACH [1] weist darauf hin, daß in diesem Falle der Begriff Elastizitätsmodul überhaupt nicht verwendet werden kann; zutreffenderweise sollte man dann dessen reziproken Wert heranziehen und ihn als „Dehnungszahl der gesamten Dehnungen" bezeichnen.

Nach Vornahme der Messungen auf der ersten Laststufe ($P_2 - P_1$) empfiehlt es sich, weitere Laststufen ($P_3 - P_1$, $P_4 - P_1$ usw.) anzuwenden und jeweils die zugehörigen gesamten, federnden und bleibenden Formänderungen festzustellen; zweckmäßig werden die auf die erste folgenden Laststufen als ganze Vielfache der ersten gewählt, d. h. ($P_3 - P_1$) = 2 ($P_2 - P_1$), ($P_4 - P_1$) = 3 ($P_2 - P_1$) usw. (vgl. auch DIN 52186). Alle untersuchten Laststufen müssen selbstverständlich noch unter der Elastizitätsgrenze liegen. BAUMANN [3] hat nach dem Vorbilde BACHS bei seinen umfassenden Elastizitätsversuchen auf jeder Laststufe so lange Wechsel zwischen Belastung und Entlastung vorgenommen, bis sich die Werte der gesamten, bleibenden und ganz besonders der federnden Formänderungen nicht mehr änderten, also Ausgleich eintrat. Man erhält so „die federnden Formänderungen in gleicher Weise, wie sie bei wiederholter Belastung im Betriebe auftreten".

Im Gegensatz zu dem geschilderten „Belastungswechselverfahren" nach BACH erfolgt in den USA [4] die Belastung während der Versuche ununterbrochen, d. h. ohne Einschaltung von Entlastungen; aus dem Spannungs-, Dehnungs- (Durchbiegungs-) Schaubild wird die Spannung an der sog. „Proportionalitätsgrenze" entnommen und der „Elastizitätsmodul" aus letzterer und der zugehörigen (gesamten) Formänderung berechnet. Die dabei „stillschweigend gemachte Annahme, daß die ganze erzeugte Formänderung elastisch sei, trifft bekanntlich nicht zu" [5].

Eine Übersicht über die bisher vorgeschlagenen Verfahren zur Ermittlung des Elastizitätsmoduls aus den Schwingungszeiten von Prüfstäben (dynamischer Elastizitätsmodul) hat KOLLMANN [2] gegeben. THUNELL [6] fand bei eigenen Versuchen gute Übereinstimmung mit den auf statischem Wege ermittelten Werten.

3. Probenform und Probengröße.

Die Ermittlung des Elastizitäts- und Verdrehmoduls geschieht im allgemeinen an den für die Feststellung der Zug-, Druck-, Biege- und Drehfestigkeit vorgeschriebenen Probekörpern. Häufig ist jedoch die Höhe der Probekörper für die Druckfestigkeit zu gering, um eine genügende Meßlänge für die Ermittlung der Zusammendrückungen zu gewährleisten (vgl. a. das hierüber in Abschnitt I F, 2 Gesagte). In DIN 52185 ist daher festgelegt worden, daß die Druckelastizität an prismatischen Stäben von quadratischem Querschnitt zu bestimmen ist, deren Länge zwischen dem 3- und dem 6fachen der Querschnittsseite liegt, wobei als Meßlänge das mittlere Drittel der Länge dienen soll. Letztere Vorschrift sollte sinngemäß möglichst auch auf die Zugprobe angewendet werden.

Der Einfluß der Probekörperform und -größe auf den Elastizitätsmodul ist besonders bei Biegebeanspruchung zu beachten. Hier ist es wieder das Verhältnis Auflagerentfernung L_s zur Querschnittshöhe h der Probekörper, d. h. der sog. Schlankheitsgrad λ, der seinen Einfluß infolge der Wirkung von Schubspannungen bei niederen Werten von λ geltend macht. Nach den Feststellungen von Bach [1] und Baumann [3] kann unter der rohen Annahme, daß das Verhältnis des Elastizitätsmoduls zum Schubmodul bei Holz im Mittel 17 beträgt, die Beziehung

$$E = \frac{(\varDelta P)\,l}{(\varDelta f)\,b\,h}\,[0,25\,\lambda^2 + 5,1]$$

zur Umrechnung der mit kurzen prismatischen Stäben (Querschnitt $b \cdot h$) erlangten Ergebnisse auf die bei längeren Probekörpern zu erwartenden Werte dienen. Eine solche Umrechnung erscheint erforderlich, wenn der Schlankheitsgrad λ kleiner als 15 ist.

4. Erfordernisse für die zweckdienliche Prüfung.

Die Belastungsdauer bei Elastizitätsversuchen übt einen Einfluß auf die Ergebnisse aus, insofern mit Zunahme derselben eine Zunahme der gesamten und bleibenden Formänderungen eintritt [3], [6]. Einheitliche Festlegung der Belastungsdauer für alle Laststufen erscheint demnach unerläßlich; die Belastungsdauer soll jedoch auch nicht zu gering sein, um deutlich das Entstehen und die Größe der bleibenden Formänderungen verfolgen zu können. Als zweckmäßig wird eine Belastungsdauer von $1\frac{1}{2}$ bis 2 min empfohlen; auch bei Zwischenentlastungen soll entsprechend verfahren werden (Entlastungsdauer = Belastungsdauer).

Für die Messung der Formänderungen stehen heute eine große Anzahl von Instrumenten zur Verfügung (vgl. Abschn. VI, Bd. I dieses Handbuches). Wohl die größte Genauigkeit ist nach wie vor mit Spiegelgeräten zu erzielen. Wichtig ist, daß die Formänderungen der Probekörper auf zwei entgegengesetzten Seiten gemessen werden, da u. a. im allgemeinen nicht mit genau zentrischer Kraftübertragung zu rechnen ist [1]. Einzelheiten über die Messung der Durchbiegungen beim Biegeversuch finden sich in Abschn. F 7.

Größere Temperaturschwankungen während der Vornahme von Elastizitätsversuchen sind zu vermeiden, wenn auch der Temperatureinfluß bei Holz geringer ist als bei vielen andern Baustoffen [7]. Zwischen den benutzten Meßinstrumenten und den Probekörpern soll kein Temperaturunterschied bestehen.

Holzfeuchtigkeit und Wichte müssen jeweils ermittelt werden, da beide deutlichen Einfluß auf den Elastizitätsmodul ausüben.

Schrifttum.

[1] Bach, C. v., u. Baumann: Elastizität und Festigkeit, 9. Aufl. Berlin: Springer 1924.
[2] Kollmann, F.: Technologie des Holzes und der Holzwerkstoffe, 2. Aufl., 1. Bd. Berlin/ Göttingen/Heidelberg: Springer 1951.
[3] Baumann, R.: Die bisherigen Ergebnisse der Holzprüfungen in der Materialprüfungsanstalt an der T. H. Stuttgart. Forsch.-Arb. Ing.-Wes. 1922, H. 231.
[4] Standard Methods of Testing Small Clear Specimens of Timber. ASTM Design.: D 143—52.
[5] Baumann, R.: Das Materialprüfungswesen und die Entwicklung der Erkenntnisse auf dem Gebiet der Elastizität und Festigkeit in Deutschland während der letzten vier Jahrzehnte. Jb. VDI Bd. 4 (1912).
[6] Thunell, B.: Über die Elastizität schwedischen Kiefernholzes. Z. Holz 4. Jg. (1941) H. 1, S. 15/18.
[7] Thunell, B.: Temperaturens inverkan på böjhållfastheten hos svenskt furuvirke. Svenska skogsvårdsföreningens tidskrift 1940.

H. Prüfung des Verhaltens von Holz gegen Pilze und Tiere.

Von H. Zycha, Hann.Münden.

Alle der organischen Natur entstammenden Stoffe sind in besonderem Maße dem Angriff von Organismen ausgesetzt. Beim Holz sind es vor allem Pilze sowie Insektenlarven, welche die Gebrauchsfähigkeit und Gebrauchsdauer beeinträchtigen. Der Grad dieser Beeinträchtigung hängt nicht nur von gewissen Außenbedingungen, wie Feuchtigkeit und Temperatur, ab, sondern auch von der Holzart und der Art der Behandlung, welche dem Holz zuteil geworden ist.

Bei allen Prüfmethoden kommt es hier auf die Einwirkung von Lebewesen auf einen sehr variablen Werkstoff an. Es darf daher nicht übersehen werden, daß infolgedessen der Grad der Exaktheit und Reproduzierbarkeit nie so hoch sein kann wie etwa bei rein physikalischen Prüfmethoden.

Im folgenden werden nur die Grundlagen der Prüfmethoden beschrieben. Betreffs Einzelheiten wird auf die Literaturangaben, vor allem auf BROESE [1] und die Normblätter, hingewiesen.

1. Verhalten gegen Pilze.

Es gibt zahlreiche Pilzarten, denen Holz als Nahrung dient. Der Grad der Veränderung der Holzeigenschaften hängt von Dauer und Intensität des Pilzwachstums ab. Der guten Reproduzierbarkeit halber wird zumeist mit kleinen Holzproben und Pilzreinkulturen in Glasgefäßen gearbeitet, doch wird neuerdings wieder versucht, mit größeren Holzabmessungen in „Schwammkellern" zu arbeiten.

a) Visuelle und manuelle Prüfung.

Das Verhalten von Leitungsmasten und anderen einheitlichen Werkhölzern kann durch Feststellung der praktischen Gebrauchsdauer geprüft werden. Dabei müssen die Standorts- und Klimaverhältnisse berücksichtigt werden. Für genauere Untersuchungen legt man Versuchsfelder an, wo die Hölzer dem natürlichen Pilzangriff ausgesetzt sind. Von Zeit zu Zeit wird der Fäulnisgrad subjektiv ermittelt. Verschiedenste Holzdimensionen sind üblich (BIENFAIT u. HOF [2], RENNERFELT [3]).

b) Farbänderungen als Maßstab.

Durch die Einwirkung von Pilzen kommt es vor allem zu „Weißfäule", „Rotfäule" oder „Bläue". Bei Rot- und Weißfäule sind Unterschiede der Farbintensität meist zu undeutlich ausgebildet, so daß diese Verfärbungen nur in besonderen Fällen als Prüfmaßstab herangezogen werden können.

Üblich ist jedoch die Prüfung des Verhaltens von Hölzern gegenüber *Bläuepilzen*, welche frisches Splintholz, insbesondere von Kiefer und Lärche, befallen und das Holz durch blauschwarze Verfärbung entwerten.

α) **Prüfung verschiedener Holzarten und verschieden gelagerten Holzes.** Die Probehölzer haben am besten eine Größe von 5 cm × 5 bis 10 cm × 1 cm. Ist die große Fläche ein Hirnschnitt, so läßt sich der Bläuebefall leichter beurteilen als bei einem Längsschnitt. Die Probehölzer werden mit Leitungswasser oder 1%iger Malzextraktlösung getränkt, dann auf angefeuchtetes Filtrierpapier in „KOLLE-Schalen" (siehe c, α) eingelegt und mit 1 ml einer Sporenaufschwemmung des Prüfpilzes (siehe b, β) infiziert. Nach einigen Wochen kann der Grad der Verblauung im Vergleich zu einem bekannten Holz geschätzt werden.

β) Zur Prüfung der Wirkung von Schutzmitteln gegen das **Verblauen** dient die „Mündener Scheibenmethode" nach G. Schulz [4].

Abschnitte einer waldfrischen Kiefernstange (10 cm ⌀) werden in 1 cm dicke Scheiben zerlegt, welche in je 2 Halbscheiben geteilt sofort gedarrt werden. Je Schutzmittel und zu prüfender Konzentration werden 4 Halbscheiben in Leitungswasser mit 1% Malzextrakt kurz im Vakuum voll getränkt und dann zu je 2 auf Filtrierpapier in eine Kolle-Schale (siehe c, α) eingelegt. Die mit Wattestopfen verschlossenen Schalen werden dann 1 h im strömenden Dampf sterilisiert, worauf die Scheiben sofort 1 min in der zu prüfenden Schutzmittel-lösung untergetaucht werden. Nach gutem Abtropfen wird sodann jede Halb-scheibe oberseits mit 0,5 ml einer Sporenaufschwemmung des Prüfpilzes be-impft. (Prüfpilz in Reinkultur 14 Tage bei 20° auf Malzagar im Reagenzglas herangezogen, dann Sporen mit 30 ml sterilem Leitungswasser unmittelbar vor Beimpfung der Hölzer abgeschwemmt.) Die in die Kolle-Schalen zurück-gelegten Scheiben werden bei etwa 21° 4 Wochen aufbewahrt. Darauf wird der Grad der Verblauung visuell festgestellt und mit 6 Stufen bezeichnet, wobei „0" keine Spur von Verblauung bedeutet, „1" geringste Bläuespuren, „5" völlige Verblauung. Es hat sich gezeigt, daß in der Praxis des Sägewerks sich Schutz-mittel in der Konzentration bewähren, welche zwischen den erzielten Ver-blauungsgraden „0" und „1" liegt.

Als Prüfpilze dienen vor allem Scopularia phycomyces, ferner Pullularia pullulans, Ophiostoma pini, Trichosporium tingens.

γ) Setzt man **Grundieranstrichmitteln** pilzwidrige Schutzstoffe zu, um eine Zerstörung von Deckanstrichen durch Bläuepilze zu vermeiden, so prüft man deren Wirksamkeit nach der „Mündener Streifenmethode" nach G. Schulz [5].

Frisches Kiefernsplintholz, längs aufgeschnitten in Brettchen von 10 cm × 5 cm × 0,9 cm wird wie zu b, β behandelt und mit 1 ml Sporenaufschwemmung (am besten Scopularia phycomyces) beimpft. Die nach etwa 3 Wochen gut verblauten Brettchen werden 2 Tage an der Luft getrocknet, worauf ein 5,9 cm breiter Querstreifen durch zwei 2 mm tiefe Sägeschnitte abgegrenzt wird. Auf der Oberseite und den Seitenflächen des Streifens (40 cm²) wird das Grundier-mittel gleichmäßig aufgestrichen (etwa 70 g/m²). Nach dem Anstrich bleiben die Brettchen einige Zeit an der Luft liegen und werden dann auf angefeuchtetes Filtrierpapier in Kolle-Schalen gelegt. Ist nach 3 Wochen der behandelte Streifen im Gegensatz zu den unbehandelten Flächen frei von Pilzwachstum, so hat das Mittel die Probe bestanden.

δ) Die Neigung zum **Verschimmeln** kann entsprechend b, β geprüft werden. Man kann aber auch auf eine Pilz-Reinkultur das Probeholz auflegen und dann beobachten, ob der Pilz auf das Holz übergreift. Als Testpilze dienen Penicillium-arten und Trichoderma viride (besser als Aspergillus niger).

ε) Einen Pilzbefall im Holz durch künstliche **Farbreaktionen** oder andere optische Hilfsmittel ohne Mikroskop zuverlässig nachzuweisen, ist noch nicht gelungen.

c) Gewichtsverlust als Maßstab.

Wirtschaftlich am bedeutendsten sind jene Pilze, welche die Holzsubstanz angreifen, wodurch ein Gewichtsverlust eintritt, der etwa proportional dem Grad der Holzzerstörung ist.

α) Die in Europa **gebräuchlichste Methode**, nach welcher sowohl das Ver-halten verschiedener Holzarten als auch die Wirksamkeit von Schutzmitteln geprüft werden kann, ist die in DIN 52176 festgelegte „Klötzchenmethode".

Aus astfreiem Holz werden Klötzchen von 5 cm (in Faserrichtung) × 2,5 cm × 1,5 cm hergestellt. Zur Prüfung der Pilzwidrigkeit von Holzschutzmitteln dient Splintholz von Kiefer. Die Klötzchen werden gedarrt, gewogen und gegebenenfalls mit der zu prüfenden Lösung des Schutzmittels unter Anwendung von Vakuum getränkt. Durch Wägung wird die Aufnahme an Schutzstoff ermittelt. Nach langsamem Abtrocknen werden die Prüfklötzchen einzeln mit je einem Kontrollklötzchen auf eine Pilz-Reinkultur eingebaut. Als Kulturgefäße dienen KOLLE-Schalen (flache Glaskolben, 12 cm ∅, 3 cm hoch, mit seitlichem Hals von 6 cm Breite und Länge). In diese werden zwei halbkreisförmige Fichtenholzschliffpappen, getränkt mit 4%iger Malzextraktlösung, eingesetzt. Die mit Watte verschlossenen Kolben werden sterilisiert und mit einer Reinkultur des je nach Holzart und Prüfziel ausgewählten Pilzes, wie Coniophora cerebella (Kellerschwamm), Poria vaporaria (Porenschwamm), Lenzites abietina (Tannenblättling), Lentinus squamosus (Zähling) oder Polystictus versicolor (Buntporling), beimpft. Zweckmäßigerweise verwendet man nur bewährte „Normstämme". Nach 3 bis 4 Monaten werden die Klötzchen von anhaftendem Pilzmyzel befreit, manuell auf den Zerstörungsgrad hin geprüft und nach kurzem Abtrocknen gedarrt und gewogen. Der Gewichtsverlust in Prozent des Anfangs gewichts ergibt das Maß der Zerstörung und im Vergleich zu dem Kontrollklötzchen das Maß für die Widerstandsfähigkeit gegenüber dem geprüften Pilz.

Der „mykozide Grenzwert" wird gekennzeichnet durch Angabe der noch Zerstörung zulassenden und der keine Zerstörung mehr zulassenden Schutzstoffmenge, ausgedrückt in kg/m³ Holz.

β) Bei der Witterung ausgesetztem Werkholz kommt es vor allem auf das Verhalten bei einer Auslaugung durch Regen an. Dieses wird nach DIN 52176, Blatt 2, ermittelt. Die gemäß DIN 52176, Blatt 1, behandelten Klötzchen werden mit Wasser vollgetränkt und unter destilliertem Wasser von Montag früh bis Freitag abend bei Zimmertemperatur aufbewahrt, wobei täglich früh und abends das Wasser erneuert wird. Über das Wochenende werden die Klötzchen aus den Flaschen entnommen und an der Luft gelagert, worauf erneut mit Wasser getränkt und in gleicher Weise bis zu einer Gesamtdauer von 4 Wochen vorgegangen wird. Die gelaugten Klötzchen werden, wie oben beschrieben, mykologisch geprüft. Das Verhältnis Grenzwert nach Laugung zu Grenzwert ohne Laugung gibt ein Maß für die Wasserbeständigkeit einer Schutzbehandlung.

γ) Die Prüfdauer kann etwas abgekürzt werden, wenn man beim Klötzchenverfahren (c, α) das Pilzwachstum durch Zusätze fördert oder mit kleineren Probekörpern arbeitet (THEDEN u. STARFINGER [6]). Genügende Vergleichsuntersuchungen liegen jedoch noch nicht vor.

δ) Eine etwas abgewandelte Klötzchenmethode („soil-block test") wurde in den USA von LEUTRITZ [7] bzw. DUNCAN [18] eingeführt. Danach werden würfelförmige Klötzchen (1,9 cm Kantenlänge) verwandt, welche gemäß c, α vorbereitet, kurz sterilisiert und auf den Pilzrasen gelegt werden. Hierzu werden Vierkantgläser mit Schraubdeckel (13 cm hoch, 6 cm breit) etwa bis zur Hälfte mit sandigem Lehmboden (Wassergehalt 40% bezogen auf das Darrgewicht) gefüllt, auf den 2 Unterlagshölzchen von je 3,5 cm × 2,0 cm × 0,3 cm kommen, worauf im Autoklav sterilisiert und mit einer Reinkultur des Prüfpilzes beimpft wird. Nach 2 bis 3 Wochen (27° C) wird je Glas ein Versuchs- und ein Kontrollklötzchen steril eingebracht. Weiter wird wie nach DIN 52176 verfahren. Die Methode ergibt zumeist etwas höhere Grenzwerte als DIN 52176 (vgl. RICHARDS u. ADDOMS [8]).

d) Festigkeitsverlust als Maßstab.

Die mechanischen Eigenschaften des Holzes werden durch Pilzbefall sehr schnell beeinflußt. Wenn die darauf fußenden Prüfmethoden bisher noch zu keinem klaren Erfolg geführt haben, so liegt dies an der kaum zu umgehenden Uneinheitlichkeit des Holzes, welche die Beschaffung geeigneter Prüfhölzer sehr erschwert.

α) Eine Prüfmethode von Trendelenburg [9], ausgearbeitet von v. Pechmann u. Schaile [10], benutzt die Beeinträchtigung der Zähigkeit (Schlagbiegefestigkeit) als Maßstab für den Pilzangriff. Aus einem Rundholz von 240 mm Länge werden Holzstreifen abgespalten, aus denen jeweils vier als gleichwertig zu betrachtende Prüfkörper von je 8,5 mm × 8,5 mm Querschnitt und 120 mm Länge ausgeformt werden. Hiervon werden jeweils zwei — gegebenenfalls nach vorheriger Tränkung — dem Angriff des Prüfpilzes ausgesetzt, während die beiden Parallelen der Ermittlung der Ausgangsfestigkeit dienen. Die Stäbe werden im übrigen sinngemäß nach DIN 52176 behandelt. Bereits nach 3 bis 4 Wochen können die Stäbe mit einem kleinen Pendelschlagwerk geprüft werden. Ein Vergleich mit der Festigkeit der unbehandelten Parallelen ergibt die prozentuale Festigkeitsminderung. Neuerdings prüft Göhre [17] mit Hilfe der statischen Biegefestigkeit.

β) Bei der Untersuchung von im Erdreich stehenden Pfählen ist die Bewertung ohne Störung des Standortes (Ausgraben) besonders schwierig. Bienfait und Hof [11] prüfen mit Hilfe eines besonderen Hebelgerätes von Zeit zu Zeit die stehenden Pfähle, ob sie noch einer Biegeprobe mit bestimmter Belastung an der kritischen Erd-Luft-Zone gewachsen sind. Genügende Erfahrungen liegen noch nicht vor.

γ) Die Veränderung der Druckfestigkeit des angegriffenen Holzes dürfte als Prüfgrundlage nicht geeignet sein (Mayer-Wegelin [12]). Ob etwa mit dem „Härtetaster" (Mayer-Wegelin [13]) ein Pilzangriff getestet werden kann, bedarf noch der Untersuchung.

2. Verhalten gegen Tiere.

Im Gegensatz zu den Pilzen beeinträchtigen Tiere das Holz kaum durch chemische, sondern durch mechanische Einwirkungen. Das Holz wird dabei in einzelnen Fällen von außen benagt, zumeist jedoch durch Anlage von Bohr- und Fraßgängen schwer beschädigt.

a) Hausbock- und andere Käferlarven.

Die Labormethoden beziehen sich praktisch nur auf den wirtschaftlich bedeutsamen Hausbock (Hylotrupes bajulus), obwohl die Methoden in gleicher Weise auch für Anobien oder andere holzzerstörende Insekten gelten. Da der Grad der Holzzerstörung sich nicht genau messen läßt, kann als Maßstab nur das Absterben der Prüftiere durch Verhungern oder Giftwirkung dienen.

Nach den Prüfverfahren kann grundsätzlich jede Holzart untersucht werden. Zur Prüfung insektenwidriger Eigenschaften von Holzschutzmitteln wird ausschließlich Kiefernsplintholz verwendet.

α) **Prüfung der vorbeugenden Wirkung gegen holzzerstörende Insekten** (DIN 52163). Je Behandlungs- oder Holzart werden 6 Probehölzer nach 1c, α an den Hirnflächen mit Paraffin abgedichtet und bei etwa 20° C und 60 bis 70% rel. Luftfeuchte mindestens 1 Woche gelagert. Vier Probehölzer werden dann 5 sek lang in das zu prüfende Schutzmittel eingetaucht oder gemäß

DIN 52176 getränkt. Durch Wägung wird die Aufnahme an Tränklösung ermittelt. Dann werden die Probehölzer 4 bis 5 Wochen wieder gelagert, worauf an der Breitseite eines jeden Klötzchens eine Glasscheibe von 25 mm × 50 mm mit Paraffin so angebracht wird, daß eine Längsseite der Holzkante anliegt, die andere aber etwa 1 mm Abstand hält. In den zwischen Glas und Holzfläche so entstandenen schmalen keilförmigen Hohlraum werden je 10 Eilarven des Prüfinsekts eingebracht. (Die Embryonalentwicklung der Tiere soll bei 97 bis 98% rel. Feuchte und 28° C erfolgen.) Lagerung bei 20° C und geeigneter Luftfeuchtigkeit. Sind bei der Hälfte der Probehölzer nach 4 Wochen bereits sämtliche Larven tot, so werden auch die restlichen Hölzer aufgespalten, andernfalls werden diese erst nach weiteren 8 Wochen untersucht. Zur Prüfung auf Dauerwirkung ist die Hälfte der Probehölzer auf einem Dachboden zu lagern. Bei der Auswertung ist die Zahl der wiedergefundenen lebenden und toten Larven sowie der eingebohrten und nichteingebohrten festzustellen. Ein Schutzmittel ist als wirksam zu betrachten, wenn spätestens nach 12 Wochen alle Larven tot sind.

β) **Bestimmung von Giftwerten gegenüber holzzerstörenden Insekten** (DIN 52623). Zur Beurteilung des Grades der Giftwirkung eines Schutzmittels werden ebenfalls Probeklötzchen wie zu 1c, α verwendet. Je nach der Larvengröße werden 2 bis 10 Probeklötzchen mit 1 bis 3 unbehandelten Kontrollen je Imprägnierstufe und Behandlungsart verwendet. Die mindestens 1 Woche bei 20° C und 60 bis 70% rel. Feuchte gelagerten Probeklötzchen werden gewogen und, wie unter 1c, α beschrieben, mit dem zu prüfenden Mittel getränkt. Dann lagert man die Klötzchen bei 20° C und 60 bis 70% rel. Feuchte 4 Wochen. — Als Versuchstiere dienen Hausbock-Eilarven oder ältere Tiere, welche mindestens 2 Wochen in Kiefernsplintholz gehalten wurden oder mittelgroße Larven von Anobium punctatum. Im Anschluß an die Behandlung und Lagerung der Klötzchen werden dem Durchmesser der Larven entsprechende und die $1\frac{1}{2}$fache Länge der Larven aufweisende Löcher gebohrt. Bei kleinen Larven sind es 10, gleichmäßig verteilt auf einer Breitseite eines jeden Klötzchens, bei größeren Larven ist nur eine Bohrung an der Stirnseite vorzusehen. Darauf werden die Tiere eingesetzt und die Klötzchen jeweils mit der Bohrung nach oben bei 20° C und geeigneter Luftfeuchtigkeit gelagert. Die Prüfdauer beträgt bei Bockkäfer-Eilarven 4 und 12 Wochen, bei größeren Bockkäfer- und Anobienlarven 4 Wochen, 12 Wochen und 6 Monate. Nach jeder Prüfzeit werden die behandelten und am letzten Termin auch die unbehandelten Probeklötzchen aufgespalten. Die Auswertung erfolgt wie bei a, α. Bei der Prüfung von Holzschutzmitteln interessieren vor allem jene in das Holz eingebrachten Schutzstoffmengen, welche eben alle Larven abtöten bzw. jene, welche eben nicht mehr alle abtöten, angegeben in kg je m³ Holz.

γ) **Prüfung der Bekämpfungswirkung gegen holzzerstörende Insekten** (DIN 52164). Prüfung, ob ein Schutzmittel zur Abtötung von Insektenlarven in bereits befallenem Holz geeignet ist. Hierzu werden Kantholzabschnitte von etwa 120 mm × 120 mm Querschnitt und 200 mm Länge (Kiefernholz mit in der Mitte gelegenem Kern von nicht mehr als 80 mm ⌀) in Faserrichtung in 2 Probehölzer zerlegt. Je Schutzmittel sind 4 bis 5 (besser als die im Normblatt vorgesehene Zahl 3) Probehölzer und eine nicht zu behandelnde Kontrollprobe vorzusehen. In den Splint eines jeden Prüfholzes werden von einer Hirnseite aus 10 etwa 30 mm tiefe Löcher von 3 bis 5 mm ⌀, jeweils 10 mm von der Außenfläche entfernt, gebohrt, in die möglichst gleich große Hausbocklarven (0,02 bis 0,2 g) eingesetzt werden. Diese Hölzer werden, mit der kernhaltigen Längsfläche nach unten, bei 95 bis 98% rel. Luftfeuchtigkeit und möglichst bei 28° C gelagert. Nach 3 bis 6 Monaten werden die Hölzer an den Hirnflächen sowie der kernhaltigen Längsfläche mit geschmolzenem Paraffinwachs abgedichtet. Die drei offenen Flächen werden je nach Gebrauchsanweisung mit dem zu prüfenden Schutzmittel bestrichen, wobei die Schutzmittelaufnahme durch Rückwiegen von Gefäß samt Pinsel ermittelt wird. Die behandelten Probehölzer lagert man freiliegend bei etwa 20° C und 70 bis 75% rel. Luftfeuchte in einem hinreichend großen und belüfteten Raum. Bei öligen Schutzmitteln wird der Versuch nach 3 Monaten abgebrochen, bei wasserlöslichen nach 5 Monaten, worauf die Zahl der getöteten Larven festgestellt wird, deren Zahl, ausgedrückt in Prozent aller wiedergefundenen, das Maß für die Wirksamkeit des Schutzmittels ergibt.

b) Termiten.

Da die Termiten in Deutschland eine untergeordnete Rolle spielen, für das Ausland aber Termitenarten mit unterschiedlichen Lebensbedingungen geprüft werden müssen, liegen noch keine fertigen Prüfrichtlinien vor. Hier kann nur auf die Arbeiten von Broese [1] und Becker [14] sowie Hunt und Snyder [15] verwiesen werden.

c) Meerwasserschädlinge.

Das Verhalten von Bohrmuscheln (Teredo) gegenüber Holz läßt sich im Laborversuch nicht ermitteln; hier kann man nur die Prüfkörper am natürlichen Standort der Tiere entsprechende Zeit aussetzen.

Das Verhalten von Bohrasseln (Limnoria lignorum) läßt sich bei genügender Erfahrung im Laborversuch prüfen (Becker u. Schulze [16]), doch müssen weitere Erfahrungen erst noch gesammelt werden.

3. Auskünfte.

Auskünfte über die Prüfverfahren geben vor allem die für die biologische Prüfung von Holz im Bauwesen amtlich anerkannten Prüfinstitute, von denen auch die Prüfpilze bezogen werden können[1].

Schrifttum.

[1] Broese v. Groenou, H., H. W. L. Rischen u. J. van den Berge: Wood Preservation during the last 50 years, 318 S. Leiden (Holl.): Sijthoff 1951.
[2] Bienfait, J. L., u. T. Hof: Buitenproeven met geconserveerde palen. 1ste mededeling. Centr. Inst. Mat. Ond. Alfdeling Hout. Delft, Circ. 8, 1948, 33 S.
[3] Rennerfelt, E.: The wood preservation committees field and rotchamber experiments with wood preservatives. Med. Stat. Skogsforskn. Inst. Bd. 44 (1954) S. 36.
[4] Schulz, G.: Ein mykologisches Verfahren zur Bewertung vorbeugender Schutzmittel gegen das Verblauen von Kiefernholz. Angew. Bot. Bd. 26 (1951) S. 42/54.
[5] Schulz, G.: Ein mykologisches Verfahren zur Bewertung fungizider Grundiermittel mit bläuewidriger Wirkung. Z. Holz Bd. 10 (1952) S. 353/56.
[6] Theden, G., u. K. Starfinger: Versuche mit einem abgewandelten Laboratoriumsverfahren zur kurzfristigen Prüfung der pilzwidrigen Wirksamkeit von Holzschutzmitteln. Holzforschung Bd. 6 (1952) S. 105/10.

---

[1] Bundesanstalt für mech. und chem. Materialprüfung Abt. Holzschutz und Holztechnologie, Berlin-Dahlem, Unter den Eichen 87. — Biologische Bundesanstalt für Land- und Forstwirtschaft, Institut für forstliche Mykologie und Holzschutz, Hann. Münden, Kasseler Str. 22. — Bundesforschungsanstalt für Forst- und Holzwirtschaft, Reinbek b. Hamburg, Schloß. — Staatl. Materialprüfungsamt Nordrhein-Westfalen, Abt. Organ. Chemie, Dortmund-Aplerbeck, Marsbruchstr. 186.

[7] LEUTRITZ, J. JR.: A wood-soil contact culture technique for laboratory study of wood-destroying fungi, wood decay, and wood-preservation. Bell Syst. techn. J. Bd. 25 (1946) S. 102/35.

[8] RICHARDS, C. A., u. R. M. ADDOMS: Laboratory methods for evaluating wood preservatives: Preliminary comparison of agar and soil culture techniques using impregnated wood blocks. Proc. Amer. Wood-Preservers' Assoc. Bd. 43 (1947) S. 41/56.

[9] TRENDELENBURG, R.: Über die Abkürzung der Zeitdauer von Pilzversuchen an Holz mit Hilfe der Schlagbiegeprüfung. Z. Holz 1940, S. 397.

[10] PECHMANN, H. V., u. O. SCHAILE: Über die Änderung der dynamischen Festigkeit und der chemischen Zusammensetzung des Holzes durch den Angriff holzzerstörender Pilze. Forstwiss. Cbl. Bd. 69 (1950) S. 441/66.

[11] BIENFAIT, J. L., u. T. HOF: Feldversuche mit verschiedenen Holzschutzmitteln im Holzinstitut T. N. O. Delft (Niederlande). Z. Holz Bd. 12 (1954) S. 306/08.

[12] MAYER-WEGELIN, H.: Die Festigkeit verstockten Rotbuchenholzes. Z. Holz Bd. 11 (1953) S. 175/79.

[13] MAYER-WEGELIN, H.: Der Härtetaster. Allg. Forst- u. Jagdztg. Bd. 122 (1950) S. 12/23.

[14] BECKER, G.: Der Einfluß verschiedener Versuchsbedingungen bei der „Termitenprüfung" von Holzschutzmitteln unter Verwendung von Calotermes flavicollis als Versuchstier. Wiss. Abh. dtsch. Mat.-Prüf.-Anst. 1942, S. 55/66.

[15] HUNT, G. M., u. T. E. SNYDER: An international termite exposure test. Twenty-first progress report. Proc. Amer. Wood-Preservers' Assoc. Bd. 48 (1952) S. 234/37.

[16] BECKER, G., u. B. SCHULZE: Laboratoriumsprüfung von Holzschutzmitteln gegen Meerwasser-Schädlinge. Wiss. Abh. dtsch. Mat.-Prüf.-Anst. 1950 S. 76/83.

[17] GÖHRE, K.: Holzschutzmittelkurzprüfung mit Hilfe der statischen Biegefestigkeit. Arch. f. Forstwesen, Berlin, Bd. 4 (1955) S. 293/301.

[18] DUNCAN, CATHERINE G.: Preliminary outline of a proposed method for the laboratory evaluation of wood preservatives. U. S. For. Prod. Lab. Madison, Wisc. April 1955.

J. Prüfung von Schutzmitteln zur Erschwerung der Entflammbarkeit des Holzes (Feuerschutzmittel).

Von **H. Seekamp**, Berlin-Dahlem.

1. Allgemeines.

Aufgabe der Feuerschutzmittel ist es, die Entflammbarkeit und damit das Abbrennen brennbarer Werkstoffe soweit wie möglich zu erschweren. Beim Holz können sie dies in vierfacher Weise tun [1]. Die erste Möglichkeit ist gegeben durch die Aufbringung einer mechanisch wirkenden und damit isolierenden Deckschicht, die dem Feuer gegenüber möglichst beständig bleiben muß; die zweite liegt in der Verwendung von Stoffen, die die einströmende Wärme durch Schmelz-, Verdampfungs- oder Dissoziationsvorgänge zu binden vermögen; die dritte besteht in der Einführung chemischer Substanzen, die bei höherer Temperatur Gase entwickeln, durch die die brennbaren Gase so verdünnt werden, daß nicht mehr zündfähige Gemische entstehen [2] und schließlich können die Stoffe durch ihre Teilnahme am Reaktionsmechanismus der Holzzersetzung eine verstärkte Holzkohlebildung hervorrufen, die das Holzinnere vor Temperaturerhöhungen schützt [3].

Neben der rein äußerlichen Einteilung der Feuerschutzmittel in Deckanstriche und Imprägniermittel pflegt man eine Unterteilung nach der Zusammensetzung oder der Wirkungsweise vorzunehmen [4]. Zur Prüfung der Schutzwirkung sind bestimmte Eigenschaften des geschützten Holzes im Vergleich zu denselben Eigenschaften des unbehandelten Holzes einer Messung zu unterziehen, wobei die Wirkung des Schutzmittels durch den Unterschied oder das Verhältnis der sich ergebenden Zahlen ausgedrückt wird.

2. Prüfkörper und Prüfverfahren.

An Prüfkörpern ist vom kleinsten Holzklötzchen bis zum Dachstuhl in natürlicher Größe alles verwendet worden, insbesondere Stäbe, Stützen und Balken, Platten, aus Stäben oder Platten zusammengesetzte Körper sowie Modelle von Dachstühlen, Räumen und Häusern[1].

Alle Phasen des Brennvorgangs sind zu Prüfzwecken herangezogen worden, das Zünden, Brennen, Nachbrennen und Nachglimmen. Man hat die Höhe des Zündpunkts, die Geschwindigkeit des Brennens, die Dauer des Nachbrennens und Nachglimmens festgestellt, in manchen Fällen gleichzeitig die über dem brennenden Körper auftretenden Temperaturen gemessen. Auch die Wärmeleitverhältnisse unter den Bedingungen des Brands, Festigkeitsänderungen während der Feuerbeanspruchung sowie die Verkohlungstiefe dienten zur Charakterisierung der Schutzmittel.

Bei der Feuereinwirkung ist die Art der Befeuerung, ihre Stärke und die Dauer ihrer Einwirkung mannigfach variiert worden. Es werden angewendet:

a) die (flammenlose) Einwirkung hoher Temperaturen, erzeugt durch Wärmeleitung und -strahlung (Erhitzung, Bestrahlung),

b) Befeuerung mittels Gas, Öl, Holzwolle, Holz (Beflammung).

Bei der Stärke des Feuers sind Beanspruchungen zu unterscheiden, die einem sogenannten „Entstehungsfeuer" (Prüfung des Stoffs) oder einem „voll entwickelten Brand" (Prüfung des Bauteils) entsprechen.

Die Dauer der Einwirkung wird meist so gewählt, daß ein gleicher, aber unbehandelter Prüfkörper in dieser Zeit ganz zerstört wird [6].

3. Behandlung der Probekörper.

Die Auf- oder Einbringung der Schutzmittel auf oder in die Probekörper soll in gleicher Weise ausgeführt werden wie bei der späteren Anwendung. Dabei ist ein Unterschied zwischen Streichen und Spritzen kaum bemerkbar. Trog- oder Kesseltränkungen müssen jedoch den Vorschriften genau entsprechen. Eine ausreichende Klimatisierung der Versuchsstücke nach der Behandlung und die Verfolgung ihres Feuchtigkeitsgehalts ist dabei von großer Wichtigkeit. Brandversuche dürfen keinesfalls eher ausgeführt werden, als bis das Holz seinen bei den einzelnen Verfahren genau vorgeschriebenen Feuchtigkeitsgehalt wieder erreicht hat.

4. Messungen und Beobachtungen.

Während der Brandversuche werden je nach der Fragestellung die verschiedensten Größen zahlenmäßig erfaßt. Hierbei handelt es sich insbesondere um

a) Temperaturen, und zwar Zündpunkte, Brennpunkte, Temperaturen über dem brennenden Prüfkörper, Temperaturen beim Wärmedurchgang.

b) Zeiten, insbesondere bei Bauteilen, bis zur Entflammung, bis zur Einbuße der Festigkeit, bis zum Durchtritt des Feuers, die Dauer des Nachbrennens nach Wegnahme des angreifenden Feuers, die Dauer des Nachglimmens nach dem Erlöschen der Flammen beim selbständigen Brennen des Holzes.

c) Die Ausbreitung der Flammenfront an der Oberfläche (Ausbreitungsgeschwindigkeit).

---

[1] Die Feuerschutzwirkung ist um so besser erfaßbar, je dünner das Holzwerk ist. Näheres s. Metz [5].

d) Die eigentliche Brenngeschwindigkeit als Gewichtsänderung mit der Zeit, d. h. die in der Zeiteinheit verbrannte Masse, die im Verlaufe des Brennvorgangs sehr verschieden ist.

e) Gewichtsverluste, die als Folge einer festgelegten Beflammungsstärke und -dauer in einem festgelegten Zeitraum in Form eines Endgewichtsverlustes erreicht werden.

5. Auswertung der Versuche.

Bei einigen Verfahren werden Mindestwerte verlangt oder Höchstwerte dürfen nicht überschritten werden, bei anderen wird das Brandverhalten in bestimmte Klassen eingeordnet. In einigen Fällen werden die Meßwerte über die Zeit integriert, d. h., es wird die unter der jeweils gemessenen Kurve liegende Fläche berechnet [7], [8]. Ein derartiges Vorgehen ist deshalb angebracht, weil z. B. der gleiche Endgewichtsverlust verschieden schnell erreicht sein kann, so daß erst die Flächen eine Unterscheidung ermöglichen (s. Abb. 1).

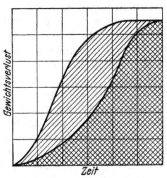

Die Feuerschutzwirkung läßt sich zahlenmäßig durch einen Vergleich mit dem unbehandelten Holz ermöglichen. Dabei kann die Differenz der gleichen, am unbehandelten und behandelten Holz gemessenen Größen oder das Verhältnis der beiden Werte als Maß für die Wirkung dienen. METZ [9] hat eine ,,Wirkungsstufe'' eingeführt, die durch das Verhältnis der Herabsetzung des Gewichtsverlusts zum Gewichtsverlust des unbehandelten Probekörpers gebildet wird. Vom Verfasser [10] ist

Abb. 1. Gewichtsverlustkurven und darunterliegende Flächen.

eine auf wahrscheinlichkeitstheoretischen Erwägungen aufgebaute ,,Gütezahl'' vorgeschlagen worden, bei der die Herabsetzung des Gewichtsverlusts *und* die aufgetretenen bzw. möglichen Streuungen berücksichtigt werden.

6. Die wichtigsten, zur Zeit gebräuchlichen Verfahren.

Eine Reihe von Verfahren, die einleitend besprochen werden muß, ist nicht eigentlich für die Prüfung von Feuerschutzmitteln, sondern nur zur Einordnung der Brennbarkeit eines Stoffs in eine bestimmte Klasse entwickelt worden. Es ist naturgemäß ohne weiteres möglich, mit ihnen die Wirkung eines Feuerschutzmittels zu prüfen. Hierhin gehören die folgenden Verfahren:

a) Der britische ,,combustibility test of materials'' [11].

Er wird in Anlehnung an das sehr alte Verfahren von WEISS [12] mit einem elektrisch beheizten, in seinem oberen Teil gegen Wärmeverluste gut isolierten Röhrenofen ausgeführt, an den unten eine Beobachtungskammer angesetzt ist. Die Temperatur wird auf 750°C eingestellt. Die in den Ofen eingehängte Probe gilt als brennbar, wenn sie innerhalb von 15 min entflammt, entzündbare Zersetzungsprodukte abgibt oder die Ofentemperatur um mehr als 50° (C) steigert.

b) Verschiedene Verfahren zur Messung der Brennbarkeit plattenförmiger Materialien.

α) Die amerikanische Handelsnorm für Faser-Isolierplatten [13] stellt eine Vergrößerung des nicht mehr gültigen britischen ,,inflammability test'' [14] dar. Sie schreibt 12 in. × 12 in. große Plattenstücke vor, die unter 45° geneigt mit einer Alkoholflamme von unten beflammt werden. Die Widerstandsfähigkeit gegen Feuer ist groß genug, wenn die verkohlte Fläche 21 sq. in. nicht überschreitet und das Nachbrennen weniger als 1 min dauert.

β) Der Vorschlag von L. Vorreiter [15], bei dem eine kreisrunde Probe von 113 mm $\varnothing$, waagerecht in eine Halterung gespannt, von unten beflammt wird. Aus Gewichtsverlust und Temperaturdurchgang berechnet der Autor einen spezifischen Flächenabbrand in kg/m², einen spezifischen Gewichtsabbrand in % · cm und eine (für den Bereich des Brandschutzes gültige) „Wärmedämmzahl" in ° C/sek · cm [1].

γ) Der Vorschlag des Verfassers [16], bei dem $^1/_3$ m $\times$ $^3/_4$ m große senkrecht eingespannte Probestücke etwas oberhalb der Unterkante mit einem Reihenbrenner beflammt werden. Aus dem zeitlichen Verlauf des Gewichtsverlusts wird ein „relatives Brennbarkeitsmaß" in m · min und ein „absolutes Brennbarkeitsmaß" in kg · min berechnet. Grenzen zur Klassifizierung des Brennbarkeitsmaßes in 4 Klassen werden angegeben.

δ) Der britische „surface spread of flame test" [17] dient zur Feststellung der Ausbreitung eines Feuers an der Oberfläche von Bauplatten. Während des Versuchs wirkt auf die 9 in. $\times$ 36 in. große Probe eine starke, von einer etwa 1 m² großen, zur Probe senkrecht angeordneten Strahlplatte ausgehende Wärmestrahlung ein. Am heißen Ende wird mittels Gasflamme gezündet und das Vordringen der Flammenfront gemessen. Auf diese Weise ist eine Einordnung in 4 Klassen mit verschieden schneller Flammenausbreitung möglich.

ε) Die amerikanische Norm zur „Klassifizierung der Feuersgefahr von Baumaterialien" [8], [18]. Sie legt eine Brandkammer in Form eines liegenden, etwa 7 m langen Kanals mit seitlichen Fenstern fest, an dessen abnehmbarer Decke das Probematerial befestigt wird. An einem Ende wird mit Gasbrennern beflammt und ein bestimmter Luftstrom durch den Kanal hindurchgeblasen. Gemessen wird die Feuerausbreitung durch Beobachtung an den Fenstern sowie die Temperatur und Dichte des Rauchgases am anderen Ende des Kanals. Die Meßwerte werden über die Zeit integriert. Die Werte für Asbestzement gelten als Nullpunkt, diejenigen für Roteiche als 100.

c) Messung der Zündenergie.

Einen Übergang zu den ausschließlich zur Prüfung von Feuerschutzmitteln für Holz entwickelten Verfahren stellen die Methoden zur Messung der Zündenergie dar.

α) H. Jentzsch [19] beschränkt sich auf die Messung der Zündtemperatur und berechnet einen „oberen Zündwert" (Zündpunkt).

Der Zündwertprüfer wird vorwiegend für die Untersuchung brennbarer Lagergüter verwendet und arbeitet bei Holzproben mit Würfeln von 9 mm Kantenlänge. Bei der Prüfung von Feuerschutzmitteln wird verlangt, daß der obere Zündwert über 550° C liegt. Für die Ermittlung eines „Glühwerts" [20] wird ein belasteter Probestab in einem Korb in den Ofen des Zündwertprüfers eingestellt und seine Verkürzung als Zeitfunktion gemessen. Anforderungen sind noch nicht angegeben.

β) Die einer Probe bestimmter Größe in Form von Wärmestrahlung zuzuführende Zündenergie haben Lawson und Simms im englischen Brandforschungsinstitut Boreham Wood untersucht [21], [22], [23] und damit eine bemerkenswerte Neuerung in die Prüftechnik eingeführt. Sie messen die für eine Zündung der Probe erforderliche Mindest-Strahlungsflußdichte in cal/cm² · sek

---

[1] Die Wärmedämmzahl in der allgemeinen Wärmetechnik hat die Dimension m² h ° C/kcal.

ohne und mit Einwirkung eines Zündflämmchens. Durch eine Feuerschutzbehandlung der Hölzer und holzhaltigen Werkstoffe kann die kritische Energie
bis zum Zweifachen heraufgesetzt werden. Für jede Behandlungsart ist somit
ein charakteristischer Faktor der Erhöhung angebbar. Auch SCHÜTZE [42] hat
den Einfluß der Wärmestrahlung untersucht.

d) Wirksamkeit von Feuerschutzmitteln.

Ausschließlich für die Ermittlung der Wirksamkeit von Feuerschutzmitteln
sind folgende Verfahren bestimmt:

α) Das in Deutschland für die allgemeine baupolizeiliche Zulassung [24]
maßgebende Normverfahren nach DIN 4102, die sogenannte auf K. Daimler
zurückgehende Lattenschlotmethode [25], [26] (Abb. 2). Der Prüfkörper wird

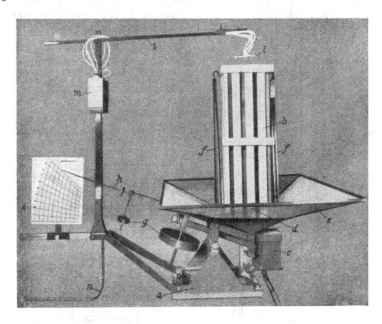

Abb. 2. Versuchseinrichtung zur Durchführung des Lattenschlotprüfverfahrens nach DIN 4102. *a* Neigungswaage;
b Lattenschlot; *c* Ölabsperrung; *d* Gasbrenner (nicht sichtbar); *e* Drahtkorb; *f* Halterung des Prüfkörpers;
g Gegengewichte; *h* Zeiger; *i* Skala; *k, l, m, n* Temperaturmeßeinrichtung.

15 min mit einem Gasringbrenner bei einer Gaszufuhr von 85 ± 5 Nl/min
beflammt und der Gewichtsverlauf ermittelt. Der Endgewichtsverlust darf bei
3 Versuchen im Mittel nicht mehr als 25% betragen, das arithmetische Mittel
des Gewichtsverlusts nach 4, 8 und 12 min nicht mehr als 12%. Genaue Bedingungen für die Auswahl des Holzes und dessen Klimatisierung sind vorgeschrieben. Reproduzierbare Ergebnisse können mit diesem Verfahren allerdings
nur bei genauer Beachtung der zugehörigen Einflußfaktoren erzielt werden [41].

β) Das von TRUAX und HARRISON im Forest Products Laboratory, Madison (USA) entwickelte Feuerrohrverfahren [27], [28] (Abb. 3). Es benutzt als
Prüfkörper 40 in. (rd. 1 m) lange Stäbe vom Querschnitt $3/_8$ in. $\times$ $3/_4$ in. (1 cm $\times$
2 cm), die während 4 min mit einem Gasbrenner beflammt werden. Ausgewertet
wird entweder der Endgewichtsverlust oder die unter der Gewichtsverlustkurve
liegende Fläche für die ersten 6 min [7]. Mindestforderungen an die Wirksamkeit
der Feuerschutzmittel sind in der Norm [28] nicht angegeben. Im allgemeinen

kann die Wirkung als ausreichend angesehen werden, wenn der Endgewichtsverlust unter 25% bleibt [*29*].

γ) Der „crib test", die Holzstoßmethode aus der Bauordnung der Stadt
New York [*30*], [*31*]. Hierbei werden 24 Holzstäbe vom Querschnitt $^1/_2$ in. × $^1/_2$ in.
und 3 in. Länge in 12 Schichten kreuzweise zu je 2 in 1 in. Abstand aufeinandergelegt und in einem Schutzrohr bestimmter Form der Flamme eines Meker-
brenners ausgesetzt. Beobachtet wird der anteilige Gewichtsverlust, die maximale
Temperatur am oberen Ende des
Schutzrohrs sowie die Dauer des Nachbrennens und Nachglimmens.

δ) Das von R. Schlyter geschaffene „Zweitafel-Verfahren" des schwedischen Materialprüfungsamts [*32*], [*33*]
(Abb. 4). Zwei 25 mm dicke, nach Vorschrift behandelte und klimatisierte
Holztafeln in der Größe von 30 cm
× 80 cm sind dabei senkrecht parallel
zueinander angeordnet; die eine wird
mit einem Bunsenbrenner beflammt.

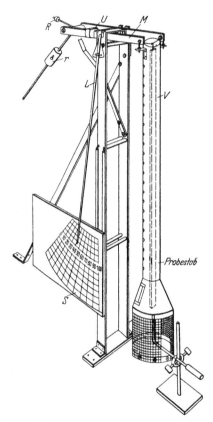

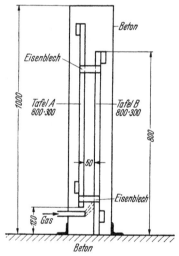

Abb. 3. Feuerrohrapparatur von Truax und Harrison. *V* Blechrohr, an dessen Stelle auch ein Draht-
gitterrohr benutzt wird; *M* Waagebalken; *L* Zeiger;
S Skala; *R, U, r* Gegengewichte.

Abb. 4. Versuchsanordnung der schwedischen Statens
Provningsanstalt gemäß Medd. 66, B 2 b
(Schlyter-Verfahren).

Beobachtet wird, ob sich innerhalb von 15 min das Feuer ausbreitet oder gar
auf die gegenüberliegende Tafel überspringt. Nach Abstellen des Brenners
sollen die Flammen in 30 sek erloschen sein.

7. Sonderprüfungen.

a) Zusammensetzung der Schutzmittel.

Die Zusammensetzung der Schutzmittel sollte bei Zulassungsprüfungen
durch eine quantitative chemische Analyse festgestellt werden. Sofern Netzmittel zugesetzt sind, kann die „Netzwirkung" an der Zeit des Untersinkens
von Wollescheibchen oder Holzmehl geprüft werden [*34*], [*35*].

Auch eine Messung der Oberflächenspannung der Lösung nach einem der zahlreichen bekannten Verfahren, z. B. mittels des Stalagmometers [36], gibt die Möglichkeit zu Vergleichen. Des weiteren muß die korrodierende Wirkung auf Metalle und Holzfasern nach den einschlägigen Methoden untersucht werden. Bei Deckanstrichen sind auch die üblichen anstrichtechnischen Prüfungen von Wichtigkeit.

b) Einflüsse auf Feuerschutzwirkung und Brennbarkeit.

α) Die Prüfung der Feuerschutzwirkung in *Abhängigkeit von der angewendeten Menge* ist bis jetzt nur in der Weise möglich, daß die Schutzmittelmengen abgestuft werden und die gewählte Methode für jede Stufe durchgeführt wird. Ein derartiges — bei großen Prüfkörpern zwar verhältnismäßig teures — Vorgehen sollte für amtliche Zulassungsprüfungen gefordert werden, weil hierdurch die je Quadratmeter oder Kubikmeter anzuwendende Mindestmenge angegeben werden kann, die dann noch für die praktische Anwendung mit dem nötigen Sicherheitsfaktor zu versehen wäre.

β) Die Prüfung der Wirksamkeit in *Abhängigkeit vom Alter* der Behandlung ist mangels einer Kurzprüfung vorläufig nur dadurch möglich, daß für jede Altersstufe die erforderlichen Prüfkörper hergestellt und in dem geschützten Objekt gelagert werden, also z. B. in einem Dachboden. Die Prüfung wird dann in Abständen von einem oder mehreren Jahren wiederholt und derart die „Wiederholungsfrist" ermittelt. In DIN 4102 sind 1, 3, 5 und 10 Jahre vorgeschrieben. Ähnlich liegen die Verhältnisse bei der Prüfung der Wetterbeständigkeit, doch sind hierzu einige Vorschläge für Kurzprüfungen gemacht worden [37].

γ) Eine schwierige und bis heute noch nicht befriedigend geklärte Frage ist die Nachprüfung der Güte einer ausgeführten Schutzbehandlung am fertigen Bauwerk. Die Möglichkeit einer Entnahme kleiner Proben durch Bohrungen und anschließende chemische Analyse erfordert wegen der starken Streuungen eine sehr große Probenzahl und ist bisher nur für Salzmittel beschrieben worden [38], [39].

Ähnliches gilt für das hierzu ebenfalls vorgeschlagene Zündwertverfahren. In den USA ist der „splinter test", die Spanprobe in Gebrauch [40]. Nach dieser Vorschrift werden dem behandelten Holzwerk Späne von $1/_{16}$ in. $\times$ $1/_8$ in. $\times$ 6 in. (1,5 mm $\times$ 3 mm $\times$ 145 mm) entnommen, unter einem Winkel von 30° zur Senkrechten in eine Brennerflamme gehalten und beobachtet, ob und wie sich Flammen an dem Stäbchen ausbreiten.

In diesem Zusammenhang taucht auch die Frage auf, wie weit eine schwächere Erwärmung geschützter hölzerner Bauteile, etwa in dem Falle, wo ein Brand nur bis in deren Nähe vorgedrungen ist, die Feuerschutzwirkung beeinträchtigt. Da die Mittel chemisch recht verschiedenartig aufgebaut sein können, sind allgemein gültige Aussagen zu diesem Problem nur schwer zu gewinnen.

δ) Hingewiesen sei auch auf die Notwendigkeit, die Beeinflussung der Brennbarkeit des Holzes durch Schutzmittel, die nur gegen tierische und pflanzliche Zerstörer wirksam sind, nachzuprüfen. Die Schwierigkeit einer derartigen Aufgabe liegt darin, daß die Änderung der Brenneigenschaften des Holzes durch solche Schutzmittel meist nur geringfügig ist, so daß man ohne Anwendung statistischer Methoden nicht auskommt. Einen Vorschlag in dieser Richtung hat der Verfasser gemacht [10].

c) Schädliche Wirkungen.

Bei der Verarbeitung der Mittel sowohl als auch insbesondere bei der Feuereinwirkung können schädliche Wirkungen auf die Haut oder Atmungsorgane auftreten. Eine Nachprüfung dieser Eigenschaften ist bisher kaum bearbeitet worden. Im allgemeinen müssen hierzu Gasanalysen der Raumluft oder des Rauchgases ausgeführt und dadurch ermittelt werden, ob Ätz- und Reizgase bzw. Dämpfe oder Gase bzw. Dämpfe mit Allgemeingiftwirkung abgegeben werden oder entstanden sind.

Schrifttum.

[1] METZ, L.: Holzschutz gegen Feuer, 2. Aufl., S. 28. Berlin: VDI-Verlag 1942.
[2] SCHLEGEL, R.: Untersuchungen über die Grundlagen des Feuerschutzes von Holz. Diss. T. H. Berlin 1934.
[3] METZ, L.: Z. Holz Bd. 1 (1938) S. 217.
[4] MAHLKE-TROSCHEL: Handbuch der Holzkonservierung, 3. Aufl., S. 403, Tab. 1. Berlin/Göttingen/Heidelberg: Springer 1950.
[5] METZ [1], S. 110.
[6] MAHLKE-TROSCHEL [4], S. 412, Tab. 3.
[7] METZ, L.: Herabsetzung der Brennbarkeit des Holzes. Mitt. Fachaussch. Holzfragen Nr. 13, S. 38. Berlin 1936.
[8] Tentative Method of Fire Hazard Classification of Building Materials. ASTM Designation: E 84—50 T.
[9] METZ [7], S. 44.
[10] SEEKAMP, H.: Die Beeinflussung der Brennbarkeit des Holzes durch Holzschutzmittel. Wiss. Abh. dtsch. Mat.-Prüf.-Anst. II. Folge, H. 7, S. 109. Berlin/Göttingen/Heidelberg: Springer 1950.
[11] British Standard Specification. Fire Tests on Building Materials and Structures. B. S. 476: 1953, S. 6.
[12] WEISS, H. F.: Kunststoffe Bd. 3 (1913) S. 310.
[13] Structural Fiber Insulating Board, Commercial Standard CS 42—49, November 1949.
[14] B. S. 476: 1932, III, 7.
[15] VORREITER, L.: Neues Gerät und Verfahren zur Abbrandprüfung fester, brennbarer Stoffe. VFDB-Z. Forsch. u. Techn. im Brandschutz Bd. 3 (1954) H. 1, S. 17.
[16] SEEKAMP, H.: Die Klassifizierung der Brennbarkeit holzhaltiger Platten. Z. Holz Bd. 12 (1954) H. 5, S. 189.
[17] B. S. 476: 1953, S. 7.
[18] Fire Hazard Classification of Building Materials. Underwriters Laboratories, Inc., Bull. Res. No. 32, September 1944.
[19] JENTZSCH, H.: Die Bestimmung der Entzündungs- und Brenneigenschaften des Holzes und anderer Stoffe mit Hilfe des Zündwertverfahrens. Z. Holz Bd. 10 (1952) S. 385; Bd. 11 (1953) S. 462.
[20] JENTZSCH, H.: Neuere Untersuchungen zur Klassifizierung der Brennbarkeit von Holz. Z. Holz Bd. 12 (1954) H. 5, S. 197.
[21] Department of Scientific and Industrial Research and Fire Offices Committee. Joint Fire Research Organisation: The Ignition of Wood by radiation. D. I. LAWSON and D. L. SIMMS, F.P.E. Note No. 33, 1950.
[22] SIMMS, D. L.: Fire Hazard of Timber. Paper read at the British Wood Preserving Association Annual Convention, 1951.
[23] LAWSON, D. I., u. D. L. SIMMS: The ignition of wood by radiation. Brit. J. appl. Phys. Bd. 3 (1952) S. 288 u. 394.
[24] Technische Bestimmungen für Zulassung neuer Bauweisen, DIN 4110, B. Gruppe V Feuerschutzmittel.
[25] Widerstandsfähigkeit von Baustoffen und Bauteilen gegen Feuer und Wärme, DIN 4102, Brandversuche, Blatt 3, A. II. 2.
[26] METZ, L., u. H. SEEKAMP: Prüfung von Feuerschutzmitteln für Holz nach dem Verfahren DIN 4102. Z. Holz Bd. 5 (1942) S. 19.
[27] HUNT, G. M., T. R. TRUAX u. C. A. HARRISON: Proc. Amer. Wood-Preservers' Assoc., 26. Jahresversammlung, S. 3. Washington 1930.
[28] Standard Methods of Test for Combustible Properties of Treated Wood by the Fire-Tube Apparatus. ASTM Designation: E 69—50.
[29] BROWN, C. R.: Methoden zur Prüfung von Holz, das mit Feuerschutzmitteln behandelt ist. Proc. Amer. Soc. Test. Mater. Bd. 35 II (1935) S. 674.
[30] Proc. Amer. Soc. Test. Mater. Bd. 41 (1941) S. 239 u. 241.
[31] Standard Method of Test for Combustible Properties of treated wood by the crib test. ASTM Designation: E 160—50.
[32] SCHLYTER, R.: Feuerschutzmittel für Holzkonstruktionen und Textilien. Statens Provningsanstalt Stockholm, Meddelande 62.

[33] Statens Provningsanstalt, Stockholm, Meddelande 66, Abschnitt B: Bestimmungen zur Brandprüfung und Klassifizierung von Baumaterial und -konstruktionen.

[34] Metz [I], S. 152.

[35] Daimler, K.: Verfahren zur Herstellung von Feuerschutzmittellösungen. D.B.P Nr. 862666, 38 h 2/02.

[36] Chemiker-Taschenbuch (hrsg. Koppel), 60. Aufl., Bd. III, S. 124. Berlin: Springer 1937.

[37] Virtala, V.: Vollautomatische Bewetterungsanlage für beschleunigte Wetterbeständigkeitsprüfungen. Bericht Nr. 11 der Staatl. Techn. Forschungsanstalt in Finnland, Helsinki 1944.

[38] Kummerer, L., u. H. Kolb: Die chemische Nachprüfung der Feuerschutzimprägnierung von Dachstühlen. Z. Holz Bd. 6 (1943) S. 203.

[39] Schuch, K.: Untersuchungen über den quantitativen Nachweis der Feuerschutzmittel auf Phosphatbasis. Holzforschung Bd. 5 (1951) S. 74.

[40] Bryan, J.: The Fire Hazard. Wood, Dezember 1943.

[41] Dürr, F., u. K. Egner: Verbesserung der Prüfung von Feuerschutzmitteln für Holz. Holz als R. u. W. Bd. 13 (1955) S. 468.

[42] Schütze, W.: Untersuchungen zur feuerschutztechnischen Beurteilung der Eigenschaften von Baustoffen. VFDB-Zeitschrift Bd. 5 (1956) S. 8.

K. Prüfung von holzhaltigen Leichtbauplatten.

Von F. Kollmann, München.

1. Allgemeines.

Die holzhaltigen Leichtbauplatten können in folgende Gruppen eingeteilt werden:

Holzwolle-Leichtbauplatten (nach DIN 1101), ferner

Holzfaserplatten (nach DIN 4076 und DIN 68750), und zwar

Holzfaser-Isolierplatten (auch Dämmplatten genannt)

als hochporöse Faserplatten (Rohwichte im allgemeinen bis 230 kg/m³) und poröse Faserplatten (Rohwichte im allgemeinen 230 bis 400 kg/m³);

ferner Holzfaser-Hartplatten

als halbharte Faserplatten (Rohwichte im allgemeinen 650 bis 850 kg/m³), harte Faserplatten (Rohwichte im allgemeinen über 850 kg/m³) und besonders gehärtete Faserplatten (extraharte Faserplatten, Rohwichte im allgemeinen über 900 kg/m³).

Weiterhin *Pappeplatten* und

Holzspanplatten (nach DIN 4076), diese

als leichte Spanplatten (Rohwichte bis 450 kg/m³); halbschwere Spanplatten, Rohwichte über 450 bis 750 kg/m³); schwere Spanplatten (Rohwichte über 750 bis 1000 kg/m³) und besonders gehärtete Spanplatten (extraharte Spanplatten, Rohwichte über 1000 kg/m³).

Mit gewissen Einschränkungen können auch Faserstoff-Zementplatten den holzhaltigen Leichtbauplatten zugerechnet werden. Ihre Prüfung, für die eigene Normen in Deutschland fehlen, kann wie die der Pappeplatten — soweit sie im Bauwesen Verwendung finden — nach den Prüfvorschriften für harte Holzfaserplatten erfolgen.

2. Prüfung von Holzwolleplatten nach DIN 1101.

a) Ermittlung der Form und der Abmessungen.

Zur Prüfung sind 5 Holzwolle-Leichtbauplatten in der zu prüfenden Dicke erforderlich. Platten mit Unterlängen sind nicht zur Prüfung zu verwenden. Vor der Prüfung sind die Platten 14 Tage bei einer relativen Luftfeuchtigkeit von 60 bis 75% und einer Lufttemperatur von etwa 20° C zu lagern. Die Rechtwinkligkeit wird an allen 4 Ecken jeder Platte gemessen. Die Abweichung darf für jede einzelne Messung bei 500 mm Schenkellänge 3 mm nicht überschreiten.

Zur Beurteilung der Planparallelität ist festzustellen, ob alle aneinanderstoßenden Flächen rechte Winkel bilden. Bei den Stoßflächen sind Abweichungen bis zu 5° zulässig. Bei den an sich ebenen Deckflächen müssen die Plattendicken an mindestens 6 Meßstellen innerhalb der Toleranz (+3, −2) mm liegen. Sofern Werte über diese Toleranz hinausgehen, dürfen die Meßstellen nicht nebeneinanderliegen. Die Vollkantigkeit (Scharfkantigkeit) wird nach dem Augenschein unter Berücksichtigung der Struktur von Holzwolle-Leichtbauplatten festgestellt.

Die Länge wird mit einem Stahlmeßstab (ohne Glieder), die Breite und Dicke mit einer Schublehre von mindestens 100 mm Schenkellänge nach Abb. 1a bis c gemessen.

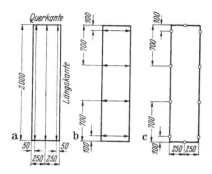

Abb. 1 a—c. Meßstellen bei Bestimmung der Abmessungen von Holzwolle-Leichtbauplatten. a Längenmessung (3 Meßstellen); b Breitenmessung (4 Meßstellen); c Dickenmessung (10 Meßstellen).

b) Ermittlung des Plattengewichts und der Rohwichte.

Die zu prüfenden Platten sind im ganzen auf einer geeichten Waage auf 10 g zu wiegen. Das bestimmte Gewicht gibt — da die Platten nach DIN 1101 bei 500 mm Breite und 2000 mm Länge eine Fläche von 1 m² haben — bereits das Flächengewicht in kg/m² wieder. Die Rohwichte in kg/m³ erhält man rechnerisch aus dem Flächengewicht durch Teilen mit der Dicke in Metern. Nach DIN 1101 sind die in Tab. 1 angegebenen Platten- bzw. Flächengewichte normgerecht.

Tabelle 1. *Flächengewichte von Holzwolleplatten verschiedener Dicke und jeweilige mittlere Rohwichte* [Nach DIN 1101.]

Dicke a	Platten- bzw. Flächengewicht G_f [1,2] Mittelwert kg/m²		Rohwichte r_u Mittelwert kg/m³	
mm	einschichtig	mehrschichtig	einschichtig	mehrschichtig
15	8,5	—	570	—
25	11,5	—	460	—
35	14,5	—	415	—
50	19,5	—	390	—
75	28	36	375	480
100	36	44	360	440

c) Ermittlung der Biegefestigkeit.

Die Biegefestigkeit wird als Mittel aus 5 Versuchen bestimmt. Um das Eigengewicht auszuschalten, werden aus jeder Platte 1320 mm lange Plattenstücke geprüft. Diese werden frei drehbar gelagert, mit beiderseits gleichen Überständen auf 2 Stützen mit der Stützweite $L_s = 0{,}66$ m aufgelegt und in der Mitte mit einer gleichmäßig über die ganze Breite wirkenden Einzellast belastet. Die Lastübertragung erfolgt durch ein Flacheisen von 40 mm Breite und mindestens 6 mm Dicke. Die Biegefestigkeit σ_{bB} wird in sonst üblicher Art berechnet.

---

[1] Zulässige Überschreitung des Einzelwerts höchstens 20%. Die geprüften Platten gelten aber noch als normgerecht, wenn der Mittelwert um 10% überschritten wird.

[2] Gewichtsabweichungen nach unten sind unbegrenzt.

In Anbetracht der porigen Struktur der Platten kann die so errechnete Biegefestigkeit nicht als Bruchspannung im Sinne der technischen Mechanik, sondern nur als Gütezahl aufgefaßt werden. Zu beachten ist ihre Abhängigkeit von der Plattendicke. DIN 1101 gibt folgende Mittelwerte an, die bei Einzelwerten höchstens um 10% unterschritten werden dürfen:

Plattendicke a .... mm	15	25	35	50	75	100
Biegefestigkeit σ_{bB} ...... kg/cm²	17	10	7	5	4	4

d) Ermittlung der Zusammendrückbarkeit.

Die Zusammendrückbarkeit wird als Mittel aus 5 Versuchen festgestellt. Aus jeder Platte wird unter Vermeidung der Randzonen eine Probe von 200 mm × 200 mm entnommen und ihre Dicke gemessen. Die Proben werden dann zwischen zwei ebene Platten von mindestens 220 mm × 220 mm gelagert und gleichmäßig mit 3 kg/cm² belastet. Die Dicke der Probe wird 1 min nach Aufbringen der Last zwischen den Druckplatten mittels Meßuhr festgestellt und daraus die Zusammendrückung in Prozent berechnet. Sie darf bei 25 mm dicken Holzwolleplatten im Mittel höchstens 15%, bei 35 mm dicken Platten 18%, bei dickeren Platten 20% betragen. Die Zusammendrückung einzelner Platten darf den Mittelwert höchstens um 10% überschreiten. Aufschlußreich ist die Aufnahme von Schaubildern, die die Zusammendrückung in Abhängigkeit von der Flächenpressung bei der Belastung und Entlastung wiedergeben. In Anbetracht der elastischen Nachwirkung kann es zweckmäßig sein, 24 h nach der Entlastung nochmals eine Dickenmessung vorzunehmen. Führt man die Versuche an mehrfach gefrorenen und wiederholt aufgetauten, zuerst in feuchter Luft gelagerten Platten sowie an normalen Platten durch, so ergibt der Vergleich der Schaubilder Aufschluß über die Frostbeständigkeit.

e) Ermittlung der Wärmeleitzahl.

Die Wärmeleitzahl wird an zwei lufttrockenen Abschnitten von 500 mm × 500 mm in einem Plattenprüfgerät nach POENSGEN ermittelt. Die Messungen werden bei 2 Temperaturstufen durchgeführt. Die Wärmeleitzahl wird für die Bezugstemperatur von 20° C angegeben, Rohwichte und Feuchtigkeit vor und nach dem Versuch sind festzustellen.

3. Prüfung von Holzfaserplatten.

a) Probenahme, Dickenmessung, Bestimmung des Flächengewichts und der Rohwichte nach DIN 52350.

Die zu prüfenden Holzfaserplatten sind zunächst zu beschreiben nach: 1. Bezeichnung (Sorte und Hersteller bzw. Gütezeichen); 2. Herstellungsabmessungen (Länge, Breite und Dicke); 3. Farbe; 4. Zustand beider Oberflächen.

Zur Durchführung der Gesamtprüfung sind Probenstücke möglichst aus mehreren gleichartigen Platten einer Lieferung zu entnehmen. Werden die Proben aus ganzen Platten entnommen, so muß der Randabstand mindestens 150 mm betragen. Werden aus *einer* Platte mehrere Proben entnommen, so müssen sie mindestens 250 mm Abstand voneinander haben.

Da die physikalischen und mechanischen Eigenschaften der Holzfaserplatten von ihrer Feuchtigkeit abhängen, müssen die Proben vor jeder Prüfung bei 20° C ± 2° und 65% ± 2% rel. Luftfeuchtigkeit gelagert werden. Bei porösen und hochporösen Holzfaserplatten beträgt die Lagerzeit mindestens 48 h, bei allen anderen Holzfaserplatten mindestens 120 h. Bei besonderen Dicken, sowie bei mit Schutzschichten versehenen oder imprägnierten Platten, sind längere Lagerzeiten erforderlich.

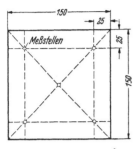

Die Dicke a wird an sechs klimatisierten quadratischen Proben von 150 mm Kantenlänge gemessen. Die Dicke von hochporösen und porösen Platten ist mit einem geeigneten Meßgerät auf 0,1 mm genau, die von anderen Holzfaserplatten mit einer Schublehre mit Gefühlsratsche oder einer geeigneten Meßuhr auf 0,01 mm genau zu messen. Die Tastfläche des Meßgeräts soll plan und kreisförmig sein (15 mm $\varnothing$). Die Dicke wird nach Abb. 2 an 5 Meßstellen gemessen. Nach der Dickenmessung werden

Abb. 2. Lage der 5 Meßstellen bei der Dickenbestimmung von Holzfaserplatten.

dieselben Proben auf 0,1 g genau gewogen und ihre Kantenlängen mit der Schublehre auf 0,1 mm genau gemessen. Das Flächengewicht G_f wird dann aus Gewicht und Fläche auf 0,1 kg/m² genau und die Rohwichte r_u (im klimatisierten Zustand) aus Gewicht und Rauminhalt auf 5 kg/m³ genau berechnet. Zulässige Form- und Maßtoleranzen siehe DIN 68750.

b) Bestimmung des Feuchtigkeitsgehalts, der Wasseraufnahme und der Dickenquellung nach DIN 52351.

Der Feuchtigkeitsgehalt wird an Proben von 50 mm × 100 mm Kantenlänge bestimmt, wobei jedem Probenstück 5 Proben zu entnehmen sind. Die Proben werden sofort nach Probenahme auf 0,1% des Eigengewichts gewogen (G_u), danach werden die Proben im Normklima (siehe 3 a) bis zur Gewichtskonstanz gelagert und gewogen. Das letzte Kontrollgewicht ist G_n. Hierauf werden die Proben in einem gut gelüfteten Trockenschrank bei 103° C $\pm$ 2° C bis zur Gewichtskonstanz getrocknet. Nach der Entnahme aus dem Trockenschrank müssen sie im Exsikkator über Phosphorpentoxyd (P_2O_5) oder Kalziumchlorid ($CaCl_2$) abgekühlt werden. Das letzte Kontrollgewicht ist das Trockengewicht (Darrgewicht) G_d.

Der relative Feuchtigkeitsgehalt u (kurz Feuchtigkeitsgehalt genannt) wird aus dem Unterschied des Gewichts der feuchten Probe (Feuchtigkeitsgewicht G_u) und der absolut trockenen Probe (Trockengewicht G_d) bestimmt, indem er auf das Trockengewicht G_d bezogen wird.

$$u = \frac{G_u - G_d}{G_d} 100\% \text{ (auf 0,1\%)}.$$

Bei Beurteilung der Zahlen ist zu berücksichtigen, daß die Feuchtigkeit der Holzfaserplatten ebenso wie die von Holz von der Temperatur und relativen Feuchtigkeit der umgebenden Luft gesetzmäßig abhängt (hygroskopisches Gleichgewicht, Abb. 3 u. 4).

Der normale absolute Feuchtigkeitsgehalt ist der Unterschied des Gewichts G_n der im Normklima gelagerten (klimatisierten) Probe (siehe 3 a) und des Gewichts der absolut trockenen Probe. Wird er auf das Gewicht G_d der absolut trockenen Probe bezogen, so erhält man den normalen Feuchtigkeitsgehalt u_n.

$$u_n = \frac{G_n - G_d}{G_d} 100\% \text{ (auf 0,1\%)}.$$

Die Wasseraufnahme und Dickenquellung (Eigenschaften, die den Gebrauchswert der Platten beeinflussen) werden bei Lagerung in Wasser oder in feuchter Luft bestimmt. Üblich ist als Prüfung die Lagerung der Proben in Wasser, da sie leichter durchzuführen ist und in kürzerer Zeit brauchbare Ergebnisse liefert. Die absolute Wasseraufnahme ist der Unterschied zwischen

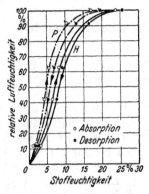

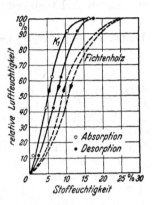

Abb. 3. Hygroskopische 20°-Isothermen für Holzfaser-isolierplatten. H Nadelholzfaser; P Wurzelholzfaser.

Abb. 4. Hygroskopische 20°-Isothermen für eine Holzfaser-Hartplatte (K_1) im Vergleich zu Fichten-Vollholz.

dem Wassergehalt der Probe vor und nach ihrer Lagerung im Wasser oder in feuchter Luft. Sie ergibt sich aus dem Unterschied zwischen dem Gewicht der Probe nach der entsprechenden Wasserlagerung G_w und ihrem Gewicht nach der Klimatisierung G_n. Die gewichtsmäßige relative Wasseraufnahme W_g ist der Quotient aus der absoluten Wasseraufnahme und dem Gewicht der klimatisierten Probe G_n.

$$W_g = \frac{G_w - G_n}{G_n} 100\% \text{ (auf 0,1 \%)}.$$

Die volumetrische (relative) Wasseraufnahme W_v ist der Quotient aus der absoluten Wasseraufnahme ($G_w - G_n$) und dem Volumen der klimatisierten Probe V_n.

$$W_v = (G_w - G_n)/V_n \text{ (auf 0,1 \%)}.$$

Die absolute Dickenquellung Δ_a ist der Unterschied der Dicke der Probe nach ihrer Lagerung im Wasser oder Feuchtraum (a_w) und ihrer Dicke im klimatisierten Zustand a_n.

$$\Delta_a = a_w - a_n.$$

Die relative Dickenquellung Q ist der Quotient aus der absoluten Dickenquellung und der Dicke der klimatisierten Probe a_n

$$Q = (a_w - a_n)/a_n 100\% \text{ (auf 0,1 \%)}.$$

Die Lagerung der Proben erfolgt ohne Kantenschutz senkrecht in destilliertem Wasser von 20° C ± 1° C, so daß die obere Probenkante 25 mm ± 1 mm unter dem Wasserspiegel liegt. Nach 24 h werden die Proben aus dem Wasser genommen, 10 min auf eine Kante gestellt oder aufgehängt, das überschüssige Wasser wird mit Filtrierpapier abgetupft (nicht schütteln!). Den erheblichen Einfluß senkrechter oder waagerechter Lagerung sowie der Lagerungstiefe hat KÜHNE [1] untersucht.

Bei Lagerung in feuchter Luft bedient man sich eines luftdicht verschlossenen Raums, in dem die Proben flach 50 mm ± 2 mm über dem Wasserspiegel zu lagern sind.

In besonderen Fällen können die Gewichts- und Dickenänderungen nach 2, 3, 5, 10 und 28 Tagen festgestellt und Kurven der Wasseraufnahme und Dickenquellung in Abhängigkeit von der Zeit gezeichnet werden.

c) Bestimmung der Biegefestigkeit und des Elastizitätsmoduls nach DIN 52352.

Der Biegeversuch ist wichtig, da Biegebeanspruchungen in der Praxis bei Verwendung von holzhaltigen Leichtbauplatten vorkommen; er dient zur Ermittlung der Biegefestigkeit und des Elastizitätsmoduls.

Aus den Probestücken nach DIN 52350 werden 5 Proben parallel zur Längsrichtung der Holzfaserplatte und 5 Proben quer zu dieser entnommen. Die Probendicke a entspricht der Dicke der Holzfaserplatte, sie wird in der Mitte gemessen. Die Probenbreite b soll bei Holzfaserplatten bis 6 mm Dicke 50 mm und bei dickeren Holzfaserplatten 75 mm betragen. Sie wird mit der Schieblehre auf 0,1 mm genau gemessen. Die Probenlänge L_g soll um etwa 50 mm größer sein als die Stützweite L_s, die 24 × Probendicke sein muß. Die Probe

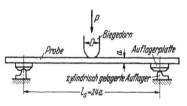

Abb. 5. Versuchsanordnung bei der Biegeprüfung von Holzfaserplatten.

Tabelle 2. *Rundungsdurchmesser des Biegedorns und der Auflager beim Biegeversuch an Holzfaserplatten.*

Probendicke a mm	Durchmesser des Biegedorns und der Auflager D mm
$\leqq$ 6	12,5
> 6 bis $\leqq$ 10	25
> 10 bis $\leqq$ 20	50
> 20	100

wird gemäß Abb. 5 auf 2 Auflager gelagert und in der Mitte belastet. Die Auflager und der Biegedorn müssen breiter sein als die Probe. Der Rundungsdurchmesser des Biegedorns und der Auflager ist nach DIN 52352 gemäß Tab. 2 zu wählen.

Die Norm empfiehlt jedoch, als Stützen zylindrisch gelagerte Auflager in Verbindung mit verschiebbaren Auflageplatten zu verwenden. Es ist auch möglich, ohne Beeinträchtigung der Versuchsergebnisse, einen Biegedorn mit gleichbleibendem Durchmesser von etwa 25 mm und zwischen dem Dorn und der Oberseite der Biegeprobe einen Hartholzreiter von der Breite des Biegedorns und der Länge 40 mm sowie mit gerundeten Kanten (Halbmesser ungefähr 3 mm) gegenüber der Biegeprobe zu benutzen.

Die Proben sind sofort nach beendeter Klimatisierung, mit der glatten Seite dem Biegedorn zugekehrt, zu prüfen (Prüfgeschwindigkeit etwa $\frac{a}{2}$ mm/min).

Es empfiehlt sich, die Kraft-Durchbiegungs-Kurve zu zeichnen, wozu in der Mitte der Probe die Durchbiegung f möglichst bis zum Bruch mit einer Meßuhr auf 0,01 mm gemessen wird. Bis zu einem Drittel der Höchstkraft sollen mindestens 6 Ablesungen sofort nach Erreichen der jeweiligen Kraft vorgenommen werden.

Die Biegefestigkeit σ_{bB}, d. h. die Biegespannung beim Bruch der Probe und des Elastizitätsmoduls b, wird wie üblich berechnet.

Es können auch Biegeprüfungen nach Wasserlagerung gemäß DIN 52351 (24 h in Wasser von $20°$ C $\pm$ $1°$ C) durchgeführt werden. Unmittelbar nach dem Biegeversuch sollen der Feuchtigkeitsgehalt u und die Rohwichte bestimmt werden. Im Prüfbericht aufzunehmen sind alle Kenndaten nach DIN 52350, Abweichung des Feuchtigkeitsgehalts u von dem Normalfeuchtigkeitsgehalt u_n, auf 0,1 % genau, Biegefestigkeit σ_{bB} in kg/cm², für poröse Platten auf 0,2 kg/cm², für harte auf 5 kg/cm² genau, und zwar Grenzwerte und Mittelwerte, Beschreibung des Bruchs, Elastizitätsmodul E_b in kg/cm² auf 100 kg/cm² genau, und zwar wieder Grenzwerte und Mittelwert, im Falle von Wasserlagerung Dauer der Lagerung und Wasseraufnahme.

4. Prüfung von Holzspanplatten [2].

a) Probenahme, Dickenmessung, Bestimmung des Flächengewichts und der Rohwichte nach DIN 52360.

Probenahme im wesentlichen analog der von Holzfaserplatten nach DIN 52350 (siehe 3a) mit folgenden Abweichungen:
  α) Bei der Beschreibung sind noch anzugeben:
   1. Spanform (Flachspan, Fadenspan, Spitterspan, Sägespan usw.).
   2. Rohstoff (Nadel- oder Laubholz, andere verholzte Pflanzenteile, gegebenenfalls für jede Schicht gesondert).
   3. Bei unfurnierten Platten Zustand der beiden Oberflächen, wenn möglich auch photographiert.
   4. Bei furnierten Platten Holzart, Anzahl, Dicken und Art der Furniere (Schälfurnier oder Messerfurnier).
   5. Bei andersartig oberflächenbehandelten Platten Angabe der Behandlung, z. B. Kunststoff-Folie, Kunstharzüberzug usw.
  β) Die Hälfte der Probenanzahl ist aus der Randzone, die andere aus der Mitte herauszuschneiden. Lagerzeit bei der Klimatisierung im Normklima (siehe 3a) mindestens 120 h. Dickenmessung auf 0,1 mm genau an 5 Punkten, analog Abb. 2, jedoch haben die quadratischen Proben eine Kantenlänge von 100 mm.

b) Bestimmung des Feuchtigkeitsgehalts und der Dickenquellung nach DIN 52361.

Prüfung im wesentlichen analog der von Holzfaserplatten nach DIN 52351 (s. Abschn. 3b) mit folgenden Abweichungen:
   1. Wägung auf 0,1 g; die Fassung von DIN 52351: „auf 0,1 % des Eigengewichts" wäre aber zu bevorzugen.
   2. Auf die Bestimmung der Wasseraufnahme ist verzichtet.
   3. Beim Quellversuch beträgt die Probengröße 100 mm $\times$ 100 mm.

c) Bestimmung der Biegefestigkeit und des Elastizitätsmoduls nach DIN 52362.

Prüfung im wesentlichen analog der von Holzfaserplatten nach DIN 52352, jedoch mit folgenden Abweichungen:
   1. Probenbreite b bei Holzspanplatten

bis 8 mm Dicke	. . . .	50 mm
8 bis 16 mm Dicke	. . . .	75 mm
über 16 mm Dicke	. . . .	100 mm

2. Stützweite $L_s = 20 \times$ Probendicke a;

3. der Durchmesser D der Auflager und des Biegedorns (falls walzenförmige Auflager verwendet werden) soll 30 mm betragen;

4. Prüfgeschwindigkeit etwa $^1/_4$ der Probendicke a je min bis zum Bruch;

5. Angabe der Biegefestigkeit in kg/cm² auf 2 kg/cm² gerundet.

d) Bestimmung der Zugfestigkeit in Plattenebene.

Die folgenden Angaben stützen sich auf einen Entwurf von DIN 52363 (Februar 1953). Es wurde davon abgesehen, dieses Normblatt herauszugeben; jedoch wird der Zugversuch häufig innerbetrieblich und in Materialprüfungsanstalten durchgeführt. Auch im Ausland ist er eingeführt.

Aus den Probestücken nach DIN 52360 werden je 10 Proben in 2 zueinander rechtwinklig stehenden Richtungen entnommen; es werden geschäftete Proben gemäß Abb. 6 mit scharfer Bandsäge herausgeschnitten. Die Dicke a der Proben,

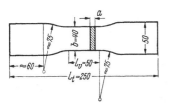

Abb. 6. Zugprobe zur Prüfung von Holzspanplatten.

desgleichen die Breite b wird an der schmalsten Stelle der Versuchslänge L_v mit einer Schieblehre auf 0,1 mm gemessen. Für einfache Zugversuche ohne Bestimmung des Elastizitätsmoduls werden vielfach auch rechteckige Proben von 250 mm Länge und 40 bis 50 mm Breite verwendet.

Vor dem Versuch wird jeweils die Hälfte der Proben aus jeder Richtung gemäß 3 a klimatisiert, die zweite Hälfte aus jeder Richtung wird mindestens 24 h in Wasser (gemäß 3 b) gelagert. Die Proben werden sofort nach Beendigung der Klimatisierung oder Wasserlagerung geprüft. Für die Zugversuche sind Schnellspannvorrichtungen (Spannfläche mindestens 50 mm × 50 mm) zu verwenden. Die Vorschubgeschwindigkeit beim Versuch soll etwa 3,5 mm/min betragen. Proben, bei denen der Bruch innerhalb einer Zone, die sich 13 mm über die Einspannfläche hinaus erstreckt, beginnt, werden bei der Berechnung der Zugfestigkeit nicht berücksichtigt.

Beim Zugversuch kann die Spannungs-Dehnungs-Kurve gezeichnet werden. Zu diesem Zweck wird mittels eines geeigneten Dehnungsmessers die Längenänderung δ_L der Versuchslänge L_v auf mindestens 0,001 mm gemessen. Die Kraftstufen sind so zu wählen, daß bis zu einem Drittel der Höchstkraft mindestens 8 Ablesungen gemacht werden können.

An den Zugproben ist unmittelbar nach dem Versuch der Feuchtigkeitsgehalt u, seine Abweichung Δ_u von der Normalfeuchtigkeit u_n und die Rohwichte zu bestimmen. Der Prüfbericht muß neben diesen Zahlen die Zugfestigkeit in kg/cm² auf 2 kg/cm² gerundet und den Elastizitätsmodul in kg/cm² auf 100 kg/cm² gerundet enthalten. Es sind Mittelwerte und Grenzwerte aus jeder der Hauptrichtungen anzugeben. Der Charakter des Bruchs soll möglichst genau beschrieben werden.

e) Bestimmung der Zugfestigkeit quer zur Plattenebene.

Die Zugfestigkeit in einer Richtung senkrecht zur Plattenoberfläche, kurz Querfestigkeit, gibt wertvolle Aufschlüsse über den inneren Zusammenhalt von Holzspanplatten. Dies gilt besonders für mehrschichtige Platten. Die Querfestigkeit ist deshalb trotz der etwas mühsamen Probenzubereitung für Betriebskontrollen und Gütezeichen empfehlenswert.

Die folgenden Prüfvorschriften stützen sich auf Versuche des Fahrni-Instituts in Zürich.

Probenahme: entsprechend der bei anderen Prüfungen von Holzspanplatten. Die Probekörper sind quadratisch und haben eine Kantenlänge von 71 mm. Sie werden mittels Harnstoff-Formaldehydleim (65% Festharz) mit 5%iger Salpetersäure als Härter zwischen Rotbuchenklötze (71 mm vierkant, 24 mm dick) geleimt. Verleimdruck 4 kg/cm², Preßzeit 30 min.

Anschließend werden in die Buchenklötze Schlüsselschrauben von 50 mm Schaftlänge, 25 mm Gewindelänge und 11,5 mm Gewindedurchmesser geschraubt, deren Köpfe in geeigneter Weise in Haken zwischen Klemmbacken einer Universal-Prüfmaschine (Meßbereich 1500 kg) eingehängt werden. Nach einem nicht weiterbehandelten deutschen Normblattentwurf sollten die Probenkörper eine Kantenlänge von 50 mm haben und mit je 2 Belastungsblöcken aus Metall oder Hartholz verleimt werden, die so geformt sein müssen, daß sie sich mit einer hierfür vorgesehenen Einspannvorrichtung verbinden lassen (Abb. 7). Die Prüfgeschwindigkeit sollte 1 mm je 10 mm Plattendicke in der Minute betragen. Diese Vorschläge entsprechen etwa dem ASTM Standard D 1037—52.

Nur Mittellagenbrüche werden berücksichtigt. Die Querfestigkeit σ_q errechnet sich aus der Höchstlast P und dem Querschnitt der Proben zu

$$\sigma_q = \frac{P}{F} = \frac{P}{50,41} \quad [\text{kg/cm}^2].$$

An den Querzugproben sind ebenfalls unmittelbar nach dem Versuch der Feuchtigkeitsgehalt u und seine Abweichung Δ_u von der Normalfeuchtigkeit u_n zu bestimmen. Die Rohwichte ist vor Einleimen der Proben zwischen die Buchenholzklötze zu ermitteln. Der Prüfbericht enthält sämtliche Meßergebnisse, insbesondere die Querfestigkeit in kg/cm² auf 0,1 kg/cm² (nach dem deutschen Normvorschlag

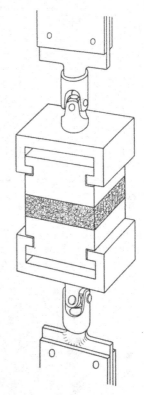

Abb. 7. Vorrichtung zur Prüfung der Querzugfestigkeit.

auf 1 kg/cm²) gerundet. Es sind Mittelwerte und Grenzwerte anzugeben.

f) Bestimmung der Scherfestigkeit, Lochleibungsfestigkeit, Nagelausscherung.

Mangels ausreichender statistischer Unterlagen über die Ergebnisse von Scherversuchen bei Holzspanplatten sowie in Anbetracht der vielen Faktoren, die auf die Versuchsergebnisse einwirken können, ist es noch nicht möglich, bestimmte Prüfvorschriften zu empfehlen. Grundsätzlich kann entweder die Scherfestigkeit der Holzspanplatten z. B. an daraus gefertigten Blockscherproben (Abb. 8), Scherkreuzen oder mittels des Schereisens bestimmt werden. Die Lochleibungsfestigkeit kann durch Belastung eines Bolzens als Zug- oder Druckscherfestigkeit, ähnlich wie bei Vollholz und Lagenholz, bestimmt werden. Die geometrischen Verhältnisse (Bolzendurchmesser, Randabstand) haben einen starken Einfluß auf den Ausfall des Versuchs. Es ist auch möglich, die Nagelausscherung zu bestimmen, wobei beispielsweise nach einem

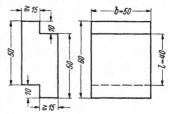

Abb. 8. Blockscherprobe zur Prüfung von Holzspanplatten.

Vorschlag des Fahrni-Instituts 2 Proben aus der Holzspanplatte — von 5 cm Breite und 94 cm Länge mit 2 Stahllaschen gemäß Abb. 9 durch Nägel miteinander verbunden — in die Schnellspannbacken einer Universalprüfmaschine (Meßbereich 1000 kg) eingespannt werden. Ermittelt wird die Last P in kg, bei der die Nägel aus den Proben ausscheren. Die Ergebnisse von je 10 Versuchen sind zu mitteln.

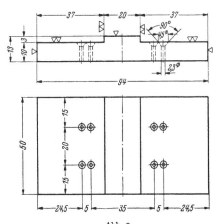

g) Bestimmung der Haltekraft von Schrauben.

In Spanplatten werden senkrecht zur Plattenoberfläche oder parallel zur Plattenoberfläche Löcher vorgebohrt, in die Schrauben eingeschraubt werden. Mit Hilfe geeigneter Vorrichtungen werden die Schrauben in eine Universalprüfmaschine aus den Platten gezogen.

Abb. 9.
Stahllasche zur Prüfung der Nagelausscherung.

Beispiele für die Versuchsanordnung geben Abb. 10 und 11. Die Versuchsergebnisse hängen von dem Verhältnis des Bohrlochdurchmessers zum Schraubendurchmesser, den Abmessungen der Schrauben, der Prüfgeschwindigkeit usw. stark ab. Gemessen wird die Kraft,

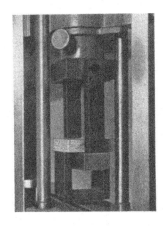

Abb. 10. Versuchsanordnung zur Bestimmung der Haltekraft von Schrauben senkrecht zur Plattenoberfläche.

Abb. 11. Versuchsanordnung zur Bestimmung der Haltekraft von Schrauben parallel zur Plattenoberfläche.

die erforderlich ist, um die Schrauben aus den Platten zu ziehen. Der Versuchsbericht soll neben Angaben über den Feuchtigkeitsgehalt, die Wichte der Platte, die Versuchsdurchführung und die Ausziehkraft in kg bzw. die Ausziehspannung, berechnet als Verhältnis der Ausziehkraft zur Leibungsfläche der Schraube, enthalten. Über weitere Versuche hat H. WINTER [3] berichtet.

5. Sonstige Prüfungen an holzhaltigen Leichtbauplatten.

a) Bestimmung der Härte.

Vom FAO-Ausschuß für Holztechnologie in Paris wurden 3 Verfahren zur Bestimmung der Härte von Faser- und Spanplatten als brauchbar bezeichnet

und zur weiteren Anwendung sowie zur Prüfung der Normfähigkeit empfohlen.

Die Bestimmung der Kugeldruckhärte nach JANKA ist in USA üblich und
genormt [4]. Dabei wird ein Stempel mit einer Halbkugel von 11,28 mm ⌀ bis
zum Äquator in die ebene Prüffläche eingedrückt. Die hierzu erforderliche Kraft
gilt unmittelbar als Härteziffer (kg/cm²) bzw. bei den amerikanischen und
britischen Normprüfungen in (lb) ohne Flächenangabe, da die Projektion der
erzeugten Kalottenfläche genau 1 cm² ist. Gegen das Härteprüfverfahren nach
JANKA läßt sich einwenden, daß die erhaltenen Ergebnisse mehr die Druckfestigkeit, beeinflußt durch die am Kugeläquator wirkenden Scherkräfte, wiedergeben als die Härte, definiert als Widerstandskraft eines Körpers an der Oberfläche gegen das Eindringen eines Fremdkörpers.

In Frankreich wird zur Prüfung der Härte von Holzfaser- und Holzspanplatten das Verfahren nach CHALAIS-MEUDON angewendet, das entwickelt
wurde, um die örtliche ungleichmäßige Druckbeanspruchung, verbunden mit
einer unregelmäßigen Scherbeanspruchung des JANKA-Verfahrens, zu vermeiden.
Das CHALAIS-MEUDON-Verfahren wurde von M. MONNIN [5] zur Normung [6]
empfohlen. Dabei wird ein Stahlzylinder von 3 cm ⌀ in die zu prüfende Fläche
eingedrückt. Das Eindringen des Zylinders erfolgt — wenigstens anfänglich —
proportional der Last. Der Zylinder wird mit einer Höchstlast von 200 kg
5 sek belastet; bei außergewöhnlich weichen Hölzern oder Isolierplatten verringert man die Höchstlast auf 100 kg.

Um den Eindruck gut sichtbar zu machen, berußt man den Zylinder vor
dem Versuch oder legt zwischen Zylinder und Holz ein Kohlepapier. Da die
Eindringtiefe t sich schwer messen läßt, leitet man sie aus der Breite l des
Eindrucks ab, den der Zylinder zurückläßt:

$$t = 15 - 1/2 \sqrt{900 - l^2}.$$

Die Härtezahl N nach CHALAIS-MEUDON ist definiert als

$$N = 1/t.$$

Sie wird um so größer, je härter das Holz bzw. der Holzwerkstoff ist.

Um die Nebenbeanspruchung des JANKA-Verfahrens auszuschalten und um
auf einfache Weise bessere Durchschnittswerte der Härte als beim BRINELL-
Verfahren mit seiner kleinen Kugel zu erhalten, wurde wiederholt die Anwendung wesentlich größerer Kugeln vorgeschlagen [7].

Die von K. HUBER [8] vorgeschlagene Stahlkugel mit 30 mm ⌀ hat sich
nach Angabe der Eidgen. Materialprüfungsanstalt in Zürich zur Härtebestimmung an Holzfaser- und Holzspanplatten bewährt. Der Durchmesser der Eindruckfläche wird unter einer Last von 50 kg für Isolierplatten und von 200 kg
für Hartplatten gemessen. Die Kugeldruckhärte H_B errechnet sich wie folgt:

$$H_B = \frac{2P}{\pi D (D - \sqrt{D^2 - d^2})} \quad [\text{kg/mm}^2],$$

hierbei sind

D Kugeldurchmesser in mm,
P Belastung der Kugel in kg,
d Durchmesser der Eindruckfläche in mm.

Nach K. FRIEDRICH [9] ist es schwierig, bei Holzfaserplatten den Durchmesser des Eindrucks zu bestimmen, da die Eindruckstellen keinen scharfen
Rand besitzen. Er empfiehlt deshalb die Messung der Eindrucktiefe mit Hilfe

einer Meßuhr, die eine einstellbare Nullhöhe besitzt und durch einen Fuß gehalten wird. Bei der Messung wird dieser Fuß mehrfach in verschiedener Richtung über den Eindruck geschoben, nachdem zuerst auf Null eingestellt wurde.

Auf diese Weise läßt sich die tiefste Eindruckstelle finden. Wichtig ist die Einhaltung bestimmter Belastungs- und Entlastungszeiten infolge der ausgeprägten elastischen Nachwirkung.

b) Bestimmung des Abnützungswiderstandes.

Sandstrahl- und Schleifscheibenverfahren scheiden für die Prüfung von Holzfaser- und Holzspanplatten aus, da die erzielbaren Ergebnisse den praktischen Verhältnissen nicht entsprechen. Andere Abnützungsgeräte arbeiten entweder mit Hartmetallwerkzeugen, z. B. nach E. Sachsenberg [10] oder B. Thunell [11], bzw. mit Schleifpapieren, z. B. nach F. Kollmann [12]. In USA werden Abnützungsgeräte verschiedener Konstruktion (Navy Type, Taber Type, Schiefer Type) verwendet. Die vorliegenden Untersuchungsergebnisse reichen noch nicht aus, um die Überlegenheit eines bestimmten Verfahrens klar zu erkennen und um als Unterlage für die Normung zu dienen.

c) Bestimmung der Schlagbiegefestigkeit.

Auch für die Bestimmung der Schlagbiegefestigkeit fehlen noch ausreichende Vergleichsunterlagen und einheitliche Vorschriften. Während in Deutschland Versuche mit Hilfe von Pendelhämmern (verschiedener Größe und verschiedenen Energieinhalts) vorgenommen wurden, wird in USA und England vorherrschend ein abgeändertes Kerbschlagverfahren nach Izod [13] herangezogen. Zu beachten ist in jedem Fall die starke Abhängigkeit der Versuchsergebnisse von den Abmessungen der Prüfkörper. Bei Holzfaserplatten, die eine mehr oder minder spröde Werkstoffgruppe darstellen, ist die auf die Querschnittsfläche bezogene Bruchschlagarbeit vom Verhältnis der Länge zur Probendicke nahezu linear abhängig. In Anlehnung an DIN 7707 wurden bisher in Deutschland für den Schlagbiegeversuch an Holzfaser- und Holzspanplatten folgende Bedingungen vorgeschlagen:

Der Schlagbiegeversuch wird bei Platten bis 0,7 cm Dicke an Proben von 12 cm Länge und 2 cm Breite bei 7 cm Stützweite durchgeführt. Verwendet wird ein Pendelschlagwerk von 60 cmkg. Bei dickeren Platten soll die Stützweite etwa 12mal der Plattendicke und die Länge der Proben 12mal Dicke + 5 cm betragen. Bei Bedarf wird ein größeres Pendelschlagwerk verwendet. Jeweils 5 Proben sind parallel zur Längsrichtung und 5 Proben quer dazu zu entnehmen. Die Mittelwerte aus beiden Versuchsreihen sind anzugeben. Der Pendelhammer soll gegen die Mitte der Probe auf die glatte Seite oder die Seite mit feinerem Siebabdruck auftreffen. Der Rundungshalbmesser der Auflager und der Hammerschneide soll 3 mm betragen. Die Bruchschlagarbeit ist auf den Probenquerschnitt zu beziehen.

d) Bestimmung der Kugelschlaghärte und des Durchschlagwiderstandes.

Es liegen Vorschläge und Versuche vor, die dynamische Festigkeit und Zähigkeit von Holzfaser- und Holzspanplatten mittels Fallkugeln zu bestimmen.

Der bei der Prüfung von Glas seit langem übliche Fall-Durchschlagversuch läßt sich nach A. Dosoudil [14] auch zur Prüfung von Holzwerkstoffen, insbesondere Holzfaser- und Holzspanplatten, heranziehen. Bild 12 zeigt das Fallwerk. Auf der Dritten Konferenz des FAO-Ausschusses für Holztechnologie wurde empfohlen, den Durchschlagversuch planmäßig zu studieren, insbesondere hinsichtlich der zweckmäßigen Ausbildung des Prüfgeräts sowie der besonderen Form des Durchschlagkörpers (mit sphärischer oder pyramidenförmiger Spitze).

e) Bestimmung der Dauerfestigkeit [15].

Die Probenahme erfolgt in Übereinstimmung mit DIN 52350. Die in Abb. 13 a bis 13 d gezeigten Prüfkörper können zur Anwendung gelangen, desgleichen die aus den Bildunterschriften ersichtlichen Dauerprüfmaschinen. Planbiege - Dauerprüfmaschinen und Zugdruckpulser sind für Prüfung der Dauerfestigkeit von Hartplatten geeignet.

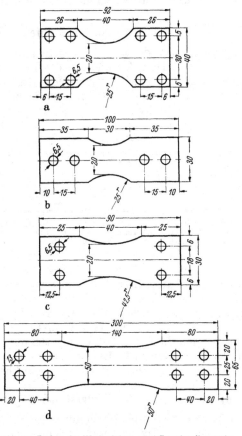

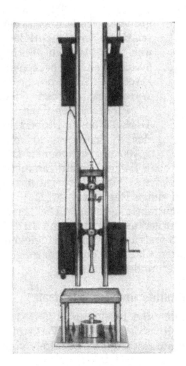

Abb. 12. Fallwerk zum Prüfen von Platten im Durchschlagsversuch. (Nach A. Dosoudil.)

Abb. 13. Proben für Wechselbiege- und Zugschwellversuche an Holzfaserplatten. *a* Probe für Planbiege-Dauerprüfmaschine (DVL); *b* Probe für Flachbiege- und Torsionsmaschine (Bauart Schenck, Darmstadt); *c* Probe für Wechselbiegemaschine (Bauart Schenck-Erlinger); *d* Probe für Zug-Druck-Pulser (Bauart Schenck-Erlinger).

f) Bestimmung des Aufblätterns (delamination).

Der FAO-Ausschuß für Holztechnologie empfahl als Prüfverfahren von Faser- bzw. Spanplatten für Aufblättern beim Gebrauch im Freien und unter anderen scharfen atmosphärischen Bedingungen den Alterungsversuch gemäß ASTM Standard D 1037—52. Die Probekörper, deren Form davon abhängt, welche besonderen Prüfungen (z. B. Biegeversuch, Nagelausziehversuch, Wasserabsorptionsversuch) im Anschluß an die Bewitterung vorgenommen werden sollen, werden sechs vollständigen Klimagängen ausgesetzt. Jeder Gang umfaßt nachstehende Phasen:

1. Eintauchen in Wasser bei 49° ± 1,7° während 1 h,
2. Besprühen mit Wasserdampf bei 93° ± 2,8° während 3 h,
3. Lagerung bei −12° ± 2,8° während 20 h,
4. Erhitzen in trockener Luft auf 99° ± 1,7° während 3 h,
5. erneutes Besprühen mit Wasserdampf bei 93° ± 2,8° während 3 h,
6. Erhitzen in trockener Luft bei 99° ± 1,7° während 18 h.

Nach Durchlaufen von 6 Bewitterungsgängen sollen die Proben vor der weiteren Prüfung im Normklima 48 h konditioniert werden.

g) Bestimmung des Stehvermögens.

Schwankungen der relativen Luftfeuchtigkeit bewirken bei Holzwerkstoffen ähnlich wie bei Holz Änderungen des Feuchtigkeitsgehalts und damit Quellen und Schwinden. Ungleichmäßige Feuchtigkeitsaufnahme oder ungleichmäßiger Plattenaufbau können zu Formänderungen von holzhaltigen Leichtbauplatten führen. Unter Stehvermögen versteht man die Fähigkeit einer Platte, auch größeren Änderungen der relativen Luftfeuchtigkeit mit nur kleinen Formänderungen zu begegnen. Zwecks Prüfung des Stehvermögens werden den Probestücken nach DIN 52360 6 Proben in der Größe 300 mm × 300 mm entnommen. Die

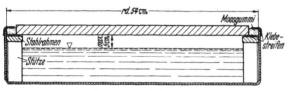

Abb. 14. Schema der Lagerung von Platten über Wasser, bei der eine laufende Messung der Verformung in allen Richtungen mit einem Meßlineal durchgeführt werden kann. (Nach A. Dosoudil.)

Proben werden auf Rahmen aufgelegt, die nach oben flache Feuchtekammern abschließen. Luftdichter Verschluß ist auf geeignete Weise herbeizuführen (Abb. 14). Die Gefäße mit den Proben werden in einem Raum mit 20° C ± 1° Temperatur und 50% ± 5% relativer Luftfeuchtigkeit gelagert. Die senkrechten Bewegungen der Schnittpunkte eines vorher eingezeichneten Gitternetzes werden dann mit Hilfe einer Meßuhr und eines Lineals in Abhängigkeit von der Zeit gemessen. Es ist darauf zu achten, daß die Formänderungen nicht durch das Aufliegen des Lineals merklich vermindert werden.

h) Bestimmung des Widerstands gegen Fäulnis und Insektenfraß.

Die Bestimmung des Widerstands gegen Fäulnis und Insektenfraß läßt sich weder seitens der Erzeuger und Abnehmer noch seitens der normalen Werkstoff-Prüfinstitute durchführen. Sie bleibt besonders ausgestatteten Anstalten vorbehalten.

i) Bestimmung des Widerstandes gegen vorzeitige Entflammung.

Vgl. hierzu Abschn. I. J. und Kap. XVIII.

k) Sonstige Prüfungen.

Gelegentlich werden an holzhaltigen Leichtbauplatten auch chemische Untersuchungen (z. B. auf korrodierende Eigenschaften) sowie Untersuchungen über die Verleimbarkeit und über die Bearbeitbarkeit mit zerspanenden Werkzeugen durchgeführt. Auch die Verputzbarkeit, das Verhalten bei der Oberflächenveredelung (z. B. mit Lacken) und die Oberflächengüte können geprüft werden.

Schrifttum.

[1] KÜHNE, K., u. H. STRÄSSLER: Über den Einfluß der Plattenlage bei Wasserlagerungsversuchen an Holzfaserplatten. Schweizer Arch. angew. Wiss. Techn. Bd. 20 (1954) H. 6.

[2] FICKLER, H. H. [Z. Holz als Roh- und Werkstoff Bd. 10 (1952) S. 207] gibt eine Übersicht über die Entwicklung der internationalen Normen zur Prüfung von Holzfaserplatten. — Vgl. auch A. DOSOUDIL: Ebenda Bd. 12 (1954) S. 55.

[3] WINTER, H., u. W. FRENZ: Z. Holz als Roh- und Werkstoff Bd. 12 (1954) S. 348 ff.

[4] ASTM Standard D 1037—52: Methods of Tests for Evaluating the Properties of Fiber Building Boards.

[5] MONNIN, M.: L'essai des bois. Kongreß-Buch, Zürich, Intern. Verb. Mat. Prüf., S. 85 f. Zürich 1932.

[6] NF-Norm B 33 1943.

[7] PALLAY, N.: Z. Holz als Roh- und Werkstoff Bd. 1 (1937/38) S. 126; Bd. 2 (1939) S. 414.

[8] HUBER, K.: Z. Holz als Roh- und Werkstoff Bd. 1 (1937/38) S. 254.

[9] FRIEDRICH, K.: Z. Holz als Roh- und Werkstoff Bd. 2 (1939) S. 131.

[10] SACHSENBERG, E.: Holzbearb.-Masch. Bd. 5 (1929) S. 553.

[11] THUNELL, B., u. E. PEREM: Undersökning av avnötningnes hos olika trägolv. Meddelande 19, Sv. Träforskningsinstitutet, Trätekn. Avdeln., Stockholm 1948.

[12] KOLLMANN, F.: Z. Holz als Roh- und Werkstoff Bd. 1 (1937) S. 87. — EGNER, K.: Z. VDI Bd. 92 (1950) S. 169.

[13] KOLLMANN, F.: Technologie des Holzes und der Holzwerkstoffe, 2. Aufl., Bd. 1, S. 858. Berlin/Göttingen/Heidelberg Springer: 1951 — Handbuch der Werkstoffkunde Bd. I.

[14] DOSOUDIL, A.: Svensk Papp. Tidn. Bd. 53 (1950) S. 609/12.

[15] KOLLMANN, F., u. A. DOSOUDIL: VDI-Forsch.-Heft 426 (1949). Düsseldorf: VDI-Verlag 1949.

L. Prüfung von Lagenhölzern (Schichtholz, Sperrholz, Sternholz usw.)

Von K. Egner, Stuttgart.

Nach DIN 4076 — Vergütete Hölzer und holzhaltige Bau- und Werkstoffe. Begriffe und Zeichen — fallen unter den Oberbegriff Lagenholz alle aus Holzfurnieren oder Holzfurnieren und Holzleisten bzw. -stäbchen aufgebauten Erzeugnisse wie unverdichtetes oder verdichtetes Schichtholz, Sperrholz, Sternholz. Für die Prüfung der Eigenschaften von Lagenhölzern bestehen in Deutschland, mit Ausnahme der Bestimmung der Scherfestigkeit der Leimfugen (Bindefestigkeit) von Sperrhölzern (vgl. unten), derzeit noch keine besonderen Vorschriften; soweit angängig, werden die für Vollholz bestehenden Prüfvorschriften auch auf Lagenhölzer angewendet.

1. Ermittlung des Feuchtigkeitsgehalts.

Der Feuchtigkeitsgehalt von Lagenhölzern wird zweckmäßig nach dem Darrverfahren, wie es in DIN 52183 festgelegt ist, ermittelt (vgl. hierzu Abschn. I C 2). Auch in den USA wird auf diese Weise verfahren (vgl. Ziff. 74 in ASTM Designation: D 805—52-Testing Veneer, Plywood, and other Glued Veneer Constructions).

2. Ermittlung des Verhaltens unter Druckbelastung.

Zur Vornahme von Prüfungen mit parallel, senkrecht oder unter beliebigem Winkel zur Faserrichtung der Furnierlagen verlaufender Druckkraft sind in der USA-Norm ASTM: D 805—52 zwei Methoden angegeben. Wenn neben der Druckfestigkeit auch die elastischen Eigenschaften zu ermitteln sind, kommt *Methode A* in Betracht, nach der Probekörper mit 6 mm oder geringerer Dicke

seitlich gestützt werden müssen. Bei Lagenhölzern mit mehr als 6 mm Dicke
sollen die Probekörper eine Breite von mindestens 25 mm, jedoch nicht kleiner
als die Dicke, und eine Länge entsprechend höchstens dem 7fachen der kleineren
Querschnittsabmessung aufweisen. Aus Lagenhölzern mit Dicken von 6 mm
und weniger sind Probekörper mit 25 mm Breite und 100 mm Länge zu entnehmen. Die seitliche Stützung, die bei den letztgenannten Probekörpern zur
Vermeidung von Beulungen vorgeschrieben ist, soll nur mäßigen Druck auf die
Probekörper ausüben und darf die Zusammendrückungen unter Belastung nicht
meßbar hemmen.

Die *Methode B*, zu der auch Probekörper mit 100 mm Breite und mit Längen
entsprechend dem 6fachen der Probendicken verwendet werden können, läßt
nur die Feststellung der Druckfestigkeit zu. Die Belastung soll in allen Fällen
so gesteigert werden, daß die bewegliche Druckplatte sich gleichmäßig mit
einer Geschwindigkeit von 0,003 cm je cm Probenlänge in der Minute ($\pm$25%)
bewegt.

Bei der Aufnahme von Last-Verformungs-Schaubildern (z. B. zur Feststellung des Elastizitätsmoduls oder der Proportionalitätsgrenze) sollen mindestens 12 Ablesungen unterhalb der Proportionalitätsgrenze aufgenommen
werden. Die zugehörigen Meßinstrumente (MARTENsche Spiegel oder sonstige
geeignete Dehnungsmesser) müssen im mittleren Teil der Probenlänge derart
angebracht werden, daß die Enden der Meßstrecken mindestens 18 mm von den
Probenenden entfernt sind.

Der Feuchtigkeitsgehalt und die Rohwichte sollen an jedem Probekörper
festgestellt werden.

3. Ermittlung des Verhaltens unter Zugbelastung.

Die in den USA auf Grund der Norm ASTM: D 805—52 üblichen Zugproben
nach Abb. 1 entsprechen den Forderungen, daß zur Vermeidung von Kopf-
brüchen der Proben deren Querschnitt im Mittelteil der Länge vermindert,

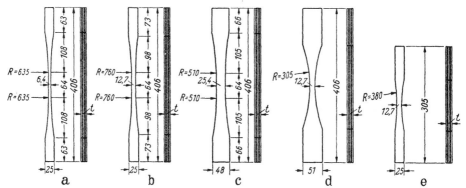

Abb. 1. Probekörper für die Zugprüfung von Furnierplatten nach ASTM: D 805—52. Maße in mm.

zur Verringerung von Spannungsspitzen ein allmählicher Übergang der Probenbreite von den Enden zur Mitte hin und, wenn gleichzeitig die elastischen Eigenschaften festgestellt werden sollen, genügende Länge der eigentlichen Prüfzone
(Probenformen a bis c in Abb. 1) zur Anbringung von Dehnungsmeßgeräten
vorhanden ist, gleichzeitig jedoch die Proben noch mäßige Größe besitzen,
so daß sie leicht aus handelsüblichen Platten entnommen werden können. An

Proben mit den Formen a bis c nach Abb. 1 können die elastischen Eigenschaften und die Zugfestigkeit, an solchen der Formen d und e lediglich die Zugfestigkeit ermittelt werden. Die Probenform d wird ohne Rücksicht auf die Dicke der Lagenhölzer angewendet, wenn die Faserrichtungen der einzelnen Furnierlagen einen anderen Winkel als 0 oder 90° mit der Probenachse bilden. Sofern die Faserrichtungen der Furnierlagen parallel oder senkrecht zur Probenachse verlaufen, werden bei Lagenhölzern mit mehr als 6 mm Dicke die Probenformen a bzw. d, bei solchen mit 6 mm Dicke oder weniger die Probenformen b bzw. e herangezogen.

Über die erforderliche Sorgfalt bei der Herstellung der Proben und über geeignete Einspannvorrichtungen vgl. Abschn. F 5. Nach ASTM: D 805—52 soll die Last so gesteigert werden, daß das bewegte Maschinenhaupt in der Minute einen Weg von 0,9 mm zurücklegt. Zur zweckmäßigen Zahl der Ablesungen bei Dehnungsmessungen und zur Ermittlung von Rohwichte und Feuchtigkeitsgehalt vgl. unter 2.

4. Ermittlung des Verhaltens unter Biegebelastung.

Nach der amerikanischen Norm ASTM: D 805—52 sollen die Biegeproben rechteckigen Querschnitt mit Breiten von 25 mm bei Lagenhölzern mit 6 mm Dicke (Querschnittshöhe) und weniger bzw. 50 mm bei solchen mit mehr als 6 mm Dicke aufweisen. In Sonderfällen kann auch größere Probenbreite gewählt werden, die jedoch nicht mehr als $1/3$ der Spannweite betragen darf; in solchen Fällen ist der gleichmäßigen Lastübertragung an den Auflagern und unter der Laststelle besondere Sorgfalt zu widmen. Probenlänge und Spannweite hängen von der Faserrichtung der äußeren Lagen (Furniere) und von der Dicke a der zu prüfenden Lagenhölzer (Querschnittshöhe) ab; Tab. 1 gibt hierüber Auskunft.

Tabelle 1.

Faserrichtung der äußeren Lagen (Furniere)	Probenlänge L	Spannweite L_s
parallel zur Probenlängsachse	$48 \cdot a + 5$ cm	$48 \cdot a$
senkrecht zur Probenlängsachse	$24 \cdot a + 5$ cm	$24 \cdot a$

Kleine Änderungen der Dicke der zu prüfenden Lagenhölzer sollen bei der Entnahme der Proben im Hinblick auf die Längenwahl nicht berücksichtigt werden; entscheidend ist der Nennwert der Dicke der zu prüfenden Stücke.

Bei Lagenhölzern mit gleicher Faserrichtung der Schichten (Schichtholz) und bei vergüteten Hölzern, die nicht aus einzelnen Lagen aufgebaut sind, soll die Spannweite unabhängig von der Lage der Faserrichtung der Schichten das 14fache der Querschnittshöhe a betragen; Probenlänge $L = 14 \cdot a + 5$ cm. Vgl. hierzu auch I F 7.

Für die Biegeprüfung selbst ist Mittenlastanordnung vorzusehen. Das auf die Probekörper einwirkende Laststück soll an der Berührungsstelle mit ersteren einen Rundungshalbmesser entsprechend dem 1,5fachen der Probenhöhe a aufweisen. Die Auflagerung der Proben soll auf gerundeten Schneiden oder auf Rollen geschehen; in beiden Fällen sollen die Auflager seitlich beweglich sein, um den Erfordernissen bei leicht verzogenen Probekörpern Rechnung zu tragen. In den Fällen, wo starke örtliche Verdrückungen (über den Auflagern bzw. unter dem Laststück) zu erwarten sind, sollen Unterlagsplatten (Reiter) angeordnet werden.

Die Laststeigerung soll nach den amerikanischen Vorschriften so erfolgen, daß eine gleichmäßige Bewegung des Laststücks mit der Geschwindigkeit

$$N = \frac{0,0015\,L_s^2}{6\,a} \;\; [\text{cm/min}]$$

eintritt; dabei bedeuten L_s die Spannweite in cm, a die Querschnittshöhe der Probekörper in cm.

Wenn die elastischen Eigenschaften ermittelt werden sollen, wird die Messung der Durchbiegungen mit einer Genauigkeit von 0,02 mm empfohlen; über die zweckmäßige Zahl der Messungen unterhalb der Proportionalitätsgrenze und über die Ermittlung von Rohwichte und Feuchtigkeitsgehalt vgl. unter 2.

5. Ermittlung des Verhaltens bei Scherbeanspruchung.

a) Scherebene senkrecht zur Plattenebene; Richtung der äußeren Kraft parallel zur Plattenebene.

Der Scherkörper (Scherkreuz) nach DIN 52187 für Vollholz (vgl. Abb. 48 in Abschn. I F 8) ist für die Feststellung der Scherfestigkeit von Sperrhölzern, besonders bei Beanspruchung unter Winkeln zwischen 0° und 90° gegen die Faserrichtung der Furniere, ungeeignet; allenfalls ist seine Anwendung bei Schichthölzern mit Kraftrichtung parallel zur Faserrichtung der Schichten vertretbar.

Für die Prüfung von Furnierplatten und Schichthölzern mit beliebigen Winkeln zwischen Kraftrichtung und Faserrichtung eignet sich die Rundscherprobe nach DIN 52187 — Prüfung von Holz, Scherversuch —, vgl. Abb. 45 und die zugehörigen Ausführungen in Abschn. I F 8; hierzu ist eine besondere Belastungsvorrichtung (Schereisen) erforderlich, die in DIN 52187 mit allen Abmessungen angegeben ist. Bei Lagenhölzern mit kleinen Dicken sind die Rundscherproben aus Stücken zu entnehmen, die durch Verleimung von mehreren Abschnitten der zu untersuchenden Platten entstanden sind. Wenn über die Zahl der zu prüfenden Proben keine Vereinbarungen vorliegen, sollen fünf gleichartige Proben zur Prüfung kommen. Diese sind vor der Prüfung mindestens 8 Tage lang bei 20 ± 2° C Temperatur und einer rel. Luftfeuchtigkeit von 65 ± 5% zu lagern. Die Belastungsgeschwindigkeit soll einer Zunahme der Scherspannung um 60 kg/cm² je Minute entsprechen. Aus der bei der Prüfung festgestellten Höchstlast P_{max} (in kg) und dem Durchmesser d (in cm) des Scherquerschnitts in den eingekerbten Zonen ergibt sich die Scherfestigkeit

$$\tau_{aB} = \frac{2\,P_{max}}{\pi\,d^2} \;\; \text{in kg/cm}^2,$$

die auf 0,1 kg/cm² anzugeben ist.

Die Rohwichte und, sofern die Klimatisierung der Proben vor der Prüfung nicht mit den Normvorschriften übereinstimmt, auch der Feuchtigkeitsgehalt der untersuchten Proben, sind zur sachgemäßen Beurteilung der Prüfergebnisse erforderlich.

Nach der amerikanischen Norm ASTM: D 805—52 soll die Scherfestigkeit von Furnierplatten entweder im Druckversuch an Probekörpern in Kreuzform mit an den seitlich ausgeschnittenen Rändern aufgeleimten Verstärkungsleisten nach Abb. 2 oder im Zugversuch an Abschnitten mit Sägeeinschnitten bzw. -schlitzen nach Abb. 3 ermittelt werden. Beide Prüfungsarten sind auf Furnierplatten beschränkt, bei denen die Fasern der Furniere entweder unter 0° oder 90° zu den Kanten verlaufen. Bei den Probekörpern nach Abb. 3 ist außerdem verlangt, daß die Faserrichtung der Außenfurniere mit der Längsrichtung der Probekörper übereinstimmt. Die Abmessungen der Probekörper nach Abb. 2 einschließlich Verstärkungsleisten, außerdem diejenigen der vier erforderlichen Bolzen mit aufzusetzenden Kugellagern sind in einer besonderen Tabelle der Norm für verschiedene Sperrholzdicken und für Hölzer geringer, mittlerer und hoher Rohwichte angegeben. Der Stahl für die vier zu jeder Prüfung erforderlichen Bolzen soll rd. 70 kg/mm² Streckgrenze und rd. 88 kg/mm² Zugfestigkeit aufweisen. Die auf die Kugellager bzw.

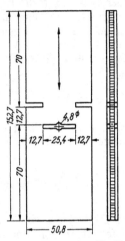

Abb. 3. Probekörper für die Scherprüfung von Furnierplatten im Zugversuch nach ASTM: D 805—52. Maße in mm.

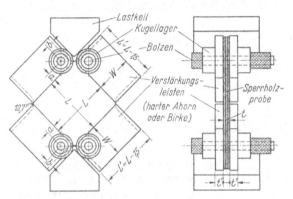

Abb. 2. Probekörper samt Belastungsvorrichtung für die Ermittlung der Scherfestigkeit von Furnierplatten im Druckversuch nach ASTM: D 805—52. Maße in mm.

Bolzen bei der Prüfung drückenden Lastkeile (90°-Winkel an den Spitzen) sollen auf bzw. unter Platten mit kugeliger Lagerung liegen. Die Scherfestigkeit der Probekörper nach Abb. 2 wird aus der Bruchlast P_{max} und der Sperrholzdicke d nach der Beziehung

$$\tau_{aB} = \frac{0,707\, P_{max}}{L\, d}$$

berechnet.

Bei den Probekörpern nach Abb. 2 ist große Sorgfalt auf die Herstellung der Bohrungen (glatte Wände, Achsen genau senkrecht zur Plattenebene), bei denen nach Abb. 3 auf das Anbringen der Sägeschnitte bzw. -schlitze zu legen.

b) Richtung der äußeren Kräfte senkrecht zur Plattenebene.

In der amerikanischen Norm ASTM: D 805—52 ist eine Scherprüfung (nach

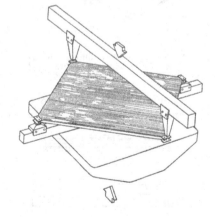

Abb. 4. Probekörper samt Belastungsanordnung für die Ermittlung des Schubmoduls von Furnierplatten nach ASTM: D 805—52.

Vorschlag des Holzforschungslaboratoriums in Madison, Wisc.) mit senkrecht zur Plattenebene wirkenden Kräften (Belastung an zwei entgegengesetzten

Enden einer Plattendiagonale, Auflagerung an den Enden der anderen Plattendiagonale) enthalten (vgl. Abb. 4). Die Kantenlänge der zu prüfenden quadratischen Probekörper soll größer als das 25fache und kleiner als das 40fache der
Plattendicke sein. Die Faserrichtung der einzelnen Lagen muß parallel oder
unter 90° zu den Kanten liegen; die Prüfung ist auch mit Winkeln von 45°
zwischen Fasern und Kantenrichtung möglich, sofern die Steifigkeitswerte $E \cdot J$
der Lagen entlang beiden Diagonalen gleich sind (z. B. 4 Lagen von Furnieren
gleicher Dicke). Für die Ermittlung des Schubmoduls G soll die Formänderung w
von vier auf den Diagonalen in gleicher Entfernung vom Plattenmittelpunkt
liegenden Punkten, bezogen auf letzteren, gemessen werden; die Entfernung u
dieser Meßpunkte von der Plattenmitte soll zweckmäßig $^1/_4$ der Diagonalenlänge
betragen. Für Platten mit der Dicke d ergibt sich für die Prüflast P der Schubmodul

$$G = \frac{3\,u^2\,P}{2\,d^3\,w} \quad [\text{kg/cm}^2].$$

Für die Beurteilung des Prüfungsergebnisses ist die Kenntnis von Holz-
feuchtigkeitsgehalt und Rohwichte erforderlich.

c) Scherebenen in die Leimfugen fallend (Ermittlung der Leim-Bindefestigkeit).

In DIN 53255 sind die deutschen Vorschriften für die Bestimmung der
Bindefestigkeit von Sperrholzverleimungen (Furnier- und Tischlerplatten) im
Zugversuch enthalten; dazu sollen
aus mindestens 3 Platten gleicher
Herstellung Abschnitte von rd.
400 mm × 500 mm, und zwar mindestens ein Abschnitt aus dem
Plattenrand und einer aus der Plattenmitte, entnommen werden, aus
denen die Prüfkörper hergestellt
werden.

Zur Prüfung von dreifach verleimten Furnierplatten werden aus
den vorgenannten Abschnitten zunächst 100 mm breite Streifen
(Breitenrichtung = Faserrichtung

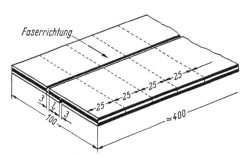

Abb. 5. Herstellung der Einschnitte an dreilagigen Sperr-
holz-Teilabschnitten nach DIN 53255.

der Außenfurniere) geschnitten und nach Abb. 5 beiderseits mit 3 mm breiten
Einschnitten versehen, die von jeder Seite das mittlere Furnier durchtrennen.

Abb. 6. Doppelte Zug-Scherprobe für die Ermittlung
der Bindefestigkeit von dreifach verleimten Furnierplatten nach DIN 53255.

Tabelle 2.

Furnierdicke a [mm]	Länge l der Scherfläche [mm]
≦0,3	4
0,3 bis 0,5	6
0,5 bis 0,8	8
>0,8	10

Der Abstand der Einschnitte (= Länge l der Scherfläche) ist entsprechend
der Furnierdicke a nach der in Tab. 2 wiedergegebenen Vorschrift zu wählen.

Die für die Beurteilung von Furnierplatten vorgeschriebene doppelte Zug-Scherprobe nach Abb. 6 entsteht durch Verleimung von zwei spiegelbildlich angeordneten Streifen von 25 mm Breite aus den Teilabschnitten nach Abb. 5.

Für fünffach verleimte Furnierplatten geht die in DIN 53255 vorgeschriebene Zug-Scherprobe, deren 3 mm breite Einschnitte ebenfalls an 100 mm breiten Abschnitten ähnlich denen nach Abb. 5 anzubringen sind und von jeder Seite die beiden äußeren Furniere ohne Verletzung des Mittelfurniers durchtrennen,

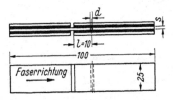
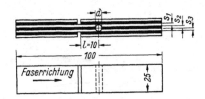

Abb. 7. Zug-Scherprobe für die Ermittlung der Binde-festigkeit von fünffach verleimten Furnierplatten nach DIN 53255.

Abb. 8. Zug-Scherprobe für die Ermittlung der Binde-festigkeit von siebenfach verleimten Furnierplatten nach DIN 53255.

aus Abb. 7 hervor. Die einzelnen Proben sind mit Bohrungen im Mittelfurnier (Bohrungsdurchmesser = Dicke des Mittelfurniers, Abstand $l = 10$ mm der Bohrungsmitte vom Einschnitt) zu versehen.

Die Zug-Scherproben nach Abb. 8 für siebenfach verleimte Furnierplatten werden ähnlich wie diejenigen für fünffach verleimte Platten hergestellt (durch die 3 mm breiten Einschnitte werden lediglich die beiden äußeren Furniere auf jeder Seite getrennt). Der Durchmesser der Bohrung ist gleich der Summe der Dicken der drei mittleren Furniere.

Die Probekörper nach den Abb. 6 bis 8 sollen vor der Prüfung auf Trocken-festigkeit[1] 3 Tage im Normklima (20±2° C Temperatur, 65 ± 3% rel. Luftfeuchtig-keit) gelagert sein. Zur Prüfung werden sie auf je 30 mm Länge an ihren Enden von den Einspannbacken der Zugprüf-maschine gefaßt (Genauigkeit der Kraft-anzeige = mindestens 1 kg) und mit gleich-bleibender Zunahme der mittleren Span-nung von 100 kg/cm² je Minute bis zum Bruch belastet. Aus der ermittelten Höchstkraft P_{max} und den nach der Prü-fung auszumessenden Scherflächen F_1 und F_2 ergibt sich die Bindefestigkeit

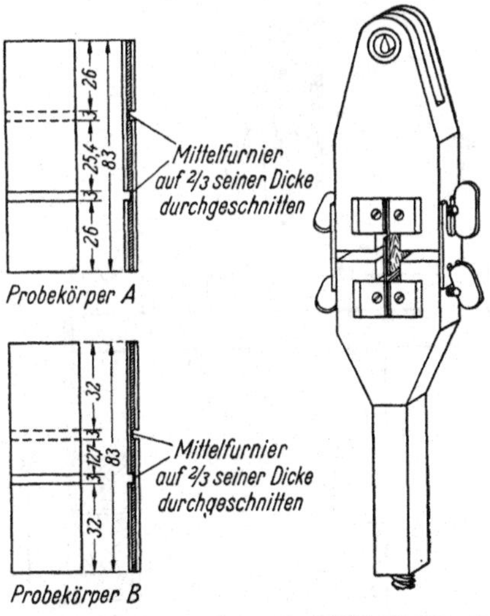

Abb. 9. Zug-Scherprobe nach ASTM: D 805—52 samt Einspannbacken für die Ermittlung der Bindefestigkeit von (dreilagigen) Furnierplatten.

$$\tau_B = \frac{P_{max}}{F_1 + F_2}.$$

Mindestens 5 Prüfkörper sollen nach den Vorschriften von DIN 53255 zu jeder Beurteilung geprüft werden.

In den amerikanischen Normen (vgl. ASTM: D 805—52) sind für die Er-mittlung der Bindefestigkeit von Furnierplatten dreilagige Probekörper mit

---

[1] Über die zur Ermittlung der Wasser-, Heißwasser-, Kochfestigkeit usw. erforderlichen Lagerungsarten und -zeiten vgl. Tafel 1 von DIN 53255.

25 mm Breite und 82 mm Länge nach Abb. 9 vorgeschrieben (Faserrichtung der beiden Außenfurniere parallel, die des Mittelfurniers senkrecht zur Länge

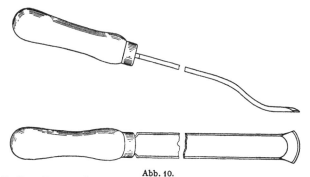

Abb. 10.
Werkzeug für die Beurteilung der Güte der Leimbindung von Furnierplatten nach den britischen Normen.

der Probekörper). Die Länge der Scherfläche beträgt 25,4 mm, wenn die Außenfurniere mehr als 1 mm Dicke besitzen (Probekörper A), und 12,7 mm bei 1 mm oder kleinerer Dicke der Außenfurniere (Probekörper B). Der Probekörper nach Abb. 9 wird in den USA auch zur Prüfung von Furnierplatten mit mehr als 3 Lagen verwendet; in diesen Fällen sollen alle Lagen von den Prüfabschnitten entfernt werden außer den 3 Lagen, zwischen denen die Bindefestigkeit festgestellt werden soll. Bei der Prüfung sollen die Probekörper Feuchtigkeitsgehalte zwischen 8 und 12% besitzen, sofern nicht die Festigkeit nach Wasserlagerung oder Kochbehandlung zu ermitteln ist. Die vorgeschriebene Einspannvorrichtung ist aus dem rechten Teil von Abb. 9 ersichtlich; die Last soll gleichmäßig mit einer Zunahme von 270 bis 450 kg je Minute bis zum Bruch gesteigert werden. Zur Erzielung vergleichbarer Festigkeitswerte bei den Probekörpern A und B nach Abb. 9 mit verschiedener Länge der Scherfläche sollen die mit den kleinen Scherflächen (Probekörper B) erzielten Festigkeitswerte um 10% vermindert werden.

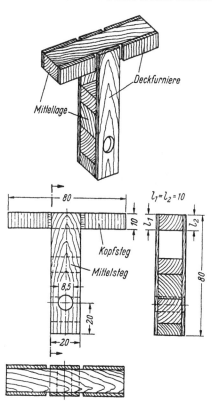

Abb. 11. Probekörper für die Ermittlung der Bindefestigkeit von Tischlerplatten nach DIN 53255.

In den britischen Normen für Sperrholz (Furnierplatten) zu Bau- und allgemeinen Zwecken (B. S. 1455: 1948) und zu Marinezwecken (B. S. 1088: 1951) ist für die Erkundung der Güte der Leimbindung zwischen den einzelnen Lagen der „knife test" unter Benutzung eines Werkzeugs nach Abb. 10 (in der Schmiedewerkstatt aus einer Feile 2,5 cm × 25 cm herzustellen) vorgeschrie-

ben; es handelt sich dabei um eine rein qualitative Prüfung: die Werkzeug-
schneide wird parallel zur Faserrichtung des Außenfurniers angesetzt, entlang
einer Leimschicht eingetrieben und entlanggeführt, anschließend das Furnier
nach oben gebrochen. Die Beurteilung des Prüfergebnisses erfolgt nach dem
Schwierigkeitsgrad des Auffindens der Leimschicht und der Größe der zur
Trennung der Furniere erforderlichen Kraft, außerdem der Flächengröße des
vom Werkzeug abgehobenen Furniers und dem erhaltenen Bruchbild. Dabei
ist zu berücksichtigen, daß bei gleicher Güte der Verleimung Furniere aus
leichten Hölzern (Fichte, Kiefer) meist mehr Holzfaserbruch erfahren als solche
aus schwereren Hölzern (Buche, Birke, Ahorn). In B. S. 1455:1948 sind an
Hand von Photographien der
Bruchbilder verschiedener Furniere Anleitungen für die Beurteilung der Ergebnisse des „knife
test" enthalten.

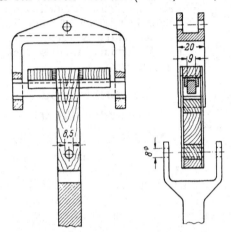

Abb. 12. Schematische Darstellung einer Vorrichtung zur Prüfung der Probekörper aus Tischlerplatten nach Abb. 10.

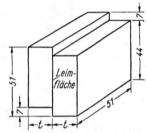

Abb. 13. Probekörper nach ASTM: D 805- 52
für die Ermittlung der Bindefestigkeit zwischen
zwei verleimten Schichten gleicher Faserrichtung (// Kraftrichtung). Maße in mm.

Die Bindefestigkeit von *Tischlerplatten* wird nach DIN 53255 an T-förmigen
Probekörpern nach Abb. 11 mit Leimflächen von 10 mm Länge und 20 mm
Breite festgestellt; innerhalb der Prüfflächen dürfen keine Stoßfugen der Mittellagen liegen. Die Trennung der Deckfurniere an den Kopfstegen durch rd. 3 mm
breite Einschnitte und das Ausschneiden der Mittellagen im Mittelsteg unterhalb
den Prüfflächen muß sorgfältig und ohne Verletzung der Prüfflächen geschehen.
Zur Prüfung ist eine Belastungsvorrichtung nach Abb. 12 erforderlich, die in
Prüfmaschinen mit 1 kg Genauigkeit der Kraftanzeige einzuhängen ist; vorgeschriebene Belastungsgeschwindigkeit 100 kg/cm² je Minute (Beanspruchung
auf die geleimte Prüffläche bezogen). Aus der ermittelten Höchstlast P_{max} und
den nach der Prüfung ausgemessenen Leimflächen F_1 und F_2 jeder Probe wird
die Bindefestigkeit

$$\tau_B = \frac{P_{max}}{F_1 + F_2}$$

berechnet.

In der amerikanischen Norm ASTM: D 805—52 ist schließlich noch eine
Scherprüfung unter Druckbelastung an Probekörpern nach Abb. 13 aus zwei
verleimten Schichten gleicher und mit der Richtung der äußeren Kraft über-
einstimmender Faserrichtung unter Benutzung einer Prüfvorrichtung nach
Abb. 14 zur Feststellung der Bindefestigkeit zwischen diesen beiden Lagen
(Dicke t jeder Lage = 18 mm, Länge jeder Lage 44 mm, Gesamthöhe des
Probekörpers 51 mm) vorgesehen. Die Benützung derartiger Prüfkörper ist
angebracht zur Beurteilung der Bindefestigkeit von Bauteilen aus verleimten

Brettern; bei ihrer Herstellung ist besondere Sorgfalt auf die Erzielung ebener, parallel zueinander und genau senkrecht zur Probenlänge verlaufender Schnitte an den zu belastenden Stirnflächen zu legen, die sich in jedem Fall bis zur Leimfuge, keinesfalls jedoch darüber hinaus erstrecken sollen. Die Laststeigerung soll gleichmäßig entsprechend einer Geschwindigkeit der bewegten Druckplatte von 0,4 mm/min erfolgen. Die Benutzung des Scherkreuzes nach DIN 52187 (vgl. Abb. 48 in Abschnitt I F 8) ist für den genannten Zweck nur geeignet, wenn die mittlere Lage (zwischen den beiden zu prüfenden Leimflächen) 30 mm dick ist oder (durch Auftrennen und neue Verleimung) auf diese Dicke gebracht wird.

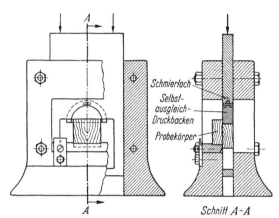

Abb. 14. Prüfvorrichtung für Probekörper nach Abb. 13.

6. Ermittlung der Bruchschlagarbeit (Schlagbiegefestigkeit).

Die amerikanische Norm ASTM: D 805—52 enthält Vorschriften über die Ermittlung der Bruchschlagarbeit von Sperrhölzern (Furnierplatten) unter Benutzung der in Abb. 15 wiedergegebenen Prüfeinrichtung. Bei Sperrholzdicken unter 16 mm soll die Probenbreite 16 mm, bei dickeren Sperrhölzern gleich der Sperrholzdicke (quadratischer Probenquerschnitt) sein. Die Länge der Probekörper und die Auflagerentfernung sollen der Dicke der zu prüfenden Sperrhölzer entsprechend nach Tab. 3 gewählt werden.

Abb. 15 zeigt, daß der Probekörper bei der Prüfung durch zwei vertikal stehende Bolzen (Auflagerkräfte senkrecht zur Ebene der Sperrholzlagen wirkend) gestützt und die Last durch eine Schneide (Rundungshalbmesser entsprechend ungefähr dem $1^1/_2$ fachen der Probendicke) aufgebracht wird, die über ein leicht biegsames Kabel mit der Trommel um die Pendeldrehachse verbunden ist. Der Bruch des Probekörpers soll durch *einen* Schlag herbeigeführt werden; der Unterschied zwischen dem Ausgangs- und Endwinkel des Pendels soll mindestens 10° betragen. Die Bruchschlagarbeit T wird aus der Beziehung

$$T = w \cdot e \, (\cos A_2 - \cos A_1) \qquad [\text{cm} \cdot \text{kg}]$$

berechnet, worin bedeuten:

Tabelle 3.

Sperrholzdicke	Auflagerentfernung	Länge der Probekörper
mm	mm	mm
≦ 3	50	100
> 3 bis 6	75	125
> 6 bis 9	125	175
> 9 bis 12	150	200
>12 bis 16	200	250
>16 bis 18	230	275
>18 bis 25	300	350

w Pendelgewicht [kg],
e Entfernung der Pendeldrehachse vom Schwerpunkt des Pendels [cm],
A_1 Ausgangswinkel des Pendels mit der Vertikalen [°],
A_2 Endwinkel des Pendels mit der Vertikalen nach Eintritt des Bruchs des Probekörpers [°].

7. Härteprüfung.

In der USA-Norm ASTM: D 805—52 ist für Lagenhölzer mit Rohwichten von 1,0 g/cm³ und mehr (Preßlagenhölzer) die Härteprüfung mit dem ROCKWELL-Härteprüfer unter Benutzung der M-Skala (vgl. ASTM: E 18) und bei Verwendung der ¹/₄″-Kugel mit 10 kg Vorlast und 100 kg Prüflast festgelegt. Der

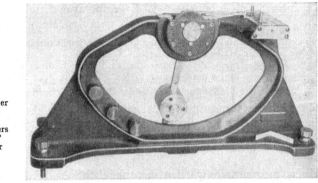

Abb. 15. Amerikanische Prüfmaschine für die Ermittlung der Bruchschlagarbeit von Sperrhölzern (Furnierplatten) Beanspruchung des Probekörpers bei einem Winkel von rd. 15° zwischen Pendelachse und der Vertikalen.

Probekörper soll mindestens 6 mm dick sein und die Mindestkantenlänge von 25 mm haben.

8. Ermittlung der Feuchtigkeitsaufnahme verdichteter Lagenhölzer (Preßlagenhölzer) nach ASTM: D 805—52.

Die Probekörper für diese Feststellungen sollen 25 mm Breite und 75 mm Länge aufweisen; bei Stoffen mit weniger als 9 mm Dicke soll ihre Dicke der Materialdicke entsprechen, bei dickeren Stoffen 9 mm betragen; Entnahme der Probekörper aus der Mitte der Halbzeuge. Die Fasern der Außenlagen müssen senkrecht zur Probenlängsrichtung, d. h. in Breitenrichtung, verlaufen. Alle ursprünglichen Oberflächen der Halbzeuge werden mittels Schmirgelpapier Nr. 000 entfernt; auch die Schnittflächen, die nicht überhitzt oder angesengt sein dürfen, sind so zu behandeln.

Die Probekörper werden 24 h lang bei $50 \pm 2°$ C getrocknet und nach anschließender Abkühlung im Exsikkator über Kalziumchlorid gewogen (Gewicht G_i). Hierauf folgt 24stündige Lagerung unter Wasser von $25 \pm 2°$ C mit anschließender Oberflächenabtrocknung mittels trockenen Tuchs und erneuter Wägung (Gewicht G_f). Die Feuchtigkeitsaufnahme A in % ergibt sich aus

$$A = \frac{G_f - G_i}{G_i} \, 100 \, [\%].$$

9. Ermittlung des Quellens und des Rückgangs der Verdichtung von Preßlagenhölzern bei Feuchtigkeitsaufnahme nach A TM: D 805—52.

Zu dieser Prüfung sind 6 Probekörper erforderlich mit $50 \pm 2,5$ mm Länge (Längsrichtung senkrecht zur Faserrichtung der Außenlagen), $1,6 \pm 0,1$ mm Breite (Breitenrichtung = Richtung der Fasern der Außenfurniere) und einer Dicke entsprechend der Dicke der zu prüfenden Halbzeuge. Über die geforderte Oberflächenbearbeitung vgl. unter 8.

In der Mitte jedes Probekörpers soll zunächst die in die Verdichtungsrichtung fallende Abmessung mit 0,02 mm Genauigkeit gemessen werden.
Hierauf werden 3 Probekörper (Vergleichskörper) einer 24stündigen Trocknung
bei $103 \pm 2°$ C mit anschließender Abkühlung im Exsikkator über Kalziumchlorid und erneuter Ausmessung unterzogen. Die übrigen 3 Probekörper (Eintauchkörper) werden 24 h lang unter Wasser von $25 \pm 2°$ C Temperatur gelagert, nach oberflächlicher Abtrocknung mit einem trockenen Tuch ausgemessen und hierauf 24 h bei $103 \pm 2°$ C Temperatur getrocknet, wie die Vergleichsproben gekühlt und erneut gemessen. Mit den Meßwerten

d_1 Summe der Maße der 3 lufttrockenen Vergleichskörper in Verdichtungsrichtung,
d_2 Summe der Maße der 3 gedarrten Vergleichskörper in Verdichtungsrichtung,
d_3 Summe der Maße der 3 lufttrockenen Eintauchkörper in Verdichtungsrichtung,
d_4 Summe der Maße der 3 wassersatten Eintauchkörper in Verdichtungsrichtung,
d_5 Summe der Maße der 3 gedarrten Eintauchkörper in Verdichtungsrichtung

ergibt sich der prozentuale Rückgang der Verdichtung (vom ursprünglichen
gedarrten Zustand zum gedarrten Zustand nach Wasserlagerung) zu

$$R = \left(\frac{d_1 \, d_5}{d_2 \, d_3} - 1 \right) 100 \; [\%]$$

und das prozentuale Quellen einschließlich des Rückgangs der Verdichtung
(vom gedarrten Zustand zum wassersatten Zustand) zu

$$S = \left(\frac{d_1 \, d_4}{d_2 \, d_3} - 1 \right) 100 \; [\%].$$

M. Prüfung von Holzkonstruktionen.

Von K. Egner, Stuttgart.

1. Zügig oder in Stufen gesteigerte Belastung.

a) Vorwiegend auf Druck beanspruchte Verbindungen.

Für die Erkundung der Nachgiebigkeit und Tragfähigkeit von Holzverbindungen, besonders von Dübelverbindungen, bei Druckbelastung parallel
zur Faserrichtung haben sich dreiteilige Prüfkörper nach Abb. 1 bewährt. Die
dargestellte Prüfkörperform entspricht den in Deutschland für die einheitliche
Prüfung von Dübelverbindungen [1] geltenden Richtlinien. Die im Mittel- und
in den Seitenhölzern vorgesehenen Aussparungen, deren Tiefe um 3 mm größer
als die halbe Dicke der Dübel sein soll, ermöglichen ein Ausscheren der Vorhölzer
vor den Dübeln ähnlich den Verhältnissen in Zugstößen; in solchen Fällen, wo
keine Übertragbarkeit der Ergebnisse auf Zugstöße erforderlich ist, wird man
auf diese Aussparungen verzichten.

Druckkörper nach Abb. 1 mit zwei zu prüfenden Verbinderpaaren sollen
nach den Richtlinien für die einheitliche Prüfung von Dübelverbindungen aus
Fichten- oder Tannenholz mit 350 ± 20 kg/cm² Druckfestigkeit (bei 15%
Feuchtigkeitsgehalt) ohne nennenswerten Rotholzanteil und ohne Äste im
Bereich der Verbindungsmittel bestehen. Auch die Abmessungen dieser
Prüfkörper müssen nach einheitlichen Gesichtspunkten gewählt werden. Man
geht dazu von einer voraussichtlich zulässigen Last P'_{zul} aus, aus der sich der
Nettoquerschnitt des Mittelholzes unter Zugrundelegung einer mittleren Druck-
beanspruchung von 80 kg/cm² ergibt. Die Breite der Prüfkörper soll das Dübel-
maß, sofern es weniger als 100 mm beträgt, um 30 mm, bei größeren Dübeln

um 50 mm übertreffen. Zum Nettoquerschnitt sind die Querschnittsanteile für die Bohrung (rd. 1 mm größer als der Bolzendurchmesser) und die beiden Verbinder hinzuzufügen, um den für die Ermittlung der Querschnittshöhe des Mittelholzes wichtigen Gesamtquerschnitt zu erhalten. Die Querschnittshöhe der Laschenhölzer soll 75% der Querschnittshöhe des Mittelholzes betragen; keine der Querschnittsabmessungen darf jedoch unter 6 cm liegen. Die Vorholzlängen l_V vor den Verbindern werden unter Zugrundelegung einer zulässigen Scherbeanspruchung von 9 kg/cm² ermittelt, wobei etwaige Holzkerne innerhalb der Dübel und das Vorholz vor den Bolzen nicht berücksichtigt werden darf.

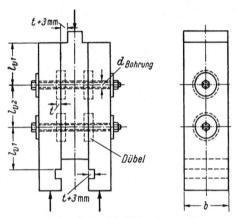

Abb. 1. Prüfkörper für Druckbelastung parallel zur Faserrichtung (gleichgerichtete Mittel- und Laschenhölzer) nach den Richtlinien für die einheitliche Prüfung von Dübelverbindungen.

Vor der Druckprüfung müssen, sofern nicht der Einfluß nachträglichen Schwindens u. dgl. untersucht wird, die Muttern der Bolzenschrauben mit Hilfe eines geeichten Drehmomentenschlüssels so angezogen werden, daß vergleichbare Zugkräfte in den Bolzen wirksam sind (z. B. rd. 800 kg bei ½″, rd. 2000 kg bei ³/₄″-Schrauben). Die Last soll in Stufen von 1000 bis 2000 kg gesteigert und die jeweils eingetretenen Verschiebungen zwischen Mittel- und Laschenhölzern 2 min nach Erreichen jeder Laststufe gemessen werden. Zu diesen Messungen werden Meßuhren verwendet, die in geeigneter Weise sowohl auf der Vorder- als auch der Rückseite der Verbindungen angebracht werden. Es empfiehlt sich, nach Erreichen der angenommenen Gebrauchslast auf eine geringe Vorlast zu entlasten und außerdem diese Belastung und Entlastung zwölfmal unter Vornahme von Verschiebungsmessungen zu wiederholen, ehe in Stufen weiter bis zum Bruch belastet wird.

Wenn die Prüfergebnisse die Erwartungen hinsichtlich der zugrunde gelegten, voraussichtlich zulässigen Last P'_{zul} nicht bestätigen, sind neue Prüfkörper für die aus den vorliegenden Ergebnissen abgeleitete zulässige Last P''_{zul} zu entwerfen und zu prüfen.

Nach erfolgter Prüfung ist die Entnahme von Probekörpern zur Feststellung der Druck- und evtl. Scherfestigkeit nach DIN 52185 und 52187 sowie des Feuchtigkeitsgehalts nach DIN 52183 der verwendeten Hölzer erforderlich.

Für die Erkundung des Verhaltens von Dübelverbindungen mit rechtwinklig zueinander verlaufenden Teilhölzern (90° Neigung der Kraftrichtung zur Faserrichtung) sind in den Richtlinien für die einheitliche Prüfung von Dübelverbindungen Prüfkörper nach Abb. 2 mit je einem Dübelpaar vorgeschrieben. Für die Auslese der Hölzer und die Wahl der Prüfkörperabmessungen gelten dieselben Gesichtspunkte wie für die Körper mit gleichgerichteten Teilhölzern (s. o.); die mittlere Druckbeanspruchung im Querschnitt des Mittelholzes soll jedoch nur 50 kg/cm², die Breite b_L der Laschenhölzer das 1,2fache der Breite b_M des Mittelholzes betragen. Die Belastungsanordnung ist so gewählt, daß in den Laschenhölzern zusätzliche Biegespannungen entstehen. Derartige Prüfkörper erfahren größere Verschiebungen der verbundenen Hölzer [2] als solche, bei denen die Laschenhölzer unmittelbar unterhalb der Knotenpunkte unterstützt

sind [3], [4]; damit wird ungünstigen Verhältnissen, wie sie in der Praxis gelegentlich anzutreffen sind, Rechnung getragen. Die Unterlagsplatten an den Auf-

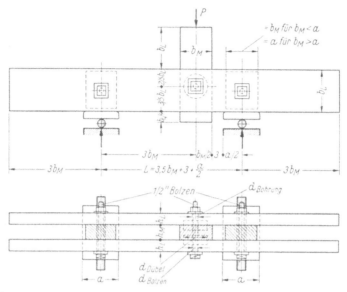

Abb. 2. Prüfkörper für Druckbelastung mit rechtwinklig zum Mittelholz angeordneten Laschenhölzern nach den
Richtlinien für die einheitliche Prüfung von Dübelverbindungen.

lagern sind so zu bemessen, daß unter der Bruchlast die zulässige Querdruck-
spannung von 20 kg/cm² in den Laschenhölzern nicht überschritten wird.

Abb. 3. Druckprüfung einer Dübelverbindung mit 60°-Winkel zwischen Mittel- und Laschenhölzern.
Die Horizontalkräfte werden durch 2 Zugstangen aufgenommen

In den Richtlinien für die einheitliche Prüfung von Dübelverbindungen ist
der Druckversuch an Verbindungen aus Teilhölzern, deren Faserrichtungen
Winkel zwischen 0 und 90° einschließen, nicht vorgesehen. Für die Prüfung
derartiger Verbindungen hat sich eine Versuchsanordnung nach Abb. 3 bewährt.

Bei der Prüfung geleimter Laschenverbindungen hat sich ergeben, daß ein deutlicher Einfluß der Dicke von Mittel- und Laschenhölzern auf die Scherfestigkeit in der Leimfuge nicht zu erwarten ist; dagegen nimmt die Größe der Scherfläche wesentlichen Einfluß auf die Höhe der mittleren Scherfestigkeit [5].

Über die in den USA vorgeschriebene Prüfung von Wandbauteilen unter Druckbelastung (Druckkraft in Richtung der Wandebene) siehe unter b). Daneben ist in ASTM: E 72—51 T die Prüfung unter konzentrierter Druckbelastung (senkrecht zur Wand- bzw. Plattenebene wirkender Stahlstempel von 2,54 cm Durchmesser) vorgeschrieben.

b) Bauteile unter Knickbeanspruchung.

Angaben über die zweckmäßige Vornahme der Knickprüfung von Hölzern sind in Abschn. I F 4 enthalten; sie treffen auch für die Knickprüfung von Holzkonstruktionen zu.

Über Einzelheiten der Durchführung neuerer Knickversuche mit gegliederten Holzstützen vgl. [6], [7].

Für die Prüfung von Wandteilen unter axial wirkenden Druckkräften ist in der US-Vornorm ASTM: E 72—51 T über die Durchführung von Festigkeitsversuchen an plattenförmigen Bauteilen eine Belastungsanordnung nach Abb. 4 vorgesehen; die Last wird über eine auf der oberen Stirnfläche des Wandteils liegende Stahlplatte, und zwar gleichmäßig verteilt längs einer parallel zur Wandinnenseite und in einer Entfernung entsprechend einem Drittel der Wanddicke von letzterer verlaufenden Linie aufgebracht. Die Prüfung soll an 3 Probestücken von 2,4 m Höhe und 1,2 m Breite vorgenommen werden. Dabei sind die Zusammendrückungen mit Hilfe von Meßuhren an 4 Stellen, jeweils in der Nähe einer Kante auf jeder Plattenseite, außerdem die seitlichen Formänderungen in halber Probenhöhe ebenfalls in der Nähe der Kanten (2 Meßstellen) mit Hilfe von senkrecht gespannten Drähten und Spiegelmaßstäben zu messen. Die Last ist in Stufen gleicher Höhe zu steigern; vor jeder neuen Stufe soll Entlastung auf die Grundlast mit zugehörigen Messungen erfolgen. Die Belastungsgeschwindigkeit soll einer Kolbenbewegung [12] von 0,7 mm je Minute entsprechen.

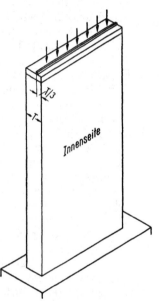

Abb. 4. Belastung von Wandteilen durch Druckkräfte in Richtung der Wandebene nach ASTM: E 72—51 T.

c) Zugstöße.

Die Prüfung von Zugstößen aus Holz stößt mit wachsender Größe der Verbindungen auf Schwierigkeiten der Krafteinleitung. Im allgemeinen hat es sich bewährt, die Köpfe der Verbindungen zwischen Stahllaschen zu fassen unter Verwendung von stählernen Dübeln; hierzu sind vorzugsweise Siemens-Krallenplatten (nur die Teilstücke mit Naben) nach Abb. 5 geeignet, die so weit in die Köpfe der Prüfkörper eingefräst bzw. eingeschlagen werden, daß die Oberseiten der Dübelplatten mit der Holzoberfläche bündig sind und nur die zum Eingriff in die Stahllaschen vorgesehenen Naben über die gemeinsame Ebene Holz-Dübelplatten herausragen. Vor Anbringen dieser Verbindungsmittel in den Hölzern sind Vertiefungen für die Aufnahme der plattenförmigen Teile der

Dübel mit Spezialfräsern herzustellen. Die Zahl der erforderlichen Krallenplatten richtet sich nach der Höhe der erwarteten Bruchlast; jedes Verbindungspaar darf mit rd. 4 t belastet werden. Der Zusammenhalt zwischen Stahllaschen, eingelegten Verbindern und Köpfen der Probekörper wird in der üblichen Weise durch Schraubenbolzen gesichert. Die Einspannköpfe müssen größere Querschnittsabmessungen als der eigentliche Prüfteil der Stöße aufweisen, um Kopfbrüche zu vermeiden. Die Übergänge zwischen Prüfteil und Einspannköpfen dürfen nicht zu kurz sein, damit möglichst gleichmäßige Einleitung der Kräfte in den Prüfteil erreicht wird.

Der Aufbau der Zugkörper, die in den deutschen Richtlinien für die einheitliche Prüfung von Dübelverbindungen vorgeschrieben sind, geht aus Abb. 6 hervor; sie enthalten ober- und unterhalb des Stoßes je 2 Dübelpaare. Daneben ist in diesen Richtlinien die Prüfung von Körpern mit beiderseits je 4 Dübelpaaren vorgeschrieben. Für den Entwurf und das Vorgehen bei der Prüfung dieser Zugkörper gelten dieselben Bestimmungen wie für die Druckkörper (vgl. hierzu unter a). Besonderer Wert ist auf die Ermittlung des Last-Verschiebungs-Schaubildes zu legen, da unter der für den praktischen Gebrauch zulässigen Belastung nach DIN 1052 — Holzbauwerke — keine größeren Verschiebungen der verbundenen Hölzer als 1,5 mm auftreten dürfen (Öffnung des

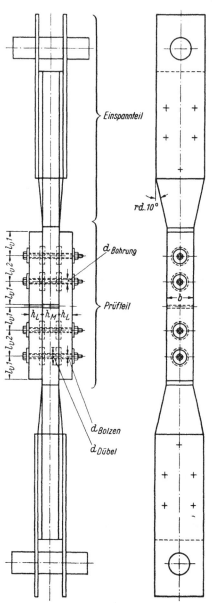

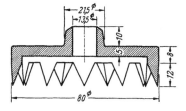

Abb. 5. Siemens-Krallenplatte für den Anschluß von Stahllaschen an die Einspannköpfe von Zugstößen.

Abb. 6. Zugkörper nach den Richtlinien für die einheitliche Prüfung von Dübelverbindungen.

Stoßes $\leq 2 \cdot 1,5 \leq 3$ mm). Auch das Abheben der Laschenenden vom Mittelholz ist durch laufende Messung der Gesamtbreite der Prüfkörper in der Nähe der Laschenenden zu verfolgen, da hieraus weitere Aufschlüsse über das Verhalten der zu prüfenden Verbindungsart zu gewinnen sind. Über die Feststellung der Eigenschaften der zu den Prüfkörpern verwendeten Hölzer vgl. unter a).

Aus Abb. 7 geht die Belastungsanordnung bei der Prüfung eines Knotenpunkts hervor, dessen Zugstab in der Einspannvorrichtung einer liegenden Prüfmaschine

Abb. 7. Prüfung einer Knotenpunktverbindung in einer liegenden Zugprüfmaschine.

Abb. 8. Biegebelastung eines Dachbinderpaares von 6,6 m Spannweite; Aufbringung der Last an acht gleichmäßig über die Spannweite verteilten Stellen.

gefaßt war, während die Druckstäbe gegen die Zwischenglieder der Maschine unter Aufnahme der Seitenkräfte durch ein Schwellenholz abgestützt waren.

d) Bauteile mit vorwiegender Biegebeanspruchung.

Die Biegeprüfung von Bauteilen mit Spannweiten bis zu rd. 8 m läßt sich in vielen Fällen in Druckpressen mit genügender Einbauhöhe über einem auf der unteren Druckplatte aufgesetzten Profilträger aus Stahl mit hinreichendem Widerstandsmoment vornehmen. Wird außerdem möglichst gleichmäßig verteilte Belastung gefordert, so kann man einen Aufbau auf dem Prüfkörper mit verschieden langen, kleineren Profilträgern unter Verwendung von Kugeln und Rollen zwischen letzteren nach Abb. 8 vornehmen; dieses Bild zeigt die Biegebelastung von 2 Dachbindern mit 6,6 m Spannweite unter Aufbringung der Last an acht gleichmäßig über die Auflagerentfernung verteilten Laststellen. Wesentlich einfacher ist die Prüfung in ausgesprochenen Biegepressen unter Verwendung von Preßzylindern, die an beliebig gewünschten Stellen eingesetzt werden können (vgl. Abb. 9; geleimter Vollwandträger mit 14 m Auflagerentfernung).

An den Last- und Auflagerstellen ist für hinreichend bemessene Übertragungsstücke zu sorgen, so daß keine unzulässig großen Eindrückungen mit der Gefahr des Entstehens von Zusatzspannungen auftreten. Unter der voraussichtlichen Höchstlast sollte daher die Querpressung infolge der äußeren Lasten an keiner Stelle der Probekörper größer als 20 bis 25 kg/cm² sein. Die Auflager sollen, sofern keine Sonderfälle vorliegen, drehbar sein (Walzenlager); auch über den Laststellen empfiehlt sich zur eindeutigen Lasteinbringung der Einbau von Kugeln oder Walzen zwischen Stahlplatten.

Zur Messung der Durchbiegungen hat sich bei mäßigen Spannweiten die Ablesung an Maßstäben, die an den Prüfkörpern befestigt sind, unter Verwendung von Drähten bewährt, die in Höhe der neutralen Achse des Probekörpers über Rollen oder Drahtstiften oberhalb der Auflager gelegt und mittels angehängter Gewichte gespannt sind. Die Ablesung wird erleichtert, wenn die Maßstäbe in Verbindung mit Spiegeln angebracht sind; bei der Ablesung ist dabei darauf zu achten, daß die Oberkante des Drahts mit deren Spiegelbild durch das Auge zur Deckung gebracht wird. Bei großen Prüfkörpern wird die Messung der Durchbiegungen vorteilhaft mittels Nivellierinstrumenten vorgenommen; die Ablesung der Maßstäbe, die in diesem Falle auch über den Auflagern anzubringen sind, ist durch Messung an Fixpunkten außerhalb der Prüfeinrichtung zu kontrollieren, um evtl. Veränderungen an den Nivellieren ausgleichen zu können.

Um seitliches Ausknicken zu verhindern, empfiehlt sich, besonders bei hohen Prüfkörpern, die paarweise Prüfung, wobei die Oberkanten der beiden Prüfkörper in nicht zu großen Abständen miteinander verbunden werden müssen (u. U. Verbretterung).

Für die Biegeprüfung von Bauteilen mit großer Spannweite und besonders von solchen mit großer Bauhöhe (Binder, Dächer) stehen häufig keine geeigneten Prüfmaschinen zur Verfügung; in solchen Fällen hilft Aufbringen der Belastung mittels angehängten Lastbühnen. Vgl. hierzu auch das in den USA übliche Vorgehen gemäß ASTM: E 73—52 bei der Prüfung von Tragwerksteilen. Abb. 10 zeigt die Prüfung von 2 Kehlbalkenbindern mit einseitiger Belastung (an den rechten Binderhälften sind nur kleine Lastbühnen entsprechend den Gewichten der Dacheindeckung angehängt). In der amerikanischen Norm ASTM: E 73—52 ist auch die Prüfung von Biegeträgern in Verkehrtstellung (Zuggurt oben liegend) aufgenommen, wobei die Trägerenden durch Zuganker niedergehalten werden (Verankerung in geeigneten Fundamentblöcken) und die Belastung durch geeichte Preßtöpfe auf den unten liegenden Druckgurt

(Preßtöpfe zwischen Fundament bzw. Boden und Druckgurt angeordnet) ausgeübt wird.

Die Last wird im allgemeinen stufenweise aufgebracht (gleiche Stufenhöhe).
Die Stufenhöhe soll so bemessen sein, daß die voraussichtliche Gebrauchslast

Abb. 9. Biegeprüfung eines geleimten Vollwandträgers mit 14 m Spannweite. Aufbringung der Last durch orts-
veränderliche Preßzylinder.

Abb. 10. Prüfung von Dachbindern mittels angehängter Lastbühnen.

in 3 bis 4 Stufen erreicht wird. Nach Erreichen der voraussichtlichen Gebrauchslast wird zweckmäßig auf die Grundlast entlastet und ein zwölfmaliger

Belastungswechsel Grundlast-Gebrauchslast vorgenommen. Die Messungen der Durchbiegungen werden auf jeder Stufe nach einer Einwirkungsdauer von 2 min vorgenommen.

Die Prüfung der Widerstandsfähigkeit von Binderecken kann in Druckpressen nach Abb. 11 vorgenommen werden, wenn dafür Sorge getragen wird, daß die Resultierende der am Binderfuß wirkenden Kräfte mit der Achse der Prüfpresse übereinstimmt. Durch Dehnungsmessungen im Bereich des eigentlichen Binderecks (entlang der dort senkrecht zur Richtung der äußeren Druckkraft verlaufenden Ebene; Meßstellen parallel zur äußeren Druckkraft) läßt sich die Lage der neutralen Fasern ermitteln, deren Entfernung von der Achse der äußeren

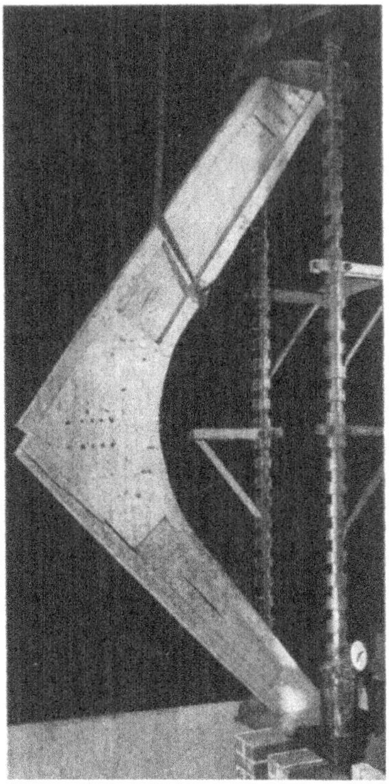

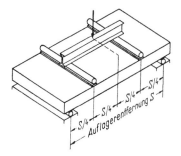

Abb. 11. Ermittlung der Widerstandsfähigkeit eines geleimten Binderecks unter Biegebeanspruchung.

Abb. 12. Biegeprüfung von Wandteilen in den USA nach ASTM: E 72—51 T.

Druckkraft für die Feststellung der ausgeübten Biegemomente wichtig ist.

Für die Biegeprüfung von Wänden ist in der amerikanischen Vornorm ASTM: E 72—51 T eine Lastanordnung nach Abb. 12 vorgeschrieben (Auf-

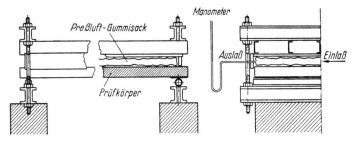

Abb. 13. Biegeprüfung von plattenförmigen Bauteilen nach dem Gummisackverfahren gemäß der amerikanischen Norm ASTM: E 72—51 T.

lagerung und Lasteinbringung über Stahlwalzen und Stahlplatten zwischen Wand und Walzen); Größe der Prüfwände 2,4 m × 1,2 m, Spannweite 2,25 m. Die Messung der Durchbiegungen geschieht mittels Meßuhren, die an einem an 3 Punkten oberhalb der Auflager spannungsfrei (über Kugeln) auf den Prüfkörper aufgesetzten Rahmen befestigt sind.

Für die Biegeprüfung unter gleichmäßig verteilter Last wird in der genannten amerikanischen Vornorm die Gummisackmethode nach Abb. 13 empfohlen. Als Druckmedium ist Luft vorgesehen, deren jeweiliger Druck mit einem Wassermanometer zu messen ist.

Für alle Wandprüfungen sind in den USA 6 Prüfkörper vorgeschrieben, von denen je 3 Körper mit Außenseite bzw. Innenseite nach oben zu prüfen sind.

Zur Beurteilung des Verhaltens von Wänden ist in der amerikanischen Vornorm ASTM: E 72—51 T außerdem die Prüfung unter schlagartig wirkenden Lasten (Fall eines Sandsackes auf liegend angeordnete Wände bzw. Pendelschlag mittels Sandsack auf vertikal eingebaute Wände) vorgeschrieben.

Über die Entnahme von Probekörpern nach beendeter Belastung zur Feststellung der Eigenschaften der verwendeten Hölzer vgl. unter 1a.

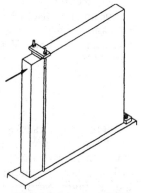

Abb. 14. Belastungsanordnung für die Schubprüfung von Wandbauteilen nach ASTM: E 72—51 T.

e) Bauteile unter Schubbeanspruchung (Wände, Platten).

Für die Ermittlung des Schubwiderstands von Wänden ist in der USA-Vornorm ASTM: E 72—51 T eine Belastungsanordnung nach Abb. 14 angegeben. Die zu prüfende Wand wird hiernach auf der Grundplatte einer Prüf-vorrichtung derart aufgestellt, daß sie mit einem ihrer unteren Enden an einem festen Block ansteht, während sie am anderen Ende durch 2 Stahlstangen derart niedergehalten wird, daß horizontale Bewegungen nicht wesentlich gehemmt sind. Zu letzterem Zweck sind Stahlplatten mit dazwischenliegenden Walzen auf der oberen Schmalseite unterhalb des Querstücks eingelegt, an dem die Stahlstangen befestigt sind. Die Schubkraft greift am oberen Plattenende auf der den Stahlstangen benachbarten Schmalseite an.

Eine verwandte Prüfeinrichtung der Forschungs- und Materialprüfungsanstalt für das Bauwesen der T. H. Stuttgart zeigt Abb. 15, in der

Abb. 15. Prüfeinrichtung zur Ermittlung des Schubwiderstandes von Wänden.

2 Wände gleichzeitig geprüft werden. Die Schubkraft wird durch Anziehen der Mutter M an der Zugstange Z mit eingebautem Dynamometer D (zur Messung der jeweiligen Höhe der Schubkraft) hervorgebracht. Die Stahlstangen St zur Niederhaltung der Probekörper unterhalb den Walzen W liegen in Abb. 15 an den rechten Probenenden.

Die amerikanische Norm schreibt die Messung der horizontalen und vertikalen Formänderungen der Prüfkörper vor; in vielen Fällen wird die Messung der Verkürzungen bzw. Verlängerungen der Diagonalen der Prüfkörper genügen (vgl. Abb. 15).

2. Sonderbelastungen.

a) Dauerstandbelastung.

Dauerstandversuche mit Holzkonstruktionen werden überwiegend bei Biegebelastung vorgenommen. Hierzu eignet sich vorzugsweise das Belastungsverfahren mit angehängten Lastbühnen [8] (vgl. hierzu unter 1d). Zweckmäßig wird, wenn es sich um die Erkundung der Lasten handelt, die eben noch beliebig lange ertragen werden, eine Reihe von Prüfkörpern gleichzeitig belastet, deren Lasten verschieden hohen Teilbeträgen der bei zügig oder in Stufen bis zum Bruch belasteten Vergleichskörpern sich ergebenden Last $P_{vgl.}$ entsprechen, also z. B. 0,7 $P_{vgl.}$, 0,6 $P_{vgl.}$ usw. Über weitere Einzelheiten der Versuchsdurchführung und Messung der Formänderungen vgl. unter 1d.

Bei Vornahme der Dauerstandversuche im Freien, z. B. unter Schuppendach, ist der Verlauf von Temperatur und rel. Luftfeuchtigkeit, zweckmäßig mittels Schreibgeräten, festzuhalten, da diese im allgemeinen Einfluß auf die Versuchsergebnisse nehmen. Reproduzierbare Versuchsergebnisse können nur bei Vornahme der Belastungen unter gleichbleibenden Klimabedingungen (klimatisierte Prüfhalle) gewonnen werden.

b) Schwellbelastung.

Schwellversuche mit Holzkonstruktionen lassen sich in Prüfmaschinen mit Pulsationseinrichtung im allgemeinen nur bei reiner Druck- oder Zugbelastung der Verbindungen bzw. bei Biegebelastung nur an Stücken mit geringer bis mäßiger Durchbiegung (dementsprechend geringer Spannweite) ausführen, da der Kolbenhub dieser Maschinen auf wenige Zentimeter beschränkt ist.

Bei Druck- oder Zugschwellversuchen mit Holzverbindungen empfiehlt es sich, zunächst einige Vergleichskörper mit zügig oder in Stufen bis zum Bruch gesteigerter Belastung zu prüfen. Für die Schwellbelastung wählt man eine Grundlast P_u, die ungefähr $^1/_5$ der voraussichtlich zulässigen Last (Gebrauchslast) beträgt [9]. Eine Reihe von Prüfkörpern ist für verschiedene Schwingungsweiten $P_0 - P_u (P_0 =$ obere Lastgrenze beim Schwellversuch) vorzusehen. Die Zahl der Lastspiele je Minute soll nicht zu groß sein; bewährt hat sich die Anwendung von 30 Lastspielen je Minute [9]. Die Versuche sollen bis zum Bruch oder mindestens bis zum Erreichen von 500000 Lastspielen fortgesetzt werden. Über die Messung der Formänderungen und die Entnahme von Proben nach beendetem Belastungsversuch zur Erkundung der Eigenschaften der verwendeten Hölzer vgl. unter 1a und 1c. Temperatur und insbesondere rel. Luftfeuchtigkeit im Prüfraum müssen auf gleichbleibender Höhe gehalten werden (Klimatisierung).

Die Biegeschwellbelastung von weitgespannten Tragwerken kann unter Verwendung von Lastbühnen derart vorgenommen werden, daß diese Bühnen mittels untergestellten Preßzylindern im Wechsel angehoben (Prüfkörper entlastet) und abgesenkt werden (Lastbühne voll auf die Prüfkörper einwirkend). Abb. 16 zeigt die Belastungsanordnung bei der auf diese Weise vorgenommenen Biegeschwellprüfung von zwei 35 m weit gespannten, genagelten Vollwandträgern [10]. Die in einer Führungseinrichtung (Rollenlager gegen Laufbleche) bewegte Lastbühne (vgl. Abb. 17) wurde von 4 Preßkolben gehoben und gesenkt, die mittels Druckwasser aus einer 200 at-Druckwasseranlage über einen regelbaren Druckminderer und eine Ventil-Steuereinrichtung betrieben worden sind. Zur Erzielung gleichzeitiger und gleichmäßiger Kolbenbewegungen sind zwischen dem Verteilerstück der Druckleitung und den verschiedenen Preßzylindern Rückschlag- und Drosselventile einzubauen. Die Lastspielzahl je Zeiteinheit ist bei derartigen Prüfanordnungen naturgemäß bescheiden; in dem beschriebenen Falle konnten 170 bis 210 Lastspiele je Stunde ausgeübt werden (170 Lastspiele je Stunde bei 50 bis 60 t Gesamtlast auf der Bühne, 210 Lastspiele je Stunde bei geringeren Belastungen).

Die Messung der Durchbiegungen geschieht bei derart ausgedehnten Konstruktionsteilen mit Hilfe von eingehängten Maßstäben nach Abb. 17, die auch unter großen Formänderungen der Prüfkörper stets in vertikaler Lage verharren und von Nivellierinstrumenten in hinreichender Entfernung von den Prüfkörpern anvisiert werden.

Über die Entnahme von Prüfkörpern nach beendeter Belastung zur Feststellung der Eigenschaften der verwendeten Hölzer vgl. unter 1a.

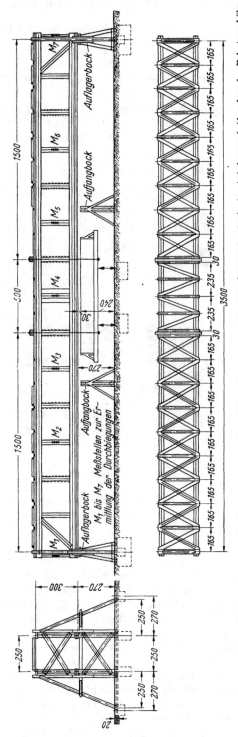

Abb. 16. Belastungsanordnung bei der Biegeschwellprüfung eines genagelten Vollwandträgerpaares von 35 m Spannweite (laufendes Anheben und Absenken der Belastungsbühne). Maße in cm.

3. Prüfung der Einflüsse von Holzfeuchtigkeitsänderungen.

a) Einfluß des Austrocknens.

Bei Bauteilen, die gelegentlich aus frischen oder halbtrockenen Hölzern hergestellt werden (z. B. Dübel- und Nagelkonstruktionen), ist auf Grund der mit der Austrocknung verbundenen Formänderungen mit einer Verminderung der Wirksamkeit der Verbindungen zu rechnen. Bei neuartigen Verbindungsmitteln oder Konstruktionen ist es daher erforderlich, die Prüfungen nach 1. oder 2. nicht nur nach dem Zusammenbau aus lufttrockenen Hölzern vorzunehmen, sondern auch Konstruktionen zu prüfen, die aus frischen Hölzern

Abb. 17.
Blick auf die Belastungsbühne bei der Biegeschwellprüfung von 35 m gespannten, genagelten Vollwandträgern [10].

aufgebaut und ohne Veränderungen an den Verbindungsmitteln (z. B. Nachziehen von Schraubenbolzen) der Trocknung bis zum lufttrockenen Zustand ausgesetzt worden sind.

b) Einfluß von Klimaänderungen.

Unter dem Einfluß von Klimaänderungen (trockenes im Wechsel mit feuchtem Klima) können an Holzkonstruktionen Formänderungen oder Schäden (Risse) auftreten, die die Haltbarkeit und Tragfähigkeit wesentlich beeinflussen. Bei geleimten Konstruktionen ist mit schwerwiegenden Schäden zu rechnen, wenn z. B. die Anschlüsse unsachgemäß aufgebaut oder bei der Fertigung besonders ungünstige Jahrringlagen der verbundenen Hölzer gewählt wurden. Bei neuartigen Konstruktionen empfiehlt es sich daher, Wechsellagerungen ganzer Konstruktionsteile vorzunehmen; die anzuwendenden Klimabedingungen sollen zweckdienlich etwas schärfer sein als die im späteren Gebrauch zu erwartenden Grenzwerte der Temperatur und besonders der relativen Luftfeuchtigkeit. Da bei Bauteilen mit größeren Querschnittsabmessungen die Aufnahme und Abgabe der Feuchtigkeit sich verhältnismäßig langsam vollzieht, ist die Anwendung mäßig erhöhter Temperatur (z. B. 35 bis 40°) bei derartigen Wechsellagerungen empfehlenswert; u. U. genügt bei solchen Bauteilen auch eine Trockenlagerung bis zum Erreichen von 7 bis 8% Holzfeuchtigkeit.

Im allgemeinen ist anzustreben daß Änderungen der mittleren Holzfeuchtigkeit um 8% bei der Wechsellagerung eintreten, sofern die Verbindungen aus lufttrockenen Hölzern aufgebaut wurden. Dazu sollten im Durchschnitt bei der Trockenlagerung 30% und bei der Feuchtlagerung rd. 90% rel. Luftfeuchtigkeit angewendet werden. Die Zeitdauer der verschiedenen Lagerungen ist durch den obengenannten Richtwert der mittleren Feuchtigkeitsänderung bestimmt. Für die Prüfung von Türen ist in den französischen Prüfbestimmungen [11] die Feuchtlagerung bei 25°C und 85% rel. Luftfeuchtigkeit, die Trockenlagerung bei derselben Temperatur und 45% rel. Luftfeuchtigkeit vorgeschrieben; Zeitdauer jeder Teillagerung 7 Tage; der Zyklus ist zu wiederholen, wobei die Trockenlagerung auf 14 Tage ausgedehnt wird. Für die Vornahme der Wechsellagerungen sind klimatisierte Prüfräume oder einwandfrei regelbare Holztrockenkammern geeignet.

Bei der Prüfung von Türen ist neben Wechsellagerungen der vorgenannten Art in den französischen Prüfbestimmungen [11] auch die gleichzeitige Einwirkung verschiedener Luftfeuchtigkeit auf den beiden Türenseiten vorgesehen (25°C Prüftemperatur; 85% rel. Luftfeuchtigkeit auf einer Türenseite, 45% rel. Luftfeuchtigkeit auf der anderen Türenseite; Einbau der Türe in einer geeigneten Vorrichtung; 7 Tage Prüfdauer). Die Beurteilung der Prüfkörper geschieht nach der Größe der aufgetretenen Formänderungen (Verwölben, Verziehen) und nach evtl. aufgetretenen Schäden (Lösen von Leimfugen).

Schrifttum.

[1] Zbl. Bauverw. 1939, S. 500.

[2] EGNER, K., u. H. KOLB: Versuche über die Tragfähigkeit von Dübelverbindungen in Schräganschlüssen. Fortschr. Forsch. Bauw., Reihe D, H. 20. Stuttgart: Franckh.

[3] ERHART, E.: Zwei Großversuche mit Holzkonstruktionen. Bauingenieur 1937, H. 19/20.

[4] GRAF, O.: Versuche über die Widerstandsfähigkeit von Knotenpunktverbindungen aus Bauholz. Bauingenieur 11. Jg. (1930) H. 16, S. 277ff.

[5] GRAF, O., u. K. EGNER: Versuche mit geleimten Laschenverbindungen aus Holz. Z. Holz 1. Jg. (1937/38) H. 12, S. 460ff.

[6] EGNER, K.: Versuche mit zweiteiligen, geleimten Holzstützen. Fortschr. Forsch. Bauw., Reihe D 1953, H. 9; 1955, H. 20.

[7] MÖHLER, K.: Biege- und Knickversuche mit zusammengesetzten Holzdruckstäben. Fortschr. Forsch. Bauw., Reihe D 1953, H. 9; 1955, H. 20.

[8] GRAF, O., u. K. EGNER: Untersuchungen mit Sparbalken, insbesondere für den Wohnungsbau. Mitt. Fachaussch. Holzfragen Nr. 31. VDI-Verlag 1941.

[9] GRAF, O.: Dauerfestigkeit von Holzverbindungen. Mitt. Fachaussch. Holzfragen Nr. 22. VDI-Verlag 1938.

[10] EGNER, K.: Biegeschwellbelastung 35 m langer, genagelter Vollwandträger. Fortschr. Forsch. Bauw. Reihe D, 1953, H. 9, S. 109/38. Stuttgart: Franckh 1953.

[11] Essais sur portes planes suivant spécifications du Cahier des Charges pour attribution de la marque de qualité. Hrsg. vom Centre Technique du Bois, Paris XII.

[12] GRAF, O.: Vergleichende Untersuchungen mit Dübelverbindungen. Bautechnik 1944. S. 23 ff.

II. Prüfung der natürlichen Bausteine.

A. Die Gesteinsprüfung mit petrographischen Verfahren.

Von **F. de Quervain**, Zürich.

Unter petrographischen Prüfverfahren sind solche verstanden, die normalerweise mit den Einrichtungen der petrographischen Institute an meist kleinen, vorzugsweise rohen Gesteinsproben ausgeführt werden. Eine eingehende petrographische Untersuchung und Beurteilung darf sich aber nicht auf das Einzelstück beschränken, sondern hat bereits an der Gewinnungsstelle, im Steinbruch (mit Probenahme durch den petrographischen Begutachter) zu beginnen.

Der beschränkte Raum veranlaßte den Verfasser, sich auf eine kurze Beschreibung der petrographischen Arbeitsweise (mit einigen Beispielen) zu beschränken, somit alle systematischen Angaben über gesteinsbildende Mineralien und Gesteine (Zusammensetzung, Eigenschaften, Bestimmung usw.) wegzulassen. Es fehlt nicht an leicht zugänglichen Darstellungen, welche die Mineral- und Gesteinseigenschaften von verschiedenen hier interessierenden Gesichtspunkten aus behandeln und die sich eingehender, als es im folgenden möglich ist, mit petrographischen Untersuchungsverfahren befassen [1 bis 10][1].

1. Allgemeines.

Gesteine sind die eine gewisse räumliche Ausdehnung besitzenden Bestandteile der Erdkruste. Sie werden aufgebaut aus den vorwiegend im Kristallzustand befindlichen Mineralien, als den kleinsten homogenen Teilen der anorganischen Welt. Je nach dem Vorhandensein eines gegenseitigen Verbands der Einzelpartikel innerhalb des Gesteins spricht man von Locker- oder Festgestein. An dieser Stelle wird nur die Untersuchung der Festgesteine besprochen. Diese liegen für Anwendungen im Bauwesen zur Hauptsache als gegebene, nicht wesentlich veränderbare Stoffe vor. Damit stehen sie in Gegensatz zu der Mehrzahl der Werkstoffe, die durch menschliche Eingriffe in den Eigenschaften mehr oder weniger umgestaltet werden können.

Zur petrographischen Kennzeichnung und damit zur Beurteilung seiner Eigenschaften muß folgendes am Gestein bekannt sein:

a) *Art der Hauptmineralien*, aus denen das Gestein sich zusammensetzt. Gewöhnlich sind für die hier interessierenden Fragen nur Mineralien wichtig, die zu mehr als etwa 5 bis 10% anwesend sind. Immerhin gibt es Fälle, bei denen Mengen unter 5%, ja selbst unter 1% von wesentlichem Einfluß sein können und deshalb erfaßt werden müssen.

Von den physikalischen „Stoffkonstanten" (im Anisotropiebereich des Kristalls zwar veränderlich) des einzelnen Minerals sind für technische Be-

---

[1] Es sei hier besonders noch auf die weit mehr ins Einzelne gehende Behandlung in der 1. Auflage des Handbuchs durch den verstorbenen, sehr erfahrenen technischen Petrographen Dr. K. STÖCKE hingewiesen, mit zahlreichen weiteren Literaturangaben.

urteilungen besonders wichtig: Härte, Festigkeit und Elastizität (oft beeinflußt durch mikroskopisch feststellbare innere Störungen), innere Kohäsionsverhältnisse (Spaltbarkeit, Gleitungen), Wärmeleitungen, Wärmedehnungen, Lichtabsorption, spezifisches Gewicht. Ebenso wichtig ist das chemische Verhalten der Mineralien, besonders die sehr variable chemische Angreifbarkeit durch die Umwelteinflüsse und die damit zusammenhängenden sekundären Neubildungen; ferner Umlagerungen (Modifikationsänderungen) oder Umwandlungen bei Temperaturänderungen, oft verbunden mit sprunghaftem Wechsel der physikalischen Eigenschaften.

Eine besondere Stellung nimmt auch in Bausteinen der Gehalt an Quarz ein wegen seiner gesundheitsschädlichen Wirkung in feinster Staubform (Quarzgehaltbestimmungen durch behördliche Verordnungen).

b) *Größenverhältnisse und Form* der Gesteinsmineralien. Unter Größenverhältnissen verstehen wir Mittelwerte der Korndimensionen, aber auch Größenunterschiede innerhalb einer Mineralart oder zwischen verschiedenen Mineralien. Auf die allgemeine Entwicklung der äußern Formen der Körner beziehen sich Ausdrücke wie blättrig, stengelig, isometrisch. Ferner ist zu unterscheiden zwischen den Formen, welche das Mineralkorn bei der Entstehung erhielt, und Zerstörungsformen durch spätere geologische Vorgänge (z. B. Abrollen im Wasser). Die ersteren sind oft (aber nicht immer) ganz oder teilweise eigengestaltig, d. h. sie werden durch ebene Flächen entsprechend den kristallographischen Gegebenheiten der Mineralart gebildet.

c) *Größe und Ausbildung der Lücken* (Risse, Poren) im Gestein, mit petrographischen Verfahren nur teilweise faßbar.

d) *Anordnung der Mineralien im Raum* (wichtig bei blättrig oder stengelig ausgebildeten): z. B. in einer Richtung, parallel einer Ebene, oder regellos angeordnet. *Verteilung der Mineralien*: gleichmäßig vermischt, oder die einzelnen Komponenten voneinander gesondert, z. B. in Lagen, Linsen usw.

e) Die *Art und Festigkeit des gegenseitigen Zusammenhangs* der Mineralkörner. Die Verbandsfestigkeit zweier Körner kann größer oder kleiner sein als ihre eigene Festigkeit (Bruch mitten durch die Körner oder längs Korngrenzen).

Die unter b) bis e) genannten Eigenschaften nennt man etwa auch das Gefüge. Dabei werden oft die unter b) als Struktur, die unter c) und d) als Textur und die unter e) als Verband bezeichnet. Bei der in der Natur der Sache liegenden nicht ganz eindeutigen Abgrenzung dieser Begriffe ist es verständlich, daß sie im Gebrauch nicht immer konsequent gehandhabt werden. Was hier als Textur definiert wurde, nennt man französisch meist „structure", englisch zur Hauptsache „fabric". Die äußerst mannigfaltigen Gefügeverhältnisse können bedingen, daß Gesteine mit ganz ähnlichem Mineralbestand doch die unterschiedlichsten Eigenschaften aufweisen können.

Es sei an dieser Stelle vermerkt, daß man aus dem Gesteinsnamen, ob er nun einer geologischen Karte, der Literatur oder dem örtlichen Sprachgebrauch entstammt, höchstens Anhaltspunkte über die Verwendbarkeit des Gesteins gewinnen kann, sich vor sicheren Schlüssen aber hüten muß. Abgesehen davon, daß Namen ungenau oder falsch sein können, schließen auch petrographisch korrekte Bezeichnungen wie „Granit", „Syenit", „Sandstein", „Kalkstein" sehr weitgespannte Eigenschaften in sich ein. Ein origineller Versuch, die technisch bedeutsamen Eigenschaften in einem mehrsilbig zusammengesetzten Namen anzudeuten, stammt von K. KRÜGER [*11*]. Wesentlicher als die Einführung solcher komplexer Namengebilde erscheint dem Verfasser, wo notwendig, die gebräuchliche Benennung durch eine dem Einzelfall angepaßte petrographische Beschreibung zu ergänzen.

2. Die Untersuchung am Handstück (Probeblock, Werkstück).

(Kleinbereich.)

a) Die Hilfsmittel zur petrographischen Untersuchung eines Gesteins.

Von wissenschaftlicher Seite ist seit der Einführung der Gesteinsmikroskopie, besonders an den Dünnschliffen im Polarisationsmikroskop, die Prüfung mit *bloßem Auge* vielfach vernachlässigt worden. Tatsächlich lassen sich aber bei

Abb. 1. Schotterstück aus Kieselkalkstein, diagnostizierbar von Auge an der Schärfe der Bruchkanten.

Abb. 2. Gleiches Stück nach Weglösen des Kalkspats in Säure. Ein schwammartiges Kieselskelett durchzieht die ganze Steinmasse (um 40% einnehmend), fast unsichtbar im Dünnschliff (s. a. Abb. 14b).

scharfer Beobachtung auch ohne Mikroskop viele Gesteinseigenschaften erfassen. Bei den grobkörnigeren Gesteinen (Korn etwa über 0,5 mm) ist die makro-

Abb. 3. Die natürliche Anwitterungsfläche läßt den Zersetzungsgrad der einzelnen Gemengteile studieren (Gabbro mit frischen hervortretenden Feldspäten und ausgewitterten dunklen Mineralien). Vergr. etwa 4fach.

skopische Untersuchung oft (natürlich nicht immer) allein ausreichend. Aber auch bei feinerkörnigem Gestein gestattet eine sorgfältige Prüfung von Auge das Erfassen mancher Eigenschaften, sogar solcher, die unter dem Mikroskop nicht oder weniger gut ermittelt werden können. Die Vorteile der Prüfung von Auge liegen vor allem in der meist viel größeren beobachtbaren Fläche mit dem im Zusammenhang überblickbaren räumlichen Bild. Die Beschaffenheit der Bruchflächen (Glanz und Färbung, Formgebung, Verhalten der

Abb. 4. Die Abnützungsfläche gestattet die Härte der Gemengteile, ihren Verband (Herausbrechen von Körnern) und die Rauhigkeit zu beurteilen (Sandstein). Vergr. etwa 8fach.

Mineralien beim Bruchvorgang), die Schärfe der Bruchkanten, die Geschwindigkeit, mit welcher das Gestein nach Befeuchtung trocknet z. B., erlauben zahlreiche Schlüsse auf wichtige Gesteinseigenschaften, wie Festigkeit, Verhalten bei Schlag, Porositätsverhältnisse, beginnende Verwitterung u. a. In gewissen Fällen läßt sich auch bei sehr feinkörnigen Gesteinen aus einer Prüfung von

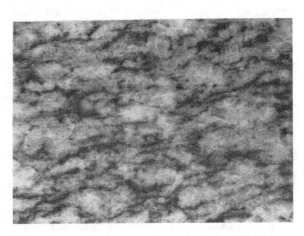

Abb. 5. Die künstlich angeschliffene Fläche (Längsbruch) eines Gneises gibt ein gutes Bild der Korngrößen, der Mineralverteilung und Anordnung, besonders der Glimmerlagen. Vergr. etwa 4fach.

Auge der Mineralbestand besser erfassen als im Mikroskop, z. B. die Anwesenheit von feinverteilter Kieselmasse oder von Tonmineralien in einem Kalkstein. Erstere gibt sich an der Kantenschärfe, letztere u. a. am Glanz zu erkennen, während im Dünnschliff diese sehr feinkörnigen Beimengungen neben viel

Kalkspat (wegen dessen extremer Doppelbrechung) sich der Beobachtung leicht entziehen (Abb. 1 u. 2).

Im allgemeinen gibt aus obigen Gründen ein (möglichst selbst) mit dem Hammer zugeschlagenes Handstück besser Aufschluß über die Gesteinsnatur

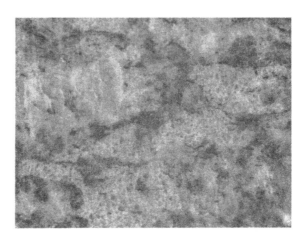

Abb. 6. Der tektonisch beanspruchte Granit zeigt deutlich die innere Zertrümmerung der Quarzkörner (Sandquarzbildung), mit stark erhöhter Porosität. Vergr. etwa 10fach.

Abb. 3 bis 6. Ermittlungen durch vergrößerte Beobachtungen an der Gesteinsoberfläche (Binokularlupe).

als ein mit der Maschine geschnittenes Muster. Eine glatte (geschliffene oder polierte) Fläche kann aber für die Korngrößenbestimmung und für andere Gefügemerkmale sehr nützlich sein (Abb. 5 u. 6).

Abb. 7. Gesteinsdünnschliff zur Untersuchung am Polarisationsmikroskop im durchfallenden Licht.

Die Prüfung mit der *Binokularlupe* gestattet eine weitere Verfeinerung der Wahrnehmungen an den Gesteinsbruchflächen durch das etwa bis 30fach vergrößerbare plastische Bild. Es lassen sich unter dem Binokular auch mancherlei kleine Versuche (wie Ritzbarkeit, Spaltbarkeit, Trennbarkeit von Teilchen, chemische Angreifbarkeit) unter gleichzeitiger Beobachtung vornehmen. Nach PUKALL [12] ist die vergrößerte Beobachtung der Gesteinsoberfläche in Luft auch sehr geeignet zur Feststellung der beginnenden Fleckenbildung an Sonnenbrennerbasalten.

Die gebräuchlichste Art der Untersuchung mit dem *Mikroskop* [13 bis 17] erfolgt in der Durchsicht am *Dünnschliff im polarisierten Licht*. Der Dünnschliff (Abb. 7) ist ein Gesteinsplättchen von 1 bis 2 cm² Oberfläche und normalerweise von 0,02 bis 0,03 mm Dicke. Die Herstellung guter Dünnschliffe erfordert Übung, bei größerer Zahl auch entsprechende Schneide- und Schleifeinrichtungen. Zweckmäßiger als aus der Literatur holt man sich für die Herstellung bei einem erfahrenen Fachmann direkte Anweisungen. Werden Dünnschliffe nicht regelmäßig benötigt, wird ihre Anfertigung besser nach auswärts vergeben.

Die Dünnschliffuntersuchung gestattet im Korngrößenbereich von etwa 0,02 (bei gewissen Mineralien oder Mineralkombinationen bereits von bedeutend kleineren Dimensionen) bis 0,5 mm die beste Bestimmung der Gesteinsmineralien, hauptsächlich nach optischen Kennzeichen, wobei auch wichtige Störungen im Innern eines Mineralkorns erkannt werden können. Sie vermittelt ferner den besten Überblick über die gegenseitigen Beziehungen der Mineralien, d. h. über die Gefügeeigenschaften des Gesteins (Abb. 9 bis 13).

Abb. 8. Anschliff zur mikroskopischen Untersuchung im auffallenden Licht. Zwischen Objektiv und Tubus befindet sich der Opakilluminator.

In den meisten Fällen ist es für technische Zwecke ausreichend, wenn man die *Größen- und Mengenverhältnisse* der Mineralbestandteile im Gestein im Dünnschliff *abschätzt*, was bei einiger Übung auf 5 bis 10% genau gelingt. Man wird dabei etwa folgende Punkte besonders berücksichtigen:

a) Die Körner erhalten im Dünnschliff Schliffebenen, die im Durchschnitt bedeutend unter ihrem größten Querschnitt liegen. Ein praktisch gleichkörniges ungerichtetes Gestein muß im Dünnschliff ungleichkörnig erscheinen. Bei isometrischen Körnern sind die gemessenen Durchmesser etwa mit 1,3 zu multiplizieren zur Annäherung an die tatsächliche Korngröße.

Abb. 9. Deutlich die Begrenzungen der Kalkspatkörner (leichte Korngrößenbestimmung), ihre Verzwillingungen (Streifung) und ihre Spaltrisse. Marmor. Vergr. etwa 20fach.

b) Bei Gesteinen mit von einer Richtung abhängigen Verteilung oder Anordnung der Mineralien (bei den meisten kristallinen Schiefern) kann meist nur mit mehreren verschieden orientierten Dünnschliffen ein richtiges Bild gewonnen werden.

c) Opake Mineralien, besonders sehr feinkörnige, täuschen eine größere Menge vor, als tatsächlich vorhanden (Abb. 14a), das gleiche gilt für Mineralien großer Doppelbrechung neben sehr feinkörnigen mit geringer Doppelbrechung (z. B. Kalkspat neben feinkörnigem Quarz) (Abb. 14b).

d) Die Bestimmung des Mengenverhältnisses von Mineralarten ähnlicher Lichtbrechung, Doppelbrechung und Färbung wird bei Dimensionen unter 0,05 bereits recht schwierig, unter 0,03 mm unmöglich.

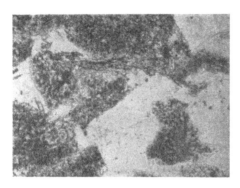

Abb. 10. Der Granit zeigt eine intensive Umwandlung der Feldspäte (feinschuppige dunkle Aggregate) durch Grünsteinbildung, technisch teils günstig (gute Zähigkeit), teils ungünstig (schlechte Spaltung). Vergr. etwa 40fach.

Abb. 11. Gut überblickbar sind bei diesem Sandstein die Bindungsverhältnisse der weit vorwiegenden Quarzkörner (hell). Dunkelgrau: Glaukonit, hellergrau: Kalkspat. Vergr. 100fach.

Abb. 12. Die Feldspäte (große hell- bis dunkelgraue Flächen) sind von einem sehr feinkörnigen Quarzaggregat umgeben (rekristallisierter Mörtelquarz). Granit. Polarisiertes Licht. Vergr. etwa 40fach.

Eine *genaue Gefügeanalyse*, d. h. eine quantitative Ermittlung der Lage der Mineralkörner im Raume mit dem Universaldrehtisch, ist zweifellos für verschiedene technische Fragen (Festigkeits- und Elastizitätsverhalten der Gesteine in Abhängigkeit von deren Anisotropie) von Interesse. Sie ist bisher, da auch in relativ einfachen Fällen recht zeitraubend, in der praktischen Gesteinsprüfung selten durchgeführt worden. Siehe darüber besonders die Ausführungen von HOENES [17].

Zur Erfassung der Ausbildung von feinsten *Gesteinsporen* werden die Gesteinsproben vor der Dünnschliffherstellung mit einem intensiv gefärbten Imprägnierungsmittel (z. B. eine Xylol-Kanadabalsam-Lösung mit Fuchsin als Farbstoff) behandelt, ferner ist auch eine Untersuchung im Ultraviolettlicht nach vorangegangener Tränkung mit einer fluoreszierenden Flüssigkeit vorgeschlagen worden.

Für rasche Gesteinsuntersuchungen (und zur Vermeidung von Dünnschliffkosten) kann der Mineralbestand auch an *Gesteinspulver* im Mikroskop ermittelt werden. Am besten wählt man dazu eine Kornfraktion zwischen etwa 0,02 und 0,1 mm. Als Vorteil für das Bestimmen ist die Möglichkeit der Einbettung in Flüssigkeiten verschiedener Lichtbrechung zu werten, nachteilig sind die wechselnden Größen- und Dickenverhältnisse und natürlich der gestörte Zusammenhang der Mineralkörner (Abb. 15).

Die in der Metallographie, der Erz- und Kohlenmikroskopie wichtige Methodik der mikroskopischen *Untersuchung an polierten Anschliffen* im *auffallenden Licht* (Auflichtmikroskop) ist auch bei den im Bauwesen verwendeten Gesteinen gelegentlich von Vorteil [18]. So ist in gewissen Fällen das Strukturbild im Auflicht klarer (Abb. 16) als im durchfallenden (z. B. auch bei Zementklinker), ferner kann die Art und die Verteilung von unter Umständen wichtigen undurchsichtigen Mineralien (Pyrit und andere Sulfide, Graphit, oxydische Eisenmineralien) besser erfaßt werden. Im Auflichtmikroskop lassen sich auch Mikrohärtebestimmungen an Anschliffen ausführen, die heute auch in Mineralogie und Petrographie Eingang gefunden haben [*19*].

Bei Gesteinen im Kornbereich von etwa 0,02 bis 0,5 mm läßt sich am Mikroskop der *Mineralbestand* mit geeigneten *Hilfsapparaturen* auch *quantitativ* erfassen. Die gebräuchlichsten Verfahren beruhen auf einer Messung und Addierung von Korndurchmessern längs Systemen von Meßlinien. Wie ROSIVAL bereits 1898 darlegte, ist der Anteil der Längen der einzelnen Komponenten in Prozenten gleich ihrem Volumenanteil. Beträgt die durchmessene Strecke das 200-fache des mittleren Korndurchmessers, so liegt die für die einzelnen Komponenten zu erreichende Genauigkeit nahe bei 1%. Die Ausmessungen erfolgen mit dem Planimeterokular nach HIRSCHWALD [*1*], oder bedeutend rascher mit den neueren, teilweise automatischen Integrationsvorrichtungen, wie sie verschiedene Herstellerfirmen von Mikroskopen in den Handel bringen [*13*], [*17*]. In jüngster Zeit sind Verfahren eingeführt worden, bei denen die Meßlinien durch Reihen von Meßpunkten ersetzt sind, die mit besonderen Apparaten (Point counter) rasch und genau zu arbeiten gestatten [*20*], [*21*]. Mit der für Ausmessungen wichtigen Frage der minimalen Größe homogener Gesteinskörper in Abhängigkeit vom Gesteinsgefüge (Korngröße, Verteilung der Gemengteile) befaßte sich R. GRENGG [*22*].

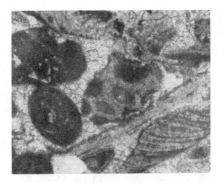

Abb. 13. Der Kalkstein zeigt deutlich seinen Aufbau aus Fossiltrümmern, die durch grobkristallinen Kalkspat verkittet sind. Viele leere Poren (weiß). Vergr. etwa 20fach.

Abb. 9 bis 13. Mikroskopische Beobachtungen am Gesteinsdünnschliff.

Abb. 14a u. b. Querschnitte von Dünnschliffen (um 0,03 mm dick).

a) Ein opakes Mineral täuscht in der Durchsicht eine viel größere Menge vor, als tatsächlich vorhanden (*m* opaker Anteil einer Meßlinie).

b) Feinkörnige Aggregate von Kieselmasse (Doppelbrechung gering) sind innerhalb von hochdoppelbrechendem Kalkspat fast unsichtbar.

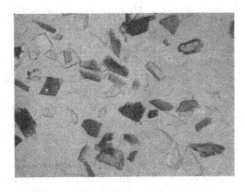

Abb. 15. Pulverpräparat von einem Gestein (genügt oft an Stelle eines Dünnschliffes). Deutlich drei Komponenten: farblos, geringes Relief; gefärbt mittleres Relief; fast farblos, hohes Relief. Maximales Korn 0,1 mm. Vergr. 50fach.

b) Chemische und physikalische Bestimmungen zur Gesteinsdiagnose.

Chemische Untersuchungen können für Bausteinmaterial in zahlreichen Fällen nützlich sein und die Bestimmung von Auge oder unter dem Mikroskop unterstützen (s. a. Abschn. II G). Allgemein greift man bei der Untersuchung von Kalksteinen, Marmoren, Mergeln, Sandsteinen, Dachschiefern zur besonders einfachen Ermittlung des Karbonatgehalts (Kalkspat, Dolomitspat). Man kann so auch indirekt oft wichtige Aufschlüsse über das Gestein erhalten, wie über den Verkieselungsgrad bei Kieselkalken, die Beimengung von Tonmineralien bei Kalksteinen usw. Sehr rasch und genügend genau arbeitet für die technische Karbonatbestimmung in Gesteinen der Apparat nach PASSON. Öfters hat man den Gehalt an S, SO_3 und C bzw. organischer Substanz zu bestimmen. Vollständige Gesteinsanalysen sind zur Beurteilung von Bausteinen selten notwendig.

Abb. 16. Polierte Gesteinsoberfläche mit hochreflektierenden Sulfidmineralien in Serpentin. Dunkelgrau: Antigorit, hellergrau: Olivin. Vergr. etwa 100fach.

Die seit einigen Jahrzehnten sehr ausgebaute Untersuchung mit *Röntgenstrahlen an Pulverpräparaten* kann zur Bestimmung sehr feinkörniger Mineralien (Tonmineralien u. a.) in Einzelfällen notwendig werden. Gute Dienste kann auch die seit etwa 10 Jahren allgemeiner eingeführte *Differentialthermoanalyse* leisten. Sie beruht auf einer Registrierung von Wärmeaufnahmen oder -abgaben beim Erhitzen von Mineralien, welche mit chemischen oder physikalischen Reaktionen (Abgabe leichtflüchtiger Stoffe, Umwandlungen, Modifikationsänderungen) verbunden sind. Solche Reaktionen sind für zahlreiche Mineralien im Arbeitsbereich der Apparatur (bis 1000°) sehr charakteristisch und damit zur Diagnose wertvoll. Viele mineralogisch-petrographische Institute oder Materialprüfungsanstalten besitzen heute besondere Abteilungen für diese neueren diagnostischen Verfahren [23], [24].

3. Die Untersuchungen im geologischen Verbande.

Eine vollständige Kennzeichnung eines Gesteins beschränkt sich nicht nur auf eine Beschreibung im Kleinbereich (Werkstück, Probeblock, Handstück, Dünnschliff oder Gesteinspulver), sondern hat sich auch mit seinen Beziehungen zum geologischen Verbande zu befassen. Dies gilt ganz besonders für die Probenahme zur näheren petrographischen und technischen Untersuchung. Wir können hier wiederum uns nur mit einer ganz knappen Aufzählung der wichtigeren Beobachtungen befassen, die im Verband (meist an einer Abbaustelle, wie einer Steinbruchwand) vorgenommen werden können. Diese haben sich zu beziehen auf:

a) *Änderungen* in der *stofflichen Zusammensetzung* in einem größeren Bereiche. Solche sind im Meterbereich fast die Regel bei sedimentären Gesteinen, wo die einzelnen „Lagen" oder „Bänke" sich bereits äußerlich oft stark, oft nur wenig (aber vielfach doch für praktische Zwecke sehr wesentlich) unterscheiden. Aber auch kristalline Gesteine können im stofflichen Bestande innerhalb eines größeren Aufschlusses wechseln, dies ganz besonders in der Einflußzone der Oberflächenwässer, der Verwitterungsregion, der stets besondere Aufmerksamkeit zu schenken ist.

b) Häufigkeit, Anordnung und Ausbildung der *Trennfugen* im Gestein, allgemein als Klüfte bezeichnet. Sie bedingen nicht nur die Größe der erhältlichen Stücke, sondern sind wichtig als Anzeichen der weiteren Spaltfähigkeit eines Gesteins (regelmäßige Klüfte lassen auf leichtere Spaltung parallel diesen Klüften schließen), ferner sind im Bereich besonders intensiver Klüftung oft die Gesteine innerlich verändert (tektonisch beansprucht) oder stärker verwittert (ZELTER [25]).

c) *Die Probenahme* (GRENGG [2], DIN DVM 52100, Önorm B 3120). Für eine petrographische Untersuchung genügen Handstücke der üblichen Größe (um 3×9×12 cm). Meist ist es angenehm, wenn für nicht vorauszusehende Bestimmungen oder als Beleg reichlich Material entnommen wurde. Für die technischen Prüfungen werden, soweit möglich, prismatische Probestücke von etwa 15 bis 25 cm Kantenlänge gewählt.

Die Handstücke entnimmt man den für den Abbau wesentlichen Schichten oder sonstigen Teilräumen mit unterschiedlicher Beschaffenheit. Heikel ist oft die Wahl der Stelle für die Blockprobe, da gewöhnlich aus Kostengründen nur *eine* eingehendere technische Untersuchung vorgenommen werden kann. Diese sollte dem Durchschnitt des Vorkommens gerecht werden, muß dabei aber auch dem vorgesehenen Verwendungszweck angepaßt sein. Bei ausschließlich kleinstückiger Verwendung hat es keinen Zweck, größere mit „Fehlern" behaftete Proben näher zu prüfen, wenn die Fehler nach der betriebsmäßigen Zerkleinerung (Brechvorgang) verschwunden sind, wie z. B. bei einer von Haarrissen durchzogenen Gesteinsmasse. Besonders schwierig ist die Entscheidung, ob und inwieweit verheilte Klüfte (Kalkspat- oder Quarzadern) und Tonhäute (bei Kalksteinen) in die technische Untersuchung einbezogen werden sollen. Wird das Gestein unter Einschluß solcher Bildungen verwendet, so sollen sie im Probeblock in „durchschnittlicher" Menge vorhanden sein. Bei starkem Wechsel dieser „Fehler" sind getrennte Prüfungen an Proben mit „hohen" und „geringen" Gehalten nicht zu umgehen, wenn man sich ein zutreffendes Bild machen will. Die wichtigsten Bezugsflächen (Lager, wichtige Gefüge- oder Kluftrichtungen) sind zu kennzeichnen. Für Prüfungen an Schotterstücken oder Splitt entnimmt man 150 bis 300 kg (Splitt 50 bis 100 kg) Durchschnittsmaterial der benötigten Dimensionen. Dieses muß unbedingt in der für das Vorkommen üblichen Weise gebrochen und sortiert worden sein. Probenehmer von Brechmaterial müssen mit dem technischen Brech- und Siebvorgang vertraut sein.

4. Schlußbemerkung.

Die petrographischen Verfahren sind billig und größerenteils in kurzer Zeit auszuführen. Zur Hauptsache vermitteln sie nur qualitative, vielfach mehr beschreibende Angaben. Sofern sie von Petrographen durchgeführt werden, die mit den technischen Anforderungen, die an das Material gestellt werden, völlig vertraut sind, können sie auch in dieser Form sehr wertvolle, oft völlig ausreichende Dienste leisten. Es fehlt zwar nicht an Vorschlägen zur ziffernmäßigen oder doch wenigstens halbquantitativen Auswertung der petrographischen Befunde [1], [26]. Der Verfasser hält solche Versuche nur im Rahmen einer eingehenden Spezialuntersuchung für sinnvoll. So kann es z. B. für eine bestimmte Fragestellung oder für eine bestimmte Gesteinsgruppe möglich werden, nur auf Grund der Petrographie eine Qualitätsklassifizierung (für bestimmte Anforderungen) aufzustellen. In jedem Einzelfall muß eine Qualitätseinreihung aber neu überdacht werden; jede schematische Verallgemeinerung lehnt er ab. Für jede Gesteinsverwendung sollte zum mindesten als Vorprüfung eine petrographische Untersuchung erfolgen (vorgesehen z. B. in DIN DVM 52100 und in ÖNORM B 3120). Überaus nützlich kann sie ferner für die laufende Kontrolle von Steinlieferungen aller Art sein.

Schrifttum.

(Es sei ferner auf die Literatur von Abschn. II G hingewiesen.)

[1] HIRSCHWALD, J.: Handbuch der bautechnischen Gesteinsprüfung. Berlin: Gebr. Bornträger 1912.
[2] GRENGG, R.: Über die Bewertung von natürlichen Gesteinen für bautechnische Zwecke. Abh. prakt. Geol. u. Bergwirtschaftslehre, Bd. 15. Halle: W. Knapp 1927.
[3] KIESLINGER, A.: Gesteinskunde für Hochbau und Plastik. Wien: Gewerbeverlag 1951.
[4] LEITMEIER, H.: Einführung in die Gesteinskunde. Wien: Springer 1950.
[5] MOOS, A. v., u. F. DE QUERVAIN: Technische Gesteinskunde. Basel: Birkhäuser 1948.
[6] NIGGLI, P.: Gesteine und Minerallagerstätten. Bd. I: Allgemeine Lehren; Bd. II: Die exogenen Gesteine. Basel: Birkhäuser 1948 u. 1952.
[7] QUERVAIN, F. DE: Petrographie für den Ingenieur. In L. BENDEL: Ingenieurgeologie. Wien: Springer 1944.
[8] STINY, J.: Technische Gesteinskunde, 2. Aufl. Wien: Springer 1929.
[9] STINY, J.: Mineralogie für Ingenieure des Tief- und Hochbaues und der Kulturtechnik. Wien: Springer 1952.
[10] STINY, J.: Die Auswahl und Beurteilung der Straßenbaugesteine. Wien: Springer 1935.
[11] KRÜGER, K.: Technische Gesteinsnamen. Straßen- u. Tiefbau 1949.
[12] PUKALL, K.: Beiträge zur Frage des Sonnenbrandes der Basalte. Z. angew. Min. Bd. 1 und Bd. 2 (1939/40).
[13] BURRI, C.: Das Polarisationsmikroskop. Basel: Birkhäuser 1950.
[14] RINNE, F., u. M. BEREK: Anleitung zu optischen Untersuchungen mit dem Polarisationsmikroskop, 2. Aufl., hrsg. von C. H. CLAUSSEN, A. DRIESEN und S. RÖSCH. Stuttgart 1953.
[15] TRÖGER, W. E.: Tabellen zur optischen Bestimmung der gesteinsbildenden Mineralien. Stuttgart: Schweizerbart 1952.
[16] TRÖGER, W. E.: Optische Eigenschaften und Bestimmung der wichtigsten gesteinsbildenden Minerale. Handbuch der Mikroskopie in der Technik Bd. IV/1, Frankfurt: Umschau-Verlag 1955.
[17] HOENES, D.: Mikroskopische Grundlagen der technischen Gesteinskunde. Handbuch der Mikroskopie in der Technik. Bd. IV/1, Frankfurt: Umschau-Verlag 1955.
[18] SCHNEIDERHÖHN, H.: Erzmikroskopisches Praktikum. Stuttgart: Schweizerbart 1952.
[19] ONITSCH-MODL, E. M.: Die Mikrohärteprüfung in Theorie und Praxis. Schweiz. Arch. 19. Jg. (1953) Nr. 11.
[20] CHAYES, F.: Petrographic analysis by fragment counting. Econ. Geol. Bd. 38 (1944); Bd. 42 (1947).
[21] CHAYES, F.: A simple point counter for thin-section analysis. Amer. Mineral. Bd. 34 (1949).
[22] GRENGG, R.: Über ziffernmäßiges Erfassen von Gefügeeigenschaften der Gesteine. Tschermaks Mineral. Petr. Mitt. Bd. 38 (1925).
[23] EPPRECHT, W.: Die Methodik der qualitativen Röntgenanalyse. Chim. Bd. 8 (1954) H. 7.
[24] LIPPMANN, F.: Die Tonuntersuchung mit der Differentialthermoanalyse. Ziegeleiindustrie 1953, H. 18.
[25] ZELTER, W.: Petrographische Untersuchung über die Eignung von Graniten als Straßenbaumaterial. Abh. prakt. Geol. u. Bergwirtschaftslehre, Bd. 12. Halle: W. Knapp 1927.
[26] KRÜGER, K.: Die geotechnische Prüfung der Natursteine. Forsch. u. Fortschr. Bd. 24 (1948).
    DIN DVM 52100: Prüfung von Naturstein (allgemeine Übersicht).
    DIN DVM 52101: Probenahme.
    ÖNORM B 3120: Prüfung von Naturstein. Probenahme und gesteinskundliche Untersuchung. 1952.

B. Bestimmung der Rohwichte (Raumgewicht), der Reinwichte (spezifisches Gewicht) und des Hohlraumgehalts der natürlichen Gesteine.

Von **K. Walz**, Düsseldorf.

1. Allgemeines.

Stückzahl und Abmessungen der vorzusehenden Proben müssen so groß sein, daß sie hinsichtlich stofflicher Zusammensetzung (Mineralbestand) und Gefüge (Größe und Verteilung der Bestandteile bzw. des Hohlraums) die durchschnittliche Beschaffenheit des zu prüfenden Gesteins kennzeichnen. Eine systematische Darstellung der Probenahme findet sich in DIN 52101: Prüfung von Naturstein; Richtlinien für die Probenahme und in ÖNORM B 3120: Prüfung von Naturstein; Probenahme und gesteinskundliche Untersuchung.

2. Rohwichte (Raumgewicht).

Die Rohwichte γ ist das Gewicht der Raumeinheit des bei rd. 105° getrockneten Gesteins, der Raum wird dabei einschließlich der Hohlräume ermittelt. Die Bestimmung ist an mindestens 3 Probestücken durchzuführen; der Rauminhalt eines Probestücks soll nicht unter rd. 50 cm³ betragen. Das *Gewicht* G_1 der einzelnen getrockneten Probestücke wird auf 0,1 g ermittelt.

a) Der *Rauminhalt V* von Probestücken mit einfacher, *regelmäßiger Form* (Würfel, Prismen, Zylinder mit glatten Flächen) wird durch Längenmessungen auf 0,1 mm bestimmt. Die *Rohwichte* ergibt sich zu $\gamma = G_1 : V$; sie wird in g/cm³ oder t/m³ auf 0,01 gerundet angegeben.

b) Der *Rauminhalt V unregelmäßig geformter* oder nicht einfach auszumessender *Probestücke* wird mit dem Auftriebsverfahren (Wasserverdrängungsverfahren) erhalten. Dabei ist, was in genormten Prüfverfahren [1], [2], [3] nicht berücksichtigt ist, zu unterscheiden zwischen Gestein mit dichtem oder an den Flächen feinporigem Gefüge und Gestein mit größeren, an den Flächen offenen Poren oder Hohlräumen.

α) Zur Ermittlung des Rauminhalts von Gestein mit *dichtem oder sehr feinporigem Gefüge* wird das Gesteinsstück nach Wassertränkung der äußeren Zone durch 1- bis 2stündige Wasserlagerung und nach Entfernung von freiem Wasser auf den Flächen mit einem saugenden, feuchten Tuch an der Luft gewogen (Gewicht G_2). Anschließend wird das Probestück gemäß Abb. 1 unter Wasser gewogen (Gewicht G_3). Die Probe wird dabei auf ein mit einem dünnen Draht an einem Arm der Balkenwaage aufgehängtes Drahtgestell gelegt und in ein mit Wasser gefülltes, ohne Berührung mit der Balkenwaage aufgestelltes Becken getaucht. Die Waage ist mit der eingetauchten Aufnahmevorrichtung vor dem Auflegen der Probe durch Austarieren ins Gleichgewicht zu bringen; an der eingetauchten Probe anhaftende Luftblasen sind zu beseitigen.

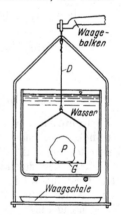

Abb. 1. Vorrichtung zur Ermittlung des Rauminhalts einer Probe *P* mit dem Auftriebsverfahren unter Benützung einer doppelarmigen Waage. (*D* Aufhängedraht; *G* Drahtgestell.)

Der Rauminhalt des Probestücks ergibt sich zu $V = G_2 - G_3$ und die Rohwichte zu $\gamma = G_1 : V$.

β) Bei *Probestücken mit größeren*, an den Flächen *offenen Poren oder Hohlräumen*, die ein kennzeichnender Bestandteil des Gefüges sind und daher im Rauminhalt zu erfassen sind (wie z. B. bei Tuffen), müssen diese vor der Wasserlagerung nach α) durch Zureiben mit steifem Fett oder mit einer dichten, plastischen, nichtwassersaugenden Masse bündig mit der übrigen Oberfläche verfüllt werden. (Die Füllmasse darf auf der Oberfläche der Probe keine Schicht bilden.) Es werden dann entsprechend α) festgestellt das Gewicht

G_1 des getrockneten Probestücks ohne Füllmasse durch Wägung an der Luft,
G_2 des verfüllten Probestücks mit Füllmasse, nach Wassertränkung, durch Wägung an der Luft,
G_3 des verfüllten Probestücks mit Füllmasse, nach Wassertränkung, durch Wägung unter Wasser.

Rauminhalt V und Rohwichte γ errechnen sich damit wie unter α) zu

$$V = G_2 - G_3 \quad \text{und} \quad \gamma = G_1 : V.$$

γ) Feinporige Proben können, insbesondere wenn durch die vorausgehende Wasserlagerung ein Quellen anzunehmen ist, vor der Wägung unter Wasser auch mit einer *dünnen Schicht Paraffin* umhüllt werden. Vor der Wägung unter Wasser werden die Proben 1 bis 2 h unter Wasser gelagert. Mit den Gewichten G_1, G_2 und G_3 (sinngemäß wie unter β) und der Rohwichte γ_p des Paraffins ergibt sich der

Rauminhalt der Gesteinsprobe zu $V = G_2 - G_3 - \left(\dfrac{G_2 - G_1}{\gamma_p} \right)$

und die Rohwichte zu $\gamma = \dfrac{G_1}{G_2 - G_3 - \left(\dfrac{G_2 - G_1}{\gamma_p} \right)}$.

3. Reinwichte (spezifisches Gewicht).

Die Reinwichte γ_0 ist das Gewicht der Raumeinheit des bei 105° getrockneten, hohlraumfreien Gesteinsstoffs. Zur Ermittlung ist die Größe des Probestücks oder die Zahl der Probestücke so zu wählen, daß mit Sicherheit der das Gestein kennzeichnende durchschnittliche Mineralbestand vorhanden ist.

Die Gesteinsprobe wird so weit zerkleinert, daß auf dem Maschensieb mit 0,2 mm Weite kein Rückstand verbleibt. Das Versuchsgut wird durch Vermahlen, nötigenfalls nach Vorzertrümmerung in einer Kugelmühle gewonnen. Der Werkstoff der Mahltrommel und -körper muß so hart und fest sein, daß von diesen keine Verschleißteile in das Versuchsgut gelangen (Stahlteilchen sind gegebenenfalls mit dem Magnet zu entfernen). Der Rauminhalt einer dem Gesteinsmehl entnommenen, bei 105° getrockneten und im Exsikkator auf 20° abgekühlten Probemenge von rd. 30 g wird als Summenvolumen V der einzelnen Staubkörner in einem Pyknometer von 50 cm³ Inhalt bei 20° ermittelt. Das Pyknometer weist zweckmäßig einen mit einer durchgehenden kapillaren Bohrung versehenen Verschlußstopfen auf. Zur Füllung wird luftfreies (ausgekochtes) destilliertes Wasser mit einer Temperatur von 20° benutzt. Zur Entfernung mitgerissener Luft findet zweckmäßig zwischendurch Entlüftung im luftverdünnten Raum oder Auskochen der Füllung statt. Gewichte sind auf 0,001 g zu bestimmen. Die Reinwichte γ_0 errechnet sich zu

$$\gamma_0 = \frac{G - P}{(G - P) - (G_2 - G_1)} ;$$

sie wird als Mittel aus 3 Versuchen in g/cm³ auf 0,001 gerundet angegeben. Dabei ist

P Gewicht des Pyknometers mit Stöpsel,
G Gewicht des Pyknometers mit Stöpsel und mit Probe,
G_1 Gewicht des Pyknometers mit Stöpsel und Wasser,
G_2 Gewicht des Pyknometers mit Stöpsel, Probe und Wasser.

Die Verfahrenstechnik ist in einer ASTM-Norm für feuerfeste Körper eingehend beschrieben [4].

Daneben gibt es noch eine Reihe volumenometrischer Verfahren [5], bei denen der Raum einer gesondert abgewogenen Menge des Gesteinsmehls durch direkte Ablesung der verdrängten Raummenge Wasser erhalten wird. Naturgemäß erlauben diese Verfahren keine so genauen Feststellungen wie das Verfahren mit dem Pyknometer, dem ausschließlich Feinwägungen zugrunde liegen. Über gasvolumenometrische Bestimmungen s. unter C 2 c δ.

4. Bestimmung des Hohlraumgehalts.

Der Hohlraumgehalt P (wahre Porosität, Porenraum) ist der auf den Rauminhalt V der Gesteinsprobe bezogene gesamte Porenraum. Aus der Rohwichte γ und der Reinwichte γ_0 (s. o.) errechnet sich zunächst der porenfreie Stoffanteil im Gesteinsstück (Festraum, Dichtigkeitsgrad) zu

$$d = \frac{\gamma}{\gamma_0}.$$

Der Hohlraumanteil im Gesteinsstück ergibt sich dann zu

$$P = \left(1 - \frac{\gamma}{\gamma_0}\right).$$

P wird im allgemeinen in % des Rauminhalts V des Gesteinsstücks angegeben.

Schrifttum.

[1] DIN 52102: Prüfung von Naturstein; Rohwichte (Raumgewicht), Reinwichte (spezifisches Gewicht), Dichtigkeitsgrad; Abschn. I.
[2] ÖNORM B 3121: Prüfung von Naturstein; Gewichte von Steinen und Gesteinskörnungen; Abschn. II.
[3] ASTM Standard C 97—47: Standard methods of test for absorption and bulk specific gravity of natural building stone.
[4] ASTM Standard C 135—47: Standard method of test for true specific gravity of refractory materials.
[5] Wawrzⁱⁿⁱₒₖ, O.: Handbuch des Materialprüfungswesens für Maschinen- und Bauingenieure, 2. Aufl., § 348, S. 588. Berlin: Springer 1923.

C. Bestimmung der Wasseraufnahme, des Sättigungsbeiwerts, der Wasserabgabe und der Wasserdurchlässigkeit der natürlichen Gesteine; Längenänderungen beim Durchfeuchten und Trocknen.

Von **K. Walz**, Düsseldorf.

1. Allgemeines.

Die Größe der Wasseraufnahme und der Wasserabgabe der Natursteine sowie der zeitliche Ablauf dieser Vorgänge hängen weitgehend vom Porenraum und dem Porengefüge ab (Weite der Poren, Anordnung und Ausbildung). Weiter übt auf die Wasseraufnahme auch die Art des Wasserzutritts einen Einfluß aus, ob also die Durchfeuchtung einseitig oder allseitig erfolgt, ferner ob das Wasser nur durch Kapillarkraft in die Hohlräume eindringt oder ob die Füllung künstlich gesteigert wird (z. B. durch Entfernen der Luft aus den Hohlräumen und durch Überdruck). Schließlich ist auch das Verhältnis der Größe der dem Wasser ausgesetzten Probenoberfläche zum Rauminhalt von Einfluß.

Die Ermittlung der Wasseraufnahme und Wasserabgabe läßt bei Berücksichtigung dieser versuchsbedingten Einflüsse Rückschlüsse zu über das Porengefüge, über das Verhalten gegenüber den Atmosphärilien, über die Möglichkeit der Aufnahme aggressiver Lösungen oder gelöster Salze, über Feuchtigkeitswanderung, über die Fähigkeit, eingedrungene Feuchtigkeit mehr oder weniger rasch abzugeben, und über die zu erwartende, von den örtlichen, klimatischen Bedingungen abhängige Gleichgewichtsfeuchtigkeit.

2. Wasseraufnahme.

a) Bei normalem Luftdruck (scheinbare Porosität).

Die Wasseraufnahme wird als Gewichtszunahme der in Wasser eingelegten Proben ermittelt und in % des Gewichts der bei 105° getrockneten Proben oder besser in Raum-% ausgedrückt. Die angewandten Bestimmungsverfahren unterscheiden sich durch Art und Dauer der Einlagerung. Die Bestimmungen sind nach DIN [1] und ÖNORM [2] an wenigstens 5 Proben mit mindestens 50 cm³ Rauminhalt bzw. mit Abmessungen von 4 bis 5 cm durchzuführen. Die Proben sollen nach amerikanischer Prüfvorschrift [3] Abmessungen zwischen mindestens 5 cm und höchstens 7,5 cm und ein Verhältnis von Rauminhalt zu Oberfläche zwischen 0,3 und 0,5 aufweisen.

Die Untersuchung von schiefrigem Gestein, das in Plattenform verwendet wird, soll an entsprechend dicken Plattenstücken erfolgen, z. B. nach DIN 52203; Prüfverfahren für Dachschiefer — Wasseraufnahme — an zehn mit der Schere zugeschnittenen quadratischen Platten von 20 cm Kantenlänge und 5 bis 7 mm Dicke. Die amerikanische Prüfvorschrift verlangt 6 Platten von mindestens 10 cm Kantenlänge und 4,5 bis 8 mm Dicke.

Proben mit geschliffenen Flächen sollen nicht untersucht werden.

Zweckmäßig werden die Proben nach und nach in Wasser eingetaucht, damit die in innenliegenden Hohlräumen eingeschlossene Luft, dem in der Regel ebenso ablaufenden natürlichen Wassereindringen entsprechend, möglichst verdrängt wird. Die Proben werden dabei zunächst bis zu etwa $1/4$ ihrer Höhe in das Wasser gestellt. Nach 1 h soll der Wasserspiegel bis zur Hälfte, nach einer weiteren Stunde bis zu $3/4$ der Höhe des Probekörpers steigen. 22 h nach Beginn der Wasserlagerung werden die Proben völlig unter Wasser gesetzt und nach weiteren 2 h, also 24 h seit Beginn der Wasserlagerung, zum erstenmal gewogen. Bei anderen Verfahren [2] werden die Proben durch stetig während 24 h zutropfendes Wasser langsam überdeckt, oder sie werden unmittelbar 48 h lang in Wasser eingelegt [3].

Bei unmittelbarem Eintauchen kann die Wasseraufnahme je nach Porenausbildung infolge des Gegendrucks der eingeschlossenen Luft unter Umständen kleiner entstehen.

Nach Entnahme der Probestücke aus dem Wasser werden diese mit einem feuchten, saugenden Tuch abgerieben und gewogen. Wird mit G_1 das Gewicht einer getrockneten und mit G_2 das einer wassergelagerten Probe bezeichnet, so ist die Wasseraufnahme

$$A_G = \frac{G_2 - G_1}{G_1} \, 100 \, \text{Gew.-\%} \quad \text{oder} \quad A_R = A_G \cdot \gamma \, \text{Raum-\%}$$

(Rohwichte γ des getrockneten Gesteins; siehe B 2).

Zur Bestimmung der Eindringtiefe wird in der ÖNORM [2] allgemein das Einlagern in fluoreszinhaltiges Wasser vorgesehen. (Feststellung der Eindringtiefe im UV-Licht am Ende des Versuchs an den zerschlagenen oder den durch Festigkeitsprüfung zerstörten Probekörpern, s. a. unter b.)

b) Kapillares Saugvermögen und Saughöhe.

Wenn Aufschluß über die Geschwindigkeit der Wasseraufnahme und die praktisch ebenso bedeutungsvolle Größe der kapillaren Saugkraft nötig ist, werden Gewichtsbestimmungen an den sofort ganz eingelagerten Proben durchgeführt. Bei stark saugendem Gestein sind z. B. schon Wägungen nach 5 min, nach 10 min, 30 min, 1 h, 3 h usf. angezeigt, weil dann (wie z. B. bei porigem Sandstein, Süßwassertuff) der größte Teil des Wassers schon nach kurzer Zeit aufgenommen ist.

Besserer Aufschluß wird durch Ermittlung der kapillaren Saughöhe erhalten. Dazu werden herausgesägte oder gebohrte Proben (Platten, Prismen, Zylinder) 10 mm tief in destilliertes Wasser eingestellt. Die Saughöhe wird bei gleichgehaltener Spiegelhöhe in Abhängigkeit von der Zeit ermittelt. Der Versuch soll in feuchtigkeitsgesättigter Luft durchgeführt werden, damit Verdunstung in der äußeren Zone vermieden wird. Bei Bestimmung des Saugvermögens durch Wägung der Probe ist zu berücksichtigen, daß im Gewicht auch die vom eingetauchten Teil aufgenommene Wassermenge erfaßt wird. Soll das kapillare Saugvermögen durch die Gewichtszunahme allein gekennzeichnet werden, so wird nur die untere Fläche der Prismen an die Wasserfläche angelegt (z. B. auf Dreikantleisten bei konstant gehaltener Spiegelhöhe). Gestein, das die Durchfeuchtungszone nicht deutlich erkennen läßt, wird in Wasser eingestellt, dem Fluoreszin zugesetzt ist (gesättigte Fluoreszinlösung, rd. 0,5 g Fluoreszin in 1 l Wasser). Die Durchfeuchtung kann dann bei kurzzeitiger Entnahme in gefiltertem („dunklem") UV-Licht unter der Analysenquarzlampe beobachtet werden. Bei Gestein mit gerichtetem Gefüge ist die kapillare Saughöhe gleichlaufend und rechtwinklig dazu zu untersuchen (z. B. bei schichtigem Gestein an eingestellten Proben, deren Schichtung waagrecht bzw. senkrecht liegt).

c) Künstlich gesteigerte Wasseraufnahme.

Dadurch wird angestrebt, möglichst den ganzen Porenraum (absoluter Porenraum s. B 4) zu erfassen. Bei den verschiedenen Verfahren wird dies entweder durch Kochen der Proben in Wasser oder durch Entlüften und Einpressen von Druckwasser versucht. Über den Einfluß von Wasser, dem Netzmittel zugesetzt sind (die Oberflächenspannung des Wassers vermindernde Zusätze), liegen noch keine Erfahrungen vor.

α) Steigerung der Wasseraufnahme durch Kochen.

Zur Bestimmung der Wasseraufnahme in kochendem Wasser werden die vorher getrockneten Probekörper zunächst etwa 1 h so in destilliertem Wasser gelagert, daß der Wasserstand rd. $^3/_4$ der Höhe des Probekörpers beträgt. Dann wird so viel Wasser nachgefüllt, daß die Probekörper ganz mit Wasser bedeckt sind und während des folgenden 2stündigen Kochens auch mit Wasser bedeckt bleiben [1]. Wesentlich ist, daß die Proben auch im Wasser erkalten, damit bei der Abkühlung unter Umständen Wasser nachgesaugt wird. Nach der ÖNORM [2] werden die vorher zur Entfernung von Kanten und Ecken gekollerten Proben im Verlauf von 24 h in Fluoreszinlösung langsam eingetaucht, dann zunächst 4 h lang gekocht und nach Erkalten sowie Abtropfen im Feuchtkasten gewogen. Die Sättigung gilt als erreicht, wenn nach weiterem je 2stündigem Kochen Gewichtsgleichheit vorhanden ist. In der amerikanischen Prüfvorschrift [4] wird nur für Schiefer (zur Verkürzung der Bestimmung der Wasseraufnahme) ein Kochen während 8 h ohne vorausgehende Einlagerung vorgeschlagen und bemerkt, daß 8stündiges Kochen etwa zur gleichen Sättigung führt wie 48stündige Einlagerung in kaltes Wasser (s. 2a).

Die Wasseraufnahme wird wie unter 2a errechnet und in Gew.-% oder Raum-% angegeben.

β) Steigerung der Wasseraufnahme durch Entlüften und Druck.

Die Proben werden gemäß DIN 52103 [1] im luftverdünnten Raum in destilliertem Wasser liegend bei 20 mm Torr entlüftet (erforderliche Geräte: Rezipient, Wasserstrahl- oder Vakuumpumpe). Das Aufsteigen von Luftblasen und die Gewichtszunahme kommen meist nach 2 bis 3 h zum Stillstand. Nach 2 h Wasserlagerung bei Atmosphärendruck werden dann die Proben im destillierten entlüfteten Wasser einem Überdruck von rd. 150 kg/cm² während 24 h ausgesetzt, anschließend die Wasseraufnahme A_D bestimmt und in Gewichts- bzw. Raum-% ausgedrückt (s. unter 2a).

Das Wasser der Drucksättigung soll in jedem Falle entlüftet (bzw. ausgekocht) werden, da dann die Luft offenbar leichter verdrängt (absorbiert) wird [5].

Eine große Wasseraufnahme wird in erster Linie durch die Drucksättigung erreicht, wie Tab. 1 an je 5 Proben erkennen läßt.

Tabelle 1.

Wasseraufnahme in Gew.-% von	Sandstein	Kalkstein			
		1	3	7	8
bei Atmosphärendruck (gemäß 2a)	9,2	1,81	1,50	0,38	0,59
nach Entlüften wassergelagerter Proben unter Wasser nach DIN 52103 (E_1).	11,2	2,32	1,82	0,40	0,62
nach Entlüften trockener Proben, Einsaugen von Wasser ins Vakuum und weiteres Entlüften nach DIN 52103 (E_2).	11,5	2,38	1,96	0,30	0,58
nach Drucksättigung nach DIN 52103, vorher ⎫ (E_1)	11,5	2,42	2,35	0,32	0,70
Entlüftung wie . . . . ⎰ (E_2)	11,6	2,38	2,44	0,42	—

Bei Feststellungen von Wawrziniok [5] ergab sich die in Tab. 2 zusammengestellte Wasseraufnahme in Gew.-%.

Ähnliche Verhältnisse fanden sich nach Untersuchungen von Lehmann und Nüdling [6] für grobkeramische Scherben.

Demnach ergab sich etwa folgendes: Durch Tränken im Vakuum stellte sich eine wenig größere Sättigung als bei Wasserlagerung unter Atmosphärendruck ein. Der Einfluß der Art der Entlüftung, ob vorausgehend im trockenen Zustand oder unter Wasser, war nicht ausgeprägt, auch nicht auf die Wasseraufnahme einer nachfolgenden Drucksättigung. Eine darüber hinaus noch etwas größere Wasseraufnahme wird durch Drucksättigung erreicht (auch wenn, wie bei Wawrziniok, keine Entlüftung vorausging).

Weitere Untersuchungen, insbesondere in Beziehung zum Porenraum, zur Porenstruktur und wahren Porosität, erscheinen erforderlich, um die Verhältnisse allgemeiner gültig kennzeichnen zu können.

Durch Kochen unter Wasser kann ebenfalls eine weitgehende Wassersättigung erreicht werden [6].

γ) Sättigungsbeiwert.

Der Sättigungsbeiwert S errechnet sich aus der Wasseraufnahme A bei Atmosphärendruck und der Wasseraufnahme A_D unter Druck zu $S = A : A_D$; er gibt den bei Atmosphärendruck gefüllten Porenraum, bezogen auf den bei Drucksättigung gefüllten Porenraum, an. Dabei ist, sofern hiermit z. B. das voraussichtliche Verhalten durchfeuchteten Gesteins bei Frosteinwirkung beurteilt wird (s. Abschn. II G), vorausgesetzt, daß durch die Drucksättigung der ganze Porenraum mit Wasser gefüllt wurde. Unter dieser Voraussetzung ist der bei Atmosphärendruck sich nicht mit Wasser füllende Teil des gesamten Porenraums $(100 - S \cdot 100)$ %. Falls Zweifel bestehen, ob

Tabelle 2.

Basalt	Granit	Sandstein	Traß
langsam eingetaucht			
0,31	0,81	3,38	12,98 %
im Vakuum getränkt			
0,42	0,99	3,40	14,50 %
bei 100 kg/cm² getränkt			
0,43	1,25	4,00	14,60 %

der gesamte Porenraum durch das Drucksättigungsverfahren ermittelt wird, ist dieser nach B 4 zu bestimmen (wahre Porosität).

δ) Porengefüge.

Die oben, insbesondere unter b und c, γ, aufgeführten Verfahren lassen gewisse Rückschlüsse, jedoch keine zahlenmäßigen Angaben über die für viele Eigenschaften in erster Linie maßgebende Porengröße, Porenverteilung und -form zu. Die zur Kennzeichnung dieser Größen ausgearbeiteten Verfahren gehen von idealisierten Verhältnissen aus. Eine zusammenfassende Darstellung mit Literaturzusammenstellung geben LEWIS, DOLCH und WOODS [7]. Dort sind auch Verfahren zur Ermittlung des gesamten Porenraums mittels Gas-Volumenometern beschrieben (Beeinflussung von Druck und Volumen durch die in den Poren eingeschlossene Luft oder direkte Bestimmung durch Messung der abgesaugten Luft). Für die Ermittlung der Porengröße werden folgende Verfahren genannt: Mikroskopische Bestimmung an Schnitten durch Ausmessen, Ermittlungen mit dem Kapillardruck benetzender Flüssigkeiten (Beziehung zwischen Druck und Porendurchmesser) und mit der Durchlässigkeit von Flüssigkeiten und Gasen. Der Anteil verschieden großer Poren wird durch Eindrücken nicht benetzender Flüssigkeiten in entlüftete Proben mit abgestuftem Druck bestimmt (Beziehung zwischen Kapillarendurchmesser, Druck und eingepreßter Flüssigkeit) oder umgekehrt durch eine entsprechende Beziehung beim Entwässern wassergesättigter Proben durch Unterdruck oder Zentrifugieren.

3. Wasserabgabe.

Nach DIN 52103 [1] werden die bei Atmosphärendruck wassergetränkten Proben in einem Exsikkator über 98%iger Schwefelsäure (in praktisch trockener Luft) bei etwa 20° getrocknet. Ihr Gewicht ist alle 24 h zu bestimmen und die Exsikkatorfüllung zu erneuern, bis Gewichtsbeständigkeit eintritt. Die Wasserabgabe wird auf das Gewicht der bei 105° getrockneten Proben bezogen und in Gewichts- und Raum-% angegeben.

Praktisch aufschlußreicher ist die Unterscheidung des Trocknungsverlaufs in natürlich häufiger vorkommenden Bereichen der relativen Luftfeuchtigkeit von etwa 45, 65 und 80% (Wasserdampf-Partialdruck 7,9 bzw. 11,4 bzw. 14,0 Torr) und die Ermittlung der im Gleichgewichtszustand sich dabei einstellenden Restfeuchtigkeit (Gleichgewichtsfeuchtigkeit, abhängig vom Porengefüge). Die Proben können durch Lagerung in geschlossenen Behältern über gesättigten Salzlösungen mit Bodenkörpern in bestimmter relativer Luftfeuchtigkeit getrocknet werden, z. B. bei [8]

trockenem Klima in
45% relativer Luftfeuchtigkeit über gesättigter Pottaschelösung bei 20°,
Normalklima in
65% relativer Luftfeuchtigkeit über gesättigter Ammoniumnitratlösung bei 20°,
feuchtem Klima in
80% relativer Luftfeuchtigkeit über gesättigter Ammoniumsulfatlösung bei 20°.

Da der Wasserdampfdruck temperaturabhängig ist, muß die Temperatur in engen Grenzen gehalten werden. Zweckmäßiger erscheint die Lagerung in klimatisierter, *bewegter* Luft (Klimaschrank). Über die Gleichgewichtsfeuchtigkeit künstlicher Bausteine hat HALLER [9] ausführliche Untersuchungen angestellt, über die natürlicher Steine sind keine Feststellungen bekannt. Die Gleichgewichtsfeuchtigkeit natürlicher Steine ist praktisch nur bei Wandbaustoffen mit größerer Wärmedämmung (z. B. Tuffen) von Bedeutung (siehe Abschn. XVIII).

4. Wasserdurchlässigkeit.

Die spezifische Wasserdurchlässigkeit eines Gesteins ist praktisch selten wichtig, weil hierfür in erster Linie beispielsweise grobstrukturelle Beschaffenheit des Gebirges oder Mauerwerks (Spalten, Schichtfugen) bestimmend ist. In Sonderfällen wird zur Ermittlung der u. U. interessierenden Durchlässigkeitsziffer k des Gesteins sinngemäß wie unter VI H 1 c geprüft (Prüfung von Bohrkernen oder Platten auf Wasserdurchlässigkeit), wobei die Lage einer schichtigen Textur zur Durchflußrichtung des Wassers und, allgemein Porenraum, Porengefüge und Prüfdauer von Bedeutung sind. Zum Beispiel wurde für 11,6 cm dicke lufttrockene Buntsandsteinproben (Bohrkerne) bei verschiedener Rohwichte γ unter einem Wasserdruck von 5 kg/cm² während einer Einwirkungsdauer von 22 Tagen die in Tab. 3 zusammengestellte Durchlässigkeit erhalten.

Tabelle 3.

Probe	1	2	3	
γ (lufttrocken)	2,31	2,15	2,13	kg/dm³
am 2. Tag.	0,32	4,48	2,49	l/h je m² Fläche
am 10. Tag.	0,05	2,81	1,32	l/h je m² Fläche
am 22. Tag.	0,05	2,13	1,04	l/h je m² Fläche
Durchlässigkeitsziffer k^1	0,266	11,23	5,59	10⁻⁸ cm/sek

(k entspricht der Wassermenge, die bei einem hydraulischen Gefälle $i = 1$ in der Zeit $t = 1$ den Querschnitt $f = 1$ durchströmt). Da, insbesondere bei ursprünglich trockenen Proben, eine Selbstdichtung durch Quellen zu erwarten ist, muß der Versuch ausreichend lange fortgesetzt werden.

---

[1] Auf eine Temperatur von 10° bezogen.

5. Längenänderungen beim Durchfeuchten und Trocknen.

Wegen der Durchführung der Messung wird auf VI F verwiesen. Geeignet sind nur Meßverfahren mit hoher Ablesegenauigkeit (Ableseeinheit 1 μ). Die Messungen sollen so lange fortgesetzt werden, bis die Feuchtigkeitsänderung und die meist nacheilende Längenänderung (Quellung, Schwindung) ausgeklungen sind. Für die Untersuchung sind definierte Feuchtigkeitsbedingungen (s. [2] u. [3]) zu schaffen; die Temperatur ist für die Messung konstant zu halten.

Schrifttum.

[1] DIN 52103: Prüfung von Naturstein; Wasseraufnahme, Wasserabgabe.
[2] ÖNORM B 3122: Prüfung von Naturstein; Wasseraufnahme.
[3] ASTM Standard C 97—47: Standard methods of test for absorption and bulk specific gravity of natural building stone.
[4] ASTM Standard C 121—48: Standard method of test for water absorption of slate.
[5] WAWRZINIOK, O.: Handbuch des Materialprüfungswesen für Maschinen- und Bauingenieure, 2. Aufl., S. 359. Berlin: Springer 1923.
[6] LEHMANN, H., u. H. D. NÜDLING: Eine vergleichende Untersuchung der verschiedenen Methoden zur Erfassung der Porosität an grobkeramischen Scherben. Tonind.-Ztg. Bd. 78, (1954) H. 19/20, S. 312.
[7] LEWIS, D. W., W. L. DOLCH and K. B. WOODS: Porosity determinations and the significance of pore characteristics of aggregates. Proc. Amer. Soc. Test. Mater. Bd. 53 (1953) S. 949.
[8] LANDOLT-BÖRNSTEIN: Physikalisch-chemische Tabellen, 5. Aufl., 2. Erg.-Bd., 2. Teil, S. 1288 (hrsg. von W. A. ROTH und K. SCHEEL). Berlin: Springer 1931.
[9] HALLER, P.: Der Austrocknungsvorgang von Baustoffen. Diskussionsber. Nr. 139 der Eidg. Mat.-Prüf.-Anst. Zürich 1942.

D. Prüfung der Festigkeitseigenschaften der natürlichen Gesteine.

Von K. Walz, Düsseldorf.

1. Vorbereitung der Prüfkörper.

Für die Prüfung der Festigkeit sind Prüfkörper mit bestimmter, regelmäßiger Gestalt und ebenen Flächen meist aus Rohblöcken oder auch aus Bohrkernen herzustellen. Prüfkörper sollen zur Ermittlung der spezifischen Gesteinsfestigkeit so groß gewählt werden, daß sie, ohne Störungen einzuschließen, die spezifische Gesteinsbeschaffenheit wiedergeben. Weisen die Erzeugnisse so große Abmessungen auf, daß sie z. B. Lagerflächen, Stiche, Spaltflächen, verwachsene Risse u. ä. enthalten können, so sind die Prüfkörper entsprechend groß zu wählen (Ermittlung der Gebrauchsfestigkeit). Wenn möglich, soll die im Bruch oben gelegene Fläche auf dem zu prüfenden Rohblock bezeichnet sein.

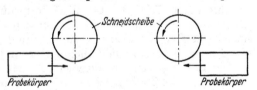

Abb. 1. Arbeitsweise beim Trennen von Steinen mit umlaufenden Siliziumkarbidscheiben.

Prismatische Prüfkörper (Würfel und Prismen) werden unter reichlicher Wasserzufuhr auf Kreissägen aus Stücken größerer Abmessung, in der Regel mit Stahlblechscheiben, die mit Siliziumkarbid belegt sind, herausgesägt. Das Korn und die Kornbindung des Belags müssen dem Gestein angepaßt sein;

z. B. erfordern Kalksteine Scheiben mit grobem Korn, der härtere Quarzit dagegen Scheiben mit feinem Korn. Die zweckmäßigste Umdrehungszahl bzw. die günstigste Umfangsgeschwindigkeit der Schneidscheiben ist je nach Gestein verschieden. Die Umfangsgeschwindigkeit liegt meist bei rd. 30 m/sek und höher.

Aus Versuchen [1] ergab sich für verschieden harte Gesteine die in Abb. 1 dargestellte Arbeitsweise.

Wenn nur die Druckfestigkeit zu bestimmen ist, können mit verhältnismäßig wenig Aufwand Zylinder auf einer Ständerbohrmaschine herausgebohrt werden. Bei weicherem Gestein erfolgt dies mit Siliziumkarbid- oder Hartmetall-Hohlbohrern, bei hartem Gestein mit diamantbesetzten Hohlbohrern. Die Kraftangriffsflächen der gewonnenen Prüfkörper müssen eben und gleichlaufend sein; Druckflächen sind in der Regel durch Schleifen zu richten (s. a. unter VI C 2 a γ).

2. Ermittlung der Druckfestigkeit.

Hierfür sind nach DIN 52105 Prüfung von Naturstein — Druckfestigkeit — mindestens 5 Würfel mit wenigstens 4 cm Kantenlänge vorzusehen. Bei ungleichmäßigem Gefüge (z. B. auch grobkristallinem oder groblöcherigem) sind die Würfel entsprechend größer zu bemessen. Die Druckfestigkeit wird aus Bruchlast und ursprünglichem Querschnitt auf 10 kg/cm² gerundet angegeben. Der Druck ist in 1 sek um 12 bis 15 kg/cm² zu steigern.

Wirkt der Druck rechtwinklig zu einer erkennbaren schichtigen Textur, so entsteht im allgemeinen eine höhere Druckfestigkeit als bei einer Druckrichtung gleichlaufend dazu. In der Regel wird unter sonst gleichen Verhältnissen mit zunehmender Kantenlänge der Würfel eine etwas kleinere Druckfestigkeit erzielt. (Vermutlich bedingt durch die bei größeren Proben größere Wahrscheinlichkeit von Fehlstellen, durch Biegung der Druckplatten sowie durch ungleiche Lastverteilung und Flächenreibung.) Im Bereich der zur Ermittlung der spezifischen Druckfestigkeiten des Gesteins vorkommenden Würfelgrößen sind die Unterschiede jedoch nicht erheblich und durch die nicht zu vermeidenden Versuchs- und Probenstreuungen überdeckt.

Wesentlich ist, daß zur Wahrung der Vergleichbarkeit, insbesondere bei Prüfung sehr festen und harten Gesteins, sowohl die Druckflächen der Maschine als auch die der Würfel geschliffen (nicht poliert) sein müssen. Die Druckplatten der Maschine oder die von Zwischenlagen (6 bis 8 cm dicke, geschliffene Stahlplatten) sollen bei hartem Gestein mindestens eine VICKERS-Härte von 450 kg/mm² aufweisen; die Flächen sind bei starker Inanspruchnahme laufend auf Ebenheit zu prüfen. Nach DIN 51223 — Werkstoffprüfmaschinen, Druckprüfmaschinen — (Entw. Dez. 1955) müssen die Druckplatten zur Durchführung von Druckversuchen aus Hartguß oder gehärtetem Stahl mit einer ROCKWELL-Härte $c = 58$ bis 62 hergestellt sein. Die Druckplatten sind planzuschleifen und zu mattieren.

Die Prüfung wird im allgemeinen im trockenen Zustand der Proben vorgenommen; im Zweifelsfalle sind die Proben bei rd. 105° zu trocknen und frühestens nach 12 stündiger Abkühlung zu prüfen. Bei erweichbarem Gestein soll zum Vergleich auch die Druckfestigkeit nach Wasserlagerung ermittelt werden, falls diese nach dem zu erwartenden Verwendungszweck von Bedeutung ist.

Während nach DIN 52105 und ÖNORM B 3124: Prüfung von Naturstein — Druckfestigkeit — nur würfelförmige Proben von mindestens 4 cm bzw. 5 cm Kantenlänge geprüft werden, sind in ASTM Standard C 170—50 [2] neben Würfeln auch Zylinder vorgesehen. Nach dieser Prüfvorschrift soll das Verhältnis der Höhe h zum Durchmesser d des Probekörpers nicht kleiner als 1 sein; bei Abweichungen von 25% und mehr wird aus der ermittelten Druckfestigkeit D_P die maßgebende Druckfestigkeit für $h:d = 1$ zu

$$D_W = \frac{D_P}{0{,}778 + 0{,}222\,(d:h)}$$

errechnet.

3. Ermittlung der Biegezugfestigkeit.

Als Probekörper dienen Prismen mit rechteckigem Querschnitt; sie werden gemäß Abb. 2 auf 2 Auflagerwalzen A_1 und A_2 oder kippbaren Schneiden in der Regel durch eine über die ganze Breite reichende, mittig gelagerte Walze oder Schneide langsam bis zum Bruch belastet. Für die Abmessungen ist das unter 1. und 2. Gesagte sinngemäß zu beachten. Die Last P wirkt in der Regel senkrecht zu einer gegebenenfalls vorhandenen Schichtung oder Bankung (Abb. 2). Bei feinporigem, stärker wasseraufnehmendem Gestein sind die Proben der Einheitlichkeit wegen nach Trocknung bei 105° und Abkühlen zu prüfen (Vermeidung von Schwind- und Quellspannungen bei ungleicher Feuchtigkeitsverteilung im Querschnitt). Für weiteren Aufschluß kann die Biegezugfestigkeit

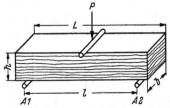

Abb. 2. Prüfanordnung zur Ermittlung der Biegezugfestigkeit.

auch im wassergetränkten Zustand der Prismen bestimmt werden oder an Prismen, deren Schichtung in den beiden anderen Hauptrichtungen liegt.

Für die Prüfbedingungen seien in Tab. 1 als Beispiel die DIN [3], ÖNORM [3] und ASTM Standard [4] angeführt.

Tabelle 1.

| | Probenzahl mind. | Mindestabmessungen | | L | Auflager-entfernung l | Belastungssteigerung |
		h cm	b cm			
DIN . . .	5	4	4	$4\,h$	$3{,}5\,h$	2 kg/cm² je sek
ÖNORM .	5 bis 7	4	4	$4\,h$	$2{,}5\,h$	$\leqq$ 10 kg/cm² je sek
ASTM . .	3	5,6	10	$3{,}6\,h$	$3{,}1\,h$	$\leqq$450 kg/min

Die Biegezugfestigkeit ergibt sich zu

$$\sigma_b = \frac{3\,P\,l}{2\,b\,h^2}.$$

Aus den Bruchstücken der Prismen mit quadratischem Querschnitt können durch wenige Sägeschnitte Würfel für die Druck- oder Schlagprüfung gewonnen werden.

Dachschiefer wird in Deutschland [5] in quadratischen Platten geprüft (Kantenlänge 20 cm, Dicke $h = 5$ bis 7 mm). Die Platten lagern auf Stahl-kugeln, die im Kreis ($d = 130$ mm) angeordnet sind; die Belastung wirkt in der Mitte und wird mit einem runden Belastungsstempel ($d_0 = 3{,}0$ cm) über-tragen. Die Biegezugfestigkeit errechnet sich zu

$$\sigma_b' = \frac{4{,}5}{\pi}\left(1 - \frac{2\,d_0}{3\,d}\right)\frac{P}{h^2}\ \text{kg/cm}^2.$$

Dagegen werden nach ASTM Standard C 120—52 [6] Dachschiefer und dickere Schieferplatten als Platte auf 2 Auflagern mit mittiger Schneidenlast auf Biegung beansprucht. (Abmessungen der Proben 30 cm × 3,7 cm, Höhe 2,5 cm oder 10 cm × 10 cm und einer Höhe entsprechend der natürlichen Plattendicke.)

4. Ermittlung der Zugfestigkeit.

Ein praktisches Bedürfnis, die Zugfestigkeit durch eine axial wirkende Kraft zu ermitteln, besteht nicht. In den deutschen Normen, auch in den ASTM Standards, findet sich hierfür kein Prüfverfahren. Prüfungen können nach der ÖNORM [3] an Probekörpern mit Kopfeinspannung gemäß Abb. 3 vorgenommen werden. Die Herstellung genau symmetrischer Prüfkörper sowie die Einleitung der Zugkraft ohne Zusatzspannungen als Vorbedingungen für einen Bruch im mittleren Körperteil und gleichmäßig verteilte Zugspannung ist schwierig (s. a. unter VI C 4).

5. Ermittlung der Scherfestigkeit.

Die Scherfestigkeit τ wird aus der Kraft P errechnet, die zum Trennen eines Körpers zwischen zwei scherenden Kanten nach einer Fläche erforderlich

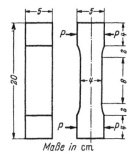

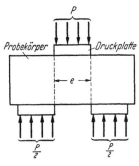

Abb. 3. Probekörper zur Ermittlung der Zugfestigkeit. Einspannung durch Klemmkraft P zwischen Spannbacken.

Abb. 4. Bestimmung der Scherfestigkeit an Gesteinsprismen.

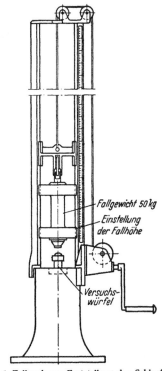

Abb. 5. Fallwerk zur Feststellung der Schlagfestigkeit von Würfeln. Auf den Würfel wird zur Übertragung des Schlags eine oben gerundete Schlagplatte aufgesetzt.

ist. Die Prüfung wird am einfachsten zweischnittig am Prisma nach Abb. 4 vorgenommen. Die Scherfestigkeit ergibt sich hiernach zu $\tau = P : 2\,F$ in kg/cm². Dabei ist jedoch zu beachten, daß es nicht möglich ist, die Kraft nur in der geometrisch sich ergebenden Scherfläche zur Wirkung zu bringen und daß deshalb Flächenpressungen und ein mehr oder weniger großes Biegemoment mitwirken, die vor dem Durchscheren zu Biegespannungen und -rissen führen (s. a. unter I F 8 sowie VI C 5)[1].

---

[1] Siehe auch die zusammenfassende Darstellung von B. Seybold: Über die Scherfestigkeit spröder Baustoffe. Dissertation Stuttgart 1933.

6. Ermittlung der Schlagfestigkeit.

Die für ein Gestein zu seiner Zertrümmerung nötige Schlagarbeit wird nach DIN [7] und ÖNORM [8] an Würfeln von mindestens 4 bzw. 5 cm Kantenlänge in einem Fallwerk nach Abb. 5 ermittelt. Die Fallhöhe des 50 kg schweren Bärs wird beim ersten Schlag so bemessen, daß für 1 cm³ Würfelinhalt die Schlagarbeit 2 cmkg beträgt (0,04 cm Fallhöhe je cm³). Bei jedem weiteren Schlag wird die Fallhöhe um den Betrag der ersten Fallhöhe gesteigert. Aus der gesamten Schlagarbeit A bis zur Zerstörung und dem Rauminhalt V ergibt sich die Schlagfestigkeit $S = A : V$ in cmkg/cm³. Das Prüfverfahren ist im einzelnen in der DIN 52107 [7] beschrieben. Da erhebliche Streuungen auftreten können, sind in der Regel 10 Würfel zu prüfen.

In Amerika wird als ASTM Standard ein ähnliches Schlagverfahren [9] zur „Zähigkeitsprüfung", insbesondere für Pflastergestein [10], angewendet. Der Bär wiegt jedoch nur 2 kg. Mit ihm werden, bei 1 cm Fallhöhe beginnend, so viel Schläge mit je um 1 cm größerer Fallhöhe ausgeführt, bis die 25 mm hohen und 25 mm dicken Zylinder zerstört werden. Als Zähigkeitsmaß gilt die Höhe in cm, aus der der letzte Schlag erfolgte.

Bei einem den praktischen Vorgängen mehr angeglichenen Prüfverfahren müßte z. B. festgestellt werden können, wie groß die Arbeit eines Schlags noch sein darf, wenn derselbe beliebig oft ohne Zerstörung aufgenommen werden soll, oder wie groß die Schlagarbeit des Einzelschlags ist, der gerade zur Zerstörung führt. Der Aufwand bei derartigen Prüfverfahren wird jedoch erheblich größer als bei den oben beschriebenen Verfahren.

7. Ermittlung der Elastizität.

Hierzu sei auf VI D verwiesen.

8. Ermittlung der Abnutzbarkeit.

Von den zur Kennzeichnung der Abnutzbarkeit eines Gesteins entwickelten Prüfverfahren sind vor allem jene in Anwendung, bei denen eine einfache, in Richtung einer Gesteinsfläche wirkende Schleifbeanspruchung ausgeübt wird. Kennzeichnend für diese Beanspruchungsart ist das DIN-Prüfverfahren [11]. Gemäß Abb. 6 wird eine prismatische, ebenflächige Probe mit ihrer Prüffläche 7,1 cm × 7,1 cm (50 cm²) mit 30 kg Belastung gegen eine sich drehende, mit einem Schleifmittel bestreute gußeiserne Scheibe gepreßt. Der gewichtsmäßig jeweils nach einem bestimmten Schleifweg ermittelte Stoffverlust dient zur Beurteilung der Abnutzbarkeit eines Gesteins durch Abschleifen. Sie wird unter Benutzung der Gesteinsrohwichte in cm³/50 cm² für insgesamt 440 Scheibenumdrehungen angegeben.

Nach DIN 52108 wurde die Schleifscheibe früher mit Naxosschmirgel bestimmter Zusammensetzung bestreut. In neuerer Zeit wird mit einem bestimmten künstlichen Prüfkorund abgeschliffen und außerdem die Probe zur Gewährleistung einer gleichmäßigeren Abtragung an der Schleiffläche anstatt wie früher nach je 110 schon nach jeweils 22 Umdrehungen um 90° gedreht. Gegenüber der früheren Beanspruchung entsteht nach dem derzeitigen Vorgehen eine etwa 1,25mal größere Abnutzung [12]. Gestein, das im Freien einer abschleifenden Beanspruchung ausgesetzt wird, wird zweckmäßig nach dem ebenfalls in DIN 52108 [11] festgelegten Abschleifen nach Durchfeuchtung unter Wasserzufuhr beurteilt. Der Abschleifverlust durchfeuchteter Proben fällt, insbesondere bei weicherem Gestein, meist wesentlich größer aus.

Selbstverständlich kann man für dieses Prüfverfahren mit seiner modifizierten Beanspruchung nicht ohne weiteres voraussetzen, daß es die unter durch-

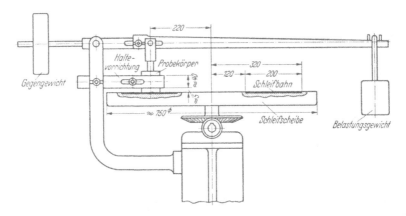

Abb. 6. Prüfanordnung zur Ermittlung der Abnutzbarkeit durch Schleifen.

schnittlichem Straßen- oder Fußgängerverkehr auftretenden mechanischen und Witterungsbeanspruchungen voll wiedergibt. Überlegungsgemäß ist zu folgern, daß immerhin durch das Abschleifen eine wesentliche Abnutzungskomponente der Praxis zur Anwendung kommt und daß, wie umfangreiche Vergleichsversuche mit verschiedenen Gesteinen bestätigten, die Einstufung der Gesteine nach dem Abnutzverlust sich bei „nassem" Abschleifen etwa gleich ergibt wie unter Verkehr [13], [14]. Es ist also möglich, mit dem Ergebnis dieser Prüfung eine Beurteilung hinsichtlich des Verhaltens gegenüber der Verkehrsbeanspruchung vorzunehmen und Grenzwerte, z. B. für Pflastergestein [15], [16], festzulegen.

Ein ähnliches Prüfverfahren wurde später in Amerika als ASTM Standard zur Beurteilung des Abschleifwiderstands unter Fußgängerverkehr bekannt gegeben [17]. Je 3 Proben mit einer Abschleiffläche 5 cm × 5 cm werden unter Drehen gleichzeitig, sonst ähnlich wie nach dem DIN-Verfahren abgeschliffen.

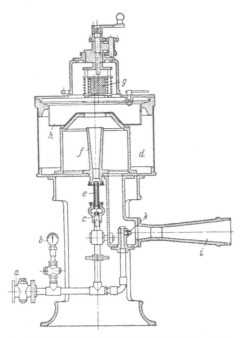

Abb. 7. Sandstrahlgebläse mit Preßluftbetrieb (2 kg/cm²); *a* Druckluftzufuhr; *b* Manometer; *c* Mischdüse; *d* Sammelbehälter für Sand; *e* Blasdüse; *f* Mantelrohr; *g* drehbarer Probekörper; *h* Blecheinsatz; *i* Absaugstutzen für Staub; *k* Blasdüse.

Die Untersuchung der Abnutzbarkeit eines Gesteins mit dem *Sandstrahl* kann in Fällen, in denen eine ähnliche Einwirkung vorliegt, zu übertragbaren Feststellungen führen. In Abb. 7 ist ein Sandstrahlgebläse für die Prüfung mit Quarzsand wiedergegeben [18]. Die Probe wird während der Beanspruchung gedreht und auf einer Kreisfläche von 6 cm ⌀ beansprucht. Bei Gesteinen mit verschieden harten Bestandteilen oder Partien werden in erster Linie die weicheren herausgelöst.

Schrifttum.

[1] RÖDER, K., W. GRUNER, W. WERNER u. G. PAHLITSCH: Untersuchungen über das Steintrennen mittels umlaufender Siliziumkarbidscheiben. Ber. betriebswiss. Arb. Bd. 10. Berlin: VDI-Verlag 1933; Auszug s. O. GRAF: Steinbearbeitung. Z. VDI Bd. 78 (1934) S. 359.

[2] ASTM Standard C 170—50: Standard method of test for compressive strength of natural building stone.

[3] DIN 52112: Prüfung von Naturstein; Biegefestigkeit; ÖNORM B 3124: Prüfung von Naturstein; Festigkeit, Abschn. II.

[4] ASTM Standard C 99—52: Standard method of test for modulus of rupture of natural building stone.

[5] DIN 52205: Prüfverfahren für Dachschiefer; Biegefestigkeit.

[6] ASTM Standard C 120—52: Standard methods of flexure testing of slate.

[7] DIN 52107: Prüfung von Naturstein; Schlagfestigkeit an Würfeln ermittelt.

[8] ÖNORM B 3125: Prüfung von Naturstein; Schlagzertrümmerung von Würfeln.

[9] ASTM Standard D 3—18: Standard method of test for toughness of rock.

[10] ASTM Standard D 59—39: Standard specification for granite block for pavements.

[11] DIN 52108: Prüfung von Naturstein; Abnutzbarkeit durch Schleifen.

[12] WALZ, K.: Abnutzprüfung von Natursteinen (zu DIN 52108, Oktober 1939). DIN-Mitt. Bd. 31 (1952) H. 11, S. 258; Bd. 33 (1954) H. 5, S. 242.

[13] GRAF, O.: Über die Entwicklung und Bedeutung von Prüfverfahren, im besonderen für die Ermittlung der Druckfestigkeit, des Abnützwiderstands, der Wasserdurchlässigkeit und der Wetterbeständigkeit von nichtmetallischen, anorganischen Baustoffen. Bautenschutz Bd. 6 (1953) H. 3, S. 30.

[14] GRAF, O.: Aus Versuchen über die Widerstandsfähigkeit von Natursteinen gegen Abnutzung. Straßenbau Bd. 29 (1938) H. 22, S. 371.

[15] STÖCKE, K.: Versuche an Steinpflaster im Prüfraum und auf der Straße. Bautechn. Bd. 16 (1938) H. 39, S. 509.

[16] GRAF, O.: Die Eigenschaften des Betons, S. 36, Zahlentafel 5. Berlin/Göttingen/Heidelberg: Springer 1950.

[17] ASTM Standard C 241—51: Standard method of test for abrasion resistance of stone subjected to foot trafic.

[18] FABER, H.: Werkstoffprüfung von Gesteinen durch Sandstrahl. Z. VDI Bd. 75 (1931) H. 18, S. 542.

E. Prüfung von Sand, Kies, Splitt und Schotter aus natürlichen Gesteinen.

Von K. Walz, Düsseldorf.

1. Allgemeines.

Die Eigenschaften eines Steingekörns werden durch die Größe der Körner, durch den Anteil von Körnern bestimmter Größe (Kornverteilung), durch die Form und die Oberflächenbeschaffenheit derselben sowie durch die Gesteinseigenschaften der Körner bestimmt.

Die Probenahme hat bei Steingekörn, das oft ein sehr uneinheitliches und veränderliches Haufwerk darstellt, besonders umsichtig zu erfolgen [1], [2], [3], [4] (s. Abschn. XXIII). Die Entnahmemenge ist von Fall zu Fall, abhängig von der Einheitlichkeit und Größe des Vorkommens oder des Vorrats, von der Art der Lagerung und Entnahme festzulegen. Zunächst ist eine größere Probemenge aus zahlreichen Einzelentnahmen (z. B. wenn möglich, laufend beim Schütten) herzustellen. Diese, ein Vielfaches der Prüfgutmenge ausmachende

Probemenge wird nach Durchmischen durch wiederholtes Vierteilen der kreisförmigen Schicht und Wegnahme von zwei gegenüberliegenden Vierteln so weit vermindert, bis die erforderliche Prüfgutmenge vorhanden ist. Die Verminderung kann auch durch Probenteiler (Sattelrutschen) vorgenommen werden. Soll die Gleichmäßigkeit der laufenden Aufbereitung oder Lieferung beurteilt werden, so sind an verschiedenen Stellen oder auf die Förderung verteilt Proben zu entnehmen, die je etwa so groß sind wie die erforderliche Prüfgutmenge, und getrennt zu prüfen.

2. Ermittlung der Kornzusammensetzung.

Die Kornzusammensetzung oder der Anteil von Körnern bestimmter Größe wird durch Siebe mit entsprechender Weite ermittelt. Die Abstufung der Siebe zur Ermittlung des Anteils der einzelnen Korngruppen im Gemisch hängt vom Verwendungszweck des Gekörns ab. Es werden sowohl Siebe mit Rundloch- als auch mit quadratischen Öffnungen benutzt. Mit Rundlochsieben wird eine von der Querschnittsform unabhängige Aufteilung nach der Breite des Korns vorgenommen, während bei Quadratlochsieben auch die Dicke des Korns von Einfluß ist. Bei gleicher Siebweitenbezeichnung (Rundlochdurchmesser bzw. Seitenlänge des Quadratlochsiebs) wird mit dem Quadratlochsieb je nach Kornform eine mehr oder weniger größere Korngruppe erfaßt (Durchgang in der Diagonalen). Rundlochsiebe nach DIN werden von einem Durchmesser von 1 mm an hergestellt; Maschensiebe sind bis zu 25,0 mm lichter Weite vorgesehen.

a) Siebsätze.

Die Weiten der Prüfsiebe sind in Deutschland für quadratische Maschensiebe in DIN 1171, Entwurf Okt. 1955: Drahtgewebe für Prüfsiebe, und für Rundlochsiebe in DIN 1170: Rundlochbleche für Prüfsiebe, festgelegt.

Maschensiebe nach DIN 1171 in mm (Entwurf Okt. 1955)

0,04	0,045	0,05	0,056	0,063	0,071	0,08	0,09	0,1	0,125	0,16
0,2	0,25	0,315	0,4	0,5	0,63	0,8	1,0	1,25	1,6	2,0
2,5	3,15	4,0	5,0	6,3	8,0	10,0	12,5	16,0	20,0	25,0

Rundlochsiebe nach DIN 1170 in mm

1	2 ... 9	10	12	15	18	20	25	30	40 ... 90	100

Die gleiche Korngröße (Kornbreite) wie mit einem Rundlochsieb D wird mit einem Maschensieb W erhalten, wenn folgende Beziehung besteht:
nach den Versuchen von Sänger [5]

$$W = 0{,}71\, D,$$

nach den Versuchen von Rothfuchs [6]

$$W = 0{,}8\, D, \qquad \text{gültig für } D \leq 18 \text{ mm,}$$
$$W = 0{,}9\, D - 1{,}8, \qquad \text{gültig für } D > 18 \text{ mm.}$$

Die aus den Versuchen von Rothfuchs sich ergebende Beziehung dürfte zutreffender sein.

Es würden sich folgende Siebe, auf häufiger benutzte Rundlochsiebe bezogen, etwa entsprechen (s. a. [7], [8], [9])

Rundlochsieb D	1	3	7	10	15	20	30	40	50	60	70 mm
Maschensieb W	0,8	2,5	5	8	12,5	16	25	35	45	50	60 mm

Weitere Verbreitung haben auch Maschenprüfsiebe nach der amerikanischen Aufteilung gefunden [*10*], sie reichen von 0,037 mm bis 107,6 mm. Die Seitenlänge zweier aufeinanderfolgender Siebe verhalten sich in der Regel wie $\sqrt[4]{2} : 1$. Aus dieser Reihe von 52 Sieben seien von den häufiger benutzten oder zum Vergleich mit deutschen Sieben folgende angeführt:

Feinsiebe

Sieb Nr.	325	230	200	170	120	100	80	50
Weite in mm	0,044	0,062	0,074	0,088	0,125	0,149	0,177	0,297

Sieb Nr.	30	20	16	10	8	4
Weite in mm	0,59	0,84	1,19	2,00	2,38	4,76

Grobsiebe

Bezeichnung	$^1/_4$ in.[1]	$^5/_{16}$ in.	$^3/_8$ in.	$^1/_2$ in.	$^3/_4$ in.	1,06 in.
Weite in mm	6,35	7,93	9,52	12,7	19,1	26,9

Bezeichnung	$1^1/_2$ in.	$1^3/_4$ in.	2 in.	$2^1/_2$ in.	3 in.
Weite in mm	38,1	44,4	50,8	63,5	76,2

b) Siebversuch.

Die für eine Siebung gröberen Gekörns bis etwa 70 mm Größtkorn erforderliche Prüfgutmenge soll in g etwa das 100fache des Durchmessers der größten Korngruppe in mm ausmachen (auf volle 1000 g aufgerundet). Für Gekörn bis 1 mm und bis 3 mm sind 100 bzw. 500 g ausreichend. Die Siebung beginnt auf dem größten Sieb. Der Gesamtrückstand *über* den einzelnen Sieben wird gewogen und in % des Gewichts der Prüfgutmenge ausgedrückt. Das Ergebnis wird als Mittel aus 3 Versuchen zweckmäßig als Summe der Anteile *bis* zur jeweiligen Siebweite dargestellt. (Siebweite auf der Abszisse in natürlichem oder logarithmischem Maßstab, Anteile in Gew.-% auf der Ordinate.) Für Vergleichszwecke kann aus den Siebwerten bei *gleichem Siebsatz* auch eine sogenannte Körnungsziffer (Feinheitsziffer, Feinheitsmodul) errechnet werden (Summe der *gesamten* %-Rückstände *über* den Sieben, dividiert durch 100). Je größer sich bei einem *bestimmten Siebsatz* derartige Kennziffern ergeben, desto grobkörniger ist ein Korngemisch.

c) Ermittlung staubfeiner Anteile.

Weist ein Gemisch staubfeine Anteile in größerer Menge auf, so lassen sich diese trocken nicht immer genügend absieben. In solchen Fällen wird zweckmäßig naß gesiebt bzw. abgeschlämmt (Ermittlung des Gewichts der bei 105° getrockneten Probe, Aufgießen der durch Kochen oder längere Wasserlagerung vorbereiteten, nassen Probe auf das oberste Sieb des Siebsatzes, Ab- und Durchspülen mit Wasser, Trocknen der Siebrückstände und Feststellung der Anteile in Gew.-% wie unter b).

Entsprechend wird vorgegangen, wenn nur der Anteil der staubfeinen Stoffe in einem Gekörn ermittelt werden soll (Ermittlung des Staubgehalts, Lehmgehalts oder von ähnlichem). Das Gekörn wird unter Vorschalten von Schutzsieben ausgewaschen, dann der gesamte Rückstand über dem gewählten letzten Sieb bei 105° getrocknet. Der Anteil des feinsten Stoffs ergibt sich als Differenz der Trockengewichte. Für die Ermittlung des Gehalts an Feinstoff wird das Sieb mit 0,09 mm oder mit 0,074 mm Maschenweite [*11*], [*12*] benutzt. Zur Kontrolle kann der Anteil des durchgeschlämmten Feinstoffs im Waschwasser bestimmt werden (Abheben des klar gewordenen Waschwassers vom Bodensatz; Trocknen bei 105° und Wägung).

---

[1] Sieb Nr. 3.

Ist eine Erfassung noch feinerer Korngruppen erforderlich (z. B. des u. U. interessierenden Anteils bindiger Stoffe bis 0,02 mm), so wird die Kornverteilung in der Suspension mit einem der zahlreichen hierfür entwickelten Verfahren, denen die Beziehung zwischen Teilchengröße und Sinkgeschwindigkeit zugrunde liegt, bestimmt [13], [14], [15], [16], [17]. Zweckmäßig ist das Verfahren nach ANDREASEN (s. [14] oder nach DIN 4226 [14], [16]).

3. Ermittlung der Kornform.

Die Kornform ist von Einfluß auf die mit Maschensieben ermittelte Korngröße, auf den Hohlraumgehalt eines Gekörns, auf den Widerstand gegen Schlag und Druck und allgemein auf die Größe der Oberfläche eines Gekörns und das Verhältnis von Oberfläche zu Korninhalt.

Häufig genügt die Beurteilung nach Augenschein (bei feinen Stoffen unter Vergrößerung) und die Angabe, ob die Körner z. B. vorwiegend gedrungen (kugelförmig, würfelig) oder splittrig (plattig, flach, lang) sind. Bei derartigen Prüfungen können die nach Augenschein ungünstig geformten Teile ausgelesen und als Anteil in den einzelnen Korngruppen oder insgesamt im Gemisch in % des Gewichts oder der Stückzahl angegeben werden. Außerdem ist festzustellen, ob es sich um abgerundete Körner oder um solche mit hervortretenden Kanten handelt.

Soll in besonderen Fällen die Form der gröberen Körner zahlenmäßig gekennzeichnet werden, so geschieht dies zweckmäßig durch Ausmessen von drei zueinander senkrechten Achsen [18]: Mit der Schieblehre werden an mindestens 50 Körnern die Länge l, die Breite b und die Dicke d gemessen. Diese 3 Abmessungen können als die Kanten des dem Korn umschriebenen kleinsten Prismas aufgefaßt werden. Die Werte $d:b$ geben an, inwieweit ein Korn flach, die Werte $l:b$ inwieweit ein Korn lang erscheint. Bewertet wird nach dem Anteil der Körner, die nach den von Fall zu Fall aufzustellenden Grenzwerten für $d:b$ (z. B. $<0,5$) und $l:b$ (z. B. $>1,5$) als zu flach bzw. zu lang erscheinen.

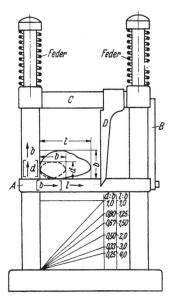

Abb. 1. Gerät zur Ermittlung der Achsverhältnisse. Das Korn wird, von der linken Hand gehalten, auf die Platte A gelegt (Achse l gleichlaufend zu A; Achse b senkrecht zu A). Nach dem Auslösen der Klinke B wird das an den beiden Säulen geführte Querstück C auf das Korn gedrückt und Teil D herangeschoben. Das Achsverhältnis $l:b$ wird an der Spitze von D abgelesen. In gleicher Weise wird nach dem Drehen des Korns (Achse b gleichlaufend zu A und Achse d senkrecht zu A) das Achsverhältnis $d:b$ ermittelt.

Zur Überprüfung späterer Lieferungen ist es zweckmäßig, die in einer bestimmten Gewichtsmenge vorhandene Kornzahl zu ermitteln (Abhängigkeit des Korninhalts von der Kornform, s. u.).

Zur Festlegung der Kornform oder Beurteilung nach den Achsabmessungen wurden verschiedene Vorschläge gemacht [18], [19], [20].

Vom Verfasser sind die beiden Meßgeräte nach Abb. 1 und 2 empfohlen worden [19], die eine einfache Beurteilung der Kornform gröberer Körner durch ihre Achsabschnitte ermöglichen. (Das Gerät nach Abb. 2 wurde bei Arbeiten des Forschungsinstituts für Maschinenwesen beim Baubetrieb an der Technischen Hochschule Berlin verwendet.) Mit dem Gerät nach Abb. 1 werden die Achsabschnitte $l:b$ und

$d : b$ eines jeden Korns gemessen und die Kornform an Hand der Mittelwerte $l : b$ und $d : b$ oder an Hand der Menge gut und schlecht geformter Körner beurteilt.

Das Gerät, das in Abb. 2 im Prinzip dargestellt ist (Grenzlehre, Winkel mit verstellbarem Schenkel) ermöglicht nach Festlegung eines bestimmten Gütewerts (z. B. $l : b \gtrless 1{,}5$ und $d : b \lessgtr 0{,}5$) die Trennung in zu lange und zu flache bzw. in gedrungene Körner. (Auf der Bodenplatte OB sind die Abschnitte $0{,}5\,a$, a und $1{,}5\,a$ mit a als beliebiger, jedoch möglichst großer Einheit angetragen.) Bei beliebigem Winkel der Schenkel OA und OB verhalten sich die Strecken dd' bzw. bb' bzw. ll' wie $0{,}5 : 1{,}0 : 1{,}5$, also wie die Abmessungen $d : b : l$ eines Korns mit noch genügendem Formwert ($d : b = 0{,}5$ und $l : b = 1{,}5$). Wird nun ein Korn mit seiner Breite b in Richtung bb' gehalten und der Schenkel OA angelegt, so muß das Korn, bei gleicher Schenkellage des Meßgeräts,

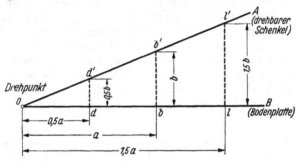

Abb. 2. Grenzlehre für das Achsenverhältnis $d : b = 0{,}5$ und $l : b = 1{,}5$.

wenn die Achsverhältnisse des Korns noch ausreichend sein sollen, mit seiner längsten Achse l kleiner als die Strecke ll' sein, es muß also zwischen den beiden Schenkeln bei ll' durchgeführt werden können. Außerdem muß seine Dicke d größer sein als das Maß dd'; ein Durchschieben darf an der Stelle dd' nicht möglich sein. Da die beiden Anlegeflächen der Schenkel bei dieser Ausführung des Meßgeräts nicht gleichlaufend sind, ergibt sich eine geringe Ungenauigkeit aus der Verschiebung des Berührungspunkts des Korns mit dem Schenkel OA gegen O hin. Dieser Umstand erscheint jedoch nicht wesentlich, wenn a möglichst groß gewählt wird.

Sind andere Grenzen $d : b$ und $l : b$ für die Kornform festgelegt, z. B. $0{,}3$ bzw. $2{,}0$, so sind die diesen Werten entsprechenden Punkte bei $0{,}3\,a$ und $2{,}0\,a$ auf dem Schenkel OB anzutragen.

In der British Standard $812 : 1951$ [20] findet sich im Teil 3 unter Nr. 15 ein Verfahren, bei dem mit Schlitzsieben bzw. festen Lehren die zu flachen und zu langen Körner eng begrenzter Korngruppen (mit mittlerer Breite b) ausgesondert werden.

Andere Verfahren gehen davon aus, daß die Kornform einer bestimmten eng begrenzten Korngruppe sich im Rauminhalt des Korns ausdrückt. Die gleiche Festraummenge einer Korngruppe enthält, wenn sie sich aus vorwiegend plattigen Körnern zusammensetzt, mehr Körner als bei gedrungener Kornform. Eine hierauf beruhende Beurteilung ist in DIN 51991 [18] für Gleisschotter aufgeführt (s. a. [21]). Da bei Ermittlung der Achsabmessungen die Raumerfüllung des Korns nicht voll erfaßt wird, andererseits bei den Verfahren, die nur vom Rauminhalt des Korns ausgehen (z. B. von der Stückzahl je Festraumeinheit) zu lange Körner nicht ausreichend beurteilt werden, schlägt SCHULZ [22] ein kombiniertes Verfahren zur Ermittlung der Kornformgüte (Raumausfüllung) vor. Bei diesem Verfahren werden sowohl Achsabmessungen als auch der Rauminhalt der einzelnen Körner berücksichtigt.

4. Bestimmung der Rohwichte (Raumgewicht), der Wasseraufnahme und der Reinwichte (spezifisches Gewicht) und des Hohlraumgehalts.

Hier ist zu unterscheiden zwischen der Rohwichte R des Gekörns (Schüttgewicht) und der Rohwichte γ des Gesteins.

a) Rohwichte R des Gekörns.

Sie ergibt sich aus Gewicht G_1 und Raummenge V der Schüttung (einschließlich der Hohlräume) als $R = G_1/V$. Das Raumgewicht eines Haufwerkes ist im wesentlichen abhängig von der Rohwichte des Gesteins, von der Kornzusammensetzung, vom Verdichtungsgrad (Schüttdichte), von der Kornform, vom Feuchtigkeitsgehalt (wesentlich bei feinkörnigen Stoffen), von der Rauhigkeit der Oberfläche und von der Abmessung des Meßgefäßes.
Zur Ermittlung von R werden Gefäße bekannten Inhalts benutzt, in die das Gekörn entsprechend der in Frage kommenden Lagerungsweise (z. B. lufttrocken oder lagerfeucht, lose geschüttet, eingerüttelt) gefüllt wird. Nach DIN 52110 [23] stehen zur Verfügung:

Tabelle 1.

für die Körnung	Inhalt	Abmessungen in mm	
mm	dm³	d_i	h_i
bis 7	1	124	83
über 7 bis 30	5	216	136
über 30	10	266	180

Diese Gefäße gelten für den Regelfall. Um besondere praktische Verhältnisse besser zu treffen, sind oft größere Gefäße zu benutzen, auch ist der Füllvorgang der Praxis anzugleichen. Jeder Versuch ist mindestens 3 mal auszuführen (Mittelwert).
Die in Amerika benutzten zylindrischen Gefäße sind etwas größer [24].

b) Rohwichte γ des trocknen Gesteins.

α) Die Rohwichte γ der Gesteinskörner wird bei *gröberem Gesteinsgekörn* von etwa 7 mm an aus dem Gewicht G_1 einer bei 110° getrockneten Durchschnittsprobe (3 bis 5 kg) und deren Rauminhalt V gemäß B 2 b α ermittelt (Wägung des durchfeuchteten, mit feuchtem Tuch abgeriebenen Gekörns an der Luft und in einem Drahtkorb unter Wasser; anhaftende Luftblasen sind zu entfernen). Entsprechend ist z. B. auch nach amerikanischen Vorschriften zu verfahren [25].
β) Steht ein geeichtes, genügend großes Meßgefäß zur Verfügung, das eine genaue Einstellung einer Wasserfüllung ermöglicht, so ist die *direkte Ermittlung des Rauminhalts* V durch Einfüllen des wassergelagerten, vorher abgetrockneten Gesteins in das Meßgefäß möglich (s. a. Abb. 6 unter VI F 1 f). Ist J der Inhalt des Meßgefäßes bis zur Eichmarke, G_1 das Gewicht der bei 110° getrockneten Gesteinsprobe und H die Wassermenge, die nach dem Einfüllen des Gekörns bis zur Eichmarke nach Entfernung der Luft zugegossen wird, so ist $V = J - H$ der Rauminhalt des Gesteins und $\gamma = G_1 : V$ dessen Rohwichte.
γ) Die Gesteinsrohwichte *feineren Gekörns* wird an etwa 500 g sinngemäß wie unter β) in einer Meßflasche von etwa 0,5 l Inhalt bestimmt. Die Probe wird

nach Durchfeuchtung so lange im Warmluftstrom getrocknet, bis sie oberflächlich trocken ist und keine Kohäsion mehr aufweist. Dieser Zustand ist z. B.
dann erreicht, wenn der in einem Blechkonus (s. V C 10 a) eingestampfte Sand
nach Abheben auseinanderfließt [26].

δ) Muß die Gesteinsrohwichte für *Gekörn mit größeren offenen Poren* bestimmt werden, so werden die Körner zweckmäßig mit heißem Paraffin umhüllt
bzw. feineres Gekörn darin eingebettet. (Kurzes Eintauchen der möglichst
kalten Gesteinsstücke, so daß die Poren möglichst wenig gefüllt werden, s. a.
unter B 2 b β und γ.) Die Ermittlung des Raums V des Gesteins geschieht
dann unter Berücksichtigung des vom Paraffin eingenommenen Raums entweder
mit der Auftriebsmethode oder in der Meßflasche.

ε) Die *Wasseraufnahme* des Gesteins ohne Oberflächenfeuchtigkeit wird aus
dem Gewicht G_F des gemäß α bzw. γ oberflächlich getrockneten Gekörns und
seinem Trockengewicht G_1 zu

$$A_G = \frac{G_F - G_1}{G_1} 100 \text{ (Gew-\%)} \quad \text{oder} \quad A_R = \frac{G_F - G_1}{V} 100 \text{ (Raum-\%)}$$

errechnet. Der Ermittlung der Wasseraufnahme soll bei feinerem Gekörn eine
mindestens 24 stündige Wasserlagerung, bei grobem eine solche bis zur Erlangung der Gewichtsgleiche vorausgehen.

c) Reinwichte γ_0.

Die Reinwichte wird an einer Durchschnittsprobe, sinngemäß wie unter B 3,
erhalten.

d) Hohlraumgehalt.

Es ergeben sich der Hohlraumgehalt

α) des *Gesteins* gemäß B 4 zu $P = \left(1 - \frac{\gamma}{\gamma_0}\right) 100$ (Raum-%),

β) in der *Schüttung ohne die Gesteinshohlräume* zu $H = \left(1 - \frac{R}{\gamma}\right) 100$
(Raum-%) (s. a. b β),

γ) in der *Schüttung einschließlich der Hohlräume im Gestein* zu $H_1 = \left(1 - \frac{R}{\gamma_0}\right) 100$
(Raum-%).

5. Stoffliche Beschaffenheit (s. a. unter VI A 7).

a) Allgemeine Beurteilung.

Für eine überschlägige Beurteilung der stofflichen Beschaffenheit des Gekörns
(Witterungsbeständigkeit, Härte, Festigkeit) genügen im allgemeinen die Untersuchungen nach Augenschein und einfache Feststellungen. Diese Beurteilung
erfolgt nach den Eigenschaften der gesteinsbildenden Mineralien, der Kornbindung, Struktur usw., nach dem Aufsaugen von Wasser (Aufbringen eines
Wassertropfens, s. a. unter 4 b ε), durch Ritzen mit dem Messer und nach dem
Widerstand beim Zerschlagen. In Amerika [27] wurden derartige Verfahren
eingehender festgelegt (Beurteilung der Einzelkörner durch Wasseraufnahme,
mit Fallkugel, Kollern, Kugeldruck, Handhammer, Ritzen, Erschütterung
(s. a. c α).

Bei feinerem Gekörn ist eine Ermittlung minder dichter und fester Bestandteile durch Aufteilung nach der Rohwichte mit Hilfe verschieden schwerer
Flüssigkeiten möglich (schwimmende oder absinkende Körner). Als Flüssigkeiten (zum Teil teuer) kommen in Frage Methylenjodid $\gamma = 3{,}32$, Bromoform

$\gamma = 2{,}9$; gesättigte Zinkchloridlösung $\gamma = 1{,}95$, Chloroform $\gamma = 1{,}52$. Zwischengewichte werden durch Verdünnung eingestellt [28]. Bei der Untersuchung müssen die Körner gut benetzt sein.

b) Frostbeständigkeit.

Soweit frostgefährdete Bestandteile nicht durch Auslesen ermittelt werden (stark wassersaugende, angewitterte und weiche Körner; tonige, mergelige, auch weiche kalkige Bestandteile; schiefriges und feingeschichtetes Gestein; Körner mit viel Glimmer), kann das Gekörn durch den Frostversuch oder den Kristallisationsversuch geprüft werden [29]. Je nach der Korngröße werden 500 bis 5000 g des bei 110° C getrockneten Gekörns für die Prüfung benutzt. Bei gemischtkörnigem Stoff wird die Kornzusammensetzung vor der Prüfung durch Siebversuch ermittelt, sofern nicht bestimmte Korngruppen benutzt werden. Bei gröberem Gekörn (Kies, Schotter) kann noch die Anzahl der Teile bestimmt werden.

α) *Prüfung durch Gefrieren und Auftauen.* Das mindestens 24 h unter Wasser gelagerte Gekörn wird (in einem Behälter oder feinmaschigen Drahtkorb) abwechselnd gefroren und in Wasser aufgetaut. Die Wechsel sind möglichst oft, z. B. 50mal, vorzunehmen.

β) *Kristallisationsversuch.* Durch den Kristallisationsversuch [30] werden wie beim Gefrieren Sprengkräfte in den Poren erzeugt. Das getrocknete Gekörn wird in gesättigte Natrium- oder Magnesiumsulfatlösung von rd. 21° C eingelegt und anschließend bei rd. 110° C getrocknet. Nach dem Trocknen und Abkühlen wird die Einlagerung in die Lösung wiederholt usw. Die Wechsel sind möglichst oft, mindestens 10mal, vorzunehmen. Nach dem Versuch wird die Probe zur Entfernung des Salzes gründlich gewaschen bzw. in Wasser eingelagert (Nachweis von Salz im Waschwasser durch $BaCl_2$, weißer Niederschlag).

γ) *Feststellungen beim Frost- und Kristallisationsversuch.* Die Kornzusammensetzung des bei 110° C getrockneten Prüfguts bzw. dessen Stückzahl wird nach dem Versuch bestimmt. Für eine Bewertung kann auch die Körnungsziffer (vgl. 2 b) benutzt werden. Aus der Verfeinerung des Gekörns nach dem Versuch (Vergleich der Siebzahlen, der Körnungsziffer oder der Kornzahl vor und nach dem Versuch) ist der Umfang der Zerstörung der Körner (Absplitterung, Zerfall) zu erkennen. Zweckmäßig werden diese Feststellungen durch Untersuchung der Körner nach Augenschein ergänzt (Veränderung der Farbe, Abwitterung, Risse, mürbes Gefüge usw.).

Es erscheint angebracht, versteckte Schädigungen, die sich bei widerstandsfähigeren Gesteinen nicht genügend zeigen, durch eine nachfolgende mechanische Beanspruchung aufzudecken. Dazu wird die Probe nach dem Frost- oder Kristallisationsversuch dem Kollerversuch oder Schlagversuch unterworfen (s. unter c sowie [29]). Die Veränderung der Kornzusammensetzung wird mit der von ebenso beanspruchtem, gleichem Gekörn verglichen, das jedoch nicht dem Frost- oder Kristallisationsversuch ausgesetzt wurde.

c) Prüfung des Widerstands gegen Schlag und Druck.

α) *Versuche am einzelnen Korn.* Für Feststellungen am einzelnen Korn wurden von Woolf [27] Vorschläge veröffentlicht. Dabei wird jedes Korn in einem kleinen Fallwerk geprüft, ob es, auf kugeliger Unterlage aufliegend, von einer geführt herabfallenden Kugel zertrümmert wird. Der Schlag wirkt in Richtung der kleinsten Abmessung des Korns; die Schlaghöhe ist von letzterer abhängig (Prüfungen einer Durchschnittsprobe von 50 Körnern). Die Anzahl der beschädigten Körner dient zur Bewertung. Entsprechend wie bei diesem Schlagversuch werden die Körner auch einem gleichbleibenden Druck (abhängig von der Korngröße) ausgesetzt.

Beide Verfahren können naturgemäß nicht die Bedingungen erfüllen, die an ein Prüfverfahren für die Ermittlung einer Stoffeigenschaft gestellt werden.

β) Schlag- und Druckversuch am Steingekörn. Das in einen Stahlzylinder eingefüllte Gekörn wird durch Schläge eines Fallbären (s. unter II D 6, Abb. 5) oder durch gleichmäßig steigenden Druck (über einen Schlagkopf bzw. Druckstempel auf das Gestein wirkend) beansprucht. Der Zertrümmerungsgrad wird durch Ermittlung der Kornzusammensetzung bzw. der Körnungsziffer vor und nach dem Versuch bestimmt.

Entsprechende Prüfverfahren finden sich für Straßen- und Gleisschotter in DIN 52109 [*31*] und ähnlich in ÖNORM B 3127 [*32*].

Die Widerstandsfähigkeit wird bei gleicher Beanspruchung u. a. durch die Kornform, die Kornzusammensetzung und den Gesteinsfestraum im Behälter beeinflußt. Soll daher nur die spezifische Widerstandsfähigkeit des Gesteins vergleichbar ermittelt werden, so ist eine bestimmte Festraummenge eines Gekörns gleicher Kornzusammensetzung oder einer eng begrenzten Korngruppe zu prüfen.

Bei der Prüfung von feinerem Gekörn (z. B. Sand, Kies oder Splitt) wird ähnlich vorgegangen wie bei Schotter [*29*], [*33*].

γ) Prüfung des Abnutzwiderstands. Der Abnutzwiderstand eines Gekörns kann in Kollerbehältern (Kollertrommeln) ermittelt werden. Eine Probe bekannter Kornzusammensetzung wird mit oder ohne Stahlkugeln in einen um eine Achse drehbaren Zylinder eingefüllt und durch Drehen des Zylinders umgewälzt. Die Verfeinerung der Körnung nach einer bestimmten Anzahl von Umdrehungen wird durch den Siebversuch ermittelt und die Veränderung an Hand der Sieblinien oder Körnungsziffern vor und nach dem Versuch beurteilt [*29*]. Derartige Prüfverfahren sind in Amerika für Gekörn mit Größtkorn von rd. 2,4 mm bis 75 mm im Gebrauch [*34*]. In der sich um eine horizontale Achse drehenden Los-Angeles-Abnutztrommel [*35*] finden sich Stahlkugeln, deren Anzahl auf die zu untersuchende Korngruppe abgestimmt wird. Zur Beurteilung dient der Abrieb bis 1,7 mm.

Bei der Prüfung in der Deval-Maschine [*36*] wird das Gekörn in verschließbare Stahlzylinder ($L = 34$ cm, $D = 20$ cm) zusammen mit 6 Stahlkugeln eingefüllt. Die Zylinder sind an einer sich drehenden, horizontalen Welle der Maschine unter einer Neigung von 30° befestigt. Im übrigen wird entsprechend wie beim Los-Angeles-Versuch vorgegangen. Ein ähnliches Prüfverfahren war früher in Deutschland in DIN DVM 2106: Prüfverfahren für natürliche Gesteine; Kanten- und Stoßfestigkeit, festgelegt.

In England ist zur Ermittlung des Abnutzwiderstands für gebrochenes, gröberes Gestein die DORRY-Schleifscheibe im Gebrauch [*37*]. Die Splittstücke werden in flache Schalen eng zusammenliegend eingekittet und auf einer kreisrunden Schleifscheibe (ähnlich DIN 52108, s. D 8) mit Sand abgenützt.

Schrifttum.

[*1*] DIN 52101: Prüfung von Naturstein, Richtlinien für die Probenahme.

[*2*] ÖNORM B 3120: Prüfung von Naturstein, Probenahme und gesteinskundliche Untersuchung.

[*3*] ASTM Standard D 75—48: Standard methods of sampling stone, slag, gravel, sand, and stone block for use as highway materials.

[*4*] PROUDLEY, C. E.: Sampling of mineral aggregates. Symposium on mineral aggregates, 1948; Amer. Soc. Test. Mat., Spec. Techn. Publ. No. 83, S. 75.

[*5*] SÄNGER, G.: Vergleichsversuche mit Loch- und Maschensieben. Straßenbau Bd. 19 (1928) H. 3, S. 31.

[6] ROTHFUCHS, G.: Vergleich von Siebergebnissen trotz Verwendung verschiedener Siebsätze. Straßenbau Bd. 30 (1939) H. 21, S. 337 — Umrechnung der Lochweite von Rundloch- und Maschensieben. Zement Bd. 23 (1934) H. 54, S. 670.

[7] STELLWAAG, A.: Der Kornaufbau von Schwarzstraßen, S. 18. Berlin-Lichterfelde: Allg. Industr.-Verl. 1936.

[8] WALZ, K.: Die Korngruppenaufteilung für Betonzuschlagstoffe. Straßen- u. Tiefbau Bd. 6 (1952) H. 3, S. 61.

[9] Forschungsgesellschaft für das Straßenwesen: Vorläufiges Merkblatt für Körnungen aus gebrochenem Gestein, 1951.

[10] ASTM Standard E 11—39: Standard specifications for sieves for testing purpose.

[11] Anweisung für Mörtel und Beton (AMB). Deutsche Bundesbahn, Nachdruck 1947, § 68. — Direktion der Reichsautobahnen: Anweisung für den Bau von Betonfahrbahndecken (ABB), Teil II A I 2 d α. Freiberg i. Sa.: Mauckisch 1939.

[12] ASTM Standard C 117—49: Standard method of test for amount of material finer than No. 200 sieve in aggregates.

[13] HARKORT, H. J.: Die Bestimmung der spezifischen Oberfläche von Pulvern, insbesondere von Portlandzementen. Forsch.-Arb. Straßenwes. Bd. 15 (1939) S. 13/38.

[14] AMBACH, E.: Die Bestimmung der feinsten Bestandteile in Betonzuschlagstoffen. Fortschr. u. Forsch. Bauw., Reihe A, H. 12, S. 21. — ANDREASEN: Die Feinheit fester Stoffe und ihre technologische Bedeutung. VDI-Forsch.-Heft 399. Berlin: VDI-Verlag 1940.

[15] WALZ, K.: Die Ermittlung feiner Stoffe im Betonzuschlag. Betonstraße Bd. 15 (1940) S. 80.

[16] DIN 4226: Betonzuschlagstoffe aus natürlichen Vorkommen, Vorl. Richtlinien für die Lieferung und Abnahme, § 5, Ziff. 1. — ÖNORM B 3302: Richtlinien für Beton; Baustoffe und maßgenormte Bauwerksteile, § 38 a (Anteile bis 0,02 mm).

[17] ASTM Standard D 422—39: Standard method of mechanical analysis of soils (Senkwaage). — Brit. Stand. 812: 1951 — Sampling and testing of mineral aggregates, sands and fillers.

[18] DIN 51991: Kennzeichnung der Kornform und Oberflächenbeschaffenheit der Einzelteile grober Schüttgüter. — F. A. SHERGOLD: The percentage voids in compacted gravel as a measure of its angularity. Mag. Concr. Res. Bd. 5 (1953) H. 13, S. 3.

[19] WALZ, K.: Die Kennzeichnung der Kornform von grobkörnigen Schüttgütern. Straßenbau Bd. 30 (1939) H. 1, S. 1. — Kennzeichnung der Kornform und Oberflächenbeschaffenheit der Einzelteile grober Schüttgüter. Bauindustrie Bd. 9 (1941) S. 1528.

[20] MARKWICK, A. H. D.: The shape of road aggregate. Departm. Scient. Industr. Res., Road Res. Bull. No. 2, London 1937 — Mitt. Nr. 54 Stat. Väginstitut, S. 19. Stockholm 1937; s. a. A. SCHMITT in einem Referat „Vorschriften für die Beschaffenheit und Prüfung von Straßenbaugesteinen". Straßen- u. Tiefbau Bd. 5 (1951) H. 3, S. 51 — Corps of Engineers: Method of test for flat and elongated particles in coarse aggregate; Meth. CRD—C 119—53. Handbook for Concrete and Cement. Waterways Experiment Station, Vicksburg 1949 — „British Standard 812:1951. Sampling and testing of mineral aggregates, sands and fillers."

[21] SCHULZE, K.: Schnellverfahren zur Kornformbeurteilung und Vorschläge zur Definition von Splitt und Edelsplitt. Straße u. Autobahn Bd. 4 (1953) H. 8, S. 253.

[22] SCHULZ, F.: Zum Problem der Kornformbestimmung. Straßen- u. Tiefbau Bd. 6 (1952) H. 11, S. 340. — F. SCHULZ u. G. STELZER: Ein genaues Schnellverfahren zur Bestimmung der Kornformgüte. Straße u. Autobahn Bd. 5 (1954) H. 2, S. 48.

[23] DIN 52110: Prüfung von Naturstein; Raummetergewicht von Steingekörn, Gehalt von Steingekörn an Hohlräumen im Haufwerk.

[24] ASTM Standard C 29-42: Standard method of test for unit weight of aggregate.

[25] ASTM Standard C 127-42: Standard method of test for specific gravity and absorption of coarse aggregate.

[26] ASTM Standard C 128-42: Standard methods of test for specific gravity and absorption of fine aggregate.

[27] WOOLF, D. O.: Methods for the determination of soft pieces in aggregate. Proc. Amer. Soc. Test. Mater. Bd. 47 (1947) S. 967. — ASTM Standard C 235-49 T: Tentative method of test for soft particles in coarse aggregates (Ritzbarkeit durch Messingstift) — Methods for the determination of soft pieces in aggregate by the Physical Research Branch. Bur. Public Roads. Public Roads Bd. 26 (1951) H. 7, S. 148.

[28] RINNE, F.: Gesteinskunde, 12. Aufl. Leipzig: Jänecke 1937. — H. S. SWEET: Physical and chemical tests of mineral aggregates and their significance. Symposium on mineral aggregates 1948. ASTM Spec. Techn. Publ. No. 83, S. 49 — Corps of Engineers: Method of test for particles of low specific gravity in coarse aggregate (sink-float-test); Meth. CRD-C 129-51. Handbook for Concrete and Cement. Waterways Experiment Station, Vicksburg 1949 — ASTM Standard C 123-53 T: Tentative method of test for lightweight pieces in aggregate.

[29] WALZ, K.: Die Prüfung von Kies und Splitt für Straßenbeton. Betonstraße Bd. 14 (1939) S. 215 u. 229.

[30] DIN 52111: Prüfung von Naturstein; Kristallisationsversuch. ASTM Standard C 88-46 T: Tentative method of test for soundness of aggregates by use of sodium sulfate or magnesium sulfate.

[31] DIN 52109: Prüfung von Naturstein; Widerstandsfähigkeit von Schotter gegen Schlag und Druck.

[32] ÖNORM B 3127: Prüfung von Naturstein; Schlag- und Druckbeständigkeit von Schotter.

[33] BREYER, S.: Die Klassifizierung und die mechanische Prüfung von Straßenbaugesteinen. Straße u. Autobahn Bd. 1 (1950) H. 12, S. 25. — B. WENN: Untersuchungen von Splittkörnungen auf Widerstandsfähigkeit gegen Schlag und Druck. Straße u. Autobahn Bd. 2 (1951) H. 3, S. 85. — P. MOLL: Zur Untersuchung von Splitten auf ihre Festigkeit. Straße u. Autobahn Bd. 2 (1951) H. 1, S. 18; H. 2, S. 56. — A. H. D. MARKWICK and F. A. SHERGOLD: The aggregate crushing test for evaluating the mechanical strength of coarse aggregates. J. Instn. Civ. Engrs. Bd. 24 (1945) H. 6, S. 125. — F. A. SHERGOLD: An impact test for roadmaking aggregates; s. A. SCHMITT: Vorschriften für die Beschaffenheit und Prüfung von Straßenbaugesteinen. Straßen- u. Tiefbau Bd. 5 (1951) H. 3, S. 51.

[34] CLEMMER, H. F.: Abrasion test for aggregates. Rep. on significance of tests of concrete and concrete aggregates. 2. Ed., 1943, ASTM Committe C-9, S. 123.

[35] ASTM Standard C 131-51: Standard method of test for abrasion of coarse aggregate by use of the Los Angeles machine.

[36] ASTM Standard D 289-53: Standard methods of test for abrasion of graded coarse aggregate by use of the Deval machine.

[37] SHERGOLD, F. A.: An abrasion test for roadmaking aggregates, s. A. SCHMITT [33].

F. Prüfung der Festigkeit von Mauerwerk aus natürlichen Steinen.

Von O. Graf, Stuttgart.

Praktisch ist die Druckfestigkeit des Mauerwerks verfolgt worden, wenn es sich um die Bemessung von Pfeilern zu außerordentlichen Bauwerken oder von Brückenbögen handelte. Dazu verlangt DIN 1075, daß die Mauerwerksfestigkeit als Würfelfestigkeit von Mauerwerkskörpern aus derselben Steinart und demselben Verband und Mörtel, wie sie im Bauwerk verarbeitet werden, ermittelt wird. Die Würfel sollen mindestens 50 cm Kantenlänge aufweisen. Die Festigkeit kann auch „in anderer geeigneter Weise" festgestellt werden.

Zweckmäßig ist die Prüfung von Pfeilern, deren Höhe mindestens das 4fache der Querschnittsseite beträgt, wobei die Größe der Steine, die Beschaffenheit der Fugenflächen, das Füllen der Fugen (senkrecht, waagrecht, geneigt, gestrichen, vergossen, gerüttelt), das Versetzen der Steine usf. den praktischen Verhältnissen entspricht. Die Prüfung solcher Pfeiler erfordert große Kräfte, beispielsweise bei Querschnitten von 60 cm Dicke und 100 cm Breite bei nur 200 kg/cm² Druckfestigkeit 1200 t.

Da überdies die zulässigen Anstrengungen des Mauerwerks aus natürlichen Steinen gemäß DIN 1075 verhältnismäßig klein gewählt sind, außerdem die Verwendung solchen Mauerwerks mehr und mehr zurücktritt, hat die Prüfung dieses Gegenstands nur vereinzelt Beachtung gefunden[1]. Schließlich ist nicht zu vergessen, daß die Tragfähigkeit des Mauerwerks aus natürlichen Steinen oft bei exzentrischer Belastung maßgebend ist. Ausländische Vorschriften sind dem Verfasser nicht bekanntgeworden.

---

[1] In der Versuchsanstalt für Steine, Holz und Eisen an der Techn. Hochschule Karlsruhe ist eine senkrecht wirkende Presse für 3000 t Höchstlast, in der Forschungs- und Materialprüfungsanstalt für das Bauwesen an der Techn. Hochschule Stuttgart eine solche für 1500 t gebaut worden.

G. Prüfung der Wetterbeständigkeit der Gesteine.

Von F. de Quervain, Zürich.

1. Allgemeine Bemerkungen.

Die Prüfung eines Gesteins auf die Widerstandsfähigkeit gegenüber den Zerstörungen, welche die Luft- und Wasserhülle bewirkt, ist besonders durch folgende im Wesen der Sache liegenden Umstände nicht einfach:

a) Das zu prüfende Material, der natürliche Stein, ist von größter Mannigfaltigkeit, zudem ein fertiger, nur ganz ausnahmsweise veränderbarer Stoff.

b) Die Gesteinsverwitterung ist ein sehr verwickelter Vorgang. Sie wird durch zahlreiche physikalische und chemische Einwirkungen verursacht, die zahlenmäßig nicht erfaßbar sind.

c) Die atmosphärischen Einflüsse sind großen Schwankungen unterworfen, nicht nur nach den Klimadaten der Örtlichkeit, sondern auch innerhalb ganz kleiner Bereiche, ja sogar an Teilen eines Bauwerks, je nach ihrer Lage gegenüber der vorherrschenden Windrichtung, der Sonne, dem Regen, dem Grundfeuchteeinfluß usw.

Bei den unzähligen hier angedeuteten Variablen ist es unmöglich, auf wenigen Seiten einen systematischen Prüfgang zu entwickeln. Es können nur die gebräuchlichsten Verfahren aufgeführt werden, die in geeigneter Auswahl und Anwendung dem Prüfenden ein zutreffendes Urteil, oft nur beschreibender Art, zu gestatten vermögen. Dazu ist es aber notwendig, daß der Prüfende mit dem Wesen der Gesteinszerstörung durch Witterungseinflüsse vertraut ist. Bei deren überaus großen Verwickeltheit ist es auch dann nicht leicht, die Gesamtheit der Vorgänge im Auge zu behalten; es besteht leicht die Gefahr, daß man sich nach irgendwelchen auffallenden, aber nur örtlich bedingten Beobachtungen und Erfahrungen einseitig festlegt. Dies erklärt die oft widersprechenden Deutungen der Beobachtungen am Bauwerk, wie deren Beziehungen zu Prüfergebnissen.

2. Kurze Übersicht der Verwitterungsvorgänge.

a) Die Einwirkungsarten.

Folgende äußere Einwirkungen und dabei sich abspielende Reaktionen sind für die Gesteinsverwitterung im weiteren Sinne von Belang [1], [2], [3].

Ohne Mitwirkung von Feuchtigkeit. α) Temperaturschwankungen mit Wärmedehnungen und damit verbundenen Spannungen. Diese führen zu zweierlei Beanspruchungen:

1. Durch ungleiche Ausdehnung der äußeren, den Temperaturschwankungen unterworfenen Gesteinspartie gegenüber dem Gesteinsinnern.

2. Durch ungleiche Wärmedehnung innerhalb eines Kristalls je nach der Richtung. Wirksam nur bei sehr grober Kristallausbildung.

β) Wind in Verbindung mit aufgewirbelten festen Teilen (Sand).

γ) Trockene chemische Reaktionen (unwichtig).

Mit Beteiligung von Feuchtigkeit. δ) Direkte Wassertränkung (aus Regen oder Gewässern). Unmittelbare Einwirkung (wenn frei von Säuren oder leicht löslichen Salzen) meist gering, oft steinerhaltend. Indirekter Einfluß als allgemeiner Feuchtigkeitslieferant (s. u.) oft sehr erheblich.

ε) Frost. Bekannt in seiner großen Wirkung auf Bausteine ist der Spalten- oder Porenfrost. Vereinzelt mögen auch Bodenfrosterscheinungen mitspielen.

ζ) Quell- und Schwindwirkungen durch Wechsel von Befeuchtung und Austrocknung. Wirksam bei Gesteinen mit Tonmineralien oder feinsten Glimmer- schüppchen. Sonst wohl sehr untergeordnet.

η) Chemische Einwirkungen der normalen Bestandteile der Atmosphäre (O_2, CO_2, zusammen mit H_2O). An Bauwerken meist durchaus untergeordnet bzw. erst nach langen Zeiträumen wirkend.

ϑ) Chemische Einwirkungen der Rauchgase. Daraus sehr wirksam das aus Kohlen- bzw. Ölverbrennung entstehende SO_3 (mit H_2O Schwefelsäure bildend), in erster Linie durch Karbonatzersetzung unter Sulfatbildung.

ι) Physikalische Wirkung aus- oder umkristallisierender, leicht löslicher Salze. Eine der Hauptursachen des Gesteinszerfalls an Bauten. Am schädlichsten sind unter den besonders in Städten allverbreiteten Salzen Verbindungen, die unter Wasseraufnahme und entsprechender Volumzunahme umkristallisieren (wie z. B. Natrium- und Magnesiumsulfat). Nicht harmlos ist aber auch Natrium- chlorid. Näheres darüber s. [4], [5].

ϰ) Einwirkungen von Pflanzen. Niedere Formen (Algen, Flechten, Moose) haben nur geringen Einfluß.

Von diesen Einwirkungen sind in großen Städten und industriereichen Ortschaften folgende für die Zerstörungen besonders wichtig: ε, ϑ, ι. Von Einzel- fällen abgesehen, sind die physikalischen Einwirkungen an Bauwerken viel wirksamer als die chemischen, im Gegensatz zu den Verhältnissen in der Natur.

b) Die Zerstörungsformen an den Gesteinen.

Ganz kurz betrachtet weist die Gesteinszerstörung an Bauwerken folgende Formen auf [1], [3], [6]:

Die *Absandung*. Zerfall des Gesteins in die Einzelmineralkörner oder in lockere, oft blätterartige Haufwerke (Abblätterung).

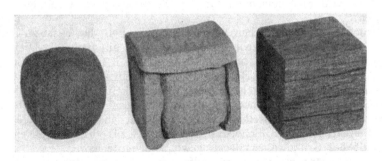

Abb. 1. Die drei Hauptformen des Gesteinszerfalls: Absandung, Schalenbildung und Rißbildung (Zerbröckelung), im Experiment an würfelförmigen Probekörpern erzeugt.

Die *Zerbröckelung*. Zerfall des Gesteins in Brocken kleinerer oder größerer Dimensionen. Der Anfangszustand der Zerbröckelung ist die Rißbildung.

Die *Schalenbildung*. Für diese weitverbreitete Zerstörungsform ist die Bildung eines Risses parallel der Gesteinsoberfläche in wenigen mm bis cm Tiefe charakte- ristisch. Dieser bewirkt ein Abfallen der äußern Gesteinsschale. Schalen, die (durch Feuchtigkeitsrhythmus) eine Stoffzufuhr erfahren haben, bezeichnet man auch als Rinden oder Innenkrusten [1].

Die *Auslaugung*, d. h. die durch chemische Auflösung entstandenen Zerstörungsformen.

Die *Krustenbildung*. Als Krusten werden hier ausschließlich Bildungen außerhalb der Gesteinsoberfläche verstanden (Außenkrusten), mehr oder weniger fest mit dem Gestein verbunden. Sie sind allgemein verbreitet, am meisten bei kalkigen Gesteinen als oft durch Ruß geschwärzte Gipsüberzüge oder als Kalksinterbildungen.

Ausblühungen. Auftreten von meist weißen, leicht löslichen Salzen in lockeren Haufwerken.

Vielfach treten mehrere der genannten Zerstörungsformen unmittelbar nebeneinander oder übereinander am Bauwerk auf.

3. Die petrographische Prüfung.

Die Beurteilung der Wetterfestigkeit auf Grund einer petrographischen Untersuchung (vgl. Abschn. II A) ist in zahlreichen Fällen ausreichend. Sie wird um so zuverlässiger, je eingehender der prüfende Petrograph sich mit der Bausteinverwitterung befaßt hat und mit den zu prüfenden Gesteinen und deren Verhalten im einzelnen vertraut ist. Es ist meist unzweckmäßig (geschieht aber oft), Gesteinsproben an weit entfernte oder in ganz anderer Richtung orientierte Institute zur Beurteilung zu übersenden. Eingehende Untersuchungen über die Beziehungen zwischen Wetterbeständigkeit und Petrographie führte besonders HIRSCHWALD [7] durch, ferner siehe [8], [9], [10].

Wenn irgend möglich, hat die petrographische Prüfung auf diesem Gebiet am Ort der Gewinnung, also im Steinbruch, zu beginnen. Sehr wichtig kann auch die genaue Untersuchung der Werkstücke sein. Falls man sich mit eingesandten kleinen Probstücken begnügen muß, wird man im Zeugnis entsprechende Vorbehalte machen.

a) Die Untersuchung im geologischen Verband.

Neben den allgemeinen geologisch-petrographischen Feststellungen (Abschnitt II A) wird man folgenden für die Wetterfestigkeit wichtigen Fragen nähertreten:

Untersuchung der natürlichen Verwitterung am Fels. Dabei ist zu berücksichtigen, daß diese in der Regel anders verläuft als am Bauwerk. Oft ist der Zerfall trotz scheinbar ungünstigerer Umstände am Fels langsamer. Schalenförmige Abwitterung, die am Bauwerk die Regel sein kann, fehlt oft an sehr alten Steinbruchwänden (Ursache: anderer Feuchtigkeitsrhythmus, Fehlen von löslichen Salzen). Bei kristallinen Gesteinen ist Material aus der Verwitterungsschwarte strenger zu beurteilen. Gesteinsmaterial aus stark durchlässigen lockeren Formationen (z. B. Schottern, Moränen) ist oft viel beständiger, wenn es unterhalb des Grundwasserspiegels gewonnen wurde usw.

Gestein aus Störungszonen weist vielfach innere Veränderungen und damit leichtere Verwitterbarkeit auf. Bei den weitern Prüfungen können solche Veränderungen, da sie am Handstück oft wenig auffallen, aber für die Wetterfestigkeit von großer Wichtigkeit sind, unter Umständen übersehen werden. Die rasch zerfallenden „Wassersöffergranite" entstammen häufig solchen Störungszonen.

Bei den Basalten tritt Sonnenbrand oft nur in Schloten, nicht aber in Decken oder nur in bestimmten Teilen von Decken auf. Sonnenbrenner können somit in einigen Steinbrüchen eines Vorkommens auftreten (oder sogar in Teilen eines Bruchs), in andern nicht. Diese Feststellungen setzen ganz besondere örtliche Kenntnisse des Prüfenden voraus.

Bei sehr spröden Gesteinen (z. B. dichten, kompakten Kalksteinen) ist die Beobachtung, ob das Material starken Erschütterungen beim Abbau (durch zu brisante Sprengschüsse, beim Wandfällen) ausgesetzt war, nicht überflüssig. Diese erzeugen unter Umständen feinste, kaum sichtbare Haarrisse oder Lockerungen sonst harmloser Tonhäute, die später zu Schäden führen.

b) Die Prüfung am Werkstück oder Handstück.

Die Prüfung von bloßem Auge oder mit der Lupe an den bearbeiteten Werkstücken, bei Straßenbaumaterial an größeren Bruchsteinen, ist derjenigen an kleinen Handstücken vorzuziehen. Die hierbei vorzunehmenden Feststellungen sind so zahlreich, daß sie hier nur aufgezählt werden können:

Zusammensetzung (Mineralbestand) mit besonderem Augenmerk auf von vornherein leicht zersetzliche, auslaugbare oder quellbare Mineralien (Pyrit, Gips, Tonmineralien, feinster Glimmer).

Verteilung und räumliche Anordnung der Bestandteile, wobei besonders lagige Anreicherung ungünstiger Mineralien zu beachten ist (dünne Mergellagen oder Tonhäute in Kalksteinen, glimmerreiche Lagen in Schiefern usw.). Auch mit bloßem Auge kaum sichtbares Lager kann sich durch raschere Verwitterung bemerkbar machen, wenn das Gestein am Bauwerk auf den Spalt gestellt wird.

Auftreten von verheilten oder offenen Rissen, Adern, Nähten usw. Solche Gebilde bedeuten meist eine Verminderung der Widerstandsfähigkeit, brauchen aber nicht zu scharf beurteilt zu werden. Bei vielen Vorkommen lassen sie sich nicht vermeiden.

Bruchflächenbeschaffenheit. Sie gibt einen Hinweis auf die Porenausbildung und die Sprödigkeit. Für zahlreiche Sonnenbrennerbasalte ist eine graupelige, unebene Oberfläche charakteristisch.

Beschaffenheit der bearbeiteten Oberfläche. Abblätterungen an sonst als wetterfest bekannten Gesteinen sind auf oberflächliche Lockerung und Rißbildung durch unzweckmäßiges Bearbeiten, z. B. mit dem Stockhammer, zurückzuführen.

c) Die mikroskopische Gesteinsprüfung.

Eine nähere Untersuchung oberflächlich sichtbarer Eigenschaften nimmt man am zweckmäßigsten mit dem Binokularmiskroskop vor, um dann die eigentliche mikroskopische Gesteinsprüfung am Dünnschliff mit dem Polarisationsmikroskop durchzuführen (Abschn. II A).

Bei allen Gesteinen wird man Mineralbestand, Mengenverhältnis und Größe der Mineralien, die Gefügeverhältnisse (unter denen die Beobachtungen über die Porenausbildung besonders wichtig sind) feststellen. Die wichtige Mikroporosität ist allerdings im Dünnschliff schwierig erfaß- oder gar meßbar. Die im einzelnen möglichen oder notwendigen Feststellungen sind so zahlreich und nach Gesteinsart verschieden, daß sie hier nicht aufgeführt werden können.

Weitgehenden Gebrauch von mikroskopisch-petrographischen Bestimmungen für die Beurteilung der Wetterbeständigkeit machte HIRSCHWALD [7]. Er suchte besonders die Gefügeverhältnisse und (bei Sandsteinen) Menge und Verteilung des Bindemittels einzeln in Typen zu gliedern, die er dann zu einer Art Formel zusammenstellte. Jedem Einzeltyp wurde eine Bewertungszahl (positive oder negative) zugeschrieben, deren Summe auf Grund von besonderen Schemata ein exaktes Urteil abgeben sollte. Die Methode hat viel zum mikroskopischen Beobachten angeleitet und in zahlreichen Fällen auch zutreffende Urteile abzugeben gestattet. Dennoch hat sie sich nicht allgemeiner durchgesetzt, wohl weil sie zu schematisch angelegt werden mußte und damit der ungeheuren Mannigfaltigkeit in der Gesteinsausbildung auch im Kleinen niemals genügen konnte.

4. Allgemeine physikalisch-technische Gesteinsdaten zur Wetterbeständigkeitsbeurteilung.

(Bestimmung s. Abschn. II B und C.)

Aus den unten genannten allgemeinen physikalischen Eigenschaften der Gesteine kann zwar nur selten allein auf die Wetterbeständigkeit geschlossen werden. Zusammen mit petrographischen Ermittlungen oder mit Ergebnissen der nachstehend aufgeführten Gebrauchsprüfungen können sie (natürlich dem Einzelfall angepaßt) sehr gute Dienste leisten. Besonders nützlich können sie bei gegenseitigen Vergleichen und Beurteilungen petrographisch scheinbar gleichartiger Gesteine und zur Kontrolle von Lieferungen aus einem Vorkommen sein.

So sagt z. B. eine Porosität von 3% bei einem Gestein (z. B. einem Kalkstein) allein noch nichts allzu Schlüssiges über sein Verhalten. Ist aber bekannt, daß das fragliche Gesteinsvorkommen normalerweise nur eine Porosität von 1,5% besitzt, so kann die Kenntnis des höheren Wertes wesentlich sein.

Folgende Daten sind von den meisten im Bauwesen benützten Gesteinen bekannt:

Spezifisches Gewicht — Raumgewicht (Rohwichte) — absolute Porosität — Wasseraufnahme bis zur Sättigung — Würfeldruckfestigkeit oder Prismendruckfestigkeit, trocken und wassergesättigt.

Seltener bestimmt, für Wetterbeständigkeitsfragen aber häufig ebenfalls nützlich, sind:

Wasserdurchlässigkeit — Wasseraufnahme unter Druck oder im Vakuum — Wasserabgabe nach Zeit oder Temperatur — kapillare Steighöhe — Zug- und Biegezugfestigkeit — Elastizitätsverhalten — elektrische Leitfähigkeit bei bestimmtem Wassergehalt.

Gebräuchliche abgeleitete Werte sind: scheinbare Porosität, Sättigungsziffer.

Dieser letzte Wert wird zur „theoretischen" Frostbeurteilung benützt (s. u.).

5. Physikalisch-technische Gebrauchsprüfungen.

a) Die Prüfung auf Frostbeanspruchung.

Die Frosteinwirkung beruht bei Bausteinen zur großen Hauptsache auf der Volumzunahme beim Übergang Wasser — Eis und der damit zusammenhängenden Druckerhöhung in einem geschlossenen Raum [11], [12], [2]. Die Temperatur-Druckverhältnisse gehen für konstantes Volumen (völlig geschlossene Pore, ganz mit Wasser gefüllt) aus dem p-t-Diagramm des Systems Wasser — Eis hervor. Von besonderem Interesse ist, daß der maximale Druck von etwa 2115 atü bei —22° erreicht wird. Die theoretischen Verhältnisse sind nun bei Gesteinen nicht verwirklicht, da hier keine Poren von ganz konstantem Volumen bestehen und ihre Wasserfüllung in der Regel nicht 100%ig ist. Eine genaue Erfassung der Einwirkungen ist wegen der Unkenntnis von Porenausbildung und Wasserfüllung nicht möglich. Im wesentlichen besteht bei Gesteinen (bei Porenfüllung über 90%) die Frostwirkung in einem Wettlauf zwischen der Druckzunahme beim Gefriervorgang und der Entlastung durch die Möglichkeit des Ausweichens von Wasser und Eis in den ja mit der Außenwelt in Verbindung stehenden Gesteinsporen. Je rascher die Abkühlung, desto mehr ist der Druckausgleich erschwert und desto stärker ist die zerstörende Wirkung.

Natürlich ist die Porenweite von größter Wichtigkeit; geringe erschwert, große begünstigt einen Ausgleich.

α) *Die praktische Frostprüfung.*

Die praktische Frostprüfung ist von jeher eine der Hauptaufgaben der Wetterbeständigkeitsprüfung gewesen, wobei man natürlich in erster Linie versuchte, diese mit künstlicher Frosteinwirkung als reine Gebrauchsprüfung durchzuführen. Um in rationeller Zeit kennzeichnende Frosteinwirkungen zu erhalten, müssen gegenüber den natürlichen Verhältnissen verschärfte Versuchsanordnungen gewählt werden: 1. durch stärkere Porenfüllung (wenigstens für durchschnittliche Verhältnisse an Hochbauten), 2. durch größere Abkühlungsgeschwindigkeit. Nur bei Innehaltung unveränderlicher Bedingungen des Tränkungsgrades und der Abkühlungsgeschwindigkeit sind Resultate von Frostprüfungen vergleichbar. Konstanz der letzteren ist auch bei einheitlicher Kühlschranktemperatur besonders schwer zu erzielen, da der Abkühlungsvorgang von einer großen Zahl von Veränderlichen abhängt, z. B. von Größe und Form des Frostraums, von Menge, Formgebung, Wassergehalt, spezifischer Wärme, Leitfähigkeit der Prüfkörper usw.

Die am häufigsten angewandten Vorschriften sehen eine *konstante Zahl von Wechseln* zwischen Frostbeanspruchungen und Auftauungen der Probekörper vor, z. B. DIN 52104 deren 25, andere 20 oder 15. Angaben über Kühlschranktemperatur bewegen sich meist zwischen −12° und −25° (DIN 52104 z. B. −15°). Diese DIN-Vorschrift sieht Erreichung der Minimaltemperatur in 4 h vor, die während 2 h gehalten werden muß. Maßgebend für die Beurteilung sind bei wenig beschädigten Proben die Gewichtsverluste (in %). Wesentlich sind indessen auch die Formen der Zerstörungen. Starke Beschädigungen (Durchreißen, völliger Zerfall) sind besonders zu vermerken.

Andere Vorschriften halten die *Frostzahl veränderlich*, d. h. der Versuch wird bis zu einem gewissen Zerfallszustand fortgeführt. So bezeichnet das US Bureau of Standards die Zahl der Fröste bis zu einer bestimmten Beanspruchung als Frostindex (Beanspruchung bei −6° während 8 h, Auftauen in Wasser von 20°). Ähnliches sieht die neue österreichische Norm (ÖNORM B 3123) vor. Sie bewertet ein Material in 4 Stufen nach der Zahl der bestandenen Fröste (Ausfrieren bei −20°, Auftauen bei +20° in Wasser); s. Tab. 1.

Tabelle 1. *Frostbeurteilung nach der österreichischen Norm.*

Zahl der bestandenen Fröste	Bezeichnung
50	hochfrostbeständig
25	frostbeständig
15	bedingt frostbeständig
weniger als 15	nicht frostbeständig

Es ist auch vorgeschlagen worden, je nach dem Verwendungszweck des Gesteins die Zahl der Fröste oder die Temperaturen zu verändern, was Vergleiche aber sehr erschwert.

Um die Frostprüfung zu beschleunigen, ist von K. SPAČEK [*15*] vorgeschlagen worden, die im Vakuum mit Wasser gesättigten Proben in fester Kohlensäure (Temperatur unter −50°) während nur 8 min abzukühlen, darauf während 7 min in Wasser von 40° aufzutauen. Der Einzelversuch wird 5 mal wiederholt. Allgemeineren Eingang hat diese Methodik, die sich bereits von den natürlichen Verhältnissen entfernt, nicht gefunden.

Die Frostprobe wird bei im Versuch frostbeständigen Gesteinen für den Straßenbau oder Tiefbau oft noch durch Ermittlung der *Druckfestigkeit* oder des *Elastizitätsmoduls nach* der *Frostbeanspruchung*, in Vergleich mit unbehandelten Proben, ergänzt. Tritt ein Abfall der genannten Werte von mehr als 15 bis 20% ein, so gilt das Material doch als frostverdächtig. Nicht selten beobachtet man indessen, daß die Druckfestigkeit der gefrosteten Proben höher liegt als der nichtbeanspruchten, offenbar auch bei Berücksichtigung des normalen Streubereiches. Es scheint, daß die Frostbeanspruchung zu Entspannungserscheinungen in Gesteinen führen kann.

β) Die theoretische Frostbeurteilung.

Die Frostgefährdung eines Gesteins wird auch aus der Sättigungsziffer (S. 186) zu beurteilen versucht, von der Erwägung ausgehend, daß eine Porenfüllung unter 90% ($\zeta < 0,9$) nicht zu Beanspruchungen des Gesteins führen kann. Da natürlich der Grad der Porenfüllung der einzelnen Poren verschieden ist, kann erst bei einer Sättigungsziffer unter etwa 0,7 mit größerer Sicherheit angenommen werden, daß nicht mehr genügend Poren zu über 90% gefüllt sind, um eine Sprengwirkung zu erzeugen. Bei der außerordentlichen Mannigfaltigkeit der Porenausbildung können diese von HIRSCHWALD [7] begründeten Erwägungen indessen nur Anhaltspunkte geben, auf die man in wichtigeren Fällen niemals mit Sicherheit abstellen darf.

b) Die Prüfung auf Beanspruchung durch auskristallisierende Salze.

Wie S. 183 erwähnt, können aus- oder umkristallisierende leicht lösliche Salze in Gesteinen (und andern steinartigen Stoffen) starke Zerfallserscheinungen

bewirken. Diese sind bei neutralen Salzen rein physikalischer Art und der Frosteinwirkung eng verwandt. Da Versuche mit Salzeinwirkungen (meist Kristallisierversuche genannt) relativ einfach sind, eignen sie sich für die allgemeine Gesteinsprüfung auf physikalisch wirkende Witterungseinflüsse.

Am bekanntesten sind die Verfahren mit abwechselnder *Tränkung* in *Natriumsulfatlösung* und *Trocknung bei 100°*, wie sie seit längerer Zeit in England und den USA in der Bausteinprüfung angewandt wurden. Die Beanspruchung besteht bei Natriumsulfat im wesentlichen darin, daß sich bei der Trocknung in den Gesteinsporen aus der Lösung das wasserfreie Salz ausscheidet. Beim Einlegen der Probekörper in die Natriumsulfatlösung kristallisiert das wasserfreie Salz in Glaubersalz ($Na_2SO_4 \times$

Abb. 2. Kristallisierversuch. Die Probe (feinporiger Kalkstein) nach der 7. Tränkung in Natriumsulfatlösung in starkem Zerfall begriffen.

$\times 10 H_2O$) um, unter bedeutender Volumvermehrung bzw. Druckwirkung bei deren Verhinderung [2], [4], [5].

Systematische Untersuchungen in der Schweiz [5] zeigten, daß der Kristallisierversuch mit wechselnder Tränkung (10%ige Natriumsulfatlösung) und Trocknung (bei 100°) in Zerfallsgeschwindigkeit und Zerfallsform enge Beziehungen zu den Verwitterungserscheinungen an Bauwerken des Hoch- und Tiefbaus aufweist. Die durchgeführten Versuche führten zur Aufstellung einer allgemeinen Prüfmethodik für Bausteine. Nach dieser soll aus der Tränkungszahl, der Form und der Intensität der Zerfallserscheinungen die voraussichtliche

Beständigkeit ermittelt werden können, abgestuft für die verschieden intensiv beanspruchten Bereiche am Bauwerk und mit Berücksichtigung der unterschiedlichen Standorte (Stadt — Land).

Über Versuche mit andern Salzen siehe die zitierten Publikationen. Wertvolle Einblicke in das Verhalten eines Gesteins geben auch die sogenannten Aufsaugversuche, bei denen das Gestein ständig in wenig mm Natriumsulfatlösung lagert, im übrigen aber der Luft bei Zimmertemperatur ausgesetzt

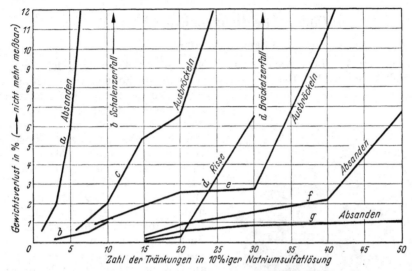

Abb. 3. Beispiele des Zerfalls einiger Bausteinarten im Kristallisierversuch.
a, b weiche Sandsteine, feinporig; *c* Muschelkalkstein, fein- bis grobporig; *d* Jurakalkstein mit reinsten Tonhäuten; *e* Kalktuff, löcherig; *f* Alpiner grobkörniger Marmor; *g* Granitgneis (aus DE QUERVAIN [5]).

bleibt. Die Angriffe erfolgen hier im Grenzbereich von Befeuchtung und Austrocknung durch Verdunsten des Wassers. Zur systematischen Beurteilung eignet sich diese Einwirkungsart jedoch weniger.

c) Die Prüfung auf Beanspruchung durch Temperaturwechsel.

Die Prüfung von Gesteinen auf die Einwirkungen von Temperaturwechseln [8], [17] ist in gemäßigten Klimagebieten nur selten notwendig. Am ehesten können sehr grobkörnige Marmore durch oft wiederholte Temperaturschwankungen gelockert werden wegen der besonders großen und zudem stark richtungsabhängigen Ausdehnung des Kalkspats (thermischer Ausdehnungskoeffizient λ $||\ c\ 26{,}2 \cdot 10^{-6}$, $\perp c - 5{,}4 \cdot 10^{-6}$). Es ist vorgeschlagen worden, die Gesteine 25mal auf 150° zu erhitzen, was etwa der 2- bis 3fachen Höchsttemperatur an besonnten Fassaden entspricht. Bei 150° können indessen schon gewisse irreversible Veränderungen in den Mineralien vor sich gehen (Wasserabgabe). Zwischen den Erhitzungen wandte SEIPP [17] sogar Abkühlung der trockenen Probekörper auf —40° an. Andere Versuche gehen nur auf 60° und Abkühlung auf Zimmertemperatur. Allgemeiner angewandt ist die Wärmewechselprobe bei Dachschiefern (z. B. 25malige Erwärmung auf 150°, Abschrecken in Wasser von Zimmertemperatur [8]).

d) Quellungs- und Schwindungsmessungen.

Über den Anteil an Quellungs- und Schwindungsvorgängen bei der Wasseraufnahme bzw. -abgabe an den Gesteinszerstörungen ist erst in letzter Zeit eingehender diskutiert worden [18]. Nach SCHAFFER [19], der diesen Vorgängen eine erhebliche Bedeutung zuweist, wird die Prüfung in England öfters durchgeführt und für die Beurteilung herangezogen. Vergleichsserien zeigen, daß besonders Sandsteine eine erhebliche Quellung besitzen können. Die Beobachtung, daß gewisse dunkle, ganz kompakte und sehr feste, jedoch H_2O-haltige Mineralien führende Gesteine bei häufiger intensiver Austrocknung rascher verwittern als bei ständiger Feuchthaltung, wird auf feinste Haarrisse (Schwindrisse) zurückgeführt, welche nachfolgend Frost- oder Salzeinwirkung gestatten.

6. Chemische Gebrauchsprüfungen.

a) Chemische Analysen.

Vollständige chemische Analysen sind selten für die Beurteilung der Wetterbeständigkeit notwendig. Bei den Basalten kann die Sonnenbrandneigung in

Abb. 4. Weitgehend kompakter und sehr fester Sandstein, zeigt erst nach intensivem Austrocknen (Sonnenerwärmung) starke Frostanfälligkeit (feinste Schwindrisse als erste Ursache).

gewissem Umfange von der chemischen Zusammensetzung abhängig sein. Sehr erwünscht können dagegen Teilbestimmungen sein, z. B. zur Erfassung von in sehr geringer Menge auftretenden schädlichen Bestandteilen, wie z. B. Schwefel (in Pyrit oder andern Sulfiden), SO_3 (in Gips, Anhydrit und weitern Sulfaten), Kohlenstoff (in Graphit oder kohligen Partikeln). Vielfach nützlich und rasch bestimmt ist auch ein Gehalt an Kalk- oder Dolomitspat. Besonders bei den sehr feinkörnigen, mikroskopisch schwieriger erfaßbaren Dachschiefern greift man gern zu solchen Teilanalysen. Wässerige Auszüge wird man öfters von in Verwitterung begriffenen Bausteinen zur Feststellung der Anwesenheit von löslichen Salzen untersuchen. Hier kann auch die Mikrochemie, Spektrographie oder die Flammenphotometrie nützliche Dienste leisten.

b) Prüfungen über die Einwirkungen der Rauchgase.

Es sind schon zahlreiche Verfahren ausgearbeitet worden, um die direkten Einwirkungen der Rauchgase auf Gesteine zu prüfen. Ebenso wurde über den Wert von solchen Bestimmungen viel diskutiert. Eingehend beschriebene Versuchsanordnungen stammen von H. SEIPP [17]. Bei seiner *Agentienprobe* läßt er SO_2, CO_2 und O_2, gemischt auf die periodisch durchfeuchteten, in Flaschen befindlichen Probekörper, während 11 h einwirken und bestimmt den Gewichtsverlust der Proben. Dieser setzt sich zusammen aus den in Lösung gegangenen Stoffen (in destilliertem Wasser gesammelt), den verflüchtigten Stoffen (CO_2) und den abgefallenen festen Teilen. Dabei sind aber noch die zugeführten Stoffe (Bildung von Sulfaten im Gestein, O-Aufnahme bei Oxydationen) zu berücksichtigen. Für alle Einzelheiten sei auf die erwähnte Publikation hingewiesen.

Häufiger läßt man SO_2 (neben feuchter Luft) allein auf den Stein einwirken; besonders bei Dachschiefern wird diese Schwefligsäureprobe herangezogen. Die Probstücke werden z. B. in einem Glasgefäß über einer wässerigen Lösung von schwefliger Säure geprüft und Gewichtsverluste und andere Änderungen vermerkt. Bei Karbonatgehalt tritt häufig ein Aufspalten ein. Auch bei Bausteinen kommt in gewissen Fällen die Beanspruchung durch SO_2 mit nachfolgendem Vergleich der Druckfestigkeit gegenüber unbeanspruchten in Frage. In England (Building Research Station) werden die Steine während 100 h mit 5% SO_2 enthaltender feuchter Luft behandelt und darauf (nach Oxydation) der Gehalt an SO_3 bzw. SO_4 bestimmt [19].

Bei allen Beanspruchungen durch schweflige Säure kommen die Kalksteine und kalkigen Sandsteine zu schlecht weg. Man kann deshalb Karbonatgesteine bei Säureproben nur unter sich vergleichen.

R. GRÜN [20] wies auf die Bedeutung der Einwirkung von CO_2 auf gewisse Gesteine hin. Er arbeitete ein Verfahren aus, um diese zu prüfen. Dazu behandelte er die nassen Gesteine im Autoklaven bei einem CO_2-Druck von 10 Atm und bestimmte die gelösten Anteile.

c) Physikalisch-chemische Einwirkungen zur Prüfung auf Sonnenbrand.

Zur Feststellung, ob ein basaltisches Gestein sonnenbrandverdächtig ist, versucht man in erster Linie die charakteristischen Flecken als erstes Zerfallsanzeichen innerhalb kurzer Frist sichtbar zu machen. Es sind eine Reihe von chemisch (und meist auch physikalisch) wirkender Behandlungen vorgeschlagen worden, die mehr oder weniger sicher zum Ziele führen. Solche Mittel sind: Kochen (während mehreren Stunden bis Tagen) in a) destilliertem Wasser, b) verdünnter Salzsäure, c) Ammoniumkarbonatlösung, d) Natronlauge; Lagerung in CO_2-haltigem Wasser oder in Bikarbonatlösung. Über die Ursache der Fleckenbildung ist schon viel diskutiert worden. Nach den neueren Untersuchungen von K. PUKALL ([21], mit eingehender Literaturdiskussion) beruhen die Flecken auf Anhäufungen äußerst feiner Risse, die dort entstehen, wo Gase bei der Erstarrung des Magmas nicht mehr zur Ausscheidung kommen konnten und spannungsreiche kugelige Räume im Gestein einnehmen. Die obenerwähnten Einwirkungen würden somit (das gleiche gilt von der Kristallisierprobe, S. 188) physikalische Rißbildungen auslösen und nicht etwa, entsprechend früherer Auffassung, chemische Zersetzungen instabiler Bestandteile bewirken. Nach dieser Auffassung ist es verständlich, daß chemische Gesamt- oder Auszugsanalysen, Austauschreaktionen, Entwässerungsbestimmungen oder Thermoanalyse nicht eindeutig zum Ziele führen.

7. Die kombinierten Prüfverfahren.

Die kombinierten Verfahren bezwecken eine Verhaltensbeurteilung auf Grund verschiedener Einwirkungen, die möglichst den Gegebenheiten am Bauwerk entsprechen. Man bezeichnet sie auch als *„abgekürzte" Wetterbeständigkeitsproben.* Vor allem hat sich H. SEIPP [17] mit der Ausarbeitung eines solchen Verfahrens befaßt. Durch Beanspruchung der Gesteine auf Temperaturwechsel und Frost und durch Einwirkenlassen schädlicher Anteile der Luft und der Rauchgase suchte er die Wetterbeständigkeit ziffernmäßig zu erfassen. Sein Prüfverfahren zerfällt in: 1. die Wärmewechselprobe (S. 189) kombiniert mit der Frostprobe (S. 187) und 2. die abgekürzte Agentienprobe (S. 190). Maßgebend für die Beurteilung der Gesteine sind die summierten Gewichtsverluste bzw. die Zerfallsformen bei den verschiedenen Prüfungen. An Hand von Bewertungstafeln wird versucht, ein Urteil über die voraussichtliche Bewährung abzugeben. Noch wesentlich vielseitiger in den Einwirkungen ist ein von

GREMPE [22] beschriebenes Schnellverfahren, das gewissermaßen die natürlichen Einwirkungen in 90facher Zeitraffung auf den Stein losläßt.

Es läßt sich gegen diese abgekürzten Verfahren einwenden, daß sie, obwohl in der Einzelwirkung viel schärfer, doch nicht die Reaktionen, wie sie sich in langen Zeiträumen abspielen, und das Verhalten des Gesteins dagegen zu erkennen und beurteilen gestatten. Bei gleichzeitiger mehrfacher Beanspruchung des Gesteins geht überdies die Übersicht über die Wirkungsweise der einzelnen Angriffe vollkommen verloren.

Um den natürlichen Verhältnissen völlig gerecht zu werden, sind schon öfters als *„natürliche" Wetterbeständigkeitsprüfung* Steinproben einfach im Freien der Witterung ausgesetzt worden. Nach bestimmten Zeitabschnitten werden Gewichtsverluste und Aufnahmen von Fremdstoffen bestimmt und andere Veränderungen (Rißbildungen, völliger Zerfall usw.) notiert. Die meisten dieser zum Teil Jahrzehnte dauernden Versuchsreihen [23] hatten allerdings als Hauptziel, die Wirkungsweise der Steinschutzmittel zu studieren. Inwieweit diese „natürlichen" Prüfungen an Steinen, die weder Größe noch Form noch Umgebung (was sehr wesentlich) haben können wie am Bauwerk, den wirklichen natürlichen Verhältnissen entsprechen, ist jedenfalls fraglich. Für viel wertvoller wird ein gründliches Studium des Witterungsverhaltens der interessierenden Gesteinsarten als normale Teile geeigneter Bauwerke von bekanntem Alter gehalten.

8. Übersicht der Anwendungen der einzelnen Prüfverfahren.

In der folgenden Übersicht wird kurz auf die Bedeutung der angeführten Einzelprüfungen für die Hauptanwendungen hingewiesen:

Petrographische Prüfung (S. 184)	Für alle Anwendungen, sofern der Beurteilende über die nötigen Kenntnisse und Erfahrungen für eine Auswertung der Befunde verfügt.
Porositäts-, Wasseraufnahme- und Festigkeitsdaten (S. 186)	Oft wertvoll als Ergänzung, besonders wenn Vergleichsdaten analoger Gesteine und ihr Verhalten bekannt sind.
Sättigungsziffer (S. 186)	Zur Orientierung über Frostbeständigkeit (für schlüssige Beurteilung meist nicht ausreichend).
Frostversuche (S. 187)	Beurteilung der Frostbeständigkeit im Hochbau.
Frostversuche mit Festigkeits- und Elastizitätsbestimmungen (S. 188)	Frostbeständigkeit im Straßen- und Tiefbau.
Kristallisierversuch mit Natriumsulfat (S. 188)	Städtische Verwitterung (mit Salzeinwirkungen) im Hoch- und Tiefbau. Allgemeine Frostbeurteilung.
Wärmewechselprobe (S. 189)	Für Anwendungen mit großen Temperaturwechseln, nur bei sehr grobkörnigen Gesteinen (besonders Marmoren) und bei Dachschiefern.
Schwefligsäureproben bzw. Rauchgasprüfung (S. 190)	Hochbauobjekte und Dachschiefer in rauchgasreicher Umgebung.

Für besondere Umstände sind die weitern genannten Prüfverfahren (dem Einzelfall angepaßt) beizuziehen.

9. Schlußbemerkungen.

Für den weitern Ausbau der Wetterbeständigkeitsprüfung werden für wesentlich gehalten:

1. Untersuchungen zur besseren Erfassung der Porenweiten, besonders im Mikrobereich.

2. Versuche über die Feuchtigkeitswanderungen im Gestein.

3. Versuche über die Anreicherungsbedingungen und Einwirkungen löslicher Salze an Bauwerken.

4. Weitere Untersuchungen zur Frostfrage, besonders Vergleiche mit Salzbeanspruchungen. Gefriertemperatur und Oberflächenkräfte.

5. Beziehungen zwischen Bausteinfrost und Bodenfrost.

6. Vergleich zwischen Witterungszerfall an Beton, Baukeramik und Naturstein und deren Prüfverfahren.

Vor allem wichtig ist indessen eine eingehendere Kenntnis des Verwitterungsablaufes in Großstadt und ländlichen Gebieten. Dazu sind noch viele vorurteilslose Beobachtungen und Bestimmungen notwendig. Dabei führt es weiter, wenn der Einzelne in einem kleinen Bereich jede Verwitterungserscheinung studiert an relativ wenigen charakteristischen Gesteinsarten, inklusive künstlichen Steinen [24], [25], als wenn er in weiten Regionen mit starkem Wechsel des Baumaterials und Klimas nur einige alte Bauten aufsucht und daran einige besonders auffällige Verwitterungsmerkmale betrachtet. Wünschenswert ist auch eine gründlichere Schulung der für die Prüfung in Betracht kommenden Ingenieure oder Petrographen auf dem Gebiete der Bausteinverwitterung. Dazu gehören als Unterrichtsübungen Beobachtungen am Bauwerk und praktische Versuche an Gesteinen.

Schrifttum.

[1] KIESLINGER, A.: Zerstörungen an Steinbauten. Leipzig u. Wien: F. Deutike 1932.

[2] MOOS, A. VON, u. F. DE QUERVAIN: Technische Gesteinskunde. Basel: Birkhäuser 1948.

[3] DE QUERVAIN, F.: Verhalten der Bausteine gegen Witterungseinflüsse in der Schweiz. Teil I. Beiträge Geol. Schweiz. Geotechn. Serie, Lief. 23, Bern: Kümmerly u. Frey 1945.

[4] SCHMÖLZER, A.: Zur Entstehung von Verwitterungsskulpturen an Bausteinen. Chemie der Erde Bd. 10 (1936).

[5] DE QUERVAIN, F., u. V. JENNY: Verhalten der Bausteine gegen Witterungseinflüsse in der Schweiz. Teil II: Versuche über das Verhalten der Bausteine gegen die Einwirkung leicht löslicher Salze zur Aufstellung einer allgemeinen Prüfmethodik über die Wetterbeständigkeit. Beiträge Geol. Schweiz. Geotechn. Serie, Lief. 30, Bern: Kümmerly u. Frey 1951.

[6] GRAF, O., u. H. GOEBEL: Verhütung von Bauschäden. Stuttgart: Deutscher Fachzeit- und Fachbuchverlag 1954.

[7] HIRSCHWALD, J.: Handbuch der bautechnischen Gesteinsprüfung. Berlin: Gebr. Bornträger 1912.

[8] GRENGG, R.: Über die Bewertung von natürlichem Gestein für bautechnische Zwecke. Halle: W. Knapp 1928.

[9] STINY, J.: Die Auswahl und Beurteilung der Straßenbaugesteine. Wien: Springer 1935.

[10] STÖCKE, K.: Prüfung der mineral-chemischen Gefügeeigenschaften natürlicher Gesteine. Handbuch der Werkstoffprüfung, 3. Bd., 1. Aufl. Berlin: Springer 1941.

[11] KIESLINGER, A.: Das Volumen des Eises. Geol. u. Bauwes. Jg. 3 (1931).

[12] ROSCHMANN, R.: Untersuchung von Beton und Natursteinen auf Frostbeständigkeit. Diss. T.H. Stuttgart 1934.

[13] KESSLER, W. A.: The resistance of stone to frost action. 1. Mitt. B, N.I.V.M. 1930.

[14] KIESLINGER, A.: Die neue österreichische Gesteinsnormung. Geol. u. Bauwes. Jg. 20 (1953).

[15] SPAÇEK, K.: Beschleunigte Gefrierproben. N.I.V.M., Kongreß Zürich 1932.

[16] DE QUERVAIN, F., u. V. JENNY: Neuere Methoden zur Beurteilung der Wetterbeständigkeit der Gesteine mit besonderer Berücksichtigung der Anwendungen im Tiefbau. Schweiz. Arch. 20. Jg. (1954).

[17] SEIPP, H.: Die abgekürzte Wetterbeständigkeitsprobe an Bausteinen. München: R. Oldenbourg 1937.

[18] KIESLINGER, A.: Kristallisationsdruck, Quellung und Verwitterung. Geol. u. Bauwes. Jg. 5 (1933).

[19] SCHAFFER, R. J.: Building Research, Spec. Rep. 18. London 1932.

[20] GRÜN, R.: Chemie für Bauingenieure und Architekten, 3. Aufl. Berlin: Springer 1942.

[21] PUKALL, K.: Beiträge zur Frage des Sonnenbrandes der Basalte. Z. angew. Min. Bd. 1 u. 2 (1939/40).

[22] GREMPE, P. M.: Schnellprüfungen von Gesteinen gegen Zerstörung durch Wetter. Steinbr. u. Sandgr. 1935, Nr. 13.

[23] Rathgen, F., u. J. Koch: Verwitterung und Erhaltung von Werksteinen. Berlin: Verlag Zement und Beton 1934.
[24] Kieslinger, A.: Die Steine von St. Stephan. Wien: Herold 1949.
[25] Knetsch, G.: Geologie am Kölner Dom. Geol. Rdsch. Bd. 40 (1952).
[26] DIN-Vornorm 52106, Prüfung auf Wetterbeständigkeit 1943.
[27] DIN 52104, Frostbeständigkeit 1942.
[28] ÖNORM B 3123, Frostbeständigkeit 1952.

H. Steinschutzmittel.

Von A. Kieslinger, Wien.

1. Wesen der Steinschutzmittel.

Steinschutzmittel sind Überzüge oder Tränkungen für Naturstein an Bauwerken oder Denkmälern, die mindestens die Oberfläche des Steins gegen alle Verwitterungseinflüsse widerstandsfähiger machen und damit die Lebensdauer verlängern sollen. Dabei wird die Oberfläche wasserdicht oder besser nur wasserabweisend gemacht; der Stein wird äußerlich in solche Verbindungen verwandelt oder mit solchen überzogen, die mit schädlichen, von außen angreifenden Flüssigkeiten oder Gasen (z. B. Rauchgasen) möglichst wenig reagieren oder aber die unvermeidlich entstehenden Reaktionsprodukte (z. B. Sulfate) zu harmlosen Verbindungen neutralisieren; schließlich soll auch (besonders bei Sandsteinen) das natürliche Bindemittel des Steins verbessert und so die Kornbindungsfestigkeit erhöht werden. Solche Mittel sind, ohne die Handelsnamen, u. a. folgende (in Anlehnung an Schaffer [20]):

a) Überzüge und Tränkungen, die den Stein wasserabweisend oder wasserdicht machen: Ölfarbanstriche, Öle verschiedener Art (z. B. Leinöl, Standöle, zum Teil mit flüchtigen Lösungs- oder Verdünnungsmitteln), Wachse oder Harze in flüchtigen Lösungsmitteln, durch Erwärmen verflüssigt, in Form von Emulsionen usw. Kaseinverbindungen.

b) Tränkungsverfahren, die die Porenräume des Steins mit einer chemisch widerstandsfähigen Haut auskleiden, gleichzeitig die Kornbindungsfestigkeit erhöhen sollen:

α) Durch das Mittel allein: Wasserglas, Kieselsäureester usw.

β) Durch Reaktion mehrerer, meist nacheinander aufgetragener Mittel: Natriumsilikat + Kalziumchlorid, Arsensäure + Wasserglas, alkoholische Seifenlösung + Aluminiumazetat, Avantfluat + Fluat.

γ) Durch Reaktion des Mittels mit Bestandteilen des Steins (besonders dem Karbonatanteil): Fluate.

δ) Verfahren, welche die Zwischenprodukte der Verwitterung in harmlose Form überführen: Bariumhydroxyd bindet das Sulfation zum unlöslichen Ba-Sulfat.

2. Ziel und Verfahren der Prüfung.

a) Ziel der Prüfung.

Feststellung, ob ein Mittel

α) den angestrebten Zweck einigermaßen erreicht, d. h. den behandelten Steinen im Vergleich zu den unbehandelten eine bessere Widerstandsfähigkeit gegen Schadenseinflüsse verleiht, mindestens auf einige Jahre;

β) ob es ohne merklichen Einfluß, also zwecklos ist;

γ) ob es schädlich ist, d. h. das Entweichen der Feuchtigkeit verhindert, Krustenbildung oder andere Beeinträchtigungen begünstigt, und ob die durch die Behandlung oft unvermeidlichen Änderungen der Oberfläche (Farbe, Glanz usw.) in erträglichen Grenzen bleiben.

Es ist selbstverständlich, daß es kein Universalschutzmittel gibt, das bei sehr verschiedenen Gesteinsarten in verschiedener Wetterlage oder unter sonst abweichenden Verhältnissen alle Ansprüche erfüllt.

b) Übersicht der Prüfverfahren.

		Art der Untersuchung				
Untersucht wird	Zeitpunkt der Untersuchung	chemisch	physikalisch	Aussehen, Erhaltungszustand	Gewichtsänderung	technologisch (Festigkeitseigenschaften)
Der zu imprägnierende Stein	vor der Behandlung (Eignungsvorprüfung)	−	+	−	−	−
das Schutzmittel selbst	vor der Behandlung (Eignungsvorprüfung)	+	+	−	−	−
der imprägnierte Stein — Kleinversuch an kleinen Probekörpern	nach Abschluß der Imprägnierung	+	+	+	−	+
	Kurzversuch nach künstlicher Verwitterungseinwirkung	+	+	+	+	+
	Dauerversuch nach natürlicher Verwitterungseinwirkung (Bewährungsprobe)	+	+	+	+	+
Großversuch an Bauteilen	Dauerversuch nach natürlicher Verwitterungseinwirkung	+	−	+	−	−

3. Untersuchung des zu behandelnden Steins.

Die Steinschutzmittel sollen die Oberfläche des Steins, auch seine „innere", d. h. die Porenwandungen, überziehen [29]; es muß daher besonders die Porosität (der gesamte und der zugängliche Porenraum) und Saugfähigkeit (die Größe der inneren Oberfläche) bestimmt werden, weil davon die Art des Schutzmittels abhängt (bei unporösen, dichten Gesteinen ist nur ein äußerer Anstrich möglich, bei porösen Gesteinen soll die Tränkungsflüssigkeit möglichst tief eindringen, ohne aber die Porenwege vollkommen abzuschließen). Auch die Unterschiede von Festigkeitszahlen im trockenen, wassersatten und 25 mal der Frostprobe unterworfenen Gestein können zur Beurteilung des Steins dienen.

4. Untersuchung des Schutzmittels selbst.

Chemische Zusammensetzung, chemisch-physikalische Proben über Trockenfähigkeit, Verfilmungsgrad, Temperaturbeständigkeit, wasserabweisende Wirkung usw. „Diese Prüfungen geben im allgemeinen rasch darüber Aufschluß, ob die betreffenden Mittel überhaupt mit einiger Aussicht auf Erfolg angewendet werden können" [28]. Ein solches Urteil wird allerdings weitgehend von der Auffassung des Prüfenden über das Wesen der Gesteinskrankheiten und über den Einfluß verschiedener Behandlungsverfahren, besonders der Wasserabdichtung, abhängen. Bei Leinöl z. B. ist der beim Trocknen entstehende Linoxynfilm ziemlich stark hydrophil; diese unangenehme Eigenschaft kann aber durch entsprechende Beimischungen stark herabgedrückt werden [26], [27]. Bei Mitteln, die, wie z. B. Fluate, mit dem Kalkgehalt des Steins reagieren sollen, muß dieser vorher quantitativ bestimmt werden, um eine richtige Dosierung zu ermöglichen [14]. Vor allem soll das Schutzmittel selbst möglichst wetterbeständig sein, besonders auch temperaturbeständig, um eine lange Dauer der Schutzwirkung zu gewährleisten.

Eine Reihe wertvoller Beobachtungen und Vergleiche ergibt sich dadurch, daß man gleiche Mengen der Tränkungsmittel auf Filterpapier auftropfen läßt; so können Färbung, allfällige kristalline oder amorphe Ausscheidungen, Bildung von Rändern, Stärke der Wasserabweisung usw. in einfachen Versuchen verglichen werden [13]. Für Tränkungsverfahren, bei denen das Schutzmittel mit dem Untergrund chemisch reagieren soll, läßt sich dieses Verfahren durch entsprechende Präparierung des Filterpapiers erweitern [18]. Ebenso lassen sich im Laboratorium die Temperaturbereiche feststellen, innerhalb derer z. B. Lösungen wachsartiger organischer Stoffe am besten zur Verwendung kommen [19].

Man versucht, die Eindringungstiefe entweder durch höhere Temperatur oder durch Dispergierung oder durch Verdünnung des Tränkungsmittels zu verstärken, wobei weitgehend die Erfahrungen der Farben- und Lackchemie verwertet werden können [29].

5. Untersuchung des Imprägnierungsvorganges.

Die Prüfung des imprägnierten Steins an Probestücken unmittelbar nach vollendeter Behandlung erstreckt sich zunächst auf den Grad der Tränkung, die Eindringungstiefe des Schutzmittels und seine physikalischen Auswirkungen. Dabei ist zu beachten, daß in der Praxis an Bauwerken die Behandlung nicht so sorgfältig und den optimalen Bedingungen entsprechend durchgeführt werden kann wie im Laboratorium und daß vor allem die Mauern kaum jemals vollkommen trocken sind. Die Reichweite der Eindringung kann ohne weiteres durch Aufspalten imprägnierter Stücke [14], in feinerem Maße auch an Dünnschliffen, beobachtet werden.

Der Grad, bis zu dem ein Stein oder steinähnlicher Stoff (z. B. auch ein Mörtel) wasserabweisend gemacht wurde, kann durch künstliche Beregnung geprüft werden [31] oder durch das Verhalten eines auf die geprüfte Fläche aufgebrachten Tropfens [24].

Die wiederholt aufgestellte Forderung, ein Stein solle durch die Imprägnierung zwar wasserabweisend, aber nicht wasserdicht gemacht werden, setzt eine Prüfung auf Wasserdurchlässigkeit voraus. Die bisher hiefür üblichen Geräte haben nicht durchaus befriedigt. Grobe Vergleichszahlen erhält man etwa dadurch, daß man behandelte und unbehandelte Probestücke vergleichend auf Wasseraufnahme untersucht [1].

Die durch die Behandlung erzielte „Verhärtung" bzw. Erhöhung der Kornbindungsfestigkeit wurde durch Erprobung der Druckfestigkeit und Abnutzbarkeit [1], [21], durch Anwendung von Sandstrahlgebläse, besser durch Bestimmung der Zugfestigkeit an Proben von der üblichen Achterform [26] nachgewiesen.

Wichtig für die Denkmalpflege sind auch die Farbänderungen durch die Imprägnierung. Die häufig eintretende Nachdunklung läßt allerdings mit der

Zeit nach, so daß ein Urteil nicht sofort gefällt werden kann. Unerwünscht ist auch ein auffälliger Glanz, der durch allzu starke Tränkung mit manchen Mitteln eintreten kann. Alle diese Änderungen können leicht an Probeplättchen vergleichend beobachtet werden [14].

6. Kleinversuch an Probekörpern.

a) Form und Größe der Probekörper.

α) Kleine Probekörper. Es werden von verschiedenen Anstalten gelegentlich Würfel (z. B. 5 cm Seitenlänge), öfter aber prismatische Plättchen verwendet (z. B. bei den ausgedehnten Berliner Versuchen solche von 7 cm × 3 cm × 1 cm [16]. Wo später eine Zugfestigkeitsprobe stattfinden soll, wird die gebräuchliche Achterform der Zugkörper verwendet [26]. Für Zwecke einer Kurzprüfung hat Stois Keile (Abb. 1) vorgeschlagen mit einer Grundfläche von 4 cm × 10 cm und einer Länge von 26 cm, wodurch bei dem schmalen Keilwinkel von nicht ganz 9° eine äußerst dünnwandige Schneide entsteht [28]. Wird

Abb. 1.
Keilförmige Probekörper (nach Stois [28]).

zur Vergleichung verschiedener Mittel ein an sich empfindlicher Stein genommen, so ergeben sich schon nach ganz kurzer Zeit eindeutige Wirkungen, die eine engere Wahl ermöglichen.

Die Probekörper werden an waagrechten oder senkrechten Flächen befestigt, gelegentlich auf Glasstäben (Abb. 2) oder sonst allseitig frei gelagert. Zur Auffan-

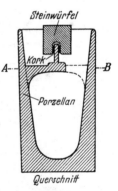

Abb. 2. Steinproben auf Glasstäben ausgelegt. Building Research Station in Garston bei Watford (Aufnahme Kieslinger).

Abb. 3. Befestigung von Probewürfeln in Porzellanbechern (aus Rathgen-Koch [18] nach Hirschwald [6]).

gung abbröselnder Teilchen und allfälliger Reaktionsprodukte wurden Gesteinsprismen in entsprechende Glasschalen oder Blechkästchen eingepaßt, Steinwürfel auf einem Rost in Porzellanbechern (Abb. 3) untergebracht usw. [6], [16]. Diese Maßnahmen haben sich nicht bewährt, weil sich in den Gefäßen hauptsächlich Ruß und Staub ansammelt ([16] dort S. 64).

β) Größere Probekörper. Etwas näher kommen den natürlichen Verhältnissen größere Steinkörper mit einer nasenartig aus dem Begleitmauerwerk vorkragenden Oberfläche (Abb. 4) [16] oder sogar große prismatische Pfeiler mit angearbeiteter Deckplatte (Abb. 5) (Building Research Board, Report for 1926).

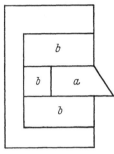

Abb. 4. Nasenförmige Probekörper (aus Rathgen-Koch [16]). a Probesteine; b Schutzsteine.

b) Kurzversuch = künstliche Verwitterungsprüfung.

An Vergleichsproben von behandelten und unbehandelten Prüfkörpern werden abgekürzte Wetterbeständigkeitsproben vorgenommen, vorwiegend die Frostprobe, die Wärmewechselprobe, Behandlung mit verschiedenen chemischen Agenzien [1], [5], [3], [22], [23], [25] und in der letzten Zeit immer mehr die Kristallisationsprobe (das Brardsche Verfahren) mit Natriumsulfat. Dies wird besonders in England und in der Schweiz [15] in größerem Maßstabe als Wetterbeständigkeitsprobe verwendet.

c) Dauerversuch, langfristige natürliche Verwitterung.

Probekörper der beschriebenen Form werden meistens auf flachen Dächern von Amtsgebäuden aufgestellt, um sie dort den Wirkungen der Rauchgase unmittelbar auszusetzen. Größere Prüfanstalten benützen daneben auch eigene gartenähnliche Versuchsfelder und Mauern (Abb. 6), so z. B. hat der Building

Abb. 5. Probekörper in Form von großen Pfeilern, London (Aufnahme Kieslinger).

Research Board nicht nur auf den Dächern von Londoner Gebäuden, sondern auch in seinen Anlagen in Watford und in einer Filiale in Schottland große Mengen von solchen „exposure tests" ausgelegt. Diese Proben werden laufend beobachtet und fallweise gewogen.

d) Kriterien für das Maß der Verwitterung bzw. für die Schutzwirkung.

An erster Stelle steht die vergleichende Beobachtung des Erhaltungszustandes von unbehandelten und behandelten Proben. Verfärbungen, Abbröselungen, Abblätterungen, Risse usw. lassen oft schon Schlüsse zu, die mindestens zu einer starken Einengung der in Frage kommenden Mittel führen. Die Keile [28] reagieren infolge ihrer empfindlichen Schneide rascher als gedrungene Probekörper. Bei den umfangreichen langjährigen Untersuchungen von RATHGEN und Mitarbeitern wurde der Gewichtsverlust als Maß der Verwitterung genommen. Dabei muß selbstverständlich die vorherige Gewichtsvermehrung durch die Tränkung berücksichtigt werden; übrigens tritt keineswegs immer Gewichtsverlust ein [16]. Seltener wird in gewissen Zeitabständen ein Teil der Probekörper auf Zugfestigkeit [26] oder andere technologische Werte untersucht, wodurch der Probekörper natürlich zerstört wird. Gegen alle solche Kleinversuche ist einzuwenden, daß sie mit den wirklichen Verhältnissen nicht einmal

Abb. 6. Ausgelegte Steinproben (Exposure tests). Building Research Station in Garston bei Watford (Aufnahme KIESLINGER).

eine Modellähnlichkeit haben. Am Bauwerk selbst herrscht stets ein Temperaturgefälle zwischen innen und außen, ferner ein „Feuchtigkeitsrhythmus" als Träger der Stoffwanderungen und Erzeuger der Krustenbildung [9]. Diese Dynamik, der der Baustein im Bauwerk unterworfen ist, kann in den kleinen, allseitig der gleichen Temperatur und einer starken Verdunstung ausgesetzten Probeplättchen nicht zur Entstehung kommen [11]. Trotzdem wird der Kleinversuch ein Ausscheiden wenigstens der auf jeden Fall unbrauchbaren Steine bzw. ungünstigen Schutzmittel ermöglichen und so neben dem Großversuch seine Berechtigung behalten [7], [28].

7. Großversuch am Bauwerk.

a) Durchführung.

Die Auswahl der Probestellen ist besonders schwierig [8]: Die Flächen müssen genügend groß sein und unbedingt mehrere Steine umfassen, müssen der gleichen Wetterlage am Bauwerk entsprechen und sollen nach Möglichkeit leicht zugänglich bleiben. Unbedingt erforderlich ist es, daß auch gleichartige benachbarte Flächen unbehandelt bleiben, um einen Vergleich zu ermöglichen; auch sollen alle Flächen von vornherein im gleichen Erhaltungszustande sein und vor der Behandlung gereinigt werden. Da brauchbare Beobachtungen erst nach dem Verlauf von einigen oder vielen Jahren zu erwarten sind, hat ein hinreichend ausführlicher Bericht über die getroffenen Maßnahmen zu erfolgen (genaue Festlegung, welche Flächen mit welchen Mitteln in welcher Verdünnung und mit welchen Arbeitsvorgängen behandelt wurden). Nur durch eine solche Dokumentation, die am besten in einer Bauzeitschrift abgedruckt wird, können die späteren Beobachtungen ausgewertet werden.

b) Auswertung.

Mangels der genannten verläßlichen Überlieferung der Ausgangsbedingungen ist ein Großteil der älteren Versuche nicht mehr auszuwerten, weil oft nur mehr bekannt ist, daß der Stein mit „irgendeinem" Mittel behandelt wurde ([9] dort S. 8 und 12). Die Beurteilung des Erfolges wird allfällige Änderungen von Farbe und Oberfläche (Abblättern, Absanden, Auftreten von Rissen usw.) unter fortwährendem Vergleich mit dem Zustand gleichgelegener, petrographisch und auch der bautechnischen Form nach gleicher Bauteile oder Flächen abzuwägen haben. Ohne unbehandelte Vergleichsflächen ist die ganze Arbeit wertlos, weil ja in einem solchen Falle keine Aussage gemacht werden kann, ob der Stein trotz oder infolge der Behandlung sich in dem vorliegenden Erhaltungszustand befindet. In Einzelfällen können auch einfache technologische Prüfungen stattfinden, z. B. Kugeldruckprobe [10]. Es gibt zahlreiche einschlägige Berichte in den Zeitschriften für Denkmalpflege und Bautenschutz, z. B. von Drexler [4], Hörmann [8], Rathgen-Koch [17], Stützel [30], Zahn [32], [33], oft von vorbildlicher Genauigkeit; leider fehlen aber vielfach so genaue Angaben über die näheren Umstände der Imprägnierung, daß daraus allgemeine Folgerungen gezogen werden könnten.

Schrifttum.

[1] Berichte über Untersuchungen mit Steinerhaltungsmitteln und deren Wirkungen. Mit einem Vorwort herausgegeben von der Sächsischen Kommission zur Erhaltung der Kunstdenkmäler. Dresden 1907.

[2] Building Research Board, Report for 1926. London: H. M. Stationary Office 1927.

[3] Dementjew, K., u. M. Merkulov: Die Fluate und der Portlandzement. Tonind.-Ztg. Bd. 33 (1909) S. 871f.

[4] Drexler: Steinzerstörungen und Steinschutz am Regensburger Dom. Z. Denkmalpflege u. Heimatschutz Bd. 31 (1929) S. 44ff.

[5] Hanisch, H.: Die Kesslerschen Fluate als Frostschutzmittel unserer Bausteine. Mitt. Technol. Gewerbemuseum 1909, Heft 1, S. 44/46 — Tonind.-Ztg. Bd. 33 (1909) S. 540.

[6] Hirschwald, J.: Handbuch der bautechnischen Gesteinsprüfung. Berlin: Borntraeger 1912.

[7] Hörmann, H.: Denkmalpflege und Steinschutz in England. München: Verlag Callwey 1928.

[8] Hörmann, H.: Der Steinschutzgroßversuch am Bauwerk. Bautenschutz Bd. 7 (1936) S. 73/82.

[9] Kieslinger, A.: Zerstörungen an Steinbauten, ihre Ursachen und ihre Abwehr. Leipzig u. Wien 1932.

[10] Kieslinger, A.: Kugeldruckprobe an Gesteinen. Geol. u. Bauwes. Bd. 7 (1935) S. 65/78.

[11] Kieslinger, A.: Diskussionsbemerkung zum Vortrag Schaffer. Building Research Congress London 1951, Record of Discussions S. 54.

[12] Kieslinger, A.: Erfahrungen mit Steinschutzmitteln. Steinmetz u. Steinbildhauer Bd. 69 (1953) S. 76/79.

[13] Kirchner, W.: Schutzanstriche gegen Schlagregen. Bautenschutz Bd. 3 (1932) S. 11/14 (Einwand u. Erwiderung dazu S. 64).

[14] Koch, J.: Steinschutz durch Tränkung. Baugilde Bd. 20 (1938) S. 660/63.

[15] de Quervain, F., u. V. Jenny: Versuche über das Verhalten der Bausteine gegen die Einwirkung leicht löslicher Salze zur Aufstellung einer allgemeinen Prüfmethodik über die Wetterbeständigkeit. Beiträge Geol. Schweiz. Geotechn. Serie, 30. Lfg. Bern 1951.

[16] Rathgen, F., u. J. Koch: Verwitterung und Erhaltung von Werksteinen. Beiträge zur Frage der Steinschutzmittel. Berlin 1934.

[17] Rathgen, F., u. J. Koch: Merkblatt für Steinschutz. Zusammengestellt auf Veranlassung des Konservators der Kunstdenkmäler im Reichserziehungsministerium. Berlin 1939.

[18] Rick, A. W.: Prüfung von Tränkmitteln gegen Schlagregendurchfeuchtung. Bautenschutz Bd. 3 (1932) S. 118/20.

[19] Rick, A. W.: Die wesentlichsten Fehler bei der Verarbeitung der Baustoffschutzmittel und ihre Erkennung. Bautenschutz Bd. 3 (1932) S. 131/35.

[20] SCHAFFER, R. J : The Weathering of Natural Building Stones (bes. S. 82/90). London 1932.

[21] SCHMIDT, K.: Über Steinschutz bei natürlichen und künstlichen Werkstoffen. Zbl. Bauverw. Bd. 48 (1928) S. 619f.

[22] SEIPP, H.: Die Wetterbeständigkeit der natürlichen Bausteine und die Wetterbeständigkeitsproben usw. Jena: Costenoble 1900.

[23] SEIPP, H.: Die abgekürzte Wetterbeständigkeitsprobe der natürlichen Bausteine. Frankfurt/M.: Keller 1905.

[24] SEIPP, H.: Über Steinrinden und ihre Prüfung. Steinbruch Bd. 15 (1920) S. 348/50, 369f., 385/87.

[25] SEIPP, H.: Die abgekürzte Wetterbeständigkeitsprobe der Bausteine. München: Oldenbourg 1937.

[26] STOIS, A.: Über Versuche mit Steinschutzmitteln. Prüfung der Wirkungsweise und Dauerhaftigkeit von Steinschutzmitteln mittels Zugfestigkeit. Bautenschutz Bd. 4 (1933) S. 1/10.

[27] STOIS, A.: Leinöl als Steinschutzmittel. Bautenschutz Bd. 5 (1934) S. 32/35.

[28] STOIS, A.: Die Keilprobe. Eine neue Form der Prüfung von Steinschutzmitteln im Naturschnellversuch. Bautenschutz Bd. 8 (1937) S. 9/103.

[29] STOIS, A., u. G. CLAUS: Wo steht der Steinschutz? Bautenschutz Bd. 13 (1942) S. 9/15, 17/22.

[30] STÜTZEL, H.: Steinschutzerfahrungen an den Domen in Regensburg und Passau. Steinindustr. u. Straßenb. Bd. 31 (1936) S. 455f.

[31] TILLMANN, R., u. L. RISTER: Versuche über die Schlagregensicherheit geschützter Außenwände. Österr. Bauztg. Bd. 9 (1933) S. 229/32, 245/47, 253/55, 261/63.

[32] ZAHN, K.: Leinöl als Steinschutzmittel. Zbl. Bauverw. Bd. 49 (1929) S. 37/39 — Vgl. dazu Kritik durch H. SCHMID in Z. Denkmalpflege u. Heimatschutz Bd. 31 (1929) S. 46/48.

[33] ZAHN, K.: 10 Jahre Steinschutz am Regensburger Dom. Bautenschutz Bd. 7 (1936) S. 1/10.

III. Prüfung keramischer Stoffe.

A. Die Prüfung keramischer Roh- und Werkstoffe.

Von H. Hecht, Berlin.

Vorbemerkungen. Im nachstehenden wird die Prüfung aller Arten keramischer Roh- und Werkstoffe mit Ausnahme der Schleifmittelgruppe dargestellt. Die elektrischen Prüfungen, wie sie z. B. nach den VDE-Vorschriften an keramischen Isolierstoffen ausgeführt werden müssen, werden nicht behandelt.

Vorbereitende Arbeiten. *a) Probenahme.* Besondere Aufmerksamkeit ist einer einwandfreien Probenahme zuzuwenden, sowohl bei den Rohstoffen als auch den Werkstoffen selbst. Einzelheiten sind einem Aufsatz von BAADER über die Technik der Probenahme zu entnehmen [1].

Die Rohstoffe der Keramik umfassen sowohl bildsame Stoffe — Tone und Kaoline — wie nichtbildsame — Quarz, Feldspat usw. Sie werden im allgemeinen an ihren Lagerstätten in eigener oder fremder Grube bergmännisch abgebaut und entweder direkt oder nach vorhergehender Aufbereitung — zerkleinert, klassiert, sortiert — unmittelbar oder zu Massen zusammengesetzt verarbeitet. Das natürliche Vorkommen der Rohstoffe macht eine besonders sorgsame Probenahme erforderlich, wenn auf Grund von Prüfungen und Versuchen Ergebnisse erhalten werden sollen, die über die Eigenschaft und Güte dieser Stoffe eine verbindliche Aussage machen. Die Größe der Proben von der Entnahmestelle an bis zu den eigentlichen Prüf- und Versuchsproben muß jeweils so gewählt werden, daß sich aus jeder Unterteilungsstufe ein einwandfreies Mittel ziehen läßt. Zur Zeit bestehen für die Probenahme keramischer Rohstoffe noch keine bindenden Vorschriften. Die Deutsche Keramische Gesellschaft hat es übernommen, die in ihren Industriezweigen verwendeten Rohstoffe — bildsame sowie nichtbildsame — in einer besonderen *Rohstoffkartei* zusammenzufassen und auch ein Merkblatt für ihre Probenahme herauszugeben [2]. Für Zweifelsfälle ist es zweckmäßig, sich *vereidigter Probenehmer*, wie sie durch die Industrie- und Handelskammern und die Geologischen Landesämter nachgewiesen werden, zu bedienen.

Für die Probenahme bei Werkstoffen sind diesbezügliche Bestimmungen z. B. oft in Lieferbedingungen von Herstellern und Verbrauchern eingearbeitet wie auch in Normblättern mit Gütevorschriften enthalten.

Bei Mauersteinen z. B. empfiehlt es sich, da im Normblatt DIN 105 nur allgemeine Richtlinien für die Probenahme enthalten sind, je nach Größe der Lieferung ein bis zwei Steine von 1000, bei großen Mengen 0,1 bis 0,3⁰/₀₀ zu entnehmen, und zwar bei Lagerung im Stapel aus den verschiedensten Horizonten der Stapel sowohl außen als auch innen.

Genaue Angaben befinden sich in einigen amerikanischen Normen. Nach ASTM C 112—52 (Structural clay tile) sollen fünf Ziegel für jede Ofenkammer oder je 100 t entnommen werden. ASTM C 67—50 (Mauerziegel) verlangt auf je 50000 Ziegel mindestens zehn Ziegel, bei mehr als 500000 Ziegeln je fünf Ziegel auf je 100000 Stück.

Für feuerfeste Baustoffe sind die Bestimmungen im Normblatt DIN 1065 festgelegt.

Bei größeren Steinen und bei Untersuchungen, die nur ein Teilstück des zu begutachtenden Formkörpers benötigen, wie es beispielsweise vielfach bei feuerfesten Baustoffen der Fall ist, können Abschnitte entnommen werden, die aber möglichst nicht durch Abschlagen zu gewinnen sind. Bei Schiedsuntersuchungen und bei Prüfungen, deren Ergebnis durch eine mechanische Vorbehandlung, wie beispielsweise durch Schlag, beeinflußt werden kann, darf das Zerteilen nur durch Sägen u. dgl. erfolgen (s. a. DIN 1061).

Wichtig ist es, auf die äußere Beschaffenheit und den Zustand der Proben einzugehen.

Bei Rohstoffen sind ihre äußerlich leicht feststellbaren Eigenschaften zu charakterisieren. Der Eingangszustand ist z. B. durch *grubenfeucht* oder *lufttrocken*, die Korngröße z. B. durch *großstückig von Wänden aus der Grube* oder *zerkleinert und auf Nußgröße klassiert* zu bezeichnen. Weiterhin sind Farbe, Reinheit, Verunreinigungen usw., also alle Merkmale, die für die eigentlichen Prüfungen Fingerzeige geben können, zu kennzeichnen.

Interessiert bei Rohstoffen im Anlieferungszustand der Feuchtigkeitsgehalt, so wird dieser z. B. durch Trocknen im Trockenschrank bei 105 bis 110° C, nach der **CaC₂**- oder auch nach der Xylolmethode, bestimmt (Abb. 1).

Für letztere Bestimmung benutzt man die Eigenschaft des Xylols, in der Siedehitze mit Wasser ein binäres System zu bilden. Beim Abkühlen trennt sich das Kondensat wieder in zwei Phasen. Infolge des größeren spezifischen Gewichts sammelt sich das Wasser unter dem Xylol.

In einen Rundkolben (500 ml) wird die zu untersuchende Probe eingewogen. Die Größe der Einwaage richtet sich nach dem Wassergehalt der Probe. Das Gefäß wird bis etwa zur Hälfte mit Xylol gefüllt und auf dem Rundkolben ein Rückflußkühler befestigt. Die Probe muß stets vollständig mit Xylol bedeckt sein.

Die Xylol- und Wasserdämpfe kondensieren sich in dem aufgesetzten Rückflußkühler und fließen in ein in der Apparatur angebrachtes graduiertes Meßrohr zurück. Dort bildet sich unter dem Xylol die wäßrige Phase aus, so daß die Wassermenge direkt an der Graduierung des Meßrohrs abgelesen werden kann. Der Versuch ist beendet, wenn die Wassermenge im Meßrohr nicht mehr zunimmt.

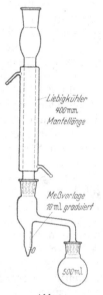

Abb. 1.
Gerät zur Bestimmung des Wassergehaltes nach der Xylolmethode.

Bei der Probenentnahme von Werkstoffen — das gilt ganz grundsätzlich für alle keramischen Erzeugnisse — ist auf äußerlich erkennbare Mängel und Unterschiede zu achten: Abweichungen von Form und Maß, Klang sowie ungleichmäßige Färbung usw. sind zu vermerken. Ferner können Schwachbrand, Normalbrand, Scharfbrand usw. Veranlassung geben, mehrere Probenreihen zu wählen. Derartige Momente sind nicht etwa lediglich im Bereiche der Grobkeramik, z. B. bei Ziegeln und feuerfesten Erzeugnissen, sondern auch in gleicher Weise bei den übrigen Zweigen der Keramik zu berücksichtigen.

Der Umfang der für Prüfungen entnommenen Proben sowohl bei Rohstoffen als auch bei Werkstoffen muß so groß sein, daß in Aussicht genommene Versuche wiederholt werden können, wenn die Ergebnisse der ersten Prüfreihen, z. B. infolge großer Schwankungen der erhaltenen Werte, dies erforderlich machen.

b) Probenvorbereitung. Sollen Rohstoffe untersucht werden, so sind sie durch
Aufbereitung, Massebereitung und Massezurichtung mit Laboratoriumsmaschinen, deren Wirkungsweise etwa den Bedingungen im praktischen Betrieb entspricht, in einen ihrer späteren betrieblichen Verarbeitung möglichst
gleichen Zustand zu bringen. Diese Laboratoriumsmaschinen bzw. -geräte werden
hergestellt als: Steinbrecher, Kollergänge, Mühlen der verschiedensten Wirkungsweise, Quirle, Filterpressen, Vakuumpressen mit verschiedenen Mund-
stücken, Gipsformen, Metallformen usw. Am Ende der Probenuntersuchung
steht der Versuchsbrand.

Für die Vorbereitung und das Zurichten von Prüfkörpern aus fertigen Erzeugnissen für die Durchführung von Festigkeitsbestimmungen sind in den
einschlägigen Normen Anweisungen gegeben. So sind z. B. Fußboden- und
Wandplatten für die Ausführung von Biegefestigkeitsprüfungen nach DIN 51090,
ebenso Dachziegel für die analogen Versuche nach DIN-Entwurf 456 mit Aus-
gleichsstegen aus Zement, Zementmörtel oder Gips zu versehen, um eine gleichmäßige Verteilung der Belastung über den ganzen Querschnitt der Probekörper
zu gewährleisten. Steinzeugrohre werden für die Feststellung der Scheiteldruckfestigkeit nach DIN-Entwurf 1230 in Gips gebettet. In anderen Fällen müssen,
wie z. B. für die Prüfung der Druckfestigkeit an Mauerziegeln nach DIN 105,
die Normalformate DF und NF zersägt und die dadurch anfallenden Hälften
nach einem bestimmten Verfahren gegenläufig aufeinandergemauert und die
gedrückten Flächen mit Zementmörtel planparallel zueinander abgeglichen
werden. Oder es müssen, wie es bei der Prüfung feuerfester Erzeugnisse nach
DIN 1064 und DIN 1067 vorgeschrieben ist, die Probekörper aus den angelieferten Proben herausgebohrt werden.

Müssen Sägen bzw. Bohrmaschinen verwendet werden, so ist darauf zu
achten, daß die benutzten Geräte stark genug gebaut sind und einwandfrei
geeignetes Schneide- und Bohrwerkzeug benutzt wird, damit das Gefüge der
Probekörper bei derartigen Zurichtungsarbeiten nicht gestört wird, und daß
einwandfrei glatte Schnitte und Bohrzylinder erhalten werden. Soweit Druckfestigkeitsprüfungen an so hergestellten Probekörpern ausgeführt werden sollen,
sind die mit den Preßplatten der Prüfmaschine in Berührung kommenden
Flächen je nach den Prüfvorschriften planparallel zueinander zu schleifen oder
mit Zement usw. abzugleichen, da schon geringe Abweichungen von der Planparallelität zu großen Streuungen und Fehlern führen können. Bei zylindrischen
Probekörpern 50 mm ⌀, wie sie bei der Druckfestigkeitsprüfung feuerfester
Werkstoffe verwendet werden, sind bei einem Abweichen der gedrückten Fläche
von der Planparallelität um etwa 0,1 mm Fehler bis zu mehr als 15 % festgestellt
worden.

1. Prüfung des Mineralbestands.

Lupe und Mikroskop — besonders das Polarisationsmikroskop — vermögen
bei der Bestimmung des Mineralbestands keramischer Roh- und Werkstoffe
wertvollen Aufschluß zu geben. Die Untersuchungen mit dem Mikroskop sind
durch dessen Auflösungsvermögen begrenzt. Ein tieferer Einblick in die Mikro-
struktur gelingt mit Hilfe des Elektronenmikroskops. Zur Klärung des struk-
turellen Aufbaus benutzt man die Röntgen-Feinstrukturanalyse. Teilchenform
und -größe lassen sich durch das Elektronenmikroskop einwandfrei bestimmen.
Plättchenform des Kaolinits und Leistenform bzw. Röhrenform des Halloysits,
ebenso die Unterschiede in der Teilchengröße, z. B. zwischen Kaolinit und
Fireclay-Mineral, treten besonders hervor (Abb. 2, 3 u. 4)[1].

---

[1] Aufnahmen aus dem Steine-und-Erden-Institut der Bergakademie Clausthal.

Einen Schritt weiter geht die Differentialthermoanalyse (DTA). Über ihre Bedeutung für die Keramik gibt die Arbeit von LEHMANN, DAS und PAETSCH [3]

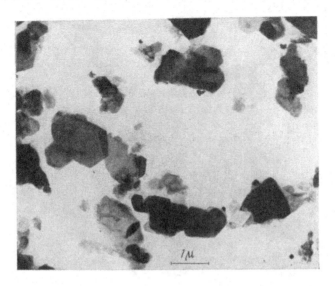

Abb. 2. Schnaittenbacher Kaolin.

ein erschöpfendes Bild der eigenen Forschungen wie des internationalen Standes bis zum Jahre 1954. Sie läßt erkennen, inwieweit bei der Um- und Neubildung von Mineralen während des Brennens bzw. Abkühlens endotherme bzw.

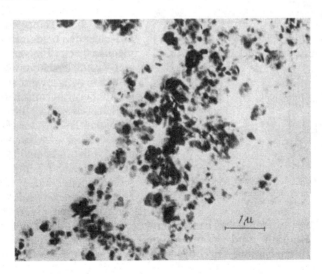

Abb. 3. Fireclay-Mineral.

exotherme Reaktionen auftreten. Differentialthermoanalyse und dilatometrische Messungen miteinander gekuppelt, geben Aufschluß, inwieweit Zusammenhänge zwischen endothermen und exothermen Effekten und dem Dehnungs- und Schwindverlauf bestehen [4].

Dem Prinzip der DTA liegt folgendes Verfahren zugrunde: Mit einem Differentialthermoelement wird der Temperaturunterschied zwischen Untersuchungs-

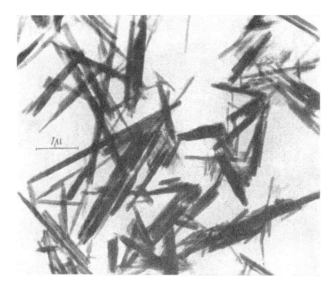

Abb. 4. Halloysit (Djabel Debar).

und inerter Vergleichssubstanz gemessen, mit einem weiteren einfachen Thermoelement die Temperatur bzw. der Temperaturanstieg in der Vergleichs- oder der Untersuchungssubstanz (Abb. 5).

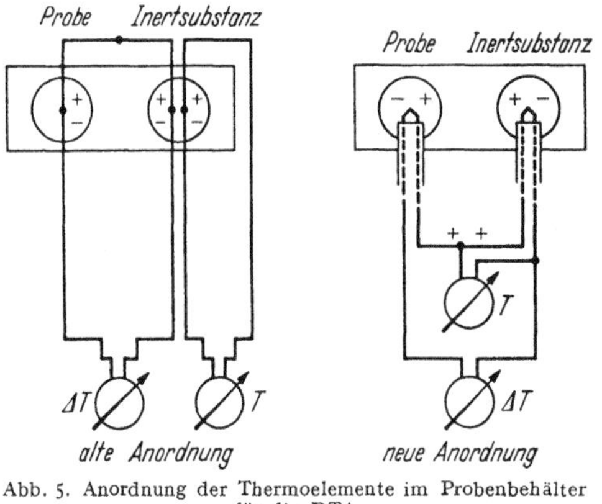

Trägt man die Temperatur gegen die Temperaturdifferenz zwischen den beiden Proben auf, so machen sich Phasenumwandlungen, Zerfallserscheinungen, Oxydationen usw., soweit sie von einer wirklichen thermischen Reaktion begleitet werden, durch Unregelmäßigkeiten in der Differentialtemperaturkurve bemerkbar. Nach der vollständigen Umwandlung gleicht sich der Temperaturunterschied wieder aus.

Abb. 5. Anordnung der Thermoelemente im Probenbehälter für die DTA.

Abb. 6 veranschaulicht die bei der Aufnahme einer Differentialtemperaturkurve auftretenden Erscheinungen. Abb. 7 und 8 zeigen die DTA-Kurven von Kaolinit und Montmorillonit bei Verwendung verschiedener Meßgeräte und den Einfluß der Lötperlenschweißung auf die Thermoelementanzeige.

Abb. 9 zeigt eine DTA-Apparatur ohne die Meßinstrumente. Von links beginnend ist dargestellt: der Ofen, der DTA-Block (Probenhalter) mit den eingebauten Thermoelementen und die zu den Temperatur-Meßinstrumenten abgehende Verbindungsleitung. Im DTA-Block sind deutlich die runden Probenbehälter für die Versuchs- und Vergleichssubstanz zu erkennen. Ofen und DTA-Block sind verschiebbar auf einer optischen Bank angeordnet, um eine

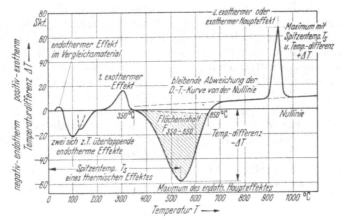

Abb. 6. Differential-Temperatur-Kurve.

stets gleiche Justierung der Probenlage im Ofen während des Versuchs zu gewährleisten.

Für gelegentliche Untersuchungen werden anzeigende Meßinstrumente verwendet:

Spiegelgalvanometer für die Messung der Differentialthermospannung und Zeigergalvanometer mit Drehspulmeßwerk, geeicht in °C und mV, zur Messung der Ofentemperatur.

Für laufende Untersuchungen werden zweckmäßiger schreibende Instrumente verwendet, und zwar entweder

zwei schreibende Meßinstrumente: Spiegelgalvanometer mit angebautem lichtelektrischem Nachlaufschreiber für die Aufzeichnung der DTA-Kurve sowie Einfarbenpunktschreiber mit Drehspulmeßwerk mit Schreibstreifen und Synchronmotorantrieb für die Aufzeichnung der Ofentemperaturkurve oder

ein schreibendes Meßinstrument: elektronisch gesteuertes Meß- und Registriergerät mit direkter abwechselnder Anzeige und Registrierung der Differentialthermospannung in mV und der Ofentemperatur in °C auf *einem* Schreibstreifen.

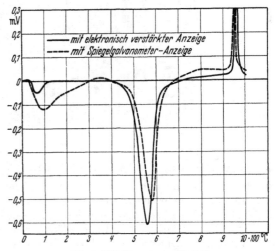

Abb. 7. DTA-Kurven von Kaolinit.

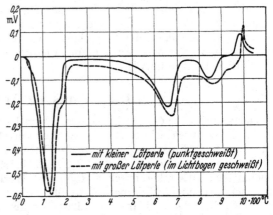

Abb. 8. DTA-Kurven von Montmorillonit.

Außerdem ist für die Regulierung des Temperaturanstiegs ein handgesteuerter Regeltransformator oder ein solcher mit Programmsteuerung erforderlich.

So wertvolle Aufschlüsse die DTA qualitativ auch gibt und sowenig sie aus der Materialprüfung im Bereiche der Keramik fortzudenken ist, läßt sie sich doch für quantitative Untersuchungen [5], [6], [7] heute erst sehr bedingt verwenden. Voraussetzung dafür ist, daß die erhaltenen Effekte wirklich eindeutig einem bestimmten Material zugeordnet werden können.

Die bisher gebräuchlichen rationellen Analysen nach Seger, Berdel und Kallauner-Matejka [8] u. a. beruhen auf einer fraktionierten chemischen Analyse, die den Gehalt der Hauptminerale (Tonminerale, Feldspat, Quarz) von ungebrannten Rohstoffen und Massen unmittelbar bestimmen lassen. Beide Methoden sind nur bedingt brauchbar, denn den quantitativen Trennmöglichkeiten der einzelnen Mineralbestandteile sind Grenzen gesetzt.

Abb. 9. DTA-Apparatur.

Der Wunsch, einen möglichst tiefen Einblick in den Mineralaufbau sowohl von Rohstoffen als auch von fertigen Erzeugnissen zu bekommen, hat ein Verfahren entwickeln lassen, um solche Prüfungen mit Hilfe der *Anfärbemethode* durchzuführen. Schleift man beispielsweise die Oberfläche von Silikasteinen an und behandelt die geschliffene Fläche mit Methylenblau, so nehmen die umgewandelten Quarzanteile das Methylenblau auf, dagegen die nichtumgewandelten Anteile nicht [9]. Darüber hinaus gestattet diese Methode, auch die Gleichmäßigkeit des Gefüges von feuerfesten Stoffen zu prüfen. An geschliffenen Flächen werden Gefügefehler aller Art durch unterschiedlich starke Farbaufnahme sichtbar. Über ein neues Verfahren, das am Steine-und-Erden-Institut der Bergakademie Clausthal entwickelt worden ist, berichtet Fahn. Er hat Anfärbeversuche an tonmineralhaltigen Rohstoffen mit Fluoreszenzfarbstoffen durchgeführt [10].

2. Die chemische Analyse.

Die quantitative chemische Analyse ist im Bereiche der Keramik unentbehrlich, auch wenn sie Eigenschaften nicht unmittelbar bestimmen läßt. Sie gibt jedoch wichtige Fingerzeige und ist die Mittlerin zur richtigen Auswertung der Ergebnisse vieler anderer Prüfungen, z. B.: Einfluß der Alkalien auf das Erweichungsverhalten keramischer Roh- und Werkstoffe oder des Eisengehalts in seiner färbenden Wirkung auf weißbrennende Rohstoffe.

Es wurde in Deutschland als außerordentlich nachteilig empfunden, daß im Gegensatz zum Ausland bisher hier keine einheitlich genormten Verfahren bestanden. Die Abfassung der Analysenvorschriften in Lehr-, Hand- und Laboratoriumsbüchern läßt dem einzelnen Analytiker einen großen Spielraum, so daß ein exakter Vergleich der Ergebnisse außerordentlich erschwert wird. Dem helfen folgende Normblätter, die jetzt verabschiedet worden sind, ab:

Prüfung keramischer Roh- und Werkstoffe.

DIN 51070 — Chemische Analyse mit Kieselsäuregehalt $\geqq 90\%$.
DIN 51071 — Chemische Analyse mit Kieselsäuregehalt $\leqq 90\%$.
DIN 51072 — Gerät für die Bestimmung von Eisen(III)-oxyd nach dem Titan(III)-chlorid-verfahren.

Außer diesen drei Blättern ist jetzt als Entwurf erschienen:

DIN 51073 — Chemische Analyse von Roh- und Werkstoffen mit hohem Magnesiumoxyd-gehalt.

Das Blatt dient insbesondere zur Untersuchung von Magnesiten, Dolomiten und deren Erzeugnissen. Es ist auch für die Analyse von Kalksteinen anwendbar.

Weitere Normblätter [*11*], [*12*], [*13*] dieser Art sind in Bearbeitung.

Die Alkalien werden heute weitgehend nicht mehr gravimetrisch, sondern flammenphotometrisch [*14*], [*15*], [*16*], [*17*], [*18*], [*19*] bestimmt. Die flammenphotometrische Methode hat die Durchführung der quantitativen chemischen Analyse nicht nur sehr erleichtert, sondern auch ihre Zeit wesentlich verkürzt.

3. Prüfung der Kornfeinheit.

Die während des Brennverlaufs keramischer Werkstoffe zwischen den Massebestandteilen verlaufenden Reaktionen werden überwiegend eingeleitet durch Reaktionen zwischen festen Körpern. Ausmaß der Reaktionen und Verlauf ihrer Geschwindigkeit werden, abgesehen von der Art und Zeit des Temperaturverlaufs und der Zusammensetzung der Ofenatmosphäre, weitgehend beeinflußt durch Korngröße, Korngestalt und Oberflächenbeschaffenheit der Massebestandteile. Eine sorgsame Prüfung und laufende Überwachung der Kornzusammensetzung ist daher durchzuführen.

Für die Korngrößen $\geqq 60\,\mu$ geschieht dies vorzugsweise durch Sieben, und zwar für alle nichtbildsamen Stoffe in trockenem Zustand, für Stoffe mit bildsamen Anteilen durch Naßsieben, da diese Stoffe Sekundärkornbildung aufweisen und erst durch ein flüssiges Medium, beispielsweise Wasser, in ihre Einzelkörner zerlegt werden müssen.

Die Siebung selbst geschieht von Hand oder maschinell auf Metallsiebrahmen, die für die Grobsiebung bis $\geqq 1$ mm mit Siebrundlochblechen DIN 1170 und für Siebungen $\leqq 6$ mm bis $\geqq 60\,\mu$ mit Prüfsiebgeweben DIN 1171 bespannt werden. Soweit Prüfsiebmaschinen für die Trockensiebung verwendet werden, ist mit zunehmender Feinheit der Körnung einerseits und mit Wachsen der Siebschwierigkeit des Sichtguts andererseits (z. B. Modellgips, *gemahlener* Quarzsand) immer stärker darauf zu achten, daß die verwendeten Geräte auch tatsächlich für *quantitative* Korntrennungen geeignet sind. Ein großer Teil der auf dem Markt befindlichen Geräte ist dazu nicht in der Lage, so daß für Feinheitsbestimmungen nach Normen wie DIN 1164 für Schiedsanalysen noch immer die Siebung von Hand nach Vorschrift auszuführen ist. Nur Geräte, die in ähnlicher Weise, wie es bei der Handsiebung der Fall ist, mit *mehreren* in irrationalem Verhältnis zueinander wirkenden Kräften arbeiten, sind für quantitative Versuche geeignet. Andernfalls gerät nach steiler Anfangs-Durchgangskurve das Siebgut *ins Schwimmen*, und der Siebvorgang verläuft nicht quantitativ, weil das Siebgut nicht mehr wie bei der Handsiebung dauernd durcheinandergewirbelt wird. Die Benutzung von Gummikugeln, um ein Durchwirbeln des Siebguts zu erzielen, ist abwegig, da diese als Mahlkörper wirken und ferner den Durchgang des siebkritischen Guts [20] beeinflussen.

Für die Zerlegung von Korngemischen mit bildsamen Anteilen ist die Naßsiebung anzuwenden (Schlämmsiebung). Im Normblatt DIN 4080 ist sie für die Korngrößenbestimmung von tonhaltigen feuerfesten Stampfmassen und Mörteln zwischen 5 mm und 60 μ vorgeschrieben.

Korngemische $\leq 60\,\mu$ sind mittels anderer Verfahren zu zerlegen. In Deutschland sind zwar im Neuentwurf des Normblatts DIN 1171 (1955) Gewebe bis 40 μ lichter Maschenweite in Vorschlag gebracht, doch wird der Siebwiderstand insbesondere keramischer Rohstoffe unterhalb 60 μ so groß, daß quantitative Siebtrennungen, von dem Problem des Abriebs [21], [22], [23] ganz abgesehen, außerordentlich schwierig und nur unter sehr großem Zeitaufwand durchgeführt werden können. Es empfiehlt sich daher nicht, für keramische Stoffe die Siebverfahren auf Siebe mit weniger als 60 μ lichter Maschenweite auszudehnen.

Auch für die Bestimmung von Korngrößen $\leq 60\,\mu$, insbesondere die Bestimmung der Feinstanteile, werden einerseits Trockenverfahren, andererseits Naßverfahren in analoger Weise wie bei der Siebung benutzt.

a) Trockenverfahren.

Es sind zu unterscheiden Verfahren zur Bestimmung des Kornaufbaus nach der Korngröße und Verfahren zur Bestimmung nach der Größe der Oberfläche.

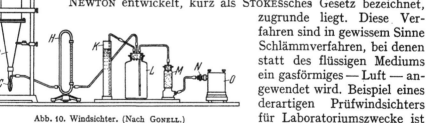

α) *Korngrößenbestimmung $\leq 60\,\mu$.*

Es können nur Stoffe mit Primärkornbildung zerlegt werden. Eine derartige Voraussetzung erfüllen nur nichtbildsame Rohstoffe. Aber auch Stoffe ohne bildsame Anteile können unter Umständen nicht darunter fallen, wenn nämlich ihre Teilchen infolge weitgehender Zerkleinerung so energiereich geworden sind, daß Sekundärkornbildung möglich wird (z. B. höchstfeingemahlener Quarzsand $< \approx 2\,\mu$). Der Körnungsaufbau derartiger Stoffe muß *naß* untersucht werden.

Die angewendeten Verfahren beruhen auf der Windsichtung, der die Stokessche Formel, auf der Basis der Gesetze von Newton entwickelt, kurz als Stokessches Gesetz bezeichnet, zugrunde liegt. Diese Verfahren sind in gewissem Sinne Schlämmverfahren, bei denen statt des flüssigen Mediums ein gasförmiges — Luft — angewendet wird. Beispiel eines derartigen Prüfwindsichters für Laboratoriumszwecke ist der nach Gonell (Abb. 10).

Im allgemeinen werden für *Vollanalysen* drei Sichtrohre mit einem lichten Durchmesser

Abb. 10. Windsichter. (Nach Gonell.)
A Windsichterrohr; *B* Konisches Rohr; *C* Glasansatz mit Düse; *D* Aufsatz; *E* Glasglocke; *F* Stativ; *G* Klopfer; *H* Rotamesser; *K* Druckregler; *L* Puffervolumen; *M* Luftreiniger u. Ölabscheider; *N* Regelventil; *O* Gebläse.

von 35, 70 und 140 mm verwendet. Für *betriebstechnische Untersuchungen*, die sich mit einer gröberen Korngrößenunterteilung begnügen können, beispielsweise mit den Fraktionen 0 bis 15, 15 bis 30, 30 bis 45 μ, genügt bei $\gamma_0 = \approx 2{,}65\ \text{g/cm}^3$ das mittlere Rohr mit 70 mm $\varnothing$. In jedem Rohr können bei den in der Keramik in Betracht kommenden spezifischen Gewichten (Reinwichte) etwa je drei Fraktionen bestimmt werden. Die Rohre sind innen hochglanzpoliert. Sie werden während des Versuchs zur Vermeidung der Ablagerung von Sichtgut an ihren Wandungen durch Klopfer in Schwingungen versetzt. Am unteren Ende der Rohre befindet sich ein Glasgefäß zur Aufnahme der Sichtprobe mit der Düse für die Aufwirbelung. Die nach einer Tabelle anzuwendenden Luftgeschwindigkeiten werden über einen Rotamesser eingestellt und überwacht. Der Sichtwind (Luft) selbst, durch ein Gebläse erzeugt, ist sorgsam zu trocknen, da feuchte Luft zu Sekundärkornbildung führen kann. Die Berechnung der Korngrößenfraktion erfolgt nach der für die Sedimentationsanalyse nach ANDREASEN (S. 215) angegebenen STOKESSchen Formel, in der für w einzusetzen ist: Widerstand der inneren Reibung der Luft (Zähigkeitsfaktor) bei $20° = 182 \cdot 10^{-6}$.

β) Oberflächenbestimmung von Korngemischen ≦60 μ.

Von den verschiedenen [24], [25] hierfür in Frage kommenden Verfahren sei lediglich auf die beiden auch in der Zementindustrie eingeführten Methoden nach BLAINE: ASTM 204—55 und nach LEA und NURSE: BS 12:1947 verwiesen (s. S. 244). Bestimmt wird die spezifische Oberfläche, d. h. die Oberfläche eines Gramms Versuchssubstanz, ausgedrückt in cm²/g.

Bei beiden Verfahren wird die spezifische Oberfläche nicht unmittelbar bestimmt, sondern es wird das Versuchsergebnis der Probe auf die bekannte spezifische Oberfläche einer Vergleichssubstanz bezogen. Da beide Verfahren im Prinzip voneinander abweichen, decken sich die mit ihnen gefundenen Werte nicht völlig miteinander. Das Ergebnis ist daher stets auf das Verfahren nach BLAINE bzw. nach LEA und NURSE zu beziehen. Bei dem Verfahren nach BLAINE wird die Zeit bestimmt, die eine bestimmte Luftmenge zum Durchströmen einer abgewogenen und auf ein bestimmtes Volumen zusammengedrückten Probe benötigt. Bei dem Verfahren nach LEA und NURSE wird der Widerstand gemessen, den eine analog vorbereitete Probe dem Durchgehen getrockneter Luft entgegensetzt.

Im Bereiche der Keramik können diese Verfahren nur für Korngemische ≦60 μ angewendet werden, die keine bildsamen Anteile enthalten. Die Verfahren haben den Vorteil, wesentlich schneller zu arbeiten als die Windsichtung und auch die weiter unten besprochenen Sedimentationsverfahren.

b) Naßverfahren.

α) Schlämmen von Korngemischen ≦60 μ.

Geschlämmt werden können grundsätzlich alle in der Keramik verwendeten Rohstoffe und Massen. Zweckmäßig werden zuvor Anteile ≧60 μ durch Sieben ausgeschieden. Der Schlämmanalyse liegen die gleichen Fallgesetze zugrunde wie den Windsichtverfahren.

Betriebstechnischen Zwecken dient die Apparatur nach SCHULZE-HARKORT [26], [27] (Abb. 11).

Die Zufuhr des Wassers in den Schlämmkelch erfolgt durch eine auswechselbare Düse, die am unteren Ende eines in seiner Höhe genau einstellbaren Rohrs angebracht ist. Die Düsenbohrungen sind genau kalibriert, Durchmesser: 1,0—1,5—2,0—2,5—3,0—4,0—5,0—6,0 mm. Die Wahl des Düsendurchmessers läßt die Strömungsgeschwindigkeit in weiten Grenzen regeln. Für ein durchschnittliches spezifisches Gewicht von 2,65 und bei Verwendung von Wasser mit 20° C als Schlämmflüssigkeit gibt HARKORT die empirische Berechnungs-

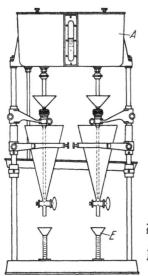

Abb. 11. Schlämmgerät.
(Nach Schulze-Harkort).
A Vorratsgefäß für Schlämm-
flüssigkeit; B Schlämmkelch;
C Schlämmrohr-Düse;
D Feineinstellung für Düse C;
E Meßzylinder; F Überlauf.

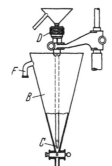

formel an:

$$d = 0{,}032 \sqrt{v}.$$

Darin bedeuten:

d *Äquivalentdurchmesser*, d. h. die der Kugelform gleichwertige Teilchengröße in mm $\varnothing$,
v Schlämmgeschwindigkeit in mm/sek.

Für genauere Untersuchungen wird das bereits 1867 von Schöne [28] angegebene Gerät verwendet (Abb. 12).

Aus einem unten konisch zulaufenden Glasgefäß, das oben in ein zylindrisches übergeht, trägt von unten aufsteigendes Wasser die seiner Strömungsgeschwindigkeit entsprechenden Teilchengrößen aus der Probe mit sich fort. Der zylindrische Teil dient dazu, das Wasser in eine wirbellose Strömung zu überführen. Die Teilchenfraktionierung erfolgt auf der Grundlage des Stokesschen Gesetzes. Die Strömungsgeschwindigkeit wird mit Hilfe des rechts befindlichen Piezometerrohrs einreguliert. Schöne gibt für die Berechnung des Körnungsdurchmessers d aus der Schlämmgeschwindigkeit v und dem spezifischen Gewicht γ_0 die empirische Formel an:

$$d = v^{\frac{7}{11}}\, \frac{0{,}0518}{\gamma_0^{-1}}.$$

Einfacher ist es, für die Berechnung der Teilchengröße auch bei Benutzung des Schlämmgeräts nach Schöne die von Harkort angegebene Formel zu verwenden.

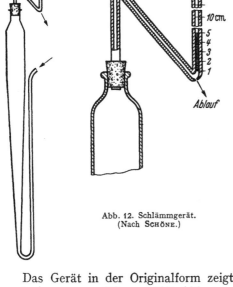

Abb. 12. Schlämmgerät.
(Nach Schöne.)

β) Sedimentation.

Zu unterscheiden sind Verfahren mit Pipette, Aräometer und durch Absorption.

Pipetteverfahren. Das Sedimentationsverfahren nach Andreasen [29 bis 34] hat sich im Bereiche der Keramik als sehr brauchbar erwiesen, je mehr seine apparativen und verfahrensmäßigen Fehlerquellen erkannt und abgegrenzt worden sind.

Das Gerät in der Originalform zeigt Abb. 13, in der abgeänderten Form nach Andreasen-Börner [35] Abb. 14.

Das Prinzip bei beiden Geräten ist das gleiche. Der Unterschied besteht darin, daß bei dem Gerät nach ANDREASEN-BÖRNER die Pipette aus nichtrostendem Stahl — im Gegensatz zu der Glaspipette des Originalgeräts — beweglich eingebaut ist, so daß es möglich ist, durch Heben der Pipette die Proben in schnellerer Folge zu entnehmen und damit die Sedimentationsanalyse in kürzerer Zeit durchzuführen als mit dem Originalgerät.

Für die Durchführung des Verfahrens an keramischen Stoffen hat die Deutsche Keramische Gesellschaft eine Arbeitsvorschrift herausgegeben [36], die jetzt zu einem Normblatt verarbeitet wird.

Verfahrensmäßig ist darauf zu achten, daß die Suspension einwandfrei hergestellt wird und die Versuchssubstanz vollkommen dispergiert ist. Da Tonmineralien und mit diesen hergestellte keramische Massen infolge ihrer besonderen Oberflächeneigenschaften unter gewissen Umständen zur Koagulation neigen, bedürfen sie zur Herstellung einer einwandfreien Suspension des Zusatzes von Peptisatoren.

Die Einwirkung verschiedener Peptisatoren und ihrer Konzentration auf den Kornverteilungsgrad ist sehr unterschiedlich. Es ist daher erforderlich, den für die Ausführung der Sedimentationsanalyse keramischer Stoffe geeigneten Peptisator und seine Konzentration zu bestimmen [35], [37], [38]. Für sehr viele Zwecke läßt sich Natriumpyrosphat verwenden (andere Peptisatoren sind z. B. Lithiumkarbonat, Natriumkarbonat, Wasserglas usw.).

Die Korngrößenanalyse selbst wird dergestalt durchgeführt, daß nach einer Fallzeitkurve aus der auf dem Gerät befindlichen Pipette Proben von je 10 ml durch Ansaugen entnommen werden und ihr Gehalt an Feststoffen durch Trocknen bestimmt wird.

Es ist stets von *Korngrößenbereichen* zu sprechen, da nur solche bestimmt werden können. Der Umfang der Korngrößenbereiche richtet sich nach dem Abstand der Entnahmezeiten. Er umfaßt mit sich vermindernden Korngrößen — infolge

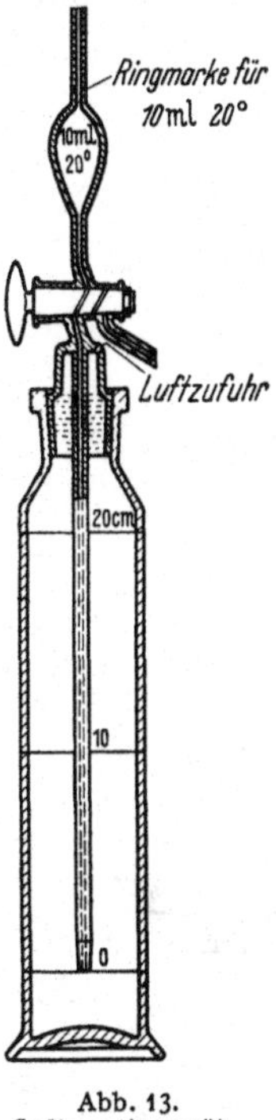

Abb. 13.
Sedimentiergerät.
(Nach ANDREASEN.)

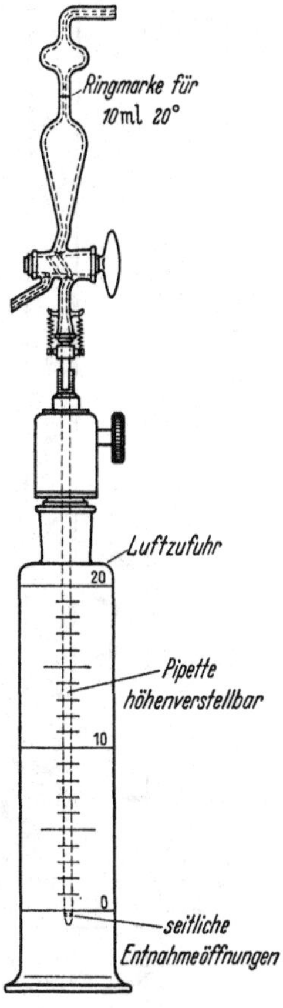

Abb. 14.
Sedimentiergerät. (Nach ANDREASEN-BÖRNER.)

der immer geringer werdenden Fallgeschwindigkeit — bei gleichem Abstand der Entnahmezeiten einen immer engeren Bereich. Der Abstand der Entnahmezeiten ist daher so auf der Basis des STOKESschen Gesetzes zu wählen, daß einwandfrei definierbare Korngrößenbereiche entnommen werden können.

Bei spezifisch schweren Stoffen, spezifisches Gewicht $>3,0\,g/cm^3$, stößt man bei Verwendung der normalen Geräte infolge ihrer geringen nutzbaren Fallhöhe auf Schwierigkeiten, wenn eine gute Unterteilung auch der gröberen Kornfraktionen erfolgen soll. Das läßt sich erreichen durch Verlängerung des Fallweges, der gleichzeitig eine Verlängerung der Fallzeit mit sich bringt und damit die Möglichkeit gibt, auch diese Fraktionen besser zu unterteilen. Diesen Zweck erfüllt für betriebstechnische Untersuchungen, insbesondere für die Schnellbestimmung des Kornaufbaus von Schleifmitteln $\leqq 65\,\mu$, das Gerät nach ANDREASEN-MSO (DBP angemeldet) [39] (Abb. 15 u. 16). Es besteht, da bei Schleifmitteluntersuchungen mit Wasser als Dispersionsmittel allein gearbeitet werden kann, aus einem Plexiglasrohr von 900 mm Länge und 60 mm lichter Weite mit einer Graduation der Fallhöhe von 100 zu 100 mm. Die Probeentnahmevorrichtung besteht aus einer Entnahmekapillare, die elastisch mit einem Gummistopfen in die Plexiglaswand eingedichtet ist. Die Ansaugöffnungen befinden sich seitlich zu der Kapillare in Höhe der Null-Linie, damit ein Verstopfen durch Sedimentationsgut verhindert wird. Eine Gummischlauchverbindung mit Quetschhahn und Auslauf dient zum Verschließen der Probenentnahmekapillare. Für das Auffangen der entnommenen Probe dient ein graduiertes Auffanggefäß 10 ml. Der

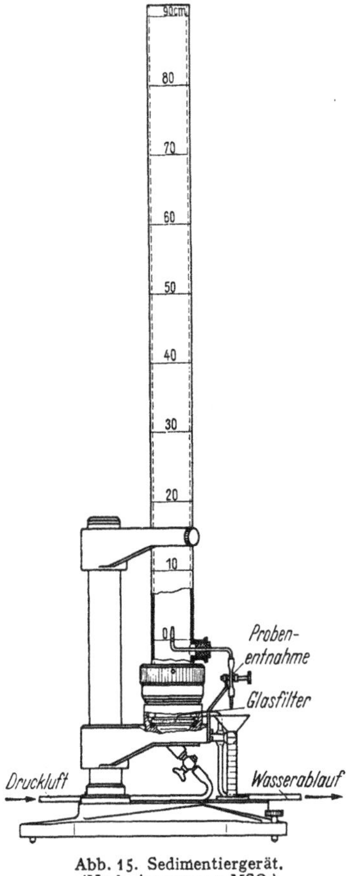

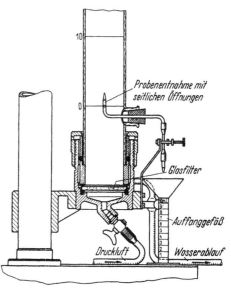

Abb. 15. Sedimentiergerät.
(Nach ANDREASEN-MSO.)

Abb. 16. Verschlußteil des Sedimentiergerätes.
(Nach ANDREASEN-MSO.)

untere Verschlußteil des Geräts wird durch eine Überwurfmutter von unten an das Plexiglasrohr angeschraubt. Dieser schließt das Fallrohr nach unten mit einer Filterplatte ab, durch die zwecks intensiver Aufwirbelung und Homogenisierung des Analysenmaterials Preßluft in das Dispersionsmittel eingeblasen wird. Der Ablaufstutzen dient zum Entleeren und Nachspülen des Fallrohrs.

Nach Homogenisierung des Versuchsguts als Suspension wird die Preßluftzufuhr abgestellt. Sofort nach beendetem Aufstieg und Ausblasen der letzten Luftblase wird die Nullprobe gezogen. Dann werden in Analogie mit dem bereits beschriebenen ANDREASEN-Verfahren nach einer festgelegten Fallzeitkurve die Proben entnommen und ihr Festanteil bestimmt. Vor jeder Probenahme ist die Probeentnahmekapillare mit 1 ml zu entleeren, um eine einwandfreie Probenzusammensetzung zu gewährleisten. Die nichtentnommenen Fraktionsanteile sammeln sich unterhalb der Probenabnahmestelle und scheiden damit aus dem Prüfverlauf aus.

Die Berechnung für alle drei Geräte erfolgt auf der Grundlage des STOKES-schen Gesetzes:

$$v = \frac{1}{18} d^2 \frac{\gamma_{01} - \gamma_{02}}{w} g .$$

Darin sind:

v Fallgeschwindigkeit (cm/sek),
d Korndurchmesser in cm ($d = 2r$),
γ_{01} spezifisches Gewicht des Versuchsstoffes (g/cm³),
γ_{02} spezifisches Gewicht der Sedimentationsflüssigkeit (g/cm³),
w Zähigkeit der Sedimentationsflüssigkeit in Poise,
g Gravitationskonstante = 981 (cm/sek²).

Die Sedimentationsanalyse nach ANDREASEN vermittelt im Bereiche der Keramik sehr wertvolle Erkenntnisse in Forschung und Praxis.

Aräometerverfahren. Für die Durchführung des Verfahrens ist zunächst in Analogie mit dem ANDREASEN-Verfahren die Herstellung einer Suspension erforderlich; jedoch werden im Gegensatz zu den Verfahren nach ANDREASEN die Proben nicht nach einer festgelegten Fallzeitkurve entnommen und deren Feststoffgehalt bestimmt, sondern es wird in entsprechenden Intervallen die Konzentration der in der Suspension verbliebenen Feststoffe gemessen, z. B. mit Hilfe des Aräometers nach CASAGRANDE [40]. Aus der Differenz gegenüber dem Ausgangsgehalt der Suspension an Feststoffen ergibt sich der ausgeschiedene Anteil. Der Korngrößenbereich wird unter Zugrundelegung des STOKESschen Gesetzes berechnet oder einem Nomogramm entnommen [41]. Nach dem Prinzip der MOHRschen Waage arbeitet VAN NIEUVENBURG [42], [43]. Die vorstehend genannten Methoden basieren bei den Verfahren nach ANDREASEN auf der direkten Bestimmung des Gehalts an Feststoffen in den nach einer Fallzeitkurve entnommenen Proben, und bei den Aräometerverfahren wird, ebenfalls nach einer Fallzeitkurve, der Gehalt an Feststoffen in der Restsuspension entsprechend der Änderung ihres spezifischen Gewichts festgestellt.

Optische Absorptionsverfahren. Sollen auch im Bereiche der Keramik Absorptionsverfahren eingesetzt werden, wie sie für die Feinheitsbestimmung von Zement, z. B. mit dem Turbidimeter nach WAGNER ASTM C 115—53 oder dem photoelektrischen Trübungsmesser von LANGE [44], durchgeführt werden, so ist zu berücksichtigen, daß bei diesen Verfahren optische Eigenschaften entscheiden und daß damit die Ergebnisse dieser Methoden nicht mehr unmittelbar vergleichbar mit denen der vorher besprochenen sind. Im Gebiet der Keramik werden die optischen Eigenschaften der Stoffe wesentlich beeinflußt durch den ständig wechselnden Gehalt an färbenden Anteilen sowie den an bildsamen und nichtbildsamen ebenso wie an kolloiden und nichtkolloiden Stoffen. Die Absorptionsverfahren werden sich daher in der Keramik nur unter bestimmten Bedingungen sowie unter der Voraussetzung gleichbleibender optischer Eigenschaften des zu untersuchenden Materials für betriebstechnische Untersuchungen anwenden lassen.

In diesem Zusammenhang ist auf Arbeiten zu verweisen, die das Gesamtproblem behandeln [45], [46], [47].

4. Optimales Wasserbindevermögen (Enslin-Wert) und Bildsamkeit („Plastizität").

Die Feststellung dieser beiden Eigenschaften ist wichtig für die Beurteilung bildsamer, quellfähiger [48] sowie poröser und pulverförmiger Rohstoffe und für die Verformbarkeit aus ihnen hergestellter Massen. Nach SCHMELEW [49] beträgt die Quellung bei 105° getrockneter Tone, mittels der Volumenvergrößerung an einem in einer graduierten Glasröhre befindlichen Tonpfropfen gemessen, 6 bis 44 Vol.-%.

a) Optimales Wasserbindevermögen (Enslin-Wert).

Unter optimalem Wasserbindevermögen (ENSLIN-Wert) ist diejenige Wassermenge zu verstehen, die eine pulverförmige Substanz ohne bildsame Anteile durch Benetzung bzw. eine solche mit bildsamen Anteilen durch Benetzung und Quellung aufzunehmen vermag.

Hauptanwendungsgebiete.

1. Bestimmung des optimalen Wasserbindevermögens von Tonen und keramischen Massen mit bildsamen Anteilen.

In diesem Effekt koordinieren sich immer der durch die Benetzung und die Erfüllung des Porenraums sowie der durch Quellung bedingte. Da die Benetzung jedoch im allgemeinen wesentlich schneller erfolgt als die Quellung, lassen sich die beiden Effekte gut auseinanderhalten. Zwecks Beschleunigung der Benetzung ist die Probe gleichmäßig auf der Filterplatte des ENSLIN-Geräts zu verteilen.

2. Messung des Porenraums pulverförmiger nichtbildsamer Stoffe. Dieser ist gleich der bei völliger Benetzung entnommenen Flüssigkeitsmenge.

3. Die Beobachtung des zeitlichen Verlaufs der Wasseraufnahme gestattet die Abschätzung der Benetzbarkeit pulverisierter nichtbildsamer Stoffe. Je schwerer benetzbar ein Körper ist, desto langsamer steigt die Flüssigkeit in den Kapillarräumen des Körpers hoch, um von einem bestimmten Grad der Benetzbarkeit an (bei Randwinkeln von 90° und darüber) überhaupt nicht mehr in das Pulver einzudringen.

Die Unterschiede dieser Aufsaugegeschwindigkeit für verschieden stark benetzbare Körper sind bei natürlich lockerer Lagerung so außerordentlich hoch, daß die Methode eine scharfe Kennzeichnung der Benetzungsfähigkeit erlaubt. Voraussetzung ist, die zu vergleichenden Substanzen bei möglichst gleichartigen Lagerdichten zu messen. Dies wird am besten dadurch erzielt, daß man die Probe mittels eines kleinen Trichters, dessen untere Öffnung sich in jeweils gleichem Abstand von der Filterplatte befinden muß, in der Apparatur zu einem Kegel aufschüttet.

Ein geeignetes Gerät für die Bestimmung des ENSLIN-Werts [50] zeigt Abb. 17.

Die Apparatur besteht im wesentlichen aus einem Glasfiltertiegel mit seitlichem Hahn, der durch Rohr und Dreiwegehahn mit einer Meßpipette 3 ml (Ablesegenauigkeit 0,002 ml) verbunden ist. Sie liegt genau horizontal mit der im Glasfiltertiegel befindlichen Filterplatte in einer Ebene. Das Meßrohr und die übrigen unterhalb der Filterplatte liegenden Teile des Apparats werden mit der Versuchsflüssigkeit, z. B. Wasser, gefüllt, so daß sich im versuchsfertigen Zustand eine zusammenhängende Flüssigkeitsmasse von der Pipette bis zur Filterplatte und dem linksseitigen Ablaßhahn erstreckt. Bringt man in den Behälter ≈0,5 g einer bei 105° bis zur Gewichtskonstanz getrockneten Substanz, die durch Kapillarwirkung oder Quellung bzw. beides Flüssigkeit ansaugt, so verschiebt sich der Flüssigkeitsmeniskus in der Meßpipette nach links, so daß in jedem Augenblick die Menge der aufgesaugten Flüssigkeit abgelesen werden kann. Um zu vermeiden, daß bei längerer Beobachtungsdauer durch Verdunsten der Flüssigkeit aus dem Prüfbehälter und der Meßpipette Fehler entstehen, ist das Meßrohr rechtsseitig zu einer Kapillare ausgezogen, während der Probebehälter mit einem geschliffenen Deckel verschlossen wird, in dem ebenfalls eine Kapillare eingeschmolzen ist, um während des Aufsaugens den Druckausgleich zu ermöglichen. Die Versuche sind bei konstanter Temperatur durchzuführen.

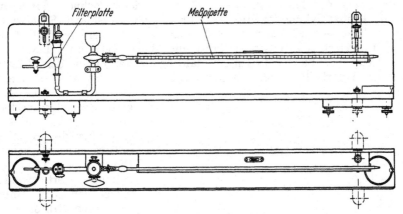

Abb. 17. ENSLIN-Gerät zur Bestimmung des optimalen Wasserbindevermögens (ENSLIN-Wert).

b) Bildsamkeit („Plastizität").

Bei der Behandlung des Problems der Plastizität verweist SALMANG in seinem bereits zitierten Werk „Die Keramik" auf die erschöpfende Arbeit von VAN ITERSONS [51]. Es ist nicht die Aufgabe dieser Abhandlung, auf die Theorie [52] und die Ursachen der Plastizität einzugehen. Alle keramischen Massen enthalten in irgendeiner Form plastische Stoffe.

Was in der Keramik als *Plastizität* bestimmt wird, ist jedoch nicht die Plastizität *des plastischen Stoffs als solchem*, sondern die Bildsamkeit bzw. Verformbarkeit eines keramischen Rohstoffs oder einer Masse, beide aufgebaut aus einem Gemisch plastischer und nichtplastischer Stoffe in Anwesenheit von Wasser. Es ist daher richtiger, in der Keramik von bildsamen und nichtbildsamen Rohstoffen und Massen zu sprechen.

COHN [53] versuchte, das Maß der Bildsamkeit [54] in Analogie mit dem VICAT-Nadelverfahren zu bestimmen. Er ersetzte die Nadel durch eine Kugel (Abb. 18), deren Eindringtiefe er maß. OLSCHEVSKY benutzt statt der Kugel einen dünnwandigen Hohlzylinder. MELLOR fertigt eine Kugel aus Ton oder Masse in verarbeitungsbereitem Zustand, auf die er einen Stempel einwirken läßt, bis die Kugel an den Rändern Risse zeigt. Die Größe der Stempelbelastung und der Weg, den der Stempel beim Flachdrücken der Kugel zurückgelegt hat, geben den mechanischen Widerstand an, den der Ton seiner Formveränderung entgegensetzt, und damit ein Maß für seine Bildsamkeit. Sein Verfahren nähert sich dem von PFEFFERKORN (s. unten). ZSCHOKKE benutzt die Zugfestigkeit eines Ton- oder Massestranges in verarbeitungs-

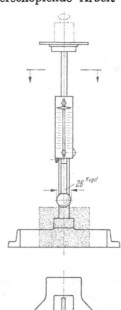
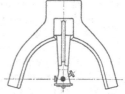

Abb. 18. Plastizitätsprüfer.
(Nach COHN.)

fähigem Zustand. Die Werte sind außerordentlich stark von der Geschwindigkeit des Lastanstiegs abhängig.

Das Verfahren ist von LINSEIS [55], [56] verbessert worden. Bei dem von ihm entwickelten Gerät wird in einem Zylinder ein Kolben mit konstantem Vorschub bewegt, der den Untersuchungsstoff aus diesem Zylinder durch eine Düse preßt. Der im Zylinder auftretende Druck — von LINSEIS als Scherwiderstand bezeichnet — wird gemessen. Außerdem wird die Zerreißfestigkeit des aus der Düse getretenen Tonstrangs bestimmt. Beide Werte setzt LINSEIS in Relation zueinander. Sie geben ihm ein Maß für die Beurteilung der Bildsamkeit bzw. der Verarbeitungseigenschaften des betreffenden Stoffs — Rohstoffe bzw. Massen. Das Gerät gibt in ein und demselben Betrieb wertvolle Fingerzeige für die Betriebsüberwachung als solche. Die mit dem Gerät erhaltenen Werte werden jedoch von einer ganzen Reihe von Faktoren beeinflußt, z. B. außer durch den *inneren Widerstand*, den der untersuchte Stoff der Kolbenbewegung entgegensetzt, durch die zwischen untersuchtem Stoff und Zylinderwandung auftretende Reibung, durch die Steigung des Austrittskonus sowie durch Form, Größe und Abnutzungsgrad der Auslaßdüse.

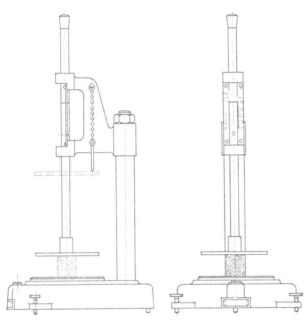

PFEFFERKORN [57 bis 60] benutzt für die Bestimmung der Bildsamkeit bzw. Verarbeitbarkeit von Rohstoffen und Massen ein dynamisches Verfahren (Abb. 19).

Aus bestimmter Höhe fällt ein Gewicht in Form einer Platte auf den nach einem bestimmten Ver-

Formeinrichtung

Abb. 19. Plastizitätsprüfer. (Nach PFEFFERKORN.)
Probekörpermaße $\varnothing = 33$ mm, $h = 40$ mm.

fahren hergestellten stehenden zylindrischen Probekörper. Die Größe der Deformation des Probekörpers gilt als Maß der Bildsamkeit.

Es werden aus dem zu untersuchenden Stoff in einer Form 3 bis 4 zylindrische Versuchskörper 40 mm Höhe, 33 mm $\varnothing$ (8,5 cm² Fläche) mit verschiedenem Wassergehalt hergestellt und unmittelbar nach dem Entformen mit dem Gerät geprüft. Die Ergebnisse werden in ein rechtwinkliges Koordinatensystem eingetragen, und zwar: der Wassergehalt in Prozenten, bezogen auf das Gesamtgewicht des prüfbereiten Körpers, auf die Ordinate und der Verhältniswert der Prüfkörperhöhe vor und nach dem Versuch als $a = h_0 : h_1$ auf die Abszisse.

Die eingetragenen Werte werden zu einer Kurve miteinander verbunden. PFEFFERKORN bezeichnet empirisch denjenigen Wert, den man aus dem Schnittpunkt der Kurve mit dem Abszissenwert 3,3 abliest, als *Plastizitätszahl*. Sie gibt den Wassergehalt für die günstigste Verarbeitbarkeit der untersuchten Rohstoffe und Massen an.

5. Kegelfallpunkt nach Seger (SK).

Keramische Roh- und Werkstoffe haben in der Regel keinen eindeutigen Schmelzpunkt. Sie schmelzen innerhalb eines Temperaturbereichs. An Stelle des Schmelzpunkts wird deshalb als ein eindeutig aus diesem Temperaturbereich beim Erweichen feststellbarer Punkt der *Kegelfallpunkt* nach SEGER (SK) bestimmt.

Für die Verwendung und Beurteilung von keramischen Roh- und Werkstoffen ist die Kenntnis·ihres Kegelfallpunkts wichtig.

Der Begriff des *Kegelfallpunkts* nach SEGER (SK) ist erst mit der Neubearbeitung des Normblatts DIN 1063 als DIN 51063 [61] eingeführt worden.

Der Kegelfallpunkt nach SEGER (SK) wird an pyramidenförmigen Probekörpern, die in Form und Größe den kleinen SEGER-Kegeln entsprechen, im Vergleich zum Erweichungsverhalten kleiner SEGER-Kegel bestimmt. Zu seiner Kennzeichnung dient der SEGER-*Kegelfallpunkt*.

Der SEGER-Kegelfallpunkt ist erreicht (Abb. 20), sobald die Spitze des SEGER-Kegels beim Erhitzen auf hohe Temperaturen, sich über die kurze Kante neigend, die Unterlage gerade berührt.

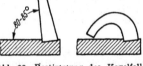

Abb. 20. Bestimmung des Kegelfallpunktes. (Nach SEGER.) (SK). Neigung von SEGER-Kegeln und Probekörpern auf der Unterlagsplatte. SEGER-Kegel beim Erreichen des Kegelfallpunktes.

Der im bisherigen Normblatt DIN 1063 enthaltene Begriff der *Feuerfestigkeit* ist in dem neuen Normblatt nicht mehr enthalten. Das Herauslassen des Begriffs *feuerfest* aus dem Normblatt stellt klar, daß es für *alle* keramischen Roh- und Werkstoffe anzuwenden ist, ganz unabhängig von der Höhe ihres Kegelfallpunkts.

Nach der Begriffsbestimmung des Normblatts DIN 1061 sind als feuerfeste Roh- und Werkstoffe solche zu bezeichnen, deren SEGER-Kegelfallpunkt nicht unter dem des SEGER-Kegels 26 liegt. Der Begriff der Feuerfestigkeit wird neu bearbeitet und ein besonderes Dinblatt 51061 noch 1956 erscheinen. Auf Empfehlung der ISO wird in ihm trotz aller Bedenken vom technischen Standpunkt der Begriff der Feuerfestigkeit statt mit dem SEGER-Kegelfallpunkt 26 mit dem des SEGER-Kegels 18 als Mindestanforderung verbunden werden. Außerdem wird neu der Begriff *hochfeuerfest* vorgeschlagen für solche keramischen Roh- und Werkstoffe, deren SEGER-Kegelfallpunkt $\geqq$ SK 37 liegt.

Für die Bestimmung des Kegelfallpunkts nach SEGER (SK) sind stets kleine SEGER-Kegel zu verwenden und ihre mittleren Fallpunktstemperaturen auf eine Erhitzungsgeschwindigkeit von 150° C/h zu beziehen (Tab. 1). Das neue Normblatt ist wesentlich straffer gefaßt und ausführlicher gehalten als das bisherige, um die *subjektiven Einflüsse* bei der Durchführung der Prüfung soweit wie möglich auszuschalten.

Es sind genaue Anweisungen für die Aufstellung von Probekörpern und Vergleichs-SEGER-Kegeln gegeben. Sie lehnen sich an die Vorschriften des französischen Normblatts NF B 49—102 an. Insbesondere sind erfaßt: Unterlagsplatten mit Aussparungen zum Aufstellen von Probekörpern und Vergleichs-SEGER-Kegeln sowie Neigungswinkel von Probekörpern und SEGER-Kegeln gegen die Unterlagsplatte (Abb. 21) usw.

Als Versuchsöfen sind elektrisch beheizte Öfen, z. B. Kohlegrieß-Widerstandsöfen (Abb. 22) oder Kurzschlußöfen mit senkrechter Achse zu verwenden

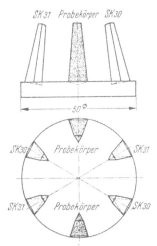

mit einem hochtemperaturbeständigen keramischen Heizrohr von 60 bis 100 mm lichter Weite. Der Ofen muß mit einer Einrichtung für Schutzgas versehen sein, damit bei Versuchen mit Stoffen, die bei hohen Temperaturen durch Kohlenoxyd reduziert werden, die Ofenatmosphäre beispielsweise durch Einleiten von Stickstoff möglichst neutral gestaltet werden kann. Covan und Carruthers [62] haben vorgeschlagen, den Probenträgertisch über ein Reduziergetriebe motorisch mit $n = 6$/min zu drehen, um die Gleichmäßigkeit der Probenerhitzung zu· verbessern. Eine derartige Einrichtung setzt erschütterungsfreie Tischbewegung voraus, da anderenfalls der Kegelfallpunkt — beschleunigend — beeinflußt wird.

Die Temperatursteigerung während des Versuchs soll, von Seger-Kegel zu Seger-Kegelfallpunkt $5°$ C/min, höchstens $10°$ C/min betragen.

Abb. 21. Bestimmung des Kegelfallpunktes. (Nach Seger.) (SK).
Unterlagsplatte mit aufgestellten Seger-Kegeln und Probekörpern.

Für die Herstellung der Probekörper sind genaue Anweisungen gegeben; aus Fertigerzeugnissen sind sie ohne vorherige Zerkleinerung herzustellen.

Gebrannte und ungebrannte Rohstoffe sind auf ein bestimmtes Maß zu zerkleinern und aus dem so gewonnenen Haufwerk Probekörper unter Zusatz einer geringen

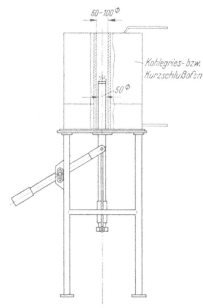

Abb. 22. Versuchsofen DIN 51063.

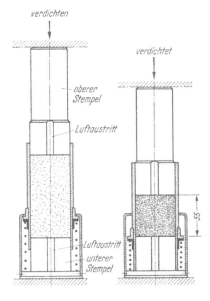

Abb. 23. Preßform für Probekörper DIN 51063 Ziffer 4.4.

Menge Klebstoff (Aschegehalt $\leq 0,05\%$) anzufertigen. Aus ungeformten Massen, z. B. Stampfmassen, sind zunächst in einer der betrieblichen Verarbeitung entsprechenden Konsistenz zylindrische Probekörper 55 mm ⌀ und 55 mm Höhe in einer Einrichtung (Abb. 23) mit einem zweiseitig wirkenden Preßdruck von 100 kg/cm² und einer Preßdauer von 10 sek zu formen. Aus den bei einer dem Verwendungszweck der Massen entsprechenden Temperatur vorgebrannten Körpern werden die Probekörper herausgeschnitten. Sie dürfen keine *Oberflächenhaut* haben.

Neu ist auch die Vorschrift, daß für *Schiedsuntersuchungen* Probekörper, deren Schwindverhalten während des Versuchs von dem Schwindverhalten der dafür benutzten kleinen Seger-Kegel wesentlich abweicht, bei einer entsprechend hohen Temperatur so vorgebrannt werden müssen, daß sie sich während des Versuchs dem Schwindverhalten der kleinen Seger-Kegel möglichst angleichen.

Zur sicheren Beurteilung des Kegelfallpunkts müssen mindestens drei Versuche ausgeführt werden. Zwei Versuche jeweils mit den Seger-Kegeln, die nächst höhere und nächst niedrigere Kegelfallpunkte als die Probekörper haben, ein weiterer Versuch mit den Seger-Kegeln, die dem Seger-Kegelfallpunkt der Probekörper am nächsten kommen.

Mit der Neuherausgabe des Normblatts DIN 51063 ist die Grundlage für eine exakte Ausführung der Bestimmung des Kegelfallpunkts nach Seger (SK) gegeben. Wenn auch diese Bestimmung nur eine Eigenschaft des betreffenden Stoffs, nämlich ihren Kegelfallpunkt, unmittelbar erkennen läßt, so sind die dadurch gegebenen Fingerzeige doch so wichtig, daß ihrer sorgsamen Durchführung besondere Aufmerksamkeit zuzuwenden ist.

Der Begriff des Seger-*Kegelfallpunkts* geht zurück auf nach 1945 eingeleitete Arbeiten [63] zur genauen Bestimmung und Nachprüfung sowie laufenden exakten Überwachung der mittleren Seger-Kegelfallpunkts-Temperaturen. Auf Grund dieser Arbeiten ist die Tabelle mit den mittleren Fallpunktstemperaturen der Seger-Kegel für Erhitzungsgeschwindigkeiten von 150° C/h und 20° C/h neu aufgestellt worden, und zwar sowohl für die Betriebsnormalkegel

Tabelle 1.

Mittlere Fallpunkte bei einer Erhitzungsgeschwindigkeit von

SK Nr.	150° C/h		20° C/h		SK Nr.	150° C/h		20° C/h		SK Nr.	150° C/h
	Normal-kegel	Labor-kegel	Normal-kegel	Labor-kegel		Normal-kegel	Labor-kegel	Normal-kegel	Labor-kegel		Labor-kegel
022	595	605	580	585	01 a	1105	1125	1090	1105	23	1560
021	640	650	620	625	1 a	1125	1145	1105	1120	26	1585
020	660	675	635	640	2 a	1150	1165	1125	1135	27	1605
019	685	695	655	665	3 a	1170	1185	1140	1150	28	1635
018	705	715	675	680	4 a	1195	1220	1160	1170	29	1655
017	730	735	695	695	5 a	1215	1230	1175	1185	30	1680
016	755	760	720	720	6 a	1240	1260	1195	1210	31	1695
015 a	780	785	740	750	7	1260	1270	1215	1230	32	1710
014 a	805	815	780	790	8	1280	1295	1240	1255	33	1730
013 a	835	845	840	860	9	1300	1315	1255	1270	34	1755
012 a	860	890	860	880	10	1320	1330	1280	1290	35	1780
011 a	900	900	880	890	11	1340	1350	1300	1315	36	1805
010 a	920	925	900	910	12	1360	1375	1330	1340	37	1830
09 a	935	940	920	930	13	1380	1395	1360	1375	38	1855
08 a	955	965	930	940	14	1400	1410	1380	1395	39	1875
07 a	970	975	950	955	15	1425	1440	1400	1420	40	1900
06 a	990	995	970	980	16	1445	1470	1425	1445	41	1940
05 a	1000	1010	990	1010	17	1480	1490	1445	1465	42	1980
04 a	1025	1055	1015	1035	18	1500	1520	1470	1480		
03 a	1055	1070	1040	1055	19	1515	1530	1495	1505		
02 a	1085	1100	1070	1090	20	1530	1540	1515	1530		

von etwa 60 mm Höhe als auch für die Laboratoriumsversuchskegel von etwa 30 mm Höhe. Große und kleine Seger-Kegel weisen bei gleicher Erhitzungsgeschwindigkeit infolge der Differenz ihrer *Masse* Unterschiede der mittleren Fallpunktstemperaturen auf. Die Erhitzungsgeschwindigkeit von 150° C/h berücksichtigt etwa die Verhältnisse bei Laboratoriumsversuchen, die von 20° C/h ist der des praktischen Betriebs angenähert.

Es ist darauf zu verweisen, daß die Garbrandtemperatur aller keramischen Werkstoffe infolge der während des Brands ablaufenden Reaktionen und Umwandlungen in gleicher Weise wie der Seger-Kegelfallpunkt abhängig ist — von anderen Faktoren abgesehen — von der Geschwindigkeit der Temperatursteigerung, von der Dauer der Temperatureinwirkung und der Höhe der Temperatur als solcher, gemessen in °C.

Außerdem wurde die bisher zwischen den Fallpunkten der Seger-Kegel 20 und 26 bestehende Lücke durch die Neuschaffung des Seger-Kegels 23 geschlossen, so daß die natürliche Folge der mittleren Fallpunkttemperaturen gewahrt wird.

Für die Nachprüfung der Seger-Kegelfallpunkte wird das Normblatt DIN 51063, Blatt 2, ausgearbeitet. Als Öfen werden für die Bestimmung des Kegelfallpunkts der Seger-Kegel 022 bis 16 einschließlich indirekt beheizte Silitstaböfen, wie sie die Staatliche Porzellanmanufaktur Berlin benutzt, vorgeschrieben, für die Prüfung der Seger-Kegelfallpunkte 17 bis 42 Kohlegrießöfen DIN 51063/Blatt 1, Ziff. 3.3. Die Anweisungen für die Regelung des Temperaturanstiegs und die Temperaturmessung sowie die Überwachung der Meßgeräte sind genau zu befolgen, um unter stets gleichen Bedingungen an dafür bestimmten Instituten die Prüfung durchführen zu können. Als Vergleichs-Seger-Kegel sind besonders sorgsam hergestellte *Standard-Seger-Kegel* zu verwenden.

In ähnlicher Weise werden die amerikanischen Kegel, pyrometric cone equivalent (P. C. E.) of refractory materials ASTM C 24—46, überwacht. Es werden jedoch gasbefeuerte Öfen, deren Flammen die Kegel nicht unmittelbar berühren dürfen, benutzt. Die Geschwindigkeit der Temperatursteigerung beträgt 150° C/h für Kegel 15 bis 20 und 100° C/h für Kegel 23 bis 38. Erfaßt werden nach den ASTM-Vorschriften bisher lediglich die Kegel 15 bis 38, deren mittlere Fallpunkttemperaturen sich nicht unmittelbar mit denen der Seger-Kegel decken. In der Tabelle der amerikanischen Kegel fehlen in gleicher Weise wie in der Seger-Kegeltabelle die Nummern 21 und 22 sowie die Nummern 24 und 25.

Nach dem Bericht des Committee ASTM C 8 on Refractories 1955 sollen auch die Kegel 12 bis 14 sowie die Kegel 39 bis 42 in die Überwachung durch ASTM-Vorschrift hineingenommen werden. Es werden folgende Geschwindigkeiten für die Temperatursteigerung neu vorgeschlagen: 150° C/h Kegel 12 bis 37, 100° C/h Kegel 38, 600° C/h Kegel 39 bis 42.

6. Spezifisches Gewicht (Reinwichte), Raumgewicht (Rohwichte), Porosität, Wasseraufnahmevermögen usw.

a) Spezifisches Gewicht und Raumgewicht.

Das spezifische Gewicht ist an keramischen Roh- und Werkstoffen, Raumgewicht, Porosität, Wasseraufnahmevermögen vorzugsweise an Werkstoffen zu bestimmen.

Für die begriffliche Festlegung dieser Eigenschaften kann von den Normblättern DIN 1065 (in Überarbeitung) und DIN 1350 ausgegangen werden. Ferner

sei auf die Richtlinien des Materialprüfungsausschusses der Deutschen Keramischen Gesellschaft und auf die Normblätter für natürliche Gesteine DIN 52103
und DIN 52104 verwiesen (vgl. S. 238).

Das spezifische Gewicht (Reinwichte) γ_0 — der Quotient aus dem Gewicht
und dem Rauminhalt, bezogen auf den porenfreien Stoff — wird z. B. mittels
Pyknometers an der fein gepulverten Stoffprobe bestimmt und für die Bezugstemperatur von 20° C angegeben.

Im Normblatt DIN 1065 wird das Gröbstkorn des Pulvers mit 0,5 mm
angegeben. Das ist für gesinterte Stoffe, beispielsweise Porzellan, zu grob, um
bereits bei dieser Feinheit den Einfluß allseitig geschlossener Mikroporen vollständig auszuschalten. Für derartige Stoffe muß die
Probe auf Analysenfeinheit, d. h. $\leq 60\,\mu$, zerkleinert
werden. Das spezifische Gewicht wird errechnet nach
der Formel:

$$\gamma_0 = \frac{G}{(P_2 + G) - P_1}.$$

Darin bedeuten:

γ_0 gesuchtes spezifisches Gewicht,

G Trockengewicht der eingefüllten Stoffmenge in g,

P_1 Gewicht des mit Stoff und Wasser beschickten Pyknometers in g,

P_2 Gewicht des nur mit Wasser beschickten Pyknometers in g.

Bei durch Wasser hydratisierbaren Stoffen wie
Magnesit (s. S. 226) sind andere Flüssigkeiten zu
nehmen. Es wird dann zunächst das spezifische Gewicht γ_{01}, bezogen auf die benutzte Flüssigkeit, nach
der gleichen Formel berechnet. Aus dieser Formel errechnet sich dann das wahre spezifische Gewicht γ_0 aus:

$$\gamma_0 = \gamma_{01}\gamma_{0f},$$

worin γ_{0f} das spezifische Gewicht der benutzten Flüssigkeit bedeutet. Bei der Feststellung der beiden Gewichte P_1 und P_2 dürfen die Temperaturschwankungen
bei der Benutzung von Wasser nicht größer als 2° C,
die bei dem Arbeiten mit anderen Flüssigkeiten nicht
größer als $1/2$° C sein.

In der Keramik eingeführt hat sich die Benutzung
des Volumenometers nach ERDMENGER-MANN (Abb. 24),
weil mit ihm die Ausführung der Bestimmung bei
hinreichender Genauigkeit wesentlich erleichtert wird.
Dem Verfahren liegt folgender Gedanke zugrunde:

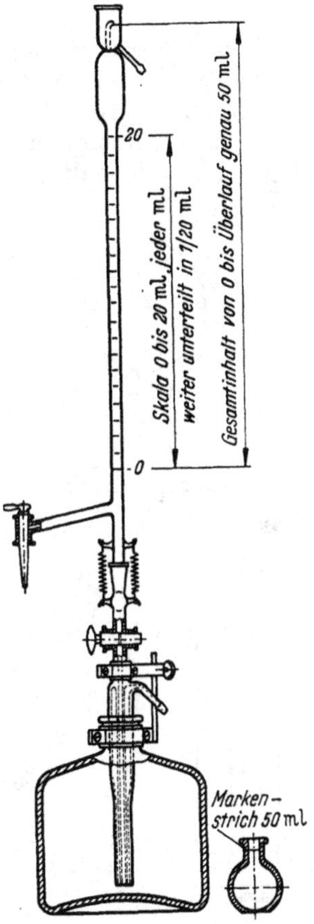

Man gibt in ein Meßkölbchen von bekanntem Inhalt eine abgewogene Menge des zu untersuchenden,
auf $\leq 60\,\mu$ zerkleinerten und getrockneten Stoffs und

Abb. 24. Volumenometer.
(Nach ERDMENGER-MANN.)

füllt anschließend Flüssigkeit bis zu der den Gefäßinhalt anzeigenden Marke
auf. Aus dem Gefäßinhalt, vermindert um das zum Auffüllen verwendete Flüssigkeitsvolumen, ergibt sich die Größe des Raums (Volumens), den die Versuchssubstanz einnimmt. Die auf einem Vorratsgefäß angebrachte Bürette besteht
aus einem in $1/20$ ml kalibrierten Teil mit 20 ml Inhalt und einem nichtkali-
brierten erweiterten Teil mit 30 ml, insgesamt 50 ml Inhalt. Der Nullpunkt der
Bürette liegt unten. Da die zu der Untersuchung benötigten kleinen Meßkölbchen

bis zu einer Marke am engen Halse gleichfalls genau 50 ml enthalten, so gibt der an der Bürette abgelesene Wert unmittelbar an, welches Volumen die im Kölbchen befindliche Substanz einnimmt. Aus dem so gefundenen Ergebnis errechnet sich das spezifische Gewicht

$$\gamma_0 = G/V.$$

Darin bedeuten:

γ_0 spezifisches Gewicht, V das Volumen der Probe in ml,
G die abgewogene Menge der Probe in g,

Das Raumgewicht (Rohwichte) γ — der Quotient aus Gewicht und dem Rauminhalt einschließlich Hohl- und Porenräumen — wird nach dem Quecksilber- bzw. Wasserverdrängungsverfahren bestimmt:

$$\gamma = G/V.$$

Bei dem Quecksilberverdrängungsverfahren wird mit Probekörpern von mindestens 25 ml und einer Apparatur gearbeitet, die eine Ablesegenauigkeit von $\pm 0{,}05$ ml gestattet.

Für das Wasserverdrängungsverfahren werden Probekörper von mindestens 250 ml Rauminhalt verwendet, die nach den Verfahren zur Bestimmung des Wasseraufnahmevermögens (W) mit Wasser gesättigt sind. Die von dem wassersatten Prüfkörper verdrängte Wassermenge wird in einer Apparatur ermittelt, die eine Ablesegenauigkeit von $\pm 0{,}25$ ml hat.

Quecksilbervolumenometer sind in zahlreichen Ausführungen entwickelt worden, z. B. von STEINHOFF und MELL [64], MIEHR-KRATZERT-IMMKE [65], REICH [66], BENNIE [67] usw. Als Beispiel wird das Quecksilbervolumenometer nach MIEHR-KRATZERT-IMMKE beschrieben (Abb. 25).

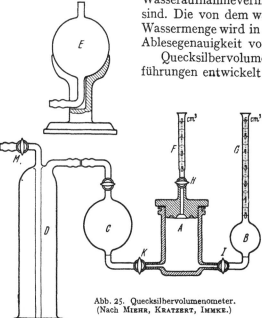

Abb. 25. Quecksilbervolumenometer.
(Nach MIEHR, KRATZERT, IMMKE.)

Das Gerät besteht aus dem Meßgefäß A für die Probe mit Deckel, der eine kurze Bürette F trägt, weiter den beiden Gefäßen B und C für das zu verdrängende Quecksilber, Druckgefäß D und Niveaugefäß E. Auf dem kugelförmigen Gefäß B, dessen Inhalt bekannt sein muß, ist die eigentliche Meßbürette G angebracht. Druck- und Niveaugefäß sind durch einen etwa 1 m langen Druckschlauch miteinander verbunden. Sämtliche Gefäße sind durch Hähne gegeneinander abzuschließen. Für die Vornahme einer Messung wird das Niveaugefäß in Höhenlage des Apparats nahezu vollgefüllt. Außerdem wird das Gefäß A teils bei abgenommenem Deckel, teils durch die Bürette F bei den entsprechenden Einstellungen der Hähne K und I so gefüllt, daß das Quecksilber an den Marken in den Kapillaren und der Nullmarke von F steht. Werden die Hähne K und I wieder geöffnet, so verteilt sich das Quecksilber über die drei benachbarten Gefäße, und der Probekörper kann in A eingebracht werden. Durch Heben des Druckgefäßes wird das Quecksilber aus C bis zur Kapillare verdrängt. Mit dem vorher ermittelten Inhalt des Gefäßes B ergibt nunmehr der Quecksilberstand in den beiden Büretten das durch den Probekörper verdrängte Volumen Quecksilber. Zur Messung bzw. Auswägung des Gefäßes B ist für den Hahn I ein Dreiwegeküken vorhanden. Nach der Messung wird die Probe herausgenommen und durch Senken sowie Heben des Niveaugefäßes die ursprüngliche Einstellung des Quecksilbers in den Kapillaren wieder hergestellt. Die alsdann in der Bürette F fehlende Quecksilbermenge ist vom Prüfkörper aufgenommen worden und ist als Korrektur dem für diesen gemessenen Volumen zuzuzählen. Zu dem Gerät ist ein Nomogramm entworfen worden, mit dessen Hilfe die wahre Porosität unmittelbar aus dem spezifischen und Raumgewicht abgelesen werden kann.

Nachteile der Quecksilbervolumenometer sind das Eindringen des flüssigen Metalls in die Poren und die gesundheitsschädigende Wirkung des Quecksilbers. Vielfach ist ohne Tränkung der Versuchsstücke mit einem Dichtungsstoff, z. B. Wachs [68], nicht auszukommen.

In der Keramik wird für die Bestimmung des Raumgewichts weitgehend das Wasserverdrängungsverfahren benutzt. Ein einfaches Gerät für die Ausführung dieser Versuche ist das Volumenometer nach LUDWIG (Abb. 26), in dem wie auch im SEGER-Volumenometer die Bestimmung an verhältnismäßig großen Proben und solchen ganz beliebiger Form durchgeführt werden kann.

Zunächst sind die Proben durch Kochen in Wasser (DIN 1065) mit diesem zu sättigen. Dann wird die Probe in das Volumenometer gebracht.

Das LUDWIG-Volumenometer besteht aus dem zylindrischen Gefäß, auf dessen ebengeschliffenem oberen Rand ein kegelförmiger Deckel paßt, der nach oben in ein kurzes Rohr mit der Marke 0 und einen kleinen Trichter ausläuft. Für eine Messung wird das Volumenometer zunächst bis zur Nullmarke mit Wasser gefüllt, sodann wird durch den Hahn in ein gewogenes Becherglas so viel Wasser abgelassen, daß der wassergesättigte Versuchskörper in das Gefäß eingelegt werden kann. Nach dem Wiederaufbringen des Deckels wird aus dem Becherglas Wasser bis zur Nullmarke aufgefüllt. Das Gewicht des im Becherglas verbleibenden Wassers entspricht dem gesuchten Volumen des Probekörpers.

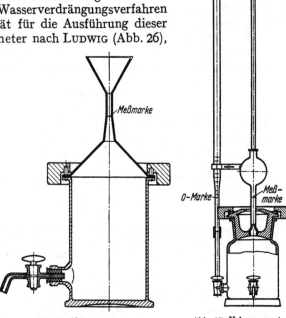

Abb. 26. Volumenometer. (Nach LUDWIG.)

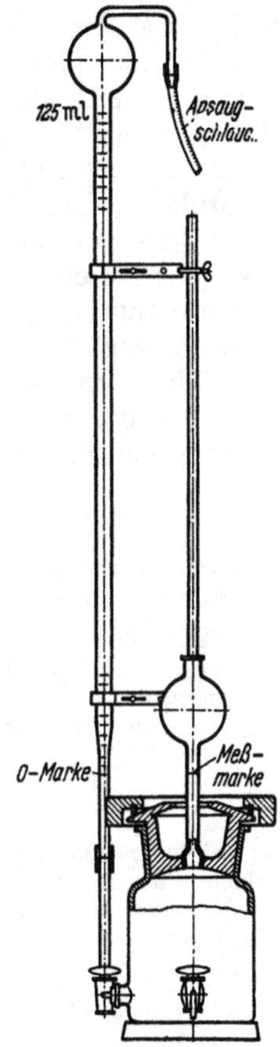

Abb. 27. Volumenometer. (Nach SEGER.)

In analoger Weise arbeitet das SEGER-Volumenometer (Abb. 27), nur daß das zum Einlegen der Probe in das Aufnahmegefäß aus diesem zu entfernende Wasser nicht in ein gewogenes Becherglas abgelassen, sondern in die mit dem Gerät verbundene Bürette abgesogen wird. In diesem Fall wird das Volumen des Versuchskörpers unmittelbar an der Bürette abgelesen.

Die Luftaustreibung aus den Poren mittels Vakuums ermöglicht, das Volumen, die Porosität und unter Umständen auch das spezifische Gewicht je nach Größe der Apparatur an kleineren Proben wie auch beispielsweise an ganzen Steinen zu ermitteln. Außerdem sind diese Verfahren für die Beziehungen zwischen wahrer und scheinbarer Porosität und zur Vervollständigung der Flüssigkeitsmeßverfahren besonders wertvoll; sie werden in Amerika [69 bis 75] bevorzugt.

Krutzsch [76] benutzt zur Bestimmung des Volumens und des spezifischen Gewichts fester Körper ein einfaches Unterdruckverfahren. Die Versuchsprobe wird in ein Meßgefäß mit bekanntem Inhalt gebracht und dieses Meßgefäß dem Sog einer nicht im Gleichgewicht befindlichen Flüssigkeitssäule ausgesetzt. Der sich einstellende Luftdruck ist abhängig vom Volumen des Meßgefäßes und der von der Versuchsprobe bewirkten Volumenverkleinerung. Eine Eichung des Geräts ermöglicht, das Volumen der Versuchsprobe an einer Skala unmittelbar abzulesen. Das Gerät trägt die Bezeichnung *Fekrumeter*. Das Verfahren, nur für kleine Proben geeignet, ist für die Raumgewichtsbestimmung von porösen keramischen Stoffen ohne dichtende Hülle nicht anwendbar und für die Bestimmung des spezifischen Gewichts nur, wenn alle Poren von außen vollständig zugänglich sind. Andernfalls müssen die Stoffe wie bei den Verfahren mit Pyknometer und dem Gerät nach Erdmenger-Mann $\leq 60\,\mu$ zerkleinert werden. Da, wo es sich um durch Flüssigkeiten schwer benetzbare Stoffe handelt, bringt es eine Erleichterung der Bestimmung des spezifischen Gewichts.

b) Porosität.

Es ist zu unterscheiden zwischen wahrer und scheinbarer Porosität [77]. DIN 1065 besagt:

a) Wahre Porosität P (Gesamtporosität) ist das Verhältnis des Gesamtporenraums (d. h. der offenen und geschlossenen Poren) eines Körpers zu seinem Rauminhalt, ausgedrückt in Prozenten des letzteren. Die Gesamtporosität wird errechnet aus dem spezifischen Gewicht γ_0 und dem Raumgewicht γ nach der Formel:

$$P = \frac{\gamma_0 - \gamma}{\gamma_0}\,100\,\%.$$

b) Scheinbare Porosität P_s drückt das Verhältnis des offenen Porenraums eines Körpers zu seinem Rauminhalt in Prozenten des letzteren aus. Die scheinbare Porosität wird aus dem Wasseraufnahmevermögen W und dem Raumgewicht γ des Körpers errechnet nach der Formel:

$$P_s = \gamma\,W.$$

Bei hydratisierbaren Stoffen, wie Erzeugnissen aus Magnesit, Chrommagnesit, Dolomit usw., ist Petroleum, Xylol, Toluol zu verwenden, deren spezifisches Gewicht bei der Auswertung zu berücksichtigen ist.

In der Definition der scheinbaren Porosität ist der Begriff *Wasseraufnahmevermögen*, auch wenn in der Verfahrensbestimmung von der *bis zur Sättigung aufgenommenen Wassermenge* (in diesem Falle durch Einlagern mit nachfolgendem Kochen, s. unten) gesprochen wird, nicht eindeutig, denn es gibt sehr verschiedene Verfahren in der Keramik, um einen Körper *mit Wasser zu sättigen*, nämlich: Einlagern, Kochen, Behandeln im Vakuum, mit Druck, Kombination von Vakuum und Druck usw. Je nach der Art der Behandlung wird die Sättigung mehr oder minder vollkommen sein, und zwar um so vollkommener, je leichter die Sättigungsflüssigkeit in den betreffenden Körper einzudringen vermag. Der Zugang der Sättigungsflüssigkeit erfolgt:

1. durch Poren (aller Art von Form und Größe, angefangen von den großlöchrigen Poren bis zu den Kapillarkanälen);

2. durch Textur (Risse, Spalten, Löcher, ungleichmäßige Scherbenart usw.).

Behindernd wirken unter Umständen Brennhaut, Oberflächenbeschaffenheit der Porenkanäle (z. B. rauhe Wandungen) usw., verhindernd vollgesinterte Scherben, in denen Poren, Risse usw. von außen unzugänglich eingeschlossen sind.

Die Bestimmung der scheinbaren Porosität wird an Prüfkörpern von mindestens 100 ml Rauminhalt durchgeführt, die zunächst bis etwa $^{1}/_{4}$ ihrer Höhe in destilliertes luftfrei gekochtes Wasser von Zimmertemperatur eingelagert werden. Das Wasser wird in Abständen von etwa $^{1}/_{2}$ h allmählich so weit aufgefüllt, daß der Körper nach 2 h völlig mit Wasser bedeckt ist. Anschließend werden die Prüfkörper 2 h lang in destilliertem Wasser gekocht, wobei die Proben nicht mit dem überhitzten Boden des Gefäßes in Berührung kommen sollen. Verdampfendes Wasser ist zu ergänzen. Nach dem Kochen läßt man den Prüfkörper in dem für den Versuch benutzten Wasser auf Zimmertemperatur abkühlen, tupft ihn nach dem Herausnehmen mit einem feuchten Schwamm oder Leinenlappen oberflächlich ab, bis an der Oberfläche keine Wassertropfen mehr vorhanden sind, und wägt ihn. Man erhält so das Gewicht des wassersatten Körpers (G_w). Die Trocknung des Prüfkörpers bei 105 bis 110° C bis zur Gewichtskonstanz und die Bestimmung seines Trockengewichts (G) können vor oder nach dem Kochen erfolgen. Die Proben sind vor der Untersuchung gut zu reinigen, lockere Teile sind durch scharfes Bürsten zu entfernen. Das Wasseraufnahmevermögen wird berechnet nach der Formel:

$$W = \frac{(G_w - G)}{G} \, 100\,\%.$$

Für die Bestimmung des Wasseraufnahmevermögens (W) an hydratisierbaren Stoffen gilt das gleiche wie für die Bestimmung der wahren Porosität (Gesamtporosität).

c) Wasseraufnahmefähigkeit.

Die Bestimmung der Wasseraufnahmefähigkeit ist in verschiedenen Gütebestimmungen vorgeschrieben. Je nach Art des betreffenden Erzeugnisses und seinem Verwendungszweck wird sie sehr unterschiedlich ausgeführt.

α) **Wasseraufnahme durch Wassereinlagerung bei Atmosphärendruck.** Der bei 105 bis 110° C bis zur Gewichtskonstanz getrocknete Probekörper wird durch allmähliches Einlagern in luftfrei gekochtes destilliertes Wasser bis zur Gewichtskonstanz getränkt.

β) **Wasseraufnahme durch Kochen.** Die nach dem Verfahren α) behandelten Probekörper werden in destilliertem Wasser, von diesem voll bedeckt, gekocht und die Wasseraufnahme analog α) bestimmt (DIN 1065).

γ) **Wasseraufnahme im Vakuum.** Die 3 h bei 150° C getrockneten Probekörper (keramischen Isolierstoffe) werden in einem Vakuumexsikkator in eine Glasschale eingelegt (Abb. 28).

Nach dem Evakuieren auf mindestens 50 Torr wird langsam luftfrei gekochtes destilliertes Wasser in die Glasschale aus einem Kugeltrichter eingelassen, bis die Probe ganz bedeckt ist. Der Atmosphärendruck wird nach einer Viertelstunde Wartezeit wieder hergestellt und die Proben weiter 12 h unter Wasser gelassen und anschließend durch Wägen das Maß der

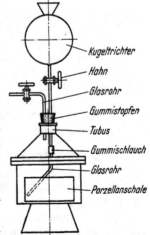

Abb. 28. Vakuumexsikkator zur Bestimmung des Wasseraufnahmevermögens — DIN 57335.

Kugeltrichter
Hahn
Glasrohr
Gummistopfen
Tubus
Gummischlauch
Glasrohr
Porzellanschale

Wasseraufnahme bestimmt (DIN 57335: *Leitsätze für die Prüfung keramischer Isolierstoffe*).

δ) **Flüssigkeitsaufnahme (Saugfähigkeit) unter Druck** (Abb. 29). Bruchstücke von Isolatoren werden in einen mit Deckel und Druckausgleichsventil versehenen Messingbehälter, in dem sich eine 1%ige Lösung von Fuchsin in Methylalkohol befindet, eingelegt. Der Messingbehälter wird in den durch selbstdichtende Deckelverschraubung verschließbaren Zylinder des Prüfgeräts eingesetzt und dieser nach dem Füllen mit Öl mit 600 at·h (Atmosphären× Stunden), wobei der Druck mindestens 150 at betragen soll, belastet. Nach dem Versuch werden die Bruchstücke zerschlagen und festgestellt, ob Fuchsinlösung in den Werkstoff eingedrungen ist oder nicht. In diesem Fall wird statt Wasser Methylalkohol verwendet, weil dieser infolge seiner besonders geringen Viskosität die Eigenschaft besitzt, in alle Poren und Undichtigkeiten *hineinzukriechen* (DIN 57335). Die Prüfung dient als qualitativer Gütenachweis für die Dichte des

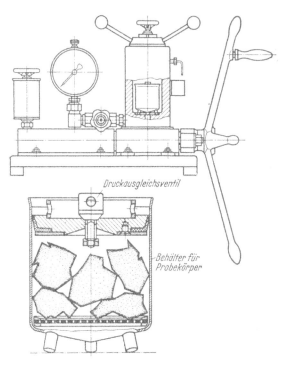

Abb. 29. Saugfähigkeitsprüfer 300 at — DIN 57335.

Scherbens selbst sowie der Zone zwischen Scherben und Glasur bei keramischen Isolierstoffen (s. auch ASTM D116-44 Testing electrical porcelain u. ASTM D 256-54T Impact resistance of plastics and electrical insulating materials).

ε) **Kombination von Vakuum und Druck.** Diese Versuche sind vorgeschrieben für die Prüfung von Naturgestein, insbesondere zur Bestimmung des Wassersättigungsbeiwerts (vgl. S. 238) nach dem Verfahren DIN 52103 und DIN 52104.

Die Verfahren gewinnen auch in der Keramik immer größere Verbreitung. Sie werden bei der Erforschung des Problems der Frostbeständigkeit keramischer Erzeugnisse angewendet.

7. Wasseransaugfähigkeit und Wasserabgabe.

Das Interesse für die Bestimmung konzentriert sich auf die als *Baustoffe* verwendeten keramischen Werkstoffe, also die Gruppe der Ziegeleierzeugnisse sowie Fußboden- und Wandplatten usw. Festgestellt wird, inwieweit Feuchtigkeit, sei es aus dem Boden, sei es aus der Atmosphäre in Mauern, Wänden und Wandbelägen, aufzusteigen bzw. einzudringen und diese damit zu durchfeuchten vermag. Enthalten Klinker und Ziegel, als Vormauersteine verwendet, ausblühfähige Salze (s. Abschn. 8), so wird bei Mauerdurchfeuchtigungen [78], [79] die Möglichkeit des Ausblühens erhöht.

Derartige Versuche werden an gebrauchsfertigen Steinen, ebenso an Dachziegeln, Fußboden- und Wandplatten usw. durchgeführt. Bei Vollziegeln empfiehlt es sich, die Versuche nicht nur an ganzen Steinen durchzuführen, sondern auch an etwa 20 mm dicken, aus den ganzen Ziegeln parallel zur Lagerfläche geschnittenen Platten, weil die Wassersauggeschwindigkeit sehr stark beeinflußt wird durch die Brennhaut und die an der Oberfläche des Ziegels dichteren Zonen.

Stets werden die Erzeugnisse hochkant in flache Schalen etwa 1 bis 2 cm tief in Wasser gestellt, und das Wasser wird während des Versuchs auf dieser Höhe gehalten. Wichtig ist es, daß Temperatur und Luftfeuchtigkeit während des Versuchs konstant gehalten werden, z. B. 18 bis 20° C und Luftfeuchtigkeit 50 bis 60%, und daß Luftbewegung verhütet wird. Die Zeit—Ansaugkurve des Wassers wird vermerkt. HALLER [80] und H. HECHT [81], [82] haben sich mit der Untersuchung der Saughöhe und den aus diesen Ergebnissen zu schließenden Folgerungen eingehend befaßt. LEHMANN und NÜDLING [77] bringen in ihrer Arbeit eine anschauliche Darstellung.

In gleicher Weise hat das Problem der Wasserabgabe, also der umgekehrte Vorgang, Bedeutung, einmal für das Austrocknen von Neubauten, sodann für das Austrocknen feucht gewordener Bauteile, sei es durch Nebel- bzw. Regeneinwirkung, insbesondere in Gegenden mit an und für sich bereits feuchtem Klima, z. B. durch aufsteigende Bodenfeuchtigkeit usw.

Die Kurven von Wasseransaugung und Wasserabgabe verlaufen keineswegs parallel miteinander. Es ist erstaunlich, wie stark abhängig von Porengestalt und -größe und damit im Zusammenhang auch mit dem Brennzustand von Ziegeln geringe Feuchtigkeitsgrade zurück-

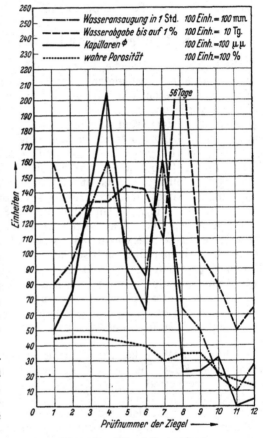

Abb. 30. Porosität und Porenwirkung.

gehalten werden, die dann die Wärmeleitfähigkeit der betreffenden Bauteile erheblich herabsetzen, von anderen negativen Folgen ganz abgesehen.

Zu dem Versuch sind zweckmäßig zehn durch Kochen in Wasser völlig gesättigte Ziegel zu verwenden. Die Größe der Wasseraufnahme durch Kochen (DIN 1065) ist zu bestimmen. Die wassergesättigten Ziegel werden dann in einem geschlossenen Raum bei Lufttemperaturen von 18 bis 20° C und einer Luftfeuchtigkeit von 50 bis 60% der Sättigungsmenge ohne Luftbewegung aufbewahrt und täglich gewogen, bis der Feuchtigkeitsgehalt praktisch nicht mehr abnimmt. Neben den vollständigen Kurven, die den Abfall der im Ziegel verbleibenden Wassermenge, bezogen auf sein Trockengewicht, von Tag zu Tag darstellen, kann bisweilen bereits die Angabe der Tagesanzahl für die Erreichung des Halbwertes, des Viertelwertes von 1 und 0,1 % Wassergehalt lehrreich genug sein.

Vergleicht man an einer größeren Reihe von Ziegeln die Beziehungen zwischen wahrer und scheinbarer Porosität, Wasseraufnahme, Wasseransaug- und Wasserabgabevermögen, so ist festzustellen (Abb. 30), daß eine gesetzmäßige Beziehung zwischen diesen Eigenschaften nicht zu erkennen ist. Die Faktoren, die dem Einzelfall jeweils ein besonderes Gepräge geben — Form, Größe, Oberflächenbeschaffenheit, Verlauf der Poren, Scherbenzustand: noch vollporös, geklinkert oder bereits sinternd —, wirken, sich wechselseitig aufhebend oder verstärkend, gegen eine Gesetzmäßigkeit, deren Annahme zunächst naheliegend erscheint.

8. Löslichkeit und Ausblühen von Salzen.

Die Bestimmung löslicher bzw. ausblühfähiger Salze erfolgt nur im Bereiche der als *Baustoffe* verwendeten keramischen Werkstoffe und der zu ihrer Herstellung verwendeten Rohstoffe und nur insoweit, als nicht vollgesinterte dichte Scherben vorliegen.

Zu unterscheiden sind schädliche und unschädliche Salze. Als unschädlich sind solche Salze zu betrachten, die lediglich schönheitsstörend wirken, weil sie z. B. Verfärbungen oder einen weißen Anflug bilden. Dazu gehören u. a. Kalziumsulfat (Gips) weiß, Eisenverbindungen rostfarben und Vanadinverbindungen gelblichgrün. (Es ist zu beachten, daß für keramische Werkstoffe unschädliche Salze auf den verwendeten Mörtel unter Umständen schädlich wirken können, wie z. B. Gips und andere Sulfate auf Zementmörtel.)

Als schädlich sind solche Salze zu betrachten, die Zerstörungen an keramischen Erzeugnissen hervorrufen können, z. B. Natrium- und Magnesiumsulfat sowie ihre Doppelsalze und solche aus Kalium-Magnesiumsulfat, während Kaliumsulfat allein unschädlich ist. Diese schädlichen Salze kristallisieren je nach Temperatur und atmosphärischen Bedingungen mit wechselnden Mengen Kristallwasser unter Volumenveränderung, so daß das Gefüge der betreffenden keramischen Erzeugnisse infolge dieser Umkristallisationen einem ständig wechselnden Kristallisationsdruck ausgesetzt ist, der zu ihrer Zerstörung führen kann.

In analoger Weise kann z. B. in Ziegeln und Dachziegeln nach dem Brande vorhandener Kalk (CaO) wirken, der an der Luft durch Feuchtigkeitsaufnahme unter Volumenvermehrung in $Ca(OH)_2$ und anschließend in kohlensauren Kalk ($CaCO_3$) übergeht. Dieser Gefahr, die bis zu einer völligen Zerstörung der Erzeugnisse schon auf dem Stapel vor dem Versand führen kann, kann durch geeignete Aufbereitung, Brennführung und unter Umständen Nachbehandlung vorgebeugt werden.

Die Bestimmung der löslichen Salze im Rohstoff erstreckt sich einmal auf die Feststellung, ob Voraussetzungen dafür gegeben sind, daß bereits im Rohstoff enthaltene Salze nach dem Brand zu Ausblühungen führen können, oder ob Stoffe im Rohstoff vorhanden sind, die während des Brandes, z. B. mit den Oxyden des Schwefels, aus dem Brennstoff Verbindungen eingehen können, die spätere Ausblühungen zur Folge haben. Im fertigen Erzeugnis sind folgende Möglichkeiten [83] der Anwesenheit löslicher Salze zu beachten (siehe nachstehende Tabelle).

Es ist notwendig, die löslichen Salze sowohl im Rohstoff als auch im fertigen Erzeugnis quantitativ einzeln zu bestimmen. Nur das gibt einen klaren und kritischen Überblick. Die Bestimmung der löslichen Salze wird am ungebrannten oder am vorgebrannten Rohstoff ausgeführt.

Primär vorhandene Salze	Sekundär sich bildende Salze
Schwefelsaure Salze:	Kohlensaure Salze:
Kalziumsulfat (Gips)	Kalziumkarbonat aus herausgelöstem Kal-
Natriumsulfat (Glaubersalz)	ziumoxyd über **Ca**(OH)$_2$
Magnesiumsulfat (Bittersalz)	Natriumkarbonat (Soda) — sehr selten
Kaliumsulfat	
Eisensulfat	
Vanadinsaure Salze:	
Kaliumvanadat	
Salpetersaure Salze:	
Natriumnitrat ⎫	(fast ausschließlich nur im verbauten Stein zu finden, in Ställen, Dung-
Kaliumnitrat ⎬	gruben usw. in den Stein hineinwandernd)
Kalziumnitrat ⎭	
Salzsaure Salze:	
Natriumchlorid	
Kalziumchlorid	
Eisenchlorid	

Bestimmung am ungebrannten Rohstoff. 200 g einer bei 105° getrockneten Durchschnittsprobe, zerkleinert auf ≦0,5 DIN 1171, werden in einem Literkolben mit etwa 700 bis 800 ml destilliertem Wasser versetzt und unter häufigem Umschütteln 6 h auf dem Wasserbad erhitzt. Nach der Abkühlung wird auf 1000 ml aufgefüllt. Dann bleibt der Kolben bis zum nächsten Morgen stehen. Fast ausnahmslos kann so durch Abheben die klare Flüssigkeit für die Bestimmung der gelösten Stoffe gewonnen werden. Gegebenenfalls ist über Filterschleim oder Ultrafilter zu filtrieren. Für die Schwefelsäureanhydridbestimmung dienen 250 ml = 50 g Substanz und für die Basenbestimmung 500 ml = 100 g Substanz. Die Durchführung der quantitativen Analyse geschieht nach DIN 51070 (s. S. 209).

Das Verfahren wird bei Anwesenheit von viel Gips infolge seiner Schwerlöslichkeit in Wasser unsicher. Man muß dann entweder von weniger Substanz ausgehen oder mit größeren Flüssigkeitsmengen arbeiten.

Ebenso unsicher wird das Verfahren bei hochbildsamen Rohstoffen, da sich diese gegen das Auslaugen der löslichen Salze abdichten.

Man ist daher dazu übergegangen, die Rohstoffe vorzubrennen. Außerdem interessieren nur diejenigen löslichen Salze, die auch nach dem Brande noch als solche vorhanden sind.

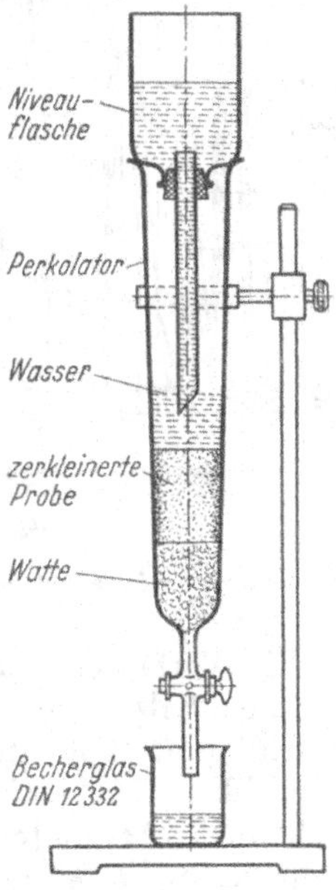

Bestimmung an vorgebrannten Rohstoffen und gebrannten Massen. In DIN 51100 ist das auf SCHUMANN [84] zurückgehende *Perkolatorverfahren* für die Bestimmung der wasserlöslichen Natrium-, Kalium-, Kalzium- und Magnesiumsalze an vorgebrannten Rohstoffen und gebrannten Massen genormt.

Der Perkolator (Abb. 31) ist eine nach unten konisch verjüngte Glasröhre. Am unteren Ende des Konus ist ein Glasrohr angeschmolzen, das durch einen Glashahn verschlossen wird. Über dem Verschluß befindet sich eine Wattenschicht als Filter. Die Watte ist zur Entfernung

Abb. 31. Perkolator DIN 51100.

etwa vorhandener geringer Mengen Alkaliverbindungen vor Gebrauch durch Kochen in destilliertem Wasser auszulaugen. Die Watte soll eine Filterschicht von 80 bis 100 mm Dicke bilden. Die Niveauflasche dient zum Konstanthalten des Wasserspiegels von etwa 20 mm über der Probe. Ihr Austrittsröhrchen muß schräg angeschliffen sein.

Die zu untersuchende Probe wird so zerkleinert, daß auf dem Prüfsiebgewebe 0,20 (DIN 1171) kein Rückstand bleibt. 50 g der Probe, bei sehr hohem Gipsgehalt entsprechend weniger, werden nach Anfeuchten mit destilliertem Wasser auf die vorher ebenfalls angefeuchtete Watteschicht im Perkolator geschüttet. Anschließend wird die mit destilliertem Wasser auf 20° C ± 2° C gefüllte Niveauflasche umgestülpt auf den Perkolator aufgesetzt, so daß sich der Wasserspiegel etwa 20 mm über der Probe automatisch einstellt. Die Tropfgeschwindigkeit ist durch den unten am Gerät befindlichen Glashahn auf 4 bis 6 Tropfen je min einzustellen. Zum Feststellen der beendeten Auslaugezeit werden von Zeit zu Zeit einige Tropfen des durchgesickerten Wassers (Perkolat) im Reagenzglas mit verdünnter Salzsäure schwach angesäuert, erhitzt und mit Bariumchloridlösung auf Sulfatfreiheit geprüft. Die entnommenen Proben werden nach dieser Prüfung in das Perkolat — unter Umständen nach seiner Filtration (s. unten) — zurückgegeben. Nach Beendigung der Auslaugung wird das Perkolat mit destilliertem Wasser auf 500 ml aufgefüllt oder auf 500 ml eingedampft. Falls infolge der Feinheit der Probe kleine Anteile durch die Filterschicht in das Perkolat gelangen, muß dieses vor dem Auffüllen filtriert (s. oben) und der Filterrückstand bis zur Sulfatfreiheit ausgewaschen werden.

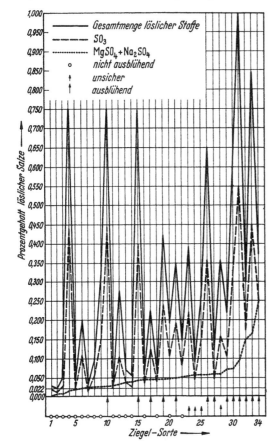

Abb. 32. Lösliche Salze und Ausblühen bei 34 Ziegelsorten.

Die Bestimmung des Gehalts an Alkali- und Erdalkalioxyden sowie des Gehalts an SO_3 wird nach DIN 51070 ausgeführt (s. S. 209).

Ein Verfahren, das bestimmen läßt, wann, d. h. von welchem Gehalt an löslichen Salzen an, bezogen auf die Art der vorliegenden Salze, Ausblühen eintritt, gibt es nicht. Der kritische Bereich, d. h. der Bereich einer Ausblühmöglichkeit, läßt sich durch einen prozentual festzulegenden Wert nicht mit Sicherheit erfassen [85] (Abb. 32). Es ist auf die mannigfachste Weise versucht worden, ein Verfahren zu finden, das es gestattet, den *Ausblühpunkt* exakt zu bestimmen (Abb. 33).

a) Beim Tränkversuch wird eine Flasche mit destilliertem Wasser umgekehrt auf eine Lagerfläche des Ziegels, der frei aufgelagert ist, gestellt. Das Wasser sickert entsprechend dem Aufsaugevermögen des Ziegels in diesen ein.

Der Versuch wird bei 18 bis 20°C unter Vermeidung von Luftbewegung durchgeführt. Er dauert längere Zeit. Statt des Hindurchsickerns von Wasser benutzen andere Verfahren die Ansaugfähigkeit. Die Probeziegel werden in einer flachen Schale stehend, auf Glasstäben ruhend, 2 bis 3 cm in destilliertes Wasser eingestellt. Für gleichbleibende Niveauhöhe des Wassers ist Sorge zu tragen.

b) Nach dem Verfahren der Britischen Bauforschungsstation in Watford [86] wird ein halber Ziegel in einer Schüssel mit 500 ml destilliertem Wasser 3 Tage lang auf einem Wasserbad erhitzt. Das Wasser wird ständig erneuert und der Ziegel zum Schluß getrocknet.

c) KALLAUNER [87] hat vorgeschlagen, einen halben Ziegel aufrecht in ein Gefäß mit einer konstant gehaltenen niederen Wasserschicht zu stellen. Das

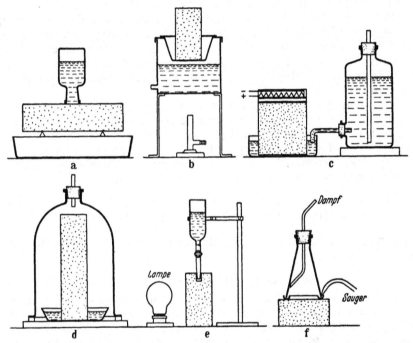

Abb. 33a bis f. Verschiedene Verfahren zur Entwicklung von Ausblühungen an Ziegeln.

Gefäß soll erwärmt werden bis nahe an die Siedetemperatur des Wassers. Ferner ist vorgesehen, am oberen Ende des Ziegels eine Erhitzungsvorrichtung anzubringen, die nach sechsstündigem Erhitzen des Wassers in Betrieb gesetzt wird. Das Verfahren ist als Schnellverfahren gedacht.

d) DAWIHL [88] hat vorgeschlagen, den in einer flachen Schüssel in destilliertem Wasser aufrecht stehenden Ziegel mit einer unten offenen Glocke zu überdecken und Luft mit einem Feuchtigkeitsgehalt von 50 bis 70% der Sättigungsmenge durchzuleiten, z. B. 50 l/h.

e) Im Chemischen Laboratorium für Tonindustrie ist ein Schnellverfahren[89] entwickelt worden. Die Tränkflüssigkeit wird mittels eines Filterrohrs in das Innere des Ziegels eingeführt und die Probe einseitig erwärmt.

f) SIMON [90] hat vorgeschlagen, die Salze nicht mit Wasser, sondern mit Dampf zum Wandern zu bringen. Der Wasserdampf wird durch einen umgekehrt auf den Ziegel gesetzten Trichter eingeführt. Bei diesem Arbeitsverfahren ist besonders wichtig die Ableitung des sich bildenden Kondenswassers, weil dem Vorgange die Beobachtung zugrunde liegt, daß Wasserdämpfe allein nicht nur sehr schnell (3 bis 4 h) ein Ergebnis hervorrufen, sondern auch vor allem das Magnesiumsulfat herausbringen sollen.

g) LEHMANN [83] führt den Tränkversuch an einem vom Kopf des *Ziegels* abgeschlagenen, etwa 3 cm breiten Scherben durch. Der Prüfkörper wird so in ein Gefäß mit destilliertem Wasser gestellt, daß sich $^1/_3$ des Prüfkörpers im Wasser befindet. Das Wasser wird auf 80° erhitzt und diese Temperatur 15 h bei konstantem Wasserspiegel aufrechterhalten. Anschließend wird der Probekörper bei 110° getrocknet. Diese Form des Tränkversuchs bewirkt eine schnelle Wanderung der löslichen Salze und läßt frühzeitig die Ausblühmöglichkeiten entweder des Werkstoffs oder wenn ein vorgebrannter tonmineralhaltiger Rohstoff geprüft wird, an diesem erkennen.

Bei allen Formen dieser Verfahren besteht die Schwierigkeit der Auswertung des sich gegebenenfalls bildenden Belages. Soweit Ziegel mit Kalk- und Gipsgehalt vorliegen, wäre es untragbar, auf sich an der Oberfläche bildende Kalk- und Gipsablagerungen hin eine Verurteilung zu gründen, wenn Hintermauerungsziegel in Frage kommen. Bei diesen sind nur die Sulfate des Magnesiums und Natriums zu beanstanden.

LEHMANN und KOLKMEIER haben an Hand von Modellversuchen die Bedingungen geprüft, unter denen die Entstehung der löslichen Salze, insbesondere der schädlichen Salze, unterbunden bzw. eingeschränkt werden kann [91].

Im Hinblick auf die Schwierigkeit des Problems einerseits und seine Bedeutung für Hersteller und Verbraucher andererseits besteht eine sehr umfangreiche und vielseitige Literatur, auf die zu verweisen ist[1].

9. Bestimmung des Kalkgehaltes (CaCO₃).

Die Bestimmung des kohlensauren Kalks kann nach verschiedenen Methoden durchgeführt werden:

a) Gravimetrische Methoden.

Durch Glühen über die Dissoziationstemperatur hinaus wird der kohlensaure Kalk entgast und CaO sowie CO_2 aus dem Glühverlust ermittelt, oder der kohlensaure Kalk wird durch Säureeinwirkung (HCl) zersetzt. Entweder wird auch bei diesen Methoden — z. B. nach GEISSLER oder nach BUNSEN — der Kalkgehalt aus dem Gewichtsverlust infolge des Austreibens der Kohlensäure bestimmt, oder die entwickelte CO_2 wird in Analogie mit der Elementaranalyse organischer Stoffe durch Kalilauge absorbiert und über die Gewichtszunahme der Kalilauge der Gehalt an kohlensaurem Kalk berechnet.

b) Gasanalytische Methoden.

Die durch Säurezersetzung (HCl) des kohlensauren Kalkes entwickelte Kohlensäure wird gasvolumenometrisch bestimmt (s. unten).

---

[1] BROWNEL, W. E.: Grundlagen der Ausbildung von Ausblühungen an Tonerzeugnissen. J. Amer. ceram. Soc. Bd. 32 (1949) S. 12 u. 375ff. — I. SIGG: Die Ausblühungen in den Ziegelmauerwerken. Schweiz. Tonwaren-Ind. 1951, H. 11 u. 12; 1952, H. 1. — F. O. ANDEREGG: Ausblühungen. ASTM-Bulletin 185 (1952) S. 39ff. — R. PIRZKALL: Ausblühungen an Ziegeln. Ziegelind. Bd. 5 (1952) S. 568ff. — K. BERGMANN: Über das Verhalten wasserlöslicher Salze in Stoffen mit kapillarem Aufbau. Ziegelind. Bd. 7 (1954) H. 8, S. 329ff. — A. J. HAMMER: Die Vanadinausblühungen. L'Industrie Céramique 1954, Nr. 453, S. 123ff. — L. STEGMÜLLER, P. NEY u. W. SCHMIED: Die Bildung von Ausblühsalzen auf Ziegelei-Erzeugnissen auf Grund von Reaktionen nach dem Brande. Ziegelind. Bd. 8 (1955) H. 15, S. 579ff.

c) Maßanalytische Methoden.

Entweder wird der kohlensaure Kalk mit einer bestimmten Menge Säure zersetzt und die überschüssige Säure durch n/10-Natronlauge zurücktitriert, oder die entwickelte Kohlensäure wird in n/10-Natronlauge aufgefangen und die überschüssige Lauge mit Säure zurücktitriert.

Alle diese Verfahren setzen voraus, daß außer dem kohlensauren Kalk nicht auch noch andere Stoffe in der Versuchssubstanz vorhanden sind, die mit Salzsäure ebenfalls gasförmige Zersetzungsprodukte liefern, wie z. B. Sulfide. Auch das Vorhandensein dolomitischen Kalks oder verwandter Verbindungen muß, unter Umständen unter Hinzuziehung der chemischen Analyse, in entsprechender Weise berücksichtigt werden. Einen Überblick über die hier

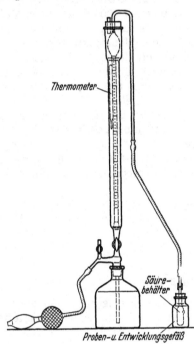

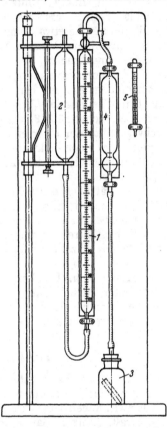

Abb. 34. Kohlensäurebestimmungsgerät.
(Nach BAUR-CRAMER.)

Abb. 35. Kohlensäurebestimmungsgerät.
(Nach SCHEIBLER-DIETRICH.)

angedeuteten Methoden geben LEHMANN und BREITEL [92]. An dieser Stelle seien zwei Verfahren beschrieben, um den kohlensauren Kalk mit gasanalytischen Methoden zu bestimmen. Sie sind einfach auszuführen und für betriebstechnische Versuche von genügender Genauigkeit.

Der Kohlensäurebestimmungsapparat nach BAUR-CRAMER (Abb. 34) besteht aus einem Gasmeßrohr mit einer oben beginnenden 100 ml umfassenden Teilung von 0,1 ml Feinheit. Dieses Meßrohr ist von einem sich unten verjüngenden Mantelrohr umgeben, das in einem mit einem Hahn versehenen Ausflußrohr endet und in eine etwa 1500 ml fassende Standflasche hineinreicht, die zur Aufnahme der Sperrflüssigkeit (z. B. Petroleum) dient. An dem Ausflußrohr befindet sich ein Knierohr, das mit einem Gummihandgebläse verbunden ist. Ein Stativ hält die Standflasche mit dem aufgesetzten Mantelrohr.

Das Meßrohr ist an seinem unteren Ende auf einem Glaszapfen in dem Mantelrohr zentriert. Am oberen Ende wird es durch den das Mantelrohr verschließenden, mit einer Kapillare versehenen Gummistopfen gehalten. Das gebogene obere Ende des Meßrohrs wird durch einen dickwandigen Gummischlauch mit einer an ihrem Ende kolbenartig erweiterten Kapillare verbunden, die in das etwa 200 ml fassende, zur Aufnahme der Probe dienende Entwicklungsgefäß hineinragt. Dieses Gefäß ist durch einen Gummistopfen, durch dessen Bohrung die Kapillare gezogen ist, fest verschließbar. Die Kapillare hat oberhalb des Stopfens ein etwa 1 mm großes Loch, das durch ein darüber schiebbares Gummischlauchstück verschlossen werden kann. Die kolbenartige Erweiterung der Kapillare hat eine etwa 10 mm breite Öffnung zum Einfüllen der Salzsäure. Zwischen Meßrohr und Mantelrohr ist zur genauen Temperaturbestimmung ein Thermometer angebracht.

Der Kohlensäurebestimmungsapparat nach Scheibler-Dietrich [93] (Abb. 35) arbeitet nach dem gleichen Prinzip. Er besteht aus einer 100 ml fassenden Meßbürette (1) mit Teilung in $^1/_{10}$ ml, die durch einen dickwandigen Gummischlauch mit dem Ausgleichsgefäß (2) verbunden ist. Auf der Meßbürette befindet sich ein Dreiwegehahn, der einerseits die Verbindung mit der Außenluft gestattet, andererseits über einen dickwandigen Gummischlauch mit dem Kühler (4) sowie weiter über einen zweiten dickwandigen Gummischlauch mit dem Entwicklungsgefäß (3) verbunden ist. Die Untersuchung wird in gleicher Weise vorbereitet wie für das Gerät nach Baur-Cramer. Nach Aufsetzen des Gummistopfens auf das Gefäß (3) muß der Dreiwegehahn kurz zur Außenluft geöffnet werden, um vorhandenen Überdruck auszugleichen. Die weitere Bedienung erfolgt in Analogie mit dem Kohlensäurebestimmungsapparat nach Baur-Cramer. Die Ablesung der entwickelten Anzahl ml CO_2 erfolgt unter entsprechender Benutzung des Ausgleichsgefäßes (2).

Es empfiehlt sich, Tabellen aufzustellen, aus denen bei einer bestimmten Einwaage unter Berücksichtigung des Barometerstandes und der Temperatur während des Versuchs der Prozentgehalt der Versuchsprobe an $CaCO_3$ unmittelbar abgelesen werden kann.

10. Frostbeständigkeit.

Die Prüfung der Frostbeständigkeit ist für die Ziegelgruppe von gleicher Bedeutung wie für alle anderen nicht voll gesinterten keramischen Werkstoffe, die den Einwirkungen von Frost ausgesetzt sind, wie beispielsweise Fußbodenplatten, Straßenklinker, Baukeramiken usw.

Strukturbehaftete und unter Spannung stehende keramische Erzeugnisse ermöglichen den Frostangriff, selbst wenn sie wenig porös und sehr fest sind. Andererseits können sich auch hochporöse, also z. B. wenig feste Ziegel als frostbeständig erweisen. Die Frostbeständigkeit hängt ferner von der Oberflächengestaltung ab. Glasuren und Engoben können bei an sich günstiger Scherbengestaltung die Frostbeständigkeit beeinträchtigen oder sie völlig aufheben, z. B. wenn Spannungen zwischen Glasur bzw. Engobe und Scherben bestehen, wenn Deckschicht und Scherben verschieden große Ausdehnungskoeffizienten haben oder wenn die Kombination beider vorliegt. So erklärt es sich, daß das gleiche Material z. B. bei Dachziegeln oder Baukeramiken ohne Glasur oder Engobe frostbeständig sein kann, während es mit solcher Deckschicht unter Umständen durch Frost zerstört werden kann.

Bei porösen Werkstoffen kommt es ferner auf Größe, Form und Verteilung der Poren an, ob sie restlos zugänglich oder zum Teil geschlossen sind, ob viele

Mikroporen oder wenige große Poren vorliegen und wie die Oberfläche der Porenwandungen beschaffen ist. Da Scheidewände zwischen den Porenkanälen der Ausbreitung des Eises Widerstand entgegensetzen, kommt es auch auf die Dicke und Festigkeit, Starrheit oder Elastizität dieser Trennwände an. Weiter ist der Wassersättigungsgrad beim Gefrieren wichtig und vor allem der Temperaturverlauf bei der Abkühlung. Eine weitverbreitete Ansicht geht dahin, daß die Wasseraufnahme, die sich aus der normalen Wasseransaugung oder beim Einlagern in Wasser ergibt, einen beträchtlichen Abstand von der maximal möglichen Sättigungsmenge haben soll, damit für die Ausdehnung des gefrierenden Wassers noch genügend Porenraum zur Verfügung steht [94], [95]. Aber selbst bei solcher Betrachtung tritt die Gefährlichkeit sturzartiger Temperaturerniedrigung, die zu plötzlicher Eisbildung, beruhend auf Unterkühlung, führen kann, offen zutage.

Alle diese Gesichtspunkte sind bei der Durchführung von Frostbeständigkeitsprüfungen zu berücksichtigen. Die Vielseitigkeit der wechselseitigen Einflüsse auf das Prüfergebnis erklärt, warum es bisher ein Prüfverfahren, das für die Ausführung *maßgeblicher Versuche* (s. DIN 51223), d. h. von Versuchen, *die als Beweis dafür dienen können, ob eine Lieferungs-, Norm- oder technische Vorschrift erfüllt ist oder nicht*, geeignet wäre, noch nicht gibt. Nach den bisher in den Normenwerken des In- und Auslands verankerten Prüfverfahren ist die Beurteilung der Ergebnisse unsicher, weil immer wieder Erzeugnisse, die sich in der Praxis bewähren, ein negatives Prüfergebnis aufweisen können oder umgekehrt.

Nach DIN 105/52 werden zehn Steine bei 105 bis 110°C getrocknet und nach dem Erkalten zunächst bis etwa ein Viertel ihrer Höhe in Wasser von Raumtemperatur gesetzt. Nach 1 h wird das Wasser bis zur Hälfte der Steinhöhe aufgefüllt, nach Ablauf der zweiten Stunde bis drei Viertel der Höhe. Nach Ablauf von 24 h werden die Steine völlig unter Wasser gesetzt und nach Ablauf von 48 h seit Beginn der Wasserlagerung anschließend an die Tränkung in einem abgeschlossenen Luftraum von 0,25 bis 2,5 m³ Inhalt 25 mal abwechselnd dem Frost —15° C ausgesetzt und in Wasser wieder aufgetaut. Der Temperaturabfall im Frostraum ist so zu regeln, daß die Temperatur allmählich (in etwa 4 h) auf mindestens —15° fällt und diese Temperatur 2 h gehalten wird. Nach jeder Frostbeanspruchung werden die Proben in Wasser von 15 bis 20° wieder aufgetaut und verbleiben darin mindestens 1 h. Vor jeder neuen Frostbeanspruchung sind die Proben auf Schäden, z. B. Absplitterungen, zu untersuchen. Anzahl der Frostauftauwechsel: 25.

In Zweifelsfällen kann die Druckfestigkeit der ausgefrorenen und wieder an der Luft getrockneten Steine $\sigma_{dB\,Frost}$ bestimmt und mit σ_{dB} verglichen werden.

Bedenklich bei dieser Bestimmung ist u. a. die zugelassene große Toleranz der Raumgrößen des Prüfgeräts, da infolge der damit verbundenen unterschiedlichen Lagerung der Proben im Prüfraum die auf die Proben wirkende Intensität der Frostwirkung sehr unterschiedlich ist. Die Prüfung muß nach DIN 105/52 als Pflichtprüfung durchgeführt werden bei Hochlochziegeln, Hochlochklinkern, Hochbauklinkern und allen Vormauerziegeln.

Infolge Unsicherheit der Ergebnisse soll das Prüfverfahren auf Frostbeständigkeit nach DIN 105/52 bei der Neuausgabe des Blattes für „maßgebliche Versuche" die Einschränkung erhalten, das Verfahren in der bisher vorgeschriebenen Form auf diejenigen Fälle zu begrenzen, bei denen Ziegel in der Praxis bei hoher Wassersättigung allseitig dem Frost ausgesetzt sind.

Geht das Verfahren nach DIN 105/52 von durch allmähliches Einlagern wassergesättigten Mauerziegeln aus, so hat man versucht, durch Verschärfen des Verfahrens zu eindeutigeren Ergebnissen zu kommen: Sowohl in Richtung

der Vermehrung der Frostauftauwechsel als auch in Richtung des Grads der
Wassersättigung, beispielsweise durch Einbeziehen des Wassersättigungsbeiwerts nach DIN 52103 und DIN 52104, also Tränkung der Ziegel mit Wasser
durch Kochen und unter Druck usw., ohne damit eine Lösung des Problems herbeizuführen. Arbeiten, das Problem durch einseitige Frostbeanspruchung, um die
Spannung in den Probekörpern zu verstärken, zu lösen, sind eingeleitet worden.

Für die Beurteilung der Frostbeständigkeit ist auch das Maß der Festigkeits-
veränderung von Erzeugnissen nach der Frosteinwirkung mit herangezogen
worden. Im Hinblick auf die starken Festigkeitsschwankungen von Ziegeleierzeugnissen aus ein und demselben Brand machen derartige Versuche eine große
Probekörperanzahl notwendig, um zu einigermaßen kritisch auswertbaren Ergebnissen zu kommen. Im z. Z. noch gültigen Normblatt DIN 52250 (Dachziegel)
wird, ähnlich wie im Blatt DIN 105 (s. oben), empfohlen:

> In Zweifelsfällen gibt der Abfall der Tragfähigkeit der ausgefrorenen wassergetränkten
> Dachziegel gegenüber der Tragfähigkeit der wassersatten, nichtfrostgeprüften Dachziegel
> einen Anhalt für die Beurteilung der Frostbeständigkeit.

Ein Wert über das Ausmaß der zulässigen Festigkeitsabnahme wird jedoch
in beiden Fällen nicht angegeben. (Für die Neuausgabe des Normblatts DIN 52250
als DIN 456 soll das Verfahren zur
Bestimmung der Frostbeständigkeit
als Folge der beschriebenen Bedenken neu bearbeitet werden.)

Dietzel [96] beschreibt ein Verfahren und ein Gerät, um mit Hilfe
dilatometrischer Messungen vorübergehende und bleibende Längenänderungen an durch Frost beanspruchten keramischen Erzeugnissen festzustellen und diese auf
ihre Frostbeständigkeit zu beziehen.
Lehmann [97] hat beides weiter entwickelt.

Das von ihm benutzte Gerät
(Abb. 36) besteht aus einem Stativ,
an dem ein fester und ein beweglicher Hebelarm angebracht sind.
Die Enden der beiden Hebelarme
stehen senkrecht übereinander und
tragen — gegeneinander gerichtet —
je eine Spitze, zwischen denen der
Prüfkörper gelagert werden kann.
Der bewegliche Hebelarm ist über
ein Kreuzfedergelenk mit dem Stativ
verbunden. Auf dem freien Ende
des beweglichen Hebelarms liegt der

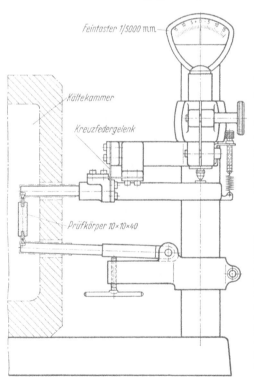

Abb. 36. Frostdilatometer.

Taster einer Meßuhr auf. Der Meßbereich der Meßuhr beträgt ±18 μ.
Im Meßbereich ±10 μ ist der kleinste Skalenteil 0,2 μ mit einer Ablesegenauigkeit von 0,1 μ. Über ±10 μ ist der kleinste Skalenteil 1 μ. Der Meßdruck ist
mit Hilfe einer Feder einstellbar und wird auf 20 g konstant gehalten.

Die Hebelarme aus Invarstahl ragen durch zwei Durchbrüche in die Kältekammer hinein. Die Kältekammer enthält den Kältebereiter und einen elektri-

schen Heizkörper, mit dem die Kammer aufgeheizt werden kann. Die Vorder-
seite der Kältekammer ist durch eine Glasplatte verschlossen. Von oben ragt
ein Thermometer in die Kältekammer hinein. Der Meßbereich beträgt $\pm 30°$ C
und kann auf $0,1°$ C genau abgelesen werden; die Quecksilberkugel des Thermometers befindet sich in der Kältekammer in der Höhlung eines wassergetränkten
porösen Tonkörpers, der in gleicher Höhe unmittelbar neben den Prüfkörper zu
bringen ist. Diese Vorkehrungen dienen dazu, die Temperatur des Prüfkörpers
möglichst genau zu erfassen.

Für die Schwind- und Dehnungsmessung werden Prüfkörper 40 mm $\times$
10 mm $\times$ 10 mm aus den Probekörpern entnommen. Die beiden Stirnflächen
werden mit je einer Bohrung von 5 mm Tiefe und 3 mm $\varnothing$ genau in der Mittelachse des Prüfkörpers versehen. In die Bohrungen werden Invarstahlstifte von
10 mm Länge und 3 mm $\varnothing$ mit einer kleinen Menge einer leicht flüssigen Blei-
glasur eingesetzt und bei $800°$ C festgebrannt. Die aus den Prüfkörpern herausragenden Enden der Invarstahlstifte sind mit kleinen Pfannen versehen, in die
die Spitzen (s. oben) des mechanischen Schwindungs-Dehnungs-Meßgeräts
hineinfassen.

Um ein Verdunsten von Wasser aus den wassergesättigten Probekörpern
während des Versuchs zu verhindern, muß die Atmosphäre in der Kältekammer
Wasserdampf enthalten. Durch entsprechende Maßnahmen ist zu verhindern,
daß sich auf den Metallteilen, insbesondere aber an den eigentlichen Meßstellen,
während der Versuchsausführung Eis bilden kann und damit die Versuchsergebnisse maßgeblich beeinflußt werden. LEHMANN hat bei seinen Versuchen
sowohl Temperatur-Schwindungs-Zeitkurven als auch Temperatur-Schwindungs-
kurven festgehalten. Je nach dem Verlauf der Temperatur-Schwindungskurve
teilt LEHMANN die Erzeugnisse in vier Gruppen ein (Abb. 37 bis 40):

Gruppe I (Abb. 37): Sehr gut frostbeständig. *Erkennungszeichen:* Keine Überschneidungen, keine Dehnung durch Eisdruck erkennbar.

Gruppe II (Abb. 38): Frostbeständig. *Erkennungszeichen:* Überschneidungen zwar vorhanden, aber keine Dehnung durch Eisdruck erkennbar.

Gruppe III (Abb. 39): Mäßig frostbeständig. *Erkennungszeichen:* Überschneidungen vorhanden, keine Dehnung durch Eisdruck, wohl aber eine Schwindung beim Wiedererwärmen
erkennbar.

Gruppe IV (Abb. 40): Nicht frostbeständig. *Erkennungszeichen:* Überschneidungen vorhanden, große Dehnungen durch Eisdruck und große Schwindungen beim Wiedererwärmen
erkennbar.

Vergleichsversuche an allen Proben mit dem Wassersättigungsbeiwert S zeigen
einen gewissen Zusammenhang, ohne bereits ein endgültiges Urteil zu gestatten.
Erst weitere Arbeiten werden erkennen lassen, inwieweit ein dilatometrisches
Verfahren wird in die Praxis Eingang finden können. Für die Lösung des Problems
geben die vorliegenden Veröffentlichungen jedenfalls wichtige Hinweise.

In weiteren Arbeiten gehen DIETZEL [*98*] und seine Mitarbeiter für die
Prüfung der Frostbeständigkeit von der Basis der Bestimmung des S-Wertes
(Wassersättigungsbeiwert) nach DIN 52103 aus. Auch sie müssen erkennen,
daß der Sättigungsbeiwert in Verbindung mit dem Frostversuch nach DIN 105
noch keine eindeutige Beurteilung zuläßt. Sie verschärfen daher die Wirkung
des Frostversuchs durch abwechselndes Abschrecken der 5 Tage in Wasser
gelagerten Proben in Tetra-Chlor-Kohlenstoff von $-15°$ und anschließendes
Auftauen in Wasser. Zweck dieser verschärften Frostprüfung ist es, zu verhindern,
daß, wie bei der jetzigen langsamen Abkühlung, das Wasser bzw. das Eis Zeit
hat, sich teilweise aus den Poren, Rissen usw. herauszuquetschen und damit der
Einwirkung auf den Probekörper entzogen zu werden. Bei kleinen Probestücken
werden die Seitenflächen bei dem verschärften Versuch mit Zement verkleidet.

Es ist auch versucht worden, den Frostversuch durch einen Kristallisationsversuch mit Salz zu ersetzen. Schmölzer [99] benutzt eine 14%ige Natrium-Sulfat-Lösung und trocknet die Ziegel bei 110° nach dem Tränken bis zur Sättigung.

Auf weitere Literatur zum Frostbeständigkeitsproblem wird hingewiesen[1].

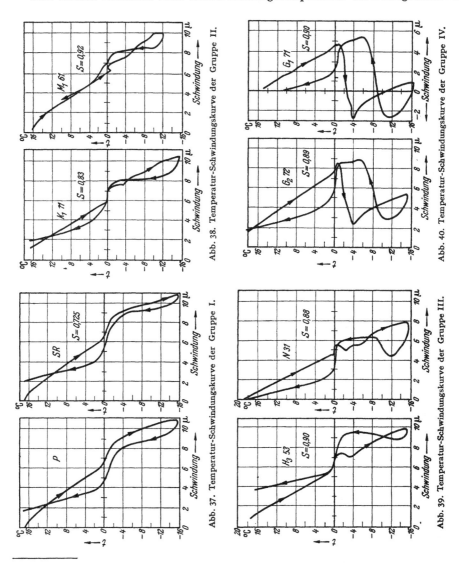

Abb. 37. Temperatur-Schwindungskurve der Gruppe I.

Abb. 38. Temperatur-Schwindungskurve der Gruppe II.

Abb. 39. Temperatur-Schwindungskurve der Gruppe III.

Abb. 40. Temperatur-Schwindungskurve der Gruppe IV.

[1] Roth, H.: Physikalische Grundlagen des Frostversuches. Ziegelind. Bd. 4 (1951) H. 19, S. 624ff. — W. Sommer: Zur Frage der Prüfung der Frostbeständigkeit von Mauersteinen und Dachziegeln. Ziegelind. Bd. 4 (1951) H. 24, S. 817ff. — Frostprüfungen an Dachziegeln. Schweiz. Tonwarenind. Bd. 55 (1952) H. 12, S. 5ff. — E. Pfeil: Frostprüfungen an der Öffentlichen Baustoffprüfstelle der Landesbauschule Eckernförde. Ziegelind. Bd. 6 (1953) H. 14, S. 608ff. — A. J. Ryken: Betrachtungen über die Frostversuche von keramischen Materialien, besonders von Dachziegeln „Klei" (1952). Ref. der Ziegelind. Bd. 6 (1953). S. 782ff. — Th. Schumann: Rätsel um die Zerstörungen durch Frost. Ziegelind. Bd. 7 (1954) H. 6, S. 192ff. — W. Sommer: Nochmals Tonaufbereitung, Frostbeständigkeit und Frostprüfung. Ziegelind. Bd. 7 (1954) H. 6, S. 202ff.

11. Durchlässigkeit von Flüssigkeiten und Gasen.

In diesem Zusammenhang interessiert nur die Durchlässigkeit von Wasser — richtiger gesagt die Undurchlässigkeit — bei porösen Scherben, dem Dachziegel. (Das Problem Wasseraufnahme-Wasserabgabe s. Abschn. 6 u. 7.) Dachziegel sollen einerseits porös sein, damit das Dach atmen kann, andererseits sollen sie Wasser auch bei starkem und anhaltendem Regen nicht durchlassen. Nach dem Entwurf für die Neuausgabe des Normblatts DIN 456 [*100*] werden Dachziegel ringsum mit einem wasserdichten Rand von 70 mm Höhe versehen. Die Versuchskörper sind waagerecht so aufzustellen, daß die Dachziegelunterseite beobachtet werden kann. Sie sollen bei ruhender Luft in einem Raum von 18 bis 20° C und etwa 65% relativer Luftfeuchtigkeit geprüft werden. Festgestellt wird, innerhalb welcher Zeit die Unterseite des Dachziegels feuchte Flecken, glänzende Wasserhaut oder Tropfenbildung zeigt und wann Tropfenabfall eintritt. Dachziegel sollen dann als genügend wasserundurchlässig bezeichnet werden, wenn Tropfen nicht vor 2 h von ihrer Unterseite abfallen (Mittel aus sechs Versuchen, Einzelwerte nicht unter $1^1/_2$ h). Die Höhe der Wasserschicht zwischen 50 und 150 mm übt nach HIRSCH [*101*] und nach DAFINGER [*102*] auf das Erscheinen der ersten Nässe auf der Unterseite des Dachziegels keinen wesentlichen Einfluß aus, wohl aber einen maßgeblichen auf die Tropfenbildung und den Tropfenabfall.

Interessant ist ein britisches Verfahren (Abb. 41). Auf einem getrockneten Dachziegel wird eine Blechhaube mit Wachs befestigt; seine freien Flächen

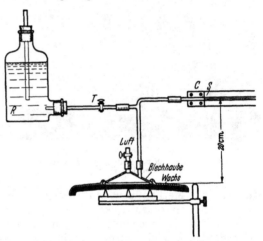

Abb. 41. Prüfung von Dachziegeln auf Wasserdurchlässigkeit nach der brit. Norm BS 402-1930.

werden ebenfalls mit Wachs abgedichtet. Die Haube ist durch ein Rohr mit dem Wasserbehälter R und der kalibrierten Kapillare C verbunden. Die Wassermenge, die in bestimmten Zeiträumen in das Prüfstück fließt, wird verglichen mit der Geschwindigkeit, mit der das Wasser in der Kapillare C angesaugt wird. In den Zeiten, in denen diese Geschwindigkeit mit Hilfe einer Stoppuhr festgestellt wird, bleibt der Hahn T geschlossen. Zwischen den Ablesungen wird T geöffnet, so daß das Wasser aus dem Behälter R Zutritt zum Prüfstück hat.

Für den Grad der Durchlässigkeit eines Dachziegels gilt folgendes: *Nach Ablauf von 24 h soll nicht mehr Wasser durch den Dachziegel gelaufen sein, als einer Durchflußgeschwindigkeit von 10 cm/min in einem Kapillarrohr von 1 mm lichtem Durchmesser und dem Druck einer Wassersäule von 20 cm Höhe entspricht.* In anderen Staaten werden aus den Dachziegeln herausgeschnittene Stücke auf Wasserundurchlässigkeit geprüft. Gemeinsam allen diesen Verfahren und Vorschriften ist, daß sie wohl eine allgemeine Richtung über die Wasserundurchlässigkeit von Dachziegeln geben, aus der Schlüsse für ihre Verwendbarkeit gezogen werden können. Es müssen jedoch die örtlichen klimatischen Verhältnisse unter allen Umständen bei der Urteilsbildung mit berücksichtigt werden, da Häufigkeit, Dauer und Stärke von Regen, ebenso auch der Winddruck gesteigerte Anforderungen an die Undurchlässigkeit von Dachziegeln stellen können.

Die Prüf- und Forschungsstelle für Bau und Dach e. V., Jockgrim/Pfalz, hat zur Prüfung der Wasserundurchlässigkeit von Dachziegeln eine Vorrichtung entwickelt, auf der ein Versuchsdach von 15 m² mit Dachziegeln der verschiedensten Arten mit der für sie üblichen Neigung belegt werden kann. Das Versuchsdach kann in verschieden starker Form beregnet und gleichzeitig der Wirkung des Winddrucks ausgesetzt werden (Abb. 42).

Abb. 42. Versuchsdach zur Prüfung von Dachziegeln auf Regendichtigkeit.

Aufgabe des Versuchs ist es, die Wasserundurchlässigkeit von Dachziegeln aller Art bei verschieden großer Beanspruchung und außerdem die für ihre günstigste Verwendbarkeit geeignetste Dachneigung festzustellen.

Soweit Gasdurchlässigkeit poröser Werkstoffe in Frage kommt, ist an dieser Stelle nur das Problem für feuerfeste Werkstoffe zu behandeln, da es für andere grobkeramische Erzeugnisse, wie gebrannte Mauersteine im Mauerwerksverband, an anderer Stelle zu besprechen ist. Die Prüfung ist wichtig z. B. für das Problem des Angriffs von Kohlenoxyd, Methan usw. auf feuerfeste Werkstoffe (S. 252.). Ein einwandfreies Verfahren zu entwickeln, ist apparativ ohne besondere Schwierigkeiten möglich. Die Unhomogenität des einzelnen Probekörpers und die Differenzen zwischen den Probekörpern untereinander machen die Auswertung der Ergebnisse jedoch problematisch. Es wird daher stets notwendig sein, eine größere Anzahl von Probekörpern zu prüfen, um zu Ergebnissen zu kommen, die sich urteilsbildend und richtungsweisend auswerten lassen. Lux hat ein Gerät nach Abb. 43 entwickelt. Es können ebenso ganze Steine in Normalformat wie zylindrische Probekörper 50 mm ∅ und 45 mm Höhe verwendet werden.

Das Gerät besteht aus einer Vorrichtung zur Aufnahme des außen durch Paraffin oder Pizein gedichteten Probekörpers und aus dem U-Rohrmanometer, dessen freier Schenkel unmittelbar mit der Außenluft in Verbindung steht. Das Manometer zeigt den während des Versuchs bestehenden Unterdruck an. Zwischen Manometer und Saugflasche ist ein Strömungsmesser eingebaut. In ihm wird der Differenzdruck angezeigt, der dadurch entsteht, daß der von der Wasserstrahlpumpe erzeugte Luftstrom über eine geeichte, auswechselbare Kapillare auf dem Kopf des Strömungsmessers hindurchgesaugt wird. Aus der Relation zwischen Differenzdruck und Manometeranzeige wird die durch den Probekörper in der Zeiteinheit hindurchgesaugte Luftmenge aus einer Eichkurve entnommen und die Gasdurchlässigkeit aus dem beanspruchten Querschnitt und der Dicke des Probekörpers berechnet.

Skalla und Fischer [103] untersuchen das ganze Problem systematisch unter gleichzeitiger Veröffentlichung des gesamten einschlägigen Schrifttums. Sie gehen aus von den physikalischen und apparativen Grundlagen, erörtern

eingehend die für die Gasdurchlässigkeitsprüfung zu beachtenden Durchfluß-
gesetze, insbesondere, inwieweit das Gesetz von DARCY auf keramische Probe-

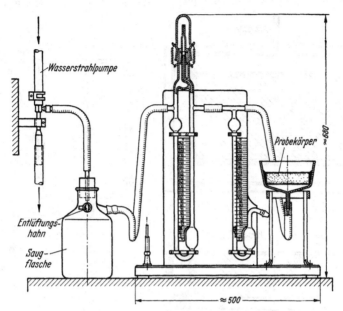

Abb. 43. Luftdurchlässigkeitsprüfer. (Nach LUX.)

körper mit ihrem nicht völlig homogenen Gefüge anwendbar ist. Sie klären
die Voraussetzungen einer einwandfreien Probekörperzurichtung und Ver-
fahrensdurchführung.

Als das einfachste Mittel zur Abdichtung hat sich auf eine Gummiummantelung
wirkende Druckluft erwiesen. SKALLA und FISCHER haben die bereits von H. HECHT
[104] gegebenen Hinweise für alle Probe-
körper - Oberflächenverhältnisse für
zylindrische Körper und auch für
ganze Steine im Normalformat weiterentwickelt und vervollkommnet.

Abb. 44 zeigt schematisch die
Abdichtung an zylindrischen Probekörpern 50 mm ∅ und 45 mm Höhe
und die Gaszuführungsanordnung, in
gleicher Weise Abb. 45 die für ganze
Steine. Das Prüfgerät selbst ist in
Abb. 46 dargestellt. Im Gegensatz zu
dem Verfahren nach LUX wird nach
dem von SKALLA der Gas- bzw. Luftstrom durch den Probekörper hin-
durchgedrückt. Die Druckregelung er-

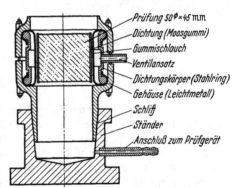

Abb. 44. Schema der Abdichtung für zylindrische Prüfkörper — Bauart FISCHER/SCH.

folgt durch Öffnen eines Nebengasstroms. Der Hauptgasstrom wird durch
Drehen des als *Meßbereichwähler* bezeichneten 4-Wege-Hahns mit einem der
drei Rotamesser verbunden. Zwischen Druckregler und Rotamesser befindet
sich ein Ausgleichsbehälter (Windkessel) zwecks Dämpfung etwa ungleichmäßiger
Drucklieferung des Gebläses.

Es sei darauf verwiesen, daß dem Verfahren zur Bestimmung der spezifischen Oberfläche nach Lea und Nurse (s. S. 211) und den Gasdurchlässigkeitsbestimmungsverfahren nach Lux sowie nach Skalla der gleiche Gedanke

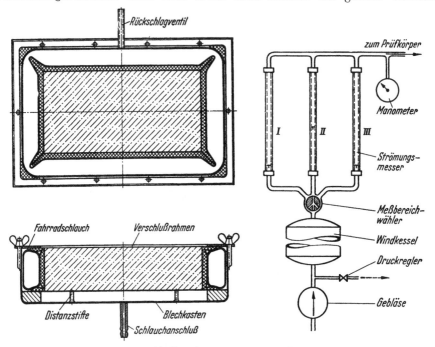

Abb. 45. Schema der Abdichtung für Normalsteine. (Nach Skalla).   Abb. 46. Schema des Gasdurchlässigkeitsprüfers. (Nach Skalla.)

zugrunde liegt: den Widerstand zu messen, den ein in einen Gas- bzw. Luftstrom eingeschalteter poröser Körper dem Durchgang durch ihn entgegensetzt, sei es mittels Saug- oder Druckwirkung.

12. Beständigkeit bei Beanspruchung durch chemisch wirksame Stoffe (chemische Angriffe).

Die Werkstoffe der Keramik sind chemischen Angriffen der verschiedensten Art ausgesetzt:

Mauerziegel in Fundamenten und Drainrohre z. B. den Einwirkungen chemisch aggressiv wirkender Stoffe im Boden (Humus, kohlensäurehaltige Wasser usw.), Dachziegel den Einflüssen der Luftfeuchtigkeit, des Nebels und des Regens sowie der darin gelösten Gase, insbesondere in Industriegebieten.

Schornsteinfuttersteine aus Ziegeln müssen den Angriffen der durch sie geleiteten Abgase widerstehen. Bauteile für Wand- und Bodenbeläge (Wand- und Bodenfliesen) werden durch Säuren und Laugen beansprucht. Im Bereiche der feuerfesten Werkstoffe sind es Asche und Schlacke und von den Gasen insbesondere Kohlenoxyd. Die Vielseitigkeit des chemischen Aufbaus von Asche und Schlacke machen das Problem des chemischen Angriffs in diesem Bereich besonders kompliziert. Dazu kommt die verstärkende Wirkung hoher Temperaturen.

Porzellan und Steinzeug müssen je nach ihrem Verwendungszweck mehr oder minder stark chemischen Beanspruchungen widerstehen, z. B. chemischtechnisches Porzellan, säurefestes Steinzeug usw. Aber auch Geschirrporzellan wird durch Waschmittel und die chemisch wirksamen Bestandteile von Lebensmitteln angegriffen. Bei Isolatoren sind die Glasuren dem Angriff durch die Atmosphärilien ausgesetzt.

a) Säure- und Laugenbeständigkeit.

Trotz der Vielseitigkeit und der Bedeutung dieses Problems für die Haltbarkeit — und unter Umständen für die Verwendbarkeit der betroffenen Erzeugnisse überhaupt — sind bisher nur wenige bereits endgültig genormte Prüfverfahren vorhanden. Aber auch sie lassen — wenigstens zum Teil — erkennen, daß die Laboratoriumsversuche sehr oft den Erfahrungen und damit den Erfordernissen der Praxis nicht entsprechen.

Die Bestimmung der Säurelöslichkeit von säurefestem Steinzeug wird nach DIN 4092 (in der Überarbeitung) — nicht gültig für chemisch-technisches Steinzeug — an gekörntem Prüfgut zwischen Prüfsiebgewebe 0,6 und 0,75 DIN 1171 durchgeführt. 20 g des bei 110° getrockneten Prüfguts werden mit 200 ml 70%iger Schwefelsäure (1,615) 8 h lang in einem Glaskolben 500 ml Inhalt mit aufgesetztem Rückflußkühler auf dem Sandbett gekocht. Aus dem Gewichtsverlust des gewaschenen und bei 110° getrockneten Prüfguts ergibt sich das Maß der Säurelöslichkeit.

Für Kanalklinker DIN 4051 [105] wird ein milderes Verfahren angewendet. Die Körnung des Prüfguts liegt zwischen Prüfsiebgewebe 0,5 und 0,75 DIN 1171. 100 g Prüfgut werden mit einem Säuregemisch aus 75 ml 10%iger Schwefelsäure und 25 ml 10%iger Salpetersäure in einem Rundkolben mit Rückflußkühler 1 h gekocht.

Da das Verfahren DIN 4092 als zeitraffendes Verfahren — im Vergleich zur Dauerbeanspruchung in der Praxis — bereits bei Kanalisationsrohren die Güteunterschiede nicht scharf genug erfaßt, wird auch ein vom Chemischen Laboratorium für Tonindustrie ausgearbeitetes verschärftes Verfahren angewendet: 100 g zwischen den Prüfsieben 1,0 und 0,6 DIN 1171 gekörntes und bei 110° getrocknetes Prüfgut wird in einer Porzellanschale ≈ 1 l mit 200 ml Säuremischung aus 25 Teilen Schwefelsäure (1,84), 10 Teilen Salpetersäure (1,40) und 65 Teilen destilliertem Wasser übergossen. Es wird so lange gekocht, bis Wasser und Salpetersäure völlig verdampft sind. Die zurückbleibende konzentrierte Schwefelsäure wird eine Viertelstunde lang auf einer Temperatur von 250° C gehalten. Nach dem Erkalten wird vorsichtig unter Umrühren in etwa 800 ml Wasser verdünnt, dem 10 ml Salpetersäure (1,40) beigegeben werden. Es wird nochmals kurz aufgekocht und dann das Prüfgut säurefrei gewaschen. Nach dem Trocknen wird der Gewichtsverlust als Maß der Säurelöslichkeit festgestellt. Mit geringer Abwandlung wird dieses Verfahren auch für die Bestimmung der Säurebeständigkeit von Säureschornstein-Baustoffen Entwurf DIN 1058 vorgeschlagen. Außerdem soll an ihnen die Minderung der Druckfestigkeit durch Säureeinwirkung an zylindrischen Probekörpern 50 mm ∅ und 50 mm Höhe bestimmt werden.

Bei diesen Verfahren wird gekörntes Prüfgut verwendet und damit die Möglichkeit geschaffen, den Säureangriff von vornherein auch auf das Innere des Scherbens unmittelbar wirken zu lassen.

Als Studienversuch an säurefesten Steinen ist in DIN 4092 ein Verfahren mit Prüfkörpern von etwa 30 ml Rauminhalt einbezogen:

1. Aus der Probe werden mindestens drei würfelförmige Körper von etwa 30 mm Kantenlänge herausgeschnitten. Eine Fläche muß die Brennhaut haben.

2. Die Würfel werden durch Abspülen von anhaftendem Staub befreit und bei 110° C getrocknet und wieder abgekühlt (Gesamtdauer 6 h).

3. An den getrockneten Würfeln wird das Wasseraufnahmevermögen nach DIN 1065 ermittelt.

4. Die Prüfkörper werden dann 8 × 24 h lang mit der 5fachen Gewichtsmenge 70%iger Schwefelsäure (1,615) in einem Glaskolben von 500 ml Inhalt mit aufgesetztem Rückfluß-kühler auf einem Sandbad gekocht.

5. Nach dem Abkühlen wird die Säure abgegossen und mit·destilliertem Wasser nach-gespült. Die Prüfkörper werden unter jedesmaligem Erneuern des Wassers 8 × 3 h lang aus-gekocht. Nach Trocknen bei 110° C werden die Prüfkörper 4 h lang bei 1000° in oxydierender oder neutraler Atmosphäre geglüht. Die Erhitzung wird in Brennkapseln bei einem Tempera-turanstieg von 10° je min durchgeführt.

Die geglühten Prüfkörper werden bei geschlossenem Ofen in der Brennkapsel abgekühlt.

6. Die Gewichtsveränderung wird festgestellt und in Prozenten des Ausgangsgewichts als Säurelöslichkeit angegeben. Ferner wird erneut das Wasseraufnahmevermögen nach DIN 1065 bestimmt.

Nach dem Entwurf DIN 1230 (s. S. 264) wird dieses Verfahren in etwas abgewandelter und abgeschwächter Form für die Prüfung der Säurebeständigkeit von Steinzeugrohren usw. in Vorschlag gebracht.

Auch Bauteile für Wand- und Bodenbeläge müssen säure-, lauge- und kor-rosionsbeständig sein. Der Entwurf DIN 51091 [106] zur Bestimmung der Säure- und Laugenbeständigkeit von Bauteilen für Wand- und Bodenbeläge sieht die Prüfung bei Raumtemperatur in 70%iger Schwefelsäure (1,615) bzw. 20%iger Kalilauge (1,19) vor.

Aus zehn Probestücken wird je ein Probekörper von 50 mm Länge so ge-schnitten, daß die eine Längskante keine Schnittkante ist. Je Prüfflüssigkeit sind fünf Probekörper zu verwenden. Vor dem Eintauchen in die Prüfflüssigkeit sind die Probekörper von anhaftendem Staub zu befreien und 6 h bei 110° C ±3° zu trocknen. Die Probekörper werden aufrecht stehend bis zur Hälfte ihrer Länge in die Prüfflüssigkeit von 18 bis 20° C getaucht und 28 Tage darin belassen. Das Gefäß ist mit einem Deckel zu verschließen. Anschließend werden die Probekörper 8 Tage lang in fließendem Wasser gelagert und dann $^1/_2$ h lang in Wasser, das viermal gewechselt werden muß, gekocht. Makroskopisch sicht-bare Veränderungen der Prüfkörperoberfläche werden festgestellt. Sofern Angabe der Gewichtsverluste gewünscht wird, müssen die Prüfkörper in gleicher Weise wie vor dem Versuch getrocknet und die Gewichtsdifferenz zum Ausgangsgewicht be-stimmt werden.

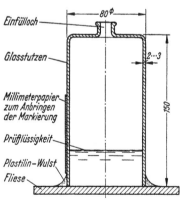

Abb. 47. Vorrichtung zum Bestimmen der Säure- und Laugenbeständigkeit.

Der Entwurf DIN 51092 [107] zur Be-stimmung der Säure- und Laugenbeständig-keit der Glasur von glasierten Bauteilen für Wandbeläge sieht ein qualitatives Prüf-verfahren vor. Es ist an unbeschädigten ganzen Wandfliesen durchzuführen. Die Glasuroberfläche ist vor der Prüfung mit Methanol zu säubern. Auf die Platte wird ein Glaszylinder (Abb. 47) aufgekittet. In den Glaszylinder werden 100 ml Prüfflüssig-keit eingefüllt: 3%ige Salzsäure zur Prüfung der Säurebeständigkeit bzw. 3%ige Kalilauge zur Prüfung der Laugenbeständigkeit. Bei 18 bis 20° C werden die Proben 3 Tage lang dem Angriff ausgesetzt, und die Flüssigkeit wird täglich leicht durchgeschüttelt. Am 4. Tage wird die Prüfflüssigkeit erneuert und nach weiteren 3 Tagen — 7 Tage nach dem Ansetzen — abgegossen. Dann wird die Oberfläche erneut mit Methanol gereinigt.

Makroskopisch sichtbare Veränderungen der Glasur und der Prüfflüssigkeit, vor allem der Farbe bei farbigen Glasuren, sind zu vermerken.

Da Bauteile für Wand- und Bodenbeläge — auch säurefeste Steine — oft dem Angriff aggressiver organischer Säuren, wie z. B. Milchsäure usw., ausgesetzt sind, erscheint es dringend erforderlich, auch die Beständigkeit gegen die Einwirkungen derartiger Säuren in den Prüfverfahren mit zu berücksichtigen (s. unten DIN 51031).

An farbigen Bauteilen für Wand- und Bodenbeläge ist nach Entwurf DIN 51094 [*108*] die Farbechtheit zu bestimmen. Die Farbe kann bereits durch Säure- und Laugeneinwirkung beeinträchtigt bzw. zerstört werden. Die Farben können aber auch durch Lichteinwirkung angegriffen werden. Die Prüfung z. B. an Fliesen wird wie folgt durchgeführt: Nach dem Reinigen wird die dem Licht ausgesetzte Seite der ungeteilten Fliese zur Hälfte mit einer Zinnfolie abgedeckt. Dann wird die Fliese einer Ultraviolettstrahlung bekannter Leistung in einem Abstand von 500 mm ausgesetzt. Die während der Bestrahlung an der Oberfläche herrschende Temperatur soll etwa 26, jedoch nicht über 30° C betragen. Die Lichtstrahlen sollen möglichst rechtwinklig auf das Prüfstück fallen. Die Prüfdauer soll ohne Unterbrechung 28 Tage währen.

Die Beurteilung erfolgt nach Entfernung der Zinnfolie durch Vergleich der bestrahlten mit der geschützten Oberflächenhälfte.

Die Prüfverfahren nach den Entwürfen DIN 51091/092 und 094 werden zusammen mit anderen Prüfverfahren in das Gütenormblatt DIN 18155 [*109*] eingearbeitet.

Die Säure- und Laugenbeständigkeit und in Verbindung damit das Problem der Bleiabgabe aus Glasuren und Dekoren ist wichtig für den Bereich der Feinkeramik.

Für die Prüfung der Bleiabgabe von eingebrannten Aufglasurfarben, Glasuren und Dekoren ist das Normblatt DIN 51031 [*110*] geschaffen worden. (In diesem Zusammenhang wird auch auf die Normblattentwürfe DIN 51150 und DIN 51151 [*111*], [*112*] über die Prüfung der Säurebeständigkeit von Email gegen Zitronensäure verwiesen.)

Der Anwendungsbereich erstreckt sich auf alle keramischen Eß-, Trink- und Kochgeschirre sowie alle anderen mit Lebensmitteln in Berührung kommenden keramischen Erzeugnisse. Das Problem hat besondere Bedeutung im Hinblick auf die gesetzlichen Bestimmungen zur Verhütung von Bleivergiftungen.

Der Begriff der Bleiabgabe (Bleilässigkeit) entspricht der durch 24stündige Beanspruchung bis 20° C in 4%iger Essigsäure löslichen Menge Bleiverbindungen, bezogen auf 100 cm² Farbfläche bei besonders angefertigten Proben, oder bei Fertigerzeugnissen, bezogen auf 100 cm² der gesamten Innenoberfläche des Einzelstücks. Da das Normblatt DIN 51031 ein Verfahrensblatt und kein Gütebestimmungsblatt ist, enthält es keine Bestimmungen über eine etwa *zulässige Bleiabgabe*.

Das Normblatt enthält Vorschriften über die Anfertigung besonderer Proben, um z. B. neue Farben und Glasuren zu untersuchen. Stets müssen Farben und Glasuren unter Betriebsbedingungen eingebrannt werden, so daß damit ein sicherer Schluß auf ihr Verhalten bei späterer betriebsmäßiger Verarbeitung gegeben ist. In gleicher Weise sind Vorschriften für die Prüfung von Eß-, Trink- und Kochgeschirren sowie flachen Gegenständen, z. B. Platten und Tellern, gegeben, die im ganzen Stück zu prüfen sind. Besondere Anweisungen enthält das Normblatt für die zur Durchführung der Prüfung zu verwendenden Reagenzien.

Das Blei wird als Bleichromat gefällt, nach dem Abfiltrieren in verdünnter Salzsäure (1,06 g/ml) gelöst, die Lösung mit Kaliumjodid versetzt und das ausgeschiedene Jod dann mit Natriumthiosulfat titriert.

Die Prüfverfahren zur Bestimmung der Säurefestigkeit von Aufglasurfarben sowie zur Bestimmung der Widerstandsfähigkeit von Aufglasurfarben gegen Waschmittel, Soda und Laugen sind auf dem Wege zur Normung. Sie sind einstweilen als Richtlinien erschienen.

Daraus ist zu entnehmen [113]:

a) *Prüfung der Säurefestigkeit von Aufglasurfarben.* Zur Prüfung der Säurefestigkeit werden die Aufglasurfarben für Malerei und Druckerei auf der ansteigenden Fahne eines aus der Fabrikation entnommenen Porzellanschälchens abschattiert aufgetragen. Zweckmäßig hat das Schälchen etwa folgende Abmessungen:

oberer Durchmesser . . . . 120 bis 140 mm
unterer Durchmesser . . . . 80 bis 100 mm
Höhe . . . . 25 bis 30 mm

Die Einbrennbedingungen sollen den Betriebsverhältnissen entsprechen.

Durch Vermischen von reiner konzentrierter Handelsäure (z. B. Salzsäure oder Essigsäure) und destilliertem Wasser wird die Prüfsäure auf die erforderliche Stärke gebracht. Die genaue Konzentration kann durch Titration gegen $1/_{10}$ n-Natronlauge eingestellt werden.

Die Säure wird so in das Schälchen eingegossen, daß die untere Hälfte der Farbfläche unter Säureeinfluß steht. Die Prüfung erfolgt abgedeckt, in Ruhe bei Zimmertemperatur. Es werden z. B. folgende Säurekonzentrationen verwendet:

1. 5 stündige Prüfung mit 3 %iger Salzsäure,
2. 24 stündige Prüfung mit 4 %iger Essigsäure.

Nach der Prüfung wird folgende Gruppeneinteilung vorgenommen:

Gruppe I: Farben, die bei 5 stündiger Behandlung mit 3 %iger Salzsäure nicht angegriffen werden.

Gruppe II: Farben, die bei 24 stündiger Behandlung mit 4 %iger Essigsäure nicht angegriffen werden.

Gruppe III: Farben, die bei 24 stündiger Behandlung mit 4 %iger Essigsäure in der starken Lage nur ganz leicht angegriffen werden.

Farben, die wegen ungenügender Haltbarkeit nicht in eine der drei Gruppen eingestuft werden können, sind als *nichtsäurebeständig* anzusprechen.

Die Prüfung kann sinngemäß auch bei anderen feinkeramischen Erzeugnissen angewandt werden. Poröse Scherben müssen an nichtglasierten Stellen mit Wachs, Paraffin oder Asphalt vor der Säureeinwirkung geschützt werden.

b) *Prüfung der Widerstandsfähigkeit von Aufglasurfarben gegen Waschmittel, Soda und Laugen.* Für die Prüfung werden glasierte Porzellanplättchen mit einer Länge von 80 mm, einer Breite von 20 mm und einer Scherbenstärke von 3 bis 4 mm verwendet. In der Mitte der Plättchen ist beiderseits eine Einkerbung vorzusehen, die ein späteres Auseinanderbrechen in zwei Hälften ermöglicht. Auf die Plättchen werden die zu prüfenden Farben abschattiert aufgetragen und bei Betriebstemperaturen aufgeschmolzen. Die Plättchen werden in der Kerbe auseinandergebrochen und die eine Hälfte in einem Becherglas in die Prüflösung gelegt. Das Becherglas wird mit einem Uhrglas abgedeckt. Die Prüflösung wird zum Kochen gebracht. Der Flüssigkeitsspiegel wird an der Außenseite des Becherglases markiert, er soll etwa 5 cm über den Farbplättchen stehen. Durch das konvex aufgelegte Uhrglas tropft die verdampfende Flüssigkeit weitgehend in das Becherglas zurück. Etwa verdampfte Flüssigkeit wird in kurzen Zeitabständen durch Zugabe von kochendem Wasser ergänzt. Nach Beendigung der Behandlung ($1/_2$ h Kochen) werden die Plättchen mit kaltem Wasser abgespült und ohne Reiben abgetrocknet. Durch einen Vergleich mit der unbehandelten Hälfte der Prüfplättchen wird der Grad des Angriffs bestimmt.

Als Chemikalien werden zur Prüfung angewendet:

1. Trinatriumphosphat, 2. calc. Soda, 3. handelsübliche Waschmittel.

Als Standardprüfung wird vorgeschlagen:

$1/_2$ stündiges Kochen mit 1 %iger Trinatriumphosphat-Lösung.

Dieser Empfehlung liegt folgende Beobachtung zugrunde: Bei drei Porzellanfabriken wurden sechs viel verwendete Aufglasurfarben in normaler und starker Lage als Farbband auf Teller aufgetragen und betriebsmäßig eingebrannt. Diese Geschirre wurden in einer Großküche unter Normalbedingungen laufend verwendet. Nach 5000 Durchgängen durch die Geschirrspülmaschine zeigte sich bei den verwendeten Farben ein Angriff, der in seiner Intensität dem Angriff durch $1/_2$ stündiges Kochen mit 1 %iger Trinatriumphosphat-Lösung im Laboratorium näherungsweise gleichzusetzen ist.

Literatur.

RIEKE, R., u. L. MAUVE: Die Säurebeständigkeit von Aufglasurfarben. Ber. dtsch. keram. Ges. Bd. 11 (1930) S. 487. — KILLIAS, E.: Die Einwirkung alkalischer Waschmittel auf die Haltbarkeit von Aufglasurfarben. Ber. dtsch. keram. Ges. Bd. 11 (1930) S. 602. — KOHL, H.: Die Haltbarkeit der gebräuchlichsten Porzellanfarben in der Geschirrspülmaschine und im Laboratorium. Sprechsaal Bd. 64 (1931) S. 887 u. 907. — FUNK, W., u. M. MIELDS: Über die Widerstandsfähigkeit der Schmelzfarben gegen verdünnte Säuren und ein Verfahren zur Bestimmung ihrer Bleilöslichkeit. Ber. dtsch. keram. Ges. Bd. 12 (1931) S. 535. — EISENLOHR: Prüfmethoden der säurebeständigen Schmelzfarben. Keramische Rdsch. Bd. 39 (1931) S. 9. — ENDELL, C.: Über die Wirkung alkalischer Reinigungsmittel auf farbigdekoriertes Porzellan-Hotelgeschirr. Ber. dtsch. keram. Ges. Bd. 12 (1931) S. 548. — RIEKE, R., u. M. MIELDS: Über die Säurebeständigkeit bleihaltiger keramischer Flüsse in Abhängigkeit von ihrer Zusammensetzung. Ber. dtsch. keram. Ges. Bd. 16 (1935) S. 331. — KOHL, H.: Die Materialprüfung keramischer Oberflächen, Farben und Überzüge. Sprechsaal Bd. 83 (1950) S. 101, 125, 143, 163 u. 184. — MIELDS, M.: Über die chemische und mechanische Beständigkeit von Aufglasurfarben. Silikattechnik Bd. 2 (1951) S. 260. — ZAPP, F.: Über die Beeinflussung der Haltbarkeit von Aufglasurdekoren auf Porzellan. Ber. dtsch. keram. Ges. Bd. 29 (1952) S. 297 — Sprechsaal Bd. 86 (1953) S. 13. — HÄFFNER, H., u. A. PAWLETTA: Bleilässigkeit von Aufglasurdekoren. Ber. dtsch. keram. Ges. Bd. 30 (1953) S. 139 u. 179.

b) Verschlackungsbeständigkeit — Angriff durch Gase.

Der Begriff Verschlackungsbeständigkeit ist nicht nur auf die Beständigkeit keramischer Werkstoffe gegen den Angriff von Schlacken als solchen, beispielsweise Kohlen- oder Erzschlacken, sondern auch in gleicher Weise gegen den Angriff anderer fester Stoffe, wie beispielsweise Zement, oder flüssiger Stoffe, wie beispielsweise Glas, oder Soda- und Sulfatschmelzen im Zellstoffprozeß usw., bei hohen Temperaturen zu beziehen. Das Problem ist nicht nur ein chemisches, sondern ebenso ein chemisch-physikalisches und in vielen Fällen ein solches der mechanischen Beanspruchung. Immer aber geschieht der Angriff bei hohen Temperaturen, und so beschränkt sich die Behandlung des Problems in erster Linie auf die Reaktionsfähigkeit feuerfester Werkstoffe mit einem angreifenden Stoff. Es liegt im Einklang mit der Bedeutung des Problems eine sehr umfangreiche Literatur vor [*114* bis *119*], auf die zu verweisen ist. An dieser Stelle ist kurz zusammenzufassen:

1. Der Angriff kann nur wirksam werden, wenn chemische Reaktionen zwischen feuerfestem Werkstoff und *Berührungsstoff* möglich sind.

2. Der chemische Angriff kann sich auf Oberflächenwirkung beschränken unter Bildung einer *Schutzschicht*.

3. Der chemische Angriff kann leichtflüssige Verbindungen schaffen, die von der Oberfläche ablaufen oder abtropfen, so daß stets neue Angriffsflächen und damit die Voraussetzungen für weitere Reaktionen geschaffen werden.

4. Porosität und Porenform können den Angriff durch Infiltration verstärken und die Reaktionsprodukte durch Tränkung, Ausscheiden von Verbindungen in den Poren unter Umständen den inneren Verband des Werkstoffs gefährden.

5. Gasförmige Stoffe, wie Kohlenoxyd, Methan usw., können einzelne Bestandteile des feuerfesten Werkstoffs als solchen durch Reduktionswirkung angreifen. Es kann sich auch unmittelbar allein oder in Verbindung mit Reduktionserscheinungen Kohlenstoff im feuerfesten Werkstoff ablagern, der zu seiner völligen Zerstörung an und für sich, ja sogar der mit ihm hergestellten Bauten selbst, z. B. Hochöfen, führen kann.

6. Mechanischer Angriff durch Reibung, Blaswirkung usw.

Das Ausmaß des Angriffs von Schlacke und anderen Stoffen ist nicht nur abhängig von der Reaktionsfähigkeit zwischen angreifendem und angegriffenem Stoff, sondern auch von der Angriffsmöglichkeit als solcher, z. B. diese herabsetzend durch Bildung einer Schutzschicht (Zementöfen) oder sie unter Umständen verstärkend durch Porosität sowie Oberflächenbenetzungsfähigkeit. Man hat in letzterem Falle versucht, durch Schaffen eines möglichst großen Gefälls zwischen der Oberflächenspannung des feuerfesten Werkstoffs und des Angriffsstoffs die Benetzungsfähigkeit [120], [121] und damit die Angriffsmöglichkeit herabzusetzen.

Trotz der vielseitigen Arbeiten über diese Probleme gibt es noch kein Prüfverfahren, das den Angriff von Stoffen auf feuerfeste Werkstoffe quantitativ und in Analogie mit den Ergebnissen der Praxis eindeutig bestimmen läßt. In die Normenwerke Englands, Frankreichs und der Vereinigten Staaten ist noch kein Verfahren aufgenommen worden. In Deutschland besteht das Blatt DIN 1069, in dem das *Tiegelverfahren* und das von Hartmann [122] entwickelte *Aufstreuungsverfahren* genormt sind. In den Gütenormen für Hochofensteine DIN 1087, für Siemens-Martin-Ofensteine DIN 1088, für Koksofensteine DIN 1089 ist das Verfahren DIN 1069 nur als Studienversuch zugelassen.

Für den Tiegelversuch wird in ein Steinstück von etwa 80 mm × 80 mm Querschnitt und 65 mm Höhe ein Loch mit ebenem Boden etwa 44 mm ⌀ und 35 mm Höhe gebohrt, in das 50 g feingepulverter Angriffsstoff gegeben werden. Der Versuch ist bei Betriebstemperatur 2 h durchzuführen in einem Ofen, in dem es möglich ist, neutrale, oxydierende oder reduzierende Atmosphäre zu erzielen. Nach dem Erkalten wird der Probekörper diagonal durchgesägt und die Größe des Angriffs getrennt bestimmt nach *Lösung* und *Tränkung* (Abb. 48) durch Planimetrieren und Umrechnen auf das Volumen. Bei diesem Verfahren wird die Brennhaut des Prüflings

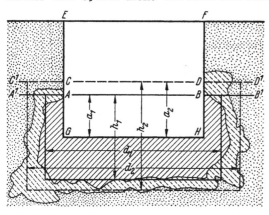

Abb. 48. Prüfverfahren für feuerfeste Baustoffe Verschlackungsbeständigkeit (VBT) DIN 1069.

entfernt. Das Oberflächenspannungsverhältnis zwischen Prüfling und Angriffsstoff kann nicht in Erscheinung treten. Das Innere des Prüflings wird infolge Fehlens der Brennhaut für angreifenden Stoff leichter zugänglich gemacht. Andererseits wird nur eine bestimmte geringe Menge Angriffsstoff verwendet, so daß sich sein Angriff nach Erschöpfung seiner Reaktionsfähigkeit nicht weiter auswirken kann. Außerdem ist über die Anheizgeschwindigkeit nichts ausgesagt, obwohl diese auf den Verlauf des Versuchs von beträchtlichem Einfluß sein kann.

Das von Hartmann entwickelte *Aufstreuungsverfahren* soll die Nachteile des *Tiegelverfahrens* vermeiden. Zylinder etwa 36 mm ⌀ und 36 mm Höhe werden in der heißesten Zone eines elektrischen Versuchsofens gleichmäßig erhitzt. Der Ofen muß das Einhalten neutraler, oxydierender oder reduzierender Atmosphäre gewährleisten. Sobald die Betriebstemperatur erreicht ist, wird in gewissen Abständen feingepulverter Angriffsstoff auf die Probekörper gegeben. Sofern sich flüssige Angriffsstoffe oder Reaktionsprodukte bilden, besteht die Möglichkeit des Abfließens, so daß damit neue Reaktionsflächen geschaffen werden. Die quantitative Bestimmung des Angriffs durch Ausmessen des Restprobekörpers ist sehr schwierig und wenig genau infolge Anhaftens von Reaktionsprodukten.

Bessere Einsicht in das Verhalten feuerfester Werkstoffe Angriffsstoffen gegenüber zeigen qualitative Verfahren, wie das nach SCHAEFER [*123*]. Den zur Durchführung des Verfahrens verwendeten Ofen zeigt schematisch Abb. 49.

In einem kastenförmigen Ofen befinden sich gegenüber einem Gebläsebrenner ein stehender Stein *a* oder mehrere liegende *b*. (Im Fall *a* dienen die Steine *b* als Rückwand des Ofens.) Es ist ein Gasgebläsebrenner angedeutet, für den die Preßluft mittels einer in der Ausmauerung vorgelagerten Rohrschlange vorgewärmt wird. Gegebenenfalls ist zur Erzielung sehr hoher Temperaturen bis 1850° C Sauerstoff zusatzweise einzuleiten. Die Schlacke wird grob- oder feinpulvrig durch eine gesonderte Einführung zugeleitet und von der Flamme mitgerissen. Der Ofen ermöglicht schnelles Erreichen hoher Temperaturen, das Arbeiten mit beliebig großen Mengen Schlackenbildnern und eine Hitze- sowie mechanische Wirkung. Letztere kann durch die Wahl der Korngröße des Schlackenbildners beliebig verändert werden.

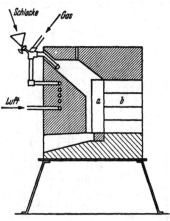

Abb. 49. SCHAEFER-Ofen für Verschlackungsversuche mit Aufblasen der Schlacke.

Im Falle *b* kann in Analogie mit dem praktischen Betrieb durch Einlagern von Mörtelfugen auch das Verhalten feuerfester Mörtel erforscht werden. Auf ähnlichen Gedanken beruht ein Verfahren, das NORTON [*124*] beschreibt (Abb. 50). Eine Reihe von Probesteinen wird ringförmig zusammengemauert und durch einen sich drehenden Brenner unter gleichzeitiger Zugabe von Angriffsstoffen in ähnlicher Weise beansprucht, wie es beim Prinzip nach SCHAEFER der Fall ist.

Für die Beurteilung des Angriffs von Glas auf feuerfeste Werkstoffe dient das Verfahren von BARTSCH [*125*], [*126*] (Abb. 51). Mehrere Prüfstäbe, beispielsweise vier, tauchen gleichzeitig in den Schmelzfluß ein. Die Stäbe sind quadratisch mit 10 mm Kantenlänge und 110 mm lang. Sie sind an den Stabhalter *H* aus Schamotte angekittet, der in einem Schamottering *R* im Deckel eines Silitstabofens hängt. Der Schmelztiegel T_1 ruht auf einem durchbohrten Stempel *St*, der mit einem umgekehrten Tiegel T_2 bedeckt ist und sich in einem größeren Tiegel zur Aufnahme des abfließenden Glases befindet. In der Bohrung

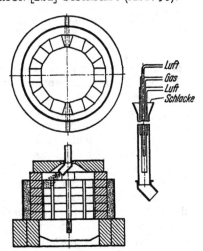

Abb. 50. NORTON, Refractories 49, Verschlackungsprüfung.

des Stempels *St* befindet sich ein Thermoelement. Der Inhalt des Schmelztiegels kann durch eine Bohrung des Stabhalters beobachtet werden. Nach zentrischem Einsetzen des Tiegels T_1 wird dieser mit einer gewogenen Menge gepulverten Glases gefüllt. Die Stäbe befinden sich zunächst 10 mm über dem oberen Tiegelrand. Der Ofen wird dann z. B. innerhalb 5 h auf 1370° erhitzt. Dann wird auf konstante Temperatur eingestellt und der Stabhalter so weit gesenkt, daß die Stäbe 70 mm in die Schmelze eintauchen. Nach Ablauf der vorgesehenen Prüfzeit wird der Stabhalter hochgezogen, so daß die Stäbe aus der Schmelze herauskommen. In dieser Stellung bleiben sie noch 30 min, damit das anhaftende Glas abschmilzt. Zur Auswertung empfiehlt Bartsch das unmittelbare Ausmessen des Querschnitts der Stäbe vor und nach dem Versuch mittels Meßmikroskops, und zwar an mehreren Stellen. Das Stabverfahren erfordert wesent-

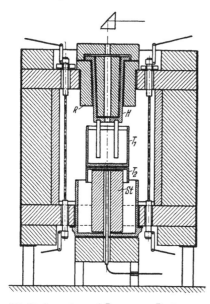

lich größere Sorgfalt als die vorher behandelten, es ermöglicht aber einen genauen Vergleich und liefert zuverlässigere Ergebnisse für die Lösungsfähigkeit auch sehr wenig oder langsam wirkender anderer Angriffsstoffe als Glas. Auch Dietzel [127] hat ein Verfahren zur Prüfung des Widerstands von Wannensteinen gegen den Angriff von Glas entwickelt.

Kohlenstoffhaltige Gase, insbesondere Kohlenoxyd und Methan, können feuerfeste Steine, die Eisen in besonderen Zustandsformen enthalten, zerstören, da durch katalytische Zersetzung bei bestimmter Temperatur, z. B. 550° C, Kohlenstoff abgeschieden wird und dieser sprengend wirkt. Der Vorgang tritt ein, wenn das Eisen als Eisenoxyd, nicht jedoch wenn es als Eisenoxydul und an Silikate gebunden vorliegt. Eisenoxyd kann bis zum 70fachen des eigenen Volumens Kohlenstoff anlagern. Der dadurch auf den Stein ausgeübte Druck beträgt bis über 1000 kg/cm² und kann ihn völlig zer-

Abb. 51. Apparatur nach Bartsch zur Bestimmung des Glas- oder Schlackenangriffs nach dem Meßstabverfahren.

sprengen. Besonders bei Hochöfen [128], [129] ist diese Erscheinung sehr gefürchtet. Es besteht auch über dieses Problem eine sehr umfangreiche, insbesondere ausländische Literatur, die bei Salmang wiedergegeben ist [130].

Trotz seiner großen Bedeutung sind Prüfvorschriften nur in das amerikanische und britische Normenwerk eingegangen. Nach ASTM C 288—54 werden prismatische Probekörper 9 in. Höhe und 2½ oder 3 in. Kantenlänge bei 510 bis 520° C mit CO behandelt und die während des Versuchs gebildete CO_2 bestimmt. Nach dem Versuch wird der Zustand des Probekörpers festgestellt. Nach den britischen Normen BS 1902: 1952 werden zylindrische Probekörper 2 in. Höhe und 1,5 in. ⌀ benutzt und in analoger Weise 200 h bei 450 bis 500° C geprüft, die während des Versuchs gebildete CO_2 gemessen und nach dem Versuch der Grad des Angriffs auf den Probekörper festgestellt. Voraussetzung aller Versuche ist, daß vor Zuleitung des Kohlenoxyds stets alle Luft aus Apparatur und Probekörper durch Einleiten von Stickstoff bei der Versuchstemperatur entfernt wird.

Nach deutschem Verfahren erfolgt das Überleiten von Kohlenoxyd bzw. Methan oder eines Gemischs von beiden über Probestücke, die sich in heizbaren Röhren (Abb. 52) befinden, bei Temperaturen zwischen 400 und 900°. Zweckmäßig sind zylindrische Probekörper und eine Kohlenoxydmenge von 30 l/h. Beobachtet wird, ob ein Zerfall eintritt oder ob, wenn ein solcher nicht sichtbar ist, aber eine Zersetzung des Gases chemisch festzustellen ist, eine Verringerung der Druckfestigkeit vorliegt. Pukall [131] empfiehlt zur Beschleunigung des Angriffs Probekörper mit einer Bohrung, die jedoch nicht vollständig durch sie hindurchgeht, und die Einleitung des Kohlenoxyds in das Innere.

Ein stärkerer Gehalt an Kohlensäure (CO_2) im Kohlenoxyd mindert die Ablagerung von Kohlenstoff. Eine günstige Wirkung haben bereits 25% CO_2 [*130*].

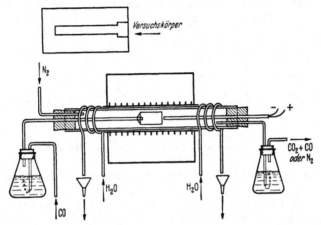

Abb. 52. Apparatur zur Prüfung der Einwirkung von CO auf feuerfeste Werkstoffe.

Andere gasförmige Angriffsstoffe, deren Wirkungsweise fallweise zu erproben ist, sind schweflige Säure, schwefelsaure Anhydride, Zyanverbindungen, Alkalichlorid, ferner bei Spezialmassen Wasserstoff, Chlor, Chlorwasserstoff, und zwar sämtlich kalt wie auch bei Betriebstemperatur.

13. Festigkeitsprüfungen — Elastizität.

Festigkeitsprüfungen sind sowohl an keramischen Roh- als auch an Werkstoffen durchzuführen. Die Ergebnisse sind richtungsweisend nicht nur für ihre Verwendbarkeit unmittelbar, sondern auch für andere Eigenschaften, z. B. hohe Druckfestigkeit — hohes Raumgewicht, bezogen auf das spezifische Gewicht; geringe Porosität —, geringe Gasdurchlässigkeit usw.

a) Beanspruchung durch Biegekräfte.

Die Biegeprüfung an Rohstoffen und Massen wird durchgeführt als Trockenbiegefestigkeitsprüfung. Sie ist wichtig für die Beurteilung des Grads der erreichbaren Festigkeit getrockneter, noch nicht gebrannter Erzeugnisse [*132*], [*133*].

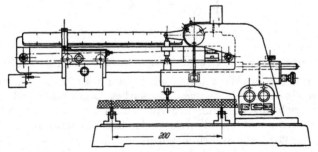

Abb. 53. Biegeprüfgerät zur Bestimmung der Trockenbiegefestigkeit DIN 51030.

Der Versuch wird ausgeführt nach DIN 51030 [*134*] mit mittig wirkender Einzellast auf einem Biegefestigkeitsprüfer. Abb. 53 zeigt ein dafür geeignetes Gerät, das, nach dem Prinzip der Laufgewichtswaage mit zwei Lastbereichen für 5 und

10 kg gebaut, von Hand oder elektromotorisch angetrieben, im Augenblick des
Probekörperbruchs automatisch arretiert wird. Die Probekörper werden in Gipsformen hergestellt und sind nach dem Entformen zu trocknen. Sie haben zwecks
leichterer Entformbarkeit einen trapezförmigen Querschnitt (Abb. 54).

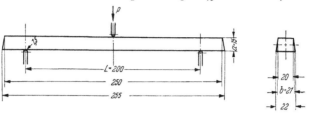

Abb. 54. Biegeprobe für die Bestimmung der Trockenbiegefestigkeit DIN 51030. Maße in mm.

Der Versuch ist nach Trocknung des Probekörpers im Trockenschrank bei
40° C ± 3° C, wobei die relative Luftfeuchtigkeit 40 bis 60% betragen muß,
und seiner Abkühlung in Luft auf Raumtemperatur sofort durchzuführen, damit
nicht etwa die Festigkeitswerte durch Wasseraufnahme beim Lagern absinken.
Für die Auswertung der Ergebnisse sind nur die von *einwandfrei* gebrochenen
Probekörpern heranzuziehen. Proben, die weiter als 10 mm von der Kraft-
angriffslinie gebrochen sind, ebenso Proben, deren Einzelwerte mehr als 20%
vom Mittelwert der drei einander am nächsten liegenden abweichen, dürfen nicht
zur Berechnung des Ergebnisses herangezogen werden. Auf diese Weise sollen
Proben mit Strukturfehlern, die von außen nicht sichtbar sind, ausgeschieden
werden. Die Geschwindigkeit des Lastanstiegs soll 200 g/sek betragen.

Die Trockenbiegefestigkeit σ_{bBtr} ist aus

$$\sigma_{bBtr} = P_{max}\,\frac{3\,L_s}{2\,b\,a^2}$$

zu errechnen und in kg/cm² anzugeben.

Darin bedeuten:

P_{max} Höchstkraft in kg, b mittlere Probenbreite in cm,
L_s Stützweite in cm (normal 20 cm), a Probendicke in cm.

Das arithmetische Mittel $\bar{x}$ und die Standardabweichung s (mittlerer Fehler)
können nur gebildet werden, wenn mindestens fünf *einwandfreie* Ergebnisse
vorliegen. Die Standardabweichung ist aus

$$s = \sqrt{\frac{1}{N-1} \sum_{i=1}^{N} (x_i - \bar{x})^2}$$

zu errechnen und in kg/cm² anzugeben.

Darin bedeuten:

N Zahl der Einzelwerte, x_i Einzelwerte in kg/cm², $\bar{x}$ arithmetisches Mittel in kg/cm².

Die Biegeprüfung an Werkstoffen wird sowohl an besonders angefertigten
Probekörpern als auch am fertigen Werkstück unmittelbar oder nach entsprechender Zurichtung ausgeführt. Ferner ist zu unterscheiden zwischen Verfahren bei *Zimmertemperatur* und solchen bei hohen Temperaturen sowie zwischen
statischen und dynamischen Prüfungen.

α) *Prüfung bei Zimmertemperatur.*

Besonders angefertigte Probekörper werden in solchen Fällen verwendet, in
denen die Biegeprüfung am fertigen Werkstück nur sehr schwierig oder infolge
seiner Form überhaupt nicht durchführbar ist, wo aber doch die Kenntnis vom

Verhalten des *Werkstoffs* selbst bei derartiger Beanspruchung das Bild der Ergebnisse anderer Festigkeitsprüfungen, wie z. B. der Druck- und Zugfestigkeit usw., abrundet.

Aus diesem Grund ist für keramische Isolierstoffe die Bestimmung der Biegefestigkeit nach DIN 57335 an besonders angefertigten Probekörpern vorgeschrieben. Entsprechend der im praktischen Betrieb angewandten Herstellungsverfahren wird unterschieden (Abb. 55) zwischen stranggepreßten und gegossenen Prüfkörpern (Ausführung A) mit rundem Querschnitt sowie gepreßten Probekörpern (Ausführung B) mit abgeflachtem (ovalem) Querschnitt. Der Pfeil gibt die Preß- und Belastungsrichtung an.

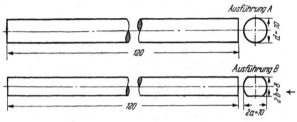

Abb. 55. Prüfkörper zur Bestimmung der Biege- und Schlagbiegefestigkeit DIN 57335. Maße in mm.

Das Prüfgerät muß den Vorschriften des Normblatts DIN 51220 genügen. Die bei der Prüfung auftretenden Kräfte gestatten die Verwendung von Geräten, wie sie z. B. in DIN 1164 (S. 318) und DIN 1060 (S. 319) beschrieben sind. Die seitlichen Biegeauflager sollen eine Stützweite von 100 mm haben und ihr Halbmesser sowie der der mittleren Biegeschneide sollen $r = 5$ mm betragen. Zunahme der Belastungsgeschwindigkeit etwa 5 kg/sek. Ein Biegeauflager und die Biegeschneide sind beweglich zu lagern nach DIN 51223 (Abb. 56).

Die Biegefestigkeit wird berechnet nach der Formel:

$$\sigma_{bB} = \frac{P L_s}{4 W} .$$

Darin bedeuten:

σ_{bB} Biegefestigkeit in kg/cm²,
P Bruchlast in kg,
W Widerstandsmoment in cm³,
L_s Stützweite in cm.

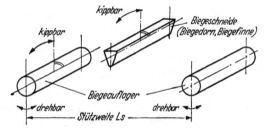

Abb. 56. Anordnung von Biegeauflagern und Biegeschneide DIN 51223.

Für Prüfkörper nach Ausführung A ist das Widerstandsmoment

$$W = \frac{\pi}{32} d^3 \approx 0{,}1\, d^3\ \text{cm}^3 .$$

Für Prüfkörper nach Ausführung B kann das Widerstandsmoment unter der vereinfachenden Annahme eines annähernd elliptischen Querschnitts mit den Halbachsen a und b (Abb. 55) berechnet werden.

$$W = \frac{\pi}{4} a^2 b \approx 0{,}8\, a^2 b\ \text{cm}^3 .$$

Die Biegefestigkeit ist an mindestens fünf Prüfkörpern zu bestimmen und der Mittelwert auf volle 10 kg/cm² abgerundet anzugeben.

Die Festigkeitswerte schwanken nach DIN 40685 [*135*] in erheblichen Grenzen, je nach Art der verwendeten Masse und Art des Herstellungsgangs zwischen etwa 300 bis 2200 kg/cm². Größere Differenzen zwischen der Biegefestigkeit glasierter und unglasierter Probekörper bestehen nach den in dem genannten Normblatt angegebenen Werten nicht.

An keramischen Isolierstoffen ist neben der statischen Biegeprüfung die dynamische Biegeschlagprüfung [*136*] zur Bestimmung der Schlagzähigkeit a_n durchzuführen, da Isolatoren in der Praxis vielfach schlagartigen Beanspruchungen ausgesetzt sind. Die Prüfung wird mit einem 10 cmkg-Pendelschlagwerk (Abb. 57) durchgeführt. Die Schlagzähigkeit ist die auf die Einheit des Querschnitts bezogene Schlagarbeit, durch die ein auf Schlagbiegung beanspruchter Körper zu Bruch geht.

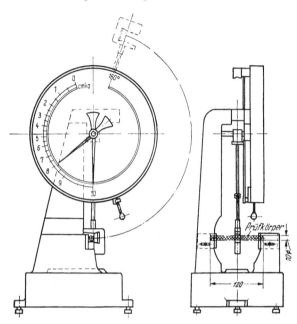

Es werden die gleichen Prüfstäbe wie für die Ausführung der statischen Biegefestigkeitsprüfung benutzt.

Die Schlagzähigkeit wird berechnet nach der Formel

$$a_n = A/F;$$

darin bedeuten:

a_n Schlagzähigkeit in cmkg/cm²,
A verbrauchte Schlagarbeit des Pendelhammers in cmkg,
F Querschnitt des Stabes (nicht der Bruchfläche) in cm².

Bei Prüfkörpern nach Ausführung B ist der Querschnitt als Ellipse mit Halbachsen a und b zugrunde zu legen. Dann ist

$$F = \pi\, a\, b\ \text{cm}^2.$$

Abb. 57. Pendelschlagwerk 10 cmkg — DIN 57335.

Es sind mindestens fünf Probekörper zu prüfen und der Mittelwert auf $^1/_{10}$ cmkg/cm² abgerundet anzugeben.

Betriebstechnischen Untersuchungen zur Bestimmung der Schlagfestigkeit an Geschirren, also am fertigen Werkstück, dient das Gerät nach Rieke-Mauve [*137*] (Abb. 58).

In den Vereinigten Staaten wird in ähnlicher Weise geprüft [*138*]. Es wird die Kantenfestigkeit und die Bodenfestigkeit an Tellern, aber auch an anders geformten Erzeugnissen, wie beispielsweise Tassen, bestimmt.

Zur Prüfung der Kantenfestigkeit werden Teller flach gegen ein Prisma gelegt, das auf der Unterplatte des Geräts verschiebbar angeordnet ist. Da die Tellertiefe und somit die Höhe ihres Randes schwankt, kann das Prüfpendel in beliebiger Höhe an seinem Haltestativ festgeklemmt werden. Teller sind während der Prüfung mit einer Hand so zu halten, daß der Rand des Tellers fest gegen die Prismenfläche anliegt. Bei der Prüfung der Bodenfestigkeit werden die Teller von Hand gegen drei stählerne Halbkugeln gedrückt, die auf einem runden Hartholzklotz in einem Standbock befestigt sind. Das Gesamtgewicht des Prüfpendels (Schlagkörper und Aufhängestab) beträgt 280 g. Zur Ablesung der vom Pendel beim Fall aus einer bestimmten Höhe geleisteten Schlagarbeit ist eine in $^1/_4$ bzw. $^1/_2$ cmkg geeichte Skala angebracht.

a) Es wird die Schlagarbeit aus der Anzahl der Schläge *bei gleichbleibender Schlagarbeit* des Einzelschlags bis zur ersten Beschädigung des Prüflings festgestellt.

b) Es wird die Schlagarbeit aus der Anzahl der Schläge *bei Zunahme der Schlagarbeit* des Einzelschlages um je $^1/_4$ cmkg bis zur ersten Beschädigung des Prüflings festgestellt.

Auch die Festigkeit von Kabelschutzhauben aus Ton für Schwachstromkabel wird nach DIN 279 durch die Bestimmung ihres Widerstands gegen Schlag am fertigen Werkstoff festgestellt.

Geprüft wird in einem Fallwerk (Abb. 59) mit einem in Führungsstangen laufenden Fallgewicht, dessen Spitzenform und Gewicht (3 kg) den Bedingungen einer normalen Spitzhacke entsprechen. In einem Holzkasten von etwa 60 cm

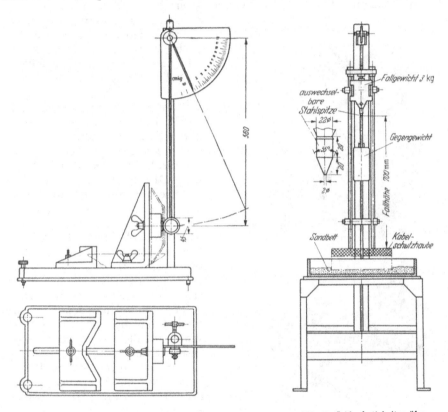

Abb. 58. Tellerprüfer. (Nach RICKE-MAUVE.)

Abb. 59. Schlagfestigkeitsprüfer
für Kabelschutzhauben DIN 279.

Seitenlänge und 10 cm Höhe, der auf einem Stein- oder Betonfundament ruht, wird eine Sandschicht von 5 cm Dicke aus naturfeuchtem (2 bis 4% Feuchtigkeit), gemischtkörnigem Sand bis 2 mm Korn eingebracht. Die Kabelschutzhaube wird lufttrocken in das Sandbett gelegt und mit ihren Auflageflächen so eingerieben, daß diese voll und satt aufliegen. Während der Prüfung ist darauf zu achten, daß die Sandschicht zwischen Kabelschutzhaube und Kastenboden nicht geringer als 2 cm wird.

Das Fallgewicht muß aus der Ruhelage ausgelöst werden und die Spitze des Fallgewichts in der Mitte der Länge auf den Scheitel der Schutzhaube treffen. Die Fallhöhe beträgt 70 cm, die als der baumäßigen Wirklichkeit entsprechend angesehen wird. Die Schläge bis zum Zerstören der Probe werden gezählt. Mindestens fünf Proben sind zu untersuchen.

Je nach der Kabelschutzhaubennennweite — zwischen 50 und 100 mm — wird eine mittlere Schlagzahl zwischen 6 und 18, bei Kleinstwerten zwischen 3 und 12 bis zum Zerstören der Probe gefordert.

Die Biegeprüfung an fertigen Werkstücken wird z. B. an Dachziegeln [*139*] DIN 52250 (jetzt als neuer Entwurf unter DIN 456 erschienen [*140*]), Tonhohlplatten (Hourdis) DIN 52501, Drainröhren DIN 1180, keramischen Bauteilen für Wand- und Bodenbeläge DIN 51090, Ausbaumaterial für Hausbrandöfen und Herde DIN 1299 usw. durchgeführt.

An Dachziegeln und Tonhohlplatten (Hourdis) wird nicht die Biegefestigkeit in kg/cm², sondern lediglich die Biegebruchlast ermittelt. Dieses Verfahren genügt, um sich von der zweckentsprechenden Güte für ihre praktische Verwendbarkeit ein Urteil bilden zu können. In beiden Fällen sind die Unebenheiten der Werkstücke in den Zonen, in denen die Kraftübertragungselemente bei der Prüfung zur Anlage kommen, durch Stege aus reinem Zement bzw. Gips auszugleichen.

Abb. 60. 125 kg bzw. 630 kg Biegeprüfer für Dachziegel usw.

Für Dachziegel schlägt der Entwurf DIN 456/1955 vor, an der Unterseite zwei gleich weit von der Ziegelmitte entfernte 20 mm breite Leisten aus reinem Zement oder Gips (Abstand von Mittelleiste zu Mittelleiste 250 mm) anzubringen. Mittig zu diesen beiden Leisten ist die Oberseite mit einer gleichen Leiste zu versehen. Die drei Leisten sollen an der dünnsten Stelle 5 mm dick und müssen eben sowie parallel zueinander ausgerichtet sein.

Die so zugerichteten Prüfkörper werden in ein geeignetes Prüfgerät DIN 51220 (Abb. 60) eingebaut.

Die Biegeauflager müssen länger sein als die größte Breite der zu prüfenden Dachziegel. Seitliche Biegeauflager und Biegeschneide — Halbmesser $r = 10$ mm — müssen den Vorschriften DIN 51223 entsprechen (Abb. 56). Die Geschwindigkeit des Lastanstiegs bis zum Bruch ist mit 5 kg/sek vorgeschrieben.

Abb. 60 zeigt ein von Hand betätigtes hydraulisches Prüfgerät mit Kraftmessung durch Manometer in zwei Laststufen, von denen die eine für eine Höchstlast von etwa 125 kg, die andere für eine Höchstlast von etwa 630 kg eingerichtet ist. Es können auf ihm alle durch den Normblattentwurf DIN 456/55 erfaßten Dachziegel geprüft werden. Die mittleren Biegebruchfestigkeitswerte sind für Biberschwanzziegel und Strangfalzziegel mit 50 kg und für Preßdachziegel und Hohlpfannen mit 150 kg bei kleinsten Einzelwerten von 40 bzw. 120 kg angegeben. Statt der Seitenauflager nach DIN 51223 können auch *Kugelkette oder Stiftreihe* (s. DIN-Entwurf 456/55) benutzt werden.

Die Bestrebungen, ähnlich den österreichischen Normen B 3201—3202, die Biegefestigkeitsprüfung an ganzen Mauerziegeln in Normalformat auch in das deutsche Normenwerk aufzunehmen, sind fallengelassen worden. Diese Prüfung ist an großformatigen Ziegeln aller Art nicht durchführbar. Für die Bestimmung der Festigkeit von Mauerziegeln, Vollziegeln und Lochziegeln nach DIN 105 ist einheitlich die Druckfestigkeitsprüfung vorgeschrieben worden. Die Biegefestigkeitsprüfung hat daher in Deutschland nur Interesse für die laufende Festigkeitsprüfung im Betrieb selbst an Mauerziegeln DIN 105/DF und NF.

Im Gegensatz dazu enthalten die amerikanischen Normen ASTM C 67—50 für Mauerziegel im Normalformat, C 93—54 für feuerfeste Isoliersteine sowie C 133—55 für feuerfeste Werkstoffe entsprechenden Formats Vorschriften sowohl für die Bestimmung der Biegefestigkeit als auch der Druckfestigkeit (s. S. 263). Die Prüfung wird in allen drei Fällen mit mittig wirkender Einzellast durchgeführt. Im Gegensatz zu den Vorschriften des Normblatts DIN 51 223 sind jedoch außer der Biegeschneide auch die *beiden* seitlichen Biegeauflager *kippbar* zu gestalten. Der deutsche Ausdruck Biegefestigkeit σ_{bB} wird in den amerikanischen Normen wiedergegeben durch die Bezeichnung R = modulus of rupture (flexure test) in pounds per square inch. Die Formeln zur Berechnung der Biegefestigkeit sind nach den deutschen und amerikanischen Vorschriften die gleichen.

Tonhohlplatten (Hourdis) sind nach DIN 52 501 in analoger Weise wie Dachziegel vorzubereiten; jedoch wird bei diesen die Belastung nicht durch eine mittig wirkende Einzellast ausgeübt, sondern durch zwei Einzellasten, die von der Mitte des Prüfkörpers in $^1/_4$ Entfernung der Gesamtlänge des Prüfkörpers angreifen. Die Plattenlänge schwankt nach DIN 278 zwischen 50 und 100 cm Länge, die Breite zwischen 20 und 25 cm und die Plattenhöhe zwischen 3,5 und 10 cm. Für die Mindestbruchlasten sind entsprechend den verschiedenen Abmessungen Bruchfestigkeiten zwischen 150 und 1800 kg/cm² angegeben. Für die Prüfung der Tonhohlplatten läßt sich das Gerät nach Abb. 60 nicht verwenden. Es werden jedoch analoge Prüfgeräte benutzt, die den Maßen der Tonhohlplatten angepaßt sind. Die beiden Laststufen werden für etwa 630 bzw. 2500 kg gewählt. Im übrigen entsprechen die Prüfgeräte sinngemäß dem abgebildeten (Abb. 60).

Fliesen, Boden- und Wandplatten, Spaltplatten (letztere nach Teilung) usw. werden in beiden Richtungen parallel zur Kante nach DIN 51 090 [*141*] auf Biegefestigkeit und nicht auf Bruchfestigkeit geprüft.

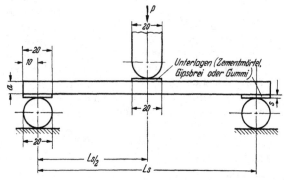

Abb. 61. Versuchsanordnung DIN 51 090. Maße in mm.

Die Versuchsanordnung gibt Abb. 61 wieder. Seitliche Biegeauflager und Mittelschneide müssen DIN 51 223, das Gerät selbst DIN 51 220, Klasse 2, entsprechen. Die benötigten Prüfkräfte lassen die Verwendung des gleichen Geräts wie für die Prüfung von Dachziegeln zu.

Die Proben sind zur gleichmäßigen Verteilung der Belastung über die ganze Breite mit Auflagern von 20 mm Breite und höchstens 3 mm Dicke aus *fettem Zementmörtel oder Gipsbrei* unter der Mittelschneide und über den Seitenauflagern abzugleichen. Als Sonderheit können statt dessen Gummistreifen von 20 mm

Breite und 5 mm Dicke benutzt werden. Für Schiedsuntersuchungen ist jedoch nur das erste Verfahren zulässig. Die Kraftübertragung wird durch eine mittig wirkende Einzellast ausgeübt. Die Belastungsgeschwindigkeit soll 10 bis 20 kg/cm² · sek betragen. Spaltplatten sind in beiden Richtungen parallel zu den Kanten zu prüfen, wobei auch bei außermittigem Bruch für die Berechnung der Biegefestigkeit das Biegemoment und das Widerstandsmoment der Probe am Bruchquerschnitt (einschließlich Rippen) zugrunde zu legen sind. Die Biegefestigkeit ist zu berechnen nach der Formel:

$$\sigma_{bB} = \frac{M_B}{W} = \frac{3\,P_{max}\,L_s}{2\,b\,a^2} \quad \text{in kg/cm}^2.$$

Hierin bedeuten:

P_{max} Höchstkraft in kg, b Breite der Probe in cm,
L_s Stützweite in cm, a Dicke der Probe in cm.

Ein ganz anderer Weg ist für die Bestimmung der Biegefestigkeit von Ausbaumaterial für Hausbrandöfen und Herde DIN 1299 gewählt worden. Die Probe wird nicht auf zwei Biegeauflager gelegt und durch eine mittig wirkende Einzellast auf Biegung beansprucht. Als Auflager dient eine im Kreis angeordnete geschlossene Reihe von Stahlkugeln $d = 7{,}9$ mm (Abb. 62). Diese ruhen auf

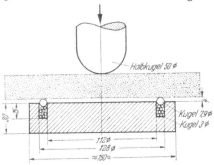

Abb. 62. Biegeversuchseinrichtung (Kugelkette)
DIN 1299. Maße in mm.

Stahlkugeln $d = 3$ mm, die ihrerseits in der ringförmigen Nut einer Stahlplatte von etwa 150 mm × 150 mm × 30 mm gelagert sind. Die Nut hat 128 mm Außendurchmesser, 112 mm Innendurchmesser und 15 mm Tiefe; sie enthält so viel Kugeln von $d = 3$ mm, daß die als Stützkörper dienenden Kugeln $d = 7{,}9$ mm um 4 mm aus der Nut herausragen. Die Proben werden zentrisch auf das Auflager gelegt und mittig durch eine Halbkugel aus Stahl von $d = 50$ mm belastet, die die Oberseite der Probe punktförmig berührt.

Dieser Form der Biegeprüfung liegt der Gedanke zugrunde, das Verfahren bei hohl verlegtem Material in Richtung der größten Beanspruchung durchzuführen. Vor Schaffung des Normblatts DIN 51090 sind auch Fliesen und Wandplatten vielfach in der gleichen Weise geprüft worden.

Die Biegefestigkeit in kg/cm² wird nach

$$\sigma_{bB} = 1{,}43\,\frac{P_{max}}{h^2} \quad \text{berechnet.}$$

Darin bedeuten:

P_{max} die Bruchlast in kg,
h die mittlere Dicke der Probe in cm unter Ausschaltung etwaiger Rillen oder Leisten.

Die Biegefestigkeit soll mindestens 30 kg/cm², der Lastanstieg etwa 10 kg/sek betragen.

Zu verwenden sind Prüfgeräte nach DIN 51220, nach der Größenordnung und Belastbarkeit ein Gerät, wie es für Dachziegelprüfungen benutzt wird.

Eine besondere Ausführungsform der Biegeprüfung ist auch für die Prüfung von Drainrohren [142] nach DIN 1180 vorgeschrieben. Statt der seitlichen Biegeauflager und der Biegeschneide nach DIN 51223 sind Drahtseilschlaufen (Drahtseildurchmesser 10 mm) zu verwenden. Der Abstand der seitlichen Schlaufen soll 250 mm von Mitte zu Mitte Schlaufe betragen. Die Kraft wird über

die dritte Schlaufe als mittig wirkende Einzellast übertragen. Die Drahtseilschlaufen sollen so gestaltet sein, daß sie annähernd den halben Rohrumfang
umschließen. Die Geschwindigkeit des Lastanstiegs ist nicht angegeben. Es
wird die Bruchlast der Rohre bestimmt, die je nach dem Nenndurchmesser der
Drainrohre von 40 bis 200 mm zwischen 280 und 2800 kg schwankt. Je mehr
die Werte der Bruchlast die festgesetzten Mindestbruchwerte überschreiten, um
so höher ist nach Angabe des Normblatts die Dauer-
haftigkeit der Drainrohre zu bewerten.

Nach den amerikanischen Normen ASTM C 4—55
werden Drainrohre wie Steinzeugrohre auf Scheiteldruckfestigkeit sowohl zwischen Holzbalken als
auch im Sandbett geprüft. Die Prüfung im Sandbett
erscheint zweckmäßig, weil dabei der Praxis angenäherte Verhältnisse geschaffen sind (Abb. 63).

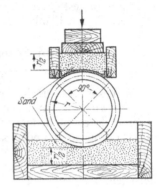

Nach dem neuen Entwurf DIN 1230, Blatt 2
(s. S. 264), ist bei Steinzeugrohren in Zukunft auch
die Biegefestigkeit an Proben, die aus Rohrbruch-
stücken herausgesägt sind, durchzuführen. Die
Längsseiten dieser Probe müssen, den Mantellinien
gleichlaufend, bei der Prüfung lotrecht stehende Be-
grenzungsflächen bilden. Probekörperabmessungen:

Abb. 63. Scheiteldruckprüfung von
Drainrohren im Sandbett —
ASTM C 4—55.

140 mm × 25 mm bis 30 mm × 15 bis 25 mm (Höhe).
Die beiden gebogenen Flächen werden geradegeschliffen. Es ist darauf zu achten,
daß die nach außen gekrümmt gewesene Fläche bei der Prüfung oben liegt. Der
Biegeversuch wird mit mittig wirkender Einzellast durchgeführt. Die Biege-
einrichtung muß DIN 51 223, Ziff. 8.6, genügen. Die Berechnung der Biegefestigkeit geschieht nach der Formel:

$$\sigma_{bB} = \frac{3 P_{max} l}{2 b h^2}.$$

Darin bedeuten:

P_{max} Bruchlast, b Breite des Prüfkörpers,
l Entfernung der Biegeauflager, h Höhe des Prüfkörpers.

Über eine besondere Form der Biegeprüfung bei Zimmertemperatur an feuerfesten Werkstoffen in Verbindung mit der Prüfung der Temperaturwechselbeständigkeit wird auf S. 284 berichtet.

β) Prüfung bei hohen Temperaturen.

Die Bestimmung der Biegefestigkeit, insbesondere an feuerfesten Werkstoffen
bei hohen Temperaturen, ist bereits an unbelasteten, freitragenden, aus feuerfesten Tonen hergestellten Probestäben 250 mm Länge mit einem Querschnitt
von 10 mm × 20 mm bei 230 mm Stützweite von CRAMER [143] ausgeführt
worden. McMullen [144] hat ein Verfahren zum Prüfen feuerfester Mörtel auf
Biegefestigkeit bei hohen Temperaturen unter Druckbelastung entwickelt. Ein
Parallelverfahren zur Druck-Feuer-Beständigkeit (DFB) DIN 1064 ist noch
nicht genormt. Zwecks Beurteilung des Verhaltens keramischer Rohstoffe und
Massen beim Brennen wird ein DKG-Merkblatt [145] Nr. 7 auf Grund der Arbeiten
von REUMANN [146] ausgearbeitet. Es wird die Durchbiegung freitragender
Stäbe im Brand überwiegend aus bildsamen Rohstoffen, wie Ton, Kaolin, sowie
betriebsfertigen Arbeitsmassen geprüft. Die Prüfkörper werden im allgemeinen
unbelastet und in bei 500° bis 900° C vorgebranntem Zustand geprüft. Es
werden entweder Prüfstäbe wie zur Prüfung der Rohrbruchfestigkeit DIN 51030

verwendet oder solche rechteckigen Querschnitts 175 mm Länge, 25 mm Breite und 6 mm Dicke. Die Stützenentfernung soll 150 mm betragen. Für die laufende Betriebsüberwachung können auch nicht vorgebrannte Prüfkörper verwendet werden, die eine etwas größere Durchbiegung als vorgebrannte Körper aufweisen. Festgestellt wird die Größe der Durchbiegung an mindestens sechs Probestäben, ausgehend von der Null-Linie des Probekörpers. Sie dient als Maß für die Standfestigkeit keramischer Rohstoffe und Massen während des Brandes im Bereich der Feinkeramik.

b) Beanspruchung durch Druckkräfte.

α) *Prüfung bei Zimmertemperatur.*

An besonders angefertigten, unter Betriebsbedingungen gebrannten Probekörpern wird die Druckfestigkeit von Massen für keramische Isolierkörper bestimmt, da es kaum möglich ist, aus fertigen Isolatoren geeignete Prüfkörper durch Herausbohren oder Sägen zu gewinnen. Es sind nach DIN 57335 zylindrische Probekörper 25 mm Ø und 25 mm Höhe, $\approx$ 5 cm², mit planparallel geschliffenen Endflächen herzustellen. Der Lastanstieg soll 300 bis 400 kg/sek betragen. Die hohen Druckfestigkeiten der für die Herstellung keramischer Isolierkörper verwendeten Massen (DIN 40685 zwischen 2500 bis > 12000 kg/cm²) machen die Verwendung von Prüfmaschinen DIN 51220 mit einer Leistung von 60 bis 100 t Höchstlast erforderlich. Zweckmäßig ist es, für die Durchführung der Prüfung zwischen den normalen Preßplatten der Prüfmaschine in Analogie mit den Vorschriften DIN 1164 besondere Einbauten mit Spezialpreßplatten zu verwenden. Bei Isolatoren aus überwiegend tonsubstanzhaltigen Massen aus Hartporzellan liegen die Festigkeitswerte von glasierten Isolatoren um etwa 10% höher als die der unglasierten.

Durch Teilung mittels Sägen bzw. durch andere Zurichtung hergestellte Probekörper sind für bestimmte Erzeugnisse des Normblatts DIN 105 *Mauerziegel, Vollziegel und Lochziegel* (Stand der Normungsarbeit November 1955) sowie DIN 4051, Blatt 2, *Kanalklinkerprüfung* (November 1955) vorgeschrieben.

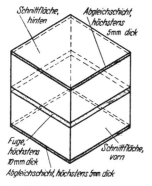

Abb. 64. Probewürfel aus gehälfteten Vollziegeln DIN 105.

Bei Normal-NF und Dünnformat-DF/DIN 105 werden die Ziegel durch Sägen gehälftet und die Hälften gegenläufig aufeinander gemauert (Abb. 64), um einen annähernd würfelförmigen Probekörper zu erhalten. Versuche sollten zeigen, ob das Sägen erspart und bei der Prüfung aufeinandergemauerter ganzer Mauerziegel DIN 105 Werte erhalten werden könnten, die ohne weiteres auf die bisherigen beziehbar seien. Es hat sich gezeigt, daß das Verfahren nur dann einwandfrei durchführbar ist, wenn zwei Ziegel nahezu gleicher Festigkeit aufeinandergemauert werden. Wenn aber Ziegel verschiedener Festigkeit, wie es bei Mauerziegeln mit ihrer starken Festigkeitsstreuung oft der Fall ist, verwendet werden, wird lediglich der weniger feste Ziegel zerstört. Solche Ergebnisse sind unverwertbar. Es bleibt daher auch in der Neuausgabe des Normblatts DIN 105 für die Prüfung der Mauerziegelformate NF und DF bei der bisherigen Prüfvorschrift. Alle Lochziegel DIN 105 sind am ganzen Stein zu prüfen. Für Kanalschachtklinker DIN 4051, Blatt 2, als qualifiziertere Werkstoffe, ist die Bestimmung der Druckfestigkeit an Probekörpern aus zwei knirsch mit Zement-

mörtel aufeinandergemauerten Kanalschachtklinkern mit planparallel zueinander mit Zementmörtel abgeglichenen Endflächen vorgeschrieben.

Zur Herstellung der Fugen im Probekörper und Abgleichen der Druckflächen (Lagerflächen) ist für DIN 105 Zementmörtel aus einem Raumteil Zement (Z 325 DIN 1164) und einem Raumteil gewaschenem Natursand 0/1 zu verwenden. Soweit Griffschlitze und Lochungen in der Ebene der Druckfläche liegen, sind diese vor dem Abgleichen mit Papier zu verstopfen, damit der Mörtel nicht zu tief eindringt. Die Abgleichschicht soll nicht dicker als 5 mm sein, die Fugendicke höchstens 10 mm betragen. Die abgeglichenen Flächen müssen planparallel zueinander stehen.

Zur Versuchsausführung ist eine Druckprüfmaschine nach DIN 51223 zu verwenden. Der Lastanstieg soll 5 bis 6 kg/cm² · sek entsprechen. Die Druckfestigkeit wird berechnet nach der Formel:

$$\sigma_{dB} = P_{max}/F \quad \text{in kg/cm}^2.$$

Darin bedeuten:

P_{max} Bruchlast in kg,
F Größe der gedrückten Fläche in cm² (bei Ziegeln mit parallel zur Druckrichtung liegenden Löchern und Griffschlitzen einschließlich dieser).

Der Druck muß stets senkrecht zu der Steinfläche ausgeübt werden, die im Mauerziegelwerk als Lagerfläche dient.

Nach den amerikanischen Normen ASTM C 67—50 für Mauerziegel, C 93—54 für feuerfeste Isoliersteine sowie C 133—55 für feuerfeste Werkstoffe ist neben der Bestimmung der Biegefestigkeit (s. S. 259) außerdem die der Druckfestigkeit vorgeschrieben. Für Mauersteine im Normalformat ist die Verwendung flach gelegter halber Ziegel vorgeschrieben, für C 93—54 flach gelegte Probekörper $4^1/_2$ inch $\times$ $4^1/_2$ inch $\times$ $2^1/_2$ inch, während nach der Norm C 133—55 Probekörper 9 inch $\times$ $4^1/_2$ inch $\times$ $2^1/_2$ oder 3 inch aufrechtstehend zu prüfen sind. Der Ausdruck *Druckfestigkeit* lautet in den amerikanischen Normen für die Prüfung von Mauersteinen *compressive strength* und für die von feuerfesten Isoliersteinen und von feuerfesten Werkstoffen (*cold*) *crushing strength*. Die Druckflächen der Ziegel werden nach dem Ausfüllen von *Vertiefungen* mit Zementbrei und nachfolgendem Schellackieren mit Gipsbrei parallel zueinander abgeglichen und dann ebenso wie die Probekörper aus feuerfesten Isoliersteinen — letztere ohne eine derartige Behandlung — unmittelbar geprüft, während bei feuerfesten Werkstoffen C 133—55 ähnlich wie bei den französischen Bestimmungen (s. unten) eine Zwischenlage zwischen Probekörper und Preßplatte zu verwenden ist, und zwar aus Fiber oder ähnlichem Material 0,25 inch dick.

In Deutschland sind für die Prüfung feuerfester Werkstoffe nach DIN 1067 (in Überarbeitung) aus dem mittleren Teil der zu prüfenden Steine durch Ausbohren hergestellte Zylinder, $\varnothing$ 50 mm und $h = 45$ mm, ≈ 20 cm², zu verwenden. Eine Grundfläche des unbearbeiteten Probekörpers soll von der Brennhaut gebildet werden. Die Druckflächen der Prüfzylinder sind sorgsam planparallel zu schleifen (s. S. 264). Die Probekörper sind vor dem Versuch bis zur Gewichtskonstanz bei 110° C zu trocknen, um den Einfluß von Feuchtigkeit auf das Prüfergebnis auszuschalten. Der Lastanstieg soll 20 kg/cm² · sek entsprechen. Als Prüfgerät ist eine Maschine — je nach Art der Erzeugnisse genügen im allgemeinen Druckprüfmaschinen mit 20 t oder 40 t Höchstlast — DIN 51220, Klasse 1, zu verwenden. DIN 1067 schreibt vor:

Die Anzeige muß im Bereich der Bruchbelastung eine Genauigkeit von ±1% besitzen.

Die englischen Normen lassen bezüglich der Probekörpergröße einen Spielraum. Nach Möglichkeit sollen ganze Steine geprüft werden, keine Kantenlänge

jedoch unter 7,62 cm. Aus großformatigen Steinen sollen Würfel von 7,62 cm Kantenlänge herausgeschnitten werden Der Lastanstieg soll etwa 250 kg je 6,5 cm²·min betragen. Die französischen Normen schreiben Würfel von 50 mm Kantenlänge vor, die nach zehnstündigem Trocknen bei 80° C mit einem Lastanstieg von 15 kg/cm²·s zu prüfen sind. Zwischen Preßplatten und Probekörper ist ein grauer Pappkarton von 2 mm Dicke und einem Quadratmetergewicht von 1,8 kg zu legen (NF B 49—130 [in Überarbeitung]).

Die Einfügung von derartigen Zwischenlagen — s. auch S. 263, ASTM C 133— 55 — ist nach dem deutschen Normenwerk unzulässig, weil sie das Prüfergebnis in nichtkontrollierbarem Ausmaß beeinflussen. Zwischenlagen irgendwelcher Art, seien es solche aus Pappe, Gummi, Kupferblech oder eine dünne Paraffinschicht, verändern das Reibungsverhältnis zwischen der Preßplatte als kraftübertragendem Element und der der Preßplatte zugekehrten Fläche des Probekörpers. Sie wirken als Gleitfläche. Infolgedessen tritt das klassische Bruchbild der Doppelpyramide bei einem würfelförmigen Probekörper oder des Doppelkegels beim zylindrischen Probekörper mit

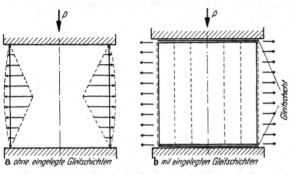

Abb. 65a u. b. Spannungsbild schematisch bei Druckbelastung.

gleicher Höhe und gleichem Durchmesser nur dann in Erscheinung, wenn die Kraft von der Preßplatte unmittelbar auf die Probekörperfläche übertragen wird. Andernfalls wird, je stärker die Zwischenschicht als Gleitfläche wirkt, das Bruchbild des Probekörpers immer mehr etwa senkrecht zueinander liegende Bruchflächen zeigen (Abb. 65). Die Festigkeit sinkt erheblich mit der Zunahme der Gleitwirkung der Zwischenlagen. Für die Druckfestigkeitsbestimmung nichtmetallischer anorganischer Baustoffe sind daher — nach DIN 51223, Druckprüfmaschinen, Ziff. 7.4 — die Druckplatten plan zu schleifen und dann durch Sandstrahlen zu mattieren.

Ein Sonderfall ist das Verfahren zur Bestimmung der *Scheiteldruckfestigkeit* von Steinzeugrohren. Hierfür ist in Erweiterung des bisher bestehenden Gütenormblatts DIN 1230 ein Blatt 2 im Entwurf erschienen [147]. Die Rohre werden in einer Prüfmaschine DIN 51220 der Länge nach auf zwei Auflagerbalken, die an einem Ende entsprechend der Form der Rohrmuffe ausgeschnitten sind, gelagert. Sie bestehen aus zwei astfreien Hartholzbalken mit rechteckigem Querschnitt (Abb. 66).

Abb. 66. Prüfung von Steinzeugrohren — DIN 1230/Bl. 2.

Die Breite der Auflagerbalken ist der Rohrnennweite angepaßt. Ihr lichter Abstand beträgt 0,3 d; sie müssen unverschieblich fest gelagert sein. Die Belastung wird über einen Hartholzbalken im Scheitel des Rohrs aufgebracht,

dessen Breite wie die Breite der Auflagerbalken zu bemessen ist. Seine Höhe soll möglichst gering, jedoch nicht kleiner als seine Breite sein.

Vor dem Aufsetzen der Rohre auf die beiden Auflagerbalken wird auf diese ein dünnes Bett aus Gipsbrei aufgebracht und das Rohr darauf von oben gleichmäßig abgesetzt. Entsprechend wird der Belastungsbalken in Gipsbrei verlegt. Die Belastung ist nach dem Erhärten des Gipsbreis stetig, gegebenenfalls bis zum Bruch des Rohrs — als *Scheitelbruchlast* bezeichnet — zu steigern. Die Belastungszunahme soll innerhalb von etwa 2 min die Höchstlast erreichen. Die erreichte Last bezieht sich auf die tatsächliche Baulänge; sie ist auf 1 m Baulänge umzurechnen.

Außerdem ist die Kaltdruckfestigkeit an aus Rohrscherben hergestellten würfelnahen Probekörpern festzustellen, deren Kantenlänge gleich der Dicke des Steinzeugrohrs ist. Die glasierten Flächen bleiben unbearbeitet. Die Auflagerflächen selbst sind sorgfältig planparallel zueinander zu schleifen. Die Belastungsgeschwindigkeit soll 12 bis 15 kg/cm²·sek betragen.

Die amerikanischen ASTM-Normen unterscheiden Steinzeugrohre für verschiedene Verwendungszwecke und Grade ihrer Beanspruchung. Allen diesen Vorschriften — wie beispielsweise C 13—54 — ist gemeinsam die Ausführung der Scheiteldruckprüfung in zwei Formen, einmal ähnlich den deutschen Vorschriften, jedoch ohne Einbeziehen der Muffe (Abb. 67), sodann die Prüfung im Sandbett in Analogie mit der Prüfung der Drainrohre nach Abb. 63 (S. 261).

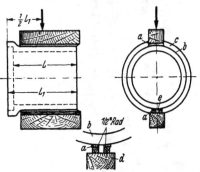

Abb. 67. Scheiteldruckprüfung an Kanalisationsrohren nach ASTM C 13—54.

Das Rohr wird zwischen drei Druckbalken eingesetzt. *a* Gipsfüllung; *b* Rohrwand; *c* Muffe hinter dem Druckbalken; *d* Sohlenbalken; *e* Raum zwischen den unteren Druckbalken; (2,5 cm auf je 30 cm Rohrdurchmesser).

Die Druckfestigkeitsprüfung feuerfester Werkstoffe bei Zimmertemperatur sagt über ihr Verhalten bei der Beanspruchung durch Druckkräfte bei hohen Temperaturen unmittelbar nichts aus. Die Festigkeitseigenschaften feuerfester Werkstoffe gegen Druckbeanspruchung bei hohen Temperaturen werden sowohl durch die Auswahl der Rohstoffe und den Masseaufbau als auch durch die Herstellungsverfahren als solche und die Brennführung beeinflußt. Zum Studium dieses Problems werden u. a. Druck-Feuer-Beständigkeits-, Heißdruck- und Warmfestigkeitsversuche ausgeführt.

β) Druck-Feuer-Beständigkeit.
(DFB DIN 1064 in Überarbeitung.)

Sie dient zum Festhalten des Erweichungsverhaltens bei hohen Temperaturen unter konstanter Druckbelastung [148], [149], [150].

Für die Prüfung von Rohstoffen werden zylindrische Probekörper in Analogie der Vorschrift DIN 51063, Ziff. 4.3, 50 mm ∅ und 50 mm Höhe hergestellt. Die Frage, ob die aus Rohstoffen hergestellten Probekörper unmittelbar nach dem Trocknen, also ungebrannt, oder bei Betriebstemperaturen vorgebrannt geprüft werden sollen, ist für die Verwendung vorgebrannter Körper entschieden worden.

Für die Prüfung von Werkstoffen werden aus diesen herausgebohrte zylindrische Probekörper 50 mm ∅ und 50 mm Höhe benutzt.

Die Probekörper werden in einem elektrisch beheizten Kohlegrießwiderstandsofen mit keramischem Heizrohr 100 bis 120 mm lichter Weite geprüft.

Die Zone annähernd gleichmäßiger höchster Erhitzung soll mindestens 120 mm lang sein. Die Belastung beträgt 2 kg/cm². Die Übertragung des Belastungsdrucks auf den Probekörper geschieht durch Kohlestempel. Zwischen diesen und den Prüfkörpern sind planparallel geschliffene Kohleplättchen von 5 mm Dicke einzuschalten. Die Prüfeinrichtung (Abb. 68) muß es ermöglichen, den Prüfkörper während des Versuchs mindestens 20 mm zusammenzudrücken und seine Höhenänderung in zehnfacher Vergrößerung in einem rechtwinkligen Koordinatensystem abhängig von der Temperatur aufzuzeichnen. Zweckmäßig ist es, außer der schreibenden eine visuelle Meßeinrichtung mit mindestens $^1/_{10}$ mm-Teilung zu verwenden. Die Bewegungen des Belastungsstempels sollen von den Meßeinrichtungen unmittelbar aufgenommen werden. Der Temperaturanstieg soll bis 1000° ≈ 15° C/min, darüber stetig ≈ 8° C/min betragen. Die Temperaturmessung bis ≈ 1750° C erfolgt heute vornehmlich durch Thermoelemente, z. B. solche vom Typ PTR 18 mit Zeiger- bzw. schreibenden Instrumenten. Die in Schutzrohre einzubettenden Thermoelemente sind in diesen so in den Ofen einzubauen, daß sich ihre Lötstelle in halber Höhe möglichst nahe am Probekörper befindet. Für höhere Temperaturen wird das im Normblatt DIN 1064 angegebene Verfahren mit Teilstrahlungspyrometer angewendet. Im Hinblick auf die Veränderlichkeit der Temperaturmeßgeräte sind diese einer ständigen exakten Überwachung zu unterwerfen. Andere Temperaturmeßverfahren sind lediglich für innerbetriebliche Versuche zulässig.

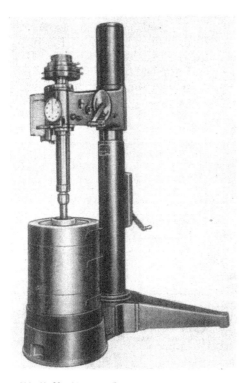

Abb. 68. Maschine zum Bestimmen der Druck-Feuer-Beständigkeit.

Als Ergebnisse des Versuchs sind festzuhalten:

a) die Temperatur t_a für den Punkt der Kurve, an dem diese um 3 mm gegenüber ihrem höchsten Stand abgesunken ist,

b) die Temperatur t_e, bei der die Höhe des Körpers um 20 mm gegenüber der Höhe vor dem Versuch abgesunken ist.

Erfolgt infolge vorzeitigen Zusammenbrechens des Prüfkörpers ein eigentliches Erweichen nicht, wie z. B. bei Magnesit- und Silikasteinen, so tritt an die Stelle der Temperatur t_e die Temperatur t_b für den Zusammenbruch.

Die verschiedenen Gruppen feuerfester Werkstoffe zeigen bei der Druck-Feuer-Beständigkeitsprüfung charakteristische Kurven (Abb. 69). Ebenso tragen die Prüfkörper nach dem Versuch Typenmerkmale, plötzliches Zusammenbrechen, z. B. bei solchen aus Silikasteinen, oder tonnenförmig aufgebaucht, z. B. bei solchen aus Schamottesteinen (Abb. 70).

Die Veränderung der Belastungsgröße bei Schamottesteinen zeigt nach HIRSCH ([148], Abb. 71) eine Parallelverschiebung der Kurven. Der Versuchs-

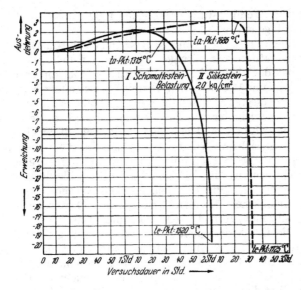

Abb. 69.
Druck-Feuer-
Beständigkeits-
kurven DIN 1064.

Silikastein   Schamottestein

Abb. 70.
Druck-Feuer-
Beständigkeits-
prüfung.
Prüfkörper nach
dem Versuch.

verlauf läßt sich jedoch bei Belastungen $\leqq 2$ kg/cm² sicherer beobachten.

Nach den englischen Normen
BS 1902 : 1952 werden entweder
prismatische Probekörper ≈ 45 mm
Kantenlänge ($\approx 20,25$ cm²) und
65 mm Höhe oder zylindrische Probekörper ≈ 51 mm ∅ ($\approx 20,05$ cm²)
und 65 mm Höhe verwendet. Für
Silikasteine ist eine Belastung von
3,5 kg/cm², für alle übrigen feuerfesten Werkstoffe 2 kg/cm² vorgeschrieben. Es wird der Versuch
einmal mit einer stetigen Temperatursteigerung von 10° C/min gefahren und außerdem für eine *ge-*

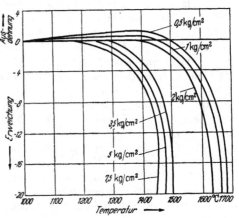

Abb. 71. Einfluß der Belastungsgröße auf das Ergebnis
der Druckfeuerbeständigkeitsprüfung bei Schamottesteinen.
(Nach HIRSCH.)

naue Erkennung des t_a-Punktes, beginnend etwa 50° C unterhalb des t_a-Punktes,
mit einer *hinhaltenden Temperatursteigerung* von 5° C/min.

Die französischen Normen NF B 49—105/1940 (in Überarbeitung) verwenden
prismatische Probekörper 30 mm Kantenlänge (≈ 9 cm²) und 50 mm Höhe oder
zylindrische Probekörper 35 mm ∅ ($\approx 9,5$ cm²) und 50 mm Höhe bei einer

Belastung von 2 kg/cm². Temperatursteigerung bis 1000° 16 bis 17° C/min, oberhalb 1000° möglichst genau 4 bis 5° C/min.

Wenn auch in einem Probekörper mit ≈ 9 cm² Querschnitt bei gleich schneller Erhitzung das Temperaturgefälle geringer ist als in einem solchen mit 20 cm² Querschnitt, so haben doch beispielsweise zylindrische Probekörper mit 50 mm ∅ gegenüber solchen mit nur 35 mm ∅ den Vorteil, insbesondere bei grobkeramischem Material, einen besseren Querschnitt des Steinaufbaus zu erfassen. Außerdem ist ein solcher Körper leichter exakt herzustellen, und kleine Verletzungen der Zylinderwandung, die sich bei dem Herstellen der Probekörper nicht immer ganz vermeiden lassen, wirken sich im Verhältnis zum Querschnitt bei einem Körper mit 50 mm ∅ weniger aus als bei solchen mit 35 mm ∅. Im Interesse einer möglichst gleichmäßigen Durchwärmung des Probekörpers sollte außerdem zylindrischen Probekörpern der Vorzug vor prismatischen gegeben werden[1].

Nach den amerikanischen Normen ASTM C 16—49 werden Probekörper 9 inch × 4¹/₂ inch × 2¹/₂ inch, aufrechtstehend in einem Gasofen mit 1,765 kg/cm² belastet, geprüft. Die Geschwindigkeit der Temperatursteigerung ist variabel. Die Versuche werden so durchgeführt, daß entweder in 4¹/₂ h eine bestimmte Endtemperatur von 1200°, 1250°, 1300°, 1350° ... erreicht, die jeweilige Endtemperatur 1¹/₂ h gehalten und anschließend die Veränderung der Höhe des Probekörpers gegenüber dem Ausgangsmaß festgestellt wird, oder die Temperatur wird ununterbrochen bis zum Zerstören der Probe gesteigert. Die Geschwindigkeit der Temperatursteigerung beträgt bis zu 5 bis 6° C/min, bei Silikasteinen beginnt sie mit 2° C/min und wird langsam auf 4 bis 5° C/min erhöht. Vergleicht man die Vorschriften für Probekörpergröße und Geschwindigkeit der Temperatursteigerung der verschiedenen Normen miteinander, so besteht bei Prüfungen nach den deutschen, den englischen mit hinhaltender Temperatursteigerung und insbesondere nach den französischen Normen während des Versuchs ein geringeres Temperaturgefälle im Probekörper als bei Versuchen nach den amerikanischen Vorschriften, es sei denn, daß sie nach der Modifikation mit 1¹/₂ h gehaltener Endtemperatur durchgeführt werden, für diesen Teil des Versuchs. Das amerikanische Verfahren ist wesentlich komplizierter als die europäischen und an das Vorhandensein einer umfangreichen Prüfanlage gebunden. Auf diese Nachteile des Verfahrens weist Norton [151] hin.

Scarlett und Robertson [152] veröffentlichen eine Arbeit über Versuche mit kleinen, besonders angefertigten Probekörpern — zylindrisch 25,4 mm ∅ × 50,8 mm Höhe oder prismatisch 25,4 mm × 25,4 mm × 50,8 mm —, die sie unter 1,44 kg/cm² Druckbelastung, insbesondere auf dilatometrisches Verhalten mit einer Temperatursteigerung von 500° C/h in einem elektrisch beheizten Spezialofen mit Graphitrohr, untersuchen. Statt der Kohleplättchen zwischen Druckstempeln und Probekörpern verwenden sie Molybdänplättchen, um einen möglichen Einfluß von Kohlenstoff auf die Probekörper auszuschließen.

Druckfestigkeit bei hohen Temperaturen. Andere Einblicke als Druckerweichungsversuche geben *Heißdruckversuche*, bei denen die Druckfestigkeit feuerfester Werkstoffe bei einer bestimmten Temperatur und unter Umständen auch nach langer Temperatureinwirkung bestimmt wird. Schon Gary [153] und andere [154] haben derartige Versuche durchgeführt. Hirsch [155], [156] weist in systematischer Arbeit die Größenordnung der Festigkeitszunahme an Schamottesteinen bei Temperaturen bis ≈ 1000° C nach (Abb. 72).

---

[1] Um für die europäischen Prüfverfahren einheitliche Prüfbedingungen für den DFB-Versuch zu schaffen, hat sich die Fédération Européenne des Fabricants de Produits Réfractaires 1956 für die Verwendung zylindrischer Probekörper 50 mm ∅ und 50 mm Höhe, 2 kg/cm² Belastung, und für eine Temperatursteigerung von 4° C/min ausgesprochen.

Die Festigkeit nimmt von etwa 800° C an sehr schnell zu und kann ein Vielfaches der Ausgangsfestigkeit bei Zimmertemperatur erreichen, um dann oberhalb 1000° C sehr schnell unter den Ausgangswert zu fallen. Über die Beziehungen zwischen Verfestigung und Erweichung hat ENDELL [157] gearbeitet. Systematische Versuche, um etwa bestehende Beziehungen zwischen Druck-Feuer-Beständigkeit, Heißdruckfestigkeit, Verdrehfestigkeit (Torsionsfestigkeit) bei hohen Temperaturen aufzuzeigen, haben LEHMANN und H. U. HECHT [158] durchgeführt. Sie haben sich nicht auf das Gebiet der Schamottesteine beschränkt, sondern auch Silika- und Magnesitsteine sowie andere feuerfeste Werkstoffe in die Untersuchungen einbezogen.

Die Arbeit gibt wichtige Fingerzeige. Bei Silikasteinen und anderen Erzeugnissen mit einem höheren Quarzgehalt muß auf eine gute Quarzumwandlung durch entsprechend geleiteten Brand geachtet werden, wenn

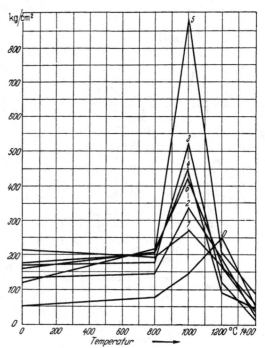

Abb. 72. Druckfestigkeitskurven für Schamottesteine.
(Nach HIRSCH.)

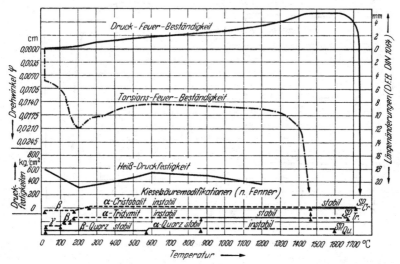

Abb. 73. Vergleichskurven für einen Silikastein.

diese Erzeugnisse haltbar sein sollen. Die gefährlichste Temperaturstufe liegt zwischen ≈150 bis ≈300° C, in der die Tieftemperaturmodifikationen von Cristobalit und Tridymit sich in einem reversiblen Umwandlungsbereich ihrer

instabilen Phasen befinden. Infolgedessen ist z. B. im Normblatt DIN 1299 *Ausbaumaterial für Hausbrandöfen und Herde vorgeschrieben, daß das Material möglichst geringe Wärmeausdehnung haben
soll, die insbesondere zwischen 100 und
300° C nicht plötzlich zunehmen darf.*
In diesem Umwandlungsbereich tritt
eine beachtliche Verminderung der
Festigkeit ein, die sowohl durch den
Heißdruck- als auch den Torsionsversuch
nachgewiesen wird.

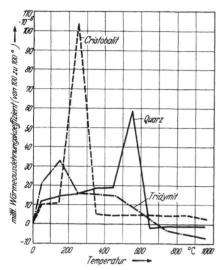

Abb. 74. Mittl. Wärmeausdehnungskoeffizienten von
Quarz, Tridymit und Cristobalit (von 100 zu 100° C).
(Nach Hirsch.)

Abb. 73 zeigt die Kurven der Druck-
Feuer-Beständigkeits-, Heißdruck- und
Torsionsversuche sowie die Höhe der Ausgangsfestigkeit bei Zimmertemperatur
vergleichsweise nebeneinander. Im ge-
fährlichen Temperaturbereich von 150° C
bis 300° C gehen Heißdruck- und Torsionsfestigkeit zurück, um dann wieder
etwa auf die Ausgangswerte anzusteigen.
Eine Steigerung der Heißdruckfestigkeit
über die Kaltdruckfestigkeit hinaus, wie
es bei Schamottesteinen der Fall ist
(Abb. 72, S. 269), tritt nicht ein. Vielmehr zeigen Druckfestigkeits- und Tor-
sionswerte von etwa 600° C an — der Quarzumwandlung folgend — einen beginnenden Abstieg. Die Entwicklung der Kurven ist von besonderem Interesse

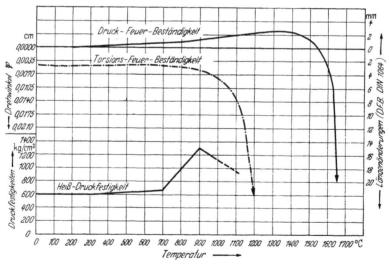

Abb. 75. Vergleichskurven eines Schamottesteines.

bei einem Vergleich mit den bereits von Hirsch [*159*] dargestellten Kurven der
mittleren Wärmeausdehnungskoeffizienten von Quarz, Tridymit und Cristobalit (Abb. 74).

Eine analoge Entwicklung der Torsionskurve bei Silikasteinen haben auch
Das und Roberts [*160*], [*161*] beschrieben.

Der Druckerweichungsversuch mit seiner Beanspruchung von nur 2 kg/cm² gibt diese Einblicke nicht.

In analoger Weise sind die Verfahren auf andere feuerfeste Werkstoffe, z. B. Schamotte-, Magnesit-, Chrom-Magnesit- und andere Steine, angewendet worden.

Abb. 75 gibt die Vergleichskurven eines Schamottesteins. Der Druckerweichungsversuch zeigt einen stetigen Verlauf der Ausdehnungskurve. Die Druckfestigkeit bei höheren Temperaturen steigt stark an und fällt vom Höhepunkt rasch ab. Die Torsionskurve läßt eine Steigerung der Verdrehfestigkeit nicht erkennen, zeigt vielmehr ein früheres Weichwerden als beim Druck-Feuer-Beständigkeitsversuch. Bei der Erhitzung werden Reaktionen zwischen festen Körpern eingeleitet bzw. es tritt die Ausbildung einer Glasphase in Erscheinung, wie sie schon von HIRSCH an Hand von Dünnschliffen nachgewiesen ist. Das Einsetzen von Reaktionen im festen Zustand und der Beginn einer Glasphasenbildung haben zunächst eine Steigerung der Druckspannung zur Folge. Beide Erscheinungen bewirken bei den unter Torsionsspannung stehenden Probekörpern die Bildung von Gleitflächen, so daß die Torsionserweichung bei niedrigerer Temperatur einsetzt als die Druckerweichung. — Für Heißdruckversuche werden normale Druckprüfmaschinen DIN 51223 verwendet, deren Nutzraum die Unterbringung von Heizöfen gestattet.

Abb. 76 zeigt eine derartige Prüfmaschine mit ein- und ausfahrbarem Ofen, um sowohl Druckversuche bei Zimmertemperatur als auch Heißdruckver-

Abb. 76. 20 t Druckfestigkeitsprüfer mit Pendelmanometer, Schreibgerät, Konstanthalter für Dauerversuche und Ofen für Heißdruckversuche.

suche ausführen zu können. Der Ofen ist heb- und senkbar, so daß die Probekörper bequem eingebaut und ihre Bruchstücke nach dem Versuch ebenso entfernt werden können. Die Temperaturmessung erfolgt durch seitliche Einführung eines Thermoelements in Höhe der Mitte des Probekörpers. Im allgemeinen werden zylindrische Probekörper 35,7 mm Ø, ≈ 10 cm² Querschnitt und ≈ 33 mm Höhe verwendet. Zu erstreben sind solche von 50 mm Ø und 45 mm Höhe, um eine bessere Vergleichsmöglichkeit mit den Ergebnissen der Druck-Feuer-Beständigkeitsprüfung und der Kaltdruckfestigkeitsprüfung zu schaffen. Die genau planparallel geschliffenen Probekörper werden zwischen zwei Spezialkohlestempeln unter Zwischenlage von Kohleplättchen auf Druck beansprucht. Die Kraftmessung erfolgt durch Pendelmanometer unter gleichzeitiger Aufzeichnung des Kraft-Zeit-Diagramms. Derartige Prüfmaschinen können auch mit Einrichtungen für Dauerversuche eingerichtet werden, so daß Heißdruckversuche in analoger Form wie die Druck-Feuer-Beständigkeit über längere Zeit unter gleichbleibender Belastung gefahren werden können.

Warmfestigkeit. Die bei dem Druck-Feuer-Beständigkeits-, Heißdruck- und Torsionsversuch gemachten Beobachtungen lenken die Aufmerksamkeit auf Versuche zur Feststellung der Warmfestigkeit, als Dauerstandsversuch ähnlich den Dauerstandsversuchen an Stählen ausgeführt. Heiligenstaedt [162] hat Versuche an ganzen Normalsteinen in einem mit Gas beheizten Ofen durchgeführt. Es werden Ergebnisse mitgeteilt, die an einem Schamottestein der Güteklasse A 1 mit 40 bis 42% Al_2O_3 ermittelt worden sind bei einer Versuchsdauer von 400 h mit verschieden hoher Belastung zwischen 0,07 bis 0,422 kg/cm² bei Temperaturen von 1250°. Es wird unterschieden zwischen der Grenzfestigkeit, bei der der Stein noch keine Verformung erleidet, und dem Verformungswiderstand, der durch die Verformungsgeschwindigkeit gekennzeichnet wird. Heiligenstaedt stellt seine Versuche nicht in Gegensatz zum Druck-Feuer-Beständigkeits- oder Heißdruckversuch, sondern als die logische Erweiterung des Kurzversuchs zum Dauerversuch, der auch, worauf z. B. Schwiete (Literaturstelle ebenda) verweist, an den für den Druck-Feuer-Beständigkeitsversuch üblichen Probekörpergrößen durchgeführt werden sollte. Norton [163] hat bereits 1939 ähnliche Versuche durchgeführt.

c) Beanspruchung durch Verdrehkräfte (Torsion).

Die Bestimmung der Torsionsfestigkeit bei Zimmertemperatur und bei hohen Temperaturen gewinnt in der Keramik immer größere Bedeutung, je höher und vielseitiger die Ansprüche an die Eigenschaften des fertigen Werkstoffs und seine rationelle Herstellung werden. Die Verfahren zur Bestimmung des Verhaltens gegen Biege- und Druckbeanspruchung bei Zimmer- und hohen Temperaturen geben für die Beurteilung der Bewährung der Werkstoffe in der Praxis noch nicht genügend Einblicke. Einen Schritt weiter ermöglicht die Torsionsprüfung. Mit ihr kann unschwierig der Elastizitätsmodul, elastische und bleibende Verformung sowie die Torsionsfestigkeit als solche bei den verschiedensten Temperaturen bestimmt werden. Die Beanspruchung des Werkstoffs bei diesen Versuchen unterliegt Bedingungen, die neue Einblicke in die Werkstoffeigenschaften ermöglichen. Die Arbeit von Lehmann und H. U. Hecht (S. 269) gibt darüber durch den Vergleich mit den Ergebnissen der Druckfestigkeit bei Zimmertemperatur und hohen Temperaturen sowie der Druck-Feuer-Beständigkeitsprüfung ein besonderes Anschauungsbild. Endell [157], [164] und andere benutzten ihre Versuche gleichzeitig zum Studium des Problems *Temperaturwechselbeständigkeit* (s. unten). Salmang [220] verweist auf die Torsionsprüfung von Schaufeln aus Berylliumoxyd (BeO) für Gasturbinen, einen besonders hoch beanspruchten Werkstoff. Dietzel und Knauer [221] untersuchen den Einfluß der Vorbrenntemperatur auf die Torsionsfestigkeit keramischer Stoffe.

Als Gerät wird vorzugsweise das im Laufe der Jahre ständig weiterentwickelte Gerät nach Endell-Staeger verwendet (Abb. 77). Auf einer Grundplatte sind ein einarmiger und ein doppelarmiger Trägerbock befestigt, zwischen denen ein ausschwenkbarer Ofen angeordnet ist, um Versuche bei Zimmertemperatur oder Temperaturen bis 1200° C bzw. ≈ 1500° C ausführen zu können. Der einarmige Trägerbock trägt eine in der Längsachse leicht bewegliche, verdrehungssicher gelagerte Probekörperspannklaue. Auf der durch den doppelarmigen Trägerbock laufenden Welle sind befestigt: rechts die drehbare Gegenspannklaue, zwischen den beiden Trägerbockarmen das Kraftangriffselement in Form einer Schnurscheibe.

Vor dem zweiarmigen Trägerbock ist ein dritter Trägerbock angebracht, in dem eine zweite kleinere Schnurscheibe befestigt ist. Die Belastungsgewichte hängen an einem Draht, der über die kleinere Schnurscheibe zur großen läuft

und über diese entsprechend der Größe der Belastungsgewichte den Probekörper auf Verdrehung beansprucht. Links vom doppelarmigen Trägerbock
ist ein Ausgleichsgewicht in Form eines Hebelarms befestigt, der an seinem
Ende auf einer Glasskala den Verdrehungswinkel ablesen läßt. Die Ablesung erfolgt
durch ein Beleuchtungsmikroskop über ein Okularmikrometer mit einer Ablesegenauigkeit von 0,01 mm Bogenlänge. Die Gewichte sind von 0,125 zu 0,125 kg
unterteilt. Es kann ein Verdrehungsmoment von maximal 15 cmkg erzeugt
werden. Einer Tabelle werden die den einzelnen Belastungsstufen entsprechenden
Drehmomente entnommen. ENDELL hat Probekörper 15 mm × 15 mm × 130 mm
benutzt. Die Versuche von LEHMANN und H. U. HECHT haben gezeigt, daß insbesondere aus ganzen Steinen leicht und genau prismatische Probekörper
12 mm × 12 mm bis 20 mm × 20 mm und 250 mm Länge hergestellt werden
können. Die Breite des Ofens beträgt 100 mm. Da die Erweichungserscheinungen

Abb. 77.
Torsionsprüfer.
(Nach ENDELL.)

sich beim Torsionsversuch früher zeigen als beim DFB-Versuch, empfiehlt es
sich, die Temperatur nicht schneller als beim DFB-Versuch oberhalb 1000° C
zu steigern ($\approx 8°$ C/min).

Der Versuch dient im elastischen Bereich auch zur Bestimmung des Elastizitätsmoduls. Sobald der elastische Bereich überschritten wird, verläuft der Versuch in Analogie mit der Druck-Feuer-Beständigkeit DIN 1064 und wäre demzufolge als Torsions-Feuer-Beständigkeitsversuch zu bezeichnen. Auch wäre
es wünschenswert, die Versuchsdurchführung so zu gestalten, daß ein t_a- und
ein t_e-Wert sinngemäß zum DFB-Versuch bestimmt werden könnten. Die
Ursachen, warum beim Torsions-Feuer-Beständigkeitsversuch der t_a-Wert
niedriger als beim Druck-Feuer-Beständigkeitsversuch liegt, sind bereits auf
S. 270 an Hand der dort veröffentlichten Kurven diskutiert worden.

d) Beanspruchung durch Zugkräfte.

Die Prüfung keramischer Werkstoffe auf ihr Verhalten bei der Beanspruchung
durch Zugkräfte wird nur in wenigen Fällen durchgeführt.

Die früher mit achterförmigen Probekörpern 5 cm² Querschnitt — bekannt
aus der Zementprüfung — durchgeführte *Bindekraftmessung* [165] an ungebrannten Rohstoffen und Massen ist durch die Bestimmung der Trockenbiegefestigkeit DIN 51030 (S. 253) ersetzt worden.

Soweit Mauersteine durch Zugspannungen beansprucht werden, erfolgt die
Prüfung im Mauerwerksverband.

An Hochspannungsisolatoren als solchen wird die *Zerreißfestigkeit* bestimmt,
da sie bei der Prüfung infolge ihrer Form nicht durch reine Zugspannungen

beansprucht werden. Auch dient das Verfahren, z. B. bei Kettenisolatoren, gleichzeitig zum Feststellen des Haftens der in die Isolatoren einzementierten Verbindungsglieder. Die für die Herstellung von Isolatoren benutzten Massen werden an besonders angefertigten, unter Betriebsbedingungen gebrannten Probekörpern (Abb. 78) — nach Art ihrer Form und Herstellung *Rotationskörper* genannt — auf Zugfestigkeit geprüft. Kleinster Probekörperdurchmesser 20 mm entsprechend $\approx 3{,}14$ cm² Querschnitt. Die Probekörper sind mit Zwischenlagen aus dünnem Kupferblech in die gekreuzten Klauen (Abb. 79) einer Zugprüfmaschine DIN 51220 einzuhängen. Belastungszunahme 30 bis 40 kg/sek. Die Zugfestigkeit wird berechnet nach der Formel:

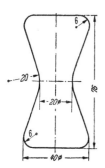

Abb. 78. Prüfkörper zur Bestimmung der Zugfestigkeit DIN 57335. Maße in mm.

$$\sigma_{zB} = P_{max}/F.$$

Darin bedeuten:

σ_{zB} Zugfestigkeit in kg/cm², P_{max} Bruchlast in kg,
F kleinster Querschnitt in cm².

Nach DIN 40685 beträgt die Zugfestigkeit von gebrannten Massen für keramische Isolierkörper je nach Aufbau der Masse zwischen ≈ 100 und ≈ 1000 kg/cm². Die Werte von glasierten Probekörpern aus Hartporzellan liegen bei der Zugfestigkeitsprüfung etwas höher als die unglasierter.

Da die Form des Rotationskörpers bei der Prüfung keine reine Zugspannung zuläßt, sind Arbeiten im Gange, den Rotationskörper durch einen Knüppel mit genügend langem zylindrischen Mittelteil und sich konisch verstärkenden Einspannköpfen zu ersetzen.

Feuerfeste Werkstoffe werden in Glashafen, Glaswannen, Zinkmuffeln sowie Tiegeln usw., insbeson-

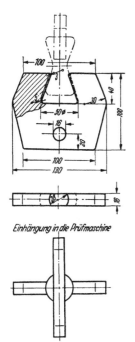

Einhängung in die Prüfmaschine

Abb. 79. Prüfanordnung zur Bestimmung der Zugfestigkeit DIN 57335. Maße in mm.

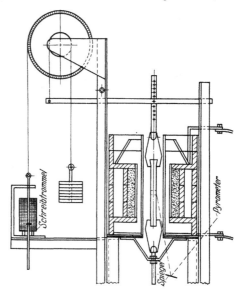

Abb. 80. Einrichtung zur Ermittlung der Zugfestigkeit feuerfester Baustoffe bei hohen Temperaturen. (Nach Illgen.)

dere bei hohen Temperaturen, durch Zugkräfte beansprucht. Zweifelsohne haben die großen Schwierigkeiten von der Verfahrensseite her — sowohl bezüglich

Probekörperherstellung als auch apparativer Art — mit dazu geführt, daß über dieses Gebiet nur wenige beachtliche Arbeiten veröffentlicht worden sind. Wichtig ist die Arbeit von ILLGEN [166], der das Problem, auch im Vergleich mit dem DFB-Versuch, insbesondere von der Rohstoffseite und über den Einfluß des Körnungsaufbaus, bearbeitet hat. Die von ihm in Verbindung mit einem Kohlegrießwiderstandsofen benutzte Apparatur gibt Abb. 80.

Die Probekörper sind für die Versuche besonders angefertigt — ihre Abmessungen sind nicht angegeben — und für die einzelnen Versuche bei abgestuften Temperaturen zwischen 1100 und 1400° je 1 h vorgebrannt worden. Sie werden in die aus hochfeuerfestem Spezialmaterial bestehenden Klauen eingehängt und vor der Belastung mit 1 kg/cm² 1 h auf 1000° erhitzt. Die Temperatursteigerung oberhalb 1000° beträgt etwa 10° C/min. Die Temperatur wird optisch über einen Spiegel von unten gemessen. ILLGENs Versuche lassen erkennen, daß der Zugversuch bei hohen Temperaturen, als *Zug-Feuer-Beständigkeitsversuch* in Analogie mit dem Druck-Feuer-Beständigkeitsversuch DIN 1064 ausgeführt, den Einfluß des Körnungsaufbaus empfindlicher anzeigt als dieser. Dabei zeigt gröberer Körnungsaufbau der sonst gleichen Masse einen früheren Zugerweichungsbeginn als feinkörniger. ILLGEN muß für seine Versuche die Probekörper besonders anfertigen. LEHMANN und H. U. HECHT (s. S. 269) haben für ihre Torsionsversuche Probekörper aus den fertigen Werkstoffen unmittelbar herausgeschnitten. Trotz dieses Unterschieds scheint die Annahme berechtigt, daß die Ergebnisse der beiden Verfahren, als *Feuerbeständigkeitsversuch* durchgeführt, in die gleiche Richtung weisen, um so mehr, als bei beiden Versuchen in Erscheinung tretende Gleitflächen sich gegensätzlich zu einer beim Druckerweichungsversuch möglichen Verspannung auswirken. Wird diese Annahme durch weitere Versuche bestätigt, so wird der Ausbildung des Torsionsversuchs noch größere Aufmerksamkeit zu widmen sein, als aus der Arbeit von LEHMANN und H. U. HECHT bereits jetzt resultiert, denn der Torsionsversuch gestattet einerseits die Prüfung besonders angefertigter Probekörper aus Rohstoffen und Massen, andererseits die unmittelbar aus dem Werkstoff hergestellter Probekörper. Auch apparativ ist er wesentlich besser durchzuführen als der Zugversuch.

CHESTERS und REES [167] haben ein Verfahren entwickelt, um die Zugfestigkeit an Probekörpern aus feuerfesten Mörteln und Stampfmassen mit Probekörpern 203 mm Länge und 18 mm × 18 mm Querschnitt = ≈3,24 cm² zu prüfen. Im Gegensatz zu den Versuchen von ILLGEN werden die Probekörper ungebrannt und in einem liegenden, elektrisch beheizten Versuchsofen geprüft mit einer Belastung von 0,56 kg/cm² und einer Temperatursteigerung von 10° C/min.

e) Elastizität.

Die Bestimmung der Elastizität und in Verbindung damit des Elastizitätsmoduls interessiert im Bereiche der Keramik insbesondere bei Werkstoffen, die durch Stoß bzw. Schlag sowie durch Temperaturwechsel—von den Engländern *thermal shock* genannt — beansprucht werden. Die Elastizität ist eine der Funktionen, die die Widerstandsfähigkeit der so beanspruchten Werkstoffe beeinflussen.

Die Bestimmung erfolgt vorzugsweise als Biege- bzw. Torsionselastizität. Dabei ist zu beachten, daß bei der Ausführung dieser Versuche zu unterscheiden ist zwischen elastischer (reversibler) und plastischer (irreversibler) Verformung als typische Eigenschaft aller keramischen wie auch sonst der nichtmetallischen anorganischen Werkstoffe. Diese Erscheinung haben bereits ENDELL sowie ENDELL und MÜLLENSIEFEN [157], [164] eingehend an Hand von Torsionsversuchen behandelt.

Torsions-Elastizitätsversuche [*161*] lassen sich leichter an den normalen Geräten mit ihrer großen Empfindlichkeit durchführen als Biege-Elastizitätsversuche. Die von Klasse (S. 285) entwickelte Apparatur zur Bestimmung der *Kerbfestigkeit* durch Biegebeanspruchung wird für die Ausführung von Biege-Elastizitätsversuchen neue Wege ermöglichen. Die Größe des Elastizitätsmoduls ist an die *Werkstoffgruppe* des betreffenden keramischen Erzeugnisses gebunden. Er steigt mit der Brenntemperatur des Werkstoffs bis zu einem Maximum. Die Bestimmung des Biege-Elastizitätsmoduls bei höheren Temperaturen zeigt nach den von Salmang veröffentlichten Ergebnissen der umfangreichen Arbeiten von Heindl und Pendergast [*168*] bis 500° C eine Steigerung. Untersuchungen analoger Art über die Bestimmung des Torsions-Elastizitätsmoduls werden im Hinblick auf die Ergebnisse der vergleichenden Untersuchungen zwischen Druck-Feuer-Beständigkeit, Torsions-Feuer-Beständigkeit und Heißdruckversuchen außerordentlich wertvoll sein.

Biegefestigkeit und Biegeelastizitätsmodul.

(Nach Heindl und Pendergast,
entnommen Salmang: Die Keramik, 3. Aufl.).

Tabelle 2. *Biegefestigkeit in kg/cm²*.

Mittel von 26 Tonen, gebrannt bei		im Anlieferungs-zustande	Mittel von 13 Schamottesteinen	
1155°, 3 h	1400°, 3 h		nachgebrannt bei	
			1400°, 5 h	1500°, 5 h
138	159	65	75	99

	Mittel von 26 Tonen						Mittel von 17 Schamottesteinen		
gebrannt bei	1055°, 3 h			1400°, 3 h			nachgebrannt 1400°, 5 h		
untersucht bei	20°	550°	1000°	20°	550°	1000°	20°	550°	1000°
	138	150	167	159	168	195	75	98	116

Tabelle 3. *Biege-Elastizitätsmodul in 1000 kg/cm²*.

Mittel von 26 Tonen, gebrannt bei		im Anlieferungs-zustande	Mittel von 13 Schamottesteinen	
1155°, 3 h	1400°, 3 h		nachgebrannt bei	
			1400°, 5 h	1500°, 5 h
257	335	129	201	311

	Mittel von 26 Tonen						Mittel von 17 Schamottesteinen		
gebrannt bei	1153°, 3 h			1400°, 3 h			nachgebrannt 1400°, 5 h		
untersucht bei	20°	550°	1000°	20°	550°	1000°	20°	550°	1000°
	257	282	54	335	405	111	201	275	58

In diesem Zusammenhang ist auf die Forderung Stegers [*168* bis *171*] zu verweisen, die Ergebnisse der Spannungsprüfungen zwischen Glasur und Scherben auf einen Einheitskörper mit einem Biege-Elastizitätsmodul von 5000 kg/mm² zu beziehen.

Der ganze Fragenkomplex macht zweifelsohne an Hand der inzwischen wesentlich verfeinerten Verfahren, insbesondere auch was die Geräte betrifft, eine weitere Bearbeitung erforderlich.

14. Temperaturwechselbeständigkeit.

Unter Temperaturwechselbeständigkeit keramischer Werkstoffe ist ihr Verhalten wiederholtem oder stetigem Wechsel von Temperaturen verschiedener Höhe gegenüber zu verstehen. Dazu gehört auch das Verhalten bei klimatischen Temperaturwechseln, soweit mit Frosteinwirkungen verbunden, als Frostbeständigkeit bezeichnet (s. Abschn. 10, S. 236).

a) Prüfung von Ofenkacheln und glasierten Wandplatten.

Sie sollen gegen die im Rahmen ihres Verwendungsbereichs auftretenden Temperaturschwankungen beständig sein, insbesondere auch gegen die Bildung von Haarrissen in der Glasur. Die Ursache zu letzteren ist Spannung zwischen Glasur und Scherben, z. B. weil die Ausdehnungskoeffizienten beider nicht aufeinander abgestimmt sind. Die Spannung kann aber auch aus Fehlern während der Fertigung herrühren, z. B. beim Trocknen oder Abkühlen nach dem Brande. Diese Spannungen können so groß werden, daß sie schon beim Abkühlen zu Beschädigungen, ja zur Zerstörung des Werkstoffs führen. Sie können aber auch so gering sein, daß sie erst im Verlaufe von Jahren als Ermüdungserscheinung, unter Umständen beschleunigt durch Temperaturwechsel, in Form von Haarrissen in Erscheinung treten, die die Verwendbarkeit des betreffenden Werkstoffs einschränken, z. B. bei sanitärem Steingut.

Ob die Ausdehnungskoeffizienten in Glasur und Scherben entsprechend aufeinander abgestimmt sind, kann mit dem Spannungsprüfer nach STEGER (Abb. 81)

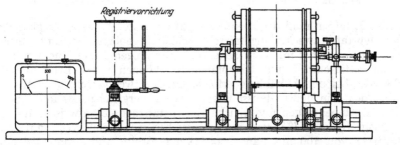

Abb. 81. Glasur-Spannungsprüfer mit elektr. Rohrofen. (Nach STEGER.)

festgestellt werden. Für die Durchführung der Prüfung werden in Gipsformen für feinkeramische Massen Probekörper nach Bild A (Abb. 82), für grobkeramische Massen, z. B. feuerfeste, nach Bild B geformt und unter betriebsmäßigen Bedingungen hängend gebrannt. Die Glasur wird unter analogen Bedingungen in den mittleren Einschnitt aufgebrannt. Die so hergestellten Probekörper werden, hochkant oder flachliegend einseitig eingespannt, in einem elektrisch beheizbaren Röhrenofen mit einer Temperatursteigerung von 3 bis 5° C/min erhitzt. Das freie Stabende trägt Zeiger und Schreibfeder, die die Bewegungen des Stabs während des Erhitzens 1 : 10 auf die Schreibtrommel aufträgt. Sie ist bei hochkant eingespannten Stäben liegend, bei flachliegenden Stäben senkrecht gestellt. Dem hochkant eingespannten Stabe wird der Vorzug gegeben, um beim Erhitzen etwa bereits beginnende Erweichungserscheinungen des Scherbens sich nicht auf die Kurvenentwicklung auswirken zu lassen. Graphisch stellt STEGER [169 bis 172] einige Beispiele bei flach eingespannten Stäben in Abb. 83. dar.

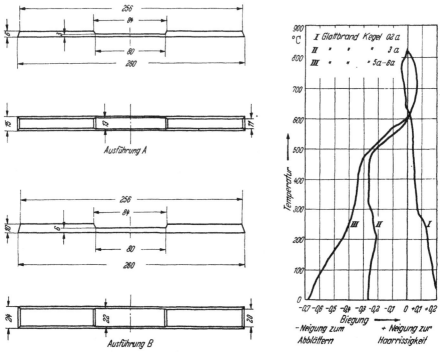

Abb. 82. Meßkörper für den keramischen Spannungsmesser. (Nach STEGER.) Maße in mm.

Abb. 83. Spannungskurven zwischen Glasur und Scherben. (Nach STEGER.)

Vor dem Erhitzen muß die Brennhaut auf der unteren Seite des glasierten Teils des Meßstabs, zweckmäßig mittels Sandstrahlgebläses, entfernt werden, da die Brennhaut selbst mit dem Scherben Spannungen haben und somit die Meßergebnisse fälschen kann. Die Messungen können unter Erhitzung des Meßstabs oder bei der Abkühlung erfolgen, wobei zwei verschiedene Kurven erhalten werden. Die Meßergebnisse lassen sich nur vergleichen, wenn die Stäbe völlig gleiche Abmessungen und gleiche Elastizitätsmodule aufweisen. Infolgedessen schlägt STEGER [173] vor, die unmittelbar erhaltenen Werte auf einen Einheitskörper von 100 mm Länge, 14,815 mm Breite und 3 mm Dicke bei einem Biege-Elastizitätsmodul von 5000 kg/mm² zu beziehen.

Ist der Ausdehnungskoeffizient des Scherbens kleiner als der der Glasur, so steht sie beim Abkühlen unter Zugspannung und neigt zur Haarrissebildung.

Ist der Ausdehnungskoeffizient des Scherbens größer als der der Glasur, so steht sie beim Abkühlen unter Druckspannung, und es kann unter Umständen Abblättern der Glasur eintreten.

Außerdem aber ist festzustellen, ob nicht trotz zweckentsprechender Einstellung von Glasur und Masse Haarrissebildungen infolge von Fertigungsfehlern auftreten können. Diese Feststellung ist mit der *Autoklavenprüfung* am ganzen Stück auszuführen. Glasierte Wandplatten werden in einem Autoklav gespanntem Wasserdampf von beispielsweise 10 at etliche Stunden ausgesetzt und nach dem Abkühlen auf Haarrissigkeit untersucht. Diese Prüfung dient gleichzeitig zur Prüfung der Volumenvergrößerung [174], [175] des Scherbens durch den Einfluß von Feuchtigkeit, die ebenfalls Ursache von Haarrissebildung sein kann. Was normalerweise im Laufe von 2 bis 3 Jahren, bisweilen auch erst später, zum Stillstand kommt, kann durch die Autoklavenprüfung in wenigen Stunden festgestellt werden. Im USA-Bureau of Standards ist dieses Problem genau untersucht worden. Die umfangreiche ausländische Literatur kann bei SALMANG [176] festgestellt werden. Nach ASTM C 126—55 T Specification for ceramic glazed structural clay facing tile and brick werden die Proben in einem Autoklav über Wasser erhitzt. Die Erhitzung ist so zu gestalten, daß die Proben innerhalb 60 bis 90 min einem Dampfdruck von 10,5 at ausgesetzt werden. Dieser Dampfdruck ist mit einer Toleranz von 0,105 at 1 h zu halten. Nach dem Versuch wird der Dampfdruck innerhalb 30 min abgelassen und der Befund der Prüfkörper nach dem Abkühlen des Autoklaven auf 40° C festgestellt. SALMANG [176] veröffentlichte aus den Arbeiten des Bureau of Standards nachstehende Tabelle.

Tabelle 4.

	nach 3 h im Autoklaven bei 10,5 at	Volumvergrößerung keramischer Scherben durch Einfluß von Feuchtigkeit			
		an feuchter Luft		bei Lagerung im Behälter über Wasser	
		nach 6 Monaten	nach 12 Monaten	nach 6 Monaten	nach 12 Monaten
Wandplatte 6,6% Absorption.......	0,057	0,016	0,032	0,009	0,025
Wandplatte 15% Absorption.	0,069	0,053	0,053	0,053	0,070
Terrakotta 2% Absorption.......	0,056	0,030	0,034	0,025	0,043
Steingut 9,6% Absorption	0,071	0,063	0,072	0,043	0,076
Steingut 7,8% Absorption.......	0,065	0,063	0,086	0,048	0,078

HARKORT [177] prüft Ofenkacheln durch Erhitzen auf 200° und unmittelbares Abkühlen in Wasser von 20°. Dieses Verfahren berücksichtigt die zwischen beheiztem und unbeheiztem Ofen auftretenden maximalen Temperaturgefälle.

b) Prüfung keramischer Isolierkörper.

Die starken atmosphärischen Beanspruchungen keramischer Isolierkörper durch Temperaturgefälle, verstärkt durch Sonne, Regen, Wind, Eisbildung usw., erfordern die Verwendung temperaturwechselbeständiger Massen. Es werden besonders angefertigte, bei Betriebstemperatur gebrannte zylindrische Probekörper 25 mm ∅ und 25 mm Höhe verwendet. Sie werden (Abb. 84) nach DIN 57335 zu dritt in einem waagerecht liegenden, elektrisch beheizten, beiderseits durch Deckel verschließbaren Röhrenofen, beginnend bei 100° C, 30 min erhitzt und dann durch Kippen des Ofens in ein darunterbefindliches wassergefülltes Blechgefäß mit Siebplatte und darauf befindlichem Filzbelag fallengelassen. Eine Einrichtung läßt Wasser durch das Blechgefäß strömen, um es auf 20° zu halten. Nach 5 min Abkühlen werden die Probekörper — poröse nach dem Trocknen bei 105 bis 110° C — erneut erhitzt bei einer um 10° höheren Temperatur und nach 30 min der Abschreckvorgang wiederholt. Der Versuch wird jeweils mit einer Temperatursteigerung von 10° und nachfolgendem Abschrecken so lange in gleicher Weise fortgesetzt, bis sich die ersten Risse zeigen.

Bei besonders temperaturwechselbeständigen Massen kann bei höheren Temperaturen als 100° begonnen werden. Als Maß für die Temperaturwechselbeständigkeit gilt die Differenz von Erhitzungs- und Kühlwassertemperatur.

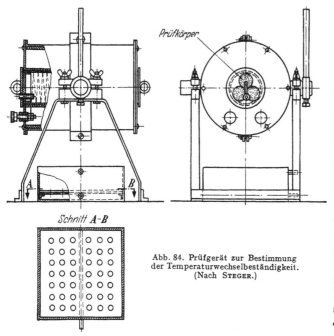

Abb. 84. Prüfgerät zur Bestimmung der Temperaturwechselbeständigkeit. (Nach STEGER.)

Für die Prüfung chemisch-technischen Porzellans, insbesondere für die Prüfung von Laboratoriumstiegeln, schlägt BIEMOND [178] neben einer Prüfung ähnlich dem Abschreckungsverfahren für keramische Isolierkörper DIN 57335 noch zwei andere Verfahren vor. Der zu untersuchende Porzellantiegel wird zur Hälfte mit Sand gefüllt und über einem Mekerbrenner 5 bis 10 min schnell erhitzt. Der erhitzte Tiegel wird dann zum Abkühlen auf eine kalte Porzellanplatte gestellt und die Anzahl der Abschreckungswechsel bis zur ersten Rißbildung festgestellt. Das Einfüllen von Sand in den Tiegel wirkt auf seine Beanspruchung verschärfend. Als zweite, weiter verschärfte Prüfung wird vorgeschlagen, in den kalten Tiegel geschmolzenes Vanadium V-Oxyd (V_2O_5) von 900° C zu gießen. Normale Tiegel halten diese Prozedur nur 1- bis 2mal, gute Tiegel bis 10mal aus, bis sie zerstört sind.

c) Prüfung von Wand- und Bodenplatten.

Die Prüfung ist durchzuführen nach dem Entwurf DIN 51093 [179]. Aus Wand- und Fußbodenplatten ist je nach ihrer Größe ein quadratischer Probekörper 300 bis 450 mm Kantenlänge durch Verlegen in Zementmörtel, so wie es in der Praxis geschieht, herzustellen. Spaltplatten sind gegebenenfalls zu teilen. Der so hergestellte Probekörper (Prüfplatte) wird abwechselnd 10mal mit Wasser von 60 bis 90° C und von 7 bis 15° C je 5 min abgesprüht. Oberflächen- und Gefügeveränderungen der einzelnen Probestücke des Prüfkörpers und ihrer Lage in ihm werden beobachtet.

Als Zementmörtel werden ein Gewichtsteil Portlandzement Z 225 und vier Gewichtsteile Zusatzstoff, bestehend aus einem Gewichtsteil Normsand fein und zwei Gewichtsteilen Normsand grob, verwendet. Der Wasser-Zementfaktor soll 0,723 betragen. Zwei Tage nach dem Herstellen der Prüfplatte werden die Fugen mit einer Mörtelmischung aus einem Gewichtsteil Portlandzement und zwei Gewichtsteilen Quarzmehl ausgestrichen.

Es sind fünf Versuche durchzuführen mit je einem wie beschrieben hergestellten Prüfkörper.

Der Sprühstrahl soll aus Düsen erfolgen, die vom Probekörper 200 mm entfernt sind. Er soll die ganze Oberfläche des Prüfkörpers sofort gleichmäßig benetzen.

d) Prüfung säurefester Steine.

Die Temperaturwechselbeständigkeit (TWB) dieser Werkstoffe wird nach DIN 4091 festgestellt. Das Verfahren ist milder als das für feuerfeste Baustoffe vorgeschriebene Verfahren nach DIN 1068 (s. unten). Es ist nicht anzuwenden für die Prüfung von chemisch-technischem Steinzeug. Als Prüfkörper werden Normalsteine nach DIN 1081 sowie Plättchen in den Normalsteingrundformen nach dem gleichen Normblatt sowie sonstige Steine ähnlicher Form und Größe verwendet. Die Prüfkörper werden stehend, mit ihrer kleinsten Fläche als Auflage so auf einen in einem Trichlorbenzolbad befindlichen Rost gesetzt, daß sie vollständig eingetaucht sind. Sie werden 1 h bei 200° C erhitzt und anschließend 1 h lang in einem gleichen Bade von 20° C abgekühlt. Diese Prüfung ist so lange zu wiederholen, bis der Prüfkörper durch einen durchgehenden Riß in mindestens zwei Stücke zerfallen ist. Die während der Versuchswechsel entstehenden Risse, Absplitterungen und sonstigen Gefügeveränderungen sind in dem Befund zu vermerken. Die Abschreckzahl wird als Mittel der Ergebnisse von drei Prüfkörpern angegeben. Diejenige Abschreckung, bei der die Prüfung in der angegebenen Weise beendet wird, ist mitzuzählen.

e) Prüfung feuerfester Baustoffe.

Entsprechend der großen Verschiedenartigkeit von Eigenschaften und Verwendungszwecken feuerfester Werkstoffe ist das Problem ihrer Temperaturwechselbeständigkeit überaus verwickelt. Aufbau der Masse nach Korngröße, Gehalt an Feinstbestandteilen, Anteil an Bindestoffen, Eigenschaften der verwendeten Schamotte, Ausdehnungskoeffizient, Porosität sowie Herstellungsverfahren von der Aufbereitung bis zum Abkühlen nach dem Brande beeinflussen diese Eigenschaft maßgeblich. Da die Temperaturwechselbeständigkeit in vielen Fällen eine der *lebenswichtigen* Eigenschaften der feuerfesten Werkstoffe ist, wird ihrer Bestimmung besondere Aufmerksamkeit gewidmet.

In Deutschland ist die Prüfung im Normblatt DIN 1068 (in der Überarbeitung) im *Normalstein-* und im *Zylinderverfahren* festgehalten.

α) **Normalsteinverfahren.** Es werden drei Normalsteine nach DIN 1081 (250 mm × 125 mm × 65 mm) oder aus Formsteinen herausgesägte oder -geschnittene Probekörper gleicher Größe nach dem Trocknen bei 105 bis 110° C in einen durch Silitstäbe

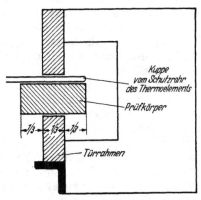

Abb. 85. Prüfverfahren für feuerfeste Baustoffe, Temperaturwechselbeständigkeit DIN 1068.

indirekt beheizten elektrischen Versuchsofen eingesetzt, wie ihn Abb. 85 andeutet. Der Ofenraum muß dauernd eine gleichmäßig verteilte Temperatur von 950° C haben. Die Prüfkörper bleiben nach dem Einsetzen 50 min im Ofen. In dieser Zeit soll die Temperatur von 950° C möglichst gehalten werden. Sie werden dann herausgenommen und mit dem rotglühenden Kopfende 3 min 5 cm tief in fließendes Wasser von 10 bis 20° C getaucht. Weitere 5 min läßt man sie an der Luft abdampfen und erhitzt sie erneut 50 min, um dann den Abschreckvorgang zu wiederholen. Die Prüfung gilt als beendet, wenn 50% des dauernd erhitzten und abgeschreckten Kopfendes des Prüfkörpers abgeplatzt sind. Die Zahl der so ausgehaltenen Abschreckungen (Abschreckzahl) gilt als Kennwert für die Temperaturwechselbeständigkeit. Die Abschreckzahl wird als Mittel von sechs

(2 × 3) untersuchten Probekörpern angegeben. Beginn, Art, Größe, Verlauf von
Rißbildung und Absplitterungen werden festgestellt. Auch die Zahl der Abschreckungen, bei der 25 % des Kopfendes abgesplittert sind, ist zu erfassen.
Dieses Verfahren ist zur Beurteilung solcher feuerfester Werkstoffe durchzuführen, die mindestens drei Abschreckungen dieses Verfahrens aushalten sollen.

β) **Zylinderverfahren.** Als Prüfkörper werden Zylinder von 36 mm ⌀ und
≈ 60 mm Höhe verwendet, die aus Steinen im Anlieferungszustand herausgebohrt werden. Eine Grundfläche des Prüfkörpers soll von der Brennhaut des
Steins gebildet werden. Die bei 105 bis 110° C getrockneten Prüfkörper werden
in einem Ofen wie zu α) bei 950° C 15 min lang erhitzt. Dann werden sie ganz
unter fließendes Wasser von 10 bis 20° C getaucht und in ihm 3 min abgeschreckt.
Erhitzen und Abschrecken werden so oft wiederholt, bis der Prüfkörper zer-
springt. Im übrigen erfolgt das Verfahren sowie Beurteilung und Feststellung
der Abschreckzahl in Analogie zum Verfahren α).

Beide Verfahren genügen den Anforderungen der Praxis nicht, schon weil
sehr spröde und damit temperaturempfindliche Werkstoffe, solche mit einem
hohen Ausdehnungskoeffizienten und Werkstoffe, die durch Wasser hydratisiert
werden, wie Magnesitsteine, nach keinem der beiden Verfahren geprüft werden
können. In England wird überhaupt nicht mittels Wasserabschreckung, sondern
lediglich durch Anblasen oder in ruhender Luft geprüft. Hyslop und Biggs [180]
haben ein Verfahren ausgearbeitet, nach dem zwei Steingruppen zu je drei
Normalsteinen stehend, abwechselnd im Pendelverkehr, in einem elektrisch
beheizten Silitstabofen auf 1250° C erhitzt werden. Rechts und links des Ofens
befindet sich je eine Kühlkammer, in der die Köpfe der erhitzten Steingruppe
durch ein Gebläse mit einer Leistung von 14 m³/min mit Kaltluft angeblasen
werden. Zeitdauer von Erhitzung und Anblasen je 1 h. Zu bestehende Abschreck-
wechsel ≧ 10. Wird die Steingruppe a erhitzt, so wird die Steingruppe b in der
Kühlkammer b mit kalter Luft angeblasen und umgekehrt. Bennie [181]
empfiehlt Aufsetzen der glühenden Steine auf eine kalte Eisenplatte und Anblasen mit Luft.

Nach Chesters [182] ist das Verfahren grundlegend abgeändert worden.
Probekörper 3 inch × 2 inch × 2 inch werden in einem elektrisch beheizten Ofen
bei einer konstanten Temperatur von 900° C 10 min erhitzt und 10 min auf
einer Steinunterlage bei ruhender Luft abgekühlt. Der Wechsel wird so lange
wiederholt, bis der Versuchskörper in zwei Teile annähernd gleicher Größe
zerfällt. Die Temperaturwechselbeständigkeit wird durch die Anzahl der Abschreckungen definiert. Chrommagnesitsteine mit ≧ 30 Abschreckungen bewähren sich nach Chesters in der Praxis gut. Die Prüfungen sollen daher
nach 30 Abschreckungen abgebrochen und Steine, die sie bestanden haben,
mit *30 +* bezeichnet werden.

Nach den britischen Normen BS 1902 : 1952 wird dieses Verfahren, etwas
abgeändert, als Studienversuch empfohlen. Drei Probekörper 3 inch Höhe und
2 inch Kantenlänge werden nach dem Trocknen in einen kalten Ofen gesetzt
und innerhalb 3 h — Silikasteine auf 450° C, alle übrigen feuerfesten Werkstoffe
auf 1000° C — erhitzt. Die Probekörper werden der Prüftemperatur 30 min
ausgesetzt, dann mit vorher erhitzten Zangen hochkant auf eine kalte Ziegel-
unterlage gestellt und 10 min in ruhender Luft auf ihr belassen. Anschließend
werden die Probekörper erneut 10 min in dem auf Prüftemperatur gehaltenen
Ofen erhitzt, danach in gleicher Weise wiederum abgekühlt und so fort. Nach
jedem Wechsel wird der Zustand des Probekörpers festgetellt. Die Prüfung
ist beendet, wenn der Probekörper leicht mit der Hand zerbrochen werden
kann. Die Anzahl der Erhitzungs- und Abkühlungswechsel sowie das Auftreten

der ersten Risse sind zu vermerken. Interessant ist, daß im Hinblick auf die Unterschiede zwischen britischem und amerikanischem Sprachgebrauch in den britischen Normen die in den ASTM-Normen benutzte Begriffsbezeichnung in Klammern beigefügt ist:
The determination of re-
sistance to thermal shock
(spalling).

Nach dem österreichi-
schen Verfahren [183] wird
ein Normalstein 50 min in
einem elektrischen Ofen
auf 950°C erhitzt und dann
während 10 min durch An-
blasen mit Preßluft ab-
geschreckt. Aufheizen und
Abschrecken werden, falls
der Prüfkörper nicht schon
früher in zwei nicht zu-
sammenhängende Teile zer-
fällt, 50mal durchgeführt
und dann nach dem Aus-
sehen des Steins die
Temperaturwechselbestän-
digkeit beurteilt. Zum Abschrecken wird kalte, trok-
kene Preßluft von 1 at
durch eine Düse von
8 mm ⌀ auf den auf einer
10 mm dicken Eisenplatte
flachliegenden Stein ge-
blasen. Düsenentfernung
von der Steinoberfläche
150 mm.

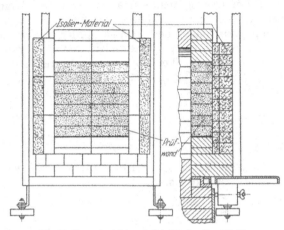

Abb. 86. Front-Ansicht und Schnitt der Panel-Prüfung ASTM C 38—52.

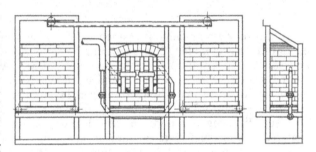

Abb. 87. Panel-Prüfung ASTM C 38—52.

Einen ganz anderen Weg sind im Hinblick auf die unbefriedigenden euro-päischen Verfahren die Amerikaner gegangen. Ihr Verfahren, bezeichnet als: Basic procedure in panel spalling test for refractory brick, ist in ASTM C 38—52 genormt. 14 Normalsteine werden zwischen *Schutzsteinen* seitlich und rückseitig isoliert nach Abb. 86 und 87 in ein Rahmenwerk gefaßt. Dieses Rahmenwerk wird mit der Prüfwandseite zum Ofen vor einen Vorerhitzungsofen geschoben. Der Ofen wird innerhalb 5 bis 8 h auf Betriebstemperatur gebracht und diese 24 h gehalten. Dann wird in 8 h abgekühlt und etwa eingetretene Veränderungen, Beschädigungen, Abplatzungen usw. festgestellt. Daran anschließend wird die Prüfwand vor den eigentlichen Abschreckofen gebracht und in einem bestimmten Zyklus eine Zeitlang auf eine nach jedem Versuch zunehmende Temperatur erhitzt und danach mit einem Gemisch von Luft und Wassernebel angeblasen (z. B. in 20 bis 25 min auf ≈1000°C; in 50 bis 55 min auf ≈1200°C; in 75 bis 80 min auf ≈1300°C; in 120 bis 125 min auf ≈1400°C usw.) Die Auswertung der Prüfung erfolgt nach dem Auseinandernehmen der Prüfwand durch Be-stimmung des durch Abplatzen usw. eingetretenen Gewichtsverlusts der ein-zelnen Steine. Das Verfahren ist für qualifizierte feuerfeste Werkstoffe[1] bestimmt.

---

[1] C 107—52 High duty fireclay brick. C 122—52 Super duty fireclay brick; C 180—52 Fireclay plastic refractories.

Keines der verschiedenen Verfahren kann im Vergleich zu den Erfahrungen der Praxis als *treffsicher* bezeichnet werden. Die Temperaturwechselbeständigkeit ist die Resultante vieler Komponenten: unmittelbare Stoffeigenschaften, z. B. Ausdehnungskoeffizient — Masseaufbau, ihre Verarbeitung sowie der Fertigungsverlauf — Temperaturhöhe — Art der Temperatureinwirkung und Ausmaß des Temperaturgefälles bei der Beanspruchung durch Temperaturwechsel usw.

Die Bemühungen, das Problem von einer ganz anderen Basis aus zu lösen, gehen zurück auf die Arbeiten von Winkelmann und Schott [184], die eine Formel für die Temperaturwechselbeständigkeit von Glas entwickelt haben:

$$S = \frac{P}{\alpha E} \sqrt{\frac{K}{\gamma_0 c}}.$$

Darin bedeuten:

P Zugfestigkeit,   E Elastizitätsmodul, γ_0 spezifisches Gewicht,
K Wärmeleitfähigkeit,   c spezifische Wärme, α linearer Ausdehnungskoeffizient.

Norton [184a] sowie Endell und Steger [184b] entwickelten zu dieser Formel reziproke Formeln:

Norton:

$$S = \text{Konst.} \frac{\beta}{a\,\Psi} = \text{Konst.} \frac{\text{Ausdehnungskoeffizient}}{\text{Torsionsfestigk.} \cdot \text{Temp.-Leitfähigk.}}.$$

Endell:

$$S = \frac{\text{Ausdehnungskoeffizient}}{\text{max. Torsionsvermögen bei 500 bis 600}^\circ \text{C}}.$$

In diesem Zusammenhang ist auch auf die bereits zitierte Arbeit von Endell und Müllensiefen [164] über elastische Verformung und plastische Verformung feuerfester Werkstoffe zu verweisen. Von diesen Arbeiten ausgehend, insbesondere den Arbeiten Nortons und Endells, ist das Problem der Schaffung möglichst temperaturwechselbeständiger Magnesitsteine [185] erfolgreich bearbeitet worden. Mit Hilfe einer weiterentwickelten Methode zur Bestimmung der Torsionsfestigkeit und des Ausdehnungskoeffizienten diesen Weg mit weiterem Erfolg ausbauen zu können, erscheint aussichtsreich, weil auch die apparative Seite der Verfahren weiterentwickelt worden ist (s. Torsionsprüfung S. 272 und dilatometrische Verfahren S. 286).

Klasse und Heinz [186] bestimmen nach dem von ihnen geprägten Begriff die *Kerbfestigkeit* auf Biegung beanspruchter, aus dem Werkstoff geschnittener Stäbe 150 mm × 20 mm × 15 mm (Höhe 15 mm), bei einer Stützweite von 100 mm. Unter *Kerbfestigkeit* ist das Verhalten durch starren Vorschub auf Biegung beanspruchter Probekörper unmittelbar nach dem Auftreten der ersten, gerade beginnenden Rißbildung bei weiterer Durchbiegung bis zum Bruch zu verstehen. Je stärker sich der Riß bei weiterer Durchbiegung bis zum Bruch des Probekörpers verlängern läßt — die beim Bruch festgestellte Durchbiegung als *maximale Durchbiegung* bezeichnet —, um so größer ist die Kerbfestigkeit, und um so günstiger wird die Temperaturwechselbeständigkeit von dieser Eigenschaft her beeinflußt. Die maximale Durchbiegung ist die Resultante aus Elastizitätsmodul und Stoffeigenschaft, beeinflußt durch Masseaufbau und Herstellungsverlauf. Stäbe aus sprödem Material brechen bereits beim ersten Einbruch durch. Ihre Kerbfestigkeit tritt also nicht meßbar in Erscheinung. Die maximale Durchbiegung ergibt sich in diesem Fall aus dem Quotienten

Biegefestigkeit/E — Modul.

Außerdem wird die Temperaturwechselbeständigkeit beeinflußt durch das lineare thermische Ausdehnungsverhalten sowie durch Wärme- bzw. Temperaturleitfähigkeit. Klasse und Heinz prägen den Ausdruck *Bruchtemperatur*. Das ist die Temperatur, bei der maximale Durchbiegung und lineare thermische Ausdehnung (dilatometrisch gemessen) den gleichen Wert aufweisen. Statt Wärmebzw. Temperaturleitfähigkeit bestimmen sie die in einem Horizont von 20 mm Höhe eines sich nur durch Oberflächenabstrahlung abkühlenden Probekörpers auftretende *mittlere Temperaturdifferenz*. Aus den so erhaltenen Zahlen wird die Formel gebildet:

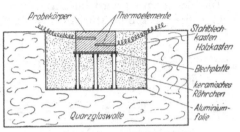

$$\frac{T_{br}}{\Delta T}\,10 = TWB\,.$$

Darin bedeuten:

T_{br} Bruchtemperatur,
ΔT mittlere Temperaturdifferenz.
Der Faktor 10 dient zur besseren Vergleichsmöglichkeit des Zahlenwerts.

An Hand von Diagrammen weisen KLASSE und HEINZ auf die Parallelität von Versuchsergebnissen und Betriebserfahrungen hin.

Zur Bestimmung der *mittleren Temperaturdifferenz* wird ein z. B. auf 1150° C erhitzter Probekörper mit den Abmessungen eines halben Normalsteins allseitig mit Ausnahme der Oberfläche isoliert in eine Vorrichtung nach Abb. 88 eingebaut.

In einem 20 mm hohen Horizont sind zwei parallel zueinander liegende Thermoelemente eingebaut. Als mittlere Temperaturdifferenz wird die während einer Abkühlzeit von 2 h an den beiden Thermoelementen auftretende *mittlere Differenz* bestimmt.

Abb. 88. Apparat zur Bestimmung der „mittleren Temperatur-Differenz". (Nach KLASSE und HEINZ.)

Das Gerät zur Bestimmung der Kerbfestigkeit ist so gestaltet, daß es durch starren Vorschub die gemessene Kraft auf den Probekörper überträgt und außerdem die auf dem Probekörper ruhende Restkraft zu bestimmen gestattet, wenn dieser in der bei beginnender Rißbildung eingenommenen Lage festgehalten wird. Auch die Länge des sich bis zum Bruch bildenden Risses kann gemessen werden. So lassen sich mit dem Gerät auch E-Modul und Bruchlast (P_{max}) feststellen. Beide Geräte sind zum Deutschen Bundespatent angemeldet.

Sowohl die Arbeit von BERLEK als auch die von KLASSE und HEINZ zeigen den großen Einfluß, den Masseaufbau und Fertigungsverlauf auf die Entwicklung weniger temperaturempfindlicher feuerfester Werkstoffe haben, wenn diese infolge ihrer sonstigen Stoffeigenschaften, wie z. B. großer Ausdehnungskoeffizient, keine günstigen Voraussetzungen dafür auszuweisen haben.

15. Ausdehnung und Schwindung — Nachschwinden und Nachwachsen.

a) Ausdehnung und Schwindung.

Geprüft werden sowohl Rohstoffe und Massen als auch Werkstoffe. Die Kenntnis des Ausdehnungs- und Schwindverhaltens beim Erhitzen und Abkühlen ist ebenso wichtig für die Herstellung maßhaltiger Werkstoffe wie auch

z. B. für ihren sachgemäßen Einbau in Ofenkonstruktionen aller Art. Auch der Ausdehnungskoeffizient wird über die Messung von Ausdehnung und Schwindung bestimmt. Zwischen Glasur und Scherben beim Erhitzen und Abkühlen auftretende Spannungen sind in Abschn. 14, S. 277, behandelt.

Die Bestimmung wird im allgemeinen mit Hilfe von Dilatometern durchgeführt, die für Temperaturen bis $\approx 1200°$ C und für solche bis $\approx 1500°$ C hergestellt werden. Für die Prüfung keramischer Stoffe sollen nicht zu kleine Probekörper verwendet werden, um nicht nur feinkörnige, sondern auch grobkörnige Massen prüfen zu können. Bewährt haben sich die von Steger entwickelten

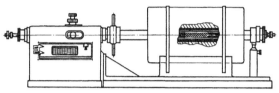

Abb. 89. Dilatometer. (Nach Steger.)

Probekörper 100 mm $\times$ 25 mm $\varnothing$. Das nach ihm benannte, im Laufe der Zeit wesentlich weiterentwickelte Dilatometer (Abb. 89) besteht aus einem Ofen und dem Schreibgerät mit den Übertragungsorganen, die mit einem Übersetzungsverhältnis zwischen 1 : 20 und 1 : 100 die Bewegungen des Probekörpers als Dehn- und Schwindkurve auf das Diagrammpapier auftragen. Ofen und Registriereinrichtung sind auf einer gemeinsamen Grundplatte genau miteinander fluchtend befestigt. Durch den Ofen geht ein am Schreibgerät fest gelagertes, abnehmbares *Mantelrohr*, das mit seinem anderen Ende in der Längsachse frei beweglich von einem höhenverstellbaren Stützlager getragen wird. In diesem Mantelrohr befindet sich zwischen zwei Innenrohren aus dem gleichen Material[1] der Probekörper. Das rechte Innenrohr findet sein Widerlager am entsprechenden Ende des Mantelrohrs. Das linke Innenrohr überträgt die Längenveränderungen des Probekörpers auf die Übertragungsorgane und betätigt über sie die Schreibvorrichtung. Für einen möglichst geringen Andruck der Übertragungsorgane über das Innenrohr auf den Probekörper ist besonders bei der Prüfung ungebrannter Probekörper zu achten. Das Gerät wird für genauere Messungen mit einem Körper bekannten Dehnungs- und Schwindverhaltens geeicht. Für betriebstechnische Untersuchungen genügt die auf der Konstruktion des Geräts beruhende *Eigenkompensation* der Geräte-Längenveränderungen während des Erhitzungs- und Abkühlungsversuchs vollkommen. Lehmann und Gatzke [3], [187] haben das Gerät weiterentwickelt, so daß es gleichzeitig für die Bestimmung des Dehnungs- und Schwindverhaltens wie für die Ausführung der Differentialthermoanalyse benutzt werden kann. Sie verwenden mit Rücksicht auf die gleichzeitige Durchführung beider Prüfungen zwei hintereinanderliegende Probekörper 50 mm $\times$ 25 mm $\varnothing$, von denen der eine im Hinblick auf die Erfordernisse der Differentialthermoanalyse ein inerter Körper bekannten Dehn- und Schwindverhaltens ist. Die Erhitzungskurve kann von Hand oder automatisch nach Programm gesteuert werden. Dehnungs- und Schwindkurve werden über ein Potentiometer, Differentialthermo- und Temperaturkurve mit der für die Differentialthermoanalyse üblichen Methode über einen Mehrfachfarbenschreiber gleichzeitig aufgezeichnet. Das Gerät ist zum Deutschen Bundespatent angemeldet.

Die dilatometrischen Verfahren haben sich im Bereiche von Wand- und Bodenfliesen, chemisch-technischem Porzellan und Steinzeug, von keramischen Isolierstoffen sowie feuerfesten Werkstoffen aller Art — nicht nur etwa im Bereich der Silikagruppe — sehr gut eingeführt.

---

[1] Die Wahl des Materials richtet sich nach der Versuchstemperatur.

b) Nachschwinden und Nachwachsen.

Nicht zu verwechseln mit der Bestimmung des Ausdehnungs- und Schwindverhaltens, also der vorübergehenden Längenänderungen, sind die Prüfverfahren zur Bestimmung des Nachschwindens und Nachwachsens, also derjenigen
Rauminhalts- und Längenveränderungen, die nach dem Erhitzen auf hohe
Temperaturen und Abkühlen bestehenbleiben (DIN 1066, in Überarbeitung).
Die lineare Längenveränderung kann dilatometrisch, für einfache Versuche
auch mit Hilfe einer Schiebelehre, die Rauminhaltsänderung nach dem Queck-
silber- oder dem Wasserverdrängungsverfahren bestimmt werden (DIN 1065).
Aus den Rauminhaltsänderungen kann die bleibende Längenänderung in
Prozenten berechnet werden nach den Formeln:

$$NS = 100 \left(1 - \sqrt[3]{\frac{V_1}{V_0}}\right)\%,$$

$$NW = 100 \left(\sqrt[3]{\frac{V_1}{V_0}} - 1\right)\%.$$

Hierin bedeuten:

V_1 Rauminhalt des Körpers nach dem Erhitzen in ml,
V_0 ursprünglicher Rauminhalt des Körpers vor dem Versuch in ml.

Bei der dilatometrischen Bestimmung der Längenveränderung werden die
für diese Verfahren üblichen Probekörpergrößen verwendet. Soll die Bestimmung mit einer Schiebelehre durchgeführt werden, so ist die Messung an Probekörpern mit zwei planparallelen Flächen von mindestens 100 bis 110 mm²
Querschnitt und einem Abstand der Flächen voneinander von etwa 100 mm
vorzunehmen. Die Temperatursteigerung soll von 600° C an etwa 10° C/min
betragen, sofern etwa vorhandene Gütenormen nichts anderes vorschreiben.

Nach den englischen Normen 1902: 1952 wird Nachwachsen und Nach-
schwinden lediglich linear an Probekörpern 9 inch × 4¹/₂ inch × 3 inch in
analoger Weise wie nach DIN 1066 bestimmt. Die Temperatursteigerung soll
von 500° C unterhalb der Prüftemperatur an 5 bis 6° C/min betragen (bei Silikasteinen soll außerdem die
Temperatur bis 300° C
langsam gesteigert wer-
den). Ferner sind vorübergehende und lineare Aus-
dehnung festzustellen. Für
Versuche bis 1200° C wer-
den zwei Geräte beschrie-
ben. Das erste ist ein Ver-
tikalgerät mit unmittel-
barer Übertragung der
Längenveränderung auf
eine Meßuhr. Das zweite
Gerät, auf der Basis des
Dilatometers nach STEGER,
ist jedoch lediglich für

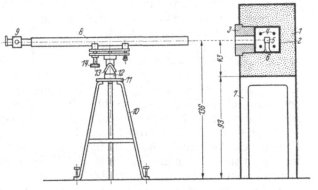

Abb. 90. Komparator-Verfahren zur Messung der Wärmeausdehnung in
hoher Temperatur.

Ausdehnungsversuche geeignet. Für Temperaturen bis 1450° C wird als drittes
Gerät ein liegender elektrischer Röhrenofen mit Platindrahtwicklung in Sonder-
konstruktion benutzt. In dem Ofen ruht liegend auf drei Sinterkorundrollen
ein prismatischer Probekörper 98 mm × 15 mm × 15 mm. Die linearen Ver-

änderungen seiner Längsachse werden über seine Endkanten durch zwei senkrechte Beobachtungsrohre, die in das Heizrohr eingelassen sind, gemessen.

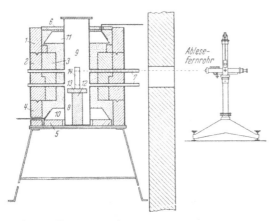

Das Verfahren erinnert an das Horizontalofenverfahren nach Endell-Steger [*188*], [*189*]. Dieses Verfahren (Abb. 90) benutzt einen Silitstabofen. Die Messung wird in Komparatoranordnung durch zwei Fernrohre durchgeführt. In ähnlicher Weise wird das Vertikalkathetometer-Verfahren von Hirsch [*190*], [*191*] in einem Kohlegrießwiderstandsofen mit seitlichen Beobachtungs- und Meßbohrungen (Abb. 91) angewandt. Das Verfahren nach Endell-Steger gestattet Versuche bis $\approx 1350°$ C, das nach Hirsch solche bis über $1600°$ C.

Abb. 91. Kathetometer-Verfahren zur Messung der Wärmeausdehnung in hoher Temperatur.

In Amerika ist lediglich ein Verfahren für die bleibende lineare Veränderung feuerfester Gießmassen nach ASTM C 269—55 T — Permanent linear change on firing of castable refractories — genormt.

16. Abnutzungsprüfung.

Von den keramischen Werkstoffen werden vorzugsweise als Beläge von Fuß- und Industrieböden sowie Fahrbahnstrecken dienende Erzeugnisse wie Bodenfliesen, Klinkerplatten und Straßenklinker, ferner feuerfeste Werkstoffe in Ofenanlagen, z. B. in Schacht- und Drehöfen aller Art, auf *Abnutzung* beansprucht. Die Prüfung mittels Sandstrahls ergibt wohl Einblicke in das Stoffgefüge, aber kaum Aufschluß über das Verhalten in der Praxis, weil die Beanspruchung durch Sandstrahlwirkung sich auf Sonderfälle beschränkt, z. B. durch windbewegten Sand an Küsten und in sandigen Trockengebieten. Die Prüfung in Stahltrommeln mit zylindrischem Mantel [*192*], die diagonal in der Längsachse schräg gestellt sind, in Rattlern [*193*] und ähnlichen Maschinen [*194*] ist fast ausschließlich auf Amerika beschränkt geblieben bzw. haben sich Ansätze zu analogen Prüfungen, z. B. wie in Deutschland in Stahltrommeln mit gewelltem Mantel, nicht einführen lassen. Sie dienen ausschließlich technologischen Versuchen, die einen gewissen Einblick in das Verhalten dieser Werkstoffe bei gegenseitiger Beanspruchung durch Stoß und Schlag ermöglichen.

Wichtig für die Haltbarkeit von Fußbodenbelägen aus plattenförmigen keramischen Werkstoffen und Klinkern ist die Bestimmung der Kantenfestigkeit, wenn sie z. B. durch eisenbereifte Fahrzeuge oder auch durch Sack- und Transportkarren beansprucht werden, weil an der Stoßfugenkante je nach Güte der Verlegung mehr oder minder große schlagartige Beanspruchungen auftreten können. Die Prüfung wird z. B. mit den aus den früheren Zementnormen her bekannten Hammerapparaten nach Böhme-Martens oder den auch heute noch im Ausland vielfach benutzten Fallrammen nach Klebe-Tetmajer durchgeführt. Die Probe wird so eingespannt, daß der Schlag des Hammers bzw. des Fallbären auf ihre Kante wirkt. Die bis zum Auftreten der ersten Zerstörungen geleistete Schlagarbeit ergibt ein Maß für die Kantenfestigkeit.

Für die Bestimmung des Abnutzungswiderstands bei vorwiegend schleifender und schlürfender Beanspruchung wird das für die Prüfung von Natursteinen genormte Verfahren DIN 52108 (in Überarbeitung) mittels der Schleifmaschine nach Böhme benutzt (s. Abschn. II. D. 8). Es hat sich für die Fälle, in denen vorzugsweise schleifende und schlürfende Beanspruchung vorliegt, als gut brauchbar erwiesen, ebenso für feuerfeste Werkstoffe, obwohl diese bei Zimmertemperatur durchgeführte Prüfung keine unmittelbaren Schlüsse auf ihr Verhalten bei hohen Temperaturen zuläßt (s. unten).

In vielen Fällen liegt jedoch nicht schleifende und schlürfende Beanspruchung, sondern rollend und rollend-stoßend wirkende Beanspruchung vor, insbesondere bei Industrieböden sowie in Güterhallen, auf Ladekais usw. Für die Prüfung des Abnutzungswiderstands gegen derartige Beanspruchung ist das Verfahren DIN-Entwurf 51951 [195] entwickelt worden. Das Gerät (Abb. 92) besteht aus einem Gestell mit waagerecht gelagertem Drehtisch zur Aufnahme des Probekörpers 150 mm × 150 mm, einem senkrecht frei geführten Druckstempel mit Kugelkopf, bestückt mit fünf Kugeln 18 mm ⌀, und einer Anzahl von Zusatzgewichten, die eine Gesamtbelastung von 50 kg ermöglichen. Die Drehbewegungen von Drehtisch und Kugelkopf sind zueinander gegenläufig. Beide sind mit ihrer senkrechten Achse um 40 mm gegeneinander versetzt. Der Drehtisch muß 40 und der Kugelkopf 1400 Umdrehungen in ≈ $2^1/_2$ min machen. Die Kugeln laufen frei in dem entsprechend geformten Kugelkopf. Eine Absaugvorrichtung sorgt für die Entfernung

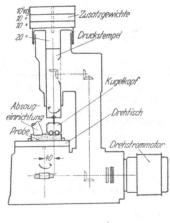

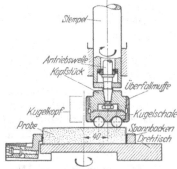

Abb. 92. Verschleißprüfgerät zur Bestimmung des Trocken-Roll-Verschleißes nach Ebener.

des während der Prüfung entstehenden Staubs usw. Es entsteht ein ringförmiger Abnutzungsweg. Aus Gewichtsverlust und Raumgewicht wird als Größe der Abnutzung der Raumverlust errechnet.

$$\Delta V = \frac{\Delta G}{\gamma}.$$

Darin bedeuten:

ΔV Gewichtsverlust, ΔG Raumverlust, γ Raumgewicht.

Bei keramischen Werkstoffen, wie beispielsweise Klinkerplatten, macht sich der Anfangsschutz der Brennhaut ihrer Stärke entsprechend bemerkbar. Nach ihrer Entfernung wird die Größe der Abnutzung maßgeblich beeinflußt durch Brennzustand und Gefüge des Probekörperinneren. Das Verfahren ist gut reproduzierbar und findet zunehmende Bedeutung.

Die Abnutzungsprüfung feuerfester Werkstoffe bei hohen Temperaturen ist infolge der äußerst schwierigen apparativen Aufgabe über Ansätze nicht hinausgekommen. In Amerika ist ein Prüfverfahren, das sogenannte *Meißelverfahren* [196], entwickelt worden. Die zur Ausführung des Versuchs dienende Maschine besitzt einen auf einem hin und her gehenden Wagen angebrachten wassergekühlten Stahlmeißel, der nach Art eines Fallhammers ausgebildet ist und 450 Stöße je min auf die zu prüfenden Steine ausführt. 11 Prüfsteine im Normalformat werden durch Klammern fest miteinander verbunden, in trockenes Tonpulver eingebettet und in einem unter dem den Meißel tragenden Wagen befindlichen Ofen mittels Ölbrenner an ihrer Oberfläche auf 1350° C erhitzt.

Tabelle 5.

| | Eindringtiefe, mm | | |
	kalt	bei 1000° C	bei 1350° C
Schamottesteine scharf gebrannt			
handgeformt	13,2	11,4	7,3
nachgepreßt	3,8	2,9	1,7
trockengepreßt	3,3	4,0	3,2
Schamottesteine normal gebrannt			
handgeformt	14,3	11,3	—
nachgepreßt	4,0	2,8	—
trockengepreßt	3,8	5,7	3,0
Schamottesteine schwach gebrannt			
handgeformt	20,0	12,8	—
nachgepreßt	6,5	2,3	2,0
trockengepreßt	5,2	6,1	4,8
Magnesitsteine	3,5	2,8	7,5
Chromitsteine	7,2	7,8	13,5

Die Geschwindigkeit der Wagenbewegung beträgt 1,5 m/min. Der Meißelfallhammer wird durch einen Elektromotor über ein Reduziergetriebe mit 450 Stößen/min in Tätigkeit gesetzt. Die Fallhöhe des Meißels wird für den Versuchsbeginn auf 25 mm eingestellt. Sein Gewicht beträgt 2,95 kg. Der Meißel kann bis 25 mm tief in die Versuchskörper eindringen. Bei Versuchsbeginn beträgt die Schlagarbeit — aus Meißelgewicht und Fallhöhe berechnet — 7,5 kg cm, bei starker Abnutzung von 25 mm 15 kg cm. Der Wagen wird gegen die Strahlungshitze des Ofens von unten durch einen Luftstrom gekühlt. Es werden die in Tab. 5 enthaltenen Abnutzungswerte mitgeteilt.

Zu beachten sind die bei Schamottesteinen fast allgemein bis 1350° C fallenden Eindringwerte, während sie bei Magnesit- und Chromitsteinen steigen. Auch auf den Einfluß von Herstellungsverfahren und Brennzustand ist zu verweisen.

17. Spezifische Wärme — Temperaturleitfähigkeit — Wärmeleitfähigkeit.

Die Prüfung dieser Eigenschaften an *Baustoffen* aus keramischen Werkstoffen, wie Mauerziegeln usw., wird in Kap. XVIII behandelt. In diesem Abschnitt sind lediglich die diesbezüglichen Bestimmungen an keramischen Isolierstoffen und feuerfesten Werkstoffen zu diskutieren.

a) Keramische Isolierstoffe.

Es ist festzustellen nach DIN 57335 die spezifische Wärme c, also diejenige Wärmemenge in kcal, die erforderlich ist, um die Temperatur von 1 kg dieses Stoffs um 1° zu erhöhen. Verwendet werden handelsübliche Kalorimeter. Die spezifische Wärme feuerfester Werkstoffe bei hohen Temperaturen haben Miehr, Immke und Kratzert [197] nach dem Wassermischverfahren ermittelt.

Für die Bestimmung der Temperaturleitfähigkeit a, die angibt, um wieviel Grad die mittlere Temperatur eines Würfels von 1 m Kantenlänge in 1 h steigt, wenn das Temperaturgefälle von der einen Grenzfläche zur gegenüberliegenden um 1° C abnimmt, ist ein besonders von Steger [222] entwickeltes Gerät vorgesehen. Für keramische Isolierstoffe ist die Temperaturleitfähigkeit für einen Bereich von 20° bis 100° C zu prüfen.

Eine unter Betriebsbedingungen gebrannte ebene Platte aus der zu untersuchenden Masse wird auf eine dampfbeheizte Quecksilberschicht gelegt und die Zeit festgestellt, die verstreicht, bis die nichterhitzte Plattenoberfläche eine bestimmte Temperatur erreicht hat.

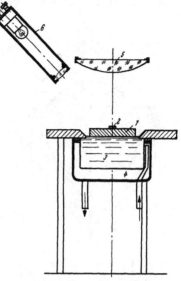

Ein doppelwandiges Gefäß 4 — außen aus Messing-, innen aus Nickelblech bestehend — (Abb. 93) — ist mit einem Dampfeinlaßstutzen und einem -auslaßstutzen versehen. Auf dem Gefäß ist ein Ring aus Asbest-Zementschiefer mit einem hitzebeständigen Kitt befestigt, der die Lötnaht zwischen Messing- und Nickelblech vor der Berührung mit dem in den Nickelbehälter gegebenen Quecksilber zu schützen hat. Auf die Mitte der Prüfplatte 1 wird ein Diphenylaminkristall 2 — Schmelzpunkt 50° C — gelegt, der durch die Beleuchtungseinrichtung 6 angestrahlt wird. Der Augenblick seines Schmelzpunkts wird durch die Lupe 5 beobachtet.

Durch die versuchsbereite, also mit Quecksilber gefüllte Apparatur wird 5 min Wasserdampf geleitet. Dann wird die Prüfplatte mit dem Diphenylaminkristall auf das Quecksilber

Abb. 93. Apparat zur Messung der Temperaturleitfähigkeit. (Nach STEGER.)

gelegt und mit einer Stoppuhr die Zeitspanne zwischen dem Auflegen der Prüfplatte auf das erhitzte Quecksilber und dem Schmelzen des Diphenylaminkristalls bestimmt. Die Temperaturleitfähigkeit ist nach der Formel zu berechnen

$$a_m = 0{,}360\,K\,\frac{d^{1,7}}{t}.$$

Darin bedeuten:

a_m mittlere Temperaturleitfähigkeit in m²/h zwischen 20 bis 100°,　　t Zeit in h,
d Dicke des Probekörpers in m,　　　　　　　　　　　　　　　　K Gerätekonstante.

K muß für jedes Gerät empirisch bestimmt werden. Runde Glasplatten für diesen Zweck mit einer mittleren Temperaturleitfähigkeit $a_m = 0{,}0021$ m²/h liefert das Jenaer Glaswerk Schott & Gen., Mainz.

Die Wärmeleitfähigkeit λ, die angibt, wieviel kcal einen Querschnitt von 1 m² einer 1 m dicken Platte in 1 h im Dauerzustand durchfließen, wenn sich die Temperaturen der beiden Gegenflächen der Platte um 1° unterscheiden, ist aus den vorangegangenen Bestimmungen zu berechnen nach der Formel

$$\lambda = 1000\,a c \gamma.$$

Darin bedeuten:

λ Wärmeleitfähigkeit in $\dfrac{\text{kcal}}{\text{h m °C}}$,　　　c spezifische Wärme in $\dfrac{\text{kcal}}{\text{kg °C}}$,

a Temperaturleitfähigkeit in m²/h,　　　γ Raumgewicht in $\dfrac{\text{kg}}{\text{dm}^3} = \dfrac{1000\ \text{kg}}{\text{m}^3}$.

Bei dieser Berechnungsart sind spezifische Wärme als Mittelwert c_m und die Temperaturleitfähigkeit als Mittelwert a_m zwischen 20° und 100° C einzusetzen. Für die Wärmeleitfähigkeit ergibt sich damit ebenfalls ein Mittelwert λ_m zwischen 20° und 100° C.

b) Feuerfeste Werkstoffe.

Beim dichtgebrannten, gesinterten und homogenen Scherben keramischer Isolierstoffe sind die Voraussetzungen für die Bestimmung der Wärmeleitfähigkeit einfach. Ganz anders liegen die Verhältnisse bei den feuerfesten Werkstoffen mit ihrer Fülle von Arten und Verwendungszwecken. Der Einsatz von Geräten wie das nach Poensgen oder nach Eucken-Laube-Golla [198], [199] (für

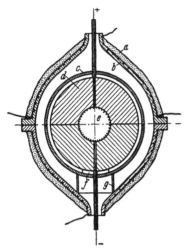

Temperaturen bis 1300° C) hat sich nicht durchsetzen können, weil diese Geräte die Anfertigung besonderer Probekörper voraussetzen. Gerade bei den feuerfesten Werkstoffen ist jedoch — genau wie z. B. bei der Bestimmung der Gasdurchlässigkeit — die Prüfung der Werkstoffe oder Ausschnitte aus ihnen unmittelbar von besonderer Wichtigkeit. Die Prüfeinrichtung nach Eucken, Laube und Golla ist besonders für die Prüfung feuerfester Werkstoffe entwickelt worden (Abb. 94).

Aus dem zu prüfenden Material werden zwei halbkugelförmige Prüfkörper d angefertigt. Sie schließen in einem Hohlraum den Heizkörper e, eine mit Rillen und Platindrahtbewicklung versehene Kugel, ein. In der Berührungsebene der beiden Halbkugeln sind in mehreren konzentrischen Kreisen Thermoelemente in genau gemessenem Abstand eingelegt. Der Meßkörper

Abb. 94. Einrichtung zur Messung der Wärmeleitfähigkeit feuerfester Werkstoffe. (Nach Eucken-Laube-Golla.)

wird von einer Hohlkugel aus Metall c umhüllt, und diese wiederum ist von einem Außenheizkörper b umschlossen. Der Außenheizkörper besteht aus nahezu halbkugelförmigen Steingutschalen mit Drahtbewicklung und ist nach außen durch einen Asbestbelag a isoliert. Gemessen werden der dem Heizdraht der innersten Kugel zugeführte Strom und die Temperatur in drei Zonen der Meßkugel. Aus diesen Werten läßt sich nach Eintritt des stationären Zustands die Wärmeleitfähigkeit für die genau einzustellende Temperaturstufe berechnen.

Die Ergebnisse des Wärmeflußmessers nach Lamort, der in Form von Kupferplatten an die Probekörper im Normalsteinformat angelegt wird, werden von der Oberflächenbeschaffenheit der Probekörper sehr beeinflußt.

Ein neues Verfahren hat Klasse entwickelt in Form eines *Vergleichsverfahrens*: Die Wärmeleitfähigkeit eines aus dem feuerfesten Werkstoff herausgeschnittenen zylindrischen Probekörpers 100 mm ⌀ und 25 mm Höhe wird im Vergleich mit der eines gleich großen Standardkörpers aus Hartporzellan bestimmt, dessen λ-Kurve ihrerseits wieder über einen Vergleichskörper mit bekannter λ-Kurve geeicht worden ist.

Abb. 95 stellt das von Klasse benutzte Gerät schematisch dar. In einem zylindrischen Aluminiumgefäß 830 mm ⌀ befindet sich ein zweites, das auf drei mit Aerosil[1] ausgefüllten Eternitrohren ruht. Die Zwischenräume zwischen dem kleinen und dem großen Aluminiumgefäß sind ebenfalls mit Aerosil gefüllt. Im unteren Drittel des kleinen Gefäßes ruht auf einem Stützring ein perforiertes Tragblech, nach unten durch Aerosil isoliert. Auf diesem Tragblech befindet sich ein Block aus feuerfester Schaumsteinmasse, in dem oben die Heizplatte eingearbeitet ist. Der in die Heizplatte eingebettete Widerstand besteht aus Platindraht, dessen Wicklung mit keramischer Masse abgedeckt ist. Darüber befindet sich ein Platinblech zwecks gleichmäßiger Wärmeverteilung. Auf diesem Platinblech ruhen drei zylindrische Körper 100 mm ⌀ und 25 mm Höhe, von

---

[1] Aerosil ist ein von der Degussa-Frankfurt/Main geliefertes feindisperses Kieselsäure-Isoliermaterial.

unten nach oben: der Prüfkörper, der Standardkörper aus Hartporzellan und ein Abdeckkörper ebenfalls aus Hartporzellan. Prüf- und Vergleichskörper sind beiderseitig eingerillt zur Aufnahme der Thermoelemente. Die Rillen werden mit feuerfestem Mörtel aus-geglichen. Der Abstand der Löt-stellen in den beiden Körpern beträgt etwa 22 mm. Es wird also das Temperaturgefälle innerhalb dieser beiden Körper gemessen. Damit fallen die Übergangswiderstände fort. Die Körper sind planparallel ge-schliffen und ruhen unmittelbar aufeinander. Sie sind umgeben von einem aus der gleichen Schaumsteinmasse bestehenden Rohr, lichte Weite 170 mm. Die Zwischenräume zwischen den drei Körpern und dem Rohr sind ebenfalls mit Aerosil ausgefüllt.

Das Gerät ist für Wärme-leitfähigkeitsbestimmungen bis etwa 1050° C bestimmt.

In das amerikanische Nor-menwerk sind drei Verfahren zur Bestimmung der Wärme-leitfähigkeit aufgenommen wor-den [200], [201], [202].

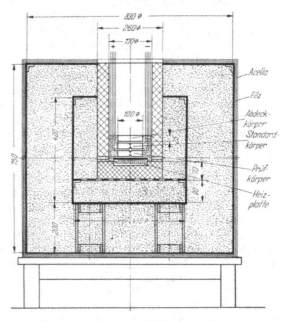

Abb. 95. Gerät zur Bestimmung der Wärmeleitfähigkeit.
(Nach KLASSE.)

In ASTM C 201—47 wird ein Gerät für allgemeine Wärmeleitfähigkeitsbestim-mungen an feuerfesten Werkstoffen zwischen etwa 200° C und 1550° C be-schrieben. Das Prinzip des Geräts ist folgendes: In einer elektrisch beheizten *Erhitzungskammer* (heating chamber) wird bei einer für den Versuch gewählten konstanten Temperatur zwischen Schutzkörpern die Oberfläche des Probe-körpers unter Zwischenschaltung einer Silizium-Karbidplatte (zwecks gleich-mäßiger Temperaturverteilung) erhitzt. Die durch den Probekörper fließende Wärmemenge wird durch ein wasserbedientes Kalorimeter aufgenommen und daraus die Wärmeleitfähigkeit im stationären System bestimmt.

In den beiden anderen Vorschriften sind zwei einander sehr ähnliche An-ordnungen für die in diesen Normen angegebenen feuerfesten Werkstoffe be-schrieben. Sie dienen einerseits der Feststellung der Temperaturleitfähigkeit aus der Temperaturdifferenz zwischen in zwei bzw. drei Horizonten eingebauten Thermoelementen, andererseits wiederum über das Wasserkalorimeter der Be-stimmung der Wärmeleitfähigkeit.

Über das Problem der Wärmeleitfähigkeit, insbesondere der feuerfesten Werkstoffe, besteht eine reiche Literatur[1].

---

[1] SINGER, F.: Die Keramik im Dienste von Industrie und Volkswirtschaft, S. 425ff. 1923. — H. ESSER, H. SALMANG u. M. SCHMIDT-ERNSTHAUSEN: Zur Kenntnis der Wärme-übertragung durch feuerfeste Baustoffe. Sprechsaal 1931, S. 1927. — H. SALMANG u. H. FRANK: Messung der Wärmeleitfähigkeit feuerfester Stoffe bei hohen Temperaturen. Sprechsaal 1935, S. 225. — NICHOLLS: Bericht über Gemeinschaftsversuche mit sieben verschiedenen Vorrichtungen. Bull. Amer. ceram. Soc. Bd. 15 (1936) S. 37. — C. DINGER, A. KIND, W. SCHÜTZ u. A. DIETZEL: Ein neues Verfahren zur Bestimmung der Wärmeleit-

18. Zerstörungsfreie Prüfung.

Der Fertigungsverlauf keramischer Werkstoffe — Aufbereitung der einzelnen Stoffe, Zusammensetzung der Masse, ihre Verarbeitung und der Werdegang des geformten, ungebrannten Werkstoffs bis zu seinem Verwendungszustand — schließt sehr viele Fehlermöglichkeiten ein, die, wie z. B. Lunker- und Rißbildungen oder andere Gefügeungleichmäßigkeiten, mittels *Mengenprobenahme* durch die vorher beschriebenen Prüfungen nicht in genügendem Maße erfaßt werden können. Je höher die Anforderungen an den keramischen Werkstoff geworden sind, um so mehr hat sich für bestimmte Gruppen der Bedarf nach laufender Massenprüfung, die nur mittels zerstörungsfreier Prüfungsverfahren durchgeführt werden kann, herausgebildet.

Die von Steger [202a] entwickelten Verfahren zur Messung der Transparenz qualifizierter Porzellane durch Photometer oder durch Vergleich mit einer Standardplatte sind keine Massenprüfverfahren, aber doch zerstörungsfreie Prüfverfahren, so daß an dieser Stelle darauf zu verweisen ist.

Für die Untersuchung gleichmäßigen Gefüges in keramischen Isolierkörpern ist auch die Röntgenographie [203] an ganzen Stücken eingesetzt worden. Röntgenaufnahmen lassen unschwer Löcher, wie sie z. B. auf schlechter Verarbeitung beim Drehen beruhen, erkennen. Krause und Schiedeck [204] haben für die zerstörungsfreie Werkstoffprüfung in der Keramik γ-Strahlen eingesetzt, die durch die Benutzung von Mesothoriumpräparaten leicht zugänglich sind. Schon Friese [205] hat auf die Fortpflanzung der Schallgeschwindigkeit in Porzellan in Abhängigkeit von seiner Güte verwiesen, ebenso Rosenthal und Singer [206]. In gutem, d. h. einwandfrei gebranntem und gesintertem Hartporzellan, beträgt die Schallfortpflanzungsgeschwindigkeit [207] zwischen 4900 und 5200 m/sek. Sie fällt bei unter- und überbranntem Porzellan auf etwa 3600 m/sek.

Erst die Entwicklung der Ultraschallverfahren hat eine Möglichkeit gegeben, Geräte für Massenprüfungen zu entwickeln. Alle Verfahren auf der Grundlage des Schalls setzen voraus, daß der geprüfte Körper — wenn er einwandfrei ist — einen gleichmäßigen Schalldurchgang aufweist. Diese Vorbedingung ist bei Werkstoffen wie Porzellan gegeben, das einen voll gesinterten, praktisch homogenen Scherben besitzt. Eine Anwendungsgrenze ist nach Dietzel [208] bei steigender Porosität gesetzt — z. B. bei stark porösen Steingutscherben —, wahrscheinlich, weil die vielen unregelmäßigen Grenzflächen in den Poren zu starke Reflexionen hervorrufen.

Die eingehenden Versuche von Barthelt und Lutsch [209], ebenso die von Gerlach [210], zeigen in Übereinstimmung, daß die Höhe der Porosität bei an und für sich porösen Scherben, ebenso die Saugfähigkeit bei an und für sich dichten Scherben sowohl die Schallabsorption als auch die Schallgeschwindigkeit beeinflussen. Schon diese Andeutungen zeigen Grenzen der Anwendungsmöglichkeiten außerhalb der Werkstoffgruppen mit vollgesinterten Scherben, wie Porzellan und Steinzeug, auf. Auf die Schwierigkeiten für die Anwendbarkeit des Verfahrens im Bereich des porösen Steinguts ist bereits verwiesen.

---

fähigkeit bei hohen Temperaturen. Ber. dtsch. keram. Ges. Bd. 20 (1939) S. 347ff. — E. J. Ruh: Improved method of measuring thermal conductivity of dense ceramics. J. Amer. ceram. Soc. Bd. 37 (1954) S. 224ff.

Fachbücher: Boettcher, M.: Beitrag zur Untersuchung des Wärmeleitvermögens feuerfester Steine unter besonderer Berücksichtigung der Magnesitsteine. 1933. — A. Kanz: Untersuchungen über das Wärmeleitvermögen feuerfester Steine. 1933.

Weitere Literatur ist in Salmang: Keramik, 3. Aufl., S. 233. Berlin/Göttingen/Heidelberg: Springer 1954, nachzulesen.

In Holland [*211*] ist zur Prüfung von Pflasterklinkern ein Verfahren für die laufende Betriebsüberwachung des Brennzustands auf analoger Basis ausgearbeitet und in den praktischen Betrieb eingeführt worden.

Im Bereich der feuerfesten Werkstoffe ist es neben der Porosität außerdem die mehr oder minder starke Grobkörnigkeit des Scherbens, und zwar nicht so sehr, wenn dieser aus Stoffen der gleichen Art, sondern aus solchen verschiedener Arten aufgebaut ist, die der Verwendung des Verfahrens Grenzen setzt. Trotzdem wird man der Entwicklung von Ultraschallverfahren bei Massenprüfungen eine immer größere Aufmerksamkeit widmen müssen. Erkennen lassen sich vornehmlich: Gleichmäßigkeit des Gefügeaufbaus, Abwesenheit von Gefügefehlern, wie Rissen und Lunkern, sowie Gleichmäßigkeit des Brandes. Für die Bestimmung aller übrigen Eigenschaften werden die dafür maßgeblichen Prüfverfahren in Zukunft auch bei Einsatz von Ultraschallverfahren nicht entbehrlich. Ultraschall wird in drei verschiedenen Verfahrensformen [*212*], [*213*], [*214*] angewendet: die Durchschallungsmethode, Resonanzverfahren und das am weitesten verbreitete Impulsverfahren, das nach dem Prinzip der Echolotung arbeitet.

Wird mittels Anlegens eines Ultraschallwellen-Impulsgeberkopfs an die Außenfläche eines Körpers, z. B. einer Stahlwelle oder

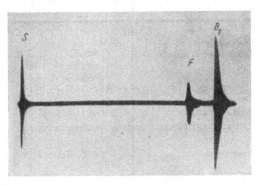

Abb. 96. Oszillogramm einer Stahlwelle als Testkörper.
S Sendeimpuls; *B* Bodenecho; *F* Fehlerecho.

eines keramischen Isolierkörpers, Ultraschall durch diesen hindurchgesendet, so ergibt sich bei oszillographischer Aufnahme des Vorgangs die Abb. 96.

Das Bild des Sendeimpulses entsteht auf der Auftreffseite, das des Bodenechos auf der Gegenseite. Ist zwischen beiden ein Fehler, z. B. ein oder mehrere Risse oder Lunker, so entstehen ein oder mehrere Zwischenechos, d. h. Fehlerechos. Die Größe eines Fehlers wird durch Vergleich der Amplitude des Fehlerechos mit der des Rückwandechos abgeschätzt. Die Beurteilung der Hauptebene des Fehlers macht eine Einstrahlung aus verschiedenen Richtungen erforderlich, da die Reflexion dann am stärksten ist, wenn der Schallstrahl die Fehlerebene senkrecht trifft.

Der Werkstoff als solcher bestimmt u. a. die Frequenzwahl. Grobkörniges Material erfordert eine tiefe Frequenz. Da Porzellan im Sinne der Prüftechnik als feinkörnig anzusehen ist, kommen in erster Linie Frequenzen von 2,5 bis 5 MHz in Frage.

STAATS [*215*] beschreibt drei Verfahren zur zerstörungsfreien Prüfung an keramischen Werkstoffen:

1. Das *Fluoreszenzverfahren* [*216*], d. h. Eintauchen des Probekörpers in eine fluoreszierende Flüssigkeit, die in jeden Riß und jede Oberflächenbeschädigung eindringt und unter ultraviolettem Licht leuchtet.

2. Das *Statifluxverfahren*, bei dem ein elektrostatisch geladenes Pulver über die Oberfläche von emailliertem Eisen geblasen wird und sich in den Rissen absetzt. Sollen rein keramische Körper ohne Elektronenlieferung aus einem Grundmetall nach diesem Verfahren geprüft werden, so müssen die Elektronen durch Einführung eines schwachen Elektrolyten geliefert werden. Das *Statiflux*verfahren ist das sensitivste Verfahren zur zerstörungsfreien Werkstoffprüfung.

Fortsetzung s. S. 302

Auszüge aus den deutschen Normen zur Prüfung und

Gruppe	E = Entwurf / Ein = Einheitsblatt / iÜ = in Überarbeitung / x = Kreuzausgabe / Normblatt	γ_0	γ	Porosität	Wasseraufnahme	Saugfähigkeit	Wasserdurchlässigkeit	Chemische Analyse	Lösliche Salze	Säure- und Laugenbeständigkeit	Verschlackungsbeständigkeit	Frostbeständigkeit	Temperaturwechselbeständigkeit	Nachschwinden und Nachwachsen	Verschleißwiderstand
		1	2	3	4	5	6	7	8	9	10	11	12	13	14
1. Allgemeines: Chemische Analyse	51 070 56							+							
	51 071 56							+							
	51 072 56							+							
	E 51 073 56							+							
lösliche Salze	51 100 56								+						
S. K.-Fallpunkt	51 063 XII 54														
2. Rohstoffe	51 030 XII 54														
3. Bauteile für Wand- und Bodenbeläge (auch Wand- und Bodenfliesen, Spaltplatten usw.) Güteanforderungen usw.	E 18 155 X 55	+	+		+					$\overset{+}{\oplus}$		+	+		+
Prüfverfahren	51 090 III 56														
unglasierte Werkstoffe	E 51 091 III 56									+					
glasierte Werkstoffe	E 51 092 III 56									+					
	E 51 093 III 56												+		
Farbechtheit	E 51 094 III 56									$\oplus$					
4. Feinkeramik Bleiabgabe von Farben und Glasuren (auch außerhalb Feinkeramik)	51 031 VI 54									+					
Isolierstoffe technische Werte	E 40 685 I 56			+		+	+						+		
Prüfverfahren	57 335 II 50			+		+	+						+		

Gütebestimmung keramischer Roh- und Werkstoffe

Bemerkungen	S. K.-Fallpunkt	σ_{bBtr}	σ_{bB}	σ_{dB}	σ_{zB}	DFB	Schlagfestigkeit	Probekörper Form und Größe Kraftangriff bei σ_{bB}	Lastanstieg kg/s oder kg/cm²·s	Bemerkungen
	15	16	17	18	19	20	21	22	23	
	+									
		+						Querschnitt Trapez		
14 nach DIN 52108		+								
⊕ mangels bes. Spalte in 9 eingetragen		+						ganze Platten, Spaltplatten geteilt	10 bis 20 kg/cm²·s	außerdem Wärmedehnung
9 ⊕ Farbechtheit										
	+	+	+	+		+	σ_{bB} Stäbe rund bzw. elliptisch		außerdem: spez. Wärme, Temp.-leitfähigkeit, Wärmeleitfähig-keit sowie elektr. Prüfungen usw., lin. Wärmedehn-zahl
			+	+		+	σ_{dB} Zylinder 25×25 mm σ_{zB} Rotations-körper ⌀ 20 mm	5 kg/s 300—400 kg/s 30 bis 40 kg/s	

Auszüge aus den deutschen Normen zur Prüfung und

Gruppe	E = Entwurf / Ein = Einheitsblatt / iÜ = in Überarbeitung / x = Kreuzausgabe / Normblatt	γ_0	γ	Porosität	Wasseraufnahme	Saugfähigkeit	Wasserdurchlässigkeit	Chemische Analyse	Lösliche Salze	Säure- und Laugenbeständigkeit	Verschlackungsbeständigkeit	Frostbeständigkeit	Temperaturwechselbeständigkeit	Nachschwinden und Nachwachsen	Verschleißwiderstand
		1	2	3	4	5	6	7	8	9	10	11	12	13	14
5. Feuerfest															
a) Grundnormen															
Begriff und Definition	iÜ 1061 VII 27														
Chemische Analyse	1062 X 41							+							
Feuerfestigkeit	1063														
	iÜ 1064 VII 30														
	iÜ 1065 III 42	+	+	+	+										
	iÜ 1066 X 41													+	
	iÜ 1067 VII 30														
	1068 VII 31												+		
	1069 VII 31											+			
b) Gütenormen															
Hochofensteine	1087 VIII 31			+	+			+				+	+	+	
Siemens-Martinofensteine	1088 VIII 31	+	+	+				+				+	+	+	
Koksofensteine	1089 X 32	+	+	+				+					+	+	
Wannensteine aus Schamotte	1090 III 39				+			+						+	
Schlämm- und Siebanalyse tonhaltiger ff. Stampfmassen und Mörtel.	4080 XII 42														
ff. Stampfmassen und Mörtel	4083 XII 42													+	
Ausbaumaterial für Hausbrandöfen und Herde	1299 I 36													+	
6. Säurefest															
Grundnormen	Ein 4091 X 44												+		
(ohne chem. Steinzeug)	Ein 4092 X 44									+					
Säureschornsteine Gesamtblatt	E 1058 XII 54			+	+					+					

Gütebestimmung keramischer Roh- und Werkstoffe (Fortsetzung)

Bemerkungen	S. K.-Fallpunkt	σ_{bBt}	σ_{bB}	σ_{dB}	σ_{zB}	DFB	Schlagfestigkeit	Probekörper Form und Größe Kraftangriff bei σ_{bB}	Last-anstieg kg/s oder kg/cm²·s	Bemerkungen
	15	16	17	18	19	20	21	22	23	
abgelöst durch Blätter Gruppe 1 51 070 ff u. 51 063	+					+		Zylinder 50 × 50 mm	konstant 2 kg/cm²	abgel. durch Gruppe 1 DIN 51063
				+				Zyl. ⌀ 50, h 45 mm	20 kg/cm²·s	
10 und 12 als Studienversuch	+ +			+ +	+ +			σ_{dB} Zylinder ⌀ 50, h 45mm	20 kg/cm²·s	
13 als Studienversuch	+				+			DFB Zylinder 50 × 50 mm	2 kg/cm²·s konstant	
	+			+	+					20 als Studienversuch
	+			+				Plattenf. Probekörper, Kugelkette ⌀ 150 m. mittig wirkendem Kugelstempel	10 kg/s	
verschied. Verfahren 9 an gekörntem Prüfgut				+				nach DIN 105 und Zylindern 50 × 50 mm	DIN 105 bei Zyl. nichts genannt	18 normal nach DIN 105, sowie nach Säurebehandlung an Zylindern die Festigkeitsminderung

Auszüge aus den deutschen Normen zur Prüfung und

Gruppe	E = Entwurf, Ein = Einheitsblatt, iÜ = in Überarbeitung, x = Kreuzausgabe — Normblatt	γ_0	γ	Porosität	Wasseraufnahme	Saugfähigkeit	Wasserdurchlässigkeit	Chemische Analyse	Lösliche Salze	Säure- und Laugenbeständigkeit	Verschlackungsbeständigkeit	Frostbeständigkeit	Temperaturwechselbeständigkeit	Nachschwinden und Nachwachsen	Verschleißwiderstand
		1	2	3	4	5	6	7	8	9	10	11	12	13	14
Steinzeugrohre Allgemein und Güte Prüfungen	E 1230 Bl. 1 X 55 E 1230 Bl. 2 I 56				+					+					+
7. Ziegel Mauersteine, Vollziegel, Lochziegel Güte- und Prüfbestimmungen	105 V 55		+							+		+			
Dachziegel, vereinigt aus DIN 453—454—456—52 250 Güte- und Prüfbestimmungen	E 456 X 55						+		+			+			
Tonhohlplatten (Hourdis) Gütebestimmungen Prüfbestimmungen	278 IV 38 52 501 VII 37				+							+			
Kabelschutzhauben Güte- und Prüfbestimmungen	279 IX 37											+			
Kanalklinker Güte- und Prüfbestimmungen	4051 XI 55		+		+					+					+
8. Drainrohre Güte- und Prüfbestimmungen	1180 IX 51 x				+										

Gütebestimmung keramischer Roh- und Werkstoffe (Fortsetzung)

Bemerkungen	S. K. Fallpunkt	σ_{bBtr}	σ_{bB}	σ_{dB}	σ_{zB}	DFB	Schlagfestigkeit	Probekörper Form und Größe Kraftangriff bei σ_{bB}	Last-anstieg kg/s oder kg/cm²·s	Bemerkungen
	15	16	17	18	19	20	21	22	23	
14 Verfahren in Vorbereitung		+	+					σ_{bB} l = 140, b = 25 bis 30, h = 15 bis 25 mm σ_{dB} a) Würfelkante = Rohrdicke b) ganze Rohre (Scheiteldruck)	ohne Angabe 12 bis 15 kg/cm²·s $\approx$ 1 Min.	18b als Scheiteldruckprüfung (z. Zt. s. auch noch DIN 52150)
11 zu bestimmen, wenn als Vormauersteine verwendet				+				⊟ NF und DF, alle übrigen Formate ganze Steine	5 bis 6 kg/cm²·s	22 NF = Normalformat DF = Dünnformat gedrückte Flächen mit Zementmörtel abgleichen
				+				ganze Dachziegel	5 kg/s	17 als Tragfähigkeit bestimmt
11 wenn als Außenwände verwendet				+				ganze Platten	Bruch $\geqq$ 1 Min.	17 als Tragfähigkeit bestimmt
14 nach DIN 52108					+		+	⊟ NF Keilklinker: Würfel 65 mm Kantenlänge Schachtklinker: 2 ganze Steine übereinander gemauert	5 bis 6 kg/cm²·s	22 soweit übereinandergemauert, in Analogie mit DIN 105
4 als Steighöhe bestimmen				+				ganze Rohre	nicht genannt	22 Zwischen Drahtseilschlaufen ist die Bruchlast zu bestimmen

3. Das *Partexverfahren* zur Prüfung von Stoffen mit poröser Oberfläche, bei dem eine Flüssigkeit, in der Teilchen von geeigneter Größe schweben, auf die poröse Fläche aufgebracht wird. An Fehlerstellen wird mehr Flüssigkeit absorbiert; die längs des Risses ausgefilterten Teilchen lassen diesen durch eine Linienbildung erkennen. Durch Verwendung fluoreszierender Teilchen wird der Kontrast und damit die Sichtbarkeit erhöht.

Grundsätzliches über die Prüfung mit Ultraschall einschließlich der internationalen Literatur bringen H. und J. KRAUTKRÄMER [217], [218], [219]. Für den Bereich der Prüfung keramischer Isolierkörper ist auf die bereits zitierte Arbeit von BARTHELT und LUTSCH zu verweisen.

In den Bereich der internationalen Normenwerke sind für den Bereich der Keramik noch keine Ultraschallverfahren aufgenommen worden, doch wird in dieser Richtung, in Deutschland und auch im Auslande gearbeitet.

19. Normentabelle.

In der Normentabelle sind Auszüge aus den deutschen Normen zur Prüfung und Gütebestimmung keramischer Roh- und Werkstoffe zusammengestellt, um einen Überblick über bereits bestehende und noch in Arbeit befindliche Normblätter zu geben. Zur genauen Unterrichtung sind sowohl die Normblätter unmittelbar einzusehen als auch die in Abschn. III behandelten, über die Normen hinausgehenden Arbeiten des In- und Auslands zu berücksichtigen.

Schrifttum.

[1] BAADER: Meßtechn. Bd. 11 (1935) S. 48 u. 61.
[2] Merkblatt für die Probenahme der in der Deutschen Keram. Industrie verwendeten Rohstoffe. Das Merkblatt soll 1956 im Verl. der Ber. der D. K. G. in Würzburg erscheinen.
[3] LEHMANN, H., S. S. DAS u. H. H. PAETSCH: Die Differentialthermoanalyse. TIZ Beih. 1, Febr. 1954.
[4] LEHMANN, H., u. H. GATZKE: Dilatometrie und Differentialthermoanalyse zur Beurteilung von Brennprozessen. TIZ Bd. 80 (1956) H. 1/2.
[5] LEHMANN, H., u. P. FISCHER: Quantitative Differentialthermoanalyse. TIZ Bd. 78 (1954) H. 19/20.
[6] LEHMANN, H.: Neuere Entwicklungen auf dem Gebiet der Differentialthermoanalyse. Ber. dtsch. keram. Ges. Bd. 32 (1955) H. 6, S. 172ff.
[7] KIRSCH, H.: Die differential-thermoanalytische Untersuchung von Tonschiefern. TIZ Bd. 79 (1955) H. 23/24, S. 365ff.
[8] SALMANG, H.: Die Keramik, 3. Aufl., S. 80ff. Berlin/Göttingen/Heidelberg: Springer 1954.
[9] STEINHOFF, E., u. F. HARTMANN: Stahl u. Eisen Bd. 45 (1925) S. 337.
[10] FAHN, R.: Anfärbeversuche von Tonmineralien mit Fluoreszenzfarbstoffen. TIZ Bd. 79 (1955) H. 15/16.
[11] Britische Normen: BS 1902:1952. Methods of Testing Refractory Materials. Part 2: Chemical Analysis of Silica and Siliceous Refractories, Firebricks and Aluminous Firebricks.
[12] Französische Normen: NF B 49—401. Produits à base d'argile (Silico-Alumineux, Alumineux, Extra-Alumineux, Produits de Bauxite, de Cyanite (Sillimanite), de Corindon, Produits Siliceux et leurs matières premières (à l'exclusion des produits de silice). — NF B 49—431. Produits de silice et leurs matières premières. — NF B 49—441. Produits à base de Magnésie, de Dolomie et de Silicates de Magnésie.
[13] Vereinigte Staaten: ASTM C 18—52. Chemical Analyses of refractory Materials Fireclay Refractories + Silica Refractories + High-Alumina Refractories + Magnesite and Dolomite Refractories + Chrome Ore and Chrome Refractories.
[14] ZOELLNER, H.: Welche Faktoren beeinflussen die Genauigkeit der flammenfotometrischen Alkalibestimmung? Glas-, Email-, Keramotechnik Bd. 2 (1951) H. 11.

[15] LEHMANN, H., u. W. PRALOW: Über die Bestimmung von Natrium, Kalium, Kalzium in den Rohstoffen und Fertigfabrikaten der Silikatindustrie mit dem Flammenfotometer. TIZ Bd. 76 (1952) H. 3/4.

[16] ZWETSCH, A.: Bemerkungen zum Gebrauch des Flammenfotometers. Sprechsaal Bd. 85 (1952) H. 5.

[17] WEHNER, G., u. W. BUNGE: Erfahrungen bei der flammenfotometrischen Analyse einiger technisch wichtiger Alkali- und Erdalkaliverbindungen. Chem. Techn. Bd. 5 (1953) H. 5.

[18] REICH, H. F., u. F. GRABBE: Flammenfotometrische Bestimmung der Alkalien und des Kalziums in feuerfesten Stoffen mittels Propangasflamme. TIZ Bd. 79 (1955) H. 9/10.

[19] KONOPICKY, K., u. P. KAMPA: Beitrag zur flammenfotometrischen Bestimmung des Kalziums. TIZ Bd. 79 (1955) H. 5/6.

[20] FÖRDERREUTHER, K.: Siebvorgang und die Möglichkeit der Verwendung von Siebmaschinen für Zwecke der Feinheitsprüfung. TIZ Bd. 51 (1927) H. 99 u. 100.

[21] FÖRDERREUTHER, K.: Über die Wichtigkeit einer guten Ausführung von Prüfsieben. TIZ Bd. 51 (1927) H. 3, S. 26ff.

[22] HECHT, H.: Siebgewebe und Siebergebnisse. TIZ Bd. 53 (1929) H. 70, S. 1635ff.

[23] LÖHN, H., u. H. BACHMANN: Untersuchungen über den Einfluß der Siebzeit auf die Genauigkeit von Prüfsiebungen. Freiberger Forschungshefte A 22 (1954) S. 58/70.

[24] ANDREASEN, A. H. M., u. B. NIELSEN: Über die Bestimmung spezifischer Oberflächen. Ber. dtsch. keram. Ges. Bd. 29 (1952) S. 377.

[25] BÖRNER, H.: Die Bestimmung und der praktische Wert der spezifischen Oberfläche. TIZ Bd. 79 (1954) H. 13/14 u. 15/16.

[26] HARKORT, H.: Die Schlämmanalyse mit dem verbesserten Schulzeschen Apparat als Betriebskontrolle. Ber. dtsch. keram. Ges. Bd. 8 (1927) S. 6.

[27] HARKORT, H.: Die Bestimmung der Teilchengröße durch die Schlämmanalyse. Glas-, Email-, Keramotechnik 1952, H. 5/6, S. 165ff.

[28] KERL, B.: Handbuch der gesamten Thonwaarenindustrie, S. 78ff. Braunschweig: Vieweg & Sohn 1907.

[29] KÖHN, M.: Eine neue Methode zur Korngrößenbestimmung bei keramischen Untersuchungen. Keram. Rdsch. Bd. 37 (1929) S. 380.

[30] ANDREASEN, A. H. M., u. J. J. V. LUNDBERG: Ein Apparat zur Feinheitsbestimmung nach der Pipette-Methode mit besonderem Hinblick auf Betriebsuntersuchungen. Ber. dtsch. keram. Ges. Bd. 11 (1930) S. 249ff.

[31] ANDREASEN, A. H. M.: Über die Feinheitsbestimmung und ihre Bedeutung für die keramische Industrie. Ber. dtsch. keram. Ges. Bd. 11 (1930) S. 675ff.

[32] SHARRATT, E.: The industrial control of size grading. Trans. brit. ceram. Soc. Bd. 47 (1948) S. 22ff.

[33] ZIMMERMANN, K.: Zur Korngrößenbestimmung von Tonen. Ziegelind. (1952) S. 322ff.

[34] KIEFER, CH.: Contribution à la mesure de la granulométrie des constituants céramiques. Bull. Soc. franç. Céram. Bd. 22 (1954) S. 17ff.

[35] LEHMANN, H., P. FISCHER, G. BLUMHOF u. H.-U. HECHT: Beiträge zur genaueren und schnelleren Korngrößenanalyse nach Andreasen. TIZ Bd. 78 (1954) H. 19/20.

[36] Dtsch. keram. Ges. Fachausschuß Bericht 3. Vorläufige Richtlinien für die Bestimmung der Korngrößen durch Sedimentation. 1953.

[37] GOTTHARD, H.: Korngrößen von Tonen. Sprechsaal Bd. 84 (1951) H. 18.

[38] GOTTHARD, H.: Chemische und physikalische Daten der Großalmeroder Tone. TIZ Bd. 75 (1951) H. 17/18.

[39] Laboratorium der MSO-Maschinen- und Schleifmittelwerke A.-G., Offenbach/Main: Ein neues Gerät für die Sedimentationsanalyse spezifisch schwerer Körnung im Bereiche von 0 bis 65 μ. TIZ Bd. 79 (1955) H. 3/4.

[40] CASAGRANDE, A.: Die Aräometermethode zur Bestimmung der Kornverteilung in Böden. Berlin: Springer 1934.

[41] SCHULTZE, E., u. H. MUHS: Bodenuntersuchungen für Ingenieurbauten, Berlin/Göttingen/Heidelberg: Springer 1950. S. 181 Nomogramm nach CASAGRANDE.

[42] NIEUVENBURG, C. I. VAN, u. W. SCHOUTENS: J. Amer. ceram. Soc. Bd. 11 (1928) S. 696.

[43] HECHT sen., H.: Lehrbuch der Keramik, Bd. II, S. 48f. 1930; sowie in Ber. dtsch. keram. Ges. Bd. 10 (1929) S. 2.

[44] LANGE, B.: Kolorimetrische Analyse, 4. Aufl., S. 47/49. Weinheim: Verl. Chemie 1952.

[45] SALMANG, H.: Die Keramik, 3. Aufl., S. 38ff. Berlin/Göttingen/Heidelberg: Springer 1954.

[46] SCHWEYER, H. E.: Sedimentations Products for Determining Particle Size Distribution. Eng. Progr. Univ. Florida Bd. 6 (1954) Nr. 6.

[47] SCHWEYER, H. E.: Ausf. Referat: Ber. dtsch. keram. Ges. Bd. 31 (1954) S. 584f.

[48] SALMANG, H.: Die Keramik, 3. Aufl., S. 52ff. Berlin/Göttingen/Heidelberg: Springer 1954.

[49] SCHMELEW, L. A.: Quellen und Verarbeitungszustand der Tone. Ber. dtsch. keram. Ges. Bd. 13 (1932) S. 61.

[50] LEHMANN, H., u. G. ACKMANN: Enslinwert und Trockenverhalten von Tonen. TIZ Bd. 78 (1954) H. 19/20.

[51] ITERSONS, F. K. TN. VAN: Plasticiteitsleer. Deventer-Lüttich 1945.

[52] GRUNER, E.: Betrachtungen zur Theorie der Plastizität. Ber. dtsch. keram. Ges. Bd. 31 (1954) S. 135ff.

[53] COHN, W. M.: Keram. Rdsch. Bd. 37 (1929) S. 51ff.

[54] HECHT sen., H.: Lehrbuch der Keramik, 2. Aufl., S. 37ff.

[55] LINSEIS, M.: Ein Beitrag zur Plastizitätsbestimmung. Ziegelind. Bd. 4 (1951) H. 1.

[56] LINSEIS, M.: Beitrag zur Messung der Verarbeitungseigenschaften von keramischen Massen und Rohstoffen. Sprechsaal Bd. 87 (1954) H. 9, S. 206ff.

[57] PFEFFERKORN, K.: Ein Beitrag zur Bestimmung der Plastizität an Tonen und Kaolinen. Sprechsaal Bd. 57 (1924) S. 297.

[58] PFEFFERKORN, K.: Untersuchungen über die Plastizität von Tonen und Kaolinen. Sprechsaal Bd. 58 (1925) S. 183.

[59] PFEFFERKORN, K.: Über die Bestimmung der Plastizität von Tonen und Kaolinen. Sprechsaal Bd. 59 (1926) S. 457.

[60] RIEKE, R., u. E. SEMBACH: Zur Bestimmung der Plastizität von Kaolinen und Tonen. Ber. dtsch. keram. Ges. Bd. 6 (1925) S. 111ff.

[61] DIN 51063/Dez. 1954: Prüfung keramischer Roh- und Werkstoffe. Bestimmung des Kegelfallpunktes nach SEEGER (SK).

[62] COVAN, H. E., u. I. L. CARRUTHERS: Ein Kohlegrießwiderstandsofen zur Bestimmung der Feuerfestigkeit mit Kegeln (... for P. C. E. test). Bull. Amer. ceram. Soc. Bd. 30 (1951) H. 5, S. 170ff.

[63] BUNZEL, E.-G.: Das physikalisch-chemische Verhalten der Seger-Kegel. Mitt. staatl. Porzellan-Manufaktur Berlin. TIZ Bd. 77 (1953) H. 21/22.

[64] STEINHOFF u. MELL: Werkstoffausschuß. Ber. Eisenhüttenleute 1924, Nr. 44.

[65] MIEHR, W., J. KRATZERT u. H. IMMKE: Bestimmung des spezif. Gewichtes, des Volumengewichts und der Porosität fester Körper. TIZ Bd. 50 (1926) S. 1425ff.

[66] REICH, H.: Ein neues Volumenometer für keramische Körper. TIZ Bd. 53 (1929) Nr. 35, S. 665f.

[67] BENNIE: Trans. ceram. Soc. Bd. 37 (1938) S. 37.

[68] LUX, E.: Auf dem Wege zur Güteforschung feuerfester Steine. TIZ Bd. 54 (1930) S. 208.

[69] WASHBURN, E., u. E. N. BUNTING: Porosity: VI Determination of porosity by the method of gas expansion. J. Amer. ceram. Soc. Bd. 5 (1922) S. 112.

[70] WASHBURN, E., u. E. N. BUNTING: Porosity: VII The determination of the porosity of highly vitrified bodies. J. Amer. ceram. Soc. Bd. 5 (1922) S. 525.

[71] PRESSLER, E. E.: A simple brick porosimeter. J. Amer. ceram. Soc. Bd. 7 (1924) S. 154.

[72] PRESSLER, E. E.: Comparative tests of porosity and specific gravity on different types of refractory brick. J. Amer. ceram. Soc. Bd. 7 (1924) S. 447.

[73] NAVIAS, L.: Metal porosimeter for determining the pore volume of highly vitrified ware. J. Amer. ceram. Soc. Bd. 8 (1925) S. 816.

[74] McGEE, E. A.: Several gas expansion porosimeters. J. Amer. ceram. Soc. Bd. 9 (1926) S. 814.

[75] McGEE, E. A.: Gas-Expansion porosimeters. J. Amer. ceram. Soc. Bd. 11 (1928) S. 499 — TIZ Bd. 61 (1937) S. 103.

[76] KRUTZSCH, J.: Ein neues Verfahren für die Messung des Volumens und der Dichte fester Stoffe. Chemiker-Ztg. Bd. 78 (1954) H. 2, S. 49ff.

[77] LEHMANN, H., u. H. D. NÜDLING: Eine vergleichende Untersuchung der verschiedenen Methoden zur Erfassung der Porosität an grobkeramischen Scherben. TIZ Bd. 78 (1954) H. 19/20, S. 312ff.

[78] STEFFEN, W.: Richtlinien zur Verhütung von Durchfeuchtungen und Ausblühungen der Klinkerbauten. Ziegelind. Bd. 4 (1951) H. 12, S. 358ff.

[79] STEFFEN, W.: Ausblühungen und Wanddurchfeuchtungen an Klinkerbauten. Ziegelind. Bd. 5 (1952) H. 24, S. 922ff.

[80] HALLER: Die Dachziegel aus gebrannten Tonen, S. 10. Zürich 1937.

[81] HECHT, H.: Die Eigenschaften der Ziegel und ihre günstigste Nutzung. TIZ Bd. 62 (1938) S. 203ff.

[82] HECHT, H.: Die Eigenschaften der Ziegel im Lichte neuzeitlichen Bauens. TIZ Bd. 62 (1938) S. 1117ff.

[83] LEHMANN, H.: Die Entstehung und Wirkung von Ausblühungen. Ziegelind. Bd. 6 (1953) H. 10.

[*84*] HECHT, H.: Lösliche Salze in Ziegeleierzeugnissen und ihre Bestimmung. TIZ Bd. 63 (1939) H. 1, S. 7.

[*85*] HECHT, H.: Lösliche Salze in Ziegeleierzeugnissen und ihre Bestimmung. TIZ Bd. 63 (1939) H. 1, S. 4ff.

[*86*] BUTTERWARTH: Trans. ceram. Soc. 1936, S. 105.

[*87*] KALLAUNER: Internationaler Materialprüfungskongreß, S. 346. Amsterdam 1928.

[*88*] DAWIHL, W.: Zur Prüfung der Ausblühneigungen von Ziegeln. TIZ Bd. 60 (1936) S. 111.

[*89*] HECHT, H.: Normenfähige Prüfverfahren in der Grobkeramik. TIZ Bd. 61 (1937) S. 277ff.

[*90*] SIMON, A.: Ausblühungen an keramischen Erzeugnissen. Ber. dtsch. keram. Ges. Bd. 19 (1938) S. 334ff.

[*91*] LEHMANN, H., u. H. KOLKMEIER: Modellversuche über Ausblühungen an Ziegeleierzeugnissen. TIZ Bd. 78 (1954) H. 19/20.

[*92*] LEHMANN, H., u. K. P. BREITEL: Kritische Überprüfung der Methoden zur quantitativen Kohlendioxydbestimmung. TIZ Bd. 78 (1954) H. 19/20, S. 331ff.

[*93*] SCHOCH, K.: Die Mörtelbindestoffe, 4. Aufl., S. 110. Verlag Tonindustrie-Ztg. 1928

[*94*] BREYER, H.: Die Frostbestimmungen der neuen Ziegelnormen sind unzulänglich. Ziegelind. Bd. 6 (1953) H. 19, S. 824ff.

[*95*] BREYER, H.: Zur Frostprüfung von Betondachsteinen. Betonstein-Ztg. Bd. 17 (1951) H. 9, S. 206ff.

[*96*] DIETZEL, A., u. M. WEISNER-KIEFFER: Über die Frostbeständigkeit keramischer Erzeugnisse. Ber. dtsch. keram. Ges. Bd. 30 (1953) S. 275ff.

[*97*] LEHMANN, H.: Die Beurteilung der Frostbeständigkeit grobkeramischer Erzeugnisse mit Hilfe dilatometrischer Messungen. Ziegelind. Bd. 8 (1955) H. 15, S. 569ff.

[*98*] DIETZEL, A., K. FLEISCHER u. G. GRETSCHEL: Zur Prüfung von Dachziegeln auf Frostbeständigkeit. Ziegelind. Bd. 8 (1955) H. 23, S. 845ff.

[*99*] SCHMÖLZER: Mitt. staatl. techn. Versuchsamt Wien Bd. 25 (1936) S. 14.

[*100*] DIN 456 — Dachziegel (Preßdachziegel und Strangdachziegel), Entwurf 10/1955. (Bisherige Normblätter 456 und 52250.)

[*101*] HIRSCH, H.: Neue deutsche wissenschaftliche Forschungen auf dem Gebiet der Ziegelindustrie. TIZ Bd. 54 (1930) S. 1320.

[*102*] DAFINGER: Wasserdurchlässigkeit von Dachziegeln. TIZ Bd. 51 (1927) S. 561.

[*103*] SKALLA, N., u. P. FISCHER: Die Gasdurchlässigkeit und ihre Anwendungsmöglichkeiten bei der Qualitätskontrolle feuerfester Baustoffe. TIZ Bd. 79 (1955) H. 19/20, S. 303ff.

[*104*] HECHT, H.: Normenfähige Prüfverfahren in der Grobkeramik. TIZ Bd. 61 (1937) S. 277ff.

[*105*] DIN 4051, Blatt 2 — Nov. 1955: Kanalklinker, Prüfung.

[*106*] DIN 51091 — Entwurf März 1956: Prüfung keramischer Roh- und Werkstoffe. Bestimmung der Säure- und Laugenbeständigkeit von Bauteilen für Wand- und Bodenbeläge.

[*107*] DIN 51092 — Entwurf März 1956: Prüfung keramischer Roh- und Werkstoffe. Bestimmung der Säure- und Laugenbeständigkeit der Glasur von Bauteilen für Wand- und Bodenbeläge.

[*108*] DIN 51094 — Entwurf März 1956: Prüfung keramischer Roh- und Werkstoffe. Bestimmung der Farbechtheit von Bauteilen für Wand- und Bodenbeläge.

[*109*] DIN 18155 — Keramische Wand- und Bodenfliesen. Begriff, Formen und Abmessungen, Gütewerte, Prüfverfahren. TIZ Bd. 79 (1955) H. 21/22, S. 346ff.

[*110*] DIN 51031 — Prüfung keramischer Roh- und Werkstoffe. Bestimmung der Bleiabgabe von eingebrannten Aufglasurfarben, Glasuren und Dekoren.

[*111*] DIN 51150 — Entwurf Dez. 1955: Prüfung von Email — Bestimmung der Säurebeständigkeit gegen kalte Zitronensäure.

[*112*] DIN 51151 — Entwurf Dez. 1955: Prüfung von Email — Bestimmung der Säurebeständigkeit in kochender Zitronensäure.

[*113*] Fachausschußbereich 4 der dtsch. keram. Ges. Würzburg: Vlg. d. dtsch. keram. Ges., Nov. 1953.

[*114*] HARTMANN, F.: Der gegenwärtige Stand unserer Kenntnisse über die Viskosität von Schlacke und Anwendung auf die Verschlackung feuerfester Steine. Ber. dtsch. keram. Ges. Bd. 15 (1934) S. 375ff.

[*115*] ENDELL, K., u. C. WENS: Über Beziehungen zwischen Dichte, Flüssigkeitsgrad und Schamottesteinangriff von Gläsern und Schlacken bei hohen Temperaturen. Glastechn. Ber. Bd. 13 (1935) H. 3.

[*116*] FEHLING, R.: Der Angriff von Kohlenschlacke auf feuerfeste Steine. Feuerungstechn. Bd. 26 (1938) H. 2 u. 3.

[*117*] ENDELL, K.: Über den Vorgang der Verschlackung feuerfester Steine. Ber. dtsch. keram. Ges. Bd. 19 (1938) S. 491ff.

[118] Endell, K., u. M. v. Ardenn: Veranschaulichung des Sinterns und Schmelzens von keramischen Rohstoffen, Glasgemengen, Schlacken und Kohlenaschen im Erhitzungs-Übermikroskop. Kolloid-Z. Bd. 104 (1943) H. 2/3.

[119] Endell, K.: Sintern und Schmelzen keramischer Stoffe im Lichte neuer Untersuchungsverfahren. Ber. dtsch. keram. Ges. Bd. 25 (1944) S. 127 ff.

[120] Staerker, A.: Neue Erkenntnisse auf dem Gebiet des Oberflächenschutzes feuerfester Baustoffe. TIZ Bd. 75 (1951) H. 3/4.

[121] Staerker, A.: Schutzschichten für die Anwendung in der Feuerfest- und Hüttenindustrie. TIZ Bd. 76 (1952) H. 7/8.

[122] Hartmann, F.: Über die Angreifbarkeit feuerfester Stoffe durch Schlacken. Ber. dtsch. keram. Ges. Bd. 9 (1928) S. 2 ff.

[123] Schaefer, I.: Neues techn. Prüfverfahren zur Untersuchung der Schlackenbeständigkeit feuerfester Stoffe. TIZ Bd. 54 (1930) H. 76, S. 1223 ff.

[124] Norton, F. H.: Refractories, 3. Aufl., S. 458 ff. 1949.

[125] Bartsch, O.: Der Glasangriff auf feuerfeste Baustoffe und seine Prüfung. Ber. dtsch. keram. Ges. Bd. 15 (1934) S. 281 ff.

[126] Bartsch, O.: Beitrag zur Bestimmung des Schlackenangriffs nach dem Tiegelverfahren. Ber. dtsch. keram. Ges. Bd. 19 (1938) S. 413 ff.

[127] Dietzel, A.: Die Prüfung von Wannensteinen gegen den Angriff schmelzender Gläser in der Modellwanne. Sprechsaal Bd. 66 (1931) S. 826 ff.

[128] Baukloh, W., u. I. Schilling: Die Zerstörung feuerfester Baustoffe durch kohlenoxyd- und methanhaltige Gase. TIZ Bd. 64 (1940) S. 397 ff.

[129] Trostel, L. I.: Carbon Disintegration Test of Blast furnace brick. J. Amer. ceram. Soc. Bd. 34 (1951) H. 3, S. 76 ff.

[130] Salmang, H.: Die Keramik, 3. Aufl., S. 120 ff. Berlin/Göttingen/Heidelberg: Springer 1954.

[131] Pukall, K.: Schnellmethode zur Prüfung der Widerstandsfähigkeit von feuerfesten Stoffen gegen den Angriff von Kohlenoxyd. Sprechsaal Bd. 71 (1938) S. 321 ff.

[132] Peco, G.: Betrachtungen über den Biegefestigkeitsmodul von ungebrannten keramischen Materialien. La Ceramica Bd. 8 (1953) H. 11, S. 56 ff.

[133] Holdridge, D. A.: Die Einwirkung des Feuchtigkeitsgehaltes auf die Festigkeit ungebrannter keramischer Scherben. Trans. Brit. ceram. Soc. Bd. 51 (1952) H. 8, S. 401 ff.

[134] DIN 51030 — Prüfung keramischer Roh- und Werkstoffe. Bestimmung der Trockenbiegefestigkeit.

[135] DIN 40685 — Entwurf Jan. 1956: Keramische Isolierstoffe für die Elektrotechnik. Gruppeneinteilung und Technische Werte.

[136] Cramer, F.: Scheinbare und wahre Schlagbiegefestigkeit von dichten keramischen Massen. Sprechsaal Bd. 86 (1953) H. 2, S. 29 ff.

[137] Rieke, R., u. V. Mauve: Die mechanische Prüfung von Gebrauchsgeschirr. Ber. dtsch. keram. Ges. Bd. 7 (1926) S. 248 ff.

[138] Anforderungen an Geschirrporzellan in den Vereinigten Staaten. Ber. dtsch. keram. Ges. Bd. 7 (1926) S. 272 ff.

[139] Wanner, G., u. H. Hiendl: Biegezugfestigkeit von Dachziegeln. Ziegelind. Bd. 7 (1954) H. 3, S. 71 ff.

[140] Entwurf DIN 456, Okt. 1955: Dachziegel: Preßdachziegel und Strangdachziegel. Ziegelind. Bd. 8 (1955) H. 22, S. 825 ff.

[141] DIN 51090 — März 1956: Prüfung keramischer Roh- und Werkstoffe. Biegeversuch an Bauteilen für Wand- und Bodenbeläge.

[142] Wanner, G., u. H. Hiendl: Biegefestigkeit von Drainrohren. Ziegelind. Bd. 7 (1954) H. 1, S. 9 ff.

[143] Cramer, E.: Über das Erweichen feuerfester Tone. TIZ Bd. 25 (1901) S. 706 ff.

[144] Mullen, Ch. Mc.: New Methods for Testing Refractory Cements. J. Amer. ceram. Soc. Bd. 113 (1930) S. 171 ff.

[145] Richtlinien zur Bestimmung der Durchbiegung keramischer Rohstoffe und Massen im Brande. Fachausschußber. d. dtsch. keram. Ges. Würzburg: Vlg. d. dtsch. keram. Ges. 1956.

[146] Reumann: Die Bestimmung der Durchbiegung keramischer Rohstoffe und Massen im Brande. Ber. dtsch. keram. Ges. Bd. 31 (1954) S. 143 ff.

[147] DIN 1230, Blatt 2 — Entwurf Jan. 1956: Steinzeugrohre und -formstücke, Steinzeugsohlschalen und -platten, Prüfbestimmungen, Prüfverfahren.

[148] Hirsch, H.: Der Erweichungsversuch und seine Möglichkeiten. Ber. dtsch. keram. Ges. Bd. 5 (1924) S. 65 ff.

[149] Konopicky, K.: Die Beziehungen zwischen dem Gehalt an Schmelze und der Druckerweichung bei alumo-silikatischen Feuerfest-Produkten. Silicates industriels Bd. 19 (1954) H. 1, S. 9 ff.

[150] RUELLAND, H., u. I. BARON: Apparat zur Bestimmung der Fließerweichung feuerfester Produkte. Bull. Soc. franç. Céram. 1953, Nr. 21, S. 24ff.

[151] NORTON, F. H.: Refractories, 3. Aufl., S. 407ff. 1949.

[152] SCARLETT, J. A., u. J. A. ROBERTSON: An Automatic Apparatus for Testing Refractories under Tensile and Compressive Loads at High Temperatures. J. Amer. ceram. Soc. Bd. 34 (1951) S. 348ff.

[153] GARY, M.: Prüfung erhitzter Schamotteziegel auf Druckfestigkeit. TIZ Bd. 34 (1910) H. 56, S. 633ff.

[154] SIBURIN, E., F. CARLSSON u. B. KJELLGREN: Prüfung der Druckfestigkeit feuerfester Steine bei hohen Temperaturen. Ber. dtsch. keram. Ges. Bd. 3 (1922) S. 53ff.

[155] HIRSCH, H.: Beziehungen zwischen Festigkeit und Temperatur bei feuerfesten Baustoffen. Ber. dtsch. keram. Ges. Bd. 9 (1928) S. 577ff.

[156] HIRSCH, H.: Beziehungen zwischen Festigkeit und Temperatur bei feuerfesten Baustoffen. Ber. dtsch. keram. Ges. Bd. 11 (1930) S. 156ff.

[157] ENDELL, K.: Über Verfestigung und Entspannung, Erweichung und Umkristallisation keramischer Erzeugnisse in Abhängigkeit von Gefüge, Temperatur, Zeit und Verformung. Ber. dtsch. keram. Ges. Bd. 13 (1932) S. 97ff.

[158] LEHMANN, H., u. H.-U. HECHT: Vergleichende Untersuchungen an Silika-, Magnesit-, Chrom-Magnesit- und Schamottematerial mit Hilfe der Torsionsprüfung, der Druck-Feuer-Beständigkeitsprüfung nach DIN 1064 und der Heißdruckfestigkeit. Dipl.-Arbeit Steine- u. Erden-Inst. d. Bergakademie Clausthal, Okt. 1955.

[159] HIRSCH, H.: Die Silikasteine beim Druckerweichungs- und Ausdehnungsversuch. TIZ Bd. 51 (1927) S. 759ff.

[160] DAS, S. S., u. A. L. ROBERTS: A study of silica refractories by torsions-methods. Trans. Brit. ceram. Soc. Bd. 48 (1949) S. 215ff.

[161] DAS, S. S.: Mechanische Eigenschaften von Silika-Erzeugnissen. TIZ Bd. 76 (1952) S. 270ff.

[162] HEILIGENSTAEDT, W.: Die Warmfestigkeit von Schamottesteinen. Stahl u. Eisen Bd. 76 (1954) H. 7, S. 402ff.

[163] NORTON, F. H.: A Critical Examination of the Load Test of Refractories. J. Amer. ceram. Soc. Bd. 22 (1939) S. 334.

[164] ENDELL, K., u. W. MÜLLENSIEFEN: Über elastische Verdrehung und plastische Verformung feuerfester Steine bei 20° C und bei hohen Temperaturen. Ber. dtsch. keram. Ges. Bd. 14 (1933) S. 16ff.

[165] HECHT SEN., H.: Lehrbuch der Keramik, 2. Aufl., S. 40. 1930.

[166] ILLGEN, F.: Einfluß der Schamottekorngröße und -menge sowie der Brenntemperatur auf die physikalischen Eigenschaften von feuerfesten Baustoffen, insbesondere auf die Zugfestigkeit bei hohen Temperaturen. Ber. dtsch. keram. Ges. Bd. 11 (1930) S. 649ff.

[167] CHESTERS, J. H., u. W. J. REES: The application of tensile tests to the study of the bonding of refractory materials. Trans. ceram. Soc. Bd. 30 (1931) S. 258.

[168] HEINDL, R. A., u. W. L. PENDERGAST: J. Amer. ceram. Soc. Bd. 12 (1929) S. 640; Bd. 13 (1930) S. 725.

[169] STEGER, W.: Spannungen in glasierten Waren und ihr Nachweis. Ber. dtsch. keram. Ges. Bd. 9 (1928) S. 203ff.

[170] STEGER, W.: Anwendungsmöglichkeiten der Spannungsmessung durch Biegung bei mehrschichtigen keramischen Erzeugnissen. Keram. Rdsch. Bd. 40 (1932) S. 29ff.

[171] STEGER, W.: Zur Praxis der keramischen Spannungsmessung. Keram. Rdsch. Bd. 45 (1937) S. 467ff.

[172] KOCH, W. J., C. G. HARMANN u. L. S. O'BANNON: Der Einfluß von Druckspannung in einer Hotelporzellanglasur auf einige physikalische Eigenschaften der Glasur. J. Amer. ceram. Soc. Bd. 35 (1952) S. 240ff.

[173] STEGER, W.: Ein Rechenverfahren zum unmittelbaren Vergleich der Biegewerte von verschiedenen Meßstäben beim keramischen Spannungsmesser. Ber. dtsch. keram. Ges. Bd. 16 (1935) S. 287ff.

[174] STEGER, W.: Die Raumvergrößerung gebrannter keramischer Massen durch Wasseraufnahme. Ber. dtsch. keram. Ges. Bd. 15 (1934) S. 73ff.

[175] KOENIG, J. H.: Standard Autoklave test for glazed whiteware products (glasiertes Steingut). ASTM-Bull. Nr. 179, Jan. 1952, S. 51ff.

[176] SALMANG, H.: Die Keramik, 3. Aufl., S. 286. Berlin/Göttingen/Heidelberg: Springer 1954.

[177] HARKORT, H.: Eine Methode zur Prüfung von Glasuren auf ihre Neigung zum Rissigwerden. Sprechsaal Bd. 47 (1914) S. 443.

[178] BIEMOND, A. G.: La résistance de la porcelaine chimique aux changements de température et les méthodes pour la mesurer. L'Ind. Céram. 1952, Nr. 434, S. 269ff.

[179] DIN 51093 Entwurf März 1956: Prüfung keram. Roh- un Werkstoffe. Bestimmung der Temperaturwechselbeständigkeit von Bauteilen für Wand- und Bodenbeläge.

[180] Hyslop, J. F., u. H. C. Biggs: Slag and spalling tests on fire bricks. Trans. ceram. Soc. Bd. 30 (1931) Nr. 8, S. 288.

[181] Bennie: Trans. ceram. Soc. Bd. 36 (1937) S. 395.

[182] Chesters, S. H.: Steelplant Refractories. Sheffield 1949.

[183] Prüfung bas. Steine auf Temperaturwechselbeständigkeit. Radex-Rdsch. 1951, H. 2, S. 72.

[184] Winkelmann, u. Schott: Ann. Phys. u. Chem. Bd. 51 (1894) S. 730.

[184a]Norton, F. H.: J. Amer. Ceram. Soc. Bd. 8 (1925) S. 29.

[184b]Endell, K., u. W. Steger: Über die Temperaturempfindlichkeit der feuerfesten Steine in der Glasindustrie. Glastechn. Ber. Bd. 4 (1926/27) S. 43 bis 57.

[184c]Endell, K.: Gegen Temperaturveränderungen empfindliche Magnesitsteine. Stahl u. Eisen Bd. 52 (1932) H. 31, S. 759 ff.

[185] Berlek, J.: Zur Entwicklung der temperaturwechselbeständigen Magnesit- und Chrommagnesitsteine. Radex-Rdsch. 1950, H. 2, S. 85ff.

[186] Klasse, F., u. A. Heinz: Berechnung der Temperaturwechselbeständigkeit ff. Werkstoffe aus einfach zu ermittelnden physikalischen Meßwerten. TIZ Bd. 79 (1955) H. 19/20, S. 296 ff.

[187] Lehmann, H., u. H. Gatzke: Dilatometrie und Differentialthermoanalyse zur Beurteilung von Brennprozessen. TIZ Bd. 80 (1956) H. 1/2, S. 7 ff (vorläufige Mitteilung).

[188] Endell, K., u. W. Steger: Berichte 24 des Werkstoffausschusses des Vereins deutscher Eisenhüttenleute.

[189] Endell, K.: Über Wärmeausdehnung und Temperaturempfindlichkeit feuerfester Steine in der Zementindustrie. Feuerfest u. Ofenbau Bd. 5 (1929) S. 3.

[190] Hirsch, H.: Neues Verfahren zur Ermittlung der Ausdehnung in höheren Temperaturen. TIZ Bd. 49 (1925) S. 452.

[191] Hirsch, H.: Ausdehnungsmessungen bei hohen Temperaturen. TIZ (1928) S. 712.

[192] ASTM D 2—33: Abrasion of rock by use of the deval machine.

[193] ASTM C 7—42: Standard specifications for paving brick.

[194] ASTM C 131—55: Abrasion of coarse aggregate by use of the Los Angeles machine.

[195] DIN-Entwurf 51951 (z. Z. ruhend): Prüfung von Bodenbelägen, Verschleißprüfung bei Trockenrollverschleiß.

[196] Shaw, J. B., G. J. Bair u. M. C. Shaw: Progress report on the development of an abrasion test refractories at high temperatures. J. Amer. ceram. Soc. Bd. 13 (1930) S. 427.

[197] Miehr, W., H. Immke u. J. Kratzert: Die spezifischen Wärmen unserer feuerfesten Steine in ihrer Abhängigkeit von der Temperatur. TIZ Bd. 50 (1926) S. 1671 ff.

[198] Eucken, A., u. H. Laube: Wärmeleitfähigkeitsmessungen an feuerfesten Materialien bei hohen Temperaturen. TIZ Bd. 53 (1929) S. 1599 ff.

[199] Golla, H., u. H. Laube: Veröffentlichungen des wissenschaftlichen Fachausschusses des Bundes deutscher Fabriken feuerfester Erzeugnisse: Wärmeleitfähigkeitsmessungen an feuerfesten Materialien. TIZ Bd. 54 (1930) S. 1411ff., 1431ff. u. 1458ff.

[200] ASTM C 202—47: Thermal conductivity of fireclay refractories.

[201] ASTM C 182—47: Thermal conductivity of insulating fire brick.

[202] ASTM C 201—47: Thermal conductivity of refractories.

[202a]Steger, W.: Die Transparenz von Porzellan. Ber. dtsch. keram. Ges. Bd. 2 (1921) S. 9ff. u. 63ff.

[203] Krause, O.: Anwendung von Röntgen- und Fluoreszenzstrahlung in der Feinkeramik. Ber. dtsch. keram. Ges. Bd. 8 (1927) S. 114ff.

[204] Krause, O., u. M. Schiedeck: Zerstörungsfreie Werkstoffprüfung in der Keramik. Ber. dtsch. keram. Ges. Bd. 20 (1939) S. 344ff.

[205] Friese: Das Porzellan als Isolier- und Konstruktionsmaterial. 1904.

[206] Rosenthal, E., u. F. Singer: Die mechanischen Eigenschaften des Porzellans und exakte Prüfmethoden zu ihrer Bestimmung. Keram. Rdsch. Bd. 29 (1921) S. 81/82 u. 93/94.

[207] Hecht sen., H.: Lehrbuch der Keramik, 2. Aufl., S. 392f. 1930.

[208] Dietzel, A.: Versuche mit Ultraschall zur Prüfung von Blech, Guß und Keramik. Ber. dtsch. keram. Ges. Bd. 28 (1951) H. 6, S. 299ff.

[209] Barthelt, H., u. A. Lutsch: Zerstörungsfreie Prüfung von keramischen Isolatoren mit Ultraschall. Siemens-Z. Bd. 26 (1952) H. 3.

[210] Gerlach, M.: Porositätsuntersuchung an Hochspannungsisolatoren mit Ultraschall und ihre Bedeutung für die Energieversorgung. Silikat-Techn. 1951, S. 371ff.

[211] Voskuil, J.: Elektroakustische Methoden für die Untersuchung von holländischen Pflasterbausteinen. Ref. TIZ. Bd. 74 (1950) S. 333.

[212] Felix, W.: Erfahrungen über die zerstörungsfreie Werkstoffprüfung mit Ultraschall. Radex-Rdsch. 1951, H. 5, S. 167ff.

[213] Juvan, H.: Erfahrungen über die zerstörungsfreie Werkstoffprüfung mit Ultraschall. Radex-Rdsch. 1951, H. 8, S. 330ff.

[*214*] Krainer, E., u. H. Krainer: Erfahrungen über die zerstörungsfreie Werkstoffprüfung mit Ultraschall. Radex-Rdsch. 1951.

[*215*] Staats, H. N.: Which nondestructive test for finding defects in ceramic parts. Materials a. Methods Bd. 36 (1952) H. 3, S. 116/18.

[*216*] Staats, N. N.: Materials a. Methods Bd. 36 (1952) H. 1, S. 1.

[*217*] Krautkrämer, H. u. J.: Praktische Werkstoffprüfung mit Ultraschall. VDI-Z. Bd. 93 (1951) S. 349.

[*218*] Slyh, J. A., u. H. D. Bixby: Ultrasonic in ceramics. Bull. Amer. ceram. Soc. Bd. 29 (1950) S. 345ff.

[*219*] Kaunzer, M.: Les vibrations, moyen d'étude des produits céramiques et verriers. Silic. Ind. Bd. 17 (1952) H. 10, S. 365ff.

[*220*] Salmang, H.: Die physikalischen und chemischen Grundlagen der Keramik, 3. Aufl., S. 283. Berlin/Göttingen/Heidelberg: Springer 1954.

[*221*] Dietzel, A., u. H. Knauer: Das Erweichungsverhalten keramischer Stoffe mit verschiedenen Vorbrenntemperaturen. Ber. dtsch. keram. Ges. Bd. 32, (1955) H. 10, S. 285ff.

[*222*] Steger, W.: Zur Temperaturleitfähigkeit keramischer Massen. Ber. dtsch. keram. Ges. Bd. 16 (1935) S. 596ff.

B. Die Prüfung von Mauerwerk aus gebrannten Steinen.

Von O. Graf, Stuttgart.

Nach DIN 1053 ist die für tragende, gemauerte Wände erforderliche Wanddicke statisch nachzuweisen, falls diese nicht nach den Erfahrungszahlen in DIN 4106 gewählt wird. Die Ausnutzung der Eigenschaften des Mauerwerks wird damit angeregt und in der Zukunft oftmals erstrebt werden. Dazu gehört, daß die Eigenschaften des Mauerwerks einheitlich geprüft werden.

a) Ermittlung des Gewichts der Raumeinheit des Mauerwerks.

Diese geschieht an Mauerstücken nach Abschn. b durch Messen und Wiegen der Proben und später auch durch Feststellung des Wassergehalts; wenn möglich, ist der Wassergehalt des frischen Mauerwerks und derjenige des Ausgleichzustands (Ausgleichfeuchte bei 15 bis 20° und bei rd. 70% Luftfeuchte) zu ermitteln.

b) Ermittlung der Druckfestigkeit des Mauerwerks.

Die Druckfestigkeit der Mauersteine liegt oft in weiten Grenzen; der Einfluß der Streuungen der Festigkeit der einzelnen Steine auf die Mauerfestigkeit ist erheblich. Deshalb sind die Mauerproben groß zu machen. Der Verfasser empfiehlt 125 cm Breite und 250 cm Höhe. Überdies ist die Prüfung von 20 oder 30 einzelnen Steinen geboten, um ein Bild der Streuung der Festigkeiten der einzelnen Steine zu gewinnen. Dabei sind auch die Maße der Steine zu ermitteln (vgl. DIN 105). Die fortlaufende Ermittlung der Fugendicke in den Lagerfugen und in den Stoßfugen ist nicht zu vergessen. Vom Mörtel sind während des Mauerns Proben zu entnehmen und so zu lagern, daß eine Übereinstimmung mit dem Mörtel im Mauerwerk zu erwarten ist.

Die Mauerstücke werden in der Regel auf steifen Balken errichtet, oben nach Aufbringen einer Mörtellage mit einem solchen Balken so gedeckt, daß ebene und parallele Druckflächen entstehen [*1*]. Die Aufbewahrung der Proben von der Herstellung bis zur Prüfung, die meist im Alter von 28 Tagen erfolgt, geschieht in einem Raum mit rd. 70% Luftfeuchtigkeit, besser in einem Klimaraum.

Die Belastungsgeschwindigkeit soll jeweils so eingerichtet werden, daß die Höchstlast nach etwa 15 bis 20 min erreicht wird [*2*]. Dabei ist im einzelnen zu verfolgen, mit welcher Last die ersten Risse auftreten, wie diese verlaufen, auch welche Weite und Länge sie erreichen.

Die Zahl der gleichwertigen Versuche wird wegen der Kosten meist auf zwei beschränkt. Wenn drei gleiche Wanddicken geprüft werden, treten die Abweichungen der Einzelwerte in ihrer Bedeutung für den Mittelwert zurück (vgl. Kap. XXIV).

Wenn es sich um die Bestimmung der Druckfestigkeit unter langdauernder Last handelt, gilt das auf S. 181 unter II. F Gesagte. Wegen der Messung der Formänderungen beim gewöhnlichen Druckversuch und bei langdauernder Last vgl. S. 425 und 455.

Zur Beurteilung der Versuchsergebnisse sind die Verhältniszahlen der Wandfestigkeit zur Steinfestigkeit zu bilden. Diese Zahlen sind in Abhängigkeit von der Mörtelfestigkeit zu bewerten (vgl. [1], Zusammenstellung 1 f.).

c) Ermittlung der Biegefestigkeit von Ziegelmauerwerk.

Für solche Versuche besteht keine Normvorschrift. Doch sind Untersuchungen über den Einfluß des Verbands, der Bewehrung usw. bekannt [3], aus denen die Bedingungen für die Bemessung und Gestaltung der Versuchskörper zu entnehmen sind. Zahl der Ziegellagen und Verband entsprechen den Verhältnissen, auf die die Versuchsergebnisse übertragen werden sollen; dasselbe gilt für den Mörtel, die Art des Vermauerns, die Belastungsanordnung usf.

d) Ermittlung der Zugfestigkeit des Mauerwerks.

Hierzu sind keine Normvorschriften bekannt. Bei Versuchen in der Forschungs- und Materialprüfungsanstalt für das Bauwesen in Stuttgart wurden Ringe mit 4 m Innendurchmesser und 51 cm Wanddicke durch Innendruck belastet. Die Ringe waren beweglich gelagert. Der Innendruck ist durch Einpressen von Wasser in einen dünnwandigen, besonders nachgiebigen Gummischlauch erzeugt worden, wobei der Schlauch einerseits gegen ein Holzgerüst, andererseits gegen den Mauerring drückte.

e) Prüfung der Wärmedurchlässigkeit, der Dampfdurchlässigkeit und der Regendurchlässigkeit.

Die Verfahren zur Bestimmung der Wärmedurchlässigkeit sind in Kap. XVIII geschildert. Diejenigen zur Ermittlung der Dampfdurchlässigkeit in Kap. XIX.

Zur Beobachtung der *Regendurchlässigkeit* sind dem Berichter keine Normvorschriften bekannt. Es handelt sich dabei um den Wasserdurchgang, der bei geregeltem Bespritzen mit Wasser (Menge, Geschwindigkeit, Richtung usf.) bei Mauern bestimmter Beschaffenheit in Abhängigkeit von der Zeit und der Beschaffenheit des Mauerwerks, insbesondere der Fugen, auftritt [4].

Schrifttum.

[1] Graf, O.: Über die Tragfähigkeit von Mauerwerk. Fortschr. u. Forsch. Bauw. Reihe D, H. 8.
[2] Vgl. [1], S. 45.
[3] Graf, O.: Die Baustoffe, 2. Aufl., S. 64 ff.
[4] Bröcker, O.: Die Widerstandsfähigkeit von Außenwänden bei Beanspruchung durch Schlagregen. Dissertation Braunschweig 1954.

IV. Die Prüfung der Baukalke.

Von **K. Alberti** und **H. Hecht**, Berlin-Dahlem.

A. Einteilung der Baukalke.

Baukalke werden — abgesehen vom Karbidkalk — durch Brennen natürlich vorkommender Kalkgesteine unterhalb der Sintergrenze gewonnen. Sie dienen vorwiegend zur Bereitung von Mauer- und Putzmörtel. Baukalke werden in folgende Gruppen eingeteilt:

a) *Luftkalke:* α) Weißkalk; β) Dolomitkalk; γ) Karbidkalk.

b) *Hydraulisch erhärtende Kalke:* α) Wasserkalk; β) Hydraulischer Kalk; γ) Hochhydraulischer Kalk; δ) Romankalk. Weiteres in DIN 1060.

B. Gütevorschriften.

Die in der Baukalknorm DIN 1060 [1] verankerten Gütevorschriften für Baukalke richten sich nach der Kalkart und der Kalkform.

a) Chemische Zusammensetzung.

Luftkalke müssen mindestens 80 Gew.-% reaktionsfähiges freies Kalziumoxyd (CaO) und Magnesiumoxyd (MgO), bezogen auf die glühverlustfreie Substanz, nach Abzug des an Kohlendioxyd (CO_2) und Schwefeltrioxyd (SO_3) gebundenen CaO vom gesamten CaO, enthalten. Dabei darf der auf die glühverlustfreie Substanz bezogene MgO-Gehalt bei Weißkalken 6 Gew.-% nicht überschreiten und muß bei Dolomitkalken größer als 4% sein.

Der CO_2-Gehalt der Baukalke darf bei Lieferung vom Werk folgende Werte nicht überschreiten:

Kalkart	Höchstgehalt an CO_2 Gew.-%	Kalkart	Höchstgehalt an CO_2 Gew.-%
Weißkalk	5	Hydraulischer Kalk . . .	10
Dolomitkalk.	5	Hochhydraulischer Kalk .	15
Karbidkalk	5	Romankalk	15
Wasserkalk	7		

b) Kornfeinheit.

Die Kornfeinheit muß bei allen zu Pulver gemahlenen und pulverförmig gelöschten Baukalken ermittelt werden. Bei den Stückkalken ist sie zur Ermittlung der nichtlöschfähigen Anteile von Wichtigkeit. Nachstehend sind die höchstzulässigen Siebrückstände zusammengestellt.

	Rückstand auf Prüfsieb DIN 1171 (Gew.-%)		
	Stückkalk	Feinkalk	Kalkhydrat
0,2	5 (nach dem Löschen)	—	—
0,6	—	0 (vor dem Löschen)	0
0,09	—	10 (nach dem Löschen)	10

c) Litergewicht.

Das Litergewicht wird von allen pulverförmigen teilweise oder vollständig gelöschten Kalkhydraten als Einlaufgewicht ermittelt. Es soll folgende Höchstwerte nicht überschreiten:

Kalkart	Litergewicht (Eingelaufen) kg/l	Kalkart	Litergewicht (Eingelaufen) kg/l
Weißkalk	0,50	Hydraulischer Kalk	0,80
Dolomitkalk	0,60	Hochhydraulischer Kalk . .	1,00
Karbidkalk.	0,60	Romankalk	1,00
Wasserkalk.	0,70		

d) Ergiebigkeit.

Die Ergiebigkeit ist nur bei den in Stücken oder Pulverform ungelöscht angelieferten Luftkalken und Wasserkalken zu ermitteln. Sie wird durch Ablöschen des gebrannten Kalks zu Teig ermittelt. Die Prüfung ist aus der Praxis entwickelt. Die Ergiebigkeit soll beim Ablöschen von 10 kg Branntkalk zu Teig betragen bei:

Luftkalken (Weiß- und Dolomitkalk) . . . . . . 24 l
Wasserkalk. . . . . 18 l

Für das Prüfergebnis ist von Wichtigkeit die Höhe des Löschwasserzusatzes, der Beginn und das Ende des Löschens und das Verhalten während des Löschvorgangs.

e) Wasserbedarf.

Beim Mauern und Putzen hängt der Arbeits- und Lohnaufwand in hohem Maße von der Verarbeitbarkeit des Mörtels ab. Als Maßstab für die Verarbeitbarkeit der Baukalke kann nach DIN 1060 [1] der Wasserbedarf angesehen werden, der einen Kalkteig einheitlicher Konsistenz ergibt. Ein Kalk ist um so besser verarbeitbar, je größer sein Wasserbedarf $W/K \cdot 100$ (W = Gewicht des Wassers in g; K = Gewicht des Kalks, ermittelt als Trockensubstanz des Teigs in g) ist. Dieser soll für die verschiedenen Kalkarten nachstehende Mindestwerte haben:

Kalkart	Mindestwert für Wasserbedarf $W/K \cdot 100$ (Gew.-%)	Kalkart	Mindestwert für Wasserbedarf $W/K \cdot 100$ (Gew.-%)
Weißkalk	75	Hydraulischer Kalk	40
Dolomitkalk	65	Hochhydraulischer Kalk . .	30
Karbidkalk.	65	Romankalk	30
Wasserkalk.	50		

f) Erstarren.

In DIN 1060 ist die Prüfung des Erstarrens nur für den Romankalk vorgeschrieben. Es soll für diese Kalkart nach spätestens 30 min beginnen und vor Ablauf von 60 min beendet sein.

g) Raumbeständigkeit.

Die Raumbeständigkeit ist bei allen Kalkarten nachzuprüfen. Nicht oder nicht vollständig hydratisierte Produkte müssen zunächst gelöscht werden. Die vom Kalkwerk angegebenen Verarbeitungsvorschriften sind zu beachten.

Diese unterscheiden: Im Anlieferungszustand zu verarbeitende Kalke und solche, die frühestens nach x h bzw. spätestens nach y h Einsumpfdauer oder Mörtelliegezeit zu verarbeiten sind. Unter Einsumpfdauer versteht man die Zeit, die der Kalk nach dem Löschen zu Teig eingesumpft werden muß, bevor er mit Sand zu sofort verarbeitbarem Mörtel angemacht wird. Mörtelliegezeit ist die Zeit, die der nach trockener Mischung des Kalks mit Sand nach dem Anmachen mit Wasser erhaltene Mörtel vor seiner Verarbeitung liegen muß.

Die DIN 1060 [1] unterscheidet zwei Raumbeständigkeitsprüfungen: die Schnellprüfung und die Zeitprüfung. Baukalke sind raumbeständig, wenn sie diese Prüfungen bestehen. Wird die Schnellprüfung nicht bestanden, dann ist die Zeitprüfung für die Beurteilung maßgeblich.

Bei der Zeitprüfung lagern die Proben 28 Tage in Zimmerluft; bei den hydraulisch erhärtenden Kalken ist festzustellen, nach wieviel Tagen Luftlagerung die Lagerung der Kuchen in Wasser von 18 bis 21°C möglich ist. Die Wasserlagerungsfähigkeit muß erreicht sein bei

Wasserkalk. . . . . nach 7 Tagen Luftlagerung
Hydraulischem Kalk . . . . nach 5 Tagen Luftlagerung
Hochhydraulischem Kalk . . . . . . nach 3 Tagen Luftlagerung
Romankalk . . . . nach 1 Tag Luftlagerung

h) Festigkeiten.

Die Festigkeiten der hydraulisch erhärtenden Kalke wurden früher an erdfeuchtem Mörtel (Mörtelmischer DIN 1164) [2], der durch Einhämmern im Hammerapparat nach BÖHME-MARTENS verdichtet wurde, festgestellt. Die Druckfestigkeit wurde an Würfeln mit 50 cm² Querschnitt und die Zugfestigkeit an Achterkörpern mit 5 cm² Querschnitt ermittelt. In den im Jahre 1954 erlassenen neuen Baukalknormen DIN 1060/54 wurde das Prüfverfahren geändert und der praktischen Kalkverwendung angepaßt. Nach den neuen Normen werden die Probekörper in Analogie mit dem Normblatt DIN 1164 (Portlandzement) aus schwach plastischem Mörtel hergestellt. Statt der Zugfestigkeit wird die Biegezugfestigkeit an prismenförmigen Prüfkörpern 4 cm × 4 cm × 6 cm nach einer Erhärtungszeit von 28 Tagen bei Lagerung in feuchtigkeitsgesättigter Luft und die Druckfestigkeit an den Reststücken der auf Biegezugfestigkeit geprüften Prismen ermittelt.

C. Prüfverfahren.

1. Probenmenge, Probenahme und Vorbereitung des Kalks zur Prüfung.

Zu einer vollständigen Prüfung des Kalks nach der Baukalknorm DIN 1060 sind folgende Mindestmengen erforderlich:

Stückkalk	25 kg	Kalkhydrat und hydraulisch erhärtender Kalk	12 kg
Feinkalk	25 kg	Kalkteig	20 kg

Die Probenahme bei pulverförmigem, verpacktem Baukalk hat so zu erfolgen, daß aus mindestens drei Säcken nach Entfernung der obersten Schicht die Proben aus dem Inneren genommen werden. Lagert der Kalk unverpackt in Silos, Wagen, Kähnen od. dgl., müssen Proben mittels eines Stechhebers an verschiedenen Stellen und aus verschiedenen Höhenlagen entnommen werden. Bei Stückkalk in Wagenladungen sind Proben von etwa 50 kg je Wagen an etwa 20 verschiedenen Stellen zu entnehmen. Die entnommenen Einzelproben sind gut miteinander zu vermischen. Stückkalk wird vorher auf etwa 40 mm Korngröße zerkleinert. Die Proben sind dann durch öfteres Vierteln auf eine Durchschnittsprobe von der oben angegebenen Menge zu vermindern. Vor Beginn der Prüfung müssen pulverförmige Kalke durch das Sieb 1,2 DIN 1171 gegeben werden. Rückstände sind, sofern es sich um fremde Bestandteile handelt (Holz, Papier, Stroh u. dgl.), zu entfernen. Kalkklumpen werden zwischen den Fingern zerrieben und dem Kalk durch das Sieb beigegeben.

Kalk, Normensand, Wasser, Prüfgeräte und Prüfraum sollen eine Temperatur von 18 bis 21° C haben.

2. Chemische Untersuchung.

Die Norm für den Analysengang wird z. Z. neu bearbeitet. Bis zum Abschluß der Arbeiten ist der Analysengang für Baukalke, veröffentlicht in Hummel/ Charisius [3], gültig. Dieser sieht folgende Bestimmungen vor:
a) Glühverlust (Feuchtigkeit + Hydratwasser + Kohlensäure + organische Stoffe); b) Kohlensäure CO_2; c) Feuchtigkeit (mechanisch gebundenes Wasser); d) Hydratwasser (chemisch gebundenes Wasser); e) Salzsäureunlösliches (Sand und tonige Bestandteile); f) lösliche Kieselsäure SiO_2; g) Summe der Trioxyde R_2O_3 (Sesquioxyde); h) Kalk CaO; i) Magnesia MgO; k) gebundene Schwefelsäure SO_3; l) Eisenoxyd Fe_2O_3; m) Sulfidschwefel S.

3. Bestimmung der Ergiebigkeit.

Die Bestimmung der Ergiebigkeit hat nur bei den Kalken zu erfolgen, die in Stücken oder in Pulverform ungelöscht angeliefert werden. Die Prüfung der Ergiebigkeit erfolgt durch Ablöschen der Kalke zu Teig.

a) Ablöschen von Stückkalk zu Teig.

Zweimal je 5 kg des auf etwa 40 mm Korngröße zerkleinerten Stückkalks werden auf dem Boden von zwei Kalklöschkästen ausgebreitet und mit einer abgewogenen Menge Wasser gerade abgedeckt. Nach Beginn des Löschens wird unter stetigem Rühren allmählich weiteres abgewogenes Wasser zugegeben. Dabei ist darauf zu achten, daß die Löschtemperatur möglichst lange im Bereich des Siedepunkts des Wassers liegt. Sind alle Kalkstücke zerfallen, ist das Löschen als beendet anzusehen. Bei ruhigem Stehen muß ein steifer Brei entstehen, wenn die richtige Wasserzugabe erfolgt ist. Ist der Löschprozeß beendet, werden die Kästen mit dem Deckel verschlossen. Der Wasserzusatz, Beginn und Ende des Löschens sowie das Löschverhalten werden vermerkt.

24 h nach dem Löschbeginn werden die Deckel entfernt. Der Wasserzusatz war richtig gewählt, wenn sich über dem Kalkteig Wasser bis zu höchstens 1 l abgesetzt hat. Dieses Überschußwasser wird abgehebert und seine Menge bestimmt. Die Löschkästen bleiben dann offen, vor Erschütterungen geschützt, im Prüfraum stehen, wobei sich der Kalkteig von den Löschkästenrändern absetzt. Dieser Zeitpunkt ist zu vermerken. Jetzt wird die Höhe des Kalkteigs in den Löschkästen an verschiedenen Stellen gemessen und die mittlere Höhe berechnet. 1 cm Höhe der vorgeschriebenen Löschkästen entspricht 1 l Kalkteig. Außer der Raummenge ist auch das Gewicht des Kalkteigs zu bestimmen.

Die Ergiebigkeit, die auf 10 kg des gebrannten Kalks zu beziehen ist, ergibt sich als Mittelwert aus den beiden Löschversuchen. Hat sich 24 h nach dem Löschbeginn kein oder mehr als 1 l Wasser über dem Kalkteig abgesondert, dann ist der Versuch mit einem höheren bzw. niedrigeren Wasserzusatz zu wiederholen.

Um die Menge der nichtgelöschten Teile zu ermitteln, wird der Kalkteig mit Wasser zu Kalkmilch verdünnt und diese durch das Sieb 0,20 DIN 1171 gegeben. Der Siebrückstand wird bei etwa 105° zur Gewichtskonstanz getrocknet und gewogen. Die Auswaage, angegeben in Prozent des ungelöschten Kalks, entspricht der Menge ungelöscht gebliebener Teile.

b) Ablöschen von Feinkalk zu Teig.

In zwei Löschkästen werden je 8 l Wasser gegeben, dazu 5 kg des Feinkalks geschüttet, zu Beginn des Löschens leicht durchgerührt und die Kästen mit dem Deckel verschlossen. Die weitere Behandlung des Löschguts und die Beurteilung der Wasserzugabe erfolgt nach den gleichen Vorschriften wie beim Ablöschen von Stückkalk zu Teig.

Zur Ermittlung des Löschrückstandes wird der Kalkteig nach Bestimmung der Ergiebigkeit mit Wasser zu Kalkmilch verdünnt und über dem Sieb 0,09 DIN 1171 abgeschlämmt. Der Schlämmrückstand wird bis zur Gewichtskonstanz bei 105° getrocknet und in % des ungelöschten Kalks angegeben.

4. Bestimmung der Kornfeinheit.

Die Kornfeinheit pulverförmiger Kalke wird an dem bei etwa 105° getrockneten Material ermittelt.

Zweimal je 1000 g des getrockneten Kalkpulvers werden zunächst durch das Sieb 0,6 DIN 1171 gesiebt und der Siebrückstand bestimmt. Anschließend werden zweimal je 100 g des Siebdurchgangs durch das Sieb 0,09 DIN 1171 gesiebt und die Siebrückstände ermittelt. Die Rückstände auf den einzelnen Sieben sind in Gew.-% des Siebeinsatzes mit 0,1% Genauigkeit anzugeben. Weichen die Ergebnisse der Doppelbestimmung auf dem Sieb 0,09 DIN 1171 um mehr als 1% und die auf dem Sieb 0,6 DIN 1171 um mehr als 3% voneinander ab, so ist ein dritter Versuch durchzuführen. Maßgebend ist der Mittelwert aus den am nächsten beieinanderliegenden Ergebnissen.

Die Kornfeinheit kann ebenso wie durch maschinelle Siebverfahren durch Handsiebung bestimmt werden. In Streitfällen ist die Handsiebung maßgeblich. Für maschinelle Siebungen verwendet man Prüfsiebmaschinen verschiedener Konstruktion (vgl. S. 209).

Nach dem Normblatt 1060 gilt das Sieben als beendet, wenn nach einer weiteren Siebdauer von 1 min über einer schwarzen Unterlage festgestellt wird, daß kein Siebdurchgang mehr erfolgt. Für die gröberen Siebe ist das Ende der Siebung auf diese Weise zu erreichen; bei Siebgeweben bis 90 μ Maschenweite aber wird infolge des stets vorhandenen siebkritischen Guts eine absolute Beendigung des Siebvorgangs kaum erreichbar sein. Man hätte auch im Normblatt DIN 1060 besser die Vorschrift des Normblattes 1164 zugrunde gelegt, in dem es heißt, daß zur Nachprüfung der Rückstand auf demselben Sieb so oft je weitere 2 min gesiebt wird, bis er sich in dieser Zeit um weniger als 0,1 g vermindert.

5. Bestimmung des Litergewichts.

Zur Bestimmung des Litergewichts (Raumgewicht, Rohwichte) wird das Kalkpulver durch das Sieb 1,2 DIN 1171 gegeben und bei 105° bis zur Gewichtskonstanz getrocknet. Dann wird mittels einer Handschaufel so viel von dem vorbehandelten Kalkpulver in den Füllaufsatz des Einlaufgeräts DIN 1060 (Bauart Böhme, Abb. 1) geschüttet, daß das über dem Rand stehende Pulver in seinen natürlichen Böschungswinkel abfällt. Durch Betätigung des Ver-

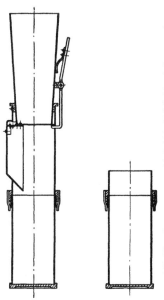

schlußhebels wird die Verschlußklappe am Füll-aufsatz geöffnet, so daß der Kalk in das darunter befindliche Litergefäß einläuft. Nach 2 min wird der Füllaufsatz vom Meßgerät abgehoben und nach Abstreichen des überstehenden eingelaufenen Kalk-pulvers mit einem Lineal das Gewicht des Gefäß-inhalts bestimmt. Der Versuch wird dreimal mit jeweils frischem Kalkpulver wiederholt. Das Mittel aus den Einzelversuchen ergibt, sofern die Werte nicht mehr als 10 g voneinander abweichen, das Litergewicht des eingelaufenen Kalkpulvers. Es ist in kg/l anzugeben.

Abb. 1. Einlaufgerät und Litergefäß zur Bestimmung des Raumgewichts (nach DIN 1060).

6. Bestimmung des Wasserbedarfs.

Der Wasserbedarf $W/K \cdot 100$ wird an Kalknormen-brei bestimmt, der aus pulverförmig oder teigförmig gelöschtem Kalk hergestellt wird und dessen Kon-sistenz einem Ausbreitmaß von 18 cm entspricht. Der Kalknormenteig wird wie folgt hergestellt:

600 g pulverförmiges Kalkhydrat oder fein-gemahlener hydraulisch erhärtender Kalk wird mit abgewogenem Wasser von 18 bis 20° mit einem flachen Löffel in eine Schale unter 3 min langem Rühren und Kneten zu einem weichen Teig angemacht. Wird der Kalk in Teig-form angeliefert, ist er sinngemäß zu behandeln.

Danach wird das Ausbreitmaß des Kalkteigs mit Hilfe des Rütteltischs nach DIN 1164 bestimmt. Hierzu wird der Teig in zwei Schichten in den Setz-trichter, der mitten auf der Glasplatte des Rütteltischs steht, gefüllt. Jede Schicht wird mit einigen kurzen Stößen des Stampfers verdichtet. Der Setz-trichter wird während des Füllens mit der linken Handfläche auf die Glasplatte gedrückt. Der überstehende Teig wird mit dem Lineal abgestrichen. 10 bis 15 sek nach dem Einfüllbeginn wird der Setztrichter langsam senkrecht nach oben gezogen, der Teig mit 15 Hubstößen (1 Umdrehung je sek) ausgebreitet und der Durchmesser der entstehenden Kuchen nach zwei senkrecht zueinander stehenden Richtungen gemessen. Das Ausbreitmaß muß nach beiden Rich-tungen 18 ± 0,2 cm betragen. Ist dieses nicht der Fall, muß der Versuch mit verändertem Wasserzusatz so oft wiederholt werden, bis das geforderte Aus-breitmaß erreicht ist. Der Versuch soll spätestens 10 min nach der Wasser-zugabe beendet sein.

Beim Vorliegen von Stück- oder Feinkalk sind 1200 g Kalkteig zur Be-stimmung des Wasserbedarfs zu verwenden, der nach den Vorschriften von Abschn. C 3 a und b unter Beachtung der von dem Lieferwerk angegebenen Verarbeitungsvorschrift herzustellen ist. Vor der Bestimmung des Ausbreit-maßes ist der Teig 1 min lang durchzurühren.

Fällt das Ausbreitmaß kleiner als 17,8 cm aus, dann ist einer neuen Versuchs-menge des Teigs eine entsprechende Menge Wasser zuzusetzen und die Mischung 3 min lang durchzurühren. Beträgt das Ausbreitmaß über 18,2 cm, ist das Überschußwasser auf einer saugenden Unterlage (Gipsplatte, Ziegelstein od. dgl.)

abzusaugen und der Teig vor dem Ausbreitversuch nochmals 1 min lang durchzurühren. Nach dem Versuch ist der Wassergehalt des Teigs durch Trocknen einer Probe bis 150° bis zur Gewichtskonstanz zu bestimmen.

Das ermittelte Ausbreitmaß und die Höhe des Wasserzusatzes in Gew.-% sind anzugeben.

7. Prüfung der Raumbeständigkeit.

Die Raumbeständigkeit ist bei sämtlichen Kalkarten nachzuprüfen. Vor der Prüfung müssen die Kalke nach den vom Lieferwerk angegebenen Verarbeitungsvorschriften behandelt werden. Werden die Kalke ungelöscht angeliefert, müssen sie nach den Vorschriften von Abschn. C 3 a und b gelöscht werden. Die Baukalknorm DIN 1060 schreibt zwei Prüfverfahren vor:

a) Schnellprüfung. Bei sofort verarbeitbaren Kalken werden 100 g Kalkpulver mit Wasser zu einem weichen, aber nicht gußfähigen Teig angemacht und daraus zwei Kuchen von etwa 9 cm ⌀ und 1 cm Höhe in der Mitte auf einer saugfähigen Unterlage (Asbestplatte, Gipsplatte oder Mauerziegel) angefertigt. Bei Kalken, die naß zu löschen oder einzusumpfen sind, ist die Prüfung mit 200 g Kalkteig durchzuführen. Nach 15 min werden die Kuchen abgenommen, auf Glasplatten gelegt und 24 h zugfrei an der Luft gelagert. Danach werden die Kuchen mit der gewölbten Seite nach unten auf das Drahtnetz der Dampfdarre gelegt. Der Topf ist dreiviertel mit Wasser gefüllt, das nun in $^1/_4$ h zum Kochen gebracht wird. Die Kuchen sind insgesamt 1 h dem Dampf auszusetzen. Die Prüfung gilt als bestanden, wenn die Kuchen nach dieser Behandlung keine Treibrisse aufweisen. Schrumpfrisse sind bedeutungslos.

b) Zeitprüfung. Maßgebend für die Raumbeständigkeit der Baukalke ist die Prüfung von Kuchen aus Kalkmörtel 1 : 6 (nach Gewichtsteilen) nach einer der Kalkart entsprechenden Lagerung.

100 g Kalkpulver bzw. 200 g Kalkteig werden mit 200 g Normensand I (fein) und 400 g Normensand II (grob) mit Wasser zu einem schwach plastischen Mörtel angemacht. Aus je 100 g des Mörtels werden auf Glasplatten durch Rütteln Kuchen von etwa 9 cm ⌀ und etwa 1 cm Dicke in der Mitte hergestellt. Es sind fünf Kuchen herzustellen.

Die Kuchen von Luftkalken werden im Raum an der Luft gelagert und jeden 7. Tag mit der Glasplatte 1 min lang in Wasser getaucht. Die Prüfung gilt als bestanden, wenn die Kuchen nach 28 tägiger Lagerung an der Luft weder Aussprengungen noch Risse oder Verkrümmungen zeigen.

Der erste Kuchen von hydraulisch erhärtenden Kalken wird nach 3- bzw. 1 tägiger Luftlagerung mit der Glasplatte in Wasser von 18 bis 20° gelegt. Zeigt der Kuchen nach 24 stündiger Lagerung unter Wasser Zerstörungen (Risse, Quellen, Aufweichen), so ist der zweite Probekörper, der nun einen Tag länger an der Luft gelagert hat, unter Wasser zu bringen und zu beobachten. Die Versuche sind so lange fortzusetzen, bis die Einlagerung in Wasser möglich ist.

Bei den hydraulisch erhärtenden Kalken gilt die Zeitprüfung als bestanden, wenn die Kuchen nach 24 stündiger Wasserlagerung raumbeständig bleiben und nach weiterer 9 tägiger Lagerung unter Wasser weder Risse noch Verkrümmungen aufweisen.

8. Prüfung der Festigkeiten.

Der Festigkeitsnachweis der hydraulisch erhärtenden Kalke wird an prismatischen Probekörpern 4 cm × 4 cm × 16 cm aus schwach plastischem Mörtel mit einem Gewichtsteil Kalkpulver, einem Gewichtsteil Normensand I (fein) und zwei Gewichtsteilen Normensand II (grob) geführt. Liegt naß zu löschender oder einzusumpfender Kalk vor, ist der Feuchtigkeitsgehalt des Kalks zu ermitteln, und die Mischungsanteile sind auf ein Gewichtsverhältnis der Trockensubstanz 1 : 3 zu berechnen. Zunächst werden Kalk und Normensand I (fein) von Hand in einer Schale mit einem Löffel so lange gemischt, bis die Mischung nach dem Glätten einen gleichmäßigen Farbton aufweist. Danach wird der Normensand II zugesetzt und das Ganze 1 min lang gemischt. Danach wird so viel Wasser zugesetzt, daß der Mörtel nach nochmaligem intensiven Durchmischen von Hand während 1 min eine schwach plastische Konsistenz hat. Hierauf wird der Mörtel in den Mörtelmischer DIN 1164 gebracht, gleichmäßig in der Schale verteilt und mit 20 Umdrehungen bearbeitet. Mörtel, der an den Schaufeln und der Walze kleben bleibt, wird abgestreift und der Mischung zugefügt. Nach dem Entleeren des Mischers sind Mörtelreste von Walze, Schaufeln und aus der Schale zu entfernen und mit dem übrigen Mörtel in einer Schüssel nochmals kurz durchzumischen. Sodann wird das Ausbreitmaß des Mörtels, wie unter Abschn. 6 beschrieben, festgestellt. Der Durchmesser des Kuchens soll 13,5 bis 14,5 cm, im Mittel 14 cm betragen. Ist er kleiner als 13,5 cm oder größer als 14,5 cm, ist der Versuch mit einer neuen Mischung und größerem bzw. kleinerem Wasserzusatz zu wiederholen. Ist bei der Prüfung von Baukalken, die naß zu löschen oder einzusumpfen sind, das Ausbreitmaß größer als 14,5 cm, so ist dem Mörtel das Überschußwasser auf einer saugfähigen Unterlage zu entziehen. Die Feststellung des Ausbreitmaßes soll spätestens 5 min nach der Wasserzugabe beendet sein. Das ermittelte Ausbreitmaß sowie der Wasserbedarf des Mörtels in Prozent sind anzugeben.

Der Mörtel wird vor dem Einbringen in die Prismenform DIN 1164 nochmals kurz durchgemischt und dann in zwei Schichten von je etwa 2,5 cm Höhe eingebracht. Jede Schicht wird durch 20 Stöße mit dem Stampfer verdichtet. Der Stampfer gleitet dabei abwechselnd an den beiden Seiten des Aufsatzkastens. Die gefüllten Formen werden nach Entfernen des Aufsatzkastens in Feuchtlagerungskästen gestellt. Nach 2 h wird der überstehende Mörtel mit einem Messer oder Lineal abgestrichen und die obere Fläche des Körpers geglättet. Die Formen verbleiben weiterhin in den Feuchtlagerungskästen.

24 h nach ihrer Herstellung werden die Probekörper entformt und verbleiben bis zum Tage der Prüfung in den Feuchtlagerungskästen auf einem Holzrost. Können die Probekörper nach 24 h noch nicht entschalt werden, ist dieses anzugeben.

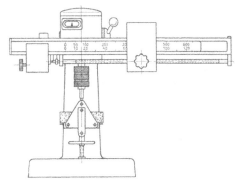

Die Biegefestigkeit wird entweder mit der in Normblatt 1060 angegebenen Prüfmaschine nach Frühling-Michaelis bestimmt (vgl. S. 377, Abb. 13) — im Hinblick auf die geringen Festigkeiten ist die Bauart mit dem Übersetzungsverhältnis 1 : 10 und 1 : 50 zu wählen — oder neuerdings zunehmend mit einem motorisch angetriebenen Prüfgerät, das nach dem Prinzip der Laufgewichtswaage arbeitet (Abb. 2). Das Prüfgerät besitzt zwei Laststufen, eine für eine Höchstlast

Abb. 2. Biegezugfestigkeitsprüfer zum Prüfen von Baukalken und Zementen, 125/630 kg, mit elektromotorischem Antrieb.

von 630 kg, eine zweite für eine solche von 125 kg. Erstere ist für die Prüfung von Bindemitteln, wie Portlandzement usw., letztere für die Prüfung von

Baukalken und Bindemitteln ähnlich niedriger Festigkeit bestimmt. Die Geschwindigkeit des Lastanstiegs ist so geregelt, daß die des Lastbereichs für 630 kg der Vorschrift DIN 1164 und die des Lastbereichs für 125 kg der von DIN 1060 entspricht. Die Druckfestigkeit wird in Analogie mit DIN 1164 an den Bruchstücken der auf Biegefestigkeit geprüften Prismen festgestellt. Die Größe der gedrückten Fläche beträgt 4 cm × 6,25 cm = 25 cm².

Je nach den zu erwartenden Festigkeiten werden normalerweise Druckprüfer DIN 51223 mit 4 oder auch 10 t Höchstlast verwendet. Abb. 3 zeigt eine solche Prüfmaschine.

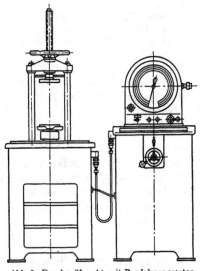

9. Bestimmung des Erstarrens.

Das Erstarren des Romankalks wird mit dem VICAT-Nadelgerät nach DIN 1164, § 10, und unter den Versuchsbedingungen nach DIN 1164, Abschn. 24 b, festgestellt.

Abb. 3. Druckprüfer 4 t mit Pendelmanometer (DIN 51223). Antrieb: elektromotorisch; Lastanstieg: über Feinsteuerventil geregelt. 3 Laststufen: 0,4—1,0—4,0 t.

D. Ausländische Kalknormen.

1. Einteilung der Kalke.

In den englischen Baukalknormen (BS 890/1940) [4], die alle Kalkarten außer den hochhydraulischen Kalken und Kalkaschen erfassen, werden sowohl die Branntkalke als auch die Kalkhydrate in zwei Klassen eingeteilt, nämlich
Klasse A Branntkalk bzw. Kalkhydrat für Oberputz und Mauermörtel;
Klasse B Branntkalk bzw. Kalkhydrat nur für Unterputz und Mauermörtel.
Der Gehalt der Kalke an CaO und MgO, bezogen auf glühverlustfreie Substanz, soll nicht weniger als 70 Gew.-% betragen. Der Rest soll vornehmlich aus löslicher Kieselsäure und Tonerde bestehen. Beträgt der Gehalt an MgO mehr als 5%, bezogen auf glühverlustfreie Substanz, ist der Kalk als Dolomitkalk zu bezeichnen.
Nicht hydraulische Kalke (Luftkalke) enthalten gewöhnlich mehr als 80% CaO und MgO, bezogen auf glühverlustfreie Substanz.
Die in den schweizerischen Normen (SJA Nr. 115, 1953) [5] für die Bindemittel des Bauwesens aufgeführten Bestimmungen sehen eine Einteilung der Baukalke in *Weißkalke* und *Hydraulische Kalke* vor. Weißkalk soll in ungelöschtem Zustand mindestens 88 Gew.-% CaO oder in völlig gelöschtem Zustand mindestens 90 Gew.-% Ca(OH)₂ enthalten. Der Gehalt der *hydraulischen Kalke* an Unlöslichem und der Glühverlust sollen jeder für sich nicht mehr als 20 Gew.-%, der CO₂-Gehalt nicht mehr als 15 Gew.-% betragen.
Die niederländische Norm (V 931 Entwurf 1948) [6] für Kalk für Bauzwecke teilt die Baukalke in zwei Gruppen ein:

Gruppe A, Luftkalk:

1. Stückkalk. **CaO**-Gehalt, bezogen auf glühverlustfreie Substanz, mindestens 80%.
2. Kalkteig, Karbidkalkteig. **Ca(OH)₂**-Gehalt, bezogen auf Trockensubstanz, mindestens 70%.
3. Fetter Pulverkalk. **Ca(OH)₂**-Gehalt mindestens 70%.
4. Muschelkalk (aus Muscheln gebrannt und gelöscht). **Ca(OH)₂**-Gehalt mindestens 58%.

Gruppe B, Hydraulischer Kalk:

1. Schwach hydraulischer Pulverkalk. Summe der Hydraulefaktoren mindestens 10%.
2. Stark hydraulischer Pulverkalk. Summe der Hydraulefaktoren mindestens 15%.

Österreich übernahm 1938 die Deutsche Baukalknorm DIN 1060, die auch jetzt noch gültig ist. Zur Zeit werden die Österreichischen Baukalknormen neu bearbeitet.

2. Chemische Untersuchung.

Während die **amerikanische Norm** eine eingehende Analysenvorschrift ASTM C 25—47 [7] enthält, sind in der Schweiz, England, Österreich und den Niederlanden nur Einzelbestimmungen für die chemische Untersuchung von Baukalken in Betracht gezogen.

3. Ergiebigkeit.

Nach der englischen Baukalknorm wird der Branntkalk zunächst so lange zerkleinert, bis er restlos durch das Sieb BS 7 (2,4 mm) hindurchgeht. Hierauf wird, wenn nicht anders vom Verkäufer vorgeschrieben, *bei Branntkalk der Klasse A* je eine Probe von 5 kg in Wasser von 50° bzw. 100° innerhalb 5 min unter ständigem Umrühren eingeschüttet. Die Temperaturen sollen während des Löschprozesses mit einer Genauigkeit von ±2° eingehalten werden. Das Löschgut bleibt dann 24 h ruhig stehen. Zweimal während dieser Zeit soll kräftig durchgerührt werden. Nach dieser Zeit wird zunächst das überstehende Wasser und dann der gesamte Rest nach kräftigem Umrühren durch das Normsieb BS 18 (0,85 mm) und anschließend durch das Normsieb BS 52 (0,295 mm) in einem mit einem Filtertuch ausgeschlagenen Behälter gegeben. Die Rückstände auf den Sieben werden mit einem schwachen Wasserstrahl ausgewaschen. Sie werden dann bei 100° ± 10° bis zur Gewichtskonstanz getrocknet und als Gew.-% des geprüften Branntkalks angegeben. Der Rückstand auf dem Sieb BS 18 soll nicht mehr als 5% und der Durchgang durch das Sieb 18 auf dem Sieb BS 52 nicht mehr als 2% betragen.

Nachdem das Wasser aus dem auf dem Filtertuch befindlichen Kalkbrei entfernt ist, wird dieser zur Bestimmung der Ergiebigkeit zunächst mittels der Southard-*Viskosimeter* auf eine Normkonsistenz von 1,85 cm ± 1,6 mm gebracht. Liegt das Setzmaß niedriger, ist unter nochmaligem gutem Durchmischen Wasser zuzufügen. Liegt das Setzmaß höher, ist der Wassergehalt durch Aufbringen des Kalkteigs auf eine saugfähige Unterlage zu verringern.

Das Southard-*Viskosimeter* besteht aus einem senkrechten Metallzylinder von 50 mm innerem Durchmesser, in dem ein Metallkolben mit einem Hub von 63 mm, gemessen vom oberen Zylinderende, läuft. Der Kolben kann ohne Drehung mittels einer Schraube mit grobem Gewinde gehoben werden, die vier Gänge auf 25 mm besitzt, durch eine Mutter am unteren geschlossenen Teil des Zylinders geführt ist und dadurch die Verbindung zwischen Kolben und Zylinder herstellt. Der Kolben wird bis zum unteren Ende seines Hubs gesenkt, der Zylinder mit Kalkbrei gefüllt und überstehender Brei glatt abgestrichen. Der Kolben wird dann gleichmäßig durch Drehen der Schraube innerhalb von 10 sek gehoben (1 Umdrehung/sek), wobei der Inhalt des Zylinders

nach oben ausgestoßen wird. Der Grad, bis zu dem sich der ausgestoßene Brei-
zylinder auf der am Kopf des Zylinders angebrachten Scheibe ausbreitet, wird
durch Messung der Höhe mit Hilfe einer Metallbrücke gemessen. Die Ergiebigkeit des Kalkbreis wird aus der Dichte des auf Normkonsistenz gebrachten
Kalkbreis bestimmt, die in der herkömmlichen Weise durch Messung des Gewichts einer Breimenge von bekanntem Volumen ermittelt wird. Zur Dichtebestimmung wird am zweckmäßigsten ein Behälter aus verzinntem Eisenblech
verwendet. Wenn d die Dichte des Breis ist, beträgt die Ergiebigkeit erfahrungsgemäß in ml je g Branntkalk:

$$\text{Ergiebigkeit} = 0{,}70/d - 1.$$

Von Branntkalk der Klasse B soll mindestens 1 kg des zerkleinerten Materials
unter ständigem Umrühren in kochendes Wasser gegeben werden. Das Ein-
schütten soll mindestens 5 min dauern. Während dieser Zeit und während einer
Gesamtzeit von 1 h soll die Mischung kochend gehalten werden. Bei der größten
Zahl der Kalke genügt als Löschwassermenge das Vierfache des Branntkalk-
gewichts. Sie kann sich bei hochprozentigen Kalken mit großer Ergiebigkeit
auf die 8fache Gewichtsmenge steigern. Wasserverluste während des Löschprozesses infolge Verdampfens sind zu ersetzen. Branntkalk der Klasse B soll
nach dem Löschen nicht mehr als 5% Rückstand auf dem Sieb BS 18 hinterlassen.

Nach der schweizerischen Norm (S J A Nr. 115, 1953) [5] wird zur Bestimmung
der Ergiebigkeit von Luftkalken der Branntkalk so weit gemahlen, bis er durch
das 900er Maschensieb geht. Sodann wird das Raumgewicht in lose eingefülltem
Zustand ermittelt. Der Kalk wird hierauf in einem mit feuerfesten Steinplatten
ausgelegten Behälter gelöscht. Die Löschwasserzugabe erfolgt so lange, bis
die Oberfläche des gelöschten Kalks einen speckigen Glanz zeigt. Nach 24 h
wird das Raumgewicht des gelöschten Kalks ermittelt. Das Verhältnis der
Raumgewichte des Kalks in gelöschtem und ungelöschtem Zustand ergibt seine
Ergiebigkeit.

Die amerikanischen Normenbestimmungen für Branntkalk zu Bauzwecken
(ASTM C 5—26) schreiben eine Bestimmung der Löschergiebigkeit nicht vor,
sondern es wird nur der nichtlöschfähige Rückstand ermittelt. Branntkalk wird
zu Brei gelöscht, und dieser Brei wird nach 1 stündigem Stehen mit einem Wasserstrahl durch das Sieb ASTM 20 mit 0,84 mm lichter Maschenweite gespült,
bis das Wasser klar abläuft. Die Versuchsdurchführung darf höchstens 30 min
dauern. Der auf diesem Sieb verbleibende Rückstand wird bei 100° bis 107°
getrocknet und darf höchstens 15% betragen.

Auch die niederländische Baukalknorm schreibt eine Bestimmung der Ergiebigkeit von Branntkalken nicht vor.

4. Kornfeinheit.

Die Bestimmung der Kornfeinheit erfolgt **nach der englischen Baukalknorm**
nur an Kalkhydraten. 100 g Kalkhydrat werden auf das Sieb BS 72 (0,211 mm
lichte Maschenweite), das über dem Sieb BSW 170 (0,089 mm lichte Maschenweite) steht, gebracht und mit einem Wasserstrahl durch die Siebe gewaschen.
Der Versuch darf nicht länger als 30 min dauern. Der auf jedem Sieb verbleibende
Rückstand wird bis zur Gewichtskonstanz bei 100° ± 10° getrocknet und gewogen und in Gew.-% des geprüften Kalkhydrats angegeben. Der Rückstand
darf bei Kalkhydrat der Klasse A auf dem Sieb BSW 72 nicht mehr als 5% und
auf dem Sieb BSW 170 nicht mehr als 10% betragen. Für die Kornfeinheit
von Kalkhydrat der Klasse B sind keine Güteanforderungen aufgestellt.

Nach der schweizerischen Bindemittelnorm wird die Kornfeinheit von Luft-
und hydraulischen Kalken gekennzeichnet durch den in Gew.-% ausgedrückten
Siebrückstand auf dem Sieb mit 900 Maschen/cm². Das Sieben erfolgt an einer
100 g-Probe von Hand oder maschinell. Die Prüfung der Kornfeinheit ist jedoch
keine verbindliche Vorschrift, sondern dient nur zu informatorischen Zwecken.
Daher sind auch keine Güteanforderungen an die Kornfeinheit gestellt.

Auch in den USA wird, ähnlich wie in England, an Stelle der Trockensiebung
eine Absonderung des gröberen Anteils durch Spülen mit einem Wasserstrahl
auf bestimmten Sieben vorgenommen. Luftkalkhydrate werden auf den Sieben
0,6 mm und 0,075 mm höchstens 30 min lang, hydraulische Kalkhydrate auf
dem Sieb mit 0,84 mm Maschenweite höchstens 15 min lang behandelt.

In den Niederlanden wird die Kornfeinheit von Pulverkalken durch Absieben über die Siebe mit 1,2 mm, 0,210 mm, 0,09 mm und 0,075 mm Maschenweite bestimmt. Je nach dem $Ca(OH)_2$-Gehalt dürfen feste Pulverkalke auf dem
Sieb 0,210 bis 15% und auf dem Sieb 0,09 bis 10% Rückstand haben, Mörtel-
kalke auf dem Sieb 1,2 bis 12%, auf dem Sieb 0,210 bis 15% und auf dem Sieb
0,075 bis 10%, und hydraulische Kalke je nach ihrem Gehalt an Hydraulefaktoren auf dem Sieb 0,210 15 bis 20%.

5. Raumbeständigkeit.

In **England** ist die Raumbeständigkeitsprüfung an Kalkhydraten der
Klassen A und B vorgeschrieben.

a) Plättchenprobe.

70 g Kalkhydrat werden mit der gleichen Menge Wasser gemischt und dann
2 h lang eingesumpft. Hiernach wird der Kalkbrei nochmals gründlich durch-
geknetet, daß eine plastische Masse entsteht. Diese wird auf einer nichtporösen
Unterlage ausgebreitet, mit 10 g Gips überstreut und nochmals 2 min lang
gemischt.

Aus diesem Brei werden Plättchen in einer Ringform von 10 cm $\varnothing$ und
$^1/_2$ cm Höhe hergestellt. Die Plättchen bleiben, um abzubinden, $^1/_2$ h lang stehen.
Nach dieser Zeit werden sie auf der Unterlage mit oder ohne Ringform in einen
gut belüfteten Trockenschrank mit einer Temperatur von 35 bis 45° C gebracht,
wo sie bis zu einer Gesamtzeit von 16 h verbleiben.

Nach dieser Zeit werden die Plättchen auf der Formplatte horizontal in eine
Dampfdarre mit schon kochendem Wasser gebracht und 3 h lang der Einwirkung
des Dampfes siedenden Wassers bei atmosphärischem Druck ausgesetzt.
Nach dieser Behandlungszeit werden sie auf Zerfallserscheinungen, Risse oder
Absprengungen untersucht.

b) Allgemeine Raumbeständigkeitsprüfung.

Diese wird mit Hilfe des Le Chatelier-Rings durchgeführt (s. S. 368).
Kalkhydrat wird mit einem Drittel seines Gewichts Portlandzement und der
4fachen Gewichtsmenge Normensand (Leigthon-Buzzard-Sand) gewaschen,
Rückstand auf Sieb 25 (0,599 Maschenweite 100%), zunächst trocken gut durchgemischt und dann mit 12 Gew.-% Wasser, bezogen auf die Trockenmischung,
versetzt und wiederum gut durchgemischt. 3 Le Chatelier-Ringe werden auf
kleine, nichtporöse Unterlagen gestellt und mit dem Mörtel unter Vermeidung
von Lufteinschlüssen gefüllt, mit einer anderen nichtporösen Platte bedeckt
und 1 h stehen gelassen. Hiernach werden sie nach Messung der Nadelspitzenentfernung 48 h lang in feuchte Luft gestellt. Darauf werden die Ringe mit

Abdeckplatten in eine Dampfdarre mit schon kochendem Wasser gebracht und 3 h lang dem Dampf des siedenden Wassers unter Atmosphärendruck ausgesetzt.

Nach der Herausnahme aus der Darre und dem Abkühlen der Ringe wird wiederum die Entfernung der Nadelspitzen gemessen. Ist eine Zunahme gegenüber der ersten Messung erfolgt, dann darf sie nach Abzug von 1 mm als Anteil für die Ausdehnung des zugesetzten Zements 10 mm nicht übersteigen.

Die Raumbeständigkeitsprüfung mittels des LE CHATELIER-Rings schreiben auch die **Schweiz** und **Frankreich** für hydraulische Kalke vor. Nach der Schweizer Vorschrift werden die aus Kalk-Normenbrei hergestellten LE CHATELIER-Proben zunächst 3 Tage bei einer Temperatur von 18° in 95% relativer Feuchtigkeit gelagert, darauf 4 Tage in Wasser von 18° gelegt und schließlich in einem Wasserbad innerhalb 1 h auf 50° erwärmt und während 2 h auf dieser Temperatur belassen. Die Messung der Nadelspitzenentfernung erfolgt vor der Lagerung in Wasser von 18° (d_1), nach der Lagerung in Wasser von 18° (d_2) und nach der Behandlung in 50° warmem Wasser und Wiederabkühlen auf 18° (d_3). Für die Bewertung der Raumbeständigkeit ist die Zunahme der Nadelspitzenentfernung $d_3 - d_2$ maßgebend; die Größe $d_2 - d_1$ hat nur informatorischen Charakter. Außerdem sieht die Schweizer Bindemittel-Norm auch noch eine Kuchenprobe vor. Kuchen von 8 bis 10 cm $\emptyset$ und etwa 1,5 cm Dicke in der Mitte lagern während 7 Tagen in 95% relativer Feuchtigkeit bei 18°, dann in einem Wasserbad, dessen Temperatur innerhalb 1 h auf 50° gebracht und weitere 2 h auf dieser Höhe gehalten wird, anschließend in einem geschlossenen Darrofen, dessen Temperatur innerhalb 1 h auf 110° gebracht und 2 h auf 110° gehalten wird. Es wird beobachtet, ob Treibrisse, Verkrümmungen oder Mürbewerden der Proben eintritt.

Die amerikanische Norm schreibt drei Prüfmethoden vor.

Aus Mauer- und Putzkalkhydrat werden mit fünf Teilen Sand Kuchen angefertigt, die zunächst 24 h in Zimmerluft zugfrei gelagert werden. Danach werden sie in Wasser gelegt. Bleibt der Kuchen rißfrei, wird er mit einer Schicht Kalkbrei überzogen, 24 h an der Luft gelagert und anschließend 5 h lang Wasserdampf von 100° ausgesetzt.

Nach der ASTM C 110—49 [9] werden Kuchen aus gelöschtem Kalk und gebranntem, raumbeständigem Gips unter entsprechendem Wasserzusatz angefertigt und 2 h im Autoklaven gespanntem Dampf von 9 bis 10 at ausgesetzt.

Die Anforderungen an hydraulischen Kalk und sogenannten Mauerwerkzement sind weniger scharf. Es werden Kuchen aus Kalknormenbrei 2 Tage im Feuchtkasten gelagert und anschließend 5 bzw. 6 Tage einerseits an der Luft, andererseits in fließendem Wasser beobachtet.

6. Abbindeverhältnisse.

Diese werden nach der *schweizerischen* und *französischen Norm* an Normenbrei nur von hydraulischen Kalken mit Hilfe des VICAT-Nadelapparats bestimmt. Der Kalkbrei hat die richtige Normensteife, wenn der Tauchstab von 10 mm $\emptyset$ und 300 g Gewicht beim Aufsetzen auf die Breioberfläche und Loslassen im Bindemittelbrei in 4 bis 6 mm Höhe über der Unterlage des Probekörpers stehenbleibt.

Als Abbindebeginn gilt die vom Beginn der Wasserzugabe gerechnete Zeit, wenn die Nadel des VICAT-Apparats in 4 mm Höhe über der Probenunterlage stehenbleibt. Das Abbindeende ist erreicht, wenn die VICAT-Nadel in der gewendeten Probe (also der Probenbodenfläche) keinen merklichen Eindruck mehr erzeugt. Bei diesem Versuch müssen die Proben in feuchtigkeitsgesättigter Luft bei 18° lagern.

7. Festigkeiten.

In England wird die Festigkeit nur von halbhydraulischen Kalken ermittelt. Kalknormenbrei mit einem Wassergehalt von 65 ± 1 Gew.-% wird mit dem 3 fachen Gewicht Normensand (bezogen auf das trockene Hydrat) 10 min lang gründlichst durchgemischt, sofort in Formen mit den Abmessungen 2,5 cm × 2,5 cm × 10 cm eingefüllt und unter leichtem Fingerdruck eingepreßt, sodann mit der Maurerkelle abgestrichen. Die Formen werden mit einer Platte abgedeckt und lagern 28 Tage bei mindestens 90% relativer Luftfeuchtigkeit und einer Temperatur von $25° \pm 1°$. Nach dieser Zeit werden die Körper entschalt, $^1/_2$ h in Wasser gelegt und auf ihre Biegezugfestigkeit geprüft. Die Prismen werden dabei auf zwei parallele Metallwalzen von 12,5 mm $\varnothing$ bei 7,6 cm Stützweite gelagert. Die Biegezugfestigkeit soll mindestens 7,0 kg/cm² und höchstens 21,1 kg/cm² betragen.

Die Schweizer Norm schreibt für die Festigkeitsprüfung von Weißkalken und hydraulischen Kalken Prismen 40 mm × 40 mm × 160 mm vor. Die Biegezugfestigkeit wird mit einem Schneidenabstand von 100 mm, die Druckfestigkeit an den Reststücken der auf Biegezugfestigkeit geprüften Prismen festgestellt. Größe der gedrückten Fläche im Gegensatz zu der deutschen Norm 40 mm × 40 mm = 16 cm². Das Mischungsverhältnis des Normenmörtels beträgt 1 : 3 nach Gewichtsteilen. Der Normensand setzt sich aus gleichen Gewichtsteilen Feinsand 0 bis 1 mm, Mittelsand 1 bis 3 mm und Grobsand 3 bis 5 mm zusammen. Der Wasserzusatz wird auf 12,5%, bezogen auf das trockene Mörtelgemisch, bemessen. Die trockenen Mörtelstoffe werden 1 min innig gemischt; nach der Wasserzugabe wird das Mischen während 2 min fortgesetzt.

Der Mörtel wird in 2 bis 3 Schichten in die Formen eingefüllt und jede Schicht mit einem Metallstößel (1 kg) leicht verdichtet.

Die Prismen lagern in der Form in feuchtigkeitsgesättigter Luft von 18° und werden nach genügender Erhärtung entschalt. Die Prismen aus hydraulischem Kalkmörtel lagern bis zum Alter von 7 Tagen weiter in feuchtigkeitsgesättigter Luft von 18° und anschließend bis zum Prüftermin unter Wasser von 18°. Die Mörtelprismen aus Weißkalk lagern bis zum 28. Tag an Luft von etwa 75% relativer Feuchtigkeit. Die Festigkeiten sollen nachstehende Mindestwerte erreichen:

Weißkalk . . . . 4 kg/cm² Biegezugfestigkeit, 8 kg/cm² Druckfestigkeit
Hydraulischer Kalk . . . . 8 kg/cm² Biegezugfestigkeit, 30 kg/cm² Druckfestigkeit

Nach der französischen und **amerikanischen Norm** wird die Druckfestigkeit von hydraulischen Kalken an Würfeln von 5 cm Kantenlänge ermittelt. Das Mischungsverhältnis des Normenmörtels beträgt 1 : 3 nach Gewichtsteilen, die Mörtelkonsistenz ist erdfeucht. Die Probewürfel lagern zunächst an der Luft und anschließend im Wasser.

In den Niederlanden wird die Druck- und Zugfestigkeit von schwach und stark hydraulischen Kalken an Normenmörtel von 1 : 3 nach Gewichtsteilen bestimmt. Der Wasserzusatz soll bei schwach hydraulischen Kalken so hoch gewählt werden, daß ein erdfeuchter Mörtel entsteht, und daß er bei stark hydraulischen Kalken 10%, bezogen auf den trockenen Mörtel, beträgt. Bei schwach hydraulischen Kalken sollen nach 7tägiger Erhärtung in feuchter Luft die Zugfestigkeit mindestens 3 kg/cm² und die Druckfestigkeit mindestens 15 kg/cm² betragen und bei stark hydraulischen Kalken mindestens 5 kg/cm² bzw. 30 kg/cm². Letztere sollen nach einer weiteren 21tägigen Lagerung unter Wasser mindestens 10 kg/cm² Zugfestigkeit und 60 kg/cm² Druckfestigkeit erreichen.

8. Verarbeitbarkeit, Geschmeidigkeit.

In England wird von Weißbranntkalk Klasse A und Weißkalkhydrat der Klassen A und B die Verarbeitbarkeit an Kalkbrei von Normkonsistenz geprüft. Die Normkonsistenz ist erreicht, wenn der Brei nach einem Stoß auf dem Normenrütteltisch ein Ausbreitmaß von 11 ± 1 cm erreicht.

Der Prüfkörper wird mittels einer abgestumpften Kegelform aus Blech von 88 mm Höhe, einem oberen Durchmesser von 58 mm und einem unteren Durchmesser von 66,7 mm hergestellt. Der Prüfkörper wird auf die Mitte des Rütteltischs aufgebracht und die Form vorsichtig entfernt. Die Verarbeitbarkeit wird durch Ermittlung der Gesamtstoßzahl (1 Stoß/sek), die zur Erreichung eines mittleren Ausbreitmaßes von 19 cm erforderlich ist, bestimmt. Branntkalk der Klasse A soll bei Durchführung dieses Versuchs nicht weniger als 13 Schläge, Kalkhydrate der Klassen A und B sollen nicht weniger als 10 Schläge erfordern.

In Amerika wird zur Bestimmung der Geschmeidigkeit nach der ASTM C 110—49 [9] das Plastizimeter von EMLEY (Abb. 4) benutzt. Die Prüfung erfolgt an einem Kalkbrei, der aus 300 g gelöschtem Kalk gewonnen wird und vor der Untersuchung 16 bis 24 h in einem mit einem feuchten Tuch bedeckten Gefäß gelagert hat. Zum Vergleich dient ein Normenkalkbrei, dessen Normkonsistenz unter Verwendung des VICAT-Nadelgeräts mit einem Tauchstab von 12,5 mm ∅ und einer Belastung von 30 g bestimmt wird. Der Tauchstab darf innerhalb 30 sek nur 20 mm in den Kalkbrei einsinken. Das EMLEY-Plastizimeter besteht aus einem Teller, der in 6 min 40 sek eine Umdrehung macht und dabei gegen eine mitnehmbare Scheibe von $^1/_{32}$″ Dicke und 3″ ∅ gehoben wird. Auf diesem Teller wird mittels einer Porzellanscheibe von 1″ Dicke und 4″ ∅ die Kalkbreiprobe gebracht. Durch ein Zeigersystem wird die Drehkraft der den Kalkbrei

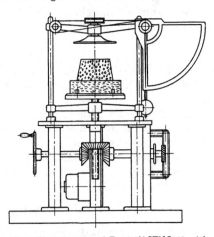

Abb. 4. Plastizimeter nach EMLEY (ASTM C 110—49).

berührenden und dadurch mitgenommenen Scheibe gemessen. Die Porzellanplatte muß ein konstantes Wasseraufsaugevermögen von mindestens 40 g in 24 h besitzen. Je Umdrehung wird die Porzellanplatte um $^1/_{13}$″ gehoben. Der auf Normkonsistenz gebrachte Kalkbrei wird in einen auf die Porzellanplatte gesetzten VICAT-Ring gebracht und eben abgestrichen. Nach vorsichtigem Entfernen der Ringe wird die Porzellanplatte mit dem Kalkbrei auf den Teller des Plastizimeters gebracht, der mittels der Handkurbel so weit angehoben wird, daß die Entfernung zwischen Porzellanplatte und Scheibe 32 mm beträgt. Dann wird der Motor eingeschaltet, der den Teller mechanisch dreht und anhebt. Der Motor muß genau 120 sek nach Einfüllen des Kalkbreis eingeschaltet werden. Der Versuch gilt als beendet, wenn 1. der Zeigerausschlag den Wert 100 erreicht hat oder 2. eine der minutlich erfolgenden Zeigerablesungen geringer als die vorhergehende ist oder 3. die Ablesung 3mal hintereinander den gleichen Wert ergibt. Die Angabe der Plastizität erfolgt nach der Gleichung

$$P = \sqrt{F^2 + (10\,T)^2},$$

worin F die Zeigerablesung am Ende des Versuchs und T die Zeit in Minuten vom Einfüllen des Kalkbreis in den Ring bedeuten. Der Plastizitätswert von Putzkalkhydrat soll mindestens 200 betragen.

E. Prüfung der Kalkmörtel.

Für die Prüfung von Kalkmörtel sind außer den in Abschn. C behandelten Bestimmungen für Baukalk zusätzlich noch ergänzende Untersuchungsmethoden aufgestellt worden, die die Mörteleigenschaften als solche berücksichtigen.

a) Mischungsverhältnis.

Die Ermittlung der Zusammensetzung von Kalkmörteln ist mit Sicherheit nur bei Kenntnis der Zusammensetzung der Mörtelausgangsstoffe möglich. Für derartige Untersuchungen ist als Richtlinie das Normblatt DIN 52170 „Mischungsverhältnis und Bindemittelgehalt von erhärtetem Mörtel und Beton" zu verwenden.

b) Raumbeständigkeit.

Die Raumbeständigkeit eines Kalkmörtels wird nach den in Abschn. C 7 beschriebenen Methoden geprüft.

c) Festigkeit.

Die Prüfung der Biegezugfestigkeit und Druckfestigkeit von Mörteln aus hydraulischen Kalken erfolgt nach den in Abschn. C 8 beschriebenen Richtlinien.

Hinsichtlich der Druckfestigkeitsbestimmung hat man sich bei der Staatlichen Versuchsanstalt in Stockholm [8] für Zylinder von 5 cm ⌀ und 5 cm Höhe entschieden. Das so bedeutsame Entziehen des Wassers bei der Herstellung der Prüfkörper erreicht man durch Aufstellen der Prüfkörper auf eine saugende Unterlage. Es hat sich auch als zweckmäßig erwiesen, die Prüfkörper während des Lagerns jeden 7. Tag 5 min lang in Wasser zu tauchen.

d) Haftfestigkeit.

Die Prüfung der Haftfestigkeit von Kalkmörteln auf verschiedenen Mauermaterialien kann nach einem Vorschlag der Staatlichen Versuchsanstalt Stockholm in der Weise erfolgen, daß man nach dem Erhärten des Mörtels diesen vorsichtig mit einem Kernbohrer von 8 cm ⌀ durchbohrt, dann auf den am Mauermaterial haftenden zylinderförmigen Kern ein Zugstück festkittet. Unter Verwendung eines geeigneten Zuggerätes, durch das sichergestellt ist, daß das Ziehen im rechten Winkel zur Haftfläche vor sich geht, wird die Kraft festgestellt, die erforderlich ist, um die Haftfestigkeit zu überwinden.

e) Schwinden und Quellen.

Das Schwinden und Quellen eines Kalkmörtels kann an Prismenkörpern von den Abmessungen 4 cm × 4 cm × 16 cm nach Art der Prüfung von Zementen (DIN 1164, § 26) ermittelt werden.

f) Verarbeitbarkeit.

Zur Bestimmung der Verarbeitbarkeit eines Mörtels ist in den USA ein Prüfverfahren entwickelt worden, nach dem die Verarbeitbarkeit mittels Verformung gemessen wird. Das dazu benutzte Gerät, als Wuerpel-Gerät bekannt

(Abb. 5), besteht aus einer quadratischen, in den Ecken beweglichen Form ohne Boden (lichte Maße: Grundfläche 4″×4″, Höhe 2″), die auf eine ebene glatte Metallfläche aufgesetzt wird.

Die Beweglichkeit in den Ecken erlaubt eine Änderung der mit Prüfmörtel gefüllten Form von einem Quadrat zu einem Rhombus, wenn eine über eine Zugschnur angreifende Last (2,26 kg) auf den Forminhalt einwirkt. Der Verformungsindex wird wie folgt angegeben:

$$P = (d_1 - d_2)\ 39{,}4.$$

d_1 Länge der Diagonalen des unverformten Würfels in cm,
d_2 Länge der Diagonalen des verformten Würfels in cm.

Die nach der Verformung gemessene Diagonale d_2 liegt senkrecht zur Zugrichtung.

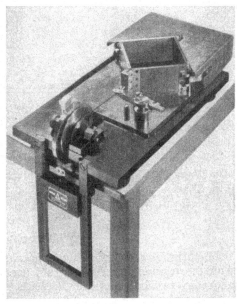

Abb. 5. Plastizitätsprüfer für Putzmörtel (WUERPEL-Gerät)

g) Klebefähigkeit.

Um ein Maß für die Klebekraft eines Mörtels zu bekommen, wurde von der Landesgewerbeanstalt Würzburg ein Prüfverfahren entwickelt, nach dem die Zeit ermittelt wird, welche ein aus der zu untersuchenden Mörtelprobe hergestellter Kuchen benötigte, um eine bestimmte Weglänge auf einer unter einem Winkel von 50° geneigten Glasplatte zurückzulegen. Es wurde festgestellt, daß eine längere Ablaufzeit auch ein Maßstab für eine höhere Klebekraft des Mörtels ist.

h) Wasserrückhaltevermögen.

In den ASTM-Normen bestehen für die Bestimmung des Wasserrückhaltevermögens die Vorschriften C 110—49 für gelöschten Kalk und C 91—55 [7] für Zementmörtel. Für die Durchführung des Versuchs wird ein Gerät nach Abb. 6 vorgeschrieben; es besteht im wesentlichen aus einer Nutsche (lichter Durchmesser 154 bis 156 mm), die eine vorgeschriebene Teilung mit Löchern von 1,4 bis 1,6 mm ⌀ besitzt, und einem Quecksilbermanometer, um den durch eine Wasserstrahlpumpe erzeugten Unterdruck messen zu können. In die Nutsche wird ein Filterpapier Schleicher & Schüll 575 eingelegt und

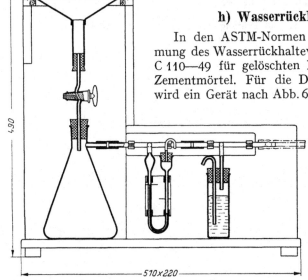

Abb. 6. Vorrichtung zur Bestimmung des Wasserhaltevermögens von Putzmörtel.

auf dieses der Versuchsmörtel aufgebracht. Nach dem Einbringen des Mörtels wird ein Unterdruck von 2″ Höhendifferenz am Quecksilbermanometer erzeugt. Dieser wird 60 sek gehalten. Das Wasserrückhaltevermögen wird nach der Formel

$$\frac{A}{B} \times 100$$

berechnet. Darin bedeutet

A das Ausbreitmaß nach dem Absaugen und
B das Ausbreitmaß unmittelbar nach der Mischung des Mörtels.

Das Ausbreitmaß wird bestimmt mit dem Fließtisch ASTM C 230—55 T, wie er auch für die Prüfung des Ausbreitmaßes von Zementen vorgeschrieben ist.

i) Wasserdurchlässigkeit.

Die Wasserdurchlässigkeit wird an plattenförmigen Versuchsstücken geprüft. Auf die Platten werden Glaszylinder von 3,7 cm lichter Weite aufgekittet und 10 cm hoch mit Wasser gefüllt.

k) Wetterbeständigkeit.

Hinsichtlich der Wetterbeständigkeit, Frostbeständigkeit und dem Verhalten gegenüber angreifenden Wässern können im wesentlichen die gleichen Prüfmethoden verwendet werden, die für gebrannte Steine in Abschn. III A beschrieben sind.

Schrifttum.

[1] DIN 1060 Ausgabe Juli 1955.
[2] DIN 1164 Ausgabe Juli 1942.
[3] Hummel/Charisius: Baustoffprüfungen. Berlin: M. Lippert 1947.
[4] Englische Baukalknorm BS 890/1940.
[5] Normen für die Bindemittel des Bauwesens SJA 115 (1953).
[6] Niederländische Norm für Kalk für Bauzwecke.
[7] ASTM C 25—47, C 5—26, C 91—55.
[8] Bestimmungen für die Lieferung und Prüfung von Baukalk. Stockholm 1941.
[9] Emley: ASTM C 110—49.

V. Prüfung der Zemente.

A. Die Prüfung der Zementklinker.

Von **H. zur Strassen**, Wiesbaden-Biebrich.

Der wichtigste Bestandteil aller Zemente — mit Ausnahme einiger Spezialsorten wie Sulfathütten- und Tonerdezement (S. 359f.) — ist der *Portlandklinker*, der vermöge seines Gehaltes an hochreaktionsfähigen Kalziumsilikaten der wesentlichste Träger der hydraulischen Erhärtung ist. Der Portlandklinker ist seiner Natur nach ein Zwischenprodukt; seine Prüfung ist Aufgabe teils der Betriebskontrolle einer Zementfabrik, teils der wissenschaftlichen Forschung. Soweit die Untersuchungsmethoden die gleichen sind wie die des Zements, werden sie im Zusammenhang im Abschn. C „Prüfung der technischen Eigenschaften der Zemente" abgehandelt und hier nur die Ergebnisse, soweit erforderlich, verwendet.

1. Bildungsgesetze des Klinkers.

Der Portlandklinker enthält als chemische Hauptbestandteile CaO, SiO_2, Al_2O_3 und Fe_2O_3, die durch sorgfältige Abstimmung der Rohstoffe auf bestimmte Mengenverhältnisse eingestellt werden[1]. Von den Nebenbestandteilen darf MgO nach fast allen Zementnormen (S. 361) den Wert von 5 % im Zement nicht überschreiten, was eine entsprechende Rohstoffauswahl bedingt. Sonst sind der Wahl der Rohstoffe keine Beschränkungen auferlegt, wenn auch Kalkstein und Ton oder Kalkmergel, welche diese Komponenten enthalten, die häufigsten Ausgangsstoffe sind; Bedingung ist nur, daß die Rohstoffe genügend gleichmäßig und genügend fein mahlbar sind, um eine sichere Einstellung des Rohmehls auf die gewünschte chemische Zusammensetzung bei der Sinterung zu gewährleisten.

Welche Mineralien unter den Bedingungen der Klinkerbildung entstehen, ist durch kombinierte mineralogisch-petrographische Untersuchung des Klinkers und physikalisch-chemische Erforschung der Schmelzdiagramme von Drei- und Mehrstoffsystemen der reinen oxidischen Klinkerkomponenten weitgehend geklärt.

Die hauptsächlichen Mineralphasen des Portlandklinkers, seit TÖRNEBOHM (1897) als „Alit", „Belit", „Celit" bezeichnet [1], [2], [3], können weitgehend durch ihre Analogie mit den Phasen des Vierstoffsystems CaO—Al_2O_3—Fe_2O_3—SiO_2 beschrieben werden. Dem Alit entspricht das Trikalziumsilikat (C_3S)[2], dem Belit das β-Dikalziumsilikat $(\beta\text{-}C_2S)$; Celit hat bei eingehender Untersuchung im reflektierten Licht einen komplexen Aufbau ergeben, dessen

---

[1] Werden Hochofenschlacken als Rohstoffe mit verwendet, so tritt eine gewisse Menge Mn_2O_3 in das Rohmehl ein, welches gleich der äquivalenten Menge Fe_2O_3 zu rechnen ist.

[2] Die in der Zementchemie üblichen Abkürzungen der chemischen Symbole sind: $CaO = C$; $SiO_2 = S$; $Al_2O_3 = A$; $Fe_2O_3 = F$; $MgO = M$; $Na_2O = N$; $K_2O = K$; $3\,CaO \cdot SiO_2 = C_3S$; $3\,CaO \cdot Al_2O_3 = C_3A$ usw.

wesentlichste Bestandteile, die „helle" und die „dunkle" Zwischenmasse, als Aluminat-Ferrit-Mischkristall $C_2A_xF_{1-x}$ (mit $x \leqq 0,7$ [4]) bzw. als Trikalzium-aluminat C_3A und eine Glasphase wechselnder Zusammensetzung identifiziert sind [5]). Als weitere Phasen des Klinkers sind fast stets freier Kalk (C) und freie Magnesia, Periklas (M), zu beobachten.

Das im Klinker stets vorhandene Alkali muß nach den Gleichgewichts-untersuchungen als Na_2SO_4 und K_2SO_4 vorliegen und, soweit das SO_3 nicht zur Bindung des Alkalis ausreicht, in Form der Phasen NC_8A_3 und $KC_{23}S_{12}$ [6]; doch sind diese Phasen noch nicht eindeutig im Klinker identifiziert worden.

Weder die Alit- noch die Belit-Phase im Klinker entspricht stabilen Gleich-gewichtsverhältnissen. C_3S [7] ist nur im Bereich zwischen etwa 1200 und 1900° C beständig; außerhalb dieses Bereichs zersetzt es sich in CaO und C_2S:

$$C + \alpha\text{-}C_2S \underset{\longleftarrow}{\overset{1900°}{\longrightarrow}} C_3S \underset{\longleftarrow}{\overset{\sim 1200°}{\longrightarrow}} C + \alpha'\text{-}C_2S .$$

Das bei der Sintertemperatur des Klinkers bei 1450 bis 1500° stabil gebildete C_3S müßte sich also unterhalb 1200° zersetzen; doch verläuft diese Reaktion so träge, daß sie unter den technischen Abkühlungsbedingungen nur selten beobachtet wird (vgl. Abb. 5). C_3S bleibt daher bei Raumtemperatur metastabil erhalten. Die Alit-Phase des Klinkers ist kein reines C_3S, sondern enthält noch Al_2O_3 und MgO, wahrscheinlich durch die Substitution von $Mg + 2 Al$ für 2 Si [7], wodurch die Kristallstruktur etwas höher symmetrisch wird.

C_2S [8] tritt in vier Modifikationen auf, deren Beziehungen durch das folgende Schema gegeben sind (Umwandlungstemperaturen durch Differential-Erhitzungs- und -Abkühlungskurven bestimmt):

$$\alpha\text{-}C_2S \underset{1425°}{\overset{1447°}{\rightleftarrows}} \alpha'\text{-}C_2S \overset{780° - 830°}{\longleftarrow} \gamma\text{-}C_2S .$$

$$\left|\underset{670°}{\overset{705°}{\longrightarrow}} \beta\text{-}C_2S \underset{\text{Zerrieselung}}{\overset{\text{ab 525°}}{\longrightarrow}}\right.$$

Die bei Raumtemperatur stabile Modifikation ist $\gamma\text{-}C_2S$. Die Umwandlung in die γ-Form ist mit einer Volumzunahme von 10% verbunden, so daß die vorher kompakte Masse zu Staub „zerrieselt". In der „Belit"-Phase des Portland-klinkers ist aber das C_2S in der β-Form erhalten, weil die Phase aus der Sinter-schmelze des Klinkers so viel an Nebenbestandteilen aufgenommen hat, daß die $\beta - \gamma$-Umwandlung stark verzögert wird und unter den technischen Ab-kühlungsbedingungen ganz unterbleibt. Die $\alpha - \alpha'$- und $\alpha' - \beta$-Umwandlungen werden dagegen nicht unterbunden. Um diese Hochtemperatur-Modifikationen bei Raumtemperatur zu erhalten, werden größere Mengen an Fremdsubstanzen benötigt, als aus der Sinterschmelze aufgenommen werden können [9]. $\alpha'\text{-}C_2S$ ist in Einschlüssen im Alit beobachtet worden [10], doch ist die Art der Stabili-sierung noch nicht geklärt.

Die Verhältnisse bei der Sinterung werden durch die Schmelzgleichgewichte erfaßt, deren wichtigste invariante Punkte, nämlich diejenigen, bei denen C_3S als Bodenkörper beteiligt ist, in Tab. 1 zusammengestellt sind. Diese Daten geben also die tiefsten Schmelztemperaturen und dazugehörigen Restschmelzen an, die im Bereich des Portlandklinkers in den betreffenden Mehrstoffsystemen möglich sind. Den tiefsten Schmelzpunkt weist das Gleichgewicht 6 b mit 1301° auf; ein System, welches alle hier betrachteten Phasen gleichzeitig ent-hält, würde auf etwa 1275° als niedrigste Schmelztemperatur kommen, was ungefähr mit dem wirklichen Schmelzpunktsminimum des Klinkers übereinstimmt [5], [13].

Die Bildung der Klinkermineralien erfolgt zum Teil im Verlauf der Erhitzung durch Reaktion in festem Zustand, endgültig aber erst bei der Sintertemperatur durch Vermittlung der Sinterschmelze: in dieser, die alle Aluminate und Ferrite und sonstigen leicht löslichen Bestandteile enthält, lösen sich Kalk und kalkarme Silikate auf und scheiden sich als C_3S und C_2S wieder aus. Für die Beurteilung, welche Mengen an Kalk überhaupt gelöst werden können, ist es wichtig zu wissen, daß die kalkreichsten Schmelzen, die möglich sind (,,a"-Gleichgewichte in Tab. 1), noch ein ,,Kalk-Defizit" aufweisen, wenn sie aluminathaltig sind. Während der Sinterung kann deshalb nicht mehr Kalk gebunden werden, als der Summe aus dem Kalk, der als festes C_3S ausgeschieden ist, und demjenigen, der in der Sinterschmelze gelöst ist, entspricht. Bei der raschen Abkühlung des Klinkers ist dann keine Zeit mehr gegeben, daß sich die — theoretisch mögliche — Resorption des etwa überschüssig gebliebenen Kalkes durch die kalkarme Schmelze vollziehen könnte.

Tabelle 1. *Invariante Punkte der für das Zementgebiet wichtigen Schmelzgleichgewichte.*

Nr.	Bodenkörper	Schmelze							CaO-Defizit¹	Temp. °C	Autor
		CaO	SiO_2	Al_2O_3	Fe_2O_3	MgO	Na_2O	K_2O			
1a	C, C_3S, C_2S, C_3A	59,2	7,6	33,2	—	—	—	—	−16,9	1470	SWAYZE [11]
1b	C, C_3S, C_2S, C_3A	58,2	8,7	33,1	—	—	—	—	−12,7	1455	SWAYZE [11]
2a	C, C_3S, C_2S, C_2F	51,0	6,3	—	42,7	—	—	—	—	1400	SWAYZE [11]
2b	C, C_3S, C_2S, C_2F, $C_2A_{0,44}F_{0,56}$	49,3	6,5	—	44,2	—	—	—	—	1395	SWAYZE [11]
3a	C, C_3S, C_2S, C_3A, $C_2A_{0,57}F_{0,43}$ Σ	53,9	5,8	21,2	19,1	—	—	—	− 5,6	1342	SWAYZE [11]
3b	C, C_3S, C_2S, C_3A, $C_2A_{0,57}F_{0,43}$ Σ	53,5	6,0	22,3	18,2	—	—	—	—	1338	SWAYZE [11]
4a	C, C_3S, C_2S, C_3A Σ	54,6	7,6	32,8	—	5,0	—	—	−20,8	1398	SWAYZE [11]
4b	C, C_3S, C_2S, C_3A Σ	53,7	8,3	33,0	—	5,0	—	—	−16,3	1382	SWAYZE [11]
5a	C, C_3S, C_2S, C_2F Σ	46,5	5,7	—	42,8	5,0	—	—	—	1382	SWAYZE [11]
5b	C, C_3S, C_2S, C_2F M	45,2	6,0	—	43,8	5,0	—	—	—	1380	SWAYZE [11]
6a	C, C_3S, C_2S, $C_2A_{0,47}F_{0,53}$	50,9	5,6	22,7	15,8	5,0	—	—	− 8,4	1305	SWAYZE [11]
6b	C, C_3S, C_2S, $C_2A_{0,67}F_{0,33}$	50,5	5,9	23,9	14,7	5,0	—	—	—	1301	SWAYZE [11]
7a	C, C_3S, C_2S, C_3A, NC_8A_3	56,0	9,5	31,0	—	—	3,5	—	−18,6	1442	GREENE u. BOGUE [12]
7b	C_3S, C_2S, C_3A, NC_8A_3	55,2	10,3	31,0	—	—	3,5	—	−12,1	1440	GREENE u. BOGUE [12]
8	C_3S, C_2S, C_3A, $C_2A_xF_{1-x}$, NC_8A_3	48,0	6,5	31,0	13,5	—	1,0	—	−19,1	1310	EUBANK [13]
9	C, C_3S, C_2S, C_3A, $KC_{23}S_{12}$	58,3	9,3	31,3	—	—	—	1,2	−10,0	1450	TAYLOR [14]

¹ Diese Werte dienen zur rascheren Übersicht darüber, ob sich die Schmelze innerhalb oder außerhalb der Zusammensetzung der an dem Gleichgewicht beteiligten Bodenkörper befindet; das ,,Kalkdefizit" ist die Mindestmenge Kalk, die man der Schmelze hinzufügen muß, um sie innerhalb des Bereichs der Bodenkörper zu bringen.

2. Die Berechnung der Mineralzusammensetzung aus der chemischen Analyse.

Mittels der Schmelzgleichgewichte läßt sich aus der chemischen Brutto-analyse, wozu noch die Bestimmung des freien Kalks kommt (vgl. S. 390), der Mineralbestand des Klinkers angenähert rechnerisch erfassen. Je nach dem dabei verfolgten Zweck sind verschiedene Fälle zu unterscheiden:

a) Berechnung des Phasengleichgewichts nach vollständiger Kristallisation (sog. „normativer" Mineralbestand [1]).

b) Die Berechnung des maximal möglichen Kalkgehalts.

c) Die vollständige Berechnung der Mineralphasen unter verschiedenen Ab-kühlungsbedingungen.

a) Bei der Berechnung des *normativen Mineralbestands* ist wieder zu unter-scheiden zwischen einer exakten Berechnung, welche sich auf alle im Klinker analytisch ermittelten Bestandteile gründet, und der „konventionellen" Be-rechnung, welche nur CaO, SiO_2, Al_2O_3 und Fe_2O_3 umfaßt.

Die „konventionelle" Berechnung rechnet die Bestandteile C, S, A, F auf die Mineralien C_3S, C_2S, C_3A und C_4AF ($= C_2A_{0,5}F_{0,5}$ in der verallgemeinerten Schreibweise) um. Bezeichnet man die Prozentgehalte an den vier chemischen Bestandteilen mit c, s, a und f, dann ergibt die Aufteilung auf die vier Mineral-komponenten den folgenden formelmäßigen Zusammenhang:

$$
\begin{aligned}
\% \ C_3S &= \ \ \ 4{,}07\,c - 7{,}60\,s - 6{,}72\,a - 1{,}43\,f \\
\% \ C_2S &= -3{,}07\,c + 8{,}60\,s + 5{,}07\,a + 1{,}08\,f = 2{,}87\,s - 0{,}75 \cdot \% \ C_3S \\
\% \ C_3A &= \qquad\qquad\qquad 2{,}65\,a - 1{,}69\,f \\
\% \ C_4AF &= \qquad\qquad\qquad\qquad\quad 3{,}04\,f
\end{aligned}
$$

Obwohl diese von Bogue 1928 aufgestellte Formel aus verschiedenen Gründen nicht mehr ganz zutreffend ist, ist sie doch wegen ihrer einfachen Handhabung sehr gut für betriebliche Aufgaben geeignet, um sich z. B. rasch über den Mineralbestand eines Klinkers zu orientieren oder um eine Rohmischung für einen Klinker mit vorbestimmten Mineralanteilen zu entwerfen; die Zement-normen der Vereinigten Staaten sind auf der Mineralberechnung nach der Bogueschen Formel aufgebaut (bei der Anwendung auf Zement ist von „c" der dem SO_3-Gehalt des Zements äquivalente CaO-Gehalt $= 0{,}7 \cdot \%\,SO_3$ ab-zuziehen).

Die exakte normative Mineralberechnung, die auch die Nebenbestandteile umfaßt, hat die in Tab. 1 dargestellten Phasengleichgewichte zur Grundlage. Eine formelmäßige Auflösung nach den oxydischen Komponenten analog der Bogueschen Formel ist durchgeführt [6], aber nicht ganz korrekt, weil mit C_4AF an Stelle der Mischkristallphase gerechnet wird. Außerdem ist diese Dar-stellung sehr schwerfällig und wird besser durch den allgemeinen normativen Rechnungsgang ersetzt: Man wandelt die Gewichtsprozente der Analyse in Mole um (C $= 56{,}08$, S $= 60{,}06$, A $= 101{,}94$, F $= 159{,}68$, N $= 62{,}00$, K $= 94{,}20$, $SO_3 = 80{,}06$), kombiniert diese nach den Phasengleichgewichten und rechnet die Verbindungen von Molen auf Gewichtsprozente zurück. Dabei ist nach folgender Reihenfolge zu verfahren:

1. a) Wenn $SO_3 > (K + N)$: Bildung von $K_2SO_4 + Na_2SO_4$.
2. a) Mit restlichem SO_3 Bildung von $CaSO_4$.
1. b) ⎫ Wenn $SO_3 < (K + N)$: Verrechnung des SO_3 auf $K_3Na(SO_4)_2$ [6] und evtl. über-
2. b) ⎭ schüssiges Na_2SO_4 oder K_2SO_4.
3.   Aus nach 2. b) restlichem N Bildung von NC_8A_3.
4.   Aus nach 2. b) restlichem K Bildung von $KC_{23}S_{12}$.

5. Aus dem vorhandenen F und dem nach 3. übrigen A Bildung der Aluminat-Ferrit-Mischkristallphase:

a) bei Tonerdemodul[1] $\geq 1,6$ $C_2A_{0,67}F_{0,33}$ $(= C_6A_2F)$,

b) bei Tonerdemodul $= 0,84$ $C_2A_{0,57}F_{0,43}$ bzw. bei $<0,84$ der jeweilige Mischkristall von gleichem Tonerdemodul wie die Bruttoanalyse,

c) bei Tonerdemodul zwischen 1,6 und 0,84 ein Zwischenwert zwischen $C_2A_{0,67}F_{0,33}$ und $C_2A_{0,57}F_{0,43}$.

6. Aus dem nach 5. a) oder 5. c) noch vorhandenen A Bildung von C_3A.

7. Aus dem nach 4. restlichen S Bildung von C_2S.

8. Freier Kalk $C =$ analytisch bestimmter Wert (in Molen).

9. Aus dem restlichen C und C_2S Bildung von C_3S. Das restliche C erhält man aus dem Gesamt-C abzüglich der nach 2. a), 5. bis 8. bzw. nach 3. bis 8. verbrauchten Mengen.

b) Für die Bestimmung des maximalen Kalkgehalts bei der Sintertemperatur ist von LEA und PARKER [15] aus dem Vierstoffsystem $CaO-Al_2O_3-Fe_2O_3-SiO_2$ die Formel

$$CaO_{max} = 2,80 \cdot \%\,SiO_2 + 1,18 \cdot \%\,Al_2O_3 + 0,65 \cdot \%\,Fe_2O_3$$

abgeleitet worden; diese Formel approximiert die Ausscheidungsgrenze des Kalks in dem Vierstoffsystem durch die Fläche, die durch die Punkte C_3S, C_4AF und den invarianten Schmelzpunkt im Gleichgewicht C, C_3S, C_3A (Tab. 1, Nr. 1a) gelegt ist, und stimmt sehr nahe mit der vorher von KÜHL gewonnenen

$$CaO_{max} = 2,80 \cdot \%\,SiO_2 + 1,1 \cdot \%\,Al_2O_3 + 0,7 \cdot \%\,Fe_2O_3$$

überein.

Die Berücksichtigung des neueren Wertes für das Gleichgewicht 1a (Tab. 1) und der alkalihaltigen Klinkermineralien führt nach GILLE [16] zu der Formel

$$CaO_{max} = 2,80 \cdot \%\,SiO_2 + 1,14 \cdot \%\,Al_2O_3 + 0,68 \cdot \%\,Fe_2O_3 - 0,9 \cdot \%\,Na_2O - 7,74 \cdot \%\,K_2O.$$

(Für das Alkali ist dabei nur der nach Abzug des als K_2SO_4 bzw. Na_2SO_4 gebundenen verbleibende Rest einzusetzen.)

Die Kenntnis der Kalkgrenze ist für die betriebliche Beurteilung des Klinkers von großer Bedeutung. Nach KÜHL [1] wird das Verhältnis $100\,\frac{\%\,CaO_{gef.}}{\%\,CaO_{max}}$ als „Kalkstandard" bezeichnet. In der englischen Literatur heißt dieser Wert „lime saturation factor" und ist auch in die britischen Zementnormen aufgenommen.

Der Kalkstandard kann nicht über 100 steigen, ohne daß freier Kalk im Klinker auftritt. Umgekehrt zeigt freier Kalk bei einem Kalkstandard unter 100 an, daß entweder die Rohmischung nicht fein genug gemahlen oder die Brenntemperatur nicht ausreichend war, um einen quantitativen Umsatz zu erzielen.

Welchen Wert für CaO_{max} man einsetzt, richtet sich wieder nach den Bedürfnissen. Für betriebliche Zwecke wird man mit der einfachen Formel ohne Berücksichtigung der Alkalien auskommen.

c) Eine vollständige formelmäßige Berechnung des Kristallisationsverlaufs im System $C-A-F-S$ ist nach den Formeln von DAHL [1], [2] möglich, doch gelten diese noch für das Vierstoffsystem von LEA und PARKER [15] und müßten nach den Ergebnissen von SWAYZE [11] modifiziert werden.

Eine derartige Untersuchung wird nur für Spezialfragen — z. B. Vergleich zwischen phasentheoretischer und mineralogischer Untersuchung der Klinkerzusammensetzung — durchgeführt werden.

---

[1] „Tonerdemodul" $=$ Gewichtsverhältnis $Al_2O_3 : Fe_2O_3$.

3. Die optisch-mineralogische Untersuchung der Zementklinker.

a) Optische Identifizierung.

Die Grundlage für die mikroskopische Untersuchung bildet die optische Identifizierung mit dem Polarisationsmikroskop (s. Lehrbücher, z. B. RINNE-BEREK [17]), wozu hauptsächlich Pulverpräparate geeignet sind. Eine Zusammenstellung aller optischen Daten ist in Tab. 2 gegeben. Da die üblichen flüssigen Einbettungsmedien nur bis zu $n = 1{,}74$ (Methylenjodid) gehen, müssen für die Messung von Brechungsexponenten eisenhaltiger Phasen Lösungen von Phosphor oder Schwefel in Methylenjodid (bis $n = 2{,}06$), für noch höhere Brechungsexponenten Mischungen aus Schwefel und Selen verwendet werden [1], [2].

b) Dünn- und Anschliffe.

Die eigentliche Aufgabe der mineralogischen Methoden liegt in der Untersuchung des Klinkergefüges, also der Größe, Ausbildung und Verwachsung der Klinkermineralien, und der Bestimmung ihrer Mengenanteile. Diese Untersuchung kann an Dünnschliffen im durchfallenden Licht [18] oder an Anschliffen im reflektierten Licht durchgeführt werden, doch ist die Dünnschliffmikroskopie heute kaum noch gebräuchlich, weil die zu untersuchenden Kristalle in der Regel so klein sind, daß sich in einem normalen Dünnschliff von etwa 20 μ Dicke mehrere Phasen überlagern können. Dadurch werden die Phasengrenzen unscharf, und eine Unterscheidung feinster Teilchen wird ganz unmöglich. In einem einwandfrei hergestellten Anschliff erhält man dagegen auch bei stärkster Vergrößerung scharfe Bilder, weil alle Phasen in einer Ebene liegen. Sehr elegant, wenn auch etwas mühselig in der Vorbereitung, sind kombinierte An- und Dünnschliffe, die man sowohl in auffallendem als in durchfallendem Licht betrachten kann, wobei dann das Durchlicht eine wertvolle Ergänzung der Auflichtuntersuchung bildet.

c) Vorbereitung der Schliffe.

Über die erforderliche erzmikroskopische Technik und Ausrüstung muß auf die Lehrbücher verwiesen werden, z. B. das „Erzmikroskopische Praktikum" von SCHNEIDERHÖHN [19]. Eine umfassende Übersicht über die Sondererfahrungen auf dem Zementgebiet findet sich bei KÜHL [1], BOGUE [2] und INSLEY [20]. Wertvolle Beiträge aus jüngster Zeit stammen von TROJER [21 bis 23] und GILLE [24].

Als Schleifmittel dient Schmirgel oder Karborund von abgestufter Feinheit, z. B. [23] 0,5/0,3 mm, 0,2/0,1 mm, 60/40 μ, 20/10 μ, $<5\ \mu$, als Poliermittel Tonerde. TROJER [22] empfiehlt die Selbstherstellung der Poliertonerde und gibt dafür eine Arbeitsvorschrift. Während für das Poliermittel wegen der Wasserempfindlichkeit des Klinkers stets eine Aufschlämmung in absolutem Alkohol genommen wird, dient als Schleifmedium vielfach Wasser (z. B. TROJER, INSLEY). GILLE dagegen vermeidet jede Berührung mit Wasser und schleift trocken oder mit Alkohol oder 1,4-Butylenglykol (s. weiter unten) als Schleifmedium.

Vor der Politur muß der Klinker in Harz oder Schwefel eingekocht [1], [2], [20], [24] oder mit einer Lackhaut überzogen werden [21], [23], welche lose Schliffstellen so verfestigen soll, daß sie während des Polierens nicht ausbrechen und Schleifkratzer verursachen können. Hierzu wird der Schliff getrocknet

Tabelle 2. *Optische Eigenschaften der Mineralien des Portlandklinkers*[1].

Mineral	Farbe	Dichte	Kristallsystem	Lichtbrechung			Optische Charakteristik		
				n_α	n_β	n_γ	Doppelbr.	Charakter	2V
C_3S	farblos	3,15 bis 3,25	triklin C_1 ps-trig. C_{3v}	1,718		1,723	0,005	2 ax −	klein
Alit	farblos	3,15 bis 3,25	monokl. C_s ps-trig. C_{3v}	1,716 bis 1,720		1,722 bis 1,724	0,005	2 ax −	klein
$\alpha\text{-}C_2S$ (variable Phase)	gelblich	3,035	hexagonal	1,652 bis 1,702		1,661 bis 1,712	0,004 bis 0,014	2 ax +	0 / −20°
$\alpha'\text{-}C_2S$ (variable Phase)	gelblich	3,31	rhomb. D_{2h}	1,693 bis 1,725	1,70 bis 1,728	1,703 bis 1,740	0,008 bis 0,018	2 ax +	0 / −30°
$KC_{23}S_{12}$	gelblich		rhomb. D_{2h}	1,695		1,703	0,008	1 ax +	0
$\beta\text{-}C_2S$ (variable Phase)	farblos	3,28	monokl. C_{2h}	1,707 bis 1,717		1,730 bis 1,735	0,023 bis 0,018	2 ax +	groß
$\gamma\text{-}C_2S$	farblos	2,97	rhomb. D_{2h}	1,642	1,645	1,654	0,012	2 ax −	60°
C_3A		3,04	reg. T_h		1,710			isotrop	
"prismat." C_3A			rhomb.?	1,72			0,005	2 ax −	mittel
NC_8A_3			rhomb.?	1,702		1,710	0,008	2 ax −	
$C_{12}A_7$	blaßgelb	2,70	reg. T_d		1,608			isotrop	
C_6A_2F	rötlich-braun		{ rhomb. V_h Misch-kristalle	1,94	2,05	2,08	0,10	2 ax −	mittel
C_4AF	schwarz-braun			1,98				2 ax −	mittel
C_2F				2,261		2,274	0,013	2 ax +	
CaO	farblos	3,32	reg. O_h		1,83			isotrop	
MgO	farblos	3,90	reg. O_h		1,736			isotrop	

[1] Im wesentlichen nach [2], ergänzt nach [8], Daten für weitere Mineralien, insbesondere des Tonerdezements bei [1] und [3].

und mit einer Lösung von Bakelitlack in Alkohol imprägniert, anschließend
zur Härtung der Lackhaut 2 h bei 60 bis 90° getrocknet. Bei sehr empfindlichen
Proben empfiehlt es sich, den Trocknungs- und Härtungsprozeß auch während
der einzelnen Stufen des Feinschleifens durchzuführen [21], [23].

Die Einbettung in Bakelitharz [20] erfordert 2- bis 3stündiges Evakuieren
und anschließendes Erhitzen für 15 h auf 80° und für 7 h auf 100° C. Für die
Einbettung in Schwefel [24] wird das Präparat gut abgebürstet und zur Entfernung der letzten Staubreste in Alkohol gekocht. Der Alkohol wird dann durch
Xylol verdrängt und der Schliff kurz zum Sieden erhitzt. Die Probe wird xylol-
feucht in Schwefelpulver eingebettet und bei 130 bis 140° C im Vakuum eingekocht. Nach dem Erkalten wird der Schwefel von der Schliffseite abgekratzt
und der Rest durch kurzes Feinschleifen (trocken oder mit in 1,4-Butylenglykol
aufgeschlämmtem Schmirgel) entfernt.

Die Politur mit alkoholischer Tonerdeaufschlämmung wird entweder auf
einer mit Stoff bespannten Scheibe [1], [2], [20], [24] oder auf einem mit Tonerde oder Chromoxyd imprägnierten Lindenholzfurnier durchgeführt [23] (mas-
sive Lindenholzscheiben sind nicht geeignet, weil sie durch Alkohol zersprengt
werden). Die erste Methode läßt das durch die Härteunterschiede der Mineralien
bedingte Relief hervortreten, die zweite erzeugt einen völlig ebenen Schliff
ohne Relief, der sich besser zur Messung der Reflexionsunterschiede eignet.
Außerdem wird hierbei das Herauswaschen weicher Gefügebestandteile bei
großen Härteunterschieden vermieden. Für die Herstellung und Behandlung
der Lindenholzscheibe gibt Trojer genaue Anweisung [19], [23]. Anstatt auf
Lindenholz kann man auch auf Bleischeiben eine hervorragende relieffreie
Politur erhalten (Rehwald [25]), doch benötigt man für dieses Verfahren eine
automatische Schleifmaschine[1].

Um schließlich einen kombinierten An- und Dünnschliff herzustellen, kann
man entweder erst dünnschleifen und dann polieren („polierter Dünnschliff"
nach Insley [20]) oder erst polieren und dann dünnschleifen („An-Dünnschliff"
nach Gille [24]). Insley und McMurdie [1], [20] stellen polierte Dünnschliffe
her, indem sie das Präparat in ein Alkohol-unlösliches hoch lichtbrechendes
Harz (Hyrax oder Aroclor 4465) einkochen, eine Fläche nach Planschliff mit
dem gleichen Harz über einen Objektträger aufkitten und dann das Korn bis
auf etwa 20 μ abschleifen und polieren.

Gille [24] muß zur Herstellung eines An-Dünnschliffs den Schwefel des
Anschliffs durch Kanadabalsam ersetzen, was durch Reinigung mit siedendem
Xylol und anschließendes Einkochen im Vakuum mit in Xylol gelöstem Kanadabalsam geschieht. Der Anschliff wird jetzt mit der polierten Seite mittels Kanadabalsam auf ein Deckglas und Spiegelglasplättchen aufgekittet und mit 1,4-Bu-
tylenglykol dünngeschliffen (1,4-Butylenglykol greift, wie Gille gefunden hat,
weder die Mineralien des Portlandklinkers noch Kanadabalsam an). Nach
Absprengen des Deckglases von der Spiegelglasplatte wird die mit Butylenglykol gut gereinigte und dann abgetrocknete neue Schlifffläche auf einen
Objektträger aufgekittet und schließlich das Deckglas auf der polierten Seite
mit einer Rasierklinge abgesprengt. Die polierte Seite liegt jetzt frei und wird
von der dünnen Schicht Kanadabalsam durch Reinigen mit Poliertonerde, die
in viel Butylenglykol aufgeschwemmt ist, befreit. Der fertige An-Dünnschliff
kann ebenso wie der polierte Dünnschliff in üblicher Weise mit Ätzreagentien
behandelt werden.

---

[1] Die Schleif- und Poliermaschine wird hergestellt von der Dürener Maschinenfabrik
und Eisengießerei H. Depiereux, Düren/Rhld.

d) Kennzeichnung der Klinkermineralien im Anschliff.

Die Identifizierung der Klinkermineralien im Anschliff erfolgt durch Härte, Helligkeitsunterschiede und Ätzeigenschaften (Tab. 3). Das Härte-Relief tritt durch weiche Politur hervor (s. o.). Es bildet sich eine Lichtlinie, die bei dem Senken des Tubus in das Innere der härteren Phase wandert, ähnlich wie man in der Durchlicht-Mikroskopie zwei benachbarte Phasen verschiedener Lichtbrechung dadurch unterscheidet, daß eine Lichtlinie (BECKEsche Linie) beim Senken des Tubus in die schwächer brechende Phase eintritt. Im Bereich der Klinkermineralien ist Periklas das härteste Mineral. Die Reflexionsunterschiede gehen ungefähr parallel der Lichtbrechung; die eisenhaltigen Phasen des Klinkers haben also die höchste Reflexion.

Tabelle 3.

Anschliffeigenschaften der Klinkermineralien (Schleifhärte, Reflexionsvermögen, Ätzverhalten).

	Schleifhärte (Alkohol) [27]	Reflexion [27]	Verhalten gegen Ätzmittel									
			1	2	3	4	5	6	7	8	9	10
CaO......	+	+++	+	−	−	−	+	+	+	+	+	×[1]
C_3S, Alit....	++	++	+	−	|	−	−	+	+	+	+	×
C_3A.....	++	+	−	+	|	−	+	−	−	−	+	×
β-C_2S, Belit..	++	++	+	−	|	+	−	−	−	+	+	×
$C_{12}A_7$.....	+++	+	−	−	|	−	−	−	−	+	+	×
C_4AF.....	+++	++++	×	−	|	−	−	|	−	−	+	×
C_2F.....	+++	+++++	×	n.b.	|	+	n.b.	+	−	−	−	
MgO.....	+++++	++	−	−	−		−	−	n.b.	n.b.	n.b.	×

Ätzmittel: − nicht verändert, | leicht gefärbt, + gefärbt, × geätzt, aber nicht gefärbt.

1. 1 ml HNO_3 + 100 ml Isoamylalkohol 5 bis 15″ (TAVASCI [26]), 1 ml HNO_3 + 100 ml Äthylalkohol 5 bis 15″ (INSLEY und McMURDIE [1], [2], TROJER [27]).
2. 10 ml Oxalsäure + 90 ml Äthylalkohol 5 bis 15″ (TAVASCI, TROJER).
3. HF konz. 2 bis 3″ oder HF 1 : 10 30″ schütteln, 60″ Einwirkung in Ruhe (TAVASCI) (HF 1 : 10 5 bis 10″ (TROJER [27]) hat bei Zementmineralien keine Einwirkung, nur bei CMS u. ä.).
4. Flußsäure-Dämpfe 10 bis 20″ (PARKER und NURSE [1], [2]).
5. H_2O dest. 5 bis 15″ (TAVASCI, TROJER u. a.).
6. $(NH_4)_2S$-Lösung konz. (TROJER).
7. 1%ige Boraxlösung (TAVASCI).
8. 0,4%ige Boraxlösung (TAVASCI).
9. 8 ml 10%ig. $NaOH$ + 2 ml 10%ig. Na_2HPO_4 1 min bei 50 bis 55° (TAVASCI).
10. Wäßrige Dimethylaminzitratlösung (GILLE [28]). 19,26 g krist. Zitronensäure + 89,1 ml wäßrige 33%ige Dimethylaminlösung mit H_2O auf 300 ml aufgefüllt. p_H ~ 12,6. Wenn langsamere Ätzwirkung erwünscht, Verdünnung 1 : 1 oder 1 : 10 mit Wasser. Wenn ein frisch polierter Schliff — was man immer tun sollte — geätzt wird, wird kein Klinkerbestandteil angefärbt: reines Strukturätzmittel. Charakteristisch die gute Ätzung von C_3A [28].

Die angeführten Ätzmittel bewirken teils Lösungs-, teils Anlaufätzung. Bei der Anlaufätzung wird ein Niederschlagsfilm auf der Oberfläche erzeugt, wodurch man die Interferenzfarben dünner Blättchen zu sehen bekommt. Die Farben ändern sich mit der Dauer der Einwirkung und geben oft prächtige Farbkontraste.

Besondere Schwierigkeiten bereitet die Identifizierung der Glasphase des Klinkers, welche sich bei der Ätzung teils wie C_3A, teils wie C_4AF verhält, je nachdem, ob sie tonerde- oder eisenreich ist. Die Unterscheidung des Al_2O_3-

---

[1] Nimmt in der Stärke der Ätzwirkung etwa in der angegebenen Reihenfolge von oben nach unten ab.

reichen Glases von C_3A ist nach Ward [1], [2] durch Ätzung mit Wasser (Tab. 3, Nr. 5) möglich, die des Fe_2O_3-reichen von C_4AF durch das Reagens Nr. 8 der Tab. 3. In 10%iger KOH-Lösung bei 29 bis 30° für 15 sek fand Insley [1], [2], [20] ein Ätzmittel, welches auf alle Arten von Glas anspricht.

Die Identifizierung der Klinkermineralien erfolgt nach Insley [20] durch aufeinanderfolgende Ätzungen des gleichen Schliffstücks nach folgendem

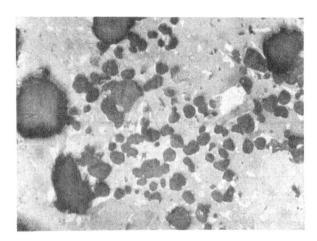

Abb. 1. Ätzung mit dest. H_2O, Vergr. 240fach. Vergesellschaftung von freiem **CaO** (kleine runde Körner, geätzt dunkel) und C_3S (graue ebenflächig begrenzte Kristalle) in Grundmasse (weiß). Die großen schwarzen Stellen sind Poren.

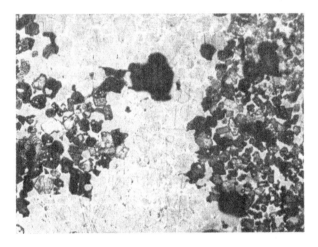

Abb. 2. Andere Schliffstelle des gleichen Klinkers wie Abb. 1, geätzt mit $(NH_4)_2S$. Vergr. 120fach. Vergesellschaftung von C_3S (geätzt, dunkel) und β-C_2S (graue verrundete Kristalle) in Grundmasse (weiß).

Ergebnis: Ungleichmäßige Verteilung der Mineralkomponenten zeigt ungenügende Mahlfeinheit des Rohmehls. Wegen der räumlichen Trennung vermag sich das **CaO** nicht mit dem noch reichlich vorhandenen C_3S umzusetzen so daß trotz scharfen Brandes (dichter Klinker) freier Kalk im Klinker übrigbleibt.

Schema: 1. Ätzung mit dest. Wasser 3 sek (vgl. Tab. 3, Nr. 5), Abspülen mit abs. Alkohol und Trocknen mit Filtrierpapier: zu identifizieren **CaO, MgO,** C_3A (kristallin). 2. Ätzung mit wäßriger 1%iger NH_4Cl-Lösung 10 sek (besser als Tab. 3, Nr. 1), anschließend 3. Ätzung mit 10%iger KOH-Lösung (s. o.): zu identifizieren C_3S, C_2S und Gesamtgehalt an „dunkler Zwischenmasse". Subtraktion des nach 1. erhaltenen freien **CaO, MgO** und krist. C_3A von dem Gesamtgehalt an „dunkler Zwischenmasse" nach 3. ergibt den Gehalt an Glas.

e) Gefügeuntersuchungen.

Über das Aussehen der Klinkermineralien im Schliffbild unterrichteten zahlreiche Bilder bei BOGUE [2] und INSLEY [20]. Einige charakteristische Abbildungen, die einer Arbeit von TROJER [29] entnommen sind, sollen zeigen, wie man aus Schliffbildern Rückschlüsse auf die betriebliche Vorgeschichte

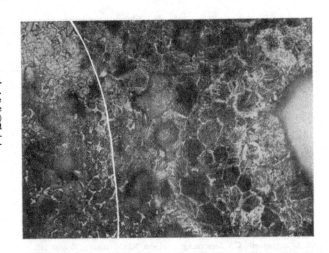

Abb. 3. Klinker mit zonarem Aufbau, geätzt mit alkohol. HNO₃. Vergr. 150 fach. Der eingezeichnete Strich teilt ungefähr die Peripherie des Klinkers (rechte Seite des Bildes) vom Kern ab. Peripherie vorwiegend β-C₂S mit Grundmasse. Kern vorwiegend C₃S neben β-C₂S und Grundmasse.

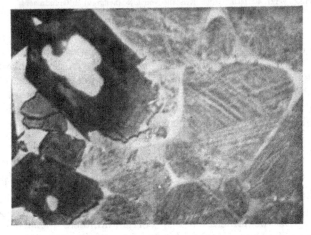

Abb. 4. Der gleiche Klinker wie Abb. 3, Übergang Peripherie-Kern, geätzt mit (NH₄)₂S, Vergr. 770 fach. Rechts polysynthetisch verzwillingte β-C₂S-Kristalle (grau), links C₃S-Kristalle (schwarz) mit β-C₂S-Einschlüssen. C₃S von rechts her raupenfraßartig angegriffen.

Ergebnis: C₃S wird während der Sinterung durch eine von außen kommende kalkarme Schmelze aufgefressen: Auftreffen von saurer Kohlenasche auf den fast fertig gebildeten Klinker in der Sinterzone.

des Klinkers ziehen kann. Man erkennt die Bildung von freiem Kalk als Folge von ungenügender Mahlfeinheit des Rohmehls (Abb. 1 u. 2), die Veränderung des Mineralbestands in der Randzone eines Klinkerkorns durch Steinkohlenasche (Abb. 3 u. 4), den nachträglichen Zerfall von primär gebildetem C₃S in einem Ansatzstück (Abb. 5). In allen Fällen werden Inhomogenitäten der Materialzusammensetzung nachgewiesen, aus denen sich dann betriebliche Rückschlüsse ziehen lassen, was mit keiner anderen Untersuchungsmethode möglich ist.

f) Quantitative Mineralbestimmung aus Schliffbildern.

Durch Ausmessen der einzelnen Bestandteile eines Schliffs können deren relative Mengenanteile festgestellt werden. Hierzu dient ein „Integrationstisch" [17], [18], [19], [20], ein Meßschlitten mit z. B. sechs Meßspindeln, mit deren jeder man den Objektschlitten in der gleichen Richtung durch das Gesichtsfeld bewegt. Jedem zu messenden Bestandteil — also bis zu 6 — wird eine Spindel zugeordnet. Aus den Meßwerten erhält man die Volumina, die sich proportional den verschiedenen gemessenen Längen verhalten, und durch Multiplikation mit den spezifischen Gewichten (Tab. 2) die Mengenanteile der einzelnen Phasen. Man erhält so den „modalen" Mineralbestand im Gegensatz zum „normativen" (S. 332). Es ist aber zu beachten, daß die Ausmessung mit dem Inte-

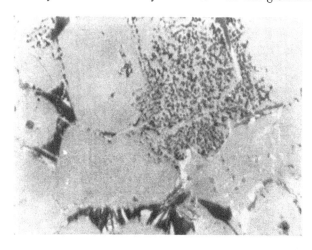

Abb. 5. Beginnende C₃S-Zersetzung in einem Klinkeransatz. Geätzt mit H₂O. Vergr. 400fach. Große Kristalle von C₃S (hellgrau) in Grundmasse aus C₃A (geätzt, schwarz) und C₄AF (weiß). Ein großer Zerfallsherd mit CaO (geätzt, schwarz, punktförmig) im oberen Teil des Bildes.

grationstisch nur dann richtige Mittelwerte liefert, wenn das ausgemessene Feld erheblich größer als der Bereich der Inhomogenitäten ist. Inhomogene Klinker wie die in den Bildern gezeigten sind dazu wenig geeignet. Auch ein Vergleich von modalem und normativem Mineralbestand setzt natürlich voraus, daß die Proben für die Mineralmessung und für die chemische Analyse die gleiche durchschnittliche Zusammensetzung haben.

4. Röntgenographische Untersuchung.

Als röntgenographische Untersuchungsmethode für die Klinkerprüfung kommt nur die Auswertung von Pulverdiagrammen zum qualitativen oder quantitativen Nachweis der einzelnen Kristallphasen in Frage.

Da die Mineralien des Portlandklinkers meist niedrige Kristallsymmetrie und demzufolge sehr linienreiche und intensitätsschwache DEBYE-SCHERRER-Diagramme aufweisen, ist die Genauigkeit dieser Methode mit einer DEBYE-SCHERRER-Kammer alten Stils nicht sehr groß. BROWNMILLER und BOGUE [1], [2] geben als Nachweisgrenze an für C_3S: 8%, β-C_2S: 15%, C_3A: 6%, C_4AF: 15%, MgO: 2,5%, CaO: 2,5%. In den letzten Jahren ist aber die röntgenographische Technik wesentlich verbessert worden: einerseits durch die Entwicklung der GUINIER-Kammer [30], welche bei streng monochromatischer Strahlung eine doppelt so große Linienauflösung und wesentlich geringere Untergrundschwärzung bei erheblich verkürzter Belichtungszeit liefert, andererseits durch die Zählrohrgeräte [31], welche die Intensität des abgebeugten Röntgenlichtes mittels eines GEIGER-MÜLLER-Zählrohrs messen und gleichzeitig graphisch registrieren. Da die Anwendung der verfeinerten Röntgentechnik auf die Klinkermineralien erst in der Entwicklung begriffen ist, wird auf eine tabellarische Übersicht der bekannten Diagramme verzichtet, unter Hinweis auf die vorliegende Literatur ([1], [2], [3], neuere Daten für die Modifikationen des C_2S [8], [9], [32], [33], für C_3A [34], für Ferrit-Mischkristalle [4]).

Eine quantitative Mineralbestimmung aus GUINIER-Aufnahmen hat VON EUW [35] an zerrieselten Schlacken im Gebiet γ-C_2S—CA—$C_{12}A_7$ ausgeführt. Die relativen Gewichtsanteile wurden durch Vergleich der Intensitäten charakteristischer Linien jeder Phase ermittelt. Als Genauigkeit ergab sich dabei für γ-C_2S: $\pm 3\%$, $C_{12}A_7$: ± 1 bis $1,5\%$, CA: ± 1 bis 2%, C_2AS (Gehlenit): $\pm 0,5\%$. Den Verlauf der Mineralbildung im Portlandklinker-Gebiet hat DE KEYSER [36] mit Zählrohrgoniometer-Aufnahmen verfolgt. Die genaue Gewichtsbestimmung der Alit- und Belit-Phase ist noch nicht ganz befriedigend gelöst, weil die Hauptlinien beider Phasen koinzidieren und die Intensitäten der schwächeren Linien nach der Art der Verunreinigungen schwanken können [33].

Die Röntgenmethode liefert den „modalen" Mineralbestand wie die Auszählung mit dem Integrationstisch; sie ist der mineralogischen Methode insofern überlegen, als wesentlich kleinere Kristallgrößen erfaßt und „mitgezählt" werden und auch submikroskopische Phasen identifiziert werden können, während der Nachteil der Unempfindlichkeit und Ungenauigkeit durch die neue Aufnahmetechnik erheblich kleiner geworden ist. Sie liefert andererseits nur einen Mittelwert und sagt nichts aus über Ausbildung der Phasen, Ausscheidungsfolgen, Inhomogenitätsverhältnisse, kann in diesen Punkten das mineralogische Schliffbild also nicht ersetzen.

Es sei noch bemerkt, daß die Röntgenanalyse an einer sehr geringen Substanzmenge durchgeführt wird und es deshalb auf peinlichste Genauigkeit bei der Probenahme ankommt, um keine Fehler durch Inhomogenität der Probe zu erhalten.

Auf die elektronenmikroskopische Methode kann hier nur hingewiesen werden [37]. Sie gestattet, zu noch wesentlich kleineren Dimensionen herabzusteigen, und vereinigt dadurch, daß man von einem einzelnen Teilchen noch ein Elektronenbeugungsbild aufnehmen kann [38], die Vorteile der mikroskopischen Abbildung und der röntgenographischen Analyse. Hier ist der Zementforschung noch ein dankbares Untersuchungsgebiet offen.

5. Thermochemische Untersuchung.

Eine gewisse Ergänzung der optischen und röntgenographischen Methoden bildet die thermochemische Untersuchung des Glasgehalts nach LERCH und BROWNMILLER [2], [39]. Der Glasgehalt ist der Anteil des Klinkers, der bei der mineralogischen Analyse nur schwierig und bei der röntgenographischen überhaupt nicht erfaßt werden kann. LERCH und BROWNMILLER gehen davon aus, daß der glasige Zustand einen höheren Energieinhalt besitzt als der kristalline und man daher aus dem Energieunterschied zwischen glashaltigem und völlig kristallisiertem Klinker einen Rückschluß auf die Höhe des Glasgehalts ziehen kann.

Der Energiegehalt des Klinkers wird durch seine Lösungswärme im Thermosflaschen-Kalorimeter in einer Salpetersäure-Flußsäure-Mischung gemessen (vgl. Abschn. C, S. 383 ff). Die Messung wird mit dem gleichen Klinker wiederholt, nachdem dieser bis zur völligen Kristallisation getempert worden ist (15 h bei 1250° [39].

Wenn nach der Temperung der Klinker bei der Abkühlung infolge Bildung von γ-C_2S zerrieselt, was meistens der Fall ist, muß der gefundenen Lösungswärme im kristallinen Zustand noch der Betrag für die Umwandlungswärme des γ-C_2S von 6 cal/g C_2S oder 0,06 cal/g Klinker für jedes Prozent C_2S hinzuaddiert werden.

Die latente Kristallisationswärme des Klinkerglases ist für eine Reihe von Klinkerschmelzen, die bei 1400° im Gleichgewicht mit festem C_3S und C_2S sind, bestimmt worden (Tab. 4). Die Werte steigen mit steigendem Tonerdemodul von 36 bis 50 cal/g.

Tabelle 4. *Latente Kristallisationswärme verschiedener Schmelzen an der Grenzfläche C_3S—C_2S im System C—A—F—S bei 1400° C [39].*

| | Oxydanalyse in % | | | | Lösungswärme cal/g[1] | | Korrektur | Kristallisationswärme | |
C	A	F	S	A:F	abgeschreckt	kristallisiert	γ-C_2S	gefunden	ausgeglichen
53,9	15,3	24,0	6,8	0,64	637,0	601,0	0	36,0	36,0
55,2	18,7	19,9	6,3	0,94	672,0	629,0	0	43,0	43,0
55,7	23,5	13,9	6,9	1,7	702,0	653,5	1,2	47,3	48,1
56,2	24,6	12,3	7,0	2,0	714,7	663,7	1,2	49,8	49,1
56,3	26,2	10,0	7,6	2,62	720,3	672,5	1,3	46,5	50,0
56,5	27,2	8,4	7,7	3,24	725,1	673,5	1,3	50,3	50,1

Um also den angenäherten Glasgehalt des Klinkers zu erhalten, muß die gefundene Energiedifferenz des Klinkers durch die dem Tonerdemodul entsprechende latente Kristallisationswärme des Glases dividiert werden. Auf diese Weise hat Lerch [39] an Klinkern aus 22 Werken Energiedifferenzen von 1 bis 8,5 kcal/kg und Glasgehalte von 2 bis 21% festgestellt.

Das Verfahren ist bezüglich der Bestimmung des Glasgehalts noch mit einiger Unsicherheit behaftet, da ja der ganze thermische Effekt der Kristallisation der Glasschmelze in sich zugeschrieben wird, während in Wirklichkeit noch Umsetzungen mit bereits ausgeschiedener Substanz mit unbekanntem Wärmeeffekt stattfinden können. Dagegen zeigt die Differenz der Lösungswärmen innerhalb der Meßgenauigkeit die energetische Abweichung des Klinkers vom Gleichgewicht im kristallinen Zustand an, und diese Größe ist allein schon für viele Betrachtungen — Brenn- und Kühlbedingungen des Ofens, hydraulische Wirksamkeit des Klinkers, genaue Wärmebilanzen — von Bedeutung.

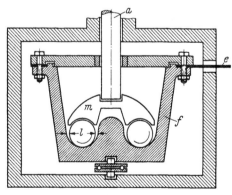

Abb. 6. Die geänderte Hardgrove-Maschine (Zeisel [40]).

6. Prüfung der Mahlbarkeit.

Man kann in jeder Laboratoriumsmühle vergleichende Mahlungen mit verschiedenen Substanzen durchführen und damit zu relativen Aussagen über die Mahlbarkeit gelangen. Die Ergebnisse sind an die speziellen — häufig genormten — Versuchsbedingungen gebunden und nicht ohne weiteres auf den praktischen Betrieb übertragbar. Demgegenüber hat H. G. Zeisel [40] die in Amerika für Test-Mahlungen von Kohle bekannte Hardgrove-Maschine zu einem Apparat umgestaltet, mit dem eine quantitative Messung des für die Mahlung erforderlichen Energieaufwands

---

[1] 3 g Substanz in 420 g 2n-HNO_3 + 5 ml HF 48%ig gelöst. Bestimmung im Thermosflaschen-Kalorimeter.

möglich ist (Abb. 6). Der Apparat besteht aus einer Mahlschüssel mit ring-
förmigem Arbeitsraum (*f*), in dem das Versuchsgut durch acht als Mahlkörper
dienende Stahlkugeln (*l*) von 25 mm ⌀ zermahlen wird. Die Kugeln werden
durch den glockenförmigen Mahlkopf *m*, der durch die Welle *a* angetrieben
wird, in Drehung versetzt. Hierdurch hat die Mahlschüssel, welche frei drehbar
in Kugellagern läuft, das Bestreben,
sich mitzudrehen, wird aber daran
durch ein Federdynamometer gehindert. Das Dynamometer hält
also der Kraft das Gleichgewicht,
die von dem Mahlkopf über die
Mahlkugeln und das Versuchsgut als
„Reibungskupplung" auf die Mahlschüssel übertragen wird. Durch
Auflage von Gewichten auf die An-
triebswelle läßt sich die Kraft beliebig verändern. Aus der Kraft
und der sich aus der Mahldauer ergebenden Weglänge ist die Arbeit
in mkg zu berechnen und zu der
erzeugten Oberfläche des Mahlguts
in Beziehung zu setzen. Um definierte Verhältnisse für die Mahlbarkeit zu erhalten, muß das Mahlgut in einheitlicher Korngröße (1 bis
0,75 mm) vorliegen.

Abb. 7 zeigt den Mahlbarkeitsprüfer, wie er nach der vorstehend
geschilderten Arbeitsweise vom Chemischen Laboratorium für Tonindustrie gebaut wird. Das bei der
Vermahlung des Guts auftretende

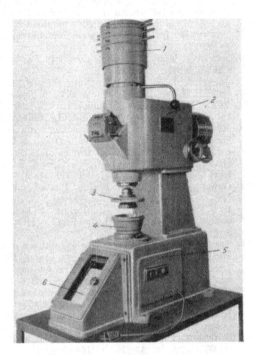

Abb. 7. Mahlbarkeitsprüfer des Chemischen Laboratoriums
für Tonindustrie[1].

1 Gewichtsplatten; *2* Regelgetriebe; *3* Mahlkopf;
4 Mahlschale; *5* Drehmomentmesser; *6* Bandschreiber.

Drehmoment wird in eine elektrisch
zu messende Größe übersetzt und von einem Schreibgerät aufgezeichnet. Nach
dem Untersuchungsergebnis des Mahlbarkeitsprüfers läßt sich der spezifische
Arbeitsbedarf der Betriebsmühle bestimmen. Weitere Einzelheiten über Konstruktion und Arbeitsweise des Mahlbarkeitsprüfers sind einer Arbeit von
LEHMANN und HAESE [*41*] zu entnehmen.

7. Bestimmung des Litergewichtes.

Das Litergewicht des Klinkers ist von ANSELM [*42*] als Betriebskontrolle
des Brenngrads eingeführt worden und hat sich als ein einfaches und sicheres
Mittel erwiesen, um die Schärfe des Brandes zu kontrollieren und zu regulieren.
Es wird zweckmäßig an einer engen Kornfraktion, z. B. 5 bis 7 mm, bestimmt.

Das Litergewicht soll bei einem geregelten Ofengang möglichst geringe
Schwankungen aufweisen. Die absolute Höhe muß empirisch für jeden Ofen
ermittelt und bei einer Änderung der Rohmehlzusammensetzung erneut festgelegt werden.

---

[1] Mit freundlicher Genehmigung von Herrn Dr. H. HECHT, Berlin.

Schrifttum.

[1] Kühl, H.: Zement-Chemie, Bd. II. Berlin: Verlag Technik 1951.

[2] Bogue, R. H.: The Chemistry of Portland Cement, 2. Aufl. New York: Reinhold Publishing Corporation 1955.

[3] Dreyfus, J.: La Chimie des Ciments. Paris: Eyrolles 1950.

[4] Malquori, G. L., u. V. Cirilli: The ferrite phase. Proceedings of the Third International Symposium on the Chemistry of Cement, S. 120/36 (in den folgenden Zitaten als „Symposium London 1952" bezeichnet).

[5] Insley, H.: Interstitial phases in Portland cement clinker, S. 172/79. Symposium London 1952.

[6] Newkirk, T. F.: The alkali phases in Portland cement clinker, S. 151/68. Symposium London 1952.

[7] Jeffery, J. W.: The tricalcium silicate phase, S. 30/48. Symposium London 1952.

[8] Nurse, R. W.: The dicalcium silicate phase, S. 56/77. Symposium London 1952.

[9] Funk, H.: Über die Stabilisierbarkeit der Hochtemperaturmodifikationen des Dikalziumsilikates, α-, α'- (β-) Ca_2SiO_4. Silikattechn. Bd. 6 (1955) S. 186/89.

[10] Metzger, A.: Über das Vorkommen von Bredigit (α'-Ca_2SiO_4) in Portlandzementklinker. Zement-Kalk-Gips Bd. 6 (1953) S. 269/70.

[11] Swayze, M. A.: A report on studies of 1. the ternary system $CaO—C_5A_3—C_2F$, 2. the quaternary system $CaO—C_5A_3—C_2F—C_2S$, 3. the quaternary system as modified by 5% magnesia. Amer. J. Sci. Bd. 244 (1946) S. 1/30, 65/94.

[12] Greene, K. T., u. R. H. Bogue: Phase equilibrium relations in a portion of the system $Na_2O—CaO—Al_2O_3—SiO_2$. J. Res. Nat. Bur. Stand. Bd. 36 (1946) S. 185/207.

[13] Eubank, W. R.: Phase equilibrium studies of the high-lime portion of the quinary system $Na_2O—CaO—Al_2O_3—Fe_2O_3—SiO_2$. J. Res. Nat. Bur. Stand. Bd. 44 (1950) S. 175/92.

[14] Taylor, W. C.: Further phase-equilibrium studies involving the potash compounds of Portland cement. J. Res. Nat. Bur. Stand. Bd. 29 (1942) S. 437/51.

[15] Lea, F. M., u. T. W. Parker: The quaternary system $CaO—Al_2O_3—SiO_2—Fe_2O_3$ in relation to cement technology. Build. Res. Techn. Pap. Nr. 16. London 1935.

[16] Gille, F.: Über Sättigungskalk und Kalkstandard nach neueren Forschungsergebnissen. Zement-Kalk-Gips Bd. 6 (1953) S. 116/18.

[17] Rinne, F., u. M. Berek: Anleitung zu optischen Untersuchungen mit dem Polarisationsmikroskop, 2. Aufl. Stuttgart: Schweizerbarth 1953.

[18] Schwiete, H. E.: Klinkerkomponenten und ihre Untersuchung. Tonind.-Ztg. Bd. 61 (1937) S. 309/11, 328/29, 341/44, 353/55. — Radczewski, O. E., u. H. E. Schwiete: Zur quantitativen Bestimmung der Zementmineralien unter dem Polarisationsmikroskop. Zement Bd. 27 (1938) S. 246/57, 275/80, 287/91.

[19] Schneiderhöhn, H.: Erzmikroskopisches Praktikum. Stuttgart: Schweizerbarth 1952.

[20] Insley, H., u. van Derck Fréchette: Microscopy of ceramics and cements. New York: Academic Press Inc., Publishers 1955.

[21] Trojer, F.: Herstellung von Dünn- und Anschliffen von oxydischen Industrieprodukten. Mikroskopie Bd. 2 (1947) S. 376/82.

[22] Trojer, F.: Herstellung einiger Schleif- und Poliermittel. Mikroskopie Bd. 3 (1948) S. 57/60.

[23] Trojer, F.: Die Herstellung relieffreier Anschliffe, S. 150/53. Der Karinthin 1952.

[24] Gille, F.: Herstellung von Dünnschliffen und An-Dünnschliffen, insbesondere von wasserempfindlichen Proben. Neues Jb. Min. 1952, Mh. Nr. 10, S. 277/87; Schriftenreihe der Zementindustrie 1952, H. 10, S. 31/48.

[25] Rehwald, G.: Eine neue Schleif- und Poliermaschine für die Anfertigung von Erz- und Metallanschliffen. Fortschr. Mineral. Bd. 31 (1952) S. 17/18.

[26] Tavasci, B.: Untersuchungen über die Konstitution des Portlandzementklinkers. Tonind.-Ztg. Bd. 61 (1937) S. 487/90, 502/04.

[27] Konopicky, K., u. F. Trojer: Der chemische und mineralogische Aufbau der feuerfesten Magnesitmassen. Radex-Rdsch. 1947, S. 3/15. — Trojer, F., u. K. Konopicky: Über das freie CaO im Portlandzementklinker. Radex-Rdsch. 1947, S. 56/62. — Trojer, F.: Die Schnellbestimmung der Basizität der basischen S.M.-Schlacken mit Hilfe ihrer Mineral-Paragenesen. Radex-Rdsch. 1948, S. 27/37. — Trojer, F.: Ergänzende persönliche Mitteilungen.

[28] Gille, F.: Unveröffentlichte persönliche Mitteilung.

[29] Trojer, F.: Schlüsse aus mikroskopischen Untersuchungen an Portlandzementklinkern. Zement-Kalk-Gips Bd. 6 (1953) S. 312/18.

[30] Guinier, A.: La Radiocristallographie. Paris: Dunod 1945. — Locher, F.W.: Untersuchungen von Rohmehl und Klinker mit Röntgenstrahlen. Tagungsber. Zementindust. 1954, H. 10, S. 7/23.

[*31*] BERTHOLD, R., u. A. TROST: Eine Zählrohreinrichtung für Röntgen-Interferenzmessungen. Schweiz. Arch. angew. Wiss. Techn. Bd. 18 (1952) H. 9.

[*32*] O'DANIEL, H., u. L. TSCHEISCHWILI: Zur Struktur von $\gamma\text{-}Ca_2SiO_4$ und Na_2BeO_4. Z. Kristallogr. (A) Bd. 104 (1942) S. 124/41.

[*33*] YANNAQUIS, N.: Etude aux rayons X des silicates du clinker. Rev. Matér. Constr. Sept. 1955, Nr. 480, S. 213/28.

[*34*] YANNAQUIS, N.: Diskussion zu ORDWAY, Tricalciumaluminate, S. 114. Symposium London 1952.

[*35*] EUW, M. VON: Etude physico-chimique des laitiers alumineux autopulvérulants dans le système $SiO_2\text{—}Al_2O_3\text{—}CaO$. Silicates industriels Bd. 15 (1950) S. 181/87, 202/08, 241/45; Bd. 16 (1951) S. 4/8, 36/42, 75/77.

[*36*] DE KEYSER, W. L.: La synthèse thermique des silicates de calcium. Bull. Soc. chim. Belg. Bd. 62 (1953) S. 235/52 — Réactions à l'état solide dans le système ternaire SiO_2, CaO, Al_2O_3. Bull. Soc. chim. Belg. Bd. 63 (1954) S. 40/58.

[*37*] BORRIES, B. VON: Die Übermikroskopie. Berlin: Dr. Werner Saenger 1949.

[*38*] RADCZEWSKI, O. E.: Elektronenoptische Untersuchungen von Umwandlungsreaktionen der Tonminerale. Tonind.-Ztg. Bd. 77 (1953) S. 43/47 — Über die Bestimmung von Mineralen mittels Beugung im Elektronenmikroskop. Optik Bd. 10 (1953) S. 163/69.

[*39*] LERCH, W., u. L. T. BROWNMILLER: Versuche zur Bestimmung des glasigen Anteils in Portlandzementklinkern. Tonind.-Ztg. Bd. 61 (1937) S. 751/54, 800/02, 809/11. — LERCH, W.: Über den Glasgehalt von Portlandzementklinkern aus dem Großbetrieb. Tonind.-Ztg. Bd. 62 (1938) S. 437/88, 450/51.

[*40*] GÖTTE, A.: Fragen der Hartzerkleinerung. Zement-Kalk-Gips Bd. 5 (1952) S. 383/94. — ZEISEL, H. G.: Entwicklung eines Verfahrens zur Bestimmung der Mahlbarkeit. Schriftenreihe der Zementindustrie 1953, H. 14, S. 31/72.

[*41*] LEHMANN, H., u. U. HAESE: Der Mahlbarkeitsprüfer, ein Gerät zur Untersuchung der Mahleigenschaften harter Stoffe. Tonind.-Ztg. Bd. 79 (1955) S. 91/94.

[*42*] ANSELM, W.: Ein Verfahren zur Bestimmung der Klinkergüte. Zement Bd. 25 (1936) S. 633/43. — ANSELM, W., u. K. SCHINDLER: Ein Verfahren zur Bestimmung der Klinkergüte. Zement Bd. 26 (1937) S. 502/07, 515/18, 546/51; Bd. 27 (1938) S. 137/40.

B. Prüfung der Zusammensetzung der Zemente.

Von **F. Keil**, Düsseldorf.

1. Feststellung der einzelnen Bestandteile [*1*].

a) Art und Merkmale der Bestandteile.

Die deutschen Normenzemente sind fein gemahlene Gemische aus Zementklinker, im folgenden kurz Klinker (Kl) genannt, aus Klinker und schnell gekühlter granulierter Hochofenschlacke (Schl) oder aus Klinker und Traß (Tr) mit Gipsstein ($CaSO_4 \cdot 2 H_2O$) oder anderen Kalksulfaten (Halbhydrat: $CaSO_4 \cdot {}^1/_2 H_2O$ oder Anhydrit: $CaSO_4$). Die Kalksulfate dienen zur Regelung des Erstarrens und als Anreger. Die Menge der einzelnen Bestandteile ist durch Grenzwerte festgelegt. Eine Übersicht über die Bestandteile und die mittlere chemische Zusammensetzung geben Tab. 1 und 2.

Den Sulfathüttenzement, früher Gipsschlackenzement, bezeichnet man im westlichen europäischen Ausland als ciment sursulfaté. Für Tonerdeschmelzzement besteht keine Norm. Er ist jedoch amtlich zugelassen.

Der Klinker darf in allen Zementen höchstens 5% MgO enthalten. Der Glühverlust ist in allen Zementen auf 5% begrenzt, Zusätze an fremden Stoffen, d. h. allen Stoffen außer Kalksulfaten und Wasser, dürfen höchstens 1% betragen. Es handelt sich in der Regel nur um Farbstoffe oder Verunreinigungen. In Mengen bis zu 1% können neuerdings auch luftporenbildende oder plastifizierende Stoffe in Frage kommen, die auf Veranlassung des Käufers zugemahlen worden sind. Die Zemente des Handels dürfen solche Zusätze nicht enthalten.

Tabelle 1. *Bestandteile der Normenzemente.*

DIN	Zementart	Verhältnis in Gew.-%		SO$_3$[1]
		Klinker	Schlacke	%
1164	Portlandzement	100	0	≦3
	Eisenportlandzement . . .	≧70	≦30	≦3
	Hochofenzement	69 bis 15	31 bis 85	≦4
4210	Sulfathüttenzement . . .	≦5	≧75	≧3
1167	Traßzement	Klinker	Traß	
	Regeltraßzement.	70	30	≦3
	Traßzement 40/60	60	40	≦3
—	Tonerdeschmelzzement . .	—	—	—

Die Beschränkung der Bezeichnung „Zement" auf die in Tab. 1 angegebenen hydraulischen Bindemittel wird in Deutschland von seiten der Baubehörde so streng überwacht, daß die früher üblichen Wortbildungen, wie Zementkalk für hydraulischen Kalk (s. S. 311), Romanzement für Romankalk (s. S. 311), Magnesiazement und Magnesitzement für Magnesiabinder (s. S. 577), sowie andere irreführende Bezeichnungen aus dem Bauwesen fast völlig verschwunden sind. Nur im westlichen Europa sind Gemische aus Kalk und Hochofenschlacke, die nach der deutschen Einordnung als Mischbinder oder als hochhydraulische Kalke bezeichnet werden müssen und auch in Deutschland hergestellt werden, noch unter dem Namen ciment de laitier im Handel.

Die Zusammensetzung der Bindemittel ist also von Haus aus sehr verschiedenartig. Mitunter werden sie nachträglich absichtlich oder unabsichtlich *verunreinigt* und dadurch in ihren Eigenschaften verändert. Auch die Feststellung dieser Beimengungen ist deshalb oft nötig. Als *Hilfsmittel* zur Feststellung der einzelnen Bestandteile eines Bindemittels dienen die chemische Analyse, das Mikroskop und die Abtrennung nach der Schwere. Wenn die Bestimmung einer Kristallart mikroskopisch nicht gelingt, muß man außerdem die röntgenographische Untersuchung [2] anwenden. Das Mikroskop gibt meist am schnellsten und sichersten Aufschluß über die Zusammensetzung eines Bindemittels. Trotzdem wird hier die chemische Analyse zuerst behandelt, weil die Beherrschung der chemischen Untersuchungsmethoden für jedes Laboratorium vorausgesetzt werden kann. Für das Arbeiten mit dem Mikroskop trifft das meist nicht zu. Die für die einzelnen Bestimmungsarten wichtigsten Merkmale sind in der Tab. 2 zu finden.

b) Einzelprüfungen.

α) *Chemische Untersuchung.*

SO$_3$-Gehalt. Er gibt einen Hinweis auf die Höhe des Zusatzes an Kalziumsulfaten (meist Gipsstein). Klinker und Schlackensand enthalten in der Regel kein oder im Höchstfall 1% SO$_3$. Durch eine geringe Überschreitung der zulässigen Grenzwerte nach DIN 1164 und DIN 1167 werden die technischen Eigenschaften nicht wesentlich verändert. Gipstreiben tritt erst bei erheblich höheren Gehalten ein. Wenn der Glühverlust des Zements kleiner ist, als es der Zusammensetzung des Gipses (CaSO$_4$ · 2 H$_2$O) entspricht, dann liegt Kalziumsulfat zum mindesten teilweise als Halbhydrat oder Anhydrit (künstlich oder natürlich) oder an den Kalk des Klinkers gebunden vor.

---

[1] Aus dem Zusatz an Kalksulfaten stammend.

Tabelle 2. *Vorkommen und Merkmale der Einzelbestandteile*[1].

Abkürzungen: PZ Portlandzement; EPZ Eisenportlandzement; HOZ Hochofenzement; SHZ Sulfathüttenzement; Gl.V. Glühverlust.

Vorkommen	Chemische Zusammensetzung (Werte glühverlustfrei) in %				Spez. Gewicht g/cm³	Optische Eigenschaften
	CaO	SiO$_2$				
a) Hauptbestandteile:						
Portlandzementklinker	60 bis 67	18 bis 25			3,0 bis 3,2	Klinker-Kristallarten[1]
Tonerdezement	> 35	< 10	Al$_2$O$_3$: > 35	TiO$_2$: > 1	schwankt	TZ-Kristallarten[1] meist durchs., muschel. Bruch $n_D \approx 1,60$ bis 1,66
Schlackensand EPZ, HOZ, SHZ	30 bis 50	30 bis 40			2,85 bis 3,00	Mineralgemenge
Traß — Traßzement	< 10	50 bis 60	Alk.: 3 bis 12	Gl.V.: > 4	i.M. 2,3 bis 2,4	durchsichtig, spaltbar, doppelbrechend
b) Zusätze:						
Gipstein CaSO$_4 \cdot$ 2H$_2$O — fast alle Zemente	> 30	< 5	SO$_3$: > 40	Gl.V.: > 17	2,32	$n_D \approx 1,52$
Halbhydrat CaSO$_4 \cdot \frac{1}{2}$H$_2$O				Gl.V.: < 8	2,75	$n_D \approx 1,57$
Anhydrit natürl. CaSO$_4$				Gl.V.: 0	2,93	$n_D \approx 1,57$ bis 1,61
Kalziumchlorid CaCl$_2$ — Zemente d. Güteklass. Z325 u. 425	entsprechend der Formel					
c) Farbstoffe:						
Eisenoxydschwarz Fe$_3$O$_4$ — in dunkel gefärbten Zementen				Fe: > 60	etwa 5,1	undurchsichtig
Manganschwarz MnO$_2$				Mn: > 55	etwa 5,0	undurchsichtig
Ruß C				C: > 90	1,7 bis 1,9	undurchsichtig
d) Fremde Bestandteile und Verunreinigungen:						
organische Stoffe: Bitumen, Seifen, Kasein, Leim, Kunststoffe luftporenbildende[2] und plastifizierende Zusätze Zucker					1,59	meist schwer erkennbar, (kleine Mengen) chemischer Nachweis, u. U. Verkohlung
anorganische Stoffe Kalkstein — Rohmehl	> 40		CO$_2$: > 30		2,7 bis 2,8	stark doppelbrechend, $n_D = 1,48$ bis 1,65
Hornblende-Asbest — Verunreinigungen	11 bis 13	47 bis 58		MgO: ≈ 44	2,9 bis 3,2	$n_D \geqq 1,6$
Serpentin-Asbest		≈ 44			2,5 bis 2,7	$n_D < 1,6$
Gebrauchsgläser		> 60			etwa 2,5	durchsichtig, muscheliger Bruch
Kohlenasche und -schlacke					verschieden	
Hydraulischer Kalk Branntkalk — Verunreinigungen	CaO+MgO > 90				3,0 etwa 2,6	

[1] Eingehendere Angaben auch des Schrifttums s. F. KEIL u. F. GILLE: Zement Bd. 27 (1938) S. 626/28.

[2] Vgl. ASTM C 114–51 T Bestimmung von Vinsol Resin (Methoxylmethode nach Destillation); Bestimmung von Darex (Freimachen von NH$_3$ nach Destillation).

Glühverlust. In Normenzementen bildet in der Regel das Hydratwasser des zugesetzten Kalziumsulfats einen Teil des Glühverlusts, der andere rührt von der Ablagerung des Zement her. Das Verhältnis von $CO_2 : H_2O$ durch Ablagerung schwankt meist zwischen 1 : 2 und 1 : 1. Vom Werk angelieferter Zement darf nicht mehr als 5 % Glühverlust besitzen. Zweckmäßig ist die Feststellung, wieweit es sich um CO_2 und H_2O handelt. Höhere Gehalte an CO_2 deuten auf die Anwesenheit von Karbonaten (Kalkstein aus Zementrohmehl) hin, höhere Gehalte an H_2O auf Zusätze mit Hydratwassergehalt. (Traß, natürliche hydraulische Kalke, Kalkhydrat u. a. m., vgl. Tab. 2.)

S-Gehalt ist im allgemeinen ein Zeichen für die Anwesenheit von Hochofenschlacke, jedoch kann auch reduzierend gebrannter Klinker geringe Mengen S enthalten. Auch im Hochofen hergestellter Tonerdezement enthält Sulfidschwefel. Ob es sich um Schlackensand oder Stückschlacke handelt, zeigt das Mikroskop.

Unlöslichen Rückstand in Salzsäure enthält in Mengen über 0,6 % gelegentlich nur Klinker aus Schachtöfen. Sind mehr als 3 % unlöslich, dann ist mit Zusätzen zu rechnen.

CaO-Gehalt. Der CaO-Gehalt der einzelnen Zementarten ist deutlich verschieden (Tab. 2).

Man rechnet am zweckmäßigsten den CaO-Gehalt auf den Zustand um, bei dem der Zement keinen Glühverlust und keinen Zusatzgips enthält. Ist dann der CaO-Gehalt größer als 67 %, ohne daß der Zement treibt, so enthält der Zement noch Kalke, ist er niedriger als 61 %, so enthält er kalkärmere Bestandteile oder Zusätze.

MgO-Gehalt in größeren Mengen als 5 % deutet, wenn der Zement nicht eine magnesiareiche Schlacke enthält, auf Anwesenheit von Dolomitkalk hin.

β) *Mikroskopische Untersuchung* [3].

Man stellt sich durch Absieben zwischen den Sieben 0,09 und 0,06 DIN 1171 einen Zementgrieß her, bettet ihn auf einem Objektträger in Kanadabalsam (für Dauerpräparate) oder in eine den Zement nicht angreifende Flüssigkeit ein und betrachtet ihn unter dem Mikroskop. Der Zementgrieß erleichtert die Beobachtung unter dem Mikroskop. Seine Zusammensetzung stimmt jedoch vielfach mit der des Zements nicht überein (s. a. S. 350), vor allem, wenn einer der Bestandteile in sehr feinkörniger Form vorliegt. Das trifft meist für die Zusätze an Kalziumsulfaten, Farbstoffen und Kalken zu. Dann ist die Untersuchung auch der feinsten Kornanteile nötig.

Beobachtungen mit dem Mikroskop. Ein einfaches Mikroskop ohne Polarisationseinrichtung läßt nur die Feststellung zu, ob die Körner durchsichtig, trübe oder undurchsichtig sind und welche Farbe und Kornform sie besitzen. Mit Hilfe des *Polarisationsmikroskops* können weitere kennzeichnende Eigenschaften bestimmt werden, Art und Stärke der Doppelbrechung, Auslöschungsschiefe u. a. m. [3]. Doppelbrechende Stoffe sind fast immer kristallisiert und zeigen je nach der Stärke der Doppelbrechung zwischen gekreuzten Nikols verschiedene Polarisationsfarben. Glasige und kristallisierte einfachbrechende Stoffe (optisch isotrope Körper) bleiben zwischen gekreuzten Nikols dunkel. *Undurchsichtig* sind die Farbstoffe Eisenoxydschwarz, Manganschwarz und Kohle. *Durchsichtige,* oft gefärbte Körner mit *muscheligem* Bruch besitzen die meisten Schlackensande, Wasserglas und die Gebrauchsgläser; Quarzsand ist gleichzeitig doppelbrechend. Auch Schlackensande zeigen oft im Korn doppelbrechende neben isotropen Teilen. Bei durchsichtigen Körnern, die *keinen muscheligen Bruch* besitzen und doppelbrechend sind, kann es sich um Kalziumsulfate (Gips), Karbonate (Kalkstein) und andere Gesteinsmehle, auch um

Traßbestandteile (s. S. 355) handeln. *Trübe Körner* haben die hydraulischen Kalke, Si-Stoff und Ziegelmehl. Wenn sie mit winzigen, stark doppelbrechenden

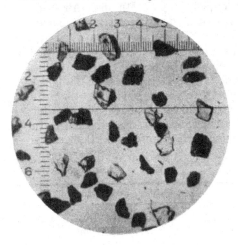

Abb. 1. Zementgrieß von 60 bis 90 μ (zwischen den Sieben 0,09 und 0,06 DIN 1171) aus Klinker (dunkel) und Schlackensand (hell, durchsichtig, muscheliger Bruch) unter dem Mikroskop mit einem einfachen Planimeter-Okular, dessen Abszisse beweglich ist. Gewöhnliches Licht, Vergr. 45mal. Für die Messung wählt man ein dichteres Präparat. Über neuzeitliche Integriervorrichtungen (Integrationstisch von Leitz und Integriervorrichtung „Sigma" von Fuess) vgl. Zement Bd. 27 (1938) S. 246/48.

Abb. 2. Klinkerkörner und Schlackensandkörner unter dem Mikroskop bei stärkerer Vergrößerung (120mal, gewöhnliches Licht). Die Kristallausbildung in den Klinkerkörnern ist deutlich erkennbar.

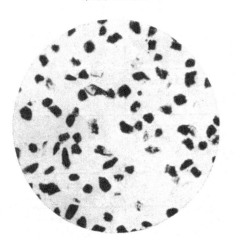

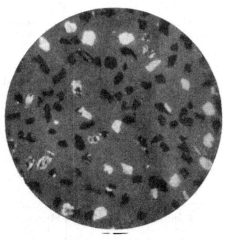

Abb. 3. Grieß von rheinischem Traß von 60 bis 90 μ im gewöhnlichen Licht bei 35facher Vergrößerung. Die Hauptmenge besteht aus undurchsichtigen Körnern, daneben durchsichtige Bruchstücke von Gesteinsmineralien und Traßglas. Der Brechungsexponent der durchsichtigen Teile liegt nahe an dem des Einbettungsmittels (Kanadabalsam). Deshalb treten deren Umrisse nur schwach hervor.

Abb. 4. Derselbe Grieß aus rheinischem Traß, jedoch zwischen gekreuzten Nikols (Polarisationsmikroskop). Die meisten der durchsichtigen Mineralbruchstücke sind stark doppelbrechend und zeigen helle Polarisationsfarben. Die vorher durchsichtigen Bruchstücke von Traßglas bleiben dunkel, d. h. sie sind nicht doppelbrechend. Die dunklen undurchsichtigen Traßbestandteile zeigen am Rand teilweise schwache Aufhellung ähnlich wie hydraulische Kalke.

Kristallen durchsetzt sind und am Rande zwischen gekreuzten Nikols Aufhellung zeigen, wird es sich in der Regel um hydraulische Kalke handeln. *Klinkerkörner* sehen bei schwacher Vergrößerung ebenfalls trübe aus. Bei starker Vergrößerung ist jedoch eine deutliche Kristallausscheidung erkennbar.

Die durchsichtigen kristallisierten Teile des Klinkers zeigen zwischen gekreuzten Nikols je nach der Kristallart verschieden starke Doppelbrechung, die weniger durchsichtigen sind ebenfalls vorwiegend doppelbrechend. Mit dem Aussehen der verschiedenen Kristallarten im Klinker macht man sich am zweckmäßigsten bekannt. Weitere Unterschiede im Aussehen s. Tab. 2 und Fußn. 1, S. 347. Ferner sei auf Abb. 1 bis 4 verwiesen. Man kann Zement als Pulver oder Grieß auch in Kunststoff oder Schwefel einbetten, einen polierten Anschliff herstellen und ihn dann *im Auflicht* ungeätzt oder geätzt untersuchen. Dabei läßt sich u. a. freies CaO gut erkennen und von $Ca(OH)_2$ unterscheiden [3].

Einbettungsmethode. Sie gestattet die Feststellung des Brechungsexponenten der verschiedenen Kristallarten, die auch bei sonst gleichartigen Stoffen meist deutlich verschieden sind. Die zu bestimmenden Körner werden in Flüssigkeiten

Tabelle 3. *Arbeitsgang für den*

I. *Trennung nach der Schwere* (mit der Zentrifuge)	. A. schwerer als spezifisches Gewicht 3,05 g/cm³		
	1	2	3
II. *Mikroskopischer Befund*	*Klinker rein*	*Klinker verunreinigt mit*	
	oder wenig verunreinigt	durchsichtigen Kristallen und Kristallhaufwerken	undurchsichtigen Körnern
III. *Löslichkeit in verdünnter Salzsäure* a) *löslich* 1. ohne Gasentwicklung	*normaler Klinker*		
2. mit H_2S-Entwicklung	reduzierend gebrannter Klinker	HO-*Stückschlacke* zum Teil	
3. mit CO_2-Entwicklung	karbonatisierter Klinker	Karbonate von schweren Metallen	
4. mit H_2-Entwicklung			Eisenteilchen („Karbidgeruch")
5. mit Cl_2-Entwicklung	Mn-haltiger Klinker		*Manganschwarz*
b) *teilweise löslich*		Kohlenaschen, zum Teil Glimmer (aus Gesteinsmehl), Asbest zum Teil	*Eisenschwarz*
c) *praktisch unlöslich*		Schwerspat, Augit, Hornblende, *Asbest* zum Teil, Glimmer zum Teil, *Traß-* bestandteile	

von bekannten Brechungsexponenten eingebettet, bis die Flüssigkeit ermittelt ist, bei der die Korngrenzen nicht mehr zu erkennen sind. Kristall und Flüssigkeit besitzen dann denselben Brechungsexponenten. In Tab. 2 sind als n_D für Natriumlicht die mittleren Werte der Brechungsexponenten angegeben. Geeignete Flüssigkeiten siehe F. EMICH [4], ferner auch Verzeichnisse der chemischen Werke.

Mikrochemische Reaktionen. Zum Nachweis von schwer erkennbaren Schlakkensandkörnern kann man nach H. W. GONELL [5] den Zementgrieß mit einer Lösung behandeln, die auf 2 Teile 5%ige *Bleiazetatlösung* 1 Teil 5%ige Essigsäure enthält. Farblose oder nur schwach gefärbte Schlackensandkörner werden dabei allmählich braun bis schwarz.

WHITEsche *Lösung* [6] (5 g Phenol + 5 g Nitrobenzol + 2 Tropfen destilliertes Wasser) zeigt freies **CaO** dadurch an, daß sich um die betreffenden Körner

Nachweis der Einzelbestandteile.

B. leichter als spezifisches Gewicht 3,05 g/cm³				
1	2	3	4	5
Kalziumsulfate mit *Klinker*	*Neben Kalziumsulfaten und Klinker außerdem Körner*			*undurchsichtig*
	durchsichtig		*trübe*	
	Kristalle oder Kristallhaufwerke	glasige Teile zum Teil gefärbt, zum Teil entglast, muscheliger Bruch	Körner ohne deutliche Kristallentwicklung	
Kalziumsulfate	Anorthit, Leuzit, Nephelin, Zeolithe u. a. (aus Traß oder Gesteinsmehl)	*Wasserglas* zum Teil	Baukalke	
	HO-*Stückschlacke*	**HO**-*Schlackensand* zum Teil	**HO**-*Schlackensand* zum Teil	
Karbonatisierter Klinker (Schwachbrand)	*Karbonate und Karbonatgesteine* (Gesteinsmehl oder Rohmehl)		*Baukalke*	
	Kohlenasche, zum Teil Feldspäte, Olivin, Glimmer (aus Gesteinsmehlen), *Asbest zum Teil*	*Wasserglas,* zum Teil *Traßbestandteile,* zum Teil Kohlenasche	**Si**-*Stoff*, Tone, Schiefer (geglüht und ungeglüht), *Ziegelmehl*, Traßbestandteile, Kohlenaschen	
	Quarzsand, Feuerstein, Feldspäte, Glimmer zum Teil	Feuerstein, Gebrauchsgläser, Kieselgur, Kunststoffe	Feuerstein zum Teil	*Kohle, Graphit*

innerhalb von etwa 5 min ein Kranz von stark doppelbrechenden Kalzium-phenolatkristallen bildet. Diese Reaktion zeigen Klinkerkörner mit freiem Kalk, ferner ungelöschte Kalkteile, aber auch gelöschte und abgelagerte Kalke, die vorher 5 min auf 600 bis 800° erhitzt wurden.

Mit *Nelkenöl* behandelter Zement gibt nach SCHLÄPFER und ESENWEIN [7] innerhalb 30 min deutlich Kristalle von Kalziumeugenolat. Die Reaktion findet nur am Ort der Kristalle statt. $Ca(OH)_2$ und $Mg(OH)_2$ geben nur Gelbfärbung.

γ) Abtrennung nach der Schwere.

Sie ist dann notwendig, wenn es zum Nachweis einer Anreicherung des Stoffes bedarf, weil er in zu geringen Mengen vorliegt, oder wenn mehrere Stoffe mit chemisch und mikroskopisch ähnlichen Eigenschaften voneinander zu unterscheiden und nebeneinander zu bestimmen sind (Einzelheiten der Ausführung s. S. 353).

c) Arbeitsgang für den Nachweis.

In Tab. 3 ist angegeben, wie man bei einem Bindemittel unbekannter Zusammensetzung zweckmäßig vorgehen kann. Man beginnt mit der Schwebe-analyse, untersucht dann die abgetrennten Anteile mikroskopisch und führt daran die für die Einzelbestandteile kennzeichnenden Reaktionen durch. Die Mengen bestimmt man in ähnlicher Weise. (Vgl. Abschn. 2 und 3.)

2. Bestimmung von Schlackensand im Eisenportlandzement und Hochofenzement [8].

a) Grundlage der Arbeitsweise.

Die zu untersuchenden Zemente enthalten meist nur Klinker, Schlackensand und zugesetztes Kalziumsulfat (zumeist Gipsstein). Die chemische Zusammen-setzung von Klinker und Schlackensand ist fast immer unbekannt. In vielen Fällen kann angenommen werden, daß der Klinker keinen Sulfidschwefel (S) und Klinker und Schlackensand keinen Sulfatschwefel (SO_3) enthalten. Dann stammt alles im Zement vorhandene SO_3 aus dem zugesetzten Kalziumsulfat. Unter dem Mikroskop ist gegebenenfalls festzustellen, ob Gipsstein, Halbhydrat oder Anhydrit vorliegt. Einen gewissen Anhalt dafür gibt oft die Höhe des Glühverlusts (optische Eigenschaften, vgl. S. 348 und Tab. 2). Das Verhältnis von Schlackensand : Klinker ist dann in einfacher Weise mikroskopisch mit der *Planimeteranalyse* (s. S. 355) festzustellen, sofern Klinker und Schlackensand gut erkennbar sind, ihr spezifisches Gewicht bekannt ist oder als bekannt angenom-men werden kann, und daß der Zementgrieß *Klinker und Schlackensand in derselben Verteilung besitzt wie der Zement selbst.*

Treffen diese Voraussetzungen nicht zu, dann muß man versuchen, Klinker, Schlacke und gegebenenfalls Gipsstein durch die *Schwebeanalyse* voneinander zu trennen. Erhält man dadurch reinen Klinker und reine Schlacke, so bestimmt man die *Bezugsstoffgehalte* im Klinker (k), im Schlackensand (s) und im Zement und kann daraus den Schlackenanteil in dem Schlacken-Klinker-Gemisch errechnen. Als *Bezugsstoff* eignet sich grundsätzlich jeder Stoff, der in möglichst verschieden großer Menge im Klinker und Schlackensand vorkommt und leicht und genau zu bestimmen ist. Am zweckmäßigsten ist Sulfidschwefel, weil in den meisten Fällen $k = 0$ wird. Erforderlich ist für genaue Bestimmungen ein Mindest-gehalt von 1% S im Schlackensand. Auch CaO und lösliche SiO_2 sind als Be-zugsstoffe geeignet. *Als Bezugsstoffgehalt* ist *die* Menge an Bezugsstoff zu ver-stehen, die der reine Klinker, die reine Schlacke oder das reine Klinker-Schlacken-

Gemisch im glühverlustfreien Zustand haben. Der durch die chemische Analyse ermittelte Wert muß also in folgender Weise umgerechnet werden.

Beispiel: Bezugsstoff **CaO**.
Chemische Analyse des Zements ergibt

$$SO_3 = 1,4\% ; \quad Glühverlust = 2,0\% ; \quad CaO = 58,0\%.$$

Klinker enthält kein SO_3. 1,4% SO_3 entspricht 2,4% $CaSO_4$.

$$100\% - 2,4\% - 2,0\% = 95,6\%.$$

Bezugsstoffgehalt: $c = 58 : 95,6 = 60,6\%$.

Für den Schlackensandgehalt x der Mischung Klinker + Schlacke gilt dann folgende Beziehung

$$x = \frac{Schlackensand}{Schlackensand + Klinker} = \frac{k - c}{k - s} \cdot 100.$$

Hieraus ist unter Berücksichtigung des Gehaltes an Gips der Schlackensandgehalt des Zements zu errechnen.

Gelingt eine *reine Abtrennung* von Klinker und Schlacke *nicht*, so muß von dem mit Klinker angereicherten schweren Grieß der Bezugsstoffgehalt g_1 und von dem mit Schlackensand angereicherten leichten Grieß der Bezugsstoffgehalt g_2 chemisch und gleichzeitig der Schlackensandanteil planimetrisch als d_1 und d_2 bestimmt werden. Auf Tab. 4 sind die häufig vorkommenden Fälle in Tafelform angegeben.

b) Schwebeanalyse.

α) *Vorbereitung des Zements.*

Zur Schwebeanalyse wird nur ein bestimmter Kornbereich verwendet, weil sich in den zur Verfügung stehenden schweren Lösungen die feinsten Teile unter 10 bis 20 μ nicht genügend aufteilen und trennen. Die staubfeinen Teile werden deshalb durch Sieben auf dem Sieb 0,06 DIN 1171 oder Abschlämmen in absolutem Alkohol entfernt, die groben durch Absieben auf dem Sieb 0,09 DIN 1171. Das Abschlämmen mit Alkohol ist bei feingemahlenen Zementen vorzuziehen, weil sich in dem dadurch erhaltenen Grieß des Zements auch feinere Körner unter 60 μ befinden. Dieser Grieß wird getrocknet oder bei Zementen mit höherem Glühverlust 5 min bei 700 bis 800° im bedeckten Tiegel geglüht. Hydratisierter Klinker und hydratisierter Schlackensand lassen sich nach dem Glühen besser abtrennen.

β) *Ausführung der Trennung.*

Als Trennungsflüssigkeiten sind folgende Gemische geeignet:

1. Methylenjodid-Benzol . . . . 3,3 bis 0,9 g/ml
2. Methylenjodid-Acetylentetrabromid . . . . . . 3,3 bis 3,0 g/ml
3. Acetylentetrabromid-Benzol . . . . 3,0 bis 0,9 g/ml

Die benzolfreien Mischungen [2] ändern ihre Dichte durch Verdunsten nicht, die methylenjodidfreien Mischungen [3] sind billiger als die Mischungen 1 und 2, meist aber nicht schwer genug.

Der nach α) erhaltene Grieß wird in einem Zentrifugenglas mit einer geeigneten schweren Lösung übergossen und gut damit benetzt. Darauf wird er in der Zentrifuge geschleudert, bis er sich in einen leichteren und schwereren Anteil getrennt hat und unter Umständen auch noch Teile enthält, die zufällig das gleiche spezifische Gewicht besitzen wie die Flüssigkeit und daher darin schweben. Die Trennung dauert nur einige Minuten.

Die über dem Bodensatz stehende Flüssigkeit mit den darin schwebenden und den darauf schwimmenden, gleich schweren und leichteren Teilen wird

Tabelle 4. *Arbeitsgang für die Bestimmung des Schlackensandgehaltes.*

1. Am unveränderten Zement bestimmen: Glühverlust, SO₃-Gehalt und Bezugsstoff (in der Regel Sulfidschwefel), daraus Gehalt an Bezugsstoff c errechnen (gegebenenfalls SO₃- und S-Gehalt im Klinker beachten!).
2. Zementgrieß herstellen. Daraus wie unter 1. g bestimmen.

Bezeichnungen	Bezugsstoff in Gew.-% chemisch bestimmt	Schlacken in Gew.-% planimetrisch bestimmt
		(x = gesucht)
im Zement	c	d
im Zementgrieß	g	—
im Klinker	k	—
im Schlackensand	s	
im Grieß I	g_1	d_1
im Grieß II	g_2	d_2

Fall	A	B	C	D	E
Voraussetzungen auf Grund von Feststellungen oder Annahmen	$g = c$	Bezugsstoff: S. Klinker enthält kein S: $k = 0$ — spez. Gewicht von Klinker und Schlacke bekannt oder zu 3,2 und 2,9 g/cm³ angenommen	$g \neq c$	Keine Feststellungen oder Annahmen	
Bestimmungen	*Planimeteranalyse* (Bestimmung von d)	Schwebeanalyse ergibt → reinen Klinker	ferner: *Chemische Bestimmung* des Bezugsstoffes im Klinker: k	Schwebeanalyse ergibt → reinen Klinker und reine Schlacke — *Chemische Bestimmung* des Bezugsstoffes im Klinker: k und Schlacke: s	Schwebeanalyse ergibt → keine *reinen Grieße*, sondern Grieß I: klinkerreich, Grieß II: schlackenreich — *Planimeteranalyse* des Schlackengehaltes Grieß I: d_1, Grieß II: d_2; *Chemische Bestimmung* des Bezugsstoffes im Grieß I: g_1, Grieß II: g_2
Berechnung	$x = d$	$x = \dfrac{c\,d}{g}$	$x = \dfrac{(k-c)\,d}{k-g}$	$x = \dfrac{k-c}{k-s}\cdot 100$	$x = \dfrac{g_1\,d_2 - g_2\,d_1 - c(d_2 - d_1)}{g_1 - g_2}$

abgegossen. Die beiden auf diese Weise getrennten Anteile des Zementgrießes werden unter dem Mikroskop untersucht, ob und inwieweit eine Trennung von Klinker und Schlackensand eingetreten ist. Die Dichte des Flüssigkeitsgemisches wird dann durch Zugabe einer leichteren oder schwereren Lösung auf Grund des mikroskopischen Befunds so lange verändert, bis man die Flüssigkeiten ermittelt hat, bei denen man einen möglichst reinen Klinker und reinen Schlakkensand erhält. Unter Umständen muß die Trennung dieser Anteile wiederholt werden.

Unter günstigen Umständen kann es sich dabei um 2 Flüssigkeiten handeln. Im allgemeinen Fall werden es 3 Flüssigkeiten sein, und zwar eine von hohem spezifischem Gewicht zur Abtrennung von reinem Klinker, eine zweite von mittlerem spezifischen Gewicht zur Abtrennung von reinem Schlackensand gegenüber den schweren Teilen und eine dritte mit niedrigem spezifischen Gewicht zur Abtrennung von reinem Schlackensand gegenüber den leichteren Teilen.

c) Planimeteranalyse.

α) Anfertigung der Proben.

Der gleiche Grieß wie für die Schwebeanalyse wird ungeglüht auf dem Objektträger mit Kanadabalsam[1] vermischt und über kleiner Flamme erhitzt, so daß nach Auflegen eines Deckgläschens der abgekühlte Kanadabalsam erhärtet ist. Möglichst viele Körner sollen auf dem Objektträger gleichmäßig verteilt sein (vgl. Abb. 1 u. 2, S. 349).

β) Messung.

Drei Proben werden mit einem Integrationstisch oder Planimeter-Okular gemessen. Man zählt die Meßlängen, die auf Schlacke, Klinker oder sonstige Bestandteile, z. B. $CaSO_4$, fallen, je für sich zusammen und errechnet aus den so gefundenen Raumanteilen die Gewichtsteile durch Multiplikation mit dem spezifischen Gewicht der betreffenden Körner (Abb. 1), wobei man für Klinker 3,2, für Schlackensand 2,9 g/cm³ annehmen kann.

3. Bestimmung des Traßgehalts in Traßzementen.

Traß enthält leichte, meist glasige hydratisierte Teile und daneben Feldspäte und Feldspatvertreter, Augit, Hornblende, Glimmer (Abb. 3 u. 4). Infolgedessen ist trotz seines mittleren spezifischen Gewichts von 2,3 bis 2,4 g/cm³ eine Abtrennung vom Klinker meist nicht zu erreichen. Ein Teil der schweren Mineralien ist fast immer im Klinkeranteil. Die mit dem Klinker abgeschiedenen Traßanteile sind aber in verdünnter Salzsäure praktisch unlöslich, so daß sie chemisch vom Klinker getrennt werden können.

Bei rheinischem Traß kann man annehmen, daß er 2 bis 3% CaO, 6 bis 11% Glühverlust enthält, und daß etwa $^2/_3$ seiner Gesamtmenge in Salzsäure löslich sind (vgl. S. 347); deshalb wählt man am zweckmäßigsten den CaO-Gehalt als Bezugsstoff und bestimmt, falls der Klinker nicht rein ist, dessen Gehalt an Unlöslichem, wovon der Klinker sehr wenig, höchstens 1%, enthält.

Luftkalk läßt sich in Gemischen von Klinker und Traß (Sonderbindemittel) infolge seines niedrigen spezifischen Gewichts (2,6) leicht von Klinker trennen.

---

[1] Statt Kanadabalsam kann auch ein Einbettungsmittel auf Kunststoffbasis, z. B. Sirax, gewählt werden, das durch seinen höheren Brechungsindex (nahe Schlackenglas) Klinker und Schlacke besser zu unterscheiden gestatten würde, auch wenn die Schlacke stärker entglast ist. Für die Messung darf natürlich die Lichtbrechung des Einbettungsmittels nicht zufällig gleich der des Schlackenglases sein. Doch wird durch Änderung der Einkochdauer und notfalls Zuhilfenahme von Phasenkontrast das Schlackenglas auch dann meßbar.

Nur ist er so feinkörnig, daß man dann die *Schwebeanalyse* mit dem *gesamten* Zement durchführen muß.

Nützlich ist oft die Bestimmung an freiem Kalk nach Lerch und Bogue [9] oder Schläpfer und Bukowski [10] im abgetrennten Klinker und im Bindemittel nach vorherigem kurzem Glühen bei etwa 900°.

Schrifttum.

[1] Keil, F., u. F. Gille: Zement Bd. 27 (1938) S. 623f.
[2] Glocker, R.: Materialprüfung mit Röntgenstrahlen, 3. Aufl. Berlin/Göttingen/Heidelberg: Springer 1949.
[3] Rinne, F., u. M. Berek: Anleitung zu optischen Untersuchungen mit dem Polarisationsmikroskop. Stuttgart 1953. — Lichtbrechungswerte von Mineralien und einigen technisch wichtigen Kristallarten, z. B. bei H. v. Philipsborn: Tafeln zum Bestimmen der Minerale nach äußeren Kennzeichen. Stuttgart 1953. — Gille, F.: Zement — Kalk — Gips Bd. 8 (1955) S. 128/38. N. Jhb. Min. Monatsheft Bd. 10 (1952) S. 277/87.
[4] Emich, F.: Lehrbuch der Mikrochemie, 2. Aufl., S. 26/28. München 1926.
[5] Gonell, H. W.: Zement Bd. 17 (1928) S. 437f.
[6] White, A. H.: Industr. Engng. Chem. Bd. 1 (1909) S. 5.
[7] Schläpfer u. Esenwein: Schweizer Arch. angew. Wiss. Techn. Bd. 2 (1936) S. 283 — Zement Bd. 26 (1937) S. 518.
[8] Keil, F., u. F. Gille: Zement Bd. 27 (1938) S. 541f.
[9] Lerch u. Bogue: Industr. Engng. Chem. (Analyt. Ed.) 1930 S. 296/98.
[10] Schläpfer, P., u. R. Bukowski: Eidgen. Mat.-Prüf.-Anst., Bericht Nr. 63, 1933. — Bukowski, R.: Tonind.-Ztg. Bd. 59 (1935) S. 616/18.

C. Prüfung der technischen Eigenschaften der Zemente.

Von G. Haegermann, Hemmoor/Oste.

1. Vorbemerkung.

Die wichtigsten technischen Eigenschaften, auf die Zemente zu prüfen sind, gehen aus der Begriffsbestimmung hervor, die der Ausschuß „Bindemittel für Mörtel und Beton" beschlossen hat [1]:

Zement ist ein an der Luft und unter Wasser erhärtendes und nach der Erhärtung wasserbeständiges Bindemittel, das im wesentlichen aus Verbindungen von Kalziumoxyd mit Kieselsäure, Tonerde und Eisenoxyd besteht und das in den Zementnormen festgelegten Bedingungen für Festigkeit und Raumbeständigkeit erfüllt. Das Rohmehl oder wenigstens der Hauptbestandteil der Ausgangsstoffe muß mindestens bis zur Sinterung erhitzt sein.

Die Begriffsbestimmung ist eng gefaßt. Sie schließt u. a. hydraulische Bindemittel, die nicht die Normenmindestfestigkeiten erreichen, von der Bezeichnung „Zement" aus. Diese führen die Bezeichnung „Mischbinder" oder „Hydraulische Kalke", sofern sie den dafür aufgestellten Normenvorschriften entsprechen.

Die deutschen Normen für die verschiedenen Zementarten enthalten Mindestforderungen und Prüfvorschriften für Festigkeit, Raumbeständigkeit, Erstarren und Mahlfeinheit, und sie stellen bestimmte Forderungen an die chemische Zusammensetzung.

Daneben gibt es eine Reihe von Eigenschaften, deren Prüfung in Sonderfällen erwünscht ist, z. B. das spezifische Gewicht (Reinwichte), das Raumgewicht (Rohwichte), das Schwinden (s. Abschn. VI F), die Abbindewärme, das Verhalten gegen aggressive Wässer und die Luftporenbildung (soweit luftporenbildender Zement vorliegt).

Fast jedes Land der Erde hat seine besondere Norm, die untereinander in den Prüfvorschriften und in den Anforderungen abweichen. Umrechnungsfaktoren, z. B. bei den Festigkeitsbestimmungen nach verschiedenen Prüfverfahren, geben nur in weiten Grenzen einen Anhalt. Es ist stets zu empfehlen, nach den Prüfvorschriften derjenigen Norm zu prüfen, die der Lieferung zugrunde liegt.

Internationale Zementnormen gibt es noch nicht, aber es sind doch ernsthafte Bestrebungen im Gange, solche zu schaffen. Im Auftrage der ISO (Internationale Standard Organisation) bearbeiten das Cembureau (eine westeuropäische Vereinigung der Zementindustrie für statistische und technische Angelegenheiten) und die Rilem (Réunion des Laboratoires d'Essais et de Recherches sur les Matériaux et les Constructions) die Aufstellung einheitlicher internationaler Zementnormen. Die Lösung dieser Aufgabe ist sehr schwierig, zumal die Prüfverfahren und auch die Anforderungen für Zement in den einzelnen Ländern sehr voneinander abweichen. Aber selbst wenn einzelne Länder an eigenen Normenvorschriften festhalten, so würde es als großer Fortschritt zu bezeichnen sein, wenn eine internationale Normenvorschrift bestehen würde, an die im Laufe der Zeit die nationalen Normenvorschriften angepaßt werden könnten. Die internationalen Zementnormen würden für exportierende Länder eine besondere Bedeutung erhalten. Heute werden für die Lieferung und Prüfung von Exportzement aus europäischen Ländern nach Übersee zumeist die Britischen Normen oder die USA-Normen vorgeschrieben, obwohl gegen beide Vorschriften von den exportierenden Ländern sachliche Einwände hinsichtlich der Anforderungen und der Ausbildung der Prüfverfahren erhoben werden, z. B. gegen das Festigkeitsprüfverfahren mit gleichkörnigem Normensand oder gegen das Autoklavverfahren zur Beurteilung der Raumbeständigkeit. Nach dem Autoklavverfahren können Zemente als nichtraumbeständig beurteilt werden, obwohl sie praktisch einwandfrei raumbeständig sind.

2. Einteilung und Bezeichnung der Zemente [2].

a) Normenzemente.

Bis jetzt liegen in Deutschland folgende Normen vor [3]:
DIN 1164 Portlandzement, Eisenportlandzement, Hochofenzement,
DIN 1167 Traßzement,
DIN 4210 Sulfathüttenzement.
Diese Zemente kommen in 3 Güteklassen in den Handel, die als Z 225, Z 325 und Z 425 bezeichnet werden. Die Zahlen entsprechen den gewährleisteten Druckfestigkeiten nach 28 Tagen Wasserlagerung.

Erwähnt sei ferner die DIN 4207 Mischbinder.

Mischbinder kommt nur in einer Güteklasse auf den Markt, die man als MB 150 bezeichnen kann. Nicht genormt ist der Tonerdeschmelzzement, obwohl er zur Herstellung von Stahlbeton zugelassen ist [4].

In Deutschland ist für alle auf den Markt kommenden Bindemittel die baupolizeiliche Zulassung erforderlich. Die Anforderungen an die Aufbereitung und die chemische Zusammensetzung der einzelnen Zementarten gehen aus den Begriffsbestimmungen hervor.

Portlandzement wird durch Feinmahlen von Portlandzementklinker erhalten. Über die Zusammensetzung und Prüfung des Portlandzementklinkers s. Abschnitt V A.

Der Klinker wird aus den feingemahlenen und innig gemischten Rohstoffen durch Brennen bis mindestens zur Sinterung gewonnen.

Die Aufbereitungsvorschrift ist wichtig für die Feststellung, ob Portlandzement vorliegt. Zementklinker, der aus unaufbereiteten, d. h. nicht feingemahle nen und nicht innig gemischten Rohstoffen durch Brennen bis zur Sinterung erbrannt wird, ergibt keinen Portlandzement, sondern Naturzement, für den es in Deutschland keine Normen gibt. Für die Zusammensetzung der Aufbaustoffe des Portlandzements galt früher der sog. Hydraulische Modul:

$$\frac{CaO}{SiO_2 + Al_2O_3 + Fe_2O_3} > 1{,}7$$

Die Vorschrift ist später fortgelassen worden, weil der untere Grenzwert von den Mindestfestigkeiten und der obere Grenzwert von dem Bestehen der Raumbeständigkeitsprüfung abhängt.

Eisenportlandzement wird durch gemeinsames Feinmahlen von mindestens 70 Gewichtsteilen Portlandzementklinker und höchstens 30 Gewichtsteilen schnell gekühlter Hochofenschlacke hergestellt.

Hochofenzement wird durch gemeinsames Feinmahlen von 15 bis 69 Gewichtsteilen Portlandzementklinker und 85 bis 31 Gewichtsteilen schnell gekühlter Hochofenschlacke erhalten.

Die Hochofenschlacke muß in Gewichtsteilen folgender Formel entsprechen

$$\frac{CaO + MgO + Al_2O_3}{SiO_2} \geqq 1$$

Für alle Normenzemente nach DIN 1164 gilt:

Neben den Bestandteilen Gips und Wasser, die zur Regelung der Abbindezeit notwendig sind und deren Menge durch den zulässigen Gehalt an Schwefelsäureanhydrid und durch den zulässigen Glühverlust (Tab. 1) begrenzt wird,

Tabelle 1. *Höchstgehalte in %*.

	Glühverlust	SO$_3$	MgO	Fremde Stoffe
Portlandzement	5	3	5	1
Eisenportlandzement	5	3	—	1
Hochofenzement	5	4	—	1
Sulfathüttenzement	—	>3	—	< 5*
Traßzement	—	—**	—	< 3**
Mischbinder	—	6	—	<30*

dürfen Zusätze zu anderen Zwecken insgesamt 1% nicht überschreiten. Für Portlandzement ist auch der Gehalt an Magnesia (MgO) begrenzt. Über die Prüfung der Hochofenschlacke und die Prüfung der Zemente auf fremde Bestandteile s. Abschn. V B.

Für die dauernde Überwachung der Zementwerke gemäß § 7 DIN 1164 sind Ausführungsbestimmungen aufgestellt worden. Diese beziehen sich auf die Prüfung der Herstellungseinrichtungen und den Herstellungsgang, auf Rohstoffuntersuchungen und die Normenuntersuchung des fertigen Zements.

Abb. 1.
Normenüberwachungszeichen.

Zemente von Werken, die ihre Erzeugnisse nach DIN 1164 der dauernden Überwachung unterworfen haben, tragen auf der Verpackung das Normenüberwachungszeichen (Abb. 1) und, sofern sie dem Verein Deutscher Zementwerke angehören, dessen Warenzeichen.

---

* Alkalische Anreger (z. B. Portlandzement, Kalk).
** Bezogen auf den Klinker (Gips).

b) Zement für Betonfahrbahndecken (Straßenbauzement) [5].

Beim Bau der Autobahn hat sich die Auswahl der Zemente bewährt, und auf eine solche Auslese kann auch in Zukunft nicht verzichtet werden. Die Zemente werden auf Grund von Vorprüfungen ausgewählt und zugelassen. Über das Ergebnis entscheidet ein vom Bundesverkehrsminister eingesetzter Zulassungsausschuß. Es handelt sich stets um Normenzemente nach DIN 1164, jedoch gehen die Bedingungen über die Bestimmungen nach DIN 1164 hinaus. Ferner hat das Zementwerk durch regelmäßige Prüfungen den Nachweis zu erbringen, daß die bei der Vorprüfung gefundenen und anschließend mit den zulässigen Abweichungen vereinbarten Eigenschaften geliefert werden. Die Häufigkeit der Prüfungen richtet sich nach den bei der Vorprüfung ermittelten Betriebsbedingungen.

c) Traßzement [6].

Traßzement nach DIN 1167 wird in 2 Mischungen hergestellt aus Portlandzementklinker nach DIN 1164 und Traß nach DIN 51043:

30 Gew.-Teile Traß und 70 Gew.-Teile Portlandzement oder
40 Gew.-Teile Traß und 60 Gew.-Teile Portlandzement,

kurz als Traßzement 30 : 70 und Traßzement 40 : 60 bezeichnet.

In Süddeutschland ist ein Suevit-Traß-Zement zugelassen (Allgemeine baupolizeiliche Zulassung von 20. August 1952 — Bayerisches Staatsministerium des Innern), der aus Suevit-Traß und normengemäßem Portlandzementklinker (DIN 1164) hergestellt wird. Unter Suevit-Traß wird ein Traß aus dem Nördlinger Ries verstanden.
Der Suevit-Traß muß in dem angegebenen Mischungsverhältnis

nach 28 Tagen mindestens eine hydraulische Kennzahl von 25,
nach 56 Tagen mindestens eine hydraulische Kennzahl von 30,
nach 90 Tagen mindestens eine hydraulische Kennzahl von 40

erreichen.
Die hydraulische Kennzahl sagt aus, wieviel % die hydraulische Wertigkeit des Traßes gegenüber Portlandzement ist.
Zur Bestimmung werden folgende Mischzemente hergestellt:

70 Gew.-% Portlandzement + 30 Gew.-% hydraulischer Zusatzstoff
und
70 Gew.-% Portlandzement + 30 Gew.-% Quarzmehl.

Quarzmehl als nahezu unhydraulischer Stoff dient als Maßstab zur Bewertung des hydraulischen Zusatzstoffs. Die zwei Mischzemente und der Portlandzement ohne Zusatzstoff werden nach DIN 1164 geprüft. Die Prüfung soll sich auf die Altersklassen von 7, 28 und 90 Tagen erstrecken.
Um die hydraulische Erhärtung zahlenmäßig zu erfassen, werden die Ergebnisse der Druckfestigkeiten in die Formel

$$\frac{b - c}{a - c} \cdot 100$$

eingesetzt.
In der Formel bedeuten
a der reine Portlandzement;
b der Mischzement mit dem zu prüfenden Zusatzstoff;
c der Mischzement mit dem Quarzmehl.

Auch die Traßzemente werden überwacht. Für diese gelten besondere Überwachungszeichen.

d) Sulfathüttenzement [7].

Sulfathüttenzement — früher Gipsschlackenzement genannt — besteht aus mindestens 75% feingemahlener, schnellgekühlter tonerdereicher Hochofenschlacke, aus feingemahlenem Gips beliebiger Hydratstufe und einem alkalischen Anreger.

Die Hochofenschlacke muß folgenden Bedingungen entsprechen:

$$\frac{CaO + MgO + Al_2O_3}{SiO_2} \geqq 1{,}6 \, .$$

Der Gehalt an Al_2O_3 darf nicht unter 13% liegen.

Der Anteil an SO_3 muß mindestens 3% betragen, und Zusätze von alkalischen Anregern, wie z. B. Portlandzement, dürfen 5% nicht überschreiten. Sulfathüttenzement darf nicht mit anderen Bindemitteln verarbeitet werden, z. B. besteht bei der Verarbeitung mit Portlandzement Treibgefahr.

e) Tonerdezement [8].

Tonerdezement oder Tonerdeschmelzzement wird aus Bauxit und Kalk einer geeignet zusammengesetzten Rohmasse durch Brennen bis zum Schmelzen oder mindestens bis zur Sinterung und Feinmahlen des gebrannten Gutes gewonnen. Die wichtigsten Verbindungen des Tonerdezements sind die niedrigbasischen Aluminate:

$$CaO \cdot Al_2O_3$$

$$3\,CaO \cdot 5\,Al_2O_3$$

In Deutschland bestehen für Tonerdezement keine Normen. Sie dürfen aber zu Stahlbeton und anderen Bauten zugelassen werden, wenn sie die Normenvorschriften DIN 1164 für das Erstarren, die Raumbeständigkeit und die Festigkeiten für Z 325 erfüllen.

Der Tonerdezement darf nicht mit anderen Zementen oder Kalk verarbeitet werden, weil Schnellbinden auftritt. Durch derartige Zusätze wird auch die Festigkeit bemerkenswert herabgesetzt.

f) Mischbinder.

Mischbinder stehen in ihren Eigenschaften zwischen den Zementen und den Kalken. Die Norm DIN 4307 ist in einer Zeit der Kohlenknappheit (1941) entstanden. Daher rührt auch die Vorschrift, daß der Anteil an hydraulischen Stoffen, worunter vor allem Hochofenschlacke zu verstehen ist, in der Regel 70% übersteigen soll. Als alkalischer Anreger sollen Portlandzement, Weißkalk, Dolomitkalk dienen, und ferner darf Gips bis zu 6% hinzugesetzt werden. Diese Bindemittelart ist praktisch bedeutungslos geworden.

g) Ausländische Normenzemente.

Aus einer Zusammenstellung des Cembureau in Malmö, Schweden [9], vom Jahre 1948 geht hervor, daß von 34 Ländern der Erde 19 Länder eigene Zementnormen haben. Die übrigen 15 Länder richten sich in ihren Anforderungen an den Zement nach den Normen anderer Länder.

Die Normenzemente werden in 6 Ländern in 3 Güteklassen, wie es in Deutschland der Fall ist, unterteilt. In den anderen Ländern sind nur 2 Güteklassen (z. B. gewöhnlicher und schnell erhärtender oder hochwertiger Portlandzement) vorgesehen. In einigen Ländern, z. B. in England und in den USA, bestehen Sondervorschriften für Zemente mit niedriger Hydratationswärme.

Die USA-Normen sehen sogar fünf verschiedene Zementtypen vor:

Type I. Gewöhnlicher Portlandzement.
Type II. Portlandzement für Betonarbeiten, bei denen eine mäßige Hydratationswärme verlangt wird und die mäßigen Sulfatangriffen ausgesetzt sind.
Type III. Portlandzement mit hoher Anfangsfestigkeit.
Type IV. Portlandzement mit niedriger Hydratationswärme.
Type V. Portlandzement mit hoher Widerstandsfähigkeit gegen Sulfatangriff.

In den USA gibt es 2 Normenvorschriften, die der American Society for Testing Materials, die ASTM [10] Standards on Cement z. Z. ASTM 6150—53, und die Federal Specification, SS C 192. Diese gilt für Behörden.

Die Forderungen der SS C 192 sind in einigen Punkten schärfer gefaßt. Die Prüfverfahren sind jedoch die gleichen. Zu den vorgenannten 5 Typen kommen nach ASTM C 175—53 noch 3 A-Typen, d. h. Zemente mit luftporenbildendem Zusatz (air-entraining), und nach SS C 192 5 A-Typen hinzu. Die luftporenbildenden Zusätze sind z. B. Darex, Vinsol Resin, die auch in Deutschland als Betonzusatz verwendet werden.

In den Begriffsbestimmungen für Portlandzement und Hochofenzement sind für die chemische Zusammensetzung bestimmte Vorschriften gegeben. Für den Portlandzement besteht in 15 Ländern die Begrenzung des hydraulischen Moduls, wie sie früher in Deutschland üblich war. Die Werte werden mit 1,7 oder 1,8, in einigen Fällen mit 2,0 im Mittel angegeben.

Bemerkenswerter sind die Vorschriften der britischen Normen und der amerikanischen Normen, weil diese zur Zeit für die Lieferung und Prüfung bei den meisten Exportlieferungen aus Europa nach Übersee gelten.

Nach den britischen Normen (BSS 12—1947) wird der Kalkgehalt begrenzt durch die Formel

$$\frac{CaO}{2,8\,SiO_2 + 1,2\,Al_2O_3 + 0,65\,Fe_2O_3}$$

in % durch die Werte 0,66 und 1,02.

Ferner darf das Verhältnis $Al_2O_3 : Fe_2O_3$ nicht kleiner als 0,66 sein.

Die britischen Normen sehen besondere Werte für die Glühverluste in gemäßigtem Klima (3%) und in heißem Klima (4%) vor.

Die USA-Normen begrenzen den Gehalt an Al_2O_3, Fe_2O_3, an Trikalziumsilikat und an Trikalziumaluminat bei den Typen II, III, IV und V. Die Federal-Specification sieht auch eine Begrenzung bei Type I vor. Ferner kann nach diesen Normen ein „Low-alkali-cement" verlangt werden, bei dem der Gehalt an Alkalien nicht größer als 0,6% sein darf.

Eine Zusammenstellung über Grenzwerte an Glühverlust, Unlöslichem, SO_3 und MgO in den Normen der verschiedenen Länder ist in Tab. 2 gegeben.

Tabelle 2. *Länder, die die Gehalte mit den angegebenen Prozentsätzen begrenzen.*

%	Glühverlust	Unlösliches	SO_3	MgO
0,5	—	1	—	—
1,0	—	15	—	—
1,5	—	6	—	—
2,0	—	3	8	—
2,5	2	—	13	—
2,75	—	—	5	—
3,0	12	2	10	8
4,0	12	—	—	12
4,5	—	—	—	1
5,0	6	2	—	15
keine Vorschrift	8	10	3	2

Aus der Zusammenstellung ist zu ersehen, daß die Auffassungen über die Schädlichkeitsgrenze sehr unterschiedlich sind. Zemente, deren MgO- und SO_3-Werte nur um einige Zehntel-% unter den höchsten Grenzwerten liegen, sind praktisch durchaus brauchbar.

Normen für Hüttenzemente bestehen in den westeuropäischen Ländern und in den USA.

In Deutschland, Belgien, Frankreich und Holland gibt es 2 Hüttenzementarten, den Hochofenzement und den Eisenportlandzement, in England (BS 146—1947) und in den USA eine Art (ASTM C 205—52 T). Der Prozentsatz des Klinkeranteils ist in den einzelnen Ländern unterschiedlich, wie aus Tab. 3 hervorgeht.

Tabelle 3.

| | %-Anteil Klinker im | |
	Hochofenzement	EisenPortlandzement
Deutschland	15 bis 69	> 70
Belgien	30 bis 69	> 70
Frankreich.	30 ± 5	70 bis 80
Holland	15 bis 69	> 70
England	≧35	
USA		35 bis 75
Frankreich Ciments mixtes		50

Bei den Hüttenzementen unterscheiden sich die Höchstgehalte an Glühverlust, MgO, SO$_3$ u. a. Verbindungen, wie aus Tab. 4 hervorgeht (vgl. a. Tab. 1).

Tabelle 4.

	BS 146—1947	ASTM C 205—52 T
Glühverlust	3,0 bzw. 4,0	3,0
MgO	5,0	5,0
Mn$_2$O$_3$	—	1,5
SO$_3$	2,0	2,5
S.	1,2	2,0
SO$_3$ + S als Sulfat	5,0	—
Unlösliches	1,0	1,0

3. Umfang der Prüfungen.

a) Prüfungen auf der Baustelle.

Nach DIN 1045, § 8 muß sich der verantwortliche Bauleiter davon überzeugen, daß nur normalbindender Zement verwendet wird. Diese Prüfung ist notwendig, weil sich der Erstarrungsbeginn ändern kann. Ferner muß die Raumbeständigkeit des Zements durch den Kochversuch geprüft werden, und es wird außerdem empfohlen, den Kaltwasserversuch durchzuführen.

Auch die Gewährleistungsbedingungen für die Lieferung von Normenzement schreiben obige Prüfungen vor. Das Ergebnis ist maßgebend für die Mängelrüge.

b) Prüfungen nach den Normen.

Bei den üblichen Normenprüfungen werden die Zemente auf Erstarren, Raumbeständigkeit, Biegezug- und Druckfestigkeit und Mahlfeinheit geprüft. Ferner werden die Zemente auf das Einhalten der Grenzwerte (Tab. 1) chemisch untersucht.

c) Prüfung von Zement für Betonfahrbahndecken.

Zusätzlich zu den Prüfungen nach den Normen wird während der Sommermonate der Zement auf sein Erstarren bei 30° geprüft.

Die Analyse erstreckt sich auf Glühverlust, unlöslichen Rückstand, die jeweils vereinbarten Mengenanteile SiO$_2$, Al$_2$O$_3$, Fe$_2$O$_3$, CaO, MgO, SO$_3$ und

Rest. Außerdem ist die Häufigkeit der Prüfungen während der Herstellung und beim Versand vorgeschrieben.

So sollen die Mahlfeinheit, das Erstarren und die Raumbeständigkeit von der Mahlung alle 2 h, vom Versand zweimal je Schicht, die Festigkeiten (3, 7, 28 Tage) täglich von Tagesdurchschnittsproben ausgeführt werden, während die Vollanalyse zweimal monatlich und der Glühverlust, der SO_3-Gehalt und das Unlösliche zweimal wöchentlich durchzuführen sind.

d) Prüfungen im Rahmen der dauernden Überwachung.

Für die dauernde Überwachung der Zementwerke gemäß § 7 der Normen DIN 1164 und DIN 1167 (Traßzement) sind Ausführungsbestimmungen vom 6. Juni 1942 erlassen, auf die hier nur hingewiesen werden kann.

4. Allgemeines zur Durchführung der Prüfungen.

Bei allen Prüfungen ist das Einhalten der in den Normen vorgeschriebenen Temperatur für den Prüfraum, den Zement, das Anmachwasser, die Geräte und auch für den Normensand notwendig, weil der Erstarrungsbeginn und der Erhärtungsverlauf von der Temperatur abhängig sind. Nach den deutschen Normen liegt die Prüftemperatur zwischen 18 bis 21° C, bei Straßenbauzement bei 30° C. Allgemein liegt bei allen Normen die Temperatur bei 18 bis 20° C.

Man mache es sich zur Regel, genau die Prüfvorschriften, auch bei der Anfertigung der Proben, einzuhalten.

5. Probenahme.

Es ist darauf zu achten, daß gute Durchschnittsmuster erhalten werden und daß die Proben bis zur Prüfung luftdicht verschlossen gehalten sind.

Bei verpacktem Zement ist der Zement in der Regel aus zehn unversehrten Säcken, die nicht außen oder auf dem Boden liegen, oder aus 10 Fässern in Teilproben von 1 bis 2 kg zu entnehmen, die zu einer Gesamtdurchschnittsprobe durch sorgfältiges Mischen vereinigt werden. Für die Prüfung genügen 10 kg.

Bei losem Zement in großen Behältern (in Silos, Kähnen) werden mit einem Rohr nach Art der Getreidestecher an verschiedenen Stellen und aus verschiedener Höhenlage mindestens 10 Einzelproben entnommen, die zu einer Durchschnittsprobe vereinigt werden. Eine Durchschnittsprobe soll für nicht mehr als 250 t Zement maßgeblich sein. Über die Anzahl der Einzelproben sind in allen Normen besondere Vorschriften gegeben. Im allgemeinen gelten die vorstehenden Regeln.

6. Vorbereitung der Probe.

Der Zement muß vor der Prüfung durch das Sieb 1,2 DIN 1171 (25 Maschen/cm²) gesiebt werden, um Verunreinigungen zu entfernen. Zementklumpen sind, soweit sie zwischen den Fingern zerkleinert werden können, dem Siebgut hinzuzufügen; andernfalls sind sie von der Prüfung auszuschließen. Ihre Menge ist zu bestimmen, und der Befund ist im Prüfungszeugnis anzugeben.

Zementklumpen weisen auf Feuchtigkeitsaufnahme aus der Luft (mangelhafte Lagerung oder zu lange Lagerdauer) hin. Deshalb begrenzen die schweizerischen Normen den Zeitpunkt der Probenahme mit 14 Tagen nach Abgang des Zements vom Werk, wobei die trockene Lagerung des Zements während dieser Zeit vorausgesetzt ist.

7. Prüfung des Erstarrungsbeginns und der Bindezeit.

Der Erstarrungsbeginn oder der Abbindebeginn und die Bindezeit werden sowohl nach den deutschen als auch nach den ausländischen Normen mit dem Nadelgerät nach VICAT bestimmt. Die amerikanischen Normen gestatten daneben die Prüfung mit dem GILLMORE-Gerät.

In Deutschland ist für die Prüfung auf der Baustelle ein einfaches Verfahren zur vorläufigen Bestimmung des Erstarrungsbeginns, der Eindrückversuch, vorgesehen.

a) Verfahren zur vorläufigen Prüfung [11].

Die Prüfung wird an einem Kuchen ausgeführt, der aus 100 g Zement und 23 bis 30 g Wasser, im allgemeinen genügen 27 g, bereitet wird. Die Mischung von Zement und Wasser wird 3 min durch Kneten zu einem steifen Brei durchgearbeitet.

Abb. 2. Kuchenprobe.

Der Brei wird als Klumpen auf die Mitte einer leicht geölten, ebenen Glasplatte gebracht, und diese wird so lange leicht gerüttelt, bis ein Kuchen von 8 bis 10 cm ⌀ mit einem Querschnitt nach Abb. 2 entsteht. Der Wasserzusatz ist richtig gewählt, wenn sich der Brei erst nach mehrmaligem Rütteln der Glasplatte langsam ausbreitet.

Um vorzeitiges Austrocknen des Breis zu verhüten, wird der Kuchen während der Prüfung mit einem Teller, einer Schale od. dgl. zugedeckt.

Das fortschreitende Erstarren des Breis wird durch Eindrücken eines Stabs in den Kuchen beobachtet. Der Stab hat die Form einer Bleistifthülse mit etwa 3 mm ⌀ an der Spitze. Er wird etwa $1^1/_2$ cm vom Rande des Kuchens entfernt senkrecht bis auf die Glasplatte gedrückt. Der Erstarrungsbeginn des Breis wird dadurch gekennzeichnet, daß sich beim Eindrücken des Stabs ein Kantenriß bildet, der radial vom

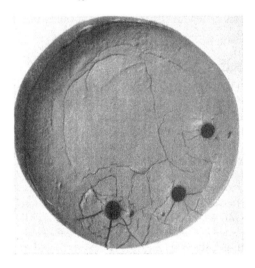

Abb. 3. Eindrückversuch.

Rand zur Druckstelle verläuft. Der Versuch wird erstmalig 55 min nach dem Anmachen des Breis durchgeführt und nach weiteren 5 min wiederholt. Der Zement ist normalbindend im Sinne dieser Normen, wenn bei dem Eindrückversuch nach 1 h der Brei noch so weich ist, daß kein Kantenriß entsteht. Abb. 3 zeigt einen Versuchskuchen.

b) Prüfung mit dem Nadelgerät.

Die Nadel nach VICAT hat einen kreisförmigen Querschnitt von 1 mm² Fläche. Sie wird an einem Schaft befestigt, der möglichst reibungslos in einem Gestell geführt wird (DIN 1164, § 10). Nadel und Schaft einschließlich Zubehör und Zusatzgewicht haben ein Gesamtgewicht von 300 g.

Das Gerät dient auch zur Ermittlung der Normensteife des angemachten Zementbreis, indem die Nadel durch einen Tauchstab von 10 mm ⌀ ersetzt und das Zusatzgewicht (Differenzgewicht von Tauchstab und Nadel) entfernt wird, so daß der Stab einschließlich Schaft und Zubehör wiederum 300 g wiegt.

Für den Versuch werden 300 g Zement mit Wasser von 19 bis 21 °C 3 min lang unter Rühren und Kneten angemacht. An Wasser werden hierzu etwa 23 bis 30%, im Mittel etwa 27%, benötigt. Der Brei wird unter leichtem Einrütteln in einen kegeligen Hartgummiring von 4 cm Höhe, 6,5 cm oberem und 7,5 cm unterem Durchmesser gefüllt, der auf einer Glasplatte steht. Die Oberfläche des Breis wird mit dem Rand der Form bündig abgestrichen.

Zunächst wird die Normensteife mit Hilfe des Tauchstabs bestimmt. Hierzu wird die Mitte der Probe unter den Tauchstab gebracht, der vorsichtig auf die Oberfläche des Breis gesetzt und dann losgelassen wird. Der Stab dringt durch sein Eigengewicht in den Brei ein. Der Brei hat die richtige Steife, die sog. Normensteife, wenn der Tauchstab $1/2$ min nach dem Loslassen 7 bis 5 mm über der Glasplatte steht. Falls bei dem ersten Versuch Abweichungen von der vorgeschriebenen Eindringtiefe auftreten, dann ist der Versuch mit verschiedenen Wassermengen zu wiederholen, bis die Normensteife erreicht ist.

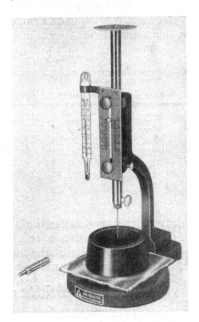

Abb. 4. Nadelgerät.

Zur Bestimmung des Erstarrungsbeginns wird der mit Brei von Normensteife gefüllte Hartgummiring zusammen mit der Glasunterlage unter die Nadel gestellt (vgl. Abb. 4). Die Nadel wird auf die Oberfläche des Breis gesetzt und dann losgelassen; bei den ersten Versuchen läßt man den Schaft zwischen den Fingern hindurchgleiten und erst wenn dabei ein Ansteifen des Breis bemerkt wird, setzt man die Nadel erneut auf den Brei und läßt sie frei fallen. Der Zeitpunkt, in dem sie 3 bis 5 mm über der Glasplatte im Brei steckenbleibt, gilt als Beginn der Erstarrung.

Es empfiehlt sich, den Versuch vom Anmachen an in Abständen von $1/4$ h zu wiederholen; die Nadel ist nach dem Eintauchen jedesmal zu reinigen.

Als Bindezeit gilt die Zeit, die vom Anmachen des Breis vergeht, bis die Nadel höchstens 1 mm in den erstarrten Brei eindringt. Die Festlegung dieses Zeitpunkts erfordert Übung. Vor allem muß darauf hingewiesen werden, daß auf der Oberfläche des Breis sich oftmals eine dünne Schlammschicht ansammelt, auf der die Nadel beim Aufsetzen auch nach erfolgtem Abbinden einen Eindruck hinterläßt. Deshalb ist zur Bestimmung des Endes der Abbindezeit die Unterfläche der Probe zu benutzen. Sie wird zu diesem Zweck mit dem Ring von der Glasplatte abgezogen und umgekehrt wieder unter die Nadel gesetzt.

Für die Beurteilung der Straßenbauzemente ist in Deutschland neben der Prüfung der Abbindeverhältnisse bei 19 bis 21° außerdem noch die Prüfung bei 30° vorgeschrieben. Der Versuch wird in gleicher Weise ausgeführt, wie oben angegeben, nur daß für Zement, Wasser, Geräte und die Lagerung der Proben 30° einzuhalten ist. Auch der Wasserzusatz wird nach der Normensteife des Breis bei 30° bestimmt.

Die Abbindeproben müssen in einem feucht gehaltenen Kasten gelagert oder in geeigneter Weise, z. B. mit einem Glasgefäß, abgedeckt werden, damit vorzeitiges Verdunsten des Wassers — das zu einer Beschleunigung des Erstarrungsbeginns führen kann — vermieden wird. Während des Versuchs darf die Probe nicht erschüttert werden.

Ein gelegentlich beobachtetes vorübergehendes Anziehen des Zementbreis kurze Zeit nach dem Anmachen, das sog. ,,falsche" Abbinden, kann erfahrungsmäßig als unbedenklich bezeichnet werden.

In den englischen Normen ist eine Nadel zur Bestimmung der Bindezeit vorgesehen, mit der die Begrenzung der Eindrücktiefe der Nadel (1 mm) leicht zu erkennen ist. Die Nadel befindet sich in einem glockeähnlichen Gehäuse und ragt 1 mm über den Rand heraus. Sobald der Rand der Glocke beim Aufsetzen auf die Zementprobe nicht mehr erscheint, ist das Abbinden beendet.

Mechanisch arbeitende Prüfgeräte sind mehrfach konstruiert worden, jedoch hat sich keines dieser Geräte durchgesetzt. Alle Versuche, das Erstarren aus der Wärmeentwicklung oder aus der elektrischen Leitfähigkeit zu bestimmen, sind fehlgeschlagen. Tab. 5 enthält eine Zusammenstellung über die Dauer des Erstarrungsbeginns und der Bindezeit in den einzelnen Normenvorschriften.

Die deutschen Normen schreiben vor, daß das Erstarren frühestens 1 h nach dem Anmachen des Zementbreis beginnen darf und spätestens 12 h nach dem Anmachen beendet sein soll.

Zement für Betonfahrbahndecken soll einen Erstarrungsbeginn von frühestens 2 h bei 20° C und von 1 h bei 30° C aufweisen.

Tabelle 5.

Erstarrungsbeginn		Bindezeit	
Minuten	Anzahl Länder	Stunden	Anzahl Länder
30	5	> 3	2
40	1	> 4	1
45	14	< 6	1
60	20	> 7	1
120	1	< 8	3
150	1	<10	14
180	1	<12	8
		<15	2

8. Prüfung auf Raumbeständigkeit.

Unter Raumbeständigkeit des Zements wird die Beständigkeit eines daraus gefertigten Kuchens unter Wasser verstanden. Wenn der Kuchen sich stark verkrümmt, Netzrisse erhält oder zerfällt, dann ist der Zement nicht raumbeständig (s. Abb. 5). Die Raumbeständigkeit wird nach DIN 1164, § 23, an je einem Kuchen, wie er auch zur vorläufigen Prüfung des Erstarrens dient (Abb. 2), bei Lagerung in kaltem Wasser (Kaltwasserversuch) und bei Lagerung in kochendem Wasser (Kochversuch) beurteilt.

Die Kuchen werden sofort nach dem Herstellen in einen mit Feuchtigkeit gesättigten Kasten gelegt und darin dem ungestörten Abbinden überlassen. Nach 24 h werden sie von einer Glasplatte gelöst und dem Versuch unterworfen.

a) Kaltwasserversuch.

Der Kuchen wird unter Wasser gelegt und während weiterer 27 Tage beobachtet. Zu bemerken ist noch, daß die Kuchen erst unter Wasser gelegt werden dürfen, wenn der Zement genügend erhärtet ist; andernfalls können an der Oberfläche Abblätterungen auftreten, die auf Diffusionsvorgänge, aber nicht auf Treiben zurückzuführen sind. Werden die Kuchen vor dem Einlegen in Wasser nicht in feuchter, sondern in trockner Luft gelagert, dann können infolge vorzeitigen Austrocknens Schwindrisse nach Abb. 6 entstehen.

Zur Beobachtung dürfen die Kuchen nicht länger als $1/2$ h aus dem Wasser genommen werden, da sonst durch das Austrocknen radiale Schwindrisse an den Kanten entstehen können. Diese Risse entstehen auch, wenn die Kuchen nach dem Entfernen aus dem Wasser an der Luft aufbewahrt werden. Sie sind keine Treibrisse, sondern Austrocknungsrisse, die über die Raumbeständigkeit des Zements nichts aussagen.

b) Kochversuch.

Der Kuchen wird mit der ebenen Fläche nach oben in einen mit kaltem Wasser gefüllten Topf gelegt. Das Wasser wird in etwa 15 min zum Sieden gebracht und muß während der ganzen Versuchsdauer den Kuchen völlig bedecken. Nach zweistündigem Kochen muß der Kuchen scharfkantig, eben und rißfrei sein.

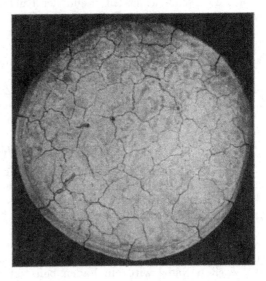

Abb. 5. Kuchen mit Treibrissen.

Wird der Versuch nicht bestanden, so ist er mit Zement zu wiederholen, der 3 Tage lang in einer etwa 5 cm dicken Schicht offen ausgebreitet gelegen hat.

Falls die Kuchen mit der Glasplatte dem Kochversuch ausgesetzt werden, so deutet das Nichthaften des Kuchens an der Glasplatte oder das Entstehen von Rissen im Glas noch nicht auf mangelnde Raumbeständigkeit des Zements hin.

Die Ursache der Nicht-Raumbeständigkeit oder des „Treibens" können bilden: Zu hoher Gehalt an ungebundenem, sog. freiem Kalk (CaO) oder zu hoher Gehalt an Schwefelsäureanhydrid (SO_3) oder zu hoher Gehalt an Magnesia (MgO) [12].

Der Kaltwasserversuch zeigt bis zu einer Beobachtungszeit von 28 Tagen Kalk- und Gipstreiben an. Er zeigt auch das

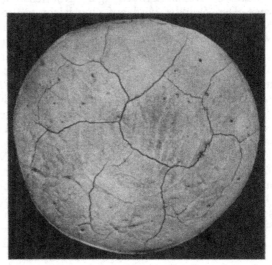

Abb. 6. Kuchen mit Schwindrissen.

Magnesiatreiben an, allerdings erst nach längerem Zeitraum, oftmals erst nach Jahren. Die Begrenzung des MgO-Gehalts mit 5% gibt die Gewähr, daß kein Magnesiatreiben auftritt.

Der Kochversuch zeigt freien Kalk (CaO) an in Mengen von mehr als etwa 2%. Geringe Mengen fein verteilten freien Kalks sind praktisch bedeutungslos, weil Kalziumoxyd schnell hydratisiert und $Ca(OH)_2$ unschädlich ist. Der Kochversuch zeigt nicht das Magnesiatreiben an, weil MgO, so wie es im Zement vorliegt, nur sehr träge zu Mg(OH)$_2$ hydratisiert, auch beim Kochen. Das Ergebnis wird schneller erzielt, wenn der Kuchen hohem Dampfdruck ausgesetzt wird. Von etwa 3% MgO-Gehalt des Klinkers beginnt das Quellen und die Rissebildung des Kuchens. Diese von Erdmenger [13] gemachte Feststellung findet beim Autoklav-Versuch nach den USA-Normen Anwendung. Der Autoklav-Versuch, der eine sehr scharfe Prüfungsmethode darstellt, läßt das Quellen zahlenmäßig erfassen in Prozent der Länge. Auch der Le Chatelier-Versuch, ein Kochversuch, gibt die Ausdehnung in Zahlen an. Er ist weit verbreitet, z. B. wird er in den britischen Normen vorgeschrieben, und er ist auch für die Prüfung auf Raumbeständigkeit nach dem Vorschlag des Cembureau vorgesehen.

c) Le Chatelier-Versuch.

Zum Le Chatelier-Versuch wird ein Messingzylinder von 0,5 mm Blechdicke mit einer Höhe und einem Durchmesser von 30 mm verwendet, der in der Richtung der Längsachse aufgeschlitzt ist und an jeder Seite des Schlitzes in halber Höhe des Zylinders eine 165 mm lange Nadel trägt.

Um die Elastizität des Blechzylinders zu prüfen, wird die eine der beiden Nadeln dicht an der Lötstelle so in einen Schraubstock eingeklemmt, daß die andere Nadel sich darunter befindet und etwa horizontal liegt. An der Lötstelle der zweiten Nadel wird ein Faden befestigt und an diesem ein Gewicht von 300 g angebracht. Bei dieser Belastung darf sich die äußerste Spitze der Nadel um nicht mehr als 15 bis 20 mm aus der Anfangslage entfernen.

Der Versuch wird nach den britischen Normen mit Zementbrei ausgeführt, der mit 78% des zur Erreichung der Normensteife benötigten Wassers angemacht wird. Der Zylinder wird auf eine leicht geölte Glasplatte gestellt, wobei die Nadeln in horizontaler Lage bleiben und weder die Schlitze noch die Nadelenden einen Druck aufeinander ausüben. Er wird dann unter leichtem Zusammenhalten mit Zementbrei gefüllt. Der über den Rand ragende Brei wird mit einem Messer abgestrichen. Nun wird die Form mit einer zweiten Glasplatte bedeckt und alles unter Wasser von etwa 14,5 bis 18°C gelegt. Die obere Glasplatte wird während der Wasserlagerung leicht belastet. 24 h nach dem Anmachen des Breis wird der Zylinder aus dem Wasser genommen und der Abstand der Nadelenden gemessen. Der Zylinder wird sodann mit den Nadelspitzen nach oben in einen Topf mit Wasser gelegt. Das Wasser wird in 25 bis 30 min bis zum Kochen erhitzt und 1 h kochend gehalten. Nach dem Abkühlen wird der Zylinder vorsichtig herausgenommen, der Abstand der Nadelenden erneut gemessen und die Zunahme gegenüber der ersten Messung bestimmt. Die Ausdehnung soll höchstens 10 mm betragen. Wird diese Prüfung nicht bestanden, so wird der Versuch wiederholt, und zwar mit Zement, der in 7,5 cm dicker Schicht in Luft mit 50 bis 60% relativer Feuchtigkeit 7 Tage gelagert hat. Danach soll die Ausdehnung 5 mm nicht überschreiten.

d) Der Autoklav-Versuch.

In den USA-Normen hat dieser Versuch alle anderen Prüfverfahren auf Raumbeständigkeit verdrängt (ASTM C 150—53).

Als Probekörper dienen Prismen von 1″ × 1″ Querschnitt und 10″ Länge, die aus reinem Zementbrei von Normenkonsistenz angefertigt werden. Die Prismen werden mit Meßzäpfchen, wie sie zur Bestimmung der Längenänderung der Prismen mit Hilfe einer Meßuhr üblich sind, versehen. Der weitere Gang ist dann kurz folgender:

Die Formen werden nach dem Füllen in einen feucht gehaltenen Kasten von $23 \pm 1{,}7°$ C gebracht. Nach 2 h werden die Prismen vorübergehend aus dem Kasten genommen, um den über den Rand der Form ragenden Mörtel zu entfernen. Die Prismen werden nach 20 h entformt und wieder in den feucht gehaltenen Kasten zurückgelegt; nach 24 h ($\pm 1/2$ h) werden sie gemessen und in den Autoklaven eingesetzt. Die Temperatur im Autoklaven soll so gesteigert werden, daß nach 1 bis $1\frac{1}{4}$ h ein Druck von $20{,}7 \pm 0{,}35$ atü erreicht wird. Damit die Luft aus dem Autoklaven entweichen kann, wird das Ventil erst geschlossen, nachdem Dampf ausströmt.

Der Druck von 20,7 atü wird 3 h lang beibehalten. Nach dem Abstellen der Heizquelle kühlt der Autoklav 1 h ab; dann wird er geöffnet, nachdem zuvor der noch vorhandene Überdruck durch Öffnen des Ventils entfernt ist. Die Prismen werden sofort in Wasser von 90° C gebracht, das mit kaltem Wasser innerhalb 15 min auf 23° C abgekühlt wird. Diese Temperatur wird noch 15 min beibehalten, bevor die Prismen oberflächlich getrocknet und gemessen werden.

Der Unterschied in der Länge des Prismas vor und nach dem Autoklav-Versuch wird in Prozenten ausgedrückt und als Autoklavausdehnung des Zements bezeichnet.

Die Meßlänge ist der Abstand zwischen den im Innern der Prismen liegenden Enden der Meßzapfen.

Die zulässige Ausdehnung ist begrenzt für Portlandzement mit

0,5% in USA, Uruguay,

1,0% in Finnland, Schweden, Mexiko, Kanada,

1,3% in Argentinien.

Für Hochofenzement liegt in USA die Grenze bei 0,2%. Bemerkt sei, daß es Zemente gibt, die beim Autoklav-Versuch nicht quellen, sondern schwinden. Typisch hierfür sind eisenoxydreiche Zemente.

e) Schnellprüfung auf Raumbeständigkeit.

Um die Raumbeständigkeit schnell beurteilen zu können, wird erdfeucht angemachter Zement sofort einer höheren Temperatur ausgesetzt.

Bei der PRÜSSINGschen Preßkuchenprobe [14] wird der erdfeuchte reine Zementmörtel zu einem Kuchen gepreßt, der sofort dem Dampf kochenden Wassers oder auch einem höheren Atmosphärendruck ausgesetzt wird.

Nach HEINTZEL werden 150 g Zement mit etwa 30 g Wasser angemacht und zu einer Kugel geformt, die nach 5 min auf ein Drahtnetz oder ein Eisenblech gelegt und zunächst vorsichtig, dann stärker während 2 h erhitzt wird. Diese Verfahren werden zur vorläufigen Prüfung in Werkslaboratorien angewendet.

9. Prüfen auf Mahlfeinheit.

a) Siebverfahren.

Die Feinheit der Mahlung wird nach den deutschen Normen durch Absieben des Zements auf dem Sieb 0,09 (4900 Maschen auf 1 cm²) bestimmt.

Beim Sieben von Hand sind quadratische Siebe mit Holzrahmen von etwa 22 cm lichter Weite und etwa 9 cm Höhe zu verwenden. Die Drahtgewebe müssen DIN 1171 entsprechen. Um die Mahlfeinheit des Zements zu ermitteln, werden 100 g bei 105° getrockneter Zement auf das Sieb 0,09 gebracht und 25 min gesiebt, indem das Sieb mit einer Hand gefaßt und in leicht geneigter Lage gegen die andere Hand geschlagen wird. Die Schlagzahl soll etwa 125 in der Minute sein. Nach je 25 Schlägen wird das Sieb in waagerechter Lage um

90° gedreht und dann leicht auf eine feste Unterlage geklopft. Nach 10 und 20 min Siebdauer wird die untere Fläche des Siebs mit einer feinen Bürste abgerieben, um etwa verstopfte Maschen zu öffnen. Nach insgesamt 25 min Siebdauer wird der Siebrückstand in eine Schale geschüttet und gewogen. Zur Nachprüfung wird der Rückstand je weitere 2 min gesiebt, bis er sich in dieser Zeit um weniger als 0,1 g vermindert.

Die Siebrückstände werden in Prozenten des Siebguts mit einer Genauigkeit von 0,1% angegeben.

Der Siebvorgang wird mit einer zweiten Menge von 100 g Zement wiederholt. Dabei dürfen die Unterschiede nicht größer sein als 1%; andernfalls ist noch ein dritter Versuch auszuführen. Maßgebend ist der Mittelwert aus den beiden am nächsten aneinanderliegenden Ergebnissen. An Stelle des Handsiebverfahrens kann auch ein maschinelles Siebverfahren angewandt werden, wenn es zu annähernd gleichen Ergebnissen führt.

Die z. Z. im Handel erhältlichen Siebmaschinen beruhen zumeist auf dem Prinzip der Vibration. Auch die Siebvorrichtung nach Werner sei erwähnt, bei der der Zement mittels Wasser, das aus einer sich schnell drehenden Doppeldüse in feinen Strahlen austritt, durch das Sieb geschlämmt wird. Der Siebrückstand wird getrocknet und gewogen oder er wird in ein graduiertes Rohr gespült und aus dem Volumen bestimmt.

Einen zusammenfassenden Bericht über Siebmaschinen hat L. Krüger gegeben [15].

Nach den deutschen Normen dürfen Portlandzement, Eisenportlandzement und Hochofenzement höchstens 20%, Traßzemente höchstens 8% und Sulfathüttenzemente höchstens 5% Rückstand auf dem Sieb 0,09 hinterlassen. Der Siebrückstand der deutschen Normenzemente liegt heute zumeist unter 10%. Für die Zemente für Betonfahrbahndecken sind besondere Vorschriften dahingehend erlassen, daß allzu fein gemahlene Zemente unerwünscht sind. Der Rückstand auf dem Sieb 0,09 soll im allgemeinen bei Portlandzement nicht kleiner als 5%, bei Eisenportland- und Hochofenzement nicht kleiner als 2% sein. Eine Übersicht über die Anforderungen in den Normen der einzelnen Länder geht aus Tab. 6 hervor.

Tabelle 6.

900 Maschen/cm²		4900 Maschen/cm²		6400 Maschen/cm²	
Rückstand %	Anzahl Länder	Rückstand %	Anzahl Länder	Rückstand %	Anzahl Länder
0,5	1	5	3	6	1
1,0	5	6	1	15	1
1,5	2	10	7	18	1
2,0	7	12	1	20	1
3,0	1	14	3		
		15	4		
		16	2		
		18	2		
		20	4		
		25	5		

Keine Anforderung bezüglich der Mahlfeinheit stellen 7 Länder.

b) Andere Verfahren zur Bestimmung der Feinheit der Mahlung [16].

Größere Bedeutung als der Prüfung der Mahlfeinheit mit Sieben kommt heute jenen Geräten zu, mit denen es möglich ist, die innere Oberfläche des Körnerhaufwerks zu erfassen. An erster Stelle stehen die Verfahren, bei denen die sog. spezifische Oberfläche aus der Luftdurchlässigkeit (Permeabilität) eines Zementbetts bekannter Porosität bestimmt wird. In den USA wird allerdings z. Z. noch einem Gerät der Vorzug gegeben, mit dem die sog. spezifische Oberfläche auf optischer Grundlage festgestellt wird, nämlich dem WAGNERschen „Turbidimeter" (Trübungsmesser).

Um den Kornaufbau getrennt nach Korngrößen zu erfassen, hat sich vor allem das Pipette-Verfahren nach ANDREASEN bewährt. Auch die Windsichter, z. B. der Windsichter nach GONELL oder das auf demselben Prinzip beruhende Flurometer, das in den schweizerischen Normen „Ergänzung 1945" enthalten ist, sind hierzu brauchbar. Sie haben den Nachteil, daß der Versuch zu lange Zeit in Anspruch nimmt.

α) *Luftdurchlässigkeitsverfahren.*

Im Jahre 1937 beschrieb CARMAN [17] ein Verfahren, nach dem aus dem Widerstand, den eine Mehlschicht einer hindurchströmenden Flüssigkeit entgegensetzt, ein Schluß auf die spezifische Oberfläche des Mehls gezogen werden kann. Diese Erkenntnis haben F. M. LEA und R. W. NURSE [18] weiterentwickelt und auf Zement angewandt, wobei an Stelle der Flüssigkeit Gase und Luft dienten. Das Gerät von LEA und NURSE ist dann in den USA von BLAINE vereinfacht worden und dieses vereinfachte Gerät ist bereits in Normen aufgenommen worden, z. B. in die ASTM-Normen [19] seit 1946, in die schweizerischen Normen seit 1953.

Der Verein Deutscher Zementwerke und die Technische Kommission des Cembureau haben sich für die Einführung des BLAINE-Geräts ausgesprochen. Die britischen Normen schreiben seit 1949 das Gerät nach LEA und NURSE vor.

Die beiden Geräte geben weitgehend übereinstimmende Werte. Sie haben sich in der Praxis als zweckmäßig erwiesen.

Das Gerät nach Lea und Nurse. Mit dem Gerät wird die Zementfeinheit durch Feststellung der sog. spezifischen Oberfläche, ausgedrückt als Gesamtoberfläche in cm^2/g, bestimmt. Es besteht aus einer Durchlässigkeitszelle, d. h. aus einem Zylinder mit eingelegter Siebplatte, die mit Filterpapier abgedeckt wird, einem Manometer und einem Luftdurchflußmesser. Hinzu kommt noch eine Vorrichtung zum Erzeugen des Luftstroms.

Das Gerät gestattet eine definierte Menge Luft durch ein auf bestimmte Art vorbereitetes Bett von Zement, das eine definierte Porosität aufweist, zu ziehen. Die Zahl und die Größe der Poren in einem solchen Bett bilden eine Funktion der Partikelgröße und bestimmen die Luftmenge, die durch das Bett hindurchgeht.

Das Prüfgerät und die Durchführung der Bestimmung sind in den britischen Normen BS 12—1947 (Änderung Mai 1948) enthalten[1]. Die Normen gestatten übrigens auch noch die Prüfung durch Sieben auf dem Sieb Nr. 170 (0,088 mm).

Als Grenzwerte werden angegeben

Tabelle 7.

	Sieb 170 %	spez. Oberfläche cm^2/g
Portlandzement	10	2250
Hochwertiger Portlandzement	5	3250

Das BLAINE-Gerät. Die Grundlage der Bestimmung ist die gleiche wie bei dem Gerät nach LEA und NURSE. Das BLAINE-Gerät besteht, wie dieses, aus der

---

[1] Schriftenreihe der Zementindustrie 1954, H. 16.

Durchlässigkeitszelle mit durchlöcherter Platte sowie dem Kolben und einem U-Rohrmanometer. Es fehlt jedoch der Durchflußmesser. Deshalb wird das Gerät mit Zement, dessen spez. Oberfläche bekannt ist, geeicht. Eichproben können bezogen werden vom National Bureau of Standards (Standardprobe Nr. 114), Washington, und vom Forschungsinstitut der Zementindustrie in Düsseldorf. Abb. 7 zeigt den Aufbau des Gerätes.

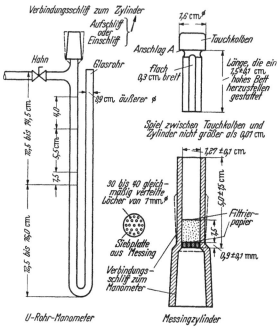

Abb. 7. Blaine-Gerät.

Das Manometer ist mit einer nichtflüchtigen, nichthygroskopischen Flüssigkeit (z. B. Dibutylphthalat) gefüllt. Zur Versuchsdurchführung wird auf die durchlöcherte Platte ein Blatt Filtrierpapier (Schleicher & Schüll 589/3) gelegt. Dann wird eine bestimmte Menge Zement in die Zelle gefüllt. Der Zement wird mit einer zweiten Filtrierpapierscheibe bedeckt und mit dem Kolben zusammengedrückt bis zum Anschlag des Randes. Die Manometerflüssigkeit wird bis zur obersten Marke angesaugt. Der Hahn wird geschlossen und nun saugt die Manometerflüssigkeit Luft durch das Zementbett. Man mißt mit einer Stoppuhr das Absinken des Flüssigkeitsmeniskus zwischen der zweiten und dritten Marke. Die gemessene Zeit ist eine Funktion der spezifischen Oberfläche.

Einzelheiten der Versuchsdurchführung sind aus den amerikanischen Normen, ASTM C 204—51, und dem Bericht hierüber von F. Gille [19] zu entnehmen.

Ein großes Blaine-Gerät, das automatisch die Absinkzeit zwischen der zweiten und dritten Marke registriert, ist von W. Wittekindt konstruiert worden. Der Zylinder faßt 100 g Zement[1].

Zu beachten ist vor allem die Temperatur des Zements und der Luft. Mit heißem Zement werden falsche Ergebnisse erzielt. Schwachbrand läßt schon in geringer Menge die Blaine-Werte stark emporschnellen.

β) Das Wagner-Turbidimeter.

Das Gerät besteht im wesentlichen aus einer Lichtquelle von konstanter Intensität, die derart eingerichtet ist, daß annähernd parallele Lichtstrahlen durch eine Aufschlämmung des zu prüfenden Zements hindurchgehen und auf den lichtempfindlichen Teil einer Photozelle treffen. Der durch die Zelle erzeugte Strom wird mit einem Mikroampèremeter gemessen, dessen Anzeige ein Maß für die Trübung der Aufschlämmung ist. Andererseits ist die Trübung ein Maß für die innere Oberfläche (spezifische Oberfläche) der aufgeschlämmten Zementprobe.

---

[1] Hersteller: Chem. Labor. f. Tonindustrie, Goslar.

Der Apparat wird mit einer Probe, die vom Bureau of Standards bezogen werden kann, geeicht.

Einzelheiten des Prüfverfahrens und der Berechnung s. ASTM C 115—53 (20).

Die nach dem Turbidimeter-Verfahren berechneten Oberflächen liegen unter den nach LEA und NURSE bzw. BLAINE berechneten. Die Mahlfeinheitsvorschriften nach ASTM C 175—53 schreiben folgende Werte vor (Tab. 8).

Tabelle 8.

	Oberfläche in cm²/g		
	Type I	Type II	Type IV
Turbidimeter	1600	1700	1800
Blaine	2800	3000	3200

γ) Das Pipetteverfahren nach ANDREASEN.

Das Verfahren verlangt, daß das Prüfgut in einer ruhenden Flüssigkeit sedimentiert und daß aus bestimmter Höhe zu bestimmten Zeiten eine abgemessene Menge der Suspension entnommen wird. Die Zeiten werden in Beziehung zur Fallhöhe der Teilchen und nach ihrer Korngröße aus dem STOKESschen Gesetz errechnet.

Der Pipetteapparat nach ANDREASEN (Abb. 8) besteht aus einem zylindrischen Gefäß (W), dessen eingeschliffener Glasstopfen eine Pipette (P) trägt, die bis zu einer Tiefe von 20 cm in die Suspension eingeführt wird. Die Pipette faßt 10 ml; sie kann durch einen Zweiweghahn geleert werden. Im Glasstopfen befindet sich ein Loch (L), das beim Umschütteln der Suspension im Apparat durch einen Finger verschlossen wird.

Der Versuch wird in der Weise ausgeführt, daß man aus einer kleinen Flüssigkeitsmenge und 10 g Zement im Zylinder eine Aufschlämmung herstellt, die zunächst kräftig geschüttelt wird. (Der Zement wird zuvor bei 110° getrocknet.)

Die Aufschlämmung wird dann mit Flüssigkeit bis zur oberen Marke aufgefüllt. Nachdem die Pipette eingesetzt und der Hahn geschlossen ist, wird der Zement durch kräftiges Schütteln in der Flüssigkeit verteilt; nun wird der Apparat mehrmals um etwa 180° (um die Längsachse) gedreht und zur Sedimentation hingestellt. In diesem Augenblick wird eine Sekundenuhr eingeschaltet. Nach bestimmten Zeiten wird eine Probe von genau 10 ml durch Ansaugen an der Pipette aus der Aufschlämmung entnommen. Das Saugen soll gleichmäßig geschehen, so daß die Pipette in etwa 30 sek gefüllt ist.

Der Inhalt der Pipette wird in ein sauberes Gefäß entleert und die Pipette durch Ansaugen von Flüssigkeit aus einem kleinen Napf (S) gereinigt. Die Reinigungsflüssigkeit wird der Probe hinzugefügt; die Flüssigkeit wird verdampft und der Rückstand gewogen.

Abb. 8.
Pipette-Apparat
nach ANDREASEN.

Der Apparat soll während des Versuchs keinen Temperaturschwankungen ausgesetzt sein. Die Entnahmezeiten wählt man zweckmäßig für bestimmte Körnungsgrenzen, z. B. 60, 40, 30, 20, 10 μ (1 μ = 0,001 mm). Die Entnahmezeiten werden nach dem STOKESschen Gesetz errechnet:

$$V = \frac{2(D_1 - D_2) g}{9 \eta} \gamma^2.$$

In der Formel bedeuten:

V die Fallgeschwindigkeit der Kugel in cm · s⁻¹,
D_1 Dichte (spezifisches Gewicht) des Teilchens g · cm⁻³,

D_2 Dichte (spezifisches Gewicht) der Flüssigkeit $g \cdot cm^{-3}$,
  g die Erdbeschleunigung = 981 cm $\cdot s^{-2}$,
  η die Viskosität (innere Reibung, Zähigkeit der Flüssigkeit $(g \cdot cm^{-1} \cdot s^{-1})$,
  γ Radius der Kugel in cm.

Als Schlämmflüssigkeit für Zement hat sich absoluter Äthylalkohol bewährt. Der Alkohol muß durch mehrmaliges Destillieren über Kalk (CaO) möglichst wasserfrei hergestellt werden. Es empfiehlt sich außerdem, dem absoluten Alkohol je Liter etwa 3 g wasserfreies Chlorcalcium hinzuzusetzen (als Peptisator). Erwähnt sei, daß bei der Verwendung wasserhaltigen Alkohols infolge Zusammenballens der Zementteilchen falsche Ergebnisse erhalten werden.

Das spezifische Gewicht von wasserfreiem Alkohol ist bei 20° 0,789 und die Viskosität $\eta \cdot 1000 = 12,1$; das spezifische Gewicht des Portlandzements kann nach dem Trocknen bei 110° C im Mittel zu 3,05 in die Formel eingesetzt werden. Bei der Berechnung ist ferner zu berücksichtigen, daß die Eintauchtiefe der Pipette in die Aufschlämmung bei jeder Probenahme um 0,4 cm abnimmt.

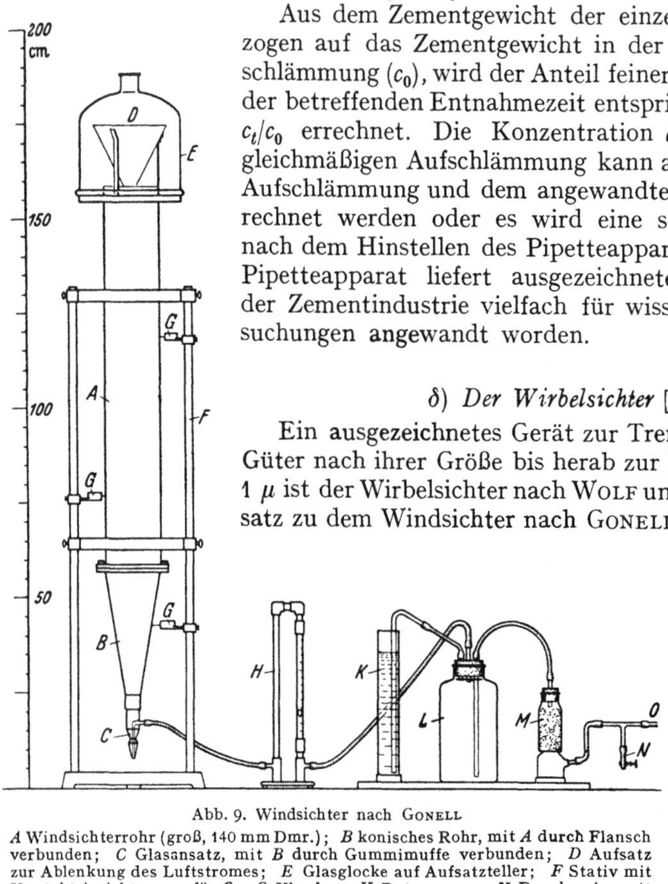

Aus dem Zementgewicht der einzelnen Proben (c_t), bezogen auf das Zementgewicht in der ursprünglichen Aufschlämmung (c_0), wird der Anteil feiner als die Körnung, die der betreffenden Entnahmezeit entspricht, nach der Formel c_t/c_0 errechnet. Die Konzentration c_0 der ursprünglich gleichmäßigen Aufschlämmung kann aus dem Volumen der Aufschlämmung und dem angewandten Zementgewicht errechnet werden oder es wird eine sog. Nullprobe sofort nach dem Hinstellen des Pipetteapparats entnommen. Der Pipetteapparat liefert ausgezeichnete Werte; er ist in der Zementindustrie vielfach für wissenschaftliche Untersuchungen angewandt worden.

δ) Der Wirbelsichter [22].

Ein ausgezeichnetes Gerät zur Trennung staubförmiger Güter nach ihrer Größe bis herab zur Korngröße von etwa 1 μ ist der Wirbelsichter nach Wolf und Rumpf. Im Gegensatz zu dem Windsichter nach Gonell (s. Abb. 9), bei dem in einem senkrecht stehenden zylindrischen Rohr das zu sichtende Pulver einem Luftstrom mit bestimmter Geschwindigkeit, der von unten nach oben strömt, ausgesetzt wird, so daß auf die Körner zwei Kräfte, die Schwerkraft nach unten und die Reibungskraft nach oben

Abb. 9. Windsichter nach Gonell
A Windsichterrohr (groß, 140 mm Dmr.); B konisches Rohr, mit A durch Flansch verbunden; C Glasansatz, mit B durch Gummimuffe verbunden; D Aufsatz zur Ablenkung des Luftstromes; E Glasglocke auf Aufsatzteller; F Stativ mit Kontakteinrichtungen für G; G Klopfer; H Rotamesser; K Druckregler mit in Höhe verstellbarem Einleitungsrohr; L Puffervolumen (4 bis 5 l-Flasche); M Luftreiniger mit Ölabscheider; N Regelventil; O Gebläseluftzuleiter.

wirken, wird bei dem Wirbelsichter das Pulver in einer ebenen, spiralig von außen nach innen verlaufenden Strömung gesichtet. Dabei wirken gleichfalls zwei Kräfte auf die Körner ein, nämlich die nach außen gerichtete Fliehkraft und die nach innen gerichtete Reibungskraft.

In beiden Windsichtern, dem Schwerkraftwindsichter nach GONELL und dem Wirbelsichter, wird das aus verschiedenen Korngrößen bestehende Pulver in ein Grobgut und ein Feingut getrennt. Die Korngröße wird durch die den Sichtraum durchströmende Luftmenge bedingt. Beim Wirbelsichter kommt die Beeinflussung der Korngrenze durch die Spiralensteilheit hinzu.

Der Wirbelsichter nach WOLF und RUMPF wurde von W. CZERNIN durch eine Sichterrinne ergänzt, die dem Wirbelsichter vorgeschaltet wird und die Körnung 20 μ abscheidet.

c) Darstellung der Ergebnisse von Körnungsanalysen [23].

Die Ergebnisse von Schlämm- oder Sichteranalysen werden heute meist im ROSIN-RAMMLER-BENNETT-Körnungsnetz dargestellt, dem eine exponentielle Interpolationsformel

$$R = 100\, e^{-(d/d')^n}$$

als empirische Annäherung zugrunde liegt ($e = 2{,}718$). In Abb. 10 ist die Abszisse nach den Logarithmen der Korngrößen (Durchmesser d) geteilt, die Ordinate jedoch nach den doppelten Logarithmen des reziproken Rückstands R in Gew.-%, d. h. nach lg [lg (100/R)].

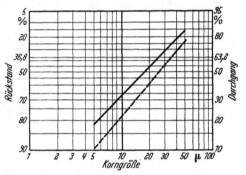

Abb. 10. Körnungsnetz.
Die ausgezogene und die gestrichelte Linie zeigen den Kornaufbau von zwei Zementen an.

Die BENNETT-Gerade für $R = 36{,}8\%$ liefert mit der jeweiligen ROSIN-RAMMLER-SPERLING-Linie den mittleren Korndurchmesser d'. Die Auftragungen der Ergebnisse von Kornaufbauanalysen von Zement ergeben in diesem Körnungsnetz annähernd gerade Linien. Die Neigung n dieser Geraden stellt ein Maß für die Gleichmäßigkeit dar. Je feiner das Mahlgut ist, desto kleiner wird d'; je kleiner n ist, desto größer ist außerdem der Feinstanteil. $n = \infty$ entspricht einem gleichkörnigen Gut. Als Beispiele in Abb. 10 sind zwei verschieden fein gemahlene Zemente gewählt worden (ausgezogene Linie und gestrichelte Linie).

10. Prüfung auf Festigkeit.

a) Deutsches Prüfverfahren.

Nach den deutschen Normen DIN 1164 (Ausgabe Juli 1942) wird Zement auf Biegefestigkeit und Druckfestigkeit geprüft an Prismen 4 cm × 4 cm × 16 cm, die aus weich angemachtem Mörtel hergestellt werden. Der Mörtel besteht aus 1 Gewichtsteil Zement, 1 Gewichtsteil Normensand Körnung I (fein), 2 Gewichtsteilen Normensand Körnung II (grob) und in der Regel aus 0,6 Gewichtsteilen Wasser[1].

Zement und Normensand Körnung I werden von Hand — am besten mit einem Löffel in einer Schüssel — so lange gemischt, bis das Gemenge nach dem Glätten mit dem Löffelrücken einen gleichmäßigen Farbton aufweist. Dann wird Normensand Körnung II zugesetzt und das Ganze 1 min lang gemischt. Schließlich werden 270 g Wasser zugegeben und der Mörtel nochmals 1 min lang innig von Hand gemischt. Danach wird alles in den Mörtelmischer ge-

---

[1] Der Normensand wird vom Laboratorium der Westfälischen Zementindustrie in Beckum (Westf.) geliefert.

bracht, gleichmäßig in dem zugänglichen Teil der Schale verteilt und durch 20 Umdrehungen bearbeitet. Mörtel, der an den Schaufeln und an der Walze kleben bleibt, wird während des Mischens abgestreift und dem übrigen Mörtel zugefügt. Beim Entleeren des Mischers sind die Mörtelreste mit einer Gummischeibe (Breite etwa 80 mm) sorgfältig von den Schaufeln, der Walze und aus der Schale zu entfernen und mit dem übrigen Mörtel in einer Schüssel nochmals

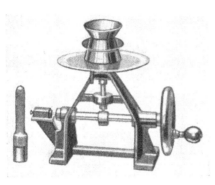

Abb. 11. Rütteltisch.

kurz durchzumischen. Sodann wird das Ausbreitmaß wie folgt festgestellt: Der Setztrichter wird mittig auf die Glasplatte des Rütteltisches (Abb. 11) gestellt, dann der Mörtel in zwei Schichten eingefüllt. Jede Mörtelschicht ist durch 10 Stampfstöße mit dem Stampfer (Abb. 11) zu verdichten. Während des Einfüllens und Stampfens des Mörtels wird der Setztrichter mit der linken Hand auf die Glasplatte gedrückt. Nach dem Stampfen der zweiten Mörtelschicht ist noch etwas Mörtel in den Setztrichter nachzufüllen und der überstehende Mörtel mit einem Lineal abzustreichen. Nach weiteren 10 bis 15 sek wird der Setztrichter langsam senkrecht hochgezogen. Dann wird der Mörtel mit 15 Rüttelstößen während etwa 15 sek ausgebreitet. Der Durchmesser des ausgebreiteten Kuchens wird nach zwei zueinander senkrechten Richtungen gemessen. Beträgt das Ausbreitmaß

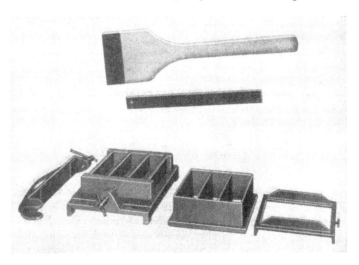

Abb. 12. Prismenform und Stampfer.

16 bis 20 cm, so ist mit dem Wasserzusatz von 270 g weiterzuarbeiten. Ist das Ausbreitmaß kleiner als 16 cm oder größer als 20 cm, dann ist neuer Mörtel mit größerem bzw. kleinerem Wasserzusatz so herzustellen, daß sein Ausbreitmaß 17 bis 19 cm beträgt. Die Probekörper aus dem Mörtel mit 270 g Wasserzusatz sind für die Beurteilung des Zements maßgebend. Die Probekörper aus Mörtel mit dem größeren oder kleineren Wasserzusatz werden als Vergleichsproben geprüft. Die Ergebnisse der Prüfungen sind gleichzeitig anzugeben.

Die Feststellung des Ausbreitmaßes soll spätestens 5 min nach dem Mischen beendet sein. Das ermittelte Ausbreitmaß und der Wasserzementwert sind im Versuchsbericht anzugeben.

Die Formteile (Abb. 12) werden leicht geölt und die Zwischenstege der Form an der unteren, auf der Unterlagsplatte liegenden Fläche mit einer dünnen Schicht Staufferfett versehen. Nach dem Zusammensetzen der Form sind die äußeren Fugen abzudichten, z. B. mit einer Mischung aus 3 Teilen Paraffin und 1 Teil Kolophonium, um später Wasserverluste des Mörtels zu vermeiden.

Nach dem Abdichten der Form wird der Aufsatzkasten auf die Form gesetzt.

Der Mörtel wird unmittelbar vor dem Einbringen in die Form durch wenige Rührbewegungen nochmals gemischt. Dann werden für jeden der 3 Formteile 310 g Mörtel abgewogen, in die Form gebracht und in dieser gleichmäßig verteilt. Der Mörtel wird in jedem Formteil durch 20 Stampfstöße mit dem 0,7 kg schweren Stampfer (Abb. 12) verdichtet. Der Stampfer gleitet dabei abwechselnd an den beiden Seitenwänden des Aufsatzkastens.

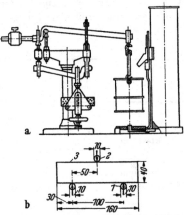

Abb. 13. Festigkeitsprüfer zur Bestimmung der Biegezugfestigkeit. (Maße in mm.)
a Festigkeitsprüfer; b Lastanordnung.

Nach dem Verdichten der ersten Schicht werden 310 g Mörtel für die zweite Schicht eingebracht und ebenfalls durch 20 Stampfstöße verdichtet. Dann wird der Aufsatzkasten entfernt und der überstehende Mörtel durch 2 bis 3 Bewegungen mit einem Spachtel geglättet. Die gefüllte Form ist in einen Kasten mit feuchter Luft zu stellen. 2 h später wird der überstehende Mörtel mit einem Messer abgestrichen und die obere Fläche der Probekörper geglättet. Dann bleibt die Form in waagerechter Stellung in dem Kasten mit feuchter Luft.

Die Prismen werden nach 20 h entformt; sie lagern anschließend während 4 h auf ebenen Glasplatten in Kästen mit feuchter Luft. Im Alter von 24 h werden die Prismen unter Wasser von 18 bis 21° C mit einer Seitenfläche auf einem Holzrost gelagert, dessen Dreikantleisten 10 cm Abstand haben. Hierbei ist die oben liegende Seitenfläche des Prismas zu bezeichnen. Die Probekörper bleiben bis zur Prüfung unter Wasser.

Unmittelbar nach der Entnahme aus dem Wasser werden die Prismen — mit der bezeichneten Seitenfläche nach oben — in die Biegevorrichtung (Abb. 13) gebracht. Die Belastung im

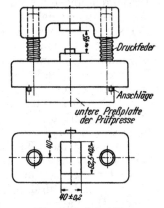

Abb. 14. Druckeinrichtung.
(Maße in mm.)

Schrotbecher soll in 10 s um 1 kg zunehmen. Die Biegezugfestigkeit beträgt $11,7 \cdot G$ kg/cm², wenn die Breite und die Höhe des Probekörpers im Bruchquerschnitt je 4,0 cm messen und G das Gewicht des Bechers mit dem Schrot bedeutet.

Die Bruchstücke der Prismen werden zwischen gehobelten Stahlplatten von 4 cm × 6,25 cm auf Druckfestigkeit geprüft. Abb. 14 zeigt die Druckeinrichtung. Sie ist mit Anschlägen versehen und wird mittig zwischen die Druckplatten einer

Prüfmaschine eingebaut, die in dem Kraftbereich von 2 bis 20 t verwendbar ist. Der Druck ist stets auf 2 Seitenflächen auszuüben. Die Belastung ist in 1 s um 15 bis 20 kg/cm² zu steigern.

Die Prüfung des Zements mit erdfeucht angemachtem Mörtel und Verdichten des Mörtels mit dem Hammergerät ist verlassen worden, weil die Ergebnisse des Prüfverfahrens mit weich angemachtem Mörtel eine bessere Beziehung zu der Betonfestigkeit liefern.

Die Zemente müssen folgende Mindestfestigkeiten in kg/cm² erreichen (Tab. 9).

Tabelle 9.

	1 Tag	3 Tage	7 Tage	28 Tage
		Wasserlagerung		
	kg/cm²	kg/cm²	kg/cm²	kg/cm²
Zement 225				
Biegezugfestigkeit	—	—	25	50
Druckfestigkeit	—	—	110	225
Zement 325				
Biegezugfestigkeit	—	30	40	60
Druckfestigkeit	—	150	225	325
Zement 425				
Biegezugfestigkeit	25	50	60	70
Druckfestigkeit	100	300	360	425

b) Festigkeitsbestimmungen nach ausländischen Normen.

Das alte deutsche Prüfverfahren mit erdfeuchtem Mörtel wird heute noch in einigen Ländern angewandt.

In den nordischen Ländern und in Österreich ist das vorstehend beschriebene Prüfverfahren eingeführt worden. Allerdings wurde in den nordischen Ländern der Wasser-Zement-Faktor von 0,6 auf 0,5 gesenkt.

Die schweizerischen Normen schreiben als Prüfkörper ebenfalls Prismen von 4 cm × 4 cm × 16 cm vor. Der Normensand besteht aus drei Fraktionen 0 bis 1 mm, 1 bis 3 mm und 3 bis 5 mm.

Die internationalen Normungskommissionen (Cembureau u. Rilem) empfehlen die Einführung des Prismas 4 cm × 4 cm × 16 cm als Prüfkörper. Als Sand wird ein aus drei Fraktionen bestehendes Gemisch mit den Rückständen Sieb 0,08 mm 98 ($\pm$2); 0,15 mm 88 ($\pm$5); 0,50 mm 67 ($\pm$5); 1,00 mm 33 ($\pm$5); 1,70 mm 5 ($\pm$5) vorgeschlagen.

Der Wasser-Zement-Faktor ist zu 0,5 vorgesehen.

Nach den französischen Normen wird die Druckfestigkeit an Würfeln von 5 cm Kantenlänge bestimmt. Als Sand wird eine Mischung aus gleichen Gewichtsteilen der Kornfraktionen 0,5 bis 1 mm, 1 bis 1,5 mm und 1,5 bis 2,0 mm verwendet. Die Wassermenge soll auf 1000 g Trockenmörtel betragen: $55\,\mathrm{g} + \frac{1}{5}\,P$, wobei P die Wassermenge zum Bereiten eines Breis von Normenkonsistenz (etwa 27%) ist.

Nach den englischen Normen werden 1 Gewichtsteil Zement, 3 Gewichtsteile Normensand, 2,50 + (0,78/4) P Wasser verwendet.

Der Mörtel wird von Hand gemischt, in die Zugprobenform (1″ Zerreißquerschnitt) gefüllt, so daß ein kleiner Haufen über die Form ragt, und mit einem Stahlspatel (212,6 g) von Hand eingeschlagen.

Der Normensand wird durch Absieben auf Maschensieben gewonnen, deren Gewebe eine lichte Maschenweite von 0,599 mm und 0,853 mm haben.

Für die Prüfung auf Druckfestigkeit werden Würfel von 50 cm² Druckfläche verwendet (7,07 cm Kantenlänge).

Der Mörtel wird aus 185 g Zement, 555 g Normensand und 74 g Wasser hergestellt.

Die Form wird auf dem Normen-Rütteltisch befestigt und mit einem Aufsatz versehen. Sofort nach dem Mischen wird der gesamte Mörtel in den Aufsatz eingebracht und durch Rütteln verdichtet. Die Rütteldauer beträgt 2 min bei einer Schwingungszahl von 12000 ± 400 je min.

Neuerdings gehen in England Bestrebungen dahin, den Zement in einer Betonmischung zu prüfen, die aus grobem Zuschlagstoff ($^3/_{16}$ bis $^3/_4''$): feinem Zuschlagstoff (bis $^3/_{16}''$): Zement : Wasser = etwa 4 : 2 : 1 : 0,6 zusammengesetzt ist. Als Probekörper wird ein Würfel von 4'' Kantenlänge verwendet. Jeder Probekörper soll für sich hergestellt werden. Für einen Würfel mit 10 cm Kantenlänge (umgerechnet von der Gewichtsmenge für einen 4''-Würfel) werden benötigt 310 g Zement, 186 g Wasser. Das Mengenverhältnis grober Zuschlagstoff zu feinem richtet sich nach dem Setzmaß, das zwischen $^1/_2''$ und 2'' (1,72 und 2,54 cm) liegen soll. Die Menge des Zuschlagstoffs ist so zu wählen, daß die Mischung die Form vollständig anfüllt und die Oberfläche des Betons mit der Oberfläche der Form abschließt. Die Menge des Zuschlagstoffs ändert sich mit dem spezifischen Gewicht. Sie soll höchstens 1860 g für den 10 cm-Würfel betragen.

Die Mischung wird wie folgt hergestellt:

Zunächst werden Zement und Sand 1 min gemischt, dann wird der grobe Anteil hinzugegeben und 1 min gemischt und schließlich wird das Wasser hinzugesetzt und alles 3 min mit einer Kelle durchgearbeitet. Der Beton wird in zwei Schichten in die Form eingebracht. Jede Schicht wird mit 35 Schlägen eines Stampfers von 4 lbs Gewicht, 1 sq.in. Grundfläche und 15'' Länge verdichtet. Die Proben werden in der Form 24 h in feuchter Luft gelagert, dann entformt und unter Wasser von 18 ± 1° C gebracht.

An verschiedenen Orten und mit Zuschlagstoffen verschiedener Herkunft ausgeführte Versuche ergaben gut übereinstimmende Werte. Das Prüfverfahren ist für die Prüfung von Zement in einer Betonmischung geeignet. Zu beachten ist jedoch, daß der Betonversuch wesentlich mehr Arbeit erfordert als der Mörtelversuch.

Nach den brasilianischen Normen wird zum Mörtel 1 : 3 ein aus vier Körnungen zusammengesetzter Normensand (je 25 % 0,3 bis 0,15 mm, 0,6 bis 0,3 mm, 1,2 bis 0,6 mm und 2,4 bis 1,2 mm) verwendet.

Der Wasserzusatz wird mit Hilfe eines Fließtisches bestimmt (im Mittel etwa $W/Z = 0,48$ bis 0,50). Der Mörtel wird von Hand mit einer Kelle 5 min gemischt. Als Formen dienen Zylinder von 50 mm ⌀ und 100 mm Höhe, die auf eine Glasplatte gestellt, in vier Schichten gefüllt und mit einem Stampfer durch 30 Stöße je Schicht leicht verdichtet werden.

Die Form wird zunächst mit einer Glasplatte bedeckt. Nach 6 bis 15 h wird die Glasplatte abgenommen und die Oberfläche mit einer groben Bürste aufgerauht, mit Zementbrei abgeglichen und mit einem Messer abgestrichen. Dann wird die Form umgedreht und die andere Seite ebenso behandelt. 20 bis 24 h nach dem Herstellen werden die Probekörper entformt und zunächst 24 h in feuchter Luft, danach unter Wasser von 21 ± 2° gelagert.

In den USA wird auf Zug- und Druckfestigkeit geprüft, wobei jedoch die Prüfmörtel verschiedenartig aufgebaut sind.

Für die Zugfestigkeitsbestimmung wird der Prüfmörtel aus 1 Gewichtsteil Zement + 3 Gewichtsteilen Normensand und einem Wasserzusatz (W), der aus der Normenkonsistenz (P) an reinem Brei nach der Formel $W = \frac{1}{6} \cdot P + 6{,}5$ errechnet wird, zusammengesetzt und durch Kneten und Reiben mit den Händen $1\frac{1}{2}$ min gemischt. (Der Wasserzusatz ist höher als nach dem englischen und dem alten deutschen Prüfverfahren; z. B. beträgt bei einem Wasserbedarf von 27% für die Normenkonsistenz der Wasserzusatz zum Mörtel 11%.) Die Formen (8förmig, 1″ ⌀ an der engsten Stelle) werden mit Mörtel zunächst ohne Verdichten vollgehäuft und abgestrichen. Dann wird der Mörtel mit beiden Daumen, und zwar jede Stelle 12mal, eingedrückt. Der Druck beider Daumen soll zwischen 6,8 und 9,0 kg betragen. Hierauf wird Mörtel nachgefüllt und mit einer Kelle abgeglättet (Druck nicht über 1,8 kg). Die Form wird dann umgedreht und die untere Mörtelschicht wird in gleicher Weise verdichtet wie die obere.

Die Probekörper werden in der Form 20 bis 24 h in feuchter Luft (mindestens 90% relative Feuchtigkeit) gelagert. Nach dem Entformen, aber nicht früher als 24 h nach der Herstellung, werden die Probekörper in Wasser von $21 \pm 1{,}7°$ C gelegt.

Für die Bestimmung der Druckfestigkeit wird Mörtel aus 1 Gewichtsteil Zement + 2,75 Gewichtsteilen Quarzsand + 0,531 Gewichtsteilen Wasser, wie unter a) angegeben, gemischt. Als Probekörper dienen Würfel von 2″ Kantenlänge (5,08 cm). Der Mörtel wird in zwei Schichten in die Form gefüllt, wobei jede Schicht mit den Fingerspitzen verdichtet wird. Schließlich wird die obere Fläche glattgestrichen.

Die Proben werden wie zuvor gelagert.

Die Körnung der Sande s. Tab. 10.

Tabelle 10. *Körnung amerikanischer Normensande.*

Siebe, lichte Maschenweite in mm	a) Standardsand Rückstand in %	b) Quarzsand Rückstand in %
0,149	—	98 ± 2
0,297	5	75 ± 5
0,59	80 bis 100	2 ± 2
0,84	15	—
1,19	—	0

Aus den angeführten Beispielen geht die Mannigfaltigkeit des Aufbaus des Normenmörtels hervor.

Bei der Lieferung eines Zements nach einer ausländischen Norm, die nicht der des eigenen Landes entspricht, ist es notwendig, nach dieser zu prüfen.

11. Bestimmung des spezifischen Gewichts.

Die deutschen Normen enthalten keine Vorschrift über ein Verfahren zur Bestimmung des spezifischen Gewichts, wohl aber ist in einzelnen ausländischen Normen ein solches angegeben.

Da Zement in Wasser teilweise löslich ist, wird als Flüssigkeit verwendet: Alkohol, Toluol, Tetrachlorkohlenstoff, Petroleum, Paraffinöl. Der Zement wird vor der Bestimmung entweder 1 h bei 110° getrocknet oder aber 15 min bei 1000° geglüht. Nur gelegentlich wird auch das spezifische Gewicht im Anlieferungszustand bestimmt.

Im Prüfungsbericht ist anzugeben, ob der Zement getrocknet, geglüht oder wie angeliefert geprüft wurde.

a) Volumenometerverfahren.

Die Bestimmung des spezifischen Gewichts (s) mit Hilfe eines Volumenometers nach Abb. 15 beruht darauf, daß das von einer bestimmten Zementmenge verdrängte Flüssigkeitsvolumen bestimmt wird.

Wenn P das Gewicht des Zements und V das verdrängte Flüssigkeitsvolumen ist, dann ist $s = P/V$.

Man kann auch einen Glaskolben mit Ringmarke am Hals, dessen Inhalt bekannt ist, verwenden. Der Glaskolben fasse z. B. 50 ml. Man füllt genau 30 g Zement in den Kolben und läßt nun aus einer Bürette in den Kolben bis zur Ringmarke Alkohol, Petroleum od. dgl. fließen. Es seien dazu verbraucht 40 ml Flüssigkeit, dann ist das spezifische Gewicht

$$s = 30/(50 - 40) = 3{,}0.$$

b) Pyknometerverfahren.

Für die Bestimmung des spezifischen Gewichts im Pyknometer kann ein Glasgefäß mit eingeschliffenem Glasstopfen verwendet werden, das nach oben verlängert ist und eine Durchbohrung aufweist. Man führt folgende Wägungen aus:

A Gefäß leer; B Gefäß mit Flüssigkeit (z. B. Alkohol); C Gefäß mit Zement; D Gefäß mit Zement und Flüssigkeit gefüllt.

Dann ist das spezifische Gewicht (s) der Flüssigkeit:

$$s = \frac{C - A}{(B - A) - (D - C)}.$$

Es ist vor allem darauf zu achten, daß nach der Zugabe der Flüssigkeit zum Zement die am Zement haftenden Luftbläschen entweichen, was durch leichtes Klopfen des Kolbens auf eine weiche Unterlage oder durch Evakuieren erreicht wird.

Das Gefäß ist mit der Flüssigkeit stets bis zur Marke, oder falls es mit einem durchbohrten Glasstopfen verschlossen ist, bis zum Austreten der Flüssigkeit aus dem Stopfen zu füllen.

Bei allen Wägungen ist die Temperatur konstant zu halten, z. B. 18° C.

Abb. 15.
Volumenometer.

12. Bestimmung des Raumgewichts [24].

Ein einheitliches Verfahren für die Bestimmung des Raumgewichts besteht nicht. In Deutschland sind die folgenden Verfahren üblich:

Verwendet wird ein Litergefäß von 8,7 cm lichtem Durchmesser und 17 cm lichter Höhe. Der Zement wird in das Litergefäß a) eingebracht mittels des BÖHME-Apparats; b) eingebracht mittels einer Rutsche; c) eingefüllt von Hand; d) eingerüttelt von Hand.

Der Apparat von BÖHME (vgl. Abb. 16) besteht aus einem Aufsatz, der auf das Litergefäß gesetzt wird. Er ist 31,4 cm hoch und in 14 cm Höhe über der Oberkante des Litergefäßes durch eine Klappe unterteilt. Der über der Klappe befindliche Raum dient zum Einfüllen des Zements. Die Klappe wird vor dem Versuch arretiert, so daß der obere Teil des Aufsatzrohrs geschlossen ist.

Der Zement wird nun in den Aufsatz lose eingestreut, bis sich ein Kegel gebildet hat; der über den Rand ragende Zement wird abgestrichen. Dann wird die Klappe durch Lösen des Arretierhebels geöffnet, wonach der Zement in das Litergefäß fällt. Der Aufsatzkasten wird vorsichtig abgehoben und der Zement wird mit dem Rande des Litergefäßes bündig abgestrichen. Das Gewicht des im Litergefäß befindlichen Zements ist das Litergewicht (eingelaufen). Das Gerät ergibt bei vorsichtigem Arbeiten mit demselben Zement nur geringe Streuungen der Ergebnisse.

Sehr gut übereinstimmende Werte erhält man auch durch Anwendung einer Holzrutsche, deren unteres Ende über die Mitte des Litergefäßes gestellt wird, so daß zwischen dem oberen Rand des Litergefäßes und dem unteren Rand der Rutsche ein Abstand von 5 cm vorhanden ist. Der Zement wird auf die Rutsche gestreut und fällt von dieser in das Litergefäß. Im übrigen wird wie zuvor verfahren.

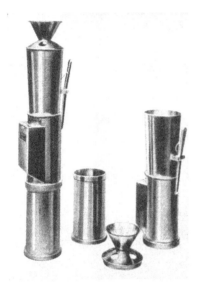

Abb. 16. Böhme-Apparat.

Der Böhme-Apparat und die Rutsche liefern etwa dieselben Ergebnisse. Etwas höher liegen die Ergebnisse, wenn der Zement mit einer kleinen Schaufel aus etwa 3 cm Höhe über dem Rande des Gefäßes in dieses eingestreut wird. Für die Bestimmung des Litergewichts „eingerüttelt“ wird ein schweres Gefäß verwendet, das gegen die Rüttelstöße genügend widerstandsfähig ist (Höhe und Durchmesser sind dieselben wie oben angegeben).

Der Zement wird von Hand in sechs gleich großen Teilmengen eingefüllt. Das Gewicht einer Teilmenge ist zu etwa 320 bis 350 g zu bemessen. Jede Teilmenge wird 2 min durch Heben und Fallenlassen des Gefäßes gerüttelt, indem der Stoß unter schwacher Neigung des Gefäßes auf die Kante ausgeübt wird; nach je 15 Stößen wird das Gefäß um etwa 60° gedreht. Die Anzahl der Stöße beträgt etwa 250 in der Minute, die Hubhöhe des Gefäßes 2 bis 2,5 cm.

Zum Einrütteln der letzten Schicht wird auf das Litergefäß eine Hülse von etwa 5 cm Höhe gesetzt. Nach dem Einrütteln der letzten Schicht wird die Hülse entfernt und der über den Rand des Gefäßes ragende Zement wird mit einem Lineal abgestrichen. Schließlich wird der im Litergefäß befindliche Zement gewogen; das Gewicht ist das Litergewicht „eingerüttelt“.

Der Internationale Verband für die Materialprüfungen der Technik hat zum Einfüllen des Zements einen Trichter vorgeschlagen, der mit einer Bodenplatte aus einem Lochsieb mit 2 mm Lochweite versehen ist. Das Trichterende liegt 50 mm über dem Rande des Litergefäßes. Der Zement wird in Mengen von 300 bis 400 g in den Trichter geschüttet und mittels Spachtel durch das Sieb getrieben. Sobald das Litergefäß so weit gefüllt ist, daß der Fuß des Kegels auf gleicher Höhe mit dem Rande des Gefäßes steht, hört man mit dem Füllen auf. Der Kegel wird mit einem Lineal abgestrichen und das Gewicht des Zements im Gefäß bestimmt.

Das Litergefäß hat die Abmessungen: Höhe gleich Durchmesser. Dieses Verfahren ist in Deutschland nicht eingeführt worden.

13. Bestimmung der Hydratationswärme.

Die Untersuchungen über das thermische Verhalten der Zemente verfolgen den Zweck, eine Auswahl der Zemente für Massenbauten, bei denen eine hohe Temperatursteigerung unerwünscht ist, treffen zu können.

Die Bestimmung der Hydratationswärme in cal/g hat für die Auswahl der Zemente vor allem im amerikanischen Talsperrenbau eine beachtliche Bedeutung gewonnen. Die wichtigsten Verfahren seien hier mitgeteilt:

Ein einfaches Verfahren besteht nach O. FABER [25] und ferner nach C. DE LANGAVANT [26] darin, den Zementbrei in einem DEWARschen Gefäß oder in einer Thermosflasche dem Abbinden zu überlassen und die Temperaturänderung aufzuzeichnen. Unter Berücksichtigung der Wärmeverluste wird daraus die Hydratationswärme in cal je g Zement errechnet.

Das Thermosflaschenverfahren ist zwar geeignet, die Wärmeeffekte — nach dem Anmachen des Zements — in der ersten Zeit der Erhärtung (etwa bis zu 72 h) zu erfassen, nicht dagegen die später noch auftretenden. Falls auch die beim Nacherhärten entstehenden Effekte bestimmt werden sollen, sind vor allem die folgenden Verfahren zu nennen:

1. Die Bestimmung der Hydratationswärme bei adiabatischer Lagerung und
2. die indirekte Bestimmung aus der Differenz der Lösungswärme des angelieferten Zements und des hydratisierten Zements (Lösungswärmeverfahren).

Nach dem ersten Verfahren wird ein Abfließen der von der Zementprobe entwickelten Wärme verhindert, indem der die Probe umgebende Luftraum durch geeignete Vorrichtungen stets auf derselben Temperatur gehalten wird wie die der abbindenden Zementprobe.

Von den zahlreichen inzwischen entwickelten adiabatischen Kalorimetern seien genannt die Apparate von DAVEY, von W. EITEL, H. E. SCHWIETE und K. WILLMANNS, von BENEDICKT und der nach ähnlichen Grundsätzen konstruierte von KELLER [27].

Der wichtigste Vorteil des adiabatischen Kalorimeters besteht darin, daß die Zeit-Temperatur-Kurve unmittelbar erhalten wird. Nachteile sind, daß es in der Anschaffung teuer ist und daß es eine sorgfältige Überwachung erfordert.

Der Temperaturanstieg verläuft bei adiabatischer Lagerung steiler als bei nichtadiabatischer, so daß ein Vergleich der Ergebnisse beider Verfahren erst nach etwa 3 Tagen möglich ist.

Die Bestimmung der Hydratationswärme des Zements nach dem Lösungswärmeverfahren ist zuerst von ROTH empfohlen und praktisch von H. WOODS, H. H. STEINOUR und H. R. STARKE angewandt worden; später berichten darüber W. LERCH und H. BOGUE, PIERCE und LARMOUR, R. W. CARLSON und L. R. FOBRICH u. a. [28].

Zu beachten ist bei diesem Verfahren, daß durch Kohlensäureaufnahme oder durch Feuchtigkeitsverlust der hydratisierten Probe die Ergebnisse zu hoch ausfallen können gegenüber der Bestimmung im adiabatischen Kalorimeter und schließlich ist zu beachten, daß die Lagerungstemperatur niedriger ist als die im adiabatischen Kalorimeter und in der Thermosflasche.

In den britischen Normen (BSS 1370/1947) und in denen der Vereinigten Staaten von Amerika (ASTM C 186/55) sind Verfahren zur Bestimmung der Hydratationswärme nach dem Lösungswärmeverfahren angegeben.

Die Hydratationswärme wird aus der Differenz der Lösungswärme des angelieferten (nichthydratisierten) Zements und der hydratisierten Proben im Alter von 7 und 28 Tagen errechnet.

Das Gerät zur Bestimmung der Lösungswärme geht aus Abb. 17 hervor. Das DEWAR-Gefäß hat einen Inhalt von 0,568 l. Zum Messen der Temperatur dient ein BECKMANNsches Thermometer mit einem Bereich von 6°. Sämtliche Teile des Apparats, die mit der Säure in Berührung kommen, sollen mit einem säurebeständigen Überzug (Paraffinwachs) versehen sein. Der Rührer soll 400 U/min machen. Die Wärmekapazität des Systems wird mit Zinkoxyd bestimmt, dessen Lösungswärme zu 256,1 cal/g angenommen wird. Das Zinkoxyd soll zuvor mehrere Stunden bei 900 bis 950° geglüht werden.

Ausführung des Versuchs nach dem amerikanischen Verfahren. 400 g 2n-Salpetersäure und 8 ml Fluorwasserstoffsäure (48%) werden in das Dewar-Gefäß gefüllt; dann wird zusätzlich so viel 2n-Salpetersäure hinzugefügt, daß das Gesamtgewicht 425 g beträgt. Die Mischung wird 5 min gerührt; nach dieser Zeit wird die Temperatur auf 0,001° genau abgelesen. Danach wird nochmals 5 min gerührt und die Temperatur jede Minute abgelesen.

7 g Zinkoxyd werden in gleichmäßigen Gaben quantitativ durch den Trichter in die Säuremischung gegeben. Die Zugabe soll mindestens 1 min, höchstens aber 2 min dauern.

Die Temperatur wird alle 5 min abgelesen, bis zwei aufeinanderfolgende Ablesungen keine Änderungen mehr ergeben. Der Zeitraum zwischen der ersten Ablesung (vor der Eingabe des ZnO) und der Einstellung konstanter Temperatur wird als Lösungsperiode bezeichnet; sie soll nicht länger als 30 min dauern. Die folgende Periode von 5 min Dauer ist die Ausrührperiode. Die während der Ausrührperiode beobachtete Temperaturänderung wird mit der Anzahl der 5 min-Intervalle der Lösungsperiode multipliziert und dieser Wert von der während der Lösungsperiode festgestellten Temperatursteigerung subtrahiert. Damit wird die Erwärmung durch das Rühren erfaßt. Zu berücksichtigen ist ferner das Wärmehaltungsvermögen des Kalorimeters.

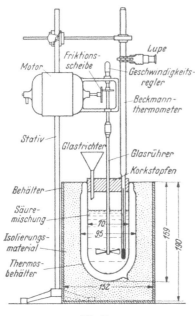

Abb. 17.
Kalorimeter für die Bestimmung der Lösungswärme nach den amerikanischen Vorschriften.

Wird die Wärmekapazität des Kalorimeters mit Zubehör mit Kap bezeichnet, der korrigierte Temperaturanstieg in Grad mit t_{korr}, die Raumtemperatur mit T, die Endtemperatur des Kalorimeters mit t_1 und wird das Gewicht des zum Versuch verwendeten Zinkoxyds in g angegeben, dann ist

$$\text{Kap (cal/g)} = \frac{\text{g ZnO } (256,1 + 0,1 (30 - t_1) + 0,12 (T - t_1))}{t_{korr}}.$$

Vorbereiten der Proben. 300 g Zement und 120 g dest. Wasser werden gemischt und mit einem Rührer 5 min kräftig gerührt. Dann werden 4 oder 5 Glasflaschen ($2\frac{1}{2}$ cm × 10 cm) mit annähernd denselben Mengen Zementbrei gefüllt. Die Flaschen werden sofort mit einem gut schließenden Stopfen verschlossen, nachdem zuvor der zwischen dem Stopfen und dem Zementbrei verbleibende Raum (etwa 3 mm) mit Paraffinwachs ausgefüllt ist.

Die Flaschen werden bei 21° C gelagert. Zum vorgeschriebenen Termin (7 oder 28 Tage) wird von einer Flasche der Stopfen abgenommen, das Glas vom Inhalt losgebrochen und der ganze Körper schnell so weit zerkleinert, bis alles ein Sieb mit 0,3 mm lichter Maschenweite passiert.

Für die Bestimmung der Lösungswärme wird vom Zement (angeliefert) eine Probe von 3 g, vom hydratisierten Zement (jeweils zu den vorgeschriebenen Terminen) eine Probe von 4,18 g (auf 0,1 mg genau gewogen) verwendet. Die

Lösungswärme wird nach dem beim Bestimmen der Wärmekapazität des Systems mit Zinkoxyd beschriebenen Verfahren ermittelt. Die Ergebnisse werden auf geglühte Substanz bezogen. Der Zement wird $1\frac{1}{2}$ h bei 900° und die hydratisierte Probe zunächst 1 h bei 1050° und dann etwa 16 h (über Nacht) bei 900° erhitzt.

Berechnung. Die Lösungswärme in cal/g für den trockenen Zement (W_{tr}) wird berechnet nach der Formel:

$$W_{tr} = \frac{t_{korr} \cdot \text{Kap}}{\text{Gewicht der Probe (geglüht)}} - 0{,}2 (T - t_2).$$

Die Lösungswärme in cal/g für den hydratisierten Zement (W_{hydr}) wird berechnet nach der Formel:

$$W_{hydr} = \frac{t_{korr} \cdot \text{Kap}}{\text{Gewicht der Probe (geglüht)}} - 0{,}4 (T - t_3) - 0{,}3 (t_2 - t_3),$$

wobei t_2 die Endtemperatur des Kalorimeters der trockenen Probe, t_3 die Endtemperatur des Kalorimeters der hydratisierten Zementprobe ist.

Die Hydratationswärme ist die Differenz aus der Lösungswärme der trockenen und der hydratisierten Zementprobe.

14. Schwinden und Quellen.

Um das Schwinden und Quellen der Zemente untereinander vergleichen zu können, ist das Einhalten bestimmter Prüfvorschriften notwendig, die sich erstrecken müssen auf: das Mischungsverhältnis, den Zuschlagstoff, die Menge des Anmachwassers, das Herstellen der Probekörper, die Abmessungen des Probekörpers, die Anordnung der Meßstellen am Probekörper, die Lagerung vor Beginn des Austrocknens, die Austrocknungsbedingungen (Temperatur und Luftfeuchtigkeit), den Zeitpunkt der ersten Messung (Nullwert) und die Prüftermine.

Alle diese Versuchsbedingungen sind berücksichtigt worden in dem Verfahren zur Bestimmung des Schwindens nach DIN 1164. Näheres s. Abschn. VI F.

R. DITTRICH empfiehlt zur genauen Messung von räumlichen Schwind- und Quellvorgängen flüssiger, breiiger oder fester Stoffe in Abhängigkeit von der Temperatur und Zeit ein Volumenometer, das im Prinzip dem in Abb. 15 dargestellten Volumenometer nach SCHUMANN entspricht, jedoch verfeinert ist. (Herst. A. Dopheide, Brackwede i. W.)

15. Prüfung des Luftgehaltes von luftporenbildendem Portlandzement.

Das Verfahren wird in den ASTM C 185—53 T als vorläufiges Verfahren beschrieben. Es beruht auf einer genauen Messung des Raumgewichts in einem Gefäß mit einem inneren Durchmesser von $3 \pm 1/16''$ $(7{,}6 \pm 0{,}16$ cm). Das Gefäß soll bei 23° C 400 ± 1 ml fassen.

Der Mörtel besteht aus 300 g Zement und 1200 g Normensand

$$(<0{,}840 \text{ mm} > 0{,}590 \text{ mm}).$$

Der Wasserzusatz wird nach dem Ausbreitmaß bestimmt (etwa 49 bis 50%). Der Mörtel wird in einem 5,5 l-Mischer mit Planetengetriebe gemischt, und zwar wird zunächst das Wasser in die Mischschüssel gegeben, dann der Zement und schließlich bei laufendem Motor der Sand. Die Mischung wird 30 sek mit einer Geschwindigkeit des Rührers von 285 ± 10 Umdrehungen je Minute gemischt.

Der Mörtel wird in drei Schichten in den Behälter gefüllt. Jede Schicht wird mit einem Spatel abgestrichen. Zum Schluß wird die Wand fünfmal mit dem hölzernen Griff des Spatels geklopft. Unter Berücksichtigung des spezifischen Gewichts des Zements = 3,15, des Sandes = 2,65 und des Wassers bei 23° C wird der Luftgehalt nach folgender Formel berechnet:

$$\text{Luftgehalt in Volumenprozenten} = 100 - 2,5\, W\, \frac{(182,7 + P)}{(5000 + 10\, P)},$$

W 400 ml Mörtel in Gramm,
P Prozentgehalt des Anmachwassers, bezogen auf den Zementgehalt.

Für Portlandzement mit luftporenbildenden Zusatzstoffen soll der Luftgehalt des Mörtels $18 \pm 3\%$ betragen.

16. Chemische Untersuchung der Zemente [29].

Die Zusammensetzung der Zemente muß den in den Begriffsbestimmungen der Normen angegebenen Forderungen entsprechen. Darüber hinaus wird für die Straßenbauzemente die Durchführung einer Vollanalyse verlangt.

In Zementen werden bestimmt:

a) **Portlandzement.** Glühverlust, unlöslicher Rückstand, lösliche Kieselsäure (SiO_2), Tonerde (Al_2O_3), Eisenoxyd (Fe_2O_3), Kalziumoxyd (CaO), Magnesiumoxyd (MgO), Schwefelsäureanhydrid (SO_3). Die Bestimmung der Alkalien wird nur aus besonderer Veranlassung durchgeführt. Die Alkalien befinden sich in dem sog. Rest. Tonerde + Eisenoxyd werden häufig zusammen als R_2O_3 angegeben.

b) **Hüttenzemente.** Die unter a) genannten Stoffe, ferner Manganoxyd (MnO) und Sulfid-Schwefel (S).

Die nachstehend mitgeteilten Analysenverfahren können auch für die Untersuchung anderer hydraulischer Bindemittel, von Hochofenschlacke, Mörtel, Beton, Kalkstein und nach vorausgegangenem Aufschluß auch für Ton und Rohmehl angewandt werden.

Vorbehandlung. Aus etwa 100 g einer Durchschnittsprobe des Zements wird mit einem kräftigen Magneten das Eisen herausgezogen. Die erhaltene Menge Eisen wird vermerkt.

Analysengang. *1. Glühverlust.* a) Portlandzement. 1 g Zement wird im bedeckten Platintiegel zuerst 2 bis 3 min über kleiner Flamme angewärmt, dann in einem auf 1000° geheizten Tiegelofen unter Luftzutritt 10 min erhitzt. Ergebnis Glühverlust.

b) Eisenportland- und Hochofenzement. Für diese Zementarten müssen Wasser und Kohlensäure getrennt bestimmt werden, weil beim Glühen nach 1a wegen nebenher verlaufender Oxydations- und Dissoziationsvorgänge keine brauchbaren Werte erhalten werden.

Das Wasser wird bestimmt, indem eine abgewogene Menge Zement in einem Verbrennungsrohr geglüht und das entstandene Wasser in einem mit Kalziumchlorid oder Silikagel gefüllten Rohr aufgefangen und gewogen wird.

Die Kohlensäure wird entweder gewichtsanalytisch durch Zersetzen von 3 bis 5 g Zement mit Salzsäure und Auffangen und Wägen der entstandenen Kohlensäure im Natronkalkrohr oder im Kaliapparat oder volumetrisch nach Lunge-Rittener bestimmt. Das Freiwerden von Schwefelwasserstoff wird durch Zugabe einer Messerspitze voll Quecksilberchlorid zur Salzsäure verhindert. Ergebnis: Wasser und Kohlensäure.

2. Unlöslicher Rückstand. 2 g Zement werden in einem 50 ml-Becherglas mit 10 ml konz. Salzsäure versetzt und bei bedecktem Becherglas 30 min auf dem Wasserbade erhitzt; dann wird mit 25 ml heißem, salzsäurehaltigem Wasser verdünnt, der Rückstand abfiltriert und mit heißem, salzsäurehaltigem Wasser, zum Schluß mit heißem Wasser ausgewaschen. Das Filtrat wird in einem 250 ml-Meßkolben aufgefangen und dient zur Bestimmung von Fe_2O_3, SO_3 und gegebenenfalls Mn_2O_3. Der Rückstand auf dem Filter wird in ein Becherglas (400 ml) gespült und mit 200 ml einer 5%igen Sodalösung versetzt. Nach etwa 3 min langem Digerieren in der Kälte wird bis zum Sieden erhitzt. Sobald die Kieselsäure gelöst erscheint, wird das Filter zugegeben und noch 5 min im gelinden Sieden erhalten. Der Rückstand wird sofort abfiltriert und zunächst mit heißem Wasser, dann mit heißem, salzsäurehaltigem Wasser und schließlich wieder mit heißem Wasser ausgewaschen. Der Rückstand wird getrocknet, geglüht und gewogen.

Ergebnis: Unlöslicher Rückstand.

3. Schwefelsäureanhydrid (Sulfatschwefel). Der für die Bestimmung der Schwefelsäure entnommene Anteil von 100 ml wird in einem hohen Becherglas (400 ml Inhalt) in der Siedehitze mit 10 ml siedend heißer Bariumchloridlösung versetzt. Nach etwa 18stündigem Stehenlassen wird die Lösung vom Niederschlag durch ein Blaubandfilter abgegossen; der Niederschlag wird mehrmals mit kleinen Mengen Wasser, denen einige Tropfen Salzsäure zugesetzt sind, aufgekocht, nach kurzem Absitzen filtriert, dann der Niederschlag auf das Blaubandfilter gespült und mit heißem, schwach salzsäurehaltigem Wasser ausgewaschen. Filter samt Niederschlag werden im Tiegel verascht; der Rückstand wird auf dem Bunsenbrenner geglüht.

Ergebnis: $BaSO_4$.

Durch Multiplizieren mit 0,343 ergibt sich der Gehalt an SO_3.

4. Kieselsäure und unlöslicher Rückstand. 1 g Zement und etwa 1 g Ammoniumchlorid werden in einem Becherglas von 50 ml Inhalt gründlich vermischt und vorsichtig mit 10 ml konz. Salzsäure ($d = 1,19$) versetzt. Das Becherglas wird mit einem Uhrglas bedeckt und $^1/_2$ h auf der Platte eines Wasserbades erhitzt. Während dieser Zeit wird der Inhalt mehrmals mit einem Glasstab umgerührt, so daß keine Zementklümpchen zurückbleiben. Hierauf werden 25 ml heißes, salzsäurehaltiges Wasser zugegeben und Lösung und Rückstand auf ein Filter gebracht, in das zuvor etwas Filterbrei gegeben wurde. Der Rückstand wird mit salzsäurehaltigem Wasser (50 ml Salzsäure auf 1 l Wasser) ausgewaschen. Das Filter mit dem Rückstand wird vorsichtig verascht und dann schließlich bei 1100 bis 1200° geglüht.

Ergebnis: Kieselsäure und unlöslicher Rückstand.

5. Tonerde und Eisenoxyd. a) Portlandzement (MnO-Gehalt kleiner als 0,3%). Das salzsaure Filtrat von der Kieselsäure wird mit 10 ml Bromwasser oder mit einigen ml einer 3%igen Wasserstoffsuperoxydlösung versetzt und zum Sieden erhitzt. Nach dem Verdampfen des überschüssigen Oxydationsmittels und nach Zugabe einiger Tropfen Methylrot wird tropfenweise mit konz. Ammoniak gefällt, bis ein Tropfen den Farbumschlag nach Gelb herbeiführt. Danach wird 1 min lang gekocht und sofort heiß filtriert. Der Niederschlag auf dem Filter wird mit heißer 2%iger Ammoniumchloridlösung, der so viel Ammoniak zugegeben wird, daß Methylrot gerade umschlägt, ausgewaschen. Dann wird der Niederschlag in verdünnter Salzsäure (1 : 5) wieder gelöst und die Fällung nach dem Verdünnen der Lösung mit Wasser auf etwa 100 ml wiederholt. Das Filter mit dem Niederschlag wird im Platintiegel getrocknet, mit kleiner Flamme vorsichtig verascht und zuletzt unter Luftzutritt bei 1100 bis 1200° geglüht.

Ergebnis: $Al_2O_3 + Fe_2O_3 +$ etwaiges $TiO_2 + P_2O_5$.

Als Tonerde soll gelten: dieses Ergebnis weniger Fe_2O_3.

b) Eisenportland- und Hochofenzement sowie Portlandzement mit über
0,3 % MnO. Abtrennung von $Al_2O_3 + Fe_2O_3 + Mn_3O_4 + TiO_2 + P_2O_5 = R_2O_3$
von Kalk und Magnesia.

Das Filtrat der Kieselsäure wird mit etwa 1 bis 2 g Ammoniumpersulfat
und Ammoniak in geringem Überschuß versetzt und zum Sieden erhitzt. Der
Niederschlag wird abfiltriert und mehrere Male mit heißem Wasser ausgewaschen. Der Rückstand auf dem Filter wird wieder in Salzsäure gelöst und
die Fällung in der beschriebenen Weise wiederholt. Der Niederschlag wird bis
zum Verschwinden der Cl'-Reaktion mit heißem Wasser ausgewaschen. Er
enthält das R_2O_3 mit Einschluß des Mangans und wird verworfen. Das eingeengte Filtrat wird zur Bestimmung des Kalks und der Magnesia verwandt.
Tonerde + Titansäure wird in einer besonderen Einwaage als Phosphat bestimmt.

6. Kalziumoxyd. Das Filtrat von der Tonerde- und Eisenoxydfällung wird
durch einige Tropfen Ammoniak ammoniakalisch gemacht und auf etwa 90°
erhitzt. Dann werden 3 g festes Ammoniumoxalat oder 60 ml einer heißen
5 %igen Ammoniumoxalatlösung hinzugesetzt. Hierauf wird stark ammoniakalisch gemacht. Die Lösung wird unter Umrühren 5 min lang aufgekocht und
nach dem Absitzen in der Wärme (etwa 20 min) durch ein Weißbandfilter
filtriert. Der Niederschlag wird mit heißem Ammoniumoxalatwasser ausgewaschen und nach dem Durchstoßen des Filters in das Becherglas zurück-
gespült. Das Filter wird mit 50 ml heißer, verdünnter Salzsäure (1 : 5) und dann
mit heißem Wasser ausgewaschen. Die Salzsäure dient gleichzeitig zum Auflösen des in das Becherglas gespülten Niederschlags.

Nach dem Verdünnen der Lösung mit Wasser auf etwa 200 ml wird zum
Sieden erhitzt. Dann werden einige Körnchen festes Ammoniumoxalat, einige
Tropfen Methylrot und so viel Ammoniak hinzugefügt, daß die Farbe in Gelb
umschlägt. Nach dem Absitzen in der Wärme (etwa 2 h) wird der Niederschlag
abfiltriert und mit heißem Ammoniumoxalatwasser ausgewaschen. Das Auswaschen ist beendet, wenn 2 bis 3 Tropfen des Filtrats, auf dem Platinblech
verdunstet und geglüht, keinen erkennbaren Rest mehr hinterlassen.

Das Filter mit dem Niederschlag wird in einen Platintiegel gebracht und über
kleiner Flamme bei schräg gestelltem Tiegel getrocknet, verascht und zunächst
über vollem Bunsenbrenner und schließlich bei 1100 bis 1200° bis zur Gewichtskonstanz geglüht.

Ergebnis: **CaO.**

7. Magnesiumoxyd. Die vereinigten Filtrate von der Kalziumoxalatfällung
werden auf 300 ml eingeengt, kalt mit 10 ml Ammoniumphosphatlösung und
mit $^1/_2$ des Volumens an konz. Ammoniak versetzt. Der Inhalt des Becherglases
wird entweder $^1/_2$ h lang gerührt oder nur kurze Zeit gerührt und bei bedecktem
Becherglas mindestens 18 h lang stehengelassen und dann filtriert. Der Niederschlag wird mit kaltem, verdünntem Ammoniakwasser ausgewaschen (1 : 3).
Das Filter samt Niederschlag wird in einem Porzellantiegel zunächst vorsichtig
getrocknet, allmählich stärker erhitzt und schließlich bei 1100° geglüht, bis der
Niederschlag rein weiß geworden ist.

Ergebnis: $Mg_2P_2O_7$.

Durch Multiplizieren mit 0,3623 ergibt sich der Gehalt an **MgO.**

8. Eisenoxyd. Das Eisenoxyd wird im Filtrat vom unlöslichen Rückstand
entweder nach dem *Permanganatverfahren* nach Reduktion mit Zinn (II)-chlorid-
lösung, Verfahren nach Reinhardt-Zimmermann [29] oder nach dem *Titan(III)-
chloridverfahren* bestimmt.

Titan(III)-chloridverfahren. 100 ml des Filtrats vom unlöslichen Rückstand
werden mit 5 ml Wasserstoffsuperoxydlösung (3 %ig) versetzt. Das überschüssige

H_2O_2 wird durch Kochen zerstört. Nach dem Abkühlen werden 10 ml konzentrierte Salzsäure und eine kleine Menge Rhodanammoniumlösung hinzugesetzt und mit Titantrichloridlösung bis zum Verschwinden der Rotfärbung titriert. Die Titerstellung der Titantrichloridlösung wird jedesmal gleichzeitig mit einer Reihe von Eisenbestimmungen mit 25 ml der Eisen(*III*)-chloridlösung (1 g Fe_2O_3 nach BRANDT in Salzsäure gelöst und mit Wasser zu 1 l aufgefüllt) ausgeführt. Die Titrierlösung wird aus käuflicher 15%iger Titan(*III*)-chloridlösung hergestellt. Die Lösung wird mit der gleichen Menge konzentrierter Salzsäure versetzt und die Mischung mit frisch ausgekochtem Wasser auf das 40fache Volumen der ursprünglichen Titanlösung aufgefüllt. 1 ml entspricht etwa 2 mg Eisen(*III*)-oxyd (Fe_2O_3).

9. Tonerde. Die Tonerde wird in dem Filtrat der Abscheidung von Kieselsäure und unlöslichem Rückstand als $AlPO_4$ bestimmt (Faktor für Al_2O_3 = 0,4180). Hierzu wird 1 g Zement verwendet.

Zur Fällung werden genau in der angegebenen Menge und genau der Reihe nach folgende Lösungen zugesetzt:

1. 4 ml Salzsäure konzentriert ($d = 1,19$),
2. 30 ml Natriumphosphatlösung (10%ig),
3. 50 ml Natriumthiosulfatlösung (20%ig),
4. 15 ml Essigsäure konzentriert.

Die Lösung wird mit Wasser auf etwa 400 ml verdünnt, zum Kochen erhitzt und 15 min lang im Sieden erhalten. Der Niederschlag wird darauf sofort auf ein Weißbandfilter abfiltriert und mit heißem Wasser gründlich ausgewaschen. Filter und Niederschlag werden getrocknet, verascht und bei mindestens 1050° bis zum gleichbleibenden Gewicht geglüht.

Ergebnis: $AlPO_4$.

10. Manganoxyd. Das Manganoxyd wird bestimmt nach dem *Arsenitverfahren* oder *Verfahren nach* VOLHARD-WOLFF oder *kolorimetrisch* [29].

Nach dem Arsenitverfahren werden 1 g oder bei manganreichen Zementen 0,2 bis 0,5 g Zement mit 10 ml Wasser aufgeschlämmt und mit 40 ml verdünnter Salpetersäure (spez. Gewicht 1,18) unter Erwärmen gelöst. Die geringen Mengen unlöslicher Anteile brauchen nicht abfiltriert zu werden. Die wieder abgekühlte Lösung wird mit 40 ml Silbernitratlösung (1,70 g $AgNO_3$/l) und etwa 1 g festem, frischem Ammoniumpersulfat versetzt und langsam auf 60° erwärmt. Das vorhandene Mangan wird dabei allmählich in Übermangansäure übergeführt. Zur Vervollständigung dieser Überführung läßt man die Lösung etwa 10 min bei 60° stehen. Die Lösung wird dann auf Zimmertemperatur abgekühlt, durch Zugabe von 50 ml Natriumchloridlösung (0,59 g $NaCl$/l) das Silbersalz ausgefällt und die durch Chlorsilber getrübte violette Lösung mit Arsenitlösung bis zum Verschwinden der Färbung titriert.

Der Wirkungswert der Arsenitlösung wird mit 10 ml Manganlösung (0,001 g MnO), die genau wie die Zementaufschlämmung weiterbehandelt wird, ermittelt. Die Manganlösung wird aus 0,2229 g $KMnO_4$ durch Auflösen in Wasser, Zugabe von 25 ml HNO_3 ($d = 1,18$) und etwas Wasserstoffsuperoxydlösung hergestellt. Das überschüssige H_2O_2 muß durch Kochen zerstört werden. Zu 1 l mit Wasser aufgefüllt enthält 1 ml 0,0001 g MnO. Für die Herstellung der Arsenitlösung werden 0,258 g As_2O_3 zusammen mit 1 g Na_2CO_3 in Wasser gelöst, die Lösung auf 1 l verdünnt. 1 ml der Lösung zeigt etwa 0,0001 g MnO an.

11. Sulfid-Schwefel (S). 2 g Zement werden in einer Porzellanschale mit einigen ml Wasser aufgeschlämmt und mit 70 bis 80 ml Bromwasser versetzt. Nach 2 bis 3 h wird mit Salzsäure angesäuert. Nachdem der ganze Zement in der Kälte zersetzt ist, wird die Kieselsäure durch Eindampfen abgeschieden und in dem Filtrat der Gesamt-Schwefel als $BaSO_4$ nach 3. bestimmt.

Aus dieser Bestimmung und derjenigen des Sulfatschwefels errechnet man den Sulfidschwefel.

(% BaSO$_4$ aus 11 — % BaSO$_4$ aus 3 · 0,1373 = % S.)

12. Alkalien. Im allgemeinen werden die Alkalien nicht bestimmt[1].

13. Freier Kalk. Als „freier Kalk" wird das im Klinker oder Schwachbrand vorhandene, nicht an Kieselsäure, Tonerde oder Eisenoxyd gebundene Kalziumoxyd verstanden. Da die Verfahren zur Bestimmung des sog. „freien Kalkes" auch das durch Umsetzung des Zements mit Wasser gebildete freie Kalziumhydroxyd erfassen, so geben Bestimmungen an Zementen keinen sicheren Aufschluß über den ungebundenen Kalk im Klinker. Auch die Alkalien wirken störend.

Quantitativer Nachweis nach Emley, modifiziert von W. Lerch und R. H. Bogue [*30*]. Das Verfahren hat den Nachteil, daß die Bestimmung viel Zeit (bis zu 8 h) in Anspruch nimmt. Andererseits sind aber die erzielten Ergebnisse sehr befriedigend.

Es beruht auf der Umsetzung des freien Kalks mit Glyzerin zu Kalziumglyzerat, das mit einer alkoholischen Lösung von Ammoniumazetat titriert wird.

Lösungen: Glyzerin-Alkohol-Lösung, 100 ml wasserfreies Glyzerin (spezifisches Gewicht 1,266 bei 15°) und 500 ml absoluter Äthylalkohol, der über frisch gebranntem CaO abdestilliert wird, werden innig gemischt. Dann werden 1,2 ml einer Lösung von 1 g Phenolphthalein in 100 ml absolutem Äthylalkohol hinzugesetzt (die Lösung muß neutral reagieren).

Ammoniumazetatlösung (¹/₅ n) zur Titration des Kalziumglyzerats: 16 g kristallisiertes Ammoniumazetat werden in 1 l wasserfreiem Äthylalkohol aufgelöst. Der Titer wird mit 0,1 g Kalziumoxyd, das durch Glühen von reinstem Kalziumkarbonat gewonnen wird, eingestellt.

Titerstellung: In einen 200 ml fassenden Erlenmeyerkolben werden zunächst 60 ml Glyzerin-Alkohol-Lösung und dann 0,1 g Kalziumoxyd gegeben, das durch Umschwenken in der Lösung gut verteilt wird. Auf den Kolbenhals wird ein Rückflußkühler aufgesetzt und die Mischung zum Sieden gebracht.

Nach 20 min wird der Kühler entfernt und die Lösung heiß mit Ammoniumazetat titriert. Die Titration wird in Zwischenräumen von etwa 20 bis 30 min wiederholt; sie ist beendet, wenn nach 1 h ununterbrochenem Kochen keine Rotfärbung mehr auftritt. Dann wird der Titer der Lösung in g CaO je ml Ammoniumazetatlösung berechnet.

Ausführung der Bestimmung: 1 g fein zerkleinerter Klinker wird in einem 200 ml-Erlenmeyerkolben zu 60 ml der Glyzerin-Alkohol-Lösung hinzugesetzt. Nach gutem Umschwenken wird der Kühler aufgesetzt und die Mischung zum Sieden erhitzt. Im übrigen wird wie bei der Titerstellung verfahren. Aus den verbrauchten ml Ammoniumazetatlösung wird der Gehalt an freiem Kalk berechnet.

Zu beachten ist, daß Wasser und Feuchtigkeit sowohl von den Lösungen als auch von der Mischung ferngehalten werden müssen.

Durch das Sieden am Rückflußkühler wird erreicht, daß das entstehende Ammoniak verdampft, daß ferner keine Kohlensäure in die Mischung gelangt und daß die Konzentration der Glyzerin-Alkohol-Lösung nicht wesentlich verändert wird. Es wird empfohlen, den Erlenmeyerkolben auf eine heizbare Schüttelvorrichtung zu stellen. Als Kühler kann ein 45 cm langes Glasrohr von 6 mm ⌀ dienen.

---

[1] Vgl. F. Gille: Zement-Kalk-Gips Bd. 5 (1952) S. 208.

17. Chemische Untersuchung von Mörtel und Beton.

a) Allgemeines.

Mörtel und Beton werden aus Zement, Zuschlagstoffen und Wasser zusammengesetzt. Ihre Güte wird bedingt durch die Güte der Aufbaustoffe, das Mischungsverhältnis von Zement und Zuschlagstoff, die Höhe des Wasserzusatzes, die Sorgfalt bei der Verarbeitung und bei der Nachbehandlung.

Die Ursache eines Schadens kann daher liegen:

a) im Zement oder in einem etwa mitverwendeten anderen Bindemittel, z. B. Baukalk (Schnellbinden, geringe Festigkeit, Treiben)[1];

b) in der Herstellung des Betons, beispielsweise in einem zu geringen Zementgehalt, in der Verwendung ungünstig gekörnter, verschmutzter oder vereister Zuschlagstoffe oder solchen mit schädlichen Beimengungen (Gips, Schwefelkies, Humus, Braunkohle oder anderen organischen Stoffen), in der Verwendung von Aschen mit schädlichen Beimengungen (Gips, Magnesia, unverbrannte Kohle), in der Verwendung ungeeigneter Hochofenschlacken (Zerrieseln, Eisenzerfall), ferner in der unsachgemäßen Anwendung von Zusatzstoffen, z. B. von Dichtungs-, Frostschutz-, Schnellbindermitteln, in der Verwendung von Anmachwasser mit hohem Salzgehalt (DIN 1045, § 7, Ziff. 2 und 3), in einem zu hohen Wasserzusatz, im unvollkommenen Mischen des Betons, im Entmischen während des Transports oder während des Einbringens des Betons in die Schalung, im Betonieren in strömendem Wasser und schließlich in einer zu geringen Verdichtung von erdfeuchtem Beton und in mangelhaftem Anbetonieren (Arbeitsfugen);

c) in unsachgemäßer Nachbehandlung des Betons, beispielsweise durch Mangel an Feuchtigkeit (frühzeitiges Austrocknen vermindert die Festigkeit) oder durch fehlenden Schutz bei Frost;

d) in der Einwirkung schädlicher Wässer (sauren, sulfathaltigen, ammoniakhaltigen u. a., fetten Ölen usw.) auf den erhärteten Beton.

Aus dieser Aufzählung geht schon hervor, daß im Rahmen dieser Abhandlung nicht auf alle etwa möglichen Ursachen von Schadensfällen im einzelnen eingegangen werden kann. Jedenfalls führt die chemische Analyse allein nicht immer zu einer Klärung; sie muß vielmehr ergänzt werden durch die Bestimmung des Kornaufbaus der Zuschlagstoffe und des Gehalts an abschlämmbaren Bestandteilen, durch die Wasseraufnahmefähigkeit und durch die makroskopische und mikroskopische Gefügeuntersuchung. Die Auswertung der Untersuchungsergebnisse erfordert oftmals ein hohes Maß an praktischer Erfahrung.

b) Bestimmung des Mischungsverhältnisses.

Für die Bestimmung des Mischungsverhältnisses von erhärtetem Mörtel und Beton hat der Deutsche Normenausschuß eine Arbeitsvorschrift (DIN 52170) herausgegeben, auf die hier besonders hingewiesen sei. Die wichtigsten Abschnitte behandeln die Grenzen der Bestimmbarkeit des Mischungsverhältnisses, die Probenahme, die Prüfverfahren und die Berechnung des Bindemittelgehaltes.

Zur Bestimmung des Mischungsverhältnisses wird der Beton mit Salzsäure behandelt. Wenn dabei der lösliche Anteil nur vom Bindemittel, der unlösliche

---

[1] Aus dem Befund des fertigen Bauwerks kann mit Sicherheit ein Schluß auf die Beschaffenheit des verwendeten Zements nicht ohne weiteres gezogen werden. Zur Beachtung und Innehaltung der Mängelrüge hat der Käufer bald nach der Anlieferung, aber jedenfalls vor der Verarbeitung, den Zement auf Abbinden und Raumbeständigkeit gemäß § 8 der Deutschen Normen zu prüfen (vgl. Allgemeine Lieferungsbedingungen für Normenzement, Fachgruppe Zement-Industrie).

nur vom Zuschlagstoff stammt, dann ist die quantitative Trennung von Binde-mittel und Zuschlagstoff möglich. Enthält aber der Zuschlagstoff beachtliche Mengen in Salzsäure löslicher oder das Bindemittel in Salzsäure unlöslicher Bestandteile, dann ist die Bestimmung des Mischungsverhältnisses mit einiger Genauigkeit nur möglich, wenn der unverarbeitete Zuschlagstoff oder das un-verarbeitete Bindemittel vorliegt.

Nur in seltenen Fällen genügt es, allein die Trennung in Salzsäure lösliche und unlösliche Bestandteile auszuführen. Zweckmäßig wird vom löslichen Anteil stets die Vollanalyse ausgeführt und der Gehalt an Oxyden auf die geglühte Substanz umgerechnet. Aus den Ergebnissen kann festgestellt werden, ob die Zusammensetzung des löslichen Anteils der der Zemente entspricht oder ob sie stark abweicht. Ist die verwendete Zementart bekannt und entspricht die auf 100 Gewichtsteile berechnete Zusammensetzung des Löslichen etwa der des Zements, so kann aus dem Gehalt an Kalk und Kieselsäure das Mischungs-verhältnis angenähert errechnet werden. Wenn auch hierbei Ungenauigkeiten nicht ausgeschlossen sind, so ist es doch möglich anzugeben, welches „fetteste" Mischungsverhältnis angewandt sein kann. Und damit wird man in vielen Fällen eine ausreichende Feststellung treffen können.

Probenahme. Die zu untersuchende Probe muß der durchschnittlichen Be-schaffenheit des Betons entsprechen. In der Regel sind an mehreren Stellen Proben zu entnehmen. Sie werden zu einer Durchschnittsprobe vereinigt, wenn der äußere Befund keine bemerkenswerten Unterschiede in der Beschaffenheit erkennen läßt; andernfalls sind sie getrennt zu untersuchen.

Die zu entnehmende Probemenge richtet sich nach dem Größtkorn des Zuschlagstoffs. Bei Zuschlagstoffen mit einem Größtkorn über 30 mm sollte jede Einzelprobe mindestens 5 kg, bei einem Größtkorn über 70 mm mindestens 10 kg betragen.

Prüfverfahren. Fall 1. Der Zuschlagstoff ist in Salzsäure unlöslich. Der zu untersuchende Beton wird von Hand grob zerkleinert und in einer Porzellan-schale mit verdünnter Salzsäure (1 Teil rohe Salzsäure, arsenfrei, spezifisches Gewicht etwa 1,16, zu 3 Teilen Wasser) übergossen. Nachdem die Kohlensäure-entwicklung beendet ist, wird die Schale auf ein Dampfbad gestellt. Die Salz-säure ist nach Bedarf zu erneuern. Sobald im Rückstand die reinen, voneinander getrennten Zuschlagkörner vorliegen, ist die Säurebehandlung beendet. Die Lösung wird vom Rückstand abgegossen und filtriert (Faltenfilter oder Büch-ner-Trichter).

Der Rückstand wird in der Wärme mit 2%iger Natronlauge behandelt, um etwa beim Auflösen von Zement abgeschiedene Kieselsäure wieder in Lösung zu bringen, und mit Wasser ausgewaschen.

Danach wird vom Rückstand der Gehalt an abschlämmbaren[1] Bestandteilen bestimmt. Die bei 110° getrockneten Rückstände (Abschlämmbares, Sand und Grobzuschlag) werden gewogen und in Gew.-%, bezogen auf die Einwaage, errechnet. Der an 100 Gewichtsteilen fehlende Rest besteht aus dem Binde-mittel + Wasser + Kohlensäure.

Um das Mischungsverhältnis von Zement : Zuschlagstoff bestimmen zu können, muß noch der Glühverlust des Betons ermittelt werden. Dies geschieht in einer fein zerkleinerten Durchschnittsprobe des Betons (Durchgang durch das Sieb 0,75 DIN 1171) nach der auf S. 369 angegebenen Vorschrift.

Der Prozentgehalt an Bindemittel im Beton wird errechnet nach der Formel:

$$\% \ \text{Bindemittel} = 100 - (\% \ \text{Zuschlagstoff} + \% \ \text{Glühverlust}).$$

---

[1] Als abschlämmbar gelten alle Anteile bis 0,02 mm Korngröße.

Das Mischungsverhältnis nach Gewicht[1] von Bindemittel : trockenem Zuschlagstoff ist dann gleich

$$1 : \frac{\% \text{ Zuschlagstoff}}{\% \text{ Bindemittel}} .$$

Aus dem Mischungsverhältnis nach Gewicht kann auf Grund der Litergewichte des Bindemittels und des Zuschlagstoffs das Mischungsverhältnis in Raumteilen angenähert berechnet werden.

Liegt das Bindemittel vor, dann wird das Einlauf-Litergewicht (S. 381) vervielfacht mit 1,1 eingesetzt; liegt es nicht vor, wird für Normenzemente der Einheitswert 1,25 kg/dm³, für hochwertige Normenzemente 1,15 kg/dm³ angenommen.

Das Litergewicht des Zuschlagstoffs ist in jedem Fall zu ermitteln. Hierzu wird das Abschlämmbare wieder mit dem übrigen Zuschlagstoff vermengt und das Ganze mit 3% Gewichtsteilen Wasser angefeuchtet, um den Verhältnissen der Praxis nahezukommen. Das Raumgewicht wird bei Zuschlagstoffen von weniger als 30 mm Größtkorn im Litergefäß, bei Zuschlagstoffen mit gröberen Körnern im 5 l-Gefäß durch Einfüllen von Hand ermittelt.

Das Mischungsverhältnis (M) nach Raumteilen wird — bei 3% Feuchtigkeitsgehalt des Zuschlagstoffs — nach folgender Formel errechnet:

$$M = 1 : \frac{1{,}03 \text{ Zuschlagstoff} \times \text{Litergewicht des Bindemittels}}{\text{Bindemittel} \times \text{Litergewicht des Zuschlagstoffes}} .$$

Falls der Bindemittelgehalt in kg/m³ Beton ermittelt werden soll, so ist das Raumgewicht des Betons in kg/m³ im Durchschnitt aus den Ergebnissen der Prüfung von mindestens fünf genügend großen Stücken (mindestens Faustgröße) zu bestimmen (DIN 52102). Der Bindemittelgehalt wird dann in kg/m³ berechnet nach der Formel

$$\frac{\text{Zement (Gewichts-\%)} \times \text{Raumgewicht (kg/m³ des Betons)}}{100} .$$

Fall 2. Der Zuschlagstoff ist in Salzsäure teilweise löslich und der unverarbeitete Zuschlagstoff ist vorhanden.

Der unverarbeitete Zuschlagstoff wird in der gleichen Weise mit Salzsäure zersetzt, wie dies für den Beton angegeben ist, und es wird auch von einer fein zerkleinerten, bei 110° getrockneten Durchschnittsprobe der Glühverlust ermittelt. Die Berechnung des Mischungsverhältnisses sei am Beispiel der Tab. 11 erläutert. (Die Angaben für das Unlösliche und das Lösliche beziehen sich auf das bei 110° getrocknete Gut.)

Tabelle 11.

	Beton %	Zuschlagstoff %
Unlösliches . . .	75,0	93,0
Lösliches	16,0	7,0
Glühverlust . .	9,0	3,0

Das Lösliche des Betons enthält also noch einen Anteil des Zuschlagstoffs. Dieser berechnet sich zu

$$\frac{75{,}0 \cdot 7{,}0}{93{,}0} = 5{,}6 .$$

Die Menge an glühverlustfreiem Zuschlagstoff beträgt mithin:

$$75{,}0 + 5{,}6 = 80{,}6 .$$

---

[1] Da die unverarbeiteten Zemente keinen wesentlichen Gehalt an Hydratwasser und Kohlensäure haben, wird im allgemeinen deren Glühverlust nicht in Rechnung gestellt.

Ferner kommt noch ein Betrag hinzu, der dem Glühverlust von 3% (Hydratwasser, Kohlensäure) entspricht, so daß die tatsächliche Menge an trockenem Zuschlagstoff

$$80,6 + \frac{80,6 \cdot 3,0}{93,0} = 83,0\%$$

beträgt.

Der Bindemittelgehalt wird aus dem Löslichen abzüglich des vom Zuschlagstoff stammenden Anteils errechnet:

$$16,0 - 5,6 = 10,4.$$

Das Mischungsverhältnis von Bindemittel : Zuschlagstoff (trocken) nach Gewicht war also

$$10,4 : 83,0 = 1 : 8,0.$$

Die Berechnung nach Raumteilen wird wie unter Fall 1 beschrieben ausgeführt.

Fall 3. Der Zuschlagstoff ist in Salzsäure teilweise löslich und liegt nicht gesondert vor.

In diesem Fall ist das Mischungsverhältnis nachträglich nicht mehr zuverlässig bestimmbar, wenn der Zuschlagstoff löslichen Kalk, lösliche Kieselsäure, lösliche Tonerde und lösliches Eisenoxyd enthält.

Wenn aber der einzige lösliche Bestandteil des Zuschlagstoffs Kalkstein ist, von dem vorausgesetzt sei, daß er keine lösliche Kieselsäure enthält, dann kann unter einer gewissen Annahme über den Kieselsäuregehalt des Zements — falls dieser nicht unverarbeitet vorliegt — das Mischungsverhältnis angenähert errechnet werden.

Dies sei an einem Beispiel erläutert:

Der unverarbeitete Zement liegt nicht vor; dann können für Normenzemente folgende Werte angenommen werden:

	SiO₂ %	CaO %
Portlandzement	21,5	65,5
Eisenportlandzement	24,0	58,0
Hochofenzement	26,0	50,0

Die Untersuchung des Betons habe folgende Ergebnisse geliefert:

Unlösliches (bei 110° getrocknet) 62,0%
Lösliches (bei 110° getrocknet) 29,2%
Glühverlust 8,8%

Der lösliche Anteil habe enthalten:

Kalk 18,1%
Magnesia u. a. 0,8%
Kieselsäure 4,3%
Tonerde + Eisenoxyd 6,0%

Die Bindemittelmenge wird errechnet aus der im Löslichen gefundenen Kieselsäure, also 4,3% und unter der Annahme, daß ein Portlandzement mit 21,5% verwendet wurde, nach der Formel

$$\frac{\%\ \text{Kieselsäure vom Löslichen}}{\%\ \text{Kieselsäure vom Zement}} \cdot 100$$

oder

$$\frac{4,3}{21,5} \cdot 100 = 20\%\ \text{Zement.}$$

Vom Löslichen sind mithin 29,2 — 20 = 9,2 % dem Zuschlagstoff hinzuzurechnen:

$$62,0 + 9,2 = 71,2\%.$$

Ferner stammt aber noch ein Teil des Glühverlusts aus dem Zuschlagstoff, da anzunehmen ist, daß der Kalk an Kohlensäure gebunden war. Um die Kohlensäuremenge berechnen zu können, muß zunächst die vom Zuschlagstoff in Lösung gegangene Menge Kalk berechnet werden:

Betrug der Zementanteil 20% und wird für den Kalkgehalt des Zements 65,5% in Rechnung gesetzt, dann entstammen vom Zement

$$\frac{20,0 \cdot 65,5}{100} = 13,1\% \text{ Kalk}$$

und vom Zuschlagstoff: 18,1 — 13,1 = 5,0% Kalk. Nun bindet 1 g Kalk (CaO) 0,7848 g Kohlensäure (CO_2); demnach gehören noch zum Zuschlagstoff 5 × 0,7848 = 3,9 g Kohlensäure. Die Menge des Zuschlagstoffs war also:

$$62,0 + 9,2 + 3,9 = 75,1\%.$$

Das Mischungsverhältnis errechnet sich zu

20% Zement : 75,1% Zuschlagstoff oder rd. 1 : 3,8 nach Gewicht.

Fall 4. Der Zuschlagstoff ist in Salzsäure völlig löslich und liegt gesondert vor. Sowohl vom Beton als auch vom Zuschlagstoff werden Vollanalysen ausgeführt; nach dem in Fall 3 beschriebenen Beispiel wird die Menge an Bindemittel und Zuschlagstoff berechnet.

Schrifttum.

[1] Nach DIN 1164, Ausgabe Juli 1942, Anmerkung zu Portlandzement, Eisenportlandzement, Hochofenzement.

[2] KÜHL, H.: Zement-Chemie, Bd. II u. III. Berlin: Verlag Technik 1951. — R. H. BOGUE: The Chemistry of Portland Cement. New York: Reinhold Publishing Corp. 1947. — F. M. LEA u. C. H. DESCH: Die Chemie des Zements und Betons. Berlin 1937.

[3] DIN-Vorschriften für Zemente, ferner Zulassungsvorschriften für Bindemittel, Zusatzmittel und Betonschutzmittel sind zusammengefaßt in den „Bestimmungen des Deutschen Ausschusses für Stahlbeton", 6. Aufl. Berlin: Wilhelm Ernst & Sohn 1955.

[4] GRAF, O.: Die Entwicklung der Zemente und Mischbinder. Bauen u. Wohnen Bd. 2 (1947) H. 1, S. 36/37; H. 2, S. 64/66.

[5] GRAF, O. Zur Beurteilung der Eigenschaften der Zemente, insbesondere der Zemente für den Straßenbau. Tagungsbericht d. Zementind. H. 3, S. 55/66. Wiesbaden: Bauverlag 1950. — G. HAEGERMANN u. H. E. SCHWIETE: Straßenbauzemente. Straße Bd. 3 (1936) Sonderheft 4, S. 12.

[6] GRAF, O.: Über Traßzement. Bautechn. Bd. 19 (1941) H. 34/35, S. 361/63.

[7] GRAF, O.: Gipsschlackenzement. Bauwirtsch. 1948, H. 2, S. 31. — F. KÖBERICH, F. KEIL u. F. GILLE: Gipsschlackenzement. Quellzement. Schriftenreihe d. Zementind. H. 3.

[8] Eine umfassende Literaturzusammenstellung über Tonerdezement von H. KÜHL. Zement-Chemie, Bd. II, S. 646.

[9] Tabular Review of the Portland Standards on Cement of the World, 1948, Cembureau, Malmö, Schweden. — E. PLASSMANN u. W. WITTEKINDT: Sind internationale Zementnormen möglich? Zement-Kalk-Gips Bd. 3 (1950) S. 121/25.

[10] American Society for Testing Materials. Philadelphia 3, Pa. 1916 Race St — Ausländische Zementnormen. ASTM u. B.S.S. in der Schriftenreíhe d. Zementind. H. 16. Wiesbaden, Bauverlag.

[11] HAEGERMANN, G.: Eindrückversuch. Zement Bd. 20 (1931) H. 49, S. 1032.

[12] KÜHL, H.: Zement-Chemie, Bd. III, Kap. 7. Berlin 1952. — F. GILLE: Magnesiatreiben. Schriftenreihe d. Zementind. H. 10. Wiesbaden: Bauverlag. — G. MUSSGNUG: Die Bedeutung der Kalziumsulfatformen bei der Abbindezeitregelung des Zements. Zement-Kalk-Gips Bd. 7 (1954) S. 172.

[13] ERDMENGER: Hochdruckdampfversuch. Tonind.-Ztg. Bd. 5 (1881) S. 221; Bd. 15 (1891) S. 65 u. 82.

[14] Prüssing, C., C. Heintzel, W. Michaelis u. a.: Verein D. Portl. Cem. Fabrikanten (V.D.P.C.F.) Prot. Bd. 18 (1895) S. 165/67.

[15] Krüger, L.: Über Siebmaschinen. V.D.P.C.F. Prot. 1933, S. 42.

[16] Berichte Verein Dtsch. Zementwerke. F. W. Locher: Bestimmung der Kornfeinheit von Zement und Staub durch Messung der Lichtabsorption. — A. Menke: Bestimmung der Mahlfeinheit durch Handmaschinensiebung. — E. Spohn: Analysensichter.

[17] Carman: Trans. Instn. Chem. Engrs. 1937, S. 150.

[18] Lea, F. M., u. R. W. Nurse: J. Soc. Chem. Inst. 1939, S. 277.

[19] Gille, F.: Die Prüfung der Mahlfeinheit mit dem Gerät von Blaine. Zement-Kalk-Gips Bd. 4 (1951) S. 85. — L. Zagar u. C. Schumann: Über die Absolutbestimmung der spezifischen Oberfläche an pulverförmigen Stoffen mit dem Blaine-Gerät. Zement-Kalk-Gips Bd. 7 (1954) S. 282.

[20] Die Vorschrift ASTM C 115—52 kann vom Verein Deutscher Zementwerke, Düsseldorf, bezogen werden.

[21] Andreasen, A. H. M.: Apparat zur betriebsmäßigen Feinheitsbestimmung der Mörtelstoffe. Zement Bd. 19 (1930) S. 698 u. 725 — Vorläufige Richtlinien für die Durchführung der Korngrößenbestimmung nach Andreasen. Ber. dtsch. keram. Ges. Bd. 28 (1951) S. 496.

[22] Gonell: Ein Windsichter zur Bestimmung der Kornzusammensetzung staubförmiger Stoffe. Tonind.-Ztg. Bd. 53 (1929) S. 247; Bd. 59 (1935) S. 331. — F. Guye: Bestimmung der Zementfeinheit mit Hilfe des Windsichters. Zement Bd. 30 (1941) S. 145 u. 158. — W. Czernin: Über die Rolle der Feinstanteile im Portlandzement. Zement-Kalk-Gips Bd. 4 (1954).

[23] Rammler, E.: Gesetzmäßigkeiten in der Kornverteilung zerkleinerter Stoffe. Z. VDI Beih. Verfahrenstechn. 1937, Nr. 5, S. 161 — Zur Ermittlung der spezifischen Oberfläche des Mahlguts. Z. VDI Beih. Verfahrenstechn. 1940, Nr. 5, S. 150 — Die Verteilungswerte des Mahlguts. Z. VDI Beih. Verfahrenstechn. 1944, Nr. 4, S. 94. — F. Weidenhammer: Berechnung der Oberfläche eines körnigen Gutes nach Rosin-Rammler. Tonind. Ztg. Bd. 75 (1951) S. 133 — Entwurf DIN 4190 v. 1. II. 1954: Körnungsnetz. — H. zur Strassen: Zur Darstellung und Deutung von Kornverteilungen. Radex-Rundschau 1954, S. 143.

[24] Haegermann, G.: Das Raumgewicht der Portlandzemente. Zement Bd. 17 (1928) S. 379.

[25] Faber, O.: Ber. I. Intern. Kongr. Beton- und Eisenbetonbau. Lüttich: Sept. 1930.

[26] Langavant, C. de: Cement C.-Manufact. Bd. 9 (1936) S. 226 — Zement Bd. 25 (1936) S. 389.

[27] Davey: Concr. const. Engng. Bd. 26 (1931) S. 572; Bd. 31 (1936) S. 231 — The Structural Engineer. Juli 1935. — W. Eitel, H. E. Schwiete u. Willmanns: Zement Bd. 27 (1938) Nr. 37, S. 554. — Vgl. H. E. Schwiete u. A. Pranschke: Zement Bd. 24 (1935) Nr. 38, S. 593. — W. Benedickt: Diss. T. H. Breslau 1938. — H. Keller: Beton u. Eisen Bd. 36 (1937) S. 231.

[28] Roth: V.D.P.C.F. Prot. vom 20. 3. 1930, S. 46. — H. Woods, H. H. Steinour u. H. R. Starke: J. Ind. Eng. Chem. Bd. 24 (1932) S. 1207. — W. Lerch u. H. Bogue: Bur. Stand. J. Res., Wash. Bd. 5 (1934) S. 645 — Zement Bd. 24 (1935) Nr. 11, S. 155. — Pierce u. Larmour: Engng. News Rec. Bd. 112 (1934) S. 114. — R. W. Carlson u. L. R. Forbrich: J. Ind. Eng. Chem. Bd. 10, 15 (1938) S. 382 — Zement Bd. 27 (1938) Nr. 42, S. 660.

[29] Analysengang für Normenzemente, Heft 4, Schriftenreihe Zementind. — Handbuch für das Eisenhüttenlaboratorium, Bd. I, S. 19. — Treadwell: Analytische Chemie, II. Bd., S. 525. 1946.

[30] Lerch, W., u. R. H. Bogue: Zement Bd. 20 (1931) Nr. 28, S. 651.

VI. Prüfung der Zementmörtel und des Betons sowie der Betonwaren.

A. Prüfung des Zuschlags.

Von K. Walz, Düsseldorf.

Unter Zuschlag wird hier ein natürlich oder künstlich entstandenes Steingekörn verstanden, das als inerter Füllstoff zusammen mit dem Bindemittel (Zement) den Mörtel oder Beton bildet.

1. Allgemeines.

Die Prüfung des Zuschlags hat sich im allgemeinen auf Eigenschaften zu erstrecken, die für die Verarbeitbarkeit, die Gleichmäßigkeit, die Festigkeit und die Beständigkeit des Betons von Einfluß sind. Das sind in erster Linie die Kornzusammensetzung, die Kornform, die Oberflächenbeschaffenheit, der Wassergehalt und die Wasseraufnahme, die Festigkeit, die Wetterbeständigkeit, der Abnutzwiderstand, die stoffliche Beständigkeit sowie der Gehalt an zementschädlichen Bestandteilen.

2. Kornzusammensetzung.

Zur Beurteilung, ob die Kornzusammensetzung den an Betonzuschlagstoffe gestellten Forderungen im Vergleich mit Regelsieblinien [1], [2], [3], [4], Körnungsziffern oder Feinheitsmoduln [2], [3], [4], [5] sowie hinsichtlich des noch zulässigen Gehalts an Über- und Unterkorn einzelner Handels-Korngruppen [4], [6], [7] genügt, wird das Gekörn durch Siebversuche gemäß II E 2 geprüft.

Die Kornzusammensetzung von Sand für Putz- und Mauermörtel ist in einschlägigen Vorschriften ebenfalls festgelegt [3], [8].

Für den Siebversuch werden nach DIN 1045 und DIN 1047 [1] Prüfsiebe (s. II E 2 a) mit 0,2 mm Maschenweite, 1, 3, 7, 15, 30, 50 und 70 mm Rundlochdurchmesser benutzt. Die ASTM Standards sehen neuerdings für Zuschlag zu Mauermörtel [3] und Beton [4] eine Beurteilung sowohl nach Grenzsieblinien (für die Anteile bis 4,8 mm) als auch nach dem Feinheitsmodul vor. Für den Siebversuch sind dabei folgende ASTM-Maschensiebe (s. II E 2 a) zu verwenden: 0,15; 0,30; 0,59; 1,2; 2,4; 4,8; 9,5; 19,1; 38,1 mm usw. je auf das Doppelte zunehmend [9].

Bei den Betonzuschlagstoffen wird meist nach Sandkörnungen und Grobzuschlag unterschieden. Als Grenze für Sandkörnungen gelten folgende Siebe [10] in:

Dänemark	5 mm Rundlochdurchmesser,
Deutschland	7 mm Rundlochdurchmesser,
England	4,8 mm Maschenweite,
Frankreich	6,3 mm Rundlochdurchmesser,
Norwegen	4,8 mm Maschenweite (oder rd. 6 mm Rundlochdurchmesser),
Schweden	7 mm Rundlochdurchmesser (oder 5,6 mm Maschenweite),
USA	4,8 mm Maschenweite [10].

3. Kornform und Kornoberfläche.

Feststellungen erfolgen nach II E 3. Die untersuchte Zuschlagprobe wird zweckmäßig zum Vergleich mit späteren Lieferungen in einem Schauglas bereitgestellt.

Die für betontechnologische Studien manchmal interessierende Größe der Kornoberfläche kann unter Annahme einer durch die Achsabschnitte der Körner errechenbaren Idealform (z. B. Ellipsoid) für eng begrenzte Korngruppen eines Gemischs errechnet werden oder durch Ermittlung der Masse eines zur Umhüllung der Körner erforderlichen Films bekannter Dicke [11].

4. Wassergehalt und Wasseraufnahme.

Bei der Verwendung eines *feuchten* Gesteinsgekörns als Zuschlag zu Beton muß dessen Oberflächenwasser bei der Festlegung der Menge des Zusatzwassers bzw. zur Errechnung des Wasserzementwerts berücksichtigt werden. Andererseits ist bei Verwendung *trockener*, wasseraufnehmender Zuschlagstoffe die Größe der Wasseraufnahme auf die Verarbeitungszeit des Betons, bei stark saugenden Zuschlägen (z. B. Ziegelsplitt, Bims) auch auf die Hydratation des Zements von Einfluß. Auch für die Wetterbeständigkeit des Betons ist der Grad der Wasseraufnahme des Zuschlags bestimmend.

a) Oberflächenwasser (Haftwasser).

α) Der Anteil des Oberflächenwassers W_0 kann direkt durch *Trocknung* des feuchten Zuschlags (Gewicht G_f) erhalten werden; es ergibt sich, bezogen auf den oberflächentrockenen Zustand (Gewicht G_F) zu $W_0 = \frac{G_f - G_F}{G_F} \cdot 100$ (Gew.-%) oder zu $W_0 \cdot \gamma_F$ in Raum-%, wenn γ_F die Rohwichte des oberflächentrockenen Gesteins einschließlich Porenwasser ist (Ermittlung von γ_F sinngemäß wie unter II E 4 b). Der oberflächentrockene Zustand wird durch Trocknen in beheizten Gefäßen oder Trommeln unter dauernder Bewegung oder im Heißluftstrom erreicht. Die Trocknung wird nur so lange fortgesetzt, bis kein freies Oberflächenwasser mehr vorhanden ist [12]; s. a. unter II E 4 b γ [26]. Bei grobem Gekörn kann die Oberflächenfeuchtigkeit auch durch Abreiben mit feuchtem, saugendem Tuch entfernt werden. Das Trockenverfahren erfordert verhältnismäßig viel Zeit, so daß eine Bestimmung für laufende Mischungen auf der Baustelle nur durch Stichproben möglich ist.

Eine ziemlich genaue Schätzung des Oberflächenwassers und damit seine rascheste Ermittlung ist nach Augenschein möglich, wenn, gleichbleibende Kornzusammensetzung vorausgesetzt, der jeweilige Zuschlag mit Zuschlagmustern bekannten Wassergehalts (z. B. 1, 4, 5, 7%), die in dicht schließenden Schaugläsern bereitstehen, verglichen wird.

Zur Feuchtigkeitsbestimmung wurden Verdrängungsverfahren entwickelt, ferner solche, die die Abhängigkeit des elektrischen Leitungswiderstands, einer chemischen Umsetzung, der Konzentration von Salzlösungen und der Veränderungen von Farblösungen vom Wassergehalt benutzen. Zahlreiche hierzu entwickelte Verfahren wurden von Myers [13] beschrieben.

β) Bei den mit geringen Unterschieden entwickelten *Verdrängungsverfahren* wird davon ausgegangen, daß eine bestimmte Menge oberflächenfeuchtes Gekörn eine andere Flüssigkeitsverdrängung ergibt als die gleiche Menge oberflächentrockenes Gekörn.

Die Ermittlung erfolgt durch Gewichts- oder Raumbestimmung in einem geeichten Meßgefäß mit genauer Ablesemöglichkeit des Wasserstands (z. B. in zweiteiligen Meßgefäßen mit graduiertem Hals). Auf diese Weise wird nach ASTM Standards [*14*] die Oberflächenfeuchtigkeit ermittelt. Die Oberflächenfeuchtigkeit W_0, bezogen auf das Gewicht des oberflächentrockenen, durchfeuchteten Gekörns, ergibt sich zu

$$W_0 = \frac{V_s - V_d}{W_s - V_s} \cdot 100 \, (\text{Gew.-\%})$$

oder bezogen auf das Gewicht des Gekörns mit Oberflächenwasser zu

$$W_0' = \frac{V_s - V_d}{W_s - V_d} \cdot 100 \, (\text{Gew.-\%}).$$

Dabei ist bei Gewichtsbestimmung

$V_s = W_e + W_s - W,$
V_s Gewicht des von der oberflächenfeuchten Probe verdrängten Wassers,
W_e Gewicht des Meßgefäßes mit Wasser bis zur Eichmarke,
W_s Gewicht der oberflächenfeuchten Probe,
W Gewicht des Meßgefäßes mit Probe und Wasser bis zur Eichmarke;

bei Raumbestimmung

$V_s = V_2 - V_1,$
V_2 Raum der oberflächenfeuchten Probe und des bis zu einer Meßmarke zugefüllten, überdeckenden Wassers,
V_1 Raum des zugefüllten Wassers,
V_d Gewicht $W_s : \gamma_F (\gamma_F$ s. u. α).

Bei Anwendung immer gleicher Probengewichte und gleicher Füllung des Meßgefäßes oder vorausgehender Ermittlung der Wasserverdrängung einer bestimmten Menge des feuchten, oberflächentrockenen Gekörns wird die Bestimmung verhältnismäßig einfach, s. a. [*13*], [*15*], [*16*].

γ) Bei der Ermittlung des Wassergehalts durch die *elektrische Leitfähigkeit* sind für genauere Bestimmungen Eichkurven für den in gleicher Dichte geschütteten, sonst, auch hinsichtlich löslicher Stoffe, gleichbleibend vorausgesetzten Zuschlag erforderlich [*17*], [*18*].

δ) Bei einem für kleine Probemengen entwickelten *chemischen Verfahren* wird Kalziumkarbid dem feuchten Sand in einem Druckgefäß zugesetzt. Je nach dem Wassergehalt entwickelt sich ein mehr oder weniger hoher Druck, mit Hilfe dessen an einem Manometer der Feuchtigkeitsgehalt abgelesen werden kann [*19*], [*20*]. Inwieweit das in den Poren enthaltene, hier nicht einzubeziehende Wasser ebenfalls mitwirkt, müßte noch festgestellt werden.

ε) Da sich das mit einer Meßspindel (Aräometer) bestimmbare spezifische Gewicht einer vorher gemessenen Salzlösung durch Verdünnung mit dem im Zuschlag enthaltenen Wasser ändert, wird eine bestimmte Gewichtsmenge des feuchten Zuschlags mit einer *Salzlösung* bestimmter Menge und Konzentration vermischt. Aus der dadurch entstandenen Veränderung des spezifischen Gewichts der klaren Lösung kann die Oberflächenfeuchtigkeit errechnet werden [*13*], [*21*].

b) Wasseraufnahme (Porenwasser).

Die Ermittlung der Wasseraufnahme erfolgt gemäß II E 4 b ε.

5. Wetterbeständigkeit.

Eine Beurteilung erfolgt sinngemäß wie unter II E 5 a u. b. Angaben über den zulässigen Gehalt nicht frostsicherer oder bereits angewitterter Körner im Zuschlag zu Beton, der durchfeuchtet Frost ausgesetzt wird, sind verschiedentlich gemacht worden, z. B. in DIN 4226 [*6*] für die Teile bis 7 mm mit höchstens

10% und für die Teile über 7 mm mit höchstens 5% des Gesamtgewichts. Für Straßenbeton sind in der Oberschicht im Zuschlag über 7 mm höchstens 2% und in der Unterschicht höchstens 5% zulässig [22]. Nach ASTM Standard [4] und nach [23] wird der Anteil an unbeständigen Körnern durch Begrenzung des Gewichtsverlusts beim Kristallisationsversuch festgelegt (siehe II E 5 b β).

6. Festigkeit und Abnutzwiderstand.

Die Prüfung des Zuschlags auf Kornfestigkeit ist nur in Zweifelsfällen durchzuführen und erfolgt dann wie unter II E 5 c angegeben ist. Für leichte Zuschlagstoffe haben KEIL [24] und HUMMEL [25] Prüfverfahren zur Ermittlung der Kornfestigkeit vorgeschlagen. Nach KEIL wird Hüttenbims in eng begrenzter Korngruppe (7/15 mm) durch Schläge mit einem 1 kg schweren Fallgewicht beansprucht. HUMMEL wendet das Verfahren nach DIN 52109 sinngemäß an (Korngruppe 7/15 mm im Drucktopf unter einem bis auf 5 t zunehmenden Druck). In beiden Fällen wird der Zertrümmerungsgrad durch den Siebversuch bestimmt (s. II E 5 c β).

7. Schädliche Bestandteile.

Durch Beurteilung nach Augenschein oder der aus der Herkunft des Zuschlagstoffs abzuleitenden Möglichkeiten ist in Sonderfällen auf nachfolgend aufgeführte Bestandteile zu prüfen [26].

a) Lehm, Ton, Gesteinmehl.

Inwieweit diese Stoffe störend wirken, hängt vom Gehalt, ihrer Feinheit, von der Kornzusammensetzung des übrigen Gekörns und von ihrer Zustandsform ab.

Bei der Ermittlung des Gehalts feinster Stoffe oder ihres Kornaufbaus wird nach II E 2 c vorgegangen. Für eine einfachere, ohne Wägung und Trocknung durchzuführende, näherungsweise Ermittlung des Gehalts wurden außerdem Verfahren vorgeschlagen, bei denen die Probe in einer 1 l-Glasmensur mit Wasser kräftig geschüttelt wird. Aus dem Raum der abgesetzten Schlammschicht wird unter der Annahme, daß die trockenen losen Stoffe ein Schüttgewicht von 0,5 bis 0,7 g/ml aufweisen und in gleicher Dichte in der Schlammschicht vorliegen, ihr Anteil in der Probe in Gew.-% errechnet [27], [28]. Bei dieser Bestimmung verwertbare Rohwichten von Aufschlämmungen und der darin enthaltenen trockenen Feinstoffe finden sich in einer Arbeit von PATSCHKE [29].

Nach Augenschein ist außerdem festzustellen, ob feinste Stoffe lose, fein verteilt, in Knollenform [30] oder in noch störenderer Form als festhaftender Belag vorliegen [1], [4], [6], [31]. In Zweifelsfällen ist an Beton- oder Mörtelwürfeln aus ungewaschenem und gewaschenem Zuschlag bei gleichem Zementgehalt und Steifegrad des Frischbetons (s. VI B 3) festzustellen, inwieweit eine Festigkeitsminderung zu erwarten ist (Druckfestigkeit von Würfeln, s. VI C 2). Ein ähnliches Vorgehen für Mauersand, bei dem jedoch zum Vergleich Normensand dient, findet sich als ASTM Standard C 87—52 [32]. Beiden Sanden wird so lange Zementleim mit bestimmtem Wasser-Zementverhältnis (0,60) zugesetzt, bis gleiches Ausbreitmaß (s. VI B 3) vorliegt.

b) Treibende und zerfallende Bestandteile.

Hierunter fallen Körner aus kohlenartigen Stoffen, die durch die Betonfeuchtigkeit oder durch Sauerstoffaufnahme quellen und zu Absprengungen führen können. In gleicher Weise wirken nachlöschende kalzium- oder magnesiumoxydhaltige Bestandteile in Kesselschlacken, gebrannten Schiefern, gesinterten Leichtbaustoffen u. ä. Hochofenschlacken können ebenfalls zerfallen. Zuschlaggestein aus bestimmten amorphen, wasserhaltigen Kieselsäuremodifikationen (Opalkieselsäure, vulkanisches Gestein mit hohem Kieselsäuregehalt bzw. Feuerstein, Flint u. a.) wirken in feuchtem Beton, der aus Zement mit hohem Alkaligehalt hergestellt wurde (als $Na_2O \geqq 0,6\%$) treibend und sprengend. Europäische Feststellungen liegen nicht vor; es wird daher auf zusammenfassende Darstellungen aus der in Amerika hierzu entstandenen äußerst umfangreichen Literatur verwiesen (s. [*33*], [*34*] mit Literaturangaben).

Der Anteil *kohlenartiger Stoffe* kann durch Auslesen oder Aufschwimmen in schwerer Flüssigkeit nach DIN 4226, § 6, Ziffer 2, a [*6*] in Flüssigkeit mit $\gamma = 1,6$ g/ml, nach ASTM Standard [*35*] mit $\gamma = 2,0$ g/ml ermittelt werden; siehe ferner II E 5 a. Zur Beurteilung kann ferner der Glühverlust (Anteil brennbarer Substanz) bestimmt werden [*36*]. Lea und Desch [*37*] beschreiben die Eigenschaften treibender Kohlen; sie weisen darauf hin, daß die Ermittlung des brennbaren Anteils, z. B. in Kesselschlacken, nicht genügt und geben ein Prüfverfahren an (Raumbeständigkeitsprüfung an Kuchen aus vermahlener Schlacke, Zement und Gips).

Nachlöschende und treibende Bestandteile können durch mindestens 28 tägige Lagerung unter Wasser oder rascher durch eine Autoklavprüfung festgestellt werden. Entweder wird die Kornzahl oder die Kornzusammensetzung vor und nach dem Versuch ermittelt (s. a. II E 5 b γ) oder es werden Mörtelkörper hergestellt, im Autoklav behandelt und die aufgetretenen Aussprengungen festgestellt [*38*].

Von *zerfallsverdächtiger Hochofenschlacke* werden Stücke im gefilterten ultravioletten Licht auf hell leuchtende Punkte oder Flecken untersucht („Kalkzerfall") bzw. mindestens 2 Tage lang unter Wasser gelagert und auf „Eisenzerfall" beobachtet [*39*], [*40*].

Zur Prüfung des *Alkalitreibens* des Zuschlaggesteins [*4*] sind in Amerika Verfahren entwickelt worden [*26*]. Entweder werden Mörtelstäbe aus dem betreffenden Zuschlag (als Sand oder zu Sand gebrochen) mit Zement hergestellt und die Raumänderungen gemessen [*41*] oder es werden die Löslichkeit [*42*] oder Anätzung [*26*] des Zuschlags in Alkalilösungen festgestellt.

c) Chemisch wirkende Bestandteile.

Zu diesen Bestandteilen zählen, wenn von künstlich zugeführten Fremdstoffen abgesehen wird, organische Verunreinigungen (Störung des Erhärtens) oder Schwefelverbindungen [*6*], die durch chemische Umsetzung mit dem Zement zum Zertreiben des Betons führen können.

Organische Verunreinigungen werden durch Braunfärbung 3 %iger Natronlauge in der Regel angezeigt [*6*], [*43*]. Es wurde darauf hingewiesen, daß dieses Verfahren nicht zweifelsfrei ist und wiederholt versucht, andere Bestimmungen anzuwenden (s. [*44*], Ermittlung der Art der humosen Bestandteile und Festigkeitsprüfung mit behandeltem Sand; [*45*], Ermittlung des p_H-Werts; [*46*], chemische Ermittlung der organischen Stoffe und Festigkeitsermittlung; [*47*], Vergleichsversuche mit zahlreichen Sanden; Hinweis auf die Schwierigkeit der Auslegung von Festigkeitsversuchen mit verschiedenen Sanden).

In Zweifelsfällen ist, wie unter a), der Einfluß auf die Festigkeit durch Herstellung und Prüfung von Probewürfeln festzustellen. Es wurde dabei auch empfohlen, einen Vergleich mit dem in 3 %iger Natronlauge gewaschenen Sand anzustellen [*4*], [*48*].

Zuschlag mit einem möglichen Gehalt an *Schwefelverbindungen*, z. B. Gips, Anhydrit und Schwefelkies in Naturgestein oder schwefelsaure Salze in Steinkohlenschlacken, Ziegelsplitt und anderen gebrannten Zuschlägen sind chemisch auf Gehalt an wasserlöslichem Sulfat (SO_3) und auf Sulfid zu untersuchen [28]. Als zulässige Grenze werden im allgemeinen, als SO_3 ausgedrückt, 1 bis 1,5% zugelassen [6], [36].

Leichtbeton-Zuschlagstoffe, die bestimmte, *lösliche Eisenverbindungen* enthalten, können zu Verfärbungen Anlaß geben. Prüfverfahren sind in den amerikanischen Normen festgelegt [38].

Schrifttum.

[1] DIN 1045: Bestimmungen für Ausführung von Bauwerken aus Stahlbeton — DIN 1047: Bestimmungen für Ausführung von Bauwerken aus Beton.

[2] GRAF, O.: Die Eigenschaften des Betons, S. 71. Berlin/Göttingen/Heidelberg: Springer 1950.

[3] ASTM Standard C 144—52 T: Tentative specifications for aggregate for masonry mortar.

[4] ASTM Standard C 33—52 T: Tentative specifications for concrete aggregates.

[5] HUMMEL, A.: Das Beton-ABC, 11. Aufl., S. 57. Berlin: W. Ernst & Sohn 1951.

[6] DIN 4226: Betonzuschlagstoffe aus natürlichen Vorkommen; vorläufige Richtlinien für die Lieferung und Abnahme.

[7] ASTM Standard C 130—42: Standard specifications for lightweight aggregates for concrete.

[8] DIN 18550: Putz. Baustoffe und Ausführung; Entwurf Juni 1954. — COWPER, A. D.: Sands for plasters, mortars and external renderings. Nat. Build. Stud. Bull. No. 7, Dep. Sci. Industr. Res. (Build. Res. Station), London 1950.

[9] ASTM Standard C 125—48: Standard definitions of terms relating to concrete and concrete aggregates.

[10] PLUM, N. M.: The predetermination of water requirement and optimum grading of concrete. Build. Res. Stud. Nr. 3, S. 7. Kopenhagen 1950.

[11] POGANY, A.: Ein neuer Weg zur Bestimmung der Gesamtoberfläche der für Betonmischungen bestimmten Zuschlagstoffe. Bauplanung u. Bautechn. Bd. 8 (1954) H. 7, S. 302 (Lackverfahren).

[12] WALZ, K.: Verarbeitbarkeit und mechanische Eigenschaften des Frischbetons, H. 91. Dtsch. Aussch. Stahlbeton, S. 12. Berlin: W. Ernst & Sohn 1938.

[13] MYERS, B.: Free moisture and absorption of aggregates. Rep. on significance of tests of concrete and concrete aggregates. 2. Ed. 1943, ASTM-Committee C—9.

[14] ASTM Standard C 70—47: Standard method of test for surface moisture in fine aggregate.

[15] SPOEREL, M.: Die Tauchwägung. Straße u. Autobahn Bd. 3 (1952) H. 10, S. 329.

[16] HALLSTRÖM, P.: Apparat för bestämning av vattenhalten i naturfuktig sand. Betong Bd. 38 (1953) H. 3, S. 161. Ref. in Betonbau des Auslands 1954, Nr. 41 (Dtsch. Betonverein). — J. D. MCINTOSH: The siphon-can test for measuring the moisture content of aggregates. Res. Note (Cement and Concrete Assoc.) Rep. Bd. 6 (11/51); Ref. in Betonbau des Auslandes 1952, Nr. 23 (Dtsch. Betonverein) — ÖNORM B 3302: Richtlinien für Beton. Baustoffe und maßgenormte Tragwerksteile, § 38 — U. S. Dep. of Interior, Bur. of Reclamation. Concrete Manual. 5. Ed., S. 399. Denver 1951.

[17] KÜNZEL, H.: Elektrische Feuchtigkeitsbestimmung in Baustoffen. Gesundh.-Ing. Bd.75 (1954) H. 17/18, S. 296.

[18] GOERNER, E. W., u. SCHLEIP, S.: Elektrische Feuchtigkeitsmessung in Böden. Straßenbau-Jb. 1939/40, S. 221. Berlin: Volk- und Reich-Verlag.

[19] Ohne Verf.: Schnellbestimmung des Wassergehalts in Bau- und Bauhilfsstoffen. Ziegelindustr. Bd. 7 (1954) H. 20, S. 836.

[20] KLOCKMANN, R.: Feuchtigkeitsbestimmung in der Praxis. Chemiker-Ztg. Bd. 76 (1952) H. 25, S. 706.

[21] KIRCHNER, W.: Bestimmung des Wassergehalts von Sand und Kies mit Hilfe des Crosby-Hydrometers. Bautenschutz Bd. 12 (1941) H. 8, S. 97.

[22] Direktion der Reichsautobahnen: Anweisung für den Bau von Betonfahrbahndecken (ABB), Teil II A I 2c. Freiberg i. Sa.: Mauckisch 1939. Erhältlich als Nachdruck aus „Straßenbau von A bis Z", 1943, durch Erich Schmidt-Verlag, Berlin, Bielefeld, München.

[23] USA Fed. Spec. SS—A 281 a: Aggregate; for portland-cement-concrete.

[24] KEIL, F.: Zur Bestimmung der Kornfestigkeit von Hüttenbims. Zement Bd. 29 (1940) H. 45, S. 578.

[25] HUMMEL, A.: Die Ermittlung der Kornfestigkeit von Ziegelsplitt und anderen Leicht-beton-Zuschlagstoffen. Dtsch. Aussch. Stahlbeton, H. 114, S. 21. Berlin: W. Ernst & Sohn 1954.

[26] SWEET, H. S.: Physical and chemical tests of mineral aggregates and their significance. Symposium on mineral aggregates. ASTM Spec. Techn. Publ. Nr. 83, S. 49. 1948.

[27] HUMMEL, A.: Das Beton-ABC, 11. Aufl., S. 117. Berlin: W. Ernst & Sohn 1951.

[28] ÖNORM B 3302: Richtlinien für Beton. Baustoffe und maßgenormte Tragwerksteile.

[29] PATSCHKE, E.: Versuche zur Herstellung von Mikro-Porenbeton. Silikat-Techn. Bd. 3 (1952) H. 8, S. 340.

[30] ASTM Standard C 142—39: Standard method of test for clay lumps in aggregates.

[31] GRAF, O.: Die Eigenschaften des Betons, S. 91. Berlin/Göttingen/Heidelberg: Springer 1950.

[32] ASTM Standard C 87—52: Standard method of test for measuring mortar making properties of fine aggregate.

[33] Symposium on methods and procedures used in identifying reactive materials in concrete. Amer. Soc. Test. Mat. 1948 [Presented at the 51. annual meeting — Proc. ASTM Bd. 48 (1948) S. 1057, 1067, 1071, 1108, 1120].

[34] LERCH, W.: Significance of tests for chemical reactions of aggregates in concrete. Proc. Amer. Soc. Test. Mater. Bd. 53 (1953) S. 978.

[35] ASTM Standard C 123—53 T: Tentative method of test for lightweight pieces in aggregate (s. a. die frühere ASTM Standard C 123—44: Stand. method of test for coal and lignite in sand).

[36] DIN 18151: Hohlblocksteine aus Leichtbeton.

[37] LEA, F. M., u. C. H. DESCH: Die Chemie des Zements und Betons, S. 369. Berlin-Charlottenburg: Zementverlag 1937.

[38] ASTM Standard C 330—53 T: Tentative specifications for lightweight aggregates for structural concrete — ASTM Standard C 331—53 T: Tentative specifications for lightweight aggregates for concrete masonry units.

[39] DIN 4301: Vorschriften über die Beschaffenheit von Hochofenschlacke als Straßenbaustoff.

[40] KEIL, F.: Hochofenschlacke, S. 157. Düsseldorf: Stahleisen 1949.

[41] ASTM Standard C 227—52 T: Tentative method of test for potential alkali reactivity of cement-aggregate combinations.

[42] ASTM Standard C 289—52 T: Tentative method of test for potential reactivity of aggregates (Chemical method).

[43] ASTM Standard C 40—48: Standard method of test for organic impurities in sands for concrete.

[44] KARTTUNEN, T.: Humuspitoisten Kiviainesten Vaikutuksesta Betonin Puristuslujuuteen. Valtion Teknillinen Tutkimuslaitos, Tiedoitus 35. Helsinki 1946.

[45] PAUL, I.: New laboratory method for determining the organic matter in washed fine aggregates. Proc. Amer. Soc. Test. Mater. Bd. 39 (1939) S. 892.

[46] Referat über N. SUNDIUS and A. ERIKSSON: Determination of humus content in sand and its influence upon concrete (Betong 1939, Nr. 2, S. 65) in Proc. Amer. Concr. Inst. Bd. 36 (1940) S. 115.

[47] MATHER, B.: Tests of fine aggregate for organic impurities and compressive strength in mortars. ASTM Bulletin Nr. 178, Dez. 1951, S. 35.

[48] ASTM Standard C 144—52 T: Tentative specifications for aggregates for masonry mortar.

B. Die Prüfung des Frischbetons.

Von K. Walz, Düsseldorf.

Die Prüfung des Frischbetons erstreckt sich in erster Linie auf seine Roh-wichte und Zusammensetzung sowie auf die bei der Verarbeitung wichtigen Eigenschaften (Verformungswiderstand und Neigung zum Entmischen).

1. Rohwichte des Frischbetons.

Die Rohwichte γ des frischen Betons wird beim *Versuch* durch Füllen eines Gefäßes bekannten Inhalts V (z. B. Würfelform) und Verdichten entsprechend dem Vorgehen bei der praktischen Verarbeitung bestimmt. Aus dem Raum V

des Betons (einschließlich Lufthohlräumen) und seinem Gewicht G_B errechnet sich die Rohwichte γ des Betons zu $\gamma = G_B : V$.

Diese wirkliche Rohwichte γ kann mit der *rechnerisch* ermittelten Rohwichte γ_R des Betons ohne Lufthohlräume verglichen werden, wenn die Mischungsanteile nach Gewicht (Zement Z, Zuschlag G und Wasser W) sowie deren Wichten bekannt sind (Reinwichte oder spez. Gewicht γ_{oz} des Zements und Rohwichte des durchfeuchteten, oberflächentrockenen Zuschlaggesteins γ_G, s. A 4 a α). Aus dem Gewicht der Stoffe $G_B = Z + G + W$ und ihrem Rauminhalt $V_R = Z/\gamma_{oz} + G/\gamma_G + W/1{,}0$ ergibt sich die Rohwichte des hohlraumlosen Betons zu $\gamma_R = G_B/V_R$ und der Gehalt an Lufthohlräumen in % zu $L = (1 - V_R/V) \cdot 100$ oder $(1 - \gamma/\gamma_R) \cdot 100$.

2. Zusammensetzung des Frischbetons.

Zur Nachprüfung der stofflichen Zusammensetzung des frischen Betons können der Wassergehalt, die Kornzusammensetzung des Zuschlags und bei weitergehenden Feststellungen der Anteil der einzelnen Stoffkomponenten bestimmt werden.

a) Wassergehalt.

Der Wassergehalt wird durch *Trocknen* entsprechend A 4 a α bestimmt oder durch volumenometrische Verfahren, die ohne Trocknung auskommen; sie sind unter c) aufgeführt. Bei der Feststellung des nur interessierenden freien Wassers ist das *im* Zuschlaggestein vorauszusetzende Wasser nicht zu berücksichtigen (s. II E 4 b ε).

Durch Messung der *elektrischen Leitfähigkeit* [1] kann ungefähr festgestellt werden, ob der Wassergehalt des Betons sich gegenüber dem Sollgehalt änderte (Null-Einstellung des mit zwei in den Beton einzurüttelnden Elektroden ausgerüsteten Geräts an einer Mischung mit der Sollzusammensetzung).

b) Kornzusammensetzung des Zuschlags.

Beim einfachsten Vorgehen wird aus einer genügend großen Menge Frischbeton auf vorgeschalteten gröberen Schutzsieben (3 mm oder 1 mm) der Zement über einem Feinsieb (z. B. 0,2 mm) ausgespült [2]. Das verbliebene Zuschlaggemisch wird getrocknet (Gewicht G_1) und dem Siebversuch unterworfen (s. A 2). Dieses Vorgehen genügt häufig zur laufenden Überwachung auf der Baustelle. Soll auch der mit Zement ausgewaschene Feinsandanteil n (%) berücksichtigt werden, so wird dieser an einer Probe des Zuschlaggemisches, das nach der Sollzusammensetzung aus unverarbeitetem Zuschlagstoff besonders hergestellt wurde, bestimmt [3]. Damit wird in g die gesamte Zuschlagmenge $G = (G_1 \cdot 100) : (100 - n)$. Die Siebrückstände der Probe G_1 werden in % von G ausgedrückt und ergänzend dazu die Siebdurchgänge (Sieblinie) errechnet.

RISSEL schlägt neuerdings zur überschlägigen, raschen Beurteilung bei laufender Baustellenprüfung vor, den Beton auf dem Siebsatz auszuwaschen und den Anteil der auf den einzelnen Sieben verbliebenen Korngruppen nach Raummaß zu bestimmen [2].

c) Stoffanteile im frischen Beton.

α) *Ermittlung mit Gewichtsbestimmungen.*

Hierbei werden die Rohwichte γ des Betons bestimmt (s. 1) und zwei Durchschnittsproben B entnommen, an denen das Gewicht T nach *Trocknung in der Hitze* [s. a)] und das Zuschlaggewicht G durch Auswaschen [s. b)] bestimmt werden [3]. Die in 1 m³ des verdichteten Betons von der Rohwichte γ enthaltenen Stoffmengen sind dann:

$$\text{Zement} = \frac{\gamma(T-G)}{B} \; (\text{kg/m}^3),$$

$$\text{Zuschlagstoff (trocken)} = \frac{\gamma \cdot G}{B} \; (\text{kg/m}^3),$$

$$\text{Wasser} = \frac{\gamma(B-T)}{B} \; (\text{kg/m}^3).$$

Über die Ermittlung des Luftgehalts s. unter 1 sowie unter VII 3 e.

β) Ermittlung mit Raumbestimmungen.

Durch Wiegen an der Luft wird das Gewicht B einer Betonprobe und durch Wiegen in einem Behälter unter Wasser[1] ihr Gewicht B_w festgestellt, nachdem die Luft durch Verrühren der Probe mit Wasser aus dem Beton entfernt wurde. Außerdem müssen γ_{oz} und γ_G (s. unter 1) bekannt sein und das Zuschlaggestein durch den Auswaschversuch ausgesondert werden [4], [5]. Nach Ermittlung des Gewichts des ausgesonderten Zuschlaggesteins durch Wiegen unter Wasser (Gewicht G_{1w}) und Einführen eines Korrekturfaktors k für den mit dem Zement ausgewaschenen Feinsand[2] besteht die untersuchte Probe aus folgenden Gewichtsanteilen:

$$\text{Zuschlag} \quad G = G_{1w} \frac{\gamma_G}{\gamma_G - 1} \, k,$$

$$\text{Zement} \quad Z = (B_w - G_{1w} \cdot k) \frac{\gamma_{oz}}{\gamma_{oz} - 1}$$

$$\text{Wasser} \quad W = B - G - Z.$$

Durch Multiplikation mit $(\gamma : B)$ (s. unter α) werden die Gewichtsanteile in 1 m³ verdichtetem Beton erhalten.

3. Verarbeitungseigenschaften.

a) Bestimmung mechanischer Eigenschaften.

Von den zahlreichen in Vorschlag gebrachten und in Anwendung befindlichen Prüfverfahren sollen nur kennzeichnende und neuere Verfahren angeführt werden. Eine Übersicht ist wiederholt in zusammenfassenden Arbeiten gegeben worden [6], [7], [8].

α) Feststellungen beim Mischen.

Es finden sich Verfahren, bei denen die Änderung der *Leistungsaufnahme* des elektrischen Antriebmotors festgestellt wird. Diese hängt u. a. bei Zwangsmischern vom Mischwiderstand (Wassergehalt und Sperrigkeit der Mischung) ab und bei Freifallmischern von der bei der Drehung der Trommel hochgetragenen Betonmenge (beeinflußt durch die Beweglichkeit und den Zusammenhalt des Betons) [6], [9], [10].

In anderen Fällen drückt der bewegte Beton gegen einen gelenkig eingebauten Arm oder es wirkt das in einer Auffangvorrichtung je nach Steife sich mehr oder weniger groß einstellende Betongewicht über Hebel oder Kontakte auf elektrische Anzeigevorrichtungen. Bei Kipptrommelmischern wird auch die von der Steife des Betons abhängige Gegenkraft (Kippmoment) gemessen [10]. Offenbar handelte es sich bisher um empfindliche, noch nicht voll befriedigende Einrichtungen [12].

---

[1] Siehe auch die unter A 4 a β angeführte Quelle [15].
[2] $k = G : G_1$ [s. b)].

β) Feststellungen an verdichtetem Beton.

Eine in Amerika allgemein angewendete, allerdings nur beschränkten Aufschluß gebende Steifemessung erfolgt mit dem *Setzversuch* nach Abb. 1 [*13*].

Abb. 1. Setzversuch. Unterer Durchmesser der Blechform für den Betonkegelstumpf 20 cm, oben 10 cm, Höhe 30 cm.

Das Setzmaß wird an dem in die Blechform eingestampften und nach Abheben derselben unter dem Einfluß der Schwerkraft zusammensackenden Betonkegelstumpf gemessen.

Bei anderen Verfahren wird der Eindringwiderstand besonders geformter Körper in den verdichteten Beton ermittelt. Beim *Eindringversuch* [*14*] ergibt sich das Eindringmaß *e* als Eindringtiefe eines 20 cm hoch fallenden, unten kugeligen, 15 kg schweren Stahlzylinders (⌀ 100 mm) oder bei einem neueren amerikanischen Verfahren [*15*] als Eindringtiefe eines halbkugeligen (⌀ 15 cm) rd. 12 kg schweren Stahlkörpers. Ein Gerät, das in der Schweiz entwickelt wurde [*16*], benutzt einen unten abgerundeten Stahlstab von 20 mm ⌀. Dieser wird durch 10 Schläge eines geführten Fallgewichts (0,5 kg) in den Beton eingetrieben. (Vom Verfasser wird zur Ermittlung der Gleichmäßigkeit der Schüttdichte von Schüttlagen für Betonfahrbahndecken das Gerät nach Abb. 2 benutzt.)

γ) Feststellungen durch Verformung.

Für weichen Beton wird der sogenannte *Ausbreitversuch* benutzt. Als Ausbreitmaß ergibt sich auf dem in Deutschland benutzten Ausbreittisch [*14*] nach Abbildung 3 der mittlere Durchmesser a_1 und a_2 des Kuchens. Entsprechend wird das Ausbreitmaß für Mörtel (s. V C 10a) auf einer mit einer Nockenwelle angehobenen Tischplatte bestimmt; nach ASTM Standard C 230—52 T

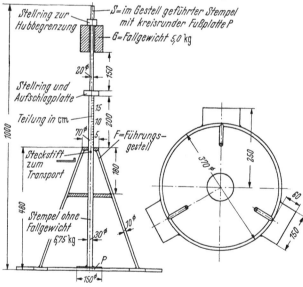

Abb. 2. Eindringgerät zur Ermittlung der Gleichmäßigkeit des Betons und der Dichte von Schüttlagen. Ermittlung der Eindringtiefe nach 5 oder 10 Schlägen des Fallgewichts, je nach Beschaffenheit des Betons.

[*17*] wird auf diese Weise Mörtel und nach ASTM Standard C 124—39 [*18*] auch Beton auf schweren, mit einer Nockenwelle angehobenen Tischplatten ausgebreitet (s. a. Abb. 6).

Ein einfaches Verfahren, das sich in der Praxis bewährte und das keine besonderen Geräte erfordert, wird zur Kennzeichnung der Steife vom Verfasser angewendet [*7*], [*19*]. Hierbei wird lediglich eine feste, prismatische Form (z. B.

eine 30 cm- oder 20 cm-Würfelform) mit dem Beton in immer gleicher Weise mit der Kelle *lose* gefüllt und eben abgestrichen. Nach optimaler, durch eine beliebige Einwirkung erreichten Verdichtung des Inhalts wird gemäß Abb. 4 die Höhe h durch Abstich gemessen. Als *Steifemaß (Verdichtungsmaß)* v ergibt sich der Quotient $H : h$. Für Rüttelbeton liegt v zwischen 1,40 und 1,20, für weichen Beton zwischen 1,20 und 1,05 [*19*].

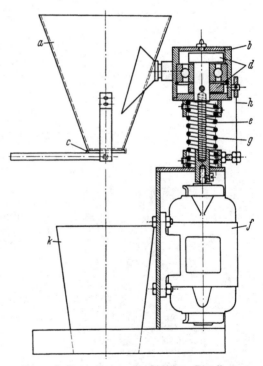

STEWART [*20*] ermittelt einen sogenannten *Verdichtungsfaktor*, der sich aus dem Gewicht des in einen zylindrischen Behälter aus zwei

Abb. 3. Ausbreittisch nach DIN 1048 (Verformung eines Beton-kegelstumpfs von 20 cm Höhe durch 15 Aufschläge f der um die Achse D—D drehbaren Tischplatte).

darüber angeordneten konischen Aufnahmegefäßen fallenden Betons ergibt.

Von PILNY [*21*] wird ein Verfahren mitgeteilt, bei dem der Beton gemäß Abb. 5 in einen Trichter *a* eingerüttelt wird und anschließend unter Rütteln nach Öffnen einer Bodenklappe *c* ausfließt. Die Zeit, die der Beton zum Ausfließen benötigt, wird als *Trichtersteife* bezeichnet.

Bei dem heute häufig in verschiedener Abwandlung benutz-

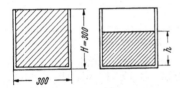

a Beton lose eingefüllt;   *b* Beton *a* nach völliger Verdichtung.

Abb. 4. Ermittlung des Steifemaßes (Verdichtungsmaß). $v = 300 : h$ in der Form mit 30 cm Kantenlänge (Maße in mm).

ten, von POWERS [*22*] entwickelten *Verformungsversuch* wird in einem Gerät nach Abb. 6 ein ursprünglich 30 cm hoher Betonkegelstumpf durch Hubstöße so lange verformt, bis der Beton das Gefäß mit ebener Oberfläche satt ausfüllt. Die Anzahl der hierzu erforderlichen Hubstöße gilt

Abb. 5. Gerät zur Messung der Steife von Rüttelbeton.

a Auslaufbecher; *b* Rüttlergehäuse; *c* Bodenklappe; *d* Unwuchten; *e* biegsame Welle; *f* Motor; *g* Stützfeder; *h* Halteband.

als Verformungsmaß [*7*]. Mit dem auf die Platte eines Rütteltisches aufgesetzten Gerät kann auch die unter Rütteleinwirkung zur Verformung erforderliche Zeit als Kennwert festgestellt werden [*7*], [*23*]. Auch für die Prüfung der Rüttelwirkung bei verschieden zusammengesetztem Beton oder von verschiedenen

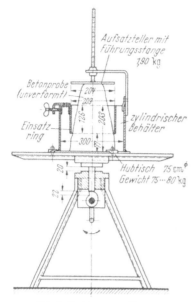

Abb. 6. Verformungsgerät.

Abb. 7. Steifemesser des schwedischen Zement- und Betonforschungsinstituts.

T Torsionsstab mit Massen; *F* Tauchkörper mit Flügeln; *R* Rütteltisch.

Rütteltischen und Schwingungsgrößen bei gleichem Beton ist dieses Gerät brauchbar [*19*].

Mit ähnlichen Geräten wird nach ÖNORM B 3302 [*24*] durch Hubstöße der ÖNORM-Steifegrad aus der Anzahl der Hubstöße sowie dem Rauminhalt des Kegelstumpfs und des verformten Betons errechnet. In Schweden wird das Verformungsgerät als Vee-Bee-Steifemesser auf einem kleinen Rütteltisch angewendet [*25*], [*26*].

Viel meßtechnische Vorkehrungen erfordert die Ermittlung eines Kennwerts für die Steife von Beton, der Rüttelschwingungen ausgesetzt ist, mit einem vom schwedischen Zement- und Betoninstitut gebauten Gerät nach Abb. 7. Der Kennwert wird durch oszillographische Ermittlung der Dämpfung erhalten, die durch den Beton an einem eingetauchten, unten mit Flügeln versehenen Torsionsstab entsteht [*25*], [*27*].

Schließlich wurden auch für Zementbrei und Feinmörtel Geräte zur Messung ihres Fließvermögens bei Einwirkung von Schwingungen und zur Beurteilung des thixotropen Verhaltens dieser feinkörnigen Massen entwickelt [*19*], [*23*], [*28*].

δ) *Beziehung zwischen verschiedenen Meßverfahren.*

Zu dem in Deutschland zur Kennzeichnung der Steife häufig benutzten Eindringmaß *e* und Ausbreitmaß *a* nach DIN 1048 (s. unter *β* und *γ*) ist, soweit die prüfbaren Steifebereiche der einzelnen Verfahren sich überdecken, aus Abb. 8 das zugehörige, in Amerika vorwiegend zur Kennzeichnung benutzte Setzmaß zu entnehmen [*7*], [*23*].

b) Neigung zum Entmischen.

Zur Ermittlung der Neigung des Absonderns einzelner Bestandteile wurden bei Laboratoriumsuntersuchungen wiederholt Verfahren entwickelt [*7*], [*8*]. Zur allgemeineren Anwendung wurden bisher jedoch nur Verfahren zur Ermittlung des Wasserabsonderns von Zementleim und Mörtel [*29*] sowie von Beton festgelegt [*30*]. Dies geschieht nach Einfüllen bzw. Verdichten in Behältern, bei

Zementleim und Mörtel durch Überdecken der Oberfläche mit Tetrachlorkohlenstoff und Auffangen des innerhalb eines Ringes abgesonderten Wassers in einem Standrohr, bei Beton durch Abhebern des auf der Oberfläche angereicherten Wassers, z. T. nach Rütteleinwirkung [31], [32].

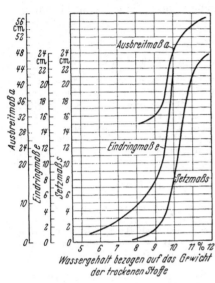

Abb. 8. Setzmaß, Eindringmaß und Ausbreitmaß, abhängig vom Wassergehalt des Betons.

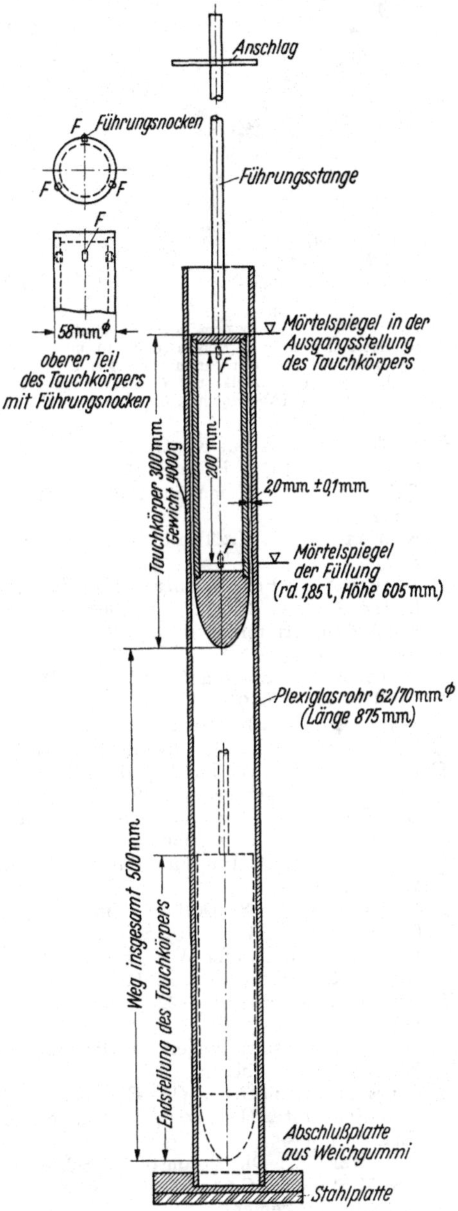

4. Prüfung von Einpreßmörtel.

Einpreßmörtel zum Füllen von Spannbetonkanälen bei Spannverfahren mit nachträglichem Verbund muß in engen Querschnitten ein bestimmtes Fließvermögen aufweisen. Er soll beim Erstarren wenig schrumpfen und Wasser absondern. Hierzu wurden vom Verfasser im Otto-Graf-Institut, Stuttgart, auch auf der Baustelle anwendbare Prüfverfahren entwickelt [33], [34].

Zur Kennzeichnung des Fließvermögens dient das Durchflußgerät nach Abb. 9. Ermittelt wird die Zeit, die der zylindrische Tauchkörper in dem 4 mm weiteren Standrohr beim Absinken zur Verdrängung von 1,36 l Zementsuspension benötigt.

Das Schrumpfen und die Wasserabsonderung wird an der in drei genormte Konservendosen eingefüllten Zementsuspension mittels Tiefenmaß nach 3 h

Abb. 9. Durchflußgerät zur Kennzeichnung des Fließvermögens von Einpreßmörtel (Ermittlung der Einsinkzeit des Tauchkörpers).

Abb. 10.
Konservendose K (h = rd. 12,3 cm; d = rd. 9,9 cm)
mit aufgelegter Meßmarke S (Meßspitze für 10 cm
Füllhöhe) und Deckel D mit gummiertem Rand.
Anschlagplatte A aus Plexiglas mit 6 Meßstellen
und Tiefenmaß T (Ableseeinheit 0,1 mm).

und nach dem Erstarren festgestellt (s. Abb. 10). Zwischenzeitlich wird zur Vermeidung einer Wasserverdunstung der Deckel mit gummiertem Rand aufgelegt.

An den erhärteten Proben wird im Alter von 7 oder 28 Tagen nach Aufschneiden des Blechmantels und ebenem Abgleichen der beiden Kreisflächen (s. unter VI C 2 a γ) die Druckfestigkeit ermittelt.

Schrifttum.

[1] Ohne Verf.: New instrument tests on concrete mix; water-cement ratio found electrically. Engng. News Rec. Bd. 150 (1953) Nr. 25, S. 51.

[2] Rissel, E.: Ausschlämmverfahren von Beton zur Feststellung der Kornzusammensetzung des Zuschlags. Zement Bd. 24 (1935) H. 44, S. 703. — Zur Kontrolle der Gleichmäßigkeit von Straßenbeton. Straße u. Autobahn Bd. 6 (1955) H. 1, S. 25.

[3] DIN 52171: Stoffmengen und Mischungsverhältnis im Frischmörtel und Frischbeton.

[4] Kirkham, R. H. H.: The testing of concrete mixers. Engineer Bd. 195 (1953) 13. Febr., S. 232.

[5] Thaulow, S.: Field testing of concrete. J. Amer. Concr. Inst. Bd. 25 (1954) H. 7, News Letter S. 11 — Proc. Amer. Concr. Inst. Bd. 50 (1954) — Field testing of concrete. Norsk Cementforening. Oslo 1952. — British Standard 1881 : 1952. Methods of testing concrete, Part 4.

[6] Walz, K.: Einflüsse auf die Verarbeitbarkeit des Betons. Zement Bd. 22 (1933) H. 6, S. 78 u. H. 7, S. 93.

[7] Walz, K.: Verarbeitbarkeit und mechanische Eigenschaften des Frischbetons. Dtsch. Aussch. Stahlb., H. 91. Berlin: W. Ernst & Sohn 1938.

[8] Powers, T. C.: Workability of concrete. Report on significance of tests of concrete and concrete aggregates, 2. Ed., S. 43. Amer. Soc. Test. Mat. Philadelphia 1943.

[9] U.S. Dep. of the Interior; Bureau of Reclamation: Boulder Canyon Project. Bull. 4, Concrete manufacture, handling and control, S. 92 u. 218. Denver 1947.

[10] U. S. Dep. of the Interior; Bureau of Reclamation; Concrete Manual, 5. Ed., S. 225. Washington 1951.

[11] Polatty, J. M.: New type of consistency meter tested at Allatoona Dam. Proc. Amer. Concr. Inst. Bd. 46 (1950) S. 129.

[12] Otterson, G. L., and W. L. Burgess: Recent changes in Corps of Engineers concrete construction specifications. Proc. Amer. Concr. Inst. Bd. 49 (1953) S. 721.

[13] ASTM Standard C 143—52: Standard method of test for slump of portland-cement concrete.

[14] DIN 1048: Bestimmungen für Betonprüfungen bei Ausführung von Bauwerken aus Beton und Stahlbeton.

[15] Corps of Engineers: CRD—C 46—53, Method of test for ball penetration of freshly mixed concrete. Handbook for concrete and cement. Waterways Experiment Station. Vicksburg 1949.

[16] Rychner, A.: Die Betonsonde. Schweiz. Bau-Ztg. Bd. 67 (1949) H. 33, S. 445.

[17] ASTM Standard C 230—52 T: Tentative specifications for flow table for use in tests of hydraulic cement.

[18] ASTM Standard C 124—39: Standard method of test for flow of portland-cement concrete by use of the flow table.

[19] Walz, K.: Rüttelbeton, 2. Aufl., S. 16. Berlin: W. Ernst & Sohn 1948.

[20] Stewart, D. A.: The design and placing of high quality concrete. London: E. & F. N. Spon 1951. — British Standard 1881 : 1952. Methods of testing concrete, Part 3.

[21] Pilny, F.: Bestimmung der Trichtersteife von Frischbeton. Nachr. Öst. Betonver. Bd. 9 (1951) Folge 4, S. 97 [Öst. Bau-Z. Bd. 6 (1951) H. 6].

[22] Powers, T. C.: Studies of workability of concrete. Proc. Amer. Concr. Inst. Bd. 28. (1932) S. 419.

[23] Walz, K.: Das Messen mechanischer Eigenschaften des Frischbetons. Arch. techn. Messen, V 8246—1, Febr. 1948 (T 41).
[24] ÖNORM B 3302: Richtlinien für Beton, Baustoffe und maßgenormte Tragwerksteile, § 51.
[25] Eriksson, A. G.: Development of fluidity and mobility meters for concrete consistency tests. Svenska Forskningsinstitutet för Cement och Betong vid Kungl. Tekniska Högskolan I Stockholm. Handlingar (Proc.) Nr. 12. Stockholm 1949.
[26] Beijer, O.: Vee-Bee scale, an international standard for consistency of concrete? J. Amer. Concr. Inst. Bd. 26 (1954) H. 1, News Letter S. 7.
[27] Bergström, S. G.: An experimental study of the relation between the properties of fresh and hardened concrete. Svenska Forskningsinstitutet för Cement och Betong vid Kungl. Tekniska Högskolan I Stockholm, Meddelanden (Bulletins) Nr. 28, S. 50. Stockholm 1953.
[28] Schwiete, H. E., u. L. Tscheischwili: Die Verarbeitbarkeit von Zementen. Forsch.-Arb. Straßenw. Bd. 21 (1939) S. 19. — R. Auerbach: Vibrations-Viskosimetrie Kolloid-Z. Bd. 82 (1938) S. 24.
[29] ASTM Standard C 243—53 T: Tentative method of test for bleeding of cement pastes and mortars.
[30] ASTM Standard C 232—53 T: Tentative method of test for bleeding of concrete.
[31] Corps of Engineers: CRD—C 9—·51, Method of test for bleeding of concrete. Handbook for concrete and cement. Waterways Experiment Station. Vicksburg 1949.
[32] Valore, R. C., J. E. Bowling and R. L. Blaine: The direct and continuous measurement of bleeding in portland cement-water mixtures. Proc. Amer. Soc. Test. Mater. Bd. 49 (1949) S. 891.
[33] Walz, K.: Anforderungen an Einpreßmörtel für Spannbetonglieder und Prüfung der Eigenschaften. Bau u. Bauindustr. Bd. 8 (1955) H. 16, S. 486.
[34] Vorläufige Richtlinien für das Auspressen von Spannbetongliedern mit Zementmörtel (Deutscher Ausschuß für Stahlbeton; Fassung 1955).

C. Die Prüfung der Rohwichte (Raumgewicht), Reinwichte (spezifisches Gewicht) und des Hohlraumgehalts sowie der Festigkeit des erhärteten Betons.

Von K. Walz, Düsseldorf.

Erhärteter Beton wird vorwiegend nach seiner Druckfestigkeit und in besonderen Fällen nach seiner Biegezugfestigkeit beurteilt. Neben der Rohwichte, die allgemeine Rückschlüsse auf die Beschaffenheit zuläßt, wird gelegentlich auch die Ermittlung der Zusammensetzung erforderlich.

Die *Stoffanteile* (Zement und Zuschlagstoff) werden in erster Linie durch chemischen Aufschluß (s. unter V C) ermittelt. Eine mechanische Trennung mit vorausgehendem, mehrmaligem Erhitzen und Abschrecken ist selten befriedigend möglich.

Es wurde auch ein Verfahren angegeben [1], das die nachträgliche Ermittlung des Wassergehalts des Frischbetons gestattet (Wassergehalt, mit Hilfe dessen nach der chemischen Ermittlung des Zementgehalts [s. S. 391] der für die Festigkeit maßgebliche Wasserzementwert etwa errechnet werden kann). Die Betonprobe wird dazu 24 h in Wasser gelegt und nach Ermittlung des Gewichts 2 h lang einer Temperatur von 600° ausgesetzt. Der Gewichtsverlust entspricht dann etwa dem Wassergehalt des Frischbetons, wie er nach dem Einbau vorlag.

Über die Prüfung des Leichtbetons finden sich Ausführungen unter VI J.

1. Rohwichte (Raumgewicht), Reinwichte (spezifisches Gewicht) und Hohlraumgehalt.

Die Rohwichte wird in der Regel für den jeweiligen Prüfzustand („lufttrocken" oder „durchfeuchtet") gemäß II B 2 a u. b bestimmt. Sollen Vergleiche angestellt werden, so ist der Wassergehalt durch Trocknen bei 105 bis

110° zu bestimmen und die auf diesen Trockenzustand bezogene Rohwichte anzugeben. Für die Ermittlung der Reinwichte und des Hohlraumgehalts werden die unter II B 3 u. 4 aufgeführten Verfahren entsprechend angewendet. Zweckmäßig werden bei der Ermittlung des spezifischen Gewichts als Pyknometerflüssigkeit an Stelle des mit dem zermahlenen Zementstein reagierenden Wassers andere Flüssigkeiten verwendet (z. B. reines Petroleum, Terpentinöl, Benzol).

2. Druckfestigkeit.

Zur Prüfung auf Druckfestigkeit dienen Würfel, Prismen, Zylinder oder teilbelastete prismatische Proben. Für orientierende Feststellungen wird die Kugelschlag- und die Rückprallhärte bestimmt.

Über die Formen, Herstellung, Lagerung und Prüfung der Proben bestehen zahlreiche Bestimmungen [2], [3], [4]. Im folgenden kann nur das Gemeinsame allgemein angeführt werden; oder es werden aufschlußreiche Feststellungen und Verfahren im einzelnen wiedergegeben.

a) Herstellung der Proben.

Die Proben werden in Formen hergestellt oder aus dem erhärteten Beton des Bauwerks herausgearbeitet.

α) Herstellung in Formen.

Der Beton wird in Würfel- oder Zylinderformen aus besonders hergestellter Mischung (Eignungsprüfung) oder aus dem Baustellenbeton (Güte- und Erhärtungsprüfung) eingefüllt.

Anzahl und Abmessungen der Prüfkörper sind so zu wählen, daß die durchschnittliche Beschaffenheit des Betons erfaßt wird. Für jede Prüfung sind mindestens drei, je nach dem Zweck auch mehr Prüfkörper vorzusehen. Die kleinste Abmessung einer Probe soll mindestens dem 3fachen Durchmesser der größten Zuschlagkörner entsprechen.

Die Formen bestehen im allgemeinen aus Stahl mit ebenen Flächen. Sofern wie bei Würfeln die Seitenflächen oder bei Zylindern die Bodenfläche die Druckflächen der Probe bilden, müssen sie planeben sein (Näheres s. unter γ). Die Einzelteile verschiedener Formen sollen möglichst vertauschbar sein und so dicht schließen, daß Wasser nicht austreten kann. Bei Wasseraustritt oder bei wassersaugenden Formen (z. B. aus Holz) entsteht für weichen Beton im allgemeinen eine etwas größere Festigkeit; sie kann bei steifem Stampfbeton in nachgiebigeren Formen etwas kleiner ausfallen. Die Unterschiede sind jedoch im allgemeinen klein [5]. Für die Herstellung von Zylindern werden auch verlorene Pappezylinder als Formen oder vom Verfasser in Sonderfällen handelsübliche Konservendosen aus Blech benutzt (s. unter VI B 4).

Die Benutzung von Zylinderformen aus Pappe ist nur angezeigt, wenn dieselben kein Wasser absaugen und nicht quellen. Auch in Formen aus gewachster Pappe sind im Beton durch Quellen der Pappe feine Risse und damit etwas kleinere Festigkeiten entstanden [6]. Proben in Blechdosen, die mit dem Deckel abgedeckt sind, verlangen keine besondere Nachbehandlung, wenn der Blechmantel erst vor der Prüfung aufgeschnitten wird.

Bei üblichem Beton werden Formen für Würfel mit 10, 20 und 30 cm Kantenlänge [2] oder für Zylinder mit 15 cm ∅ und 30 cm Höhe benutzt [3].

Die Verdichtung soll ähnlich und bis zur Erlangung entsprechender Rohwichte wie beim Beton im Bauwerk erfolgen, also z. B. durch Stampfen oder Rütteln. Auch bei steifem Beton liefern gestampfte Proben im allgemeinen eine praktisch nur unbedeutend kleinere Druckfestigkeit als bei kräftig mit Innenrüttlern verdichteter Füllung [7]. Knapp weicher oder weicher Beton soll in den verhältnismäßig kleinen Formen nicht durch zu große oder kräftige Innenrüttler verdichtet werden (falls keine leichten Innenrüttler verfügbar sind, soll durch Stochern und Stampfen oder auf dem Rütteltisch verdichtet werden). Für die Feststellung der Druckfestigkeit von Spritzbeton („Torkretbeton") wurden Proben durch Ausspritzen zylindrischer Formen aus 19 mm weitem Maschendraht hergestellt; es wird angenommen, daß hinsichtlich Verdichtung, Abprall und Lufteinschlüssen ähnliche Verhältnisse wie beim Auftrag in der Praxis erzielt werden [8].

β) Entnahme aus dem Bauwerk oder aus größeren Bruchstücken.

Zur Beurteilung des Betons im Bauwerk sind Proben durch sorgfältiges Herausmeißeln mit scharfem Werkzeug, durch maschinell betriebene Meißel, Bohrer, mit der Sauerstofflanze oder mittels Hohlbohrern [9], [10] zu gewinnen. Mit Hohlbohrern und Stahlschrot, die bei lotrechter Bohrung anwendbar sind, können im Gegensatz zu diamantbesetzten Hohlbohrern, insbesondere bei wenig festem Beton, Zylinder mit ungleichmäßigen und gestörten Flächen entstehen. Aus plattenförmigen Bauteilen können Proben durch sogenannte Fugensägen (Kreissägeblätter mit Siliziumkarbidbelag) herausgeschnitten werden.

Bei der Entnahme ist zu beachten, daß Proben aus den äußeren Zonen des Bauwerks eine andere Festigkeit als der Kernbeton und Proben aus höheren Bauteilen oder Schüttungen oben eine kleinere Festigkeit aufweisen **können** als unten. Über den Einfluß der Probenbeschaffenheit s. unter b α.

γ) Druckflächen.

Die Druckflächen müssen eben, gleichlaufend und rechtwinklig zur Druckrichtung sein. Bereits geringe Unebenheit macht sich durch kleinere Festigkeit bemerkbar. Nach ASTM Standard [3] ist für Zylinder mit 15 cm ⌀ eine Abweichung von höchstens 0,05 mm zulässig. Bei der Prüfung von Würfeln werden die an den ebenen Seitenwänden der Stahlformen entstandenen Flächen als Druckflächen benutzt (Druckrichtung rechtwinklig zur Einfüllrichtung). Die Festigkeit kann im Vergleich zu gleichlaufend zur Einfüllrichtung gedrückten Proben bei Beton mit ausgeprägter Schichtstruktur (z. B. bei stark wasserabstoßendem und solchem mit sehr flachem Zuschlag) etwas geringer entstehen.

Sachgemäße Druckflächen können allgemein erzielt werden durch:

ebene, glatte und parallele Formwände oder Böden aus Stahl oder Gußeisen (fein gehobelt),

Anbringen dünner Schichten von steif angemachtem Zementleim oder fettem Zementmörtel 0/1 mm (Auftragen auf ebene, schwach geölte Stahlplatten und Einsetzen der gerauhten, mit Zementleim eingebürsteten Proben in den Mörtel oder Auftragen des Mörtels auf die obere Fläche, bei frischem Beton frühestens 2 h nach dem Füllen der Form, dann Aufdrücken einer schwach geölten, ebenen Stahl- oder Spiegelglasplatte).

Entsprechend kann, wie dies in Amerika [3] geübt wird, bei weniger festem Beton auch Gips oder allgemein heißer dünnflüssiger Schwefel mit einem Füller benutzt werden [3], [11], [12]. Das Abgleichen mit Schwefel gestattet an den in besonderer Gießgestelle eingelegten Proben [13], [14] gleichzeitig das Anbringen beider, dabei senkrecht stehender Abgleichschichten und die Prüfung bereits nach etwa 2 h.

Bei Vergleichsversuchen mit Stuckgips, einem besonderen Hartgips, Schwefel mit feinem Quarzmehl sowie Stahlschrotkissen zwischen Zylinderendflächen und Druckplatten der Presse, stellte Troxell [15] für verschieden beschaffene Rohflächen fest, daß Hartgips und Schwefel (Druckfestigkeit nach 1 h rd. 300 kg/cm² bzw. rd. 410 kg/cm²) etwa gleiche Ergebnisse lieferten. Mit Stuckgips (119 kg/cm²) entstand bei hoher Betonfestigkeit oder unebenen Rohflächen kleinere Druckfestigkeit. Auch durch Benutzung der Schrotkissen wurde nicht die volle Druckfestigkeit des Betons ermittelt. Entsprechende Feststellungen berichtete Price [16]. Maschinelles Schleifen der Druckflächen mit der Siliziumkarbidscheibe unter Wasserzufuhr gestattet bei festem Beton ebenfalls eine kurzfristige und einwandfreie Prüfung.

b) Abhängigkeit der Druckfestigkeit von der Herstellung, Größe und Form der Proben.

α) *Herstellung.*

Über den Einfluß der Lage der Druckflächen zur Einfüll- oder Stampfrichtung s. unter a γ.

Zur Frage, inwieweit die mechanische Einwirkung beim Herausarbeiten von Proben aus Bauwerksbeton deren Festigkeit beeinflußt, wurden wiederholt Untersuchungen angestellt. In der Regel werden die aus dem Bauwerk herausgestemmten Proben mit der Siliziumkarbid- oder Diamantschneidscheibe [17] noch auf regelmäßige Gestalt geschnitten. Beim Vergleich von 20 cm-Würfeln aus der Form mit gleich großen Würfeln, die aus größeren Würfeln herausgespitzt wurden, fand sich [18]:

für den Würfel	aus der 20 cm-Form	herausgespitzt
für Beton *a* eine Druckfestigkeit von	112 kg/cm²	117 kg/cm²
für Beton *b* eine Druckfestigkeit von	293 kg/cm²	271 kg/cm²

Beim wenig festen Beton (*a*) wurde etwa die gleiche Druckfestigkeit wie mit den geformten Würfeln erzielt, weil das Gefüge beim Herausarbeiten weniger zerrüttet wurde (leichtes Herauslösen der harten Zuschlagkörner). Beim festeren Beton lieferten die herausgespitzten Würfel eine um rd. 7% kleinere Betondruckfestigkeit. Bei anderen Feststellungen wurde für 20 cm-Würfel folgende Druckfestigkeit festgestellt [18]:

in der Form hergestellt. 288 kg/cm²
aus 30 cm-Würfeln allseitig gesägt . . . . 268 kg/cm²
aus 30 cm-Würfeln allseitig herausgespitzt . . . . 243 kg/cm²

Zylinder (Höhe 15 cm, Durchmesser 15 cm) aus diesem Beton ergaben, in der Form hergestellt, eine Druckfestigkeit von 293 kg/cm², mit Stahlschrot herausgebohrt von 297 kg/cm². In einem anderen Fall fanden sich 386 kg/cm² für den Zylinder aus der Form und 364 kg/cm² für den herausgebohrten Zylinder.

Im allgemeinen ist demnach, offenbar abhängig von nicht immer erkennbaren Einflüssen und der Umsicht bei der Arbeit, mit einer geringen Festigkeitsminderung durch das Herausarbeiten zu rechnen.

β) *Größe und Form der Proben.*

Erfahrungsgemäß liefern Probekörper mit zunehmender *Größe* kleinere Druckfestigkeiten. Für die praktische Anwendung gelten nach DIN 1048 [2] folgende Bezugsgrößen:

für Würfel mit 10   20   30 cm Kantenlänge
Druckfestigkeit 115   *100*   90 %

Bei einheitlichen Untersuchungen [*19*] fanden sich die in Abb. 1 wieder-gegebenen Verhältnisse.

Eine ähnliche Abhängigkeit der Druckfestigkeit von den Probenabmessungen wurde bei groß angelegten Untersuchungen auch für sehr verschieden große Zylinder (Verhältnis von Durchmesser zu Höhe wie 1 : 2) erhalten [*20*]:

Durchmesser		5	10	15	20	30	50	90 cm
Druckfestigkeit		109	104	*100*	96	91	86	82%

Dabei ist von praktischer Bedeutung, daß unabhängig vom Größtkorn die gleiche Festigkeit für Beton gleicher Steife und mit gleichem Wasserzementwert ent-steht, sofern der kleinste Durchmesser der Probe etwa das 4fache des größten Korn-durchmessers oder mehr beträgt. Die Druck-festigkeit von Grobbeton kann auch in kleineren Formen ermittelt werden, wenn die zu große Korngruppe aus dem Beton durch Auslesen oder Aussieben ausgeschie-den wird [*20*].

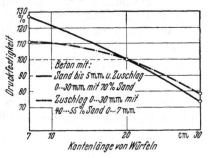

Abb. 1. Abhängigkeit der Druckfestigkeit von der Würfelgröße.

Doch wurde bei sorgfältiger Verarbei-tung gefunden, daß auch bei Beton mit großstückigen Steineinlagen bei gleichem Wasserzementwert mit Würfeln gleicher Größe etwa gleiche Druckfestigkeit (Alter 90 Tage) entstehen kann. Es fand sich die Druckfestigkeit

für Würfel mit 20 cm Kantenlänge aus Beton 0/70 mm	zu 500 kg/cm²
für Würfel mit 50 cm Kantenlänge aus Beton 0/70 mm	zu 483 kg/cm²
für Würfel mit 50 cm Kantenlänge aus Beton 0/70 mm mit 50% Stein-einlagen von rd. 15 bis 25 cm	zu 487 kg/cm²

Bei gleichem Querschnitt nimmt andererseits die Druckfestigkeit mit größer werdender *Höhe h der Probe* ab. Hierzu liegen zahlreiche Feststellungen vor. Zum Beispiel fand sich[1] bei *Prismen* mit dem Querschnitt $a \cdot a = 32$ cm $\cdot$ 32 cm

für h : a		0,5	1,0	2,0	3,7	12
die Druckfestigkeit zu		141	*100*	95	87	84%

Im allgemeinen kann bei $h : a \geqq 4$ ein Verhältnis der Prismen- zur Würfel-festigkeit von rd. 0,8 angenommen werden, bei Beton hoher Festigkeit meist etwas größer und bei Beton mäßiger Festigkeit etwas kleiner ausfallend [*21*], [*22*]. Dabei galt dieses Verhältnis, von der Druckfestigkeit des Würfels mit 20 cm Kantenlänge ausgehend, sowohl für Prismen mit dem Querschnitt 20 cm · 20 cm als auch 40 cm · 40 cm [*21*].

Für *Zylinder* (Höhe h und Durchmesser $d = 15$ cm) werden folgende Ver-hältniswerte als Mittel aus mehreren Untersuchungen angegeben[2]:

h : d		0,5	1,0	2,0	3,0	4,0
Druckfestigkeit		180	117	*100*	94	89%.

Für Zylinder mit 15 cm ⌀ stellten GRAF und WEISE [*23*] folgende Be-ziehungen fest:

Höhe des Bohrkerns		7,5	11	15	20	25 cm
Druckfestigkeit		169	127	106	*100*	96%

Beim Vergleich zwischen der Druckfestigkeit des Zylinders mit 15 cm ⌀ und 30 cm Höhe und der des Würfels mit 20 cm Kantenlänge kann das Ver-

[1] Siehe [*5*] S. 53 sowie [*18*] S. 127.
[2] Siehe [*9*] S. 456, Bild 164, sowie [*10*] und [*16*].

hältnis der Zylinder- zur Würfelfestigkeit im Mittel zu 0,85 : 1,00 angenommen werden [*23*].

Die höhere Druckfestigkeit bei niederen Proben ist auf den Einfluß der Endflächenreibung zurückzuführen. Daher entstehen auch kleinere Druckfestigkeiten, wenn die Druckflächen z. B. geschmiert, wenn weichere Schichten, wie z. B. Papier, zwischengeschaltet [*24*] oder wenn die Druckkraft z. B. über hydraulische Kissen ausgeübt wird [*25*], [*26*].

Die Verminderung der umschnürenden Wirkung der Endflächenreibung infolge Durchbiegung der Druckplatten der Maschine und ungleicher Druckverteilung ist vermutlich für die geringere Druckfestigkeit der größeren Proben verantwortlich. Eindeutige Feststellungen liegen hierzu noch nicht vor[1]; zugehörige Fragen wurden wiederholt behandelt [*24*], [*26*], [*27*], [*28*].

γ) *Teilbelastung von Proben.*

Bei Teilbelastung nach Abb. 2 wird eine größere Druckfestigkeit als bei gleichmäßiger Beanspruchung der ganzen oberen Fläche erhalten. Wirkt jedoch die Teilbelastung nach Abb. 3 auf gleich große Flächen, so entsteht eine etwa

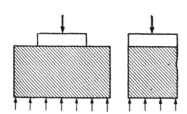

Abb. 2. Teilbelastung bei der Druckprüfung.

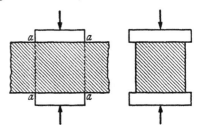

Abb. 3. Prüfung von Teilen prismatischer Körper auf Druckfestigkeit.

ebenso große Druckfestigkeit wie mit einem Körper ohne die außerhalb der Querschnitte *a — a* liegenden Teile (Würfel). Feststellungen zu beiden Belastungsfällen wurden von GRAF [*18*] mitgeteilt. Es ist also möglich, nach der Biegeprüfung an den Reststücken von Prismen ohne Ablängung auf Würfelform die Druckfestigkeit zu ermitteln, wie dies seit vielen Jahren in Übung ist. Dieses Prüfverfahren findet sich auch als ASTM Standard [*29*]. Weiteres s. unter 3 b β.

c) Einflüsse der Lagerung und des Alters.

Die Prüfung der in Formen hergestellten Proben findet überwiegend im Alter von 28 Tagen statt, wenn nicht durch besondere Umstände eine frühere Feststellung (z. B. als Erhärtungsprüfung zur Beurteilung der Belastungsmöglichkeit eines Bauteils) oder eine spätere nötig ist (z. B. zur Beurteilung von Massenbeton aus langsam erhärtenden Bindemitteln).

Da die Temperatur und Feuchtigkeitsverhältnisse auf die Festigkeitsentwicklung des Betons von erheblichem Einfluß sind, insbesondere in der ersten Zeit, müssen zur Wahrung der Vergleichbarkeit bis zur Prüfung des Betons (Güteprüfung) die Temperatur in festgelegten Grenzen sowie ein bestimmter Feuchtigkeitszustand eingehalten werden. Zum Beispiel muß nach DIN 1048 [*2*] die Temperatur des Lagerraums zwischen 15 und 22°, nach ASTM Standard C 192—52 T [*3*] zwischen 18 und 24° liegen. Nach DIN 1048 lagern die Proben in den ersten 7 Tagen „naß" (unter Wasser, in feuchtem Sand, unter nassen

---

[1] Über weitere Untersuchungen wird von anderer Seite, voraussichtlich in den Heften des Deutschen Ausschusses für Stahlbeton, berichtet werden.

Tüchern oder ähnlich) und anschließend in Raumluft, nach ASTM Standard
C 192—52 T dauernd feucht (mit freiem Wasser auf den Flächen). Zweckmäßig
ist dauernde Feuchtlage-
rung, weil damit eindeuti-
gere und besser vergleichbare Verhältnisse geschaffen
werden. Aus Abb. 4 geht hervor, daß vor der Prüfung
trocken gelagerte Würfel
eine etwas größere Druck-
festigkeit ergeben als feuchte.
Dauernd feucht gelagerte
Würfel erlangen jedoch in
höherem Alter gegenüber
frühzeitig an der Luft gelagerten eine höhere Festigkeit. Je nach den Umwelts-
einflüssen und dem Verhältnis von Oberfläche zum
Rauminhalt des Bauwerks
können daher die Erhär-
tungsbedingungen gegen-

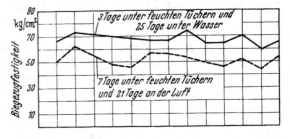

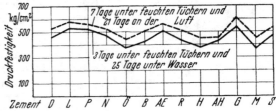

Abb. 4. Einfluß der Lagerung auf die Druckfestigkeit und Biegezugfestigkeit von Beton.

über denen der Proben mehr oder weniger verschieden sein. Näheres über die
Einflüsse der Umwelt und des Alters zur Beurteilung der Proben- und Bau-
werksfestigkeit s. [18] S. 11 u. 128, ferner [22] S. 91 sowie [30], [31], [32].

d) Einflüsse der Prüfung.

Gleichmäßigkeit der Beanspruchung. Die Achse in die Presse eingebauter
Würfel, Prismen oder Zylinder muß mit der Pressenachse zusammenfallen,
damit eine die Bruchlast herabsetzende ungleichmäßige Beanspruchung vermieden wird. Würfel aus wasserreichem, entmischendem Beton, bei denen auf
die bei der Herstellung seitlich gelegenen Flächen gedrückt wird, können auch
bei zentrischem Einbau ungleich beansprucht werden, weil der bei der Herstellung oben gelegene Teil des Würfels nachgiebiger ist und eine etwas kleinere
Festigkeit aufweist.

Die *Druckplatten der Presse* und ihre Lagerung müssen so gestaltet sein, daß
unzulässige Verformungen bzw. ungleichmäßige und außermittige Kraft-
eintragung nicht möglich sind (s. a. unter b β u. [24]). Die Druckplatten sollen bei
Prüfung von Beton der höheren Güteklassen eine Vickers-Härte von mindestens
450 kg/mm² und geschliffene, mattierte Flächen aufweisen. (Nach DIN 51223
— Werkstoffprüfmaschinen, Druckprüfmaschinen —, Entw. Dez. 1955, müssen
die Druckplatten zur Durchführung von Druckversuchen aus Hartguß oder gehärtetem Stahl mit einer Rockwell-Härte c = 58 bis 62 hergestellt werden. Die
Druckplatten sind planzuschleifen und zu mattieren.

Die *Prüfgeschwindigkeit* beeinflußt die Bruchlast. Mit rascherer Belastungssteigerung entstehen zunehmend größere Bruchlasten und umgekehrt. Nach
DIN 1048 [2] ist bei der Prüfung der Würfel der Druck langsam und stetig zu
steigern, so daß die Spannung um 2 bis 3 kg/cm² je sek zunimmt; nach ASTM
Standard C 39—49 [33] beträgt die Belastungsgeschwindigkeit 1,4 bis 3,5 kg/cm²
je sek. Wird hiervon abgewichen, so nimmt die Bruchlast bei starker Steigerung
der Belastungsgeschwindigkeit oder Verlangsamung erheblich zu bzw. ab, wie
die folgenden Feststellungen erkennen lassen.

Bei Aufbringen der Belastung auf Zylinder von 7,5 cm ⌀ entsprechend 250 und 700 kg/cm² je sek fand sich die rd. 1,15fache Druckfestigkeit; bei stoßartiger Belastung die 1,8fache [*34*]. Die Druckfestigkeit von Zylindern mit 15 cm ⌀ verhielt sich bei Steigerung von 0,01 kg/cm² je sek auf 270 kg/cm² je sek wie 1 : 1,33 [*35*].

Wurde an Stelle der sich normgemäß ergebenden Belastungsdauer langsamer belastet, so wurde bei einer Belastungsdauer bis zur Bruchlast von 10 min etwa das 0,95fache, von 30 min etwa das 0,92fache und von 235 min das 0,88fache der Druckfestigkeit erhalten [*16*].

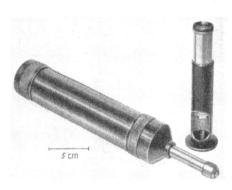

Abb. 5a. Gerät zur Ermittlung der Druckfestigkeit des Betons aus der Kugelschlaghärte.

e) Beurteilung der Druckfestigkeit durch die Kugelschlag- und Rückprallhärte.

Am Bauwerk kann ohne Entnahme von Proben oder an nicht zur Druckprüfung verwendbaren Proben die etwa anzunehmende Druckfestigkeit aus der Größe von Kugeleindrücken oder des Rückpralls eines Hammers abgeleitet werden.

Kugelschlaghärte (s. a. Bd. I, 1940, S. 393 ff.). Aus dem Durchmesser des Kugeleindrucks, den ein Schlagbolzen mit Stahlkugel von 10 mm ⌀ auf einer

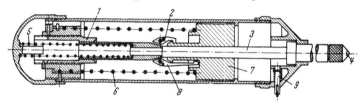

Abb. 5b. Schnitt durch den Kugelschlaghärteprüfer nach Abb. 5 a.
1 Auslösebüchse; *2* Fanghaken (voller Schlag); *3* Stoßstange; *4* Prüfkugel; *5* Hilfsfeder; *6* Schraubenfeder; *7* Schlagbär; *8* Fanghaken (¹/₂ Schlag); *9* Sperrbolzen (¹/₂ Schlag).

ebenen Betonfläche hinterläßt, ergibt sich aus empirisch gefundenen Beziehungen unter Beachtung des Streubereichs die Würfeldruckfestigkeit [*36*], [*37*]. Die

Abb. 6a. Gerät zur Ermittlung der Druckfestigkeit des Betons aus der Rückprallhärte (Beton-Prüfhammer nach Schmidt).

Anwendung des in Abb. 5 a u. b dargestellten Geräts nach Baumann ist verhältnismäßig einfach. Nach Auslösung des Schlagbolzens wird der Durchmesser des Kugeleindrucks mit der Meßlupe ermittelt. Die Feststellungen können erhebliche Streuungen aufweisen, da naturgemäß nur die äußere Zone erfaßt wird, die je nach Struktur, Erhärtung und Feuchtigkeitsgehalt anders beschaffen sein kann als der übrige Beton [*38*], [*39*].

Bei dem von Einbeck entwickelten Pendelschlaghammer wird auf horizontalen oder senkrechten Flächen der Eindruck durch einen als Pendel geführten Kugelhammer (Kugeldurchmesser 25 mm) erzeugt [*36*].

Rückprallhärte (s. a. Bd. I, 1940, S. 396ff.). Der leichte und wenig Aufwand erfordernde Rückprall-Härteprüfer (Betonprüfhammer) nach SCHMIDT [*40*], [*41*] ist in Abb. 6a u. b wiedergegeben. Hier wird nach Ansetzen des Bolzens auf diesen mit einem durch Federkraft bewegten Hammer ein Schlag ausgeübt.

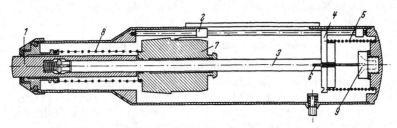

Abb. 6b. Längsschnitt des Beton-Prüfhammers nach Abb. 6a.
1 Schlagbolzen; *2* Zeiger; *3* Laufstange; *4* Führungsscheibe; *5* Druckfeder; *6* Mitnehmer; *7* Hammer; *8* Schlagfeder; *9* Auslösekonus.

Der Rückprall des Hammers wird an einem Schleppzeiger festgestellt und aus einer empirischen Beziehung die Würfeldruckfestigkeit für den festgestellten Rückprall erhalten. Naturgemäß unterliegt auch diese Beziehung zwischen Würfeldruckfestigkeit und Rückprall erheblichen Streuungen, weil u. a. ebenfalls nur ein beschränkter Bereich des Betons erfaßt wird und der Rückprall bei gleicher Würfeldruckfestigkeit von der Struktur des Betons und der von der Schalung bestimmten Oberflächenbeschaffenheit [*42*], von der Masse des Bauteils, von der Feuchtigkeit, vom Zuschlaggestein und vielleicht auch vom Spannungszustand beeinflußt wird. Untersuchungen hierzu sind im Gange.

3. Biegezugfestigkeit.

a) Herstellung und Lagerung der Balken.

Die Biegezugfestigkeit wird ausschließlich an Balken von quadratischem oder rechteckigem Querschnitt geprüft. Für die Herstellung, die Querschnittsabmessung der Balken in Abhängigkeit vom Größtkorn, die Beschaffenheit der Formen sowie für die Einflüsse der Lagerung und des Alters gelten sinngemäß ähnliche Bedingungen wie für die Herstellung der Proben für die Druckprüfung.

Hier ist besonders wichtig, daß die Balken über den ganzen Querschnitt gleiche Feuchtigkeit und Temperatur aufweisen. Der Rückgang der Biegezugfestigkeit bei nur außen ausgetrocknetem Beton kann durch Überlagerung von Schwindspannungen erheblich sein (s. a. [*18*], S. 152). Da die für eine gleichmäßige Durchtrocknung erforderliche Zeit selten abgewartet und die Gleichmäßigkeit der Durchtrocknung nicht einfach beurteilt werden kann, sind nach DIN 1048 [*2*] und ASTM Standard [*3*], [*4*] und C 42—49 [*10*] nur feucht gelagerte Balken zu prüfen. Aus erhärtetem Beton herausgesägte Balken sind feucht zu halten und vor der Prüfung 2 Tage unter Wasser zu lagern. Die z. T. angewandte sogenannte gemischte Lagerung (z. B. 7 Tage feucht und 21 Tage an der Luft) ist wegen des störenden Einflusses der Schwindspannungen nicht zweckmäßig, wie in Abb. 4 die obere Darstellung erkennen läßt.

Bei Balken aus weniger steifem Beton fällt die Biegezugfestigkeit waagrecht hergestellter Balken meist etwas kleiner aus, wenn die bei der Herstellung oben gelegene Fläche in der Zugzone liegt; ebenso entsteht bei senkrecht hergestellten Balken gegenüber den in liegender Form gefertigten in der Regel, und mit zunehmendem Wassergehalt mehr hervortretend, eine kleinere Biegezugfestigkeit. Unebene Auflager- und Lastangriffsflächen sind mit einer dünnen ebenen

Mörtelschicht abzugleichen (s. 2 a γ). Diese muß jedoch auf den Bereich der Auflager beschränkt bleiben, weil sonst die Zugfestigkeit der Abgleichschicht Einfluß nimmt. Bei wenig festem Beton stieg z. B. die Biegezugfestigkeit von 22 auf 29 kg/cm² und von 28 auf 36 kg/cm², wenn die ganze in der Zugzone liegende Auflagerfläche mit einer 2 mm dicken Schicht aus Zementbrei abgeglichen wurde.

b) Abmessungen und Prüfung der Balken.

α) Prüfvorschriften.

Im allgemeinen erreicht die Länge von Biegebalken mindestens das 3fache und die Breite höchstens das 1,5fache der Höhe. In Normen und Prüfvorschriften sind beispielsweise die Länge L, die Breite b und die Höhe h sowie die Auflagerentfernung l und die Übertragung der Last P wie in Tab. 1 festgelegt.

Tabelle 1.

| | Abmessungen | | | Auflager-entfernung l | Lastanordnung | Belastungsge-schwindigkeit je sek kg/cm² |
| | L | b | h | | | |
	cm	cm	cm	cm		
DIN [2]	70	15	10	60	P in der Mitte	1
ASTM Standard [4], [43]	—	15	15	—	P in der Mitte	0,17
ASTM Standard [3], [44]	$l+5$	$\leqq 1,5\,h$	$l/3$	$3\,h$	$P/2$ in $l/3$	0,17
ÖNORM [45] . . .	36 (60)	12 (20)	12 (20)	$\leqq 30$	P in der Mitte	1
				> 30	$P/2$ in $l/3$	

β) Prüfanordnung.

Die als Schneidenlager (z. B. Rollen) ausgebildeten Auflager müssen drehbar, eines davon außerdem in der zur Balkenachse senkrechten Ebene kippbar sein. Die Lasteintragung erfolgt ebenfalls über eine dreh- und kippbare Schneide. Die Abmessungen b und h werden am Bruchquerschnitt bestimmt.

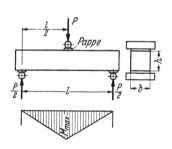

Abb. 7. Biegeprüfung durch mittige Last.

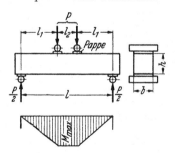

Abb. 8. Biegeprüfung durch zwei Lasten.

Für die in Abb. 7 und 8 angeführte Prüfanordnung ergibt sich die Biegezugfestigkeit B mit dem Bruchmoment $M_{max} = Pl/4$ bzw. $Pl_1/2$ für

mittige Last (Abb. 7) zu
$$B = \frac{Pl}{4} : \frac{b\,h^2}{6},$$

zwei symmetrische Lasten (Abb. 8) zu $B = \frac{P}{2} \cdot l_1 : \frac{b\,h^2}{6}.$

Erfolgte der Bruch erheblich neben P bzw. der Strecke l_2, so ist das Bruchmoment M_{max} nicht mit $l/2$ bzw. l_1 zu errechnen, sondern mit der Entfernung des Bruchquerschnitts vom nächsten Auflager. Das Balkengewicht wird bei der Berechnung der Biegezugfestigkeit in der Regel vernachlässigt. Bei Prüfungen des Otto-Graf-Instituts in Stuttgart wird entweder gemäß Abb. 8 oder 9 vorgegangen. Gemäß Abb. 9 kann jeder Balken 2mal, z. B. in verschiedenem Alter, nach a bzw. c auf Biegung geprüft werden; an den Reststücken wird dann die jeweilige Druckfestigkeit ermittelt (s. unter 2 b γ, ferner [46]). Der Druck wirkt dabei auf die bei der Herstellung von den Formwänden gebildeten ebenen Flächen.

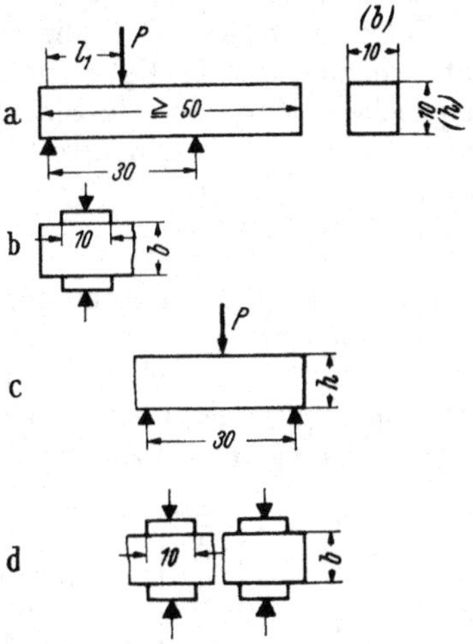

Die Biegezugfestigkeit wird unter sonst gleichen Umständen von der Lastanordnung und den Balkenabmessungen mehr oder weniger beeinflußt. Allgemein entsteht bei Prüfung nach Abb. 8 eine etwas kleinere Biegezugfestigkeit als nach Abb. 7, weil durch das über eine größere Strecke wirkende Größtmoment eher eine schwache Stelle erfaßt wird. Andererseits streuen die Prüfwerte im Falle der Anordnung nach Abb. 8 weniger (s. a. [18] S. 138 sowie [21]).

Bei gleichbleibendem Verhältnis von $l : h = 3$ wurde bei Zunahme der Balkenhöhe von $h = 7,5$ cm auf 20 cm die Biegezugfestigkeit um 30% kleiner erhalten [47].

Abb. 9a bis d. Biege- und Druckprüfung an Balken. Maße in cm.

Bei Drittelspunktbelastung lieferten Balken (15 cm/15 cm) bei 150 und 45 cm Auflagerentfernung etwa die gleiche Biegezugfestigkeit [46]. Zum gleichen Ergebnis führten die Versuche von NASCHOLD [48], der feststellte, daß bei Drittelspunktbelastung das Verhältnis $l : h$ ohne deutlichen Einfluß blieb, während bei mittiger Belastung mit $l : h$ von 2 bis 10 zunehmend eine Abnahme der Biegezugfestigkeit von rd. 10% eintrat (s. a. [21]). Aus spannungsoptischen Untersuchungen wurde gefolgert, daß bei mittiger Belastung das 0,84fache der errechneten Spannung vorhanden ist, während bei der Belastung in den Drittelspunkten die wirkliche Spannung das 0,94fache der errechneten ist [49]. Zugehörige Untersuchungen wurden auch von NASCHOLD [48] und NIELSEN [50] angestellt.

Der Abstand der Last P vom nächsten Auflager soll bei Prüfung nach Abb. 7 mindestens 1,5 h, bei Prüfung mit zwei symmetrischen Lasten (Drittelspunktbelastung oder nach Abb. 8) mindestens h betragen.

γ) Belastungsgeschwindigkeit.

Eine Erhöhung der Belastungsgeschwindigkeit von 0,02 kg/cm² je sek auf 1,3 kg/cm² lieferte eine um 15% größere Biegezugfestigkeit [47]. Bei anderen Feststellungen wurde mit einer Belastungsgeschwindigkeit von 0,14 kg/cm² je sek eine Biegefestigkeit von 35 kg/cm² und mit 0,63 kg/cm² von 42 kg/cm² erzielt [49].

c) Verhältnis der Biegezugfestigkeit B zur Würfeldruckfestigkeit W.

Bei der Bildung dieses Verhältniswertes sind die Einflüsse zu berücksichtigen, die sich bei der Biegezugfestigkeit aus den Balkenabmessungen und der Lastanordnung und bei der Druckfestigkeit aus der Probengröße und allgemein aus der Verdichtung, die je nach Steife des Betons bei Balken und Würfeln nicht immer gleich ist, ergeben. Es liegen zahlreiche Feststellungen vor, die jedoch wegen diesen Einflüssen nicht ohne weiteres vergleichbar sind. Im allgemeinen liegt $B:W$ für vergleichbare Lagerung, sachgemäße Prüfanordnung und Querschnitte zwischen etwa $1:6$ bis $1:10$ (s. [16], [21], ferner [18] S. 153 sowie die aus früheren Untersuchungen stammenden Werte in der 1. Aufl., S. 471). Für Balken 70 cm × 15 cm × 10 cm (DIN 1048) und 20 cm-Würfel gibt HUMMEL die Beziehung $B = W^{0,62}$ bis $W^{0,70}$ und als Mittel $B = W^{0,66}$ an (s. [22] S. 12).

Unter sonst gleichen Bedingungen wird der Unterschied zwischen B und W mit zunehmender Festigkeit größer, d. h. die Biegezugfestigkeit nimmt nicht in gleichem Maße zu wie die Druckfestigkeit [21]. Andererseits entsteht mit feinstoff- oder sehr zementreichen Mischungen der Unterschied meist weniger groß.

4. Zugfestigkeit.

Die Prüfung des Betons auf Zugfestigkeit wird wegen der geringen praktischen Bedeutung, der besonderen Sorgfalt und der umständlichen Vorkehrungen, die zum Gelingen nötig sind, selten durchgeführt. Erforderlichenfalls wird die Zugfestigkeit an prismatischen oder zylindrischen Proben bei axialer Beanspruchung in der Zugmaschine ermittelt. Eine hierfür bei Versuchen des Otto-Graf-Instituts geeignet befundene Probenform ist in Abb. 10 wiedergegeben (s. [18] S. 137). An die gleichlaufenden und achssymmetrischen, gehobelten Flächen $a — a$ werden mittels Schrauben schwach gezahnte Aufhängelaschen gepreßt. Wesentlich ist bei der Prüfung, daß nach dem Einbau in die Maschine Körperachse und resultierende Zugkraft genau zusammenfallen. Weiter ist, sinngemäß wie unter 3, folgendes zu beachten:

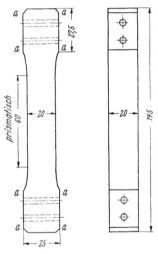

Abb. 10. Probekörper für die Zugprüfung. Maße in cm.

Die kleinste Abmessung des Querschnitts soll hier, um innere Exzentrizität zu vermeiden, mindestens das 5fache des größten Zuschlagkorns betragen. Aus dem gleichen Grunde ist bei liegender und stehender Herstellung der Proben die Form in einem besonderen Aufsatzrahmen mindestens um $^1/_3$ höher zu füllen, damit im oberen Teil keine kleinere, durch Wasserabsondern oder Erstarren ohne Auflast bedingte Festigkeit entsteht.

Prüfungen sollen nur an dauernd feucht gelagerten und während der Prüfung feucht gehaltenen Proben erfolgen.

Die Ermittlung der Zugfestigkeit ist auch an Hohlzylindern durch Flüssigkeitsinnendruck möglich [51], [52]. Dabei sind jedoch axiale Beanspruchung und Porenwasserdruck zu vermeiden. Außerdem wurden Prüfungen bekannt, bei denen der Beton durch Druckkissen, die in die Prüfkörper eingelassen sind, auf Zug beansprucht wurde [25] oder bei denen eine axiale Zugspannung durch Zentrifugalkraft [53] erzeugt worden ist (Prismen mit quadratischem Querschnitt, die um ihre kurze Symmetrieachse mit zunehmender Geschwindigkeit bis zum Bruch gedreht werden). Schließlich wurde in einer ausführlichen Arbeit die Zugfestigkeit an Zylindern durch Druckbelastung nach zwei sich diametral gegenüberliegenden Mantellinien ermittelt [54].

Die Biegezugfestigkeit verhält sich zur Zugfestigkeit im Mittel aus verschiedenen Untersuchungen etwa wie $2:1$[1].

---

[1] Siehe hierzu auch die Ausführungen und Quellenangaben in der 1. Aufl., S. 474.

5. Scherfestigkeit.

Die Scherfestigkeit wird für Beton im allgemeinen nach Abb. 4 von Abschnitt II D 5 ermittelt. Auch hier gilt, daß es wegen den versuchstechnisch von der Flächenpressung neben der Abscherstelle und den von der Biegung herrührenden Nebenbeanspruchungen nicht möglich ist, die reine Scherfestigkeit zu ermitteln.

Nach Feststellungen von GRAF [55] fand sich die derart für Beton der Güteklasse B 160 bis B 300 ermittelte Scherfestigkeit zum rd. 0,23fachen der Würfelfestigkeit W und zum rd. 1,6fachen der Biegezugfestigkeit B, für Mörtel mit einer Druckfestigkeit von 800 bis 900 kg/cm² zu rd. 0,24 W bzw. rd. 2,3 B (s. [18] S. 164).

6. Schlagfestigkeit.

Die Schlagfestigkeit kann an zylindrischen oder würfelförmigen Proben gemäß den unter II D 6 gemachten Ausführungen vergleichsweise beurteilt werden. Untersuchungen über die Beziehung zwischen Druckfestigkeit des Betons und der zur Zerstörung von Würfeln führenden Schlagarbeit wurden von GRAF bekanntgegeben (s. [18] S. 129). Um die Prüfung auf Schlagfestigkeit praktischen Beanspruchungen anzugleichen, wären auch Verfahren zu entwickeln, bei denen z. B. der Schlag nur auf eine eng begrenzte Fläche eines großen Prüfkörpers wirkt (s. ferner unter II D 6).

Schrifttum.

[1] BLACKMAN, J. S.: Method for estimating water content of concrete at the time of hardening. Proc. Amer. Concr. Inst. Bd. 50 (1954) S. 533.

[2] DIN 1048: Bestimmungen für Betonprüfungen bei Ausführung von Bauwerken aus Beton und Stahlbeton.

[3] ASTM Standard C 192—52 T: Tentative method of making and curing concrete compression and flexure test specimens in the laboratory. — Corps of Engineers: CRD—C 10—52: Method of making and curing concrete test specimens in the laboratory. Handbook for concrete and cement. Waterways Experiment Station. Vicksburg 1949.

[4] ASTM Standard C 31—49: Standard method of making and curing concrete compression and flexure test specimens in the field.

[5] GRAF, O.: Die Druckfestigkeit von Zementmörtel, Beton, Eisenbeton und Mauerwerk, S. 4. Stuttgart: K. Wittwer 1921.

[6] BURMEISTER, R. A.: Tests of paper molds for concrete cylinders. Proc. Amer. Concr. Inst. Bd. 47 (1951) S. 17 — Siehe ebenso [16].

[7] GRAF, O.: Über die Druckfestigkeit von normengemäß gestampften und von mit Innenrüttlern verdichteten Betonwürfeln. Fortschr. u. Forsch. Bauwes. Reihe A, 1943, H. 8, S. 10.

[8] CHADWICK, W. L., J. A. McCRORY and R. B. YOUNG: Proposed recommended practice for the application of mortar by pneumatic pressure. Rep. by ACI-Committee 805. Proc. Amer. Concr. Inst. Bd. 47 (1951) S. 185.

[9] US-Dep. of the Interior; Bureau of Reclamation: Concrete Manual, 5. Ed., S. 381. Denver 1951.

[10] Corps of Engineers CRD C 27—54: Methods of securing, preparing, and testing specimens from hardened concrete for compressive and flexural strengths. Handbook for concrete and cement. Waterways Experiment Station. Vicksburg 1949. — ASTM Standard C 42—49: Standard methods of securing, preparing and testing specimens from hardened concrete for compressive and flexural strengths.

[11] COLLINS, H. G.: Sulfur mixtures for capping. Proc. Amer. Concr. Inst. Bd. 37 (1941) S. 693.

[12] KENNEDY, T. B.: A limited investigation of capping materials for concrete test specimens. Proc. Amer. Concr. Inst. Bd. 41 (1945) S. 117.

[13] Concrete Manual [9] S. 451.

[14] Corps of Engineers: CRD C 29—53: Method of capping concrete specimens for compression tests. Handbook for concrete and cement. Waterways Experiment Station. Vicksburg 1949.

[15] TROXELL, G. E.: The effect of capping methods and endconditions before capping upon the compressive strength of concrete test cylinders. Proc. Amer. Soc. Test. Mater. Bd. 41 (1941) S. 1038.

[16] PRICE, W. H.: Factors influencing concrete strength. Proc. Amer. Concr. Inst. Bd. 47 (1951) S. 417.

[17] BLANKS, R. F.: Sawing and cutting concrete specimens. Proc. Amer. Concr. Inst. Bd. 44 (1948) S. 416.

[18] GRAF, O.: Die Eigenschaften des Betons, S. 130. Berlin/Göttingen/Heidelberg: Springer 1950.

[19] GYENGO, T.: Effect of type of test specimen and gradation of aggregate on compressive strength of concrete. Proc. Amer. Concr. Inst. Bd. 34 (1938) S. 272.

[20] BLANKS, R. F., E. W. VIDAL, W. H. PRICE and F. M. RUSSELL: The properties of concrete mixes. Proc. Amer. Concr. Inst. Bd. 36 (1940) S. 433 — Concrete Manual [9] S. 455 sowie [16].

[21] GRAF, O.: Festigkeit und Elastizität von Beton mit hoher Festigkeit. Dtsch. Aussch. Stahlb., H. 113, S. 57. Berlin 1954.

[22] HUMMEL, A.: Das Beton-ABC, 11. Aufl., S. 94. Berlin: W. Ernst & Sohn 1951.

[23] GRAF, O., u. F. WEISE: Über die Prüfung des Betons in Betonstraßen durch Ermittlung der Druckfestigkeit von Würfeln und Bohrproben. Forsch. Arb. Straßenw. Bd. 6 (1938) S. 23.

[24] L'HERMITE, R.: Idées actuelles sur la technologie du béton. Troisième Partie. La rupture du béton. Réun. des Laborat. d'éssais et de recherches sur les mat. et les constr. (R.I.L.E.M.) Bulletin Nr. 18, S. 27. Juni 1954.

[25] HÖRNLIMANN, F.: Kolbenlose Pressen (Druckkissen) im Bauwesen. Bautechn. Arch. 1947, H. 1, S. 19.

[26] ROŠ, M., u. A. EICHINGER: Die Bruchgefahr fester Körper. Ber. Nr. 172 Eidg. Mat.-Prüf.- u. Vers.-Anstalt, S. 58. Zürich 1949.

[27] KREMSER, H.: Wodurch ist die größere Druckfestigkeit von Würfeln kleinerer Kantenlänge gegenüber denen mit größerer Kantenlänge bedingt? Dissertation T. H. Hannover 1949.

[28] RÜSCH, H.: Specimen size and apparent compressive strength. Proc. Amer. Concr. Inst. Bd. 50 (1954) S. 803.

[29] ASTM Standard C 116—49: Standard method of test for compressive strength of concrete using portions of beams broken in flexure.

[30] GRAF, O.: Ein Beitrag zu der Frage: Erfolgt die Erhärtung des Betons im Innern massiger Konstruktionsglieder langsamer als im Probewürfel? Bauingenieur Bd. 11 (1930) H. 42, S. 726.

[31] Anweisung für den Bau von Betonfahrbahndecken (ABB), Teil II C II 2 b. Freiberg i. S.: E. Mauckisch 1939.

[32] WALZ, K.: Die Beurteilung der Bohrkernfestigkeit im Hinblick auf die Biegezugfestigkeit und das Alter des Betons. Bauingenieur Bd. 21 (1940) H. 7/8, S. 58. — M. O. WITHEY: Some long-time tests of concrete. Proc. Amer. Concr. Inst. Bd. 27 (1931) S. 547 (Versuche bis zum Alter von 20 Jahren).

[33] ASTM Standard C 39—49: Standard method of test for compressive strength of molded concrete cylinders.

[34] WATSTEIN, D.: Effect of straining rate on the compressive strength and elastic properties of concrete. Proc. Amer. Concr. Inst Bd. 49 (1953) S. 729.

[35] JONES, P. G., and F. E. RICHART: Effect of testing speed on strength and elastic properties of concrete. Proc. Amer. Soc. Test. Mater. Bd. 36 (1936) II, S. 380.

[36] GAEDE, K.: Die Kugelschlagprüfung von Beton, Heft 107. Berlin: Dtsch. Aussch. Stahlbeton. 1952.

[37] DIN 4240: Kugelschlagprüfung von Beton mit dichtem Gefüge; Richtlinien für die Anwendung.

[38] KEIL, F., u. K. OBENAUER: Erfahrungen mit dem Federhammer zur zerstörungsfreien Prüfung von Beton. Tonindustr.-Zbl. (Tonindustr.-Ztg.) Bd. 75 (1951) H. 1/2, S. 7.

[39] HOEFFGEN, H., u. G. BACK: Erfahrungen über die zerstörungsfreie Betonprüfung mit Kugelprüfgeräten. Bauingenieur Bd. 26 (1951) S. 297.

[40] Bureau BBR, Zürich: Gebrauchsanweisung für den Betonprüfhammer, Modell 2.

[41] SCHMIDT, E.: Der Beton-Prüfhammer. Ein Gerät zur Bestimmung der Qualität des Betons im Bauwerk. Schweiz. Bauztg. Bd. 68 (1950) Nr. 28, S. 378.

[42] GREENE, G. W.: Test hammer provides new method of evaluating hardened concrete. Proc. Amer. Concr. Inst. Bd. 51 (1955) S. 249.

[43] ASTM Standard C 293—52 T: Tentative method of test for flexural strength of concrete (using simple beam with centerpoint loading).

[44] ASTM Standard C 78—49: Standard method of test for flexural strength of concrete (using simple beam with third-point loading).

[45] ÖNORM B 3302: Richtlinien für Beton, Baustoffe und maßgenormte Tragwerksteile, § 54, b.

[46] KESLER, C. E.: Statistical relation between cylinder, modified cube, and beam strength of plain concrete. Amer. Soc. Test. Mater. 1954, Preprint Nr. 88.

[47] WRIGHT, P. J. F.: The effect of the method of test on the flexural strength of concrete. Magaz. of Concrete Res. Bd. 4 (1952) Nr. 11, S. 67.

[48] NASCHOLD, G.: Die größten Randspannungen der geraden, rechteckigen Balken mit Einzellasten. Bauingenieur Bd. 22 (1941) S. 40.

[49] GOLDBECK, A. T.: Tensile and flexural strengths of concrete. Rep. on significance of tests of concrete and concrete aggregates, 2. Ed., S. 15. 1943 (ASTM-Committee C—9).

[50] NIELSEN, K. E. C.: Effect of various factors on the flexural strength of concrete test beams. Magaz. of Concrete Res. Bd. 5 (1954) Nr. 15, S. 105.

[51] POGANY, A.: Bestimmung der Zugfestigkeit des Betons mit Hilfe von mit Innendruck belasteten zylindrischen Probekörpern. Zement Bd. 26 (1937) S. 397.

[52] GRAF, O.: Versuche über die Widerstandsfähigkeit von Beton- und Eisenbetonrohren gegen Innendruck. Bauingenieur Bd. 4 (1923) S. 441.

[53] BERTHIER, R. M.: Étude et controle des caractéristiques pratiques des ciments et bétons. Centre d'Études et de Rech. de l'Ind. des Liants Hydrauliques. Publ. Techn. Nr. 27 (1950) S. 8 (s. a. Rev. Matér. Constr. 1950, Nr. 418 u. 419).

[54] CARNEIRO, F. L. L. B., et A. BARCELLOS: Résistance à la traction des bétons. Inst. Nacional de Tecnologia, Rio de Janeiro 1949; ebenso in: Bull. Réun. des Laborat. d'Essais et de Rech. sur les Matér. et les Constr. (RILEM) 1953, Nr. 13, S. 103.

[55] GRAF, O.: Versuche über die Widerstandsfähigkeit von Eisenbetonbalken gegen Abscheren, H. 80. Dtsch. Aussch. Stahlbeton, S. 13. Berlin 1935.

D. Ermittlung der Formänderungen des Betons bei Druck-, Zug-, Biege- und Verdrehungsbelastung.

Von E. Brenner und W. Schwaderer, Stuttgart.

1. Einleitung.

Dehnungsmessungen werden durchgeführt, um entweder die Spannungen zu ermitteln, die an Bauteilen unter bestimmten Belastungen auftreten, oder um den Elastizitätsmodul des Werkstoffs zu erhalten. Die erstgenannte Aufgabe schließt die zweite ein, da hierzu der Zusammenhang zwischen Längenänderung und Spannung bekannt sein muß. Die für das Messen von Längenänderungen maßgebenden Verhältnisse gelten grundsätzlich auch für die Bestimmung anderer Formänderungen; sie werden daher im folgenden besonders eingehend behandelt.

Für die Verfahren zum Messen der unter Belastung auftretenden Formänderungen bestehen bis heute keine allgemein anerkannten Normen. Die einzelnen Prüfanstalten wenden daher jeweils dem besonderen Fall angepaßte Arbeitsweisen an. Die folgenden Darlegungen gründen sich in der Hauptsache auf Erfahrungen, die sich bei den Arbeiten im Otto-Graf-Institut an der Technischen Hochschule Stuttgart, zum Teil in langjähriger Anwendung, als zweckmäßig erwiesen haben.

a) Abhängigkeit der Meßgenauigkeit von den Eigenschaften des Betons.

Je nach dem beabsichtigten Verwendungszweck wird der Werkstoff Beton mit sehr verschiedenen Eigenschaften hergestellt. Besonders leichter, poriger Beton besitzt Druckfestigkeiten, die bis auf etwa 10 kg/cm² heruntergehen, die Druckfestigkeit hochwertigen Schwerbetons kann 750 kg/cm² überschreiten. Die zugehörigen Elastizitätszahlen E liegen nach GRAF [1] und [2] ungefähr in den Grenzen 10000 bis 500000 kg/cm². Um die Längenänderungen messen zu können, die einer Spannungsänderung um 1% der Druckfestigkeit entsprechen — was zur Spannungsermittlung in der Regel ausreicht —, sind Meßgeräte nötig, bei denen zu einer Änderung der Anzeige um eine Einheit eine Längenänderung von höchstens 0,01 mm/m gehört. Bei Versuchen zur Bestimmung des Elastizitätsmoduls ist eine Steigerung der Meßgenauigkeit erwünscht, insbesondere wenn die bleibenden Formänderungen zu erfassen sind. Da die mit der praktischen Durchführung der Messungen verbundenen Schwierigkeiten mit der Zunahme der Empfindlichkeit der Meßgeräte rasch wachsen, ist eine unnötig große Übersetzung der Meßgeräte zu vermeiden. Wenn im Bereich der Meßstrecke die Dehnungen von gleicher Größe sind, ist es zweckmäßiger, die Meßgenauigkeit durch Vergrößern der Meßlänge zu steigern. Für Beton mit Korngrößen bis zu 30 mm sollte die Meßlänge im allgemeinen nicht kleiner als 10 cm gewählt werden; bei Grobbeton sind Meßlängen von 50 cm oder mehr anzuwenden.

b) Einfluß von Temperatur- und Feuchteänderungen.

Bei Messungen an Betonkörpern im Freien oder an Versuchskörpern, die vor Beginn des Belastungsversuchs nicht bis zum Temperaturausgleich im Versuchsraum lagerten, oder wenn die Temperatur der Luft während des Belastungsversuchs größere Schwankungen zeigt als etwa $\pm 1°$ C, machen sich die entstehenden Wärmedehnungen auf das Meßergebnis deutlich bemerkbar; dies gilt besonders für die bleibenden Dehnungen. Ebenso treten zusätzliche Dehnungen auf, wenn die Feuchte des Betons nicht mit der Feuchte der umgebenden Luft im Gleichgewicht steht und sich daher während der Versuchsdauer ändert. Kann der untersuchte Betonkörper den durch Temperaturänderungen verursachten Formänderungen ungehindert folgen und sind die Temperaturen des Betons im Bereich der Meßstrecken bekannt (z. B. einbetonierte Thermoelemente), dann können die Wärmedehnungen mit in der Regel ausreichender Genauigkeit rechnerisch erfaßt werden. Die Wärmedehnung des Betons liegt u. a. nach Graf [3] und nach Bonwell-Harper [4] je nach der Art der Zuschläge und dem Feuchtegehalt etwa in den Grenzen 0,008 bis 0,012 mm/m je ° C. Eine Änderung der Luftfeuchte um 10% ändert die Feuchte eines Betons mittlerer Festigkeit um etwa 0,8% (Haller [5]) und bewirkt damit ein Schwinden oder Quellen des Betons (Graf-Brenner [7]). Da der Austausch der Feuchtigkeit jedoch nur langsam erfolgt, ist eine Berücksichtigung von Änderungen der Luftfeuchte in der Regel nicht erforderlich. Wenn allerdings ein feucht gelagerter Betonkörper zur Prüfung in einen Versuchsraum gebracht wird, dessen Luftfeuchte sehr gering ist, muß durch Abdichtung seiner Oberfläche oder auf andere Weise eine Änderung der Feuchte des Versuchskörpers verhindert werden, da sonst durch das Austrocknen des Betons rasches Schwinden erfolgt.

Eine Möglichkeit, die Einflüsse von Temperatur- und Feuchteänderungen von den durch Belastung entstehenden Formänderungen auszuscheiden, besteht darin, zwei genau gleiche Versuchskörper gleichzeitig herzustellen und denselben Lagerungsverhältnissen auszusetzen. Der eine Versuchskörper wird dem Belastungsversuch unterworfen, der andere bleibt unbelastet, die Längenänderungen werden an beiden gemessen. Die Wirkung der Belastung allein ergibt sich dann als Unterschied der Meßergebnisse von beiden Körpern.

2. Meßgeräte für Längenänderungen.

a) Meßgeräte.

Im allgemeinen kommen für Messungen an Betonkörpern die gleichen Geräte in Betracht wie bei anderen Werkstoffen, soweit sie den in Abschn. D 1 angegebenen Anforderungen Genüge leisten.

Grundsätzlich sind zwei Arten von Meßgeräten zu unterscheiden: solche, die während des Versuchs dauernd mit dem zu messenden Versuchskörper verbunden bleiben (Abschn. D 2 b), und solche, die nur im Augenblick der Messung mit ihm in Berührung gebracht werden (Abschn. D 2 c).

Bei den dauernd am Versuchskörper sitzenden Meßgeräten ist es meist nicht möglich, Temperatureinflüsse auf die Geräte von den Meßergebnissen auszuscheiden. Ein Vorzug der „Setzdehnungsmesser" ist, daß mit einem Gerät viele Meßstrecken beobachtet werden können, ein Umstand, der wegen der Unregelmäßigkeiten, die bei Beton auftreten, von besonderer Bedeutung ist.

b) Dauernd mit dem Versuchskörper verbundene Meßgeräte.

α) Sind die Längenänderungen an bestimmten Stellen der Außenfläche eines Betonkörpers zu ermitteln, dann können die Enden der abzugrenzenden Meßstrecken nach Abb. 1 durch einbetonierte Metallbolzen fixiert werden, deren Enden etwa 30 mm aus dem Beton herausragen. In einen der beiden zusammengehörigen Bolzen mit einer geschlitzten 8 mm-Bohrung wird eine Meßuhr, in den andern ein am Ende kugelig zugespitzter Stift eingeklemmt. Ein zwischen den Tastbolzen der Meßuhr und das Ende des Stifts eingesetzter Meßstab überträgt die Abstandsänderungen zwischen den beiden einbetonierten Bolzen auf die Anzeige der Meßuhr. Um das zeitraubende Einsetzen der Metallbolzen zu vermeiden, können an prismatischen Versuchskörpern im Abstand der beabsichtigten Meßstrecke zwei Stahlrahmen nach Abb. 2 angeklemmt werden. In durch die Längsachse des Betonprismas gehenden Ebenen sind paarweise und in je gleichen Abständen von der Längsachse, ähnlich wie vorher beschrieben, Meßuhren, deren Gegenstifte und Meßstäbchen angebracht. Ist beabsichtigt, die Messungen bis zum Zerdrücken des Betons fortzusetzen, dann ist die Größe der Hubbewegung der Meßuhren durch über die oberen Enden der Meßstäbchen geschobene Hülsen oder auf andere Weise zu begrenzen.

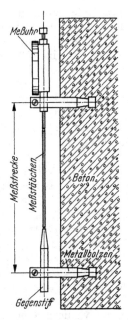

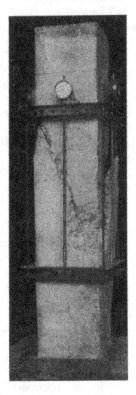

Abb. 1. Dehnungsmessung mit an einbetonierten Bolzen befestigter Meßuhr.

Abb. 2. Dehnungsmessung mit in Stahlrahmen eingesetzten Meßuhren[1].

Meßuhren werden mit Ableseeinheiten von 0,01, 0,002 und 0,001 mm hergestellt; es ist zu beachten, daß die empfindlichsten Meßuhren häufig nur einen Meßweg von rd. 1 mm besitzen.

---

[1] Die nahe den Kanten des Betonprismas sichtbaren, an ihren Enden mit Gewinde und Mutter versehenen Stahlstäbchen erleichtern den Anbau der Stahlrahmen an den Versuchskörper. Zum Druckversuch werden die Muttern gelöst, so daß die Stahlstäbchen lose zwischen den Rahmen hängen.

β) Huggenberger-Tensometer sind im Band I dieses Handbuchs beschrieben. Es sind hier nur Geräte mit einer Vergrößerung der üblichen Meßlänge auf mindestens 100 mm geeignet.

γ) Spiegelgeräte nach Martens sind ebenfalls im Band I dieses Handbuchs beschrieben; sie gestatten nicht nur Messungen bei ruhender, sondern auch bei schwingender Belastung.

δ) Ritzdehnungsmesser gestatten die Aufnahme des Verlaufs der Längenänderungen während mehrerer Stunden auch bei rasch verlaufenden Änderungen der Dehnungen. Näheres im Band I.

ε) Neben die mechanischen Verfahren treten immer mehr *elektrische* in den Vordergrund. Sie vereinigen in sich die Vorteile großer Genauigkeit, Kleinheit der Meßgeräte, Möglichkeit von Messungen bei ruhenden und bei bewegten Lasten an schwer oder nach dem Betonieren nicht mehr zugänglichen Stellen auch im Inneren des Betons. Einige elektrische Meßmethoden sind leider ziemlich feuchtigkeitsempfindlich; außerdem ist bei den meisten Geberarten die Länge der Verbindungskabel zwischen Meßgeber und Anzeigeinstrument begrenzt. Die Temperaturabhängigkeit der elektrischen Meßinstrumente ist im wesentlichen gleich der der mechanischen Instrumente. Durch Kompensationsschaltungen ist es u. U. möglich, Einflüsse der Temperatur auf die Geräte selbsttätig zu eliminieren.

1. Die von Maihak in den Handel gebrachten Dehnungsmeßgeber verwenden als Meßglieder schwingende Stahlsaiten, deren Resonanzfrequenz durch die zu messende Längenänderung geändert wird. Durch den elektrischen Vergleich mit einer Eichsaite ergeben sich auf einer Braunschen Röhre Lissajoufiguren, die im Falle der Übereinstimmung beider Frequenzen zu einem Kreis (Ellipse) ausarten.

Die Maihakgeber besitzen eine große Empfindlichkeit, sind mechanisch und elektrisch ziemlich robust gebaut und verhältnismäßig wenig feuchtigkeitsempfindlich. Infolge der hohen Stellkraft eignen sie sich nur bei Betonen mit einem Elastizitätsmodul über 200000 kg/cm². Die Kabellänge hat auf das Ergebnis keinen Einfluß.

2. Dehnungsmeßstreifen [14], [15]. Auf einem Lack- oder Papierträger sind feine Konstantandrähtchen aufgeklebt, deren Widerstandsänderung direkt proportional der zu messenden Dehnung ist. Die Dehnungsmeßstreifen werden mit besonderen Klebstoffen auf die Oberfläche des Prüfobjekts aufgeklebt. Nach Literaturangaben sind Dehnungsmeßstreifen bei dynamischen Messungen bis zu Frequenzen von 50 kHz anwendbar. Die meisten im Handel erhältlichen Meßgeräte lassen indessen lediglich Messungen bis zu Frequenzen von 500 oder 1000 Hz zu. Im statischen und dynamischen Fall erfolgen die Messungen mit Wheatstoneschen Brücken, die mit Gleich-, besser aber mit niederfrequentem Wechselstrom gespeist werden. Die Dehnungsmeßstreifen sind ziemlich empfindlich; sie sind normalerweise nur wenig größer als Briefmarken. Die Länge der Verbindungskabel ist begrenzt. In neuester Zeit werden auch Dehnungsmeßstreifen für Beton geliefert, die eine verhältnismäßig große Meßlänge haben. Sie sind indessen ziemlich feuchtigkeitsempfindlich und müssen daher in den allermeisten Fällen durch entsprechende Überdeckungen geschützt werden.

3. Bei den meisten induktiven Meßgebern bilden zwei Spulen in Differenzschaltung die Brückenzweige einer Wheatstoneschen Brücke. Sie sind durch einen beweglichen Eisenkern miteinander gekoppelt. Die Verstimmung der Brücke ist in einem gewissen Bereich proportional der Verschiebung des Eisenkerns. Die Indikator-Geräte arbeiten nach dem Trägerfrequenzverfahren und sind daher sowohl für statische als auch für dynamische Dehnungsmessungen geeignet.

Induktive Geber zeichnen sich in der Regel durch hohe Empfindlichkeit, mechanische Robustheit und sehr kleine Stellkräfte aus. Die Feuchtigkeitsempfindlichkeit ist gering. Die Meßlänge ist von etwa 1 bis 2 mm an beliebig wählbar, die erreichbare Meßgenauigkeit ist rd. 10^{-6} mm. Die Länge der Verbindungskabel ist begrenzt.

c) Bewegliche Geräte.

Ein an der Forschungs- und Materialprüfungsanstalt für das Bauwesen an der Technischen Hochschule Stuttgart entwickelter mechanischer Setzdehnungsmesser ist bei seiner Verwendung an einem Betonprisma in Abb. 3 dargestellt. Das Gerät wird mit Meßlängen von 200 mm und von 500 mm ausgeführt. Der Abstand von zwei benachbarten Teilstrichen an der Meßuhr entspricht einer Änderung der gemessenen Strecke um 0,002 mm, der Meßbereich ist etwa 3 mm. An den Enden der Meßstrecken werden mit einer kegeligen Bohrung versehene Metallplättchen (Abb. 4) aufgekittet. Bei Messungen, die sich über längere Zeit erstrecken oder bei denen mit Beschädigung der Meßmarken durch Fahrzeuge, durch Witterungseinflüsse usf. zu rechnen ist, treten an die Stelle der Plättchen Bolzen (Abb. 5) aus korrosionsfester Bronze.

Meßfehler, die unter dem Einfluß von Temperaturänderungen auf das Meßgerät entstehen, lassen sich beheben, indem die Anzeigen des Setzdehnungsmessers regelmäßig durch Einsetzen an einem aus einem Werkstoff geringer Wärmedehnung hergestellten Vergleichsstab, dessen Wärmedehnungen vernachlässigt werden können, nachgeprüft werden. Hierfür kommen in Betracht: Quarzglas mit der Wärmedehnzahl $0,2 \cdot 10^{-6}$ je °C, Nickelstahl mit 36% Nickel und der Wärmedehnzahl rd. $2 \cdot 10^{-6}$ je °C. Es können auch Stäbe aus gewöhnlichem Stahl verwendet werden, sofern die Temperatur des Stabs mit einem

Abb. 3. Dehnungsmessung mit Setzdehnungsmesser.

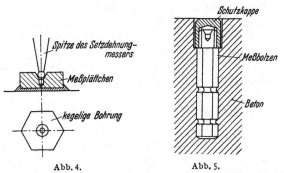

Abb. 4. Abb. 5.
Abb. 4 u. 5. Meßplättchen und Meßbolzen für Setzdehnungsmesser.

in einer Längsbohrung angebrachten Thermometer bei jeder Längenmessung ermittelt wird und damit die jeweilige genaue Länge des Stahlstabs berechnet wird.

3. Meßgeräte zum Messen von Durchbiegungen.

a) Meßgeräte für ruhende oder sich nur langsam ändernde Lasten.

Bei den verhältnismäßig kleinen Längen, auf die bei Bauteilen aus Beton die Durchbiegungen zu messen sind, kommt in der Hauptsache das in Abb. 6[1] dargestellte Gerät zur Anwendung. In geringem Abstand über oder auch unter der Fläche, deren Verformung gemessen werden soll, wird ein aus Stahlträgern oder Stahlrohren zusammengesetzter Rahmen angebracht. Er kann entweder auf dem Versuchskörper selbst oder unabhängig von ihm an drei Punkten verspannungsfrei gelagert sein. An den Stellen, an denen die Durchbiegungen zu ermitteln sind, ebenso an den Bezugspunkten (Auflager des Versuchskörpers),

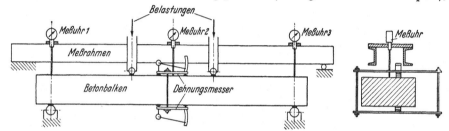

Abb. 6. Versuchsanordnung für Biegeversuche.

auf die die gemessenen Durchbiegungen zu beziehen sind, sind Klemmbüchsen zur Aufnahme von Meßuhren angebracht. Je nach der Größe der zu erwartenden Durchbiegungen werden Meßuhren mit einem Meßweg von 10 oder 50 mm eingebaut; als Ableseeinheit reichen in der Regel 0,01 mm aus. Die Tastbolzen der Meßuhren sind mit gelenkig angeschlossenen Taststiften verlängert, deren Spitzen in kegeligen Vertiefungen von Metallplättchen sitzen, die auf den Beton aufgekittet sind. Die Länge der Taststifte ist dabei so zu wählen, daß durch unter Belastung auftretenden seitlichen Bewegungen des Versuchskörpers keine unzulässige Änderung der Ablesungen an den Meßuhren eintritt.

Da der Meßrahmen unter dem Einfluß von Änderungen seiner Temperatur ebenfalls Durchbiegungen erfahren kann, eignet sich das geschilderte Verfahren für Messungen in Versuchsräumen bei annähernd gleichbleibender Lufttemperatur.

Bei Versuchen, bei denen gleichzeitig die Durchbiegungen an mehreren Versuchskörpern zu messen sind, hat sich der in Kap. VIII dieses Handbuchs dargestellte versetzbare Meßbalken bewährt. Durch Vergleichsmessungen an einer unveränderlichen Unterlage, auf die der Meßbalken von Zeit zu Zeit aufgesetzt wird, werden seine von Temperatureinflüssen hervorgerufenen Durchbiegungen ermittelt, so daß sie von den am Versuchskörper gemessenen Werten abgerechnet werden können.

b) Meßgeräte für Schwingversuche.

Zum Messen der Durchbiegungen bei Biegeschwingversuchen eignen sich die im vorstehenden beschriebenen Einrichtungen nach geringfügigen Änderungen. Die Meßuhren sind so anzubringen, daß ihre Tastbolzen mit zunehmender Durchbiegung in die Gehäuse zurückgehen. Zur Ausführung der Messung werden dann die Tastbolzen von Hand bis eben zur Berührung mit dem Ver-

---

[1] Die Abbildung zeigt überdies zwei Dehnungsmesser älterer Bauart zum Messen der Längenänderungen in der Druck- und in der Zugzone der Betonbalken bis zum Bruch (vgl. dieses Handb. Bd. III, 1. Aufl., S. 483).

suchskörper gebracht und die zugehörige Stellung an der Meßuhrteilung abgelesen. In der Ruhestellung ist der Tastbolzen der Uhr durch eine Federklemme in ausreichendem Abstand von der Meßfläche zurückgehalten. Ist beabsichtigt, auch die Durchbiegungen bei der unteren Lastgrenze zu ermitteln, dann ist hierzu am Meßbalken eine weitere Meßuhr in entgegengesetzter Richtung einzubauen.

Eine nach den soeben beschriebenen Grundsätzen gebaute Vorrichtung ist in Bd. III der 1. Aufl. des Handbuchs S. 488 beschrieben.

Induktive Geber eignen sich insbesondere zum Aufzeichnen schwingender Durchbiegungen, vgl. 2 b ε 3.

4. Messen von Verdrehungen.

Drehversuche mit Betonkörpern werden zur Ermittlung des Schubmoduls G durchgeführt. C. Bach und O. Graf [8] haben im prismatischen Teil des Versuchskörpers im Abstand gleich der Meßstrecke zwei Stahlrahmen mit angesetzten Hebeln befestigt. Der an dem einen Hebel befestigte Zeiger spielt auf einer Teilung am Umfang des anderen Hebels, an der die Drehbewegungen in 0,01 mm abgelesen werden.

5. Bestimmung des Dehn- und Elastizitätsmoduls.

a) Ermittlung aus den bei Druck- oder Zugbelastung gemessenen Längenänderungen.

Da der Baustoff „Beton" in den meisten Fällen zur Aufnahme von Druckspannungen herangezogen wird, werden der Dehn- und Elastizitätsmodul am häufigsten im Druckversuch an prismatischen Betonkörpern mit den Querschnittsabmessungen 10 cm × 10 cm oder 20 cm × 20 cm ermittelt, soweit nicht aus besonderen Gründen Versuchskörper mit baumäßigen Abmessungen benutzt werden. Wichtig ist, daß der Beton des Versuchskörpers in seiner Zusammensetzung, seiner Lagerung und seinen Eigenschaften genau dem Beton des zu vergleichenden Bauteils entspricht. Die Länge der Querschnittsseite soll mindestens etwa das 6fache des größten verwendeten Zuschlagskorns betragen.

Abb. 7.
Versuchsanordnung
bei Druckbelastung
eines Betonprismas.

Um eine genügend lange Meßstrecke, die je nach dem größten Korn des Betons mindestens 10 cm, besser 50 cm zu betragen hat[1], aus dem Versuchsprisma herauszugreifen zu können, soll die Länge desselben etwa das 2- bis 3fache der kleinsten Querschnittsseite betragen. Um gute Mittelwerte im Bereich der Meßstrecke zu erhalten, sind die Längenänderungen an mindestens zwei, bei großen Querschnitten an vier und mehr symmetrisch angebrachten Meßstrecken zu messen.

Die Durchführung der Druckversuche geschieht in stehend angeordneten Prüfpressen. Genau ebene und senkrecht zur Körperachse gerichtete Druckflächen sind wesentliche Vorbedingungen zur Erlangung einwandfreier Ergebnisse. Beide Druckplatten der Prüfpresse müssen, wie in Abb. 7 angedeutet ist, kugelbeweglich einstellbar gelagert sein, damit auch bei nicht vollkommen achsensenkrechter Lage der Druckflächen die genaue Einstellung der Probekörperachse in die

---

[1] Bei Anwendung elektrischer Meßverfahren ist diese Bedingung nicht immer einzuhalten. Um gute Durchschnittswerte zu erhalten, empfiehlt sich die Anordnung mehrerer Meßstrecken.

Maschinenachse möglich ist. Die Einstellung der beiden Druckplatten hat von Hand vor Beginn der Belastung zu geschehen, da unter Belastung eine Beweglichkeit in den Kugelflächen der Druckplattenlagerung nicht mehr angenommen werden kann.

Wegen Unvollkommenheiten in der Ebenheit der Druckflächen, die sich bei Beton auch bei sorgfältiger Arbeit nicht vermeiden lassen, und wegen der Reibungskräfte, die bei Belastung zwischen Körperendfläche und Druckplatte auftreten, sind die Verformungen nahe den Körperenden von anderer Größe als im mittleren Teil des Probekörpers. Die Enden der zur Messung der Zusammendrückungen vorgesehenen Meßstrecken sollen deshalb um mindestens etwa $^1/_2$ der Versuchskörperdicke von den Endflächen abstehen.

Besondere Sorgfalt erfordern Zugversuche an Betonkörpern. Um Biegebeanspruchungen im prismatischen Teil des Versuchskörpers soweit als möglich zu vermeiden, ist sorgfältiges Zentrieren der Versuchsanordnung unerläßlich (vgl. S. 422 dieses Bands und O. Graf [3] und [2a]). Da die Bruchdehnung des Betons meist zwischen 0,05 und 0,15 mm/m liegt, sind Meßgeräte mit ausreichend großer Meßgenauigkeit erforderlich.

Beton zeigt schon bei niedrigen Belastungen deutliches Kriechen. Die Größe der gemessenen Längenänderungen hängt daher von der Dauer der Belastung und der Art des Aufbringens — stetig gesteigert oder in größeren oder kleineren Stufen — ab (vgl. z. B. Graf [3], Mörsch [6]). Bei einem Beton mit einer Druckfestigkeit von rd. 450 kg/cm² war z. B. bei 120 kg/cm² Belastung die Zusammendrückung nach Graf-Brenner [7] in einer Lastdauer von 2 min um 3%, nach 10 min um 7% und nach 60 min um 12% gewachsen. Lastwiederholungen vergrößern die Längenänderungen.

Die Art des Aufbringens der Belastung ist daher in jedem Fall dem besonderen Versuchszweck anzupassen. Im Regelfall wird der Versuchskörper, ausgehend von einer niedrigen Grundlast, die als Bezugszustand für die folgenden Messungen gilt, stufenweise be- und entlastet, wobei die einzelnen Stufen vor der Ablesung an den Meßgeräten mindestens 2 min konstant gehalten werden. Die Unterschiede zwischen den Ablesungen bei der Grundlast und der Belastung ergeben die gesamten Längenänderungen. Nach Entlastung wird meist der zur Grundlast gehörige Ausgangswert nicht mehr erreicht; der Unterschied zur Ausgangsablesung ist die bleibende Längenänderung. Wird diese von der gesamten abgezogen, dann erhält man den federnden Anteil. Es ist daher zu unterscheiden zwischen dem sich aus den gesamten Längenänderungen ergebenden „Dehnmodul" und dem aus den federnden ermittelten „Elastizitätsmodul".

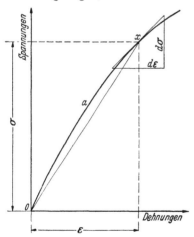

Abb. 8. Längenänderungen von Beton.

In Abb. 8 sind die durch Belastung hervorgerufenen Verkürzungen (gesamte oder federnde) eines Betonprismas dargestellt. Bedeuten σ die Spannung im Punkt x und ε die zugehörige Dehnung, dann bestehen für die Berechnung des Dehnmoduls im Punkt x zwei Möglichkeiten; wird geradliniger Verlauf der Dehnungslinie O nach x gemäß dem Hookeschen Gesetz angenommen, dann ist der Dehnmodul für alle Spannungen von $\sigma = 0$ bis $\sigma = \sigma_x$ unveränderlich, nämlich

$$E = \sigma/\varepsilon.$$

Wird dagegen die tatsächliche Dehnungslinie oax zugrunde gelegt, dann ist der Dehnmodul für die Spannungen o bis σ veränderlich; er ist gleich der Neigung der Tangente der Dehnungslinie, somit im Punkt x

$$E = d\sigma : d\varepsilon.$$

In der Regel wird die Berechnung auf die erstgenannte Art durchgeführt, da sie dem Vorgang beim Belasten eines Bauteils, ausgehend vom lastfreien Zustand, entspricht. Der zweite Fall ist anzuwenden, wenn eine hohe Vorbelastung vorliegt.

b) Ermittlung aus den gemessenen Durchbiegungen.

Für die Berechnung der Dehnungszahlen aus den gemessenen Durchbiegungen ist grundsätzlich das in Abschn. 5 a für Druck- und Zugbelastung Gesagte zu beachten.

Es empfiehlt sich, die Durchbiegungen eines ausreichend langen, durch ein konstantes Biegemoment beanspruchten Abschnitts des Biegebalkens zu ermitteln, da andernfalls bei im Verhältnis zur Länge hohen Versuchsbalken der Einfluß der Querkraft auf die Größe der Durchbiegung von Bedeutung wird. Bedeutet f die Durchbiegung in mm des auf reine Biegung beanspruchten Balkenabschnitts von l cm Länge, dann ist

$$E = 1{,}25 \, \frac{M \, l^2}{f \, J} \, \text{kg/cm}^2;$$

dabei ist M das Biegemoment in cmkg und J das Trägheitsmoment des Querschnitts des prismatischen Biegebalkens in cm⁴.

c) Verfahren mit Hilfe von Schallschwingungen.

Man verwendet zur zerstörungsfreien Bestimmung der elastischen Konstanten Schallschwingungen, wobei sich hauptsächlich zwei Verfahrensarten herausgebildet haben:

a) die Resonanzmethode, b) die Laufzeitmessungen.

α) Der Probekörper wird gemäß Abb. 9 auf zwei Schneiden oder einer Schwammgummiunterlage gelagert und gewöhnlich mit elektrodynamischen Erregern zu Biegeschwingungen angeregt. Durch Frequenzänderung ermittelt man die Resonanzfrequenz f_0, bei welcher das mit dem Tastkopf (pick-up) verbundene Anzeigegerät (NF-Millivoltmeter) maximalen Ausschlag zeigt.

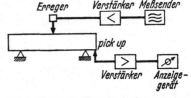

Abb. 9. Messen der Biegeschwingfrequenz eines Betonprismas.

Der danach bestimmte dynamische E-Modul E_d errechnet sich nach G. Pickett [9], Oberth und Duvall [10] und Long und Kurtz [11] mit der Formel

$$E_d = c \, G \, f_0^2;$$

hierin bedeuten

c geometrisch bestimmte Konstante, f_0 Resonanzfrequenz (Hz).
G Gewicht des Körpers (kg),

β) Auch aus Längsschwingungen kann der Elastizitätsmodul ermittelt werden. Näheres hierüber in G. Pickett [9], Oberth und Duvall [10] und Long und Kurtz [11].

γ) Im Gegensatz zu den Resonanzverfahren, die nur an geometrisch bestimmten Körpern (Prismen und Zylindern) angewendet werden können, lassen sich die Laufzeitmessungen an allen Körpern durchführen. Es wird die Zeit gemessen, die eine Schallwelle oder ein Schallimpuls zum Durchlaufen einer bestimmten Strecke benötigt. Aus der hieraus ermittelten Schallgeschwindig-keit v läßt sich rechnerisch auf den dynamischen E-Modul schließen (vgl. Long, Kurtz und Sandenaw [12] und Jones [13]). Für einen langen Stab gilt

$$E = v^2 \varrho;$$

dabei ist ϱ die Dichte des Betons. Je nach Art der Prüfungen verwendet man Schallfrequenzen im Bereich des hörbaren oder des Ultraschalles.

Bei den Verfahren mit hörbaren Schallfrequenzen sitzen zwei Schallaufneh-mer in bestimmtem Abstand am Prüfobjekt. Durch Klopfen mit einem Hämmer-chen erzeugt man die Schallwelle, deren Laufzeit innerhalb der Meßstrecke mit besonderen Geräten bestimmt werden kann.

Bei den Ultraschallverfahren wird normalerweise die Durchstrahlung des Körpers vorgenommen; dabei wird die Laufzeit einer von der Schallquelle ausgehenden Ultraschallwelle bis zu der Ankunft am Empfängerkopf be-stimmt [16].

Während die Bestimmungen des Elastizitätsmoduls nach den Resonanz-methoden im Spannungszustand $\sigma = 0$ erfolgen, können die Laufzeitmessungen auch bei Körpern unter Last vorgenommen werden.

Im ersteren Fall wird somit ein Elastizitätsmodulwert gemessen, der etwas höher liegt als bei Messungen unter Last. Versuche ergaben, daß er gut mit der Extrapolation aus Belastungsversuchen übereinstimmt.

d) Sonstige Verfahren.

Aus der zeichnerischen Auftragung der Ergebnisse zahlreicher Versuche, bei denen die Elastizitätsmodule an prismatischen Versuchskörpern für eine Spannung von etwa $1/3$ der Druckfestigkeit aus den gemessenen federnden Verkürzungen ermittelt wurden, läßt sich eine Gesetzmäßigkeit zwischen Druck-festigkeit W und Elastizitätsmodul des Betons entnehmen. Nach Graf [3] ist der Elastizitätsmodul (federnde Zusammendrückungen)

$$E_f = \frac{1\,000\,000}{1{,}7 + (300 : W)} \text{ kg/cm}^2$$

und der Dehnmodul (gesamte Zusammendrückungen)

$$E_g = \frac{1\,000\,000}{1{,}7 + (360 : W)} \text{ kg/cm}^2$$

Da sowohl die Behandlung des Betons (trocken, feucht) und die Beschaffenheit der Zuschlagstoffe eine Rolle spielen, sind Abweichungen der auf vorstehende Art berechneten Werte von den unmittelbar durch Versuch bestimmten bis zu etwa $+20\%$ und -30% möglich.

6. Schubmodul, Querdehnungszahl.

Der Schubmodul G ergibt sich aus dem Verdrehungsversuch. Bedeuten d den Durchmesser des kreiszylindrischen Versuchskörpers, M_d das auf den Versuchskörper wirkende Drehmoment, v die im Abstand e von der Körperachse gemessene Verdrehung zweier um l cm entfernter Körperquerschnitte in mm, dann gilt unter Voraussetzung der Proportionalität zwischen Dehnungen und Spannungen

$$G = 320 \frac{M_d \, l \, e}{\pi \, d^4 v} \text{ kg/cm}^2$$

Die Querdehnungszahl (POISSONsche Konstante) kann entweder beim Druckversuch unmittelbar gemessen werden oder aus dem Elastizitätsmodul E und dem Schubmodul G nach der Formel

$$\mu = \frac{E}{2G} - 1$$

ermittelt werden.

Die Bestimmung der Querdehnung beim Druckversuch erfordert wegen der Kleinheit der zu messenden Dehnungen und der in der Regel nur kurzen Meßstrecken sehr empfindliche Meßgeräte.

Schrifttum

[1] GRAF, O.: Gasbeton, Schaumbeton, Leichtkalkbeton. Stuttgart: K. Wittwer 1949.

[2] GRAF, O.: Festigkeit und Elastizität von Beton mit hoher Festigkeit. Deutscher Ausschuß für Stahlbeton, H. 113. Berlin: W. Ernst & Sohn 1954.

[2a] GRAF, O.: Die Druckelastizität und die Zugelastizität des Betons. Forsch.-Arb. Ing.-Wes. VDI-Verlag 1920.

[3] GRAF, O.: Die Eigenschaften des Betons. Berlin/Göttingen/Heidelberg: Springer 1950.

[4] BONWELL, D. G. R., u. F. C. HARPER: National Building Studies. Techn. Pap. Bd. 7 (1951).

[5] HALLER, P.: Der Austrocknungsvorgang von Baustoffen. Diskussionsbericht Nr. 139 der EMPA Zürich 1952; vgl. auch K. EGNER: Feuchtigkeitsdurchgang und Wasserdampfkondensation in Bauten. Fortschr. u. Forsch. Bauwes. Reihe C, H. 1, 1950.

[6] MÖRSCH, E.: Die Ermittlung des Bruchmoments von Spannbetonbalken. Beton u. Stahlbetonbau 1950, S. 149.

[7] GRAF, O., u. E. BRENNER: Versuche an Verbundträgern, Beobachtung des Schwindens und Kriechens. Deutscher Ausschuß für Stahlbau, H. 19.

[8] BACH, C., u. O. GRAF: Versuche über die Widerstandsfähigkeit von Beton und Eisenbeton gegen Verdrehung. Deutscher Ausschuß für Eisenbeton. 1912, H. 16.

[9] PICKETT, G.: Proc. Amer. Soc. Test. Mater. Bd. 45 (1945) S. 846/65.

[10] OBERTH u. DUVALL: Proc. Amer. Soc. Test. Mater. Bd. 41 (1941) S. 1053.

[11] LONG u. KURTZ: Proc. Amer. Soc. Test. Mater. Bd. 43 (1943) S. 1051.

[12] LONG, KURTZ u. SANDENAW: Proc. ACI Bd. 41 (1945) S. 217.

[13] JONES: Mag. Concr. Res. 1949, Nr. 2, S. 67.

[14] FINK: Grundlagen und Anwendung des Dehnungsmeßstreifens, Verlag Stahleisen 1952.

[15] Philips Techn. Bibliothek: Dehnungsmeßstreifen-Meßtechnik. 1951 und Z. VDI Bd. 95 (1953) S. 272.

[16] WESCHE, K H.: Betonprüfung mit Hilfe von Ultraschall. Beton und Stahlbeton Bd. 48 (1953) S. 126.

E. Ermittlung des Widerstands des Betons gegen oftmalige Druck- oder Biegebelastung.

Von E. Brenner, Stuttgart.

a) Einfluß von Lastwiederholungen auf die Bruchlast.

Bei wiederholter Belastung ist die Höhe der Last, die den Bruch eines Betonkörpers hervorruft, kleiner als bei einmaliger, stetig bis zum Bruch gesteigerter Belastung (vgl. z. B. MEHMEL [1], O. GRAF und E. BRENNER [2], O. GRAF [3]). In der zeichnerischen Darstellung (Abb. 1) zeigt die „WÖHLER-Linie" die Abhängigkeit der Verhältniszahl Dauerfestigkeit : Prismenfestigkeit von der Zahl der zur Wirkung gelangten Lastspiele bei annähernder Ursprungsdruckbelastung. Häufig werden die Belastungen und die Zahl der Lastspiele im logarithmischen Maßstab aufgetragen; die WÖHLER-Linie geht dann, wie Abb. 2 zeigt, in eine flach gestreckte Linie über, so daß wenige durch Versuche ermittelte Punkte ausreichen, um den ganzen Verlauf der WÖHLER-Linie genügend genau festzulegen. Die als gestrichelte Linie eingezeichneten Belastungen bei Beobachtung des ersten Risses folgen einer ähnlichen Regel.

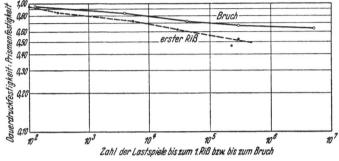

Abb. 1. WÖHLER-Linie für Beton.

In dem dargestellten Beispiel nehmen die Druckfestigkeit und die Rißlast auch nach rd. 5 Millionen Lastspielen noch langsam ab. Bei Versuchen mit Beton unter wiederholter Belastung ist daher wie bei anderen Stoffen zu vereinbaren, auf welche Zahl von Lastwiederholungen (Grenzwechselzahl) der Begriff Dauerfestigkeit zu beziehen ist. Im Hinblick auf die am Bauwerk zu erwartenden Verhältnisse ist es häufig

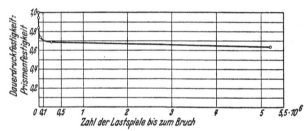

Abb. 2. WÖHLER-Linie für Beton bei logarithmischer Auftragung.

ausreichend, wenn die Belastungen bei der Prüfung nicht öfter als 1 Million mal wiederholt werden.

b) Durchführung von Versuchen bei oftmals wiederholter Last.

Zur Durchführung von Versuchen an Betonkörpern unter oftmals wiederholter Druck- oder Biegebelastung werden übliche Dauerprüfmaschinen benutzt, die in Bd. I des Handbuchs der Werkstoffprüfung beschrieben sind. Da die Verformungen des Betons mit zunehmender Zahl der zur Wirkung gelangenden Lastspiele ebenfalls zunehmen, sind nur solche Maschinen brauchbar, deren Steuerungen auch bei zunehmender Nachgiebigkeit des Probekörpers bei jedem Lastspiel das Erreichen der Sollwerte für die Belastungen gewährleisten.

Wegen der Streuung der Einzelergebnisse, die bei Untersuchungen mit Beton oft nicht zu vermeiden sind, sollen die einzelnen Versuchsreihen aus mindestens 6 bis 8 gleichen Körpern bestehen. Am ersten und am letzten Körper wird in der Regel zum Vergleich die Widerstandsfähigkeit gegen stetig oder in Stufen gesteigerte Belastung bestimmt. Der zweite Versuchskörper wird wiederholter Belastung (obere Lastgrenze P_o) ausgesetzt, die sich über einer Grundlast (untere Lastgrenze P_u) aufbaut. Die Höhe der Belastung bzw. die Schwingweite wird dabei so groß gewählt, daß der Bruch des Körpers bestimmt unterhalb der Grenzwechselzahl erfolgt. Der nächste und die folgenden Körper werden dann jeweils mit niedrigerer Schwingweite beansprucht, bis die WÖHLER-Linie in dem gewünschten Bereich ausreichend sicher aufgezeichnet werden kann.

Für Dauerdruckversuche haben sich prismatische Versuchskörper [2] als geeignet erwiesen; eine Verstärkung der Enden bewirkte Verminderung der Widerstandsfähigkeit gegen wiederholte Belastung. Der Bearbeitung der Druckflächen ist besondere Beachtung zuzuwenden, da schon geringe örtliche Nebenspannungen Rißbildung hervorrufen können.

Der Verlauf der Belastungslinie, der durch die Bauart und die Wirkungsweise der verwendeten Prüfmaschine bedingt ist, hat einen deutlichen Einfluß auf die Höhe der Dauerfestigkeit [4]. Abb. 3 zeigt die Belastungszeitkurven für zwei verschiedene Prüfeinrichtungen. Bei rd. 50 bis 56 Lastspielen je Minute und einer Belastung gemäß der mit ST II bezeichneten Linie ergab sich eine um 5% kleinere Dauerfestigkeit, als wenn die Belastung nach der mit P III bezeichneten Linie verlief.

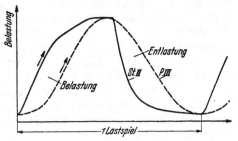

Abb. 3. Verlauf des An- und Abstiegs der Belastung bei Verwendung verschiedener Prüfeinrichtungen.

War bei der Belastungsweise gemäß der in Abb. 3 mit P III bezeichneten Linie die Zahl der in jeder Minute wirkenden Lastspiele 10, 50, 260, 500, so war die verhältnismäßige Dauerfestigkeit 1, 1,03, 1,05, 1,08.

Es ist somit eine deutliche Zunahme der Widerstandsfähigkeit gegen häufige Druckbelastung mit Abnahme der Zeitdauer der einzelnen Belastungsspitzen zu beobachten; diese Abnahme erwies sich als abhängig von der Zusammensetzung des Mörtels.

Für Dauerbiegeversuche mit Beton gilt grundsätzlich das gleiche wie bei Dauerdruckbelastung. In weit höherem Maße als bei Druckbelastung können nach O. GRAF [5] die beim Austrocknen des Betons entstehenden Schwindspannungen eine starke Verminderung der rechnungsmäßigen Biegezugfestigkeiten bewirken.

Schrifttum.

[1] MEHMEL, A.: Untersuchungen über den Einfluß häufig wiederholter Druckbeanspruchungen auf Druckelastizität und Druckfestigkeit von Beton. Berlin: Springer 1926.
[2] GRAF, O., u. E. BRENNER: Deutscher Ausschuß für Eisenbeton 1934, H. 76 und 1936, H. 83.
[3] GRAF, O.: Die Eigenschaften des Betons. Berlin/Göttingen/Heidelberg: Springer 1950.
[4] GRAF, O., u. E. BRENNER: Deutscher Ausschuß für Eisenbeton 1936, H. 83.
[5] GRAF, O.: Z. VDI Bd. 82 (1938) S. 617.

F. Meßverfahren für das Schwinden, Quellen und Kriechen des Betons.

Von A. Hummel, Aachen.

1. Meßverfahren für das Schwinden und Quellen.

a) Begriffe und Dimensionen.

Unter „Schwinden" versteht man die Verringerung des Rauminhalts eines in *Erhärtung* begriffenen Betons infolge von Wasserabgabe bzw. fortschreitender Trocknung an der Luft, teilweise auch unter dem Einfluß einer Kohlensäureaufnahme aus der Luft [1].

Für die Volumenverringerung im noch weichen, *unabgebundenen* Zement, Mörtel und Beton setzt sich zum Unterschied vom Schwinden des erhärteten Betons mehr und mehr die Bezeichnung „Schrumpfen" durch.

„Quellen" ist die Zunahme des Rauminhalts eines Betons bei Aufnahme von Feuchtigkeit. Beim Quellzement [2] wird das Quellen durch einen besonderen chemischen Aufbau des Zements unterstützt.

Bei der Erfassung aller dieser Raumänderungen hydraulisch gebundener Massen sind die volumenverändernden Einflüsse wechselnder Lufttemperaturen (thermische Raumänderungen) auszuschalten. Die durch die Abbindewärme sich einstellenden Raumänderungen überlagern die Schrumpf-, Schwind- und Quellvorgänge. Ihre Elimination ist problematisch.

Schwind- und Quellmaße werden wie die Wärmeausdehnungszahlen als *Längenänderungen* erfaßt und durch ein bezogenes Längenmaß (mm/m oder $^0/_{00}$) ausgedrückt. Schrumpfmaße dagegen werden im Raummaß ermittelt.

Bei einigen Sonder-Prüfverfahren werden die Wirkungen der Raumänderungen — insbesondere des Schwindens — auf dem Wege über Spannungsermittlungen oder Rißbilder verfolgt.

Schwinden und Quellen schreiten mit dem Alter des Betons fort. Zu jeder Maßangabe gehört daher eine Zeitangabe. Im übrigen können — da die Umweltfeuchtigkeit eine entscheidende Rolle spielt — die Schwindwerte nicht ohne Berücksichtigung der Umweltbedingungen richtig beurteilt werden. Am eindeutigsten sind die Raumänderungen durch Schwind- bzw. Quellkurven als Funktion der Zeit gekennzeichnet. Aufschlußreicher als Stichtags-Schwindmaße oder -Quellmaße sind Flächenwerte aus der Quadratur des Schwindens bzw. Quellens über der Zeit [3].

b) Maßgebliche Einflüsse auf das Schwinden und Quellen.

Zu unterscheiden sind: 1. Innere Einflüsse, herrührend von Zusammensetzung und Gefüge des Betons; 2. äußere Einflüsse, herrührend von den Umweltbedingungen. *Innere Einflüsse* sind: Zementart (gewöhnlicher Zement, schwindarmer Zement, Quellzement), Zementmenge, Höhe des Anmachwasserzusatzes, Gesteinsart der Zuschlagstoffe, Kornzusammensetzung und Kornform der Zuschlagstoffe, etwaige Zusatzmittel, Dichtigkeit bzw. Porenbeschaffenheit des Betons. *Äußere Einflüsse* sind die Lagerungsbedingungen (Luftlagerung unter Berücksichtigung des Luftfeuchtigkeitsgrads, Wasserlagerung, Wechsellagerung, Härtekesselbehandlung).

Die *äußeren* Bedingungen bilden, wie aus den folgenden Darlegungen hervorgehen wird, wesentliche Bestandteile bzw. Voraussetzungen der Meßverfahren bzw. Versuchsanordnungen.

c) Zweck der Messungen.

Lange Zeit meinte man, mit Hilfe von Schwind- und Quellmaßen rechnerisch unmittelbar ermitteln zu können, welche Spannungen in einem dem gemessenen Betonkörper gleichen, aber durch vollkommene Einspannung am Schwinden bzw. Quellen gehinderten Körper entstehen können.

Seit Bekanntwerden der Kriechvorgänge (vgl. Abschn. F 2) ist es notwendig, diese Auffassung zu berichtigen. Wegen der Größe der plastischen Verformungen bei Dauerbelastung reichen Schwind- und Quellmaße allein zur Erfassung der Spannungen nicht aus. *Schwind- und Quellmaße können zunächst nur als relative Bewertungsmaßstäbe für Beton in dem Sinne betrachtet werden*, daß ein am Versuchskörper wenig schwindender Beton unter sonst ähnlichen Umwelt-Verhältnissen auch im Bauwerk relativ wenig schwindet, ohne daß aber über das absolute

Maß des Schwindens am Bauwerk etwas ausgesagt werden könnte. Dabei spielt wegen der Kriechvorgänge *die Zeit eine ausschlaggebende Rolle.* Offensichtlich kann ein *kleines* Schwindmaß, welches innerhalb *kurzer* Zeit auftritt, höhere Spannungen bewirken als ein sehr *großes* im Laufe langer Zeit auftretendes Schwindmaß, weil eben im letzteren Falle ein Kriechen unterläuft, welches eine Entspannung zur Folge hat. *Für die Schwindspannungen maßgebend ist daher nicht allein die Größe des Schwindmaßes, sondern auch der Ablauf des Schwindens in der Zeit, also die Schwind-Geschwindigkeit.* Sie kann aus Zeit-Schwind-Kurven oder ihren Flächen abgelesen werden (vgl. Abschn. a, letzter Satz).

Über den Zweck der Ermittlung von *Schrumpf*maßen liegen eindeutige Urteile noch nicht vor. Neigt ein unabgebundener noch weicher Zement oder Beton stark zum Schrumpfen und wird dieses Schrumpfen behindert, so treten zwar keine technisch maßgebenden Spannungen auf, aber es ist mit Gefügelockerungen zu rechnen. An Stellen der Häufung solcher Lockerungen ergeben sich Schwächungen, an denen sich später in der erhärteten Masse Schwindspannungen und thermische Spannungen austoben und Risse verursachen werden.

d) Probenform und Meßergebnisse.

Lineare Schwind- und Quellmaße werden an prismatischen oder zylindrischen Körpern gemessen. Häufig gewählte Abmessungen sind:

für Zementmörtel	Prismen	16 cm × 4 cm × 4 cm;
für Beton	Prismen	50 cm × 10 cm × 10 cm,
		50 cm × 12 cm × 12 cm,
		100 cm × 20 cm × 20 cm.

In England und Amerika finden sich Zylinder bis 92 cm Länge und 15 cm ⌀.

Im Hinblick auf die Bedeutung des Austrocknungsvorgangs bzw. der Befeuchtung für das Schwinden und Quellen sind die Meßergebnisse zwangläufig von der Probengröße abhängig sowohl hinsichtlich ihrer absoluten Größe als auch ihres zeitlichen Ablaufs.

Die Feststellung GUTTMANNS [4], daß der Austrocknungsverlauf u. a. auch vom Verhältnis von Körperoberfläche O zu Körperinhalt V abhängig ist und daß daher auch der Schwindablauf eine Funktion des Verhältnisses O/V sein muß, scheint die Wahl der Probekörperabmessungen zu erleichtern. Wenn aber im Sinne der Ausführungen in Abschn. F 1 c nicht nur die relativen Schwindmaße und Endschwindmaße, sondern auch die Schwindgeschwindigkeit erfaßt werden soll, so kann auf eine Vereinbarung hinsichtlich der Probengröße nicht verzichtet werden. Die wünschenswerte gleichzeitige Verfolgung der Gewichtsveränderungen (Wasserabgabe oder Wasseraufnahme) erfordert hierbei eine Größenbeschränkung. So dürfte für Beton das Prisma 50 cm × 10 cm × 10 cm oder 30 cm × 10 cm × 10 cm das Gegebene sein, eine Probengröße, die auch auf den Mörtel zu übertragen ist, wenn Vergleiche der linearen Veränderungen von Zement und Beton angestellt werden sollen.

e) Allgemeines über die Meßverfahren für Schwinden und Quellen.

Während für Zementmörtel das Schwindmeßverfahren in DIN 1164 festgelegt ist, das vorläufig auch auf Gas- und Schaumbeton angewandt wird (vgl. DIN 4164 und DIN 4165), liegt eine Normung des Meßverfahrens für Beton bis jetzt nicht vor.

Bei den häufiger angewandten Meßverfahren für Beton kann man in großen Zügen unterscheiden:

1. Verfahren, bei denen das Meßgerät oder ein Teil desselben *dauernd* in fester Verbindung mit dem Prüfkörper bleibt. Es sind hierbei ebenso viele

Meßgeräte wie Prüfkörper notwendig, ein Umstand, der diesen Verfahren nur beschränkte Anwendung eröffnet.

2. Verfahren, bei denen die Meßgeräte jeweils *nur* zum Zeitpunkt der Messung an den Prüfkörper angesetzt werden, so daß sich also mit einem Gerät beliebig viele Prüfkörper messen lassen.

Bei der Messung der Längenänderungen werden die Bewegungen von Fixpunkten am Beton im Laufe der Zeit verfolgt. Je nach der Anordnung dieser Fixpunkte kann man weiterhin grundsätzlich unterscheiden: Oberflächenmessungen; Achsenmessungen.

Bei der Oberflächenmessung werden die Meßmarken auf den seitlichen Längsflächen der Prismen angebracht. Bei der Achsenmessung dagegen werden in der Mitte der Stirnflächen der Prismen Meßbolzen angeordnet. Wegen des Einflusses des Austrocknungsverlaufs auf die Schwindmaße liefern die beiden Verfahren nicht zu allen Meßzeiten unbedingt gleiche Meßergebnisse [5].

Dadurch, daß der Kern des Prüfkörpers langsamer trocknet als die Oberflächenzonen, können die Werte aus Oberflächenmessungen durch Längs- und Querschnitts-Verkrümmungen leicht verfälscht sein.

Eine entscheidend wichtige, aber bisher nicht eindeutig gelöste und beantwortete Frage ist die *Lagerung* und *Behandlung* der *Prüfkörper* [6]. Da auch der der Luft ausgesetzte Bauwerksbeton in den ersten Tagen eine Feuchthaltung erfährt, sieht sich das eine Lager von Fachleuten veranlaßt, auch die Schwindmeßkörper etwa 7 Tage feucht zu halten (in DIN 1164 ist sogar die Wasserlagerung vorgeschrieben). Diese Feuchtlagerung bringt zunächst eine Quellung, und gleichzeitig findet eine Festigkeitszunahme statt, die bei frühhochfesten Betonen viel schneller verläuft als bei gewöhnlichen Betonen. Daß aber ein Beton, der bei Beginn der Schwindmessung bereits 80 bis 90% seiner Endfestigkeit besitzt, ebenso ungehindert schwinden wird wie ein Beton, der erst 40 bis 50% seiner Endfestigkeit erreicht hat, ist nicht zu erwarten, und praktisch zeigt sich auch das Gegenteil.

Deshalb möchte das zweite Lager von Fachleuten alle Verschleierungen des Schwindens, namentlich des Anfangsschwindens, vermieden wissen und die Gesamtschwindtendenz zu erfassen versuchen, auch wenn sie in der Baupraxis nicht immer zur Geltung kommt. Praktisch heißt dies: *Die erste Schwindmessung muß möglichst früh sofort nach ausreichender Verfestigung des Betons angesetzt werden* und *die Prüfkörper müssen von da an einer wohldefinierten Klima-Luftlagerung ausgesetzt werden.* Nur auf diese Weise wird der unverschleierte Ablauf der Austrocknung und des gesamten Schwindens erfaßt.

Die Klimaraumverhältnisse sind hinsichtlich Temperatur und Luftfeuchtigkeit zu regeln. In unseren Zonen sind mit Klimaanlagen Temperaturen von $+20°$ Sommer wie Winter leicht einzuhalten. Mit der Lagerung der Meßgeräte und der Prüfkörper im temperaturkonstanten Klimaraum werden thermische Längenänderungen sowohl vom Meßgerät wie vom Prüfling ferngehalten. Die rechnerische Elimination thermischer Längenänderungen entfällt, die namentlich beim Prüfkörper infolge seiner Wärmeleitungsträgheit und damit der fraglichen Temperaturverteilung problematisch ist. Die mitunter anfänglich auftretende thermische Ausdehnung infolge der Hydratationswärme des Zements kann nach einem Vorschlag von Roš [7] dadurch berücksichtigt werden, daß die Bezugsachse für die Schwindmessungen im Sinne von Abb. 1 in den Umkehrpunkt der Längenänderungen gelegt wird.

Der Einfluß der Luftfeuchtigkeit auf das Schwindmaß und der Schwindablauf ist von verschiedenen Seiten verfolgt worden [8], [9]. Abb. 2 zeigt Ergebnisse nach LUCAS und belegt die Notwendigkeit der Vereinbarungen über das Versuchsklima. Der Jahresdurchschnitt der Außenluftfeuchtigkeit liegt in unserer Gegend im Minimum bei 40%, im Mittel bei 80%. Es erscheint daher gerechtfertigt, die Klimaräume für Zement und Beton mit einer relativen Luftfeuchtigkeit von 60% auszustatten, die nach unseren Erfahrungen bei Temperaturen von $+20°$ gleichfalls zu allen Jahreszeiten gut einzuhalten ist. Das Klima $+20°$ Temperatur und 60% relativer Luftfeuchtigkeit entspricht auch etwa dem Klima, das neuerdings bei Normungsarbeiten vorgesehen ist [10].

Einfacher sind die Lagerungsbedingungen bei Messungen des Quellens. Erforderlich sind Wasserbecken, deren Wasserinhalt durch elektrische Heizung auf $+20°$ gehalten wird. Die Becken werden zweckmäßig *nicht im* Klimaraum aufgestellt, um dessen Luftfeuchtigkeit nicht zu beeinflussen.

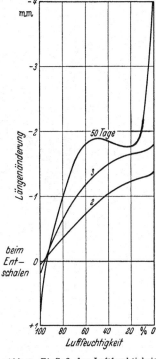

Abb. 1. Ausgangspunkt der Schwindmessungen unter Berücksichtigung der Abbindewärme.

Abb. 2. Einfluß der Luftfeuchtigkeit auf das Schwinden nach Lucas.

Als Meßtermine für das Schwinden und Quellen kommen in Betracht 1, 3, 7, 14, 28 Tage, 3 Monate, 6 Monate, 1 Jahr, 2 Jahre usw. nach Herstellung der Probekörper.

f) Meßverfahren im einzelnen.

1. Meßverfahren mit ortsfesten Geräten. In wenigen Fällen sind Schwindmessungen mit den von der Elastizitätsmessung her bekannten Spiegelgeräten (vgl. Abschn. VI D 2 b S. 428) durchgeführt worden, ein Verfahren, welches, sichere Lage der Fernrohre auf die Dauer der Messungen vorausgesetzt, sehr genaue Werte liefert, wofern die Schwindmaße nicht so groß werden, daß die Spiegel umfallen. Die hohen Kosten für Spiegel und Fernrohre, die sich mit der Zahl der Probekörper vervielfachen, verbieten die allgemeine Anwendung dieses Verfahrens.

Eine sinnreiche Abwandlung dieses Verfahrens fand GLANVILLE [11], indem er sich wenigstens die Vervielfachung des Fernrohrs ersparte. Bei seinem zu Messungen des Kriechens und Schwindens von Beton benutzten Verfahren wählte er nicht Schneidenspiegel, sondern Rollenspiegel, die in keinem Falle umfallen konnten. Die auf gegenüberliegenden Seiten des zu messenden Körpers angeordneten Rollenspiegel waren durch je einen festen Spiegel ergänzt. Die Drehung der Rollenspiegel wurde mit Hilfe eines in den Spiegel projizierten und von diesem auf einen Maßstab zurückgeworfenen Lichtbandes verfolgt. Der das Lichtband werfende Projektor — ein ausgedientes Geschützfernrohr, das an Stelle des Okulars einen Schlitz besaß — wurde *bei jeder Messung* gegenüber dem Versuchskörper erneut in Position gebracht. Die Roheinstellung des Projektors erfolgte auf einer quer zu den Proben verlaufenden Führungsstange (vgl. Abb. 3), die Feineinstellung mit Hilfe von Mikrometerschrauben. Durch ein Bleilot, durch Einstellung des Lichtbands auf eine Marke im festen Spiegel und schließlich durch Ausrichtung des Schattens eines im Schlitz verlaufenden Drahts auf die Mitte der Meßskala wurde das Projektionsgerät jeweils scharf in die alte Lage gebracht. Diese gegen Interferenz sichere und rasch durchführbare Einstellung gestattet die Messung einer größeren Zahl von Probekörpern mit Hilfe eines einzigen Projektors und einer einzigen Skala.

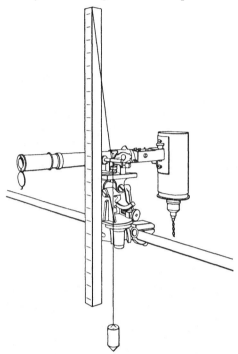

Abb. 3. Projektor nach Glanville.

Ein grundsätzlich anderes Verfahren benutzt ortsfeste *Zeigergeräte* (vgl. auch Bd. I, Kap. VI C, 2 a). Von solchen Zeigergeräten seien wenigstens jene genannt, die im Handel in größerer Zahl gleicher Ausführungen ohne weiteres zu haben sind. Es sind dies die Okhuizen-Apparate und die Huggenberger-Tensometer (über letztere vgl. Abb. 4). Die von Haus aus 2 cm betragenden Meßstrecken dieser Geräte werden durch Verlängerungsstangen auf 20 oder 50 cm für die Zwecke der Schwindmessungen verlängert. Auch diese Geräte sind, wenngleich im Preise günstiger als die Spiegelausrüstungen, noch immer zu aufwendig.

Neben der Kostenfrage erweisen sich zwei weitere Umstände als hindernd für die Anwendung ortsfester Geräte, nämlich der Umstand, daß diese Geräte erst nach Entschalung der Probekörper und nachdem diese eine gewisse Festigkeit erlangt haben, angesetzt werden können und ferner der noch unangenehmere Umstand, daß nur eine Luftlagerung der Proben während der Dauer der Messung möglich ist. Irgendeine Sonderbehandlung der Probekörper, wie Lagerung unter feuchten Tüchern, Wasserlagerung oder Wechsellagerung, scheidet aus. Der Versuch, den vom Meßgerät freien

Abb. 4. Tensometer.

Teil des Prüflings mit einem Strumpf zu überziehen, der dochtartig in Wasser hineinreicht, ist nicht glücklich.

Es versteht sich von selbst, daß die bisher genannten Geräte, bei denen für die Messung wesentliche Teile aus Metall bestehen, nur erfolgreich in Verbindung mit Klimaräumen eingesetzt werden können.

Eine Art Übergang von den Meßverfahren mit ortsfesten Geräten zu den unter Abschn. F 1 f 2 zu behandelnden Verfahren bildet das in Abb. 5 schematisch wiedergegebene Meßverfahren. Es werden schon bei der Herstellung der Versuchskörper winkelförmige Metall- oder Glasteile so einbetoniert, daß deren kleiner Schenkel im Beton verankert ist und der freistehende große Schenkel mit seinen Enden die Fixpunkte bildet, deren Entfernung bzw. Bewegung lediglich mit Hilfe eines einzigen Meßmikroskops beobachtet wird. Selbstverständlich hängt die Genauigkeit der Meßergebnisse von der Längenkonstanz der langen Schenkel und der Unversehrtheit und der Schärfe der als Meßmarken dienenden Enden der langen Schenkel ab. Dieses Verfahren wurde unter anderem von SPINDEL [12] angewandt.

Ein elektro-mechanisches Meßverfahren, das schwingende Stahl-Saiten als Meß-Medium benutzt, vereinigt die Vorteile der

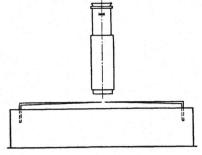

Abb. 5. Vereinfachte optische Messung.

ortsfesten mit denen der beweglichen Meßgeräte. Die Meßanlage besteht aus nur einem Empfänger und beliebig vielen Meßwert-Gebern (Meß-Saiten), die an die Versuchskörper angebracht werden. Empfänger und Geber werden über beliebige Entfernungen durch Kabel verbunden. Die Meß-Saite wird vom Empfänger aus zu Eigenschwingungen angeregt. Die Eigenschwingungszahl wird als elektrische Schwingung auf den Empfänger übertragen. Die Eigenfrequenz der im Empfänger befindlichen Vergleichs-Saite wird durch Änderung ihrer mechanischen Spannung auf die Frequenz der Meß-Saite im Geber am Versuchskörper abgestimmt. Die Verstellung der Vergleichs-Saite wird an einer Skala abgelesen; sie ergibt mit der Eichkonstanten der Meß-Saite multipliziert die gesuchte Meßgröße. Die Frequenzgleichheit von Meß- und Vergleichs-Saite wird durch ein Elektronenstrahlrohr angezeigt. Die Maihak A.G., Hamburg, hat eine Reihe von Gebern für Betondehnungsmessungen entwickelt, und zwar für Oberflächenmessungen wie auch für Innenmessungen.

In neuerer Zeit ist versucht worden, Schwind- und Quellmessungen an Beton auch mit Hilfe von Dehnungsmeßstreifen auszuführen. Da jedoch ein Kriechen der Befestigungsmittel der Meßstreifen noch nicht ausgeschlossen ist, sind solche Schwindmessungen sehr zweifelhaft.

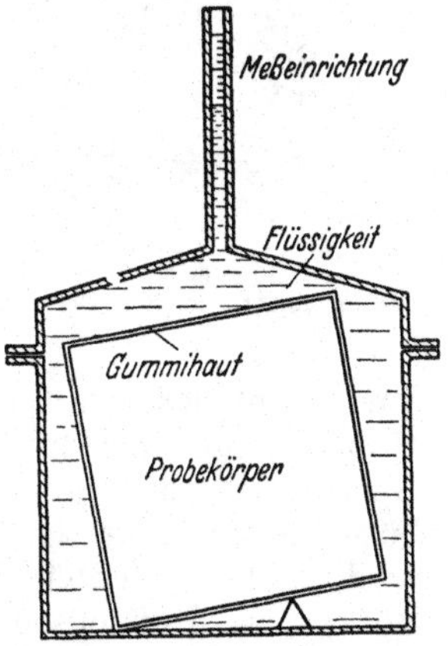

Abb. 6.
Raumveränderungen, gemessen durch Flüssigkeitsverdrängung.

Das *Schrumpfen* an unabgebundenen Massen, insbesonde an Zement und Zementmörteln, das im allgemeinen im Raummaß verfolgt wird, setzt gleichfalls ortsfeste Geräte voraus.

Nach dem Prinzip der Dilatometer werden die Zement- oder Mörtelmassen, meist vorher in eine Gummihaut gefüllt, in einen Flüssigkeitsraum getaucht, der in einer genügend genauen Meßröhre endigt (Abb. 6). Die Veränderungen des Flüssigkeitsstandes in der Meßröhre zeigen, sofern Lufteinschlüsse vermieden und thermische Einflüsse ausgeschaltet sind, die Raumänderungen der frischen Zement- oder Mörtelmassen an. Die Hydratationswärme des Zements verändert aber — teils gegenläufig, teils gleichlaufig mit den zu messenden Raumänderungen des Prüfguts — das Volumen der Meßflüssigkeit, so daß die Meßergebnisse verschleiert sind. Messungen in einem thermometerartigen Gerät hat bereits Le Chatelier angestellt, die in letzter Zeit von L'Hermite wiederholt wurden [13].

R. Dittrich [14] hat ein neues Gerät für solche Messungen entwickelt (Abb. 7). Das Gerät besteht im wesentlichen aus einem nach bestimmten Gesichtspunkten geformten Behälter mit 50 ml Inhalt und einem darüber schraubbaren, genau kalibrierten Glasrohr mit Millimeterteilung und 10 mm² Querschnitt. Nach Justierung des Geräts, wobei besonders auf die völlige Dichte der zwei Verschraubstellen zu achten ist, wird in das Glasrohr von oben her reines Petroleum, zur besseren Sichtbarkeit des Meniskus dunkel gefärbt, eingefüllt. In den vorerwähnten Behälter ist blasenfrei der zu untersuchende Zement, angerührt mit Wasser, in Normensteife eingebracht. Die Genauigkeit dieses so gestalteten Volumenometers beträgt, wenn auf $^1/_{10}$ mm abgelesen wird, 1 : 50 000.

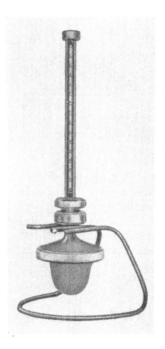

Abb. 7.
Volumenometer nach R. Dittrich.

2. *Meßverfahren mit Geräten, die jeweils nur zum Zeitpunkt der Messung an die Probekörper angesetzt werden.* Im Grundsatz kann man die mechanische Messung mit Mikrometerschrauben oder Meßuhren und die optische Messung auseinanderhalten. Hierbei ist ohne weiteres klar, daß die optische Messung, welche die Fixpunkte nur von außen her anzielt, ohne sie zu berühren, frühere, d. h. weichere Stadien des Betons zu erfassen gestattet als die mechanische Messung, bei welcher die Fixpunkte betastet, ja sogar unter gelinden Druck gesetzt werden.

Unter den mechanischen Geräten sind zunächst die nach dem Prinzip des bekannten Bauschinger-Tasters entwickelten Geräte zu nennen. Es handelt sich also im Grundsatz um U-förmige Meßbügel mit Mikrometerschrauben, wobei — wie beim Bauschinger-Gerät — bald der zu messende Versuchskörper festliegt und der bewegliche Meßbügel in die Höhe der am Probekörper angebrachten Meßmarken eingestellt wird, bald der Meßbügel unverrückbar feststeht und die Betonprobe selbst auf Böcken mit Einstellschrauben in die Achse der Meßbügelbolzen ausgerichtet wird. Die Probekörper liegen im Augenblick der Messung meist waagerecht; diese Lage sichert die Unversehrtheit der Meßmarken am ehesten. Die bei anderen Verfahren gewählte senkrechte Lage der Probekörper, die unter Umständen zu einer Belastung des unteren Meßbolzens durch das Probeneigengewicht führt, bei anderen Ausbildungen zu einer Belastung des oberen Meßbolzens durch das Gewicht des Meßapparates, verbietet sich um so eher, je höher das Gewicht der Proben bzw. des Meßapparats wird und in je jüngerem Alter des Betons mit dem Messen begonnen werden soll.

Bei allen Feinmessungen mit Mikrometerschrauben oder Meßuhren ist die Ablesung von der Stärke der Berührung abhängig. Die Geräte dieser Art arbeiten daher entweder mit gefederten Fühlhebeln oder mit Federdrücken; in manchen Fällen, bei denen auch die Messung erstmals im noch halbweichen Zustande des Betons angestrebt wurde und auch kleinste Federdrücke unter Umständen ein Verschieben der Meßmarken verursachen könnten, wurde es mit Schwachstrom-Kontaktmeldern versucht. Verfasser hat bei Messungen der letzteren Art so gleichmäßige Berührungen erzielt, daß bei Hunderten von Ablesungen an der Mikrometerschraube die Ergebnisse auf $1 \cdot 10^{-3}$ mm übereinstimmten.

Ohne auf die verschiedenen Entwicklungsstadien der zahlreichen mechanischen Meßgeräte einzugehen, wird im folgenden ein kurzer Überblick über die wichtigsten Geräte gegeben.

Das in Abb. 8 wiedergegebene, vom Verfasser jahrelang benutzte Gerät dient zur Messung von Betonkörpern 10 cm × 10 cm × 50 cm oder 12 cm × 12 cm × 50 cm. Ein im Grundsatz U-förmiger Meßrahmen mit schwerer Grundplatte trägt am einen Schenkel den festen Anschlagbolzen, am anderen Schenkel die Mikrometerschraube. Anschlagbolzen und Mikrometerspindel besitzen genau eben und parallel geschliffene Endflächen. Zwei Lagerböcke, die namentlich zur Messung schwererer Versuchskörper zweckmäßig nicht auf die Grundplatte des Meßrahmens abgestützt, sondern durch eine Aussparung in der Grundplatte getrennt gelagert werden, nehmen den Meßkörper auf, der durch Einstellschrauben in der Höhe und in der Querrichtung genau in die Meßachse ausgerichtet werden kann. Die Stellschrauben, welche die Querverschiebung

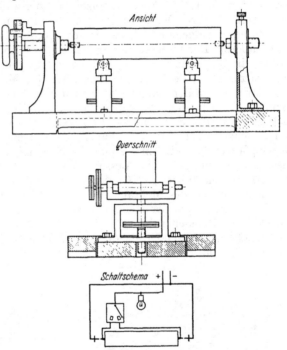

Abb. 8. Mikrometermeßgerät für Beton nach HUMMEL.

des Probekörpers ermöglichen, sind von Stahlwalzen umgeben; letztere, durch Fingerrad betätigt, gestatten die Verschiebung des Prüflings in der Längsrichtung bis zur Berührung seiner Meßmarke mit dem Anschlagbolzen. Nach Betätigung der Mikrometerschraube bis zu ihrer Berührung mit der zweiten Meßmarke des Meßkörpers erfolgt die Ablesung am Mikrometer. Die Berührung am Anschlagbolzen und an der Mikrometerspindel meldet ein Schwachstromkontakt. — Die aus Hartmessing bestehenden, mittig in den Stirnflächen der Meßprismen eingesetzten Bolzen endigen in einem schwach abgestumpften Kegel. Die abgestumpfte Spitze kann durch Betätigung der Einstellschrauben an den Lagerböcken hinreichend genau auf die durch einen kleinen Kreis umrissene Mitte der Endfläche des Anschlagbolzens bzw. der Mikrometerspindel eingestellt werden. Bei den verschiedenen Messungen nehmen die Seitenflächen der Meßprismen stets die gleiche Lage zum Meßgerät ein. — Die Meßbolzen am Probekörper tragen Gewindehals und werden durch eine Flügelmutter in einer Bohrung des Stirnteils der Schalung so festgehalten, daß sie bereits bei der Herstellung der Probekörper einbetoniert werden können. Sie ragen über die Flügelmutter selbst so weit heraus, daß auch eine Messung des Probekörpers in der Schalung sogleich nach dem Betonieren möglich ist. Meßgerät und Probekörper lagern in einem Klimaraum mit der Temperatur von 20° und einer relativen Luftfeuchtigkeit von 65%. Als zusätzliche Sicherung wird gleichwohl die Normallänge des Meßrahmens mit Hilfe eines Normalmaßstabs überwacht, der jeweils ebenfalls mit Hilfe der Einstellvorrichtungen an den Lagerböcken in die Meßlage gebracht wird.

Ein Großgerät mit Mikrometerschraube benutzte Glanville [15] zur Messung unbewehrter wie bewehrter Balken der Abmessungen 92 cm × 15 cm × 15 cm. Das Gerät besteht aus einem rechteckigen Stahlrahmen, der auf der einen Schmalseite den Anschlagbolzen, auf der anderen Schmalseite die Mikrometerspindel trägt. Der ganze schwere Meßrahmen ist an Seilrollen mit Gegengewichten so aufgehängt, daß er in jede gewünschte Horizontallage eingestellt werden kann. Der waagerecht liegende große Probekörper sitzt auf einer Tragbahre, die ihrerseits wieder auf einem mit Schwenkrädern versehenen kleinen Wagen ruht, mit dem der Prüfling unter den Meßrahmen gefahren wird. An den Stirnflächen der Balken sitzen mittig Stahlbolzen, die in Halbkugeln von 6 mm Ø endigen und als Meßmarke dienen. Der Meßrahmen wird so herabgelassen, daß das eine kugelige Bolzenende in die entsprechende Kugelpfanne im Anschlagbolzen des Meßrahmens, das andere kugelige Bolzenende in die Kugelpfanne der Mikrometerspindel hineingreift, ohne daß der Meßrahmen den Prüfling belastet. Die Messungen wurden im übrigen im Klimaraum bei $t = 20°$ durchgeführt. — Bei der waagerechten Lage des Prüflings und des Gewichts sowohl des Meßrahmens als auch des Prüflings bleibt fraglich, ob die kugeligen Enden der Meßbolzen stets satt und mit gleichem Druck in den zugehörigen Pfannen ruhen.

Dem beschriebenen Großgerät von Glanville ist im Prinzip im wesentlichen ähnlich das im Handel befindliche Schwindmeßgerät von Amsler (Abb. 9).

Abb. 9. Schwindmeßgerät nach Amsler.

Es dient zur Messung von Proben von 50 cm × 10 cm × 10 cm Kantenlänge. Das Gerät besteht aus einem rechteckigen Meßrahmen, dessen Längsteile zur Verringerung des Gewichts hohl sind. Anschlagbolzen einerseits und Mikrometerspindel andererseits endigen in einer genau ebenen Fläche. Meßmarken am Probekörper sind zwei Stahlkugeln, welche durch einen Spannrahmen (Abb. 9, rechts) in kugelige Vertiefungen gedrückt werden, die bereits beim Betonieren ausgespart werden. Die Längsstäbe des Spannrahmens bilden gleichzeitig die Führung für den Meßrahmen, der so über den Probekörper gestülpt wird, daß vier Rädchen auf den Längsstäben des Spannrahmens aufsitzen. Eine vor die Mikrometerschraube geschaltete Feder sorgt für gleichbleibenden Berührungsdruck beim Anlegen der Mikrometerschraube. Im Aufbewahrungskasten des Geräts ruhen die vier Rädchen des Meßrahmens so auf zwei Führungsschienen, daß die Achse von Mitte Anschlagbolzen zu Mitte Mikrometerspindel genau in die Achse eines Normalmaßstabs zu liegen kommt. Durch Betätigung der

Mikrometerschraube kann so auf einfache Weise die Soll-Länge des Meßrahmens überwacht werden. Der aus Metall von geringer Wärmeausdehnungszahl bestehende Normalmaßstab ist zum besseren Schutz gegenüber Temperaturwechsel in einem dicken Holzklotz eingebettet.

Beim AMSLER-Gerät bedarf jeder Probekörper seines besonderen Spannrahmens, ein Nachteil, der bei Leichtbetonproben noch dadurch vergrößert wird, daß unter Umständen der Spannrahmendruck die Stahlkugeln langsam in den wenig festen Beton hineinpreßt. Beide Nachteile hat der Verfasser bei jahrelangen Messungen wie folgt erfolgreich vermieden: An Stelle der Stahlkugeln dienen als Meßmarken kugelig endende, in Messingröhrchen mit Gewindehals eingekittete Glasstäbe. Diese werden, wie bei dem auf S. 445 beschriebenen Gerät, zunächst mit Hilfe von Flügelmuttern an den Stirnteilen der Formen festgeschraubt und bereits bei der Probenfertigung einbetoniert. Zur Vermeidung von Spannungen werden die Flügelmuttern bereits nach wenigen Stunden gelockert bzw. gelöst. An die Stelle der hier entbehrlichen Spannrahmen tritt zur Führung des Meßrahmens ein einziger mit Stellschrauben ausgerüsteter Führungsbock, auf dessen Längsschienen nunmehr die Rädchen des Meßrahmens laufen. Die Stellschrauben gestatten die Höhen- und Seiteneinstellung der Meßrahmenachse in die Achse der Meßbolzen.

Die bisher beschriebenen mechanischen Geräte haben als Hauptbestandteil eine Mikrometerschraube mit zumeist einer Teilung von $^1/_{100}$ mm. Durch Schätzung kann ein $^1/_{1000}$ mm abgelesen werden. Unter Berücksichtigung der Genauigkeit der Ausrichtung der Probekörper ergibt sich im allgemeinen eine Genauigkeit der Ablesung von $\pm^1/_{1000}$ bis $\pm^2/_{1000}$ mm, die Ausschaltung thermischer Einflüsse vorausgesetzt.

Die früher bevorzugte Mikrometerschraube bei den mechanischen Meßgeräten ist später durch die Feinmeßuhr ersetzt worden mit dem Vorteil, daß die Messungen bei etwa gleicher Genauigkeit viel schneller durchgeführt werden können. Voraussetzung hierbei ist jedoch, daß der Führungsbolzen der Meßuhr so vor Korrosion und Verschmutzung gesichert ist, daß er stets leicht läuft und mit gleichem Federdruck arbeitet.

Das von der Prüfung plastischer Mörtel her bereits bekannte Schwindmeßgerät nach GRAF-KAUFMANN stellt ein gut durchgebildetes Gerät mit Feinmeßuhr dar (Abb. 10). Es ist in einer größeren, im übrigen aber gleichen Ausführung auch bereits zur Messung von Betonprismen 50 cm × 10 cm × 10 cm verwendet worden. Hierbei tritt aber unter Umständen die bereits S. 444 berührte Schwierigkeit auf, daß im Augenblick der Messung das ganze Gewicht des Meßgeräts auf dem oberen Meßbolzen des senkrecht stehenden

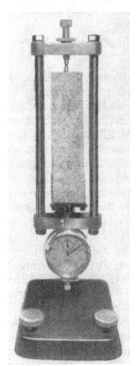

Abb. 10. Schwindmeßgerät nach GRAF-KAUFMANN.

Probekörpers lastet. Ohne den Bolzen in den Beton hineinzudrücken, kann man also die erste Messung erst nach einer gewissen Verfestigung des Betons anstellen, wie es auch bei der Prüfung plastischer Mörtel bisher vorgesehen ist. Die Hohlausbildung des Geräts in seinen Längsteilen bedeutet nur eine geringe Linderung dieser Schwierigkeit. Es ist zu wünschen, daß das ausgezeichnete Gerät auch für die Messung früherer Betonstadien eingerichtet wird, etwa da-

durch, daß sein Eigengewicht durch Federkraft oder Gegengewichte so aufgewogen wird, daß der obere Meßbolzen nur einen schwachen Berührungsdruck
erhält.

Die bisher kurz beschriebenen oder diesen ähnlichen mechanisch wirkenden
Meßgeräte dienen vornehmlich der Achsenmessung; sie sind nur ausnahmsweise
auch zu Oberflächenmessungen benutzt worden, wobei die im Prüfling sonst
mittig angeordneten Meßbolzen durch an der Oberfläche der Längsseiten sitzende
flache Bolzen ersetzt worden sind. Für die Oberflächenmessungen selbst sind
seit einigen Jahren die sog. Setzdehnungsmesser im Vordringen.

In Mitteleuropa im Handel ist der Setzdehnungsmesser (Deformeter) der
Fa. Huggenberger, Zürich (vgl. Abb. 11), ein Gerät, das offenbar in Fortbildung
des älteren Setzdehnungsmessers Bauart Whittemore entstanden ist, welch
letzteres auch bei den in Heft 77 des Deutschen Ausschusses für Eisenbeton

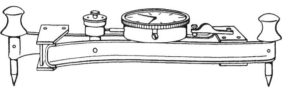

beschriebenen Versuchen
als Vorbild dient. Das Gerät wird für Meßlängen von
127 bis 1016 mm gebaut.
Der für Schwindmessungen
bevorzugte Apparat von
254 mm Meßlänge weist
einen Meßbereich von
±4 mm auf; ein Teilstrich-

Abb. 11. Setzdehnungsmesser nach Huggenberger
(vgl. a. Bd. I, Kap. VI C, 2 a).

abstand der Skala, der im übrigen Zehntel zu schätzen gestattet, entspricht
einer Verschiebung von rd. 0,0025 mm. Zwei parallel verlaufende, am Ende
einwärts gebogene Längsschienen tragen am Ende je einen Taststift; die Schienen
sind in der Querrichtung durch zwei Stahlbänder verbunden. Im Raume zwischen
Stahlbändern und Längsschienen sitzt, mit der einen Längsschiene verbunden,
eine Meßuhr, deren Taster gegen einen Anschlag der anderen Längsschiene
stößt. Durch entsprechende Wahl der Werkstoffe und die Bemessung der Einzelteile ist dem Einfluß von Temperaturschwankungen entgegengewirkt. Bei der
Messung selbst werden die kegelförmigen, gehärteten Spitzen der Taststifte
in die kegelförmigen Vertiefungen von eisernen Setzbolzen eingeführt. Bei
leichter Bewegung des Geräts um seine Längsachse bewegt sich der Zeiger der
Feinmeßuhr hin und her; die Ablesung erfolgt hierbei an dem Punkt, an dem
der Zeiger seinen Bewegungssinn ändert. Zu dem Gerät gehört ein Prüfstab
aus Invarstahl, mit dessen Hilfe die Länge des Geräts überwacht wird. Die
Setzbolzen, die auch mit aufschraubbaren Deckeln gegen Schmutz und Beschädigung geliefert werden, werden im allgemeinen nachträglich in den Betonkörper einzementiert. Es bestehen indessen kaum irgendwelche Schwierigkeiten,
sie in vielen Fällen gleich bei der Herstellung der Probekörper einzubetonieren,
wobei sie zunächst in der auf S. 445 geschilderten oder ähnlichen Weise vorläufig
an die Schalung geschraubt werden.

Ein weiterer Setzdehnungsmesser von hoher Meßgenauigkeit ist für die unter
Leitung von Professor Graf (Stuttgart) stehenden Untersuchungen an den
Straßenplatten der Reichsautobahnen entwickelt worden (Abb. 12). Das für
einen Meßbereich von 2 mm gebaute Gerät ist in der Zeitschrift des Vereines
Deutscher Ingenieure [16] beschrieben worden. Einen weiteren Setzdehnungs-
messer, der an der Technischen Hochschule München konstruiert wurde, gibt
Abb. 12a wieder.

Auch die Setzdehnungsmesser gestatten nur die Verfolgung der Raumänderungen nach Erreichung einer gewissen Festigkeit des Betons. Unabhängiger
von der Festigkeit des Betons sind die Meßgeräte auf optischer Grundlage,

da sie, wie bereits ausgeführt, die Fixpunkte nur von außen her anzielen und nicht berühren. Von den Geräten dieser Art seien genannt der Komparator

Abb. 12. Setzdehnungsmesser des Instituts für die Materialprüfungen des Bauwesens an der Technischen Hochschule Stuttgart.

von LEITZ [17] und der in Abb. 13 dargestellte Komparator; der letztere sei etwas näher beschrieben. Ein in seiner Längsrichtung verschieblicher Tisch

Abb. 12a. Münchener Setzdehnungsmesser.

nimmt die Betonprobe auf (Prismen von im allgemeinen 10 cm × 10 cm × 50 cm). Neben dem Tisch sitzt eine feste Führungsschiene, auf welcher die eigentlichen

Abb. 13. Komparator.

Meßinstrumente — zwei Mikroskope mit 100facher Vergrößerung — verschieblich sitzen. Das eine Mikroskop enthält ein festes Fadenkreuz, das andere Mikroskop eine mit einer Mikrometertrommel in Verbindung stehende Marke,

die über einen in der Meßrichtung liegenden festen Glasmaßstab mit einem
Abstand der Teilstriche von 50 μ hinwegbewegt werden kann. Da eine Trommel-
umdrehung einer Längsverschiebung der beweglichen Marke von 50 μ gleichkommt und die Trommel selbst 50 Teilstriche trägt, so wird die Länge mit
einer Genauigkeit von 1 μ ablesbar und durch Schätzung zwischen den Teilstrichen mindestens mit einer Genauigkeit von 0,5 μ feststellbar. Die Probekörper erhalten auf einer Längsoberfläche Glasplättchen, in die mit einem
besonderen Reißerwerk im erforderlichen Abstand feine Marken geritzt werden.
Die Meßlänge beträgt maximal 400 mm; es können aber auch kleinere Meßlängen gewählt werden. Zum Einstellen der Mikroskope auf die gewünschten
Meßstrecken dienen Glasplatten mit Rißmarken in den betreffenden Entfernungen. Die Messung selbst erfolgt in der Weise, daß das feste Fadenkreuz
in einem Mikroskop mit der ersten Rißmarke auf dem Prüfling zur Deckung
gebracht, und sodann die bewegliche Strichmarke im anderen Mikroskop durch
Drehung der Mikrometertrommel auf die andere Rißmarke am Prüfling eingestellt wird. Es werden auf diese Weise stets wahre Längen gemessen, so daß
die Längenänderungen durch Differenzenbildung gewonnen werden. Die Glasplättchen können relativ früh auf die Probekörper aufgesetzt werden, weshalb
die Messungen schon im jungen Alter des Betons beginnen können. Wenn die
hohe Genauigkeit des Geräts ausgenutzt werden soll, ist seine Aufstellung in
einem Klimaraum erforderlich.

Wenn die optischen Geräte auch in der Hauptsache der Ermittlung von
Längenänderungen an den Körperoberflächen dienen, so sind doch auch Achsenmessungen durchaus möglich. Die Mikroskope werden in diesem Falle auf Strichmarken eingestellt, die auf Bolzen in der Mitte der Stirnseiten der Probekörper
sitzen. Bei den handelsüblichen Geräten ist aber diese Art von Messung dadurch
etwas erschwert, daß die Mikroskope sehr nahe an die Strichmarken heran-
geschraubt werden müssen, so daß sie beim Herausnehmen der Proben in Gefahr
stehen, angestoßen zu werden, sofern sie nicht jeweils weit zurückgeschraubt
werden.

g) Sonderverfahren.

Ergänzend seien noch einige kurze Andeutungen über die Verfahren der
mittelbaren Erfassung von Schwindvorgängen auf dem Wege über Spannungsmessungen bzw. über künstlich erzeugte Rißbilder gemacht.

Bei den direkten Schwind-Spannungsmessungen werden im Grundsatz die
Betonkörper durch eine langsam wachsende Zugkraft in der Weise beansprucht,
daß das Schwinden in jedem Augenblick durch die elastischen und plastischen
Formänderungen des Betons unter der jeweiligen Zugkraft aufgewogen ist. Das
Verfahren sei in Abb. 14 am Beispiel der Versuchsanordnung von F. G. Thomas [18] veranschaulicht. Die Zugkraft wird dort durch Federkraft ausgeübt;
dies kann indessen auch durch ungleicharmige Hebel geschehen. An Dehnungsmessern, welche seitlich angebracht sind, wird überwacht, daß die Längsform-
änderung stets gleich Null bleibt. — Solche Messungen dürfen deshalb eine
gewisse Aufmerksamkeit beanspruchen, weil sie unter der Voraussetzung, daß
der Versuch bereits im Alter der Proben von wenigen Tagen beginnt, schon
in einer Zeit von 2 bis 3 Wochen durch Rißbildung zu Ende gehen, also eine
Art Schnellprüfung darstellen. Wegen der *vollständigen* Behinderung der Schwind-
formänderungen — diese ist in der Praxis äußerst selten — liegt hier allerdings
ein scharfes Verfahren vor. Selbstverständlich hat man es in der Hand, entweder die Behinderung des Schwindens erst später einsetzen zu lassen oder
aber das Schwinden nur teilweise zu verhindern in dem Sinne, daß die an-

gewandte Zugkraft nur so weit gesteigert wird, daß noch eine gewisse Schwindung möglich ist. Versuche dieser Art können selbstverständlich nur in Klimaräumen mit Erfolg ausgeführt werden, damit jeder andere spannungserzeugende Einfluß, wie Temperatur- und Feuchtigkeitswechsel, mit Sicherheit ausgeschaltet ist.

In einer ähnlichen Linie bewegt sich jenes Verfahren, bei welchem die Schwindneigung eines Mörtels oder Betons durch die Abnahme der Zugfestigkeit oder der Biegezugfestigkeit unter Schwindspannungen zu erfassen versucht wird [19]. Es ist seit langem bekannt, daß die Biegezugfestigkeit zementgebundener Massen kurz nach dem Übergang von einer Wasserlagerung zur Luftlagerung vorübergehend sinkt. Die Erscheinung erklärt sich bekanntlich daraus, daß die schneller als der Kern trocknende Oberfläche solcher Körper schneller zu schwinden trachtet, aber durch den nachhinkenden Kern behindert wird. Je nach der Schwindneigung der Masse entstehen daher an der Oberfläche mehr oder weniger große Schwindzugspannungen. Sie führen, bis der Spannungsausgleich einigermaßen erfolgt ist, zu geringerer Biegefestigkeit. Das Maß der Abnahme der Biegezugfestigkeit entspricht dem Schwindspannungseinfluß und kann daher als Maßstab für die Schwindneigung der Masse betrachtet werden. — Dieses Verfahren ist von Professor GRAF bei der Auswahl von Straßenbauzementen für die Reichsautobahnen vorgeschlagen und angewandt worden [20].

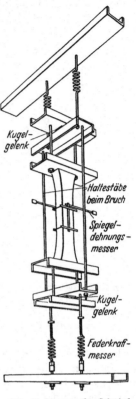

Abb. 14. Messung der Schwindspannungen nach THOMAS.

Das Wesentliche der Verfahren zur mittelbaren Erfassung von Schwindvorgängen auf dem Wege über künstlich erzeugte Rißbilder besteht darin, daß die Mörtel- oder Betonproben durch entsprechende Vorkehrungen so am Schwinden gehindert werden, daß Risse entstehen. Bei den erstmaligen Versuchen dieser Art erfolgte die Behinderung des Schwindens dadurch, daß mittig in die Längsachse langer Mörtel- oder Betonprismen Stahlstäbe entsprechender Dicke einbetoniert wurden, die zur Verringerung des Gleitens ein grobes Gewinde trugen (Abb. 15). Bei anderen Versuchen dieser Art wurde der Mörtel bzw. Beton auf

    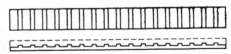

Abb. 15. Schraubenspindelversuch nach HUMMEL.   Abb. 16. Riffelblechversuch nach HUMMEL.

geriffelte oder gelochte lange Stahlschienen aufgetragen (Abb. 16). Beide Verfahren, bei denen im wesentlichen die Querrißbildung beobachtet wurde, sind erstmals vom Verfasser angewandt [21], [22] und später auch in Schweden verfolgt worden [23].

Das Verfahren Abb. 15 hat den Vorzug zentrischer Beanspruchung der untersuchten Mörtel- oder Betonmasse, jedoch den Nachteil, daß wegen der gleichzeitigen Klemmwirkung zumeist ein Längsriß in der Probe auftaucht, der Zahl und Verlauf der für die Beurteilung wichtigen Querrisse ungünstig beeinflußt. Dieser Mangel ist bei Verfahren Abb. 16 vermieden, bei welchem ziemlich schnurgerade Querrisse entstehen. — Wenn die Versuchskörper zu kurz bemessen werden, so kann es sein, daß die Längenänderungen bzw. Spannungen nicht groß genug werden, um sichtbare Risse auszulösen. In solchen Fällen kann man nach einem weiteren Vorschlag des Verfassers zu Ergebnissen

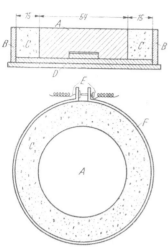

gelangen, wenn die hindernden Medien — der Stahlstab oder die geriffelten Schienen — hohl ausgebildet und zu einem bestimmten Alter des Betons rasch mit Wasser höherer Temperatur beschickt werden. Auf diese Weise erfährt das hindernde Metall eine rasche Verlängerung mit dem Erfolg, daß die Spannungen im Mörtel bzw. Beton schnell anwachsen und zu Rissen führen. Andere Vorschläge für die Erfassung von Schwindvorgängen über Rißbilder beziehen sich auf *ringförmige Proben*, worüber 1939 Grün [24] und neuerdings L'Hermite [25] berichteten. L'Hermite legt den Zementbrei um einen Stahlkern herum und verfolgt den Zeitpunkt des erstmaligen Reißens durch die Schrumpf-Schwind-Vorgänge (Abb. 17). Der Zeitpunkt wird durch einen elektrischen Kontakt angezeigt. Eine abgewandelte Form dieses Verfahrens ist in die französischen Normen aufgenommen worden.

Abb. 17. Ringversuch nach L'Hermite. *A* Stahlzylinder; *B* äußerer Schalungsring; *C* Zementpaste; *D* Bodenplatte; *E* Platinkontakte; *F* elastischer offener Messingring (Maße in mm).

Bei Versuchen in Spanien wurde der volle Stahlzylinder der Abb. 17 durch einen Aluminiumring ersetzt, dessen Formänderungen gemessen werden. Aus den Formänderungen des geeichten Rings wird direkt auf die Schwindspannungen geschlossen. Die Ergebnisse erscheinen jedoch nur bedingt brauchbar. Ist der Aluminiumring sehr stark, um völlige Schwindbehinderung zu bringen, sind die Formänderungen klein und ungenau. Ist der Aluminiumring schwach und leicht deformierbar, liegt nur eine teilweise Schwindbehinderung vor.

2. Bestimmung der Längenänderungen an Körpern, die einer lang andauernden Belastung unterworfen sind (Messung des Kriechens).

a) Begriffsbestimmung.

Wird ein Betonkörper einer lang andauernden Belastung (z. B. Druckbelastung) unterworfen, so treten die folgenden Formänderungen auf:

1. die augenblicklichen Formänderungen während der Lastaufbringung; sie sind bei Gebrauchsspannungen fast ausschließlich elastischer Natur;

2. Schwinden bei Luftlagerung des Betons bzw. Quellen bei Wasserlagerung oder Feuchtlagerung;

3. die Formänderungen infolge von Temperaturwechseln (thermische Dehnungen bzw. Zusammenziehungen);

4. die über Jahre hinaus langsam zunehmenden Formänderungen unter Dauerlast; sie werden heute als „Kriechen" bezeichnet.

Die Meßverfahren zu 1. sind in Abschn. VI D von Brenner und Schwaderer beschrieben. Von den Messungen des Schwindens und Quellens handelte der Abschn. F 1.

Die Formänderungen zu 3. müssen im Rahmen der hier zu beschreibenden Versuche eliminiert werden, da sie sonst durch das Hin und Her ihrer Bewegungen die anderen Formänderungen, besonders aber die des Kriechens (Ziffer 4) verschleiern. Das Kriechen von Beton kann daher erfolgreich nur bei Lagerung der Probekörper in Klimaräumen verfolgt werden. Die Meßverfahren werden im folgenden beschrieben; eine Normung der Verfahren oder ein Ansatz zu einer solchen liegt bis heute nicht vor.

Das Kriechen unter Dauerlast ergibt sich aus der Gesamtformänderung nach Abzug der Formänderungen zu 1., 2. und 3. Der Verlauf des Kriechens ist am eindeutigsten durch die Kriechkurve als Funktion der Belastungsdauer gekennzeichnet.

b) Einflüsse auf das Kriechen.

Wie beim Schwinden sind wiederum zu unterscheiden:
1. Einflüsse, herrührend von der Zusammensetzung des Betons (innere Einflüsse); 2. Einflüsse der Belastung und der Lagerungsart des Betons (Umweltfaktoren).

Zu den inneren Einflüssen gehören Bindemittelart, Betonmischungsverhältnis, Kornzusammensetzung und mineralogische Beschaffenheit der Zuschlagstoffe, Dichtigkeitsgrad bzw. Porencharakter des Betons, Alter des Betons bei Belastungsbeginn.

Äußere Einflüsse sind: Größe der Dauerspannung, Dauer der Belastung und vor allem Art der Lagerung (Wasserlagerung, Luftlagerung bei verschiedener Luftfeuchtigkeit)[1].

Die genannten äußeren Einflüsse bedingen wiederum wesentliche Bestandteile der Versuchsanordnung.

c) Zweck der Messungen.

Die aus dem Elastizitätskurzversuch hervorgehenden E-Moduln können wegen der Kriecherscheinungen nicht zur rechnerischen Ermittlung der Formänderungen unter Dauerlasten herangezogen werden. Das Kriechen macht die Konstruktionen weniger steif und führt beim bewehrten Beton zu Spannungsumlagerungen.

Der Praxis sind Angaben über die Größe des Kriechmaßes für die Regelbetone erwünscht. Allein schon die Tatsache des großen Einflusses der Lagerungsfeuchtigkeit auf die Größe des Kriechmaßes erschwert aber die Erfüllung dieses Wunsches. Da die Austrocknung oder auch die Durchfeuchtung eines Betons von den Körperabmessungen abhängt, können vorläufig an Probekörpern ermittelte Kriechmaße ebenso wie die Schwindmaße nur relative Bedeutung besitzen in dem Sinne, daß ein beim Versuch wenig kriechender Beton auch am Bauwerk unter sonst gleichen äußeren Umwelteinflüssen wenig kriechen wird. Welches absolute Maß aber das Kriechen am Bauwerk haben wird, kann vorläufig aus den Laboratoriumsversuchen nicht eindeutig angegeben werden.

d) Probenform und Meßergebnisse.

Sofern es sich, entsprechend dem unter Abschn. F 2 c Gesagten, lediglich um die Ermittlung relativer Stoffkonstanten handelt, eignet sich als Probekörper am besten der Zylinder, und zwar mit Rücksicht auf die in Deutschland für Stahlbetonarbeiten übliche Körnung 0 bis 30 mm der Zylinder von 15 cm ⌀

---

[1] Eine Zusammenfassung der Ergebnisse der Kriechforschung bezüglich der Materialfragen findet sich in der Abhandlung A. HUMMEL: Vom Kriechen des Betons unter Dauerspannungen. Wiss. Abh. dtsch. Mat.-Prüf.-Anst. I. Folge, H. 1.

und einer Höhe von $h = 60$ cm bei Druckversuchen. Bei Zugversuchen vergrößert sich die Höhe um die Länge der Einspannköpfe. Bei einer seitlichen Meßstrecke von 20 cm befinden sich alsdann die Fixpunkte in den Drittelpunkten des Säulenschaftes, so daß die Meßstrecke frei von Einspannungseinflüssen ist.

Je kleiner der Probekörper, um so größer das Schwindmaß wie das Kriechmaß bei luftgelagertem Beton. Die bei kleineren Probekörpern wachsende Empfindlichkeit gegenüber der Luftfeuchtigkeit spiegelt sich auch im Kriechmaß wider.

e) Meßverfahren.

Der Versuch hat zwei Aufgaben zu bewältigen: 1. die Aufbringung und Erhaltung der Dauerlast, 2. die Messung der Formänderungen in den entsprechenden Zeitabständen; hierbei müssen nach Ausschaltung der thermischen Dehnungen elastische Formänderungen bei der Lastaufbringung, Schwinden und Kriechen genau auseinandergehalten werden können. Der Betrag des Schwindens wird hierbei durch gleichzeitige Messung unbelasteter Probekörper der gleichen Abmessungen nach einem der unter Abschn. F 1 beschriebenen Verfahren ermittelt und von den Gesamtformänderungen abgezogen.

1. Aufbringung der Dauerlast. Das Kriechen interessiert besonders für Druckspannungen von 40 bis 120 kg/cm² beim gewöhnlichen Stahlbeton und von 80 bis 220 kg/cm² beim Spannbeton. Bei den vorgeschlagenen Zylindern von 15 cm ⌀ entspricht dies Gesamtlasten von 7 bis 39 t. Solche Lasten werden entweder mit Hebelübersetzungen oder bequemer mit Federkraft erzeugt; bei der letzteren Anordnung können die Proben auch unter Last transportiert werden.

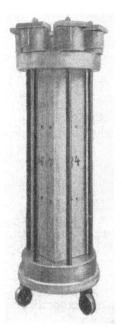

Ein Beispiel für die Federbelastung findet sich in Heft *77* des Deutschen Ausschusses für Eisenbeton (Abb. 18). Abb. 19 zeigt die Belastungsanordnung bei den bekannten Kriechversuchen von GLANVILLE [*11*]. Mit Hilfe von vier Wagenfedern und einem System von Eisenstäben wird der Probekörper zwischen Stahlplatten eingeklemmt und unter Druck gehalten. Zur Vermeidung außermittiger Beanspruchungen sind Stahlkugeln zwischengeschaltet.

Die Höhe der Dauerlast kann auf verschiedene Weise erreicht werden. Bei den Versuchen von DAVIS [*26*] wurden die Versuchskörper samt Belastungssystem zunächst in eine Druckpresse eingesetzt, mit deren Hilfe die gewünschte Gesamtlast aufgebracht wurde. Sobald das Manometer der Druckpresse die gewünschte Last anzeigt, werden die Muttern auf die Zugstäbe satt gegen die Stahlplatten aufgeschraubt. Nach Entlastung der Druckpresse kann die nunmehr unter Federkraft stehende Probe mit dem Dauerbelastungssystem aus der Druckpresse herausgenommen und ihrem Lagerplatz zugeführt werden. Die Federkraft bleibt selbstverständlich nur konstant, wenn thermische Dehnungen im System vermieden sind, d. h., wenn die Versuche in Klimaräumen ausgeführt werden. Infolge des Kriechens des Betons muß die Federkraft in entsprechenden Zeitabständen berichtigt werden. Zu diesem Zweck werden die Proben erneut in die Druckpresse eingesetzt und neu belastet. Hierbei werden die Gegenmuttern nachgezogen.

Abb. 18. Dauerbelastung nach GRAF.

Zur Vereinfachung der Berichtigung sind andere Forscher (vgl. Abb. 19) so vorgegangen, daß sie die Stahlfedern mit Skala und Zeiger versahen und die durch Eichung bestimmte Federkraft einfach durch Anziehen der Zugstangenmuttern bis zum Einspielen der Zeiger aufrechterhielten. Bei der Eichung der Stahlfedern ist hierbei selbstverständlich dem Kriechen der Federn selbst dadurch Rechnung zu tragen, daß diese Federn unter Höchstlast über längere Zeit auf ihre Formänderungen geprüft werden. Bei entsprechender Querschnittsbemessung der Federn läßt sich der Fehler bei der Belastungsgröße unter 1 % halten[1].

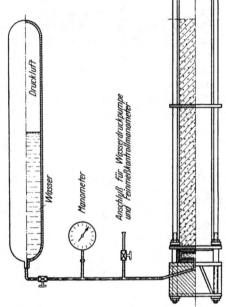

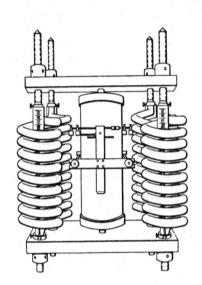

Abb. 19. Dauerbelastung mit Hilfe von
4 Spiralfedern.

Abb. 20. Vorrichtung für Dauer-Druckbelastung
nach Rüsch.

In Abb. 20 ist ein Vorschlag von Rüsch (München) für eine hydraulische Dauerbelastung wiedergegeben. Der Druck wird durch Preßwasser ausgeübt, welches über eine Gummiblase einen Kolben betätigt. Das Belastungsgestänge ist so angeordnet, daß gleichzeitig mehrere Prüfkörper belastet werden können.

2. Die Messung der Formänderungen bei Beton unter Dauerlast. Glanville hat die elastischen Formänderungen, das Schwinden und das Kriechen mit Hilfe des S. 441 beschriebenen optischen Meßverfahrens ermittelt. Nach der Entwicklung der Setzdehnungsmesser (vgl. S. 448 f.) sind heute diese Geräte für die Messung des Schwindens und Kriechens zu bevorzugen. Die Vorteile der Anwendung der Setzdehnungsmesser bestehen darin, daß mit *einem* Gerät alle Probekörper gemessen werden können, wobei die Zahl der Meßstrecken beliebig vermehrt werden kann. Bei Zylindern werden im allgemeinen die Meßstrecken auf drei Zylinder-Mantellinien angeordnet. Federbelastete Probekörper können, falls wünschenswert, zur Messung auch beliebig in die Waagerechte umgelegt werden. Die Formänderungen während der Lastaufbringung werden zur Erhöhung der

---

[1] Im Falle der Abb. 19 sind die Zugstangen als Federn geeicht und benutzt worden.

Genauigkeit gern mit Martensschen Spiegeln verfolgt, was bei der Kürze des Belastungsvorgangs durchaus möglich ist, ohne daß die Zahl der Spiegelgeräte über Gebühr vermehrt werden muß.

Bei Großversuchen an zahlreichen Körpern ein und derselben Größe ist es zweckmäßig, die Schalungen für die Probekörper so auszubilden, daß die Meßbolzen, in welche die Spitzen der Setzdehnungsmesser später eingreifen sollen, bereits bei der Probenherstellung einbetoniert werden können. Die Ausbildung von Bolzen mit aufschraubbaren Schutzdeckeln gestattet, die Probekörper jedweder Lagerungsart, auch der Wasserlagerung, zu unterziehen. Gerade dieser Umstand sichert dem Meßverfahren mit Hilfe von Setzdehnungsmessern den Vorrang vor den Spiegelmessungen.

Die bei Dauerbelastung namentlich im höheren Alter des Betons nur sehr langsam zunehmenden Formänderungen können von thermischen Dehnungen verschleiert, ja sogar vollkommen aufgewogen werden, eine Tatsache, der es wahrscheinlich zuzuschreiben ist, daß die Kriechvorgänge im Beton erst so spät erkannt und ernstgenommen worden sind. Der noch immer anzutreffende Glaube, daß man Kriechforschung ohne Klimaräume mit Erfolg treiben könnte, ist daher unverständlich.

Schrifttum.

[1] Lea u. Desch: Die Chemie des Zements und Betons, S. 348. Berlin: Zementverlag 1937

[2] Wesche, K.: Grundlagen für die Anwendung von Quellzement. Dissertation T.H Aachen 1954.

[3] Hummel, A.: Vom Schwinden zementgebundener Massen, seiner Messung und seiner Auswirkungen. Zement-Kalk-Gips 1954, Nr. 8.

[4] Guttmann, A.: Zur Bewertung von Schwindzahlen. Zement Bd. 19 (1930) S. 267.

[5] Vgl. Handbuch für Eisenbetonbau, 4. Aufl., Bd. 1, S. 36 und Beton u. Eisen Bd. 33 (1934) S. 117.

[6] Hummel, A.: Vom Schwinden zementgebundener Massen, seiner Messung und seiner Auswirkungen. Zement-Kalk-Gips Bd. 7 (1954) S. 297.

[7] Roš, M.: Die Schwindmaße der Schweizerischen Portlandzemente. Festschrift anläßlich des 50jährigen Bestandes der Städt. Prüfanstalt für Baustoffe, S. 21. Wien 1929.

[8] Lucas, M.: Ann. des Ponts Chauss. Bd. 107 A (1937) S. 223.

[9] L'Hermite, R., et J. Grieu: Sur le retrait des Ciments et des Betons. Ann. l'Inst. Techn. Bâtiments et Trav. publ. April-Mai 1952.

[10] DIN-Mitt. Bd. 33 (1954) H. 8/9, S. 347.

[11] Glanville: Creep or Flow of Concrete. Build. Res. Techn. Pap. Bd. 12 (1930).

[12] Spindel: Über die Schwindung von Zement und Beton. Beton u. Eisen Bd. 35 (1936) S. 247.

[13] L'Hermite: Nouvelle contribution à l'étude du retrait des ciments. Ann. l'Inst. Techn. Bâtiments et Trav. publ. Dezember 1949.

[14] Dittrich, R.: Tagungsberichte der Zementindustrie 1954, H. 10, S. 51.

[15] Glanville: Shrinkage Stresses. Build. Res. Techn. Pap. Bd. 11 (1930).

[16] Z. VDI Bd. 80 (1936) Nr. 37, S. 1128.

[17] Guttmann, A.: Die Bestimmung der räumlichen Veränderungen von Zementen mit Komparator. Zement Bd. 7 (1918) S. 44.

[18] Thomas: Shrinkage Cracking of Restrained Concrete Members. Int. Verb. Mat.-Prüf.-Kongr. Lond. 1937, S. 287. — Ein gleicher Vorschlag stammt von K. Kammüller, Karlsruhe.

[19] Vgl. Bach u. Graf: Forsch.-Arb. Ing.-Wes. 1909, H. 72/74, S. 103f.

[20] Graf, O.: Aus neueren Versuchen für den Betonstraßenbau. Straßenbautagung 1938, S. 162. Verlag Volk und Reich 1938.

[21] Zement Bd. 19 (1930) S. 1065.

[22] Tonind.-Ztg. Bd. 58 (1934) S. 1043.

[23] Tonind.-Ztg. Bd. 58 (1934) S. 485.

[24] Betonstraße 14. Jg. (1939) S. 32.

[25] Ann. l'Inst. Techn. Bâtiments et Trav. publ. April-Mai 1952.

[26] Davis: Flow of Concrete under sustained Loads. Proc. Amer. Concr. Inst. Bd. 24 (1928) S. 303.

G. Prüfung des Widerstands von Beton gegen mechanische Abnutzung, gegen Witterungseinflüsse und gegen angreifende Flüssigkeiten.

Von **K. Walz**, Düsseldorf.

1. Prüfung des Widerstands gegen mechanische Abnutzung.

a) Allgemeines.

Gehbahnen und Treppen werden vorwiegend durch Schleifen beansprucht, ebenso Rutschen, geschiebeführende Kanäle usw. Bei Fahrbahnen tritt je nach der Art der Benützung noch eine ausgesprochene Stoßwirkung (eisenbereifte Fahrzeuge, Pferdehuf, Kettenfahrzeuge) oder eine Saugbeanspruchung (Gummireifen) hinzu. Auch die hemmende und fördernde Wirkung von Zwischenschichten, wie Staub, scharfer Sand u. ä., spielt eine Rolle.

Mechanisch gesehen wirken auf das Körperelement an der Oberfläche Scher-, Zug- und Stoßkräfte ein, die zu einer Lockerung des Gefüges oder Zerstörung einzelner Teile führen. Allen Prüfungen ist gemeinsam, daß sowohl die Zeit des Ablaufs einer Einwirkung als auch die Folge der Einwirkungen der Praxis nicht angepaßt werden können. Da es sich gewöhnlich um kurzfristige Untersuchungen zur raschen Beurteilung der Eignung eines bestimmten Betons oder Mörtels handelt, ist auch der Einfluß von Temperatur und Feuchtigkeit (Spannungen und Lockerungen durch Längenänderungen, Erweichung, Verfestigung u. a.) auf den Abnutzwiderstand nur beschränkt durch den Versuch wiederzugeben.

b) Feststellungen an Proben im Laboratorium.

α) *Prüfverfahren.*

Eine abschleifende Beanspruchung wird mit Prüfverfahren erhalten, bei denen kleine Proben, gegen drehende Gußeisenscheiben gepreßt, mit Hilfe eines körnigen Schleifmittels (Quarzsand, Schmirgel u. ä.) trocken oder wassersatt bei Zufuhr von Wasser abgenutzt werden.

Das für die Ermittlung des Abnutzwiderstands durch *schleifende* Beanspruchung in DIN 52108 festgelegte Verfahren (s. unter II D 8) wird häufig auch für Beton benutzt. Hierzu werden Proben mit einer Abnutzfläche 7 cm × 7 cm aus einem fertigen Belag herausgesägt oder, wenn es sich um Eignungsprüfungen handelt, gesondert in Formen (z. B. als Würfel 7 cm × 7 cm × 7 cm) hergestellt. Für die Beurteilung der Versuchsergebnisse sind sinngemäß die unter II D 8 für Naturstein gemachten Hinweise zu beachten und vor allem, daß bei Mörtel und Beton bei diesem Verfahren in erster Linie die in der Schleifebene liegenden, mehr oder weniger harten Zuschlagkörner für den Abschleifwiderstand bestimmend sind. Es ist dabei zu beachten, daß der Abnutzwiderstand durch die in der Praxis je nach Verkehr auftretenden Stoß- und Scherbeanspruchungen demgegenüber vermindert werden kann, weil die Körner dabei gelockert und, bevor sie abgeschliffen sind, auch herausgelöst werden können.

Für Beläge aus sogenanntem Hartbeton mit besonders harten Zuschlagstoffen, wie Korund, Siliziumkarbid, Mineralschmelzen u. ä., wurde zur Beurteilung des Verhaltens unter schwerem Verkehr (z. B. auch mit rollender und Stoßbeanspruchung) ein für die Normung vorgesehenes Prüfverfahren mit rollenden Stahlkugeln entwickelt (DIN 51951 — Entwurf: Prüfung von Boden-belägen; Verschleißprüfung bei Rollverschleiß; EBENER-Verfahren). Der Prüf-körper 15 cm × 15 cm (Dicke 3 bis 5 cm) wird in dem Gerät nach Abb.1 durch rollende, unter Druck stehende Stahlkugeln abgenutzt [1]. Durch die Drehung des Drehtischs mit dem aufgespannten Prüfkörper und des außermittig da-

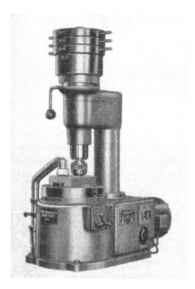

zu angeordneten gegenläufigen Belastungs-stempels mit Kugelkopf erzeugen die darin frei gefaßten fünf rollenden Stahlkugeln (∅ 18 mm) auf dem Prüfkörper eine Ab-nutzungsringfläche. Die Kugeln beschreiben dabei epizykloidenförmige Abrollwege. Der Abrieb wird während der Prüfung abgesaugt und zwischenzeitlich sowie nach Erreichen der Zahl der vorgesehenen Drehungen nach Gewicht und Raum bestimmt.

Um die verschiedenartigen Versuche zur Ermittlung des Abnutzwiderstands zu kenn-zeichnen, seien außer den bereits unter II D 8 beschriebenen Verfahren (DIN 52108, ASTM Standard C 241—51 und Beanspruchung durch den Sandstrahl) noch einige neuere Vorschläge für die Abnutzung von Beton an-geführt[1].

Bei einem tragbaren, also auch auf Be-läge aufsetzbaren Gerät wird die Abnutzung durch drei belastete, sich drehende und gleichzeitig auf einem Kreis auf der Fläche bewegte Stahlzylinder von 7,5 cm ∅ ohne oder mit aufgestreutem Siliziumkarbid er-

Abb. 1. Gerät für die Abnutzung platten-förmiger Proben durch belastete, rollende Kugeln nach EBENER (Chem. Labor. für Tonindustrie K.G.).

reicht. Der Abnutzverlust wird durch optische Querschnittsermittlungen [3] oder durch Meßbrücke mit Meßuhr [4] festgestellt.

Eine ebenfalls schleifende Beanspruchung wird mit amerikanischen Geräten durch aufgestreute Schleifmittel und eine sich drehende und gleichzeitig hin und her gehende Scheibe erzeugt [5].

Auf andere Weise wird ohne Schleifmittel mit einem Einsatz abgenutzt, der in einer Art Bohrmaschine gedreht wird. Der Einsatz besitzt unten mehrere

zwischen einem U-Bügel oder auf einem T-Stück angeordnete Zahn- oder Stachelräder [5], [6]; er wird mit einer Auflast von 4,4 kg und 200 U/min betrieben.

Schließlich können zylindrische Proben P nach Abb. 2 durch angetriebene Stahl- oder Gummiwalzen abgenutzt werden. Die Probe P wird in die Maschine eingesetzt und gleichsinnig mit gleicher oder anderer Umfangsgeschwindig-

Abb. 2. Abnutzung einer zylindrischen Probe P.

keit wie die abnutzende Walze R betrieben. Die Walze R läuft in einer Führung, so daß sie mit beliebigem Druck auf die Probe P wirkt. Je nach den Erfordernissen kann bei S ein Schleifmittel oder Wasser zugegeben werden (s. a. Bd. I, 1940, S. 428 ff.).

β) Einfluß der Beschaffenheit der Proben.

Bei den Versuchen mit Beton- oder Mörtelproben ist darauf zu achten, daß die Beschaffenheit an der Prüffläche dem Durchschnitt der Probe ent-

[1] Siehe auch die Übersicht von TUTHILL und BLANKS über die Entwicklung in Amerika [2].

spricht. Bei Beton ist dies nicht immer einzuhalten, da unterschiedliche Anteile grober Kiesel oder Mörtel in der Oberfläche anstehen können. Bei harten Stoffen (z. B. Quarz) können dadurch große Unterschiede entstehen.

Werden für die Prüfung die Proben in Formen hergestellt (z. B. bei einer Eignungsprüfung), so wird steifer Beton zweckmäßig eingerüttelt, da es bei den kleinen Proben schwierig ist, nur durch Stampfen und Abziehen ohne Rütteleinwirkung eine gleichmäßig beschaffene Fläche zu erhalten. Andererseits weist bei nassem Beton die bei der Herstellung oben gelegene Fläche meist eine andere Beschaffenheit auf als der etwas tiefer liegende eigentliche Beton. Gewöhnlich ist ihr Abnutzungswiderstand wegen des höheren Wasser- und Feinstoffgehalts geringer.

Mit Rücksicht darauf, daß bei der praktischen Beanspruchung von Verschleißbelägen meist ein gut erhärtetes Bindemittel vorhanden ist, sollen zur Vermeidung von Fehlschlüssen die Proben in möglichst hohem Alter geprüft werden (nicht vor 28 Tagen). Die Abnutzung durchfeuchteter Proben fällt größer aus als die trockener Proben.

c) Versuchsbahnen.

Durch Prüfung von Betonbelägen, die in Versuchsbahnen eingebaut werden, kann man den Beanspruchungen der Praxis, soweit es sich um Beanspruchungen durch Fahrzeuge handelt, näherkommen. Solche Einrichtungen finden sich an verschiedenen Stellen. (Die früher betriebenen Anlagen sind in der 1. Aufl., S. 516, aufgeführt.) Demnach hat der in ein besonderes Bett eingebaute Betonbelag meist die Form eines Kreisrings, auf dem, durch Rahmen verbunden, zentrisch geführte Räder abrollen. Durch einen besonderen Antrieb wird das Bestreichen der ganzen Bahnbreite erreicht. Die Fahrbahnbreite beträgt rd. 1 bis 2 m, der innere Durchmesser des Kreisrings rd. 7 bis 18 m und die Geschwindigkeit bis rd. 40 km/h.

Die Räder werden wie bei Fahrzeugen mit Gummi- oder Stahlbereifung versehen; sie erhalten die praktisch vorkommenden Achsdrücke. Auch kleinere, ähnlich gebaute Prüfeinrichtungen wurden benutzt; über eingehende Versuche mit einer solchen berichtete WÄSTLUND [7]. Der innere Durchmesser dieses in einem Gebäude untergebrachten Rundlaufs beträgt rd. 4,4 m und die Bahnbreite rd. 85 cm. Unter die Fahrspur der sechs mit verschiedenen Belägen versehenen Räder werden die außerhalb hergestellten Kreisringsabschnitte des zu prüfenden Betonbelags eingebaut. Die Abnutztiefe wird mittels Meßbrücke und Meßuhr bestimmt.

Größere Kreisbahnen (gewöhnlich Freianlagen) erfordern ein Befahren durch Wagen, die am Umfang geführt sind oder in üblicher Weise durch Fahrzeuge [8]. Derartige Anlagen gestatten, die im Verlauf von mehreren Jahren anfallende Verkehrsbelastung in verhältnismäßig kurzer Zeit aufzubringen. Die Abnutzung wird nach Augenschein und durch Profilmessung ermittelt.

Bei Anlagen, die sich in Gebäuden befinden, ist es möglich, planmäßig den Einfluß der Atmosphärilien nachzuahmen, während bei den Anlagen im Freien nur die zufällig herrschende Witterung Einfluß nimmt.

d) Prüfung von verlegten Belägen.

α) *Örtliche Abnutzung durch besondere Verfahren.*

An fertigverlegten Belägen werden Gütewerte durch Aufsetzen geeigneter Geräte [3], [4], [5], [6] vergleichsweise ermittelt. Die Art der Beanspruchung weicht dabei mehr oder weniger von jener der Praxis ab.

β) *Messung der Abnutzung durch natürlichen Verkehr.*

Feststellungen über die Abnutzung von Probebelägen unter natürlichem Verkehr geben die eigentliche Widerstandsfähigkeit des Belags wieder. Man erhält dadurch auch Vergleichsmaßstäbe zwischen den verschiedenen Abnutzprüfungen und der Praxis (s. unter II D 8).

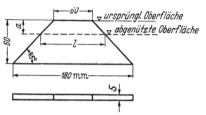

Abb. 3. Einlage zur Messung der Abnutzhöhe von Belägen.

Die Abnutzung wird bei solchen Prüfungen durch Höhenmessungen mittels geschützter Festpunkte in der zu untersuchenden Fahrbahnplatte erhalten (Nivellement oder Meßbrücken). Auch unter 45° nach oben zulaufende Einlagen nach Abb. 3, die sich mit der Fahrbahn abnützen, können verwendet werden. (Aus der in der Oberfläche anstehenden Seitenlänge l der Einlage läßt sich die Höhe a der abgenutzten Schicht errechnen [$a = l/2 - 30$ mm].)

Abb. 4. Meßtisch zur Ermittlung der Abnützung plattenförmiger Proben mit einem Tiefenmaß.

Bei Belägen aus Platten wird deren Dicke vor dem Verlegen in wenig haftende Bettung mit einem Meßtisch nach Abb. 4 gemessen (Einsetzen des Tiefenmaßes in mindestens neun auf der oberen Platte vorhandene Bohrungen). Die Platten werden dann von Zeit zu Zeit entnommen und nachgemessen. Die drei angeschliffenen Auflagepunkte der Platte und die zwei Anschläge jeder Platte werden vor dem Verlegen mit Lackanstrich, der vor der Messung wieder entfernt wird, geschützt.

2. Prüfung des Widerstands gegen Witterungseinflüsse.

a) Allgemeines.

Unter Witterungseinflüssen werden hier Einwirkungen von Temperatur und Feuchtigkeit verstanden. Diese Einwirkungen führen zu oft sich wiederholenden Längenänderungen (Schwinden und Quellen durch Veränderung des Wassergehalts; Verkürzungen und Verlängerungen durch Temperaturänderungen). Dazu kommen die Längenänderungen, die durch die Eisbildung beim Gefrieren des eingeschlossenen Wassers (Raumvermehrung) entstehen.

Beanspruchungen treten hierbei auf, einerseits, weil die spezifische Längenänderung bei den einzelnen Bestandteilen des Betons verschieden ist (abhängig von der verschiedenen Wärmedehnung, dem unterschiedlichen Schwinden und Quellen und dem ungleichen elastischen Verhalten), und andererseits, weil in größeren Körpern Spannungen aus ungleicher Durchfeuchtung und Erwärmung der verschiedenen Zonen entstehen.

b) Prüfverfahren.

α) Die Ermittlung des Einflusses reiner *Temperatur- oder Feuchtigkeitswechsel* soll an nicht zu kleinen Proben (Würfeln, Prismen, Zylindern) vorgenommen werden, damit gegenüber Bauteilen der Praxis kein wesentlich anderes Temperatur- oder Feuchtigkeitsgefälle und damit kleinere Spannungen zu erwarten sind. Die Größe der Zuschlagkörner muß den jeweiligen praktischen Verhältnissen entsprechen, weil diese einen wesentlichen Einfluß auf den Grad der Zerstörung hat. (Die kleinste Abmessung der Proben soll mindestens dem 3fachen des Größtkorndurchmessers entsprechen.) Allgemein übernommene Prüfverfahren liegen nicht vor. Sie sind, wie die Zahl der Zyklen, dem jeweiligen Fall der praktisch vorkommenden Beanspruchung anzupassen. Die Beurteilung (s. auch β) erfolgt nach Augenschein (Rissebildung, Abschalen) durch Festigkeitsprüfung, Messung des dynamischen Elastizitätsmoduls und der Längen im Vergleich mit ebensolchen Proben bei Versuchsbeginn oder am Ende der Zyklen mit Proben, die keiner Beanspruchung ausgesetzt waren. Es wurden auch kombinierte Verfahren mit Frost- und Temperaturwechseln angewendet [9].

β) Die Wirkung des zur Beurteilung der Frostbeständigkeit meist benutzten *Frostversuchs* hängt unter sonst gleichen Umständen im wesentlichen von folgenden Einflüssen ab:

Grad der Wassersättigung;
Temperaturgefälle zwischen Kern und Oberfläche der Betonprobe (umgekehrt auch beim Auftauen);
Verhältnis der Oberfläche zum Raum der Probe;
tiefste und höchste Temperatur;
zeitlicher Ablauf der Temperaturänderungen;
Zahl der Zyklen aus Gefrieren und Auftauen.

Die in der Natur bei durchfeuchtetem Beton vorkommende Frostbeanspruchung ist äußerst mannigfaltig und kann andererseits auch durch die an sich vielartigen Möglichkeiten des Frostversuchs nicht voll erfaßt werden. Es werden daher auch sehr unterschiedliche Verfahren der Frostprüfung angewendet[1]. Diese sind teils sehr eingehend festgelegt, so daß sie weitgehend reproduzierbare Ergebnisse liefern, teils sind sie jedoch auch so weit gefaßt, daß damit sehr unterschiedliche Beanspruchung möglich ist. Die Frostbeanspruchung wird heute fast ausschließlich in mechanisch betriebenen Gefrieranlagen vorgenommen. Festlegungen über Leistung des Gefrieraggregats, Abmessungen des Gefrierraums und Art der Ableitung der Wärme aus den eingesetzten Proben bestehen nicht.

Zum Beispiel schreibt die auch für Beton häufig angewendete Frostprüfung nach DIN 52104 [10] lediglich 25 Frostwechsel vor und ein allmähliches Absinken der Temperatur der Luft während etwa 4 h auf mindestens −15°; diese Temperatur muß 2 h gehalten werden. Das Auftauen erfolgt in Wasser von 15°. Damit sind jedoch die obengenannten, das Verhalten des Betons bestimmenden Einflüsse nicht ausreichend eingegrenzt. Die vorgesehenen 25 Frostwechsel lassen zudem nur eine Differenzierung der Wirkung bei besonders mangelhaften Betonen zu. Die Probenform ist offengelassen.

Im Otto-Graf-Institut, Stuttgart, werden zur Eignungsprüfung von Beton Prismen rd. 56 cm × 10 cm × 10 cm durch Gefrieren in einem Luftstrom mit geregelt absinkender Temperatur beansprucht. Der Wärmeentzug wird, soweit keine Normvorschriften einzuhalten sind, verhältnismäßig rasch vorgenommen und so geregelt, daß im Kern der Prismen und 0,5 cm unter der Oberfläche

---

[1] Die Benutzung des sogenannten Sättigungskoeffizienten (siehe II C 2 c γ) zur Beurteilung des Verhaltens beim Durchfrieren erscheint selten sinnvoll (s. a. unter II G), weil anzunehmen ist, daß gröbere Strukturporen (z. B. Wasserspalte unter Zuschlagteilen, Schrumpfspalte um Zuschlagkörner u. ä.), die mit Wasser gefüllt sein können, bei Frosteinwirkung für die Zerstörung bestimmend sind, auch wenn sich der Sättigungskoeffizient des Betons im ganzen unter 0,8 ergeben sollte.

der in Abb. 5 wiedergegebene Temperaturverlauf eingehalten wird. Auf diese Weise werden mindestens 100, z. T. bis zu 200 Frost-Tauzyklen ausgeführt.

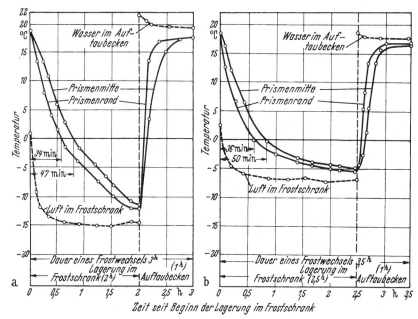

a Frostversuch bei einer Temperatur von rd. −15°;   b Frostversuch bei einer Temperatur von rd. −7°.

Abb. 5. Temperaturverlauf in Prismen 56 cm × 10 cm × 10 cm bei einer Endtemperatur der Luft von rd. −15° und von rd. −7°.

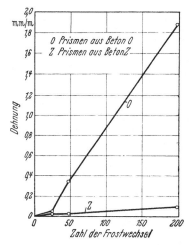

Abb. 6. Dehnung von Betonprismen 56 cm × 10 cm × 10 cm beim Frostversuch nach Abb. 5 b. Messungen auf je 2 gegenüberliegenden Meßstrecken von 50 cm Länge in aufgetautem Zustand.

Es ist zweckmäßig, durch einbetonierte Thermoelemente an einigen Proben festzustellen, welche Temperaturverteilung bei dem jeweiligen Vorgehen entsteht. Bei früheren Untersuchungen wurde z. B. beobachtet [11], daß die Eisbildung in den feineren Poren sich erst bei −4 bis −5° vollzieht. Die Frostbeanspruchung der zuvor unter Wasser gelagerten Prismen beginnt im Alter von 28 Tagen. An den Prismen wird neben Feststellungen nach Augenschein der dynamische Elastizitätsmodul [12] zu Beginn und nach je 50 Zyklen, ferner am Schluß die Biegezug- und die Druckfestigkeit ermittelt (s. C 3 b β). Außerdem werden zu Beginn der Frosteinwirkung und beim Abschluß der Frosteinwirkung an dauernd unter Wasser gelagerten Prismen die gleichen Prüfungen vorgenommen. In besonderen Fällen wird auch die Längenänderung an den Prismen gegenüber dem Ausgangszustand mit dem Setzdehnungsmesser bestimmt (s. unter VI F). Ein Beispiel für die Längenänderungen von Beton hoher Frostbeständigkeit (Beton mit einem luftporenbildenden Zusatzmittel) und von geschädigtem Beton (gleicher Beton ohne Zusatzmittel) findet sich in Abb. 6.

In der ÖNORM B 3302 [13] werden zur Prüfung von Beton auf Frostbeständigkeit Prismen 20 cm × 20 cm × 30 cm empfohlen. Sie sollen im wassersatten

Zustand und nach mindestens 2wöchiger Wasserlagerung im allgemeinen 50 Frost-Tauzyklen ausgesetzt werden. Bei Frostschränken mit mechanischer Luftumwälzung ist die Frosttemperatur mit $-20°$ und ohne Umwälzung mit $-25°$ festgelegt. Die Zeit für die Frosteinwirkung und für das Auftauen wechselt zwischen 8, 4 und 12 h bzw. 12, 8 und 4 h. Im allgemeinen soll nach 56 tägiger Erhärtung mit dem Frostversuch begonnen werden.

Ausführlicher und bestimmter ist der Frostversuch in den Prüfvorschriften nach ASTM Standard festgelegt. Dort finden sich vier Prüfverfahren, bei denen die bei verschiedenen Prüfanlagen möglichen Veränderlichen weitergehend als sonst eingeengt sind. Die vier Prüfverfahren unterscheiden sich dadurch, daß die 14 Tage alten Proben entweder in Luft oder in Wasser gefroren werden und daß die Frosteinwirkung und das Auftauen entweder langsam oder sehr gedrängt ablaufen. Die festgelegte Temperatur bezieht sich dabei jeweils auf die Mitte des Probekörpers und soll mit $\pm 1,7°$ eingehalten werden (s. Tab. 1).

Tabelle 1.

Gefrieren auf °C	in h	Frostdauer h	Zeit-unterschied[1] min	Auftauen bis °C	in h	Auftauzeit h	Zahl der Frost-wechsel

nach ASTM Standard C 310—53 T: langsames Gefrieren *in Luft* und Auftauen in Wasser [*14*]:

| -18 | 5 bis 7 | 21 bis 27 | ± 20 | $+4,5$ | 1,5 bis 2 | 5 bis 7 | 300 |

nach ASTM Standard C 291—52 T: rasches Gefrieren *in Luft* und Auftauen in Wasser [*15*]:

| -18 | $\leqq 3$ | $\leqq 3$ | ± 10 | $+4,5$ | $\leqq 1$ | $\leqq 1$ | 300 |

nach ASTM Standard C 292—52 T: langsames Gefrieren *in Wasser* und Auftauen in Wasser oder Lauge [*16*]:

| -18^2 | 18 bis 24 | 18 bis 24 | ± 10 | $+23^2$ | 18 bis 24 | 18 bis 24 | 100 in Lauge 200 in Wasser |

nach ASTM Standard C 290—52 T: rasches Gefrieren *in Wasser* und Auftauen in Wasser [*17*]:

| -18 | 1,5 bis 3^3 | 1,5 bis 3 | ± 10 | $+4,5$ | $\leqq 0,5$ bis 1^3 | $\leqq 0,5$ bis 1 | 300 |

Die Prismen (z. B. 9 cm × 11 cm × 40 cm), die *in Luft* gefroren werden, sind durch strömende Luft gleichmäßig zu beanspruchen; der Feuchtigkeitsentzug soll dabei auf ein Mindestmaß beschränkt bleiben. Es ist auch die Möglichkeit angeführt, diese Prismen derart in geschlossenen Metallbehältern einzusetzen, daß sie gleichmäßig von einem dünnen Luftzwischenraum umgeben sind. In diesem Falle kann die Abkühlung durch direktes Einsetzen der Behälter in eine Kühlflüssigkeit erfolgen. Beim Gefrieren *in Wasser* befinden sich die Prismen immer in verschlossenen Stahlbehältern; sie sind darin allseitig von rd. 3 mm Wasser umgeben. Das Auftauen erfolgt durch Einsetzen der Behälter in die Auftauflüssigkeit.

An den Prismen wird vor allem der dynamische Elastizitätsmodul ermittelt [*12*], [*18*] (s. a. VI D) und ein Beständigkeitsfaktor BF wie folgt errechnet:

$$BF = \frac{PN}{M}\,\% \,.$$

---

[1] Zeitunterschied, innerhalb dessen im Kern der einzelnen, zu *vergleichenden* Prismen die geforderte Tiefsttemperatur erreicht werden muß.

[2] Der Temperaturunterschied zwischen Mitte und Oberfläche der Probe darf zu keiner Zeit mehr als $10°$ betragen.

[3] Zulässige Dauer von einem Zyklus 2 bis 4 h.

Dabei sind

P der relative dynamische E-Modul nach N Zyklen in % des dynamischen E-Moduls bei Versuchsbeginn ohne Frosteinwirkung,

M vorgesehene Anzahl der Zyklen,

N die Anzahl der Zyklen, nach denen P auf einen bestimmten Prozentanteil (z. B. 60%) abgesunken ist und der Versuch dann abgebrochen wird, andernfalls ist N gleich der vorgeschriebenen Zahl M der Zyklen.

Für die Prüfverfahren mit rasch verlaufenden Zyklen wurden leistungsfähige automatische Einrichtungen entwickelt, die z. B. 100 Prismen 9 cm × 11 cm × 40 cm in Behältern aufnehmen. Eine derartige Anlage [19] besteht aus einem Tank mit der Kühlflüssigkeit und einem Tank mit der Auftauflüssigkeit. In ein besonderes Becken sind die Prismen auf einem Gestell eingesetzt. Es ist damit möglich, abwechselnd die Kühlflüssigkeit und die Auftauflüssigkeit je eine bestimmte Zeit mit der gewünschten Temperatur durch das Becken mit den Prismen zu leiten. Die Anwendung einer solchen Prüfeinrichtung ist auch in amtlichen Vorschriften vorgesehen; dabei beginnt die Frosteinwirkung z. T. bereits im Alter von 9 Tagen [20]. Neben der Feststellung des Befunds nach Augenschein und der laufenden Ermittlung des dynamischen E-Moduls zur Kennzeichnung der Veränderung der Proben werden die Biegezugfestigkeit am Schluß der Einwirkung und z. T. auch die Längenänderungen ermittelt, bei zerfallenden Proben außerdem der Gewichtsverlust. Hierüber und über die Entwicklung der Prüfverfahren liegt vor allem ein umfangreiches amerikanisches Schrifttum vor. Eine zusammenfassende Darstellung mit Quellen gab Scholer [21].

γ) *Besondere Bemerkungen zum Gefrierversuch.* Die Prüfung von Prismen ermöglicht aufschlußreichere Feststellungen, als sie bei der Prüfung von Würfeln erhalten werden. Bei der Herstellung von Prismen, die in der Regel in liegenden Formen gefertigt werden, sind die Hinweise auf eine möglicherweise veränderte Beschaffenheit des Betons im oberen Teil der Prismen zu beachten (s. unter C 3 a u. C 4).

Bei den üblichen Anlagen, bei denen die gefrierenden Proben von Luft umgeben sind, besteht die Möglichkeit, daß den Prismen während des Versuchs Feuchtigkeit entzogen wird. Die Frage, ob dieser Feuchtigkeitsentzug wesentlich ist, ist noch zu untersuchen.

Wichtig ist, daß der Temperaturabfall an der Fläche und das Temperaturgefälle zwischen Fläche und Kern möglichst einheitlich und bei allen eingesetzten Proben gleich eingeregelt wird.

Bei den ohne Luftumwälzung arbeitenden Gefrieranlagen darf der Gefrierraum nicht zu weitgehend mit Proben gefüllt werden, weil sonst die Proben an der Kühlwand rascher und tiefer gefrieren als die dahinter, mit mehr oder weniger großen Zwischenräumen, aufgestellten Proben. Die Proben sind bei jedem Zyklus systematisch umzustellen.

Bei sehr schroffem Wärmeentzug schließt das sich an der Oberfläche rasch bildende Eis die Poren, so daß bei weiterem Vordringen der Gefrierzone im Körper eine größere Pressung entsteht als bei sehr langsamer Abkühlung. Bei sehr langsamer Abkühlung kann das Wasser durch sehr feine, anfänglich noch nicht mit Eis gefüllte Poren entweichen. Ob eine sehr schroffe Abkühlung durchfeuchteten Betons in der Praxis stattfindet, hängt von den örtlichen Verhältnissen ab. Sie erscheint z. B. an hochgelegenen Örtlichkeiten und im Winter bei plötzlichem Witterungsumschlag möglich. Doch dürfte eine mit derartigen Zyklen durchgeführte Frostprüfung, insbesondere wenn eine große Frostwechselzahl vorgesehen wird, im ganzen gesehen eine stärkere Beanspruchung bedeuten, als dies in der Regel in der Natur der Fall sein wird. Man muß auch hierbei beachten, daß durch schroffe Temperaturwechsel, wie hier, erhebliche Temperaturspannungen auftreten, die im Laufe vieler Wechsel allein schon zu Gefügelockerungen und Zerstörungen führen können und daß eine solche Beanspruchung bei Bauten mit ihrem größeren Wärmeinhalt vermutlich weniger scharf und häufig eintreten wird. Die Dauer der Einwirkung des Frosts erscheint nach Erreichen der Gefriertemperatur im Kern, also im Ausgleichszustand, im ganzen von wesentlich geringerer Bedeutung als die Abkühlgeschwindigkeit.

Die Erfahrung lehrte, daß eine Beurteilung der Frostschädigung durch Ermittlung der Druckfestigkeit oder des Druckelastizitätsmoduls nicht so aufschlußreich ist wie die Ermittlung des dynamischen Elastizitätsmoduls oder der Biegezugfestigkeit. Denn durch den dynamischen Elastizitätsmodul und die Biegezugfestigkeit werden schon geringe Veränderungen erfaßt und eine weitergehende Unterscheidung des Verhaltens, z. B. verschieden zusammengesetzter Mischungen, ermöglicht.

c) Natürliche Bewitterung.

Feststellungen an Proben, die natürlicher Bewitterung ausgesetzt sind, müssen auch unter strengen klimatischen Verhältnissen, wie z. B. im Hochgebirge, über einen langen Zeitraum ausgedehnt werden, damit sie bei Beton durchschnittlicher Beschaffenheit zu hervortretenden Unterschieden führen. Bei derartigen Untersuchungen werden Balken (z. B. 50 cm × 10 cm × 10 cm) oder Platten (z. B. 15 cm × 40 cm × 70 cm) etwa zur Hälfte unter 60° nach Süden geneigt in ein Becken mit Wasser eingestellt. Derartige Becken stehen zweckmäßig mit einem Gerinne in Verbindung, das durch Anbringen eines Überfalls gleichen Wasserstand sichert, wenn nicht der Wasserstand automatisch gleichgehalten wird. Bei derartigen Freilagerversuchen ist darauf zu achten, daß bei Bildung einer Eisdecke diese keine große Pressung auf die eingelagerten Proben ausübt (Ausbildung des Beckens mit schrägen Wänden und Anbringen eines Puffers am Rande, z. B. Holzbalken oder Geflechtbündel). Eine Beurteilung der Proben erfolgt durch Untersuchung in bestimmten Zeitabschnitten (z. B. nach je 5 Jahren). Zweckmäßig wird die Untersuchung auf die Ermittlung des dynamischen Elastizitätsmoduls abgestellt, weil damit jeweils die Veränderung an der gleichen Probe erfaßt wird und weniger Proben nötig sind, als wenn für jedes Prüfalter Proben einzulagern sind. Nach Entnahme der Proben muß der Prüfung eine mindestens 14 tägige Wasserlagerung vorausgehen, damit möglicherweise vorhandene Spannungen sich ausgleichen können (s. unter C 3 a).

3. Prüfung des Widerstands gegen angreifende Flüssigkeiten.

a) Allgemeines.

Die chemische Widerstandsfähigkeit von abgebundenem Mörtel und Beton ist weitgehend durch die Eigenschaften des Zements bedingt; sie wird ferner beeinflußt durch die Zusammensetzung der Mischung (Zementgehalt, Wassergehalt, Wasserzementwert), durch die Struktur (Porengefüge), durch die Nachbehandlung und das Alter des Betons und seltener durch die stoffliche Beschaffenheit des Zuschlags.

Der Grad der chemischen Schädigung des Zementsteins durch eine Flüssigkeit hängt davon ab, inwieweit die vorhandenen Stoffe gegenseitig in Reaktion treten. Die Flüssigkeit kann je nach ihrer chemischen Zusammensetzung und jener des Zements Bestandteile aus dem Zementstein herauslösen, durch Umsetzungen können weniger feste Stoffe entstehen (Erweichung des Betons) oder es ergeben sich Verbindungen, die einen größeren Raum einnehmen (Treiberscheinungen). Dazu kann die sprengende Wirkung von Salzen in den Flüssigkeiten treten, die kapillar in den Beton eindringen und in einer über der Flüssigkeit liegenden Zone verdunsten. Meist wird diese rein physikalisch bedingte Schädigung durch kristallwasserhaltige Salze verursacht, die je nach Feuchtigkeit und Temperatur der Umgebung einem Wechsel ihres Kristallwassergehalts unterworfen sind.

Da der Zementstein im allgemeinen der am wenigsten widerstandsfähige Bestandteil ist, kommt der stofflichen Zusammensetzung des Zuschlags wenig Bedeutung zu. In besonderen Fällen, z. B. wenn es sich um kohlensäure- oder sonstige weiche, säurehaltige, strömende Wässer handelt, ist gegebenenfalls eine Beurteilung des Zuschlags auf sein voraussichtliches Verhalten angezeigt. Der Einfluß der Nachbehandlung und des Alters läßt sich mit Annäherung nur durch Versuche mit Betonproben erfassen.

Grundsätzlich ist zwischen Untersuchungen zu unterscheiden, mit denen das typische Verhalten von Bindemitteln gegenüber bestimmten Flüssigkeiten vergleichsweise beurteilt werden soll und solchen, die das Verhalten bestimmter Betonmischungen für ein dem aggressiven Wasser ausgesetztes Bauwerk erkennen lassen sollen.

Hinweise, wie sich bestimmte Zemente verhalten, werden oft schon auf Grund der chemischen Zusammensetzung gemacht oder durch quantitative Untersuchungen der Neubildungen erhalten, die bei der Einwirkung der betreffenden Flüssigkeit auf zerstoßenen Zementstein entstehen. Für die Auswahl oder Beurteilung von Zementen können ferner Prüfkörper aus sonst *einheitlich zusammengesetztem Mörtel* hergestellt und aggressiven Flüssigkeiten ausgesetzt werden. Der Mörtel muß dabei eine Zusammensetzung aufweisen, die etwa der von Mörtel im Beton entspricht. Derartige Untersuchungen, die nur der Beurteilung des Zements dienen, können selbstverständlich auch mit Prüfkörpern aus *einheitlich zusammengesetztem* Beton angestellt werden.

Soll dagegen untersucht werden, wie sich ein bestimmter Beton mit verschiedenen Zementen bei einem Bauwerk verhält, so sind Prüfkörper aus dem für das *Bauwerk vorgesehenen Beton* herzustellen und sinngemäß bis zur Einlagerung in die Flüssigkeit zu behandeln.

Weiter ist es, von Sonderfällen abgesehen, sinnvoller, Prüfkörper nicht vollständig in die Flüssigkeit einzulagern, sondern, z. B. Prismen, nur z. T. einzustellen. Dadurch wird das voraussichtliche Verhalten des Bauwerkbetons, das sehr stark von der kapillaren Flüssigkeitsbewegung im Beton abhängt, zutreffender erfaßt, denn außer durch den Aufbau des Betons wird dessen kapillares Saugvermögen auch durch bestimmte Eigenschaften des Zements beeinflußt. Es ist schon deshalb nötig, praxisnahe Mischungen für die Proben der Untersuchung zu verwenden und durch eine nur teilweise Einlagerung die Voraussetzung zu schaffen für die in der Praxis meist mögliche kapillare Flüssigkeitswanderung und die Ausbildung einer Verdunstungszone mit stärkerer Anreicherung der aggressiven Stoffe. Derartige mit ihrem unteren Teil in die Flüssigkeit eingestellte Prismen lassen am eingetauchten Teil die Beurteilung der spezifisch chemischen Wirkung zu und im Teil über der Flüssigkeit die Beurteilung der Auswirkung der durch die kapillaren Eigenschaften bedingten Stoffanreicherung und der gegebenenfalls möglichen Salzsprengung.

Man wird aber auch dann nur ein Prüfverfahren erhalten, das nicht alle Einflüsse der Praxis zu erfassen gestattet. In erster Linie auch deshalb, weil die beim Versuch benutzten Flüssigkeiten meist stärkere Konzentration und einfachere Zusammensetzung aufweisen als am Bauwerk. Hierzu treten in der

Praxis noch weitere wesentliche Einflüsse, die beim Versuch nicht immer im gleichen Ausmaß wiederzugeben sind, wie Alter, Einwirkungsdauer, Fließbewegung und dauernde Ergänzung der aggressiven Stoffe, senkrechte Bewegungen des Wasserspiegels, Feuchtigkeit und Temperatur der umgebenden Luft, Verhältnis der Körperoberfläche zur Masse der Probe.

b) Prüfungen.

Als Prüfkörper kommen für Mörtel Prismen 4 cm × 4 cm × 16 cm oder 7 cm × 7 cm × 21 cm und für Beton Prismen 10 cm × 10 cm × rd. 50 cm in Frage, seltener Würfel mit 7 oder 10 cm Kantenlänge.

α) *Untersuchungen von Bindemitteln.*

Die Zusammensetzung der einheitlich zu verwendenden Mischung ist einerseits so zu wählen, daß sie noch praktisch brauchbaren Verhältnissen entspricht und andererseits nicht zu dichte und zu wenig beeinflußbare Prüfkörper liefert [22]. Zweckmäßige Zusammensetzung von

Mörtel: Sand 0/7 mm nach Sieblinie B^1 der DIN 1045; Zementgehalt 420 kg/m³, Wasserzementwert 0,60, weich angemacht; Mischungsverhältnis in Gewichtsteilen 1 : 3,7 (Mörtel aus dem im folgenden angegebenen Beton).

Beton: Kiessand 0/30 mm nach Sieblinie E^2 der DIN 1045; Zementgehalt 300 kg/m³; Wasserzementwert 0,60, knapp weich angemacht, Mischungsverhältnis in Gewichtsteilen 1 : 6,2.

Vom Bureau of Reclamation wird für Laboratoriumsprüfungen eine Einheitsmischung für Zylinder von 7,5 cm ⌀ und 15 cm Höhe benutzt [23]. Der weich angemachte Beton weist einen Wasserzementwert von 0,51 auf.

Der Einfluß von Betonzusatzmitteln oder eines Zusatzes von mineralischen Feinstoffen ist immer im Vergleich mit Proben aus sonst gleichem Beton zu untersuchen. Beide Mischungen sind dabei auf gleiche Verarbeitbarkeit (Steife, Verformungswiderstand, s. B 3) abzustimmen.

Wenn es sich nur darum handelt, verschiedene Zemente vergleichsweise zu untersuchen, so können aus obigem Mörtel hergestellte Proben nach längerer Feuchtlagerung (nach etwa 6 bis 8 Wochen) zerstoßen werden und in einem Glasrohr der langsam durchfließenden oder tropfend aufgegebenen Flüssigkeit ausgesetzt werden (Perkolatorverfahren), oder es wird das zerstoßene Gut zusammen mit der Flüssigkeit in geschlossenem Gefäß geschüttelt. Die in der Flüssigkeit enthaltenen herausgelösten Stoffe werden von Zeit zu Zeit ermittelt. Solche Versuche haben den Nachteil, daß sie, am zerstörten Gefüge des Zementsteins oder Mörtels durchgeführt, auch eine Einwirkung auf den unabgebundenen Kern der zerbrochenen Zementkörner zeitigen.

β) *Eignungsprüfung des Betons (Bauwerksbeton).*

Dazu werden in der Regel Prismen 10 cm × 10 cm × rd. 50 cm aus Beton entsprechender Zusammensetzung, wie sie für das Bauwerk vorgesehen ist, hergestellt. Die kleinste Probenabmessung (s. unter C 3 a) soll mindestens dem 3 fachen Größtkorndurchmesser entsprechen. Bei Beton mit größerem Zuschlag kann das gröbere Gekörn von Hand ausgesondert werden, ohne daß dadurch eine wesentliche Änderung der Widerstandsfähigkeit zu erwarten ist.

γ) *Lagerung und Alter der Proben.*

Die Widerstandsfähigkeit von Proben ist im allgemeinen um so größer, je weiter der Abbindeprozeß fortgeschritten ist, d. h., je älter der Beton bei der

---

1 Jedoch Anteil 0/0,2 mm, praktischen Verhältnissen entsprechend, nur 7%.
2 Jedoch Anteil 0/0,2 mm, praktischen Verhältnissen entsprechend, nur 4%.

Einwirkung ist; eine die Hydratisierung fördernde längere feuchte Lagerung oder höhere Temperatur in Gegenwart von Feuchtigkeit wirken in diesem Sinne. In Anbetracht der kleinen Proben erscheint eine Feuchtlagerung den

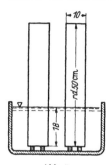

Verhältnissen im Bauwerk im ganzen am ehesten zu entsprechen, wenn auch für manche Fälle nicht außer acht zu lassen ist, daß Flächen des Bauwerks, die vor Einwirkung der Flüssigkeiten nach ordnungsgemäßer Feuchtlagerung längere Zeit der Luft ausgesetzt sind, ein günstigeres Verhalten ergeben können.

Liegen für den Versuch keine besonders zu beachtenden Verhältnisse vor wie z. B. bei langsam erhärtenden Bindemitteln, so werden die Proben im Alter von 28 Tagen — besser später — der Einwirkung der Flüssigkeit ausgesetzt.

Abb. 7.
Prisma in angreifender
Flüssigkeit.

Die Prismen werden etwa entsprechend Abb. 7 in die Flüssigkeit eingesetzt. Das Gefäß (Glas, Steingut oder ähnliches) soll so groß sein, daß für einen Körper mindestens 4 l Flüssigkeit zur Verfügung stehen. Der Flüssigkeitsstand wird laufend gleichgehalten; 3 monatlich werden die Flüssigkeiten erneuert und die Proben nach Augenschein untersucht.

Die Luft im Lagerraum soll nicht zu feucht sein (etwa 65 bis 70%; 15 bis 20°), da sonst der kapillare Flüssigkeitsstrom im Körper und damit die Einwirkung geringer ausfallen kann. Die Wirkung kann sich je nach Flüssigkeit in Form von Rissen, Absprengungen, Ausscheidungen, Raumvermehrung, Stoffverlust und Festigkeitsrückgang äußern. Typische Erscheinungen bei einem teilweise in Natriumsulfatlösung eingestellten Probekörper werden durch Abb. 8 wiedergegeben. Über den Einfluß der Lage der Probe bei der Herstellung auf die Porosität und die kapillare Flüssigkeitsaufnahme vgl. H 2.

δ) Zusammensetzung der Flüssigkeiten.

Die beim Versuch zu verwendenden Flüssigkeiten sind möglichst nach den jeweiligen praktisch auftretenden Flüssigkeiten auszuwählen, wobei es jedoch selten möglich ist, deren natürliche Zusammensetzung einzuhalten. Man beschränkt sich auf bestimmte Flüssigkeitstypen, die den wesentlichsten Bestandteil der auf das Bauwerk einwirkenden Flüssigkeit enthalten. Als solche kommen in Frage: Anorganische und organische Säuren und Salzlösungen; ferner können schädlich wirken: organische Öle und Fette, salzarmes (weiches) Wasser, insbesondere bei Gehalt an kalkaggressiver Kohlensäure.

Abb. 8. Zerstörung an einem
teilweise in Natriumsulfatlösung eingestellten Prisma
10 cm × 10 cm × rd. 50 cm.

In bestimmten Fällen ist es Sache des Chemikers, aus der Analyse die wesentlichen Bestandteile der aggressiven Flüssigkeit anzugeben.

Im allgemeinen können folgende Versuchsflüssigkeiten gewählt werden bei Einwirkung von:

Sulfaten: gesättigte Gipslösung mit Bodenkörper, 2- oder 5%ige Natriumsulfatlösung, 2- oder 5%ige Magnesiumsulfatlösung;

Chloriden: Magnesiumchlorid (5%ige Lösung);

Nitraten: Ammoniumnitrat (2%ige Lösung);

organischen Ölen: Speiseöl und Tran;

freien anorganischen Säuren: 0,2- bis 0,5 %ige Salzsäure, 1- bis 3 %ige Schwefelsäure;

organischen Säuren: Milchsäure 2- bis 5%ig, Essigsäure 0,5- bis 2%ig;

natürlichen Wässern: künstlich zusammengesetztes Wasser, entsprechend den Hauptbestandteilen (z. B. Meerwasser; Mineralwasser mit Sulfaten, Chloriden, auch mit aggressiver Kohlensäure; Moorwasser).

Bei allen Flüssigkeiten, insbesondere bei den zuletzt genannten, hängt der Umfang der Einwirkung in der Praxis wesentlich vom Strömungszustand ab (Herantragen neuer aggressiver Stoffe, Abbau löslicher Bestandteile, sich bildende Schutzschichten). Bei Versuchen kann dieser Zustand nur durch besondere Vorrichtungen an die Praxis angepaßt werden (durch Rührwerke in den Behältern; Umlaufströmung durch Pumpen) [22].

Die Zusammensetzung der Flüssigkeiten ist über die ganze Versuchsdauer gleichzuhalten. (Nachprüfung der Konzentration mit der Senkwaage oder durch quantitative Bestimmungen; Ergänzung verdunsteter oder aufgesaugter Flüssigkeit durch Wasser oder Lösung.) In Fällen, in denen die Flüssigkeit Stoffe aus dem Beton aufnimmt, ist diese öfters zu erneuern.

Die oben angeführten Konzentrationen der Versuchsflüssigkeiten sind mit Rücksicht auf die verhältnismäßig kurze Versuchsdauer stärker, als sie bei den praktisch auftretenden Einwirkungen gewöhnlich sind. Noch stärkere Lösungen beschleunigen naturgemäß die Einwirkung; das gleiche gilt bei Versuchen in höherer Temperatur. Derartige Bedingungen finden sich jedoch unter praktischen Verhältnissen selten; sie lassen überdies beim Versuch wegen der starken Wirkung nicht immer eine genügende Unterscheidung zu.

c) Ermittlung des Grads der Einwirkung.

Die Ermittlungen sind auf die Art der Einwirkung abzustimmen. Feststellungen hierzu können z. B. in Fällen, in denen Rißbildung (Treiben) eintritt, nach Augenschein und in jedem Falle durch Ermittlung der Biegezug- und Druckfestigkeit sowie des dynamischen Elastizitätsmoduls erfolgen. Auch die Ritzhärte gibt oft Aufschluß. Ob diese Feststellungen ausreichen oder ob weitergehende nötig sind (Bestimmung der Gewichtsveränderungen, Längenänderungen; chemische Analyse der Lösung und der Betonprobe in verschieden tiefen Zonen), ist je nach den Verhältnissen, dem Chemismus des Vorgangs und der Erscheinungsform der Einwirkung zu entscheiden. Feststellungen nach Augenschein sollen alle 3 Monate erfolgen; sie sind so lange fortzusetzen, bis eine deutliche Unterscheidung des Einflusses der einzelnen Mischungen oder Zemente ausreichend möglich ist.

Durch Bestimmung des dynamischen Elastizitätsmoduls kann die Beurteilung nach Augenschein vorteilhaft unterstützt werden, denn dieses Verfahren erlaubt eine rasche Überprüfung des Zustands der einzelnen Prismen ohne Zerstörung. Zum Vergleich erscheinen, bis weitere Erfahrungen vorliegen, gleichlaufend Messungen an gleichen, ebenso in Wasser eingesetzten Prismen angezeigt. Derartig in Wasser gestellte Prismen sollen dann noch zusammen mit den angegriffenen Prismen nach Abschluß der Einlagerung auf Festigkeit geprüft werden, damit der überlagerte Einfluß der Festigkeitszunahme durch die Nacherhärtung erfaßt wird. Zunächst wird bei der abschließenden Festigkeitsprüfung nach C 3 b ß, Abb. 9, die Biegezugfestigkeit des flüssigkeits- und des luftgelagerten Teils und dann durch Prüfung der entsprechenden Bruchstücke die Druckfestigkeit ermittelt.

Dabei ist zu beachten, daß bei geringer Einwirkung anfänglich nicht immer ein Festigkeitsrückgang feststellbar ist; oft treten durch chemische Veränderung und durch Spannungen vorübergehende Verfestigungen ein. Auch der Augenschein gibt anfänglich nicht immer genügend Aufschluß. Die Versuchsdauer ist daher nicht zu kurz zu bemessen (Einlagerung bei solchem Verhalten 1 Jahr und mehr).

Schrifttum.

[1] Plassmann, E.: Verfahren zum Prüfen von Hartbetonbelägen durch rollenden Kugeldruck. Beton- u. Stahlbetonbau Bd. 49 (1954) H. 8, S. 185 — Tonind.-Ztg. Bd. 78 (1954) H. 7/8, S. 108.

[2] Tuthill, L. H., and R. F. Blanks: Wear resistance of concrete. Rep. on significance of tests of concrete and concrete aggregates, 2. Ed. 1943, ASTM-Committee C—9, S. 38.

[3] Schuman, L., and J. Tucker jr.: A portable apparatus for determining the relative wear resistance of concrete floors. US-Dep. of Commerce, Nat. Bur. of Stand. Res. Paper RP 1252. J. Res. Nat. Bur. Stand. Bd. 23 (1939) S. 549.

[4] Scripture, E. W., S. W. Benedict and D. E. Bryant: Floor aggregates. Proc. Amer. Concr. Inst. Bd. 50 (1954) S. 305.

[5] Kennedy, H. L., and M. E. Prior: Wear tests of concrete. Proc. Amer. Soc. Test. Mater. Bd. 53 (1953) S. 1021.

[6] Corps of Engineers: CRD—C 52—54: Method of test for resistance of concrete or mortar surfaces to abrasion (rotating-cutter method). Handbook for concrete and cement. Waterways Experiment Station. Vicksburg 1949.

[7] Wästlund, G., and A. Eriksson: Wear resistance tests on concrete floors and methods of dust prevention. Proc. Amer. Concr. Inst. Bd. 43 (1947) S. 181.

[8] Emeley, W. E., u. C. E. Hofer: Test of floor coverings for post-office workrooms. US-Dep. of Commerce, Nat. Bur. of Stand.; Res. Paper RP 1046. J. Res. Nat. Bur. Stand. Bd. 19 (1937) S. 567.

[9] Higginson, E. C., and D. G. Kretsinger: Prediction of concrete durability from thermal tests of aggregates. Proc. Amer. Soc. Test. Mater. Bd. 53 (1953) S. 991.

[10] DIN 52104: Prüfung von Naturstein; Frostbeständigkeit.

[11] Graf, O., u. K. Walz: Über die Bestimmung der Widerstandsfähigkeit von natürlichen und von gebrannten Bausteinen beim Gefrieren und Auftauen sowie beim Kristallisationsversuch mit Natriumsulfat. Fortschr. u. Forsch. Bauw., Reihe B, H. 3, S. 62. Berlin 1943.

[12] Walz, K., u. G. Weil: Feststellungen über den Einfluß luftporenbildender Zusatzmittel auf die Festigkeit und die dynamische Elastizitätszahl von Beton bei Frostwechseln. Bauingenieur Bd. 30 (1955) H. 1, S. 15. — Batchelder, G. M., and D. W. Lewis: Comparison of dynamic methods of testing concretes subjected to freezing and thawing. Proc. Amer. Soc. Test. Mater. Bd. 52 (1953) S. 1053.

[13] ÖNORM B 3302: Richtlinien für Beton; Baustoffe und maßgenormte Tragwerksteile, § 39.

[14] ASTM Standard C 310—53 T: Tentative method of test for resistance of concrete specimens to slow freezing in air and thawing in water.

[15] ASTM Standard C 291—52 T: Tentative method of test for resistance of concrete specimens to rapid freezing in air and thawing in water.

[16] ASTM Standard C 292—52 T: Tentative method of test for resistance of concrete specimens to slow freezing and thawing in water or brine.

[17] ASTM Standard C 290—52 T: Tentative method of test for resistance of concrete specimens to rapid freezing and thawing in water.

[18] ASTM Standard C 215—52 T: Tentative method of test for fundamental transverse and torsional frequencies of concrete specimens.

[19] Wuerpel, C. E., and H. K. Cook: Automatic accelerated freezing-and-thawing apparatus for concrete. Proc. Amer. Soc. Test. Mater. Bd. 45 (1945) S. 813.

[20] Corps of Engineers; CRD—C 20—48: Method of test for relative resistance of concrete to freezing and thawing. Handbook for concrete and cement. Waterways Experiment Station. Vicksburg 1949.

[21] Scholer, C. H.: Durability of concrete. Rep. on significance of test of concrete and concrete aggregates, 2. Ed. 1943, ASTM-Committee C—9, S. 29.

[22] Graf, O., u. K. Walz: Versuche über den Einfluß verschiedener Zemente auf die Widerstandsfähigkeit des Betons in angreifenden Wässern. Zement Bd. 23 (1934) S. 376.

[23] Higginson, E. C., and O. J. Glantz: The significance of tests for sulfate resistance of concrete. Proc. Amer. Soc. Test. Mater. Bd. 53 (1953) S. 1002.

H. Prüfung der Wasserdurchlässigkeit, der Wasseraufnahme und der Luftdurchlässigkeit des Betons.

Von **K. Walz**, Düsseldorf.

1. Prüfung der Wasserdurchlässigkeit.

a) Allgemeines.

Durch sachgemäßen Aufbau der Mischung (Zement, Zementgehalt, Kornzusammensetzung, Wasserzementwert) kann heute jede praktisch geforderte spezifische Undurchlässigkeit erzielt werden [1], [2], [3], [4]. Undichte Bauteile sind überwiegend auf Verarbeitungsfehler (Entmischung, ungenügende Verdichtung, mangelhafte Arbeits- und Betonierfugen) zurückzuführen. In besonderen Fällen, in denen z. B. aus anderen Gründen, wie Beschränkung des Zementgehalts oder zwangsläufige Verwendung ungünstiger Zuschlagstoffe, Zweifel bestehen, ist eine Eignungsprüfung angezeigt.

b) Probengröße, Herstellung und Lagerung.

α) Querschnitt und Dicke der Prüfkörper sollen so groß sein, daß geringe Unterschiede im Gefüge sich nicht bemerkbar machen. Daher soll die Dicke der Proben mindestens das Dreifache des Größtkorndurchmessers betragen, wobei beachtet werden muß, daß eine um so größere Durchlässigkeit entsteht, je größer das Größtkorn im Beton ist [5].

In einschlägigen Bestimmungen sind z. B. die in Tab. 1 zusammengestellten Prüfkörper vorgesehen.

Tabelle 1.

	Größtkorn mm	Gestalt	Querschnittsabmessung cm	Dicke cm	Prüffläche cm
DIN 1048; V. [6] ..	40	Prisma oder	20	12	Ø 10
	60	Zylinder	40	20	Ø 15
ÖNORM B 3302, §57 [7]	40	Prisma oder	20	12	Ø 10
	70	Zylinder	30	20	Ø 15
US CRD—C 10—54 [8]	25	Zylinder	15	15	Ø 15
	75	Zylinder	37	38	Ø 38

β) Die Durchlässigkeit ist gleichlaufend zur Schichtung (bedingt durch Stampffugen, Schüttlagen, Flachliegen der Zuschlagteile und Ansammeln von Wasser unter Zuschlagkörnern) gewöhnlich größer als rechtwinklig zur Schichtung. Die Proben sind daher so herzustellen, daß das Druckwasser in gleicher Richtung zur Schichtung wie im Bauwerk wirkt, in den meisten Fällen daher stehend. Für besondere Fälle wird eine Schicht- oder Stampffuge in die Mitte der Platte (der Prüffläche) gelegt. Runde Platten sind in diesem Falle bei Stampfbeton nicht zuverlässig herzustellen.

Bei waagerecht hergestellten Platten ist die obere Fläche (Prüffläche) so zu bearbeiten, wie dies am Bauwerk der Fall sein wird. Mit der Kelle abgezogene Platten können durchlässiger sein als rauh mit dem Reibbrett abgescheibte Platten. Auch sind Platten, die mit ihrer ursprünglichen Oberfläche (Zementhaut) dem Wasserdruck ausgesetzt werden, undurchlässiger als ohne Zement-haut.

Oft ist es daher zweckmäßig, den Einfluß der Oberflächenbeschaffenheit auszuschalten, da sich diese einerseits nur selten entsprechend den praktischen Verhältnissen herstellen läßt und weil andererseits hierdurch die spezifische Durchlässigkeit des untersuchten Betons verhältnismäßig stark überdeckt wird (zweckmäßig wird die Zementhaut mit einer Stahlbürste 1 bis 2 Tage nach der Herstellung abgebürstet).

γ) Es sind möglichst jene Bedingungen zu wählen, die praktisch beim Bau-werk vorliegen. Feuchtlagerung der Proben (unter feuchten Tüchern, in feuchtem Sand, unter Wasser) entspricht in den meisten Fällen den Verhältnissen. Beim Vergleich verschieden gelagerter Proben ist zu beachten, daß feuchtgelagerte Proben undurchlässiger sind als Proben, die trocken gelagert wurden. Mit zu-nehmendem Alter nimmt die Durchlässigkeit bei Feuchtlagerung weiterhin ab.

Beton in massigen Bauten erhärtet anfänglich unter höherer Temperatur. In solchen Fällen sind die Proben möglichst lange unter ähnlichen Temperatur-bedingungen zu lagern. Es entsteht dabei auch, vom Bindemittel abhängig, gewöhnlich eine andere Durchlässigkeit als bei gewöhnlichen Temperaturen [5]. Sofern keine besonderen Verhältnisse vorliegen, werden die Proben im Alter von 28 Tagen geprüft.

c) Prüfung.

Bei gleichmäßigem Gefüge ist die Strömungsgeschwindigkeit abhängig vom Druckgefälle. Die Sickermenge ist dem Druck verhältnisgleich und nimmt in umgekehrtem Verhältnis zur Probendicke ab. Um Vergleiche zwischen ver-schiedenartig geprüften Proben anstellen zu können, wird die Durchlässigkeits-ziffer k des Betons errechnet (s. unter II C 4). Die Verhältnisse sind jedoch nur eindeutig, wenn durch entsprechende Gestaltung der Proben eine einachsige Strömung gewährleistet ist [9]. Wegen der verhältnismäßig großen Streuungen, mit denen meist zu rechnen ist, sind mindestens 3, besser 5 Proben zu prüfen.

α) *Plattenförmige Proben.* Zweckmäßig werden plattenförmige (runde oder quadratische) Proben geprüft (vgl. Abb. 1 bis 5). Das Druckwasser wirkt auf eine Fläche vom Durchmesser d. Auf der gegenüberliegenden Fläche F wird der Wasseraustritt festgestellt, sofern nicht die Menge des eingepreßten Wassers ge-messen wird.

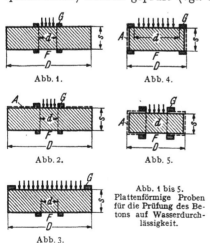

Abb. 1.   Abb. 4.

Abb. 2.   Abb. 5.

Abb. 1 bis 5.
Plattenförmige Proben
für die Prüfung des Be-
tons auf Wasserdurch-
lässigkeit.

Abb. 3.

Für die Prüfung voraussichtlich un-durchlässigen Betons kann die Anord-nung nach Abb. 1 ausreichend sein. Der Wasserdruck wirkt zwischen dem Dich-tungsring G (Gummi). Ein Wasseraustritt ist auch in Richtung des größten Druck-gefälles an der oberen Fläche neben G möglich. Bessere Versuchsbedingungen entstehen daher durch Abdichten der außerhalb G liegenden oberen Fläche A gemäß Abb. 2. Nach Abb. 3 wirkt der Wasserdruck auf die ganze obere Fläche. Der Durchgang wird auf einem mittleren Ausschnitt F erfaßt, dessen Strömungsverhältnisse als unbeeinflußt anzunehmen sind. Technische Nachteile bei den Proben nach Abb. 1 bis 3 ergeben sich durch die verhältnismäßig großen Durchmesser der Platten (Mehrfaches der Dicke von s) oder durch großen Verbrauch von Druckwasser. Ein einachsiger Strömungszustand entsteht, wenn die Platten nach Abb. 4 eine allseitige Abdichtung erhalten (Abdichtung A als besondere Dichtungsschicht oder als Stahl- oder Blechmantel, in den der Körper einbetoniert wird). Fehler entstehen, wenn ein Wasserfluß zwischen Mantel A und Probekörper stattfindet. Auch allseitig abgedichtete, kleinere Proben (s. Abb. 5) lassen sich eindeutig prüfen. Die Abdichtung erfolgt zweckmäßig durch mehrfachen Anstrich mit Zementleim. Durch diese Abdichtung wird für Körper beliebiger Abmessung ein einachsiger Strömungszustand erreicht.

β) *Besondere Probenformen.* Die nach Abb. 6 als Hohlzylinder hergestellte Probe ergibt ebenfalls einachsige Strömungsverhältnisse. Die Prüfung dürfte auf Sonderfälle beschränkt bleiben; sie ist wegen der hohen Ringzugspannungen nur bei niederen Innendrücken möglich.

Für Massenbeton, der große Proben erfordert, sind würfel- oder zylinderförmige Körper nach Abb. 7 geprüft worden. Ein Nachteil ist die verhältnismäßig kleine Fläche, auf die das Wasser wirkt.

Zweckmäßiger ist das beim Bau der Boulder-Sperre gewählte Verfahren für

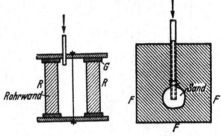

Abb. 6. Rohrförmige Probe. Abb. 7. Probe für die Prüfung durch Innendruck.

Betonproben mit Zuschlag bis 225 mm ∅. Dort wurden große Betonzylinder (Durchmesser rd. 46 cm, Dicke rd. 46 cm) nachträglich in Stahlbehälter eingesetzt (Ausfüllen eines Spalts an der Zylinderwand mit Bitumen oder ähnlichem). Der Wasserdruck wirkte auf die mit einem Stahldeckel verschlossene Stirnseite [5], [10].

γ) Die Durchlässigkeit nimmt mit der Prüfdauer infolge Selbstdichtung oft beachtlich ab [1]. Die Selbstdichtung tritt u. a. bei zementreichen Mischungen, bei anfänglich trockenen Proben, bei schwachem Durchfluß und bei hartem Wasser in Erscheinung (Quellvorgänge, Ablagerung und Verlagerung feinster Stoffe, chemische Neubildungen). Grundsätzlich wäre daher möglichst so lange zu prüfen, bis der Wasserdurchgang nicht mehr zunimmt. Aus versuchstechnischen Gründen kann die Zeit bis zum Erreichen des Endwerts (gleichbleibender Wasserdurchtritt) meist nicht abgewartet werden.

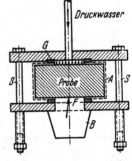

d) Prüfeinrichtungen.

Bei der Prüfung soll ein bestimmter Druck gleichbleibend auf beliebige Zeit und ohne Rücksicht auf die Größe des Wasserdurchgangs gehalten werden können. Im allgemeinen sind zwei Arten von Prüfeinrichtungen zu unterscheiden, bei denen die austretende Wassermenge oder die eingepreßte und die austretende Wassermenge ermittelt werden [5], [11].

Abb. 8. Prüfeinrichtung für plattenförmige Proben. A Abdichtung; B Becher; F Beobachtungsfläche; G Gummiring; S Spannschrauben.

Eine Prüfeinrichtung zur Ermittlung der austretenden Wassermenge ist in Abb. 8 und eine solche zur Ermittlung der eingepreßten und austretenden Wassermenge in Abb. 9 wiedergegeben.

In Abb. 10 ist eine Prüfeinrichtung für die Bestimmung des durchtretenden Wassers mit 6 Prüfstellen dargestellt. Der Druck wird durch Preßluft oder durch einen kleinen Kompressor erzeugt; er wirkt über ein Druckminderungsventil D (Einstellung des Prüfdrucks) auf das im Windkessel W vorher aus der

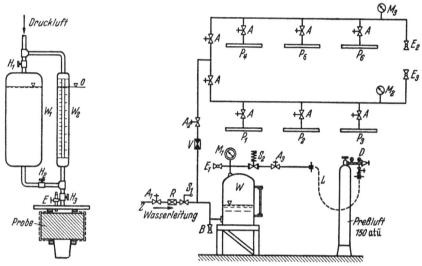

Abb. 9. Prüfvorrichtung zur Ermittlung des eingepreßten Wassers.

W_1 großer Wasserbehälter; W_2 kleiner Wasserbehälter und Wasserstandsanzeiger; H Absperrhähne; E Entlüftungshahn.

Abb. 10. Anlage für die Prüfung auf Wasserdurchlässigkeit.

P_1 bis $_6$ Prüfstellen; B Auslaufhahn; M Druckanzeiger; S Sicherheitsventil; R Rückschlagventil; D Reduzierventil; L Schlauchleitung; W Windkessel; E Entlüftung; A Absperrhahn; V Rohrbruchventil.

Leitung Z zugeführte Wasser. Bei undurchlässigen Proben ist es zweckmäßig, diese nach dem Versuch aufzuspalten und die Durchfeuchtung im Probekörper festzustellen. Die durchfeuchtete Fläche wird deutlicher erkennbar, wenn der Querschnitt etwas abgetrocknet ist (zum Abtrocknen werden die Spaltflächen senkrecht mit der Prüffläche oben liegend aufgestellt).

e) Beurteilung.

Im allgemeinen kann nur die spezifische Durchlässigkeit des Betons festgestellt werden, also ohne die Einflüsse, denen der Baubeton bei der Herstellung und Erhärtung unterworfen ist. Andererseits ist zu beachten, daß die Probendicke nur selten die des Bauteils erreicht und daß die Prüfdauer meist kleiner ist als die Zeit der Druckwassereinwirkung am Bauwerk. Dadurch wird bei der Prüfung der praktisch eintretende Endzustand (Selbstdichtung bei wenig durchlässigem Beton) selten erreicht.

Man kann mit dem praktisch am Bauwerk zu erwartenden Größtdruck prüfen oder auch vereinheitlichte Prüfzeiten und -drücke wählen, um Vergleichswerte zu erhalten.

Nach DIN 1048, § 14 [6] wirkt dementsprechend ein Prüfdruck während 48 h von 1 kg/cm², während 24 h von 3 kg/cm² und während 24 h von 7 kg/cm². Die ÖNORM B 3302 [7] sieht als größten Prüfdruck P mindestens das 1,25fache, im allgemeinen das 1,5fache des am Bauwerk zu erwartenden Drucks vor (jedoch nicht unter 7 kg/cm²), und zwar am 1. und 2. Tag 0,20 P, am 3. Tag 0,40 P, am 4. Tag 0,60 P und am 5. bis 15. Tag P.

2. Wasseraufnahme.

Die Wasseraufnahme wird gewöhnlich an beliebig geformten, die durchschnittliche Beschaffenheit wiedergebenden Proben durch langsames Eintauchen in Wasser bei normalem Luftdruck ermittelt (vgl. II C 2). Solche Feststellungen genügen für die praktische Beurteilung. Dabei ist nicht ohne weiteres anzunehmen, daß alle Hohlräume mit Wasser gefüllt sind. Eine weitergehende Wasseraufnahme kann durch vorausgehende Entlüftung und Sättigung unter hohem Wasserdruck erzielt werden (s. unter II C 2).

Die Wasseraufnahme wird zweckmäßig auf den Zustand bezogen, der sich anschließend durch Trocknen der Probe bis zur Gewichtsgleichheit bei rd. 105°C einstellt. Allgemein ist zu beachten, daß die Wasseraufnahme vergleichsweise nur beurteilt werden kann, wenn ihr eindeutige Trocknungs- und Durchfeuchtungsverhältnisse zugrunde liegen. Die Wasseraufnahme ist in Raumprozenten auszudrücken; damit werden Feststellungen an Proben mit verschiedener Rohwichte vergleichbar. Praktisch von Bedeutung ist auch die sich nach kurzer Einwirkungsdauer, z. B. nach 5 und 30 min, einstellende Wasseraufnahme, die als Teil der im Endzustand oder auf andere Weise erreichten gesamten Wasseraufnahme ausgedrückt wird [*11*], [*12*].

Weitere und oft wertvolle Aufschlüsse werden erhalten, wenn zusätzlich an regelmäßigen, platten- oder balkenförmigen Probekörpern das durch Kapillarwirkung aufgenommene Wasser nach Menge und Höhe des Anstiegs ermittelt wird. Die Proben werden zu diesem Zweck hochkant in Wasser gestellt (vgl. Abb. 11). Besonders starke Kapillarwirkung weist meist auf weniger widerstandsfähigen Beton hin. Naturgemäß ist bei solchen Versuchen die relative Luftfeuchtigkeit und das Verhältnis von Körperoberfläche zum Rauminhalt von Einfluß.

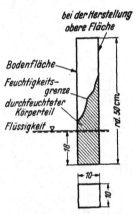

Abb. 11. Feuchtigkeitsverteilung in einem liegend hergestellten Prisma (Maße in cm).

Proben aus wasserreichem Beton sind in den oberen Zonen wegen des dort sich ansammelnden Wassers meist poröser; dadurch ist der kapillare Wasseranstieg dort stärker (Abb. 11).

3. Luftdurchlässigkeit.

Für die Herstellung eines gegen höheren Luftdruck undurchlässigen Betons gelten ähnliche Bedingungen wie für die Herstellung wasserundurchlässigen Betons. Dabei ist zu beachten, daß der Feuchtigkeitsgehalt des Betons einen ausschlaggebenden Einfluß auf die Luftdurchlässigkeit hat.

Die Durchlässigkeit des Betons gegen Druckluft wird ähnlich wie die gegen Wasserdruck ermittelt. Untersuchungen mit den im Stahlbetonbau praktisch vorkommenden Betonzusammensetzungen wurden von WALZ durchgeführt [*13*]. Die zylindrischen Betonproben von rd. 22 cm ∅ und 12 cm Höhe wurden, wie in Abb. 12 angegeben ist, geprüft. Die Prüfanlage ist in Abb. 13 dargestellt.

Vom Druckminderer wurde die Druckluft über einen Windkessel mit Sicherheitsventil den Prüfstellen zugeleitet. An die Druckleitung waren zur Überprüfung des Drucks noch ein Federmanometer und zur Feinablesung niederer Drücke ein Quecksilbermanometer angeschlossen. Bei durchlässigen Proben wurde die durchgetretene Luft an die Sammelleitung abgeführt, von wo sie zur Mengenbestimmung in einen Gasmesser für Eichzwecke gelangte. In diesen Weg konnte ein Rohr, das mit dem freien Ende eine Wasseroberfläche gerade berührte, eingeschaltet werden, so daß an Hand der Blasenbildung auf einfache Weise bei der Überwachung des Versuchs, ohne eine längere Ablesung am Gasmesser vorzunehmen, jederzeit auch ein sehr geringer Luftdurchgang erkannt werden konnte. Außerdem wurde an einem mit Wasser gefüllten U-Rohr der Überdruck der ausgeströmten Luft zwischen Platten und Gasmesser gemessen, ferner die Temperatur der Prüfanlage und der äußere Luftdruck. Der Luftdurchtritt wurde für 3 Platten gleicher Art in der Regel zusammen erfaßt.

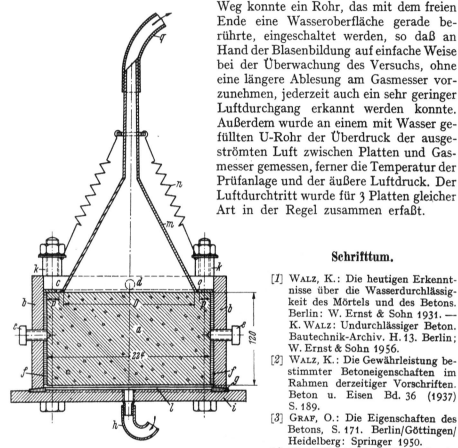

Abb. 12. Prüfung auf Luftdurchlässigkeit.

a Probe; *b* Stahlzylinder; *c* Stahlring; *d* 3 Nocken; 2 Stellschrauben; *f* Dichtungsmasse (Paraffin-Kolophonium); *g* Gummiring; *h* Druckluftzuführung; *i* Abschlußplatte; *k* Bügel; *l* Druckraum; *m* Glastrichter; *n* Zugfeder; *o* Abdichtung (Paraffin-Kolophonium); *p* freie Randzone; *D* Meßfläche (Ø 176 mm); *q* Luftabführung zum Gasmesser.

Schrifttum.

[1] Walz, K.: Die heutigen Erkenntnisse über die Wasserdurchlässigkeit des Mörtels und des Betons. Berlin: W. Ernst & Sohn 1931. — K. Walz: Undurchlässiger Beton. Bautechnik-Archiv. H. 13. Berlin; W. Ernst & Sohn 1956.

[2] Walz, K.: Die Gewährleistung bestimmter Betoneigenschaften im Rahmen derzeitiger Vorschriften. Beton u. Eisen Bd. 36 (1937) S. 189.

[3] Graf, O.: Die Eigenschaften des Betons, S. 171. Berlin/Göttingen/Heidelberg: Springer 1950.

[4] Walz, K.: Abschnitt Wasserdurchlässigkeit in A. Kleinlogel: Einflüsse auf Beton, 5. Aufl., S. 300. Berlin: W. Ernst & Sohn 1950.

[5] Ruettgers, A., E. N. Vidal and S. P. Wing: An investigation of the permeability of mass concrete with particular reference to Boulder Dam. Proc. Amer. Concr. Inst. Bd. 31 (1935) S. 382.

[6] DIN 1048: Bestimmungen für Betonprüfungen bei Ausführung von Bauwerken aus Beton und Stahlbeton.

[7] ÖNORM B 3302: Richtlinien für Beton; Baustoffe und maßgenormte Tragwerksteile.

[8] Corps of Engineers CRD—C 10—52: Method of making and curing concrete test specimens in the laboratory. Handbook for concrete and cement; Waterways Experiment Station. Vicksburg 1949.

[9] Tölke, F.: Die Prüfung der Wasserdichtigkeit von Beton. Ing.-Arch. Bd. 2 (1931) S. 428.

[10] McMillan, F. R., and I. Lyse: Some permeability studies of concrete. Proc. Amer. Concr. Inst. Bd. 26 (1930) S. 101.

[11] Withey, M. O.: Permeability and absorption of concrete. Rep. on significance of tests of concrete and concrete aggregates, 2. Ed. 1943, ASTM-Committee C—9, S. 79.

[12] Hughes, C. A.: Permeability, acid, and absorption tests of mortars used in dry tamped silo staves. Proc. Amer. Concr. Inst. Bd. 36 (1940) S. 535.

[13] Walz, K.: Die Durchlässigkeit des Betons gegen Druckluft. Fortschr. u. Forsch. Bauw., Reihe A, 1943, H. 9, S. 21 — Siehe a. Graf [3] S. 180.

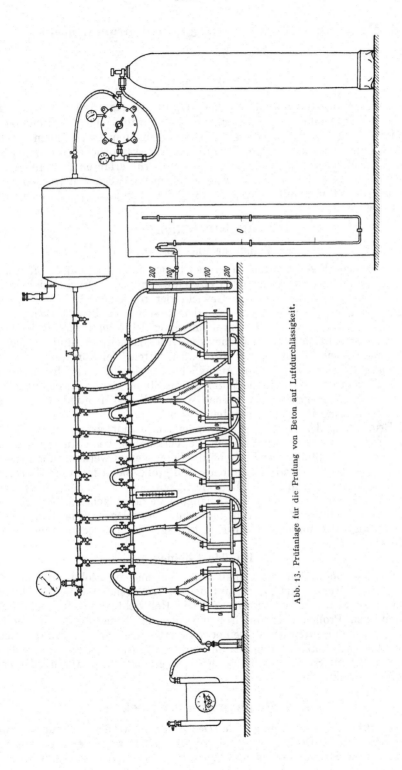

Abb. 13. Prüfanlage für die Prüfung von Beton auf Luftdurchlässigkeit.

J. Prüfung von unbewehrten, zementgebundenen Bauelementen.

Von K. Walz, Düsseldorf.

Die Prüfung der für Wände, Decken, Dächer, Beläge und Leitungen bestimmten zementgebundenen Bauelemente ist in zahlreichen Bestimmungen mehr oder weniger umfassend festgelegt. Die Vorschriften der einzelnen Länder sind ähnlich und sehen die Prüfung der im Gebrauch wesentlichen Eigenschaften vor. Im folgenden werden die kennzeichnenden Prüfverfahren aufgeführt.

Allgemein müssen bei diesen Bauelementen in der Regel die Hauptabmessungen festgestellt und mit dem Sollmaß und den zulässigen Abweichungen verglichen werden.

1. Wandbauelemente.

a) Vollsteine und Platten.

Als wesentliche Eigenschaften dieser meist aus leichten Zuschlagstoffen hergestellten Wandbaustoffe sind die Rohwichte und die Druckfestigkeit zu prüfen [1]. Der *Rohwichte* liegt das Gewicht der trockenen Steine (künstlich bei 105° getrocknet oder mit dem gesondert bestimmten Feuchtigkeitsgehalt errechnet) zugrunde (s. II B 2 b). Zur Ermittlung der *Druckfestigkeit* der lufttrockenen, prismatischen Proben werden die Druckflächen mit dünnen, ebenen und gleichlaufenden Schichten aus Gips oder fettem, feinkörnigem Zementmörtel abgeglichen (s. VI C 2 a γ). Auch Schleifen der Flächen ohne Wasserzufuhr ermöglicht eine sachgemäße Prüfung. Für Steine, die im durchfeuchteten Zustand dem Frost ausgesetzt sein werden, wird nach ASTM Standard C 55—52 die Wasseraufnahme in Raumprozenten bestimmt [2].

Zur Beurteilung der u. U. stark schwindenden Wandbausteine und Platten aus *Gas- und Schaumbeton* [3] ist zudem die Verkürzung beim Austrocknen an Prismen, die aus der Stein- oder Plattenmitte herausgesägt werden, zu ermitteln. Handelt es sich bei Gas- und Schaumbeton um große Bauelemente (z. B. stockwerkshohe Platten), die nicht auf Druckfestigkeit geprüft werden, so sind zur Prüfung Würfel von 7 bis 10 cm Kantenlänge nahe den Flächen zu entnehmen, die bei der Herstellung in der Form unten und oben lagen. Eine Beurteilung der Druckfestigkeit kann auch durch Kugelschlagprüfung vorgenommen werden (s. C 2 e sowie [4]).

b) Hohlblocksteine.

Hohlblocksteine werden sinngemäß wie Vollsteine auf Rohwichte des Betons sowie auf Druckfestigkeit, die auf den umschließenden vollen Rechteckquerschnitt zu beziehen ist, geprüft [5]. Die Rohwichte wird an regelmäßig zugeschnittenen Proben oder durch Ermittlung des Rauminhalts des Steins bestimmt (entweder durch Ausmessen oder zuverlässiger durch Füllen der meist unregelmäßig gestalteten Kammern mit sauberem Gekörn bekannten Schüttgewichts, z. B. mit Sand 5/7 mm aus glatten, gerundeten Körnern oder entsprechenden Glaskugeln).

2. Zwischenbauteile für Decken.

Nicht mittragende Zwischenbauteile (Deckensteine) werden drehbar auf zwei Stützen bei der in der Decke vorgesehenen Stützweite oben an der ungünstigsten Stelle durch eine Streifenlast bis zum Bruch belastet (Tragfähigkeit im Einbau-

zustand). *Mittragende* Zwischenbauteile (also solche, die teilweise in der Druckzone der Deckenplatte liegen und rechnerisch zum Mittragen herangezogen
werden) sind außerdem auf Druckfestigkeit zu prüfen [6], [7]. Der Stein wird
dabei zweckmäßig so in die Maschine eingebaut, daß der Schwerpunkt der
Querschnittsfläche in der Maschinenachse liegt. Besseren Aufschluß ergibt die
Belastung des Druckflansches durch eine Streifenlast [8]. Der tragende Querschnitt der meist unregelmäßig gestalteten Deckensteine wird am einfachsten
durch Anreißen und Ausschneiden beider Stirnflächen auf trockenem Hart-
karton bekannten Flächengewichts ermittelt. (Bestimmung des Gewichts der
beiden Ausschnitte und Errechnung der Fläche des mittleren tragenden Querschnitts mit Hilfe des Flächengewichts des Hartkartons.)

3. Dachplatten.

a) Betondachsteine.

Betondachsteine werden im allgemeinen auf Wasserundurchlässigkeit, Biegezugfestigkeit und Verhalten gegenüber Frost untersucht.

Zur Prüfung auf *Wasserdurchlässigkeit* wird der Rand des Dachsteins auf
der oberen Fläche mit einem aufgekitteten Rand versehen, so daß nach Füllung
die Fläche überall mindestens 1 cm hoch mit Wasser überdeckt ist [9]. Zum
Teil werden auf die obere Fläche auch eine trichterförmige Metallkappe oder
ein Glaszylinder aufgesetzt und 20 cm hoch mit Wasser gefüllt.

Bei der *Biegeprüfung* wirkt eine mittige Streifenlast. Im allgemeinen wird
lediglich die Bruchlast bestimmt und den Güteanforderungen zugrunde gelegt.

Die Ermittlung der *Frostbeständigkeit* wird meist nicht vorgeschrieben, weil
diese bei ausreichender Undurchlässigkeit und Festigkeit vorausgesetzt wird.

b) Asbestzementplatten.

In DIN 274 [10] werden Asbestzement-Dachplatten, Asbestzement-Tafeln
und gewellte Tafeln aufgeführt. Während nach ASTM Standard [11] bis [14]
neben den Abmessungen lediglich die Biegezugfestigkeit (bei größeren Platten
auch die Durchbiegung) sowie die Wasseraufnahme untersucht werden, sieht
die DIN 274 die Ermittlung der Rohwichte (s. II B 2 a), der Biegezugfestigkeit
(entsprechend a, bei Wellplatten errechnet mit den tatsächlichen Abmessungen
der Wellen), der Wasseraufnahme (s. II C 2 a), der Frostbeständigkeit (s. G 2 b γ)
und der Hitzebeständigkeit vor. Die Vorschriften einiger anderer Länder enthalten z. T. entsprechende Prüfbestimmungen, z. T. wird außerdem auch die
Prüfung auf Wasserdurchlässigkeit (ähnlich wie unter a) vorgeschrieben. Das
Verhalten bei Hitzeeinwirkung wird nach 25maligem Einlegen von Proben
20 cm × 20 cm während 1 h in den Trockenschrank und Abschrecken in Wasser
von Zimmertemperatur nach Augenschein und durch Ermittlung der Biegezugfestigkeit beurteilt.

4. Schornsteinformstücke.

Entsprechend der Beanspruchung, der Schornsteine ausgesetzt sind, werden
die Beständigkeit der Zuschlagstoffe bei Hitzeeinwirkung, die Rohwichte des
Betons zur Beurteilung der Wärmedämmung, die Druckfestigkeit und die
Gasdichtigkeit untersucht [15]. In Gestalt und Betonzusammensetzung vom
üblichen abweichende Formstücke müssen außerdem dem Brandversuch nach
DIN 4102 [16] unterworfen werden (Erhitzen von zwei rd. 4,5 m hohen Schornsteinen mit Gasen bis 1000° und Ermittlung der Temperatur der Außenflächen,

der Beständigkeit des Betons, der Gasdichtigkeit und der Druckfestigkeit der
Steine vor und nach dem Brandversuch.)

5. Betonwerksteine.

Nach DIN 18500 [17] werden Betonwerksteine soweit möglich und entsprechend der praktischen Beanspruchung als ganzes Stück geprüft, oder es
werden Balken oder Würfel für die Prüfung herausgesägt oder Zylinder herausgebohrt. Dabei kommt die Prüfung auf Druckfestigkeit (s. C 2), Biegezugfestigkeit (s. C 3), Wasseraufnahme (s. II C 2) und Abschleifverlust (s. G 1 b α)
in Frage.

6. Belagplatten und Bordschwellen.

Dem Verkehr unterworfene Belagplatten werden in erster Linie hinsichtlich
ihrer Biegezugfestigkeit (Platte auf beweglichen Auflagern, mittige Schneidenlast), ihres Abnutzwiderstands (s. G 1 b α) und hinsichtlich ihrer Frostbeständigkeit beurteilt [18]. Im allgemeinen kann nach Erfahrung vorausgesetzt werden,

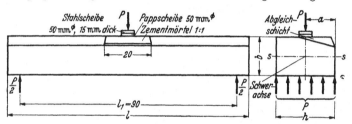

Abb. 1. Versuchsanordnung zur Feststellung der Biegezugfestigkeit von Bordschwellen. Bei Bordsteinen beträgt
die Auflagerentfernung $l_1 = 70$ cm.

daß eine ausreichende Frostbeständigkeit vorliegt, wenn die mechanische
Prüfung ein den Güteanforderungen entsprechendes Ergebnis liefert. In Zweifelsfällen werden die Halbstücke nach der Biegeprüfung entsprechend G 2 b γ
dem Frostversuch unterworfen. Dasselbe gilt sinngemäß auch für Bordschwellen
und Bordsteine [19], aus denen, nach der Biegeprüfung gemäß Abb. 1, für die
Frostprüfung nötigenfalls Proben herauszusägen sind.

7. Rohre und Formstücke für Leitungen.

a) Rohre.

Als wesentliche Eigenschaften gelten für nichtbewehrte Rohre die *Scheiteldruckfestigkeit* und die Wasserdichtigkeit. Rohre nach DIN 4032 [20] sind gemäß
Abb. 2 und 3 [21] sowie Abb. 4 zu belasten. Nach DIN 52150 können dazu
Rohre mit Fuß sowohl auf einer Gipsschicht als auch im Sandbett gelagert
werden. Die ASTM Standards [22] sehen eine 3-Streifen-Lagerung (zwei Auflager-
und ein Belastungsstreifen aus Kanthölzern) oder eine Belastung im Sandbett
mit einer über ein Sandkissen wirkenden Last vor[1].

Die Rohre sollen bei der Prüfung entweder gleichmäßig trocken oder völlig
durchfeuchtet sein.

Die *Wasserdichtigkeit* wird nach DIN 4032 an stehend mit Wasser gefüllten
Rohren untersucht. Als Maß gilt das Absinken des Wasserspiegels [20]. In
ASTM Standard [22] ist die Prüfung der Wasseraufnahme an Bruchstücken oder

---

[1] 3-Streifen-Lagerung auch in der DIN-Neufassung vorgesehen.

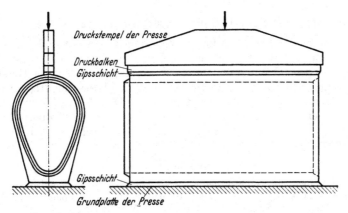

Abb. 2. Prüfung von Rohren mit Sohle auf Scheiteldruck nach DIN 52150.

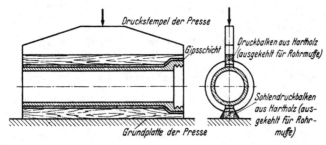

Abb. 3. Prüfung von runden Rohren mit Muffe auf Scheiteldruck nach DIN 52150.

z. T., wie nach C 14—52 [*22*], eine kurzzeitige Prüfung unter Wasserdruck (bis 1,05 kg/cm²) vorgeschrieben.

Eine Prüfung von *Asbestzementdruckrohren* findet nach ASTM Standard C 296—53 [*23*] auf Innendruck (z. T. bis 49 kg/cm²), auf Biegefestigkeit und Scheitelbruchlast statt.

In entsprechender Weise wie Betonrohre werden *Schachtringe, Schachthälse und Auflagerringe* [*24*] auf Scheiteldruckfestigkeit und Wasserdichtigkeit untersucht. In dieser Norm finden sich auch ins einzelne gehende Angaben über die Beurteilung der Werkstücke an Hand von Bruchstücken (Ermittlung der Biegezugfestigkeit, der Druckfestigkeit und der Wasserdichtigkeit durch Aufsetzen wassergefüllter Zylinder).

Kabelformstücke nach DIN 1049 und 457 werden nach den von der Deutschen Bundespost herausgegebenen Technischen Vorschriften für Kabelformstücke (KF), Ausg. 1933, lediglich auf Biegezugfestigkeit geprüft; lichte Weite zwischen den Auflagern 800 mm; im mittleren Querschnitt wirkt eine Last.

Abb. 4. Presse zur Rohrprüfung.

b) Formstücke für Grundstücksentwässerungsanlagen.

Diese Formstücke weisen oft sehr unterschiedliche Gestalt und kleine Querschnittsabmessungen auf, so daß gemäß DIN 4281 [25] die Druckfestigkeit durch Güteprüfung an Würfeln von 10 cm Kantenlänge, die bei der Herstellung gefertigt werden, nachzuweisen ist. Zur Prüfung auf Wasserdichtigkeit werden die Formstücke mit Wasser gefüllt; entsprechend DIN 4032 [20] wird das Absinken des Wasserspiegels beobachtet. Ist dies nicht möglich oder liegen nur Bruchstücke vor, so ist der Dichtigkeitsgrad zu ermitteln (s. II B 4); er soll nicht unter 0,90 liegen.

Schrifttum.

[1] DIN 18152: Vollsteine aus Leichtbeton.
[2] ASTM Standard C 55—52: Standard specifications for concrete building brick.
[3] DIN 4164: Gas- und Schaumbeton; Herstellung, Verwendung und Prüfung; Richtlinien — DIN 4165 (Entwurf): Wandbausteine aus dampfgehärtetem Gas- und Schaumbeton.
[4] GAEDE, K.: Kugelschlagprüfung von Porenbeton, H. 117, S. 25. Dtsch. Aussch. Stahlbeton. Berlin 1954.
[5] DIN 18151: Hohlblocksteine aus Leichtbeton.
[6] DIN 4225: Fertigbauteile aus Stahlbeton; Richtlinien für Herstellung und Anwendung.
[7] DIN 4233: Balken und Rippendecken aus Stahlbeton-Fertigbalken mit Füllkörpern (F-Decke).
[8] WALZ, K.: Güteprüfung von Deckensteinen, H. 116, S. 23. Dtsch. Aussch. Stahlbeton. Berlin 1954.
[9] DIN 1115: Betondachsteine; Güte, Prüfung, Überwachung und Lieferbedingungen.
[10] DIN 274: Bedingungen für die Lieferung und Prüfung von Asbestzement-Dachplatten und Asbestzement-Tafeln.
[11] ASTM Standard C 220—53 T: Tentative specifications and methods of test for flat asbestos-cement sheets.
[12] ASTM Standard C 221—53 T: Tentative specifications and methods of test for corrugated asbestos-cement sheets.
[13] ASTM Standard C 222—53 T: Tentative specifications and methods of test for asbestos-cement roofing shingles.
[14] ASTM Standard C 223—53 T: Tentative specifications and methods of test for asbestos-cement siding shingles and clapboards.
[15] DIN 18150: Formstücke aus Leichtbeton für Rauchschornsteine häuslicher Feuerstätten.
[16] DIN 4102: Widerstandsfähigkeit von Baustoffen und Bauteilen gegen Feuer und Wärme — Brandversuche, Blatt 3 C II 1. Schornsteine.
[17] DIN 18500: Betonwerkstein; Güte, Prüfung und Überwachung.
[18] DIN 485: Bedingungen für die Lieferung und Prüfung von Bürgersteigplatten aus Beton.
[19] DIN 483: Bedingungen für die Lieferung und Prüfung von Bordschwellen und Bordsteinen aus Beton.
[20] DIN 4032: Betonrohre; Bedingungen für die Lieferung und Prüfung.
[21] DIN 52150: Prüfung von Rohren aus spröden Stoffen; Widerstandsfähigkeit gegen Scheiteldruck (Scheiteldruckfestigkeit).
[22] ASTM Standard C 14—52: Standard specifications for concrete sewer pipe — ASTM Standard C 118—52: Standard specifications for concrete irrigation pipe.
[23] ASTM Standard C 296—53 T: Tentative specifications for asbestos-cement pressure pipe.
[24] DIN 4034: Schachtringe, Schachthälse, Auflagering aus Beton; Bedingungen für Lieferung und Prüfung.
[25] DIN 4281: Entwässerungsgegenstände und Grundstücksentwässerungsanlagen; Bedingungen für Herstellung, Güte und Prüfung des Betons.

VII. Die Prüfung der Betonzusatzmittel.

Von **K. Walz**, Düsseldorf.

1. Allgemeines.

Unter Betonzusatzmitteln werden Stoffe verstanden, die durch chemische oder physikalische Wirkung die Eigenschaften des frischen oder erhärtenden Zementleims oder diese in Verbindung mit den Zuschlagstoffen im Beton verändern. Diese Mittel werden in der Regel am Mischer in sehr kleinen Mengen, meist mit inerten Feinmehlen oder Wasser verdünnt, zugesetzt. Nur in geringem Umfange werden Zusatzmittel und dann vorwiegend nur luftporenbildende Zusatzmittel bereits dem Zement zugemahlen (s. unter 4). Unter Zusatzmitteln werden jedoch nicht feinkörnige, lediglich porenfüllende oder auch hydraulische Stoffe verstanden, wie zementfeine inerte Mineralmehle oder puzzolanartige Stoffe (Traß, Hochofenschlacke u. ä.). Die Zusatzmittel wirken, je nach dem mit der Anwendung beabsichtigten Zweck, durch Verringerung der Oberflächenspannung des Wassers (benetzende und dispergierende Wirkung), durch Bildung feinster Luftporen, durch Bildung porenfüllender Stoffe oder wasserabstoßender Filme auf den Porenwänden sowie durch Beeinflussung der Hydration und der Erhärtung des Zements.

2. Gebrauchseigenschaften.

Die bei der Anwendung zu Konstruktionsbeton baupraktisch wichtigeren Zusatzmittel werden eingeteilt in

a) Betonverflüssiger (abgekürzte Bezeichnung BV); beabsichtigte Wirkung: Verminderung des Anmachwassergehaltes, Verbesserung der Verarbeitbarkeit, Erhöhung der Festigkeit.

b) Luftporenbildende Betonverflüssiger (LPV); beabsichtigte Wirkung: Wie a), zudem Bildung feinster Luftporen zur Erhöhung der Frost- und Tausalzbeständigkeit.

c) Luftporenbildende Zusatzmittel (LP); beabsichtigte Wirkung: Verbesserung der Verarbeitbarkeit sowie der Frost- und Tausalzbeständigkeit.

d) Dichtungsmittel (DM); beabsichtigte Wirkung: Verbesserung der Verarbeitbarkeit und Verminderung der kapillaren Wasseraufnahme sowie des Eindringens von Druckwasser.

e) Abbinderegler (AR); beabsichtigte Wirkung: Beschleunigung oder Verzögerung des Erstarrens und der Erhärtung.

Außer der Forderung, daß mit einem Zusatzmittel die vorausgesetzte Wirkung entsteht, darf es die übrigen Betoneigenschaften nicht störend beeinflussen [1]. Die Prüfung hat sich daher auch auf mögliche Nebenwirkungen zu erstrecken. Zur Beurteilung sind die in Tab. 1 zusammengestellten Prüfungen auf vorausgesetzte Wirkung (W) und auf Nebenwirkung (NW) durchzuführen. Diese auf ein Mindestmaß beschränkten Feststellungen sind nach der in Deutschland gesammelten Erfahrung mindestens angezeigt.

Tabelle 1.

Zusatzmittel Wirkung	a) BV W	a) BV NW	b) LPV W	b) LPV NW	c) LP W	c) LP NW	d) DM W	d) DM NW	e) AR W	e) AR NW
Erstarren		+		+		+	+			
Raumbeständigkeit		+		+		+		+		+
Schwinden		+		+		+		+		+
Wasseranspruch	+			+	+			(+)		+
Luftgehalt		(+)	+		+			(+)		
Verarbeitbarkeit	+			+	+		+			+
Festigkeit	+			+		+	+			+
Frostbeständigkeit				+	+					
Wasseraufnahme								+		
Wasserdurchlässigkeit . . .								+		
Rostfördernde Wirkung . .		(+)		(+)		(+)		(+)		+

Die in Klammern angegebenen Prüfungen sind zu empfehlen, um weiteren Aufschluß über die Wirkungsweise eines Zusatzmittels zu erhalten.

3. Prüfverfahren.

In Deutschland bestehen „Richtlinien für die Prüfung von Betonzusatzmitteln", nach denen die unter a) bis d) angeführten Zusatzmittel für die allgemeine baurechtliche Zulassung geprüft werden und die im wesentlichen die obengenannten Untersuchungen vorsehen [2], [3]. Um die Wirkung auf bestimmte Eigenschaften vergleichend beurteilen zu können, ist *in jedem Falle die entsprechende Feststellung mit Zementbrei bzw. Beton durchzuführen, die das Zusatzmittel nicht enthalten (Null-Mischung).* Im allgemeinen hängt die Wirkung der Zusatzmittel vom Zement, der Kornzusammensetzung, dem Zement- und Wassergehalt sowie der Temperatur und der Mischweise ab. Es ist daher nötig, bei allgemeinen Güteprüfungen verschiedene Zemente oder Zementgemische einzubeziehen, ferner die übrigen Bedingungen der Betonzusammensetzung und -herstellung einheitlich den durchschnittlichen, praktischen Verhältnissen anzugleichen und so festzulegen, daß vergleichbare Ergebnisse entstehen.

Das Zusatzmittel ist dabei in der vorgesehenen, *auf den Zementanteil bezogenen Menge* zuzugeben. Zu den nachfolgend behandelten Prüfungen kann wegen der Vielzahl der für manche Zusatzmittel vorgeschlagenen oder eingeführten Verfahren nur ein kurzer Abriß gegeben werden.

a) Erstarren. Feststellungen an Zementbrei nach DIN 1164, § 24 [4] mit dem Vicat-Gerät (s. unter V C).

b) Raumbeständigkeit. Feststellungen an Kuchen aus Zementbrei nach DIN 1164, § 23 [4] durch den Kochversuch und Kaltwasserversuch (s. unter V C).

c) Schwinden. Feststellungen an Mörtelprismen nach DIN 1164, § 26 [4] (s. unter V C).

d) Wasseranspruch. Herstellung von Beton gleicher Steife und bestimmter Zusammensetzung. Nach den „Richtlinien" [2], [3] wird auf gleiches Verformungsmaß n (s. VI B 3 a γ), nach ASTM Standard C 233—52 T [5] auf gleiches Setzmaß (s. VI B 3 a β) abgestimmt und der dazu erforderliche Gesamtwassergehalt oder Wasserzementwert verglichen.

e) Luftgehalt. Der Luftgehalt wird am einfachsten und praktisch zuverlässigsten mit dem sogenannten Druckverfahren bestimmt. Der Beton wird dabei in einen Behälter mit gleicher Verdichtung wie bei den Proben zur Festigkeitsprüfung eingebracht. Durch Aufbringen eines Überdrucks wird die in ihm enthaltene Luft zusammengedrückt und dementsprechend der Luftgehalt angezeigt [6], [7], [8], [9]. Prüfgeräte sind für Mörtel in Abb. 1, für Beton in Abb. 2 und 3 dargestellt. Das in Abb. 4 wiedergegebene, im Otto-Graf-Institut, Stuttgart, benutzte Gerät mit einer 20 cm-Würfelform als Behälter erlaubt die gleiche

Abb. 1. Gerät für die Ermittlung des Luftgehalts von Mörteln nach dem Druckverfahren; Inhalt 1 l (s. a. Abb. 3).

Füllung und Verdichtung wie bei der Herstellung der Würfel für die Festigkeitsprüfung. Für Beton mit einem Größtkorn über 50 bis 70 mm ist ein größerer Meßbehälter [9], [10] oder das Aussondern des Grobkorns erforderlich [11]. Der Luftgehalt ist dann auf das Ausgangsvolumen umzurechnen.

Auch andere Prüfverfahren wurden, insbesondere in Amerika, entwickelt und untersucht. Sie beruhen in verschiedener Abwandlung auf der Errechnung des porenfreien Volumens mittels der Reinwichte bzw. Rohwichte der Mischungsbestandteile [12] (s. a. VI B 1) sowie auf der Ermittlung des Betonvolumens mit und ohne Luft durch Verdrängung mit Wasser [13] (s. a. VI B 2 c β). Die beiden letzteren Prüfverfahren sind aufwendiger und schließen mehr Unsicherheit ein als das Druckverfahren. Wegen Einzelheiten muß auf das äußerst umfangreiche Schrifttum verwiesen werden [14] bis [24]. In Amerika wurden ferner Prüfungen durch

Abb. 2. Gerät für die Ermittlung des Luftgehalts von Beton nach dem Druckverfahren. Ablesung am Wasserstandsrohr; Inhalt des Meßbehälters rd. 5 l.

geführt, um Luftgehalt, Porengröße und -verteilung im erhärteten Beton festzustellen. Hierbei wurden in erster Linie optische Feststellungen an Schliffen nach dem Punkt- oder Strichmeßverfahren bzw. durch die Planimeteranalyse (s. V A 3 f u. V B 2 c) vorgenommen [25], [26], [27], [28] oder auch das Druckmeß-

und Sättigungsverfahren angewendet [*29*], [*30*], [*31*]. Diese Untersuchungen lieferten meist eine Porenmenge, die dem im Frischbeton mit dem Druckverfahren ermittelten Luftgehalt entsprach [*32*].

f) Verarbeitbarkeit. Der Vergleich ist mit den unter VI B 3 a β u. γ beschriebenen Steifemeßverfahren, vorwiegend mit dem Verformungsversuch und Ausbreitversuch, anzustellen. Weiteren Aufschluß gibt eine Bestimmung der Neigung zum Wasserabsondern (s. VI B 3 b).

g) Festigkeit. Vergleich der Druckfestigkeit oder der Biegezugfestigkeit (s. VI C 2 u. 3).

h) Frostbeständigkeit. Feststellungen nach VI G 2 b β, in erster Linie durch Ermittlung des dynamischen Elastizitätsmoduls und der Biegezugfestigkeit.

i) Wasseraufnahme. Ermittlungen nach VI H 2.

k) Wasserdurchlässigkeit. Prüfung entsprechend VI H 1.

Abb. 3. Gerät für die Ermittlung des Luftgehalts von Beton nach dem Druckverfahren. Ablesung am Manometer; eingebaute Druckkammer und Luftpumpe im Deckel. Inhalt des Meßbehälters rd. 7 l.

l) Rostfördernde Wirkung. Blank gezogene, entfettete Stahlstäbe (Durchmesser 10 mm, Länge 32 cm) werden in liegend herzustellenden Mörtelprismen 50 mm × 50 mm × 300 mm mittig eingebettet. Der weiche Mörtel für die Prismen wird aus Sand nach Sieblinie *B* der DIN 1045[1], einem Zementgehalt von 380 kg/m³ und einem Wasserzementwert von 0,70 hergestellt[2].

Die Stirnflächen der Prismen mit den 1 cm lang herausragenden Stäben werden mit 3fachem bituminösem Anstrich versehen und die Prismen nach 14tägiger feuchter und 14tägiger Luftlagerung 15 cm tief in Leitungswasser eingestellt. Nach 3 und 6 Monaten werden je drei Prismen zerschlagen und der Zustand der Stahlstäbe festgestellt.

Abb. 4. Entsprechendes Gerät wie in Abb. 3, jedoch mit Würfelform als Meßbehälter (8 l).

4. Beurteilung.

Eine Beurteilung der Wirkung eines Zusatzmittels erfolgt immer im Vergleich mit den entsprechenden Feststellungen an der Null-Mischung. Angaben über

---

[1] Jedoch Gehalt 0/0,2 mm, praktischen Verhältnissen entsprechend, nur rd. 7%.
[2] Das Mischungsverhältnis dieses Mörtels beträgt in Gew.-Teilen 1 : 4,1. Der Mörtel hat die gleiche Zusammensetzung wie der Mörtel in einem knapp weich angemachten Beton mit 270 kg Zement je m³ und Kiessand nach Sieblinie *E* mit 4% 0/0,2 mm.

die mindestens zu erreichende Verbesserung bestimmter Betoneigenschaften oder die noch zulässige Minderung anderer finden sich für die oben unter a), b), c) und d) angeführten Zusatzmittelarten in den deutschen Prüfrichtlinien [2], [3]. Entsprechende amerikanische Anforderungen beziehen sich auf Zemente mit luftporenbildenden Zusatzmitteln [33], [34], [35], [36] oder auf LP-Zusatzmittel, die am Mischer zugegeben werden [37].

Schrifttum.

[1] WALZ, K.: Betonzusatzmittel. Bau u. Bauindustr. Bd. 5 (1952) H. 10, S. 221; H. 11, S. 245; H. 12, S. 270; H. 13, S. 298.

[2] WALZ, K.: Prüfrichtlinien für die Zulassung von Betonzusatzmitteln. Bundesbaublatt Bd. 3 (1954) H. 9, S. 420.

[3] WALZ, K.: Prüfung und Beurteilung von Betonzusatzmitteln. Beton- u. Stahlbetonbau Bd. 49 (1954) H. 11, S. 262.

[4] DIN 1164: Portlandzement, Eisenportlandzement, Hochofenzement.

[5] ASTM Standard C 233—52 T: Tentative method of testing air-entraining admixtures for concrete.

[6] WALZ, K.: Schutz der Betonfahrbahndecken gegen Zerstörung durch Streusalze. Straße u. Autobahn Bd. 1 (1950) H. 9, S. 1.

[7] WALZ, K.: Feststellungen beim Einbau von Straßenbeton mit luftporenbildenden Zusatzstoffen. Straße u. Autobahn Bd. 4 (1953) H. 7, S. 233.

[8] Forschungsgesellschaft für das Straßenwesen: Vorläufiges Merkblatt für die Verwendung von luftporenbildenden Zusatzstoffen zu Straßenbeton. Köln 1953.

[9] ASTM Standard C 231—52 T: Tentative method of test for air content of freshly mixed concrete by the pressure method.

[10] Corps of Engineers: Investigation of field methods for determining air content of mass concrete. Waterways Experiment Station; Techn. Memorandum No. 6—352. Vicksburg 1952. — KENNEDY, T. B.: Investigation of methods to determine air content of mass concrete. Concrete Bd. 60 (1952) H. 12, S. 18.

[11] Corps of Engineers CRD—C 41—52: Method of test for air content of freshly mixed concrete. Handbook for concrete and cement; Waterways Experiment Station. Vicksburg 1949.

[12] ASTM Standard C 138—44: Standard method of test for weight per cubic foot, yield, and air content (gravimetric) of concrete.

[13] ASTM Standard C 173—42 T: Tentative method of test for air content (volumetric) of freshly mixed concrete.

[14] KLEIN, W. H., and S. WALKER: A method for direct measurement of entrained air in concrete. Proc. Amer. Concr. Inst. Bd. 42 (1946) S. 657.

[15] MENZEL, C. A.: Development and study of apparatus and methods for the determination of the air content of fresh concrete. Proc. Amer. Concr. Inst. Bd. 43 (1947) S. 1053.

[16] US-Depart. of the Inter.; Bur. of Reclamation; Concrete Manual, 5. Ed. 1951, Designation 24, S. 431.

[17] MENZEL, C. A.: Procedures for determining the air content of freshly mixed concrete by the rolling and pressure methods. Proc. Amer. Soc. Test. Mater. Bd. 47 (1947) S. 833.

[18] MIESENHELDER, P. D.: Indiana method for measuring entrained air in fresh concrete. Proc. Amer. Soc. Test. Mater. Bd. 47 (1947) S. 865.

[19] SWANBERG, J. H., and T. W. THOMAS: The measurement of air entrained in concrete. Proc. Amer. Soc. Test. Mater. Bd. 47 (1947) S. 869.

[20] RUSSELL, H. W.: Measurement of air contents of concrete by the pressure method. Proc. Amer. Soc. Test. Mater. Bd. 47 (1947) S. 886.

[21] CORDON, W. A., and H. W. BREWER: Analysis of methods of measuring entrained air in concrete. Proc. Amer. Soc. Test. Mater. Bd. 47 (1947) S. 893.

[22] PEARSON, J. C.: The pycnometer method for determining entrained air in concrete. Proc. Amer. Soc. Test. Mater. Bd. 47 (1947) S. 897.

[23] BARBEE, J. F.: The Ohio method of determining the amount of air entrained in portland cement concrete. Proc. Amer. Soc. Test. Mater. Bd. 47 (1947) S. 901.

[24] PEARSON, J. C., and S. B. HELMS: The effect of sampling errors on unit weight and air determinations in concrete. Proc. Amer. Soc. Test. Mater. Bd. 47 (1947) S. 914.

[25] VERBECK, G. J.: The Camera Lucida method for measuring air voids in hardened concrete. Proc. Amer. Concr. Inst. Bd. 43 (1947) S. 1025.

[26] BROWN, L. S., and C. M. PIERSON: Linear traverse technique for measurement of air in hardened concrete. Proc. Amer. Concr. Inst. Bd. 47 (1951) S. 117.

[27] Corps of Engineers CRD—C 42—48: Method of test for air content of hardened concrete. Handbook for concrete and cement; Waterways Experiment Station. Vicksburg 1949.

[28] Ohne Verf.: Linear traverse and point-count methods of measuring entrained air in concrete. Concrete Bd. 60 (1952) H. 12, S. 17.

[29] Kennedy, T. B.: Investigation of methods to determine air content of mass concrete. Concrete Bd. 60 (1952) H. 12, S. 18.

[30] Vellines, R. P., and Th. Ason: A method for determining the air-content of fresh and hardened concrete. Proc. Amer. Concr. Inst. Bd. 45 (1949) S. 665.

[31] Klein, A., D. Pirtz and M. Polivka: Exploratory tests to develop a method for determining the air content of hardened concrete. Proc. Amer. Soc. Test. Mater. Bd. 50 (1950) S. 1283.

[32] Warren, C.: Determination of properties of air voids in concrete. Highway Res. Board, Bulletin 70 — Nat. Acad. Sci. — Nat. Res. Counc. Publ. 261. Washington 1953.

[33] ASTM Standard C 175—51 T: Tentative specifications for air-entraining portland cement.

[34] ASTM Standard C 205—53 T: Tentative specifications for portland blast-furnace slag cement.

[35] ASTM Standard C 185—53 T: Tentative method of test for air content of hydraulic cement mortar.

[36] ASTM Standard C 226—52 T: Tentative specifications for air-entraining additions for use in the manufacture of air-entraining portland cement.

[37] ASTM Standard C 260—52 T: Tentative specifications for air-entraining admixtures for concrete.

VIII. Prüfung der Stahlbetonfertigteile und der Stahlbetontragwerke.

Von **G. Weil,** Stuttgart.

A. Prüfverfahren zur Untersuchung bestimmter Eigenschaften des Stahlbetons.

1. Allgemeines.

Die Festigkeitseigenschaften der Baustoffe Beton und Stahl sind für die Tragkraft eines Verbundkörpers aus Stahlbeton nicht allein maßgebend. Neben der Güte der Baustoffe sind die Anordnung der Bewehrung sowie die Form der Stahlbetonkörper, ebenso die Sorgfalt bei der Herstellung von Einfluß. Die Prüfung von Stahlbetonteilen bezweckt deshalb, das Zusammenwirken von Beton und Stahl im Stahlbetonbauteil zu erkunden und so die Grundlagen für eine zuverlässige Berechnung der Stahlbetonbauwerke zu schaffen. Eine Prüfung ist dann nötig, wenn die Zweckmäßigkeit neuartiger Bauarten untersucht werden soll, oder wenn die Berechnung bestimmter Konstruktionsformen nicht zuverlässig möglich ist. Wichtig ist meist, die Last zu ermitteln, unter der die Tragfähigkeit des Bauteils entweder wegen Überschreitens der Festigkeit der Baustoffe oder wegen unzulässiger Verformung erschöpft ist, und die Ursachen für das Versagen klarzustellen.

Die Untersuchungen werden an Prüfkörpern durchgeführt, die zum Verfolg bestimmter Eigenschaften entsprechend gebaut sind. Hauptsächlich sind dies Balken und Platten mit entsprechender Bewehrung, in bestimmten Fällen Torsions- oder Scherproben usf. Bei Stahlbetonfertigteilen tritt die Prüfung des Fertigteils selbst an Stelle der Prüfkörper.

2. Proben zur Prüfung der Stahlbetonkörper.

a) Herstellung der Prüfkörper.

Die Schalungsflächen für Stahlbetonprüfkörper sollen glatt sein, damit eine saubere und porenfreie Oberfläche erzielt wird. Die Bewehrung muß sorgfältig so eingebaut werden, daß sie ihre Lage beim Betonieren nicht ändert. Für die Herstellung des Betons gelten die Bestimmungen für die Ausführung von Bauwerken aus Stahlbeton in DIN 1045. Die gewünschte Betonfestigkeit soll am Prüftag (meist nach 28 Tagen) erreicht sein; Eignungsversuche nach §6, DIN 1045, sind zweckmäßig. Außer DIN 1045 sind zu beachten: DIN 1164 — Portlandzement, Eisenportlandzement, Hochofenzement —; DIN 4226 — Betonzuschlagstoffe aus natürlichen Vorkommen —. Sofern nicht andere Gründe entgegenstehen, wird empfohlen, die Betonfestigkeit am Prüftag auf $2/3$ der Sollfestigkeit des Betons zu ermäßigen, um den Schwankungen der Betonfestigkeit im Bauwerk und sonstigen Gefahrenquellen Rechnung zu tragen. Dabei ist darauf zu achten, daß der Kornaufbau des Betons der geringeren Festigkeit wegen nicht unzulässig verändert wird. Die Verdichtung der Prüfkörper soll derjenigen im Bauwerk entsprechen.

Die Nachbehandlung der Prüfkörper ist von großer Bedeutung für das spätere Prüfergebnis. Gewöhnlich hält man die Körper 7 Tage feucht (Sprühdüsen, Feuchtkammer), dann lufttrocken (möglichst im Klimaraum mit rd. 65 bis 70% Luftfeuchte bei 15 bis 20° C) oder bis zur Prüfung feucht, wenn man jede Schwindspannung an der Körperoberfläche vermeiden will.

b) Ermittlung der Betongüte.

Zur Beurteilung des Verhaltens der Stahlbetonkörper muß die Betongüte bekannt sein. Deshalb sind mit den Prüfkörpern noch Würfel nach DIN 1048 — Betonprüfungen bei Ausführung von Bauwerken aus Beton und Stahlbeton — in ausreichender Anzahl mit herzustellen. Die Würfel müssen die gleiche Behandlung erfahren wie die Prüfkörper; sie sind mit diesen zu prüfen (vgl. Abschn. VI B).

Soweit die Formänderungen der Prüfkörper zur Auswertung der Ergebnisse mit herangezogen werden, ist es nötig, auch die Elastizitätszahlen des Betons zu ermitteln. Mit den Würfeln sind dazu Prismen herzustellen mit quadratischem oder rundem Querschnitt von $d = 10$ oder 20 cm und einer Länge von 4 bis 5 d. Die Prismen sind wie die Prüfkörper zu behandeln und im gleichen Alter zu prüfen (vgl. hierzu Abschn. VI D).

c) Ermittlung der Stahlgüte.

Von dem Bewehrungsstahl muß die Streckgrenze σ_s, die Bruchfestigkeit σ_B und die Bruchdehnung δ_{10} festgestellt werden. Man entnimmt die Stahlproben dem Bewehrungsstahl, notfalls an geeigneten Stellen des Prüfkörpers nach der Prüfung. Für die Prüfung gelten DIN 50144 bis 50146.

3. Versuche mit Biegekörpern.

a) Aufbau der Versuche.

Die Prüfung von Platten, Balken und Plattenbalken erfolgt je nach der Stützweite und dem Schlankheitsgrad (Verhältnis Körperdicke d : Stützweite l) mit 2 oder 4 Lasten entsprechend Abb. 1 und 2. Man wählt l mindestens $= 8\,d$,

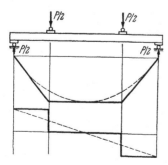

Abb. 1. Moment- und Querkraftverlauf bei Prüfung mit 2 Lasten.

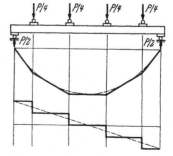

Abb. 2. Moment- und Querkraftverlauf bei Prüfung mit 4 Lasten. Gestrichelt ist der Verlauf für gleichmäßig verteilte Belastung eingetragen.

Moment in Plattenmitte $_{\max} M = \dfrac{P\,l}{8}$,   Moment bei gleichmäßig verteilter Belastung $_{\max} M = \dfrac{q\,l^2}{8} = \dfrac{P\,l}{8}$.

möglichst größer. Bei 4 Lasten ist der Momentenverlauf dem bei gleichmäßig verteilter Belastung (Berechnungsgrundlagen für Hochbauten) weitgehend genähert. Acht Lasten werden wegen des Aufwandes selten verwendet. Wichtig ist, daß in Balkenmitte ein Abschnitt mit konstantem Moment entsteht, in dem vergleichbare Beobachtungen möglich sind.

An den Auflagerstellen sind zur Erzielung zuverlässiger Verhältnisse Rollenlager erforderlich. Auch quer zur Stützweite müssen die Lager einstellbar sein, damit Verwerfungen und ungleiche Verformungen bei der Prüfung ausgeglichen werden. Das gleiche gilt für die Lasteintragungsstellen. Zur Vermeidung zu großer örtlicher Pressungen an den Lagern und Laststellen sind 5 bis 10 cm breite Verteilerplatten aus Stahl nötig, die mit Zement oder Gips aufgezogen werden (vgl. Abb. 1 und 2). Bei einfachen Prüfungen genügt auch das Zwischenlegen von Pappen statt des Aufziehens.

Das Auffinden der Risse bei der Prüfung wird durch einen dünnen Anstrich der Sichtflächen mit Weißkalk oder Gips oder besser Kreide erleichtert. Ein geringer Zusatz eines Farbbindemittels kann bei Gips oder Kreide das Verwischen des Anstrichs verhindern.

b) Belastungseinrichtungen.

Für die Belastung sind hydraulische Pressen am geeignetsten; dabei kann an jeder Laststelle ein Prüfkolben wirken oder ein Kolben über eine Belastungseinrichtung auf mehrere Laststellen drücken. Auch eine Gewichtsbelastung ist brauchbar, doch muß dann für eine einwandfreie Belastung das Gewicht auf Lastpritschen verteilt werden, unter denen ein Lager beweglich sein muß (vgl. Abb. 3).

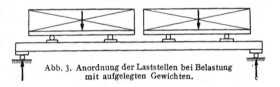

Abb. 3. Anordnung der Laststellen bei Belastung mit aufgelegten Gewichten.

c) Durchführung der Belastung.

Die Last wird in Stufen aufgebracht und bis zur Rißlast in kleinen Stufen gesteigert, dann wählt man in der Regel die Laststufen als Vielfaches der errechneten Gebrauchslast oder in Bruchteilen ($^1/_{10}$) der geschätzten Bruchlast. Beobachtet wird die Rißlast, unter der der 1. Riß ermittelt wird, die Entwicklung der Risse mit steigender Belastung und die Höchstlast, bei der die Tragkraft des Probekörpers erschöpft ist, sowie die Vorgänge und Zerstörungen beim Bruch.

Die Formänderungen der Stahlbetonkörper bilden sich langsam aus; deshalb soll bis zur Messung der Formänderungen mindestens 2 min nach Erreichen der Laststufe gewartet werden. Unter hohen Lasten kommen die Verformungen der Stahlbetonkörper erst nach längerer Zeit oder nicht mehr zum Stillstand; die Last soll dann längere Zeit einwirken. In dem Entwurf zur DIN 4110 — Technische Bestimmungen für die Zulassung neuer Bauweisen — ist vorgesehen, die Bauteile mit der 2 fachen Gebrauchslast mindestens 6 h zu belasten und dabei den Verlauf der Durchbiegung zu verfolgen.

d) Rißbilder.

Wertvolle Hinweise zur Beurteilung der Güte des Verbunds eines Stahlbetonkörpers gibt die Ausbildung der Risse nach Verteilung, Länge und Rißweite. Die Rißbildung muß deshalb sorgfältig verfolgt werden; die ersten Risse sind meist nur mit Lupen von 2- bis 6facher Vergrößerung zu finden; sie zeigen an, wann die Zugfestigkeit des Betons erreicht wurde. Alle Risse werden mit der Laststufe, unter der sie auftraten, und mit der Reihenfolge ihrer Entstehung bezeichnet. Die Rißweite zu messen ist lohnend. Zahl und Größe der Risse sowie die größte und mittlere Rißweite geben wichtige Aufschlüsse über das Verhalten des Verbunds. Für die bildliche Darstellung kann man nach Abschluß des Versuchs die Risse entsprechend ihrer Weite verstärkt nachzeichnen (vgl. Abb. 7).

Vielfach wird die Brauchbarkeit einer Konstruktion nach der Rißweite (GRAF [1]; SORETZ [2]) beurteilt. In Deutschland hält man eine Rißweite von 0,2 mm für zulässig, im Ausland werden größere Weiten bis 0,5 mm nicht be-

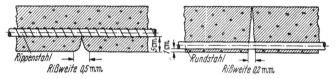

Abb. 4. *Links:* Große Betondeckung, große Schwindspannungen, guter Gleitwiderstand, ungefährlicher Riß. — *Rechts:* Kleine Betondeckung, kleine Schwindspannungen, geringer Gleitwiderstand, gefährlicher Riß.

anstandet. Die zulässige Weite kann nur richtig beurteilt werden, wenn die Betondeckung über der Bewehrung und die Schwindspannungen im Beton, schließlich der Gleitwiderstand des Stahls beachtet werden; Abb. 4 zeigt dies an einem Beispiel.

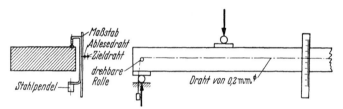

Abb. 5. Durchbiegungsmessung mit gespanntem Draht.

Abb. 6. Prüfung eines Deckenabschnitts mit seitlich wirkender Einzellast bei *e*.
Meßrahmen mit 4 Meßreihen für Durchbiegungsmessungen. *a* Stützleisten; *b* Meßreihen; *c* Meßreihen über den Auflagern.

e) Messung der Verformung der Prüfkörper.

α) *Messung der Durchbiegung.*

Die Durchbiegung einer Biegeprobe gegenüber den Auflagerstellen ist am einfachsten mit
einem feinen Draht zu messen, der
über Rollen am Auflager gespannt
wird, und der als Nullmaß für Maßstäbe dient, die am Prüfkörper,
möglichst pendelnd, aufgehängt
sind. Ein zweiter Draht kann zur
Verhütung von Parallaxenfehlern
gespannt werden. Die Ablesegenauigkeit ist rd. $^1/_{10}$ mm, also
bei Biegekörpern mit größerer
Durchbiegung weit ausreichend.
Abb. 5 zeigt eine schematische
Darstellung der Meßeinrichtung.

Bei breiten Prüfkörpern mit
zentrischer Belastung sind Meßrahmen nötig, die zwängungsfrei
gegen den Prüfmaschinenrahmen
abgestützt sind. Am Meßrahmen
sind Meßuhren ($^1/_{100}$ mm je Teilstrich) befestigt, mit denen die
Senkungen des Prüfkörpers, auch
über den Auflagern, gemessen
werden (vgl. Abb. 6).

Bei geeigneten Verhältnissen
arbeitet man leichter mit Meßbrücken, die bei Nichtgebrauch
abgesetzt werden können. Abb. 7
zeigt eine Meßbrücke für 6 m Stützweite.

β) *Messung der Dehnungen des Betons und des Stahls.*

Dehnungsmessungen können
am Beton und am Bewehrungsstahl durchgeführt werden. Für
den Bewehrungsstahl müssen dazu
an den Enden der Meßstrecken
kleine Öffnungen in der Betondeckung frei gelassen werden. Als
Meßinstrument verwendet man
zweckmäßig Setzdehnungsmesser,
wie solche in Abschn. VI F (S. 448ff.)
beschrieben sind. Die Meßlänge

Abb. 7. Meßbrücke für 6 m Meßlänge.

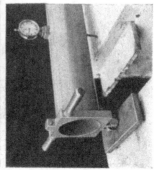

soll bei Beton mindestens 20 cm, besser 50 cm sein, um örtliche Unregelmäßigkeiten im Beton auszugleichen. Die Übersetzung im Meßinstrument soll 1 : 500
bis 1 : 1000 sein.

An Stelle von Setzdehnungsmessern können festangesetzte Dehnungsmesser
verwendet werden. Auch Dehnungsmeßstreifen genügender Länge sind brauchbar, doch ist ihre Anwendung teuer. Bei Messungen an der Bewehrung mit
einbetonierten Dehnungsstreifen entstehen Schwierigkeiten wegen der Isolierung
gegen Feuchte und wegen der Störung des Verbunds der Bewehrung (WORLEY
und MEYER [3]; WEIL [4]).

Die Meßstrecken für den Beton werden meist im Mittelquerschnitt der Biegekörper im Bereich des konstanten Moments angeordnet. An der oberen und
unteren Körperfläche sind mehrere nebeneinanderliegende Meßstrecken zum
Ausgleich von Meßungenauigkeiten nützlich, an den Seitenflächen geben über
die Körperhöhe verteilte Meßstrecken die Möglichkeit, den Verlauf der Null-
linie auch dann zu verfolgen, wenn in der Zugzone Risse auftreten (GIEHRACH
und SÄTTELE [5]).

γ) Messung der Rißweiten.

Zur Messung der Rißweiten in Höhe der Bewehrung sind Meßlupen (20fache
Vergrößerung), für größere Genauigkeit Mikroskope auf verschiebbarem
Schlitten mit Mikrometerschraube, Übersetzung 1 : 100, geeignet.

f) Ermittlung der Biegedruckspannungen σ_b und der Stahlspannungen σ_e.

Aus den gemessenen Längenänderungen des Betons und des Stahls lassen
sich die tatsächlichen Anstrengungen unter einer bestimmten Belastung mit
den Elastizitätszahlen (s. unter 2b) errechnen und mit rechnerisch gewonnenen
Anstrengungen vergleichen.

Die Messungen am Beton erfordern bei der Auswertung besondere Sorgfalt,
weil Beton dem HOOKEschen Gesetz nur in einem beschränkten Bereich folgt;

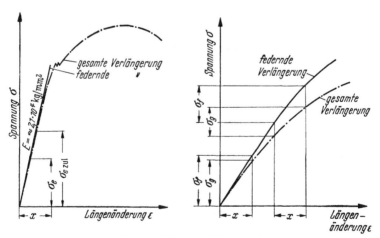

Abb. 8. σ-ε-Linien für Stahl und Beton.

Abb. 8 erläutert dies. Bei Stahl verläuft die Linie der federnden Verlängerungen
praktisch als Gerade; innerhalb der zulässigen Spannungen ergibt sich für eine
gemessene Verlängerung stets eine bestimmte Spannung σ_e; über der zulässigen
Spannung sind die Abweichungen auch bei einer erstmaligen Belastung nur

gering. Bei Beton, besonders bei wenig festem Beton, ergibt sich ein gekrümmter Verlauf der σ-ε-Linien. Die zu einer gemessenen Längenänderung gehörende Spannung σ ist verschieden groß, je nachdem man den Ausgangspunkt auf der σ-ε-Linie gewählt hat. Da aber die Größe der Vorspannung des Betons im Bauwerk meist unbekannt ist, kann die errechnete Spannung von der wirklichen Spannung ziemlich abweichen. Wenn der Beton zum erstenmal belastet wird, gilt die Linie der gesamten Verlängerung. Die jeweils anzurechnende Elastizitätszahl für den Beton muß deshalb sorgfältig bestimmt werden. Bei längerer Belastung eines Stahlbetonteils mit konstanter Last tritt durch das Kriechen des Betons eine Längenänderung an den Meßstrecken auf, die für die Spannungsberechnung ausgeschieden werden muß. Die Betrachtungen gelten für alle Messungen an Stahlbeton.

Im Bereich der Gebrauchslasten erreicht man nach DIN 1045 eine ausreichende Übereinstimmung der Biegedruckspannung σ_b des Betons in der Druckzone und der Stahlspannung σ_e in der Zugzone, wenn das Verhältnis $n = E_{\text{Stahl}}/E_{\text{Beton}}$ wirklichkeitstreu bestimmt wird. Bei genauen Auswertungen von Dehnungsmessungen ist der Einfluß der Schubkräfte auf die Verformung bei kürzeren Balken und der SEEWALDsche Effekt zu beachten (SEEWALD [6]; NASCHOLD [7]; NIELSEN [8]).

Die Bruchlast ergibt bei der Berechnungsart wie oben zu hohe Werte der Biegedruckfestigkeit des Betons, sie betragen das 1,2- bis 1,9fache der Würfeldruckfestigkeit (GRAF [9]); die Werte hängen vom Verhältnis $l:d$, von dem Bewehrungsgrad und von der Betongüte ab. Mit zunehmender Beanspruchung wandert die neutrale Achse in Richtung der Druckzone, weil für den Beton das HOOKEsche Gesetz nur bei niedrigen Spannungen annähernd gilt. Eine bessere Übereinstimmung erhält man mit den Traglastverfahren, die nicht rein elastisches Verhalten beim Bruch voraussetzen, sondern die tatsächliche Verformung (HABERSTOCK [10]; RÜSCH [11]).

g) Ermittlung der Schubspannungen τ_0.

Die Schubspannungen im Beton müssen durch aufgebogene Stäbe und durch Bügel aufgenommen werden. Die Bewehrung ist im Schubgebiet so anzuordnen, daß die Risse eng bleiben und daß die Zerstörung der Stahlbetonkörper durch Schub vermieden wird. An entsprechend bewehrten Versuchsbalken geben Rißbeobachtungen, Dehnungsmessungen am Beton und an aufgebogenen Eisen sowie Bruchbilder den gewünschten Aufschluß. Die Berechnung erfolgt aus der Querkraft Q, der Stegbreite b_0 und dem Abstand z des Schwerpunkts der Bewehrung vom Druckmittelpunkt aus $\tau_0 = \dfrac{Q}{b_0 z}$. Umfangreiche Untersuchungen sind von GRAF [12] für den Deutschen Ausschuß für Stahlbeton ausgeführt worden.

h) Ermittlung des Gleitwiderstands τ_1.

Der Gleitwiderstand τ_1 kann bei Stahlbetonbiegebalken aus der Gleichung $\tau_1 = \dfrac{Q}{u z}$ errechnet werden, wobei Q die Querkraft und u der Umfang der geraden Bewehrungsstäbe in der Zugzone bedeuten. Wenn gerade Zugstäbe keine Endhaken besitzen, wie bei Profilstählen oder bei Spannbetonstählen, kann aus der Prüflast eines Biegebalkens beim Beginn des Gleitens der Bewehrungsenden der Gleitwiderstand τ_1 errechnet werden. Weiteres vgl. in Abschn. 4.

4. Versuche zur Ermittlung des Gleitwiderstands.

a) Haftung und Gleitwiderstand.

Die maßgebende Eigenschaft für die Verbundwirkung des Stahlbetons beruht auf der Haftung des Stahls am Beton bzw. auf dem Widerstand des Stahls gegen das Gleiten im Beton. Die Haftung des Stahls im Beton ist zunächst rein physikalischer Natur infolge der Adhäsion zwischen Beton und Stahl; auch kapillarchemische Wirkungen sind nachgewiesen (POGANY [13]). Die Haftung kann durch die Querpressung des Betons infolge des Schwindens vergrößert werden.

Werden die Zugkräfte im Stahl so groß, daß eine merkliche Verformung oder geringe Verschiebungen des Stahls auftreten, dann wird der Widerstand gegen Gleiten wirksam. Dieser ist hauptsächlich von der Oberflächenbeschaffenheit des Stahls und von den Querspannungen, die der Beton ausübt bzw. aufnehmen kann, abhängig.

b) Ermittlung des Gleitwiderstands.

α) Prüfverfahren.

Zur Bestimmung des Gleitwiderstands verwendet man meist Proben nach Abb. 9 oder 10. Die Herstellung und Prüfung dieser Proben ist verhältnismäßig einfach. Bei der Prüfung werden durch die Pressung des Versuchskörpers auf

  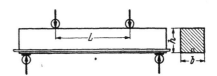

Abb. 9. Ermittlung des Gleitwiderstands durch den Zugversuch.   Abb. 10. Ermittlung des Gleitwiderstands durch den Druckversuch.   Abb. 11. Ermittlung des Gleitwiderstands durch den Biegeversuch.

das Auflager Querdruckspannungen im Beton erzeugt, die den Gleitwiderstand erhöhen, und die mit steigender Zugkraft wachsen. Bei der Prüfung nach Abb. 10 wird außerdem eine Querdehnung am oberen Stabende entstehen, die den

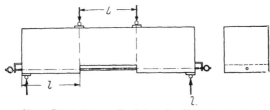

Abb. 12. Biegebalken zur Ermittlung des Gleitwiderstands; Gleitlänge l.

Gleitwiderstand ebenfalls beeinflußt. Der Gleitwiderstand nach Abb. 10 ergibt sich stets höher als nach Abb. 9.

Die Probenform nach Abbildung 11 und 12 vermeidet die Nachteile der vorgenannten Proben und nähert sich in der Wirkung den tatsächlichen Verhältnissen im Biegebalken.

Die Herstellung solcher Balken ist teurer als die der Zugproben. Die Ergebnisse beim Biegeversuch unterscheiden sich nur wenig von denen des Zugversuchs; deshalb wird der Zugversuch vorgezogen.

β) Behandlung der Proben.

Für die Herstellung der Probekörper und für die Betongüte gilt das in Abschn. 2 Gesagte. Die Proben nach Abb. 9 und 10 wird man im allgemeinen stehend herstellen; man erreicht damit eine gleichmäßige Einbettung, jedoch kann je nach der Konsistenz des Betons und der Art der Verdichtung, entsprechend einer unterschiedlichen Festigkeit des Betons über die Probenhöhe, auch der Gleitwiderstand verschieden (BACH und GRAF [14]) sein. Bei Proben, die durch Rütteln verdichtet sind, kann man einen größeren Gleitwiderstand (WALZ [15]) erwarten.

Die Proben nach Abb. 11 und 12 müssen liegend hergestellt werden; dabei kann unter dem Stab eine Wasserschicht oder ein weniger sattes Anliegen durch Schrumpfen des Betons entstehen, so daß die Haftung beeinträchtigt wird. Dieses Schrumpfen wird für bestimmte Versuche dadurch gefördert, daß man unter der Bewehrung einen verlorenen Abschnitt anbetoniert, der nach dem Erhärten bis zur richtigen Betondeckung abgeschnitten wird.

Für die Lagerung der Proben sind die gleichen Punkte zu beachten wie bei Biegeproben (vgl. Abschn. 2a). Die Prüfung erfolgt nach Erreichen der gewünschten Festigkeit, also im allgemeinen im Alter von 28 Tagen.

γ) Prüfung der Proben.

Bei der Prüfung der Proben nach Abb. 9 bis 12 wird die Höchstlast $_{max}P$ bestimmt. Die Last kann bei rascher Bewegung erheblich anwachsen, deshalb muß die Belastungsgeschwindigkeit klein sein und bei Vergleichsversuchen gleichgehalten werden.

Der spezifische Gleitwiderstand errechnet sich aus der größten Zugkraft und der einbetonierten Staboberfläche zu $\tau_1 = \dfrac{_{max}P}{l\,\pi\,d}$; er zeigt sich abhängig von der Betongüte, insbesondere vom Zement- und Wassergehalt des Betons, von der Dicke der Stahlstäbe und von der Beschaffenheit der Stahloberfläche, ferner von der Länge l. Für übliche Betongüten ist $\tau_1 = 10$ bis 45 kg/cm² für Körper mit $l = 20$ bis 30 cm bei einem Querschnitt des Prüfkörpers von 20 cm im Quadrat. Der genannte Wert stellt einen Mittelwert des Gleitwiderstands dar, wie im folgenden Absatz gezeigt wird.

Die für gleiche Betongüten von verschiedenen Forschern genannten Gleitwiderstandswerte sind nicht einheitlich. Deshalb müssen genaue Angaben über den Beton und die Herstellung der Proben und über die Oberfläche der Stahlproben gemacht werden. Zu der allgemeinen Beschreibung der Stahloberfläche (Walzhaut, Rostgrad, Rippen usf.) sollten vergleichbare Angaben über die Rauhigkeit gemacht werden (vgl. auch DIN 4761 — Technische Oberflächen, Begriffe und bildliche Kennzeichnung der Rauheit —).

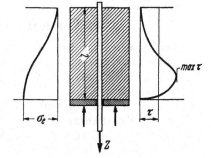

c) Messungen zum Gleitwiderstand.

Man nimmt an, daß der tatsächliche Verlauf des Gleitwiderstands über die Länge des Prüfstabs nach Abb. 13 verläuft, und daß der ermittelte Wert τ einen Mittelwert darstellt.

Abb. 13. Verlauf der Spannungen σ_e und des Gleitwiderstands über die Probelänge l.

Auf verschiedenen Wegen wurde versucht, aus den außerhalb des Versuchskörpers meßbaren Formänderungen und Beobachtungen auf den Zustand in der Gleitfläche Schlüsse zu ziehen (HAHN [16]). Mit im Innern eines Stahlstabs eingebauten Dehnungsmeßstreifen läßt sich der tatsächliche Spannungsverlauf im Stahl ermitteln; die auf den Beton übertragene Kraft kann daraus berechnet werden; wegen Einzelheiten vgl. DJABRY [17].

An Stelle der Prüfung nach Abb. 9 prüft man auch Probekörper nach
Abb. 14, wobei die Abmessungen der Betonumhüllung verschieden gewählt
werden. Beim Zugversuch entstehen nach Überschreitung der Zugfestigkeit

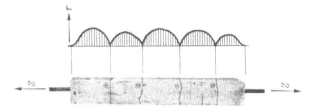

Abb. 14. Zugkörper. Gedachter Verlauf des Gleitwiderstands.

des Betons Risse und damit ein Verlauf der Spannungen, wie er in Abb. 14
angedeutet ist (GRAF [1]); auch hier können die Spannungen mit Dehnungsmeßstreifen ermittelt werden (DJABRY [17]). Das Verfahren ist zu Vergleichszwecken geeignet.

5. Versuche über die Verankerung der Bewehrung mit Haken.

Nach DIN 1045 sind in Stahlbetonbauten bei Rundstählen Endhaken mit
bestimmten Halbmessern zur Verankerung vorgeschrieben. Die Haken sollen
nach Überwindung des Gleitwiderstands die volle Zugkraft im Stahl auf den

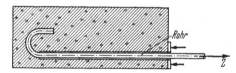

Abb. 15. Prüfkörper zur Ermittlung der Tragkraft von
Haken.

Beton übertragen. Zur Feststellung der
Tragkraft der Haken werden Heraus-
zieh-Versuche durchgeführt, wobei Versuchskörper nach Abb. 15 verwendet
werden. Die Tragkraft wird begrenzt
durch den Widerstand des Hakens
gegen Aufbiegen und durch die Pressung vor dem Haken, die zum Sprengen

des Betons führen kann. Die Ergebnisse von Versuchen von GRAF [18] sind in
den Richtlinien des Deutschen Ausschusses für Stahlbeton verarbeitet; eine
neuere Arbeit hat BAUER [19] geliefert.

6. Versuche mit bewehrten Säulen.

Bei Versuchen zur Ermittlung der Tragfähigkeit von bewehrten umschnürten
und nichtumschnürten Säulen muß bei der Herstellung und bei der Prüfung
der Körper ganz besonders Vorsicht angewandt werden, wenn nicht Mißerfolge
auftreten sollen.

Für die Herstellung und die Nachbehandlung der Versuchskörper sind zunächst die Hinweise unter 2. zu beachten. Dann ist, wie bei allen Körpern für
Druckversuche, wichtig, daß die Verdichtung des Betons im oberen Teil der
Säulen ebenso gut wird wie im unteren Teil. Man braucht deshalb einen hohen
verlorenen Kopf von mindestens 20 bis 30 cm Höhe, der nach dem Anziehen
des Betons so weit weggenommen wird, daß die Längseisen noch mindestens
1 bis 2 cm über den Beton hinausragen. Dann wird eine Abschlußschicht aus
besonders gutem Beton eingebracht und abgeglichen, bis Betonfläche und
Endflächen der Stahleinlagen bündig sind. Man vermeidet auf diese Weise, daß
sich in der oberen Zone eine wasserreiche und außerdem weniger gut verdichtete
Schicht bilden kann. Bis zur Prüfung sollen die Säulen möglichst feucht gehalten
sein, sofern nicht der Versuchszweck trockene Lagerung erforderlich macht.

Vor der Prüfung müssen die Druckflächen ebengeschliffen werden, damit beim Druckversuch der Beton und die eingelegten Stahleinlagen gleichzeitig zur Wirkung kommen. Es ist auch zu empfehlen, die Druckflächen auf den Druckplatten aufzureiben, wobei selbstverständlich die Druckplatten aus gut gehärtetem Stahl bestehen müssen, damit die Bewehrungseinlagen der Säulen die Druckplatten nicht beschädigen. Unmittelbar nach dem Schleifen bzw. Aufreiben ist mit dem Druckversuch zu beginnen, damit nicht durch Schwinden in den Außenzonen wieder eine nachträgliche Verwölbung der Druckflächen auftritt.

Wenn die Druckflächen nur mit Zementmörtel zwischen ebenen Platten aufgezogen werden, wird das Ergebnis gefälscht, weil sich beim Druckversuch die Stahleinlagen in den Zementmörtel eindrücken. Die vorstehend genannten Erwägungen für die Herstellung und Prüfung von bewehrten Säulen haben sich bewährt und ergeben vergleichbare Ergebnisse (GRAF [20], GEHLER und AMOS [21].

Bisherige Feststellungen haben ergeben, daß sich die Bruchlast aus der Prismenfestigkeit des Betons und aus der Fließgrenze des Stahls annähernd bestimmen läßt. Die Zusammendrückung der Prismen richtet sich nach der Betongüte und nach dem Bewehrungsgehalt; sie nimmt mit lang dauernder Last allmählich zu. Man stellt dabei fest, daß der Anteil des Betons an der Aufnahme der Last im Laufe der Zeit zurückgeht (GRAF [20]).

7. Versuche über die Verdrehung von Stahlbetonkörpern.

Die Widerstandsfähigkeit von Stahlbetonteilen gegen Verdrehung ist wesentlich von der Anordnung der Bewehrung abhängig. Soll die zweckmäßige Anordnung der Bewehrung nachgeprüft werden, so sind Versuche an Vergleichskörpern nötig, um aus dem Rißverlauf und dem Bruchzustand entsprechende Folgerungen zu ziehen.

Die Widerstandsfähigkeit der Versuchskörper gegen Verdrehung ist in hohem Maße von der Körperform abhängig. Über die Widerstandsfähigkeit von bewehrten Prismen gegen Verdrehung berichten BACH und GRAF [22]. Einen Versuch mit einem Brückenmodell, das durch Verdrehung beansprucht wurde, gab GRAF bekannt [23]. Wegen Einzelheiten ist auf die Literaturstellen zu verweisen.

8. Dauerversuche.

Die vorgenannten Prüfungen können auch unter Dauerschwellbeanspruchung durchgeführt werden (vgl. hier DIN 50100 sowie Abschn. VI E; GRAF und BRENNER [24]).

B. Prüfung von Stahlbetonfertigteilen.

1. Herstellung und Auswahl der Fertigteile.

Stahlbetonfertigteile sind fabrikmäßig hergestellte Stahlbetonteile, die erst nach dem Erhärten verlegt oder zusammengebaut werden. Dazu zählen Stürze und Balken, insbesondere Spannbetonbalken, Deckenplatten, Dachplatten, Treppen, Maste und Rohre. Die Fertigteile müssen mit einer bestimmten Güte geliefert werden, die vom Bauherrn oder von den Baubehörden vorgeschrieben wird. Für viele Fertigteile sind die Abnahme- und Prüfvorschriften in DIN-Blättern festgelegt.

Die Nachprüfung der Güte der Erzeugnisse kann im Herstellerwerk
(WEIL [25]) oder in einer Prüfanstalt erfolgen. Soweit eine amtliche Überwachung vorgeschrieben ist, muß die Entnahme der Proben durch eine un-
parteiische Person vorgenommen werden. Die Prüfbedingungen richten sich
nach den Beanspruchungen, denen das Erzeugnis im Gebrauch unterworfen ist.

2. Prüfung von Stürzen, Balken und Trägern aus Stahlbeton.

a) Prüfung von Stürzen.

Die Prüfung von Stürzen für Hochbauten ist als Biegeprüfung nach
Abschn. A 3 möglichst im Alter von 28 Tagen durchzuführen. An Stelle der
gleichmäßig verteilten Belastung wird bei der Prüfung eine Lastanordnung
nach Abb. 1 mit zwei Lasten in den Drittelspunkten gewählt; die Schubbeanspruchung wird dabei etwas ungünstiger als in Wirklichkeit; dabei kommen
Mängel in der Ausführung früher zur Geltung. Als Stützweite wird die lichte
Weite der Bauwerksöffnung vermehrt um die Sturzdicke oder die Weite jeweils
bis Mitte Auflager eingestellt. Eine Kontrolle der Durchbiegung unter der
Belastung mit einfachen Mitteln (Drahtmethode) ist angebracht.

Ermittelt wird die Rißlast und die Bruchlast. Zur Beurteilung wird die
nach der statischen Berechnung festgelegte Gebrauchslast herangezogen. Bei
vorzeitigem Versagen muß die Betonfestigkeit an Würfeln ermittelt werden,
die aus dem gebrochenen Sturz herauszusägen sind. Durch Zerschlagen der
Reststücke kann Größe und Lage der Bewehrung geprüft werden; notfalls
sind an den Enden der Bewehrungsstäbe Proben zur Ermittlung der Stahl-
güte zu entnehmen.

b) Prüfung von Deckenbalken und Trägern.

α) *Prüfung der Fertigteile.*

Für die Herstellung und Ausführung von Deckenbalken gelten DIN 4225 —
Fertigteile aus Stahlbeton, Richtlinien für Herstellung und Anwendung—, und
DIN 4233 — Balken- und Rippendecken aus Stahlbetonfertigbalken mit Füll-
körpern —, schließlich für vorgespannte Fertigbalken DIN 4227 — Spannbeton,
Bemessung und Ausführung —.

Die Fertigbalken und Träger sind zunächst auf formgerechte Ausbildung
nachzuprüfen; daran schließt sich die Ermittlung der Tragfähigkeit aus der
Biegeprüfung. Verwendet werden 2 oder 4 Lasten nach Abb. 1 oder 2, bei
großen Stützweiten sind 4 Lasten zweckmäßig. Im übrigen wird wie unter a) bei
Stürzen geprüft.

Spannbetonbalken werden wie nichtvorgespannte Fertigbalken geprüft.
Wichtig ist die genaue Bestimmung der Rißlast, die einen Hinweis auf die
richtige Vorspannung gibt. Da im allgemeinen keine besondere Verankerung
der Bewehrung angewandt wird, muß unbedingt die Haftung an den Balken-
enden durch Prüfung eines kurzen Balkens oder mit kurzer Entfernung der
Lasten von den Auflagern nachgeprüft werden; die Auswertung richtet sich
nach Abschn. A 3 h. Zur Beurteilung ist die statische Berechnung der Balken
nötig.

Die Prüfung auf Tragkraft versagt bei Fertigbalken, die zur Einsparung
an Gewicht keinen Druckgurt oder sogar keinen Steg erhalten. Solche Balken
können sachgemäß nur nach dem Anbetonieren eines entsprechend ausgebildeten
Druckgurts geprüft werden.

β) Prüfung des Verbunds zwischen Fertigbalken und Ortbeton.

Bei Fertigbalken, die ohne herausstehende Bügel hergestellt werden, muß die Haftung des auf der Baustelle einzubringenden Ortbetons am Balken so vollwertig sein, daß ein Versagen wegen Überwindung der Schubfestigkeit τ_a in der Anschlußfuge nicht eintritt. Um die Haftung nachzuprüfen, stellt man Balken mit nachträglich anbetoniertem Druckgurt und mit einem Querschnitt nach Abb. 16 her. Die Prüfung erfolgt auf Biegung so, daß zwischen Last und

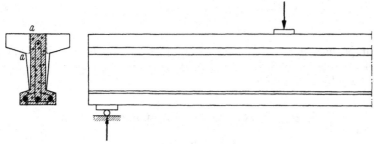

Abb. 16. Prüfkörper zur Ermittlung der Anschlußfestigkeit des Betons; Scherfläche *a—a*.

Auflager eine möglichst große Schubkraft auftritt. Die Schubspannung τ_a wird nach den Regeln des Stahlbetonbaues für den Anschlußquerschnitt *a—a* (Abb. 16) gerechnet.

Bei Versuchen für den Deutschen Ausschuß für Stahlbeton (GRAF und WEIL [26]) ergab sich an verhältnismäßig glatten Seitenflächen $\tau_a = 22,0$ bis $25,7 \text{ kg/cm}^2$. An anderer Stelle ist festgestellt worden, daß bei waagrechten Anschlußfugen kleinere Werte ($\tau_a \cong 5,0 \text{ kg/cm}^2$) auftreten (AMOS und BOCHMANN [27]; MEYER [28]).

3. Prüfung von Platten und Dielen.

Für Stahlbetonplatten für Wohnhausdecken und Dachplatten gelten gleiche Prüfregeln wie für Deckenbalken (s. unter 2). Zur Beurteilung der Ergebnisse von Stahlbetonhohldielen dienen die Richtlinien in DIN 4028 — Stahlbetonhohldielen, Bestimmungen für Herstellung und Verlegung —. Für vorgespannte Platten, z. B. Schäferplatten, sind die Zulassungsbedingungen maßgebend.

4. Prüfung von Stahlbetontreppen.

Die Prüfung von Stahlbetontreppen und Treppenwangen kann in einer Prüfmaschine erfolgen; die Lagerung in der Prüfmaschine muß statisch einwandfrei sein; ein Beispiel zeigt Abb. 17. Die Auswertung und Beurteilung richtet sich nach DIN 1045.

Abb. 17. Biegebelastung einer Treppenwange.

5. Prüfung von Masten.

DIN 4234 — Stahlbetonmaste, Bestimmungen für die Bemessung und Herstellung — gilt bei Prüfung und Beurteilung von Masten. Neben der vorgeschrie-

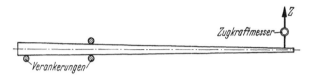

Abb. 18. Prüfung eines Mastes auf Biegung.

benen Güteprüfung des Betons ist die Tragkraft der Maste zu überprüfen. Die Prüfung kann behelfsmäßig nach Abb. 18 auf einem Freiplatz oder in einer geeigneten Prüfmaschine erfolgen.

6. Prüfung von Stahlbetonrohren.

a) Vorschriften.

Für die Prüfung von Stahlbetonrohren gelten gleiche Richtlinien wie für nichtbewehrte Rohre (vgl. Abschn. VI J). Zusätzlich sind die Scheiteldruckprüfung und die Prüfung auf Innendruck vorgeschrieben (vgl. DIN 4035 — Eisenbetonrohre, Bedingungen für Lieferung und Prüfung — und die entsprechende DIN 4036 für Eisenbetondruckrohre).

b) Prüfung auf Scheiteldruckfestigkeit und Längsbiegefestigkeit.

Für die Prüfung auf Scheiteldruckfestigkeit ist Zweilinienlagerung vorgeschrieben (vgl. Abb. 3 in Abschnitt VI J), bei Rohren mit mehr als 1 m Nennweite ist auch Dreilinienlagerung nach Abb. 19 zulässig. Zu ermitteln ist

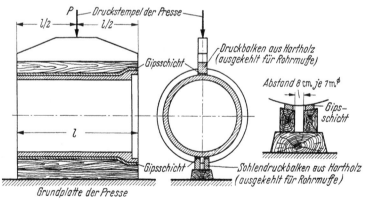

Abb. 19. Prüfung auf Scheiteldruckfestigkeit (Dreilinienlagerung), entnommen aus DIN 4036.

die Last, unter der der erste Riß gefunden wird; als Rißlast gilt die Last, unter der ein Riß von mindestens 30 cm Länge und 0,2 mm Weite auftritt. Als Bruchlast gilt die Last, unter der eine Laststeigerung nicht mehr möglich ist. Die Biegezugfestigkeit (BACH [29]; FÖPPL [30]), von RÔS Ringbiegefestigkeit genannt, ist etwas kleiner als die wirkliche Biegezugfestigkeit des Betons, die an herausgeschnittenen Proben gemessen wird.

Die Rohre werden auch auf Längsbiegung beansprucht (ungleiche Setzungen nach der Verlegung). Die Tragkraft wird dazu in der Schweiz durch eine Prüfung

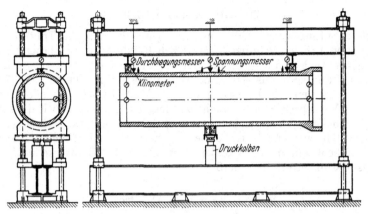

Abb. 20. Biegeversuch mit Betonrohren als Balken auf 2 Stützen.

als Balken auf 2 Stützen mit 1 oder 2 Lasten je nach Rohrlänge ermittelt; Abb. 20 zeigt eine Prüfeinrichtung hierzu.

c) Prüfung auf Innendruck.

Bei der Prüfung der Stahlbetonrohre auf Innendruck darf eine zusätzliche Längsbeanspruchung des Betons durch die Einspannung nicht auftreten. Dazu sind in DIN 4035 und 4036 geeignete Prüfeinrichtungen angegeben (vgl. dort). Eine schweizerische Ausführung einer liegenden Einrichtung zeigt Abb. 21.

Abb. 21. Innendruckversuch mit Eisenbetonrohren.

Die liegende Anordnung der Prüfeinrichtung hat den Nachteil, daß durch die Wasserfüllung eine nicht erwünschte Biegebeanspruchung des Rohrs auftritt (MARQUARDT [31]). Bei Prüfung mit stehenden Rohren wird dieser Nachteil vermieden; GRAF [32] hat über solche Versuche berichtet.

C. Prüfung von Stahlbeton-Tragwerken.

1. Prüfungen am Bauwerk.

Bei der Prüfung von Stahlbetonteilen beurteilt man die Tragkraft nach dem Verhalten bei der Prüfung, nach der Rißbildung und insbesondere nach der Höchstlast und dem Bruchbild. Bei der Prüfung eines in einem Bauwerk eingebauten Stahlbetonteils darf eine Belastungsprüfung keine Beschädigung des Bauteils ergeben; als Belastung darf nach DIN 1045, § 7, höchstens das 1,5fache der Verkehrslast aufgebracht werden; dazu kommt noch die ständige Last. Bei Brücken und ähnlichen Bauwerken darf nur die rechnungsmäßige Last angewandt werden. Unter diesen Lasten sind meist keine Risse oder Schäden zu beobachten, so daß die Beurteilung der Bauwerke nach Formänderungsmessungen erfolgen muß.

2. Prüfung von Decken.

Wenn mangelhafte Ausführung befürchtet wird, ist nach DIN 1045, § 7, eine Probebelastung durchzuführen (s. unter 1). Die Last muß danach während mindestens 6 h liegenbleiben; erst dann ist die Durchbiegung zu messen. Die bleibende Durchbiegung soll frühestens 12 h nach Wegnahme der Last festgestellt werden; sie darf bis $1/_4$ der Gesamtdurchbiegung betragen.

Bei der Durchführung eines Deckenversuchs müssen bestimmte Regeln beachtet werden, wenn das Ergebnis einen brauchbaren Schluß auf die Tragfähigkeit zulassen soll. Im allgemeinen wird man die Belastung so aufbringen, daß ein Deckenstreifen belastet wird. Die Last besteht meist aus Gewichten, z. B. Deckensteinen, Ziegelsteinen, Zement usw. Bei nicht sachgemäßer Stapelung solcher Gewichte ergibt sich eine Brückenwirkung, die das

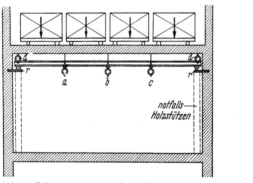

Abb. 22. Belastung einer eingebauten Wohnhausdecke. Meßuhren bei d entfallen, wenn die Meßbrücke auf Bolzen r in der Wand aufgesetzt werden kann.

Ergebnis fälscht. Man legt deshalb die Lasten auf kleine Pritschen, die mit Rollen auf den Deckenstreifen aufliegen (vgl. Abb. 22).

Zur Messung der Durchbiegung wird unter der Decke eine Meßbrücke angesetzt, möglichst in Form eines kräftigen Stahlträgers mit geringer Eigendurchbiegung. Der Stahlträger soll entweder auf Bolzen aufgelegt werden, die in die Wand eingelassen sind, oder aber auf Stützen (vgl. Abb. 22). Falsch ist es, an Stelle des Stahlbalkens Holzbalken oder auf dem darunterliegenden Boden aufgestellte Stützen zu verwenden, weil die Relativbewegungen zwischen den einzelnen Decken und die Verkrümmung der Holzbalken durch Austrocknen oder Befeuchten während der langen Belastungszeit unbekannt sind. Die möglichen Fehler können unter Umständen größer sein als die Verformung der Decke selbst.

An dem Stahlbalken sind Meßuhren ($1/_{100}$ mm) mit geeigneten Haltern zu befestigen und an der Decke anzulegen. Meßuhren mit einer Übersetzung von mindestens 1 : 100 sind erforderlich, weil die Formänderungen meist klein sind. Derartige Meßbrücken sind für jeden wichtigen Querschnitt anzusetzen.

Im allgemeinen wird man bei einer Probebelastung nur feststellen, daß unter der aufgebrachten Prüflast keine Veränderungen an der Decke eintraten, oder daß Risse entstanden, und daß die bleibenden Durchbiegungen die verlangte Grenze nicht überschreiten.

Bei der Beurteilung der Probebelastungen ist zu beachten, daß es sich um einen Streifenabschnitt aus einer allseitig verspannten Platte handelt, die von allen Seiten gestützt wird.

Man erhält zuverlässigere Aufschlüsse, wenn man die Bewehrung der Decke an einigen Stellen der unteren Fläche freilegt und dort Meßstrecken anbringt, an denen die Stahldehnung während der Belastung verfolgt wird. Daraus läßt sich leicht die Stahlspannung berechnen und mit der rechnungsmäßigen Spannung aus einer genauen statischen Berechnung (Stadium I, solange keine Risse in den Meßstrecken auftreten) vergleichen. Wenn zudem durch Kugelschlagversuche oder besser durch entnommene Probestücke die Würfeldruckfestigkeit des Betons ermittelt werden kann, ist die Tragkraft der Decke und ihre Übereinstimmung mit den Bauvorschriften wesentlich sicherer abzuschätzen.

3. Probebelastung von Brücken und ähnlichen Tragwerken.

Bei der Abnahme von Brücken soll unter der vollen Verkehrslast eine bestimmte Durchbiegung nicht überschritten werden. Weiterhin sind oft Messungen zum Vergleich der tatsächlichen mit den gerechneten Bauwerksspannungen erforderlich. Man führt dazu Belastungsversuche durch und mißt die Formänderungen an den Brücken. Dazu gehört die Messung der Durchbiegungen bzw. Senkungen der Hauptträger, die Messung der Dehnungen am Beton an Stellen größerer Beanspruchung und gegebenenfalls Messungen am Bewehrungsstahl.

Die Meßgeräte, die zu solchen Untersuchungen nötig sind, sind: Für die Durchbiegungsmessungen Nivelliere größerer Genauigkeit, oder Senkungsmesser in Form üblicher Meßuhren mit einer Übersetzung 1 : 100, wenn ein Stützgerüst für die Uhren aufgebaut werden kann (Holzgerüst für kurzzeitige Messungen). Meßuhren sind vorzuziehen wegen der rascheren Messung.

Für die Dehnungsmessungen am Beton und am Stahl können Setzdehnungsmesser oder an unzugänglichen Stellen fest angebrachte Geber mit elektrischer Übertragung der Meßwerte benutzt werden. Näheres über diese Meßgeräte findet sich in Abschn. VI D und F. In gleicher Weise können Schwingungsmessungen an Brücken mit elektrischen Dehnungsgebern und Oszillographen zur Aufzeichnung der Schwingungen gemacht werden.

Brückenmessungen erfordern eine sorgfältige Vorbereitung und schon bei der Herstellung der Brücke die Bereitstellung einer ausreichenden Anzahl von Probekörpern für die Bestimmung der Betonfestigkeit und der Betonelastizitätszahl zur Zeit des Belastungsversuchs. Die Belastung darf nicht an Tagen mit großen Temperaturunterschieden durchgeführt werden, um Änderungen durch Wärmespannungen zu vermeiden.

Schrifttum.

[1] GRAF, O.: Über die Entwicklung der Eigenschaften der Betonstähle und über die zugehörigen zulässigen Anstrengungen. Bauwirtsch. Bd. 6 (1952) H. 27/29, S. 613ff. — Jb. Dtsch. Betonverein e. V. Wiesbaden 1952, S. 91ff.
[2] SORETZ, ST.: Versuche an Stahlbetonrippendecken bei lang dauernder ruhender Belastung. Jb. Dtsch. Betonverein e. V. Wiesbaden 1955, S. 310ff.

[3] Worley, H. E., u. R. C. Meyer: Development of a cell for the installation of electrical resistance strain gages in concrete. J. Amer. Concr. Inst. Bd. 50 (1953) S. 121 ff.

[4] Weil, G.: Spannungsmessungen an Betonfahrbahnplatten. Schriftenreihe Forschungsgesellschaft für das Straßenwesen, A. G. Betonstraßen, H. 4, S. 83 ff. Bielefeld 1953.

[5] Giehrach, U., u. Chr. Sättele: Die Versuche der Bundesbahn an Spannbetonträgern in Kornwestheim. Dtsch. Ausschuß für Stahlbeton 1955, H. 120, S. 20/24.

[6] Seewald, F.: Spannungen und Formänderungen von Balken mit rechteckigem Querschnitt. Abhandlung aus dem Aerodynamischen Inst. T.H. Aachen 1927.

[7] Naschold, G.: Die größten Randspannungen in geraden, rechteckigen Balken bei Einzellast. Bauingenieur Bd. 22 (1941) H. 5/6, S. 40 ff.

[8] Nielsen, E. C.: Effect of various factors on flexural strength of concrete test beams. Magaz. Concr. Res. Bd. 15 (1954) S. 105 ff.

[9] Graf, O.: Handbuch für Eisenbetonbau, 1. Bd., 4. Aufl., S. 69 ff.

[10] Haberstock, K. B.: Die n-freien Berechnungsweisen des einfach bewehrten, rechteckigen Stahlbetonbalkens. Dtsch. Ausschuß für Stahlbeton, H. 103. Berlin 1952.

[11] Rüsch, H.: Versuche zur Festigkeit der Biegedruckzone. Dtsch. Ausschuß für Stahlbeton, H. 120. Berlin 1955.

[12] Graf, O.: Handbuch für Eisenbetonbau, 1. Bd., 4. Aufl., S. 151 ff — ferner in den Heften 61, 67 und 73 des Dtsch. Ausschusses für Stahlbeton.

[13] Pogany: Untersuchungen über das Wesen der Haftfestigkeit. Zement Bd. 29 (1940) S. 237 ff.

[14] Graf, O.: Handbuch für Eisenbetonbau, 1. Bd., 4. Aufl., S. 54 ff.

[15] Walz, K.: Eigenschaften von Beton bei Außenrüttelung und bei Tischrüttelung. Bautenschutz Bd. 6 (1935) S. 78 ff.

[16] Hahn, V.: Über die Verbundwirkung des Querrippenstahls. Bauwirtsch. Bd. 9 (1955) H. 3/4.

[17] Djabry, W.: Contribution à l'étude de l'adhérence des fers. Bericht 184 der Eidgn. Mat.- und Versuchsanstalt für Industrie, Bauwesen und Gewerbe. Zürich 1952.

[18] Graf, O.: Handbuch für Eisenbetonbau, 1. Bd., 4. Aufl., S. 62 ff — ferner O. Graf u. E. Brenner in H. 92 und 99 des Dtsch. Ausschusses für Stahlbeton.

[19] Bauer, R.: Über die Verankerung der Stahleinlagen im Stahlbeton durch Haken. Dissertation TH. Stuttgart. Berlin: W. Ernst & Sohn 1949.

[20] Graf, O.: Versuche mit Eisenbetonsäulen. Dtsch. Ausschuß für Stahlbeton, H. 77. Berlin 1934.

[21] Gehler, W., u. H. Amos: Versuche an Säulen mit Walzprofilbewehrung. Dtsch. Ausschuß für Stahlbeton, H. 81. Berlin 1936.

[22] Bach, C., u. O. Graf: Versuche über die Widerstandsfähigkeit von Beton und Eisenbeton gegen Verdrehung. Dtsch. Ausschuß für Stahlbeton, H. 16. Berlin 1912.

[23] Graf, O.: Versuche mit zwei Brückenträgern aus Eisenbeton, welche auf drei Punkten gelagert waren, und bei denen die Belastungen außerhalb der Symmetrieebene wirkten. Bauingenieur Bd. 1 (1920) S. 215 ff.

[24] Graf, O., u. E. Brenner: Versuche zur Ermittlung der Widerstandsfähigkeit von Beton gegen oftmals wiederholte Druckbelastung. Dtsch. Ausschuß für Stahlbeton, H. 76 u. 83 — Versuche zur Ermittlung des Gleitwiderstands von Eiseneinlagen im Beton bei stetig steigender Belastung und bei oftmals wiederholter Belastung. Dtsch. Ausschuß für Stahlbeton, H. 93.

[25] Weil, G.: Zur Überwachung der Herstellung von Fertigteilen aus Spannbeton. Betonstein-Ztg. Bd. 20 (1954) H. 6, S. 239 ff.

[26] Graf, O., u. G. Weil: Versuche über den Verbund zwischen Stahlbeton-Fertigbalken und Ortbeton. Dtsch. Ausschuß für Stahlbeton, H. 119. Berlin 1955.

[27] Amos, H., u. W. Bochmann: Versuche zur Ermittlung des Zusammenwirkens von Fertigbauteilen aus Stahlbeton für Decken. Dtsch. Ausschuß für Stahlbeton, H. 101.

[28] Meyer, A.: Die Verbundwirkung zwischen Stahlbeton-Fertigteilen und Ortbeton. Bauingenieur Bd. 26 (1951) S. 327 ff.

[29] Bach, C.: Elastizität und Festigkeit, 8. Aufl., § 55. Berlin: Springer 1920.

[30] Föppl, A.: Technische Mechanik, Bd. III, 4. Aufl., § 41. Leipzig u. Berlin: Teubner 1909.

[31] Marquardt, E.: Beton- und Eisenbetonleitungen, ihre Belastung und Prüfung. Berlin: W. Ernst & Sohn 1934 — ferner im Handbuch für Eisenbetonbau, IX. Bd., 4. Aufl., 4. Kap. Berlin: W. Ernst & Sohn 1934.

[32] Graf, O.: Versuche über die Widerstandsfähigkeit von Beton- und Eisenbetonrohren gegen Innendruck. Bauingenieur Bd. 4 (1923) S. 447.

IX. Die Prüfung von Hochofenschlacke, Traß und Ziegelmehl.

Von **F. Keil**, Düsseldorf.

A. Prüfung von Hochofenschlacke als Baustoff [1].

Die Hochofenschlacke ist ein bei der Roheisenherstellung anfallendes Nebenerzeugnis. Sie verläßt den Hochofen in Form einer flüssigen Schmelze. Durch verschiedene Behandlung bei ihrer Abkühlung entstehen unmittelbar vier verschiedene Arten von Baustoffen.

Bei *langsamem Erkalten* in besonderen Gießbetten und -gruben mit oder ohne Formen erhält man ein den natürlichen Gesteinen ähnliches Erzeugnis, die *Stückschlacke*.

Bei *schneller Abkühlung* der Schlacke wird durch Granulation ein körniger Stoff, der *Hüttensand*, gewonnen, durch Schäumen ein grobkörniger, poriger Stoff, der *Hüttenbims*, durch Verblasen die aus einem Gewirr von dünnen Fasern bestehende *Hüttenwolle*.

1. Die in Formen gegossene *Stückschlacke* kommt als Pflastersteine in den Handel, die aufbereitete Brecherschlacke als Packlage, Schotter, Splitt, Grus (Brechsand). Mit Teer oder Bitumen behandelt, entsteht daraus *bituminöser Schlackenschotter* oder *-splitt* für den Straßenbau.

2. Der *Hüttensand* oder *Schlackensand* (gekörnte oder granulierte Hochofenschlacke) wird als Mörtel- und Betonsand verwendet. Außerdem werden daraus Bausteine, die *Hüttensteine* nach DIN 398, hergestellt. Seine wichtigste Verwendung ist die zur Herstellung von Zement, wozu er wegen seiner hydraulischen Eigenschaften geeignet ist (s. Abschn. IX B 1).

3. Der *Hüttenbims* findet Verwendung als Füllstoff zur Wärmedämmung und als Zuschlag bei der Herstellung von Leichtbeton, besonders für geschüttete Wände, Hohlblocksteine (DIN 18151), Vollsteine (DIN 18152), Kaminformsteine (DIN 18150) und Wandbauplatten (DIN 18162).

4. Die *Hüttenwolle* wird ebenso wie die ihr ähnliche Glaswolle und Mineralwolle als Dämmstoff gegen Wärme, Kälte und Schall verwendet.

Die Baustoffe aus Hochofenschlacke sind also in ihren Eigenschaften verschiedenen anderen Baustoffen ähnlich. Wenn die Beanspruchungen, denen sie im Bauwesen unterworfen werden, dieselben sind, so werden sie auch meistens in derselben Weise wie andere Steine usw. (vgl. Abschn. VI J) geprüft. Einige Sonderprüfungen ergeben sich aus der chemischen Zusammensetzung der Hochofenschlacke, die von der Zusammensetzung der ähnlichen natürlichen Gesteine und technischen Schmelzen abweicht.

Nach der *chemischen Zusammensetzung* lassen sich die Hochofenschlacken in zwei Gruppen einteilen, nämlich in

basische Hochofenschlacken mit $CaO : SiO_2$ größer als 1,
saure Hochofenschlacken mit $CaO : SiO_2$ kleiner als 1.

Bisher werden in Deutschland fast nur basische Schlacken zu Baustoffen verarbeitet. Auf diese beziehen sich im wesentlichen unsere Erfahrungen. Die basische
*Stück*schlacke hat in der Regel mehr als 29% SiO_2 und weniger als 45% CaO.
Der *Schwefel* ist in der Hochofenschlacke als Kalziumsulfid gebunden und
greift deshalb eingebettetes Eisen nicht an. Daher sind Stückschlacke, Hüttensand und Hüttenbims zum Stahlbetonbau zugelassen [2].

1. Prüfung der Hochofenstückschlacke als Baustoff.

Die Stückschlacke wird vorwiegend im Straßen-, Gleis- und Betonbau verwendet. In den „Richtlinien für die Lieferung und Prüfung der Hochofenschlacke" [3] und DIN 4301 „Vorschriften für die Beschaffenheit von Hochofenschlacke als Straßenbaustoff"[1] [4] sind die dazu erforderlichen Prüfungen
niedergelegt. In DIN 4301 und in die Richtlinien sind einbezogen die Mansfelder
Kupferschlacke, einige Bleischlacken und der Syntholit[1]. Bei der Verwendung
von Bleischlacken im Betonbau ist Vorsicht geboten, da manche Bleischlacken
das Erhärtungsvermögen von Zement stark beeinträchtigen. Die nachstehende
Übersicht (Tab. 1) gibt eine Zusammenfassung der wesentlichen Merkmale dieser
Prüfungen.

Tabelle 1. *Übersicht über die Prüfungen der Stückschlacke nach DIN 4301*[1]
und den „Richtlinien".

| Eigenschaften | Prüfung auf | Nach DIN | Anforderung für | | |
			Straßen-bau [4]	Gleisbau [5]	Betonbau
1. Äußere Be-schaffenheit	a) Eignung und Reinheit		frei von Verunreinigungen und ungeeigneten Teilen		
	b) Kornform		möglichst würfelig und scharf-kantig, plattenförmige Stücke ausscheiden		
	c) Korngröße in mm, neu[1]: 0/3, 3/8, 8/12, 12/25, 25/45, 45/65 Maschensieb		Unter- und Überkorn höch-stens		
			neu[1]: 15%	5%	—
	d) Raummetergewicht in kg/m³ neu[1]: 25/45 (Richtzahl)	52110	>1250	>1250	—
2. Beständigkeit	e) Kalkzerfall		bestanden		
	f) Eisenzerfall		bestanden		
	g) Wasseraufnahme	52103	≦3%	≦3%	—
	h) Frostbeständigkeit	52104	keine Gefügeveränderungen und Abbröckelungen		
3. Widerstands-fähigkeit gegen	i) Druckbeanspruchung	52109	Durchgang durch Sieb 10 DIN 1170		
			<35%	<35%	<40%
	k) Schlagbeanspruchung (fällt weg[1])	52109	<22%	<22%	—

[1] Die nachstehenden Angaben beziehen sich auf die bei Abschluß der Bearbeitung
gültige Fassung vom März 1941. Auf die Änderungen nach Einführung der vor dem Abschluß stehenden Neufassung wird jeweils hingewiesen.

Völlig und gleichförmig kristallisierte Hochofenschlacke hat die besten Festigkeitseigenschaften.

Für *Pflastersteine* kommt hinzu die Prüfung auf *Maßhaltigkeit*. Die gebräuchlichen Abmessungen der Großpflastersteine sind 16 cm × 16 cm × 14 cm (Stückgewicht etwa 10 kg) und diejenigen der Kleinpflastersteine (10 cm × 10 cm × 10 cm) (Stückgewicht 3 kg). Verlangt wird, daß sie rechtwinklige Kanten, eine ebene Kopffläche und eine dazu möglichst gleichlaufende Fußfläche haben. Die Seitenflächen sollen nur geringe Unebenheiten zeigen, so daß sich die Steine mit 1 cm breiten Fugen versetzen lassen. Möglich wäre an Pflastersteinen die Prüfung der Schlagfestigkeit nach DIN 52107 am ganzen Stein und der Abnutzbarkeit der oberen Fläche durch Schleifen nach DIN 52108. Die Prüfungen, bei denen die Beanspruchung an der oberen Fläche angreift, würden jedoch ein falsches Bild geben, weil die Pflastersteine an der oberen Fläche zur Aufrauhung eine Deckschicht von eingeschmolzenem Schlackensplitt besitzen.

An *Schotter* und *Splitt* hat man nach einem Vorschlag von GARY [6] auch die Kanten- und Stoßfestigkeit durch Kollern in einer Trommel geprüft. Von dieser Prüfung ist man abgekommen, da die jetzige Festigkeitsprüfung nach DIN 52109 die Beanspruchung der Praxis besser wiedergibt. Ihre Werte sind jedoch nicht nur von der Zähigkeit des Prüfguts, sondern auch von seiner Kornform und Korngröße abhängig. Wenn man von der Kornform unbeeinflußte Werte für die Widerstandsfähigkeit gegen Schlag und Druck nach DIN 52109 erhalten will, so kann man die Prüfung entweder an ausgesuchten, bestimmt gekörnten Stücken durchführen, oder man muß den Einfluß der Kornform auf rechnerischem Wege auszuschalten versuchen [7].

Entscheidend für die Eigenschaften der Stückschlacke sind deren richtige *Auswahl* und *Behandlung*. Zur Herstellung von Stückschlacke wird kalkarme basische Schlacke (s. o.) bevorzugt. Der Hochöfner prüft die flüssige Schlacke beim Verlassen des Ofens mit einem Eisenstab auf ihre Zähigkeit. Die für die Stückschlackenherstellung geeignete kalkärmere Schlacke läßt sich beim Herausnehmen des Eisenstabes zu einem langen Faden ausziehen, sie ist „lang", während kalkreichere Schlacke „kurz" ist. (Über die Prüfung der Viskosität von Schlacken vgl. z. B. POHLE [8], HARTMANN [9] sowie BEHRENDT und KOOTZ [10].)

a) Prüfung auf Reinheit, Kornform, Korngröße und Raummetergewicht.

Es wird nach dem Augenschein geprüft, ob die Schlacke durch Fremdstoffe verunreinigt ist und Stücke mit glasigem, großblasigem und schaumigem Gefüge enthält. Der Gehalt an solchen ungeeigneten Stücken ist nach den Richtlinien auf 5% begrenzt.

Feine Poren sind in fast jeder Hochofenschlacke vorhanden und kein Zeichen minderer Güte. Sie rühren von dem Gasgehalt der Schlacke her. Die festigkeitsmindernde Wirkung, die durch größeren Porengehalt eintritt, wird durch die Prüfung nach DIN 52109 erfaßt. Ein geringer Gehalt an feinen gleichmäßig verteilten Poren ist nach LÜER [11] bei der Weiterverarbeitung der Schlacke zu bituminösen Baustoffen von Vorteil.

Gute Hochofenschlacke hat eine graue bis schwarze Farbe mit brauner, blauer oder grünlicher Tönung und ein feinkörniges dichtes Gefüge. Die Gefügebestandteile und ihre gegenseitige Verwachsung sind mit dem bloßen Auge meist nicht wahrnehmbar. Zu ihrer Erkennung und Bestimmung ist das Polarisationsmikroskop erforderlich. Äußerlich ist Hochofenschlacke von Basalt oft nur dadurch zu unterscheiden, daß sie sich in verdünnter Salzsäure völlig auflöst und dabei Schwefelwasserstoff entwickelt (Geruch).

Rohgangschlacke, die von der Lieferung auszuscheiden ist, enthält meist kleine metallische Eisenkörnchen, die sich bei längerer Lagerung durch ihre Rostfarbe hervorheben.

Zerfallsverdächtig ist eine Schlacke, bei der sich an einzelnen Stücken bei trockener Lagerung helle Stellen und Flecken bilden und sich ein helles Pulver absondert, und solche Schlacke, bei der einzelne Stücke bei feuchter Lagerung schalig abblättern. Näheren Aufschluß gibt dann die Prüfung auf Kalkzerfall und Eisenzerfall (vgl. unter 1b).

Für die *Kornform* genügt die in der Übersicht angegebene allgemeine Kennzeichnung. Da ausgesprochen plattige Stücke bei Hochofenschlacke selten vorkommen, wird eine eingehende Prüfung, z. B. nach DIN 51991, entbehrlich. Ungünstige Kornform macht sich außerdem in den Festigkeitswerten nach DIN 52109 bemerkbar (vgl. unter 1c).

Für die Bezeichnung der *Kornstufen* ist DIN 4301 maßgebend. Die Prüfung wird mit Maschensieben nach DIN 1171 oder Rundlochsieben nach DIN 1170 an je 10 kg bis zur Körnung von 5 mm an 5 kg Schlacke durchgeführt. (Neu[1]: bis 3 mm $^1/_2$ kg, bis 12 mm 1 kg, bis 25 mm 3 kg, bis 65 mm 5 kg.) Maßgeblich ist das Mittel aus mindestens 3, bei größeren Abweichungen aus 5 Siebungen. Die Aufbereitung geschieht im allgemeinen mit Maschensieben. Die Beziehungen zwischen den auf Maschen- und Rundlochsieben ermittelten Werten enthält DIN 4301.

Das *Raummetergewicht* wird nach DIN 52110 durch Einfüllen des lufttrockenen Schotters in ein 10 l-Gefäß bestimmt. Als Ergebnis gilt das Durchschnittsgewicht von drei Proben. Das Raummetergewicht dient vor allem dazu, dem Verbraucher eine Wertzahl für die Ergiebigkeit des Schotters zu geben. Es liegt für Schotter der Körnung 25 bis 55 mm (neu[1]: 25/45) (Rundlochsieb 30 bis 60 mm, neu: 30/50) im allgemeinen über 1,25 t/m³. Diese Zahl darf nicht allein als Gütemaßstab angesehen werden, maßgeblich bleiben die Festigkeitswerte (vgl. unter 1c). Das Raummetergewicht kann bei den Stückschlacken zwischen 1,0 bis 1,6 t/m³ schwanken, die Rohwichte von 2,2 bis 2,9 g/cm³, wobei die obere Hälfte dieser Werte im allgemeinen für Straßenbauschlacken zutrifft. Die Reinwichte beträgt 2,9 bis 3,1 g/cm³ [*12*].

b) Prüfung auf Beständigkeit (Kalkzerfall, Eisenzerfall, Wasseraufnahme und Frostbeständigkeit).

Der *Kalkzerfall* wird verursacht durch die Umwandlung einer bestimmten Kristallart der Schlacke, des Bikalziumsilikates. Bei dem Übergang aus der β-Form in die raummäßig 10% größere γ-Form zerrieselt die zunächst feste Schlacke ganz oder stellenweise zu einem feinen weißen Pulver. Zur Prüfung dient die Analysenquarzlampe oder ein anderes Gerät, das von sichtbaren Strahlen befreites ultraviolettes Licht erzeugt. Beobachtet werden möglichst frische Bruchflächen mehrerer Schlackenstücke. *Zerfallsverdächtig* sind Schlacken, die auf violettem Untergrund zahlreiche oder zu Nestern vereinigte größere und kleinere hell leuchtende Punkte oder Flecken von speisgelber, weißlichgelber, bronzener und zimtgleicher [*13*] Farbe zeigen (vgl. Abb. 1). *Beständig* sind alle Schlacken, die einheitlich violett in verschiedenen Tönungen aufleuchten und solche, die hell leuchtende Punkte in nur geringer Zahl und in gleichmäßiger Verteilung aufweisen. — Der Kalkzerfall tritt nur bei kalkreichen basischen Schlacken auf, die nach den Richtlinien ausgeschaltet werden sollen.

Der *Eisenzerfall* beruht auf der Unbeständigkeit von Eisen- oder Eisen-Mangan-Sulfiden gegenüber Wasser oder feuchter Luft. Er tritt fast immer bei Schlacken

---

[1] Vgl. Fußnote 1, S. 508.

auf, die mehr als 3% FeO und gleichzeitig mehr als 1% S enthalten. Im Gegensatz zum Kalkzerfall lösen sich beim Eisenzerfall von den einzelnen Schlackenstücken Schalen ab, die dann weiter zerfallen[14]. Zur Prüfung werden 10 Schlackenstücke in Wasser gelegt. Wenn nach 2 Tagen keine sichtbaren Abbröckelungen eingetreten sind und die Stücke nicht absanden, so ist die Schlacke beständig. Bei unbeständiger Schlacke sind Abbröckelungen meist schon nach spätestens 4 h erkennbar. Das Auftreten von Eisenzerfall ist durch die Bestimmung der Richtlinien, daß keine Rohgangschlacken verwendet werden dürfen, stark eingeschränkt.

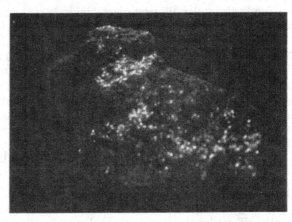

Abb. 1. Zerfallsverdächtige Schlacke im ultravioletten Licht.

Zur Bestimmung der *Wasseraufnahme* nach DIN 52103 an mindestens 10 Stücken wird zunächst das Trockengewicht (G_{tr}) ermittelt (Trocknung bei 100°). Dann werden die 10 Stücke allmählich in Wasser eingetaucht, bis Gewichtsbeständigkeit (G_s) erreicht ist. Die Wasseraufnahme ist $A = G_s - G_{tr}$ oder in Gew.-% $A_g = \dfrac{A}{G_{tr}} \cdot 100$. A_g darf im Höchstfall 3% betragen. Wird ferner noch die Rohwichte (v) der einzelnen Schlackenstücke bestimmt, so läßt sich daraus die scheinbare Porosität errechnen zu

$$A_v = v \cdot A_g.$$

Vorgesehen ist in DIN 52103 und den Richtlinien die Bestimmung der Zeitdauer bis zur Wassersättigung und bis zur nachträglichen Trocknung im Exsikkator (genaue Vorschrift DIN 52103).

Zur Bestimmung der *Frostbeständigkeit* nach DIN 52104 werden mindestens fünf gleich große, saubere Schotterstücke von nicht unter je 50 cm³ Inhalt zunächst wie bei der Bestimmung der Wasseraufnahme unter Wasser gelagert, bis Gewichtsbeständigkeit erreicht ist. Dann werden sie 25mal dem Frost bis —15° ausgesetzt und anschließend in Wasser von 15° wieder aufgetaut. Anzugeben sind:

Gewicht der wassergesättigten Proben vor und nach dem Frostversuch,
Gewicht der ab- und ausgelösten Teile.

Die Proben dürfen nach dem Frostversuch keine Gefügeveränderungen und Abbröckelungen zeigen (genaue Vorschrift DIN 52104).

c) Prüfung der mechanischen Widerstandsfähigkeit.

Zur Prüfung der Widerstandsfähigkeit gegen *Druckbeanspruchung* wird Schotter der Körnung 30 bis 60 mm verwendet, der aus gleichen Gewichtsteilen der Körnungen 30 bis 40, 40 bis 50 und 50 bis 60 mm besteht. 2,1 l des Korngemischs werden auf Grund des vorher bestimmten Raummetergewichts eingewogen, in das genormte zylindrische Gefäß eingefüllt, mit einem Stempel abgedeckt und bis zu einem Gesamtdruck von 40 t belastet. Das zertrümmerte Gut wird auf dem Sieb mit Rundlochblech 10 DIN 1170 abgesiebt. Der Durchgang wird als Maß der Zertrümmerung angegeben. Für den Straßenbau ist der höchste zulässige Durchgang 35%, für den Betonbau 40%. (Genaue Vorschrift in DIN 52109.)

Zur Prüfung der Widerstandsfähigkeit gegen *Schlagbeanspruchung* wird dieselbe Menge und Körnung im gleichen Gefäß 20 Schlägen eines 50 kg schweren Fallbären ausgesetzt (vgl. DIN 52109). Zulässig ist für den Straßenbau höchstens 22% Durchgang durch das Rundlochsieb mit 10 mm Öffnung. In der Neufassung von DIN 4301 wird diese Prüfung nicht mehr verlangt, weil Schlagbeanspruchungen im Straßenbau und -verkehr heute selten vorkommen. — Die Prüfung auf Eignung für den Gleisbau der Reichsbahn weicht davon ab. Sie ist in DIN 52109 B aufgenommen. Aus der Feinheitszahl des zertrümmerten Prüfguts der Ausgangskörnung 40/50 wird der Zertrümmerungsgrad berechnet.

2. Prüfung von Hüttenbims.

Die wesentliche Eigenschaft des Hüttenbimses ist seine Porigkeit und als deren Folge seine Wärmedämmfähigkeit. Bei der Weiterverarbeitung zu Leichtbeton und fertigen Bauteilen wird außerdem gleichzeitig eine ausreichende Festigkeit verlangt. Der Verbraucher wünscht einen Hüttenbims mit einer gleichmäßigen Porigkeit und einer guten Festigkeit. Zur Prüfung der Festigkeit bestehen jedoch noch keine Bestimmungen. Man kann eine solche Prüfung in ähnlicher Weise durchführen wie nach DIN 52109 mit einem abgemilderten Schlag [15] oder mit einem Höchstdruck von nur 5 t [16] auf 0,5 l der Körnung 7/15 mm oder mit dem Trommelverfahren nach Gary [17], bei dem die Kantenfestigkeit bestimmt wird.

Die Prüfungen auf Kalk- und Eisenzerfall kommen hierbei nicht in Frage, da der Hüttenbims vorwiegend glasig ist; ebenso haben für losen Hüttenbims die Prüfungen auf Frostbeständigkeit und Wasseraufnahme wenig praktische Bedeutung.

Wird der *Siebversuch* durchgeführt, so ist zu beachten, daß die einzelnen Körner beim Transport und bei der Prüfung leicht beschädigt werden. Das Grobkorn [18] 12/25 mm darf höchstens 10% der Körnung 0/3 mm und muß mindestens 80% der Körnung über 12 mm, das Mittelkorn 3/12 mm darf höchstens 20% der Körnung 0/3 mm und darf höchstens 15% der Körnung über 12 mm besitzen.

Von Naturbims, mit dem der Hüttenbims in seinen Gebrauchseigenschaften annähernd übereinstimmt, *unterscheidet* er sich durch Kornform und chemische Zusammensetzung. Naturbims hat ein gedrungenes Korn mit vielen kleinen länglichen Poren, Hüttenbims dagegen ein hakiges Korn mit großen runden und weniger regelmäßigen Poren. Hüttenbims ist außerdem in verdünnter Salzsäure völlig löslich und entwickelt dabei geringe Mengen Schwefelwasserstoff, Naturbims ist nur teilweise löslich und zeigt keine Gasentwicklung (Schwefelgehalt s. S. 508).

Der Hüttenbims wird zur Prüfung des *Raummetergewichts* in lufttrockenem Zustand in ein 1 l- oder 5 l-Gefäß nach DIN 52110 ohne Rütteln eingefüllt. Das Raummetergewicht schwankt je nach Korngröße und Schlacke von 300 bis 850 kg/m³. Die Wärmeleitfähigkeit beträgt $\lambda = 0,06$ bis $0,12 \frac{\text{kcal}}{\text{m h °C}}$ [19].

Die Prüfung des Hüttenbimses auf seine Eignung als *Zuschlagstoff für Beton*, insbesondere Leichtbeton, geschieht in Anlehnung an die Bestimmungen des Deutschen Ausschusses für Stahlbeton (DIN 1048). Bei der Herstellung der dem Beton entsprechenden Probewürfel ist darauf zu achten, daß der Hüttenbims vor dem Mischen angenäßt und beim Mischen und Verdichten nicht übermäßig zertrümmert wird. (Der Bewehrungsstahl muß bei der Herstellung von jedem bewehrten Leichtbeton stets gegen Rost geschützt werden, um den Zutritt von Luft zu vermeiden [20].)

3. Prüfung der Hüttenwolle.

Der technische Wert der Hüttenwolle (früher Schlackenwolle) besteht in ihrer *Wärmedämmfähigkeit* und ihrer Unempfindlichkeit gegen hohe Temperaturen. Sie ist normalerweise bis zu 800° verwendbar. Die Wärmedämmfähigkeit kann auf verschiedene Weise bestimmt werden (vgl. XVIII. B. 1a) und hängt ab von der Verteilung der Luft in der durch Schütten, Stopfen oder Pressen entstehenden Isolierschicht. Um Wolle verschiedener Herkunft beurteilen zu können, bestimmt man das Raumgewicht bei einer bestimmten Stopfdichte und den Gehalt an Schmelzperlen, die beim Verblasen der Hüttenwolle entstehen und Größe und Verteilung der Luftporen beeinflussen. Die üblichen Handelssorten zeigen etwa die in Tab. 2 zusammengestellten Schwankungen.

Tabelle 2.

Sorte	Raumgewicht in kg/m³	Gehalt an Schmelzperlen in %
Sondersorte	120 bis 180	1 bis 15
I. Sorte	160 bis 225	10 bis 25
II. Sorte	200 bis 325	20 bis 35

Wolle mit mehr als 35% Schmelzperlen heißt *Bauwolle*.

Zur Bestimmung des *Raumgewichts* bedient man sich nach einem als Norm empfohlenen Verfahren eines Blech- oder Glaszylinders von 200 mm lichter Weite und 480 mm lichter Höhe. Er wird mit 1 kg in walnußgroße Flocken zerzupfter Wolle gefüllt. Diese Füllung wird mit einem Druck von 50 g/cm² belastet, der etwa dem Druck der Hand des Isolierers beim Stopfen der losen Wolle entspricht. Das geschieht durch eine Auflageplatte mit seitlich 1 mm Spiel und einem Gewicht von 15,7 kg einschließlich der Führungsstange, die eine unmittelbare Ablesung des Raumgewichts gestattet. Der Versuch dauert rd. ¹/₂ h. Bei diesem Versuch erreicht Hüttenwolle, die bereits vorverdichtet oder verarbeitet war, um bis zu 10% höhere Werte (vgl. Abb. 2).

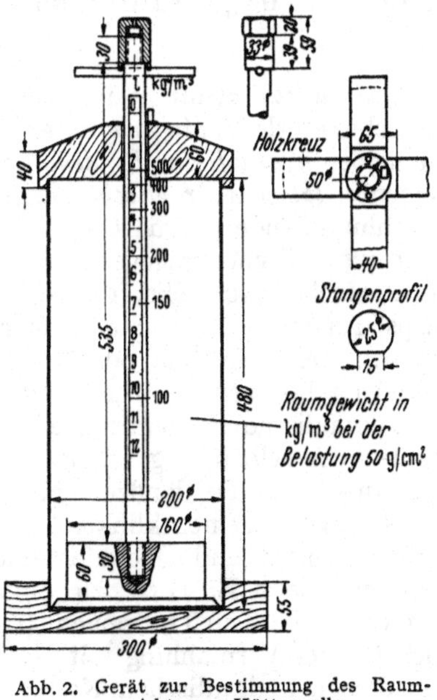

Die Normung dieses oder eines ähnlichen Geräts ist in Vorbereitung.

Als *Schmelzperlen* bezeichnet man ver-

Abb. 2. Gerät zur Bestimmung des Raumgewichts von Hüttenwolle (Gesamt-Preßgewicht 15,7 kg).

einbarungsgemäß nur die nichtfaserigen Anteile von mehr als rd. 0,25 mm ⌀, da Perlen von sehr kleinem Durchmesser von geringem Einfluß auf die Eigenschaften der Hüttenwolle sind. Für ihre Bestimmung reibt man rd. 20 g der Wolle mit einem harten Pinsel auf dem Sieb 0,25 DIN 1171. Der verbleibende Rückstand wird gewogen und gilt als Schmelzperlengehalt.

Zur Bestimmung der *Länge* werden die Fasern einer Flocke auf dunklem Hintergrund mit dem Zollstock gemessen. Zur Bestimmung ihrer *Dicke* bringt man die Fasern am zweckmäßigsten so auf dem Objektträger in ein Einbettungsmittel, z. B. Kanadabalsam, daß die Fäden möglichst parallel laufen, und bestimmt die Dicke mit dem Okularmikrometer. Aus in beiden Fällen 100 bis 300 Einzelmessungen erhält man als

wichtigste Kenngrößen	bei guter Hüttenwolle
mittlere Faserdicke.	3 bis 5 μ
Dicke der größten Fasern	12 bis 30 μ
Anteil der Fasern über 10 μ	10%
mittlere Faserlänge.	15 bis 30 mm

Die Zerreißfestigkeit nimmt mit fallender Dicke zu und beträgt 60 bis 120 kg/cm², die Bruchdehnung 1,2 bis 1,5%.

B. Prüfung von Hüttensand, granulierter Hochofenschlacke (Schlackensand) sowie von Traß, Ziegelmehl und anderen hydraulischen Zusatzstoffen.

1. Chemische Zusammensetzung und Wesen der hydraulischen Eigenschaften.

Hydraulisch nennt man solche Stoffe, die in Pulverform mit Wasser angemacht, an der Luft *und* unter Wasser steinartig erhärten und hart bleiben. Sie heißen *hydraulische Bindemittel*, wenn sie selbständig erhärten, wie z. B. die Zemente, *latent hydraulische* Bindemittel, wenn sie zwar ein eigenes (latentes = schlummerndes) Erhärtungsvermögen besitzen, aber zur *vollen* Entfaltung ihrer hydraulischen Eigenschaften eines Anregers bedürfen, wie z. B. die granulierte Hochofenschlacke, die auf alkalische (Klinker, Kalk) oder sulfatische (Gips) Anregung anspricht, endlich *Hydraulite, hydraulische Zusätze* oder *Puzzolanen*, wenn sie kein oder wie der Traß ein geringes eigenes Erhärtungsvermögen besitzen und erst mit Kalk zementartige Eigenschaften erhalten.

Hydraulische Bindemittel entstehen daher nicht nur durch alleiniges Vermahlen des selbständig erhärtenden Portlandzementklinkers — unter Zusatz von Gips — zu Portlandzement, sondern auch durch gemeinsames Vermahlen dieses Portlandzementklinkers mit granulierter Hochofenschlacke zu Eisenportlandzement und Hochofenzement sowie von Hochofenschlacke mit Kalksulfaten, wie z. B. Gips, zu Sulfathüttenzement oder von Portlandzementklinker mit Traß zu Traßzement (s. S. 346). Hochofenschlacke und Traß ergeben auch bei der Vermahlung mit Kalk hydraulische Bindemittel von der Art der künstlichen hydraulischen Kalke.

Während als latent hydraulisches Bindemittel nur die granulierte Hochofenschlacke gilt, unterscheidet man unter den hydraulischen Zusätzen natürliche und künstliche Puzzolanen [21]. Zu den *natürlichen* zählen die vielen vulkanischen Aschen oder eigentlichen Puzzolanen, die in Italien (z. B. bei Puteoli, woher sich der Name ableitet), in Griechenland als Santorinerde, bei uns als Traß vorkommen, sowie der aus den Skeletten der Diatomeen oder den Schalen der Radiolarien bestehende Kieselgur, wie z. B. die dänische Molererde, die ähnliche französische Gaize und der in Rußland vorkommende Tripel. Oft werden sie vor der Verwendung erhitzt. Der wichtigste Vertreter der *künstlichen* Puzzolanen ist das Ziegelmehl, schon von den Römern zusammen mit Kalk als hydraulisches Bindemittel verwendet; außerdem gehören dazu die Abfallstoffe der Tonerdegewinnung Si- und St-Stoff. Sogar Glasmehl besitzt ein geringes hydraulisches Reaktionsvermögen. Die Gesamtbezeichnung aller dieser Stoffe ist *Hydraulite*.

Das Wesen der hydraulischen Eigenschaften besteht darin, daß solche Stoffe den größten Teil des Anmachwassers in ihren Randzonen oder an ihrer Oberfläche so fest und dauerhaft zu binden vermögen, daß es sich durch anderes Wasser nicht verdrängen läßt und bei den üblichen atmosphärischen Beanspruchungen weder verdampft oder verdunstet, noch gefriert, d. h. in besonderer Weise fest oder pseudofest wird und wahrscheinlich die eigentliche Verbindung zwischen den Teilchen darstellt.

Die Beurteilung der hydraulischen Eigenschaften ist nur mit technischen Prüfverfahren einigermaßen zuverlässig möglich. R. GRÜN [22] hat bei Prüfung nach den Traßnormen (s. u.) folgende *Rangfolge* der hydraulischen Stoffe festgestellt:

latent hydraulische Bindemittel: granulierte Hochofenschlacke,
natürliche Puzzolanen: Puzzolanerde und Traß, Molererde,
künstliche Puzzolanen: Glasmehl, Si-Stoff, Ziegelmehl.

Als *inerte* (unhydraulische) Stoffe gelten Sandmehl und Kalksteinmehl.

Tabelle 3. *Chemische Zusammensetzung der hydraulischen Stoffe in %.*

	Portland-zement	Hochofen-schlacke	Natürliche Puzzolanen[1]	Kieselgur ungebrannt[2]	Ziegelmehl
Kieselsäure SiO_2	19 bis 24	28 bis 40	48 bis 65	66 bis 83	53 bis 76
Tonerde Al_2O_3 + Titanoxyd TiO_2 . . . . }	4 bis 9	5 bis 17	16 bis 22	6 bis 16	10 bis 20
Eisenoxydul FeO	—	0 bis 3	} 3 bis 10	} 3 bis 8	—
Eisenoxyd Fe_2O_3	1,6 bis 6	—			3 bis 15
Manganoxydul MnO	0,0 bis 0,5	0 bis 10	—	—	—
Kalk CaO	60 bis 67	29 bis 48	2 bis 7	2 bis 5	1 bis 11
Magnesia MgO	0,6 bis 3	2 bis 13	0 bis 3	—	0 bis 8
Phosphorsäure P_2O_3	—	0 bis 1	—	—	—
Alkalien Na_2O + K_2O . . .	—	0 bis 2	4 bis 10	1,5	1 bis 5
Sulfat SO_3	1 bis 3	—	—	0,2 bis 1,5	—
Glühverlust	—	—	4 bis 11	2 bis 6	—

Wenn man die für die Beurteilung der Zemente und Hochofenschlacke wichtigsten Bestandteile Kieselsäure (SiO_2) und Kalk (CaO) in Tab. 3 betrachtet und die erheblichen Mengen von Al_2O_3 außer acht läßt, so kann man daraus folgern, daß die technischen Erzeugnisse Portlandzement, Hochofenschlacke und Ziegelmehl um so hydraulischer sind, je höher ihr CaO-Gehalt und je niedriger ihr SiO_2-Gehalt ist. Auch die Puzzolanen ordnen sich, im ganzen gesehen, in diese Rangfolge ein, wobei aber zu beachten ist, daß Puzzolanen, vor allem Traß sowie Diatomeenerde, das hydraulische Reaktionsvermögen ihrer physikalischen Struktur, d. h. ihrem lockeren porigen Gefüge mit seiner großen äußeren und inneren Oberfläche verdanken, das zum mindesten beim Traß erst innerhalb der geologischen Zeiträume allmählich entstanden ist.

---

[1] Rheinischer und bayrischer Traß, italienische und griechische Puzzolanen.
[2] Diatomeenerde, Molererde und Gaize.

Bei der Hochofenschlacke zeigt sich sehr deutlich der Einfluß der „Struktur" auf die hydraulischen Eigenschaften. Nur die schnell gekühlte, granulierte glasige Hochofenschlacke ist latent hydraulisch, die langsam erkaltete kristallinische ist fast völlig inert, d. h. unhydraulisch.

2. Prüfung von Hüttensand [23].

Granulierte Hochofenschlacke oder Hüttensand (früher Schlackensand) entsteht durch schnelles Abkühlen und Zerteilen der flüssigen Hochofenschlacke mit Wasser oder Luft. Seine Hydraulizität läßt sich in roher Weise nach dem Augenschein beurteilen, da helle schaumige Sande sich in der Regel besser verhalten als dunkle. Die hellere Farbe ist ein Zeichen niedrigeren Mangan- und Eisengehalts und höherer Temperatur beim Erschmelzen, d. h. in der Regel eines höheren Kalkgehalts. Für heiß erblasene Stahleisenschlacke trifft diese Unterscheidung nur bedingt zu.

Unter dem *Mikroskop* soll die zur Herstellung von Zement geeignete Schlacke glasig durchsichtig sein. Hochbasische Schlacken enthalten jedoch, besonders wenn sie arm an Tonerde sind, fast immer wechselnde Mengen an kristallisierten Anteilen. In geringer Menge vermindern sie das Erhärtungsvermögen nicht wesentlich, vor allem, wenn sie ein Zeichen eines hohen Kalkgehalts und nicht einer schlechten Granulation sind.

Kalkreiche, in der Regel stärker hydraulische Schlacken zeigen bei der Bestimmung ihres Brechungsexponenten nach der Einbettungsmethode einen höheren Wert als 1,65. Mit einer 0,5%igen Methylenblaulösung werden sie stärker angefärbt und bilden mit einem Tropfen einer 2%igen Aluminiumsulfatlösung in 1 bis 2 min Kristalle, die schnell wachsen.

Schnellverfahren ergeben bisher noch keine zuverlässige Beurteilung der hydraulischen Eigenschaften, weder die Betrachtung im ultravioletten Licht noch die Bestimmung der beim Erhitzen des granulierten Schlackensandes auf 800 bis 1000° frei werdenden Kristallisationswärme.

Neben der etwas umständlichen Herstellung von Betonkörpern, in denen der Ausgangsportlandzement durch steigende Mengen an dem zu prüfenden hydraulischen Stoff ersetzt wird, und neben der Prüfung nach der Traßnorm (s. u.) hat sich zur Bewertung der für die Herstellung von Hüttenzement vorgesehenen granulierten Schlacken das *Prüfverfahren nach* DIN 1164 mit weichem, gemischtkörnigem Mörtel als brauchbar erwiesen, weil der Ersatz des Portlandzements durch einen inerten Stoff sofort eine erkennbare Abnahme der Festigkeit bewirkt. (Bei dem früheren Prüfverfahren mit dem erdfeuchten, einkörnigen porigen Normenmörtel führte ein Ersatz geringer Mengen des Portlandzements durch inerte Stoffe infolge deren raumerfüllender Wirkung gelegentlich sogar zu einer Festigkeitssteigerung, weil die Druckfestigkeit nicht nur mit dem hydraulischen Bindevermögen der hydraulischen Stoffe, sondern auch mit der dichteren Raumerfüllung, d. h. der Rohwichte eines Körpers, ansteigt.)

Zur Prüfung der Hydraulizität wird folgendes Verfahren empfohlen: Portlandzementklinker, ferner der zu prüfende Hüttensand und Quarzsand werden getrennt auf eine Feinheit von 15% Rückstand auf dem Sieb mit 0,06 Maschenweite (etwa 10000 Maschen je cm²) gemahlen; das entspricht einer spezifischen Oberfläche nach Blaine von 3000 bis 4000 cm²/g. Das Klinkermehl wird mit 5% fein gemahlenem Gips $CaSO_4 \cdot 2 H_2O$ (0% Rückstand 4900 Maschensieb), entsprechend 2,33% Schwefelsäureanhydrid (SO_3), innig gemischt.

Mit dem auf diese Weise gewonnenen Portlandzement wird nachstehende Mischungsreihe angesetzt:

	in Gewichtsprozenten				
Portlandzement	85	70	50	30	10
Hüttensand	15	30	50	70	90

und eine gleiche Mischungsreihe mit Quarzmehl an Stelle des Zusatzstoffs. Quarzmehl als unhydraulischer Stoff dient als Maßstab zur Bewertung der hydraulischen Eigenschaften. Da bei langfristigen Festigkeiten sich auch der Quarzsand als in die Erhärtung eingreifend erweist, wird bei künftigen Versuchen an die Verwendung von Korund (Al_2O_3) zu denken sein. Für die Beobachtung bis zu 90 Tagen ist die Verwendung von Quarzsand offenbar ausreichend. Diese Reihen und der Portlandzement ohne Zusatzstoff werden gemäß DIN 1164 mit Prismen 4 cm × 4 cm × 16 cm geprüft. Diese Prüfung soll sich auf ein Alter von 7, 28 und 90 Tagen der in Wasser gelagerten Proben erstrecken.

Um die hydraulische Erhärtung *zahlenmäßig* zu erfassen, werden die Druckfestigkeiten nach 28 Tagen Wasserlagerung

für die Mischung a) aus 70% Portlandzement und 30% Zusatzstoff, für die Mischung b) aus reinem Portlandzement und für die Mischung c) aus 70% Portlandzement und 30% Quarzmehl
in Beziehung gebracht nach der Formel:

$$\frac{a - c}{b - c} \cdot 100$$

Diese so errechnete Zahl wird als die „Hydraulische Hauptkennzahl 70/30" zur Beurteilung der Erhärtungsfähigkeit des Hüttensandes bezeichnet.

Neben der Hauptkennzahl für das Mischungsverhältnis 70/30 kann vor allem bei Hochofenschlacken die Kennzahl für das Mischungsverhältnis 30/70 errechnet werden.

Beispiele. *Hydraulische Hauptkennzahl 70/30* für die hydraulische Erhärtungsfähigkeit eines Hüttensandes. Druckfestigkeit nach 28 Tagen Wasserlagerung für die

Mischung aus 70% Portlandzement und 30% Hüttensand . . . . 326 kg/cm² (a)
unvermischtem Portlandzement. . . . . 386 kg/cm² (b)
Mischung aus 70% Portlandzement und 30% Quarzmehl . . . . 216 kg/cm² (c)

$$\frac{326 - 216}{386 - 216} \cdot 100 = \frac{110}{170} \cdot 100; \quad \text{Hauptkennzahl } 70/30 = 65.$$

Hydraulische Kennzahl 30/70 für die hydraulische Erhärtungsfähigkeit Druckfestigkeit nach 28 Tagen Wasserlagerung für die

Mischung aus 30% Portlandzement und 70% Hüttensand . . . . 212 kg/cm² (a)
unvermischtem Portlandzement. . . . . 386 kg/cm² (b)
Mischung aus 30% Portlandzement und 70% Quarzmehl. . . . . 56 kg/cm² (c)

$$\frac{212 - 56}{386 - 56} \cdot 100 = \frac{156}{330} \cdot 100; \quad \text{Kennzahl } 30/70 = 47.$$

Im Mischungsverhältnis 70/30 weist der Hüttensand 65% und im Mischungsverhältnis 30/70 nur 47% der Erhärtungsfähigkeit des Klinkers auf. Die hydraulischen Kennzahlen ändern sich also mit dem Mischungsverhältnis. Nur Kennzahlen gleichen Klinker- und Gipsgehalts sind miteinander vergleichbar. Die Kennzahlen ändern sich auch mit dem Alter der Prüfung und sind bei der Druckfestigkeit anders als bei der Biegezugfestigkeit.

Dieses Prüfverfahren läßt sich nicht ohne weiteres auf Hochofenschlacken anwenden, die für die Herstellung von Sulfathüttenzement dienen sollen. Jedoch hat sich gezeigt, daß eine Schlacke, die auf die alkalische Anregung gut anspricht und einen F-Wert (s. u.) von $>1{,}9$ hat, auch einen guten Sulfathüttenzement ergibt.

Den Zusammenhang zwischen chemischer Zusammensetzung und hydraulischer Eigenschaft gibt am besten die Formel wieder:

$$F = \frac{CaO + CaS + 1/2\,MgO + Al_2O_3}{SiO_2 + MnO}.$$

Der Wert F bewegt sich zwischen 1 und 2. Der bessere Hüttensand I hat $F > 1{,}5$; ab $F > 1{,}9$ ist er besonders reaktionsfähig und spricht bei einem Tonerdegehalt von mehr als 13% auch auf die Anregung mit Sulfaten an. Eine genaue zahlenmäßige Bewertung ist jedoch mit dieser Formel nicht möglich.

Ein weiteres von G. Mussgnug [24] angewendetes technisches Prüfverfahren besteht darin, daß man die fein gemahlene Schlacke mit 10% Wasser zu Zylindern von 5 cm Höhe und 5 cm ⌀ verpreßt und 4 h in strömendem Dampf erhitzt. Schwach hydraulische Schlacken erreichen dabei weniger als 100 kg/cm² Druckfestigkeit, hochhydraulische mehr als 200 kg/cm². Dieses Verfahren begünstigt die stärker entglasten Schlacken und liefert somit besonders brauchbare Werte, wenn die Schlackensande zur Herstellung dampfgehärteter Baustoffe verwendet werden sollen. Als Anreger lassen sich bei Herstellung solcher Prüfkörper auch Natronlauge, Kalilauge oder Soda verwenden. Alle diese Zusätze und Behandlungsarten vermeiden die Zusätze weiterer Bindemittel.

3. Prüfung von Traß.

Traß ist ein getrockneter und fein gemahlener Trachyt-Tuff, der auf deutschem Boden als rheinischer Traß im Brohl- und Nettetal in der Eifel und als bayrischer Traß im Nördlinger Ries vorkommt und wie die übrigen Puzzolanen vulkanischen Ursprungs ist. Er ist der wesentliche Bestandteil des Traßzements oder kommt in fein gemahlener Form als hydraulischer Zuschlag an die Baustelle. Er besteht, wie Abb. 3 (S. 349) zeigt, aus undurchsichtigen Körnern und durchsichtigen Bruchstücken von Gesteinsmineralien und Traßglas (vgl. Abschnitt V B 1).

Da man den leicht bestimmbaren Gehalt an Hydratwasser als ausreichend zuverlässiges Maß für die Eignung eines Trasses ansah, ist nach DIN 51043 ein Mindestgehalt von 7% Hydratwasser vorgeschrieben, ein Gehalt von 6% allerdings noch zugelassen. Diese Auffassung wird aber angefochten, ebenso wie die Theorie, daß die Hydraulizität von der Menge der glasigen oder der in Säuren oder Alkalien löslichen Anteile abhängt. Nach einer baupolizeilichen Zulassung ist der nicht der Traßnorm entsprechende bayrische Traß zur Herstellung des Suevit-Traßzements zugelassen worden.

Traß darf nach DIN 51043 einen Rückstand von höchstens 20% auf dem Maschensieb 0,2 DIN 1171 haben; er ist heute meistens auf 6 bis 8% gemahlen. Er muß in der Mischung aus 1 Gewichtsteil Traß, 0,8 Gewichtsteilen Traßnormen-Kalkpulver und 1,5 Gewichtsteilen grobem Normensand (DIN 1164) folgende Mindestfestigkeiten erreichen:

	nach 7 Tagen	nach 28 Tagen
Zugfestigkeit	5 kg/cm²	16 kg/cm²
Druckfestigkeit	45 kg/cm²	140 kg/cm²

Die Prüfkörper lagern zunächst 3 Tage in einem mit Feuchtigkeit gesättigten Raum bei 17 bis 20°, dann bis zur Prüfung unter Wasser bei gleicher Temperatur.

Schrifttum.

[1] Keil, F.: Hochofenschlacke. Düsseldorf 1949.

[2] Bestimmungen des Deutschen Ausschusses für Stahlbeton DIN 1045, Stand Juni 1952, § 5, 4a und 4c, Fußn. 5 und 7.

[3] Richtlinien für die Lieferung und Prüfung von Hochofenschlacke: a) als Zuschlagstoff für Beton und Stahlbeton, b) als Gleisbettungsstoff (aufgestellt von der Kommission zur Untersuchung der Verwendbarkeit von Hochofenschlacke). Düsseldorf; Stahleisen April 1931.

[4] DIN 4301, wird zur Zeit überarbeitet. Ferner Lieferungsrichtlinien für Form und Abmessungen von Packlagesteinen. Fassung November 1950. Straße u. Autobahn Bd. 5 (1951) S. 162/66.

[5] Für die Lieferungen an die Reichsbahn gelten deren besondere Bedingungen.

[6] Gary, M.: Stahl u. Eisen Bd. 37 II (1917) S. 836/39. — Burchartz, H., u. G. Saenger: Arch. Eisenhüttenw. Bd. 1 (1927/28) S. 177.

[7] Rothfuchs, G.: Zement Bd. 20 (1931) S. 660f. — Bahnbau Bd. 49 (1932) S. 211. — Siehe auch F. Keil: Hochofenschlacke, S. 189/90. Düsseldorf 1949.

[8] Pohle, K. A.: Mitt. Forsch.-Inst. Ver. Stahlwerke, Dortmund Bd. 3 (Dez. 1932) Lief. 3.

[9] Hartmann, F.: Stahl u. Eisen Bd. 58 (1938) S. 1029.

[10] Behrendt, G., u. Th. Kootz: Stahl u. Eisen Bd. 69 (1949) S. 399/403.

[11] Lüer, H.: Teerstraßenbau unter besonderer Berücksichtigung der Hochofenschlacke, S. 64/65. Berlin 1931.

[12] Keil, F.: Hochofenschlacke, S. 182/83. Düsseldorf 1949.

[13] Guttmann, A.: Stahl u. Eisen Bd. 46 (1926) S. 1423f.; Bd. 47 (1927) S. 1047f. — Hartmann, F., u. A. Lange: Arch. Eisenhüttenw. Bd. 3 (1929/30) S. 615f. — Keil, F.: Hochofenschlacke, S. 157/62. Düsseldorf 1949.

[14] Guttmann, A., u. F. Gille: Arch. Eisenhüttenw. Bd. 4 (1930/31) S. 401f.

[15] Keil, F.: Zement Bd. 29 (1940) S. 578f.

[16] Hummel, A.: Deutscher Ausschuß für Stahlbeton, H. 114.

[17] Gary, M.: Stahl u. Eisen Bd. 37 II (1917) S. 836/39.

[18] Richtlinien für die Lieferung von Hüttenbims. Stahl u. Eisen Bd. 62 (1942) S. 412/13.

[19] Keil, F.: Hochofenschlacke, S. 126f. Düsseldorf 1949.

[20] Bestimmungen des Deutschen Ausschusses für Stahlbeton, Stand April 1937, A § 8, 4c.

[21] Kühl, H.: Zement-Chemie, Bd. 2, S. 7/9, 29/31 und 608/17. Berlin 1952.

[22] Grün, R.: Zement mit hydraulischen Zuschlägen. Internat. Verband für Materialprüfung, Bd. 1, S. 778/845. Zürich 1931.

[23] Keil, F.: Beurteilung des hydraulischen Wertes von Hochofenschlacken. Schriftenreihe der Zementindustrie, H. 15, S. 7/29. 1954.

[24] Mussgnug, G.: Eigenschaften hydraulischer Hochofenschlacken. Arch. Eisenhüttenw. Bd. 13 (1939/40) S. 193/200.

X. Die Prüfung der Gipse und Gipsmörtel.

Von A. Voellmy, Zürich, gemeinsam bearbeitet mit W. Albrecht, Stuttgart.

A. Die Modifikationen und Formen des Kalziumsulfats und seiner Hydrate [1].

1. Übersicht.

Tabelle 1.

Trivialname	Bezeichnung Kalziumsulfat-	Chem. Formel	Mole-kular-gewicht	Form	Wassergehalt %		Dichte g/cm³	Stabili-täts-bereich ° C
					stöchio-metrisch	praktisch		
Gips, Doppel-hydrat	-Dihydrat	$CaSO_4 \cdot 2\,H_2O$	172,17		20,92	≦20,9	2,31	<40
Halbhydrat	-Hemihydrat	$CaSO_4 \cdot \frac{1}{2}\,H_2O$	145,15	α	6,21	6,21 bis 8*·	2,75	meta-stabil
				β		6,21 bis 8,2*	2,63	
Löslicher Anhydrit, Halbanhydrit	-Anhydrit III	$CaSO_4$	136,14	α	0	0,02 bis 0,05	2,5	meta-stabil
				β	0	0,6 bis 0,9	2,6	
Unlöslicher Anhydrit (natürlicher An-hydrit und tot-gebrannter Gips)	-Anhydrit II	$CaSO_4$	136,14		0	≧0	2,95	>40
Hochtemperatur -Anhydrit	-Anhydrit I	$CaSO_4$	136,14		0	0		>1200

Die früher mit α, β, γ bezeichneten Anhydritphasen werden neuerdings als I, II, III klassiert.

2. Kristallographische und physikalische Kennzeichnung der verschiedenen Kristallarten [1].

1. *Kalziumsulfat-Dihydrat* (*Gips*). Monoklin, a : b : c = 0,6895 : 1 : 0,4134, β = 98° 58' (s. Abb. 1 a); mittlerer Wärmeausdehnungskoeffizient (12 bis 25 °C): 0,000025,
entsprechend den drei Achsen des Wärmeellipsoids: 0,0000416, 0,0000016, 0,0000293,

---

[1] Bearbeitet mit Prof. Dr. E. BRANDENBERGER, Direktor d. Eidgenössischen Material-prüfungs- u. Versuchsanstalt, Zürich.

* Bei Lagerung der Hemihydrate an feuchter Luft nähert sich der überstöchiometrische Wassergehalt dem genannten Höchstwert. DUBUISSON [2] schloß daraus auf die Existenz eines Hydrats $CaSO_4 \cdot 2/3\,H_2O$. Neuere Untersuchungen [3] führen zur Annahme einer „festen Lösung" von Wasser in Hemihydrat.

spezifische Wärme [*4*] $= 0{,}1268 + 0{,}00044$ T cal/g° C (T $= 273{,}2 + $ t °C),
Wärmeleitfähigkeit bei 0° C 0,0031 cal/cm sek ° C.

2. *Kalziumsulfat-Hemihydrat.* Monoklin, pseudotrigonal, a : b : c $= 1{,}7438 : 1$
: 1,8515, $\beta = 90° 36'$ (s. Abb. 1b).

α-Hemihydrat: Kompakt monokristallin. Kristallnadeln mikroskopisch deutlich erkennbar. Hydratationswärme bei 25° C: 23,81 kcal/kg Dihydrat. Spez.
Wärme $= 0{,}1168 + 0{,}00027$ T cal/g ° C. Löslichkeit in Wasser (20° C): 0,67 g
$CaSO_4$/100 g Lösung.

β-Hemihydrat: Flockig-schuppiges Haufwerk sehr feiner Kristalle, die mikroskopisch nicht mehr einzeln erkennbar sind.
Hydratationswärme bei 25° C: 26,72 kcal/kg Dihydrat.
Spezifische Wärme $= 0{,}0816 + 0{,}00042$ T cal/g ° C. Löslichkeit in Wasser
(20° C): 0,88 g $CaSO_4$/100 g Lösung [*4*].

3. *Anhydrit III.* Die Eigenschaften des Anhydrit III sind denjenigen des
Hemihydrats sehr ähnlich, indessen bestehen zwischen den beiden Kristallarten,

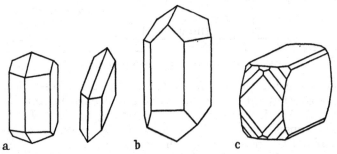

Abb. 1a bis c. Kristallformen. a) $CaSO_4 \cdot 2H_2O$; b) $CaSO_4 \cdot {}^1/_2 H_2O$; c) $CaSO_4$.

z. B. in ihrem Röntgendiagramm, unzweifelhafte Unterschiede. Anhydrit III
ist stark hygroskopisch und bildet bei Zutritt von Feuchtigkeit sogleich Hemihydrat.
Dichte 2,5 bis 2,6 g/cm³, wächst durch Brand bei höherer Temperatur oder
von längerer Dauer bis 2,8.
Spezifische Wärme von Anhydrit III $= 0{,}1037 + 0{,}00024$ T cal/g ° C (α- und
β-Form) [*4*]
Hydratationswärme ($+25°$ C): Anhydrit III- α: 35,7 kcal/kg Dihydrat,
                                                β: 41,9 kcal/kg Dihydrat.
α- und β-Anhydrit III entstehen aus den entsprechenden Hemihydraten mit
Erhaltung ihrer Kristallformen.
4. *Anhydrit II.* Orthorhombisch, a : b : c $= 0{,}8911 : 1 : 0{,}9996$ (s. Abb. 1c).
Dichte 2,93 g/cm³.
Spezifische Wärme $= 0{,}1037 + 0{,}00024$ T cal/g°C.
Hydratationswärme (25° C): 23,41 kcal/kg Dihydrat.
Abb. 2 gibt schematisch die Röntgendiagramme wieder, welche von den
obigen vier Kristallarten erhalten werden; es gelingt somit auf röntgenographi-
schem Wege, zwischen den vier Phasen zu unterscheiden, wenn auch die Unterschiede zwischen Hemihydrat und Anhydrit III nur geringfügige sind (weshalb
diese beiden Kristallarten häufig miteinander identifiziert wurden). Die α- und
β-Formen des Hemihydrats und des Anhydrits III lassen sich dagegen röntgenographisch nicht unterscheiden.
Die *kristallstrukturellen Verhältnisse* der verschiedenen Formen wurden durch
KRUIS und SPÄTH dargestellt [*1*].

Gips und Hemihydrat sind als definierte Hydratstufen aufzufassen; in beiden Fällen ist das Wasser in chemischem Sinne gebunden, wenn diese Bindung beim Hemihydrat auch wesentlich lockerer ist als beim Dihydrat, indessen noch nicht als *zeolithisch* gelten darf. Gips und Hemihydrat, Anhydrit III und Anhydrit II

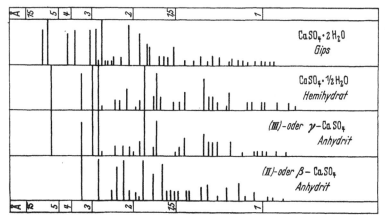

Abb. 2. Röntgendiagramme für Gips und Anhydrit.

unterscheiden sich voneinander in ihren Kristallstrukturen wesentlich, während Hemihydrat und Anhydrit III einen weitgehend ähnlichen Aufbau besitzen. Damit steht auch der Mechanismus der Umwandlungen, die im Laufe der Entwässerung des Gipses bzw. der Hydratisierung der Anhydrite auftreten, in vollem Einklang: Die Entwässerung von Gips zum Hemihydrat vollzieht sich unter einem vollständigen Umbau des Kristallgitters. Ein Gipskristall zerfällt in zahlreiche Keime von Hemihydrat, die zunächst einzeln auftreten und sich dann weiter ausbreiten. Die Größe der normalerweise entstehenden α-Hemihydratkristalle liegt zwischen 10^{-4} bis 10^{-6} cm. Dagegen verläuft die Dehydratisierung des Hemihydrats ohne Zerfall des Kristalls: größere Kristalle werden dabei zwar weiß und opak, kleinere Kristalle bleiben indessen durchsichtig und weisen einzig stellenweise kleine Sprünge auf. Das Röntgenogramm des Hemihydrats geht bei fortschreitender Entwässerung stetig in dasjenige des Anhydrits III über. Bei der Wiederwässerung erfolgt die Wasseraufnahme in ganz entsprechender Weise; die bei der Dehydratisierung undurchsichtig gewordenen größeren Kristalle gewinnen ihre Durchsichtigkeit jedoch nicht wieder, bleiben aber nach wie vor Einkristalle. Die Umwandlung des Anhydrits III in den Anhydrit II schließlich ist wie jene von Di- in Hemihydrat mit einem Zerfall der Kristalle verbunden: dabei bildet sich zunächst ein feinkörniges Produkt und erst bei höherer Temperatur erfolgt Rekristallisation und Teilchenvergrößerung des Anhydrits II. Das Totbrennen von Gips beruht auf der Bildung von Anhydrit und seiner bei höheren Temperaturen einsetzenden Rekristallisation, was die Reaktionsfähigkeit des $CaSO_4$ mit Wasser stark einschränkt. Zwischen 300 und 600° C gebrannter Anhydrit II reagiert nur so langsam, daß bei Abbinden an der Luft das zur Hydratisierung erforderliche Wasser gewöhnlich verdunstet, bevor eine wesentliche Hydratisierung erfolgt. Durch weitgehende Feinmahlung kann jedoch die Reaktionsgeschwindigkeit wesentlich erhöht werden [5]. Die Reaktionshemmung kann auch durch besondere Oberflächeneigenschaften der Teilchen, durch Impfkristalle oder schon durch kleinste Zusätze von Katalysatoren weitgehend vermindert werden. Letzteres wird bei der Herstellung von Anhydritbindern praktisch ausgewertet [9].

3. Die Stabilitätsverhältnisse und der Verlauf der Umwandlungen[1].

Eine Entwässerung der Hydrate erfolgt, sobald der mit der Temperatur wachsende Wasserdampfdruck der Hydrate größer wird als der äußere Dampfdruck. Die Dissoziationsspannungen der Hydrate des Kalziumsulfats wurden für die vorkommenden Reaktionen von KELLEY, SOUTHARD und ANDERSON bestimmt, wie auch die Wasserlöslichkeit der verschiedenen Formen des Kalziumsulfats und seiner Hydrate [3]. Die letzteren Grundlagen erlauben eine sichere Beurteilung der Stabilitätsverhältnisse; nach den Gesetzen der Thermodynamik ist bei mehreren Möglichkeiten jeweils die Modifikation kleinster Löslichkeit stabil. Die neuesten Forschungen und ihre technischen Auswirkungen wurden von KRUIS und SPÄTH verarbeitet [1].

Zur Kennzeichnung der verschiedenen Formen des Kalziumsulfats und seiner Hydrate dienen u. a. die *Hydratationswärmen,* wofür in Tab. 2 Werte von SOUTHARD [3] gegeben werden.

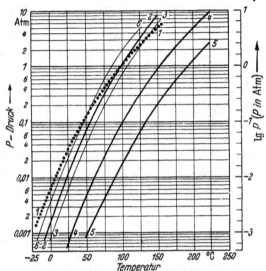

Kurve 1: Dampfdruck von flüssigem Wasser;
Kurve 2: $CaSO_4 \cdot 2 H_2O = \alpha\text{-}CaSO_4 \cdot \frac{1}{2} H_2O + \frac{3}{2} (H_2O)$;
Kurve 3: $CaSO_4 \cdot 2 H_2O = \beta\text{-}CaSO_4 \cdot \frac{1}{2} H_2O + \frac{3}{2} (H_2O)$;
Kurve 4: $\alpha\text{-}CaSO_4 \cdot \frac{1}{2} H_2O = \alpha\text{-}CaSO_4 (III) + \frac{1}{2} (H_2O)$;
Kurve 5: $\beta\text{-}CaSO_4 \cdot \frac{1}{2} H_2O = \beta\text{-}CaSO_4 (III) + \frac{1}{2} (H_2O)$;
Kurve 6: $\begin{cases} CaSO_4 \cdot 2 H_2O = CaSO_4 (II) + 2 (H_2O). \\ \text{(über } 40°\text{ C)} \end{cases}$

Abb. 3. H_2O-Dissoziationsdrucke der Kalziumsulfathydrate.

Tabelle 2.

Form	Reaktion	Hydratationswärme bei 25° in cal/Mol
α-Hemihydrat	$CaSO_4 \cdot \frac{1}{2} H_2O + \frac{3}{2} H_2O = CaSO_4 \cdot 2 H_2O$	4100
β-Hemihydrat	$CaSO_4 \cdot \frac{1}{2} H_2O + \frac{3}{2} H_2O = CaSO_4 \cdot 2 H_2O$	4600
α-Anhydrit III	$CaSO_4 + 2 H_2O = CaSO_4 \cdot 2 H_2O$	6250 } ±20
β-Anhydrit III	$CaSO_4 + 2 H_2O = CaSO_4 \cdot 2 H_2O$	7210
Anhydrit II	$CaSO_4 + 2 H_2O = CaSO_4 \cdot 2 H_2O$	4030

Die Entwässerung des Dihydrats erfolgt mit steigender Temperatur in zwei Stufen, die beim technischen Gipsbrennen durch mehr oder weniger ausgesprochene Temperaturhaltezeiten im Temperatur-Zeitdiagramm erkennbar sind. Während des ersten Anhaltens der Temperatursteigerung wird der Gips zu Hemihydrat, während der zweiten Haltezeit zu Anhydrit III entwässert.

Die *trockene Entwässerung* läßt das Kristallwasser in eine mit Wasserdampf ungesättigte Atmosphäre entweichen; sie kann unter Vakuum schon bei mäßigen Temperaturen realisiert werden. Beim technischen Brennen von gemahlenem Gips werden diese Bedingungen bei scharfem, kurzfristigem Brennprozeß in

---

[1] Bearbeitet mit Dr. G. PIÈCE, Gips-Union A.G., Bex.

flachen, offenen Kesseln oder in Drehöfen weitgehend erfüllt, wenn der Wasserdampf leicht entweichen kann. Es entsteht vorwiegend β-Hemihydrat bzw. Anhydrit III, d. h. ein Gips geringer Festigkeit mit großer Ergiebigkeit.

Mit weitersteigender Temperatur erfolgt sukzessive die Umkristallisation des β-Anhydrits III zu Anhydrit II. Die Dichte steigt kontinuierlich, bis sie schließlich diejenige des Anhydrits II erreicht, während die Löslichkeit sukzessive abnimmt. Im Anfangsstadium

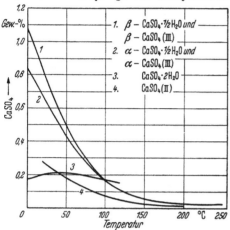

Abb. 4. Löslichkeit von Gips, Hemihydrat und Anhydrit in Wasser.

entsteht langsam abbindender, träger Gips und schließlich *totgebrannter* Gips mit geringem Reaktionsvermögen. Bei 450° C fängt der Anhydrit zu sintern an, wobei sich der Sinterungsprozeß über 580° C rasch steigert. Schließlich zersetzt sich das Kalziumsulfat teilweise in amorphes CaO und SO_3, es entsteht aktives, basisches Kalziumsulfat (z. B. in Estrichgips).

Die *nasse Entwässerung* erfolgt in gesättigtem Wasserdampf, Wasser oder Salzlösungen bei geringer Brenngeschwindigkeit, z. B. mit dem Autoklavverfahren. Es entsteht α-Halbhydrat, d. h. ein Gips hoher Festigkeit bei mäßiger Ergiebigkeit.

Durch Brand von mehr oder weniger großen Gipsstücken (Ofengips) ergibt sich eine gemischte Entwässerung, d. h. eine trockene Entwässerung an den Oberflächen der Stücke und eine nasse Entwässerung im Inneren.

Tab. 3 gibt orientierende Richtwerte für den Ablauf dieser Reaktionen, die im übrigen durch die Erhitzungsgeschwindigkeit sowie Feinheit und Reinheit der reagierenden Stoffe beeinflußt werden. Die Entwässerung kann durch lösliche Salze (z. B. $CaCl_2$) erleichtert werden.

Die *Löslichkeit* der verschiedenen Formen des Systems $CaSO_4 + H_2O$ kann gravimetrisch oder durch Messung der elektrischen Leitfähigkeit der Lösung bestimmt werden.

Da die *Hydratisierung* stets über die Zwischenstufe der wäßrigen Lösung erfolgt, stellen die Bedingungen gleicher Löslichkeit verschiedener Formen zugleich die Gleichgewichtsbedingungen dar, in denen die betreffenden Formen auch bei Anwesenheit von Wasser gleichzeitig existieren können (vgl. Tab. 3 und [1]).

Die Löslichkeit von Dihydrat wird durch manche gleichzeitig in Wasser gelöste Salze erhöht (z. B. Kochsalz, Chlormagnesium, Ammonsalze, Natriumthiosulfat).

Hemihydrat ist bei normalen Temperaturen in Wasser mäßig löslich. Anhydrit III verwandelt sich bei Wasserzutritt sogleich in Hemihydrat und erreicht damit die Löslichkeit des letzteren. Mit fortschreitender Umwandlung des Anhydrits III in Anhydrit II (d. h. mit wachsender Überschreitung der Brandtemperatur von 250° C) nimmt die Löslichkeit des Brandprodukts sukzessive ab und wird schließlich durch die Löslichkeit des Anhydrits II begrenzt.

Da Hemihydrat leichter löslich ist als Dihydrat, kristallisiert aus einem Gemisch von Hemihydrat und Wasser sofort Dihydrat infolge Übersättigung aus. Das Abbinden besteht im fortgesetzten Lösen von Hemihydrat bzw. Anhydrit III und im Ausfällen des Dihydrats aus den übersättigten Lösungen.

Tabelle 3.

Trockene Entwässerung	Nasse Entwässerung	Gleich-gewichts-temperatur °C	Temperatur beim techn. Gipsbrennen °C
	$CaSO_4 \cdot 2H_2O$ $= \alpha CaSO_4 \cdot {}^1/_2 H_2O + {}^3/_2 H_2O$	97	110 bis 130
$CaSO_4 \cdot 2H_2O$ $= \beta CaSO_4 \cdot {}^1/_2 H_2O + {}^3/_2 H_2O$		109	125 bis 150
$\alpha CaSO_4 \cdot {}^1/_2 H_2O$ $= \alpha CaSO_4 III + {}^1/_2 H_2O$		151	—
$\beta CaSO_4 \cdot {}^1/_2 H_2O$ $= \beta CaSO_4 III + {}^1/_2 H_2O$		194	195 bis 200
	$\alpha CaSO_4 \cdot {}^1/_2 H_2O$ $= CaSO_4 II + {}^1/_2 H_2O$	—	150 bis 200
$\alpha CaSO_4 III \rightarrow CaSO_4 II$ $\beta CaSO_4 III \rightarrow CaSO_4 II$		—	300 bis 600
$CaSO_4 II \rightarrow CaSO_4 I + CaO +$ $+ SO_3$		—	900 bis 1000

Die Art des Abbindevorgangs ist somit grundsätzlich durch die Löslichkeit bedingt: Hemihydrat und Anhydrit III ergeben normales Abbinden, sofern im Bindemittel keine Reste (Keime) von Dihydrat verblieben sind, die eine stark beschleunigende Wirkung auf das Auskristallisieren, d. h. auf den Abbindebeginn, ausüben. Das Abbinden von reinem Hemihydrat (Formen α und β) und Anhydrit III (α und β) ist spätestens 2 h nach Anmachen mit Wasser abgeschlossen. Mit zunehmendem Gehalt an Anhydrit wird der Abbindevorgang stark verzögert (totgebrannter Gips). Eine Vergrößerung des Anmachwasserzusatzes verlangsamt den Abbindeprozeß. Mit steigender Temperatur des Anmachwassers wird die Löslichkeit von Hemihydrat verringert, das Abbinden jedoch zunächst wenig beeinflußt. Überschreitet die Temperatur des Gipsbreis 60° C, so kann bei Vermeidung von Wasserverdunstung der Gipsbrei nach CHASSEVENT [6] auf dieser Temperatur stundenlang flüssig erhalten werden.

Beim Abbinden bildet sich ein Haufwerk meist nadelförmiger, innig verwachsener Dihydratkristalle von filzartigem Verband, der um so dichter ist, je weniger überschüssiges Wasser zum Anmachen verwendet wurde.

Bei der Hydratisierung von Hemihydrat zu Dihydrat erfährt das System $CaSO_4 \cdot {}^1/_2 H_2O + {}^3/_2 H_2O$ eine Volumenkontraktion von rd. 7,1%. Dagegen erfährt die porenlos gedachte, feste Masse durch die Bildung von Dihydrat eine starke Volumenvergrößerung; aus 1 ml Hemihydrat bilden sich 1,406 ml Dihydrat.

Die Hydratisierung von Anhydrit III hat eine Volumenkontraktion von 9,5% des Systems $CaSO_4 + 2H_2O$ zur Folge. Dagegen nimmt das Volumen der festen Phase zu: Aus 1 ml wasserfreiem Gips bilden sich 1,619 ml Dihydrat.

Die beim Abbinden effektiv eintretende Expansion ist abhängig von Anmachwasserverhältnis, Mischart, Zusätzen usw. Beispielsweise ist das Abbinden von Modellgips mit einer Expansion von 0,15 bis 0,3% des scheinbaren Volumens eines Gipsbreis verbunden.

Die Lagerung der gebrannten Gipsprodukte hat Einfluß auf deren Eigenschaften. Silolagerung von technischem Baugips hat gewöhnlich eine Verzögerung des Abbindebeginns zur Folge, da der Anhydrit III den Resten von ungebranntem Dihydrat das Wasser entzieht und dadurch die Kristallisationskeime ausgeschaltet werden. Wenn sich auf den Anhydrit III-Teilchen nur eine Oberflächenschicht von Hemihydrat gebildet hat, kann der Gips durch ein späteres Mahlen *reaktiviert* werden und bindet nachher wieder schneller ab. Lagerung in feuchter Luft verursacht zunächst Umwandlung des Anhydrits III in Hemihydrat. Dasselbe kann zudem je nach Luftfeuchtigkeit einen gewissen Feuchtigkeitsgehalt physikalisch aufnehmen, nach längerer Lagerung an feuchter Luft kann dies aber Krustenbildung von Dihydrat auf den Hemihydratkörnern verursachen, verbunden mit Knollenbildung, unregelmäßigem, z. T. raschem Abbinden und ungenügender Erhärtung. Ein derart verdorbener Gips kann durch erneuten Brand wieder normalisiert werden.

Die Angaben des vorliegenden Abschnitts gelten für reine Produkte. Das Verhalten derselben kann oft durch sehr geringe Verunreinigungen oder Zusätze stark beeinflußt werden. Von manchen Zusätzen (z. B. schwefelsaures Kalium) genügen wenige Promille, um bei der Bindemittelprüfung vollkommen abweichende Ergebnisse zu erzielen.

4. Verunreinigungen, Zusätze und Nachbehandlung [6, 7].

Die inerten, natürlichen Verunreinigungen des Rohgipses setzen die Festigkeit der Gipsmörtel herab und verkürzen meistens die Bindezeit. Quarz, Glimmer und Eisenoxyde sind in geringen Mengen unschädlich. Größerer Gehalt an Kalkspat und Dolomit kann in hochgebranntem Gips zu Treiberscheinungen führen. Tongehalt soll die Beständigkeit gebrannter Gipse bei Lagerung herab-

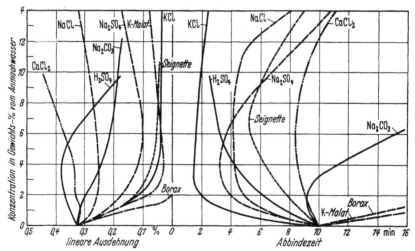

Abb. 5. Einfluß von verschiedenen Zusatzmitteln auf das Abbinden und die lineare Ausdehnung eines Modellgipses.

setzen. Natürlicher Anhydrit ist treibgefährlich. Steinsalz, Glauberit, Syngenit und Polyhalit bewirken Festigkeitseinbuße und Schnellbinden. Pyrit verwittert.

Die Wirkung von Zusatzmitteln strebt gewöhnlich einem Optimum zu, um dann mit wachsender Konzentration wieder abzunehmen (vgl. Abb. 5). Zusätze

zeigen abweichende Wirkung auf verschiedene Gipsfabrikate; sie ist im allgemeinen größer bei langsam als bei schnell bindendem Gips. Große Zusätze
haben häufig und besonders in der ersten Erhärtungszeit Festigkeitseinbuße
zur Folge. Die Wirkung von Zusätzen ist temperaturabhängig.

Für die Herstellung von verzögerten Gipsen werden häufig Hydrolisierungs-
produkte von Eiweißstoffen, Kasein oder Leim mit Ätzkalk verwendet. Zusätze
von Weißkalk können besonders bei langem Feuchtbleiben des Gipses und auf
zementreichem Grundputz zu $CaCO_3$-Ausscheidungen auf dem Gips und dadurch zu Tapetenablösungen führen [37].

Abbindebeschleuniger verringern meistens die Expansion, die Festigkeit
und die Härte, während umgekehrt Verzögerer Härte und Festigkeit erhöhen,
schon weil sie erlauben, den Wasserzusatz herabzusetzen, ohne dadurch eine zu
kurze Bindezeit zu verursachen.

Die erste Auflage dieses Handbuchs enthält eine kurze Zusammenstellung
der damals bekannten Abbinderegler, Zusätze zur Verbesserung der Härte,
Beständigkeit und Abwaschbarkeit, Färbmethoden sowie über den Einfluß
chemischer Agenzien auf Gips und die Einwirkung von Gips auf andere Stoffe.
Eine Zusammenstellung von neuerdings bekanntgewordenen Zusatzmitteln und
Herstellungsmethoden wurde durch KRUIS und SPÄTH, RIDELL, GRAF und
RAUSCH gegeben [1, 7].

B. Die technischen Gipse.

Übersicht [8].

Die Bezeichnungen der einzelnen Gipsarten haben sich in verschiedenen
Ländern und selbst in den verschiedenen Gegenden desselben Landes sehr
unterschiedlich ausgebildet. Es wird die erste Aufgabe der künftigen Normung
sein, in dieser Begriffsverwirrung eindeutige Ordnung zu schaffen und die vielen
Synonyme zu beseitigen, wie das durch die deutschen Normen angestrebt wird
(vgl. Abschn. D). In nachstehender Zusammenstellung (Tab. 4) werden die am
meisten verbreiteten Bezeichnungen angeführt[1].

C. Die Prüfung der Rohstoffe, der Bindemittel, der Mörtel und der Gipsprodukte.

Im Abschn. A wurde ein kurzer Überblick über den heutigen Stand der
Kenntnisse der kristallstrukturellen Verhältnisse, der Stabilitätsverhältnisse und
über den Verlauf der Umwandlungen des Kalziumsulfats und seiner Hydrate
gegeben. Daraus ist ohne weiteres ersichtlich, daß für viele Gipsuntersuchungen
die verschiedensten Methoden der Chemie, der physikalischen Chemie und der
Physik herangezogen werden müssen und daß die Wahl der Untersuchungsmethoden weitgehend von der jeweiligen Problemstellung abhängt. Die nächsten
Abschnitte beschränken sich auf die Angaben derjenigen Untersuchungsmethoden, die für die laufenden Prüfungen in den Industrien der Gipsherstellung
und -verwertung Bedeutung erlangt haben. Hierzu ist als modernstes Rüstzeug
auch die röntgenographische Untersuchung zu rechnen, wofür im Abschn. A
die erforderlichen Grundlagen gegeben wurden.

---

[1] Vgl. a. die Normentabellen, Abschn. D.

Tabelle 4. *Bezeichnung der Gipse.*

Typenbezeichnungen	Chemischer Charakter	Bezeichnungen	Herstellung	Verwendung
I. Naturprodukte				
1. Gips	Kalziumsulfat-Dihydrat $CaSO_4 \cdot 2H_2O$	Gips, Roh-, Natur-gips, Gipsstein	Abbau der natürlichen Vorkommen, Aufbereiten durch Brechen und Mahlen, Abbinden gebrannter Gipse und Anhydritbinder	Ausgangsmaterial zur Herstellung der gebrannten Gipserzeugnisse, Abbinderegler für Zemente. Mineralische Farbe.
2. Anhydrit	Natürliches wasserfreies Kalziumsulfat $CaSO_4$ (II)-Anhydrit	Anhydrit	Abbau natürlicher Vorkommen.	Anhydritbinder, Rohmaterial (neben gebrannter Gipse) zur Herstellung hochgebrannter Gipse, Zement und Schwefelsäureerzeugung. Mineralische Farbe.
II. Technische Produkte				
3. Hemihydrat-gips	Kalziumsulfathemihydrat α- u. $\beta\text{-}CaSO_4 \cdot \tfrac{1}{2} H_2O$ z. T. mit wechselnden Mengen an (III)- und (II)-Anhydrit	Kocher-, Kessel-, Bau-, Stuck-, doppelgemahlener, doppelt gebrannter Stuckgips, Alabaster-, Formen-, Keramiker-, Zahn-, Orthopäden-, Verbandsgips. Autoklavgips, α-Gips	Trockenes (β), z. T. verbunden mit nassem (α) Entwässern von Gipsstein, vorwiegend durch Erhitzen auf 107 bis 200° C, vorher oder nachher Feinmahlung evtl. mit Sichtung	Bauzwecke, Wand-, Decken-, Grob-, Fein- und Glättverputz, Rabitz, Stukkaturen, Dielen und Platten, Modelle, Abdrucke, Formen für technische Zwecke: z. B. Keramik, dentale und medizinische Formen, Einbettmassen Halbanhydrit: Trocknungsmittel.
	$\alpha\ CaSO_4 \cdot \tfrac{1}{2} H_2O$		Nasses Entwässern von Gipsstein, z. B. Kochen im Autoklaven.	Gipsprodukte hoher Festigkeit.
4. Wasserfreier Gips	Kalziumsulfat $CaSO_4$ Anhydrit (II) z. T. mit Hemihydrat	Ofen-, Drehofen-, Ofenkesselgips, Bau-, Mörtel-, Putzgips	Brenntemperaturen 200 bis 600° C	Verputz- und Mörtelzwecke, Dielen, Farb- und Zusatzstoffe für gewisse industrielle Erzeugnisse, z. B. Papier.
5. Hochge-brannte Gipse	Basisches Kalziumsulfat $CaSO_4$ + wechselnde Mengen CaO sowie je nach Zusätzen Oxyde, Aluminate, Salze schwerflüchtiger Säuren	Estrich-, Maurergips (Schweiz: Felsenit), Marmorgips, Marmorzement, Keene-Zem., Hartalabaster, Boraxgips, Parianzement, Parianalabaster, Schottrscher Gips, Gipszement	Brenntemperatur über 600° C, in der Regel 900 bis 1000° C, *ohne* und *mit* Zusätzen, zuweilen nach Vorbrennen und darauffolgendem Tränken mit Salzlösungen (Alaun, Borax, Kaliumwasserglas, Schwefelsäure usw.), evtl. Beimengungen (z. B. Ätzkalk oder gesinterte Mischung von Magnesia + Borax u. dergl.)	Bauzwecke: Mörtel, Estrichboden, Verfugen, besonders harte Modelle und Formen, Platten, Kitte für besondere technische Zwecke.

Für die Anwendung einwandfreier Versuchsbedingungen für die Gipsprüfung sind stets die Stabilitätsverhältnisse und Umwandlungsbedingungen im Auge zu behalten, weshalb hierauf im Abschn. A 3 besonders hingewiesen wurde. Insbesondere ist bei Gipsprüfungen der Einfluß der Feuchtigkeit, des Wasserdampfdruckes und der Temperatur stets sorgfältig zu berücksichtigen. Ferner ist der zum Teil außerordentlich starke Einfluß von natürlichen und künstlichen Verunreinigungen und Zusätzen auf die Prüfungsergebnisse zu beachten. Die vorhergehenden Abschnitte enthalten Hinweise auf etwaige Ursachen eines anormalen Verhaltens von Gipsproben.

1. Die petrographische Untersuchung der Gipsgesteine, der gebrannten Gipse und der Gipsmörtel[1].

a) Gipsgesteine (Rohgips).

Die Ablagerungen von nutzbaren Gipsgesteinen sind Absätze aus seichten Meeren. Teils erfolgte hierbei schon primär aus dem Meerwasser die Ausfällung von Gips, teils jedoch wurde zuerst Anhydrit niedergeschlagen, der sich erst sekundär durch Wasseraufnahme in Gips verwandelte. Dadurch enthalten viele Gipsgesteine noch Relikte von Anhydrit beigemengt. Die überall verwandten Bildungsbedingungen erklären die meist gleichartigen *Begleitmineralien* der Gipsgesteine. Am verbreitetsten sind: *Kalkspat, Dolomit* und *Tonmineralien,* häufig, wenn meist auch sehr untergeordnet: *Quarz, Pyrit* und *bituminöse Substanzen.* Viel lokaler trifft man etwa noch *Zölestin* und *Aragonit,* ferner vereinzelt an Stellen, die vor späterer Auslaugung geschützt waren, die leicht wasserlöslichen Mineralien der marinen Salzablagerungen, vor allem *Steinsalz,* viel seltener *Polyhalit, Glauberit, Syngenit* u. a. Durch nachträgliche Umwandlungen infolge gebirgsbildender Vorgänge wandeln sich die tonigen Bestandteile der Gipsgesteine sehr leicht in Glimmermineralien um (Muskowit oder Phlogopit); so sind z. B. viele Gipse der innern Alpenregion stark glimmerhaltig. Einem sekundären Reduktionsprozeß verdankt der in vielen Gipsvorkommen auftretende *Schwefel* seine Entstehung. Natürlich trifft man gelegentlich noch zahlreiche andere Mineralien, die jedoch ganz selten von technischem Einfluß sind. Die Begleit*gesteine* der Gipsablagerungen setzen sich ebenfalls zum großen Teil aus den obenerwähnten Mineralien zusammen. Es sind dies vor allem: Dolomite, Rauhwacken, Mergel, Tone, mannigfache Salzgesteine.

Zur *Bestimmung* der *Mineralbestandteile* der Gipsgesteine genügt die Prüfung von bloßem Auge im allgemeinen nicht, nur bei relativ grobkörnigen Formen lassen sich so mit Sicherheit die wesentlicheren Komponenten ermitteln. Eine mikroskopische Prüfung ist indessen stets vorteilhafter und bei feinkörnigem Material ganz unerläßlich. Die mikroskopische Untersuchung an Gipsgesteinen wird am besten am Dünnschliff vorgenommen. Nur in diesem läßt sich außer der Art der Mineralbestandteile auch deren gegenseitiger Verband (Struktur), die Korngröße usw. überblicken. Allerdings erfordern Dünnschliffe von Gipsgesteinen große Vorsicht bei der Herstellung. Es wurde schon oft beobachtet, daß durch die Erwärmung beim Schleifvorgang oder besonders beim Einbetten in stark erhitzten Kanadabalsam der Gips teilweise durch Wasserverlust verändert wurde. Diese Entwässerung (Bildung des Hemihydrats) ist daran zu erkennen, daß die Gipskörner teilweise oder ganz in feinste netz- bis gitterförmig angeordnete Schüppchen von wesentlich höherer Lichtbrechung zerfallen sind. Dadurch tritt natürlich auch eine völlige Verwischung der ursprünglichen

[1] Bearbeitet von Dr. F. DE QUERVAIN und Dr. P. ESENWEIN, Eidgenössische Materialprüfungs- und Versuchsanstalt, Zürich.

Struktur ein, indem die Körnergrenzen nicht mehr zu erkennen sind. Starke Veränderungen in der Ausbildung kann der sehr weiche Gips auch rein mechanisch beim Schleifen erleiden (Verbiegungen, innere Gleitungen).

Steht ein Dünnschliff nicht zur Verfügung, so leistet auch ein Pulverpräparat brauchbare Dienste, für gewisse Bestimmungen ist es sogar ersterem vorzuziehen. Man bettet das von der Probe abgekratzte Pulver von möglichst gleichmäßiger Feinheit (der Feinstaub wird am besten durch Schwenken mit etwas Alkohol entfernt) vorteilhaft in Nelkenöl (Lichtbrechung n um 1,538) oder bei Dauerpräparaten in Kanadabalsam (n um 1,540) oder Kollolith (n um 1,535). Um alle Bestandteile der meist etwas inhomogenen Gipsgesteine zu erfassen, sind natürlich mehrere Präparate notwendig, auch wenn es sich nur um eine Handstückprobe handelt. Unter Umständen ist es zweckmäßig, in einem Sonderpräparat die nicht wasser- und säurelöslichen Bestandteile zu ermitteln.

Abb. 6. Fasergips mit Anhydritrelikten.
(Anhydrit hat höhere Lichtbrechung und 2 senkrecht zueinander stehende Spaltbarkeiten.)

Die für die Bestimmung der wichtigeren in Gipsgesteinen anzutreffenden Mineralien wesentlichsten Daten sind im folgenden zusammengestellt. Die Zahlenangaben entsprechen Mittelwerten, die unter Umständen etwas veränderlich sind. Die optischen Daten gelten für weißes Licht. Wo nicht anders vermerkt, sind die Mineralien farblos (bzw. weiß) oder dann aber durch geringe Beimengungen mannigfach, aber nicht kennzeichnend gefärbt.

Gips. $CaSO_4 \cdot 2\,H_2O$. Monoklin. Härte: $1^1/_2$ bis 2. Dichte: 2,32. Ausbildung: fein- bis grobkörnig, blätterig, faserig, erdig. Lichtbrechung: n_α 1,521, n_β 1,523, n_γ 1,530. Optisch positiv. Achsenwinkel 2 V 58 bis 60°. Optische Orientierung: $n_\beta = b$-Achse, n_γ/c 52°. Ausgezeichnet spaltbar nach dem seitlichen Pinakoid (010), weniger gut nach (100) und (111). Die Spaltblättchen (Pulverpräparat) zeigen den senkrechten Austritt der optischen Normalen; Achsenebene und Hauptspaltbarkeit sind somit parallel. Lichtbrechung stets tiefer als oben erwähnte Einbettungsmittel (Unterscheidungsmerkmal gegenüber Anhydrit auch ohne Polarisationsmikroskop).

Anhydrit. $CaSO_4$. Rhombisch. Härte: 3. Dichte: 2,93. Ausbildung: vorwiegend körnig, auch prismatisch. Lichtbrechung: n_α 1,570, n_β 1,576, n_γ 1,614. Optisch positiv. Achsenwinkel 2 V 42 bis 44°. Optische Orientierung: $n_\beta = b$-Achse. Gut spaltbar (jedoch etwas verschieden) nach drei aufeinander senkrechten Ebenen (Hauptpinakoide). Im Pulverpräparat somit stets Körner senkrecht zu den drei Hauptschwingungsrichtungen feststellbar. Besonders typisch Schnitt senkrecht n_γ (kleiner Achsenwinkel). Lichtbrechung stets höher als erwähnte Einbettungsmittel.

Kalkspat. $CaCO_3$. Rhomboedrisch. Härte: 3. Dichte: 2,72. Ausbildung: extrem fein- bis grobkörnig. Lichtbrechung: $n_\alpha = \varepsilon$ 1,486, $n_\gamma = \omega$ 1,658. Optisch negativ. Gut spaltbar nach einem Rhomboeder (drei gleichwertigen Ebenen). Hauptkennzeichen: extreme Doppelbrechung (Reliefunterschiede beim Drehen des Mikroskoptischs). Größere Körner zeigen durch Zwillingsbildung oft starke Streifung.

Dolomit. $CaMg(CO_3)_2$. Rhomboedrisch. Härte: $3^1/_2$. Dichte: 2,87. Ausbildung: fein- bis grobkörnig. Lichtbrechung: $n_\alpha = \varepsilon$ 1,500, $n_\gamma = \omega$ 1,681. Spaltbarkeit wie Kalkspat. Unterscheidung gegenüber diesem nur durch Bestimmung von n_γ (Einbettungsmethode).

Quarz. SiO_2. Rhomboedrisch. Härte: 7. Dichte: 2,66. Ausbildung: meist als Körner, oft eckig. Lichtbrechung: $n_\alpha = \omega$ 1,544, $n_\gamma = \varepsilon$ 1,553. Optisch positiv. Nicht spaltbar, muscheliger Bruch. Öfters undulöse Auslöschung.

Weißer Glimmer (Muskowit). Wasserhaltiges K-Al-Silikat, meist etwas Mg und Fe führend. Härte: $2^1/_2$ bis 3. Dichte: 2,76 bis 2,9. Lichtbrechung: n_α 1,55 bis 1,57, n_β 1,58 bis 1,59, n_γ 1,59 bis 1,61. Optisch negativ. Achsenwinkel: 40 bis 45°. Ausgezeichnet spaltbar parallel der Basis der Blättchen. Blättchen zeigen Austritt der spitzen Bisektrix (kleiner Achsenwinkel).

Hellbrauner Glimmer (Phlogopit). Wasserhaltiges K-Al-Mg-Silikat. Härte: $2^1/_2$ bis 3. Dichte: 2,8 bis 2,9. Ausbildung: blätterig. Lichtbrechung: n_α 1,54 bis 1,55, n_γ 1,57 bis 1,58. Optisch negativ. Achsenwinkel: 0 bis 10°. Spaltbarkeit usw. wie Muskowit.

Steinsalz. $NaCl$. Kubisch. Härte: 2. Dichte: 2,16. Ausbildung: körnig, selten faserig. Lichtbrechung: n 1,544. Ausgezeichnet spaltbar nach den drei Würfelflächen.

Polyhalit. $Ca_2MgK_2(SO_4)_4 \cdot 2 H_2O$. Triklin. Härte: 3. Dichte: 2,78. Ausbildung: faserig oder tafelig. Lichtbrechung n_α 1,547, n_β 1,560, n_γ 1,567. Optisch negativ. Achsenwinkel: 62°. Spaltbar nach zwei Richtungen. Zwillingslamellen.

Glauberit. $Na_2Ca(SO_4)_2$. Monoklin. Härte: 3. Dichte: 2,85. Ausbildung: tafelig oder prismatisch. Lichtbrechung: n_α 1,515, n_β 1,535, n_γ 1,536. Optisch negativ. Achsenwinkel $2 V$ 7°. Gute Spaltbarkeit fast senkrecht auf spitze Bisektrix.

Syngenit. $K_2Ca(SO_4)_2 \cdot H_2O$. Monoklin. Härte: $2^1/_2$. Dichte: 2,58. Ausbildung: prismatisch. Lichtbrechung: n_α 1,501, n_β 1,517, n_γ 1,518. Optisch negativ. Achsenwinkel $2V$ 28°. Spaltbar nach zwei Ebenen. Oft Zwillinge.

Schwefel. S. Rhombisch. Härte: 2. Dichte: 2,06. Ausbildung: Kristalle, Körneraggregate. Lichtbrechung: n_α 1,96, n_β 2,04, n_γ 2,24. Optisch positiv. Achsenwinkel: 68°. Schlecht spaltbar nach verschiedenen Ebenen. Gelbe Farbe.

Pyrit. FeS_2. Kubisch. Härte: 6 bis $6^1/_2$. Dichte: 5,0. Ausbildung: würfelige oder dodekaedrische Kristalle. Körner opak. Speisgelbe Farbe. Leicht zu Limonit verwitternd.

Tonmineralien. Vorwiegend wasserhaltige Al-Silikate. Optisch in Gipsgesteinen nicht genauer bestimmbar. Bilden trübe, äußerst feinkristalline bis amorphe Massen.

Bituminöse Substanzen. Kohlenwasserstoffe, teilweise oxydiert. Amorph, braun bis schwärzlich. Optisch nicht bestimmbar.

Die *Struktur* der nutzbaren Gipsgesteine ist vor allem durch die Korngröße und Ausbildungsweise des Minerals Gips bestimmt. Da dieses Mineral sich durch große Mannigfaltigkeit auszeichnet, sind auch die Strukturen sehr verschiedenartig. Es gibt kompakte und feinporige (erdige) Gipsgesteine. Man begegnet gleichkörnigen, ungleichkörnigen (porphyrischen), schuppigen, faserigen Strukturen von feinerem oder gröberem Korn. Die Begleitmineralien sind sehr oft nicht gleichmäßig im Gipsgestein verteilt, sondern in Lagen oder unregelmäßigen Schlieren angereichert.

b) Gebrannte technische Gipsprodukte [10][1].

Die petrographische Untersuchung beschränkt sich bei diesen Materialien in der Hauptsache auf mikroskopische Untersuchung von Pulverpräparaten. Als Immersionsflüssigkeiten werden vorteilhaft solche gewählt, die der mittleren Lichtbrechung des einen oder anderen Hauptminerals entsprechen. Dadurch wird dieses in parallelem Licht zufolge des geringen Reliefs fast zum Verschwinden gebracht, während die übrigen Gemengteile sich durch ihr Relief deutlich abheben. So zeigt z. B. Dihydrat in Nelkenöl ($n = 1,538$) nur ganz schwache

---

[1] Nach Dr. P. ESENWEIN, Eidgenössische Materialprüfungs- und Versuchsanstalt, Zürich, und Dr. G. PIÈCE, Gips-Union A. G., Bex.

Konturen, während Hemihydrat zufolge seiner höheren Lichtbrechung ein deutliches Relief erhält. Selbstverständlich müssen für die Untersuchung dieser meist sehr feinkörnigen Mahlprodukte stärkere Vergrößerungen (200- bis 800 fach) gewählt werden. Die Charakterisierung erfolgt, da ja fast ausschließlich zerbrochene Kristalle vorliegen, im wesentlichen an Hand ihrer Spaltrichtungen sowie Licht- und Doppelbrechung.

In Tab. 5 sind die wichtigsten, für die Untersuchung von Pulverpräparaten erforderlichen kristallographischen und optischen Daten der bekannten natürlichen und künstlichen Gipsminerale zusammengestellt.

Tabelle 5. *Gipsminerale und ihre Eigenschaften.*

Kristallart, Formel	Kristall-system	Spaltrichtungen Ausbildung	Opt. Cha-rakter	Brechungsindizes			Optische Orientie-rung	Achsen-winkel $2V$
				n_α	n_β	n_γ		
Gips, $CaSO_4 \cdot 2H_2O$	monokl.	(010) (010) (111)	+	1,521	1,523	1,530	$n_\beta \parallel b$ $n_\gamma/c = 52°$	58 bis 60°
Gips-Hemihydrat $CaSO_4 \cdot 1/2 H_2O$	monokl. pseudo-trigonal	schuppig-faserig pseudomorph nach Gips		1,559	1,5595	1,5836	$c \parallel n_\gamma$	14°
Anhydrit III $CaSO_4$ Anhydrit II $CaSO_4$ Hochtemperatur-Anhydrit $CaSO_4$		schuppig-faserige Pseudomorphosen nach Gips, sehr ähnlich Hemihydrat	+	1,495	1,495	1,552	$c \parallel n_\gamma$	fast 0
				sehr ähnlich Hemi-hydrat, Licht- und Doppelbrechung jedoch etwas höher				
Natürlicher Anhydrit $CaSO_4$	rhom-bisch	(001) (010) (100) rechteckige Spaltblättchen	+	1,570	1,576	1,614	$n_\alpha \parallel c$ $n_\beta \parallel b$	42 bis 44°

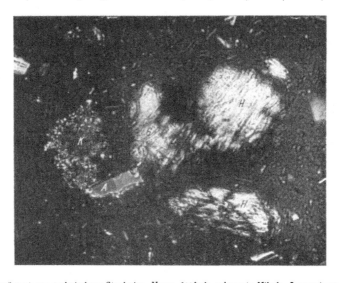

Abb. 7. Pulverpräparat von technischem Stuckgips. Vergr. 600fach, gekreuzte Nikols. Immersionsmittel Zedern-holzöl. *K* Kalksteinfragment; *A* natürlicher Anhydrit; *H* Pseudomorphosen von Hemihydrat und Gipsdihydrat; *G* nur randlich umgewandeltes Gipskristallfragment

α) *Stuckgips.*

Mikroskopische Merkmale. Das Hauptmineral des Stuckgipses, das *Hemi-hydrat*, besteht vorwiegend aus Pseudomorphosen feinschuppiger bis faseriger Aggregate nach Gipskristallfragmenten. Diese Hemihydratschuppen zeigen meist deutliche Parallelverwachsungen, die besonders zwischen gekreuzten Nikols leicht sichtbar werden. Auf Grund dieser charakteristischen Struktur sowie seiner merklich höheren Licht- und Doppelbrechung (s. Tab. 5) ist das Hemihydrat leicht von oft noch vorhandenen Relikten von Gipsdihydrat zu unterscheiden. Oft sind im technischen Stuckgips unvollständige Pseudo-

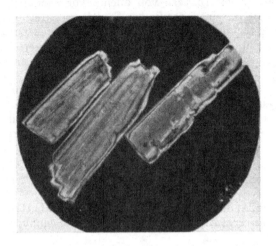

Abb. 8. α-Hemihydrat.

morphosen von Hemihydrat nach Gips (größere Gipsbruchstücke mit peripherisch eingelagerten Hemihydratfasern) zu beobachten (Abb. 7).

α-Hemihydrat ist kompakt kristallin (Abb. 8). In α-Hemihydrat umgewandelte Gipsstücke sehen seidenartig glänzend aus. Die Umrisse der Kristalle lassen sich mikroskopisch deutlich erkennen.

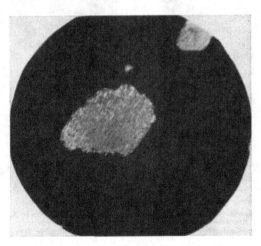

Abb. 9. β-Hemihydrat.

β-Hemihydrat besteht aus einem Haufwerk mikroskopisch nicht erkennbarer, sehr feiner Kristalle (Abb. 9). Das Aussehen ist flockig, schuppig, zerklüftet. In β-Hemihydrat umgewandelte Gipsstücke sehen erdig oder kreidig aus.

Die mikroskopische Unterscheidung zwischen α-Hemihydrat und *Anhydrit III* ist schwieriger, weil beide praktisch gleiche Struktur besitzen. Unterschiede bestehen nur in der geringeren Licht- und höheren Doppelbrechung des Anhydrits, die bei geeigneter Immersion und zwischen gekreuzten Nikols festgestellt werden können.

Dagegen ist natürlicher *Anhydrit* von allen zuvor genannten Kristallarten auch im Stuckgips zufolge seiner spezifischen Spaltformen (rechteckige Blättchen mit geradliniger Begrenzung und meist konstanter Interferenzfarbe) sowie seiner merklich höheren Licht- und Doppelbrechung leicht zu unterscheiden. Irgendwelche Anzeichen einer Umwandlung beim Brennprozeß sind an diesem Mineral nicht festzustellen.

Die *natürlichen Verunreinigungen* des Rohmaterials wie Fragmente von Kalkstein, Dolomit, Quarz, Glimmer, Pyrit, Schwefel, Tonminerale usw. werden durch den Brennprozeß nicht verändert und sind deshalb mikroskopisch im Stuckgips in gleicher Weise wie im Gipsgestein zu identifizieren.

β) *Estrichgips.*

Die mikroskopische Untersuchung erfolgt in analoger Weise wie die des Stuckgipses.

Die Hauptminerale des Estrichgipses sind Anhydrit II und I, letzterer zumeist nur in geringerem Anteil. Gipsdihydrat und -hemihydrat fehlen meist vollständig.

In gut gebranntem Estrichgips läßt der Anhydrit eine dem Hemihydrat sehr ähnliche Struktur erkennen, d. h. er besteht ebenfalls aus parallel verwachsenen

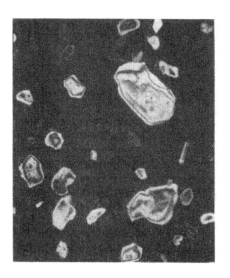

Abb. 10. *Links;* Estrichgips-Körner. Vergr. 100-fach. Immersion in Anilin.
Rechts; Pulverpräparat von technischem Estrichgips. Vergr. 600fach, gekreuzte Nikols. Immersion in Nelkenöl.
Großes Kristallaggregat von künstlichem Anhydrit (*stabile* Form).

schuppig-faserigen Aggregaten, doch zeigen dieselben zumeist eine strengere Orientierung, so daß oft größere Körner vorliegen, die fast einheitlich auslöschen. Diese Aggregate zeigen auch merklich höhere Licht- und vor allem Doppelbrechung als das Hemihydrat und nähern sich damit schon ziemlich den optischen Eigenschaften des natürlichen Anhydrits. (Mikroaufnahme Abb. 10).

An natürlichen Verunreinigungen läßt der Estrichgips meist in wechselnden Mengen Kalziumoxyd und evtl. Magnesiumoxyd (Brennprodukte von Kalkstein und Dolomit) erkennen. Diese Komponenten sind zufolge ihrer körnig dichten Struktur und der sehr hohen Lichtbrechung deutlich von allen andern zu unterscheiden. Kalziumoxyd wird durch Nelkenöl randlich intensiv gelb angefärbt.

Quarz, Tonminerale und weitere Silikate treten auch im Estrichgips praktisch gleich auf wie im Gipsgestein und im Stuckgips, da sie auch beim stärkeren Erhitzen keine mikroskopisch sichtbare Veränderung erfahren.

Besondere Spezialprodukte wie *Marmorgips*, *Keenezement* usw. lassen oft mikroskopisch die Art der künstlichen Zusätze wie Borax, Alaun usw. deutlich feststellen.

c) Abgebundene Gipsmörtel.

Normaler Gipsmörtel besteht aus einem sehr feinkörnigen filzigen Aggregat winziger Gipsdihydratkristalle, deren gegenseitige Verwachsung und Durchdringung die Festigkeit des Mörtels weitgehend bedingt.

Die mikroskopische Untersuchung solcher Mörtelproben erfolgt nach vorgängiger Trocknung (nicht über 50° C) am einfachsten ebenfalls in Pulverpräparaten mit starker Vergrößerung (200- bis 800fach).

Solche Präparate zeigen sehr deutlich die winzigen, stets deutlich leistenförmigen Gipskriställchen und ihre gegenseitige filzige Verwachsung.

Diese beim Abbinden und Erhärten entstandenen Gipskriställchen besitzen stets recht deutliche Eigenform, d. h. Kristallformen, wie sie beim freien Wachstum aus der übersättigten Lösung entstehen. Während also bei der Dehydrierung

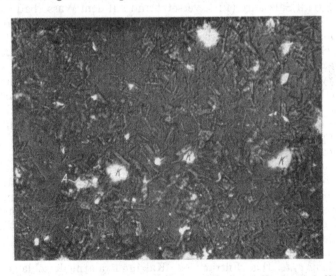

Abb. 11. Pulverpräparat von abgebundenem technischem Gipsmörtel (Stuckgips). Vergr. 600fach, Nikols gekreuzt. Immersion in Zimtöl. Hauptbestandteile: Relativ idiomorphe leistenförmige Gipsdihydratkriställchen; daneben Kalzit (K) und natürlicher Anhydrit (A).

des Gipses zum Hemihydrat oder Anhydrit ausgesprochene Pseudomorphosenbildung auftritt, handelt es sich bei der Rehydrierung im Mörtel um eine Umwandlung über den Lösungsweg (Mikroaufnahme Abb. 11). Im Gegensatz hierzu findet in den Estrichgipsmörteln eine längs der Korngrenzen der Anhydritkristalle verlaufende, allmähliche Umwandlung in feinkörnige, dichte Dihydrataggregate statt.

Größere, unregelmäßig begrenzte Kristallfragmente von Gipsdihydrat im abgebundenen Mörtel lassen auf Gipsrückstände im Stuckgips (unvollständige Brennung) schließen. Faserige, nichthydrierte Anhydritaggregate weisen oft auf die Gegenwart von totgebranntem Gips im Stuck- oder Estrichgips hin.

Der natürliche Anhydrit ist zumeist in unveränderter Form im Gipsmörtel wiederzufinden, ebenso auch die weiteren Verunreinigungen wie Kalksteinfragmente (im Estrichgips karbonatisiert der gebrannte Kalk allmählich an der Luft), Quarz, Silikate.

2. Die chemische Prüfung der Gipse[1].

a) Chemische Analyse von Rohgips und Gipsprodukten.

α) *Gesamtanalyse*.

Für normale chemische Analysen von Gipsstein und Gipsprodukten werden zumeist die bekannten Methoden der Silikat- und Mörtelanalyse angewendet. Im folgenden wurde deshalb von einer ausführlichen Wiedergabe derselben abgesehen. In Deutschland gelten die Richtlinien des Deutschen Gipsvereins e. V. (Ergänzung zur Norm DIN 1168), für USA die Prüfnorm ASTM C 26. In der Schweiz erfolgt die Analyse nach folgenden Richtlinien:

Feuchtigkeit. 20 bis 30 g der Probe werden entweder im Exsikkator über konzentrierter Schwefelsäure oder im Trockenschrank bei 50° C bis zur Gewichtskonstanz getrocknet.

Salzsäureunlösliche Anteile $+ SiO_2$. 1 g der Probe wird in einer Porzellanschale mit 100 ml Salzsäure (1 : 4) versetzt und auf dem Wasserbad zur Trockne eingedampft[2], dann 2 h im Trockenschrank bei 120° getrocknet, mit einigen Tropfen konzentrierter Salzsäure digeriert, mit heißem Wasser aufgenommen und in ein 250 ml-Kölbchen abfiltriert. Der Rückstand wird mit heißem Wasser gewaschen, im Platintiegel verascht und gewogen.

Sesquioxyde. Diese werden in einem aliquoten Teil des erhaltenen Filtrats (z. B. 100 ml) durch doppelte Fällung mit Ammoniak in Gegenwart von viel Ammonchlorid in gewohnter Weise gravimetrisch ermittelt. Bei größerem Sesquioxydgehalt wird nachträglich eine Trennung derselben (Aufschmelzen mit Kaliumpyrosulfat und separate Bestimmung des Fe_2O_3, wenn nötig auch des P_2O_5, nach den üblichen Methoden) durchgeführt.

Kalziumoxyd. CaO wird im Filtrat der Sesquioxyde mit Oxalsäure oder mit Ammoniumoxalat in ammoniakalischer Lösung in der Hitze als Kalziumoxalat gefällt. Nach dem Erkalten wird filtriert, mit Wasser gewaschen und anschließend entweder im Platintiegel zu CaO verascht und gewogen oder dann nach Auflösung des gewaschenen Kalziumoxalats in heißer, verdünnter Schwefelsäure (1 : 40) dasselbe mit n/10-Kaliumpermanganatlösung titriert. 1 ml n/10-$KMnO_4$-Lösung = 0,0028 g CaO.

Magnesiumoxyd. Das Filtrat des Kalziumoxalatniederschlags wird mit Ammonium- oder Natriumphosphatlösung versetzt, stark ammoniakalisch gemacht, kräftig gerührt bis der Niederschlag erscheint und über Nacht stehen gelassen. Filtrieren und Auswaschen mit einer 2,5%igen Ammonnitratlösung. Veraschen im Platin- oder Quarztiegel, kräftig glühen und wägen als Magnesiumpyrophosphat. Faktor zur Umrechnung auf MgO: $F = 0,3621$.

---

[1] Bearbeitet von Dr. P. Esenwein, Eidgenössische Materialprüfungs- und Versuchsanstalt, Zürich, und Dr. G. Pièce, Gips-Union A.G., Bex.

[2] Ein gelegentlich bei Estrichgips auftretender Geruch nach H_2S weist auf die Gegenwart von schädlichem (zu Treiberscheinungen führendem) Kalziumsulfid hin.

Schwefelsäureanhydrid. SO_3 wird in einem weiteren aliquoten Teil (z. B. 100 ml) des ersten Filtrats in der Hitze mit 10%iger Bariumchloridlösung gefällt, durch ein dichtes Filter filtriert, mit verdünnter Salzsäure gewaschen, über schwacher Flamme verascht, kurz geglüht und als $BaSO_4$ gewogen. Faktor zur Umrechnung auf SO_3: $F = 0,343$.

Kohlendioxyd. Die Bestimmung des CO_2 erfolgt am sichersten mittels der direkten Methode nach FRESENIUS-CLASSEN [11] durch Zersetzung der enthaltenen Karbonate mit heißer Salzsäure und anschließende Absorption des frei gemachten und getrockneten CO_2 im Natronkalkrohr. Die gasvolumetrische Bestimmung des CO_2 (z. B. nach LUNGE und MARCHLEWSKI [12] oder analogen Methoden) ergibt normalerweise ebenfalls gute Resultate bei etwas geringerem Zeitaufwand. Sie versagt jedoch beim Vorhandensein von merklichen Mengen von Magnesit ($MgCO_3$) in der Gipsprobe, d. h. sie ergibt dann zu niedrige CO_2-Werte.

Chlor (Chloridgehalt). 1 bis 3 g der Probe werden mit 100 ml destilliertem Wasser aufgekocht, filtriert und gewaschen, das Filtrat mit einigen Tropfen Kaliumchromatlösung versetzt und mit n/20-Silbernitratlösung bis zum Farbumschlag titriert (Methode von FR. MOHR [13]). 1 ml n/20-$AgNO_3$-Lösung $= 0,001\,773$ g Cl.

Konstitutionswasser. Die Bestimmung des chemisch gebundenen Wassers erfolgt an 2 bis 4 g des zuvor bei 50° getrockneten Gipses durch Austreiben desselben in einem Verbrennungsrohr aus schwer schmelzbarem Glas während 15 bis 20 min bei einer Temperatur von 350° C. Das ausgetriebene Wasser wird durch einen getrockneten schwachen Luftstrom aus dem Verbrennungsrohr abgeführt und in einem mit Kalziumchlorid beschickten U-Rohr absorbiert. Die Gewichtszunahme des letzteren nach dem Versuch ergibt den Gehalt an Konstitutionswasser.

Freier Kalk. Die Bestimmung des freien Kalziumoxyds ist insbesondere bei der Untersuchung von Estrichgips erforderlich, weil bei dessen Herstellung praktisch alles enthaltene Karbonat in CaO bzw. MgO umgewandelt wurde. Die Bestimmung erfolgt am einfachsten mittels der Glykolatmethode nach SCHLÄPFER und BUKOWSKI [14] durch Schütteln von 0,5 bis 1 g Gips mit 40 ml reinstem, wasserfreiem Äthylenglykol bei 70 bis 80° C während 30 min in einem verschlossenen Rundkölbchen, Filtrieren mit Porzellannutsche, Auswaschen mit absolutem Alkohol und Titrieren mit n/10-Salzsäure in Gegenwart von Naphtholphthalein und Phenolphthalein. 1 ml n/10-Salzsäure $= 0,0028$ g CaO. MgO und $Mg(HO)_2$ werden von der Bestimmung nicht erfaßt, wohl aber freie Alkalien und Alkalikarbonate.

β) *Technische Analyse.*

Bei der technischen Analyse beschränkt man sich zumeist auf die Bestimmung des Gehalts an SO_3 und Konstitutionswasser und berechnet dann aus diesen Komponenten den theoretischen Gipsgehalt (Dihydrat, Hemihydrat und Anhydrit) der Probe. Die Differenz der Summe ($CaSO_4 + H_2O$) zu 100% ergibt den Nicht-Gipsgehalt oder die Verunreinigungen der Gipsprobe.

Die Bestimmung der Bestandteile: SO_3 und Konstitutionswasser erfolgt in gleicher Weise wie unter α) Gesamtanalyse angegeben.

b) Quantitative Bestimmung der verschiedenen Hydratstufen in gebranntem Gips, Gipsmörteln und Gipsprodukten.

Die quantitative Bestimmung der verschiedenen Hydratstufen in einem Gipsprodukt begegnet großen Schwierigkeiten, die bis jetzt noch nicht auf vollständig befriedigende Weise überwunden werden konnten. In gebrannten Gipsen können zudem Verunreinigungen des Rohmaterials, wie hydratierte Stoffe oder lösliche Salze, die Reaktionen der Hauptprodukte stören, wie auch Reste von ungebranntem Rohgips.

Die zur Zeit bekannten Untersuchungsmethoden beruhen hauptsächlich auf der unterschiedlichen Hydratationsgeschwindigkeit der verschiedenen Bestandteile und benutzen kalorimetrische Messungen der Hydratationswärme als Funktion der Einwirkungszeit von Wasser oder Wasserdampf oder gravimetrische Bestimmungen des gebundenen Wassers nach bestimmten Zeitabschnitten [16].

Die Anwendung des von Chassevent [15] vorgeschlagenen adiabatischen Kalorimeters gibt wertvolle qualitative Merkmale, speziell für Produkte rascher Hydratation. Die kalorimetrischen Kurven zeigen für Hemihydrat und Anhydrit III charakteristische Unterschiede.

Die gravimetrische Methode ist umständlicher, erlaubt aber eine quantitative Bestimmung der verschiedenen Hydratstufen mit praktisch genügender Genauigkeit [16]. Auch mit Hilfe der Differential-Thermoanalyse (DTA) gelingt es, die verschiedenen Hydratstufen des Gipses, zum mindesten qualitativ, eindeutig nebeneinander zu unterscheiden [38], [39], [40].

Neben diesen Methoden leistet die mikroskopische Untersuchung große Dienste, speziell für die Feststellung von Rohgips, natürlichem Anhydrit und von Verunreinigungen verschiedener Art.

Die Ermittlung der verschiedenen Kristallarten des Systems $CaSO_4 — H_2O$ nebeneinander in gebrannten Gipsprodukten beruht auf deren unterschiedlicher Reaktionsgeschwindigkeit mit Wasser.

Bei Temperaturen unter 35° C wird der Anhydrit III in relativ kurzer Zeit in feuchter Luft in das Hemihydrat umgesetzt, wobei gleichzeitig keine merkliche Umwandlung des Hemihydrats in Dihydrat stattfindet. Letztere Reaktion verläuft jedoch rasch bei direktem Wasserzusatz im Überschuß. Die Hydratation des Anhydrits II zum Dihydrat verläuft unter gleichen Bedingungen bedeutend langsamer, während in der gleichen Zeit totgebrannter Gips und natürlicher Anhydrit noch keine merkliche Wasseraufnahme feststellen lassen. Natürlich überlagern sich die Hydratationsvorgänge der verschiedenen Kristallarten einigermaßen, so daß jede auf diesem Prinzip beruhende Bestimmungsmethode theoretisch nicht völlig einwandfrei ist und je nach Handhabung mit mehr oder weniger großen Fehlern behaftet ist. In der Praxis wurden jedoch z. B. mit der nachstehend angeführten Vorschrift (von der Gips Union A.-G. übernommen) recht zufriedenstellende und reproduzierbare Resultate erhalten.

α) *Gehalt an Anhydrit III und an Feuchtigkeit.*

10 g Stuckgips werden 24 h lang in einem Gefäß mit 90% relativ feuchter Luft gelagert und anschließend bei 45° C bis zur Gewichtskonstanz getrocknet.

Beobachtung:	*Schlußfolgerung:*
1. Gewichtszunahme A g:	Gegenwart von Anhydrit III.
2. Gewichtskonstanz:	Abwesenheit von Anhydrit III und Feuchtigkeit.
3. Gewichtsabnahme A' g:	Abwesenheit von Anhydrit III, Gegenwart von Feuchtigkeit.

Berechnung:

$$\text{Gew.-\% Anhydrit III} = A \cdot 15{,}11 \cdot 10 = x\%,$$
$$\text{Gew.-\% Feuchtigkeit} = A' \cdot 10 \qquad = F\%.$$

β) *Gehalt an Hemihydrat.*

10 g Gips werden mit 8 bis 10 ml destilliertem Wasser versetzt, nach 30 min Reaktionszeit in den Trockenschrank gestellt und bei 45° C bis zur Gewichtskonstanz getrocknet.

Beobachtung: Gewichtszunahme B g.

Berechnung:

1. Fall (Gegenwart von Anhydrit III)

$$\text{Gew.-\% Hemihydrat} = (B - 4A) \cdot 5{,}37 \cdot 10 = y\%.$$

2. Fall (kein Anhydrit III und keine Feuchtigkeit)

$$\text{Gew.-\% Hemihydrat} = B \cdot 5{,}37 \cdot 10 = y\%.$$

3. Fall (Feuchtigkeit)

$$\text{Gew.-\% Hemihydrat} = (B + A') \cdot 5{,}37 \cdot 10 = y\%.$$

γ) *Gehalt an „stabilem" Anhydrit II.*

10 g der Probe werden mit 10 ml destilliertem Wasser beschickt, das Reaktionsgefäß (Wägeglas) bedeckt und 72 h stehen gelassen. Hernach wird die Probe bei 45° C bis zur Gewichtskonstanz getrocknet. Eine Wasseraufnahme $C > B$ g weist auf Gehalt an stabilem (aktivem) Anhydrit hin, dessen Hydratationszeit konventionsgemäß zu 1 bis 72 h festgelegt wird.

Berechnung: Gew.-% „stabiler" Anhydrit II $= (C - B) \cdot 3{,}78 \cdot 10 = Z\%$.

δ) *Gehalt an Dihydrat.*

Dieser wird berechnet aus der Differenz totaler Wassergehalt (P) der Probe minus Wassergehalt des Hemihydrats $\left(\dfrac{B - 4A}{3} \text{ bzw. } \dfrac{B + A'}{3} \right)$ minus Feuchtigkeitsgehalt A' in Gramm, also

$$\text{Gew.-\% Dihydrat} = \left(P - \frac{B - 4A}{3} \right) \cdot 4{,}78 \cdot 10 = G\%$$

oder

$$\text{Gew.-\% Dihydrat} = \left(P - \frac{B + A'}{3} \right) \cdot 4{,}78 \cdot 10 = G\%.$$

ε) *Gehalt an natürlichem Anhydrit II.*

Dieser berechnet sich aus der Differenz des durch die chemische Analyse gefundenen totalen $CaSO_4$-Gehalts (K) minus dem für die übrigen Komponenten benötigten $CaSO_4$-Gehalt.

Gew.-% natürlicher Anhydrit II
$$= \text{Gew.-\% } N = 10 K - (x + 0{,}94\, y + Z + 0{,}79\, G).$$

ζ) *Beispiele.*

Einwaage je 10,0 g	I	II
	g	g
Gewichtsveränderung nach Lagerung in feuchter Luft und anschließendem Trocknen	$A = 0{,}094$	$A' = 0{,}173$
30 min im Wasser und getrocknet	$B = 1{,}632$	$B = 1{,}532$
3 Tage im Wasser und getrocknet	$C = 1{,}760$	$C = 1{,}583$
Totaler Wassergehalt	$P = 0{,}435$	$P = 0{,}766$
Totaler $CaSO_4$-Gehalt	$K = 9{,}050$	$K = 9{,}104$
Berechneter Mineralbestand:	%	%
Feuchtigkeit (F)	—	1,7
Anhydrit III (x)	14,2	—
Hemihydrat (y)	67,4	91,6
Anhydrit II (Z)	4,8	1,9
Dihydrat (G)	0,8	1,2
Natürlicher Anhydrit N	7,6	2,1
Total $CaSO_4$-Verbindungen	94,8	98,5
Verunreinigungen (Differenz von 100%)	5,2	1,5

c) Bestimmung des Sand- und Fasergehaltes in erhärtetem Gipsmörtel[1].

Der *Sandgehalt* läßt sich auf Grund der unlöslichen Bestandteile im verwendeten Sand, im reinen Gipsmörtel und in dem zu untersuchenden Mörtel bestimmen. Eine hierfür geeignete Methode der Analyse wurde in USA (ASTM C 26) und Kanada (CSA A 82.20) genormt. Wenn vom ursprünglich verwendeten Gips und Sand keine Proben mehr verfügbar sind, können mit entsprechenden Materialproben gleicher Herkunft wie diejenigen, die ursprünglich zur Herstellung des zu untersuchenden Mörtels dienten, angenäherte Resultate erzielt werden.

Holzfasern werden aus dem zerkleinerten und evtl. sorgfältig gemahlenen Mörtel auf Sieben abnehmender Maschenweite zu wiederholten Malen herausgewaschen, bis der Rückstand nur noch aus Fasern besteht. Hierauf wird der Rückstand bei 45° C bis zur Konstanz seines Gewichts getrocknet, das in % des Trockengewichts (45° C) des ursprünglichen Mörtelmusters angegeben wird (Normen ASTM C 25, CSA A 82.20).

3. Die physikalische Prüfung der Gipse.

Die Durchführung der Prüfung der Gipse erfolgt in weitgehender Anlehnung an die Prüfung hydraulischer Bindemittel; es werden dafür meist die gleichen Apparate verwendet (vgl. Abschn. IV und V).

Die in verschiedenen Ländern gehandhabten Prüfmethoden sind im übrigen stark dem jeweiligen Verwendungszweck und den örtlichen Baupraktiken angepaßt (vgl. Zusammenstellung von Normen in Abschn. D). Eine neue, grundlegende Untersuchung der verschiedenen Prüfmethoden zur Erfassung der wichtigsten physikalisch-technologischen Eigenschaften von Stuck- und Putzgips stammt von W. Albrecht [17].

Gebrannter Gips muß trocken gelagert werden. Gute Haltbarkeit in verschlossenen Büchsen, Fässern und Säcken mit Asphaltzwischenlage. Papiersäcke sind besser als Jutesäcke. Schon geringe Wasseraufnahme (etwa $> 0{,}5\%$) gibt Rückgang der Festigkeit und Bindezeit. Feine Mahlung, hygroskopische Beimengungen und Tongehalt vergrößern die Empfindlichkeit gegen Altern. Nor-

---

[1] Die Bezeichnung *Gipsmörtel* gilt für Mischungen von Gips, Wasser und inerten Zuschlägen, im frischen oder erhärteten Zustand. *Gipsbrei* ist mit Wasser (u. evtl. wasserlöslichen Zusätzen) angerührter Gips und wird nach Erhärten *reiner* od. *ungemagerter Gipsmörtel* genannt.

menproben sind innerhalb eines Monats nach Herstellung des Gipses auszuführen.

Auf die Entnahme einer guten Durchschnittsprobe ist besondere Sorgfalt zu verwenden. Aus Säcken und Fässern erfolgt die Entnahme zu gleichen Teilen von der Mitte und außen; diese Proben werden gründlich vermischt, und durch sukzessives Verteilen und Mischen wird schließlich das Prüfmaterial entnommen (s. a. DIN 1168).

Da Gips sehr empfindlich auf die geringsten Verunreinigungen reagiert, sind alle Werkzeuge, Modelle, Apparate usw. sorgfältig rein zu halten und speziell von allen Spuren von abgebundenem Gips zu befreien. Als Anmachwasser ist nur reines Wasser, z. B. destilliertes Wasser, zu verwenden.

Grundsätzlich sind zur Kontrolle alle Prüfungen mindestens zweimal durchzuführen.

a) Bestimmung der Mahlfeinheit.

Die Mahlfeinheit ist von großer Bedeutung für Homogenität, einheitliches Abbinden, gute Ergiebigkeit und Geschmeidigkeit sowie Erzielung glatter Oberflächen der Gipse. Feinere Mahlung verringert das Wasserabstoßen des Gipses. Bei gleichem Wasser-Gips-Verhältnis wächst die Festigkeit mit der Mahlfeinheit.

Durch genormte Siebe (vgl. Abschn. D) wird ein bestimmtes Quantum von Hand oder maschinell durchgesiebt und der Rückstand in Gewichtsprozenten bestimmt. Das Material soll durch das Sieben möglichst wenig zerkleinert werden; aus diesem Grund ist Bürsten und Pinseln von oben zu unterlassen. Es sind stets gereinigte Siebe zu verwenden, und die zu prüfenden Muster sollen trocken sein. Die Siebung ist beendet, wenn auf einen untergelegten, schwarzen Glanzpapierbogen kein Staub mehr durchfällt. Eine genauere Festlegung für die Beendigung der Siebung ergibt sich durch sukzessive Wägungen (z. B. Gewichtsverlust nach 200 Doppelbewegungen $\leq 0,1\%$). Nach DIN 1168 ist nach zwei Siebungen eine dritte durchzuführen, wenn die Rückstände sich um mehr als $^1/_{10}$ des kleineren Werts unterscheiden. Der maßgebende Rückstand ist das Mittel von zwei bzw. drei Versuchen. Andere Normen begrenzen die Siebdauer durch Vorschrift der Abnahme des Rückstands für ein bestimmtes Zeitintervall.

Die für die Prüfung normalerweise verwendeten Siebe sind in der Normentabelle, Abschn. D, S. 562, angegeben. Gelegentlich werden auch noch feinere Siebe verwendet, doch ist deren Gebrauch zeitraubend infolge der Neigung zum Verstopfen der Maschen.

Eine feinere Klassifikation der Kornfraktionen, wie dies für wissenschaftliche Untersuchungen oft erwünscht ist, wird durch die Windsichtung und die Schlämmanalyse erzielt. Bei beiden Verfahren wird die Körnchengröße nach dem Gesetz von STOKES berechnet:

$$v = \frac{10^{-8} \cdot g}{18} \cdot \frac{(\sigma - p) D^2}{\eta} \text{ (CGS-Einheiten), worin bedeuten:}$$

v Fallgeschwindigkeit in cm/sek der Teilchen durch ein gasförmiges oder flüssiges Medium,
g Gravitationskonstante in dyn/g,
σ Dichte des festen Stoffs,
p Dichte des Mediums (Luft ~ 0, absoluter Alkohol $\sim 0,8$),
D Durchmesser des kugelförmig angenommenen festen Teilchens in μ (10^{-4} cm),
η Viskosität des Mediums in absoluter Einheit.

Als Sichtungsmedium wird hauptsächlich Luft oder absoluter Alkohol verwendet [18].

Eine besondere Prüfung durch Windsichtung erfolgt mit dem Turbidimeter von WAGNER [19] (ASTM C 115—42).

Als neues Mittel zur Charakterisierung der Mahlfeinheit dient die Luftdurchlässigkeit des in bestimmter Art verdichteten Gipsmehls (z. B. Porosität

0,48 bis 0,53) nach den Methoden von Lea, Nurse und Blaine [20]. Diese neuen Verfahren und die dazu verwendeten Apparate werden in Kap. V (Prüfung der Zemente) besprochen.

b) Bestimmung von Einstreumenge und Konsistenz[1].

α) *Einstreumenge.*

Das Mengenverhältnis von Anmachwasser zu Gips (*W/G*) hat einen maßgebenden Einfluß auf die bautechnischen Eigenschaften, wie z. B. Erstarrungszeit, Festigkeit, Härte usw. des Gipsmörtels. Es liegt im Bestreben einer objektiven Prüfung, die sich aus der Verwendung der techn. Produkte ergebenden Einflußfaktoren möglichst zu berücksichtigen. Bei der Verarbeitung von Stuck- und Putzgips sind die Praktiken von Land zu Land und oft von Gegend zu Gegend stark verschieden. In Deutschland wird normalerweise der Stuck- und Putzgips in eine in einer Mulde befindliche Wassermenge eingestreut, bis nach einer gewissen Zeit kein Gipsmehl mehr versinkt und auch kein trockener Gips an der Oberfläche liegen bleibt. Das Verhältnis von Gips zu Wasser wird von zahlreichen Faktoren, wie z. B. Feinheit, Fabrikat, Kornform usw., beeinflußt.

Bei der Gipsprüfung wird durch die Ermittlung der Einstreumenge die Arbeitsweise der Praxis grundsätzlich mit umschriebener Methode nachgeahmt. Nach DIN 1168, Bl. 2, wird die Einstreumenge wie folgt ermittelt:

100 ml dest. Wasser, ohne Wand zu benetzen, in Becherglas von 66 mm lichter Weite und Höhe mit Marken 16 und 32 mm über innerem Boden. Gips während 2 min mit Fingern gleichmäßig auf die Wasseroberfläche streuen, so daß die Gipsbreioberfläche nach $^1/_2$ min die erste, nach 1 min die zweite Höhenmarke erreicht und nach $1^1/_2$ min etwa 2 mm unter dem Wasserspiegel steht. In der letzten $^1/_2$ min noch so viel Gips einstreuen, bis der ganze Wasserspiegel auch am Rand verschwunden ist und kleine Inseln nach 3 bis 5 sek durchfeuchtet sind. Die verwendete Gipsmenge durch Wägung ermitteln. Maßgebend ist Mittelwert aus drei Versuchen, die höchstens 5 g Unterschiede zeigen.

In der Schweiz (SIA Norm 115—1953) ist, in Anbetracht der Gleichmäßigkeit der dort fabrizierten Stuck- und Putzgipse, ein einheitlicher mittlerer Wasser-Gipswert von 0,8 festgelegt.

β) *Konsistenz- oder Steifeprüfung.*

Zur Ermittlung des für eine bestimmte Konsistenz notwendigen Wasser-Gipsverhältnisses, namentlich für Gipse, die nicht in dünnflüssiger (rahmartiger) Konsistenz verarbeitet werden, oder für Gipse mit Zusätzen, wie Sägemehl usw., sind weitere Prüfmethoden, die sich zum Teil an Viskositätsprüfmethoden anderer Produkte anlehnen, ausgearbeitet worden.

Die einzelnen Methoden eignen sich für bestimmte Konsistenzbereiche; eine universelle Methode, die sich zur Konsistenzprüfung vom flüssigen bis schwach erdfeuchten Konsistenzbereich gleichermaßen eignet, existiert noch nicht. Um die Ergebnisse der Konsistenzprüfung infolge Versteifung durch das eintretende Abbinden nicht zu verfälschen, wird namentlich bei rasch erhärtenden Gipsen dem Anmachwasser ein handelsüblicher Abbindeverzögerer zugesetzt. Nach W. Albrecht [21] sind für die verschiedenen Konsistenzbereiche folgende Methoden untersucht worden:

Für flüssigen bis weich-plastischen Gipsbrei und -mörtel. *Fließmaß.* Normaler Vicatring (DIN 1164) mit großer Öffnung auf ebene Glasplatte aufsetzen. Gipsbrei oder Mörtel mit bekanntem *W/G* und Verzögerer einfüllen, oben

---

[1] Bearbeitet von dipl. Chem. W. Rimathé, Eidgenössische Materialprüfungs- und Versuchsanstalt, Zürich.

ebenstreichen. Ring rasch und gerade hochheben und entfernen. Der Durchmesser des entstandenen Kuchens in cm dient als Konsistenzmaß. Die Empfindlichkeit ist angenähert 1 cm Fließmaß für Unterschiede des W/G von etwa 0,03 bis etwa 0,02. Die Abhängigkeit von W/G und Fließmaß (f) ist angenähert linear im Bereich von dünnflüssig ($f \sim 26$ cm) und weich bis dickflüssig ($f \sim 12$ cm).

SOUTHARD-*Viskosimeter.* Diese Prüfmethode dient zur Konsistenzbestimmung bzw. zur Ermittlung des W/G-Werts von Gipsbrei nach den russischen Normen (Gost 125—41) und arbeitet grundsätzlich nach dem gleichen Prinzip wie die oben beschriebene Methode mit dem Vicat-Ring. Statt dessen wird ein Hohlzylinder aus Messing von 5,08 cm Bohrung und 10,15 cm Höhe (206 ml Inhalt) auf eine ebene Glasplatte gestellt, mit Gipsbrei gefüllt (von bekanntem W/G), abgestrichen und hochgehoben. Die Konsistenz wird als normal bezeichnet bzw. der W/G-Wert ist richtig gewählt, wenn der Kuchen einen Durchmesser von 12 cm aufweist. Reproduzierbarkeit, Anwendungsbereich und Empfindlichkeit sind ähnlich wie bei der Vicatring-Methode.

Vollständigkeitshalber ist noch ein weiteres Viskosimeter von SOUTHARD zu erwähnen, das in England für Konsistenzprüfungen von Baukalk Verwendung fand (BS 890: 1940). Ein Zylinder mit 5,08 cm Bohrung und 6,35 cm Höhe, dessen Boden als beweglicher Kolben ausgebildet ist und der am oberen Rand als Kragen eine ebene Platte trägt, wird mit Brei gefüllt, der Boden bis zum Rand nach oben gestoßen und die Dicke oder der Durchmesser des ausgestoßenen Kuchens als Konsistenzmaß ermittelt.

Konsistenzmesser „Wandser" [22]. Gleitrinne von der Form einer Viertelellipse und Halbkreisquerschnitt, an einem Punkt drehbar befestigt, mit Einfüllvorrichtung am steilen Ende und seitlicher Teilung (Steigungswinkel an der Tangente an den betreffenden Stellen). Rinne hochklappen, so daß Einfüllvorrichtung horizontal liegt. Gipsbrei von bekanntem W/G und mit Verzögererzusatz einfüllen (etwa 5 g), Ebenstreichen, Ausfluß öffnen und Rinne um 90° senken. Stellung des unteren Endes der Breizunge ablesen. Das Konsistenzmaß „k" ist somit der Winkel zwischen der Senkrechten und der Tangente an die Ellipsenkurve an der Endstelle der Breizunge. Im Bereich der Konsistenzgrade „k" etwa 10 bis etwa 60 verläuft der Konsistenzgradient ziemlich genau linear mit dem W/G-Verhältnis. Eine Änderung des W/G von etwa 0,02 bis 0,03 ergibt in diesem Bereich Änderungen des Konsistenzmaßes von etwa 10 Graden. Die Methode eignet sich weniger für dünnflüssigen Brei, der k-Werte von mehr als etwa 70 bis 80° ergibt.

Auslaufbecher. Für Gipse mit Zusätzen von Sand oder Faserstoffen, deren maximale Abmessungen (Länge 25 mm, Dicke 1,6 mm) begrenzt sind, verwenden die amerikanischen Normen (ASTM C 26—54) zur Konsistenzbestimmung einen Auslaufbecher (Consistometer). Er besteht aus einem Blechtrichter mit einem oberen Durchmesser von 23 cm und einem unteren von 4,4 cm bei 14 cm Höhe, Inhalt 1950 ml. Unten ist er mit einem beweglichen Verschluß versehen und steht auf einem Dreibein, das so bemessen ist, daß der Auslauf 10 cm über einer ebenen Glasplatte steht. Gipsmörtel von bekanntem W/G-Wert mit Zusatz eines geeigneten Verzögerers wird eben eingefüllt und der Auslauf geöffnet. Der Durchmesser des nach vollständigem Auslaufen entstandenen Kuchens dient als Konsistenzmaß. Die Empfindlichkeit dieser Methode liegt in derselben Größenordnung wie bei den erwähnten Methoden, der Zusammenhang zwischen Konsistenzgradient (Ausbreitmaß) und W/G-Wert bleibt ziemlich linear. Die obere Steifigkeitsgrenze, bei der dieser Apparat verwendbar ist, hängt davon ab, ob der Gipsmörtel noch vollständig ausläuft.

Auslaufbecher (nach DIN 53211). Dieses in der Lack- und Farbenindustrie verwendete Instrument dient zur Ermittlung der aus einer Auslauföffnung von 4 mm ⌀ auszulaufenden Masse und ist wegen häufigen Verstopfens des Auslaufs für dickflüssigen Gipsbrei nicht geeignet.

Für weichen Brei bzw. Mörtel. *Tauchstab.* Die Normen z. B. von Amerika (ASTM C 26—54), Kanada (A 82.20—1950), Chile (INDJTECNOR 2.30—4ch) und Spanien (UNE 7064—1954) schreiben den Tauchstab als Mittel zur Konsistenzbestimmung bzw. zur Festlegung des W/G-Werts vor. In einen normalen Vicat-Ring von 40 mm Höhe wird verzögerter Gipsbrei von bekanntem W/G-Wert so eingefüllt, daß nach Möglichkeit keine Luftblasen entstehen. Ein nasser Tauchstab von 19 mm ⌀, 45 mm Höhe und einem Gewicht von 50 g wird auf der Breioberfläche aufgesetzt und frei einsinken gelassen. Für normale Konsistenz schreiben die erwähnten Normen eine Eindringtiefe von 28 bis 32 mm vor. Für steiferen Brei wird das Gewicht des Tauchstabs erhöht; so wird z. B. nach den amerikanischen Vorschriften ein weiterer Tauchstab von 150 g verwendet, wobei die Eindringtiefe für normale Konsistenz mit 17 bis 23 mm festgelegt ist. Im dickflüssigen bis weich-plastischen Bereich, d. h. bei Eindringtiefen zwischen etwa 10 und 30 mm, verläuft das Eindringmaß im allgemeinen ziemlich linear mit dem W/G-Wert der einzelnen Fabrikate. Die Empfindlichkeit ist groß: eine Änderung von W/G von 0,01 ergibt Unterschiede in der Eindringtiefe von etwa 1 mm. Bei grob gemahlenen Gipsen können ziemlich große Versuchsstreuungen auftreten; ferner bestehen keine einheitlichen Beziehungen zwischen den Konsistenzgradienten aus den Eindringversuchen und den Ausbreitversuchen.

Ausbreittisch (nach DIN 1164). In einen Blechkonus von 6 cm Höhe, 7 cm oberem und 10 cm unterem Durchmesser, der auf einer Glasplatte steht, wird Gipsbrei von bekanntem W/G-Wert oder Mörtel in zwei Schichten eingefüllt. Die Glasplatte wird in 15 sek 15mal aus 1 cm Höhe fallen gelassen. Der mittlere Durchmesser des erzeugten Kuchens ist das Plastizitätsmaß. Diese Methode ergibt nach W. ALBRECHT gut reproduzierbare Werte für Ausbreitmaße zwischen etwa 13 und 25 cm, d. h. für ziemlich steife Konsistenzen.

Auf dem Prinzip der Konsistenzmessung mittels Formänderungsarbeit beruhen noch weitere Methoden, so z. B. das Vebe-Gerät, das durch Vibration einen Kegelstumpf aus Mörtel in einen Zylinder umformt, oder das französische Plasticimètre (Bauart E. d. F.), wo unter einer bestimmten Vibration eine bestimmte Menge des betreffenden Mörtels oder Breis durch eine gegebene Öffnung ausfließt. Bei beiden Methoden dient die Zeit bei einem konstanten Arbeitsaufwand als Plastizitätsmaß. Diese Methoden eignen sich besonders für den plastischen bis erdfeuchten Konsistenzbereich.

Kugelfallapparat. Nach den englischen Normen (BS 1191: 1944) wird ein Ring von 80 mm ⌀ und 40 mm Höhe, der auf einer festen Unterlage ruht, mit Gipsbrei oder Mörtel von bekanntem W/G-Wert und einem Zusatz eines geeigneten Verzögerers gefüllt. Auf die Mitte des Kuchens wird eine Stahlkugel von 1″ ⌀ (66,7 g) aus 10″ Höhe fallen gelassen. Die Eindringtiefe der Kugel dient als Konsistenzmaß. Als Normalkonsistenz schreiben die britischen Normen 15 bis 16 mm Eindringtiefe vor.

Für sehr steifen bis erdfeuchten Mörtel. *Eindringgerät* [26]. Steifer, erdfeuchter Gipsbrei oder Mörtel von bekanntem W/G-Wert und mit Zusatz eines geeigneten Verzögerers wird in zwei Schichten in Würfelformen von 7 cm Seitenlänge auf gleiche Weise wie in der Praxis verdichtet. Ein zylindrischer Stahlkörper von 25 mm ⌀ mit einer 35 mm Kegelspitze und 385 g Gewicht wird aus 150 mm Höhe frei auf die Mitte des zu prüfenden, frischen Mörtelkörpers

fallen gelassen. Die Eindringtiefe ist das Konsistenzmaß. Im Bereich von etwa
10 bis etwa 20 mm Eindringtiefe verläuft diese angenähert linear mit dem
W/G-Wert der betreffenden Gipsmarken. Weichere Mörtel ergeben eine
stärkere Zunahme der Eindringtiefen; diese Methode eignet sich daher namentlich für steifere Konsistenzen. Im optimalen Bereich beträgt die Empfindlichkeit angenähert 1 mm Eindringtiefe für die Änderung des W/G-Werts um
etwa 0,01.

Betonsonde [*24*]. Nach ähnlichem Prinzip wie das Eindringgerät arbeitet
die Betonsonde, welche in der Techn. Forschungs- und Beratungsstelle der
EG Portland (TFB) Wildegg (Schweiz) entwickelt wurde. Sie ist ebenfalls für
steife Mörtel geeignet. Sie besteht aus einem etwa 50 cm langen Stahlstab von
20 mm ∅ Durchmesser und unterem rundem Kopf. Der obere Teil wird durch
einen Anschlag begrenzt; darüber wird ein Ring von 0,5 kg aufgesteckt, der
in einem Bereich von 20 cm (Fallhöhe) frei beweglich ist. Die Sonde wird mit
dem runden, unteren Teil auf die Oberfläche des in einem geeigneten Modell
befindlichen, zu prüfenden Mörtels oder Breis aufgesetzt, der Ring bis zum
oberen Anschlag gehoben und auf den unteren fallen gelassen. Die Eindringtiefe
der Sonde dient als Plastizitätsmaß. Es ist dabei möglich, die Eindringtiefe für
einen oder mehrere Schläge festzulegen oder die Anzahl Schläge für eine festgelegte Eindringtiefe zu ermitteln. In bestimmten Konsistenzbereichen (erdfeucht bis schwach plastisch) verläuft die Eindringtiefe proportional dem
W/G-Faktor. Die Empfindlichkeit im optimalen Konsistenzbereich dürfte in
der gleichen Größenordnung liegen wie beim Eindringgerät.

Weitere Methoden der Konsistenzprüfung werden z. Z. an der EMPA [*25*]
untersucht; sie können auch für die Prüfung der Gipsmörtel, besonders bei
gemagerten Mischungen, von Interesse sein.

c) Beobachtung der Versteifungsverhältnisse.

Die Kenntnis und Konstanthaltung der Versteifungsverhältnisse ist für die
Verarbeitung der Gipse von größter Wichtigkeit, was schon durch die üblichen
Bezeichnungen Gießzeit und Streichzeit, z. B. der Schweizer Normen, zum
Ausdruck kommt.

Die älteren Prüfverfahren waren auch weitgehend der praktischen Verarbeitung angepaßt, dementsprechend aber mit subjektiven Einflüssen der
Prüfer und schlechter Reproduzierbarkeit behaftet.

Nach alten praktischen Prüfmethoden gilt die *Gießzeit*, d. h. der Zeitraum,
vom Beginn des Einstreuens an gerechnet, während welchem der Gipsbrei sich
noch gießen läßt, als erreicht, wenn die Ränder von Messerschnitten in einem
Kuchen von Normalbrei nicht mehr zusammenfließen. Die *Streichzeit*, d. h.
der Zeitraum, vom Beginn des Einstreuens an gerechnet, während welchem
der Gips noch streichfähig ist, gilt als erreicht, wenn mit einem Messer vom
Gipskuchen abgeschnittene 2 mm dicke Späne abzubröckeln beginnen.

Um die Versuchsstreuungen einzuschränken, wurden in verschiedenen
Ländern objektive Grundlagen für die Prüfung gesucht [*23*], wobei immerhin
die örtlichen Arbeitsmethoden der Praxis Beachtung fanden (vgl. Abschn. D:
Normen).

Stuck- und Putzgips wird in dünnflüssiger Konsistenz geprüft (W/G-Wert
aus Einstreumenge bzw. geeigneter Konsistenzprobe ermittelt).

Der *Versteifungsbeginn* (Gießzeit, Schweiz) ist der Erstarrungsgrad, bei
dem sich Gipsbrei nicht mehr gießen läßt. Er ist nach DIN 1168 durch Messer-
schnitte bestimmt, wie oben angegeben.

Nach schweiz. Versuchen (EMPA [27]) werden gleiche Werte erzielt, wenn bei einem Kuchen von 2 cm Dicke aus Normalbrei die Ränder eines Einstichs mit der Vicat-Nadel ($F = 1$ mm^2) nicht mehr zusammenfließen.

Das *Versteifungsende* (Streichzeit, Schweiz) ist die Zeitspanne, vom Einstreuen des Gipses an gerechnet, bis sich der Gipsbrei nicht mehr ohne Schädigung verarbeiten läßt. Nach DIN 1168 wird das Erstarrungsende am gleichen Kuchen ermittelt wie der Erstarrungsbeginn und dadurch gekennzeichnet, daß bei einem Druck von etwa 5 kg mit dem Zeigefinger kein Wasser mehr an die Oberfläche tritt.

Zu gleichen Ergebnissen führt nach EMPA (Schweiz) auch die Prüfung mit dem Vicat-Apparat, wenn die Nadel ($F = 1$ mm^2) mit 300 g Gewicht nicht mehr als 5 mm in den Kuchen eindringt. Die Prüfung mit dem Vicat-Apparat wird u. a. auch in Amerika, Belgien, Kanada, Chile, Holland, Rußland, Spanien und Ungarn durchgeführt (Beschreibung des Vicat-Apparats in Kap. V, Prüfung der Zemente).

Bei stark verzögerten Gipsen (USA) oder Gipsen, die in steifer Konsistenz verarbeitet werden, wie z. B. Estrichgips und Anhydritbinder, ist der Vicat-Apparat zu empfehlen. Als Kenngröße dient sowohl für den Versteifungsbeginn als auch für das Ende das Eindringmaß der Nadel, ähnlich, wie dies für die Ermittlung der Abbindeverhältnisse bei Zement allgemein üblich ist.

Für nicht verzögerte Stuck- und Putzgipse liegt der Versteifungsbeginn (Gießzeit) normalerweise zwischen 5 bis 10 min und das Versteifungsende (Streichzeit) zwischen 15 und 20 min.

Bei Estrichgips sind die Zeiten für diese Kennwerte etwa $1/2$ h bzw. 4 bis 8 h.

Wertvolle Aufschlüsse bei nichtverzögerten Gipsen über die Abbindeverhältnisse (Hydratisierungsvorgang) ergeben genaue Temperaturerhöhungsmessungen während des Abbindens. Sogleich nach dem Einstreuen zeigt oft eine geringe Temperaturerhöhung die Umwandlung von Anhydrit III in Hemihydrat an, worauf die Temperatur bis zum Abbindebeginn ziemlich gleich bleibt, um dann plötzlich stark anzusteigen.

Bei gleichen Gipsarten erlaubt die Höhe des Temperaturanstiegs einen qualitativen Schluß auf die zu erwartende Festigkeit. Die Temperaturerhöhung gibt auch Aufschlüsse über die Hydratationsstufen, wobei sich Stuck- und Putzgips deutlich voneinander unterscheiden [28].

Kalorimetrische Messungen der Hydratisierungswärme können die chemischen Untersuchungen über die Zusammensetzung des Gipses wesentlich unterstützen. Nach der vereinfachten, adiabatischen Methode der Internationalen Talsperrenkommission ausgeführte Messungen der Abbindewärme von reinem Gips ergeben mit guter Genauigkeit die theoretisch ermittelten, in Abschn. A angegebenen Werte.

Natürliche Verunreinigungen beschleunigen das Abbinden (Ausnahmen: $CaCO_3$, Kalziumkarbonat und -hydrat, Anhydrit II, Steinmehl und andere inerte Zuschläge). Lagerung verzögert zunächst das Abbinden; dasselbe kann jedoch durch Feuchtigkeitsaufnahme und beginnende Hydratation wieder beschleunigt werden. Die Bindezeit wird verkürzt durch größere Einstreumengen sowie durch langes und intensives Anrühren.

Das Abbinden erfolgt auch unter Wasser, jedoch bleibt der Gips weich und löst sich zudem nach und nach oberflächlich.

Die beim Abbinden sogleich einsetzende Temperaturerhöhung erlaubt, Baugips auch noch bei mäßigen Frosttemperaturen zu verarbeiten.

d) Ermittlung des spezifischen Gewichts (Reinwichte).

In einem kalibrierten Meßgefäß (Pyknometer oder Volumenometer) wird mit Berücksichtigung der Temperatureinflüsse die Raumverdrängung eines bestimmten Gewichts von Gips bzw. fein pulverisiertem (durch das 900 M/cm²-Sieb gehenden) Gipsstein oder Gipsmörtel in Terpentin, absolutem Alkohol oder Benzol gemessen und daraus das spezifische Gewicht berechnet.

Richtwerte für die spezifischen Gewichte der verschiedenen Hydratstufen sind aus Tab. 1 (Abschn. A) ersichtlich.

e) Bestimmung der Feuchtigkeit, der Wassersaugfähigkeit und der Wasseraufnahme.

Die Feuchtigkeit von Gipsmörtel wird durch den Gewichtsverlust beim Trocknen bis Gewichtskonstanz bestimmt. Die Trocknungsbedingungen, bei welchen eine teilweise Dehydratisierung ausgeschlossen ist, sind aus Abschn. A ersichtlich.

Das Trocknen kann durch Pulverisieren des Materials beschleunigt werden; hierbei ist die Wasserabgabe, die bei Oberflächenvergrößerung während des Pulverisierens eintritt, zu berücksichtigen.

Durch Vergleichsversuche wurde festgestellt, daß ohne merkliche Dehydratisierung das Trocknen bis zur Gewichtskonstanz auch folgendermaßen ausgeführt werden darf:

1. Im Schwefelsäureexsikkator bei Zimmertemperatur. Trocknungszeit für Gipsprismen etwa 1 Woche, für pulverisiertes Material etwa $^{1}/_{2}$ Woche.

2. Im Trockenschrank bei höchstens 40° C Trocknungszeit für Mörtelstücke etwa 2 Tage, für pulverisiertes Material etwa 1 Tag.

Mit zunehmender Überschreitung der Temperatur von 50° C im Trockenschrank zeigt die Hydratanalyse eine zunehmende Dehydratisierung an.

Durch die meisten praktisch verwendeten Zusätze wird im allgemeinen die Austrocknungsgeschwindigkeit herabgesetzt.

Die Geschwindigkeit, mit welcher das Wasser vom Gipsmörtel angesogen wird, wächst mit der mittleren Größe der Poren. Die Steighöhe des kapillar angesogenen Wassers kann zu verschiedenen Zeitpunkten an prismatischen Mörtelkörpern bestimmt werden, deren unteres Ende in gesättigtes Gipswasser taucht. Beispielsweise erreicht in reinem Mörtel von Stuckgips oder von Estrichgips die Steighöhe nach 1 h etwa 10 cm. Je größer die Sauggeschwindigkeit ist, d. h. je größer der mittlere Porendurchmesser ist, um so geringer sind die bei Feuchtigkeitsschwankungen auftretenden inneren Kräfte und Längenänderungen und um so rascher kann eine Austrocknung erfolgen. Neuere Trocknungsversuche an Luft wurden von ALBRECHT [28] und KAUFMANN [29] ausgeführt. Je größer die Poren sind, um so weniger wird die Wasserdampfspannung über den Kapillarmenisken herabgesetzt und um so größer ist die Diffusionsgeschwindigkeit.

Bei teilweisem Eintauchen von Gipsproben wird in einer 10 bis 20 cm hohen Zone über dem Wasserspiegel nahezu die volle Wassersättigung erreicht.

Zur Bestimmung der Wasseraufnahmefähigkeit werden die vorher bei 40° C getrockneten Mörtelstücke bis zur Gewichtskonstanz in gesättigtem Gipswasser gelagert und die Zunahme des Trockengewichts in Gewichtsprozenten ermittelt.

Die Wasseraufnahmefähigkeit ist nahezu proportional der zur Mörtelherstellung verwendeten Wassermenge. Bei Normalkonsistenz beträgt sie für Stuck- und Putzgipse 15 bis 30%, für Estrichgipse etwa die Hälfte. Kunstmarmor zeigt in der Regel eine Wasseraufnahme von 6 bis 10%. Gipsgebundene Holzwolleplatten ergeben Wasseraufnahmen bis zu 80%.

Eine geringe Wasseraufnahme ist ein Hinweis auf eine höhere Dichte, Festigkeit und Wetterbeständigkeit der Gipsmörtel. Für Formen der Tonindustrie ist eine möglichst große Wasseraufnahmefähigkeit und Wassersaugfähigkeit erwünscht, ohne daß jedoch hierbei die Festigkeit allzu stark herabgesetzt werden darf.

f) Bestimmung des Gewichts und der Porosität des Mörtels.

Für jeden Versuch werden mindestens drei Probekörper oder handgroße Mörtelstücke verwendet (vgl. DIN 52102 und 52103).

Gewicht der Proben im Anlieferungszustand: G_A.

Trocknen bei 40° C und 35 bis 50% relativer Luftfeuchtigkeit bis Gewichtskonstanz: Trockengewicht G.

Feuchtigkeit im Anlieferungszustand in Prozent: $F = \dfrac{G_A - G}{G} \cdot 100$.

Volumen der trockenen Proben: V (geometrisch oder nach Paraffinüberzug durch Auftrieb bestimmt).

Raumgewicht trocken: $r = G/V$.

Proben bis zur Gewichtskonstanz G_W in gesättigtem Gipswasser gelagert:

Wasseraufnahme in Gewichtsprozent: $W = \dfrac{G_W - G}{G} \cdot 100$

Scheinbare Porosität in Volumenprozent: $p_s = W \cdot r$.

Trockengewicht von im Mörser pulverisiertem Mörtel $< 0,2$ mm $= g$, Volumen des Pulvers: v. (Im Meßkolben bestimmt durch Zugabe von Alkohol mit Bürette.)

Spezifisches Gewicht: $\gamma = g/v$.

Absolute Porosität in Prozent: $p_a = \dfrac{\gamma - r}{\gamma} \cdot 100$.

Bei normalen Mischungsverhältnissen ist für

	Stuck- und Putzgips	Estrichgips
p_s	~15 bis 30%	10 bis 25%
p_a	~50 bis 70%	30 bis 40%

g) Raummetergewicht und Rohwichte

(Litergewicht und Raumgewicht).

Zur Erzielung einer einheitlichen Qualität der fertigen Gipsarbeiten und -produkte muß das Gewichtsverhältnis von Gips und Wasser konstant gehalten werden (vgl. Abschn. i: Festigkeit). Die Mischung für die Gipsmörtel muß also grundsätzlich nach Gewicht erfolgen; allfällige Mischungen durch Einstreuen oder nach Raumteilen (Estrichgips) sind zum mindesten durch die Zahl der verwendeten Gipssäcke zu kontrollieren, die mit bestimmten Gewichten angeliefert werden (z. B. 40 oder 50 kg). Raummaße sind nicht eindeutig, da das Litergewicht stark von Einfüllart und Behältergröße abhängt; es ist auf Baustellen jeweils mit den verwendeten Meßgefäßen und Einfüllarten zu bestimmen. Im Laboratorium erfolgt die *Bestimmung des Litergewichts* in normierten Gefäßen, lose angefüllt durch Einlaufen aus einem Trichter (Gary) oder Einsieben, mit und ohne nachträgliches Einrütteln (Schweiz: loses Einfüllen mit kleiner Schaufel in kubisches 4 l-Gefäß aus Metall). Bei sonst gleichen Verhältnissen ergeben feiner gemahlene Gipse ein geringeres Litergewicht. Dasselbe liegt für Stuck- und Putzgipse normalerweise im Bereich von 0,7 bis 1,1 kg/l nach losem Einfüllen; 1,2 bis 1,6 kg/l eingerüttelt. Für Estrichgipse liegen die entsprechenden Werte im Bereich von 1 bis 1,2 kg/l nach losem Einfüllen und 1,3 bis 1,6 kg/l eingerüttelt. In großen Silos verdichtet sich das Material; die Raumgewichte können unter mehreren Metern Überlagerung bis gegen 2300 kg/m³ ansteigen.

Die Rohwichte (Raumgewicht) γ des frisch angemachten Mörtels wird in genau kalibrierten Hohlgefäßen von bekanntem Volumen bestimmt. Frischer Mörtel ohne Zuschlagstoffe mit Stuck- und Putzgips hat etwa $\gamma \sim 1{,}5$ kg/dm³ und mit Estrichgips etwa $\gamma \sim 1{,}9$ kg/dm³.

Das Volumen von Mörtelstücken wird, soweit dies nicht mit genügender Genauigkeit durch Ausmessen erfolgen kann, evtl. nach Überzug mit Paraffin, durch den Auftrieb in destilliertem Wasser ermittelt (vgl. DIN 52102).

Der Feuchtigkeitsgehalt des Mörtels wird durch Trocknen bei 40° C bis zur Gewichtskonstanz ermittelt.

Das *Raumgewicht des abgebundenen Mörtels* erlaubt eine Kontrolle des erfolgten Mischungsverhältnisses und der Porosität [17]. Wird für reinen Gipsmörtel ein bestimmtes Verhältnis des Gewichts G des gebrannten Gipses zu demjenigen (W) des Anmachwassers vorgeschrieben: $s = G/W$, so sind dadurch die Gewichtsverhältnisse des Gipsmörtels mit großer Annäherung bestimmt. (Für die der Einstreumenge S nach DIN 1168 entsprechende Normalkonsistenz ist $s = S/100$.) Beträgt das spezifische Gewicht des gebrannten Gipses γ_0 (vgl. Abschn. d) und entstehen bei der Mörtelherstellung p Raumprozent Luftporen, so sind für einen m³ reinen Gipsmörtel angenähert

$$G = \frac{\ulcorner s \cdot \gamma_0 \, (1 - p/100)}{s + \gamma_0} \cdot 1000 \text{ kg}$$

gebrannter Gips erforderlich. Bei Stuckgips erreicht die eingeschleppte Luftmenge gewöhnlich etwa $p = 3$ Raumprozent für dünnflüssigen Gipsbrei bis 6 Raumprozent für steifen Gipsbrei [17].

Das Raumgewicht des frisch angemachten Gipsbreis beträgt:

$$\gamma_n = \frac{(1 + s) \cdot \gamma_0}{s + \gamma_0} \left(1 - \frac{p}{100} \right)$$

und das Raumgewicht des abgebundenen, getrockneten Gipsmörtels

$$\gamma_t = \frac{m}{m_0} \cdot \frac{G}{1000} .$$

m/m_0 ist das Verhältnis der mittleren Molekulargewichte im abgebundenen Mörtel (m) des verwendeten gebrannten Gipses (m_0).

Nach Tab. 1 (Abschn. A) kann in der Regel $m/m_0 \sim 1{,}2$ und $\gamma_0 \sim 2{,}7$ angenommen werden.

h) Bestimmung der Raumbeständigkeit, der Wetter- und der Frostbeständigkeit.

Gewisse Beimengungen (z. B. Schwefelkalzium, Ätzkalk, hydraulischer Kalk, Portlandzement, natürlicher Anhydrit) können Treiben des Gipsmörtels verursachen, das zu Zermürbung, Abschieferungen, Zerklüftung und Abbröckelungen führen kann. Zur Prüfung wird erdfeuchter Gipsmörtel unter starkem Druck zu Kuchen gepreßt. Nach 24stündiger Lagerung an feuchter Luft werden einzelne Kuchen so gelagert, daß ihre Unterseite dauernd einige mm tief in gesättigtes Gipswasser taucht, das zur Beschleunigung der Prüfung auf einer Temperatur von 30 bis 40° C gehalten werden kann. Andere Kuchen werden, z. B. in einer Dampfdarre, während 1 bis 2 Tagen der Einwirkung von warmer, feuchter Luft von 60 bis 70° C ausgesetzt oder 3 h in Naßdampf bei

Atmosphärendruck gelagert (England BS 1191). Bei der erstgenannten *Wannenprobe* zeigt sich die treibende Wirkung von Ätzkalk nach wenigen Stunden, während sich Verunreinigungen durch Schwefelkalzium nach einigen Tagen und solche von Anhydrit oft erst nach Monaten bemerkbar machen. Die Dampfprobe beschleunigt hauptsächlich die Auswirkung von Verunreinigungen durch Schwefelkalzium.

Für viele Verwendungszwecke sind Gipse mit möglichst geringer Raumänderung beim Abbinden besonders geeignet (spez. Formgipse) [30].

Die Durchführung von Expansions- und Schwindmessungen erfolgt

a) durch Taster, welche mit Mikrometerschrauben bewegt werden,

b) mit Mikrokomparatoren, Messung durch Mikroskope, welche durch Mikrometer quer zu ihrer Achse verschieblich sind,

c) mit Extensometern (England BS 1191),

d) mit Spiegelmeßapparaten (Frankreich).

Die Methoden b) und d) sind vorzuziehen, da sie gestatten, die Messungen schon während des Erstarrens des Gipsbreis auszuführen, welcher durch Unterlage von Zeresinpapier oder in beweglichen Stanniolformen frei beweglich gelagert wird.

Ein für Gipsuntersuchungen besonders geeigneter Dilatometer wurde von CHASSEVENT [31] entwickelt. Das Modell aus Kautschuk ist unten mit Glas verschlossen und steht in einem Wasserbad. Auf den eingegossenen Gipsbrei wird ein leichtes Metallplättchen gelegt, dessen Bewegungen mit einem Spiegel-Meß-System auf $^2/_{1000}$ mm genau verfolgt werden. Das Quellen von Formgips ist der Dichte des abbindenden Gipsbreis bzw. der pro Volumeneinheit entstehenden Dihydratmenge proportional und erreicht rd. 0,3%, wenn im Liter Gipsbrei 1 kg Dihydrat entsteht und das Erhärten ohne Wasserverdunstung erfolgt. Dieses Quellmaß wird in trockener Atmosphäre bei weitem nicht erreicht, wobei zudem eine anfängliche Kontraktion festzustellen ist. Das Quellen von sandhaltigem Gipsmörtel (1 : 1) ist von gleicher Größenordnung wie dasjenige von Gipsbrei. Ein Gehalt an Dihydrat und Ton erhöht das Quellen beträchtlich, während die Versteifungszeit geringer wird. Ein merklicher Gehalt an totgebranntem Gips (Anhydrit II) kann das Quellen vervielfachen; dasselbe ist in feuchter Luft auch nach Monaten noch nicht abgeschlossen und kann, wenn es auch bei trockener Witterung zeitweise zum Stillstand kommt, schließlich zu Treiberscheinungen führen.

Eine einfache praktische Methode für Quellmessungen wurde von LEHMANN und KREUTER [32] angewendet und speziell die mildernde Wirkung von K_2SO_4-Zusätzen auf das Quellen bestätigt (Dental-Gipse). Zusätze von Kaliumsulfat, Borax, Kaliumzitrat u. a. können das Quellen bis gegen 90% verhindern, wobei aber auch die Festigkeit abfällt.

ALBRECHT [33] hat die verschiedenen Meßmethoden für die Längenänderungen infolge Quellen, Schwinden und Temperaturänderungen kritisch besprochen und durch eigene Messungen eine Temperaturausdehnungszahl $\alpha \sim 2 \cdot 10^{-5}$ im Bereich 10 bis 20° C für reine und gemagerte Gipsmörtel festgestellt.

Während der Trocknung verliert der erhärtende Gips sein freies Wasser (außerhalb der Kristalle) fast restlos. Der Rest des nichtverdunstenden Wassers wird an den Kristalloberflächen, in den feinen Kapillaren zwischen den Kristallen, festgehalten und verdunstet später unter Volumenverkleinerung (*Schwinden*) in trockener Luft.

Durch Schwindversuche wurde festgestellt, daß ungemagerter Baugipsmörtel geringe Volumenverkleinerungen von 0,01 bis 0,02% zeigt. Daneben sind aber auch Schwindmaße beobachtet worden, die bis gegen 0,1% ansteigen, eine

Erscheinung, die auf die Wirkung von Zusätzen (Kalkhydrat, Ton usw.) zurückgeführt wird.

Estrichgips mit seinem trägeren Abbinde- und Erhärtungsvorgang ergibt kleinere Quellmaße. Versuche der EMPA an Prismen 2,5 cm × 2,5 cm × 10 cm, aus schweizerischem Gips hergestellt, haben zu nachstehenden Ergebnissen geführt.

Tabelle 6. *Quellmaße von Gipsbrei 1 : 0 in Normalkonsistenz (vgl. Schweizer Normen).*

Gips (maximale Temperaturerhöhung)	Alter		
	3 Tage	14 Tage	1 Jahr
Baugips (2° C)	0,26 %	0,25 %	0,24 %
Estrichgips (0,4° C)	0,02 %	0,18 %	0,10 %

Die Größe der Volumenänderungen von Alaungips liegt zwischen derjenigen von Baugips und Estrichgips.

Die Längenänderungen von fertigen Gipsprodukten (z. B. Hourdis, Platten) werden zweckmäßig mit dem Setzdehnungsmesser (vgl. S. 448) gemessen. Steigt die relative Luftfeuchtigkeit von 50 auf 90%, so erleiden Gipshourdis Längenzunahmen von 0,01 bis 0,02%. Diese Längenänderungen sind reversibel. Durch organische Zuschläge, wie z. B. Holzfasern, werden die Quell- und Schwindmaße bis auf mehrfache Werte erhöht (Eigenschwindung).

Zur Beurteilung der *Wetterbeständigkeit* und *Abwaschbarkeit* von besonders behandelten Oberflächen, speziell Polituren, von Gipsprodukten wird beobachtet, in welchem Maß und wie lange die folgenden Behandlungen keine Veränderungen der Oberfläche verursachen, welche eine Übersteigerung der praktisch möglichen, schädlichen Einflüsse darstellen:

a) Wechselndes Erwärmen und Abkühlen zwischen 10 und 40° C, b) Einwirkung von trockener Luft von 40° C, c) Einwirkung von Wasserdampf von 40° C, d) wechselndes Abwaschen und Trocknen, e) Wasserlagerung.

Um Wärmebeständigkeitsproben [z. B. a) und b)] miteinander vergleichen zu können, müssen sie bei gleicher relativer Luftfeuchtigkeit durchgeführt werden.

Die Wärmebeständigkeitsproben a) und b) verursachen meist keine sichtbaren Veränderungen der Oberflächen der Gipsprodukte.

Wasser und Wasserdampf haben nur bei besonders guter Behandlung der Oberfläche längere Zeit keinen schädlichen Einfluß auf das Aussehen der Oberflächen. Wenn die Gipsprodukte nicht gegen Wasseraufnahme geschützt sind, wird durch Feuchtigkeitszutritt die Festigkeit beeinträchtigt.

Die *Frostbeständigkeit* wird im Kühlschrank durch 50 Frostperioden von −20° C und mindestens 4 h Dauer geprüft. Zwischen den Frostperioden erfolgt jeweils Auftauen bei 18° C während mindestens 4 h.

Die 14tägige Lagerung vor der Prüfung sowie das Auftauen zwischen den einzelnen Frostperioden erfolgt

a) in feuchter Luft, über einem Wasserbehälter,

b) in Wasser von etwa 18° C.

Die Gipsprodukte bestehen in der Regel die Probe a) ohne nennenswerte Schäden, während die Probe b) nur besonders gute Spezialprodukte verschont.

Zur zahlenmäßigen Kennzeichnung der Einflüsse der Wasserlagerung und des Frosts wird zu gleicher Zeit die Biegefestigkeit von je 3 bis 4 trocken gelagerten, im Wasser gelagerten und der Frostprobe unterworfenen Prismen ermittelt und der Festigkeitsabfall der verschiedenen Einflüsse in Prozent angegeben.

i) Bestimmung der Festigkeit und der Elastizität.

Die Festigkeit ist das wichtigste Gütemaß für mechanisch beanspruchte Baustoffe; sie ermöglicht auch eine Beurteilung der Härte, Abnutzbarkeit und Beständigkeit der Baustoffe, soweit diese Zusammenhänge durch einschlägige Untersuchungen dieser Baustoffarten gesichert sind. Für die Bestimmung der Festigkeit ist besonders bei Gipsprodukten die Einheitlichkeit der Versuchsbedingungen von größter Bedeutung.

In der ersten Auflage dieses Handbuchs wurde 1941 die einfache Beziehung $\beta_d = k(G/W)^2 = k s^2$ für die Druckfestigkeit β_d in Abhängigkeit von dem Gewichtsverhältnis G/W von Gips zu Anmachwasser in der Raumeinheit gegeben, wobei die Konstante k bei gleichen Lagerungsbedingungen (Feuchtigkeit) aus der Normenprobe zu bestimmen ist. Das Verhältnis $s = G/W$ kann als spezifische Einstreumenge bezeichnet werden. Diese Beziehung liefert in Verbindung mit den Angaben von Abschn. C 3 g das Mischungsverhältnis einer bestimmten Gipsart für eine vorgeschriebene Festigkeit, auch kann dadurch die Bindekraft der gebrannten Gipse durch Umrechnung der Festigkeiten auf eine einheitliche, spezifische Einstreumenge s einheitlich beurteilt werden. Auch neuere Untersuchungen [34] haben inzwischen die überraschende Genauigkeit der angegebenen Beziehung bestätigt; sie gilt auch mit genügender Annäherung für die Biegefestigkeit und die Härte der Gipsmörtel. Diese Beziehung erlaubt für verschiedenartige Verhältnisse eine allgemeine Auswertung der Festigkeitsprüfungen, wenn auch zur Anpassung an die praktische Verarbeitung die Festigkeitsproben jeweils für die speziellen Einstreumengen des zu prüfenden Gipses oder bei konstanter Konsistenz ausgeführt werden (vgl. Abschn. D: Normen).

Die Festigkeit der Gipsmörtel ist abhängig von der Form und Herstellung der Probekörper, von den Lagerungsbedingungen und von der Prüfmethode. Diese Verhältnisse sind genau festzulegen, wenn vergleichbare Prüfungsergebnisse erzielt werden sollen. Dies gilt auch für alle anderen Prüfungen und hat zur Aufstellung normierter Prüfmethoden geführt, worüber die wichtigsten Angaben im Abschnitt D zusammengestellt sind. Zur Festigkeitsbestimmung werden Druck-, Zug- oder Biegeproben hergestellt, wie diese in den betreffenden Ländern auch für die Zementprüfungen angewendet werden (vgl. Abschn. D: Normen und Kap. V: Prüfung der Zemente).

Um die Versuchsstreuungen der Festigkeitsproben einzuschränken, wird die Herstellungsart (Mischen, Einfüllen) jeweils normiert, wobei für die meist ziemlich flüssig angemachten Stuck- und Putzgipse der Verarbeitung geringere Bedeutung zukommt als z. B. bei Estrichgipsen.

Die Herstellung der Probekörper erfolgt in der Regel mit Gipsbrei, dessen Gips-Wasser-Verhältnis nach den jeweiligen Normen bestimmt wird (Einstreumenge, Normalkonsistenz, vgl. Abschn. C 3 und D 1). Nach DIN 1168 wird der Gips in $1^1/_2$ min gleichmäßig eingestreut und nach $^1/_2$ min Durchweichungszeit 1 min lang langsam durchgerührt. Dieser Gipsbrei wird unter ständigem Umrühren, ohne daß sich Luftblasen bilden, in die geölte Form gegossen. Die Form wird zur Vermeidung von Luftblasen an einer Stirnseite 5 mal etwa 1 cm hochgehoben und wieder abgesetzt. Der die Form um einige mm überragende Brei wird mit einem Messer behutsam abgeschnitten, sobald er zu erstarren beginnt, und ohne Ausübung von Druck geglättet.

Estrichgipsproben werden normalerweise in plastischer Konsistenz eingefüllt. Ist steifer Mörtel zu prüfen, so erfolgt die Verdichtung mittels geeigneter Stampfer von Hand (Kap. V).

Nach dem Abbinden (bei Estrichgips nach 24 h) werden die Probekörper aus der Form genommen und auf Dreikantleisten gelagert, nach DIN 1168 Putzgips 24 h und Stuckgips 7 Tage an feuchter Luft über Wasser, hierauf bei 35 bis 40° C getrocknet und bis zur Prüfung in einem Exsikkator über Blaugel abgekühlt. In der Schweiz werden die Proben bei 70% relativer Feuchtigkeit gelagert und nur die 7-Tage-Festigkeitsproben vor Prüfung 2 Tage bei 37° C getrocknet. Bei diesen Methoden wird die absolute Trocknung auf etwa $^1/_3$% erreicht.

Neuerdings besteht die Tendenz, die Zugproben durch Biegeproben zu ersetzen. Diese ergeben zutreffendere Werte als die Zugfestigkeit, da in der Einkerbung der Zugkörper je nach deren Form verschieden große Spannungserhöhungen auftreten. Auch wird die Zugprobe durch Ausführungsfehler (z. B. schlechte Zentrierung der Einspannung, Oberflächenfehler des Probekörpers) empfindlicher beeinflußt; sie ergibt deshalb größere Streuungen der Festigkeitsresultate als die Biegeprobe.

Zur Ermittlung der Biegefestigkeit werden die Prismenprüfkörper, meistens mit den Abmessungen 4 cm × 4 cm × 16 cm, entweder frei auf zwei Auflagern mit einer Last in der Mitte zwischen den Auflagern bis zum Bruch belastet oder als frei auskragender Balken mit einer Kraft am freien Ende gebrochen (Frankreich NFB 12—001). Die Biegefestigkeit β_b wird aus dem Biegemoment und dem Widerstandsmoment berechnet als $\beta_b = \dfrac{6M}{d^3}$ (M = Biegemoment in kgcm, d = Seitenlänge des quadratischen Querschnitts in cm).

Die Hälften der Prismen werden nach der Biegeprobe zur Druckprüfung verwendet, indem sie in eine Presse zwischen Stahlplatten von gleichem Ausmaß wie der Prismenquerschnitt gelegt werden, so daß der Druck winkelrecht zur Einfüllrichtung und zentrisch wirkt. Untersuchungen der EMPA haben gezeigt, daß bei der Prüfung von Prismenhälften und besonders hergestellter Würfel übereinstimmende Prüfergebnisse erzielt werden (1926).

Mit wachsender Größe der Proben ergibt sich eine geringe Abnahme der Druckfestigkeit. Prismen, die in Richtung ihrer Höhe auf Druck beansprucht werden, zeigen im Gegensatz zu anderen Mörtelbaustoffen mit wachsender Prismenhöhe nur einen geringen Abfall der Druckfestigkeit. Ist Höhe/Breite ∼ 4, so beträgt die Prismenfestigkeit 90 bis 95% der Würfeldruckfestigkeit.

Die Festigkeitsprüfung kann nach DIN 1168 erfolgen, sobald die tägliche Gewichtsabnahme der Probekörper bei der Trocknung 0,5 g unterschreitet. In der Schweiz wird Bau- und Ofengips im Alter von 1 und 7 Tagen, Estrichgips und Anhydritbinder im Alter von 7 und 28 Tagen geprüft. Für die Prüfung werden die gleichen Apparate verwendet wie bei der Zementprüfung (Kap. V: Prüfung der Zemente).

Die Belastung soll gleichmäßig gesteigert werden und in rd. $^1/_2$ min die Bruchlast erreichen. Zu rasche Steigerung der Belastung ergibt Erhöhung der Festigkeitswerte. Die vorgeschriebenen Festigkeiten sind aus den Normen, Abschn. D, ersichtlich.

In der ersten Auflage dieses Handbuchs wurde an Hand typischer Untersuchungen auf den außerordentlich großen Einfluß der Lagerungsbedingungen auf die Festigkeit hingewiesen. Dies wurde inzwischen durch neuere Untersuchungen [35] bestätigt und präzisiert. Gipsmörtel erreicht die höchste Festigkeit im absolut trockenen Zustand. Schon sehr geringe Abweichungen (Größenordnung 1% des Probengewichts), entweder infolge Feuchtigkeitsaufnahme aus der Luft oder im umgekehrten Sinne infolge Dehydrierung bei zu kleiner Dampfspannung der Luft, setzen die Festigkeit des Gipsmörtels empfindlich herab

(Größenordnung etwa 1/3). Dies zeigt die außerordentlich große Empfindlichkeit der Festigkeitsprüfungen von der Art der Trocknung der Proben. Die Gleichgewichtsbedingungen der Wasserdampfspannungen (Abschn. A) sind genau zu beachten, um partielle Dehydration zu verhindern; andererseits soll das physikalisch gebundene Wasser vollständig ausgeschieden werden. Nur in diesem absolut trockenen Zustand ist die Festigkeit eines reinen Gipsmörtels konstant und unabhängig vom Erhärtungsalter. Die Hydratisierung ist in kurzer Zeit abgeschlossen; die weitere Festigkeitserhöhung ist eine Folge der Wasserverdunstung. Mit wachsendem Gehalt an trägem, totgebranntem Gips (Anhydrit II) wird das Erhärten langsamer und dehnt sich auf längere Zeiträume aus. Dies tritt besonders bei Estrichgips ein. Derselbe Effekt kann in größerem oder geringerem Maß durch Zusätze, speziell Verzögerer, bewirkt werden.

Normale Schweizer Gipse zeigen bei 70% relativer Luftfeuchtigkeit eine beträchtliche Nacherhärtung.

In der ersten Erhärtungszeit nimmt die Festigkeit zunächst rasch und dann langsamer zu und verändert sich in größerem Alter nicht mehr wesentlich, sofern sich nicht die Lagerungsbedingungen ändern. Häufig beobachtete Festigkeitsschwankungen sind hauptsächlich auf Änderungen der relativen Luftfeuchtigkeit zurückzuführen; es zeigt sich jedoch während der ersten Erhärtungszeit sehr häufig eine geringe Erweichung. Das für die Normenprüfungen bedeutsame vorübergehende Nachlassen der Festigkeiten bei konstanten Lagerbedingungen wurde neuerdings durch Untersuchungen von Albrecht bestätigt [34].

Beispiele für die Zunahme der Festigkeit mit dem Alter:

Alter	$1/_2$ h	1 h	1 T.	7 T.	28 T.	90 T.	1 J.	2 J.
Baugips β_d in kg/cm²	20	28	45	60	76	90	95	95
Estrichgips β_d in kg/cm²	—	—	20	110	180	200	206	210

Das Laboratorium der Schweizerischen Gips-Union hat festgestellt, daß die folgende Lagerung ähnliche Festigkeiten ergibt wie die 28 Tage lange, normale Luftlagerung: 7 Tage feuchte Luft, 3 Tage Trocknen bei 35 bis 42° C, 3 h Abkühlen bei Zimmertemperatur.

Nach dem Abbinden erfolgende Lagerung in gesättigtem Gipswasser ergibt für Estrichgips etwas höhere Festigkeiten als Luftlagerung, sofern man die Probekörper vor der Prüfung einige Stunden bei Zimmertemperatur trocknen läßt.

Die Festigkeiten ändern sich ständig mit den Veränderungen der Luftfeuchtigkeit. Von starkem Einfluß auf die Prüfergebnisse sind jeweils die vom Probekörper zuletzt, vor der Prüfung, erlittenen Lagerungsbedingungen.

Obschon Gipsmörtel wenig hygroskopisch ist (Wasseraufnahme in feuchtigkeitsgesättigter Luft: 1 bis 3%), tritt schon bei geringsten Feuchtigkeitsaufnahmen ($\sim 1/_2$%) ein merklicher Festigkeitsabfall ein, offenbar durch Wirkung eines auf den Kristalloberflächen adsorbierten Wasserfilms. Bei Feuchtigkeiten über 2% bleibt die Festigkeit nahezu konstant.

Die Druckelastizität wird an Prismen (z. B. 4/4/16 cm) geprüft, deren Höhe mindestens 3 mal größer ist als Breite. Die Prüfung erfolgt mit Dehnungsmessern von Okhuizen-Huggenberger oder mit dem Spiegelapparat von Martens sowie anderen geeigneten Instrumenten.

Der totalen Zusammendrückung infolge der Beanspruchung entspricht der Verformungsmodul V der gesamten Verformungen, der etwas kleiner ist als der Elastizitätsmodul E, welcher aus der bei Entlastung elastisch zurückfedernden Deformation berechnet wird. Mit wachsender Bezugsspannung σ

nehmen E und V ab, während deren Unterschied größer wird (Zunahme der plastischen Verformung).

Für statische Modellversuche kann das Verhältnis der Längszusammendrückung zur gleichzeitig hervorgerufenen Querdehnung von Bedeutung sein; diese Querdehnungszahl ergibt sich für die elastischen Deformationen von reinem Stuckgipsmörtel zu 8 bis 12, für die totalen Deformationen zu $m_t = 4$ bis 6.

Der Elastizitätsmodul wächst mit steigender Festigkeit β_d etwa in folgenden Grenzen:

Baugips $E =$ 30 000 bis 120 000 kg/cm² für $\beta_d =$ 10 bis 80 kg/cm²,
Estrichgips $E =$ 100 000 bis 200 000 kg/cm² für $\beta_d =$ 50 bis 250 kg/cm².

Mit wachsendem Mischungsverhältnis $G/W =$ Gips/Wasser in Gewichtsteilen wachsen auch Raumgewicht, Festigkeit und Elastizität.

Magerung durch Zuschlagstoffe setzt die Festigkeiten, besonders bei Estrichgips, stark herab, während der Elastizitätsmodul auch noch von der Elastizität der Zuschlagstoffe abhängt; z. B. steigt er bei der Magerung mit Sand zunächst an und fällt infolge höheren Wasseranspruchs erst wieder bei sehr starker Magerung.

Im Alter von 28 Tagen wurden z. B. folgende Werte ermittelt:

Gips : Sand Gewichtsteile	Druckfestigkeit kg/cm²		Elastizitätsmodul kg/cm²	
	Putzgips	Estrichgips	Putzgips	Estrichgips
1 : 0	83	158	50 300	113 000
1 : 1	73	106	84 000	149 000
1 : 3	50	38	91 000	105 000
1 : 6	13	12	37 000	55 000

Systematische Untersuchungen der Festigkeit und Härte verschieden gemagerter Gipse wurden von ALBRECHT durchgeführt [34].

k) Bestimmung der Härte und des Abnutzungswiderstandes.

Gipsverputze, Stukkaturen und Gipsformen müssen hauptsächlich oberflächlichen Verletzungen durch lokalen Druck, Schlag oder Ritzen widerstehen. Die *Eindruckhärte* ist somit ein wichtiges Gütemaß für Gipsarbeiten und -produkte. Auch ist diese Prüfung rasch, einfach und an Proben verschiedenster Art durchführbar. Die bereits in der ersten Auflage dieses Handbuchs empfohlene Methode wurde von W. ALBRECHT [34] im Vergleich mit anderen Prüfmethoden eingehend untersucht und nach Feststellung der geringen Streuung und der angenähert linearen Beziehung zur Druck- und Biegefestigkeit informatorisch in die DIN 1168 aufgenommen:

Eine Stahlkugel von 10 mm ⌀ (D) wird auf die Gipsprobe gesetzt und mit einer Anfangslast von 1 kg belastet, die innerhalb von 2 sek auf 20 kg (bei Estrichgips 50 kg) gesteigert und 15 sek belassen wird. Aus der bleibenden Vertiefung t (Mittel von 18 Eindrücken) ergibt sich die Härte $H = \dfrac{P}{\pi \cdot D \cdot t}$.

Für 18 Eindrücke (3 auf je 2 Seiten der 3 Proben) ergab die statistische Auswertung, daß für die Überschreitung einer Abweichung von 6% die Ausfallwahrscheinlichkeit 2% beträgt.

Nach englischen Normen (BS 1191) wird zur Härtebestimmung eine Stahlkugel von 13 mm ⌀ und 8,3 g Gewicht aus 183 cm Höhe auf die Probe fallen gelassen und die Eindringtiefe als Kennzahl für die Härte angegeben.

Die Gips-Union (Schweiz) verwendet zur Prüfung der Verputze einen Kugelschlaghammer (Abb. 12).

Albrecht hat zahlreiche Kugelschlagapparate systematisch untersucht und stellt fest, daß der Federhammer (Baumann-Steinrück) brauchbare, aber weniger genaue Werte als die Brinellprobe liefert.

Für die Prüfung von speziell behandelten Oberflächen und Polituren kann die Ritzhärte herangezogen werden. Hierbei wird ein kugelförmig geschliffener Diamant oder ein Glasschneiderädchen unter einer bestimmten Belastung über die zu prüfende Fläche weggezogen und als Maß der Härte die Belastung bestimmt, die eine bestimmte Ritzbreite (z. B. $1/_2$ mm) hervorruft.

Stempeldruckversuche mit Verformungsmessung dienen zur Feststellung, in welchem Maß der Fuß eines dauernd belasteten schweren Möbelstücks im Laufe der Zeit in einen Bodenbelag eindringt. Je nach Verwendungsart wird der Bodenbelag mit oder ohne Linoleumüberzug oder dgl. geprüft. Der Versuch ist wichtig für Unterlageböden von stark gemagertem Gips, z. B. mit organischen Zuschlägen, die gelegentlich große Zusammendrückbarkeit aufweisen. Ein Stahlstempel von bestimmtem Durchmesser (z. B. 40 mm) wird mit Gewichten belastet und seine Einsenkung in den Bodenbelag gemessen. Bei Dauerversuchen wird nach je 5 kg Laststeigerung die Belastung jeweils belassen, bis keine Zunahme der Einsenkung mehr eintritt. Als zulässiges Maß der Einsenkung kann gelten, daß bei dauernder Stempelbelastung mit 50 kg (~ 4 kg/cm²) die Einsenkung nicht größer werden soll als $1/_2$ mm. In Heft 32/1954 der Forschungsgemeinschaft „Bauen und Wohnen" Stuttgart: *Richtlinien für die Beurteilung des Fußbodenaufbaus auf Massivdecken* wird ein Prüfverfahren für Stempeldruckversuche gegeben.

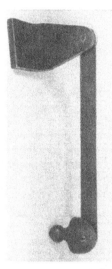

Abb. 12. Apparat der Gips-Union A G. Totalgewicht:140 g; Gewicht der Kugel und des Hebelarmes : 80 g ; Kugeldurchmesser: 12 mm; Länge des Hebelarmes (Fallhöhe): 135 mm; Eindruckmessung mit Mikrometerlupe auf 1/10 mm.

Der Abnutzungswiderstand von Gipsestrich, Wandplatten u. dgl. kann nach folgenden Verfahren beurteilt werden:

Abschleifen nach Bauschinger und Böhme. Auf eine rotierende Stahlgußscheibe werden in 50 cm Abstand von deren Rotationsachse Proben von 6 cm × 6 cm Abnutzungsfläche mit einem spezifischen Druck von 0,5 kg/cm² angepreßt. Während des Versuchs wird 10mal je 20 g Naxos-Schmirgel Nr. 9 aufgestreut. Bei nasser Abnutzung wird mit dem Schmirgel Wasser zugegeben. Die mittlere Dicke der Abnutzungsschicht läßt sich auf Grund des vorher ermittelten Raumgewichts aus dem Gewichtsverlust nach 200 Umdrehungen der Scheibe berechnen; sie beträgt für Estrichböden bei trockener Abnutzung 3 bis 6 mm und wächst bei nasser Abnutzung nahezu auf den doppelten Wert an.

Abschleifen nach DIN 52108 mit Prüfkorund R als Abschleifschmirgel. Die Proben werden jeweils nach 22 Umdrehungen gedreht [*36*]. (Diese Verfahren werden in Kap. II dieses Handbuchs besprochen.)

Von der EMPA wurde eine weitere Methode für die Abnutzungsprüfung relativ weicher Materialien entwickelt:

500 geradlinige Hin- und Herbewegungen von 20 cm Länge auf einem über eine Eisenplatte gespannten Korundtuch Nr. 80 unter einer spez. Belastung des Probekörpers 6 cm×6 cm von 0,11 kg/cm². Nach 250 Doppel-

bewegungen wird der Probekörper um 90° gedreht. Mittlere Schleifgeschwindigkeit: 0,23 m/sek.

Abnutzung durch Sandstrahl, nach GARY. Abgenutzte Fläche 6 cm ⌀ ∼28 cm². Quarzsand 0,5 bis 1,5 mm. Luftdruck 3 at. Einwirkung 2 min. Die mittlere Dicke der Abnutzungsschicht läßt sich aus dem Gewichtsverlust auf Grund des vorher ermittelten Raumgewichts berechnen; sie beträgt für Estrichböden 5 bis 10 mm.

l) Bestimmung der Schlagfestigkeit.

a) Platten von Gips und Gipserzeugnissen werden auf bestimmte Größe (z. B. 30 cm × 30 cm) geschnitten und auf eine Unterlage von feinkörnigem Sand satt gelagert. Eine Stahlkugel von bestimmtem Gewicht (z. B. ¹/₂ kg) wird auf die Mitte der Platte fallen gelassen und die Fallhöhe sukzessive um je 1 cm erhöht, bis Rißbildung und Bruch eintritt. Die Kugelfallprobe ergibt nur relative Ergebnisse, die zum Vergleich der Schlagfestigkeiten gleich dicker, gleichartig geprüfter Platten dienen.

b) Verfahren nach DIN 52107, siehe auch Kap. III. Die Schlagfestigkeit von Gipsplatten und Gipserzeugnissen kann auch durch Pendelgewichte, die auf lotrecht gestellte Prüfflächen auftreffen, geprüft werden. In England wird ein sogenannter Pangolum-Impact-Apparat verwendet. In der Zeitschrift Plastering Industries, Juni 1955, ist ein ähnliches Gerät abgebildet.

m) Beurteilung der Farbe.

Für die Beurteilung der Farbe von Gips und Gipsprodukten gelten folgende Merkmale:

Weißgehalt (Albedo). Die Albedo ist ein Maß für das Rückstrahlungsvermögen der Oberfläche. Absolute Messungen sind schwierig durchzuführen. In der Praxis begnügt man sich mit relativen Messungen, indem man die Rückstrahlung der Probe vergleicht mit derjenigen einer sogenannten *Normalweißplatte*, z. B. Baryt oder Magnesiumoxyd, deren Rückstrahlung man mit 100% einsetzt. Die Messung kann beispielsweise mit dem PULFRICHschen Stufenphotometer (Zeiß) ausgeführt werden. Je nach dem Grade der geforderten Genauigkeit verwendet man zur Beleuchtung das Hilfsgerät *Berauh* oder die ULBRICHTsche Kugel, wobei die Oberfläche gleichmäßig, gut reproduzierbar und diffus beleuchtet wird[1].

Farbton. Weist die Oberfläche einen deutlichen Farbton auf, so muß man bei der Messung des Rückstrahlungsvermögens Farbfilter einschalten, die den Spektralbereich begrenzen. Soll der Farbton selber gemessen werden, so benutzt man ein Zusatzgerät zum Stufenphotometer, das die Zerlegung in die drei Grundfarben erlaubt und das Mischungsverhältnis angibt. Man kann auch die farbtongleiche Stelle im OSTWALDschen Farbenkreis aufsuchen und den Farbton durch den zugehörigen Index ausdrücken. Farbton, Sättigung und Helligkeit (Albedo) kennzeichnen den farbigen Eindruck einer Oberfläche.

Lichtechtheit. Farbige Oberflächen können am Lichte allmählich nachdunkeln, vergilben oder ausbleichen. Anorganische Pigmente (Erdfarben) sind im allgemeinen lichtechter als organische (Anilinfarben). Man prüft auf Lichtechtheit, indem Proben unter 45° gegen Süden geneigt hinter Uviolglas der Sonne ausgesetzt werden. Man vergleicht nach einer bestimmten Zahl von Sonnenstunden mit dem im Dunkeln aufbewahrten Gegenmuster. Eine Beschleunigung der Prüfung durch Anwendung von Quecksilberdampflampen ist abzulehnen.

---

[1] Die Messung mit Reflectometer Mod. 610 der Photovolt-Corp., New York, mit Filter Tristimulus-green ergibt etwa 10% höhere Weißgehalte.

Kalkechtheit. Sofern der Gips freien Kalk enthält, dürfen zum Abtönen nur kalkbeständige Pigmente verwendet werden. Man prüft, indem man das Pigment mit etwa der 50fachen Menge eingesumpftem Weißkalk zu einer Paste anrührt, die in einer flachen Schale ausgebreitet und mit Wasser ständig feucht gehalten wird. Nach 8 Tagen vergleicht man mit einer frisch hergestellten Paste derselben Zusammensetzung. Der Farbton darf bei der gelagerten Probe nicht wesentlich heller sein.

n) Isolation und Hitzebeständigkeit[1].

Die Schalldämmung wird behandelt in Kap. XX; es werden hier nur einige Richtwerte für Gipsprodukte angegeben:

Luftschalldämmung. Bei der Verwendung von Gipsdielen mit ihrem verhältnismäßig geringen Gewicht bietet innerhalb wirtschaftlicher Grenzen nur die zwei- oder mehrschalige Ausführung Vorteile. Die bekannteste Gipswandkonstruktion besteht aus auf Holzstützen beidseitig aufgenagelten Gipsdielen mit Gipsverputz. Amerikanische Versuche haben nachfolgende Isolationswerte geliefert.

Frequenz Hz	Gipsdielen beidseitig auf Holzstützen d b	Gipsdielenwand verputzt db
128	32,5	28,9
192	41,0	30,9
256	38,9	35,7
384	43,2	38,5
512	45,7	36,2
768	50,6	37,0
1024	50,4	41,5
2048	55,1	46,8
4096	71,6	47,2
Gewicht in kg/m²	77	102

Das Querschwingen der Luftschichten in Mehrfachwänden wird mit Erfolg durch Belegen der Hohlraumränder mit schallschluckenden Stoffen bekämpft. Randprofilierungen an den Gipsdielen, die die durchgehende Rißbildung beim Schwinden des Fugenmörtels vermeiden, sind schalltechnisch wertvoll, da Risse in den Wänden sich ungünstig auswirken.

Trittschalldämmung. Gute Trittschalldämmwerte von ganzen Deckenkonstruktionen werden durch die Verwendung mehrerer Schichten mit verschiedenen Schallwiderständen erzielt. Matten mit Gipswolle, Glasseide, Kokosfasern unter einer Lasten-Druckverteilungsschicht (Gipsestrich, Zementmörtelplatte usw.) lassen vorzügliche Dämmwirkungen erzielen. Mit zunehmender Härte der Zwischenschicht nimmt die Dämmung ab.

Trittschalldämmwerte:

Decke: 15 cm Tonhohlkörper ohne Überbeton . . . . 25 db
     mit Druckverteilungsschicht: 4 cm Betonplatte mit Linoleumbelag und
     Zwischenschicht: Glasseide 15 mm . . . . 55 db
          gipsgebundene Korkplatten (12 mm) . . . . 38 db
          Sand (30 mm) . . . . 34 db

---

[1] Nach Ing. P. HALLER, Eidgenössische Materialprüfungs- u. Versuchsanstalt, Zürich.

Schallschluckung: Versuche mit Gipsmörteln ergaben folgende Zahlenwerte für die Schallschluckung S:

Probe	Frequenz		
	128 Hz	512 Hz	2048 Hz
Gipsputz	0,01 bis 0,02	0,02	0,04
Gipsmörtel mit Korkabrieb . . .·.	0,13	0,59	0,74
Holzwolleplatten, gipsgebundene . .	0,07 bis 0,25	0,25 bis 0,61	0,42 bis 0,77

Die Wärmeisolation wird behandelt in Kap. XVIII.
Hier folgen einige Wärmeleitzahlen für Gipsprodukte:

Proben	Raumgewicht kg/m³	Wärmeleitzahl in kcal/m h °C
Gipsdielen:		
Nach CAMMERER.	800	0,27
	1000	0,36
	1200	0,46
Nach Gips-Union Schweiz	—	0,10 bis 0,15
Gipsplatten:		
Nach HOTTINGER:		
Gipsplatten	1250	0,37
Vollgipsplatten.	840	0,22
mit zylindrischer Luftkammer	625	0,22
mit Korkstückchen.	685	0,23
mit Faserteilchen	660	0,12
Nach dem Gipsbaubuch [8]:		
Gipsplatten mit Kokosfasereinlage oder Schilf- rohreinlage	—	0,14
Gipsplatten mit Koksasche oder mit Schlacke	—	0,20

Großen Einfluß auf das Wärmeleitvermögen eines Baustoffs hat die Materialfeuchtigkeit. CAMMERER hat durch viele Materialproben den Feuchtigkeitsgehalt von Gipsdielen zwischen 3 und 17% (Vol.) liegend gefunden. Die häufigsten Werte lagen zwischen 4 und 7%. Gegenüber den trockenen Versuchskörpern ist, nach dem gleichen Autor, in diesem Feuchtigkeitsbereich mit einer Erhöhung der Wärmeleitzahl von 65 bis 90% zu rechnen.

Das Wärmespeicherungsvermögen eines Baustoffs wächst mit der spezifischen Wärme c (für Gips $c \sim 0{,}20$ kcal/kg° C).

Die Strahlungszahl C_1, die bei wärmetechnischen Berechnungen (Dämmfähigkeiten von Luftschichten, Wärmeübergangszahlen, Deckenheizungen) eine entsprechende Rolle spielt, wurde durch E. SCHMIDT für Gips für den Temperaturbereich von 0 bis 200° C zu 4,5 kcal/m² h (° abs.) bestimmt.

Die Feuerbeständigkeit wird behandelt in Kap. XXI.

Trockene Gipsdielen und Gipsputze, hohen Temperaturen von 650 bis 1100° C ausgesetzt, geben langsam ihr Hydratwasser ab. Die entwässerte Schicht, die das noch intakte Material vor der Dehydrierung schützt, wird durch den Wasserstrahl erodiert. Entsprechend der Querschnittsabnahme fällt die Tragfähigkeit der Wand. Als Oberflächentemperatur der dem Feuer abgewandten Seite wird während längerer Zeit 100° C gemessen. Wesentliche Ausbiegungen der Wände werden nicht festgestellt, da die Wärmeausdehnung der warmen Seite durch ihre Raumänderung (Risse) während der Entwässerung kompensiert wird.

Das Material ist nicht als feuerbeständig, so doch als feuerhemmend zu bezeichnen. Die Dauer der feuerhemmenden Wirkung ist zur Hauptsache von der Temperatur im Feuerraum und von der Dicke der Gipsschicht abhängig.

D. Normen[1].

1. Gebrannte Gipse.

a) Begriffe.

Begriffe	Deutschland	
	Herstellung	Verwendung
nach DIN 1168, Bl. 1 (1955)		
Baugips	teilweises oder vollständiges Austreiben des im natürlichen Gipsstein enthaltenen Kristallwassers; Mahlen vor, während oder nach dem Brennen	Stuck- und Rabitzarbeiten, Putzarbeiten, Estricharbeiten, Herstellung von Baukörpern, Sonderzwecke
Baugipssorten: Stuckgips	bei niederer Temperatur erbrannt (teilweise entwässert, Hemihydrat), Brand in Kesseln (Kochern), Drehöfen und Mahlbrennanlagen	Zusatz zum Kalkputzmörtel, Oberputz (Feinputz), Stuck-, Form- und Rabitzarbeiten, Gipsbaukörper
Putzgips	bei höheren Temperaturen als bei Stuckgips erbrannt; Brand in Kammeröfen, Schachtöfen, bei *Doppelbrand* Nachbrennen in Kesseln	Gipsmörtel, Gipssandmörtel, Gipskalkputz
Hartputzgips	besondere Verfahren	Gipsmörtel, Gipssandmörtel größerer Härte oder mit größerem Sandanteil als bei Putzgips
Estrichgips	bei hoher Temperatur in Schachtöfen (volle Entwässerung, Anhydrit) erbrannt oder bei niederer Temperatur, z. B. in Drehöfen erbrannt (Hemihydrat), mit Zusätzen	Estricharbeiten, bisweilen als Mauer- und Putzmörtel
Marmorgips (früher Marmorzement)	doppelt gebrannt, zwischen beiden Brennvorgängen gewöhnlich mit Alaun getränkt	Verfugen von Fliesen und Wandplatten, Kunstmarmor und Sonderzwecke
noch nicht genormt		
Gipse mit verzögerter Versteifung	wie Stuckgips, Zusatz von Verzögerern u. a.	Gipssandmörtel mit großem Sandanteil (wie Hartputzgips) und Oberputz (mit Kalkzusatz)

[1] Bearbeitet von Dipl.-Chem. W. Rímathé, Eidgenössische Materialprüfungs- u. Versuchsanstalt, Zürich.

etwa entsprechende Begriffe in anderen Ländern			
Amerika (USA)	Großbritannien	Frankreich	Schweiz
ASTM C 11—50	BS 1191: 1944	NF B 12—001 (1946)	SIA Nr. 115
calcined gypsum plaster (ASTM C 28—50)	building plaster (gypsum plaster)	plâtre	gebrannte Gipse für Bauzwecke
molding plaster (ASTM C 59—50), gauging plaster for finish coat, gypsum concrete (Gipsbeton-Fertigmörtel)	plaster of Paris (Klasse A)	plâtre pour agglomérés	Baugips
gypsum plasters (ASTM C 28—50): ready-mixed (Fertigmörtel), neat (für Gipsmörtel), wood-fibered (Holzfaser-gips), gauging plaster for finish coat (Gips für Oberputz)	anhydrous gypsumplaster (Klasse C), entspricht nach Verwendung dem Putzgips, nach Herstellung dem Estrichgips (wasserfreier Gips)	plâtre de construction	Ofengips
Keene's cement (wasserfreier Putzgips)	Keene's oder Parian (Klasse D, voll entwässert)	—	—
—	—	(plâtre à plancher)	Estrichgips
—	—	—	—
von obigen Putzgipsen: ready-mixed plaster, neat plaster, wood-fibered-plaster	retarded hemihydrate gypsum plaster (Klasse B)	—	—

b) Prüfmethoden und Güteanforderungen.

Die Prüfmethoden sind hier kurz gefaßt. Prüfungen sind nur nach dem ausführlichen Wortlaut der angegebenen Normen möglich.

Eigenschaften	Amerika (USA) Methoden: ASTM C 26—54 Gütewerte: ASTM C 28, 59, 61—50	Belgien Cah. Gen. d. Charges (1955) Chap. II (Plâtre de Plafonnages)	Chile INDITECNOR 2.30—1, 3, 4 (Juni 1953) Yeso Calcinado (gebr. Gipse)	Deutschland DIN 1168 Bl. 1 und 2 sowie Richtlinien für chem. Analyse Baugipse
Chem. Zusammensetzung	freies und gebundenes Wasser, **CaO, SO_3, MgO, CO_2, SiO_2,** Unlösliches, **Fe_2O_3, Al_2O_3,** NaCl, $CaSO_4 \cdot \tfrac{1}{2} H_2O$: meist min. 66%, molding plaster min. 80%, außerdem bei Keene's cement geb. H_2O max. 2%	Glühverlust < 6%	Hemihydratgehalt > 80% (Analyse nach INDITECNOR 2.40—4 Ch)	freies und gebundenes Wasser, **CaO, SO_3, MgO, CO_2,** Unlösliches, **R_2O_3, Cl, Na_2O,** Hydratationsgrad
Feinheit Rückstand bei Siebmaschenweite in mm höchstens	für Oberputzgips: Sieb 1,4 0% Sieb 0,15 60%	Sieb 0,21 10%	Sieb 0,42 0 Sieb 0,15 20%	Stuckgips: Sieb 1,2 0,5% Sieb 0,2 12% Putzgips Sieb 1,2 4% Sieb 0,2 35%
Raumbeständigkeit	—	—	—	—
Wasser-Gips-Verhältnis w für Versteifungs- und Festigkeitsprüfung (Normalkonsistenz, Normensteife)	Sonde ($D = 19$ mm, $H = 44$ mm) in Vicatgerät, Vicatring, Eindringmaß der Sonde Eindring-Gewicht mm g Gips 30 ± 2 50 Gips mit Zusätzen 20 ± 3 150 Gipsbeton (gypsum-concrete), Steifemessung mit Trichter, Ausbreitmaß 38 ± 1,2 cm; Normensteife = Wasser (in g) für 100 g Gipsmörtel bzw. Gipsbeton	$w = 0,8$	wie Amerika (USA)	aus Einstreumenge E. 100 g Wasser in Becherglas ($D = 66$ mm, $H = 66$ mm) mit 2 Höhenmarken, in 2 min Gips mit Fingern einstreuen, bis Wasserfläche verschwindet. $w = 100/E$

Art des Anmachwassers	destilliertes Wasser	destilliertes Wasser	reines Trinkwasser (?)	destilliertes Wasser
Versteifungsbeginn (Gießzeit) nach Beginn des Einstreuens des Gipses	—	Vicatgerät, Gipsbrei in Ring ($D = 70/80$ mm, $H = 20$ mm) gießen, Nadellöcher fließen nicht mehr zusammen $\geqq 5$ min	—	Kuchen ($D = 11$ cm, 5 mm dick) auf Glasplatten, Schnitte mit Messer, bis Ränder nicht mehr zusammenfließen. Stuckgips 8 bis 25 min, Putzgips $\geqq 4$ min
Versteifungsende (Streichzeit)	Vicatgerät, Ring [$D = 70$ (oben) bzw. 60 (unten) mm, $H = 40$ mm], Auflast der Nadel 300 g, Nadel berührt nicht mehr den Boden der Ringprobe. Stuckgips 20 bis 40 min; Oberputzgips 20 bis 40 min[1]; Fertigmörtel $1^1/_2$ bis 8 h; Gipsmörtel 1 : 3 mit Normensand 2 bis 32 h; Holzfasergips $1^1/_2$ bis 16 h; Keene's cement 20 min bis 6 h	Nadel (300 g) dringt nicht tiefer als 5 mm ein $\geqq 15$min	—	Druck mit Zeigefinger (rd. 5 kg) auf Kuchen, Wasser erscheint nicht mehr am Eindruckrand. Stuckgips 20 bis 60 min, Putzgips $\geqq 10$ min
Abbindezeit	—	—	Methode wie Amerika (USA). Nadel hinterläßt an der Oberfläche des Kuchens keinen Eindruck. 15 bis 40 min	—
Biegezugfestigkeit	—	Prismen 4 cm × 4 cm × 16 cm; 1 Tag feucht (85 % rel. Luftfeuchtigkeit), dann Trocknen (4 Tage bei 60 bis 75 % rel. Luftfeuchtigkeit, 15 bis 20° C), dann Trockenschrank (37° C) 1, Tag getrocknet 10 kg/cm² 22 kg/cm²	—	Prismen 4 cm × 4 cm × 16 cm aus Gipsbrei ($l = 10$ cm) ($w = 100 : E$) Stuckgips: 1 Tag feucht Putzgips: 7 Tage feucht dann Trocknen bei 35 bis 40° C Stuckgips und Putzgips: 25 kg/cm²

[1] unverzögert

b) Prüfmethoden und Güteanforderungen (Fortsetzung).

Die Prüfmethoden sind hier kurz gefaßt. Prüfungen sind nur nach dem ausführlichen Wortlaut der angegebenen Normen möglich.

Eigenschaften	Amerika (USA) Methoden: ASTM C 26—54 Gütewerte: ASTM C 28, 59, 61—50	Belgien Cah. Gen. d. Charges (1955) Chap. II (Plâtre de Plafomages)	Chile INDITECNOR 2.30—1. 3, 4 (Juni 1953) Yeso Calcinado (gebr. Gipse)	Deutschland DIN 1168, Bl. 1 und 2 sowie Richtlinien für chem. Analyse Baugipse
Zugfestigkeit	—	—	Achterkörper, Herstellung des Mörtels wie Spanien, Lagerung wie Spanien, jedoch vor Prüfung 24 h über $CaCl_2$ 14 kg/cm²	—
Druckfestigkeit	5 cm-Würfel, 1 Tag feucht, dann bei 21 bis 38° C und 50 % rel. Feuchtigkeit Stuckgips 126 kg/cm² Oberputzgips 88 kg/cm² Fertigmörtel 28 kg/cm² Gipsmörtel 1:2 55 kg/cm² Holzfasergips 88 kg/cm² Keene's cement 183 kg/cm²	—	5 cm-Würfel informatorisch	Prismenreststücke, Druckfläche 4 cm × 6,25 cm, Lagerung wie oben, Stuckgips und Putzgips 60 kg/cm²
Härte	—	—	—	auf Prismenseitenflächen Kugeldruck (D = 10 mm), Vorlast 1 kg, Hauptlast P = 20 kg, Eindringtiefe (bleibend) t, Härte $H = P/\pi D t$ (informatorisch)
Lineare Dehnung	—	—	—	—

Eigenschaften	Frankreich NF B 12—001 (1946) Plâtres de la région parisienne	Großbritannien BS 1191 : 1944 Building plasters	Holland N 492 (1955) Stucadoorgips
Chem. Zusammensetzung	für Modell- und Spezialgipse SO$_3$ min. 45 %, gebundenes Wasser max. 8,5 %	Glühverlust, CaO, SO$_3$, Na$_2$O, MgO wasserfr. Keene's sonstige Gips Parian SO$_3$ ≧40 ≧47 ≧35 % CaO ≧²/₃ SO$_3$ ≧²/₃ SO$_3$ ≧²/₃ SO$_3$ Na$_2$O } ≤0,1 — ≤0,1 % MgO Glühverl. ≤3 <2 4 bis 9 %	CaCO$_3$ und Unlösliches zusammen max. 10 %
Feinheit Rückstand bei Sieb-Maschenweite in mm höchstens	Stuckgips grob Sieb 1,0 20 % fein Sieb 1,0 2 % Grober Baugips Sieb 1,0 (5 bis) 20 % Sieb 0,5 50 % Feiner Baugips Sieb 1,0 2 % Sieb 0,5 18 % Formgips und Spezialgips Sieb 0,25 5 % Sieb 0,125 15 %	Stuckgips (Plaster of Paris) Sieb 1,2 5 % sonstige 1 %	Stuckgips Sieb 0,21 10 %
Raumbeständigkeit	—	Kuchen aus Gipsbrei bestimmter Steife erhärten lassen (16 bis 24 h bzw. 3 Tage), dann 3 h bei Naßdampf, keine Veränderungen	—
Wasser-Gips-Verhältnis w für Versteifungs- und Festigkeitsprüfung (Normalkonsistenz, Normensteife)	aus Einstreumenge E. 100 g Wasser in Schale ($D = 15$ cm). Gips durch Sieb auf Wasserfläche streuen, bis Wasserfläche verschwindet. $w = 100/E$	Stuckgips: Wasserzusatz 70 % der trockenen Stoffe (Prüfbrei s. unten). Übrige Gipse: Kugelfallversuch, Stahlkugel ($D = 1''$, $G = 66,7$ g), Fallhöhe 25,4 cm in Prüfmörtel (s. unten), Eindringmaß 15 bis 16 mm (*mäßig steif*)	aus Einstreumenge E. 100 g Wasser in Schale, Gips mit Lochsieb einstreuen, bis Wasserfläche verschwindet. $w = 100/E$ bei Stuckgipsen $w > 0,6$
Art des Anmachwassers	destilliertes Wasser oder chlorid- und sulfatfreies Wasser	—	destilliertes Wasser

b) Prüfmethoden und Güteanforderungen (Fortsetzung).

Die Prüfmethoden sind hier kurz gefaßt. Prüfungen sind nur nach dem ausführlichen Wortlaut der angegebenen Normen möglich.

Eigenschaften	Frankreich NF B 12–001 (1946) Plâtres de la région parisienne	Großbritannien BS 1191:1944 Building plasters	Holland N 492 (1955) Stucadoorgips
Versteifungsbeginn (Gießzeit) nach Beginn des Einstreuens des Gipses	Gipsbrei in Gefäß oder auf Glasplatte, Schnitte mit Messer, bis sie sich nicht mehr ganz schließen. Stuckgips $\leqq$10 min grober Baugips 2 bis 15 min feiner Baugips 2 bis 15 min Formgips und Spezialgips 3 bis 30 min	—	Vicatgerät, Nadellöcher fließen nicht mehr zusammen; Stuckgips $\geqq$3 min
Versteifungsende (Streichzeit)	Druck mit Finger auf Kuchen, Wasser wird nicht mehr ausgepreßt oder Oberfläche nicht mehr eingedrückt Stuckgips $\geqq$30 min grober Baugips 10 bis 40 min feiner Baugips 10 bis 40 min Modellgips und Spezialgips 15 bis 60 min	—	Nadel bleibt 5 mm über Boden der Ringprobe stehen (informatorisch)
Abbindezeit	—	—	Nadel gibt keinen sichtbaren Eindruck

Biegezugfestigkeit	Prismen 2 cm × 2 cm × 16 cm aus Gipsbrei, Feuchtlagerung bis zur Prüfung, zuvor bei 55° C trocknen
	        1 7 28 Tage
	Stuckgips 30 34 37 kg/cm²
	Putzgips grob 15 22 30 kg/cm²
	     fein 19 36 34 kg/cm²
	Modellgips und Spezialgips
	       37 41 45 kg/cm²
		Prismen 2,5 cm × 2,5 cm × 10 cm, (l = 7,6 cm).
		Stuckgips:
		3 GT Gips, 2 GT Kalkhydrat, 3,5 GT Wasser im Alter von 2 h (feucht) 5 kg/cm².
		Verzögerter Gips:
		1 GT Gips, 3 GT Normensand 1 Tag feucht, 3 Tage 35 bis 40° C, 14 kg/cm².
		Wasserfreier Gips:
		3 GT Gips, 1 GT Kalkhydrat, 9 GT Normensand 4 Tage feucht, 3 Tage 35 bis 40° C, 14 kg/cm², Keene's od. Parian wie verzögerter Gips
			—

Zugfestigkeit	—	—	—	—	Achterkörper 7 Tage bei 65 bis 70 % rel. Feuchtigkeit oder 2 Tage bei 40 bis 50° C 12 kg/cm²
Druckfestigkeit	—	—	—	—	
Härte	—	für Oberputz- und 2-Schicht-Gipse: Prismen 2,5 cm × 2,5 cm × 10 cm aus *steifem* Gipsbrei (Eindringmaß rd. 10 mm), Lagerung wie Druckprüfung, Eindringmaß bei 183 cm Fallhöhe einer Kugel ($D = 13$ mm, $G = 8,3$ g), verzögerter Gips $\leqq 3$ mm (24 h 4,5 mm), wasserfreier Gips $\leqq 4$ mm, Keene's od. Parian $\leqq 3,5$ mm	—		
Lineare Dehnung	—	*steifer* Gipsbrei (s. o.) in U-förmige Mulde 10 cm lang, 2,5 cm hoch, 5,7 cm breit, verzögerter Gips in 1 Tag $\leqq 0,2$ %, Keene's od. Parian in 4 Tagen $\leqq 0,5$ %	—		

b) Prüfmethoden und Güteanforderungen (Fortsetzung).

Die Prüfmethoden sind hier kurz gefaßt. Prüfungen sind nur nach dem ausführlichen Wortlaut der angegebenen Normen möglich.

Eigenschaften	Rußland GOST 125—41 (1941)	Schweiz SIA-Norm Nr. 115 (1953) Bindemittel des Bauwesens	Spanien UNE 41022 Febr. 54, UNE 41023, UNE 7064 Nov. 54	Ungarn M. O. Sz. 57 (1942) Alabaster- Form- und Stuckgips
Chem. Zusammensetzung	—	verbindlich: Gehalt an natürlichen Verunreinigungen i. M. 15 %, informatorisch: Hemihydrat-, Doppelhydratgehalt, lösl. langsambindender und natürl. Anhydrit	Hemihydratgehalt Stuckgips $> 80\%$ Putzgips 1 (weiß) $> 66\%$ Putzgips 2 (dunkel) $> 50\%$	—
Feinheit Rückstand bei Sieb-Maschenweite in mm höchstens	Sieb 0,4 0,13 Baugips Sorte 1 2% 25% Sorte 2 8% 35% Sorte 3 12% 40% Formgips 0% 10%	—	Sieb 1,6 0,2 0,08 Stuckgips — 1 16% Putzgips 1 1 10 20% Putzgips 2 8 20 50%	Sieb 0,4 0,13 Alabastergips 0 5% Formgips 0 10% Stuckgips 0 50%
Raumbeständigkeit	—	—	—	—
Wasser-Gips-Verhältnis w für Versteifungs- und Festigkeitsprüfung (Normalkonsistenz, Normensteife)	SOUTHARD-Viskosimeter (Zylinder, $D = 5,1$ cm, $H = 10,1$ cm), auf Glasplatte gesetzt, hochgezogen, Ausbreitmaß 12 cm, Normensteife = Wasser (in g) für 100 g Gips	Stuck- und Putzgips: $w = 0,8$, Estrichgips: $w = 0,33$	wie Amerika (USA)	aus Einstreumenge E. 100 g Wasser in Gummibecher, Gips mit Lochsieb in 2 min einstreuen, bis Wasserfläche verschwindet. $w = 100/E$, E max. 190 g bzw. $w > 0,525$
Art des Anmachwassers	—	Trinkwasser	reines Trinkwasser	reines Wasser

Versteifungsbeginn (Gießzeit) nach Beginn des Einstreuens des Gipses	Vicatgerät (120 g Auflast für Nadel), Nadel berührt nicht mehr den Boden der Ringprobe; Baugips Sorte 1 $\geqq$5 min Sorte 2 $\geqq$4 min Sorte 3 $\geqq$3 min Formgips $\geqq$4 min	Vicatgerät. Gipsbrei in Ring (D = 80 mm, H = 20 mm) gießen, Nadellöcher fließen nicht mehr zusammen; Stuck- und Putzgips $\geqq$5 min	—	Vicatgerät, Ring [D = 100 (oben) bzw. 96 (unten) mm, H = 10 mm], Nadellöcher fließen nicht mehr zusammen
Versteifungsende (Streichzeit)	Nadel dringt nicht tiefer als 0,5 mm ein; Baugips Sorte 1 7 bis 30 min Sorte 2 6 bis 30 min Sorte 3 6 bis 30 min Formgips 6 bis 20 min	Nadel (300 g Auflast) dringt nicht tiefer als 5 mm ein; Stuck- und Putzgips $\geqq$15 min	Methode wie Amerika (USA) Stuckgips 4 bis 15 min Putzgips 1 und 2 unverzögert 2 bis 5 min verzögert 5 bis 15 min	Nadel dringt nicht tiefer als 5 mm ein
Abbindezeit	—	—	Nadel dringt weniger als 2 mm ein <15 min	Nadel gibt nur noch schwer sichtbaren Eindruck
Biegezugfestigkeit	—	nur Stuck- und Putzgips. Prismen 4 cm × 4 cm × 16 cm (l = 10 cm), 5 Tage Raumluft, 2 Tage bei 37°C th 7 Tage Stuckgips 10 25 kg/cm² Putzgips 10 22 kg/cm²	Prismen 4 cm × 4 cm × 16 cm, 1 Tag feucht, dann an Luft (50% rel. Feuchte, 20 bis 40°C) Stuckgips 70 kg/cm² Putzgips 1 40 kg/cm² Putzgips 2 30 kg/cm² (mittlerer von 5 Werten)	—

b) Prüfmethoden und Güteanforderungen (Fortsetzung).

Die Prüfmethoden sind hier kurz gefaßt. Prüfungen sind nur nach dem ausführlichen Wortlaut der angegebenen Normen möglich.

Eigenschaften	Rußland GOST 125—41 (1941)	Schweiz SIA Norm Nr. 115 (1953) Bindemittel des Bauwesens	Spanien UNE 41022 Febr. 54 UNE 41023 UNE 7064 Nov. 54	Ungarn M. O. Sz. 57 (1942) Alabaster-, Form- und Stuckgips
Zugfestigkeit	Achterkörper in Raumluft 1 7 Tage Baugips Sorte 1 8 15 kg/cm² Sorte 2 6 12 kg/cm² Sorte 3 5 10 kg/cm² Formgips 8 16 kg/cm²	—	—	Achterkörper 2 h feucht, dann Raumluft (15 bis 20° C, 40 bis 60 % rel. Feuchtigkeit); 1 Tag 8 kg/cm² 7 Tage 16 kg/cm²
Druckfestigkeit	—	nur Estrichgips, Prismen 4 cm × 4 cm × 16 cm, 5 Tage feucht, 2 Tage bei 37° C, dann in Raumluft (70 % rel. Feuchtigkeit); Druckfläche 4 cm × 4 cm 7 Tage 110 kg/cm² 28 Tage 170 kg/cm²	Prismenreststücke, Druckfläche 4 cm × 4 cm Stuckgips 150 kg/cm² Putzgips 1 100 kg/cm² Putzgips 2 75 kg/cm²	5 cm-Würfel, 2 h feucht, dann Raumluft (s. o.); 1 Tag 30 kg/cm² 7 Tage 60 kg/cm²
Härte	—	—	—	—
Lineare Dehnung	—	—	—	—

Außer den ausführlich aufgeführten Normenvorschriften wurden bis Drucklegung noch Normen folgender Länder bekannt:

Australien: „SAA Int. 317" (Standards Association of Australia) — Gypsum Plaster, Hemi Hydrate Type.

Japan: „IES 1901" vom 31. Jan. 1949.

Indien: „IS 69—1950" (Indian Standards Institution) U. D. C. 661—842.54 (083.75) (54) — Specification for Gypsum (Calcium Sulphate) for Paints.

Irland: IRISH Standard 27:1950 (SI No 240 of 1950) — Standard Specification (Gypsum Plaster) Order 1950.

Neuseeland: „NZSS 1213" (New Zealand Standard Institute, Aug. 1954, UCD 666—81) — Standard Specification for Gypsum Casting Plaster.

Alle diese Normen enthalten im wesentlichen Vorschriften über Methoden und Gütevorschriften bezüglich

Chemischer Zusammensetzung — Mahlfeinheit — Abbindeverhältnisse — Festigkeiten.

2. Ungebrannte Gipse.

(Anhydrit, Anhydritbinder.)

a) Begriffe.

Deutschland.

DIN 4208 — Anhydritbinder —, Mai 1950. Anhydritbinder, entstanden aus Naturanhydrit, gemeinsam vermahlen oder innig gemischt mit Anreger (nicht auf der Baustelle). Neuentwurf in Bearbeitung (für Natur- und synthetischen Anhydrit).

Anreger:

basisch (Portlandzement oder Baukalk) . . . . max. 5 Gew.-%
salzartig . . . . max. 3 Gew.-%
basisch *und* salzartig . . . . max. 5 Gew.-%

Verwendung als nichthydraulisches Bindemittel für Estriche und Unterböden, Putz- und Mauermörtel, Baukörper.

Großbritannien.

Anhydrite plaster nach BS 1191: 1944 — Building plasters —, hergestellt durch Feinmahlen von natürlichem Anhydrit und Zugabe von Anregern. Verwendung für Oberputz und Unterputz.

b) Prüfmethoden und Güteanforderungen.

Eigenschaften	Deutschland DIN 4208 — Anhydritbinder — Mai 1950	Großbritannien BS 1191: 1944 — Anhydrite	Schweiz SIA-Norm 115
Chem. Zusammensetzung	Naturanhydrit min. 95 Gew.-% chem. geb. Wasser max. 3 Gew.-% physikal. geb. Wasser max. 5 Gew.-% Fremdstoffe max. 5 Gew.-%	SO_3 min. 47 % CaO min. $^2/_3$ SO_3 Na_2O max. 0,1 % MgO max. 0,1 % Glühverlust max. 5 %	Die Prüfmethoden und Gütewerte sind dieselben wie für Estrichgips (s. 1 b)
Feinheit Rückstand bei Sieb-Maschenweite in mm höchstens	Sieb 0,09 15 %	Sieb 1,2 1 %	

b) Prüfmethoden und Güteanforderungen (Fortsetzung).

Eigenschaften	Deutschland DIN 4208 — Anhydritbinder — Mai 1950	Großbritannien BS 1191:1944 — Anhydrite	Schweiz SIA-Form 115
Wassergehalt des Prüfbreis für Raumbeständigkeit (und Erstarren)	Vicatgerät, Normensteife wie in DIN 1164, § 23 (Zementnorm), ermittelt mit Tauchstab ($D = 10$ mm)	wie bei wasserfreiem Gips (anhydrous gypsum plaster) (s. 1 b)	Die Prüfmethoden und Gütewerte sind dieselben wie für Estrichgips (s. 1 b)
Raumbeständigkeit	Kuchen aus Prüfbrei 14 Tage Zimmerluft, 7 Tage Wasser, 7 Tage Zimmerluft, scharfkantig, eben, rißfrei	wie bei wasserfreiem Gips (s. 1 b)	
Erstarren	Vicatgerät, Normensteife und Nadel wie in DIN 1164. Beginn frühestens 1 h, Ende spätestens 12 h	—	
Festigkeiten	Prismen 4 cm × 4 cm × 16 cm, hergestellt und geprüft entsprechend DIN 1164 a) ungemagerter Brei Wasser : Binder = 0,28 b) Mörtel 1 : 1 : 2 Wasser : Binder = 0,50 Lagerung bei Zimmerluft Brei Mörtel 7 28 7 28 Tage Tage Biegezugfestigkeit 10 25 4 10 kg/cm² Druckfestigkeit 40 125 10 30 kg/cm² (Güteklasse AB 125/30)	Mörtel wie bei Keene's oder Parian, Lagerung wie bei wasserfreiem Gips, Biegezugfestigkeit 14 kg/cm²	
Härte	—	wie bei wasserfreiem Gips, Kugeleindruckdurchmesser höchstens 3 mm	

3. Rohgips.

(Begriffe und Güteanforderungen.)

a) Amerika (ASTM C 22—50). Rohgips hat die angenäherte chemische Zusammensetzung: $CaSO_4 \cdot 2\,H_2O$.
Materialien, die weniger als 70% $CaSO_4 \cdot 2\,H_2O$ enthalten, werden nicht als Rohgips betrachtet. Rohgips kann je nach Wunsch des Käufers gemahlen oder gebrochen geliefert werden.

b) Chile (INDITECNOR 2.30—2 ch, Juni 1953). Rohgips ist natürliches Kalziumsulfat, das angenähert der chemischen Zusammensetzung $CaSO_4 \cdot 2\,H_2O$ entspricht.
Rohgips muß mindestens 80% $CaSO_4 \cdot 2\,H_2O$ enthalten.

c) Rußland (OCT 5359). *Reinheit.* Rohgips, bei 60° C getrocknet, darf nicht weniger als 85% Dihydrat, $CaSO_4 \cdot 2\,H_2O$, enthalten. Analyse nach Norm OCT für Bindemittel. Das Rohmaterial darf nicht Stücke, die nicht aus Gips bestehen, enthalten.

Qualität. Der Rohgips soll nach 2 h Brennen bis 170° C einen Gips geben, welcher den technischen Bedingungen der Normen OCT 2645 entspricht. 4 bis 5 kg mahlen bis 30 bis 40% Rückstand auf Sieb 900 Maschen/cm², in Eisenkessel brennen, mit Thermometer (in Metallhülse) rühren. Nach 15 min Abkühlung, in Glasflasche mit eingeschliffenem Stöpsel bis zum nächsten Tag aufbewahren, dann prüfen wie Stuckgips.

4. Mit dem Bindemittel Gips hergestellte Produkte.

a) Vorgemischte Gipsmörtelmaterialien.

Begriffe. Fertige Gemische aus gebranntem Gips mit geeigneten Zuschlagstoffen wie Sand, Faserstoffen oder Sägemehl, denen auf der Baustelle nur noch Wasser zugesetzt werden muß.

Normiert: In USA   ASTM C 317—54 T (1954),
           Kanada CSA A 82.22—1950.

Prüfmethoden und Gütevorschriften. Bestimmte Anforderungen sind normalerweise gestellt: hinsichtlich Zusammensetzung, Abbindeverhältnisse und Druckfestigkeiten.

b) Gipswandplatten für Sichtflächen.

Begriffe. Platten aus Gips ohne oder mit Faserstoffzusätzen (höchstens 15 Gew.-% in USA und Kanada) für Wände und Decken, ohne daß die Sichtfläche verputzt werden muß.

Normiert: In Amerika   ASTM C 36—54 (1954),
          Kanada   CSA A 82.27 — 1950,
          England   BS   1230—1955,
          Frankreich NF P   72—402 1944,
          Japan J.I.S. 6901 — 1952.

Prüfmethoden und Gütevorschriften. Bestimmte Anforderungen werden normalerweise gestellt: hinsichtlich Zusammensetzung, Biegefestigkeit, Abmessungen und Oberflächenbeschaffenheit; in bestimmten Fällen zusätzlich bezüglich Feuchtigkeitsisolation.

c) Gipswandplatten als Oberputzträger.

Begriffe. Dünne Gipsplatten ohne oder mit Faserzusätzen, gelocht oder voll, mit oder ohne Isolationsschicht, zur Befestigung an Mauern und Decken als Träger der Verputzschicht.

Normiert: In USA   ASTM C 37—54 (1954),
          Kanada A 82.24 — 1950,
          Deutschland DIN 4109—3.52, Bbl. Entwurf
                     DIN 4108—2.52,
                     DIN 18163—4.53, Entwurf,
          England   BS 1230.1955.

Prüfmethoden und Gütevorschriften. Es werden bestimmte Anforderungen gestellt: hinsichtlich Zusammensetzung, Biegefestigkeiten, Abmessungen und gegebenenfalls bezüglich Feuchtigkeits-, Wärme- und Schallisolation.

d) Gipsdielen und Gipsbretter.

Begriffe. Brettartige Bauelemente aus Gips bis zu 3 m Länge, mit und ohne Faserzusatz, mit glatter Oberfläche oder zur Aufnahme eines Gipsverputzes aufgerauht, sowie mit wasserabweisenden Oberflächen oder Überzügen.

Normiert: In USA   ASTM   C 79—54 (1954),
          Kanada   A   82.28—1950,
          Deutschland DIN 4103—6.50,
                      DIN 4108—7.52,
          England   BS   1230 : 1955,
          Österreich B   3413 : 1946,
          Südafrika   SABS 266 : 1950.

Prüfmethoden und Gütewerte. Außer Vorschriften über die Abmessungen gelten in gewissen Normen, z. B. USA, Kanada, Deutschland und England, bestimmte Anforderungen hinsichtlich Zusammensetzung, Biegefestigkeit, sowie gegebenenfalls der Feuchtigkeits- und Wärmeisolation.

e) Gipsbausteine.

Begriffe. Zweckmäßig geformte Mauerwerksteine für tragende und nicht-tragende Mauern aus Gips mit oder ohne Zusätze, wie z. B. Sand, Schlacken, Faserstoffe oder porenbildende Mittel.

Normiert: In USA   ASTM C 52—54 (1954),
          Kanada   A 82.25—1950,
          Deutschland DIN 4108—7.52,
          England   BS 1230 : 1955.

Prüfmethoden und Gütewerte. Im Hinblick auf den Verwendungszweck be-stehen normalerweise Vorschriften über Abmessungen und Gewicht und bezüg-lich Druckfestigkeit und Wärmeisolationsvermögen.

f) Gips-Holzwolleplatten.

Begriffe. Mit Gips gebundene vorwiegend aus relativ grober Holzwolle bestehende Leichtbauplatten. Sie werden verwendet als wärmeisolierender Verputzträger und als wärmeisolierende Bauplatten für nichttragende Wände und Decken (z. B. Hourdis)

Normiert: In Deutschland DIN 1101—1.52,
                         DIN 1102—1.52,
                         DIN 4103—6.50,
                         DIN 4108—7.52,
          Frankreich   NF—P 72—402 : 1944.

Prüfmethoden und Gütewerte. Neben den Verwendungsvorschriften sind die Abmessungen und Gewichte sowie Prüfmethoden und Gütewerte für die wichtig-sten bautechnischen Eigenschaften, insbesondere im Zusammenhang mit der Wärmeisolationsfähigkeit festgelegt.

Schrifttum.

[1] Kruis, A., u. H. Späth: Die physikalisch-chemischen Grundlagen der Gips-Technologie. Zement-Kalk-Gips 1949, H. 11/12 — Forschungen und Fortschritte auf dem Gips-gebiet. Tonind.-Ztg. 1951, H. 21/22 — Die physikalischen Eigenschaften von gebrann-tem Gips. Zement-Kalk-Gips 1950, H. 11.
[2] Dubuisson, A.: Étude sur les plâtres. Rev. Matér. Constr. 1950, Nr. 418/21.
[3] Kelley, K. K., J. C. Southard u. C. T. Anderson: Thermodynamic properties of gypsum and its dehydration products. Techn. paper Nr. 625, Bureau of Mines. Wa-shington 1941.
[4] Nach W. C. Ridell: Rock Prod. 1950, S. 68/71 u. 102.

[5] KEANE, L. A.: Plaster of Paris. J. phys. Chem. Bd. 20 (1916).

[6] CHASSEVENT, L.: Recherches sur le Plâtre. Paris 1927. — BUDNIKOFF, P.: Die Beschleuniger und Verzögerer des Abbindevorganges von Stuckgips. Kolloid-Z. Bd. 44 (1928) S. 242. — NEUSCHUL, P.: Gips. Kolloidchemische Technologie. Dresden 1932.

[7] GIBSON u. JOHNSON: Investigations of the setting of plaster of Paris. Soc. Chem. Ind. Bd. 51 (1932) S. 25. — RIDELL, W. G.: Effect of some inorganic and organic compounds on the solubility, setting time and tensile strength of calcined gypsum. Rock Prod. Oktober 1954, S. 109. — GRAF, F., u. F. RAUSCH: Gipshilfsprodukte, ihre Anwendung und Wirkung. Zement-Kalk-Gips Bd. 4 (1951) H. 5.

[8] MOYE, A.: Die Gewinnung und Verwendung des Gipses. Leipzig 1906 — Das Gipsformen. Berlin 1911 — Die Verwendungsgebiete des Gipses. Tonind.-Ztg. Bd. 57 (1933) S. 942. — SCHOCH, K.: Die Mörtelbindestoffe Zement, Kalk, Gips. Berlin 1928 — Bauberatungsstelle der Gipsindustrie E. V.: Gipsbaubuch. Berlin 1929 — Gips Union AG.: Gips, Gipsprodukte und ihre Verwendung.

[9] OTTEMANN, J.: Baustoff Anhydrit. Berlin: Verlag Technik 1952; Über den Ersatz des Baugipses durch schnellerhärtenden Anhydritbinder. Zement-Kalk-Gips 1956, H. 1.

[10] LARSEN, E. S.: Microscopic Examination of Raw and Calcined Gypsum. Proc. Amer. Soc. Test. Mater. 1923

[11] TREADWELL: Analytische Chemie Bd. 2, S. 326.

[12] TREADWELL: Analytische Chemie Bd. 2, S. 332.

[13] TREADWELL: Analytische Chemie Bd. 2, S. 615.

[14] SCHLÄPFER, P., u. R. BUKOWSKI: Bericht Nr. 63 der Eidg. Materialprüfungsanstalt Zürich 1933.

[15] CHASSEVENT: Rev. Matér. Constr. 1927, S. 116.

[16] PIÈCE, G.: Schweizer Arch. angew. Wiss. Techn. Bd. 18 (1952) S. 62.

[17] ALBRECHT, W.: Stuckgips und Putzgips. Fortschr. u. Forsch. Bauwes. 1953, Reihe D, H. 15.

[18] GESSNER, H.: Die Schlämmanalyse. Leipzig 1931.

[19] WAGNER, A.: Proc. Amer. Soc. Test. Mater. Bd. 33, II (1933) S. 553.

[20] GUYE: Schweizer Arch. angew. Wiss. Techn. 1953, Nr. 11.

[21] ALBRECHT, W.: Steifemessung an Gipsbrei und Gipsmörtel. Zement-Kalk-Gips 1955, H. 1, S. 19.

[22] AICHINGER, K.: Einfaches Gerät zur Bestimmung des Wassergehaltes in Zement-Rohschlamm. Zement-Kalk-Gips 1954, H. 2, S. 50.

[23] ALBRECHT, W.: Steifemessung an Gipsbrei und Gipsmörtel. Zement-Kalk-Gips 1955, H. 1, S. 20.

[24] RYCHNER: Betonsonde, ein neues Gerät zur Bestimmung der Verarbeitbarkeit von Beton. Schweiz. Bauztg. 1949, H. 33, S. 445.

[25] LOSINGER, R.: Die Messung der Verarbeitbarkeit von Frischbeton. Diss. Eidg. Techn. Hochschule (ETH) und Eidgenössische Materialprüfungs- und Versuchsanstalt für Industrie, Bauwesen und Gewerbe (EMPA) 1956.

[26] ALBRECHT, W.: Steifemessung an Gipsbrei und Gipsmörtel. Zement-Kalk-Gips 1955, H. 1, S. 21.

[27] Eidgenössische Materialprüfungs- und Versuchsanstalt für Industrie, Bauwesen und Gewerbe, Zürich.

[28] ALBRECHT, W.: Stuck- und Putzgips. Fortschr. u. Forsch. Bauwes. Reihe D, H. 15. — KAUFMANN, F.: Über das Verhalten von abgebundenem Stuckgips bei Lagerung in verschiedenen Temperaturen und Luftfeuchtigkeiten. Tonind.-Ztg. 1949, H. 8 — Über die Wasseraufnahme verschiedener Wandputze bei Lagerung in feuchter Luft. Tonind.-Ztg. 1950, H. 15/16.

[29] KAUFMANN, F.: Über den Einfluß des Wasserzusatzes auf einige technische Eigenschaften von erhärtendem und abgebundenem Stuckgips. Zement-Kalk-Gips 1950, H. 5.

[30] GIBSON, C. S., u. R. N. JOHNSON: Investigations on the setting of plaster of Paris. Soc. Chem. Ind. 1932. — JOHNSON, R. N.: Setting of plaster of Paris and properties of the hardened product. Ceramic Soc. Trans. 1933. — MILLER PORTER, J.: Volumetric changes of gypsum. Proc. Amer. Soc. Test. Mater. 1923. — MURAY, J. A.: The expansion of a calcined gypsum during setting. Rock Prod. 1928. — PORTER: Volumetric changes of gypsum. Proc. Amer. Soc. Test. Mater. 1933 (I). — CHASSEVENT, L.: Sur la mesure des variations de volume accompagnant le durcissement des pâtes de plâtre et d'eau. C. R. Acad. Sci., Paris Bd. 225 (1947) S. 417. — Étude des variations de volume des plâtres pendant et après leur prise. Rev. Matér. Constr. 1949, No. 404/08.

[31] CHASSEVENT, L.: Etude des variations de volume des plâtres pendant et après leur prise. Rev. Matér. Const. 1949, No. 405.

[32] LEHMANN, H., u. W. KREUTER: Über die Quellung von Gips. Tonind.-Ztg. 1953, H. 17/18.

[33] Albrecht, W.: Über die Raumänderung von Gips. Zement-Kalk-Gips 1954, H. 10.

[34] Albrecht, W.: Stuckgips und Putzgips. Fortschr. u. Forsch. Bauwes. Reihe D, H. 15. — Kaufmann, F.: Über das Verhalten von abgebundenem Stuckgips bei Lagerung in verschiedenen Temperaturen und Luftfeuchtigkeiten. Zement-Kalk-Gips 1949, H. 8.

[35] Andrews, H.: Gypsum and anhydrite plasters. Nat. Building Studies, Bull. Nr. 6, London 1948 — J. Soc. chem. Ind. 1946, S. 12. — Kaufmann, F.: Über das Verhalten von abgebundenem Stuckgips bei Lagerung in verschiedenen Temperaturen und Luftfeuchtigkeiten. Zement-Kalk-Gips 1949, S. 152. — Chassevent, L., u. D. Dominé: Sur les variations de résistance mécanique des liants hydratés par séchage et par absorption de divers liquides. C. R. Acad. Sci., Paris Bd. 230 (1950) — Sur les variations des liants hydratés. Rev. Matér. Constr. 1950. — Albrecht, W.: Stuckgips und Putzgips. Fortschr. u. Forsch. Bauwes. 1953, Reihe D, H. 15.

[36] Vgl. DIN-Mitt. Bd. 31 (1952) H. 11, S. 258.

[37] Pièce, G., u. P. Esenwein: Schweizer. Bauzeitung, Bd. 71, H. 5.

[38] Lehmann, H., S. S. Das u. H. H. Paetsch: Die Differentialthermoanalyse. 1. Beiheft zur Tonindustrie-Zeitung. Goslar: Hermann-Hübener-Verlag, 1954.

[39] Murray, J. A., u. H. C. Fischer: Proc. Amer. Soc. Test. Mat. Bd. 51 (1951) S. 1197.

[40] Fischer, H. C.: ASTM-Bulletin 192, S. 43, 1953.

XI. Die Prüfung der Magnesia und der Magnesiamörtel[1].

(Steinholz, Holzbeton.)

Von K. Obenauer, Düsseldorf.

Begriffsbestimmung.

Die Begriffsbestimmung der noch gültigen DIN 272 und 273 bezog sich lediglich auf Steinholz und seine Rohstoffe. In der neuen Bearbeitung, die die beiden Normblätter in einem Blatt vereinigen soll, ist diese Bestimmung weiter gefaßt; sie bezieht sich auf Steinholz und andere Magnesiamörtel, wobei der Begriff Steinholz nur einem Magnesiamörtel vorbehalten bleibt, der eine unter einem noch zu bestimmenden Höchstwert liegende Rohwichte besitzt.

A. Prüfung der Rohstoffe.

(Magnesit, Magnesiumchlorid, Füllstoffe.)

1. Magnesit.

Die zur Untersuchung notwendige Menge von mindestens 5 kg wird mit einem Stechheber aus der Mitte von zehn normengemäß bedruckten und mit Güteüberwachungszeichen versehenen Säcken (soweit es sich um überwachte Produkte handelt) entnommen und gemischt und auf dem Sieb 1,2 DIN 1171 abgesiebt. Zerdrückbare Knollen werden zwischen den Fingern zerkleinert und durch das Sieb zugegeben, die Menge steiniger Rückstände gewogen und vermerkt.

a) Technische Prüfung und Forderungen.

Das *Litergewicht* wird ermittelt, wie es in DIN 1060 für Baukalk vorgeschrieben ist. Es wird sowohl das Einlaufgewicht als auch das Rüttelgewicht bestimmt. Das Einlaufgewicht darf höchstens 750 g/l, das Rüttelgewicht darf höchstens 1250 g/l sein.

Die *Mahlfeinheit* wird wie bei Zement nach DIN 1164 bestimmt. Der Magnesit soll so fein gemahlen sein, daß das bei 110° C getrocknete und dann gesiebte Material auf dem Sieb 0,09 DIN 1171 höchstens 25 Gew.-%, auf dem Sieb 0,12 DIN 1171 höchstens 15 Gew.-% und auf dem Sieb 0,20 DIN 1171 höchstens 3 Gew.-% Rückstand hinterläßt.

Die *Abbindezeit* wird an Magnesitkuchen nach Art der Bestimmung des Erstarrens und der Normensteife bei Zementen nach DIN 1164 festgestellt, wobei der Magnesit mit Normen-Magnesiumchlorid-Lösung (Wichte 1,16 g/ml bzw.

---

[1] In den DIN-Blättern 272 und 273 sind die Prüfvorschriften und Anforderungen für Steinholz und seine Ausgangsstoffe enthalten. Diese Normblätter sind z. Z. in Umarbeitung; lediglich die Vorschriften für Magnesiumchlorid bleiben bestehen. Es ist daher damit zu rechnen, daß einige der aufgeführten Daten wegfallen oder durch neue Werte ersetzt werden.

20° Bé, Lösung aus 44 g $MgCl_2 \cdot 6\,H_2O$ in Schuppenform in 100 ml dest. Wasser) angemacht wird. Der Brei wird aus 300 g Magnesit und 50 bis 65% Lösung von 18 bis 21° C in Normensteife hergestellt. Die zur Erzielung der Normensteife benötigte Lösungsmenge wird in Gew.-% des trockenen Magnesits angegeben. Als Formen dienen die gemäß DIN 1164 vorgeschriebenen Hartgummiringe. Das Erstarren darf nicht vor 40 min nach dem Anmachen beginnen und muß nach höchstens 8 h eingetreten sein. Magnesite, die unter 2 h erhärten, sind als Schnellbinder zu kennzeichnen.

Die *Raumbeständigkeit* sowie die *Biegezug-* und *Druckfestigkeit* werden nach Art der Prüfung dieser Eigenschaften an Zementen gemäß DIN 1164 bestimmt. Der Magnesitnormenmörtel zur Herstellung der Prismen 4 cm × 4 cm × 16 cm besteht aus 3 Gewichtsteilen Magnesit und 1 Gewichtsteil Normenholzspänen (Fichtenholzspäne mit etwa 20 Gew.-% Feuchtigkeit in der Korngröße 0/1 mm und 1/2 mm zu je 50 Gew.-%, wobei etwa 5 Gew.-% des Gemischs aus Korn 0/0,2 mm bestehen soll) und wird mit 3 Gewichtsteilen Normen-Magnesiumchlorid-Lösung angemacht. Die Mischung für 3 Prismen besteht aus 1500 g Magnesit, 500 g Normenholzspänen und 1500 g Normen-Magnesiumchlorid-Lösung. Die trockene Mischung wird 1 min nach Zugabe der Lösung noch weitere 2 min gemischt. Aus dem Mörtel werden die Normenprismen hergestellt; die Formen zur Herstellung der Prismen für die Schwind- bzw. Quellmessung werden an den Stirnseiten mit den hierzu notwendigen Meßzapfen versehen. Jede Form wird mit 250 g Mörtel beschickt und mit 20 Stampfstößen mit einem 0,7 kg schweren Stampfer (für Biegezug- und Druckfestigkeitsprismen) bzw. mit einem 0,5 kg schweren Stampfer (für Schwindprismen) verdichtet. Die Stampferform entspricht der Form nach DIN 1164. Auf die nach der Verdichtung aufgerauhte untere Schicht werden weitere 250 g Mörtel gebracht und ebenso verdichtet. Die Form wird abgestrichen und die Oberfläche der Proben gekennzeichnet. Die Proben lagern 18 h an der Luft, werden dann entformt und lagern anschließend auf Dreikantleisten in einem Raum von 55 bis 80% rel. Luftfeuchtigkeit und 18 bis 21° C bis zum Prüftermin. Es werden 3 Schwindprismen angefertigt; zur Biegezug- und Druckfestigkeitsprüfung werden je Prüftermin 3 Prismen benötigt. Bei der Prüfung auf Schwindung bzw. Quellung gilt die Messung nach 24 h als Bezugsmessung; sie wird nach 3, 7 und 28 Tagen wiederholt. Die Prüfung der Biegezug- und Druckfestigkeit wird nach 3, 7 und 28 Tagen nach Art der Zementnormenprüfung durchgeführt.

Nach der noch gültigen Norm darf Magnesit nach 28 Tagen höchstens um 0,15% quellen bzw. um 0,20% schwinden. Die mechanischen Festigkeiten sollen folgende sein:

Tage Luftlagerung	Biegezugfestigkeit kg/cm²	Druckfestigkeit kg/cm²
3	20	75
7	30	100
28	50	125

b) Chemische Prüfung.

Von der bei 110° C getrockneten Magnesitprobe werden der Glühverlust, bestehend aus Kohlensäure und Hydratwasser, weiterhin die Hauptbestandteile Magnesiumoxyd und Magnesiumhydroxyd sowie die Nebenbestandteile Gesamtkieselsäure (lösl. Kieselsäure + säureunlöslicher Rückstand), Tonerde, Ferrioxyd, Kalk und geb. Schwefelsäure bestimmt. Der Analysengang wird weiter unten mitgeteilt.

Die bisherigen Forderungen chemischer Art an Magnesit waren folgende:

Magnesia (MgO) . . . . mindestens 75%
Gesamtkieselsäure (SiO_2) . . . . höchstens 15%
Tonerde + Ferrioxyd ($Al_2O_3 + Fe_2O_3$) . . . . . höchstens 5%
Kalk (CaO) . . . . höchstens 4,5%
Glühverlust . . . . höchstens 9%

Folgende Daten sollen dabei eingehalten sein:

Gesamtkieselsäure + R_2O_3 + 4 CaO ≦ 25.

2. Magnesiumchlorid.

Magnesiumchlorid wird als Lösung, geschmolzen in Blöcken oder Stücken, gemahlen, in Schuppen oder Flocken von etwa 0,25 cm Dicke oder in Nadeln kristallisiert, in den Handel gebracht. Die Lösung soll einen Mindestgehalt von 55% $MgCl_2 \cdot 6 H_2O$ und eine Wichte bei 20° C über 1,25 g/ml haben. Der Gehalt an Verunreinigungen (wasserunlösliche Stoffe einschl. kleinster Mengen von Eisen- und Aluminiumoxyd; wasserlösliche Stoffe wie $NaCl$, KCl, $MgSO_4$) soll, auf 100 Gewichtsteile Magnesiumchlorid bezogen, nicht mehr als 0,05 Gew.-% Wasserunlösliches, 5,0 Gew.-% Alkalichloride und 6,0 Gew.-% Magnesiumsulfat betragen.

Bei geschmolzenem, gemahlenem oder in Schuppen- bzw. Flockenform geliefertem Magnesiumchlorid soll der Gehalt an $MgCl_2 \cdot 6 H_2O$ mindestens 96% sein. Der Gehalt an Wasserunlöslichem darf höchstens 0,1 Gew.-%, der Gehalt an Alkalichloriden höchstens 3,5 Gew.-% und der Gehalt an Magnesiumsulfat höchstens 0,3 Gew.-% betragen. Beim kristallisierten Produkt soll der Gehalt an $MgCl_2 \cdot 6 H_2O$ mindestens 93 Gew.-% betragen, während der Anteil an Wasserunlöslichem höchstens 0,1 Gew.-%, an Alkalichloriden höchstens 2,7 Gew.-% und der Gehalt an Magnesiumsulfat höchstens 0,3 Gew.-% betragen darf.

Nach ordnungsgemäßer Probenahme, wobei die Gesamtmenge im Behälter vorher gut durchgerührt wird, etwaige durch längeres Liegen bei niedrigen Temperaturen auskristallisierte Salzanteile durch gelindes Erwärmen wieder gelöst werden, bei Blöcken und Kristallmassen jeweils aus der Mitte der Materialien die Proben entnommen und sogleich in luftdicht verschließbare Glasflaschen eingefüllt werden, sind die Mengen der einzelnen Bestandteile durch folgende Bestimmungsverfahren festzustellen:

a) Bestimmung von Wasserunlöslichem und Eisen- und Aluminiumoxyd. 100 ml Lösung bzw. 50 g Salz in 200 ml dest. Wasser gelöst, werden filtriert. Der unl. Rückstand wird mit 100 ml heißem Wasser ausgewaschen. Filter mit Rückstand wird im Tiegel getrocknet, kurze Zeit geglüht und nach dem Erkalten gewogen. Im ungeglühten Rückstand können noch u. a. $Mg(OH)_2$ und basische Eisenverbindungen vorhanden sein.

Die weiteren Untersuchungen werden an dem Waschwasser, das mit der filtrierten Lösung vereinigt wurde und in einem Kolben DIN DENOG 48 auf 500 ml aufgefüllt wurde (ursprüngliche Lösung), durchgeführt.

b) Bestimmung der gebundenen Schwefelsäure (Sulfat). 100 ml der mit Salzsäure angesäuerten Lösung werden in der Siedehitze mit 10%iger Bariumsulfatlösung versetzt und der Gehalt an ausfallendem Bariumsulfat gewichtsanalytisch bestimmt ($SO_4 = BaSO_4 \cdot 0,4115$).

c) Bestimmung des Kaliums. Die Bestimmung des Kaliums geschieht nach der Perchloratmethode.

d) Bestimmung des Magnesiums. 100 ml der ursprünglichen Lösung werden auf 250 ml verdünnt, und von diesen 10 ml zur Magnesiabestimmung als Pyrophosphat nach Verfahren Schmitz benutzt. Die gefundene Zahl an **Mg**-Äquivalenten, abzüglich der den **SO₄**-Äquivalenten entsprechenden Menge, ergibt den Gehalt an **MgCl₂**.

e) Bestimmung des Kalziums. Das Kalzium wird in 100 ml ursprünglicher Lösung als Oxalat gefällt und durch Titrieren mit 0,1 n-Kaliumpermanganatlösung bestimmt (1 ml n/10-**KMnO₄**-Lösung ≙ 2,005 mg **Ca**).

f) Bestimmung des gebundenen Chlors. Von der für die Magnesiumbestimmung verdünnten Lösung werden 10 ml zur Bestimmung des Gehalts an gebundenem Chlor nach Volhard benutzt (1 ml n/10-**AgNO₃**-Lösung ≙ 3,546 **MgCl₂**).

g) Bestimmung des Natriums. Der Gehalt an Natrium ergibt sich aus der Differenz der Äquivalente an **Cl** und **SO₄**, abzüglich Magnesium und Kalium.

h) Bestimmung der Gesamtalkalität. In 100 ml der ursprünglichen Lösung wird die Gesamtalkalität durch Titrieren mit Salzsäure bestimmt (1 ml n/10-**HCl**-Lösung ≙ 2,016 mg **MgO**).

i) Bestimmung des Eisens und Aluminiums. In 100 ccm der mit Ammoniumchlorid versetzten ursprünglichen Lösung wird durch Zugabe von Ammoniak der Gehalt an Eisen und Aluminium festgestellt.

k) Bestimmung des pH-Wertes. Der pH-Wert wird an der ursprünglichen Lösung durch folgende Indikatoren bestimmt:

Bromthymolblau	gelb bis blau	6,0 bis	7,5
Phenolrot	gelb bis rot	6,8 bis	8,4
Naphtholphthaleïn	rosa bis grünblau	7,5 bis	8,7
Thymolblau	gelb bis blau	8,0 bis	9,5
Phenolphthaleïn	farblos bis rot	8,2 bis	10,0

Eine Schnellmethode zur ungefähren Messung des Magnesiumchloridgehalts durch Wichtemessung und Chlortitration findet sich in der Zeitschrift Kali 1940, H. 7, S. 99/105.

3. Füllstoffe.

Als Füllstoffe für Steinholz und ähnliche Magnesiamörtel kommen in Frage organische Stoffe wie Weichholzmehl und -späne, Papiermehl und -fasern, Naturledermehl, Hanf- oder Flachsschäben, Korkmehl und Korkschrot. Dazu treten anorganische Stoffe wie Quarzsand, Asbest, Talkum, Schlacke sowie als Hartstoffe z. B. Korund und Siliziumkarbid. Alle diese Füllstoffe dürfen das Fertigprodukt in seinen Eigenschaften nicht ungünstig, z. B. durch Erhöhung des Quellens oder Schwindens, beeinträchtigen; sie sollen kornmäßig gut abgestuft sein und ihr Feuchtigkeitsgehalt darf 20 Gew.-% nicht überschreiten.

Die Füllstoffe werden für sich allein auf ihre äußere Beschaffenheit, ihren Gehalt an Feuchtigkeit und ihre Kornzusammensetzung hin geprüft, außerdem im Frischmörtel auf eventuelle Beeinflussung der Festigkeit, der Raumbeständigkeit und der Abnutzbarkeit untersucht, wobei allgemein anerkannte Prüfverfahren anzuwenden sind.

B. Prüfung der Magnesiamörtel.

1. Prüfung der Frischmörtel.

An den Frischmörteln soll vor Baubeginn eine *Eignungsprüfung* feststellen, ob die in Aussicht genommene Mischung Böden mit den geforderten Eigenschaften ergibt. Ist dies der Fall, so kann mit der gewählten Mischung gearbeitet werden, und es kann durch eine *Güteprüfung* am Frischmörtel, wie er zum

Verlegen kommt, nachgewiesen werden, daß die geforderten Qualitäten auch auf der Baustelle erreicht worden sind. Die Güteprüfung wird nur nach besonderer Vereinbarung durchgeführt.

Technische Prüfung und Forderungen.

Zur Eignungs- und Güteprüfung werden aus dem vorhandenen Frischmörtel die in Tab. 1 zusammengestellten Proben benötigt.

Tabelle 1.

Eigenschaft	Nachzuweisen für Steinholz in	Anzahl und Abmessungen der Proben
Biegezugfestigkeit	Industrie- und Stampfböden; Nutzschicht, Unterschicht, Unterboden	6 Prismen 4 cm × 4 cm × 16 cm 10 Platten 12 cm × 6 cm × 1,2 cm
Druckfestigkeit	Industrie- und Stampfböden	6 Reststücke der Biegeprismen
Härte	Industrie- und Stampfböden; Nutzschicht	6 Reststücke der Biegeprismen 10 Reststücke der Biegezugplatten
Quellen und Schwinden	Industrie- und Stampfböden; Nutzschicht, Unterschicht, Unterboden	je 3 Prismen 4 cm × 4 cm × 16 cm
Abnutzbarkeit	Industrie- und Stampfböden	4 Platten 7,1 cm × 7,1 cm × 4 cm

Die Herstellung des Frischmörtels für die *Eignungsprüfung* geschieht aus den zur Verfügung stehenden oder vorgesehenen Baustoffen derart, daß die Füllstoffe sowie die Magnesia unter Berücksichtigung ihrer Schüttgewichte, die durch loses Einfüllen in ein 5 l-Gefäß für jeden Stoff bestimmt wurden, gewichtsmäßig trocken zusammengemischt werden. Die vorgesehene Lauge, deren Zusammensetzung vermerkt wird, ist sodann zuzusetzen und der Mörtel bis zu gleichmäßiger Beschaffenheit zu mischen. Nachdem der Mörtel $1/_2$ h stehengelassen wurde, wird er nochmals kräftig durchgemischt und anschließend in die Formen eingebracht. Die Mörtelmenge für die Untersuchungen eines Belags muß in einem Arbeitsgang hergestellt werden können.

Zur Herstellung der Prüfkörper für die *Güteprüfung* wird der an der Baustelle hergestellte Frischmörtel benutzt. Die Formen zur Herstellung der Prismen sind die gleichen, wie sie in DIN 1164 in Anwendung kommen, sind jedoch vorteilhafter aus Messing herzustellen. Die Metallteile werden leicht mit einer dünnen Schicht Fett versehen. Die Form wird zusammengesetzt, und es werden ihre äußeren Fugen mit einer Mischung von 3 Teilen Paraffin und 1 Teil Kolophonium zur Vermeidung von Laugenverlust abgedichtet. Auf die zusammengesetzte Form wird der Aufsatzkasten gebracht, und es werden die 3 Prismenformen gut halbvoll mit Mörtel gefüllt. Der Mörtel wird mit dem 0,7 kg schweren Stampfer gemäß DIN 1164 verdichtet, seine Oberfläche aufgerauht, und es werden die Formen bis etwas über ihre Oberkante mit Mörtel gefüllt. Die obere Schicht wird ebenso verdichtet, der Aufsatzkasten abgenommen und der Mörtel mit einem Messer abgestrichen, geglättet und bezeichnet.

Die Proben werden nach 18 h entformt und lagern bis zum Prüftermin im Raum bei 18 bis 21° C mit einer relativen Luftfeuchtigkeit von 65 ± 3%. Am Prüftermin werden die Prismen gemäß DIN 1164, jedoch mit der Abstreichfläche nach oben, auf Biegezugfestigkeit geprüft. Die Prüfung der Druckfestigkeit geschieht ebenfalls nach DIN 1164.

Die Herstellung, Lagerung und Prüfung von Platten 12 cm × 6 cm × 1,2 cm waren in DIN 272, Blatt 5, S. 3, bereits derart festgelegt, daß die Formen aus Messing bzw. Hartholz bestehen konnten, der Mörtel einschichtig eingebracht wurde und die entformten Prüfkörper nach Art der Prismen lagerten. Bei der Prüfung auf Biegezugfestigkeit soll die Steigerung der Belastung je Sekunde 10 g betragen, wobei die Abstreichseite des Prüfkörpers nach oben zu liegen kommt. Im neuen Entwurf für DIN 272 werden diese Herstellungs-, Lagerungs- und Prüfvorschriften zur Diskussion gestellt.

Die *Härte* wird entweder an den Prismenreststücken oder den Plattenhälften derart bestimmt, daß auf die Probenoberseite eine polierte Stahlkugel mit $d = 10$ mm mit einer Vorlast von 1 kg aufgesetzt und mit zusätzlich 20 kg (für Nutzschichten) bzw. 50 kg (für Industrie- und Stampfböden) belastet wird. Nach 3 min Vollbelastung wird unter Belastung die bleibende Eindringtiefe t der Stahlkugel mit einer Genauigkeit von 0,01 mm gemessen. Die Neufassung der Norm sieht für alle Mörtel die Belastung von 50 kg außer der Vorlast vor; auch soll die bleibende Eindrucktiefe nicht unter Belastung wie bisher, sondern 1 min nach Abnahme der Last von 50 kg lediglich bei Belastung mit der Vorlast von 1 kg gemessen werden. Die Härte H in kg/mm² errechnet sich aus der Formel:

$$H = \frac{P}{d \pi t},$$

wobei $P = 50$ kg, $d = 10$ mm und t die Eindringtiefe in mm ist. Die Härte wird als Mittelwert aus wenigstens 10 Einzelwerten auf 1 Dezimale genau angegeben.

Nach dem neuen Normenentwurf wird als Härte bei einschichtigen und bei der Oberschicht von mehrschichtigen Industrie- und Stampfböden nach 7 Tagen mindestens 3 kg/mm² und nach 28 Tagen mindestens 5 kg/mm² gefordert. Die Nutzschichten sonstiger mehrschichtiger Beläge sollen nach 7 Tagen mindestens 2 kg/mm² und nach 28 Tagen mindestens 4 kg/mm² aufweisen. Für Estriche und schwimmend verlegte Beläge sind noch keine Werte vorhanden.

Der *Abnutzungswiderstand* wird gemäß DIN 52108 festgestellt. Das Schleifmittel ist Elektrorubin R 100/120 der Maschinen- und Schleifmittelwerke AG Offenbach/M., jetzt durch das Chemische Laboratorium der Tonindustrie, Goslar/Harz, zu erhalten. Nach je 22 Scheibenumdrehungen müssen die Prüfkörper um 90° gedreht werden, außerdem ist es empfehlenswert, nach je 110 Umdrehungen einen an den Proben etwa entstandenen Grat abzuschleifen. Gegenüber den mit Naxos-Schmirgel erhaltenen Werten müssen die mit Elektrorubin erhaltenen Werte mit dem Faktor 0,8 reduziert werden. Nach neueren Vorschlägen soll der Schleifversuch nach DIN 52108 nicht mehr mit 4×110 Umdrehungen der Schleifscheibe, sondern nur noch mit 4×88 Umdrehungen durchgeführt werden, ohne Berücksichtigung eines Faktors.

Das *Schwinden* und *Quellen* wird gemäß DIN 1164 an Prismen 4 cm × 4 cm × 16 cm gemessen. Die Proben werden nach 18 h entformt und bis zum Prüftermin in luftdicht verschlossenen Kästen über Schwefelsäure von 1,26 g/ml Wichte bei einer relativen Luftfeuchtigkeit von 65 ± 5% gelagert. Die Nullmessung geschieht 24 h nach der Herstellung im Lager- und Meßraum bei 18 bis 21° C. Weitere Messungen werden im Alter von 3, 7 und 28 Tagen durchgeführt.

Die *Rohwichte* wird an den bei 20° C und 65 ± 3% relativer Luftfeuchtigkeit bis zur Gewichtsgleiche gelagerten Probekörpern bestimmt. Die Körper müssen mindestens 28 Tage alt sein. Die Wichte ist mit einer Genauigkeit von 0,01 in kg/dm³ anzugeben.

2. Prüfung der Festmörtel.

Die Prüfung von Festmörtel kommt in Frage, wenn bereits fertigverlegte Böden auf ihre Eigenschaften hin untersucht werden sollen.

a) Technische Prüfung und Forderungen.

Um festzustellen, ob die eingebrachten Beläge die vorgesehenen Eigenschaften besitzen, werden aus dem verlegten Mörtel, der mindestens 28 Tage alt sein soll, die erforderlichen Prüfkörper herausgeschnitten oder herausgestemmt. Aus den fertigen Belägen sind die in Tab. 2 zusammengestellten Proben zu entnehmen.

Tabelle 2.

Zur Prüfung von	bei folgenden Böden	sind folgende Proben zu entnehmen bzw. weiter zu benutzen
Biegezugfestigkeit	Industrie- und Stampfböden; Nutzschicht, Unterschicht, Unterböden	je 5 Platten 12 cm × 6 cm × Belagdicke in cm
Härte	Industrie- und Stampfböden; Nutzschicht	10 Reststücke der Platten für den Biegeversuch
Abnutzbarkeit	Industrie- und Stampfböden; Nutzschicht	4 Platten 7,1 cm × 7,1 cm × Belagdicke in cm
Raumbeständigkeit	Industrie- und Stampfböden; Nutzschicht, Unterschicht, Unterböden	je 3 Prismen 4 cm × 4 cm × 16 cm[1]
Stoffliche Zusammensetzung	Industrie- und Stampfböden; Nutzschicht, Unterschicht, Unterböden	etwa je 3 kg Brocken von Belagdicke

Die *Rohwichte* soll als Ergebnis von drei aus dem Belag entnommenen Proben von mindestens 100 cm² Belagfläche im Mittel mindestens 1,43 kg/dm³ bei tragenden Schichten schwimmend verlegter Böden betragen. Über die Wichten der übrigen Böden bestehen noch keine Angaben. Sind die Böden mehrschichtig aufgebaut, so muß die Rohwichte für jede Schicht bestimmt werden. Sämtliche übrigen technischen Eigenschaften werden, wie bereits geschildert, an den hierzu durch trockenes Sägen hergestellten Probekörpern festgestellt.

Für die neuerlich zu stellenden Anforderungen sind im neuen Normenentwurf, wie bereits erwähnt, nur für die Härte Werte angegeben. Nach der noch gültigen DIN 272, Bl. 1, war als Biegezugfestigkeit für Industrie- und Stampfböden nach 7 bzw. 28 Tagen mindestens 40 bzw. 60 kg/cm² vorgesehen. Die Druckfestigkeit kann nach der gleichen Norm nur an Probekörpern aus Frischmörtel nachgewiesen werden und soll nach 7 bzw. 28 Tagen mindestens 150 bzw. 225 kg/cm² betragen. Die Abnutzbarkeit darf nach 28 Tagen nicht höher als 20 cm³/50 cm² sein. Quellung und Schwindung werden ebenfalls nur an den aus Frischmörtel hergestellten Proben gemessen, wobei die Quellung nach 28 Tagen höchstens 0,25% und die Schwindung höchstens ebensoviel betragen darf.

Bei gewöhnlichen Steinholzfußböden muß nach der noch gültigen DIN 272, Bl. 2, die Biegezugfestigkeit nach 7 bzw. 28 Tagen mindestens 30 bzw. 60 kg/cm², die Härte nach 7 bzw. 28 Tagen 2 bzw. 3 kg/mm² sein.

---

[1] In der Praxis häufig unmöglich.

Die Raumbeständigkeit, gemessen an Probekörpern aus Mischungen für solche Böden als Quellen und Schwinden, soll eine Längenänderung von 0,25% nicht überschreiten; für die Unterschicht soll die Biegezugfestigkeit nach 7 bzw. 28 Tagen mindestens 15 bzw. 30 kg/cm², das Quellen darf 0,15%, das Schwinden —0,25% nicht überschreiten.

Die Steinholzunterböden für Linoleum, Parkett usw. müssen nach der noch gültigen Norm DIN 272, Bl. 3, eine Biegezugfestigkeit nach 7 bzw. 28 Tagen von mindestens 20 bzw. 30 kg/cm² erreichen und dürfen ein Quellen von +0,15% und ein Schwinden von —0,25% nicht überschreiten.

b) Chemische Prüfung und Forderungen.

Das chemische Analysenverfahren ist für Steinholz und Magnesiamörtel bereits neu ausgearbeitet worden und wird im Entwurf wie folgt angegeben: Bei der chemischen Analyse werden ermittelt:

Trocknungsverlust, gebundene Kohlensäure CO_2, in Mineralsäuren unlöslicher Rückstand, in Mineralsäuren löslicher Anteil.

Der unlösliche Rückstand betrifft den Gesamtfüllstoff, der aus dem Anteil an organischem Füllstoff, wie Holz, Papier usw., und den mineralischen Füllstoffen, wie Quarzsand, Hartstoffen, z. T. Mineralfarbanteilen und unlöslichen Anteilen aus dem Magnesit besteht. Der in Mineralsäuren lösliche Anteil umfaßt die Summe der Oxyde R_2O_3 mit Tonerde, Eisenoxyd, etwa vorhandenem Manganoxyd sowie Titanoxyd und lösliche Kieselsäure. Letztere muß in der üblichen Weise abgeschieden werden, wenn Zuschläge mit viel löslicher Kieselsäure benutzt wurden, wie z. B. Schlackensand. Außerdem sind als lösliche Anteile zu bestimmen Kalk (**CaO**), Magnesia (**MgO** gesamt), gebundene Schwefelsäure als **SO₃** und gebundenes Chlor als **Cl**.

Die *Vorbereitung* der Durchschnittsprobe von etwa ¹/₄ kg besteht im Zerkleinern und guten Durchmischen in einer Weithalsflasche mit eingeschliffenem Stopfen, wobei feucht angelieferte Proben die im Anlieferungszustand enthaltene Feuchtigkeit zur späteren Bestimmung nicht verlieren dürfen. Bei solchen Proben muß die Zerkleinerung möglichst schnell vor sich gehen.

Zur Bestimmung des *Trocknungsverlusts* werden etwa 20 g im verschlossenen Wägeglas eingewogen, sodann im elektrischen Trockenschrank bei 98 ± 2° C bis zur Gewichtsgleiche getrocknet und die Gewichtsdifferenz bestimmt. Diese ergibt den Trocknungsverlust.

Die *gebundene Kohlensäure* **CO₂** kann nach Baur-Cramer oder Lunge-Marschlewski gasvolumetrisch oder nach Finkener oder Geissler gravimetrisch festgestellt werden. Die eingewogene Menge richtet sich nach dem vermutlichen Gehalt der Probe an CO_2 und dem angewandten Prüfverfahren.

Zur Bestimmung des *Gesamtfüllstoffs* werden 10 g der zerkleinerten Probe in einem Becherglas von 250 bis 400 ml Inhalt eingewogen und vorsichtig mit etwa 150 ml verdünnter (7%iger) Salzsäure übergossen. Ist die Kohlensäureentwicklung beendet, so wird bis zum Sieden erhitzt unter Vermeidung von unnötig langem Kochen. Anschließend wird durch eine Filtriernutsche filtriert und der unlösliche Rückstand mit heißem Wasser gut ausgewaschen. Das Filtrat wird im Meßkolben auf 500 ml aufgefüllt (Hauptfiltrat). Filter und Rückstand werden im elektrischen Trockenschrank bei 98 ± 2° C getrocknet und gewogen. Nach Abzug des Filterleergewichts erhält man die Menge an Füllstoff mit den aus dem Magnesit stammenden unlöslichen Anteilen und etwa im Füllstoff verbliebenen Magnesiaresten.

Das Filter und der Rückstand werden in gewogenem Porzellantiegel verascht, bis keine kohligen Anteile mehr zu sehen sind. Dann wird der Rückstand noch 10 min bei etwa 1000° C geglüht, im Exsikkator erkalten gelassen und gewogen. In der Auswaage befinden sich die mineralischen Anteile des Füllstoffs mit der Hauptmenge des etwa beigegebenen Farbpulvers und der unlösliche Anteil des Magnesits. Daneben können kleine Reste von Magnesiumoxyd vorhanden sein.

Der geglühte Rückstand wird in einem 200 ml fassenden Becherglas mit etwa 50 ml verdünnter Salzsäure aufgekocht. Hierzu wird etwas Bromwasser und festes Ammoniumchlorid zur Fällung von in Lösung gegangenem Eisen- und Aluminiumoxyd gegeben und mit Ammoniak in der Siedehitze gefällt. Um etwa vorhandenen Kalk zu fällen, wird noch etwas wäßrige, kaltgesättigte Ammoniumoxalatlösung hinzugegeben. Die Lösung wird kurze Zeit stehengelassen und filtriert. Der Rückstand wird mit Wasser ausgewaschen und im Filtrat die Magnesia, wie später angeführt, gefällt. Die in Gew.-% erhaltene Menge an MgO wird zu der Hauptmenge des Magnesiumoxyds zugerechnet, von der Gesamtfüllstoffmenge aber abgezogen. Als Ergebnis erhält man den Gesamtfüllstoff, also die mineralischen und organischen Stoffe einschließlich des säureunlöslichen Anteils des Magnesits.

Die *Summe der Oxyde* R_2O_3 wird in 200 ml des Hauptfiltrats bestimmt, die auf ein Volumen von 400 ml verdünnt werden und mit etwas Bromwasser und etwa 4 g Ammoniumchlorid versetzt werden. Man erhitzt zum Sieden und fügt bis zur deutlich alkalischen Reaktion tropfenweise Ammoniak zu. Das Kochen soll bis zum Auftreten eines nur noch schwachen Ammoniakgeruchs aus der Lösung weitergeführt werden, dann wird die Lösung filtriert, der Rückstand mit wenig heißem Wasser ausgewaschen und zwecks Umfällung mit wenig heißer verdünnter Salzsäure gelöst. Die Umfällung wird nach der eben beschriebenen Art und Weise durchgeführt, nach der erneuten Filtration das Filter mit Rückstand vorsichtig verascht und bei 1000° C im Tiegelofen etwa 20 min geglüht, im Exsikkator erkalten gelassen und gewogen. Das Ergebnis umfaßt die Summe der Oxyde R_2O_3 einschließlich der löslichen SiO_2.

Der *Kalk* CaO wird in den vereinigten Filtraten der Ammoniakfällungen einschließlich der Waschwässer (zusammen etwa 600 bis 800 ml) bestimmt, die mit Essigsäure schwach angesäuert (Lackmuspapier) und zum Sieden erhitzt werden. Während des Kochens wird etwa 1 g festes Ammoniumoxalat zugefügt und das Kochen während 5 min weitergeführt. Nach Erkalten der Lösung wird filtriert, wobei sehr feinkörnig erhaltenes Oxalat durch Papierschlamm filtriert werden muß. Nach ein- bis zweimaligem Auswaschen mit ammoniumoxalathaltigem Wasser wird der Rückstand mit Filter verascht und der Rückstand zu Oxyd geglüht. Dieses wird mit verdünnter Salzsäure erneut gelöst, die Lösung auf etwa 300 ml aufgefüllt, in der Siedehitze mit etwas festem Ammoniumchlorid erneut versetzt und die Fällung wiederholt. Ist die erste Fällung langsam vonstatten gegangen, so ist ein Stehenlassen der Lösung über Nacht günstig. Die Lösung wird filtriert, der Niederschlag mit kaltem Wasser ausgewaschen und mit dem Filter in ein kleines Becherglas oder in einen 400 ml-Erlenmeyerkolben gegeben, worin der Niederschlag mit verd. Schwefelsäure gelöst und die Lösung nach Verdünnen auf etwa 200 bis 300 ml auf etwa 80° C erwärmt wird. Dann wird mit einer n/10-Kaliumpermanganatlösung bis zur bleibenden schwachen Rosafärbung titriert (1 ml n/10-KMnO$_4$-Lösung $\triangleq$ 2,8 mg CaO). Das Ergebnis ist der Gehalt an Kalk CaO.

In den Filtraten der Kalkfällungen und der Waschwässer wird die *Magnesia* bestimmt. Sie werden vereinigt und in einem Meßkolben auf 1000 ml aufgefüllt. Zweimal je 100 ml hiervon entnommener Lösung werden mit einigen Tropfen Phenolphthaleïn versetzt und mit Salzsäure schwach angesäuert. Nach Zusetzen von mindestens je 2,5 g Ammoniumphosphat werden die Lösungen zum gelinden Sieden erhitzt. Hierbei fügt man unter ständigem Rühren Ammoniak bis zur ersten bleibenden Rötung hinzu. Ein Berühren der Wandungen des Becherglases mit dem Glasstab ist zu vermeiden. Ist die Rötung eingetreten, so wird das Kochen unterbrochen und noch $^1/_5$ des bisherigen Volumens an konz. Ammoniak (20%ig) hinzugefügt. Die Fällung wird über Nacht absitzen gelassen, der Niederschlag wird filtriert, mit ammoniakhaltigem Wasser kalt ausgewaschen und mit dem Filter im gewogenen Porzellantiegel vorsichtig verascht und anschließend im Tiegelofen bei etwa 1000° C $^1/_2$ h lang geglüht. Nach dem Erkalten im Exsikkator wird gewogen. Einzelne kleine unverbrannte Kohlereste sind ohne Einfluß auf das Endergebnis. Ist die Menge an solchen Teilen größer, so wird der geglühte Rückstand mit einigen Tropfen Salpetersäure behandelt und nochmals geglüht. Als Ergebnis erhält man den Gesamtgehalt an Magnesia MgO. Der Gehalt an nichtchlorgebundener Magnesia ergibt sich aus dem Gesamt-MgO abzüglich derjenigen Menge an MgO, die dem ermittelten Chlorgehalt äquivalent ist (Faktor von $Mg_2P_2O_7$ auf MgO = 0,3623).

In 200 ml des Hauptfiltrats wird die *gebundene Schwefelsäure* derart bestimmt, daß dieser Teil des Filtrats mit etwa 10 ml 10%iger Bariumchloridlösung in der Siedehitze tropfenweise versetzt und $^1/_2$ h in schwachem Sieden gehalten wird. War das Hauptfiltrat trübe, so muß vor der Fällung filtriert werden. Der Niederschlag von Bariumsulfat wird abfiltriert und mit heißem salzsäurehaltigem Wasser ausgewaschen. Filter und Niederschlag werden im gewogenen Porzellantiegel verascht und bei 1000° C im Tiegelofen kurz geglüht und nach dem Erkalten im Exsikkator gewogen. Man erhält den Gehalt an gebundener Schwefelsäure (Faktor von $BaSO_4$ auf SO_3 = 0,343).

Das *Eisenoxyd* wird im Filtrat des Bariumsulfatniederschlags inkl. Waschwässer bestimmt. Die Lösung wird mit Ammoniak bis zur schwach sauren Reaktion versetzt, sodann wird etwa 1 g Kaliumjodid zugegeben. Nach Verdünnung mit Wasser wird das ausgeschiedene Jod mit n/10- oder n/100-Natriumthiosulfatlösung titriert, wobei die als Indikator notwendige Stärkelösung erst am Schluß der Titration zugegeben wird. Ist die Blaufärbung verschwunden, so wird die Lösung kurz auf 60 bis 80° C erwärmt, unter fließendem Wasser abgekühlt und eine etwa noch entstandene Blaufärbung mit einigen Tropfen Thiosulfatlösung beseitigt (1 ml n/10-Natriumthiosulfatlösung ≙ 7,98 mg Fe_2O_3). Das Ergebnis ist der Gehalt an Eisenoxyd.

Das *gebundene Chlor* wird in einer gesonderten Einwaage von 10 g der zerkleinerten Materialprobe bestimmt. Sie wird in einem 400 ml-Becherglas mit 200 ml wäßriger 10%iger Ammoniumnitratlösung (*p. A.!*) versetzt und unter zeitweiligem Rühren so lange bei gelindem Sieden erhitzt, bis kein Ammoniakgeruch mehr wahrnehmbar ist. Dann wird filtriert und der Rückstand mit heißem Wasser öfters ausgewaschen. Waschwasser und Filtrat werden vereinigt, mit Salpetersäure angesäuert und auf 500 ml aufgefüllt. Von dieser Menge werden zweimal je 100 ml abpipettiert und in je einen 500 ml-Erlenmeyerkolben gegeben. Nach Verdünnung mit Wasser wird jede Lösung mit 50 bis 100 ml n/10-Silbernitratlösung versetzt. Bei vermutlich hohem Gehalt an Magnesiumchlorid setzt man 100 ml Silbernitratlösung zu und umgekehrt. Dann werden die Lösungen mit etwa 5 ml kaltgesättigter Eisenammoniumalaunlösung als Indikator versetzt und mit einer n/10-Ammoniumrhodanidlösung titriert, bis die schwach gelblichweiße Lösung bläulich verfärbt wird. Die verbrauchte Anzahl ml Rhodanidlösung wird von der Anzahl der zugegebenen ml n/10-Silbernitratlösung abgezogen; der verbleibende Rest Silbernitratlösung entspricht dem Chlorgehalt (1 ml n/10-Silbernitratlösung ≙ 3,546 mg Cl). Als Ergebnis erhält man das gebundene Chlor, umgerechnet auf Magnesiumchlorid (Faktor Cl auf $MgCl_2$ = 1,343).

Aus den in Gew.-% erhaltenen und auf 0,1 genau angegebenen Anteilen muß das Verhältnis von freier Magnesia (nicht an Chlor gebunden) zum Gesamtfüllstoff und das Verhältnis von $MgCl_2$ zu MgO berechnet und angegeben werden. Eine Umrechnung in Raumteile kann nur bei Kenntnis der Raumgewichte der Ausgangsstoffe durchgeführt werden.

Das Mischungsverhältnis von freier Magnesia MgO zum Gesamtfüllstoff schwankt erfahrungsgemäß zwischen etwa 1 : 0,4 bis 1 : 1,3; in den Nutzschichten liegt das Verhältnis zwischen etwa 1 : 0,4 bis 1 : 0,8, während es in Unterschichten und Estrichen zwischen 1 : 0,8 bis 1 : 1,3 schwankt.

Bei der Untersuchung von Schadensfällen in der Praxis ist es vorteilhaft, auch andere Untersuchungsverfahren anzuwenden. So schlägt HEIMBERGER[1] vor, von der im Vakuum-Exsikkator bei Zimmertemperatur getrockneten Probe auszugehen, wobei nach etwa 15 h Gewichtskonstanz erzielt wird. Die Trocknung im Trockenschrank soll Veränderungen in der Substanz hervorrufen können, die sich in gewichtsmäßigen Abweichungen zeigen. Zur Bestimmung von CO_2 wendet er das volumetrische Verfahren nach KLEINE an. Die Bestimmung der löslichen Kieselsäure, R_2O_3, SO_4, CaO und MgO geschieht im Filtrat des mit HCL behandelten Materials. Das freie Magnesiumchlorid wird mit absolutem Methanol oder Äthylalkohol extrahiert. Im Extrakt wird $MgCl_2$ und evtl. auch $CaCl_2$ bestimmt. Der Rückstand wird in 10%iger NH_4NO_3-Lösung aufgenommen und bis zum Verschwinden des Ammoniakgeruches erhitzt. Im Filtrat wird Chlor bestimmt.

---

[1] Nach frdl. briefl. Mitteilung.

XII. Prüfung von Glas für das Bauwesen.

A. Chemische und physikalische Prüfung.

Von **J. Löffler**, Witten/Ruhr.

1. Überblick über die technisch wichtigsten Gläser.

Für das Bauwesen finden Verwendung: Tafelglas (Fensterglas), Spiegelglas, Gußglas einschließlich Ornamentglas und Klarglas, Opakglas für Wandbekleidung, Drahtgußglas, Drahtspiegelglas, Antikglas, Farbglas, Glasbausteine, Beleuchtungsglas einschl. Leuchtröhren. Ferner sind zu nennen: Einscheiben- und Verbundsicherheitsglas, Panzerglas, Doppel- bzw. Mehrfachscheiben, Einlage-Isoliergläser u. a. Als Sonderform des Glases sind ferner Glaswolle und Glasseide zu nennen.

DIN 1249 Tafelglas, Dicken, Sorten, Prüfung, Maßangaben.

Normblatt Entwurf DIN 18170 Glasfliesen (1954).

Schwedisches Normblatt: SIS 525 701 Fensterglas für Forsthütten.

Schwedisches Normblatt: SIS 531 811 Glas für Fahrstuhltüren.

Niederländisches Normblatt: N 1302 Tafelglas, Dicken der gebräuchlichsten Sorten.

Englisches Normblatt: BS 952 Glas für Verglasungen, Klasseneinteilung und Benennung einschließlich Dicken und Toleranzen.

Mexikanisches Normblatt: P 4 Spiegelglas (1953).

2. Prüfung der chemischen Eigenschaften.

a) Chemische Zusammensetzung.

Auf folgende Eigenschaften läßt sich von der Kenntnis der chemischen Zusammensetzung schließen: Chemische Haltbarkeit, Wärmeausdehnung, Dichte, Erweichungstemperatur, Durchlässigkeit für ultraviolette oder ultrarote Strahlen, Lichtbrechung und Kriechstromfestigkeit [1]. Andere Eigenschaften, vor allem die mechanischen, können durch Wärmebehandlung weitgehend geändert werden. Näheres bei [2], [3], [4] und [5] bis [10]. Rasche quantitative Bestimmung z. B. der Alkalien im Glas ist mit Hilfe der Flammenphotometrie möglich [11], [12], [13]. In manchen Fällen (qualitativer Nachweis von Entfärbungsmitteln, Identitätsnachweis) kann die Beobachtung der Fluoreszens nützlich sein (z. B. Mn grün, Ce blau, Se rosa).

ASTM C 169—43 Chemical analysis of soda lime glass (1952, S. 729/48).
    C 169—53 Chemical analysis of soda lime glass (1953, S. 195/214).

Französische Norm: NFB 30—002 Chemische Analyse von Natronkalkgläsern.

b) Chemische Widerstandsfähigkeit.

Die chemische Widerstandsfähigkeit aller Baugläser gegen die Einwirkung von kaltem Wasser muß genügend groß sein, damit durch Regen und Kondenswasser keine Gebrauchsminderung entsteht. Stärker gefährdet als durch den eigentlichen Gebrauch sind Tafel- und Spiegelgläser bei unsachgemäßer Lagerung durch Feuchtigkeit zwischen den Scheiben, wodurch weiße oder irisierende Flecke hervorgerufen werden können.

Da bei jeder chemischen Beanspruchung eines Glases nur dessen Oberfläche in Aktion treten kann, sollten nach Möglichkeit Prüfverfahren für die Oberflächen angewandt werden. Die Oberfläche eines Glasgegenstandes wird durch die Formgebung gegenüber dem Glasinnern verändert. Außerdem werden viele Verfahren angewandt, um die Oberfläche zu vergüten. Nur wenn Oberflächenprüfverfahren nicht zum Ziel führen, sollten „Grießverfahren" angewandt werden, die das Glasinnere prüfen. Chemische Widerstandsfähigkeit gegen andere Stoffe als Wasser kommt sehr selten in Betracht. Säuren greifen etwa so an wie Wasser, Flußsäure zerstört Glas auch, wenn sie als Dampf einwirkt, Laugen kommen mit Bauglas normalerweise nicht in Berührung.

α) **Oberflächenprüfverfahren.** *Heißauslaugung.* Heißextraktion ist meist üblich, weil rascher durchführbar; es besteht jedoch kein allgemeingültiger Zusammenhang zwischen der Auslaugung bei z. B. 20° und 100° [14]. Flachgläser werden nach dem Verfahren von G. KEPPELER und F. HOFFMEISTER [15], umgearbeitet von H. JEBSEN-MARWEDEL und A. BECKER [16] geprüft. Dabei soll Bauglas im allgemeinen nicht über 40 mg Na_2O/m^2 abgeben.

Zum Vergleich ASTM C 225—49 T: Resistance of glass containers to chemical attack (1952, S. 754/59).

Verwitterungsprüfung. Zur Prüfung von Glasbruchflächen bei Zimmertemperatur hat F. MYLIUS [17] (eigentlich speziell für Geräte und optisches Glas) eine Verwitterungsprüfung gegeben. Einen weiteren Vorschlag zur Verwitterungsprüfung von Bauglas machten H. E. SIMPSON [18] und der Verfasser [19].

β) **Grießverfahren.** Alle Grießverfahren prüfen das Verhalten des Glasinnern, sind also für die Oberfläche nicht maßgebend. Standardgrießprobe der Deutschen Glastechnischen Gesellschaft und Normvorschrift DIN 12111 wird zur Zeit neu gefaßt. Englisches und amerikanisches Grießverfahren s. [20]. Die übliche Einteilung für Apparategläser gilt für Baugläser nur bedingt.

Schwedisches Normblatt SIS 71 1031: Bestimmung der Widerstandsfestigkeit von Glas gegen Wasser (1950).

γ) **Prüfergebnisse einiger Glassorten.** Fenstergläser gehören im allgemeinen der III. bis IV. hydrolytischen Klasse an, Spiegelgläser der II. bis III., gewöhnliche Baugläser (Dachziegel aus Glas, Glasbausteine) der IV. Wenn ein Bauglas Erblindungserscheinungen zeigt, so ist in der Regel die Lagerung oder das Verpackungsmaterial zu feucht gewesen. (Es ist noch nie beobachtet worden, daß eingeglastes Fensterglas „blind" geworden ist; im Gegenteil dort verbessert sich seine Haltbarkeit erheblich [15], [19].) Glasmalereien (bei niedrigen Temperaturen, etwas unterhalb des Erweichungsbereiches des Glases, nachträglich eingebrannt) haben stets eine viel geringere chemische Widerstandsfähigkeit als das Glas selbst, besonders wenn sie bei zu niedriger Temperatur eingebrannt wurden [21].

δ) **Prüfung von Glaswolle.** Die Fäden der Glaswolle für Isolierzwecke sind im Anlieferungszustand in der Regel mit einer dünnen Fettschicht überzogen, die das Glas vor dem Angriff der Feuchtigkeit, zum mindesten anfangs, schützt. Zur Prüfung verwendet man etwa eine Handvoll Glaswolle im Anlieferungszustand, taucht und schwenkt sie in destilliertem Wasser und trocknet sie im Trockenschrank bei etwa 120°. Dasselbe macht man mit Glaswolle, die man zuvor durch Waschen mit Äther und Alkohol vom Fett befreit hat. Gute Glaswolle darf wenig störriger geworden sein und beim Zusammenballen in der Hand nur wenig stäuben. Schlechte (alkalireiche) Glaswolle fühlt sich strohig an und zerpulvert beim Zusammenballen leicht.

c) Unterscheidung von Flachgläsern.

Soll die Herstellungsweise eines Flachglases festgestellt werden, so kann man sich nach F. H. ZSCHACKE [22] eines Flußsäure-Ätzbades (10% HF, 1 min) bedienen und aus den Ätzstrukturen Rückschlüsse ziehen. (FOURCAULT-Glas zeigt eine charakteristische Strichzeichnung.) Nach Untersuchungen von DIETZEL [23] bietet auch das mikroskopische Schlierenbild im Tafelquerschnitt wertvolle Anhaltspunkte; so kann z. B. geschliffenes und poliertes Spiegelglas von nachgeschliffenem und poliertem Tafelglas unterschieden werden: die Schlieren im gezogenen Glas liegen meist (aber nicht immer!) parallel, im Spiegelglas gibt es oft Überlappungen. Das sicherste Merkmal zur Identifizierung der Herkunft eines Bauglases ist die Messung der Dichte auf $\pm 0,0002$ g/cm³ nach PRESTON [24] und Vergleich der gefundenen Dichte mit der von Gläsern sicherer Herkunft. Tafelgläser haben eine Dichte von 2,486 bis 2,511 g/cm³, Spiegelgläser um 2,541 g/cm³.

3. Thermische Eigenschaften.

Die thermischen Eigenschaften haben für gewöhnliches Bauglas nur selten Bedeutung. Zu ihrer Charakterisierung dienen der Ausdehnungskoeffizient und die Abschreckfestigkeit. Zu erwähnen sind noch der Transformationspunkt und Erweichungspunkt. Das „Passen" der Ausdehnungskoeffizienten bei Überfanggläsern, d. h. Farb- oder Trübgläsern mit Klarglasunterlage, kann die mechanische Festigkeit erheblich beeinflussen. Die Wärmeleitfähigkeit und Wärmedurchgangszahl sind wichtig bei Verglasung [25] und bei Glaswolle als Isoliermittel. Näheres in Kap. XVIII.

a) Abschreckfestigkeit.

Aus der zu prüfenden Glasmasse werden Stäbe von 6 mm ⌀ und 30 mm Länge hergestellt, an den Enden schwach verschmolzen und gekühlt (Kontrolle im Spannungsprüfer). Mindestens 10 Stück werden nun auf eine geeignete untere Abschrecktemperatur erhitzt, 20 min konstant gehalten und danach durch Einwerfen in Wasser von 20° abgeschreckt. Die nicht zersprungenen Stäbe werden auf eine 10° höhere Temperatur erhitzt usw. Als Maß für die Abschreckfestigkeit dient die Temperaturdifferenz zwischen dem arithmetischen Mittel der Sprungtemperaturen und 20°. Da bei diesem Verfahren die Wärmeübergangszahl vom Abschreckenden zum Abgeschreckten in das Ergebnis eingeht, beziehen sich die erhaltenen Werte nur auf das angewandte Abschreckmittel, hier also Wasser. Die vorläufige deutsche Methode nach den Vorschlägen der Deutschen Glastechnischen Gesellschaft [26] wurde inzwischen in dieser Weise abgeändert; das englische Verfahren ist praktisch gleichlautend. Eine internationale Standardisierung ist in Vorbereitung. Über den Zusammenhang zwischen Abschreckfestigkeit eines Glases und seinem Ausdehnungskoeffizienten s. [27].

DIN 52325 Prüfung von Glas, Bestimmung der Temperaturwechselbeständigkeit, Stäbchenverfahren (1954).

Für Glasgegenstände ist außer in USA eine einheitliche Methode zur Prüfung der Abschreckfestigkeit bis jetzt noch nicht vorhanden. Man kann folgendermaßen verfahren: Mindestens 10 Gläser werden einzeln in einem entsprechend geräumigen Ofen mit genügend gleichmäßiger Temperaturverteilung auf eine um etwa 20° stufenweise gesteigerte Abschrecktemperatur erhitzt und jeweils nach Durchwärmung mit einer Wasserbrause abgeduscht. Anzugeben ist die mittlere, niedrigste und höchste Sprungtemperatur, die Wassertemperatur, die Glasform, die mittlere Wandstärke, deren Abweichung und vor allem die Randausbildung. Einfallenlassen der heißen Prüfkörper in Wasser ergibt höhere Sprungtemperaturen als beim Abduschen; letzteres entspricht mehr der praktischen Beanspruchung (z. B. Laternengläser im Freien).
ASTM C 149—50 Thermal Shock Test on Glass Containers (1952, S. 765/67).

b) Wärmeausdehnung.

Die Ausdehnung wird in Dilatometern bekannter Bauart gemessen, entweder statisch oder wenigstens bei geringer Anheizgeschwindigkeit (1 bis 3°/min). Wichtig ist, daß der ganze Prüfkörper in der temperaturkonstanten Zone des Ofens liegt.

Der lineare Ausdehnungskoeffizient liegt bei gewöhnlichen Gläsern bei 60 bis $90 \cdot 10^{-7}$, bei thermisch resistenten Gläsern (für Apparate) zwischen 25 und $50 \cdot 10^{-7}$; er steigt mit der Temperatur langsam. Vom Transformationspunkt ab ist sein Wert wesentlich höher (über $250 \cdot 10^{-7}$) s. W. Hänlein [28].
ASTM C 337—54 T Average Linear Expansion of Glass (1954, S. 171/74).

c) Erweichungspunkt.

Man versteht unter dem „Erweichungspunkt" (nach Konvention auch Littleton-point [29]) diejenige Temperatur, bei der das Glas etwa eine Viskosität von 10^7 bis 10^8 Poisen hat. Bei normalem Bauglas sind dies etwa 750 bis 800°. Im „Transformationspunkt" (besser „-bereich") ändern sich alle Glaseigenschaften sprunghaft. Das Glas hat dort eine Viskosität von 10^{13} Poisen, ist also darunter praktisch starr und erweicht darüber allmählich. Die Kühlung eines Glases muß etwas oberhalb des Transformationspunkts anfangen und ihn nach tieferen Temperaturen durchschreiten.

Die ASTM-Vorschriften unterscheiden „Annealing Point" und „Strain Point". Beim „Annealing Point" verschwinden im Glas vorhandene Spannungen innerhalb von 15 min, beim „Strain Point" innerhalb von 4 h; beide liegen etwas unterhalb des Transformationspunktes (s. H. R. Lillie: Re-Evaluation of Glass Viskosities at Annealing and Strain Points [30].
ASTM C 338—54 T Softening Point of Glass (1954, S. 175/77),
 C 336—54 T Annealing Point and Strain Point of Glass (1954, S. 165/70).

d) Wärmeleitfähigkeit, Wärmedurchgangszahl, Wärmeübergangszahl u. a.

Vgl. A. Russ [31], M. Fritz-Schmidt und G. Gehlhoff [32], R. Renlos [33] sowie Kap. XVIII und [34].
ASTM C 262—51 T Mineral wool batt insulation (1952, S. 799/800).
 C 263—51 T Mineral wool blanket insulation (1952, S. 801/02).
 C 264—51 T Mineral wool felt insulation (1952, S. 803/04).
 C 280—51 T Mineral wool blanket-type pipe insulation
(1952, S. 805/06).

ASTM C 281—52 T Mineral wool molded-type pipe insulation for elevated
temperatures (1952, S. 807/09).
C 300—52 T Mineral wool molded type pipe insulation for low
temperatures (1952, S. 810/12).

e) Spezifische Wärme.

Die Bestimmung der spez. Wärme wird nach dem üblichen Verfahren durchgeführt. Im besonderen vgl. W. P. White: The modern calorimeter [35]. Messungen an Gläsern s. H. E. Schwiete und H. Wagner [36], H. Seekamp [37], H. Hartmann [38].

Entwurf des „Committee for the Thermal Testing of Materials" in der „Réunion des laboratoires d'essais et des recherches sur les matériaux et les constructions":
Determination of the thermal conductivity of materials by means of the guarded hot plate.

ASTM C 351—54 T Tentative method of test for mean specific heat of thermal insulations (1954, S. 197/203).

4. Optische und lichttechnische Eigenschaften und ihre Prüfung.

Bei durchsichtigen Gläsern kann die Größe des Lichtverlusts durch Reflexion und Absorption im sichtbaren Gebiet von Interesse sein. Von größerem Einfluß ist die Gestalt des Glaskörpers, also z. B. Riffelung bei Gußglasscheiben und besonders bei Glasbausteinen; sie beeinflußt nicht nur die Lichtdurchlässigkeit, sondern vor allem die Lichtverteilung im Raum dahinter. In gewissen Fällen ist auch die Lichtdurchlässigkeit im UV (Krankenhaus-, Treibhausverglasung) oder im UR (Wärmeschutzgläser) wichtig. Zu beachten ist, daß manche Gläser sich unter dem Einfluß von Entfärbungsmitteln im Licht verfärben. Eine der wichtigsten Eigenschaften von Tafelglas ist die Ebenheit, die man nicht nur mit Rücksicht auf optische Verzerrungen bei der Durchsicht, sondern auch wegen der Spiegelung besonders bei Gebäuden mit großen Glasfronten beachten muß. Trübgläser werden durch das Transmissionsvermögen (diffuses und reguläres), Streuvermögen, Absorption und Reflexion gekennzeichnet. Farbgläser können auch auf spektrale Absorption im sichtbaren Gebiet geprüft werden. (Nach verschiedentlichen Beobachtungen meiden Fliegen farbiges, vor allem rotes und gelbes, aber auch grünes und blaues Licht; auch können dabei Algen nicht gedeihen [39].) Bei Leuchtröhren kommt es entweder auf eine gute Lichtausbeute (durch zusätzliche Ausnutzung eines Teiles des lichttechnisch nutzlosen UV-Lichtes der Hg-Entladung) oder auf eine für das Auge angenehme oder aber auffallende Lichtwirkung an.

Unter den optischen Eigenschaften muß noch die praktisch wichtige Tatsache erwähnt werden, daß alle technischen Gläser bei mechanischer Beanspruchung doppelbrechend werden. Die Beobachtung und Messung der Doppelbrechung dient deshalb ganz allgemein zur Messung von Spannungen bzw. der Spannungsfreiheit von Gläsern und, da schlechte Kühlung Spannung hervorruft, auch der Kühlung. Als Meßinstrument für die Eintrittsmöglichkeit von Sonnenlicht in Wohnungen sei hier das „Horizontoskop" von F. Tonne erwähnt [40].

a) Doppelbrechung, Spannung.

Die durch mechanische Spannungen entstehende Doppelbrechung des Glases wird in der Regel als Maß für die Spannung selbst verwandt. Man beurteilt die

Doppelbrechung mit einem „Spannungsprüfer" entweder nach den Interferenzfarben (nach Einschalten eines Gipsplättchens) oder mißt sie mit einem Komparator (z. B. Kompensator nach BEREK) unter dem Polarisationsmikroskop. Die Doppelbrechung wird vielfach als Gangunterschied angegeben. Nach M. THOMAS [41] liegt die zulässige Grenze der Spannung für Hohl- oder Überfanggläser bei 200 μ/cm.

ASTM C 148—50 Polariskopic Examination of Glass Containers (1952, S. 763/64).

b) Reflexion, Absorption, Transmission, Farbstich, Lichtverteilung, Streuvermögen.

α) **Klargläser** (Fenster-, Spiegelglas). Das Reflexionsvermögen wird unter senkrechtem oder 45° Lichteinfall meist photoelektrisch gemessen. Da bei beiderseitig glatten Glasplatten an der Rückseite der Scheibe noch eine weitere Reflexion stattfindet, ist diese Fläche entweder zu mattieren und zu schwärzen oder aber die Summe beider Reflexionen nebst der Glasstärke und der Art der Messung anzugeben. Untersuchungen an polierten Gläsern s. H. M. BRANDT [42]. Die Intensität des reflektierten Lichtes J_r hängt in den normalen Fällen unmittelbar mit der Lichtbrechung zusammen. Für $n = 1,5$, d. h. für normales Fensterglas, ist diese Reflexion etwa gleich 4% an der Eintrittsfläche, nicht ganz 8% an beiden Flächen zusammen. Bei schrägem Lichteinfall nimmt die Reflexion mit dem Winkel gegen die Senkrechte stark zu (s. O. VÖLKERS, Tafelglasdaten [43]). Besonderer Behandlung bedürfen Gläser mit dünnen Schichten selektiver oder sonst veränderter Reflexion.

Der Farbstich von Bauglas soll so sein, daß eine Veränderung der Farbe von Gegenständen bei Durchsicht nicht wahrgenommen werden kann. Bei stärkerer Farbe kann die spektrale Absorption gemessen werden mit Hilfe eines Spektrographen, im sichtbaren Gebiet mit Photozelle, im UV mit Thermosäulen oder Photozellen, im UR meist mit automatischen Registriergeräten (PERKIN ELMER, LEITZ, ZEISS) (evtl. s. a. OSTWALD-LUTHER [44]). Für vergleichende Messungen der Wertbestimmung UV-durchlässiger Gläser kann man sich auch des Verfahrens von A. E. GILLAM und R. A. MORTON [45] bedienen. Es beruht auf der Bestimmung der Zersetzung von KNO_3-Lösungen unter der Einwirkung von UV-Licht. Zum Ausgleich des Reflexionsverlustes vergleicht man die Durchlässigkeit des Prüfglases mit derjenigen eines für den fraglichen Wellenbereich vollkommen durchlässigen Glases mit ähnlichem Brechungsindex und gleicher Politur. Bei der Angabe von Durchlässigkeitszahlen für Signalgläser soll allerdings der Reflexionsverlust unberücksichtigt bleiben [46].

Wegen der Verteilung des Lichts hinter Glasscheiben bzw. Fenstern vgl. [47] bis [53].

Bei der Prüfung von hellen („weißen") Gläsern ist darauf zu achten, daß sich die Lichtdurchlässigkeit und der Farbstich ändern können, wenn das Glas einige Zeit dem Sonnenlicht ausgesetzt worden ist. Bei der Untersuchung eines Glases unbekannter „Licht-Vorgeschichte" macht man solche Veränderungen durch Erhitzen auf etwa 400 bis 450° rückgängig (s. E. BERGER [54]). Zur Prüfung auf Veränderlichkeit der Farbe setzt man es nach [55] 2 Monate dem Sonnenlicht aus. (Quarzlampenlicht kann zu Fehlschlüssen führen.) Durchlässigkeitszahlen für handelsübliche Fenstergläser (weißes Licht, gemessen in ULBRICHTscher Kugel) vgl. [56].

DIN 1349 Lichtabsorption, Größen und Bezeichnungen (1955).

Über Messungen an profilierten Fenstergläsern s. bei W. ARNDT [57] und H. FREYTAG [58]. Am besten werden solche Messungen mit einem Flimmerphotometer durchgeführt (private Mitteilung von Herrn Dr. Häuser, Physik. Inst. Univ. Frankfurt). Die Durchlässigkeit der Fenster- und Spiegelgläser für das biologisch wirksame UV-Licht ist wegen des üblichen Eisenoxyd- und Titan-oxydgehalts normalerweise nur gering. Nach einer Übersicht von O. Knapp [59] muß man für ein ausgesprochenes „UV-durchlässiges" Fensterglas eine Durchlässigkeit von mindestens 0,50 (= 50%) für die Wellenlänge 302 μ verlangen.

Für einzementierte Glasbausteine hat B. Long [60] folgende Verfahren angewandt:

Durchlässigkeit. Zwei Ulbrichtsche Kugeln sind so angeordnet, daß man beide durch ein und dasselbe Photometer anvisieren kann. Auf der einen Kugel sitzt zunächst der zu prüfende Baustein, auf der anderen eine Blenden-

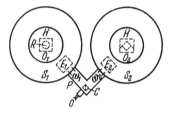

Abb. 2. S_1, S_2 Ulbrichtsche Kugeln 1 m $\emptyset$: P Photometer; C Lummerwürfel; O_1 Öffnung für Glasbaustein; O_2 Öffnung für Blende; W_1, W_2 Öffnungen für Lichtdurchgang; E_1, E_2 Blenden; O Okular; H Halbkugeln aus Opalglas von außen beleuchtet; R Glasbaustein [60].

Abb. 1. Versuchsanordnung zur Messung der Durchlässigkeit von Glasbausteinen mit Ulbrichtschen Kugeln nach B. Long [60].

öffnung mit verschiebbarem Spalt. Diesen stellt man so, daß im Photometer gleiche Helligkeit in beiden Kugeln herrscht. Dann wird der Glasbaustein durch eine Blechscheibe mit einer dem Glasstück entsprechenden Öffnung ersetzt und wieder auf gleiche Helligkeit eingestellt. Das Verhältnis der an der Blende eingestellten freien Flächen ist gleich der Durchlässigkeit des Glasbausteins.

Lichtstärkenverteilungskurven. Ein einzementierter Glasbaustein wird einseitig mit diffusem Licht bestrahlt. Das aus dem Körper austretende Licht mißt man mit einer Photozelle in verschiedenen Winkeln gegen die Hauptachse des Bausteins (automatische Registrierung in Polarkoordinaten ist angegeben). Auf die Lichtausbeute und die Gestalt der Lichtverteilungskurve haben die Form und die Abdeckung der Seitenflächen des Glasbausteins (durch Anstrich oder Verspiegelung) den Haupteinfluß; die Eigenabsorption des Glases spielt fast keine Rolle.

DIN 4229 Tragwerke aus Glasstahlbeton.

β) **Über Signalgläser** vgl. Bestimmungen der Internationalen Beleuchtungskommission (Sitzung [61] vom Juni/Juli 1935) für den Luftverkehr.

Wegen Signalgläsern für den Straßenverkehr vgl. den Fachausschußbericht Nr. 8 der Deutschen Glastechnischen Gesellschaft (1927). Über Kennzeichnung von Farbgläsern nach Farbton, Sättigung und Leuchtdichte s. DIN-Blatt 5033 Farbmessungen.

Englisches Normblatt BS 1376 Farben von Lichtsignalen (1953).

Über US-amerikanische Normverfahren zur Messung und Bezeichnung von Farben s. [62].

γ) **Trübgläser.** Bei Trübgläsern müssen Durchlässigkeit, Reflexion und Absorption auf jeden Fall in der Ulbrichtschen Kugel bestimmt werden. Ein paralleler Lichtstrom fällt senkrecht auf die Probe, die sich an den viereckigen Eintrittsöffnungen der Kugel befindet, wenn die Gesamttransmission gemessen werden soll. Zur Reflexionsmessung fällt der Lichtstrahl durch die Kugel hindurch auf die an der Austrittsöffnung befindliche Probe. Senkrecht zu der Lichtstromrichtung wird ein Fleck der durch das gestreute, reflektierte usw. Licht erhellten Kugel mit dem Photometer anvisiert. Die Gesamttransmission läßt sich noch trennen in diffuse und reguläre. Einzelheiten, vor allem auch die notwendigen Korrekturen, müssen in einer Arbeit von R. G. WEIGEL [63] nachgelesen werden.

Kleine reguläre Transmissionen, die praktisch schon stören können, aber schwer zu messen sind, werden nach C. M. GRISAR [64] folgendermaßen festgestellt. Das zu prüfende Glas wird im Abstand von 30 cm vor eine scharf begrenzte Leuchtfläche von 10 cm² und 0,1 Stilb gehalten und aus einer Entfernung von 40 cm beobachtet. Ein Glas, das die Leuchtfläche nicht mehr erkennen läßt, gilt praktisch als ein solches ohne merkliche reguläre Transmission.

DIN-Blatt 5036, Bewertung und Messung von Beleuchtungsgläsern, dort auch Einteilung der Trübgläser in verschiedene Durchlässigkeitsklassen; evtl. noch DIN 5031, Strahlungsphysik und Lichttechnik.

Das Streuvermögen wird bestimmt (s. [65] und [42]), indem man ein herausgeblendetes paralleles Lichtbündel auf die Probe (Plättchen) fallen läßt und auf der Rückseite unter verschiedenen Winkeln zur Hauptlinienrichtung die Lichtstärke bzw. Leuchtdichte mißt. Bei Trübgläsern ist als „Streuvermögen" festgesetzt das Verhältnis des Mittelwerts der Leuchtdichte unter 20 und 70° zur Leuchtdichte unter 5°. Es beträgt bei Trübgläsern im allgemeinen 0,60 bis 0,90, bei säure- oder sandstrahlmattierten Gläsern etwa 0,05. Die Glasdicke ist bei den Messungen anzugeben. Über die theoretischen Zusammenhänge, Kennzeichnung eines trüben Mediums durch 3 Ziffern, Berechnung der Gesamtdurchlässigkeit (Wirkungsgrad) einer Opakglaskugel aus Durchlässigkeit und Rückstrahlen s. bei v. GÖLER [66]. Über die Kennzeichnung lichtstreuender Gläser vgl. auch Fachausschußbericht 29 der Deutschen Glastechnischen Gesellschaft (1934).

c) Optische Wirkung von Oberflächenfehlern.

Für die qualitative Beurteilung einer Glastafel auf Ebenheit wird eine Schwarz-Weiß-Kante (Fensterkreuz) am besten im Spiegelbild betrachtet; Verzerrungen des Spiegelbilds und Abweichungen der beiden Bilder von Ober- und Unterseite zeigen Unebenheit an. Besser noch läßt sich die Ebenheit im Schattenbild erkennen, das eine weit entfernte Lichtquelle (nahezu paralleles Licht) auf einem Schirm (helle Wand im dunklen Raum) beim Durchfallen durch die Scheibe erzeugt. Die Unebenheiten wirken wie Sammel- bzw. Zerstreuungslinsen und ergeben so ein Muster heller und dunkler Streifen oder Flecken. Der Schirm soll 3 bis 5 m von der Scheibe entfernt sein. Durch Abwinkeln der Scheibe wird die Wirkung noch verstärkt. Nach WEIDERT [67] ist die optische Wirkung der Abweichungen von der Ebenflächigkeit (im Glashandel als „Optik" bezeichnet) gekennzeichnet durch den Differenzialquotienten der Keilwinkeländerung (s. a. F. KERKHOFF [68]). Zur Messung der „Optik" registrierten J. REIL und W. LERCH [69] das Wandern je eines von der Vorder- und Rückseite der Glastafel reflektierten Lichtpunktes während der Verschiebung der Meßanordnung längs der Scheibe. Nach SCHARDIN [70] kann man sich dafür der TOEPLERschen Methode durch Anfärben des abgelenkten Lichts bedienen; die Arbeitstechnik bei diesem Verfahren beschrieb K. DINGER [71]. Oft wird die „Optik" mit Hilfe des Gerätes von WETTHAUER [*72*] gemessen, das den Winkel zwischen dem an der Glasoberseite und dem an der Glasunterseite reflektierten Lichtstrahl zu bestimmen erlaubt. Man müßte allerdings eigentlich nicht diesen Winkel, sondern den mehr oder weniger schnellen Wechsel zwischen dessen Werten messen. Durch Rasterabbildung haben K. EGNER und F. DÜRR [*73*] sowie R. RAMSAUER und A. KRINGS [*74*] die „Optik" von Sicherheitsglas gemessen.

Die normalen technischen Gläser sind im Innern nicht vollkommen homogen; sie zeigen bei genauer Untersuchung in der Regel Bläschen und Schichtung, selten Schlieren (= Fäden), Steinchen oder Knoten. Maßgebend ist in erster Linie die Sichtbarkeit dieser Fehler mit bloßem Auge und die Störung bei der Durchsicht: die Bläschen sind meist zu klein oder zu gering an Zahl, als daß sie auffallen würden; die Schichtung liegt normalerweise wie die Blätter eines Buches angeordnet, so daß man sie nur im Querschnitt, nicht aber in der Durchsicht erkennen kann. Da die Schlieren fast immer von aufgelöstem Feuerfestmaterial, die Schichtung von ungleichmäßig geschmolzenem Gemenge herrühren, haben besonders die erstgenannten vom Normalglas abweichende Zusammensetzung und damit verschiedene Wärmeausdehnung. Die verschiedene Kontraktion beim Abkühlen ergibt Spannungen, die unter dem Spannungsprüfer oder dem Polarisationsmikroskop zu erkennen sind. Sie verschwinden auch bei sorgfältiger Kühlung nicht (Unterschied zu Kühlspannungen).

Bei Steinchen oder Knoten ist im Spannungsprüfer festzustellen, ob das Glas in deren Umgebung stark gespannt ist oder nicht; im letzteren Fall (z. B. bei Entglasungen) besteht keine merklich erhöhte Bruchgefahr, während von (stark gespannten) Schamottesteinchen leicht Sprünge ausgehen. Untersuchungen von Schlieren, Knoten, Steinchen s. A. DIETZEL [*75*] und Fachausschußbericht 37 der Deutschen Glastechnischen Gesellschaft. Besonders sei auch auf die zusammenfassende Behandlung der Glasfehler von H. JEBSEN-MARWEDEL [*76*] verwiesen.

Spanische Normblätter UNE 43009, 43010 und 43011 Glas, Planglas, Prüfung von ebenen Sicherheitsscheiben, Bestimmung der Ebenheit, Sicherheitsflachglas, Untersuchung der Sicherheitsverschlechterung durch äußere Fehler im Glas 1952 bzw. Sichtprüfung 1952.

5. Prüfung elektrischer Eigenschaften.

Die wichtigsten Eigenschaften sind für Glasisolatoren (ähnlich wie bei Porzellanisolatoren) die Leitfähigkeit, Durchschlagsfestigkeit und Kriechstromfestigkeit.

Für Baugläser spielen die elektrischen Eigenschaften nur eine untergeordnete Rolle. Die Prüfungen sind entsprechend denen an Hochspannungsporzellanisolatoren durchzuführen.

ASTM: D 257 (1952) bzw. ASA G 59. 3. Prüfverfahren zur Bestimmung des elektrischen Widerstandes von Isolierstoffen (Versuchsnorm 1952).

6. Akustische Eigenschaften.

Die Frage der Schalldämmung durch Glas ist bei allen Verglasungen grundsätzlich wichtig, besonders bei den als schalldämmend empfohlenen Doppelscheiben, evtl. solchen mit Glasgespinsteinlage, ebenso aber auch bei mit Glaswolle isolierten Wänden [*25*]. (Weiteres in Abschn. XX sowie [*77*] bis [*81*].)

Schrifttum.

[1] KEPPELER, G.: Glastechn. Ber. Bd. 8 (1930) S. 398.
[2] HILLEBRAND, W. F., u. G. E. F. LUNDELL: Applied Inorganic Analysis. New York: John Wiley & Sons 1929.
[3] TREADWELL, F. P.: Kurzes Lehrbuch der analytischen Chemie, 16. Aufl. Leipzig u. Wien: Franz Deuticke 1939.
[4] BERL/LUNGE: Chemisch-technische Untersuchungsmethoden, Hauptwerk und Ergänzungsband. Berlin: Springer 1932 bzw. 1939.
[5] GEILMANN, W., u. Mitarbeiter: Glastechn. Ber. Bd. 7 (1929/30) S. 328 (Cu, Pb); Bd. 8 (1930) S. 404 (Zn); Bd. 9 (1931) S. 274 (F); Bd. 12 (1934) S. 302 (Co, Ni); Bd. 13 (1935) S. 86 (Au); S. 420 (As).
[6] GERLACH, W.: Glastechn. Ber. Bd. 16 (1938) S. 1.
[7] DIETZEL, A.: Glastechn. Ber. Bd. 16 (1938) S. 5.
[8] ROLLWAGEN, W., u. E. SCHILZ: Glastechn. Ber. Bd. 16 (1938) S. 6 u. 10.
[9] ZOELLNER, H.: Glas-Email-Keramo-Technik Bd. 2 (1951) S. 290 u. 378.
[10] HEGEMANN, F.: Ber. dtsch. keram. Ges. Bd. 29 (1952) S. 68/73.
[11] HEGEMANN, F., V. CAIMANN u. H. ZOELLNER: Ber. dtsch. keram. Ges. Bd. 31 (1954) S. 315.
[12] HEGEMANN, F., u. B. PFAB: Glastechn. Ber. Bd. 27 (1954) S. 189.
[13] SCHUHKNECHT, W., u. H. SCHINKEL: Z. anal. Chem. Bd. 143 (1954) S. 21.
[14] MÖLLER, W., u. E. ZSCHIMMER: Sprechsaal Bd. 62 (1929) S. 38.
[15] KEPPELER, G., u. F. HOFFMEISTER: Glastechn. Ber. Bd. 6 (1928/29) S. 76.
[16] JEBSEN-MARWEDEL, H., u. A. BECKER: Glastechn. Ber. Bd. 10 (1932) S. 550.
[17] MYLIUS, F.: Silikat-Z. Bd. 1 (1913) S. 3 — Glastechn. Ber. Bd. 1 (1923) S. 33; Bd. 6 (1928/29) S. 638.
[18] SIMPSON, H. E.: Bull. Amer. ceram. Soc. Bd. 30 (1951) S. 41/45.
[19] LÖFFLER, J.: Glastechn. Ber. Bd. 29 (1956) S. 131 bis 137.
[20] J. Soc. Glass Technol. Bd. 6 (1922) S. 30 — Bull. Amer. ceram. Soc. Bd. 14 (1935) S. 181.
[21] ZSCHACKE, F. H.: Diamant Bd. 61 (1939) S. 21.
[22] ZSCHACKE, F. H.: Glastechn. Ber. Bd. 12 (1934) S. 227.
[23] DIETZEL, A.: Unterscheidung von Flachgläsern. Sprechsaal Bd. 74 (1941) S. 221.
[24] PRESTON, F. W.: Glass Ind. Bd. 26 (1945) Nr. 10, S. 51.
[25] POLIVKA, J.: Glastechn. Ber. Bd. 14 (1936) S. 247 — Tchéco Verre Bd. 2 (1935) S. 173 u. 209ff.; Bd. 3 (1936) S. 11ff. — Ref. Glastechn. Ber. Bd. 14 (1936) S. 228/30.
[26] Glastechn. Ber. Bd. 16 (1938) S. 57.
[27] SCHÖNBORN, H.: Glastechn. Ber. Bd. 15 (1937) S. 57.
[28] HÄNLEIN, W.: Glastechn. Ber. Bd. 10 (1932) S. 126.
[29] LITTLETON, J. T.: J. Amer. ceram. Soc. Bd. 10 (1927) S. 259.
[30] LILLIE, H. R.: J. Amer. ceram. Soc. Bd. 37 (1954) S. 111.
[31] RUSS, A.: Sprechsaal Bd. 61 (1928) S. 887.
[32] FRITZ-SCHMIDT, M., u. G. GEHLHOFF: Glastechn. Ber. Bd. 8 (1930) S. 206.
[33] RENLOS, R.: Rev. Opt. Bd. 10 (1931) S. 266.
[34] SCHOTT, G.: Glastechn. Ber. Bd. 15 (1937) S. 329.
[35] WHITE, W. P.: Chemical Catalog Co. New York 1928.
[36] SCHWIETE, H. E., u. H. WAGNER: Glastechn. Ber. Bd. 10 (1932) S. 26.
[37] SEEKAMP, H.: Z. anorg. Chem. Bd. 195 (1931) S. 345.
[38] HARTMANN, H., u. H. BRANDT: Glastechn. Ber. Bd. 26 (1953) S. 29/33.
[39] KOLKWITZ, R.: Gas- u. Wasserfach Bd. 70 (1927) S. 1118 — Glas u. Appar. Bd. 3 (1932) S. 1 — Aussprache in Natur (1930), Hefte vom 5. April und 24. Mai. Glass Ind. Bd. 11 (1930) S. 203.
[40] TONNE, F.: Besser Bauen. Schorndorf: Karl Hofmann 1954.
[41] THOMAS, M.: Glastechn. Ber. Bd. 12 (1934) S. 253.
[42] BRANDT, H. M.: Glastechn. Ber. Bd. 16 (1938) S. 123 (Dissertation Univ. Berlin 1936).
[43] VÖLKERS, O.: Tafelglasdaten. Frankfurt 1954.
[44] OSTWALD/LUTHER: Hand- u. Hilfsbuch zur Ausführung physikochemischer Messungen, S. 828f. Leipzig: Akadem. Verlagsges. 1931.
[45] GILLAM, A. E., u. R. A. MORTON: J. Soc. chem. Ind. Bd. 46 (1927) S. 415 — Ref. Chem. Zbl. 1 (1928) S. 96.
[46] Licht Bd. 5 (1935) S. 225.
[47] KEITZ, H. A. E.: Lichtberechnungen und Lichtmessungen. Philips techn. Bibliothek. Eindhoven 1951.
[48] WALSH, J. W. T.: Photometry. London 1916.
[49] ESCHER-DESRIVIÈRES, J.: Verres architecturaux et éclairage naturel. Glac. et Verre Bd. 27 (1949) S. 9/11 u. S. 23/25.

[50] Jebsen-Marwedel, H.: Lichtverteilung hinter Flachgläsern. Neue Glaserztg. Bd. 2 (1949) S. 324.
[51] Arndt, W.: Bauwirtsch. 1951, Nr. 47/48, S. 9/12.
[52] Spiekermann, H.: Glasforum 1954, H. 6.
[53] Pahl, A.: Licht Bd. 13 (1943) S. 25/30.
[54] Klemm, A., u. E. Berger: Glastechn. Ber. Bd. 13 (1935) S. 349/68.
[55] Löffler, J.: Fachausschußber. dtsch. Glastechn. Ges. 1937, Nr. 41.
[56] Taylor, A. K., u. C. J. W. Grieveson: Dep. scient. Ind. Res. Illum. Res. Pap. Nr. 2, Ref. Glastechn. Ber. Bd. 9 (1931) S. 365.
[57] Arndt, W.: Glastechn. Ber. Bd. 15 (1937) S. 428.
[58] Freytag, H.: Glastechn. Ber. Bd. 19 (1941) S. 353.
[59] Knapp, O.: Glashütte Bd. 68 (1938) S. 202.
[60] Long, B.: Glastechn. Ber. Bd. 13 (1935) S. 8.
[61] Glastechn. Ber. Bd. 14 (1936) S. 287.
[62] J. opt. Soc. Amer. Bd. 41 (1951) Nr. 7, S. 341/439.
[63] Ott, R. G., u. W. Ott: Z. Instrumentenkde. Bd. 51 (1931) S. 1/19, 61/77.
[64] Nach R. G. Weigel: Glastechn. Ber. Bd. 10 (1932) S. 334.
[65] Weigel, R. G.: Glastechn. Ber. Bd. 10 (1932) S. 307.
[66] Göler, Frhr. v.: Glastechn. Ber. Bd. 9 (1931) S. 660/65.
[67] Weidert, F.: Glastechn. Ber. Bd. 17 (1939) S. 167.
[68] Kerkhoff, F.: Glastechn. Ber. Bd. 25 (1952) S. 71 u. 416.
[69] Reil, J., u. W. Lerch: Glastechn. Ber. Bd. 18 (1940) S. 113.
[70] Schardin, H., u. G. Stamm: Glastechn. Ber. Bd. 20 (1942) S. 249.
[71] Dinger, K.: Glastechn. Ber. Bd. 27 (1954) S. 287.
[72] Es konnte nicht festgestellt werden, ob das Gerät von Wetthauer in der Literatur beschrieben ist. Hergestellt von F. Körner, München 59.
[73] Egner, K., u. F. Dürr: ATZ Bd. 55 (1953) S. 256/58.
[74] Ramsauer, R., u. A. Krings; ATZ Bd. 57 (1955) S. 335 bis 338.
[75] Dietzel, A.: Sprechsaal Bd. 66 (1933) S. 837.
[76] Jebsen-Marwedel, H.: Glastechn. Fabrikationsfehler. Berlin: Springer 1936.
[77] Meyer, E.: Glastechn. Ber. Bd. 10 (1932) S. 200.
[78] Jebsen-Marwedel, H.: Tafelglas. Essen: Giradet 1950.
[79] Zeller, W.: Baulicher Schallschutz. Stuttgart 1948 (Das kleine Baufachbuch Nr. 19).
[80] Beranek, L. L.: Acustics Measurements. New York: John Wiley & Sons.
[81] Gruzelle, R.: Glac. et Verre Bd. 22 (1948) S. 19/21.

B. Prüfung der mechanischen Eigenschaften der Baugläser.

Von K. Egner und F. Kaufmann, Stuttgart.

Bei Baugläsern[1] sind je nach dem Verwendungszweck folgende mechanischen Eigenschaften von Bedeutung:

1. Zugfestigkeit; 2. Druckfestigkeit; 3. Biegefestigkeit; 4. Schlagfestigkeit; 5. Dauerfestigkeit; 6. innere Spannungen; 7. Elastizität; 8. Abnutzung; 9. Oberflächenhärte; 10. Wetterbeständigkeit; 11. Temperaturwechselbeständigkeit; 12. Widerstandsfähigkeit im Feuer.

1. Prüfung der Zugfestigkeit.

Reine Zugbeanspruchungen sind bei Baugläsern selten. Die Ermittlung der Zugfestigkeit hat jedoch grundsätzliche Bedeutung, weil der Bruch eines Glases stets durch örtliche Überschreitung der Zugfestigkeit entsteht [1], [2], [3], [4] und weil die festigkeitsbestimmenden Einflüsse, die bei allen später aufgeführten Verfahren zu beachten sind, durch Zugversuche sehr deutlich gezeigt werden

---

[1] Im folgenden werden auch die Sicherheitsgläser behandelt, da sie heute im Bauwesen häufig zur Anwendung kommen.

können, auf diese Weise auch bereits eingehend untersucht worden sind. Die Prüfung erfolgt meist an dünnen, ausgezogenen Stäben mit 1,4 mm ∅ oder an Glasfäden, die an den Enden kugelförmig verdickt sind [5]. Es ist schwierig, die Proben frei von inneren Spannungen herzustellen; auch entstehen bei der Prüfung leicht Nebenspannungen. Die Versuchswerte haben infolgedessen einen erheblichen Streubereich, der jedoch kleiner ist als bei den anderen Prüfverfahren für Glas [6].

Zugversuche mit größeren Probekörpern können nach dem von KRUG [7] angewendeten Verfahren durchgeführt werden. Die Form der Zugstäbe ist aus Abb. 1 zu ersehen. Die Befestigung in den Spannköpfen erfolgt mit einer Mischung aus Magnesit und Chlormagnesiumlauge. Bei Prüfungen in einer normalen Zerreiß-

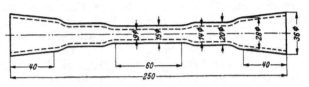

Abb. 1. Probekörper für Zugversuche nach KRUG [7].

maschine ergab die Messung der Längsdehnung an zwei gegenüberliegenden Seiten, daß der Probekörper bei sorgfältigem Einbau mittige Belastung erhielt.

Die an den Bruchflächen sichtbaren Spiegel entstehen durch Fehlstellen; je kleiner der Spiegel, desto höher ist die Festigkeit. Die spiegelnde Fläche verläuft senkrecht zur größten Zugspannung. Über elektronenmikroskopische Untersuchungen an Glasbruchflächen, die bis in Dimensionen von 0,1 μ keine Hinweise auf ein plastisches Bruchverhalten des Glases geben, haben KERKHOF und Mitarbeiter [8], außerdem BATES und BLACK [9] berichtet.

Kerben an den Oberflächen werden am besten durch eine geeignete Vergütung (Schleifen, besser Ätzen oder Feuerpolitur) vermieden. Geschliffene Gläser haben größere Kerben als nichtgeschliffene Gläser. Größe der Probekörper, Behandlung der Oberfläche, Versuchstemperatur, Belastungsgeschwindigkeit und Art des umgebenden Mediums sind von Einfluß auf die Versuchswerte und deshalb sorgfältig zu beachten [3]. Für die Abhängigkeit der Zugfestigkeit σ_z gezogener Glasstäbe von der Belastungsgeschwindigkeit v hat APELT [10] die Beziehung $\sigma_z = A + B \log v$ angegeben (A und B sind Konstanten). Für die Feststellung der Zugfestigkeit und Dehnung von Glasfäden, die im Bauwesen in Dämmstoffen und glasfaserverstärkten Kunststoffen immer mehr an Bedeutung gewinnen, ist nach den Untersuchungen von KOCH und SATLOW [11] eine Probenzahl von 75 erforderlich, wenn der wahrscheinliche Fehler 2% nicht überschreiten soll; die Glasfäden werden zur Vermeidung von Brüchen an der Einspannung zweckmäßig in Papierrähmchen mit einer freien Einspannlänge von mindestens 10 mm eingeklebt (vgl. a. unter 7). Zur Prüfung gewässerter Glasfäden müssen nach KOCH [12] Sonderklebstoffe und -papiere angewendet werden.

2. Prüfung der Druckfestigkeit.

Im Bauwerk entstehen Druckspannungen z. B. bei Glasbausteinen durch unmittelbare Belastung, bei Betongläsern durch Schwindspannungen und bei biegebelasteten Gläsern in der jeweiligen Druckzone. Da die Druckfestigkeit der Gläser verhältnismäßig hoch ist (bis zu 10000 kg/cm²), ist eine Zerstörung durch Überschreiten der Druckfestigkeit bei Gläsern selten.

Die Druckfestigkeit des Glases wird an Würfeln oder Prismen ermittelt, die zwischen ebenen, geschliffenen Stahlplatten bis zum Bruch belastet werden.

Die Druckflächen müssen sorgfältig eben und parallel geschliffen sein, damit die ganze Querschnittsfläche gleichmäßig belastet ist. Wenn die Druckflächen des Glases und der Stahlplatten nicht sehr genau bearbeitet sind, oder wenn die Belastung nicht zentrisch wirkt, entstehen örtliche Überbeanspruchungen und man erhält wesentlich verminderte Druckfestigkeiten [13]. Unter der Höchstlast berstet das Glas mit lautem Knall auseinander. Die Druckfestigkeit ist wegen der inneren Spannungen und der Fehlstellen von der Größe des Probekörpers abhängig [7], [14], [15].

Bei Glasbausteinen für Mauerwerk kann zunächst die Tragfähigkeit der einzelnen Steine durch unmittelbare Druckbelastung bestimmt werden. Die Druckkraft muß in der gleichen Richtung wie im Bauwerk auf die sorgfältig eben und parallel geschliffenen Druckflächen wirken.

Zur Prüfung der Glasbausteine im Verband wird eine Mauer hergestellt entsprechend den Verhältnissen im Bauwerk. Unten und oben wird eine Schicht aus fettem Zementmörtel aufgebracht, die gegen gehobelte Stahlplatten erhärtet, so daß ebene und parallele Druckflächen entstehen. Die Größe dieser Mauerwerkskörper sollte möglichst den Abmessungen im Bauwerk entsprechen.

Betongläser, die z. B. als Oberlichter in Betondecken eingebaut werden, prüft man am besten durch Beobachtung im Bauwerk, weil die möglichen Schwindspannungen des Betons nur schwer nachgeahmt werden können. Zu Vergleichsversuchen wäre allerdings ein Kurzprüfverfahren für die Ermittlung des Verhaltens der Gläser im Bauwerk wünschenswert, um über die günstigste Gestaltung der Betongläser versuchsmäßige Unterlagen zu erhalten [16].

3. Prüfung der Biegefestigkeit.

Am häufigsten werden die Baugläser, vor allem die Tafelgläser, durch Biegung beansprucht. Das Eigengewicht, der Wind- und Schneedruck, sowie unmittelbare Belastungen verschiedenster Art erzeugen je nach den Einbauverhältnissen Biegebeanspruchungen, gegen die das Glas wegen der damit verbundenen Zugspannungen nur verhältnismäßig geringe Widerstandsfähigkeit aufweist. Zur Vermeidung von Schäden ist es daher besonders wichtig, die im Bauwerk zu erwartende Biegefestigkeit der Gläser zu kennen bzw. durch Prüfung zu ermitteln. Biegeversuche eignen sich im übrigen hervorragend als Werks- und Abnahmeprüfungen für Tafelgläser.

Von den zahlreichen Verfahren zur Ermittlung der Biegefestigkeit sind diejenigen zu bevorzugen, die den jeweiligen Verhältnissen im Bauwerk am besten entsprechen, so daß eine möglichst einfache Vorausbestimmung der Tragfähigkeit bei der späteren Verwendung möglich ist. Das im Einzelfall anzuwendende Prüfverfahren muß deshalb dem Verwendungszweck des Glases angepaßt sein. Bei der Wahl der Prüfbedingungen sind grundsätzlich folgende Punkte zu beachten [17], [18]:

a) Art der Auflagerung: Zweiseitig oder allseitig, eingespannt oder frei aufliegend, harte oder weiche Auflagerflächen. Für Vergleichsuntersuchungen der Baustoffeigenschaften ist allseitige Auflagerung von frei auf weichen Auflagern (Zwischenschichten) liegenden Proben vorzuziehen.

b) Art der Belastungsanordnung: Gleichmäßig verteilte, konzentrierte oder Streifenbelastung. Für die Prüfung der Baustoffeigenschaften an allseitig aufgelagerten Proben ist gleichmäßig verteilte Belastung empfehlenswert.

c) Belastungsgeschwindigkeit: Langsam und gleichmäßig oder stufenweise bis zum Bruch [19]; Dauerbeanspruchung durch ruhende oder wechselnde Belastung.

d) Dicke der Probekörper: Grundsätzlich sollen die Gläser in der zur Anwendung kommenden Dicke geprüft werden.

e) Größe der Probekörper: Möglichst den Verhältnissen im Bauwerk entsprechend oder aber vereinbarte Einheitsgröße, wozu Umrechnungswerte für andere Plattengrößen bekannt oder noch festzustellen sind. Einheitsgrößen können mit Vorteil bei Vergleichsversuchen mit verschiedenen Glassorten und bei Abnahmeversuchen angewendet werden. Die jeweils ermittelte Biegefestigkeit darf stets nur unter Berücksichtigung des Prüfverfahrens bewertet werden.

f) Beschaffenheit der Kanten: Bei zweiseitiger Auflagerung Schnittkanten mit Ritzseite in der Zug- oder Druckzone. Kanten geschliffen oder poliert.

g) Einfluß der äußeren Umgebung: Die Oberfläche der Proben soll im Regelfalle völlig trocken sein, da Feuchtigkeitsschichten auf den Gläsern die Festigkeit wesentlich verringern [20], [21], [22], [23].

h) Zahl der Probekörper: Da besonders bei Baugläsern stets mehr oder minder erhebliche Unterschiede der Festigkeitswerte auftreten, ist eine größere Zahl von Probekörpern als bei den meisten anderen Baustoffen erforderlich, um einen genügend sicheren Mittelwert zu erhalten. Es sind mindestens fünf Probekörper der gleichen Art zu prüfen; 10, 15 oder mehr Probekörper sollten geprüft werden [6], wenn mit kleinerer Probenzahl der wahrscheinliche Fehler des Mittelwertes [24], [25] größer als $\pm 5\%$ ist. Neben der Anzahl der Proben und den ermittelten Größt- und Kleinstwerten in der jeweiligen Versuchsreihe ist stets auch der wahrscheinliche Fehler anzugeben, weil diese Zahlen ein Maß für die Gleichmäßigkeit des geprüften Glases sind.

a) Prüfverfahren mit kleinen Probestäben.

Die Biegefestigkeit des Glases als Werk- und Baustoff wird oft an kleinen Stäben festgestellt, bei denen durch sorgfältige Kühlung und Behandlung der Oberfläche die inneren Spannungen und die äußeren Fehlstellen weitgehend ausgeschaltet sind.

In den USA werden nach ASTM Design. C 158—43 (Standard Method of Flexure Testing of Glass) entweder mindestens rd. 250 mm lange Rundstäbe mit 9,5 mm ($\pm 0,8$ mm) $\varnothing$ oder gleich lange Proben aus Flachglas von rd. 6,3 mm ($\pm 0,8$ mm) Dicke und 38,1 mm ($\pm 0,8$ mm) Breite bei einer Auflagerentfernung von rd. 203 mm durch eine Mittenlast bei gleichbleibender Belastungsgeschwindigkeit von 7,0 ($\pm 0,7$) kg/mm² min geprüft. Die Proben müssen gut gekühlt sein, so daß im Innern nicht mehr als rd. 14 kg/cm² Zugspannung, an der Oberfläche nicht mehr als rd. 28 kg/cm² Druckspannung vorliegt (über die Feststellung der inneren Spannungen vgl. unter 6). Die Auflager und das Druckstück sollen aus Messing oder weichem Stahl bestehen und schneidenförmig mit Rundungshalbmessern von rd. 1,6 mm ausgebildet sein. In jedem Falle sind 30 Proben zu prüfen. Die Flachglasproben sollen zu gleichen Teilen in zwei senkrecht zueinander liegenden Richtungen aus Tafeln geschnitten sein; es dürfen nur Schnittkanten vorliegen (keine Probe darf eine ursprüngliche Kante der Tafeln enthalten; Längskanten der Proben auf derselben Glasseite geschnitten; es ist anzugeben, ob Ritzseite in Druck- oder Zugzone gelegt wurde).

Bei früheren englischen Versuchen [26], [27], [28] mit Glasstreifen von 100 mm Länge und 8 mm Breite, die auf schneidenförmigen Auflagern mit 76 mm Abstand durch eine Mittenlast (Belastung durch einlaufenden Bleischrot) belastet wurden, hat sich bei feuerpolierten Kanten etwa die doppelte Biegefestigkeit (rd. 1100 kg/cm²) gegenüber geschliffenen Kanten (Schnittkanten in der Zugzone) ergeben. Die Übertragung der Versuchsergebnisse auf andere Streifenbreiten soll nach der Gleichung

$$\sigma_{lB} = a + \frac{b}{d}$$

mit $d =$ Streifenbreite, a und $b =$ Konstanten, möglich sein.

b) Prüfverfahren zur Ermittlung der Tragfähigkeit im Bauwerk.

Die Baustoff-Forschung hat neben den physikalischen Untersuchungen das praktische Verhalten des Glases zu erkunden, um Schäden zu vermeiden und eine möglichst zweckmäßige Anwendung zu sichern. Dazu muß die Biegefestigkeit des Glases unter praktischen Verhältnissen bekannt sein. Die langjährige Anwendung des Glases hat im allgemeinen über Bewährung oder Nicht-

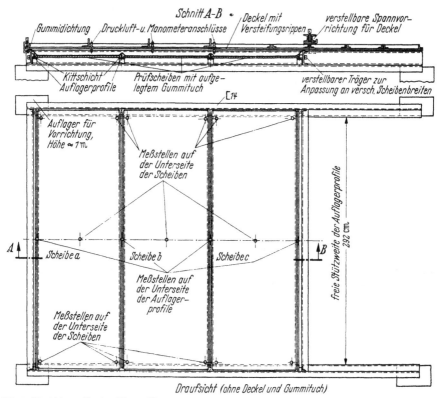

Abb. 2. Einrichtung für die Biegeprüfung von drei nebeneinander auf Sprossen verlegten Drahtglasscheiben
(Belastung durch Druckluft).

bewährung der meisten Glassorten bereits entschieden. Zur möglichst wirtschaftlichen Ausnutzung und zur Weiterentwicklung dieses Baustoffs ist es jedoch erforderlich, die Biegefestigkeit näher zu bestimmen. Die Prüfverfahren für Gläser ändern sich mit deren Verwendungszweck. Einheitliche Verfahren sind für Baugläser mit Ausnahme der auch im Bauwesen zunehmend angewendeten Sicherheitsgläser (vgl. hierzu unter c α) noch nicht vereinbart. Je mehr die Prüfverfahren den im Bauwerk auftretenden Verhältnissen entsprechen, desto besser sind sie. Im einzelnen sind folgende Prüfungsarten bekanntgeworden.

α) *Prüfung der Tragfähigkeit von Glasdächern.*

Glasplatten in den handelsüblichen Abmessungen sind entsprechend den Verhältnissen in den Bauwerken auf stählernen Sprossen zu verlegen. Zweckmäßig werden drei Felder angeordnet, die gemeinsam durch Wasser oder durch Druckluft bis zum Bruch belastet werden können. Von GRAF [*29*] vorgenommene Versuche dieser Art mit ruhender Belastung durch Wasser lieferten die ersten zahlenmäßigen Unterlagen über die im Bauwerk zu erwartende Tragfähigkeit und Biegefestigkeit der Gläser. Bei neueren Versuchen in der Forschungs- und Materialprüfungsanstalt für das Bauwesen in Stuttgart hat sich die Belastung durch Druckluft unter Verwendung eines großen Gummituches und einer biegesteifen Abdeckplatte (Deckel mit Versteifungsrippen) nach Abb. 2 bewährt [*30*].

β) *Prüfung der Tragfähigkeit von Glasplatten und Betongläsern in Stahlbetondecken.*

Unterlagen, die unmittelbar auf Platten im Bauwerk übertragen werden können, werden mit einer Versuchsanordnung gewonnen, wie sie GRAF [*31*], [*32*] bei der Prüfung von Rohgläsern verschiedener Dicke angewendet hat. Diese Rohgläser waren in 12 cm dicke Stahlbetonplatten einbetoniert, die mit 200 cm Stützweite allseitig aufgelagert wurden. Die Glasplatten sind durch eine Einzellast oder durch vier gleichmäßig verteilte Einzellasten beansprucht worden. Eine ähnliche Versuchsanordnung hat CRAEMER [*33*], [*34*] für die Prüfung von Betongläsern in Stahlbetonplatten gewählt.

Derartige Versuche geben einen Einblick in das Zusammenwirken der einzelnen Bauteile, ermöglichen Angaben über die zulässigen Beanspruchungen und zeigen die Stellen, wo Verbesserungen erforderlich oder erwünscht sind.

c) Kurzprüfungen zur Ermittlung der Biegefestigkeit von Glasplatten.

Die dritte und größte Gruppe der Prüfverfahren dient hauptsächlich der Aufgabe, einen Vergleich der Festigkeitseigenschaften verschiedener Glassorten zu ermöglichen. Zur Auswahl aus verschiedenen Herstellungen, zur Beurteilung der Gleichmäßigkeit der Lieferungen, zur Nachprüfung der vorgeschriebenen Festigkeit u. a. genügen Versuche an Proben, die aus größeren Tafeln herausgeschnitten worden sind.

α) *Zweiseitig gelagerte Proben.*

Die Mehrzahl der Prüfungen der Biegefestigkeit von Glasplatten ist in der Vergangenheit mit zweiseitiger Auflagerung durchgeführt worden. Im Bauwerk ist diese Auflagerung hauptsächlich bei Glasdächern vorhanden. Schon frühzeitig wurde erkannt, daß die Prüfergebnisse von der Beschaffenheit der Längskanten abhängig sind. Durch mannigfaltige Bearbeitung dieser Kanten wurde versucht, die Kerbwirkung der Ränder aufzuheben. Das beste Ergebnis fand sich bei feuerpolierten Kanten [*26*], [*27*], [*28*].

Bei der häufig gewählten Belastung durch eine einzelne Last zwischen den Auflagern (Mittenbelastung) wird praktisch nur ein schmaler Streifen des Glases im Bereich des größten Biegemoments geprüft. Es ist besser, zwei Laststellen anzuordnen, so daß über eine größere Fläche (Abschnitt zwischen den beiden Laststellen) ein gleich großes Biegemoment wirkt.

Die Breite der Probekörper ist von grundlegender Bedeutung. Mit zunehmender Breite nimmt bei gewöhnlichen Tafelgläsern die Biegefestigkeit ab[1], wie zahlreiche Untersuchungen an Tafelgläsern mit Breiten zwischen 8 und 870 mm ergeben haben [18], [26], [27], [28], [36], [37]. Eine eindeutige Beziehung, die den Einfluß der Breite auf die Biegefestigkeit erkennen läßt, ist noch nicht bekannt, vor allem, weil die Kerbwirkungen an den Längskanten nicht ganz ausgeschaltet werden konnten.

Nach der noch gültigen DIN 52302 soll bei Sicherheitsgläsern für Fahrzeugverglasung der Biegeversuch an Proben mit den Abmessungen 300 mm × 300 mm bei 200 mm Stützweite und Mittenbelastung vorgenommen werden; dieselben Vorschriften gelten seit 1946 in Frankreich (NF: B 32—511) und seit 1953 in Spanien (UNE 43026) mit nur geringen Abweichungen in Einzelheiten. Die Prüfbestimmung nach DIN 52302 soll durch den 1955 ausgearbeiteten Entwurf DIN 52303 — Prüfung von Sicherheitsglas, Biegeversuch — abgelöst werden, der wesentlich größere Probenabmessungen (1100 mm ± 50 mm Länge, 360 mm ± 5 mm Breite) bei Zweilastanordnung gemäß Abb. 3, vorsieht. Zu jeder Prüfung sind mindestens fünf Proben mit geschliffenen („feinjustierten") Kanten erforderlich. Die Laststeigerung soll stetig entsprechend einer Zunahme der Biegebeanspruchung von rd. 250 kg/cm² min erfolgen; wenn bei der Prüfung auch die Durch-

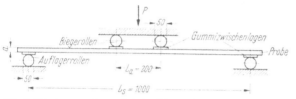

Abb. 3. Belastungsanordnung bei der Biegeprüfung von Sicherheitsgläsern nach Entwurf DIN 52303.

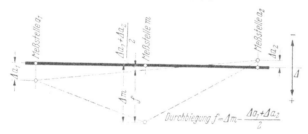

Abb. 4. Ermittlung der Durchbiegung bei Sicherheitsgläsern nach Entwurf DIN 52303.

biegungscharakteristik der Proben bestimmt werden soll, wird die Last stufenweise aufgebracht und bei jeder Stufe nach gleichbleibender Lasteinwirkung von 1 min Dauer die Einsenkung Δm in Längsmitte und Δa_1 bzw. Δa_2 an den beiden Auflagern zur einwandfreien Ermittlung der Durchbiegung gemäß Abb. 4 gemessen (Einsenkungen jeweils in Breitenmitte, Messung unter Verwendung von Meßuhren gegenüber einem starren Auflagetisch). Werden Entlastungen auf eine Grundlast nach jeder Stufe mit zugehörigen Messungen vorgenommen, so kann der Elastizitätsmodul der federnden Formänderungen bestimmt werden (vgl. hierzu unter 7).

β) Allseitig gelagerte Platten.

Der Einfluß der Glaskanten läßt sich am einfachsten ausschalten, wenn die Platten allseitig aufgelagert werden, weil dabei die größten Biegespannungen in der Plattenmitte auftreten. Die Probekörper können entweder kreisrund oder quadratisch sein. Allerdings entsteht bei dieser Prüfart ein zweiachsiger Spannungszustand, was bei der Beurteilung der Festigkeitsergebnisse zu beachten ist [38], [39]. Für Vergleichsversuche ist diese Prüfart jedoch gut brauchbar.

---

[1] Nach SMEKAL [35] ist die Zerreißfestigkeit des Glases an sich unabhängig vom Querschnitt. Die Unterschiede entstehen durch Fehler und Kerbwirkungen, die mit zunehmenden Plattenabmessungen größer werden. Für die Ermittlung der Tragfähigkeit von Glasscheiben muß allerdings der Einfluß der Plattengröße genau beachtet werden.

Unter Verwendung von Prüfeinrichtungen nach Abb. 5 hat GRAF [40] quadratische Platten mit Seitenlängen von 20 bzw. 70 cm und Auflagerentfernungen von 18 bzw. 66 cm untersucht. Bei den kleinen Platten war zwischen Auflager und Glas ein weicher Flachgummistreifen eingelegt. Die großen Platten wurden wegen unvermeidlichen Unebenheiten jeweils in ein Gipsbett gelegt zur Erzielung gleichmäßiger Auflagerung. Bei großen geschliffenen Platten sind allerdings auch Gummizwischenlagen brauchbar (vgl. hierzu auch Abb. 3). Die Einrichtung für Platten mit 20 cm Seitenlänge ist für Vergleichs- und Abnahmeversuche und für Werkskontrollen geeignet. Ein einheitliches Kurzprüfverfahren dieser Art fehlt bislang noch immer für Baugläser; mit Hilfe eines solchen Einheitsverfahrens könnten vergleichbare Unterlagen über die dabei sich ergebenden Festigkeitswerte gesammelt werden, die wiederum zur Aufstellung von Güteforderungen auswertbar wären. Ferner könnten durch zusätzliche Feststellungen die Beziehungen zu der jeweils im Bauwerk möglichen Tragfähigkeit ermittelt werden. Damit wäre auch für Baugläser die Gewährleistung einer

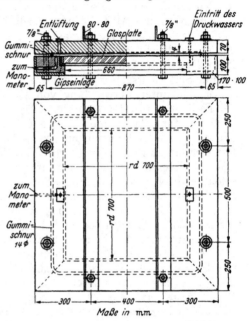

Abb. 5. Einrichtung zur Biegeprüfung von Tafelgläsern mit 70 cm Kantenlänge nach GRAF [40].

bestimmten, nachprüfbaren mechanischen Festigkeit möglich, wie dies bei fast allen anderen Baustoffen schon lange selbstverständlich ist.

Ein interessantes neues Verfahren zur Bestimmung der Biegefestigkeit von Tafelglas durch Messung der Krümmung am Ort des Bruchs unter Verwendung der Schlierenmethode [41] haben SCHARDIN und KERKHOF [39] neuerdings entwickelt. Allerdings müssen hierzu jeweils der Elastizitätsmodul und die POISSON-Konstante m des zu prüfenden Glases neben der Plattendicke mit großer Genauigkeit bekannt sein oder an mehreren Plattenproben ermittelt werden. Das Prüfverfahren, nach dem gleichmäßig aufliegende kreisförmige Glasplatten von 40 bis 320 mm ⌀ mit Hilfe von Wasserdruckbelastung untersucht wurden, gestattet die Ermittlung der Biegefestigkeit in dem Punkt, an dem der Bruch tatsächlich erfolgt, mit einer Genauigkeit des Mittelwerts von rd. 3% bei 15 Messungen, sofern der Elastizitätsmodul mit 1 bis 2%, die POISSON-Konstante mit 3 bis 5% und die Plattendicke mit 1% Höchstwert des mittleren Fehlers des Mittelwerts bekannt sind.

4. Prüfung der Schlagfestigkeit.

Bei Baugläsern treten häufig schlagartige Beanspruchungen auf, gegen die das Glas möglichst hohe Widerstandsfähigkeit aufweisen sollte; vorwiegend handelt es sich dabei um Biegebeanspruchungen mit sehr hoher Belastungsgeschwindigkeit. Bei Schlagversuchen ist einheitliche Durchführung besonders wichtig, weil mit zunehmender Fallhöhe die kinetische Energie und gleichzeitig die Auftreffgeschwindigkeit steigt, und weil die vom Glas aufzunehmende Arbeit von der Nachgiebigkeit der Auflager und des Glases abhängt. Es kann sich deshalb bei Schlagversuchen nur um Vergleichsprüfungen handeln.

Für die Durchführung der Schlagversuche sind quadratische Glasplatten mit den Abmessungen 5 cm × 5 cm [42] und 20 cm × 20 cm [40] vorgeschlagen worden; nach beiden Vorschlägen sollen Gummizwischenlagen am Auflager verwendet werden. Als Fallgewichte sollen kugelförmige Stahlkörper Anwendung finden, nach einem Vorschlag auch Schallplattennadeln [42], [43]. Eine Einigung auf ein einheitliches Verfahren, das vergleichbare Ergebnisse erwarten läßt, ist bislang nicht erfolgt.

Für Sicherheitsgläser zu Fahrzeugverglasungen ist in DIN 52302 der Kugelfallversuch unter Verwendung von Kugellagerkugeln von 769 ± 2 g Gewicht bei Fallhöhen von 1500 mm für Gläser von 4,5 bis 5,5 mm Dicke bzw. von 2000 mm für Gläser von 5,5 bis 6,5 mm Gesamtdicke vorgeschrieben. Die Proben mit den Abmessungen 300 mm × 300 mm müssen auf Stahlkästen mit festgelegtem Aufbau über 1 mm dicke Weichgummistreifen aufgelegt werden. Auch auf diesem Gebiet ist eine internationale Normung bis jetzt noch nicht erfolgt. Kugelgewichte G, Fallhöhen h und Seitenlängen a der Proben sind in den Ländern, die zugehörige Normvorschriften erlassen haben, verschieden (Frankreich $G = 250$ bzw. 500 g, h je nach Art der Sicherheitsgläser vorgeschrieben, z. T. nach jedem Schlag um 250 mm bis zum Bruch gesteigert, $a = 300$ mm bzw. bei handelsüblichen Gläsern Auflagerabstand 500 mm; vgl. NF: B 32—504 bis 509; Niederlande $G = 226$ g, $h = 4,88$ m, $a = 300$ mm; vgl. Entwurf Prüfung V 3060; Spanien $G = 250$ bzw. 500 g, h je nach Art der Sicherheitsgläser vorgeschrieben, z. T. nach jedem Schlag um 300 mm bis zum Bruch gesteigert, $a = 300$ mm; vgl. UNE = 43017 und 43018; Vereinigte Staaten $G = 227$ g, $h = 9,15$ m, $a = 300$ mm; vgl. ASA Z 26.1—1950). Bei Verbund-Sicherheitsgläsern ist außerdem die Kugelfallprüfung an Proben mit verschiedener Temperatur (zwischen $-21°$ und $+40°$ nach DIN 52302, in verschiedenen Ländern auch bis $+50°$) zur Erkundung des Verhaltens der Klebeschicht vorgeschrieben.

Als Fallkörper werden zur Prüfung von Sicherheitsgläsern außerdem in verschiedenen Ländern ein rd. 5 kg schwerer Schrotsack (Lederbeutel von rd. 150 mm ⌀ in vorgeschriebener Ausführung mit Bleischrotfüllung; vgl. ASA Z 26.1—1950, NF: B 32—522 und UNE 43019) und ein Pfeil von rd. 200 g Gewicht mit einer 3 mm-Stahlkugel als Spitze (vgl. ASA Z 26.1—1950, NF: B 32—511 und UNE 43020) verwendet.

Bei der Durchführung von Schlagversuchen, besonders bei Sicherheitsgläsern, ist nach Haward [44] der Einfluß der Schlaggeschwindigkeit zu beachten.

Für Sonderanwendungen wird die Schußfestigkeit der Gläser ermittelt [45]; zugehörige Untersuchungen [46], [47] ergaben eine Geschwindigkeit der Bruchausbreitung von rd. 1500 m/sek.

Bei Dauerschlagversuchen fand sich, daß das Glas unterhalb der Elastizitätsgrenze unempfindlich ist gegen die Anzahl der Schläge [48].

5. Prüfung der Dauerfestigkeit.

Im Bauwerk werden die Gläser sehr häufig lang dauernden, gleichmäßigen Belastungen ausgesetzt, z. B. bei Dächern durch das Eigengewicht und durch Schnee. Auch treten rasch wechselnde Belastungen auf, z. B. durch Windstöße, durch Erschütterungen usw. Es ist bekannt, daß mit zunehmender Belastungsdauer die Festigkeit der Gläser absinkt [10], [49], [50], [51], [52]. Entsprechende

Versuche sind mit Glasstäbchen, Glasplatten und Flaschen ausgeführt worden. Entweder wurde dabei die Belastungsgeschwindigkeit in weiten Grenzen ge- ändert oder es wirkte eine ruhende Belastung über längere Zeit. Für die Ab- hängigkeit der Bruchlast p von der Belastungsdauer t geben HOLLAND und TURNER [53] die Beziehung $\log t = a + b \log p$ an, während PRESTON und GLATHART [54] aus systematischen Feststellungen der Biegefestigkeit σ_B von Glasstreifen, die PRESTON und BAKER [55] vorgenommen hatten, die Beziehung $1/\sigma_B = a + m \log t$ fanden. Zu derartigen Feststellungen werden vorzugsweise Glasröhrchen oder Glasstäbe auf zwei Schneiden gelegt und in der Mitte be- lastet, am einfachsten durch Anhängen von Gefäßen, die mit Wasser oder Schrot gefüllt sind. Bei dieser Anordnung können viele Stäbe gleichzeitig geprüft werden [56]. Es ist jedoch darauf zu achten, daß durch Erschütterung der Ge- bäude oder durch brechende Probekörper keine zusätzlichen Beanspruchungen entstehen können. Die Art der Lagerung der Stäbe vor der Prüfung, das Klima im Prüfraum und damit zusammenhängend die Benetzung der Staboberfläche während der Prüfung üben nach BAKER und PRESTON [56] einen wesentlichen Einfluß auf das Prüfergebnis aus.

Versuche mit größeren Probekörpern, nämlich quadratischen Spiegelglas- platten von 20 cm Seitenlänge, hat GRAF [17], [57] bei allseitiger Auflagerung und gleichmäßig verteilter Belastung (Druckwasser) vorgenommen. Der Wasser- druck kann bei solchen Anordnungen durch einen Zylinder und Kolben mit unmittelbarer Gewichtsbelastung eingestellt werden. Beim Anschluß an Druck- wassersysteme sind mehrstufige Reduzierventile brauchbar, wenn sie sorgfältig überwacht werden.

Versuche mit oftmals wiederholter Belastung von Baugläsern in praxisnahen Abmessungen sind noch nicht bekanntgeworden[1]. Nach Dauerversuchen mit wechselnder Belastung, die GURNEY und PEARSON [58] an Glasstäben durch- führten, soll Glas bei wechselnder Belastung nicht schneller ermüden als bei statischer Belastung.

6. Prüfung der inneren Spannungen.

Gläser, die bei ihrer Herstellung nicht sehr sorgfältig gekühlt worden sind, weisen innere Spannungen als Vorspannungen auf, schon ehe die Betriebs- spannungen aufgebracht werden (vgl. S. 592). Wenn die Vorspannungen mit den Betriebsspannungen gleichgerichtet sind, summieren sich die Spannungswerte, so daß die Gläser schon bei geringen Belastungen zerstört werden[2]. Da Glas unter Spannungen doppelbrechend wird, kann die Verteilung und Größe der Spannungen in polarisiertem Licht ermittelt werden. Die Zahl der auftretenden Isochromaten, d. h. der Linien gleicher Phasenverschiebung, ist bei ein und derselben Glasdicke der Größe der Spannungen proportional [61]. Die tatsäch- liche Größe dieser Spannungen ist durch Messungen auf einer optischen Bank unter Zuhilfenahme sog. NICOLscher Prismen (Nachteil kleinen Blickfeldes) oder in einer neuzeitlichen einfachen Apparatur für die Spannungsprüfung mit großflächigen Polarisationsfiltern für Polarisator und Analysator [61], [62] mög- lich. Ein Gerät, das bei hoher Meßgenauigkeit auch zur Untersuchung verformter Scheiben aus Glas geeignet ist, ist von SEGELETZ [63] beschrieben worden.

---

[1] Die Herzogenrather Sekuritwerke haben wiederholt auf Ausstellungen eine Einrichtung gezeigt, bei der eine Glasplatte in Schwingungen versetzt wurde. Eine genaue Messung der eingeleiteten Momente war allerdings dabei nicht möglich.

[2] Wenn die inneren Spannungen bei der Kühlung der Gläser bewußt den Betriebs- spannungen entgegengerichtet werden, kann die Tragfähigkeit wesentlich erhöht werden, wie dies z. B. bei vorgespannten Sicherheitsgläsern zu beobachten ist [59], [60].

Ob der Vorschlag von KANTZER [*64*], unter Erzeugung erzwungener Schwingungen die Messung von Spannungen in Gläsern vorzunehmen, auch auf Baugläser anwendbar ist, bleibt abzuwarten.

Bei Baugläsern genügt im allgemeinen der einfache Vergleichsversuch ohne zahlenmäßige Bestimmung der Spannungen, da dadurch ein hinreichendes Bild über die Sorgfalt beim Kühlvorgang gewonnen werden kann. Für diesen Zweck sind in der Vergangenheit zahlreiche Apparate gebaut und geliefert worden ([*65*] bis [*69*]). Schon bei der Werkskontrolle ist es mit diesem Verfahren möglich, Gläser mit schlechter Kühlung vom Versand auszuschließen.

Besonders wichtig sind diese Prüfungen bei Glasbausteinen [*70*] und bei Drahtgläsern, die oft erhebliche innere Spannungen haben.

7. Prüfung der Elastizität.

Die Kenntnis des Elastizitätsmoduls der Gläser ist u. a. für die Beurteilung und Berechnung des Zusammenwirkens von Glasbausteinen und Betongläsern im Stahlbeton und der Durchbiegung von Glasplatten unter dem Eigengewicht und unter der Nutzlast von Bedeutung. Dabei ist zwischen Druck-, Zug- und Biegeelastizität zu unterscheiden.

Die Druckelastizität wird am einfachsten an Prismen ermittelt, die aus dem zu prüfenden Glas gegossen oder herausgeschnitten sind. Die Belastung geschieht wie beim Druckversuch. An zwei gegenüberliegenden Seitenflächen werden Dehnungsmeßgeräte angebracht, die die Änderung der Meßstrecke bei den einzelnen Laststufen (Zusammendrückung) angeben. Es können die gebräuchlichen Dehnungsmesser, sofern sie hinreichend große Übersetzung haben, verwendet werden.

Die Zugelastizität hat für Baugläser untergeordnete praktische Bedeutung. Sie kann mit großer Näherung gleich der Biegeelastizität angenommen werden [*7*].

Die Biegeelastizität läßt sich aus den beim Biegeversuch gemessenen Einsenkungen berechnen. Die Einsenkung muß dabei in bezug auf die Platte am Auflager bestimmt werden (vgl. Abb. 4). Für die Messungen können Meßuhren mit 0,01 mm Ablesegenauigkeit verwendet werden, wenn der entstehende Meßdruck berücksichtigt wird (vgl. auch die Ausführungen über die Biegeprüfung von Sicherheitsgläsern unter 3 c α).

Mit dem von FÖRSTER [*71*] beschriebenen Verfahren der Bestimmung des Elastizitätsmoduls an schlanken Stäben durch Erregung zu Biegeschwingungen und Messung der Eigenfrequenz läßt sich, wie DIETZEL und DEEG [*72*] an Glasstäben der Abmessungen 0,5 cm × 1 cm × 20 cm nachwiesen, u. a. der Einfluß auch sehr hoher Temperatur auf den Elastizitätsmodul erkunden.

Nach den eingehenden Untersuchungen von MURGATROYD und SYKES [*73*] ist bei Glas eine elastische Nachwirkung vorhanden, so daß bei Elastizitätsversuchen streng genommen die Dauer der Belastung zu beachten wäre. Meist ist es jedoch ausreichend, so lange auf den einzelnen Laststufen zu beobachten, bis mit den üblichen Meßinstrumenten keine deutliche Änderung der Anzeige mehr erkannt wird. Bei lang dauernden Versuchen muß sorgfältig auf gleichbleibende Temperatur geachtet werden, damit Fehler vermieden werden, die größer sind als die zu beobachtende Nachwirkung. Es genügt im allgemeinen, auf jeder Laststufe nach 3 min die Meßinstrumente abzulesen.

Zur Feststellung des elastischen Verhaltens von Glasfäden, das zweckmäßig in Anlehnung an DIN 53801, Blatt 2, erfolgt, werden die Einzelfasern, wenn Brüche an den Einspannstellen vermieden werden sollen, nach BOBETH [*74*] am besten nicht direkt eingespannt, sondern in ausgestanzte Papierrähmchen eingeklebt [11], so daß die freie Einspannlänge mindestens 10 mm beträgt (vgl. unter 1).

8. Prüfung der Abnutzung.

Die Abnutzung von Baugläsern ist besonders bei begehbaren Oberlichtern zu beachten.

Da der Abnutzvorgang durch ein einfaches Prüfverfahren nur schwer vollständig zu erfassen ist, muß man sich bei Glas, ähnlich den meisten anderen Baustoffen, mit Vergleichsversuchen begnügen. Zur Verfügung steht vor allem das Abschleifverfahren nach BÖHME; in der Vergangenheit sind außerdem Untersuchungen nach dem Sandstrahlverfahren vorgenommen worden.

Der Abschleifversuch kann ähnlich wie bei Gesteinen ausgeführt werden[1]; die Zahl der Schleifgänge wird zweckmäßig verringert, wenn die Beanspruchung zu groß wird. Es ist darauf zu achten, daß die Glasproben an den Rändern nicht absplittern; zweckmäßig werden die Ränder vor der Prüfung schräg angeschliffen.

Sandstrahlversuche sind mit der früher für Natursteine verwendeten Einrichtung von GRAF u. a. [75], [76], [77] durchgeführt worden. Zu jedem Versuch wurden Vergleichskörper aus anderen spröden Werkstoffen geprüft.

9. Prüfung der Oberflächenhärte.

Der Abnutzwiderstand der Gläser steht aller Wahrscheinlichkeit nach in Abhängigkeit von deren Oberflächenhärte. Beim Begehen von Gläsern können z. B. Sandkörner die Oberfläche einritzen. Es ist deshalb möglich, die Versuche zur Bestimmung der Oberflächenhärte auch zur Beurteilung des Abnutzwiderstands zu verwenden. Eine gewisse Oberflächenhärte ist auch bei Fensterglas erforderlich, damit Kratzer und Mattwerden der Gläser infolge mechanischer Beanspruchungen beim Putzen usw. vermieden werden.

Für Baugläser kommen vor allem folgende Verfahren in Betracht:

Ermittlung der Ritzhärte durch Überführen einer gleichmäßig belasteten Diamant- oder Widia-Spitze über die Glasoberfläche [43]; dabei treten plastische Deformationen des Glases auf [78], [79]. Die entstehende Rißbreite gibt ein Maß für die Härte; über Messungen mit dem Zeiß-Ritzhärteprüfgerät „Diritest" hat GEORG [80] berichtet. Das Prüfergebnis ist abhängig von der Sauberkeit der Oberfläche [81].

Kugeldruckversuche mit Stahlkugeln bei gegebenem Kugeldurchmesser und bestimmter Belastung [82], [83], [84]. Die Rißlast und der Durchmesser des kreisförmigen Bruchs können als Maß für die Oberflächenhärte gelten.

Ermittlung der Pendelhärte mit dem Pendelprüfer von HERBERT [85]. Als Maß für die Oberflächenhärte wird die Abnahme der Schwingungsbreite eingesetzt. Für sehr dünne Glasscheiben ist das Verfahren angeblich nicht zu benutzen, weil dabei der Einfluß der Unterlage zu groß wird.

Die Mikrohärteprüfung unter Verwendung von vierseitigen Pyramiden (Winkel 135° zwischen angrenzenden Seiten), über deren Versuchsmethodik KLEMM [86] berichtete, oder von Doppelkegeldiamanten [87] hat sich bei Baugläsern noch nicht eingeführt.

Für Baugläser scheint der Versuch zur Bestimmung der Ritzhärte am ehesten den praktischen Beanspruchungen zu entsprechen.

---

[1] Vgl. DIN 52108 sowie S. 169ff.

10. Prüfung der Wetterbeständigkeit.

Die Fenstergläser, mehr noch die Draht- und Rohgläser für Glasdächer, sind weitgehend den Einflüssen der Witterung ausgesetzt. Die Bewährung im Bauwerk liefert den besten Maßstab für deren Wetterbeständigkeit. Im allgemeinen ist die chemische Widerstandsfähigkeit ausreichend [88].

Bei Drahtgläsern sind außerdem Zerstörungen zu beachten, die infolge Rostens der Drahteinlage entstehen, besonders im Bereich der Ränder und vorhandener Glasrisse. Die Umhüllung der Drahteinlagen ist häufig ungenügend, so daß Kapillaren vorhanden sind, die das Eindringen des Wassers ermöglichen. Zur vergleichenden Prüfung empfiehlt es sich, die Gläser in gefärbtem Druckwasser zu lagern. Bei erhöhten Drücken dringt das Wasser entlang der Drähte in das Glas ein und sammelt sich an den Kreuzungsstellen. Die Gläser mit der kleinsten Eindringtiefe werden die Korrosion der Drähte im Innern am ehesten verhindern.

Eingehende Prüfverfahren der Wetterbeständigkeit bestehen für Mehrschichtgläser zu Fahrzeugen (vgl. DIN 52302). Bei diesen Verfahren wird jedoch hauptsächlich die Wetterbeständigkeit der Zwischenschichten geprüft.

11. Prüfung der Temperaturwechselbeständigkeit (Abschreckfestigkeit).

Neben dem chemischen Einfluß der Witterung besteht noch die physikalische Wirkung durch raschen Temperaturwechsel. Besonders bei Glasdächern und -außenwänden (Glasfassaden) können nach Sonnenbestrahlung und plötzlich auftretendem Regen oder nach nächtlicher Abkühlung und anschließender Sonnenbestrahlung beträchtliche Wärmespannungen auftreten und Risse entstehen, vor allem wenn im letzteren Falle gleichzeitig nennenswerte Schattenwirkung vorliegt. Es ist deshalb möglichst große Temperaturwechselbeständigkeit der Bauteile aus Glas erwünscht.

Für die Bestimmung der Temperaturwechselbeständigkeit von Glas als Werkstoff sind Prüfverfahren unter Verwendung von Proben verhältnismäßig kleiner Abmessungen entwickelt worden (Stäbchen, Behälter, vgl. unter 3 a in Abschn. A). Da bei Baugläsern außer der chemischen Zusammensetzung eine Reihe anderer Faktoren (Beschaffenheit der Kanten, unvermeidliche innere Spannungen u. a.) die Temperaturwechselbeständigkeit beeinflussen, ist deren Prüfung an entsprechend großen Probekörpern vorzunehmen, möglichst solchen mit den bei der praktischen Verwendung vorliegenden Abmessungen. Erste Feststellungen in dieser Richtung haben die amerikanischen Forscher Wampler und Watkins [89] mit quadratischen Flachglasproben von 76 mm Seitenlänge und 2,5 bis 25 mm Dicke durchgeführt, die im Wasserbad erwärmt und hierauf in Eiswasser abgeschreckt wurden; die Temperatur des Wassers wurde gradweise erhöht, bis der Bruch eintrat. Weitere Versuche von Dinger [90] mit quadratischen Glasplatten von 100 mm Kantenlänge zeigen besonders eindringlich den Einfluß der Glasdicke auf die Temperaturwechselbeständigkeit, außerdem die Abhängigkeit der Form der Sprünge von der Höhe der Temperaturdifferenz. Bei der Vornahme von Temperaturwechselversuchen ist zu beachten, daß nach den Feststellungen von Spiekermann [91] an quadratischen Gußglasproben von ebenfalls 100 mm Kantenlänge die Widerstandsfähigkeit der Gläser bei nur einmaliger Beanspruchung höher ist, als wenn die Proben schon mehrere Male erhitzt und abgeschreckt wurden.

Noch größere Probenabmessungen finden bei der Bestimmung der Temperaturwechselbeständigkeit von Sicherheitsglas nach DIN 52304 Anwendung; die mit geschliffenen, gebrochenen Kanten versehenen, quadratischen Proben sollen 300 mm ± 5 mm Seitenlänge aufweisen. Diese Proben aus Sicherheitsglas (Einscheiben- oder Verbund- oder organisches Sicherheitsglas) werden einer bestimmten Folge von Temperaturwechseln zwischen −40 und 50° nach Tab. 1 unterworfen.

Tabelle 1.

Vorgang Nr.	Temperaturwechsel, °C	Behälter	Eintauchdauer, min
1	von Raumtemperatur auf −40	A	30
2	von −40 auf −20	B	$1^1/_2$
3	von −20 auf 20	C	$1^1/_2$
4	von 20 auf 50	D	40
5	von 50 auf 20	C	4
6	von 20 auf −20	B	4
7	von −20 auf −40	A	30
8	von −40 auf Raumtemperatur	—	—

Die Temperaturregulierung in den mit Brennspiritus gefüllten Behältern A und B mit −40 bzw. −20° C Temperatur geschieht dabei unter Zuhilfenahme von Kohlensäureschnee; die Behälter C und D enthalten Wasser von 20 bzw. 50° C Temperatur. Die Sicherheitsgläser, die bei der bezeichneten Behandlungsfolge unverändert bleiben (ohne Sprünge, Strukturveränderungen, Verminderung der Durchsicht usw.), werden als ,,temperaturwechselbeständig nach DIN 52304" bezeichnet. Es handelt sich demnach bei dieser Prüfung entgegen der allgemeinen Auffassung der Begriffe der Temperaturwechselbeständigkeit nicht um die Feststellung der größten Temperaturdifferenz, die von den zu prüfenden Gläsern noch ohne irgendwelche Zerstörung ertragen wird, sondern um die Beurteilung des Verhaltens bei einer festgelegten Folge thermischer Beanspruchungen, wie sie schon in der Specification Nr. 81—11 D vom Jahre 1942 für Verbundglas für die US-Armee niedergelegt sind. — Zur Feststellung der Temperaturwechselbeständigkeit von Baugläsern außer Sicherheitsglas empfiehlt es sich, Proben mit mindestens 20 cm Seitenlänge zu wählen, sofern die Prüfung nicht an Stücken mit den der praktischen Verwendung entsprechenden Abmessungen möglich ist. Dabei ist es zweckmäßig, die Temperaturdifferenz in Stufen von 5° C zu steigern und von einer Badtemperatur von 10 oder 20° C auszugehen; außerdem sollte neben dem Übergang aus dem warmen in kaltes Wasser auch der umgekehrte Vorgang beobachtet werden.

12. Prüfung der Widerstandsfähigkeit im Feuer.

Zur Erkundung des Verhaltens der Baugläser bei einem Brand werden zugehörige Probstücke einer festgelegten Feuerbeanspruchung ausgesetzt. Nach Din 4102, Blatt 3, Abschn. B, ist der Brandraum so zu erhitzen, daß seine Temperatur nach einer festgelegten Einheitskurve verläuft. Die Temperaturen nach dieser Einheitskurve sind auf Grund eingehender Brandbeobachtungen festgelegt worden und werden in Schweden, England und Amerika ähnlich angewendet [92]. Die Gläser müssen zur Prüfung den Verhältnissen der Praxis entsprechend in eine Versuchswand des Brandraums eingebaut werden. Bei der Prüfung wird beobachtet, wie lange und bis zu welchen Temperaturen das Glas den Durchgang des Feuers verhindert. Auf diese Weise können einzelne Glasscheiben, Fensterverglasungen, Mauern und Decken aus Glasbausteinen bzw. Betongläsern usw. geprüft werden [93], [94], [95]. Für die Erkundung des Verhaltens mancher Flachgläser, die in der Praxis in sehr verschiedenartiger Weise eingebaut sein können (z. B. Gußgläser mit Drahteinlage in Schachttüren von Aufzügen u. ä.) hat sich die Anordnung eines einfachen, gasbeheizten Brandschachts mit Wänden aus den zu prüfenden Gläsern nach Abb. 6 bewährt; im Innern dieses Brandschachts wird die Temperatur nach der Einheitstemperaturkurve gemäß DIN 4102, Blatt 3, Abschn. B, in gleicher Weise wie in den großen Brandräumen für Wandprüfungen gesteigert [96].

Das Anspritzen der erhitzten Scheiben mit Löschwasser zeigt, ob die Gläser auch während der Feuerbekämpfung noch als Trennwand wirksam bleiben. Zur Schonung der Brandkammern wird im allgemeinen die dem Feuer abgekehrte Seite angespritzt.

Abb. 6. Aufbau eines Brandschachts aus den mit Temperaturbeanspruchung nach DIN 4102, Blatt 3, Abschn. B, zu prüfenden Glasscheiben.

Schrifttum.

[1] Smekal, A.: Über den Zerreißvorgang der Gläser. Glastechn. Ber. Bd. 13 (1935) H. 5, S. 141/51.
[2] Smekal, A.: Festigkeitsmindernde Struktureigenschaften der Gläser (nach Untersuchungen über die Zerreißfestigkeit). Glastechn. Ber. Bd. 13 (1935) H. 7, S. 222/32.
[3] Smekal, A.: Über die Natur der mechanischen Festigkeitseigenschaften der Gläser. Glastechn. Ber. Bd. 15 (1937) H. 7, S. 259/70.
[4] Smekal, A.: Verfahren zur Bestimmung der Zerreißfestigkeit; ref. Glastechn. Ber. Bd. 16 (1938) H. 4, S. 146/47.
[5] Rexer, E.: Apparate zur Bestimmung der Zerreißfestigkeit. Glastechn. Ber. Bd. 16 (1938) H. 8, S. 263/66.
[6] Hampton, W. M., u. C. E. Gould: Some implications of the known variation in the strength of glass. J. Soc. Glass Technol. Bd. 18 (1934) S. 194/200; ref. Glastechn. Ber. Bd. 15 (1937) H. 2, S. 73.
[7] Krug, H. J.: Das Festigkeitsverhalten spröder Körper bei gleichförmiger und ungleichförmiger Beanspruchung. Diss. TH. Stuttgart 1938.
[8] Kerkhof, E., R. Seeliger u. W. Westphal: Elektronenmikroskopische Untersuchungen an Opakglasbruchflächen. Glastechn. Ber. Bd. 28 (1955) H. 7, S. 261/64.
[9] Bates, T. F., u. M. V. Black: Electron microscope investigation of opal glass. Glass Ind. Bd. 29 (1948) S. 487/92, 516, 518; ref. Glastechn. Ber. Bd. 23 (1950) S. 230.
[10] Apelt, G.: Einfluß von Belastungsgeschwindigkeit und Verdrehungsverformung auf die Zerreißfestigkeit von Glasstäben. Z. Phys. Bd. 91 (1934) S. 336/43; ref. Glastechn. Ber. Bd. 13 (1935) S. 63.
[11] Koch, P. A., u. G. Satlow: Glasfädenuntersuchungen. V. Grundsätzliches zur Trockenfestigkeits- und -dehnungsprüfung von Glasfäden. Glastechn. Ber. Bd. 22 (1948) H. 5/6, S. 103/07.
[12] Koch, P. A.: Glasfädenuntersuchungen. IX. Der Einfluß des Wässerns sowie von Hitze bzw. Kälte auf die Festigkeit von Glasfäden. Glastechn. Ber. Bd. 25 (1952) H. 2, S. 44/49.
[13] Morey, George W.: The properties of glass. New York: Reinhold Publishing Corporation 1954.
[14] Föppl, A.: Sitzgsber. bayer. Akad. Wiss., Math.-physik. Kl. 1911, S. 516.
[15] Graf, O.: Versuche über die Elastizität und Festigkeit von Glas als Baustoff. Glastechn. Ber. Bd. 3 (1925) H. 5, S. 153/94.
[16] Harprecht, R.: Im Glasstahlbeton verwendete Glaskörper und ihr Einbau. Glastechn. Ber. Bd. 22 (1948) H. 5/6, S. 93/103.

[17] GRAF, O.: Über die Festigkeit von Glas für das Bauwesen. Bedingungen für die Ermittlung der Festigkeit und für die Nutzbarmachung der Ergebnisse. Glastechn. Ber. Bd. 13 (1935) H. 7, S. 233/36.

[18] ALBRECHT, E.: Festigkeitsprüfung von Flachglas. Glastechn. Ber. Bd. 13 (1935) H. 7, S. 237/39.

[19] THUM, A.: Zur Frage der Gestaltfestigkeit von Glas. Glastechn. Ber. Bd. 16 (1938) H. 8, S. 266/69.

[20] BENEDICKS, C.: L'effet de mouillage. Influence des liquides non aggressifs sur la résistance à la rupture des corps solides. Rev. Métall. Bd. 45 (1948) S. 9/18.

[21] CANAC, F., u. H. DE CHANVILLE: Influence d'un liquide mouillant sur la résistance mécanique du verre. Verr. et Réfract. Bd. 2 (1948) S. 158/63; ref. Glastechn. Ber. Bd. 22 (1949) H. 16, S. 366.

[22] GURNEY, C., u. S. PEARSON: The effect of the surrounding atmosphere on the delayed fracture of glass. Proc. phys. Soc., Lond. Bd. 62 (1949) Nr. 8, S. 469/76; ref. Glastechn. Ber. Bd. 25 (1952) S. 88.

[23] BAKER, T. C., u. F. W. PRESTON: The effect of water on the strength of glass. J. appl. Phys. Bd. 17 (1946) S. 179/88; ref. Glastechn. Ber. Bd. 26 (1953) H. 6, S. 178.

[24] HAPPACH: Ausgleichsrechnung mit Hilfe der kleinsten Quadrate. Wien: J. B. Teubner 1928.

[25] GAEDE, K.: Anwendung statistischer Untersuchungen auf die Prüfung von Baustoffen. Bauingenieur Bd. 23 (1942) S. 291.

[26] HOLLAND, A. J., u. W. E. S. TURNER: A study of the breaking strength of glass. J. Soc. Glass Technol. Bd. 18 (1934) Nr. 71, S. 225/51; ref. Glastechn. Ber. Bd. 13 (1935) H. 9, S. 329.

[27] HOLLAND, A. J., u. W. E. S. TURNER: The effect of width on the breaking strength of sheet glass. J. Soc. Glass Technol. Bd. 20 (1936) Nr. 78, S. 72/83; ref. Glastechn. Ber. Bd. 14 (1936) H. 8, S. 290.

[28] HOLLAND, A. J., u. W. E. S. TURNER: Die Bruchfestigkeit des Glases und ihre Beeinflussung durch Ritze und Fehlstellen. Glastechn. Ber. Bd. 15 (1937) H. 7, S. 270/82.

[29] GRAF, O.: Versuche mit großen Glasplatten auf eisernen Sprossen. Z. VDI Bd. 72 (1928) S. 566/73.

[30] SPIEKERMANN, H.: Verhalten von eingeglasten Drahtglasscheiben unter gleichmäßig verteilter Last. Glasforum 1955, H. 4, S. 34/39.

[31] GRAF, O.: Versuche mit Glasplatten über Öffnungen in Eisenbetondecken. Beton u. Eisen Bd. 26 (1927) S. 77/82; ref. Glastechn. Ber. Bd. 5 (1927/28) S. 183.

[32] GRAF, O.: Glas als Baustoff im Eisenbeton. Über Versuche mit Bauteilen aus Eisenbeton und Glas. Glastechn. Ber. Bd. 4 (1926/27) H. 9, S. 332/39, 373/79.

[33] CRAEMER, H.: Versuche mit Rotalith-Glaseisenbeton. Beton u. Eisen Bd. 30 (1931) S. 68.

[34] CRAEMER, H.: Neue Versuche mit Glaseisenbeton. Beton u. Eisen Bd. 32 (1933) S. 362.

[35] SMEKAL, A.: Über die Natur des Einflusses der Probenbreite auf die Biegungsfestigkeit von Flachglas. Glastechn. Ber. Bd. 15 (1937) S. 282/85.

[36] GRAF, O.: Glas als Baustoff. Baugilde Bd. 10 (1928) Nr. 5 — Glastechn. Ber. Bd. 6 (1928/29) H. 3, S. 158.

[37] ALBRECHT, E.: Festigkeitsversuche mit Spiegel- und Maschinenglas. Glastechn. Ber. Bd. 11 (1933) H. 2, S. 58/63.

[38] FÖPPL, A.: Biegeversuche mit Platten. Mitt. Mech.-Techn. Lab. TH. München 1915, H. 33, S. 26/33; ref. Glastechn. Ber. Bd. 16 (1938) H. 5, S. 175.

[39] SCHARDIN, H., u. F. KERKHOF: Ein neues Verfahren zur Bestimmung der Biegefestigkeit von Tafelglas. Glastechn. Ber. Bd. 28 (1955) H. 4, S. 124/31.

[40] GRAF, O.: Über neue Einrichtungen zur Prüfung von Bauglas durch Biegung und Schlag. Glas-Ind. Bd. 8 (1928) S. 191.

[41] SCHARDIN, H.: Die Schlierenverfahren und ihre Anwendungen. Ergebn. exakt. Naturw. Bd. 20 (1942) S. 313/439; ref. Glastechn. Ber. Bd. 21 (1943) S. 73.

[42] OKAYA, T., u. K. ISHIGURO: Über die Zerstörung von Glasplatten durch Stoß. Proc. Phys.-math. Soc., Japan Bd. 19 (1937) Nr. 1, S. 53/71; ref. Glastechn. Ber. Bd. 16 (1938) H. 5, S. 175.

[43] EGNER, K.; Versuche mit Gläsern zu Windschutzscheiben für Kraftfahrzeuge. Glastechn. Ber. Bd. 22 (1948/49) H. 16, S. 358/65.

[44] HAWARD, R. N.: The behaviour of laminated and toughened glass under impact by a falling bolt. J. Soc. Glass Technol. Bd. 29 (1945) S. 197/98; ref. Glastechn. Ber. Bd. 26 (1953) H. 11, S. 357.

[45] BODENBENDER: Sicherheitsglas, Verbundglas, Panzerglas, Hartglas. 1933.

[46] SCHARDIN, H., u. W. STRUTH: Hochfrequenzkinematographische Untersuchung der Bruchvorgänge im Glas. Glastechn. Ber. Bd. 16 (1938) S. 219/31.

[47] Schardin, H.: Ergebnisse der kinematographischen Untersuchung des Glasbruch-
vorgangs. Glastechn. Ber. Bd. 23 (1950) H. 1, S. 1/10; H. 3, S. 67/79; H. 12, S. 325/36.
[48] Welter, G.: Dauerschlagfestigkeit und dynamische Elastizitätsgrenze. Z. VDI Bd. 70
(1926) Nr. 23, S. 772/76, hier S. 773.
[49] Borchard, K. H.: Zur Ursache der Festigkeitsabnahme des Glases mit zunehmender
Belastungsdauer. Glastechn. Ber. Bd. 13 (1935) H. 2, S. 52/57.
[50] Preston, F. W.: The time element in glass testing. Glass Ind. (N. Y.) Bd. 15 (1934)
Nr. 9, S. 217; ref. Glastechn. Ber. Bd. 13 (1935) H. 11, S. 404.
[51] Grenet: Bull. Soc. Enc. Ind. nat. Paris 1899, S. 839; ref. bei Le Chatelier: Kieselsäure und Silikate. Aus dem Französischen übersetzt von H. Finkelstein, S. 247/49.
Leipzig: Akademische Verlagsges. 1920.
[52] Graf, O.: Die Dauerfestigkeit der Werkstoffe und der Konstruktionselemente, S. 129.
Berlin: Springer 1929.
[53] Holland, A. J., u. W. E. S. Turner: The effect of sustaines loading on the breaking
strength of sheet glass. J. Soc. Glass Technol. Bd. 24 (1940) Trans S. 46/57; ref. Glastechn. Ber. Bd. 19 (1941) S. 363.
[54] Glathart, J. L., u. F. W. Preston: The fatigue modulus of glass. J. appl. Phys. Bd. 17
(1946) S. 189/95; ref. Glastechn. Ber. Bd. 26 (1953) S. 179.
[55] Baker, T. C., u. F. W. Preston: Fatigue of glass under static loads. J. appl. Phys.
Bd. 17 (1946) S. 170/78; ref. Glastechn. Ber. Bd. 26 (1953) H. 6, S. 178.
[56] Baker, T. C., u. F. W. Preston: Wide range static strength testing apparatus for
glass rods. J. appl. Phys. Bd. 17 (1946) S. 162/70; ref. Glastechn. Ber. Bd. 26 (1953)
H. 6, S. 178.
[57] Graf, O.: Dauerversuche mit Glas. Glastechn. Ber. Bd. 7 (1929) H. 4, S. 143/46.
[58] Gurney, C., u. S. Pearson: Fatigue of mineral glass under static and cyclic loading.
Proc. roy. Soc., Lond. Bd. 192 A (1948) S. 537/44; ref. Glastechn. Ber. Bd. 26 (1953)
H. 9, S. 280.
[59] Reis, L. v.: Vorgespanntes Spiegelglas. Z. VDI Bd. 77 (1933) Nr. 23, S. 615/18.
[60] Polivka, J.: Glas im neuzeitlichen Bauwesen. Glastechn. Ber. Bd. 14 (1936) H. 7,
S. 246/54.
[61] Föppl, L., u. E. Mönch: Praktische Spannungsoptik. Berlin/Göttingen/Heidelberg:
Springer 1950.
[62] Lehnert, L. H.: Ein neuer Glasspannungsprüfer. Glastechn. Ber. Bd. 25 (1952) H. 2,
S. 49/50.
[63] Segeletz, R.: Über ein neues Gerät zur Messung optischer Spannungen für den Gebrauch in der Industrie. Glastechn. Ber. Bd. 23 (1950) H. 9, S. 253/54.
[64] Kantzer, M.: Les vibrations, moyen d'étude des produits céramiques et verriers. Silic.
industr. Bd. 17 (1952) Nr. 10, S. 365/69; ref. Glastechn. Ber. Bd. 27 (1954) H. 6, S. 212.
[65] Haase, M.: Filterpolarisatoren und ihre Anwendungsgebiete. Glastechn. Ber. Bd. 15
(1937) H. 8, S. 295/99.
[66] Preston, F. W.: A new polariscope. Glass Ind. (N. Y.) Bd. 15 (1934) Nr. 5, S. 85/86;
ref. Glastechn. Ber. Bd. 13 (1935) H. 8, S. 287.
[67] Bellingham, L.: Testing sheet glass for annealing. Glass (London) Bd. 12 (1935) Nr. 1,
S. 25; ref. Glastechn. Ber. Bd. 13 (1935) H. 8, S. 287.
[68] Gray, M. K.: Vorrichtung zum Prüfen von Glasscheiben, z. B. großen Schaufenster-
scheiben, auf Spannungen; ref. Patentwes. in Meßtechn. Bd. XIV (1938) S. 164.
[69] Swicker, V. C.: The polariscope as a glass factory instrument. Glass Ind. Bd. 23 (1942)
S. 13/18; ref. Glastechn. Ber. Bd. 22 (1949) S. 236.
[70] Frohwent, E.: Die Entwicklung des Beton-Baulases in der modernen Architektur.
Glastechn. Ber. Bd. 26 (1953) H. 4, S. 110/16.
[71] Förster, F.: Ein neues Meßverfahren zur Bestimmung des Elastizitätsmoduls und der
Dämpfung. Z. Metallkde Bd. 29 (1937) S. 109/15.
[72] Dietzel, A., u. E. Deeg: Über die Temperaturabhängigkeit von innerer Dämpfung,
Schallgeschwindigkeit und Elastizitätsmodul von Glas. Glastechn. Ber. Bd. 27 (1954)
H. 4, S. 105/16.
[73] Murgatroyd, J. B., u. R. F. R. Sykes: The delayed elastic effect in silicate glasses
at room temperature. J. Soc. Glass Technol. Bd. 31 (1947) S. 17/35, 36/49; ref. Glastechn. Ber. Bd. 22 (1949) H. 18, S. 431.
[74] Bobeth, W.: Glasfädenuntersuchungen. VIII. Elastizitätsuntersuchungen an Glasfäden.
Glastechn. Ber. Bd. 22 (1949) S. 420/23.
[75] Graf, O.: Versuche über den Widerstand von Rohglas gegen Abnutzung. Kristall-
Spiegelglas 1927, Nr. 6, S. 178.
[76] Milligan, L. H.: The impact abrasion-hardness of certain minerals and ceramic products. J. Amer. ceram. Soc. Bd. 19 (1936) Nr. 7, S. 187/91; ref. Glastechn. Ber. Bd. 15
(1937) H. 8, S. 317.

[77] Mosskwin, B. N.: Untersuchung der relativen Härte von Glas nach dem Verhalten beim Schleifen. Optiko-mechanitscheskaja Promyschlennost Bd. 7 (1937) Nr. 9, S. 1/4; ref. Glastechn. Ber. Bd. 16 (1938) H. 7, S. 240.

[78] Custers, J. F. H.: Plastic deformation of glass during scratching. Nature, Lond. Bd. 164 (1949) Nr. 4171, S. 627; ref. Glastechn. Ber. Bd. 23 (1950) H. 2, S. 46.

[79] Taylor, E. W.: Plastic deformation of optical glass. Nature, Lond. Bd. 163 (1949) Nr. 4139, S. 323; ref. Glastechn. Ber. Bd. 23 (1950) H. 3, S. 81.

[80] Georg, K.: Über die Bearbeitungshärte optischer Gläser. Glastechn. Ber. Bd. 22 (1949) H. 11, S. 224/25.

[81] Rhbinder: Z. Phys. Bd. 72 (1931) H. 3/4, S. 191.

[82] Graf, O.: Aus Untersuchungen über das Verhalten des Glases bei konzentrierter Belastung. Glastechn. Ber. Bd. 6 (1928) S. 183/86.

[83] Powell, H. E., u. F. W. Preston: Microstrength of glass. J. Amer. ceram. Soc. Bd. 28 (1945) S. 145/49; ref. Glastechn. Ber. Bd. 22 (1949) H. 13/14, S. 303.

[84] Long, B.: Sur certains aspects de la résistance mécanique du verre. Journées internat. Chim. industr., 7. bis 11. 9. 1948, S. 155/59; ref. Glastechn. Ber. Bd. 27 (1954) H. 3, S. 88.

[85] Schmidt, W., u. H. Elsner v. Gronow: Bestimmung der Pendelhärte von Gläsern. Glastechn. Ber. Bd. 14 (1936) H. 1, S. 23/26.

[86] Klemm, W.: Mikrohärte von Glas; ref. Glastechn. Ber. Bd. 25 (1952) H. 6, S. 197.

[87] Grodzinski, P.: Die Mikrohärte von Tafelglas und vorgespanntem Glas. Glastechn. Ber. Bd. 26 (1953) H. 10, S. 309/10.

[88] Geffcken, W., u. E. Berger: Grundsätzliches über die chemische Angreifbarkeit von Gläsern. II. Glastechn. Ber. Bd. 16 (1938) H. 9, S. 296/304.

[89] Wampler, R. W., u. G. B. Watkins: Thermal endurance of different types of flat glass in relation to thickness. Bull. Americ. ceram. Soc. Bd. 15 (1936) Nr. 7, S. 246/47; ref. Glastechn. Ber. Bd. 15 (1937) H. 9, S. 365.

[90] Dinger, K.: Sur la résistance du verre aux variations de température. Verr. silic. industr. Bd. 13 (1948) S. 197/99; ref. Glastechn. Ber. Bd. 23 (1950) H. 5, S. 134.

[91] Spiekermann, H.: Gußglas und plötzlicher Temperaturwechsel. Glastechn. Ber. Bd. 27 (1954) H. 2, S. 47/48.

[92] Schlyter: Statens Provningsanstalt, Stockholm. Mitt. 66, ASTM 1933 II, S. 254.

[93] Schulze, A.: Verhalten verschiedener Bauweisen im Feuer und Wirkung von Holzschutzmitteln. Z. VDI Bd. 78 (1934) Nr. 1, S. 23/28, hier S. 26.

[94] Seddon u. Turner: J. Soc. Glass Technol Bd. 17 (1933) S. 324.

[95] — Nouveaux essais au feu de produits verriers: verres armés à larges mailles, briques et pavés en verre. Glac. Verr. Bd. 24 (1951) Nr. 116, S. 21/23; ref. Glastechn. Ber. Bd. 26 (1953) H. 8, S. 248.

[96] Spiekermann, H.: Gußglas und Feuerschutz. Glas-Forum 1955, 3, S. 32/37.

XIII. Die Prüfung der Anstrichstoffe und der Anstriche.

Von **R. Haug** und **D. Wapler**, Stuttgart.

A. Übersicht.

1. Allgemeines.

Unter Anstrichmitteln versteht man flüssige bis pastenförmige Stoffe, die durch Streichen, Spritzen, Tauchen oder Fluten auf Gegenstände oder Flächen aufgebracht werden, um auf diesen eine Schicht zu erzeugen, die zum Schutz oder zur Verschönerung dienen kann bzw. beide Zwecke zugleich erfüllt (DIN 55945). Jedes Anstrichmittel enthält also unter allen Umständen ein Bindemittel, das den Film bildet und auf dem Untergrund haftet.

Der nach dem Trocknen des Anstrichmittels entstandene Film wird als Anstrich bezeichnet, auch dann, wenn er seine Entstehung nicht einem Anstrichvorgang verdankt, sondern etwa durch Spritzen oder Tauchen aufgebracht worden ist. Der Anstrich kann durchsichtig oder undurchsichtig, farblos oder farbig sein. In der einfachsten Form stellen die Anstrichmittel Lösungen von Filmbildnern oder auch diese selbst dar, sofern sie von Natur aus flüssig sind. Zur Herstellung eines farbigen und nach dem Auftrag deckenden Anstrichmittels werden dem Bindemittel Pigmente hinzugefügt, die durch Anreiben mit geeigneten Maschinen in dem Bindemittel dispergiert werden. Man erhält dann eine *Anstrichfarbe*, die man je nach dem Bindemittel als Öl- oder Lackfarbe näher kennzeichnen kann.

Man erkennt, daß die Anstrichmittel keine einheitlichen Stoffe darstellen, sondern aus zahlreichen Rohstoffen bestehen können, die man unter dem Begriff *Anstrichstoffe* im weiteren Sinne zusammenfassen kann. Diese können in folgende Gruppen unterteilt werden:

Bindemittel,
Lösungsmittel und Weichmachungsmittel,
Pigmente oder Farbkörper und Farbstoffe,
Hilfsstoffe (Trockenstoffe, härtende Stoffe, Haut- und Absetzverhinderungsmittel, Mattierungsmittel usw.).

In den weitaus meisten Fällen werden die vom Verbraucher verwendeten Anstrichmittel durch den Hersteller fertig geliefert, so daß lediglich ein Zusatz von Verdünnungsmitteln erforderlich ist, um das Anstrichmittel auf die richtige Verarbeitungskonsistenz einzustellen. In diesem Abschnitt werden daher hauptsächlich solche Untersuchungs- und Prüfungsverfahren behandelt werden, welche Aufschluß über die Gebrauchsfähigkeit der Anstrichmittel geben sollen; dagegen werden Prüfmethoden für Anstrichrohstoffe nur dann näher behandelt werden, wenn diese Stoffe direkt vom Verbraucher bezogen und verarbeitet werden.

2. Normung.

Für zahlreiche Rohstoffe hat vor 1945 der Reichsausschuß für Lieferbedingungen (RAL) Blätter herausgegeben, in denen Prüf- und Lieferbedingungen für diese Rohstoffe angegeben werden. Diese RAL-Vorschriften sind an entsprechender Stelle genannt.

Nach 1945 wurde die Normungsarbeit vom Fachnormenausschuß Anstrichstoffe im Deutschen Normenausschuß wieder aufgenommen. Die bereits abgeschlossenen DIN-Vorschriften für Prüfverfahren werden an den entsprechenden Orten aufgeführt werden. Besonders in den USA ist die Normung auf dem Gebiet der Anstrichstoffe schon weit vorgeschritten. Soweit die amerikanischen Normen dieses Gebiet betreffen, sind daher die von der American Society for Testing Materials (ASTM) herausgegebenen Standards bei den einzelnen Abschnitten angegeben.

3. Schrifttum.

Es gibt nur wenige Bücher, die sich lediglich mit der Prüfung und Untersuchung von Anstrichmitteln befassen. Außerdem ist dieses Sachgebiet so vielseitig und verzweigt, daß eine alles berücksichtigende Gesamtdarstellung gar nicht möglich ist. Die wichtigsten größeren Werke siehe im Schrifttum [*1*] bis [*7*].

B. Pigmente.

Für zahlreiche Verwendungszwecke werden die Pigmente getrennt von den Bindemitteln bezogen, in denen sie verwendet werden sollen, wie z. B. Leimfarben, Binderfarben, Silikatanstriche und Zementanstriche, und werden dann erst an der Arbeitsstelle dem Bindemittel zugesetzt. Aus diesem Grunde werden die wichtigsten Verfahren zur Prüfung von Pigmenten beschrieben und die Literatur für die Ausführung schwierigerer und weniger häufig angewandter Prüfmethoden wenigstens angegeben.

Pigmente sind feste, pulverförmige Stoffe, die in dem Bindemittel oder in der Bindemitteldispersion praktisch unlöslich sind und, im Anstrich fein verteilt, diesem ein farbiges Aussehen verleihen sollen (s. a. DIN 55945). Der Begriff *farbig* schließt in diesem Sinne auch unbunte Farben, wie Weiß, Grau oder Schwarz, ein.

Während die Pigmente, in einem Bindemittel dispergiert, einen mehr oder weniger undurchsichtigen, deckenden Anstrich ergeben, erhält man durch Zusatz von Farbstoffen zu einem Bindemittel farbige, lasierende Anstrichfilme, wie z. B. in Holzbeizen, Goldlacken usw. Wegen der weiteren Einteilung der Pigmente und Farbstoffe s. DIN 55944.

1. Chemische Prüfung.

Die Pigmente sollen in dem Bindemittel, in dem sie verwendet werden, unlöslich sein und dürfen auch keine löslichen Nebenbestandteile oder Verunreinigungen enthalten.

Auf sauer oder alkalisch reagierende Bestandteile wird geprüft, indem eine Probe des Farbkörpers mit dest. Wasser gekocht wird; man filtriert und prüft das Filtrat mit einem Indikatorpapier. Durch Titration kann ein Gehalt an Säuren oder Laugen erforderlichenfalls quantitativ festgestellt werden.

Für exaktere Bestimmungen ist die Messung des p_H-Werts der Pigmente notwendig [*8*], [*9*]. Da viele Farbkörper nur ein geringes Pufferungsvermögen besitzen, ist für die Bestimmung des p_H-Werts nur die Messung mit der Glas-elektrode als zuverlässig anzusehen. Schon die Filtration des wäßrigen Auszugs kann die Messung verfälschen, und es ist zu beachten, daß bei längerem Stehen der Einfluß der Luftkohlensäure berücksichtigt werden muß.

Lösliche neutrale Salze können durch die Bestimmung der elektrischen Leitfähigkeit nachgewiesen werden [10].

a) Echtheit gegen Alkalien. Die Widerstandsfähigkeit eines Pigments gegen-über chemischen und physikalischen Einflüssen wird als Echtheit bezeichnet. So spricht man z. B. von Alkali-, Säure- und Lichtechtheit eines Pigments.

Zahlreiche Bindemittel, wie Kalk und Zementmörtel oder Kaseinleime, sind stark alkalisch und zerstören Pigmente, die nicht alkaliecht sind. Die Alkaliechtheit eines Pigments wird dadurch geprüft, daß man das trockene Pigment in ein Reagenzglas mit der zur Prüfung verwendeten Lauge bringt. Man läßt die Mischung über Nacht stehen und vergleicht den Farbton mit einer frisch angesetzten Probe. Eine Farbänderung darf weder beim Ansetzen noch nach dem Stehenlassen eintreten.

α) *Kalkechtheit.* Nach RAL 840 wird eine Probe des trockenen Pigments in einem reinen Gefäß mit eingesumpftem Kalk verrührt und zugedeckt über Nacht stehengelassen. Am andern Tage wird eine frische Probe in derselben Weise angerührt und die Farbtöne der beiden Proben werden miteinander verglichen. Für Farben, an die hohe Anforderungen in bezug auf die Wetter-beständigkeit gestellt werden müssen, muß der Farbton unverändert bleiben und auch das überstehende Kalkwasser darf nicht gefärbt sein. Ist das Kalk-wasser in demselben Ton wie die Trockenfarbe gefärbt, dann liegt die sog. *bedingte Kalkechtheit* vor, die bei weniger hohen Ansprüchen noch ausreichen kann.

β) *Zementechtheit.* Für Zementfarben genügt nicht nur die Kalkechtheit, sie müssen auch ausblühecht sein. Man prüft nach RAL 840, indem man normen-gemäßen Zement mit und ohne Farbe mit Wasser anrührt und als Kuchen auf einer Glasscheibe ausbreitet. Nach einem Tag werden die Proben ins Wasser gelegt und nach sechstägiger Wasserlagerung an der Luft getrocknet. Die Kuchen dürfen im Farbton nach dem Trocknen gegenüber den ungewässerten nicht verändert sein und keine Ausblühungen zeigen. Im Falle von Ausblühungen ist festzustellen, ob der ungefärbte Zementkuchen nicht auch Ausblühungen aufweist.

Zur Prüfung von Farben für Zementdachsteinplatten wird die Farbe trocken mit Zement im Verhältnis 1/10 gemischt und in dünner Schicht auf noch feuchte Zementplatten (1 Teil Zement, 3 Teile Sand) aufgesiebt. Dann wird mit dem Spatel glattgestrichen, so daß sich die Farbe ganz benetzt. Durch Schlagen auf den Rand der Form, in welcher die Platten sich befinden, tritt eine Ver-flüssigung der Farbschicht und eine Verbindung mit dem Untergrund ein. Nach dem Trocknen werden die Platten aus dem Rahmen genommen und auf Ausblühungen, Farbtonveränderungen usw. geprüft.

γ) *Wasserglasechtheit.* Die Wasserglasechtheit ist Bedingung bei Verwendung von Wasserglas als Bindemittel (Keimsche Technik, Silin, Kiesin usw.). Nach RAL 840 wird durch Anrühren mit käuflichem Wasserglas geprüft. Hierbei darf die Farbe nicht stocken, und auf einer trockenen Putzplatte dürfen nach dem Trocknen des Anstrichs keine Ausblühungen auftreten. Nach 3 Tagen wird durch Vergleich mit einem frischen Aufstrich eine evtl. Änderung des Farbtons festgestellt. Zweckmäßig wird zum Vergleich auch eine Platte mit reinem Wasserglas ohne Farbzusatz gestrichen. Bei Ausblühungen ist stets festzustellen, ob die mit reinem Wasserglas gestrichene Putzplatte nicht auch Ausblühungen oder Abblättern zeigt.

b) Säureechtheit. Eine Norm für die Prüfung der Säureechtheit von Pigmenten besteht bis jetzt nicht, weil z. B. bei säurefesten Anstrichen außer dem Pigment auch das Bindemittel eine entscheidende Rolle spielt und die Anforderungen je nach Art und Konzentration der Säure sehr verschieden sein können.

α) Bei der Isolierung bzw. Neutralisation von Putzen mit Hilfe von *Fluaten* ist zu prüfen, ob die Farbkörper des auf den fluatierten Putz aufzubringenden Anstrichs gegenüber Fluaten beständig sind. Dies wird dadurch geprüft, daß man eine frische Kalkputzplatte fluatiert und nach eintägiger Trocknung einen Anstrich mit dem zu prüfenden Pigment und mit dem zur Verwendung gelangenden Bindemittel ausführt. Nach 3 Tagen darf keine Farbtonänderung eingetreten sein.

β) Zur Prüfung auf *Rauchgasechtheit* wird das mit Wasser befeuchtete Pigment in einen Glaskasten gebracht, in dem sich gasförmige schweflige Säure mit einem Gehalt von etwa 0,5 Vol.-% befindet.

c) Echtheit gegen Lösungsmittel. Es gibt grundsätzlich zwei bisher nicht genormte Prüfverfahren: die Löseprobe und die Überstreichprobe. Die erstgenannte ist exakter, die zweite anstrichtechnisch wichtiger. Beide Verfahren werden von Fall zu Fall angewendet (s. unten).

α) *Wasserechtheit.* Diese muß von allen Farbkörpern verlangt werden, die in wäßrigen Bindemitteln wie Leim und Binder verwendet werden. Wasserlösliche Teerfarblacke sind unbrauchbar, da sie durchschlagen oder bluten. Man prüft im Reagenzglas, ob in dest. Wasser nach eintägigem Stehen Lösung eintritt. Meist ist das an der Färbung des Wassers erkennbar. In zweifelhaften Fällen gießt man die Lösung auf Filtrierpapier, wobei nach dem Trocknen durch den gefärbten Rand erkennbar ist, daß eine Lösung eingetreten war.

Die Überstreichprobe kann nur bei wasserecht, also irreversibel auftrocknenden Bindern ausgeführt werden. In diesem Fall streicht man das mit dem Binder angeriebene Pigment auf Karton, läßt die Farbe trocknen und überstreicht dann mit einer weißpigmentierten Binderfarbe. Die Farbe des Grunds darf nicht in die weiße Farbe durchschlagen.

β) *Sprit- und Zaponechtheit.* Anstriche, die mit Sprit- oder Zaponlack überlackiert, mit Nitrozellulose-Schutzüberzügen versehen oder mit Sprit- bzw. Nitrolackfarben überstrichen werden sollen, dürfen in Sprit- und Zaponlösungsmitteln (Azeton, Essigester, Butylazetat) nicht löslich sein. Man prüft, wie bei B 1 c α angegeben, durch die Löse- oder Überstreichprobe. Bei der Löseprobe werden die entsprechenden Lösungsmittel verwendet, bei der Überstreichprobe wird am einfachsten ein Leimanstrich mit dem zu prüfenden Pigment gestrichen und nach dem Trocknen ein Aufstrich des entsprechenden Klarlacks oder weißpigmentierten Lacks darübergelegt [11].

γ) *Öl- und Kohlenwasserstoffechtheit.* Beim Gebrauch von Lacken, die Kohlenwasserstoff-, d. h. benzin- oder benzollösliche Harze, enthalten, wird wie bei B 1 c α geprüft. Bei Ölfarben prüft man die Ölechtheit am sichersten durch die Überstreichprobe, wobei aber darauf zu achten ist, daß der Grundanstrich mit dem zu prüfenden Pigment erst dann mit einem weißen Ölfarbstreifen überzogen werden darf, wenn er völlig getrocknet ist. Eine Ölunechtheit ist an einer Verfärbung des weißen Streifens erkennbar [11].

2. Optische Prüfung von Pigmenten.

Die Prüfung auf die optischen Eigenschaften der Pigmente (äußeres Aussehen, Farbton, Deckfähigkeit, Glanz und Lichtechtheit) kann nicht am trockenen Pigment vorgenommen werden. Die entsprechenden Prüfungen werden daher erst später beschrieben.

Nur ein einfacher Farbvergleich mit einem Gegenmuster kann durchgeführt werden, indem die trockenen Pigmentproben nebeneinander auf einer Papierunterlage mit einem Palettmesser verstrichen werden, wobei allerdings zu berücksichtigen ist, daß der Farbton des mit einem Bindemittel angeriebenen Pigments wesentlich verschieden von dem des trockenen Pigments sein kann.

a) Das Misch- und Färbevermögen der Pigmente. Man versteht darunter den Grad der optischen Veränderung, den ein Farbkörper beim Mischen mit einem anderen, ihm unähnlichen oder im Farbton entgegengesetzten erleidet. Bei Buntpigmenten spricht man vom Färbevermögen, bei Weißpigmenten vom Aufhellungsvermögen und bei Grau- und Schwarzpigmenten vom Schwärzungsvermögen.

α) Das *Aufhellungsvermögen* eines Weißpigments wird als das Vermögen eines Weißpigments definiert, in Mischung mit Ultramarin als Buntpigment, dasselbe mehr oder weniger aufzuhellen.

Visuelles Verfahren: Erforderliche Geräte und Stoffe: eine farblose Glasplatte 150 mm × 180 mm, biegsamer Stahlspatel, Blaupaste, bestehend aus 1 g Ultramarin (ULD 1 der Ver. Ultramarinwerke, Köln) + 99 g Kalziumsulfat gefällt + 100 g Rizinusöl hell (DAB 6).

Ausführung: 5 g Blaupaste und 0,5 g Vergleichspigment (beide auf 1 mg genau abgewogen) werden auf einer Glasplatte zu einer Paste ausgemischt, deren Farbton als *Standardblau* gilt. Das Ausmischen wird 1 min lang mit dem Finger und anschließend 2 min lang mit dem Stahlspatel vorgenommen. Nun wird so viel (a g) von dem zu prüfenden Weißpigment eingewogen und wie vorher beschrieben angerieben, daß der Farbton der Mischung demjenigen des *Standardblau* entspricht. Die beiden Pasten werden nebeneinander ohne Zwischenraum auf eine Glasplatte aufgetragen. Die Farbtöne der beiden Pasten werden durch die Rückseite der Glasplatte beurteilt. Das Aufhellungsvermögen ist dann: $\frac{0,5}{a} \cdot 100$.

Photometrisches Verfahren: Grassmann und Clausen [12] haben eine photoelektrische Methode angegeben, deren Normung in Vorbereitung ist.

β) Zur Bestimmung des *Schwärzungsvermögens* von Schwarzpigmenten wird in ähnlicher Weise wie bei B 2 a α verfahren. Als Einwaage verwendet man 25 g Zinkweiß und 0,5 g Schwarzpigment.

γ) Das *Färbevermögen eines Buntpigments* wird analog bestimmt. Jedoch wird als Einwaage 1 g Buntpigment auf 20 g Zinkweiß verwendet [12a].

3. Mechanische und allgemeine physikalische Prüfung der Pigmente.

a) Dichte. Diese wird am besten und genauesten mit Hilfe eines Pyknometers bestimmt. Ein Normblatt hierüber ist in Vorbereitung (s. a. R. Haug und W. Funke [13], Gardner [14] und F. Wilborn [15]).

b) Schütt- und Stampfvolumen. α) Das *Schüttvolumen* eines Pigments ist die Zahl, die angibt, welches Volumen, in Litern ausgedrückt, 1 kg dieses Pigments in lockerer Schüttung einnimmt (l/kg). Der reziproke Wert ist das Schüttgewicht (kg/l). Zur Bestimmung des Schüttvolumens werden nach H. Wolff [16] 100 g Pigment auf einem Bogen Papier gewogen und langsam in einen trockenen Meßzylinder von 500 ml Inhalt geschüttet.

β) *Stampfvolumen.* Die Bestimmung des Schüttvolumens ist ziemlich ungenau. E. A. Becker [17], [18] hat einen besonderen Stampfapparat entwickelt, der neuerdings durch die Fa. Engelsmann, Ludwigshafen, hergestellt wird.

100 g (oder bei sehr voluminösen Pigmenten entsprechend weniger) des zu untersuchenden, vorher getrockneten und gesiebten Pigments werden in einen 250 ml Glaszylinder eingefüllt und so lange gestampft, bis das Volumen konstant geworden ist, wofür im allgemeinen 3000 Schläge genügen. Die Normung dieses Prüfverfahrens ist in Vorbereitung.

c) Kornfeinheit und -größe. Zur Messung der Korngröße werden in der Anstrichtechnik die Methoden verwendet, die auch sonst für die Messung der Korndurchmesser oder der Gesamtoberfläche der Teilchen üblich sind, wie z. B. in der Zementindustrie. Allerdings sind die Anforderungen an die Mahlfeinheit der Pigmente in den letzten Jahren sehr gesteigert worden.

Häufig genügt jedoch die Feststellung des Fehlens von größeren Anteilen, indem man das Pigmentpulver mit dem Finger auf einem rauhen Karton anreibt und grobe Anteile durch das Gefühl feststellen kann. Für eine quantitative Ermittlung von groben Bestandteilen dient die Bestimmung des Siebrückstands.

α) *Bestimmung des Siebrückstands.* Die zu prüfenden Pigmente werden trocken oder naß mit Hilfe eines weichen Pinsels durch die Siebe gestrichen und der Rückstand nach dem Trocknen des Siebs ausgewogen. Im allgemeinen kann gesagt werden, daß Pigmente für Ölfarben auf dem 10000-Maschensieb nicht mehr als 0,5% Rückstand hinterlassen sollen. Bei Eisenglimmerfarben darf der Rückstand auf dem 6400-Maschensieb 0,5% betragen. Pigmente, die zum Anfärben von Putzen und Mörtelmischungen dienen, können wesentlich gröber sein. Der Siebrückstand soll jedoch keine Fremdbestandteile, wie Holzsplitter, Papier, Sackfasern (Verpackung), enthalten [*19*].

Die Größenordnungen der DIN-Prüfsiebe sind:

Nr.	Maschen je cm²	lichte Weite mm	Nr.	Maschen je cm²	lichte Weite mm
40	1600	0,15	80	6400	0,075
50	2500	0,12	100	10000	0,06
60	3600	0,10	110 E	12100	0,0545
70	4900	0,088	130 E	16900	0,04

Im Oktober 1955 wurde ein neuer Normenentwurf für Drahtgewebe für Prüfsiebe herausgegeben (DIN 1171). Da dieser Entwurf noch nicht angenommen worden ist und gerade die in der Lack- und Farbenindustrie bisher üblichen Siebgrößen gar nicht angegeben sind, wurden die alten Siebnummern noch in der vorhergehenden Tabelle erwähnt (s. a. ASTM D 185—45 und ASTM E 11).

β) In den wenigsten Fällen wird es für den Verbraucher notwendig sein, genauere Untersuchungsmethoden zur Ermittlung der durchschnittlichen Teilchengröße oder der Korngrößenverteilung bzw. der Teilchenoberfläche von Pigmenten anzuwenden. Da jedoch diese Methoden in der Zukunft größere Bedeutung erlangen werden, sollen die zur Verfügung stehenden Methoden kurz angegeben werden. Die unten aufgeführten Literaturstellen stellen nur eine Auswahl dar. Man unterscheidet entsprechend dem physikalischen Prinzip, auf dem die Verfahren beruhen, zwischen folgenden Methoden:

1. Optische Methoden:
   a) Lichtmikroskopische [*20*] bis [*23*]; b) elektronenoptische [*24*] bis [*27*];
   c) Lichtabsorptionsmethoden [*20*], [*21*], [*22*], [*28*], [*29*], [*30*].
2. Adsorptionsmethoden:
   a) Farbstoffadsorption [*31*] bis [*34*], b) Gasadsorption [*35*] bis [*39*].
3. Sedimetrische Methoden:
   a) in Flüssigkeiten [*40*] bis [*47*]; b) in Luft oder Gasen [*48*], [*49*].

4. Durchlässigkeitsmethoden [30], [50] bis [54]:
   a) nach McBlain; b) nach Lea und Nurse; c) nach Carman.
5. Radioaktive Methoden [55] bis [58].

Jede dieser Methoden hat ihre besonderen Vor- und Nachteile.

Mit Hilfe der mikroskopischen Methoden [20] bis [23] ist zwar die Form und Größe der Teilchen leicht festzustellen, jedoch ist die Entscheidung, ob Einzelteilchen oder Agglomerate vorliegen, häufig nicht einfach. Im Lichtmikroskop erhält man eine wirklichkeitsgetreue Abbildung von Teilchen mit einem $\varnothing > 1{,}5\mu$. Zahlreiche Pigmente unterschreiten aber diesen Wert ganz erheblich. Eine gewisse Steigerung des Auflösungsvermögens des Lichtmikroskops ist durch die Anwendung kurzwelliger Lichtstrahlen noch möglich, so daß man mit Hilfe eines UV-Mikroskops, dessen Linsensysteme aus Quarz bestehen müssen, eine wirklichkeitsgetreue Abbildung von Teilchen bis herab zu 0,5 μ erhalten kann. Jedoch hat das UV-Mikroskop keine große Bedeutung erringen können, wohl aus dem Grunde, weil das Elektronenmikroskop inzwischen entwickelt worden ist und eine weit stärkere Auflösung bis zu $5 \cdot 10^{-3}\,\mu$ gestattet. Bei dem Elektronenmikroskop ist es insbesondere die schwierige Präparationstechnik und der hohe Preis dieses Geräts, die bis jetzt eine umfangreiche Anwendung für Pigmentuntersuchungen verhindert haben [24] bis [27].

Über die Korngrößenverteilung der Pigmente und über die Oberflächengröße der Pigmentteilchen geben die mikroskopischen Methoden leider keinen Aufschluß.

Die Lichtabsorptionsmethode [28], [29], [30] erscheint noch nicht so weit durchgebildet, daß sie allgemein für jedes Pigment angewendet werden kann.

Durch die Adsorptionsmethoden kann die Gesamtoberfläche eines adsorbierenden Stoffs bestimmt werden. Die Farbstoffadsorptionsmethode [31] bis [34], bei der zunächst kolorimetrisch die Anfangskonzentration einer Farbstofflösung und nach erfolgter Adsorption die Restkonzentration des Farbstoffs bestimmt wird, ist einfach in ihrer Handhabung und kann ohne großen Aufwand durchgeführt werden. Sie eignet sich daher für Serienmessungen, ist aber nicht für jedes Pigment gleich gut anwendbar.

Die Gasadsorptionsmethode [35] bis [39] ist dagegen allgemein für die Oberflächenbestimmungen pulverförmiger Teilchen brauchbar. Sie erfordert jedoch eine sehr komplizierte Apparatur und ihre Durchführung ist zeitraubend, so daß sie im wesentlichen auf Forschungszwecke beschränkt sein wird.

Die Sedimentationsmethoden waren bis vor kurzem die einzigen Methoden, die wegen ihrer Einfachheit und allgemeinen Anwendbarkeit auch für Betriebszwecke eingesetzt werden konnten. Sie beruhen auf dem Stokeschen Gesetz

$$r^2 = \frac{9\eta v}{2g\,(s_1 - s_2)}\,,$$

wobei bedeuten

r Teilchenhalbmesser,	s_1 Dichte des Pigments,
η Viskosität des Mediums,	s_2 Dichte des Mediums,
v Fallgeschwindigkeit der Teilchen,	g Erdbeschleunigung.

Da das Stokesche Gesetz strenggenommen nur für Kugeln gilt, bedeutet r nicht den wahren Durchmesser des Pigments, sondern den Äquivalentdurchmesser eines mit gleicher Geschwindigkeit fallenden kugelförmigen Teilchens gleichen Volumens.

Es besteht grundsätzlich die Möglichkeit, sowohl in Flüssigkeiten als auch in Gasen als Medium zu arbeiten. Bei Anwendung von Flüssigkeiten bedient man sich am besten der Pipettenmethode von A. H. M. Andreasen [40]. Es sei darauf hingewiesen, daß für die Genauigkeit der Ergebnisse eine erschütterungsfreie Aufstellung des Geräts bei möglichster Temperaturkonstanz sehr wesentlich ist. Inzwischen sind automatische Sedimentationswaagen [41] bis [43] konstruiert worden, welche diese Messungen sehr erleichtern (z. B. von der Fa. Sartorius, Göttingen).

Die normalen Sedimentationsmethoden gestatten eine Bestimmung der Korngrößenverteilung von etwa 0,5 bis 100 μ. Je größer der Anteil an feinen Teilchen ist, um so länger dauert die Bestimmung. Um diesen Nachteil zu überwinden, kann man die Sedimentationsgeschwindigkeit durch die Verwendung von Zentrifugen bzw. Ultrazentrifugen beschleunigen [44] bis [47].

Auch Luft oder andere Gase können als Medium für die Sedimentation benutzt werden. H. Gonnell [48] entwickelte einen Apparat, der auf dem Prinzip der Windsichtung beruht, ein Verfahren, das den Schlämm-Methoden bei festflüssigen Systemen entspricht. Der *Micromerograph* von der Firma Sharples[49] ist ein Apparat, der selbsttätig die Sedimentation trockener Pulver in Luft aufzeichnet.

Die Durchlässigkeitsmethoden [30], [50] bis [54] beruhen auf dem Hagen-Poiseuilleschen Gesetz, wonach die Strömungsgeschwindigkeit eines Gases oder einer Flüssigkeit durch eine Kapillare, abgesehen von der Viskosität des Gases bzw. der Flüssigkeit, von dem Durchmesser und der Länge der Kapillare, also von der Oberfläche der Wände der Kapillaren abhängt. Ähnlich sind die Verhältnisse, wenn ein Gas oder eine Flüssigkeit durch ein sogenanntes Pulverbett fließen. Kozeny [50] drückte diesen Sachverhalt als erster in einer Gleichung aus. Es wurden im Laufe der Zeit verschiedene Durchlässigkeitsmethoden entwickelt, die aber alle auf demselben Grundprinzip beruhen. Der Vorteil dieser Methoden ist, daß die Messungen unter geringem Zeitaufwand und mit einer verhältnismäßig einfachen Apparatur ausgeführt werden können. Diese Verfahren eignen sich daher besonders auch für die Betriebskontrolle. Die erhaltenen Zahlenwerte stellen allerdings keine absoluten Werte dar; sie sind niedriger, als der wahren Oberflächengröße der Pigmente entspricht. Dies beruht darauf, daß Teilchenagglomerate nicht nur eine äußere, sondern auch eine innere Oberfläche aufweisen. Bei den Durchlässigkeitsmethoden können diese inneren Oberflächen nicht erfaßt werden, weil sie von dem Gas nicht durchströmt werden. Ist jedoch das Verhältnis zwischen äußerer und innerer Oberfläche der Teilchen nicht zu stark wechselnd, dann kann durch die Bestimmung der Oberfläche einer Testsubstanz, deren wahre Oberfläche durch die Gasadsorptionsmethode bestimmt worden ist, der Zusammenhang zwischen den beiden verschiedenen Methoden hergestellt werden.

Die von O. Hahn [55] zuerst angegebene Indikatormethode mit radioaktiven Stoffen ist für das Pigmentgebiet noch verhältnismäßig selten angewendet worden [55] bis [58].

4. Der Ölbedarf der Pigmente.

Der Ölbedarf ist eine für ein Pigment sehr wichtige Größe. Es gibt verschiedene Bestimmungsmethoden, die zwar untereinander ähnlich sind, jedoch zu etwas verschiedenen Werten führen, weshalb die verwendete Methode stets anzugeben ist.

Nach H. Wolff [59], [60] wird die Bestimmung des Mindestölbedarfs folgendermaßen ausgeführt: in einer glasierten Porzellanreibschale (etwa 8 cm ∅) werden 10 g Pigment eingewogen, aus einer Bürette tropfenweise Lackleinöl zugegeben und mit dem Pistill in das Pigment eingerieben. Die Masse des

Pigments ist zunächst krümelig, aber nach einer bestimmten Menge Öl löst sie sich leicht von den Wänden der Reibschale ab und backt zu einem einzigen, am Pistill haftenden Klumpen zusammen. Der minimale Ölbedarf wird in ml Öl für 100 g Pigment berechnet; er sei:

$$\frac{100 \cdot b}{a},$$

wobei bedeuten

    a die verbrauchte Ölmenge in ml, b die eingewogene Pigmentmenge in g.

Für viele Zwecke ist es vorteilhaft, die Ölzahl in Vol.-% der Paste auszudrücken; man muß hierbei die Dichte des Pigments kennen; sie sei ϱ, dann ist die Ölzahl in Vol.-% der Paste:

$$\frac{b \cdot 100}{\dfrac{a}{\varrho} + b} \text{ Vol.-\%.}$$

Für die Bestimmung wird ein entschleimtes Lackleinöl mit der SZ. 3 bis 4 verwendet; die Ausführung erfolgt bei Zimmertemperatur (20° C).

Nach der Methode von H. Wagner [61] kann man drei verschiedene Ölbedarfspunkte bezeichnen: 5 bis 10 g Pigment [62] werden auf eine rauhe Spiegelglasplatte in Form eines Häufchens gesetzt. Man läßt nun Lackleinöl (SZ. 4) tropfenweise aus einer Bürette zufließen und reibt nach jedem Tropfen das Pigment mit einem nicht zu biegsamen Spatel oder Palettmesser durch, bis die Masse zwar noch krümelig ist, jedoch durch die Benetzung mit dem Öl etwas dunkler erscheint. Dies ist der Netzpunkt. Man setzt nun die Ölzugabe fort und arbeitet die Masse durch, bis sie völlig homogen geworden ist und sich zu einem Klumpen vereinigen läßt, wobei an gewölbten Stellen der Masse etwas Glanz auftritt (Schmierpunkt). Dieser Punkt entspricht dem minimalen Ölbedarf nach H. Wolff. Um den 3. Punkt, den Fließpunkt, zu erhalten, wird weiter Öl zugegeben, bis die Masse in sich zusammensinkt, wenn sie mit dem flach gehaltenen Palettmesser zur Spitze ausgezogen worden ist.

In USA wird die Standardanreibemethode wohl am meisten angewendet [63]. Die mit ihr bestimmte Ölabsorptionszahl entspricht etwa dem Schmierpunkt nach H. Wagner.

Asbeck und van Loo [64], [65] fanden, daß bei einem bestimmten Verhältnis des Pigmentvolumens zum Bindemittelvolumen in einem Anstrichfilm optimale Eigenschaften vorliegen; sie bezeichneten diese Pigmentvolumenkonzentration (PVC) als *kritische Pigmentvolumenkonzentration* (CPVC) und definierten sie als diejenige Pigmentvolumenkonzentration, bei der geradesoviel (trocken berechnetes) Bindemittel anwesend ist, daß die Zwischenräume zwischen den Pigmentteilchen ausgefüllt werden.

F. B. Stieg und D. F. Burns [66] haben festgestellt, daß die durch die Standardanreibemethode gefundenen Ölabsorptionszahlen weitgehend der CPVC eines Pigments entsprechen. Die CPVC eines Pigments wäre demnach

$$\frac{100 \cdot a}{a + b \cdot \varrho} \text{ Vol.-\%.}$$

Die Gardner-Coleman-Methode [67] ergibt wesentlich höhere Werte als die Standardmethode und ist in Deutschland nicht gebräuchlich. Seit neuester Zeit gibt es zur Bestimmung der Ölabsorption und des Färbevermögens automatische Anreibemaschinen [68], bei denen die Anreibung zwischen zwei waagerecht angeordneten Glasplatten unter bestimmtem Anpreßdruck erfolgt, wobei die obere Glasplatte sich in Ruhe befindet, während die untere sich dreht. Die

Anzahl der Drehungen kann durch ein Zählwerk eingestellt werden. Auf diese Weise ist die Reproduzierbarkeit der Ölbedarfsbestimmungen wesentlich besser. Wegen des von H. WOLFF definierten kritischen Ölbedarfs s. F. WILBORN [69]. Eine gewisse Charakterisierung der Pigmente in bezug auf Ölbedarf und Fließverhalten ist durch die Ablaufkonsistenzprüfung nach H. WAGNER [70] möglich.

C. Bindemittel und Lösungsmittel.

Die Prüfung der Bindemittel gehört nicht in den Rahmen dieses Handbuchs. Es soll aber darauf hingewiesen werden, daß es vorteilhaft ist, wenn derjenige, der Anstriche und Anstrichmittel zu prüfen hat, eine gewisse Kenntnis über die im Anstrichmittel enthaltenen Rohstoffe hat. Eine gute Zusammenfassung über die zur Herstellung von Anstrichmitteln verwendeten Bindemittel und ihre Prüfung geben J. SCHEIBER und E. STOCK [71], sowie H. WAGNER und F. SARX [72]. Über Lösungsmittel und Weichmacher gibt es mehrere gute Darstellungen [73].

D. Anstrichmittel und fertige Anstriche.

1. Prüfbedingungen.

Für die meisten Prüfungen muß die Temperatur konstant gehalten werden. Für die Trocknungsprüfung und die Prüfung an fertigen Anstrichen ist außerdem auch die Einhaltung einer konstanten relativen Luftfeuchtigkeit Vorbedingung, um korrekte Meßwerte zu erlangen. Aber auch die Schichtdicke ist für viele Prüfungen von ausschlaggebender Bedeutung. Daher ist es notwendig, eine bestimmte Prüffilmdicke für die Durchführung der Prüfungen an flüssigen und festen Filmen einzuhalten [74]. Nach GARMSEN ist es hierbei empfehlenswert, für die Prüfung einiger Eigenschaften mit dem *Lackschichtgerät nach* GARMSEN [75] einen Film herzustellen, dessen Schichtdicke keilförmig von 0 bis 100 μ zunimmt (siehe D 3 a und D 3 b). Es gibt außer dem *Lackschichtgerät* noch mehrere Geräte zur Herstellung korrekter Schichtdicken, z. B. die TNO-Aufziehdreiecke [76] und andere Rakelvorrichtungen [77] oder automatische Spritzeinrichtungen (vgl. ASTM-Vorschrift D 823—51 T). Schließlich sei noch darauf aufmerksam gemacht, daß alle Messungen in ausreichender Anzahl durchgeführt werden müssen, um einen Mittelwert bilden zu können.

2. Flüssige Anstrichmittel.

a) Viskosität und Fließverhalten. α) Das *Fließverhalten* eines flüssigen Anstrichmittels kennzeichnet man in der Praxis mit dem Ausdruck *Viskosität*. Man spricht von höherviskosen und niederviskosen Flüssigkeiten. Im physikalischen Sinne ist [78] die Viskosität η das Verhältnis zwischen der Schubspannung τ und dem durch die Schubspannung hervorgerufenen Geschwindigkeitsgefälle $D = \dfrac{dv}{dy}$ in der Flüssigkeit in der Richtung y senkrecht zur Bewegung:

$$\frac{dv}{dy} = \frac{\tau}{\eta} . \tag{1}$$

Die Dimension für die Viskosität η ergibt sich aus Gl. (1) als

$$\left[\frac{dyn \cdot sek}{cm^2} \right].$$

Die Einheit der Viskosität in dieser Dimension nennt man Poise. Man benutzt auch $1/_{100}$ dieser Einheit, das Zentipoise.

Für einfache Flüssigkeiten (Wasser, viele Öle, manche Klarlacke) ist η bei konstanter Temperatur eine Konstante, unabhängig von der Schubspannung. Man bezeichnet solche Systeme als NEWTONsche Flüssigkeiten.

Es muß hier besonders hervorgehoben werden, daß die Viskosität sehr stark von der Temperatur abhängig ist. Daher wird bei der Viskositätsmessung besonderer Wert auf die Einhaltung konstanter Temperatur gelegt.

β) Viskosimeter. Die Viskosität NEWTONscher Flüssigkeiten kann man mit einfachen Viskosimetern messen. Man muß nur beachten, daß der Fließvorgang bei der Messung laminar bleibt und nicht turbulent wird. Das einfachste Gerät ist der Auslaufbecher (Fordbecher, DIN 53211, Abb. 1). Bei ihm wird die Zeit gemessen, welche eine bestimmte Menge des Anstrichmittels braucht, um durch eine Düse von genormtem Durchmesser aus einem genormten Gefäß auszulaufen. Als Meßwert gibt man im allgemeinen direkt die Auslaufzeit an; man kann aber auch auf Viskosität umrechnen. Diese ist noch von der Dichte ϱ abhängig. Man spricht hierbei von *kinematischer Zähigkeit*, aus welcher man durch Multiplikation mit ϱ die Viskosität (*dynamische Zähigkeit*) erhält.

Abb. 1. Fordbecher zur Bestimmung der Viskosität von Lacken und Farben. (Aufnahme Dr. BECKER.)

Zur genaueren Viskositätsmessung bei durchsichtigen Lacken benutzt man meist das *Kugelfallviskosimeter* (nach HÖPPLER) [78], bei dem eine Stahlkugel unter der Wirkung der Erdanziehungskraft in einem unter 10° gegen die Senkrechte geneigten kalibrierten Rohr in der Flüssigkeit fällt. Eine noch genauere Messung bei niedrigeren Viskositäten ermöglichen die Kapillarviskosimeter (nach OSTWALD, UBBELOHDE oder VOGEL-OSSAG) [78], bei denen ein genau kalibriertes Volumen der Flüssigkeit mit geringem Überdruck durch eine geeichte Kapillare gedrückt wird. Bei der Viskositätsmessung werden die Werte durch etwa auftretende Wirbelbildung verfälscht. Man muß also bei dem HÖPPLER-Viskosimeter den Kugeldurchmesser bzw. bei den Kapillarviskosimetern den Kapillardurchmesser so wählen, daß keine turbulente Strömung entsteht. Bei diesen Viskosimetern rechnet man die Meßwerte (Kugelfallzeit bzw. Durchlaufzeit) auf die Viskosität nach einfachen Formeln um.

Bei der Viskowaage [79], einer Abwandlung des HÖPPLER-Viskosimeters, wird die Kugel mit einer Hebelwaage nach oben gezogen. Auf diese Weise wird es ermöglicht, auch undurchsichtige Anstrichmittel zu messen. Außerdem kann man mit der Viskowaage feststellen, ob die Viskosität von der Kraft unabhängig ist, d. h. ob das Anstrichmittel wirklich eine NEWTONsche Flüssigkeit ist.

Diese einfachen Meßgeräte für die Viskosität genügen im allgemeinen für die einfache Kontrolle der Viskosität von Anstrichmitteln. Wenn man das Fließverhalten dagegen genauer charakterisieren will, muß man bedenken, daß die meisten Anstrichmittel *Nicht*-NEWTONsche Flüssigkeiten sind, bei denen die Viskosität η keine Konstante, sondern eine Funktion von der Schubspannung τ ist. Man muß also für solche genaueren Messungen die Abhängigkeit der Viskosität von der Schubspannung bestimmen.

Zur Messung der Viskosität derartiger *Nicht*-NEWTONscher Flüssigkeiten gibt es zahlreiche Viskosimeter, auch Strukturviskosimeter genannt.

αα) Von diesen sind die *Rotationsviskosimeter* am gebräuchlichsten. Bei ihnen bewegt sich ein Rotationskörper im Anstrichmittel, und es wird die Kraft gemessen, mit welcher dabei das Anstrichmittel mitgenommen wird [78]. Aus dieser gemessenen Kraft und der geometrischen Form des betreffenden Geräts läßt sich die Schubspannung τ berechnen; aus der Rotationsgeschwindigkeit ergibt sich das Geschwindigkeitsgefälle dv/dy.

Viele Rotationsviskosimeter (*Couette-Viskosimeter*) ermöglichen durch verschiedene Geschwindigkeitsstufen die Bestimmung der Abhängigkeit der Viskosität von der Schubspannung. Es gibt mehrere einfachere Rotationsviskosimeter mit veränderlicher Geschwindigkeit im Handel [78], [79], [80] (z. B. KÄMPF, EPPRECHT, BROOKFIELD, STORMER). Sie lassen sich zu Vergleichsmessungen verwenden und sind im allgemeinen für normale Kontrollzwecke ausreichend. Dagegen sind sie für genauere Messungen nicht geeignet, da sie nicht wirbelfrei arbeiten [79]. Bei ihnen darf man deshalb die Messungen mit verschiedenen Rotationskörpern nicht miteinander vergleichen, was z. T. die Anwendung der Geräte stark einschränkt, z. B. beim Viskosimeter nach EPPRECHT.

Für eingehende Untersuchungen sind die Viskosimeter mit rotierendem Außenzylinder und einer Korrektur für den Gefäßboden [79], [81], [82] am besten geeignet. Diese sind aber bisher für die Prüfung von Anstrichmitteln für normale Anwendungszwecke noch zu teuer. Andere Rotationsviskosimeter, welche nicht zur Messung bei veränderlicher Geschwindigkeit und Schubspannung geeignet sind, müssen heute als überholt gelten.

Ein sehr handliches Gerät zur Messung der Abhängigkeit der Viskosität von der Schubspannung ist die obenerwähnte *Viskowaage*. Diese erlaubt Messungen bei verschiedenen Schubspannungen, da man das Gewicht, mit dem die Kugel durch die Flüssigkeit gezogen wird, verändern kann. Auch sie hat verschiedene Meßkörper. Recht genau sind auch das *Rotavisko* und FERANTI-Viskosimeter.

$\beta\beta$) Die Messungsergebnisse bei den erwähnten Viskosimetern mit veränderlicher Geschwindigkeit und Schubspannung lassen sich am einfachsten durch die *Fließkurve* (Abb. 2) darstellen [78], [83].

In dem Diagramm wird die Abhängigkeit des Geschwindigkeitsgefälles von der Schubspannung τ aufgetragen. Für NEWTONsche Flüssigkeiten ergibt Gl. (1) eine Gerade, für Nicht-NEWTONsche Flüssigkeiten weicht dagegen die Kurve von der Geraden ab. Die Abweichung der Fließkurve von der geraden Linie, d. h. die Veränderlichkeit der Viskosität mit der Schubspannung, bezeichnet man als *Strukturviskosität*. Die Viskosität η ist nach Gl. (1) das Ver-

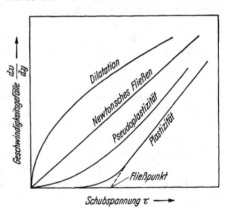

Abb. 2. Fließkurven. Schematische Darstellung der verschiedenen Typen. (Nach FISCHER.)

hältnis der Schubspannung τ zum Geschwindigkeitsgefälle dv/dy. Bei Anstrichmitteln wird im allgemeinen dieses Verhältnis mit wachsender Schubspannung kleiner, d. h. die Fließkurve (Abb. 2) wird nach oben abgebogen. Dieses Verhalten nennt man im Englischen nach BINGHAM *Pseudoplastizität*. Eine echte *Plastizität* liegt vor, wenn bei kleinen Schubspannungen überhaupt keine Bewegung stattfindet, sondern die Schubspannung erst einen bestimmten Anfangswert, den *Fließpunkt* (*Yield Value*), überschreiten muß, damit eine Bewegung beginnt. Dieses Verhalten zeigen normalerweise nur pastenförmige Anstrichmittel oder feste Stoffe. Schließlich kommt noch der Fall vor, daß die Viskosität mit wachsender Schubspannung größer wird (Dilatation).

Eine Auswertung von Fließkurven ohne genaue Kenntnis der Rheologie [84] sollte man nicht durchführen, da sie zu Fehlschlüssen führen kann und da man oft sehr schwer entscheiden kann, ob ein Viskosimeter für einen Verwendungszweck geeignet ist [78].

γ) Eine besondere Art der Strukturviskosität ist die *Thixotropie* [78]. Eine thixotrope Flüssigkeit zeigt im Ruhezustand verhältnismäßig hohe Viskosität, nach stärkerem Durchrühren dagegen niedrigere Viskosität. Wenn die Flüssigkeit dann wieder längere Zeit in Ruhe ist, wird ihre Viskosität wieder höher als nach dem stärkeren Durchrühren. Dieses thixotrope Verhalten kann man auch durch genaue Untersuchung des Fließverhaltens messen. Manche Anstrichfarben sind thixotrop; es besteht aber noch keine Klarheit darüber, wie weit eine Thixotropie bei Lackfarben erwünscht ist.

Auf die Bedeutung der Viskosität der Anstrichstoffe für die anwendungstechnischen Eigenschaften wird bei den betreffenden Absätzen näher eingegangen.

b) Kornfeinheit. Etwaige gröbere Körner im Lack dürfen nur so groß sein, daß sie bei der Verarbeitung nicht aus der getrockneten Lackschicht herausragen. Um dies zu prüfen, wird an der keilförmigen Schicht (nach Garmsen, siehe D 1) nach der Trocknung festgestellt, bis zu welcher Schichtdicke der keilförmige Lackfilm keine Körner mehr an der Oberfläche erkennen läßt [75].

Bei dem *Grindometer* wird die keilförmige Schicht mit einer Rakel in einer breiten keilförmigen Rinne hergestellt [85]. Dabei tritt durch das Abstreifen der Lackfarbe mit der Rakel eine geringe Verschiebung der Körner ein. Die dadurch entstehenden Abweichungen gegenüber der Garmsen-Methode sind gering. Auch mikroskopisch läßt sich die Kornfeinheit beurteilen. Man muß hierzu eine kleine Menge des pigmentierten Lacks ausreichend mit unpigmentiertem Lack verdünnen. Dann kann man im Durchlicht den Durchmesser und die Verteilung der Agglomerate mit einem Okularmikrometer ausmessen (siehe D 4 f).

c) Verarbeitungseigenschaften. Für die praktische Anwendung ist es zunächst wichtig, daß die Verarbeitung in der günstigsten Form geschehen kann. Schlechte Verarbeitungseigenschaften geben zu Fehlern Anlaß und beeinträchtigen die Schutzwirkung und das Aussehen des Anstrichs. Die Verarbeitungseigenschaften sind nicht unabhängig voneinander: Man kann Verstreichbarkeit und Ausgiebigkeit durch Verdünnung verbessern, durch stärkere oder unsachgemäße Verdünnung wird aber andererseits unter Umständen die Ablaufneigung des Anstrichs an senkrechten Flächen verstärkt, die zu Anstrichfehlern führen kann. Das Anstrichmittel muß daher einen solchen Zustand haben, daß die einander teilweise widersprechenden Verarbeitungseigenschaften alle ausreichend sind.

α) *Verstreichbarkeit und Verlauf.* Unter den Verarbeitungseigenschaften sind Verstreichbarkeit und Verlauf als Voraussetzung für die praktische Anwendung die wichtigsten. Die Prüfung der Verstreichbarkeit ist eine reine Gebrauchsprüfung [74]: Das Anstrichmittel wird auf dem vorgeschriebenen Untergrund mit einem vorgeschriebenen Pinsel zur Gebrauchsschichtdicke verstrichen. Es wird beurteilt, ob das Anstrichmittel sich leicht verstreichen läßt und auch die Ansätze beim Weiterstreichen gut verstrichen werden. Es besteht eine Vorschrift nach RAL 840 A 2, in welcher besonderer Wert darauf gelegt wird, daß die Prüfung unter denselben Bedingungen erfolgt, wie sie in der Praxis vorkommen: gleicher Untergrund, gleicher Lackaufbau, eine genügend große Anstrichfläche, stets gleichbleibender Zustand des Pinsels für die Prüfung und die Einhaltung normaler Temperatur und Luftfeuchtigkeitsbedingungen (siehe D 1).

Die in der RAL-Vorschrift festgelegte Prüfung ist auch im wesentlichen für die Bautenlackvorschriften [74] übernommen; sie ist aber nur für den Vergleich verschiedener Anstrichmittel nebeneinander brauchbar, da die Beurteilung subjektiv erfolgt. Es sind schon verschiedenste Versuche zur Ausarbeitung einer objektiven Prüfungsmethode der Verstreichbarkeit gemacht worden [86]. Als neueres Gerät ist der BK-Verstreichbarkeitsprüfer [87] zu nennen, dessen Entwicklung aber noch nicht abgeschlossen ist.

Die Verstreichbarkeit ist stark von der Viskosität abhängig. Es hat daher nicht an Versuchen gefehlt, die Güte der Verstreichbarkeit durch den Viskositätswert zu bestimmen [88], [89], [90]. Diese Versuche haben bis jetzt zu keiner praktischen Prüfungsmethode für die Verstreichbarkeit geführt, aber die Entwicklung auf diesem Gebiet ist noch nicht abgeschlossen.

Um aus der Viskosität Rückschlüsse auf die Verstreichbarkeit ziehen zu können, muß die Fließkurve aufgestellt werden und daraus das Fließverhalten bei der hohen Scherkraft des Streichens abgelesen werden. Außerdem aber muß die Verdunstung des Lösungsmittels während des Verstreichens berücksichtigt werden.

Der *Verlauf* wird nach GARMSEN in sehr einfacher Weise an der keilförmigen Schicht gemessen [74], [75]. Es wird in dem flüssigen Lack eine Spur erzeugt, deren Verlauf im flüssigen Zustand und später im fertig getrockneten Anstrich beurteilt wird. Die Spur zur Prüfung des Verlaufs wird erst nach 5 min angebracht, weil beim Verstreichen auch die Ansätze beim Überstreichen nach einigen Minuten noch verlaufen müssen. Der Verlauf ist naturgemäß ebenfalls stark abhängig von der Viskosität des Anstrichmittels [88], [89], [90]. Durch die Viskositätsmessung allein wird aber das Verlaufverhalten nicht erfaßt, da Verlaufstörungen auch durch Verdunstung des Lösungsmittels bedingt sein können [91].

β) *Ablaufneigung*. Die Ablaufneigung von dick aufgetragenen Anstrichen an senkrechten Flächen ist ein häufig vorkommender Anstrichfehler. Nach GARMSEN stellt man zur Beurteilung der Ablaufneigung eine breite Spur auf der keilförmigen Schicht her und bestimmt die Schichtdicke, bis zu welcher bei senkrechter Aufstellung der Prüfplatte die breite Spur nicht mehr zuläuft, sondern offen bleibt. Ein Anstrich neigt in der Praxis zum Ablaufen, wenn bei der Prüffilmdicke die Spur nicht mehr offen bleibt [75] (s. a. B 4 [70]).

γ) *Ausgiebigkeit*. Bei der Prüfung der Ausgiebigkeit muß darauf geachtet werden, daß gleichzeitig die anderen Eigenschaften erfüllt sind [74]. Insbesondere durch die Deckfähigkeit ist ein Mindestmaß an Schichtdicke bedingt, welches bei der Ausgiebigkeitsprüfung nicht unterschritten werden darf. Wenn diese Bedingung erfüllt ist, gibt der Verlauf eine weitere Grenze; denn es darf zur Prüfung der Ausgiebigkeit nicht weiter verstrichen werden, als noch guter Verlauf gewährleistet ist. Wenn diese beiden Bedingungen erfüllt sind, ist die Ausgiebigkeit gegeben durch diejenige Fläche, auf die eine bestimmte Menge des Anstrichmittels verstrichen werden kann.

Die Ausgiebigkeit ist auch vom Untergrund abhängig; daher muß diese Eigenschaft auf einem normalen Untergrund geprüft werden. Dabei ist die Angabe des verwendeten Untergrunds im Prüfungsergebnis erforderlich.

Weitere Verarbeitungseigenschaften:

δ) *Spritzbarkeit* und *Tauchbarkeit*. Es ist darauf zu achten, daß für die Durchführung der Prüfung dieser beiden Gebrauchseigenschaften eine genaue Einstellung der Viskosität mit dem für die Verdünnung des Anstrichmittels geeigneten Verdünnungsmittel erfolgt. Während des Spritzens darf das Anstrichmittel keine Fäden ziehen. Außerdem darf der Anstrich an schrägen Flächen nicht ablaufen und keine Verlaufstörungen zeigen.

Beim Tauchen muß der Anstrich ebenfalls gut verlaufen und darf keine ungleichmäßige Verteilung durch Ablaufstörungen zeigen. Bei dieser Probe ist aber besonderer Wert auf korrekte Tauchbedingungen zu legen. Günstig ist die Verwendung einer Probentauchmaschine für diese Prüfung [92]. Bei beiden Prüfungen ist die Einhaltung konstanter Raumtemperatur und die Vermeidung zu hoher Feuchtigkeit besonders zu beachten, da es sonst zu Störungen kommen kann.

d) **Deckfähigkeit am nassen Film.** Die Bestimmung der Deckfähigkeit am nassen Film gibt wenig Aufschluß über das Verhalten in der Praxis, denn sie unterscheidet sich oft wesentlich von der Deckfähigkeit des getrockneten Films [74], [75]. Die Deckfähigkeitsmessung am trockenen Film gibt die wirklichkeitsgetreuere Beurteilung; sie wird in D 4 e behandelt. Trotzdem sind eine Reihe von Deckfähigkeitsmeßmethoden am nassen Film üblich (z. B. Kryptometer nach Pfund oder Bundesbahnvorschriften) [93].

e) **Bodensatzbildung.** Für einfache Fälle genügt die qualitative Beurteilung des Bodensatzes durch Abgießen der Farbe vom Bodensatz und Prüfung der Konsistenz des Bodensatzes mit einem Spatel. Eine genauere Beurteilung des Bodensatzes kann mit dem Gerät nach Wasmuth-Boller erfolgen [74],`[94]. Bei diesem wird ein Kegel unter Belastung in den Bodensatz eingedrückt. Es wird dreierlei gemessen: die notwendige Belastung, die Geschwindigkeit des Eindringens und die Dicke des Bodensatzes. Die Bodensatzbildung ist nicht mehr nach dem Aufrühren feststellbar, muß also in dem Originalgebinde vor dem Aufrühren geprüft werden.

f) **Eindicken des Anstrichmittels.** Während der Lagerung kann das Anstrichmittel eindicken und dadurch unter Umständen unbrauchbar werden. Die Eindickung wird durch Viskositätsmessung festgestellt. Bestimmte Vorschriften darüber, wie stark die Erhöhung der Viskosität bei der Lagerung sein darf, ohne störend zu wirken, liegen nicht vor. Eine zu starke Viskositätserhöhung erfordert eine zu starke Verdünnung und verschlechtert dadurch die anderen Eigenschaften. Die Eindickung des Anstrichmittels darf also nicht so stark sein, daß für die Verarbeitung eine zu große Verdünnungsmittelmenge notwendig ist, durch welche die anderen Eigenschaften nicht mehr die notwendigen Prüfwerte erfüllen.

g) **Flammpunktsbestimmung.** Die gelieferten Anstrichmittel müssen nach gewerbepolizeilichen Verordnungen bestimmte Bedingungen erfüllen. Soll eine Prüfung des Flammpunkts zur Kontrolle erfolgen, so geschieht dies am besten mit dem Flammpunktsbestimmungsapparat nach Abel-Penski oder nach Keyl (BB-Vorschrift) [95].

3. Trocknungsprüfungen.

Der Übergang des flüssigen Anstrichfilms in den festen Zustand ist stark von den äußeren Bedingungen, insbesondere von Temperatur, Luftfeuchtigkeit und Schichtdicke abhängig. Es muß daher auf die Einhaltung der unter D 1 aufgeführten Prüfbedingungen besonderer Wert gelegt werden. Nach Garmsen wird die Trocknung an der keilförmigen Schicht nach verschiedenen Zeiten gemessen und der Fortschritt der Trocknung zu dickeren Schichten verfolgt [74], [75]. Wenn man die Trocknung nach einer anderen Methode mißt, muß man ebenfalls eine genaue Prüffilmdicke einhalten.

Die Trocknung wird am einfachsten durch Berührung mit dem Finger beurteilt. Man unterscheidet sechs Trocknungsstadien:

angezogen (erste Antrocknung), fast staubfrei, staubfrei, fast klebfrei, klebfrei, durchgetrocknet.

Die verschiedenen Trocknungsstadien des Films werden nach den Methoden unter a) und b) geprüft.

a) Antrocknung. Für die Antrocknung unterscheidet man die folgenden drei wichtigsten Stadien:

α) *Angezogen* ist ein Anstrich, wenn man bei leichtem Darüberwischen mit dem Finger keine Spur mehr sieht. In diesem anfänglichen Trocknungsstadium, für welches es keine korrektere Prüfungsmethode gibt, haftet der Staub an senkrechten Flächen nicht mehr; dagegen sind diese Anstriche noch nicht staubfrei oder klebfrei, sondern auf waagerechten Flächen bleibt Schmutz, welcher sich darauf absetzt, noch kleben.

β) *Staubfrei* angetrocknet ist ein Anstrich erst, wenn keine Schmutzkörner mehr kleben bleiben. Dieses Stadium stellt man bei der einfachen Prüfung durch leichtes Auflegen des Fingers fest. Dabei darf der Finger nicht mehr am Anstrich kleben. Zur genaueren Prüfung streut man nach DIN 53150 Sand auf den Anstrich (vorteilhaft kleine Glasperlchen von 0,2 bis 0,3 mm ∅) [74]. Staubfrei ist der Anstrich, wenn der Sand durch senkrechtes Abklopfen der Anstrichplatte abfällt oder sich durch leichtes Abwischen mit einem weichen Pinsel leicht entfernen läßt. Nach GARMSEN führt man diese Prüfung am günstigsten an der keilförmig aufgezogenen Schicht aus. Man stellt durch die einfache Prüfung mit dem Finger oder durch Aufstreuen von Sand [75] (s. Abb. 3) in verschiedenen Zeitabständen die Schicht-

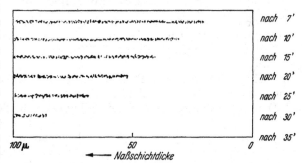

dicke fest, bis zu welcher der Anstrich an den betreffenden Zeitpunkten klebfrei aufgetrocknet ist. Hieraus kann man leicht den Zeitpunkt ermitteln, zu welchem der Anstrich bei der Prüffilmdicke staubfrei ist. In Abb. 3 ist die Trocknungsprüfung an einem Nitrolack als Beispiel schematisch wiedergegeben.

Abb. 3. Trocknungsprüfung nach GARMSEN an der keilförmigen Schicht.

γ) *Klebfrei* ist ein Anstrich, wenn beim Abheben des leicht aufgelegten Fingers kein Klebegefühl am Finger zu bemerken ist.

δ) Eine *Automatisierung* der Trocknungsprüfung ist von verschiedenen Seiten vorgeschlagen worden. Ein Wollfaden oder ein Papierstreifen wird mit sehr langsamer Geschwindigkeit automatisch unter geringem Druck auf den Anstrich aufgelegt und es wird der Zeitpunkt festgestellt, zu welchem die Streifen oder Fäden nicht mehr kleben bleiben [96]; leider stimmen die bei diesen Methoden gemessenen Trocknungszeiten nicht genau mit einem der Trocknungsstadien *staubfrei* oder *klebfrei* überein. In ähnlicher Weise kann man Sand (Glasperlchen) langsam automatisch aufstreuen (Verfahren der BASF [97]) oder einen Stift durch den Anstrich ziehen [96], wobei die Spur verläuft, solange der Anstrich noch flüssig ist (BK-Trocknungsprüfer). Die Entwicklung auf dem Gebiet der automatischen Trocknungsprüfung ist noch nicht abgeschlossen; nach bisherigen Erfahrungen empfiehlt sich das Aufstreuen von Sand mehr als das Auflegen von Papier oder Fäden. Bei einer anderen Methode nach WOLF und TOELDTE [98] wird die Löslichkeit des angetrockneten Films durch den flüssigen Lack als Maß für das Trocknungsstadium gewählt.

b) Durchtrocknung. Durchgetrocknet ist ein Anstrich, wenn er beim Abkratzen von der Unterlage keine Verschmierung der Kratzspur mehr zeigt. Um dies festzustellen, streut man in die Kratzspur Sand hinein und prüft, ob dieser kleben bleibt [74]. Die Durchtrocknung ist noch stärker als die Antrocknung von der Schichtdicke abhängig. Man bestimmt daher am günstigsten an der keilförmigen Schicht die Schichtdicken, bis zu welchen bei verschiedenen Zeiten die Durchtrocknung erfolgt ist. Hieraus kann man dann wieder den Zeitpunkt bestimmen, an welchem der Anstrich bei der Prüffilmdicke durchgetrocknet ist.

Die Durchtrocknung darf nicht einfach als Fortsetzung der Antrocknung aufgefaßt werden, sondern sie geht mit dieser parallel: es gibt Anstriche, welche durchgetrocknet sind, bevor sie klebfrei sind.

Eine Automatisierung der Durchtrocknungsprüfung konnte bisher nicht erreicht werden.

Man kann die Durchtrocknung an einer bestimmten Schichtstärke auch in einfacher Weise beurteilen, indem man die Druckspuren beim Eindrücken mit dem Daumen oder einem Druckkörper zu verschiedenen Zeitpunkten beobachtet.

4. Fertige Anstriche.

Die unter D 1 behandelten Prüfbedingungen sind für die Prüfung der fertigen Anstriche besonders wichtig: Temperatur und Luftfeuchtigkeit als Bedingungen des Prüfraums, die Schichtdicke (Prüffilmdicke) als grundlegende Filmeigenschaft [74].

a) Schichtdicke. In der Praxis wird großer Wert auf die Schichtdickenmessung gelegt, da alle Filmeigenschaften von der Schichtdicke stark abhängig sind. Dies gilt besonders auch für die Schutzwirkung des Anstrichs. Zur Dickenmessung nasser Filme ist der Naßfilmdickenmesser nach Garmsen [99] der genaueste. Bei der Messung mit diesem Gerät stellt man eine Tastspitze auf Berührung der Oberfläche ein und liest die Höheneinstellung an einer Längenmeßuhr ab; danach verstellt man die Tastspitze durch den nassen Film hindurch bis zum Untergrund; die Schichtdicke ergibt sich dann als Differenz der beiden Höheneinstellungen. Die mechanische Meßuhr mit $1/100$ mm Strichteilung ist zu diesem Zweck auf einem Dreifuß angebracht, welcher auf der Untergrundplatte im nassen Film fest aufgesetzt wird. In der handelsüblichen Form ist das Gerät mit einer Meßuhr ausgerüstet,

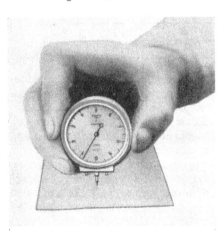

Abb. 4. Schichtdickenmeßgerät (I.G.-Uhr) nach Rossmann. (Aufnahme H. Wagner.)

welche gleich als Trockenfilmschichtdickenmesser nach Rossmann (Abb. 4) benutzt werden kann, der im folgenden Absatz beschrieben ist; gegenüber der Trockenfilmdickenmessung hat aber die Naßfilmdickenmessung nach Garmsen den Vorteil, daß sie nicht an die Ebenheit des Untergrunds gebunden ist, weil es sich um eine Differenzmessung handelt. Andere Naßfilmdickenmesser, welche die Prüfung ebenfalls im eingetauchten Zustande durchzuführen gestatten, sind häufig mit erheblichen Fehlern behaftet, wenn der Berührungsmeniskus der eingetauchten Teile bis zu dem die Oberfläche berührenden Teil reicht und dementsprechend eine Fälschung hervorruft. Bei einem einfachen Gerät nach Rossmann [100] wird diese Fehlerquelle weitgehend vermieden.

Zur Messung an trockenen Filmen wird die Filmdickenmeßuhr nach Ross-
MANN [101] (I.G.-Uhr) benutzt (Abb. 4). Sie besteht aus einer mechanischen
Längenmeßuhr mit $1/_{100}$ oder $1/_{1000}$ mm Teilung. An ihr sind seitlich zwei Standfüße und genau in der Mitte eine Tastspitze angebracht; alle drei sind mit der
gleichen Kugelspitze versehen, damit keine Fehler eintreten, wenn die Uhr
schief gehalten wird. Zur Messung wird von dem getrockneten Lackfilm ein
Span ausgehoben und die Einstellung der Meßuhr bei Berührung des Untergrunds mit der Tastspitze an der frei gelegten Stelle gemessen. Der Nullpunkt
der Meßuhr wird auf einer ebenen Platte ohne Lackfilm eingestellt. Alle mechanischen Schichtdickenmesser sind bis jetzt noch an ebene Untergründe gebunden,
da bei unebenen Grundplatten (z. B. Fensterglasscheiben) auf der konvexen
Seite die Mitte gegenüber den beiden seitlichen Füßen höher liegt, auf der
konkaven Seite dagegen tiefer. Bei sehr weichen Filmen empfiehlt sich die
Unterlage einer Rasierklinge unter die beiden Standfüße.

Zur Schichtdickenmessung auf Eisenuntergrund wird allgemein die Beeinflussung des Magnetfelds eines Elektromagneten benutzt. Bei allen handelsüblichen Ausführungen (z. B. Leptoskop [102], Permaskop, TNO-Gerät [103])
wird die Skala des Meßinstruments in ihrem Nullpunkt und im Gesamtausschlag
auf dem betreffenden Eisenmaterial ohne und mit nichtmagnetischem Testfilm
geeicht. Diese Eichung ist während jeder Prüfungsserie mehrmals durchzuführen,
weil bei verschiedenen Blechsorten oder Blechdicken die unterschiedlichen
magnetischen Eigenschaften des Eisenuntergrunds sonst verschiedene Aus-
schläge bei gleichen Schichtdicken ergeben würden. Die Genauigkeit der elektromagnetischen Schichtdickenmessung hängt wesentlich von der Sorgfalt dieser
Eichungen der Skala ab. Einige einfachere Geräte arbeiten auch mit perma-
nenten Magneten ohne Stromanschluß (z. B. Mikrotest, Elcometer [103]). Bei
diesen ist der störende Einfluß verschiedener Blechsorten größer als bei den
elektromagnetischen Schichtdickenmessern.

Eine weitere Methode zur Bestimmung der Filmdicke ist die mikroskopische
Messung, die naturgemäß nicht zerstörungsfrei ist. Hierzu hebt man den Film
an einer Stelle vollständig ab und mißt die Breite des Filmschnitts mit starker
Vergrößerung; dabei kommt es darauf an, daß beide Kanten des Filmschnitts
unter dem Mikroskop bei der Scharfstellung gleichzeitig scharf erscheinen. Mit
etwas geringerer Genauigkeit kann man die Schichtdicke unter dem Mikroskop
auch dadurch messen, daß man mit einer Rasierklinge einen kleinen schrägen
Einschnitt im Film bis zur Unterlage anbringt und den Höhenunterschied
zwischen den Scharfstellungen auf die obere und untere Kante des Films am
Einschnitt bestimmt. Mit diesen beiden mikroskopischen Methoden kann man
auch bei mehreren Schichten, die ja meist im Schnitt optisch voneinander zu
unterscheiden sind, die Dicke der einzelnen Schichten bestimmen.

b) Mechanische und physikalische Eigenschaften. α) *Elastizität.* Bei allen
mechanischen Prüfungen müssen einheitliche Temperatur und Feuchtigkeit
eingehalten werden (siehe D 1). Das Elastizitäts- und Festigkeitsverhalten der
Anstrichfilme auf der Unterlage ist oft anders als bei freien Filmen [104]. Daher
wird man für einfache Prüfungen durch den Verarbeiter auf die Durchführung
von Zerreißversuchen an freien Filmen im allgemeinen verzichten.

Zur orientierenden Beurteilung der Elastizität der Anstrichfilme benutzt
man häufig die Spanprobe, bei welcher das Verhalten des Spans beim Abschneiden mit einem Messer oder Flachausheber beobachtet wird [74]. Auch
die Gitterschnittmethode ermöglicht bei spröderen Lacken eine gewisse Beurteilung der Elastizität der Lackfilme, wobei auch die Haftfestigkeit wesentlich
mitwirkt [104].

Alle Elastizitätsmessungen sind nicht nur von Temperatur und Feuchtigkeit, sondern auch von der Geschwindigkeit der Beanspruchung stark abhängig. Eine langsame Beanspruchung wird durch den Zerreißversuch und die Kugel-Tiefungsprüfung ausgeübt [104]. Eine sehr schnelle (dynamische) Dehnung im Bruchteil einer Sekunde wird bei der Schlag-Tiefungsprüfung nach Niesen hervorgerufen; zwischen beiden Beanspruchungsarten steht die Dornbiege-prüfung, bei welcher der Biegungsvorgang etwa innerhalb 1 sek erfolgt.

Bei dem Erichsen-Gerät [105] wird die Tiefung durch Verformung eines genormten Blechs von der Rückseite her mit einer Kugel von 20 mm ∅ mittels einer automatisch angetriebenen Spindel hervorgerufen. Dabei wird der Anstrich mit dem Blech zusammen verformt. Gemessen wird die Tiefung in mm, bei welcher der Anstrich reißt. Die bei der fortschreitenden Tiefung hervor-gerufene Dehnung des Blechs ist experimentell bestimmt worden [106], so daß zu jedem Tiefungswert ein Dehnungswert gehört. Die Tiefung, bei welcher im Anstrich Risse auftreten, ist also ein Maß für die Bruchdehnung, bei welcher der Film unter langsamer Beanspruchung reißt.

Ein ähnliches Kugel-Tiefungsgerät, aber mit geringerem Kugeldurchmesser (5 mm) und von wesentlich einfacherer Bauart, ist das Gerät von Rossmann[107]. Da dieses mit Hand betrieben wird, muß man besonders auf eine gleichmäßige Tiefungsgeschwindigkeit achten. Wenn man diese Bedingung erfüllt, sind die mit dem Gerät erhaltenen Tiefungswerte mit den beim Erichsen-Gerät er-haltenen sehr gut vergleichbar.

Bei der Kugelschlagprüfung nach Niesen [108] wird die Tiefung dynamisch durch das Fallen eines Gewichts hervorgerufen, an welchem unten eine Kugel von 20 mm ∅ angebracht ist; dabei wird bei einer bestimmten Fallhöhe eine bestimmte Tiefung hervorgerufen. Diese Prüfung ist für manche Lacksorten wesentlich schärfer als die Erichsen-Tiefung; die Anstriche reißen bei Schlag z. T. bei wesentlich geringerer Tiefung[104]. Man erhält so ein Maß für die Schlagempfindlichkeit. Nach Rossmann kann man in ähnlicher Weise eine Schlagprüfung mit 5 mm Kugeldurchmesser ausführen [107].

Bei allen Tiefungsgeräten gibt es drei Möglichkeiten, um den Endpunkt der Messung, das Auftreten von Rissen, festzustellen: die optische Beobachtung mit einer Lupe (5- bis 10fach), Messung des beginnenden Stromdurchgangs mittels einer elektrolytischen Zelle [109] und die Prüfung mit einem Porenprüf-gerät nach der Tiefung (siehe D 5 d). Die letzte Methode ist am korrektesten, erfordert aber größeren Aufwand. Bei der sehr verbreiteten elektrolytischen Messung während der Tiefung muß man berücksichtigen, daß der Film in einem gequollenen Zustand getieft wird [104].

Bei den Dornbiegeproben wird das etwa 0,3 mm dicke Blech mit dem An-strichfilm nach außen über Dorne von 2 bis 30 mm gebogen (DIN 53152). Dabei wird die Außenfläche je nach dem Dorndurchmesser und der Schichtdicke um 1,5 bis 25% gedehnt. Als Dornbiegefestigkeit wird nach König [110] der reziproke Wert des Dorndurchmessers angegeben, bei welchem ein Reißen eingetreten ist. Diese Größe ist in ähnlicher Weise wie die Tiefung ein Maß für die Bruchdehnung. Man ermittelt die Elastizitätsgrenze mit diesen Dornen verschiedener Durchmesser stufenweise (nach dem Einkreisungsprinzip). Ein Gerät von Frank ermöglicht durch eine Einspannvorrichtung, die Dornbiege-prüfung ohne Berührung des Blechs mit der Hand durchzuführen [104]. Da-durch wird eine etwaige Erwärmung des Blechs mit der Hand vermieden. Man kann die Prüfung auch mit dem konischen Dorn durchführen [111]. Dieser hat am dicken Ende 25 mm und am dünnen 3 mm ∅. Diese bequeme Prüfung gibt aber oft eine Verfälschung der Elastizitätsbeurteilung, wenn ein an dem dünnen Ende gerissener Film zum schwächer gebogenen Ende hin weiterreißt.

β) Festigkeit und Dehnung. Für die grundsätzliche Untersuchung des Filmcharakters kann man die Zerreißfestigkeit und Dehnbarkeit im Zugversuch an freien Filmen feststellen, als Grundlage des Verständnisses für das Elastizitätsund Festigkeitsverhalten des Anstrichs auf der Unterlage. Hierzu ist die Herstellung freier Filme erforderlich, für die es im wesentlichen vier Methoden gibt: Ablösen mit Wasser von der Glasplatte, elektrolytische Ablösung des Films mit Wasser vom Blech unter Mitwirkung von Schwachstrom [112] oder wasserfrei durch Unterschichtung des Films mit Quecksilber (Auflösung der Zinnschicht durch Quecksilber unter dem auf Weißblech aufgezogenen Film) oder Aufziehen des Films auf amalgamiertem Weißblech [113]. Die Herstellung von freien Filmen durch Aufziehen auf wasserlöslicher Unterlage (z. B. Gelatine) ist korrekter, wird aber wegen der Umständlichkeit verhältnismäßig selten angewendet [114].

Im allgemeinen ist der Lackfilm in der Praxis nicht der bestimmende Teil für die Festigkeit eines Werkstücks, sondern die Unterlage. Deshalb ist der reine Festigkeitswert des Lackfilms meist nicht so wichtig wie der Verlauf der Dehnung während der zunehmenden Belastung und der Wert der Bruchdehnung. Falls man Zerreißversuche durchführt, ist es daher zu empfehlen, nur Zerreißapparaturen mit automatischer Schreibvorrichtung zu verwenden, durch welche das Spannungs-Dehnungs-Diagramm während des Zerreißversuchs aufgeschrieben wird (z. B. Schopper, Wolpert, Frank, Zwick).

Die Festigkeit und Haltbarkeit von Anstrichen wird oft durch Schrumpfspannungen herabgemindert, welche beim Trocknungsvorgang im Anstrich (z. B. durch Verdunstung der letzten Lösungsmittelreste) entstehen. Diese Spannungen können auch zu Schrumpfrissen führen; sie werden nach König spannungsoptisch gemessen [115].

γ) Härteprüfung. Die Anstrichfilme sind in der Praxis den verschiedensten Härtebeanspruchungen ausgesetzt. Dementsprechend gibt es auch verschiedene Arten von Härteprüfmethoden, welche das Verhalten der Anstrichfilme bei verschiedenen Beanspruchungen wiedergeben: Eindringhärtemessung, Dämpfungshärteprüfung, Ritzprüfung. Man darf deshalb nicht von dem Verhalten bei einer speziellen Prüfungsmethode ohne weiteres auf das gesamte Härteverhalten Rückschlüsse ziehen [116].

Alle Härtemessungen sollen genau wie die Elastizitätsprüfungen unter definierten Temperatur- und Luftfeuchtigkeitsbedingungen und an Filmen definierter Schichtdicke ausgeführt werden. Widersprüche bei Härtemessungen lassen sich häufig aus der Nichtbeachtung dieser Bedingungen erklären.

αα) Zur orientierenden Beurteilung der Härte bedient man sich in der Praxis des Kratzens oder Eindrucks mit dem Fingernagel. Diese Methode ist gut geeignet, um die Härte zweier Anstriche nebeneinander zu vergleichen.

Um die Kratzmethode etwas objektiver zu gestalten, hat man die Kratzprüfung mit Bleistiften verschiedener Härtegrade vorgeschlagen. Diese führt aber bei mittelharten Lacken manchmal zu irreführenden Ergebnissen und hat sich daher nur für sehr harte Einbrennlacke durchgesetzt [116].

ββ) Zur genaueren Beurteilung der Härte sind eine Reihe von Prüfgeräten entwickelt worden. Die einfachsten Härteprüfgeräte arbeiten nach dem Dämpfungsprinzip [116]. Der Albert-Pendelhärteprüfer nach König [117] (s. Abb. 5) besteht aus einem Pendelrahmen (1), der mit zwei Kugeln (3) auf dem horizontal ausgerichteten Lackfilm (4) aufliegt. Mit einem verschiebbaren Gegengewicht (2) wird die Schwingungszeit geeicht. Als Härtemaß benutzt man die Abklingzeit

der Pendelschwingung von einem Ausschlag auf der Skala (5) von 6° auf 3°.
Ein härterer Lack gibt im allgemeinen längere Schwingungsdauer, weil die
Kugeln nicht so weit eindringen und die Schwingung dementsprechend nicht so stark gedämpft wird wie bei einem
weicheren Lack. Man darf allerdings nur Lackfilme mit
gleichem Bindemittelcharakter miteinander vergleichen.
Das Gerät arbeitet mit großer Genauigkeit. Ein ähnlicher
Pendelhärteprüfer wurde von Persoz entwickelt. Die
Prüfung mit diesem erfordert lediglich längere Meßzeiten.
Für orientierende Härtemessungen kann man auch den
Schaukelhärteprüfer verwenden [116], bei welchem der
schwingende Körper aus zwei kreisförmigen Kufen besteht. Die Messung der Abklingzeit mit diesem Gerät
hängt stark von der Beschaffenheit der Kufen und von
der Filmoberfläche ab [116] und ist nicht so genau wie
mit den Pendelhärteprüfern.

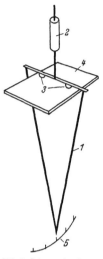

Abb. 5. Schema des Albert-
Pendelhärteprüfers.
(Nach W. König.)

Bei der Eindringhärtemessung wird das elastische Verhalten des Films beim Eindringen eines Prüfkörpers geprüft. Mit einer Quarzhalbkugel als Eindringkörper arbeitet der Pfund-Härteprüfer [116], bei dem die Größe
des Eindrucks unter Belastung durch die Halbkugel hindurch mikroskopisch gemessen wird. Die Ausführungsform
des Geräts ist bisher noch etwas unvollkommen. Grundsätzlich gestattet das Meßprinzip recht gute Genauigkeit für die Messung unter
Belastung; es ermöglicht allerdings keine genaue Messung der Rückfederung
und des bleibenden Kugeleindrucks nach der Entlastung.

Ein exaktes und sehr teures Gerät ist der Eindringtiefenmesser nach Philips.
Er bestimmt die Härte durch das Eindringen einer Saphirpyramide. Die Eindringtiefe wird mit einer sehr empfindlichen Mikrometereinstellung mit $^1/_{10}\,\mu$
Genauigkeit gemessen. Zur Niveauregulierung dient eine empfindliche Kapazitätsmeßanordnung. Das Gerät gestattet, die Eindringtiefe und das plastische
Nachdringen einer Vickers-Saphirpyramide unter Belastung, sowie die elastische
Rückfederung und den bleibenden Eindruck nach der Entlastung zu messen [116].
Es erfaßt das gesamte elastisch-plastische Eindringverhalten. Der etwas einfachere TNO-Eindringtiefenmesser arbeitet nach einem ähnlichen Prinzip und
ist für die Messung an Kunststoffen geeignet, dagegen für die Prüfung der sehr
dünnen Anstrichschichten zu ungenau. Bei beiden Geräten kann man die Werte
auf Vickers-Härte umrechnen; dies empfiehlt sich aber für Anstriche nicht,
weil der Bereich der weichen Lacke dabei stark unterbewertet wird.

Für sehr harte Lacke gibt es einen Eindruckhärteprüfer nach Buchholz [116], welcher Eindrücke mit der scharfen Kante eines Doppelkegelstumpfes
(Kreismesser) hervorruft. Für härteste Lacke sind auch die normalen Vickers-
Härteprüfer für Metalle brauchbar, mit mikroskopischer Beobachtung nach der
Entlastung.

γγ) *Ritzhärteprüfungen.* Die Ritzgeräte [116] sollen die Bedingungen der
Praxis bei der Ritzverletzung nachahmen; ihre Übereinstimmung mit der Praxis
ist aber wegen der starken Abhängigkeit von vielen Versuchsbedingungen nur
sehr unvollkommen. Dabei ist besonders die starke Abnutzung des Ritzwerkzeugs bei verhältnismäßig wenig Ritzversuchen hervorzuheben. Wegen der
geringen Genauigkeit und schlechten Reproduzierbarkeit der bisherigen Ritzgeräte bei vielen Lacksorten ist die Härtebeurteilung durch Ritzprüfung nur
für bestimmte Lacksorten empfehlenswert. Als Ritzwerkzeuge werden Stichel

mit runden Schneiden und Kugelspitzen von 1 mm ∅ am häufigsten verwendet. Bei dem Ritzgerät nach CLEMEN-KEYL wird die Last während des Ritzens konstant gehalten und stufenweise bis zur Ritzverletzung gesteigert. Bei den drei Geräten nach KEMPF, ROSSMANN und DANTUMA wird die Last während des Ritzweges gesteigert, so daß die Strecke bis zum Beginn der Ritzverletzung ein Maß für die Ritzlast ist. Als Ritzhärte wird die Last angegeben, bei der eine vereinbarte Verletzung (z. B. Durchritzen) auftritt.

δ) *Abriebprüfungen*. Die Abriebfestigkeit ist eine Gebrauchseigenschaft. Bei zahlreichen Abriebprüfungsmethoden werden die Bedingungen der Praxis weitgehend nachgeahmt. Leider konnte noch keine Einheitlichkeit erreicht werden. Im Prinzip beruhen die meisten Methoden auf dem Abrieb durch Sand oder Schleifkörner. Hiervon seien nur die zwei in den USA genormten Methoden genannt. In der Apparatur nach GARDNER und STOCK [*118*] fällt normierter Sand unter 45° auf den Anstrich (ASTM D 968—51); bei der Prüfung nach BELL wird genormtes Schleifpulver gegen den Anstrich unter 45° geblasen (ASTM D 658—44).

Nach dem Schleifprinzip arbeitet der *Taber Abraser*, welcher unter bestimmten Bedingungen größere Genauigkeit hat als die Sandfallmethode. Der Vergleich dieses Prüfgeräts mit der Abriebprüfung der Praxis [*119*] zeigte bei Fußbodenlacken, daß das Gerät elastische Anstriche etwas zu schlecht bewertet.

Für harte Lackierungen sind auch größere Beanspruchungskräfte zur Abriebprüfung angewendet worden [*120*].

In der Praxis wird die Abriebfestigkeit auch mit Schleifpapier unter Belastung durch Naßschleifen orientierend geprüft [*74*], [*121*], wobei das Papier nicht verkrusten darf. Man spricht dann von Scheuerfestigkeit oder Schleiffestigkeit, da diese Prüfungen hauptsächlich dazu dienen, die Anstriche (Vorlacke oder Grundierungen) auf ihr Verhalten beim Schleifen zu prüfen.

Bei der Schleifbarkeitsprüfung [*74*] wird festgestellt, nach welcher Trocknungszeit ein Anstrich schleifbar ist. Hierbei soll die Schleiffestigkeit nicht zu hoch sein, damit ein nicht zu hoher Arbeitsaufwand erforderlich ist.

ε) *Haftfestigkeit*. Anstriche, welche eine mangelnde Haftfestigkeit auf dem Untergrund haben, sind für die Praxis nicht brauchbar. Bei einer Reihe von einfachen Elastizitätsbeurteilungsmethoden spielt die Haftfestigkeit eine wesentliche Rolle (Gitterschnitt [*122*], Spanprobe [*74*], ERICHSEN-Prüfung [*105*]); deshalb sind bei ihnen teilweise qualitative Rückschlüsse auf die Haftfestigkeit möglich [*104*]. Für die Prüfung der Haftfestigkeit gibt es grundsätzlich zwei Möglichkeiten:

Bei der Abkratzmethode wird der Anstrichfilm durch ein Rakelmesser von der Unterlage abgehoben. Gemessen wird die Kraft, welche bei einer bestimmten Belastung zur Fortbewegung des Rakelmessers unter fortlaufender Abhebung des Anstrichfilms notwendig ist (Meßgröße in dyn/mm). Nach diesem Prinzip arbeiten das Interchemical Adherometer und die Geräte nach ROSSMANN und nach WOLF [*123*]. Alle Abkratzmethoden befriedigen noch nicht, insbesondere weil die Abhängigkeit von den verschiedensten Bedingungen schwer zu klären ist.

Bei den Abreißmethoden wird der Anstrichfilm von der Untergrundfläche senkrecht abgerissen. Die Kraft zum Abreißen wird entweder durch einen auf den Anstrich aufgeklebten Klotz übertragen (nach SCHMIDT) [*124*] oder durch Trägheitswirkungen im Film selbst hervorgerufen (Meßgröße kg/mm²). Bisher bekannte Trägheitsmethoden sind die Ultraschallmethode [*125*] und die Ultrazentrifugenmethode [*126*]. Beide Trägheitsmethoden sind sehr teuer und eignen sich nur für grundsätzliche Untersuchungen.

ζ) *Wärmeleitfähigkeit.* Die Wärmeleitfähigkeit der Anstriche wirkt sich bei solchen Teilen aus, welche durch die Oberfläche Wärme oder Kälte übertragen oder abschirmen sollen. Die Untersuchung der Wärmeleitfähigkeit von Anstrichen kann nach FUCHSLOCHER vorteilhaft durch Messung des Wärmetransports durchgeführt werden [*127*]. Dabei ist die Messung des Wärmetransports auch für die geringen Schichtdicken der in der Praxis vorkommenden Anstriche nach dem Differenzprinzip möglich.

c) Glanz. Der Glanz eines Anstrichs und seine Erhaltung während des Gebrauchs spielt in der Praxis eine große Rolle. Eine Verschlechterung des Glanzes ist oft ein Zeichen für den Beginn des Filmabbaus. Man teilt zur subjektiven Beurteilung folgende Glanzstufen ein: hochglänzend, glänzend, seidenglänzend, mattglänzend, matt. Es ist die Aufgabe der Glanzmessung, den subjektiven Glanzeindruck durch objektive Messung in Zahlen auszudrücken. Dies läßt sich nur angenähert erfüllen [*112*].

Die photoelektrischen Glanzmesser sind sehr einfach zu handhaben und ermöglichen dem Lackverarbeiter eine Glanzkontrolle, deren Genauigkeit für den normalen Zweck ausreicht. Ein Lichtstrahlbündel fällt unter konstantem Winkel ein. Mit einer Photozelle [*128*] wird die Intensität des Lichtanteils gemessen, welcher vom Lackfilm in der Richtung der spiegelnden Reflexion zurückgestrahlt wird. Sie erfassen damit nur einen Teil der optischen Eigenschaften, welche den Glanzeindruck bestimmen, denn die Schärfe des Spiegelbilds wird nur teilweise durch die Messung erfaßt, so daß Widersprüche mit dem subjektiven Eindruck auftreten können [*112*], [*129*]. Wegen der einfachen Handhabung sind aber die photoelektrischen Glanzmesser für die normale Anwendung empfehlenswert. Die Geräte von LANGE [*128*] und der TNO [*130*] sind sehr einfach gebaut; sie arbeiten mit einem Einfalls- und Reflexionswinkel von 45°. Sie erfordern sorgfältige Justierung, deren Vernachlässigung in der Praxis schon häufig zu Widersprüchen geführt hat. Die von DANTUMA [*130*] empfohlene Verbesserung des Geräts mit verstellbarem Winkel gibt es noch nicht im Handel. Bei anderen Glanzmessern mit festem Einfallswinkel (z. B. HUNTER oder SCOFIELD [*131*]) ist auf Grund umfangreicher Erfahrungen (ASTM D 523—53) ein Einfallswinkel von 60° am gebräuchlichsten.

Ebenfalls ein sehr einfaches praktisches Prinzip ist die Beurteilung der spiegelnden Reflexion im Vergleich mit Glanz-Normen-Tafeln. Hierbei betrachtet man das Spiegelbild einer Hell-Dunkel-Grenze in der Lackoberfläche und in der danebenliegenden Glanz-Normen-Tafel. Es wird die Glanz-Normen-Stufe ermittelt, welche die gleiche Schärfe des Spiegelbilds ergibt wie die Lackoberfläche. Dies ist die Arbeitsweise des Glanzkomparators nach HUNTER, welcher auch ermöglicht, den Vergleich objektiv photographisch festzuhalten [*131*]. Die Beschaffung der Glanz-Normen-Tafeln ist aber bisher noch recht kostspielig. Für einfache Beurteilung hat C. BOLLER eine Glanzvergleichstafel in acht Stufen entwickelt [*131*]. Die Schärfe der Spiegelbilder von Zahlen verschiedener Größe wird bei mehreren Methoden als Maß für den Glanz benutzt [*131*].

Beim Glanzvergleich ist die Schwierigkeit zu berücksichtigen, daß auch bei der subjektiven Beobachtung der Vergleich der spiegelnden Reflexion zweier Lacke oft verschieden ausfällt, wenn man den Beobachtungswinkel und die Beleuchtungsverhältnisse verändert, besonders bei verschiedener Farbe.

d) Kreidungsprüfung. Ein Anstrich *kreidet*, wenn man von der Anstrichoberfläche mit geringem Druck pulverförmige Bestandteile abwischen kann. Bei der Kreidungsprüfung wird nach der Methode von KEMPF [*132*] mit einem runden Gummistempel feuchtes Photopapier mit der Gelatineschicht auf den

Anstrich gepreßt (für weiße Anstriche durch Belichtung geschwärztes Papier). Dabei wird ein bestimmter einstellbarer Druck (5 bis 30 kg) auf den Gummi. stempel mittels einer starken Feder ausgeübt. Die losen Teilchen bleiben an der feuchten Gelatineschicht hängen. Die Stärke dieses Abkreidens wird durch Vergleich mit der Abkreideskala nach KEMPF oder ASTM D 659—44 bestimmt. Andere Methoden arbeiten nach ähnlichem Prinzip.

Die Messung der Abkreidung ist mit Ungenauigkeiten durch Schmutz-ablagerungen verknüpft; denn die Kreidung tritt besonders am Wetter auf [7], und dort kommen auch besonders starke Verschmutzungen vor. Bei etwaiger Reinigung der Anstriche wird die Kreidungsschicht z. T. mit entfernt. Des-halb müssen die Bedingungen genau gewählt werden.

e) Deckfähigkeit. Zur Bestimmung der Deckfähigkeit eines Anstrichmittels wird die Schichtdicke gemessen, bei welcher der Anstrich die geforderte Deck-fähigkeit besitzt. Dies geschieht am wirklichkeitsgetreuesten am trockenen Film (s. a. D 2 d). Daher wurde die Methode der keilförmigen Naßschichten auf den trockenen Film übertragen. Nach GARMSEN stellt man hierzu mit dem Lackschichtgerät [74], [75] einen Film mit keilförmig zunehmender Schicht-dicke her (siehe D 1). Die Glasplatte legt man mit der getrockneten Lackschicht auf ein schwarzweißkariertes Feld neben eine Standard-Deckfähigkeitsplatte von mittlerer Deckfähigkeitsstufe. Man kann sehr genau feststellen, bei welcher Schichtdicke der keilförmige Film die Standard-Deckfähigkeitsstufe erreicht. Die Methode benutzt hierbei die Erfahrung, daß man bei mittlerer Deckfähigkeit die Gleichheit besser feststellen kann als bei vollständig deckender Schicht, bei deren Beobachtung man leichter einer optischen Täuschung unterliegt. Der Deckfähigkeitsvergleich läßt sich auch bei bunten Lackfarben durchführen.

f) Mikroskopische Prüfung und Photographie. Das Hilfsmittel der Mikro-skopie sollte viel häufiger in der Technik der Anstrichmittel und Anstriche angewendet werden. Hierauf wird immer wieder aufmerksam gemacht [133], [134]. In den USA wird die Mikroskopie und Photographie der Anstriche häufig an-gewendet [135] (ASTM D 610—43, D 660—44, D 661—44, D 714—45). Es wird daher bei den in Frage kommenden Prüfungen empfohlen, die lohnende Mühe der mikroskopischen Beobachtung oder die Benutzung einer Lupe nicht zu scheuen.

Auf die vorteilhafte Möglichkeit der mikroskopischen Beobachtung und Messung ist bei mehreren Eigenschaften hingewiesen: Teilchengröße (B 3 c), Kornfeinheit (D 2 b), Schichtdicke (D 4 a), Elastizitätsprüfung (D 4 b α). Be-sondere Bedeutung hat sie auch für die Beständigkeitsprüfungen (D 5) und Anstrichfehler (D 6) zur Beurteilung des Beginns und der Stärke der Be-schädigungen. Hierbei ist auch häufig die Mikrophotographie ein wertvolles Hilfsmittel zur objektiven Erfassung des mikroskopischen Befunds und zur Feststellung der Veränderungen im Laufe längerer Zeit.

In der Praxis der Mikroskopie und Mikrophotographie gibt es drei wichtige einfache Gesichtspunkte [134], [136]: 1. Die Vergrößerung muß für jeden An-wendungszweck passend ausgesucht werden, und man soll nicht bei einer zufällig ausgewählten Vergrößerung stehenbleiben. 2. Auch die Beleuchtungsart muß man für jeden Gegenstand passend auswählen. 3. Man muß sich genau klar-machen, wie weit das beobachtete mikroskopische Bild aufgelöst ist und was an dem Bild wirklich reell ist oder was nur von Beleuchtungs- oder Beugungs-effekten herrührt.

Für viele Zwecke, insbesondere für die Beurteilung von Rissen und sonstigen Anstrichschäden, genügen gute Binokularlupen unter Verwendung einfacher Beleuchtungslampen. Empfehlenswert sind Stative, welche allseitiges Schwenken der Lupe gestatten; im allgemeinen lohnt sich die Mehrausgabe zur Beschaffung einer noch stärker vergrößernden Binokularlupe bis zu 150facher Vergrößerung. Oberhalb 100facher Vergrößerung sowie für Mikrophotographie empfiehlt sich die Benutzung eines leistungsfähigen Mikroskops mit eingebauter Beleuchtungseinrichtung [134], [136].

Es sei darauf hingewiesen, daß viele gute Photoapparate die Mikrophotographie bis zu 30facher Vergrößerung zulassen. Für die Verfolgung der Bewitterung oder Beurteilung von Anstrichschäden empfiehlt sich oft das objektive Festhalten des Befunds im Kleinbild sowohl in unvergrößerter Aufnahme (1 : 1) als auch mit Vergrößerung bis 1 : 30.

g) **Farbtonvergleich.** Die Prüfung, ob ein gegebener Anstrichfilm den gewünschten Farbton besitzt, wird meistens durch Vergleich eines Vorlagemusters mit dem Ausfallmuster vorgenommen. Um zu vermeiden, daß die im öffentlichen Leben verwendete Zahl der Farbtöne ins Uferlose wächst, hat man schon vor längerer Zeit eine Sammlung der auf zahlreichen großen Verwendungsgebieten der Wirtschaft verwendeten Farbtöne durchgeführt und in dem RAL-Farbtonregister 840 R zusammengefaßt (vom Ausschuß für Lieferbedingungen und Gütesicherung beim Kuratorium für Wirtschaftlichkeit).

Bei dem Farbtonvergleich sind folgende Punkte zu beachten [137]:

1. Man muß sich vorher vergewissern, daß die benutzte Farbvorlage einwandfrei ist,

2. als Lichtquelle verwendet man natürliches Tageslicht mit einer Stärke von mindestens 10 asb (asb = Apostilb, Maß für die Leuchtdichte [138]) und höchstens 100 asb, um ein blendungsfreies Sehen zu gewährleisten,

3. der Farbvergleich soll in einem neutral gestrichenen Raum vorgenommen werden. Die Leuchtdichte der Wände soll etwa 50 asb betragen,

4. der Prüfer muß farbennormalsichtig sein.

Leider wird häufig der einen oder anderen Forderung nicht genügend Rechnung getragen. Als bestes natürliches Tageslicht gilt das Licht des bedeckten Nordhimmels. In Ermangelung des natürlichen Tageslichts ist man auf künstliche Beleuchtung angewiesen. Ein für Farbabmusterungszwecke geeignetes künstliches Tageslicht muß dieselbe spektrale Strahldichteverteilung aufweisen wie ein mittleres Tageslicht. Diese Forderungen können nunmehr durch die Xenon-Hochdrucklampe erfüllt werden. Die Fa. Siemens hat für Farbabmusterungszwecke eine Prüflampe mit der Xenon-Hochdrucklampe als Lichtquelle (Farbprüfgerät CL 10) herausgebracht.

Wenn über den Farbtonvergleich hinaus eine Farbmessung beabsichtigt wird, so stehen hierfür Methoden und Meßgeräte zur Verfügung, auf die hier nur hingewiesen werden kann [139], [140], [141].

5. Beständigkeitsprüfungen.

Die Schutzwirkung des Anstrichfilms soll möglichst lange erhalten bleiben. Daher interessiert es in der Praxis, wieweit außer mechanischen Einflüssen auch Wasser, Luft, Chemikalien, Wärme und Licht sowie Alterung die Anstriche in Innenräumen oder im Freien verändern.

Die Beständigkeitsprüfungen sollen das Verhalten der zu untersuchenden Anstriche gegenüber diesen verschiedenen Faktoren ermitteln. Dabei führt man die Prüfungen zur Abkürzung der Prüfungszeit oft unter verschärften Bedingungen durch [142]. Hierbei muß besonders beachtet werden, daß eine Erhöhung der Konzentration durchaus nicht immer eine Verschärfung bedeutet. Andererseits kann aber auch eine Erhöhung der Konzentration oder Intensität nicht nur eine Verschärfung, sondern auch eine völlig veränderte Wirkung hervorrufen, welche nicht mehr als wirklichkeitsgetreu angesehen werden kann. Normen liegen vor über allgemeine Richtlinien DIN 50905 und Begriffe 50900, 50901, ASTM E 41—48 T.

a) Beurteilungsmethoden. Vor der Durchführung jeder Beständigkeitsprüfung muß man die Beurteilungsmethoden festlegen. Hierzu ist es erforderlich, die für die Beurteilung herangezogenen Eigenschaften vor der Beanspruchung zu prüfen und ihre Veränderung während der Beanspruchung zu verfolgen. Eine Quellung [143] kann man beispielsweise durch Messung der Gewichtszunahme, der Härteabnahme (siehe D 4 b γ) oder der Elastizitätszunahme (siehe D 4 b α und D 4 b β) bestimmen. Blasen- oder Rißbildung und Trübung stellt man mit dem Auge oder der Lupe fest (siehe D 4 f), Glanzminderung durch Glanzmessung (siehe D 4 c). Der langsame Abbau des Films infolge chemischer Veränderung oder Lösung kann sich in verschiedenster Weise auswirken. Wenn der Abbau durch Zerstörung des Gefüges vor sich geht, kann man dies oft optisch feststellen oder mechanisch durch Elastizitätsprüfungen.

b) Chemikalienbeständigkeit und -durchlässigkeit. Zur Prüfung der Beständigkeit gegen Flüssigkeiten gibt es in jedem Falle grundsätzlich zwei Möglichkeiten: Lagerung in der Flüssigkeit bei 20° C oder erhöhter Temperatur (z. B. 60° C) oder die Prüfung im Sprühnebel der betreffenden Flüssigkeit [144]. Für die Untersuchung im Sprühnebel, die immer mehr an Bedeutung gewinnt, wurden Apparaturen aus weitgehend korrosionsbeständigem Material entwickelt (z. B. Nubilosa, ASTM D 117—49 T).

Für Säure- und Alkalibeständigkeitsprüfung verwendet man meist 10%ige Säuren bzw. Laugen, als Salzlösung 3%ige Kochsalzlösung; für Wasserbeständigkeitsprüfungen sollte zur Vereinheitlichung nur dest. Wasser benutzt werden. Andere Prüfungsflüssigkeiten wird man verwenden, wenn man spezielle Beständigkeiten prüfen will, wie z. B. konzentrierte Säuren, Laugen oder Lösungsmittel.

Wenn in der Praxis Wechselbeanspruchungen vorkommen, müssen diese besonders geprüft werden, weil Wechselbeanspruchungen oft viel stärker wirken als Einzelbeanspruchungen.

Die Durchlässigkeitsprüfung der Anstrichfilme für Wasserdampf, Lösungsmitteldämpfe oder Gase läßt sich im allgemeinen nur an freien Filmen durchführen oder auf einer Folienunterlage, welche für das betreffende Gas vollständig durchlässig ist [145]. Man mißt hierbei den Gewichtsverlust, den eine abgeschlossene Menge des Stoffs infolge Diffusion durch den Film hindurch erleidet, oder die Gewichtszunahme eines adsorbierenden Stoffs. Die Herstellung freier Filme zu dieser Prüfung geschieht in gleicher Weise wie unter D 4 b β beschrieben.

c) Rostschutzwirkung. α) Zur Untersuchung der Rostschutzwirkung eines Anstrichs muß vor allen Dingen die *praktische Rostschutzprüfung* durchgeführt werden. Diese erfolgt unter Bedingungen, die erfahrungsgemäß die Rostung stark begünstigen. Zur Ermöglichung des Sauerstoffzutritts empfiehlt sich meist die Verwendung eines Sprühgeräts, das den Richtlinien nach DIN 50905, 50906, 50907 entspricht (z. B. Nubilosa). Als Sprühflüssigkeit werden 3%ige Kochsalzlösung oder andere Elektrolyten verwendet [146]. Die Beurteilung erfolgt nach der Rostgradskala DIN 53210. Bei der Prüfung durch Lagerung in Salzwasser wird häufig zur Beschleunigung die Temperatur erhöht (z. B. 60°). Bei Anstrichmitteln für Außenanstriche soll nach Möglichkeit zum Vergleich ein Freibewitterungsversuch durchgeführt werden. Für alle Rostschutzuntersuchungen soll man die Schichtdicke und Porosität der Anstriche berücksichtigen.

β) Zur *grundsätzlichen Untersuchung* der Rostschutzwirkung wird häufig die mit der Rosthemmung verbundene Polarisierung mittelbar gemessen [*147*]. Bei den Elektrokorrosimetern oder Protectometern [*147*] bestimmt man die Stromzeitkurve mit Cu als Gegenelektrode; dabei soll der Stromdurchgang ein Maß für die Lösungs- und Rostbildungstendenz sein. Bei dieser Methode ist der Elektrolyt von ausschlaggebender Bedeutung. Man kann die Messung vorteilhaft während des Sprühtestes in verschiedenen Zeitintervallen wiederholen [*146*] und dadurch den Fortschritt des Angriffs verfolgen.

Die Rostschutzwirkung hängt von zahlreichen Faktoren ab, die hier nicht alle einzeln behandelt werden können. Sie seien daher nur aufgezählt:

Strukturelle und physikalische Eigenschaften:
Schichtdicke und Porosität (s. o.), außerdem Haftfestigkeit, Elastizität, Härte und Abriebfestigkeit.
Physikalisch-chemische und elektro-chemische Ursachen:
Quellung, Durchlässigkeit für Wasser, Elektrolyten und Gase, osmotische Vorgänge, passivierende Wirkung bzw. Verhinderung einer Lokalelementbildung [*147*], [*148*].

Diese Faktoren wirken für verschiedene Anstrichmittel in verschiedenem Grad mit [*147*]. Zur grundsätzlichen Untersuchung über die Rostursachen kann ihre Mitwirkung im einzelnen geprüft werden.

d) Porosität von Anstrichen. Die Porenprüfungen lassen sich bisher nur auf leitendem Untergrund durchführen. Sie beruhen auf dem Prinzip, daß die Poren im Lackfilm als Wege für den elektrischen Strom dienen können, während der Anstrichfilm im porenfreien Teil als Isolator wirkt. Die Prüfgeräte arbeiten teils trocken mit Hochspannung, teils naß mit Elektrolytlösungen [*149*]. Die dabei verwendeten Spannungen dürfen nicht so hoch sein, daß neue Poren geschaffen werden oder die Isolationsgrenze des Anstrichs überschritten wird. Die erlaubte Höhe der Spannung ist daher von der Schichtdicke und der Anstrichmittelsorte stark abhängig. Es sei noch darauf hingewiesen, daß sich zwischen den Poren und den feinsten Diffusionswegen von molekularer Größenordnung nicht scharf unterscheiden läßt.

Das Porenprüfgerät nach Nix und Steingroever arbeitet trocken mit 200 bis 3000 V; der Stromdurchgang an einer Pore wird durch eine Glimmlampe angezeigt. Zum Abtasten dient eine Elektrode aus leitendem Gummi, ebenso als leitende Unterlage unter dem Prüfblech, welches als 2. Elektrode dient. Die Anzeige von Poren, die bis zum Untergrund durchgehen, ist einwandfrei, wenn man nicht durch zu hohe Spannung neue Poren schafft.

Nach dem elektrolytischen Prinzip gibt es zahlreiche Anordnungen. Bei mehreren einfachen Methoden geschieht die Anzeige des Stromdurchgangs durch Indikatorverfärbung über den Poren an einem aufgelegten, getränkten Filtrierpapier [*149*]. Andere Methoden bedienen sich zur Anzeige eines empfindlichen Strommeßinstruments [*149*]. Das Gerät nach Schuhmann und Fischer verbindet beide Methoden miteinander.

e) Prüfung der Lichtechtheit. Nur wenige Anstriche bzw. Pigmente können als völlig lichtecht bezeichnet werden. Auch bei der Prüfung der Wetterechtheit spielt das Licht eine wesentliche Rolle. Beide Prüfarten müssen jedoch deutlich voneinander unterschieden werden. Bei der Lichtechtheitsprüfung wird der Einfluß der Witterung möglichst ausgeschaltet. Die Belichtung erfolgt in geschlossenen, jedoch lüftbaren Kästen mit Glasbedeckung, wobei die zu prüfenden Objekte einen Abstand von wenigstens 2 cm von der Glasscheibe haben sollen. Das zu verwendende Glas sollte eine möglichst hohe UV-Durchlässigkeit besitzen. Die Kästen sind nach Süden gerichtet und unter einem Winkel von 45° zur Horizontalen geneigt. Der Ort der Aufstellung soll so weit frei liegen, daß keine Schattenwirkung durch die Umgebung stattfinden kann; außerdem soll die umgebende Atmosphäre frei von schädlichen Dämpfen oder starker Staubentwicklung sein [150].

Will man Pigmente auf ihre Lichtechtheit prüfen, ist es empfehlenswert, sie in zwei verschiedenen Bindemitteln (Öl und Leim, 4%ige Glutolinlösung, als Bindemittel) anzureiben, um den Einfluß des Bindemittels feststellen zu können. Da der Verlauf der Belichtung häufig nicht stetig erfolgt, belichtet man vorteilhaft streifenartige Proben, die man je nach Bedarf auf- oder zudeckt [151].

Als Maßstab für die Lichtechtheit benutzt man heute allgemein die sogenannte Wollskala [150]. Diese besteht aus acht verschiedenen Wollmustern mit verschieden abgestufter Lichtechtheit, und man teilt demgemäß die Lichtechtheit in acht Stufen ein. Hat ein Prüfling sich deutlich in seinem Farbton in derselben Zeit verändert, während beispielsweise das Wollmuster Nr. 5 der Wollskala ebenfalls eine merkbare Veränderung erfahren hat, wogegen das Wollmuster Nr. 6 noch unverändert geblieben ist, dann wird der Prüfling in die Lichtechtheitsstufe 5 eingeordnet.

Es gibt neuerdings elektrische Lichtsummenzähler, welche die gesamte wirksame Strahlung registrieren. R. HAUG [152] maß die Veränderungen der Wollphotometermuster in Abhängigkeit von der Belichtungssumme, gemessen in Kiloluxstunden, in der Absicht, die Wollskala als einfachen Lichtsummenzähler zu verwenden und zu eichen.

Das natürliche Tageslicht ist in seiner Dauer und Intensität recht großen Schwankungen unterworfen. Um eine bessere Ausnutzung des Lichts zu erreichen, haben GASSER und ZUKRIEGL [153] ein Lichtechtheitsprüfgerät *Heliotest* konstruiert, bei welchem die Belichtung durch das Sonnenlicht erfolgt; das Sonnenlicht wird einerseits durch ein Linsensystem konzentriert, andererseits wird das Gerät durch ein Uhrwerk dem Gang der Sonne nachgeführt, so daß eine wesentlich größere Zahl von Stunden bei senkrechtem Einfall für die Belichtung ausgenutzt werden kann.

Weiterhin hat man schon lange künstliche Lichtquellen für die Lichtechtheitsprüfung herangezogen. Bis vor kurzem gab es jedoch keine Lichtquellen, deren Licht dieselbe spektrale Strahldichteverteilung wie das Sonnenlicht aufwies. So ergab eine Belichtung mit Quecksilberdampflampen mit ihrem diskontinuierlichen, an ultravioletten Strahlen überreichen Spektrum oft völlig abweichende Resultate [154]. Man verwendete daher häufig ein Mischlicht aus verschiedenartigen Lichtquellen (z. B. aus Glühlampe und Quecksilberdampflampe). Sehr wesentlich ist bei der künstlichen Belichtung, daß die Entfernung der Proben von der Lichtquelle nicht zu gering ist, um eine zu starke Erwärmung zu vermeiden. Ferner muß die relative Luftfeuchtigkeit konstant gehalten werden und soll etwa 60% betragen [155]. Eine Anlage, bei welcher diese Forderungen berücksichtigt sind, wurde von K. HOFFMANN [156] beschrieben und zur Prüfung der Lichtechtheit von Textilfärbungen, Kunststoffen usw. entwickelt. Für die Prüfung von Anstrichen erscheint die Größe der Probeflächen etwas zu klein.

Inzwischen ist die Xenon-Hochdrucklampe in ihrer Lebensdauer so weit verbessert worden, daß sie auch als Lichtquelle für Belichtungszwecke geeignet erscheint. Die spektrale Zusammensetzung des Lichts der Xenon-Hochdrucklampe entspricht weitgehend der der Sonnenstrahlung.

Das Lichtechtheitsprüfgerät *Xenotest*, System Casella, Original Hanau, stellt eine Weiterentwicklung der vorher genannten Anlage dar.

Das Spektrum der Kohlenbogenlampe kann durch Imprägnierung der Kohleelektroden dem des Sonnenlichts angeglichen werden, so daß auch die Kohlen-

bogenlampe als geeignete Lichtquelle für die Lichtechtheitsprüfung verwendet
werden kann. Ein Nachteil der Bogenlampe ist, daß eine Glasglocke erforderlich
ist, die einen Teil des Lichts absorbiert und sich im Laufe der Betriebszeit mit
einer Salzschicht beschlägt. Ein Lichtechtheitsprüfgerät, das mit einer Kohlenbogenlampe betrieben wird und wobei auch die Luftfeuchtigkeit geregelt wird,
ist das FADE-Ometer [157].

f) Wetterbeständigkeit und Kurzbewitterung. α) *Beurteilungsmethoden.* Bei
den Frei- oder Kurzbewitterungsprüfungen muß man genau wie bei den anderen
Beständigkeitsprüfungen (s. D 5 a) von Anfang an die Beurteilungsmethoden
festlegen, mit denen man die Veränderungen der Anstriche im Laufe der Frei-
oder Kurzbewitterung verfolgen will. Folgende Eigenschaften werden beurteilt
und möglichst auch objektiv gemessen: Rißbildung, Rostung, Blasenbildung,
Abblättern, Glanzminderung, Kreidung, Elastizität, Härte, Schichtdicke, Vergilbung. Die Rißbildung beobachtet man vorteilhaft mit einer stärker vergrößernden Lupe oder einem Mikroskop (s. D 4 f), ebenso die Blasenbildung.
Charakteristische visuelle Beobachtungen in den verschiedenen Stadien der
Bewitterung kann man durch Photographie oder Mikrophotographie festhalten [135]. Für Rostschutzanstriche sind die unter D 5 c beschriebenen Beurteilungsmethoden sinngemäß anzuwenden. Für alle Methoden zur Beurteilung
der Wetterbeständigkeit muß der Vorbereitung der Versuchsplatten besondere
Aufmerksamkeit geschenkt werden [158]. Es ist empfehlenswert, die Anstriche
vor allem mit dem in der Praxis zur Anwendung kommenden Anstrichaufbau
zu prüfen.

β) *Freibewitterung.* Die Wetterbeständigkeit läßt sich nur durch den Freibewitterungsversuch ermitteln. Deshalb soll man auch, wenn man Kurz-
bewitterungsversuche durchführt, die Anstriche auf jeden Fall am Wetter auslegen. Dabei soll möglichst jeder Anstrich in doppelter Ausfertigung bewittert
werden.

Bei der Prüfung von Deckanstrichen sollen die Grundanstriche einen ausreichenden Schutz bieten, damit keine Fehlschlüsse durch etwaige mangelnde
Beständigkeit der Grundanstriche entstehen. Die verschiedenen Anstrichschichten sollen ausreichend getrocknet sein. Die Rückseite der Platte wird mit
einem Schutzanstrich versehen.

Über die vorteilhafteste Bauweise der Bewitterungsstände herrschen verschiedene Ansichten [158]; nur in einem Punkt sind alle einig, daß der Anstrich
in mittleren Breitengraden unter 45° Neigung gegen Süden bewittert wird.
Als Anstrichtafeln werden normalerweise ebene Blech- oder Holztafeln verwendet, deren Größe für eine gute hand-
werkliche Herstellung der Anstriche ausreicht. Die Größe der Tafeln soll auch für die
vorgesehenen Prüfungen möglichst günstig
sein. Die in Abb. 6 wiedergegebene Form wird
häufig benutzt [159]. Die Tafel wird mit dem
senkrecht abgebogenen Teil nach Norden, mit
der um 45° abgebogenen Fläche nach Süden
gelegt.

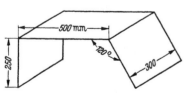

Abb. 6. Form und Dimensionen der Normal-
tafeln für die Freibewitterung.

Die Freibewitterung ist eine langfristige Prüfung. Man soll daher bei allen
Planungen so gründlich vorgehen, daß eine Wiederholung vermieden wird. Die
objektive Beurteilung der Veränderungen am Wetter durch geeignete Prüfungen
wird in der Praxis bisher wegen des Zeitaufwands verhältnismäßig selten durchgeführt; sie bedeutet aber im Endeffekt eine Zeitersparnis, weil sie die Ergebnisse
besser und früher erkennen läßt als die subjektive visuelle Beurteilung. Vor

allen Dingen sollten die Zeitabstände der Beurteilung der Bewitterungsergebnisse nicht zu lang gewählt werden.

Besondere Aufmerksamkeit ist der Reinigung zu schenken, da die Verschmutzung am Wetter sehr groß ist. Bei der Reinigung der Anstrichplatten muß man darauf achten, daß die Prüfungen durch die Reinigung nicht verfälscht werden dürfen; dies gilt besonders für Glanz, Kreidung und Vergilbung. Die Verschmutzung macht beispielsweise die Verfolgung des Gewichts bei der Freibewitterung praktisch oft unmöglich.

Die verschiedenen Jahreszeiten haben ganz verschiedenen Einfluß auf die Anstriche, besonders zu Beginn der Bewitterung. Es wird daher häufig das Auslegen der Anstriche zu verschiedenen Jahreszeiten wiederholt. Auch die Lage der Bewitterungsstände ist von ausschlaggebender Bedeutung und soll so gewählt werden, daß die Wettereinflüsse möglichst denen entsprechen, die auch bei der Anwendung der Anstriche herrschen.

Die Arten der auftretenden Veränderungen sind so mannigfach, daß sie hier nicht beschrieben werden können. Es hängt auch von dem Anwendungszweck ab, welche Bedeutung man den einzelnen Schäden beimessen muß. Das Auftreten von mikroskopisch sichtbaren Rissen ist meist ein Zeichen für den Beginn der Anstrichzerstörung, während Lacke, welche Kreidung oder Glanzminderung zeigen, oft jahrelang haltbar sein können. Auch eine Härtung der Lacke, die fast bis an die Versprödung heranreicht, ist oft kein Zeichen für mangelnde Haltbarkeit, z. B. bei Zinkweiß-Emaillen.

γ) Kurz- und Alterungsprüfungen. Die Kurzprüfungen sind einfachere Hilfsmittel, um über das langfristige Verhalten der Anstriche gewisse Voraussagen zu erzielen. Bei ihnen wird nur eine einzelne Beanspruchung (Feuchtigkeit, Licht, Wärme oder Abkühlung) ausgeübt. Man muß hierbei das Urteil natürlich auf die Eigenschaften beschränken, deren Veränderungen erfahrungsgemäß hauptsächlich durch die betreffende Beanspruchung bewirkt werden.

Die Einwirkung von Licht ist schon in D 5 e besprochen worden. Die Prüfung mit Wasser bei 20° oder erhöhter Temperatur ist in D 5 b behandelt. Hier beschränkt sich die Aussage auf diejenigen Veränderungen, welche am Wetter durch Wasser allein hervorgerufen werden.

Am gebräuchlichsten ist die Wärme-Kurzprüfung, oft auch Wärmealterung genannt. Sie bedeutet eine Lagerung bei erhöhter Temperatur in Innenräumen. Durch sie soll die Alterung in Innenräumen zeitlich zusammengerafft werden. Man darf also nicht zu hohe Temperaturen (nicht über 90°) [*161*] bei der Alterungsprüfung anwenden, wenn man wirklichkeitsgetreue Ergebnisse haben will. Am gebräuchlichsten ist 70° als künstliche Alterungstemperatur.

Bei der Wärmealterung werden insbesondere die Elastizität und Härte der Anstriche verändert.

Die Wirkung der Wechselbeanspruchung Warm-Kalt, die am Wetter sehr stark ist, läßt sich in der Kälte-Kurzprüfung, dem sogenannten Coldcheck-Test, prüfen. Die Prüfung wird vor allem für Holzlackierungen angewendet. Als Temperaturen sind −20° und +40 bis 50° gebräuchlich, als relative Luftfeuchtigkeit 45 bis 50% bei der oberen Temperatur (ASTM D 1211—52 T). Zur objektiven Beurteilung ist besonders die visuelle Beobachtung, möglichst mit Binokularlupe oder Mikroskop, geeignet, da die Temperatur-Wechselbeanspruchung hauptsächlich Risse, Blasen oder Ablösung hervorruft.

δ) Kurzbewitterungsprüfungen. Wegen der langen Dauer der Freibewitterung hat man immer wieder versucht, durch künstliche Kurzbewitterungsprüfungen unter verschärften Bedingungen in kürzerer Zeit eine Voraussage über das Verhalten der Anstriche am Wetter zu erreichen. Dieses Ziel ist aber bis jetzt in keinem Fall erreicht, obwohl in zahlreichen Untersuchungsreihen die verschiedensten Kurzbewitterungsverfahren mit der Freibewitterung verglichen wurden [160].

Aus der Kurzbewitterung kann man keine absoluten Aussagen über das Verhalten der Anstriche am Wetter erwarten. Auch die Freibewitterung ist unter verschiedenen Bedingungen verschieden. Die Jahreszeiten und die Lage der Bewitterungsstände haben großen Einfluß. Zu verschiedenen Zeiten und an verschiedenen Orten ist *Wetter* nicht gleich *Wetter*. Aus diesen Gründen kann man aus dem Verhalten verschiedener Anstriche bei irgendwelchen Kurzbewitterungsmethoden nur relative Aussagen über das Verhalten im Freien unter verschiedenen Wetterbedingungen erwarten.

Die vorher bereits beschriebene Beurteilung der Veränderungen der Anstriche muß bei den Kurzbewitterungsverfahren möglichst frühzeitig beginnen, um gerade die Anfangsstadien der Beschädigungen zu erfassen.

Alle Kurzbewitterungsverfahren kombinieren in irgendeiner Weise die Einwirkung von Licht, Luft, Feuchtigkeit, Wärme und Kälte, meist im Wechsel miteinander. Zur verschärften Belichtung wird UV-Strahlung angewendet; dabei weichen auch die Ergebnisse mit Bogenlampe, Quecksilberdampflampen und Xenonlampen voneinander ab.

Nach dem Verfahren von Toeldte [92] empfiehlt es sich, Feuchtigkeit, Licht, Wärme und Kälte in nicht zu schneller Reihenfolge in bestimmten Zeitverhältnissen in getrennten Geräten nacheinander einwirken zu lassen. Dabei wählte Toeldte nicht in jedem Zyklus die gleiche Reihenfolge. Es ist ratsam, sich über den Stand auf diesem Gebiet auf dem laufenden zu halten, da von verschiedenen Seiten ausführliche Untersuchungen über den Vergleich der Kurzbewitterung mit der Freibewitterung im Gange sind.

Das Atlas-Weather-Ometer [160] erlaubt den Wechsel von Licht, Wärme und Feuchtigkeit in einstellbaren Zeiten in demselben Gerät. Es hat dadurch natürlich ein geringes Fassungsvermögen.

Ein älteres Kurzbewitterungsverfahren von A. V. Blom [162] schließt auch Kältezonen ein. Es ist aber in den Zeitverhältnissen festgelegt und daher nicht so wandlungsfähig. Die als Gardner-*Rad* bekannte Anlage gibt sehr wenig wirklichkeitsgetreue Ergebnisse, da sie viel zu schnell läuft und keine günstige Reihenfolge hat.

Mit den Kurzbewitterungsverfahren kann man bisher keine klaren Voraussagen über das Verhalten bei der Freibewitterung machen, wie bereits erwähnt wurde. Es ist aber zu hoffen, daß die laufenden Bemühungen von verschiedenen Seiten noch weiterführen, mit dem Ziel, aus dem Vergleich zweier Anstriche im Kurzbewitterungsverfahren mit Hilfe objektiver Prüfungsmethoden Voraussagen machen zu können, wie sich die beiden Anstriche beim Vergleich in der Freibewitterung unter bestimmten Klimabedingungen verhalten [92].

6. Anstrichfehler.

Das Gebiet der Anstrichmängel und Anstrichschäden ist sehr umfangreich. Die Fehler sind von der verschiedensten Art. Einen Überblick über die Vielfalt der Anstrichschäden vermitteln die mehr als 6000 Stichworte im Sachverzeichnis des Buches von M. Hess über die Ursachen und Verhütung der Anstrichmängel und Anstrichschäden [7].

Anstrichfehler können grundsätzlich folgende Ursachen haben:

1. falsche oder mangelhafte Rohstoffe im Anstrichmittel,
2. Fehler bei der Herstellung der Anstrichmittel,

3. Fehler bei der Lagerung,
4. Fehler bei der Verarbeitung (falsche oder schlechte Anstrichtechnik),
5. schlechter Zustand des Untergrunds oder unsorgfältige Vorbehandlung des Untergrunds.

Es muß eindringlich davor gewarnt werden, Anstrichschäden ohne gründliche Kenntnis aller in Frage kommenden Ursachen aufklären zu wollen. Hilfsmittel zur Beurteilung der Anstrichschäden sind die beschriebenen Prüfungsmethoden. Dabei hat die in D 4 f behandelte mikroskopische Beobachtung besondere Bedeutung. Solche Schäden, welche mutmaßlich durch falsche Zusammensetzung des Anstrichmittels begründet sind, sollten nur durch Fachleute beurteilt werden. Es ist für den Verarbeiter ratsam, sich mit allen für sein Gebiet in Frage kommenden Fehlerquellen gründlich vertraut zu machen, weil dadurch viele Schäden vermieden werden können; denn erfahrungsgemäß ist der größte Teil aller Fehler durch unsachgemäße Verarbeitung bedingt [7].

Schrifttum.

[1] WAGNER, H.: Körperfarben, 3. Aufl. in Vorb. Stuttgart 1939.
[2] WILBORN, F., u. Mitarbeiter: Physikalische und Technologische Prüfverfahren für Lacke und ihre Rohstoffe. Stuttgart 1953.
[3] STOCK, E., u. Mitarbeiter: Taschenbuch für die Farben- und Lackindustrie. Stuttgart 1954.
[4] BLOM, A. V.: Grundlagen der Anstrichwissenschaften. Basel 1954.
[5] GARDNER, H. A.: Physical and Chemical Examination of Paints, Varnishes, Lacquers and Colors. Bethesda 1950.
[6] MATTIELLO, J. J.: Protective and Decorative Coatings, Bd. I bis V. New York u. London 1947 bis 1950.
[7] HESS, M.: Anstrichmängel und Anstrichschäden. Stuttgart 1954.
[8] ROSSMANN, E., R. HAUG u. A. KIEBITZ: Fette u. Seifen Bd. 45 (1938) S. 503.
[9] LENZ, A.: Farbe u. Lack Bd. 61 (1955) S. 371/73.
[10] MEIER, K.: Farbe u. Lack Bd. 58 (1952) S. 543.
[11] Siehe F. WILBORN [2], dort S. 169.
[12] GRASSMANN, W., u. H. CLAUSEN: Dtsch. Farben-Z. Bd. 7 (1953) S. 211/15.
[12a] Siehe a. H. A. GARDNER [5], dort S. 40/41.
[13] HAUG, R., u. W. FUNKE: Dtsch. Farben-Z. Bd. 8 (1954) S. 309/14.
[14] GARDNER, H. A. [5], dort S. 397/402.
[15] WILBORN, F. [2], dort S. 137f.
[16] WILBORN, F. [2], dort S. 139.
[17] BECKER, E. A.: Farben-Ztg. Bd. 38 (1933) S. 1685.
[18] WILBORN, F. [2], dort S. 140ff.
[19] WILBORN, F. [2], dort S. 142ff.
[20] HERDAN, G.: Small Particle Statistics. Elsevier Publ. Co. 1953.
[21] GREGG, S. J.: The Surface Chemistry of Solids. London: Chapman & Hall 1951.
[22] ROSE, H. E.: The Measurement of Particle Size in Very Fine Powders, 1. Aufl. London: Constable & Co. 1953.
[23] Siehe F. WILBORN [2], dort Bd. I, S. 145/53 u. 178/87.
[24] KIENLE, R. H., u. C. MARESH: Official Digest, (1954) S. 5/28.
[25] SCHUSTER, M. C., u. E. F. FULLAM: Industr. Engng. Chem., Anal. Ed. Bd. 18 (1946) S. 633/57.
[26] GEROULD, C. H.: J. appl. Phys. Bd. 18 (1947) S. 333/43.
[27] WATSON, J. H. L.: J. appl. Phys. Bd. 18 (1947) S. 153/61; Bd. 19 (1948) S. 713/20.
[28] KLEIN, A.: Proc. ASTM Bd. 34 (1934) S. 303.
[29] SKINNER, D. G., u. S. BOAS TRAUBE: Symposium on Particle Size Analysis, S. 57. 1947.
[30] CARMAN, P. C.: J. Oil and Col. Chem. Ass. Bd. 37 (1954) Nr. 406, S. 165.
[31] HARKINS, W. D., u. D. GANS: J. Amer. chem. Soc. Bd. 53 (1931) S. 2804.
[32] KOLTHOFF, J. M., u. F. P. EGGERTSEN: J. Amer. chem. Soc. Bd. 62 (1940) S. 2125.
[33] TEWARI, S. N.: Kolloid-Z. Bd. 128 (1952) S. 19.
[34] EWING, W. W., u. F. W. J. LIU: J. Coll. Sci. Bd. 8 (1953) S. 204.
[35] EMMETT, H., u. T. DE WITT: Industr. Engng. Chem., Anal. Ed. Bd. 14 (1942) S. 28/33.
[36] EMMETT, H.: Advances in Colloid Science, Bd. I, S. 1/36. New York: Intersc. Publ. 1942.
[37] KRÜGER, H. A.: Industr. Engng. Chem., Anal. Ed. Bd. 16 (1944) S. 398/99.
[38] ZETTLEMOYER, C., u. W. C. WALKER: Industr. Engng. Chem. Bd. 39 (1947) S. 69/74.

[39] Corrin, M. L.: J. phys. Colloid-Chem. Bd. 55 (1951) S. 612.
[40] Andreasen, A. H. M.: Kolloid-Beihefte Bd. 27 (1928) S. 349/458 — Kolloid-Z. Bd. 82 (1938) S. 37/42 — Angew. Chem. Bd. 20 (1935) S. 283/85.
[41] Martin, S. W.: ASTM, Symposium on New Methods for Particle Size Determination etc., S. 66/89.
[42] Sunner, G. G.: Trans. Faraday Soc. Bd. 28 (1932) S. 20/27.
[43] Fuchs, O.: Chem. Ing.-Techn. Bd. 24 (1952) S. 28/30.
[44] Martin, S. W.: Industr. Engng. Chem., Anal. Ed. Bd. 11 (1939) S. 471/75.
[45] Brown, C.: J. phys. Chem. Bd. 48 (1944) S. 246/58.
[46] Jacobsen, A. E., u. W. F. Sullivan: Industr. Engng. Chem., Anal. Ed. Bd. 18 (1946) S. 360/64; Bd. 19 (1947) S. 855/60.
[47] Kamack, H.-J.: Anal. Chem. Bd. 23 (1951) S. 844/50.
[48] Gonnell, H. W.: Z. VDI Bd. 72 (1928) S. 945.
[49] The Sharples, Niederlassung Düsseldorf, Grimmstr. 38. Paint, Oil and Colour-J. 1955, S. 18.
[50] Arnell, J. C.: Canad. J. Res. Bd. 24 A (1946) S. 103.
[51] Blaine, R. L.: ASTM-Bull. Bd. 108 (1941) S. 17; Bd. 123 (1943) S. 51.
[52] Arnell, J. C.: Canad. J. Res. Bd. 25 A (1947) S. 191; Bd. 26 A (1948) S. 29; Bd. 27 A (1949) S. 207.
[53] Pechukas, A., u. F. W. Gage: Industr. Engng. Chem., Anal. Ed. Bd. 18 (1946) S. 370.
[54] Lea, F. M., u. R. W. Nurse: Symposium of Particle Size Analyses, S. 47. London 1947.
[55] Hahn, O.: Sitzungsbericht Preuß. Akadem. Wiss. Berlin 1929, S. 535.
[56] Heckter, M.: Glastechn. Ber. Bd. 12 (1934) S. 156.
[57] Imre, L.: Kolloid-Z. Bd. 99 (1942) S. 147.
[58] Ziemens, K.: Z. phys. Chem. Abt. A Bd. 191 (1947) S. 1.
[59] Wilborn, F. [2], dort S. 187/89.
[60] Wilborn, F., u. J. Morgner: Dtsch. Farben-Z. Bd. 9 (1955) S. 3/7.
[61] Wilborn, F. [2], dort S. 189f.
[62] Siehe a. Iso/TC 35, Übersetzung DNA/E 16—247 A.
[63] Gardner, H. A. [5], dort S. 289.
[64] Asbeck, W. K., u. M. van Loo: Industr. Engng. Chem. Bd. 41 (1949) S. 1470ff.
[65] Asbeck, W. K., D. D. Laiderman u. M. van Loo: Official Digest (1954), S. 156/71.
[66] Stieg, F. B., u. D. F. Burns: Official Digest (1952) S. 81/93.
[67] Gardner, H. A. [5], dort S. 290.
[68] Automatic Muller, Hersteller Ault & Wiborg Ltd., Paint, Oil and Col.-J. (1950) S. 1070. Farbanreibemaschine der Fa. Engelsmann, Ludwigshafen.
[69] Wilborn, F. [2], dort S. 191ff.
[70] Wilborn, F. [2], dort S. 194, vgl. a. [2], S. 290ff.
[71] Scheiber, J., u. E. Stock im Taschenbuch [3], dort S. 59/159 u. 693/750.
[72] Wagner, H., u. E. Sarx: Lackkunstharze. München 1950. — Siehe a. K. Thinius: Analytische Chemie der Plaste. Bd. 3 der Sammlung Chemie und Technologie der Kunststoffe in Einzeldarstellungen, hrsg. von R. Nitsche. Berlin/Göttingen/Heidelberg: Springer 1952.
[73] Gnamm, H.: Die Lösungsmittel und Weichmachungsmittel. Stuttgart 1950. — O. Merz im Taschenbuch [3], dort S. 167/213; H. Gnamm im Taschenbuch [3], dort S. 214/80.
[74] Prüfmethoden und -werte für Bautenlackfarben. Zusammengestellt vom Institut für Anstrichstoffe im Bauwesen. Stuttgart. Vorläufige Mitteilung: W. Leuser: Farbe u. Lack Bd. 60 (1954) S. 511.
[75] Garmsen, W.: Farbe u. Lack Bd. 60 (1954) S. 257; Dtsch. Farben-ZS. Bd. 10 (1956) S. 265 u. H. 9 u. 10.
[76] Verf.-Instituut TNO Circulaire 23.
[77] Wilborn, F. [2], dort S. 346f., 489ff. u. 627.
[78] Philippoff, W.: in Kolloidchem. Taschenbuch von A. Kuhn, 4. Aufl. 1953.
[79] Meskat, W.: Achema-Bericht über Viskosimeter. Chem. Ing.-Techn. Bd. 27 (1955) S. 712. — Siehe a. W. Heinz: Z. Schmiertechn. 1954, S. 125 und über das Rotavisko Koll. ZS. Bd. 145 (1956) S. 119.
[80] Gardner, H. A. [5], dort S. 309 — siehe a. Reprint First Int. Congr. of Instrument Soc. Am. Sept. 1954. Philadelphia.
[81] Peter, S., u. W. Sliwka: Chem. Ing.-Techn. Bd. 28 (1956) S. 49. — W. Fritz u. H. Kroepelin: Kolloid-Z. Bd. 140 (1955) S. 149.
[82] Helmes, E.: Chem. Ing.-Techn. Bd. 25 (1953) S. 390.
[83] Fischer, E. K.: Colloidal Dispersions. New York u. London 1950.
[84] Gründliche Darstellungen der Rheologie siehe z. B. bei W. Philippoff [78], Meskat [79], S. Peter [81] und H. Green: Industrial Rheology. New York u. London 1949. — Peterlin, A., in H. A. Stuart: Das Makromolekül in Lösungen, Kap. 5 u. 11. 1953.

[85] GARDNER, H. A. [5], dort S. 396f.
[86] WILBORN, F. [2], dort S. 340f. — H. A. GARDNER [5], dort S. 325f.
[87] KEENAN, H. W.: Fatipec. Compt. Rend. 1953, S. 84.
[88] BLAKINTON, R. J.: Off. Dig. Paint and Varnish Prod. Clubs, S. 205. April 1953.
[89] WILLIAMSON, R. V.: Farben-Ztg. Bd. 35 (1930) S. 2380.
[90] WILBORN, F. [2], dort S. 334ff.
[91] WAPLER, D.: Farbe u. Lack Bd. 59 (1953) S. 352.
[92] TOELDTE, W.: Farbe u. Lack Bd. 61 (1955) S. 92.
[93] WILBORN, F. [2], dort S. 155 u. 327.
[94] BOLLER, C.: Fette u. Seifen Bd. 56 (1954) S. 81.
[95] WILBORN, F. [2], dort S. 310ff.
[96] WILBORN, F. [2], dort S. 355f., 360f — siehe a. DIN 53150. — H. A. GARDNER [5], dort S. 148ff. — Dort auch über Verfahren mit kreisförmiger Bahn.
[97] Verfahren nach HUSSE, siehe E. ROSSMANN, in F. WILBORN [2], dort S. 361ff.
[98] WILBORN, F. [2], dort S. 354f.
[99] GARMSEN, W.: Dtsch. Farben-ZS. Bd. 5 (1951) S. 13.
[100] ROSSMANN, E.: Fette u. Seifen Bd. 56 (1954) S. 21.
[101] ROSSMANN, E., in F. WILBORN [2], dort S. 373.
[102] MERZ, O.: Farbe u. Lack Bd. 57 (1951) S. 137.
[103] Verf.-Instituut TNO Circulaire 24, Elcometer siehe BLECH Bd. 1 (1054) S. 31, Mikrostest siehe Druckschrift Elektrophys. 28 (1955) S. 9.
[104] WAPLER, D.: Dtsch. Farben-ZS. Bd. 10 (1956) S. 405 und Dezemberheft.
[105] NIESEN, H., in F. WILBORN [2], dort S. 448ff.
[106] FRANCESON, A., u. R. HAUG: Farbenchemiker Bd. 11 (1940) S. 245.
[107] ROSSMANN, E.: Fette u. Seifen Bd. 56 (1954) S. 905.
[108] NIESEN, H.: Farben, Lacke, Anstrichstoffe Bd. 3 (1949) S. 10. — Siehe a. F. WILBORN [2], dort S. 642.
[109] NIESEN, H., in F. WILBORN [2], dort S. 451ff.
[110] KÖNIG, W.: Farben-Ztg. Bd. 44 (1939) S. 38 — Arch. Metallkde. Bd. 1 (1947) S. 460.
[111] GARDNER, H. A. [5], dort S. 171.
[112] BOBALEK, E. G., u. Mitarbeiter: Industr. Engng. Chem. Bd. 46 (1954) S. 572.
[113] WACHHOLTZ, F., in F. WILBORN [2], dort S. 492f.
[114] WILBORN, F. [2], dort S. 489ff.
[115] KÖNIG, W.: Fatipec. Compt. Rend. 1953, S. 211.
[116] WAPLER, D.: Farbe u. Lack Bd. 61 (1955) S. 142.
[117] KÖNIG, W.: Farbe u. Lack Bd. 59 (1953) S. 435.
[118] GARDNER, H. A. [5], dort S. 183ff. u. 396 B, C. — F. WILBORN [2], dort S. 486.
[119] BÖRJE ANDERSSON, PH. L.: Fatipec. Compt. Rend. 1953, S. 237.
[120] TALEN, H. W.: Fatipec. Compt. Rend. 1953, S. 55. — Siehe a. F. WILBORN [2], dort S. 467. — Vgl. H. NIESEN [108].
[121] PETERS, F. J., in F. WILBORN [2], dort S. 487, siehe a. S. 586.
[122] PETERS, F. J., in F. WILBORN [2], dort S. 421ff. — DIN 53151. — Siehe a. [104].
[123] WOLF, K.: Fatipec. Compt. Rend. 1953, S. 90; dort auch weitere Literatur.
[124] WILBORN, F. [2], dort S. 634. — H. A. GARDNER [5], dort S. 188 B, C.
[125] MOSES, S., u. R. K. WITT: Industr. Engng. Chem. Bd. 41 (1949) S. 2334.
[126] MALLOY, M., W. SOLLER u. A. G. ROBERTS: Paint Oil and Chemical Rev. 1953, S. 14/19 26/34. — Eine sehr einfache neue Trägheitsmethode beschreibt G. FUCHSLOCHER, Vortrag 24. 10. 56; s. Fette u. Seifen 1957.
[127] FUCHSLOCHER, G.: Dtsch. Farben-ZS. Bd. 8 (1954) S. 350. — Siehe dazu auch F. WACHHOLTZ: Dtsch. Farben-Ztg. Bd. 9 (1955) S. 417.
[128] RINSE, J., in F. WILBORN [2], dort S. 419.
[129] NEWELL, A. D.: Off. Dig. Paint and Varnish Prod. Clubs 1953, S. 775.
[130] DANTUMA, R. S.: Fatipec. Compt. Rend. 1953, S. 297. — Siehe a. R. D. DANTUMA: Farbe u. Lack Bd. 59 (1953) S. 367.
[131] GARDNER, H. A. [5], dort S. 104ff. — Siehe a. C. BOLLER: Fette u. Seifen Bd. 57 (1955) S. 1018. — A. v. KRUSENSTJERN u. H. SCHLEGEL: Metalloberfl. Bd. 9 (1955) S. 148.
[132] WILBORN, F. [2], dort S. 599.
[133] WAGNER, H., u. M. ZIPFEL: Chem. Fabrik Bd. 5 (1932) S. 421; siehe a. [1]. — E. STOCK: Dtsch. Farben-ZS. Bd. 5 (1951) S. 273f., 307ff.; Bd. 7 (1953) S. 48ff. — R. KLOSE: Industrie-Lackierbetrieb Bd. 18 (1950) S. 161. — H. WOLFF: Korrosion u. Metallsch. Bd. 7 (1931) S. 191.
[134] SCHMID, F., in F. WILBORN [2], dort S. 145ff. — K. H. HAUCK, in F. WILBORN [2], dort S. 763.
[135] GARDNER, H. A. [5], dort S. 198ff.

[136] Michel, K.: Grundzüge der Mikrophotographie. Jena 1949 — Die Mikrophotographie. Handbuch 1956. — H. H. Heunert: Praxis der Mikrophotographie. Berlin/Göttingen/ Heidelberg: Springer 1953. — G. Stade u. H. Staude: Mikrophotographie 1939. — Michel, K.: Die Grundlagen der Theorie des Mikroskops. 1950. — H. Freund: Handbuch der Mikroskopie in der Technik. 1950.
[137] DIN-Blätter für Farbmessung, DIN 5033, 1 bis 8, besonders Blatt 5.
[138] Siehe z. B. J. D'Ans u. E. Lax: Taschenbuch, 2. Aufl., S. 1164 (1949).
[139] Richter, M.: Grundriß der Farbenlehre der Gegenwart. Verlag Th. Steinkopff 1940.
[140] Richter, M., u. H. Weise: Die Farbe Bd. 2 (1953) S. 121/26.
[141] FATIPEC-Kongreßbuch 1955.
[142] Wilborn, F. [2], dort S. 544ff. — H. A. Gardner [5], dort S. 653ff.
[143] Wilborn, F. [2], dort S. 536ff. — Siehe a. K. Weinmann: Farbe u. Lack Bd. 60 (1954) S. 435.
[144] Wilborn, F. [2], dort S. 533f.
[145] Rossmann, E., in F. Wilborn [2], dort S. 524ff., siehe a. S. 651. — K. Weinmann: Farbe u. Lack Bd. 61 (1955) S. 315.
[146] Danforth, M. A., u. Mitarbeiter: Amer. Paint J. Bd. 38/6 (1956) S. 24.
[147] Tödt, F.: Korrosion u. Korrosionsschutz-Handbuch. Berlin 1955. — Siehe a. H. Grubitsch: Chem. Ing.-Techn. Bd. 27 (1955) S. 287; Bd. 28 (1956) S. 9. — J. K. Wirth u. W. Machu: Die Korrosion des Eisens unter Schutzfilmen, insbesondere Farbanstrichen. Berlin 1952.
[148] Mayne, J. E. O.: J. appl. Chem. Bd. 4 (1954) S. 384 — J. Oil Col. Chem. Ass. Bd. 37 (1954) S. 156.
[149] Wilborn, F. [2], dort S. 373ff. u. 628f. — Siehe auch [109].
[150] Verfahren, Normen und Typen für die Prüfung und Beurteilung der Echtheitseigenschaften. Herausgegeben von der Echtheitskommission der Fachgruppe Chemie der Farben- und Textilindustrie im Verein Deutscher Chemiker. 7. Ausgabe 1935 [Melliand Textilber. Bd. 16 (1935) S. 725].
[151] Haug, R.: Farbe u. Lack Bd. 57 (1951) S. 49/54.
[152] Haug, R.: Dtsch. Farben-Z. Bd. 9 (1955) S. 337/41.
[153] Zukriegl, H.: Melliand Textilber. Bd. 33 (1952) S. 535.
[154] Weber, F.: Melliand Textilber. Bd. 33 (1952) S. 1113; Bd. 34 (1953) S. 62/65.
[155] Rabe, P.: Melliand Textilber. Bd. 30 (1949) S. 470/72.
[156] Hoffmann, K.: Melliand Textilber. Bd. 33 (1952) S. 1121/24.
[157] Hersteller: Atlas Electric Devices Co. Incorporated, Chicago (Illinois), USA.
[158] Siehe z. B. F. Wilborn [2], dort S. 565ff. — H. A. Gardner [5], dort S. 189. — A. Müller: Fatipec Congres. Compt. Rend. 1953, S. 292.
[159] Wilborn, F. [2], dort S. 573.
[160] Wilborn, F. [2], dort S. 601ff. u. 656. — H. A. Gardner [5], dort S. 239ff.
[161] Rossmann, E., in Diskussion zu Vortrag W. Leuser: Dtsch. Farben-ZS. Bd. 9 (1955) S. 175f.
[162] Blom, A. V., in F. Wilborn [2], dort S. 609. — Siehe a. A. V. Blom [4], dort S. 359.

XIV. Die Prüfung der Leime.

A. Prüfung der Leime für Hölzer.

Von **K. Egner**, Stuttgart.

1. Prüfung der Leime vor der Verarbeitung.

a) Chemische Prüfungen.

Bei *Glutinleimen* geben äußere Merkmale, wie Farbe, Grad der Durchsichtigkeit, Blasenbildung u. a., keinen Maßstab für die Güte. Der *Wassergehalt* wird an fein zerpulvertem Leim bei 110° ermittelt, der *Aschegehalt* durch Verbrennung bei Temperaturen unterhalb 600° in dünnwandigen Tiegeln, die so lange bedeckt bleiben, bis keine brennbaren Dämpfe mehr entweichen. Größerer *Fettgehalt* läßt sich beim Auflösen an den sog. Fettaugen nachweisen. Die *Gallertfestigkeit* wird an der erstarrten Gallerte aus 10%igen Lösungen in der BLOOMschen Apparatur (Stempelbelastung bis zum Einreißen der Oberfläche bzw. bis zur Erzielung von 4 mm Eindringtiefe [1]) bestimmt; sie stellt nicht immer einen sicheren Maßstab für die Güte dar. In den Lieferbedingungen RAL 093 A 2 sind Vorschriften über die Bestimmung fremder Beimengungen sowie des Säure- und Alkaligehalts enthalten. Zur Bestimmung der Wasserstoffionenkonzentration (p_H-*Wert*) bedient man sich vorteilhaft sog. Indikatorpapiere (Genauigkeit 0,2 bis 0,3). Besondere Richtlinien bestehen für die Prüfung des *Schäumens* [2], [3].

Für die Gütebeurteilung von *Kaseinleimen* ist die Bestimmung des *Kaseingehalts*, der mineralischen und anorganischen Bestandteile sowie des *Eiweißgehalts* wichtig (vgl. die Lieferbedingungen und Prüfverfahren nach RAL 093 C 2); häufig wird noch die *Boraxlöslichkeit* und der Gehalt an Stärke, Fett und Milchzucker festgestellt.

Bei *Blutalbuminleimen* gibt der nach der ,,Papierfiltermethode" ermittelte Grad der *Wasserlöslichkeit* Hinweise auf Herstellungsweise und Alterungsgrad des Albumins; gute Anhaltspunkte für die Eignung zur Holzverleimung bietet die *Kalkhydratprüfung* [2].

Während für *Pflanzeneiweißleime* noch keine einheitlichen Prüfungsmethoden bestehen, enthalten die RAL-Lieferbedingungen 280 A 2 eine Reihe von Prüfverfahren für *vegetabilische Leime* (Wasserstoffionenkonzentration bzw. Säure- oder Alkalizahl, Gehalt an trockener Bindesubstanz).

Unter den *Kunstharzleimen* lassen sich Harnstoff-Formaldehydprodukte durch die quantitative Bestimmung des Stickstoffgehalts nach KJELDAHL nachweisen. Eine verhältnismäßig einfache, allgemeine Vorprüfung ergibt nach MÖRATH [2] die langsame starke Erhitzung der bis zur Pulverform zerkleinerten Massen im Reagenzglas:

1. Geruch nach Phenol oder Kresol und zugleich mehr oder weniger deutlich nach Formaldehyd weist auf Phenoplaste hin.

2. Geruch nach verbrannten Haaren oder Federn zeigt Eiweißleim an.

3. Geruch nach Ammoniak weist auf Harnstoffharze hin.

4. Geruch nach Essigsäure zeigt Zelluloseazetate an.

5. Stechender Geruch nach Salzsäure: Polyvinylchlorid und Chlorkautschuk.

6. Geruch nach Phthalsäureanhydrid (Vergleichsprobe mit einem Phthalsäureanhydrid) und weißer kristallinischer Beschlag im oberen Teil des Reagenzglases: Glyptale.

7. Geruch nach Schwefelammonium beim Erwärmen mit verdünnter Salzsäure: Thioharnstoffe.

Methoden für den qualitativen Nachweis (Identifizierung) der Kunststoffgruppen, die gleicherweise auf Kunstharzleime anwendbar sein werden, sind in Ausarbeitung [19].

b) Physikalische Prüfungen.

α) Viskosität.

Viskositätsmessungen dienen bei Glutinleimen zur Feststellung der für die Bildung der gewünschten Lösungen erforderlichen Wassermengen, bei Kunstharzleimen zur Ermittlung des Alterungszustands und allgemein, besonders bei pulverförmig gelieferten Leimen, zur Güte- (Wareneingangs-) und Betriebskontrolle [4]. Für genaue Laboratoriumsmessungen wird das Viskosimeter nach HÖPPLER (Meßwerte in cP), bei Glutinleimen das Viskosimeter nach ENGLER (Meßwerte in „Englergraden" = Verhältnis der Auslaufzeit des Leims zu derjenigen von destilliertem Wasser) benutzt [3], [4], [5]. Die Prüftemperatur übt großen Einfluß auf das Prüfergebnis aus und ist daher genau einzuhalten; in Deutschland ist 20° C Prüftemperatur üblich; bei Glutinleimen sind höhere Temperaturen erforderlich (30° bei Knochen-, 40° bei Hautleimen).

Da die genannten Laboratoriums-Meßgeräte sehr sorgfältig behandelt werden müssen und ihre Reinigung meist sehr zeitraubend ist, sind eine Reihe von einfacher zu handhabenden Geräten, besonders für die Zwecke der Praxis, entwickelt worden [4], [5], [6]. Die größte Bedeutung haben die *Auslaufbecher* erlangt, von denen in Deutschland der für die Prüfung von Anstrichstoffen entwickelte Normbecher nach DIN 53211 (4 mm ∅ der Auslauföffnung, nicht geeignet für Leime mit Füllstoffen und für Leime mit Klümpchen) und der von H. KLEMM entwickelte Auslaufbecher (10 mm ∅ der Auslauföffnung, besonders für den gefüllten Kauritleim WHK geeignet) angewendet werden. Eine Normung solcher Becher für die Leimprüfung ist in Deutschland

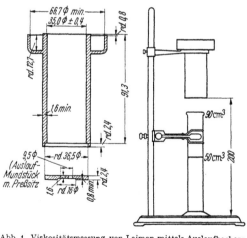

Abb. 1. Viskositätsmessung von Leimen mittels Auslaufbechern nach ASTM: D 1084—55 T. Maße in mm.

noch nicht erfolgt. In den USA wird nach der Vornorm ASTM Designation: 1084—55 T neben anderen Viskosimetern eine Einrichtung nach Abb. 1 benutzt, zu der vier gleich große Auslaufbecher aus Messing oder Bronze (rd. 90 ml Inhalt) mit Durchmessern der Auslauföffnung von 1,778, 2,540, 3,810 und 6,350 mm (jeweils mit ±0,002 mm Toleranz) gehören. Die Wahl der Becher erfolgt so, daß 50 ml Leim im Bereich zwischen 30 und 100 sek (Messung mit Stoppuhr)

bei 23 ± 1,1° C Temperatur und 50 ± 2% rel. Luftfeuchtigkeit in das unter-
gestellte Meßgefäß in stetigem ununterbrochenem Fluß auslaufen. Mit der
Messung darf erst begonnen werden, wenn Auslaufbecher und Leimprobe die
vorgeschriebene Temperatur angenommen haben (Prüfung zweckmäßig in einem
Klimaraum mit dieser Temperatur).

Geringere Bedeutung haben die *Tauchviskosimeter* („Einsink"- oder „Auf-
tauch"-Viskosimeter) für die Betriebsprüfung erlangt. Die beste Lösung stellt
wohl das Tauchstabviskosimeter nach KÜCH [7] dar (4 mm ∅-Metallstab über
eine Seilrolle mit Gegengewicht verbunden; Messung der Zeitdauer für 10 mm
Eintauchtiefe in einem zylindrischen Gefäß von mindestens 40 mm ∅). Viskosimeter auf anderer Meßgrundlage (z. B. Turbo-Viskosimeter und ähnliche; vgl.
auch ASTM Designation: D 1084—55 T und D 562—55) haben bisher wenig
Eingang in den Laboratorien und Betrieben der Holzindustrie gefunden.

β) Gehalt an Trockenstoffen.

Die Ermittlung des Trockenstoffgehalts der Leime geschieht ähnlich wie die
Feuchtigkeitsbestimmung der Hölzer in geheizten Trockenschränken. 10 bis 20 g
des Leims (Naßgewicht G_1) werden in einem Uhrglas bis zur Gewichtskonstanz
getrocknet, worauf die Abkühlung zweckmäßig in einem Exsikkator vorgenommen wird (Gewicht der Trockenstoffe G_2). Der Gehalt an Trockenstoffen ist
$100\,G_2/G_1$ (%). Das Verfahren ist nicht voll zuverlässig, weil Lösungsmittel oft
mit starken Kräften gebunden sind und härtende Kunstharze bei der Erhitzung
mitunter flüssige Stoffe abgeben [6].

γ) Vorbereitungszeit und Lagerfähigkeit.

Bei Leimen in Pulverform ist die Zeitdauer für die einwandfreie Auflösung,
d. h. die Zeitspanne zwischen dem Einrühren des Pulvers in das zugehörige
Lösungsmittel bis zur völligen Auflösung von Zeit zu Zeit nachzuprüfen, die
zweckmäßig als *Vorbereitungszeit* [9] bezeichnet wird (die häufig anzutreffende
Bezeichnung „Reifezeit" ist irreführend).

Einer laufenden Nachprüfung bedarf auch die als *Lagerfähigkeit* bezeichnete
Zeitspanne, während der (höchste Lagertemperatur 25° C) die Verarbeitungseigenschaften der Leime und die Güte der damit gefertigten Verbindungen
nicht nennenswert beeinflußt werden dürfen (gebrauchsfertig gelieferte Leime
in geschlossener Originalpackung, nicht gebrauchsfertig gelieferte Leime getrennt
nach Bestandteilen gelagert; vgl. DIN 53252 — Kenndaten des Verleimvor-
ganges). Für die ungefähre Beurteilung der Lagerfähigkeit von Kunstharzleimen
schlagen DE BRUYNE und HOUWINK [6] vor, Kurzversuche unter Erwärmung
des Bindemittels (ohne Härter) bei weit oberhalb der Raumtemperatur liegenden
Temperaturen vorzunehmen.

δ) Verhalten von Leimfilmen bei der Lagerung.

Von Leimen in Filmform wird gefordert, daß benachbarte Lagen gleichen
oder verschiedenen Stoffs während der Lagerung kein unerwünschtes Aneinander-
kleben (das sog. „Blocking") unter dem Einfluß von Wärmeplastizität oder
von Hygroskopizität erfahren. Über die Bestimmung der dazu maßgebenden
kritischen Temperatur und kritischen Luftfeuchtigkeit vgl. die amerikanische
Norm ASTM Designation: D 1146—53 — Blocking Point of Potentially Adhesive Layers. Neuerdings ist ein Gerät zur Messung des „Blocking" von Kunststoff-Folien in Deutschland entwickelt worden [18].

2. Bestimmung der Verarbeitungseigenschaften (technologisches Verhalten).

Bei der Prüfung der Verarbeitungseigenschaften der Leime sind zweckmäßig die in DIN 53252 angegebenen Kenndaten des Verleimvorgangs zu beachten; Temperatur und rel. Luftfeuchtigkeit im Prüf- (Leim-) Raum sowie die Temperaturen von Leim, Härter und Holz haben wesentlichen Einfluß auf diese Eigenschaften.

a) Streichfähigkeit.

Da keine einheitlichen Richtlinien für die Bestimmung der Streichfähigkeit bestehen, wird man sich im allgemeinen mit der Feststellung der Viskosität begnügen; Näheres hierzu vgl. unter 1 b α.

b) Leimauftragsmenge.

Zur Beurteilung der Leimergiebigkeit und des Leimverbrauchs ist die Feststellung des spezifischen Leimauftrags in g/m² erforderlich (vgl. DIN 53252, außerdem die amerikanische Norm ASTM Designation: D 899—51 — Applied Weight per Unit Area of Liquid Adhesive). Die amerikanischen Normen enthalten außerdem eine Vorschrift für die Bestimmung des spezifischen Auftrags an Leimtrockenstoff (vgl. ASTM Designation: D 898—51), unter Hinzuziehung von nicht mit Leim versehenen Vergleichsstücken (Hölzern); für die gleichzeitige Trocknung der mit Leim versehenen und der Vergleichsproben sollen die Empfehlungen der Leimhersteller beachtet werden. Die Eigenschaften der zu verleimenden Hölzer, wie Holzart, Rohwichte, Oberflächenbeschaffenheit usw., sind bei der Feststellung des spezifischen Leimauftrags zu beachten.

c) Dauer der Verarbeitbarkeit.

Unter Dauer der Verarbeitbarkeit, häufig als „pot life" bezeichnet, wird nach DIN 53252 die Zeitspanne verstanden, während welcher die angesetzte, gebrauchsfertige Leimmischung im Betrieb verarbeitet werden kann, ohne daß die Verarbeitungseigenschaften und die Güte der Leimverbindungen nennenswert beeinflußt werden; ihre Feststellung ist für den Verbraucher, besonders bei Leimen mit Härtern, die untergemischt werden, außerordentlich wichtig. Genormte Prüfverfahren für die Dauer der Verarbeitbarkeit gibt es noch nicht. Ein nützliches Hilfsmittel bei Leimen, die nicht zur Hautbildung neigen, stellt das KÜCHsche Tauchstabviskosimeter dar (vgl. unter 1 b α), das den Viskositätsbereich bis zur oberen Grenze der Streichfähigkeit der Leime umfaßt. Eine Einrichtung zur Messung der Gelatinierungszeit (Zeitdauer bis zum Übergang der Leimmischung in den Gelzustand) hat DE BRUYNE beschrieben [8].

Bei der Prüfung der Dauer der Verarbeitbarkeit ist die Temperatur der Leime zu beachten; sofern die zu prüfenden Leime keine nennenswerte Wärmeentwicklung nach dem Zumischen des Härters zeigen, empfiehlt sich die Prüfung in einem Wasserbad gleichbleibender Temperatur. Bei Leimen mit exothermer Reaktion (z. B. kalthärtende Phenolharze) führt letztere Maßnahme zu Fehlschlüssen.

d) Antrockenzeit.

Bei vielen Leimen, besonders Kunstharzleimen, werden einwandfreie Verbindungen nur unter Einhaltung bestimmter Antrockenzeiten erzielt; der Feststellung dieser Zeiten kommt daher große praktische Bedeutung zu. Als *offene*

Antrockenzeit (auch offene Wartezeit genannt) gilt die Zeitspanne zwischen dem Leimauftrag (Mittel zwischen Beginn und Ende des Auftrags) und dem Zusammenlegen der Teile, als *geschlossene Wartezeit* die Zeitspanne zwischen dem Zusammenlegen der Teile und dem Wirksamwerden des vollen Preßdrucks (vgl. DIN 53 252). Häufig genügt für die Festlegung der offenen Antrockenzeit die Fingerprobe (Leim muß beim Berühren mit dem Finger sich noch klebrig anfühlen). Eine sichere Beurteilung der zweckmäßigen Dauer der Antrockenzeit kann nur in Verbindung mit Festigkeitsprüfungen nach erfolgtem Abbinden des Leims erfolgen.

3. Prüfung der Leime während des Abbinde-Vorgangs (Sol-Gelumwandlung).

Für die Ermittlung des Verhaltens der Leime während des Abbindevorgangs (Fließen des Leims in den Fugen, Änderung des p_H-Wertes, Eindringen des Leims in das Holz, Abwandern des Lösungsmittels, Entwicklung der Abbindegeschwindigkeit) bestehen bis jetzt keine Prüfverfahren. Von praktischer Bedeutung ist vor allem die *Entwicklung der Festigkeit* der Leimbindung; sie kann an Hand geeigneter Probekörper (vgl. unter 4 a), die zu verschiedenen Zeitpunkten während des Abbindevorgangs zur Prüfung kommen, ermittelt werden. Auf diese Weise läßt sich auch feststellen, welche Preßdauer und welcher Preßdruck zur Erzielung optimaler Bindefestigkeit eingehalten werden müssen. Nach den Feststellungen von Bock [10] sind überlappte Zugscherproben für die Prüfung der Festigkeit während des Abbindens am besten geeignet.

In der amerikanischen Vornorm ASTM Designation: D 1144—51 T — Determining Strength Development of Adhesive Bonds — sind Einzelheiten für die zweckmäßige Erkundung des Bindefestigkeitsverlaufs bei der Wärmenachbehandlung („curing") enthalten, die in Anlehnung an Marian und Fickler [9] als „Reifung" bezeichnet werden kann. Nach dieser Norm sind Zugproben gemäß Abb. 9 besonders geeignet für solche Feststellungen, wenn auch andere Probekörper nicht ausgeschlossen werden; ausgehend vom Zeitpunkt des Erreichens der Behandlungstemperatur in den Leimfugen (Messung mittels Thermoelementen), sollen Probekörper geprüft werden nach $^2/_5$, $^3/_5$, $^4/_5$ und $1^1/_5$ der vorgesehenen Behandlungsdauer.

4. Prüfung der Bindefestigkeit der Leime.

a) Prüfverfahren.

α) *Scherprüfungen.*

Die Prüfung der Leimbindefestigkeit erfolgt überwiegend bei Scherbelastung. Allerdings liegt bei den bekannten und üblichen Scherkörpern nie reine Scherbeanspruchung vor, da im allgemeinen noch Biegemomente wirksam sind, so daß die Leimfugen zusätzlich durch senkrecht zu ihren Flächen gerichtete Spannungen („Querzugspannungen") beansprucht werden; hinzu kommt, daß die Scherspannungen bei diesen Körpern nicht gleichmäßig über die Scherlänge verteilt sind. Diese Umstände stellen, vom prüftechnischen Standpunkt aus gesehen, Mängel dar; bei den Leimverbindungen der Praxis sind sie jedoch ebenfalls vorhanden.

Die Prüfung mit äußerer Zugbelastung wird in Deutschland an Langholzverleimungen und an Schäftverleimungen vorgenommen. Die Langholzprobe nach DIN 53 254 mit dünner Leimschicht (Leimschichtdicke $\leq$0,1 mm, vgl.

Abb. 2) wird durch Verleimung von 5 mm dicken gehobelten geradfasrigen Buchenbrettabschnitten von 125 mm Breite mit stehenden Jahrringen und nachfolgende Aufteilung der verleimten Brettchen gewonnen. Die sorgfältig anzubringenden (genau bis zur Leimfuge reichenden) Einschnitte begrenzen Leimflächen von 10 mm Länge; über die Fehlerquellen durch unsachgemäß angebrachte Einschnitte vgl. Bock [11]. Die in DIN 53254 für die Prüfung von 1 mm dicken Leimschichten vorgesehene Langholzprobe (vgl. Abb. 3) entsteht durch Verleimung eines 5 mm dicken und eines 6 mm dicken Buchenbrettchens mit den obengenannten Eigenschaften, von denen das dickere mit 12 mm breiten und 1 mm tiefen Einfräsungen versehen ist, in die der zu prüfende Leim gut eingestrichen werden muß (möglichst mit Überhöhung, vgl. Abb. 4). Die Einschnitte in den Probekörpern, die ebenfalls Leimflächen von 10 mm Länge begrenzen, sollen bis zur Mitte der Leimfugen reichen. Bei der Prüfung müssen die Enden der Proben auf 50 mm Länge von den Einspannbacken gefaßt sein; Belastungsgeschwindigkeit 200 kg/min. Für jede Art der zu ermittelnden Bindefestigkeit (Trocken-, Wasser-, Kochfestigkeit usw., vgl. unter b) sind mindestens 5 Proben gefordert.

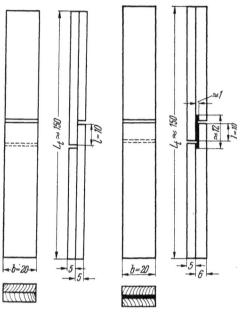

Abb. 2. Langholzprobe mit dünner Leimschicht nach DIN 53254. Maße in mm.

Abb. 3. Langholzprobe mit rd. 1 mm dicker Leimschicht nach DIN 53254. Maße in mm.

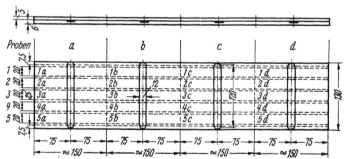

Abb. 4. Verleimte Platten mit dicken Leimschichten für die Entnahme von Proben nach Abb. 3. Maße in mm.

Nach der britischen Norm BS 1204: 1945 ist die Bindefestigkeit von kalthärtenden Kunstharzen (Aminoplaste und Phenoplaste) für Bauzwecke an Langholzproben nach Abb. 5 (dünne Leimschicht) und Abb. 6 (1,3 mm dicke Leimschicht) zu ermitteln, die aus 3,2 mm dicken Buchenfurnieren aufgebaut sind. Die Länge der zu prüfenden Leimflächen beträgt 25,4 mm, ist also wesentlich größer als bei den deutschen Normenproben nach den Abb. 2 und 3.

Die Probekörper für die Prüfung von Sperrholzleimen sind in den Abb. 5 bis 9 von Kap. I. L — Prüfung von Lagenhölzern — wiedergegeben (vgl. S. 126/7).

Neben der Langholzprobe wird in Deutschland die Schäftprobe nach DIN 53 253 (vgl. Abb. 7) zur Beurteilung von Holzleimen, besonders von Kaseinleimen, verwendet, die entweder aus Kiefernkernholz mit stehenden

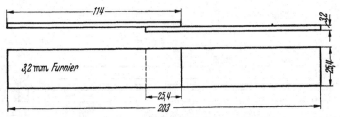

Abb. 5. Langholzprobe mit dünner Leimschicht nach der englischen Norm BS 1204: 1945. Maße in mm.

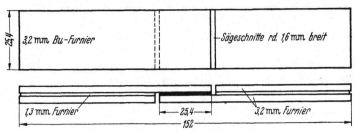

Abb. 6. Langholzprobe mit rd. 1,3 mm dicker Leimschicht nach der englischen Norm BS 1204: 1945. Maße in mm.

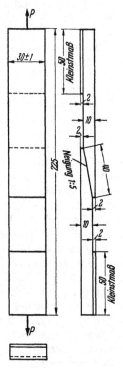

Abb. 7. Schäftprobe nach DIN 53253. Maße in mm.

Jahrringen oder aus Buchenschichtholz nach DIN 4076 mit 7 Furnierlagen je cm Dicke anzufertigen ist. Nachteile der Schäftprobe sind die etwas schwierige Herstellung und der Umstand, daß sie nur beschränkt den Verhältnissen in der Praxis gerecht wird.

Für die Prüfung von geleimten Scherkörpern unter äußerer Druckbelastung bestehen in Deutschland keine Normvorschriften; vielfach ist in der Vergangenheit das Scherkreuz nach DIN 52187 (vgl. Abb. 48 in Abschn. I F 8) zur Beurteilung der Bindefestigkeit und von Einflüssen auf die Bindefestigkeit der Leime benutzt worden. In solchen Fällen empfiehlt sich die Entnahme der Scherkreuze aus verleimten Stücken, die aus 3 Teilhölzern (15 mm + 30 mm + 15 mm Dicke) aufgebaut sind. Im Gegensatz zu diesen zweischnittigen, einfach zu prüfenden Scherkreuzen ist die amerikanische Blockscherprobe nach ASTM Designation: D 905—49 einschnittig; zur Prüfung dieser einschnittigen Druckscherproben, die durch Verleimung von 2 Teilhölzern aus Ahornholz (Rohwichte absolut trocken 0,65 g/cm³) mit rd. 19 mm × 51 mm Querschnitt und Aufteilung nach erfolgter Leimaushärtung entstehen (Länge der Scherfläche 37 mm, Gesamtlänge 51 mm), ist eine besondere Einspannvorrichtung erforderlich (vgl. die Abb. 13 u. 14 in Abschn. I. L).

Auf Grund von Versuchen an der EMPA Zürich [12] eignen sich Biegeproben nach Abb. 8 aus zwei verleimten Teilhölzern mit verminderter Breite der Prüfzone (Leim-

fuge) in halber Probenhöhe recht gut zur Beurteilung der Bindefestigkeit von
Leimen. Aus der Bruchlast P (kg) bei Mittenbelastung ergibt sich mit dem
statischen Moment S (cm³) der Querschnittshälfte, bezogen auf die neutrale Achse,

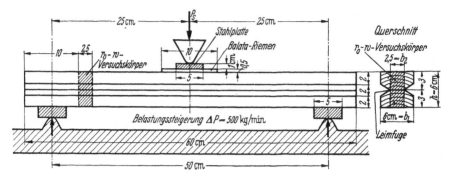

Abb. 8. Verleimte Biegeprobe mit verminderter Breite der Leimfuge nach Versuchen der EMPA Zürich [12].

dem Trägheitsmoment J (cm⁴) des ganzen Querschnitts und der Breite b (cm)
der Leimfuge die Scherspannung (Bindefestigkeit) zu

$$\tau = \frac{P\,S}{2\,b\,J} \quad (\text{kg/cm}^2).$$

Die bei dieser Beanspruchung vorausgesetzte gleichmäßige Verteilung der Scherspannung ist jedoch in Wirklichkeit nur über Teilen der Leimfläche vorhanden;
in der Nähe der Lasteintragungsstellen sind geringere Scherspannungen wirksam, als nach obiger Beziehung erwartet wird [6], weshalb sich nach der Rechnung etwas zu günstige Werte ergeben.

Die in den Focke-Wulf-Flugzeugwerken während des Krieges für die Messung
der Abbindegeschwindigkeit von Leimen mit verschiedenen Schichtdicken entwickelte sog. „Abhebebiegeprobe" [4], [13] hat sich trotz verschiedener Vorteile
(u. a. Möglichkeit der Prüfung in kleinen Prüfmaschinen oder durch Schrott-
belastung) bis jetzt nicht in nennenswertem Umfang eingeführt.

β) Zugprüfungen.

Bei der Prüfung von Leimverbindungen durch senkrecht zur Leimfläche
wirkende Zugkräfte kann gleichmäßige Spannungsverteilung im allgemeinen
nicht erwartet werden, weil Leim und Holz verschiedenes elastisches Verhalten
aufweisen; die starke Abhängigkeit der so ermittelten Bindefestigkeitswerte
von der Dicke der Leimschicht ist besonders zu beachten [6]. Trotz dieser Umstände hat sich die Beurteilung der Festigkeit von Glutinleimen an Hand von
Zugproben aus hirnholzverleimten Verbindungen nach den Vorschlägen von
Rudeloff [14] und später von Sauer [15] bewährt; die Untersuchungen von
Willach [16] an Probekörpern, die aus Hölzern mit den Abmessungen 10 mm ×
10 mm × 70 mm durch Halbierung mit einer feinzahnigen Gehrungssäge und
anschließende Verleimung entstanden waren, bestätigen die Brauchbarkeit des
Verfahrens auch bei hochwertigen Glutinleimen. Während dieses Prüfverfahren
demnach zur Gütebeurteilung von Glutinleimen durchaus wertvoll ist, kann es
zur allgemeinen Beurteilung von Leimen nicht empfohlen werden; vor allem
kann aus den Ergebnissen nicht auf das Verhalten der Leime in Langholz-
verbindungen geschlossen werden.

In den amerikanischen Normen für die Prüfung von Leimen ist der Zugversuch an Probestücken gemäß Abb. 9 aus hartem Ahornholz (Acer saccharum

oder Acer nigrum) mit mindestens 0,65 g/cm³ Rohwichte (absolut trocken) ohne Beschränkung auf eine bestimmte Leimart beibehalten (vgl. ASTM Designation: D 897—49). Die Probekörperherstellung geht folgendermaßen vor sich: fehlerfreie Abschnitte aus Ahornholz mit 22 mm Dicke, 64 mm Breite und 280 mm Länge erhalten nach vorheriger Klimatisierung die den Empfehlungen der Hersteller entsprechende Oberflächenbehandlung und werden unmittelbar anschließend verleimt; hierauf erfolgt Aufteilung in Stücke mit den Abmessungen von rd. 51 mm × 51 mm und anschließende Endbearbeitung auf die Maße nach Abb. 9. Zur Festigkeitsprüfung sind Einspannbacken nach Abb. 10 erforderlich (Einsetzen der Probekörper derart, daß die Fasern der verleimten Hölzer unter 90° zur Richtung des Einschnitts an den Spannbacken verlaufen). Belastungsgeschwindigkeit 270 bis 320 kg/min.

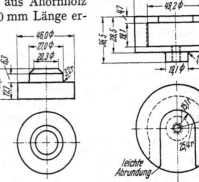

Abb. 9. Verleimte Zugprobe nach ASTM Designation: D 897—49. Maße in mm (nur eine Probenhälfte dargestellt)

Abb. 10. Einspannbacken für die Zugprobe nach Abb. 9. Maße in mm.

γ) Spaltprüfungen.

In der französischen Norm AFNOR N.F.B. 51—010 ist für die Prüfung von Holzleimen der Spaltkörper nach Abb. 11 vorgesehen. In Deutschland hat sich für Sonderzwecke (vgl. unter b) die amerikanische Querzugprobe

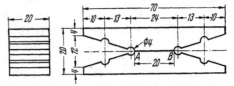

Abb. 11. Verleimte Spaltprobe nach der französischen Norm AFNOR NFB 51—010. Maße in mm.

nach ASTM Designation: D 143—52, die genau genommen ebenfalls eine Spaltprobe darstellt, bewährt.

δ) Schlagprüfungen.

Die amerikanische Norm ASTM Designation: D 950—54 enthält ein Prüfverfahren für die Erkundung des Verhaltens von Leimverbindungen unter Schlagbeanspruchung; die zugehörigen Probekörper mit Form und Abmessungen nach Abb. 12 sollen aus hartem Ahornholz (vgl. unter β) bestehen. Zur

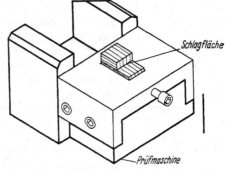

Schlagfläche

Prüfmaschine

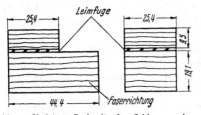

Leimfuge

Faserrichtung

Abb. 12. Verleimte Probe für den Schlagversuch nach ASTM Designation: D 950—52 T. Maße in mm.

Abb. 13. Halterung der Probe nach Abb. 12 in der Schlagprüfmaschine.

Halterung der Proben in der Schlagprüfmaschine ist eine besondere Vorrichtung erforderlich (vgl. Abb. 13). Zu jeder Erkundung sollen mindestens 20 Probekörper aus mindestens 4 Leimkörpern herangezogen werden.

ε) *Beurteilung der Bindefestigkeit durch Prüfung mit dem Stecheisen.*
Eine weitgehend subjektive Prüfung der Bindefestigkeit von Leimen für
Sperrhölzer, die in England größere praktische Bedeutung erlangt hat, stellt
die Anwendung des Stecheisens zum Abheben der äußeren Furnierlagen dar,
wie sie in den britischen Normen BS 1088:1951 und BS 1455:1948 niedergelegt
ist. Näheres hierzu vgl. in Abschn. I L 5 c (S. 128).

ζ) *Zerstörungsfreie Prüfungen.*
In England vorgenommene Untersuchungen über die Prüfung von Leimverbindungen mittels Ultraschall haben gezeigt, daß mit diesem Verfahren wohl
völlige Fehlleimungen (Luftfilm in der Fuge) erkannt, dagegen Stellen guter
und solche mangelhafter Bindung nicht unterschieden werden können [6].

b) Ermittlung von Einflüssen auf die Bindefestigkeit.

Die Lagerungsbedingungen und die Dauer der Lagerung von Normenprobe-
körpern nach den Abb. 2, 3 und 7 zur Erkundung der Einflüsse von *feuchter*
bzw. *feuchtwarmer Luft*, von *kaltem, heißem* und *kochendem Wasser* auf die Bindefestigkeit (Feucht-, Feuchtwarm-, Wasser-, Heißwasser- und Kochfestigkeit,
Wiedertrockenfestigkeit) sind in den DIN-Blättern 53251 und 53253 bis 53255
niedergelegt; für die in England üblichen Probekörper nach den Abb. 5 und 6
finden sich diese Bedingungen (soweit es sich um die Prüfung von Kunstharzleimen auf der Grundlage von Phenoplasten und Aminoplasten handelt) für
Leime zu Bauzwecken in BS 1204:1954, für Sperrholzleime in BS 1203:1954.
Die in den USA für die Leimprüfung genormten Lagerungsbedingungen (Tem-
peratur von Luft bzw. Wasser, rel. Luftfeuchtigkeit) sind in der Vornorm
ASTM Designation: D 1151—51 T enthalten. In der weiteren Vornorm ASTM
Designation: D 1183—55 T sind Kurzversuche für die Feststellung des Ver-
haltens von Sperrholzleimen bei Wechsellagerung (Verfahren A und B für
Leime zu Sperrhölzern für Innengebrauch, Verfahren C für Gebrauch im Freien,
Verfahren D für Gebrauch in der Marine) unter Benutzung der in ASTM:
D 906 festgelegten Sperrholzproben (vgl. Abb. 9 in Kap. I L, S. 127) enthalten.
Für die Ermittlung des Einflusses der *Dicke* der Leimschicht auf die Leimfestigkeit sind Probekörper nach den Abb. 3, 6 und 8 geeignet; weitere Vorschläge hat BOCK ausgearbeitet [11].
Zur Feststellung der Widerstandsfähigkeit von Leimen gegenüber *Bakterien-
einwirkung* wird in den USA die Benützung von Reinkulturen der Arten Pseudo-
monas fluorescens, Bacillus subtilis und Proteus vulgaris vorgeschlagen (vgl.
die Norm ASTM Designation: D 1174—55). Nach den britischen Vorschriften
BS 1203:1945 und BS 1204:1945 ist zu diesem Zweck ein einfacher myko-
logischer Versuch unter Einlegen geleimter Proben (z. B. nach den Abb. 5 und 6)
in feuchtes Sägemehl innerhalb einer luftdicht abzuschließenden Glas- oder
Porzellanschüssel vorgesehen.
Zur Erkundung der *chemischen* Widerstandsfähigkeit werden nach der US-
Norm ASTM Designation: D 896—51 Normenprüfkörper vor der Ermittlung
der Bindefestigkeit während 7 Tagen bei 23 ± 1,1° C Temperatur in getrennte
Standardlösungen folgender Verbindungen völlig eingetaucht: 3- und 30%ige
Schwefelsäure, 1- und 10%ige Natronlauge, 50- und 95%iger Äthylalkohol,
Azeton, Äthylazetat, Äthylendichlorid, Tetrachlorkohlenstoff, Toluol, Heptan,
10%ige Kochsalzlösung und destilliertes Wasser. Neben diesen Standard-
lösungen ist noch eine Reihe zusätzlicher chemischer Reagenzien vorgesehen.
Bis heute besteht noch kein genormtes Prüfverfahren für die Erkundung
möglicher *Faserschädigung* des Holzes durch chemische Bestandteile der ver-

wendeten Leime (z. B. stark saure Härter von kaltabbindenden Phenolharz-
leimen). Im Institut für technische Holzforschung an der TH. Stuttgart ist
ein aussichtsreiches Verfahren unter Verwendung der Probenform des amerikanischen Querzugkörpers entwickelt worden; hiernach werden verleimte Stäbe
aus Fichten- und aus Eichenholz nach Abb. 14 (rd. 0,5 mm dicke Leimschichten

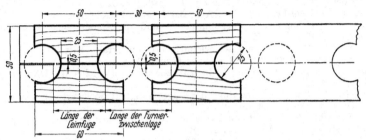

Abb. 14. Abmessungen und Entnahme von verleimten Querzugproben für die Feststellung von evtl. Faser-
schädigungen nach Vorschlag des Instituts für techn. Holzforschung an der TH. Stuttgart. Maße in mm.

abwechselnd mit gleich dicken Furnierschichten) mit den erforderlichen Bohrungen von 25 mm ⌀ versehen und anschließend je fünf 50 mm breite Probekörper entnommen. Vor der Festigkeitsprüfung erfolgt eine Wechsellagerung,
bestehend aus 4 Zyklen, von denen jeder sich aus folgenden 3 Teillagerungen
zusammensetzt:

	Dauer h	Temperatur °C	rel. Luftfeuchtigkeit %
Teillagerung *a*	24	50	100
Teillagerung *b*	8	10	100
Teillagerung *c*	16	50	rd. 20

Faserschädigung liegt im allgemeinen dann vor, wenn reine Adhäsionsbrüche
bei Mittelwerten der Bindefestigkeit (Querzugfestigkeit) von weniger als 50 kg/cm²
(Eiche) bzw. 20 kg/cm² (Fichte) eintreten.

Das Verhalten von Kunstharzleimen unter *oftmals wiederkehrenden äußeren
Belastungen* ist in der EMPA Zürich an Biegeschubproben nach Abb. 8, dasjenige von Glutin-, Kasein- und Kunstharzleimen neuerdings von SAUER [*17*]
an hirnholzverleimten Proben mit 10 mm × 10 mm Querschnitt im Umlauf-
biegeversuch untersucht worden; in den USA sind wiederum andere Probe-
formen und Prüfverfahren angewendet worden [*21*], [*22*]. Genormte Prüfverfahren für die Feststellung der Dauerfestigkeit der Leime bestehen noch nicht.

Schrifttum.

[*1*] US Federal Specification Board: Federal specification for Glue: Animal, woodworking,
Nr. CG. 451 (1931).
[*2*] MÖRATH, E.: Die Prüfung der Leime, in Handbuch der Werkstoffprüfung, 3. Band:
Die Prüfung nichtmetallischer Baustoffe, 1. Aufl. Berlin: Springer 1941.
[*3*] GERNGROSS, O., u. E. GOEBEL: Chemie und Technologie der Leim- und Gelatine-
Fabrikation. Leipzig 1933.
[*4*] PLATH, E.: Die Holzverleimung. Stuttgart: Wiss. Verlagsges. m. b. H. 1951.
[*5*] GOEBEL, E.: Die Bestimmung der Viskosität von tierischen Leimen. Chemiker-Ztg.
Bd. 62 (1938) S. 613/15.
[*6*] DE BRUYNE, N. A., u. R. HOUWINK: Adhesion and Adhesives. London/Amsterdam:
Elsevier Publishing Comp. 1951.
[*7*] KÜCH, W.: Ermittlung der Verwendungsdauer von Kunstharzleimen durch Viskositätsmessungen. Kunststoffe Bd. 38 (1948) S. 95/98.

[8] DE BRUYNE, N. A., in Modern Plastics Bd. 27 (1950) Nr. 9.

[9] MARIAN, J. E., u. H. H. FICKLER: Die Leime in der Holzindustrie. Eigenschaften, Vorbereitung und Anwendung der gebräuchlichsten Leimtypen. Holz 11. Jg. (1953) S. 18/27.

[10] BOCK, E.: Die Prüfung der Festigkeit von Leimverbindungen während des Abbindens des Leimes. Holz 10. Jg. (1952) S. 394/98.

[11] BOCK, E.: Prüfung von Holzleimen. Die Bestimmung der statischen Festigkeitseigenschaften der Leimverbindungen. Holz 9. Jg. (1951) S. 62/71.

[12] ROŠ, M.: Die Melocol-Leime der Ciba AG., Basel. Bericht Nr. 152/1945 der EMPA, Zürich.

[13] MÜLLER, A.: Kaltleime auf Phenolharzbasis und die Gefahr der Holzschädigung. Holz 11. Jg. (1953) S. 429ff.

[14] RUDELOFF, M.: Prüfung von Tischlerleimen auf Bindekraft. Mitt. Staatl. Mat.-Prüf.-Amt Berlin-Lichterfelde 1918, H. 1 u. 2; ferner 1919, H. 1 u. 2.

[15] SAUER, E.: „Leim und Gelatine" in LIESEGANG: Kolloidchemie. Dresden/Leipzig: Steinkopff 1932.

[16] WILLACH, E.: Über die Bestimmung der Fugenfestigkeit hochwertiger Leime; Dissertation. Dresden/Leipzig: Steinkopff 1938.

[17] SAUER, E.: Über das Verhalten der Bindung von Holzleimen bei Dauerbeanspruchung. Holz-Zbl. Stuttgart 80. Jg. (1954) Nr. 97.

[18] UMMINGER, O.: Beschreibung eines Gerätes zur Messung des „Blocking" von Kunststoff-Folien. Kunststoffe Bd. 42 (1952) H. 6, S. 169/70.

[19] HÖCHTLEN, A., u. G. EHLERS: Tätigkeitsbericht 1953 des Fachnormenausschusses Kunststoffe im DNA. Kunststoffe Bd. 44 (1954) H. 4, S. 150.

[20] PLATH, E.: Die Prüfung von PF-Harzen auf Säureschädigungen. Holz 11. Jg. (1953) H. 12, S. 466.

[21] OLSON, W. Z., D. W. BENSEND u. A. D. BRUCE: Resistance of several types of glue in wood joints to fatigue stressing. Report Nr. 1539/1946 Forest Products Laboratory Madison/Wisc.

[22] LEWIS, W. C.: Fatigue of wood and glued joints used in laminated construction. Preprint 171/1951 Forest Products Research Society, Madison/Wisc.

B. Prüfung der Leime bzw. Klebstoffe für Kunststoffe.

Von **W. Küch**, Dortmund.

1. Allgemeines.

Die Anwendung von Leim- bzw. Klebverfahren bei der Verarbeitung von Kunststoffen ist äußerst vielgestaltig und in ihrem Umfang nur schwer erfaßbar. Es hängt dies mit der außerordentlichen Mannigfaltigkeit der Erscheinungsformen der neuzeitlichen Kunststoffe und der großen Zahl der für ihre Verklebung geeigneten Mittel zusammen.

Beispiele der Verklebung von Kunststoffen unter besonderer Berücksichtigung des Bauwesens sind die Herstellung von Verbundkonstruktionen, z. B. durch Leichtkunststoffe versteifte dünne Metallbleche, die Verkleidung von Behältern aus Beton, Holz oder Stahl mit Kunststoff- oder Gummifolien zur Erhöhung ihrer Korrosionsbeständigkeit, die Verklebung von Kunstleder untereinander, das Aufkleben von Belägen aus Kunststoff auf Wände, die Verlegung von Kunststofffußbodenbelägen und die Reparatur von Preßstoffteilen. In vielen Fällen entspricht die Verarbeitung der Kunststoffe durch Leimen bzw. Kleben nicht dem eigentlichen Wesen dieser Werkstoffe, so beispielsweise bei der wirtschaftlich bedeutungsvollen Gruppe der Preßmassen, bei denen die Gegenstände im Formpreß- oder Spritzgußverfahren gebrauchsfertig anfallen.

Die Probleme bei der Verleimung bzw. Verklebung von Kunststoffteilen sind verschieden von denjenigen des klassischen Gebiets der Leimung, der Verbindung des Holzes, sofern es sich um die Verbindung gleicher oder ähnlicher Kunststoffe untereinander und nicht um Kombinationen mit anderen Werkstoffgruppen handelt. Während bei der Verleimung von Holz die Festigkeit der Leimverbindungen zu einem wesentlichen Teil durch die Verankerung des in die Poren des Holzes eingedrungenen und dort erstarrten Leims bestimmt wird, hängt die Bindung bei den nicht porösen Kunststoffen entscheidend von der chemischen Zusammensetzung des zu verbindenden Materials und der chemischen Natur des Leims bzw. Klebstoffs ab, die zur Erreichung ausreichender adhäsiver Kräfte aufeinander abgestellt werden müssen. Hinzu kommt, daß bei der Verklebung von Kunststoffen die Dichtheit des zu verklebenden Materials eine schnelle Beseitigung der flüchtigen Bestandteile des Klebstoffs während des Abbindevorgangs ausschließt, so daß, wenigstens bei größeren Klebflächen, die Beseitigung des Lösungsmittels durch genügend hohe Antrockenzeit vor dem Zusammenbringen der zu verbindenden Teile erfolgen muß, wobei ein möglicher Einfluß von aus dem zu klebenden Material entweichenden Stoffen auf den Klebstoff bzw. der aus dem Klebstoff diffundierenden Lösemittel auf das zu klebende Material gegebenenfalls berücksichtigt werden muß. Häufig, so beispielsweise bei der Verlegung von Fußbodenbelägen, werden an die Festigkeit der Verbindungen keine größeren Anforderungen gestellt. In derartigen Fällen ist es zweckmäßiger, nicht vom Leimen, sondern vom Kleben zu sprechen. Grenzgebiete der Klebung von Kunststoffen wie das Anquellen der Klebflächen thermoplastischer Kunststoffe durch Lösungsmittel, das Aufvulkanisieren von Gummi auf Metall (Herstellung von Schwingmetall) und die Prüfung der Leimbindung innerhalb geschichteter Halbwerkstoffe, wie Preßschichtholz, Hartpapier und Hartgewebe, sollen in folgendem von der Betrachtung ausgeschlossen bleiben.

2. Prüfverfahren.

Trotz der Vielzahl der Anwendungsgebiete bestehen bisher nur in geringem Umfang feststehende Prüfverfahren zur Beurteilung der Brauchbarkeit von Klebstoffen für Kunststoffe. Der Grund hierfür liegt vor allem darin, daß es sich bei der Verklebung von Kunststoffen vielfach nur um äußerlich haftende Verbindungen handelt, für die die praktische Bewährung des Klebstoffs ausschlaggebend ist, und der Umfang der Anwendung von Leim- bzw. Klebverfahren bei der Verarbeitung der Kunststoffe, gemessen an ihrem Gesamteinsatz, verhältnismäßig geringfügig ist.

Soll die Eignung eines Klebstoffs für die Verbindung in fester Form vorliegender Kunst- bzw. Preßstoffe überprüft werden, so sind hierfür ohne weiteres die bei anderen Werkstoffarten, insbesondere bei Holz, üblichen und in Normen festgelegten Prüfverfahren geeignet, so vor allem DIN 53253, Prüfung von Holzleimen, Bindefestigkeit von Schäftverbindungen im Zugversuch, DIN 53254, Prüfung von Holzleimen, Bindefestigkeit von Langholzverleimungen im Zugversuch, ASTM D 905—49, Standard Method of Test for Strength Properties of Adhesives in Shear by Compression Loading und ASTM D 1002—53 T, Tentative Method of Test for Strength Properties of Adhesives in Shear by Tension Loading (Metal-to-Metal).

Bei der Untersuchung von Universalklebern, wie sie zur Reparatur von Teilen aus Preß- und Kunststoffen, Steingut, Glas, Emaille usw. Verwendung finden, sind Untersuchungsverfahren bekanntgeworden, bei denen der Biegeversuch nach der für Kunst- und Preßstoffe geltenden Norm DIN 53452, Prüfung von Preßmassen und Preßstofferzeugnissen, Biegeversuch, angewandt wird. Es werden dabei Normstäbe von 120 mm × 15 mm × 10 mm in der Mitte quer zur Probenlänge geteilt, mit dem zu untersuchenden Klebstoff wieder zusammengeklebt und entsprechend den Vorschriften des Normblatts auf ihre Biegefestigkeit geprüft.

Für die Prüfung von Klebstoffen bei biegsamen Stoffen, wie Folien aus Kunststoff und Kunstgummi, Kunstleder und ähnlichen Stoffen, bieten die für Sohlenklebstoffe aufgestellten deutschen Normen DIN 53273 und DIN 53274 eine brauchbare Grundlage. Nach DIN 53273, Prüfung von Sohlenklebstoffen, Scherversuch, wird die Bindefestigkeit der Kleb-

Abb. 1. Prüfung der Scherfestigke von Klebstoffen nach DIN 53273. Maße in mm. Scherquerschnitte $F_0 \approx 200$ mm².

stoffe an Überlappungsproben entsprechend Abb. 1 im Zugversuch ermittelt (freie Versuchslänge: 100 mm, Vorschubgeschwindigkeit gleichbleibend: 100 mm/min). Nach DIN 53274, Prüfung von Sohlenklebstoffen, Trennversuch, werden ent-sprechend Abb. 2 über einen bestimmten Bereich deckend aufeinandergeklebte Streifen des zu ver-klebenden Materials an den ungeklebten und um-gebogenen Enden der Probe in die Einspannbacken einer Zugprüfmaschine eingespannt und mit einer Vorschubgeschwindigkeit von 100 mm/min aus-einandergezogen. Als Trennlast gilt die Kraft, die sich aus dem während des Versuchs aufgenommenen Kraft-Weg-Diagramm als Mittelwert über den Trennweg ergibt. Bei beiden Prüfverfahren kann die genaue Kennzeichnung des Klebvorgangs nach den beiden zusätzlichen allgemeinen Normblättern DIN 53271, Prüfung von Sohlenklebstoffen, Be-

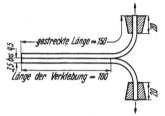

Abb. 2. Prüfung der Trennlast von Klebstoffen nach DIN 53274. Maße in mm. Probenbreite = 30.

griffe, Vorbehandlung der Proben, und DIN 53272, Prüfung von Sohlenkleb-stoffen, Kenndaten der zu verklebenden Werkstoffe, der Klebstoffe und des Klebvorgangs, vorgenommen werden.

Dem Verfahren der deutschen, für Sohlenklebstoffe gültigen Norm ähnlich ist die in Amerika übliche Prüfmethode ASTM D 903—49. Hier wird ent-

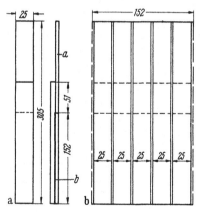

Abb. 3. Prüfung der Trennlast von Klebstoffen nach ASTM D 903—49. Probenform. a) Prüf-probe: a biegsamer Teil; b Klebfuge; b) Proben aus Verbundteilen.

sprechend Abb. 3a ein Stück biegsames Material (Abmessungen: 305 mm × 25 mm) über eine Länge von 152 mm an einem Ende auf ein zweites Stück biegsames oder festes Material (Abmessungen: 203 mm × 25 mm) geklebt. Nachdem das freie Ende des bieg-samen Glieds etwa auf eine Länge von 25 mm vom anderen Glied von Hand getrennt wurde, werden das freie Ende des 203 mm langen Glieds und das freie Ende des bieg-samen Glieds nach Umbiegen um etwa 180° in die Backen einer Zerreißmaschine ein-gespannt und mit einer Zerreißgeschwindig-keit von 152 mm/min mindestens über die Hälfte der geklebten Fläche voneinander ab-getrennt (Abb. 4). Als Abpellfestigkeit gilt die aus der Last-Verformungskurve gefun-dene, zur Abpellung erforderliche und auf die Breiteneinheit bezogene mittlere Kraft. Bei dehnbaren Stoffen erfolgt Aufleimen eines nicht dehnbaren Stoffs, um die ge-forderte Zerreißgeschwindigkeit einhalten zu können. In besonderen Fällen werden die Proben aus 152 mm breiten Verbundteilen herausgeschnitten (Abb. 3b). Um einen symmetrischen Lastangriff zu ermöglichen, wird entweder das freie Ende der Probe mit einem Gewicht vorgespannt oder die Probe (fester Teil) an

eine an der festen Klemmbacke befestigten Ausrichtungsplatte angelehnt. Probenzahl: 10 Stück je Klebstoff. Vorbehandlung der Proben: 7tägige Lagerung bei
50 ± 2% relativer Luftfeuchtigkeit und 23 ± 1;1° C oder bis zur Gewichtskonstanz. Die Dicke des zu verklebenden Materials soll so
groß sein, daß nicht das Material reißt, aber nicht über 3,2 mm.

Speziell für die Prüfung von Klebstoffen auf der Grundlage von unvulkanisiertem oder vulkanisiertem Kautschuk, die
u. a. für die Verbindung von Kunstgummi, Kunstleder und ähnlichen synthetischen Erzeugnissen Anwendung finden, kommen
die amerikanischen Prüfvorschriften ASTM D 816—55 T, Tentative Methods of Testing Rubber Cements, in Verbindung mit
ASTM D 429—55 T, Tentative Methods of Test for Adhesion
of Vulcanized Rubber to Metal, in Frage. Die Normblätter
sehen die Prüfung der Bindefestigkeit verschiedener Verbund-
kombinationen bei Zug- und Scherbeanspruchung sowie im
Abpellversuch und die Bestimmung bestimmter allgemeiner
verarbeitungstechnischer Eigenschaften der Klebstoffe vor.

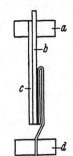

Abb. 4. Prüfung der
Trennlast von Kleb-
stoffen nach ASTM
D 903—49;
Prüfeinrichtung.
a Einspannbacke;
b Prüfprobe;
c Anlehnungsplatte;
d Einspannbacke.

Bei der Zugfestigkeitsprüfung werden auf die Kreisflächen
eines Gummizylinders (Durchmesser: 40,5 mm ± 0,03; Dicke:
12,7 mm ± 0,13) beidseitig zwei zylindrische Metallplatten
(Dicke: 9,5 mm) mit dem zu prüfenden Kleber aufgeklebt und
durch Zugkräfte normal zur Klebfläche bis zum Bruch belastet (Metallplatten
gesandstrahlt und mit Tetrachlorkohlenstoff von Staub und Öl gereinigt; Metallteile und Gummiteil mit einem Klebstoffauftrag von 0,03 mm Dicke oder gemäß Vereinbarung versehen; bei dünnflüssigen Klebstoffen mehrere Aufstriche
jeweils mit genügender Antrockenzeit des einzelnen Anstrichs; Verklebung der
Teile, sobald der Klebstoffauftrag fingertrocken ist, bei einer Drucklast von
4,5 kg über wenigstens 24 h).

Bei der Scherfestigkeitsprüfung gelangen Überlappungsproben entsprechend
Abb. 5 zur Anwendung. Probenform 1 dient für Kombinationen, bei denen
beide zu verklebenden Materialien dehnbar oder
verhältnismäßig wenig dehnbar sind, Probenform 2 für solche, bei denen das eine Material
dehnbar, das andere aber nicht dehnbar ist
(Verklebebedingungen wie bei den Zugproben:
Verklebung der Teile mit einer Metalldruckrolle
von Hand bei einem Druck von etwa 9,0 kg;
24stündige Lagerung der Proben im Normalklima; Klemmengeschwindigkeit bei der Prüfung: 51 mm/min).

Bei der Abpellmethode wird ein Prüfverfahren ähnlich ASTM D 903—49 angewendet, nur
daß jetzt auf ein steifes Material von 305 mm
Länge und 51 mm Breite ein biegsamer Streifen
von wenigstens 152 mm Länge und 25 mm Breite
mit Ausnahme von 51 mm an dem Ende aufgeklebt wird.

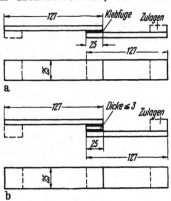

Abb. 5.
Probenformen für die Prüfung von Gummi-
klebern nach ASTM D 816—55 T.
a) Probenform 1; b) Probenform 2.

Die Kontrolle der verarbeitungstechnischen Eigenschaften der Klebstoffe
erstreckt sich gemäß dem Normblatt auf die Ermittlung der günstigsten Antrockenzeit, des Erweichungspunkts, des kalten Flusses, der Viskosität, der
Lebensdauer, der Kaltsprödigkeit, des Gewichts und der plastischen Verformung
der Klebstoffe im Zustand der Verarbeitung. Bei der Ermittlung der *günstigsten*

Antrockenzeit wird die Bindefestigkeit der Klebstoffe an Scherproben entsprechend Abb. 5b aus 2 Streifen Leichtmetall und einer Lage Hartgummi bei Antrockenzeiten von 1, 3,· 5, 10, 20, 40, 60 min usw. bis 2h 3 min nach der Verklebung im normalen Kurzzeitversuch (gleichmäßig ansteigende Belastung) festgestellt. Der *Erweichungspunkt* der Klebstoffe wird im Warmstandversuch ebenfalls an Überlappungsproben entsprechend Abb. 5b bei einer konstanten Schubbeanspruchung von 0,45 kg ermittelt. Die geleimten Proben werden zu diesem Zweck nach einer wenigstens 24stündigen Lagerung unter normalen klimatischen Bedingungen in einen Wärmeschrank gebracht, dessen Temperatur zunächst 15 min auf 37,7° C gehalten und dann jeweils nach 20 min um 8,3° C erhöht wird. Als Erweichungspunkt gilt die Temperatur, bei der sich unter den angeführten Bedingungen die Klebstoffverbindung löst. Als Beurteilungsmaßstab für den *kalten Fluß* dient die Standzeit von Scherproben entsprechend Abb. 5b unter normalen klimatischen Bedingungen bei einer Schubbeanspruchung von 0,45 kg, die, falls kein Bruch erfolgt, auf 0,68 kg erhöht wird. Die *Viskosität* der Klebstoffe wird entsprechend ASTM D 553—42, Standard Methods of Test for Viscosity and Total Solids Content of Rubber Cements, aus der Auslaufzeit eines in seinen Abmessungen festgelegten trichterförmigen Bechers oder der Einsinkzeit einer zylindrischen Nadel ermittelt. Die Kontrolle der *Lebensdauer* der Klebstoffe erfolgt in der Weise, daß an Proben von 250 ml, die in Glastuben 1 Woche lang oder länger in einem Wasserbad auf 60° C erwärmt und dann auf Raumtemperatur abgekühlt wurden, die Viskosität in der oben beschriebenen Weise bestimmt wird. Die Anzahl der Tage, bis zu der keine Veränderung eintritt, entspricht der Stabilität der Klebstoffe. Bei der Ermittlung der *Kaltsprödigkeit* werden Aluminiumstreifen (76 mm × 25 mm × 1,0 mm) auf der einen Seite mit einem Klebstoffilm versehen (Dicke: 0,025 mm oder nach Vereinbarung), diese Proben in Kälte von —17,7, —28,8 und —40,0° C nach $^1/_2$stündiger Einwirkung über einen Dorn mit einem Durchmesser von 9 mm gebogen (Klebstoffseite außen) und hinsichtlich Rißbildung und Abblättern des Klebstoffilms beobachtet. Die Bestimmung der *plastischen Verformung* wird nur bei dickflüssigen Klebstoffen in der Weise vorgenommen, daß aus dem Klebstoff gebildete Kugeln von 25 mm ∅ auf eine Glasplatte gelegt und an ihnen bei einstündiger Erwärmung auf 121° C die Formänderung festgestellt wird. Die Messungen der *Gewichte* der Klebstoffe erfolgen mit einem Pyknometer an Proben von 83,3 ml bei 25 ± 2,8° C.

In den Fällen, wo keine größeren Anforderungen an die Festigkeit der Klebverbindungen gestellt werden, dürften im allgemeinen eine Beurteilung der Klebstoffe auf Grund der praktischen Bewährung und die Aufstellung von Verarbeitungsvorschriften ausreichen. BERTHOLD [1] schlägt hierfür eine tabellenmäßige Erfassung vor, indem die in Frage kommenden Klebstoffe numeriert und in waagerechten und senkrechten Spalten den verschiedenen Kombinationen der zu verklebenden Materialien zugeordnet werden.

Schrifttum.

[1] BERTHOLD, H.: Systematik der Klebstoffe, anwendungstechnisch gesehen. Z. Farbe u. Lack 56. Jg. (1950) H. 4, S. 153/57.

[2] SAECHTLING, H.: Problematik des Klebens von Kunststoffen. Z. Kunststoffe Bd. 41 (1951) H. 12, S. 447/48.

[3] JORDAN, O.: Das Kleben von und mit Kunststoffen. Z. Kunststoffe Bd. 41 (1951) H. 12, S. 451/54.

[4] KRANNICH, W.: Kunststoffe im Technischen Korrosionsschutz. Handbuch für Vinidur und Oppanol. München: Carl Hanser 1949.

[5] DELMONTE, J.: The Technology of Adhesives. New York: Reinhold Publishing Corporation 1947 — Tests and Specifications for Adhesives. Tests of Adhesives for Plastics, S. 500/01.

C. Prüfung der Klebstoffe für Papiere, insbesondere für Tapeten.

Von **R. Köhler,** Düsseldorf.

1. Allgemeines.

Die Klebung irgendeines Werkstoffs ist ein höchst komplexer und in seinen physikalisch-chemischen Grundlagen noch kaum zu überblickender Vorgang [*1*]. Eine Prüfung von Klebstoffen kann sich deshalb nur auf die empirische Feststellung einiger Eigenschaften beziehen, die dem Praktiker wichtig erscheinen, wobei die Auswahl der zu prüfenden Eigenschaften je nach der Art der durch die Natur des zu klebenden Materials bestimmten Klebstoffe verschieden sein kann. Die Festigkeit von Papieren und papierähnlichen Werkstoffen ist im Vergleich zu Holz oder Metallen gering. Zur Klebung der Papiere können daher Klebstoffe verwendet werden, die keine sehr feste Klebeverbindung liefern; für die handwerksmäßige oder industrielle Verarbeitung derartiger Klebstoffe sind daher die mechanischen Eigenschaften der Klebstofflösung, wie Viskosität, Verstreichbarkeit, Neigung zum Fadenziehen oder Kurzabreißen, das Verhalten beim Abbinden und ähnliche Eigenschaften, meist wichtiger als die im allgemeinen völlig ausreichende Festigkeit der Klebeverbindungen. Dementsprechend tritt bei der Prüfung die Messung der Festigkeit der Klebeverbindung gegenüber den aufgeführten Eigenschaften in ihrer Bedeutung weit zurück. In den allermeisten Fällen kann die Prüfung eines Papierklebstoffs nur durch qualitative Beobachtung ohne Messungen erfolgen.

2. Übersicht über die gebräuchlichen Papierklebstoffe.

Zur Klebung von Papieren und papierähnlichen Werkstoffen sind an sich sämtliche makromolekularen Stoffe verwendbar. Die Auswahl der angewandten Stoffe wird weitgehend durch wirtschaftliche Gründe bestimmt. Man wird, da oftmals große Flächen geklebt werden müssen, nur verhältnismäßig billige Klebstoffe oder Klebstoffe höchster Ergiebigkeit verwenden können. Aus dem gleichen Grunde wird man in den allermeisten Fällen wäßrige Lösungen oder wäßrige Dispersionen benutzen. Eine Übersicht über die wichtigsten Klebstoffe für Papiere und papierähnliche Werkstoffe ist in Tab. 1 gegeben.

Von den in Tab. 1 aufgeführten Stoffen haben die Eiweißstoffe, wie tierischer Leim und Kasein, zur Zeit nur noch geringe Bedeutung. Die Stärkekleister und Dextrine sind auch heute noch höchst bedeutungsvolle Papierklebstoffe. Sie sind verhältnismäßig leicht herzustellen und zu verarbeiten und erfüllen weitgehend die an Papierklebungen zu stellenden Anforderungen. Hierbei werden die Stärkekleister in zahlreichen Modifikationen mit einem Festsubstanzgehalt von etwa 5 bis 20% für die Klebung von dünnen Papieren, wie sie in der papierverarbeitenden Industrie und im Handwerk vorkommen, benutzt, während die Dextrine in konzentrierter Lösung bis zu etwa 70% Festsubstanzgehalt für die Klebung von schweren Papieren und Pappen in der Hauptsache in der Kartonagen-Industrie Verwendung finden. Die wasserlöslichen Zelluloseäther gewinnen als Papierklebstoffe eine schnell zunehmende Bedeutung. Sie sind erheblich schwieriger herzustellen als die Stärkekleister und dementsprechend viel teurer. Ihre Ergiebigkeit ist jedoch so groß, daß sie in 1,5- bis 4%iger Lösung als Papier-

Tabelle 1. *Übersicht über gebräuchliche Papierklebstoffe.*

Art des Klebstoffs	Charakteristische Eigenschaften	Anwendungen
a) Eiweißstoffe:		
Tierischer Leim	schnell klebend, nicht wasserfest	nur in Spezialfällen für Papierklebungen angewandt
Kasein	wasserfeste Klebung möglich	
b) Kohlenhydrate:		
Stärkekleister	billige, leicht zu verarbeitende Klebstoffe	wichtigste Klebstoffe der papierverarbeitenden Industrie, Tapetenkleister
Dextrine	—	vor allem Kartonagenklebungen
Zelluloseäther Carboxymethylzellulose	— Klebung in höchst verdünnten Lösungen möglich	— wichtigste Tapetenkleister, papierverarbeitende Industrie
Methylzellulose	—	—
c) Polymere Kohlenwasserstoffe oder deren Derivate:		
Natürlicher Kautschuk Synthetischer Kautschuk	schnellste Klebung möglich	nur in Spezialfällen für Papierklebungen angewandt
d) Andere polymere Stoffe:		
Polyvinylazetat	wasserfeste schnelle Klebung möglich	zunehmend bedeutungsvoll als Papierklebstoff für schnellste Klebungen in der papierverarbeitenden Industrie
Polyacrylsäureester	—	—
e) Durch Kondensation erhaltene Stoffe:		
Phenolharze Melaminharze	härtbare Stoffe von höchster Beständigkeit	selten als Papierklebstoffe angewandt
Harnstoffharze	—	—

klebstoffe angewandt werden können. Sie sind deshalb gegenüber dem Stärkekleister konkurrenzfähig. Sie sind nur zur Klebung von Papier, aber nicht von Pappen verwendbar. Kautschuke werden für die Papierklebungen in seltenen Fällen in Form der Latices verwandt. Neopren, ein Polymerisationsprodukt der Formel

$$[CH_2-CH-CCl \cdot CH_2]_n \, ,$$

kann nur als Lösung in organischen Lösungsmitteln angewandt werden und scheint in speziellen Fällen auch für die Papierklebung eine gewisse Bedeutung zu haben.

Von den in der neueren Zeit in sehr großen Mengen hergestellten Polymerisationsprodukten hat das Polyvinylazetat in Form seiner wäßrigen Dispersionen in ganz erheblichem Maße Eingang in die Papierklebung gefunden und weitgehend Stärkekleister und Dextrinlösungen verdrängt. Die durch Kondensation von Formaldehyd mit Phenol, Harnstoff oder Melamin erhaltenen Kondensationskunstharze werden wohl in großem Umfang zur Herstellung von Bauelementen, insbesondere von Platten aus Papier und papierähnlichen Werkstoffen angewandt, haben jedoch als Papierklebstoffe kaum Bedeutung.

3. Tapetenkleister.

Die zur Befestigung von Tapeten auf der Wand benutzten Klebstoffe sind wohl die für das Bauwesen wichtigsten Papierklebstoffe. Man bezeichnet sie nach dem Handwerksgebrauch als „Tapetenkleister" [2]. Es gibt heute drei Typen von Tapetenkleistern:

a) Quellstärken, b) Carboxymethylzellulosen, c) Methylzellulosen.

Die Quellstärken sind Stärkeprodukte, die durch spezielle Verfahren so bearbeitet worden sind, daß sie durch Einrühren in kaltes Wasser einen Kleister liefern. Sie werden heute nur verhältnismäßig selten verwendet.

Die Carboxymethylzellulosen werden in Form ihres Na-Salzes durch Umsetzung von Zellulose mit Chloressigsäure hergestellt und sind nach etwa folgendem Schema aufgebaut:

$$CH_2OCH_2-COONa \qquad H \qquad OH$$

Die Methylzellulosen erhält man durch Einwirkung von Methylchlorid auf Zellulose. Der Aufbau entspricht etwa folgendem Schema:

$$CH_2O \cdot CH_3 \qquad H \qquad OCH_3$$

Bei der Prüfung eines Tapetenkleisters sind folgende Eigenschaften von Interesse:

a) Wasserbindevermögen.

Das Wasserbindevermögen gibt die Wassermenge an, in der man 1 Gewichtsteil Trockensubstanz des Kleisters lösen muß, um einen Kleister von streichfähiger Konsistenz und ausreichender Klebefähigkeit für normale Tapeten zu erhalten; sie liegt bei Stärkekleistern etwa bei 12 bis 15, bei Carboxymethylzellulosen bei 40 bis 50 und bei Methylzellulosen bei 50 bis 60.

b) Mechanische Eigenschaften des gebrauchsfertigen Kleisters.

Ein gebrauchsfertiger Kleister soll bestimmte Fließeigenschaften haben, die sich schwer quantitativ feststellen lassen. Man ist deshalb auf eine qualitative Prüfung angewiesen. Die relative Viskosität eines gut brauchbaren Tapetenkleisters soll etwa 2000 bis 4000 betragen. Der Kleister muß gut aus der Bürste des Tapezierers fließen und ohne große Anstrengung verstreichbar sein.

Der Tapezierer prüft das Fließverhalten des Kleisters dadurch, daß auf der mit Kleister eingestrichenen Tapete mit dem Finger ein Strich gemacht wird. Dieser Strich muß längere Zeit erhalten bleiben. Bei Kleistern von übermäßiger Fließfähigkeit würde sich ein derartiger Strich schnell ausgleichen. Die Klebung des Kleisters darf nicht zu schnell erfolgen; man muß eine an die Wand gebrachte Tapetenbahn während einiger Minuten noch verschieben können.

c) Lösungsgeschwindigkeit.

Man verlangt von einem Tapetenkleister, daß beim Anrühren des Pulvers in das vorgelegte Wasser innerhalb von 15 bis 20 min eine völlige Lösung zum gebrauchsfähigen Produkt eingetreten ist. Bei Stärkekleistern und Kleistern auf der Basis von Carboxymethylzellulose ist die Lösung im allgemeinen schon nach etwa 10 min eingetreten.

Die Herstellung von Methylzellulosekleistern, die innerhalb der gegebenen Zeit in kaltem Wasser glatt löslich sind, hat infolge der Faserstruktur dieses Stoffes erhebliche Schwierigkeiten gemacht. Es ist indessen in neuester Zeit gelungen, auch schnell lösliche Methylzellulosekleister herzustellen [3]. Kleister, die beim Anrühren in kaltem Wasser Klumpen ergeben, die nach 20 min noch nicht gelöst sind, sind abzulehnen.

d) Klebefestigkeit.

Die Klebefestigkeit wird dadurch geprüft, daß man zwei Stücke der zu klebenden Tapete zusammenklebt. Beim Versuch einer Trennung muß Reißen des Papiers eintreten. Diese Prüfung ist unter der Voraussetzung des Ansatzes in der vorgeschriebenen Konzentration bei allen Kleistern erfüllt.

e) Haltbarkeit des angesetzten Kleisters.

Lösungen von Carboxymethylzellulose und Methylzellulose sind praktisch unbegrenzt haltbar. Für Stärkekleister gilt dies nicht. Ein angesetzter Stärkekleister wird durch Befall von Mikroorganismen nach einiger Zeit seine Wirksamkeit verlieren. Es ist zu verlangen, daß ein Stärkekleister so weit konserviert ist, daß er 1 bis 2 Tage seine Konsistenz und Wirksamkeit behält.

f) Einwirkung auf die zu klebende Tapete.

Bei empfindlichen und dünnen Tapeten ist auf sogenannte „Durchschläge" des Kleisters zu achten. Oftmals werden auch Farbstoffe oder Bronzedrucke durch Kleister angegriffen. Derartige Einwirkungen sind möglich bei Kleistern, deren p_H im alkalischen Gebiet liegt. Auch ein Gehalt des Kleisters an Neutralsalzen kann empfindliche Tapeten beeinflussen. Da bei der Herstellung der Zelluloseäther Kochsalz entsteht, ist in einem derartigen Fall der Kleister auf Kochsalz zu prüfen. Carboxymethylzellulose-Kleister dürfen in der Trockensubstanz nicht mehr als 2% Kochsalz enthalten. Methylzellulosekleister enthalten im allgemeinen nur Spuren von Kochsalz, da die Reinigung in diesem Fall leichter möglich ist.

g) Unterscheidung der Typen.

Stärkekleister sind im allgemeinen sehr trüb und unterscheiden sich durch ihr geringeres Wasserbindungsvermögen auffällig von den Zelluloseäthern. Ein einwandfreier Nachweis von Stärke ist durch die Blaufärbung beim Versetzen des angesetzten Kleisters mit Jodlösung leicht möglich. Carboxymethylzellulose ergibt mit Schwermetallsalzen, z. B. mit einer geringen Menge von Kupfersulfat, eine Fällung. Methylzellulose zeigt diese Reaktion nicht. Die zur Zeit im Handel befindlichen Methylzellulosen sind nur in kaltem Wasser, nicht aber in heißem Wasser löslich. Beim Kochen einer Lösung eines Methylzellulosekleisters entsteht eine Ausflockung. Durch diese Reaktionen sind die Kleistertypen leicht voneinander zu unterscheiden.

4. Sonstige Prüfmethoden für Papierklebstoffe.

Im folgenden sind einige Prüfverfahren von Papierklebstoffen angegeben, die in Tab. 1 aufgeführt sind und gelegentlich im Bauwesen Verwendung finden.

Es interessiert zunächst die qualitative Feststellung des Typs, soweit man sie mit einfachen Methoden durchführen kann.

Eiweißstoffe, wie tierischer Leim oder Kasein, sind am einfachsten durch den beim Verbrennen entstehenden Geruch nach verbranntem Horn zu erkennen. Zum chemischen Nachweis von Eiweißstoffen eignet sich am besten die Biuretreaktion. Eine Lösung des Klebstoffs wird mit wenig Kupfersulfat und konz. kalter Natronlauge versetzt. Bei Anwesenheit von Eiweißstoffen entsteht eine blauviolette bis rotviolette Färbung. Als weiterer Nachweis von Eiweißstoffen sei die sogenannte Xanthoproteinreaktion genannt, bei der Lösungen oder Festsubstanzen mit konzentrierter Salpetersäure erwärmt werden. Es ergibt sich bei Anwesenheit von Eiweißstoffen eine Gelbfärbung, die bei Kasein sehr stark, bei tierischem Leim schwächer ist [4].

Stärkekleister und die aus Stärke erhaltenen Pflanzenleime weist man am besten durch die Jodreaktion nach. Ein Zusatz einer Jod-Jodkalium-Lösung ergibt eine intensiv blaue Farbe. Stärkeabbauprodukte, insbesondere Dextrine, ergeben meist rotviolette bis rotbraune Färbungen. Dextrine, die durch weitgehenden Abbau von Stärke entstanden sind, reduzieren FEHLINGsche Lösung in ähnlicher Weise wie Zucker.

Zelluloseäther lassen sich durch die in Abschn. 3 für Tapetenkleister angegebenen Methoden nachweisen. Ferner zeigen Lösungen von Zelluloseäthern bei der mikroskopischen Beobachtung meist Reste von unvollständig umgesetzten Zellulosefasern [5]. Oftmals lassen diese Fasern charakteristische Quellungsfiguren erkennen, die im Aussehen an Kugelkühler erinnern.

Die Analyse von Dispersionen von Polymerisationsprodukten ist oft nicht einfach. Hohe Verseifungszahlen von >200 deuten auf Vorliegen von Estern, insbesondere Polyvinylazetat und Polyacrylsäureester, hin. Falls Polyvinylazetatdispersionen mit Stärke kombiniert sind, läßt sich die Stärke leicht durch die Jodreaktion nachweisen.

Kondensationskunstharze lassen sich nur durch destruktive Methoden nachweisen. Harstoffharze ergeben bei Behandlung mit konzentrierter Salzsäure nach Zusatz von starker Lauge Ammoniak. Aus Phenolharzen läßt sich durch trockene Destillation immer etwas Phenol erhalten, das durch Geruch oder Bromaufnahmevermögen identifiziert werden kann. Melaminharze liefern bei der Zersetzung mit wasserfreier Phosphorsäure Zyanursäure, die durch die blauviolette Färbung ihres Kupfersalzes oder auch durch die Entstehung der charakteristischen nadelförmigen Kristalle nachgewiesen werden kann [6].

Zur schnellen Unterscheidung von festen Kunststoffleimen hat man die Fluoreszenzfarben bei Bestrahlung mit ultraviolettem Licht unter Herausfiltrieren des sichtbaren Anteils herangezogen. Phenolharze ergeben ein intensiv blauviolettes, Harnstoffe ein bläulichweißes, Polyvinylazetat ein matt blaugrünes und Polyacrylsäureester ein weißblaues Fluoreszenzlicht [7].

Bei der *physikalischen Prüfung* der Klebstoffe steht naturgemäß die Viskosimetrie an erster Stelle. Eine grobe Prüfung der Viskosität, die indessen nur Vergleiche gestattet, läßt sich in einfacher Weise mit dem sogenannten Auslaufbecher (nach Normblatt DIN 53211) durchführen. Für betriebliche Viskositätsmessungen wird das HÖPPLER-Viskosimeter viel verwendet, bei dem durch die in einem geneigten Rohr befindliche Flüssigkeit eine Kugel rollt und die Geschwindigkeit des Abrollens der Kugel gemessen wird [8]. Die Viskosität in Zentipoise wird aus Tabellen, die dem Apparat beigegeben sind, entnommen. Dieses Viskosimeter ist jedoch an sich nur für NEWTONsche Flüssigkeiten bestimmt. Da nun alle Klebstofflösungen mehr oder weniger große Abweichungen vom Verhalten der NEWTONschen Flüssigkeiten zeigen, sollte man auf die

Messung der Viskosität im HÖPPLER-Viskosimeter nicht allzuviel Wert legen und insbesondere von einem Klebstoff keine bestimmte in Zentipoise anzugebende Viskosität verlangen. Das Fließverhalten eines Klebstoffs läßt sich nur durch die Angabe einer Fließkurve, die die Abhängigkeit des Geschwindigkeitsgefälles von der Schubspannung bei dem Fließvorgang darstellt, kennzeichnen. Die Aufnahme einer derartigen Fließkurve über einen genügend großen Bereich von Schubspannung und Geschwindigkeitsgefälle ist jedoch so schwierig, daß sie für die praktische Prüfung von Klebstoffen nicht in Frage kommt [9]. Man ist deshalb bei der Beurteilung des Fließens einer Klebstofflösung im wesentlichen auf eine qualitative Beschreibung angewiesen. Man wird etwa die relative Viskosität der Lösung angeben, wie sie beim Versuch im HÖPPLER-Viskosimeter gefunden wird, und wird hierzu zusätzlich feststellen, ob der Klebstoff eine hochviskose Flüssigkeit, eine kurz abreißende Paste oder etwa eine zum Fadenziehen neigende Lösung ist.

Eine wichtige Eigenschaft einer Klebstofflösung, die durch Viskosimetrie nicht zu erfassen ist, ist das in der englisch-amerikanischen Literatur als „Tackiness" bezeichnete Verhalten [10]. Hierunter versteht man die Fähigkeit eines Klebstoffs, im feuchten Zustand zu haften, ohne daß jedoch die Abbindung eingetreten ist. Zur Messung der „Tackiness" hat man verschiedene Apparaturen entwickelt. Es sei hier auf einen von J. E. SANDERSON konstruierten handlichen Apparat hingewiesen [11].

Die Klebfestigkeit, die Schnelligkeit der Abbindung und etwaige weitere für die praktische Anwendung des Papierklebstoffs wichtige Eigenschaften sind z. Z. nur durch einen qualitativen, den Bedingungen der Anwendung weitgehend angepaßten Versuch festzustellen.

Schrifttum.

[1] Vgl. auch N. A. DE BRUYNE u. R. HOUWINK: Adhesion and Adhesives, S. 1/142. London 1951.
[2] Näheres über „Tapetenkleister" s. Taschenbuch für die Farben- und Lackindustrie, 13. Aufl., S. 888 ff. Stuttgart 1954.
[3] Henkel & Cie., Belg. Pat. 528 801; Kalle & Co., DRP 747 122.
[4] Weitere Eiweißreaktionen s. z. B. GERNGROSS/GOEBEL: Chemie und Technologie der Leim- und Gelatinefabrikation, S. 16 ff. Dresden 1933.
[5] DAMM, H., u. R. KÖHLER: Z. Untersuchg. Lebensmitt. Bd. 82 (1941) S. 244.
[6] KAPPELMEIER, C. P. A., u. W. R. VAN GOOR: Paint Techn. Bd. 11 (1946) S. 7.
[7] BANDEL, G., u. R. HOUWINK: Chemie und Technologie der Kunststoffe, Bd. 1, S. 419. Leipzig 1942.
[8] HÖPPLER, F.: Z. techn. Phys. Bd. 14 (1933) S. 165.
[9] PHILIPPOFF, W.: Die Viskosität der Kolloide, S. 112 ff. Dresden 1942.
[10] BLOM, A. V.: Organic Coatings, S. 219. London 1949.
[11] SANDERSON, J. E.: Proc. Amer. Soc. Test. Mater. Bd. 25 (1925) S. 407; Bd. 26 (1926) S. 556.

D. Prüfung der Leime für Gläser.

Von G. Rodloff, Witten.

1. Verbundsicherheitsglas.

Verbundsicherheitsglas besteht aus zwei oder mehreren Silikatglasscheiben, die durch eine oder mehrere Zwischenschichten so miteinander verklebt sind, daß bei einem eventuellen Bruch die entstehenden Glassplitter gebunden werden.

Die früher für diese Zwecke benutzten Leime waren Zwischenschichten aus Zelluloid oder Cellon. Diese Stoffe sind nicht wasserfest und nicht lichtbeständig. Wegen ihrer Wasserempfindlichkeit mußten die Scheiben mit einem Randverschluß versehen werden. Beide Stoffe erfüllen die unten aufgeführten Prüfungen nicht. Sie dürfen für Verbundsicherheitsglas nicht mehr Verwendung finden. Seit über 10 Jahren werden ausschließlich Polyacrylsäureester, Polyvinylacetale und Polyvinylbutyrale als Zwischenschichtmaterial benutzt, wobei die Polyacrylsäureester trotz ihrer hohen Lichtbeständigkeit und Klarheit immer mehr abkommen.

Bei allen benutzten Leimen (Folien) handelt es sich um Polymerisationsprodukte, die bei der Fabrikation zu Verbundsicherheitsglas einer thermischen Behandlung ausgesetzt werden. Es hat daher keinen Sinn, Prüfungen für die Leime selbst aufzustellen, ohne zu gleicher Zeit Vorschriften für die weitere thermische Behandlung bei der Fabrikation mit anzugeben.

In diesem Abschnitt wird daher die Prüfung der Leime für Gläser nur mittelbar an Hand der Prüfung des verleimten Glases behandelt.

a) Biegefestigkeit.

Die Proben (1100 mm $\times$ 360 mm) werden auf zwei Auflagerollen in $L_s = 1000$ mm Abstand gelegt und durch zwei Biegerollen in $L_a = 200$ mm Abstand symmetrisch zur Mitte je mit $P/2$ bei einer Belastungsgeschwindigkeit von etwa 250 kg/cm² je min und bei einer Versuchstemperatur von 20 $\pm$ 2° C belastet; vgl. Entwurf DIN 52303, außerdem unter XII. B. 3, S. 604. Die dickere Scheibe liegt oben. Beim normalen Versuch wird die Probe stetig bis zum Bruch durchgebogen. Beim Feinmeßversuch wird die Last in Stufen aufgebracht. Jeder Stufe wird eine Lasteinwirkungszeit von 1 min zugeteilt; danach werden die senkrechten Verschiebungen an drei bestimmten Meßstellen gegen den Urzustand gemessen.

Für die Versuchsauswertung dient die Formel

$$\sigma_{bB} = P_{\max} \frac{3(L_s - L_a)}{2\,b\,a^2}$$

$P_{\max}$ Höchstlast, b Probenbreite, a Probendicke.

b) Die Schlagfestigkeitsprüfung.

Die Schlagfestigkeitsprüfung ist die wichtigste, die bei einem Glasverbund überhaupt durchgeführt wird. Sie gibt ein Bild über die Güte der Haftfestigkeit der Schichten gegeneinander. Neben der Kugelfallprüfung wird meist noch die Pfeilfallprüfung durchgeführt.

α) Kugelfallprüfung.

Die Prüflinge haben eine Größe von 300 mm $\times$ 300 mm, vgl. DIN 52302. Als Fallkörper dient eine Kugellagerkugel von 57,15 mm $\varnothing$ und einem Gewicht von 769 $\pm$ 2 g. Die Fallhöhe beträgt für Gläser von 4,5 bis 5,5 mm Gesamtdicke 1500 mm, für Gläser von 5,5 bis 6,5 mm Gesamtdicke 2000 mm. Die Kugel muß so fallengelassen werden, daß außer der Beschleunigung durch den freien Fall keine Anfangsgeschwindigkeit oder andere Beschleunigung auf sie einwirkt. Die Kugel muß den Prüfling in der Mitte treffen. Das dickere Glas muß oben liegen. Die Prüftemperatur beträgt $+ 20 \pm 2°$ C. Bei Spezialforderungen wird auch bei $-21°$ und $+ 40°$ C geprüft. Das Kältebad wird entweder als Eis-Kochsalz-Gemisch oder vermittels Kohlensäureeis in Brennspiritus hergestellt. Als Wärmebad

dient ein Wasserbad. Die Lagerzeit der Prüflinge in den Bädern ist mindestens
15 min. In Angleichung an internationale Prüfbestimmungen setzt sich neuerdings eine etwas veränderte Kugelfallprüfung immer mehr durch, und zwar
wird mit einer Kugel von 226 g aus einer Fallhöhe von 4600 mm geprüft. Die
übrigen Prüfbedingungen sind jedoch die gleichen. Bei beiden Kugelfallprüfungen
wird die Zwischenschicht, die als Leimschicht dient, nicht durchschlagen. Wenn
sich Glassplitter auf der Glasunterseite lösen, so dürfen es nur Glasausbrüche
aus dem Glas selbst sein, und das auch nur 0,5 % vom Gesamtgewicht; niemals
aber dürfen Glassplitter, die eine direkte Verbindung zur Zwischenschicht
haben, abfallen. Die Kugelfallprüfung gibt daher ein sehr instruktives Bild
über die Güte der Verleimung.

Ein gutes Maß für die Güte des verleimten Glases erhält man, wenn man
mit einer Kugel von 226 g Gewicht, mit einer Fallhöhe von $h = 3000$ mm beginnend, die Höhe h stufenweise um 300 mm steigert bis zum Durchbrechen
des Prüflings bzw. bis zum Durchschlag der Kugel (Prüfung, wie sie die USA,
Frankreich und Spanien vorschreibt).

Vgl. auch unter XII. B. 4.

β) Die Pfeilfallprüfung.

Die Pfeilfallprüfung wird mit einem Pfeil (Abb. 1) von 198,5 g aus einer
Höhe von 9150 mm bei $+20 \pm 2°$ C ausgeführt. Die übrigen Fallbedingungen
sind dieselben wie bei der Kugelfallprüfung. Glas und Folie werden bei dieser
Fallhöhe durchschlagen; außer an
der Durchschlags- bzw. Aufschlags-
stelle dürfen keine losen bzw. abgetrennten Stücke entstehen. Eine
Bruchcharakteristik und ein Maß
für die Güte des Sicherheitsglases
erhält man, wenn man die Fallhöhe, mit 1000 mm beginnend,

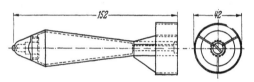

Abb. 1. Pfeil für die Pfeilfallprüfung.
Maße in mm.

stufenweise um 500 mm steigert bis zum Zerbrechen des Prüflings bzw. bis zum
Durchschlag des Pfeils. Die Pfeilfallprüfung gibt außerdem ein Maß für die ge-
störte Sicht nach der Beanspruchung, für die Güte der Verleimung (Haftung der
Splitter an der Zwischenschicht) und für die Zähigkeit der Zwischenschicht.

Wichtig ist noch die Art des Auflagers des Prüflings bei der Schlagfestigkeitsprüfung. Alle bisherigen Prüfvorschriften haben gemeinsam, daß der Prüfling
ringsum auf der ganzen Kantenlänge in einer Breite von meist 15 mm unterstützt wird. DIN 52302 sieht eine Einspannung der Proben vor: Ein Rahmen der
Größe 300 mm × 300 mm aus gehobeltem Vierkantstahl (15 mm × 23 mm) wird
auf die Probe aufgelegt.

c) Optische Prüfung.

Alle Faden-, Raster- oder Lichtpunktverfahren prüfen die optische Ober-
flächenqualität. Die Prüfung auf Sichtverzerrung, die durch die Verleimung
auftritt, ist nach dem Schlieren- oder Schattenverfahren möglich. Beide Verfahren bilden aber gleichzeitig die Dichteschwankungen innerhalb des Glases
ab. Das Schlierenverfahren ist für die normale Industrieprüfung zu kompliziert.
Beim Schattenprüfverfahren bewirkt die Oberflächenwelligkeit des Glases einen
linsenartigen Effekt, wodurch ebenfalls Hell-Dunkel-Schatten erzeugt werden.
Ein Verfahren, das lediglich die Verleimung prüft, gibt es also nicht. Die optischen Verfahren sind von H. Schardin[1] ausführlich behandelt.

Vgl. auch unter XII. A. 4c.

---

[1] Schardin, H.: Glastechnische Berichte Bd. 27 (1954) S. 1.

d) Wetterbeständigkeit der Verleimung.

α) *Lichtbeständigkeit und Lichtdurchlässigkeit.*

Die Lichtdurchlässigkeit wird mit einem Luxmeter vor und nach der Lichtbeanspruchung gemessen. Zur Lichtbeanspruchung werden Proben von 100 mm × 100 mm Größe in der Mitte in einer Fläche von 50 mm × 50 mm mit UV-Licht 200 h bestrahlt. Als Lichtquelle dient ein frischer UV-Flachbrenner S 500, der in 15 cm Abstand von den Proben raumfest aufgehängt ist, während die Proben selbst, auf dem Umfang einer Trommel montiert, mit einer Umdrehungsgeschwindigkeit von 4 Umdrehungen in der Minute die Lichtquelle umkreisen. Die Raumtemperatur soll $+20 \pm 2°$ C, die Temperatur der Glasoberfläche $+55 \pm 5°$C betragen. Da das UV-Licht nicht in allen Fällen gleichbedeutend ist mit der Einwirkung von Sonnenlicht, werden auch heute noch die Prüfungen durch natürliche Bewitterung ausgeführt und die Proben, zur Hälfte gegen Lichteinwirkung abgedeckt, unter 45° Neigung in Richtung Süden aufgestellt. In einigen Ländern (USA) wird die Lichtkastenmethode benutzt, bei welcher die Prüfscheiben bei einer Temperatur von $+60$ bis $65°$ C um ein Glühlampenaggregat (Kohlenfadenlampen) 200 h rotieren.

β) *Temperaturwechselprüfung.*

Die Proben mit den Abmessungen 300 mm × 300 mm werden nach Entwurf DIN 52304 folgenden Temperaturveränderungen unterworfen: 30 min $-40°$ C; 90 sek $-20°$ C; 90 sek $+20°$ C; 40 min $+50°$ C; 4 min $+20°$ C; 4 min $-20°$ C; 30 min $-40°$ C; vgl. auch unter XII. B. 11. Die Proben dürfen dabei weder zerspringen noch irgendwelche Durchsicht- oder bleibende Strukturveränderungen aufweisen. Die Kältebäder werden mittels Kohlensäureeis in Spiritus hergestellt; als Wärmebad dient ein Wasserbad.

γ) *Kochprobe und Feuchtigkeitsprüfung.*

Die Proben (300 mm × 300 mm Größe) werden vertikal in Wasser von $65°$ C 3 min getaucht, danach in kochendes Wasser gebracht und 2 h gekocht. Die Proben dürfen den Boden des Gefäßes nicht berühren. Sie dürfen springen, jedoch keine Blasen-, Ablösungs- oder andere Fehlerbildung mehr als 12,7 mm von der Kante oder einem entstandenen Sprung aufweisen. Bei der Feuchtigkeitsprüfung werden die Proben in geschlossenem Behälter über Wasser bei 50 bis $55°$ C 2 Wochen — 336 h — gelagert.

2. Panzerglas.

Bei der Prüfung von Panzerglas werden die Kugelfall- und die Pfeilfallprüfung durch die Beschußprüfung ersetzt; die übrigen Prüfungen des normalen Verbundsicherheitsglases lassen sich sinngemäß übertragen. Die Beschußprüfung wird unter den Auftreffwinkeln 30, 45, 60, 75, 90° durchgeführt. Die Beschußentfernung beträgt 10 m für Pistolen, 30 m für Infanteriewaffen (7,9mm), 100 m für die Kaliber 13 bis 20 mm. Es werden die Sicherheitskurven in Abhängigkeit vom Auftreffwinkel ermittelt. Die Sicherheit wird dabei folgendermaßen definiert: Auf der Rückseite dürfen Sprünge auftreten. Es dürfen kleine Glasstücke abfallen, die sich jedoch nicht von der Verleimung (Zwischenschicht) gelöst haben dürfen; sie dürfen nicht beschleunigt sein, so daß eine in 100 mm Abstand aufgestellte Pappscheibe splitterfrei bleibt.

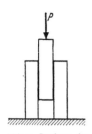

Abb. 2. Prüfung der Scherfestigkeit von Glaszement.

3. Glaszement.

Da das Auftreten von Zugspannungen vermieden werden muß, lassen sich die Methoden zur Prüfung verleimter Flächen nicht anwenden. Die Biegefestigkeit wird nach DIN 52186 (Biegeversuch für Holz) geprüft. Die Scherfestigkeit wird nach der etwas abgewandelten DIN 52187 geprüft, so daß die Prüflinge gemäß Abb. 2 ausgebildet werden. Die Scherflächen müssen auf die Glasdicke abgestimmt und dürfen bei 8 bis 10 mm dickem Glas nicht größer als 20 mm × 20 mm sein.

XV. Die Prüfung von Papier und Pappe als Baustoff.

Von F. Burgstaller, Krebsöge.

Einleitung.

Papier findet im Bauwesen Verwendung als Tapete und als Unterlagspapier für Betonfahrbahndecken. Pappe, imprägniert mit Teer oder Bitumen, als Dachpappe und als Träger der Aufstriche bei der Verlegung von wasserdruckhaltenden Dichtungen. Die zu diesen Erzeugnissen zu verwendende Rohfilzpappe wird in diesem Abschnitt behandelt, die imprägnierten Pappen im Abschnitt XVI. B und D. Betreffs Faserstoffplatten, die ebenfalls zu den Baupappen zu rechnen sind, wird auf Abschn. I. K und XVI. D. verwiesen.

A. Tapeten.

1. Eigenschaften.

Abgesehen von der äußeren Ausstattung und der dadurch erzielten ästhetischen Wirkung ist die Güte einer Tapete abhängig:

a) von der Güte des Rohpapiers,

b) von der Beschaffenheit des Farbaufstrichs und des Aufdrucks.

Zu a) Zur Herstellung von Tapeten werden Rohpapiere verschiedener durch Quadratmetergewicht, Stoffzusammensetzung und Festigkeit gekennzeichneter Wertstufen benutzt. Das Quadratmetergewicht schwankt zwischen etwa 50 und 250 g. Für die Stoffzusammensetzung ist der Gehalt an Holzschliff von besonderer Bedeutung, da Holzschliff nicht nur die Festigkeit des Papiers, sondern infolge seiner großen Neigung zur Vergilbung auch die Lichtbeständigkeit der fertigen Tapete ungünstig beeinflußt. Für Tapeten höherer Wertstufen kommen deshalb nur „holzfreie", d. h. ohne Holzschliff gearbeitete Papiere in Betracht. Die Ansprüche, die hinsichtlich Festigkeit an Tapeten-Rohpapiere gestellt werden können, hängen von der Güte der verwendeten Rohstoffe ab; in jedem Falle muß das Papier aber so fest sein, daß es weder bei der Verarbeitung noch als fertige Tapete nach dem Aufbringen des Kleisters beim Aufkleben durch das eigene Gewicht abreißt. Dies ist jedoch nur zu erreichen, wenn das Papier einen entsprechenden Leimungsgrad besitzt, so daß es einem zu tiefen Eindringen der Streich- oder Druckfarbe sowie des Kleisters genügend Widerstand entgegensetzt. Durchschlagen des Kleisters gibt außerdem Anlaß zur Fleckenbildung auf der Tapete.

Zu b). Die Färbung von Tapeten setzt sich zusammen aus dem Grundton und dem aufgedruckten Muster. Der Grundton wird entweder durch Verwendung von weißem oder im Stoff gefärbtem Rohpapier (Naturelltapeten) oder durch Auftrag einer Deckfarbschicht (Streichgrundtapeten) erhalten. Der Aufdruck des Musters erfolgt im Leim- oder Öldruckverfahren ein- oder mehrfarbig.

Für die Beurteilung der so erhaltenen Gesamtfärbung ist in erster Linie
der Grad der Lichtbeständigkeit von Wichtigkeit. Ferner sollen Tapeten möglichst wischfest sein, d. h. beim Reiben mit einem trockenen Tuch keine Farbe
abgeben. Schließlich wird für bestimmte Zwecke auch Abwaschbarkeit verlangt.

Hieraus ergeben sich folgende Eigenschaften, die zu prüfen sind: Stoffzusammensetzung, Quadratmetergewicht, Festigkeit und Leimungsgrad des Rohpapiers; Lichtbeständigkeit, Wischfestigkeit und Abwaschbarkeit der fertigen
Tapete.

2. Verfahren zur Prüfung des Rohpapiers.

a) Stoffzusammensetzung. Die Prüfung erfolgt auf mikroskopischem Wege
durch Feststellung des Fasermaterials nach Art und Menge. Hierzu wird die
Probe in einem Reagenzglas mit einer etwa 1%igen Natronlauge gekocht, durch
kräftiges Schütteln in einen Faserbrei verwandelt und auf einem engmaschigen
Drahtsieb (mindestens 30 Maschen je cm) ausgewaschen. Zum Einbetten der
Präparate wird Chlorzinkjodlösung[1] benutzt, in der sich Hadernfasern (Baumwolle, Leinen, Hanf, Ramie) weinrot, Zellstoffe blau und verholzte Fasern (Holzschliff, Strohstoff, rohe Jute) gelb färben. Bei Papieren, die lediglich aus Mischungen von Zellstoff und Holzschliff bestehen, wird die Anfärbung des Faser-
breies vor dem Mikroskopieren mittels einer Farbstofflösung von Brillantkongo-
blau 2 RW und Baumwollbraun N vorgezogen, wobei sich Zellstoff blau bis
blauviolett färbt, Holzschliff kastanienbraun. Diese Färbemethode zeichnet sich
durch weitgehende Beständigkeit aus, während die mit Chlorzinkjodlösung
erhaltene Gelbfärbung des Holzschliffes sehr rasch einen grünlich-bläulichen
Stich annimmt[2].

Mit Hilfe von färbenden Lösungen kann nur also eine Trennung der Faserstoffe nach bestimmten Gruppen herbeigeführt werden, eine weitere Unterscheidung der zu ein und derselben Gruppe gehörenden Faserarten ist nur auf
Grund von morphologischen Merkmalen möglich[3]. Handelt es sich nur um die
Feststellung, ob das zu untersuchende Papier ,,holzfrei'' ist, so genügt eine
makroskopische Prüfung durch Eintauchen der Probe in eine salzsaure Phloro-
glucinlösung[4], die Papier mit Holzschliff rot färbt. Zu berücksichtigen ist dabei,
daß das Papier nicht Farbstoffe enthalten darf, die bei der Einwirkung von
Säure in Rot umschlagen, wie z. B. Metanilgelb. Eine Vorprüfung der Probe
mit reiner Salzsäure gibt darüber Aufschluß.

Die Bestimmung, in welchen Anteilen die verschiedenen Faserarten vorhanden sind, erfolgt entweder durch Schätzung nach dem mikroskopischen
Bilde oder durch Auszählen der Fasern getrennt nach Faserarten.

Die besonders in den Vereinigten Staaten von Amerika angewendeten Zähl-
methoden sind genauer, aber zeitraubend; ihre Zuverlässigkeit hängt vom Mahl-
zustand des Stoffes ab. Je stärker die Fasern fibrilliert sind, desto größer werden
die Versuchsfehler[5].

Einfacher ist die Ermittlung der Stoffzusammensetzung durch Schätzung
nach dem mikroskopischen Bilde im Vergleich mit Stoffmischungen bestimmter
Zusammensetzung. Bei genügender Übung und Erfahrung kann hierbei eine

---

[1] Die Herstellung der Chlorzinkjodlösung ist in Handb. d. Werkstoffprüfung, 2. Aufl.,
Bd. IV: Korn/Burgstaller: Papier- u. Zellstoffprüfung (1953) S. 44 beschrieben.

[2] Siehe S. 58 des in Fußnote 1 genannten Buches.

[3] Siehe S. 11 bis 34 des in Fußnote 1 genannten Buches.

[4] Herstellung der Lösung: 1 g Phloroglucin wird in 50 ml Alkohol gelöst, darauf werden 25 ml konzentrierte Salzsäure hinzugegeben.

[5] Die amerikanische TAPPI-Standardmethode [T 401 m — 42] ist in Bd. IV (siehe Fußnote 1) S. 58 ausführlich beschrieben.

Genauigkeit der Ergebnisse von $\pm 5\%$ erreicht werden, die als ausreichend anzusehen ist, da Schwankungen in der Zusammensetzung innerhalb 5% praktisch keinen Einfluß auf die Eigenschaften von Papier haben.

Für die Feststellung des Holzschliffgehaltes von Papieren, die außer Schliff nur Holzzellstoff enthalten, bestehen auch chemische Verfahren[1]. Es handelt sich dabei um Ligninbestimmungen, aus denen auf den Holzschliffgehalt geschlossen wird. Da jedoch nicht nur Holzschliff Lignin enthält, sondern auch ungebleichte Zellstoffe stets noch Ligninreste besitzen, werden letztere bei der Bestimmung miterfaßt. Da ferner der Ligningehalt der einzelnen Zellstoffe verschieden ist und das gleiche vom Holzschliff gilt, müssen hierfür bei der Umrechnung auf Holzschliff Durchschnittswerte eingesetzt werden. Das hat zur Folge, daß genaue Ergebnisse nur dann erhalten werden können, wenn der Ligningehalt des in der Papierprobe enthaltenen Zellstoffes und Schliffes den Durchschnittswerten sehr nahekommt; andernfalls ist mit Fehlern zu rechnen, die weit größer sein können, als bei der mikroskopischen Schätzung zu erwarten ist.

b) Quadratmetergewicht. Die Bestimmung ist in Deutschland durch DIN 53111 genormt. Diese sowie alle mechanischen und physikalischen Prüfungen von Papier sind bei 65% $\pm 2\%$ relativer Luftfeuchtigkeit und einer Temperatur von etwa $20° \pm 1°$ auszuführen, nachdem die Proben unter den gleichen Bedingungen mindestens 12 h ausgelegen haben[2].

c) Festigkeit. Entsprechend der Beanspruchung des Rohpapiers bei der Verarbeitung und der Tapete beim Ankleben ist für die Beurteilung der Festigkeit der Zugversuch, insbesondere in der Maschinenrichtung des Papiers, maßgebend. Das Verfahren ist durch DIN 53112 genormt.

d) Leimungsgrad. Die geringere oder größere Leimfestigkeit von Papier (der Leimungsgrad) ist abhängig von der Intensität der Mahlung der Fasern und von der Art und Menge der im Papier anwesenden Leimmittel.

Gemeinhin bezeichnet man mit „leimfest" oder „vollgeleimt" solche Papiere, die eine für das Beschreiben mit Tinte genügende Leimfestigkeit aufweisen[3]. Gebräuchlich sind ferner die Bezeichnungen „$^3/_4$-, $^1/_2$- und $^1/_4$-geleimt" für Papiere mit geringerem Leimungsgrad. Diese Begriffe in Verbindung mit Tinte als Prüfmittel[4] werden auch jetzt noch häufig bei der Beurteilung von Papieren angewendet, auch wenn sie nicht zum Schreiben benutzt werden, obgleich leicht einzusehen ist, daß beispielsweise das Eindringen von Druckfarbe oder von dickflüssigen Klebstoffen besser nach Verfahren zu beurteilen wäre, die der wirklichen Beanspruchung der Papiere näherkommen.

Von den vielen Prüfmethoden, die im Laufe der letzten Jahrzehnte vorgeschlagen wurden[5], hat sich kein speziell für Tapetenrohpapier geeignetes Verfahren allgemein durchgesetzt.

Zu empfehlen sind folgende Methoden:

Die Bestimmung der Saugzone nach KLEMM, abgeändert durch BRECHT und LIEBERT[6];

---

[1] Dargestellt in Bd. IV (siehe Fußnote 1 auf S. 678). S. 64.

[2] KORN, R.: Die Bedeutung der Klimatisierung für die Papierprüfung. Wbl. Papierfabr. Bd. 70 (1939) S. 6, 33.

[3] Für die Bestimmung der Beschreibbarkeit mit Tinte besteht in Deutschland das „Federstrichverfahren" nach DIN 53126 (Ausgabe November 1956).

[4] Unter Verwendung von Eisengallus-Tinten werden auf das Papier mit einer Ziehfeder Striche von verschiedener Breite gezogen, z. B. mit $^1/_4$ mm Breite beginnend und von Versuch zu Versuch um $^1/_4$ mm gesteigert. Es wird festgestellt, bis zu welcher Strichbreite das Papier leimfest ist, d. h. bei welcher Breite die Striche weder auslaufen noch durchschlagen. (Vgl. HERZBERG: Papierprüfung, 7. Aufl., Berlin: Springer 1932).

[5] Siehe Handbuch der Werkstoffprüfung, 2. Aufl. Bd. IV, S. 244 bis 256.

[6] Vgl. Handb. d. Werkstoffprüfung, 2. Aufl., Bd. IV, S. 246.

die Messung der Durchdringungszeit für Tinte nach Brecht und Liebert[1];

die Bestimmung des Durchdringungsgrades von Druckfarbe nach Hammond (wobei die mit fortschreitender Durchdringung sich ändernde Reflexion der Papieroberfläche der unbedruckten Seite bestimmt wird)[2];

das Verfahren von I. Albrecht; es beruht auf der Messung der Wegschlagzeit für Druckfarbe[3].

3. Verfahren zur Prüfung der Tapete.

Mit der Ausarbeitung von Lieferbedingungen und Prüfverfahren für Papiertapeten befaßt sich zur Zeit der Technische Ausschuß des Verbandes der Tapetenindustrie. Zu bindenden Vereinbarungen ist es bisher nicht gekommen[4].

Lichtechtheit. Zur Prüfung auf Lichtechtheit wird die Probe gleichzeitig mit Typfärbungen mittels Tageslicht belichtet, und zwar so, daß beide zur Hälfte mit einem Karton abgedeckt werden. Probe und Typfärbung sind so anzubringen, daß sie:

1. nach Süden gerichtet,
2. unter einem Winkel von 45° gegen die Waagerechte geneigt,
3. vor Schattenwirkung geschützt,
4. von außergewöhnlichen Gasen und Dämpfen unbeeinflußt unter gleichen Bedingungen dem Tageslicht ausgesetzt werden.

Die Belichtung wird so lange fortgesetzt, bis am Lichtechtheitstyp VI der Echtheitskommission[5] ein merkliches Verschießen des unabgedeckten Teiles feststellbar ist.

Vor diesem Zeitpunkt darf bei Tapeten, die als „lichtbeständig" bezeichnet werden, kein merkliches Ausbleichen eintreten.

Hierzu ist folgendes zu bemerken: Da es absolut lichtechte Farbstoffe oder Färbungen nicht gibt, kann es sich bei Prüfungen auf Lichtechtheit immer nur um die Bestimmung des Lichtechtheitsgrades handeln. Bei Aufstellung von Gütenormen muß es dann einer Vereinbarung überlassen bleiben, von welchem Grenzwert an der zu normende Werkstoff im Handel als „lichtecht" oder „lichtbeständig" bezeichnet werden darf.

Die Benutzung von Tageslicht ist unentbehrlich, weil es bis jetzt noch keine Lichtquelle gibt, die vollen Ersatz für Sonnenlicht bietet.

Außer dem beschriebenen, für die technische Prüfung ausreichenden Verfahren sind noch verfeinerte Methoden zur Lichtechtheitsbewertung entwickelt worden, wie z. B. das nach Ziersch-Sommer, bei dem durch Farbmessung die Verwendung des subjektiven Kriteriums des eben merklichen Ausbleichens der Probe umgangen wird[6].

Die Bedeutung der *Wischfestigkeit* und *Abwaschbarkeit* hat sich durch die neuere technische Entwicklung sehr verschoben. Die bisher vorgeschlagenen

---

[1] Vgl. Handb. d. Werkstoffprüfung, 2. Aufl., Bd. IV, S. 248.
[2] Vgl. Handb. d. Werkstoffprüfung, 2. Aufl., Bd. IV, S. 339.
[3] Vgl. Handb. d. Werkstoffprüfung, 2. Aufl., Bd. IV, S. 340.
[4] Vom Reichsausschuß für Lieferbedingungen (RAL) seinerzeit ausgearbeitete Prüfmethoden waren bis zum Kriegsende (1945) Entwürfe geblieben. (Private Mitteilung von Herrn H. Glattes, Tapetenfabrik Erismann & Cie, Breisach.)
[5] Echtheitskommission der früheren Fachgruppe für Chemie der Farben- und Textilindustrie im Verein Deutscher Chemiker. Die Typfärbungen bestehen aus der sogenannten blauen „Wollskala", das sind 8 blaue Wollfärbungen verschiedenen Echtheitsgrades. Die unechteste ist mit I bezeichnet.
[6] Handbuch der Werkstoffprüfung, 2. Aufl., Bd. IV, S. 337.

Methoden zur Beurteilung dieser Eigenschaften werden daher als unzureichend betrachtet. Von zuständiger Seite sind Bestrebungen im Gange, neue Verfahren auszuarbeiten[1].

B. Unterlagspapier für Betonfahrbahndecken.

1. Verwendung.

Gemäß den „Richtlinien für den Bau von Betonfahrbahndecken"[2] ist auf das Planum eine Papierlage aufzubringen, die den Zweck hat, eine möglichst ebene Deckenunterlage zu erhalten und eine Verschmutzung des Betons zu verhindern.

2. Eigenschaften.

Das vor dem Deckeneinbau auf das Planum verlegte Papier muß trittfest und steif genug sein, um Faltenbildungen bei windigem, feuchtem Wetter möglichst auszuschließen. Hierzu ist ein Gewicht des Papiers von etwa 150 bis 180 g/m² erforderlich und eine Naßfestigkeit, die einem Berstdruck von mindestens 0,20 kg/cm² bei einer Prüffläche von 100 cm² entspricht, wenn das Papier unmittelbar nach 2 stündiger Wasserlagerung geprüft wird.

3. Prüfverfahren.

Die Bestimmung des Quadratmetergewichtes erfolgt nach DIN 53 111; für die Durchführung der Berstdruckprüfung gilt die Prüfvorschrift DIN 53 113.

Der Berstversuch dient zur Bestimmung des Widerstandes, den ein mit einer bestimmten Prüffläche kreisförmig eingespanntes Papierblatt einer einseitigen, gleichmäßig verteilten, steigenden Druckbelastung bis zum Bersten entgegengesetzt.

Zur Ausführung des Versuches ist ein Gerät zu verwenden, dessen Einspannvorrichtung so eingerichtet sein muß, daß die Prüffläche der Probe unmittelbar auf der als Abdichtung dienenden Gummischeibe aufliegt, um eine gleichmäßige Verteilung des Druckes auf die Prüffläche zu gewährleisten; andererseits müssen Gummischeibe und Probe getrennt fest-

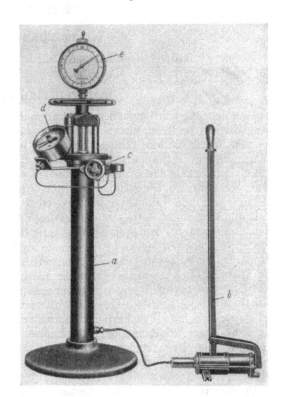

Abb. 1. Berstdruckprüfer Schopper-Dalén.

---

[1] Vgl. Fußnote 4 auf S. 680.
[2] Herausgegeben von der Forschungsgesellschaft für das Straßenwesen e. V. Köln 1956.

gehalten werden, damit letztere während des Versuches nicht gleiten kann. Diesen Anforderungen entspricht der in Abb. 1 wiedergegebene Berstdruckprüfer nach Schopper-Dalén, bei dem der Druck durch komprimierte Luft erzeugt wird. Die Tragsäule *a* dient zugleich als Luftbehälter und kann mittels

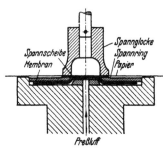

einer Handpumpe *b* mit Luft bis 10 at Überdruck gefüllt werden. Die Luft wird durch das Ventil *c* unter die Gummimembran geleitet. Nach dem Bersten der Probe wird der benötigte Druck an dem mit Schleppzeiger versehenen Manometer *d*, die Flächendehnung am Wölbhöhenmesser *e* abgelesen. Der Bau der Einspannvorrichtung geht aus Abb. 2 hervor. Für die Versuchsgeschwindigkeit ist die Versuchsdauer maßgebend; die Zeit von Beginn der Belastung bis zum Bersten der Probe soll 20 ± 5 sek betragen.

Abb. 2. Einspannvorrichtung zum Berstdruckprüfer Schopper-Dalén.

C. Rohfilzpappe.

1. Verwendung.

Normengemäß[1] ist Rohfilzpappe als Einlage für Dachpappen und nackte Pappen zu verwenden.

2. Eigenschaften.

Rohfilzpappe muß gemäß der Vornorm DIN 52117 (Juli 1956)[2] eine gute Saugfähigkeit besitzen, um die Tränkmasse in genügender Menge rasch aufzunehmen; ferner muß sie genügend fest sein, um der bei der Verarbeitung in der Längsrichtung der Pappe auftretenden Zugspannung standzuhalten. Festigkeit und Saugfähigkeit hängen im wesentlichen von der Art und Güte der verwendeten Rohstoffe ab. Die geeignetsten Rohstoffe sind Baumwolle, Jute und Wolle, die in Form von Lumpen oder Textilabfällen verarbeitet werden. Als Beimengung wird meist Altpapier verwendet, das hauptsächlich aus Zellstoff und Holzschliff besteht. Mineralische Füllstoffe dürfen unmittelbar nicht zugesetzt werden; in geringen Mengen gelangen sie als Bestandteil des Altpapiers in die Pappe. Durch Festlegung eines Höchstwertes für den Aschegehalt ist dem Anteil an Füllstoffen und sonstigen mineralischen Verunreinigungen, die aus ungenügend gereinigten Lumpen stammen können, eine Grenze gesetzt. Ferner enthalten die Vorschriften einen Höchstwert für den zulässigen Wassergehalt der Pappen, da hohe Feuchtigkeit dem Eindringen der Tränkmasse Widerstand bietet und zum Schäumen der Tränkmasse Anlaß gibt; beides führt zu einer Verminderung der Arbeitsgeschwindigkeit. Schließlich sollen die Pappen noch möglichst frei von Fremdkörpern sein, die Bildung von Löchern verursachen können.

Die Vornorm DIN 52117 faßt die beiden vorausgegangenen Normen[2] für Rohpappe und Wollfilzpappe zusammen, wobei darauf verzichtet wurde, die Stoffzusammensetzung der Rohfilzpappe festzulegen. Maßgebend war hierbei die Auffassung, daß durch die übrigen Eigenschaften (siehe unten) das Material hinreichend gekennzeichnet ist.

Rohfilzpappe wird nach ihrem Flächengewicht (Quadratmetergewicht) bezeichnet. Für genormte Dachpappen und nackte Pappen wird Rohfilzpappe ver-

---

[1] DIN 52121, 52126, 52128 und 52140.
[2] Ersatz für DIN 52117 (Rohpappe) und DIN 52119 (Wollfilzpappe).

wendet mit einem Gewicht von 0,500 kg/m² und 0,333 kg/m²; Abweichungen im Betrage von ±7% sind noch zulässig. Über die Bahnbreite hinweg dürfen folgende Gewichtsunterschiede auftreten:

Bei 0,500 kg/m² höchstens 0,025 kg/m²,
bei 0,333 kg/m² höchstens 0,020 kg/m².

Der um einen etwaigen Mineralfasergehalt gekürzte Gesamtaschegehalt darf nicht mehr als 10% des um den Mineralfasergehalt gekürzten Flächengewichtes betragen. Der Feuchtigkeitsgehalt darf 8% nicht übersteigen. Die Anthrazenöl-aufnahme soll

bei 0,500 kg/m² mindestens 150%,
bei 0,333 kg/m² mindestens 140% ausmachen.

Als Bruchlast sind in der Längsrichtung 4 kg vorgeschrieben.

Die Pappe muß, soweit dies technisch möglich ist, frei von schädlichen Fremd-körpern und Stoffknoten sein.

3. Prüfverfahren.

Die Prüfung auf die vorgenannten Eigenschaften erfolgt nach der Vornorm DIN 52118: „Rohfilzpappe-Prüfverfahren":

a) Probenahme. Aus Lieferungen der gleichen Sorte werden bei Mengen bis 5 t aus 3 Rollen, bei 5 t und mehr aus 5 Rollen Probestücke von mindestens 750 mm Länge nach Abrollen der äußeren 5 Lagen über die ganze Breite der Bahn ent-nommen. Die Probestücke dürfen nicht geknickt werden.

Probestücke und Proben sind vor der Prüfung (mit Ausnahme derjenigen für die Bestimmung des Wassergehaltes und der Anthrazenöl-Aufnahme) min-destens 6 Stunden lang im Normklima (20° C ± 1° und 65% ± 2% relative Luftfeuchtigkeit) zu lagern (s. auch DIN 50012 und DIN 53802).

b) Flächengewicht (Quadratmetergewicht). Das Flächengewicht (G_F) ist der Quotient aus Gewicht (G) und Fläche (F). Es wird in g/m² errechnet und auf 1 g/m² gerundet angegeben.

Aus den Probestücken wird je eine Probe von 500 mm Länge und der ganzen Rollenbreite rechtwinklig geschnitten, auf 1 mm ausgemessen und auf 1 g gewogen. Das Flächengewicht jeder einzelnen Probe wird errechnet.

c) Differenz des Flächengewichtes über die Rollenbreite. Aus den Proben werden je 3 Streifen von 500 mm Länge in Laufrichtung der Bahn und 200 mm Breite rechtwinklig geschnitten, und zwar 2 Streifen jeweils 50 mm vom Rand der Bahn entfernt und 1 Streifen aus der Mitte. Die Streifen werden auf 1 mm ausgemessen, einzeln auf 0,1 g gewogen. Das Flächengewicht wird von jedem Streifen errechnet. Die Differenz zwischen höchstem und niedrigstem Flächen-gewicht der Streifen jedes Probestücks wird angegeben, außerdem auch die Einzelwerte.

d) Wassergehalt (Feuchtigkeitsgehalt). Der Wassergehalt (W) ist die Differenz des Gewichtes der Probe vor dem Trocknen (Feuchtgewicht G_f) und der getrock-neten Probe (Trockengewicht G_{tr}). Er wird auf das Feuchtgewicht der Probe bezogen, in % errechnet und auf 0,1% gerundet angegeben.

Aus den Probestücken wird unmittelbar nach der Probenahme je eine quadra-tische Probe von 100 mm Seitenlänge in der Mitte entnommen. Die Proben wer-den an einer Ecke durchstoßen (s. Abs. e) und je in ein Wägeglas von mindestens 60 mm Durchmesser und 120 mm Höhe, ohne zu knicken, eingebracht und auf 1 mg eingewogen.

Die Trocknung erfolgt bei 105° bis zur Gewichtskonstanz. Vor dem Wägen werden die Wägegläser im Exsikkator abkühlen gelassen.

e) Anthrazenöl-Aufnahme. Die Anthrazenöl-Aufnahme (A) ist der Gewichtsunterschied der mit Anthrazenöl getränkten Probe (G_g) und der nach Abs. d getrockneten Probe (G_{tr}). Sie wird auf das Trockengewicht (G_{tr}) bezogen, in % errechnet und auf 1% gerundet angegeben:

$$A = \frac{(G_g - G_{tr}) \cdot 100}{G_{tr}}.$$

Die nach Abs. d getrockneten Proben werden sofort nach Entnahme aus dem geschlossenen Wägeglas mit einem Draht an der durchstoßenen Ecke aufgehängt, senkrecht *langsam* in Anthrazenöl gesenkt, schließlich völlig untergetaucht und nach 5 Minuten wieder herausgenommen. Dann werden die Proben zum Abtropfen aufgehängt und nach 45 Minuten wieder gewogen (Tränkgewicht G_g), nachdem ein etwa anhaftender Tropfen Anthrazenöl mit Fließpapier entfernt wurde. Die Prüfung ist bei etwa 20° C durchzuführen.

Das Anthrazenöl[1] soll folgende Beschaffenheit haben:

    Dichte bei 20° C: 1,08 bis 1,09 g/ml,
    Satzfreiheit bei 15° C: nach einer halben Stunde Stehen noch satzfrei.
    Siedeverhalten: bis 250° C siedende Anteile = 10%.
    Wassergehalt = 0,5%.

f) Bruchwiderstand (Bruchlast). Aus jedem der Probestücke wird je eine Probe von 15 mm ($\pm 0,1$ mm) Breite in Laufrichtung entnommen. Die Proben müssen so lang sein, daß sie mit einer freien Einspannlänge von 180 mm in die Zugprüfmaschine eingespannt werden können. Durchführung und Auswertung nach DIN 53 112.

g) Gesamtaschegehalt. Aus den Probestücken werden 3 bis 5 Stücke von je etwa 1 g entnommen, gemeinsam in einem Wägeglas bei etwa 105° C bis zur Gewichtskonstanz getrocknet, im Exsikkator über Kalziumchlorid auf Raumtemperatur abgekühlt und auf 1 mg gewogen (Trockengewicht). Die Probe wird dann in einem Porzellantiegel über dem Bunsenbrenner mit voller Flamme oder in einem Muffelofen bei etwa 800° C bis zur Gewichtskonstanz verascht. Die Asche wird nach dem Abkühlen mit einigen Tropfen Ammoniumkarbonat-Lösung versetzt und bei 150° C bis zur Gewichtskonstanz getrocknet und nach dem Abkühlen im Exsikkator wie vorher auf 1 mg gewogen (Aschegewicht). Der Gesamtaschegehalt wird in %, bezogen auf das Trockengewicht, errechnet und auf 0,1% gerundet angegeben.

h) Gehalt an organischer Substanz. Der Gehalt an organischer Substanz ist der Quotient aus der Differenz zwischen Trockengewicht und Gesamtaschegewicht einerseits und der Einwaage andererseits. Er wird in % errechnet und auf 0,1% gerundet angegeben.

i) Gehalt an Mineralfasern und Füllstoffen. Die Untersuchungen auf Gehalt an Mineralfasern sind dann durchzuführen, wenn das Untersuchungsmaterial als mineralfaserhaltige Rohfilzpappe bezeichnet ist oder wenn der nach DIN 52117 zugelassene Gesamtaschegehalt (s. oben) überschritten ist.

α) *Salzsäureunlösliche Mineralfasern und salzsäureunlösliche Füllstoffe.* Aus den Probestücken werden 3 bis 5 Stücke von je etwa 1 g entnommen und gemeinsam in einem Wägeglas bei etwa 105° C bis zur Gewichtskonstanz getrocknet, im Exsikkator abgekühlt und auf 1 mg gewogen (Trockengewicht). Die Probe wird dann in einem Porzellantiegel (etwa 29 mm Höhe und 46 mm oberem Durchmesser) langsam verbrannt. Hierbei wird der Tiegel etwa 3 cm über einen Bunsenbrenner mit 12 mm Öffnung in die etwa 6 cm hohe, gerade ent-

---

[1] Bezugsquellen: Rütgerswerke AG., Castrop-Rauxel, VEB Teerdestillation und Chemische Fabrik Erkner bei Berlin.

leuchtete Flamme gesetzt. Die Flamme darf keinen Flammkern haben. Die Verbrennung darf nur langsam und nicht bei höherer Temperatur vor sich gehen, weil gegebenenfalls vorhandene, leicht sinterbare Glasfasern zu schmelzen beginnen. Die Verbrennung dauert etwa 4 Stunden. Der Verbrennungsrückstand wird in ein hohes Becherglas mit Ausguß (600 DIN 12331) gegeben und mit 200 ml 5%iger Salzsäure (Dichte 1,024 g/ml) bei 20° C versetzt. Das Becherglas bleibt unter häufigem Umschwenken etwa 2 Stunden lang stehen. Danach wird der ungelöste Rest auf einem Filter (589/3 Blauband) gesammelt. Nach Auswaschen mit destilliertem Wasser und Trocknen an der Luft wird das Filter, wie vorher beschrieben, verbrannt. Der nun verbleibende Verbrennungsrückstand ist der Gehalt an salzsäureunlöslichen Mineralfasern und salzsäureunlöslichen Füllstoffen. Er wird nach dem Abkühlen im Exsikkator auf Raumtemperatur auf 1 mg gewogen, in % des Trockengewichts errechnet und auf 1% gerundet angegeben.

β) Gehalt an salzsäurelöslichen Mineralfasern und salzsäurelöslichen Füllstoffen. Die Differenz des nach Abs. g ermittelten Gesamtaschegehaltes und des nach Abs. i, α ermittelten Gehaltes an salzsäureunlöslichen Bestandteilen ist der Gehalt an salzsäurelöslichen Mineralfasern und salzsäurelöslichen Füllstoffen.

γ) Gehalt an salzsäureunlöslichen Mineralfasern (Bestimmung durch Sedimentation). Der nach Abs. i gewonnene Verbrennungsrückstand wird durch Ausspülen des Tiegels mit einer Natriumpyrophosphat-Lösung (20 g $Na_4P_2O_7 \cdot 10 H_2O$ in 1 Liter destilliertem Wasser) in einen Meßzylinder (200 DIN 12680) übergeführt und der Inhalt mit Natriumpyrophosphat-Lösung auf 200 ml aufgefüllt. Der Meßzylinder wird mit der flachen Hand verschlossen und mehrfach umgestülpt, um dadurch den Rückstand gleichmäßig in der Lösung zu verteilen. Nach 5 Minuten ruhigem Stehen wird die obere Hälfte der Flüssigkeit (also 100 ml) vorsichtig abgesaugt. Hierzu wird ein zu einer Spitze ausgezogenes Glasrohr verwendet, das nicht tiefer als jeweils 1 cm in die Flüssigkeit eingetaucht werden darf. Nun wird mit Natriumpyrophosphat-Lösung wieder auf 200 ml aufgefüllt und erneut, wie vorstehend beschrieben, verfahren. Nach 8maliger Wiederholung dieses Vorganges ist die Sedimentation beendet.

Der Bodensatz wird auf einem Filter (589/2 Weißband) gesammelt, mit destilliertem Wasser ausgewaschen, an der Luft getrocknet, verascht, im Exsikkator auf Raumtemperatur abgekühlt und auf 1 mg gewogen. Der Verbrennungsrückstand besteht aus den salzsäureunlöslichen Mineralfasern. Er wird in %, bezogen auf das Trockengewicht (s. Abs. i), errechnet und auf 1% gerundet angegeben.

Salzsäureunlösliche Füllstoffe. Die Differenz des nach Abs. i, α) ermittelten Gehaltes an salzsäureunlöslichen Mineralfasern und salzsäureunlöslichen Füllstoffen einerseits und des nach Abs. i, γ ermittelten Gehaltes an salzsäureunlöslichen Mineralfasern andererseits ist der Gehalt an salzsäureunlöslichen Füllstoffen.

k) Prüfbericht. Im Prüfbericht sind unter Hinweis auf diese Norm anzugeben:

Flächengewicht (Einzelwerte und arithmetische Mittel) [g/m²],
Differenz des Flächengewichtes über die Rollenbreite (Einzelwerte) [g/m²],
Feuchtigkeitsgehalt (Einzelwerte und arithmetisches Mittel) [%],
Anthrazenöl-Aufnahme (Einzelwerte und arithmetisches Mittel) [%],
Bruchlast (Einzelwerte und arithmetisches Mittel) [kg],
Gesamtaschegehalt (Einzelwerte) [%].
Für mineralfaserhaltige Rohfilzpappen außerdem:
Gehalt an salzsäurelöslichen Mineralfasern und salzsäurelöslichen Füllstoffen (Einzelwerte) [%].
Gehalt an salzsäureunlöslichen Mineralfasern (Einzelwerte) [%],
Gehalt an salzsäureunlöslichen Füllstoffen (Einzelwerte) [%)].

Wenn bei den Ergebnissen einer Prüfung *ein* gefundener Wert außergewöhnlich vom Normenwert abweicht, so ist diese Prüfung mit der vorgeschriebenen Anzahl Proben zu wiederholen. In diesem Falle ist das Ergebnis der Wiederholungsprüfung für die Beurteilung maßgebend und nur dieses ist in den Prüfbericht aufzunehmen.

Bei der Bestimmung des Flächengewichts ist für die Wiederholungsprüfung eine neue Probenahme aus anderen Rollen vorzunehmen.

4. Ausländische Normen.

Österreich: ÖNORM B 3634 ,,Rohpappe'' (3. Ausgabe, 1952).

Schweiz: SNV 75820 ,,Roh- und Wollfilzpappe'' (Technische Lieferbedingungen) (1948).

SNV 75821 ,,Roh- und Wollfilzpappen'' (Probennahme) 1948.

SNV 75822 ,,Roh- und Wollfilzpappen'' (Prüfverfahren) 1948.

Großbritannien: British Standard 747 : 1952 ,,Classification of Roofing Felts''. Herausgegeben von der British Standards Institution.

Vereinigte Staaten von Amerika: R 213—45 ,,Asphalt Roll Roofing and Asphalt- and Tar-Saturated-Felt Products''. Herausgegeben vom U.S. Department of Commerce und dem National Bureau of Standards.

ASTM Designation: D 227—47 ,,Coal-Tar Saturated Roofing Felt for use in Waterproofing and in Constructing Built-up Roofs. Herausgegeben von der American Society for Testing Materials.

Kanada: CSA A 123 Series ,,Specifications for Asphalt and Tar Roofing Materials.'' Herausgegeben von der Canadian Standards Association (1953). Bestehend aus den Blättern A 123.1 bis A 123.16.

XVI. Prüfung der Teere und der Asphalte.

A. Die Prüfung der Steinkohlenteererzeugnisse.

Von **H. Mallison**, Essen.

Einleitung.

Ausgangsstoff ist der rohe Steinkohlenteer, der in den Kokereien und Gaswerken entfällt.

Rohteererzeugung Deutschlands (in 1000 t)[1].

Jahr	Gasteer	Kokereiteer	zusammen	Jahr	Gasteer	Kokereiteer	zusammen
1929	325	1425	1750	1945	30	205	235
1932	212	764	976	1950	151	1028	1179
1938	300	1697	1997	1954	217	1393	1610

In der Bauindustrie sind es der Straßenbau, die Dachpappen- und Isolierindustrie, der Rostschutz und der Holzschutz, in denen die Steinkohlenteererzeugnisse eine große Rolle spielen. Im Rahmen dieses Abschnitts werden die Prüfverfahren für Steinkohlenteer, präparierte Teere, Steinkohlenteerpeche und Steinkohlenteeröle vom Gesichtspunkt der Bautechnik und des Bautenschutzes mitgeteilt, die jeweils das Vorliegen eines zweckdienlichen Erzeugnisses gewährleisten.

Prüfung der Teere für den Straßenbau.

Mit dem Aufkommen des Kraftwagenverkehrs setzte das Bedürfnis nach einem Bindemittel für den Straßenbau ein, das nicht nur die Staubbildung hintanzuhalten, sondern auch die Gesteine in der Straßendecke dauerhaft zu verbinden vermochte. Roher Steinkohlenteer ist für diesen Zweck wegen seines Wassergehalts und seiner schwankenden Zähigkeit (Viskosität) unbrauchbar, überdies auch wegen seines Gehalts an leichtflüchtigen oder wasserlöslichen Bestandteilen. Gerade diese Bestandteile, wie Benzole, Pyridin, Karbolsäure und Naphthalin, die bei der Straßenteerherstellung dem Rohteer entzogen werden, sind wichtige Rohstoffe für die chemische Großindustrie und den Motorenbetrieb. Unter einem ,,Straßenteer'' versteht man demnach einen zubereiteten, praktisch wasserfreien und von unzweckmäßigen Bestandteilen befreiten Steinkohlenteer, dessen Zähigkeit auf den jeweiligen Straßenbauzweck eingestellt ist. Die Straßenteere sind in den von der Forschungsgesellschaft für das Straßenwesen im März 1954 herausgegebenen ,,Vorschriften für bituminöse Bindemittel für den Straßenbau'' als Vorschlag für die Neufassung der DIN 1995 beschrieben. Beschaffenheits- und Prüfvorschriften sind gegeben.

---

[1] Bis 1932 ehemaliges Reichsgebiet; 1938 Reichsgebiet mit Saarland; 1945 vereinigtes Wirtschaftsgebiet; ab 1950 Bundesgebiet.

Bei den Straßenteeren handelt es sich meist um zähflüssige Teere, die im Straßenbau in heißem Zustande (80 bis 130°) zu Zwecken der Oberflächenteerung und des Deckenbaus Verwendung finden. Auch für den dünnflüssigen Kaltteer bestehen Vorschriften, während Teeremulsion und Straßenöl nach Sonderverfahren geprüft und beurteilt werden.

Im folgenden werden die verschiedenen für den Straßenbau in Frage kommenden Teerbindemittel im einzelnen behandelt. Für jedes Erzeugnis werden die Beschaffenheitsvorschriften und die zugehörigen Prüfvorschriften mitgeteilt. Daran wird sich eine Betrachtung anderweitiger, namentlich auch ausländischer Prüfverfahren anschließen.

a) Straßenteer.

Wie alle zubereiteten (präparierten) Teere kann man sich die heiß anzuwendenden Straßenteere als aus Pech und Teeröl zusammengesetzt denken [1].

Tabelle 1. *Normenvorschrift für Straßenteer nach DIN 1995*

Straßenteer	Bezeichnung					
	T 10/17	T 20/35	T 40/70	T 80/125	T 140/240	T 250/500
1. Zähigkeit (Viskosität) im Straßenteerviskosimeter (10 mm-Düse) bei 30° s	10 bis 17	20 bis 35	40 bis 70	80 bis 125	rd. 140 bis 240[1]	rd. 250 bis 500[1]
bei 40° s					25 bis 40	45 bis 100
2. Äußere Beschaffenheit	gleichmäßig					
3. Siedeanalyse bis 350° a) Wasser höchst. Gew.-%	0,5		0,5		0,5	0,5
b) Leichtöl (bis 170°) höchstens Gew.-%	1,0		1,0		1,0	1,0
c) Mittelöl (170 bis 270°) Gew.-%	9 bis 15	8 bis 14	6 bis 12	5 bis 11	3 bis 9	2 bis 8
d) Schweröl (270 bis 300°) Gew.-%	4 bis 10	4 bis 10	3 bis 9	3 bis 9	2 bis 8	2 bis 8
e) Anthrazenöl (über 300°) umgerechnet Gew.-%	16 bis 26	16 bis 26	17 bis 27	17 bis 27	18 bis 28	18 bis 28
f) Pechrückstand, umgerechnet auf 67° Erweichungspunkt K. S. Gew.-%	55 bis 65	55 bis 65	59 bis 70	59 bis 70	61 bis 71	64 bis 74
g) Erweichungspunkt K. S. des Pechrückstandes höchstens	70		70		70	70
4. Phenole, höchstens Raum-%	3		3		2	2
5. Naphthalin, höchstens Gew.-%	4		3		3	2
6. Rohanthrazen, höchstens Gew.-%	3		3,5		3,5	4
7. Benzol-Unlösliches Gew.-%	5 bis 14		5 bis 16		5 bis 18	5 bis 18
8. Dichte bei 25° höchstens	1,22		1,23		1,24	1,25

[1] Maßgebend ist die Bestimmung der Zähigkeit im Straßenteerviskosimeter bei 40°. Die Zahlen für die Zähigkeit bei 30° sind nur zum Vergleich angegeben.

Das Mengenverhältnis dieser beiden Bestandteile und die Beschaffenheit des Pechs und des Teeröls können verschieden sein. Hiervon hängt sowohl die Zähigkeit des Teers als auch sein Verhalten auf der Straße ab, und dementsprechend ist auch die Vorschriftentafel für die Straßenteere abgefaßt (Tab. 1).

Zähigkeit. Die Zähigkeit ist die wichtigste Eigenschaft des Straßenteers. Deshalb ist man sowohl in Deutschland wie auch im Ausland den Weg gegangen, die Straßenteere nach der Viskosität zu ordnen und sie auch danach zu bezeichnen. Die Vorschriftentafel (Tab. 1) bringt daher die sechs heiß anzuwendenden Teere mit steigenden Viskositäten von dem verhältnismäßig dünnflüssigen Teer T 10/17 bis zu dem zähflüssigen, weichpechartigen Teer T 250/500 und benennt diese Teere dementsprechend.

Nachdem eine Zeitlang zahlreiche Geräte, wie das ENGLER-Viskosimeter und die Spindeln nach LUNGE [2], HUTCHINSON [3] und EPC [4], im Gebrauch waren, haben sich schließlich, nicht zuletzt dank der Bemühungen der Internationalen Straßenteerkonferenz, die für den Teerstraßenbau wichtigsten europäischen Länder auf die Benutzung des Straßenteerviskosimeters [5] — in England „BRTA-Viscometer", in Frankreich „viscosimètre international" genannt — geeinigt. Als Maß für die Zähigkeit gilt die Zeit in Sekunden, die 50 ml Teer in diesem Gerät, vgl. Abb. 1, bei der Prüftemperatur zum Auslaufen benötigen. Als Prüftemperatur gelten in Deutschland 30° für die dünnflüssigeren und 40° für die zähflüssigen Teere. Die einzelnen Viskositätsspannen werden für die sechs genormten Teere in der Reihe zunehmend größer. Dies hat jedoch nur zahlenmäßige Bedeutung; die Ursache liegt darin, daß die Viskosität in Abhängigkeit von der Temperatur eine Exponentialfunktion ist. Tatsächlich sind die Spannen praktisch gleich weit. Zwischen den einzelnen Spannen sind Zwischenräume gelassen, um eine klare analytische Unterscheidung zu ermöglichen. Der Prüffehler ist in den Vorschriften mit ±10% festgesetzt.

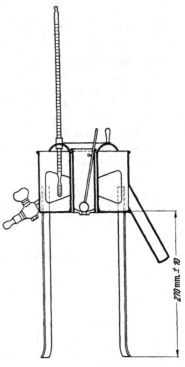

Abb. 1. Straßenteerviskosimeter.

Umrechnung konventioneller Viskositäten in absolute Werte. Da für die Viskositätsbestimmung der bituminösen[1] Bindemittel verschiedene Geräte (ENGLER-Viskosimeter, Straßenteerviskosimeter mit 10 mm- und 4 mm-Düse) bei verschiedenen Meßtemperaturen verwendet werden, sind die Prüfergebnisse nicht ohne weiteres miteinander vergleichbar. Mit einer für praktische Zwecke ausreichenden Genauigkeit können die konventionellen Viskositätseinheiten in Centistokes (cSt), d. h. in Einheiten der kinematischen Viskosität, umgerechnet werden, wobei folgende Umrechnungsfaktoren anzuwenden sind:

für STV (4 mm/sek) 10
für STV (10 mm/sek) 350

Mit den angegebenen Zahlen sind die Ausflußzeiten der Teere im Straßenteerviskosimeter zu multiplizieren, damit man die Viskosität in cSt erhält.

---

[1] Das Eigenschaftswort „bituminös" ist eine Sammelbezeichnung für alle hierher gehörenden Bindemittel, also für die Teere, Peche, Bitumen und Asphalte.

Auf diese Weise errechnen sich für die Viskositätsforderungen der DIN 1955 an die Straßenteere folgende Zahlen, die in der letzten Spalte der Aufstellung näherungsweise auf 30° bezogen wurden.

	Viskositätsforderungen nach DIN 1995	Umgerechnet in cSt	Bezogen auf 30⁰ in cSt
Kaltteer	höchstens 30 STV (4 mm/sek) 25°	300	150
Straßenteere	10 bis 500 STV (10 mm/sek) 30°	3500 bis 175000	3500 bis 175000

Die absolute Zähigkeit der Teere in Poisen oder Stokes kann man mit den Viskosimetern nach L. Ubbelohde [6] oder F. Höppler [7] bestimmen. E. O. Rhodes [8] und G. H. Klinkmann [9] veröffentlichten hierzu Umrechnungstafeln.

Für sehr zähflüssige Teere war früher die Bestimmung des Tropfpunkts nach L. Ubbelohde [10] üblich; sie wurde jedoch jetzt für die Teere verlassen, weil die Messung nicht genau ist und auch kein eigentliches Zähigkeitsmaß liefert [11].

Hat so die Messung der Zähigkeit für die heiß anzuwendenden Teere in Deutschland und in den meisten europäischen Ländern eine einfache Lösung gefunden, so ist noch darauf hinzuweisen, daß die Prüftemperaturen nicht in allen Ländern gleich sind. In Deutschland arbeitet man bei 30 und 40°, während in England die Temperaturen 20 bis 50° üblich sind [12].

Tabelle 2. *Umrechnung von Viskosimetersekunden bei 30° in EVT-Grade.*

EVT	sek	EVT	sek	EVT	sek
5,0	2	28,5	40	36,0	145
8,0	2¹/₂	28,9	42	36,2	150
10,0	3	29,2	44	36,4	155
11,5	3¹/₂	29,5	46	36,6	160
12,5	4	29,8	48	36,8	165
13,5	4¹/₂	30,0	50	37,0	170
15,0	5	30,2	52	37,3	180
16,1	6	30,5	54	37,6	190
17,5	7	30,7	56	37,9	200
18,3	8	30,9	58	38,1	210
19,0	9	31,1	60	38,3	220
19,6	10	31,3	62	38,6	230
20,1	11	31,5	64	38,8	240
20,7	12	31,6	66	39,0	250
21,3	13	31,8	68	39,2	260
21,8	14	32,0	70	39,4	270
22,3	15	32,2	72	39,6	280
22,8	16	32,3	74	39,8	290
23,2	17	32,5	76	39,9	300
23,6	18	32,6	78	40,2	325
24,0	19	32,7	80	40,5	350
24,3	20	32,9	82	40,8	375
24,7	21	33,1	84	41,1	400
24,9	22	33,2	86	41,4	425
25,1	23	33,3	88	41,7	450
25,3	24	33,4	90	42,2	500
25,6	25	33,7	95	42,7	550
25,9	26	34,0	100	43,2	600
26,2	27	34,3	105	43,6	650
26,4	28	34,6	110	44,0	700
26,6	29	34,8	115	44,3	750
26,8	30	35,0	120	44,6	800
27,2	32	35,3	125	44,9	850
27,5	34	35,4	130	45,2	900
27,8	36	35,6	135	45,5	950
28,1	38	35,8	140	45,8	1000

Ein von G. H. Fuidge [*13*] bereits 1936 zur Überbrückung dieser Schwierigkeit vorgeschlagenes Verfahren hat sich inzwischen, namentlich in England und Schweden, weitgehend eingeführt und als vorteilhaft erwiesen. Während man bei dem üblichen Verfahren im Straßenteerviskosimeter die Auslaufzeit bei einer verabredeten Temperatur bestimmt, dient bei diesem Verfahren zur Kennzeichnung der Viskosität eines Teers die Temperatur, bei der der Teer eine verabredete Auslaufzeit aus dem Viskosimeter hat. Diese Auslaufzeit wurde zu 50 sek gewählt. Auf diese Weise kann man eine Temperaturskala für die Teere vom dünnflüssigen Kaltteer bis zum zähestflüssigen Teer und Pech aufstellen. Die Temperatur, auf die man den Teer bringen muß, damit er in der verabredeten Zeit von 50 sek aus dem Viskosimeter herausfließt, nannte Fuidge seine „Äquiviskositätstemperatur", abgekürzt EVT. Es gibt ein nach dem Torsionsprinzip arbeitendes Gerät, mit dem man die EVT unmittelbar bestimmen kann. Einfacher kann man sich der folgenden Umrechnungstafel bedienen, aus der man für jede Straßenteerviskosität die zugehörige EVT ablesen kann (Tab. 2).

H. Mallison [*14*] hat vorgeschlagen, für diese charakteristische Temperatur, die in England EVT genannt wird, die Abkürzung T mit dem Index v zu wählen. Der Index v würde dann bedeuten, daß sich die Temperatur T auf eine bestimmte, verabredete Viskosität v bezieht. Analog kann man die Viskosität — wie üblich im Straßenteerviskosimeter bei 30 oder 40° bestimmt — abgekürzt als V mit dem Index t, also als „V_t" bezeichnen. Man sieht dann, daß die Angaben V_t und T_v sozusagen reziprok sind.

In USA arbeitet man nicht mit dem Straßenteerviskosimeter, sondern prüft die Teere auf ihre Zähigkeit mit dem Engler-Viskosimeter bei 40 und 50° sowie mittels der „Schwimmprüfung" (Float-test [*15*]), bei der die Zeit in Sekunden gemessen wird, nach der ein mit dem Teer unten verschlossener Aluminium-Schwimmkörper in Wasser von 32 oder 50° untersinkt.

Wassergehalt. Straßenteer wird praktisch wasserfrei geliefert. Die Bestimmung des Wassergehalts geschieht in bekannter Weise durch Destillation unter Xylolzusatz [*16*], gegebenenfalls unter Verwendung eines selbsttätig arbeitenden Geräts.

Siedeanalyse. Die Siedeanalyse vermittelt einen Einblick in die chemische Zusammensetzung der Straßenteere und gibt einen Anhalt für die Beschaffenheit und Menge der darin enthaltenen Teeröle und des Pechs. Vorgeschrieben ist die Verwendung eines gläsernen Destillationskolbens gemäß Abb. 2. Vorteilhaft kann zur Aufnahme des Kolbens ein Heizofen verwendet werden, den die Abbildung zeigt. 250 bis 300 g Straßenteer werden in dem Kolben abgewogen und mit einer Geschwindigkeit von zwei Tropfen je Sekunde abdestilliert. Bei den vorgeschriebenen Temperaturen werden die vorgelegten Meßzylinder gewechselt und gewogen. Die Destillation ist bei 350° beendet. Der Pechrückstand wird gewogen und auf seinen Erweichungspunkt nach Kraemer-Sarnow [*17*] geprüft. Das K.S.-Prüfverfahren ist in DIN 1995 U 5 beschrieben. Um den Gehalt des Straßenteers an einem Pech vom Erweichungspunkt 67° festzustellen, wird eine entsprechende Umrechnung vorgenommen, für die die DIN-Vorschriften das folgende Beispiel geben:

Gefunden 66,5 Gew.-% Pechrückstand vom Erweichungspunkt K.S. 61°.

$$\frac{67°}{\underline{-61°}}$$
$$6° : 1,5° \quad = 4,0$$
$$66,5 \text{ Gew.-\%} \cdot \frac{4,0}{100} = 2,7 \text{ Gew.-\%}$$
$$\frac{66,5 \text{ Gew.-\%}}{-\ 2,7 \text{ Gew.-\%}}$$
$$63,8 \text{ Gew.-\%} \text{ Pechrückstand vom Erweichungspunkt K.S. } 67°$$

Es wird also so umgerechnet, daß für je 1,5°, um die der gefundene Erweichungspunkt über oder unter 67° liegt, 1% des gefundenen Pechgehalts zu dem bei der Destillation bis 350° hinterbleibenden Pechrückstand hinzugezählt oder von ihm abgezogen wird. Dieser Prozentsatz bedeutet den Prozentgehalt an hochsiedendem, über der Schlußtemperatur von 350° siedendem Anthrazenöl. Die im Ergebnis der Siedeanalyse mitgeteilte Prozentzahl für den Anthrazenölgehalt setzt sich also aus zwei Anteilen zusammen:

1. dem unmittelbar bei der Destillation von 300 bis 350° abdestillierten Anthrazenöl I,

2. dem über 350° siedenden, im Pechrückstand hinterbleibenden Anthrazenöl II.

Das Verhältnis dieser beiden Anthrazenölanteile hat für das praktische Verhalten des Straßenteers Bedeutung. Für einen Teer mit hohem Gehalt an Anthrazenöl II ist nach K. Krenkler [18] eine erhöhte Alterungsbeständigkeit zu erwarten.

Die Teeröldestillate Mittelöl und Anthrazenöl dienen nach grundsätzlich bekannten

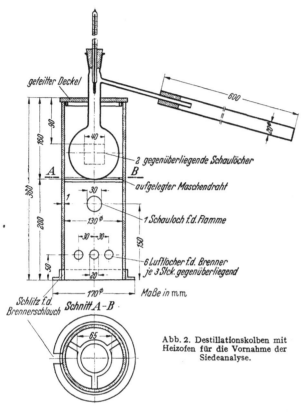

Abb. 2. Destillationskolben mit Heizofen für die Vornahme der Siedeanalyse.

Prüfverfahren noch zur Feststellung der Gehalte an Phenolen, Naphthalin und Rohanthrazen.

Abbindegeschwindigkeit. H. G. Franck [19] hat den funktionellen Zusammenhang mathematisch geklärt, der zwischen der Viskosität, den Ölfraktionen (Mittelöl, Schweröl und Anthrazenöl) und dem Pechgehalt besteht; er hat gezeigt, daß hier Abhängigkeiten gelten, die eine freie, beliebige Wahl der Faktoren beschränken. Die für die Praxis wichtige Abbindegeschwindigkeit des Teers hängt — bei konstanter Viskosität — von seiner siedeanalytischen Zusammensetzung ab. Das sog. Abbinden des Teers besteht in einem Zäherwerden, und zwar im ersten Augenblick durch die Abkühlung des Teers von rd. 100° auf die Tagestemperatur, dann aber vor allem infolge der Verdunstung leichter siedender Teerölanteile. Man hat es also in der Hand, rasch abbindende und langsam abbindende Straßenteere herzustellen und die Abbindegeschwindigkeit den jeweiligen praktischen Erfordernissen anzupassen. Verfahren zur experimentellen Untersuchung der Abbindegeschwindigkeit wurden von P. Herrmann und A. Scheuerer [20], K. Krenkler [21] und H. G. Franck [22] vorgeschlagen, auf die hier verwiesen sei. Auf einfache Weise läßt sich das unterschiedliche Verhalten prüfen, indem man die Teere auf Glasplatten streicht und nach bestimmter Zeit durch Bestreuen mit Feinsand den Grad des Abtrocknens feststellt. Eingehende Arbeiten auf diesem Gebiet haben auch

J. G. MITCHELL und D. G. MURDOCH [23] durchgeführt, während SABROU und RENAUDIE [24] einen sog. Alterungskoeffizienten aufstellten. H. MALLISON [25] beschrieb ein Verfahren zur Untersuchung der Abbindegeschwindigkeit mit Hilfe eines Gleitlagergeräts, in dem der Teer als Schmiermittel diente. Allgemein hat sich gezeigt, daß Teere aromatischer Natur eine größere Neigung zum Abbinden (französisch: sèchage; englisch: setting) aufweisen als Tieftemperaturteere und Schwelteere. Die letztgenannten Teere kennzeichnen sich auch durch das Vorhandensein von Paraffinen im Teeröl, nachweisbar mit Hilfe von Dimethylsulfat. Ein Mittel zur Beurteilung von Straßenteeren ist nach F. J. NELLENSTEYN [26] die Zählung der Mikronen, d. h. der in Nitrobenzol unlöslichen Teilchen im Teer, die zwar durch ein Papierfilter gehen, aber unter dem Mikroskop noch gesehen und gezählt werden können; ein guter Straßenteer soll mindestens 10 Mill. Mikronen je mm^3 enthalten. Das Prüfverfahren ist in Holland und Dänemark eingeführt, hat aber in Deutschland und anderen europäischen Ländern keinen Eingang gefunden.

Für die Beurteilung geteerter Gesteine, insonderheit des Teersplitts, hat H. MALLISON [27] die Verwendung eines sog. „Rieseltopfs" vorgeschlagen, eines Blechbechers von 10 cm Höhe, 11 cm oberem und 6,5 cm unterem Durchmesser. Man stampft den Teersplitt in den Becher bei einer bestimmten Temperatur ein, stürzt ihn auf einer Holzplatte um und mißt die Zeit, bis der so entstehende abgestumpfte Teersplittkegel zusammenstürzt. Die Sturzzeiten hängen von dem Teergehalt des Teersplitts, der Viskosität und Menge des verwendeten Teers, der Prüftemperatur, der Korngröße des Gesteins und der Lagerzeit des Teersplitts ab.

Der Teergehalt des Teersplitts und der teerhaltigen Mineralgemische wird nach DIN 1996 durch Extraktion mit einem passenden Lösungsmittel, z. B. Benzol, quantitativ bestimmt. Ein Verfahren zur kolorimetrischen Bestimmung des Teergehalts hat H. MALLISON [27] angegeben; das Verfahren ist stets dann gut brauchbar, wenn der zur Herstellung des Teersplitts verwendete Straßenteer als Vergleichssubstanz zur Verfügung steht; dies ist auf den Mischwerken der Fall.

Benzol-Unlösliches. Das Benzol-Unlösliche ist ein bedeutsamer Bestandteil des Straßenteers. Es ist ein Gemisch hochmolekularer bis rußartiger Kohlenstoffverbindungen [28]. Die Teerharze verleihen dem Teer Klebekraft, die rußartigen Bestandteile üben eine Art Füllerwirkung aus. H. MALLISON [29] hat eine Aufteilung der Teere und Peche mit Hilfe selektiv wirkender Lösungsmittel vorgeschlagen, und zwar in drei Teerharzfraktionen H, M und N und zwei Teerölfraktionen m und n. Als Lösungsmittel werden bei diesem Verfahren Anthrazenöl, Pyridin, Benzol und Methanol verwendet. Die folgende Tabelle gibt ein Beispiel einer solchen Aufteilung eines Teers. Zum Vergleich ist die Aufteilung eines Pechs Ep. 67° angegeben:

	Teer %	Brikettpech %
Teerharze H, hochmolekular	4	6,5
Teerharze M, mittelmolekular	9	17,5
Teerharze N, niedrigmolekular	19	29
Teeröle m, mittelmolekular	40	27
Teeröle n, niedrigmolekular	28	20

An Stelle des Benzols wird neuerdings die Verwendung des weniger atemgiftigen Toluols empfohlen. Es ist zu erwarten, daß auch bei der genormten Straßenteeranalyse das Toluol an die Stelle des Benzols treten wird, zumal die quantitative Ausbeute an Unlöslichem durch diese Maßnahme nicht wesentlich geändert wird.

Dichte. Die Bestimmung der Dichte geschieht bei 25° mit der Spindel oder bei zähflüssigen Teeren mit dem Wägegläschen nach G. LUNGE [30]. Die Differenz zwischen der Prüftemperatur und der Bezugstemperatur von 25° in Graden wird mit 0,0007 multipliziert. Das Produkt wird bei Messungen über 25° dem abgelesenen Wert zugeschlagen, bei Messungen unter 25° davon abgezogen. Das Prüfergebnis ist auf drei Dezimalen anzugeben. Prüffehler ±0,005.

b) Straßenteer mit Bitumen.

Die Vorschriften DIN 1995 für die Beschaffenheit und Prüfung von Gemischen aus Straßenteer und Bitumen beziehen sich nur auf Mischungen aus 85% Teer und 15% Bitumen. Bei Mischungen aus Teer und Bitumen besteht eine sog. Mischungslücke; Mischungen, die zwischen 20 und 70% Bitumen enthalten, neigen zur Inhomogenität, gekennzeichnet durch eine grieselige, mitunter mit Ölabscheidung verbundene Beschaffenheit. Hier handelt es sich nicht um eine mechanische Trennung der Mischungspartner Teer und Bitumen, sondern um eine Ausflockung von Teerharzen durch Mineralöle des Bitumens, eine Störung des kolloidalen Aufbaus der beiden Bindemittel [31]. Tab. 3 enthält die Beschaffenheitsvorschriften für diese Straßenteere BT.

Tabelle 3. *Straßenteer mit Bitumen*[1].

	Bezeichnung			
	BT 40/70	BT 80/125	BT 140/240	BT 250/500
1. Zähigkeit (Viskosität) im Straßenteerviskosimeter (10 mm-Düse)				
bei 30° s	40 bis 70	80 bis 125	rd. 140 bis 240[2]	rd. 250 bis 500[2]
bei 40° s			25 bis 40	45 bis 100
2. Äußere Beschaffenheit	gleichmäßig, nicht ölabscheidend			
3. Siedeanalyse bis 300°				
a) Wasser höchstens Gew.-% .	0,5		0,5	0,5
b) Leichtöl (bis 170°) höchstens Gew.-%	1,0		1,0	1,0
c) Mittelöl (170 bis 270°) Gew.-%	7 bis 15	5 bis 13	4 bis 11	3 bis 8
d) Schweröl (270 bis 300°) Gew.-%	3 bis 9	3 bis 9	2 bis 8	2 bis 8
e) Erweichungspunkt K.S. des Rückstandes höchstens ° . .	45		45	45
4. Phenole höchstens Raum-% . .	2,5		2,5	2
5. Naphthalin höchstens Gew.-% .	3,5		2,5	2,5
6. Dichte bei 25° höchstens . . .	1,17		1,19	1,21

Die genormten ,,Straßenteere mit Bitumen'' (BT) müssen äußerlich gleichmäßig und teerartig sein. Die Zähigkeiten der einzelnen Sorten sind denen der reinen Straßenteere angeglichen. Dies bedeutet, daß ein Straßenteer BT 80/125 die gleiche Viskosität hat wie ein Straßenteer T 80/125 [32]. Er unterscheidet sich von ihm dadurch, daß ein Pechanteil von etwa 15% durch 15% Bitumen

---

[1] Diese Vorschriften gelten nur für Mischungen von 85 Gew.-% Straßenteer mit 15 Gew.-% Normenbitumen B 45. Es dürfen nur Bitumen verwendet werden, die sich mit dem Straßenteer ohne Ölabscheidung in Emulsions- oder Tropfenform mischen lassen.

[2] Maßgebend ist die Bestimmung der Zähigkeit im Straßenteerviskosimeter bei 40°. Die Zahlen für die Zähigkeit bei 30° sind nur zum Vergleich angegeben.

ersetzt ist. Hierzu ist folgendes zu bemerken: Gibt man zu einem Straßenteer bestimmter Viskosität einen Zusatz von 15% Bitumen hinzu, so erhöht sich seine Viskosität um etwa zwei Stufen; ein Straßenteer T 40/70 verwandelt sich also durch diesen Zusatz in einen Straßenteer BT 140/240. In früheren Zeiten diente die Bitumenzugabe mitunter dazu, die Viskosität eines auf der Baustelle lagernden Teers zu erhöhen, um sie der besonderen Jahreszeit oder Bauweise anzupassen. Jetzt ist diese Technik überholt und dahin vereinfacht, daß der Verbraucher an Stelle der reinen Teere fertige BT-Teere beziehen kann. Natürlich muß er dann, wenn er seiner früheren Arbeitsweise entsprechend einen höherviskosen Teer haben will, den BT-Teer mit einer um zwei Stufen höheren Viskosität bestellen.

Die Prüfung der BT-Teere auf Homogenität geschieht am besten und einfachsten mit Hilfe des Mikroskops. Hierfür liegt die folgende DIN-Vorschrift vor:

Der Straßenteer mit Bitumen wird unter Rühren auf 80 bis 90° erwärmt, dann in dünner, durchscheinender Schicht auf einen Objektträger mit Deckglas gebracht. Das Präparat wird 3 h im Trockenschrank auf 40° gehalten und dann 1 bis 2 h auf Zimmertemperatur abkühlen gelassen. Dann wird mikroskopisch bei 80- bis 150facher Vergrößerung festgestellt, ob das Bindemittel nur die normale Zusammenballung der Teerharze zeigt oder aber Ölausscheidungen aufweist. Ölausscheidungen in kleinen Tröpfchen sind unbedenklich. Unbrauchbar sind Straßenteere mit Bitumen, bei denen eine weitgehende Trennung der Komponenten eingetreten ist und die Ölanteile in großen Tropfen oder gar in unregelmäßigen Flächen zusammengeflossen sind.

Die Siedeanalyse der BT-Teere weicht insofern von der der reinen Teere ab, als nur bis 300° destilliert wird. Der Erweichungspunkt des Rückstands darf 45° nicht überschreiten. Die Bestimmungen des Rohanthrazengehalts und des Benzol-Unlöslichen fallen hier fort, während Phenole, Naphthalin und Dichte wie bei den reinen Teeren bestimmt werden.

Wichtig ist bei den Straßenteeren mit Bitumen die quantitative Analyse auf den Bitumengehalt. Vorgeschrieben ist in Deutschland ein von H. MALLISON angegebenes Sulfonierungsverfahren, darauf beruhend, daß der Teer durch die Einwirkung konzentrierter Schwefelsäure in der Wärme in wasserlösliche Sulfonsäuren übergeführt wird, während das Bitumen in wasserunlösliche Verbindungen übergeht [33]. Das Verfahren ist ein ausgesprochenes Konventionsverfahren und gibt nur dann richtige Ergebnisse, wenn es genau nach Vorschrift durchgeführt wird. Eine Abweichung von 3% nach unten und 1% nach oben ist für die Analyse zulässig. Ein Bitumengehalt von 15% wird also als vorhanden angenommen, wenn der gefundene Bitumenprozentsatz zwischen 12 und 16% liegt.

Durch einen Verzicht auf die vorherige Entfernung des Chloroform- oder Schwefelkohlenstoff-Unlöslichen kann die Analyse abgekürzt werden. Der Prüffehler beträgt dann 2% nach unten und 4% nach oben.

Manche Bitumen, die sonst den Normen entsprechen, fügen sich diesem Analysenverfahren nicht, sondern geben geringere Werte. Soll in solchen Fällen der tatsächliche Bitumengehalt eines BT-Teers ermittelt werden, so ist dies nur so möglich, daß im Laboratorium unter Verwendung desselben Teers und desselben Bitumens ein Straßenteer mit 15% Bitumen hergestellt und nach dem beschriebenen Verfahren untersucht wird. Dann läßt sich der Betrag bestimmen, der bei der Verwendung dieses Bitumen und dieses Teers den jeweils gefundenen Werten zugezählt werden muß.

Versuche zur Bitumenbestimmung unter Zuhilfenahme der verschiedenen Fluoreszenz von Teer und Bitumen in gelöster Form haben zu keinem Erfolge geführt [34], dagegen konnte H. WALTHER [35] zeigen, daß eine recht genaue Analyse durch Messung der Dielektrizitätskonstante möglich ist.

F. J. Nellensteyn und J. G. Kuipers [36] beschrieben ein Analysenverfahren, aufgebaut auf der unterschiedlichen Ausflockungsfähigkeit der beiden Bindemittel unter Verwendung von Lösungsmitteln verschiedener Oberflächenspannung. Das Verfahren ist umständlich und wird in Deutschland nicht angewandt.

Neuerdings sind in Deutschland auch Straßenteere mit höherem Bitumengehalt (30 bis 40%) auf den Markt gekommen, die trotz des hohen, in die Mischungslücke fallenden Gehalts homogen sind[1]. Sie sind mit Bitumen und Verschnittbitumen in jedem Verhältnis mischbar. Der Viskositätsabfall beim Erwärmen liegt zwischen dem der reinen Bitumen und der reinen Straßenteere. Der Rückstand bei der Destillation bis 300°, der als das eigentliche Bindemittel nach dem Verdunsten der leichter siedenden Teeröle in der Straßendecke angesehen werden kann, zeichnet sich durch eine weite Spanne zwischen Erweichungspunkt und Brechpunkt aus. Daher ist die Plastizität des eigentlichen Bindemittelanteils gegenüber den reinen Straßenteeren oder den BT-Teeren erheblich gesteigert. Auch bei diesen Bindemitteln wird das für die BT-Teere vorgeschriebene Analysenverfahren zur quantitativen Bitumenbestimmung verwendet.

c) Kaltteer.

Unter Kaltteer (Tab. 4) versteht man einen durch Zusatz eines leichtflüchtigen Lösungsmittels kaltflüssig gemachten, an sich zähflüssigen Straßenteer. Der Lösungsmittelgehalt beläuft sich auf etwa 15 bis 18%. Kaltteer dient insonderheit zur Herstellung von Teersplitt für Flick- und Bauzwecke auf der Straße.

Tabelle 4. *Kaltteer* (nach DIN 1995).

1. Äußere Beschaffenheit	gleichmäßig
2. Zähigkeit (Viskosität) im Straßenteerviskosimeter (4 mm-Düse) bei 25° höchstens	30 s
3. Siedeanalyse bis 350°	
a) Wasser höchstens Gew.-% . . . . :	0,5
b) Leichtöl (bis 170°) Gew.-%	10 bis 18
c) Mittelöl (170 bis 270°) Gew.-%	4 bis 10
d) Schweröl und Anthrazenöl (üb. 270°), umgerechnet Gew.-%	16 bis 32
e) Pechrückstand, umgerechnet auf 67° Erweichungspunkt K. S. Gew.-%	52 bis 62
f) Erweichungspunkt K. S. des Pechrückstandes höchstens °	70
4. Phenole, höchstens Raum-%	3
5. Naphthalin, höchstens Gew.-%	3
6. Rohanthrazen, höchstens Gew.-%	3
7. Benzol-Unlösliches, Gew.-%	4 bis 16
8. Gebrauchsprüfungen	
a) Klebeprüfungen	s. Prüfvorschr.
b) Verhalten des Bindemittelüberzugs bei Wasserlagerung	s. Prüfvorschr.

Die Vorschriften zur Untersuchung und Beurteilung des Kaltteers schließen sich denen der Heißteere sinngemäß an. Der Dünnflüssigkeit des Kaltteers wegen wird die Zähigkeit im Straßenteerviskosimeter mit einer 4 mm-Düse bestimmt; außerdem bei 25°, um einem unzulässigen Verdunsten von Lösungsmittelanteilen vorzubeugen. Wichtig ist für den Kaltteer die Klebeprüfung, die der Feststellung dient, ob der Kaltteer in genügend kurzer Zeit sein Lösungsmittel durch Verdunstung zu verlieren und sein Klebevermögen praktisch zu entfalten vermag.

Klebeprüfung für Kaltteer. 100 g trockener, staubfreier Basaltsplitt 2/8 mm (Basalt AG., Linz/Rh.) (Korngrößen möglichst gleichmäßig über die ganze Spanne verteilt) werden in einer runden Messingschale mit flachem Boden (Durchmesser 128 mm, innere Randhöhe

---

[1] Noch nicht genormt; Handelsname „Straßenteer VT".

15 mm, Blechdicke etwa 1,5 mm) mit 5 g Kaltteer bis zur gleichmäßigen Umhüllung mit einem Holzspatel vermischt und ausgebreitet. Die Schicht wird mit einem Glasstopfen geebnet und leicht angedrückt. Der mit Kaltteer umhüllte Splitt soll nach 24 h eine zusammenhängende Masse bilden, d. h. aus der Masse sollen beim Senkrechtstellen der Schale (wenigstens 25 sek) keine umhüllten Splitt-Teilchen herausfallen. Die Untersuchung muß bei Zimmertemperatur (etwa 20°), darf jedoch nicht im unmittelbaren Sonnenlicht vorgenommen werden.

Kaltteer ist seiner Natur nach im allgemeinen feuergefährlich, so daß beim Umgehen mit ihm auf der Straße freies Feuer fernzuhalten ist.

In Deutschland ist nur *ein* dünnflüssiger, schnellabbindender Kaltteer genormt, mit dem sich alle für ihn in Frage kommenden technischen Aufgaben erfüllen lassen.

d) Teeremulsionen.

Man unterscheidet Teer-in-Wasser- und Wasser-in-Teer-Emulsionen. Teeremulsionen sind nicht genormt, ihre Untersuchung geschieht nach landläufigen Verfahren. Der Wassergehalt wird durch Destillation mit Xylol bestimmt. Der Teer wird aus der Emulsion durch Abdestillieren des Wassers gewonnen und nach den Straßenteervorschriften untersucht. Teeremulsionen sollen gleichmäßig flüssig und lagerbeständig sein und müssen in Berührung mit dem Gestein auf der Straße möglichst bald brechen, d. h. unlöslichen, klebefähigen Teer ausscheiden. Näheres über die Untersuchung solcher bituminösen Emulsionen s. DIN 1995. Die Brechbarkeit der Emulsionen kann nach H. WEBER und W. BECHLER [37], H. MALLISON [38], A. CAROSELLI [39] und G. H. KLINKMANN [40] geprüft werden. Vgl. a. die Verhandlungen des VII. und VIII. internat. Straßenkongresses in München 1934 und im Haag 1938.

e) Straßenöl.

Zur Wiederbelebung und Pflege verhärteter oder mürbe gewordener Straßen dient eine Behandlung mit Straßenöl, einem Teeröl, das im allgemeinen aus einem hochsiedenden Steinkohlenteeröl mit Straßenteerzusatz besteht [41]. Zur Bestimmung der Zähigkeit können die Viskosimeter nach ENGLER oder RÜTGERS [42] oder das Straßenteerviskosimeter (4 mm-Düse) dienen, während die Siedeanalyse nach den Straßenteervorschriften durchgeführt werden kann.

Schrifttum.

[1] MALLISON, H.: Blick in das Kolloidsystem des Steinkohlenteers. Brennst.-Chemie 1952, S. 172.
[2] LUNGE/KÖHLER: Steinkohlenteer, 5. Aufl., Bd. 1, S. 534.
[3] HUTCHINSON: Engl. P. 22042; 1911.
[4] MALLISON, H.: Straßenbau Bd. 19 (1938) S. 541.
[5] MALLISON, H.: Asph. u. Teer Bd. 39 (1939) S. 125 — DIN 1995, U 13 a.
[6] UBBELOHDE, L.: Zur Viskosimetrie. Berlin: Verlag Mineralölforschung 1935.
[7] HÖPPLER, F.: Chemiker-Ztg. Bd. 57 (1933) S. 62.
[8] RHODES, E. O.: Consistency Measurements in the Coal Tar Industry. Amer. Soc. Test. Mater. Philadelphia (Pa.) 1938.
[9] KLINKMANN, G. H.: Jahrbuch für den Straßenbau, S. 147. Berlin: Volk- und Reich-Verlag 1937/38.
[10] DIN 1995 U 3 (3. Ausg., Nov. 1941) bzw. DIN DVM 3654.
[11] KLINKMANN, G. H.: Jahrbuch für den Straßenbau, S. 158. Berlin: Volk- und Reich-Verlag 1937/38.
[12] British Standard Specification for Tars for Road Purposes. British Standards Institution 1943. — H. MALLISON: Straßen- u. Tiefbau 1948, S. 138.
[13] FUIDGE, G. H.: J. Soc. chem. Ind. 17. April 1936 — Asph. u. Teer Straßenbautechn. Bd. 36 (1936) S. 595 — Standard Methods for Testing Tar and its Products, III. Ausg. 1950.
[14] MALLISON, H.: Die neuere Entwicklung der Straßenteere. Bitumen, Teere, Asphalte, Peche u. verwandte Stoffe 1954, H. 7, S. 206.

[15] ZERBE, C.: Mineralöle und verwandte Produkte, S. 439. Berlin/Göttingen/Heidelberg: Springer 1952.
[16] SCHLÄPFER, P.: Z. angew. Chem. Bd. 17 (1904) S. 52 — Vorschriften für bituminöse Bindemittel für den Straßenbau, März 1954, S. 45 U 16.
[17] KRAEMER, G., u. C. SARNOW: Chem. Ind. Bd. 26 (1903) S. 55; Bd. 37 (1914) S. 220 — Vorschriften für bituminöse Bindemittel für den Straßenbau, März 1954, S. 23 U 5.
[18] KRENKLER, K.: Straßenteere mit erhöhter Alterungsbeständigkeit. Straße u. Autobahn 1954, H. 3, 5 u. 6.
[19] FRANCK, H. G.: Über die Beziehungen zwischen Viskosität und Zusammensetzung von Straßenteeren. Straße u. Autobahn 1952, S. 218 — Fortschritte auf dem Gebiete der Straßenteerforschung — Folgerungen für die Praxis des Straßenbaus. VfT-Mitteilungen Straßenbau und Bautenschutz mit Steinkohlenteer 1953, H. 2, S. 4/14.
[20] SCHEUERER, A.: Bitumen, Teere, Asphalte, Peche Bd. 3 (1952) S. 29.
[21] KRENKLER, K.: Straße u. Autobahn Bd. 3 (1952) S. 84.
[22] FRANCK, H. G., u. O. WEGENER: Bitumen, Teere, Asphalte, Peche Bd. 3 (1952) S. 251; Bd. 5 (1954) S. 165.
[23] MITCHELL, J. G., u. D. G. MURDOCH: J. Soc. chem. Ind. Mai 1938.
[24] SABROU u. RENAUDIE: Asph. u. Teer Bd. 34 (1934) S. 1009.
[25] MALLISON, H.: Asph. u. Teer Bd. 38 (1938) S. 231.
[26] NELLENSTEYN, F. J.: Asph. u. Teer Bd. 29 (1929) S. 504. — H. MALLISON: Asph. u. Teer Bd. 30 (1930) S. 250. — F. J. NELLENSTEYN u. R. LOMAN: Asfaltbitumen en Teer. Amsterdam: D. B. Centen 1932.
[27] MALLISON, H.: Teersplittuntersuchung. Straßen- u. Tiefbau, Straßenbau u. Straßenbaustoffe 1954, H. 3.
[28] MALLISON, H.: Asph. u. Teer Bd. 35 (1935) S. 1001. — W. G. ADAM, W. V. SHANNAN u. J. S. SACH: A solvent Method for the Examination of Coal Tars. J. Soc. chem. Ind. Bd. 56 (1937) S. 413 T—422 T.
[29] MALLISON, H.: Untersuchungen über die Zusammensetzung von Steinkohlenteer und Pech. Teer u. Bitumen Bd. 42 (1944) S. 63 — Aufteilung von Steinkohlenteer und Pech. Bitumen, Teere, Asphalte, Peche u. verwandte Stoffe 1950, H. 12, S. 313 — Beitrag zur kolloidchemischen Analyse des Steinkohlenteers. Bitumen, Teere, Asphalte, Peche u. verwandte Stoffe 1954, H. 9, S. 287; 1955, H. 1, S. 22 und H. 6, S. 195.
[30] LUNGE, G.: Z. angew. Chem. Bd. 7 (1894) S. 449 — Vorschriften für bituminöse Bindemittel für den Straßenbau, März 1954, S. 16 U 2.
[31] MALLISON, H.: Beitrag zur Analyse der Asphalte vom Gesichtspunkt der Straßenteer-Asphaltbitumen-Mischungen. Asph. u. Teer Bd. 32 (1932) S. 375. — E. LI: Dissertation TH. Berlin 1940.
[32] MALLISON, H.: Bitumen, Teere, Asphalte, Peche u. verwandte Stoffe 1950, H. 8, S. 203.
[33] MARCUSSON, J.: Die natürlichen und künstlichen Asphalte, 2. Aufl., S. 93. Leipzig: W. Engelmann 1931. — H. MALLISON: Verkehrstechnik Bd. 8 (1928) S. 121 — Vorschriften für bituminöse Bindemittel für den Straßenbau, März 1954, S. 49 U 22.
[34] BECKER, W.: Asph. u. Teer Bd. 30 (1930) S. 87. — W. TEUSCHER: Chem. Fabrik Bd. 3 (1930) S. 53.
[35] WALTHER, H.: Mitt. Dachpappenindustrie Bd. 11 (1938) S. 104.
[36] NELLENSTEYN, F. J., u. J. G. KUIPERS: Chem. Weekbl. Bd. 29 (1932) S. 291.
[37] WEBER, H., u. W. BECHLER: Asph. u. Teer Bd. 32 (1932) S. 45.
[38] MALLISON, H.: Erdöl u. Teer Bd. 4 (1928) S. 27.
[39] CAROSELLI, A.: Bitumen Bd. 6 (1936) S. 61.
[40] KLINKMANN, G. H.: Asph. u. Teer Bd. 33 (1933) S. 842 — Z. angew. Chem. Bd. 47 (1934) S. 556.
[41] MALLISON, H.: Straßenöl. Straßenbau u. Straßenbaustoffe 1950, H. 3, S. 66 u. H. 4, S. 89.
[42] MALLISON, H.: Chemiker-Ztg. Bd. 49 (1925) S. 392 — Teer u. Bitumen Bd. 26 (1928) S. 317 — DIN DVM 2137.

B. Die Prüfung der Bautenschutzmittel aus Steinkohlenteer.

Von H. Mallison, Essen.

Die Baustoffe — Holz, Mauerwerk, Beton, Stahl, Eisen usw. — müssen gegen schädigende Einflüsse geschützt werden. An Bauwerken können Schäden durch Niederschläge, Kondenswasserbildung, Vereisung, Industriegase und aggressive Wässer und Dämpfe eintreten. Das Holz kann Schädigungen durch Verrotten und durch tierische und pflanzliche Lebewesen erfahren. Zur Abwehr dieser schädigenden Einflüsse sind Schutzstoffe geschaffen worden, mit denen die Bauteile und Baustoffe bekleidet oder getränkt werden. Die Steinkohlenteererzeugnisse spielen hier in Form von Abdeckungen und Isolierungen, von schützenden Anstrichen oder Imprägnierungen seit jeher eine bedeutende Rolle. Dachpappen und Isolierungen sind mit Teerweichpech getränkt und überzogen und werden mit Teerklebemasse verklebt. Putzwände werden mit Anstrichmitteln aus Teer heiß oder kalt gestrichen und gedichtet. Eiserne Rohre bekommen einen Schutz mit Rohrwickelmasse; andere Eisenteile werden mit Teerlacken gegen Verrosten geschützt. Eisenbahnschwellen und Leitungsmaste werden mit Teeröl getränkt.

Die Prüfung aller dieser in ihren Eigenschaften auf den Zweck zugeschnittenen Erzeugnisse geschieht nach Vorschriften und Regeln, die teils durch DIN genormt, teils einer langjährigen Erfahrung in Labor und Praxis entsprungen sind. Viele dieser Prüfverfahren gehören in den allgemeinen Rahmen der Methodik, die für andere, nicht dem Bautenschutz dienende Teererzeugnisse üblich geworden ist (Erweichungspunkt, Viskosität, Siedeanalyse usw.). Darüber hinaus hat die Industrie der Bautenschutzmittel in Zusammenarbeit mit den Behörden zahlreiche Sonderverfahren entwickelt.

1. Abdichtung.

Das Eindringen von Feuchtigkeit in die Bauwerke und ihre Konstruktionsteile muß verhindert werden. Gefährdet sind besonders die Fundamente, weil sie, je nach Gründungstiefe, im Grundwasser stehen, das häufig aggressiv ist. Der Schutz der Bauten gegen Feuchtigkeit geschieht durch Sperrschichten oder Abdichtungen.

Zur Abdichtung gegen aufsteigende Feuchtigkeit dienen die beiderseits besandeten, mit Teerprodukten imprägnierten und überzogenen *Teer-Isolierpappen* (Verlegung gemäß DIN 4117). In einzelnen Fällen werden für diesen Zweck auch einfache, beiderseits besandete *Teerdachpappen* (DIN 52121) oder Teer-Sonderdachpappen (DIN 52140) verwendet. Die Abdichtung gegen seitlich eindringende Feuchtigkeit wird in der Regel mit *nackten Teerpappen* (teergetränkte Pappen ohne Deckschichten und Bestreuung (DIN 52126) ausgeführt. Prüfverfahren für diese verschiedenen Teerpappen werden unter 2. *Dachdeckung* beschrieben.

Zum Aufkleben dient eine heiße *Teer-Klebemasse*. Eine 3lagige Abdichtung erhält beispielsweise sieben Heißanstriche.

Die Vorschriften für wasserdruckhaltende Dichtungen sind in DIN 4031 zusammengefaßt. Für Abdichtungen an Bauwerken, wie Brücken, Tunneln, Über- oder Unterführungen, hat die Bundesbahn im Einvernehmen mit der Bauindustrie die ,,Anweisung für Abdichtung von Ingenieur-Bauwerken'', kurz AIB genannt, herausgegeben[1]. Hierin sind die Vorschriften für die Abdichtungsstoffe und die Abdichtungsarten enthalten. Für die Abdichtungsmittel aus Steinkohlenteer und Pech gelten die folgenden Lieferbedingungen (Tab. 1, 2 und 3).

Soweit die zu den Lieferbedingungen und Beschaffenheitsvorschriften gehörenden Prüfverfahren durch DIN 1995 und 1996 genormt sind, erübrigt sich ihre Wiederholung. Die für die AIB geltenden Sonderprüfverfahren werden aber im folgenden wiedergegeben.

---

[1] 2. Ausgabe vom 1. 11. 1953. Druck: J. Gotteswinter, München 22.

Tabelle 1.

Technische Lieferbedingungen der Bundesbahn für Abdichtungsstoffe: Steinkohlenteerpech-Aufstrichmittel.

1	2	3	4	5	6	7	8	9	10	11	12
			Deckaufstriche				Vergußmassen für			Prüfverfahren nach	
Lfd. Nr.	Zusammensetzung und Eigenschaften	Voranstrich	kaltflüssig	heißflüssig	pastenförmig	Klebemassen	waagrechte und wenig geneigte Fugen [1])	stark geneigte und senkrechte Fugen [1])	Mörtel	AIB	DIN
	Baustoff Nr.	4682,01	4682,02	4682,03	4682,04	4682,05	4682,06	4682,07	4682,08		

Zusammensetzung in Gew.-%

1	Gehalt an — Steinkohlenteerpech	—	50 bis 80 +	60 bis 100 o	mindestens 50 o[2])	60 bis 100 o	35 bis 65 o[2])	mindestens 60 o[2])	mindestens 10 o[2])	+ 4,211 o 4,312	—
2	Gehalt an — Lösungsmittel	—	20 bis 50 +	—	Rest o	—	—	—	—	+ 4,211 o 4,312	
3	Gehalt an — mineralischen Füllstoffen	—	—	0 bis 40	höchstens 40 [4])	0 bis 40	35 bis 65	höchstens 40 [5])	höchstens 90	4,312	—

Kennwerte

4	Beschaffenheit	bei 0° noch streichfähig, ohne Bodensatz und Klumpen	fest	pastenförmig	fest	fest	fest [3])	fest	4,215	—	
5	Erweichungspunkt des Pechs [°C]	50 bis 70	50 bis 70	—	—	—	—	—	30 bis 55 [5])	4,214	1995
6	Erweichungspunkt des Festkörpers [°C]	—	—	mindestens 50	mindestens 90	mindestens 50	60 bis 85	mindestens 90	—	4,214	1995
7	Absetzbarkeit in geschmolzenem Zustand (bei 150°)	—	—	nicht absetzen	—	nicht absetzen	nicht absetzen	—	4,32	1996	
8	Flammpunkt [°C]	mindestens 35	mindestens 35	—	—	—	—	—	—	—	53661
9	Trockenzeit bis zur Staubtrockenheit [h]	3	12	—	50	—	—	—	—	4,216	
10	Flüssigkeitsgrad im Rütgersviskosimeter bei 20° [s]	15 bis 25	mindestens 50	—	—	—	—	—	—	—	52137
11	Deckvermögen	—	ausreichend	—	—	—	—	—	—	4,218	
12	Fließlänge bei 55° in 3 Stunden [mm]	—	—	höchstens 50	—	—	höchstens 30	0	—	4,32	1996
13	Wärmebeständigkeit bei +70°	—	—	kein Ablaufen	—	kein Ablaufen	—	—	—	4,217	
14	Kältebeständigkeit bei +4°	—	—	keine Risse beim Biegen	—	keine Risse beim Biegen	—	—	—	4,217	
15	Biegevermögen bei +4° [mm]	—	—	mindestens 60	—	mindestens 60	—	—	—	4,32	
16	Kugelfallhöhe bei 0° [cm]	—	—	mindestens 50	—	mindestens 50	mindestens 30	mindestens 200	—	—	1996
17	Wasserundurchlässigkeit 0,2 kg/cm²; 8 h / 1,0 kg/cm²; 8 h	— / —	dicht / —	— / dicht	— / dicht	— / dicht	— / —	— / —	— / —	4,219	

[1]) Auch für wenig geneigte und waagrechte Fugen geeignet. — [2]) Chloroformlösliche Anteile. — [3]) In aufgeschmolzenem Zustand muß die Masse spachtelfähig sein. — [4]) Asbest mit höchstens $^1/_3$ Steinmehl. — [5]) Mindestens 20 % langfaseriger Asbest, Rest Steinmehl. — +, o Siehe Prüfverfahren Spalte 11.

Steinkohlenteerpech-Aufstrichmittel.

Nr. 4. Beschaffenheit, Streichfähigkeit. Ein brauchbares Aufstrichmittel muß von abgetrocknetem Beton gut und rasch angenommen werden und nach wenigen Pinselstrichen eine zusammenhängende Haut bilden. Kaltflüssige Aufstrichmittel dürfen beim Aufstreichen keine Fäden ziehen.

Die Prüfung wird an trockenen Flächen von Mörtelscheiben mit einem Pinsel von etwa 20 mm Breite und 15 mm Borstenlänge bei etwa 20° durchgeführt. Als Probekörper sind Scheiben von 23 cm Ø und 3 cm Dicke geeignet, aus 1 Gewichtsteil Portlandzement 225, 3 Gewichtsteilen Normensand Körnung und 0,3 Gewichtsteilen Wasser. Die Platten sind auf Vorrat zu fertigen; sie müssen mindestens 28 Tage alt sein.

Nr. 9. Trockenzeit. Die Trockenzeit wird an Aufstrichen ermittelt, die auf glatten Glasplatten aufgebracht worden sind. Die Glasplatten werden während der Trockenzeit lotrecht aufgestellt. Dünnflüssige und dickflüssige Aufstrichmittel werden einmal aufgestrichen, pastenförmige 2 mm dick aufgebracht. Für Voranstriche werden an Aufstrichmittel etwa 250 g/m², für Deckaufstriche etwa 350 g/m² gebraucht.

Ein Aufstrich gilt als staubtrocken, wenn sich aufgestreuter, trockener, gewaschener Sand mit einem Haarpinsel leicht und vollständig wieder entfernen läßt. Die Korngröße des Sandes ist so zu wählen, daß er ohne Rückstand durch ein Sieb mit Prüfsiebgewebe 0,3 DIN 1171 hindurchgeht und auf einem Sieb 0,15 DIN 1171 liegenbleibt.

Nr. 11. Deckvermögen. Ein kaltflüssiges Deckaufstrichmittel soll kleine Unebenheiten und Poren des Betons ausfüllen und nach dem Trocknen eine zusammenhängende Haut bilden. Ein solches Aufstrichmittel besitzt genügendes Deckvermögen, wenn es auf einem Drahtgewebe aus Messingdraht von 0,4 mm Dicke und 0,6 mm Maschenweite (Prüfsiebgewebe 0,6 DIN 1171) eine zusammenhängende, lückenlose Haut bildet.

Zur Prüfung wird ein derartiges Drahtgewebe von 10 cm Länge und 5 cm Breite bei etwa 20° in die flüssige, gut durchgerührte Masse getaucht, an einer zugluftfreien Stelle aufgehängt und nach dem Trocknen in durchscheinendem Licht betrachtet. Das Drahtgewebe muß sauber und vor dem Versuch kurz ausgeglüht worden sein. In der AIB finden sich auf S. 82 Abbildungen für Aufstrichmittel mit gutem, eben ausreichendem und unzureichendem Deckvermögen.

Für Aufstrichmittel, die im Winter verwendet werden sollen, ist die Prüfung bei +4° durchzuführen.

Nr. 13/14. Wärme- und Kältebeständigkeit. Ein entfetteter Messingblechstreifen 10 cm lang, 3 cm breit und 0,2 mm dick wird mit kaltflüssigem Aufstrichmittel einmal gestrichen und getrocknet. Heißflüssige Aufstrichmittel und Klebemassen werden auf etwa 180° erwärmt und 0,2 mm dick, pastenförmige Aufstrichmittel 2 mm dick aufgebracht. Die Blechstreifen werden 2 h lotrecht hängend im Trockenschrank auf 70° erhitzt. Das Aufstrichmittel darf dabei nicht ablaufen.

Aufstriche, die nach den gleichen Bedingungen wie für die Prüfung auf Wärmebeständigkeit hergestellt sind, werden ½ h in einem geeigneten Kältebad auf +4° abgekühlt. Kalt- und heißflüssige Aufstrichmittel werden um einen 4 mm, pastenförmige um einen 20 mm dicken Rundstab in 3 sek um 180° gebogen. Der Aufstrich darf weder Risse bekommen noch abplatzen.

Nr. 15. Biegevermögen. Kalt zu verarbeitende Teerpechaufstrichmittel gemäß 13.

Bei heißflüssigen Teerpechaufstrichmitteln wird ein 5 mm dickes Stahlblech mit einer Aussparung von 330 mm × 50 mm auf Zeitungspapier gelegt und die Aussparung mit der Teerpechmasse ausgegossen. Nach Erkalten wird die überschüssige Masse mit einem heißen Messer abgestreift.

Die füllstoffhaltige Masse darf nicht so hoch erwärmt werden, daß sich die Füllstoffe absetzen. Die aus den Blechen entfernten Teerpechstreifen werden auf ihre Kältebeständigkeit mit dem SCHARNBECK-NEUMANN-Gerät geprüft. Die Probekörper werden nach 2stündiger Abkühlung auf +4° in das Gerät gelegt und in der Sekunde 1 mm bis zur Rißbildung oder bis zum Bruch gebogen. Das Durchbiegen bis 60 mm soll 2 min nach Herausnehmen der Probekörper aus dem Kühlschrank beendet sein.

Nr. 17. Wasserundurchlässigkeit, pastenförmige Aufstrichmittel. Die Wasserundurchlässigkeit ist bei ordnungsgemäßer Verarbeitung der bituminösen Aufstrichmittel ohnedies gegeben. Wenn trotzdem in Einzelfällen eine derartige Prüfung gefordert wird, so ist wie folgt zu verfahren:

Ein kreisförmiges Drahtgewebe aus Bronzedraht (0,065 mm Drahtdicke und 0,102 mm lichte Maschenweite; Prüfsieb 0,102 DIN 1171) von etwa 15 cm Ø ist auf einen etwa 1 mm dicken Weißblechring von 12 cm äußerem Durchmesser und 11,3 cm innerem Durchmesser (Flächeninhalt des Kreisausschnitts = 100 cm²) aufgelötet. Das durch Benzol entfettete Drahtgewebe wird mit einem bedingungsgemäßen Voranstrichmittel bestrichen und nach 24 h das Deckaufstrichmittel aufgetragen. Kaltflüssige Aufstrichmittel werden auf das

Tabelle 2. *Vorläufige Technische Lieferbedingungen der Bundesbahn für Abdichtungsstoffe: Steinkohlenteerpech-Emulsionen.*

1	2	3	4	5	6	7
Lfd. Nr.	Zusammensetzung und Eigenschaften	Voranstrich	Deckaufstriche dickflüssig	pastenförmig	Prüfverfahren nach	
	Baustoff Nr.	4684,01	4684,02	4684,03	AIB	DIN
*Zusammensetzung in Gew.-%*						
1	Steinkohlenteerpech	—	mindest. 25 [1]	mindest. 20 [1]	4,312	1995 [3]
2	Gehalt an	Wasser	—	höchstens 45	höchstens 45	—	1995 [3]
3	mineralischen Füllstoffen	—	höchstens 30 [2]	höchstens 35 [2]	4,312	1995 [3]
*Kennwerte*						
4	Beschaffenheit		sahnig	pastenförmig	—	—
5	Erweichungspunkt des Festkörpers [°C]		40 bis 70	mindest. 90	4,214	1995 [3]
6	Trockenzeit bis zur Staubtrockenheit [h]		5	5	4,216	—
7	Aschegehalt [%]	Der Voranstrich wird an der Baustelle durch Verdünnen des Deckaufstrichs in der Form hergestellt, daß auf 4 Teile Deckaufstrich 1 Teil Wasser kommt	höchstens 25	höchstens 30	—	1995 [3]
8	Reaktion		p$_H$ = 6 bis 8	—	—
9	Stabilitätsgrad		stabil	—	1995 [3]
10	Deckvermögen		ausreichend	—	4,218	—
11	Wärmebeständigkeit bei +70°		nicht ablaufen	4,217	—
12	Wasserundurchlässigkeit 0,2 kg/cm²; 8 h 0,5 kg/cm²; 8 h		dicht	—	dicht	4,32	—
13	Lagerbeständigkeit [Wochen]		mindestens 8	—	1995 [3]
14	Frostbeständigkeit bei −8° (v. 1. 10. bis 31. 3.)		frostbeständig	—	1995 [3]

[1]) Chloroformlösliche Anteile. — [2]) Chloroformunlösliche Anteile. — [3]) Die Prüfung erfolgt wie bei Bitumen-Emulsionen.

senkrecht gestellte Drahtgewebe aufgestrichen, und dieser Aufstrich wird nach 24 h und nach Drehung des Gewebes um 180° wiederholt. Heißflüssige Aufstrichmittel und Klebemassen werden 1 mm dick, pastenförmige 3 mm dick aufgebracht. Aufstreichen und Trocknen sind bei 20° vorzunehmen. Die Scheibe ist mit der bestrichenen Fläche auf der Seite des Wasserdrucks in einen Wasserdurchlässigkeitsprüfer einzuspannen, wobei auf der dem Wasserdruck abgewandten Seite ein grobmaschiges Drahtgewebe einzulegen ist, um das Durchdrücken des Messingdrahtgewebes zu vermeiden.

Die Prüfung erstreckt sich über 8 h bei einem Wasserdruck von 0,20 kg/cm² für kalt- und heißflüssige oder 0,50 kg/cm² für pastenförmige Aufstrichmittel.

Dichtungsträgerbahnen.

Eine Dichtungsträgerbahn soll, auch wenn die Abdichtung am Bauwerk keinen nennenswerten Wasserdruck auszuhalten hat, unter einem Druck von 1 kg/cm² 1 h lang keine Undichtigkeit zeigen.

Die Prüfung wird als sogenannter Schlitzversuch mit einem geeigneten Wasserdurchlässigkeitsprüfer bei etwa 20° durchgeführt. Ein rundes Probestück der Dichtungsträgerbahn von 23 cm ⌀ wird auf ein 3 mm dickes Stahlblech mit vier radial angeordneten Schlitzen von 5 mm Breite und 25 mm Länge aufgelegt. Blech und Dichtungsträgerbahn werden zwischen Gummiringen in das Prüfgerät fest eingespannt. Der Wasserdruck wird dann zunächst 1 h lang auf 0,3, dann 1 h lang auf 1,0 kg/cm² gehalten.

Soll eine Abdichtung am Bauwerk größerem Wasserdruck, wenn auch nur vorübergehend, ausgesetzt werden, so ist festzustellen, wieviel zusammengeklebte Bahnen bei dreifacher Sicherheit Dichtigkeit gewährleisten. Bei der Drucksteigerung ist der Druck je 1 h auf 1, 2, 3 kg/cm² usw. zu halten. Der maßgebende Druck muß 24 h lang ausgehalten werden.

Teerpechaufstrichmittel werden gemäß AIB 4,32 streichfertig auf Mörtelscheiben (von 23 cm ⌀ und 3 cm Dicke, aus 1 Gewichtsteil Portlandzement 225, 3 Gewichtsteilen Normensand der Körnung II und 0,3 Gewichtsteilen Wasser), die mit Teerpech-Voranstrichmitteln gestrichen sind, in vorgeschriebener Dicke aufgetragen. Um die heiß zu verarbeitenden Stoffe gut verstreichen zu können, sind die Platten auf 50 bis 60° zu erwärmen. (Als Anhalt kann dienen: Eine Menge von 50 g heiß zu verarbeitenden Aufstrichmitteln gibt für diese Platten eine etwa 1 mm dicke Schicht.)

Der Dichtungsaufstrich ist stets an der rauheren Seite der Platten aufzubringen. Die mit Aufstrich versehenen Platten werden im BURCHARTZschen Wasserdruckgerät gemäß AIB 4,219 geprüft.

Steinkohlenteerpech-Emulsionen.

Die für diese Erzeugnisse geltenden Prüfverfahren sind bereits bei den Prüfverfahren für die Aufstrichmittel beschrieben.

Getränkte Einlagen.

Nr. 6 und 7. Wärme- und Kältebeständigkeit. Zur Prüfung auf ausreichende Wärmebeständigkeit wird ein quadratisches Probestück von 10 cm Seitenlänge lotrecht hängend im Trockenschrank 2 h auf 60° erhitzt. Die Deckschicht darf dabei nicht abfließen.

Ein weiteres Probestück gleicher Größe wird nach mindestens halbstündigem Abkühlen auf +4° um einen 20 mm dicken Rundstab in 3 sek um 180° gebogen. Es dürfen dabei keine Risse auftreten.

Nr. 8 und 9. Zugfestigkeit und Dehnbarkeit. Die Prüfungen werden mit Probestreifen von 20 cm freier Einspannlänge und 5 cm Breite auf einer geeigneten Zugprüfmaschine ausgeführt. Die Prüfstreifen müssen vorher 1 h bei einer Temperatur von etwa 20° gelagert haben. Es werden mindestens je drei Probestreifen in Längs- und Querrichtung aus den Bahnen herausgeschnitten. Bei den Dichtungsträgerbahnen mit Jute- oder Glasgewebe ist auf möglichst fadengerechtes Herausschneiden der Probestreifen zu achten. Die Zuglast soll um etwa 2 kg/sek zunehmen.

Tabelle 3. *Technische Lieferbedingungen der Bundesbahn für Abdichtungsstoffe:*
getränkte Einlagen.

1	2	3	4	5	6
Lfd. Nr.	Zusammensetzung und Eigenschaften	getränktes Jutegewebe	getränkte Wollfilzpappe	Prüfverfahren nach	
	Baustoff Nr.	4686,01	4686,02	AIB	DIN
Zusammensetzung					
1	Träger, Trägergewicht	Jutegewebe 300 g/m² +	Wollfilzpappe 500 g/m² o	4,223	o 52123
2	Tränkmasse	Bitumen oder Steinkohlenteer-Erzeugnisse		—	52122 52129
3	Gehalt an Tränkmasse	mindestens 0,20 kg/m²	mindestens das 1,0fache des Gewichtes der bis zur Gewichtskonstanz getrockneten Pappe	—	52123
Kennwerte					
4	Beschaffenheit	Im Schnitt keine ungetränkten Stellen		4,221	—
5	Erweichungspunkt der Tränkmasse [°C] Bitumen Teererzeugnisse	40 bis 60		4,214	1995 —
6	Wärmebeständigkeit bei +60°	kein Ablaufen oder Zusammenkleben		4,224	—
7	Kältebeständigkeit bei +4°	beim Biegen knick- und bruchfrei		4,224	—
8	Zugfestigkeit [kg] längs und quer quer	60 50	20 10	4,225	—
9	Dehnvermögen [%] längs und quer quer	5 5	2 2	4,225	—

+ o Siehe Prüfverfahren Spalten 5 und 6.

2. Dachdeckung.

Die besandeten *Teerdachpappen* sind durch DIN 52121 genormt und kommen als 500er und 333er Ware in den Handel. Diese Bezeichnungen bedeuten, daß die Pappeeinlagen 500 und 333 g/m² wiegen.

Teer-Sonderdachpappen (DIN 52140) werden aus 500er oder 333er Roh- oder Wollfilzpappe durch Tränken und beiderseitiges Aufbringen einer Sonderdeckschicht hergestellt. Sie sind beiderseitig mit mineralischen Stoffen bestreut. Die Deckschichten der Teer-Sonderdachpappen werden aus Weichpech oder Sonderpech hergestellt, die meist noch mineralische Füller enthalten.

Nackte Teerpappen, 500er und 333er, DIN 52126, sind mit Weichpech getränkte Roh- oder Wollfilzpappen ohne Deckschicht und ohne Bestreuung oder Abpuderung. Sie dürfen aufgerollt nicht zusammenkleben.

Tabelle 4. *Normenansprüche an Teerpappen und Teerdachpappen.*

	Nackte Teerpappen DIN 52126		Teerdachpappen, beiderseitig besandet DIN 52121	Teer-Sonderdachpappen DIN 52140
Gehalt an Tränkmasse	500er 333er	mindestens d. 1,0fache des Gewichts der absolut trokkenen Rohpappe	500er: mindestens 1,0 kg/m² 333er: mindestens 0,7 kg/m²	
Gehalt an lösl. Tränk- und Deckmasse	—		—	500er: mindestens 1,0 kg/m² 333er: mindestens 0,7 kg/m²
Wasserundurchlässigkt.	—		3 cm WS 72 h	10 cm WS 72 h
Bruchlast	500er: mindestens 15 kg 333er: mindestens 12 kg		500er: mindestens 20 kg 333er: mindestens 15 kg	500er: mindestens 20 kg 333er: mindestens 15 kg
Dehnung	mindestens 2%		mindestens 2%	mindestens 2%
Biegsamkeit	—		3 cm Dorn/20° keine Rißbildung	5 cm Dorn/20° keine Rißbildung
Kältebeständigkeit	3 cm Dorn/0° nicht brechen		—	5 cm Dorn/0° weder einknicken noch durchbrechen
Wärmebeständigkeit	—		—	kein Fließen bei 70°/2 h

Prüfverfahren für Teerpappen und Teerdachpappen.
DIN 52123 (März 1939).

a) *Gewicht der Pappeneinlagen.* Aus jedem Probestück werden drei 100 cm² große Proben aus der Mitte und aus der Nähe der Rollenränder entnommen und im Extraktionsgerät nach SOXHLET (DENOG 64) unter Verwendung einer SCHLEICHER- und SCHÜLL-Hülse Nr. 603, die oben mit Watte verschlossen ist, gemeinsam erschöpfend mit Chloroform DAB 6 ausgezogen. Die zurückbleibenden Pappen werden, nachdem sie gegebenenfalls mit einem weichen Pinsel von anhaftenden Teilchen befreit sind, bei 105° bis zur Gewichtsbeständigkeit getrocknet (Trockenschrank DENOG 201 oder 202; Laboratoriums-Thermometer, Stabform 0 bis 250 DENOG 778) und gemeinsam gewogen. Das so ermittelte Gewicht ergibt bei Teerdachpappe, nackter Teerpappe sowie Teer-Sonderdachpappe mit 33,3 vervielfacht das Quadratmetergewicht der Pappeneinlage der Probe. Bei nackter Bitumenpappe und Bitumendachpappe ist zu dem so ermittelten Gewicht ein Zuschlag von 10%, bei Teer-Bitumendachpappen ein Zuschlag von 5% als Ausgleich für die Feuchtigkeit zu machen. Untergewichte bis zu 7% sind nicht zu beanstanden.

b) *Gehalt an Tränk- und Deckmasse.* Die nach a) gewonnenen Lösungsmittelauszüge werden auf dem Wasserbade (DENOG 203 bis 206) bis zum Entfernen der Hauptmenge des Chloroforms aus dem SOXHLET-Kolben abdestilliert. Der Rückstand wird unter Nachspülen mit etwas Chloroform in eine einschließlich des Glasstabs gewogene flache Porzellanschale von 15 cm ⌀ gegeben und unter Umrühren auf dem Wasserbade eingedampft, bis der Lösungsmittelgeruch gerade verschwunden ist. Das Gewicht des Auszugs in Gramm ergibt, nachdem bei Teerdachpappe und nackter Teerpappe als Ausgleich für die unlöslichen Teerbestandteile ein Zuschlag von 10% gemacht worden ist, mit 33,3 vervielfacht bei nackten Teer- und Bitumenpappen den Gehalt an Tränkmasse je Quadratmeter, der, bezogen auf das Quadratmetergewicht der völlig trockenen Pappe, in Prozenten angegeben wird, bei Bitumendachpappe, Teerdachpappe sowie Teer-Sonderdachpappen und Teer-Bitumendachpappen den Gehalt an Tränk- und Deckmasse je m².

c) *Wasserundurchlässigkeit.* Mindestens zwei aus jedem Probestück herausgeschnittene quadratische Proben werden, auf einem Drahtgewebe von etwa 1 cm lichter Maschenweite liegend, auf der Oberseite in einer Fläche von 20 cm × 20 cm einem Wasserdruck von 3 cm bei Teerdachpappe und von 10 cm bei Bitumendachpappe, Teer-Sonderdachpappe und Teer-Bitumendachpappe auf die Dauer von 72 h ausgesetzt. Beobachtet wird, ob Durchfeuchtung oder Tropfenbildung eintritt. Es ist dafür zu sorgen, daß Wasserverdunstung an der Unterseite vermieden wird.

d) *Bruchlast und Dehnung.* Mindestens je fünf in der Längs- und Querrichtung aus jedem Probestück herausgeschnittene Probestreifen von 5 cm Breite werden nach mindestens 24stündigem Lagern bei 20 ± 1° und etwa 65% relativer Luftfeuchtigkeit bei 20 cm freier Einspannlänge und mit einer Geschwindigkeit zerrissen, die einer Belastungszunahme von etwa 2 kg je sek entspricht. Die Länge der Probestreifen ist so zu wählen, daß die Streifenenden aus den Klemmbacken herausragen. Die Summe der Einzelwerte sowohl der Bruchlast als auch der Dehnung wird gemittelt.

e) *Biegsamkeit.* Mindestens je drei in der Längs- und Querrichtung aus jedem Probestück herausgeschnittene Proben von 20 cm Länge und 5 cm Breite werden nach 24stündigem Lagern bei 20 ± 1° und etwa 65% relativer Luftfeuchtigkeit der Länge nach um einen zylindrischen Dorn von 3 cm ⌀ in 3 sek mit gleichbleibender Geschwindigkeit so gebogen, daß die Pappe auf der halben Mantelfläche des Dorns anliegt, ohne daß dabei ein Zug auf die Probe ausgeübt wird. Längs- und Querproben werden nach beiden Seiten gebogen. Zu jeder einzelnen Prüfung wird eine neue Probe benutzt. Festgestellt wird, ob an der nach außen gewölbten Seite der Probe Risse auftreten.

f) *Kältebeständigkeit.* Die Prüfung auf Kältebeständigkeit wird wie die Prüfung auf Biegsamkeit ausgeführt, jedoch werden die Proben vor der Prüfung ¹/₂ h lang in ein Eis-Wasser-Gemisch mit der Temperatur 0° gelegt (Laboratoriums-Thermometer, Stabform 0 bis 100 DENOG 778). Die Biegeprüfung wird sofort nach Herausnahme der Proben aus dem Wasserbad unmittelbar über ihm vorgenommen.

g) *Wärmebeständigkeit.* Von jedem Probestück werden mindestens zwei 100 cm² große Proben freihängend im Trockenschrank 2 h lang einer Tempera-

Tabelle 5. *Normenansprüche an Teer-Tränkmassen.*
DIN 52122 (Juli 1937).

Wassergehalt	höchst. 1%
Erweichungspunkt K.S.	16 bis 40°
Erweichungspunkt R. und K.	28 bis 54°
Siedeverhalten (Kupferkolben)	bis 250° höchst.
	5% Teeröldestillat
Naphthalingehalt	höchst. 2,5%

Prüfung nach DIN 52124.

tur von $70 \pm 2°$ ausgesetzt (Laboratoriums-Thermometer, Stabform 0 bis 100 DENOG 778). Dann wird geprüft, ob ein Fließen der Deckschichten eingetreten ist. Das ist der Fall, wenn die Deckschichten verlaufen sind, d. h. sich stellenweise Ansammlungen oder Verdickungen, beispielsweise in Tropfen- oder Halbringform, gebildet haben.

Tabelle 6. *Normenansprüche an Teer-Klebemassen.*
DIN 52138 (Sept. 1930).

Beschaffenheit	bei 20° fest, glatt und glänzend
Wassergehalt	höchst. 1%
Aschegehalt	höchst. 1%
Siedeverhalten (Kupferkolben)	bis 250° höchst. 4%
Naphthalingehalt.	höchst. 3%
Erweichungspunkt K. S.	30 bis 50°

Prüfung nach DIN 52139.

3. Dachpflege.

Zur Pflege der Teerpappdächer durch Anstrich dienen präparierte Teere (Dachteere), genormt durch DIN 52136. Sie müssen im angewärmten Zustand gut streichbar sein und sollen nach einer gewissen Trockenzeit eine zäh-elastische, nicht klebende Schicht hinterlassen, die die Dachhaut wiederbelebt und die Pappeinlage vor Wind und Wetter schützt.

Tabelle 7. *Normenansprüche an Dachteere.*

Beschaffenheit	bei 20° flüssig, glatt und glänzend
Wassergehalt	höchst. 1%
Aschegehalt	höchst. 1%
Naphthalingehalt.	höchst. 5%
Siedeverhalten . . . . {	bis 200° höchst. 2%
	bis 250° höchst. 25%
Viskosität nach RÜTGERS bei 50°	20 bis 60 sek

Prüfung nach DIN 52137.

Wassergehalt: 100 g werden mit 50 ml Xylol bis 180° destilliert.

Naphthalingehalt: Das bei der Siedeanalyse bis 250° übergegangene Destillat wird nach dem Erkalten $^1/_2$ h in Eiswasser gestellt. Das ausgeschiedene Naphthalin wird abgesaugt, abgepreßt und gewogen.

Siedeverhalten: Die Versuchsvorrichtung besteht aus einem kugelförmigen, kupfernen Siedegefäß von 66 mm $\varnothing$ mit kleinem abgeflachten Boden, 150 ml Inhalt und 0,6 bis 0,7 mm Wanddicke. Zur Aufnahme des Siederohrs besitzt das Siedegefäß einen Stutzen von 25 mm Länge, 20 mm unterer und 22 mm oberer lichter Weite. Das mit einem Korken darin befestigte gläserne Siederohr von 14 mm lichter Weite und 150 mm Länge ist in der Mitte zur Kugel erweitert.

Ein Ansatzrohr von 8 mm lichter Weite und 120 mm Länge ist 10 mm über der Kugel unter einem Winkel von 70 bis 80° angeschmolzen. Das Quecksilbergefäß des im Siederohr untergebrachten Thermometers, das aus möglichst dünnwandigem Glas bestehen und nicht mehr als den halben Durchmesser des Siederohrs haben soll, muß sich in der Mitte der Kugel befinden. Das Siedegefäß steht auf einer Asbestplatte mit kreisförmigem Ausschnitt von 50 mm $\varnothing$ auf einem Ofen, dessen Mantel 10 mm vom oberen Rand mit vier runden Öffnungen zum Austritt der Verbrennungsgase versehen ist. Es wird durch einen einfachen Bunsenbrenner von 7 mm Rohrweite mit blaubrennender Flamme erhitzt. Als Kühlrohr dient ein Glasrohr von 20 mm lichter Weite und 800 mm Länge, das so geneigt ist, daß sich der Ausfluß 100 mm tiefer als der Eingang befindet.

Die kalt zu verarbeitenden Dachanstrichstoffe sind in geeigneten Lösungsmitteln gelöste Steinkohlenteere oder -peche. Sie dürfen nicht ablaufen und
abtropfen und müssen rissefrei auftrocknen.

Dachspachtelmassen sind Steinkohlenteerprodukte in gelöster oder emul-
gierter Form. Sie werden auf Betondächern nach dem Aufbringen eines Vor-
anstrichs in 2 bis 5 mm dicker Schicht verspachtelt. Auf Dächern mit Holz-
schalung werden sie mit Einlagen aus Glasvlies, Glasfasergewebe, Jutegewebe
oder Dachpappe verarbeitet. Die Massen können Faserstoffe oder Mineralmehle
als Füllstoffe enthalten.

4. Rostschützende Anstrichmittel aus Steinkohlenteer.

a) kaltstreichbare Anstrichmittel.

Teerpechlösungen, auch Eisenlacke genannt, sind in Rohbenzol gelöste Stein-
kohlenteerpeche. Sie dienen zum rostschützenden Anstrich von Eisenteilen aller
Art. Die Deutsche Bundesbahn hat hierfür Technische Lieferbedingungen für
Anstrichstoffe TL 918319 vom Januar 1956 erlassen (s. Tab. 8).

In der Vorschrift 918320 sind unter den Nummern 588.48.62 und 588.48.63
auch Steinkohlenteerpech-Emulsionen schiefergrau und rot getönt aufgeführt,
die mindestens 30% Pech und höchstens 45% Lösungsmittel enthalten müssen.

b) Heißanstrichmittel.

Zum verstärkten Schutze eiserner Bauteile dienen zähflüssige Steinkohlenteere oder feste Steinkohlenteerpeche.

In einen bis zur Dünnflüssigkeit erwärmten präparierten Teer, *Tauchteer*,
werden gußeiserne Rohre für Wasser-, Öl-, Gas- und Abwasserleitungen, Blech-
rohre für die Wetterführung unter Tage, Schachtausbauteile, Kanalabdeckungen
und Einlaufroste getaucht. Der Tauchteer muß so beschaffen sein, daß sich
auf den etwa 120 bis 160° warm in das Tauchbad eingebrachten oder im Tauchbad auf die Badtemperatur erwärmten Eisenteilen eine festhaftende, glatte
und dichte Schutzschicht bildet, die bald nach dem Abkühlen trocken und fest
wird. Die Prüfung des Tauchteers geschieht in üblicher Weise durch Siedeanalyse und Viskositätsbestimmung. Als Beispiel sei die Siedeanalyse eines
gebräuchlichen Tauchteers gegeben:

Siedebeginn	275°
bis 300°	3,5%
300 bis 350°	18,9%
Pechrückstand Ep. K. S. 43°	77,6%

Bei der Umrechnung des Pechrückstands auf einen Erweichungspunkt von 67° (gemäß
DIN 1995 U 15) ergibt sich eine Zusammensetzung des Tauchteers aus rd. 35% Teeröl und
rd. 65% Pech.

Dickere, noch widerstandsfähigere Schichten erhält man aus standfesten
Steinkohlenteerpechen mit hoher Plastizitätsspanne, den *Sonderpechen*. Sie
können auf die zu schützenden Teile heißflüssig aufgestrichen, aufgespritzt oder
aufgegossen werden.

Mit heiß aufgespritzten oder aufgestrichenen Schichten schützt man Stahl-
bauten im Wasser, z. B. Schleusentore, und andere hochbeanspruchte Stahl-
bauten wie Kühlturmgerüste. Gußeiserne und stählerne Rohrleitungen bekommen mehrere Millimeter dicke Schutzschichten, die, aufgegossen oder zu-

Tabelle 8. *Technische Lieferbedingungen der Bundesbahn für Anstrichstoffe auf Steinkohlen-teerpech-Grundlage.*

1	2		3	4	5	6	7
	Bezeichnung		Eisenlack	Steinkohlen-teerpech-Lösung	Steinkohlen-teerpech mit Füllstoffen, abgetönt	Steinkohlen-teerpech mit Füllstoffen	Prüfver-fahren nach DIN
	Stoff-Nummer		588.47.01	588.48.01	588.48.02	588.48.03	
1	Gehalt in Gew.-% streich-fertigen Anstrich-stoffes an	Steinkohlenteerpech	50 bis 70	50 bis 70	25 bis 45	25 bis 45	—
		Lösungsmittel	höchstens				
			50	50	40	40	1995
		mineralischen Füll-stoffen	—	—	25 bis 40	25 bis 45	—
		davon Eisenoxydrot oder	—	—	20	—	—
		Aluminiumpulver	—	—	6	—	—
2	Farbton		schwarz	schwarz	rotbraun oder alufarben	schwarz	—
3	Beschaffenheit		bei +20° C streichfähig				
4	Erweichungspunkt des Abdampf-rückstandes (° C)		60 bis 85	55 bis 70	mindestens 70	60 bis 100	1995
5	Flammpunkt nach ABEL (° C)		über 21				51 755
6	Lösungs-mittel — Destillation nach ENGLER-UBBELOHDE bis 220° C		98 % übergehend				51 751
7	Lösungs-mittel — Siedebeginn (° C)		über 120				51 751
8	Auslaufzeit bei +20° C (sek)		30 bis 65	30 bis 65	mindestens 100		53 211
9	Aschegehalt ohne Füllstoffe (Gew.-%)		höchstens 2				—
10	Trockenzeit bis zur Staub-trockenheit (Std.)		höchstens 3				—
11	Kältebeständigkeit bei +4° C		keine Risse beim Biegen um den 4 mm-Dorn				
12	Verdünnungsmittel		Stoff-Nr. 588.48.10				
	Art		Höher siedende Benzol-Kohlenwasserstoffe, hydriertes Naphthalin, niedrig siedende Teeröle				

sammen mit versteifenden Einlagen aus nackter Teerpappe, Glasfasergewebe oder anderen geeigneten Stoffen aufgewickelt werden. Durch Aufgießen oder Aufstreichen werden auch Treibstoff- und Heizöltanks gegen Korrosion geschützt. Diese Schutzmassen, auch Rohrwickelmassen genannt, müssen verhältnismäßig temperaturbeständig und widerstandsfähig gegen mechanische Beanspruchungen sein. Ein Maß für die Eignung dieser Schutzmassen ist der Verlauf ihrer Temperatur-Viskositätskurve, der sich nach dem Abstand zwischen zwei Viskositätspunkten, z. B. dem Erweichungspunkt K.S. und dem Brechpunkt nach FRAASS (DIN 1995 U 6), beurteilen läßt.

So können z. B. für eine Rohrwickelmasse und eine Korrosionsschutzmasse für Treibstoffbehälter die folgenden physikalischen Kennzahlen genannt werden:

	Rohrwickelmasse	Schutzmasse für Treibstoffbehälter
Erweichungspunkt K. S.	75 bis 80°	55 bis 60°
Brechpunkt	unter —8°	unter —5°
Penetration bei 25°	10 bis 5	20 bis 15
Plastizitätsspanne	83 bis 88°	60 bis 65°

Ein Steinkohlenteer-Weichpech, der sogenannte *Mauerteer*, früher Goudron genannt, dient zur Abdichtung von Grundmauern gegen Feuchtigkeit.

5. Kleineisenteer.

Zum Schutz der eisernen Schrauben für den Eisenbahnstreckenoberbau dient der Kleineisenteer, früher Oberbauschraubenteer genannt, ein dickflüssiger, präparierter Teer, der durch Tauchen oder Streichen aufgebracht wird. Er soll auf den Schrauben und Muttern gut haften, bei heißer Witterung nicht abfließen und die Eisenteile vor Rost schützen. Gleichzeitig soll er bei Reparaturarbeiten ein leichtes Entfernen der Schienenschrauben ohne Beschädigung der Holzschwellen ermöglichen und das Festrosten von Eisen auf Eisen verhindern.

Für den Teer wird eine Viskosität von 70 bis 90 sek bei 50° im Rütgers-Viskosimeter (DIN 52137) verlangt. Wassergehalt höchstens 1%. Ein Anstrich auf Eisen muß nach 72 h bei 20° äußerlich nur noch schwach klebend getrocknet sein. Bei der Siedeanalyse nach DIN 52137 sollen bis 150° höchstens 3% übergehen.

6. Parkettklebemassen.

Kalt zu verarbeitende Parkettklebemassen bestehen aus einem bituminösen oder harzigen Bindemittel, z. B. Steinkohlenteerpech oder Bitumen, und einem flüchtigen Lösungsmittel. Die Massen sind durch DIN 281 (August 1942) genormt.

Die braunen bis schwarzen zähflüssigen Massen dürfen nicht nach rohem Teeröl oder nach Ammoniak oder stechend riechen und sollen nach 8 Tagen Lagerung bei Zimmertemperatur ihren Geruch im wesentlichen verloren haben. Flammpunkt der Masse nach Pensky-Martens: über 21°.

Die Viskosität soll 5 bis 50 sek im Straßenteerviskosimeter (10 mm-Düse) bei 30° betragen. Zur Festlegung einer Mindestkonsistenz in Abhängigkeit von der Witterung soll die Zähigkeit jedoch mindestens 10 sek betragen, und zwar bei einer Prüftemperatur, die 15° über der Verarbeitungstemperatur liegt.

Das Lösungsmittel soll aus Benzinen oder aromatischen Kohlenwasserstoffen bestehen. Ein etwaiger Gehalt der Parkettklebemasse an Benzol (C_6H_6) darf 8% keinesfalls übersteigen. Ungereinigte aromatische Kohlenwasserstoffe (Leichtöle) und chlorierte Kohlenwasserstoffe mit Ausnahme von Tetrachlorkohlenstoff und Trichloräthylen sind nicht zulässig. Bei der Destillation des Lösungsmittels aus dem Kupferkolben (DIN 52137) sollen 95% bis 200° übergehen. Naphthalingehalt der Klebemasse höchstens 0,5%.

Der Zusatz von Füllstoffen ist gestattet, soweit er die Klebewirkung nicht ungünstig beeinflußt.

Besondere Vorschriften bestehen für die Trockendauer und die Klebefähigkeit der Massen.

Trockendauer. Drei Tropfen (entsprechend etwa 0,3 bis 0,5 g, bei gefüllten Massen 0,5 bis 1,0 g) der Parkettklebemasse, auf einer Glasplatte 9 cm × 9 cm gleichmäßig über die Fläche verrieben, müssen in 3 h bei Zimmertemperatur ihre

Klebrigkeit so weit verloren haben, daß bei leichtem Darüberfahren mit der Fingerspitze keine Klebemasse daran hängenbleibt. Nach 2 Tagen soll sich die bei Zimmertemperatur gelagerte verstrichene Masse mit dem Messer scharfkantig ritzen lassen, ohne spröde zu splittern.

Klebefähigkeit. *a*) Die auf einer ebenen, trockenen Betonfläche 1 mm dick ausgestrichene Klebemasse muß von dem Beton leicht angenommen werden und an der Auflagefläche eines sofort eingedrückten ebenflächigen Parkettstabes haften. Beim Abziehen müssen über 60% der Unterseite des Stabs mit Klebemasse bedeckt sein.

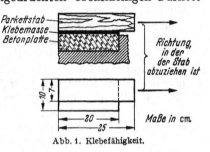

Abb. 1. Klebefähigkeit.

b) Auf einer ebenen, trockenen, mindestens 10 cm × 20 cm großen Betonfläche wird die Klebemasse 1 mm dick aufgetragen. Ein sich beim Lagern der Klebemasse etwa bildender Bodensatz muß durch Umrühren wieder in der Masse gleichmäßig verteilt werden. Der vom Hersteller gegebenen Gebrauchsanweisung folgend, spätestens aber nach 10 min, wird ein normaler Eichenparkettstab 7 cm × 25 cm in üblicher Weise so aufgedrückt, daß der Stab mit der einen Längsseite bündig mit der Betonfläche liegt und mit einem Ende an einer Schmalseite übersteht (s. Abb. 1). Der Stab darf sich nach 8 Tagen ohne Gewaltanwendung nicht mit der Hand abziehen lassen.

7. Fugenvergußmassen für Steinpflaster.

Teer-Pflastervergußmassen sind Gemische von Weichpech und wasserunempfindlichen mineralischen Füllstoffen. Sie enthalten gemeinhin 50 bis 70% Weichpech. Als Füllstoffe dienen Steinmehl feinster Körnung oder Faserstoffe oder Gemische aus beiden. Der Rückstand des Steinmehls darf auf dem 0,2 mm-Maschensieb höchstens 1%, auf dem 0,09 mm-Maschensieb höchstens 20% betragen. Bei Mitverwendung von Faserstoffen dürfen diese Zahlen überschritten werden. Die Faserlänge soll 0,3 mm nicht übersteigen.

Für diese Vergußmassen gelten nach DIN 1996 (April 1944) die folgenden Anforderungen:

Erweichungspunkt R. und K. über 55° und unter 65°.

Fließlänge höchstens 10 mm.

Gießvermögen. Die Masse muß sich bei 150° in eine 5 mm breite Pflasterfuge glatt eingießen lassen. Sie darf sich bei dieser Temperatur innerhalb 30 min nicht wesentlich entmischen.

Kältebeständigkeit. Die auf 0° abgekühlte Masse darf nicht verspröden, sondern soll bei dieser Temperatur noch hinreichend zäh und schlagfest sein. Fallhöhe bei 0° größer als 120 cm. Die Kugel darf unterhalb dieser Fallhöhe nicht zerspringen oder Risse erhalten.

C. Die Prüfung der Steinkohlenteeröle als Schutzmittel für Holz.

Von **H. Broese van Groenou**, Mannheim.

Das Holz hat im Verhältnis zu seinem niedrigen Raumgewicht große Festigkeit und Elastizität, ist wärmeisolierend und schalldämpfend und läßt sich leicht bearbeiten. Ein Nachteil liegt darin, daß die für Bauzwecke zur Verfügung stehenden Holzarten im Laufe der Zeit von Fäulnispilzen und anderen

Holzschädlingen befallen werden, insbesondere wenn das Holz der Witterung ausgesetzt ist. Durch geeignete Schutzmaßnahmen läßt sich die Gebrauchsdauer der Hölzer aber bedeutend verlängern. Dem Holze werden Stoffe einverleibt, die auf Holzschädlinge eine toxische oder abstoßende Wirkung ausüben.

Das Steinkohlenteeröl ist das weitaus am meisten verwendete Holzschutzmittel. John Bethell [1] ließ sich 1838 die Anwendung des Teeröls im Kesseldruckverfahren schützen. Es besitzt eine fast universelle Schutzwirkung, nicht nur gegen Fäulnispilze, sondern auch gegen holzzerstörende Insekten (Hausbock, Anobien u. ä.) und Meerestiere (Teredo, Bohrassel usw.). Für freiverbautes Holz, das eine mehr oder weniger ölige Oberfläche und einen Eigengeruch haben darf, wird vorzugsweise Steinkohlenteeröl verwendet.

Die Schutzbehandlung mit Teeröl geschieht hauptsächlich durch Imprägnierung nach dem Kesseldruckverfahren. Das um die Jahrhundertwende von Max Rüping [2] entwickelte Spartränkverfahren hat die ursprüngliche Volltränkung fast ganz verdrängt. Die Deutsche Bundesbahn schreibt für ihren Gesamtbedarf an Eisenbahnschwellen, Brückenhölzern und kiefernen Leitungsmasten die Imprägnierung nach dem Rüping-Verfahren mit reinem Steinkohlenteeröl vor. Ähnliche Vorschriften haben auch die Elektrizitätsgesellschaften und sonstige Großverbraucher imprägnierter Hölzer.

Für die verschiedenen Zwecke sind die in Tab. 1 zusammengestellten Teerölaufnahmen je m³ Holz vorgeschrieben oder üblich:

Tabelle 1. *Sollaufnahmen für die Imprägnierung mit Steinkohlenteeröl* (kg/m³ Holz).

	Kiefer	Fichte Tanne	Lärche	Buche	Eiche
A. Rüping-Sparverfahren					
Bahnschwellen [3]	63	—	45	145	45
Leitungsmaste [4]	90 bis 120	60 bis 90	90	—	—
Kühlturmhölzer und sonstiges Schnittholz [5] . .	63	63	45	145	45
Wasserbauholz [6]					
normal: Rundholz . . .	90	80	90	145 bis 190	45
Schnittholz . .	70	70	45	145 bis 190	45
Für teredo-verseuchte Gewässer:					
Rundholz . . .	120	100	120	190 bis 220	—
Schnittholz . .	—	—	—	190 bis 220	70
Zaunpfähle [7]	63	63	63	145	45
Holzpflaster [8] für Innenräume:					
normale. . . .	63	63	63	110	45
feuchte	63	63	63	145	45
Im Freien.	110	—	110	—	70
B. Volltränkung.	250 bis 300	100 bis 150	75 bis 150	300 bis 350	75 bis 125

Wegen der unterschiedlichen Beschaffenheit der einzelnen Holzarten in bezug auf Struktur, Splintanteil, Aufnahmefähigkeit usw. ist es in der Praxis unmöglich, für jede Imprägnierkesselfüllung die vorgeschriebene Sollaufnahme genau einzuhalten. Die Deutsche Bundesbahn läßt daher Abweichungen von der Sollaufnahme der einzelnen Tränkoperationen bis zu ±15% zu [9].

Die Vorschriften [10] für die Beschaffenheit des Steinkohlenteeröls zur Holzkonservierung beziehen sich namentlich auf den Ausgangsstoff, das spez. Gewicht, den Wassergehalt, den Gehalt an sauren Bestandteilen, den Klarpunkt, das Vorhandensein von Unlöslichem und den Siedebereich [11]. Die Vorschriften verlangen, daß unter der Bezeichnung „Steinkohlenteeröl" nur ein reines Steinkohlenteerprodukt geliefert wird. Beimischungen fremder Öle, z. B. Braunkohlen- oder Schieferteeröle, sind nicht zugelassen. In den USA, wo aus preislichen Gründen auch Mischungen aus Steinkohlenteeröl und Erdöldestillaten verwendet werden, wurden für diese Mischungen von der American Wood-Preservers' Association [12] besondere Vorschriften aufgestellt.

Die Vorschrift der Deutschen Bundesbahn für Steinkohlenteeröl [13] lautet:

1. Das Steinkohlenteeröl muß ein reines Steinkohlenteerdestillat sein und bei +20° C ein spezifisches Gewicht zwischen 1,04 und 1,15 g/ml haben. Bei +30° muß es klar sein und beim Vermischen mit gleichen Raumteilen Handelsbenzol klar bleiben. Zwei Tropfen des Öls und auch der Mischung müssen von mehrfach zusammengefaltetem Filterpapier vollständig aufgesogen werden, ohne mehr als Spuren, d. h. ohne einen deutlichen Flecken ungelöster Stoffe zu hinterlassen. Beim Sieden des Öls dürfen bis 235° nicht über 15% (Raumteile) übergehen.

2. Der Gehalt an sauren Bestandteilen (karbolsäureartigen Stoffen), die in Natronlauge vom Einheitsgewicht 1,15 g/ml löslich sind, muß 3 bis 6% (Raumteile) betragen.

3. Der Wassergehalt des Teeröls darf bei der Anlieferung höchstens 1% (Raumteile) betragen.

4. Bei den angeführten Grenzwerten sind sämtliche Toleranzen einschließlich der unvermeidlichen Prüffehler eingerechnet.

Die Prüfung des Steinkohlenteeröls für die Bundesbahn findet nach einer Anweisung der früheren Reichsbahn [14] statt.

1. Prüfung von Imprägnieröl.

a) Bestimmung des spez. Gewichts.

Mit der Senkwaage. Man erwärmt etwa 0,5 l Teeröl auf 30° (heißes, dem Ölvorwärmer oder Tränkkessel entnommenes Öl ist auf 30° abzukühlen). Nachdem man das Öl in ein Standglas gefüllt hat, setzt man vorsichtig die Senkwaage hinein. Sobald sich das Öl auf 20° abgekühlt hat, liest man die an der Oberfläche des Öls erscheinende Zahl der Teilung ab, die das spez. Gewicht angibt. Stößt die Wärmeherabsetzung auf Schwierigkeiten, so kann von der Abkühlung des heißen Teeröls auf 20° abgesehen und das spez. Gewicht schon bei 20 bis 30° abgelesen werden. Dem ermittelten spez. Gewicht ist in diesem Falle für jeden Grad über 20° ein fester Wert von 0,0007 hinzuzurechnen. Die erhaltenen Werte sind auf Hundertstel abzurunden.

Mit der MOHR/WESTPHALschen Waage. Dies Verfahren wird nur dann angewendet, wenn eine sehr genaue Bestimmung erwünscht ist. Sie ist für diesen Zweck in den sogenannten Skandinavischen Vorschriften [10] vorgeschrieben.

Mit dem Pyknometer. Dies Verfahren wird fast ausschließlich für gewisse Fraktionen des Teeröls, z. B. nach Vorschrift der AWPA, durchgeführt [15]. Dabei handelt es sich um das spez. Gewicht der Fraktion bei 38° gegenüber dem von Wasser bei 15,5°.

Falls die Fraktion bei 38° feste Substanzen enthält, wird wie folgt verfahren: Man erwärmt die Fraktion, bis sie vollständig flüssig geworden ist und füllt damit das trockene Pyknometer unter Vermeidung von Luftblasen etwa bis zur Hälfte. Dann wird bis auf Zimmertemperatur abgekühlt und gewogen. Die halbfeste Substanz im Pyknometer wird dann mit frisch ausgekochtem destilliertem Wasser bedeckt, bis das Pyknometer etwa dreiviertel voll ist. Es wird dann in ein Wasserbad von 90° gestellt und bleibt darin ohne Umschütteln, bis die Fraktion vollständig flüssig geworden und alle Luft vertrieben ist. Dann wird das Pyknometer mit Inhalt bis etwas unter 38° abgekühlt und unter Vermeidung von Luftblasen mit ausgekochtem destilliertem Wasser gefüllt. Anschließend wird es mindestens $^1/_2$ Std. lang in ein Wasserbad von 38 + 0,1° gestellt, dann abgetrocknet und gewogen.

Das spez. Gewicht der Fraktion ist:

$$\frac{0,99393\,(G_3 - G_1)}{(G_2 - G_1) - (G_4 - G_3)}$$

G_1 Gewicht des leeren Pyknometers,
G_2 Gewicht des mit Wasser gefüllten Pyknometers,
G_3 Gewicht des teilweise mit Öl gefüllten Pyknometers,
G_4 Gewicht des Pyknometers, teilweise mit Öl und vollständig mit Wasser gefüllt.

b) Bestimmung des Wassergehalts.

Durch Destillation mit Xylol (Abb. 1). 100 ml des gut gemischten und gegebenenfalls erwärmten Teeröls werden mit 100 ml wassergesättigtem Xylol in den Kolben A gebracht.

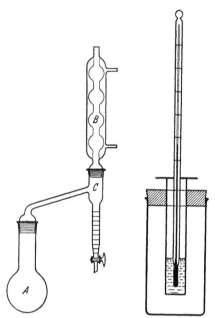

Der Kolben wird dann mit dem Meßgefäß C mit Rückflußkühler B verbunden und erhitzt. Die Destillation wird so lange fortgesetzt, bis das sich im Meßgefäß ansammelnde Wasser nicht mehr zunimmt. Die überdestillierte Menge Wasser wird abgelesen und als Wassergehalt des Öls vermerkt.

Nach OERTEL/PFLUG [16] (Abb. 2). In ein Reagenzrohr werden 25 ml des Teeröls gebracht. Zur Isolierung wird das Rohr in ein Becherglas mit Kieselgur gestellt. Mit einem Stabthermometer 0 bis 50° mit Einteilung in $1/5$° wird das Öl von Zeit zu Zeit umgerührt und die Temperatur abgelesen (t_0).

Dann werden auf einmal 10 g eines Salzpräparats, bestehend aus 2 Gewichtsteilen wasserfreiem Magnesiumsulfat und 1 Gewichtsteil sehr fein gemahlenem Quarzsand, zugesetzt und mit dem Thermometer mit dem Öl gut vermischt. Die Temperatur steigt dabei langsam. Das Rühren wird so lange fortgesetzt, bis die Temperatur wieder fällt. Die Höchsttemperatur (t_e) wird abgelesen. Der Wassergehalt des Teeröls ist dann:

$$W = (t_e - t_0) f \%,$$

Abb. 1. Apparat zur Wasserbestimmung im Teeröl nach der Xylol-Destillationsmethode.

Abb. 2. Apparat zur Wasserbestimmung in Teeröl nach OERTEL/PFLUG.

wobei f der Faktor des Salzpräparats ist.

Der Faktor des verwendeten Salzpräparats ist der reziproke Wert der Temperaturerhöhung, der von 1% Wasser im Teeröl herbeigeführt wird. Er schwankt je nach Trockenheitsgrad des Präparats und soll für jedes Präparat ermittelt werden. Beim Aufbewahren des Präparats in gut schließenden Stopfflaschen bleibt es lange haltbar, ohne daß man den Faktor neu zu ermitteln hat. Für die Zubereitung des Präparats und die Bestimmung wird auf die Veröffentlichung von BROESE VAN GROENOU [16] verwiesen.

Während der Destillation. Enthält das Teeröl weniger als 1% Wasser, genügt meist ein Abschätzen des Wassergehalts bei der Durchführung der Siedeanalyse. Bei der Destillation verdampft das Wasser zuerst. Es wird im Meßzylinder, der als Vorlage bei der Siedeanalyse dient, aufgefangen und gemessen. Mit einem Verlust von etwa 0,25% Wasser ist bei diesem Verfahren zu rechnen.

Größere Mengen Wasser im Teeröl machen sich bei der Siedeanalyse durch Stoßen der Flüssigkeit bemerkbar.

c) Bestimmung der sauren Bestandteile.

Die Bestimmung der sauren (phenolischen) Bestandteile geschieht mit dem Phenolanalysator nach KATTWINKEL (Abb. 3).

Nach Vorschrift der Deutschen Bundesbahn und Deutschen Bundespost werden 100 ml des Teeröls bis zu 90% abdestilliert. Das Destillat wird mit etwa der gleichen Menge Handelsbenzol in den Phenolanalysator gegeben, der bis zur Strichmarke /0 eine mit Kochsalz gesättigte Natronlauge vom spez. Gew. 1,15 enthält. Nach kräftigem Durchschütteln läßt man absitzen. Die Zunahme des Volumens der Natronlauge wird abgelesen und nach Abzug des Wassergehalts als „saure Öle" in Rechnung gestellt.

Zur Herstellung der Natronlauge werden 156 g Natriumhydroxyd in 1000 ml destilliertem Wasser gelöst; die Lösung wird mit Kochsalz gesättigt und über Glaswolle filtriert.

Abb. 3. Phenolanalysator nach KATTWINKEL.

Nach skandinavischer Vorschrift wird zur Bestimmung der phenolischen Bestandteile das Destillat bis 350° verwendet. Weil dies im allgemeinen weniger ist als 90% des Öls, findet man bei diesem Verfahren durchschnittlich etwas geringere Werte [17].

d) Siedeanalyse.

Für die Prüfung des Siedeverlaufs wird in fast allen wichtigen Lieferbedingungen das Destilliergerät gemäß Abb. 4 vorgeschrieben. Unterschiede bestehen darin, welche Siedepunkte vermerkt und ob die Fraktionen gemessen oder gewogen werden sollen.

100 ml Teeröl werden in den Siedekolben gebracht. Weil beim Ausgießen des Teeröls aus dem Meßzylinder etwa 2 ml an dessen Innenwand haftenbleiben, mißt man 102 ml ab. Der Kolben wird mit einem Korken, durch dessen Bohrung ein Thermometer eingeführt ist, verschlossen. Die untere Seite der Quecksilberkugel soll 12 bis 13 mm über der Teeröloberfläche liegen. Der Kolben wird dann in einem Heizmantel auf zwei Drahtnetze gestellt und an ein Kühlrohr angeschlossen. Unter den Auslauf des Kühlrohrs wird ein 100 ml-Meßzylinder oder, wenn die Fraktionen gewogen werden sollen, ein Erlenmeyerkolben gestellt.

Zunächst wird das Öl mit einer kleinen Flamme vorsichtig erhitzt, um bei hohem Wassergehalt ein Stoßen und Überschäumen zu vermeiden. Nach dem Verdampfen des Wassers wird die Destillationsgeschwindigkeit so geleitet, daß der erste Tropfen nach 5 bis spätestens 15 min in die Vorlage fällt, und daß beim weiteren Sieden je Minute

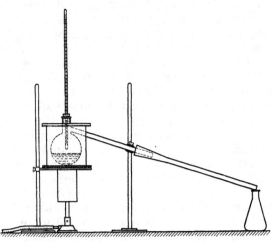

Abb. 4. Apparat zur Prüfung des Siedeverlaufs von Steinkohlenteeröl.

80 bis 120 Tropfen übergehen. Sollten sich im Kühlrohr feste Ausscheidungen bilden, so werden sie durch gelindes Erwärmen geschmolzen. Die bei den verschiedenen Temperaturen überdestillierenden Fraktionen werden im Meßzylinder in Vol.-% abgelesen.

In der Vorschrift der AWPA [15] werden sowohl das Teeröl als auch die Fraktionen bis 210°, 210 bis 235°, 235 bis 270°, 270 bis 315°, 315 bis 355° und der im Kolben zurückbleibende Rückstand über 355° gewogen.

e) Bestimmung des Klarpunkts.

Das Teeröl wird in einer Porzellanschale bis zur völligen Auflösung erwärmt (bis etwa 50°). Unter Rühren mit einem Thermometer wird langsam abgekühlt. Sobald sich an der Oberfläche des Öls eine Kristallhaut bildet, wird die Temperatur abgelesen. Diese Temperatur ist der Klarpunkt.

f) Bestimmung der unlöslichen Bestandteile.

Tupfprüfung. Die Vorschriften der Deutschen Bundesbahn [13] und Deutschen Bundespost [18] schreiben zur qualitativen Beurteilung des Teeröls auf seinen Gehalt an unlöslichen Bestandteilen die „Tupfprüfung" vor.

Das Teeröl wird unter Umrühren in einer Porzellanschale auf etwa 45° erwärmt, um etwa ausgeschiedene Kristalle aufzulösen, und dann langsam wieder auf 30° abgekühlt. 20 ml des Öls werden in einem Meßzylinder mit Glasstopfen mit 20 ml Benzol versetzt und kräftig geschüttelt. Dabei darf keine merkliche Trübung entstehen.

Zwei Tropfen der Mischung werden auf mehrfach zusammengefaltetes Filterpapier gebracht. Sie müssen vollständig aufgesogen werden, ohne mehr als Spuren, d. h. ohne einen deutlichen Flecken ungelöster Stoffe, zu hinterlassen.

Auch das nicht mit Benzol gemischte, auf 30° erwärmte Teeröl muß dieser Bedingung entsprechen.

Nach Vorschrift der AWPA [15]. 5 bis 10 g des bis zum Auflösen etwa ausgeschiedener Kristalle erwärmten Teeröls werden mit 50 ml Handelsbenzol von 50 bis 60° C versetzt, gut vermischt und auf einer Heizplatte bis zum Sieden erhitzt. Dann wird durch einen gewogenen Filtertiegel filtriert und der Rückstand auf dem Filter mehrmals mit warmem

Benzol ausgewaschen, bis das Filtrat farblos geworden ist. Der Tiegel muß dabei stets Benzol enthalten. Dann wird noch mehrmals mit Aceton nachgewaschen, der Tiegel bei 105° getrocknet und gewogen. Die Gewichtszunahme wird als „Benzol-Unlösliches" in Rechnung gestellt.

g) Prüfung auf fremde Bestandteile.

Obwohl die Vorschriften für die Beschaffenheit des Steinkohlenteeröls fast ausnahmslos verlangen, daß das Öl ein reines Steinkohlenteerprodukt sein soll, werden praktisch keine Angaben für die Prüfung auf Vorhandensein fremder Bestandteile gemacht. Bei größeren Zusätzen macht sich zwar eine Beimischung fremder Öle bei der Analyse des Teeröls bemerkbar, die quantitative Bestimmung der Fremdbestandteile ist jedoch noch nicht völlig befriedigend gelöst. Eine Übersicht der bestehenden Prüfverfahren gab Broese van Groenou [19]. Für die Abtrennung der Fremdöle wird meist davon ausgegangen, daß das Steinkohlenteeröl aromatischer, die Fremdöle aber zum Teil aliphatischer oder naphthenischer Natur sind. Durch Anwendung selektiv wirkender Lösungsmittel versucht man die Aromaten von den anderen Verbindungen zu trennen. Eines der ältesten Trennverfahren ist das Dimethylsulfat-Verfahren von Valenta [20]. Nach Graefe [21] tritt dabei bei Braunkohlenteerölen ein konstanter Fehler von etwa 10% auf. Von diesem Verfahren machen auch die amerikanischen „Port-Reading"- und „Galesburg"-Verfahren [22] Gebrauch. Auf der selektiven Löslichkeit in Anilin beruht das Verfahren von Holde [23]. Kattwinkel [24] verwendete Sulfoessigsäure als trennendes Lösungsmittel. Dies Verfahren wurde von Sullivan und French [25] weiter ausgearbeitet.

Eisner, Fein und Fisher [26] trennten die Aromaten, Olefine und gesättigten Kohlenwasserstoffe durch aufeinanderfolgende Extraktionen mit 86- und 98,5%iger Schwefelsäure. Baechler [27] schlug vor, die Gel-Bildung von Nickelstearat für die Prüfung von Steinkohlenteeröl-Petroleum-Mischungen zu verwenden. Je mehr Petroleum die Mischung enthält, um so weniger Nickelstearat wird für die Bildung eines Gels gebraucht. Mayfield und Mitarbeiter [22] haben die Brauchbarkeit des „TEG-F-Solvent" für die Trennung von Kohlenwasserstoffölen untersucht. Das Lösungsmittel besteht aus 40 Vol.-% technischem Triäthylenglykol und 60 Vol.-% technischem Furfurol. Das Verfahren ist nur brauchbar, wenn die in der Mischung vorkommenden Originalöle vorhanden sind. Chromatographische und spektrographische Analysenverfahren wurden von Heiks und seinen Mitarbeitern [28] untersucht, die auch β-β'-Oxydipropionitril (ODPN) als Lösungsmittel verwendeten. Mit letzterem sollen die meisten Beimischungen von Petroleum nachgewiesen werden können. Heiks und Mitarbeiter stellten von mehreren Teerölfraktionen Komplexverbindungen mit 2,4,7-Trinitrofluorenon her und untersuchten diese röntgenographisch. Auf diese Weise sollen sich bestimmte Einzelbestandteile mit Sicherheit nachweisen lassen.

Ein einfaches Verfahren zur Untersuchung von Teeröl-Petroleum-Mischungen ist die Ermittlung des spez. Gewichts. Sind die spez. Gewichte der Originalöle bekannt, so läßt sich der Anteil an Petroleum in der Mischung berechnen. Die aromatischen Kohlenwasserstofföle haben ein bedeutend höheres spez. Gewicht als die nichtaromatischen. Vor einigen Jahren hat die American Wood-Preservers' Association in ihre Teerölvorschrift eine Bedingung aufgenommen, die dem Rechnung trägt und die Beimischung fremder Öle praktisch ausschließen soll [29]. Für ein reines Steinkohlenteeröl wird verlangt, daß die spez. Gewichte der Fraktionen 235 bis 315° und 315 bis 355° bei 38°, bezogen auf Wasser von 15,5°, über 1,025 bzw. 1,085 g/ml liegen müssen. Liegen sie darunter, dann ist eine Verschneidung des Steinkohlenteeröls wahrscheinlich.

h) Prüfung der Schutzwirkung.

Zahlreiche Untersuchungen sind über die Prüfung der Schutzwirkung des Steinkohlenteeröls bekanntgeworden. Eine Übersicht gaben BROESE VAN GROENOU, RISCHEN und VAN DEN BERGE [11] und MAYFIELD [30]. Als Prüfverfahren hat sich das in den dreißiger Jahren eingeführte „Klötzchenverfahren" bewährt [31]. Nach diesem genormten Verfahren wird nicht nur die Wirkung gegen Fäulnispilze, sondern auch gegen holzzerstörende Insekten geprüft. Auf die diesbezüglichen Normen und die Arbeiten von PETERS, KRIEG und PFLUG [32] und SCHULZE und BECKER [33] wird hingewiesen.

2. Prüfung von Karbolineum als Holzkonservierungsmittel.

Unter der Bezeichnung Karbolineum sind Destillate aus Steinkohlenteer als Holzschutzmittel im Handel. Im Vergleich zum Imprägnieröl enthält Karbolineum verhältnismäßig viel hochsiedende Anteile, insbesondere Anthrazenöl. Karbolineum wird im Anstrich- und Spritzverfahren, aber auch im Tauchverfahren angewendet. Obwohl die Schutzwirkung des Karbolineums praktisch gleich der des Imprägnieröls ist [34], bedingen die einfachen Anwendungsverfahren eine Wiederholung der Schutzbehandlung von Zeit zu Zeit. Karbolineum eignet sich besonders für Zäune, Schuppen, Baracken und sonstige Bauten im Freien. Um die Schutzwirkung des Karbolineums noch etwas zu erhöhen, behandelte AVENARIUS [35] es mit Chlor. GRAF [36] empfahl die Behandlung mit Ozon.

Mit Karbolineum behandeltes Holz läßt sich nicht mit den üblichen Lackfarben überstreichen. Durch Zusatz farbiger Pigmente gewinnt man lasierende Holzschutzmittel, die sogenannten farbigen Karbolineen [37]. Die Pigmente müssen licht- und wetterbeständig sein. Abgesehen von besonderen Zusätzen, wie Pigmenten, muß das Karbolineum ein reines Steinkohlendestillat sein [38]. Nachahmungen durch Wassergas- und andere Teere, Mineralöle oder Phenollaugen dürfen nicht als Karbolineum bezeichnet werden. Als Holzschutzmittel unterliegt Karbolineum der Zulassung durch den Prüfausschuß für Holzschutzmittel [39]. Im allgemeinen gelten für Karbolineum ähnliche Vorschriften wie für Imprägnieröl. Nach Vorschrift der Deutschen Bundespost [40] muß Anstrichkarbolineum die folgenden Eigenschaften besitzen:

a) Das Karbolineum muß aus reinem Steinkohlenteer gewonnen sein.

b) Spez. Gewicht bei 20° nicht unter 1,10.

c) Das Öl muß bei 20° satzfrei sein.

d) Gleiche Teile Karbolineum und kristallisierbares Benzol müssen eine Lösung ergeben, in der höchstens Spuren ungelöster Substanz zurückbleiben.

e) Werden zwei Tropfen des auf 30° erwärmten Karbolineums im Anlieferungszustande auf mehrfach zusammengefaltetes Filterpapier gebracht, so müssen sie von dem Papier völlig aufgesogen werden und dürfen höchstens Spuren kohlenstoffartiger Rückstände hinterlassen.

f) Bei der Destillation dürfen bis 150° höchstens Spuren, bis 250° höchstens 4% übergehen. Für die Destillation wird das in den „Technischen Vorschriften für die Imprägnierung von Kiefern und Lärchen mit Teeröl, Ausgabe 1949" beschriebene Gerät verwendet.

g) Der Gehalt an sauren Bestandteilen darf höchstens·8% betragen. Bei der Prüfung ist der bei der Destillation festgestellte Wassergehalt abzuziehen.

h) Viskosität bei 20° nicht unter 6° E.

i) Flammpunkt im offenen Tiegel nicht unter 125°.

Die Verfahren zur Prüfung des Karbolineums und zum Nachweis einer Verfälschung sind praktisch die gleichen wie für Imprägnieröl.

Schrifttum.

[1] Brit. P. 7731 (1838).

[2] DRP 138933 (1902).

[3] Schaubilder zu der „Vorschrift über das Tränken von Hölzern mit Steinkohlenteeröl". Ausg. April 1937 der Deutschen Reichsbahn.

[4] Technische Vorschriften der Deutschen Bundespost für die Tränkung von Kiefern und Lärchen mit Teeröl. Ausg. 1949. — Krieg, W.: Die Schutzbehandlung von Leitungsmasten aus Fichten- und Tannenholz. Fernmelde-Praxis, Sonderdruck „Holzschutz", März 1949 — VDEW: Technische Bedingungen für die Lieferung und Imprägnierung von Leitungsmasten aus Holz für Elektrizitätsunternehmen (EVU). Ausg. Februar 1954.

[5] Nach Post- und Bahnvorschrift, s. VDEW: Technische Richtlinien für den Bau von Kühltürmen. Ausg. 1951.

[6] Krieg, W.: Teerölimprägnierte Wasserbauhölzer. Frankfurt am Main, Neufassung 1955.

[7] Liese, J.: Landwirtschaft. In: Mahlke-Troschel: Handbuch der Holzkonservierung, 3. Aufl. Berlin/Göttingen/Heidelberg: Springer 1950, S. 532.

[8] Normblatt-Entwurf DIN 68701 — Holzpflaster: Abmessungen, Lieferung und Verlegung von rechteckigem Holzpflaster 1954.

[9] Peters, F.: Die Holzkonservierung mit Steinkohlenteeröl, S. 20. Frankfurt am Main 1950.

[10] Einige wichtige Teerölvorschriften sind: Deutsche Bundesbahn: Steinkohlenteeröl zum Tränken von Holzschwellen und Werkstättennutzholz. Technische Lieferbedingungen TL 91892. Ausg. 1951 — Deutsche Bundespost: Steinkohlenteeröl für die Imprägnierung von Leitungsmasten aus Holz. Technische Vorschriften 42612/15, Januar 1955 — Skandinavische Lieferungsbedingungen und Untersuchungsmethoden für Steinkohlenteeröl zur Holzimprägnierung. Kopenhagen 1936. Ausg. Internat. Auskunftstelle für Holzkonservierung Den Haag 1937 — Budapester Lieferungsbedingungen und Untersuchungsmethoden für Steinkohlenteeröl zur Holzimprägnierung. Budapest 1937. Ausg. Internat. Auskunftstelle für Holzkonservierung Den Haag 1938 — British Standard 144: Standard specification for coal tar creosote for the preservation of timber. Ausg. 1954 — Union technique de l'Electricité: Caractéristiques de la créosote fluide Type PTT; Caractéristiques de la créosote lourde Type SNCF. Poteaux en bois pour lignes électriques aériennes. Spécifications C 67—100. Mai 1951 — Niederländische Vorschriften: Keuringsvoorschriften voor hout, Normblad N. 1012; KVH 1927, Ausg. 1940 — AWPA: Standard for creosote P 1—54. Manual of recommended practice.

[11] Für das Steinkohlenteeröl und seine Eigenschaften s. H. Broese van Groenou, H. W. L. Rischen and J. van den Berge: Wood preservation during the last 50 years, 2. Aufl. Leiden 1952, S. 49/70.

[12] AWPA: Standard for creosote-petroleum solutions P 3—51. Manual of recommended practice.

[13] Deutsche Bundesbahn: Steinkohlenteeröl zum Tränken von Holzschwellen und Werkstättennutzholz. Technische Lieferbedingungen TL 918 92. Ausg. 1951.

[14] Deutsche Reichsbahn: Anweisung für die Prüfung des Steinkohlenteeröls zum Tränken von Holzschwellen.

[15] AWPA: Standard methods for analysis of creosote A 1—55. Manual of recommended practice.

[16] Oertel, H.: Verfahren zur raschen und genauen Bestimmung des Wassergehalts in Fetten und Ölen. Chemiker-Ztg. Bd. 44 (1920) S. 854 — Ein neues Verfahren zur Wasserbestimmung in Fetten und Ölen. Chemiker-Ztg. Bd. 45 (1921) S. 64. — Broese van Groenou, H.: Over de waterbepaling in creosootolie. Spoor- en Tramw. Bd. 24 (1951) S. 295/96.

[17] Lang, K. F.: Großversuche des Westeuropäischen Instituts für Holzimprägnierung. Holz als Roh- und Werkstoff Bd. 12 (1954) S. 308/12.

[18] Deutsche Bundespost: Steinkohlenteeröl für die Imprägnierung von Leitungsmasten aus Holz. Technische Vorschriften 42 612/15, Januar 1955.

[19] Broese van Groenou, H.: Über die Prüfung des Steinkohlenteer-Imprägnieröls auf fremde Bestandteile. VfT-Mitt. Bd. 3 (1954) H. 4, S. 6/8.

[20] Valenta, E.: Über die Verwendung von Dimethylsulfat zum Nachweis und zur Bestimmung von Teerölen in Gemischen mit Harzölen und Mineralölen und dessen Verhalten gegen fette Öle, Terpentinöl und Pinolin. Chemiker-Ztg. Bd. 30 (1906) S. 266/67.

[21] Graefe, E.: Über die Valentasche Reaktion. Chem. Revue Bd. 5 (1907) S. 112 — Ref. Z. angew. Chem. Jg. 21 (1908) S. 603.

[22] Mayfield, P. B., u. Mitarbeiter: Report of Committee P—3, Petroleum solutions. Proc. AWPA Bd. 46 (1950) S. 23/29.

[23] HOLDE, D.: Über einige Erfahrungen in der Mineralölprüfung. Petroleum Bd. 18 (1922) S. 853/58 — Kohlenwasserstofföle und Fette. Berlin: Springer 1924, S. 112. — HOLDE, D., u. S. WEILL: Anilin als analytisches Reagens in der Brennstoffchemie. Brennst.-Chemie Bd. 4 (1923) S. 177/79.

[24] KATTWINKEL, R.: Beitrag zur Bestimmung von Benzol in Benzin. Chemiker-Ztg. Bd. 49 (1925) S. 57 — Erdöl u. Teer 1925, H. 1, S. 19.

[25] SULLIVAN, F. W., and A. FRENCH: Analysis of mixtures of AWPA creosotes with petroleum wood preserving oils. Proc. AWPA Bd. 25 (1929) S. 57/66.

[26] EISNER, A., M. L. FEIN and C. H. FISHER: Neutral oils from coal hydrogenation. Action of sulfuric acid. Ind. Engng. Chem. Bd. 32 (1940) S. 1614/21.

[27] BAECHLER, R. H.: A gelation test as a possible means of analyzing creosote-petroleum solutions. Proc. AWPA Bd. 41 (1945) S. 120/32.

[28] HEIKS, R. E.: Investigation of the fundamental characteristics of creosote oils: 1. Preliminary studies. Proc. AWPA Bd. 48 (1952) S. 53/80. — HEIKS, R. E., S. E. BLUM and J. E. BURCH: A method for the detection of petroleum products in coal tar creosote oil. Proc. AWPA Bd. 49 (1953) S. 26/39. — HEIKS, R. E., S. E. BLUM, J. E. BURCH and A. E. AUSTIN: Investigation of the fundamental characteristics of creosote oils: A method of identification of chemical compounds in creosote oils through the medium of 2,4,7-trinitrofluorenone complexes. Proc. AWPA Bd. 49 (1953) S. 18/25. — HEIKS, R. E., S. E. BLUM and J. E. BURCH: The development of a new solvent extraction method for characterizing coal tar creosotes and petroleum derivates and its application in wood preservation. Rec. BWPA 1954, S. 123/59.

[29] AWPA: Standard for creosote P 1—54. Manual of recommended practice.

[30] MAYFIELD, P. B.: The toxic elements of high temperature coal tar creosote. Proc. AWPA Bd. 47 (1951) S. 62/88.

[31] DIN 52176: Prüfung von Holzschutzmitteln: Mykologische Kurzprüfung (Klötzchen-Verfahren). August 1948 — DIN 52163: Prüfung von Holzschutzmitteln: Prüfung der vorbeugenden Wirkung gegen holzzerstörende Insekten. August 1952 — DIN 52164: Prüfung von Holzschutzmitteln: Prüfung der Bekämpfungswirkung gegen holzzerstörende Insekten. August 1952 — DIN 52623: Prüfung von Holzschutzmitteln: Bestimmung von Giftwerten gegenüber holzzerstörenden Insekten. Juni 1949.

[32] PETERS, F., W. KRIEG u. H. PFLUG: Toximetrische Prüfung von Steinkohlenteeröl. Chemiker-Ztg. Bd. 61 (1937) S. 275/85.

[33] SCHULZE, B., u. G. BECKER: Untersuchungen über die pilzwidrige und insektentötende Wirkung von Fraktionen und Einzelstoffen des Steinkohlenteeröls. Holzforschung Bd. 2 (1948) S. 97/127. — BECKER, G.: Der Wert von Steinkohlenteeröl-Bestandteilen für den Holzschutz. Mitt.-Heft Dtsch. Ges. f. Holzforschg. 1949, Nr. 37, S. 181/201 — Z. Bitumen, Teere, Asphalt, Peche Bd. 1 (1950) S. 93/101.

[34] BROESE VAN GROENOU, H., H. W. L. RISCHEN and J. VAN DEN BERGE: Wood preservation during the last 50 years, 2. Aufl. Leiden 1952, S. 70/73.

[35] DRP 46021 (1888).

[36] DRP 63318 (1891).

[37] MALLISON, H.: Farbiges Karbolineum. Farben-Chemiker Bd. 1 (1930) S. 11/12.

[38] MALLISON, H.: Karbolineum. Mitt. Ver. dtsch. Elektrizitätswerke 1925, Nr. 384, S. 190/92. — AVENARIUS, R.: Die Konservierung des Holzes durch Anstrichöle. Mitt. dtsch. Elektrizitätswerke 1925, Nr. 384, S. 192. — MALLISON, H.: Carbolineum. Teer u. Bitum. Bd. 21 (1923) H. 18.

[39] Prüfausschuß für Holzschutzmittel: Holzschutzmittelverzeichnis 1955, Gruppe 1.21 — Teerölpräparate.

[40] Deutsche Bundespost: Karbolineum für Anstrichzwecke. RPZ (X) 42 612/16, August 1955. Andere wichtige Vorschriften sind: VfT-Vorschrift für Karbolineum, Typ IV B 1. Ausg. 1949/50 — AWPA: Standards for preservatives for non-pressure treatments P 7—54. Manual of recommended practice — Niederländische Vorschrift: Keuringsvoorschriften voor bitumineuze bouwstoffen. Normblad N. 1013, KVBB 1940.

D. Prüfung der Bitumen.

Von **W. Rodel**, Zürich.

1. Chemischer und physikalischer Charakter der Bitumen; Sorten und Verwendung.

Die Bitumen, häufig auch als Asphaltbitumen bezeichnet, sind keine einheitlichen chemischen Stoffe, sondern amorphe Gemische von meist hochmolekularen Kohlenwasserstoffen und deren neutralen Derivaten. Als solche enthalten sie neben den Elementen Kohlenstoff und Wasserstoff wechselnde, bis zu einigen Prozenten ansteigende Mengen von Schwefel und geringe Mengen von Stickstoff und Sauerstoff. Sie enthalten auch wenig Säuren, Anhydride oder Ester.

In physikalischer Hinsicht stellen die Bitumen kolloide Systeme dar. NELLENSTEYN [1] bezeichnete sie als Kohlenstoffoleosole, welche als wichtigste Gruppen ein öliges Medium als äußere Phase und eine sog. Asphaltmizelle als disperse Phase enthalten. Diese besteht aus einem elementaren festen Kohlenstoffkern und adsorbierten Schutzkörpern, die eine flüssige Haut um den Kohlenstoffkern bilden, weshalb sich Bitumen wie Emulsoide und nicht wie Dispersionen verhalten. Die Stabilität des ganzen Systems (Kohäsion) ist in erster Linie abhängig von den Beziehungen zwischen Mizelle und öligem Medium, d. h. von den herrschenden Beziehungen in den gemeinsamen Grenzflächen (Grenzflächenspannung). Durch Änderung der Oberflächenspannung des ganzen Systems werden auch die Grenzflächenspannungen verändert. So haben Lösungsmittel mit Oberflächenspannungen über 26 dyn/cm auf Bitumen lösende, solche unter 24 dyn/cm auf Lösungen von Bitumen fällende, koagulierende Wirkung.

PFEIFFER, VAN DOORMAAL und Mitarbeiter [2] erweiterten die NELLENSTEYN-sche Auffassung dahin, daß das Medium aus Malthenen bestehe und die Asphaltmizelle aus Asphaltenen, hochmolekularen Kohlenwasserstoffen von überwiegend aromatischem oder hydroaromatischem Charakter mit verhältnismäßig niedrigem Wasserstoffgehalt.

Nach MACK [3] sind die Asphaltene in den Asphaltharzen löslich. Die Löslichkeit der letzteren in den öligen Anteilen ist dagegen weitgehend abhängig von ihrer Natur. Nach dieser Betrachtungsweise wird die Viskosität der Bitumen maßgebend vom Asphaltengehalt beeinflußt, während die elastischen und plastischen Eigenschaften vom Grad der Ausflockung der Asphaltene, also auch vom Gehalt an Harzen und dem Lösungsvermögen der öligen Komponenten abhängig sind.

KAMPTNER [4] formulierte die Beziehung wie folgt: „Für das viskose oder plastische Verhalten der Erdölrückstände ist die Menge an Gesamtasphalt, das Verhältnis von Weichasphalt zu Hartasphalt und die Art der Aufnahme dieser Anteile in Harzöl maßgebend". Den Hartasphalten (Asphaltene) der Bitumen wird die Ursache der „Körperhaftigkeit", den Harzen die hohe Adsorptionskraft (Klebefähigkeit) und den öligen Anteilen die stabilisierende Wirkung zugeschrieben.

Die Bitumen haben bei Raumtemperatur harte, plastische, vielfach auch elastische oder zähflüssige Beschaffenheit. Sie sind als thermoplastische Stoffe anzusprechen und haben daher weder einen scharfen Schmelzpunkt noch einen scharfen Siedepunkt. Bei einer Temperatursteigerung nimmt die Härte und daher die Viskosität ab und die Bitumen gehen allmählich in einen flüssigen Zustand über. Umgekehrt erfolgt beim Abkühlen der Bitumen eine Zunahme der Härte und damit der Viskosität, wobei sie schließlich Stoffe von hartem, sprödem Charakter bilden. Der Übergang von einem in den anderen Aggregatszustand erfolgt allmählich; so vollzieht sich die Viskositätsänderung beim Übergang vom festen zum tropfbar flüssigen Zustand in einer breiten Temperaturzone als stetig verlaufender Erweichungsvorgang.

Die rheologischen Eigenschaften des Bitumens, also das Fließverhalten in Funktion der Schubspannung und der Zeit sind weitgehend vom jeweils vorhandenen Zustand des kolloiden Systems abhängig. Man unterscheidet in dieser Hinsicht nach PFEIFFER [5] drei Grundtypen von Bitumen, nämlich:

Typ I — Bitumen, deren Verformungsgeschwindigkeit konstant und proportional der angelegten Schubspannung ist und die bei der Verformung entsprechend dem NEWTONschen Gesetz reines, viskoses Fließen zeigen. Diese Bitumen, die entweder einen kleinen Anteil an kolloiden Bestandteilen oder einen hohen Gehalt an gut peptisierten Mizellen aufweisen, werden häufig auch als Bitumen vom Pechtypus bezeichnet, weil die Steinkohlenteere und -peche diese Eigenschaft ebenfalls zeigen. Zu diesem Bitumentyp können stark gekrackte Bitumen oder Bitumen auf stark aromatischer Basis gerechnet werden.

Typ II — Bei diesen Bitumen nimmt die Verformungsgeschwindigkeit bei konstanter Schubspannung vorerst ab und erreicht erst nach einer gewissen Zeit einen konstanten Wert. Diese Bitumen, die auch als Bitumen vom Sol-Typ oder Normal-Typ bezeichnet werden, zeigen gewisse elastische Eigenschaften und im allgemeinen auch eine kleine Thixotropie. Weitaus der größte Teil der im Sektor des bituminösen Straßenbaues verwendeten Bitumensorten ist diesem Normal-Typ zuzuordnen.

Typ III — Bei diesen Bitumen nimmt die Verformungsgeschwindigkeit bei konstanter Schubspannung vorerst ebenfalls ab, durchläuft dann einen Minimalwert und steigt hierauf wieder an, wenn die angewendete Schubspannung über einem gewissen Wert liegt. Diese Bitumen, die auch als Bitumen vom Gel-Typ oder als geblasene oder als oxydierte Bitumen bezeichnet werden, sind stark elastisch und thixotrop.

Bei abnehmender Viskosität der Bitumen verschwinden indessen diese charakteristischen Unterschiede der drei genannten Bitumentypen; bei sehr dünnflüssiger Konsistenz verhalten sich alle Bitumentypen gleich und das rheologische Verhalten entspricht demjenigen von NEWTONschen Flüssigkeiten.

Die Hauptmenge der Bitumen wird von der Erdölindustrie geliefert. Die Naturasphalte und die natürlich vorkommenden Bitumen stellen nur einen relativ kleinen Anteil des gesamten Bitumenbedarfs.

Bitumen wird bei der Destillation von asphalt- oder gemischt-basigen Rohölen als Rückstand erhalten. Diese Destillation erfolgt fast ausschließlich in kontinuierlich arbeitenden Aggregaten im Vakuum, was eine möglichst schonende Aufarbeitung der Rückstände ermöglicht. Höher schmelzende Bitumen, sog. Hochvakuumbitumen, werden in ähnlicher Weise, aber unter Anwendung eines höheren Vakuums hergestellt. Die geblasenen Bitumen stellt man dadurch her, daß gleichzeitig Luft in feiner Verteilung in die heißen Rückstände eingeblasen wird.

Die Bitumen werden in verschiedenen Sorten geliefert und ihre Härte oder Konsistenz durch die Angabe der Penetration bei 25° C oder des Erweichungspunktes (z. B. Erweichungspunkt R. u. K.) gekennzeichnet.

Rückstände von öliger Beschaffenheit werden als Straßenöle zur Staubbekämpfung, für Bodenverfestigungen und für einfachste Behandlung von Straßenoberflächen verwendet. Bitumen vom Normal-Typ mit Penetrationswerten bei 25° C von etwa 350 bis 10 werden vornehmlich im Straßen- und Wasserbau als Bindemittel für die Gesteinsmaterialien, dann als Klebemassen, Verußmassen, Rohrschutzmittel usw., geblasene Bitumen vornehmlich für die Herstellung von Bitumendachpappen, Bitumengewebeplatten, Isolierbahnen, Rohrschutzschichten und in der Gummiindustrie usw., Hochvakuumbitumen u. a. in der Lackindustrie und für elektrotechnische Zwecke verwendet.

Die aus Bitumen hergestellten Emulsionen (Bitumenemulsionen) finden in mannigfaltiger Form im Straßenbau als Bindemittel, im Hoch- und Tiefbau als Schutzanstriche und im Baugewerbe als Klebemittel Verwendung.

Für den Straßenbau werden Bitumen auch durch Zusatz von geeigneten Fluxmitteln und Lösungsmitteln verschnitten und auf eine bestimmte, niedrigere Viskosität eingestellt, so daß die Verarbeitung bei niedrigerer Temperatur, als sie für die Bitumen selbst benötigt wird, erfolgen kann. Man spricht daher bei solchen Bindemittelsorten von Verschnittbitumen oder von Cutback-Bitumen. Eine plastifizierende Fluxwirkung wird auch erreicht durch Zusatz von geeigneten Straßenteeren mit relativ hohem Anthrazenölgehalt. Solche Teer-Bitumen-Mischungen (TB-Mischungen) werden im bituminösen Deckenbau häufig angewendet.

Mineralstofffreie oder -arme, natürlich vorkommende Bitumen mit meist sehr hohem Erweichungspunkt, wie z. B. die Asphaltite, werden fast ausschließlich in der Lackindustrie verbraucht.

Die vorstehend genannten rheologischen Eigenschaften der Bitumen, ihre Klebe- und Bindeeigenschaften, die sie auch bei Temperaturen unter dem Gefrierpunkt beizubehalten vermögen und die aus einem Zusammenwirken ihrer Benetzungsfähigkeit für saubere, trockene Gesteinsoberflächen, ihrer Haftfestigkeit und ihrer Zähigkeit resultieren, ihr hoch liegender Flamm- und Brennpunkt, ihre Wasserunempfindlichkeit und Wasserundurchlässigkeit, ihre weitgehende Unempfindlichkeit gegen chemische Angriffe durch Laugen, Säuren und Salze, ihre gute Widerstandsfähigkeit gegenüber Witterungseinflüssen, schließlich ihre gute Löslichkeit in verschiedenen organischen Lösungsmitteln und die gute Spritz- und Streichbarkeit solcher Lösungen sichern dem Bitumen und den Bitumenprodukten eine umfassende Anwendbarkeit.

2. Untersuchungsverfahren.

a) Probenahme und Vorbereitung der Proben für die Untersuchung.

Die richtige Probenahme der zu prüfenden Muster ist eine absolute Voraussetzung für die sinnvolle Durchführung einer Untersuchung. Sie muß daher derart erfolgen, daß zur eigentlichen Untersuchung wirkliche, repräsentative Durchschnittsmuster bereitgestellt werden können. Die zur Entnahme dienenden Geräte richten sich nach der Konsistenz des zu prüfenden Materials und sollen sauber und trocken sein. Das gleiche gilt für die Gebinde, in die die entnommenen Proben abgefüllt werden. Die in den einzelnen Ländern geltenden, in Einzelheiten festgelegten Vorschriften sind zu beachten.

Durchschnittsmuster von Bitumen mit etwa 500 g Gewicht werden vor der Untersuchung vorsichtig auf eine Temperatur, die etwa 80 bis 100° C über dem voraussichtlichen Erweichungspunkt liegt, aufgeschmolzen und durchgerührt. Das Aufschmelzen darf dabei nicht über offener Flamme geschehen, sondern ist in geeigneten Heißluftbädern vorzunehmen und soll möglichst kurz dauern, um die Verdampfung flüchtiger Anteile des Bitumens zu vermeiden. Grobstückige Verunreinigungen können im Anschluß daran durch Absieben auf einem feinen, vorgewärmten Maschensieb abgetrennt und, wenn nötig, quantitativ bestimmt und charakterisiert werden. Enthalten die Bitumen als Verunreinigung kleine Mengen von Wasser, so wird das geschmolzene Material vorerst bei etwa 120° C vorsichtig ausgerührt, bis das Wasser vollständig verdampft ist.

Flüssige oder halbflüssige Materialien werden vor der Untersuchung durch Schütteln oder Umrühren, gegebenenfalls unter schwacher Erwärmung, durchgemischt.

b) Prüfung der Bitumen.

α) Allgemeines.

Die Untersuchung der mineralstofffreien Bitumen, wie sie als Bindemittel im Straßenbau, als Klebemassen, Imprägniermassen usw. Verwendung finden, oder der bituminösen Produkte, wie z. B. des Destillationsrückstandes von Cutback-Bitumen, erstreckt sich auf Prüfungen allgemeiner Art, auf solche chemisch-physikalischer Natur, wie etwa relativer und absoluter Viskositätsmessungen, auf chemische und auf solche spezieller Art. Je nach dem Zweck der Untersuchungen werden mehrere — z. B. bei umfassenden Prüfungen — oder nur einzelne der Untersuchungsmethoden — bei Kontrollanalysen — in Betracht zu ziehen sein.

β) Prüfungen allgemeiner Art.

Äußere Beschaffenheit. Vor Inangriffnahme der eigentlichen Untersuchung wird die äußere Beschaffenheit des zu untersuchenden Materials festgestellt. Es sind zu bestimmen: Aussehen, ob glänzend, glatt, matt, rauh oder körnig; Konsistenz, ob flüssig, weich, plastisch, fest, hart oder spröde brechend; Geruch, ob geruchlos oder welcher Art er ist und Geruch beim Erwärmen der Probe; Farbe und Glanz, Strichfarbe auf unglasierten Porzellanscherben; Art des Bruches, ob eben, muschelig, strahlig oder hackig; Gefüge des Bruches, ob gleichmäßig, unregelmäßig, fein oder grobkörnig, geschlossen oder porös.

Wichte. Die Kenntnis der Wichte gibt einen allgemeinen Anhaltspunkt über die Beschaffenheit des Bitumens. Geblasene Bitumen haben in der Regel eine kleinere Wichte als die durch Vakuumdestillation erhaltenen Bitumen. Mineralbeimengungen erhöhen die Wichte. Normalerweise wird sie für eine Temperatur von 25° C angegeben und auf das Gewicht des gleichen Volumens Wasser bei 25° C bezogen. Die Bestimmung erfolgt nach einfachster Methode nach dem Schwimmverfahren, indem Tropfen von geschmolzenem Material, frei von Luftblasen, in wäßrige Lösungen gebracht werden, deren Wichte derart verändert wird, bis die Kügelchen in der Schwebe bleiben. Die Wichte der Lösung wird dann mit dem Aräometer bestimmt. Gute Annäherungswerte können durch die Wasserverdrängungsmethode erhalten werden.

Im allgemeinen verwendet man zylindrische Glasgefäße — Pyknometer — mit eingeschliffenem Stopfen oder aufgeschliffenem Deckel, deren Inhalt durch Auswägen mit destilliertem Wasser von 25° C bestimmt wird. Sie verbinden den Vorteil einer für normale Zwecke ausreichenden Genauigkeit mit der guten Reinigungsmöglichkeit. Das Bitumen wird im geschmolzenen Zustande ein-

gebracht und gewogen. Hierauf wird mit destilliertem Wasser aufgefüllt und
nach Einstellen in den Thermostaten zurückgewogen. Falls die Bestimmung
nicht bei 25° C durchgeführt werden kann, müssen die Werte auf diese Temperatur umgerechnet werden. Allgemein erfolgt dies nach der Formel

$$d_{t_1} = d_{t_2}(1 + \mathrm{at}),$$

worin bedeuten:

d_{t_1} bzw. d_{t_2} Wichte bei t_1 °C bzw. t_2 °C,
    t Temperaturdifferenz $(t_2 - t_1)$ °C,
    a kubischer Ausdehnungskoeffizient (für Bitumen etwa 0,00060).

Eine vielfach benutzte vereinfachte, additive Berechnung nach der Glei-
chung $d_{t_1} = d_{t_2} + \mathrm{at}$ gibt nur angenäherte Werte und darf nur für eine begrenzte
Temperaturdifferenz angewendet werden. Nimmt man das spezifische Gewicht
von Bitumen zu 1,0 bis 1,05 und den Ausdehnungskoeffizienten zu 0,0006 bis
0,0007 an, so ergibt sich in der Wichte eine maximale Abweichung von $\pm$ 0,001,
wenn die Bestimmungstemperaturen nicht mehr als $\pm$ 25° C von der vorgeschriebenen Prüftemperatur abweichen. Bei Einhaltung dieser Bedingung
ist diese vereinfachte Berechnungsart also durchaus zulässig.

Für genaue Ermittlungen der Wichte, etwa im Zusammenhang mit Bestimmungen der absoluten Viskosität, müssen aber die Werte möglichst genau
sein und zudem auf die Dichte des Wassers bei 4° C, unter gleichzeitiger Berücksichtigung des Ausdehnungskoeffizienten des Glases, reduziert werden. Für
die genaue Ermittlung der Wichte haben sich im Temperaturbereich von 120
bis 200° C die Mohrsche Waage, von 15 bis etwa 60° C Pyknometer bewährt.

Ausdehnungskoeffizient. Der kubische Ausdehnungskoeffizient wird aus
der bei verschiedenen Temperaturen bestimmten Wichte nach der Formel

$$a = \frac{d_{t_1} - d_{t_2}}{d_{t_2}(t_2 - t_1)}$$

berechnet.

Für weniger genaue Ermittlungen kann der Ausdehnungskoeffizient unmittelbar aus dem Betrage des Schwindens des in einem Reagensglas oder Verbrennungsrohr auf eine bestimmte Schmelztemperatur gebrachten und dann langsam
auf 25° C abgekühlten Probematerials berechnet werden. Das Schwindvolumen
kann mit Wasser oder Quecksilber ausgemessen und in Prozenten des Volumens
im geschmolzenen bzw. erkalteten Zustand berechnet werden.

γ) *Chemisch-physikalische Prüfungen.*

Für die Kennzeichnung und Bewertung der Bitumen dienen chemisch-
physikalische Methoden, die sich aus einem gewissen Bedürfnis der Praxis
heraus entwickelt haben. Sie bezwecken im allgemeinen die Bestimmung einer
Temperatur für einen ganz bestimmten Viskositätsgrad oder die Ermittlung
des Viskositätsgrades bei einer bestimmten Temperatur. Die für die einzelnen
Prüfverfahren einzuhaltenden Arbeitsbedingungen sind durch Vereinbarung festgelegt und in ausführlicher Weise in Normenwerken niedergelegt worden [6], da
es sich um konventionelle Methoden handelt. Bei jeder Untersuchung hat als
erste Forderung zu gelten, daß die Arbeitsweise genau nach Vorschrift eingehalten wird. Jedes Abweichen beeinflußt in mehr oder weniger starkem Maße
den Ausgang der Prüfung und verfälscht die Resultate.

Penetration. Unter Penetration oder Eindringungstiefe versteht man die
Strecke, ausgedrückt in $^1/_{10}$ mm, um die eine genormte, zugespitzte Nadel von
bestimmten Abmessungen, unter einer Gesamtbelastung von 100 g (50 g Nadel

mit Schaft + 50 g Zusatzgewicht) während 5 s bei einer Temperatur von 25° C in eine Bitumenschicht eindringt. Die Messungen können ergänzt werden durch Bestimmungen bei anderen Temperaturen wie z. B. 10° C, 40° C, eventuell auch mit anderen Zusatzgewichten. Das Bitumen wird in ein Metallgefäß von etwa 55 mm ∅ in schmelzflüssigem Zustand mindestens 20 mm bei härteren und mindestens 40 mm bei weicheren Bitumensorten eingefüllt, luftblasenfrei gemacht und nach dem Erkalten in einem Wasserbad auf die Versuchstemperatur mit einer Abweichung von womöglich maximal ± 0,1° C eingestellt.

Die zu verwendenden Nadeln müssen die vorschriftsgemäßen Abmessungen aufweisen und sollen blank sein; der Nadelhalter soll in der Führung des Geräts ohne merkliche Reibung glieten. Empfehlenswert ist es, alle Bitumenproben in gleicher Weise für die Bestimmung vorzubereiten und im Hinblick auf die Veränderungen, die das kolloidale Gefüge erleiden kann, auch die Dauer des Einstellens in den Thermostaten möglichst bei allen Prüfungen gleich beizubehalten.

Für die Bestimmung der Penetration verwendet man Penetrometer mit einer arretierbaren Führungsstange, an deren unterem Ende die Prüfnadel und das Zusatzgewicht angebracht sind. Die Bewegung der Führungsstange wird mittels Zahnstange auf den Zeiger übertragen, der auf einer in 360 Teile eingeteilten Kreisscheibe den Penetrationswert abzulesen gestattet. Die Belastungszeit wird von Hand eingestellt. In den letzten Jahren sind automatische Penetrometer eingeführt worden, bei welchen die Belastungszeit mechanisch und automatisch gesteuert wird. Abb. 1 zeigt ein solches Instrument schweizerischer Bauart mit Fernrohrablesung des Penetrationswertes.

Abb. 1. Automatisches Penetrometer, Bauart Ing. E. SCHILTKNECHT, Zürich. (Photo EMPA, Zürich.)

Erweichungspunkt. Mit „Erweichungspunkt" bezeichnet man diejenige Temperatur, bei der eine in eine Ringfassung eingeschmolzene Bitumenschicht bestimmter Dicke und von bestimmtem Durchmesser unter bestimmten Ausführungsvorschriften eine gegebene Überlast nicht mehr zu tragen vermag.

Nach der Ausführungsform von KRAEMER und SARNOW (K.S.) [7], Modifikation BARTA [8], wird ein Glasring von 5 mm Höhe und 6 mm ∅ mit geschmolzenem Bitumen plan gefüllt und dann mit Hilfe eines Gummischlauchstückes an einem Glasrohr gleichen Durchmessers befestigt und in ein Wasser- oder Glyzerinbad eingehängt. Hierauf werden 5 g Quecksilber auf die Bitumenschicht gegeben und die Temperatur des Wasserbades um 1° C je Minute gesteigert. Der Erweichungspunkt ist diejenige Temperatur, bei welcher das Quecksilber durch die Bitumenprobe durchfällt.

Bei sehr hoch erweichenden Bitumen kann weder Wasser noch Glyzerin als Flüssigkeitsbad gebraucht werden. Es kann dann in ähnlicher Weise in Paraffinöl gearbeitet werden. Die gefüllten Glasringe müssen aber so an das Glasrohr angesteckt werden, daß an der Unterseite des Bitumens eine Luftschicht verbleibt, damit das Öl das Prüfmaterial nicht benetzt und aufweicht.

Die heute meist angewendete Methode zur Bestimmung des Erweichungspunktes ist diejenige mit Ring und Kugel (R. u. K.), die höhere Kennziffern liefert als die Methode K.S. Grundsätzlich besteht das Verfahren darin, daß ein Metallring von 15,9 mm innerem Durchmesser und 6,4 mm Höhe mit Bitumen ausgegossen wird. Der überstehende Teil wird abgeschnitten und dann der gefüllte Ring auf 5° C gekühlt. Er wird hierauf in ein Becherglas mit Wasser von 5° C gebracht, das soweit gefüllt ist, daß das Wasserniveau 50 mm über dem Ring steht. Die Bitumenschicht wird hierauf mit einer Stahlkugel von 9,5 mm ∅ zentrisch belastet und dann die Temperatur um 5° C je Minute gesteigert. Als Erweichungspunkt wird diejenige Temperatur bezeichnet, die erreicht wird, wenn die Spitze des nach unten austretenden Bitumenbeutels eine 25,4 mm unter dem Ring sich befindliche Platte berührt.

Bei härteren Bitumen, deren Erweichungspunkt über 80° C liegt, wird als Badflüssigkeit Glyzerin verwendet.

Bei genauer Einhaltung der Anfangstemperatur und der Temperatursteigerung und bei Verwendung von ausgekochtem (luftfreiem) Wasser können gut reproduzierbare Werte erhalten werden.

Tropfpunkt. Es wird allgemein die Methode nach Ubbelohde angewendet. Das bituminöse Material wird in einen normierten Kupfernippel eingestrichen oder eingegossen und dieser in den unteren Hülsenteil des normierten Thermometers so eingeschoben, daß die Thermometerkugel in die Mitte der Masse zu liegen kommt. Das Thermometer mit Nippel wird im Luftbad derart erwärmt, daß die Temperatur um 1° C je Minute ansteigt. Die Temperatur, bei welcher der erste Tropfen abfällt, wird als Tropfpunkt bezeichnet.

Auf die einwandfreie Beschaffenheit des Nippels und speziell der Düsenöffnung (Beschädigungen), auf die Lage des eingesetzten Nippels und die genaue Temperaturführung, insbesondere nahe unterhalb des Tropfpunktes, muß vor allem geachtet werden.

Schwimmprüfung. In den USA ist noch ein weiteres Verfahren in Anwendung, genannt Float-Test, das auch eine Art Erweichungspunkt ergibt und darin besteht, daß ein konisches Bodenmundstück einer flachen Metallschale mit Bitumen ausgegossen wird; nach Erkaltung wird die Schale mit dem Bodenstück auf Wasser von 50° C aufgesetzt, so daß sie schwimmt. Wenn der Bitumenpfropfen durch das Wasser erweicht ist, dringt Wasser in die Schale ein und bringt sie zum Sinken. Die Zeit vom Einsetzen der Schale in das Bad bis zum Durchbruch des Wassers wird in Sekunden gemessen.

Brechpunkt. Mit Brechpunkt wird diejenige Temperatur bezeichnet, bei welcher das Bitumen hart und spröde wird. Nach der Ausführungsform von Fraass [9], die die schwer reproduzierbaren Verfahren für die Bestimmung des Erstarrungspunktes nach Herrmann [10] und Hoepfner-Metzger [11] fast vollständig verdrängt hat, wird das Bitumen in gleichmäßiger und vorgeschriebener dünner Schichtdicke auf ein Stahlblättchen aufgeschmolzen und dann das Stahlblech zusammen mit dem Bitumenfilm in einem Biegegerät eingesetzt, in welchem die Temperatur um etwa 1° C je Minute gesenkt wird. Von Grad zu Grad wird nun das Stahlblech mit dem Bitumen auf der äußeren Seite um einen gewissen Betrag gekrümmt und dann wieder entspannt. Als Brechpunkt wird diejenige Temperatur bezeichnet, bei der in der Bindemittelschicht beim Biegen um den festgesetzten Betrag die erste deutliche Rißbildung festgestellt werden kann.

Duktilität (Streckbarkeit). Mit Duktilität bezeichnet man die Fadenlänge in Zentimetern, zu der sich ein Probekörper bestimmter Form mit 1 cm² engstem Querschnitt in Wasser von 25° C und einer bestimmten horizontal wirkenden Zugkraft ausziehen läßt. Die vierteilige Metallform wird auf einer mit Glyzerin-Dextrin dünn bestrichenen Metallplatte zusammengestellt und dann mit dem geschmolzenen Bitumen ausgegossen. Der Bitumenüberschuß wird mit dem Messer abgetrennt und die Probe im Wasserthermostat genau auf die gewünschte Prüftemperatur eingestellt. Die Prüfung erfolgt nach Wegnahme der beiden Seitenstücke der Form im Duktilometer unter Wasser von Prüftemperatur und mit einer Geschwindigkeit des Zugbalkens von 5 cm je Minute.

Das Mittel von je 3 Versuchen wird angegeben. Die Duktilität kann auch bei anderen Temperaturen bestimmt werden. Es ist immer darauf zu achten, daß das Bitumen luftfrei in die Formen gefüllt wird, der Duktilometerboden sauber und glatt ist, damit die dünnen Fäden nicht kleben bleiben, und daß beim Bestreben, die Wassertemperatur konstant zu halten, keine Wasserströmungen quer zu den Zugrichtungen verursacht werden.

Gewichtsverlust und Veränderung beim Erhitzen. Es werden darunter der Gewichtsverlust in Prozenten, der beim Erhitzen einer bestimmten Bitumenmenge in vorgeschriebenen Gefäßen während 5 h bei 163° C eintritt, und die Änderung der chemisch-physikalischen Kennziffern (Erweichungspunkt, Penetration usw.) als Folge dieser Behandlung verstanden. Nach der deutschen Arbeitsweise, vgl. DIN 1995, wird ein weites, im Ofen nicht bewegtes und nach der amerikanischen und englischen Vorschrift [12] ein enges Gefäß, das im Ofen eine horizontal kreisende Bewegung ausführt, verwendet. Die Gewichtsverluste sind nach DIN 1995 etwa doppelt so groß wie nach den beiden anderen Vorschriften.

Die Bestimmung der chemisch-physikalischen Eigenschaften erfolgt nach den vorbeschriebenen Verfahren.

Flamm- und Brennpunkt. Sie bezeichnen die Temperatur des Bitumens, bei der bei Annäherung einer kleinen Zündflamme an die Oberfläche die entweichenden Dämpfe sich erstmals entzünden (entflammen), bzw. die Temperatur, bei welcher das zu prüfende Material auch nach Entfernung der Zündflamme selbständig und dauernd weiterbrennt.

Die Bestimmung erfolgt in Geräten mit offenem Tiegel; in Deutschland nach MARCUSSON [13], in den USA nach CLEVELAND [14].

Temperaturempfindlichkeit, Penetrationsindex. Aus der Lage verschiedener Kennziffern von Bitumen, die einen bestimmten Viskositätsgrad bezeichnen, hat man wichtige Aufschlüsse über die qualitative, praktische Bewertung der Bitumen abgeleitet. So lassen sich beispielsweise aus dem Unterschied zwischen Brechpunkt und Tropfpunkt, der häufig auch als Gradspanne bezeichnet wird, oder zwischen Brechpunkt und den Erweichungspunkten Angaben über die Temperaturempfindlichkeit des geprüften Bitumens gewinnen. Nimmt man an, daß verschiedene Bitumen jeweils bei der Temperatur des Brechpunktes bzw. bei der Temperatur des Tropfpunktes unter sich gleiche absolute Viskosität aufweisen, so heißt das, daß ein Bitumen mit großer Gradspanne, verglichen mit einem solchen kleiner Gradspanne, für die gleiche Viskositätsänderung eine höhere Temperaturdifferenz benötigt. Bitumen mit großer Gradspanne sind daher weniger temperaturempfindlich als Bitumen kleiner Gradspanne.

In die Untersuchungs- und Bewertungspraxis von Bitumen ist namentlich die von PFEIFFER und VAN DOORMAAL [15] vorgeschlagene Berechnung des Penetrationsindex (PI) eingegangen. Diese geht vom Penetrationswert bei 25° C, vom Erweichungspunkt R. u. K. eines Bitumens und von der Annahme aus, daß alle Bitumen bei der Temperatur des Erweichungspunktes R. u. K. eine Penetration von 800 haben. Gibt man dabei dem mit gutem Erfolg im bituminösen Straßenbau angewendeten mexikanischen Bitumen mit einer Penetration bei 25° C von 200 und einem Erweichungspunkt R. u. K. von 40° C den PI-Wert Null, so gelangt man zu einer Klassierung der Bitumen nach Temperaturempfindlichkeit. Alle Bitumen mit einem positiven PI-Wert (größer als Null) sind weniger temperaturempfindlich, alle Bitumen mit einem negativen PI-Wert (kleiner als Null) temperaturempfindlicher als das genannte mexikanische Bitumen. Dabei konnte ebenfalls gezeigt werden, daß Bitumen mit einem PI-Wert von unter —2 dem in Abschn. 1 genannten Typ I entsprechen und dadurch charakterisiert sind, daß die Temperaturspanne zwischen dem harten, spröden und dem tropfbar flüssigen Zustand relativ klein ist. Die Bitumen mit einem PI-Wert von —2 bis +2 gehören dem Typ II (Normaltyp), die Bitumen mit einem PI-Wert von über +2 dem Typ III, also den geblasenen Bitumen, an. Diese letzteren werden daher vornehmlich dort eingesetzt, wo sie im Bauwerk großen Temperaturschwankungen ausgesetzt sind. Die Penetrationsindizes können den leicht zugänglichen Diagrammen entnommen oder aus der Penetration 25° C und dem Erweichungspunkt R. u. K. nach folgender Formel

$$PI = \frac{20 \cdot 0{,}60206 \,(\text{R. u. K. }°\text{C} - 25°\,\text{C}) - 300\,(\log 800 - \log \text{Pen. } 25°\,\text{C})}{30\,(\log 800 - \log \text{Pen. } 25°\,\text{C}) + 0{,}60206\,(\text{R. u. K. }°\text{C} - 25°\,\text{C})}$$

berechnet werden.

Normengemäße Untersuchung. Ausblick. Die chemisch-physikalische Prüfung der Bitumen ist sowohl nach Art und Ausführung wie auch für Straßenbaubitumen hinsichtlich Umfang durch Vorschriften in vielen Ländern festgelegt.

Für die Kontrolluntersuchung eines für Straßenbauzwecke zu verwendenden Bitumens können Penetration, Erweichungspunkt R. u. K. schon als ausreichend gelten; dagegen müssen für weitere Untersuchungen Tropfpunkt, Wichte („spezifisches Gewicht"), Brechpunkt und besonders Duktilität, sowie Gewichtsverlust beim Erhitzen und die dabei auftretenden Änderungen unbedingt bestimmt werden.

Diese allgemeinen Gesichtspunkte gelten auch für eine bewertende Untersuchung von Bitumen, die für andere Zwecke als für den Straßenbau gebraucht werden.

Das Bestreben, die Bitumen nicht mit Hilfe verschiedener konventioneller Methoden, sondern möglichst nur nach einer oder wenigen Methoden ausreichend charakterisieren zu können, hat dazu geführt, die Viskositätsverhältnisse der Bitumen genauer zu studieren. HOEPFNER und METZGER [16], [17] haben versucht, die Bitumen und andere bituminöse Baustoffe nach Steifheits- oder Weichheitsgraden HM zu kennzeichnen. Sie teilten dazu den Temperaturbereich zwischen Tropfpunkt und Starrpunkt — nach einem speziellen Verfahren bestimmt und als Starrpunkt HM bezeichnet — in 100 Grade und bestimmten die den Erweichungspunkten K.S. und R. u. K. zuzuordnenden Weichheitsgrade. Sie haben diese Weichheitsgrade auch im Gebiet oberhalb des Tropfpunktes angewendet und auch andere Kennziffern, wie etwa die Penetration aus den Beziehungen, die sich aus der jeweiligen Lage des Starr- und Tropfpunktes ergeben, abgeleitet. Spätere Untersuchungen haben gezeigt, daß dieses Verfahren keine genaue Wiedergabe der Viskositätsverhältnisse ermöglicht und höchstens in einem gewissen, begrenzten Bereich zu Kontrollzwecken benützt werden darf.

Die konventionellen Bestimmungsmethoden für einen bestimmten Viskositätsgrad werden auch in Zukunft ihren praktischen Wert beibehalten. Die genauen Viskositätsverhältnisse in Abhängigkeit zur Temperatur können aber nur durch Messung der Viskosität in absoluten Einheiten bestimmt werden. Sie ergeben eine einheitliche Vergleichsbasis und machen Umrechnungen von Viskositätsangaben, die in verschiedenen Relativ-Viskosimetern erhalten worden sind und die immer nur annähernd ausgeführt werden können, überflüssig. Es ist wohl gelungen, in befriedigender Weise einzelne Kennziffern wie Penetration oder Tropfpunkt in absoluten Viskositätseinheiten auszudrücken, aber für eine genaue Darstellung reichen sie nicht aus. Für die Bestimmung absoluter Viskositäten sind verschiedene Instrumente verwendet worden, wie Couette-Viskosimeter [18], Kugelfall-Viskosimeter [19], OSTWALD-Viskosimeter [20] u. a. [21].

UBBELOHDE, ULLRICH und WALTHER [22] haben gezeigt, daß die Viskositätstemperaturkurven von Bitumen, wenn sie im UBBELOHDE-Viskositätsblatt eingetragen werden, annähernd als Gerade erscheinen. Von amerikanischen Forschern ist dies für ein analoges Blatt (KOPPERS Viscosity-Temperature Chart) bestätigt worden. Anders kommt ZICHNER [23] zur Auffassung, daß Gerade erst dann entstehen, wenn im karthesischen Koordinationssystem auf der Ordinatenachse statt der absoluten kinematischen Viskositäten v als $\log\log(v + 0,8)$ der Wert $\log\log(v/2,0)$ (auf der Abszissenachse die absolute Temperatur als $\log\,°K$) aufgetragen wird.

Es ist damit zu rechnen, daß neben den rasch und mit einfachen Mitteln auszuführenden Bestimmungen der Penetration, des Erweichungs- und Brechpunktes und der Duktilität, wie auch der anderen genormten Bestimmungsmethoden, in Zukunft auch Bestimmungen der absoluten Viskosität bei verschiedenen Temperaturen für die Kennzeichnung eines Bindemittels in vermehrtem Maße herangezogen werden. Empfehlenswert ist auch die Bestimmung der Penetration bei verschiedenen Temperaturen (0 bis 40° C) sowie der Duktilität bei Temperaturen unter 25° C.

δ) Chemische Prüfungen.

Mineralische Anteile. Mineralische Anteile werden — sofern es sich um grobe Verunreinigungen handelt — durch Aussieben des aufgeschmolzenen Bitumens erfaßt. Beimengungen feiner mineralischer Anteile, auch in kleinen Mengen, können durch Bestimmung des Veraschungsrückstandes an sich nachgewiesen und durch Extraktion der bituminösen Anteile mit einem geeigneten Lösungsmittel quantitativ bestimmt werden.

Wasser. Der Gehalt an Feuchtigkeit oder Wasser wird quantitativ durch Destillation einer Durchschnittsprobe mit Xylol (vgl. Abschn. 2c) oder durch sorgfältiges Ausrühren bei etwa 105 bis 120° C bestimmt.

Löslichkeit. Der Gehalt an Bitumen wird durch Extraktion mit Schwefelkohlenstoff (CS_2) bestimmt, wozu sich das bekannte SOXHLET-Gerät mit Papier-Filterhülsen-Einlage eignet. Die unlöslichen Anteile können auch durch Filtration durch GOOCH-Tiegel oder durch Filtration durch Papierfilter, bestimmt werden. Verminderte Löslichkeit in Tetrachlorkohlenstoff (CCl_4) deutet auf eingetretene Störungen im kolloiden System durch Überhitzung hin; es ist daher vielfach angezeigt, neben einer Extraktion mit CS_2 auch eine mit CCl_4 auszuführen.

Inhomogenitäten in Bitumen, die auf Zumischungen von Wachsen, Säureharzen, Belichtung oder Überhitzung zurückzuführen sind, können mit der Fleckprüfung — genannt Spot Test — von OLIENSIS nachgewiesen werden [24].

Die Löslichkeit in Petroläther 60/80° gibt Anhaltspunkte über den Gehalt an Hartasphalt, d. h. Asphaltenen. Auf neuere Bestimmungsmethoden von Hartasphalt, Weichasphalt, Harzen und öligen Anteilen sei hier nur ganz generell hingewiesen, da diese nicht zur routinemäßigen Untersuchung von Bitumen gerechnet werden können.

Schwefel. Der gesamte Schwefelgehalt wird am besten durch Verbrennen in der kalorimetrischen Bombe und Überführen in Bariumsulfat bestimmt. Nichtgebundener, etwa zugefügter Schwefel kann nach NICHOLSON durch Verfärbung eines blanken Kupferstreifens bei 50° C oder nach GRAEFE nachgewiesen werden.

Paraffin. Die Bestimmung des Gehaltes an Paraffin in Bitumen ist deshalb von besonderem Interesse, weil bei höheren Gehalten im allgemeinen ein schädlicher Einfluß auf die Duktilität eines Bitumens, vor allem bei niedrigeren Temperaturen, festgestellt werden kann. Obwohl die Meinungen über die Schädlichkeit kleiner Mengen von Paraffin in Bitumen noch geteilt sind und vielfach der Auffassung Ausdruck gegeben wird, daß es dabei weniger auf den absoluten Gehalt an Paraffin als auf dessen Art (Hartparaffin, Weichparaffin) ankomme, wird in den detaillierten Normenwerken häufig ein oberer Grenzwert festgelegt. Dieser beträgt in einigen Normenwerken 2,0 Gew.%.

Die bestehenden Prüfmethoden lassen sich nach der Art und Weise, wie das Bitumen vorbehandelt wird, in folgende drei Gruppen unterteilen:

a) Fällung der Asphaltene, Reinigen (Säureraffination) der erhaltenen Öle, Destillieren derselben und Bestimmung des Paraffinanteils im Destillat durch Ausfällen bei tiefer Temperatur.

b) Durchführung einer direkten Zersetzungsdestillation der Bitumen und Bestimmung des Paraffins in den erhaltenen Destillaten wie bei a.

c) Behandlung der Bitumen mit selektiv wirkenden Lösungs- und Adsorptionsmitteln unter Ausschaltung der zersetzenden Destillation.

GRAF [25] hat nachgewiesen, daß bei der Destillation der Öle oder des Bitumens das Paraffin pyrogen zersetzt mit kleinerem Molekulargewicht erhalten wird als es im Bitumen vorliegt. Außerdem treten auch bei der Säureraffination und Ausfällung beträchtliche Paraffinverluste auf. Die Adsorptionsmethoden vermeiden pyrogene Zersetzungen und erfassen das Paraffin, wie es im Bitumen vorliegt, allerdings auch nicht in quantitativem Maße, gewährleisten aber bei genauer Einhaltung der Arbeitsbedingungen ziemlich gute Reproduzierbarkeit der Bestimmungen.

Kautschuk. Die in den Nachkriegsjahren erfolgte Einführung bzw. Herstellung von kautschukhaltigen Bitumen macht eine zuverlässige, quantitative Kautschuk-Bestimmungsmethode nötig. Eine solche ist von SALOMON und Mitarbeitern [26] empfohlen worden. Das Prinzip besteht darin, daß die Bitumen-Kautschuk-Mischung vorerst bei 120° C mit etwa 12% Hartparaffin gemischt und hierauf bei 145° C im Ölbad mit etwa der doppelten Menge pulverisierten Schwefels behandelt wird, wodurch der Kautschuk als Ebonit zur Ausscheidung gelangt. Nach dem Erkalten wird die Reaktionsmasse in eine Ton-Filterhülse (thermal alumina 501, Thermal Syndicate, England) gebracht und im SOXHLET-

Apparat mit Xylol als Lösungsmittel bis zum farblosen Ablauf extrahiert. Der dadurch von Bitumen und überschüssigem Schwefel befreite Rückstand wird bei 150° C getrocknet und aus der Gewichtsdifferenz die Menge an Rohebonit berechnet. Da dieser immer noch kleine Mengen von Bitumen im Einschluß enthält, ist eine Schwefelbestimmung durchzuführen. Hierfür eignet sich besonders die Schnellaufschlußmethode mit Natriumperoxyd und Äthylenglykol-Zündung in der IKA-Universalbombe nach Dr. B. WURZSCHMITT (Fabrikant der IKA-Bombe: Janke & Kunkel KG, Staufen i. B.), wobei der Schwefel des Rohebonites als Bariumsulfat bestimmt werden kann. Durch Umrechnung wird der Gehalt an reinem Ebonit mit einem Schwefelgehalt von 32 Gew.-% berechnet, woraus sich leicht der Kautschukgehalt der Bitumen-Kautschuk-Mischung ergibt.

Normengemäße Untersuchung. Ausblick. Bei Straßenbaubitumen, Klebemassen und bei Bitumen für andere Verwendungsarten wird die Bestimmung der Löslichkeit in Schwefelkohlenstoff und Tetrachlorkohlenstoff, die Bestimmung der Asche und vielfach die Bestimmung des Paraffingehaltes als nötig erachtet. Schwefelbestimmungen, wie auch die Bestimmung der Säurezahl werden etwa zur weiteren Charakterisierung und zur Prüfung auf besondere Zusätze zusätzlich ausgeführt.

Die zukünftige Entwicklung der chemischen Untersuchung von Bitumen wird sich vermutlich, im Zusammenhang mit Fragen der Binde- und Klebeeigenschaften der Bitumen und ihrer Haftfestigkeit an Gesteinsoberflächen bei Wassereinwirkung, in vermehrtem Maße der Trennungsmethoden durch selektive Löslichkeit und Adsorption zur Erfassung der Gehalte an Hart- und Weichasphalten, Harzen und öligen Anteilen, möglicherweise auch chromatographischer Untersuchungsmethoden bedienen.

ε) *Besondere Prüfungen.*

Als besondere Untersuchungsverfahren, die je nach Bedürfnis von Fall zu Fall angewendet werden, seien zusammenfassend erwähnt: die Bestimmung der spezifischen Wärme und der Wärmeleitzahl, die Bestimmung der Wasserdampfdurchlässigkeit von Bitumenfilmen, die Bestimmung der Oberflächenspannung, diejenige der Alterung unter dem Einfluß von Wärme, Licht, Sauerstoff und Feuchtigkeit, sei es im natürlichen Klima, sei es in Schnellbewitterungsprüfgeräten, die Bestimmung der Haftfestigkeit auf Gesteinsmaterialoberflächen bei gleichzeitiger Anwesenheit von Wasser, schließlich auch die Prüfung im ultravioletten Licht u. dgl.

c) Prüfung der Bitumenemulsionen.

α) *Allgemeines.*

Bitumenemulsionen vom Typus ,,Öl in Wasser-Emulsion", wie sie in größtem Maße im bituminösen Straßenbau verwendet werden, sind disperse Systeme, in welchen Wasser bzw. eine wäßrige Lösung als äußere Phase und fein dispergiertes Bitumen als disperse Phase zu betrachten sind. Die Teilchengröße der Bitumenpartikelchen variiert dabei von weniger als 1μ bis etwa $20 \mu \varnothing$ und erreicht im Mittel rund 2,5 bis 3 μ. Die Anzahl der Bitumenteilchen in der Volumeneinheit der Emulsion ist daher außerordentlich groß, beträgt sie doch schon bei 3 μ Teilchendurchmesser rund 35 Millionen in 1 mm³ 50%iger Emulsion.

Emulsionen vom Typus ,,Wasser in Öl" haben meist pastenförmige Beschaffenheit, da das höher viskose Bitumen die äußere Phase und die wäßrige

Lösung die innere Phase bildet. Solche pastenförmigen Emulsionen werden für Sonderzwecke als Klebemittel, neuerdings in kleinen Mengen auch für Oberflächenbehandlungen im Straßenbau verwendet. Sie müssen warm, d. h. mit Temperaturen unter 100°C, verarbeitet werden, während die erst genannten „Öl-in-Wasser"-Emulsionen kalt gebraucht werden, was diesen Emulsionen früher den Namen „Kaltasphalt" eingetragen hat.

Die Straßenbauemulsionen haben meist eine alkalisch reagierende wäßrige Phase.

Außer Wasser und Bitumen enthalten die Emulsionen in kleinen Mengen Emulgierstoffe, die die Dispergierung des Bitumens in Wasser ermöglichen. In vielen Fällen sind auch kleine Mengen stabilisierend wirkender Stoffe, sog. Stabilisatoren, seltener auch die Viskosität erhöhende Zusatzstoffe anwesend.

Die Emulsionen werden in verschiedenen Sorten geliefert. Die verwendeten Bitumen haben hohe Penetration, sind daher als weich anzusprechen. Ihre Penetrationswerte bei 25°C liegen bei etwa 180 und mehr. In neuerer Zeit werden auch Bitumenemulsionen hergestellt, deren Bitumen vor der Emulgierung mit einem Lösungsmittel weniger viskos gemacht wurde. In bezug auf Viskosität sind die Bitumenemulsionen bei Raumtemperatur dünnflüssig bis wenig viskos, und, wie erwähnt, nur in Sonderfällen salbenartig, steif. Diese enthalten häufig auch mineralische, meist faserige Füllstoffe.

Das dispergierte Bitumen der Bitumenemulsionen erhält seine klebenden Bindeeigenschaften dadurch, daß die Bitumenkügelchen durch äußere Einwirkung zum Zusammenfließen gebracht werden, wobei das Wasser austritt. Man nennt diesen Vorgang das Brechen der Emulsion oder Koagulation. In der praktischen Anwendung der Emulsionen verläuft dieser Vorgang vorwiegend als Folge eines Wasserentzuges, beispielsweise bei der Berührung mit einer Gesteinsmaterialoberfläche, und einer Wasserverdunstung; daneben spielen aber auch chemisch-physikalische Vorgänge eine Rolle.

Die Brechgeschwindigkeit der Emulsionen, die durch die Art der Emulgierung und die Wahl der Zusätze nach Art und Menge beeinflußt werden kann, wird dem Verwendungszweck der Emulsionen angepaßt. Man unterscheidet für den Straßenbau zwischen rasch brechenden, mittelrasch brechenden und langsam brechenden, stabilen Emulsionen. Die ersteren koagulieren schon bei der Berührung mit grobkörnigem Gesteinsmaterial relativ rasch; die letzteren können aber sogar mit mehlfeinen Gesteinsmaterialien vermischt werden.

β) Prüfungen allgemeiner Art.

Die zu untersuchende Emulsionsprobe wird nach Aussehen, Farbe, Geruch und Gleichmäßigkeit — Bodenkörper, überstehende wäßrige Lösung, flockige Ausscheidungen, Inhomogenitäten beim Ablauf von einem glatten Rührstab usw. — charakterisiert. Die Wichte ist nahe bei 1 und wird normalerweise nach der Aräometermethode bestimmt.

Aufschlußreich ist die Beurteilung des mittleren Dispersitätsgrades des Bitumens. Eine grobe Dispersion wird stärker zum Absetzen neigen als eine feine und daher auch eine geringere Lagerstabilität aufweisen. Eine Aufrahmung des Bitumens wird nur dann eintreten, wenn die Dichte der bituminösen Phase erheblich kleiner ist als die der wäßrigen Phase.

Die Beobachtung der Emulsion im Mikroskop vermittelt rasch eine orientierende Auskunft über den Dispersitätsgrad und die Gleichmäßigkeit bzw. Ungleichmäßigkeit der Dispersion. Besser auswertbar ist die photographische Aufnahme in 250- bis 400facher Vergrößerung der mit wäßriger Gelatine-

lösung stark verdünnten und in eine Blutzählkammer, zweckmäßig nach HELBER-
GLYNN, gebrachten Emulsionsprobe. Durch Auszählung aller vorhandener
Bitumenteilchen in einer größeren Anzahl von Zählfeldern der Blutzählkammer
kann, unter weiterer Berücksichtigung des prozentualen Bitumengehaltes der
Emulsion und der Wichte des Bitumens, der mittlere Teilchendurchmesser
leicht berechnet werden. Das gleichzeitige Ausmessen der einzelnen Teilchen
nach Durchmesser gestattet die Aufstellung einer Häufigkeitskurve für die
Korngrößenverteilung, die auch aus den Ergebnissen einer fraktionierten Sedimentationsanalyse erhalten werden kann.

γ) Chemisch-physikalische Prüfungen.

Da die weitaus größten Mengen von Bitumenemulsionen im bituminösen
Straßenbau verwendet werden, sollen auch die straßenbautechnisch wichtigen
Eigenschaften in den Vordergrund gerückt werden. Als solche sind zu erwähnen:
die Homogenität, die Viskosität, die Brechgeschwindigkeit oder Brechbarkeit,
die Klebeprüfung und schließlich die Lager- und Kältebeständigkeit einer
Emulsion. Sinngemäßes gilt für Bitumenemulsionen, die für andere Bauzwecke
bestimmt sind, obwohl vielleicht den einzelnen Faktoren nicht die gleiche Bedeutung beizumessen ist. Die Lager- und Kältebeständigkeit der Emulsionen
ist normalerweise nur dann in Betracht zu ziehen, wenn die Emulsionen lange
gelagert werden sollen bzw. als Faßware Gefriertemperaturen ausgesetzt sein
können.

Homogenität. Diese ist vorerst auf Grund der äußeren Beschaffenheit nach
Farbe, Bodensatz, Aufrahmung, Separierung einer überstehenden wäßrigen
Phase, Ablauf von einem Rührstabe usw. zu beurteilen. Durch Absieben einer
Emulsionsprobe mit einem mit Seifenlösung angefeuchteten Maschensieb von
0,15 mm lichter Weite kann der Anteil an ausgeflockten oder nicht dispergierten
gröberen Bitumenklümpchen leicht quantitativ erfaßt werden. Das mikroskopische Bild vermittelt einen Aufschluß über die Gleichmäßigkeit der Dispergierung des Bitumens und gestattet in einfacher, aber etwas zeitraubender Weise
die Berechnung des mittleren Teilchendurchmessers und die Aufstellung einer
Korngrößen-Häufigkeitskurve.

Viskosität. Die Viskosität der Emulsionen wird in der Regel in bekannter
Weise im ENGLER-Viskosimeter bei 20° C bestimmt und in ENGLER-Graden
ausgedrückt. Mit Hilfe der Umrechnungsfaktoren kann daraus die absolute
Viskosität in cSt (Centistok) berechnet werden. Vor der Bestimmung wird die
zu untersuchende Probe normalerweise durch das Maschensieb von 0,15 mm
lichter Weite gesiebt, um allfällig vorhandene klumpige Ausscheidungen
abzutrennen.

Brechbarkeit. Das Verhalten der Emulsionen gegenüber Gesteinsmaterialien
muß bautechnisch als eine der wichtigsten Untersuchungen angesprochen werden,
da Erfolg und Mißerfolg bei der Verwendung von Emulsionen im Straßenbau
weitgehend von der guten Anpassung ihrer Eigenschaften an den Verwendungszweck und das Arbeitsverfahren abhängig sind. Rasch brechende Emulsionen
können z. B. bei der Ausführung von Tränkungen vorzeitig brechen, so daß
das Bindemittel nicht in die vorgesehene Tiefe einzudringen vermag; zu langsam brechende Emulsionen können bei Oberflächenbehandlungen zu spät abbinden, so daß Bindemittelverluste durch Abfließen oder Wegschwemmen der
Emulsion durch Regen eintreten können.

Es bestehen zahlreiche Vorschläge für qualitative und quantitative Prüfverfahren zur Bestimmung der Brechbarkeit bzw. der Brechgeschwindigkeit

von Bitumenemulsionen. Dabei lehnen sich die qualitativen Methoden in der
Regel an die Gegebenheiten einer bestimmten Bauweise an, während viele der
quantitativen Prüfungen den Brechvorgang unter anderen Verhältnissen ablaufen lassen, als sie auf der Straße normalerweise anzutreffen sind.

Bei den qualitativen Methoden sind etwa folgende hervorzuheben:

Bestimmung der Mischbarkeit einer Emulsion mit destilliertem oder Leitungswasser,
wobei als Kriterium der Wasserzusatz dient, der zu einer Ausflockung des Bitumens führt;

Vermischen von trockenem oder angefeuchtetem Gesteinsmaterial wie Splitt, Sand
oder Portlandzement, wobei beobachtet wird, ob sich das Gesteinsmaterial von der Emulsion
benetzen oder gar umhüllen läßt und nach welcher Zeit die Emulsion gebrochen ist;

Vermischen von 250 g sauberem und trockenem Splitt der Körnung 3/6 mm mit 25 g
der Bitumenemulsion, bzw. der gleichen, aber mit 10 g Wasser benetzten Gesteinsmenge,
die einen weiteren Zusatz von 25 g Gesteinsmehl erhält, mit ebenfalls 25 g Emulsion,
wobei wiederum die Benetzungs- und Umhüllungsfähigkeit der Emulsion für das Gesteinsmaterial beurteilt und die hierzu benötigte Zeit gemessen wird.

Diese Verfahren geben im allgemeinen eine relativ gute orientierende Auskunft über die Brecheigenschaften einer Emulsion, die auch für die praktische
Beurteilung ausreicht, obwohl sie keine quantitative Auswertung erlauben.

Eine gewisse Klassifizierung der Emulsionen hinsichtlich „Brech"-Stabilität
läßt sich aus verschiedenen quantitativen Methoden, von denen einzelne im
nachstehenden erwähnt seien, ableiten. Die Entemulgierungsprüfung von
MYERS [27] bestimmt die Brecheigenschaften dadurch, daß zu einer Emulsionsmenge eine bestimmte Menge Kalziumchloridlösung vorgeschriebener Konzentration zugegeben und die Menge des abgeschiedenen Bitumens bestimmt wird.
Das Verfahren ist in analytischer Hinsicht von vielen Seiten ungünstig beurteilt
worden, außerdem ebenfalls in straßenbautechnischer Hinsicht, weil ganz
andere Bedingungen für die Brechung geschaffen werden, als sie bei der Brechung
auf der Straße vorherrschen.

MCKESSON [28] hat die sog. Waschprüfung eingeführt. Zwei Drahtkörbe mit
gleichen Mengen getrockneten Gesteinsmaterials werden kurze Zeit in die Emulsion eingehängt, dann herausgezogen, der eine sofort getrocknet und der andere
nach Abtropfenlassen mit Wasser abgespült und dann ebenfalls getrocknet.
Der Unterschied in der Gewichtszunahme dient als Maß für die Menge des vom
Gesteinsmaterial ausgeschiedenen Bitumens und damit für die Brechbarkeit
der Emulsion.

WEBER und BECHLER [29] haben einwandfrei feststellen können, daß die
Brechbarkeit einer Emulsion häufig in maßgebender Weise vom Charakter des
Gesteins beeinflußt wird. Sie lassen unter genau festgelegten Bedingungen einen
Überschuß von Emulsion auf eine bestimmte Menge gebrochenen Gesteins-
materials bestimmter Körnung einwirken und ermitteln nach Abgießen und sorg-
fältigem Auswaschen und Trocknen der Gesteinsprobe die auf Bitumenaus-
flockung zurückzuführende Gewichtszunahme. Die vom Gestein abgeschiedene
Bitumenmenge wird in Zerfallwertziffern ausgedrückt.

KLINKMANN [30] bestimmt die Brechbarkeit in einer mit feinkörnigem Gesteinsmaterial angefüllten Glasbürette, genannt Stabilometer, in welche er unter
bestimmten Bedingungen die Emulsion einlaufen und im Gesteinsmaterial hoch-
steigen läßt. Nach einer gewissen Zeit, die von der Brecheigenschaft der Emulsion
abhängig ist, bricht die Emulsion und das Vordringen kommt zum Stillstand.
Die eingedrungene Emulsionsmenge in Kubikzentimeter wird als Mineral-
beständigkeitszahl angegeben. Als beste Ausführung wird die Bestimmung im
Differentialstabilometer bezeichnet.

BLOTT und OSBORN [31] nehmen an, daß der Brechvorgang bei Emulsionen in
erster Linie vom Wasserverlust abhängig ist. Nach einem auf dieser Grundlage

ausgearbeiteten Verfahren, bezeichnet als „Lability-Test", wird der Gehalt an Wasser, den eine Emulsionsprobe bei Erreichung eines bestimmten Brechgrades noch enthält, bestimmt. Das Wasser wird durch Überleiten eines Luftstromes und Ausrühren vorsichtig abgedunstet und die Menge des ausgeflockten Bindemittels periodisch bestimmt. Der Wassergehalt der Endprobe wird bei 110° C ermittelt. Je kleiner der Wassergehalt gefunden wird, um so stabiler wird die Emulsion bezeichnet.

JEKEL [32] bestimmt die von einer gegebenen Gesteinsmenge koagulierte Bitumenmenge und bezeichnet den auf den Bitumengehalt der Emulsion bezogenen prozentualen Anteil des abgeschiedenen Bitumens als Mischwert.

Klebeprüfung. Für die Beurteilung der Eignung einer gegebenen Bitumenemulsion für die Ausführung von Oberflächenbehandlungen dient die Klebeprüfung. Dabei werden in eine Glasschale 10 g Emulsion eingewogen und durch Neigen gleichmäßig verteilt. Hierauf wird die Emulsionsschicht mit einer gleichmäßigen Schichthöhe von trockenem, staubfreiem Splitt überdeckt und leicht angedrückt. Die so vorbereitete Schale wird 5 h bei Raumtemperatur liegengelassen und dann der nicht gebundene Splitt durch Senkrechtstellen der Schale während 5 sek entfernt. Bei einer Emulsion mit guten Brecheigenschaften soll dabei der Boden der Schale gleichmäßig mit gebundenem Splitt bedeckt sein.

Lagerbeständigkeit. Der Lagerungsversuch, der an kleinen oder größeren Probemengen durchgeführt werden und sich über einige Tage, Wochen oder gar Monate erstrecken kann, soll über die Lagerbeständigkeit einer Emulsion bei Temperaturen über 0° C Aufschluß geben. Der Grad der eingetretenen Koagulation oder die Menge des ausgeflockten Bitumens, die Größe und Art (reemulgierbar oder nicht reemulgierbar) des Bodensatzes oder die Schichtdicke einer überstehenden, klaren, mehr oder weniger stark braun gefärbten wäßrigen Abscheidung kann als Kriterium für die Lagerstabilität der Emulsion herangezogen werden.

Bei Lagerversuchen über mehrere Monate verwendet man in der Regel Faßabfüllungen der Emulsion aus dem Fabrikationswerk. Kurzlagerversuche im Laboratorium werden in der Regel in hohen Meßzylindern mit einer Einwaage an gesiebter Emulsion von 250 ml durchgeführt. Nach der vorgesehenen Lagerdauer bei Raumtemperatur wird die Emulsion erneut gesiebt und der Siebrückstand bestimmt.

Besonders aufschlußreich, namentlich im Hinblick auf die Gefahr eines Zusammenballens der abgesetzten Bitumenteilchen, erscheinen auch Lagerungsversuche in sehr niedrigen zylindrischen Gefäßen und die Prüfung der Emulsionen durch Zentrifugierung, die das Absetzen der Bitumenteilchen stark beschleunigt.

Kältebeständigkeit. Diese Prüfung wird vor allem an denjenigen Emulsionen durchgeführt, die aus bestimmten Gründen in der kalten Jahreszeit gelagert werden sollen oder Frosttemperaturen ausgesetzt sein können. Die vor der Prüfung auf dem Maschensieb von 0,15 mm l. W. abgesiebte Emulsion wird dabei kurzfristig ein- oder mehrmals Frosttemperaturen (z. B. —5° C) ausgesetzt und anschließend oder zwischen zwei aufeinanderfolgenden Frosteinwirkungen auf z. B. +5° C aufgetaut. Die Menge des koagulierten Bitumens wird als Kriterium gewählt und wiederum durch den Siebversuch festgestellt.

δ) Chemische Prüfungen.

Die chemischen Prüfungen umfassen die Bestimmung des Wasser- und Bitumengehaltes, des Veraschungsrückstandes und des Gehaltes an Alkali

und Emulgatoren. Bei Emulsionen von lösungsmittelhaltigen Bitumen schließt
sich die Bestimmung des Lösungsmittelgehaltes an.

Bitumen und Wasser. Die Bestimmung des Bitumengehaltes kann auf
direktem oder indirektem Wege erfolgen: indirekt durch die Bestimmung
des Wassergehaltes und des Veraschungsrückstandes (Asche), woraus sich
als Differenz das Bitumen, einschließlich Emulgator und allenfalls Lösungsmittel, berechnen läßt, direkt durch Ausfällung des Bitumens auf einem
porösen Tonteller oder durch sorgfältiges Abdampfen des Wassers durch Ausrühren.

Die Wasserbestimmung erfolgt allgemein durch Destillation einer abgewogenen Emulsionsprobe mit Xylol, wobei das Wasser mit dem Lösungsmitteldampf in die kalibrierte Vorlage mitgerissen wird, sich darin vom Xylol sauber
trennt und abgelesen werden kann. In neuerer Zeit werden hierzu fast ausschließlich Glasschliffapparaturen mit Rückflußkühler und teilweisem Rücklauf
des Xylols in den Kochkolben verwendet. Aus der abgelesenen Wassermenge
ergibt sich der prozentuale Anteil der Emulsion an Wasser. Aus der Differenz
wird der Anteil an Bitumen, einschließlich etwa vorhandenem Verdünnungsmittel (Flux), Alkali und Emulgator, berechnet. Wird gleichzeitig in bekannter
Art die Asche bestimmt, so kann der Gehalt an Bitumen in einfacher Weise
berechnet werden. Der Trockenrückstand, ermittelt durch Verdunsten des
Wassers aus niedrigen Schalen bei 110° C oder durch Ausrühren bei dieser
Temperatur, ergibt den Gehalt an Bitumen, einschließlich nicht flüchtigen
Emulsionsanteilen.

Die Bestimmung des Wassergehaltes nach der Xylolmethode und die Bestimmung des Trockenrückstandes bei 110° C oder evtl. 163° C gestattet die Berechnung des Gehaltes an Fluxmitteln.

Soll der Bitumenanteil nicht nur mengenmäßig bestimmt, sondern das für
die Emulsion verwendete Bitumen auch chemisch-physikalisch charakterisiert
werden, so ist das Bitumen frei von Emulgator und Alkali abzuscheiden. Dies
geschieht zweckmäßig nach der von Greutert [33] angegebenen Arbeitsweise,
bei welcher die Emulsion mit einem Gemisch von Alkohol und Azeton gebrochen,
das Bitumen mit Schwefelkohlenstoff aufgenommen und durch Abdestillieren
des Lösungsmittels in Kohlensäureatmosphäre in praktisch unveränderter Form
zurückgewonnen wird.

Alkali und Emulgator. Eine erste Prüfung der Emulsionsprobe mit Lakmus-
papier erbringt den Nachweis, ob bei der Emulgierung eine alkalische wäßrige
Phase angewendet worden ist oder nicht. Ersteres ist bei Straßenbauemulsionen
fast durchweg der Fall. Die Bestimmung des p_H-Wertes mit Universal-Indika-
torpapier „Merck'' oder „Johnsons'' oder schließlich mit einem mit Glaselektrode
ausgerüsteten p_H-Meter liefert bereits eine genauere Angabe über den Grad
der Alkalinität.

Die quantitative Erfassung des freien und gebundenen Alkali kann zuverlässig nach der von Weber und Bechler [34] empfohlenen Methode vorgenommen werden.

Für die Bestimmung des Emulgatorgehaltes haben Neubronner [35] und
Suida [36] Verfahren ausgearbeitet[1].

---

[1] In einfacher Weise kann die Bestimmung der beiden Komponenten an der durch
Filtration der Bitumenemulsion durch ein Papierfilter gewonnenen wäßrigen Phase durchgeführt werden. Das Alkali wird dabei titrimetrisch gemessen; die Fettsäuren des Emulgators werden durch Säurezusatz vollständig ausgefällt, mit Äther ausgezogen und in
üblicher Weise gravimetrisch bestimmt.

ε) Normenprüfungen.

Für die Bewertung von Straßenbauemulsionen werden heute folgende Prüfungen als notwendig erachtet: Bestimmung des Wassergehaltes, Ausführung von Siebversuchen, Prüfung auf Lagerbeständigkeit für kurze und lange Dauer, Frostbeständigkeit und Bestimmung der Viskosität und der Brecheigenschaften. In einer Reihe von Ländern sind die an Straßenbauemulsionen zu stellenden Anforderungen festgelegt worden. Sie berücksichtigen ganz oder teilweise die oben als unerläßlich bezeichneten Bestimmungsmethoden. Bei umfassenden Untersuchungen müssen auch die Eigenschaften des Bitumens, der Gehalt an Alkali, eventuell auch die Menge und die Art des Emulgators bestimmt werden.

d) Prüfung der Verschnittbitumen, Cutback-Bitumen.

α) Allgemeines.

Die Verschnittbitumen, in vielen Ländern als Cutback-Bitumen bezeichnet, stellen mehr oder weniger viskose Lösungen von Bitumen in geeigneten Lösungsmitteln dar. Sie unterscheiden sich von den Weichbitumen sehr hoher Penetration und ähnlicher Viskosität durch die Flüchtigkeit der Lösungsmittel. Diese bestehen in der Regel aus Erdöl- oder Teeröldestillaten oder aus einem Gemisch dieser beiden. Die Flüchtigkeit der Lösungsmittel beeinflußt maßgebend das Abbinden der Cutback-Bitumen; Lösungsmittel geringer Flüchtigkeit führen zu langsam abbindenden Cutback-Bitumen, solche großer Flüchtigkeit zu rasch abbindenden Sorten. In der Straßenbaupraxis werden vornehmlich zwei Arten von Cutback verwendet, nämlich die rasch abbindenden Cutbacksorten, auch RC-Typen genannt, und die mittelrasch abbindenden Sorten, auch MC-Typen genannt.

β) Prüfungen allgemeiner Art.

Die Prüfungen erstrecken sich auf die Bestimmung der äußeren Beschaffenheit, der Homogenität, einschließlich etwaiger Anwesenheit von Wasser und des Geruches, aus welchem bereits weitgehend auf die Art der Lösungsmittel geschlossen werden kann.

γ) Chemisch-physikalische Prüfungen.

Die Prüfung erstreckt sich auf die Bestimmung der Viskosität, des spezifischen Gewichtes, des Siedeverhaltens, des Abbindeverlaufes und der Haftfestigkeit, der Natur der Verschnittöle und der Eigenschaften des lösungsmittelfreien Bitumenrückstandes. Für die Vornahme dieser Prüfungen werden die im Abschn. 2b genannten Prüfmethoden herangezogen. Abweichungen ergeben sich in folgender Hinsicht:

Viskosität. Die Bestimmung der Viskosität erfolgt entweder im ENGLER-Viskosimeter bei 20° C oder meistens im Straßenteerkonsistometer (vgl. a. Kap. XVI, Abschn. A) bei 25° C, das mit einer Auslaufdüse von 4 mm ∅ ausgerüstet ist. Die erste Bestimmungsart liefert Viskositätsangaben in ENGLER-Graden, die zweite Ausflußzeiten für 50 ml Probematerial in Sekunden. Beide Werte können auf absolute Viskositätseinheiten umgerechnet werden.

Flammpunkt. Da gewisse Lösungsmittel leicht brennbar sind, ist die Bestimmung des Flammpunktes zweckmäßig. Für niedrige Flammpunkte wird hierbei der bekannte Apparat nach ABEL oder ABEL-PENSKY, für höhere Flammpunktstemperaturen der Apparat nach PENSKY-MARTENS verwendet.

Lösungsmittel und Bitumen. Für die Bestimmung des Gehaltes an verdunstbaren Verschnittölanteilen bzw. des Gehaltes an Bitumen, sind verschiedene Verfahren vorgeschlagen worden, so die Methode zur Bestimmung des Gewichtsverlustes bei 5 stündigem Erhitzen auf 163° C, die Vakuumdestillation, die Destillation unter normalem Druck und schließlich die langsame Verdunstung aus dünnen Schichten bei normaler Temperatur. Wenn die Art des für die Herstellung des Verschnittbitumens verwendeten Ausgangsbitumens ermittelt werden soll, arbeitet man zweckmäßig nach der von Ziegs [37] vorgeschlagenen Vakuumdestillation. Die sog. ASTM-Destillation [38], bei der die Öle bis 300° C — Temperatur, gemessen im Blasenrückstand — abgetrieben werden, gibt brauchbare Auskunft über die voraussichtliche Beschaffenheit des in der Straßendecke verbleibenden Bindemittels.

Die nach dieser oder jener Methode erhaltenen Rückstände werden nach den unter 2b genannten chemisch-physikalischen Prüfmethoden charakterisiert. Die Destillate werden, wenn nötig, zur Feststellung ihres Charakters und ihrer Zusammensetzung nach den üblichen chemischen Methoden analysiert.

Abbindegeschwindigkeit. Anhaltspunkte für die Abbindegeschwindigkeit eines Verschnittbitumens werden bereits aus dem bei der ASTM-Siedeanalyse sich ergebenden Siedebereich der Lösungsmittel und der Fraktionsgrößen erhalten, die neben der Viskosität zur Einreihung in eine der normierten Sorten dienen. Schließlich können bei einiger Übung auch die experimentell bestimmten Gewichtsverluste bei der Verdunstung bei Raumtemperatur aus dünnen Aufstrichen gut ausgewertet werden.

Vielfach benützt man zur Feststellung der Abbindegeschwindigkeit auch Mischverfahren mit Gesteinsmaterial, wobei die so erhaltenen Mischungen auch zu Probekörpern gestampft und deren Festigkeit nach bestimmten Zeitabständen bestimmt werden kann.

Haftfestigkeit. Da Verschnittbitumen relativ niedrige Viskosität und Kohäsion aufweisen und die Zähigkeit des Bindemittelfilms auf dem Gesteinskorn unter Umständen nur recht langsam zunimmt, kommt in der Straßenbaupraxis der Haftfestigkeit des Bindemittelfilms auf dem Gesteinsmaterial erhebliche Bedeutung zu. Diese wird in der Regel so bestimmt, daß vorerst das in Betracht zu ziehende Gesteinsmaterial (Splitt) oder der Test-Splitt mit dem zu prüfenden Cutback-Bitumen umhüllt und hierauf der Wassereinwirkung ausgesetzt wird. Die Wasserlagerungsdauer kann bis zu 24 h gehen, das Wasser ruhig oder bewegt sein und die Wassertemperatur der Raumtemperatur entsprechen oder höher sein. Am Schlusse der Wasserlagerung wird entweder das prozentuale Maß des Abstoßens des Bindemittelfilms von der Gesteinsoberfläche beurteilt oder einfach festgestellt, ob die einzelnen Gesteinselemente unter sich durch das Bindemittel noch verkittet sind oder ob sie ein mehr oder weniger loses Kornhaufwerk darstellen. Eine besonders zweckmäßige Ausführungsmethode der Prüfung des Haftvermögens am Gestein bei Wassereinwirkung hat Mallison [39] in Vorschlag gebracht.

Schließlich sei erwähnt, daß diese Prüfung sich auch besonders gut für die Bewertung von Benetzungs- und Haftfestigkeitszusätzen für bituminöse Bindemittel eignet.

δ) Normenprüfungen.

In einer Reihe von Ländern sind Normenvorschriften für die Lieferung und Beschaffenheit von Verschnittbitumen bzw. Cutback-Bitumen aufgestellt worden.

e) Prüfung der Mischungen von Bitumen und Teer.

α) *Allgemeines.*

Mischungen von Bitumen und Teer finden als Straßenbaubindemittel, in der Dachpappenindustrie und im Baugewerbe in großem Ausmaß Anwendung. Für Straßenbauzwecke stehen Mischungen verschiedener Viskosität mit einem Gehalt von 85% genormtem Straßenteer und 15% genormtem Bitumen (BT-Mischungen), bei denen der Bitumenzusatz in erster Linie zur Erhöhung der Abbindegeschwindigkeit und zur Stabilisierung vorgenommen wird, im Vordergrund. Daneben werden aber auch Mischungen, in denen Bitumen mengenmäßig stark überwiegt (TB-Mischungen), als Bindemittel im Straßenbau und für andere Zwecke sehr häufig angewendet.

Wie die Bitumen stellen auch die Teere zweiphasige kolloide Systeme dar, deren äußere Phasen, die für das gegenseitige Verhalten vorab maßgebend sind, chemisch sehr verschiedenen Charakter haben, indem die Bitumen vorwiegend aliphatische, die Teere aromatische Stoffgruppen enthalten. In kolloidchemischer Hinsicht bestehen Unterschiede in der Größe der Mizellen und in der kritischen Oberflächenspannung, die bei Teeren höher ist als bei Bitumen.

Die Bitumen sind in den Teerölen, die das Medium im dispersen System der Teere darstellen, löslich, dagegen die Teere nicht im öligen Medium der Bitumen. Die gegenseitige vollständige Löslichkeit und homogene Mischbarkeit von Bitumen und Teer ist daher nicht für alle Mischungsverhältnisse von vornherein gewährleistet. MALLISON hat als erster über Entmischungserscheinungen berichtet. SCHLÄPFER hat ebenfalls Koagulationserscheinungen festgestellt. Auf Grund dieser Beobachtungen ergibt sich, daß bei Mischungen von Bitumen und Teer mit etwa 35 bis 65% Bitumengehalt die Gefahr besteht, daß unvollständige Lösung bzw. Ausflockung (Koagulation) von Teerbestandteilen auftritt. Wie auch die Praxis lehrt, trifft diese Annahme nicht allgemein zu. MALLISON hat denn auch nachgewiesen, daß für das gegenseitige Verhalten von Teer und Bitumen die chemische Zusammensetzung beider Komponenten maßgebend ist. Die Gefahr einer Entmischung wird dadurch vermindert, daß man verhältnismäßig teerölreiche, d. h. wenig viskose Teere und relativ ölarme, harte Bitumen miteinander vermischt.

β) *Chemisch-physikalische Prüfungen.*

Die Prüfung von Mischungen von Bitumen und Teer, deren Bitumenanteil überwiegt (TB-Mischungen), erfolgt im großen und ganzen nach den gleichen Grundsätzen wie bei den Bitumen. Die umfassende Prüfung erstreckt sich demnach auf Aussehen, Geruch, Homogenität einschließlich mikroskopischem Befund, Wichte, Erweichungspunkt, Tropfpunkt, Brechpunkt, Penetration, Viskosität (analog wie bei Teeren) und Löslichkeit in Schwefelkohlenstoff oderBenzol. Diese Prüfungen werden vor allem ergänzt durch qualitative und quantitative Bestimmungen des Teergehaltes.

In qualitativer Hinsicht kann die Anwesenheit von Teer aus dem charakteristischen Geruch beim Schmelzen des Bindemittels, aus der Fluoreszenz, die eintritt, wenn teerhaltige Produkte mit heißem Alkohol ausgezogen werden, dann aus Löslichkeitsversuchen oder auch aus der gelben Fluoreszenz beim Bestrahlen von Lösungen mit ultraviolettem Licht geschlossen werden. Für den Nachweis von Teer dient eine von GRAEFE empfohlene Methode, die auf der Umsetzung der in den Teeren vorhandenen Phenole mit Diazobenzolchlorid zu Farbkörpern basiert. Auch andere Diazokörper können angewendet werden. Diese Reaktion ist aber nicht spezifisch für Phenole, da auch phenolfreie Körper positive Reaktionen ergeben können. Einwandfreier erweist sich die Prüfung auf Phenole mit Hilfe des MILLONS Reagens und der Teere durch die Anthrachinonprobe.

Die quantitative Bestimmung des Teergehaltes in Mischungen mit Bitumen erfolgt nach den Verfahren von MARCUSSON, MALLISON, HOEPFNER durch die Behandlung der vom Benzolunlöslichen befreiten Mischung mit konzentrierter Schwefelsäure, wodurch die Teerbestandteile in wasserlösliche Produkte übergeführt werden. Die Methode ist analytisch brauchbar für Mischungen mit Bitumengehalten unter 30%, darüber hinaus dann, wenn die beiden Komponenten Teer und Bitumen einzeln ebenfalls der gleichen Beanspruchung unterworfen werden können, da auch die Bitumen von der Säure mehr oder weniger stark angegriffen werden, aber meist wasserunlösliche Additionsprodukte ergeben. Die zu hoch ausfallenden Resultate müssen korrigiert werden.

NELLENSTEYN und KUIPERS [40] haben ein Analysenverfahren auf Grund des kolloid- und chemisch-physikalischen Verhaltens ausgearbeitet, nach welchem die Teermizellen mit Schwefelkohlenstoff-Benzin, das Teermedium mit Anilin-Alkohol entfernt werden. Die Methode ist ziemlich umständlich und zeitraubend, ergibt aber selbst bei Mischungen mit hohem Bitumengehalt sehr gute Resultate.

Einen andern Weg hat WALTHER [41] beschritten mit der Bestimmung des Teer- bzw. des Bitumengehaltes durch Messung der Dielektrizitätskonstanten, die in Verbindung mit der Messung ihrer Temperaturabhängigkeit aufschlußreich sein kann.

Bitumenarme Mischungen sind in ihren Eigenschaften den Teeren nahestehend; sie werden in ähnlicher Weise untersucht wie die Teerprodukte. Es sei hier besonders auf die Ausführungen im Kap. XVI, Abschn. A verwiesen.

γ) Normenprüfungen.

Die normengemäßen Untersuchungen von Mischungen von Bitumen und Teer sind, soweit sie als Bindemittel im Straßenbau Verwendung finden, in Anlehnung an die Untersuchungen von Bitumen und Teer festgelegt. Nach den in Deutschland und in der Schweiz festgelegten Prüfverfahren erfolgt die Bestimmung des Bitumen- bzw. Teergehaltes durch Behandlung mit Schwefelsäure. In Holland, Dänemark, versuchsweise auch in England, ist die NELLENSTEYNsche Methode eingeführt.

f) Prüfung bitumenhaltiger elektrotechnischer Isoliermaterialien.

α) Allgemeines.

Bitumen und bituminöse Gemische finden in der Elektrotechnik wegen ihres geringen elektrischen Leitvermögens als Vergußmassen (Compounds), Imprägniermassen, Dichtungsmassen usw. auf dem Gebiete der Hoch- und Niederspannungsapparate und -installationen vielseitige Anwendung.

Die Prüfung derartiger Isolierstoffe hat sich auf drei Bereiche zu erstrecken, nämlich auf die Bestimmung ihrer Viskositätseigenschaften und des Verhaltens in der Wärme, auf ihre Reinheit und Zusammensetzung sowie auf ihre elektrotechnisch wichtigen Eigenschaften.

β) Chemisch-physikalische Prüfungen.

Die chemisch-physikalische Charakterisierung und Untersuchung bezieht sich auf die Bestimmung des Erweichungspunktes, meist nach der R. u. K.-Methode, auf diejenige des Tropfpunktes, der Penetration, des Flammpunktes und des Gewichtsverlustes beim Erhitzen (Wärmebeständigkeit) sowie auf die Ermittlung der Gießfähigkeit. Diese soll darüber Auskunft erteilen, bei welcher Temperatur die Masse leichtflüssig und gießfähig ist, damit sie leicht in die Zwischenräume eindringen kann und das Entweichen der Luftblasen nicht hindert. Die Bestimmung erfolgt durch Messung der Auslaufzeit eines bestimmten Volumens der aufgeschmolzenen Masse in einem geeigneten Viskositätsapparat wie z. B. im ENGLER-Viskosimeter oder, noch besser, im Straßenteerkonsistometer. Die Bestimmungstemperatur soll z. B. 80° C über dem Tropfpunkt liegen.

γ) Chemische Prüfungen.

Um die Isolierfähigkeit nicht zu beeinträchtigen, dürfen im allgemeinen bituminöse Isoliermaterialien keine körnigen Fremdstoffe, keine wasserlöslichen und keine korrodierenden Bestandteile enthalten. Die chemische Prüfung erstreckt sich somit generell auf die Bestimmung von Verunreinigungen durch Absieben des geschmolzenen Materials, Bestimmung der Asche und der schwefelkohlenstofflöslichen bituminösen Anteile. Die Bestimmung von teerartigen Beimengungen erfolgt qualitativ mit der Diazoreaktion und kann auch aus der Anwesenheit von unlöslichen, rußartigen Bestandteilen geschlossen werden. Wasserlösliche, saure oder alkalische Bestandteile werden durch Behandlung mit Wasser ausgezogen und quantitativ bestimmt. Säure- und Verseifungszahl geben Aufschluß über die Anwesenheit korrodierend wirkender Stoffe.

δ) Verschiedene Prüfungen.

Zur Beurteilung der Eignung bituminöser Materialien als elektrotechnische Vergußmassen ist häufig auch die Bestimmung der Wichte und des kubischen Ausdehnungskoeffizienten heranzuziehen. Dieser wird in einfachen Dilatometern aus dem Schwindmaß beim Abkühlen der Vergußmasse von Gießtemperatur auf Betriebstemperatur berechnet.

Damit bei Schwinderscheinungen durch Ablösen der Masse von den Wandungen sich keine schädliche Taschen und Hohlräume bilden können, wird gute Haftfestigkeit der Vergußmasse an den angrenzenden Körpern gefordert. Die Bestimmung der Haftfestigkeit erfolgt vielfach derart, daß dünne, auf Metallstreifen aufgeschmolzene Vergußmaterialschichten mit dem biegsamen Metallstreifen gefaltet oder auf einen Dorn aufgewickelt werden, wobei festgestellt wird, ob die Vergußmasse von der Unterlage abblättert. Weiterhin sind zylindrische, nach oben sich verjüngende Gefäße, deren Innenwände glatt poliert sind, für die Vornahme dieser Prüfung empfohlen worden. Die Gefäße werden mit der heißen Vergußmasse gefüllt, und es wird nach dem Erkalten durch Abheben der Wände festgestellt, ob sich beim Abkühlen die Vergußmasse von den Wänden unter Bildung von Hohlräumen abgetrennt hat.

SAUVAGE hat auch die Messung der Oberflächenspannung bzw. der Grenzflächenspannungen von Vergußmassen in der Apparatur nach LECOMTE DE NOUY in den Kreis seiner Betrachtungen gezogen.

Die elektrische Isolierfähigkeit von Vergußmassen wird durch die Bestimmung der Dielektrizitätskonstanten, der dielektrischen Verluste, der elektrischen Durchschlagsfestigkeit und der spezifischen elektrischen Leitfähigkeit ermittelt.

ε) Normenprüfungen.

Die auszuführenden Prüfungen und die an bituminöse Kabelausgußmassen zu stellenden Qualitätsanforderungen haben in Deutschland in den VDE-Vorschriften ihren Niederschlag gefunden. In Holland, der Schweiz und anderen

Ländern bestehen ähnliche, im einzelnen hinsichtlich Prüfart und den gestellten Anforderungen etwas abweichende Vorschriften.

g) Prüfung der bituminösen Lacke und Schutzanstrichstoffe.

α) *Allgemeines.*

Dünnflüssige, lackartige, bituminöse Produkte werden als Voranstrichmaterialien und für Korrosionsschutzanstriche auf Metalle, Beton usw. verwendet. Die Prüfungen erstrecken sich auf die Bestimmung der Beschaffenheit des angelieferten Materials und auf die Eigenschaften des Anstrichfilms.

β) *Chemisch-physikalische Prüfungen.*

Die chemisch-physikalischen Prüfungen umfassen die Angabe des Aussehens, die Bestimmung der gleichmäßigen Beschaffenheit, der Wichte und der Viskosität. Diese wird in den gebräuchlichen Viskosimetern wie im Engler-Viskosimeter durchgeführt. Die Bestimmung des Flammpunktes erfolgt in einem der bekannten Apparate nach Abel, Abel-Pensky oder Pensky-Martens. Durch Aufstriche mit dem Pinsel auf Bleche, gegebenenfalls auch auf Mörtelplättchen, wird die Streichbarkeit und Gleichmäßigkeit, durch Auftragen mit Spritzpistole die Spritzbarkeit, und bei quantitativer Durchführung auch die Ausgiebigkeit und Deckfähigkeit beurteilt.

Der bituminöse Lackkörper, der nach Austreiben der Lösungsmittelanteile verbleibt, wird wie Bitumen auf Erweichungspunkt, Penetration, Duktilität und eventuell auch auf Gewichtsverlust bei 5 stündigem Erhitzen auf 163° C und dadurch bedingte Veränderung des Erweichungspunktes und der Penetration untersucht.

γ) *Chemische Prüfungen.*

Wichtig ist die Bestimmung des Gehaltes an Lösungsmittel und Lackkörper, sowie eventuell vorhandener Füllstoffe.

Die Lösungsmittel werden, etwa nach Kappelmeyer, mit überhitztem Wasserdampf aus den Lacken abdestilliert und das Destillat in einer kalibrierten Bürette aufgefangen, wo sich Wasser und Lösungsmittel trennen. Das Wasser kann aus der Bürette kontinuierlich abgelassen und das Volumen der Lösungsmittel abgelesen werden.

Die abgetrennten Lösungsmittel werden auf Wichte geprüft und durch fraktionierte Destillation zerlegt und die verschiedenen Fraktionen nach den üblichen chemischen Analysenmethoden untersucht.

Der Destillationsrückstand wird getrocknet und kann nach den in Abschn. 2 b erwähnten Methoden weiter untersucht werden.

Mineralische Füllstoffe werden durch Veraschung und Löslichkeit in Schwefelkohlenstoff quantitativ bestimmt. Selbstverständlich müssen füllstoffhaltige Anstrichstoffe vor der Untersuchung durchgerührt und eventuell vorhandene Bodenkörper zerteilt werden.

Auf Blechen erzeugte Filme werden durch Eintauchen in Lösungen von Säuren, Alkalien und Salzen, sowie durch Einhängen in Meerwasser oder Rauchgaskammern auf chemische Widerstandsfähigkeit des Lackkörpers und auf Porosität geprüft. Die Wetterbeständigkeit kann durch langes, sich oft über Jahre erstreckendes Auslegen an Licht und Sonne erprobt werden. Es ist empfehlenswert, diese Prüfung unter verschiedensten klimatischen Bedingungen durchzuführen. Unterwasseranstriche werden abwechselnd in Luft, ruhendem und bewegtem Wasser geprüft. Für die laboratoriumsmäßige Durchführung von Bewitterungsversuchen sind eine Anzahl von Apparaturen vorgeschlagen worden, in welchen die Anstriche wechselnd Wärme, Schlagregen, ultraviolettem Lichte, Bogenlicht und eventuell Kälte ausgesetzt werden können.

δ) Mechanische Prüfungen.

Probeanstriche auf Blechen werden nach erfolgter Trocknung auf Ritzhärte, Haftfestigkeit und Hitzebeständigkeit untersucht. Für die Bestimmung der Haftfestigkeit können Biegeproben herangezogen werden, die auch nach Ausführung des Hitzebeständigkeitsversuches zu wiederholen sind. Die Haftfestigkeit und Sprödigkeit des Films können auch durch Kugelaufschlagproben, die Härte auch durch Scheuerungsprüfung (z. B. Sandberieselung) bestimmt werden.

Wichtig sind auch Porositätsmessungen an den Filmen, die mit Hilfe elektrischer Widerstandsmessung, chemischer Umsetzungen mit der Metallunterlage (z. B. bei Aluminiumblechen oder -tellern) durchgeführt werden und schließlich auch aus dem Wasseraufnahmevermögen und dem Ausfall der Bewitterungsprüfungen abgeleitet werden können.

ε) Normenprüfungen.

In den Anweisungen der Deutschen Bundesbahn [42] werden bei kaltflüssigen Anstrichmitteln folgende Prüfungen verlangt: Bestimmung des Gehaltes an Bitumen und mineralischen Füllstoffen, der Streichfähigkeit, des Trocknungsvermögens, der Wärme- und Kältebeständigkeit, des Deckvermögens und der Wasserundurchlässigkeit.

Die amerikanischen Vorschriften [43] schreiben die Prüfung der Eigenschaften der angelieferten Anstrichstoffe, die Bestimmung des Gehaltes an Lösungsmitteln bzw. Bitumen und der Natur der Lösungsmittel und des Bitumens vor, sehen aber ab von Gebrauchsprüfungen.

Die vom Schweiz. Verband für die Materialprüfungen der Technik herausgegebenen Richtlinienblätter geben Hinweise für die Beschaffenheit und Prüfung von Anstrichstoffen und deren Hilfsmaterialien, ohne aber auf die bituminösen Anstrichstoffe im besonderen einzugehen. STREULI [44] hat gezeigt, daß im Rahmen der technologischen Prüfungen der Porositätsbestimmung, namentlich auch bei gefüllten Produkten, große Bedeutung beizumessen ist.

Schrifttum.

[1] NELLENSTEYN, F. J.: J. Inst. Petr. Technol. Bd. 14 (1928) S. 134 — Asph. u. Teer Bd. 35 (1935) S. 200, 233, 281, 303 — Proc. Techn. Sess. Assoc. Asph. Pav. Techn. (Januar 1937), S. 78. — F. J. NELLENSTEYN u. R. LOMAN: Intern. Ständ. Verb. Straßenkongresse, VI. Kongreß, Washington 1930, Bericht Nr. 30. — F. J. NELLENSTEYN u. B. J. KERKHOF: Intern. Ständ. Verb. Straßenkongresse, VII. Kongreß, München 1934, Bericht Nr. 31. — F. J. NELLENSTEYN u. J. P. KUIPERS: Koll.-Z. Bd. 47 (1929) S. 155.

[2] PFEIFFER, J. P., u. P. M. VAN DOORMAAL: J. Inst. Petr. Technol. Bd. 22 (1936) S. 414 — Koll.-Z. Bd. 76 (1936) S. 95. — R. N. TRAXLER: Chem. Reviews Bd. 19 (1936) S. 119. — F. M. POTTER, u. A. R. LEE: Asph. u. Teer Bd. 39 (1939) S. 315.

[3] MACK, C.: Proc. Techn. Sess. Assoc. Asph. Pav. Techn. (Dez. 1933), S. 40.

[4] KAMPTNER, H., u. E. LUTZENBERGER: Öl u. Kohle/Erdöl u. Teer Bd. 14 (1938) S. 77.

[5] PFEIFFER, J. PH.: The Properties of asphaltic Bitumen. Elsevier Publishing Company, Inc. 1950, S. 9, 52, 168.

[6] Deutscher Normenausschuß: DIN 1995, Teil I u. II. 3. Ausgabe, 1941. — Amer. Soc. Test. Mater.: Book of the ASTM-Standards Bd. V (1954). — Inst. Petr. Technol.: Standard Methods for Testing Petroleum and its Products (1935). — VSS: Vorschriften und Richtlinien, Ausgabe 1950.

[7] Kraemer, G., u. C. Sarnow: Chem. Ind. Bd. 26 (1903) S. 55. — M. Klinger: Bd. 37 (1914) S. 220 — Petroleum Bd. 7 (1911/12) S. 158.

[8] Barta, L.: Chem. Z. Bd. 30 (1906) S. 30.

[9] Fraass, A.: Asph. u. Teer Bd. 30 (1930) S. 367 — Bitumen Bd. 7 (1937) S. 152. — W. E. Golding u. F. M. Potter: (Chemistry and Industry Bd. 53 (1934) S. 628.

[10] Bierhalter u. Mitarb.: Wie prüft man Straßenbaustoffe? Allg. Industrieverlag 1932, S. 47.

[11] Hoepfner, K. A., u. A. Metzger: Asph. u. Teer Bd. 30 (1930) S. 208.

[12] ASTM: D 6—39 T.

[13] DIN 53661.

[14] ASTM: D 92—52.

[15] Pfeiffer, J. Ph.: The Properties of asphaltic Bitumen. Elsevier Publishing Company, Ltd. 1950, S. 166ff.

[16] Hoepfner, K. A.: Untersuchungen über die Viskosität bituminöser Stoffe und deren gesetzmäßige Zusammenhänge (Mitt. Straßenbauforschungsstelle, Ostpreußen a. d. T. H. Danzig). Berlin: C. Heymanns Verlag 1930 — Wasser- u. Wegebau-Z. Bd. 28 (1930) Nr. 12, 13, 14 — Asph. u. Teer Bd. 37 (1937) S. 675; Bd. 38 (1938) S. 66ff.

[17] Metzger, H.: Starrpunkt und Viskosität bituminöser Stoffe. Diss. T. H. Danzig. Halle: Wilhelm Knapp 1931. (Kohle, Koks, Teer Bd. 22.)

[18] Saal, R. N., u. G. Koens: Bitumen Bd. 4 (1934) S. 17. — R. N. Saal: J. Inst. Petr· Technol. Bd. 19 (1933) S. 176 — Proc. World Petroleum Congress, London 1933, Bd. II, Rep. Nr. 96. — B. Marschalko u. J. Barna: Int. Kongreß Mat.-Prüf. Technik, Amsterdam (1927) Bd. II, S. 415. — A. R. Lee u. J. B. Warren: J. Scientif. Instruments Bd. 18 (1940) Nr. 3. — J. Csàgoly: Asph. u. Teer Bd. 35 (1935) S. 667; Bd. 39 (1939) S. 21.

[19] Broome, D. C.: The Testing of bituminous Mixtures, S. 29.

[20] Rhodes, E. O., E. W. Volkmann, C. T. Barker: Engng. News Rec. Bd. 115 (1935) S. 714.

[21] Ubbelohde, L.: Erdöl u. Teer Bd. 9 (1933) S. 123. — J. Greutert: Bitumen Bd. 3 (1933) S. 51.

[22] Ubbelohde, L., Ch. Ullrich, C. Walther: Öl u. Kohle/Erdöl u. Teer Bd. 11 (1935) S. 684.

[23] Zichner, G.: Über die Viskosität und Kohäsion der bituminösen Bindemittel in Abhängigkeit von Temperatur. Diss. T. H. Dresden. Berlin: Allg. Industrie-Verlag 1937.

[24] Oliensis, G. L.: Proc. Amer. Soc. Test. Mater. Bd. 33 (11) (1933) S. 713; Bd. 36 (11) (1936) S. 494 — Proc. Techn. Sess. Assoc. Asph. Pav. Technol. (Jan. 1935) S. 88·

[25] Graf, W.: Untersuchungen über die Bestimmung und Charakterisierung des Paraffins in Asphalten. Diss. E. T. H. Zürich 1934.

[26] Geert, S.: Estimation of Rubber in Asphalt. Anal. Chem. 1954, Nr. 8.

[27] McKesson, C. L.: The Canad. Eng. Bd. 61 (1931) S. 15. — Th. Temme: Asph. u. Teer Bd. 31 (1931) S. 1053. — K: Neubronner: Teer u. Bitumen Bd. 32 (1934) S. 211.

[28] McKesson, C. L.: Proc. Amer. Soc. Test. Mater. Bd. 31 (1931) S. 841.

[29] Weber, H., u. H. Bechler: Asph. u. Teer Bd. 32 (1932) S. 45, 69, 95, 109, 129, 149· 173. — H. Weber: Asph. u. Teer Bd. 31 (1931) S. 333; Bd. 33 (1933) S. 480.

[30] Klinkmann, G. H.: Über den Zerfall bituminöser Emulsionen am Gestein. Diss. 1936· Arbeitsgemeinschaft Bitumenind.) — Asph. u. Teer Bd. 33 (1933) S. 842 — Bitumen Bd. 5 (1935) S. 206 — Asph. u. Teer Bd. 35 (1935) S. 779; Bd. 36 (1936) S. 366; Bd. 40 (1940) S. 85, 95, 105, 125.

[31] Blott, I. T., u. A. Osborn: Proc. World Petroleum Congress, London 1933 — Intern. Ständ. Verb. Straßenkongresse: Bull. 24 (1935) S. 395. — P. E. Spielmann: Roads & Road Constr. Bd. 12 (1934) Nr. 143, S. 374.

[32] Jekel, O.: Über den Zerfall bituminöser Straßenbauemulsionen (Österr. Petroleum-Institut, Veröffentlichung 10; Wien: Verlag für Fachliteratur 1938).

[33] Greutert, J.: Bitumen Bd. 3 (1933) S. 125.

[34] Weber, H., u. H. Bechler: Asph. u. Teer Bd. 32 (1932) S. 152. — G. H. Klinkmann: Asph. u. Teer Bd. 39 (1939) S. 406.

[35] Neubronner, K.: Asph. u. Teer Bd. 32 (1932) S. 393.

[36] Suida, H., u. O. Jekel: Asph. u. Teer Bd. 38 (1938) S. 700.

[37] Ziegs, C.: Bitumen Bd. 3 (1933) S. 191. — W. Bierhalter: Bitumen Bd. 6 (1936) S. 129.

[38] ASTM: D 402—49.

[39] Mallison, H.: Straße und Autobahn. 1956, S. 20.

[40] Nellensteyn, F. J., u. J. P. Kuipers: Wegen Bd. 6 (1930) S. 305 — Chem. Weekbl. Bd. 29 (1932) S. 291 — Bitumen Bd. 2 (1932) S. 133. — F. J. Nellensteyn: Proc. World Petroleum Congress, London 1933, Bd. II, S. 577.

[41] Walther, H.: Mitt. Dachpappenindustrie Bd. 11 (1938) S. 104; Bd. 12 (1939) S. 144 u. 157.

[42] Deutsche Bundesbahn: Anweisung für Abdichtung von Ingenieurbauwerken (AIB), 2. Auflage 1953. Dienstvorschrift 835.

[43] ASTM: D 41—41; D 255—28.

[44] Streuli, R.: Materialtechnische Untersuchung über bituminöse lösungsmittelhaltige Kaltanstrichmassen. Diss. E. T. H. Zürich 1939.

XVII. Prüfung der Bauteile aus bituminösen Stoffen.

Von **W. Rodel**, Zürich.

Es werden in den folgenden Abschnitten die Prüfung flexibler Bitumen-isolationen, einschließlich Bitumen-Dachpappen und -Gewebeplatten, die Prüfung der Bitumen-Fugenvergußmassen, die Prüfung der Asphalte und von Bitumen enthaltendem Belagsmischgut und schließlich die Prüfung von Bitumen-belägen besprochen.

A. Prüfung der flexiblen Bitumenisolationen, einschließlich Bitumen-Dachpappen und -Gewebeplatten.

1. Allgemeines.

Dachpappen, hergestellt aus imprägnierter Wollfilz- oder Rohpappe und Bitumen, sowie Gewebeplatten, hergestellt aus imprägnierten Gewebeeinlagen (Textilgewebe, Jutegewebe oder Glasfasergewebe) und Bitumen, beide Sorten beidseitig mit bituminösen Deckschichten versehen, werden im Hoch- und Tiefbau für die Ausführung von Isolierungen gegen das Eindringen von Tag- und Grundwasser, also als wasserdichte Schutzschichten in größtem Ausmaße angewendet. Nackte, ohne bituminöse Deckmasse versehene, imprägnierte Wollfilzpappen oder Gewebeplatten werden vielfach auch für die Herstellung mehrschichtiger Isolationen, die erst auf der Baustelle gebildet werden, geliefert. In der Regel aber werden für die Herstellung mehrschichtiger Isolationen Pappen oder Gewebeplatten mit Deckschichten angewendet, wobei die einzelnen Lagen ebenfalls mit heiß zu verarbeitender Bitumenklebemasse zusammengeklebt werden.

Die Pappen- oder Gewebeeinlage dient in erster Linie als Träger der als Schutz wirksamen bituminösen Stoffe. Die bituminöse Imprägniermasse erhöht die Widerstandsfähigkeit der Einlage gegen chemische und biologische Einwirkungen und damit die Lebensdauer, begünstigt aber auch die Haftfestigkeit der Deckmasse. Das Bitumen für die Deckmasse wird in seinen chemisch-physikalischen Eigenschaften den zu erwartenden klimatischen Bedingungen, denen die Isolation ausgesetzt sein wird, angepaßt. Für Dachisolationen verwendet man daher wenig temperaturempfindliche, ausreichend wärmebeständige geblasene Bitumen, die meist auch mit mineralischen Füllstoffen versehen werden. Damit wird auch eine Verbesserung der Wärmebeständigkeit erzielt, ohne daß die guten Kälteeigenschaften beeinträchtigt werden.

Die Pappen und Gewebeplatten werden in verschiedenen Dicken geliefert und nach ihrer Dicke in Millimeter, nach ihrem Gewicht in kg/10 m² (z. B. bei besandeten Bitumenpappen) oder in kg/20 m² (talkumierte Bitumenpappen) oder schließlich nach der Dicke der verwendeten Einlagen bezeichnet. Um das Aufrollen der Pappen und Gewebeplatten zu ermöglichen, ohne daß ein Zusammenkleben der einzelnen Lagen der Rolle erfolgt, wird die Oberfläche der Pappen und Platten mit feinem Sande oder talkumartigem, schuppigem Mineral abgestreut.

2. Prüfungen allgemeiner Art.

Die Bitumen-Dachpappen und Gewebeplatten werden nach Aussehen und Beschaffenheit, ferner hinsichtlich Dicke, Gewicht pro Flächeneinheit oder Rolle, Art des verwendeten mineralischen Abstreumaterials, Gleichmäßigkeit der Durchtränkung der Einlage und der Dicke der Deckmasse, wie schließlich auch hinsichtlich etwaiger Fehler und Mängel geprüft.

Bei fertigen mehrlagigen Isolierungen werden die gleichen allgemeinen Prüfungen vorgenommen, aber ergänzt durch eine Überprüfung der Güte der Verklebung der einzelnen Lagen untereinander und durch eine Bestimmung des Schichtenaufbaues und der Überlappungsbreiten, was in einfacher Weise an sauberen Randschnitten erfolgen kann.

3. Chemisch-physikalische und chemische Prüfungen.

Bitumen. Durch eine Heiß- oder Kaltextraktion von mehreren Abschnitten des zu prüfenden Probematerials mit Benzol, Schwefelkohlenstoff oder auch Chloroform wird der Gehalt an löslichen bituminösen Anteilen (Imprägniermasse bzw. Imprägnier- + Deckmasse), Abstreu- und gegebenenfalls Füllmaterial sowie Einlagen bestimmt. Zur Prüfung der Eigenschaften der Deckmasse wird das Abstreumaterial entfernt und die Deckmasse von der leicht angewärmten Pappe oder mit einem heißen Messer abgeschabt und in üblicher Weise auf Tropfpunkt, Erweichungspunkt, Brechpunkt usw. untersucht. Die Imprägniermasse kann aus den Pappen mit Deckschicht nicht mehr für sich allein isoliert werden. Die aus den Pappen freigelegten Einlagen werden auf Dicke, Gewicht und Zusammensetzung untersucht.

Die bituminösen Stoffe werden auf Beimengung von Teer oder anderen organischen Stoffen nach den einschlägigen Methoden geprüft.

4. Mechanische Prüfungen.

Die mechanischen Prüfungen umfassen die Bestimmung des Verhaltens in der Kälte, ausgeführt durch Biegen von einigen cm breiten Streifen um Dorne von 10 bis 30 mm ∅, die Bestimmung der Wärmebeständigkeit im Trockenschrank wie auch die Bestimmung der Zerreißfestigkeit und der Bruchdehnung bei Raumtemperatur oder tieferen Temperaturen. Diese letztere Prüfung wird an 5 cm breiten Streifen, die in Quer- und Längsrichtung der Pappen oder Gewebeplatten sauber herausgeschnitten worden sind, in Reißfestigkeitsprüfern üblicher Bauart bestimmt. Die Wasserundurchlässigkeit wird bei niedrigem und höherem Wasserdruck bestimmt, wobei im letzten Falle Probenausschnitte auf eine Metallplatte mit rechteckiger Öffnung (Schlitzplatte) gelegt und Wasserdrucke bis etwa 5 at angewendet werden.

5. Normenvorschriften.

In vielen Ländern bestehen Vorschriften für die Prüfung von Bitumen-Dachpappen und Gewebeplatten sowie Vorschriften über die Qualitätsanforderungen, die an derartige Produkte gestellt werden.

B. Prüfung der Bitumen-Fugenvergußmassen.

1. Allgemeines.

Fugenvergußmassen werden aus geeigneten Bitumen und verschiedenen, sehr feinkörnigen Füllstoffen mineralischer Art, die mindestens teilweise faserige Struktur aufweisen, zusammengesetzt und für das Schließen der Fugen von Zementbeton-Straßendecken oder anderen Plattenbelägen, dann auch für das Verfüllen von Dilatationsfugen im gesamten Baugewerbe verwendet.

In der neueren Zeit werden auch kautschukhaltige Fugenvergußmassen auf den Markt gebracht, die auch bei tiefen Temperaturen stark dehnfähig sind und gute Wärmeeigenschaften aufweisen. Die Öl- und Treibstoff-beständigen Fugenvergußmassen sind in der Regel nicht auf Bitumenbasis aufgebaut.

2. Chemisch-physikalische und chemische Prüfungen.

Die Untersuchung und Charakterisierung von Fugenvergußmassen, ebenso von gefüllten Klebemassen erfolgt durch sinngemäße Anwendung der unter XVI D 2b genannten Prüfverfahren.

Sie bezieht sich auf die Beschreibung des Aussehens und der Beschaffenheit, auf die Bestimmung der Schmelzbarkeit, des Gehaltes an Bitumen und der Menge und Natur der unlöslichen Füllstoffe, erforderlichenfalls auch auf die Bestimmung des Kautschukgehaltes. Die Ermittlung des Erweichungspunktes kann bei diesen Materialien nicht immer nach den bekannten Methoden K.S. und R. u. K. vorgenommen werden, weil faserige Füllstoffe die Bestimmung sehr beeinträchtigen würden. Wilhelmi [1] hat auf dem Prinzip der R. u. K.-Methode eine Apparatur mit einem Ring größeren Durchmessers und größerer Kugel entwickelt, die so bemessen sind, daß sie mit dem genormten R. u. K.-Verfahren gut übereinstimmende Resultate ergibt.

Über die Standfestigkeit von Vergußmassen in der Wärme geben die von Nuessel [2] empfohlene Fließprobe und weiterhin auch Fließproben in schräg gestellten Fugenmodellen [3] gute Anhaltspunkte.

3. Mechanische Prüfungen.

Fugenvergußmassen für Betonstraßen sind in der Praxis ganz besonders scharfen Beanspruchungen ausgesetzt, weil sie sowohl in der Kälte genügend geschmeidig und schlagfest, als auch in der Wärme genügend hart sein sollen, damit sie aus den Fugen nicht ausgeschlagen oder ausgequetscht werden. Außerdem sollen sie gute Haftfestigkeit an den Seitenflächen der Fugen aufweisen. Die Prüfmethodik [4] hat diesen besonderen Anforderungen Rechnung getragen. Für die Bestimmung des Verhaltens in der Kälte gegen Schlag und Stoß werden Kugelfallprüfungen durchgeführt, bei welchen Massekugeln von 50 g Gewicht bei Temperaturen von 0° C bis —20° C auf harte Unterlagen fallengelassen werden. Gleichen Zwecken dient eine Schlagprüfung abgekühlter Kugeln von 50 g Gewicht mit einem in der Zementindustrie normierten Hammergerät oder die Kugel-Schlagbeanspruchung von Probematerialplatten oder von auf Metallunterlage aufgebrachten Masseschichten. Die Bestimmung des Haftvermögens und der Dehnbarkeit wird bei Zugbeanspruchung und bei Temperaturen von 0° C bis —20° C durchgeführt. Eine Reihe von größeren oder kleineren Prüfgeräten ist für diese Prüfung konstruiert worden. Am bekanntesten ist das Gerät nach Rabe, das aber den Nachteil aufweist, daß die zwischen zwei Betonkörpern gebildete Fuge auf eine viel größere Tiefe (100 mm) ausgefüllt werden soll, als dies in der Praxis der Fall ist. Neuerdings werden daher solche Versuche im RABE-Gerät auch mit reduzierter Fugenfüllhöhe durchgeführt. Für die Ermittlung der Dehnungsfähigkeit von Fugenvergußmassen bei verschiedenen Temperaturen ist auch eine Biegeprüfung in Vorschlag gebracht worden, bei welcher die Fugenmasse auf ein geeignetes Drahtgewebe heiß aufgeschmolzen wird.

4. Normenprüfungen.

Die Prüfung von Fugenvergußmassen ist, was die mechanisch-technologischen Untersuchungen anbetrifft, zur Zeit immer noch nicht ganz befriedigend geklärt, obwohl in verschiedenen Ländern Qualitätsanforderungen hierfür bestehen. Das Bedürfnis nach befriedigenden Prüfmethoden ist in den letzten Jahren stark gestiegen und hat auch die Normenkommissionen stark beschäftigt. Es ist daher zu erwarten, daß in verschiedenen Ländern bald Neubearbeitungen der Vorschriften herausgegeben werden können.

C. Prüfung der Asphalte und des Belagsmischguts.

1. Allgemeines.

Nach der heute geltenden Nomenklatur versteht man unter dem Begriff „Asphalte" natürliche oder künstliche Produkte, in welchen Bitumen (Asphaltbitumen) als Bindemittel für die inerten mineralischen Bestandteile dient. In den USA dagegen ist die Terminologie eine andere: „Asphalt" bedeutet nach der dortigen Bezeichnungsweise Bitumen bzw. Asphaltbitumen.

Die an Bitumen reichen Asphalte, wie gewisse Naturasphalte, künstlich hergestellte bituminierte Filler und Mastixsorten, sind beim Erhitzen schmelzbar. Mineralstoffreiche Naturasphalte, wie z. B. die Naturasphaltkalke und die im Kalt- oder Heißmischverfahren hergestellten Mischgute aus Bitumen und Mineralstoffen sind, mit Ausnahme von Gußasphaltmassen, nicht schmelzbar. Frisch hergestellte Mischgutproben mit Cutback-Bitumen als Bindemittel enthalten außer Bitumen und Mineralstoffen auch bestimmte, dem gewählten Cutback entsprechende Mengen an Lösungsmittel, die erforderlichenfalls gesondert zu bestimmen sind. Frisches Mischgut mit Bitumenemulsion als Bindemittel enthält neben Gesteinsmaterial und Bitumen natürlich auch Wasser, was ebenfalls bei der Untersuchung zu berücksichtigen ist. Gleiches gilt unter Umständen für kalt oder warm präpariertes Mischgut, für welches nicht getrocknetes Gesteinsmaterial verwendet worden ist. In diesen Fällen ist auch mit der Anwesenheit von Benetzungs- und Haftmitteln zu rechnen, deren Mengen, bezogen auf den Bindemittelgehalt, allerdings sehr klein sind, so daß sich eine gesonderte Abtrennung und Bestimmung erübrigt, umso mehr, als sie für die chemisch-physikalischen Eigenschaften des Bindemittels, abgesehen von dessen Haftfestigkeit, nicht von Bedeutung sind.

2. Chemisch-physikalische Prüfungen.

Die bitumenreichen Asphalte können nach den unter XVI D 2b aufgeführten Prüfungsmethoden charakterisiert werden. Dazu kommt aber die quantitative Erfassung der mineralischen Anteile, die als Extraktionsrückstand erhalten werden, und deren Prüfung hinsichtlich Art, Granulometrie, Wichte usw. Mischgut-Probenmaterial wird hinsichtlich äußerer Beschaffenheit und Gleichmäßigkeit der Umhüllung der gröberen Gesteinselemente durch das bituminöse Bindemittel, dann hinsichtlich Beschaffenheit und Art des Bindemittels selbst, Körnungsbereich der Mineralstoffe, Anwesenheit von Feuchtigkeit oder Wasser und Lösungsmitteln beurteilt.

3. Chemische Prüfungen.

Wasser. Der Gehalt an Wasser wird sinngemäß wie bei den Bitumenemulsionen durch Destillation mit Xylol quantitativ bestimmt. Mit steigender Korngröße der Mineralstoffe ist die Einwaage zu erhöhen.

Lösungsmittel. Der Anteil an flüchtigen Lösungsmitteln kann in analoger Weise wie bei den Lacken, vgl. unter XVI D 2g, durch Wasserdampfdestillation mit ausreichender Genauigkeit bestimmt werden.

Bitumen. Die Bestimmung des Gehaltes an Bitumen und dessen Charakterisierung steht vor allem bei Mischgutproben weitaus im Vordergrund, vor allem dann, wenn Prüfungen von Mischgut als Kontrolle der an der Aufbereitungsanlage vorgenommenen Bindemitteldosierung und des Kornaufbaues der Mineralstoffe durchgeführt werden müssen. Da die Ergebnisse auch in nützlicher Frist zur Verfügung stehen müssen, soll die Bestimmung des Bindemittelgehaltes ohne großen Zeitaufwand und dennoch mit ausreichender Zuverlässigkeit und Genauigkeit ausgeführt werden können.

Die Bestimmung des Bindemittelgehaltes erfolgt durch Extraktion mit einem geeigneten Lösungsmittel, wie Schwefelkohlenstoff oder Benzol. Die Extraktion geschieht vorwiegend mit heißem Lösungsmittel, da Kaltextraktionen in der Regel zeitraubender sind.

Kleine Materialproben, die nur feinkörnige Mineralstoffe enthalten, können in bekannter Weise nach Soxhlet oder in Lösungsmitteldampf nach Graefe extrahiert werden. Größere Mengen, insbesondere aber Mischgutproben, werden heute meistens in leistungsfähigen Durchlaufzentrifugen extrahiert, bei denen die feinen Mineralstoffe in einem Zentrifugenbecher ausgeschleudert werden, die Bindemittellösung klar anfällt und beim Stehenlassen keine festen, feinkörnigen Stoffe mehr sedimentiert.

Abb. 1 zeigt eine derartige, vom Verfasser und seinem Mitarbeiter [4] angeregte, in der Schweiz konstruierte Durchlaufzentrifuge, deren Zentrifugenbecher mit rund 9000 U/min dreht. Die Bedienung der Apparatur ist sehr einfach und gestattet in kurzer Zeit die vollständige Extraktion beliebig großer Probenmengen.

Die Bestimmung des Bitumengehaltes erfolgt meist nach der Differenzmethode. Dabei wird der Anteil an unlöslichen Mineralstoffen direkt durch Wägung bestimmt und in Prozenten der Einwaage berechnet. Die Differenz auf 100% ergibt den Anteil an gelöstem Bitumen, gegebenenfalls einschließlich von Feuchtigkeit und organischen Lösungsmittelkomponenten. Bei gleichzeitiger Anwesenheit von Wasser muß dieses daher besonders bestimmt und vom Bitumengehalt in Abzug gebracht werden. Bestimmt man außerdem im Bitumenextrakt den Veraschungsrückstand — unter Verwendung eines aliquoten Teiles des gesamten Extraktes —, so kann der Gehalt der untersuchten Probe an aschefreiem, gegebenenfalls aber gefluxtem Bitumen leicht berechnet werden.

Der Bitumengehalt kann auch direkt durch Eindampfen eines aliquoten Teils des Bitumenextraktes sehr rasch und in vielen Fällen mit ausreichender Genauigkeit gravimetrisch bestimmt werden. Bei Vorlage eines entsprechenden Bitumenvergleichsmusters kann für die Bestimmung unter Umständen auch eine kolorimetrische Vergleichsmessung herangezogen werden.

Gewinnung des Bitumens aus dem Extrakt. Soll in einer zu untersuchenden Probe nicht nur eine quantitative Gehaltsbestimmung des Bitumens vorgenommen, sondern darüber hinaus eine chemisch-physikalische Charakterisierung des Bindemittels angeschlossen werden, so muß der Bitumenextrakt oder wenigstens ein größerer Teil davon auf Bitumen verarbeitet werden. Diese Aufarbeitung soll natürlich das Bitumen in möglichst unveränderter chemisch-physikalischer Form liefern. Eine Voraussetzung hierfür ist kurze Extraktions-

Abb. 1. Extraktionszentrifuge nach RODEL und DERUNGS für kontinuierliches Durchlauf- und Auswaschverfahren. Konstruktion der Spindel-, Motoren- und Maschinenfabrik A.G. (SMM), Uster, Schweiz. (Photo: EMPA, Zürich).

dauer oder Vornahme der Extraktion im Dunkeln, so daß mögliche photochemische Veränderungen des Bitumens in gelöster Form vermieden werden. Für die länger dauernden Kaltextraktionsverfahren schlug dabei GREUTERT [5] vor, an Stelle von Schwefelkohlenstoff mit einer Mischung von Schwefelkohlenstoff und etwa 5% absolutem Alkohol zu arbeiten, um dadurch eine bessere Benetzung des Probenmaterials und eine etwas kürzere Extraktionsdauer zu erhalten. Die Hauptmenge des Lösungsmittels des Extrakts wird durch vorsichtige Destillation entfernt, wobei gleichzeitig Kohlensäuregas in die Lösung eingeleitet wird. Die letzten Lösungsmittelreste werden in der Destillationstemperatur bei hoher, gut überwachter Temperatur und ebenfalls in Kohlensäureatmosphäre ausgetrieben.

Der mit schnell arbeitenden Extraktionszentrifugen erhaltene Bitumenextrakt, der einige Liter betragen kann, wird vorerst einer raschen, aber vorsichtig
geleiteten Destillation unterworfen und dabei die Hauptmenge desLösungsmittels
entfernt. Der so eingeengte, aber noch flüssige Extrakt wird in einen kleinen
Vakuumdestillationskolben übergeführt und hierauf im Vakuum der Rest des
Lösungsmittels abdestilliert. Der Siedekolben befindet sich dabei in einem
Ölbad unter Temperaturkontrolle; die Temperatur der übergehenden Dämpfe
wird gemessen. Die Operation muß dauernd gut überwacht werden, um ein
Überschäumen des Kolbeninhalts in die Vorlage zu vermeiden. Die Gleichmäßigkeit des Destillationsvorganges wird durch Einleiten eines kleinen Luftstromes unterstützt; da der Gesamtzeitaufwand für die Zentrifugenextraktion
und die Destillation relativ klein ist, kann auf die Zuleitung eines inerten Gas-
stromes verzichtet werden. Die Destillation wird abgebrochen, wenn die Temperatur der übergehenden Lösungsmitteldämpfe — in diesem Falle Benzol —
150° C erreicht. Liegt dagegen ein Cutbackbitumen vor, so ist es kaum möglich,
das Cutback-Bitumen in ganz unveränderter Form zurückzugewinnen, selbst
wenn die Enddestillationstemperatur gesenkt wird, da immer mit der Möglichkeit zu rechnen ist, daß ein Teil der Fluxmittel des Bindemittels in die Vorlage
übergehen. Das Cutback-Bitumen wird also unter Umständen in etwas härterer
Beschaffenheit anfallen, als es im Probematerial vorhanden war.

Der erhaltene Bitumenrückstand wird hierauf aus dem Destillationskolben
ausgegossen und steht für die weiteren Untersuchungen zur Verfügung.

Gesteinsmaterial. Die aus der Extraktion erhaltenen unlöslichen Gesteins-
materialmengen sind bindemittelfrei und können für die üblichen Untersuchungen gebraucht werden. Die Gesamtmenge der groben und feinkörnigen Anteile —
letztere beim Zentrifugenverfahren im Zentrifugenbecher vorliegend — wird
getrocknet, gewogen und vereinigt. Für die Charakterisierung der Mineralstoffe, auf die im einzelnen nicht eingegangen wird, werden üblicherweise folgende Untersuchungen vorgenommen:

die Bestimmung der granulometrischen Zusammensetzung durch Vornahme
einer Siebanalyse,

die petrographische und Kornform-Prüfung der gröberen Zuschlagstoffe,
allenfalls verbunden mit einer chemischen Untersuchung der feinen Füllstoffe,

die Bestimmung des losen Schüttgewichtes in kg/dm³ in geeigneten Metall-
gefäßen bestimmten Inhaltes,

die Bestimmung der Lagerungsdichte der Mineralstoffe beim Einrütteln
nach portionenweiser Aufgabe in kleine zylindrische Metallbehälter bestimmten
Inhaltes und schließlich

die Bestimmung des wahren spezifischen Gewichtes des — wenn nötig auf
Mehlfeinheit zerkleinerten — Mineralaggregates.

4. Mechanische Prüfungen.

Belags-Mischgutmaterial, im heißen Zustand in Würfelform von 7 oder
10 cm Kantenlänge gepreßt, eingeschlagen, bei Gußasphaltmaterial auch gegossen, kann der Bestimmung der Druckfestigkeit bei Raum-, höherer oder
tieferer Temperatur unterworfen werden. Derartige Proben können auch für
die Bestimmung der Abnützung verwendet werden. Die Ermittlung der Stempel-
eindringtiefe, beispielsweise mittels eines Stempels von 1 cm² Querschnitt und
unter einer 5 stündigen Beanspruchung entsprechend 52,5 kg/cm² bei Raumtemperatur oder anderen Temperaturbedingungen, ergibt, sofern es sich um
feinkörnige Mischungen handelt, auswertbare Auskünfte über die Standfestig-

keit. Derartige Druckfestigkeitsversuche, wie besonders auch der in den letzten Jahren üblich gewordene Triaxial-Versuch, sind vor allem wertvoll für die Beurteilung der straßenbautechnischen Eignung eines vorgesehenen Kornaufbaus der Mineralstoffe und für die Beurteilung der Richtigkeit der Wahl und Dosierung des Bindemittels. Bei feinkörnigen, im Kornaufbau geschlossenen Probekörpern können die Wasseraufnahme und die Quellung bei Wasserlagerung, sowie ein etwaiger Abfall der Druckfestigkeit als Folge der stattgehabten Wassereinwirkung ermittelt werden.

Bei Belagsmaterial für Brückenbeläge oder wasserdichte Auskleidungen von Becken, Wannen oder Böschungen ist auch die Wasserdichtheitsprüfung von großem Interesse. Dazu werden die gestampften oder gepreßten Probekörper in einer Druckapparatur auf eine wasserdurchlässige Tragschicht aufgebracht; nach Abdichtung der Ränder wird Wasser über den Prüfkörper geschichtet und die Apparatur unter Druck gesetzt.

5. Normenprüfungen.

Die in den einzelnen Ländern herausgegebenen Normenwerke enthalten meist ziemlich detaillierte Qualitätsanforderungen hinsichtlich Zusammensetzung, Kornaufbau, Art und Menge des Bindemittels, wie auch über die an normengemäß geformten Prüfkörpern auszuführenden mechanisch-technologischen Untersuchungen.

D. Prüfung der Bitumenbeläge.

1. Allgemeines.

Die nachstehenden Ausführungen erstrecken sich ausschließlich auf solche Prüfungen an Belagsmaterial, die in einem gut ausgerüsteten Laboratorium durchgeführt werden können und in den einschlägigen Normenwerken meist recht detailliert beschrieben sind. Auf eingehendere Hinweise auf Messungen, die am Objekt selbst, also im Felde durchgeführt werden müssen, wie die Bestimmung der Oberflächenrauhigkeit und Gleitsicherheit bzw. des Reibungskoeffizienten im trockenen und vor allem im nassen Zustande, auf die Bestimmung der Ebenflächigkeit, der Tragfähigkeit usw. wird daher verzichtet.

Die zu untersuchenden Belags-Probenmaterialien müssen sorgfältig ausgewählt und entnommen werden. Bei der Auswahl der Entnahmestellen auf der Straße ist, namentlich zur Aufklärung von Schadenursachen, dem Untersuchungsziele gebührend Rechnung zu tragen. Es ist daher in solchen Fällen auch zu empfehlen, die fragliche Belagspartie durch einen Vertreter der beauftragten Prüfungsstelle in Augenschein nehmen zu lassen und gemeinsam mit diesem die Entnahmestellen festzulegen. Zahl und Größe der einzelnen Muster gleicher Belagsart richten sich nach den durchzuführenden Untersuchungen; im allgemeinen sollte ein Muster nicht kleiner als etwa 30 cm × 30 cm sein. Die zu entnehmenden Proben können mit Hammer und Meißel herausgearbeitet werden; besser ist dagegen das Ausschneiden. Hierzu können sich u. U. bereits die üblichen Betonfugen-Schneidgeräte eignen. Bei der Entnahme ist stets darauf zu achten, daß die Belagsprobe in der ganzen Dicke und in ungestörter Form, ohne daß Risse, Brüche usw. auftreten, gefaßt werden kann. Durch entsprechende Verpackung ist auch dafür zu sorgen, daß die Proben beim Transport zur Prüfstelle keinen Schaden nehmen. Das erheischt vor allem auch ebene und steife Unterlagen und sichere Verankerung in der Versandkiste.

2. Prüfungen allgemeiner Art.

Die allgemeinen Prüfungen einer Belagsprobe umfassen vorerst

eine Beschreibung und makroskopische Beurteilung der ganzen Probe, insbesondere aber der Belagsoberfläche hinsichtlich Gleichmäßigkeit, Ebenflächigkeit, Rauhigkeit und Griffigkeit, Korngröße und Kornform, Geschlossenheit bzw. Porosität, Absandung, Abschälung, Kornausbruch, Schlaglöchern, Bindemittelarmut bzw. -überfluß usw.,

die Feststellung der Beschaffenheit von frischen Bruchflächen, unter besonderer Berücksichtigung der Porosität, etwaiger Schmutzinfiltrationen und der Bindemittelbeschaffenheit und -verteilung und

die Bestimmung der Dicke und des Gewichtes der angelieferten Probe.

Nach Vornahme dieser Feststellungen wird die Belagsprobe vorteilhaft eingemörtelt; sie wird dazu, mit der Verschleiß-Schicht nach unten, auf eine ebene Unterlage gelegt und mit einer Schicht von Zement- oder auch Gipsmörtel überdeckt. Dadurch können nachträgliche Formveränderungen der Belagsprobe

Abb. 2. Ansicht einer Schnittfläche eines zweischichtigen Belages. (Photo: EMPA, Zürich.)

zuverlässig vermieden werden. Diese eingemörtelten Belagsproben eignen sich besonders gut für die Ausführung von Schnittflächen mittels Diamant- oder Karborundumscheibe unter Wasserzulauf, die bereits ausgezeichnet über den schichtenweisen Aufbau der Gesamtprobe, deren Kornzusammensetzung, Art des Gesteinsmaterials, wie auch über die Dicken der einzelnen Belagsschichten zu informieren vermögen. Abb. 2 zeigt eine solche Schnittfläche eines zweischichtigen Belages mit geschlossener Binder- und feinkörniger Deckschicht.

Diese allgemeinen Hinweise bedürfen keiner besonderen Erläuterung.

3. Chemisch-physikalische Prüfungen.

Die chemisch-physikalischen Prüfungen haben in erster Linie zum Ziele, die Verdichtungsverhältnisse bzw. die Porosität der Belagsprobe oder deren einzelner Schichten zu bestimmen. Hierzu dienen die Bestimmung der Rohwichte (Raumgewicht), des wahren spezifischen Gewichts und des Hohlraumgehaltes oder der Porosität.

Rohwichte (Raumgewicht). Die Bestimmung erfolgt an ungestörten Abschnitten oder Bruchstücken der Belagsprobe oder deren einzelnen Schichten im Gewichte bis zu einigen hundert g, das auf einer ausreichend genau anzeigenden Waage bestimmt wird. Die Probestücke werden dazu nach der Wägung in Luft in eingetauchtem Zustand in Wasser gewogen; hieraus ergibt sich das Volumen des Probekörpers, aus dem sich leicht die Rohwichte in kg/dm³ berechnen läßt. Diese vereinfachte Ausführungsform läßt sich allerdings nur bei Deckenstücken durchführen, die vollständig geschlossen sind und bei denen daher eine Wasseraufnahme im eingetauchten Zustande nicht eintreten kann. Solche Verhältnisse wird man normalerweise nur bei guten Gußasphalten antreffen. Bei allen übrigen Belagsproben muß das Eindringen von Wasser in das Probestück durch Anwendung eines Kunstgriffes vermieden werden. Dieser besteht darin, daß das an der Luft gewogene Stück vor der Bestimmung des Auftriebes mit Paraffin oder Vaselin bekannter Wichte satt umkleidet wird; die aufgebrachten Mengen werden durch Wägung bestimmt und deren Volumen berechnet. Die Bestimmung der Rohwichte erfolgt in der angegebenen Weise, wobei Menge und Volumen des aufgebrachten Dichtungsmaterials sinngemäß berücksichtigt werden.

Wahres spezifisches Gewicht. Durchschnittsmaterial der Belagsprobe oder ihrer einzelnen Schichten wird mechanisch oder von Hand im Mörser bis auf Mehlfeinheit zerkleinert. Dabei ist besonders darauf zu achten, daß kein Bindemittel durch Haftung an den Wänden oder am Pistill verlorengeht. Das wahre spezifische Gewicht wird nach ERDMENGER-MANN mit einer Probenmenge von etwa 50 g bestimmt. Das Probenmaterial wird hierzu in einen Präzisionsmeßkolben von 50 ml Inhalt eingewogen und aus einer gleich geeichten Bürette mit $^1/_{10}$ ml Teilung Alkohol bekannter Wichte in kleinen Portionen einlaufen gelassen. Wenn das Probenmaterial gleichmäßig durchfeuchtet ist, wird die Flüssigkeitsmenge erhöht und durch Drehen und Schwenken des geschlossenen Kölbchens alle Luft verdrängt. Hierauf wird das Kölbchen bis zur 50 ml-Meßmarke genau mit Alkohol gefüllt — wobei stets auf gleichmäßige Temperatur zu achten ist — und die benötigte Menge Alkohol genau bestimmt. Die Differenz auf 50 ml entspricht dem Volumen des Probenmaterials. Die volumetrische Messung kann in einfacher Weise durch Wägungen kontrolliert werden. Das Verhältnis Gewicht des Probenmaterials zu seinem Volumen ergibt den Zahlenwert für das wahre spezifische Gewicht. Dieses kann gleichfalls aus den prozentualen Anteilen an Bitumen und Mineralstoffen und ihren jeweiligen Wichten berechnet werden.

Hohlraumgehalt, Porosität. Die Bestimmung der Porosität des Deckenstückes kann rechnerisch oder auf experimentellem Wege erfolgen. Rechnungsmäßig geschieht dies nach der Formel $H = 100\left(1 - \dfrac{R}{S}\right)$, worin bedeuten: $H =$ Hohlraumgehalt in Volumenprozenten, $R =$ Rohwichte des Deckenstückes und $S =$ wahres spezifisches Gewicht des Deckenmaterials.

Experimentell kann die Bestimmung der Hohlräume an mehreren Teilstücken des Probenmaterials durch die Wasseraufnahme im Vakuum vorgenommen werden. Auf grobporige und hohlraumreiche Deckenstücke läßt sich dieses Verfahren allerdings nicht anwenden, da nach erfolgter Wasseraufnahme ein Teil des Wassers wiederum durch die Poren ausfließen würde.

Die Porosität der Oberfläche eines Belagsstückes kann auf Grund eines recht einfachen Versuches qualitativ beurteilt werden. Dazu gießt man einige ml einer wäßrigen alkoholischen Lösung, die recht gut benetzt, auf die eben liegende, trockene Belagsoberfläche und mißt die Zeit für das vollständige Eindringen in den Belag. Um einen zu großen Auslauf auf der Belagsoberfläche zu vermeiden, kann dieser Versuch auch derart durchgeführt werden, daß man die Prüfflüssigkeit in dicht auf die Belagsoberfläche aufgesetzte Glasrohre von etwa 3 cm ∅ einbringt und das Maß des Einsickerns in den Belag an Hand von periodischen Standablesungen beurteilt. Diese Methode lehnt sich an die bekannte Wasserdurchlässigkeitsprüfung von Belagsoberflächen an, die auf der Straße mit aufgesetzten Metallrohren und Wasserfüllung vorgenommen wird.

4. Chemische Prüfungen.

Die chemischen Prüfungen umfassen vor allem die quantitative Bestimmung des Gehalts an Bitumen und Mineralstoffen und, zusammen mit den entsprechenden chemisch-physikalischen Prüfungen des Bindemittels und der Gesteinsmaterialien, die nähere Bestimmung der Eigenschaften dieser beiden Komponenten, wie sie im Abschn. C erwähnt worden sind.

Bei mehrschichtigen Belägen ist hierzu, wie auch für die vorstehend unter 3. angeführten Untersuchungen, eine Trennung in die einzelnen Schichten vorzunehmen. Dazu ist das Deckenstück vorsichtig zu erwärmen, so daß eine möglichst saubere Schichtentrennung mittels eines Messers vorgenommen werden kann. Bei der Zerkleinerung des Probenmaterials zwecks Herstellung eines Durchschnittsmusters muß das Deckenmaterial zuvor ebenfalls vorsichtig erwärmt werden. Die Zerteilung läßt sich dann mühelos durchführen, ohne daß Gesteinsstücke gebrochen oder zertrümmert werden, was unter allen Umständen vermieden werden muß.

Die Bestimmung des Bitumengehalts und des Wassergehalts verläuft gleich, wie im Abschn. C geschildert wurde. Die Angabe des Bindemittelgehalts erfolgt dabei in der Regel nicht nur in Gewichtsprozenten, sondern auch in Volumenprozenten, die nach der Formel $P_v = P_g \dfrac{R}{S_b}$ berechnet werden; dabei bedeuten $P_v =$ Bitumengehalt in Volumenprozenten (Raumprozente), $P_g =$ Bitumengehalt in Gewichtsprozenten, $R =$ Rohwichte des Deckenstückes und $S_b =$ Wichte des Bitumens. Vergleicht man den Bitumengehalt in Volumenprozenten eines Deckenstückes mit dem Hohlraumgehalt der eingerüttelten Mineralstoffe — der sich ebenfalls aus der Rohwichte der eingerüttelten Mineralstoffe und ihrem wahren spezifischen Gewicht bestimmen läßt —, so läßt sich bereits eine recht gute Aussage darüber machen, ob im konkreten Falle die Bindemitteldosierung richtig, zu groß oder zu klein gewählt worden ist.

5. Mechanische Prüfungen.

An den ausgebauten Deckenstücken lassen sich ohne weiteres Wasserlagerungsversuche, Prüfungen auf Standfestigkeit nach dem Verfahren der Stempeleindringtiefen-Bestimmung, Wärmebeständigkeitsprüfungen und Wasserdichtheitsprüfungen durchführen; Druckfestigkeitsprüfungen an Würfeln können dagegen in den meisten Fällen an Belagsprobenmaterial nicht direkt vorgenommen werden, da deren Schichtdicke in der Regel zu klein ist.

Die einschlägigen Normvorschriften enthalten häufig detaillierte Angaben über die Durchführung derartiger mechanischer Prüfungen.

Schrifttum.

[1] Wilhelmi, R.: Bitumen Bd. 6 (1936) S. 135.
[2] Nüssel, H.: Bitumen Bd. 6 (1936) S. 116.
[3] van Asbeck, W. F.: Bitumen in Hydraulic Engineering. Shell Petroleum Co. Ltd., London, 1955, S. 38.
[4] Rodel, W., u. L. Derungs: Straße und Verkehr Bd. 39 (1953) S. 278 — Revue Générale des Routes et des Aérodromes, 1955, Nr. 287, S. 109. — Vgl. auch H. Schmidt: Bitumen Bd. 18 (1956) S. 93.
[5] Greutert, J.: J. Inst. Petr. Techn. Bd. 18 (1932) S. 846 — Bitumen Bd. 3 (1933) S. 49.

XVIII. Prüfung der Wärmedurchlässigkeit von Baustoffen und Bauteilen.

Von **W. Schüle**, Waiblingen.

A. Allgemeine Betrachtungen. Die physikalischen Gesetzmäßigkeiten bei Wärmeaustauschvorgängen.

Der Wärmeaustausch bzw. die Wärmeübertragung, d. h. die Überführung einer Wärmemenge von einer nach einer anderen Stelle kann in drei physikalisch ganz verschiedenen Arten erfolgen, und zwar durch Leitung, Konvektion und Strahlung.

Die Wärmeübertragung durch *Leitung* ist an das Vorhandensein von Materie gebunden. Der Wärmeaustausch findet hierbei nur zwischen den unmittelbar benachbarten Teilchen des Stoffs statt. Bei der *Konvektion* verändern die Teilchen eines Stoffs ihren Platz und führen ihren Wärmeinhalt mit sich fort. Dieser Vorgang kann in Flüssigkeiten und Gasen, nicht aber in homogenen festen Körpern stattfinden. In der Regel ist die Konvektion auch von der Wärmeleitung von Teilchen zu Teilchen begleitet. Wärmeübertragung durch *Strahlung* findet statt, wenn die Wärme an der Oberfläche des strahlenden Körpers sich in strahlende Energie verwandelt, eine strahlungsdurchlässige Schicht durchsetzt und bei Auftreffen auf einen zweiten Körper sich ganz oder teilweise in Wärme zurückverwandelt.

Diese drei Arten des Wärmetransports treten meist gemeinsam auf, insbesondere bei Baustoffen und Bauteilen, bei denen in der Regel mehr oder weniger große Lufträume die festen Stoffe voneinander trennen.

Da es sich bei Bauteilen fast ausschließlich um ebene, plattenförmige Gebilde handelt, werden die Rechnungsformeln und sonstigen mathematischen Beziehungen über den Wärmedurchgang im folgenden für den Fall der planparallelen Platte angegeben.

a) Die Wärmeleitung in festen Stoffen.

Der Wärmedurchgang durch feste, homogene, strahlungsundurchlässige Stoffe erfolgt ausschließlich durch Wärmeleitung. Für den Fall einer ebenen Wand, Decke od. dgl. (planparallele Platte) gilt für den stationären Fall der Wärmeleitung senkrecht zur Plattenoberfläche die nachstehende Gleichung:

$$Q = \lambda F \frac{\vartheta_1 - \vartheta_2}{\delta} t. \tag{1}$$

Dabei sind ϑ_1 und ϑ_2 die Oberflächentemperaturen in °C der Platte von der Dicke δ (m), F die betrachtete Fläche in m² und Q die in der Zeit t (h) durch diese Fläche strömende Wärmemenge in kcal. λ, die Wärmeleitzahl, ist eine Stoffkonstante von der Dimension kcal/m h °C; sie ist zahlenmäßig gleich der Wärme-

menge, die durch einen Würfel von 1 m Kantenlänge in 1 h im Beharrungszustande von einer Fläche auf die gegenüberliegende fließt, wenn diese 1° C
Temperaturunterschied haben und die übrigen vier Würfelflächen vor Wärmeaustausch geschützt sind.

b) Der Wärmeübergang zwischen Gasen bzw. Flüssigkeiten und festen Stoffen.

Der Wärmeaustausch zwischen einer Flüssigkeit bzw. einem Gas und einer
festen Oberfläche läßt sich durch folgende Gleichung erfassen:

$$Q = \alpha \, F \, (\vartheta_f - \vartheta_0) \, t. \tag{2}$$

Q, F und t haben dieselbe Bedeutung wie in Gl. (1) (s. Abschn. a); ϑ_f ist die
mittlere Temperatur der Flüssigkeit oder des Gases in genügendem Abstand
von der Wandoberfläche, ϑ_0 deren Temperatur. Alle Einflüsse der Eigenschaften
und des Bewegungszustandes der Flüssigkeit bzw. des Gases auf den Wärmeübergang werden in dem Faktor α, der Wärmeübergangszahl in kcal/m² h °C
zusammengefaßt.

c) Der Wärmeaustausch durch Strahlung.

Der Wärmeaustausch durch Strahlung zwischen parallelen ebenen Flächen
wird zweckmäßigerweise durch eine Gleichung ähnlicher Art ausgedrückt, wie
bei der Leitung und beim Wärmeübergang durch Konvektion:

$$Q = \alpha_s \, F \, (T_1 - T_2) \, t. \tag{3}$$

T_1 und T_2 sind die absoluten Temperaturen in °K der beiden Flächen. Da die
Differenz der absoluten Temperaturen gleich der der Temperaturen in Celsius-
graden ist, entspricht Gl. (3) formal völlig der Gl. (2) für den Wärmeübergang
von Gasen oder Flüssigkeiten an feste Stoffe. Die „Wärmeübergangszahl der
Strahlung" α_s ist durch die Oberflächentemperaturen T_1 und T_2, die Strahlungs-
zahlen C_1 und C_2 der beiden Oberflächen und die Strahlungszahl C_s des schwarzen
Körpers bestimmt:

$$\alpha_s = C_{12} \frac{\left(\dfrac{T_1}{100}\right)^4 - \left(\dfrac{T_2}{100}\right)^4}{T_1 - T_2} = C_{12} \, a \, , \tag{4}$$

$$C_{12} = \frac{1}{\dfrac{1}{C_1} + \dfrac{1}{C_2} - \dfrac{1}{C_s}} \, . \tag{5}$$

C_{12} wird als Strahlungsaustauschzahl bezeichnet, sie besitzt wie die Strahlungs-
zahlen C_1, C_2 und C_s die Dimension kcal/m² h °K⁴.
Der nur von den beiden Temperaturen T_1 und T_2 abhängige Ausdruck

$$a = \frac{\left(\dfrac{T_1}{100}\right)^4 - \left(\dfrac{T_2}{100}\right)^4}{T_1 - T_2} \tag{6}$$

wird als Temperaturfaktor bezeichnet. Er ist in der Nähe der Zimmertemperatur
etwa 1 und nimmt mit steigender Temperatur stark zu.

d) Der Wärmedurchgang durch Baustoffe und Bauteile im stationären Zustande.

Der Wärmedurchgang durch einen Baustoff oder durch einen Bauteil im
Dauerzustand setzt sich aus dem Wärmeübergang von der Luft an die eine
Seite des festen Stoffes, der Leitung durch den Stoff und schließlich wieder

dem Wärmeübergang vom Stoff an die Luft auf der anderen Seite zusammen.
Da bei stationärer Wärmeströmung der Wärmestrom $q\left(=\dfrac{Q}{t}\right)$ in kcal/h bei allen drei Vorgängen derselbe ist, gilt:

$$q = \alpha_a F (\vartheta_a - \vartheta_1) = \lambda/\delta \, F (\vartheta_1 - \vartheta_2) = \alpha_i F (\vartheta_2 - \vartheta_i). \qquad (7)$$

Dabei sind α_a und α_i die Wärmeübergangszahlen und ϑ_a und ϑ_i die Lufttemperaturen auf den beiden Seiten des Stoffes.

Um zu einer für praktische Verhältnisse brauchbaren Darstellung des Wärmedurchgangs durch einen Bauteil zu kommen, faßt man die drei die Teilvorgänge kennzeichnenden Größen (α_i, α_a, δ/λ) in einer Größe, der Wärmedurchgangszahl k (kcal/m² h °C) zusammen:

$$k = \cfrac{1}{\cfrac{1}{\alpha_t} + \cfrac{\delta}{\lambda} + \cfrac{1}{\alpha_a}} \qquad (8)$$

und kommt so zur Gleichung für den Wärmedurchgang durch einen Bauteil:

$$q = k F (\vartheta_i - \vartheta_a). \qquad (9)$$

Setzt sich der Bauteil, z. B. eine Wand aus mehreren hintereinanderliegenden Schichten der Dicken δ_1, $\delta_2 \ldots \delta_n$ mit den Wärmeleitzahlen λ_1, $\lambda_2 \ldots \lambda_n$ zusammen, so ergibt sich die Wärmedurchgangszahl k zu:

$$k = \cfrac{1}{\cfrac{1}{\alpha_t} + \sum\limits_n \cfrac{\delta_n}{\lambda_n} + \cfrac{1}{\alpha_a}}. \qquad (10)$$

Der Ausdruck $1/\sum\limits_n \dfrac{\delta_n}{\lambda_n}$ wird als Wärmedurchlaßzahl Λ (kcal/m² h °C) bezeichnet.

Die Kehrwerte von α, k und Λ sind Wärmewiderstände, die dementsprechend

Wärmeübergangswiderstand	$1/\alpha$ (m² h °C/kcal),
Wärmedurchgangswiderstand	$1/k$ (m² h °C/kcal),
Wärmedurchlaßwiderstand	$1/\Lambda$ (m² h °C/kcal)

genannt werden.

e) Nichtstationäre Wärmeströmungen.

Bei nichtstationärer Wärmeströmung ändert sich die Temperatur im Laufe der Zeit. Die Gleichung für die Wärmeleitung in einem festen Körper, die den nichtstationären — wie auch als Sonderfall den stationären — Zustand umfaßt, ist nach FOURIER:

$$\frac{\partial \vartheta}{\partial t} = a\left(\frac{\partial^2 \vartheta}{\partial x^2} + \frac{\partial^2 \vartheta}{\partial y^2} + \frac{\partial^2 \vartheta}{\partial z^2}\right). \qquad (11)$$

Dabei sind x, y und z die räumlichen Koordinaten des betrachteten Punktes in dem Körper, in dem die Wärmeströmung erfolgt. a (m²/h) ist eine Materialkonstante, die Temperaturleitzahl, die von der Wärmeleitzahl λ (kcal/m h °C), der spezifischen Wärme c (kcal/kg °C) und dem Raumgewicht γ (kg/m³) wie folgt abhängt:

$$a = \frac{\lambda}{c\,\gamma}. \qquad (12)$$

Die rechnerische Behandlung nichtstationärer Wärmeströmungen bereitet vielfach große mathematische Schwierigkeiten, da sie die Integration von Gl. (11) bei Kenntnis der Grenzbedingungen der Temperaturverteilung voraussetzt. E. SCHMIDT [1] hat ein graphisches Verfahren angegeben, das die Lösung dieser Differentialgleichung für verschiedene Randbedingungen ohne großen mathematischen Aufwand gestattet.

B. Die Bestimmung der Wärmedurchlässigkeit von Baustoffen und Bauteilen.

1. Experimentelle Ermittlung der Wärmedurchlässigkeit von Baustoffen und Bauteilen.

a) Die Bestimmung der Wärmeleitzahl von Baustoffen.

Die Messung der Wärmeleitzahl von Stoffen wird in der Regel im Dauer-zustand der Wärmeströmung an Körpern definierter, geometrischer Form (ebene Platte, Zylinder, Kugel) durchgeführt. Der im allgemeinen große Zeit-aufwand für solche Messungen hat jedoch auch zur Entwicklung nichtstationärer Prüfverfahren geführt, die in manchen Fällen mit Erfolg angewendet werden.

α) Stationäre Verfahren.

Bei den stationären Verfahren zur Bestimmung der Wärmeleitzahl von Stoffen kommen als Meßkörper zur Zeit ausschließlich die ebene Platte, die Hohlkugel und der Hohlzylinder in Frage. Die Wahl der einen oder anderen Form des Meßkörpers richtet sich vor allem nach dem Verwendungszweck des zu untersuchenden Stoffes und nach der Form, in der er zur Verfügung steht.

Der Plattenapparat von Poensgen und ähnliche Versuchseinrichtungen. Die Bestimmung der Wärmeleitzahl plattenförmiger Stoffe mit ebener Ober-fläche kann im Zweiplatten-Apparat nach R. Poensgen [2] oder in dem von M. Jakob [3] angegebenen Einplatten-Apparat erfolgen. Beim Zweiplatten-Apparat nach Poensgen (Abb. 1) werden zwei gleich dicke quadratische Platten des zu prüfenden Baustoffs unter Zwischenschaltung einer elektrischen Heizplatte aufeinandergelegt. Die Prüf-platten liegen mit ihren dem Heiz-körper abgewandten Oberflächen je an einer Kühlplatte an, deren Temperatur mit Hilfe durchfließenden, temperierten Wassers eingestellt und gehalten wird.

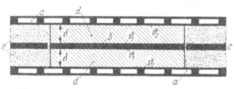

Abb. 1. Zweiplatten-Apparat nach Poensgen (Schnitt, schematisch). *a* Kühlplatte; *b* Heizplatte; *c* Heizring; *d* Versuchskörper; *e* Isolierstoff.

Die in der Heizplatte elektrisch er-zeugte Wärmeenergie strömt im Beharrungszustande zu gleichen Teilen durch die Versuchsplatten zu den Kühlplatten. Um Wärmeverluste an den Seiten-flächen der Versuchsplatten und der Heizplatte zu verhindern, ist um diese ein Heizring angeordnet.

Die Kühlplatten sind so groß, daß sie den Heizring überdecken. Beim Ver-such wird die elektrische Heizung dieses Schutzringes so eingeregelt, daß jedem Punkt der seitlichen Fläche der Heizplatten und der Versuchsplatten ein Punkt gleicher Temperatur am Heizring bzw. an dem zwischen Heizring und Kühl-platte angeordneten Isoliermaterial (Korkschrot, Kieselgur, Faserstoffe od. dgl.) gegenübersteht. Die Messung dieser Temperaturen sowie der Oberflächentempe-raturen [ϑ_1 und ϑ_2 (°C)] der Versuchsplatten erfolgt mit Thermoelementen, die Messung der der Heizplatte zugeführten Energie bei Gleichstrom mit Strom- und Spannungsmesser [Stromstärke i (A), Spannung u (V)]. Aus diesen Werten und den Abmessungen der Versuchskörper [Fläche F (m²), Dicke δ (m)] ergibt sich die Wärmeleitzahl λ (kcal/m h °C) der Versuchsplatten zu:

$$\lambda = \frac{i \, u \cdot 0{,}86 \cdot \delta}{2\,F\,(\vartheta_1 - \vartheta_2)} = \frac{q\,\delta}{2\,F\,(\vartheta_1 - \vartheta_2)} \quad \text{(kcal/m h °C)},$$

da $q = i\,u \cdot 0{,}86$ (kcal/h) die stündlich elektrisch zugeführte Wärmemenge ist. Durch entsprechende Wahl der Kühlwassertemperatur kann die Messung bei verschiedenen Temperaturniveaus durchgeführt und so die Abhängigkeit der Wärmeleitzahl von der Temperatur ermittelt werden.

Soll die Messung bei hohen Temperaturen durchgeführt werden, so werden die wasserdurchflossenen Kühlplatten durch elektrisch beheizbare Platten ersetzt, deren Temperatur einige Grad (5 bis 10° C) niedriger eingestellt wird als die der Heizplatte.

Steht nur eine Probeplatte zur Verfügung, so findet für die Bestimmung der Wärmeleitzahl der Einplatten-Apparat nach JAKOB Anwendung (Abb. 2). Bei diesem Gerät ist eine Heizplatte einseitig mit der zu untersuchenden Versuchsplatte belegt, auf der anderen Seite liegt unter Zwischenschaltung einer Isolierplatte eine elektrische Gegenheizung. Diese Gegenheizplatte wird beim Versuch auf dieselbe Temperatur gebracht wie die Heizplatte, so daß dann die gesamte der Heiz-

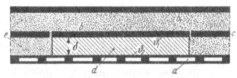

Abb. 2. Einplatten-Apparat nach JAKOB (Schnitt, schematisch). *a* Kühlplatte; *b* Heizplatte; b_1 Gegenheizplatte; *c* Heizring; *d* Versuchskörper; *e* Isolierstoff.

platte zugeführte Energie durch die Versuchsplatte strömt, wenn Randverluste wie beschrieben durch die Anordnung eines Schutzringes vermieden werden.

Um die zeitraubende und umständliche Einstellung der Schutzring- bzw. Gegenheizplattentemperatur zu erleichtern, sind mehrfach automatische Einrichtungen angegeben worden [4], [5].

Bei der Untersuchung von Baustoffen sind die Abmessungen der Versuchskörper in der Regel 50 cm × 50 cm, seltener 25 cm × 25 cm. Die Dicke der Probeplatten darf nicht größer als ein Viertel der Kantenlänge der Meßfläche sein, da sonst die Vermeidung von Randverlusten, trotz der Anordnung eines Schutzringes, Schwierigkeiten bereitet.

In Plattenapparaten der geschilderten Art können Stoffe hohen Feuchtigkeitsgehalts nicht untersucht werden, weil sich unter der Wirkung des Temperaturgefälles die Feuchtigkeit in den Versuchsplatten nach den Kühlplatten zu verlagert und so zu günstige, scheinbare Wärmeleitzahlen gemessen werden [6].

Die Nusseltsche Kugel. Die Wärmeleitzahl loser, pulverförmiger Stoffe wird zweckmäßig in der NUSSELTschen Kugel [7] bestimmt. Die Versuchseinrichtung (Abb. 3) besteht aus einer Kugel, die in ihrem Innern einen elektrischen Heizkörper enthält. Die Kugel wird konzentrisch in einer größeren Hohlkugel aufgehängt. Der Zwischenraum zwischen den beiden Kugeln wird mit dem zu untersuchenden Stoff ausgefüllt. Wird der inneren Kugel eine bestimmte Heizenergie q (kcal/h) elektrisch zugeführt, so läßt sich aus den im stationären Heizzustande sich einstellenden Oberflächentemperaturen ϑ_1 und

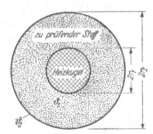

Abb. 3. NUSSELTsche Kugel zur Bestimmung der Wärmeleitzahl (Schnitt, schematisch).

ϑ_2 (°C) der Kugeln und den Entfernungen r_1 und r_2 (m) der den Prüfstoff begrenzenden Kugelflächen von ihrem gemeinsamen Mittelpunkt die Wärmeleitzahl λ (kcal/m h °C) des Stoffes wie folgt errechnen:

$$\lambda = \frac{q}{4\,\pi} \frac{r_2 - r_1}{r_1\,r_2} \frac{1}{\vartheta_1 - \vartheta_2} \quad \text{(kcal/m h °C)}.$$

Die Messung der Oberflächentemperaturen erfolgt mit Thermoelementen, die zur Verhinderung der Wärmeableitung einige Zentimeter an der inneren bzw.

äußeren Kugel entlanggeführt werden müssen. Die Nusseltsche Methode hat den Vorteil, daß die aus der elektrischen Strom- und Spannungsmessung (bei Verwendung von Gleichstrom) bestimmte Wärmemenge q ohne irgendwelche Verluste zur Wirkung kommt.

Das Versuchsrohr von van Rinsum. Liegen die zu untersuchenden Stoffe in Form von Hohlzylindern, Zylinderschalen od. dgl. vor, so eignet sich für die Bestimmung der Wärmeleitzahl die von van Rinsum angegebene Methode [8] (Abb. 4). Ein etwa 3 m langes Eisenrohr, das im Innern ein elektrisch beheizbares Kupferrohr enthält, wird mit dem zu untersuchenden Stoff umgeben, der je nach seiner Anwendungsart in Schalenform um das Rohr gelegt, in feuchtem Zustande aufgestrichen oder

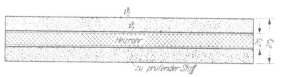

Abb. 4. Versuchsrohr von van Rinsum.

lose aufgebracht und durch geeignete Vorrichtungen gehalten wird. Zur Temperaturmessung werden auf dem Mantel des Eisenrohres sowie auf der Außenoberfläche des zu untersuchenden Stoffes Thermoelemente angebracht. Aus den damit im Dauerzustand der Beheizung gemessenen Temperaturen ϑ_1 und ϑ_2, der dem Rohr elektrisch zugeführten Wärmemenge q (kcal/h), der Rohrlänge l (m) sowie dem inneren und äußeren Halbmesser der Rohrisolierung r_1 und r_2 (m) läßt sich die Wärmeleitzahl λ des Stoffes nach folgender Formel errechnen:

$$\lambda = \frac{q \ln \dfrac{r_2}{r_1}}{2 \pi l (\vartheta_1 - \vartheta_2)} \quad (\text{kcal/m h °C}).$$

Diese Formel setzt allerdings voraus, daß an den Stirnflächen des Rohres keine Wärmeverluste auftreten. Um diese zu verhindern, kann an beiden Rohrenden je eine Schutzheizung angebracht werden. Da aber die Einstellung solcher Schutzheizungen ziemlich zeitraubend ist, hat van Rinsum eine Korrekturrechnung angegeben, bei der in der obigen Gleichung nicht die tatsächlich gemessene Temperatur in der Mitte des Rohres eingesetzt wird, sondern die durch eine Hilfsrechnung ermittelte höhere Temperatur, die dann vorhanden wäre, wenn man den Wärmeverlust durch die Stirnflächen vermeiden könnte.

Diese Berichtigungsgröße $\Delta\vartheta_1$, um die die in Rohrmitte gemessene Temperatur ϑ_{1m} vergrößert werden muß, ergibt sich wie folgt:

$$\Delta\vartheta_1 = \frac{\vartheta_{1m} - \vartheta_{1x}}{\mathfrak{Cof}\, x \sqrt{c}}.$$

Dabei ist ϑ_{1x} die im Abstand x von der Rohrmitte gemessene Oberflächentemperatur des Rohres. Die Konstante c läßt sich aus den Abmessungen und den Wärmeleitzahlen des Rohres und der darauf aufgebrachten Isolierung errechnen [8].

β) Nichtstationäre Verfahren.

Die stationären Verfahren zur Bestimmung der Wärmeleitzahl bedingen im allgemeinen einen verhältnismäßig großen Zeitaufwand und sind wegen der Gefahr einer Verlagerung der Feuchtigkeit im Prüfling für die Untersuchung feuchter Stoffe in der Regel nicht geeignet. Die heute bekannten instationären Verfahren vermeiden diese Nachteile, da die Meßzeiten hier nur wenige Minuten bis höchstens etwa eine halbe Stunde betragen, und da während der Messung im Prüfling nur Temperaturunterschiede von wenigen Grad auftreten.

Bei geringen Genauigkeitsansprüchen kann eine Messung der Temperatur-leitzahl a (m²/h) zum Beispiel nach DIN 57335 (Leitsätze für die Prüfung keramischer Isolierstoffe) vorgenommen werden, aus deren Ergebnis dann die Wärmeleitzahl λ (kcal/m h °C) bei Kenntnis der spezifischen Wärme c (kcal/kg °C) und des Raumgewichts γ (kg/m³) errechnet werden kann:

$$\lambda = a\,c\,\gamma \ (\text{kcal/m h °C}).$$

Bei den genaueren Verfahren, die für die Bestimmung der Wärmeleitfähigkeit in Betracht kommen, handelt es sich stets darum, einen einfach berechenbaren Fall der Wärmeströmung meßtechnisch zu verfolgen. Hier haben sich zwei Fälle als besonders geeignet erwiesen:

die Aufheizung des Prüflings durch einen zylindrischen Heizkörper (Heiz-draht); die einseitige Aufheizung einer ebenen Platte des zu untersuchenden Stoffs.

Zur ersten Gruppe gehören die Verfahren von STÅLHANE und PYK [9] und von VAN DER HELD und Mitarbeitern [10], zur zweiten die von CLARKE und KINGSTON [11] und von KRISCHER [12] angegebenen.

Die Verfahren von Stålhane und Pyk und von van der Held. Beim Verfahren von STÅLHANE und PYK (Abb. 5) wird ein Metalldraht mit großem Widerstands-

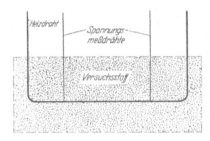

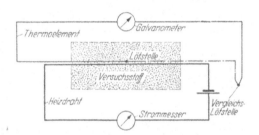

Abb. 5. Meßanordnung zur Bestimmung der Wärmeleitzahl nach STÅLHANE und PYK (schematisch).

Abb. 6. Meßanordnung zur Bestimmung der Wärmeleitzahl nach VAN DER HELD und Mitarbeitern (schematisch).

temperaturkoeffizienten so in das Versuchsmaterial eingebettet, daß er in einen elektrischen Stromkreis eingeschaltet werden kann. Von dem in der Versuchs-masse eingebetteten Heizdraht wird durch zwei angelötete, dünne Spannungs-drähte ein Meßstück abgegrenzt. Wird durch den Draht ein elektrischer Strom bekannter Stärke geleitet, so ergibt sich eine Temperatursteigerung und damit eine Widerstandsänderung des Drahtes, die außer von der zugeführten Heiz-energie von der Zeit und der Wärmeleitzahl der Einbettungsmasse abhängt. Dieses in der Durchführung etwas unbequeme Verfahren wurde von VAN DER HELD und Mitarbeitern in der Weise abgeändert, daß ein Heizdraht mit mög-lichst kleinem Widerstandstemperaturkoeffizienten benutzt und die Temperatur in der Nähe des Heizdrahtes mit einem dünndrahtigen Thermoelement in Ver-bindung mit einem hochempfindlichen, schnellschwingenden Spiegelgalvano-meter gemessen wurde (Abb. 6). Für die Untersuchung von Sand, Erdreich und anderen losen Stoffen dient eine Kombination des Heizdrahtes mit dem Thermo-element, die zu einem nur 2 mm dicken Meßelement vereinigt sind, das für die Messung in den zu untersuchenden Stoff eingesteckt wird. Für die Untersuchung fester Stoffe wird der Heizdraht und parallel zu diesem das Thermoelement zwischen zwei ebene Platten des zu untersuchenden Materials gelegt.

Die Temperatur, die mit dem Thermoelement ermittelt wird, steigt nach kurzer Anlaufzeit bei konstanter Wärmelieferung vom Heizdraht logarithmisch mit der Zeit an, und zwar ist die Differenz zwischen den Temperaturen ϑ_2 und ϑ_1 zu den Zeiten t_2 und t_1 gegeben durch den Ausdruck

$$\vartheta_2 - \vartheta_1 = \frac{q}{4\pi\lambda} \ln \frac{t_2}{t_1},$$

worin q (kcal/m h) die vom Heizdraht abgegebene Wärmemenge bezogen auf die Zeit und die Längeneinheit des Drahtes ist. Zeichnet man den experimentell gewonnenen Zusammenhang zwischen dem Temperaturanstieg im Probekörper und dem Logarithmus der Zeit auf, so erhält man — abgesehen vom Anlaufgebiet — eine Gerade, aus deren Neigung die Wärmeleitzahl des betreffenden Stoffes errechnet werden kann.

Die Verfahren von Krischer und von Clarke und Kingston. Bei den Methoden, die von Clarke und Kingston sowie von Krischer angegeben wurden, werden ebene Platten durch aufgelegte, stromdurchflossene Folien einseitig aufgeheizt. Eine schematische Darstellung der Anordnung nach Krischer zeigt Abb. 7.

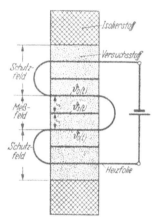

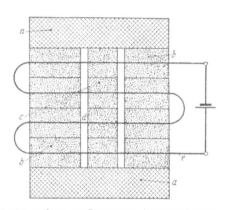

Abb. 7. Meßanordnung zur Bestimmung der Wärmeleitzahl nach Krischer (schematisch).

Abb. 8. Meßanordnung zur Bestimmung der Wärmeleitzahl nach Clarke und Kingston. *a* Isolierstoff; *b* Schutzanordnung; *c* Meßanordnung; *d* Thermoelement; *e* Heizfolie.

Zwischen jede zweite der aufeinandergeschichteten gleich dicken Platten [Dicke δ (m)] des zu untersuchenden Materials werden dünne, elektrisch beheizbare Folien von der Größe der Probestücke gelegt, die in Reihe geschaltet sind. Außerdem befinden sich jeweils zwischen allen Platten dünne Thermoelemente zur Temperaturmessung. Heizt man die Platten mit dem Wärmestrom q (kcal/m² h) auf, so ergibt sich nach einer gewissen Anlaufzeit, und wenn keine äußeren Wärmeverluste auftreten, ein quasi-stationärer Wärmeströmungsvorgang, bei dem die Differenz $\varDelta\vartheta$ zwischen der Temperatur ϑ_0 der Heizfolie und der Temperatur ϑ_S an der unbeheizten Seite der Probe — also in der Mitte zwischen den symmetrisch angeordneten Heizfolien — für gleiche Zeitabschnitte konstant ist. Aus Plattendicke δ, Heizleistung q und $\varDelta\vartheta$ ergibt sich die Wärmeleitzahl der Probe zu:

$$\lambda = \frac{q\,\delta}{2\,\varDelta\vartheta} \quad (\text{kcal/m h °C}).$$

Um die Bedingung, den äußeren Wärmefluß vernachlässigbar klein zu halten, erfüllen zu können, werden neben dem eigentlichen Meßfeld Schutzfelder angeordnet, die ihrerseits gegen Wärmeabgabe geschützt sind. Krischer baut zu diesem Zweck die ganze Anordnung in einen blanken metallischen Zylinder ein, der die Strahlung abschwächt. CLARKE und KINGSTON bauen zu beiden Seiten der Meßanordnung noch jeweils dieselbe Anordnung auf, die von denselben Folien wie die Meßanordnung beheizt wird (Abb. 8).

b) Die Bestimmung der Wärmedurchlässigkeit von Bauteilen.

In vielen Fällen ist es erforderlich, die Wärmedurchlässigkeit ganzer Bauteile z. B. Mauern, die aus verschiedenen Schichten zusammengesetzt sind, Decken, Fenster u. dgl. zu bestimmen. Hier sind die im vorigen Abschnitt beschriebenen Meßverfahren im allgemeinen nicht anwendbar. Lediglich bei ebenen Bauteilen nicht zu großer Dicke (dünne Wände, Türblätter u. dgl.), für die schon ein kleiner Ausschnitt genügend repräsentativ ist im Hinblick auf den Wärmedurchgang, kommt die Prüfung im Plattenapparat in Frage. In allen anderen Fällen müssen besondere, der Art der Aufgabe angepaßte Meßverfahren angewendet werden. Da häufig die Notwendigkeit besteht, Messungen der Wärmedurchlässigkeit z. B. von Wänden im Bau durchzuführen, wurden auch hierfür geeignete Verfahren entwickelt.

α) *Prüfung im Laboratorium.*

Den breitesten Raum bei den Wärmedurchlässigkeitsmessungen an Bauteilen nimmt die Prüfung von Wänden und Decken ein. Aus diesem Grunde liegt hierüber eine Normvorschrift vor (DIN 52611, Prüfung der Wärmedurchlässigkeit von Wänden und Decken; Ausg. 1944). Für die Untersuchung von Fenstern, Türen, Dächern u. dgl. sind in den verschiedenen Forschungs- und Prüfstellen besondere Prüfverfahren entwickelt worden.

Wände und Decken. Die verschiedenen Verfahren zur Bestimmung der Wärmedurchlässigkeit von Wänden und Decken unterscheiden sich im wesentlichen durch die Art, in der die durch das Versuchsstück strömende Wärmemenge gemessen wird. Bei der einen Gruppe der Verfahren wird — wie beim Plattenapparat nach POENSGEN — diese Wärmeenergie durch Messung elektrischer Energie (elektr. Strom- und Spannungs- bzw. Leistungsmessung) ermittelt; dabei wird dafür Sorge getragen, daß diese Energie möglichst ausschließlich in genau erfaßbarer Weise durch den zu untersuchenden Bauteil fließt, oder daß etwaige Verluste in ihrer Größe erfaßt werden. Die andern Verfahren bedienen sich zur Messung der Wärmemenge eines Wärmeflußmessers.

Ein *Wärmeflußmesser* besteht meist aus einer einige Millimeter dicken Gummiplatte, die zur Bestimmung der Temperaturdifferenz auf den beiden Oberflächen unter einer dünnen Außenschicht eine große Zahl von Thermoelementen trägt. Der Wärmeflußmesser wird auf die zu untersuchende Wand oder Decke aufgelegt und gibt durch die im Dauerzustand der Wärmeströmung an ihm auftretende Temperaturdifferenz ein Maß für den durch den Wärmeflußmesser und das Versuchsstück fließenden Wärmestrom. Durch eine Eichung, z. B. im Plattenapparat nach POENSGEN, kann der Zusammenhang zwischen der von den Thermoelementen gelieferten elektrischen Spannung und dem den Wärmeflußmesser durchsetzenden Wärmefluß ermittelt werden.

Heizplatten- bzw. Heizkastenverfahren. Die zu untersuchende Wand oder Decke, deren Abmessungen mindestens 1 m × 1 m betragen sollen — bei Wänden und Decken aus großformatigen Einzelteilen müssen die Seiten-Mindestabmessungen unter Umständen bis auf 2 m × 2 m erhöht werden —, wird in einen Versuchsraum so eingebaut, daß zwei etwa gleich große, allseitig geschlossene Versuchskammern, eine Warmkammer und eine Kaltkammer, entstehen. Wände werden senkrecht eingebaut, Decken nur dann, wenn dadurch keine Veränderungen am Versuchsstück eintreten und wenn nicht infolge der Anordnung der Lufträume in der Decke beim Wärmedurchgang ein anderes Verhalten als bei waagerechtem Einbau zu erwarten ist. Ist dies der Fall, so müssen Decken waagerecht eingebaut werden. Der Zwischenraum zwischen den seitlichen Begrenzungen des Versuchskörpers und den Wänden des Versuchsraumes wird durch Wärmedämmstoffe (z. B. Schüttungen aus Korkschrot od. dgl.) gegen Wärmeabfluß gedämmt.

Die Luft in der Kaltkammer wird mittels einer temperaturgeregelten Kühlmaschine auf einer Temperatur von etwa $+5°$ C gehalten. Auf der Warmseite des Prüflings wird eine elektrische Heizplatte angeordnet und so beheizt, daß die Oberflächentemperatur der Wand oder Decke unter der Heizplatte etwa $+15°$ C beträgt. Die Heizplatte wird mittels einer entsprechenden Isolierung oder besser einer Gegenheizplatte so vor Wärmeabfluß nach der Luftseite der Warmkammer geschützt, daß die ganze in der Heizplatte erzeugte Wärme durch den Versuchskörper hindurchfließt. Um seitliche Wärmeverluste zu vermeiden, wird die Heizplatte — ähnlich wie beim Poensgenschen Plattenapparat — mit einem elektrisch beheizten Schutzring umgeben. Die Oberflächentemperaturen des Prüfstückes werden mit Thermoelementen gemessen, deren Zahl je nach der inneren Gliederung des Prüflings zu wählen ist. Bei Versuchskörpern von gleichmäßigem Gefüge genügen in der Regel zehn Elemente auf jeder Seite. Bei Probekörpern mit stärkerer Gliederung ist die Zahl der Meßelemente entsprechend zu erhöhen.

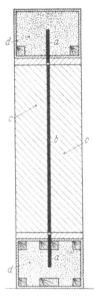

Abb. 9.
Versuchsanordnung nach Settele zur Bestimmung der Wärmedurchlässigkeit von Wänden. *a* Schutzring; *b* Heizplatte; *c* Versuchswand; *d* Isolierstoff.

Auf Grund der Oberflächentemperaturen ϑ_1 und ϑ_2 des Prüflings, der Fläche F der Heizplatte und der dieser zugeführten Wärmeenergie q ($= u\,i \cdot 0,86$ kcal/h) ergibt sich die Wärmedurchlaßzahl $\varLambda$ (kcal/m² h °C) des Versuchskörpers zu

$$\varLambda = \frac{q}{F\,(\vartheta_1 - \vartheta_2)} \quad \text{(kcal/m² h °C).}$$

An Stelle der Heizplatte kann auch ein elektrisch beheizter, gut wärmeisolierter Kasten treten, dessen Wärmeverluste bekannt sind.

Die Heizplatte kann auch zwischen zwei gleichartigen Versuchskörpern so angeordnet werden, daß die in ihr erzeugte Wärme durch beide Prüflinge fließt [13] (Abb. 9). Randverluste werden durch Schutzheizkörper und gute Isolierung ausgeschaltet. Die ganze Anordnung wird im Kühlraum, dessen Lufttemperatur auf etwa $+5°$ C konstant gehalten wird, aufgestellt.

Bei dieser Anordnung ergibt sich die Wärmedurchlaßzahl $\varLambda$ des Prüflings zu:

$$\varLambda = \frac{q}{2\,F\,(\vartheta_1 - \vartheta_2)} \quad \text{(kcal/m² h °C).}$$

Wärmeflußmeßplatten-Verfahren. Das Versuchsstück wird in der im vorigen Abschnitt geschilderten Weise in einen Versuchsraum eingebaut. Die gebildeten Kammern werden so temperiert, daß sich im Beharrungszustande auf der warmen Oberfläche des Prüflings eine Temperatur von etwa $+15°$ C, auf der kalten Seite eine solche von etwa $+5°$ C einstellt. Durch ausreichende Luftbewegungen in den Kammern sowie entsprechende Anordnung der Heiz- und Kühlkörper ist dafür zu sorgen, daß die Lufttemperaturen über die ganze Fläche des Prüflings jeweils möglichst kleine Unterschiede aufweisen.

Zur Bestimmung der durch den Prüfling fließenden Wärmemenge wird auf der warmen Seite des Versuchsstückes ein Wärmeflußmesser angeordnet, der mit einem genügend breiten Schutzring mit demselben Wärmedurchlaßwiderstand wie die Meßplatte umgeben ist. Für die Temperaturmessung auf dem Prüfling gelten die im vorigen Abschnitt gemachten Ausführungen.

Sonstige Bauteile. Neben den Wänden und Decken, deren Prüfung auf Wärmedurchlässigkeit im Vordergrunde steht, werden vor allem auch Fenster, seltener Türen und andere Bauteile (z. B. Dächer) auf Wärmedurchgang geprüft. Bei diesen Bauteilen genügt in der Regel eine Bestimmung der Wärmedurchlässigkeit allein nicht zu ihrer wärmeschutztechnischen Beurteilung. Da diese Bauelemente mehr oder weniger große Fugen, Spalte u. dgl. aufweisen, hängt der Wärmedurchgang durch sie auch noch von den Luftdruckverhältnissen zu beiden Seiten des Bauteils ab. Aus diesem Grunde tritt hier zur Bestimmung der Wärmedurchlässigkeit die Ermittlung der Dichtheit hinzu, d. h. die Feststellung, welche Luftmenge bei Vorliegen einer bestimmten Druckdifferenz zu beiden Seiten des Prüflings (in der Regel 1 mm WS) von diesem durchgelassen wird [14].

Bei Fenstern, Türen, Dächern u. dgl. ist die Angabe einer Wärmedurchlaßzahl Λ — wie bei Wänden und Decken — nicht sinnvoll, da diese auf die Oberflächentemperaturen des Bauteils bezogene Größe, z. B. bei einem Fenster, an verschiedenen Stellen ganz unterschiedliche Werte ergeben würde. Aus diesem Grunde wird für solche Bauteile die auf die Lufttemperaturen zu beiden Seiten des Bauteils bezogene Wärmedurchgangszahl k (kcal/m² h °C) zur Kennzeichnung verwendet.

Zur Bestimmung von k-Werten wird der zu untersuchende Bauteil als Abschluß an einen einseitig offenen Kasten angebaut [14]. Die Kastenwände werden wärmetechnisch gut isoliert, so daß bei einer elektrischen Beheizung des Kastens der größte Teil der Heizenergie durch den Prüfling fließt. Der Kasten wird in einem Raum konstanter Lufttemperatur (unter Umständen in einem Kühlraum) aufgestellt und mit einer bestimmten Heizleistung beheizt. Aus der sich im Beharrungszustande im Kasten einstellenden Lufttemperatur ϑ_1 (°C), der Lufttemperatur ϑ_2 (°C) außerhalb des Kastens, der Fläche F (m²) des Prüflings und der dem Kasten zugeführten Heizenergie q (kcal/h) [$q = u\,i \cdot 0,86$; u: Heizspannung (V), i: Heizstrom (A)] ergibt sich die Wärmedurchgangszahl k des Prüflings zu:

$$k = \frac{q}{F\,(\vartheta_1 - \vartheta_2)} \quad \text{(kcal/m² h °C)}.$$

Dies setzt allerdings voraus, daß die dem Kasten zugeführte Heizenergie ausschließlich durch den Prüfling fließt. Da diese Voraussetzung in der Regel nicht gemacht werden kann, müssen die Wärmeverluste bekannt sein. Diese lassen sich dadurch bestimmen, daß an Stelle des Prüflings eine Platte gleicher Größe mit bekannter Wärmedurchlässigkeit in den Kasten eingesetzt und mit dieser Anordnung der Meßkasten gewissermaßen geeicht wird.

Bei solchen Messungen muß dafür Sorge getragen werden, daß durch Verwendung von Ventilatoren sowohl außerhalb als auch im Kasten möglichst gleichmäßige Lufttemperaturverhältnisse herrschen.

β) Prüfung am Bau.

In vielen Fällen ist es erforderlich, die Wärmedurchlässigkeit an Mauern aufgebauter und bewohnter Häuser zu bestimmen. Am zweckmäßigsten ist in diesen Fällen die Verwendung des Wärmeflußmessers [15], [16].

Um von den durch den Wohnbetrieb bedingten Schwankungen der Raumlufttemperatur unabhängig zu werden, wird auf die Innenoberfläche der zu untersuchenden Wand ein gut wärmegeschützter Heizkasten fest aufgesetzt, der elektrisch auf eine konstante, nur ganz wenig über der Raumlufttemperatur liegende Temperatur aufgeheizt wird. Auf der diesem Heizkasten zugewandten Wandfläche wird der Wärmeflußmesser aufgebracht. Die Oberflächentemperaturen der Wand werden mit Thermoelementen gemessen. Sowohl deren Spannung als auch die des Wärmeflußmessers muß bei solchen Versuchen über längere Zeit hinweg durch selbstschreibende Geräte aufgezeichnet werden, da nur so bei den oft schwankenden Außentemperaturen eine einwandfreie Beurteilung des Versuchsgangs möglich ist und die für die Auswertung notwendigen Perioden stationärer Temperatur- und Wärmeflußverhältnisse erfaßt werden können.

2. Rechnerische Ermittlung der Wärmedurchlässigkeit von Bauteilen auf Grund vorliegender Zahlenwerte.

Die experimentelle Bestimmung der Wärmedurchlässigkeit von Bauteilen, insbesondere von Wänden, Decken u. dgl. kommt wegen des großen Zeitaufwands, und vor allem wenn es sich erst um Planungen handelt, oft nicht in Betracht. Um trotzdem wenigstens einen Anhaltspunkt für die zu erwartende Wärmedämmung des Bauelements zu bekommen, muß die Bestimmung der Wärmedurchlässigkeit auf rechnerischem Wege unter Verwendung vorliegender Zahlenwerte der Wärmeleitzahlen der Baustoffe erfolgen. Eine exakte Berechnung ist allerdings nur in einfacheren Fällen möglich, vor allem dann, wenn es sich um Bauteile handelt, die aus mehreren, im Sinne des Wärmestroms hintereinander liegenden Schichten zusammengesetzt sind. Anweisungen über die Durchführung solcher Rechnungen sowie Zahlenwerte der Wärmeleitzahlen von Bau- und Dämmstoffen enthält das Normblatt DIN 4108 (Wärmeschutz im Hochbau).

C. Sondermeßverfahren.

1. Elektrische Modellverfahren zur Lösung wärmetechnischer Aufgaben.

Die experimentelle Bestimmung der Wärmedurchlässigkeit von Baustoffen und Bauteilen ist oft so umständlich und zeitraubend, die rechnerische Ermittlung aber unmöglich oder zu unsicher, daß der Wunsch auftrat, Fragen der Wärmedurchlässigkeit durch kürzer dauernde Prüfungen zu lösen. So entstanden elektrische Modellverfahren, die sich zur Lösung gewisser wärmetechnischer Aufgaben gut bewährt haben.

Zwei physikalische Vorgänge können miteinander verglichen werden, wenn für sie die gleichen Differentialgleichungen gelten und Ähnlichkeit in den räumlichen und zeitlichen Randbedingungen besteht. Diese Voraussetzungen treffen für die stationäre Wärmeströmung und für elektrische Ströme zu, da beide Vorgänge Potentialströmungen sind. Die Isothermen im Wärmeströmungsfeld entsprechen beim elektrischen Fall den Linien gleicher Spannung und die Wärmestromlinien den elektrischen Stromlinien.

Sind die Wärmeleitzahlen der Einzelteile eines zusammengesetzten Bauteils bekannt, so läßt sich der Wärmedurchgang durch einen solchen Körper auf Grund elektrischer Messungen an einem Modell des Körpers ermitteln. Ein elektrisches Modellverfahren, das vor allem zur Bestimmung der Wärme-

durchlässigkeit von Hohlsteinen viel angewendet wird, wurde von BRUCK-
MAYER [17] angegeben. Zur Darstellung des elektrischen Modells wird der Querschnitt des zu untersuchenden Körpers aus einer Metallfolie (Aluminium,
Zinnfolie od. dgl.) ausgeschnitten. Sind an einem Körper mehrere Stoffe von
verschiedener Wärmeleitfähigkeit beteiligt, so wird der Querschnitt des Stoffes
mit der größten Wärmeleitzahl durch die volle Folie gebildet. Die Querschnitte
der anderen Stoffe werden in ihrer elektrischen Leitfähigkeit in das den Wärmeleitzahlen entsprechende Verhältnis gebracht, indem man die Folie an den
betreffenden Stellen mehr oder weniger perforiert. Die Messung des elektrischen
Widerstands des Modells im Vergleich zu dem der vollen Folie ergibt das Verhältnis der mittleren Wärmeleitfähigkeit des durch das Modell dargestellten
Körpers zu der eines gleich großen Körpers aus einheitlichem Material.

Durch Abtasten der elektrischen Spannung am stromdurchflossenen Modell
läßt sich ein Bild vom Temperaturfeld in dem betrachteten Körper beim Wärmedurchgang gewinnen.

Solche Untersuchungen können auch im elektrolytischen Trog durchgeführt
werden, wobei elektrisch leitende Flüssigkeiten verwendet werden, in die —
je nach den wärmetechnischen Verhältnissen — elektrisch besser oder schlechter
leitende Körper eingestellt werden. Nach diesem Verfahren sind durch SCHÜLE
und KÜNZEL [18] Untersuchungen über die wärmetechnische Auswirkung von
Wärmebrücken in Wänden durchgeführt worden.

2. Die Wärmeableitung von Fußböden.

Das Wohlbefinden des Menschen ist unter anderem an möglichst geringe
Wärmeabgabe an den Fußboden gebunden, mit dem er in Berührung steht.
Für eine Beurteilung von Fußböden in dieser Hinsicht genügt die Kenntnis
der Wärmeleitzahl des Bodenmaterials bzw. der Wärmedurchlässigkeit des
ganzen Deckenaufbaus nicht.

Bei kurz dauernder Berührung sowie bei genügend dicken, homogenen Bodenschichten kann zu deren Beurteilung der Kontaktkoeffizient b (kcal/m² h$^{1/2}$ °C)
herangezogen werden [19]. Diese Größe läßt sich aus Wärmeleitzahl λ (kcal/m h °C),
spezifischer Wärme c (kcal/kg °C) und Raumgewicht γ (kg/m³) wie folgt errechnen:

$$b = \sqrt{\lambda\,c\,\gamma} \quad \text{(kcal/m² h}^{1/2}\text{ °C)}.$$

Wie KRISCHER gezeigt hat [12], ist die Messung dieses Kontaktkoeffizienten b
(von KRISCHER als Wärmeeindringzahl bezeichnet) mit dem auf S. 764 beschriebenen, instationären Verfahren möglich.

Um auch Schichtböden meßtechnisch untersuchen und objektiv beurteilen
zu können, wurden verschiedene Verfahren zur Bestimmung der Wärmeableitung entwickelt, die sich im Prinzip alle eines „künstlichen Fußes", d. h. eines
Meßkörpers bedienen, der an Stelle des natürlichen Fußes aufgesetzt wird,
und dessen Abkühlung bzw. Wärmeverlust in Abhängigkeit von der Zeit gemessen wird. Die so gewonnenen Zusammenhänge lassen eine Beurteilung des
Fußbodens in bezug auf die Fußwärme zu.

Die ersten Messungen der Wärmeableitung wurden von H. MOLLIER [20],
[21] und von F. EICHBAUER [22] durchgeführt.

Die EICHBAUERsche Meßanordnung benützten H. REIHER und W. HOFF-
MANN [23] in etwas abgeänderter Form für ihre Untersuchungen. Die Meß-
anordnungen bestehen im wesentlichen aus einer elektrisch beheizbaren Platte,
die nach den Seiten und nach oben gut isoliert ist. Dieser „künstliche Fuß"

wird auf eine bestimmte Temperatur (z. B. Bluttemperatur) aufgeheizt und dann auf den zu untersuchenden Bodenbelag aufgesetzt. Dann wird mit Hilfe eines Thermoelements (bei H. Mollier mittels eines Thermometers) die Temperatur der Heizplatte in Funktion der Zeit, vom Augenblick des Aufsetzens ab, gemessen. Dieser Temperatur-Zeit-Verlauf, im allgemeinen eine mehr oder weniger steil abfallende Kurve, dient zur Beurteilung der Wärmeableitung. E. Raisch [24] hat eine Meßanordnung beschrieben, die vor allem zur Messung der Wärmeableitung von Stallböden gedacht ist: ein seitlich und nach oben isoliertes Gefäß, dessen Boden durch ein Gummituch gebildet wird, ist zu etwa einem Drittel mit Wasser gefüllt. Im Wasser befindet sich ein elektrischer Heizkörper und ein Rührer. Vor Beginn der Messung wird das Wasser auf eine bestimmte Übertemperatur über die Temperatur des Fußbodens gebracht. Nach dem Aufsetzen des Gerätes auf den zu untersuchenden Bodenbelag wird dem Wasser über den elektrischen Heizkörper jeweils so viel Wärmeenergie zugeführt, daß die Wassertemperatur konstant bleibt. Die zugeführte Wärmemenge ist dann gleich der durch den Boden abgeleiteten Wärmemenge. Die an den Boden oder Bodenbelag abgeleitete Wärmemenge mißt auch P. Haller [25]: Ein nach oben und nach den Seiten gut isolierter Kupferblock von 10 kg Gewicht wird elektrisch auf 52° C aufgeheizt und in dem Augenblick, in dem seine Temperatur auf 50° C gesunken ist, auf den zu untersuchenden Bodenbelag aufgesetzt. Hierauf wird die Temperatur des Kupferblocks laufend gemessen. Aus diesem Temperaturabfall wird die an den Fußboden abgegebene Wärmemenge errechnet. N. S. Billington [26] benützt für die Bestimmung der Wärmeableitung einen „künstlichen Fuß", der aus einem seitlich und oben gut isolierten zylindrischen Gefäß mit einer Bodenplatte aus Kupfer besteht. In diesem Behälter kommen 150 ml Wasser von etwa 120° F. Sobald das Wasser unter ständigem Umrühren eine Temperatur von 100° F erreicht hat, wird das Gerät auf den zu untersuchenden Boden gesetzt. Mit Hilfe eines in die Bodenplatte eingebauten Thermoelements wird der weitere Temperaturabfall an der Berührungsfläche zwischen Boden und „künstlichem Fuß" verfolgt.

Ein „künstlicher Fuß", der das thermische Verhalten des menschlichen Fußes in bezug auf die Wärmeableitung beim Stehen auf Fußböden möglichst gut wiedergibt, wurde von Schüle [27] auf Grund eingehender Untersuchungen über die Hauttemperatur des Fußes beim Stehen auf verschiedenen Fußböden [19] entwickelt (Abb. 10). Eine nach oben und nach den Seiten isolierte, stets auf derselben Temperatur (37° C) gehaltene kreisrunde Heizplatte trägt an ihrer Unterseite eine einige mm dicke Isolierplatte. Auf der der Heizplatte abgewandten Seite der Isolierplatte ist eine mit einer dünnen Gummiplatte belegte Kupferplatte von 0,5 mm Dicke befestigt. Auf der Unterseite dieser Gummiplatte sind hintereinandergeschaltete Thermoelemente angebracht, an deren Lötstellen dünne Kupferbleche gelötet sind. Die Temperatur der Heizplatte wird mit Hilfe eines durch ein Widerstandsthermometer gesteuerten Fallbügelreglers auf konstanter Temperatur gehalten. Sobald die Temperaturverhältnisse in dem in der Luft hängenden „Fuß" stationär geworden sind, wird dieser auf den zu untersuchenden Fußboden aufgesetzt. Von diesem Zeit-

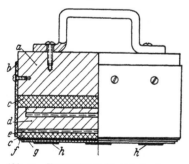

Abb. 10. „Künstlicher Fuß" nach Schüle zur Bestimmung der Wärmeableitung von Bodenbelägen. a Andrückgewicht; b Isoliermantel; c Isolierplatte; d Heizplatte; e Widerstandsthermometer; f Kupferplatte; g Gummiplatte; h Thermoelemente.

punkt ab wird die Temperatur der Berührungsfläche des Fußes mit dem Boden laufend gemessen. Bei entsprechender Bemessung der Isolierung zwischen Heizplatte und Kupferplatte gelingt es, Wärmeableitungskurven zu erhalten, die in ihrem Charakter den am menschlichen Fuß gewonnenen Kurven entsprechen.

Schrifttum.

[1] SCHMIDT, E.: Über die Anwendung der Differenzenrechnung auf technische Anheiz- und Abkühlungsprobleme. Beiträge zur technischen Mechanik und technischen Physik (FÖPPL-Festschrift). Berlin: Springer 1924 — Das Differenzenverfahren zur Lösung von Differentialgleichungen der nichtstationären Wärmeleitung, Diffusion und Impulsausbreitung. Forsch. Ing.-Wes. Bd. 13 (1942) S. 177.

[2] POENSGEN, R.: Ein technisches Verfahren zur Ermittlung der Wärmeleitfähigkeit plattenförmiger Stoffe. Z. VDI Bd. 56 (1912) S. 1653 — Mitt. Forsch.-Arb. VDI 1912, Nr. 130, S. 25.

[3] JAKOB, M.: Messung der Wärmeleitzahl fester Körper in Plattenform. Z. techn. Phys. Bd. 7 (1926) S. 475.

[4] BOCK, H.: Eine automatische Prüfeinrichtung zur Messung der Wärmeleitzahlen von Bau- und Isolierstoffen. Gesundh.-Ing. Bd. 70 (1949) H. 23/24, S. 403.

[5] OSWALD, W.: Über eine Anordnung zur Abkürzung der Versuchszeiten bei der Bestimmung von Wärmeleitzahlen im Poensgenschen Plattenapparat. Z. angew. Phys. V (1953), H. 4, S. 130.

[6] KRISCHER, O., u. H. ROHNALTER: Wärmeleitung und Dampfdiffusion in feuchten Gütern. Forsch.-Arb. Ing.-Wes. 1940, H. 402.

[7] NUSSELT, W.: Wärmeleitfähigkeit von Wärme-Isolierstoffen. Forsch.-Arb. Ing.-Wes. 1909, H. 63/64.

[8] RINSUM, W. VAN: Die Wärmeleitfähigkeit von feuerfesten Steinen bei hohen Temperaturen sowie von Dampfrohrschutzmassen und Mauerwerk unter Verwendung eines neuen Verfahrens der Oberflächentemperaturmessung. Z. VDI Bd. 62 (1918) S. 601 — Forsch.-Arb. Ing.-Wes. 1920, H. 228.

[9] STÅLHANE, B., u. S. PYK: Tekn. T. Bd. 61 (1931) S. 389. — STÅLHANE, B.: Om bestämning ab värmedningsförmågan hos isoleringsmaterial. Tidskr. Värme-Ventilations- och Sanitetsteknik V 1934, H. 12, S. 160; VI 1935, H. 1, S. 5.

[10] HELD, E. F. M. VAN DER, u. F. G. VAN DRUNEN: Physica XV (1949) S. 865. — VRIES, D. A. DE: Het warmtegeleidningsvermogen van grond. Diss. Leiden 1952. — DORSSEN, J. C. VAN: Het verband tussen warmtegeleidningsvermogen en vochtgehalte van zand. Rapport Nr. 7, Nijverheidsorganisatie TNO 1949.

[11] CLARKE, L. N., and R. S. T. KINGSTON: Equipment for the simultaneous determination of thermal conductivity and diffusivity of insulating materials using a variable-state method. Austral. J. appl. Sci. Bd. 1 (1950) S. 172.

[12] KRISCHER, O.: Über die Bestimmung der Wärmeleitfähigkeit, der Wärmekapazität und der Wärmeeindringzahl in einem Kurzzeitverfahren. Chemie-Ing.-Techn. Bd. 26 (1954) Nr. 1, S. 42.

[13] SETTLE, E.: Versuche über die Auskühleigenschaften von Wänden. Gesundh.-Ing. Bd. 58 (1935) S. 73.

[14] REIHER, H., K. FRAASS u. E. SETTELE: Über die Frage der Luft- und Wärmedurchlässigkeit von Fenstern. Wärmew. Nachr. Hausbau Bd. 6 (1938) S. 42 u. 55. — SETTELE, E.: Über die Frage der Luft- und Wärmedurchlässigkeit von Fenstern. Wärmew. Nachr. Hausbau Bd. 7 (1953) S. 111.

[15] SEEGER, R., u. E. SETTELE: Wärmetechnische Untersuchungen in der Holzsiedelung am Kochenhof Stuttgart. Gesundh.-Ing. Bd. 60 (1937) S. 693.

[16] SCHÜLE, W., W. BAUSCH u. R. SEEGER: Wärme- und schalltechnische Untersuchungen an der Versuchssiedelung Stuttgart-Weißenhof. Gesundh.-Ing. Bd. 60 (1937) S. 709.

[17] BRUCKMAYER, FR.: Elektrisches Modellverfahren für die Bestimmung von Wärmedurchgängen. Wärme- u. Kältetechn. 1941, S. 28.

[18] SCHÜLE, W., u. H. KÜNZEL: Modelluntersuchungen über die Wirkung von Wärmebrücken in Wänden. Schriftenreihe der Forschungsgemeinschaft Bauen und Wohnen, 2. Teil, H. 30. 1953.

[19] SCHÜLE, W.: Untersuchungen über die Hauttemperatur des Fußes beim Stehen auf verschiedenartigen Fußböden. Gesundh.-Ing. Bd. 75 (1954) S. 380.

[20] MOLLIER, H.: Über die Wärmeableitung von Fußböden. Gesundh.-Ing. Bd. 33 (1910) H. 5, S. 93.

[21] Mollier, H.: Über die Wärmeableitung von Fußböden. Gesundh.-Ing. Bd. 33 (1910) H. 26, S. 486.

[22] Eichbauer, F.: Über die Wärmeableitung von Fußböden. Gesundh.-Ing. Bd. 35 (1912) H. 48, S. 897.

[23] Reiher, H., u. W. Hoffmann: Neuere Untersuchungen über die Wärmehaltung von Fußbodenbelägen. Vom wirtschaftlichen Bauen, 8. Folge. 1930.

[24] Raisch, E.: Neuere Prüfverfahren des Forschungsheimes für Wärmeschutz. Arch. Wärmew. Bd. 10 (1929) H. 11.

[25] Haller, P.: Das Wärmeisoliervermögen von Bodenbelägen. Bericht 167 der Eidgenössischen Materialprüfungs- und Versuchsanstalt für Industrie, Bauwes. u. Gewerbe. Zürich 1949.

[26] Billington, N. S.: The warmth of floors — a physical study. J. of Hyg. London Bd. 46 (1948) Nr. 4, S. 445.

[27] Schüle, W.: Ein Beitrag zur Frage der Fußwärme bei Fußböden und Bodenbelägen. Gesundh.-Ing. Bd. 73 (1952) H. 11/12, S. 181.

XIX. Die Prüfung der Wasserdampfdurchlässigkeit von Baustoffen.

Von **W. Schüle**, Waiblingen.

A. Begriffe und Formeln.

Der Feuchtigkeitsdurchgang durch porige Stoffe ist wegen des Zusammenwirkens vieler Einzelvorgänge ein Problem, das in ganzem Umfange noch nicht gelöst ist. Neben der Dampfdiffusion spielt die kapillare Wasserbewegung eine wichtige Rolle. Wegen der Schwierigkeit, diese beiden Vorgänge gemeinsam zu erfassen, ist es üblich, den gesamten Feuchtigkeitstransport durch eine poröse Wand dem Dampfteildruck-Unterschied zwischen den beiden angrenzenden Luftschichten zuzuordnen und so zu rechnen, als ob die Feuchtigkeitsbewegung im Innern des betreffenden Stoffs nur den Diffusionsgesetzen folge. Die unter diesen Voraussetzungen abgeleiteten, nachstehenden Formeln gelten daher streng nur für solche Fälle, bei denen die kapillare Wasserbewegung keine wesentliche Rolle spielt, also für Stoffe geringen kapillaren Saugvermögens und kleinen Feuchtigkeitsgehalts.

Die für den Wasserdampfdurchgang durch einen aus Schichten aufgebauten Bauteil geltende Gleichung, die analog zur Gleichung für den Wärmedurchgang aufgebaut ist, lautet [1]:

$$G = \frac{p_1 - p_2}{\frac{1}{\beta_1'} + \frac{d_1}{\delta_1'} + \frac{d_2}{\delta_2'} + \cdots + \frac{d_n}{\delta_n'} + \frac{1}{\beta_2'}} . \qquad (1)$$

Dabei bedeuten:

G die stündlich durch 1 m² diffundierende Wassermenge in kg/m² h;

p_1 und p_2 die Dampfteildrucke der Luft auf beiden Seiten des Bauteils in mm WS oder kg/m²;

β_1' und β_2' die Wasserdampfübergangszahlen von der warmen Luft auf die Bauteiloberfläche bzw. von der kalten Oberfläche an die Luft in kg/m² h mm WS bzw. 1/h;

δ_1' und δ_2' die Dampfleitzahlen der 1., 2. und folgenden Schichten in kg/m h mm WS bzw. m/h;

$d_1, d_2, \ldots$ die Dicken der jeweiligen Stoffschichten in m.

Entsprechend den bei der Berechnung des Wärmedurchgangs durch Bauteile gebräuchlichen Begriffen der Wärmedurchlaßzahl bzw. der Wärmedurchgangszahl wird beim Dampfdurchgang mit der Dampfdurchlaßzahl Δ und der Dampfdurchgangszahl k_D, jeweils in kg/m² h mm WS bzw. 1/h, gerechnet:

$$\Delta = \frac{1}{\frac{d_1}{\delta_1'} + \frac{d_2}{\delta_2'} + \cdots + \frac{d_n}{\delta_n'}}, \qquad (2)$$

$$k_D = \frac{1}{\frac{1}{\beta_1'} + \frac{d_1}{\delta_1'} + \frac{d_2}{\delta_2'} + \cdots + \frac{d_n}{\delta_n'} + \frac{1}{\beta_2'}} . \qquad (3)$$

Nach Krischer [2] wird für die Kennzeichnung der Wasserdampfdurchlässigkeit eines Stoffs zweckmäßig sein Diffusionswiderstandsfaktor μ verwendet, der das Verhältnis des Diffusionswiderstands des betreffenden Stoffs zu dem einer gleich dicken, ruhenden Luftschicht angibt:

$$\mu = \frac{\delta}{\delta' R_D T} \, . \tag{4}$$

R_D Gaskonstante für Wasserdampf (47,1 mkg/kg° K);
T mittl. absolute Temperatur in °K;
δ Diffusionszahl von Wasserdampf in Luft in m²/h.

Die Diffusionszahl von Wasserdampf in ungesättigter Luft errechnet sich nach Schirmer [3] zu

$$\delta = 0,083 \frac{10\,000}{P} \left(\frac{T}{273}\right)^{1,81} . \tag{5}$$

P Gesamtdruck (Barometerstand) in mm WS oder kg/m².

B. Die Bestimmung der Wasserdampfdurchlässigkeit von Stoffen.

Bei der Messung der Wasserdampfdurchlässigkeit von Stoffen lassen sich im allgemeinen die durch Dampfdiffusion und durch kapillare Wasserbewegung beförderten Wassermengen nicht trennen. Mit welchem Anteil die einzelnen Vorgänge an dem gesamten Feuchtigkeitstransport beteiligt sind, hängt vor allem vom Aufbau des betreffenden Stoffes und der jeweiligen Stoff-Feuchte ab. So ist bei nur schwach kapillarem Material vor allem der Diffusionsvorgang wirksam, während bei stark kapillar saugenden Stoffen die kapillare Wasserbewegung den Hauptanteil beim Feuchtigkeitstransport ausmachen kann.

Die Bestimmung der Dampfdurchlässigkeit eines Stoffs erfolgt in der Weise, daß die bei einem bestimmten Partialdruckunterschied zu beiden Seiten der Probe durch diese in der Zeiteinheit hindurchdiffundierende Wassermenge G gravimetrisch ermittelt wird.

Auf Grund dieses Werts und der Dampfdruckdifferenz $p_1 - p_2$ wird mit Hilfe von Gl. (1) und (3) die Dampfdurchgangszahl k_D errechnet, aus der unter Berücksichtigung der beim Versuch bestehenden Wasserdampfübergangszahlen β_1' und β_2' die Dampfdurchlaßzahl Δ [Gl. (2)] und bei homogenen Stoffen die auf die Dickeneinheit bezogene Dampfleitzahl δ', sowie nach Gl. (4) der Diffusionswiderstandsfaktor μ berechnet wird.

Im Temperaturbereich zwischen 0 und 20° C können nach Illig [4] die in Tab. 1 angegebenen Werte der Wasserdampfübergangszahlen β' verwendet werden.

Tabelle 1. *Wasserdampfübergangszahlen β'.*

Temperaturdifferenz zwischen Luft und Wand in	Wasserdampfübergangszahl β' in 1/h bei einer Lufttemperatur von		
°C	0° C	10° C	20° C
2	$0,96 \cdot 10^{-3}$	$1,01 \cdot 10^{-3}$	$1,06 \cdot 10^{-3}$
4	1,01	1,06	1,11
6	1,06	1,11	1,17
8	1,10	1,16	1,22
10	1,15	1,21	1,27
12	1,20	1,27	1,33
14	1,25	1,32	1,38
16	1,30	1,37	1,43
18	1,35	1,42	1,49
20	1,40	1,47	1,54

Die Messung der Wasserdampfdurchlässigkeit von Stoffen kann sowohl im Temperaturgleichgewicht als auch bei einem Temperaturgefälle in der Probe erfolgen.

1. Bestimmung der Wasserdampfdurchlässigkeit im Temperaturgleichgewicht.

Die Messungen werden nach CAMMERER und GÖRLING [5] in der Weise durchgeführt, daß die zu untersuchenden Stoffproben als Abschlußflächen in Gefäße eingebaut werden, in denen sich ein Trockenmittel, z. B. Silicagel, befindet (s. Abb. 1). Diese Gefäße werden in einem Raum mit konstanter Lufttemperatur und Luftfeuchtigkeit aufgestellt. Infolge des bestehenden Dampfdruckunterschieds zu beiden Seiten der Probe diffundiert Wasserdampf durch diese hindurch und wird von dem Trockenmittel gebunden. Durch laufende Wägung des Gefäßes kann die Aufnahme des Wasserdampfs ermittelt werden. Der Versuch muß so lange durchgeführt werden, bis die Gewichtszunahme konstant geworden ist; die dann sich ergebende auf die Zeiteinheit bezogene Gleichgewichtszunahme ist gleich der durch die Probe hindurchgehenden Feuchtigkeitsmenge, die der Auswertung zugrunde zu legen ist.

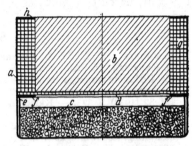

Abb. 1. Versuchsgefäß nach CAMMERER und GÖRLING zur Bestimmung der Wasserdampfdurchlässigkeit im Temperaturgleichgewicht.
a Aluminiumgefäß; *b* Probe; *c* Trockenmittel; *d* Drahtnetz; *e* Abstandsring; *f* Auflagering; *g* und *h* Dichtungsmittel.

Eine ähnliche Versuchseinrichtung wurde von SCHÄCKE und SCHÜLE [6] beschrieben, wobei in den Gefäßen Salzlösungen bekannter Konzentration enthalten waren, über denen sich bestimmte Wasserdampfdrücke einstellten. Die Gefäße wurden in einem Raum mit konstanter Lufttemperatur und einem Wasserdampfdruck aufgestellt, der niedriger war als der Dampfdruck über der Lösung. Aus der Gewichtsabnahme der Lösung nach Erreichen des stationären Zustands wurde die Dampfdurchlässigkeit der Proben errechnet.

2. Bestimmung der Wasserdampfdurchlässigkeit bei einem Temperaturgefälle in der Probe.

Die in Abschn. 1 beschriebene Methode zur Bestimmung der Wasserdampfdurchlässigkeit im Temperaturgleichgewicht hat den Vorteil verhältnismäßiger Einfachheit, verlangt aber in der Regel einen ziemlich großen Zeitaufwand, da sich der bleibende Wassergehalt der Probe für die jeweiligen Versuchsbedingungen nur sehr langsam einstellt.

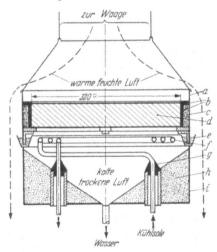

Abb. 2. Versuchseinrichtung nach KRISCHER u. Mitarbeitern zur Bestimmung der Wasserdampfdurchlässigkeit bei einem Temperaturgefälle in der Probe.
a Tragrahmen; *b* Dampfsperre; *c* Wärmeisolation; *d* Baustoffprobe; *e* Ölrinne; *f* Kühlschlange; *g* Plastilin; *h* Korkmehl; *i* Trichterkasten.

Durch Krischer und Mitarbeiter [7] wurde eine Versuchsanlage geschaffen, die es gestattet, Untersuchungen über die Wasserdampfdurchlässigkeit von Baustoffen unter weitgehend variierbaren, extremen Bedingungen durchzuführen. Die Versuchseinrichtung ist in Abb. 2 schematisch dargestellt. Die am Rand abgedichteten, plattenförmigen Proben, die einen Raum mit warmer, feuchter Luft von einem gekühlten Raum trennen, sind an einer Waage aufgehängt. Die durch die Platten hindurchtransportierte Wassermenge kondensiert in dem trichterförmig ausgebildeten Kaltraum und kann aufgefangen und gewogen werden. Die Aufhängung der Probe an einer Waage ermöglicht es, den Wassergehalt des Prüflings während des Versuchs laufend zu überwachen.

Der Apparat zur Aufnahme der Proben wird in einen Untersuchungsschrank eingebaut, durch den Luft bestimmter Temperatur und Feuchtigkeit geblasen wird.

Schrifttum.

[1] Cammerer, J. S., W. Caemmerer, W. Dürhammer, K. Egner, P. Görling, O. Krischer, H. Reiher u. K. Seiffert: Bezeichnungen und Berechnungsverfahren für Diffusionsvorgänge im Bauwesen. (Wird demnächst veröffentlicht.)

[2] Krischer, O.: Grundgesetze der Feuchtigkeitsbewegung in Trockengütern. Z. VDI Bd. 82 (1938) S. 373. — Krischer, O., u. H. Rohnalter: Wärmeleitung und Dampfdiffusion in feuchten Gütern. VDI-Forsch.-Heft Nr. 402, 1940.

[3] Schirmer, R.: Die Diffusionszahl von Wasserdampf-Luft-Gemischen und die Verdampfungsgeschwindigkeit. Z. VDI, Beihefte Verfahrenstechnik Bd. 82 (1938) S. 170.

[4] Illig, W.: Die Größe der Wasserdampfübergangszahl bei Diffusionsvorgängen in Wänden von Wohnungen, Stallungen und Kühlräumen. Gesundh.-Ing. Bd. 73 (1952) S. 124.

[5] Cammerer, J. S., u. P. Görling: Die Messung der Durchlässigkeit von Kälteschutzstoffen für Wasserdampfdiffusion. Kältetechn. Bd. 3 (1951) S. 2.

[6] Schäcke, H., u. W. Schüle: Untersuchungen über Feuchtigkeitsdurchgang und Wasserdampfkondensation bei Baustoffen und Bauteilen. Gesundh.-Ing. Bd. 72 (1951) S. 347.

[7] Wissmann, W.: Über das Verhalten von Baustoffen gegen Feuchtigkeitseinwirkungen aus der umgebenden Luft. Dissertation TH. Darmstadt 1954.

XX. Bestimmung der schalltechnischen Eigenschaften von Baustoffen und Bauteilen.

Von **K. Gösele**, Stuttgart.

A. Allgemeines.

Die schalltechnischen Eigenschaften von Baustoffen und Bauteilen interessieren im Bauwesen nahezu ausschließlich im Hinblick auf den dadurch
bedingten Schallschutz der Bauten. Demgegenüber sind akustische Verfahren,
die zur mittelbaren Feststellung von mechanischen Eigenschaften von Bauteilen, z. B. Feststellung von Rissen in Betonteilen, dienen, von geringerer
Bedeutung und werden hier nicht behandelt. Auch die unter dem Begriff *Raumakustik* zusammengefaßten Fragen der Hörsamkeit in Räumen sollen hier nicht
besprochen werden.

Die schalltechnischen Eigenschaften können im allgemeinen nur an fertigen
Bauteilen, in besonderen Fällen sogar nur in Zusammenhang mit dem Gebäude,
in dem sie verwendet werden, untersucht und beurteilt werden. Die Prüfung
von Baustoffen auf ihre Eignung für schalldämmende Konstruktionen ist lediglich bei Dämmstoffen von Bedeutung.

B. Schalltechnische Eigenschaften von Baustoffen.

1. Elastizitätsmodul und innere Dämpfung von Wand- und Deckenbaustoffen.

Die Luftschalldämmung von homogenen Wänden und Decken hängt u. a.
von deren Biegesteifigkeit ab, welche durch die Dicke der Bauteile und den
Elastizitätsmodul E bedingt ist. Die letztgenannte Größe kann an Baustoff-
proben durch Messung der Fortpflanzungsgeschwindigkeit für Biegewellen oder
für Longitudinalwellen bestimmt werden. Dazu wird ein Stab aus dem zu
prüfenden Material an dünnen Drähten aufgehängt und mit Hilfe einer elektromagnetischen Anordnung mit reinen Tönen zu einer der beiden Schwingungs-
arten angeregt, wobei sich stehende Wellen ausbilden. Aus dem mit einem
Körperschallempfänger bestimmten Abstand zwischen zwei Knotenstellen des
Stabs kann die Wellenlänge und daraus die Fortpflanzungsgeschwindigkeit errechnet werden, die folgenden Zusammenhang mit dem Elastizitätsmodul E zeigt:

$$c_B = \sqrt[4]{\frac{\pi^2 E \cdot d^2}{3\varrho}} \cdot \sqrt[2]{f}, \quad c_L = \sqrt[2]{\frac{E}{\varrho}},$$

wobei bedeuten:

c_B Fortpflanzungsgeschwindigkeit für Biegewellen,
c_L Fortpflanzungsgeschwindigkeit für Longitudinalwellen,
f Frequenz der Schwingungsanregung,
d Dicke des Stabs in Schwingungsrichtung der Biegewellen,
ϱ Dichte des Baustoffs.

Meist wird außerdem noch der sogenannte Verlustfaktor η bestimmt, der ein Maß für die Materialdämpfung darstellt. Dazu wird entweder die Halbwertsbreite der Resonanzkurve des zu Resonanzschwingungen angeregten Stabs oder das Abklingen der Schwingungen nach Abschalten der elektrischen Schwingungsanregung in Abhängigkeit von der Zeit (*Nachhallzeit* des Stabs) ermittelt. Die Meßverfahren zur Bestimmung von c_B und η sind für beliebige Baustoffe bei R. SCHMIDT [1], für Bleche, Pappen u. ä. bei OBERST [2] beschrieben.

2. Elastizitätsmodul und innere Dämpfung von Dämmstoffen.

Dämmstoffe, wie sie als Zwischenschicht zwischen zweischaligen Wänden und vor allem unter Estrichen, Holzfußböden, aber auch zur Körperschalldämmung von Wänden an den Einspannstellen verwendet werden, können bezüglich ihrer schalltechnischen Eignung durch die auf die Flächeneinheit bezogene Steifigkeit der Dämm*schicht* bzw. den Elastizitätsmodul des Dämm*stoffs* gekennzeichnet werden. Dabei ist nicht der bei einer statischen Belastung sich ergebende Elastizitätsmodul, sondern der bei Schwingungen wirksame sogenannte dynamische Elastizitätsmodul maßgeblich. Häufig ist der letztere wesentlich größer als der statische Elastizitätsmodul, wobei er von der statischen Vorbelastung abhängt. Abb. 1 zeigt nach FURRER [3] Beispiele für die Abhängigkeit von statischem und dynamischem Elastizitätsmodul von der statischen Belastung bei Fasermatten.

Zur Messung des dynamischen Elastizitätsmoduls sind verschiedene Verfahren gebräuchlich. Bei einer Anordnung von COSTADONI [5] wird die Zusammendrückung der Dämmschicht beim Einwirken einer Wechselkraft unmittelbar elektrodynamisch gemessen. Dieses Verfahren ist vor allem für relativ steife Dämmstoffe geeignet, wie z. B. Kork, Gummi. Für die ausgesprochen weichfedernden Trittschall-Dämmstoffe wird die Resonanzfrequenz f_R eines Feder-Masse-Systems bestimmt, wobei als Feder eine Probe des zu prüfenden Dämmstoffs verwendet wird. Der dynamische Elastizitätsmodul E_d errechnet sich zu

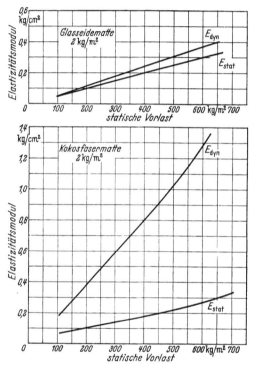

Abb. 1. Abhängigkeit des statischen und dynamischen Elastizitätsmoduls zweier Trittschall-Dämmschichten von der statischen Vorbelastung. (Nach FURRER [3].)

$$E_d = 4\pi^2 m\, d f_R^2,$$

wobei m die schwingende Masse des Schwingungssystems je Flächeneinheit und d die Dicke der Dämmschicht bedeuten.

Abb. 2 zeigt die Ausführung eines solchen Geräts. Nach FURRER [3] kann der dynamische Elastizitätsmodul bei verschiedenen statischen Vorlasten gemessen werden, indem über weiche Spiralfedern zusätzliche Massen an der eigentlichen Schwingmasse angehängt werden. Der gemessene Wert des Elastizitätsmoduls von Dämmplatten hängt von einer guten kraftschlüssigen Verbindung zwischen Dämmschichtprobe und Masse bzw. Unterlagsplatte ab. Bewährt hat sich nach BACH und GÖSELE [6] das Ankleben mit Klebwachs, das mit Hilfe einer im Gerät eingebauten Heizvorrichtung beim Einbau der Probe zunächst zähflüssig gemacht und dann beim Erkalten steif wird.

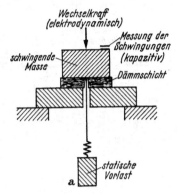

Um bei Trittschall-Dämmschichten bei der Messung möglichst dieselben Bedingungen wie in der Praxis zu haben, wird neuerdings die Masse des obenerwähnten Schwingungssystems in Form einer quadratischen Gips- oder Betonplatte von 20 bis 30 cm Kantenlänge unmittelbar auf der mit Ölpapier abgedeckten Dämmschicht hergestellt, wie dies Abb. 3 zeigt. Dadurch werden die in der Baupraxis vorhandenen Kontaktverhältnisse zwischen Dämmschicht und Rohdecke ziemlich gut nachgeahmt, so daß auch Dämmschichten, deren Wirkung vornehmlich durch diese Kontaktverhältnisse bestimmt ist (z. B. Korkschrotmatten, lose aufgelegte Dämmplatten), richtig beurteilt werden. Die Körperschallanregung erfolgt z. B. durch ein elektrodynamisches Anregesystem, die Messung der Schwingungsamplituden über einen beliebigen Körperschallempfänger. Die schalltechnischen Eigenschaften von Faserdämmstoffen nach DIN 18165 werden

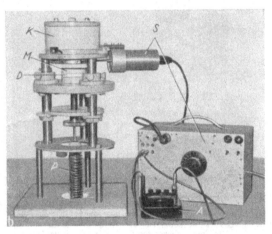

Abb. 2 a u. b. Gerät zur Bestimmung des dynamischen Elastizitätsmoduls von Trittschall-Dämmschichten nach dem Resonanzverfahren. a Prinzip-Anordnung; b Ansicht.

A Ableseinstrument; D Dämmschichtprobe; K elektrodynamische Kraftanregung; M schwingende Masse; P Feder zur Aufhängung der statischen Vorlast; S kapazitive Anordnung zur Schwingwegmessung.

auf diese Weise überprüft (siehe auch DIN 52214 E).

Werte für den Elastizitätsmodul üblicher Dämmschichten sind aus [3] und [6] zu entnehmen. Bei der praktischen Anwendung derartiger Werte ist zu beachten, daß neben der Gerüststeifigkeit derartiger Dämmstoffe noch zusätzlich die Steifigkeit des in der Dämmschicht vorhandenen Luftvolumens berücksichtigt werden muß, welche bei dem obigen Verfahren nicht mit erfaßt wird. Die für die trittschalldämmende Wirkung einer Dämmschicht maßgebliche dynamisch wirksame Steifigkeit s errechnet sich zu

$$s = s_G + s_L;$$

dabei bedeuten:

$s_G = E_d/d$, die auf die Flächeneinheit bezogene Steifigkeit des „Gerüstes" der Dämmschicht.
s_L Luftschichtsteifigkeit.

Der Wert der Luftsteifigkeit läßt sich nicht an kleinen Probestücken, sondern nur an groß ausgeführten Estrichproben auf Dämmschichten bestimmen [7]. In den meisten Fällen, nämlich bei Dämmschichten mit genügend großem Strömungswiderstand, genügt eine rechnerische Bestimmung, wobei s_L zu

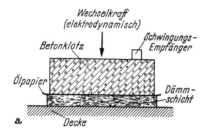

$$s_L = \frac{\varrho c^2}{d} = \frac{1,5}{d_{(cm)}} \text{ kg/cm}^3$$

näherungsweise angenommen wird; dabei ist eine Verringerung der Schallgeschwindigkeit durch die Dämmschicht nicht berücksichtigt.

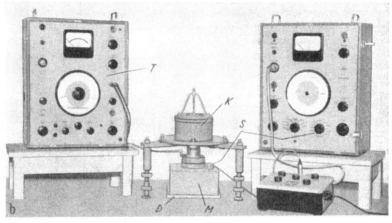

Abb. 3 a u. b. Bestimmung des dynamischen Elastizitätsmoduls von Trittschall-Dämmstoffen nach der Resonanzmethode unter bauähnlichen Einbaubedingungen für den Dämmstoff.
a Prinzipanordnung; b Ansicht der Meßanordnung.
D Dämmschicht; M Betonklotz als schwingende Masse; K elektrodynamische Kraftanregung, gespeist von Tonfrequenzgenerator T; S Körperschallempfänger mit Verstärker und Anzeigegerät.

Die innere Dämpfung von Körperschalldämmstoffen hat nach den bisherigen Beobachtungen keine große Bedeutung; sie kann aus der sogenannten Halbwertsbreite der Resonanzkurve des besprochenen Masse-Feder-Systems berechnet werden.

3. Schallabsorptionsgrad.

Maßgeblich für den Lärmpegel, der in einem Raum entsteht, wenn ein vorgegebener Lärmerzeuger vorhanden ist, ist das Schallschluckvermögen der raumbegrenzenden Flächen. Zur Verringerung des Lärmpegels in Büros, Kassenhallen, Fabrikationshallen werden deshalb an der Decke und zum Teil an den Wänden Verkleidungen angebracht, die ein besonders hohes Schallschluckvermögen aufweisen. Die Wirksamkeit derartiger Verkleidungen, Platten oder Matten wird durch den sogenannten Schallabsorptionsgrad[1] a gekennzeichnet:

$$a = \frac{J_e - J_r}{J_e} ;$$

dabei bedeuten

J_e die Schallintensität der einfallenden Schallwelle,
J_r die Schallintensität der reflektierenden Schallwelle.

---

[1] Nach DIN 52212, bis vor kurzem als Schallschluckgrad bezeichnet.

Der Schallabsorptionsgrad ist von dem Einfallswinkel und der Tonhöhe des Schalls abhängig. Zur Messung werden zwei Verfahren verwendet, die Messung im sogenannten KUNDTschen Rohr an kleinen Materialproben und das Nachhallverfahren.

Kundt's sches Rohr. Dabei regt man in einem genügend langen Rohr auf einer Seite mit einem Lautsprecher eine fortschreitende Schallwelle an. Das zweite Ende des Rohrs ist mit dem zu prüfenden Material abgeschlossen. Die vom Lautsprecher ausgesandte Schallwelle wird zum Teil an der Materialprobe reflektiert, wobei einfallende und reflektierte Welle ein stehendes Wellenfeld bilden. Aus den Schalldrücken in den Minimalstellen (Knoten) und Maximalstellen (Bäuche) der stehenden Welle kann auf die Schallabsorption des zu prüfenden Materials geschlossen werden (siehe z. B. [8] und DIN 52215 E). Dieser Wert bezieht sich entsprechend der Meßanordnung auf senkrecht auf die Prüffläche einfallenden Schall. Bei bestimmten porösen Schallschluckstoffen ist auf Grund von theoretischen Überlegungen eine Umrechnung auf andere Einfallswinkel bzw. auf einen Mittelwert für alle vorkommenden Einfallswinkel möglich (Näheres bei CREMER [9]). Verschiedene andere Verfahren nach CREMER [10], SPANDÖCK [11], bei denen der Schallabsorptionsgrad auch bei schrägem Einfall bestimmt werden kann, haben wegen der experimentellen Schwierigkeiten keine allgemeine Anwendung gefunden.

Nachhallverfahren. Dabei wird ein leerer, kahler Raum, ein sogenannter Hallraum, teilweise mit dem zu prüfenden Material ausgekleidet und die Nachhallzeit des Raums ohne und mit der Auskleidung bestimmt. Unter der Nachhallzeit T eines Raums versteht man diejenige Zeit, die verstreicht, bis die Schallenergiedichte des Raums nach dem Abschalten einer Schallquelle auf das 10^{-6}fache des ursprünglichen Werts ($= -60$ dB) abgesunken ist. Die Nachhallzeit hängt nach SABINE von dem Schallschluckvermögen A des Raums ab:

$$T = 0{,}163 \cdot \frac{V}{A} \qquad \frac{V \,|\, A \,|\, T}{\mathrm{m^3 | m^2 | sec}}.$$

Der Schallabsorptionsgrad errechnet sich aus den gemessenen Nachhallzeiten in folgender Weise:

$$a_{sab} = \frac{0{,}163\,V}{F_p}\left(\frac{1}{T_1} - \frac{1}{T_0}\right).$$

T_0 Nachhallzeit des Raums ohne Prüfmaterial,
T_1 Nachhallzeit des Raums mit Prüfmaterial,
F_p Fläche des eingebrachten Prüfmaterials,
V Volumen des Hallraums.

Der so bestimmte Absorptionsgrad wird mit a_{sab} bezeichnet, da er nach der obigen Nachhallformel von W. C. SABINE errechnet ist. Er stellt einen Mittelwert über verschiedene Einfallswinkel dar. a_{sab} hängt in gewissem Umfang von der Größe der Prüffläche und vor allem von der Art der Anordnung des Materials im Raum ab. Die Ergebnisse verschiedener Vergleichsversuche

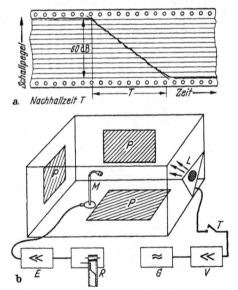

Abb. 4a u. b. Zur Bestimmung des Schallabsorptionsgrads nach dem Nachhallverfahren im Hallraum. a Registrierstreifen für Nachhallzeitbestimmung; b Anordnung des Prüfmaterials P im Hallraum.

M Mikrophon; E Verstärker von Schallpegelzeiger; R Registriergerät; G Tonfrequenzgenerator; V Verstärker; L Lautsprecher; T Taste.

über diese Einflüsse sind bei Schoch [12] und Eisenberg [13] enthalten. Um einheitliche Ergebnisse in verschiedenen Laboratorien zu bekommen, hat man deshalb in DIN 52212 die Größe der Prüffläche, die Art der Anbringung (auf drei zueinander senkrechten Flächen) und weitere Meßbedingungen genormt. Zur Messung der Nachhallzeit können als Prüfschall Heultöne, Geräusche, Knalle verwendet werden. Das Abklingen der Schallenergiedichte im Hallraum nach dem Abschalten der Schallquelle wird mit einem logarithmisch anzeigenden Registriergerät aufgezeichnet, wie dies Abb. 4 zeigt.

C. Schalltechnische Eigenschaften von Bauteilen.

1. Luftschalldämmung.

a) Allgemeines.

Wird in einem Raum durch Sprechen, Singen od. ä. Luftschall erzeugt, dann werden die Trennwände oder -decken zu Biegeschwingungen angeregt, welche ihrerseits wieder die Luftteilchen des Nachbarraums zu Schwingungen anstoßen. Der Widerstand eines Bauteils gegenüber dieser Luftschallübertragung wird als seine Luftschalldämmung bezeichnet. Sie wird zahlenmäßig beschrieben durch die Luftschalldämmzahl R (oder Luftschalldämm-Maß), die folgendermaßen definiert ist:

$$R = 10 \log \frac{N_1}{N_2}.$$

Dabei bedeuten N_1 die auf den Bauteil auffallende, N_2 die von dem Bauteil in den Nachbarraum abgestrahlte Schalleistung. Als Maßeinheit wird die Einheit *Dezibel* (dB) benutzt. R errechnet sich aus der Schallübertragung zwischen zwei aneinandergrenzenden Räumen, vgl. Abb. 5, bei denen die Übertragung ausschließlich über die Trennfläche stattfindet, nach folgender Beziehung (siehe z. B. A. Schoch [14]):

$$R = 20 \log \frac{p_1}{p_2} + 10 \log \frac{S}{A} \text{ (dB)}$$

oder

$$R = L_1 - L_2 + 10 \log \frac{S}{A} \text{ (dB)}.$$

Dabei bedeuten:

p_1, p_2 Schalldrücke im lauten bzw. im leisen Raum,
L_1, L_2 Schallpegel im lauten bzw. leisen Raum,
S Fläche der Trennwand,
A Schallschluckvermögen des leisen Raums.

Für die Messung der Schalldämmzahl muß somit der Schallpegel im lauten und im angrenzenden leisen Raum sowie die Nachhallzeit T des leeren Raums bestimmt werden, aus der dann das Schallschluckvermögen A berechnet werden kann.

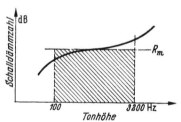

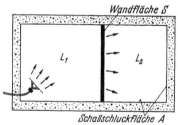

Abb. 5. Zur Bestimmung der Luftschalldämmung von Wänden.

R ist von der Tonhöhe abhängig, so daß die Messungen für verschiedene Tonhöhen vorgenommen werden müssen. Nach DIN 52210 soll dabei der Frequenzbereich 100 bis 3200 Hz erfaßt werden. Als *mittlere Schalldämmzahl* wird ein arithmetisches Mittel über R für den genannten Frequenzbereich gebildet, wobei R über einem logarithmischen Frequenzmaßstab aufgetragen wird (siehe Abb. 5).

b) Meßverfahren.

Richtlinien für die Durchführung von Schalldämm-Messungen enthält DIN 52210. Wenn man von wenig gebräuchlichen Methoden absieht, unterscheiden sich die in Benutzung befindlichen Verfahren vor allem hinsichtlich der Art der Schallerzeugung: Im einen Fall werden Heultöne, in anderen Fällen ein Geräusch mit breiter Frequenzverteilung verwendet.

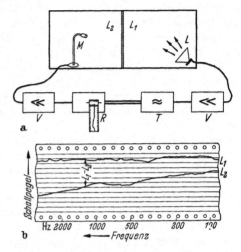

Als *Heultöne* werden Sinustöne bezeichnet, deren Frequenz um einen bestimmten Mittelwert periodisch schwankt, so daß bei einer Zerlegung nach FOURIER das Spektrum nicht aus einem Einzelton, sondern aus einer Zahl von Einzeltönen in einem eng begrenzten Frequenzbereich besteht. Die Verwendung von Heultönen ist nötig, um Interferenzerscheinungen im Meßraum einigermaßen auszugleichen. Auch bei Heultönen sind die örtlichen Schwankungen des Schallpegels noch so groß, daß beim Ablesen der Pegelwerte an

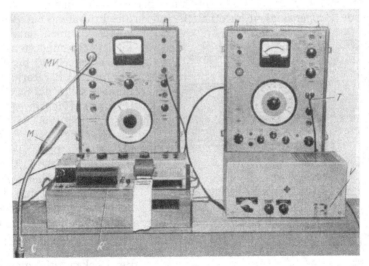

Abb. 6a bis c. Meßapparatur zur Bestimmung der Luftschalldämmung. a Prinzipanordnung; b Registrierstreifen c Ansicht der Meßapparatur.

M Mikrophon; *MV* Mikrophonverstärker; *R* Registriergerät *T* Tonfrequenzgenerator; *L* Lautsprecher.

einem Anzeigeinstrument bei festgehaltener Heultonmittelfrequenz die Ergebnisse mit einer erheblichen Unsicherheit behaftet sind. Erst mit einem sogenannten *gleitenden*, d. h. in der Frequenz stetig zu- oder abnehmenden Heulton und bei Registrierung des Schallpegels mit einem Gerät von genügender Trägheit erreicht man eine gute Meßgenauigkeit. Abb. 6 zeigt die Anordnung und einen Meßstreifen, bei dem der Schallpegel im lauten und im leisen Raum auf denselben Registrierstreifen in Abhängigkeit von der Tonhöhe aufgezeichnet ist.

Wenn die Schallquelle ein breitbandiges Geräusch aussendet, muß die erforderliche Trennung in verschiedene Tonhöhenbereiche bei der Messung des Schallpegels erfolgen. Durch elektrische Bandfilter, welche in den Verstärkungsgang des Schallpegelzeigers eingeschaltet werden, wird das Gesamtgeräusch bei der Messung sowohl im leisen als auch im lauten Raum in einzelne Teilgeräusche mit jeweils schmalem Tonhöhenbereich aufgespalten. Als Bandpaßfilter werden im allgemeinen Oktavfilter (z. B. 100 bis 200 Hz), besser jedoch Terzfilter (z. B. 100 bis 125 Hz) verwendet. Das Geräusch kann auf rein mechanische Weise (z. B. rätschenartige Vorrichtungen, u. U. mit Elektromotor angetrieben) oder elektrisch über Lautsprecher erzeugt werden. Im letzteren Fall strebt man ein Rauschen an, wie es z. B. bei den statistisch verteilten Schwankungen der Elektronendichte in einem Widerstand auftritt (sogenanntes weißes Rauschen, erzeugt durch Rauschgenerator). Für diese Art der Messung eignet sich das unmittelbare Ablesen der Meßwerte an einem genügend trägen Anzeigeinstrument.

Beide Verfahren sind hinsichtlich der Genauigkeit als gleichwertig zu betrachten. Über die Genauigkeit derartiger Messungen geben eine Mitteilung über Vergleichsversuche [15] und Untersuchungen von R. KLAPDOR [16] Aufschluß.

Die zur Messung des Schallpegels verwendeten Schallpegelzeiger bestehen aus einem Mikrophon und einem nachgeschalteten Verstärker mit Anzeigegerät und der Anschlußmöglichkeit eines Registriergeräts.

Aufbau der Prüfräume. Die Messungen können im Laboratorium oder in ausgeführten Bauten vorgenommen werden, wobei im letzteren Fall die Schalldämmwerte meist niedriger sind. Um auch bei tiefen Frequenzen noch eine ausreichende Meßgenauigkeit zu erhalten, sollten die Prüfräume ein genügend großes Volumen haben, nach DIN 52210 mindestens 30 m³, besser jedoch 70 bis 100 m³. Bei den Laboratoriumsprüfräumen sollte die Schallübertragung auf Nebenwegen möglichst gering sein, so daß die Übertragung ausschließlich über die zu prüfende Trennfläche erfolgt. Bei Prüfräumen für Wände ist dies unschwer dadurch möglich, daß man die beiden aneinandergrenzenden Prüfräume über eine durchgehende Fuge voneinander trennt, wie dies Abb. 7 zeigt. Bei Deckenprüfräumen kann

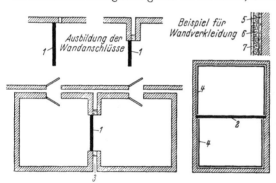

Abb. 7. Aufbau von Prüfräumen zur Bestimmung der Schalldämmung von Wänden und Decken.
1 Prüfwand; *2* Prüfdecke; *3* durchgehende Fuge; *4* Verkleidung mit biegeweichen Schalen; *5* Fasermatten; *6* 5 cm-Holzwolle-Leichtbauplatten; *7* Putz.

man dies durch Verkleiden der Wände mit vorgesetzten, biegeweichen Schalen, z. B. verputzten Holzwolle-Leichtbauplatten, erreichen (siehe Abb. 7). Zu prüfende Fenster und Türen werden in eine genügend schwere Trennwand zwischen zwei Prüfräumen eingebaut, so daß die Übertragung über die Trennwand vernachlässigt werden kann.

c) Flächengröße, Einbauart und Untersuchungszeitpunkt.

Nach DIN 52210 soll die Fläche von Prüfwänden mindestens etwa 9 m², von Decken 12 m² betragen. Bei einschaligen Wänden hat allerdings EISENBERG [17] nachgewiesen, daß die Flächengröße in gewissem Umfang keinen

Einfluß auf die Schalldämmung hat. Es ist jedoch nicht wahrscheinlich, daß dies für alle Wände, vor allem für zweischalige Wände, gilt. Bei Türen und Fenstern wird die beim Gebrauch übliche Größe verwendet.

Über den Einfluß der Einbauart liegen noch wenig Erfahrungen und auch keine ins einzelne gehenden Richtlinien vor. In Frage kommen die in Abb. 7 skizzierten beiden Möglichkeiten, wobei im einen Fall die Prüfwand stumpf auf die Längswände stößt oder in die Öffnung einer größeren, dicken Wand eingebaut wird. Auch bei Decken sind beide Ausführungen schon verwendet worden, wobei sicherlich der durchgehenden Decke der Vorzug zu geben ist. Die Auflagerung erfolgt dabei zur Schonung der Auflagerkanten bei den häufigen Ein- und Ausbauarbeiten der Versuchsdecke über eine zwischengelegte Dachpappe. Die Einbauverhältnisse können die Schalldämmung vor allem von Doppelwänden entscheidend beeinflussen.

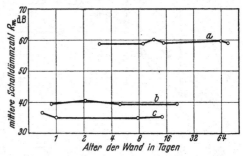

Abb. 8. Abhängigkeit der mittleren Schalldämmzahl von Prüfwänden vom Alter der Wand, im Laboratorium. (Nach EISENBERG [17].) Kurve a: 1½-Stein dicke Vollziegelwand, beidseitig verputzt; Kurve b: ½-Stein dicke Vollziegelwand, beidseitig verputzt; Kurve c: Wand aus 5 cm-Holzwolle-Leichtbauplatten, einseitig verputzt.

Inwieweit die Schalldämmung durch Feuchtigkeit beeinflußt wird, ist nicht bekannt. Über den Einfluß des Zeitraums zwischen Aufbau und Untersuchung von Wänden liegen Meßwerte von A. EISENBERG [17] vor, welche in Abb. 8 wiedergegeben sind. Danach ist dieser Einfluß als gering anzunehmen. Allerdings scheinen darüber noch weitere Untersuchungen nötig.

d) Einfluß von Schallnebenwegen.

Bei der Untersuchung von Decken und Wänden in ausgeführten Bauten ist zu beachten, daß neben der in Abschn. 1 (S. 782) allein angenommenen Übertragung über die zu prüfende Trennwand oder Trenndecke auch noch eine Übertragung über die flankierenden Bauteile erfolgt. Dabei sind die in Abb. 9 skizzierten Wege 2 und 3 zu unterscheiden. Auf den Einfluß dieser Nebenwege ist es zurückzuführen, daß Meßwerte für Decken und Wände im ausgeführten Bau ungünstiger sind als für dasselbe Prüfobjekt im Laboratorium. Man könnte daraus den

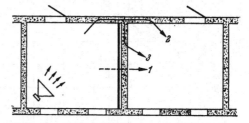

Abb. 9. Die mittelbare Schallübertragung zwischen zwei aneinandergrenzenden Räumen, wenn die unmittelbare Übertragung über die Trennwand (Weg 1) durch eine vorgesetzte biegeweiche Wandschale unterdrückt ist.

Schluß ziehen, daß es deshalb zweckmäßig wäre, Decken und Wände ausschließlich im Laboratorium zu prüfen, da nur dort die Trennkonstruktion allein erfaßt wird. Dies führt zwar bei einschaligen Decken und Wänden zu Meßwerten, welche für die praktische Anwendung einen brauchbaren Wertungsmaßstab darstellen. Zweischalige Wände und Decken kommen dagegen im Vergleich zu einschaligen Konstruktionen bei der Laboratoriumsuntersuchung viel zu günstig weg. Bei ihnen spielt einerseits die Übertragung von Schale zu Schale über die gemeinsame Einspannung eine große Rolle, wobei die Einspannbedingungen (z. B. Dicke der seitlichen Wände) nicht denen der Praxis entsprechen. Entscheidend ist jedoch der Wegfall des Weges *3*. Wird beispielsweise eine leichte Decke im Laboratorium untersucht, so wird sie zusammen mit einem schwimmenden Estrich eine weit bessere Schalldämmung aufweisen als etwa eine schwere, einschalige Decke. Sobald jedoch im ausgeführten Bau der Weg *3* (in Abb. 9) hinzutritt, drehen sich die Verhältnisse um. Aus diesen Gründen ist eine alleinige Untersuchung von zweischalig ausgeführten Decken und Wänden im Laboratorium für eine erschöpfende Kennzeichnung ihres Verhaltens im ausgeführten Bau nicht ausreichend.

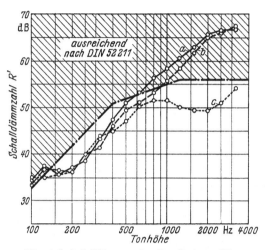

Abb. 10. Luftschalldämmung derselben Deckenausführung in drei Bauten mit verschiedenen Wandbauarten. Kurve *a*: Wände aus 24 cm-Ziegelhohlblocksteinen; Kurve *b*: Wände aus 25 cm-Schüttbeton; Kurve *c*: Wände aus 7,5 cm-Schwerbeton, mit anbetonierten und verputzten Holzwolle-Leichtbauplatten. Fall *a* relativ geringe, Fall *c* besonders große Längsleitung.

Die Messung im Bau hat andererseits den Nachteil, daß sie von der sonstigen Bauweise des Bauwerks abhängt, so daß für verschiedene Decken, welche in verschiedenen Bauten untersucht werden, nicht immer dieselben Nebenbedingungen vorliegen. Abb. 10 zeigt diesen Einfluß, wobei dieselbe Decke in verschiedenen Bauten untersucht worden ist.

Aus diesem Grunde sind versuchsweise Laboratoriumsprüfräume geschaffen worden, bei denen die akustischen Nebenwege ähnlich denen in ausgeführten Bauten gewählt worden sind. Abb. 11 zeigt ein Beispiel für die dabei erreichte Übereinstimmung. Derartige Prüfräume sollen der schalltechnischen Untersuchung von Decken und Wänden dienen, wobei die erhaltenen Dämmwerte unmittelbar mit den Dämmwerten für dieselbe Deckenkonstruktion verglichen werden können, die sich in üblichen Bauten mit mittlerer Längsleitung ergeben.

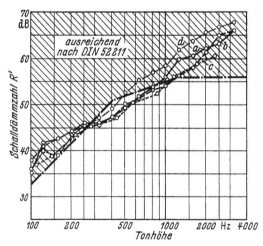

Abb. 11. Vergleich der Luftschalldämmung einer Deckenausführung, gemessen in ausgeführten Bauten und im Laboratorium mit bauähnlich gewählten Schallnebenwegen. Kurve *a*: im Laboratorium; Kurve *b*, *c*: in Bauten mit Wänden aus 24 cm-Bimshohlblock-Mauerwerk; Kurve *d*: in Bauten mit Wänden aus 25 cm-Schüttbeton.

e) Anforderungen.

Anforderungen an den Luftschallschutz von Trenndecken und -wänden sind bisher lediglich für *Wohnungen* in Mehrfamilienhäusern festgelegt worden, nicht dagegen für andere Bauteile und andere Bauten.

In DIN 4110 (Ausgabe 1938) war zunächst für neue Bauweisen verlangt, daß die mittlere Schalldämmzahl für Decken und Wände mindestens 48 dB bei der Messung im Laboratorium betragen sollte. Außerdem sollte ein Mittelwert über den Frequenzbereich 100 bis 550 Hz mindestens 42 dB, ein solcher über den Bereich 550 bis 3000 Hz mindestens 54 dB betragen.

Diese Anforderungen sind 1953 durch DIN 52211 ersetzt worden, wobei kein Mittelwert, sondern der Verlauf der Schalldämmzahl in Abhängigkeit von der Tonhöhe vorgeschrieben ist. Abb. 12 enthält diese Sollwerte für Decken und Wände. Eine gewisse Abweichung von den genannten Sollwerten in ungünstiger Richtung (schraffierter Bereich in Abb. 12) ist zulässig; sie darf im Mittel nicht mehr als 2 dB betragen.

An Decken wurden dabei um 2 dB schärfere Anforderungen gestellt als an Wände, ausgehend von der Erfahrung, daß Decken im Mittel eine um etwa 50% höhere Fläche aufweisen als Trennwände, wodurch bei derselben Schalldämmzahl von Decke und Wand die effektive Schallübertragung

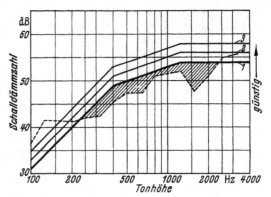

Abb. 12. Die Mindestanforderungen an den Luftschallschutz von Wohnungstrennwänden und -decken nach DIN 52211. Kurve 1: für Wände in Bauten; Kurve 2: für Wände im Laboratorium und Decken in Bauten; Kurve 3: für Decken im Laboratorium. Beispiel für die Schalldämmung einer Wand im Bau mit eben noch zulässiger Unterschreitung der Sollwerte (schraffierter Bereich).

bei Decken größer als bei Wänden wäre. Schließlich sind die Anforderungen für Wände und Decken, welche im Laboratorium untersucht werden, um 2 dB höher als für die gleichen Bauteile bei der Untersuchung in einem ausgeführten Bau, um die im Bau vorhandene Längsleitung in etwa auszugleichen. Zweischalige Decken und Wände sollen nach DIN 52211 entweder in ausgeführten Bauten oder in einem Prüfstand mit bauähnlichen akustischen Nebenwegen untersucht werden.

Zur weiteren Kennzeichnung des Luftschallschutzes einer Wand oder Decke durch eine Ein-Zahlangabe wurde in DIN 52211 das sogenannte Luftschallschutzmaß vorgeschrieben. Dieses gibt in dB diejenige Verschiebung der Sollwerte an, die erforderlich ist, damit die mittlere Überschreitung dieser Sollwerte gerade 2 dB beträgt (Näheres s. DIN 52211).

2. Trittschallverhalten von Decken und Fußböden.

a) Meßverfahren für Decken.

Unter *Trittschall* werden nach dem üblichen Sprachgebrauch nicht nur Gehgeräusche, sondern alle Geräusche verstanden, die durch die örtlich begrenzte Einwirkung von Wechselkräften auf die Decke entstehen, so z. B. durch Auffallen von Gegenständen auf die Decke, Stühlerücken, Nähmaschinen u. ä.

Zur Messung sind zwei Verfahren zur Anregung der Decken bekanntgeworden, von denen allerdings nur das eine, bei dem die Decke mit einem Hammerwerk angeregt wird, allgemeine Anwendung gefunden hat. Dabei wird ein in seinen Abmessungen genormtes Hammerwerk auf der zu prüfenden Decke betrieben und die Stärke des in dem Raum unter der Decke entstehenden Geräuschs gemessen.

Hammerwerk. Das verwendete, in Abb. 13 dargestellte Hammerwerk soll nach DIN 52210 fünf Einzelhämmer mit jeweils 500 g Masse aufweisen, welche insgesamt zehnmal in der Sekunde aus 4 cm Höhe frei auf die zu prüfende Decke auffallen. Das Hammerwerk wird vereinzelt von Hand, im allgemeinen jedoch mit einem Elektromotor angetrieben, wobei die gelenkig gelagerten, mit einem Stiel versehenen Hämmer durch eine Nockenscheibe hochgehoben und dann bei Erreichen der vorgeschriebenen Fallhöhe freigegeben werden. Die Hämmer sollen nach DIN 52210 nach dem Abprallen an der Decke durch eine Nockenscheibe abgefangen werden, so daß sie jeweils nur einmal auf die Decke aufschlagen. Dies läßt sich jedoch praktisch schwer verwirklichen, so daß in vielen Fällen die Hämmer zweimal auf der Decke aufschlagen. Die gerundeten Schlagflächen der Hämmer waren früher (nach DIN 4110) aus Buchenholz, heute (nach DIN 52210) aus Messing oder Stahl, wobei sie als Kugelkalotte mit einem Krümmungsradius von 50 cm ausgebildet sein sollen.

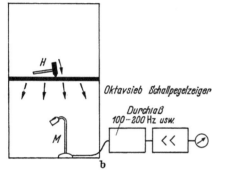

Abb. 13a u. b. Zur Bestimmung des Norm-Trittschallpegels von Decken. a Ansicht eines Trittschall-Hammerwerks. b Prinzip der Meßanordnung.

Norm-Trittlautstärke. Nach DIN 4110 (Ausgabe 1938) kann die Stärke des Trittschallgeräuschs unter der Decke durch die Messung der Lautstärke mit einem DIN-Lautstärkemesser in phon erfaßt werden. Da diese Lautstärke L^+ noch davon abhängt, wie groß das Schallschluckvermögen A eines Raums ist, wird sie auf ein genormtes Schallschluckvermögen A_0 von 1 m² umgerechnet:

$$L_N{}^+ = L^+ + 10 \log A.$$

A wird durch Nachhallmessungen bestimmt.

Diese so berechnete Lautstärke wurde als *Norm-Trittlautstärke* bezeichnet. Sie bewegte sich zwischen 70 und 100 phon für sehr gute bzw. ausgesprochen schlechte Decken.

Norm-Trittschallpegel. Die Norm-Trittlautstärke befriedigte aus verschiedenen von Ingerslev, Nielsen und Larsen [18] und Gösele [19] dargelegten Gründen nicht. Vor allem konnte auf diese Weise die Verbesserungswirkung von Fußböden nicht eindeutig gekennzeichnet werden. Auch eine rechnerische Voraussage über das Trittschallverhalten von Decken auf Grund von früher gewonnenen Meßwerten für Rohdecke und Fußboden war nicht möglich. Das Verfahren wurde·deshalb nach [18], [19] dahingehend abgeändert, daß nicht die Lautstärke, sondern der Schallpegel, getrennt für einzelne Frequenzbereiche von Oktavbreite, gemessen wird. Dabei wird mit Hilfe von elektrischen, in die Meßapparatur eingeschalteten Bandpässen das Gesamtgeräusch in einzelne Teilbereiche vom Frequenzumfang einer Oktave, z. B. 100 bis 200 Hz, 200 bis 400 Hz usw., zerschnitten. Diese Pegelwerte L werden wiederum auf ein bestimmtes Schallschluckvermögen, und zwar diesmal auf $A_0 = 10\ \text{m}^2$, bezogen:

$$L_N = L + 10 \log \frac{A}{10}.$$

Der so erhaltene Schallpegel wird als *Norm-Trittschallpegel* bezeichnet und in Abhängigkeit von der mittleren Tonhöhe des Oktavbereichs aufgetragen, wie dies Abb. 14 zeigt.

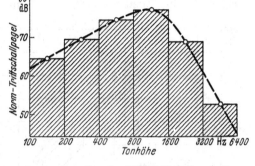

Abb. 14. Zur Darstellung des Norm-Trittschallpegels einer Decke in Abhängigkeit einer Tonhöhe; gemessen jeweils der auf einen Frequenzbereich von einer Oktave Bandbreite entfallende Schallpegel, dargestellt durch schraffiertes Rechteck.

Die eigentliche Meßapparatur besteht aus einem Schallpegelzeiger mit Anzeigegerät und einem Oktavsieb, das in den Verstärkungsgang eingeschaltet wird. Der Schallpegelzeiger muß durch Schallquellen von zeitlich konstanter Leistung [20] oder auf andere Weise öfters auf seine Absolutgenauigkeit überprüft werden. Die Genauigkeit von Trittschallmessungen hängt davon entscheidend ab (s. a. [15]).

Einfluß von Deckenoberfläche und Flächengröße. Die Genauigkeit von Trittschallmessungen wird außerdem noch von dem Zustand der Deckenoberfläche beeinflußt. Durch Staub, Sandkörnchen u. ä. wird der Trittschallpegel bei höheren Frequenzen vermindert, so daß bei Messungen auf eine saubere Deckenoberfläche zu achten ist. Abb. 15 a zeigt z. B. die Zunahme des Trittschallpegels (bei 3600 Hz) mit der Zeit bei einer Massivplattendecke ohne Estrich, also mit der beim Betonieren entstandenen Oberfläche. Diese Zunahme ist dadurch bedingt, daß beim Klopfvorgang zunächst einzelne, lose aufliegende Sandkörnchen zur Seite geschafft werden, bis die Hämmer auf einzelne fest mit der Decke verbundene gröbere Kiesel aufschlagen. In anderer Richtung wirken sich bestimmte Leichtbetonestriche aus, welche durch die periodisch auffallenden Hämmer zerstört werden, so daß die Hämmer schließlich auf eine dünne Sandschicht klopfen. Abb. 15 b zeigt an einem Beispiel, wie dadurch im Laufe der Zeit zu niedrige Trittschall-Pegelwerte erhalten werden.

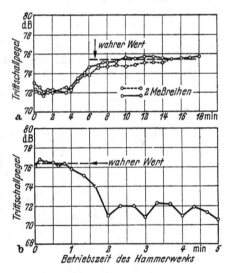

Abb. 15a u. b. Einfluß der Oberflächenbeschaffenheit auf die Genauigkeit von Trittschall-Pegelwerten. a Massivplattendecke ohne Estrich; b Massivdecke mit mager gebundenem Zementestrich.

Im Gegensatz zu der Auswertung bei der Luftschalldämmung wird beim Trittschallpegel die Fläche der Decke nicht berücksichtigt! Dies entspricht auch den bisherigen experimentellen Erfahrungen, wie dies Abb. 16 zeigt. Auch theoretisch ist dies verständlich.

Einfluß der Prüfräume. Im Gegensatz zu den Verhältnissen bei der Luftschalldämmung ist hier die Ausführung des Laboratoriums ohne große Bedeutung, wenn man von den Verhältnissen bei sogenannten zweischaligen Massivdecken absieht. Ebenso ergibt sich — mit der gleichen Einschränkung — das Trittschallverhalten von Decken im Laboratorium und in ausgeführten Bauten als etwa gleich. Abb. 17 zeigt dafür ein Beispiel. Dies ist darauf zurückzuführen, daß die Trittschallübertragung über die seitlichen Wände in allen praktisch interessierenden Fällen bei einschaligen Decken klein ist gegen die Direktübertragung. Deshalb sind auch die Trittschall-Pegelwerte einer Decke in einem Bau mit stark ausgeprägter Längsleitung und mit geringer Längsleitung praktisch gleich groß.

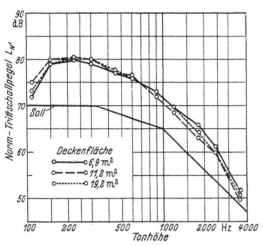

Abb. 16. Norm-Trittschallpegel für drei verschieden große Decken gleicher Konstruktion (Hohlkörperdecke mit Estrich auf Weichfaserdämmplatten); keine Abhängigkeit des Trittschallpegels von der Flächengröße der Decken vorhanden.

Eine Ausnahme bilden Massivdecken mit einer unterseitig angebrachten Verkleidung, z. B. einer Putzschale. Dabei ist meist die Trittschallübertragung über die seitlichen Wände von entscheidender Bedeutung. In diesem Fall hängt der Trittschallpegel von der Art der Wände ab; je dicker die Wände, um so geringer der Trittschallpegel. Derartige Decken sollten deshalb nur in Prüfständen mit bau‚ ähnlichen Nebenwegen oder in ausgeführten Bauten untersucht werden, wie dies DIN 52211 auch vorschreibt.

Messung mit sinusförmigen Wechselkräften. Für grundsätzliche Untersuchungen ist statt der physikalisch weniger durchsichtigen Impulsanregung durch ein Hammerwerk eine Anregung mit sinusförmigen Wechselkräften von TH. LANGE [21] benutzt worden. Die Wechselkraft wird durch eine Tauchspule erzeugt, welche im magnetischen Feld

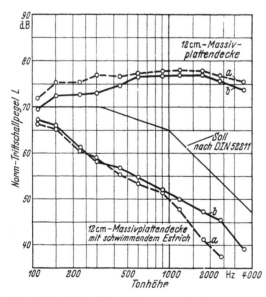

Abb. 17. Vergleich der Trittschall-Pegelwerte derselben Deckenausführung im Laboratorium und im Bau.
Kurve a: Laboratorium; Kurve b: Bau.

eines kräftigen Ringspaltmagneten schwingt und vom Wechselstrom eines Tonfrequenzgenerators durchflossen wird. Die Wechselkräfte liegen in der Größe von etwa 1 bis 5 kg. Gemessen wird der durch diese Wechselkräfte erzeugte Schallpegel in Abhängigkeit von der Tonhöhe.

b) Anforderungen.

In DIN 52211 sind Anforderungen an den Trittschallschutz von Wohnungstrenndecken enthalten. Danach soll der Norm-Trittschallpegel einer wohnfertigen Decke bestimmte Sollwerte im Mittel um nicht mehr als 2 dB überschreiten. Die Sollwerte sind in Abb. 18 eingetragen. Die Werte gelten sowohl für Untersuchungen im Laboratorium als auch in ausgeführten Bauten. Zweischalige Massivdecken sollen dagegen nur im Bau oder in Prüfständen mit bauähnlichen Nebenwegen untersucht werden.

In gleicher Weise wie das *Luft*schall-Schutzmaß ist in DIN 52211 auch ein Trittschall-Schutzmaß definiert worden. Es gibt wieder in dB an, wie groß die Verschiebung der Sollkurve sein muß, damit deren mittlere Überschreitung gerade 2 dB beträgt.

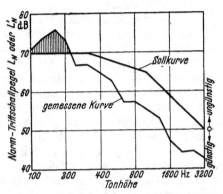

Abb. 18. Höchstzulässiger Norm-Trittschallpegel für eine Wohnungstrenndecke nach DIN 52211. Die Überschreitung der Sollwerte in ungünstiger Richtung (schraffierter Bereich) darf im Mittel höchstens 2 dB betragen.

c) Meßverfahren für Fußbodenausführungen.

Die Verbesserung des Trittschallschutzes durch Fußböden wird dadurch bestimmt, daß der Norm-Trittschallpegel der Decke ohne und mit dem zu

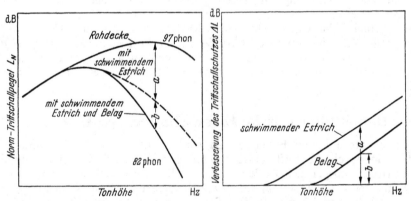

Abb. 19. Zur Definition der *Verbesserung ΔL des Trittschallschutzes* von Fußbodenausführungen.

prüfenden Fußboden gemessen wird, wie dies Abb. 19 zeigt. Die sich daraus errechnende Pegeldifferenz ΔL wird als *Verbesserung des Trittschallschutzes* bzw. als *Trittschallminderung* bezeichnet:

$$\Delta L = L_0 - L_1;$$

dabei bedeuten:

L_0 Norm-Trittschallpegel der Decke ohne Fußboden,
L_1 Norm-Trittschallpegel der Decke mit Fußboden.

ΔL ist, wie eingehende Untersuchungen [22], [23] ergeben haben, im wesentlichen unabhängig von der Art der Rohdecke, an der die Ergebnisse gewonnen worden sind. In den wichtigsten Fällen lassen sich auch die Verbesserungswerte addieren [22], z. B. für einen Gehbelag und einen schwimmenden Estrich. Dadurch läßt sich der Norm-Trittschallpegel einer wohnfertigen Decke berechnen, wenn der Norm-Trittschallpegel der Rohdecke und die ΔL-Werte für den Fußbodenaufbau bekannt sind. Auch die Norm-Trittlautstärke läßt sich daraus rechnerisch bestimmen [22].

Die Dämmwirkung eines Fußbodens gegen Trittschall läßt sich dagegen *nicht* eindeutig kennzeichnen durch die Verringerung der Norm-Trittlautstärke oder durch die Vergrößerung des Trittschall-Schutzmaßes (Näheres s. [24]).

Einfluß der Flächengröße. An sich wäre es wünschenswert, aus Gründen der Materialersparnis die Bestimmung der Verbesserung ΔL an möglichst kleinen Probestücken vorzunehmen. Bei *Gehbelägen*, deren trittschalldämmende Wirkung auf ihrer Federung beruht, würden relativ kleine Flächen von etwa $1/_{10}$ m² für eine eindeutige Messung genügen, da die Trittschallübertragung über den Belag auf die Decke sich lediglich auf die eigentliche Schlagstelle beschränkt. Um jedoch eine genügende Mittelung über verschiedene Stellen des Belags vornehmen zu können, empfiehlt sich die Verwendung einer größeren Fläche. In DIN 52210 sind dafür 2 m² vorgesehen.

Bei Estrichen auf Dämmschichten, sogenannten schwimmenden Estrichen, ist die Flächenabhängigkeit nach [7] ebenfalls verhältnismäßig gering, solange nicht bestimmte Mindestwerte unterschritten werden. Werden diese unterschritten, dann kann die für die Schallübertragung maßgebliche Luft an den seitlichen Kanten der Dämmschicht ausweichen, wodurch sich für tiefe Frequenzen zu günstige Werte für ΔL ergeben (geringere Steifigkeit der Luftschicht als im Normalfall). Bei Estrichflächen von etwa 4 m² kann noch mit Verbesserungswerten gerechnet werden, die denen von großflächigen Estrichen entsprechen. Die Erläuterung für diesen geringen Einfluß der Flächengröße ist in [7] zu finden.

Für gutachtliche Untersuchungen sollten jedoch, wie in DIN 52210 gefordert, stets Estriche von gleicher Größe wie die Prüfdecke verwendet werden, damit vor allem die Art der Randisolierung und auch verlegetechnische Unregelmäßigkeiten, die den verwendeten Dämmschichten eigentümlich sind, mit erfaßt werden.

D. Schalltechnische Eigenschaften von Bauten.

Die schalltechnischen Eigenschaften eines Hauses lassen sich erschöpfend nicht allein durch die Luftschalldämmung der Decken und Wände und den Norm-Trittschallpegel der Decken erfassen. Die Luftschalldämmung wird in entscheidender Weise auch von der sonstigen Bauart des Hauses beeinflußt [25]. Außerdem pflanzen sich verschiedene Störungen als Körperschall in einem Haus über mehrere Räume hinweg fort, wobei sich verschiedene Bauarten verschieden verhalten können.

a) Messung der Längsleitung bei Luftschall.

Die mittelbare Luftschallübertragung kann auf den in Abb. 9 skizzierten Wegen 2 und 3 erfolgen. Die Messung der Übertragung auf den verschiedenen Wegen ist nach einem Verfahren von Meyer, Parkin, Oberst und Purkis [26] möglich. Dabei werden die Schwingungen der einzelnen Wände ersatzweise an Stelle der Luftschallanregung durch auf die Wände gesetzte Körperschallsender hervorgerufen und der zugehörige abgestrahlte Luftschall gemessen.

Durch Verkleidung der Trenndecke und Trennwand kann der Weg 3 in Abb. 9 vollends unterdrückt werden, so daß die Übertragung auf dem Weg 2

übrigbleibt. Sie stellt die maximale Dämmung dar, welche zwischen zwei neben-
oder übereinanderliegenden Räumen möglich ist. Der Verfasser hąt vorgeschlagen [25], sie als maximale Luftschalldämmzahl oder als Grenzdämmzahl
zu bezeichnen.

Ihre Messung ist auf zwei Wegen möglich. Nach VAN DEN EIJK und KASTE-
LEYN [27] und GÖSELE [28] kann dazu die Luftschalldämmung R_2 über einen
zwischenliegenden Raum hinweg bestimmt werden (Abb. 20). Die maximale
Dämmzahl R_{max} ergibt sich dann zu

$$R_{max} = R_2 - D_L.$$

Dabei bedeutet D_L die Stoßstellendämpfung, d. h. die Abnahme der Schwingungsamplituden der Wände beim Übergang von einem zum nächsten Raum.

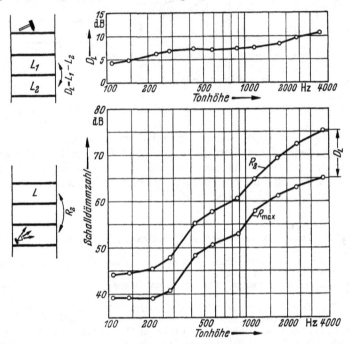

Abb. 20. Zur Bestimmung der maximalen Schalldämmzahl R_{max} für zwei übereinanderliegende Räume eines Hauses.

Sie kann z. B. durch Trittschallmessungen bestimmt werden, indem man die
Trittschall-Pegelwerte L_2 und L_1 in Abb. 20 bestimmt, wobei D_L die Differenz
dieser beiden Pegelwerte darstellt. Beim zweiten Verfahren [29] erzeugt man im
lauten Raum Luftschall und mißt die Körperschallamplituden v der Wände im
leisen Raum. Daraus errechnet man die abgestrahlte Schalleistung und damit den
Schallpegel des oberen Raums, wodurch die maximale Schalldämmzahl bekannt ist.

Die nach einem der beiden Verfahren bestimmte maximal mögliche Schalldämmzahl ist kennzeichnend für die Längsleitungsverhältnisse einer Bauart.
Vergleichswerte sind in [25] und [27] enthalten.

b) Messung der Körperschallausbreitung.

Die Ausbreitung von irgendwie erzeugtem Körperschall in einem Haus hängt
u. a. von der Bauart des Hauses, daneben noch in gewissem Maß von den
geometrischen Verhältnissen des Baus ab. Zur Messung wird mit einem Erreger,

z. B. einem Trittschall-Hammerwerk, Körperschall auf einer Decke oder Wand erzeugt. In verschiedenen Räumen, die unter oder neben der Anregungsstelle liegen, wird der durch den Trittschall erzeugte Schallpegel gemessen. Dieser wird noch auf eine einheitliche Schallschluckung der Räume umgerechnet und in ein Diagramm, wie es Abb. 21 zeigt, eingetragen. Daraus kann aus dem

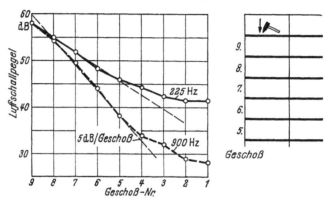

Abb. 21. Beispiel für die Messung der vertikalen Körperschallausbreitung in einem Hochhaus.

anfänglichen Teil der Kurve die Körperschallabnahme in dB je Stockwerk entnommen werden. Dieser Wert bewegt sich in der Größe von etwa 3 bis 6 dB/Stockwerk für übliche Bauten. Die Körperschalldämpfung ist etwas von der Frequenz abhängig und bei höheren Frequenzen größer als bei mittleren und tiefen Frequenzen (siehe auch [30]).

Schrifttum.

[1] SCHMIDT, R.: Dämpfungsmessungen an Schallwellen in festen Körpern. Ing.-Arch. Bd. 5 (1934) S. 352.

[2] OBERST, H.: Über die Dämpfung der Biegeschwingungen dünner Bleche durch fest haftende Beläge. Acustica 1952, AB 181.

[3] FURRER, W.: Die Untersuchung von Trittschall-Dämmstoffen. Schweiz. Bauztg. 1947, S. 711.

[4] FURRER, W.: Die Messung von Körperschalldämmstoffen im Laboratorium. Acustica 1956, Akustische Beihefte S. 160.

[5] COSTADONI, C.: Ein elektrodynamisches Gerät zur Messung mechanischer Scheinwiderstände von Körperschalldämmstoffen, insbesondere bei Belastung. Z. techn. Phys. Bd. 17 (1936) S. 108.

[6] BACH, W., u. K. GÖSELE: Die Bestimmung des dynamischen Elastizitätsmoduls von Trittschall-Dämmstoffen. Fortschr. u. Forsch. im Bauwes., Reihe D, H. 23: Schallschutz, Teil II. 1956, S. 17.

[7] GÖSELE, K.: Experimentelle Untersuchungen über die Wirkungsweise von schwimmenden Estrichen. Fortschr. u. Forsch. im Bauwes., Reihe D, H. 23: Schallschutz, Teil II. 1956, S. 39.

[8] WINTERGERST, E., u. H. KLUMPP: Grundlegende Untersuchungen über Schallabsorption. Z. VDI Bd. 77 (1933) S. 91.

[9] CREMER, L.: Die wissenschaftlichen Grundlagen der Raumakustik; Bd. III: Wellentheoretische Raumakustik. Leipzig: Hirzel 1950.

[10] CREMER, L.: Bestimmung des Schallschluckgrads bei schrägem Schalleinfall mit Hilfe stehender Wellen. Elektr. Nachr.-Techn. Bd. 10 (1933) S. 302. — Neue Methode zur absoluten Messung der Schallschluckung bei schrägen Einfallswinkeln. Elektr. Nachr.-Techn. Bd. 13 (1936) S. 36.

[11] SPANDÖCK, F.: Experimentelle Untersuchungen der akustischen Eigenschaften von Baustoffen durch die Kurztonmethode. Ann. Phys. Bd. 20 (1934) S. 328.

[12] MEYER, E., u. A. SCHOCH: Schluckgradvergleichsmessungen. Akust. Z. Bd. 4 (1939) S. 51.

[13] EISENBERG, A.: Schluckgradvergleichsmessungen 1950. Acustica 1951, 1, AB 106.

[14] Schoch, A.: Die physikalischen und technischen Grundlagen der Schalldämmung im Bauwesen. Leipzig: Hirzel 1937.

[15] Becker, Bobbert u. Brandt: Bauakustische Vergleichsmessungen. Acustica 1952, 2, AB 176.

[16] Klapdor, R.: Die Genauigkeit raum- und bauakustischer Messungen. Dissertation an TH. Karlsruhe 1955.

[17] Eisenberg, A.: Über das Meßverfahren der Schalldämmung von Wänden. Gesundh.-Ing. Bd. 70 (1949) S. 61.

[18] Ingerslev, Nielsen u. Larsen: The measuring of impact sound transmission through floors. Acoust. Soc. Amer. Bd. 19 (1947) S. 981.

[19] Gösele, K.: Zur Meßmethodik der Trittschalldämmung. Gesundh.-Ing. Bd. 70 (1949) S. 66.

[20] Spandöck, F.: Akustische Eichnormalien. Acustica 1955, 5, S. 197.

[21] Lange, Th.: Die Messung der Trittschalldämmung von Decken mit sinusförmiger Anregung. Acustica 1953, 3, S. 161.

[22] Gösele, K.: Zur Berechnung der Trittschalldämmung von Massivdecken. Gesundh.-Ing. Bd. 72 (1951) S. 224.

[23] Gösele, K.: Trittschallverbesserung von Fußböden auf verschiedenen Rohdecken. Noch nicht veröffentlicht.

[24] Gösele, K.: Die Kennzeichnung des Trittschallverhaltens von Decken und Fußboden-ausführungen. boden, wand u. decke 1955, H. 11, S. 323.

[25] Gösele, K.: Der Einfluß der Hauskonstruktion auf die Schall-Längsleitung bei Bauten. Gesundh.-Ing. Bd. 75 (1954) S. 282.

[26] Meyer, E., P. H. Parkin, H. Oberst u. H. J. Purkis: A tentative method for the measurement of indirect sound transmission in buildings. Acustica 1951, 1, S. 17.

[27] Eijk, J. van den, u. M. L. Kasteleyn: A method of measuring flanking transmission in flats. Acustica 1955, 5, S. 263.

[28] Gösele, K.: Das schalltechnische Verhalten von zweischaligen Massivdecken. Fortschr. u. Forsch. im Bauwes. Reihe D, Heft 23, 1956, S. 55.

[29] Gösele, K.: Abstrahlverhalten von Wänden. Acustica 1956, Akustische Beihefte, S. 94.

[30] Westphal, W.: Körperschallmessungen in einem Hochhaus. Acustica 1956, Akustische Beihefte S. 85.

XXI. Prüfung der Widerstandsfähigkeit von Baustoffen und Bauteilen gegen Feuer.

Von **Th. Kristen** und **G. Blunk**, Braunschweig.

A. Allgemeines.

Das Verhalten von Baustoffen und Bauteilen im Feuer ist im Normblatt DIN 4102, Blatt 1 bis Blatt 3, — Widerstandsfähigkeit von Baustoffen und Bauteilen gegen Feuer und Wärme — (2. Ausgabe, November 1940), ausführlich behandelt. Dieses Normblatt wird zur Zeit überarbeitet, um die Erfahrungen des In- und Auslands der letzten Jahre, besonders auch mit den neuen Baustoffen, zu verwerten und das Blatt möglichst weitgehend den Normen des Auslands anzupassen. Den folgenden Ausführungen ist zwar noch die alte Fassung von DIN 4102 zugrunde gelegt, doch sind schon die neueren Erkenntnisse, soweit sie wahrscheinlich eingearbeitet werden, berücksichtigt.

1. Begriffe und Begriffsbestimmungen nach DIN 4102.

Die Anforderungen an die Widerstandsfähigkeit von Baustoffen und Bauteilen werden nach DIN 4102, Blatt 1, durch folgende Begriffe und Begriffsbestimmungen gekennzeichnet:

a) Brennbare Baustoffe.

Als brennbar gelten Baustoffe, die nach der Entflammung ohne zusätzliche Wärmezufuhr weiterbrennen.

b) Schwer entflammbare Baustoffe.

Als schwer entflammbar gelten Baustoffe, die beim Brandversuch nach DIN 4102, Blatt 3, schwer zur Entflammung gebracht werden können und nur bei zusätzlicher Wärmezufuhr mit geringer Geschwindigkeit abbrennen. Nach Fortnahme der Wärmequelle muß die Flamme nach kurzer Zeit erlöschen. Darüber hinaus darf der Baustoff nur kurze Zeit nachglimmen. Als schwer entflammbar gelten auch Baustoffe, die bei Einwirkung von Feuer und Wärme verkohlen, ohne daß dabei Flammen auftreten, der Baustoff nachglimmt und das Feuer weitergetragen wird.

Die Eigenschaft „schwer entflammbar" kann auf Zeit auch durch Behandlung mit einem Schutzmittel erreicht werden.

c) Nicht brennbare Baustoffe.

Als nicht brennbar gelten Baustoffe, die nicht zur Entflammung gebracht werden können und auch ohne Flammenbildung nicht veraschen.

d) Feuerhemmende Bauteile.

Als feuerhemmend gelten Bauteile, die beim Brandversuch nach DIN 4102, Blatt 3, während einer Prüfzeit von $^1/_2$ h nicht entflammen und den Durchgang des Feuers während der Prüfzeit verhindern. Tragende Bauteile dürfen während der Prüfzeit ihre Standfestigkeit und Tragfähigkeit unter der rechnerisch zulässigen Last nicht verlieren.

Feuerhemmend bekleidete Bauteile dürfen auf der dem Feuer abgekehrten Seite nicht wärmer als 130° werden und müssen nach dem Brandversuch durchweg auf 1 cm Dicke erhalten geblieben sein.

e) Feuerbeständige Bauteile.

Als feuerbeständig gelten Bauteile aus nichtbrennbaren Baustoffen, die bei einem Brandversuch nach DIN 4102, Blatt 3, während einer Prüfzeit von $1^1/_2$ h dem Feuer und anschließend dem Löschwasser standhalten, dabei ihr Gefüge nicht wesentlich ändern, unter der rechnerisch zulässigen Last ihre Standfestigkeit und Tragfähigkeit nicht verlieren und den Durchgang des Feuers verhindern.

Feuerbeständig ummantelte Bauteile aus Stahl dürfen sich außerdem während des Brandversuchs auf höchstens 250° C, Stahlstützen auf 350° C erwärmen.

Einseitig dem Feuer ausgesetzte Bauteile dürfen auf der dem Feuer abgekehrten Seite während des Brandversuchs nicht wärmer als 130° C werden.

f) Hochfeuerbeständige Bauteile.

Als hochfeuerbeständig gelten Bauteile, die den Anforderungen an feuerbeständige Bauteile (s. Abschn. e) während einer Prüfzeit von 3 h genügen.

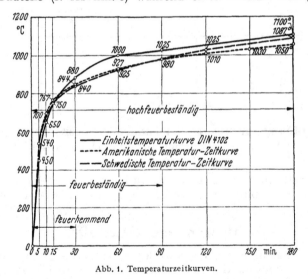

Abb. 1. Temperaturzeitkurven.

2. Bestimmungen des In- und Auslands.

a) Bestimmungen des Internationalen Schiffssicherheitsvertrags [1].

Das Wichtigste aus diesem Vertrag, der für fast alle Länder der Welt gilt, ist im folgenden angegeben:

Baustoffe. „Material, das weder brennt noch entzündliche Dämpfe in ausreichender Menge entwickelt, um bei einer Erhitzung auf etwa 750° C durch eine kleine Zündflamme entzündet zu werden, wird als nicht brennbar bezeichnet, alles übrige Material ist brennbar."

Bauteile. „*Feuerfeste* Trennflächen müssen aus Stahl oder einem anderen gleichwertigen Material hergestellt sein, in geeigneter Weise versteift und so gebaut sein, daß sie den Durchgang von Rauch und Flammen bis zur Beendigung des einstündigen Normal-Brandversuchs verhindern können. Ferner müssen sie einen solchen Isolierwert besitzen, daß die mittlere Temperatur der dem Feuer abliegenden Seite zu keinem Zeitpunkt während des Versuchs um mehr als 139° C über die Anfangstemperatur hinaus ansteigt und daß an keinem Punkt eine Temperaturerhöhung von mehr als 180° C über die Anfangstemperatur hinaus eintritt, wenn eine ihrer beiden Seitenflächen dem Normal-Brandversuch für die Dauer von einer Stunde (Temperaturkurve s. Abb. 1) unterzogen wird."

Ferner werden „feuerhemmende Trennflächen" erwähnt, die unter anderem „auf Grund ihrer Bauart den Durchgang der Flammen bis zum Ablauf der ersten halben Stunde des Normal-Brandversuchs verhindern können".

b) Begriffe des Auslands.

Im Gegensatz zu der in Deutschland geltenden DIN 4102, die auch im wesentlichen für Österreich [2] und die Schweiz [3] Gültigkeit hat, sind in den USA [4], [5], England [6], Schweden [7] und Holland [37] je nach der Brandgutbelegung eines Gebäudes andere Begriffe festgelegt [8], [9]. So gilt z. B. für Schweden die Klassifizierung nach Tab. 1.

Tabelle 1.

Bezeichnung		Prüfdauer in h	Beanspruchung durch Lösch-wasser in Min.	Höchsttemperatur auf der dem Feuer abge-kehrten Seite in °C
Feuersicher	Kl. A—8 . . .	8	8	150
Feuersicher	Kl. A—4 . . .	4	4	150
Feuersicher	Kl. A—2 . . .	2	2	150
Feuerbeständig	Kl. B—1 . . .	1	1	150
Flammenschützend	Kl. C—$^1/_2$ . . .	$^1/_2$	—	150
Schwerentzündbar	Kl. D	15 min	—	—

c) Verordnung zur Hebung der baulichen Feuersicherheit vom August 1943 [10] und Richtlinien für Luftschutz-Abschlüsse vom März 1954 [11].

Diese beiden Bestimmungen gelten bis zu ihrer endgültigen Fassung für die Bundesrepublik als verbindlich. Sie werden in der neuen DIN 4102 mit berücksichtigt.

B. Prüfung der Baustoffe.

Für Deutschland normenmäßig festgelegte Prüfungen gibt es zur Zeit nur bei Feuerschutzmitteln für Gewebe, Papier u. dgl. sowie Holz. Besonders fehlt in DIN 4102 ein Prüfverfahren für Weich-, Hartfaser-, Holzspan- und Kunstfaserplatten. In Braunschweig werden diese Platten in der Regel, soweit es sich um Bauteile handelt, als solche geprüft.

Es liegen für die Neubearbeitung von DIN 4102 eine Reihe von Vorschlägen von Hecht, Kollmann, Schütze, Seekamp, Vorreiter und Weise [12] bis [16] sowie aus dem Auslande vor [17], [18], [19], [20], die zum Teil an anderer Stelle in diesem Handbuch aufgeführt sind. Daher wird auf die Prüfung von Baustoffen an dieser Stelle nicht weiter eingegangen.

C. Prüfung der Bauteile.

1. Allgemeines.

Nach den bisherigen Prüfverfahren nach DIN 4102, Blatt 3, werden Bauteile in Brandräume eingebaut, die nach der Einheitstemperaturkurve geheizt werden (Abb. 1). Danach sind je nach dem geforderten Begriff sowohl Temperaturhöhe wie auch Dauer des Versuchs festgelegt. Der Brandraum wird mit Holz, Gas oder Öl geheizt. Die Temperaturen müssen mit Thermoelementen gemessen werden. Im Brandraum sind mindestens 3 Meßstellen im Abstand von 10 cm vom Probekörper und an der dem Feuer abgekehrten Seite des Versuchskörpers über die Oberfläche annähernd gleichmäßig verteilt anzubringen. Bei Beginn des Versuchs sollen die Temperaturen in der Umgebung des Körpers nicht unter 5° oder über 25° liegen. Es ist in geschlossenen Räumen zu prüfen, um das Einwirken der Witterung, vor allem des Winds auszuschalten. Das Alter von gemauerten Prüfkörpern oder solchen aus Beton soll zweckmäßig bei der Prüfung mindestens 3 Monate sein [21].

Ein Vergleich dieser Einheitstemperaturkurve, z. B. mit der schwedischen und mit der in den USA entwickelten Temperatur-Zeitkurve, die auch für Normal-Brandversuche nach dem Internationalen Schiffssicherheitsvertrag gilt, zeigt, daß zwischen diesen Kurven nur unwesentliche Unterschiede bestehen. Im Sinne einer internationalen Vereinheitlichung wäre es erstrebenswert, die Kurven einander anzupassen, von denen in Abb. 1 der Verlauf für die ersten 3 h eingezeichnet ist. In Schweden, USA und England erstrecken sich die Prüfungen für Bauteile bis zu einem Zeitraum von 8 h; dabei erreichen die Schweden nach 8 h 1130°, die Amerikaner 1260°. Die deutsche Forderung, auf der dem Feuer abgekehrten Seite höchstens 130° zuzulassen, wird zweckmäßig auf 150° erhöht.

2. Prüfung von Wänden und Wandverkleidungen.

Außer den nach DIN 4102, Blatt 2, als „feuerhemmend", „feuerbeständig" und „hochfeuerbeständig" bezeichneten Wänden und Wandverkleidungen sind in neuerer Zeit eine Vielzahl neuer Wandkonstruktionen mit Erfolg [22] auf ihr Verhalten im Feuer geprüft worden, so daß sie ebenfalls unter diese Begriffe ohne weiteren Nachweis eingereiht werden können, z. B. Wände aus Porenbeton, Hohlblocksteinen aller Art usw.

a) Wände.

Wände sollen in einer Fläche von etwa 2 m × 2 m geprüft werden, wobei auf tragende Wände während des Brandversuchs die rechnerisch zulässige Last aufzubringen ist. Die Versuchswände werden zur Prüfung vor die Öffnung eines Brandhauses gebaut.

Als Baumaterial der Brandhäuser hat sich in Braunschweig z. B. die Verwendung von Mauerziegeln und Kalksandsteinen als Außenmauerwerk und eine Verkleidung der Innenflächen mit 15 cm dickem Mauerwerk aus dampfgehärtetem Porenbeton, mit Schamottesteinen oder mit 25 mm Spritzasbest gut bewährt. Auf der Rückseite dieser Brandhäuser ist eine hinreichend große Öffnung vorzusehen, um das Prüfobjekt unmittelbar nach dem Brandversuch der vorgeschriebenen Löschwasserbeanspruchung aussetzen zu können. Zweckmäßig ist der Einbau eines Beobachtungsfensters aus Drahtglas, um das Verhalten des Bauteils während des Brandversuchs zu beurteilen.

b) Wandverkleidungen.

Wandverkleidungen (Leichtbauplatten usw.) werden in einer Fläche von mindestens 1 m × 2 m geprüft. Hierbei ist besonders darauf zu achten, ob die dem Feuer ausgesetzte Seite des Prüfkörpers entflammt. Nach Beendigung des Versuchs darf die Verkleidung weder brennen noch nachglimmen.

Abb. 2. Brandhaus für Wände.

c) Verglasungen.

Verglasungen werden vor die Öffnung eines Brandraums in den Abmessungen und in der Art eingebaut, wie sie für die praktische Ausführung vorgesehen sind. Geprüft wird während einer Stunde nach der Einheitstemperaturkurve. Bei der Prüfung muß die Verglasung den Einwirkungen des Feuers so viel Widerstand leisten, daß sie während des Brandversuchs als Abschluß wirksam bleibt und weder Flammen noch Rauch durchläßt. Unmittelbar nach der einstündigen Feuereinwirkung ist die Verglasung mit Löschwasser zu beanspruchen. Der Abschluß darf dabei nicht zerstört werden. Verglasungen, die diesen Brandversuch bestehen, dürfen in feuerbeständige Bauteile eingebaut werden.

3. Prüfung von Decken und Trägern.

a) Prüfungsart.

Die Versuchskörper müssen der beabsichtigten Ausführung entsprechen und in möglichst großen Abmessungen geprüft werden, z. B. Decken und Dächer in einer Fläche von mindestens 2 m², Unterzüge und Balken in einer Länge

von mindestens 3 m. Alle tragenden Bauteile sind unter der rechnerisch zulässigen Last zu prüfen; dies ist besonders wichtig bei Bauteilen aus Leichtmetall, Stahl und Stahl-
beton. Das Aufbringen der
Last erfolgt am einfachsten
durch Stahlplatten oder
Steine [23]. Je nach der
Art des zu prüfenden Bau-
teiles muß die Last in den
Achtelpunkten oder in
Feldmitte angreifen. Im allgemeinen werden die Dek-
ken und Träger zweck-
mäßig als Balken auf zwei
Stützen geprüft, um ein-
fache statische Verhält-
nisse zu schaffen. Die lichte
Höhe des Brandhauses darf
rd. 1,3 m nicht unterschreiten, um den erforderlichen
Putz an der Deckenunter-
seite leicht aufbringen zu
können.

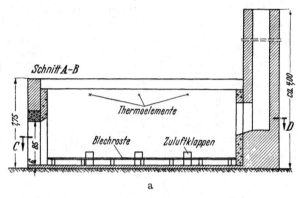

a

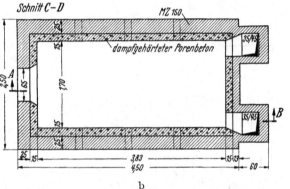

b

Bei Decken und Trägern
aus Stahlbeton ist neben
der bisher nur vorgeschriebenen Temperaturmessung
auf der dem Feuer ab-
gekehrten Seite der Einbau
von Thermoelementen innerhalb der Decke
oder des Trägers namentlich an den
Stählen selbst von besonderer Wichtigkeit,
da die Widerstandsfähigkeit einer Massivdecke oder eines Trägers wesentlich von
der Erwärmung der Stahleinlagen abhängt.

b) Decken und Deckenverkleidungen.

Die grundlegenden Versuche zur Bestimmung der Widerstandsfähigkeit von
Massivdecken gegen Feuer wurden in
Berlin-Dahlem durchgeführt [24] und fanden ihren Niederschlag in DIN 4102,
Blatt 2. Neuere Untersuchungen, vor allem
an Decken aus Spannbeton, wurden kürz-
lich in England vorgenommen [25]. Dabei
stellte sich heraus, daß die Größe des
Brandhauses von 3,05 m × 3,05 m nicht
ausreicht. Ein neues Brandhaus mit einer

c

Abb. 3a bis c. Brandhaus für Decken und Träger.

Prüföffnung von 8,0 m (Länge) × 4,0 m (Breite) wird deshalb gebaut. Die Prüfverfahren unterscheiden sich von den deutschen nur unwesentlich. Auch die
englischen Forschungen lassen erkennen, daß es bei den Deckenprüfungen vor

allem darauf ankommt, die während des Brandversuchs auftretenden Temperaturen an den Bewehrungsstählen zu messen [26].

Die Prüfungen zur Bestimmung des Verhaltens von Decken gegen Feuer müssen stets so erfolgen, daß die Versuchsstücke an ihrer Unterseite beansprucht werden. Zuweilen ist es aber auch von Interesse, Decken durch Feuerbeanspruchung von oben zu prüfen. Bei Untersuchungen im Institut für Baustoffkunde und Materialprüfung der Technischen Hochschule Braunschweig wurden etwa 2 m² große Decken in einem Versuchsstand (s. Abb. 4) nach der Einheitstemperaturkurve von oben geprüft [27].

Die Prüfung der Deckenverkleidungen, wie z. B. Streckmetall als Putzträger für Vermiculite-Mörtel oder Schallschluckplatten aus Gips, erfolgt zweckmäßig in den Abmessungen von mindestens 2 m × 2 m. Bei den Versuchen ist darauf zu achten, daß die dem Feuer abgekehrte Seite abgedeckt wird, damit der Praxis entsprechend zwischen Deckenverkleidung und Decke ein Luftraum entsteht, in dem ein Wärmestau erzeugt wird. Bei Verzicht auf die Abdeckung kann die Wärme an die Luft abgegeben werden, und das Ergebnis der Messung würde gegenüber den Verhältnissen bei einem Schadenfeuer verfälscht.

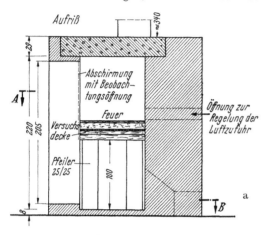

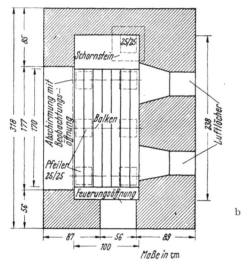

Abb. 4 a u. b. Brandhaus für die Prüfung von Estrichen.

c) Träger.

Das in Abb. 3 dargestellte Brandhaus eignet sich für die Prüfung von Decken und Trägern. Bei dem Einbau von Trägern ist das Brandhaus mit Platten abzudecken, da sonst der nach der Einheitstemperaturkurve geforderte Temperaturanstieg nicht erreicht wird. Als Material zum Abdecken haben sich in Braunschweig Platten aus dampfgehärtetem Porenbeton, deren Bewehrungsstähle unterseitig 4 cm überdeckt waren, gut bewährt.

Für die Prüfung von Spannbeton-Trägern ist im Brandsicherheitsinstitut Delft, Holland, das in Abb. 5 dargestellte Brandhaus mit einer lichten Öffnung von 8,0 m × 0,5 m erbaut. Die Beheizung erfolgt mit Hilfe von 40 Propangas-Brennern. Das Brandhaus ist so konstruiert, daß Träger von 2,0 m bis 8,0 m Länge als Balken auf zwei Stützen oder auch als Durchlaufträger geprüft werden können [38].

Abb. 6 zeigt ein Brandhaus zur Prüfung von Stahlfachwerkkonstruktionen, die unterseitig durch leichte Zwischendecken gegen Feuer geschützt wurden [28], [29], [30].

Abb. 5. Brandhaus für die Prüfung von Trägern.

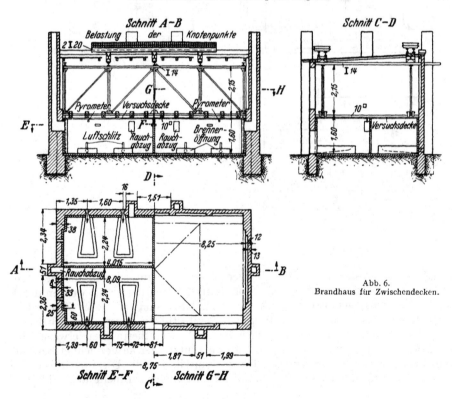

Abb. 6.
Brandhaus für Zwischendecken.

4. Prüfung von Stützen und Pfeilern [31].

Stützen und Pfeiler müssen in einer Höhe von mindestens 3 m geprüft werden. Die Temperatur der Stahlstützen darf während des Brandversuchs 350° nicht überschreiten.

Ein Brandhaus für die Prüfung von Stützen und Pfeilern ist in Abb. 7 dargestellt (Brandhaus der Bundesanstalt für Mechanische und Chemische Materialprüfung). Der Prüfstand wurde mit einem großen Kostenaufwand mit Hilfe des Stahlbauverbands errichtet, da es darauf ankam, die Stützen während des Brandes unter der zulässigen Last untersuchen zu können. Die Ergebnisse der

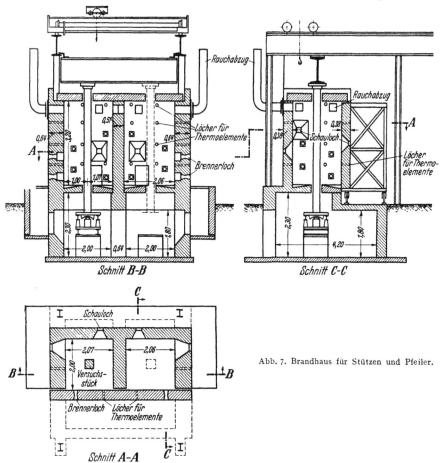

Abb. 7. Brandhaus für Stützen und Pfeiler.

damals in Berlin-Dahlem [21], [32] geprüften Ummantelungen, die den Anforderungen genügten, sind in DIN 4102, Blatt 2, eingetragen; sie werden durch neuere Versuchsergebnisse ergänzt. Aus den USA sind in letzter Zeit solche Versuchsergebnisse bei der Prüfung von Stahlstützen gegen Feuer bekannt geworden [30], [33]. Bei diesen Versuchen hat sich überraschenderweise eine Verkleidung mit 2,5 cm Vermiculite-Gips auf Putzträger ausgezeichnet bewährt und die Bedingungen an feuerbeständige Bauteile erfüllt. Die in der Bundesrepublik durchgeführten Versuche ähnlicher Art sind noch nicht abgeschlossen.

5. Prüfung von Treppen.

Bei der Prüfung von Treppen soll die Mindestlänge eines Laufes mindestens 3 m betragen. Der Treppenlauf muß der Praxis entsprechend eingebaut werden. In Abb. 8 ist die Versuchsanordnung für eine Montagetreppe aus Betonfertigteilen dargestellt. Beim Herrichten des Versuchsstands ist darauf zu achten, daß die seitlichen Ränder des Treppenlaufes mit dem Mauerwerk des Brandhauses nicht verbunden sind, damit sich der Versuchskörper während der Prüfung bewegen kann. Die Podestbalken als wichtiges tragendes Bauteil der Treppe sind so anzuordnen, daß sie ebenfalls dem Feuer ausgesetzt sind.

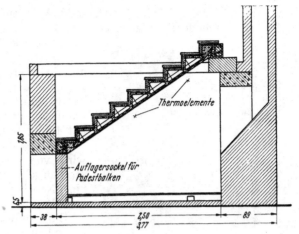

Abb. 8. Brandhaus für Treppen.

6. Prüfung von Schornsteinen.

Zur Prüfung von Schornsteinen sind zwei freistehende etwa 4,5 m hohe Einzelschornsteine zu errichten. Für die Einführung der Heizgase ist etwa 1 m über dem Fußboden eine Öffnung in dem Schornstein vorzusehen. Geheizt wird an zwei aufeinanderfolgenden Tagen je 6 h. Das Prüfverfahren ist im einzelnen in DIN 4102, Blatt 3, beschrieben. Abb. 9 zeigt einen Versuchsstand.

Für die „Formstücke aus Leichtbeton für Rauchschornsteine häuslicher Feuerstätten" wird im Entwurf DIN 18150 außer den geforderten Abmessungen, Beschaffenheit der inneren Wandflächen und Druckfestigkeiten der Formstücke, Angaben über die verwendeten Zuschlagstoffe und die Betonrohwichten nur noch die Innendruckprüfung verlangt, bei der auf 100 l Schornsteininhalt 7,0 Nl Luft je sek in den oben und unten abgedichteten Zug eines Formstücks eingeblasen werden. Ein Überdruck von 12 mm WS muß dabei erreicht werden.

7. Prüfung von Schornsteinreinigungsverschlüssen.

Abb. 9. Versuchsstand zur Prüfung von Schornsteinen.

Die Prüfung von Schornsteinreinigungsverschlüssen erfolgt nach der 1942 erlassenen „Verordnung über Grundstückseinrichtungsgegenstände" [34]. Die Verfahren sind in dem Abschnitt „Bau- und Prüfgrundsätze für Schornsteinreinigungsverschlüsse" beschrieben.

In Abb. 10 ist ein Prüfstand dargestellt. Vor dem Versuchsstück ist eine an einem Seil hängende Stahlkugel erkennbar, die vor der Feuerbeanspruchung so ausgelenkt und fallengelassen wird, daß an dem Versuchsstück eine Schlagarbeit von 3 mkg auftritt. Für Reinigungsverschlüsse aus Beton ist diese Schlagarbeit vom Ländersachverständigenausschuß für neue Baustoffe und Bauarten auf 1 mkg festgesetzt.

Abb. 10. Versuchsstand zur Prüfung von Schornsteinreinigungsverschlüssen.

Die Gasdichtigkeit der Verschlüsse wird vor und nach der Prüfung auf mechanische Festigkeit durch Entzündung eines Nebelpulvers (Bergermischung) festgestellt.

Zur Prüfung der Widerstandsfähigkeit gegen Feuer wird der Reinigungsverschluß eine halbe Stunde so beheizt, daß die Temperatur 10 cm vor dem Versuchsstück im Innern des Schornsteins nach der Einheitstemperaturkurve verläuft. Schornsteinreinigungsverschlüsse müssen die an feuerhemmende Bauteile nach DIN 4102 gestellten Anforderungen erfüllen.

8. Prüfung von Dacheindeckungen.

Zur Prüfung der Widerstandsfähigkeit von Dacheindeckungen gegen Flugfeuer und strahlende Wärme gibt es vorläufig nur das in DIN 4102, Blatt 3, eingehend beschriebene Prüfverfahren, das sich auf Dachpappe beschränkt, jedoch auch für Dacheindeckungen aus Kunststoffen geeignet ist.

9. Prüfung von Raumabschlüssen.

Die folgenden Abschnitte behandeln auch Prüfungen für Luftschutzzwecke nach den heutigen Bestimmungen.

a) Widerstandsfähigkeit gegen Feuer.

Raumabschlüsse, wie z. B. Türen, Brandwand-Durchbrüche, Tiefkellerabdeckungen und Notausstiegsklappen, sind in beabsichtigter Größe zu prüfen [11].

Feuerhemmende Türen müssen vor Beginn des Brandversuchs rauchdicht sein. Für die Prüfung der Widerstandsfähigkeit gegen Feuer hat sich ein Brandhaus nach Abb. 11 gut bewährt, das sowohl mit Ölbrennern als auch mit Holz beheizt werden kann und gleichzeitig als Nebelkammer bei der Prüfung von Luftschutz-Abschlüssen auf Gasdichtigkeit zu verwenden ist.

Die Thermoelemente sind bei der Prüfung von Raumabschlüssen aus Stahl auf der dem Feuer abgekehrten Seite an den Stellen anzubringen, an denen besonders hohe Temperaturen zu erwarten sind, besonders also bei durch die Konstruktion bedingten Wärmebrücken, wie z. B. Aussteifungen der Türbleche durch Profilstähle oder Verbindungsbolzen der Verschlußhebel. Zur überschläglichen Bestimmung der Temperaturen haben sich in Braunschweig temperaturempfindliche Kennfarben (Thermochrom und Thermocolor) bewährt. Während des Brandversuchs ist darauf zu achten, daß durch die Formänderungen der Bauteile z. B. durch Abbiegen der Türblatt-Ecken keine Flammen zwischen Blatt und Zarge herausschlagen.

Neben umfangreichen Prüfungen von Feuerschutz- und Luftschutzraum-Abschlüssen in Braunschweig sind in der Staatlichen Prüfanstalt Stockholm systematische Untersuchungen an Feuerschutztüren durchgeführt worden [35]. Die schwedischen und deutschen Prüfverfahren von Raumabschlüssen unterscheiden sich nur unwesentlich, doch sind die Forderungen, die an die Begriffe zur Klassifizierung gestellt werden, in Schweden genauer festgelegt. Zum Beispiel darf bei einem Brandversuch auf der dem Feuer abgekehrten Seite keine höhere Temperatur als 200° auftreten. An einzelnen Stellen, wie neben dem Schloß oder den Versteifungseisen, wird jedoch eine Temperatur bis zu 250° C zugelassen. Das Türblatt darf bei Formänderungen sich um nicht mehr als die halbe Blattdicke von der Zarge bzw. Leibung abheben und dabei keine Flammen oder heiße Gase austreten lassen. Wenn der Abschluß dem Feuer von beiden Seiten widerstehen soll, muß er sowohl mit der einen, wie auch mit der anderen Seite dem Feuer zugewendet geprüft werden [35]. Angaben über die Prüfung von Raumabschlüssen in den USA und England finden sich in [5] und [36].

Abb. 11. Brandhaus für Feuerschutztüren.

b) Prüfung auf mechanische Festigkeit.

Neben der Prüfung auf Widerstandsfähigkeit gegen Feuer sind Raumabschlüsse für Luftschutzbauwerke auf mechanische Festigkeit zu prüfen.

α) *Prüfung der Dauerfestigkeit.*

Zur Prüfung der Dauerbeanspruchung von Raumabschlüssen wird mit Hilfe einer selbsttätigen Vorrichtung das Versuchsstück 5000mal etwa 60° geöffnet und durch einen ungedämpften Türschließer zugeworfen. Nach dieser Beanspruchung wird festgestellt, ob der Raumabschluß gebrauchsfähig

Abb. 12. Versuchsstand für die Prüfung der Dauerbeanspruchung von Türen.

geblieben ist. Verwindungen des Türblatts oder sonstige Veränderungen am Verschluß oder Füllmaterial dürfen nicht auftreten. Abb. 12 zeigt einen Türflügel einer Luftschutztür in geöffnetem Zustande.

β) Prüfung auf Staudruck und Stausog.

Die Widerstandsfähigkeit der Luftschutzraum-Abschlüsse gegen auftretenden Staudruck wird als ausreichend erachtet, wenn sie eine gleichmäßig verteilte Belastung von 500 kg/m² aufnehmen können. Bei der Prüfung muß der Abschluß mit seiner Zarge waagerecht aufliegen. Es darf keine größere mittlere Durchbiegung des Türblatts als 1 cm auftreten. Die Prüfung ist beiderseits durchzuführen.

γ) Kugelschlagprobe.

Eine Stahlkugel von 15 bzw. 30 kg Gewicht wird an einem Seil von 170 cm Länge in einem Abstand von etwa 20 cm (gemessen zwischen Tür und Seil) aufgehängt. Zur Durchführung der Schlagprobe wird die Kugel soweit angehoben, daß sie aus 1 m Entfernung (gemessen zwischen Türblatt und Kugelmittelpunkt) gegen die Tür schlägt. Abweichungen von dieser Versuchsanordnung sind zugelassen, doch muß die aufgewandte Schlagarbeit den vorstehenden Angaben entsprechen, also bei der 15 kg-Kugel 3 mkg, bei der 30 kg-Kugel 6 mkg betragen. Die Schlagbeanspruchung ist zehnmal auf verschiedenen Stellen des Türblatts vorzunehmen. Einzelheiten sind aus Tab. 2 zu entnehmen.

Tabelle 2. *Prüfung der Abschlüsse auf mechanische Festigkeit.*

Türen	Türmaß cm × cm	Versuchskugel kg	Beanspruchung in mkg
Einflügelig . . . . . . {	82,5 × 180	15	3 Außenseite
	120 × 205	30	6 Beide Seiten
Zweiflügelig	245 × 205	30	6 Jeder Flügel auf beiden Seiten

c) Prüfung auf Gasdichtigkeit.

Nach den in Abschn. b angegebenen Prüfungen werden Luftschutzabschlüsse in die Öffnung einer Nebelkammer eingebaut. Im Innern der Kammer wird als Vernebelungsmasse Zinknebel (Bergermischung) — 2 g auf 1 m³ Rauminhalt — entzündet, der Abschluß verschlossen und im Innenraum durch Einführen von Preßluft ein Überdruck zwischen 5 und 10 mm Wassersäule gehalten. Ermittelt wird während 10 min Versuchsdauer, ob und an welchen Stellen Nebel austritt. Zur Wahrnehmung etwa austretenden Nebels ist der Abschluß insbesondere an der Anschlagfläche der Zarge sorgfältig mit einer Leuchte abzusuchen. Die Erkennbarkeit austretenden Nebels wird erleichtert, wenn die Helligkeit des Beobachtungsraumes soweit wie möglich herabgesetzt wird.

Wie schon eingangs erwähnt, beruhen die Ausführungen noch größtenteils auf den Forderungen des Normblatts DIN 4102, Blatt 1 bis 3. Die wahrscheinlich kommenden Abweichungen sind z. T. eingearbeitet worden. Eine endgültige Beurteilung war daher an dieser Stelle zur Zeit nicht möglich.

Schrifttum.

[1] Internationaler Schiffssicherheitsvertrag, London 1948.
[2] ÖNORM (Entwurf): Widerstandsfähigkeit von Baustoffen, Bauteilen und Bauweisen gegen Feuer und Wärme.
[3] Bautechnischer Feuerschutz im Industriebau. Schweiz. Bauztg. Juli 1950.

[4] ASTM E 119—54.

[5] ASTM C 152—41.

[6] British Standard Specification: Fire Tests on Building Materials and Structures. B.S. 476, 1953.

[7] Staatliche Prüfanstalt Stockholm, Mitteilung 66: Bestimmungen für die Feuerprüfung und die Klassifizierung von Baumaterial, Konstruktionen usw. (feuertechnische Klasseneinteilung). Stockholm 1948.

[8] HENN: Feuerschutz im Industriebau. Bauwelt Bd. 13 (1954).

[9] KRISTEN u. PIEPENBURG: Baulicher Feuerschutz. Baupl. u. Bautechn. März 1949.

[10] Verordnung zur Hebung der baulichen Feuersicherheit v. 20. 8. 1943.

[11] Richtlinien für Luftschutzabschlüsse. Fassung März 1954.

[12] KLAUDITZ u. STEGMANN: Kennzeichnung der Brennbarkeit von Holzfaser-Isolierplatten.

[13] SEEKAMP: Die Klassifizierung der Brennbarkeit holzhaltiger Platten. Z. Holz Bd. 12 (Mai 1954).

[14] SCHÜTZE: Untersuchungen und Aufstellung von Methoden und Meßvorschriften für die feuerschutztechnische Beurteilung der Eigenschaften der Baustoffe im Brandfall. Dissertation Braunschweig 1955.

[15] JENTSCH: Neuere Untersuchungen zur Klassifizierung der Brennbarkeit von Holz. Z. Holz Bd. 10 (1952); Bd. 11 (1953); Bd. 12 (1954).

[16] METZ u. SEEKAMP: Prüfgerät zur Messung der Widerstandsfähigkeit von Holzfaserplatten gegen Feuer. Z. Holz Juni 1940.

[17] ASTM E 69—50.

[18] ASTM E 160—50.

[19] CLARKE: The value of fire-retardant treatments. Record of the 1952 Annual Convention of the British Wood Preservers' Association.

[20] Underwriters' Laboratories, Inc., Bulletin of Research Nr. 32, Sept. 1944 — Fire Hazard Classification of Building Materials.

[21] Fortschritte und Forschungen im Bauwesen: Baulicher Feuerschutz, Reihe B, H. 4. Berlin 1944.

[22] KRISTEN, WESTHOFF u. BLUNK: Untersuchungen von Baustoffen auf Feuerbeständigkeit; Forschungsauftrag für das Bundesministerium für Wohnungsbau, Juni 1954.

[23] GAEDE: Worauf muß bei der Durchführung von Deckenversuchen geachtet werden? Betonstein-Ztg. Juli 1950, 7. Heft.

[24] KRISTEN, HERRMANN u. WEDLER: Brandversuche mit belasteten Eisenbetonteilen und Steineisendecken. Dtsch. Ausschuß Stahlbeton H. 89, Berlin 1938.

[25] HILL, A. W.: Der Einfluß ungewöhnlicher Temperaturen auf Konstruktionen aus vorgespanntem Beton. Internationaler Verein des Spannbetons, London, Okt. 1953.

[26] GUYON, Y.: Béton Précontrait. Paris 1951.

[27] KRISTEN, BLUNK u. GASSMANN: Feuerschutz von Holzbalkendecken bei Brandausbreitung von oben nach unten. Forschungsauftrag des Ministeriums für Finanzen und Wiederaufbau Rheinland-Pfalz, 1954.

[28] KRISTEN: Wie lange kann die Einwirkung von Feuer auf Stahlfachwerke durch leichte Zwischendecken hinausgeschoben werden? Bauingenieur XVII. Jg. (1936) H. 5/6.

[29] BAAR: Brandversuch an einem Träger. Cément 1950, H. 13/14.

[30] Leichte feuerbeständige Ummantelungen der Stahlgerüste. Engng. News Rec. 6. Nov. 1952.

[31] BUSCH: Feuereinwirkung auf nichtbrennbare Baustoffe und Baukonstruktionen. Berlin 1938.

[32] HERRMANN: Brandversuche an verschiedenen geputzten Eisenbetonstützen. Wiss. Abh. Dtsch. Mat.-Prüf.-Anst. II. Folge, Heft 4.

[33] DEFAY: Schutz der Stahlkonstruktionen gegen Feuer. L'Ossature Métallique 1953, H. 1, S. 53.

[34] Verordnung über Grundstückseinrichtungsgegenstände vom 27. Jan. 1942. Berlin 19. Juni 1944.

[35] Staatliche Prüfanstalt Stockholm, Mitteilung 105: Ausfindigmachen einer Normaltype für Feuerschutztüren. Stockholm 1948.

[36] Regulations of the National Board of Fire Underwriters for the Protection of Openings in Walls and Partitions against Fire, 1939.

[37] V 1076 (Entwurf): Brandbaarheid, ontvlambaarheid, vlamuitbreiding en brandwerenheid van bouwmaterialen en bouwconstructies. Delft, Februar 1955.

[38] Vorläufiger Bericht der Holländischen Betonvereinigung: Brandproeven op voorgespannen betonliggers.

XXII. Prüfung der Fußbodenbeläge.

Von **K. Egner**, Stuttgart.

A. Allgemeines.

Bei der Prüfung von Fußbodenbelägen sind die tatsächlichen Beanspruchungen und die für den jeweiligen Gebrauch wichtigen Eigenschaften zu berücksichtigen. So wird man bei Belägen für Wohnbauten, Büros u. dgl., die dem längeren Aufenthalt von Menschen dienen und lediglich begangen werden, u. a. auch die wärme- und schalltechnischen Eigenschaften zu erkunden haben; bei Böden, die vorwiegend der rollenden Beanspruchung durch Räder, z. B. in Werkhallen, ausgesetzt sind, spielen letztgenannte Eigenschaften eine untergeordnete Rolle. Auch die Art der Beanspruchung beim Abnutzvorgang, die Höhe örtlich wirkender Lasten, das Auftreten von Stoßbeanspruchungen u. a., sind verschieden, je nachdem es sich vorwiegend um Wohn- oder um Industriebeläge handelt.

B. Ermittlung der Reibungszahlen.

Zur Vermeidung von Unfällen müssen die Gehbeläge hinreichende Gleitsicherheit aufweisen; diese kann durch die Reibungszahlen μ_h für Haftreibung und μ_g für Gleitreibung gekennzeichnet werden.

Für die Ermittlung der Reibungszahlen von Gehbelägen hat sich in der Forschungs- und Materialprüfungsanstalt für das Bauwesen an der Techn.

Abb. 1. Versuchsanordnung zur Ermittlung der Reibungszahl.

Hochschule Stuttgart die Versuchsanordnung nach Abb. 1 bewährt [1]. Der mit nichtprofiliertem Schuhsohlengummi und mit Leder auf den Druckflächen

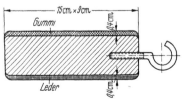

Abb. 2. Gleitkörper für die Ermittlung der Reibungszahl.

mit den Abmessungen 9 und 15 cm belegte Gleitkörper (vgl. Abb. 2) wird bei der Prüfung mit einer Winde bei gleichbleibender Geschwindigkeit von 6 cm/sek über den zu prüfenden Belag gezogen, wobei die zur Überwindung der Haftreibung erforderliche Kraft P_h und die zur Erzielung der Gleitbewegung nötige Kraft P_g an einem in das Zugseil eingehängten Dynamometer abgelesen werden können. Das Gewicht des Gleitkörpers soll einschließlich einem aufgelegten Zusatzgewicht $G = 45$ kg betragen. Beläge in Folienform werden vor der Prüfung auf eine Holzunterlage aufgeklebt.

Die Reibungszahlen können aus den Beziehungen

$$\mu_h = \frac{P_h}{G} \quad \text{und} \quad \mu_g = \frac{P_g}{G}$$

berechnet werden.

Zweckmäßig werden die Reibungszahlen sowohl mit auf dem Prüfbelag aufliegender Gummi- als auch Lederbekleidung des Gleitkörpers, außerdem bei trockener und bei angefeuchteter Oberfläche des Prüfbelags ermittelt.

C. Ermittlung des Verhaltens bei der Verschleißprüfung[1].

In Deutschland und im Ausland sind in den vergangenen Jahrzehnten eine große Zahl von Prüfverfahren zur Erkundung des Verschleißes von Bodenbelägen entwickelt worden, die sich nach der Art der verwendeten Zwischen- und Gegenstoffe[2], der Bewegung des Prüfkörpers (Grundkörpers) relativ zum Gegenstoff und der Belastung weit unterscheiden [2]. Keines dieser Verfahren konnte sich bis jetzt als universelles Prüfverfahren durchsetzen. Nach Lage der Dinge sind getrennte Verfahren für Beläge, die dem Rollverkehr unterliegen (Industriebeläge) und für Beläge in Wohn-, Büro- und ähnlichen Räumen für ausschließlichen Verkehr durch Menschen erforderlich.

Bei Belägen aus Naturstein und bei Hartbetonbelägen wird in Deutschland der Korn-Gleit-Verschleiß auf der Böhme-Scheibe unter Verwendung eines zwischen den Prüfstellen des Bundesgebiets vereinbarten künstlichen Prüfschmirgels ,,Elektrorubin R 100/120''[3] gemäß DIN 1100 — Hartbetonbeläge, Hartbetonstoffe — und DIN 52108 — Prüfung von Naturstein; Abnutzbarkeit durch Schleifen — ermittelt; über Einzelheiten zu diesem Prüfverfahren (vgl. Abschn. II D 8, S. 169/70). Zur Feststellung des Trocken-Roll-Verschleißes bei harten Bodenbelägen aus mineralischen Stoffen mit rauher Oberfläche soll nach DIN-Entwurf 51951 das Verschleißprüfgerät nach Ebener verwendet werden, bei dem die mit einem Drehtisch bewegte Probe durch einen exzentrisch angeordneten, sich ebenfalls drehenden Kugelkopf mit 5 Kugeln 18 mm VI DIN 5401 unter 20 kg Belastung beansprucht wird; über Einzelheiten zu diesem Prüfverfahren vgl. Abschn. VI G 1 b, S. 457/8.

Zur Verschleißprüfung von Bodenbelägen, die ausschließlich dem Fußgängerverkehr unterliegen, hat man sich bisher in den europäischen Ländern, je nach Entscheid der einzelnen Untersuchungsstellen, des Abnützgeräts nach Kollmann [3] (vgl. Abschn. I F 14), der Böhme-Scheibe (vgl. DIN 52108 und Abschn. I F 14), des aus der letzteren entwickelten Abnützprüfgeräts nach Amsler [4] und anderer mehr oder weniger bekanntgewordener Prüfgeräte und Verfahren bedient. In der Hauptsache konnte es sich dabei lediglich um Verfahren zur Güteüberwachung bestimmter Baustoffgruppen handeln [5]; ein den praktischen Verhältnissen entsprechender Gütevergleich des Verschleißverhaltens der verschiedenen Fußbodenbaustoffe gelang mit keinem dieser Prüfgeräte und Verfahren.

---

[1] Nach Vornorm DIN 50320 — Verschleiß. Begriff, Analyse von Verschleißvorgängen, Gliederung des Verschleißgebiets — wird unter Verschleiß die unerwünschte Veränderung der Oberfläche von Gebrauchsgegenständen durch Lostrennen kleiner Teilchen infolge mechanischer Ursachen verstanden. Dagegen soll ,,Abnutzung'' als Oberbegriff für mechanische, chemische bzw. elektrochemische sowie thermische und sonstige Einwirkungen angewendet werden. Im Kurzversuch wird bei Bodenbelägen hiernach nur Verschleiß hervorgerufen.

[2] Über die Begriffe Grundkörper, Gegen- und Zwischenstoff, Trocken-Gleit-Verschleiß, Trocken-Roll-Verschleiß, Korn-Gleit-Verschleiß usw. vgl. die Vornorm DIN 50320.

[3] Zu beziehen von der Maschinen- und Schleifmittelwerke AG., Offenbach a. M.

Diesem Ziel ist man nach den bisher vorliegenden Ergebnissen von Vergleichsversuchen mit in der Praxis ausgelegten und laufend beobachteten Belägen am nächsten mit der „Abnützprüfmaschine Stuttgart"[1] gekommen,
deren Wirkungsweise aus der schematischen Darstellung in Abb. 3 hervorgeht.

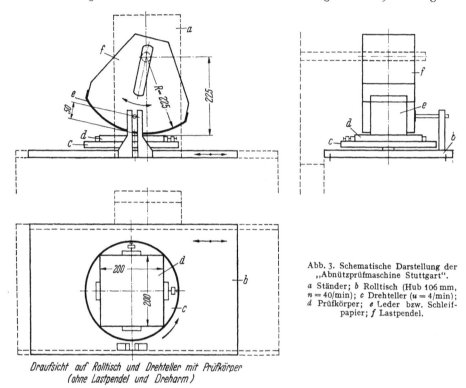

Abb. 3. Schematische Darstellung der
„Abnützprüfmaschine Stuttgart".

a Ständer; *b* Rolltisch (Hub 106 mm,
$n = 40$/min); *c* Drehteller ($u = 4$/min);
d Prüfkörper; *e* Leder bzw. Schleifpapier; *f* Lastpendel.

*Draufsicht auf Rolltisch und Drehteller mit Prüfkörper
(ohne Lastpendel und Dreharm)*

Auf einem mit 106 mm Hub hin und her bewegten Rolltisch liegt ein langsam
rotierender Drehteller, der die zwischen Spannbacken befestigte Belagsprobe
trägt. Das auf die Probe vor Beginn der Prüfung aufgesetzte Lastpendel besitzt
auf seiner kreiszylinderförmig gewölbten Unterseite über einer Lederunterlage
einen Belag aus Schleifpapier. Bei der Hin- und Herbewegung des Prüftischs
führt dieses Lastpendel eine durch Mitnehmer und Gleitstück zwangsläufig
hervorgerufene Pendelbewegung um eine feste, 22,5 cm über der Probenoberfläche liegende Achse aus [6], [7] (vgl. Abb. 4). Der Rolltisch erfährt in der
Minute 40 Doppelhübe, während der Drehteller gleichzeitig 4 Umdrehungen
zurücklegt. Als wesentlicher Vorteil dieser Anordnung ist die sehr geringe Erwärmung der Belagsproben anzusehen, da jede Stelle der Probenoberfläche
während eines Hubs der Maschine nur vorübergehend mit dem Lastpendel bzw.
dem Schleifpapier auf dessen Unterseite in Berührung kommt. Dies ist besonders für die Prüfung von Bodenbelägen aus thermoplastischen Stoffen von
Bedeutung.

Für die Untersuchung auf der „Abnützprüfmaschine Stuttgart" müssen die
Proben die Abmessungen 20 cm × 20 cm aufweisen; folienartige Beläge und
solche mit geringer Biegefestigkeit werden vor der Prüfung auf 10 mm dicke

---

[1] Hersteller: Fa. Chemisches Laboratorium für Tonindustrie, Berlin-Friedenau, Schnak-
kenburgstraße 4.

Aluminiumplatten aufgeleimt. Die gesamte Verschleißprüfung wird in einem Raum mit $20 \pm 2°$ C Temperatur und $65 \pm 3\%$ relativer Luftfeuchtigkeit vorgenommen. Für die Auswertung werden die vor Beginn und am Schluß der Prüfung jeweils nach Erreichen der Gewichts-konstanz im vorgenannten Klima fest-gestellten Probengewichte und Dickenmaße herangezogen; vor der Anfangs- und Endklimatisierung müssen die Proben 16 h bei $40°$ C Temperatur getrocknet worden sein.

Abb. 4. Teilansicht der ,,Abnützprüfmaschine Stuttgart'' mit Drehteller, Belagsprobe und Lastpendel.

Die Prüfung beschränkt sich nicht auf die Behandlung mit der ,,Abnützprüf-maschine Stuttgart''; es hatte sich gezeigt, daß neben der Schleifbeanspruchung u. a. Oberflächenverletzungen durch einge-drückte Staub- und Sandkörner, Nagel-köpfe u. dgl., ferner Befeuchtungen der Beläge mit nachfolgender Trocknung einen erheblichen Einfluß auf den Verschleiß der Fußbodenbeläge ausüben. Aus diesem Grunde sieht das Prüfverfahren [7] eine Anzahl von Behandlungsreihen (Zyklen) vor, von denen jede mehrere Teilbehand-lungen einschließt (Eindrücken der Köpfe bzw. Stifte von Drahtnägeln bzw. Absatz-baustiften, Behandlung auf der Maschine mit Schleifpapier der Körnung CL 30, außerdem Walken mit aufgerauhtem Sohlenleder, Befeuchtung der Prüffläche mit anschließender Trocknung unter einem Quarzglasbrenner bei kurz und länger dauernder Einwirkung).

D. Bestimmung des Widerstands gegenüber Eindrückung.

a) **Kugeleindruckverfahren.** Das Verfahren der Härteprüfung nach BRINELL (vgl. DIN 50351) — Härteprüfung nach BRINELL — wird zur Güteprüfung einer Reihe von Fußbodenestrichen verwendet. So ist für Steinholz nach DIN 272, Blatt 5, für diesen Zweck die Verwendung einer Stahlkugel von $d = 10$ mm ∅ bei einer Prüflast von $P = 50$ kg für Industrie- und Stampfböden bzw. $P = 20$ kg für Nutzschichten (Gehbeläge im Wohnungsbau) vorgeschrieben. Nach einer Belastungsdauer von 3 min soll die Eindrucktiefe t in mm mit 0,1 mm Ge-nauigkeit unmittelbar nach der Entlastung abgelesen werden, aus der die Härte-zahl H nach der Beziehung

$$H = \frac{P}{\pi \, d \, t} \quad [\text{kg/mm}^2]$$

berechnet wird.

Bei Fußbodenbelägen ist zur Ermittlung des Rückfederungsvermögens zweckmäßig die Ausmessung der Eindrucktiefe nach bestimmter Zeitdauer der Entlastung zu wiederholen. Je größer das Rückfederungsvermögen ist, um so geringeren Einfluß üben Eindrücke auf den Gebrauchswert des Be-lags aus; allerdings ist in der Praxis vorwiegend mit stempelartigen Eindrücken (Stuhl-, Möbelfüße) zu rechnen. Vgl. hierzu die Prüfverfahren im folgenden Abschnitt.

b) Stempeleindruckverfahren. Verfahren zur Ermittlung des Widerstands gegenüber Stempeleindruck sind zur Güteprüfung einiger Belagsarten festgelegt worden. Nach der englischen Norm BS 810: 1950 — Sheet Linoleum and cork carpet — werden Linoleumproben in einer geeigneten Vorrichtung durch einen Stempel mit Kreisquerschnitt von 7,14 mm ⌀ während 60 sek mit $P = 27,18$ kg belastet und die 10 min nach Entlastung noch vorhandenen Eindrucktiefen gemessen. In amerikanischen Normen [8] ist die Anwendung von Stempeln mit nur 4,52 mm ⌀ der Stempelfläche mit noch höheren Lasten (abhängig von der Dicke des Linoleums) vorgeschrieben.

Gußasphalt muß nach DIN 1996 ,,Bitumen und Teer enthaltende Massen für Straßenbau und ähnliche Zwecke" mit einem zylindrischen Stempel von 1,00 cm² Druckfläche bei einer Last von 52,5 kg und 22° C Temperatur während 5 h geprüft werden; gemessen wird die Eindrucktiefe unter Last.

Bei der in Deutschland vorgesehenen Festlegung eines einheitlichen Stempeldruck-Prüfverfahrens für alle Belagsarten ist zu entscheiden, ob mit einer großen Belastungsfläche und längere Zeit einwirkender Prüflast bescheidener Höhe entsprechend den Verhältnissen unter Möbelfüßen u. dgl. oder aber mit verhältnismäßig kleiner Belastungsfläche und kurzzeitig einwirkender hoher Prüflast geprüft werden soll. Letzterer Fall entspricht Grenzwerten der Beanspruchung in der Praxis, z. B. durch geneigte, belastete Stuhlfüße. Der Prüfvorschlag der Forschungs- und Materialprüfungsanstalt Stuttgart [1] geht von letzterer Voraussetzung aus und sieht zylindrische Prüfzylinder von 11,3 mm ⌀ der Belastungsfläche (Druckfläche 1,00 cm²) vor. Die Prüfbeläge, entweder verbunden mit der in Betracht kommenden Unterlage oder auf 10 mm dicke Sperrhölzer aufgeleimt, werden bei 20° und bei 30° C Temperatur nach vorausgegangener Klimatisierung an drei mindestens 3 cm vom Rand entfernten Stellen geprüft; Vorlast 1 kg, Prüflast 100 kg. Letztere wird 20 min aufrechterhalten; gemessen wird die Eindrucktiefe unter der Prüflast nach 1 und 20 min Dauer der Einwirkung, ferner die 20 min und 24 h nach erfolgter Entlastung noch vorhandenen Eindrucktiefen.

E. Ermittlung des Verhaltens bei Biegebeanspruchung.

a) Biegsamkeit. Bei folienartigen Belägen (Linoleum, Gummi-, Kunststoffbeläge), die beim Verlegen starke Formänderungen erfahren können, wird nach DIN-Entwurf 51950 unter Biegsamkeit die stärkste Krümmung verstanden, um die der Belag mit 180° Umschlingungswinkel ohne Schädigung (Haarrisse usw.) eben noch gebogen werden kann. Aus dem zu prüfenden Belag sollen nach dieser Vorschrift in Längs- und Querrichtung 50 mm breite Probenstreifen entnommen und nach Klimatisierung bei 20 $\pm$ 2° C Temperatur und 65 $\pm$ 2% rel. Luftfeuchtigkeit um einen stählernen Prüfdorn mit 14 abgestuften Durchmessern (Reihe R 10 nach DIN 323) von 100 mm (Stufe 1) bis zu 5 mm (Stufe 14) gebogen werden. Die Prüfung beginnt jeweils bei Stufe 1; Prüftemperatur 20° C.

Auch zur Güteprüfung verschiedener Belagstoffe in Folienform wird die Dorn-Umschlingungsprüfung angewendet; für Linoleum enthält z. B. die englische Norm BS 810: 1950 entsprechende Vorschriften (75 mm Dorndurchmesser bei Dicken bis zu 4,5 mm; 21° C).

b) Biegefestigkeit. Nach DIN-Entwurf 51950 — Prüfung von Fußbodenbelägen. Verhalten bei Biegebeanspruchung — soll die Biegefestigkeit von Belägen in Plattenform (Dicke a) an Proben mit 75 mm Breite und $L = (24a + 50)$mm, mindestens aber 150 mm Länge ermittelt werden. Die Proben sind in beiden Hauptrichtungen der Beläge zu entnehmen, bei 20° C und 65 $\pm$ 2% rel. Luftfeuchtigkeit zu klimatisieren und mit 24 a, mindestens aber 100 mm Auflagerentfernung in der Mitte (linienförmig über die ganze Breite verteilte mittlere Last) zu belasten.

Über einen Vorschlag zur einheitlichen Bestimmung der Biegefestigkeit von Estrich-Zwischenschichten vgl. [1]. Über die Bestimmung der Biegezugfestigkeit von aus Steinholzmörtel gefertigten und von aus fertigen Steinholzbelägen herausgearbeiteten Proben vgl. DIN 272, Blatt 5 — Steinholz, Prüfbestimmungen.

F. Ermittlung des Widerstands gegenüber Stoßbeanspruchungen.

Zugehörige Prüfverfahren fehlen bislang in Deutschland. Zweckmäßig erscheinen Kugelfallversuche zur Erkundung der Stoß- bzw. Schlagfestigkeit bei geeigneter Auflagerung der Probeplatten. An der EMPA, Zürich, werden zu dieser Prüfung nacheinander Eisenkugeln mit zunehmendem Gewicht aus 50 bis 100 cm Höhe auf die zu prüfenden Fußböden fallen gelassen [5].

G. Ermittlung der Wasseraufnahme und Raumbeständigkeit.

Zur Güteprüfung einer Reihe von Belagstoffen wird u. a. deren Wasseraufnahmevermögen durch Eintauchen in Wasser festgestellt. So ist z. B. in den amerikanischen [8] und britischen Vorschriften für Linoleum die Prüfung von Proben mit den Abmessungen 7,5 cm × 15 cm vorgeschrieben, die vom Jutegewebe befreit und auf beiden Seiten sauber abgeschliffen sein müssen; sie werden während 24 h unter Wasser von rd. 20° C gelagert und vor der Schlußwägung mit Fließpapier äußerlich getrocknet.

Nach den von der Forschungsgemeinschaft Bauen und Wohnen, Stuttgart, herausgebrachten Richtlinien für die Beurteilung des Fußbodenaufbaus auf Massivdecken [1] soll die Wasseraufnahme beliebiger Belagstoffe an 10 cm × 10 cm großen Proben festgestellt werden, deren Ränder sorgfältig mit heißem Paraffin abgedichtet und die vor der Prüfung bis zum Erreichen der Gewichtskonstanz im Normklima (20° C, 65% rel. Luftfeuchtigkeit) gelagert worden sind. Die Gehfläche dieser Proben wird so auf einen Wasserspiegel (Temperatur des Wassers 20 ± 2° C) gelegt, daß dieser die Gehfläche gerade benetzt. Dauer der Benetzung 1 h.

Auch für die Bestimmung der Raumbeständigkeit von Zwischenschichten (Estrichen) enthalten die vorgenannten Richtlinien [1] ein Prüfverfahren. Für Steinholz vgl. DIN 272, Blatt 5.

H. Prüfung des elektrischen Isolationswiderstands und der Ableitung statischer Ladungen.

Prüfverfahren zur Ermittlung des elektrischen Isolationswiderstands und der Ableitung statischer Ladungen sind in Deutschland zur Zeit in Entwicklung.

a) Prüfung des elektrischen Isolationswiderstands. Zur Güteüberwachung von Belägen sollen quadratische Proben von 150 mm Kantenlänge aus den Randzonen und aus Plattenmitte nach sorgfältiger Reinigung (Alkohol, Toluol) zunächst mit 80 cm² großen Schutzelektroden aus kolloidalem Graphit versehen, 96 h bei 40° C getrocknet und anschließend bei 20° C und 80% rel. Luftfeuchtig-

keit klimatisiert werden. Die Messung des elektrischen Widerstands erfolgt mit
100 V Gleichspannung unter Benutzung einer vorgeschriebenen Meßeinrichtung
(vgl. DIN 53 482) nach 48stündiger Klimatisierung, und zwar 1 min nach Anlegen der Spannung. Eine zweite Messung wird nach weiterer 48stündiger
Klimatisierung vorgenommen; dieses Vorgehen wird innerhalb 240 h so oft
wiederholt, bis der Widerstand um nicht mehr als 10% gegenüber der vorausgegangenen Messung absinkt. Der ermittelte Durchgangswiderstand R_D (80 cm²
Elektrodenfläche) wird auf den Standortübergangswiderstand R_{St} (625 cm²
Elektrodenfläche) nach der Beziehung

$$R_{St} = \frac{80}{625} R_D = 0{,}128 R_D$$

umgerechnet.

Das für die Prüfung des elektrischen Isolationswiderstands von verlegtem
Fußbodenbelag vorgesehene Prüfverfahren hat Braun [5] beschrieben.

b) Prüfung der Ableitung statischer Ladungen. Zur Prüfung, die frühestens
4 Wochen nach Beendigung der Bodenverlegung vorgenommen werden soll,
wird ein mit Leitungswasser angefeuchtetes Fließpapier von 50 mm ⌀ auf eine
zuvor mit trockenem Tuch abgeriebene Stelle des Fußbodens gelegt und eine
Meßelektrode von 20 cm² nach DIN 53 482 ohne Schutzring aufgesetzt. Die
Messung des Standortübergangswiderstands geschieht unter Benutzung einer
Gleichspannungsquelle von 100 V (z. B. Anodenbatterie) und eines für die Messung
von 100 bis 1000 kOhm geeigneten und in kOhm geeichten Drehspulinstruments
zwischen der Elektrode und einer Erdanschlußstelle (gefüllte Wasserleitung,
gefüllte Zentralheizung, Blitzableiter, Fahrstuhlkonstruktionen). Sie soll an
gleichmäßig im Raum verteilten Stellen wiederholt werden (mindestens 1 Stelle
je m² Bodenfläche).

J. Prüfung der Brennbarkeit.

Eine Reihe von Verfahren für die Prüfung der Brennbarkeit von Belägen
ist bisher vorgeschlagen und in verschiedenen Ländern angewendet worden,
die sich grundsätzlich weit unterscheiden. Ein einfaches Verfahren, das sich bei
der Deutschen Bundesbahn bewährt hat, besteht darin, daß ein mit 1,5 ml
Spiritus getränkter kleiner Lappen auf den zu prüfenden Fußboden gelegt und
angezündet wird. Neuerdings ist vorgeschlagen worden, an Stelle des Lappens
ein Zellstoffwattehäufchen zu benutzen, das aus 30 übereinanderliegenden dünnen
Zellstoffschichten mit 25 mm ⌀ besteht und mit 2,5 ml Spiritus getränkt wird.

Ein älteres französisches Verfahren [9] sieht die Benutzung von kleinen
elektrisch geheizten Glühkörpern vor, die in vorgeschriebenem Abstand auf die
zu prüfende Belagsprobe strahlen. Auch in den USA werden elektrische Glüh-
körper mit genau vorgeschriebenem Stromdurchgang benutzt.

Zur Prüfung des Verhaltens von Belägen bei Beanspruchung durch glühende
Teilchen (weggeworfene brennende Zigaretten) hat Gröber [10] vor kurzem
vorgeschlagen, auf 500° C erwärmte Kaolinplättchen (z. B. Untersätze für
Segerkegel von 20 mm ⌀, 7 mm Höhe und rd. 5 g Gewicht) auf Belagproben
von mindestens 50 mm ⌀ aufzulegen. Zur Vermeidung des Festklebens bei
bitumenhaltigen Belägen soll ein halbes Blatt Zigarettenpapier dazwischen-
gelegt werden. Die Beurteilung des Verhaltens der Beläge muß bei diesem Verfahren nach Augenschein erfolgen, wobei zu unterscheiden ist zwischen a) unveränderter Probenoberfläche, b) Braunfärbung oder geringfügiger Aufrauhung der
Oberfläche (die Schäden lassen sich noch mit einfachen Mitteln beseitigen),

c) Schwärzung, Verkohlung oder Ausbrennen bzw. Aufwölben des Belags (bleibende Schädigung des Gebrauchswerts).

K. Ermittlung der wärmetechnischen Eigenschaften.

a) Wärmeleitzahl bzw. Wärmedurchlaßwiderstand. Die Wärmeleitzahl von Fußbodenbelägen läßt sich im Plattenapparat nach POENSGEN [1], [11], [12] ermitteln; zweckmäßige Abmessungen der Probestücke 50 cm × 50 cm.

Für die Bestimmung des Durchlaßwiderstands von Decken ist DIN 52611 — Prüfung der Wärmedurchlässigkeit von Wänden und Decken — maßgebend.

b) Für die Wärmeableitung kennzeichnender Temperaturverlauf. Zur Ermittlung des die Wärmeableitung zwischen Fuß und Fußboden kennzeichnenden Temperaturverlaufs kann ein „künstlicher Fuß" dienen mit thermischem Verhalten ähnlich dem des menschlichen Fußes. Letzterer Forderung kommt der von SCHÜLE [1], [13] im Institut für technische Physik, Stuttgart-Degerloch, entwickelte „künstliche Fuß" am nächsten, der mit Hilfe einer eingebauten Heizplatte stets auf 37° C Temperatur gehalten wird.

Die Prüfung ist nur an Probekörpern mit dem jeweils vorgesehenen ganzen Fußbodenaufbau oder aber im Bauwerk sinnvoll. Nachdem stationäre Temperaturverhältnisse im „Fuß" eingetreten sind, wird dieser auf den zu untersuchenden Fußboden aufgesetzt und der Temperaturverlauf der Berührungsfläche des „Fußes" mit dem Boden mit Hilfe von Thermoelementen an der Unterseite des „Fußes" gemessen. Vgl. auch Abschn. XVIII C 2.

L. Ermittlung der schalltechnischen Eigenschaften.

Die Ermittlung schalltechnischer Eigenschaften darf nicht an Fußböden oder Probestücken aus solchen allein erfolgen, da diese Eigenschaften sowohl vom Fußboden als auch von der Art der verwendeten Rohdecke einschließlich der Ausbildung der Deckenunterseite abhängen [1].

Die Verbesserung der schalltechnischen Eigenschaften, die durch den Fußboden verursacht wird, läßt sich dadurch bestimmen, daß die Luftschalldämmung und der Normtrittschallpegel zunächst ohne und dann mit dem zu prüfenden Fußboden gemessen werden. Die Messungen können in ausgeführten Bauwerken oder an Decken vorgenommen werden, die im Laboratorium eingebaut werden.

Für die Bestimmung der Luftschalldämmung und des Trittschallschutzes von Decken ist DIN 52210 — Bauakustische Prüfungen; Bestimmung der Luftschalldämmung und der Trittschallstärke im Laboratorium und am Bauwerk — maßgebend. Zur Auswertung der Meßergebnisse muß DIN 52211 — Bauakustische Prüfungen; Schalldämmzahl und Normtrittschallpegel (einheitliche Mitteilung und Bewertung von Meßergebnissen) — berücksichtigt werden. Vgl. auch Abschn. XX C.

Schrifttum.

[1] Richtlinien für die Beurteilung des Fußbodenaufbaus auf Massivdecken. Bericht 32/1954 der Forschungsgemeinschaft Bauen und Wohnen, Stuttgart-S, Hohenzollernstr. 25.
[2] EGNER, K.: Abnützwiderstand von Fußbodenbelägen; Beurteilung durch Kurzzeitversuche. Z. VDI Bd. 92 (1950) S. 169/73.
[3] KOLLMANN, F.: Eine neue Abnützungsprüfmaschine. Z. Holz Bd. 1 (1937) H. 3, S. 87f.
[4] HALLER, P.: Die technischen Eigenschaften der Bodenbeläge im Hochbau. Text.-Rdsch. 1952, H. 4.

[5] Braun, G.: Der Fußboden. Wiesbaden-Berlin: Bauverlag 1954.
[6] Egner, K.: Kurzprüfung des Abnützwiderstandes von Fußbodenbelägen mittels sog. Schlupfgeräte. Bauwirtsch. 1951, H. 25, S. 11 f.; H. 27, S. 17 f.
[7] Egner, K.: Prüfung des Abnützwiderstandes von Fußbodenbelägen. Dtsch. Fußboden-Ztg. 1. Jg. (1953) H. 3.
[8] Federal Standard Stock Catalog. Federal Specification for a) Linoleum; Battleship. LLL-L-351 a, 1946; b) Linoleum; Plain, Jaspé and Marbleized, LLL-L-367, 1946; c) Carpet, Cork., LLL-C-96, 1939.
[9] Vila, M. A.: Etude de la Combustibilité des Peintures et Vernis. Rech. et Invent. 1933, Nr. 226, S. 196 f.
[10] Gröber, H.: Dem Arbeitsausschuß C 10 ,,Prüfung von Fußbodenbelägen" beim Fachnormenausschuß Materialprüfung des DNA im Sommer 1954 eingereichter Vorschlag.
[11] Poensgen, R.: Ein technisches Verfahren zur Ermittlung der Wärmeleitfähigkeit von plattenförmigen Stoffen. Z. VDI Jg. 56 (1912) S. 1643.
[12] Cammerer, J. S.: Der Wärme- und Kälteschutz in der Industrie, 3. Aufl. Berlin/Göttingen/Heidelberg: Springer 1951.
[13] Schüle, W.: Ein Beitrag zur Frage der Fußwärme bei Fußböden und Bodenbelägen. Gesundh.-Ing. 73. Jg. (1952) H. 11/12, S. 181.

XXIII. Die Prüfung des Baugrundes und der Böden.

Von **H. Muhs**, Berlin.

A. Allgemeines.

1. Baugrund, Boden und bautechnische Bodenuntersuchungen.

Als „Baugrund" ist der Teil der Erdkruste anzusehen, der für die Ausführung von Bauvorhaben von Bedeutung ist. Im weiteren Sinne gehören hierzu auch die Schichten, die vom Bergbau oder Tunnelbau betroffen werden und in verhältnismäßig großer Tiefe unter der Geländeoberfläche liegen können. Im engeren Sinne ist aber unter Baugrund nur der Teil des Untergrunds zu verstehen, der bei der Errichtung von Bauwerken über Tage eine Rolle spielt und i. a. nur bis in Tiefen von etwa 50 m hinabreicht.

Die in diesen Tiefen vorkommenden geologischen Ablagerungen können aus „Fels" oder aus „Boden" bestehen, wofür vielfach auch die Ausdrücke „Festgestein" bzw. „Lockergestein" üblich sind (z. B. von Moos und DE QUERVAIN [1]). In der Natur kommen zwischen diesen beiden Hauptgruppen Übergänge sowohl in der einen als auch in der anderen Richtung vor; z. B. gibt es gerade als Baustoff sehr wichtige teilweise oder völlig verwitterte Festgesteine (z. B. verwitterter Granit), auf der anderen Seite aber auch verfestigte Lockergesteine (z. B. Ortsteinbildungen). Im Bauwesen wird der Ausdruck „Boden" auf die unverfestigten Lockergesteine sowie auf diejenigen verwitterten Festgesteine angewendet, die einen solchen Verwitterungsgrad besitzen, daß sie hinsichtlich ihrer Festigkeit, Porosität und Prüfbarkeit mehr den Lockergesteinen als den Festgesteinen gleichen. Als Boden im bautechnischen Sinne gelten also Ablagerungen von Kies, Sand, Schluff, Ton, Torf, Faulschlamm u. ä. sowie deren Mischungen, wobei es gleichgültig ist, ob diese Vorkommen als Absatz des Wassers oder Windes oder als Ablagerung des diluvialen Inlandeises entstanden sind oder ob sie an ihrer Entstehungsstätte als Verwitterungsgut anstehen.

Für die Untersuchung der Festgesteine haben sich schon seit langem ziemlich einheitliche Methoden durchgesetzt (vgl. Kap. II). Im Gegensatz hierzu ist die Untersuchung der Böden für Bauzwecke noch verhältnismäßig jung. Die Methoden zur Ermittlung der Bodeneigenschaften sind infolge der außerordentlichen Mannigfaltigkeit, mit der die Böden in der Natur auftreten und in der sie untersucht werden müssen, wesentlich schwieriger und umfangreicher. Sie sind erst in den letzten 20 bis 30 Jahren im Rahmen des schnell fortschreitenden Aufbaus der „Bodenmechanik", die neben den Methoden zur Feststellung der Bodeneigenschaften die Gesetze der Spannungsausbreitung im Baugrund und ihre Anwendung für eine technisch einwandfreie Ausführung der Grund- und Erdbauten erforscht hat, entwickelt worden. Diese Entwicklung ist wegen der Verschiedenheit der Böden und der Vielfalt der Bodeneigenschaften, die im Zusammenhang mit einem Bauvorhaben wichtig sein können, noch nicht abgeschlossen und hat auch noch nicht zu einer überall anerkannten Untersuchungstechnik der verschiedenen Einzelversuche geführt. Für den nachfolgenden Beitrag wurden aus der großen Fülle der Untersuchungsmethoden, die in den Erdbauversuchsanstalten des In- und Auslands entwickelt worden sind, diejenigen ausgewählt, die sich in mehrjähriger praktischer Anwendung bewährt haben und heute in gewissem Umfang als übliche Prüfverfahren für die Voruntersuchung eines Baugeländes gelten können. Neue Entwicklungen werden angedeutet. Auf die Behandlung älterer, heute kaum noch angewandter Methoden oder Apparate wird aber ebenso verzichtet wie auf die Schilderung von Spezialversuchen, die nur einem begrenzten Zweck dienen.

2. Einteilung der Böden für bautechnische Zwecke.

Die Böden werden zur Feststellung ihrer Hauptmerkmale und zum Zwecke der bautechnischen Untersuchung in drei Hauptklassen unterteilt:
Nichtbindige Böden, bindige Böden und organische Böden.

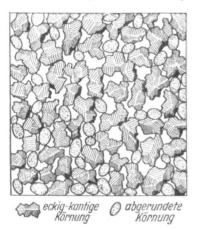

eckig-kantige Körnung   abgerundete Körnung

Abb. 1. Einzelkornstruktur eines nichtbindigen Bodens.

Die *nichtbindigen Böden* unterscheiden sich von den bindigen Böden dadurch, daß zwischen ihren Einzelteilchen keine gegenseitigen Anziehungskräfte herrschen. Die Einzelteilchen der nichtbindigen Böden liegen deshalb im unbelasteten und trockenen Zustand lose aneinander (Einzelkornstruktur, Abb. 1) und bilden ein Haufwerk von mehr oder weniger gedrungenen (rolligen) Körnern (Abb. 2) mit verhältnismäßig großen Korndurchmessern ($> 0,06$ mm). Es handelt sich um Sand, Kies und Gerölle.

Man unterscheidet dabei (s. Abb. 1) zwischen mehr eckigen und mehr runden Körnern, was ein Hinweis auf einen kurzen oder langen Transport des Materials vor seiner Ablagerung ist. Abb. 3 zeigt z. B. die Korngröße 0,5 bis 1,0 mm eines diluvialen Sandes, d. h. eines Wassersediments mit langem Transportweg, Abb. 4 dagegen die gleiche Korn-

Abb. 2. Diluvialer Mittel- und Feinsand in ungestörter Lagerung.

gruppe eines an seiner Entstehungsstätte verwitterten Granits, d. h. eines Bodens ohne jeden Transport. Die Form der Körner ist für verschiedene Bodeneigenschaften (Reibungswiderstand, Zusammendrückbarkeit, Dichte) von Bedeutung.

Abb. 3. Korngröße 0,5 bis 1,0 mm eines sedimentären Sandes.

Abb. 4. Korngröße 0,5 bis 1,0 mm eines verwitterten Granits.

Bei den *bindigen Böden* haften im Gegensatz zu den rolligen Böden die Einzelteilchen aneinander und bilden eine zusammenhängende formbare Masse. Sie sind außerdem wesentlich kleiner als die Einzelteilchen der nichtbindigen Böden. Sie reichen bis in den Bereich der Kolloide ($<$0,0002 mm) hinein.

Für den Zusammenhang der Einzelbestandteile der bindigen Böden ist vor allem der Gehalt an Feinstbestandteilen ($<$0,002 mm) von Bedeutung, im weiteren aber auch der Gehalt an Teilchen mit einer Größe von 0,06 bis 0,002 mm. Für die Bestandteile $<$0,002 mm sind die Ausdrücke „*Feinstes*", „*Rohton*" und auch lediglich „*Ton*" gebräuchlich. Der Ausdruck „*Ton*" in diesem Sinne muß von der Bodenart „*Ton*" (s. S. 823) streng unterschieden werden.

Die *Tonteilchen* weisen nicht mehr wie die Einzelteilchen der nichtbindigen Böden eine mehr oder weniger gedrungene Kornform auf, sondern besitzen eine flache, gestreckte, schuppenförmige Gestalt mit sehr ungleichem Seitenverhältnis (s. Abb. 5). Ihre gegenseitige Haftung ist durch ihr Wasserbindevermögen bedingt, das auf elektrostatischen Vorgängen beruht

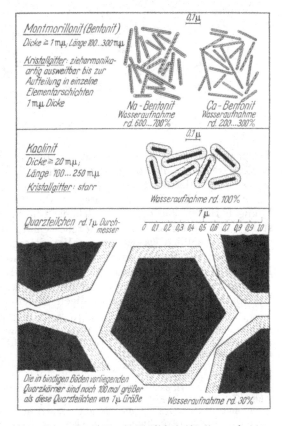

Abb. 5. Korngröße und Wasserhüllendicke bei bindigen und nicht bindigen Bodenteilchen.

und mit abnehmender Korngröße zunimmt, außerdem aber von der chemischen Beschaffenheit der Tonteilchen abhängt. Jedes Tonteilchen ist dadurch mit einer „gebundenen" Hülle von verdichtetem Wasser umgeben, die eine vielfach größere Dicke besitzen kann als das Teilchen selbst (Abb. 5). Die Hüllen sind untereinander wiederum durch Oberflächenkräfte verbunden. Zu ihnen treten noch die von der Größe und vom gegenseitigen Abstand abhängenden Massenanziehungskräfte der Teilchen selbst (BERNATZIK [2]). Neben den Anziehungskräften sind aber auch Abstoßungskräfte wirksam, da jedes Teilchen durch die an der Oberfläche nach außen hin nicht gebundenen elektrischen Kräfte elektrisch geladen ist. Die Ladungen sind an den Ecken und vorspringenden Stellen der

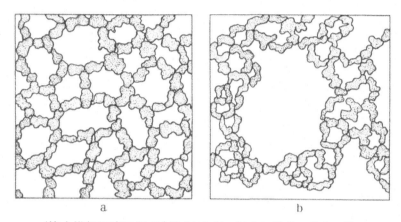

a   b

Abb. 6. Wabenstruktur (a) und Flockenstruktur (b) eines bindigen Bodens [9].

Teilchen konzentriert und bewirken eine Orientierung der Einzelteilchen in bevorzugte Lagen. Es kommt dadurch zur Ausbildung der sehr hohlraumreichen Waben- und Flockenstruktur (Abb. 6).

In chemischer Hinsicht unterscheiden sich die Einzelteilchen der nichtbindigen Böden von den Tonteilchen dadurch, daß sie chemisch inaktive Kristalle (alle Gesteinsarten, vorwiegend Quarz) darstellen, die als Bruchstücke einer ausschließlich *physikalischen* Verwitterung anzusehen sind, während die Tonteilchen aus Resten oder Neubildungen einer *chemischen* Verwitterung von Feldspat-Mineralen bestehen (CORRENS [3]). Der Quarzanteil der Tiefen- und Ergußgesteine der Erdrinde bildet also die Basis der nichtbindigen Böden, der Feldspatanteil die Basis der bindigen Böden.

Je nach dem Ausgangsprodukt und den während der Verwitterung herrschenden Einflüssen sind chemisch verschieden aufgebaute „Tonminerale" entstanden, deren Aufbau und Eigenschaften heute noch nicht völlig durchforscht sind und die vorläufig in drei Hauptgruppen zusammengefaßt werden:

1. *der Kaolinit-Gruppe:* hauptsächlich entstanden durch Verwitterung von Gesteinen mit Alkali-Feldspaten,

2. *der Montmorillonit-Gruppe:* hauptsächlich entstanden durch Verwitterung von basischen Gesteinen mit Kalzium-Feldspaten,

3. einer dritten Gruppe, die die glimmerartigen Tonminerale umfaßt. Für sie ist noch keine einheitliche Bezeichnung gefunden worden. Teilweise wird der Name *Illit-Gruppe* gebraucht (KNIGHT [4]). In sie gehört z. B. der Glimmerton.

Die bei weitem bedeutendste Gruppe ist die Kaolinit-Gruppe. Die aus ihr aufgebauten Tonböden werden „Kaolin-Tone" genannt. Sie sind verhältnismäßig wenig plastisch. Im Gegensatz dazu sind die aus Mineralen der Montmorillonit-Gruppe gebildeten Tonböden hochplastisch, quellfähig und im allgemeinen thixotrop. Aus Montmorillonit ist z. B. der bautechnisch in dem letzten Jahrzehnt wichtig gewordene Bentonit-Ton aufgebaut.

Der Übergang von den nichtbindigen Bodenteilchen zu den Tonteilchen ist nicht an eine einzige, bestimmte Korngröße gebunden, sondern erfolgt stetig im Bereich der Korngrößen von etwa 0,06 bis 0,002 mm. In ihm beginnt sich der Einfluß der Wasserbindefähigkeit der Einzelteilchen mit abnehmender Korngröße immer mehr bemerkbar zu machen. Dieser Korngrößenbereich wird „*Schluff*" genannt. Es handelt sich um physikalisch zerkleinerte, unzersetzte feinste Gesteinsfragmente (Gesteinszerreibsel, Windsedimente) mit schwach bindigen Eigenschaften im gröberen Bereich (Grobschluff) und dem Ton bereits ähnlicher werdenden bindigen Eigenschaften im feineren Bereich (Feinschluff).

Die *bindigen Böden* bestehen nun meist nicht nur aus Einzelteilchen der Ton- oder Schluff-Fraktion, sondern aus einer Mischung von Ton- und Schluffteilchen und auch aus Mischungen mit nichtbindigen Bestandteilen.

Schon ein Anteil von nur einigen Prozent Feinschluff- oder Tonteilchen verleiht einem nichtbindigen Boden bereits geringe bindige Eigenschaften. Man spricht dann von einem schwachbindigen Boden (z. B. toniger Sand, sandiger Ton). Die Gegenwart eines kleinen Prozentsatzes von „aktiven" Tonteilchen, wie z. B. Bentonit, in einem nichtbindigen Boden oder Schluff übt die gleiche Wirkung auf die bodenmechanischen Eigenschaften eines solchen Bodens aus wie das Vorhandensein einer weit größeren Menge eines „nichtaktiven" Tons. Die alleinige Ermittlung des Kornaufbaus kann also nicht immer eine erschöpfende Auskunft über seine Eigenschaften geben, sondern muß durch geeignete Untersuchungen, die quasi die Aktivität des Tonanteils feststellen, ergänzt werden. In den USA ist man in dem im Jahre 1952 zwischen maßgebenden Baubehörden und Wissenschaftlern vereinbarten neuen Klassifikationssystem für die natürlichen Böden („Unified Soil Classification System", s. S. 850) deshalb so weit gegangen, größenordnungsmäßig überhaupt keinen Unterschied mehr zwischen Schluff und Ton zu machen, sondern unterscheidet zwischen Schluff und Ton nur noch auf Grund der Plastizität (Bureau of Reclamation [5]). Es bleibt abzuwarten, ob sich diese Auffassung allgemein durchsetzen wird. Es erscheint zweifelhaft, da, im großen gesehen, Tone oder tonhaltige Böden, die aus Montmorillonit-Mineralen aufgebaut sind, verhältnismäßig selten sind und Tone bzw. tonhaltige Böden, die aus Kaolinit-Mineralen aufgebaut sind, in der Natur überwiegen. Die Kornverteilung der feinen Bestandteile harmoniert deshalb in der Regel doch mit den sonstigen kennzeichnenden Eigenschaften für die Plastizität; die Trennung zwischen Schluff und Ton gemäß einer Korngröße besteht dann zu Recht.

In der Hauptsache hat man, wenn man von den rein geologischen Bezeichnungen absieht, die sich auf die Zugehörigkeit zu den geologischen Perioden beziehen (z. B. Keupermergel), in der bautechnischen Bodenkunde die folgenden bindigen Mineralböden zu unterscheiden:

Ton, Schluff, Lehm, Mergel.

Ton als Bodenart ist ein Gemisch von Rohton, also Verwitterungsresten von Feldspaten, und feinstem unzersetztem Gesteinsstaub (Quarz, Feldspat, Glimmer). Auch ein hoher Gehalt von Schluffteilchen (etwa 50%) nimmt einem solchen Boden nicht seinen Charakter als Tonboden. Reine Tonböden mit 80% oder mehr Anteilen <0,002 mm sind in der Natur verhältnismäßig selten.

Ton kann als Verwitterungsprodukt eines quarzarmen Gesteins an primärer Lagerungsstätte vorkommen. Gewöhnlich aber tritt Ton als Sediment in fast ruhendem Meerwasser auf (mariner Ton).

Schluff — bisweilen ist auch der Ausdruck „Silt" gebräuchlich — als Bodenart ist ein Gemisch von feinem Gesteinsstaub ohne einen oder mit einem nur kleinen Gehalt an Ton. Es ist als Sediment vom Wasser oder vom Wind abgesetzt worden.

Lehm ist die geologische Bezeichnung für ein Gemisch von Sand, Schluff und Ton, für den seine durch Eisenbeimengungen verursachte gelblichbraune Farbe charakteristisch ist. Lehm kann als Sediment im Alluvium entstanden sein und ist dann verhältnismäßig gleichförmig, d. h. aus nur wenig verschiedenen Korngrößen aufgebaut (z. B. Auelehm, Seebodenlehm, Lößlehm). Er ist dann oft dem Schluff ähnlich. Lehm kann aber auch sehr ungleichförmig entwickelt sein, d. h. alle Korngrößen vom Ton bis zum Grobsand enthalten. Es handelt sich dann um eine Moränenablagerung des Inlandeises der Diluvialzeit (Geschiebelehm). Der Gehalt an Feinbestandteilen kann sehr verschieden sein (sandiger Lehm, lehmiger Sand).

Mergel sind ganz allgemein kalkhaltige bindige Böden. Man spricht deshalb von Ton- und Schluffmergel. Man kann die Mergel aber auch als kalkhaltige Lehme bezeichnen, woraus sich ergibt, daß sie wie diese als Sediment oder als Moränenablagerung [Geschiebemergel (Abb. 7)] entstanden sein können. Überwiegt der Kalkgehalt, so werden die Ausdrücke Kalkmergel und — bei noch höherem Kalkgehalt — Mergelkalk gebraucht. Oft wird der Name Mergel auch für geologisch ältere Mergelböden verwendet (z. B. Keupermergel).

Abb. 7. Geschiebemergel in ungestörter Lagerung.

Zu diesen vier hauptsächlichen bindigen Mineralbodenarten tritt dadurch noch eine weitere Gruppe, daß diese Böden organische Beimengungen enthalten können. Man hat es dann mit den organisch verunreinigten oder organischen bindigen Böden zu tun.

Bei den *organischen Böden* hat man zu unterscheiden zwischen den Humusböden, die durch die Zersetzung und Vermoderung von Pflanzen entstanden sind, und den Faulschlammböden, die im wesentlichen aus der Zersetzung tierischer Substanz unter Wasser hervorgegangen sind.

Abb. 8. Faulschlammstreifiger Sand in ungestörter Lagerung.   Abb. 9. Interglazialer Schluff, mit Schneckenresten durchsetzt, in ungestörter Lagerung.

Als reine Humusböden sind die verschiedenen Torfe (Flachmoortorf, Hochmoortorf) anzusehen, die kaum irgendwelche Mineralbestandteile zu besitzen brauchen. Dagegen enthalten die Faulschlammböden ihrer Entstehung als Sediment gemäß stets einen mehr

oder weniger großen Mineralanteil, meist Feinsand, Schluff und Ton oder auch Kalk (Faul-
schlammkalk, Wiesenkalk, Seekreide). Oft ist auch eine starke Beimengung von pflanzlichen
Resten vorhanden.

Überwiegt der Gehalt an mineralischen Bestandteilen, so spricht man von organischem
oder organisch verunreinigtem Ton (Klei), Schluff (Schlick) oder Sand. Hier sind alle nur
denkbaren Übergänge möglich. Abb. 8 zeigt einen faulschlammstreifigen Sand, Abb. 9 einen
sehr stark mit Schneckenresten durchsetzten tonigen Schluff.

3. Beschreibung der Böden für bautechnische Zwecke.

Die Beschreibung der Böden für bautechnische Zwecke muß sich auf die
folgenden Punkte erstrecken:

die Grenzen und die Bezeichnung der einzelnen Korngruppen,

die Bezeichnung von zusammengesetzten Bodengruppen,

die Form des Kornaufbaus der nichtbindigen und schwach bindigen Böden,

den Grad der Plastizität der bindigen Böden und im Feinanteil der schwach
bindigen Böden.

Die Grenzen und die Bezeichnung der einzelnen Bodengruppen gemäß der
Korngröße sind in Deutschland in DIN 4022 ,,Schichtenverzeichnis und Benennen der Boden- und Gesteinsarten'' (Ausg. 1955) und in den von der Deutschen
Gesellschaft für Erd- und Grundbau beratenen ,,Richtlinien für bodenmechanische Versuche''[1] festgelegt worden:

Steine		>60 mm
Kies	60	bis 2 mm
Grobkies	60	bis 20 mm
Mittelkies	20	bis 6 mm
Feinkies	6	bis 2 mm
Sand	2	bis 0,06 mm
Grobsand	2	bis 0,6 mm
Mittelsand	0,6	bis 0,2 mm
Feinsand	0,2	bis 0,06 mm
Schluff	0,06	bis 0,002 mm
Grobschluff	0,06	bis 0,02 mm
Mittelschluff	0,02	bis 0,006 mm
Feinschluff	0,006	bis 0,002 mm
Ton		<0,002 mm

Hiernach ist die frühere Bezeichnung ,,Mehlsand'', die in der älteren Ausgabe der DIN 4022
für die Korngrößen zwischen 0,1 und 0,02 mm noch vorhanden war, fortgefallen. Mehlsand
entspricht heute etwa dem Grobschluff.

Diese Einteilung stimmt in den Hauptgrenzen mit der Einteilung des British Standard 1377 ,,Methods of test for Soil Classification and Compaction'' überein; jedoch ist dort
der Kies nicht in ,,grob'', ,,mittel'' und ,,fein'' unterteilt.

In den USA sind verschiedene Einteilungen gebräuchlich. Der ASTM[2] Standard [6]
benutzt als Grenze zwischen Sand und Schluff die Korngröße 0,05 mm und unterteilt den
Sand nur einmal (bei 0,25 mm) in ,,grob'' und ,,fein''. Schluff und Ton werden bei 0,005 mm
getrennt und der Kies und der Sand nicht in Untergruppen unterteilt.

Das 1952 zwischen dem US Bureau of Reclamation und dem US Corps of Engineers
vereinbarte ,,Unified Soil Classification System'' ([5], s. S. 850) geht bei der Festlegung der
Korngruppen allein von der Größe der in den USA vorhandenen Normsiebe aus. Ferner
wird zwischen Schluff und Ton wegen der auf S. 823 schon behandelten Gründe korn-
größenmäßig nicht mehr unterschieden. So ergibt sich die folgende Einteilung:

Kies	76,2	bis 4,76 mm	(3 bis ³/₁₆ in.)
Grobkies	76,2	bis 19,1 mm	(3 bis ³/₄ in.)
Feinkies	19,1	bis 4,76 mm	(³/₄ bis ³/₁₆ in.)
Sand	4,76	bis 0,074 mm	(³/₁₆ in. bis US-Sieb Nr. 200)
Grobsand	4,76	bis 2,00 mm	(³/₁₆ in. bis US-Sieb Nr. 10)
Mittelsand	2,00	bis 0,42 mm	(US-Sieb Nr. 10 bis Nr. 40)
Feinsand	0,42	bis 0,074 mm	(US-Sieb Nr. 40 bis Nr. 200)
Schluff und Ton		<0,074 mm	(<US-Sieb Nr. 200)

---

[1] Noch nicht veröffentlicht.   [2] American Society for Testing Materials.

Neben diesen zur Zeit wohl bedeutendsten Korngrößeneinteilungen gibt es noch eine
große Zahl anderer (s. z. B. Schultze und Muhs [7]). Doch kann angenommen werden, daß
diese gegenüber den vier angegebenen Einteilungen allmählich immer mehr an Bedeutung
verlieren, sofern sie eine solche heute überhaupt noch besitzen.

*Die Bezeichnung der aus zwei oder mehreren Korngruppen zusammengesetzten
Bodenarten* erfolgt nach DIN 4023 ,,Baugrund- und Wasserbohrungen. Zeichnerische Darstellung der Ergebnisse" (Ausg. 1955) in der Weise, daß die Bodenhauptart durch ein Substantiv und eine Beimengung durch ein vorgesetztes
Adjektiv gekennzeichnet werden. Der Grad der Beimengung wird gekennzeichnet
durch die Bezeichnung:

> ,,schwach" bei einem Anteil von 15 % oder weniger,
> ,,stark"   bei einem Anteil von 30 bis 50 %.

Bei einem Anteil von 15 bis 30 % wird kein zusätzliches Attribut verwendet.

Z. B.: Schwach sandiger Kies.	Sandgehalt unter 15 %
Sandiger Kies	Sandgehalt zwischen 15 und 30 %
Stark sandiger Kies	Sandgehalt zwischen 30 und 50 %

Die Ausdehnung des Bereichs ,,stark" von 30 % bis auf 50 % kann nicht als sehr zweckmäßig angesehen werden. Dadurch ist z. B. im obigen Beispiel ein Boden mit 45 % Sandgehalt als ,,stark sandiger *Kies*" zu bezeichnen. Die Bezeichnung ,,Sand *und* Kies" wäre
zweifellos glücklicher, was besonders deutlich wird, wenn man beispielsweise an einen Sandboden mit 45 % Schluffanteilen denkt, der als ,,stark schluffiger *Sand*" zu kennzeichnen
wäre, obwohl sein bodenmechanisches Verhalten stärker von dem Schluffgehalt, also der
Beimengung, als von dem Sandgehalt bestimmt ist. Es erscheint deshalb richtiger, den Bereich ,,stark" auf einen Anteil der Beimengung von 30 bis 40 % zu beschränken und bei
einem Gehalt von 40 bis 60 % zwei durch das Wort ,,und" verbundene Substantive zu verwenden.

Z. B.: Schluffiger Sand	Schluffanteil 15 bis 30 %
Stark schluffiger Sand	Schluffanteil 30 bis 40 %
Schluff und Sand	Schluffanteil 40 bis 60 %
Stark sandiger Schluff	Schluffanteil 60 bis 70 %
Sandiger Schluff	Schluffanteil 70 bis 85 %

Die Form des Kornaufbaus ist bei den nichtbindigen und schwach bindigen
Böden von Bedeutung. Im Hinblick auf ihre bautechnischen Eigenschaften ist
es wichtig, ob sie nur aus verhältnismäßig wenig Korngrößen bestehen, d. h.
,,gleichförmig" sind, oder ob sie viele verschiedene Korngrößen enthalten, d. h.
,,ungleichförmig" sind. Ungleichförmig aufgebaute Böden weisen, da die kleineren Bodenteilchen die Hohlräume zwischen den größeren ausfüllen, eine
größere Dichte und damit eine Reihe vor allem für eine Verwendung als Baustoff
besonders günstiger Eigenschaften auf und sind deshalb einem gleichförmig
aufgebauten Material gleichen Mineralbestands überlegen.
Die größte Dichte wird erreicht, wenn der Kornaufbau der Gleichung für
die ,,Fuller-*Kurve*" folgt, die für die Zusammensetzung der Zuschlagstoffe
für den Beton entwickelt wurde (Fuller und Thompson [8]):

$$\% \text{ Durchgang durch das Sieb } x = 100 \sqrt{\frac{d_x}{d_{100}}}, \qquad (1)$$

worin

d_x Maschenweite des Siebs x, d_{100} Korngröße des gröbsten Anteils.

Jeder gröbsten Korngröße eines Bodens entspricht also *eine* Fuller-Kurve,
die den zu dieser Korngröße gehörigen dichtesten Kornaufbau liefert (Abb. 10).
Für baupraktische Aufgaben ist es natürlich nicht nötig, einen so strengen
Maßstab an einen Erdbaustoff anzulegen. Nach dem ,,Unified Soil Classification
System" ([5], s. S. 850) können nichtbindige Böden und Böden mit weniger als

5% Anteilen $< 0,074$ mm als „gut gekörnt" angesehen werden, wenn die *beiden* folgenden Bedingungen erfüllt sind:

$$U = \frac{d_{60}}{d_{10}} \genfrac{}{}{0pt}{}{> 4 \text{ im Kies}}{> 6 \text{ im Sand}} \qquad (2)$$

worin
$$C = \frac{(d_{30})^2}{d_{60} \, d_{10}} = 1 \text{ bis } 3, \qquad (3)$$

d_{10}, d_{30} und d_{60} die Korndurchmesser bei 10, 30 und 60% Siebdurchgang der Kornverteilungskurve sind (s. Abb. 10).
Für die FULLER-Kurve ist stets $U = 36$ und $C = 2,25$.

Die Formulierung für U wird schon lange als „*Ungleichförmigkeitsgrad*" benutzt. Böden mit einem Ungleichförmigkeitsgrad:

$U < 5$ werden als „gleichförmig",
$U = 5$ bis 15 als „ungleichförmig",
$U > 15$ als „sehr ungleichförmig"

bezeichnet. Durch Einführung der Formulierung für C wird der für die Verwendung als Baustoff entscheidend wichtige Bereich „gut gekörnt" ganz erheblich eingeschränkt, wie die Beispiele auf Abb. 10 zeigen.

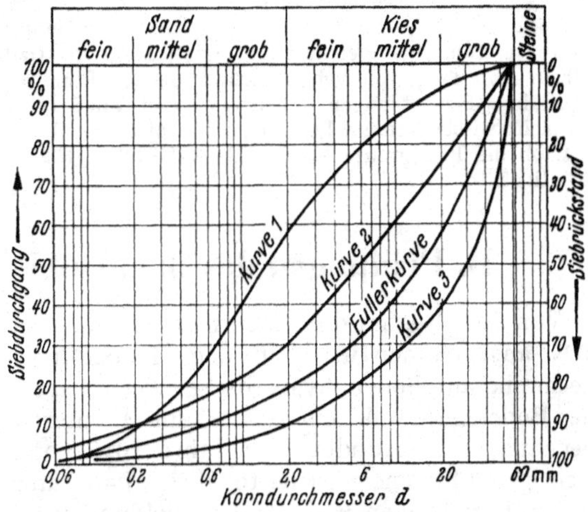

Es besteht keine Veranlassung, das Kriterium für eine gute Körnung auf die nichtbindigen Böden zu beschränken und es nicht auch auf die für den Erdbau besonders wichtigen schwach bindigen Böden auszudehnen. Mit zunehmendem Gehalt an bindigen Bestandteilen gewinnt allerdings die Beschaffenheit der Feinanteile immer mehr an Bedeutung, und die Frage, ob „gut gekörnt" oder „schlecht gekörnt", tritt zunehmend gegenüber der Frage zurück, ob die Feinanteile Schluff oder Ton darstellen bzw. von niedriger, mittlerer oder hoher Plastizität sind.

Über den *Grad der Plastizität* der bindigen Böden bzw. des Feinanteils der schwach bindigen Böden kann an Hand der ATTERBERGschen Konsistenzgrenzen[1] auf Grund der statistischen Auswertung einer großen Zahl von Versuchen entschieden werden.

Abb. 10. Beispiele für „gut" und „schlecht" gekörnte Sand-Kies-Gemische mit einem größten Korndurchmesser von 60 mm.

Kurve 1 $U = \dfrac{2,2}{0,23} = 9,6$

$C = \dfrac{0,7^2}{2,2 \cdot 0,23} = 0,97$

Schlecht gekörnt

Kurve 2 $U = \dfrac{10}{0,2} = 50$

$C = \dfrac{2,0^2}{10 \cdot 0,2} = 2$

Gut gekörnt

Kurve 3 $U = \dfrac{40}{2,2} = 18,2$

$C = \dfrac{12^2}{40 \cdot 2,2} = 1,64$

Gut gekörnt

FULLER-*Kurve* $U = \dfrac{21,5}{0,6} = 35,8 \sim 36$

$C = \dfrac{5,4^2}{21,5 \cdot 0,6} = 2,26 \sim 2,25$

Gemäß den Festsetzungen im „Unified Soil Classification System" ([5], s. S. 850) handelt es sich vorwiegend um:

Schluff, wenn die an dem Anteil $< 0,42$ mm (US-Sieb Nr. 40) ermittelte Plastizitätszahl[2] < 4 ist *oder* wenn die Eintragung von Fließgrenze[1] und Plastizitätszahl[2] in Abb. 11 zu einem Punkt *unterhalb* der „A-Linie"[2] führt;

---

[1] Näheres hierüber s. S. 912.   [2] Näheres hierüber s. S. 915.

Ton, wenn die an dem Anteil $< 0{,}42$ mm (US-Sieb Nr. 40) ermittelte Plastizitätszahl > 7 ist *und* wenn *gleichzeitig* die Eintragung von Fließgrenze und Plastizitätszahl in Abb. 11 zu einem Punkt *oberhalb* der „A-Linie" führt.

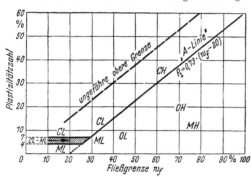

Abb. 11. Plastizitätsdiagramm nach A. Casagrande.
ML Schluff, schwach plastisch; *CL* Ton, schwach plastisch; *OL* Organ. Ton, schwach plastisch; *MH* Schluff, hoch plastisch; *CH* Ton, hoch plastisch; *OH* Organ. Ton, hoch plastisch.

Besitzt hierbei die Fließgrenze des Schluffs oder Tons einen Wert:

von weniger als 50%, so handelt es sich um einen „schwach" plastischen Feinanteil,

von mehr als 50%, so handelt es sich um einen „hoch" plastischen Feinanteil.

Böden mit Plastizitätszahlen zwischen 4 und 7 stellen Übergänge von Schluff zum Ton dar.

Organische Beimengungen machen sich, wenn sie in kolloidaler Form auftreten, auch in kleinen Mengen durch einen Anstieg der Fließgrenze und Ausrollgrenze, d. h. ohne gleichzeitigen Anstieg der Plastizitätszahl, bemerkbar. Sie liegen deshalb in Abb. 11 gewöhnlich unterhalb der „A-Linie".

Andere Festsetzungen gehen von drei Fließgrenzenbereichen aus und unterscheiden hiernach zwischen einem Feinanteil von niedriger, hoher und mittlerer Plastizität, je nachdem, ob die Fließgrenze kleiner als 35% oder größer als 50% ist bzw. zwischen 35 und 50% liegt.

B. Prüfungen des Baugrunds (Feldversuche).

Von dem Beginn der modernen Bodenmechanik ab, der allgemein im Jahre 1925 angenommen wird, in dem Terzaghis grundlegendes Werk „Erdbaumechanik auf bodenphysikalischer Grundlage" [9] erschien, beschäftigte sich die Bodenmechanik bis etwa zum 1. Internationalen Kongreß für Bodenmechanik und Grundbau im Jahre 1936 vor allem mit der Erforschung der wichtigsten Bodeneigenschaften durch Laboratoriumsversuche mit gestörten und ungestörten Proben und der Entwicklung von Theorien, um die festgestellten Eigenschaften auf die Berechnung der Tragfähigkeit und Standsicherheit des Baugrunds von Erdbauwerken und Gründungskörpern anwenden zu können. Doch setzte sich etwa von diesem Zeitpunkt an die Erkenntnis durch, daß trotz aller entwickelten Theorien und trotz sehr vervollkommneter Versuchspraktiken, und obwohl die Versuchsergebnisse auch offenbar fehlerlos in die Theorien eingeführt wurden, auf diese Weise nicht auf alle Fragen, die dem Ingenieur bei seinen Arbeiten vom Baugrund gestellt wurden, eine voll befriedigende Antwort gefunden werden konnte. Der Grund lag und liegt zum Teil in der außerordentlichen Mannigfaltigkeit der Natur, die die Böden kaum irgendwo als wirklich homogenes Material oder als wirklich elastisch-isotropen Halbraum darbietet, zum Teil darin, daß nicht in allen Fällen eine die Wirklichkeit in vollem Umfange treffende Untersuchung im Laboratorium überhaupt möglich ist. Von etwa dem 1. Internationalen Kongreß ab setzte deshalb eine gewisse Kehrtwendung in der Untersuchungstechnik der Böden ein; man wandte sich in zunehmendem Maße und mit großem Erfolg der Untersuchung des Bodens im Felde, d. h. des Baugrunds, zu. In diesem Stadium sind wir noch heute begriffen. Immer mehr — und schneller als man es erwarten konnte — hat sich der Schwerpunkt der Bodenprüfung in den letzten 20 Jahren vom Laboratorium ins Feld verlagert, vor allem auch deshalb, weil die Prüfung hier in meist wesentlich kürzerer Zeit vorgenommen werden kann.

Der Behandlung der Feldversuche kommt deshalb bei einer Beschreibung der heute als wichtig anerkannten und üblichen bodenmechanischen Untersuchungen besondere Bedeutung zu. Sieht man von der Untersuchung des Grundwassers ab, die hier nicht behandelt wird, so kann man grundsätzlich zwei Gruppen von Feldversuchen unterscheiden. Die erste Gruppe (Abschn. B 1 bis 4) dient hauptsächlich der Feststellung des Aufbaus des Untergrunds durch Gewinnen von Bodenproben zur Analyse der angetroffenen Bodenschichten und zur späteren Durchführung der Laboratoriumsversuche. Die zweite Gruppe (Abschn. B 5 bis 8) beschäftigt sich dagegen in erster Linie mit der Ermittlung der Beschaffenheit, d. h. der Festigkeitseigenschaften, der Schichten im Untergrund selbst.

1. Notwendigkeit und Umfang der Bodenaufschlüsse.

Nach den vielen Fehlschlägen, die im Bauwesen durch fehlerhafte Gründungen aufgetreten sind, ist es heute die Regel, daß eine irgendwie geartete Voruntersuchung des Baugrunds vorgenommen wird. Statt der Kosten für sorgfältige und ausreichende Voruntersuchungen lieber die gar nicht kalkulierbaren Kosten in Kauf zu nehmen, die eine Bauverzögerung wegen Änderung der Gründung oder wegen nachträglicher Untersuchungen mit sich bringt, ist nicht nur Sparsamkeit am falschen Platz, sondern heute auch als ein Verstoß gegen eingeführte Richtlinien und gegen die „anerkannten Regeln der Technik" anzusehen.

Bei den Voruntersuchungen ist die enge Zusammenarbeit zwischen Ingenieur und Geologen erwünscht und bei größeren Aufgaben unerläßlich, da der Geologe aus seiner Kenntnis bzw. Deutung der allgemeinen Morphologie, der Petrographie, der Gesteinsschichtung u. ä. heraus die Stellen, wo eine genauere Untersuchung notwendig ist, besser auswählen und die Zahl dieser Stellen einschränken kann.

Der Umfang der Untersuchungen hängt weitgehend von der allgemeinen Geologie und dem Bauobjekt ab und kann allgemein kaum angegeben werden.[1] Zur Prüfung des Straßenuntergrunds genügt z. B. bei einem Straßenplanum in Geländehöhe und geologisch nicht fragwürdigen Formationen eine Untersuchung bis in 2 bis 3 m Tiefe in Abständen von etwa 50 m oder 100 m, während in Damm- und Einschnittsstrecken größere Tiefen und engere Abstände nötig sind.

Für die Untersuchung der Gründungsverhältnisse von Bauwerken enthält die Neufassung der DIN 1054 „Gründungen. Zulässige Belastung des Baugrundes" aus dem Jahre 1953 (LORENZ und EBERT [10]) genaue Angaben. Die Lage der Bohrungen soll der Größe und Form des Bauwerksgrundrisses, der Last des Bauwerks und den geologischen Verhältnissen angepaßt sein, und der *Abstand der Bohrungen darf 25 m nicht übersteigen.* Sofern nicht besondere geologische Verhältnisse eine andere, sei es eine tiefere, sei es eine kleinere Bohrtiefe erfordern bzw. gestatten, soll *mindestens* bis in eine Tiefe:

$$t = p\,b, \tag{4}$$

worin

t Bohrtiefe *unterhalb* der *Gründungssohle* in m,
p auf die gesamte Fläche des Bauwerks bezogene Last des Bauwerks in kg/cm^2,
b Breite des Bauwerks in m,

---

[1] Näheres hierüber s. in DIN 4020 „Bautechnische Bodenuntersuchungen, Richtlinien" aus dem Jahre 1953.

gebohrt werden, *niemals aber weniger als bis in 6* m *Tiefe unter Gründungssohle.*
Genügt wegen besonders günstiger geologischer Bedingungen eine geringere
Tiefe als die nach Gl. (4), so soll diese aber ebenfalls 6 m *nie unterschreiten.* Bei
Pfahlgründungen, wo die Gründungssohle in Pfahlspitzenebene liegt, sind die
Bohrtiefen sinngemäß von dort aus zu rechnen, können aber um etwa $^1/_3$ er-
mäßigt werden.

Oft ist zur Zeit der Voruntersuchungen die mittlere Bauwerkslast nicht bekannt, so
daß die Bohrtiefe nicht nach Gl. (4) bestimmt werden kann. Man arbeitet dann besser mit
den Angaben in der Ausgabe der DIN 1054 aus dem Jahre 1940, wonach:

a) bei Einzelfundamenten bis in eine Tiefe (unter Gründungssohle), die gleich dem
Dreifachen der Sohlbreite ist,

b) bei Plattengründungen und bei Bauwerken mit einem engen Abstand der Einzel-
fundamente bis in eine Tiefe (unter Gründungssohle), die gleich dem Eineinhalbfachen der
Bauwerksbreite ist,

gebohrt werden muß, mindestens aber ebenfalls bis 6 m unter Gründungssohle.

Es muß an dieser Stelle auf die manchmal etwas zu bedenkenlose Anwendung von
„*Baugrundkarten*" eingegangen werden. Die systematische Sammlung von Bohrergebnissen
und ihre Verarbeitung zu einer flächenförmigen Darstellung der Untergrundverhältnisse
in Form von Karten zum Zwecke der Einsparung von Bohrungen ist sehr zu begrüßen.
Diese Karten können aber, sofern man sich nicht in großer Nähe eines Bohrlochs befindet,
nur für Planungszwecke, nicht aber für die Vorbereitung einer Bauausführung herangezogen
werden, es sei denn, die Baugrundkarte stützt sich in dem betreffenden Gebiet auf eine
derart große Zahl von Bohrungen, daß die Bestimmungen der DIN 1054 hinsichtlich der
Bohrabstände erfüllt werden. Dies ist so gut wie nie der Fall. Meist ist vielmehr die Deutung
des Untergrunds in den Baugrundkarten auf recht weit auseinanderliegenden Bohrlöchern
aufgebaut. Ein Verlaß auf die erwünschte Stetigkeit des Schichtenverlaufs zwischen den
Bohrlöchern hat aber nicht selten auch in geologisch scheinbar einfachen und gleichmäßigen
Geländeteilen zu unliebsamen Überraschungen geführt. Der Ingenieur tut deshalb in jedem
Fall gut, sich zunächst an die eindeutigen Bestimmungen der DIN 1054 zu halten, sich nicht
nach farbig angelegten Flächen, sondern nach tatsächlichen Bohrergebnissen zu richten
und die Zahl der Bohrungen nur dann einzuschränken, wenn er dabei wirklich keine Unsicherheiten hinsichtlich der Gründungsverhältnisse seines Bauwerks in Kauf zu nehmen
braucht. Eine Baugrundkarte vermag eine solche Sicherheit im Normalfall nicht zu geben.

Eine wertvolle Hilfe bei den Voruntersuchungen können die *geophysikalischen
Untersuchungsmethoden* (Reich und von Zwerger [*11*]) sein, besonders, wenn
sie zwischen weit auseinanderliegenden Bohrlöchern angesetzt werden, um die
Kontinuität des Schichtenverlaufs oder die Homogenität des Untergrunds zu
prüfen. Je nach der gestellten Aufgabe und den Bodenverhältnissen ist:

> die seismische Bodenuntersuchung,
> die dynamische Bodenuntersuchung oder
> die geoelektrische Bodenuntersuchung

zweckmäßig (Schultze und Muhs [*7*]).

Eine weitere wertvolle Ergänzung der Bohrungen stellen die *Sondierungen*
dar, die über den Aufschluß über den Schichtenverlauf hinaus auch Feststellungen über die Beschaffenheit der einzelnen Schichten vermitteln. Die verschiedenen Sondiermethoden werden von S. 854 bis 870 eingehend behandelt.

2. Aufschluß des Untergrunds durch Schürfungen und Bohrungen.

Für die bei den Arbeiten zum Aufschluß des Untergrunds zu beachtenden
Gesichtspunkte ist im Jahre 1955 die DIN 4021 „Baugrund und Grundwasser.
Erkundung, Bohrungen, Schürfe, Probenahme, Grundsätze" neu heraus-
gegeben worden. Für die Durchführung der Bohrungen gilt außerdem DIN 18301
„Bohrarbeiten" aus dem Jahre 1955.

Die Bodenuntersuchung wird am besten durch die Anlage von *Schürfgruben* ermöglicht, da hier nicht nur eine einwandfreie Probenahme, sondern auch eine genaue Besichtigung des Schichtenverlaufs möglich ist. Zum freien Bewegen zwecks Probenahme (s. S. 838) oder zur Durchführung irgendwelcher Versuche oder Arbeiten von der Schürfgrubensohle aus soll die Grundfläche 1 bis 2 m² betragen.

Der Nachteil der Schürfgruben besteht darin, daß ihre Herstellung recht teuer ist und schon bei nicht einmal großen Tiefen eine Aussteifung erfordert. Trotzdem sind die Fälle nicht selten, wo allein die Anlage von Schürfschächten den gewünschten Aufschluß vermittelt (z. B. bei einer Wechsellagerung von Fels- und Bodenschichten oder in mit Steingeröllen durchsetzten Böden).

Für die Aussteifung der Schürfgruben ist die „*Pionieraussteifung*" (Abb. 12) zweckmäßig, da sie den ausgeschachteten Raum völlig frei läßt und Holzverbrauch und Aussteifarbeit gering sind. Die Aussteifung wird durch Eintreiben eines Holzkeils in die eine Ecke des aus vier Bohlen gebildeten Rahmens bewirkt (Abb. 12b). In den übrigen drei Ecken jedes Rahmens greifen die Bohlen verzahnt ineinander (Abb. 12a).

Ist der genaue Aufschluß, den eine Schürfgrube ermöglicht, nicht unbedingt notwendig oder zu teuer, so genügt oft der Aufschluß durch eine *Handbohrung*. In vielen Fällen ist eine Handbohrung auch die zweckmäßige Ergänzung zu einer Schürfgrube; letztere wird z. B. bis

Abb. 12. Schürfgrube mit Pionieraussteifung. a Aneinanderlegen der Rahmenhölzer in drei Ecken; b Verkeilen der vierten Ecke.

in die wirtschaftlich vertretbare Tiefe oder bis zum Grundwasserspiegel hinabgeführt; von dort aus wird dann mit dem Handbohrgerät gearbeitet.

Für Handbohrungen, die für die folgenden Ausführungen dadurch gekennzeichnet sein sollen, daß sie keines Bohrbocks bedürfen, kommen im Prinzip die gleichen Bohrgeräte in Betracht, die für die Normalbohrungen in den Lockergesteinen verwendet werden (Abb. 13):

Schappen oder schappenähnliche Geräte, die durch Drehen in den Boden hineingebohrt werden (Gestängebohren),

Spiralbohrer, die ebenfalls durch Drehen betätigt werden,

Ventilbohrer, die im Bohrrohr durch stetiges Anheben und Fallenlassen („Pumpen") den Boden lockern und aufnehmen (Seilbohren).

Mit den Schappen kann in allen bindigen Böden, in den organischen Böden und in den nichtbindigen Böden über dem Grundwasser ohne Verrohrung ge-

bohrt werden, sofern diese Böden standfest sind und nicht einstürzen. In wasser-
führendem Sand und Kies sowie in sehr wasserhaltigen schwach bindigen Böden,
die mit der Schappe nicht gefördert werden können, muß mit dem Ventilbohrer
und Verrohrung gearbeitet werden.

Im Zusammenhang mit den Handbohrungen ist auch die
mit einer, zwei oder drei Kerben versehene *Sondierstange*
(Abb. 14) zu nennen, die durch Schläge in den Boden eingetrieben wird. Nach Einrammen auf eine Länge von z. B. jeweils 30 cm ist der in den Kerben eingeschlossene Boden so zu-
sammengepreßt, daß er nach Drehen der Stange in nicht wasserführenden Schichten ohne Schwierigkeiten gefördert werden

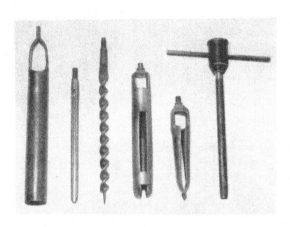

Abb. 13. Geräte für Handbohrungen: Ventilbohrer, Sondierspitze, Spiralbohrer,
zylindrische Schappe, konische Schappe, Gestänge mit Schlagkopf.

kann. In standfesten Böden ist ein einwandfreier Aufschluß
und ein verhältnismäßig leichtes Arbeiten bis in Tiefen von
etwa 5 m möglich.

Die Handbohrungen sind wegen der Arbeitsschwierigkeiten auf verhältnismäßig geringe Tiefen, etwa 5 m, und im Normalfall auf nicht-
wasserführende Schichten beschränkt. Sie sind gewöhnlich nur als
Hilfsmittel anzusehen und sollen in erster Linie für überschlägliche
Voruntersuchungen angewendet werden. Sie können aber als Ergänzung
zu den Normalbohrungen gute Dienste leisten, z. B. dazu dienen, in
Fällen, wo über die Beschaffenheit der Gründungsschicht noch gewisse
Zweifel bestehen, die Zuverlässigkeit der Gründungsschicht nach Aushub der Baugrube zwischen den ursprünglichen Bohrlöchern zu prüfen.
Unentbehrlich sind die Handbohrungen z. B. auch beim Suchen von
geeigneten Erdbaustoffen oder bei der Voruntersuchung von Straßen-
trassen. Ihr Hauptmangel besteht darin, daß wegen des kleinen Durchmessers ein starkes Vermischen des Bohrguts eintritt. Dem kann aber
durch Verwendung von geeigneten Geräten zur Entnahme von ungestörten Proben (s. S. 844) begegnet werden.

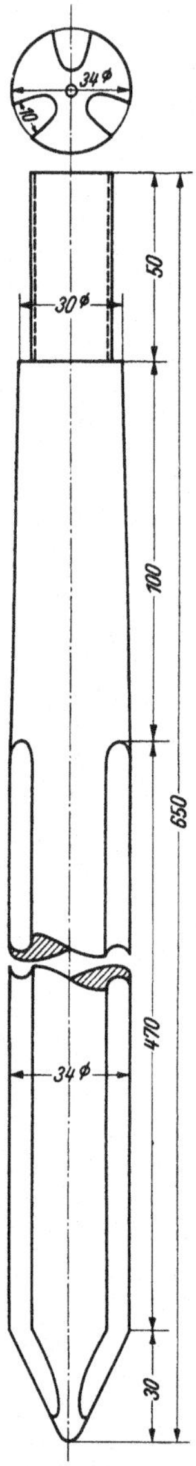

Abb. 14. Spitze für
Schlagsondierungen
mit Proben-
gewinnung.
Maße in mm.

Bei den *Normalbohrungen*, die im Normalfall auf Tiefen
von weniger als 40 m begrenzt sind, sich unter Umständen aber bis in 200 m
Tiefe erstrecken können und die gegenüber den Handbohrungen durch die Verwendung eines Bohrbocks und einer Hand- oder Maschinenwinde charakterisiert
sind, wird mit den gleichen Bohrgeräten wie bei den Handbohrungen gearbeitet.
Hinzu tritt — neben einer großen Zahl von Hilfsgeräten — im Grunde eigent-

lich nur der Bohrmeißel zum Durchteufen von Gesteinseinlagerungen[1]. Die Durchmesser der Geräte sind natürlich entsprechend größer. Kleinere Durchmesser als 134 mm sind für Schappen und Spiralbohrer bei Bohrungen zur Erschließung des Baugrunds nach DIN 4021 überhaupt unzulässig. Die DIN 4021 fordert weiterhin grundsätzlich — von mächtigen Schichten standfester bindiger Böden abgesehen — die Anordnung einer Verrohrung von mindestens 159 mm Außendurchmesser und untersagt die Anwendung des Spülbohrens sowie den Zusatz von Wasser zur Erleichterung der Bohrarbeit in den bindigen Bodenschichten.

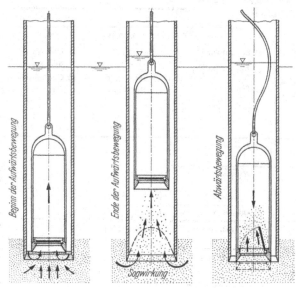

Abb. 15. Vorgänge beim „Pumpen" mit dem Ventilbohrer.

Zur Beurteilung der später zu behandelnden Beschaffenheit der beim Bohren gewonnenen gestörten Bodenproben und der zusätzlich entnommenen ungestörten Bodenproben muß hier auf den *Bohrvorgang* näher eingegangen werden.

In den wasserführenden, nichtbindigen Böden wird der Bohrfortschritt, d. h. das laufende Gewinnen des Bohrguts, durch das vorübergehende Breiigmachen der Sandmasse mit Hilfe einer künstlich herbeigeführten Sogwirkung (Abb. 15) erreicht. Je größer diese durch das „Pumpen" erzeugte Sogwirkung ist, desto besser ist der Bohrfortschritt (KAHL, MUHS und SPOEREL [12]). Begünstigt wird die Sogwir-

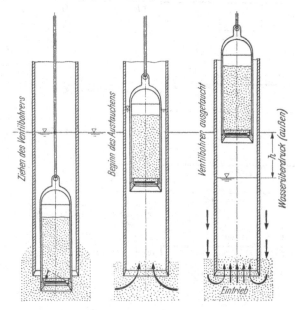

Abb. 16. Bodeneintrieb infolge des Wasserspiegelunterschieds innerhalb und außerhalb des Bohrrohrs.

kung und damit der Bodeneintrieb in den Ventilbohrer außerdem durch den Wasserspiegelunterschied, der sich im Bohrloch und neben dem Bohrloch durch die laufende Wasserentnahme einstellt (Abb. 16). Hieraus folgt, daß der Boden

---

[1] Da hier nur die *Boden*untersuchungen behandelt werden, braucht auf die Kernbohrungen, die nur in den festen Gesteinen angebracht sind, nicht eingegangen zu werden.

Schichtenverzeichnis
(für Baugrunduntersuchungen)

Ort: ....*Mittelhausen, am Nordfuße des Kirchberges* ....

Bohrung/~~Schurf~~ Nr.: ....*4*.. Zeit: ....*10. bis 18. 3. 1954*..........

Mächtigkeit in Metern	Erbohrte Schichten			Ungestörte Proben		Bemerkungen, besonders Angaben über Wasserführung
Bis .... m unter Ansatzpunkt	a) Bodenhauptart b) Beimengungen c) Farbe	d) Festigkeit beim Bohren e) Besondere Merkmale	f) Übliche Benennung g) Geologische Kennzeichnung	Nr.	Tiefe in Metern für Unterkante Stutzen	
1	2	3	4	5	6	7
	Richtlinien für das Ausfüllen gibt Anlage 5 zu DIN 4022, Blatt 1					
0,50	a) Mutterboden b) Humus 0,50 c) dunkelgrau	d) e)	f) — g)	— —	—	
5,20 5,70	a) Mittelsand b) wenig Feinkies c) hellgrau	d) lose gelagert e) kalkfrei	f) — g) Talsand	—	—	Grundwasser 3,90 m unter Ansatzpunkt angebohrt
0,70 6,40	a) Torf b) Holzreste c) schwarz	d) leicht zu bohren, weich e) kalkfrei	f) — g) Flachmoortorf	1	6,12	Aus dem Bohrloch tritt Gas aus
6,20 12,60	a) Ton b) Sand, Schluff, Steine c) grau	d) schwer zu bohren e) kalkig	f) — g) Geschiebemergel	2 3	6,80 12,25	Kein Wasserzutritt
3,50 16,10	a) Kies b) Grobsand, Steine c) bunt	d) dicht gelagert e) mit Kalkgeröllen	f) — g) Schmelzwassersand	—	—	Bei 13,60 m Stein. Meißelarbeit erforderlich, Grundwasser steigt bis 1,50 m unter Ansatzpunkt an.
3,80 19,90	a) Schluff b) viel Feinsand c) grau	d) gut zu bohren e) kalkig, weich plastisch	f) g) Beckenton	4	18,70	Kein Wasserzutritt
4,50 24,40	a) Fels b) — c) gelblich	d) fest e) klüftig 15° Einfallen	f) Kalkstein g) Muschelkalk	5	Kern gebohrt von 20 50 m bis 20,90 m	Wasserverlust

Abb. 17. Schichtenverzeichnis nach DIN 4022.

unter dem Bohrer immer aufgelockert ist und daß die Feststellungen des Bohrmeisters über eine „lockere" oder „feste" Lagerung eines wasserführenden Sands oder Kieses als sehr zweifelhaft anzusehen und in der Regel viel mehr durch die beim Bohren hervorgerufenen Wasserspiegelunterschiede bedingt sind als durch die tatsächlich vorhandene Lagerungsdichte. Diese Ausführungen behalten ihre Richtigkeit in gewissem Umfang auch in manchen schwach bindigen Böden.

In den bindigen und zum Teil auch in den schwach bindigen Böden können die Feststellungen des Bohrmeisters dagegen großen Wert besitzen, und zwar dann, wenn sie sich auf den Widerstand des Bodens beim Bohren beziehen und nicht auf die Beschaffenheit des geförderten Bohrguts. Das letzte hat infolge des Knetvorgangs stets seine ursprüngliche Festigkeit eingebüßt und ist darüber hinaus meist auch durch das auf der Bohrlochsohle stehende Wasser aufgeweicht.

Die Beobachtungen des Bohrmeisters über die Tiefe jedes Schichtwechsels und der Grundwasserstände sowie *seine* Feststellungen über die Art und Beschaffenheit der angetroffenen Schichten sind in dem „*Schichtenverzeichnis*" gemäß DIN 4022 (Blatt 1) „Schichtenverzeichnis und Benennen der Boden- und Gesteinsarten. Baugrunduntersuchungen", das im Jahre 1955 neu aufgestellt wurde, einzutragen (Abb. 17). Wichtig ist, daß die Formblätter *vom Bohrmeister* selbst *während* der Bohrung *voll* ausgefüllt werden und nicht erst später im Büro auf Grund kurzer Notizen des Bohrmeisters auf einem Notizblock, wie es leider noch immer häufig geschieht.

Die Beschreibung der Schichtenfolge durch den Bohrmeister stützt sich auf seine Eindrücke über die Bodenbeschaffenheit beim Bohren, auf die Beschaffenheit des gewonnenen Bohrguts und etwaiger ungestörter Proben und auf sein Vermögen, die Böden zutreffend zu erkennen und zu beschreiben. Diese Beschreibung wird oft, besonders dann, wenn kein Erdbausachverständiger zu Rate gezogen wird, ausschlaggebend für die gesamte Deutung des Untergrunds und der Gründungsverhältnisse des infragekommenden Bauvorhabens. Auf diese Fragen, die Probenahme und die Beschreibung der angetroffenen Bodenarten, muß deshalb noch genauer eingegangen werden (s. S. 848).

Ein in Süddeutschland und in der Schweiz manchmal angewandtes Sonderbohrverfahren für Baugrunderschließungen ist das „*Bohrpfahlsondierverfahren*" nach BURKHARDT [*13*]. Hierbei wird ein sehr kräftiges Mantelrohr von 270 mm∅ zusammen mit einem Kernrohr von 2 bis 3 m Länge auf einem gemeinsamen Pfahlschuh in den Boden gerammt. Schwächere Gesteinsschichten können dabei ohne größere Schwierigkeiten durchfahren werden. Das Kernrohr ist zweiteilig und kann nach dem Herausziehen der Länge nach aufgeklappt werden. Es enthält und zeigt dann die durch den Rammvorgang zwar zusammengestauchten und verformten, im Hinblick auf den Kornaufbau aber unverfälschten Schichten. Der Vorteil des Verfahrens liegt — wenn man von den betriebstechnischen Fragen absieht — darin, daß wesentlich naturtreuere Bodenproben als bei den Normalbohrungen gewonnen werden, der Nachteil darin, daß zur Bestimmung der Tiefen der Schichtwechsel eine besondere und etwas zweifelhafte Korrektur der im Kernrohr gemessenen Schichtstärken notwendig ist.

3. Entnahme gestörter und ungestörter Proben.

Die bautechnische Untersuchung des Untergrunds erstreckt sich auf:

1. die Bestimmung der Ausdehnung — der Fläche und der Tiefe nach — und Ermittlung der bautechnischen Eigenschaften von Bodenvorkommen, die als *Baustoff* in Erddämmen, im Straßen-, Wasser- und Eisenbahnbau, bei der Anlage von Flugplätzen oder als Zuschlagstoff für den Beton Verwendung finden sollen;

2. die Bestimmung des Schichtenverlaufs und der Grundwasserverhältnisse sowie der bautechnischen Eigenschaften aller angetroffenen Schichten im Zusammenhang mit der Untersuchung der Gründung und der Standsicherheit

von Bauwerken, d. h. auf die Prüfung des Untergrunds in seiner Eigenschaft als *Baugrund*.

Diesen zwei Hauptfragen muß auch die Entnahme der Bodenproben, deren weitere Untersuchung die Beurteilung der Bodeneigenschaften vermittelt, entsprechen.

Für die Beurteilung eines Bodens, der als Baustoff verwendet werden soll, ist z. B. die Untersuchung von *ungestörten* Proben aus der Entnahmestelle von geringerer Bedeutung, während für die Beurteilung eines Gründungsproblems die Untersuchung von *ungestörten* Proben fast stets die ausschlaggebende Rolle spielt. Für die Untersuchung eines Erdbaustoffs ist ferner i. a. eine erheblich größere Probenmenge notwendig, da die hier erforderlichen

Abb. 18. Entnahme einer gestörten Probe aus einer späteren Erdgewinnungsstätte [5].

Versuche über die geeigneten, von Dichte und Wassergehalt abhängigen Einbaubedingungen (s. S. 920) vielseitiger sind und mehr Material benötigen als die Versuche, die zur Klärung der Gründungseigenschaften eines Baugrunds dienen und sich — abgesehen von einigen Ausnahmefällen — lediglich auf den vorhandenen Zustand der Schichten zu erstrecken brauchen. Andererseits verliert der für Gründungsfragen bei der Probenahme maßgebende Gesichtspunkt, keine Schichten, seien sie auch noch so dünn, zu mischen oder zu übergehen, bei der Probenahme für ein Erdbauvorhaben seine Gültigkeit, da hier die Schichten beim Abbau, z. B. beim Abkratzen durch den Löffel-

bagger, ohnehin gemischt werden. In solchen Fällen ist es sogar wesentlich, diesem Prozeß schon bei der Probenahme durch eine geeignete Entnahmemethode zu entsprechen (Abb. 18).

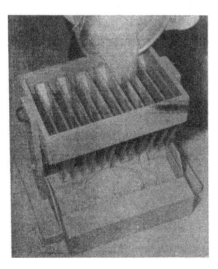

Abb. 19. Gerät zum Gewinnen einer zutreffenden Teilprobe („Probenzerteiler").

a) Entnahme gestörter Proben.

Zur *Beurteilung eines Bodens als Erdbaustoff* ist je nach dem Umfang der beabsichtigten Versuche eine Menge von etwa 5 bis 20 kg erwünscht. Bei der Entnahme aus Bohrlöchern muß man sich jedoch manchmal auch mit einer geringeren Menge begnügen.

Ist die aus Schürfgruben nach Abb. 18 gewonnene Menge größer als 5 bis 10 kg, so ist sie zur Sicherung, daß die groben und feinen Bestandteile in der endgültigen Probe entsprechend der Ausgangszusammensetzung enthalten sind, durch wiederholtes Vierteln des jeweiligen Kegels entsprechend zu vermindern. Einfacher wird dies durch einen „*Probenzerteiler*" nach Abb. 19 erreicht. Die Gesamtprobe wird hierzu durch die Schlitze des Geräts geleitet und die eine Hälfte stets weggeschüttet, während mit der anderen Hälfte der Prozeß wiederholt wird, bis die Probe auf die gewünschte Menge herabgesetzt ist.

Zur Aufbewahrung der Proben können einigermaßen luftdicht verschließbare Behälter entsprechender Größe aus Zinkblech verwendet werden. Bequem ist der Gebrauch von Säcken, die allerdings aus dicht gewebtem Leinen bestehen müssen, um während des Transports den Verlust von Feinstbestandteilen des Bodens zu verhindern.

Bei Bohrungen zur *Erkundung der Gründungs- oder Standsicherheitsverhältnisse* muß grundsätzlich aus jeder angetroffenen Schicht mindestens eine Probe entnommen werden. Ist die Schicht stärker als 1 m, so ist nach DIN 4021 ,,Baugrund und Grundwasser. Erkundung, Bohrungen, Schürfe, Probenahme, Grundsätze'' (Ausg. 1955) aus jedem Meter dieser Schicht wenigstens eine weitere Probe zu entnehmen.

Als Probe genügt eine Menge von etwa 1 l, die nach Zusammensetzung und Beschaffenheit die wirklichen Verhältnisse des Bodens in der Tiefe wiedergeben soll. Sie ist hierfür aus dem mit der Schappe erbohrten Material so auszuwählen, daß die größten und trockensten Bodenstücke benutzt und von allen aufgeweichten Teilen befreit werden. Bei dem mit dem Ventilbohrer geförderten Material ist darauf zu achten, daß bei dem Auswählen der Probe kein entmischtes Bohrgut verwendet wird.

Die Auswahl einer die betreffende Schicht wirklich treffenden Bodenprobe ist nicht immer so einfach, wie es auf den ersten Blick erscheinen mag. Eine dünne Tonschicht unter einer Sandschicht ist z. B. im oberen Bereich durch den Bohrvorgang stets mit Sand durchsetzt; umgekehrt ist das aus der oberen Zone einer Sandschicht geförderte Bohrgut infolge der Bohrschlämme stets schwach tonhaltig, wenn über ihr Ton ansteht. Bei dünnen Schichten ist es also in der Regel recht schwierig, eine wirklich charakteristische Probe zu gewinnen. Das gleiche gilt, nur mit erheblich größerer Bedeutung, für alle Schichten, d. h. auch für Schichten mit stärkerer Mächtigkeit, wenn der Bohrmeister die Probe sofort beim Antreffen einer neuen Schicht nimmt, was leider noch immer nicht selten der Fall ist. Hierdurch erklärt sich der recht häufige Widerspruch, daß z. B. im Schichtenverzeichnis eine Schicht eindeutig als ,,reiner, scharfer Sand'' bezeichnet ist, während sich die zugehörige Probe als toniger Sand oder noch aufklärender als Sand mit Tonstückchen erweist.

Die große Bedeutung, die der richtigen Auswahl der Bodenproben und damit dem Bohrmeister zukommt, liegt hiernach auf der Hand. Leider wird dieser Tatsache aber noch viel zu wenig Beachtung geschenkt, sei es bei der Ausbildung der Bohrmeister in dieser Richtung oder der Beaufsichtigung ihrer Arbeit, sei es in der Einschätzung des Werts von irgendwie zweifelhaften Proben.

Die Bodenproben sind *sofort* nach ihrer Entnahme in luftdicht abschließbare Behälter, am besten in Weckgläser, abzufüllen, zu kennzeichnen und so aufzubewahren, daß sie gegen Austrocknen oder Gefrieren geschützt sind. Nach DIN 4021 ist das beliebte Aufbewahren in Fächerkästen für Proben aus bindigen Schichten nicht zulässig, wenn die Proben für eine bautechnische Untersuchung benutzt werden sollen.

b) Entnahme ungestörter Proben.

Wegen der aus dem Bohrvorgang und der Art der Entnahme sich ergebenden Mängel der gestörten Bodenproben ist zur genauen Feststellung der Bodeneigenschaften, insbesondere zur Beurteilung von Gründungs- und Standsicherheitsfragen, die Entnahme von ,,ungestörten Proben'' notwendig. Diese sind dadurch definiert, daß sie durch die Entnahme hinsichtlich ihres Kornaufbaus, ihrer Lagerungsdichte und ihres Wassergehalts nicht verändert werden und dem Zustand der ihnen zugehörigen Schichten im Untergrund gleichen.

Ungestörte Proben müssen gewöhnlich nur aus den bindigen und schwach bindigen Bodenschichten entnommen werden, da die nichtbindigen Böden bei Gründungs- und Standsicherheitsproblemen meist keine besondere Untersuchung erfordern, es sei denn, es handelt sich um Schwingungsfragen oder Strömungsfragen des Grundwassers. DIN 4021 fordert deshalb bei wichtigen Bauwerken die Entnahme von mindestens einer ungestörten Probe aus jeder bindigen Bodenschicht, empfiehlt aber die Entnahme weiterer Proben zur Beurteilung der Gleichmäßigkeit des Vorkommens in Schichten von größerer Mächtigkeit. Wichtig sind vor allem Proben aus den verhältnismäßig dicht unter der Gründungssohle liegenden Schichten, weil diese die Gründungs- und Standsicherheitsverhältnisse am meisten beeinflussen. Grundsätzlich sollte bedacht werden, daß die Kosten für die Entnahme einer ungestörten Probe die Gesamtkosten eines Bohrlochs nur wenig erhöhen, während der Wert der Aussage, die das Bohrloch erlaubt, durch das Vorhandensein einer oder mehrerer ungestörter Proben meist ganz erheblich zunimmt.

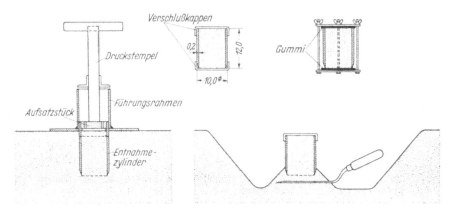

Abb. 20. Entnahme einer ungestörten Probe mit Hilfe eines Ausstechzylinders.
Maße in cm.

α) Entnahme aus Schürfgruben.

Die Entnahme von ungestörten Proben aus der Sohle von Schürfgruben ist einfach und geschieht in Deutschland seit etwa 1930 mit dünnwandigen Zy-

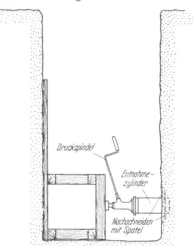

Abb. 21. Entnahme einer ungestörten Probe aus der Wand einer Schürfgrube.

lindern, die — wenn möglich — mit einem Stempel in den Boden gedrückt, im anderen Fall geschlagen werden, wobei ein Schiefstellen durch einen Führungsrahmen verhindert wird (Abb. 20). Das Eindringen der Zylinder wird bei festeren Böden durch ein Fortnehmen des Bodens seitlich der Schneide erleichtert (s. Abb. 21). Nach dem Ausgraben werden die Proben an der Ober- und Unterfläche mit einem Spatel geebnet und mit Zelluloid-Kappen oder Metalldeckeln verschlossen und gegen Austrocknen geschützt.

Ein etwas dickwandigeres Gerät mit einer abnehmbaren Schneide sieht der British Standard 1377 ,,Methods of test for Soil Classification and Compaction" vor.

In ähnlicher Weise ist auch die Entnahme aus der Seitenwand einer Schürfgrube mit Hilfe eines Wagenhebers möglich (Abb. 21). Dies ist auch zweckmäßig, wenn der Boden sehr fest ist und die Zylinder auf der Schürfgrubensohle nicht mehr durch Hand eingedrückt oder eingeschlagen werden können.

Enthält der Boden grobe Bestandteile, wie Kies oder Steine, die den Gebrauch der Entnahmezylinder überhaupt unmöglich machen, so muß man versuchen, die Proben durch Bearbeiten mit dem Spatel frei-
zulegen. Sind sie fest genug, so kann man sie in
Ölpapier einwickeln, im
anderen Fall gemäß Abb. 22
durch Paraffin in einem
Holzbehälter gegen Aus-
trocknen und Auseinander-
fallen schützen.

β) *Entnahme aus Bohr-*
löchern.

**Problemstellung und
Geräte.** Die Entnahme von
ungestörten Proben aus
dem Bohrloch, bei der im
Grunde nichts weiter ge-
schieht, als daß ein Bodenzylinder in einem Stahl-
stutzen aus der Bohrloch-
sohle ausgestanzt und ge-
hoben wird, ist eine schwierige Aufgabe, besonders
wenn es sich um sehr
weiche, stark wasserhaltige
oder gar um grundwasser-
führende Schichten han-
delt.

Bei der Besprechung
der verschiedenen Bohr-
methoden ist bereits auf
die Störungen des Bodens
in oder unterhalb der Bohrlochsohle hingewiesen worden. Sie beschränken sich
im stark bindigen und nicht

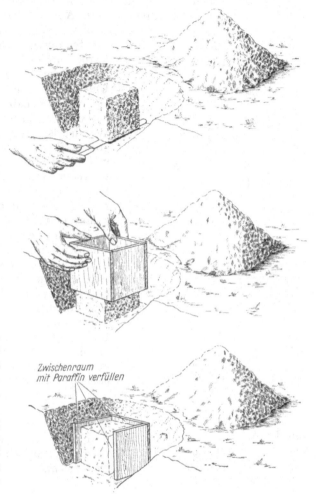

Abb. 22. Entnahme einer ungestörten Probe aus einer sehr festen oder grobkörnigen Bodenschicht [5].

zu weichen Boden mit sehr geringer Durchlässigkeit auf die Aufweichung der Bohrlochsohle, können sich aber in nicht oder schwach bindigen Böden je nach den vorhandenen Druckverhältnissen des Grundwassers und der Sorgfalt des Bohrmeisters bis in einen erheblichen Abstand vor der Bohrlochsohle erstrecken. Bei der Entnahme muß auf jeden Fall vermieden werden, daß die „ungestörte" Probe aus diesem aufgelockerten Bereich entnommen wird.

Es braucht sich aber bei dem Bodenbereich, aus dem die ungestörten Proben entnommen werden sollen, nicht immer um aufgelockerten Boden zu handeln, sondern es kann auch der gegenteilige Fall eintreten. Wenn die Verrohrung der Bohrlochsohle vorauseilt, so kann sich bei einem kleinen Bohr-
rohrdurchmesser durch Verspannung des im Rohr befindlichen Bodens ein Pfropfen bilden, der bei weiterem Absenken den darunter liegenden Boden belastet und — falls dieser sehr weich ist — verformt. Die später ent-

nommene „ungestörte" Probe würde dann also aus einem verfestigten Bodenbereich stammen.

Ein entsprechender Vorgang findet in gewissem Umfang bei jedem Eindrücken eines Entnahmestutzens statt (Abb. 23). Die eindringende ungestörte

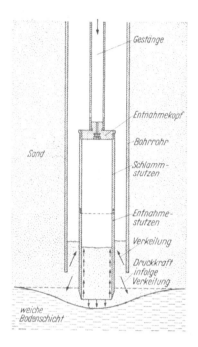

Probe, die in dem Entnahmestutzen durch
Mantelreibung einen Widerstand findet, belastet den unter ihr liegenden Boden in entsprechender Höhe und verformt ihn unter
Umständen. Die bei einem Vorauseilen des
Bohrrohrs gemäß Abb. 23 auftretende Keil-
wirkung zwischen Bohrrohr und Entnahmezylinder ist im übrigen auch für die sehr
großen Kräfte verantwortlich, die manchmal das Eintreiben der Entnahmegeräte erschweren. Das Bohrrohr sollte deshalb in
Fällen, wo ein derartiger Vorgang befürchtet
werden muß, vor dem Eintreiben des Entnahmegeräts etwas angehoben werden.

Weitere Fehlerquellen liegen in der Wirkung des Reibungswiderstands im Entnahmestutzen auf die Probe selbst, in den Reibungs-
widerständen an der Außenwandung des
Entnahmegeräts, in dem Verdrängen des
dem Volumen der Wandung entsprechenden
Bodenvolumens, in dem Abtrennen der
Bodenprobe von dem gewachsenen Boden,
in der Geschwindigkeit des Eintreibens und
in den Abmessungen der im Kopf des Entnahmegeräts befindlichen Öffnung zum Austritt des beim Absenken eingeschlossenen
Wassers bzw. der entsprechenden Luft.

Abb. 23. Kräftespiel bei der Entnahme einer ungestörten Probe.

Alle diese Einflüsse sind im Rahmen einer mehrjährigen Forschungsarbeit
von der American Society of Civil Engineers untersucht worden. In dem umfassenden Schlußbericht (Hvorslev [14]) sind auf Grund der gewonnenen Ergebnisse die folgenden Empfehlungen hinsichtlich der Abmessungen von Entnahmegeräten und Proben gegeben:

1. Das „Flächenverhältnis" („Area Ratio"):

$$C_a = \frac{D_w^2 - D_e^2}{D_e^2} \, 100 \qquad (5)$$

soll nach Möglichkeit ≦ 10% sein.

C_a stellt näherungsweise das Volumen des durch die Wandung des Geräts verdrängten
Bodens zum Volumen der ungestörten Probe dar.

2. Das „Innendurchmesserverhältnis" („Inside Clearance Ratio"):

$$C_i = \frac{D_s - D_e}{D_e} \, 100 \qquad (6)$$

soll ungefähr sein:

$C_i = 0$ bis 0,5% für kurze Entnahmegeräte,

$C_i = 0,75$ bis 1,5% für lange Entnahmegeräte.

C_i beeinflußt die Reibungsverhältnisse an der Innenwandung des Entnahmezylinders.

3. Das „Außendurchmesserverhältnis" („Outside Clearance Ratio"):

$$C_o = \frac{D_w - D_t}{D_t} \, 100 \tag{7}$$

soll ungefähr sein:

$C_o = 0$ für Entnahmen aus nicht standfesten Böden,

$C_o \leqq 2$ bis 3% für Entnahmen aus standfesten Böden.

C_o beeinflußt die Reibungsverhältnisse an der Außenwandung des Entnahmezylinders.

4. Das „Längenverhältnis" („Recovery Ratio"):

$$C_r = \frac{L}{H} \tag{8}$$

der Probe soll möglichst $= 1$ sein, nicht aber größer als $(1 - 2C_i)$.

C_r schränkt die sogenannte „Pfropfenbildung" im Entnahmestutzen auf ein erträgliches Maß ein.

5. Die größtzulässige Länge einer wirklich ungestörten Probe soll nicht größer sein als ungefähr:

$L = 5$ bis $10\,D_s$ für nichtbindige Böden,

$L = 10$ bis $20\,D_s$ für bindige Böden.

Die Bedeutung von D_w, D_e, D_s und D_t und von C_a, C_o und C_i geht aus Abb. 24 hervor. Der Sinn der obigen Formulierungen ist folgender:

Aus Untersuchungsgründen ist man bestrebt, die Entnahmegeräte mög-lichst lang zu machen, um möglichst lange Proben zu erhalten, die außerdem aus Bereichen stammen, wo keine Störungen des Bodens durch den Bohrvorgang mehr be-fürchtet zu werden brauchen. Dieser Wunsch wird durch die Tatsache begünstigt, daß sich lange Proben wesentlich leichter als kurze Proben entnehmen lassen, da sie wegen der größeren Mantelreibung beim Heben des Ge-räts weniger leicht herausrutschen. In Ge-räten von großer Länge ist aber die Störung an der Innenwandung infolge der Mantel-reibung beim Eintreiben, und damit die Störung der Probe relativ groß. Aus diesem Grunde muß in einem solchen Fall ein be-sonderer schneidenförmiger Vorsatzring an der Spitze benutzt werden, der einen etwas kleineren Durchmesser (D_e) als der Ent-

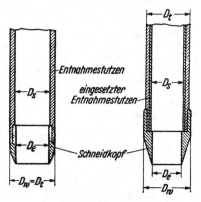

Abb. 24. Grundlegende Maße von Entnahme-geräten für ungestörte Proben nach HVORSLEV.

nahmestutzen (D_s) besitzt (s. Abb. 24, links), so daß die Reibungskräfte beim Eintreiben nur längs einer kleinen Fläche wirken. Um auch die Reibungskräfte an der Außenwandung, die das Einpressen sehr erschweren, herabzusetzen, ist es bei langen Entnahmegeräten zweckmäßig, den Ring auch nach außen etwas zu verbreitern (s. Abb. 24, rechts). Dadurch wird der Ring aber verhältnismäßig dick, so daß das beim Einpressen des Geräts zu verdrängende Bodenvolumen und die von den Schneiden des Rings ausstrahlenden Kräfte recht groß werden (theoretische Untersuchungen hierüber s. SIMON [15]), was zu einer Störung, unter Umständen zu einem grundbruchähnlichen Aufbruch und einem Ein-treiben des Bodens in den Entnahmestutzen führt.

Die von verschiedenen Gesichtspunkten zu stellenden Forderungen stimmen also nicht überein und können nur auf dem Wege des Kompromisses zu einer für die Praxis ausreichenden und befriedigenden Lösung gebracht werden. Die obigen Formulierungen stellen nach Hvorslev einen solchen Kompromiß dar, sind aber als sehr eng anzusehen. Es sei darauf aufmerksam gemacht, daß die Empfehlung $C_a \leq 10\%$ *sehr* dünnwandige, schwer herstellbare und leicht zu beschädigende Entnahmestutzen liefert. Gl. (5) für $C_a \leq 10\%$ lautet in anderer Schreibweise:

$$D_w \leq 1{,}05\, D_e. \qquad (5\,a)$$

Für $D_e = 100$ mm wäre hiernach z. B. $D_w \leq 105$ mm, die Wandstärke des Rings also *maximal* 2,5 mm. Der zugehörige Stutzen hätte eine Wandstärke von nur 0,75 mm! Mit derartigen Geräten sollen allerdings nach den Angaben Hvorslevs Proben bis rd. 2 cm $\varnothing$ einwandfrei gezogen werden können.

In Deutschland ist die Entwicklung wegen der hier für Baugrunduntersuchungen üblichen anderen Bohrmethoden und größeren Bohrdurchmesser einen etwas anderen, einfacheren Weg gegangen. Schon in der DIN Vornorm 4021 aus dem Jahre 1935 wurde der Mindestdurchmesser für Bohrungen zur Erschließung des Baugrunds auf 140 mm (seit 1955: 159 mm) festgesetzt und dadurch die Verwendung von Entnahmegeräten mit verhältnismäßig großen Durchmessern gefördert, bei der die Verhältnisse hinsichtlich der Störungen der Probe natürlich günstiger als bei Geräten mit kleinem Durchmesser sind. So hat in Deutschland der Entnahmestutzen mit 120 mm $\varnothing$ und mit einer Länge von 300 mm schon seit rd. 20 Jahren eine Monopolstellung inne (s. z. B. Loos [16]). In der Neufassung der DIN 4021 erscheint er als Standardgerät mit einem Innendurchmesser von 114 mm, einer Wandstärke von 3 mm und einer Länge von 250 mm (s. Abb. 26). Wegen der geringen Länge ist ein besonderer Vorsatzring zur Verminderung der Reibungswiderstände innen und außen nicht vorgesehen (d. h. C_i und $C_o = 0$), der auch das Flächenverhältnis C_a (z. Zt. $= 12{,}3\%$) ungünstig beeinflussen würde und in seiner Herstellung und laufenden Abnutzung als Schneide ziemlich teuer wäre.

Die in Deutschland mit diesem dünnwandigen, aber doch stabilen, kurzen Stutzen ohne Vorsatzring gemachten Erfahrungen sind gut. Eine Länge der ungestörten Proben von 20 bis 25 cm genügt auch den Erfordernissen der beabsichtigten Untersuchungen. Ein Bedürfnis für längere Proben liegt selten vor. Viel aufschlußreicher ist die häufige Entnahme in verhältnismäßig dichten Abständen von etwa 1 bis 2 m. Trotzdem sollten die Empfehlungen von Hvorslev bei dem manchmal nicht zu vermeidenden Einsatz bzw. der Konstruktion von Entnahmegeräten mit kleinerem Durchmesser oder größerer Länge nicht übersehen werden.

Um die ausgestanzte und in dem Entnahmestutzen befindliche Probe von der Bohrlochsohle zu fördern, ohne daß sie dabei hinausrutscht, sind über der Probe besondere Vorrichtungen notwendig. Auf ihrer Verschiedenartigkeit beruht die außerordentliche Fülle der verschiedenen, zum Teil sehr komplizierten Entnahmegeräte, die in dem Buch von Hvorslev [14] ausführlich behandelt sind. Eine Beschreibung einer kleineren Auswahl von Geräten, die vor allem in Deutschland gebräuchlich oder bekannt geworden sind, befindet sich bei Brennecke und Lohmeyer [17] und bei Schultze und Muhs [7].

Grundsätzlich ist zwischen sogenannten „Kolben"-Entnahmegeräten und „offenen" Entnahmegeräten zu unterscheiden.

Bei den *Kolbengeräten* befindet sich die Vorrichtung, die das Rutschen der Probe verhindern soll, als dichtender Kolben unmittelbar über der Probenoberfläche und kann bewegt werden, während sie bei den offenen Geräten am oberen Ende des Entnahmestutzens liegt, wo sie starr angebracht ist. Der Hauptvorteil der Kolbengeräte liegt darin, daß ein Eintreiben von Bodenmaterial in den Stutzen bei etwaigen grundbruchähnlichen Vorgängen im Boden nicht möglich ist und daß der Wasserdruck im Bohrloch nicht auf die Probenoberfläche einwirkt. Außerdem kann die Probenoberfläche beim Eintreiben des Geräts durch den Kolben stets genau verfolgt werden.

Der erste Kolbenbohrer wurde im Jahre 1923 von OLSSON in Schweden konstruiert [18], wo wegen der dortigen sehr weichen Tonböden Kolbenbohrer auch heute das übliche Gerät darstellen und sehr vervollkommnet wurden (JAKOBSON [19]). Durch Verwendung von sich abwickelnden Metallfolien ist hier ein Gerät entwickelt worden, das die kontinuierliche Entnahme von Ton erlaubt (Abb. 25), ohne daß die Wandung der Probe durch Reibungseinflüsse gestört wird(KJELLMAN, KALLSTENIUS u. WAGER[20]). Eingehende Untersuchungen des Königlichen Schwedischen Geotechnischen Instituts [19] deuten im übrigen an, daß bei den Kolbenbohrern die HVORSLEVSCHEN Bedingungen (s. S. 840) nur begrenzt zutreffen, d. h. auch mit stärkeren Wandungen des Entnahmestutzens noch einwandfreie Proben erhalten werden können.

In Deutschland baute EHRENBERG 1928 ein ähnliches Gerät [21].

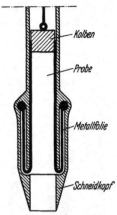

Abb. 25. Prinzip des Geräts des Königlichen Schwedischen Geotechnischen Instituts zur kontinuierlichen Probenahme durch Umhüllen des ungestörten Bodens mit einer Metallfolie [20].

Der Hauptvorteil der *offenen Geräte* liegt in ihrer erheblich einfacheren Bauart und Bedienung. In Deutschland werden fast ausschließlich Geräte dieses Typs benutzt. Hier soll nur auf zwei verhältnismäßig einfache Geräte eingegangen werden, mit denen sich aber die in der Praxis vorkommenden Aufgaben in der Regel lösen lassen.

In nicht zu weichen, gut bindigen oder organischen Böden, wie Ton, Schluff, Lehm, Mergel, Faulschlamm, Torf u. a., also gerade den Böden, die in erster Linie eine bodenmechanische Untersuchung erfordern, genügt zur Entnahme von ungestörten Proben i. a. das einfache Gerät nach Abb. 26. Es besteht aus einem an den schon beschriebenen Entnahmestutzen angeschraubten „Schlammstutzen" zur Aufnahme des auf der Bohrlochsohle liegenden aufgeweichten Bodens und einem Verschlußdeckel, dem sogenannten „Entnahmekopf", der mit einer kleinen Bohrung zum Entweichen der Luft bzw. des Wassers beim Eintreiben des Geräts in den Boden und einem Gewindeanschluß zur Verbindung mit dem Bohrgestänge versehen ist. Alle Gewindeanschlüsse des Geräts sind nach DIN 4021 genormt, um seinen Anschluß an die

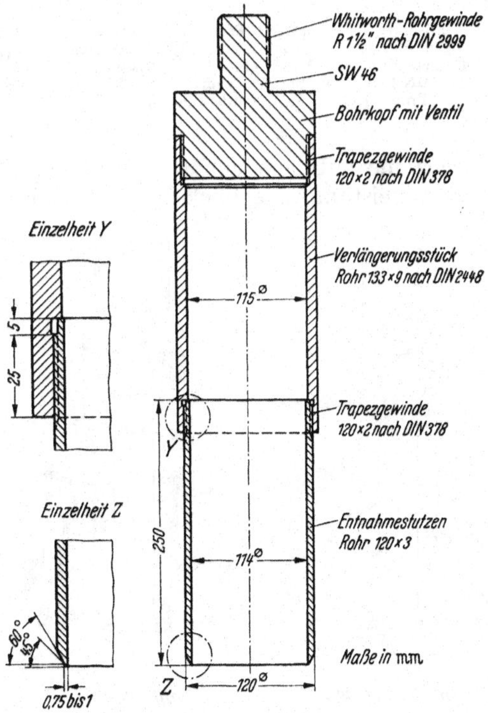

Abb. 26. Einfaches Entnahmegerät nach DIN 4021.

vielen verschiedenen Bohrgestänge zu erleichtern. Ein entsprechendes Gerät kann auch bei Handbohrungen verwendet werden (Abb. 27).

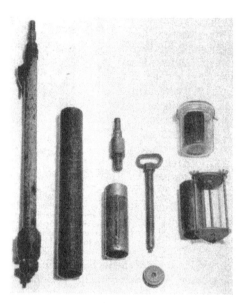

Abb. 27. Geräte für ungestörte Probenahme bei Handbohrungen. Links: Gerät nach Körste [7] mit Schlamm- und Entnahmestutzen; Mitte: einfaches Entnahmegerät (analog DIN 4021) mit Spindel zum Ausdrücken der Probe; rechts: Probenaufbewahrung.

Bei schwächer bindigen Böden, aber auch bei gut bindigen oder organischen Böden von weicher Beschaffenheit kommt es vor, daß beim Ziehen nur ein Rest der Probe gewonnen wird oder daß sogar die ganze Probe unten bleibt. Der Grund dafür liegt an dem Sog, der beim Hochheben des Stutzens in der Abrißebene entsteht, falls nicht Wasser oder Luft in die Abrißebene gelangen. Er kann verhindert werden, wenn man vor dem Heben das Gestänge biegt, um den Stutzen im Boden etwas zu verkanten und dadurch dem Wasser oder der Luft einen Weg in die Abrißebene zu bahnen. Noch sicherer ist es, am Stutzen außen längs der Wandung eine kleine Schweißraupe anzubringen (s. Abb. 27). Sie läßt bei leichtem Drehen des Stutzens Wasser oder Luft ungehindert bis zur Schneide vordringen und verhindert dadurch die Sogbildung.

Im Grundwasser und bei schwächer bindigen Böden versagt die Probenahme mit dem einfachen Entnahmekopf oft trotzdem, und die Probe rutscht, meist im Augenblick des Austauchens aus dem Wasser, aus dem Stutzen hinaus. In solchen Fällen ist es notwendig, etwas kompliziertere Geräte zu benutzen. Sie beruhen zum großen Teil darauf, daß die Öffnung im Verschlußdeckel des Entnahmestutzens, die beim Eintreiben des Stutzens zum Entweichen von Luft oder Wasser notwendig ist, durch ein Ventil vor dem Heben des Geräts dicht geschlossen wird. Bei einem Rutschen der Probe würde sich dadurch oberhalb der Probe ein Vakuum bilden, das ihr Hinausrutschen verhindert.

Aus der großen Zahl derartiger Geräte wird nebenstehend das Gerät von Kahl (Abb. 28), das sich bei der Degebo in jetzt mehr als 10jährigem Einsatz gut

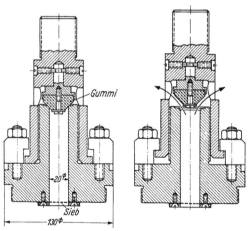

Ventil geschlossen   Ventil geöffnet

Abb. 28. Entnahmegerät nach Kahl (Hersteller Chemisches Laboratorium für Tonindustrie, Berlin). Maße in mm.

bewährt hat und den Vorteil besitzt, sehr handlich und nicht viel größer und schwerer als der einfache Entnahmekopf zu sein (Abb. 29), beschrieben. Es besitzt ein Ventil mit großem Durchflußquerschnitt, durch das Bohrschmant und Wasser beim Eintreiben des Stutzens nach außen abfließen können. Dieses Ventil beruht auf dem Prinzip des normalen Wasserhahns und wird durch Drehen geschlossen. Die Schließ-kraft des Ventils ist durch die Kraft gegeben, die das Abscheren der Probe einschließlich der Rei-bungskräfte am Umfang des Ent-nahmestutzens erfordert. Auch ein dauernder fester Sitz des Ventils ist durch die Selbstsper-rung der Hahnspindel gesichert.

Entnahmevorgang. In *gut bindigen oder organischen Böden* und auch in erdfeuchten nicht-bindigen Böden ist die Ent-nahme einer ungestörten Probe recht einfach. Sie wird durch Verwendung geeigneter Rohr- und Gestängelängen, einer geeigneten Vierkantsteckverbindung, einer zweckmäßigen Winde und einer besonderen Rammvorrichtung (Abb. 30) zum Eintreiben der Entnahmestutzen weiter er-leichtert (KAHL, MUHS und SPOEREL [12]).

Abb. 29. Entnahmegerät nach KAHL mit Schlammstutzen.

Nachdem die Bohrlochsohle mit der Schappe noch einmal freigebohrt und vom Bohrschmant so weit wie nur irgend möglich gesäubert ist, wird der Entnahmekopf mit dem Schlamm- und Entnahme-stutzen am Gestänge in das Bohrloch hinunter-gelassen. Ist die Bohrlochsohle erreicht, so wird vor dem Eintreiben des Stutzens markiert, wie tief dieser einzuschlagen ist. Ist die gewünschte Tiefe erreicht, wird das Gestänge rechts herum gedreht, um in der Ebene an der Schneide des Stutzens eine Scherfläche zu bilden, die die Haftung zwischen den Bodenteilchen aufhebt. Bei dem Gerät von KAHL wird hierbei vorher das Ventil geschlossen. Erst nach vier bis fünf vollständigen Umdrehungen soll das Gerät gezogen werden. Ist der Stutzen aus dem Boden heraus, so ist er möglichst schnell nach oben zu fördern, was bei Gebrauch eines Steckgestänges besonders gut zu erreichen ist.

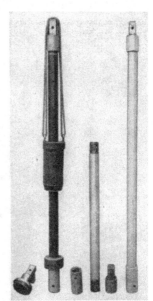

Die ungestörte Probe ist sofort nach der Entnahme von offensichtlich gestörten oder aufgeweichten Teilen zu befreien und an den Enden mit Paraffin zu vergießen, um ein Austrocknen zu verhindern.

Abb. 30. Rammvorrichtung (mit Vierkantmuffen-Gestänge) zum Ein-treiben des Entnahmegeräts.

In *wasserführenden nichtbindigen und schwach bindigen schlammigen Böden* ist die Entnahme von ungestörten Proben er-heblich schwieriger und nicht immer erfolgreich und fehlerfrei.

Im Abschn. B 2 ist bereits auf die Einflüsse des Bohrvorgangs in diesen Böden auf die Lagerungsverhältnisse und auf den möglichen Bodeneintrieb hingewiesen worden (s. Abb. 15 u. 16). Eine Möglichkeit, den Eintrieb zu ver-hindern, besteht darin, während und kurz vor dem Austauchen des Ventil-bohrers so viel Wasser in das Bohrrohr nachzufüllen, wie zum Konstanthalten des Grundwasserspiegels nötig ist (Abb. 31), und ständig mit einem kleinen

Wasserüberdruck zu arbeiten. Um den Auflockerungsbereich klein zu halten, wäre es außerdem wünschenswert, daß der Durchmesser des Ventilbohrers nur etwa halb so groß wie der Bohrdurchmesser ist, da dann die Sogwirkung entsprechend kleiner wird (KAHL, MUHS und SPOEREL [12]).

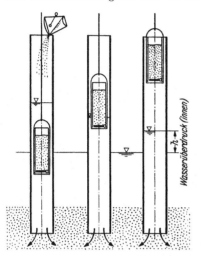

Bei der Entnahme ungestörter Proben aus Sand und Kiesschichten und unter Umständen auch aus schwach bindigen Bodenschichten ist weiter zu beachten, daß durch das Einschlagen oder Einrammen des Stutzens unter Umständen eine Einrüttelung des Bodens eintreten kann, so daß die entnommenen Proben ein zu günstiges Bild über die Lagerungsdichte ergeben. Aus diesem Grunde muß gefordert werden, daß das Eintreiben des Stutzens in solchen Fällen nicht durch Schläge, sondern durch Einpressen geschieht. Das bedingt wiederum eine zusätzliche Einrichtung (Abb. 32). Nach den umfangreichen Untersuchungen von HVORSLEV [14] sind die Fehler bzw. Störungen in den Proben am größten, wenn die Entnahmestutzen durch viele kleine Schläge eingerammt werden. Langsames Eindrücken bringt keine erheblichen Verbesserungen. Ein ununterbrochenes und schnelles Eindrücken mit einer Geschwindigkeit von etwa 15 bis 30 cm/sek hat dagegen gute Ergebnisse gebracht, ist aber nur mit speziellen hydraulischen Hebeböcken möglich.

Abb. 31. Erzeugen von Wasserüberdruck im Bohrrohr zum Verhindern von Bodeneintrieb.

Die Schwierigkeiten, die sich bei der ungestörten Entnahme nichtbindigen Bodens ergeben, beginnen mitunter schon beim Einpressen des Stutzens, und zwar dann, wenn zwischen Bohrrohrinnenwandung und Stutzenaußenwandung Boden eingetrieben ist, der sich, da der Raum zwischen Rohr und Stutzen nur klein ist, beim Vortrieb des Stutzens immer mehr verkeilt. Verhindern kann man dies durch ein kurzes Anheben des Bohrrohrs unmittelbar nach Aufsetzen des Stutzens.

Die Hauptschwierigkeiten der Entnahme nichtbindigen Bodens entstehen aber beim Heben der ausgestanzten Probe. Trotz dichten Sitzes des Kopfventils, der ein Rutschen der gesamten Probe verhindert, rieselt nämlich beim Heben der Boden allmählich in Einzelkörnern fast gleichmäßig aus dem Stutzen heraus. Besonders kritisch ist der Augenblick des Austauchens wegen der Erhöhung des Raumgewichts durch Wegfall des Auftriebs.

Abb. 32. Eindrücken des Entnahmegeräts.

Das allmähliche Ausflocken des Bodens, das dazu führt, daß die Probe schließlich ganz herausrutscht, kann durch Einblasen von Luft unter die Probe verhindert werden (KAHL, MUHS und SPOEREL [12]). Man bläst hierzu nach Herausziehen des Stutzens aus dem Boden mit Hilfe einer Handluftpumpe und eines kleinen Luftkessels durch einen Gummischlauch Luft unter die Probe (Abb. 33). Diese bildet innerhalb des Schneidenrings des Stutzens eine Blase, die an der freien Sandunterfläche eine Kapillarspannung zur Wirkung kommen läßt und dadurch das Aussedimentieren und Rutschen der Probe verhindert, wenn außerdem von oben her kein Wasser oder keine Luft durch irgendwelche Undichtigkeiten nachströmen können. Absolut dichter Sitz des Ventils und völliges Abgedichtetsein aller Gewindeverbindungen sind also für eine erfolgreiche Entnahme Voraussetzung und sollten vor Gebrauch des Geräts unbedingt geprüft werden.

Ein ähnliches Verfahren wurde auch in England entwickelt (BISHOP [22]). Ebenfalls mit Druckluft arbeitet ein in Holland entwickeltes Verfahren zur Entnahme von rd. 2 m langen ungestörten Proben aus Sandschichten (VAN DE BELD [23]). Bei diesem Verfahren wird das Gerät durch leichte Schwingungen in den Sand eingetrieben.

Mit Hilfe von Druckluft gelingt die Entnahme sandiger Böden bis zu einer mittleren Korngröße von etwa 0,5 mm, d. h. bis zum Mittel- und Grobsand. Reiner Grobsand und Kies lassen sich aber durch Kapillarwirkung nicht mehr zuverlässig sichern. Hier sind zusätzliche Fangvorrichtungen erforderlich (KAHL, MUHS und SPOEREL [12]). Auch auf die Möglichkeit, die Probe durch künstliches Gefrieren zu stabilisieren, sei hingewiesen (SIMON [15]).

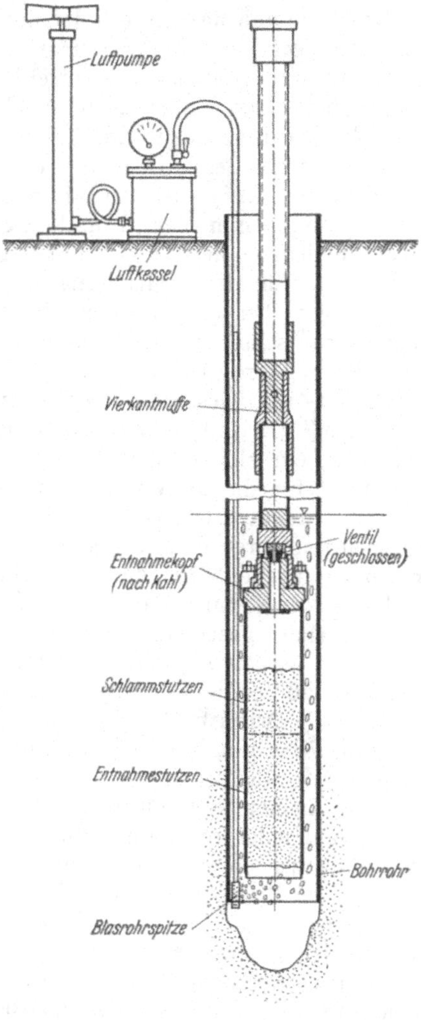

In den letzten Jahren wird außerdem im Ausland unter Verwendung von schwerer Bohrflüssigkeit gearbeitet, die die Unterfläche der Probe stabilisiert (Waterways Experiment Station [24]).

Abb. 33. Anordnung zum Erzeugen einer Luftblase unter der ausgestanzten ungestörten Probe.

Die an die Oberfläche geförderten wassergesättigten Proben müssen sofort auf der Baustelle untersucht werden, da die beim Transport entstehenden Erschütterungen zu einer Veränderung der Proben führen würden. Diese Untersuchungen, die sich in der Regel auf die Feststellung der Lagerungsdichte beschränken, bedürfen der größten Sorgfalt, um zu fehlerfreien Ergebnissen zu führen.

Alles in allem ist die Entnahme und Untersuchung nichtbindiger ungestörter Proben sehr schwierig und vielen Fehlerquellen unterworfen, so daß sie nur in den wirklich notwendigen Fällen vorgenommen werden sollte.

4. Erkennen, Beschreiben, Klassifizieren und Darstellen der Bodenschichten.

Erkennen und Beschreiben der Bodenproben. Die erste Aufgabe an den entnommenen gestörten und ungestörten Bodenproben ist, die Schichten, aus denen sie stammen, zutreffend zu kennzeichnen, d. h. die Proben zunächst zu identifizieren und dann eindeutig zu beschreiben. Unter Umständen sind sie dann einer Bodengruppe zuzuordnen, d. h. zu klassifizieren. Hinzu kommt die Beschreibung ihrer Beschaffenheit (weich, fest, trocken usw.).

Schon auf S. 837 ist darauf hingewiesen, daß diese Aufgabe vom Bohrmeister vorgenommen wird und daß die von ihm gewählte Beschreibung in all den Fällen, wo keine Korrektur seiner Bezeichnungen durch einen Fachmann stattfindet, für die Beurteilung der Gründungsverhältnisse maßgebend ist. Hieraus geht hervor, wie ungemein wichtig diese Aufgabe ist. Der Deutsche Baugrundausschuß[1] hat deshalb auch bereits im Jahre 1935 in der DIN Vornorm 4022, die im Jahre 1955 neu gefaßt wurde — „Schichtenverzeichnis und Benennen der Boden- und Gesteinsarten" — und in zwei Blättern — „Baugrunduntersuchungen" (Blatt 1) und „Wasserbohrungen" (Blatt 2) — erschien, Richtlinien für ein einheitliches Benennen der Bodenarten und ein einheitliches Formblatt für die notwendigen Aufschreibungen (s. Abb. 17) herausgegeben.

Bei der Identifizierung der Proben ist von den auf S. 825 behandelten Bodengruppen und ihren dort angegebenen, versuchsmäßig bestimmten Hauptmerkmalen auszugehen. Auf der Baustelle kann aber nicht an Hand von Kornanalysen oder Versuchsdaten entschieden, sondern es muß mit Hilfe des Auges und der Hand gearbeitet werden.

Für die *nichtbindigen* Böden ist das Erkennen der unteren Grenze dadurch gegeben, daß der Feinsand im Gegensatz zum Schluff für das bloße Auge noch gerade erkennbar ist. Mittelsand hat etwa die Korngröße von Grieß, während Kies alles das umschließt, was größer als ungefähr ein Streichholzkopf und kleiner als etwa 6 cm ist.

In zusammengesetzten nichtbindigen Böden hat man durch Ausbreiten der Proben auf einer schwarzen Unterlage zunächst nach der Bodenhauptart zu fragen, dann nach der Beimengung. Hierauf ist abzuschätzen, in welchem Prozentsatz die Beimengung vertreten ist, um dann gemäß DIN 4023 (s. S. 826) die Bezeichnung zu wählen. Es hat sich aber leider gezeigt, daß schon allein das richtige Ansprechen der Bodenhauptart schwierig ist.

Bei den *bindigen Böden* können Schluff und Ton nicht mehr mit dem Auge unterschieden werden. Zur Feststellung, ob der Feinanteil ($<0,06$ mm) mehr aus Schluff oder mehr aus Ton besteht, dienen einige schnell durchführbare Feldversuche.

Druckprüfung. Man versucht, eine an der Luft getrocknete, etwa walnußgroße Probe mit den Fingern zu zerdrücken. Ist dies wegen zu großer Festigkeit nur schwer oder überhaupt nicht möglich, so handelt es sich um Ton bzw. organischen Ton; ist es dagegen mehr oder weniger leicht möglich, so handelt es sich um Schluff.

Rollprüfung. Eine kleine Menge feuchten Bodens wird zwischen den Handflächen zu etwa 3 mm starken Röllchen ausgerollt. Dies wird wiederholt, bis die Probe infolge Austrocknens und Krümligwerdens sich nicht mehr ausrollen läßt („Ausrollgrenze" s. S. 914). Ein stark plastischer Boden ist dadurch zu erkennen, daß er sich wieder zu einem Klumpen ballen läßt, ohne zu zerkrümeln, während dies bei einem weniger stark plastischen Boden nicht möglich ist. Außerdem verhalten sich die Röllchen eines stark plastischen Bodens in einem etwas feuchteren Zustand als dem der Ausrollgrenze wie ein zäher fester Faden, der zu Kügelchen von Nadelspitzengröße zusammengerollt werden kann, während ein wenig plastischer Boden beim Ausrollen weich ist, leicht zerkrümelt und deshalb sehr vorsichtig gerollt werden muß.

---

[1] Jetzt „Arbeitsgruppe Baugrund im Fachnormenausschuß Bauwesen" des Deutschen Normenausschusses.

Eine hohe Plastizität weist auf einen hohen Tonanteil, eine niedrige auf einen Schluffanteil hin.

Schüttelprüfung. Man füllt die Handfläche mit einer Probe feuchten Bodens und schüttelt sie schnell hin und her. Im Schluff erscheint hierbei das Porenwasser auf der dadurch etwas glänzend erscheinenden Oberfläche, um aber bei einem leichten Quetschen der Probe wieder zu verschwinden. Im Ton bzw. organischen Ton ruft das Schütteln und Quetschen dagegen keine Veränderung der Beschaffenheit der Probe hervor. Je langsamer das Wasser beim Schütteln aus der Probe austritt, desto niedriger ist der Schluffgehalt und um so höher ist der Tongehalt des Bodens.

Schnittprüfung. Man zerschneidet eine feuchte Probe mit einem Messer. In einem Ton ergibt sich hierbei eine glatte, glänzende Oberfläche, während diese in einem Schluff matt und stumpf ist.

Die Feststellung, ob der Feinanteil des Bodens Schluff oder Ton darstellt, ist natürlich auch für die schwach bindigen Böden von Bedeutung, u. U. auch, ob dieser wenig, mittelmäßig oder stark plastisch ist. In gemischten Böden sind deshalb die obengenannten Versuche ebenfalls durchzuführen, und zwar gemäß dem British Standard 1377 „Methods of test for Soil Classification and Compaction" und dem „Unified Soil Classification System" ([5], s. S. 850) an dem Material <0,42 mm. Je nach dem einzuschätzenden Anteil der bindigen Bestandteile ist dann die Bezeichnung „schwach", „stark" oder auch lediglich „schluffig" bzw. „tonig" (s. S. 826) zu wählen und — soweit möglich — durch eine Angabe über den Grad der Plastizität zu ergänzen.

Zu diesen Angaben über die Bodenart selbst tritt die Beschreibung der Beschaffenheit, d. h. in erster Linie ihrer Festigkeit beim Bohren (s. S. 835), ferner der Farbe und sonstiger besonderer Kennzeichen, sowie die Angabe der etwaigen ortsüblichen und geologischen Bezeichnungen (s. Abb. 17).

Einteilen der Böden in Bodengruppen. In den USA und den meisten englisch sprechenden Ländern neigt man dazu, die Böden in einzelne, ihren Eigenschaften nach genau definierte Bodengruppen einzureihen und sie nur mit der Nummer bzw. den Symbolen der entsprechenden Gruppe zu benennen, ohne sie genau gemäß ihrem Kornaufbau zu beschreiben. Der Vorteil liegt darin, daß die Eingruppierung in eine kleine Zahl von Standardgruppen für den NichtSpezialisten einfacher als die Beschreibung ist und daß beim Auftragen der Bohrprofile durch Verwendung der Symbole Zeit gespart wird. Selbstverständlich aber gibt die genaue Beschreibung eine umfassendere Auskunft über die Bodeneigenschaften als die doch stets nur mehr oder weniger zusammenfassende und deshalb nicht immer voll zutreffende Aussage der Bodenklasse.

Die älteste, auch heute noch im amerikanischen Straßenbau angewandte Bodengruppeneinteilung ist das aus dem Jahre 1928 stammende „*Public Roads Classification System*", das acht Hauptgruppen (A 1 bis A 8) unterscheidet (HOGENTOGLER und TERZAGHI [25]). Es wurde mehrmals, zuletzt 1945 vom Highway Research Board gemäß den mit ihm inzwischen gemachten Erfahrungen und den Fortschritten der Bodenmechanik verbessert („Revised Public Roads System" oder „Highway Research Board System") (ALLEN [26]).

Von den anderen vorgeschlagenen Klassifizierungssystemen hat vor allem das von CASAGRANDE entwickelte (A. CASAGRANDE [27]) und vom US Corps of Engineers im Jahre 1942 eingeführte „*Airfield Classification System*" größere Verbreitung und Bedeutung erlangt. Die Böden sind hier in 15 Gruppen unterteilt und die sechs Hauptbodenarten mit charakteristischen Buchstaben benannt:

Kies	G (gravel)
Sand	S (sand)
Schluff	M (für Mo — Mehlsand)
Ton	C (clay)
Organischer Ton oder Schluff	O (organic)
Torf und andere rein organische Böden	Pt (peat)

Zur Kennzeichnung der wichtigsten weiteren Eigenschaften dienen die fünf Symbole:

Guter (ungleichförmiger) Kornaufbau . . . . . . W (well graded)
Schlechter (gleichförmiger) Kornaufbau . . . . . P (poorly graded)
Starker Gehalt an Feinbestandteilen . . . . . . F (excess of fines)
Hohe Kompressibilität bzw. Plastizität (Fließgrenze
  >50%) . . . . H (high)
Niedrige Kompressibilität bzw. Plastizität (Fließ-
  grenze <50%) . . . . L (low)

Jede der 15 Bodengruppen des Airfield Classification System wird durch Zusammensetzen von zwei Buchstaben gebildet. Die so geschaffenen Bodengruppen und die ihnen entsprechenden Gruppen des Public Road Classification System sind:

Airfield Class. System		Public Road Class. System
GC	SC	A 1
GF	SF	A 2
GW GP	SW SP	A 3
ML	MH	A 4 & A 5
CL	OL	A 6
CH	OH	A 7
	Pt	A 8

Das US Corps of Engineers und das US Bureau of Reclamation einigten sich 1952 unter Mitwirkung von A. Casagrande auf das „*Unified Soil Classification System*" (US Bureau of Reclamation [5]), das seitdem wohl als das bedeutendste Klassifizierungssystem anzusehen ist. Es enthält ebenfalls 15 Gruppen, sieht aber für die Grenzfälle das Zusammensetzen von zwei Gruppensymbolen vor, so daß sich dadurch die Zahl der Gruppen erheblich vermehren kann (z. B. GW—GM, SC—CL, SM—SC). Auf die Korngrenzen, die diesem System zugrunde liegen, und die Definitionen für eine „gute" und eine „schlechte" Körnung sowie für die Unterscheidung von Schluff und Ton und einen schwach- oder hochplastischen Feinanteil ist bereits auf S. 825 bis 828 eingegangen.

Das Klassifizierungssystem ist auf Tab. 1 dargestellt.

Der Unterschied gegenüber dem Airfield Classification System besteht darin, daß die durch die Gruppen GC, SC, GF und SF charakterisierten Böden anders aufgeteilt wurden, und zwar in GC, SC, GM und SM. Im Airfield Classification System hatten ebenso wie im Public Roads Classification System die Gruppen GC und SC — dadurch definiert, daß sie nur gerade so viel plastisches Feinmaterial enthalten, um die Sand- und Kiesteilchen zusammenhaften zu lassen (clay binder) — eine besondere Bedeutung, da sie das gesuchteste Erdbaumaterial für den Erdstraßen- und Rollfeldbau darstellen. Im Unified Classification System sind dagegen die Gruppen GC, SC, GM und SM dadurch charakterisiert, daß sie mehr als 12% und weniger als 50% an Bestandteilen <0,074 mm besitzen; sie erfassen also auch die Böden der früheren Gruppen GF und SF, unterscheiden aber, ob der Feinanteil tonig oder schluffig ist.

In Deutschland ist nur eine Bodenklasseneinteilung gebräuchlich, und zwar zur *Bestimmung der Lösungsfestigkeit bei Erdarbeiten* zum Zweck der Bereitstellung einwandfreier Ausschreibungsunterlagen. Die schon im Jahre 1925 aufgestellte DIN 1962 wurde 1955 als DIN 18300 „Erdarbeiten" neu herausgegeben. Sie unterscheidet die folgenden sieben Bodengruppen:

1. Mutterboden.
2. Wasserhaltender Boden: Schlick, Klei, Faulschlamm, Moor.
3. Leichter Boden: Sande und Kiese ohne wesentliche bindigen Bestandteile bis 70 mm Korngröße.
4. Mittelschwerer Boden: Böden mit Kohäsion, wie Lehm, Mergel, Löß bzw. sandiger Lehm usw.; mit dem Spaten lösbar; Böden der Klasse 3 über 70 mm Korngröße.

Tabelle 1. *Bodenklassifizierung gemäß dem „Unified Soil Classification System"*.

Erkennungsmerkmale (ausschließlich der Anteile > 76,2 mm)				Gruppensymbol	Typische Bezeichnungen
Grob-Böden Mehr als 50 % des Bodens >0,074 mm	*Kiese* Mehr als 50 % des Grobanteils >4,8 mm	*Reine Kiese* Weniger als 5 % < 0,074 mm	Ungleichförmiger Kornaufbau, „Gut gekörnt"[1]	GW	„Gut" gekörnte Kiese und Kies-Sand-Gemische
			Vorherrschen einer Korngröße, „Schlecht gekörnt"[2]	GP	„Schlecht" gekörnte Kiese und Kies-Sand-Gemische
		Verunreinigte Kiese Mehr als 12 % <0,074 mm	Der Feinanteil ist schluffig[3]	GM	Schluffige Kiese; „schlecht" gekörnte Kies-Sand-Schluff-Gemische
			Der Feinanteil ist tonig[3]	GC	Tonige Kiese; „schlecht" gekörnte Kies-Sand-Ton-Gemische
	Sande Mehr als 50 % des Grobanteils <4,8 mm	*Reine Sande* Weniger als 5 % < 0,074 mm	Ungleichförmiger Kornaufbau, „Gut gekörnt"[1]	SW	„Gut" gekörnte Sande und Sand-Kies-Gemische
			Vorherrschen einer Korngröße, „Schlecht gekörnt"[2]	SP	„Schlecht" gekörnte Sande und Sand-Kies-Gemische
		Verunreinigte Sande Mehr als 12 % <0,074 mm	Der Feinanteil ist schluffig[3]	SM	Schluffige Sande; „schlecht" gekörnte Sand-Schluff-Gemische
			Der Feinanteil ist tonig[3]	SC	Tonige Sande; „schlecht" gekörnte Sand-Ton-Gemische
Fein-Böden Mehr als 50 % des Bodens < 0,074 mm	*Schwach plastische Schluffe und Tone* Fließgrenze <50%		Der Feinanteil ist Schluff[3]	ML	Schluffe und sehr feine Sande, Gesteinsmehl, schluffige oder tonige Feinsande mit geringer Plastizität
			Der Feinanteil ist Ton[3]	CL	Tone mit geringer bis mittlerer Plastizität, kiesige oder sandige Tone, schluffige Tone, leichte Tone
				OL	Organische Schluffe und organische Schluff-Tone mit geringer Plastizität
	Plastische und hochplastische Schluffe und Tone Fließgrenze >50%		Der Feinanteil ist Schluff[3]	MH	Schluffe und schluffige Böden mit mittlerer bis hoher Plastizität
			Der Feinanteil ist Ton[3]	CH	Tone mit sehr hoher Plastizität
				OH	Organische Tone mit mittlerer bis hoher Plastizität
Stark organische Böden			Dunkle Farbe, Geruch, schwammiges Anfühlen, fasrige Textur	Pt	Torf und andere stark organische Böden

[1] Gl. (2) und (3) erfüllt. — [2] Gl. (2) und (3) nicht erfüllt. — [3] Gemäß der Definition auf S. 827 u. 828.

54*

Tabelle 2. *Abkürzungen, Zeichen und Farben der hauptsächlichen Bodenarten nach DIN 1023.*

Als Bodenart (I)	Als Beimengung (II)	Abkürzung¹ für I	II	Zeichen¹ für I	II	Darstellung Flächenfarbe	Farben nach Ostwald	Entspricht Stabilo-Nr.:
1	2	3	4	5	6	7	8	9
a) Bodenhauptarten								
Steine, Blöcke . . . . über 63 mm	steinig, mit Blöcken	St	st			hellgelb	1 ia	8744
Kies (Grand) . . . . 2 bis 63 mm	kiesig	Ki	ki			hellgelb	2 ia	8744
Grobkies . . . . 20 bis 63 mm	grobkiesig	gKi	gki			hellgelb	2 ia	8744
Mittelkies . . . . 6 bis 20 mm	mittelkiesig	mKi	mki			hellgelb	2 ia	8744
Feinkies . . . . . 2 bis 6 mm	feinkiesig	fKi	fki			hellgelb	2 ia	8744
Sand . . . . . . .0,06 bis 2 mm	sandig	S	s			orangegelb	3 ia	8734
Grobsand . . .0,6 bis 2 mm	grobsandig	gS	gs			orangegelb	3 ia	8734
Mittelsand. . .0,2 bis 0,6 mm	mittelsandig	mS	ms			orangegelb	3 ia	8734
Feinsand . . .0,06 bis 0,2 mm	feinsandig	fS	fs			orangegelb	3 ia	8734
Schluff . . . . 0,002 bis 0,06 mm	schluffig	Su	su			kreß (orange)	6 la	8754
Ton² . . . . unter 0,002 mm	tonig	T	t			violett	12 na	8755
Torf³ . . . . —	—	Tf	—			dunkelbraun	4 ni	8745
Kohle. . . . . —	—	Ko	—			weiß	—	—

¹ Abkürzungen, Zeichen und Schraffuren stets in Schwarz.

² Der Ausdruck „Letten" ist zu vermeiden, da darunter je nach der Gegend ein schluffiger Lehm, fetter Ton oder ein durch sandige Einlagerungen geschichteter oder geschieferter Ton verstanden wird.

³ „Moor" ist ein geographischer Begriff für ein nasses Gelände mit einer bestimmten Pflanzengemeinschaft, „Torf" ist die aus dieser entstandene Bodenart.

b) Weitere Bodenarten[4]

Lehm (Auelehm), Gehängelehm, Verwitterungslehm . . .	lehmig	L	l	⫽⫽⫽	—	hellbraun	5 gc	8739
Geschiebelehm	—	GL	—		—	hellbraun	5 gc	8739
Geschiebemergel	—	GMe	—		—	hellbraun	5 gc	8739
Löß	—	Lö	—		—	kreß(orange)	4 pa	8754
Lößlehm	—	Löl	—		—	kreß(orange)	4 pa	8754
Mergel (als Lockergestein)	—	Me	—		—	blau	15 ea	8731
Schlick (Klei)	schlickig	Sl	sl			violett	12 na	8755
Faulschlamm (Mudde)	faulschlammhaltig, muddig	Fa	fa			grau	i	8749
Wiesenkalk, Seekalk, Seekreide. .	—	WK	—		—	blau	15 ea	8731
Humus[5]	humos	H	h		—	dunkelbraun	4 ni	8745
—	kalkig[6]	—	k		—	—	—	—

Mutterboden[2] und Auffüllung können je nach ihrer Zusammensetzung stark humoser Sand ($\overline{h}S$), stark humoser Lehm ($\overline{h}L$) usw. bzw. steiniger Ton (stT), Sand (S), kiesiger Lehm (kiL) usw. sein. Sie werden mit den hierüber gegebenen Abkürzungen und Zeichen dargestellt; in die Zeichen sind die Abkürzungen Mu bzw. A einzuschreiben (s. die Beispiele in Tafel 4).

[4] Hierunter werden Abkürzungen und Zeichen für die nach DIN 4022 im Schichtenverzeichnis nicht in der Spalte für Bodenhauptarten sondern in der für übliche und geologische Benennungen aufgeführten Bodenarten gebracht.

[5] „Mutterboden" ist der humushaltige, durchwurzelte und durchlüftete, Kleinlebewesen enthaltende Teil des Bodenprofils. Reiner „Humus" kommt als Mutterboden nur selten vor. Jedoch ist im allgemeinen die oberste Torfschicht in Mooren als Humus zu bezeichnen. Für tiefere Bodenschichten ist der Ausdruck Humus nicht anzuwenden; in diesem Falle handelt es sich z. B. um Torf, Faulschlamm, Mudde. „Moorerde" ist sandiger Humus.

[6] Der Kalkgehalt wird nicht durch Zeichen oder Farbe, sondern nur durch Beifügung eines „k" vor die Abkürzung angegeben, z. B. kT = kalkiger Ton.

5. Schwerer Boden: Böden mit hoher Kohäsion, wie fetter Ton; Böden der Klasse 4, die mit dem Spaten nicht mehr bearbeitet werden können, sondern besonders aufgelockert werden müssen; Böden der Klasse 4, die mit Geröllen und Steinen bis Kopfgröße (ca. 200 mm) stark durchsetzt sind; Bauschutt und Schlacke.

6. Leichter Fels: Locker gelagerte Gesteinsarten; chemisch verfestigte Sande oder Kiese; Böden der Klasse 4, die mit Steinen über Kopfgröße (ca. 200 mm) stark durchsetzt sind.

7. Schwerer Fels: Fest gelagerte Gesteinsarten; nur mit Bohr- und Sprengarbeit zu lösen; Findlinge bzw. Gesteinstrümmer über 0,1 m³ Inhalt.

Darstellung der Bodenaufschlüsse. Die Bohrergebnisse werden an Hand der Schichtenverzeichnisse zu *„Bohrprofilen"* aufgetragen. Die dabei einzuhaltenden Bezeichnungen, Abkürzungen, Zeichen und Farben für die verschiedenen Boden- und Gesteinsarten sind in der 1955 erschienenen DIN 4023 „Baugrund und Wasserbohrungen. Zeichnerische Darstellung der Ergebnisse" zusammengefaßt. Für die Darstellung können wahlweise Schraffen oder Farben benutzt werden (Tab. 2). Auch die Darstellung der ungestörten Proben, der Grundwasserstände und anderer wichtiger Feststellungen ist vereinheitlicht.

Die Bohrprofile werden maßstabgerecht nebeneinander gezeichnet und bei genügend engem Abstand der Bohrlöcher untereinander durch gerade Linien verbunden. Sie liefern dann die „Schichtenpläne".

5. Untersuchung der Bodenbeschaffenheit durch Sondierungen.

Wegen der erheblichen Kosten und des großen Zeitaufwands, den gewissenhaft ausgeführte Bohrungen für Baugrunduntersuchungen verursachen, ist man bestrebt, nur verhältnismäßig wenige Bohrungen niederzubringen, zwischen denen der Schichtenverlauf oft aber nur geschätzt werden kann. Zur Vermeidung dieser Unsicherheit sind in den beiden letzten Jahrzehnten verschiedene Sondierverfahren entwickelt worden. Ihnen allen ist gemeinsam, daß der Untergrund durch schlanke Stäbe messend durchfahren wird.

Der Gedanke, den Baugrund nach dieser Art zu untersuchen, ist naheliegend und wegen der Einfachheit des Geräts auch schon alt. Die ursprünglichen Verfahren aus der Zeit bis etwa 1930 beschränkten sich aber darauf, unter oberflächlich anstehenden, nicht tragfähigen Schichten, wie Moor oder Faulschlamm, tragfähigen Boden festzustellen.

Als sich mit den fortschreitenden Erkenntnissen auf dem Gebiete der Bodenmechanik das Bedürfnis herausstellte, nicht nur die Schichtenfolge, sondern zusätzlich auch die Festigkeit des Untergrunds zu ermitteln, wurden die Sondierverfahren verbessert. Bei den vielen heute bekannten Sondierverfahren hat man die folgenden drei Gruppen, von denen jede ihre Vor- und Nachteile besitzt und für bestimmte Aufgabengebiete besonders geeignet ist, zu unterscheiden:

die Schlagsondierungen, die Drucksondierungen, die Drehsondierung.

a) Schlagsondierungen.

Die „Schlagsondierungen" stellen die älteste Form der modernen Sondierverfahren dar. Bei ihnen wird die Sonde mit bestimmtem Fallgewicht und gleichbleibender Fallhöhe in den Boden gerammt und aus der aufgewandten Energie auf die Beschaffenheit des Bodens geschlossen. Hierzu wird fast immer lediglich die Schlagzahl, die zum Durchrammen eines bestimmten Vergleichsmaßes, z. B. 20 cm, notwendig ist, benutzt.

In Deutschland hat als erster Kumm beim Bau des Mittellandkanals mit einem noch heute fast modern anmutenden Gerät (ähnlich Abb. 14) Schlagsondierungen ausgeführt (Kripner [28]), um für die auszuführenden umfangreichen Erdarbeiten einen Maßstab über die Bodenklasse gemäß DIN 1962 zu gewinnen. Mehr bekannt geblieben sind die von KÜNZEL zur Beurteilung der Lagerungsdichte des Berliner Sandbodens von etwa 1934 an bis in Tiefen von 5 bis 8 m durchgeführten Sondierungen mit einer 20 mm dicken Rundstahlstange mit stumpfem Kopf (KÜNZEL [*29*], PAPROTH [*30*]). Der heute noch benutzte „KÜNZELsche Prüfstab" besteht in seiner jetzigen Form aus Rundstahlstangen von 1 m Länge und 20 mm ∅, die — meist mit einer kegelförmigen Spitze versehen — mit einem Bärgewicht von 10 kg und einer Fallhöhe von 50 cm in den Boden eingetrieben werden[1]. Etwa zur gleichen Zeit benutzte EHRENBERG eine Sonde, die zur Verminderung der Mantelreibung eine dem Sondengestänge gegenüber etwas verbreiterte kegelförmige Spitze besaß.

Vom Erdbauinstitut der ETH Zürich ist nach umfangreichen Vorversuchen und Klärung der theoretischen Grundlagen (HAEFELI, AMBERG und VON MOOS [*31*]) im Jahre 1949 die in Abb. 34 dargestellte Rammsonde entwickelt worden, die für Untersuchungen bis in eine maximale Tiefe von 10 bis 12 m dienen soll.

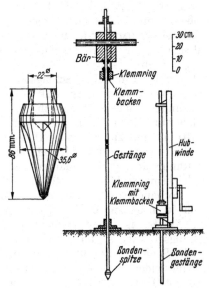

Abb. 34. Leichte Schlagsonde des Erdbauinstituts der ETH Zürich. Links: Spitze; Mitte: Arbeitsstellung; rechts: Ziehen mit Hilfe einer Winde [*31*].

Der Vorteil der Schlagsondierverfahren, den Baugrund mit verhältnismäßig einfachem und billigem Gerät verhältnismäßig schnell prüfen zu können, hat dazu geführt, auch Verfahren zu entwickeln, die Untersuchungen bis in größere Tiefen ermöglichen. Anlaß hierzu waren in gleichem Maße die in manchen Ländern, z. B. in der Schweiz, herrschenden geologischen Bedingungen (Vorkommen von stark wechselnden Lagen weicher und sehr fester, Gerölle enthaltender Böden), die die Ausdehnung der Schlagsondierverfahren auf größere Tiefen als die allein wirtschaftliche Aufschlußmöglichkeit einfach erzwangen. Auf diese Weise ist es zur Konstruktion schwerer Rammsonden mit Bärgewichten von 50 kg oder mehr gekommen. Die Rammung durch Hand ist dann nicht mehr möglich; man benötigt ein besonderes Rammgerüst (Abb. 35) oder einen Dreibock.

Um die Mantelreibung zuverlässiger ausschalten und den Spitzenwiderstand besser bestimmen zu können, als es allein durch eine Verbreiterung der Spitze möglich ist, hat man auch Schlagsonden konstruiert, bei denen das eigentliche Sondengestänge durch

Abb. 35. Schlagsonde der Degebo mit automatischer Schlagauslösung.

---

[1] Es sei darauf aufmerksam gemacht, daß unter der Bezeichnung KÜNZEL-Stab heute eine ganze Reihe von Schlagsonden mit verdickter, kegelförmiger Spitze verschiedener Form und verschiedenen Durchmessers benutzt werden.

ein Mantelrohr geschützt ist. Da die Kenntnis der Größe der Mantelreibung die Deutung der gesamten Sondierung wesentlich verbessert, hat man auch Vorkehrungen getroffen, die Mantelreibung durch die Rammenergie oder durch die Größe der zum Ziehen oder Drehen des Mantelrohrs notwendigen Kraft messen zu können (STUMP [32]). Diese Sonden stellen aber bereits aufwendige und zum Teil schwere und teure Spezialgeräte dar, die nur in Sonderfällen ihre Berechtigung haben.

Die mit den üblichen Schlagsondiergeräten durchgeführten Untersuchungen vermögen nur bis in geringe Tiefen zu einem zuverlässigen Ergebnis über die Baugrundbeschaffenheit zu führen, da nur in diesem Fall keine allzu starke Verfälschung des Eindringungswiderstands der Spitze durch die Mantelreibung eintritt. Da mit zunehmender Untersuchungstiefe die Länge der Sonde und damit ihr Gewicht anwächst, verändert sich auch das Verhältnis des Gewichts von Rammbär und Sonde laufend, so daß bei größeren Tiefen ein einheitlicher Vergleichsmaßstab zur Beurteilung von flach- und tiefliegenden Schichten nicht mehr vorhanden ist, selbst wenn man von der Anwendung einer Rammformel wegen deren bekannter Fehler absieht und nur die Zahl der Rammschläge verfolgt. Letztes ist aber in theoretischer Hinsicht nur richtig, wenn man den Wirkungsgrad jedes Rammschlags $\eta = 1$ setzt, was um so weniger zulässig ist, je mehr Schichten durchfahren werden und je größer die Unterschiede im Eindringungswiderstand sind, da ja η selbst eine Funktion des Eindringungswiderstands ist (HOFFMANN [33]). Vergleichsuntersuchungen mit einer sowohl Schlagsondierungen als auch Drucksondierungen erlaubenden Spezialsonde haben dann auch gezeigt, daß die aus den Schlagsondierungen unter Verwendung einer Rammformel und Benutzung eines Wirkungsgrads $\eta = 1$ berechneten Eindringungswiderstände der Spitze in kg/cm² bei den vorliegenden Bodenverhältnissen mehr als 8mal größer waren als die gemessenen Eindringungswiderstände der Drucksondierungen (HAEFELI und FEHLMANN [34]).

Schlagsondierungen sind deshalb vor allem für Untersuchungen in geringeren Tiefen geeignet, wo die Mantelreibung und das Verhältnis von Bärgewicht zu Sondengewicht noch wenig Einfluß besitzen und wo η mit einiger Berechtigung = 1 gesetzt werden kann. Für viele Bauvorhaben ist aber auch nur eine Untersuchung bis in begrenzte Tiefen nötig (z. B. 6 m, s. S. 829). Hier vermögen die Schlagsondierungen gute Dienste zu leisten, z. B. bei der Nachprüfung der Gleichmäßigkeit von verdichteten Schüttungen (HOFFMANN und MUHS [35]), beim Abtasten von freigelegten Fundamentgräben oder einer ausgehobenen Baugrube, wenn auf Grund der Bohrungen oder der geologischen Verhältnisse noch Zweifel über die Homogenität der Gründungsschicht bestehen sollten, bei der Feststellung der Tiefe von festen Schichten unter lockeren Deckschichten, beim Auffinden von alten, der Ausdehnung nach nicht genau bekannten Auffüllungen usw. Zweckmäßig sind Schlagsondierungen im besonderen zur Prüfung von Sand- und Kiesschichten, die ihrer Tiefe und Verbreitung nach durch Bohrungen nachgewiesen sind, über deren Lagerungsverhältnisse, von denen die Tragfähigkeit in entscheidendem Maße abhängt, aber nichts bekannt ist. Als ungeklärt müssen die Ergebnisse der Schlagsondierungen jedoch noch in den bindigen Böden angesehen werden, wo Porenwasserdruckerscheinungen einerseits und die Volumenkonstanz gegenüber dynamischen Beanspruchungen andererseits keine zuverlässige Deutung der Rammergebnisse ohne Kenntnis der Schichtenfolge erlauben. Schlagsondierungen sollen deshalb stets nur in Verbindung mit mindestens einer Bohrung, die die Schichtenfolge aufzeigt, vorgenommen werden.

In dieser Hinsicht ist das bei der Degebo für Flachsondierungen gebräuchliche Gerät (Abb. 36) zweckmäßig, das eine Kombination der mit drei Rillen

versehenen geologischen Sondierstange nach Abb. 14 mit einer Schlagsondier-
vorrichtung (Bärgewicht = 10 kg, Fallhöhe = 50 cm) darstellt. Die gegenüber
dem 30 mm starken Gestänge schwach verdickte, 60 cm lange Spitze wird
jeweils 30 cm tief gerammt, dann unter Messung der notwendigen Kraft ab-
gedreht und gehoben: Die mit Boden gefüllten Rillen geben Aufschluß über die
Bodenart, während Schlagzahl und Abdrehkraft über die Festigkeit in den
jeweils untersuchten 30 cm unterrichten. In grundwasser-
führenden Schichten ist es wegen des Zusammenfalls des
Sondierlochs natürlich wertlos, die Sonde nach jeweils 30 cm
Eindringung zu ziehen, zumal nichtbindiger Boden dann
auch nicht in den Rillen bleibt. Die Sonde wird in solchen

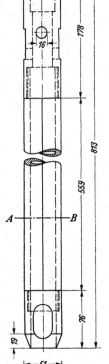

a   b

Abb. 36. Leichte Schlagsonde der Degebo beim Eintreiben (a) und beim Abdrehen (b).

Fällen in einem Gang auf die gewünschte Tiefe gerammt
und anschließend mit Hilfe einer Wagenwinde — ähnlich
Abb. 34 — gehoben.

    Schnitt A-B

Abb. 37. Sondierspitze
des Standard Penetra-
tion Test [37].
Maße in mm.

Aus dem Bestreben heraus, die Schlagsondierungen mit
einer Bodenprobenahme zu verbinden, um dadurch zu erfahren, welcher Bodenart die ermittelten Schlagzahlen zum
Eintreiben der Sondenspitze zugehören, werden die Schlagsondierungen manchmal auch im Bohrloch ausgeführt, wodurch gleichzeitig der Einfluß der unerwünschten Mantel-
reibung weitgehend ausgeschaltet wird (Schubert [36]). Sehr störend ist hierbei
aber der Einfluß des Grundwassers, der zu einer Auflockerung der Bohrlochsohle führen kann.

In den USA hat diese Prüfmethode zum sogenannten „*Standard Penetration
Test*" geführt (Terzaghi und Peck [37]). Bei diesem Versuch (Abb. 37) wird
in einem engen, verrohrten Bohrloch (rd. 8 cm ∅) in beliebig zu wählenden Abständen ein mit einem Schneidenring versehener und aufklappbarer Entnahmestutzen (äußerer Durchmesser 5,08 cm) bei einer Fallhöhe von 76,2 cm mittels
eines 63,5 kg schweren Rammbären 45 cm tief in die Bohrlochsohle eingetrieben

und die Zahl der für die letzten 30 cm erforderlichen Schläge gezählt. Der gezogene Entnahmestutzen liefert wegen seines kleinen Durchmessers zwar keine
ungestörte Probe, erlaubt jedoch die einwandfreie Bestimmung der Bodenart
und des Wassergehalts.

Der Standard Penetration Test besteht also aus einem abwechselnden Bohren und
Sondieren bzw. aus dem Niederbringen eines Bohrlochs bei gleichzeitiger Entnahme einer
großen Zahl halbgestörter Proben unter genormten Bedingungen. Der Versuch stellt also
kein ausgesprochenes Schnellprüfverfahren mehr dar, wie es bei den Schlagsondierungen
sonst der Fall ist. Der Vorteil liegt darin, daß das Verfahren über die Lagerungsdichte der
nichtbindigen Böden Auskunft gibt. Wo diese Auskunft nicht wichtig ist oder wo keine
nichtbindigen Böden in den für die Tragfähigkeit vor allem wichtigen Tiefen des Untergrunds vorhanden sind, dürfte die Ausführung normaler Bohrungen mit der Entnahme
wirklich ungestörter Proben aus den bindigen Schichten wertvoller sein und auch nicht mehr
Zeit erfordern.

Eine Schlagsondierung mit quasi kontinuierlicher Gewinnung halbgestörten
Probenmaterials stellt das schon auf S. 835 erwähnte BURKHARDTsche „Bohrpfahlsondierverfahren" dar.

Die Ergebnisse von Schlagsondierungen werden gewöhnlich in der Weise
dargestellt, daß die Schlagzahlen, die zum Durchrammen einer festgesetzten

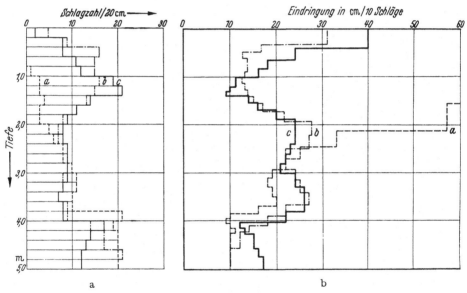

Abb. 38a u. b. Darstellung des Ergebnisses von drei Schlagsondierungen (a, b und c).

Vergleichsstrecke notwendig sind, neben den betreffenden Tiefen aufgetragen
werden (Abb. 38a). Weniger üblich, aber zweckmäßiger ist die Auftragung der
Eindringung für eine bestimmte Schlagzahl (z. B. 10 oder 20; Abb. 38b), da
hierbei nur die nach 10 oder 20 Schlägen vorhandene Sondereindringung gemessen zu werden braucht, während im anderen Fall die für die ausgewählte
Vergleichsstrecke erforderliche Schlagzahl genau meist nur durch Interpolation
gewonnen werden kann. Auf die Ermittlung des Eindringungswiderstands in
kg/cm² mit Hilfe irgendeiner Rammformel wird in richtiger Einschätzung der
damit verbundenen Fehler fast immer verzichtet. Sofern die Eichzahlen bekannt
sind, genügt die Kenntnis der Schlagzahlen auch in den meisten Fällen für die
allgemeine Beurteilung eines Untergrunds.

Für die Beurteilung der Gleichmäßigkeit kann es zweckmäßig sein, die bei gleichen Schlagzahlen an den verschiedenen Sondierstellen erreichten Eindringungstiefen durch Linien zu verbinden. Ein gleichmäßiger Untergrund zeichnet sich als Schar paralleler horizontaler Linien ab, während sich eine Festigkeitszunahme oder -abnahme durch ein Steigen bzw. Fallen der Linien markiert (Abb. 39).

Allgemeingültige Zahlenwerte für die in charakteristischen Böden auftretenden Schlagzahlen zum Durchdringen bestimmter Vergleichsstrecken können

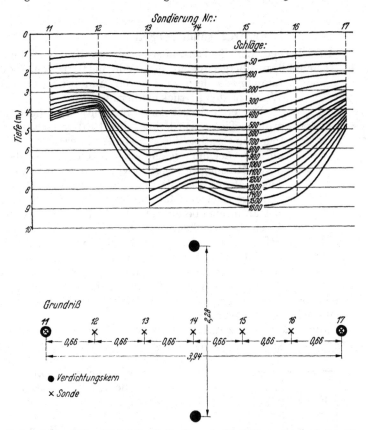

Abb. 39. Linien gleicher Schlagzahl bei der Nachprüfung der Verdichtung eines nach dem KELLER-Verfahren (Rütteldruckverfahren) verdichteten Feldes durch Schlagsondierungen [35].

nicht angegeben werden, da diese von zu vielen Faktoren — Bärgewicht, Fallhöhe, Untersuchungstiefe, Querschnitt, Mantelreibung — abhängen. Auch die Form der Spitze, insbesondere die Länge des Kegels und das Verhältnis seines Durchmessers zum Durchmesser des Gestänges beeinflussen das Ergebnis, da bei großem Unterschied der Durchmesser ein grundbruchähnliches Aufquellen des Bodens eintritt. Um aus den Schlagzahlen auf die Lagerungsdichte schließen zu können, was wegen der oben angegebenen Gründe ohnehin nur in den nichtbindigen Böden zu erwarten ist, muß deshalb jede Sonde durch entsprechende Versuche erst besonders geeicht werden. Beim KÜNZELschen Prüfstab kann von etwa 1 m Tiefe ab bei einer Schlagzahl von 10 (oder mehr) für 10 cm Eindringung auf eine dichte Lagerung [Verdichtungsverhältnis $D_v \geqq 50\%$ (s. S. 918)] geschlossen werden.

In den USA wird der Beurteilung der Lagerungsdichte von Sandschichten beim Standard Penetration Test die folgende Aufstellung zugrunde gelegt (TERZAGHI und PECK [37]):

Zahl der Schläge	Lagerungsdichte
0 bis 4	sehr locker
4 bis 10	locker
10 bis 30	mitteldicht
30 bis 50	dicht
>50	sehr dicht

b) Drucksondierungen.

Wegen der Unsicherheit der Schlagsondierungen bei Untersuchungen in größerer Tiefe ist man dazu übergegangen, die Sonde nicht in den Boden zu rammen, sondern zu drücken, und gelangte auf diese Weise zu den „Drucksondierungen".

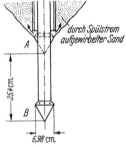

Abb. 40. Spitze der Spülsonde von TERZAGHI. A Ausgangs-stellung vor der Messung; B Stellung nach der Messung.

Die erste Drucksonde für Untersuchungen bis in größere Tiefen wurde im Jahre 1929 von TERZAGHI als sogenannte „Spülsonde" gebaut (TERZAGHI [38], [39]), um die Gleichmäßigkeit einer mächtigen Sandschicht durch Messung des Spitzenwiderstands zu prüfen. Zur Ausschaltung der Mantelreibung wurde das Sonden-gestänge in einem Mantelrohr geführt. Die Kegelspitze war an ihrem oberen Rand mit kleinen Düsen versehen, durch die Druckwasser unter einem Winkel von etwa 45° austreten konnte (Abb. 40), um den Einfluß der Erdauflast auf den Eindringungswiderstand auszu-schalten. Mit einer hydraulischen Presse wurde dann der Kegel aus der Stellung A in die Stellung B ge-drückt, der hierzu notwendige Druck mit einem Manometer gemessen und an-schließend das Mantelrohr nachgepreßt.

Konstruktiv interessant ist die Anfang des zweiten Weltkrieges entwickelte „Federdrucksonde" von PAPROTH (Abb. 41), die als Sonde den KÜNZELschen Prüf-stab (s. S. 855) benutzt und die zum Eindrücken und Ziehen erfor-derliche Kraft mittels einer Winde erzeugt, während die Druck- und Zugkräfte mit zwei Federn gemessen werden (PAPROTH [30]). Ein besonderes Mantelrohr ist hier nicht vorhanden. Statt dessen wird die Sonde von Zeit zu Zeit etwas gezogen, die hierbei auftretende Kraft gemessen und der Anteil der Mantelreibung am Gesamtwiderstand beim Ein-drücken hierdurch — unter der Voraussetzung, daß die Mantel-reibung beim Eindrücken und Ziehen gleich groß ist — fest-gestellt.

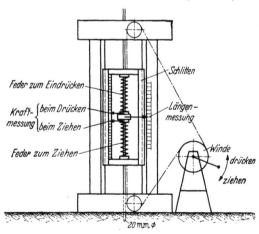

Abb. 41. Federdrucksonde von PAPROTH [30].

Eine besondere Förderung erfuhr die Entwicklung der Drucksondierungen durch BUISMAN in Holland, wo es wegen der zahlreichen dort auszuführenden

Pfahlgründungen wichtig war, die Festigkeit des Untergrunds in größerer Tiefe zur Bestimmung der notwendigen Pfahllänge zu kennen. Da es hierbei ganz besonders wichtig war, nicht nur den Gesamtwiderstand zu messen, sondern den Spitzenwiderstand allein zu kennen, wurde die Sonde wie die TERZAGHISCHE Spülsonde mit einem Mantelrohr versehen, so daß sich Spitze

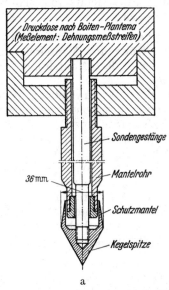

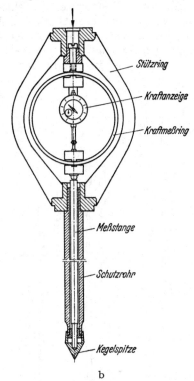

Abb. 42. Prinzip der verbesserten holländischen Tiefensonde. Messung des Spitzendrucks mit elektrischer Meßdose (a) oder mit Meßring (b) [41], [158].

und Mantel gesondert bewegen und die dazu erforderlichen Kräfte einzeln messen lassen (Laboratorium voor Grondmechanica Delft [40]). Das Anfang der 30er Jahre entwickelte Verfahren mit diesem sogenannten „Tiefensondier-Apparat" (Abbildung 42) ist inzwischen laufend verbessert (PLANTEMA [41], VERMEIDEN [42]) und für Untersuchungen bis in größere Tiefen vollmechanisiert worden (Abb. 43). Heute ist es meist üblich, Spitze und Mantel gemeinsam einzudrücken und den Spitzenwiderstand allein zu messen (s. Abb. 42).

Abb. 43. Schwere holländische Tiefensonde (Laboratorium voor Grondmechanica Delft).

Sondierungen mit einer für sich beweglichen Spitze haben den Nachteil, daß das Erdreich in lockeren Böden nach Vortreiben der verbreiterten Spitze zusammenfallen, sich auf der Oberfläche der kegelförmigen Spitze auflagern und sich beim Nachführen des Mantels zwischen Sondengestänge und Wandung verklemmen kann. Man hat diese Fehlerquelle durch besondere Formgebung der Spitze weitgehend ausgeschaltet (s. Abb. 42). Durch Anordnung einer besonderen „*Reibungshülse*" oberhalb der Kegelspitze wird ferner versucht, die Mantelreibung nicht längs der gesamten Tiefe, sondern lediglich über eine bestimmte, beschränkte Länge zu messen (z. B. BEGEMANN [*43*]). Abb. 44 zeigt das Schema der vier verschiedenen Arbeitsstellungen des Geräts von BEGEMANN zum Messen:

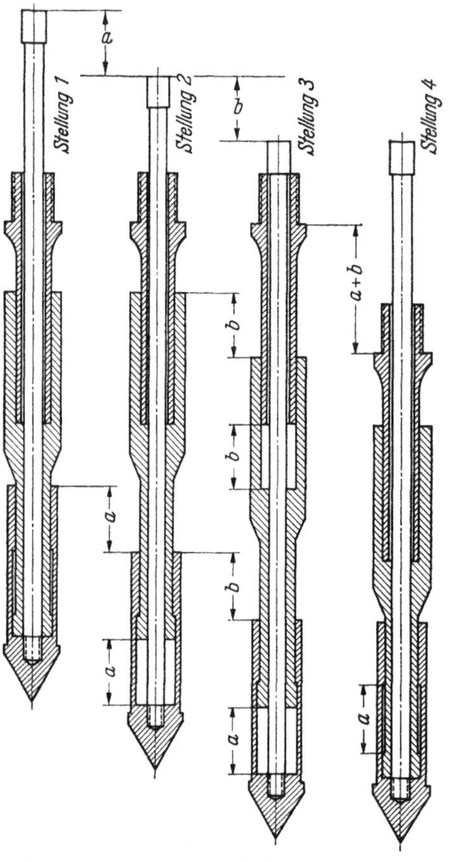

1. des Gesamtwiderstands von Spitze, Hülse und Mantelrohr durch Einpressen des Mantelrohrs (Stellung *1*),

2. des Spitzenwiderstands durch Einpressen des Sondengestänges um das Maß *a* (Stellung *2*),

3. des Spitzenwiderstands und der Mantelreibung längs der Hülse durch Einpressen des Sondengestänges um das Maß *b* (Stellung *3*),

4. der Mantelreibung längs der Hülse und des Mantelrohrs durch Einpressen des Mantelrohrs um das Maß *a* + *b* (Stellung *4*).

Das gleiche Ziel versucht eine von der AG für Grundwasserbauten, Bern, konstruierte Sonde in allerdings weit einfacherer Weise zu erreichen (HAEFELI und FEHLMANN [*34*]). Sie vereint die Vorteile der Schlag- und Drucksondierungen. Die „*Druck-Schlag-Sonde*" (Abb. 45) (Querschnitt 25 cm²) kann in die nicht zu festen Schichten mit einer hydraulischen Presse eingedrückt (maximaler Spitzendruck = 70 kg/cm²) und in die zu festen Schichten mit einer Rammvorrichtung eingeschlagen werden (maximaler Spitzendruck nach

Abb. 44. Arbeitsstellungen der Tiefensonde von BEGEMANN zur gesonderten Messung der Mantelreibung mit Hilfe einer Reibungshülse [*43*].

der STERNschen Rammformel bei einem Wirkungsgrad η = 1 : 800 kg/cm²). Zur Messung der Mantelreibung wird die Sonde gezogen, wobei zunächst nur die Kraft zum Ziehen des Gestänges gemessen wird. Erst wenn der untere Rand des im Gestängefuß angeordneten Schlitzes den an der Hülse angebrachten Anschlagbolzen berührt, wird die Hülse mitgenommen und die Reibung an ihrer Mantelfläche gemessen.

Ein Druck- und Schlagsondierungen ermöglichendes Gerät ist auch in Frankreich gebaut worden (BUISSON [*44*]).

Ein Gerät mit einer über dem Sondenkegel angeordneten Reibungshülse, jedoch zum Gebrauch an einem maschinellen Drehbohrgerät mit Spülung, ist von der US Waterways Experiment Station (HVORSLEV [*45*]) entwickelt worden. Die eigentliche Sonde eilt hierbei dem Bohrer um 65 cm voraus.

Trotz der verbesserten Form der Sondenspitze birgt die getrennte Bewegung von Sondenspitze und Sondenmantel immer die Gefahr in sich, daß sich einzelne Bodenteilchen an Teilen des Geräts verklemmen und dadurch Fehler verursachen. Auch kann zwischen Mantel und Gestänge Reibung entstehen, die in die Meßwerte mit eingeht. Für die Auswertung der Sondenmessungen im Hinblick auf die Pfahlgründungen, d. h. die Ermittlung von Mantelreibung und Spitzenwiderstand, ist darüber hinaus aber nicht einmal sicher, ob die durch *getrennte* Bewegung des Mantels und der Spitze festgestellten Werte denen gleich sind, die bei einer *gleichzeitigen* Bewegung auftreten, d. h. bei einer Bewegung, wie sie beim Pfahl in Wirklichkeit vorkommt.

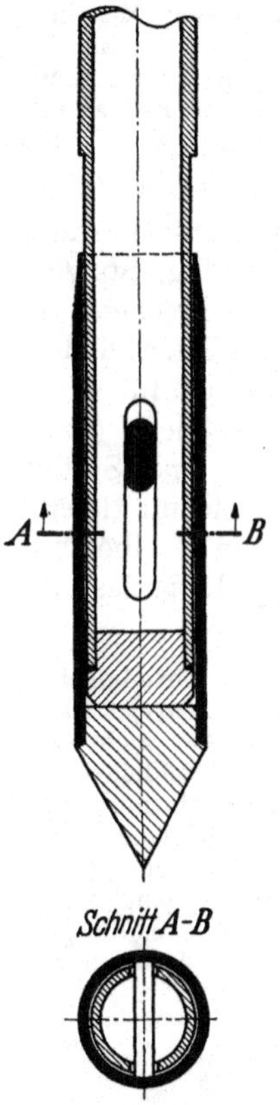

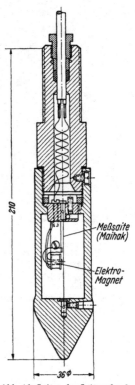

Von Hoffmann (Muhs [*46*]) wurde deshalb während des zweiten Weltkriegs bei der Degebo eine sogenannte „*Spitzendruck-sonde*" entwickelt, bei der diese Fehlerquellen dadurch vermieden werden, daß die Sonde nur aus einem einzigen Rohr besteht (DRP Nr. 891931). Zur Bestimmung des Spitzenwiderstands besitzt die Sondenspitze in ihrer heutigen Form (Kahl und Muhs [*47*]) einen Stahlzylinder, der als Meßfeder wirkt (Abb. 46). Er wird vom Spitzendruck mehr oder weniger zusammengedrückt. Seine dem Spitzendruck proportionale Zusammendrückung wird von dem in seiner neutralen Achse angebrachten elektrischen Dehnungsmesser (schwingfähig gespannte Meßsaite der Firma Maihak-AG, Hamburg) auf dem Wege des Frequenzvergleichs mit einer im Empfangsgerät gespannten Meßsaite in bekannter Weise gemessen (s. z.B. Schultze und Muhs [*7*]).

Abb. 45. Spitze der Druck-Schlag-Sonde der A.G. für Grundwasserbauten, Bern, mit Reibungshülse zur Messung der Mantelreibung beim Ziehen [*34*].

Abb. 46. Spitze der Spitzendrucksonde der Degebo (Hersteller Maihak A.G., Hamburg). Maße in mm.

Da der Eindringungswiderstand in der Tiefe gemessen wird und nicht mehr an der Erdoberfläche, ist die Messung unabhängig von der Mantelreibung und liefert selbst bei sehr tiefen Sondierungen mit großer Mantelreibung am Gestänge lediglich den Spitzenwiderstand. Bei zu großen Widerständen, die z. B. bei einem zufälligen Auftreffen auf einen Stein vorkommen können, ist eine Überbelastung der Meßsaite nicht möglich, da sie so angeordnet ist, daß sie durch den zu messenden Druck nicht belastet, sondern entlastet wird. Der Stahlzylinder des Meßelements ist dabei so dimensioniert, daß er selbst bei größerer Überbelastung (rd. 50%) noch innerhalb des elastischen Bereichs bleibt.

Die Sondenspitze (Durchmesser = 3,6 cm, Querschnitt ~10 cm²) ist gegenüber dem Gestänge etwas verdickt, um die Mantelreibung nach Möglichkeit auszuschalten, damit Gesamtwiderstand und Arbeitsaufwand beim Eindrücken möglichst gering bleiben. Dort, wo die Sonde nicht vorwiegend als Spitzendrucksondiergerät, d. h. zur Feststellung der Lagerungsdichte der einzelnen Schichten, benutzt wird, sondern wo die Kenntnis des Gesamtwiderstands, und zwar getrennt nach Spitzenwiderstand und Mantelreibung, wichtig ist, kann — am besten nur auf 1 oder 2 m Länge über der Spitze — ein besonderes Gestänge mit gleichem Durchmesser wie die Sondenspitze verwendet werden. Zur Messung des Gesamtwiderstands ist dann noch ein zweites Meßgerät am Kopf des Gestänges (Meßring, Meßtopf, Meßfeder od. dgl.) notwendig. In standfesten Böden kann zur Probenahme auf der Kegelspitze auch ein Entnahmezylinder aufgesetzt werden.

Da die Eindringungswiderstände der verschiedenen Bodenarten sehr stark wechseln, ist es zweckmäßig, Spitzen mit verschiedenen Meßbereichen zu verwenden, die den jeweiligen Böden angepaßt sind. Zur Zeit ist für Sondierungen in geringerer Tiefe (Verdichtungsnachprüfungen) eine Spitze mit 2000 kg Höchstlast und für tiefere Sondierungen (etwa 10 m in Sandböden) eine Spitze mit 5000 kg Höchstlast in Gebrauch.

Den Aufbau der Druckvorrichtung zeigt Abb. 47. Zur Verankerung dienen vier Erdanker; im Normalfall, d. h. bei nicht zu großen Sondiertiefen und mitteldicht gelagerten Böden, genügt es jedoch, nur zwei Erdanker zu benutzen. Das Eindrücken und

Abb. 47. Spitzendrucksonde der Degebo (Hersteller Gabor GmbH, Berlin).

Ziehen der Sonde geschieht mit Hilfe einer Zahnstangenwinde mit einem Hub von 1,25 m, einer Höchstlast von $7^1/_2$ t und einem Zweiganggetriebe. Der eine Gang (Schnellgang) kann in Böden mit geringem Eindringungswiderstand oder zum Absenken der Sonde in die gewünschte Tiefe verwendet werden; die Dauer-Vortriebsgeschwindigkeit bei einer Umdrehung

Abb. 48. Transport der Spitzendrucksonde der Degebo.

pro Sekunde der Kurbel beträgt dabei etwa $1^1/_4$ m/min. Der zweite Gang ist für höhere Eindringungswiderstände vorgesehen und so bemessen, daß der Höchstdruck von $7^1/_2$ t von zwei Mann auf längere Zeit erzeugt werden kann, wobei der Vortrieb etwa 30 cm/min beträgt. Hierbei kann die Anzeige für den Spitzendruck auf dem Leuchtschirm des Empfangsgeräts laufend verfolgt werden. Zum Messen des Gesamtwiderstands dient ein Preßtopf mit Feinmanometer, der durch einen Druckschlauch mit einer Öldruckpumpe verbunden ist. Mit Hilfe der Öldruckpumpe können — falls erwünscht — besonders langsame Belastungen der Sondenspitze wie bei Probebelastungen herbeigeführt werden.

Den Transport des Sondengestells zeigt Abb. 48. Für Arbeiten in Baugruben können alle seine Teile bis auf den Fußrahmen auseinandergenommen werden.

Der Vorteil der Drucksondierungen besteht darin, daß ihre modernen Bauformen eine kontinuierliche und sehr schnelle Messung erlauben und daß die

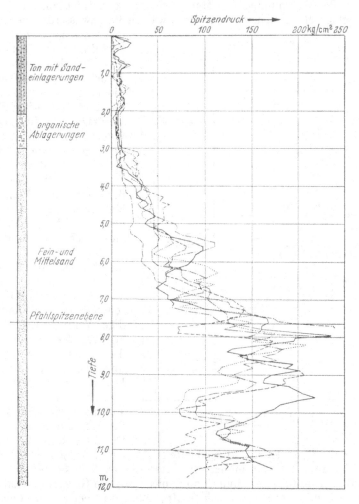

Abb. 49. Darstellung des Ergebnisses von Drucksondierungen [48].

Meßergebnisse, d. h. die ermittelten Spitzenwiderstände, auf die es in der Regel vor allem ankommt, als nahezu fehlerfrei anzusehen sind. Eine theoretische Deutung der Meßergebnisse ist zwar wegen der verwickelten Formänderungsvorgänge und Spannungskonzentrationen beim Eintreiben (KAHL und MUHS [47]) ebensowenig wie bei den Schlagsondierungen möglich. Jedoch beeinträchtigen diese Schwierigkeiten in keiner Weise den praktischen Wert des Drucksondierverfahrens, da die Auswertung der Meßergebnisse die theoretische Basis entbehren kann, solange sie sich auf die Bestimmung von Änderungen der Lagerungsdichte in den nichtbindigen Bodenschichten und der Plastizität in den bindigen Bodenschichten beschränkt.

Hierdurch ist das Drucksondierverfahren vor allem für Aufgaben geeignet, bei denen diese Punkte eine Rolle spielen, wie z. B. der Untersuchung der Gründungsschichten von Flach- und Pfahlgründungen sowie der Prüfung verdichteter Schüttungen, und zwar sowohl im Hinblick auf die Gleichmäßigkeit der Untergrundverhältnisse als auch im Hinblick auf deren absolute Beschaffenheit. Kritisch ist die Bestimmung der Mantelreibung zu betrachten, da sie in den bindigen Schichten im hohen Maße von etwaigen Porenwasserdruckerscheinungen längs der Gerätewandung beeinflußt wird (Buisson [44]) und in den nichtbindigen Schichten entscheidend durch die Verspannung des Bodens, die durch das Eintreiben des Geräts herbeigeführt wird und von dessen Volumen sowie der Lagerungsdichte abhängt (Kahl und Muhs [47]), bedingt ist. Die Übertragung der gemessenen Werte für die Mantelreibung auf die Wirklichkeit, d. h. auf Pfähle mit anderem Baustoff und wesentlich größerem Querschnitt, bleibt deshalb stets fragwürdig.

Nachteilig an den Drucksondierungen ist die notwendige Verankerung oder Belastung des Sondiergestells, die bei großen Sondiertiefen und sehr dichten und festen Böden Schwierigkeiten macht. Jedoch sind solche Fälle im Flachland ziemlich selten. In Sanden und Kiesen, wo die Drucksondierungen in erster Linie zur Ermittlung der Lagerungsdichte angebracht sind, bleiben die Spitzendrücke meist unter 3 t, fast immer aber unter 5 t (s. Abb. 49 und 51); in den bindigen Böden sind sie gewöhnlich noch niedriger, die Gesamtwiderstände infolge der starken Mantelreibung jedoch oft größer. Im Gegensatz zu den Schlagsondierungen sind Drucksondierungen in sehr grobkörnigen, Gerölle enthaltenden Böden nicht möglich.

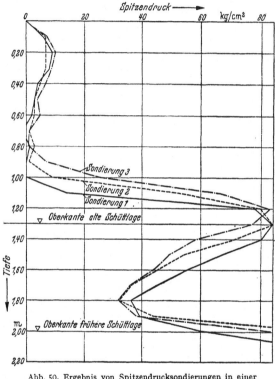

Abb. 50. Ergebnis von Spitzendrucksondierungen in einer unverdichteten Schüttung [48].

Die Ergebnisse der Drucksondierungen werden in der Form dargestellt, daß der auf die Querschnittsfläche der Sondenspitze umgerechnete Spitzendruck und gegebenenfalls auch der Gesamtwiderstand oder die auf die betroffene Mantelfläche verteilte Mantelreibung in kg/cm² neben den Meßtiefen aufgetragen werden (Abb. 49). Alle Änderungen des Eindringungswiderstands treten dabei sehr deutlich in Erscheinung, wie sehr klar Abb. 50 zeigt, die das Ergebnis einer Messung bis in 2 m Tiefe einer unverdichteten Schüttung wiedergibt. Schon die allein durch den Lastwagenverkehr auf Bohlenfahrten hervorgerufene Verdichtung in rd. 1,30 m und rd. 2,0 m Tiefe prägt sich in den Sondierkurven deutlich aus[1].

Über die Spitzenwiderstände in erdfeuchten Sanden von feiner bis mittlerer Korngröße können auf Grund von Nachprüfungen mit ungestörten Proben die folgenden Angaben[2] gemacht werden (KAHL [48]):

1. In 1,5 bis 2 m Tiefe bedeutet ein Spitzenwiderstand von (Abb. 51):

  0 bis   50 kg/cm² eine sehr lockere bis lockere Lagerung,
  50 bis 100 kg/cm² eine lockere bis mitteldichte Lagerung,
  100 bis 150 kg/cm² eine mitteldichte Lagerung,
  > 150 kg/cm² eine dichte bis sehr dichte Lagerung.

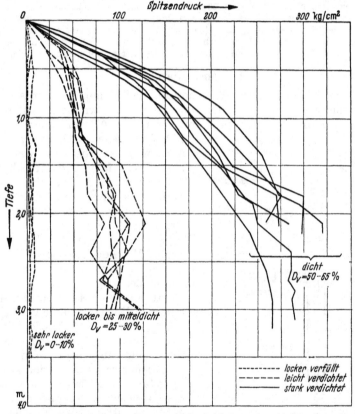

Abb. 51. Ergebnis von Spitzendrucksondierungen in Sandschüttungen verschiedener Lagerungsdichte [48].

2. In geringerer Tiefe nimmt der Spitzenwiderstand bei nicht sehr lockerer Lagerung ungefähr linear auf die von 1,5 bis 2 m Tiefe ab geltenden Werte zu (s. Abb. 51).

3. In 0,5 m Tiefe bedeutet hiernach ein Spitzenwiderstand von:

  25 bis 50 kg/cm² eine lockere bis mitteldichte Lagerung,
  etwa 100 kg/cm² oder mehr eine dichte bis sehr dichte Lagerung.

---

[1] Infolge des der Sondenspitze vorauseilenden Verdichtungsbereichs (KAHL und MUHS [47]) werden Änderungen im Boden schon etwa 30 cm oberhalb des Wechsels angezeigt.

[2] Den Bezeichnungen „locker", „mitteldicht" usw. liegen die Definitionen gemäß Abb. 96 zugrunde.

Im Zusammenhang mit den Drucksondierungen müssen noch zwei Geräte erwähnt werden, die in den nordischen Ländern in den dortigen weichen Schluff- und Tonböden benutzt werden: der „Schwedische Sondbohrer" und der „Dänische Federwaagenkegel".

Der *Schwedische Sondbohrer* (Hoffmann [49]) besteht aus einem konisch zugespitzten Spiralbohrer mit anschließendem Gestänge. Das Gestänge wird durch Auflegen von Gewichtsplatten belastet und sein Einsinken unter der langsam gesteigerten Last beobachtet. Erst wenn unter der Höchstlast keine Setzung mehr eintritt, wird das Gestänge gedreht und das dann wieder einsetzende Einsinken weiterverfolgt. Unterschiede im Eindringungswiderstand des Sondbohrers, d. h. Wechsel in der Bodenfestigkeit, können auf diese Weise gut und in kurzer Zeit mit einfachen Mitteln festgestellt werden.

Der *Dänische Federwaagenkegel* (Godskesen [50]) stellt ein kleines Abtastgerät, das in der Aktentasche mitgeführt werden kann, zur Prüfung bindiger Böden in der freigelegten Baugrubensohle oder direkt nach der Entnahme im Entnahmegerät dar. Zur Prüfung wird ein 60°-Kegel 1 cm tief in den Boden gedrückt und die notwendige Kraft in kg mittels einer Druckfeder gemessen. Nach den in fast 20 jährigem Einsatz gesammelten Erfahrungen soll diese Kraft innerhalb bestimmter Grenzen etwa doppelt so groß wie die für ein normales Gebäude erlaubte Bodenbelastung sein (Godskesen [51]), selbstverständlich unter der Voraussetzung, daß durch andere Untersuchungen, z. B. mit dem Schwedischen Sondbohrer, nachgewiesen ist, daß sich in größerer Tiefe keine weicheren Ablagerungen befinden.

c) Drehsondierung.

Bei der „Drehsondierung" wird das horizontale Drehmoment zum Abscheren des Bodens durch das in den Untergrund bereits eingetriebene Prüfgerät ermittelt. Hierzu wird die Sondenspitze mit vier um je 90° zueinander versetzten Flügeln versehen, die bei einer Drehung der Sonde ein Abscheren des Bodens längs des Umfangs und durch die Ober- und Unterfläche der betroffenen Bodensäule herbeiführen. Die Geräte werden deshalb „*Flügelsonden*" genannt („Vane Apparatus").

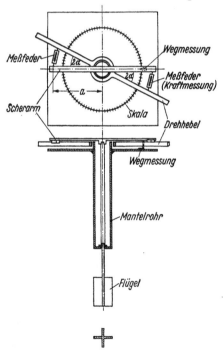

Abb. 52. Prinzip der Flügelsonden [53].

Die ersten derartigen Versuche sind bereits Mitte der 20er Jahre in Schweden ausgeführt worden. In Deutschland wurde der Degebo auf ein ähnliches Gerät im Jahre 1929 ein Patent erteilt [52]. Doch sind diese Versuche zunächst weder in Schweden noch in Deutschland systematisch weitergeführt und ausgebaut worden. Erst nach dem zweiten Weltkrieg wurde die Flügelsonde gleichsam neu entdeckt und zu einem heute für bestimmte Aufgaben unentbehrlichen Prüfgerät entwickelt, und zwar anscheinend ungefähr gleichzeitig und unabhängig voneinander in Schweden, England und Neuseeland (Cadling und Odenstad [53], Carlson [54], Skempton [55], Murphy [56]).

Im einfachsten Fall, d. h. zum Gebrauch in standfesten Böden, kann die Flügelsonde aus einem einfachen, an der Spitze mit vier Flügeln versehenen Gestänge bestehen. Zur Ausschaltung der Reibung auf das Gestänge ist aber gewöhnlich ein besonderes Mantelrohr vorhanden (Abb. 52), das unten verschlossen ist, um ein Eindringen von Boden in den Raum zwischen Gestänge und Mantelrohr beim Einpressen oder Einrammen des Geräts, eventuell von der Sohle eines Bohrlochs aus, zu verhindern.

Da das Abscheren außerhalb des durch das Niederbringen des Geräts gestörten Bodenbereichs stattfinden muß, wird das Gestänge mit den Flügeln nach Erreichen der Solltiefe von der Ausgangslage an der Fußplatte des Mantelrohrs aus weiter vorgetrieben. Nach den Ergebnissen der ausgedehnten Versuche des Königlichen Schwedischen Geotechnischen Instituts [53] genügt hierfür ein lichter Abstand zwischen den Flügeln und dem Mantelrohr vom fünffachen Durchmesser des Mantelrohrs. Um die Kopf- und Fußfläche des abgescherten Bodenzylinders, wo noch geringe Störungen des Bodens erwartet werden müssen, möglichst klein im Verhältnis zu seiner Mantelfläche zu halten, soll außerdem die Höhe der Flügel H im Verhältnis zum Durchmesser D der Flügelsonde groß sein. Für die Schwedischen Flügelsonden ist ein Verhältnis $H/D = 2$ eingeführt worden. Die Drehgeschwindigkeit wird mit $^1/_{10}{}^\circ$ je sek gewählt.

Die Messung des Drehmoment geschieht sehr einfach durch einen auf dem Gestänge beweglich angebrachten Drehhebel (s. Abb. 52), der über zwei Dynamometer oder Meßfedern mit einem auf dem Gestänge fest angebrachten Scherarm verbunden ist (s. a. Abb. 36b). Die Größe der Drehbewegungen der Sonde kann auf einer auf dem Mantelrohr befestigten Ablesetafel durch einen an dem Scherarm befindlichen Zeiger gemessen werden. In Schweden ist auch ein verbessertes, selbstregistrierendes Gerät gebaut worden [53]. Außerdem wird dort ein Laborgerät zu Untersuchungen an ungestört entnommenen Proben benutzt (JAKOBSON [19]).

Das einem Abscheren widerstehende Moment wird unter der Annahme, daß die maßgebende Scherfläche die durch die Flügel begrenzte Zylinderfläche ist und daß die auf diese Fläche wirkenden Schubspannungen gleichmäßig verteilt sind:

$$M_{max} = \pi \, \frac{D^2}{2} \, H \, \tau_{max} + \pi \, \frac{D^3}{6} \, \tau_{max} \,. \tag{9}$$

Hierin ist τ_{max} der Schubwiderstand des Bodens beim Abscheren durch das am Drehhebel mit dem Hebelarm a erzeugte Drehmoment (s. Abb. 52):

$$M = (P_1 + P_2) \, a \cos\alpha. \tag{10}$$

Aus $M = M_{max}$ kann die Schubfestigkeit des Bodens berechnet werden. Mit $H = 2 D$ wird:

$$\tau_{max} = \frac{6}{7} \, \frac{1}{\pi D^3} \, (P_1 + P_2) \, a \cos\alpha. \tag{11}$$

Mit $\cos\alpha \cong 1$ ergibt sich dann:

$$\tau_{max} = C \, (P_1 + P_2). \tag{12}$$

Die Bestimmung der Schubfestigkeit des Bodens in verschiedener Tiefe mit Hilfe der Flügelsonde ist hiernach sehr einfach und nimmt wenig Zeit in Anspruch. Da der Boden auch verhältnismäßig wenig gestört wird und da die Spannungsverhältnisse der Wirklichkeit entsprechend erhalten bleiben, ist die Bestimmung der Schubfestigkeit durch Drehsondierungen auch recht genau. Abb. 53 zeigt das Ergebnis von Messungen in vier Bohrlöchern, die untereinander einen Abstand von 1,7 m besaßen.

Der Flügelversuch ist jedoch nicht in der Lage, den gemessenen Schubwiderstand in den Reibungs- und Haftfestigkeitsanteil zu zerlegen. Hierzu müßten die auf die Zylinderflächen wirkenden Normalkräfte bekannt sein. Da dies nur unter recht vagen Annahmen der Fall ist, liefert die Flügelsonde allein dort ein in bezug auf die Schubfestigkeit eindeutiges Ergebnis, wo es sich um einen bei ,,schneller Belastung'' nahezu reibungslosen Boden (,,$\varrho = 0$-Boden'') handelt, wo also die Normalkräfte und die diese beeinflussenden Porenwasserspannungen (s. S. 934) keine Bedeutung haben und die Schubfestigkeit mehr oder weniger allein auf der Haftfestigkeit beruht (s. S. 956). Wenn darüber

hinaus allein die Schubfestigkeit bei schneller Belastung gebraucht wird, wie
z. B. bei Dammschüttungen oder bei der Belastung von Behältern auf alluvialen
wassergesättigten Tonböden, liefert die Flügelsonde alle Werte zur unmittelbaren Anwendung der sehr einfachen Stabilitätsberechnung gemäß der

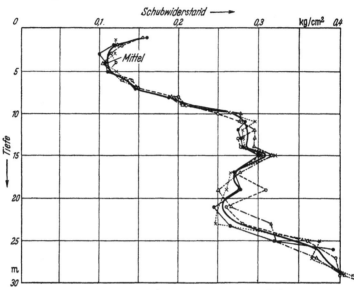

Abb. 53. Ergebnis von Drehsondierungen im Ton [53].

„ϱ = 0-Analyse" (Skempton [57]). Die in Schweden durchgeführten Vergleichsversuche [19] und vor allem Stabilitätsberechnungen an aufgetretenen
Rutschungen in weichen Schluff- und Tonböden haben gezeigt, daß die mit
der Flügelsonde bestimmten Schubfestigkeiten in solchen Fällen zutreffend
sind und mit denen, die gemäß den Rutschungen vorhanden gewesen sein
müssen, gut übereinstimmen [53].

6. Untersuchung der Bodenbeschaffenheit durch Probebelastungen.

Das Verfahren, den Baugrund durch Belasten einer Versuchsplatte auf seine
Tragfähigkeit zu prüfen, ist schon recht alt. Jedoch begnügte man sich in
früheren Jahren — etwa bis nach dem ersten Weltkrieg — meist damit, die
Setzung einer kleinen Platte unter der gewünschten Gebrauchslast festzustellen
und glaubte, diese Setzung auch unter dem künftigen Bauwerk erwarten zu
dürfen, sofern nur die Bodenbelastung die gleiche sei. Die Mißerfolge, die bei
dieser optimistischen Auslegung des Versuchsergebnisses natürlich nicht aus-
blieben, haben die Probebelastungen in der Folgezeit etwas in Verruf kommen
lassen. Erst seitdem durch die Bodenmechanik die bei der Durchführung und
Auswertung von Probebelastungen zu beachtenden Gesichtspunkte klar heraus-
gestellt wurden (z. B. Kögler und Scheidig [58]), gelten sie wieder als ein für
bestimmte Aufgaben durchaus geeignetes Prüfverfahren.

Je nach der speziellen Aufgabe, die durch den Probebelastungsversuch im
Einzelfall gelöst werden soll, kann man heute drei Gruppen von Probebelastungen
unterscheiden:

die Probebelastung des Baugrunds, den Plattenversuch, den CBR-Versuch.

Die Probebelastung des Baugrunds dient der Lösung von Fragen, die mit der Gründung von Bauwerken zusammenhängen, während der Platten- und der CBR-Versuch zur Prüfung des Unterbaus von Straßen und von Rollfeldern für Flugplätze üblich sind.

a) Probebelastung des Baugrunds.

Zum Verständnis der für die Durchführung einer Probebelastung des Baugrunds zu beachtenden Zusammenhänge und des Werts des zu erwartenden Ergebnisses muß zunächst auf die Spannungsverhältnisse bei der Belastung eines starren Probebelastungskörpers, wie er gewöhnlich vorkommt, eingegangen werden. Sie sind für den meist verwendeten kreisförmigen Grundriß der Lastplatte in Abb. 54 dargestellt (aus SCHULTZE und MUHS [7]).

Bei unendlich tiefer gleichmäßiger Bodenschicht mit der konstanten Steifeziffer E ist die Sohldruckverteilung nach BOUSSINESQ eingezeichnet (2). Die senkrechte Druckspannung σ_y (3) für die Mittelachse beginnt mit einer Ordinate gleich dem Bodengegendruck σ_{y_0} an dieser Stelle (0,5 p) und erreicht in einer Tiefe 4 d etwa 5 % der mittleren Bodenpressung p, so daß der tieferliegende Baugrund praktisch ohne Einfluß auf die Setzung ist. Die senkrechte Druckspannung σ_y an der Peripherie des Kreises, die nicht eingetragen ist, würde mit dem theoretischen Rand-Sohldruck ∞ beginnen, aber schneller abklingen als in der Mittelachse, da sie der Fläche (3) wegen der Gleichheit der Setzungen unter dem starren Körper etwa inhaltsgleich sein muß. Das Ersatzrechteck (4) weist ebenfalls denselben Inhalt auf und besitzt die waagerechte Ordinate p. Aus diesen Bedingungen ergibt sich dann die Ersatzhöhe t_m der gleichmäßig mit p belasteten Bodensäule.

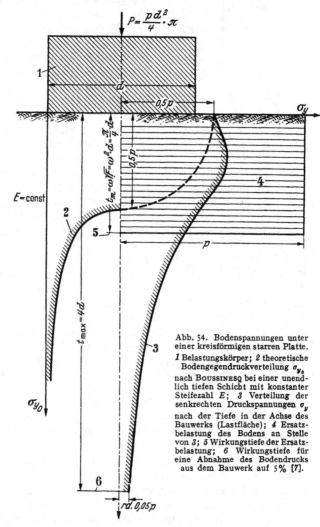

Abb. 54. Bodenspannungen unter einer kreisförmigen starren Platte.
1 Belastungskörper; *2* theoretische Bodengegendruckverteilung σ_{y_0} nach BOUSSINESQ bei einer unendlich tiefen Schicht mit konstanter Steifezahl E; *3* Verteilung der senkrechten Druckspannungen σ_y nach der Tiefe in der Achse des Bauwerks (Lastfläche); *4* Ersatzbelastung des Bodens an Stelle von *3*; *5* Wirkungstiefe der Ersatzbelastung; *6* Wirkungstiefe für eine Abnahme des Bodendrucks aus dem Bauwerk auf 5 % [7].

Bei der Probebelastung setzt sich also der Boden so, als ob er gleichmäßig mit p belastet und von der Tiefe t_m ab eine unnachgiebige Schicht, z. B. Fels, vorhanden wäre.

Aus Abb. 54 folgt, daß alle Schichten bis in eine Tiefe vom Vierfachen des Durchmessers spannungsmäßig von der Probebelastung noch mit mehr als 5 % der mittleren Sohlspannung betroffen werden. Abb. 55 zeigt für die gleiche Lastplatte, in welchem Verhältnis die in verschiedener Tiefe ausgelösten Setzungen zur Gesamtsetzung beitragen; unterhalb einer Tiefe $4d$ tritt z. B. noch eine Setzung von rd. 10% auf. Um also eine Bodenkennziffer einer Schicht durch eine Probebelastung ermitteln zu können, muß diese Schicht möglichst viermal, mindestens aber zweimal[1] so mächtig sein wie der Lastplattendurchmesser, wenn die Bodenkennziffer unverfälscht durch die Beschaffenheit der darunterliegenden Schicht sein soll. Auf der anderen Seite ist es unmöglich, durch eine

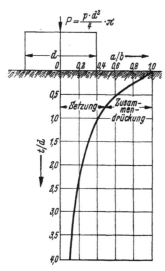

Abb. 55. Verhältnis von Setzung (unterhalb t/d) und Zusammendrückung (Setzung oberhalb t/d) unter einer kreisförmigen starren Platte (nach Neuber). a Setzung unterhalb t/d; b Gesamtsetzung bei $t/d = 0$; t Tiefe.

Probebelastung eine größere Tiefe zu prüfen als die, die etwa dem Zwei- bis Vierfachen des Lastplattendurchmessers entspricht. Insbesondere sind die gemessenen Setzungen kein Charakteristikum für die zu erwartenden Setzungen einer anderen, verschieden großen Lastplatte mit gleicher Bodenpressung, sondern allein ein Charakteristikum für die Zusammendrückbarkeit des oberhalb der Tiefe 2 bis $4d$ liegenden Bodens.

Aus diesen Erkenntnissen ergeben sich die für Probebelastungen im Einzelfall zweckmäßigen Abmessungen der Lastplatte. Zu beachten ist aber, daß bei zu kleinen Lastplatten — insbesondere in nichtbindigem Boden — schon bei ziemlich niedrigen Belastungen ein Ausweichen der Bodenkörner am Plattenrand auftritt, das mit der wirklichen Zusammendrückung des Baugrunds nichts zu tun hat und das Ergebnis ungünstig beeinflußt. Je kleiner die Lastplatte gewählt wird, desto geringer ist der Belastungsbereich, in dem ein einwandfreies, der tatsächlichen *Zusammendrückung* entsprechendes Verhalten des Bodens erwartet werden kann. Zu kleine Lastplatten ($d < 0,5$ m) sollen deshalb vermieden werden. Auch die manchmal gegebene Empfehlung, verschiedene, z. B. drei, kleinere Belastungsversuche vorzunehmen, um daraus ein Modellgesetz abzuleiten, das durch Extrapolation die Übertragung des Meßergebnisses auf das tatsächliche Fundament gestattet, führt meist nicht zu dem gewünschten Aufschluß. Viel wertvoller ist die Durchführung eines einzigen, aber entsprechend größeren Versuchs. Als Maximum für normale Fälle kann eine Lastplatte von 1 m² Größe angesehen werden.

Probebelastungen sind im übrigen nur in solchen Böden angebracht, wo die Entnahme von ungestörten Bodenproben und die einwandfreie Durchführung von Kompressionsversuchen zur Prüfung der Zusammendrückbarkeit (s. S. 933) nicht möglich ist. Dies ist bei allen grobkörnigen oder grobkörnige Anteile besitzenden Böden der Fall, in gewissem Umfang auch im Sand, wo der normale Kompressionsversuch ein zu ungünstiges Ergebnis liefert (Muhs und Kany [59]). Ist in solchen Böden die Kenntnis der Zusammendrückbarkeit zur Bestimmung der Steifezahl oder der Bettungsziffer oder zur Ermittlung der späteren Bauwerkssetzungen notwendig, so kann man sich diese Kenntnis nur durch eine Probebelastung verschaffen. Die Kosten sind allerdings meist recht hoch.

Der Versuch soll nach Möglichkeit so vorgesehen werden, daß in den Belastungsvorgang eine mehrmalige Entlastung zur Prüfung der Elastizität eingeschaltet werden kann. Dies ist am einfachsten möglich, wenn der Belastungskörper nicht direkt belastet wird, sondern über eine Druckpresse, die sich gegen

---

[1] Die unterhalb der Tiefe $t = 2\,d$ noch auftretende Setzung ist $\cong 20\%$.

eine Totlast abstützt (Abb. 56). Die Lasten sind in möglichst kleinen Stufen — entsprechend der vorgesehenen Höchstlast — aufzubringen. Jede neue Last soll erst aufgebracht werden, nachdem die Setzung infolge der schon vorhandenen Belastung abgeklungen ist. Diese Forderung läßt sich nicht immer einhalten, da dann Probebelastungen in bindigen Böden zu lange Zeit in Anspruch nehmen würden. Nach Aufbringung der letzten Laststufe ist es aber unbedingt notwendig, die Belastung bis zur Konsolidierung des Bodens, d. h. in Tonböden gegebenenfalls mehrere Wochen lang, wirken zu lassen.

Die zu den einzelnen Laststufen gehörigen Setzungen der Lastplatte werden, wenn möglich durch zwei voneinander unabhängige Ablesevorrichtungen, unmittelbar nach dem Aufbringen der neuen Last und mindestens noch unmittelbar vor dem Aufbringen der nächsten Last gemessen, besser aber so oft, wie es zum Auftragen einer eindeutigen Zeit-Setzungslinie notwendig ist. In wichtigen Fällen, ins-

Abb. 56. Anordnung einer Probebelastung mit einer Lastplatte von 1 m × 1 m. Belastung durch einen sich gegen eine vorhandene Bauwerkslast abstützenden Drucktopf. Neben Messung der Setzung der vier Ecken der Lastplatte Messung der Bodenbewegungen seitwärts der Lastplatte [60], [171].

besondere wenn die Bruchlast des Baugrunds bei der Untersuchung eine Rolle spielt, ist es wichtig, auch die Bewegungen des Geländes neben dem Probekörper

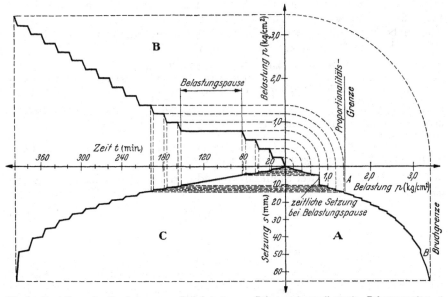

Abb. 57. Darstellung des Ergebnisses von Probebelastungen. Belastungsintervall 15 min, Belastungszeit 5 min, Belastungssteigerung 0,2 kg/cm². A Last-Setzungsdiagramm; B Zeit-Lastdiagramm; C Zeit-Setzungsdiagramm.

zu verfolgen (s. Abb. 56), da sie anzeigen, bei welcher Last sich die anfänglichen Setzungen in Hebungen der Geländeoberfläche umkehren (MUHS und KAHL [60], [171]). Von erheblicher Bedeutung für das Ergebnis ist ferner, ob der Versuch

mit oder ohne seitliche Bodenauflast ausgeführt wird. Schon eine kleine Einbindetiefe der Lastplatte in den Boden, z. B. 50 cm, verbessert den Setzungsverlauf u. U. bedeutend [60].

Die gemessenen Bewegungen werden am umfassendsten in einem vierachsigen
Koordinatensystem dargestellt, das den Zusammenhang zwischen Bewegung,
Last und Zeit festhält (Abb. 57). Die wichtigste der drei so gewonnenen Linien
ist die „Last-Setzungs-
linie". Sie hat bei Probebelastungen nach an-
fänglich — bis zur „Pro-
portionalitätsgrenze" —
linearem Verlauf immer
eine nach unten hohle,
d. h. konvexe, Form.
Nach Überschreiten der
Proportionalitätsgrenze
nehmen die Setzungen
also stärker als die Be-
lastungen zu, der Boden
wird also allmählich
immer weicher. Die bei
höheren Lasten schließ-
lich sehr schnell an-

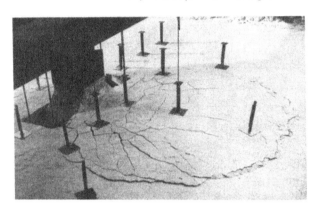

Abb. 58. Durch Probebelastung erzwungener Grundbruch [60], [171].

steigenden Setzungen, die den „Bruch" des Bodens einleiten, führen allmählich
zu einer immer steileren Last-Setzungslinie. Der eigentliche Bruch (Abb. 58)
wird jedoch bei nicht zu kleinen Lastflächen fast nie ganz erreicht.

Die wichtigste Aufgabe einer Probebelastung besteht darin, aus dem Last-
Setzungsdiagramm eine der Elastizitätsziffer der festen Stoffe entsprechende
Größe zu bestimmen. Sie wird „Steifezahl" genannt. Man hat in der Boden-
mechanik drei Steifezahlen zu unterscheiden:

1. Die „Steifezahl des Baugrunds" $E_{\text{Baugr.}}$, ermittelt durch die Probebelastung des
Baugrunds; sie ist in theoretischer Hinsicht identisch mit einer in der Elastizitätslehre vor-
kommenden Größe, die den Druck zweier sich berührender Körper charakterisiert (z. B.
Lager und Lagerschale);

2. die „Steifezahl bei unbehinderter Seitendehnung" $E_{\text{unbeh.}}$, ermittelt durch den
Zylinderdruckversuch mit einer ungestörten Probe (s. S. 982); sie ist mit der eigentlichen
Elastizitätsziffer identisch;

3. die „Steifezahl bei behinderter Seitendehnung" $E_{\text{beh.}}$, ermittelt durch den Kompressionsversuch mit einer ungestörten Probe (s. S. 944).

Die Beziehungen der drei Steifezahlen sind durch die folgenden Gleichungen
gegeben:

$$E_{\text{Baugr.}} = \frac{1}{1 - \mu^2}\, E_{\text{unbeh.}}\,, \tag{13}$$

$$E_{\text{unbeh.}} = \frac{1 - \mu - 2\,\mu^2}{1 - \mu}\, E_{\text{beh.}}\,, \tag{14}$$

$$E_{\text{Baugr.}} = \frac{1 - \mu - 2\,\mu^2}{(1 - \mu)\,(1 - \mu^2)}\, E_{\text{beh.}}\,, \tag{15}$$

$$\mu = \frac{1}{m}\,, \tag{16}$$

worin

μ = Querdehnungszahl, m = Poissonsche Zahl.

In Abb. 59 sind die Abhängigkeiten zwischen $E_{\text{Baugr.}}$, $E_{\text{beh.}}$ und $E_{\text{unbeh.}}$ für μ zwischen 0,5 ($m = 2$; raumbeständiges Material) und $\mu = 0$ ($m = \infty$; ohne Seitendehnung) dargestellt. Hiernach ist $E_{\text{unbeh.}} < E_{\text{Baugr.}} < E_{\text{beh.}}$.

Zum Vergleich der aus der Probebelastung ermittelten Steifezahl mit der aus dem Kompressionsversuch ermittelten Steifezahl wäre also an sich eine Korrektur entsprechend einer zu wählen-

den POISSONschen Zahl notwendig (z. B. mit einem Wert $\eta_3 = 0{,}75$ für $m = 3$ bzw. $\mu = 0{,}33$). Diese Korrektur wird aber meist vernachlässigt und $E_{\text{Baugr.}} = E_{\text{beh.}}$ gesetzt.

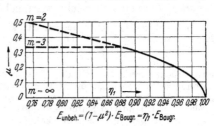

$$E_{\text{unbeh.}} = (1 - \mu^2) \cdot E_{\text{Baugr.}} = \eta_1 \cdot E_{\text{Baugr.}}$$

Bei starrer Lastplatte, d. h. gleicher Setzung aller Teile, und *homogenem Untergrund* gilt für die Steifezahl des Baugrunds nach SCHLEICHER [61]:

$$E = \omega \,\frac{p}{s}\, \sqrt{F}\,, \qquad (17)$$

worin

p Sohldruck unter dem Probebelastungskörper in kg/cm²,

s Setzung des Probekörpers unter der Last p in cm,

F Grundfläche des Probekörpers in cm²,

ω Beiwert von SCHLEICHER.

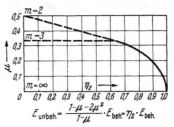

$$E_{\text{unbeh.}} = \frac{1 - \mu - 2\mu^2}{1 - \mu} \cdot E_{\text{beh.}} = \eta_2 \cdot E_{\text{beh.}}$$

Da $\omega \sqrt{F}$ die Dimension und Bedeutung einer Länge hat (s. Abb. 54), ist Gl. (17) in der Schreibweise $E = \dfrac{p}{\left(\dfrac{s}{\omega\sqrt{F}}\right)}$

mit dem HOOKEschen Gesetz für die Elastizitätsziffer der festen Stoffe:

$$E = \frac{p}{\left(\dfrac{\Delta l}{l}\right)}$$

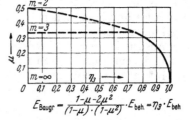

$$E_{\text{Baugr.}} = \frac{1 - \mu - 2\mu^2}{(1 - \mu)\cdot(1 - \mu^2)} \cdot E_{\text{beh.}} = \eta_3 \cdot E_{\text{beh.}}$$

Abb. 59. Abhängigkeit der Steifezahl des Baugrunds, der Steifezahl bei behinderter Seitendehnung und der Steifezahl bei unbehinderter Seitendehnung.

identisch.

Die Größe von ω hängt von der Form der Grundfläche des Belastungskörpers und in geringerem Maße von dessen Steifigkeit ab. Für Probebelastungen werden immer starre Betonblöcke mit kreisförmigem oder quadratischem bzw. nahezu quadratischem Grundriß verwendet. Für den Kreis ist $\omega = \frac{1}{2} \sqrt{\pi} = 0{,}89$. Dieser Wert kann auch für das flächengleiche Quadrat und für nahezu gleichseitige Rechtecke eingesetzt werden.

Für kreisförmige und allgemein für gedrungene Lastplatten wird dann:

$$E = \frac{\pi}{4} \,\frac{p}{s}\, d\,, \qquad (18)$$

$$E = \frac{P}{s\,d}\,, \qquad (19)$$

worin

P Last auf dem Probekörper.

Mit $\pi/4 \sim 1$ ergibt sich die oft gebrauchte Näherungsformel:

$$E \cong \frac{p}{s}\, d\,. \qquad (20)$$

Die Steifezahl E ist der Bedeutung nach eine Bodenkonstante. Sie ist aber, da im Baugrund der Proportionalitätsbereich stets nur sehr klein und manchmal überhaupt nicht festzustellen ist, praktisch nicht konstant, sondern vom Druck p abhängig und durch die Neigung p/s der Last-Setzungslinie bestimmt. Steifezahlen von Böden lassen sich deshalb nur bei Zugrundelegung eines gleichen Belastungsbereichs vergleichen.

Wie auf S. 947 näher ausgeführt, kann die Druckabhängigkeit der Steifezahl beim Kompressionsversuch nach Terzaghi oder nach Ohde durch Gl. (89) und (91)

$$E = A \left(1 + \varepsilon_0\right) \left(p + p_0\right) \quad \text{bzw.} \quad E = v\, p^w$$

ausgedrückt werden. Nach den Ausführungen auf S. 875 werden andrerseits die beim Kompressionsversuch gewonnenen Steifezahlen des Bodens bei behinderter Seitendehnung gewöhnlich den Steifezahlen des Baugrunds gleichgesetzt. Da aber die Steifezahl des Bodens bei behinderter Seitendehnung mit dem Druck zunimmt, die Last-Setzungslinie der Probebelastungen dagegen eine konvexe Form besitzt, die Steifezahl hier also mit dem Druck abnimmt, ist die Übertragung der Gl. (89) und (91) auf die Ergebnisse der Probebelastungen nur beschränkt zulässig, und zwar allein so lange, wie die Last-Setzungslinie noch wenig konvex gekrümmt ist, d. h. bei kleinen Belastungen.

Zur Auswertung der Ergebnisse der Probebelastungen ist die Ohdesche Formulierung bequemer, zumal A, ε_0 und p_0 im Baugrund nicht mehr die Bedeutung wie beim Kompressionsversuch besitzen. Nimmt man näherungsweise $w = 1$ an, so kann v ohne weiteres aus $E = v\, p$ bestimmt werden, wenn für p das geometrische oder arithmetische Mittel des zu der Setzung s gehörigen Belastungsanstiegs eingesetzt wird. Im Sand, d. h. dort, wo Probebelastungen gewöhnlich ausgeführt werden, ist aber $w \neq 1$.

Die Steifezahl des Baugrunds ist außerdem für die verschiedenen Äste der Last-Setzungslinie verschieden, d. h. größenmäßig abhängig davon, ob sie aus der Erstbelastungslinie, einer Wiederbelastungslinie oder einer Entlastungslinie berechnet wird.

Der Ausdruck $p/s = C$ wird als „*Bettungsziffer*" bezeichnet. Sie ist die Belastung, die eine Setzung von 1 cm hervorruft. Ihre Dimension ist also kg/cm³. Für Kreisflächen bzw. gedrungene Lastplattenformen ist gemäß Gl. (18):

$$C = \frac{4}{\pi} E \frac{1}{d} = \frac{2}{\sqrt{\pi}} E \frac{1}{\sqrt{F}} = 1{,}13\, E \frac{1}{\sqrt{F}}\,. \tag{21}$$

Während E nur innerhalb des Proportionalitätsbereichs wirklich konstant ist, aber stets, d. h. auch außerhalb des Proportionalitätsbereichs, die Bedeutung einer Bodenkonstanten besitzt, hängt die Bettungsziffer auch bei gleichen Bodenverhältnissen immer von der Fläche der Lastplatte ab, ist also dem Sinn nach *nie* eine Bodenkonstante. Sie ist ferner nur innerhalb des Proportionalitätsbereichs vom Druck unabhängig; außerhalb des Proportionalitätsbereichs besteht die gleiche Abhängigkeit vom Druck wie bei der Steifezahl.

Gl. (17) bis (21) für E und C können leicht in Modellgesetze zur Übertragung der bei Probebelastungen gemessenen oder gewonnenen Werte auf andere Verhältnisse umgewandelt werden. Das Modellgesetz für eine gleiche Setzung verschieden großer Lastplatten bei gleichen Bodenverhältnissen ($E = $ konst.) lautet:

$$\frac{p_1}{p_2} = \frac{d_2}{d_1} = \sqrt{\frac{F_2}{F_1}}\,. \tag{22}$$

Dieses Gesetz gilt auch für die Bettungsziffern verschieden großer Lastplatten in Böden mit gleicher Steifezahl. Die Bettungsziffern verschieden großer Fundamentkörper verhalten sich also umgekehrt proportional wie die Wurzel aus den Grundflächen. Bei sehr großen Körpern erhält man demnach auch bei gleichen Boden- und Belastungsverhältnissen immer eine kleine Bettungsziffer und umgekehrt. Dies ist durch Setzungsbeobachtungen an großen Fundamentplatten bestätigt worden (Muhs [*62*]).

Der elastisch-isotrope Halbraum mit konstanter Steifezahl, den Gl. (17) bis (22) voraussetzen, ist in Wirklichkeit nicht vorhanden. Insbesondere nimmt in nichtbindigem Baugrund die Steifezahl mit der Tiefe infolge des Eigengewichts des Bodens zu. Die Anwendung eines Modellgesetzes gemäß Gl. (22) ist dann nur in dem Maße möglich, in dem angenommen werden kann, daß die für das Verhalten des Untergrunds unter dem Bauwerk verantwortliche Steifezahl der aus der Probebelastung noch einigermaßen gleich ist. Dies ist z. B. der Fall, wenn man die Ergebnisse einer Probebelastung mit einer Lastplatte von 1 m × 1 m auf ein Fundament von 3 m × 3 m oder auf ein Bankett von 3 m Breite überträgt, da der Einfluß des Bodeneigengewichts in den verhältnismäßig geringen Tiefen, die durch derartige Fundamentkörper betroffen werden, recht klein ist und die Steifezahl nicht sehr beeinflußt. Es wäre aber nicht möglich, die Ergebnisse einer solchen Probebelastung auf Gründungsplatten von z. B. 80 m × 80 m zu übertragen. Steifezahl und Bettungsziffer betragen z. B. (im gleichen Belastungsbereich von 2 bis 3 kg/cm²) bei dem Probekörper von 1 m × 1 m 270 bis 950 kg/cm² bzw. 3 bis 11 kg/cm³, bei der Platte 2345 kg/cm² bzw. 0,32 kg/cm³ (MUHS [62]).

Über Möglichkeiten, die mit kleinen Lastflächen ermittelten Bettungsziffern auf Einzel-, Streifen- oder Plattenfundamente zu übertragen und über die Bettungsziffer bei horizontalen Belastungen (Spundwände, Dalben) s. TERZAGHI [168].

Werden durch die Probebelastung verschiedene Schichten erfaßt, ist also die Mächtigkeit der unmittelbar belasteten Schicht kleiner als 2 bis 4d, so kann die Steifezahl nur durch Messen der Zusammendrückung dieser Schicht, d.h. nicht aus der Gesamtsetzung allein, berechnet werden (MUHS und DAVIDENKOFF [63]).

Bei der Degebo im Berliner Sand durchgeführte Probebelastungen mit Lastplatten von 1 m × 1 m und 0,5 m × 2 m und mit 0,5 m Einbindetiefe (MUHS und KAHL [60], [171], [172]) haben bei einer Laststeigerung von 0 auf 3 kg/cm² zu folgenden Steifezahlen und Bettungsziffern geführt:

Lastplattenabmessungen	Steifezahl (kg/cm²)		Bettungsziffer (kg/cm³)	
	1 m × 1 m	0,5 m × 2 m	1 m × 1 m	0,5 m × 2 m
Lockerer bis mitteldichter Sand, erdfeucht[1]	525	675	6	9
Dichter Sand, erdfeucht[1]	1250	1175	14	15
Mitteldichter Sand, im Grundwasser[1] .	425	225	5	3

Bei einer Laststeigerung von 0 auf 5 kg/cm² waren die Steifezahlen um 10 bis 20% kleiner.

b) Plattenversuch.

Eine fast genormte Anwendung der Probebelastungen stellt der sogenannte „Plattenversuch" („Plate-Bearing-Test") dar, der zur Voruntersuchung des Planums von vorwiegend *starren* Straßendecken und Rollfeldern im Ausland etwa seit Beginn des zweiten Weltkriegs benutzt wird (American Society for Testing Materials [6] und PALMER [64]) und neuerdings auch in Deutschland Anwendung findet (Forschungsgesellschaft für das Straßenwesen [159], SIEDEK und VOSS [160]). Bei ihm werden Probebelastungen auf vier oder fünf starren Stahlplatten, deren Durchmesser zwischen 30,5 cm (12 in.) und 76,2 cm (30 in.) liegen, auf dem freigelegten Planum durchgeführt, wobei gewöhnlich besonderer Wert darauf gelegt wird, recht viele Lastwechsel vorzunehmen. Die Platten werden dabei, um die Steifigkeit der jeweils untersten Platte zu erhöhen, pyramidenförmig übereinandergesetzt und mit einer sich im allgemeinen gegen den Unterbau eines LKW abstützenden Öldruckpresse stufenweise und langsam, d. h. nach Abklingen der jeweils vorhergehenden Setzung, belastet (Abb. 60).

---

[1] Verdichtete Schüttung; Mittel- und Feinsand.

Da die Aufstandsfläche von Straßenfahrzeugen und Flugzeugen den Abmessungen der Platten ähnlich ist, wird angenommen, daß auch die Beanspruchungen des Untergrunds einander entsprechen. Die bei bestimmten Setzungen sich ergebenden Belastungen, d. h. die Bettungsziffern des Baugrunds (s. S. 876), werden deshalb benutzt, um die für eine gegebene Radlast bei der

Abb. 60. Plattenversuch zur Untersuchung des Straßenplanums. (Aus Road Research. Notes on the work of the Road Research Laboratory, London.)

jeweils vorhandenen Bettungsziffer erforderliche Dicke einer starren Decke gemäß der Elastizitätstheorie und in Anlehnung an ein zuerst (1922) von Westergaard [65] angegebenes Verfahren zu ermitteln (Teller und Sutherland [66], Jelinek [67]). Auch für nachgiebige Decken sind entsprechende Kurventafeln aufgestellt worden (McLeod [68], [173]).

Als Kriterium der Bodenbeschaffenheit wird bei starren Decken i. a. die Bettungsziffer, die sich bei der geringen Setzung von 1,27 mm ($^1/_{20}$ in.) ergibt, angesehen, wobei für Rollbahnen stets die Bettungsziffer der 76,2 cm-Platte, für Straßen oft auch die Bettungsziffer der 45,7 cm-Platte (18 in.) zugrunde gelegt wird. Die mit der größeren Platte bestimmten Bettungsziffern sind erfahrungsgemäß ungefähr ein Drittel kleiner als die mit der kleineren Platte bestimmten, was dem Modellgesetz [Gl. (22)] entspricht. Über den Einfluß der Plattengröße beim Plattenversuch s. Brebner und Wright [169].

Die mit einer Platte von 76,2 cm $\emptyset$ ermittelten Bettungsziffern liegen i. a. zwischen rd. 3 und 15 kg/cm³ (s. Abb. 64 u. 65). Umfangreiche Untersuchungen sind durchgeführt worden, um den Zusammenhang zwischen Bettungsziffer, Lagerungsdichte und Wassergehalt zu ermitteln, damit die in die Rechnung eingeführte Bettungsziffer den zu erwartenden Veränderungen des Untergrunds unter der Decke angepaßt werden kann (McLeod [68], Palmer [69]).

Das Westergaardsche Verfahren bezieht die für die Betondecke wichtigen Nebeneinflüsse, wie die Temperatur- und Kapillarspannungen, Zahl der Belastungen, Auswirkungen der Fugen, Folgen von Schwinden und Kriechen, nicht in die Betrachtungen mit ein. Hierüber können nur ziemlich vage Annahmen getroffen werden. Hierdurch wird die Bemessung starrer Decken mit Hilfe der durch den Plattenversuch bestimmten Bettungsziffer des Bodens trotz der mathematisch-theoretischen Grundlage doch zu einem mehr oder weniger halbempirischen Verfahren, das aber durch Belastungsversuche auf der fertigen Decke bestätigt wird (van der Veen [174].

c) CBR-Versuch (California Bearing Ratio).

Ein ebenso wie der Plattenversuch (s. S. 877) allein für die Dimensionierung von Straßendecken und Rollfeldern maßgebender Versuch ist der sogenannte „CBR-Versuch", der im Zusammenhang mit systematischen Beobachtungen und Untersuchungen an Straßen mit offensichtlich zu schwachem Unterbau und solchen mit ausreichendem Unterbau vom California State Highways Department ab 1929 entwickelt [70] und später vom US Corps of Engineers für die Bemessung von Rollfeldern übernommen und verbessert wurde. So wie der Plattenversuch als genormter Sonderfall der allgemeinen Probebelastung angesehen werden kann, kann der CBR-Versuch als genormter Sonderfall des Plattenversuchs angesehen werden. Auch beim CBR-Versuch spielt die Tragfähigkeit einer genormten Lastplatte die entscheidende Rolle, die jedoch nicht wie dort über den Weg der bei einer geringen Zusammendrückung vorhandenen Bettungsziffer verwendet wird. Beim CBR-Verfahren wird vielmehr die sich bei einer etwas größeren Formänderung ergebende Belastung auf die bei gleicher Formänderung in einem ideal festen Material auftretende Belastung bezogen. Hierdurch findet auch der Name „Californisches Tragfähigkeitsverhältnis" (California Bearing Ratio) seine Erklärung.

Der Grund, im einen Fall nur eine kleine, im anderen Fall eine größere Formänderung für die richtige Einschätzung der Bodenbeschaffenheit bei der Dimensionierung der Straßenstärke auszuwählen, liegt darin, daß der Plattenversuch vorwiegend für die Bemessung von starren Betondecken, die nur eine geringe Nachgiebigkeit des Untergrunds vertragen, angewendet wird. Demgegenüber ist der CBR-Versuch für die Bemessung von Schwarzdecken entwickelt worden, bei denen eine größere Nachgiebigkeit des Untergrunds unter den Radlasten der Fahrzeuge zugelassen werden kann.

Der CBR-Versuch besteht darin, einen Stempel mit einem Querschnitt von 19,35 cm² (3 in.²) in eine Bodenprobe, die in einem Zylinder mit einem Durchmesser von 15,24 cm (6 in.) und einer Höhe von 17,78 cm (7 in.) eingeschlossen ist, 1,27 cm (0,5 in.) tief mit einer konstanten Geschwindigkeit von 0,13 cm/min (0,05 in./min) einzudrücken und dabei die Setzungen zu verfolgen. Die Oberfläche der Probe ist hierbei stets mit einer oder einigen Belastungsplatten so abzudecken, daß die Belastung der unter der Last der Straßendecke ungefähr gleichkommt. Der Versuch kann im Feld und im Laboratorium ausgeführt werden. Der Feldversuch wiederum ist mit ungestörten Proben oder auf dem Planum möglich (American Society for Testing Materials [6], Forschungsgesellschaft für das Straßenwesen [159]).

Für den *Versuch mit ungestörten Proben* werden die Proben mit Entnahmezylindern gemäß Abb. 20, jedoch möglichst mit Abmessungen, die dem CBR-Zylinder ähneln, ausgestochen, an ihren Enden geglättet und zur Bestimmung ihres Raumgewichts gewogen. Es wird dann ein Teil der Probe zum Auflegen der Belastungsplatten entfernt und die Probe u. U. sofort an Ort und Stelle in einen Belastungsrahmen (Abb. 61) eingebaut und belastet. Nach dem Versuch wird der Wassergehalt einer Teilprobe aus der Nähe des Belastungsstempels bestimmt.

Bei dem *Versuch im Straßenplanum,* der gewöhnlich nur dann angewandt wird, wenn das Material zu körnig ist, um eine ungestörte Probe ausstechen

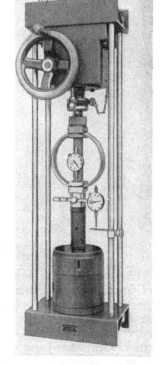

Abb. 61. Belastungsapparat für CBR-Versuche im Feld (Hersteller Wykeham Farrance Engineering Ltd.; Slough, England).

zu können, wird ein Schürfloch ausgehoben, eingeebnet und mit Belastungsplatten belegt. Der Stempel wird dann mit Hilfe eines hydraulischen Wagenhebers, der sich gegen die Unterfläche eines Lastwagens (ähnlich Abb. 60)
abstützt, in den Boden eingedrückt. Anschließend wird eine Probe zur Bestimmung des Wassergehalts entnommen und nach Entfernen des durch den Versuch gestörten Bodens in dem so entstandenen Loch (mindestens 15 cm tief
und 15 cm breit) das Raumgewicht gemäß S. 883 ermittelt.

Bei dem überwiegend angewandten *Laboratoriumsversuch* wird in der Regel
mit gestörtem Probenmaterial ($< \sim$ 20 mm Korndurchmesser) gearbeitet, das
nach einem Standardverfahren bei optimalem Wassergehalt (s. S. 920) künstlich
so hoch verdichtet wird, wie es später durch die im Straßen- und Rollfeldbau
üblichen Verdichtungsgeräte erwartet werden darf.

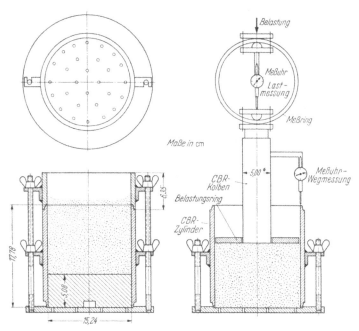

Abb. 62. Zylinder des CBR-Versuchs. Links: beim Füllen; rechts: beim Versuch.

Für den Versuch wird der CBR-Zylinder mittels der Zugschrauben mit
der Grundplatte und dem Aufsatzstück verbunden (Abb. 62), in den Zylinder
eine 5,08 cm (2 in.) hohe Einsatzplatte eingesetzt und der mit dem optimalen
Wassergehalt vorbereitete Boden in fünf Lagen zu je 2,54 cm (1 in.) eingebaut
und verdichtet. Die für jede Lage bei dem gewünschten Raumgewicht erforderliche Probenmenge kann vorher ausgewogen werden, so daß nach Einfüllen der
Gesamtprobenmenge der CBR-Zylinder genau gefüllt ist und das Aufsatzstück
entfernt werden kann. Man kann aber auch jede Lage nach einer bestimmten
Verdichtungsvorschrift verdichten, den überflüssigen Boden nach Abnehmen
des Aufsatzstücks abschneiden und die Probenmenge nach dem Versuch wiegen.
Nach Glätten und Abdecken der Oberfläche mit Filterpapier wird eine zweite,
durchlöcherte Fußplatte auf dem Zylinder angebracht, die untere Fußplatte
gelöst, der Zylinder gewendet, die Einsatzplatte entfernt und die die Erdauflast
nachahmende Plattenbelastung aufgebracht. Der CBR-Zylinder kann dann in
die Belastungsmaschine (Abb. 63) eingesetzt und der eigentliche Versuch be-

gonnen werden. Der Versuch kann mit der umgekehrten Probe wiederholt werden, wenn wegen der durch den ersten Versuch verursachten Störung der Probe keine Bedenken hiergegen bestehen.

Das Ergebnis des Versuchs würde den Boden bei der untersuchten Dichte und dem untersuchten Wassergehalt, d. h. also für sehr günstige Bedingungen, kennzeichnen. Diese Bedingungen können durch geeignete Verdichtungsverfahren herbeigeführt werden; doch ist es zweifelhaft, ob sie unter der Straße auch in alle Zukunft erhalten bleiben werden. In feuchten, vielleicht sogar in allen nicht ausgesprochen trockenen Ländern muß meist damit gerechnet werden, daß der Wassergehalt des Bodens erheblich zunimmt. Es ist deshalb üblich, den CBR-Versuch mit wassergesättigtem Boden zu wiederholen. Zu diesem Zweck wird die fertig vorbereitete, mit einer besonderen gelochten Einsatzplatte und ringförmigen Belastungsplatten abgedeckte Probe unter Wasser gesetzt, so daß sie von oben und unten Wasser aufnehmen kann. Ihre Oberfläche wird auf etwaige Schwellbewegungen hin nachgemessen. Nach etwa vier Tagen wird das freie Wasser entfernt und die Probe nach etwa 15 min, währenddessen sie noch weiter Wasser abgeben kann, in die Belastungsmaschine eingebaut, nachdem vorher die gelochte Platte auf der Probe entfernt worden ist.

Abb. 63. Belastungsmaschine für CBR-Versuche und dreiaxiale Druckversuche im Laboratorium
(Hersteller Leonhard Farnell & Co., Ltd., Hatfield, England).

Die gemessenen Eindringungen des Stempels werden in Abhängigkeit von der Last aufgetragen, um etwaige Störungen während des Versuchs an dem dann unregelmäßigen Kurvenverlauf erkennen und ausgleichen zu können. Oft wird auf das Auftragen der Kurven verzichtet und aus dem Meßprotokoll nur die Belastung bei einer Setzung von 0,254 cm ($^1/_{10}$ in.) entnommen.

Aus der Setzung von $\sim 1/_4$ cm wird der sogenannte „CBR-Wert" berechnet, und zwar dadurch, daß man die zugehörige Belastung in Beziehung zu der Belastung setzt, die bei den amerikanischen Eichversuchen in einem sehr festen Material (gebrochener Fels) bei gleicher Versuchsanordnung und gleicher Setzung ermittelt wurde. Der CBR-Wert (in %) ist also folgendermaßen definiert:

$$CBR = \frac{Versuchsbelastung}{Standardbelastung} \, 100. \tag{23}$$

Die Standardbelastung beträgt 1000 lbs/in.² (70,3 kg/cm²), wodurch sich für den CBR-Wert (mit $F = 3$ in.²) die sehr einfache Gleichung ergibt:

$$CBR = \frac{p}{1000} \, 100 = \frac{P}{F \, 10} = \frac{P}{30} \quad (\%) \ (P \text{ in lbs}) \tag{24}$$

bzw.

$$CBR = \frac{p}{70,3} \, 100 = \frac{P}{19,35 \cdot 0,703} = \frac{P}{13,6} \quad (\%) \ (P \text{ in kg}). \tag{25}$$

Der durch die Setzung von $^1/_4$ cm gegebene CBR-Wert ist i. a. der größte. Ist jedoch der aus der Setzung von $^1/_2$ cm berechnete CBR-Wert größer, so wird dieser als maßgeblich angesehen. Die Standardbelastung für eine Setzung von $^1/_2$ cm beträgt 105,5 kg/cm² (1 500 lbs/in.²).

Wie für den Plattenversuch, so sind auch für den CBR-Versuch Nomogramme aufgestellt worden, die für verschiedene Radlasten, Verkehrsdichten und Niederschlagsverhältnisse die erforderliche Dicke der Straßendecke in Abhängigkeit vom CBR-Wert angeben (Abb. 64). Sie sind im Gegensatz zu den Nomogrammen zur Auswertung des Plattenversuchs im Hinblick auf die Dimensionierung starrer Decken rein empirischer Natur, gewonnen aus Nachprüfungen mit Hilfe des CBR-Versuchs an einer großen Zahl von Straßen und Rollfeldern, die sich bewährt oder nicht bewährt haben.

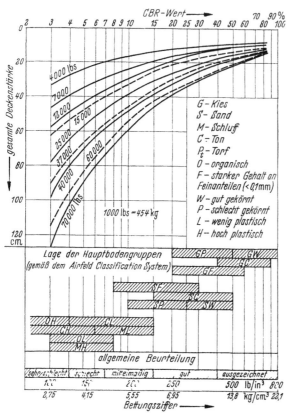

Im großen und ganzen wird das CBR-Verfahren heute als das geeignetste Bemessungsverfahren für nachgiebige Decken angesehen (McFadden und Pringle [71]). Jedoch ist es für seine erfolgreiche und wirtschaftliche Anwendung notwendig, die CBR-Werte für den wirklich unter der künftigen Decke herrschenden Wassergehalt und für die bei der Ausführung durch die Erdbaugeräte herbeigeführte Lagerungsdichte zu ermitteln. Da der CBR-Wert von diesen beiden Faktoren stark abhängt, sind umfangreiche Untersuchungen über ihre Einflüsse und über die Möglichkeit der Wassergehaltsveränderung des Bodens unter der Decke notwendig, um den im Zusammenwirken mit der gewählten Verdichtung wirklich zutreffenden CBR-Wert zu finden (Loxton, McNicholl und Bickerstaff [72], Cochrane [73], Croney [175]). Abgelehnt wird heute vielfach die Bewertung des in bindigen Böden oft sehr schlechten Ergebnisses des CBR-Versuchs mit wassergesättigtem Boden. Ganz allgemein gilt die Bemessung gemäß dem CBR-Verfahren als sicher, doch wird es auch von manchen Stellen

Abb. 64. Beziehung zwischen CBR-Wert und der Stärke von nachgiebigen Straßenbefestigungen gemäß dem Vorschlag des US Corps of Engineers (oben). Diagramme zum Schätzen des CBR-Werts (unten) [4].

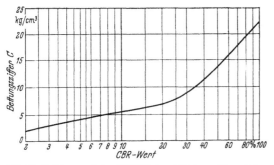

Abb. 65. Beziehung zwischen CBR-Wert und Bettungsziffer auf Grund von Versuchen [73].

(US Navy Department, Canadian Department of Transport) als zu sicher und deshalb unwirtschaftlich angesehen (Palmer [69], McLeod [68]). Diese Stellen ziehen die Bemessung gemäß dem Plattenversuch vor.

Die Grenzen, in denen die CBR-Werte in den Hauptbodenklassen des Airfield Classification System (s. S. 849) zu erwarten sind, gehen aus Abb. 64

hervor. Die ungefähre Beziehung der CBR-Werte zu den durch den Plattenversuch ermittelten Bettungsziffern zeigen Abb. 64 und 65. Zum Schätzen des CBR-Werts aus dem Kornaufbau und der Plastizitätszahl (s. S. 915) wird die folgende Gleichung angegeben (ROBERTS und HOSKING [74]):

$$\log_{10}(\text{CBR}) = 1{,}89 - 0{,}014a - 0{,}0045b + 0{,}0052\frac{c}{b}$$
$$- 0{,}000046\left(\frac{c}{b}\right)^2 - 0{,}0037d, \tag{26}$$

worin

a Plastizitätszahl,
b Kornanteil <0,42 mm (Brit. Sieb No. 36),
c Kornanteil <0,076 mm (Brit. Sieb No. 200),
d Kornanteil <2,41 mm (Brit. Sieb No. 7).

7. Bestimmung der Lagerungsdichte.

Die Bestimmung der Lagerungsdichte im Feld ist entweder als selbständiger Versuch zur Beurteilung des Hohlraumgehalts im Boden oder als Ergänzung zu anderen Versuchen zur Klärung des bei diesen gewonnenen Ergebnisses fast bei jeder Bodenprüfung von größter Bedeutung und seit langem in allen Ländern üblich. Jedoch stimmen die Begriffe über das, was unter „Lagerungsdichte" gemeint ist, nicht überein. In Deutschland versteht man hierunter die allein vom Hohlraumgehalt abhängenden Bodenkennziffern des „Porenvolumens" oder der „Porenziffer" (s. S. 908), im englisch sprechenden Ausland dagegen das Raumgewicht des völlig trockenen Bodens („dry density"), das außer vom Hohlraumgehalt auch noch vom spezifischen Gewicht abhängt und die Dimension t/m³ bzw. lbs/in.³ besitzt. Man hat hierfür in wörtlicher Übersetzung den Ausdruck „Trockendichte" geprägt. In Anpassung an den bei uns üblichen Ausdruck „Raumgewicht" (r), worunter das Einheitsgewicht des natürlichen, also feuchten Bodens verstanden wird, sollte aber besser die freie Übersetzung „Trockenraumgewicht" (r_0) benutzt werden, ein Ausdruck, der stellenweise auch bereits eingeführt ist.

Die Verwendung des Begriffs Trockenraumgewicht an Stelle der Begriffe Porenvolumen oder Porenziffer hat den Vorteil, daß man bei der versuchsmäßigen Ermittlung die Kenntnis des spezifischen Gewichts nicht benötigt, was vor allem im Felde die Arbeit erleichtert. Für den nicht mit bodenmechanischen Fragen vertrauten Bauingenieur ist ferner die Vorstellung der Dichte eines Materials in t/m³ einfacher als die, die in Prozent Porenvolumen angegeben ist. (Über die Umrechnung des Raumgewichts bzw. des Trockenraumgewichts in Porenvolumen bzw. Porenziffer s. S. 907.)

Zur Bestimmung des Trockenraumgewichts r_0 geht man bei Feldarbeiten stets von der Bestimmung des Raumgewichts des naturfeuchten Bodens r_n und des natürlichen Wassergehalts w_n aus und berechnet das Trockenraumgewicht aus der Gleichung (s. S. 907):

$$r_0 = \frac{r_n}{1 + \dfrac{w_n}{100}} . \tag{27}$$

Dies hat den Vorteil, daß man nicht die gesamte, bei Feldarbeiten immer verhältnismäßig große Probenmenge zu trocknen, d. h. mit in das Laboratorium oder Feldlaboratorium zu nehmen braucht, sondern lediglich eine kleine Probe zur Bestimmung des natürlichen Wassergehalts (s. S. 910).

Die Ermittlung des Raumgewichts r_n im Felde stützt sich gewöhnlich auf die Entnahme ungestörter Proben aus Schürfgruben (s. S. 838). Sind die Proben mit einem Zylinder ausgestochen (s. Abb. 20 u. 21) oder als Würfel aus dem Boden ausgeschnitten (s. Abb. 22), so brauchen nur das Feuchtgewicht (G_n) und das Volumen der Probe (V) gemessen zu werden, um das Raumgewicht nach der Gleichung:

$$r_n = \frac{G_n}{V} \qquad (28)$$

zu bestimmen. Da die Ausstechzylinder ein festgelegtes Volumen besitzen, beschränkt sich bei ihnen die Untersuchung auf das Wiegen der feuchten Probe.

Ist die Entnahme ungestörter Proben nicht möglich, fällt aber der Boden in einzelnen unregelmäßigen, etwa faustgroßen Klumpen an, so kommen zur Volumenmessung alle auf S. 906 beschriebenen Verfahren in Frage.

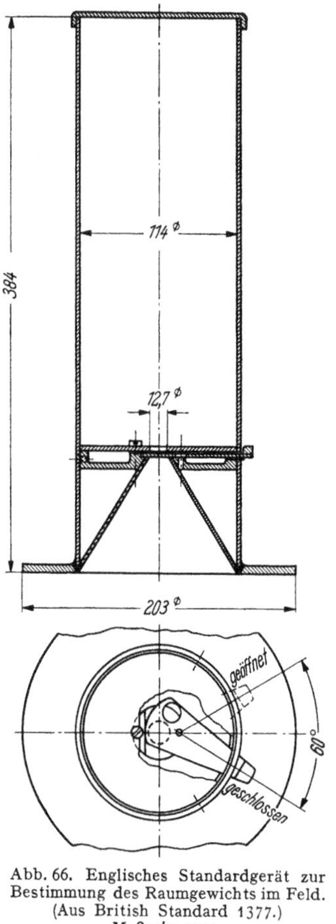

Die vorgenannten Untersuchungen können sinngemäß auch mit ungestörten Proben aus Bohrlöchern durchgeführt werden.

Enthält der Boden viel grobe Bestandteile, so ist es meist nicht möglich, eine wirklich ungestörte Probe zu entnehmen. Man bestimmt dann das Volumen, das eine in einer Schürfgrube entnommene gestörte Probenmenge im Baugrund eingenommen hat, dadurch, daß man völlig trockenen Normsand in das durch die Probenahme entstandene Loch einlaufen läßt (*Sandersatzmethode*). Das Volumen, das der Sand dabei einnimmt, kann aus dem Gewicht des Sandes berechnet werden, wenn vorher durch Eichversuche das Trockenraumgewicht ($r_{0_{\text{Normsand}}}$) des Sandes beim Einlaufen in einen Behälter bestimmt worden ist.

Nach dem British Standard 1377 „Methods of test for Soil Classification and Compaction" benutzt man dabei das Gerät nach Abb. 66. Für die Untersuchung wird die Versuchsstelle gut eingeebnet und ein etwa 10 bis 15 cm tiefes Loch mit einem Durchmesser von ungefähr 10 cm ausgehoben, einschließlich alles an der Wandung noch anhaftenden und auf der Sohle liegenden losen Bodens. Die gesamte ausgehobene Menge wird gewogen (G_n). Dann wird der mit völlig trockenem, ausgesiebtem Sand (Korngröße etwa 0,5 mm) gefüllte Einlaufzylinder gewogen (G_1) und auf das ausgehobene Probenloch gestellt.

Abb. 66. Englisches Standardgerät zur Bestimmung des Raumgewichts im Feld. (Aus British Standard 1377.) Maße in mm.

Durch Öffnen des Verschlusses läßt man den Sand in das Loch und in den im Boden des Zylinders befindlichen Trichter laufen, von dem durch Eichversuche bekannt ist, welches Volumen er besitzt und welche Gewichtsmenge (G_0) er beim Aufliegen auf einer ebenen Platte aufnimmt[1]. Wenn keine Sandbewegung im Zylinder mehr festzustellen ist, wird die Auslaßöffnung geschlossen und der Zylinder mit der noch vorhandenen Sand-

---

[1] Sein Hauptzweck ist, Störungen an der Oberfläche zu vermeiden, die bei einem Glattstreichen des losen Sandes mit einem Spatel u. U. eintreten könnten. Da sein Volumen bekannt ist, kann er aber auch leicht zur Kontrolle des Trockenraumgewichts des Normsandes im Felde dienen.

menge erneut (G_2) gewogen. Das der ausgehobenen Probenmenge G_n entsprechende Volumen ist:

$$V = (G_1 - G_2 - G_0) \frac{1}{r_{0\text{Normsand}}} \,. \tag{29}$$

Raumgewicht und Trockenraumgewicht erhält man dann mit Hilfe von Gl. (28) und (27).

Diese Berechnung versagt, wenn die Probe ein Gemisch von Steinen und Boden darstellt, da man dann lediglich eine Zahl für das mittlere Raumgewicht erhält, während die tatsächliche Dichte des *Erd*materials interessiert. In derartigen Fällen muß man nach Entnahme und Wägen der Gesamtprobe die Steine vom Erdmaterial durch Sieben auf einem 5- oder 10-mm-Sieb trennen und für sich wiegen (G_{Steine}). Nach Bestimmung ihres spezifischen Gewichts nach einer der auf S. 906 beschriebenen Methoden kann ihr Volumen (V_{Steine}) und aus der Differenz gegenüber dem Gesamtvolumen (V) das Volumen des Erdmaterials (V_{Erde}) berechnet werden. So ergibt sich dann:

$$r_{n\text{Erde}} = \frac{G_n - G_{\text{Steine}}}{V - V_{\text{Steine}}} \,. \tag{30}$$

Eine Durchrechnung zeigt Tab. 3.

In derartigen Fällen, d. h. in sehr ungleichförmigen, Steine enthaltenden Böden, genügt auch das Gerät nach Abb. 66 nicht mehr, da die Störungen am Rand, wo der Normsand in die Poren zwischen den dort verbliebenen Steinen einrieselt, zu groß werden. Man hat dann die Probelöcher erheblich breiter und tiefer

Abb. 67. Bestimmung des Raumgewichts von verdichtetem Trümmerschutt. Links: Trennen von Fein- und Grobmaterial; rechts: Füllen des Probelochs mit Normsand.

zu machen und einen entsprechend größeren Einlaufzylinder zu verwenden, um den Einfluß der Randstörungen klein zu halten. Abb. 67 zeigt ein bei der Degebo benutztes Gerät zur laufenden Ermittlung des Raumgewichts einer

Tabelle 3. *Raumgewichtsbestimmung von Trümmerschutt.*

Zeile		Loch 1	Loch 2	Dimension	Rechnungsgang
1	Gesamtgewicht des Aushubs	48,7	181,35	kg	Wägung
2	Gewicht des Anteils $>$10 mm . . .	23,4	73,35	kg	Wägung
3	Gewicht des Anteils $<$10 mm . . .	25,3	108,00	kg	1 — 2
4	Gehalt des Anteils $<$10 mm . . .	51,9	59,6	%	3/1
5	Gewicht des verbrauchten Normsandes	37,9	141,00	kg	Wägung
6	Raumgewicht des Normsandes . . .	1430	1430	kg/m³	Eichung
7	Volumen des verbrauchten Normsandes	0,0265	0,0986	m³	5/6
8	Raumgewicht des Gesamtmaterials .	1,84	1,84	t/m³	1/7
9	Raumgewicht des Ziegelsteinmaterials.	2050	2050	kg/m³	Sonderbestimmg.
10	Volumen des Anteils $>$10 mm . . .	0,0114	0,0358	m³	2/9
11	Volumen des Anteils $<$10 mm . . .	0,0151	0,0628	m³	7 — 10
12	Raumgewicht des Anteils $<$10 mm .	1,68	1,72	t/m³	3/11
13	Wassergehalt des Anteils $<$10 mm .	10,0	10,6	%	Sonderbestimmg.
14	Trockenraumgewicht des Anteils $<$10 mm	1,53	1,56	t/m³	Gl. (27)

rd. 7 m hohen Schüttung von äußerst unregelmäßigem Trümmerschutt, der in Lagen von 1,2 m eingebracht, mit ca. 30 cm Sand abgedeckt und eingeschlämmt und dann mit einer Rammplatte verdichtet wurde. Das Gerät wurde auf eine Dezimalwaage gestellt und vor und nach dem Füllen der bis zu 1,20 m tiefen Probelöcher mit dem Normsand mit Hilfe eines Schlauchs, der stets so geführt wurde, daß er die Oberfläche des eingefüllten Sandes ungefähr gerade berührte, gewogen. Das Meßprotokoll der Tab. 3 bezieht sich auf diese Untersuchung, die in ähnlicher Form beim Erddamm- und Erdstraßenbau häufig vorkommt.

In verhältnismäßig undurchlässigen Böden kann an Stelle des Normsandes auch eine Flüssigkeit, die vom Boden aber nicht kapillar aufgesogen werden darf, wie z. B. Motoröl, verwendet werden. Auch Wasser wird benutzt, nachdem in das Loch ein dünner Gummisack, der sich beim Füllen der Wandung anpaßt, eingelegt ist. Die Volumenmessung wird hierdurch bequemer und u. U. auch genauer, da ein ungleiches Ablagern der Sandkörner, das bei fehlerhaftem Arbeiten mit dem Einlaufzylinder nicht ausgeschlossen ist, nicht eintreten kann.

Sind die Untersuchungen in einer Tiefe notwendig, die durch eine Schürfgrube nur schwer oder überhaupt nicht erreicht werden kann, so müssen entweder ungestörte Proben entnommen (s. S. 839) oder Sondierungen durchgeführt werden. Die letzte Untersuchung (s. S. 854 und 860), die zwar nicht zur zahlenmäßigen Feststellung des Raumgewichts führt, jedoch zu einer für die Praxis oft genügenden begrifflichen Einstufung („locker", „mitteldicht" usw.; s. S. 860 und 867 sowie Abb. 51), ist in den nichtbindigen Böden angebracht, während in den bindigen Böden die Entnahme ungestörter Proben vorzuziehen ist.

In den letzten Jahren sind mit gutem Erfolg Versuche angestellt worden, die Lagerungsdichte von Böden an Ort und Stelle ohne Entnahme von Proben mit Hilfe der *Messung des Durchgangs von γ-Strahlen* zu bestimmen[1] (Belcher [75], Wendt [76], Lorenz [77], Neuber [78]). Allerdings wird auch bei diesen Untersuchungen nicht die Lagerungsdichte direkt gemessen, sondern es wird das Raumgewicht im naturfeuchten Zustand r_n und der Wassergehalt w_n wie bei den oben beschriebenen Verfahren getrennt festgestellt. Für Quarzböden wurden eingehende Versuche durchgeführt, die ergaben, daß mit γ-Strahlen r_n gemessen wird, gleichgültig, mit welchen Anteilen Quarz und Wasser am Raumgewicht beteiligt sind.

Als Strahlenquelle ist das Cobalt-Isotop Co^{60} besonders geeignet, da seine Intensität, die nach einer e-Funktion abnimmt, sich erst nach 5,3 Jahren auf die Hälfte vermindert und da ein für derartige Raumgewichtsbestimmungen geeignetes Präparat nur wenige Mark kostet. Dabei sollte man Co^{60} aus Gründen der Sicherheit und der bequemen Handhabung nur in metallischer Form und nicht in flüssigen Verbindungen verwenden. Die Stärke des verwendeten Präparats ist so zu wählen, daß bei der Messung die Leistungsfähigkeit der Zählapparatur nicht überschritten, aber doch möglichst weitgehend ausgenutzt wird. Die nach dieser Maßgabe benötigten Präparatstärken in der Größenordnung von 0,1 bis 10 m C ($^1/_{1000}$ Curie) sind so gering, daß bei nicht grob fahrlässiger Handhabung keinerlei Strahlenschäden für den Messenden zu befürchten sind. Zur Messung der Strahlungsintensität wird eine handelsübliche Zähleinrichtung (Geigerrohr) verwendet. Die Meßzeit sollte stets so gewählt werden, daß dabei mindestens etwa 30000 Impulse gezählt werden.

Zur Messung des Wassergehalts w_n kann eine Neutronenquelle zusammen mit der entsprechenden Zähleinrichtung verwendet werden. Allerdings sind

---

[1] Die nachfolgenden Ausführungen wurden freundlicherweise von Herrn Dr. Neuber, Berlin, zur Verfügung gestellt.

solche Messungen etwas schwieriger und teurer als die mit γ-Strahlen. Falls der Boden, dessen Lagerungsdichte bestimmt werden soll, unter dem Grundwasserspiegel liegt, erübrigt sich die Bestimmung des Wassergehalts, da der Porenraum dann wassergesättigt ist und der Wassergehalt bei Schätzung des spezifischen Gewichts nach Gl. (43) berechnet werden kann. Bei einer Messung über dem Grundwasserspiegel kann der Wassergehalt in der hergebrachten Weise durch Trocknen von kleinen Proben (s. S. 910) bestimmt werden.

Die Auswertung der Messungen wird dadurch erleichtert, daß zwischen den gemessenen Impulszahlen und den feuchten Raumgewichten ein linearer Zusammenhang für eine gegebene Meßanordnung besteht. Diese Linearität, die bei der Eichung des Geräts in Schüttungen mit bekanntem Raumgewicht bestimmt werden muß, ist wie auch die mit einfachen Mitteln erreichbare Genauigkeit aus Abb. 68 zu ersehen. Die Neigung einer solchen Geraden hängt ab von der Art (Wellenlänge) und Menge des verwendeten Isotops sowie auch sehr stark von der gegenseitigen Anordnung von Strahlenquelle und Empfangsgerät in der „Isotopensonde".

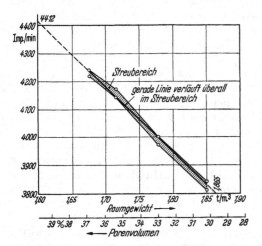

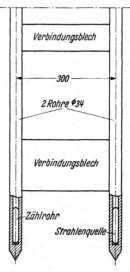

Abb. 68. Eichkurve zur Bestimmung des Raumgewichts mit Hilfe von γ-Strahlen [77].

Abb. 69. Doppelsonde nach NEUBER zur Bestimmung des Raumgewichts mit Hilfe von γ-Strahlen [78]. Maße in mm.

Diese gegenseitige Anordnung wurde von den verschiedenen Verfassern in unterschiedlicher Weise gewählt. BELCHER [75] bringt Strahlenquelle und Zählrohr dicht übereinander in dem Rohr einer einfachen Sonde unter, während NEUBER [78] Strahlenquelle und Zählrohr in den beiden unteren Enden der Rohre einer Doppelsonde anordnet. Bei der NEUBERschen Meßanordnung hat man zwischen den beiden Sondenspitzen eine ihrer Lage und Ausdehnung nach bekannte Meßstrecke, längs der die Strahlung mit dem Boden in Wechselwirkung tritt. Außerdem ist bei dieser Anordnung die Neigung der Eichgeraden größer als bei einer einfachen Sonde (größere Meßgenauigkeit). Abb. 69 zeigt eine solche Doppelsonde, die zur Nachprüfung der Verdichtung von Schüttungen gedacht ist. Nach den gleichen Grundsätzen wurde eine Doppelsonde entworfen, die für Messungen in Bohrlöchern mit 150 mm lichter Rohrweite verwendet wurde. Dabei wurden die Sondenspitzen jeweils von der Bohrlochsohle aus bis in den von der Bohrung noch nicht gestörten Bereich eingerammt.

WENDT [76] benutzt γ-Strahlen zur Nachprüfung der Verdichtung von an ihrer Oberfläche sorgfältig glattgestrichenen Schüttungen. Dazu führt er das benutzte Isotop einige Dezimeter tief mit einer Nadel in die Schüttung ein, stellt das Empfangsgerät aber auf die Oberfläche. Diese Anordnung hat den Vorteil, daß an Stelle von Zählrohren die leistungsfähigeren Szintillationszähler verwendet werden können und die Dauer einer Einzelmessung abgekürzt werden kann. Das Verfahren mißt den Mittelwert des Raumgewichts der oberen Zone der untersuchten Schüttung.

8. Messung des Porenwasserdrucks.

Die Erscheinung und die Bedeutung des Porenwasserdrucks sind im Zusammenhang mit der Zusammendrückbarkeit (s. S. 933) und der Schubfestigkeit (s. S. 951) des Bodens behandelt. Dort ist auch auf seine Messung im Laboratorium beim dreiaxialen Druckversuch eingegangen.

Auch die Messung des Porenwasserdrucks im Felde besitzt eine große praktische Bedeutung, da sie beim Hochführen eines Bauwerks, wie z. B. eines Damms, auf nachgiebigem Untergrund ermöglicht festzustellen, in welchem Umfange sich im jeweiligen Baustadium Porenwasserdrücke ausgebildet haben und wie groß demnach der wirkliche Schubwiderstand im Boden und damit die Standsicherheit des Bauwerks ist. Hiernach kann dann die weitere Schüttgeschwindigkeit des Damms gewählt oder beim Füllen eines Tanks oder Speichers, wo die Nutzlast groß im Verhältnis zum Eigengewicht des Bauwerks ist, die Füllgeschwindigkeit von der Größe des Porenwasserdrucks abhängig gemacht werden (SIEDEK [79], PACHECO SILVA [176]). Eine ganz besondere Bedeutung besitzt die Porenwasserdruckmessung beim Erddammbau, da die undurchlässigen Böden, die hier wegen der notwendigen Dichtung verwendet werden müssen, die Bildung hoher Porenwasserdrücke fördern und damit die Standsicherheitsverhältnisse verschlechtern (BRETH und KÜCKELMANN [80], MUHS [81]). Es ist deshalb verständlich, daß die Messung des Porenwasserdrucks im Felde eine zunehmende Wichtigkeit erlangt hat, zumal sie erst die Handhabe gibt, die Laboratoriumsmessungen auf ihre Richtigkeit hin zu überprüfen.

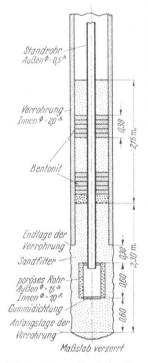

Abb. 70. Offenes Standrohr für Porenwasserdruckmessungen nach A. CASAGRANDE [83].

Die ersten Messungen, die bewußt zur Feststellung von Porenwasserdrücken und nicht etwa allein von Grundwasserspiegellinien oder des Auftriebs ausgeführt wurden, sind Anfang der 30er Jahre in Holland vorgenommen worden. Man benutzte „offene Standrohre" von 3,81 cm (1 $^1/_2$ in.) ⌀, die an der Spitze auf eine Länge von $^1/_2$ m perforiert, mit Filtergaze umhüllt und auf eine Länge von 1$^1/_2$ m in grobem Sand eingebettet waren (BIEMOND [82]).

Nach diesem einfachen Meßprinzip ist nach dem zweiten Weltkrieg von A. CASAGRANDE nach ausgedehnten Versuchen das Gerät nach Abb. 70 entwickelt worden (A. CASAGRANDE [83]), das sich bei mehrjährigem Gebrauch gut bewährt hat. Sein einwandfreies Arbeiten beruht auf der richtigen Abstimmung der Abmessungen.

Das Gerät unterscheidet sich von einem einfachen Standrohr dadurch, daß es an seiner Spitze eine besonders verbreiterte Kammer besitzt, die aus einer porösen keramischen Masse hergestellt und oben und unten mit einer Gummischeibe abgeschlossen ist. Die Verwendung von Keramik-Filtern hat sich in organischen Böden als notwendig erwiesen, da bei Verwendung von ungeeigneten Metallen bisweilen die Entwicklung von Gas beobachtet wurde, das die einwandfreie Messung des Porenwasserdrucks beeinträchtigt. Der Wasserspiegel im Standrohr, der sich entsprechend dem Wasserdruck an seiner Spitze einstellt, wird durch Herablassen eines elektrischen Kontaktkabels gemessen.

Offene Standrohre, wie die vorstehend geschilderten, können natürlich nur in wassergesättigten Böden mit verhältnismäßig großer Durchlässigkeit benutzt werden. Die Durchlässigkeit muß groß genug sein, um einerseits ein schnelles Mitgehen des Wasserspiegels im Standrohr bei Änderung des Porenwasserdrucks zu gewährleisten; andererseits darf der mit dem Anstieg im Standrohr verbundene Wasserverlust nicht so groß sein, daß durch ihn eine Abminderung des Porenwasserdrucks selbst eintritt.

Bereits Anfang der 30er Jahre wurden — wiederum in Holland — die Messungen deshalb bereits auch mit einem „geschlossenen Standrohr" durchgeführt, das mit Wasser gefüllt und mit einem Quecksilbermanometer verbunden werden konnte (RINGELING [84]) (Abb. 71). Der Porenwasserdruck wird hierbei also durch eine Wassersäule zur eigentlichen Meßstation übertragen; die zu einer Messung notwendige Wassermenge ist deshalb und wegen des im Verhältnis zum Standrohr sehr kleinen Durchmessers des mit Quecksilber gefüllten Kapillarrohrs kleiner als im Fall eines offenen Standrohrs. Jedoch können kleine Porenwasserdrücke nicht gemessen werden, da bei Drücken, die kleiner sind als die Wassersäule über dem Meßpunkt, am Quecksilbermanometer keine Anzeige stattfindet.

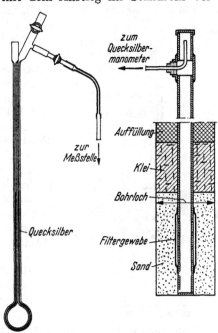

Abb. 71. Geschlossenes Standrohr für Porenwasserdruckmessungen mit Quecksilbermanometer [84].

In Deutschland hat wohl erstmals EHRENBERG — etwa 1940 — eine Porenwasserdruckmessung in ähnlicher Weise vorgenommen, und zwar in einem Erddamm (EHRENBERG [85]). Da der Erddamm mit einer Kernmauer aus Beton ausgestattet war, konnten die eigentlichen Standrohre entfallen und die Ablesegeräte — an Stelle der Quecksilbermanometer wurden normale Druckmanometer benutzt — tief, im Kontrollgang an der Sohle des Damms, angeordnet werden, so daß auch die Messung kleiner Porenwasserdrücke möglich war (Abb. 72).

In jüngerer Zeit hat SIEDEK ein ähnliches Gerät mit Erfolg benutzt, um den Porenwasser-

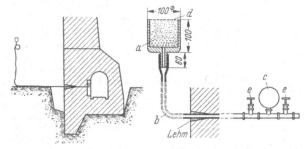

Abb. 72. Ausbildung eines Porenwasserdruck-Meßpunkts für einen Staudamm; a Metallgefäß mit Kies- und Sandfüllung; b Rohrleitung; c Druckmesser; d Abschlußdrahtgewebe; e Absperrventile [85].

druck in organischem Ton beim Füllen von zwei großen Öltanks mit je 10000 t Fassungsvermögen zu verfolgen und zu große Porenwasserdrücke infolge eines zu schnellen Füllens der Tanks zu vermeiden (SIEDEK [79]). Die hier verwendeten Standrohre wurden in den Untergrund eingerammt. Einen ähnlichen Porenwasserdruckmesser verwendet auch das Norwegische Geotechnische Institut.

In den USA, wo Porenwasserdruckmessungen vor allem in Erddämmen zur Ausführung kamen, wurden ab 1937 in einer Reihe von Erddämmen zur Messung des Porenwasserdrucks verbesserte bzw. für diesen Zweck umgebaute *Druckdosen* verwendet (Abb. 73). In ihnen wird der von außen durch ein Filter

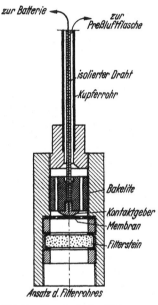

wirkende Wasserdruck auf eine Meßmembrane durch künstlichen Luftdruck im Innern der Dose ausgeglichen. Der vorsichtig gesteigerte Luftdruck verformt schließlich die Membrane gegen den Widerstand des Wasserdrucks, was durch das Unterbrechen eines elektrischen Kontakts und Erlöschen einer Glühlampe angezeigt wird. Der hierzu notwendige Luftdruck wird gleich dem Porenwasserdruck gesetzt. Obwohl eine Reihe erfolgreicher Messungen nach dieser Methode ausgeführt worden ist (Speedie [*86*]), wurde sie schließlich aufgegeben. Sie wird vom US Bureau of Reclamation, wo sie entwickelt wurde, für Messungen im Feld nicht mehr angewendet. Dagegen wird der Porenwasserdruck im Laboratorium nach diesem Prinzip bei dem Dreiaxialversuch (s. S. 971) noch heute gemessen.

Abb. 73. Altes Gerät des US Bureau of Reclamation zum Messen des Porenwasserdrucks mit Hilfe einer Membran [*86*].

Bei dem Königlich Schwedischen Geotechnischen Institut ist ein nach dem gleichen Prinzip arbeitendes Gerät in Gebrauch, das in die in Schweden wichtigen weichen Tonböden zunächst ohne die eigentliche Meßapparatur eingerammt wird. Letztere wird erst für die Messung in die verschiedenen, hohlen Standrohre eingesetzt [*184*].

An Stelle der Druckdosen traten in den USA für Messungen in Staudämmen seit 1939 die sogenannten „*Piezometer-Messungen*", die im Grunde nichts anderes als Messungen mit geschlossenem Standrohr darstellen. Die Methode wurde ebenfalls vom US Bureau of Reclamation entwickelt und gilt heute in den außereuropäischen Ländern mehr oder weniger als Standardmethode (Walker und Daehn [*87*]).

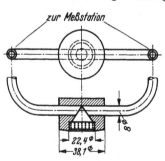

Abb. 74. Meßspitze der Piezometer-Meßmethode des US Bureau of Reclamation [*5*].

Das Meßsystem besteht in seiner jetzigen Ausführung (US Bureau of Reclamation [*5*]) im Prinzip aus einem kleinen Eintrittsventil aus Kunstharz für das Porenwasser (Abb. 74) und zwei anschließenden Rohrleitungen aus Kupfer oder Kunststoff, die zur Meßstation führen, wo der Druck in dem mit Wasser gefüllten Leitungssystem durch ein Manometer gemessen wird. Die zweite Leitung stellte sich nach den Erfahrungen, die man zunächst mit nur einer Leitung machte, als notwendig heraus, da es sonst nicht möglich ist, das Rohrnetz luftfrei mit Wasser zu füllen, was zur Erzielung von guten Meßergebnissen unbedingt erforderlich ist.

Dieses an sich einfache Meßsystem wird durch die Notwendigkeit, das Rohrnetz zu entlüften, auf Dichtigkeit prüfen, entleeren und füllen zu können, und durch den Wunsch, in der Meßstation alle Einzelleitungen vereinigt an die hierfür notwendigen Einrichtungen anzuschließen, ziemlich kompliziert. Abb. 75 zeigt das Prinzip der Meßanordnung; die dünne Linie gibt das Rohrnetz jeder einzelnen Meßstelle, die dick ausgezogene Linie die Einrichtungen der Sammelleitungen in der Meßstation wieder. Zur Kontrolle ist jede der zwei Leitungen jeder Meßstelle mit einem Manometer versehen; eine Messung wird nur dann als einwandfrei angesehen, wenn sich an beiden Manometern der gleiche Druck ergibt.

Obwohl die Meßmethode mit diesen Piezometern seit 1939 in vielen Erddämmen mit befriedigendem Erfolg benutzt worden ist [87], kann sie nicht in jeder Hinsicht als vollkommen angesehen werden. Das luftfreie Füllen des ganzen Systems, das in hohen Erddämmen Längen von 300 m und mehr besitzen kann, einschließlich aller Ventile und Manometer, ist sehr schwierig, im Erfolg stets zweifelhaft und bei dem rauhen Baubetrieb auf einer Erddammbaustelle hindernd. Die Rohrverlegung selbst ist recht umständlich. Eine einzige Undichtigkeit des ausgedehnten Rohrnetzes macht die ganze Meßstelle wertlos. (Über weitere Nachteile bei Erddämmen s. MUHS [81].)

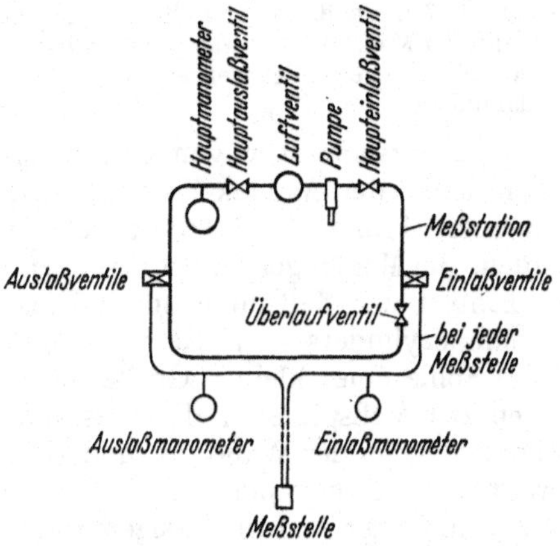

Nach dem zweiten Weltkrieg sind unter Anwendung der Fortschritte in der Meßtechnik verschiedene elektrisch arbeitende Geräte zur Messung des Porenwasserdrucks entwickelt worden, bei denen elektrische Dehnungsmesser zur Bestimmung der Verformung einer Meßmembrane durch den Porenwasserdruck dienen (MUHS [81]). Als das vervollkommnetste Verfahren muß das der Maihak A.G., Hamburg, angesehen werden, da es nicht wie die anderen Verfahren, von denen vor allem die Meßspitze von PLANTEMA und BOITEN (PLANTEMA [88]) und die Meßdose der US Waterways Experiment Station [89] zu nennen sind, Dehnungsmeßstreifen benutzt, die für Dauermessungen wegen ihrer Feuchtigkeitsempfindlichkeit und Alterungserscheinungen nicht zweckmäßig sind. Außerdem beruht die Messung mit dem Maihak-Gerät nicht auf der Widerstandsmessung und ist dadurch von den Einflüssen der Kabellänge und der Temperatur unabhängig, was bei Untersuchungen mit großen Kabellängen von erheblichem Vorteil für die Messung ist (MUHS [81]).

Bei dem 1951 auf den Markt gebrachten *Maihak-Porenwasserdruckgeber* (Abb. 76) ist die durch den Porenwasserdruck belastete Meßmembrane mit einer vorgespannten Stahlsaite verbunden, die bei einer Belastung der Membrane entlastet wird. Wie aus Abb. 76 hervorgeht, ist die Verankerung der Saite derart, daß äußere lotrechte oder waagerechte Kräfte des Erdreichs keinen Einfluß auf die Spannung der Saite ausüben können, sondern allein der durch die poröse Spitze auf die Membrane einwirkende Druck des Porenwassers.

Die poröse Spitze des Geräts besteht aus einem speziellen Filtermetall von hoher Kapillarität, die im Werk unter Vakuum mit Öl gesättigt worden ist. Die Spitze wird mit dem Meßgerät erst unmittelbar vor dessen Einbau verbunden. Hierbei wird der Raum unter bzw. über der Membrane ebenfalls mit Öl gefüllt und dann die Spitze langsam aufgeschraubt, wobei das überschüssige Öl durch die Spitze entweicht. Diese Maßnahmen sollen zweierlei sicherstellen: einmal das völlige Fehlen von Luftblasen unter der Membran, zum anderen das möglichst sofortige Ansprechen des Geräts, d. h. ohne daß zunächst eine größere Wasserbewegung notwendig ist, um die Anzeige eines Wasserdrucks zu ermöglichen.

Abb. 75. Meßprinzip der Piezometermethode des US Bureau of Reclamation [5].

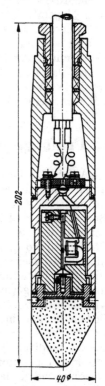

Abb. 76. Elektrisches Porenwasserdruck-Meßgerät der Maihak A. G., Hamburg. Maße in mm.

Die eigentliche Messung des Maihak-Gebers geschieht durch Anzupfen der Meßsaite mittels eines Elektromagneten und Messung der Frequenz der entstehenden Eigenschwingung, die sich mit der Spannung der Saite ändert, im Empfangsgerät (Näheres s. z. B. Schultze und Muhs [7]). Da die elektrische Frequenzmessung unabhängig von der Länge der Kabel ist, kann der Maihak-Porenwasserdruckgeber auch ohne Einschränkung der Meßgenauigkeit in den Fällen angewendet werden, wo große Leitungslängen vorkommen, d. h. vor allem im Erddammbau.

Bei Untersuchungen von Gründungen auf weichen, nachgiebigen Alluvialböden kann der Maihak-Porenwasserdruckgeber in ähnlicher Weise wie die Spitzendrucksonde (s. S. 864) an einem Gestänge in den Untergrund gedrückt werden. Bei Messungen in Schüttungen, d. h. z. B. beim Erddammbau, geschieht der Einbau der Meßspitze durch Einschlagen eines Dorns oder eines offenen Entnahmezylinders — beide von gleichem Durchmesser wie die Meßspitze — in die Sohle einer kleinen Grube der Schüttung, Ziehen dieser Teile und Einführen der Meßspitze in die entstandenen Löcher. Um eine etwaige Sickerströmung längs der Wandung und der anschließenden Kabel und einen damit verbundenen Druckabfall am Filter zu verhindern, wird der obere Teil des Geräts mit einer undurchlässigen und schnell erhärtenden Masse (MagnesiumChlorid- und Magnesium-Oxyd-Lösung oder eine Mischung von 4 Teilen Resin und 3 Teilen Paraffinöl) vergossen.

Ein Anpassen des Geräts an die zu erwartenden Porenwasserdrücke ist durch Variieren der Dicke der Membrane ebenfalls ohne Schwierigkeiten möglich. Als Standard-Typen werden Geräte mit einem Meßbereich von 0 bis 3,5 kg/cm², 0 bis 5 kg/cm², 0 bis 7 kg/cm² und 0 bis 10 kg/cm² hergestellt, so daß also Wasserdrücke entsprechend einer Wassersäule von max. 35 m bis max. 100 m gemessen werden können. Die Meßgenauigkeit hierbei ist nach Versuchen mit einem Gerät mit einem Meßbereich von 0 bis 5 kg/cm², d. h. 0 bis 50 m Wassersäule, derart, daß noch Wasserdruckänderungen von weniger als 10 cm nachgewiesen werden können (Muhs und Campbell-Allen [161]). Über die ersten Messungen mit dem Gerät im Großeinsatz bei einem Erddammbau s. Breth [90].

C. Prüfungen von Bodenproben (Laboratoriumsversuche).

Auf S. 828 ist darauf hingewiesen, daß in den letzten 15 Jahren die Felduntersuchungen eine immer größere Bedeutung erlangt haben. Trotzdem werden sie nach wie vor stets durch Untersuchungen an gestörten oder ungestörten Bodenproben im Laboratorium ergänzt. Das ist vor allem in den bindigen Böden der Fall, wo diese Eigenschaften weit mehr wechseln als in den nichtbindigen Böden und wo durch die Spannungserscheinungen im Porenwasser die Durchführung der meisten Feldversuche erheblich erschwert oder unmöglich gemacht wird. Die Notwendigkeit, hier durch eingehende Untersuchungen im Laboratorium zu der gewünschten Auskunft über die Bodenbeschaffenheit zu kommen, wird dadurch begünstigt, daß die Entnahme ungestörter Proben in den bindigen Bodenschichten im allgemeinen ziemlich einfach ist (s. S. 845). So erstrecken sich die Versuche an ungestörten Proben im Laboratorium fast ausschließlich auf die bindigen Böden. Aus den nichtbindigen Böden werden dagegen meist gestörte Proben untersucht, allerdings mit dem Bestreben, durch Variieren der Lagerungsdichte dem ungestörten Zustand des Bodens im Baugrund möglichst nahezukommen. Das gleiche gilt in besonderem Maße bei der Prüfung von Böden, die als Baustoff verwendet werden sollen. Auch hier werden künstlich — gleichsam ungestörte — Proben hergestellt, die hinsichtlich Porenraum und Wassergehalt den künftigen Bedingungen im Erdkörper gleichen.

Die Auswahl des Probenmaterials für den Einzelversuch ist in den Fällen, wo die Proben aus Bohrlöchern stammen und gestört in Weckgläsern von der Baustelle angeliefert werden, ziemlich einfach, da hier die Probenmenge klein ist und schon deshalb meist nicht sehr unterschiedlich sein wird. Hier hat die wesentliche Arbeit, d. h. die Auswahl charakteristischen Materials, bereits der Bohrmeister geleistet (über die dabei möglichen Fehler s. S. 837). Bei der Anlieferung größerer Probenmengen aus Schürflöchern, wie sie bei der Prüfung von Erdbaustoffen die Regel ist, muß dagegen die für den Einzelversuch dienende Probenmenge sorgfältig durch systematisches Vierteln eines Bodenkegels oder besser durch Benutzen eines Geräts nach Abb. 19 ausgewählt werden. Ganz besonders Sorgfalt ist u. U. bei der Zerlegung von ungestörten Proben zur Gewinnung der Teilproben für die Einzelversuche aufzuwenden, da über die Länge der Proben von 25 cm oder mehr die Eigenschaften des Bodens verschieden sein können. Vor der Auswahl wichtiger Teilproben ist dann die Bestimmung des natürlichen Wassergehalts, der Porenziffer und der Plastizitätsgrenzen angebracht, um die Zone mit den wirklich charakteristischen Eigenschaften zu finden (CASAGRANDE und FADUM [91]).

DIN-Bestimmungen über die Versuche zur Bestimmung bodenmechanischer Kennziffern im Laboratorium werden zur Zeit durch die Deutsche Gesellschaft für Erd- und Grundbau vorbereitet[1], liegen aber noch nicht vor. Einen kurz gefaßten Überblick enthält DIN 4020 „Bautechnische Bodenuntersuchungen, Richtlinien" aus dem Jahre 1953. Eine ausführliche Beschreibung der einfacheren Versuche bringt ein 1955 neu bearbeitetes Merkblatt der Forschungsgesellschaft für das Straßenwesen [159]. In der gesamten englisch sprechenden Welt werden die bautechnischen Bodenuntersuchungen an gestörten Proben nach den Bestimmungen der amerikanischen ASTM[2] und AASHO[3]-Standards ([6] bzw. [92]) und des British Standard 1377 „Methods of test for Soil Classification and Compaction" durchgeführt. Daneben gibt es — abgesehen von den „Manuals" der großen Baubehörden (z. B. US Bureau of Reclamation [5]) — eine ganze Reihe von Büchern, in denen die Laboratoriumsversuche einschließlich der an ungestörten Proben bis in alle Einzelheiten genau behandelt sind (z. B. LAMBE [93], CASAGRANDE und FADUM [91]). Über die in Rußland üblichen Versuchsverfahren unterrichtet ausführlich das jetzt in deutscher Übersetzung erschienene Buch von LOMTADSE [162].

In den nachstehenden Abschnitten werden die Versuche so beschrieben, wie sie in Deutschland i. a. üblich sind, von dem Verfasser in der Degebo durchgeführt werden und in den zur Zeit vorbereiteten „Richtlinien" im großen und ganzen erwartet werden können. Es ist Wert darauf gelegt, auch die mehr oder weniger übereinstimmenden englisch-amerikanischen Praktiken, wie sie der Verfasser während seiner mehrjährigen Tätigkeit in Australien kennengelernt hat, mit zu berücksichtigen. Eine verbindliche Form für die Durchführung der Normversuche stellen die nachstehenden Versuchsbeschreibungen jedoch nicht dar, auch wenn die bei ihnen leider notwendige Ausdrucksweise diese Auffassung manchmal vielleicht nahelegt.

Die Laboratoriumsversuche können in zwei Hauptgruppen unterteilt werden. Die erste Gruppe umfaßt die Versuche, die dazu dienen, den einmal vorhandenen Zustand eines Bodens gemäß den drei Hauptbestandteilen: Bodenfestmasse, Wasser und Luft durch die Bestimmung von Bodenkennziffern zu analysieren. Diese Versuche sind in Abschn. C 1 bis 9 beschrieben. Die zweite Gruppe (Abschn.

---

[1] „Richtlinien für bodenmechanische Versuche."
[2] American Society for Testing Materials.
[3] American Association of State Highway Officials.

C 10 bis 12) befaßt sich mit der Ermittlung der Bodeneigenschaften, die sich bei einer Änderung der Belastung verändern, die also das Verhalten des Bodens als Baugrund oder als Baustoff bei einer Belastungsänderung charakterisieren und bei der bautechnischen Untersuchung den jeweils vorhandenen Belastungs-zuständen entsprechend betrachtet werden müssen.

1. Bestimmung des Kornaufbaus.

Die Kenntnis des genauen Kornaufbaus eines Bodens erlaubt dem Fach-mann ohne Durchführung weiterer Versuche zur Feststellung anderer Boden-kennziffern Aussagen über eine Reihe bautechnisch wichtiger Bodeneigen-schaften. Sie ermöglicht eine einwandfreie Beschreibung und Klassifizierung (s. S. 825 und 848) und ist ferner die Voraussetzung, um einmal festgestellte Bodenkennziffern statistisch erfassen und einwandfrei auf andere Bodenproben übertragen zu können.

Die Ermittlung des Kornaufbaus der nichtbindigen Böden geschieht durch die „Siebanalyse", die der bindigen Böden durch die „Schlämmanalyse". Schwach bindige Böden mit mehr als 10% Schluff und Ton oder bindige Böden mit einem nennenswerten Anteil (> 10%) an Korngrößen > 0,06 mm müssen durch eine Schlämm- und Siebanalyse („Kombinierte Analyse") untersucht werden. In der englisch-amerikanischen Literatur werden diese drei Versuche durch den Ausdruck „Mechanical Analysis" zusammengefaßt.

a) Siebanalyse.

Bei der Siebanalyse wird das trockene Korngemisch auf übereinander-gestellten Sieben verschiedenen Durchgangs in seine Einzelfraktionen zerlegt.

Enthält die Probe einen erheblichen Anteil an Korngrößen > 2 mm, wie es bei den für den Erddamm- oder Erdstraßenbau geeigneten Materialien meist der Fall ist, so ist es notwendig, die Anteile > 2 mm (Kies und Steine) und < 2 mm (Sand) zu trennen und jeden dieser Anteile getrennt zu untersuchen, da die Siebung der Grobanteile eine größere Probenmenge als die der Feinanteile erfordert.

Zur Siebung der Grobanteile soll möglichst die gesamte Probenmenge, d. h. u. U. eine Menge von mehreren kg, benutzt werden, mindestens aber eine Menge von 400 bis 500 g. In Anlehnung an den British Standard 1377 ist es zweck-mäßig, Siebe mit 40 mm, 20 mm, 10 mm und 6 mm Maschenweite zu benutzen.

Maschensiebe (maximale Maschenweite 6 mm) sind bisher in Deutschland nach den geltenden DIN-Bestimmungen als Prüfsiebe zwar nur für Siebungen von Feinmaterialien vorgesehen (DIN 1171 „Drahtgewebe für Prüfsiebe" aus dem Jahre 1934[1]), für Siebungen von Grobmaterialien dagegen Rundlochsiebe (minimaler Lochdurchmesser 1 mm; DIN 1170 „Rundlochbleche für Prüfsiebe" aus dem Jahre 1933[2]). Bei Benutzung von teils Maschen-sieben (lichter Maschenabstand l), teils Rundlochsieben (Lochdurchmesser d) für ein und dasselbe Material ist jedoch eine Korrektur notwendig, um die Äquivalenz der beiden Siebarten herzustellen. Mit für die Praxis ausreichender Genauigkeit ist:

$$l = 0,8 \, d. \tag{31}$$

(Das heißt z. B.: Das auf einem Rundlochsieb mit $d = 1$ mm ermittelte Fraktionsgewicht ist dem auf einem Maschensieb mit $l = 0,8$ mm ermittelten Fraktionsgewicht gleichwertig.)

Einfacher und praktischer ist es deshalb, für die Korngrößen >6 mm statt der Prüf-siebe Nutzsiebe zu verwenden, und zwar entweder gemäß DIN 4189 „Drahtgewebe" aus dem Jahre 1953 (maximale Maschenweite 25 mm) oder gemäß DIN 24042 „Lochbleche" aus dem Jahre 1954 (maximale Weite der Quadratlöcher 160 mm).

---

[1] Neufassung erscheint 1957 als DIN 4188; hierin sind Maschenweiten von 0,04 mm bis 25 mm angegeben.
[2] Neufassung z. Zt. in Bearbeitung.

Bei großen Maschenweiten ist auch der Gebrauch der sonst für Maschinensiebungen üblichen Rundsiebe mit 150 mm oder 200 mm ⌀ nicht mehr einwandfrei, da dann auf der Siebfläche keine genügend große Maschenzahl mehr vorhanden ist. Für die Korngrößen > 20 mm ist deshalb die Verwendung von Kastensieben (Seitenlänge 50 cm) angebracht.

Zur *Siebung der Feinanteile* eines nichtbindigen Bodens mit einem nur geringen Kiesgehalt genügt eine Menge von 100 bis 200 g und ein Siebsatz mit den Maschenweiten 0,06 mm, 0,1 mm, 0,2 mm, 0,6 mm, 1 mm und 2 mm, notfalls auch noch 6 mm.

Zur Untersuchung wird die Gesamtprobe oder die ausgewählte Teilprobenmenge im Trockenschrank (105° C) getrocknet und ihr Gewicht auf 0,1 g genau bestimmt. Das Probenmaterial wird dann — gegebenenfalls mit Trennung in den Anteil > 2 mm und < 2 mm und Wägung dieser Anteile (s. o.) — im Siebsatz 10 min (Maschinensiebung) oder 15 min (Handsiebung) lang gesiebt. Die Rückstände auf den einzelnen Sieben werden auf 0,1 g gewogen und ihr Anteil an der Ausgangsmenge in Gewichtsprozenten ermittelt.

Enthält die Probe offensichtlich Spuren von bindigen Bestandteilen, von denen angenommen werden muß, daß sie beim Trocknen an den Grobbestandteilen festkleben und sich während der Siebung nicht von ihnen trennen, so muß die getrocknete und gewogene Probe vor dem Sieben auf dem 0,06 mm-Sieb sorgfältig gewaschen und alles bindige Feinmaterial ausgespült werden. Ist die Probenmenge hierfür zu groß, so ist ein größeres Sieb von geeigneter Maschenweite vorzuschalten. Nach erneutem Trocknen der Probe ist der Gewichtsverlust infolge des Waschens festzustellen und dann die Siebung durchzuführen.

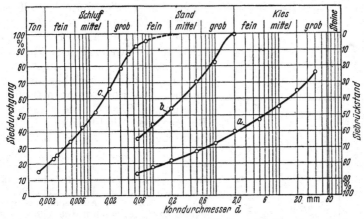

Abb. 77. Kornverteilungskurve eines schwachbindigen Sand-Kies-Gemisches (a) und eines tonigen Schluffs (c); Kurve b gibt den Anteil < 2 mm des Bodens nach Kurve a wieder (Versuchsprotokolle zu den Kurven s. Tab. 4 und 6).

Die Auftragung der addierten Siebrückstände in Abhängigkeit von den zugehörigen Korndurchmessern liefert als Summenlinie die „*Kornverteilungskurve*". Um den Kurvenverlauf, der sich häufig zwischen 0,001 und 10 mm erstreckt und für die kleinen Korngrößen besonders wichtig ist, auch für diese Korngrößen deutlich werden zu lassen, wird der Korndurchmesser *d* auf der Abszisse in logarithmischer Teilung aufgetragen (Abb. 77). Entgegen dem früheren Brauch werden die Kurven heute — wie es auch im Ausland meist üblich ist und in Deutschland auch für die Körnungskurven der Betonzuschlagstoffe stets üblich war — von links nach rechts aufgetragen, d. h. die kleinen Korngrößen liegen links.

Tabelle 4. *Bestimmung der Kornverteilungskurve eines schwachbindigen Sand-Kies-Gemisches durch Siebanalyse.*

Gesamtmenge: 40 kg.

Maschenweite (mm)	(kg)	in % der Gesamtmenge	Summe in % der Gesamtmenge
40	9,52	23,8	23,8
20	4,20	10,5	34,3
10	4,04	10,1	44,4
5	3,04	7,6	52,0
2	3,20	8,0	60,0
>2	24,00	60,0	
<2	16,00	$40,0 \equiv P$	

(Grobsiebung)

Teilmenge: 400 g.

Maschenweite (mm)	(g)	in % der Teilmenge	Summe in % der Teilmenge	% Einzelrückstände × P/100	Summe in % der Gesamtmenge
5	—	—	—	—	—
2	—	—	—	—	—
1	70,8	17,7	17,7	7,1	67,1
0,5	46,8	11,7	29,4	4,7	71,8
0,2	64,0	16,0	45,4	6,4	78,2
0,1	38,0	9,5	54,9	3,8	82,0
0,06	35,2	8,8	63,7	3,5	85,5
Schale	145,2	36,3	100,0	14,5	100,0
Σ	400,0	100,0		$40,0 \equiv P$	

(Feinsiebung)

Hat man den Grob- und Feinanteil getrennt gesiebt, so kann sofort nur der zu dem Grobanteil gehörende Ast der Kornverteilungskurve als Summenkurve der Siebrückstände, bezogen auf die Gesamtprobenmenge G, aufgetragen werden. Zur Auftragung des zu dem Feinanteil gehörenden Teils der Kornverteilungskurve ist zunächst der Durchgang P der Gesamtprobe durch das 2,0 mm-Sieb in Prozent der Gesamtmenge G festzustellen. Dann berechnet man die Siebrückstände des Feinanteils in Prozent der zur Siebung des Feinanteils dienenden Probenmenge G', multipliziert die erhaltenen Werte mit dem Prozentanteil P und vervollständigt mit den so berechneten Werten die Kornverteilungskurve. Die Summenkurve der Siebrückstände des Feinanteils kann außerdem als besondere Kurve aufgetragen werden. Eine Durchrechnung zeigt Tab. 4. Die zugehörigen Kurven für das Gesamtmaterial (Kurve a) und den Feinanteil (Kurve b) sind in Abb. 77 eingetragen.

Für manche Zwecke ist die *Darstellung des Kornaufbaus eines Bodens in einem Dreiecksnetz* angebracht (Abb. 78). Man betrachtet den Boden dann als ein Dreistoffgemisch, entweder als Kies-Sand, Schluff und Ton oder als Kies, Sand und Schluff-Ton. Diese Darstellung ist besonders geeignet, um aus diesen drei Einzelfraktionen geeignete Mischungen, z. B. für den Erdstraßenbau, aufzubauen (Forschungsgesellschaft für das Straßenwesen [94]). Außerdem dient sie zur bequemen Einstufung eines seinem Kornaufbau nach bekannten Bodens in bestimmte Bodengruppen (Bodenklassifizierung, s. S. 849). Die Grenzen dieser Bodengruppen sind hierzu in das Dreiecksnetz eingetragen (s. Abb. 78).

Jeder Punkt des Netzes entspricht einer Mischung der drei benutzten Einzelfraktionen. Ihre Zusammensetzung wird dadurch abgelesen, daß man durch den Punkt Parallelen zu den Dreiecksseiten zieht. Auf jeder Skala sind die Parallelen zu der durch den jeweiligen Nullpunkt laufenden Dreiecksseite maßgebend. Zum Beispiel stellt in Abb. 78 der Punkt P_1 eine Mischung von 40% Ton, 30% Schluff und 30% Sand dar. Die Kornverteilungskurve c in Abb. 77 entspricht dem Punkt P_2.

Die Unterteilung der Korngrößen zur Festlegung der Hauptbodenarten und die sich aus den vorhandenen Gewichtsprozenten ergebende Beschreibung der Böden ist bereits auf S. 825 behandelt, ebenso der die Neigung der Kornverteilungskurve kennzeichnende „Ungleichförmigkeitsgrad" [s. Gl. (2)]. Über die Beziehungen der Kornverteilungskurve zur Bodenklassifizierung, d. h. zur Einteilung in bestimmte, bautechnisch wichtige Bodenklassen, s. S. 849, insbes. Tab. 1.

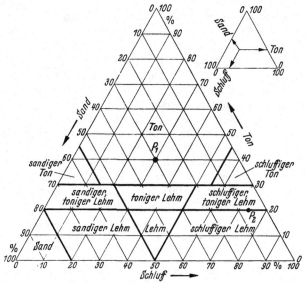

Abb. 78. Darstellung des Kornaufbaus im Dreiecksnetz. Die eingetragenen Grenzen entsprechen einer Klassifikation des US Bureau of Public Roads unter Zugrundelegung der ASTM-Korngrößeneinteilung.

Aus der Kornverteilung kann man auch Schlüsse auf die „*Frostgefährlichkeit*" eines Bodens ziehen. Frostgefährliche Böden neigen — neben der bei allen Böden infolge der Verwandlung des Porenwassers in Eis vorhandenen Volumenausdehnung beim Gefrieren um $^1/_{11}$ ihres Volumens — zu einer zusätzlichen Volumenausdehnung infolge Eislinsenbildung und einen dadurch ausgelösten kapillaren Wassernachschub. Es gibt eine ganze Reihe von Frostkriterien, bei denen aus der Kornverteilung auf die Frostgefährlichkeit geschlossen wird. Das bekannteste ist das in Deutschland seit 1934 bekannte Frostkriterium von A. CASAGRANDE (DÜCKER [*166*]). Hiernach sind ungleichförmige Böden frostgefährlich, wenn im Gesamtmaterial mehr als 3 % an Korngrößen $< 0,02$ mm enthalten sind, während gleichförmige Böden (Ungleichförmigkeitsgrad $U < 5$) erst bei einem Gehalt von mehr als 10 % an Korngröße $< 0,02$ mm frostgefährlich sind. Gegen dieses Frostkriterium wird neuerdings der Einwand erhoben (SCHAIBLE [*167*], [*185*]), daß es oft zu vorsichtig sei und dann zu unwirtschaftlichen Lösungen führt.

b) Schlämmanalyse.

Bei der Schlämmanalyse wird die Kornverteilung bindiger Böden innerhalb der Grenzen von etwa 0,1 bis 0,001 mm mit Hilfe der Sinkgeschwindigkeit der Bodenkörner im Wasser bestimmt, die gemäß dem 1850 von STOKES für den Fall von kugelförmigen Körnern in einer Flüssigkeit aufgestellten Gesetz untersucht werden kann. Die für die Schlämmanalyse entwickelten Verfahren (GESSNER [*95*]) unterscheiden sich im wesentlichen dadurch, daß die Bodenteilchen entweder in einem mit verschiedener Geschwindigkeit aufsteigenden Wasserstrom nach ihren Korngrößen zerlegt werden („Spülverfahren") oder daß ihre Korngröße nach der Zeit ermittelt wird, die sie benötigen, um sich an der Sohle des Gefäßes abzusetzen („Absetzverfahren"). Für bautechnische Bodenuntersuchungen werden heute die Absetzverfahren bevorzugt, von denen die „Aräometer-Methode" am meisten angewandt wird. In den Geologischen Anstalten wird auch die „Pipette-Methode" oft benutzt, die auch im British Standard 1377 an erster Stelle behandelt wird.

Im folgenden wird die *Aräometer-Methode* beschrieben, die gerätemäßig einfacher und in der Durchführung bequemer ist und sich seit ihrer Einführung vor etwa 30 Jahren (Bouyoucos [96], A. Casagrande [97]) für Baugrund-

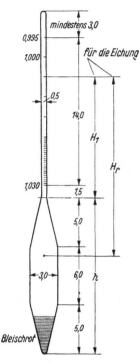

Abb. 79. Aräometer zur Dichtebestimmung von Suspensionen. Maße in cm.

prüfungen gut bewährt hat. Das Verfahren beruht auf der Messung der sich mit der Zeit infolge des Absetzvorgangs ändernden Dichte eines Boden-Wassergemischs (Suspension) mit einem Dichtemesser (Aräometer), dessen Schwimmtiefe verfolgt wird.

Die Abmessungen des für Bodenuntersuchungen geeigneten Aräometers zeigt Abb. 79. Die Spitze ist mit Schrotkörnern so beschwert, daß sich in destilliertem Wasser bei einer Temperatur von 20° C an der von 0,995 bis 1,030 g/ml reichenden Skala die Ablesung 1,000 g/ml ergibt.

Ist dies nicht der Fall, so ist eine entsprechende Korrektur c_s vorzusehen. Ferner muß beachtet werden, daß sich die Ablesung am Aräometer durch das der Bodensuspension zugesetzte Antikoagulationsmittel (s. u.) ändern kann. Die entsprechende Korrektur c_a erhält man durch Ablesen der Eintauchtiefe des Aräometers in destilliertem Wasser von 20° C vor und nach Zufügen des Antikoagulationsmittels. Eine weitere Korrektur, die Meniskuskorrektur c_m, wird dadurch notwendig, daß man die Eintauchtiefe zur Verbesserung der Ablesegenauigkeit nicht in Höhe des wirklichen Wasserspiegels, sondern in Höhe des Meniskusrandes abliest. Vor allem aber ist der Einfluß der Temperaturänderungen auf die Dichte des Wassers in den Schlämmzylindern zu berücksichtigen. Als Bezugstemperatur wird die Temperatur von 20° C gewählt. Die Temperaturkorrektionen c_t sind in Tab. 5 zusammengestellt. Sie werden nur benötigt, wenn man die Schlämmzylinder in ein Wasserbad mit 20° C stellt und die Schlämmanalysen dort durchführt.

Schließlich ist noch das Aräometer selbst zu eichen. Die Eichung besteht in der Festlegung der wahren Tiefe des Teils der Suspension, der die Eintauchtiefe und damit die Ablesung r des Aräometers bedingt. Der Abstand dieses Teils der Suspension von der Oberfläche wird durch das Einführen des Aräometers verändert, und zwar um so mehr, je größer das Volumen der Aräometerbirne und je kleiner der Querschnitt des Schlämmzylinders ist. Die Eichung geschieht durch Messen des Volumens V der Aräometerbirne, der Querschnittsfläche F des Schlämmzylinders und des Abstands h zwischen der oberen (Schaft-

Tabelle 5. *Temperaturkorrektion c_t für eine Schlämm-Menge von 1000 ml; bezogen auf 20° C.* (Nach A. Casagrande.)

	15°	16°	17°	18°	19°	20°	21°	22°	23°	24°	25°	26°	27°
	\multicolumn{5}{c}{−}								
,0	0,77	0,64	0,50	0,36	0,18	0	0,18	0,38	0,58	0,79	1,02	1,27	1,52
,1	0,76	0,63	0,48	0,34	0,16	0,02	0,20	0,40	0,60	0,81	1,05	1,29	1,54
,2	0,75	0,61	0,47	0,32	0,14	0,04	0,22	0,42	0,63	0,83	1,08	1,32	1,56
,3	0,74	0,60	0,46	0,30	0,12	0,06	0,24	0,44	0,65	0,86	1,10	1,35	1,58
,4	0,73	0,58	0,44	0,28	0,10	0,07	0,26	0,46	0,67	0,89	1,13	1,37	1,61
,5	0,71	0,57	0,43	0,27	0,09	0,09	0,28	0,48	0,69	0,91	1,16	1,39	1,63
,6	0,70	0,56	0,41	0,25	0,07	0,10	0,30	0,50	0,71	0,93	1,18	1,41	1,66
,7	0,68	0,55	0,40	0,23	0,06	0,12	0,32	0,52	0,73	0,95	1,20	1,44	1,69
,8	0,67	0,53	0,39	0,21	0,04	0,14	0,34	0,54	0,75	0,98	1,22	1,47	1,72
,9	0,65	0,51	0,37	0,20	0,02	0,16	0,36	0,56	0,77	1,00	1,25	1,50	1,75

ansatz) und der unteren Spitze der Aräometerbirne sowie der Abstände H_1 zwischen dem Schaftansatz und den Teilungen auf der Ableseskala (s. Abb. 79). Die wahren Tiefen H_r, die den Ablesungen r entsprechen, sind:

$$H_r = H_1 + \frac{1}{2}\left(h - \frac{V}{F}\right). \tag{32}$$

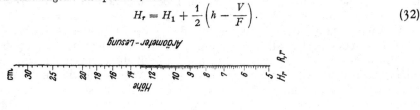

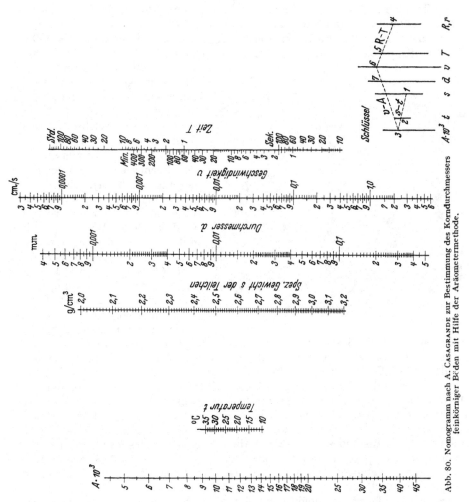

Abb. 80. Nomogramm nach A. CASAGRANDE zur Bestimmung des Korndurchmessers feinkörniger Böden mit Hilfe der Aräometermethode.

Zur Lösung des STOKESschen Gesetzes ist von A. CASAGRANDE [97] ein Nomogramm entworfen worden (Abb. 80). Zur Benutzung des Nomogramms für ein bestimmtes Aräometer sind auf der rechten Seite der H_r-Skala die den verschiedenen H_r-Werten zugrundeliegenden Ablesewerte r bzw. $R = (r-1) \cdot 1000$ (s. u.) einzutragen.

Für die Untersuchung von bindigen Böden mit nur geringen ($<10\%$) Sandanteilen wird eine Bodenmenge, die unter Berücksichtigung des Wassergehalts einem Trockengewicht von etwa 30 bis 50 g entspricht, auf 0,1 g genau gewogen und mit etwa 100 ml destilliertem Wasser etwa 16 bis 24 h lang stehengelassen. Eine zweite, gleich schwere Probe wird im Trockenschrank (105° C) getrocknet und dient zur Ermittlung des Trockengewichts der eigentlichen Probe, die vor dem Versuch nicht getrocknet werden soll, da dadurch das spätere Trennen der Bodenkörner erschwert wird. Sieht man von der Verwendung einer zweiten Probe zur Bestimmung des Trockengewichts ab, so muß dieses nach Abschluß der Schlämmanalyse durch Eindampfen des Boden-Wassergemischs und Wiegen des Rückstands ermittelt werden, was sehr zeitraubend ist. Um die zu verdampfende Wassermenge herabzusetzen, kann man hierbei durch Zufügen einiger Tropfen Salzsäure eine Flockenbildung und ein schnelleres Absetzen des Bodens herbeiführen und dann die bodenfreie Flüssigkeit abhebern.

Organisch verunreinigte Böden werden vor dem Einweichen mit etwa 100 g Wasserstoffsuperoxyd behandelt und leicht erwärmt ($\leq 60°$ C), um die flüchtigen Bestandteile zu vertreiben. Das überschüssige Superoxyd wird durch kurzes Kochen bei 100° C beseitigt.

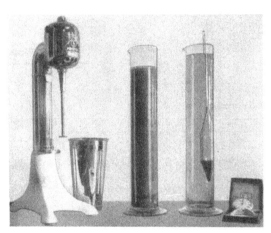

Die aufgeweichte Probe wird durchgearbeitet und dann mit Hilfe einer Spritzflasche in den Becher eines Rührgefäßes gespült (Abb. 81). Zur Verhinderung einer Flockenbildung während des Absetzvorgangs wird das Boden-Wassergemisch mit einem Antikoagulationsmittel versetzt (z. B. 5 bis 10 ml einer 6%igen Wasserglaslösung oder 100 ml einer Lösung von 8 g Sodiumoxalat/l oder 0,2 g Lithiumkarbonat/l) und dann

Abb. 81. Gerät für die Schlämmanalyse nach der Aräometermethode.

10 bis 20 min lang gerührt. Anschließend wird die Suspension in den Schlämmzylinder (1000 ml, 6 cm ∅) gegossen, dieser bis zur Meßmarke mit destilliertem Wasser aufgefüllt und der Inhalt des Gefäßes durch Schütteln und zum Schluß durch Wenden, wobei der offene Teil mit der Handfläche geschlossen wird, noch einmal gut durchmischt. Dann setzt man den Glaszylinder auf dem Versuchstisch auf, löst die Stoppuhr aus, taucht das Aräometer vorsichtig in die Flüssigkeit ein und läßt es frei schwimmen. Nach $1/4$, $1/2$, 1 und 2 min wird die jeweilige Eintauchtiefe r in Höhe des Meniskusrandes an der Skala abgelesen, danach das Aräometer herausgenommen, abgespült und abgetrocknet. Nach 5, 15, 45 min, 2, 5, 8 und 24 h wird erneut eingetaucht und abgelesen. Gleichzeitig mißt man dann auch die Temperatur durch Einhängen eines Thermometers.

Da sich bei der ersten möglichen Ablesung nach 15 sek die Korngrößen über 0,1 mm bereits abgesetzt haben, können sie durch die Schlämmanalyse nicht erfaßt werden. Um ihren Anteil festzustellen, gießt man die wieder aufgespülte Suspension durch ein 0,06 mm-Sieb und wiegt den getrockneten Rückstand.

Aus den Ablesungen r zu den Zeiten T wird der Korndurchmesser d mit Hilfe der nomographischen Lösung des STOKESschen Gesetzes (Abb. 80) bestimmt. Hierzu werden schon bei der Messung die Ablesungen r durch einfache Kopfrechnung in $R = (r - 1) \cdot 10^3$ verwandelt. Liest man z. B. am Aräometer

$r = 1{,}0205$ ab, so wird in das Versuchsprotokoll sofort der Wert $R = 20{,}5$ übernommen; er wird gleichzeitig um die Meniskuskorrektion c_m und eine etwaige Korrektion c_a verbessert (s. Beispiel, Tab. 6)[1]. Bei der Benutzung des Nomogramms geht man von dem spezifischen Gewicht s der Bodenteilchen, das bekannt sein muß, aus und erhält mit Hilfe der gemessenen Temperatur t einen Hilfswert A. Aus der Aräometerablesung R und der Zeit T gewinnt man die Sinkgeschwindigkeit v. Durch eine Verbindung des Hilfswerts A mit der Geschwindigkeit v ergibt sich der Korndurchmesser d.

Den Prozentanteil derjenigen Korndurchmesser, welche zu den betrachteten Zeiten T noch nicht zum Absatz gekommen sind, d. h. kleiner sind als die zu den betreffenden Zeitpunkten mit dem Nomogramm ermittelten Korndurchmesser, berechnet man nach der Gleichung:

$$G = \frac{s}{s-1} \cdot \frac{R'}{G_t} \cdot 100, \tag{33a}$$

worin

s spezifisches Gewicht der Bodenteilchen,
G_t Trockengewicht der Bodenprobe,
R' Ablesung am Aräometer, verbessert durch die Korrektionen c_t, c_a, c_m und c_t.

Eine erhebliche Vereinfachung des Versuchsvorgangs ergibt sich, wenn man das Gewicht G_u der Probe unter Wasser (*Tauchwägung*; SPOEREL [98]) bestimmt (s. a. S. 904 und 906). Mit Hilfe der Beziehung:

$$G_u = \frac{s-1}{s} \, G_t \tag{34}$$

nimmt Gl. (33a) die einfache Form an:

$$G = \frac{R'}{G_u} \cdot 100 . \tag{33b}$$

Die so berechneten Gewichtsprozente entsprechen einem Siebdurchgang und sind entsprechend in das Kornverteilungsdiagramm einzutragen.

Die Durchrechnung eines Beispiels enthält Tab. 6. Die zugehörige Kurve ist in Abb. 77 dargestellt (Kurve c).

Tabelle 6.
Bestimmung der Kornverteilungskurve eines tonigen Schluffs durch Schlämmanalyse.

Korrektur $c_m - c_a$: $+0{,}6$.   Aräometerkorrektion c_s: $+0{,}8$ s: $2{,}67$ g/ml G_t: $55{,}3$ g.

Datum	Stunde	Verfloss. Zeit T	Aräometer-Lesung R + Korrektur $(c_m - c_a)$	Korndurchmesser d (mm)	Temperatur t (°C)	Temperatur-Korrektion c_t	Korrektur $(\pm c_t \pm c_s)$	Verbesserte Lesung R'	Gesamtmenge $G_x < d$ (%)
15. 11.	9^{24}	$15''$	32,7	0,079				33,20	96,0
		$30''$	31,7	0,056				32,20	93,0
		$1'$	29,9	0,041		$-0{,}30$	$+0{,}50$	30,40	87,9
		$2'$	26,9	0,031				27,40	79,2
	9^{29}	$5'$	22,6	0,020 5	18,3			23,10	66,8
	9^{39}	$15'$	17,4	0,012 5	18,3			17,90	51,7
	10^{09}	$45'$	14,4	0,007 5	18,2	$-0{,}32$	$+0{,}48$	14,88	43,0
	11^{24}	2 h	11,3	0,004 75	18,4	$-0{,}28$	$+0{,}52$	11,82	34,2
	14^{45}	5h $21'$	8,3	0,002 9	17,8	$-0{,}39$	$+0{,}41$	8,71	25,2
	16^{25}	7h $01'$	7,7	0,002 55	17,8	$-0{,}39$	$+0{,}41$	8,11	23,4
16. 11.	8^{38}	23h $14'$	5,4	0,001 45	16,5	$-0{,}57$	$+0{,}23$	5,63	16,25

[1] Zu beachten ist, daß in dem Auswertungsnomogramm der Einfluß der Temperaturschwankungen schon durch die Temperaturskala und eine etwaige Aräometerkorrektion c_t schon bei der Eichung berücksichtigt sind. Man braucht im Nomogramm also nur die Korrektionen c_m und c_a. Da c_m stets positiv und c_a meist negativ ist, führt man hier lediglich die Differenz $(c_m - c_a)$ ein.

c) Kombinierte Analyse.

In ungleichförmigen bindigen oder schwachbindigen Böden oder bindigen Böden mit einem nicht zu vernachlässigenden Anteil ($>$ 10%) an Korngrößen $>$ 0,06 mm muß die Kornverteilung durch eine Kombination einer Sieb- und Schlämmanalyse ermittelt werden.

Der einfachste Fall ist der, bei dem ein bindiger Boden weniger als etwa 70% an Bestandteilen $>$ 0,06 mm besitzt. Hier ist zunächst wie bei der Schlämmanalyse zu verfahren, jedoch ist die Ausgangsmenge höher (einem Trockengewicht von 50 bis 100 g entsprechend) zu wählen, da ja ein großer Teil der Probe sich schon in den ersten Sekunden vor Beginn der Ablesungen absetzt. Nach Abschluß der Schlämmanalyse ist dann mit dem auf dem 0,06 mm-Sieb aufgefangenen Material eine Siebanalyse auszuführen.

Wenn der Anteil der Korngrößen $>$ 0,06 mm größer als etwa 70% ist, so ist die Schlämmanalyse nur mit dem Anteil $<$ 0,06 mm vorzunehmen. Hierzu kann die Probe im Trockenschrank (105° C) getrocknet und eine Menge von etwa 100 g oder mehr (dem Schluff- und Tongehalt entsprechend) auf 0,1 g genau abgewogen werden; das Trockengewicht kann aber auch wie bei der Schlämmanalyse mit rein bindigem Material an Hand einer Parallelprobe bestimmt werden. Die Probe wird dann aufgeweicht, im Rührbecher gerührt und auf dem 0,06 mm-Sieb gewaschen. Der Durchgang wird aufgefangen und zur Schlämmanalyse verwendet, der Rückstand getrocknet, gewogen und gesiebt. Bei der Ausrechnung der Gewichtsprozente sind alle Werte auf die Gesamtprobenmenge zu beziehen.

Handelt es sich um ein sehr ungleichförmiges Material, z. B. um ein tonigsandiges Kies- und Steingemisch, wie es im Erdstraßen- oder Erddammbau häufig vorkommt, so sind eine Grobsiebung mit dem Material $>$ 2 mm, eine Feinsiebung mit dem Material 2 bis 0,06 mm und eine Schlämmanalyse mit dem Material $<$ 0,06 mm notwendig.

Dabei ist der folgende Weg zweckmäßig:

a) 1. Gesamtprobe lufttrocken auf einem 2 mm-Kastensieb durchsieben; 2. Trockengewicht des Durchgangs von (1) durch Bestimmung des Wassergehalts einer Teilprobe mit Hilfe von Gl. (27) berechnen; 3. Rückstand von (1) auf dem 2 mm-Sieb waschen, trocknen, wiegen und im Grobsiebsatz sieben; 4. Spülflüssigkeit von (3) auffangen, eindampfen, Rückstand wiegen und Gesamttrockengewicht des Anteils $<$2 mm sowie Trockengewicht der Gesamtprobe berechnen.

b) 1. Auswahl einer Teilprobe $<$2 mm trocknen, wiegen, aufweichen, im Rührbecher rühren und über dem 0,06 mm-Sieb waschen; 2. Rückstand von (1) trocknen, wiegen und im Feinsiebsatz sieben; 3. Spülflüssigkeit von (1) auffangen, im Rührbecher rühren und durch eine Schlämmanalyse untersuchen.

Wenn die zur Schlämmanalyse tatsächlich benutzte Probenmenge G_t nur eine Teilprobe wie in dem eben beschriebenen Fall darstellt, ist Gl. (33a) in der Form anzuwenden:

$$G = \frac{s}{s-1} \frac{R'}{G_t} P. \tag{33c}$$

Hierin ist P die Prozentzahl, mit der das geschlämmte Material, d. h. der Durchgang durch das 0,06 mm-Sieb, an der Gesamtprobe beteiligt ist.

Beträgt z. B. die Probenmenge für die Feinsiebung und Schlämmung 103,6 g und der Rückstand auf dem 0,06 mm-Sieb 69,4 g, so ist $P = \dfrac{103,6 - 69,4}{103,6} 100 = \dfrac{34,2}{103,6} 100 = 33\%$.

Ist die Menge von 103,6 g als Durchgang durch das 2 mm-Sieb selbst eine Teilprobe einer größeren Probe, von der festgestellt ist, daß sie im Gesamtmaterial ($>$2 mm) mit z. B. 90% vertreten ist, so wird $P = 33 \cdot 90/100 = 29,7\%$. Gl. (33c) hätte dann zu lauten:

$$G = \frac{s}{s-1} \frac{R'}{34,2} 29,7.$$

2. Bestimmung des spezifischen Gewichts.

Das „spezifische Gewicht s" des Bodens ist das Stoffgewicht seiner porenfrei gedachten Festmasse:

$$s = G_t/V_t, \qquad (35)$$

worin

G_t Trockengewicht des Bodens,
V_t Volumen der die Bodenprobe bildenden Bodenkörner.

Das spezifische Gewicht ist gleich dem mittleren spezifischen Gewicht der Gesteinsminerale, aus denen sich der Boden zusammensetzt. Die Dimension wird in Deutschland für baupraktische Zwecke gewöhnlich in g/ml oder t/m³ angegeben. Im Ausland ist dagegen mehr der Gebrauch als dimensionslose Größe üblich, entsprechend der physikalischen Definition, daß das spezifische Gewicht angibt, wievielmal schwerer ein Stoff ist als die gleich große Menge Wasser bei einer Temperatur von 4° C.

In der Bodenmechanik wird das spezifische Gewicht unmittelbar nicht benötigt, da dort nur das Einheitsgewicht des nicht porenfreien Bodens, d. h. das Raumgewicht (s. S. 905), gebraucht wird. Die Kenntnis des spezifischen Gewichts ist aber zur Bestimmung anderer bodenmechanischer Kennziffern, wie z. B. der Porenziffer, unentbehrlich.

Da das spezifische Gewicht der Mineralböden nur in verhältnismäßig sehr geringen Grenzen, etwa zwischen 2,55 und 2,75 g/ml schwankt, kann es innerhalb dieser Grenzen einigermaßen zutreffend geschätzt werden. Seine experimentelle Bestimmung ist deshalb nur dann angebracht, wenn sie sehr genau ist und die zweite Stelle hinter dem Komma genau liefert. Für sie kommt deshalb allein die ziemlich zeitraubende „*Pyknometermethode*" in Frage.

Bei der Pyknometermethode werden mit Wasser gefüllte Meßkolben von 50, 100 oder 250 ml Inhalt benutzt, um das Volumen der die Probe bildenden Bodenkörner zu ermitteln. Dieses Volumen ist gleich dem Volumen der durch die Bodenkörner verdrängten Wassermenge. Da dieses aber eine Funktion der Temperatur ist, müssen entweder alle Wägungen bei der gleichen Temperatur vorgenommen oder durch Temperaturkorrektionen auf eine gemeinsame Vergleichstemperatur abgestellt werden. Gewöhnlich wird der zweite Weg beschritten und als Vergleichstemperatur aus praktischen Gründen die beim Versuch vorhandene Temperatur t_2 gewählt. An sich wäre es notwendig, die Messungen auf 4° C abzustellen, da nur dann das Wasser die Dichte 1 hat. Der Unterschied im spezifischen Gewicht ist aber gering ($\sim$0,002 g/ml) und kann vernachlässigt werden.

Tabelle 7. *Temperaturkorrektion ΔG für Pyknometer von 100 ml Inhalt; zur Korrektion von* $t_1 = 20° C$ *auf* $t_2^{\circ} C : G_{20°} + \Delta G = G_{t\varrho}$.
Bei Eichung der Pyknometer sind Vorzeichen umzukehren.

t_2	+					—				
	15°	**16°**	**17°**	**18°**	**19°**	**20°**	**21°**	**22°**	**23°**	**24°**
,0	0,089	0,074	0,057	0,039	0,020	0,000	0,021	0,044	0,067	0,091
,1	0,088	0,072	0,055	0,037	0,018	0,002	0,024	0,046	0,069	0,093
,2	0,086	0,071	0,053	0,035	0,016	0,004	0,026	0,048	0,072	0,096
,3	0,085	0,069	0,052	0,033	0,014	0,006	0,028	0,050	0,074	0,098
,4	0,083	0,067	0,050	0,032	0,012	0,009	0,030	0,053	0,076	0,101
,5	0,082	0,066	0,048	0,030	0,010	0,011	0,032	0,055	0,079	0,103
,6	0,080	0,064	0,046	0,028	0,008	0,013	0,035	0,057	0,081	0,106
,7	0,079	0,062	0,045	0,026	0,006	0,015	0,037	0,060	0,084	0,109
,8	0,077	0,060	0,043	0,024	0,004	0,017	0,039	0,062	0,086	0,111
,9	0,075	0,059	0,041	0,022	0,002	0,019	0,041	0,064	0,089	0,114

Vor dem Versuch müssen die mit destilliertem Wasser gefüllten Pyknometer geeicht, d. h. es muß ihr genaues Gewicht (G_w) festgestellt werden. Hierbei legt man am besten eine Temperatur t_1 von 20° C zugrunde, die sich von den Versuchstemperaturen t_2 i. a. nur

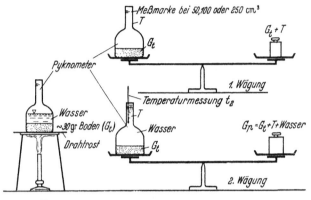

Pyknometer

Meßmarke bei 50,100 oder 250 cm³

T

G_t

$G_t + T$

1. Wägung

Wasser

~30gr Boden (G_t)

Drahtrost

Temperaturmessung t_2

T

Wasser

G_t

$G_p = G_t + T + Wasser$

2. Wägung

Abb. 82. Versuchsvorgang bei der Bestimmung des spezifischen Gewichts nach der Pyknometermethode.

wenig unterscheidet. Die dann zu berücksichtigenden Temperaturkorrektionen für 100 ml-Pyknometer enthält Tab. 7.

Beim Versuch werden — bei Gebrauch von 100 ml-Pyknometern — etwa 15 bis 30 g des im Trockenschrank (105°C) getrockneten Bodens auf 0,001 g genau gewogen (Gewicht G_t), im Pulvermörser zerrieben, in das Pyknometer (Gewicht T) eingefüllt und mit diesem zusammen gewogen (Abb. 82, 1. Wägung). Das Pyknometer wird dann mit destilliertem Wasser gefüllt, bis die Bodenprobe gut bedeckt ist, in ein Wasserbad oder über einen Bunsenbrenner gestellt und — zur Austreibung aller an die Bodenkörner gebundenen Luft — so lange gekocht, bis keine Luftblasen mehr aufsteigen (etwa ½ h lang). Bei nicht organischen oder nicht organisch verunreinigten Böden kann man das Abkochen der Probe auch dadurch ersetzen, daß man die Boden-Wassermischung im Pyknometer etwa 15 bis 30 min lang einem Unterdruck aussetzt, und zwar entweder mit Hilfe einer Wasserstrahlpumpe oder in einem Vakuum-Exsikkator. Dann läßt man das Pyknometer auf Zimmertemperatur abkühlen, gießt so viel destilliertes Wasser nach, bis die Meßmarke erreicht ist, und mißt das Gewicht G_p des mit der Bodenprobe und Wasser gefüllten Pyknometers (Abb. 82, 2. Wägung) und die Temperatur t_2 des Wassers.

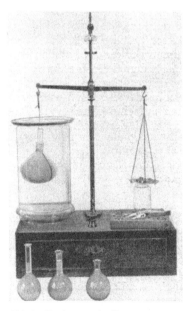

Abb. 83. Bestimmung des Feststoffvolumens durch Tauchwägung der Probe im Pyknometer [98].

Zur Berechnung des spezifischen Gewichts ist das bei der Eichung bei 20° C bestimmte Eichgewicht G_w auf die Temperatur t_2 mit Hilfe der Temperaturkorrektionen der Tab. 7 umzurechnen (s. Beispiel, Tab. 8). Mit Hilfe des korrigierten Gewichts G'_w ergibt sich das spezifische Gewicht bei t_2° C zu:

$$s_{t_2} = \frac{G_t}{G'_w + G_t - G_p}. \tag{36}$$

Die Bestimmung des spezifischen Gewichts kann durch Anwendung der *Tauchwägung* (Spoerel [98]) wesentlich vereinfacht werden, besonders wenn man den Versuch mit dem erdfeuchten Boden beginnt und das Trockengewicht nach dem Versuch durch Eindampfen des Boden-Wassergemischs ermittelt. Man kann dann das Zerreiben der Proben vermeiden, das meist erst die hohe Luftadsorption herbeiführt, die später im Pyknometer mit vieler Mühe wieder beseitigt werden muß. Außerdem entfällt die umständliche Eichung und Einführung von Temperaturkorrektionen, weil bei der Tauchwägung (s. a. S. 906) — wo das Volumen durch Wiegen über und unter Wasser bestimmt wird — nur *eine* Wägung mit bzw. im Wasser ausgeführt wird. Das festgestellte spezifische Gewicht bezieht sich dann auf die Temperatur des Wassers bei dieser Wägung.

Zum Versuch bereitet man die feuchte Probe — notfalls mit Hilfe eines Rührbechers — zu einer Suspension auf, entlüftet diese wie oben im halbgefüllten Pyknometer, wiegt das Pyknometer mit dem Boden unter Wasser (Abb. 83) und später die getrocknete Probe. Das spezifische Gewicht ergibt sich zu:

$$s_{t_2} = \frac{G'_t - T}{(G'_t - T) - (G_u - T')},\tag{37}$$

worin

G'_t Gewicht des Pyknometers + trockener Probe,
G_u Tauchgewicht des Pyknometers + Probe,
T Gewicht des Pyknometers,
T' Tauchgewicht des Pyknometers.

Tabelle 8. *Bestimmung des spezifischen Gewichts.*

Pyknometer Nr.	13	11	4	Dim.
G_w = Gewicht des Pyknometers + Wasser bei $t_1 = 20{,}0°$ C	157,942	154,920	143,300	g
ΔG = Temperaturkorrektion	−0,089	+0,004	+0,089	g
auf t_2 ° C	23,9	19,8	15,0	° C
$G'_w = G_w + \Delta G$	157,853	154,924	143,389	g
G_p = Gewicht des Pyknometers + Wasser bei $t_2°$ C + Probe	175,016	167,158	157,078	g
$G_t + T$ = Trockengewicht der Probe + Tara . .	70,867	60,139	53,414	g
T = Tara	43,554	40,665	31,600	g
G_t = Trockengewicht der Probe	27,313	19,474	21,814	g
$G'_w + G_t - G_p$ = Volumen der Probe	10,150	7,240	8,125	ml
$\dfrac{G_t}{G'_w + G_t - G_p} = s_{t_2}$	2,69	2,69	2,69	g/ml

3. Bestimmung des Raumgewichts.

Das „Raumgewicht r" des Bodens ist das Gesamtgewicht einer Volumeneinheit einschließlich der darin enthaltenen, mit Wasser oder Luft gefüllten Hohlräume:

$$r = G_n / V.\tag{38}$$

Da hier nur das zu dem natürlichen, erdfeuchten Gewicht G_n der ausgewählten Bodenprobe gehörige Gesamtvolumen V zu messen ist und nicht das Volumen V_t der Kornmasse wie bei der Bestimmung des spezifischen Gewichts, ist der Versuch wesentlich einfacher als dort. Auch die erforderliche Genauigkeit ist geringer, da das Raumgewicht der Böden in großen Grenzen schwankt (etwa 1,35 bis 2,2 t/m³). Jedoch benötigt man ungestört entnommene Proben. An ihnen kann das Raumgewicht des naturfeuchten Bodens r_n und mit Hilfe von Gl. (27) das „Trockenraumgewicht r_0" ermittelt werden (s. S. 883).

Die Bestimmung des Raumgewichts r_n von ungestört in Entnahmezylindern ausgestanzten Proben ist bereits auf S. 884 behandelt (s. a. Abb. 86, rechts oben). Ist keine ungestört entnommene Probe vorhanden, so kann der gleiche Versuch auch an größeren Brocken ungestörten Materials durch Ausstechen und Wiegen kleinerer Proben durchgeführt werden.

Bei sehr bröckligen Böden oder sehr kleinen Brocken ungestörten Materials ist das Ausstechen einer Teilprobe oft nicht möglich. In diesem Falle bestimmt man das Volumen der Probe durch Eintauchen in eine Flüssigkeit. Das Volumen der verdrängten Flüssigkeit ist dann gleich dem Volumen des eingetauchten Körpers. Da die Bodenprobe beim Eintauchen in Wasser ihren Wassergehalt verändern würde, verwendet man zu dem Versuch Quecksilber und drückt die Probe mit einer Platte, die mit drei Spitzen versehen ist, in das Quecksilber ein (Abb. 84, s. a. Abb. 86, rechts unten), wobei darauf zu achten ist, daß keine Luft unter der Probe verbleibt. Die überlaufende Quecksilbermenge wird aufgefangen und gewogen (G_Q). Es ist:

$$V = G_Q/s_Q, \qquad (39)$$

worin

s_Q = spezifisches Gewicht des Quecksilbers = 13,6 g/ml.

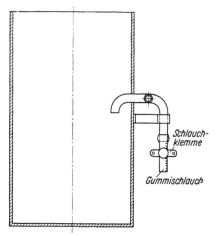

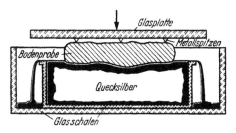

Abb. 84. Bestimmung des Volumens einer ungleichmäßigen Probe.

Abb. 85. Gerät zur Bestimmung des Probenvolumens mit Hilfe des Heberprinzips.

Mit größeren Proben (∼ 100 ml) kann dieser Versuch sehr einfach auch in Wasser in einem Gefäß nach Abb. 85 nach Überziehen der Probe mit einem wasserabweisenden Schellacküberzug durchgeführt werden. Der gut in Waage aufgestellte Behälter wird hierzu bis einige Zentimeter über dem Heberauslaß mit Wasser gefüllt; dann wird die Schlauchklemme gelöst, so daß das überschüssige Wasser durch den Heber beseitigt wird. Nach Schließen der Schlauchklemme wird die Probe in den Behälter gelegt, die Schlauchklemme geöffnet und die über dem Heber ausfließende Wassermenge in einem Meßzylinder aufgefangen. Sie ist gleich dem Volumen der Probe einschließlich dem Volumen der Schutzhaut. Letzteres kann durch Wiegen der Probe vor und nach dem Aufbringen des Überzugs und aus dem spezifischen Gewicht des Schellacks ($\cong 1$) ermittelt werden.

Eine weitere Möglichkeit zur Volumenmessung der Bodenprobe bietet die *Tauchwägung* (SPOEREL [98]). Bei ihr wird die Probe mit Schellack überzogen, vorher und nachher gewogen (Gewicht G und G') und dann an einem dünnen Draht unter Wasser gewogen (Gewicht G_u, Abb. 86, links). Das Volumen der Probe ergibt sich dann zu:

$$V = G' - G_u - (G' - G). \qquad (40)$$

Diese Untersuchungen lassen sich für den natürlichen Boden mit dem natürlichen Wassergehalt w_n und dem völlig trockenen Boden durchführen. Für die Anwendung sind die folgenden vier Fälle zu unterscheiden:

1. Boden in völlig trockenem Zustand (r_0),
2. Boden in natürlichem Zustand mit einem Wassergehalt w_n(r_n),
3. Boden in völlig wassergesättigtem Zustand, d. h. in einem Zustand, in dem der gesamte Porenraum mit Wasser gefüllt ist (r_w),
4. Boden im Wasser, d. h. unter Auftrieb (r_u).

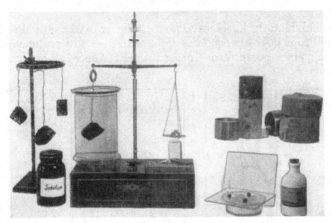

Abb. 86. Bestimmung des Probenvolumens. Links durch Tauchwägung; rechts durch Ausstechen (oben) und Verdrängen von Quecksilber (unten) gemäß Abb. 84.

Die Raumgewichte r_0, r_n, r_w und r_u können rechnerisch nach Kenntnis des Porenvolumens n, des spezifischen Gewichts s und des natürlichen Wassergehalts w_n berechnet werden. Es ist:

$$r_0 = \left(1 - \frac{n}{100}\right) s, \tag{41}$$

$$r_n = \left(1 - \frac{n}{100}\right)\left(1 + \frac{w_n}{100}\right) s = r_0 \left(1 + \frac{w_n}{100}\right), \tag{42}$$

$$r_w = \left(1 - \frac{n}{100}\right) s + \frac{n}{100} \cdot 1 = r_0 + \frac{n}{100}, \tag{43}$$

$$r_u = \left(1 - \frac{n}{100}\right)(s - 1) = r_0 - 1 + \frac{n}{100} = r_w - 1. \tag{44}$$

Setzt man die Grenzwerte für n, s und w, wie sie für natürliche Böden in Frage kommen, in diese Gleichungen ein, so erhält man die Grenzen, in denen das Raumgewicht schwanken kann (Tab. 9).

Tabelle 9. *Raumgewichte r_0, r_n, r_w und r_u von Böden bei verschiedenem Porenvolumen n, Wassergehalt w_n und spezifischem Gewicht s.*

		n (%)	s (g/ml)	w_n (%)	r_0 (t/m³)	r_n (t/m³)	r_w (t/m³)	r_u (t/m³)
Starkbindige Böden	dicht	35	2,70	20	1,75	2,10	2,10	1,10
	locker	75	2,70	100	0,70	1,35	1,40	0,45
Schwachbindige Böden . .	dicht	30	2,67	10	1,90	2,10	2,20	1,15
	locker	45	2,67	20	1,50	1,80	1,90	0,90
Nichtbindige Böden	dicht	30	2,65	2	1,90	1,90	2,15	1,15
	locker	45	2,65	10	1,50	1,60	1,90	0,90

4. Bestimmung des Hohlraumgehalts.

Die Hohlräume des Bodens sind entweder mit Luft oder Wasser gefüllt. Bei der Untersuchung des Hohlraumgehalts ist deshalb nicht allein dessen Größe, sondern auch seine Füllung mit Wasser oder Luft von Bedeutung. Die Kenntnis des Hohlraumgehalts und seiner Unterteilung ist bei fast jeder Bodenuntersuchung wichtig, da sich die Festigkeitseigenschaften, wie z. B. die Zusammendrückbarkeit oder der Reibungswinkel, mit dem Hohlraumgehalt ändern und da sich auch ein wassergesättigter Boden anders als ein nicht wassergesättigter Boden verhält.

Das Hohlraumvolumen V_0 eines Bodens kann entweder auf das Gesamtvolumen V der Probe oder aber auf das Volumen V_t der festen Bodenmasse, die man sich dazu als einen porenfreien Körper vorstellt (Abb. 87a), bezogen werden.

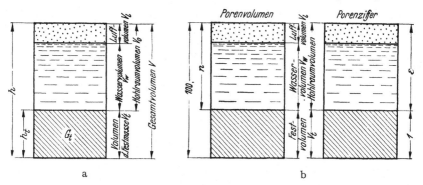

Abb. 87. Verteilung von Festmasse, Wasser und Luft im Boden (a) und Zusammenhang zwischen Porenvolumen und Porenziffer (b).

Das Verhältnis des Hohlraumvolumens zum Gesamtvolumen wird als „Porenvolumen n" — auch „Porenanteil" — und das Verhältnis des Hohlraumvolumens zum Volumen der festen Masse als „Porenziffer ε" — auch „Porenmaß" — bezeichnet. Beim Porenvolumen ist also das Gesamtvolumen der Probe, bei der Porenziffer das Volumen der Festmasse = 1 gesetzt (Abb. 87b). Das Porenvolumen n wird in Prozent angegeben, die Porenziffer ε ist dimensionslos. Es ist also:

$$n = \frac{V - V_t}{V} \cdot 100, \tag{45}$$

$$\varepsilon = \frac{V - V_t}{V_t}. \tag{46}$$

Mit $V_t = G_t/s$ [s. Gl. (35)] wird:

$$n = 100 - \frac{G_t\,100}{V\,s}, \tag{47}$$

$$\varepsilon = \frac{V\,s}{G_t} - 1. \tag{48}$$

Zur Bestimmung von n und ε sind also neben dem spezifischen Gewicht s nur das Gesamtvolumen V und das Trockengewicht G_t zu messen. n und ε können deshalb versuchsmäßig nach dem gleichen Verfahren ermittelt werden. Da der Hohlraumgehalt im gewachsenen Boden von Stelle zu Stelle fast immer wechselt, ist die Ermittlung aber stets an mehreren Proben durchzuführen und der Mittelwert zu verwenden. Zur Messung von V kommen alle bei der Raumgewichtsbestimmung (s. S. 905) behandelten Methoden in Frage, so daß sich — abgesehen von s — die Ermittlung des Raumgewichts und des Porenvolumens

bzw. der Porenziffer bis auf den Unterschied gleichen, daß im einen Fall die erdfeuchte Probe G_n und im anderen Fall die getrocknete Probe G_t gewogen werden
muß.

Porenvolumen und Porenziffer sind durch folgende Gleichungen miteinander
verknüpft:

$$n = \frac{\varepsilon}{1 + \varepsilon} \cdot 100 , \qquad (49)$$

$$\varepsilon = \frac{n}{100 - n} . \qquad (50)$$

Für $n = 50\%$ wird: $\varepsilon = 1$, für $n = 75\%$: $\varepsilon = 3$. n bleibt stets kleiner als 100%,
während ε bei sehr großen Hohlraumgehalten größer als 1 werden kann
(s. Abb. 87b).

Für Böden mit völliger Wassersättigung ist die Gleichung erfüllt:

$$\varepsilon_w = \frac{w_n s}{100} , \qquad (51)$$

worin

w_n natürlicher Wassergehalt in Prozent des Trockengewichts (s. S. 910).

Gl. (51) gibt die Möglichkeit zu beurteilen, welchen „*Luftgehalt*" ein Boden
besitzt. Man bestimmt dazu ε versuchsmäßig nach Gl. (48). Von derselben
Probe wird durch vorangehende Feuchtwägung der Wassergehalt w_n festgestellt und mit diesem nach Gl. (51) die Porenziffer berechnet, die vorhanden
sein müßte, wenn der vorhandene Wassergehalt volle Wassersättigung bedeuten
würde. Stimmen die beiden Werte ε nicht überein, so gibt die Größe der Poren-
zifferdifferenz ein Maß für den in der Probe befindlichen Luftgehalt. Diesen
kann man auch als den Unterschied zwischen der Summe des *Festvolumens*:

$$V_t = G_t/s \qquad (52)$$

und des *Wasservolumens*:

$$V_w = \frac{w_n G_t}{100} \qquad (53)$$

gegenüber dem Gesamtvolumen berechnen (s. Abb. 87). Man braucht den
Luftgehalt vor allem bei der Beurteilung der Verdichtungsmöglichkeit bindigen
oder schwachbindigen Bodens und bei der Abschätzung der Größe des zu erwartenden Porenwasserdrucks in bindigen Schüttmaterialien für den Erddammbau.

Der „*Sättigungsgrad S*" gibt an, wie groß der mit Wasser gefüllte Teil des Hohlraumvolumens V_w (s. Gl. (53)] im Verhältnis zum Hohlraumvolumen ist:

$$S = \frac{V_w}{V - V_t} 100 = \frac{n_w}{n} 100 . \qquad (54)$$

Mit Gl. (46) und (53) ergibt sich:

$$S = \frac{w_n s}{\varepsilon_n} . \qquad (55)$$

Der Sättigungsgrad gewährt in besonders bequemer und anschaulicher Weise
eine Vorstellung, in welchem Maße das Hohlraumvolumen mit Wasser oder
Luft gefüllt ist.

Beispiel:

$$w_n = 10\%, \quad n = 40\%, \quad s = 2,65 \text{ g/ml};$$

1. Weg; Porenziffer [Gl. (50)]: $\varepsilon_n = \dfrac{40}{100 - 40} = 0,667$.

Bei dem vorhandenen Wassergehalt müßte bei voller Sättigung sein [Gl. (51)]:

$$\varepsilon_w = \frac{10 \cdot 2,65}{100} = 0,265 \,.$$

Luftgehalt: $\varepsilon_l = \varepsilon_n - \varepsilon_w = 0,402$ (bezogen auf Volumen der Festmasse),

Luftgehalt [Gl. (49)]: $n_l = \dfrac{0,402}{1 + 0,667} \, 100 = 24,1\%$ (bezogen auf Gesamtvolumen).

2. Weg; Sättigungsgrad [Gl. (55)]: $S = \dfrac{10 \cdot 2,65}{0,667} = 39,7\%$

(bezogen auf Hohlraumvolumen),

$$S' = 39,7 \frac{40}{100} = 15,9\%$$

(bezogen auf Gesamtvolumen),

Luftgehalt $n_l = 100 - (100 - 40) - 15,9 = 24,1\%$ (bezogen auf Gesamtvolumen, s. o.),

Luftgehalt [Gl. (50)]: $\varepsilon_l = \dfrac{24,1}{100 - 40,0} = 0,402$ (bezogen auf Volumen der Festmasse, s. o.).

Das Porenvolumen n kann bei sandigen Böden Werte zwischen 30 und 45% annehmen, bei bindigen Böden Werte zwischen 35 und 75%. In sehr ungleichförmigen schwachbindigen Böden kann das Porenvolumen bis auf etwa 20% heruntergehen. Die Porenziffer ε ist theoretisch nach oben hin unbegrenzt. Meist liegt sie jedoch unter 1.

5. Bestimmung des Wassergehalts.

Der „Wassergehalt w“ des Bodens ist das Gewicht des im Porenraum des Bodens befindlichen Wassers, bezogen auf das Trockengewicht G_t des Bodens. Der Wassergehalt wird in Prozent angegeben:

$$w = \frac{G_n - G_t}{G_t} \, 100 \,. \tag{56}$$

Über den „Sättigungsgrad“ s. S. 909.

Bei nichtbindigen Böden ist der Unterschied der Festigkeitseigenschaften zwischen der trockenen und der mit Wasser gesättigten Bodenprobe i. a. unbedeutend. Demgegenüber ändern sich die Festigkeitseigenschaften in den bindigen Böden mit dem Wassergehalt stark. Die Feststellung des natürlichen Wassergehalts w_n ist deshalb in den bindigen Bodenarten die wichtigste Feststellung überhaupt, während sie in den nichtbindigen Böden nur eine untergeordnete Bedeutung besitzt.

Zur Bestimmung des Wassergehalts wird eine nicht zu kleine Bodenmenge (20 bis 50 g) im feuchten Zustand zwischen luftdicht abschließenden Uhrgläsern oder Aluminiumschalen auf 0,01 g genau gewogen (Gewicht G_n), im Trockenschrank (105° C) je nach dem Grad der Bindigkeit, der Höhe des Wassergehalts und der Menge der Probe 2 bis 24 h lang getrocknet und nach Abkühlung im Exsikkator erneut gewogen (Gewicht G_t). Der Wassergehalt kann dann nach Gl. (56) berechnet werden.

Abb. 88. Bestimmung des Wassergehalts durch Tauchwägung.

Für Schnelluntersuchungen kann man, um das Austrocknen zu beschleunigen, die Probe, die in möglichst zerteilter Form in eine feuerfeste Schale gelegt wird, nach der 1. Wägung mit Spiritus übergießen, anzünden und das Porenwasser dadurch unter stetem Umrühren des Bodens beseitigen.

Ohne Trocknung des Bodens, jedoch bei Schätzung bzw. nach Kenntnis des spezifischen Gewichts kann der Wassergehalt in ähnlicher Weise wie bei der Bestimmung des spezifischen Gewichts mit Hilfe der Pyknometermethode (s. S. 903) oder mit Hilfe der Tauchwägung (s. S. 904) ermittelt werden.

Bei der *Pyknometermethode* (OLPINSKI [99]) bestimmt man das Gewicht G_w des allein mit Wasser gefüllten Pyknometers, anschließend das Feuchtgewicht G_n der Probe und dann das Gewicht G_p des mit Wasser und der feuchten Probe luftfrei gefüllten Pyknometers (s. S. 904). Der Wassergehalt des Bodens ist dann:

$$w = \left(\frac{G_n}{G_p - G_w} \frac{s-1}{s} - 1 \right) 100. \tag{57}$$

Bei der *Tauchwägung* (SPOEREL [98]) wiegt man die feuchte Probe (Gewicht G_n), bereitet sie möglichst luftfrei zu einer Schlämme auf und wiegt sie dann unter Wasser (Gewicht G_u) (Abb. 88). Es ist dann:

$$w = \left(\frac{G_n}{G_u} \frac{s-1}{s} - 1 \right) 100. \tag{58}$$

Die in den Mineralböden i. a. zu erwartenden Wassergehalte gehen aus Tab. 9 (s. S. 907) hervor. In den organischen Böden kann der Wassergehalt auf 500% und mehr ansteigen.

6. Bestimmung des Humusgehalts.

Unter „Humusgehalt" des Bodens versteht man den Gehalt an organischen Bestandteilen; er wird auf das Trockengewicht bezogen und in Prozent angegeben.

Da die organischen Bestandteile im Gegensatz zu den mineralischen Bestandteilen verbrennbar sind, kann man den Humusgehalt durch den Gewichtsverlust des Bodens beim Glühen, den sog. „Glühverlust", bestimmen. Bei organischen Sand- und Torfböden ist das Verfahren einwandfrei, bei organischen Tonböden und kalkhaltigen Böden können durch das Glühen auch andere chemische Vorgänge stattfinden, die das Ergebnis beeinträchtigen. So werden beispielsweise durch die beim Glühen auftretende Wasserabgabe der wasserhaltigen Tonminerale in den bindigen Böden und die Zerstörung des Kalziumkarbonats unter Neubildung von Kalziumoxyd und Entweichen der Kohlensäure in den kalkhaltigen Böden zu große Glühverluste und damit viel zu hohe Humusgehalte vorgetäuscht. In diesen Fällen muß die Humusbestimmung durch Oxydation, am einfachsten mit Hilfe von Wasserstoffsuperoxyd, erfolgen.

Zur *Bestimmung des Glühverlusts* wird eine Bodenmenge, die einem Trockengewicht von etwa 15 g entspricht, im Trockenschrank getrocknet. Dabei darf die Temperatur nicht wie sonst üblich auf 105° C eingestellt werden, da dann bereits die pflanzlichen Bestandteile z. T. verbrennen können. Man geht deshalb mit der Temperatur bis auf etwa 50° C herunter. Die getrocknete Probe wird zerrieben, auf 0,001 g genau gewogen (Trockengewicht G_t) und in einem Tiegel unter häufigem Umrühren 1 bis 3 h lang über einer Gasflamme geglüht. Die Hitze soll dunkle Rotglut nicht überschreiten. Nach erfolgter Abkühlung stellt man erneut das Gewicht der Probe (Glühgewicht G_g) fest.

Der Glühverlust ergibt sich zu:

$$g = \frac{G_t - G_g}{G_t} 100. \tag{59}$$

Zur *Oxydation mit Wasserstoffsuperoxyd* wird die Bodenprobe wie oben getrocknet, gewogen (Trockengewicht G_t) und mit 30%igem H_2O_2 übergossen. Nach Beendigung der Reaktion nach etwa $^1/_2$ bis 2 h wird sie mit Wasser ausgewaschen und anschließend wieder getrocknet und gewogen (Gewicht G_g). Der Humusgehalt kann dann ebenfalls nach Gl. (59) berechnet werden.

Die Behandlung mit Wasserstoffsuperoxyd ist auch als Schnellprüfung auf das Vorhandensein von Humusbestandteilen in einem Boden geeignet. Bei starkem Humusgehalt beobachtet man nach dem Übergießen der Bodenprobe mit H_2O_2 ein 1 bis 2 h dauerndes Kochen, Schäumen und Verbrennen des Humusanteils, wobei sich der Schalenboden allmählich stark erwärmt. Unbedeutende schwache humose Verunreinigungen lassen sich nur durch geringes Knistern abhören und an der Bildung kleiner Blasen erkennen. Eine mit H_2O_2 ausgebrannte Humusbodenprobe bleicht oder verfärbt ferner gegenüber dem Originalboden in hellgrauer oder hellbrauner Aschefarbe.

In organischen Sandböden (z. B. humus- oder faulschlammhaltiger Sand, Schlick) kann der Humusgehalt etwa zwischen 0 und 10% liegen, in organischen Schluff- und Tonböden kann er auf über 20% und in reinem Torf bis auf 100% ansteigen. In gewachsenen Mineralböden ist ein größerer Humusgehalt i. a. auf den an der Oberfläche anstehenden Boden beschränkt, doch kann ein geringer Humusgehalt (etwa 0,5%) auch noch in Tiefen von 10 bis 15 m vorkommen.

7. Bestimmung der Konsistenzgrenzen.

Ein bindiger Boden kann in der Natur in verschiedener Beschaffenheit vorkommen: Er kann einen hohen natürlichen Wassergehalt besitzen und ist dann sehr weich, oder er kann verhältnismäßig trocken sein und ist dann hart. Zur Kennzeichnung der Konsistenz, d. h. der Beschaffenheit bindiger Böden je nach ihrem Wassergehalt, benutzt man die sog. „ATTERBERGschen Konsistenzgrenzen" (ATTERBERG [*100*]): Die „*Fließgrenze*", die „*Ausrollgrenze*" und die „*Schrumpfgrenze*".

Bei der Fließgrenze geht das Material vom „flüssigen" in den bildsamen, knetbaren, d. h. „plastischen" Zustand, bei der Ausrollgrenze vom plastischen in den „halbfesten" Zustand und bei der Schrumpfgrenze in den „festen" Zustand über. Die drei Grenzen sind durch genormte Versuche genau definiert. Sie werden durch den bei diesen Versuchen festgestellten Wassergehalt w_f, w_a oder w_s ausgedrückt. Die Untersuchung zerfällt also in die Herbeiführung der vorgeschriebenen Zustandsform durch Wasserzugabe oder -entzug und die Messung des zugehörigen Wassergehalts.

Zur Feststellung der drei Grenzen ist das erdfeuchte, d. h. vor dem Versuch nicht besonders getrocknete Material < 0,5 mm zu verwenden[1].

a) Fließgrenze.

Die „Fließgrenze" eines Bodens ist der Wassergehalt w_f, bei dem eine Furche, die in einer, in einem genormten Versuchsgerät eingebrachten, gestörten Probe gezogen wird, nach einer bestimmten Zahl von Erschütterungen auf eine genau festgelegte Länge wieder zusammenfließt.

Die Fließgrenze wird in dem genormten Gerät von A. CASAGRANDE (Abb. 89) ermittelt (A. CASAGRANDE [*101*]). Es besteht aus einer Metallschale, die durch eine Kurbel um genau 1 cm angehoben werden kann und beim Weiterdrehen der Kurbel wieder auf ihre Unterlage zurückfällt. Zum Versuch wird eine Probe, die einem Trockengewicht von etwa 150 g entspricht, auf einer Glasplatte mit destilliertem Wasser gründlich so lange durchgearbeitet, bis eine gleichmäßig dicke Paste entsteht. Dann wird ein Teil der Probe in die Schale

---

[1] Nach dem British Standard 1377 das lufttrockene Material < 0,42 mm (< BS Sieb Nr. 36).

eingebracht und mit dem Spatel so geglättet, daß die Dicke des Bodens an keiner Stelle mehr als 1 cm beträgt. Mit Hilfe eines genormten Furchenziehers[1] (Abb. 90)

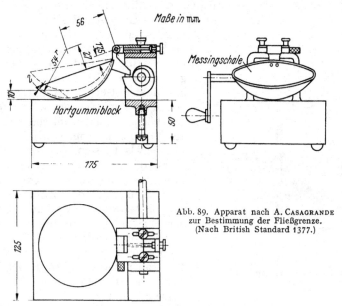

Abb. 89. Apparat nach A. CASAGRANDE zur Bestimmung der Fließgrenze. (Nach British Standard 1377.)

wird in der Richtung des zur Nockenwelle senkrechten Durchmessers der Schale, ohne daß sich dabei die Probe verschieben darf, eine trapezförmige Furche gezogen, deren Länge sich bei richtig eingebrachter Füllung mit etwa 4 cm ergeben muß (Abb. 91). Dann wird die Schale durch Drehen der Kurbel mit einer Geschwindigkeit von zwei Umdrehungen je sek so oft angehoben und fallengelassen, bis sich die durch die Furche getrennten Flächen des Bodens längs einer Strecke von 1 cm wieder berühren. Nachdem durch drei aufeinanderfolgende Versuche festgestellt ist, daß sich die Schlagzahl nicht ändert, bestimmt man an einem

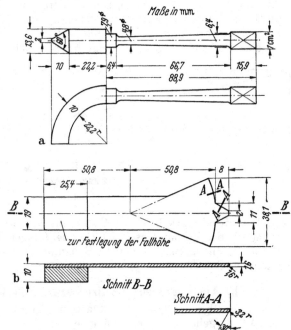

Abb. 90. Gedrungener Furchenzieher gemäß dem ASTM-Standard (a) und flacher Furchenzieher nach A. CASAGRANDE (b). (Nach British Standard 1377.)

---

[1] In Deutschland wird fast ausschließlich der flache Furchenzieher benutzt, im Ausland häufig auch der gedrungene Furchenzieher, vor allem in körnige Bestandteile enthaltenden Böden. Er vermeidet besser das Herausreißen von Einzelkörnern.

Teil der Probe (5 bis 10 g) den Wassergehalt (bei Wägung der Gewichte mit einer Genauigkeit von 0,01 g).

Wenn die Schlagzahl, die zum Zusammenfließen der Furche notwendig ist, größer als 25 ist, wird der Wassergehalt der Gesamtprobe durch Zugabe von  Wasser aus einer Meßpipette ein wenig vergrößert, im anderen Fall durch Trocknen verringert und der Versuch in der gesäuberten Schale wiederholt. Dasselbe geschieht mit etwas verändertem Wassergehalt noch mindestens zwei weitere Male. Die höchste Schlagzahl soll nicht größer als 35, die niedrigste Schlagzahl nicht kleiner als 10 sein. Es ist zweckmäßig, zuerst die Versuche mit größerer Schlagzahl und dann die Versuche mit geringerer Schlagzahl durchzuführen.

Zur Auswertung wird auf der Abszisse der Wassergehalt in linearem Maßstab und auf der Ordinate die Zahl der zugehörigen Schläge im logarithmischen Maßstab aufgetragen (Abb. 92). Bei einwandfreier Durchführung der einzelnen Versuche müssen die sich ergebenden

Abb. 91. Gefüllter Fließgrenzenapparat mit gezogener Furche.

Punkte auf einer Geraden liegen. Der Wassergehalt, der sich bei einer Zahl von 25 Schlägen ergibt, ist gleich der Fließgrenze w_f.

Die Fließgrenze kann bei sandigen Böden nicht festgestellt werden und ist dort gleich Null zu setzen. Sie steigt bei schwächer bindigen Böden etwa bis

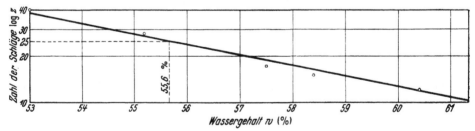

Abb. 92. Ermittlung der Fließgrenze w_f. $w_f = 55,6\%$.

auf 30% und bei stark bindigen Böden bis auf etwa 100% (s. Abb. 11) oder mehr (400% bei Vorhandensein stark quellfähiger Tonminerale) an. Je nach der Höhe der Fließgrenze werden die Böden in Gruppen verschiedener Plastizität eingeteilt (s. S. 828).

b) Ausrollgrenze, Plastizitätszahl und Konsistenzzahl.

Die „Ausrollgrenze" — auch „Plastizitätsgrenze" genannt — eines Bodens ist der Wassergehalt w_a, bei dem eine gestörte Bodenprobe anfängt zu zerbröckeln, wenn man sie mit der Handfläche in Rollen von weniger als 3 mm ⌀ auszurollen versucht.

Zum Versuch wird der Boden (10 bis 20 g Feuchtgewicht) auf einer Glasplatte mit einem Spatel durchgearbeitet und durch Zusetzen oder Entzug von Wasser in einen solchen Zustand gebracht, daß er eine knetbare Form besitzt. Eine Menge von etwa 1 ml wird dann auf einer wasseraufsaugenden Unterlage mit der Handfläche zu dünnen Rollen ausgerollt. Die Rollen zerbröckeln hierbei zunächst nicht, da ihr Wassergehalt noch so hoch ist, daß sie eine ausreichende Plastizität zum Ausrollen besitzen. Die Probe wird dann so oft wieder zusammengeknetet und neu ausgerollt, bis sie bei 3 mm Dicke zerbröckelt. Maßgebend ist nicht der Zustand des ersten Auftretens kleiner Risse, sondern das eindeutige Auseinanderfallen. In diesem Zustand wird die Probe getrocknet und ihr Wassergehalt bestimmt (bei Wägung der Gewichte mit einer Genauigkeit von 0,001 g). Der Versuch ist dreimal zu wiederholen. Der Mittelwert ist die Ausrollgrenze w_a. Über die Bestimmung im Feld s. S. 848.

Ebenso wie die Fließgrenze ist auch die Ausrollgrenze bei sandigen Böden nicht feststellbar. Bei schwachbindigen Böden beträgt die Ausrollgrenze etwa 0 bis 20%, bei stark bindigen Böden kann sie auf etwa 40% (s. Abb. 11) oder mehr (100% bei Vorhandensein stark quellfähiger Tonminerale) ansteigen.

Der Unterschied zwischen der Fließgrenze w_f und der Ausrollgrenze w_a wird „Plastizitätszahl P_l" — bisweilen auch „Bildsamkeit" — genannt.

Wenn die Fließ- *oder* die Ausrollgrenze nicht bestimmt werden können, wird der Boden als „nicht plastisch" bezeichnet. Sind Fließ- und Ausrollgrenze gleich groß, so spricht man von einem Boden mit der Plastizitätszahl Null.

Die systematische Auftragung der Plastizitätszahl in Abhängigkeit von der Fließgrenze einer sehr großen Zahl von Böden hat zu der von A. Casagrande [27] zur Bodenklassifizierung vorgeschlagenen „A-Linie" geführt (s. Abb. 11). Sie ist die empirisch gewonnene Grenze zwischen typischen rein mineralischen Tonböden, die gewöhnlich oberhalb, und Schluffböden sowie organischen Ton- und Schluffböden, die — von Böden mit einer Fließgrenze von <30% abgesehen — unterhalb der A-Linie liegen. Die A-Linie dient zur Klassifizierung der bindigen Bodenarten und erlaubt ohne Ermittlung des Kornaufbaus durch eine Schlämmanalyse die Feststellung, ob der Feinanteil des Bodens vorwiegend aus Schluff oder Ton besteht (s. S. 827 und 848) und ob er von niedriger oder hoher Plastizität ist. Wie auf S. 823 ausgeführt, kann diese Unterscheidung bisweilen aus der Kornverteilung allein nicht entnommen werden.

Das Verhältnis Plastizitätszahl : Tongehalt wird von Skempton [177] „Aktivität" genannt und gibt einen schnellen Aufschluß über die im Ton enthaltenen Tonminerale (s. S. 822). Eine Aktivität >1,25 ist ein Beweis für einen „aktiven" Ton mit Mineralen der Montmorillonit-Gruppe. — Die „Konsistenzzahl K" — auch „Steifegrad" oder „Zustandszahl" genannt — ermöglicht die Beurteilung des bei einem bestimmten Wassergehalt w_n vorhandenen Zustands eines ungestörten bindigen Bodens. Unter der Konsistenzzahl versteht man das Verhältnis:

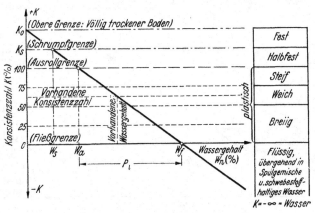

Abb. 93. Zusammenhang zwischen Wassergehalt, Konsistenzzahl und Bezeichnung der Bodenbeschaffenheit.

$$K = \frac{w_f - w_n}{w_f - w_a} \, 100 = \frac{w_f - w_n}{P_l} \, 100. \qquad (60a)$$

Ist $w_n = w_f$, so ist $K = 0$ („flüssiger" Zustand); ist $w_n = w_a$, so wird $K = 100$ („halbfester" Zustand); ist $w_n < w_a$, so wird $K > 100$ („halbfester" und „fester" Zustand).

In den meisten Fällen besitzen natürlich gelagerte Böden einen K-Wert zwischen 0 und 100%. Man hat deshalb diesen Bereich noch weiter unterteilt. Der Zustand, bei dem K zwischen 0 und 50% liegt, wird als „breiig", der für K zwischen 50 und 75% als „weich" und der Zustand, bei dem K zwischen 75 und 100% liegt, als „steif" Lezeichnet (Abb. 93). Böden mit einem K-Wert zwischen 0 und 50% sind sehr nachgiebig und stark setzungsfähig, während die gleichen Böden mit einem K-Wert von 100% oder mehr eine erhebliche Tragkraft besitzen.

Der mehr im Ausland gebräuchliche Ausdruck „*Fließindex*" („Liquidity Index LI") ist definiert als

$$LI = \frac{w_n - w_a}{P_l}. \tag{60 b}$$

Ist $w_n = w_f$, so ist $LI = 1$; ist $w_n = w_a$, so ist $LI = 0$; LI liegt also gewöhnlich zwischen 1 und 0.

c) Schrumpfgrenze.

Die „Schrumpfgrenze" des Bodens ist der Wassergehalt w_s, von dem ab beim Austrocknen eine Volumenverminderung des Bodens, die zunächst stets auftritt, nicht mehr stattfindet. Der Grund liegt darin, daß die Kapillarspannungen, die die Volumenabnahme des Bodens beim Trocknen verursachen, von der Schrumpfgrenze ab dazu nicht mehr in der Lage sind, weil die Reibungswiderstände im Boden dann größer als die Kapillarkräfte werden.

Da die Schrumpfgrenze — wie die Fließ- und Ausrollgrenze — einen Wassergehalt darstellt, besteht der Versuch in der Ermittlung des Wassergehalts für den Zustand, von dem ab das Volumen der Probe nicht mehr abnimmt. Hierzu wird der vorher sorgfältig mit Wasser gesättigte Probekörper an der Luft langsam getrocknet und in beliebigen Zeitabständen gewogen (Feuchtgewicht G_n). Sein jeweiliges Volumen V zu diesen Zeitpunkten wird durch Eintauchen in eine mit Quecksilber gefüllte Schale (s. Abb. 84) mit Hilfe von Gl. (39) ermittelt. Am Schluß des Versuchs wird die Probe im Trockenschrank (105° C) getrocknet und ihr Trockengewicht G_t bestimmt.

Zur Auswertung berechnet man aus den Feuchtgewichten G_n und dem Trockengewicht G_t den Wassergehalt w zu den verschiedenen Zeitpunkten und trägt die gemessenen Volumen in Abhängigkeit von den Wassergehalten w auf (Abb. 94). Bei den höheren Wassergehalten ergibt sich eine

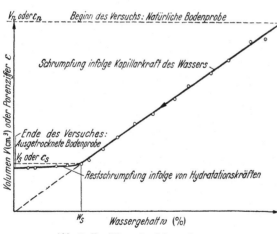

Abb. 94. Ermittlung der Schrumpfgrenze.

lineare Abhängigkeit. Von einem bestimmten Wassergehalt an hört jedoch die bis dahin fast geradlinige Abnahme des Volumens auf. Der diesem Punkt entsprechende Wassergehalt w_s gibt die Schrumpfgrenze an.

In vereinfachter Form erhält man die Schrumpfgrenze auch dadurch, daß man die wassergesättigte Probe zunächst an der Luft, dann im Trockenschrank (105° C) trocknet und anschließend das Gewicht G_t und das zugehörige

Volumen V_s bestimmt. Bei Kenntnis des spezifischen Gewichts des Bodens s erhält man die Schrumpfgrenze zu:

$$w_s = \left(\frac{V_s}{G_t} - \frac{1}{s}\right) 100. \tag{61}$$

Gl. (61) liegt die Überlegung zugrunde, daß der wassergesättigte Boden beim Austrocknen nur so lange schrumpft, bis ein bestimmtes Volumen V_s erreicht ist. Man nimmt an, daß in diesem Augenblick noch alle Poren mit Wasser gefüllt sind, und setzt diesen Wassergehalt w_s, der sich aus dem Hohlraumgehalt nach Gl. (48) und (51) errechnen läßt, gleich der Schrumpfgrenze. Diese Versuchsdurchführung entspricht dem ASTM Standard [6], wo der Versuch lediglich in einer Schale von bekanntem Volumen (V) ausgeführt wird, in die der Boden unter Vakuum und mit voller Wassersättigung eingefüllt und gewogen wird (Gewicht G_n). Die Schale ist dann gleichsam ein Pyknometer, und die Auswertung kann unter sinngemäßer Anwendung von Gl. (36) zur Berechnung des spezifischen Gewichts erweitert werden. Im Nenner ist zu setzen: $V - (G_n - G_t)$.

Die Schrumpfgrenze beträgt bei schwächer bindigen Böden etwa 5 bis 15 % und bei stark bindigen Böden etwa 15 bis 40 %. Nichtbindige Böden schrumpfen überhaupt nicht. Böden mit einem natürlichen Wassergehalt $< w_s$, die in der Natur nur selten vorkommen, gehören in der Einteilung nach Abb. 93 der „festen" Zustandsform an.

In Tonböden, wo der natürliche Wassergehalt immer verhältnismäßig hoch ist, ist die beim Austrocknen oder allgemein bei jeder Verminderung des natürlichen Wassergehalts eintretende Volumenabnahme u. U. recht beträchtlich und kann zu erheblichen Setzungen und Schäden an Gebäuden, die in solchen Böden flach gegründet sind, führen. Die Untersuchung dieses Problems stellt beim Bau von leichten, eingeschossigen Wohnhäusern in Ländern, wo derartige Tonböden vorkommen und wo außerdem extreme Witterungsbedingungen eine starke Veränderung des natürlichen Wassergehalts der oberen Bodenschichten herbeiführen, die eigentliche Gründungsaufgabe dar (VOGL [102], SKEMPTON [103], JENNINGS [178], TSCHEBOTARIOFF [179]). Hierbei dient die Kurve der Abb. 94, auf deren Ordinate bei Kenntnis des spezifischen Gewichts mit Hilfe von Gl. (48) an Stelle des Volumens V auch die Porenziffer ε aufgetragen werden kann, als Grundlage zum Abschätzen der möglichen Setzungen.

Zur überschläglichen Beurteilung des Schrumpfverhaltens von bindigen Böden dient die im Ausland benutzte „lineare Schrumpfung" („Lineal Shrinkage"). Zu ihrer Ermittlung füllt man einen aufgeschnittenen, metallenen Hohlzylinder von etwa 25 cm Länge und $2^1/_2$ cm $\varnothing$ mit Einfetten seiner Wandung mit Boden, den man vorher ungefähr in den Zustand der Fließgrenze gebracht hat. Man läßt die Probe zunächst an der Luft, später 12 h lang im Trockenschrank (105° C) trocknen und mißt dann ihre Länge. Die lineare Schrumpfung ist das Verhältnis dieser Länge zur Ausgangslänge.

Die lineare Schrumpfung beträgt bei schwächer bindigen Böden bis etwa 5 % und bei fetteren Tonböden etwa 10 %.

8. Bestimmung der Verdichtungsfähigkeit.

Die Kenntnis des natürlichen Hohlraumgehalts eines Bodens (s. S. 908) genügt allein noch nicht, um zu beurteilen, ob seine Lagerung als dicht, mitteldicht oder locker anzusehen ist. Hierzu ist es notwendig, die Extremwerte für das Porenvolumen n oder die Porenziffer ε zu kennen oder zumindest einen irgendwie genormten Bezugswert, auf den der Wert für den natürlichen Hohlraumgehalt bezogen werden kann. Erst dann ist einerseits eine zahlenmäßige Einstufung des in der Natur vorhandenen Werts und andererseits ein Urteil möglich, ob und wieweit sich die durch ihn gekennzeichnete Lagerung verändern kann.

Für die nichtbindigen Böden werden als Extremwerte die im Laboratorium erzielbare dichteste (n_d bzw. ε_d) und lockerste (n_0 bzw. ε_0) Lagerung verwendet, die in diesen Böden als Festwerte, die von Kornverteilung und Kornform abhängen, betrachtet werden können und die auch theoretisch, wenn man sich auf kugelförmige Körner gleichen Durchmessers beschränkt, mathematisch genau berechenbare Werte sind [$n_0 = 47,75\%$ ($\varepsilon_0 = 0,915$); $n_d = 26,0\%$ ($\varepsilon_d = 0,35$)]. In den bindigen Böden versagt dieses Verfahren, da es hier praktisch keine dichteste Lagerung gibt, weil ja durch Ausdrücken des Porenwassers unter statischem Druck eine fast unbegrenzte Zusammendrückung möglich ist. Für die bindigen Böden hat man deshalb einen künstlichen Bezugswert, die sog. „Proctor-Dichte" geschaffen, mit der man — insbesondere im Zusammenhang mit Bodenverdichtungen — die vorhandene oder erreichte Lagerungsdichte vergleichen kann. Dieser Versuch ist zwar auch in den nichtbindigen Böden möglich, doch ist seine Anwendung dort weniger angebracht und i. a. auch nicht üblich[1].

a) Lockerste und dichteste Lagerung nichtbindiger Böden.

Zur *Bestimmung der lockersten Lagerung* füllt man die im Trockenschrank (105° C) getrocknete Probe mit Hilfe eines Trichters vorsichtig in einen Zylinder (Abb. 95a), wobei darauf zu achten ist, daß die Spitze des Trichters stets die Bodenoberfläche berührt, so daß der Boden niemals aus dem Trichter herausfallen, sondern nur langsam herausrieseln kann. Anschließend streicht man den oberen Zylinderrand sorgfältig mit einem Spatel ab und wiegt die in dem Zylinder (Volumen V) enthaltene Probenmenge (G_t). Nimmt man für das spezifische Gewicht des Sands einen Wert von 2,65 g/ml an, so können n_0 oder ε_0 nach Gl. (47) bzw. (48) berechnet werden. Da sich gezeigt hat, daß das Ergebnis sehr empfindlich gegenüber kleinen Unterschieden in der Versuchsdurchführung ist, sollte jeder Versuch dreimal wiederholt und der Mittelwert verwendet werden.

Zur *Bestimmung der dichtesten Lagerung* (Abb. 95b) wird auf den abnehmbaren Boden des hierfür vorgesehenen Zylinders ein Sieb und darüber Filterpapier gelegt, um beim späteren Absaugen von Wasser ein Ausschlämmen der feinen Bodenbestandteilchen zu vermeiden, und zunächst nur etwa $^1/_5$ des zum Versuch im Trockenschrank (105° C) getrockneten und gewogenen Bodens in den Zylinder gefüllt. Dann gießt man Wasser hinzu und rüttelt durch Schlagen mit einer Schlaggabel den Boden unter Wasser gründlich ein (30 Doppelschläge). Anschließend wird das nächste Fünftel des Versuchsmaterials in den Zylinder geschüttet und genau so verfahren, bis schließlich die gesamte Bodenmenge in dem Zylinder eingerüttelt ist. Nach dem Versuch wird das Wasser durch eine Wasserstrahlpumpe abgesaugt und auf die Oberfläche des Sands eine Platte gelegt. Mit einem Tiefenmaß wird der Abstand zwischen dem oberen Rand des Zylinders und der Platte an drei Stellen gemessen und das Volumen, das der eingerüttelte Boden einnimmt, ermittelt. Hiermit und mit dem bekannten Trockengewicht der Probe sowie dem angenommenen spezifischen Gewicht werden dann n_d oder ε_d nach Gl. (47) bzw. (48) berechnet.

Hat man außer der lockersten und dichtesten Lagerung mit Hilfe ungestörter Proben auch die natürliche Lagerung bestimmt (s. S. 883 und 908), so kann diese mit den beiden Extremwerten in Verbindung gebracht werden. Hierzu dient das sog. „Verdichtungsverhältnis D_v" oder die sog. „relative Dichte D_r".

Das *Verdichtungsverhältnis* — auch „Verdichtungsgrad" genannt — ist das Verhältnis des Unterschieds zwischen den Porenvolumen in lockerster (n_0) und natürlicher (n) Lagerung zu dem Unterschied zwischen den Porenvolumen in lockerster (n_0) und dichtester (n_d) Lagerung:

$$D_v = \frac{n_0 - n}{n_0 - n_d} \, 100. \tag{62a}$$

---

[1] Siehe Fußnote auf S. 921.

Das Verdichtungsverhältnis stellt demnach das Verhältnis der in der Natur erreichten Verdichtung zu der überhaupt möglichen Verdichtung in Prozent dar.

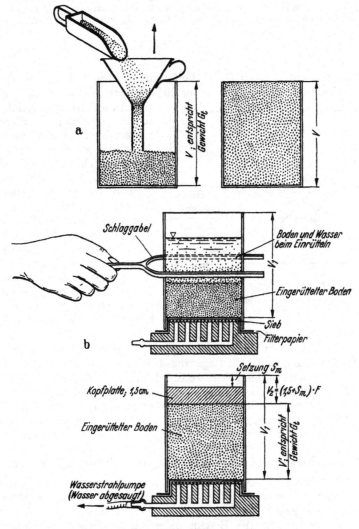

Abb. 95. Versuchsvorgang bei der Bestimmung der lockersten und dichtesten Lagerung von Sandböden. a Ermittlung der lockersten Lagerung; b Ermittlung der dichtesten Lagerung.

Die *relative Dichte* D_r — auch „Lagerungsdichte" genannt — ist das Verhältnis der entsprechenden Porenziffern. Sie wird — wie auch die Porenziffer — nicht in Prozent angegeben:

$$D_r = \frac{\varepsilon_0 - \varepsilon}{\varepsilon_0 - \varepsilon_d}. \tag{63}$$

Verdichtungsverhältnis und relative Dichte sind durch folgende Gleichungen miteinander verknüpft:

$$D_v = D_r \frac{1 + \varepsilon_d}{1 + \varepsilon} 100 \qquad (64) \qquad\qquad D_r = D_v \frac{100 - n_d}{100 - n} \frac{1}{100}. \qquad (65)$$

58a*

D_r ist, wenn man es ebenfalls in Prozent ausdrückt, etwas ($\sim$5 bis 10%) größer als D_v. D_v und D_r geben inhaltlich dasselbe an, so daß es ausreichen würde, nur einen der beiden Ausdrücke zu verwenden. Doch sind noch beide Ausdrücke in Gebrauch.

Man kann D_v auch durch die zu n, n_0 und n_d gehörigen *Trocken*raumgewichte r_0 (s. S. 883) ausdrücken, was neben der einfacheren Rechnung den Vorteil hat, daß man das spezifische Gewicht nicht benötigt. Unter Benutzung von Gl. (41) nimmt Gl. (62a) dann die Form an:

$$D_v = \frac{r_{0_n} - r_{0_{locker}}}{r_{0_{dicht}} - r_{0_{locker}}} \cdot 100. \tag{62b}$$

Da bei der Bestimmung von D_v die Differenz $(n_0 - n)$ auf die — besonders bei gleichförmigen Böden — nicht wesentlich größere Differenz $(n_0 - n_d)$ be-

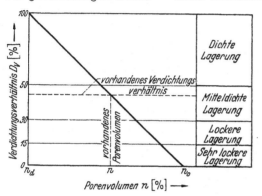

zogen wird, ist D_v gegenüber den in der Natur immer vorhandenen Unterschieden in der natürlichen Lagerung n sehr empfindlich. Zur Feststellung von D_v und D_r müssen deshalb stets mehrere Proben untersucht werden. Die Entnahme und Untersuchung von nur einer Probe ist fast wertlos. Das Verfahren ist auch nur bei völlig reinen Sanden und Kiesen, d. h. bei nicht durch bindige Bestandteile verunreinigten nichtbindigen Böden, zuverlässig.

Abb. 96. Zusammenhang zwischen Porenvolumen, Verdichtungs-verhältnis und Bezeichnung der Lagerung.

Durch das Verdichtungsverhältnis oder die relative Dichte ist die Lagerungsdichte eines in der Natur vorkommenden Sand- oder Kiesbodens seiner dichtesten und lockersten Lagerung zahlenmäßig zugeordnet. Die allgemeinen Bezeichnungen für die Lagerungsdichte, wie „locker", „dicht" usw., können hierdurch eindeutig festgelegt werden (Abb. 96). D_v-Werte von über 70 sind sehr selten anzutreffen und können in gleichförmigen Sanden auch durch eine künstliche Verdichtung nur sehr schwer erreicht werden (Siedek und Voss [180]). Dagegen sind lockere Lagerungen in der Natur häufig. Normalerweise muß man bei alluvialen und diluvialen Sanden mit D_v-Werten von 20 bis 40 rechnen.

b) Proctor-Dichte und optimaler Wassergehalt bindiger Böden.

Bei dem 1933 in den USA entwickelten, nach seinem Erfinder genannten „Proctor-Versuch" (Proctor [104]) wird der Boden in einem genormten Zylinder nach einem genormten Verfahren verdichtet und dieser Versuch mit verschiedenem Wassergehalt des Bodens mehrfach wiederholt. Bestimmt man nach jedem Versuch das *Trocken*raumgewicht r_0 (s. S. 883) und den Wassergehalt w des verdichteten Bodens und trägt r_0 in Abhängigkeit von w auf, so erhält man eine Kurve (Abb. 97a) mit einem Höchstwert für das Trockenraumgewicht bei einem bestimmten Wassergehalt. Der Höchstwert $r_{0_{max}}$ wird „*maximale Dichte*" oder „Proctor-*Dichte*"[1], der Wassergehalt „*optimaler Wassergehalt*" genannt.

Der Höchstwert in der Proctor-Kurve ist dadurch zu erklären, daß bei niedrigen Wassergehalten die Reibungswiderstände verhältnismäßig groß sind und eine Verringerung des Porenraums unter dem Einfluß des genormten Fallgeräts erschweren. Der Porenraum ist hier also groß, das Trockenraumgewicht klein. Bei zunehmenden Wassergehalten nimmt das Trockenraumgewicht r_0 wegen der kleiner werdenden Reibungswiderstände zunächst laufend zu, bis der Zustand erreicht ist, wo die Hohlräume im Boden schon so stark mit Wasser gefüllt sind, daß die Verschiebung und Umlagerung der Bodenkörner im Sinne einer

---

[1] Das Wort ist durch wörtliche Übersetzung von „Proctor-Density" entstanden und üblich geworden. An sich müßte von „Proctor-Trockenraumgewicht" gesprochen werden (s. S. 883).

Verkleinerung des Porenraums nicht mehr möglich ist. Da das Wasser, das dann an Stelle der Bodenkörner die Hohlräume füllt, rd. 2,65mal leichter als der Boden ist, muß das Raumgewicht und das Trockenraumgewicht von diesem Wassergehalt an wieder abnehmen. Hieraus folgt zweierlei:

1. Wählt man ein schwereres Fallgewicht, so wird der optimale Wassergehalt kleiner, weil die wegen der höheren Fallenergie auch größere Umlagerungstendenz des Bodens schon bei einem niedrigeren Wassergehalt behindert wird. Die erreichten Trockenraumgewichte selbst aber liegen wegen der höheren Fallenergie höher. In ein und demselben Boden ergeben sich deshalb bei verschiedenem Fallgewicht Kurven nach Abb. 98. Das gleiche (s. Abb. 101a) gilt für steigende Schlagzahlen desselben Stampfgeräts.

2. Ein sehr gleichförmiger Boden kann keinen so hohen Höchstwert wie ein ungleichförmiger Boden zeigen, weil die feinen Korngrößen, die die Hohlräume zwischen den großen füllen könnten, fehlen. Der Einfluß des Wassers ist aus dem gleichen Grunde nur gering, so daß sich nur verhältnismäßig wenig gekrümmte Kurven ergeben (Abb. 99). Aus diesem Grunde wird in reinen Sanden die Beurteilung gemäß dem Verdichtungsverhältnis D_v (s. S. 918) vorgezogen[1].

Der PROCTOR-Versuch wird in einem Zylinder mit einem Volumen von 944 ml ($^1/_{30}$ ft³) und einem Innendurchmesser von 10,16 cm (4 in.) durchgeführt (Abb. 100), in den der an der Luft getrocknete und wieder angefeuchtete und gut durchmischte Boden [Material < 4,76 mm (Durchgang durch das $^3/_{16}$ in.-Sieb), etwa $2^1/_2$ kg] in drei Lagen eingebracht und mit jeweils 25 Schlägen (frei fallend) eines 2,49 kg ($5^1/_2$ lbs)

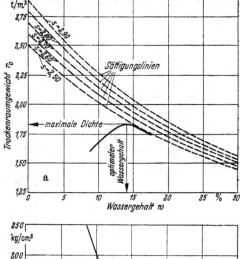

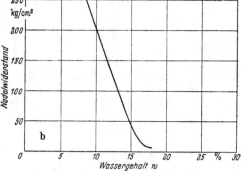

Abb. 97. Abhängigkeit des Trockenraumgewichts (a) und des Nadelwiderstands (b) vom Wassergehalt beim PROCTOR-Versuch.

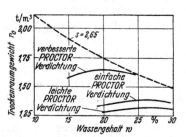

Abb. 98. Abhängigkeit der PROCTOR-Kurven von der Verdichtungsenergie.

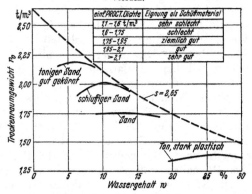

Abb. 99. Abhängigkeit der PROCTOR-Kurven von der Bodenart.

schweren Gewichts [5,08 cm (2 in.) ⌀] aus 30,5 cm (12 in.) Höhe gleichmäßig und so verdichtet wird, daß eine Probe von rd. $12^1/_2$ cm Höhe entsteht. Der

---

[1] Bei einem Vergleich von PROCTOR-Dichten und D_v-Werten nichtbindiger Böden ist zu beachten, daß bei den sehr häufigen gleichförmigen Sanden ein D_v-Wert von 0% einem Wert von rd. 85% und ein D_v-Wert von 100% einem Wert von rd. 105% der einfachen PROCTOR-Dichte entspricht. $D_v = 0$ bedeutet ein Raumgewicht, das der lockersten Lagerung entspricht, d. h. z. B. 1,45 t/m³, während eine PROCTOR-Dichte von 0% ein Raumgewicht von Null bedeuten würde.

obere Aufsatzring wird dann entfernt, der überstehende Teil der Probe sorgfältig abgeschnitten und die Probe gewogen (Gewicht G_n). Von einer Teilprobe
(mindestens 100 g) wird der Wassergehalt w bestimmt. Anschließend wird der
Versuch mit steigendem Wassergehalt und nach Möglichkeit neuem Material
mindestens viermal wieder-
holt. Aus den Gewichten G_n
und den Wassergehalten w sowie dem bekannten Volumen
wird nach Gl. (38) und (27)
das jeweilige Raumgewicht
und Trockenraumgewicht ermittelt, das letzte in Abhängigkeit von dem jeweiligen
Wassergehalt aufgetragen
(s. Abb. 97a) und aus der Auftragung die Proctor-Dichte
und der optimale Wassergehalt
entnommen.

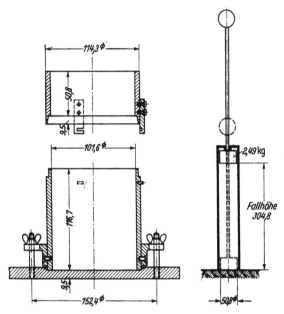

Abb. 100. Zylinder und Fallgewicht des einfachen Proctor-Versuchs.
Maße in mm.

Da der Versuch von Proc-
tor ursprünglich etwas anders
vorgeschlagen war[1] und erst
von der American Association
of State Highway Officials in
der oben angegebenen Form
als Standardversuch eingeführt wurde, ist für die durch
ihn ermittelte Dichte neben
den Bezeichnungen „Proctor-

Dichte" und „Standard Proctor-Dichte" auch die Bezeichnung „Standard
AASHO-Dichte" üblich. In Deutschland hat sich die Bezeichnung „einfache
Proctor-Dichte" eingebürgert.

Die Fallenergie des Versuchs ist so gewählt, daß die erzielbare Proctor-
Dichte der maximalen Lagerungsdichte, die mit modernen Verdichtungsgeräten
im Feld beim Straßenbau herbeigeführt werden kann, ungefähr gleichkommt.
Wie oben ausgeführt ist (s. Abb. 98), bedingt ein schwereres Fallgewicht eine
höhere Proctor-Dichte bei einem niedrigeren optimalen Wassergehalt. Es ist
deshalb naheliegend, daß für die beim Erddamm- und Rollfeldbau besonders
schweren Verdichtungsgeräte ein Verfahren mit höherer Fallenergie vorgeschlagen wurde. Vom US Corps of Engineers wurde so die sog. „Modified AASHO-
Dichte" (im Deutschen meist „verbesserte Proctor-Dichte") eingeführt, bei der
der Boden in dem alten Zylinder ($^1/_{30}$ ft³) in fünf Lagen mit jeweils 25 Schlägen
eines freifallenden Gewichts von 4,54 kg (10 lbs) aus 45,7 cm (18 in.) Höhe eingebracht wird. Die gesamte, auf die Probe wirkende Fallenergie ist dadurch
über $4^1/_2$ mal so groß wie bei dem ursprünglichen Verfahren (Tab. 10).

Diese beiden Verfahren sind nicht die einzigen. Aus dem Bestreben heraus,
eine größere Probenmenge prüfen zu können, benutzt z. B. das US Bureau of
Reclamation einen größeren Versuchszylinder (1416 ml = $^1/_{20}$ ft³), vergrößert
aber gleichzeitig die Fallhöhe des Stampfers, um wieder über die gleiche spezifische Fallenergie, wie sie der ursprüngliche Standardversuch besitzt, zu ver-

---

[1] Zur Nachahmung der Wirkung der Dorne der Schaffußwalze empfahl Proctor, den
Stampfer nicht frei fallen zu lassen, sondern zu stoßen. Auch benutzte er einen größeren
Zylinder.

Tabelle 10. *Daten der verschiedenen Verfahren des* PROCTOR-*Versuchs.*

Versuchsverfahren	Zylindergröße		Gewicht des Stampfers	Zahl der Schütt-lagen	Fallhöhe des Stamp-fers	Zahl der Schläge/ Schütt-lage	Gesamt-energie
	(ft³)	(ml)	(lbs)		(in.)		(ft-lbs/ft³)
1. Ursprünglicher PROCTOR-Versuch .	1/19	1490	5½	3	12	25	7850
2. Einfacher PROCTOR-Versuch (auch „Standard AASHO-Versuch") . .	1/30	944	5½	3	12	25	12400
3. Verbesserter PROCTOR-Versuch („Modified AASHO-Versuch") . .	1/30	944	10	5	18	25	56250
4. PROCTOR-Versuch des USBR. . .	1/20	1416	5½	3	18	25	12400
5. Einfacher PROCTOR-Versuch im CBR-Zylinder (11½ cm hoch ge-füllt)	1/13,6	2080	5½	3	12	55	12400
6. Verbesserter PROCTOR-Versuch im CBR-Zylinder (11½ cm hoch ge-füllt)	1/13,6	2080	10	5	18	55	56250
7. Leichter PROCTOR-Versuch	1/30	944	5½	3	12	15	7400

fügen (s. Tab. 10). Um auch den noch größeren CBR-Zylinder (s. S. 880) mit der Fallenergie des PROCTOR-Versuchs oder des verbesserten PROCTOR-Versuchs verdichten zu können, werden diese Versuche auch im CBR-Zylinder, und zwar unter den alten Bedingungen, jedoch mit einer Zahl von 55 Schlägen aus-geführt. Für leichte Verdich-tungsgeräte ist auch ein Ver-fahren mit nur 15 Schlägen vor-handen (s. Tab. 10).

Wichtig ist, daß die im Labora-torium aufgewandte Fallenergie zu einer ähnlichen, möglichst gleichen Verdichtung führt wie die der Ver-dichtungsgeräte im Feld. Für Groß-untersuchungen, wie sie bei Erd-dammbaustellen vorkommen, ist es deshalb notwendig, auf Versuchs-pisten, deren Wassergehalt wie beim PROCTOR-Versuch im Laboratorium verändert wird, Versuche mit ver-schiedenem Gewicht und einer wech-selnden Zahl von Durchgängen des gewählten Verdichtungsgeräts aus-zuführen und im Laboratorium fest-zustellen, welches Verfahren und welche Zahl von Schlägen zu einer Übereinstimmung der im Feld und im Laboratorium gewonnenen Kur-ven führt (Abb. 101) (WALKER und HOLTZ [105]). Mit den hiernach her-gestellten Proben sind dann die Versuche zur Feststellung des Schub-widerstands, der Zusammendrück-

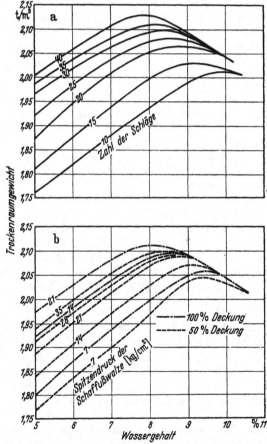

Abb. 101. Vergleich von PROCTOR-Versuchen im Laboratorium (a) und Verdichtungsversuchen mit einer Schaffußwalze im Feld (b) [105].

barkeit, des Porenwasserdrucks und der Durchlässigkeit vorzunehmen. Das Ziel ist, das Material so einzubauen, daß mit einem minimalen Aufwand eine Schüttung mit einem hohen

Schubwiderstand, niedrigem Porenwasserdruck, niedriger Zusammendrückbarkeit und niedriger Durchlässigkeit entsteht (Holtz [106]).

Ein Einbauwassergehalt, der nur wenig oberhalb des optimalen Wassergehalts liegt (etwa 2%), liefert ein verhältnismäßig plastisches Material, das leicht zu verdichten ist und, da es schon weitgehend mit Wasser gesättigt ist, sich bei der späteren Wassersättigung im Erddamm nur noch verhältnismäßig wenig setzt. Der Nachteil liegt aber in den hohen Porenwasserdrücken, die den Schubwiderstand herabsetzen (s. S. 951) und die Standsicherheit dadurch ungünstig beeinflussen. Bei einem Einbauwassergehalt kleiner als der optimale Wassergehalt erfordert das Material wegen seiner geringen Plastizität eine intensivere Verdichtungsarbeit, d. h. es muß von den Verdichtungsgeräten öfter passiert werden. Das Material ist dann gegenüber Porenwasserdrücken ziemlich unempfindlich und seine Standsicherheit größer. Jedoch sind die bei der späteren Wassersättigung zu erwartenden Setzungen ebenfalls größer. In zu trocken eingebautem Material hat man auch Risse, die dann zu unerwünschten Wasserdurchtritten und Ausspülungen geführt haben, beobachtet (A. Casagrande [107]). Die Ansichten, ob mit einem Wassergehalt oberhalb oder unterhalb — und zwar jeweils plus oder minus 2% — des optimalen Wassergehalts verdichtet werden soll, gehen aus diesen Gründen auseinander (Holtz [106], Gould [181]).

Über die Anwendung des Proctor-Versuchs im Straßenbau in Verbindung mit den neuen Richtlinien für den Bau der deutschen Autobahnen s. Voss [170].

Schwierigkeiten ergeben sich bei Böden mit erheblichen Kies- und Steinanteilen, die im Erddammbau häufig sind. Ihre Proctor-Dichte $r'_{0_{max}}$ kann versuchsmäßig nicht bestimmt werden. Auf Grund theoretischer Überlegungen (Gibbs [108], US Bureau of Reclamation [5]) gilt bis zu einem Gehalt von etwa 30% an Anteilen $> 4{,}76$ mm:

$$r'_{0_{max}} = \frac{r_{0_{max}} s}{P\, r_{0_{max}} + (1 - P)\, s}, \qquad (66)$$

worin

$r_{0_{max}}$ Proctor-Dichte des Anteils $< 4{,}76$ mm,
s spezifisches Gewicht des Anteils $> 4{,}76$ mm,
P Gehalt (als Dezimale) des Anteils $> 4{,}76$ mm.

Bei mehr als 30% Anteilen $> 4{,}76$ mm bleibt die im Feld tatsächlich erreichbare Dichte gegenüber der nach Gl. (66) berechneten Dichte zurück.

Die Proctor-Diagramme werden bisweilen durch zwei weitere Kurven vervollständigt:

1. die „Sättigungslinie" („Zero Air Voids Curve"),
2. die Eindringungslinie der „Proctor-Nadel".

Die *Sättigungslinie* ergibt sich dadurch, daß es nach Gl. (51) für jede Porenziffer ε, d. h. also auch für jedes Trockenraumgewicht r_0, einen — allein vom spezifischen Gewicht s des Bodens abhängenden — Wassergehalt w gibt, der die volle Wassersättigung des Porenraums angibt (ist z. B. $n = 30\%$, so wird bei $s = 2{,}65$ g/ml: $r_0 = 0{,}7 \cdot 2{,}65 = 1{,}855$ t/m³ [Gl. (41)], $r_w = 0{,}3 \cdot 1{,}0 = 0{,}3$ t/m³, $w = \frac{0{,}3}{1{,}855} 100 = 16{,}2\%$; für $n = 30\%$ bzw. $r_0 = 1{,}855$ t/m³ ist also $w_{max} = 16{,}2\%$). Die Trockenraumgewichte bei voller Wassersättigung, d. h. die Sättigungslinie, erhält man aus Gl. (41), (49) und (51) zu:

$$r_0 = \frac{s}{1 + \dfrac{w}{100} s}. \qquad (67)$$

Da für $w = 0$: $r_0 = s$ wird, strebt die Sättigungslinie (s. Abb. 97a) für $w = 0$ dem jeweiligen spezifischen Gewicht zu. Bei höheren Wassergehalten ist die Sättigungslinie die Einhüllende aller nur denkbaren Proctor-Kurven; alle Proctor-Kurven müssen sich dort theoretisch an die Sättigungslinie anschmiegen und um so mehr in sie übergehen, je mehr sich der Wassergehalt dem Wert für volle Wassersättigung nähert. Praktisch gehen aber die Kurven meist nicht völlig ineinander über. Der Abstand der Proctor-Kurve von der Sättigungslinie gibt dann an, daß die volle Wassersättigung noch nicht erreicht ist bzw.

wegen eines beim Versuch nicht zu beseitigenden Luftgehalts (s. S. 909) nicht erreicht werden konnte.

Es hat sich gezeigt, daß die einfache Proctor-Dichte in bindigen Böden i. a. bei 80 bis 90% Wassersättigung liegt. Bei Kenntnis oder Annahme des spezifischen Gewichts s kann die einfache Proctor-Dichte hierdurch mit Hilfe der folgenden Gleichung geschätzt werden, indem für den Sättigungsgrad S [s. Gl. (55)] ein Wert von 80 bis 90 eingesetzt und der optimale Wassergehalt w_0 gemäß den vorliegenden Erfahrungen etwa 2 bis 4% kleiner als die schnell feststellbare Ausrollgrenze (s. S. 914) angenommen wird:

$$r_{0_{max}} = \frac{s}{1 + \dfrac{w_0}{S} s}. \tag{68}$$

Die bei verschiedenen Böden möglichen einfachen Proctor-Dichten gehen aus Abb. 99 hervor. Bei Erdarbeiten werden je nach der Bedeutung der Schüttung Dichten von 90 bis 100% der einfachen oder der verbesserten Proctor-Dichte verlangt[1].

Die Proctor-*Nadel* ist eine Drucksonde mit fünf auswechselbaren Spitzen verschiedenen Querschnitts [0,32 bis 6,45 cm² ($^1/_{20}$ bis 1 in.²)], die mit einer Geschwindigkeit von etwa $1^1/_4$ cm/sek rd. $7^1/_2$ cm tief an drei Stellen in den im Proctor-Zylinder verdichteten Boden gedrückt wird. Der Druck wird hierbei mit einer Druckfeder gemessen. Die Auftragung der auf den Querschnitt der Nadel bezogenen Drücke in Abhängigkeit vom Wassergehalt ergibt gewöhnlich eine fallende, oft fast gerade Linie (s. Abb. 97b), was besagt, daß der Eindringungswiderstand der Proctor-Nadel weniger vom Trockenraumgewicht, sondern vorwiegend vom Wassergehalt abhängig ist.

Das Gerät ist deshalb zur Schnellprüfung des Wassergehalts im Felde, d. h. zum Vergleich mit den Sollwerten aus dem Laboratorium, geeignet. Seine Anzeigen sind jedoch recht unterschiedlich, besonders in körnigen Materialien. Sie werden zum Teil auch durch die Art und Weise der Handhabung des Geräts beeinflußt. Die Proctor-Nadel wird deshalb nicht in dem Maße wie die Proctor-Dichte benutzt.

9. Bestimmung der kapillaren Steighöhe.

Unter „kapillarer Steighöhe" eines Bodens versteht man die Höhe, um die das Wasser im Boden infolge der Oberflächenspannung und der Adhäsion zwischen Bodenkorn und Flüssigkeit über einen freien Wasserspiegel nach oben gesogen wird.

Man unterscheidet „*geschlossenes*" und „*offenes Kapillarwasser*". Das geschlossene Kapillarwasser stellt einen in sich geschlossenen Wasserhorizont ohne irgendwelche Luftbeimengungen dar, während das offene Kapillarwasser keinen geschlossenen Wasserhorizont mehr aufweist, sondern Lufteinschlüsse enthält und nur noch vereinzelte durchgehende Wasseräderchen besitzt (Abb. 102). Die Steighöhe des geschlossenen wie auch die des offenen Kapillarwassers ist in erster Linie von der Korngröße, in zweiter Linie von dem Hohlraumgehalt des Bodens abhängig, außerdem aber davon, in welchem Maße der Porenraum vor dem kapillaren Aufstieg des Wassers wassergesättigt war. War der Boden wassergesättigt, handelt es sich also um eine Senkung des freien Wasserspiegels, so ist die kapillare Steighöhe — besonders die des offenen Kapillarwassers — größer, als wenn der Boden trocken oder feucht war und der freie Wasserspiegel ansteigt. Es gibt hiernach nicht eine einzige, eindeutig festgelegte kapillare Steighöhe eines Bodens, sondern nur Grenzwerte, zwischen denen sie je nach den Ausgangsbedingungen in Erscheinung treten kann.

---

[1] Siehe Fußnote auf S. 921.

Für bautechnische Aufgaben ist vor allem die Steighöhe des geschlossenen Kapillarwassers H_k bei fallendem Wasserspiegel von Bedeutung, z. B. bei der Bestimmung des Raumgewichts des Bodens für eine Stützwandberechnung, wo das Raumgewicht des wassergesättigten Bodens [s. Gl. (43)] bis zur Höhe H_k über dem höchsten Grundwasserspiegel einzusetzen ist, oder bei der Standsicherheitsuntersuchung eines Staudamms, wo mit wassergesättigtem Boden bis zu einer Höhe H_k über der Sickerlinie gerechnet werden muß. Im Straßenbau, wo die Frage eines möglichen kapillaren Wasseraufstiegs vom Grundwasserspiegel bis in den Straßenuntergrund besonders wichtig ist, sind sehr eingehende Verfahren zur Ermittlung der kapillaren Steighöhe in Abhängigkeit von Hohlraumgehalt, Ausgangswassergehalt und bei steigendem und fallendem Wasserspiegel entwickelt worden (Croney [109]).

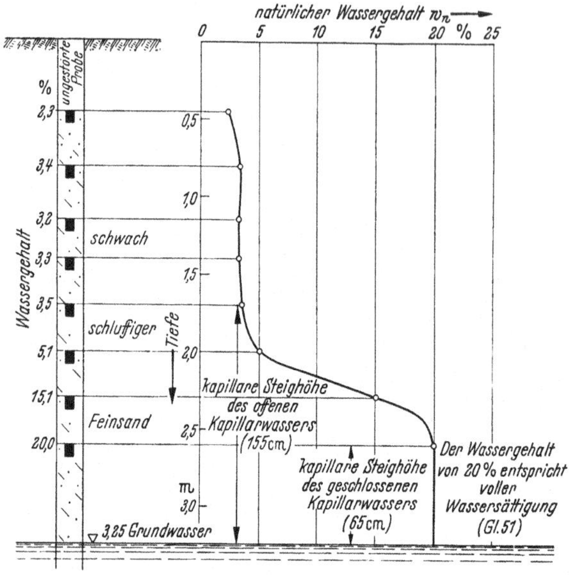

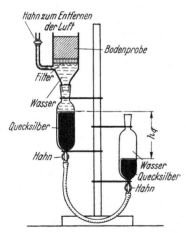

Abb. 102. Bestimmung der kapillaren Steighöhe durch Entnahme ungestörter Proben und Ermittlung der Veränderung des natürlichen Wassergehalts mit der Tiefe.

Im allgemeinen beschränkt man sich auf die Bestimmung der *Steighöhe H_k des geschlossenen Kapillarwassers bei fallendem Wasserspiegel*, die versuchstechnisch auch am einfachsten ist. Man benutzt hierzu das Gerät von Beskow (Abb. 103), bei dem unter der mit Wasser gesättigten Bodenprobe ein Unterdruck erzeugt und dieser so weit gesteigert wird, bis er die Kapillarkraft des Wassers überwindet und die Wassersäule in der größten Kapillare durch den Boden zieht, d. h. die Kapillare zum Abreißen bringt. Zum Versuch wird durch Heben des rechten Glaszylinders in Abb. 103 der Wasserspiegel im linken so hoch gedrückt, daß aus dem Gerät alle Luft bis zur Filterplatte verdrängt ist. Dann wird der vorher abgewogene und gut durchgearbeitete Boden etwa im Fließzustand lagenweise eingebracht und durch Zugeben von Wasser von oben her dafür gesorgt, daß sich der Wasserspiegel jeweils dicht über der Oberfläche der Probe befindet; dadurch wird die Bildung von mit Luft gefüllten Hohlräumen verhindert. Die Höhe der Probe wird gemessen. Sie ist für den Versuch frei wählbar, da die Oberflächenspannung und Adhäsion nur vom Durchmesser der Kapillaren abhängen. Durch stufenweises Absenken des rechten Zylinders wird dann ein Unterdruck unter der Bodenprobe erzeugt. Man steigert den Unterdruck nach jeweiliger Konsolidierung der Probe langsam, bis man an dem Auftreten einer Blase unter dem Filter, das nur wenig gröber als das Probenmaterial sein darf, das Durchbrechen der Luft durch den Boden erkennt. Dann mißt man den Unterschied h_q

Abb. 103. Versuchsanordnung nach Beskow zum Messen der kapillaren Steighöhe.

des rechten Quecksilberspiegels gegenüber seiner Ausgangslage. Der Versuch ist mißlungen, wenn der Luftdurchbruch an der Wandung erfolgt.

Der gemessene Unterdruck gibt die kapillare Steighöhe an. Bei einem spezifischen Gewicht des Quecksilbers von 13,6 g/ml ist also:

$$H_k = 13,6 \cdot h_q. \tag{69}$$

Die so ermittelte kapillare Steighöhe gehört zu der aus dem Trockengewicht, dem spezifischen Gewicht und der Höhe der Probe sowie dem Querschnitt des Glaszylinders nach Gl. (48) berechenbaren Porenziffer des Bodens. Bei kleiner werdender Porenziffer wird die kapillare Steighöhe etwas größer.

In nicht zu feinen Sandböden ist die kapillare Steighöhe nicht größer als etwa 30 cm. In sehr feinen Schluffböden kann sie Werte bis zu etwa 10 m annehmen. Im Ton sind noch größere Werte möglich.

Wichtiger als die genaue Kenntnis der kapillaren Steighöhe H_k ist für viele Fragen der bautechnischen Bodenuntersuchung die Kenntnis der durch sie ausgelösten Erscheinung des „Kapillardrucks" (TERZAGHI [9]). Da sich das um H_k durch Kapillaranstieg gehobene Wasser gewissermaßen an dem Boden aufhängt, wird der Boden dabei entsprechend belastet. Die dabei auftretende Spannung ist:

$$p_k = s_w H_k, \tag{70}$$

worin

s_w spezifisches Gewicht des Wassers.

p_k wirkt im Wasser als Zug-, im Boden als Druckbelastung.

Die durch die Druckbelastung p_k im Boden hervorgerufene Reibungsfestigkeit wird nach TERZAGHI „scheinbare Kohäsion" genannt. Sie kann bei bindigen Böden zu einer erheblichen Steigerung der Bodenfestigkeit führen und ruft auch bei nichtbindigen eine Zunahme der Bodenfestigkeit hervor (KAHL und NEUBER [182]). Sie verschwindet bei durchlässigen Böden im Augenblick der Überflutung des Bodens infolge des Wegfalls der Kapillarwirkung unter Wasser, bei schwer durchlässigen Böden mit einer mehr oder weniger großen Verzögerung.

Die größte im Boden auftretende Kapillarspannung wird durch den Schrumpfversuch (s. S. 916) ermittelt. Da von der Schrumpfgrenze ab das Volumen nicht mehr abnimmt, erreicht die Kapillarkraft dort ihren Höchstwert. Entnimmt man also aus Abb. 94 die bei der Schrumpfgrenze vorhandene Porenziffer ε_s und bestimmt aus einem Druck-Porenzifferdiagramm (s. S. 941) des gleichen Bodens den zu dieser Porenziffer gehörigen Druck, so erhält man die größte Kapillarspannung. Nach diesem Verfahren bestimmte Kapillarspannungen liegen bei wenig bindigen Böden zwischen rd. 2 und 4 kg/cm². Sie steigen bei fetten Tonen bis auf 12 kg/cm² an (ENDELL, LOOS und BRETH [110]). Die nach Überschreiten der Schrumpfgrenze vor sich gehende weitere Verfestigung beruht nicht mehr auf der Kapillarspannung, sondern ist auf die molekulare Anziehung der sich immer mehr nähernden Bodenteilchen zurückzuführen.

10. Bestimmung der Wasserdurchlässigkeit.

Die Wasserdurchlässigkeit v des Bodens ist durch die „Wasserdurchlässigkeitsziffer k" gekennzeichnet, die nach dem Gesetz von DARCY

$$v = k \, i \tag{71}$$

die Geschwindigkeit angibt, mit der Wasser den Boden bei einem hydraulischen Gefälle $i = 1$ durchströmt. Diese Geschwindigkeit, für die auch der Ausdruck „Filtergeschwindigkeit" gebraucht wird, ist, was bei der Anwendung beachtet werden muß, eine gedachte Geschwindigkeit, da sie voraussetzt, daß der Gesamtquerschnitt F des Bodens zum Durchfluß zur Verfügung steht, d. h. daß die abfließende Wassermenge $Q = v F$ ist. Tatsächlich ist aber nicht der Gesamtquerschnitt F, sondern nur der Porenraum zum Wasserdurchfluß frei. Die

„*wirkliche Durchflußgeschwindigkeit*" ist deshalb größer, und zwar ist bei einem Porenvolumen n:

$$v_{\text{wirklich}} = v/n. \tag{72}$$

Da das Darcysche Gesetz die Auswirkungen von Temperaturänderungen auf die Zähigkeit η des Wassers nicht berücksichtigt, die die Fließeigenschaften einer Flüssigkeit nicht unerheblich beeinflußt, muß die bei einer Wassertemperatur t_x bestimmte Durchlässigkeitsziffer k_x ferner auf die Wassertemperatur des Grundwassers in der Natur oder auf eine vereinbarte Vergleichstemperatur, für die allgemein die Temperatur von 20° C, manchmal auch 10° C, eingeführt ist, umgerechnet werden. Es ist

$$k_{20°} = k_x \frac{\eta_x}{\eta_{20°}} \tag{73}$$

$\eta_x/\eta_{20°}$ ist für $t_x = 15°$ C: 1,14; für $t_x = 30°$ C: 0,79.

Der Versuch zur Bestimmung der Durchlässigkeitsziffer ist in Anordnung und Durchführung an sich einfach, wird aber zur Feststellung der sehr wichtigen Abhängigkeit der Durchlässigkeitsziffer vom Hohlraumgehalt und zur einwandfreien Ausschaltung von oft nicht beachteten Fehlerquellen ziemlich umständlich. Die eigentliche Fehlerquelle liegt

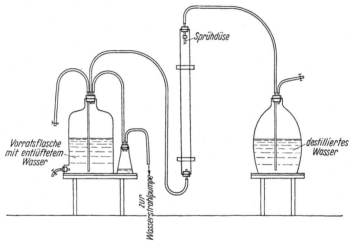

Abb. 104. Anordnung zum Gewinnen von entlüftetem Wasser.

darin, daß sich die Wasserdurchlässigkeit mit dem Sättigungsgrad S des Bodens (s. S. 909) ändert, und zwar nimmt sie mit fallendem Sättigungsgrad S ab, da die Luftbläschen den zum Wasserdurchfluß freien Porenraum verkleinern. So ergab sich z. B. [91] in einem Sand $k = 7 \cdot 10^{-3}$ cm/sek bei $S = 100\%$ und $k = 2{,}5 \cdot 10^{-3}$ cm/sek bei $S = 80\%$. Es ist also wichtig, die Durchlässigkeitsziffer bei völliger Wassersättigung des Probenmaterials zu bestimmen. Hierzu ist es wichtig, die Durchlässigkeitsversuche mit entlüftetem, destilliertem Wasser durchzuführen und die Probe außerdem unter einem ziemlich hohen Vakuum mit diesem Wasser zu sättigen; würde man kein entlüftetes Wasser verwenden, so würde sich unter dem Einfluß des Vakuums sehr schnell Luft aus dem Wasser ausscheiden.

Luftfreies bzw. genügend entlüftetes Wasser erhält man durch Abkochen und anschließendes Abkühlen. Es nimmt, wenn es in geschlossenen Flaschen aufbewahrt wird, nur langsam wieder Luft auf und kann deshalb auch noch einige Tage nach dem Abkochen benutzt werden. Jedoch ist der große Wasserverbrauch bei Versuchen mit stark durchlässigen Böden störend. Zweckmäßiger ist dann die Anordnung eines einfachen Geräts zur laufenden Entlüftung des Wassers (Abb. 104). Hierbei wird destilliertes Wasser durch Unterdruck, der durch eine Wasserstrahlpumpe erzeugt wird, in ein Zylinderrohr gesogen, dort mit Hilfe einer Düse versprüht (etwa 20 l/h) und in einer Vorratsflasche aufgefangen. Das tief in die Flasche hinabreichende Glasrohr dient zur Entnahme vom Boden der Flasche, wo das Wasser besonders frei von gelöster Luft ist.

Hinsichtlich der Versuchsdurchführung hat man zwei verschiedene Verfahren zu unterscheiden:

1. den „Versuch mit konstanter Druckhöhe" (Abb. 105),
2. den „Versuch mit fallender Druckhöhe" (Abb. 106).

In beiden Fällen kann zur Aufnahme der Probe ein Glaszylinder von etwa 5 bis 10 cm ⌀ und etwa 30 cm Länge dienen, in den das Versuchsmaterial mit einer Höhe von etwa 5 bis 20 cm in gestörtem Zustand mit dem gewünschten Hohlraumgehalt eingebracht wird (s. Abb. 105). Man kann den Boden aber auch im ungestörten Zustand unmittelbar in dem Entnahmezylinder nach Abb. 20 untersuchen (s. Abb. 106). Diese Versuchsanordnungen kommen aber nur für gut durchlässige nichtbindige Böden in Betracht. In sehr durchlässigen Böden können die Strömungsverluste in der Schlauchleitung und dem Eintrittsfilter oder -sieb im Verhältnis zu dem Durchflußwiderstand der Probe unter Umständen recht groß werden. Es ist dann

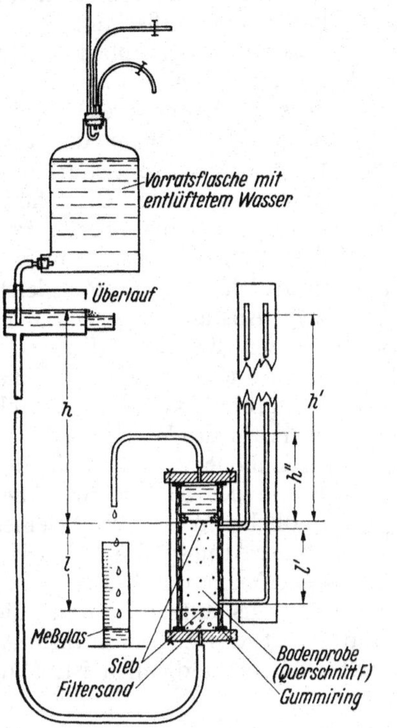

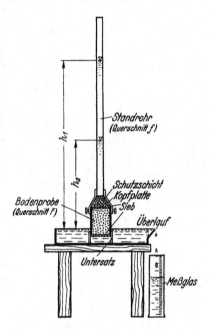

Abb. 105. Versuchsanordnung zur Bestimmung der Durchlässigkeit sandiger Böden bei konstanter Druckhöhe.

Abb. 106. Versuchsanordnung zur Bestimmung der Durchlässigkeit sandiger Böden bei abnehmender Druckhöhe.

notwendig, das längs des Durchflußweges l' tatsächlich vorhandene Druckgefälle ($h' - h''$) durch mindestens zwei Piezometerrohre besonders zu messen (s. Abb. 105).

In schwerer durchlässigen bindigen Böden müssen Proben von kleinerer (etwa 4 bis 8 cm) Höhe untersucht werden, um die Versuche zeitlich nicht zu weit auszudehnen und um trotzdem eine genügende Durchflußwassermenge aufzufangen. Außerdem ist es — wenn man die Abhängigkeit der Durchlässigkeitsziffer vom Hohlraumgehalt erhalten will — notwendig, die Proben unter verschiedenen senkrechten Drücken zu prüfen. Man führt den Durchlässigkeitsversuch dann bei feinkörnigen bindigen Böden am besten im Kompressionsapparat (s. S. 936) durch (Abb. 107), bei gemischtkörnigen bindigen Böden in einem Gerät nach Abb. 108, in dem die Probe mittels eines hydraulischen Wagenhebers über zwei Druckfedern belastet werden kann und das auch den Einbau des Entnahmezylinders nach Abb. 20 gestattet. Die Federn dienen zur Druckmessung; sie verhindern aber auch, wenn sie in ihrer Stellung nach Auf-

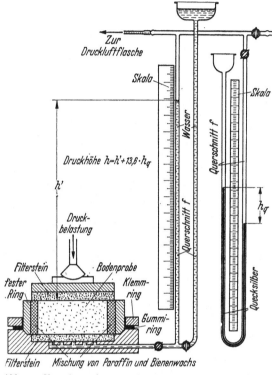

Abb. 107. Versuchsanordnung zur Bestimmung der Durchlässigkeit schwer durchlässiger, feinkörniger Böden im Kompressionsapparat.

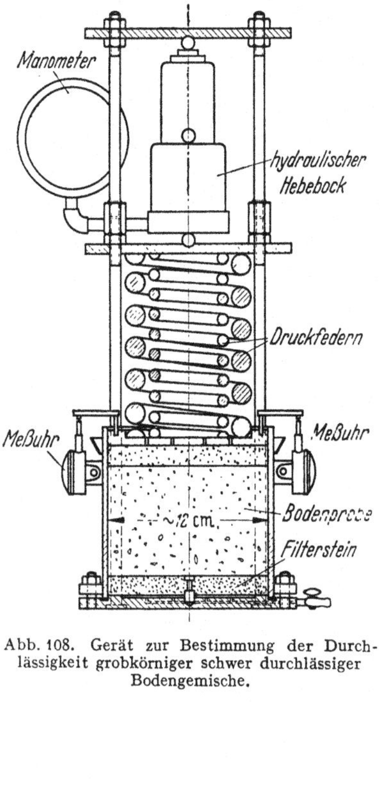

Abb. 108. Gerät zur Bestimmung der Durchlässigkeit grobkörniger schwer durchlässiger Bodengemische.

bringen einer neuen Last durch die Muttern an den Zugstangen festgehalten werden, einen zu starken Abfall der Druckbelastung, der bei einer Setzung des Bodens bei rein hydraulischer Belastung eintreten würde.

Eine konstante Druckhöhe kann man außer mit einem Überlauf nach Abb. 105 sehr einfach auch mit einem Wasserbehälter erreichen, der nach dem Prinzip der MARIOTTEschen *Flasche* arbeitet (Abb. 109). Die Druckhöhe ist hierbei unabhängig von der Höhe des Wasserspiegels in der Flasche und stets gleich dem Abstand zwischen dem unteren Ende des Einsteckrohrs und dem oberen Rand der Probe. Da der Luftdruck oberhalb des Wassers um die Druckhöhe der oberhalb der Spitze des Einsteckrohrs befindlichen Wassersäule kleiner als der Atmosphärendruck ist, perlt beim Ausströmen des Wassers von dem Einsteckrohr aus laufend Luft auf, die für den Luftgehalt des zuvor entlüfteten Wassers natürlich nicht dienlich ist. Man

Abb. 109. MARIOTTEsche Flasche zum Erzeugen einer konstanten Druckhöhe.

sollte deshalb für den Durchlässigkeitsversuch nur die bei Versuchsbeginn unterhalb des Einsteckrohrs liegende Wassermenge verwenden, d. h. das Einsteckrohr etwa in Flaschenmitte enden lassen. Hieraus folgt, daß diese Versuchsanordnung besonders für wenig durchlässige Böden, bei denen die zum Versuch notwendige Wassermenge klein ist, in Frage kommt.

Das *Gefälle i* wird in nichtbindigen Böden von nicht zu geringer Durchlässigkeit etwa zwischen 5 und 20 gewählt, und zwar je kleiner, desto durchlässiger der Boden ist. In bindigen Böden müssen größere Gefälle und Druckhöhen benutzt werden, um in erträglichen Versuchszeiten (etwa 1 Tag) eine ausreichend große Durchflußwassermenge, die im Hinblick auf die Verdunstung eine genügend genaue Messung gestattet, gewinnen zu können. Dies führt dazu, die bei Versuchen mit konstanter Druckhöhe nötigen Überlaufbehälter oder MARIOTTEschen Flaschen möglichst hoch über dem Durchlässigkeitsapparat anzuordnen bzw. bei Versuchen mit fallender Druckhöhe den Standrohren eine große Länge zu geben. Große Druckhöhen sind aber dadurch meist nur schwer zu erreichen. Bei dem Versuch im Kom-

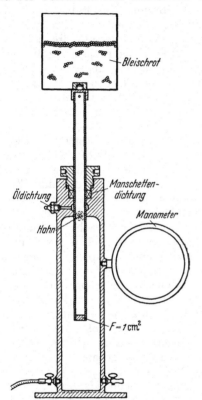

Abb. 110. Hydraulischer Drucktopf zum Erzeugen einer hohen konstanten Druckhöhe.

Abb. 111. Versuchsanordnung zur Bestimmung der Durchlässigkeit mit Hilfe der Geräte nach Abb. 108 und 110.

pressionsapparat (s. Abb. 107) hilft man sich dadurch, daß man auf die Wasseroberfläche eine Druckluftbelastung aufbringt. Bei Gebrauch des Geräts nach Abb. 108, d. h. bei verhältnismäßig großen Proben, erscheint die Verwendung eines hydraulischen Drucktopfs (Abb. 110) am günstigsten. Wird der Druckstempel von z. B. 1 cm² Querschnitt mit nur 3 kg belastet, so erzeugt der neben dem Durchlässigkeitsapparat stehende Drucktopf (Abb. 111) eine Druckhöhe von 30 m Wassersäule. Da mit dem hydraulischen Wagenheber auch eine statische Belastung, die einer Erdlast von 30 m Höhe entspricht, leicht herbeigeführt werden kann, erlaubt diese Versuchsanordnung die Prüfung der Durchlässigkeit des Bodens unter Bedingungen, wie sie in oder unter höheren Erddämmen vorkommen.

Bei der *Versuchsdurchführung* hat man zwischen Versuchen mit nichtbindigem und bindigem Boden zu unterscheiden.

Nichtbindiger Boden wird gewöhnlich in einem Glaszylinder gemäß Abb. 105 untersucht. Der Sand wird vor dem Einbringen so abgewogen, daß er bei Ausfüllen des vorgesehenen Volumens die gewünschte Lagerungsdichte besitzt. Er wird unten vor einem Aufspülen durch groben Sand oder Kies, oben vor dem Ausspülen feiner Bestandteile durch ein feines Siebblech geschützt, das an der Wandung befestigt sein muß, um ein Aufbrechen oder Heben des Bodens zu verhindern. Durch Anschließen einer Wasserstrahlpumpe wird oberhalb der Probe ein Vakuum erzeugt und das vorher schon entlüftete Wasser von unten durch die Probe hochgesaugt. Nach Beseitigen des Unterdrucks wartet man noch einige Zeit, bis sich ein stationärer Strömungszustand ausgebildet hat, und mißt dann die während einer bestimmten Zeiteinheit in einem Meßzylinder aufgefangene Wassermenge. Man wiederholt die Messung dreimal und führt den Gesamtversuch dann mit wenigstens zwei weiteren Lagerungsdichten durch. Entsprechend verfährt man — gegebenenfalls mit der ungestörten Probe im Entnahmezylinder — bei der Versuchsanordnung mit fallender Druckhöhe (s. Abb. 106) mit dem alleinigen Unterschied, daß man hier an Stelle der aufgefangenen Wassermenge das Absinken der Druckhöhe im Standrohr in der gewählten Zeiteinheit mißt.

Bindiges Material mit geringer Durchlässigkeit wird am besten im Kompressionsapparat (s. Abb. 107) untersucht. Oft handelt es sich hierbei um eine ungestörte Probe. Wegen der geringen Durchlässigkeit des Bodens besteht die Gefahr, daß sich das Wasser an der Wandung des Geräts einen Weg bahnt. Zur Verhinderung gibt man der Probe einen etwas kleineren Durchmesser (rd. 1 cm), als dem Zylinder entspricht, und vergießt den Hohlraum mit einer undurchlässigen Masse [Paraffin mit einem Zusatz von rd. 30 % Bienenwachs (zur Herabsetzung des Schrumpfens); oder eine Mischung von vier Teilen Resin und drei Teilen Paraffinöl]. Dann belastet man wie beim Kompressionsversuch (s. S. 933), wartet die Konsolidierung ab und bestimmt die Durchlässigkeitsziffer durch einen Versuch mit fallender Druckhöhe, wenn nötig durch Aufbringen einer zusätzlichen Druckluftauflast, deren Höhe mit einem Quecksilbermanometer gemessen wird (s. Abb. 107). Natürlich muß die Gesamtdruckhöhe stets wesentlich kleiner sein als die Druckbelastung der Probe. Der Durchlässigkeitsversuch wird bei verschiedenen Belastungen, d. h. verschiedenen Porengehalten des Bodens, wiederholt. Am Schluß werden Wassergehalt und Trockengewicht der ausgebauten Probe bestimmt und wie beim Kompressionsversuch die Porenziffern am Ende der einzelnen Laststufen berechnet (s. Tab. 11).

In entsprechender Weise verfährt man auch bei dem Versuch im Gerät nach Abb. 108, dessen Hauptvorteil die Möglichkeit ist, eine größere Probenmenge und gröberes Material zu untersuchen. Das Material kann ungestört entnommen sein und im Entnahmezylinder eingebaut werden. Man kann es aber auch lagenweise in das Gerät einbringen und nach einem der Standardverfahren (s. S. 922) oder auf eine vorgeschriebene Höhe hin verdichten. Die Probe wird dann mittels des hydraulischen Wagenhebers stufenweise belastet, nach der ersten Belastung mit Wasser getränkt und nach jeweiliger Konsolidierung am besten durch einen Versuch mit konstanter Druckhöhe auf ihre Durchlässigkeit hin geprüft.

Beim *Versuch mit konstanter Druckhöhe* kann die Wasserdurchlässigkeitsziffer k nach dem Gesetz von Darcy [Gl. (71)] errechnet werden. Nach Einsetzen von $Q/F = v$ und $h/l = i$ sowie Auflösen der Gleichung nach k ist für die Zeitdauer t, während der die Wassermenge Q aufgefangen wird:

$$k = \frac{Q\,l}{F\,t\,h},\qquad\qquad\qquad (74)$$

worin

Q Wassermenge, die die Probe in der Zeit t durchströmt hat,
l durchströmte Länge der Probe,
F Querschnitt der Probe senkrecht zur Strömungsrichtung,
t Zeit,
h Druckhöhe.

Beim *Versuch mit fallender Druckhöhe* wird Q nicht gemessen, sondern aus der Veränderung des Wasserspiegels im Standrohr mit dem Querschnitt f bestimmt. Man erhält:

$$k = \frac{f l}{F t} \ln \frac{h_1}{h_2} = 2,3 \frac{f l}{F t} \log \frac{h_1}{h_2}. \qquad (75a)$$

Verwendet man künstlichen Überdruck, dessen Höhe h_q durch ein Quecksilber-manometer gemessen wird (s. Abb. 107), so geht Gl. (75a) wegen des spezifischen Gewichts des Quecksilbers von 13,6 in die Form über:

$$k = 2,3 \frac{f l}{F t} \log \frac{h_1 + h_q \, 13,6}{h_2 + h_q \, 13,6}, \qquad (75b)$$

worin

h_1 Höhe im Standrohr bei Versuchsbeginn,
h_2 Höhe im Standrohr bei Versuchsende,
h_q Spiegelunterschied im Quecksilbermanometer.

Zur Kontrolle über etwaige Fehler der ermittelten Durchlässigkeitsziffern k trägt man k in Abhängigkeit von den zugehörigen Porenziffern ε auf. Wählt man für beide Achsen den logarithmischen Maßstab, so erhält man eine annähernd gerade Linie (Abb. 112), die durch die Gleichung wiedergegeben wird:

$$k = A \, \varepsilon^B. \qquad (76)$$

Der Faktor A gibt die Größenordnung der Durchlässigkeit bei der betreffenden Bodenart an und entspricht der Durchlässigkeitsziffer bei einer Porenziffer $\varepsilon = 1$, also einer ziemlich lockeren Lagerung. Der Faktor B läßt die Stärke der Abhängigkeit zwischen Durchlässigkeit und Hohlraumgehalt erkennen.

Die Größe von k wird in Zehnerpotenzen angegeben. Für nichtbindigen sandigen Boden liegt k zwischen den Werten 10^0 und 10^{-3} cm/sek, während in Kies und Geröllen Werte bis 10^2 cm/sek

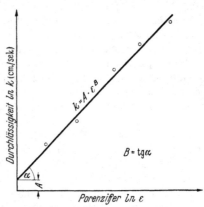

Abb. 112. Abhängigkeit der Durchlässigkeitsziffer k von der Porenziffer ε.

vorkommen können. k kann bei stark bindigen Böden bis auf einen Wert von 10^{-8} cm/sek abnehmen. Ein k-Wert von 10^{-4} cm/sek wird bisweilen als Grenze zwischen durchlässigen und undurchlässigen Böden angenommen; Böden mit einem k-Wert $< 10^{-6}$ bis 10^{-7} cm/sek sind als praktisch undurchlässig anzusehen.

11. Untersuchung der Zusammendrückbarkeit (Kompressionsversuch).

Die Zusammendrückbarkeit des Bodens wird dadurch untersucht, daß eine dünne Bodenscheibe in einem Zylinder mit starrer Wandung in senkrechter Richtung stufenweise belastet wird. Der Versuch wird deshalb als „Druckversuch mit behinderter Seitendehnung" oder kurz als „Kompressionsversuch" bezeichnet.

Als Kennziffer erhält man die sog. „Steifezahl bei behinderter Seitendehnung", die, wie schon auf S. 875 ausgeführt, gewöhnlich der Steifezahl des Bodens im Untergrund, obwohl dort eine unbehinderte Seitendehnung nicht vorhanden ist, gleichgesetzt wird [s. Gl. (15) und Abb. 59]. Die durch den Kompressionsversuch gewonnene Steifezahl gibt dann in Verbindung mit der Theorie der Spannungsausbreitung im Untergrund die Möglichkeit, die dort bei einer Belastung stattfindenden Formänderungen, vor allem die in lotrechter Richtung verlaufenden Setzungen, zu berechnen (DIN 4019 „Baugrund; Setzungsberechnungen bei lotrechter, mittiger Belastung; Richtlinien" aus dem Jahre 1955). Bei diesen handelt es sich in ganz überwiegendem Maße um plastische Formänderungen, für deren Ermittlung die Kenntnis des Elastizitätsmoduls des Bodens (s. S. 982) i. a. ohne Wert ist.

Die bei der Belastung eines Bodens auftretenden Erscheinungen sind sehr verschieden, je nachdem, ob es sich um einen bindigen oder nichtbindigen Boden handelt. In beiden Fällen ist theoretisch eine elastische Zusammendrückung vorhanden, jedoch von so geringer Größe, daß sie fast stets vernachlässigt werden kann. Beherrschend für die durch die Belastung ausgelösten Formänderungsvorgänge ist die infolge des verhältnismäßig großen Hohlraums im Boden vorhandene starke Tendenz der einzelnen Bodenkörner, in eine neue Lage zu kommen. Hierbei verhalten sich bindige und nichtbindige Böden verschieden.

In einem nichtbindigen Boden stützen sich die einzelnen harten Quarz-, Kalk- oder Feldspatkörner starr gegeneinander ab (s. Abb. 2). Sofern hierbei instabile Abstützungen vorhanden sind, fallen sie bei dem Aufbringen der Belastung zusammen, und kleinere, dadurch frei werdende Körner fallen in die Hohlräume zwischen den größeren Körnern. Das eigentliche tragende Korngerüst aber bleibt davon ziemlich unbeeinflußt, es sei denn, die Lagerung ist sehr locker und die Belastung sehr hoch. Sonst liefern der verhältnismäßig große Reibungsbeiwert des Sands und die in den Berührungspunkten vorhandenen Normaldrücke einen genügenden Reibungswiderstand, um zu große Verschiebungen und eine umwälzende Umlagerung der Körner im Sinne einer wirklich hohlraumarmen Lagerung zu verhindern. Eine solche kann nur bei einer dynamischen Belastung eintreten. Bei rein statischer Belastung aber ist nichtbindiger Boden wenig zusammendrückbar und nicht setzungsempfindlich. Dies wird auch durch die Gegenwart von Wasser nicht geändert.

In einem bindigen Boden stützen sich die Bodenteilchen nicht unmittelbar untereinander ab, sondern sind von Wasserhüllen umgeben (s. S. 821 und Abb. 5). Da die Dicke der Wasserhüllen ein Vielfaches der Stärke der Bodenteilchen beträgt bzw. betragen kann, ist bei einer Belastung eine starke Annäherung der Teilchen, d. h. eine große Formänderung des Bodens, möglich. Voraussetzung ist nur, daß das Wasser entweichen kann. Da dies wegen der kleinen Durchlässigkeit der bindigen Böden nur sehr langsam möglich ist, wird hierdurch die durch ihren Aufbau bedingte große Zusammendrückbarkeit zwar größenmäßig nicht gemindert, jedoch zeitlich u. U. sehr stark verzögert. Diese Erscheinung führt zu den Begriffen „Konsolidierung", „Porenwasserdruck" und „Korn-zu-Korn-Druck", ohne deren Kenntnis ein Verstehen der wichtigsten Zusammenhänge der bautechnischen Bodenkunde gar nicht möglich ist. Sie können am besten an dem von Terzaghi, dem die Erkenntnisse über die Vorgänge beim Belasten eines bindigen Bodens zu verdanken sind (1923) (Terzaghi [9], Terzaghi und Fröhlich [111], Terzaghi und Peck [37], Terzaghi und Jelinek [112]), hierfür herangezogenen Federmodell erklärt werden (Abb. 113).

Das Modell besteht aus einer Reihe durchlöcherter Kolben, die durch zwischengeschaltete Federn im Gleichgewicht gehalten werden. Wird der oberste Kolben belastet, verformen sich die Federn sofort entsprechend der aufgebrachten Last und kommen in eine neue Gleichgewichtslage. Ist jedoch der Raum zwischen den einzelnen Kolben mit

Wasser gefüllt, so können sich die Federn nur in dem Maße verformen, in dem Wasser durch die in den Kolben befindlichen Löcher abströmt. Unmittelbar bei der Lastaufbringung wird deshalb die Last völlig von dem dadurch druckbelasteten Wasser getragen. Bei einem Abströmen des Wassers vermindert sich die Wasserbelastung, während die Belastung der Federn entsprechend zunimmt. Erst wenn das Wasser wieder völlig entlastet ist, d. h. wenn ein entsprechendes Wasservolumen abgeströmt ist und sich die Federn wie in dem nicht mit Wasser gefüllten Zylinder zusammengedrückt haben, wird die Last völlig von den Federn getragen. Den zeitlichen Verlauf des Drucks im Wasser kann man an Standrohren, die zwischen den einzelnen Kolben eingesetzt sind, verfolgen. Seine zeitliche Veränderung hängt von dem Durchmesser und der Zahl der Löcher in den Kolben ab, außerdem davon, ob auch eine Entwässerung durch die Bodenplatte des Zylinders möglich ist.

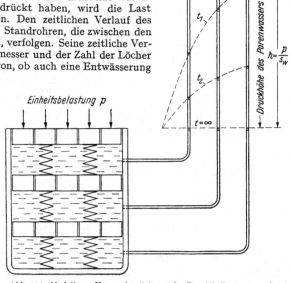

In gleicher Weise hat man sich die Vorgänge vorzustellen, die sich beim Belasten eines wassergesättigten bindigen Bodens abspielen: Die Bodenteilchen übernehmen die Rolle der Federn, das Porenwasser die Rolle des Wassers in dem Modell; die Durchlässigkeit des Bodens entspricht der Abflußmöglichkeit des Wassers durch die durchlöcherten Kolben; die Druckbelastung des Wassers wird „Porenwasserdruck", die der Federn der „Korn-zu-Korn-Druck" des Bodens genannt. Der ganze Vorgang, der sich in wenig durchlässigen Tonböden über Jahre erstrecken kann,

Abb. 113. Modell zur Veranschaulichung der Begriffe Porenwasserdruck, Korn-zu-Korn-Druck und Konsolidierung [37].

wird als „Konsolidierung" des Bodens bezeichnet. Er tritt in der beschriebenen Form nur in wassergesättigten und wenig durchlässigen Böden auf und verliert in gut durchlässigen Böden, wo der Porenwasserdruck sich sofort ausgleichen kann, seine Bedeutung[1]. Jedoch hat man auch schon in allen gemischtkörnigen, nur schwachbindigen Böden einen ähnlichen Vorgang anzunehmen; die Umwandlung des Porenwasserdrucks in Korn-zu-Korn-Druck geht hier nur verhältnismäßig schnell, der Durchlässigkeit des Materials entsprechend, vor sich.

Wegen der geringen und schnell eintretenden Zusammendrückung der nichtbindigen Böden einerseits und wegen der starken Zusammendrückbarkeit und des unbekannten zeitlichen Verlaufs der bindigen Böden andererseits wird der Kompressionsversuch fast ausschließlich mit bindigen Böden ausgeführt. Diese werden dabei in ungestörtem Zustand untersucht. Die nach der Entnahme aus dem Untergrund fehlende Belastung infolge der Bodenauflast der Probe wird durch die Kapillarkraft ersetzt, die verhindert, daß die Probe vor der Belastung im Kompressionsapparat schwillt (OHDE [113]). Müssen ausnahmsweise Proben aus nichtbindigen Schichten untersucht werden, so werden sie wegen der Schwierigkeit, wirklich ungestörte Proben aus ihnen entnehmen (s. S. 845), ungestört in das Laboratorium schaffen und ungestört in die Versuchsgeräte einbauen zu können, in gestörtem Zustand, aber der Lagerungsdichte im Untergrund entsprechend, in die Kompressionsapparate eingebaut.

Gerät und Probeabmessungen. Der Kompressionsapparat zur Untersuchung feinkörniger Böden, der von TERZAGHI „Ödometer" genannt wurde, da er bei seinen ersten Versuchen vor allem den Schwellvorgang gestört eingebauten Materials untersuchte, besteht grundsätzlich aus einem starren Behälter, in

---

[1] Eine Ausnahme bilden allein dynamische Belastungen wegen ihrer sehr schnellen Aufbringung.

dem die Bodenprobe zwischen zwei waagerechten Filterplatten ruht, damit das beim Druck aus dem Boden gepreßte Porenwasser ungehindert nach oben und unten entweichen kann (Abb. 114). Manchmal ist die Möglichkeit vorgesehen, den Ausstechring, mit dem die für den Versuch benutzte Teilprobe aus der ungestörten Probe ausgestanzt wird, unmittelbar in den Kompressions-

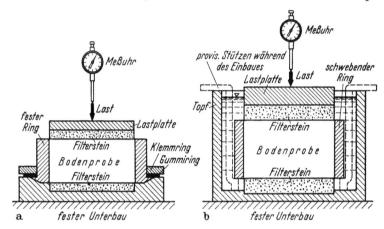

Abb. 114. Prinzip des Kompressionsapparats mit festem Ring (a) und mit schwebendem Ring (b).

apparat einzusetzen (Abb. 115). In den meisten Fällen sind zusätzliche Einrichtungen zur Messung der Wasserdurchlässigkeit nach Abb. 107 vorhanden (s. Abb. 118). In neuerer Zeit werden bisweilen auch Geräte mit beweglicher Wandung („schwebender Ring") benutzt (Abb. 114b), bei denen die Reibungskraft zwischen der Probe und der Wandung nicht wie bei dem Gerät mit festem Ring (Abb. 114a) auf die Unterlage übertragen wird, so daß die aufgebrachte

Abb. 115. Kompressionsapparat mit einsetzbarem Ausstechring verschiedener Höhe (Hersteller P. Stenzel, Hamburg).

Last vollkommener auf die Probe einwirkt. Jedoch ist der praktische Gewinn nur gering (über das Kräftespiel in beiden Fällen s. Muhs und Kany [59]). Auch kann allein der Apparat mit festem Ring für Durchlässigkeitsversuche benutzt werden.

Eingehende Versuche (Muhs und Kany [59]) haben ergeben, daß die Ergebnisse des Kompressionsversuchs nur bei verhältnismäßig dünnen Bodenscheiben mit einem großen Verhältnis vom Durchmesser d zur Höhe h von der Reibung der Proben an der Wandung einigermaßen unbeeinflußt sind. In allen anderen Fällen nimmt die auf die Probenhöhe bezogene Zusammendrückung mit steigender Probenhöhe oder fallendem Durchmesser stark ab (Abb. 116). Nach Versuchen von LEUSSINK [*114*] ist ein großer Durchmesser auch zur Verminderung des Fehlers notwendig, der durch ein nicht vollkommen sattes Anliegen der Probe an der Wandung entsteht. Auf der anderen Seite können aber zu dünne Proben ebenfalls nicht empfohlen werden, da nach Versuchen von VAN ZELST [*115*] die Störungen, die beim Glätten der Ober- und Unterfläche der Probe entstehen, unabhängig von der Probenhöhe sind, d. h. bei sehr dünnen Proben einen starken Einfluß haben können.

Die Abmessungen der Probe sind aus diesen Gründen möglichst so zu wählen, daß ein Verhältnis $d : h \geqq 5$ vorhanden ist. In den vorbereiteten deutschen Richtlinien ist die Probe mit einer Höhe von 20 mm und einem Durchmesser von 100 mm als Standardgröße eingeführt, die aus der mit dem Standardentnahmegerät mit einem Innendurchmesser von 114 mm (s. Abb. 26) entnommenen ungestörten Probe gut ausgestochen werden kann. Sind aus besonderen Gründen nur ungestörte Proben kleineren Durchmessers vorhanden, so soll der Durchmesser mit 70 mm und die Höhe mit 14 mm gewählt werden.

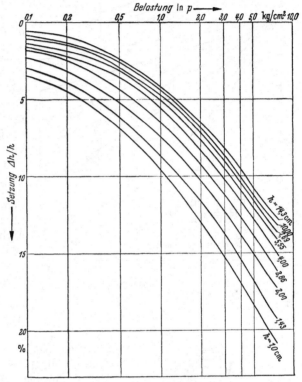

Abb. 116. Ergebnis von Kompressionsversuchen mit Proben verschiedener Höhe. Bodenart: toniger Schluff [*59*].

Läßt sich in Ausnahmefällen die Verwendung noch schlankerer Proben nicht vermeiden, so muß bei der Auswertung die tatsächlich auf die Probe wirkende Belastung gegenüber der aufgebrachten Belastung vermindert werden. Hierzu kann das Diagramm der Abb. 117 benutzt werden, das in dem unteren Teil den Abminderungsfaktor α, mit dem die aufgebrachte Last zu multiplizieren ist, für verschiedene Verhältnisse $d : h$ enthält. Das Produkt $\mu \lambda_0$ [μ = Reibungskoeffizient zwischen Boden und Wandung, λ_0 = Ruhedruckziffer (s. S. 976)] muß dazu aus dem oberen Teil der Abbildung für die betreffende Bodenart und Belastung an Hand der eingezeichneten, versuchsmäßig ermittelten Kurven von drei verschiedenen Bodenarten geschätzt werden (MUHS und KANY [*59*]).

Bei gröberem Boden ist die Versuchsdurchführung in Geräten nach Abb. 114 und 115 nicht möglich. Es sind dann Zylinder mit größerem Durchmesser und größerer Höhe angebracht, in denen die Belastung nach Abb. 108 vorgenommen werden kann. Bei sehr groben Materialien, wie Gesteinstrümmer, Flußschotter od. ä., kann es sogar notwendig werden, Zylinder mit 0,5 bis 1,0 m $\emptyset$ zu benutzen. Zur Erzielung eines einwandfreien Ergebnisses ist es dann erforderlich, die Wandung des Geräts entweder an Meßbügeln aufzuhängen oder auf Druckdosen aufzulagern, die in die Wandung eingeleiteten Kräfte zu messen und von der aufgebrachten Last abzusetzen. In Schweden ist ein Apparat entwickelt worden, bei dem die Wandung aus einer großen Zahl sich nicht berührender Ringe besteht (KJELLMAN und JAKOBSON [*116*]).

Die Belastung der Proben erfolgt gewöhnlich über ein Gehänge und einen Hebel, dessen Eigenlast durch Gegengewichte ausgeglichen ist und der durch Gewichtsplatten belastet wird (Abb. 118). Die Zusammendrückung wird durch Meßuhren angezeigt.

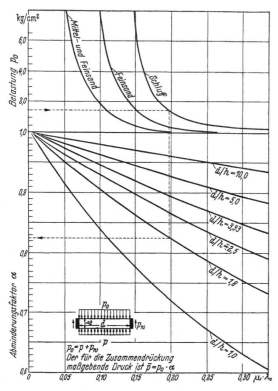

Abb. 117. Ermittlung des Wandreibungsanteils in Abhängigkeit vom Verhältnis d/h, vom Produkt $\mu\lambda_0$ und von der Belastung für drei verschiedene Bodenarten [59].

Versuchsdurchführung. Zum Versuch sticht man aus dem größeren Bodenzylinder, wie er im Entnahmestutzen geliefert wird, mit einem dünnwandigen Metallring (s. Abbildung 115) eine Probe von genau passendem Durchmesser aus, drückt sie aus diesem in den Kompressionsapparat oder baut sie mit dem Ausstechring ein. Feste Böden können auch durch Bearbeiten mit einem Spatel oder einer Drahtsäge bei gleichzeitigem Drehen der Probe auf den gewünschten Durchmesser gebracht werden, wodurch die Störung der Randzone infolge der Wandreibung beim Ausstechen vermieden wird. Über weitere Gesichtspunkte für einen möglichst fehlerfreien Einbau s. SCHMIDBAUER [117]. Gestörte bindige Bodenproben werden mit einem Wassergehalt eingebaut, der ungefähr der Fließgrenze entspricht. Von einem Rest der Probe wird der Wassergehalt bestimmt.

Die beiden Filtersteine werden dem Feuchtigkeitszustand der Probe entsprechend angefeuchtet; sie sollen einerseits kein Wasser an eine verhältnismäßig trockene Probe abgeben, andererseits aber auch kein Wasser aus einer sehr wasserreichen Probe heraussaugen. Da die Kapillarkraft des Bodens i. a. größer als die der Filtersteine ist, sollte man letztere eher etwas zu trocken als zu feucht halten.

Nach dem Einbau der Probe wird die Druckplatte mit der Meßuhr auf den oberen Filterstein gesetzt und schrittweise bis zur Höchstlast belastet, die sich i. a. zwischen $p = 4$ und 10 kg/cm², dem späteren Druck unter dem Bauwerk angepaßt, bewegt. Die einzelnen Laststufen werden meist so gewählt, daß sie immer doppelt so groß wie die vorhergehenden sind. Jede Belastung bleibt so lange unverändert, bis die Meßuhr keine merkliche Zusammendrückung mehr

Abb. 118. Kompressionsapparat nach A. CASAGRANDE mit Vorrichtung für Durchlässigkeitsversuche nach Abb. 107.

anzeigt, in der Regel einen Tag. Bei schwachbindigen Böden kann der Versuch auch schneller durchgeführt werden, bei einem sehr fetten Ton ist die Zusammendrückung nach einem Tag aber noch nicht beendet. Bei jeder Laststufe werden die Setzungen Δh zu den folgenden Zeitpunkten gemessen: 15 und 30 sek, 1, 2, 5, 15 und 45 min, 2, 5, 8 und 24 h.

In die Belastung sollten nur dann, wenn besondere Gründe es erfordern, stufenweise Ent- und Wiederbelastungen eingeschaltet werden. Bei den Entlastungen kann dem Boden durch das Standrohr Wasser zugeführt werden, so daß er zu schwellen vermag. Es kann aber auch ohne Wasserzugabe entlastet werden. Die Ansichten hierüber sind geteilt. Die Schwellkurven, die sich nach beiden Methoden ergeben, weichen voneinander ab, bei den meisten Böden allerdings erheblich nur bei sehr niedrigen Belastungen, wo die Schwellung besonders stark ist. Die eine Kurve charakterisiert den Schwellvorgang bei einem genügenden Vorrat an Wasser und ausreichender Zeit, um die in dem Boden tatsächlich vorhandene Schwellfähigkeit auszunutzen; die andere Kurve trägt dem Umstand Rechnung, daß beim Ausheben von Baugruben in bindigem Boden, wo diese Frage eine Rolle spielen könnte, meist weder eine genügende Wassermenge noch genug Zeit vorhanden ist, um eine stärkere bindige Bodenschicht zum vollen Schwellen zu bringen.

Zum Schluß des Versuchs wird die Probe stufenweise auf Null entlastet, ausgebaut, gewogen (Gewicht G_n), im Trockenschrank (105° C) getrocknet und nochmals gewogen (Gewicht G_t).

Auswertung. Die Auswertung des Kompressionsversuchs erstreckt sich in zwei Richtungen: Einerseits wird — zur späteren Verwendung bei der Berechnung des *zeitlichen* Ablaufs von Bauwerkssetzungen — der zeitliche Verlauf, andererseits — als Unterlage für die Berechnung der Setzungs*größe* — die größenmäßige Veränderung der Zusammendrückung betrachtet.

Zur *Wiedergabe des zeitlichen Verlaufs* zeichnet man für jede Laststufe die „Zeit-Setzungslinie" (Abb. 119). Hierbei benutzt man für die Zusammendrückung den linearen Maßstab, während für die Zeit meist der logarithmische Maßstab vorgezogen wird (Abbildung 120). Besonders übersichtlich wird die Darstellung, wenn man die Zeit-Setzungslinien aller Laststufen untereinander auf einem Blatt zeichnet (Abb. 121).

Bei logarithmischer Teilung der Zeitachse ergeben sich bei nichtbindigen und vorbelasteten bindigen Böden annähernd gerade oder einfach gekrümmte

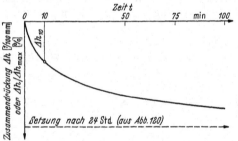

Abb. 119. Zeitlicher Verlauf der Setzungen beim Kompressionsversuch bei linearer Einteilung der Zeitachse.

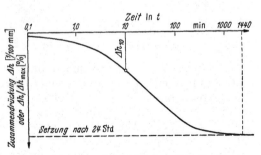

Abb. 120. Zeitlicher Verlauf der Setzungen beim Kompressionsversuch bei logarithmischer Einteilung der Zeitachse.

Linien. Bei nicht vorbelastetem bindigem Boden ist die Zeit-Setzungslinie anfangs S-förmig und geht später nahezu in eine Gerade über. Der durch diese Gerade gekennzeichnete zeitliche Setzungsverlauf wird im Gegensatz zu der durch die S-förmige Kurve gekennzeichneten „primären Setzung" als „sekundäre Setzung" bezeichnet. Nur die primäre Setzung entspricht der Konsolidierungs-Theorie und ist mit dem Auspressen des Porenwassers zu erklären. Die Ursachen der sekundären Setzung sind noch nicht befriedigend geklärt; wahr-

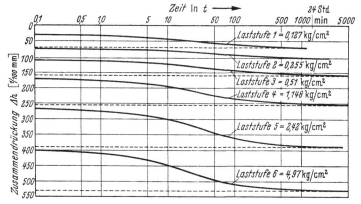

Abb. 121. Auftragung des zeitlichen Verlaufs aller Laststufen eines Kompressionsversuchs. Bodenart: toniger Schluff.

scheinlich handelt es sich um ein plastisches Nachfließen. Die Grenze (100% primäre Setzung) zwischen den beiden Setzungen findet man dadurch, daß man die Tangente an den Wendepunkt des S-förmigen Teils der Zeit-Setzungslinie mit der Verlängerung der während der sekundären Setzung vorhandenen Geraden zum Schnitt bringt (Abb. 122).

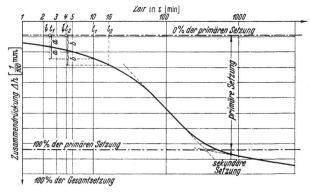

Abb. 122. Ermittlung der primären Setzung aus der Zeit-Setzungslinie.

Die primäre Setzung beginnt nicht genau zur Zeit der Lastaufbringung, da unmittelbar bei der Belastung eine verhältnismäßig starke Setzung eintritt, die zum überwiegenden Teil durch die Zusammendrückung der Bodenluft verursacht wird. Den Beginn der primären Setzung erhält man dadurch, daß die Zeit-Setzungslinie während der ersten Zeit nach theoretischen Betrachtungen eine Parabel sein muß. Trägt man daher im Abstand $1/4\, t_1$ den Ordinatenunterschied $(t_1 - 1/4\, t_1)$ eines Punkts der Zeit-Setzungslinie über ihr auf und verfährt zur Kontrolle für weitere Punkte im ersten Teil der Kurve in gleicher Weise (s. Abb. 122), so müssen diese Punkte auf einer Waagerechten liegen, die die Nullachse darstellt.

Über die Möglichkeiten, die Zeit-Setzungslinien durch eine Gleichung wiederzugeben s. SCHULTZE und MUHS[7], dort S. 251 bis 253 und S. 269. Wegen des anfänglich parabelförmigen Verlaufs der Zeit-Setzungslinie gilt für die Übertragung auf die Natur, daß sich die Zeiten zum Erreichen eines bestimmten Setzungsanteils beim Versuch und in der Natur annähernd wie die Quadrate der Schichtstärken verhalten.

Für einen wassergesättigten Tonboden, bei dem die Voraussetzungen für die Gesetze der Konsolidierungstheorie bei eindimensionaler Strömung erfüllt sind, kann aus den Zeit-Setzungslinien der einzelnen Laststufen die Durchlässigkeitsziffer (s. S. 927) auf indirektem Wege berechnet werden. Es ist:

$$k_x = \frac{h_x^2}{4} \frac{a_x}{1 + \varepsilon_x} \frac{0,2}{t_{50}} s_w , \qquad (77\,\text{a})$$

worin

k_x Durchlässigkeitsziffer bei dem Lastanstieg von p_1 auf p_2,
h_x Anfangsprobenhöhe bei der betreffenden Laststufe,
a_x Verdichtungsziffer [Gl. (84)] für den Lastanstieg von p_1 auf p_2,
ε_x Anfangsporenziffer für den Lastanstieg von p_1 auf p_2,
t_{50} Zeit, bei der 50% der primären Setzung eingetreten ist,
s_w spezifisches Gewicht des Wassers.

Der in Gl. (77a) vorkommende Ausdruck

$$c_v = \frac{k\,(1 + \varepsilon_0)}{s_w\,a} = \frac{k}{s_w} \frac{1}{\Delta\,s_m} = \frac{k}{s_w} E \qquad (77\,\text{b})$$

[s. dazu Gl. (85)] wird als ,,*Verfestigungsbeiwert*'' (,,Coefficient of Consolidation'') bezeichnet. Diese Kennziffer spielt bei der Berechnung des zeitlichen Setzungsverlaufs eine wichtige Rolle, weil der sog. ,,*Verfestigungsgrad V*'' (,,Degree of Consolidation U''), worunter das Verhältnis der zu einem beliebigen Zeitpunkt t auftretenden Setzung Δh_t zur Gesamtsetzung $\Delta h_{\max}$ verstanden wird, nach TERZAGHI und FRÖHLICH [*111*] — abgesehen von den Rand- und Anfangsbedingungen — nur vom Verfestigungsbeiwert abhängt. Es ist:

$$V = f\left(\frac{c_v\,t}{H^2}\right). \qquad (78)$$

Hierin ist H der Weg, den das Porenwasser in der beanspruchten Schicht zurückzulegen hat. Beim Kompressionsversuch ist wegen der Entwässerung der Proben an beiden Enden H gleich der halben Probendicke.

Der Klammerausdruck in Gl. [*78*] ist eine dimensionslose Zahl und wird ,,*Zeitbeiwert*'' genannt. Für die Funktionswerte der Gleichung sind von TERZAGHI und FRÖHLICH [*111*] für die in der Praxis wichtigsten Belastungsverteilungen bei eindimensionaler Strömungsmöglichkeit Lösungen angegeben. Bei beiderseitiger Schichtentwässerung und gleichmäßig verteilter Belastung ist für $V = 0,5$ der Zeitfaktor $\cong 0,2$, womit [Gl. (77a)] ihre Erklärung findet.

Wichtiger als die zeitliche Wiedergabe des Kompressionsversuchs ist die *Darstellung der gemessenen Zusammendrückung in Abhängigkeit von der Belastung*. Hierbei trägt man für den Endzustand jeder Belastungsstufe entweder die auf die Anfangsprobenhöhe h bezogenen Endsetzungen Δh [1] in Prozent oder die Porenziffern ε in Abhängigkeit von der jeweiligen Belastung auf. Im ersten Fall erhält man die ,,*Druck-Setzungslinie*'', im zweiten Fall das ,,*Druck-Porenzifferdiagramm*''. In Deutschland hat sich die erste, einfachere Darstellung durchgesetzt, während im englisch sprechenden Ausland an der zweiten, von TERZAGHI eingeführten Darstellung festgehalten wird.

Die Porenziffern ε_p bei den Belastungen p erhält man aus der Anfangshöhe h bei Versuchsbeginn, der Höhe der Festmasse h_t (s. Abb. 87a) und den Gesamtsetzungen Δh nach Konsolidierung unter den einzelnen Laststufen zu:

$$\varepsilon_p = \frac{h - h_t - \Delta h}{h_t} = \varepsilon_0 - \Delta\varepsilon . \qquad (79)$$

Hierin ist [s. Gl. (52)]:

$$h_t = \frac{G_t}{s\,F} ,$$

worin

ε_0 Porenziffer bei Versuchsbeginn $\left(= \dfrac{h - h_t}{h_t}\right)$,
G_t Trockengewicht der Probe,
s spezifisches Gewicht des Bodens,
F Querschnitt der Probe.

---

[1] Der Einfachheit halber ist an Stelle von $\Delta h_{\max}$ im folgenden Δh geschrieben.

Bei der Ausrechnung der Druck-Setzungslinie bzw. des Druck-Porenziffer-diagramms werden auch der Wassergehalt, der Sättigungsgrad und der Luft-gehalt der Probe (s. S. 909) für den Beginn und das Ende des Versuchs sowie die zugehörigen Probenhöhen berechnet (s. Beispiel Tab. 11).

Tabelle 11. *Auswertung eines Kompressionsversuchs.*

Querschnittsfl. der Probe F: $45,4$ cm²   Spez. Gew. s: $\quad 2,73$ g/ml

Höhe der Probe h: $\quad 1,90$ cm   Trockengewicht G_t: $145,0$ g

                                       Letzte Lesung M_e: $\quad 0,203$ cm

Höhe der Festmasse $h_t = \dfrac{G_t}{F \cdot s} = \dfrac{145,0}{45,4 \cdot 2,73} = 1,17$ cm $h - h_t = \quad 0,73$ cm

	vor dem Versuch			nach dem Versuch		
Natürl. Wassergehalt	w_{n_1}	$12,0$	%	w_{n_2}	$11,5$	%
Porenziffer	$\varepsilon_1 = \dfrac{h - h_t}{h_t}$	$0,624$		$\varepsilon_2 = \dfrac{h - h_t - Me}{h_t}$	$0,451$	
Sättigungsgrad	$S_1 = \dfrac{w_{n_1} \cdot s}{\varepsilon_1} \cdot 100$	$52,6$	%	$S_2 = \dfrac{w_{n_2} \cdot s}{\varepsilon_2} \cdot 100$	$69,6$	%
Porenvolumen	$n_1 = \dfrac{\varepsilon_1}{1 + \varepsilon_1} \cdot 100$	$38,4$	%	$n_2 = \dfrac{\varepsilon_2}{1 + \varepsilon_2} \cdot 100$	$31,1$	%
Porenvolumen mit Wasser gefüllt	$n_{w_1} = \dfrac{n_1 \cdot S_1}{100}$	$20,2$	%	$n_{w_2} = \dfrac{n_2 \cdot S_2}{100}$	$21,7$	%
Porenvolumen mit Luft gefüllt	$n_{l_1} = n_1 - n_{w_1}$	$18,2$	%	$n_{l_2} = n_2 - n_{w_2}$	$9,4$	%
Höhe der Festmasse	h_t	$1,17$	cm	h_t	$1,17$	cm
Höhe des Wasseranteils	$h_{w_1} = \dfrac{w_{n_1} \cdot G_t}{F}$	$0,384$	cm	$h_{w_2} = \dfrac{w_{n_2} \cdot G_t}{F}$	$0,368$	cm
Höhe des Luftanteils	$h_{l_1} = n_{l_1} \cdot h$	$0,346$	cm	$h_{l_2} = n_{l_2} \cdot [h - M_e]$	$0,159$	cm
Letzte Lesung vor Ausbau	——	——		M_e	$0,203$	cm
$h_1' = h_2' = h$	$h_1' = h_t + h_{w_1} + h_{l_1}$	$1,900$	cm	$h_2' = h_t + h_{w_2} + h_{l_2} + M_e$	$1,900$	cm

Laststufe	Belastung (kg/cm²)	Letzte Lesung Δh ($^1/_{100}$ mm)	Bezogene Setzung $\dfrac{\Delta h}{h} \cdot 100$ (%)	$h - h_t - \Delta h$ ($^1/_{100}$ mm)	$\varepsilon = \dfrac{h - h_t - \Delta h}{h_t}$	Anmerkung
0	0	0	0	730	$0,624$	
I	$0,125$	$33,2$	$1,75$	$696,8$	$0,596$	
II	$0,25$	$53,1$	$2,8$	$676,9$	$0,579$	
III	$0,50$	$80,7$	$4,25$	$649,3$	$0,555$	
IV	$1,25$	$122,7$	$6,45$	$607,3$	$0,519$	
V	$2,50$	$159,7$	$8,4$	$570,3$	$0,488$	
VI	$5,00$	$203,0$	$10,7$	$527,0$	$0,451$	

Die Setzungen oder Porenziffern werden stets linear, die Belastungen manchmal linear, meist logarithmisch aufgetragen (Abb. 123 u. 124). Die Verdichtungslinie ist bei der linearen Darstellung meist stark nach oben hohl, d. h. konkav gekrümmt. Bei der halblogarithmischen Darstellung ist sie dagegen schwach kon-

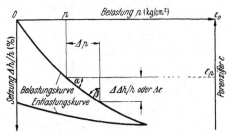 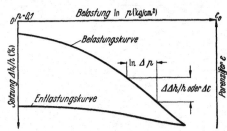

Abb. 123. Verdichtungsdiagramm bei linearer Einteilung der Belastungsachse.   Abb. 124. Verdichtungsdiagramm bei logarithmischer Einteilung der Belastungsachse.

$$E = \frac{\Delta p}{\Delta \Delta h} \, h, \quad \Delta s_m = \frac{\Delta \Delta h}{h \cdot \Delta p}, \quad a = -\frac{\Delta \varepsilon}{\Delta p}. \qquad\qquad E = \frac{\Delta p}{\Delta \Delta h} \, h, \quad \Delta s_m = \frac{\Delta \Delta h}{h \cdot \Delta p}, \quad a = -\frac{\Delta \varepsilon}{\Delta p}.$$

vex gekrümmt und geht bei größeren Lasten in eine Gerade über. Bei Ent- und Wiederbelastungen fallen die Schleifen oft nahe zusammen (Abb. 125 u. 126).

Wie die Abb. 125 u. 126 zeigen, erhält man für den Erstverdichtungsast eine bedeutend größere Zusammendrückung als für den Wiederverdichtungsast. Dies gibt die Möglichkeit, an ungestörten Bodenproben die sog. „*Vorbelastung p_v*", d. h. die im Untergrund vorhandene Belastung des Bodens infolge der Erdauflast

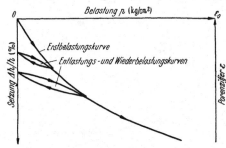 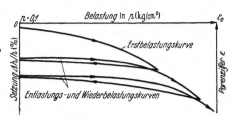

Abb. 125. Verlauf der Verdichtungslinie bei Be- und Entlastungen und bei linearer Einteilung der Belastungsachse.   Abb. 126. Verlauf der Verdichtungslinie bei Be- und Entlastungen und bei logarithmischer Einteilung der Belastungsachse.

oder auch eine früher einmal vorhanden gewesene geologische Belastung (z. B. Eisdruck während des Diluviums), festzustellen. Die Verdichtungslinie einer ungestörten Probe unterscheidet sich von den Linien der Abb. 125 und 126, die das Verhalten gestörten Bodens bei der Möglichkeit der Wasseraufnahme während der Entlastung zeigen, dadurch, daß die Wiederbelastungslinie bis zur Vorbelastung theoretisch fast horizontal verlaufen müßte, da ja die Probe während der Entlastung beim Aushub infolge der Kapillarkraft und des Fehlens von Wasser (s. o.) nicht schwellen konnte, die Entlastung von $p = p_v$ auf $p = 0$ also ebenfalls längs einer Horizontalen vor sich ging (Abb. 127). Praktisch ist die Wiederbelastungslinie allerdings infolge der Einbaufehler nie ganz horizontal; auch geht sie nicht mit einem scharfen Knick, sondern mit einer leichten Rundung wieder in die Erstbelastungslinie über. Bei logarithmischer Teilung der Abszisse ist eine nicht zu kleine Vorbelastung trotzdem bei einwandfreier Versuchsdurchführung mit ausreichender Genauigkeit festzustellen, während der bei linearer Teilung der Abszisse theoretisch erforderliche Wendepunkt meist schwer oder gar nicht zu erkennen ist. Nach A. Casagrande erhält man die Vorbelastung als Abszisse des Schnittpunkts der Erstbelastungsgeraden mit der Halbierenden desjenigen Winkels, der von der Tangente an den Punkt der

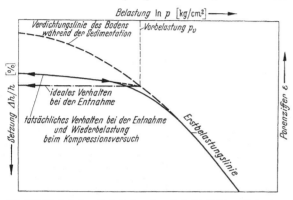

größten Krümmung der Wiederbelastungslinie und der Horizontalen durch diesen Punkt gebildet wird (Abb. 128).

Nach Ohde [113] ist es in solchen Fällen auch möglich, neben der Vorbelastung p_v, d. h. der früher einmal vorhanden gewesenen höchsten Belastung, auch die z. Zt. der Entnahme vorhandene „Vorspannung" des Bodens zu ermitteln. Sie ist der Kapillardruck, der beim

Abb. 127. Einfluß einer Vorbelastung p_v auf die Verdichtungslinie einer ungestörten Probe.

Schwellen eines früher höher belastet gewesenen Bodens dann wirksam ist, wenn das zum Schwellen erforderliche Wasser nicht in genügendem Maße nachgeführt wird. Vorbelastung und Vorspannung ergeben sich nach Ohde aus drei Geraden, durch die sich das Verdichtungsdiagramm mit Ausnahme der Ausrundungsbögen ersetzen läßt (Abb. 129). Die Vorbelastung erhält er als Schnitt-

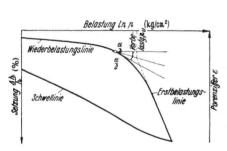

Abb. 128. Ermittlung der Vorbelastung p_v nach A. Casagrande.

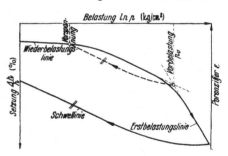

Abb. 129. Ermittlung der Vorbelastung und der Vorspannung nach Ohde.

punkt zweier Geraden, die Vorspannung als Schnittpunkt der Dritten mit der durch den ersten Schnittpunkt gelegten Parallelen zur Schwellinie.

Die Neigung der Tangente bei $\frac{1}{2}\varDelta p$ oder der Sehne über den Lastbereich $\varDelta p$ der Druck-Setzungslinie gegen die Lotrechte (s. Abb. 123) wird als „Steifezahl E bei behinderter Seitendehnung" bezeichnet (über die Beziehungen zur „Steifezahl des Baugrunds" und zur „Steifezahl bei unbehinderter Seitendehnung" s. S. 874 und Abb. 59):

$$E = \operatorname{tg}\beta = \operatorname{cotg}\alpha = \frac{\varDelta p \cdot h}{\varDelta\varDelta h}. \tag{80}$$

Führt man $\varDelta\varDelta h/h = \varDelta s$ als „bezogene Setzung" ein, so wird:

$$E = \varDelta p/\varDelta s. \tag{81}$$

Die Steifezahl E ist also definitionsgemäß auf die konstante Höhe h der Probe bei Versuchsbeginn bezogen. Bisweilen wird die Steifezahl (E_x) auch auf die während des Versuchs sich einstellende veränderliche Probenhöhe ($h_x = h - \varDelta h$) bezogen (z. B. Jelinek [118]).

Der sich dadurch ergebende Unterschied ist bei festen Böden gering, kann aber bei sehr weichen Böden erheblich sein (SCHULTZE [119]). Ist s die auf die Anfangshöhe bezogene Setzung, so gilt:

$$E/E_x = 1/(1 - s)^2. \tag{82}$$

Da weiche Böden in der Praxis jedoch nicht hoch belastet werden — z. B. nicht höher, als etwa einer Setzung s von 5 bis 10% entsprechend, womit $E/E_x = 1,11$ bis $1,23$ wird —, hat diese Frage kaum eine praktische Bedeutung. Es lohnt sich deshalb auch nicht, die zur Berechnung der Steifezahl für eine veränderliche Bezugshöhe besondere Arbeit aufzuwenden.

Der reziproke Wert der Steifezahl ist die „*mittlere Setzungsziffer* Δs_m"[1]. Sie gibt die mittlere Setzung des Bodens bei einer Laststeigerung um 1 kg/cm² an:

$$\Delta s_m = \mathrm{tg}\,\alpha = \frac{1}{E} = \frac{\Delta\,\Delta h}{h \cdot \Delta p}. \tag{83}$$

Entsprechend erhält man aus dem Druck-Porenzifferdiagramm (s. Abb. 123) die „*Verdichtungsziffer* a"[2]:

$$a = \mathrm{tg}\,\alpha = -\frac{\Delta\varepsilon}{\Delta p}. \tag{84}$$

Zwischen a, E und Δs_m besteht die Beziehung:

$$a = \frac{1}{E}(1 + \varepsilon_0) = \Delta s_m (1 + \varepsilon_0), \tag{85}$$

worin

ε_0 Porenziffer bei Versuchsbeginn.

Die Steifezahl E bei behinderter Seitendehnung ist wie auch die Steifezahl des Baugrunds mit der Belastung p veränderlich (s. S. 876). Eindeutige Angaben über E können nur gemacht werden, wenn es gelingt, die Verdichtungslinie durch eine Gleichung, die die Abhängigkeit von p wiedergibt, zu erfassen und zur Bestimmung von E heranzuziehen.

Die *Verdichtungslinie* ist eine durch Versuch gefundene Kurve. Wegen ihrer Bedeutung für die Beurteilung des Baugrunds hat man sich mehrfach bemüht, sie analytisch wiederzugeben. Nach TERZAGHI erhält man für die Veränderung der Porenziffer im Druck-Porenzifferdiagramm:

$$\varepsilon = -\frac{1}{A}\ln(p + p_0) + C. \tag{86}$$

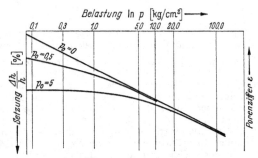

Abb. 130. Einfluß von p_0 auf das Verdichtungsdiagramm.

Hierin sind die Größen A, p_0 und C von der Belastung unabhängige, jedoch von der Anfangsporenziffer und der Bodenart abhängige Werte, die der durch den Versuch gewonnenen Kurve zu entnehmen sind.

A wird ebenfalls als „Verdichtungsziffer" bezeichnet, darf aber nicht mit der Verdichtungsziffer a nach Gl. (84) verwechselt werden[3]. Während a die Neigung der Druck-

---

[1] JELINEK verwendet in der Übersetzung von TERZAGHIS „Theoretical Soil Mechanics" hierfür den Ausdruck „Verdichtungsziffer"; im Englischen: „Coefficient of Volume Compressibility m_v"; auch „Coefficient of Volume Decrease".

[2] Hierfür gebraucht JELINEK den Ausdruck „Verdichtungsbeiwert"; im Englischen: „Coefficient of Compressibility a_v."

[3] Im Englischen wird $1/A$ als „Compression Index" C_c bezeichnet. C_c gibt die Neigung des bei logarithmisch geteilter Abszisse geraden Teils der Druck-Porenzifferlinie gegen die Waagerechte an.

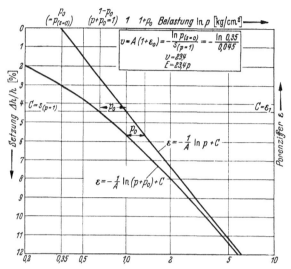

Abb. 131. Halbgraphische Ermittlung der Steifezahl (in Abhängigkeit vom Druck) aus der Druck-Setzungslinie.

Porenzifferlinie gegen die *Horizontale* bei linearer Teilung der Abszisse in jedem Punkte angibt, stellt A die Neigung des geraden Teils der Druck-Porenzifferlinie gegen die *Senkrechte* bei logarithmischer Teilung der Abszisse dar.

Durch p_0 wird die Gültigkeit der Gleichung auf den Bereich um $p = 0$ ausgedehnt, wo sonst $\varepsilon = \infty$ werden würde. Den Einfluß von p_0 auf die Gestalt der Kurve zeigt Abb. 130: Je größer p_0, desto mehr weicht die Verdichtungslinie von der Geraden ab, die sich nach Gl. (86) bei logarithmisch geteilter Abszisse und $p_0 = 0$ ergibt.

C ist nach Gl. (86) der Wert ε_1 der Porenziffer für $p + p_0 = 1$ bzw. die Ordinate der für $p_0 = 0$ erhaltenen Geraden an der Stelle $p = 1$ (Abb. 131).

Die obige von Terzaghi für die Druck-Porenzifferlinie angegebene Gleichung läßt sich für die Druck-Setzungslinie durch Einführen von $\dfrac{h - h_t}{h_t} = \varepsilon$ umformen in:

$$\frac{\Delta h}{h} = s = \frac{1}{A\,(1 + \varepsilon_0)} \ln\,(p + p_0) + \frac{\varepsilon_0 - \varepsilon_1}{1 + \varepsilon_0}\,. \tag{87}$$

Hieraus erhält man durch Umformung:

$$\frac{\Delta h}{h} = s = -\,\frac{s_{(p=1)}}{\ln p_{(s=0)}} \ln\,(p + p_0) + s_{(p=1)}\,, \tag{88}$$

worin

$s_{(p=1)}$ bezogene Setzung der Ersatzgeraden für $p_0 = 0$ bei $p = 1\ \mathrm{kg/cm^2}$,
$p_{(s=0)}$ Belastung der Ersatzgeraden für $p_0 = 0$ bei $s = 0$.

$s_{(p=1)}$ und $p_{(s=0)}$ können aus der Druck-Setzungslinie nach Einzeichnen der Ersatzgeraden für $p_0 = 0$, wie Abb. 131 zeigt, leicht entnommen werden. Die Ersatzgerade ist durch die Versuchskurve bei den höheren Belastungen gegeben. Sie ist außerdem so einzuzeichnen, daß ihr horizontaler Abstand von der Versuchskurve — bei Beachtung des logarithmischen Maßstabs der horizontalen Achse — stets gleich ist. Die Abszisse muß von der Geraden bei dem gleichen Wert geschnitten werden; dies ist der gesuchte Wert p_0. Damit sind alle Werte in Gl. (88) bekannt. Natürlich können die in Gl. (86) und (87) unbekannten Glieder auch durch Aufstellen zweier Gleichungen mit Wertepaaren p und ε bzw. s erhalten werden, die man aus der Kurve abgreift. C bzw. ε_1 sind jeweils als Ordinate bei $p + p_0 = 1$ (s. o.) bekannt.

Aus $E = dp/ds$ [Gl. (81)] wird nach Differentiation von Gl. (87):

$$E = A\,(1 + \varepsilon_0)\,(p + p_0)\,. \tag{89}$$

Da [s. Gl. (87) und (88)] $A\,(1 + \varepsilon_0) = -\,\dfrac{\ln p_{(s=0)}}{s_{(p=1)}} = C_1$ ist und aus der Druck-Setzungslinie nach Einzeichnung der Ersatzgeraden für $p_0 = 0$ ebenso wie p_0 abgegriffen werden kann (s. Beispiel in Abb. 131), ist mit Gl. (89) die Druckabhängigkeit der Steifezahl des Kompressionsversuchs leicht erfaßbar. Die Gleichung kann noch weiter vereinfacht werden, wenn man $p_0 = 0$ setzt, was — wie Abb. 130 zeigt — bedeutet, daß man auf die Wiedergabe der Kurve bei niedrigen Drücken verzichtet. Da p_0 bei bindigen Böden etwa der Kohäsion entspricht und diese in den meisten Fällen nicht sehr hoch ist, so kann für die höheren Belastungen die sehr einfache Gleichung benutzt werden:

$$E = A\,(1 + \varepsilon_0)\,p = C_1\,p\,. \tag{90}$$

Eine ähnliche Gleichung ist von OHDE [120] entwickelt worden:

$$E = v\,p^w\,. \tag{91}$$

Die Werte v und w sind ebenso wie A, ε_0 und p_0 Zahlen, die den Kurven des Versuchs zu entnehmen und unabhängig von der Belastung sind. Ähnlich wie in bindigen Böden bei TERZAGHI der Wert p_0 oft gleich Null gewählt werden kann, ist es bei OHDE zulässig, den Exponenten w gleich Eins zu setzen, was zu der einfachen, mit Gl. (90) übereinstimmenden Beziehung führt:

$$E = v\,p\,. \tag{92}$$

Was vorstehend für die Steifezahl der Belastungslinie gesagt wurde, gilt sinngemäß auch für die Entlastungs- und Wiederbelastungslinien. An Stelle der Steifezahl E tritt bei der Entlastung die „Schwellzahl S"; ihre Größe hängt von den Bedingungen ab, unter denen man die Entlastung stattfinden läßt (mit Wasser oder ohne Wasser; s. o.). Die Schwellzahl stimmt größenordnungsmäßig mit der Steifezahl für die Wiederbelastungslinie überein.

Nach OHDE [121] können v und w für die Hauptbodengruppen nach Tab. 12 geschätzt werden. Die Werte für die Entlastung können bis zur Vorbelastung angenähert auch für die Wiederbelastung benutzt werden. Der Wert A der TERZAGHIschen Gl. (86) und (89) ergibt sich aus Gl. (90) und (92), wonach $A\,(1 + \varepsilon_0) = v$ ist. p_0 gleicht in den bindigen Böden etwa der Kohäsion (s. S. 965), ist also i. a. ziemlich klein. p_0 wird dadurch, daß sich Einbaufehler und Störungen des Bodens bei der Entnahme vor allem bei den ersten Laststufen des Kompressionsversuchs bemerkbar machen, wo p_0 gegenüber p verhältnismäßig groß ist, ziemlich stark durch die Anfangsfehler des Versuchs beeinflußt.

Tabelle 12. *Ungefähre Größe von v und w für die Hauptbodenarten.* (Nach OHDE.)

	Erstbelastung		Entlastung	
	w	v	w	v
Bindiger Boden	0,85 bis 1,0 i. a. 1,0	5 bis 80	1,0	15 bis 400
Schwachbindiger Boden	0,8 bis 1,0	25 bis 150	0,75 bis 1,0	100 bis 600
Nichtbindiger Boden	0,55 bis 0,8	100 bis 300 (—750)	0,55 bis 0,7	650 bis 1100
Organischer und organisch ver- unreinigter Boden	0,85 bis 1,0	3 bis 15	1,0	10 bis 60

Die Werte der Tab. 12 lassen erkennen, daß die Steifezahlen und die Schwellzahl in weiten Grenzen schwanken. Im Belastungsbereich zwischen 1 und 4 kg/cm² läßt sich die Steifezahl etwa in den folgenden Grenzen angeben:

In bindigen Böden. . . . . 10 bis 150 kg/cm²,
in schwachbindigen Böden . . . . 50 bis 300 kg/cm²,
in nichtbindigen Böden . . . . 100 bis 1000 kg/cm²,
in organischen und organisch verunreinigten
bindigen Böden. . . . . 1 bis 30 kg/cm².

12. Untersuchung der Schubfestigkeit.

Die „Schubfestigkeit τ" des Bodens stellt seinen Widerstand gegen ein Ausweichen auf geraden oder gekrümmten Gleitflächen im Innern eines Erdkörpers dar. Durch die Schubfestigkeit des Bodens ist z. B. das Gleichgewicht von Damm- und Einschnittsböschungen ebenso bedingt wie der Erddruck auf Stützmauern oder in Fangedämmen. Sie ist auch die ausschlaggebende Größe für die Grenztragfähigkeit des Bodens, bei der ein Ausweichen von sog. „Gleitkeilen" (s. Abb. 58) durch Überwinden der Schubfestigkeit eintritt.

a) Grundlagen.

Zur Erfassung der Schubfestigkeit des Bodens geht man noch heute von dem schon 1776 aufgestellten Coulombschen Reibungsgesetz aus:

$$\tau = \mu\,\sigma + c. \tag{93}$$

Die Schubfestigkeit setzt sich hiernach, wie anschaulich auch die graphische Darstellung dieser Gleichung zeigt (Abb. 132), aus zwei Komponenten zusammen:

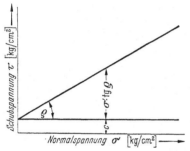

Abb. 132. Abhängigkeit der Schubspannung von der Normalspannung gemäß dem Coulombschen Gesetz.

1. aus der „*Reibungsfestigkeit τ_R*"

$$\tau_R = \mu\,\sigma, \tag{94}$$

die allein von dem Normaldruck σ auf die Gleitfläche abhängig ist und deshalb stoffmäßig nur durch den „Reibungsbeiwert μ" gekennzeichnet wird;

2. aus der „*Haftfestigkeit c*" („Kohäsion"), die von dem Normaldruck in der Gleitfläche unabhängig ist und lange Zeit hindurch als Bodenkonstante angesehen wurde. Sie kann als die Schubfestigkeit definiert werden, die auch bei fehlendem Normaldruck in der Gleitfläche, d. h. bei $\sigma = 0$, vorhanden ist.

Der *Reibungsbeiwert μ* ist, wie aus Abb. 133 hervorgeht, durch das Verhältnis der in einer Gleitfläche wirkenden tangentialen Zug- oder Druckkraft (H_A) zu der auf dieselbe Gleitfläche wirkenden Normalkraft (N_A) gegeben; und zwar gilt μ gewöhnlich als der Größtwert dieses Verhältnisses, der auftritt, wenn die Tangentialkraft so weit gesteigert wird, daß die in der Unterlage sich ausbildende Reaktionskraft (H_R) überwunden wird, d. h. wenn der obere Körper auf der Unterlage zu gleiten beginnt. Wie Abb. 133 zeigt, kann, wenn der Winkel zwischen der Normalkraft und der Aktions- oder Reaktionskraft im Augenblick des Gleitens ϱ genannt wird, rein geometrisch:

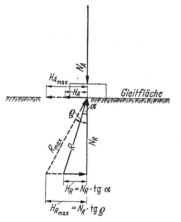

Abb. 133. Veranschaulichung des Winkels der inneren Reibung (Reibungswinkel) eines kohäsionslosen Bodens.

$$\mu = \operatorname{tg}\varrho \tag{95}$$

gesetzt werden. Der Winkel ϱ wird als „*Winkel der inneren Reibung*" oder auch kurz als „*Reibungswinkel*" bezeichnet. Er hat — worauf besonders hingewiesen sei — i. a. keine reale Bedeutung; nur für völlig trockenen, losen Sand stimmt er mit dem Winkel, den eine mit diesem Sand geschüttete Böschung mit der Horizontalen bildet („Böschungswinkel"), überein (Abb. 134).

Das COULOMBsche Gesetz, das viele Jahrzehnte hindurch zur Festlegung des Schubwiderstands der Böden gedient hat, kann in seiner ursprünglichen Form heute nur noch begrenzt zur Wiedergabe der Schubfestigkeit der Böden benutzt werden, da — wie im einzelnen noch gezeigt wird — die Reibungsfestigkeit nicht immer allein von dem aufgebrachten Normaldruck abhängt und die Haftfestigkeit keine Bodenkonstante ist und da darüber hinaus die Schubfestigkeit nicht immer einwandfrei in die beiden Anteile Reibungs- und Haftfestigkeit zerlegt werden kann. Nur dort, wo die Böden keine Haftfestigkeit besitzen, d. h. in den nichtbindigen Böden, für die deshalb auch der Name „Reibungsboden" gebräuchlich ist, kann man auch heute noch das COULOMBsche Gesetz (mit $c = 0$) zur Festlegung der Reibungsfestigkeit ver-

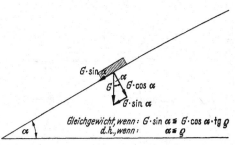

Abb. 134. Veranschaulichung des Böschungswinkels eines kohäsionslosen Bodens.

wenden. In den bindigen Bodenarten, die stets auch Haftfestigkeit besitzen, sind dagegen andere Ansätze notwendig, um die verschiedenen Faktoren, die sowohl die Reibungs- als auch die Haftfestigkeit beeinflussen, zu erfassen. Vor der Behandlung der verschiedenen Versuche zur Bestimmung der Schubfestigkeit muß zunächst auf diese Zusammenhänge eingegangen werden.

α) Reibungsfestigkeit nichtbindiger Böden.

Die Reibungsfestigkeit eines völlig kohäsionslosen Bodens beruht auf einem Widerstand, der bei einem idealisierten, völlig glatten, porenfreien Auf- und Aneinanderliegen der Bodenkörner nur von dem chemischen Aufbau des Materials abhängig sein kann, und auf einem zusätzlichen Widerstand („Strukturwiderstand")[1], der dadurch entsteht, daß die Körner zum Teil verkeilt, etwa nach Abb. 2, ineinanderliegen. Bei einer Schubbeanspruchung längs einer ebenen Gleitfläche müssen deshalb die Körner entweder selbst abgeschert werden, was bei ihrer hohen Eigenfestigkeit normalerweise nicht der Fall ist, oder sie müssen durch die Schubbelastung in eine andere Lage gebracht werden, wobei die Gleitfläche die Einzelkörner nur berührt, aber nicht schneidet. Wie Abb. 135 veranschaulicht, tritt hierbei in einem locker gelagerten Boden eine Verdichtung, in einem dicht gelagerten Boden eine Auflockerung ein.

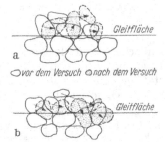

Abb. 135. Veranschaulichung der Auflockerung eines dichten Sandes (a) und der Verdichtung eines lockeren Sandes (b) bei Aufbringen einer Schubbelastung [126].

Dies läßt sich überzeugend in einem mit Sand und Wasser gefüllten Gummistrumpf zeigen. Ist der Sand dicht eingefüllt, so fällt bei einem leichten seitlichen Zusammendrücken der Wasserstand in einem mit der Probe verbundenen Standrohr, weil durch die Schubbeanspruchung eine Zunahme des Porenraums herbeigeführt wird, wodurch Wasser zusätzlich aufgenommen werden kann. Umgekehrt steigt bei einem locker eingebrachten Sand der Standrohrspiegel wegen der durch das Zusammendrücken der Probe hervorgerufenen Abnahme des Porenraums.

Infolge des im dichten Sand naturgemäß größeren Strukturwiderstands ist die Reibungsfestigkeit eines dichten Sands größer als die eines locker gelagerten Sands. Da aber während der Schubbelastung der Porenraum eines dichten Sands vergrößert wird, nimmt die Reibungsfestigkeit nach Überwinden des

---

[1] Im Englischen wird hierfür der bezeichnende Ausdruck „Interlocking" gebraucht.

anfangs besonders hohen Strukturwiderstands allmählich wieder ab (zwischen 0 und 25%) und erreicht etwa den gleichen Wert, der in lockerem Sand auftritt. Dichter Sand besitzt also im Gegensatz zu lockerem Sand im Verschiebung-Schubkraftdiagramm (Abb. 136) einen ausgesprochenen Größtwert. Dieser Größt-

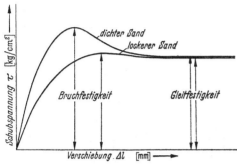

Abb. 136. Verformungsdiagramm in dichtem und lockerem Sand.

wert wird „*Bruchfestigkeit*" genannt, während für den späteren, einigermaßen konstanten Wert der Ausdruck „*Gleitfestigkeit*" üblich ist.

Praktisch besitzen dichter und lockerer Sand also die gleiche Gleitfestigkeit, nur ist diese im dichten Sand schon nach sehr kleinen Scherverschiebungen vorhanden. Dichter Sand besitzt aber eine erheblich größere Bruchfestigkeit als lockerer Sand. Normalerweise wird unter Reibungsfestigkeit stets die Bruchfestigkeit verstanden, ohne zu beachten, daß deren Vorhandensein an eine bestimmte Scherverschiebung gebunden ist, die in dichtem Sand leicht überschritten, in lockerem Sand u. U. nicht erreicht werden kann.

Hierauf ist es zurückzuführen, daß z. B. der Erddruck von hinterfülltem Sand auf ein völlig starres und unverschiebbares Bauwerk größer (um mindestens etwa 50%) ist als der Erddruck des gleichen Materials auf eine sehr nachgiebige Spundwand: Die großen Scherverschiebungen, die im lockeren Sand zum Hervorrufen des maximalen Reibungswiderstands und damit eines minimalen (Coulombschen) Erddrucks notwendig sind, können wohl hinter einer große Scherverschiebungen zulassenden Spundwand, jedoch nicht hinter einem jede Scherverschiebung verhindernden starren Bauwerk auftreten. Messungen am Bauwerk haben dies bestätigt (Muhs [122]).

Da im dichten Sand bei Wirksamwerden einer Schubbeanspruchung eine Auflockerung, im lockeren Sand dagegen eine Verdichtung auftritt, muß es eine Lagerungsdichte geben, bei der weder eine Verdichtung noch eine Auflockerung stattfindet, bei der also der Hohlraumgehalt während des Abscherens unverändert bleibt. Diese Dichte wird „*kritische Dichte*" genannt (A. Casagrande [123]).

Die kritische Dichte ist bei Standsicherheitsfragen von Bauwerken in wassergesättigtem Sand wichtig. Hat der Sand eine dichtere Lagerung, als der kritischen Dichte entspricht, so kann bei einer Schubbelastung nur eine Auflockerung eintreten, bei der das Porenwasser nicht zusätzlich belastet wird. Ist der Sand aber locker gelagert, ist also die Porenziffer größer als die kritische Dichte, so wird durch eine sehr plötzliche Schubbelastung eine Hohlraumverminderung ausgelöst. Da das überschüssige Wasser nicht sofort ausfließen kann, tritt eine Druckbelastung des Porenwassers ein, d. h. der Korn-zu-Korndruck (s. S. 935) des Bodens und damit seine Reibungsfestigkeit werden vorübergehend herabgesetzt, u. U. sogar ganz aufgehoben, so daß der Sand „schwimmt". Auf diese Weise kann es zu einem plötzlichen Einsturz vorher standfester Bauwerke oder zu einem plötzlichen Flüssigwerden großer Erdmassen kommen (Umkippen von Stützmauern infolge Einschlags einer nur kleinen Bombe, Gefährdung von Erddämmen durch Erdbebenerschütterungen). Die Lagerungsdichte des Bodens muß deshalb in solchen Fällen stets ausreichend weit unterhalb der kritischen Dichte liegen. Über ihre Feststellung s. S. 977.

Der Reibungsbeiwert μ von völlig trockenem Sand und von im Grundwasser liegendem Sand ist gleich. Die Reibungsfestigkeit $\mu\,\sigma$ beider Fälle unterscheidet sich bei horizontaler Gleitfläche nur dadurch, daß im ersten Fall $\sigma = r_0\,h$, im zweiten Fall $\sigma = r_u\,h$ ist, wobei r_0 und r_u die Raumgewichte des Bodens über und unter Wasser sind [Gl. (41) und (44)].

In der Kapillarzone tritt infolge des Kapillardrucks p_k (s. S. 927) noch eine zusätzliche Reibungsfestigkeit auf. Sie wird „*scheinbare Kohäsion*" genannt, ist ihrer Erscheinung nach aber eine Reibungsfestigkeit mit der maximalen Größe $\mu \, p_k$. Sie ist nur vorhanden, wenn Kapillarkräfte wirksam sind, d. h. sie wird bei einem völligen Austrocknen oder bei einem Überfluten des Bodens abgebaut und deshalb in den erdstatischen Berechnungen gewöhnlich nicht berücksichtigt. Trotzdem ist ihre tatsächliche Bedeutung groß. Über ihre Messung und Größe im Sand s. KAHL und NEUBER [182].

β) Reibungsfestigkeit bindiger Böden.

Die Reibungsfestigkeit bindiger Böden wird, worauf erstmals KREY [124] und TERZAGHI [125] aufmerksam gemacht haben, durch den für diese Böden charakteristischen Porenwasserdruck beherrscht. Die Erscheinung des Porenwasserdrucks und der mit diesem verbundenen Begriffe ,,Konsolidierung'' und ,,Korn-zu-Korndruck'' ist schon auf S. 935 behandelt (s. Abb. 113). Seine größte Bedeutung erhält der Porenwasserdruck aber erst im Zusammenhang mit der Reibungsfestigkeit bindiger Böden, da für diese lediglich der Korn-zu-Korndruck wichtig ist, der gemäß der Konsolidierungstheorie nach Aufbringen einer Neubelastung $\varDelta\sigma$ nur allmählich von dem vor der Belastung vorhandenen Wert σ auf seine volle rechnerische Größe $(\sigma + \varDelta\sigma)$ zunimmt, und zwar in dem Maße, in dem der Porenwasserdruck abnimmt. Erst wenn letzter gleich Null ist, kann die Reibungsfestigkeit in voller Höhe, dem Gesamtdruck entsprechend, wirksam sein. Vorher ist die Reibungsfestigkeit entsprechend dem vom Porenwasserdruck σ_w übernommenen Lastanteil der Zusatzbelastung kleiner. Im Augenblick des Aufbringens der Neubelastung $\varDelta\sigma$ ist in völlig wassergesättigtem Boden theoretisch $\sigma_w = \varDelta\sigma$, die Reibungsfestigkeit also allein von dem vor der Zusatzbelastung vorhandenen Normaldruck σ abhängig. Dieser Zustand ist deshalb für die Gleit- oder Standsicherheit bindiger Böden stets besonders kritisch.

Zur Festlegung der Reibungsfestigkeit bindiger Böden ist es deshalb notwendig, das COULOMBsche Gesetz (hinsichtlich des Reibungsanteils) in der Form zu schreiben:

$$\tau_R = \mu \, \bar{\sigma}. \tag{96}$$

Hierin stellt $\bar{\sigma}$ den sog. ,,*wirksamen Druck*'' oder ,,*Korn-zu-Korndruck*'' dar; er ist gleich dem um den Porenwasserdruck σ_w verminderten Gesamtdruck, womit sich ergibt:

$$\tau_R = \mu \, (\sigma - \sigma_w). \tag{97}$$

Hiernach ist die Reibungsfestigkeit bindiger Böden davon abhängig, ob in ihnen Porenwasserdrücke wirksam sind oder nicht. Bei der sehr geringen Wasserdurchlässigkeit der bindigen Böden (s. S. 933) ist bei nicht ausgesprochen dünnen Schichten und der heute meist schnellen Fertigstellung der Bauwerke in der Regel davon auszugehen, daß Porenwasserdrücke entstehen; die Frage kann nur sein, in welcher Höhe sie auftreten. Es hängt dies von der Belastungsgeschwindigkeit des Baugrunds, d. h. dem Bautempo, und dem zeitlichen Verlauf der Konsolidierung der bindigen Bodenschichten, d. h. von deren Mächtigkeit und Wasserdurchlässigkeit, ab.

Entsprechend verhält sich bei der Prüfung der Reibungsfestigkeit bindiger Böden im Laboratorium. Führt man die Prüfung schnell durch, d. h. belastet man vertikal und horizontal schnell, so erhält man hohe Porenwasserdrücke und kleine Reibungsbeiwerte; belastet man dagegen langsam, im Extremfall so langsam, daß kein Porenwasserdruck entstehen kann, d. h. der Konsolidierung entsprechend, so ergeben sich hohe Reibungsbeiwerte. So hat z. B. in einem nicht einmal sehr fetten und deshalb auch nicht übermäßig undurchlässigen Ton TSCHEBOTARIOFF [126] bei einem sehr langsam ausgeführten Versuch einen

Reibungsbeiwert von 0,57, bei einem sehr schnell ausgeführten Versuch dagegen einen Reibungsbeiwert von nur 0,34 erhalten; in einem fetten Ton wäre der Unterschied noch größer gewesen.

Das Ergebnis von Versuchen zur Bestimmung der Reibungsfestigkeit bindiger Böden hängt also in entscheidendem Maße von der Belastungsgeschwindigkeit ab. Zwei Grenzfälle sind denkbar und als Standardversuch üblich:

a) Ein so langsamer Versuch, daß die Probe dabei ohne Bildung von Porenwasserdruck untersucht werden kann;

b) ein so schneller Versuch, daß die Probe dabei nicht konsolidieren, sondern im ursprünglichen Zustand untersucht werden kann.

Der Versuch a) wird „*Langsam-Versuch*", im Englischen auch „Drained Test", der Versuch b) „*Schnell-Versuch*", im Englischen auch „Undrained Test", genannt. Die beiden englischen Bezeichnungen weisen darauf hin, daß der Boden beim Langsam-Versuch sein Wasser ohne Überdruck abgeben können muß („offenes System"), während beim Schnell-Versuch keine Wasserabgabe vorhanden sein darf, der Wassergehalt also konstant bleiben muß („geschlossenes System").

Die genannten Bedingungen gelten bei beiden Versuchsarten sowohl für die Normalbelastung als auch für die Tangentialbelastung, d. h. bei einem Langsam-Versuch darf mit dem (langsamen) Belasten auf Schub erst begonnen werden, nachdem die Probe unter der Normalbelastung konsolidiert ist, während bei einem Schnell-Versuch die (schnelle) Schubbelastung ausgeübt werden muß, bevor die Probe unter der Normalbelastung ihr Volumen und ihren Wassergehalt geändert hat.

Da die meisten Böden sich in der Natur aber schon im konsolidierten Zustand befinden, bevor sie durch eine schnell aufgebrachte Last auf Schub beansprucht werden, hat noch eine dritte Versuchsanordnung eine den Anordnungen a) und b) gleichwertige Bedeutung erlangt:

c) Der „*Schnell-Versuch mit konsolidiertem Boden*" („Consolidated Quick Test"), bei dem die Probe schnell auf Schub belastet wird, jedoch erst nach vollem Konsolidieren der Probe unter der Normalbelastung.

Von den verschiedenen, aus der Kombination der drei Versuchsarten a), b) und c) möglichen Versuchsanordnungen ist noch die folgende besonders zu nennen:

d) Der „*Versuch mit vorbelastetem, konsolidiertem Boden*". Dieser Versuch geht gedanklich von der Untersuchung ungestörter Proben aus, die im Untergrund entweder durch die natürliche Erdauflast oder durch eine frühere geologische Auflast vorbelastet waren (Vorbelastung σ_v) und deren Wassergehalt und Hohlraumgehalt bei der Entnahme erhalten geblieben sind (s. S. 935 und 943) und auch während des Versuchs unverändert erhalten bleiben sollen. Der Versuch wäre hiernach bei Belastungen $\sigma \leqq \sigma_v$ auszuführen und derart, daß vor dem Aufbringen der Schubbelastung keine Änderung von Wasser- und Hohlraumgehalt eintreten kann, d. h. als Schnell-Versuch. Doch sprechen andere Gründe dafür, ihn als Langsam-Versuch durchzuführen (weiteres hierüber s. S. 956).

Welche dieser vier Standardversuchsanordnungen im Einzelfall anzuwenden ist, hängt von der gegebenen Fragestellung ab, bleibt aber auch der grundsätzlichen Auffassung des Untersuchenden über die Art, wie er das Ergebnis verwenden will, überlassen. Die Versuchsanordnungen a), b) und c) erlauben in jedem Fall nur die Feststellung der Gesamtschubfestigkeit, während die Versuchsanordnung d) eine Aufteilung in Reibungs- und Haftfestigkeit bezweckt (Näheres hierüber s. S. 955). Eine langsame Versuchsdurchführung zielt auf die Ermittlung der „wahren" Schubfestigkeitsanteile ab, da nur bei Ausschaltung jeglicher Porenwasserdruckerscheinungen erwartet werden kann, eine von den Versuchsbedingungen unbeeinflußte Stoffkonstante zu erhalten (Hvorslev [127], Ohde [128]). Aus dieser so bestimmten Festigkeit können dann die Festigkeiten für schnelle Schubbelastungen entweder unter Annahme theoretischer Bedingungen über das Bruchverhalten des Bodens

(OHDE [*113*], [*163*], TROLLOPE [*129*]) oder aber unter Annahme theoretischer Bedingungen über den zu erwartenden Porenwasserdruck (HAMILTON [*130*], HILF [*131*], SKEMPTON [*132*], BISHOP [*133*]) und Anwendung von Gl. (97) berechnet werden. Es muß aber darauf aufmerksam gemacht werden, daß es eine *einheitliche* Auffassung über die zu den wahren Werten für die Reibungs- und Haftfestigkeit führende Versuchsanordnung oder -technik noch nicht gibt (weiteres hierüber s. S. 956). Wegen dieser Unsicherheiten wird bei der Durchführung eines Schnell-Versuchs von vornherein auf die Bestimmung der wahren Festigkeiten verzichtet und ohne Einschaltung heute noch nicht allgemein anerkannter theoretischer Annahmen die durch den Versuch erhaltene Festigkeit für die Gleit- und Standsicherheitsberechnung verwendet.

γ) *Haftfestigkeit bindiger Böden.*

Die Zusammenhänge werden noch weiter dadurch kompliziert, daß es einerseits auch in den bindigen Böden eine durch die Kapillarkräfte bedingte scheinbare Kohäsion gibt (s. S. 950), die wegen der größeren kapillaren Steighöhe aber in einem wesentlich stärkeren Bodenhorizont wirksam und außerdem erheblich größer als in den nichtbindigen Böden ist, und daß andererseits in den bindigen Böden „*echte Kohäsion*" vorhanden und diese nicht — wie es dem COULOMBschen Gesetz entspräche — konstant ist. Die (echte) Kohäsion oder Haftfestigkeit beruht auf der Wasserbindefähigkeit der Tonteilchen im Boden, die durch elektrochemische Kräfte oder Spannungszustände zu erklären ist (s. S. 822). Sie stellt die auch bei fehlender Normalbelastung und selbst unter Wassereinwirkung vorhandene *bleibende* Schubfestigkeit dar. In wirklichen Tonböden ist sie wesentlich größer als die Reibungsfestigkeit und fast allein für die Schubfestigkeit verantwortlich. Derartige Böden werden deshalb „Kohäsionsböden" genannt.

Durch KREY und TIEDEMANN wurde in der früheren Preußischen Versuchsanstalt für Wasser-, Erd- und Schiffbau in Berlin Anfang der 30er Jahre durch Versuche mit Proben, die zunächst bis σ_v langsam vorbelastet und nach Konsolidieren *schnell* entlastet und unter Drücken $\sigma < \sigma_v$ schnell abgeschert wurden, erstmals nachgewiesen, daß die Haftfestigkeit von der Vorbelastung σ_v, mit der der Boden einmal belastet gewesen ist, abhängt (SEIFERT [*134*]). Eine grundsätzliche Bestätigung fanden diese Versuche durch sehr umfangreiche, von HVORSLEV etwa 1935 an der TH Wien durchgeführte *Langsam*-Versuche [*127*].

Durch eine Belastung, die lange genug andauert, um Wasser- und Hohlraumgehalt der Belastung anzupassen, erhält hiernach ein bindiger Boden eine Festigkeit, die auch bei Verschwinden dieser Belastung erhalten bleibt.

Dies gilt streng allerdings nur dann, wenn die mit der (langsamen) Entlastung verbundene Wasseraufnahme zu keiner Porenzifferzunahme (Schwellung) des Bodens führt, wenn also die Entlastungskurve des Bodens der Horizontalen in Abb. 137 folgt und

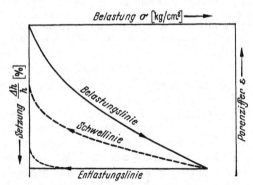

Abb. 137. Möglichkeiten des Verhaltens der Böden bei einer Entlastung.

nicht der gestrichelt eingezeichneten Schwellinie. Eine wirkliche Schwellung tritt nur in fetten Tonböden und auch dann meist nur bei kleineren Drücken ein, so daß — von dem Bereich kleiner Drücke abgesehen — in der Regel von einer horizontalen Entlastungslinie und auch Wiederbelastungslinie ausgegangen werden kann.

Die Haftfestigkeit c ist dann für Belastungen $\sigma < \sigma_v$, und zwar sowohl für eine Entlastung wie für eine Wiederbelastung, bei langsamer Schubbelastung[1] durch die Gleichung gegeben (KREY-TIEDEMANNsches Kriterium):

$$c = \mu_c\, \sigma_v. \tag{98}$$

Die durch Gl. (98) gegebene Haftfestigkeit ist in Analogie zu Gl. (94) und zur Definition der wahren Reibungsfestigkeit als *„wahre Haftfestigkeit"*, der Proportionalitätsfaktor μ_c als *„Haftfestigkeitsbeiwert"* zu bezeichnen. Ebenso wie μ als tg des Reibungswinkels ϱ kann μ_c als tg eines *„Haftfestigkeitswinkels ϱ_c"* aufgefaßt werden.

Ändert sich der Hohlraumgehalt während der Entlastung bzw. Wiederbelastung, so ist die Haftfestigkeit nach HVORSLEV (TERZAGHI [135]) nicht mehr der konstanten Vorbelastung σ_v proportional, sondern dem zum Herbeiführen des beim Abscheren jeweils vorhandenen Hohlraumgehalts erforderlichen *„äquivalenten Verdichtungsdruck"*. Der äquivalente Verdichtungsdruck ist der Druck σ_x, der benötigt wird, um eine im Zustand der Fließgrenze befindliche Probe auf einen beliebig ausgewählten Hohlraumgehalt ε_x zu bringen. Es ist ohne weiteres zu übersehen, daß der äquivalente Verdichtungsdruck mit dem Druck einer auf diese Weise im Kompressionsapparat untersuchten Probe identisch ist und für die Ent- und Wiederbelastung eine Hysteresisschleife besitzt (s. Abb. 125). Nach HVORSLEV besitzt die versuchsmäßig gewonnene Haftfestigkeit deshalb im Ent- und Wiederbelastungsbereich ebenfalls eine Hysteresisschleife (Abb. 138). Dadurch, daß die Haftfestigkeit nicht mehr wie in Gl. (98) dem konstanten Druck σ_v, sondern einem veränderlichen Druck σ_x proportional gesetzt wird, kann aber auch für diesen Fall ein konstanter Haftfestigkeitsbeiwert berechnet werden [127], [135]. Er

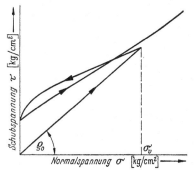

Abb. 138. Schubfestigkeitsdiagramm bei langsamer Belastung, Entlastung und Wiederbelastung nach HVORSLEV.

unterscheidet sich von dem nach KREY-TIEDEMANN um so mehr, je mehr die Ent- und Wiederbelastungslinie unter Wassersättigung von einer Horizontalen abweichen.

Das Problem wird noch verwickelter, wenn man beachtet, daß die Haftfestigkeit eine von der Spannungsrichtung unabhängige Größe ist und deshalb nicht von der größten Normalspannung, sondern der größten beim Versuch überhaupt auftretenden Hauptspannung abhängt (HAEFELI und SCHAERER [136], TROLLOPE [129]). Beim Scherversuch kann dadurch bei einem Abscheren unter einer Normalbelastung σ, die nur wenig kleiner als die Vorbelastung σ_v ist, die Hauptspannung größer als σ_v werden. Hierdurch kann dort bei *langsamer* Schubbelastung die Haftfestigkeit größer werden, als es der Vorbelastung σ_v entspricht.

δ) *Schubfestigkeit bindiger Böden.*

Wie in den nichtbindigen Böden (s. S. 950) hat man auch in den bindigen Böden zwischen der *„Bruchfestigkeit"* und der *„Gleitfestigkeit"* zu unterscheiden. Je plastischer der Boden ist, desto weniger deutlich tritt die Bruchfestigkeit im Verschiebung-Schubkraftdiagramm (Abb. 139) in Erscheinung; der Höchstwert der Schubfestigkeit wird dann meist erst nach ziemlich großen Verschiebungen erreicht und nur langsam überwunden, während bei stark vorbelasteten oder sandigen Tonen ein ausgesprochener Höchstwert auftreten kann, bei dem die Bruchfestigkeit ziemlich schnell erreicht wird und der Gleitwiderstand allmählich bis auf die Hälfte der Bruchfestigkeit heruntergeht.

Die Schubfestigkeit von gestörtem Ton beträgt oft nur einen Bruchteil des gleichen Tons in ungestörter Lagerung, was durch den Verlust der ursprüng-

---

[1] KREY und TIEDEMANN haben noch mit schneller Entlastung und schneller Schubbelastung gearbeitet. Über die Gründe für die Durchführung als Langsamversuch s. OHDE [113], [128], [163].

lichen Strukturfestigkeit erklärt wird. Das Verhältnis der Schubfestigkeit in ungestörter Lagerung zur Schubfestigkeit in gestörter Lagerung wird „*Empfindsamkeit*" („*Sensitivity*") genannt. Sie liegt für die meisten Tonböden zwischen 1 und 2, kann aber bei stark empfindsamen Tonböden auf 8 bis 10 hinaufgehen.

Derartige Tone sind äußerst gefährlich, da schon eine geringe Störung ihrer natürlichen Struktur eine erhebliche Herabsetzung ihrer natürlichen Schubfestigkeit mit sich bringt. Über die Bestimmung der Empfindsamkeit s. S. 981.

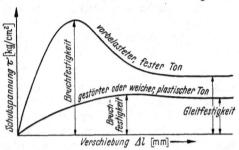

Abb. 139. Verformungsdiagramm in festem und weichem Ton.

Nach Gl. (96) und (98) und dem, was bisher über die Reibungs- und Haftfestigkeit bindigen Bodens ausgeführt wurde, kann man sich die Gesamtschubfestigkeit eines solchen Bodens für den Fall einer Erstbelastung und für den Fall einer bis zu einer Belastung σ_v vorbelasteten und dann *langsam* entlasteten und u. U. auch *langsam* wiederbelasteten Probe für *langsame* Schubbelastung, d. h. *nach Ausgleich aller Porenwasserspannungen*, nach Abb. 140 aufgeteilt denken. Wie hieraus hervorgeht, ist es für die Schubfestigkeit bindiger Böden von ausschlaggebender Bedeutung, ob man sich im Zustand einer Erstbelastung (Abb. 140a) oder einer Entlastung bzw. Wiederbelastung (Abb. 140b) befindet. Im letzten Fall verfügt man über eine erheblich größere Schubfestigkeit (um die Fläche ABC in Abb. 140b größer) als im ersten Fall; der Unterschied wird um so geringer, je mehr man sich der Vorbelastung nähert.

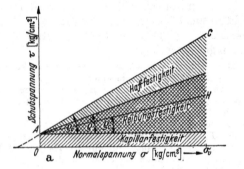

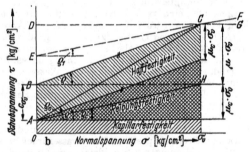

Abb. 140. Aufteilung der Schubfestigkeit in Kapillar-, Reibungs- und Haftfestigkeit bei einem erstbelasteten (a) und bei einem wiederbelasteten (b) bindigen Boden.

Der Zusammenhang der Abb. 140, d. h. die Schubfestigkeit bindiger Böden nach Ausgleich des Porenwasserdrucks und ihre Trennung in wahre Reibungs- und wahre Haftfestigkeit, ist — wie aus Abb. 140b ohne weiteres entnommen werden kann — ohne den Anteil der scheinbaren Kohäsion durch die KREY-TIEDEMANNsche Gleichung gegeben. Für die Erstbelastung, wo $\sigma_v = \sigma$ ist, gilt:

$$\tau = \tau_R + c = (\mu + \mu_c)\,\sigma. \tag{99}$$

Für die Entlastung oder Wiederbelastung, wo $\sigma_v \neq \sigma$ ist, gilt:

$$\tau = \tau_R + c = \mu\,\sigma + \mu_c\,\sigma_v. \tag{100}$$

Die scheinbare Kohäsion ist wie im nichtbindigen Boden (s. S. 950) tatsächlich eine Reibungsfestigkeit mit der maximalen Größe μp_k, wenn p_k die im Boden vorhandene Kapillarspannung ist.

Die grundsätzliche Aufgliederung der Schubfestigkeit in wahre Reibungs-
und wahre Haftfestigkeit eines natürlichen bindigen Bodens, wie sie in Abb. 140
dargestellt ist (Winkel ϱ bzw. ϱ_c), läßt sich mit Hilfe der dafür in Frage kommenden Versuche mit gestörten oder ungestörten Proben im Laboratorium
nur schwer eindeutig erreichen. Keine Schwierigkeit bereitet die Ermittlung
der wahren Gesamtschubfestigkeit bei der Erstbelastung, d. h. der Linie AC
in Abb. 140a, gemäß Gl. (99) durch einen Langsam-Versuch [Versuchsanord-
nung a) auf S. 952]. Der aus $(\mu + \mu_c)$ berechenbare Winkel:

$$\varrho_0 = \text{arc tg}\,(\mu + \mu_c) \tag{101}$$

enthält aber den Anteil von Reibungs- und Haftfestigkeit. Er wird deshalb
,,*scheinbarer Reibungswinkel*'' genannt. Seine praktische Bedeutung ist begrenzt.

Wie schon auf S. 953 ausgeführt wurde, ist es nicht immer notwendig,
die wahren Werte zu wissen, da die Verwendung dieser Werte in den erdstatischen Berechnungen zu Annahmen über den tatsächlich bei der üblichen
schnellen Bauausführung auftretenden Wert zwingt. Man zieht deshalb heute
nicht selten vor, eine Trennung von Reibungs- und Haftfestigkeit überhaupt
nicht zu suchen und stattdessen die Gesamtschubfestigkeit mit Hilfe von Schnell-
Versuchen und unter möglichst weitgehend der Wirklichkeit angepaßten Bedingungen zu ermitteln.

Beim Schnell-Versuch mit vorbelastetem, konsolidiertem Boden [Versuchsanordnung d)
auf S. 952] müßte man bei einer Belastung $\sigma < \sigma_v$, wenn Wasser- und Hohlraumgehalt
während der Entlastung wegen der sofort auftretenden Kapillarkraft unverändert geblieben
sind, theoretisch eine konstante Schubfestigkeit erhalten; ihre Größe müßte durch eine
Parallele zur Abszissenachse durch den Punkt C in Abb. 140b gegeben sein (Linie CD).
Tatsächlich erhält man noch nicht völlig geklärten Gründen eine geneigte Gerade
(Linie CE). Sie liefert, wie aus Abb. 140b zu ersehen ist, eine größere Gesamtschubfestigkeit
als der Langsam-Versuch mit einer vorbelasteten Probe ($AE > AB$). Der Grund hierfür
liegt darin, daß beim Schnell-Versuch der Boden unter einem negativen Porenwasserdruck
(Porenwasserunterdruck) steht, der in umgekehrter Weise wie der positive Porenwasserdruck
wirken, also eine zusätzliche Festigkeit aufbauen muß, während beim Langsam-Versuch
kein Porenwasserdruck vorhanden ist. Wie Abb. 140b zeigt, ist die durch den Schnell-
Versuch gewonnene Haftfestigkeit (AE) größer, der durch ihn gewonnene Reibungsbeiwert
(tg ϱ_1) dagegen kleiner als beim Langsam-Versuch (AB bzw. tg ϱ).

Hieraus folgt, daß die Untersuchung ungestörter Proben unterhalb ihrer Vorbelastung
trotz des naheliegenden Gedankens, Wasser- und Hohlraumgehalt nicht zu ändern, als
Langsam-Versuch vorgenommen werden sollte, d. h. unter Wassersättigung der Proben
bei der Belastung σ_v bzw. den niedrigeren Belastungen σ. Sofern hierbei kein Schwellen
auftritt, ist damit keine Abnahme der wahren Haftfestigkeit verbunden (s. o.), sondern es
wird nur der Porenwasserunterdruck beseitigt.

Dagegen wird bei einer Belastung $\sigma > \sigma_v$ und Aufbringen der Schubbelastung vor Konsolidation der Probe ein positiver Porenwasserdruck hervorgerufen. Die Schubfestigkeit würde dadurch bei Belastungen $\sigma > \sigma_v$ kleiner sein als die des Langsam-Versuchs (etwa der Linie CF in
Abb. 140b folgend). In sehr fettem Tonboden würde sich eine horizontale Linie (CG) ergeben.

Ein Schnell-Versuch mit erstbelastetem, konsolidiertem Boden [Versuchsdurchführung c)
auf S. 952] ergibt wegen des positiven Porenwasserdrucks, der durch das Aufbringen der
Schubbelastung erzeugt wird, einen geringeren scheinbaren Reibungswinkel als der Langsam-Versuch. Der Unterschied hängt davon ab, in welchem Umfang sich während der Schubbeanspruchung Porenwasserdruck entwickeln kann, d. h. von der Versuchsgeschwindigkeit
und der Durchlässigkeit und den Abmessungen der Probe.

Ein Schnell-Versuch mit nichtkonsolidiertem Boden [Versuchsanordnung b) auf S. 952]
führt in wenig durchlässigen Proben zu einer Reibungsfestigkeit Null, d. h. die zum Überwinden der Schubfestigkeit des Bodens notwendige Kraft ist von der Normalbelastung
unabhängig und allein von der Haftfestigkeit abhängig.

Die vorstehenden Betrachtungen gelten streng nur für wassergesättigten
bindigen Boden. In nicht wassergesättigten Böden geht die Bedeutung des Porenwasserdrucks zurück, und die Schubfestigkeitslinien für den Langsam- und
Schnell-Versuch nähern sich einander. Mit abnehmendem Haftfestigkeitsbeiwert
des Bodens verliert auch die Frage der Vorbelastung an Bedeutung. Die Fest-

stellung der Schubfestigkeit bindiger Böden vereinfacht sich also gegenüber den vorstehend geschilderten Schwierigkeiten um so mehr, je weniger bindig der Boden ist, d. h. je weniger Ton er enthält.

b) Versuche zur Bestimmung der Schubfestigkeit.

Zur Ermittlung der Schubfestigkeit des Bodens im Laboratorium gibt es verschiedene Versuchsmethoden, von denen jede einzelne ihre Vor- und Nachteile besitzt und für bestimmte Böden und Fragestellungen besonders geeignet ist und bevorzugt wird. Als Standardversuche sind zu nennen:

a) der „Scherversuch" mit der Abart des „Kreisring-Scherversuchs",

b) der „dreiaxiale Druckversuch" mit der Abart des „Zellversuchs",

c) der „Zylinderdruckversuch".

Zu diesen Versuchen tritt im Felde die Bestimmung der Schubfestigkeit durch die Flügelsonde (s. S. 868).

α) *Scherversuch.*

Beim „Scherversuch" (Abb. 141) wird eine dünne Bodenscheibe in einer sog. „Scherbüchse" (Grundfläche F) mit einer während des Versuchs konstant bleibenden Normalkraft N belastet. Die Scherbüchse besteht aus zwei gegeneinander verschieblichen Teilen, von denen der eine fest liegt, der andere beweglich ist und durch eine bis zum Bruch des Bodens gesteigerte Horizontalkraft H belastet wird. Die Bodenprobe wird dadurch längs einer

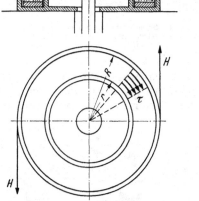

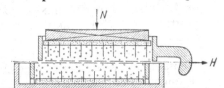

Abb. 141. Prinzip des direkten Scherversuchs.

erzwungenen Gleitfläche bei konstantem N durch eine reine Scherkraft beansprucht und in dieser Gleitfläche schließlich abgeschert. Die mittlere Schubspannung dabei ist:

$$\tau = H_{max}/F. \qquad (102)$$

Abb. 142. Prinzip des Kreisring-Scherversuchs.

Bei der Auswertung der Scherversuchs wird angenommen, daß diese Spannung die beim Abscheren ungünstigste Schubbeanspruchung darstellt. Wiederholt man den Versuch mit verschiedenen Proben unter verschiedenen Normalspannungen $\sigma = N/F$, so erhält man die zum Auftragen der Abhängigkeit $\tau = f(\sigma)$ nach Gl. (93) (s. Abb. 132) notwendigen Wertepaare τ und σ. Hierbei können sowohl τ als auch σ als langsame oder schnelle Belastungen aufgebracht werden (s. S. 952). Je nach dem gewählten Verfahren erhält man die Schubfestigkeitslinie für den Langsam- oder für den Schnell-Versuch (s. Abb. 140).

Auf dem gleichen Prinzip, d. h. auf einem reinen Abscheren einer dünnen Bodenscheibe, beruht auch der „*Kreisring-Scherversuch*" (Abb. 142). Bei ihm wird lediglich die Schubfestigkeit einer kreisringförmigen Bodenprobe nicht durch eine Horizontalkraft H, sondern durch ein horizontales Torsionsmoment M überwunden. Die dabei in dem Kreisring (Radien R, r) auftretende mittlere Schubspannung ist:

$$\tau_m = \frac{M}{\pi (R^2 + r^2)(R - r)}. \qquad (103)$$

Gerät. Der erste nach unserem heutigen Urteil brauchbare Scherapparat wurde in den 20er Jahren in der früheren Preußischen Versuchsanstalt für

Wasser-, Erd- und Schiffbau in Berlin von KREY [124] gebaut (Abb. 143). Er hat für viele spätere Scherapparate als Vorbild gedient. Der bewegliche, auf Rollen gelagerte, untere Teil der Scherbüchse ist bei ihm durch zwei Stahlbänder mit zwei Segmenthebeln verbunden, an denen Gewichtsschalen hängen, durch deren Belastung die Probe entweder in der einen oder in der anderen Richtung abgeschert werden kann. Die Normalbelastung erfolgt an einem dritten Hebel ebenfalls mit Gewichten. Die Scherbüchsen können aber auch in einem besonderen Vordruckapparat lotrecht in der gewünschten Höhe belastet und erst zum eigentlichen Abscheren in den Scherapparat eingesetzt werden.

Abb. 143. Scherapparat nach KREY. (Aus Mitteilungen der Preußischen Versuchsanstalt für Wasser-, Erd- und Schiffbau Berlin, H. 20. 1935.)

In Deutschland ist neben dem Scherapparat von KREY vor allem ein von A. CASAGRANDE (BUCHANAN [137]) konstruierter Scherapparat benutzt worden (Abb. 144), der mit verschiedenen Verbesserungen auch heute noch in vielen Anstalten anzutreffen ist. Im Gegensatz zum KREYschen Gerät sind bei dem CASAGRANDEschen Gerät eine Anzahl von Scherbüchsen in einem gemeinsamen Rahmen vereint, wo sie unabhängig voneinander lotrecht belastet und nacheinander durch eine verschiebbar angeordnete Zugvorrichtung abgeschert werden können. Die lotrechte Belastung wird mit Hilfe eines Hebels hervorgerufen, dessen Eigengewicht durch ein Gegengewicht aufgehoben ist. Die waagerechte Zugkraft, die an dem oberen beweglichen Rahmen der Scherbüchse angreift, wird bei der ursprünglichen Form durch ein auf einem zweiten Hebel laufendes Gewicht, bei neueren Konstruktionen durch einen Wasserbehälter, der an einem Hebel hängt und langsam aufgefüllt wird (Abb. 144), oder durch einen Druckölzylinder erzeugt.

Abb. 144. Gestell mit neun Scherapparaten nach A. CASAGRANDE mit automatischer Wasserbelastung und Selbstregistrierung (Degebo); konstante Belastungsgeschwindigkeit.

In England ist eine gegenüber der KREYschen und CASAGRANDEschen Bauart geänderte Anordnung üblich geworden (Abb. 145a und b). Hier wird der untere Teil der Scherbüchse durch eine entweder durch Hand oder durch einen Motor angetriebene Druckspindel bewegt, während der obere Teil nicht völlig starr, sondern durch einen elastischen Ring abgestützt wird. Die Verformung des Rings wird mit einer Meßuhr gemessen und gibt die in der Scherfuge wirksame tatsächliche Schubkraft an, d. h. ohne Beeinflussung durch die Reibung des unteren Schlittens auf der Unterlage. Die lotrechte Belastung erfolgt über ein Gehänge mit Gewichtsplatten.

Durch die beiden Versuchsanordnungen — KREY und CASAGRANDE einerseits, englische Bauweise andererseits — ist ein grundsätzlicher Unterschied der mit diesen Apparaten möglichen Scherversuche bedingt. Die erste Anordnung

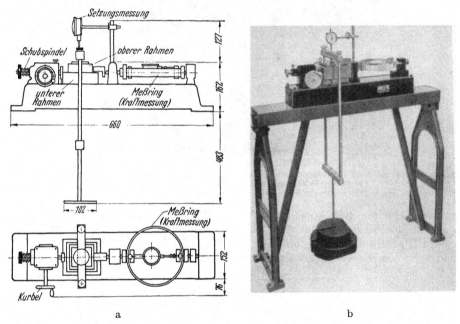

a   b

Abb. 145a u. b. Übliche englische Bauart des Scherapparats; konstante Verschiebungsgeschwindigkeit (Hersteller Wykeham Farrance Engineering Ltd., Slough, England).

führt zu dem „*Versuch mit konstanter Belastungsgeschwindigkeit*", d. h. die Schubbelastung wird durch Auflegen stets gleicher Gewichte gesteigert. Bei der zweiten Anordnung erhält man bei einem gleichmäßigen, nicht unterbrochenen Vorschub der Spindel dagegen den „*Versuch mit konstanter Verschiebungsgeschwindigkeit*". In der Baupraxis kann zwar eher davon ausgegangen werden, daß die Belastungen und nicht die durch sie hervorgerufenen Verformungen einigermaßen konstant mit der Zeit anwachsen. Trotzdem besitzt die Versuchsanordnung mit konstanter Verschiebungsgeschwindigkeit gegenüber der demnach näherliegenden Versuchsanordnung mit konstanter Belastungsgeschwindigkeit einen wichtigen Vorteil: Nur bei ihr ist es ohne Schwierigkeiten möglich, den Spannungsabfall nach dem Bruch im dichten Sand oder im festen Ton (s. Abb. 136 bzw. 139) und damit die Bruchfestigkeit und die Gleitfestigkeit in Verbindung mit den zugehörigen Verschiebungen einfach und genau zu messen. Bei der KREYschen bzw. CASAGRANDEschen Belastungsanordnung muß dagegen die Verschiebung-Schubkraftlinie infolge der konstant bleibenden

Gewichtsbelastung nach dem Bruch waagerecht weiterlaufen, es sei denn, die Belastung wird bei Erreichen des Bruchs durch Fortnehmen von Gewichten in einem solchen Maße verringert, daß der Bruchvorgang dadurch nicht abgebrochen wird; dies ist aber nur schwer erreichbar.

Aus diesem Grunde werden heute Versuchsanordnungen mit konstanter Verschiebungsgeschwindigkeit meist vorgezogen und die ursprünglichen Apparate von Krey und Casagrande in entsprechend geänderter Form gebaut.

Abb. 146. Gestell mit sechs Scherapparaten nach Muhs mit automatischer Belastung und Selbstregistrierung; konstante Belastungs- oder Verschiebungsgeschwindigkeit (Hersteller Chemisches Laboratorium für Tonindustrie, Berlin).

Ein Scherapparat mit konstanter Verschiebungsgeschwindigkeit wurde im Franzius-Institut der Technischen Hochschule Hannover auch schon etwa 1930 benutzt (Petermann [138]), um den Abfall der Reibungsfestigkeit im dichten Sand nach dem Bruch zu untersuchen. Von Muhs (Maguin [164]) wurde 1954

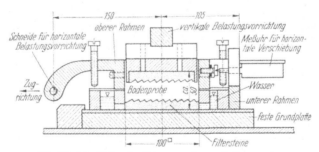

Abb. 147. Scherbüchse des Scherapparats von A. Casagrande.

ein Scherapparat entwickelt (Abb. 146), der sowohl Versuche mit konstanter Belastungsgeschwindigkeit als auch Versuche mit konstanter Verformungsgeschwindigkeit erlaubt und bei dem außerdem die Vorschubgeschwindigkeit einer Zugspindel im Verhältnis 1:1000 regelbar ist, so daß ausgesprochen langsame und schnelle Versuche ausgeführt werden können. Bei diesem Apparat werden ferner die Schubkräfte und die Scherverschiebungen in Abhängigkeit von der Zeit selbsttätig aufgezeichnet.

Der wichtigste Teil eines Scherapparats ist die *Scherbüchse*. Um eine möglichst gleichmäßige, in der gesamten Scherfläche wirkende und nicht an den Stirnflächen der Scherbüchse konzentrierte Einleitung der Schubspannungen zu erreichen und um ein etwaiges Stauchen der Probe an den Stirnflächen zu verhindern, muß die Schubkraft durch entsprechend geformte Steine (Abb. 147) oder durch Stahlschneiden, die in metallene Filterplatten eingesetzt sind (Abb. 148), auf die Probe übertragen werden. Die Höhe der Probe soll möglichst klein sein, etwa 1 bis 1,5 cm, um ein Abscheren in der gewünschten Ebene herbeizuführen und ein etwaiges bloßes Verformen der Probe („progressiver Bruch") zu ver-

Abb. 148. Scherbüchse des Scherapparats von MUHS.

hindern (Abb. 149). Für Langsam-Versuche muß die Probe von durchlässigen Filtersteinen (s. Abb. 147), für Schnell-Versuche von undurchlässigen Platten (s. Abb. 148) eingeschlossen sein. Als Querschnitt wurde zunächst nur der quadratische Grundriß (10 cm × 10 cm oder 7 cm × 7 cm) angewandt (s. Abb. 147). Heute wird vielfach der kreisförmige Querschnitt ($F = 100$ cm²) bevorzugt (s. Abb. 148), da er für den Einbau ungestörter Proben geeigneter ist und da bei ihm auch gestört eingebautes Material wesentlich gleichmäßiger nach einem der

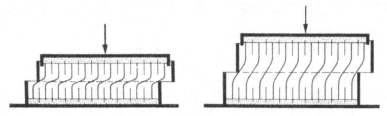

Abb. 149. Veranschaulichung des Einflusses einer zu großen Probenhöhe.

Standardverfahren (s. S. 923) verdichtet werden kann als bei einem rechteckigen Querschnitt, wo in den Ecken keine einwandfreie Verdichtung möglich ist.

Grundsätzlich die gleichen Gesichtspunkte, d. h. niedrige Probenhöhe, Filtersteine oder Stahlschneiden zum Erzeugen einer gleichmäßig über die Probe verteilten Schubspannung, durchlässige oder undurchlässige Lagerung der Probe, sind bei dem Kreisring-Scherapparat zu beachten, der erstmals von TIEDEMANN 1933 in der Preußischen Versuchsanstalt für Wasser-, Erd- und Schiffbau in Berlin entwickelt wurde [139], nachdem schon vorher an anderen Stellen Torsions-Scherversuche mit vollen Kreisflächen durchgeführt worden waren, deren Auswertung aber wegen der schwierigen Erfassung der Schubspannungsverteilung unbefriedigend geblieben ist. Der Vorteil des Kreisring-Schergeräts liegt darin, daß auch nach großen Scherverschiebungen noch Boden auf Boden gleitet, während sich bei dem normalen Scherapparat ein mit der Scherverschiebung größer werdender Teil der Probe über dem Metall der Unterlage bewegt. Doch fällt dieser Vorteil bei den meisten Böden nicht ins Gewicht, da der Bruch bei ihnen schon nach verhältnismäßig kleinen Scherverschiebungen eintritt (etwa 0,25 bis 0,5 cm), so daß die Beeinträchtigung der tatsächlichen Scherfläche nur gering ist (z. B. $2^1/_2$ bis 5% bei einer quadratischen Scherbüchse mit 10 cm Seitenlänge oder 3,2 bis 6,4% bei einer kreisförmigen Scherbüchse mit 10 cm ⌀). Da der Einbau einer Probe in den Kreisring-Scherapparat auch schwieriger als der in die normalen Scherapparate ist, haben sich die später auch von Hvorslev [*127*], Haefeli [*140*] und Ohde gebauten Kreisring-Scherapparate nicht durchsetzen können. Sie sind nur dort angebracht, wo die Bruch- und Gleitfestigkeit von hochplastischem Ton oder von organischen Böden untersucht werden muß, die erst nach sehr großen Scherverschiebungen erreicht wird.

Die bisher genannten Versuchsanordnungen gelten nur für mehr oder weniger feinkörniges Material, d. h. für Sand, Schluff und Ton. Im Kies oder in Geröllen oder Gesteinsschutt sind entsprechend größere, der größten Korngröße angepaßte Apparate notwendig. Abb. 150 zeigt einen Scherapparat mit einer Scherfläche von 1 m² zur Untersuchung von Steingeröll auf der Baustelle für einen Erddamm. Sowohl der lotrechte Druck als auch die Schubkraft werden durch hydraulische Pressen erzeugt.

Abb. 150. Großscherapparat (Scherfläche 1 m × 1 m) für Feldversuche mit Grobmaterialien. (Gebaut von der Firma Johann Keller G.m.b.H., Frankfurt/Main.)

Versuchsdurchführung und Auswertung. Bei der Versuchsdurchführung ist zwischen Versuchen mit nichtbindigen Böden und Versuchen mit bindigen Böden zu unterscheiden.

Nichtbindiger Boden wird zur Vermeidung von scheinbarer Kohäsion trocken in die Scherbüchsen eingebaut, wobei — zur Ermittlung des Hohlraumgehalts — das Trockengewicht der Probe und der Raum, den sie nach dem Einbau einnimmt, bestimmt wird. Ungestörte Proben müssen dagegen im erdfeuchten Zustand eingebaut werden, da ihr Einbau nur unter Ausnutzung der scheinbaren Kohäsion gelingt; zu ihrer Ausschaltung werden die Proben dann nach dem Einbau für die Dauer des Versuchs unter Wasser gesetzt. Anschließend werden die Proben — mindestens drei, besser vier — verschieden hoch — gewöhnlich zwischen 0,5 kg/cm² und 3 kg/cm² — belastet. Die Höhe der Belastung ist bei den kohäsionslosen nichtbindigen Böden ziemlich gleichgültig, da eine etwaige Vorbelastung nur die Haftfestigkeit, nicht aber die Reibungsfestigkeit beeinflußt (s. S. 955).

Da sich nichtbindiger Boden sofort setzt, kann bald nach der Belastung mit dem Abscheren begonnen werden. Vorher wird mit den bei allen Apparaten dafür vorgesehenen Stellschrauben der obere Rahmen der Scherbüchse etwas angehoben (mindestens dem Durchmesser des gröbsten Korns entsprechend), um die Reibung von Metall auf Metall auszuschalten. Bei Versuchen mit konstanter Belastungsgeschwindigkeit werden die Stufen, mit denen die Schubkraft schrittweise bis zum Bruch gesteigert wird, der jeweiligen senkrechten Belastung angepaßt, oft mit $^1/_{40}$ der Normalbelastung. Sie können in kürzeren oder längeren Zeitabständen aufgebracht werden, ohne daß das Ergebnis davon nennenswert beeinflußt wird; gewöhnlich wird die Schubkraft in Abständen von 1 min gesteigert. Bei Versuchen mit konstanter Verschiebungsgeschwindigkeit kann ein Vorschub des beweglichen Teils der Scherbüchse von 0,1 bis 1,0 mm/min gewählt werden.

Aus den vor jeder Neubelastung bzw. in regelmäßigen Zeitabständen gemessenen Verschiebungen und Schubspannungen wird für alle gewählten Auflasten σ zunächst das „*Verschiebung-Schubkraftdiagramm*" gezeichnet, das — der Dichte des Sands und der Versuchsdurchführung entsprechend (s. S. 959) — einer der beiden Linien in Abb. 136 folgt.

Aus den einzelnen Diagrammen kann die Schubspannung τ beim Bruch oder beim Gleiten entnommen und im „*Schubfestigkeitsdiagramm*" in Abhängigkeit von σ aufgetragen werden (s. Abb. 140). In den nichtbindigen Böden ergibt sich bei gleichem Hohlraumgehalt der Proben als Verbindungslinie der so erhaltenen Punkte eine durch den Nullpunkt verlaufende Gerade, die unter dem Reibungswinkel ϱ des Materials gegen die Horizontale geneigt ist. Bei Verwendung der Gleitwerte erhält man einen etwas kleineren Winkel als bei Verwendung der Bruchwerte.

Bei *Scherversuchen mit bindigen Böden* geht man in gleicher Weise wie bei den nichtbindigen Böden vor, nur hat man zu unterscheiden, ob man einen Langsam- oder einen Schnell-Versuch durchzuführen beabsichtigt.

Beim *Langsam-Versuch* werden *gestörte Proben* — zweckmäßig drei — gewöhnlich im Zustand der Fließgrenze oder mit einer vorgeschriebenen Dichte, die durch eines der Standard-Verdichtungsverfahren herbeigeführt wird (s. S. 923), eingebaut, stufenweise, z. B. auf 1, 2 und 3 kg/cm², belastet und zur Ausschaltung der scheinbaren Kohäsion unter Wasser gesetzt. Nach jeweiliger Konsolidierung werden die Proben abgeschert, wobei die Schubkraft erst erhöht wird, wenn die Verschiebung aus der jeweils vorhergehenden Laststufe zum Stillstand gekommen ist. Für Versuche mit konstanter Verschiebungsgeschwindigkeit wird ein Vorschub von 0,005 mm/min bis 0,01 mm/min als zweckmäßig angegeben. Näheres hierüber s. GIBSON u. HENKEL [*183*].

Als Ergebnis erhält man im Verschiebung-Schubkraftdiagramm Linien nach Abb. 139. Im Schubfestigkeitsdiagramm ergibt sich die Linie A—C der Abb. 140a, die unter dem scheinbaren Reibungswinkel $ϱ_0$ des Materials gegen die Horizontale geneigt ist (Abb. 151).

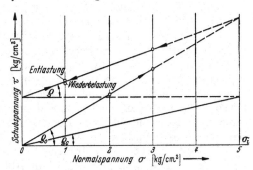

Abb. 151. Ergebnis von sechs Scherversuchen mit gestörtem bindigem Boden.

Zur Bestimmung der wahren Reibungs- und Haftfestigkeit belastet man am besten drei weitere Proben stufenweise unter Wasser verhältnismäßig hoch auf eine Vorbelastung $σ_v$, z. B. auf 5 kg/cm², und entlastet nach erfolgter Konsolidation zwei von ihnen unter der Möglichkeit der Wasseraufnahme auf z. B. 1 und

3 kg/cm², während man die letzte Probe auf Null entlastet und dann wiederum auf 1 kg/cm² belastet. Man hat dann den Bereich vermieden, wo eine größere Schwellung und damit eine Abnahme der Haftfestigkeit eintreten könnte (s. S. 953), ebenso aber den Bereich, wo nicht die Vorbelastung die Haftfestigkeit bestimmt, sondern u. U. die beim Abscheren selbst hervorgerufene größte Hauptspannung (s. S. 954); außerdem erfaßt man durch die zwei bei $\sigma = 1$ kg/cm² vorhandenen Versuchspunkte eine etwaige Hysteresisschleife des Bodens gemäß Abb. 138.

Nach Konsolidation der Proben und langsamem Abscheren erhält man je nach Bodenart und je nach den Belastungsbedingungen (konstante Belastungs- oder Verschiebungsgeschwindigkeit) im Verschiebung-Schubkraftdiagramm Linien nach Abb. 139 und im Schubfestigkeitsdiagramm die Linie BC in Abb. 140b. Sie ist unter dem wahren Reibungswinkel ϱ gegen die Horizontale geneigt und schneidet auf der Ordinatenachse die der Vorbelastung σ_v zugehörige Haftfestigkeit ab. Aus ihr kann der Haftfestigkeitswinkel $\varrho_c = \text{arc tg}\,\mu_c$ (s. S. 954) leicht geometrisch bestimmt werden (s. Abb. 151).

Bei der *Untersuchung ungestörter Proben* kann in gleicher Weise vorgegangen werden. Wichtig ist, zunächst durch einen Kompressionsversuch festzustellen, ob der Boden geologisch vorbelastet ist (s. S. 943). Dann setzt man die Proben bei einer Belastung, die ihrer natürlichen Auflast oder geologischen Vorbelastung p_v im Untergrund entspricht, unter Wasser, erlaubt den Ausgleich der Porenwasserspannungen, schert eine Probe bei der Belastung $\sigma = p_v$ langsam ab, belastet zwei weitere Proben bis zu Belastungen $\sigma > p_v$, schert sie dort langsam ab und erhält als Ergebnis die Gerade für den scheinbaren Reibungswinkel ϱ_0 (Abb. 152).

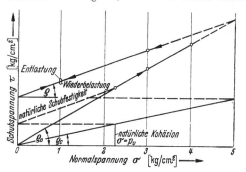

Abb. 152. Ergebnis von sechs Scherversuchen mit ungestörtem bindigem Boden.

Drei andere Proben belastet man mit einer ziemlich hohen Vorbelastung σ_v und schert sie wie oben nach langsamer Entlastung bzw. Wiederbelastung ab. Es ergibt sich dadurch ϱ und ϱ_c (s. Abb. 152).

Beim *Schnell-Versuch* hat man die porösen Filtersteine oder -platten durch undurchlässige Einsätze zu ersetzen, um eine Wasserabgabe während des Versuchs zu unterbinden. Jedoch ist es schwierig, im Scherapparat eine Drainage völlig zu verhindern, besonders bei hohen Vertikalbelastungen. Aus diesem Grunde und da die Schubfestigkeit beim Schnell-Versuch auch ohnehin vom Normaldruck unabhängig ist (s. S. 956), führt man die Schnell-Versuche meist bei geringen Vertikallasten durch. Die Schubkraft wird bei Versuchen mit nichtkonsolidiertem Boden sofort nach Aufbringen der Vertikalbelastung, im anderen Falle nach Konsolidation des Bodens unter der Vertikallast, gesteigert, etwa mit einer Geschwindigkeit von 0,25 bis 1 mm/min.

Als Ergebnis erhält man für nichtkonsolidierten und wassergesättigten Boden eine waagerechte (z. B. Linie BH in Abb. 140b), bei konsolidiertem, mit σ_v vorbelastetem Boden eine geneigte Linie (entsprechend Linie EC oder CF in Abb. 140b), die im Falle einer Erstbelastung durch den Nullpunkt geht. Jede dieser Linien kann je nach der vorliegenden Fragestellung für die Schubfestigkeit des betreffenden Bodens bei schneller Schubbelastung kennzeichnend sein.

Nach Ohde [113], [163] kann auf Grund theoretischer Betrachtungen die Schubfestigkeit bei schneller Schubbelastung und hierbei volumenkonstantem

Material von der Schubfestigkeit bei langsamer Schubbelastung (wahre Schubfestigkeit) abhängig gemacht werden. Es ist:

$$\tau \cong \frac{\psi}{1 + \mu^2} \left(\mu \, \sigma \, \frac{1 + \lambda_0}{2} + c \right). \tag{104}$$

Hierin ist σ die Belastung *vor* der neuen zusätzlichen Belastung und λ_0 die Ruhedruckziffer (s. S. 976). ψ ist ein Faktor, der von dem Verhältnis der Steifezahl und Schwellzahl bei behinderter Seitendehnung (s. S. 944 und 947) abhängt. ψ kann in hoch vorbelastetem, konsolidiertem Boden annähernd $= 1$ gesetzt werden, sonst ist $\psi < 1$, im Mittel $\cong 0,85$, bei erstbelasteten stark bindigen Böden $\cong 0,7$. Der Schubwiderstand kann hiernach infolge des Porenwasserdrucks bei plötzlichen Schubbeanspruchungen bei einem wahren Reibungswinkel von z. B. $25°$ auf 82% ($\psi = 1$) bis 58% ($\psi = 0,7$) des Wertes abnehmen, der bei langsamer Schubbelastung vorhanden sein würde.

Bei allen Scherversuchen in bindigen Böden ist sofort nach dem Versuch die Probe auszubauen und ihr Wassergehalt zu bestimmen, um zu prüfen, ob die Bedingungen eines stetig veränderlichen Wassergehalts (Langsam-Versuch) oder eines konstanten Wassergehalts (Schnell-Versuch) erfüllt sind. In wassergesättigten Böden erlaubt die Wassergehaltsbestimmung bei Schätzen des spezifischen Gewichts zugleich die Bestimmung der Porenziffer durch Anwendung von Gl. (51).

Die Größe des Reibungswinkels hängt bei nichtbindigen Böden von der Korngröße, der Kornform (vgl. Abb. 3 und 4) und der Lagerungsdichte ab. Die Werte können im Extremfall zwischen $28°$ und $45°$ schwanken; doch ist es im Normalfall nicht angebracht, mit einem Wert $< 30°$ (lockerer Sand) oder $> 35°$ (dichter Sand) zu rechnen, es sei denn, der Wert ist versuchsmäßig nachgewiesen. Die scheinbare Kohäsion kann in mittel- bis feinkörnigem Sand in der Kapillarzone mit $0,03$ kg/cm^2 angenommen werden (KAHL und NEUBER [182]).

In bindigen Böden hängt der versuchsmäßig festgestellte Reibungswinkel — abgesehen von der Kornzusammensetzung (vor allem dem Tongehalt), dem Wasser- und Hohlraumgehalt (Sättigungsgrad) und der Vorgeschichte (vorbelastet oder nicht) — von der Versuchsdurchführung ab. Schnell-Versuche ergeben in wassergesättigtem bindigem Boden einen scheinbaren Reibungswinkel von $0°$, Schnell-Versuche mit konsolidiertem Boden einen Winkel zwischen etwa $12°$ und $22°$, während Langsam-Versuche einen Winkel von $25°$ bis $35°$ liefern können. Der wahre Reibungswinkel bindiger Böden kann je nach dem Kornaufbau $10°$ bis $25°$ betragen, die wahre Kohäsion etwa $0,05$ bis $1,0$ kg/cm^2.

β) Dreiaxialer Druckversuch.

Beim „dreiaxialen Druckversuch" (Abb. 153) wird im Innern eines Druckgefäßes eine zylinderförmige, schlanke Bodenprobe, die durch einen Gummistrumpf von der umgebenden Flüssigkeit getrennt ist, zunächst durch Flüssigkeitsdruck allseitig gleichmäßig belastet ($\sigma_I = \sigma_{II} = \sigma_{III}$). Durch Steigerung des in senkrechter Richtung wirkenden Drucks σ_I wird die Probe dann so lange axial auf Druck beansprucht, bis sie zu Bruch geht. Nach den Gesetzen der Festigkeitslehre geschieht dies in einer Gleitfläche, die unter dem Winkel

$$\vartheta = 45° + \frac{\varrho}{2} \tag{105}$$

gegen die Horizontale geneigt ist. In ihr wird das Verhältnis der in dieser Fläche wirkenden Schubspannung τ_ϑ zu der auf diese Fläche wirkenden Normalspannung σ_ϑ, d. h. der Wert $\tau_\vartheta / \sigma_\vartheta = \mathrm{tg}\,\varrho$, ein Maximum und überschreitet im Augenblick des Bruchs die Schubfestigkeit des Bodens. Diese ist also in diesem Augenblick gleich dem Verhältnis τ/σ in der unter dem Winkel ϑ geneigten Gleitfläche. Die Normalspannung σ_ϑ und die Schubspannung τ_ϑ können mit Hilfe der aus

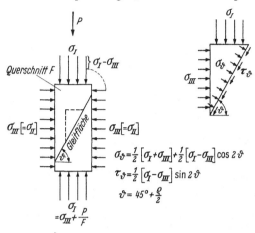

der Festigkeitslehre bekannten Spannungsgleichungen bestimmt werden, wenn die Hauptspannungen $\sigma_{II} = \sigma_{III}$ (Seitendruck) und σ_I (Vertikaldruck) sowie der Winkel ϑ bzw. ϱ [Gl. (105)] bekannt sind (s. Abb. 153).

ϑ bzw. ϱ sind jedoch nicht bekannt, sondern gesucht. Man hat deshalb mindestens einen zweiten Versuch mit einem anderen Wertepaar σ'_{III} und σ'_I durchzuführen. Zeichnet man für die beiden Versuche die Mohrschen Spannungskreise (Abb. 154) mit den Durchmessern $(\sigma_I - \sigma_{III})$ bzw. $(\sigma'_I - \sigma'_{III})$, so ergeben sich aus den Berührungspunkten der

Abb. 153. Kräftespiel beim dreiaxialen Druckversuch.

gemeinsamen Tangente an die beiden Kreise rein graphisch die Größen τ_ϑ, σ_ϑ und ϑ. Mit Hilfe von Gl. (105) könnte dann ϱ bestimmt werden. Man erhält ϱ aber einfacher aus dem Verhältnis $\tau_\vartheta/\sigma_\vartheta$, d. h. aus der Neigung der gemeinsamen Tangente, die die gesuchte Schubfestigkeitslinie des Bodens darstellt, und zwar

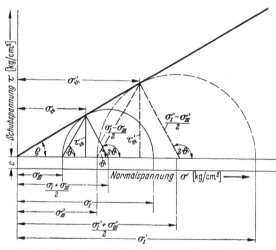

— den Versuchsbedingungen entsprechend — entweder für den Langsam-Versuch oder für den Schnell-Versuch (s. S. 952).

Beim dreiaxialen Druckversuch werden also im Gegensatz zum Scherversuch die Normalkraft und die Scherkraft in der Gleitfläche nicht gemessen, sondern auf dem Umweg über die bekannten Hauptspannungen berechnet. Hierzu wird durch Aufbringen einer Druckkraft ein Spannungszustand herbeigeführt, bei dem die Bodenprobe durch *Überwinden des Schubwiderstands* zerstört wird. Hieraus folgt, daß die beschriebene Auswertung nur dann streng zutrifft, wenn tatsächlich ein sogenannter „Scherbruch" eintritt (s. Abb. 173a), daß aber das Er-

Abb. 154. Auswertung der Ergebnisse zweier dreiaxialer Druckversuche mit Hilfe der Mohrschen Spannungskreise.

gebnis um so unzuverlässiger wird, je mehr die Probe durch einfaches Ausbauchen und ohne eigentlichen Scherbruch (s. Abb. 173b) verformt wird. Die beim dreiaxialen Druckversuch ausgeübte Beanspruchung gleicht auch weniger als die beim Scherversuch den Beanspruchungen, die im Innern eines in seiner Standsicherheit gefährdeten Erdkörpers in den Gleitflächen vorhanden sind. Wegen der größeren Einfachheit des der Auswertung zugrunde gelegten Kräftespiels ist ferner die Auswertung des Scherversuchs übersichtlicher und einfacher. Er erfordert außerdem eine wesentlich einfachere Versuchsapparatur. Wenn trotzdem der dreiaxiale Druckversuch im Laufe des letzten Jahrzehnts dem Scherversuch gegenüber sehr stark an Bedeutung gewonnen hat, so deshalb, weil er die einwandfreie

Durchführung von Schnell-Versuchen besser gestattet — beim Scherversuch ist hierbei eine Veränderung des Wassergehalts während des Abscherens kaum ganz zu verhindern —, weil er außerdem erlaubt, den Porenwasserdruck und damit den wirklichen Korn-zu-Korn-Druck [s. Gl. (97)] während des Versuchs laufend zu messen, und weil er schließlich die Möglichkeit gibt, die Veränderung des Probenvolumens während des Versuchs zu verfolgen. Außerdem sind bei ihm im Gegensatz zum Scherversuch die Hauptspannungen genau bekannt und dadurch die Spannungen in beliebigen Schnittflächen berechenbar.

Die oft gestellte Frage, ob der Scherversuch oder der dreiaxiale Druckversuch vorzuziehen ist, kann deshalb nicht allgemein gültig beantwortet werden. Unabhängig von der Aufgabenstellung im einzelnen ist aber der Scherversuch von vornherein immer dann vorzuziehen, wenn kein mit der recht schwierigen Durchführung (s. u.) des dreiaxialen Druckversuchs völlig vertrautes Personal vorhanden ist. Der dreiaxiale Druckversuch erscheint ferner in den Böden weniger angebracht, in denen Porenwasserdruckerscheinungen nur eine geringe Rolle spielen, d. h. in den nicht oder nur schwach bindigen Böden. Verzichtet man ferner auf die — nicht immer völlig befriedigende — Messung des Porenwasserdrucks und führt statt dessen zur Ermittlung der wahren Schubfestigkeitswerte einen Langsam-Versuch durch, so erweist sich die große Probenhöhe beim dreiaxialen Druckversuch als großer Nachteil, da die Konsolidation ganz erheblich länger als beim Scherversuch dauert (bei einem Verhältnis der Höhen von 5 : 1 zweier Proben benötigt man z. B. die 25fache Zeit für die Konsolidation unter der Normalbelastung). Der dreiaxiale Druckversuch ist deshalb vor allem bei Schnell-Versuchen mit bindigen Böden — mit oder ohne Messung des Porenwasserdrucks — angebracht, d. h. stets dann, wenn eine Beeinträchtigung der Schubfestigkeit durch Porenwasserdruckerscheinungen zu erwarten ist, besonders dann, wenn man neben der Schubfestigkeit auch den bei deren Ermittlung vorhandenen Porenwasserdruck kennen will.

Die Frage der Übereinstimmung der Ergebnisse des Scherversuchs und des dreiaxialen Druckversuchs ist Gegenstand einer großen Reihe von Untersuchungen geworden, ebenso wie die Auswertung bzw. die Auslegung der Meßergebnisse des dreiaxialen Druckversuchs (s. dazu im besonderen die „Proceedings of the Conference on the Measurement of the Shear-Strength of Soils in Relation to Practice" in London 1950 [141], ferner HAEFELI und SCHAERER [136], OHDE [113], [163], BJERRUM [142]). Zu einer übereinstimmenden, allgemeingültigen Auffassung ist man aber trotzdem bisher noch nicht gekommen.

Gerät. Jeder dreiaxiale Druckapparat (Abb. 155) besteht aus einem zylindrischen Gefäß (Plexiglas oder Stahl), das durch eine Fußplatte und eine Kopfplatte abgeschlossen ist. In dem Zylinder, der gewöhnlich mit Wasser gefüllt ist, befindet sich die mit einer dünnen Gummihaut überzogene und so gegen das Wasser geschützte Bodenprobe. Nur bei ausgesprochenen Langsam-Versuchen ist der Gebrauch von Glyzerin angebracht, weil die Gummihaut gegenüber Wasser auf die Dauer nicht völlig undurchlässig ist. Die Probe ruht auf einer sockelartigen Erhöhung der Fußplatte und ist mit einem Kopfstück abgedeckt. Am Kopf und Fuß der Probe befinden sich Filterplatten, die über das Kopfstück und die Fußplatte mit einem oder zwei Kapillarrohren in Verbindung stehen

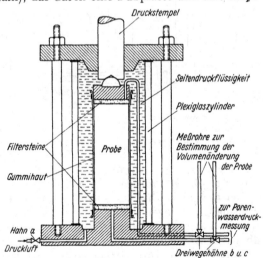

Abb. 155. Versuchsanordnung beim dreiaxialen Druckapparat.

und bei wassergesättigten Proben entweder die Wasserabgabe oder -aufnahme der Probe anzeigen oder aber ermöglichen, den Porenwasserdruck zu messen (s. u.). Zur senkrechten Belastung der Probe dient ein in der Kopfplatte ruhender Belastungsstempel, der wie beim Scherversuch in verschiedener Weise und mit konstanter Belastungs- oder Verschiebungsgeschwindigkeit (s. S. 959) zur Wirkung gebracht werden kann. Seine Verschiebung gegenüber dem starren Zylinder gibt gleichzeitig die Zusammendrückung der Probe an. Der Seitendruck auf die Probe wird durch Belastung der die Bodenprobe umgebenden Flüssigkeit — gewöhnlich durch Druckluft mit Hilfe einer Druckluftflasche oder eines Kompressors — ausgeübt und durch ein Manometer gemessen.

Der erste dreiaxiale Druckapparat zur Untersuchung von Böden (Abb. 156) wurde Ende der 20er Jahre von EHRENBERG in der Preußischen Versuchsanstalt für Wasser-, Erd- und Schiffbau in Berlin gebaut (SEIFERT [134]), zwar in erster Linie, um die Kompressionsversuche mit hohen Proben, aber ohne Störungen infolge der Wandreibung ausführen zu können, jedoch gleichzeitig auch, um die Schubfestigkeit von solchen Böden zu bestimmen, die für die Untersuchung im KREYschen Schergerät (s. S. 958) ungeeignet waren. Von COLLORIO [143] wurden in Anlehnung an die Versuche EHRENBERGS bereits in den Jahren 1928 bis 1930 dreiaxiale Druckversuche mit Proben von 30 cm $\emptyset$ und 90 cm Höhe im Zusammenhang mit den Standsicherheitsuntersuchungen für die Erddämme der Söse- und Odertalsperre durchgeführt, allerdings ohne Messung des Porenwasserdrucks. Die ersten Versuche zur Messung des Porenwasserdrucks in einer belasteten Bodenprobe wurden 1936 von RENDULIC [144], [145] bei der Degebo in Berlin in einem vom Erdbaulaboratorium der Technischen Hochschule Wien zur Verfügung gestellten dreiaxialen Druckapparat vorgenommen. Seitdem haben sich sowohl europäische als auch amerikanische Stellen um den weiteren Ausbau der dreiaxialen Druckapparate verdient gemacht.

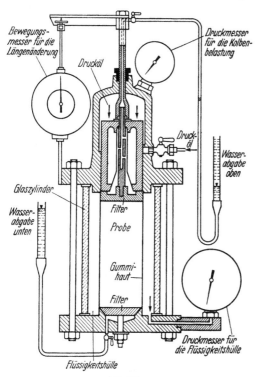

Abb. 156.
Erster dreiaxialer Druckapparat nach EHRENBERG [134].

In Deutschland, wo weniger Erddammaufgaben und mehr Gründungsprobleme im Vordergrund standen, wo also vor allem ungestörte Proben untersucht werden mußten, hat man fast ausschließlich Apparate zur Untersuchung verhältnismäßig kleiner Proben gebaut ($F = 10 \text{ cm}^2$, $d = 3{,}57$ cm). Sie haben den Vorteil, daß aus einer ungestörten Probe von 114 mm $\emptyset$ (s. Abb. 26) mindestens drei Proben für drei dreiaxiale Druckversuche ausgestochen werden können. Bei den verhältnismäßig geringen Kräften, die bei kleinen Proben auftreten, kam man mit einfachen, von Hand angetriebenen Belastungsvorrichtungen aus, die deshalb in Deutschland üblich geworden sind. Abb. 157 zeigt einen derartigen Apparat. Bei ihm wird die vertikale Druckkraft durch Drehen einer Spindel erzeugt, die über ein Zuggehänge und eine Druckfeder auf den Belastungsstempel wirkt. Die Spindel kann so gedreht werden, daß entweder die Meßuhren, die die Zusammendrückung der Feder anzeigen, eine konstante Geschwindigkeit ergeben oder daß die Meßuhren, die die Setzung der Probe messen, sich mit konstanter Geschwindigkeit bewegen; im ersten Fall erhält man einen Versuch mit konstanter Belastungsgeschwindigkeit, im zweiten Fall einen Versuch mit konstanter Verschiebungsgeschwindigkeit. Besonders hinzuweisen ist auf einen schon 1939 gebauten vollautomatischen und selbstregistrierenden Apparat von EHRENBERG und SPOEREL (Abb. 158 [*146*]).

In den USA, aber auch in England und der Schweiz hat sich die Entwicklung mehr nach den Aufgaben des Erddammbaus gerichtet, wo künstlich verdichtetes und meist nicht sehr feinkörniges Material untersucht werden muß. Beides bedingt größere Proben. So ist dort neben der Untersuchung von Proben mit kleinen Durchmessern auch die Prüfung von Proben mit etwa 10 cm (4 in.) ⌀ üblich geworden. Die dabei auftretenden Kräfte erfordern einen maschinellen Antrieb der Belastungsvorrichtung, was zu technisch vollkommeneren Apparaten geführt hat. Bei dem Apparat nach Abb. 159 wird die Probe mit ihrem Untersatz mit konstanter Geschwindigkeit gehoben; die dabei auf den Belastungsstempel wirkenden Druckkräfte werden auf den darüber angebrachten Meßring übertragen und gemessen. Auch die Belastungsmaschine nach Abb. 63 kann für dreiaxiale Druckversuche benutzt werden.

Eine genaue Beschreibung von z. T. voll automatischen Apparaten, die von der Versuchsanstalt für Wasserbau und Erdbau der ETH Zürich entwickelt wurden (Durchmesser 3,57 cm, 5,64 cm und 8,0 cm), enthält [*136*] und besonders [*147*].

Bei noch gröberen Materialien, wie Steingeröllen oder groben Ton-Sand-Kies-Mischungen, sind noch größere Apparate notwendig. Die dann

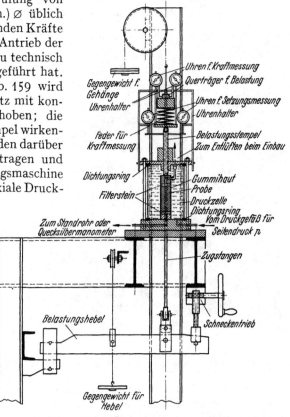

Abb. 157. Dreiaxialer Druckapparat der Degebo.

bei den üblichen Seitendrücken bis etwa 5 kg/cm² notwendig werdenden senkrechten Drücke sind derartig hoch, daß die Belastungsvorrichtung sehr aufwendig wird. Man begnügt sich deshalb mit der Untersuchung bei kleinen Seitendrücken (< 1 at) und beschreitet den versuchstechnisch sehr bequemen Ausweg, den Boden innerhalb der Gummihülle unter einen während des Versuchs konstant bleibenden Unterdruck zu setzen. Dieser ersetzt dann den sonst üblichen seitlichen Flüssigkeitsdruck. Der eigentliche dreiaxiale Druckapparat wird dadurch sehr einfach (Abb. 160a und b). Er besteht aus einer Kopf- und Fußplatte und zwei zusammengesetzten Zylinderschalen, die zwischen Kopf- und Fußplatte eingesetzt werden können und bei dem Einbau des Materials innen mit einer Gummihaut bekleidet sind. Die zwei Zylinderschalen dienen lediglich dazu, die Probe während des Einbaus zu stützen. Nach dem Einbau wird die Gummihaut an der Kopf- und Fußplatte luftdicht befestigt und im Innern mit Hilfe einer Vakuum- oder Wasserstrahlpumpe ein Vakuum von bestimmter Höhe erzeugt. Die Probe wird hierdurch, d. h. durch die dem Vakuum entsprechenden Korn-zu-Korndrücke, standfest, so daß der Blechmantel entfernt und die Probe belastet werden kann.

Bei allen Apparaten muß die Höhe der Probe zum Durchmesser in einem bestimmten Verhältnis stehen. Die Höhe soll mehr als das 1,5 fache, besser das 2,5 fache des Durchmessers betragen, um den Bereich an den Stirnflächen, wo die Reibung zwischen Boden und Filterstein die Spannungsverteilung im Sinne einer Verbesserung der Tragfähigkeit be-einflußt, von der Bruchbildung auszuschalten.

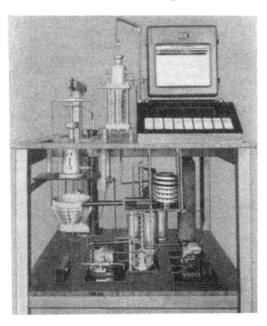

Abb. 158. Vollautomatischer und selbstregistrierender dreiaxialer Druckapparat nach Ehrenberg-Spoerel aus dem Jahr 1939.

Abb. 159. Übliche englische Bauart des drei-axialen Druckapparats zur Untersuchung von Proben bis zu rd. 10 cm $\emptyset$; konstante Verfor-mungsgeschwindigkeit (Hersteller Wykeham Farrance Engineering Ltd., Slough, England).

Eine Schwierigkeit besteht im *Konstant-halten des Seitendrucks* über längere Zeiten. Oft tritt eine Druckabnahme durch einen Flüssigkeitsverlust längs der Wandung des Belastungsstempels ein. Man kann ihn dadurch vermeiden, daß man dort eine Öldichtung anordnet und das Öl stets mit einem Druck belastet, der etwas größer als der Seitendruck auf die Probe ist. Eine einfachere Maß-nahme besteht darin, daß man die Oberfläche des Druckwassers mit einer Öl-schicht abdeckt, so daß an Stelle von Wasser Öl unter dem Seitendruck aus-strömen müßte, was wegen der wesentlich größeren Zähigkeit des Öls erheblich schwieriger ist. Neuerdings haben sich auch einfache, etwa 0,5 cm hohe Gummi-ringe (sog. ,,0-Ringe‘‘) bewährt, die mit geringem Überstand in eine Nut des den Stempel umgebenden Kopfstücks eingelegt sind. Zum genauen Konstanthalten des Drucks dienen größere zwischengeschaltete Luftkessel und Spezialventile (Stein [148]). Die Schwierigkeit, die Luftmenge, welche das Wasser in der vor-geschriebenen Höhe belastet, über längere Zeiten unter dem gleichen Druck zu halten, kann man vermeiden, wenn man an Stelle einer Druckluftflasche oder eines Kompressors ein hydraulisches Druckgefäß nach Abb. 110 oder eine Queck-silbersäule zur Erzeugung des Seitendrucks benutzt. Hängt man den oberen Teil der Quecksilbersäule an einer geeigneten Feder auf (Abb. 161), so bleibt der

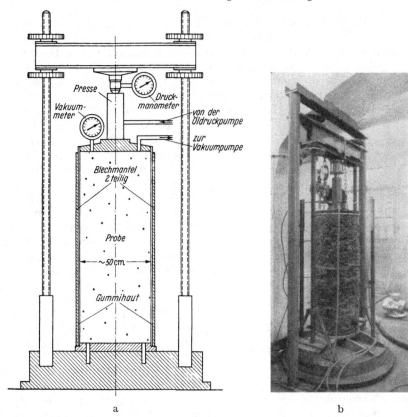

a

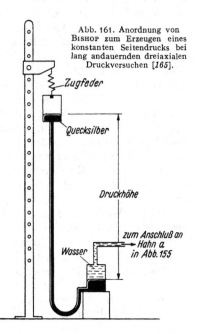

b

Abb. 160a u. b. Anordnung für dreiaxiale Druckversuche mit grobkörnigen Böden und großen Proben (Vakuum-methode). Gerät des Institutes für Verkehrswasserbau, Grundbau und Bodenmechanik der Technischen Hochschule Aachen.

Druck selbst dann konstant, wenn infolge irgendeiner Undichtigkeit ein Wasserverlust eintritt, da dann sofort aus dem oberen Gefäß eine entsprechende Quecksilbermenge nachfließt, so daß die Feder entlastet wird, sich entspannt und die alte, ursprüngliche Lage des Quecksilberspiegels wieder herbeiführt (BISHOP und HENKEL [165]).

Die von RENDULIC (s. S. 968) entwickelte Versuchsanordnung zur *Messung des Porenwasserdrucks* während des dreiaxialen Druckversuchs beruht auf einem Ausgleichen des Porenwasserdrucks durch einen entsprechenden Luftdruck. Ihr Hauptbestandteil ist ein sehr empfindliches Quecksilbermanometer, das eine Messung des Porenwasserdrucks gestattet, ohne daß dabei Porenwasser aus der Probe in das Manometer fließt (Abb. 162). Der Quecksilberspiegel wird hierzu in einem Kapillarrohr durch Luftdruck, der mit Hilfe eines feinen Reduzierventils sehr genau ein-

Abb. 161. Anordnung von BISHOP zum Erzeugen eines konstanten Seitendrucks bei lang andauernden dreiaxialen Druckversuchen [165].

gestellt werden kann, konstant gehalten. Der auf das Quecksilber vom Porenwasser ausgeübte Druck äußert sich dann in einem Ansteigen des Quecksilbers
im eigentlichen Meßrohr. Die Meßeinrichtung kann mit Hilfe eines Drei-Wege-
Hahns an jedes dreiaxiale Druckgerät angeschlossen werden (s. Abb. 155) und
zum Messen des Porenwasserdrucks oberhalb oder unterhalb der Probe, d. h.
am oberen oder unteren Filterstein, benutzt werden. Der dritte Anschluß des
Drei-Wege-Hahns führt zu einer Meßpipette und dient zur Bestimmung des aus
der Probe ausgedrückten Wassers
(s. u.). Diese schon 1936 entwickelte
Meßeinrichtung ist mit geringen
Änderungen auch heute noch viel in
Gebrauch.

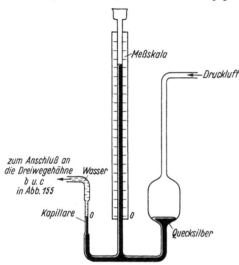

Abb. 162. Anordnung von Rendulic zum Messen des Porenwasserdrucks bei dreiaxialen Druckversuchen [145].

Auf dem gleichen Prinzip beruht die Messung des Porenwasserdrucks mit Hilfe elektrisch anzeigen-
der Meßdosen, in denen der Porenwasserdruck auf eine empfindliche
Meßmembrane wirkt, die durch
einen gleichen großen Luftdruck
im Gleichgewicht gehalten wird
(s. S. 890, Abb. 73). Diese Meßanordnung ist heute bei den meisten
automatisch bedienten dreiaxialen
Druckgeräten üblich.

Gleichzeitige Messungen des
Porenwasserdrucks an beiden Enden
der Probe zeigen oft Unterschiede,
die nicht erklärt werden können und
dann eine völlig eindeutige Auswertung eines Schnell-Versuchs im Hinblick auf
die Bestimmung des Korn-zu-Korndrucks aus dem gemessenen Gesamt- und
Porenwasserdruck unmöglich machen. Da für die Schubfestigkeit auch nicht der
Porenwasserdruck an dem Kopf- oder Fußende der Probe, sondern im Bereich
der Gleitfläche entscheidend ist, ist zunächst (1944) von Taylor im Massachusetts
Institute of Technology [149] und später (1952) von Bjerrum (Bjerrum,
Huggler und Sevaldson [150], Bjerrum [142]) eine Meßvorrichtung entwickelt
worden, die das Messen des Porenwasserdrucks im Innern der Probe gestattet.
Das eigentliche Meßelement besteht aus einer 15 cm langen und 1,5 mm dicken
Injektionsnadel, deren unteres Ende zugelötet und als scharfe Spitze ausgebildet
ist, so daß sie durch die Gummihaut hindurch in die zum Versuch vorbereitete
Probe hineingestochen werden kann (Abb. 163). Der untere Teil der Nadel ist mit
einer großen Zahl feinster Bohrungen versehen, der obere Teil durch eine Schlauchleitung mit einem Kapillarrohr und einer daran schließenden Druckluftanlage
verbunden, mit deren Hilfe in gleicher Weise wie mit dem Quecksilbermanometer
von Rendulic (s. Abb. 162) der vom Porenwasserdruck im Innern der Probe
beeinflußte Wasserstand in dem Kapillarrohr konstant gehalten werden kann.
Voraussetzung für eine einwandfreie Messung ist, daß das System von der
Nadelspitze bis zum Kapillarrohr völlig luftfrei mit Wasser gefüllt ist.

Neben der Porenwasserdruckmessung ist die *Messung der Volumenänderung
der Probe* während des Versuchs von Bedeutung, da sie zeigt, ob mit der Belastung eine Auflockerung oder eine Verdichtung des Bodens verbunden ist.
Die Messung ist bei wassergesättigtem Boden und bei Durchführung eines
Langsam-Versuchs, bei dem eine Veränderung des Wassergehalts erlaubt ist,

einfach. An der mit dem oberen oder unteren Filterstein verbundenen Meßpipette (s. Abb. 155 und 156) wird die Veränderung des Wasserspiegels verfolgt und das daraus sich ergebende Volumen der Volumenänderung der Probe gleichgesetzt.

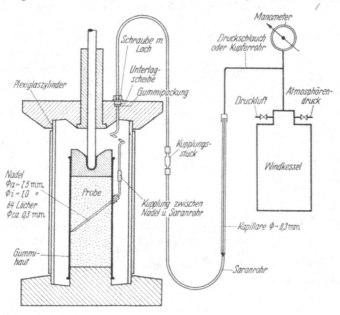

Abb. 163. Anordnung von BJERRUM zum Messen des Porenwasserdrucks bei dreiaxialen Druckversuchen mit Hilfe einer Injektionsnadel [150].

Bei nicht wassergesättigtem Boden und Durchführung von Schnell-Versuchen ist dieses Verfahren nicht mehr anwendbar, da hier ja eine Änderung des Wassergehalts durch Schließen der betreffenden Hähne verhindert wird. Man ist dann gezwungen, die Veränderung des Wasserstands der Seitendruckflüssigkeit unter Berücksichtigung der Ausdehnung des Plexiglaszylinders in einer besonderen Meßpipette zu verfolgen (Abb. 164).

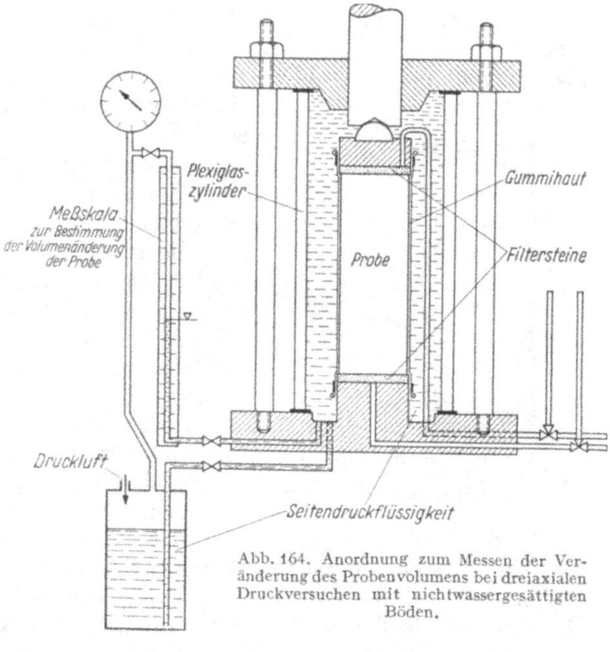

Versuchsdurchführung. Bei der Prüfung ungestörter Proben sticht man mit einem den Abmessungen der späteren Probe gleichenden Ausstechzylinder

Abb. 164. Anordnung zum Messen der Veränderung des Probenvolumens bei dreiaxialen Druckversuchen mit nichtwassergesättigten Böden.

eine Probe aus dem ungestörten Material aus und bearbeitet die beiden Stirnflächen derart, daß sie einander genau parallel sind. In körnige Bestandteile enthaltenden Böden kann es auch angebracht sein, die Probe auf einer sich drehenden Scheibe mit Hilfe eines Spatels oder einer Drahtsäge zu einem Zylinder zurecht zu schneiden (Abb. 165). Die aus dem Ausstechzylinder ausgedrückte Probe wird nach Wägung mit einer Gummihaut überzogen. Hierzu benutzt man einen Zylinder von etwas größerem lichten Querschnitt, in den man die Gummihaut einführt, wobei die beiden überstehenden Enden über die Ränder des Zylinders zurückgeschlagen werden (Abb. 166). Erzeugt man an dem am Zylindermantel befindlichen Anschluß mit Hilfe einer Wasserstrahlpumpe einen Unterdruck, so preßt sich der Gummi eng an die Wandung des Zylinders, so daß dieser leicht über die Probe geschoben werden kann. Nach Beseitigen des Unterdrucks und Abrollen der umgeschlagenen Enden der Gummihaut wird die Probe von dieser dicht umschlossen.

Abb. 165. Vorbereiten einer ungestörten Probe für den dreiaxialen Druckversuch.

Die Probe kann nun in den dreiaxialen Druckapparat eingesetzt werden, nachdem vorher das System von der Wasservorratsflasche bis zum Filterstein luftfrei mit entlüftetem Wasser gefüllt worden ist. Das untere Ende der Gummihaut wird über die sockelartige Erhöhung der Fußplatte gerollt und wasserdicht angeschlossen, der mit Wasser gesättigte obere Filterstein mit dem Kopfstück auf die Probe aufgelegt und dann das obere Ende der Gummihaut ebenfalls wasserdicht an dem Kopfstück befestigt. Durch Erzeugen eines Unterdrucks durch Anschluß einer Wasserstrahlpumpe an das obere System kann die in oder an der Probe noch befindliche Luft beseitigt und anschließend das Gesamtsystem mit Wasser gesättigt werden. Nachdem der äußere Zylinder, die Kopfplatte, der Belastungsstempel, die Belastungsanordnung und die Meßuhren in Stellung gebracht sind, ist die Probe zum Versuch fertig vorbereitet. Wichtig ist, daß Kopf- und Fußplatte dabei in eine genau parallele Lage gebracht werden, damit der Belastungsstempel die Probe nur in lotrechter Richtung beansprucht.

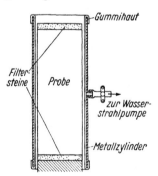

Abb. 166. Anordnung zum störungsfreien Überziehen der Probe mit einer Gummihaut.

Bei der Prüfung gestörten Materials befestigt man die Gummihaut an dem mit dem unteren Filterstein bedeckten Sockel der Fußplatte und legt um den Sockel und die Gummihaut einen aus zwei Hälften bestehenden Zylinder. Das obere Ende der Gummihaut wird über den Rand des Zylinders zurückgeschlagen und dann die vorher abgewogene Probenmenge in den Zylinder unter möglichst gleichmäßiger Verdichtung eingefüllt. Nach Abdecken der Probe mit dem oberen Filterstein und dem Kopfstück und Befestigen des oberen

Endes der Gummihaut an dem Kopfstück kann die Probe wie oben entlüftet und dann mit Wasser gesättigt werden. Anschließend werden die beiden Zylinderhälften entfernt, die Probenabmessungen gemessen und der äußere Zylinder, der Belastungsstempel, die Belastungsvorrichtung sowie die Meßuhren angebracht. Bei weichen bindigen und bei nichtbindigen Proben ist es zweckmäßig, während dieser Schritte die Probe unter einem leichten Unterdruck zu halten, um zu verhindern, daß sie sich nach Wegnehmen der beiden Zylinderschalen bereits verformt. Dieser Unterdruck wird dann erst bei Aufbringen des seitlichen Drucks langsam wieder entfernt.

Bei gröberem Material und größeren Proben wird die Verdichtung in einem besonderen zwei- oder dreiteiligen Zylinder, ähnlich wie beim PROCTOR-Verfahren (s. S. 920), vorgenommen (Abb. 167a). Der obere, weniger verdichtete Teil der Probe wird nicht verwendet (Abb. 167b), und die künstlich hergestellte ungestörte Probe, wie oben beschrieben, mit einer Gummihaut umschlossen (Abb. 167c).

Sowohl bei gestört wie bei ungestört eingebautem Material ist es notwendig, neben dem Probengewicht den Wassergehalt, der deshalb besonders bestimmt werden muß, zu kennen, um mit Gl. (27) das Trockengewicht der Probe und dann mit Hilfe der Probeabmessungen und dem spezifischen Gewicht in entsprechender Weise, wie es in Tab. 11 für den Kompressionsversuch gezeigt ist, den Hohlraumgehalt und bei nicht wassergesättigten Proben den Sättigungsgrad berechnen zu können.

Zu Beginn des eigentlichen Versuchs wird die Probe mit dem gewünschten Seitendruck belastet. Bei einem Schnell-Versuch (Typ b von S. 952) wird sofort nach Erreichen dieses Drucks mit dem Aufbringen der lotrechten Belastung begonnen, wobei die Hähne, die den Austritt des Wassers am oberen und unteren Filterstein kontrollieren, geschlossen gehalten werden. Die Volumenmessung muß deshalb bei diesen Versuchen gemäß Abb. 164 erfolgen. Als Belastungsgeschwindigkeit wird bei Versuchen mit konstanter Verschiebungsgeschwindigkeit eine Zusammendrückung von $1/_2$ bis

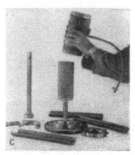

Abb. 167. Herstellen einer gestörten, vorschriftsmäßig verdichteten Probe (a und b) und Überziehen mit einer Gummihaut (c) gemäß Abb. 166.

$1\%/$min, bei Versuchen mit konstanter Belastungsgeschwindigkeit eine Lasterhöhung von $1/_{15}$ der Druckfestigkeit$/1/_2$ min empfohlen (LAMBE [93]). Die lotrechte Belastung wird bis zum Bruch der Probe gesteigert. Die Setzungen werden in bestimmten Zeitabständen gemessen.

Bei dem Schnell-Versuch mit konsolidiertem Boden (Typ c auf S. 952) wird in gleicher Weise verfahren, nur wird hier vor Steigern der lotrechten Belastung die Konsolidation des Bodens unter dem allseitigen Flüssigkeitsdruck abgewartet.

Bei beiden Versuchsarten ist die Messung des Porenwasserdrucks nach einem der auf S. 971 angegebenen Verfahren möglich.

Bei Ausführung eines Langsam-Versuchs (Typ a auf S. 952) wird die lotrechte Belastung nach erfolgter Konsolidation des Bodens unter dem allseitigen Druck nur so langsam gesteigert, daß keine Porenwasserdrücke entstehen, d. h. erst nach jeweiliger Beendigung der Setzung aus der vorhergehenden Laststufe. Wegen der verhältnismäßig großen Höhe der Proben beim dreiaxialen Druckversuch kann dadurch ein Langsam-Versuch mehrere Tage andauern. Zur Beschleunigung der Konsolidierung ordnet man an der Wandung der Probe zwischen oberem und unterem Filterstein meist eine Verbindung in Form kleiner Sanddrains an, durch die das Porenwasser schneller abfließen kann.

Die vorstehend beschriebene Versuchsdurchführung des dreiaxialen Druckversuchs, d. h. die Steigerung des lotrechten Drucks bei konstantem Seitendruck, ist die allgemein übliche. Doch werden auch andere Versuchsarten angewandt, so z. B. diejenige, bei der an Stelle des äußeren allseitigen Drucks im Innern der Probe ein Vakuum erzeugt wird (s. S. 969, Abb. 160). Eine andere Versuchsart bringt allseitig eine hohe Belastung auf, hält den Vertikaldruck konstant und vermindert den Seitendruck bis zum Bruch des Bodens. COLLORIO [143] hat bereits Ende der 20er Jahre auf diese Weise gearbeitet (s. S. 968).

Eine in Holland und Belgien üblich gewordene Abart des dreiaxialen Druckversuchs ist der sogenannte „Zellversuch" (Abb. 168). Bei ihm wird eine zylindrische Probe (6,7 cm ⌀) stufenweise schnell vertikal verhältnismäßig hoch belastet und der dabei in dem geschlossenen Raum für die Seitendruckflüssigkeit auftretende Druck gemessen. Nach Konsolidation der Probe wird der Seitendruck dadurch etwas ermäßigt, daß mit Hilfe eines Ventils einige Tropfen Wasser aus dem Raum für die Seitendruckflüssigkeit abgelassen werden. Dieser Vorgang wird so oft wiederholt, bis der Seitendruck nach dem Schließen des Ventils plötzlich beginnt zuzunehmen. Der Seitendruck, bei dem dies geschieht, wird als Grenzwert des Gleichgewichts angesehen und mit dem zugehörigen Vertikaldruck zur Zeichnung eines MOHRschen Spannungskreises benutzt. Der Versuch wird mit derselben Probe mehrfach, bei stets höheren Vertikaldrücken, wiederholt. Er besitzt also den Vorteil, mit einer einzigen Probe eine ganze Reihe von Spannungskreisen ermitteln zu können. Der Zellversuch wird jedoch von vielen Stellen, besonders in England und den USA, abgelehnt. In Holland wird der Versuch damit begründet, daß bei den dortigen sehr weichen Tonböden ein wirklicher Scherbruch, wie er beim Dreiaxialversuch herbeigeführt wird, unzulässig große Verformungen ergibt, während die sehr kleinen Verformungen, die beim Zellversuch den Bruch kennzeichnen, der Wirklichkeit entsprechen (GEUZE und TJONG KIE [151], DE BEER [152]).

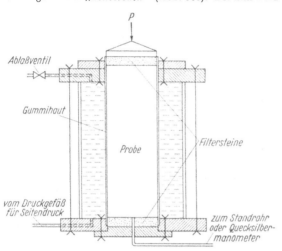

Abb. 168. Versuchsanordnung beim Zellversuch.

(Labels in figure: p — Ablaßventil — Gummihaut — Probe — Filtersteine — vom Druckgefäß für Seitendruck — zum Standrohr oder Quecksilbermanometer)

Die Messung des Seitendrucks σ_{III} bei steigendem Vertikaldruck σ_I in einem Gerät nach Abb. 168 erlaubt auch die Messung der „Ruhedruckziffer λ_0", die das Verhältnis zwischen den im Erdreich bei unendlich ausgedehnter Belastung auftretenden waagerechten und senkrechten Bodenspannungen angibt:

$$\lambda_0 = \sigma_{III}/\sigma_I. \tag{106}$$

Nach derart durchgeführten Messungen (JÄNKE, MARTIN und PLEHM [153]) ist λ_0 bei bindigen Böden nur bei der Erstbelastung konstant ($\sim 0{,}7$). Bei nichtbindigen Böden ist bei der Erstbelastung und der Wiederbelastung nach völliger Entlastung λ_0 ebenfalls konstant ($< 0{,}5$), während bei der Entlastung $\lambda_0 > 0{,}5$ wird. In bindigem Boden kann bei weitgehender Entlastung $\lambda_0 > 1$ werden.

Da die Beziehung besteht:

$$\lambda_0 = 1/(m - 1), \tag{107}$$

kann durch die Messung von λ_0 auch die POISSONsche Zahl m (s. S. 874) versuchsmäßig bestimmt werden.

Auswertung. Ähnlich wie beim Scherversuch wird nach Beendigung eines Versuchs zunächst die Verformungslinie gezeichnet, die hier als Druck-Setzungslinie auftritt. Aufgetragen wird die auf die Ausgangshöhe h bezogene Zusammendrückung Δh in Abhängigkeit vom Druck σ_I (Abb. 169a). Letzter wird meist auf den durch die seitliche Ausbauchung der Probe sich allmählich vergrößernden Probenquerschnitt bezogen. Es ist:

$$\sigma_I' = \sigma_I\left(1 - \frac{\Delta h}{h}\right). \tag{108}$$

In gleicher Weise wie beim Scherversuch (siehe Abb. 136 und 139) hängt die Form der Druck-Setzungslinie von der Beschaffenheit des Bodens (locker oder dicht in nichtbindigem Boden bzw. weich oder fest in bindigem Boden) und der Art der Belastungsvorrichtung [konstante Belastungs- oder Setzungsgeschwindigkeit (s. S. 959)] ab. Aus der Druck-Setzungslinie wird die Bruchlast abgegriffen. Tritt beim Versuch kein eigentlicher Scherbruch ein, sondern nur ein stetes Ausbauchen, so wird von LAMBE [*93*] eine Setzung von 15%, von A. CASAGRANDE [*91*] eine Setzung von 20% als Bruchwert angenommen.

Aus der Veränderung des Probenvolumens (gemessen in den Standrohren nach Abb. 155 bzw. 164) kann die Veränderung des Hohlraumgehalts entweder in ml oder in % des Anfangs-Hohlraumgehalts berechnet und in Abhängigkeit von der Setzung $\Delta h/h$ aufgetragen werden (Abb. 169b). Die

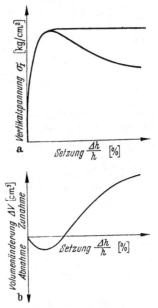

Abb. 169. Verformungsdiagramm (a) und Volumenänderung (b) beim dreiaxialen Druckversuch.

Darstellung zeigt, ob während des Versuchs eine Auflockerung oder Verdichtung eingetreten ist. Sie ermöglicht auch die Ermittlung der ,,*kritischen Dichte*'' (s. S. 950), indem man die Volumenänderungen beim Bruch für eine Reihe von Versuchen mit gleichem Seitendruck, aber verschiedenem Anfangs-Hohlraumgehalt in Abhängigkeit vom Anfangs-Hohlraumgehalt aufträgt und aus diesem Diagramm den Hohlraumgehalt entnimmt, bei dem die Volumenänderung beim Bruch gleich Null ist. Er stellt die kritische Dichte dar. Diese ist jedoch keine feste Bodenkennziffer, sondern von den Seitendruckverhältnissen des Sands in der Natur abhängig.

Wird bei einem Schnell-Versuch oder einem Schnellversuch mit konsolidiertem Boden der Porenwasserdruck σ_w gemessen, so können aus den ,,aufgebrachten'' Drücken die ,,wirksamen'' Drücke berechnet werden. Es ist:

$$\overline{\sigma}_I = \sigma_I - \sigma_w \tag{109}$$

$$\overline{\sigma}_{III} = \sigma_{III} - \sigma_w. \tag{110}$$

Die mit diesen (wirksamen) Spannungen aus Versuchen mit verschiedenen Seitendrücken sich ergebenden MOHRschen Spannungskreise liefern die wahre Schubfestigkeit (Abb. 170), während die ohne Messung des Porenwasserdrucks und mit Hilfe der aufgebrachten Spannungen festgestellten Schubfestigkeiten (Abb. 171) nur für die Schubfestigkeit bei schnellen Schubbeanspruchungen als zutreffend angesehen werden dürfen. Bei Schnellversuchen mit nicht konsolidiertem und voll wassergesättigtem Boden erhält man eine horizontale Schubfestigkeitslinie. Über die Möglichkeit, den Porenwasserdruck beim dreiaxialen Druckversuch durch Gleichungen zu erfassen, s. Skempton [132].

Gemäß einem Vorschlag des US Bureau of Reclamation (Holtz [154]) wird in vielen ausländischen Laboratorien für die Zeichnung der Spannungskreise der Zeitpunkt verwendet, wo das Verhältnis $\bar{\sigma}_I/\bar{\sigma}_{III}$ einen Höchstwert aufweist. Da

$$\bar{\sigma}_I/\bar{\sigma}_{III} = \frac{\sigma_I - \sigma_w}{\sigma_{III} - \sigma_w} = \frac{\sigma_{III} + \dfrac{P}{F_m} - \sigma_w}{\sigma_{III} - \sigma_w} \qquad (111)$$

$$= 1 + \frac{\dfrac{P}{F_m}}{\bar{\sigma}_{III}}$$

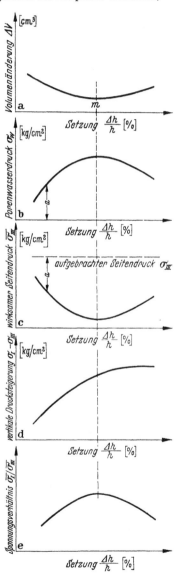

Abb. 172. Beziehungen zwischen Volumenänderung, Porenwasserdruck, wirksamem Seitendruck, Drucksteigerung und Hauptspannungsverhältnis [154].

ist, ist die Aufzeichnung des Verformungsdiagramms nicht erforderlich, sondern es genügt, aus den Versuchsprotokollen den Punkt $\left(\dfrac{P}{F_m}/\bar{\sigma}_{III}\right)_{max}$ zu suchen. Als Begründung für dieses Verfahren wird die durch viele Messungen bestätigte Erscheinung eines Volumenminimums (Punkt m in Abb. 172a) angesehen, das auch

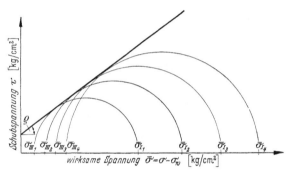

Abb. 170. Mohrsche Spannungskreise für langsame dreiaxiale Druckversuche oder für schnelle Versuche mit Messung des Porenwasserdrucks.

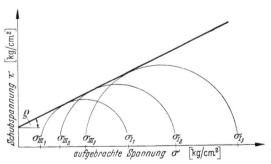

Abb. 171. Mohrsche Spannungskreise für schnelle dreiaxiale Druckversuche mit konsolidiertem Boden ohne Messung des Porenwasserdrucks.

vorstellungsgemäß mit dem versuchsmäßig nachgewiesenen Maximum des Porenwasserdrucks (Abb. 172b) und damit mit einem Minimum des wirksamen Seitendrucks (Abb. 172c) übereinstimmen muß. Die darauf einsetzende Volumenvergrößerung wird deshalb als Beginn des Bruchs gedeutet, der nach den Untersuchungen des US Bureau of Reclamation sehr eng mit dem Maximum des Verhältnisses $\bar{\sigma}_I/\bar{\sigma}_{III}$ (Abb. 172e) harmoniert.

Als Ergebnis eines Langsam-Versuchs erhält man bei Zeichnung der MOHR-schen Spannungskreise mit den aufgebrachten Spannungen, die hier gleich den wirksamen Spannungen sind, die wahre Schubfestigkeit, d. h. für einen erstbelasteten Boden bei Ausschaltung der Kapillarspannung eine durch den Nullpunkt laufende Gerade (Linie AC in Abb. 140a) und für einen vorbelasteten Boden eine auf der Ordinate die Haftfestigkeit c abschneidende Gerade (Linie BC in Abb. 140b). Im ersten Fall gilt die Beziehung:

$$\sigma_I/\sigma_{III} = \text{tg}^2\left(45° + \frac{\varrho}{2}\right). \tag{112}$$

In Fällen, wo eine durch den Nullpunkt laufende Schubfestigkeitslinie erwartet werden darf, kann der Reibungswinkel ϱ (bei nichtbindigen Böden) bzw. der scheinbare Reibungswinkel ϱ_0 (bei bindigen Böden) annähernd nach dieser Gleichung, d. h. auf Grund nur eines einzigen Versuchs, bestimmt werden.

Eine genaue Analyse des Einflusses der Vorgeschichte bzw. Vorbehandlung des Bodens auf das Ergebnis der verschiedenen Arten von dreiaxialen Druckversuchen enthält A. CASSAGRANDE und WILSON [155].

γ) Zylinderdruckversuch.

Der „Zylinderdruckversuch" stellt einen dreiaxialen Druckversuch für den Sonderfall dar, daß der Seitendruck σ_{III} $(= \sigma_{II})$ gleich Null ist. Es handelt sich also um einen einaxialen Druckversuch mit unbehinderter Seitendehnung. Es ist aus diesem Grunde nicht möglich, zur Bestimmung der Schubfestigkeit in gleicher Weise wie beim dreiaxialen Druckversuch einen zweiten MOHRschen

a   b

Abb. 173. Durch Zylinderdruckversuche verformte Proben mit eindeutiger Bruchfläche (a) und mit seitlicher Ausbauchung und nicht eindeutiger Bruchfläche (b).

Spannungskreis zu zeichnen und die Schubfestigkeitslinie als gemeinsame Tangente von zwei oder mehreren Spannungskreisen zu erhalten. Zu ihrer Konstruktion müßte man den Winkel ϱ in Gl. (105) vielmehr berechnen und den Winkel ϑ dazu an der untersuchten Probe messen. Dies ist einwandfrei aber nur bei Proben möglich, die eine eindeutige Bruchfläche ergeben (Abb. 173a) und nicht — ohne Bildung einer Bruchfläche — seitlich ausbauchen (Abb. 173b).

Der Zylinderdruckversuch hat trotz dieser scheinbaren Beschränkung auf einige Sonderfälle eine große praktische Bedeutung erlangt, und zwar in erster Linie zur Prüfung von solchen Böden, die bei einem Schnell-Versuch (s. S. 952) eine horizontale Schubfestigkeitslinie besitzen. Die Schubfestigkeit ist dann ganz als Haftfestigkeit zu deuten („$\varrho = 0$-Boden") und durch die Gleichung gegeben:

$$\tau = \frac{1}{2}\,\sigma_{\text{Bruch}}\,. \qquad (113)$$

Der Bruchwinkel ϑ müßte — wenn meßbar — für diesen Fall gemäß Gl. (105) gleich 45° sein. Ist dies nicht der Fall, so könnte mit $\sigma_{\text{III}} = 0$, $\sigma_{\text{I}} = \sigma_{\text{Bruch}}$ *ein* Mohrscher Spannungskreis gezeichnet und an diesen eine Tangente unter dem gemäß Gl. (105) aus ϑ berechneten Winkel ϱ gelegt werden (Abb. 174). Die Schubfestigkeit des Bodens (ohne Trennung in Reibungs- und Haftfestigkeit) ist dann (s. Abb. 174):

$$\tau = \frac{1}{2}\,\sigma_{\text{Bruch}}\,\cos\varrho\,. \qquad (114)$$

Für Böden mit einem Reibungswinkel $\varrho \leqq 20°$ ($\cos\varrho = 0{,}94$) und selbst bis $30°$ ($\cos\varrho = 0{,}87$) gilt demnach $\tau = 0{,}47$ bis $0{,}435\,\sigma_{\text{Bruch}}$, d. h. Gl. (113) ist hinsichtlich der Gesamtschubfestigkeit näherungsweise auch noch gültig, wenn es sich um keinen reinen Kohäsionsboden ($\varrho = 0$-Boden) handelt.

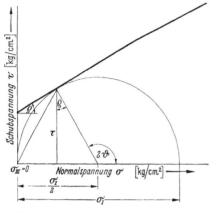

Abb. 174. Mohrscher Spannungskreis für einen Zylinderdruckversuch mit bindigem Boden.

Hierauf beruht die eigentliche Bedeutung des Zylinderdruckversuchs. Er stellt den einfachsten Versuch zur Ermittlung der Schubfestigkeit ungestörter Proben für schnelle Belastungen dar. Oft wird die derart ermittelte Schubfestigkeit als Schubfestigkeit des Bodens schlechthin bezeichnet. Bei $\varrho = 0$-Böden stellt sie die Haftfestigkeit des betreffenden Bodens dar und erlaubt eine besonders einfache Untersuchung von Standsicherheitsproblemen in derartigen Böden (Skempton [57]). Vergleiche der aus dem Zylinderdruckversuch bestimmten Schubfestigkeit mit der aus festgestellten Gleitflächen berechneten Schubfestigkeit haben zu einer guten Übereinstimmung geführt (Terzaghi [156]).

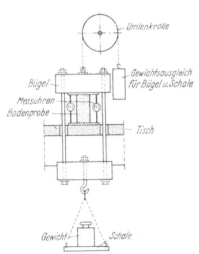

Abb. 175. Einfache Anordnung für den Zylinderdruckversuch.

Der Zylinderdruckversuch kann in jedem dreiaxialen Druckapparat bei Ausschaltung des Seitendrucks ausgeführt werden. Jedoch benutzt man meist einfachere Geräte, in einfachster Weise nach Abb. 175. Wegen der Einfachheit der Versuchsdurchführung, die die Anwendung des Versuchs im Felde sofort nach der Entnahme ungestörter Proben nahelegt, sind verschiedene transportable Geräte entwickelt worden (z. B. Abb. 176).

Die Probengröße und Versuchsdurchführung sowie die Verformungslinien (Druck-Setzungslinien) entsprechen nahezu völlig dem dreiaxialen Druckversuch (s. S. 973). Ein Austrocknen der Probe während des Versuchs kann durch Überziehen mit einer Gummihaut oder Wachsschicht verhindert werden. Doch sind Langsam-Versuche, bei denen ein Austrocknen vor allem befürchtet werden muß, beim Zylinderdruckversuch ziemlich selten. Gewöhnlich wird versucht, den Versuch in etwa 10 min abzuschließen.

Der Zylinderdruckversuch wird vor allem auch zur Untersuchung der „Empfindsamkeit" von Tonböden (s. S. 955) benutzt, indem zunächst mit einer ungestörten Probe und dann mit der durchgekneteten Probe bei gleichem

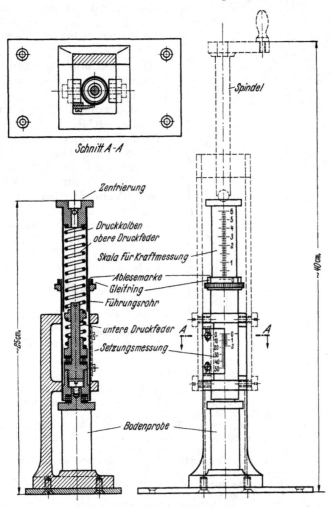

Abb. 176. Gerät von Hvorslev für einaxiale Druckversuche im Feld.
(Aus M. J. Hvorslev: Pocket-size piston samplers and compression test apparatus. Proc. 2. Int. Conf. Soil Mech. Found. Engg., Bd. VII, S. 78. Rotterdam 1948.)

Hohlraum- und Wassergehalt ein Versuch ausgeführt wird. Die Empfindsamkeit wird gewöhnlich als das Verhältnis der Bruchfestigkeit des ungestörten Materials zu der des gestörten Materials beim Zylinderdruckversuch angegeben.

Die Zylinderdruckfestigkeit, die, wenn kein eigentlicher Scherbruch auftritt, in gleicher Weise wie beim dreiaxialen Druckversuch bei 15 oder 20% Zusammendrückung angenommen wird, kann auch als Grundlage zur Klassifizierung der Konsistenz von Tonböden benutzt werden. Lambe [93] gibt hierfür die nebenstehende Einteilung an.

Konsistenz	Schubfestigkeit (0,5 × Bruchfestigkeit) kg/cm²
Sehr weich	<0,125
Weich	0,125 bis 0,25
Mittelfest	0,25 bis 0,5
Steif	0,5 bis 1,0
Sehr steif	1,0 bis 2,0
Hart	>2,0

62a

Da der Zylinderdruckversuch einen Druckversuch mit unbehinderter Seitendehnung darstellt, ist es möglich, aus ihm eine der Elastizitätsziffer der festen Stoffe entsprechende Größe zu gewinnen. In Anlehnung an die „Steifezahl des Baugrunds" (s. S. 874) und die „Steifezahl bei behinderter Seitendehnung" (s. S. 944) wird sie „Steifezahl bei unbehinderter Seitendehnung" genannt. Sie ist durch die Neigung der Tangente an den ersten Ast der Druck-Setzungslinie oder durch die Hysteresisschleifen bei Ent- und Wiederbelastungen gegeben (Abbildung 177). Für Setzungsberechnungen wird zur Bestimmung der sofortigen Setzung manchmal auch eine Elastizitätsziffer verwandt, die aus derjenigen Sehne bestimmt wird, die die Druck-Setzungslinie etwa bei der Hälfte der Bruchspannung schneidet (Skempton [157]). In allen diesen Fällen ist:

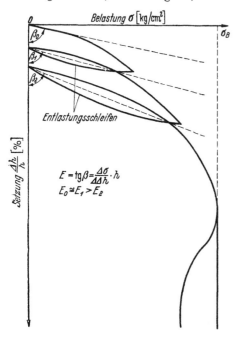

Abb. 177. Ermittlung der Steifezahl bei unbehinderter Seitendehnung aus dem Verformungsdiagramm des Zylinderdruckversuchs.

$$E_{\text{unbeh.}} = \operatorname{tg}\beta = \frac{\Delta\sigma}{\Delta\Delta h}\,h. \quad (115)$$

Über die Beziehungen zwischen $E_{\text{Baugr.}}$, $E_{\text{beh.}}$ und $E_{\text{unbeh.}}$ s. Gl. (13), (14) und (15) sowie Abb. 59.

Schrifttum.

[1] von Moos, A., u. F. de Quervain: Technische Gesteinskunde. Basel: Birkhäuser 1948.

[2] Bernatzik, W.: Baugrund und Physik. Zürich: Schweizer Druck- und Verlagshaus 1947.

[3] Correns, C.: Die Tone. Geol. Rdsch. Bd. 29 (1928) S. 201.

[4] Knight, B. H.: Soil Mechanics for Civil Engineers. London: Edward Arnold & Co. 1948.

[5] Bureau of Reclamation: Earth Manual. Verbesserte Auflage. Denver 1953.

[6] ASTM: Procedures for Testing Soils. Philadelphia 1950.

[7] Schultze, E., u. H. Muhs: Bodenuntersuchungen für Ingenieurbauten. Berlin/Göttingen/Heidelberg: Springer 1950.

[8] Fuller, W. B., u. S. E. Thompson: The Laws of Proportioning Concrete. Trans. Amer. Soc. Civ. Engrs. Bd. 59 (1907) S. 67.

[9] Terzaghi, K. v.: Erdbaumechanik auf bodenphysikalischer Grundlage. Leipzig u. Wien: Fr. Deuticke 1925.

[10] Lorenz, H., u. Ph. Ebert: DIN 1054 — Gründungen. Zulässige Belastung des Baugrundes. Mit Erläuterungen. Berlin: Ernst & Sohn 1953.

[11] Reich, H., u. R. v. Zwerger: Taschenbuch der Angewandten Geophysik. Leipzig: Akadem. Verlagsges. Becker & Erler 1943.

[12] Kahl, H., H. Muhs u. M. Spoerel: Die Bohrungen für Baugrunduntersuchungen und die Entnahme ungestörter Bodenproben. Bohrtechnik — Brunnenbau Bd. 2 (1951) S. 177.

[13] Burkhardt, E.: Entnahme von Bodenproben in ungestörter Verfassung. Bautechn. Bd. 11 (1933) S. 14.

[14] Hvorslev, M. I.: Subsurface Exploration and Sampling of Soils for Civil Engineering Purposes. Waterways Experiment Station. Vicksburg 1949.

[15] Simon, K.: Schrittweises Kernen und Messen bodenphysikalischer Kennwerte des ungestörten Untergrunds. Abhdl. Hess. Landesamt. Bodenforsch., H. 6. Wiesbaden 1953.

[16] Loos, W.: Praktische Anwendung der Baugrunduntersuchungen. Berlin: Springer 1935.

[17] BRENNECKE, L., u. E. LOHMEYER: Der Grundbau, 1. Bd., 1. Teil. Berlin: Ernst & Sohn 1938.

[18] OLSSON, J.: Method for Taking Earth Samples with the Most Undisturbed Natural Consistency. Proc. 2. Congr. on Large Dams, Bd. IV, S. 157. Washington 1936.

[19] JAKOBSON, B.: Influence of Sampler Type and Testing Method on Shear Strength of Clay Samples. Proc. Königl. Schwed. Geotechn. Inst., Nr. 8. Stockholm 1954.

[20] KJELLMAN, W., T. KALLSTENIUS u. O. WAGER: Soil Sampler with Metal Foils; Device for Taking Undisturbed Samples of Very Great Length. Proc. Königl. Schwed. Geotechn. Inst., Nr. 1. Stockholm 1950.

[21] EHRENBERG, J.: Geräte zur Entnahme von Bodenproben für bodenphysikalische Untersuchungen. Bautechn. Bd. 11 (1933) S. 303.

[22] BISHOP, A. W.: A New Sampling Tool for Use in Cohesionless Sands below Ground Water Level. Géotechnique Bd. 1 (1948) S. 125.

[23] VAN DE BELD, R.: Method of Sampling in Sandy Layers below the (Ground) Water-Table. Delft: Labor. voor Grondmechanica 1953.

[24] HVORSLEV, M. I.: Undisturbed Sand Sampling below the Water Table. Waterways Experiment Station, H. 35. Vicksburg 1950.

[25] HOGENTOGLER, C. A., u. K. v. TERZAGHI: Interrelationship of Load, Road and Subgrade. Publ. Roads Bd. 10 (1929) S. 37.

[26] ALLEN, H.: Report of Committee on Classification of Materials for Subgrades and Granular Type Roads. Proc. Highway Res. Board, Bd. 25. 1945.

[27] CASAGRANDE, A.: Classification and Identification of Soils. Trans. Amer. Soc. Civ. Engrs. Bd. 113 (1948) S. 901.

[28] KRIPNER, K. H.: Beitrag zur Kennzeichnung einiger Festigkeitseigenschaften von Böden verschiedenen geologischen Alters. Geol. u. Bauw. Bd. 9 (1937) S. 60.

[29] KÜNZEL, E.: Der „Prüfstab", ein einfaches Mittel zur Bodenprüfung. Bauwelt Bd. 21 (1936) S. 327.

[30] PAPROTH, E.: Der Prüfstab Künzel, ein Gerät für Baugrunduntersuchungen. Bautechn. Bd. 21 (1943) S. 327.

[31] HAEFELI, R., G. AMBERG u. A. v. MOOS: Eine leichte Rammsonde für geotechnische Untersuchungen. Schweiz. Bauztg. Bd. 69 (1951) S. 497.

[32] STUMP, S.: A Method for Determining the Resistance of the Subsoil by Driving. Proc. 2. Int. Conf. Soil Mech. Found. Engng., Bd. III, S. 212. Rotterdam 1948.

[33] HOFFMANN, R.: Der Rammschlag. Forsch.-Hefte Stahlbau, H. 6, S. 55. Berlin 1943.

[34] HAEFELI, R., u. H. FEHLMANN: A Combined Penetration Process for the Exploration of the Foundation Soil. Proc. 3. Int. Conf. Soil Mech. Found. Engng., Bd. I, S. 232. Zürich 1953.

[35] HOFFMANN, R., u. H. MUHS: Die mechanische Verfestigung sandigen und kiesigen Untergrundes. Bautechn. Bd. 22 (1944) S. 149.

[36] SCHUBERT, K.: Beitrag zur brauchbaren Bestimmung von Kennwerten sandigen Baugrundes durch Rammsonden. Dissertation T.H. Dresden 1955.

[37] TERZAGHI, K. v., u. R. PECK: Soil Mechanics in Engineering Practice. New York: John Wiley & Sons 1948.

[38] TERZAGHI, K. v.: Die Tragfähigkeit von Pfahlgründungen. Bautechn. Bd. 8 (1930) S. 475.

[39] TERZAGHI, K. v.: 50 Jahre Baugrunduntersuchung. Proc. 3. Int. Conf. Soil Mech. Found. Engng., Bd. III, S. 227. Zürich 1953.

[40] Laboratorium voor Grondmechanica, Delft: The Predetermination of the Required Length and the Prediction of the Toe Resistance of Piles. Proc. 1. Int. Conf. Soil Mech. Found. Engng., Bd. I, S. 181. Cambridge (Mass.) 1936.

[41] PLANTEMA, G.: Construction and Method of Operating of a New Deep-Sounding Apparatus. Proc. 2. Int. Conf. Soil Mech. Found. Engng., Bd. I, S. 277. Rotterdam 1948.

[42] VERMEIDEN, I.: Improved Sounding Apparatus, as Developed in Holland since 1936. Proc. 2. Int. Conf. Soil Mech. Found. Engng., Bd. I, S. 280. Rotterdam 1948.

[43] BEGEMANN, IR. H. K. S. PH.: Improved Method of Determining Resistance to Adhesion by Sounding through a Loose Sleeve Placed behind the Cone. Proc. 3. Int. Conf. Soil Mech. Found. Engng., Bd. I, S. 213. Zürich 1953.

[44] BUISSON, M.: Appareils Français de Pénétration Enseignements Tirés des Essais de Pénétration. Ann. l'Inst. Techn. Bâtiment et Travaux Publ. Bd. 6 (1953) S. 299.

[45] HVORSLEV, M. I.: Cone Penetrometer Operated by Rotary Drilling Rig. Proc. 3. Int. Conf. Soil Mech. Found. Engng., Bd. I, S. 236. Zürich 1953.

[46] MUHS, H.: Arbeiten der Degebo in den Jahren 1938—1948. Bautechnik-Arch., H. 3, S. 20. Berlin: Ernst & Sohn 1949.

[47] KAHL, H., u. H. MUHS: Über die Untersuchung des Baugrundes mit einer Spitzendrucksonde. Bautechn. Bd. 29 (1952) S. 81.

[48] KAHL, H.: Derzeitiger Stand des Spitzendruck-Sondierverfahrens. Schr.-Reihe Fortschr. u. Forsch. im Bauwes., Reihe D, H. 25: Grundbau, Teil II. Stuttgart: Franckhsche Verlagshdlg. 1955.

[49] HOFFMANN, R.: Die geotechnischen Arbeitsmethoden der Schwedischen Staatsbahnen. Bauingenieur Bd. 11 (1930) S. 761.

[50] GODSKESEN, O.: 10 Jahre Baugrunduntersuchungen bei den Dänischen Staatsbahnen. Bautechn. Bd. 15 (1937) S. 568.

[51] GODSKESEN, O.: Fjervaegts-Kegle-Tallet ligger ofte naerved Brudbelastningen for levet Byggegrund. Ingeniøren Bd. 60 (1951) H. 20.

[52] Degebo: Festigkeitsprüfer für die Schubfestigkeit des Baugrundes. DRP 508711, 1929.

[53] CADLING, L., u. ST. ODENSTAD: The Vane Borer. Proc. Königl. Schwed. Geotechn. Inst., Nr. 2. Stockholm 1950.

[54] CARLSON, L.: Determination in Situ of the Shear Strength of Undisturbed Clay by Means of a Rotating Auger. Proc. 2. Int. Conf. Soil Mech. Found. Engng., Bd. I, S. 265. Rotterdam 1948.

[55] SKEMPTON, A. W.: Vane Tests on the Alluvial Plain of the River Forth near Grangemouth. Géotechnique Bd. 1 (1948) S. 111.

[56] MURPHY, V. A.: Penetrometer and Vane Tests, Applied to Railway Earthworks. Proc. 1. Australia-New Zealand Conf. Soil Mech. Found. Engng., S. 135. Melbourne 1952.

[57] SKEMPTON, A. W.: The $\varrho = 0$ Analysis of the Stability and its Theoretical Basis. Proc. 2. Int. Conf. Soil Mech. Found. Engng., Bd. I, S. 72. Rotterdam 1948.

[58] KÖGLER, F., u. A. SCHEIDIG: Baugrund und Bauwerk. Berlin: Ernst & Sohn 1938.

[59] MUHS, H., u. M. KANY: Einfluß von Fehlerquellen beim Kompressionsversuch. Schr.-Reihe Fortschr. u. Forsch. im Bauwes., Reihe D, H. 17: Grundbau, Vorschriften u. Versuche, Teil I, S. 125. Stuttgart: Franckhsche Verlagshdlg. 1954.

[60] MUHS, H., u. H. KAHL: Ergebnisse von Probebelastungen auf großen Lastflächen zur Ermittlung der Bruchlast im Sand. 1. u. 2. Bericht. Schr.-Reihe Fortschr. u. Forsch. im Bauwes., Reihe D, H. 17: Grundbau, Vorschriften u. Versuche, Teil I, S. 59. Stuttgart: Franckhsche Verlagshdlg. 1954.

[61] SCHLEICHER, F.: Zur Theorie des Baugrundes. Bauingenieur Bd. 7 (1926) S. 931.

[62] MUHS, H.: Setzungsmessungen an den Flaktürmen in Berlin. Bauingenieur Bd. 27 (1952) S. 118.

[63] MUHS, H., u. R. DAVIDENKOFF: Untersuchungen über das Setzungsverhalten des Baugrundes. Bautechn. Bd. 29 (1952) S. 25.

[64] PALMER, L. A.: Field Loading Tests for the Evaluation of the Wheel Load Capacities of Airport Pavements. Proc. ASTM, Ber. 79. 1947.

[65] WESTERGAARD, H. M.: Om Beraegning af Plaader. Ingeniøren Bd. 42 (1923) S. 513.

[66] TELLER, L. W., u. E. C. SUTHERLAND: The Structural Design of Concrete Pavement. Publ. Roads Bd. 16 (1935) S. 145.

[67] JELINEK, R.: Berechnung der Stärke von Betondecken für Straßen- und Flugplätze. Aus: Forsch. u. Praxis im Betonstraßenbau, S. 53. Bielefeld: Kirschbaum 1953.

[68] McLEOD, N. W.: An Investigation of Airport Runways in Canada. Proc. 2. Int. Conf. Soil Mech. Found. Engng., Bd. IV, S. 167. Rotterdam 1948.

[69] PALMER, L. A.: Pavement Evaluation by Loading Tests at Naval and Marine Corps Air Stations. Proc. 2. Int. Conf. Soil Mech. Found. Engng., Bd. II, S. 222. Rotterdam 1948.

[70] California State Highways Department: The C.B.R. Test as Applied to the Design of Flexible Pavements for Airports. Techn. Memorandum Nr. 213—221. 1945.

[71] McFADDEN, G., u. T. B. PRINGLE: Evaluation of Flexible Pavements for Airfields. Proc. 2. Int. Conf. Soil Mech. Found. Engng., Bd. V, S. 172. Rotterdam 1948.

[72] LOXTON, H. T., M. D. McNICHOLL u. I. S. BICKERSTAFF: Procedures for Determining the California Bearing Ratios of Soils in Unsaturated Conditions. Proc. 1. Australia-New Zealand Conf. Soil Mech. Found. Engng., S. 164. Melbourne 1952.

[73] COCHRANE, R. H. A.: The Design of Aerodrome Pavements. J. Inst. Engr. Australia Bd. 24 (1952) S. 129.

[74] ROBERTS u. HOSKING: Forward Road Planning in Victoria. J. Inst. Engr. Australia Bd. 25 (1953) S. 97.

[75] BELCHER, D. I.: Measurement of Soil Moisture and Density by Neutron and γ-Ray Scattering. Aus: Frost Action on Soil. Highway Res. Board, Sonderheft 2, S. 98. Washington 1952.

[76] WENDT, I.: Versuche zur Dichtebestimmung an Sandschüttungen durch Messung der Absorption von Gammastrahlung. Geol. Jb. Bd. 70 (1954) S. 1.

[77] LORENZ, H.: Über die Messung der Lagerungsdichte des Baugrundes mittels radioaktiver Isotope. Baumasch. u. Bautechn. Bd. 1 (1954) S. 173.

[78] NEUBER, H.: Zur praktischen Anwendung atomphysikalischer Strahlungen im Bauwesen unter besonderer Berücksichtigung der Baugrunduntersuchungen. Baumasch. u. Bautechn. Bd. 1 (1954) S. 179.

[79] SIEDEK, P.: Messen des Porenwasserüberdruckes. Bautechnik-Arch., H. 8, S. 30. Berlin: Ernst & Sohn 1952.

[80] BRETH, H., u. G. KÜCKELMANN: Der Porenwasserdruck in Erddämmen. Bautechn. Bd. 31 (1954) S. 25.

[81] MUHS, H.: Die Messung des Porenwasserdrucks im Felde, insbesondere in Erddämmen. Baumasch. u. Bautechn. Bd. 1 (1954) S. 145 u. 181.

[82] BIEMOND, G.: Direct Measuring of Internal Water Pressures in Clay. Proc. 1. Int. Conf. Soil Mech. Found. Engng., Bd. I, S. 111. Cambridge (Mass.) 1936.

[83] CASAGRANDE, A.: Soil Mechanics in the Design and Construction of the Logan Airport. J. Boston Soc. Civ. Engr. Bd. 36 (1949) S. 192 (s. besonders Anhang).

[84] RINGELING, I. C. N.: Measuring Groundwater Pressures in a Layer of Peat, Caused by an Imposed Load. Proc. 1. Int. Conf. Soil Mech. Found. Engng., Bd. I, S. 106. Cambridge (Mass.) 1936.

[85] EHRENBERG, J.: Messungen an Staudämmen. Z. VDI Bd. 84 (1940) S. 495.

[86] SPEEDIE, M. G.: Experience Gained in the Measurement of Pore Pressures in a Dam and its Foundation. Proc. 2. Int. Conf. Soil Mech. Found. Engng., Bd. I, S. 287. Rotterdam 1948.

[87] WALKER, F. C., u. W. W. DAEHN: Ten Years Pore Pressure Measurements. Proc. 2. Int. Conf. Soil Mech. Found. Engng., Bd. III, S. 245. Rotterdam 1948.

[88] PLANTEMA, G.: Electrical Pore Water Pressure Cells: Some Designs and Experiences. Proc. 3. Int. Conf. Soil Mech. Found. Engng., Bd. I, S. 279. Zürich 1953.

[89] US Waterways Experiment Station: Pressure Cells for Field Use. H. 40. Vicksburg 1955.

[90] BRETH, H.: Die Untersuchungen und Messungen für den Staudamm Roßhaupten. Aus: Vorträge Baugrundtagung 1953, Hannover. Dtsch. Ges. f. Erd- u. Grundbau e. V., S. 12. Hamburg 1953.

[91] CASAGRANDE, A., u. T. W. FADUM: Notes on Soil Testing for Engineering Purposes. Soil Mech. Ser. Nr. 8. Cambridge (Mass.): Harvard Univ. 1940.

[92] Amer. Ass. State Highway Officials: Standard Specifications for Highway Materials and Methods of Sampling and Testing. 7. Ausg. Washington 1955.

[93] LAMBE, T. W.: Soil Testing for Engineers. New York: John Wiley & Sons 1951.

[94] Richtlinien für den Bau und die Unterhaltung von Erdstraßen (Vorl. Fassg.). Aus H. LEUSSINK u. E. GOERNER: Erdstraßenbau, S. 47. Berlin-Bielefeld-Detmold: Erich Schmidt 1949.

[95] GESSNER, H.: Die Schlämmanalyse. Leipzig: Akad. Verl.-Ges. 1931.

[96] BOUYOUCOS, G. I.: The Hydrometer as a New and Rapid Method for Determining the Colloidal Content of Soils. Soils Scis. Bd. 23 (1927) S. 319.

[97] CASAGRANDE, A.: Die Aräometer-Methode zur Bestimmung der Kornverteilung von Böden. Berlin: Springer 1934.

[98] SPOEREL, M.: Die Tauchwägung. Straße u. Autobahn Bd. 3 (1952) S. 329.

[99] OLPINSKI, K.: A Rapid Field Method for the Determination of the Moisture Content of Soils on Constructional Works. The Surveyor and Municipal and County Engr., 27. 4. 1945.

[100] ATTERBERG, A.: Die Plastizität der Tone. Int. Mitt. Bodenkde. Bd. 1 (1911) S. 10.

[101] CASAGRANDE, A.: Research on the Atterberg Limits of Soil. Publ. Roads Bd. 13 (1932) S. 121.

[102] VOGL, C. I.: Gründungen in schrumpf- und schwellfähigen Böden. Mitt. Hann. Vers.-Anst. Grundb. u. Wasserb., H. 7, S. 1. 1955.

[103] SKEMPTON, A. W.: A Foundation Failure due to Clay Skrinkage Caused by Poplar Trees. Proc. Inst. Civ. Engrs. Bd. 3 (1954), Teil 1, S. 66.

[104] PROCTOR, R. R.: Design and Construction of Rolled Earth Dams. Engng. News Rec. Bd. 111 (1933) S. 245.

[105] WALKER, F. C., u. W. G. HOLTZ: Control of Embankment Material by Laboratory Testing. Trans. Amer. Soc. Civ. Engrs. Bd. 118A (1953) S. 1.

[106] HOLTZ, W. G.: The Determination of Limits for the Control of Placement Moisture in High Rolled-Earth Dams. Proc. ASTM Bd. 48 (1948) S. 1248.

[107] CASAGRANDE, A.: Notes on the Design of Earth Dams. Soil Mech. Ser. Nr. 35. Cambridge (Mass.): Harvard Univ. 1951.

[108] GIBBS, H. I.: The Effect of Rock Content and Placement Density on Consolidation and Related Pore Pressure in Embankment Construction. Proc. ASTM Bd. 50 (1950) S. 1343.

[109] Croney, D.: The Movement and Distribution of Water in Soils. Géotechnique Bd. 3 (1952) S. 1.

[110] Endell, K., W. Loos u. H. Breth: Zusammenhang zwischen kolloidchemischen und bodenphysikalischen Kennziffern bindiger Böden und Frostwirkung. Forsch.-Arb. Straßenwes., Bd. 16. Berlin: Volk und Reich 1939.

[111] Terzaghi, K. v., u. O. K. Fröhlich: Theorie der Setzung von Tonschichten. Leipzig-Wien: Deuticke 1936.

[112] Terzaghi, K. v., u. R. Jelinek: Theoretische Bodenmechanik. Berlin/Göttingen/Heidelberg: Springer 1954.

[113] Ohde, J.: Vorbelastung und Vorspannung des Baugrundes und ihr Einfluß auf Setzung, Festigkeit und Gleitwiderstand. Bautechn. Bd. 26 (1949) S. 129 u. 163.

[114] Leussink, H.: Das seitliche Nichtanliegen der Bodenprobe im Kompressions-Apparat als Fehlerquelle beim Druck-Setzungs-Versuch. Schr.-Reihe Fortschr. u. Forsch. im Bauwes., Reihe D, H. 17: Grundbau, Vorschriften und Versuche, Teil I, S. 153. Stuttgart: Franckhsche Verlagshdlg. 1954.

[115] van Zelst, Th. W.: An Investigation of the Factors Affecting Laboratory Consolidation of Clay. Proc. 2. Int. Conf. Soil Mech. Found. Engng., Bd. VII, S. 52. Rotterdam 1948.

[116] Kjellman, W., u. B. Jakobson: Some Relations between Stress and Strain in Coarse-Grained Cohesionless Materials. Proc. Königl. Schwed. Geotechn. Inst., Nr. 9. Stockholm 1955.

[117] Schmidbauer, J.: Fehlerquellen und deren Ausschaltung beim Druck-Setzungsversuch (Kompressionsversuch). Schr.-Reihe Fortschr. u. Forsch. im Bauwes., Reihe D, H. 17: Grundbau, Vorschriften und Versuche, Teil I, S. 161. Stuttgart: Franckhsche Verlagshdlg. 1954.

[118] Jelinek, R.: Die Zusammendrückbarkeit des Baugrundes. Straßen- u. Tiefbau Bd. 3 (1949) S. 103.

[119] Schultze, E.: Die Bezugshöhe für die Aufstellung von Druck-Setzungsdiagrammen. Baupl. u. Bautechn. Bd. 2 (1948) S. 363.

[120] Ohde, J.: Zur Theorie der Druckverteilung im Baugrund. Bauingenieur Bd. 20 (1939) S. 451.

[121] Ohde, J.: Grundbaumechanik. Aus: „Hütte" III, 27. Aufl., S. 898. Berlin: Ernst & Sohn 1951.

[122] Muhs, H.: Erddruckmessungen an einer 24 m hohen starren Wand. Baupl. u. Bautechn. Bd. 1 (1947) S. 11.

[123] Casagrande, A.: Eigenschaften lockerer Böden, die die Festigkeit von Böschungen und Erdschütterungen beeinflussen. Z. Int. Ständg. Verbd. d. Schiffahrtskongr. Bd. 12 (1937) S. 23.

[124] Krey, H. D.: Rutschgefährliche und fließende Bodenarten. Bautechn. Bd. 5 (1927) S. 485.

[125] Terzaghi, K. v.: The Shearing Resistance of Saturated Soils and the Angle between the Planes of Shear. Proc. 1. Int. Conf. Soil Mech. Found. Engng., Bd. I, S. 54. Cambridge (Mass.) 1936.

[126] Tschebotarioff, G. P.: Soil Mechanics, Foundations and Earth Structures. New York-Toronto-London: McGraw-Hill Book Comp., Inc. 1952.

[127] Hvorslev, M. I.: Über die Festigkeitseigenschaften gestörter bindiger Böden. Ing.-Vidensk. Skr. A, Nr. 45. Kopenhagen: Danmarks Natur-Vidensk. Samfund 1937.

[128] Ohde, J.: Zur Erddruck-Lehre. Bautechn. Bd. 27 (1950) S. 111.

[129] Trollope, D. H.: The Basic Law of Shear Strength. Proc. 1. Australia-New Zealand Conf. Soil Mech. Found. Engng., S. 241. Melbourne 1952.

[130] Hamilton, L. W.: The Effects of Internal Hydrostatic Pressure on the Shearing Strength of Soils. Proc. ASTM Bd. 39 (1939) S. 1100.

[131] Hilf, I. W.: Estimating Construction Pore Pressure in Rolled Earth Dam. Proc. 2. Int. Conf. Soil Mech. Found. Engng., Bd. III, S. 234. Rotterdam 1948.

[132] Skempton, A. W.: The Pore-Pressure Coefficients A and B. Géotechnique Bd. 4 (1954) S. 143.

[133] Bishop, A. W.: The Use of Pore-Pressure Coefficients in Practice. Géotechnique Bd. 4 (1954) S. 148.

[134] Seifert, A.: Untersuchungsmethoden, um festzustellen, ob sich ein gegebenes Baumaterial für den Bau eines Erddammes eignet. Proc. 1. Congr. Grands Barrages, Bd. III. S. 5. Stockholm 1933.

[135] Terzaghi, K. v.: Die Coulombsche Gleichung für den Scherwiderstand bindiger Böden. Bautechn. Bd. 16 (1938) S. 343.

[136] Haefeli, R., u. C. Schaerer: Der Triaxialapparat. Schweiz. Bauztg. Bd. 128 (1946) S. 51.

[137] BUCHANAN, S. I.: The Soil Mechanics Laboratory of the US Waterways Experiment Station Vicksburg, Miss. Proc. 1. Int. Conf. Soil Mech. Found. Engng., Bd. II, S. 72. Cambridge (Mass.) 1936.

[138] PETERMANN, H.: Zusammenhang zwischen Scherverschiebung, Dichte und Scherwiderstand bei nichtbindigen Böden. Dtsch. Wasserw. Bd. 34 (1939) S. 441.

[139] TIEDEMANN, B.: Über die Schubfestigkeit bindiger Böden. Bautechn. Bd. 15 (1937) S. 400.

[140] HAEFELI, R.: Mechanische Eigenschaften von Lockergesteinen. Erdbaukurs der ETH Zürich, Beitrag 5. 1938.

[141] Proceedings of the Conference on the Measurement of the Shear Strength of Soils in Relation to Practice. Géotechnique Bd. 2 (1950/1951) S. 89/263.

[142] BJERRUM, L.: Theoretical and Experimental Investigations on the Shear Strength of Soils. Veröff. Norw. Geotechn. Inst., Nr. 5. Oslo 1954.

[143] COLLORIO, F.: Die neuen Talsperrendämme im Harz. Bautechn. Bd. 14 (1936) S. 683.

[144] RENDULIC, L.: Relation between Void Ratio and Effective Principal Stresses for a Remoulded Silty Clay. Proc. 1. Int. Conf. Soil Mech. Found. Engng., Bd. III, S. 48. Cambridge (Mass.) 1936.

[145] RENDULIC, L.: Ein Grundgesetz der Tonmechanik und sein experimenteller Beweis. Bauingenieur Bd. 18 (1937) S. 459.

[146] Führer durch die wissenschaftliche Abteilung des Deutschen Hauses der Internationalen Wasser-Ausstellung. S. 80. Lüttich 1939.

[147] BJERRUM, L., u. G. AMBERG: Triaxialapparate und Konsolidationsgerät für erdbaumechanische Probleme. Mitt. Vers.-Anst. Wasserbau u. Erdbau d. ETH Zürich, Nr.24. 1953.

[148] STEIN, G.: Ein neues Seitendruckgerät mit automatischer Druckregulierung. Wiss. Z. T.H. Dresden Bd. 3 (1953/54) S. 179.

[149] TAYLOR, D. W.: Tenth Report to US Engineer Department. Mass. Inst. Techn., Soil Mech. Laboratory. 1944.

[150] BJERRUM, L., H. HUGGLER u. R. SEVALDSON: Messung der Porenwasserspannungen in Bodenproben während des Schervorganges. Mitt. Vers.-Anst. Wasserbau u. Erdbau d. ETH Zürich, Nr. 24. 1953.

[151] GEUZE, E. C. W. A., u. T. TJONG-KIE: The Shearing Properties of Soils. Géotechnique Bd. 2 (1950) S. 141.

[152] DE BEER, E. E.: The Cell-Test. Géotechnique Bd. 2 (1950) S. 162.

[153] JÄNKE, S., H. MARTIN u. H. PLEHM: Dreiaxiales Druckgerät zur Bestimmung der Ruhedruckbeiwerte und des Gleitwiderstands von Erdstoffen. Bauplanung u. Bautechn. Bd. 9 (1955) S. 442.

[154] HOLTZ, W. G.: The Use of the Maximum Principal Stress Ratio as the Failure Criterion in Evaluating Triaxial Shear Tests on Earth Materials. Proc. ASTM Bd. 47 (1947) S. 1067.

[155] CASAGRANDE, A., u. S. D. WILSON: Effects of Stress History on the Strength of Clays. Soil Mech. Ser. Nr. 43. Cambridge (Mass): Harvard Univ. 1953.

[156] TERZAGHI, K. v.: Liner-plate Tunnels on the Chicago (Ill.) Subway. Proc. Amer. Soc. civ. Engrs. Bd. 68 (1942) S. 862.

[157] SKEMPTON, A. W.: The Bearing Capacity of Clays. Proc. Buildg. Res. Congr., Bd. 1, S. 180. London 1955.

[158] PLANTEMA, G.: Einfluß von Frequenz und Marschgeschwindigkeit einiger Bodenverdichtungsgeräte. Straßen- und Tiefbau, Straßenbau und Straßenbaustoffe Bd. 8 (1954) S. 423.

[159] Forschungs-Ges. f. d. Straßenwesen: Merkblatt für bodenphysikalische Prüfverfahren. Verb. Auflage. Köln 1955.

[160] SIEDEK, P., u. R. Voss: Beurteilung der Tragfähigkeit schwerbelasteter Straßen durch den Plattendruckversuch. Bundesanstalt für Straßenbau, Wissenschaftl. Ber. Nr. 2. Berlin: Ernst & Sohn 1956.

[161] MUHS, H., u. D. CAMPBELL-ALLEN: A Laboratory Examination of an Electrical Pore Pressure Gauge for Use in Earth Dams. J. Inst. Engr. Australia Bd. 27 (1955) S. 241.

[162] LOMTADSE, W. D.: Bodenphysikalisches Praktikum. Übersetzung aus dem Russischen. Berlin: VEB Verlag Technik 1955.

[163] OHDE, J.: Über den Gleitwiderstand der Erdstoffe. Veröff. Forschg. Anst. f. Schiffahrt, Wasser- und Grundbau, Nr. 6. Berlin: Akademie-Verlag 1955.

[164] MAGUIN, C. R. M.: Experience with an New Direct Shear Machine with an Automatic Recorder. New Zealand Engng. Bd. 10 (1956) S. 424.

[165] BISHOP, A. W., u. D. J. HENKEL: A Constant-Pressure Control for the Triaxial Compression Test. Géotechnique Bd. 3 (1953) S. 339.

[*166*] Dücker, A.: Ist eine Straßendecke auf einem Untergrund mit einem frostkritischen Kornanteil unter 20% durch eine 30 cm starke Frostschutzschicht frostsicher gegründet? Forsch.-Arb. Straßenwes., Heft 17 (Neue Folge), S. 37. Bielefeld: Kirschbaum 1955.

[*167*] Schaible, L.: Über Beobachtungen an Frost- und Tauschäden auf Verkehrswegen. Forsch.-Arb. Straßenwes., Heft 17 (Neue Folge), S. 44. Bielefeld: Kirschbaum 1955.

[*168*] Terzaghi, K. v.: Evaluation of Coefficients of Subgrade Reaction. Géotechnique Bd. 5 (1955) S. 297.

[*169*] Brebner, A., u. W. Wright: An experimental Investigation to determine the Variation in the subgrade modulus of a sand loaded by plates of different breadths. Géotechnique Bd. 3 (1953) S. 307.

[*170*] Voss, R.: Die Bodenverdichtung im Straßenbau. Bundesanst. für Straßenbau. Düsseldorf: Werner 1956.

[*171*] Kahl, H., u. H. Muhs: Ergebnisse von Probebelastungen auf großen Lastflächen zur Ermittlung der Bruchlast im Sand. 3. Bericht. Schr.-Reihe Fortschr. u. Forsch. im Bauwes., Reihe D, H. 28. Stuttgart: Franckhsche Verlagshdlg. 1957.

[*172*] Muhs, H.: Über das Verhalten beim Bruch, die Grenztragfähigkeit und die zulässige Belastung von Sand. Baumasch. u. Bautechn. Bd. 4 (1957) S. 1.

[*173*] McLeod, N. W.: Airport Runway Design and Evaluation in Canada. Proc. 3. Int. Conf. Soil Mech. Found. Engng., Bd. II, S. 122. Zürich 1953.

[*174*] Veen, C. van der: Loading Tests on Concrete Slabs at Schiphol Airport. Proc. 3. Int. Conf. Soil Mech. Found. Engng., Bd. II, S. 133. Zürich 1953.

[*175*] Croney, D., u. J. D. Coleman: Soil Moisture Suction Properties and their Bearing on the Moisture Distribution in Soils. Proc. 3. Int. Conf. Soil Mech. Found. Engng., Bd. I, S. 13. Zürich 1953.

[*176*] Pacheco Silva, F.: Controlling the Stability of a Foundation through Neutral Pressure Measurements. Proc. 3. Int. Conf. Soil Mech. Found. Engng., Bd. I, S. 299. Zürich 1953.

[*177*] Skempton, A. W.: The Colloidal „Activity" of Clays. Proc. 3. Int. Conf. Soil. Mech. Found. Engng., Bd. I, S. 57. Zürich 1953.

[*178*] Jennings, J. E.: The Heaving of Buildings on Desiccated Clay. Proc. 3. Int. Conf. Soil Mech. Found. Engng., Bd. I, S. 390. Zürich 1953.

[*179*] Tschebotarioff, G. P.: A Case of Structural Damages Sustained by One-Storey High Houses Founded on Swelling Clays. Proc. 3. Int. Conf. Soil Mech. Found. Engng., Bd. I, S. 473. Zürich 1953.

[*180*] Siedek, P., u. R. Voss: Über die Lagerungsdichte und den Verformungswiderstand von Korngemischen. Straße u. Autobahn Bd. 6 (1955) S. 273.

[*181*] Gould, J. P.: The Compressibility of Rolled Fill Materials Determined from Field Observations. Proc. 3. Int. Conf. Soil Mech. Found. Engng., Bd. II, S. 239. Zürich 1953.

[*182*] Kahl, H., u. H. Neuber: Beschreibung und Auswertung von Versuchen zur Feststellung der scheinbaren Kohäsion von erdfeuchtem Sandboden. Schr.-Reihe Fortschr. u. Forsch. im Bauwes., Reihe D, H. 28. Stuttgart: Franckhsche Verlagshdlg. 1957.

[*183*] Gibson, R. E., u. D. J. Henkel: Influence of Duration of Tests at Constant Rate of Strain on Measured „Drained" Strength. Géotechnique Bd. 4 (1954) S. 6.

[*184*] Kallstenius, T., u. A. Wallgren: Pore Water Pressure Measurement in Field Investigations. Proc. Königl. Schwed. Geotechn. Inst., Nr. 13. Stockholm 1956.

[*185*] Schaible, L.: Frost- und Tauschäden an Verkehrswegen und deren Bekämpfung. Berlin: Ernst & Sohn 1957.

XXIV. Richtlinien für die Entnahme von Materialproben und für die Auswertung und Beurteilung von Prüfergebnissen.

Von E. Brandenberger, Zürich.

A. Die Entnahme von Materialproben.

Für die Zuverlässigkeit der Ergebnisse jeglicher Art von Materialprüfung ist die einwandfreie Entnahme der ihr zugrunde gelegten Proben erste Voraussetzung. Wo es sich — wie in der Mehrzahl der Fälle — darum handelt, aus dem Verhalten einer einzigen oder höchstens einiger weniger, dazu stets verhältnismäßig kleiner Proben die Qualität einer größeren Stoffmenge verbindlich zu beurteilen, hat sich das Bestreben des Probenehmers naturgemäß stets darauf zu richten, als Probe einen möglichst „wahren" Durchschnitt des fraglichen Stoffs zu erhalten. Wie sehr sich dabei allerdings die zweckmäßigen *Verfahren* der Probenahme je nach der Natur der einzelnen Materialien voneinander unterscheiden — so vor allem hinsichtlich der benötigten technischen Hilfsmittel, der Größe der Probemenge bzw. der Anzahl der Probestücke, der Wahl von Ort und Zeitpunkt der Probenahme, dann aber auch darin, ob und wie aus einer größeren oder kleineren Anzahl von Einzelproben eine Mischprobe gebildet und dieser hernach die maßgebende End- (Durchschnitts-) Probe entnommen wird (s. Abb. 1) —, belegen bereits die einzelnen in den vorangehenden Kapiteln (so u. a. S. 42, 171, 202, 313 und 363) hierüber gegebenen Hinweise. Die dort geschilderten Verfahren der Probenbeschaffung beruhen allgemein noch weitgehend auf bloßen Faustregeln, reiner Erfahrung oder lediglich langjähriger Gewohnheit, und zwar oft auch dort, wo sie in Normvorschriften niedergelegt wurden. Erst in neuerer Zeit wurde, zunächst in den angelsächsischen Ländern, begonnen, die Aufgabe der Probenahme unter den Gesichtspunkten der *mathematischen Statistik* zu betrachten und damit zu zeigen, welche Rückschlüsse sich mit statistischen Auswertverfahren auf die Genauigkeit und optimale Wirksamkeit einer Probenahme, damit aber auch auf ihre Wirtschaftlichkeit ziehen lassen[1].

Werden nämlich einer gegebenen Stoffmenge mehrere Proben $1, 2, \ldots,$ $i, \ldots, n$ entnommen, von denen jede als gleichwertiger Repräsentant der Stoffmenge gelten darf, und an jeder derselben das Qualitätsmerkmal G bestimmt, so werden die an den n Proben gefundenen Einzelwerte $G_1, G_2, \ldots, G_i, \ldots, G_n$ wegen der unvermeidlichen *Probenahmefehler* nie genau miteinander überein-

---

[1] Siehe hierzu u. a. zunächst zur Einführung H. KLEIN: Arch. Eisenhüttenw. Bd. 24 (1953) S. 11/20. — H. JAHNS: Arch. Eisenhüttenw. Bd. 24 (1953) S. 21/26 u. Glückauf Bd. 92 (1956) S. 96/108. — F. TREFNY: Arch. Eisenhüttenw. Bd. 25 (1954) S. 221/24 — ASTM-Symposium on Usefulness and Limitations of Samples [reprint from Proc. ASTM Bd. 48 (1948)]. — Für das vertiefte Studium H. A. FREEMAN, M. FRIEDMAN, F. MOSTELLER and W. A. WALLIS: Sampling inspection. New York 1948.

stimmen. Haften dabei den einzelnen Proben lediglich *zufällige* und keine *systematischen* (einseitigen) Fehler an (s. Abschn. C, S. 991), so gelten für das arithmetische Mittel $\bar{G}$ der insgesamt n G_i-Werte und die ihm eigene „Genauigkeit" alle jene Aussagen, wie sie nach C. an Hand von Gl. (1) bis (4) und nach D. mittels Gl. (5) bis (8) möglich sind. So folgt etwa aus Gl. (5) unmittelbar, wie bei fortgesetzter Erhöhung der Anzahl untersuchter Proben die zufälligen Probenahmefehler die Genauigkeit des Ergebnisses (also des Mittelwerts $\bar{G}$) zunehmend weniger beeinflussen, bei bereits reichlich großem n allerdings dessen weitere Erhöhung nurmehr eine geringfügige Verbesserung des Resultats erreichen läßt. All dies trifft jedoch *nicht* zu für den Einfluß *einseitiger* Fehler bei einer Probenahme, weshalb zur Gewinnung von Materialproben grundsätzlich

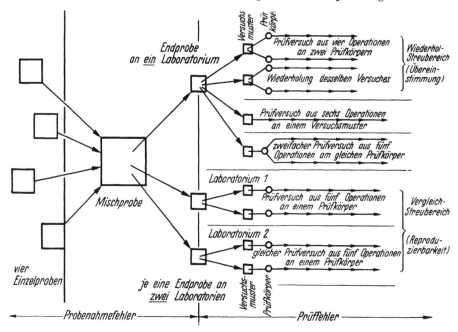

Abb. 1. Schematische Darstellung von Probenahme und Prüfversuch.

nur Verfahren Anwendung finden sollen, welche einseitige Fehler sicher vermeiden oder doch in ihrer Auswirkung durch eine unabhängige Nachprüfung so erfassen lassen, daß am Schlußergebnis die erforderlichen Korrekturen angebracht werden können. Auch wenn die mathematisch schärfere Behandlung irgendeines Probenahmeverfahrens diesem allenfalls anhaftende, einseitige Fehler eher zu erkennen gestattet, so bleibt es dennoch der bei jeder Beschaffung von Materialproben unerläßlichen Gewissenhaftigkeit überlassen, systematische Fehler jeglicher Art peinlich zu vermeiden oder diese doch auf ein Mindestmaß herabzudrücken.

Schließlich ist zu beachten, daß Stoffproben durchaus nicht immer im Sinne des Gesagten Stichproben aus einer bestimmten Stoffmenge (sei es aus ihrer Ganzheit oder aus Teilen derselben) darstellen. Sie können statt dessen (wie vor allem bei Fehllieferungen, schadhaften Bauwerken u. dgl.) einen betont *individuellen* Charakter besitzen, nämlich bewußt einzig eine bestimmte Stelle eines Objekts oder eine gewisse Menge bzw. ausgezeichneten Anteil eines Stoffs betreffen, indem es gerade *diese* in ihrer individuellen Besonderheit gegenüber dem Ganzen zu kennzeichnen gilt.

B. Die Beschaffung der Versuchsmuster (Analysenmuster, Prüfkörper).

Von den zur Prüfung eingehenden Proben wird für die Durchführung der Prüfversuche zumeist nur ein kleiner Teil verwendet, wobei der Probe in der Regel für jeden Versuch ein eigenes (oder mehrere eigene) Muster vorgeschriebener Größe zu entnehmen sind (Abb. 1). Weil jedoch die Probenahme sehr häufig ohne die Mitwirkung dessen stattfindet, welcher hernach die Prüfung und Beurteilung zu übernehmen hat, wird er in jedem Fall die ihm vorgelegten Materialproben als Erstes gründlich auf alle jene Merkmale überprüfen, wie sie einwandfreie Proben der fraglichen Stoffkategorie kennzeichnen — gegebenenfalls unter Beachtung der für eine solche „Vorprüfung" bestehenden besonderen Normvorschriften. Zugleich läßt sich dabei feststellen, was an Maßnahmen zu einer Homogenisierung des Materials notwendig ist, um zu gewährleisten, daß die Versuchsmuster der festgesetzten Größe überhaupt einen eigentlichen Durchschnitt der Probe darstellen werden. Die Entnahme der *Versuchsmuster* selber hat unter Berücksichtigung der nämlichen Grundsätze zu erfolgen, die nach A. für die Probenahme maßgebend waren. Wiederum werden — genau so wie jeder Probe — auch jedem Versuchsmuster stets zufällige *Fehler* anhaften und wird deren vermutliches Ausmaß mit darüber entscheiden, ob es ausreichen kann, Prüfversuche einfach auszuführen, oder aber notwendig ist, sie unter Verwendung verschiedener Versuchsmuster (Prüfkörper) mehrmals zu wiederholen. Wie zuvor sind dagegen einseitige Fehler bei der Beschaffung der Versuchsmuster auf diese Weise nicht auszuschalten und deshalb von vorneherein zu unterdrücken.

C. Beurteilung von Prüfwerten; Fehler und Streubereich eines Prüfverfahrens.

Auch die an ein und derselben Probe bei der wiederholten Ausführung des nämlichen Prüfversuchs erhaltenen *Prüfwerte* (Meßwerte) $M_1, M_2, \ldots, M_i,$ $\ldots, M_n$ zeigen unter sich und von dem aus ihnen gebildeten arithmetischen Mittel, dem *Mittelwert*

$$\bar{M} = \frac{1}{n} \sum_{i=1}^{i=n} M_i \tag{1}$$

größere oder kleinere Abweichungen. Dies gilt selbst dann, wenn die verschiedenen Messungen durch den gleichen Beobachter mit dem nämlichen Prüfgerät an ein und demselben Prüfkörper vorgenommen werden; naturgemäß vermehrt, wenn die n Messungen an n verschiedenen Prüfkörpern erfolgen, wie es überall da zutreffen wird, wo mit einem Prüfversuch die Zerstörung der Prüfkörper verbunden oder bei einem Prüfverfahren angesichts der Schwierigkeit, völlig gleichartige Prüfkörper herzustellen, die Untersuchung mehrerer solcher vorgeschrieben ist (Abb. 1). Zu den eigentlichen Meßfehlern kommen in diesem Fall als *zusätzliche* Fehler alle weiteren, sich z. B. bei der Herstellung, Lagerung und Nachbehandlung der Prüfkörper ergebenden, und hat dann deren Gesamtheit als der dem betreffenden Prüfverfahren anhaftende *Prüffehler* zu gelten. Noch größere Abweichungen unter den M_i-Werten werden sich endlich einstellen, falls sich diese zwar noch auf die gleiche Probe beziehen, indes durch verschiedene Beobachter mit verschiedenen Prüfgeräten (zumeist in verschiedenen Laboratorien) an verschiedenen Prüfkörpern gewonnen wurden.

Als Ursache für die zwischen den einzelnen Prüfwerten bestehenden Unterschiede kommen neben den bereits betrachteten Fehlern bei der Entnahme der Versuchs-muster (allenfalls auch der Probe, wenn die Prüfung an verschiedenen Proben stattfindet) vor allem in Frage: Fehler der Prüfinstrumente und Meßgeräte, Umwelteinflüsse wie Temperatur, Druck, Feuchtigkeit, Bestrahlung usw., und endlich die persönlichen Fehler des Beobachters selber. Dabei rühren *zufällige* Fehler von nicht bestimmbaren, vom Willen des Beobachters unabhängigen und daher nicht vermeidbaren Schwankungen her und beeinflussen den einzelnen Prüfwert mit gleicher Wahrscheinlichkeit in positivem oder negativem Sinne, so daß sich für eine hinreichend große Zahl von M_i-Werten eine *Häufigkeits-verteilung* derselben um den wahren Mittelwert μ nach Art einer GAUSSschen Glockenkurve (Abb. 2) ergibt. *Systematische* (einseitige) Fehler werden dem-gegenüber durch eine zusätzliche *einseitige* Tendenz in den für das Prüfergebnis wesentlichen Fehlerquellen bewirkt; sie können und müssen durch entsprechende

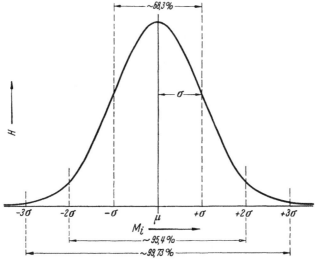

Abb. 2. GAUSSsche Normalverteilung mit μ als wahrem Mittelwert und σ als „wahrer" Standardabweichung.

Maßnahmen, wie beispielsweise durch die notwendigen Korrekturen an Prüf- und Meßgeräten, ihre Neujustierung, Nacheichung u. dgl., ausgeschaltet werden. Alles Folgende befaßt sich denn auch vorzugsweise damit, wie Prüfresultate durch zufällige Fehler der oben geschilderten Art beeinflußt werden und die Kenntnis ihrer Größe die Zuverlässigkeit von Prüfergebnissen zu beurteilen erlaubt [dabei sei allerdings angemerkt, daß Gl. (1), (2) und (3) im Gegensatz zu Gl. (5) und (6) auch anwendbar sind, falls die Gesamtheit aller möglichen (oder denkbaren) M_i- oder auch G_i-Werte nicht einer GAUSSschen Normal-verteilung im Sinne der Abb. 2 entspricht, während Gl. (4) voraussetzt, daß die einzelnen Operationen voneinander unabhängig sind, somit systematische Fehler des einen Arbeitsgangs das Ergebnis des andern nicht beeinflussen]. So sehr auch jedem Prüfversuch das Bestreben innewohnt, uns Kenntnis vom *wahren* Wert irgendeines Qualitätsmerkmals zu verschaffen, so wird der nach Gl. (1) tatsächlich gefundene Mittelwert $\overline{M}$ mit dem *wahren Mittelwert* μ erst einigermaßen übereinstimmen und somit $\overline{M} \cong \mu$ gesetzt werden dürfen, falls die Anzahl n der Versuche verhältnismäßig groß ist, nämlich in der Regel $n > 50$ beträgt. Als weitere *statistische Maßzahl* gibt die *Standardabweichung* (mittlere quadratische Abweichung) s ein Maß für die beidseitigen Abweichungen der M_i vom Mittelwert und berechnet sich für eine Versuchsreihe aus n Einzelversuchen(messungen) zu

$$s = \pm \sqrt{\frac{\sum\limits_{i=1}^{i=n} (M_i - \overline{M})^2}{n-1}} \tag{2}$$

(demgegenüber wird die Größe s^2 als *Streuungsquadrat* oder Varianz bezeichnet). Während s und μ von der gleichen Einheit, drückt der *Variationskoeffizient*

$$V = \frac{s}{\overline{M}} \cdot 100\% \tag{3}$$

die Standardabweichung s im Verhältnis zum Mittelwert $\overline{M}$ aus und gibt damit Auskunft über die *relative* Schwankung der M_i um ihren Mittelwert. Demgegenüber gelten als „*wahre*" *Standardabweichung* σ und entsprechend als „wahrer" Variationskoeffizient jene Werte von s und V, die sich für den Fall beliebig vieler, nämlich aller möglichen oder denkbaren M_i (für die sog. Grundgesamtheit der M_i) ergeben.

Um bei irgendeinem Prüfverfahren die Größe von σ angeben zu können, ist daher ein entsprechend großes Versuchsmaterial erforderlich, und es wird dessen Auswertung nach Gl. (2) dem „wahren" σ um so näherkommen, je größer n gewählt wird. So liegt beispielsweise σ für den Fall $n = 10$ mit einer statistischen Sicherheit[1] von 99,73% im Bereich 0,59 bis 2,5 s, bei $n = 100$ hingegen im Gebiet 0,82 bis 1,25 s, bei $n = 1000$ zwischen 0,94 und 1,06 s, was bedeutet, daß der aus 100 Einzelversuchen erhaltene Wert von σ noch immer mit einer Unsicherheit von $\pm 20\%$ behaftet ist, was allerdings in der Regel als ausreichend hingenommen wird. s bzw. σ werden naturgemäß die kleinsten Werte annehmen, wenn ein und derselbe Beobachter mit dem nämlichen Prüfgerät einen Prüfversuch an einem Teil der gleichen Probe oder gar am gleichen Prüfkörper wiederholt („*ein Beobachter an einem Prüfgerät*"), entschieden größer dagegen im Falle „*verschiedene Beobachter an verschiedenen Prüfgeräten*", hier somit die Prüfergebnisse von verschiedenen Beobachtern stammen, die (zumeist in verschiedenen Laboratorien) mit verschiedenen Prüfgeräten der vorgeschriebenen Art, also übereinstimmender Konstruktion verschiedene Teile aus einer gegebenen Probe prüfen.

Besteht ein Prüfversuch, wie es die Regel bedeutet, aus mehreren unabhängigen Einzeloperationen — darin eingeschlossen die Herstellung, Lagerung und Nachbehandlung der Prüfkörper —, so wird jede derselben entsprechend ihrer Ungenauigkeit zu der Standardabweichung σ des Prüfverfahrens als Ganzem beitragen. Sind $\sigma_1, \sigma_2, \ldots, \sigma_k$ die den einzelnen Arbeitsgängen (allenfalls auch der Entnahme der Versuchsmuster oder gar der Probe) zugehörigen Standardabweichungen, so ergibt sich daraus jene des ganzen Prüfverfahrens σ entsprechend dem *Fehlerfortpflanzungsgesetz* zu

$$\sigma = \sqrt{\sigma_1^2 + \sigma_2^2 + \cdots + \sigma_k^2}, \tag{4}$$

wie sich hieraus auch umgekehrt bei bekanntem σ und Kenntnis von $(k-1)$ Teilabweichungen eine experimentell nur umständlich zu erfassende Teilabweichung finden läßt.

---

[1] Statistische Aussagen lassen sich ihrem Wesen nach nie mit vollkommener Gewißheit machen; ihr Eintreffen kann vielmehr stets nur mit einer gewissen Wahrscheinlichkeit vorausgesagt werden, gekennzeichnet durch die *statistische Sicherheit S*%, was bedeutet, daß die betr. Aussage in durchschnittlich S% aller untersuchten Fälle erfüllt wird, in den restlichen $(100 - S)$% dagegen nicht zutrifft.

Während nach Abb. 2 der wahre Mittelwert μ mit dem Ort des Maximums der Verteilungskurve zusammenfällt und damit ein Maß für deren Lage über der M_i-Achse darstellt, bestimmt σ in der Weise „die Breite" der Gaussschen Kurve, daß im Bereich $\mu \pm \sigma$ rd. 68,3%, im Streifen $\mu \pm 2\sigma$ um 95,4% und im Gebiet $\mu \pm 3\sigma$ etwa 99,73% aller überhaupt denkbaren M_i-Werte liegen. Dementsprechend werden in Normen über Prüfmethoden zur Kennzeichnung der „Genauigkeit" eines Prüfverfahrens mehr und mehr die Größen $\pm (3\sigma_w)$ und $\pm (3\sigma_v)$ oder ihnen analoge verwendet, wobei erstere als *Wiederhol-Streubereich* sich auf den Fall „ein Beobachter an einem Meßgerät" bezieht und damit an Stelle dessen tritt, was ehedem als *Übereinstimmung* („repeatibility") einer Methode galt, während $(3\sigma_v)$ als *Vergleich-Streubereich* die früher benützte *Reproduzierbarkeit* („reproducibility") ersetzt und gleich dieser den Fehler eines Verfahrens bei seiner Anwendung auf die gleiche Probe durch verschiedene Beobachter mit verschiedenen Prüfgeräten betrifft. Wo, wie im Falle eines neuen oder nur selten gebrauchten Prüfversuchs, die wahre Standardabweichung noch nicht bekannt, wird an Stelle von $\pm (3\sigma)$ der naturgemäß mit einer größeren Unsicherheit behaftete Streubereich $\pm (3s)$, berechnet unter Verwendung der verfügbaren M_i nach Gl. (2), benützt. Beide Arten von Streubereichen können wie bereits Übereinstimmung und Reproduzierbarkeit absolut oder relativ angegeben werden, also etwa im Falle einer Dichtebestimmung $\pm 0,005$ g/ml oder $\pm 0,002\%$ lauten.

Kenntnis der Streubereiche $\pm (3\sigma_w)$ bzw. $\pm (3\sigma_v)$ gestattet zugleich eine *Beurteilung der Zuverlässigkeit von Einzel-Prüfwerten*, ist doch zu erwarten, daß bei korrekter Ausführung eines Prüfversuchs 99,73% aller Einzel-Prüfergebnisse und damit auch der in Frage stehende im Bereich $\mu \pm 3\sigma_w$ (bzw. $\mu \pm 3\sigma_v$) liegen werden. Wird eine Prüfung doppelt vorgenommen, also ein erster Versuch durch einen zweiten kontrolliert, so darf mit der gleichen statistischen Sicherheit von 99,73% angenommen werden, daß die beiden unabhängig voneinander gewonnenen Prüfwerte um weniger als $\sqrt{2} \cdot (3\sigma_w)$ auseinanderliegen. Größere Abweichungen unter zwei Prüfresultaten sollten mindestens nahelegen, die Entnahme der Versuchsmuster, die Herstellung der Prüfkörper, die sämtlichen verwendeten Prüf- und Meßinstrumente wie die ganze Versuchsführung kritisch zu überprüfen.

D. Auswertung von Meßreihen; Vertrauensbereich von Mittelwerten.

Liegen mindestens drei, jedoch allgemein weniger als 30 bis 50 Einzelprüfwerte vor, so wird aus diesen zunächst gemäß Gl. (1) das arithmetische Mittel $\overline{M}$ gebildet[1] und die Frage nach dessen Beziehung zum wahren Mittelwert μ gestellt. Hierüber orientiert der sog. *Vertrauensbereich* $\overline{M} \pm v$, nämlich jenes Gebiet zu beiden Seiten von $\overline{M}$, innerhalb dessen der wahre Mittelwert μ wiederum mit einer statistischen Sicherheit von 99,73% zu erwarten ist. Dabei gilt bei bekanntem $(3\sigma_w)$ bzw. $(3\sigma_v)$

$$v = \pm \frac{1}{\sqrt{n}} (3\sigma_w) \quad \text{bzw.} \quad v = \pm \frac{1}{\sqrt{n}} (3\sigma_v), \qquad (5)$$

hingegen

$$v = \pm a(3s_w) \quad \text{bzw.} \quad v = \pm a(3s_v), \qquad (6)$$

---

[1] Dabei bestehen für bereits relativ große n-Werte vereinfachte Rechenverfahren, wobei von einem passend gewählten, angenäherten Mittelwert $\overline{M}_a$ ausgegangen wird; s. hierzu z. B. DIN 53804 (Entwurf April 1953), 2.

falls die Streubereiche noch unbekannt und daher auf die Größen $(3\,s_w)$ bzw. $(3\,s_v)$ gegriffen werden muß. Die dadurch bedingte Unsicherheit äußert sich in einer um so größeren Erweiterung des Vertrauensbereichs, je kleiner die Zahl der vorliegenden Prüfwerte, ist doch im Falle von

$n =$	2	3	4	5	6	7	8	9	10	25	usw.
$a =$	55	3,7	1,5	1,0	0,75	0,62	0,53	0,47	0,43	0,22	usw.

zu setzen. Dies zeigt unmittelbar, weshalb bei unbekanntem Streubereich $(3\,\sigma)$ eine erheblich größere Anzahl von Prüfversuchen durchzuführen ist, um ein gleich vertrauenswürdiges Ergebnis zu erhalten, und sich insbesondere bei n lediglich $= 2$ (und daher $a = 55$!) ohne Kenntnis von $(3\,\sigma)$ keine brauchbaren Schlüsse ziehen lassen.

Zwei verschiedene Mittelwerte $\overline{M}$ und $\overline{M}'$, beide gewonnen aus je n Einzel-Prüfwerten, werden — wie immer auch hier einwandfreie Entnahme von Probe und Versuchsmuster und untadelige Versuchsführung vorausgesetzt — mit einer Sicherheit von 99,73 % um weniger als $1{,}41\,(3\,\sigma_w)/\sqrt{n}$ bzw. $1{,}41\,(3\,\sigma_v)/\sqrt{n}$ auseinanderliegen, je nachdem, ob sie auf Messungen desselben oder verschiedener Beobachter zurückgehen [bei unbekanntem $(3\,\sigma)$ jedoch um weniger als $a\,(3\,s_t)$, wobei $s_t = \sqrt{s_1^2 + s_2^2}$, s_1 die Standardabweichung der n Prüfwerte der ersten Versuchsreihe und s_2 jene der n Werte der zweiten Versuchsreihe].

Endlich ist bei der *Bildung jeglicher Mittelwerte* zu beachten, daß dabei stets alle Einzelprüfwerte zu berücksichtigen sind, auffallend hohe oder niedrige Werte nicht ohne weiteres fortgelassen werden dürfen. Dies setzt vielmehr entweder den einwandfreien Nachweis dafür voraus, daß es sich bei den fraglichen Werten tatsächlich um „Ausreißer" handelt, oder aber es sind an Stelle eines „Extremwerts" mindestens drei weitere Prüfwerte zu beschaffen.

Bei einem *umfangreicheren* Versuchsmaterial (allgemein etwa bei $n > 50$) wird zur Vereinfachung der Auswertung folgendermaßen verfahren: die insgesamt n Prüfwerte werden in *Klassen* zusammengefaßt, wobei die *Klassenbreite* ungefähr so gewählt wird, daß sich bei $n \leq 250$ mindestens 10, bei $n > 250$ bis gegen 20 besetzte Klassen ergeben. Zur Berechnung von $\overline{M}$ und s^2 wird einer etwa in der Mitte gelegenen Klasse mit der „Klassenmitte" $\overline{M}_a$ als angenähertem Mittelwert die *Nummer* 0 und von ihr ausgehend den Klassen mit den $M_i > \overline{M}_a$ die *Klassennummern* $m = 1, 2, 3, \ldots, p$ und jenen mit $M_i < \overline{M}_a$ die Nummern $m = -1, -2, \ldots, -q$ erteilt. Ist f_m die Anzahl der in die Klasse mit der Nummer m fallenden M_i-Werte (ihre absolute *Klassenhäufigkeit*) und c die Klassenbreite, so gilt für den Mittelwert $\overline{M}$ und das Streuungsquadrat s^2:

$$\overline{M} = \overline{M}_a + \frac{c}{n} \sum_{m=-q}^{m=p} m \cdot f_m \tag{7}$$

und

$$s^2 = \frac{c^2}{n-1} \left\{ \sum_{m=-q}^{m=p} m^2 \cdot f_m - \frac{1}{n} \left(\sum_{m=-q}^{m=p} m \cdot f_m \right)^2 \right\}. \tag{8}$$

Über Beispiele der Anwendung dieses Verfahrens zur Behandlung größerer Meßreihen, dann aber auch über alle weitern Fragen, bei denen die Anwendung statistischer Methoden bei der Auswertung von Prüfergebnissen nützliche Dienste zu leisten vermag, muß auf die bereits recht umfassende Literatur verwiesen werden[1].

---

[1] Zur Einführung in die Begriffsbestimmungen und in die Anwendung statistischer Methoden bei der Materialprüfung s. DIN 51849 (Prüffehler und Toleranz), DIN 53804 und SNV 95181 (Auswertung von Meßreihen), sodann auch British Standard 600—R wie die holländische Norm V 1047; für ein vertieftes Studium s. Schrifttum S. 989 u. 996.

E. Beurteilung von Prüfergebnissen; Toleranzen.

Zahlreiche Prüfversuche dienen der Feststellung, ob Lieferungen irgendwelcher Stoffe entweder den für sie allgemein festgelegten *Gütenormen* oder den in besondern *Spezifikationen* oder *Lieferungsverträgen* vereinbarten Bedingungen entsprechen. Die ein- oder auch beidseitigen Abweichungen, welche die verschiedenen Qualitätsmerkmale von den vorgeschriebenen Werten aufweisen dürfen, gelten dabei als die für eine Lieferung des fraglichen Stoffs zugestandenen *Toleranzen*. In der Mehrzahl der Fälle genügt es, *Toleranzbereiche* nur nach der *einen* Seite zu begrenzen, bei „vorteilhaften" Merkmalen nach unten, bei „nachteiligen" dagegen nach oben, so daß die zu erfüllenden Güteanforderungen in die Form von *Mindest-* bzw. *Höchstwerten* gekleidet werden, welche nicht unterschritten bzw. nicht übertroffen werden dürfen. Allgemein wird die Toleranz für ein bestimmtes Qualitätsmerkmal eines Stoffs stets größer oder doch mindestens gleich groß gewählt werden wie der seiner Bestimmung anhaftende Prüffehler, dieser dabei stets gekennzeichnet durch den *Vergleich*-Streubereich $\pm (3\sigma_v)$ bzw. $\pm (3 s_v)$. Werden dagegen Mindest- oder Höchstwerte festgesetzt, so wird neuerdings vorgezogen, in diese den Prüffehler bereits einzuschließen, so daß diese unteren oder oberen Grenzen eines Toleranzbereichs durch Anrechnen des Prüffehlers *nicht weiter* verschoben werden dürfen. Selbstverständlich ist diesem Umstand bereits bei der Festlegung der Güteanforderungen (der Normwerte in Gütenormen) Rechnung zu tragen, wie er anderseits für ein Lieferwerk bedeutet, daß es, wenn ein Gütewert mindestens M_0 betragen soll, ein Produkt liefern wird, für welches ein M-Wert von mindestens $M_0 + (3\sigma_v)/\sqrt{n}$ gewährleistet ist (dabei n hier die Anzahl der Prüfversuche, welche der Abnahme oder der Kontrolle der Lieferung im Werk zugrunde liegen). — Wo über die Größe des Vergleich-Streubereichs bzw. des Vertrauensbereichs hinreichend sichere Angaben noch fehlen und die früher verwendete, zumeist auf reine Schätzung und Erfahrung sich gründende Reproduzierbarkeit eines Prüfversuchs noch maßgebend ist, wird oft so verfahren, daß, wenn M_0 einen Höchstwert und r die absolute Reproduzierbarkeit der Bestimmung von M bedeutet, bei $M < M_0$ die Lieferung akzeptiert und bei $M > M_0 + r$ dagegen abgelehnt wird, während für M-Werte zwischen M_0 und $M_0 + r$ die Bestimmung von M zu wiederholen ist, um die Lieferung anzunehmen, falls das neu gefundene $M \leqq M_0$ ausfällt, sie jedoch zu beanstanden, wenn sich ein zweites Mal $M > M_0$ ergibt[1].

Schrifttum.

Daeves, K., u. A. Beckel: Großzahlforschung und Häufigkeitsanalyse. Weinheim und Berlin 1948. — U. Graf u. H.-J. Henning: Statistische Methoden bei textilen Untersuchungen. Bericht. 2. Neudr. Berlin/Göttingen/Heidelberg: Springer 1957 — Formeln und Tabellen der mathematischen Statistik. Berlin/Göttingen/Heidelberg: Springer 1953.— A. Linder: Statistische Methoden für Naturwissenschaftler, Mediziner und Ingenieure. Basel 1951 — Planen und Auswerten von Versuchen. Basel 1953.

---

[1] Siehe hierzu etwa die SIA-Norm Nr. 115, „Normen für die Bindemittel des Bauwesens" (1953).

Namenverzeichnis.

Sachverzeichnis [1].

---

[1] Bearbeitet von Professor Dr. Ing. WALTER ALBRECHT.

Printed in the United States
By Bookmasters